에듀윌과 함께 시작하면,
당신도 합격할 수 있습니다!

대학 졸업 후 취업을 위해 바쁜 시간을 쪼개며
건축기사 자격시험을 준비하는 취준생

비전공자이지만 더 많은 기회를 만들기 위해
건축기사에 도전하는 수험생

건설 관련 업무를 수행하면서 승진을 위해
건축기사에 도전하는 주경야독 직장인

누구나 합격할 수 있습니다.
시작하겠다는 '다짐' 하나면 충분합니다.

마지막 페이지를 덮으면,

**에듀윌과 함께
건축기사 합격이 시작됩니다.**

건축기사 1위

꿈을 실현하는 에듀윌
Real 합격 스토리

필기, 실기 이어서 공부해서 동차합격

저는 건축학 전공자로 필기 두 달, 실기 5주 정도 공부해서 동차합격했습니다. 에듀윌 교수님은 모두 강의력이 훌륭해서 큰 도움이 되었습니다. 만약 혼자서 공부했다면 합격하기까지 시간이 두 배 이상은 걸렸을 것 같습니다. 공부하면서 힘이 들 때에는 동차합격하면 수강료를 환급받을 수 있다는 점도 큰 동기부여가 되었습니다.

김O원 에듀윌과 함께 공부시간 단축

단 두 달 만에 최종합격

학교 공부를 하면서 필기와 실기를 각각 한 달 정도 시간을 투자해서 건축기사 자격증을 취득했습니다. 에듀윌 교수진은 정말 최고이고 특강 커리큘럼이 잘 되어 있습니다. 가장 어려웠던 구조 과목도 에듀윌 교수님의 강의를 들으면서 쉽게 공부할 수 있었습니다.

전O훈 학업과 병행하며 초단기 합격

개념부터 꽉 잡아 실기까지 완벽대비

저는 기초부터 탄탄하게 공부하는 스타일이라서 필기 때부터 기초강의를 반복해서 수강한 후 기출문제를 풀었습니다. 에듀윌 교수님은 정말 훌륭합니다. 각 교수님께서 강의를 하면서 문제를 쉽게 풀 수 있는 풀이방법을 알려주셨는데 합격하는 데에 큰 도움이 되었습니다.

박O규 필기 때부터 실기까지 대비

다음 합격의 주인공은 당신입니다!

더 많은 합격스토리

* 2023 대한민국 브랜드만족도 건축기사 교육 1위 (한경비즈니스)

에듀윌 건축기사

이제 **국비무료 교육**도 에듀윌

수강생을 반겨주는 에듀윌의 환한 복도 (구로)

언제나 전문 학습 매니저와 상담이 가능한 안내데스크 (부평)

고품질 영상 및 음향 장비를 갖춘 최고의 강의실 (구로)

재충전을 위한 카페 분위기의 아늑한 휴게실 (부평)

다용도로 활용이 가능한 휴게실 (성남)

전기/소방/건축/쇼핑몰/회계/컴활 자격증 취득
국민내일배움카드제

에듀윌 국비교육원 대표전화

| 서울 구로 | 02)6482-0600 | 구로디지털단지역 2번 출구 | 인천 부평 | 032)262-0600 | 부평역 5번 출구 |
| 경기 성남 | 031)604-0600 | 모란역 5번 출구 | 인천 부평2관 | 032)263-2900 | 부평역 5번 출구 |

국비교육원 바로가기

건축기사 1위

1위 에듀윌만의
체계적인 합격 커리큘럼

건축기사 무료체험 PACK
초보수험가이드+CBT 모의고사+
전 과목 전 강좌 3일 무료체험권

원하는 시간과 장소에서, 1:1 관리까지 한번에
온라인 강의

① 전 과목 최신 교재 제공
② 업계 최강 교수진의 전 강의 수강 가능
③ 맞춤형 학습플랜 및 커리큘럼으로 효율적인 학습

무료체험
PACK 받기

친구 추천 이벤트

" **친구 추천**하고 한 달 만에
920만원 받았어요 "

친구 1명 추천할 때마다 현금 10만원 제공
추천 참여 횟수 무제한 반복 가능

친구 추천 이벤트
바로가기

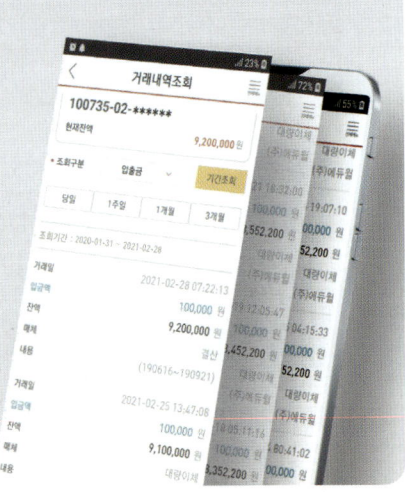

※ *a*o*h**** 회원의 2021년 2월 실제 리워드 금액 기준
※ 해당 이벤트는 예고 없이 변경되거나 종료될 수 있습니다.

* 2023 대한민국 브랜드만족도 건축기사 교육 1위 (한경비즈니스)
* 위 내용은 서비스 개선을 위해 예고없이 변경될 수 있습니다.

에듀윌이
너를
지지할게
ENERGY

시작하는 방법은
말을 멈추고
즉시 행동하는 것이다.

– 월트 디즈니(Walt Disney)

에듀윌 건축기사
필기 한권끝장
이론편

에듀윌이 만들면 다릅니다.

1 효율적인 학습을 위한 3권 분권

에듀윌 건축기사 필기 교재는 수험생들의 실제 학습방법을 반영하여 이론 2권, 기출문제 1권의 총 3권으로 나누어 구성했습니다.

 +  +

1권 암기 위주의 과목 　**2권** 이해가 필요한 과목 　**3권** 기출문제편 　벽돌 같이
건축계획, 건축관계법규 　건축시공, 건축구조, 건축설비 　6개년 기출문제 　무거운 책은 NO!

2 최빈출 250제 제공

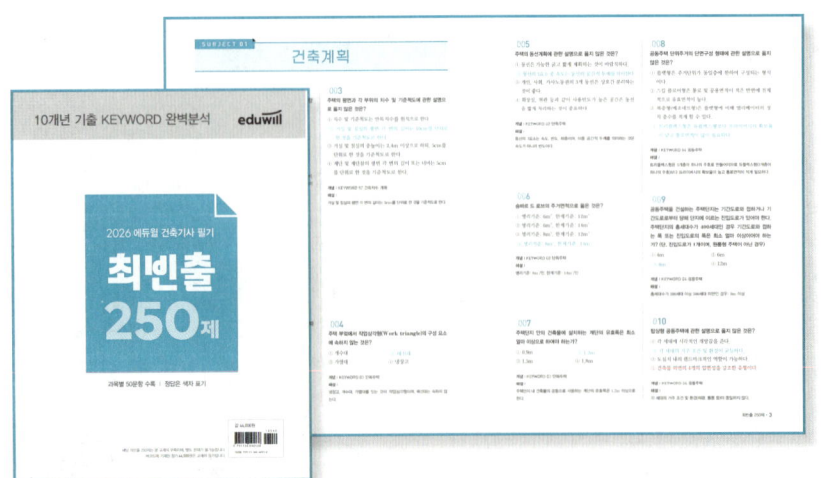

10개년 기출문제를 분석하고 과목별로 자주 출제되는 50문항씩 선별하여 최빈출 250제를 제공합니다.
정답 보기는 색자로 표기하여 한눈에 정답을 파악할 수 있도록 구성했습니다.

3. 기출 KEYWORD 분석을 통한 교재 구성

10개년 기출문제를 분석하여 건축기사 이론을 107개의 기출 KEYWORD로 분류했습니다.
건축기사 필기 이론은 KEYWORD 분석 결과를 바탕으로 합격에 꼭 필요한 내용만 담아 압축하여 구성했습니다.

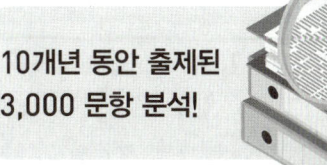
10개년 동안 출제된 3,000 문항 분석!

이론
KEYWORD 분석 결과로 이론을 구성하고 빈출도를 별(1~3개)로 표기함

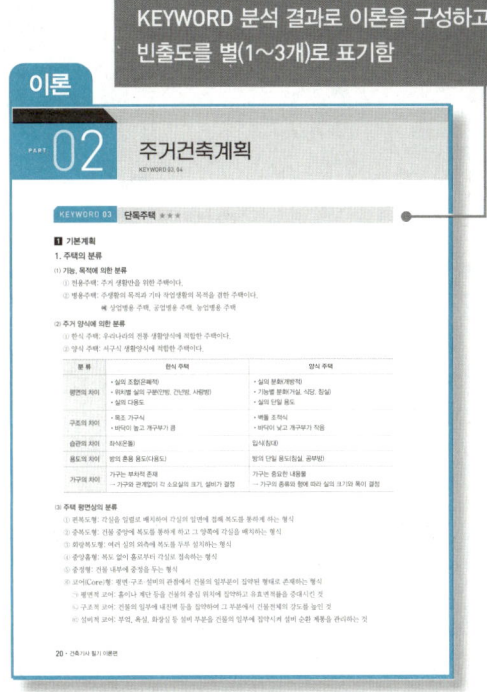

핵심 기출문제
PART가 끝날 때마다 핵심 기출문제를 KEYWORD 별로 수록함

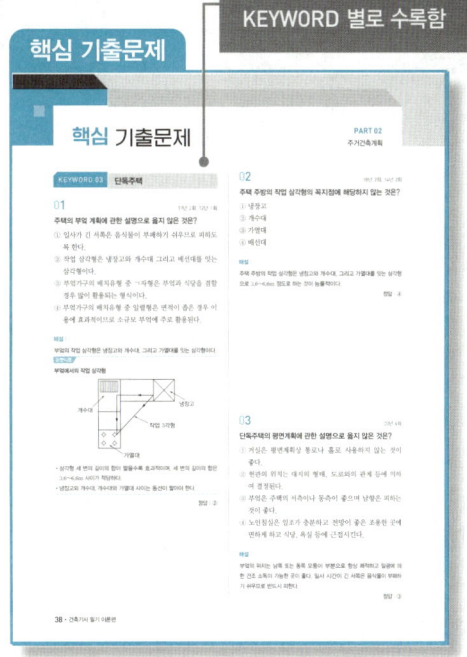

4. 2023~2025년 최신 3개년 CBT 복원문제 해설특강 제공

해당 강의는 2025년 11월 이후 순차적으로 제공될 예정입니다.
[강의 수강경로] 에듀윌 도서몰(book.eduwill.net) → 로그인/회원가입 → 동영상강의실 → 건축기사 검색

단기합격을 위한 최적 구성
건축기사 필기 한권끝장

기출 KEYWORD로 정리한 핵심이론!

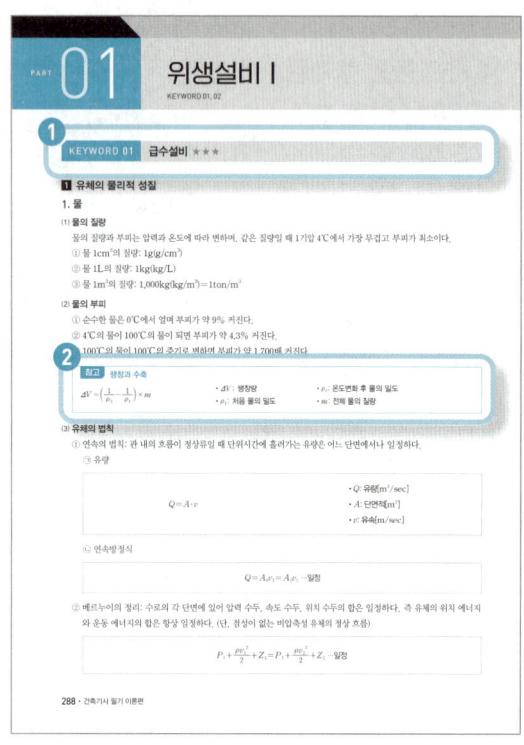

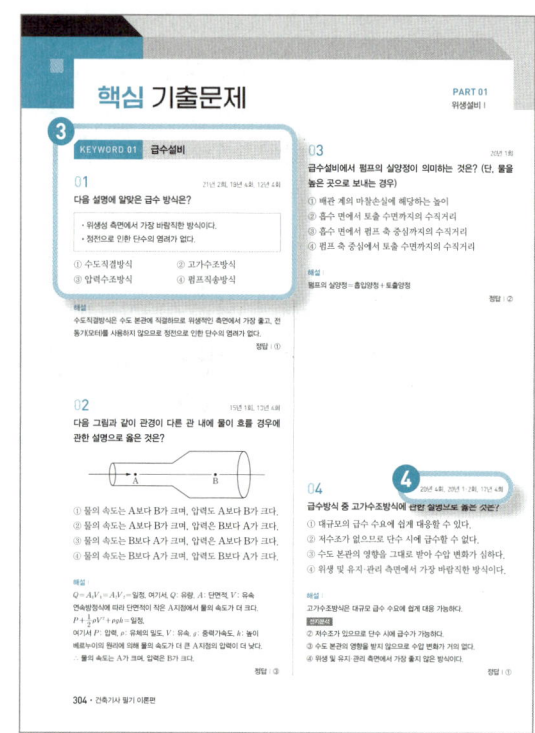

1. 10개년 기출문제 분석자료를 이용하여 이론을 기출 KEYWORD로 정리했고, 출제빈도를 별(1개~3개)로 표기했습니다.

2. 시험에 합격하기 위해 추가로 알아야 할 내용은 참고, 합격 PLUS로 정리했습니다.

3. PART가 끝날 때마다 핵심 기출문제를 이론과 연계된 기출 KEYWORD별로 수록했습니다.

4. 핵심 기출문제는 그 문제가 실제로 출제된 연도와 횟수를 최신 회차부터 오래된 회차 순으로 표기했습니다.

> **10개년 기출문제를 분석하여
> 정리한 핵심이론**

상세한 해설을 수록한 기출문제!

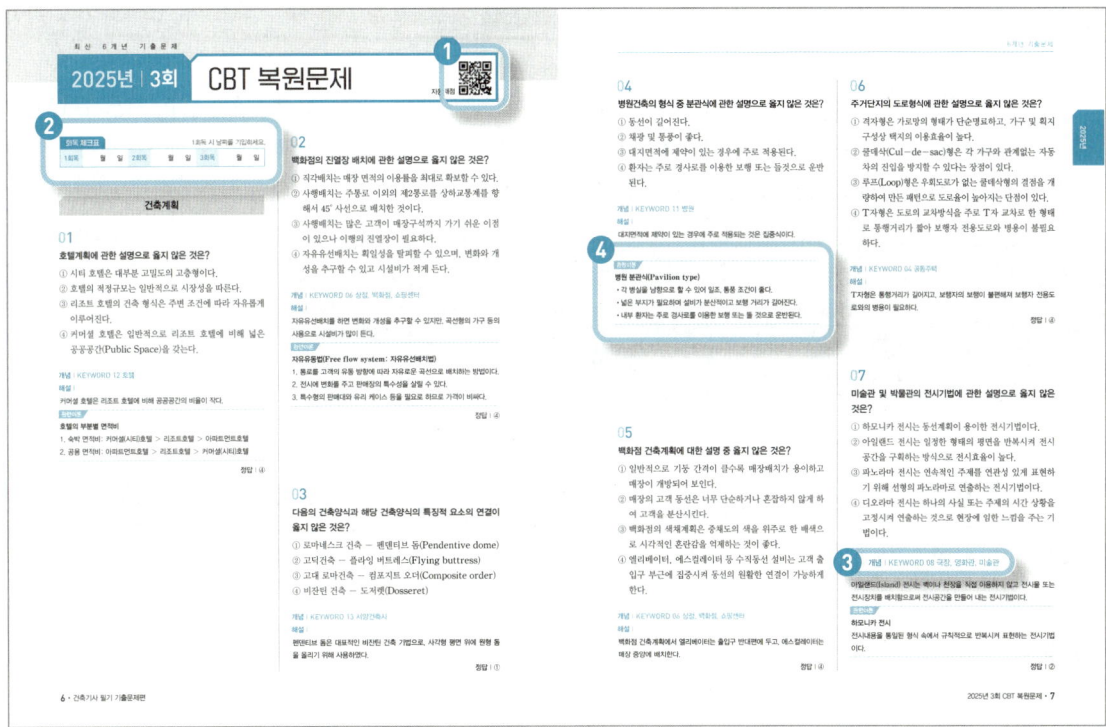

1. 각 회당 자동채점이 가능한 QR코드를 삽입하여 정답을 입력하면 자동으로 채점이 되고, 성적분석 기능을 활용할 수 있도록 했습니다.

2. 각 회당 회독 체크표를 수록하여 효과적으로 학습할 수 있도록 했습니다.

3. 해설 위에 그 문제가 어떤 KEYWORD에 해당하는지 표기했습니다.

4. 개념 이해가 필요한 문제는 이론을 다시 찾아보지 않아도 될 정도로 자세한 해설을 수록했습니다.

" 시험합격을 위한 필수 콘텐츠
6개년 기출문제 "

합격의 첫 걸음
건축기사 시험정보

건축기사란?

건축기사는 건축물을 계획, 설계하여 시공할 때까지의 전 과정을 전문적으로 수행하기 위한 기술인력을 양성하기 위한 시험입니다.

건축기사 소지자는 건축을 의뢰한 자와 협의하여 건축의 형태와 설계에 대한 필요요건을 결정하고, 사용자재, 부대설비, 공사비 등에 대한 전문적이고 공학적인 조언을 합니다. 또한, 건물의 규모, 기능, 배치를 설계하고 작업 진행이 설계와 일치하는지 공사의 진행상태를 감독하는 업무를 수행합니다.

시험일정 & 합격자 발표시기

구분	필기시험	필기합격(예정자)발표	실기시험	최종합격자 발표일
1회	2026.02~03	2026.03	2026.04~05	2026.06
2회	2026.05	2026.06	2026.07~08	2026.09
3회	2026.08	2026.09	2026.11	2026.12

※ 정확한 시험일정은 한국산업인력공단(Q-net) 참고

응시자격

① 산업기사 등급 이상의 자격을 취득한 후 응시하려는 종목이 속하는 동일 및 유사 직무분야에서 1년 이상 실무에 종사한 사람
② 기능사 등급 이상의 자격을 취득한 후 응시하려는 종목이 속하는 동일 및 유사 직무분야에서 3년 이상 실무에 종사한 사람
③ 건축공학, 건축설비, 실내건축 등 관련학과 졸업자 또는 졸업예정자

※ 정확한 경력 인정범위, 전공 등은 산업인력공단에 별도 문의해야 함

필기시험 세부 출제항목 및 문항 수

과목명	주요항목	문항 수
건축계획	• 건축계획 원론 • 각종 건축물의 건축계획	20문항
건축시공	• 건설경영 • 건축시공기술 및 건축재료	20문항
건축구조	• 건축구조의 일반사항 • 구조역학 • 철근콘크리트 구조 • 철골구조	20문항
건축설비	• 환경계획원론 • 전기설비 • 위생설비 • 공기조화설비 • 승강설비	20문항
건축관계법규	• 건축법·시행령·시행규칙 • 주차장법·시행령·시행규칙 • 국토의 계획 및 이용에 관한 법·시행령·시행규칙	20문항

검정방법 & 합격기준

검정방법	• 객관식 4지 택일형 과목당 20문항(총 100문항) • 총 시험 시간은 2시간 30분임
합격기준	• 100점을 만점으로 하여 전 과목 평균 60점 이상인 경우 • 평균 60점이 넘어도 한 과목이라도 40점 미만이면 과락으로 불합격임

차례 CONTENTS

SUBJECT 01

건축계획

PART 01 건축계획 총론	14
PART 02 주거건축계획	20
PART 03 상업건축계획	45
PART 04 공공문화건축계획	70
PART 05 기타건축계획	92
PART 06 건축사	109

SUBJECT 02

건축관계법규

PART 01	건축법 총칙과 건축물의 건축	132
PART 02	대지와 도로	159
PART 03	면적과 높이	166
PART 04	구조·피난·방화	176
PART 05	설비기준과 건축법 보칙	192
PART 06	주차장법	201
PART 07	국토계획법 총칙과 용도기준	216
PART 08	도시계획	225

SUBJECT

01

건축계획

ENGINEER ARCHITECTURE

건축계획 합격 TIP

학습해야 할 분량이 적고, 난이도가 비교적 낮은 과목입니다. 따라서 건축계획에서 고득점을 받아야 다른 과목에 대한 부담감을 덜 수 있으며, 필기시험 합격선인 평균 60점을 넘는 것도 수월합니다.

복잡한 이론이나 공식 등이 없고, 특징이나 정의를 묻는 문제가 주를 이루며 반복 출제되는 문제의 비율이 높기 때문에 철저히 암기에 집중하여 고득점을 획득하는 전략을 취해야 합니다.

특히, 단독주택, 공동주택, 사무소, 극장건축, 그리고 서양건축사의 경우 매회 1문제 이상 출제되므로 집중적으로 학습해야 할 KEYWORD입니다.

최신 10개년 출제비율 분석

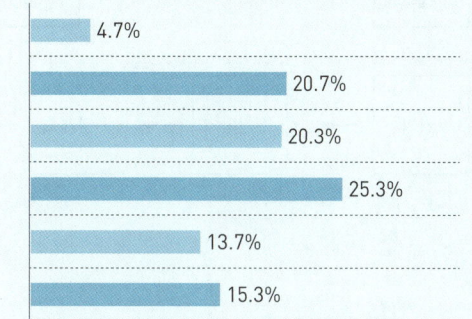

PART 01	건축계획 총론	4.7%
PART 02	주거건축계획	20.7%
PART 03	상업건축계획	20.3%
PART 04	공공문화건축계획	25.3%
PART 05	기타건축계획	13.7%
PART 06	건축사	15.3%

PART 01 건축계획 총론

KEYWORD 01, 02

KEYWORD 01 　건축계획 일반 ★

1 건축계획의 목적과 건축과정

1. 목적
건축물이 본래의 목적(기능, 구조, 미*)에 부합하고, 각종 제반사항 및 주변 환경과 유기적인 관계를 이루도록 분석하는 것이다.

* 미의 특성(미의 3요소)

통일성	대칭성(Symmetry), 반복성, 균일성
변화성(다양성)	균제성(Proportion), 억양성(Accent), 대비성(Contrast)
균형성	동적균형, 정적균형

2. 건축과정

(1) 의미

건축과정은 건축계획을 포함한 건축생산의 전 과정으로 기획에서 유지보수 및 관리 단계까지를 지칭한다.

(2) 건축과정 단계

① 기획단계: 건설의 전 과정을 예견하는 작업으로 건축주에 의해 이루어진다.
② 조건파악: 자연적 조건과 사회적 조건으로 나눌 수 있으며, 자료의 수집과 분석이 이루어진다.
③ 기본계획: 주변 환경 조건, 건축 공간의 구성 등의 분석을 바탕으로 설계 지침을 마련한다.
④ 설계단계: 기본설계와 실시설계로 구분되며, 건축뿐만 아니라 토목, 전기, 설비, 조경 등을 포함한 종합적인 도면으로 완성한다.
⑤ 시공단계: 설계도서에 의한 공사가 시공자에 의해 이루어진다.
⑥ P.O.E(거주 후 평가): 건축물이 완공된 이후 건축물 본래의 기능들이 잘 구현되는지를 건축물에 거주하는 사용자의 반응 등을 통해 진단하고 연구하는 과정으로 평가 결과는 장래에 유사 건축설계 자료로 활용된다.

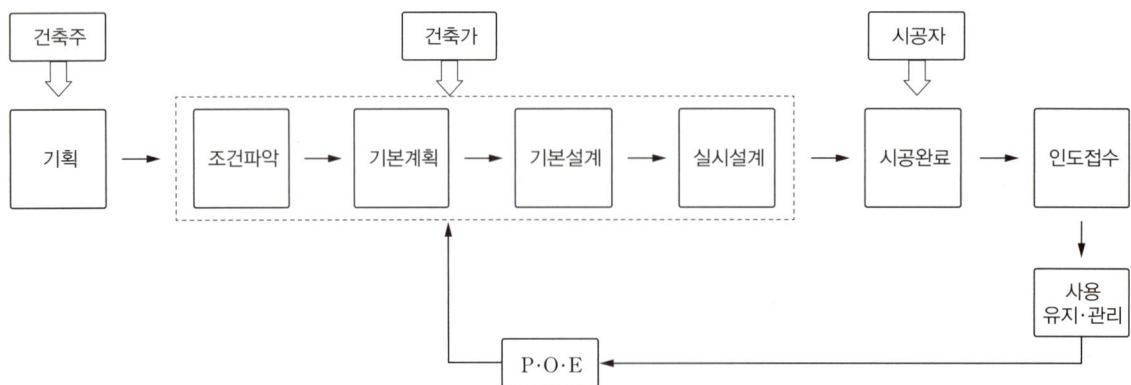

> **참고** P.O.E 평가요소
> - 환경장치: 거주 후 평가의 직접적인 대상이 되는 물리적 환경을 반영한다.
> - 사용자: 건축 환경과 인간의 요구와의 상호관계를 평가하기 위한 실제 사용자 그룹을 반영한다.
> - 주변 환경: 그 지역의 기후, 공기 오염도, 교통, 하수도, 문화시설 등 환경장치에 영향을 미치는 주변의 맥락을 반영한다.
> - 디자인 활동: 건축주, 사용자, 재정가, 전문위원, 공무원 등 여러 사람들이 디자인 작업에 참여하여 그들의 가치, 태도, 선호도 등을 과정에 반영한다.

2 건축계획의 조사방법

설문지법	• 설문조사를 통하여 생활과 공간간의 대응 관계를 규명하는 것이다. • 설문 응답자의 기초적인 문장 이해력이나 표현 능력이 요구된다.
관찰법	• 인간 행태에 대하여 연구하는 것으로 생활행동 행위의 관찰에 해당된다. • 조사자의 객관성이 요구된다.
면담법	• 면담을 통해 계획적으로 기초 연구하는 것이다. • 건축주 및 사용자를 통한 회답의 신뢰도 확인이 가능하며 보충 설명으로 중요한 정보를 끌어낼 수 있다. • 많은 경비와 시간이 소요되므로 응답자를 세심하게 선발할 필요가 있다.
문헌조사	• 다른 계획조사 방법에 비해 비용과 시간을 최소로 줄일 수 있어 많이 사용된다. • 문헌을 통한 정보수집에는 한계가 있으며, 오류가 발생할 수 있다.

> **참고** 기타 건축계획의 조사방법
> - 의미분별(S.D): 심리평가의 척도법이다. 언어에 의한 척도를 이용하여 심리 실험을 하고 분석을 통하여 심적 반응을 측정한다.
> - 이미지 맵: 공간의 현황 파악 또는 계획을 위하여 상징적인 이미지를 주는 건축·구조물 등의 위치와 특성을 이미지로 표현한다.

KEYWORD 02 건축 치수 계획 ★

1 모듈과 스케일

1. 모듈(Module, 기준치수, 규격화, 표준화)

(1) 의미 및 사용법

① 건축물을 건축할 때 구성재의 크기를 정하기 위한 척도 또는 기준 치수를 뜻하며, 건축의 계획, 생산, 사용에 편리한 치수 측정의 단위이다.
  ㉠ 기본 모듈: 기준 척도 10cm를 1M으로 표시하여 치수의 기준으로 하는 것이다.
  ㉡ 복합 모듈: 기본 모듈인 1M의 배수가 되는 모듈로서 건물의 높이 방향 기준은 2M, 수평 방향 길이의 기준은 3M이다.

② 사용법
  ㉠ 모든 치수는 1M의 배수가 되게 한다.
  ㉡ 건물의 높이는 2M의 배수가 되게 하고, 평면상의 길이는 3M의 배수가 되게 한다.

㉢ 모듈상의 모든 치수는 공칭치수로 한다.
- 공칭치수: 줄눈과 줄눈간의 중심 길이
- 제품치수: 공칭치수에서 줄눈두께를 뺀 치수 (제품치수＝공칭치수－줄눈두께)

㉣ 창호: 문틀과 벽 사이의 줄눈 중심 간의 거리가 모듈 치수가 되도록 한다.

(2) **주택의 평면과 각 부위의 치수 및 기준척도 (주택건설기준 등에 관한 규칙)**
① 치수 및 기준척도는 안목치수를 원칙으로 한다.
② 거실 및 침실의 평면 각 변의 길이는 5cm를 단위로 한 것을 기준척도로 한다.
③ 부엌·식당·욕실·화장실·복도·계단 및 계단참 등의 평면 각 변의 길이 또는 너비는 5cm를 단위로 한 것을 기준척도로 한다.
④ 거실 및 침실의 층높이는 2.4m 이상으로 하되, 각각 5cm를 단위로 한 것을 기준척도로 한다.

(3) **모듈이 필요한 건축물**
① 건축물을 지을 때 실 구성이 규격화 또는 대형화 되거나 정해진 규격 등이 있을 때 기준이 될 수 있다.
  예) 집단건축, 사무소, 백화점, 도서관, 병원, 학교
② 특히, 사무소는 기둥 간격 및 작업 책상 단위에, 도서관은 서고 계획에, 학교는 교사 계획에 모듈 시스템의 적용이 필요하다.

2. 스케일(치수, 크기, cm, mm)의 종류와 예시

(1) **물리적 스케일**: 출입구의 크기가 인간이나 물체의 크기에 의해서 결정되는 경우
(2) **생리적 스케일**: 필요 환기량에 의해 창문의 크기가 결정되는 경우
(3) **심리적 스케일**: 심리적으로 압박감 등을 느끼지 않을 정도로 천장높이가 결정되는 경우

2 건축 척도조정(Modular Coordination, M.C)

1. 정의
모듈을 통하여 건축 전반에 사용되는 재료를 규격화하는 것을 의미한다.

2. M.C의 장단점

(1) **장점**
① 설계작업이 단순해지고 간편해진다.
② 현장작업이 단순해지고 공기가 단축된다.
③ 건축재의 수송이나 취급이 편리해진다.
④ 대량생산이 가능해지고, 시공의 질이 향상된다.
⑤ 국제 M.C 사용 시 건축구성재의 국제교역이 가능하다.

(2) **단점**
① 건축물 형태의 창조성 및 인간성 상실의 우려가 있다.
② 건물의 배치와 외관이 동일해지므로 배색에 신중을 기하여 차이를 두고 설계의 자유도를 높일 수 있도록 한다.

핵심 기출문제

PART 01 건축계획 총론

KEYWORD 01 건축계획 일반

01
21년, 2회, 17년 1회, 12년 1회

건축계획 단계에서의 조사방법에 관한 설명으로 옳지 않은 것은?

① 설문조사를 통하여 생활과 공간간의 대응 관계를 규명하는 것은 생활행동 행위의 관찰에 해당된다.
② 이용 상황이 명확하게 기록되어 있는 시설의 자료 등을 활용하는 것은 기존자료를 통한 조사에 해당된다.
③ 건물의 이용자를 대상으로 설문을 작성하여 조사하는 방식은 생활과 공간의 대응 관계 분석에 유효하다.
④ 주거단지에서 어린이들의 행동특성을 조사하기 위해서는 생활행동 행위 관찰 방식이 일반적으로 가장 적절한 방법이다.

해설
설문조사를 통해 생활과 공간의 대응 관계를 규명하는 것은 설문지법에 대한 내용이고, 생활행동 행위의 관찰에 해당하는 것은 직접 관찰을 통한 관찰법이다.

관련이론
- 설문지법: 설문지 응답자의 기초적 문장 이해능력이 요구된다.
- 관찰법: 인간 행태에 대하여 연구하는 것으로 조사자의 객관성이 요구된다.
- 면담법: 면담을 통해 계획적으로 기초 연구하는 것으로 시간과 조사 경비가 소요된다.
- 실험법: 구조, 재료 등을 조사한다.
- 문헌조사: 다른 계획조사 방법에 비해 비용과 시간을 최소로 줄일 수 있어 많이 사용되고 있다.

정답 | ①

02
21년 1회, 18년 2회

건축계획에서 말하는 미의 특성 중 변화 혹은 다양성을 얻는 방식과 가장 거리가 먼 것은?

① 억양(Accent)
② 대비(Contrast)
③ 균제(Proportion)
④ 대칭(Symmetry)

해설
대칭(Symmetry)은 양쪽이 같은 모양으로 표현되는 조형 원리로 정적인 특성을 가지고 있고, 통일과 대칭을 이루기는 하나 다양성을 얻기는 어렵다.
건축의 3요소에는 구조, 미, 기능이 있다. 이중 미의 디자인 원리에는 조화, 대비, 비례, 대칭, 균형, 율동, 반복, 통일 등이 있다.

정답 | ④

03
19년 1회

POE(Post-Occupancy Evaluation)의 의미로 가장 알맞은 것은?

① 건축물 사용자를 찾는 것이다.
② 건축물을 사용해 본 후에 평가하는 것이다.
③ 건축물의 사용을 염두에 두고 계획하는 것이다.
④ 건축물 모형을 만들어 설계의 적정성을 평가하는 것이다.

해설
POE은 거주 후 평가(Post-Occupancy Evaluation)로서 건축물을 사용한 후에 평가한다. POE의 평가요소에는 환경장치, 사용자, 주변 환경, 디자인 등이 있다.

정답 | ②

04
19년 4회, 15년 4회

장애인 등의 편의시설 중 매개시설에 속하지 않는 것은?

① 주 출입구 접근로
② 유도 및 안내설비
③ 장애인 전용주차구역
④ 주 출입구 높이차이 제거

해설
유도 및 안내설비는 안내시설에 포함되는 설비이다.

관련이론

편의시설
- 매개시설: 주 출입구 접근로, 장애인 전용주차구역, 주 출입구 높이차이 제거
- 내부시설: 출입문, 계단, 승강기
- 안내시설: 점자블록, 유도 및 안내설비, 경보 및 피난설비
- 위생시설: 소변기, 세면대, 욕실, 샤워 및 탈의실
- 그 밖의 시설: 객실, 침실, 열람석, 접수대, 음료대 등

정답 | ②

05
20년 1회, 15년 2회

건축물의 에너지 절약을 위한 계획 내용으로 옳지 않은 것은?

① 공동주택은 인동간격을 넓게 하여 저층부의 일사 수열량을 증대시킨다.
② 건축물의 체적에 대한 외피면적의 비 또는 연면적에 대한 외피면적의 비는 가능한 크게 한다.
③ 건축물은 대지의 향, 일조 및 주풍량 등을 고려하여 배치하며, 남향 또는 남동향 배치를 한다.
④ 거실의 층고 및 반자높이는 실의 용도와 기능에 지장을 주지 않는 범위 내에서 가능한 낮게 한다.

해설
건축물의 체적에 대한 외피면적의 비 또는 연면적에 대한 외피면적의 비는 가능한 작게 하여 외기에 접하는 부분을 줄인다.

정답 | ②

KEYWORD 02 건축치수 계획

06
20년 4회, 17년 2회

건축공간의 치수계획에서 '압박감을 느끼지 않을 만큼의 천장 높이 결정'은 어디에 해당하는가?

① 물리적 스케일
② 생리적 스케일
③ 심리적 스케일
④ 입면적 스케일

해설
심리적으로 압박감을 느끼지 않을 만큼의 치수(천장 높이)는 심리적 스케일이다.

선지분석
① 물리적 스케일: 인간이나 물체의 크기 등에 따라 결정되는 치수 (출입구 치수 등)
② 생리적 스케일: 실 공간이 요구하는 필요한 환기량과 같이 생리적으로 필요에 따라 결정되는 공간의 치수 (창문의 크기 등)

정답 | ③

07
20년 3회, 17년 4회, 13년 2회

주택의 평면과 각 부위의 치수 및 기준척도에 관한 설명으로 옳지 않은 것은?

① 치수 및 기준척도는 안목치수를 원칙으로 한다.
② 거실 및 침실의 평면 각 변의 길이는 10cm를 단위로 한 것을 기준척도로 한다.
③ 거실 및 침실의 층높이는 2.4m 이상으로 하되, 5cm를 단위로 한 것을 기준척도로 한다.
④ 계단 및 계단창의 평면 각 변의 길이 또는 너비는 5cm를 단위로 한 것을 기준척도로 한다.

해설

거실 및 침실의 평면 각 변의 길이는 5cm를 단위로 한 것을 기준척도로 한다.

관련이론

주택의 치수 및 기준척도
- 치수 및 기준척도는 안목치수를 원칙으로 할 것
- 거실 및 침실의 평면 각 변의 길이는 5cm를 단위로 한 것을 기준척도로 할 것
- 부엌·식당·욕실·화장실·복도·계단 및 계단참 등의 평면 각 변의 길이 또는 너비는 5cm를 단위로 한 것을 기준척도로 할 것
- 거실 및 침실의 반자높이(반자를 설치하는 경우에만 해당)는 2.2m 이상으로 하고 층높이는 2.4m 이상으로 하되, 각각 5cm를 단위로 한 것을 기준척도로 할 것
- 창호설치용 개구부의 치수는 한국산업규격이 정하는 창호개구부 및 창호부품의 표준모듈호칭치수에 의할 것

정답 | ②

09
19년 4회

다음은 주택의 기준척도에 관한 설명이다. ( )안에 알맞은 것은?

> 거실 및 침실의 평면 각 변의 길이는 (   )를 단위로 한 것을 기준척도로 할 것

① 5cm
② 10cm
③ 15cm
④ 30cm

해설

거실 및 침실의 평면 각 변의 길이는 5cm를 단위로 한 것을 기준척도로 한다.

정답 | ①

08
18년 1회

다음 중 모듈 시스템의 적용이 가장 부적절한 것은?

① 극장
② 학교
③ 도서관
④ 사무소

해설

극장은 평면이나 형태 등의 계획에 있어 음향 또는 객석의 배치 등을 우선적으로 고려하여 계획한다. 극장의 계획에서 모듈에 의한 내부 공간의 융통성이나 확장성을 고려한 계획은 무리가 있다.

선지분석

② 학교: 교사계획에 모듈 시스템 적용이 필요하다.
③ 도서관: 서고 계획에 모듈 시스템 적용이 필요하다.
④ 사무소: 기둥 간격, 작업 책상 단위에 모듈 시스템 적용이 필요하다.

정답 | ①

10
19년 2회

척도 조정(M.C.)에 관한 설명으로 옳지 않은 것은?

① 설계작업이 단순해지고 간편해진다.
② 현장작업이 단순해지고 공기가 단축된다.
③ 건축물 형태의 다양성 및 창조성 확보가 용이하다.
④ 구성재의 상호조합에 의한 호환성을 확보할 수 있다.

해설

척도 조정(M.C.)의 단점에 대한 내용으로 건축물 형태의 창조성과 인간성이 상실될 수 있다.

관련이론

척도 조정(M.C.)의 장단점

장점	• 설계작업이 간단해지고 간편해짐. • 현장작업이 단순해지고 공기가 단축됨. • 건축재의 수송이나 취급이 편리해짐. • 대량생산이 가능해짐. • 국제 M.C 사용 시 건축 구성재의 국제교역이 가능해짐.
단점	• 건축물 형태의 창조성 및 인간성 상실 우려가 있음. • 건물의 배치와 외관이 동일해지므로 배색에 신중을 기해야 함.

정답 | ③

PART 02 주거건축계획

KEYWORD 03, 04

KEYWORD 03 단독주택 ★★★

1 기본계획

1. 주택의 분류

(1) 기능, 목적에 의한 분류
① 전용주택: 주거 생활만을 위한 주택이다.
② 병용주택: 주생활의 목적과 기타 작업생활의 목적을 겸한 주택이다.
　　　㉑ 상업병용 주택, 공업병용 주택, 농업병용 주택

(2) 주거 양식에 의한 분류
① 한식 주택: 우리나라의 전통 생활양식에 적합한 주택이다.
② 양식 주택: 서구식 생활양식에 적합한 주택이다.

분 류	한식 주택	양식 주택
평면의 차이	• 실의 조합(은폐적) • 위치별 실의 구분(안방, 건넌방, 사랑방) • 실의 다용도	• 실의 분화(개방적) • 기능별 분화(거실, 식당, 침실) • 실의 단일 용도
구조의 차이	• 목조 가구식 • 바닥이 높고 개구부가 큼	• 벽돌 조적식 • 바닥이 낮고 개구부가 작음
습관의 차이	좌식(온돌)	입식(침대)
용도의 차이	방의 혼용 용도(다용도)	방의 단일 용도(침실, 공부방)
가구의 차이	가구는 부차적 존재 → 가구와 관계없이 각 소요실의 크기, 설비가 결정	가구는 중요한 내용물 → 가구의 종류와 형에 따라 실의 크기와 폭이 결정

(3) 주택 평면상의 분류
① 편복도형: 각실을 일렬로 배치하여 각실의 일면에 접해 복도를 통하게 하는 형식
② 중복도형: 건물 중앙에 복도를 통하게 하고 그 양쪽에 각실을 배치하는 형식
③ 회랑복도형: 여러 실의 외측에 복도를 두루 설치하는 형식
④ 중앙홀형: 복도 없이 홀로부터 각실로 접속하는 형식
⑤ 중정형: 건물 내부에 중정을 두는 형식
⑥ 코어(Core)형: 평면·구조·설비의 관점에서 건물의 일부분이 집약된 형태로 존재하는 형식
　　㉠ 평면적 코어: 홀이나 계단 등을 건물의 중심 위치에 집약하고 유효면적률을 증대시킨 것
　　㉡ 구조적 코어: 건물의 일부에 내진벽 등을 집약하여 그 부분에서 건물전체의 강도를 높인 것
　　㉢ 설비적 코어: 부엌, 욕실, 화장실 등 설비 부분을 건물의 일부에 집약시켜 설비 순환 계통을 관리하는 것

⑦ 일실형(One Room System)
　㉠ 주택 전체를 하나의 공간에 포함시켜 각 실을 독립된 구획 공간으로 하지 않는 형식이다.
　㉡ 실 내부에 고도의 설비와 짜임새 있는 내용이 요구된다.
⑧ 분리형: 주거생활의 행동 내용에 따라서 공간을 집약적으로 분리하는 형식

(4) 입면상의 분류
① 단층형(單層形)
　㉠ 1층 건물로서 평가건물(平家建物)이다.
　㉡ 땅에 접해 있고 직접 옥외로의 출입이 가능하며, 공간계획의 자유성이 있다.
② 중층형(重層形)
　㉠ 2층 이상의 건물로서 부지 면적에 제약이 있을 경우 취하게 되는 형식이다.
　㉡ 상층은 일조 및 통풍이 잘되고, 독립성이 양호하다.
　㉢ 계단에 의해 연결되므로 계단의 위치가 중요한 요소가 된다.
　㉣ 상층의 소음이 하층에 영향을 주고 재해 시 피난에 관한 고려가 필요하다.
③ 스킵플로어형(Skip Floor Type)
　㉠ 부지 형태가 경사지일 경우 자연 지형에 따라 상하로 주택을 세우는 형식이다.
　㉡ 계단 참 정도의 실의 바닥 높이가 생겨 전면은 중층(重層)이 되고 후면은 단층(單層)으로 구성되기도 한다.
④ 필로티(Pilotis)형
　㉠ 1층은 기둥만의 개방적인 공간으로 하고 2층 이상에 여러 실을 설치하는 형식이다.
　㉡ 자유로운 보행을 위해 지상을 전부 개방하거나 주차 및 서비스 공간의 확보 또는 부지가 협소할 때 이용도가 높다.

> **참고**
> 중층 건물에서 하나의 주호가 2층 이상으로 구성되면 복층형이고, 하나의 건물 또는 한 층에서 일부는 중층으로 일부는 단층으로 되는 형식을 취발형이라고 한다.

2. 주택 설계의 새로운 방향
① 생활의 쾌적감 증대: 인간 본래의 생활을 되찾는 방향의 요구이다.
② 가사 노동의 경감 (주거의 단순화)
　㉠ 필요 이상의 넓은 주거는 지양하여 청소의 노력을 줄인다.
　㉡ 평면 기능상 주부의 동선을 최소로 단축한다.
　㉢ 능률이 좋은 부엌 시설이나 가사실을 갖춘다.
　㉣ 주거 설비를 현대화·기계화 한다.
③ 가족 본위의 주거: 가장 중심에서 주부 중심의 주거로 계획한다.
④ 좌식·입식(의자식)의 혼용: 식당, 아동실, 거실을 의자식으로 계획한다.
⑤ 개성적인 프라이버시의 확립

3. 주택 부지 선정 조건

(1) 사회적 조건
① 교통이 편리해야 하며 통근 거리가 적당해야 한다.
② 상하수도, 전기, 가스 등 도시의 제반 시설의 이용이 편리해야 한다.
③ 공공시설, 학교, 의료 시설, 도서관, 공원 등의 이용이 편리해야 한다.
④ 슈퍼마켓이나 시장과의 거리가 가까워야 한다.
⑤ 법규적 조건에 적당한 곳이어야 한다.

(2) **자연적 조건**
   ① 일조 및 통풍이 양호해야 한다.
   ② 전망이 좋고 신선한 공기가 유입되어야 한다.
   ③ 지반이 견고하고 배수가 잘 되어야 한다.
   ④ 조용하고 양호한 환경이 유지될 수 있는 곳이어야 한다.
   ⑤ 부지의 형태는 정형이 좋고, 정형에 가까운 구형(矩形, 직사각형)이 이상적이다.
   ⑥ 보건·위생상 부지 면적은 건축 면적의 3~5배 정도가 좋다.
   ⑦ 경사지에서의 구배는 1/10 정도가 적당하다.
   ※ 부지가 좁을 경우에는 동서로 긴 것이 좋고 큰 경우에는 남북으로 긴 것이 좋다.

> **참고 │ 단독주택 계획**
> • 인접 대지에 물이 없더라도 개발 가능성을 고려한다.
> • 남측에 공간을 충분히 만들어 일조를 충분히 받기 위해 건물의 배치는 대지 북측으로 하며, 마당은 남측으로 한다.

(3) **배치 계획 시 고려 사항**
   ① 인동 간격

남북간의 인동 간격	일조: 동지 때를 기준으로 하여 최소 4시간이 이상적이다. (현행법은 동지 시 2시간 이상 연속일조)
동서간의(측면) 인동 간격	• 통풍: 부지에 상풍향을 고려하여 여름에 시원하게 한다. • 방화: 연소 방지를 위해 최소 6m 이상 떨어져야 한다.

   ② 방위각: 남향이 가장 좋고, 동쪽으로 18° 혹은 서쪽으로 16° 이내의 각도가 좋다.

(4) **방위**
   ① 남쪽: 여름철의 태양은 높기 때문에 실내까지 입사하지 않으며 겨울철은 깊이 입사하므로 따뜻하다.
   ② 서쪽: 오후에 태양 광선이 깊이 입사하므로 오후에는 무덥다.
   ③ 북쪽: 하루 종일 태양이 비치지 않고 겨울에는 북풍을 받아 춥다.
   ④ 동쪽: 아침의 햇살은 실내에 깊이 들어온다. 겨울의 아침은 따뜻하나 오후는 춥다.

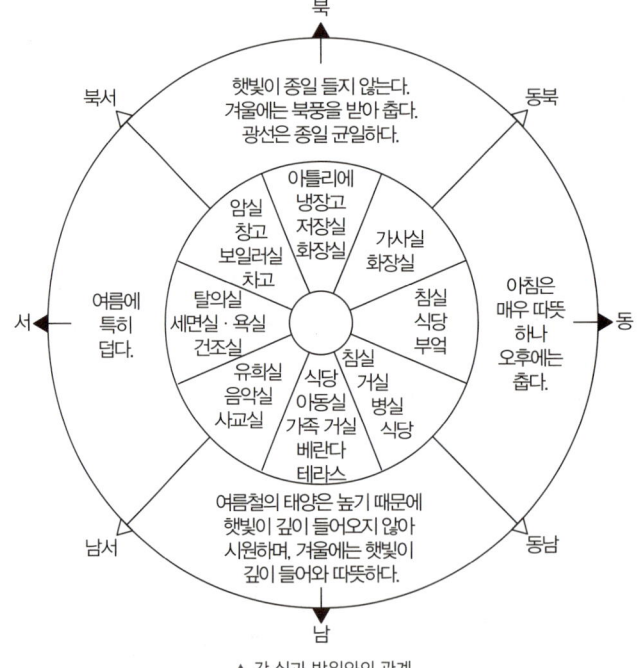

▲ 각 실과 방위와의 관계

4. 주택 동선 계획

(1) 동선의 원칙
① 단순하고 명쾌할수록 좋으며, 빈도가 많은 동선은 짧게 한다.
② 서로 다른 종류(차량과 사람 등)의 동선은 가능한 한 분리시키고 개인권, 사회권, 가사노동권은 서로 독립성을 유지한다.
③ 필요 이상의 교차는 피한다.
④ 동선에는 공간(Space)이 필요하다.

(2) 동선의 3요소
속도, 빈도, 하중

(3) 가족공간과 개인공간의 구분
① 가족적 Zone: 단란공간, 여가공간, 식사공간, 작업공간, 접객공간, 연락공간
② 개인적 Zone: 취침공간, 생리위생공간, 어린이공간, 노인공간, 서재

(4) 시간적 구분
① 주간의 Zone: 단란공간, 휴식공간, 식사공간, 작업공간, 어린이공간, 노인공간, 접객공간
② 중간의 Zone: 생리위생공간
③ 야간의 Zone: 단란공간, 휴식공간, 식사공간, 취침공간, 어린이공간, 노인공간, 서재

(5) 주택의 평면계획 시 공간의 조닝방법
① 가족 전체와 개인에 의한 조닝
② 정적 공간과 동적 공간에 의한 조닝
③ 주간과 야간의 사용시간에 의한 조닝

5. 주생활 공간의 계획 및 주생활 수준의 기준

(1) 주생활 공간의 계획
① 현대 주택은 본질적 욕구와 이들을 간접적으로 보존하는 곳, 생리위생(목욕, 배설 등) 그리고 가사 노동을 하는 곳(식사 준비, 세탁, 재봉 등) 등 여러 가지 보조용 공간을 필요로 한다.
② 본질적 분야
  ㉠ 1차적 욕구 사항(육체적인 요소): 생식, 식사, 수면, 휴식, 배설 등
  ㉡ 2차적 욕구 사항(정신적인 요소): 교육, 사교, 오락 등
③ 지대별 계획(조닝)
  ㉠ 구성원 본위가 유사한 것은 서로 접근시킨다.
  ㉡ 시간적 요소가 같은 것끼리 서로 접근시킨다.
  ㉢ 유사한 요소는 서로 공용시킨다.
  ㉣ 상호 간의 요소가 다른 것은 서로 격리시킨다.

(2) 주생활 수준의 기준

주생활 수준의 기준은 1인당 주거 면적으로 나타내는데 이때 주거 면적은 주택 연면적에서 공용 부분을 제외한 순수 거주 면적을 뜻한다. (건축연면적의 50~60% 정도)

① 최소한 주택의 표준과 권장기준: 최소: $10m^2$/인(실용면적 $6m^2$, 지원부분 $4m^2$), 권장: $16m^2$/인
② UIOP(세계가족단체협회)의 콜로뉴(Cologne)의 기준: $16m^2$/인
③ 숑바르 드 로브(Chombard de Lawve)의 기준
    ㉠ 병리기준: $8m^2$/인(거주자의 신체 및 건강에 나쁜 영향을 줌)
    ㉡ 한계기준: $14m^2$/인(개인, 가족적인 거주의 융통성을 보장하지 못함)
    ㉢ 표준기준: $16m^2$/인(적극적으로 추천)
④ Frank Am Mein의 국제주거회의: $15m^2$/인

구분		면적
최소한 주택의 표준		$10m^2$/인
콜로뉴(Cologne)기준		$16m^2$/인
숑바르 드 로브 (사회학자)	병리기준	$8m^2$/인
	한계기준	$14m^2$/인
	표준기준	$16m^2$/인
국제주거회의(최소)		$15m^2$/인

2 단독 주택 세부 계획

1. 현관, 복도, 계단

(1) 현관

① 현관의 위치는 방위와는 무관하다.
② 현관의 위치는 대지의 형태, 방위, 도로와의 관계에 영향을 받는다.
③ 현관의 크기는 현관에서 간단한 접객의 용무를 겸하는 이외의 불필요한 공간을 두지 않는 것이 좋다.
④ 현관의 크기는 주택의 규모와 가족의 수, 방문객 예상수 등을 고려한 출입량에 중점을 두어 계획하는 것이 바람직하다.
* 포치(Porch): 지붕이 돌출되어 지어진 건물의 현관 또는 출입구

면적구성비(%)	크기

• 연면적이 50~100m^2인 경우: 7%
  ㄴ 현관: 3.2%   ㄴ 홀: 3.7%
• 연면적이 100~165m^2인 경우: 6%
  ㄴ 현관: 2.2%   ㄴ 홀: 3.7%
	• 폭: 1.2m
	• 길이: 0.9m
	• 면적: 최소 $2m^2$ 정도

(2) 복도   연면적 $50m^2$ 이하 소규모 주택에서는 비경제적이다.

면적구성비(%)	크기	복도의 기능
건축 연면적의 10%	① 폭: 최소 90cm 이상 ② 일반적으로 110~120cm가 적당하다.	① 내부의 통로 ② 선룸(Sun Room)의 역할 ③ 방 차단 ④ 어린이 놀이터, 응접실의 역할 폭 1.5m 이상

(3) 계단

계단은 현관, 홀, 식당, 욕실, 화장실과 인접하게 설치한다.
① R+T=45cm 정도가 적당하다.
    ㉠ 단 너비 T(Tread): 25~29cm
    ㉡ 단 높이 R(Riser): 16~17cm
    ㉢ 계단폭: 105~120cm

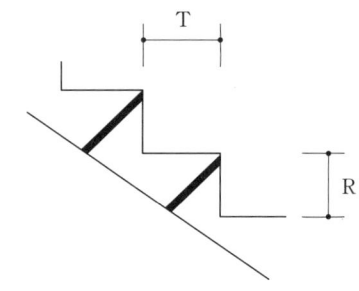

② 기타 치수
　　㉠ 계단 경사: 29~35°
　　㉡ 난간의 높이: 80~90cm
　　㉢ 계단참은 3m마다 설치한다.

2. 거실

(1) 기능
① 가족 단란, 휴식, 접대 등
② 주부의 작업 공간으로도 활용 가능
③ 가족생활의 중심이 되는 곳
④ 소주택일 경우: 서재, 응접, 리빙키친(Living Kitchen)으로 이용(복합용도)

(2) 크기
① 1인당 소요 면적: 최소 4~6㎡ 정도
② 거실의 면적 구성비: 건축 연면적의 30% 정도
③ 적정 규모
　　㉠ 한식: 16.5㎡(5평) 정도
　　㉡ 양식: 26.5㎡(8평) 정도
④ 거실의 천정 높이: 2.1m 이상

(3) 거실 계획
① 거실에서의 생활은 의식적이고 동적인 행동임을 고려한다.
② 거실에서 문이 열린 침실의 내부가 보이지 않게 한다.
③ 거실이 다른 공간들을 연결하는 통로의 역할이 되지 않도록 한다.
④ 거실의 출입구에서 의자나 소파에 앉을 경우 동선이 차단되지 않도록 한다.
⑤ 거실 면적을 고려할 때는 단순히 가족 수에 의하여 결정할 것이 아니라 가구를 배치할 수 있는 여유도 고려해야 한다.

3. 식당, 부엌

(1) 식당(Dining Room)
① 위치별 구분
　　㉠ 분리형(독립형): 거실이나 식사실, 부엌이 완전히 분리된 형식으로 쾌적한 식당 구성이 가능하다.
　　㉡ 개방형: 식사실과 부엌이 공간적으로 이어져 있으며 심리적으로 구획하기 위해 커튼이나 조립식 문, 가구 등으로 간단히 설치한 형식을 말한다.
　　　• 다이닝 키친(DK형식, Dining Kitchen): 일명 다이넷(Dinette)이라 하며, 주부 동선의 단축을 위해 부엌의 일부에 식탁을 놓은 것이다.
　　　• 다이닝 앨코브(LD 형식, Dining Alcove): 거실의 일부에 식탁을 꾸며 놓은 것이다.
　　　• 리빙 키친(LDK형식, Living Kitchen): 거실, 식사실, 부엌을 겸한 것으로 거실의 분위기에서 식사 분위기가 연출된다.
　　　• 다이닝 포치·다이닝 테라스(Dining Porch, Dining Terrace): 여름철 등 좋은 날씨에 포치나 테라스에서 식사하는 것이다.
　　㉢ 키친 플레이 룸(Kitchen Play Room): 부엌에서 작업을 하면서 어린이를 돌볼 수 있도록 된 공간이다.

② 소요 면적 — 고려사항
   ㉠ 식탁의 크기 및 의자의 배치: 1인당 폭 60cm, 길이 50cm
   ㉡ 주변 통로와의 여유 공간
   ㉢ 식사 인원수(가족수)

(2) 부엌(Kitchen)

① 위치
   ㉠ 남쪽 또는 동쪽 모퉁이 부분: 항상 쾌적하고 일광에 의한 건조와 소독이 가능해야 한다.
   ㉡ 일사 시간이 긴 서쪽은 음식물이 부패하기 쉬우므로 피하는 것이 좋다.

② 크기
   ㉠ 일반적으로 건축연면적의 8~12% 정도의 크기가 적당하다.
   ㉡ 주택의 규모가 큰 경우(100m² 이상)에는 7% 이하도 가능하다.
   ㉢ 소규모 주택(50m² 이하)인 경우에는 1.5평 정도의 크기가 필요하다.

③ 부엌의 크기 결정 기준
   ㉠ 작업대(준비대, 개수대, 조리대, 레인지, 배선대)의 면적
   ㉡ 작업인(주부)의 동작에 필요한 공간
   ㉢ 식기, 식품, 조리용 기구의 수납에 필요한 공간
   ㉣ 연료의 종류와 공급 방법
   ㉤ 주택의 연면적, 가족수, 평균 작업인수

④ 부엌의 작업순서

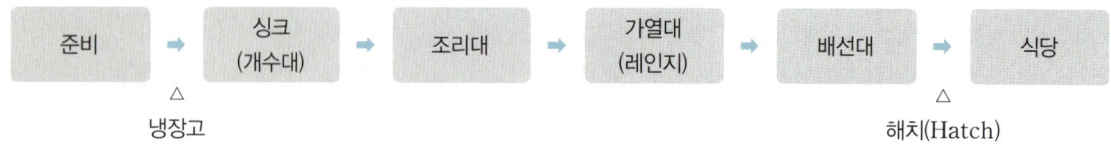

⑤ 작업삼각형: 냉장고와 개수대, 그리고 가열대를 잇는 삼각형이다.
   ㉠ 삼각형 세 변의 길이의 합은 3.6~6.6m 사이가 적당하다.
   ㉡ 삼각형 세 변의 길이의 합이 짧을수록 효과적인 배치이다.
   ㉢ 냉장고와 싱크대, 싱크대와 조리대 사이는 동선이 짧아야 한다.

⑥ 부엌의 유형

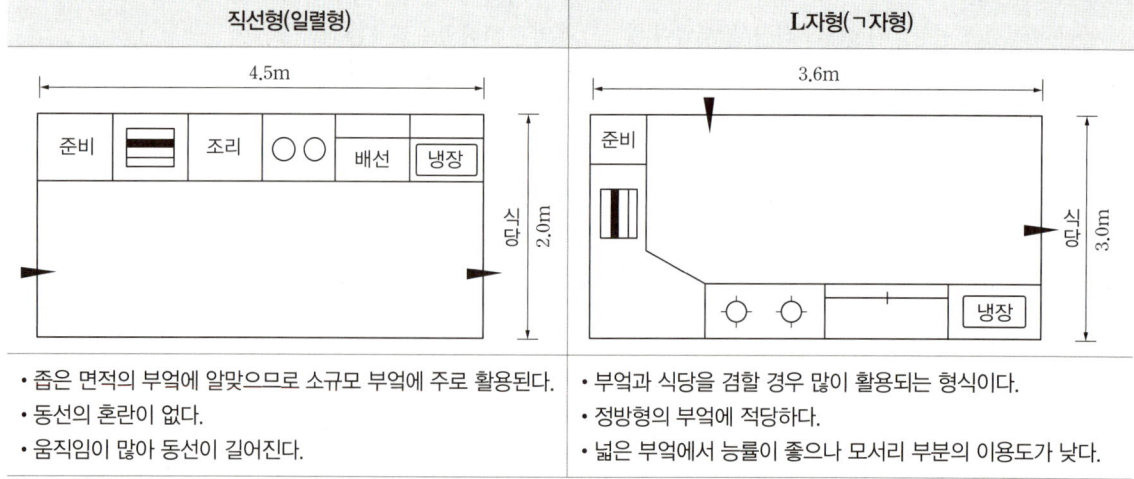

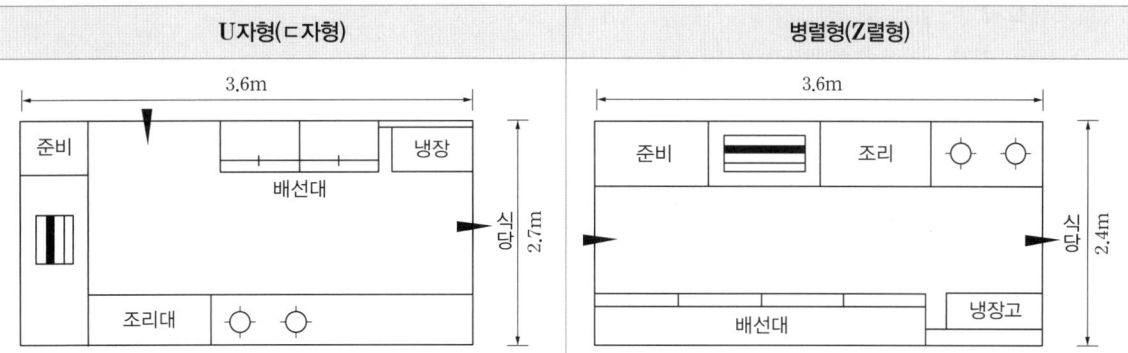

- ⑦ 부속공간
  - ㉠ 가사실: 세탁이나 다림질 등의 작업을 하는 공간이다.
  - ㉡ 옥외 작업장: 세탁장, 건조장, 우물, 연료 저장 창고, 장독대, 오물처리 등 옥외 작업에 관계되는 모든 시설이다.
  - ㉢ 다용도실: 발코니와 주방 사이의 공간을 이용하여 세탁 및 창고를 겸한다.
  - ㉣ 배선실 (팬트리)

4. 침실(Bedroom)

정적이며 무의식적인 생활공간이므로 사적 생활의 확립과 독립적 공간을 유지시키도록 한다. 평면계획상 거실, 식당, 부엌 등의 공간과 구분하여 현관과 떨어진 위치에 배치한다.

(1) 기능상 분류

① 부부 침실: 내실 또는 안방이라고도 하며, 부부용 시설로서의 독립성이 확보되어야 한다.
② 노인 침실: 일조가 충분하고 조용한 장소로 아동실에 가까운 주거 중심부에서 떨어진 한적한 위치가 좋다.
③ 아동실: 주간에는 유희(놀이) 및 공부방으로 쓰고 일조를 고려하며, 야간에는 취침이 가능한 침실 공간이 필요하다.
④ 객용 침실: 손님이 거주할 수 있도록 한다.

(2) 침실의 크기

① 고려 사항
  - ㉠ 사용 인원에 의한 필요 면적
  - ㉡ 가구의 점유 면적
  - ㉢ 공간 형태에 의한 심리적 작용

② 소요 면적
  - ㉠ 성인 1인당 필요로 하는 신선한 공기 요구량은 $50m^3/h$이며, 아동은 성인의 $\frac{1}{2}$인 $25m^3/h$이다.
  - ㉡ 이때 실내의 자연 환기 횟수를 2회/h로 가정하면 소요 공간의 크기는 $\frac{50m^3/h}{2회/h}=25m^3$이다.
  - ㉢ 1인당 바닥 면적: 천장 높이(h)가 2.5m 경우 $25m^3 \div 2.5m = 10m^2 \left(아동은 \frac{1}{2}\right)$이다.

③ 침대의 배치방법

　　㉠ 침대 상부 머리쪽은 외벽에 면하도록 한다.
　　㉡ 누운 채로 출입문이 보이도록 하며 안여닫이로 한다.
　　㉢ 침대 양쪽에 통로를 두고 한 쪽을 75cm 이상 되게 한다.
　　㉣ 침대 하부 발치쪽을 90cm 이상의 여유를 둔다.
　　㉤ 주요 통로쪽 폭은 90cm 이상 띄운다.

5. 욕실, 화장실(Bathroom, Toilet)

북쪽에 면하게 하며 설비 배관상 부엌과 인접시킨다.

구분	크기
욕실	① 보통 1.6~1.8m × 2.4~2.7m ② 최소 크기 0.9~1.8m × 1.8m ③ 천장 높이 2.1m 이상, 적당한 경사를 주어 수증기나 물방울이 바닥에 떨어지지 않도록 한다.
화장실	① 최소 크기 0.9m × 0.9m ② 양변기를 설치할 경우 0.8m × 1.2m ③ 소변기를 설치할 경우 0.8m × 0.9m ④ 욕조, 세면기, 양변기를 함께 설치할 경우 1.7 × 2.1m

6. 차고

(1) 크기
① 주택 전용 차고의 크기: 3.0m × 5.5m
② 최소 크기: 통행과 세차를 고려하여 자동차의 폭과 길이보다 최소 1.2m 더 크게 한다.

(2) 구조
① 차고의 벽이나 천장 등을 방화 구조로 하고 출입구나 개구부에 방화문을 설치한다.
② 바닥: 내수재료를 사용하고 경사도는 1/50 정도로 한다.
③ 벽: 작업공간과 함께 계획할 경우 백색 타일을 2.0m까지 붙이는 것이 이상적이며, 1.5m 정도 높이에는 국부조명을 하여 작업이 편리하도록 한다.

(3) 환기
통풍을 고려하여 바닥에서부터 30cm 정도 높이에는 하부 환기구를, 천장 부근에는 상부 환기구를 설치한다.

(4) 출입구
도로로부터 출입이 가능한 위치로 부지 경계선에서 1m 이상 후퇴시킨다.

KEYWORD 04 공동주택 ★★★

1 공동주택

1. 단지계획

(1) 단지계획
① 단지계획은 인간이 생활하는데 불편함이 없도록 외부의 물리적인 환경을 조성하는 기술이다.
② 건축·토목·조경·도시 계획 등의 경계 영역에 속하며, 각 영역의 전문가 집단에 의해서 행해진다.
③ 단지계획은 구조물, 지면, 공간, 생활체계, 기후 등을 체계적으로 조직화하는 과정이다.

(2) 주거 밀도
밀도란 토지의 집약적, 경제적 및 쾌적한 주거환경을 조성하기 위하여 토지와 건물, 토지와 인구와의 수량적 관계의 지표로서 대개 단위면적당의 건물량(건축밀도), 인구량(인구밀도)으로 나타낸다.
① 적정 주거 밀도를 결정하기 위한 조건
　㉠ 주택 1인당 바닥면적: 주택규모
　㉡ 건축 형식: 인동간격에 의해 결정
　㉢ 건축구조: 동서 방향의 인동간격 고려(벽돌, 철골, 철근콘크리트)
　㉣ 일사 및 지반의 경사 등: 남북간의 인동간격 고려
② 주거밀도를 나타내는 방법: 밀도는 토지면적과 밀접한 관계를 가진다.
　㉠ 인구밀도(토지와 인구와의 관계): 주거인구/토지면적＝호수밀도×세대당 평균 인원수
　㉡ 총밀도: 순밀도×주택건축 용적률
　㉢ 순밀도: 녹지나 교통 용지를 제외한 주거 전용면적에 대한 밀도
　㉣ 호수밀도: 주택 호수/단위토지면적

(3) 주거단지 계획 이론
① 페리(C.A. Perry)의 근린 단위 방식
　㉠ 크기: 초등학교 하나를 필요로 하는 인구가 적당하다.
　㉡ 경계: 주구 내의 경계는 간선 도로로 한다.
　㉢ 공지: 요구에 적합한 소공원 및 레크리에이션 용지가 필요하다.
　㉣ 공동 시설 용지: 그 유치권이 주구의 크기와 같은 학교, 기타의 공공 시설 용지는 주구의 중심 혹은 주위의 일단으로서 짜임새 있게 배치한다.
　㉤ 지구적인 검토: 주구 내 인구에 적합한 하나 이상의 점포 지구가 필요하며 위치는 주구의 주위, 교차 지점, 인접하는 지구의 점포 지구에 인접하게 배치해야 한다.
　㉥ 내부 가로망: 주구 내의 교통량에 비례하며 주구 내를 통과하는 도로를 두어서는 안 된다.
② 하워드(Ebenzer Howard)의 전원도시
　㉠ 토지사유를 제한하고 개발 이익의 사회 환원을 주장했다.
　㉡ 전원도시 계획으로「내일의 전원 도시(1898), 레치워스 전원 도시(1903), 웰윈 전원 도시(1920)」등이 있다.

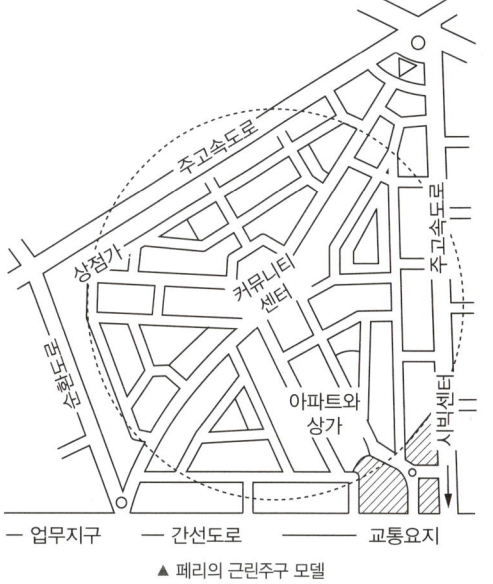
▲ 페리의 근린주구 모델

2. 단지내 도로

(1) 교통계획

구분	계획
간선 도로	• 지형, 쾌적한 환경과 시설, 주거지 개발 강도, 기존 도로와의 연결 가능성을 고려한다. • 지구 내의 간선 도로는 지선로에 의해 자주 단속되어서는 안 된다. • 모든 공공 시설물의 배치는 인접된 둘 이상의 간선로에서 보행 거리 이내에 설치를 권장한다. • 간선 도로에서 횡단보도는 최소 300m 마다 설치한다. • 간선 도로의 교차는 T자형으로 하며, 교차지점 간의 간격은 최소 400m 이상으로 한다. • 간선 도로의 교차각은 60° 이상이어야 한다.
지선로(단지내)	• 단지내 차량 이동은 저속을 유지한다. • 차량 속도를 감기 위한 2개의 간선로를 곡선형으로 연결한다. • 각 주로는 지선로에 연결(지선로에 건물이 직접면하도록 배치 가능)한다.
집산로(주구내)	• 불규칙한 커브 형태로 운전자의 주의를 집중시키고 차량 감속을 유도한다. • 자연 지형 이용한다. 예 가시거리 확보를 위한 수목의 배치 또는 제거 • 주위 환경 개선을 위한 보도 시설에 대한 접근성 확충한다. (보차 분리)
주동 접근로	• 주동의 접근로는 환경적으로 가장 좋지 않은 곳에 위치시킨다. • 접근로의 결정은 주동의 배열 및 오픈 스페이스 결정 후 시행한다. • 차량과 주동간의 적절한 완충 공간을 마련한다.

(2) 도로의 형식

구분	내용
격자형 도로	• 교통의 균등 분산이 가능하다. • 넓은 지역에 서비스가 가능하다. • 교차점은 40m 이상 이격한다. • 업무지역이나 주거지역으로 직접 연결하지 않는다.
선형 도로	폭이 좁은 단지에 유리하다.
쿨데삭 Cul-de-sac	• 적정 길이는 120~300m이다. 단, 300m 이상 시에는 중간부에 회전지점 마련이 필요하다. • 모든 쿨데삭은 2차선 확보, 보차 분리, 쿨데삭 진출입부의 교통 혼잡에 유의한다.
단지 순환로	• 도로가 단지 주변에 분포할 경우 최소 4~5m 정도의 완충지를 두고 식재한다. • 단지가 오픈 스페이스로서 공원 등과 인접해 있을 경우 7~8m 여유를 두고 후퇴 배치를 고려한다.

(3) 주택 단지의 주차장

① 집단화시키는 것이 좋다.
② 주차장의 유형에는 도로변에 주차, 건물측면 주차, 옥내 주차, 옥내 또는 건물과 일정한 거리를 두고 설치되는 대규모 공동차고 주차 등이 있다.
③ 주차장은 이용자의 주택 쪽으로 향하게 하고, 건물군의 일부처럼 느껴지게 하며, 보행자가 차량 앞을 통과해 그들의 주택으로 갈 수 있도록 배치하는 것이 좋다.

> **참고** 주차장의 예 – 옥외주차장
> - 주차장과 주거지 사이의 한계에서 거주자를 위한 주차는 30~45m가 최대이며, 방문자를 위한 주차장은 최대 60m이다.
> - 한 주차장의 수용대수는 10~12대가 적당하며, 주차장은 주로쪽을 향하도록 하여 주로군의 일부처럼 느끼게 한다.
> - 양측 주차장은 남·북으로 향하게 배치하며, 주차 형식은 직각 주차를 채택하면 효율적 배치가 가능하다.

합격 PLUS+ 공동주택 단지 도로폭

주택단지의 총세대수	기간도로와 접하는 폭 또는 진입도로의 폭	주택단지의 총세대수	기간도로와 접하는 폭 또는 진입도로의 폭
300세대 미만	6m 이상	1,000~2,000세대	15m 이상
300~500세대	8m 이상	2,000세대 이상	20m 이상
500~1,000세대	12m 이상	–	–

3. 주택단지의 구성

(1) 주택단지는 「인보구, 근린분구, 근린주구」의 순으로 구성한다.

(2) 근린주구는 커뮤니티(Community)의 최소 단위로서 도시계획의 종합계획에 따른다.

구분	면적(ha)	호수(호)	인구(명)	중심시설	비고
인보구	0.5~2.5	20~40	100~200	철근콘크리트 3~4층 아파트 1~2동	• 유아놀이터 • 공동세탁장
근린분구	15~25	400~500	2,000~2,500	일상 소비생활에 필요한 공동시설을 운영할 수 있는 체계	• 소비시설: 잡화, 음식점, 쌀가게 • 보건 위생시설: 공중목욕탕, 약국, 미용소, 진료소, 공중화장실 • 공공시설: 공회당, 파출소, 공중전화 • 보육시설: 유치원, 어린이 공원(2,000m²)
근린주구	100	1,600~2,000	8,000~10,000	초등학교를 중심으로 한 근린분구 수 개의 집합체	• 교육문화시설: 초등학교, 도서관 • 행정시설: 동사무소, 우체국, 소방서 • 의료시설: 병원 • 공원시설: 소년공원, 운동장
근린지구	400	20,000	100,000		도시생활 대부분의 시설

(3) 도시의 주택 배치

배치방법	인구밀도	배치규모
중심부	500명/ha	• 철근콘크리트조의 고층건물: 대지를 효율적으로 활용 가능 • 상업지역에 고층아파트를 배치 • 주상복합 건축(저층부: 상점·사무실, 고층부: 공동주택)
중심부의 외주부	300~400명/ha	• 중층의 철근콘크리트조 아파트 • 콘크리트 블록조 집단주택
외주부	200명/ha	• 교외 지구 • 벽돌조, 블록조 등의 단독 주거 건축

4. 공동시설, 독립주택단지

(1) 공동시설 — 커뮤니티(Community)
① 도시의 발전으로 주택지의 편의는 증가하나 생활의 쾌적함과 질서는 저하됨에 따라 주택지의 균형 있는 발전을 위해 주택지를 지역적으로 통합하여 발전시키려는 사고방식이 근린주구의 개념이며 '커뮤니티'라고 한다.
② 커뮤니티 센터(Community Center): 인간의 유대 관계를 긴밀히 하기 위한 공동시설 체제이며, 공동생활에 필요한 공동시설이 형성된 군을 말한다.
③ 공동시설
  ㉠ 1차 공동시설(기본적 주거 시설): 급·배수, 급탕, 난방, 환기, 전화 설비, 통로, 엘리베이터, 각종 슈트, 소각로, 구급 설비 등
  ㉡ 2차 공동시설(거주 행위의 일부를 공유하여 합리화와 향상을 꾀함): 세탁장, 작업시설, 어린이 놀이터, 창고 설비, 응접실 등
  ㉢ 3차 공동시설(집안 생활의 기능 촉진): 관리시설, 물품 판매, 집회실, 체육시설, 의료시설, 보육시설, 유치원, 정원 등
  ㉣ 4차 공동시설(공공시설): 우체국, 학교, 경찰서, 소방서, 교통기관 등

(2) 독립주택단지
① 택지(宅地)
  ㉠ 평면적인 주택 집단으로서 택지와 가구로 이루어져 있다.
  ㉡ 단층 주택으로서, 다각형 부지일 경우 경계선과 건물과의 띄어야 할 거리는 다음과 같다.
  • 건물의 남쪽: 5.5m   • 동, 서, 북쪽: 1.5m   • 출입구(현관)가 있는 측면: 1.8m 정도
② 가구
  ㉠ 폭: 25m(2택지분 정도의 폭)
  ㉡ 길이: 80m~160m(약 100m)
③ 도로: 도로 면적은 부지 면적의 13~17%(외주도로는 제외)이다.
  ㉠ 주택로: 4m
  ㉡ 가구로: 6m
  ㉢ 소방도로: 8m 정도의 폭으로 300m 간격으로 설치한다.

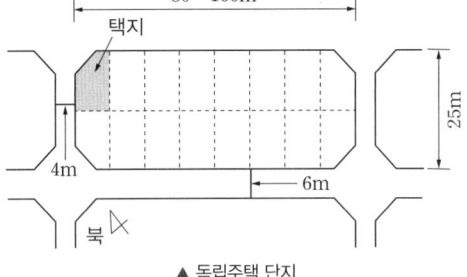

▲ 독립주택 단지

5. 공동주택의 장단점

(1) 장점
① 토지의 이용률을 높일 수 있다.
② 공공용지의 확보가 쉽다.
③ 설비의 집중화가 가능하다.
④ 동일면적의 독립주택에 비해 유지관리비가 절감된다.

(2) 단점
① 공동사회의 소속감과 연대의식이 결여된다.
② 프라이버시 유지에 불리하며, 단조로운 외관이 형성된다.
③ 화재, 재난 시 피난상 불리하다.
④ 일조·채광·통풍이 불리하고 평면계획에 제약을 받는다.
⑤ 고층화에 따른 건축비의 상승이 우려된다.

2 연립주택

1. 정의, 특징

(1) 정의
① 2동 이상의 단위주거가 인접한 주거의 벽체를 공유하며, 계획적으로 수평 또는 수직으로 연결 집합화하여 토지이용 효율을 높이면서 환경 조건을 좋게 한 1동의 건물을 이루는 저층 집합주택이다.
② 동당 건축 연면적이 660㎡를 초과하는 4층 이하의 주택이다.

(2) 특징
① 토지의 이용률을 높일 수 있다.
② 테라스하우스의 경우 각 세대마다 전용 뜰을 갖는다.
③ 접지성과 집합형식에 따라 풍요로운 옥외공간의 조성이 가능하다.
④ 경사지나 소규모 택지의 이용이 가능하다.
⑤ 대지의 형태나 지형에 조화를 고려하여 계획함으로써 다양한 배치와 외관의 변화가 가능하다.

(3) 단점
① 벽체의 공유로 인하여 일조·채광·통풍이 불리하고 평면계획에 제약을 받는다.
② 프라이버시 유지가 쉽지 않다.
③ 단조로운 공간과 외관이 형성될 수 있다.

2. 종류

(1) 2호 연립주택(Semi Detached House)
2호의 주택이 옆세대와 서로 벽체를 공유하는 형식의 순수한 연립주택을 말한다.

(2) 테라스 하우스(Terrace House, 연속주택)
경사지에서 적절한 절토에 의하여 자연지형에 따라 건물을 테라스형으로 축조하는 것으로 각 호마다 전용의 뜰(정원)을 갖는다.(평지형, 경사지형)

(3) 중정형 하우스(Patio House, Courtyard House)
중정을 중심으로 L자형 또는 ㅁ자형으로 둘러싸고 있다.

(4) 타운 하우스(Town House)
건설비 및 유지 관리비의 절약을 고려한 연립주택의 한 종류로 단독주택의 이점을 최대한 살리는 형식으로 토지 이용의 효율성이 높다.

① 공간 구성
  ㉠ 1층: 거실, 식당, 부엌 등의 생활공간 → 부엌은 출입구에 가까이 설치하고, 거실 및 식당은 테라스나 정원을 향하게 한다.
  ㉡ 2층: 침실, 서재 등 휴식 및 수면 공간 → 침실은 발코니를 수반한다.

② 특징
  ㉠ 인접 주호와 사이 경계벽 연장을 통해 프라이버시의 확보가 용이하다.
    → 프라이버시를 위한 시각 적정거리는 25m정도이다.
  ㉡ 각 세대마다 주차가 용이하다.
  ㉢ 배치의 다양한 변화가 가능하다.
  ㉣ 동의 양 끝 세대나 단지의 외곽동을 1층으로 하고, 중앙부에 3층을 배치하는 등 층의 다양화가 가능하다.
  ㉤ 일조 확보를 위해 주동은 남향 또는 남동향을 향하도록 배치한다.

(5) 로우 하우스(Low House)

2동 이상의 단위주거가 계벽(세대간 경계벽)을 공유하고 단위주거의 출입은 홀을 거치기 않고 지면에서 직접 출입하며, 밀도를 높일 수 있는 저층 주거(3층 이하로 2층이 일반적) 형태이다.

3 아파트

1. 아파트의 성립 요건

(1) **사회적 요인**
① 도시 인구 밀도의 증가
② 도시 생활자의 이동
③ 세대 인원의 감소

(2) **계획적, 경제적 요인**
① 여러 세대의 주거를 하나의 건물에 집약시킴으로써 주위 환경 개선 및 공동 설비에 대한 혜택을 높인다.
② 대지비, 건축비, 유지비의 절약이 가능하다.

2. 아파트의 분류

(1) **평면 형식상 분류**

① 계단실형(홀형, Direct Access Hall System): 계단 혹은 엘리베이터가 있는 홀로부터 단위 주거에 직접 들어가는 방식이다.
  ㉠ 독립성이 있어 프라이버시 확보에 유리하고, 출입이 편하다.
  ㉡ 통행부의 면적이 작으므로 건물의 이용도가 높다.
  ㉢ 고층 아파트일 경우 각 계단실(홀)마다 엘리베이터를 설치해야 하므로 시설비가 많이 든다.

② 복도형(Corridor System)

편(갓)복도형
(Side Corridor System,
Balcony System)
	계단 혹은 엘리베이터로 각 층에 연결하여 각 층에 있는 공용 복도에 의해 각 주호로 출입하는 형식으로 복도를 외기에 개방하는 방식이다.
	• 장점
	  - 각 주호의 거주성이 좋다(복도 개방 시).
	  - 프라이버시가 좋지는 않으나 고층 아파트에 적합하다.
	  - 복도를 외기에 개방 시 통풍, 채광이 중복도보다 좋다.
	• 단점
	  - 복도 폐쇄 시 통풍, 채광상 불리해진다.
	  - 복도 개방 시 외부에 대해 무방비 상태이므로 위험하다.
	  - 고층 아파트의 경우 난간을 높게 해야 한다.

중(속)복도형
(Middle Corridor System)
	복도 양측에 각 주호를 배치한 형식으로 도심지 독신자 아파트에 적합하다.
	• 장점: 부지의 이용률이 높다.
	• 단점
	  - 소음이 발생할 수 있고, 프라이버시가 나쁘다.
	  - 통풍이나 채광상 불리하고, 복도의 면적이 넓어진다.

③ 집중형: 엘리베이터와 계단실을 중심으로 다수의 주호를 배치한 형식이다.
  ㉠ 부지의 이용률이 높고, 많은 주호를 집중시킬 수 있다.
  ㉡ 프라이버시 확보가 매우 나쁘며, 통풍이나 채광상 매우 불리하다.
  ㉢ 복도 부분의 환기 등 여러 문제점을 해결하기 위해 고도의 설비 시설을 해야 한다.

(2) **입체 형식상의 분류**
  ① 단층형(Flat Type, Simplex Type): 각 주호가 한 개 층으로 구성된 형식
  ② 복층형(Maisonnette Type): 한 주호가 2개 층 이상으로 구성된 형식

장점	• 엘리베이터가 멈추는 층의 수를 적게 할 수 있다. • 복도가 없는 층은 남과 북이 트여 좋은 평면 구성이 가능하다. • 통로 면적이 감소하고 임대(전용, 거주, 대실, 유효)면적이 증가한다. • 독립성이 양호하여 프라이버시가 가장 좋다.
단점	• 소규모 주택($50m^2$ 이하)에서는 비경제적이다. • 공용 복도가 없는 층은 화재 및 위험 시 대피가 불리하다. • 스킵 플로어형의 경우 구조가 복잡하다.

  ③ 기타형
    ㉠ 스킵 플로어(Skip Floor): 주거단위의 단면을 단층형과 복층형에서 동일층으로 하지 않고 반층씩 엇나게 하는 형식이다.
    ㉡ 코리도 플로어(Corridor Floor): 스킵 플로어의 변형으로 엘리베이터가 정지하는 층에 공동 시설을 집중 배치하여 생활의 편리를 도모한다.
    ㉢ 독신자 아파트: 아파트 중에서 호텔에 가까운 형식이다.
      • 주호 면적은 절약되고 공용의 사교적 부분이 충분히 설치되어 있다.
      • 식사는 공용의 식당에서 행해지며, 보통 단위 플랜 내 부엌이 없다.
      • 욕실은 공동으로 사용한다.
      • 단위 플랜 내에는 거실 및 침실에 반침(이불이나 도구를 보관하는 공간)을 둔다. (입식: $15~20m^2$, 좌식: $6.6~17m^2$)

3. 평면 계획

(1) **단위 평면(Unit Plan)의 결정 조건**
  ① 거실에는 직접 출입이 가능하도록 한다.
  ② 침실에는 직접 출입이 가능하도록 하며 타실을 통하여 통행하지 않도록 한다.
  ③ 부엌과 식사실은 직렬로 연결하고 외부에서 직접 출입할 수 있도록 한다.
  ④ 동선은 단순하고 혼란되지 않도록 한다.

(2) **단위 평면의 크기**
  ① 1인당 최소 $4~6m^2$이다.
  ② 3~4인용인 경우 거주 면적은 $18m^2$이다.
  ③ 총(연)면적은 $35m^2$ 정도, 서양식인 경우 $50~90m^2$이다.

(3) **블록플랜(Block Plan)의 결정 조건**
    ① 각 단위 플랜이 2면 이상 외기에 면할 것
    ② 중요한 거실이 모퉁이에 배치되지 않도록 할 것
    ③ 각 단위 플랜에서 중요한 실의 환경은 균등하게 할 것
    ④ 모퉁이 내에서 다른 주호가 들여다보이지 않을 것
    ⑤ 계단실형의 경우 현관은 계단에서 6m 이내일 것

(4) **철근콘크리트조 아파트 설계 시 주의할 점**
    ① 사이벽은 목조, 그 밖에 경량재를 사용하여 총 열용량을 작게 한다.
    ② 큰 개구부를 갖는 부분은 베란다 등을 두어서 완충부로 한다.
    ③ 여름철에는 되도록 콘크리트 외벽에 햇볕이 닿지 않도록 한다.
    ④ 최상층에는 옥상으로부터 열을 차단할 수 있는 재료로 단열하고 천장 속의 환기를 고려한다.
    ⑤ 자연환기(환기창, 환기통) 또는 기계환기(개별식, 중앙식), 공기조절 및 냉방 장치를 계획한다.

4. 세부 계획

(1) **단위 플랜 내의 각실 계획**
    ① 거실, 식당, 부엌
        ㉠ 보통 다이닝 키친 또는 리빙 키친 형식이다.
        ㉡ 부엌에 면하여 베란다를 설치한다.(이때, 베란다는 세탁기나 건조를 위한 장소로 쓰이며 크기는 $3.3m^2$ 내외)
        ㉢ 거실의 천장 높이는 2.4m 이상으로 하고 최상층은 방서를 위해 일반층보다 10~20cm 정도 더 높게 한다.
    ② 발코니(Balcony)
        ㉠ 발코니는 직접 외기에 접하는 장소로 서비스 발코니와 리빙 발코니(Living Balcony)가 있다.
        ㉡ 유아의 유희(놀이), 일광욕, 침구 및 세탁물 건조 등의 장소로 사용된다.
        ㉢ 난간의 높이는 1.2m 이상으로 한다.
        ㉣ 비상시 이웃집과 연락이 가능한 곳이어야 한다.
    ③ 현관
        ㉠ 안여닫이가 원칙이나 안으로 여닫을 경우 홀이 좁아지는 단점이 있으므로 밖으로 열도록 한다.
        ㉡ 유효폭은 85cm 이상으로 하고 문짝은 방화상 철제로 설치한다.
    ④ 화장실, 욕실
        ㉠ 화장실은 양변기를 설치하며, 바닥은 낮게 한다.
        ㉡ 환기 및 방수에 유의하고, 출입문은 안여닫이로 한다.
        ㉢ 원칙적으로 화장실과 욕실은 분리한다.
        ㉣ 욕조의 크기: 80~90 × 120~180(cm)
    ⑤ 가구 수납 설치
        ㉠ 결로 방지를 위해 내벽 쪽으로 한다.
        ㉡ 수납용 침대: 도어 베드(Door Bed), 리세스 베드(Recess Bed), 롤러 베드(Roller Bed)

(2) **공동 부분**
    ① 계단
        ㉠ 단 높이 18cm 이하, 단 너비 26cm 이상, 계단폭 1.2m 이상
        ㉡ 배수는 기준층에서 처리한다.

② 복도
  ⊙ 기준층에서의 복도 폭: 양 옆에 거실이 있는 복도 2.4m 이상, 기타의 복도 1.8m 이상
  ⊙ 보행 거리: 주요 구조부가 내화 구조인 경우 50m 이하, 16층 이상 공동주택인 경우 40m 이하
  ⊙ 계단참: 3m 이상의 높이인 경우 3m 이내마다 1개소씩 설치
③ 엘리베이터: 중층(6층) 이상일 때 설치
  ⊙ 배치
    - 복도형: 단위 플랜에서 30~40m 이내
    - 홀형: 홀에 배치
  ⊙ 조정방식: 수동식, 자동식, 신호식
  ⊙ 대수의 산출 시 가정 조건
    - 2층 이상 거주자의 30%를 15분간 일방 수송한다.
    - 1인의 승강에 필요한 시간은 문의 개폐시간을 포함해서 6초로 한다.
    - 한 층에서 승객이 기다리는 시간은 평균 10초로 한다.
    - 실제 주행 속도는 전 속도의 80%로 한다.
    - 정원의 80%를 수송 인원으로 본다.
    - 거주자가 차지하는 건물 내의 면적은 연면적의 70%로 하고 1인이 차지하는 면적은 30m²(아파트)로 한다.
  ⊙ 엘리베이터 1대당 50~100호가 적당하다.
  ⊙ 엘리베이터의 속도
    - 경제적인 면: 저속(50m/min 이하)
    - 능률적인 면: 중속(70~100m/min)

(3) **채광 및 환기**
  ① 채광상 유효 부분의 면적은 거실 바닥 면적에 대해 다음과 같다.

건물 혹은 실의 용도	필요 면적
침실, 기숙사의 침실 이외의 거실	1/10

  ② 환기: 공동 주택, 기숙사의 거실의 창 혹은 그 밖의 개구부로서 환기에 유효한 부분의 면적은 그 거실의 바닥 면적에 대해 $\frac{1}{20}$ 이상이 가장 좋다.

핵심 기출문제

PART 02
주거건축계획

KEYWORD 03 단독주택

01
19년 2회, 12년 1회

주택의 부엌 계획에 관한 설명으로 옳지 않은 것은?

① 일사가 긴 서쪽은 음식물이 부패하기 쉬우므로 피하도록 한다.
② 작업 삼각형은 냉장고와 개수대 그리고 배선대를 잇는 삼각형이다.
③ 부엌가구의 배치유형 중 ㄱ자형은 부엌과 식당을 겸할 경우 많이 활용되는 형식이다.
④ 부엌가구의 배치유형 중 일렬형은 면적이 좁은 경우 이용에 효과적이므로 소규모 부엌에 주로 활용된다.

해설 |
부엌의 작업 삼각형은 냉장고와 개수대, 그리고 가열대를 잇는 삼각형이다.

관련이론
부엌에서의 작업 삼각형

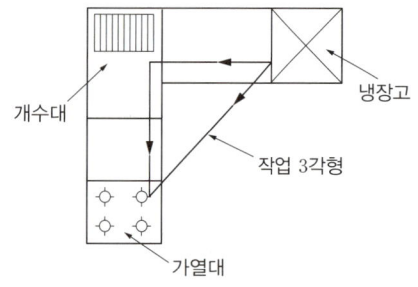

- 삼각형 세 변의 길이의 합이 짧을수록 효과적이며, 세 변의 길이의 합은 3.6~6.6m 사이가 적당하다.
- 냉장고와 개수대, 개수대와 가열대 사이는 동선이 짧아야 한다.

정답 | ②

02
18년 2회, 14년 2회

주택 주방의 작업 삼각형의 꼭지점에 해당하지 않는 것은?

① 냉장고
② 개수대
③ 가열대
④ 배선대

해설 |
주택 주방의 작업 삼각형은 냉장고와 개수대, 그리고 가열대를 잇는 삼각형으로 3.6~6.6m 정도로 하는 것이 능률적이다.

정답 | ④

03
20년 4회

단독주택의 평면계획에 관한 설명으로 옳지 않은 것은?

① 거실은 평면계획상 통로나 홀로 사용하지 않는 것이 좋다.
② 현관의 위치는 대지의 형태, 도로와의 관계 등에 의하여 결정된다.
③ 부엌은 주택의 서측이나 동측이 좋으며 남향은 피하는 것이 좋다.
④ 노인침실은 일조가 충분하고 전망이 좋은 조용한 곳에 면하게 하고 식당, 욕실 등에 근접시킨다.

해설 |
부엌의 위치는 남쪽 또는 동쪽 모퉁이 부분으로 항상 쾌적하고 일광에 의한 건조 소독이 가능한 곳이 좋다. 일사 시간이 긴 서쪽은 음식물이 부패하기 쉬우므로 반드시 피한다.

정답 | ③

04
20년 4회, 14년 1회

단독주택에서 다음과 같은 실들을 각각 직상층 및 직하층에 배치할 경우 가장 바람직하지 않은 것은?

① 상층: 침실, 하층: 침실
② 상층: 부엌, 하층: 욕실
③ 상층: 욕실, 하층: 침실
④ 상층: 욕실, 하층: 부엌

해설|
상층이 침실, 하층이 욕실인 것이 좋다.
단독주택은 설비 코어(배관 집중)와 프라이버시를 위해 상층과 하층을 각각 부엌과 욕실로 하거나 상하층에 침실을 같은 위치에 배치하는 것도 좋다.

정답 | ③

05
21년 1회

다음 중 단독주택의 현관 위치 결정에 가장 주된 영향을 끼치는 것은?

① 방위
② 주택의 층수
③ 거실의 위치
④ 도로와의 관계

해설|
단독주택에서 현관의 위치는 도로의 위치, 경사도와 대지의 형태에 가장 큰 영향을 받는다. 현관은 연면적에서 약 7%를 차지하며 방위와는 무관하게 배치한다.

정답 | ④

06
21년 2회

단독주택의 리빙 다이닝 키친에 관한 설명으로 옳지 않은 것은?

① 공간의 이용률이 높다.
② 소규모 주택에 주로 사용된다.
③ 주부의 동선이 짧아 노동력이 절감된다.
④ 거실과 식당이 분리되어 각 실의 분위기 조성이 용이하다.

해설|
리빙 다이닝 키친은 거실과 식사실을 하나의 공간으로 구성하는 형태이다. 주부 동선이 짧고 단순하다는 장점이 있다.

정답 | ④

07
21년 1회, 16년 1회, 12년 1회

주택의 동선계획에 관한 설명으로 옳지 않은 것은?

① 동선은 가능한 굵고 짧게 계획하는 것이 바람직하다.
② 동선의 3요소 중 속도는 동선의 공간적 두께를 의미한다.
③ 개인, 사회, 가사노동권의 3개 동선은 상호간 분리하는 것이 좋다.
④ 화장실, 현관 등과 같이 사용빈도가 높은 공간은 동선을 짧게 처리하는 것이 중요하다.

해설|
동선에는 공간(Space)이 필요하며, 동선의 3요소에는 속도, 빈도, 하중이 있다. 이중 공간의 두께는 빈도와 관계된다.

선지분석
①, ④ 단순하고 명쾌할수록 좋으며, 빈도가 많은 동선은 짧게 한다.
③ 서로 다른 종류(차량, 사람 등)의 동선은 가능한 한 분리시키고 개인권, 사회권, 가사노동권은 서로 독립성을 유지해야 한다.

정답 | ②

08 16년 2회, 12년 4회

주택의 부엌에서 작업과정을 고려한 작업대의 배치 순서로 가장 알맞은 것은?

① 레인지 → 싱크대 → 조리대 → 냉장고
② 조리대 → 싱크대 → 레인지 → 냉장고
③ 싱크대 → 냉장고 → 조리대 → 레인지
④ 냉장고 → 싱크대 → 조리대 → 레인지

해설
냉장고 → 싱크대(개수대) → 조리대(가열대, 레인지) → 배선대 → 식사실로 연결된다.

정답 | ④

09 19년 4회, 13년 1회

주택의 부엌가구 배치 유형에 관한 설명으로 옳지 않은 것은?

① L자형은 부엌과 식당을 겸할 경우 많이 활용된다.
② ㄷ자형은 작업공간이 좁기 때문에 작업효율이 나쁘다.
③ 병렬형은 작업 동선은 줄일 수 있지만 몸을 앞뒤로 바꾸는데 불편하다.
④ 일(一)자형은 좁은 면적 이용에 효과적이므로 소규모 부엌에 주로 사용된다.

해설
ㄷ자형(U자형)은 양측 벽면의 활용도가 좋아 수납 공간을 넓게 사용할 수 있으므로 작업효율이 좋다.

정답 | ②

10 21년 2회, 14년 4회

주택의 부엌 작업대 배치유형 중 ㄷ자형에 관한 설명으로 옳은 것은?

① 두 벽면을 따라 작업이 전개되는 전통적인 형태이다.
② 평면계획상 외부로 통하는 출입구의 설치가 곤란하다.
③ 작업동선이 길고 조리면적은 좁지만 다수의 인원이 함께 작업할 수 있다.
④ 가장 간결하고 기본적인 설계형태로 길이가 4.5m 이상이 되면 동선이 비효율적이다.

해설
ㄷ자형은 이용하기에 편리하나 외부로 통하는 출입구 설치가 곤란하다.

선지분석
① 병렬형에 대한 설명이다.
③, ④ 직선형에 대한 설명이다.

관련이론
부엌의 유형
- 직선형(일렬형): 좁은 부엌에 알맞고 동선의 혼란이 없는 반면 움직임이 많아 동선이 길어진다.
- L자형(ㄱ자형): 정방형의 부엌에 적당하며 비교적 넓은 부엌에서 능률이 좋으나 모서리 부분의 이용도가 낮다.
- U자형(ㄷ자형): 양측 벽면의 이용이 좋으므로 수납 공간을 넓게 잡을 수 있으며 이용하기에는 아주 편리하다.
- 병렬형(Z렬형): 동선을 단축시킬 수 있지만 몸을 앞뒤로 바꾸면서 작업을 하는 불편이 있다.

정답 | ②

11 18년 1회

다음과 같은 특징을 갖는 부엌의 평면형은?

— 작업 시 몸을 앞뒤로 바꾸어야 하는 불편이 있다.
— 식당과 부엌이 개방되지 않고 외부로 통하는 출입구가 필요한 경우에 많이 쓰인다.

① 일렬형
② ㄱ자형
③ 병렬형
④ ㄷ자형

해설
동선이 단축시킬 수 있지만 몸을 앞뒤로 바꾸면서 작업을 하는 불편이 있는 병렬형에 대한 설명이다.

정답 | ③

12
20년 3회, 19년 1회, 16년 4회, 15년 4회

숑바르 드 로브의 1인당 주거면적기준으로 옳은 것은?

① 병리기준: 6m², 한계기준: 12m²
② 병리기준: 6m², 한계기준: 14m²
③ 병리기준: 8m², 한계기준: 12m²
④ 병리기준: 8m², 한계기준: 14m²

해설 |
숑바르 드 로브(Chombard de Lawve)의 기준
- 병리기준: 8m²/인
- 한계기준: 14m²/인
- 표준기준: 16m²/인

정답 | ④

13
18년 2회, 17년 4회, 15년 2회, 14년 4회, 13년 1회

주택단지 안의 건축물 또는 옥외에 설치하는 계단 중 공동으로 사용하는 계단의 유효폭은 최소 얼마 이상으로 하여야 하는가?

① 90cm   ② 120cm
③ 150cm ④ 180cm

해설 |
공동으로 사용하는 계단은 대형의 물품 운반에 지장이 없는 유효폭(최소 120cm 이상)으로 하여야 한다. 세대 내 계단이나 옥외계단의 유효폭은 최소 90cm 이상으로 한다.

정답 | ②

14
17년 4회, 12년 2회

주택의 거실계획에 관한 설명으로 옳지 않은 것은?

① 거실에서 문이 열린 침실의 내부가 보이지 않게 한다.
② 거실이 다른 공간들을 연결하는 단순한 통로의 기능화가 되지 않도록 한다.
③ 거실의 출입구에서 의자나 소파에 앉을 경우 동선이 차단되지 않도록 한다.
④ 일반적으로 전체 연면적의 40~50% 정도의 규모로 계획하는 것이 바람직하다.

해설 |
거실의 면적 구성비는 건축 연면적의 30%가 적당하다.

관련이론
거실의 면적
거실에서의 생활은 의식적이고 동적인 행동이므로 단순히 가족수에 의하여 결정할 것이 아니라 가구를 배치할 수 있는 여유도 고려해야 한다.
- 1인당 소요 면적: 최소 4~6m² 정도
- 거실의 면적 구성비: 건축 연면적의 30% 정도

정답 | ④

15
19년 1회, 16년 1회

한식주택과 양식주택에 관한 설명으로 옳지 않은 것은?

① 양식주택은 입식 생활이며, 한식주택은 좌식 생활이다.
② 양식주택의 실은 단일용도이며, 한식주택의 실은 혼용도이다.
③ 양식주택은 실의 위치별 분화이며, 한식주택은 실의 기능별 분화이다.
④ 양식주택은 가구가 주요한 내용물이며, 한식주택의 가구는 부차적 존재이다.

해설 |
양식주택이 실의 기능별 분화(거실, 식당, 침실)이며, 한식주택이 실의 위치별 분화(안방, 사랑방, 건넌방)이다.

정답 | ③

KEYWORD 04 　공동주택

16
19년 4회

다음의 공동주택 평면형식 중 각 주호의 프라이버시와 거주성이 가장 양호한 것은?

① 계단실형
② 중복도형
③ 편복도형
④ 집중형

해설
계단실형은 독립성(프라이버시)이 좋고, 출입이 편하다. 통행부의 면적이 작으므로 건물의 이용도가 높다.

선지분석
② 중복도형: 부지 이용률이 높으나 시끄럽고 프라이버시가 나쁘다.
③ 편복도형: 프라이버시가 좋지는 않으나 고층 아파트에 적합하다.
④ 집중형: 부지 이용률이 높고, 많은 주호를 집중시킬 수 있는 반면 프라이버시는 매우 나쁘다.

정답 | ①

17
20년 3회, 15년 2회, 13년 2회

공동주택의 단위주거 단면구성 형태에 관한 설명으로 옳지 않은 것은?

① 플랫형은 주거단위가 동일층에 한하여 구성되는 형식이다.
② 복층형(메조네트형)은 엘리베이터의 정지 층수를 적게 할 수 있다.
③ 트리플렉스형은 듀플렉스형보다 프라이버시의 확보율이 낮고 통로면적이 많이 필요하다.
④ 스킵 플로어형은 주거단위의 단면을 단층형과 복층형에서 동일층으로 하지 않고 반층씩 엇나게 하는 형식을 말한다.

해설
트리플렉스형은 3개층이 하나의 주호로 만들어지므로 듀플렉스형(2개층이 하나의 주호)보다 프라이버시와 채광 및 통풍이 좋고, 통로가 없는 층이 많아져 필요한 통로면적이 적다.

정답 | ③

18
19년 1회, 15년 4회, 15년 1회

공동주택을 건설하는 주택단지는 기간도로와 접하거나 기간도로로부터 당해 단지에 이르는 진입도로가 있어야 한다. 주택단지의 총세대수가 400세대인 경우 기간도로와 접하는 폭 또는 진입도로의 폭은 최소 얼마 이상이어야 하는가? (단, 진입도로가 1개이며, 원룸형 주택이 아닌 경우)

① 4m
② 6m
③ 8m
④ 12m

해설
기간도로와 접하는 폭 또는 진입도로의 폭은 300세대 이상 500세대 미만인 경우 8m 이상이어야 한다.
• 300세대 미만: 6m 이상
• 300세대 이상 500세대 미만: 8m 이상
• 500세대 이상 1,000세대 미만: 12m 이상
• 1,000세대 이상 2,000세대 미만: 15m 이상
• 2,000세대 이상: 20m 이상

정답 | ③

19
20년 3회, 18년 4회, 16년 2회

탑상형 공동주택에 관한 설명으로 옳지 않은 것은?

① 각 세대에 시각적인 개방감을 준다.
② 각 세대에 거주 조건 및 환경이 균등하다.
③ 도심지 내의 랜드마크적인 역할이 가능하다.
④ 건축물 외면의 4개의 입면성을 강조한 유형이다.

해설
탑상형은 구조에 따라 강제 환기 시스템이 필요하므로 각 세대가 갖는 채광이나 통풍 등의 거주조건 및 환경이 동일할 수 없다.

정답 | ②

20
19년 2회, 18년 1·2회, 14년 2·3회, 13년 1회

아파트의 평면형식에 관한 설명으로 옳지 않은 것은?

① 중복도형은 부지의 이용률이 적다.
② 홀형(계단실형)은 독립성(Privacy)이 우수하다.
③ 집중형은 복도부분 자연환기, 채광이 극히 나쁘다.
④ 편복도형은 복도를 외기에 터놓으면 통풍, 채광이 중복도형보다 양호하다.

해설 |
아파트의 평면형식 중 단위세대가 많은 중복도형과 집중형은 부지의 이용률이 높다.

관련이론
아파트 평면 형식상 분류
㉠ 계단실형(Hall형): 계단 또는 엘리베이터로부터 각 주호로 연결되는 형식
 • 프라이버시가 양호하고, 출입이 편리하다.
 • 통행부 면적이 적어 건물의 이용도가 높다.
㉡ 편복도형: 계단 또는 엘리베이터로 각 층에 연결되고 복도에 의해 각 주호로 출입하는 방식
 • 공용복도에 있어서는 프라이버시가 침해되기 쉬우나, 이웃간에 친교할 수 있는 기회가 많아진다.
 • 중복도형보다 통풍, 채광이 유리하다.
 • 고층 아파트의 경우 개방형 복도에 안정감을 갖도록 설계하여야 한다.
㉢ 중복도형: 복도 양측에 각 주호가 배치된 형식
 • 대지의 이용률이 높다.
 • 프라이버시가 나쁘고 시끄럽다.
 • 채광, 통풍 조건을 양호하게 할 수 없다.
㉣ 집중형: 엘리베이터, 계단 등을 중앙에 배치하고 그 주위에 각 주호를 집중시키는 형식
 • 중복도형과 같은 결점이 있다.
 • 기후 조건에 따라 기계적 환경 조절이 필요하다.

정답 | ①

21
19년 4회, 18년 4회, 17년 4회, 15년 4회

아파트의 형식 중 메조넷형에 관한 설명으로 옳지 않은 것은?

① 다양한 평면구성이 가능하다.
② 소규모 주택에서는 비경제적이다.
③ 편복도형일 경우 프라이버시가 양호하다.
④ 복도와 엘리베이터홀은 각 층마다 계획된다.

해설 | 메조넷형은 복층으로서 엘리베이터가 격층으로 운행된다. 복층형(Maisonnette Type)은 한 주호가 2개층 이상에 걸쳐 구성되는 형식으로 매층마다 엘리베이터가 서지 않기 때문에 엘리베이터의 일주시간이 단축되어 효율성이 증가한다.

선지분석
① 복도와 엘리베이터홀이 없는 층에서 주택 전용의 공간으로 사용되어 유효면적이 증가한다.
② $50m^2$ 이하의 소규모 주택에서는 비경제적이다.
③ 복도가 없는 층은 일조·통풍이 유리하고 전망이 좋은 층을 얻을 수 있으며, 프라이버시가 가장 좋다.

정답 | ④

22
21년 2회, 17년 2회

아파트의 평면형식 중 계단실 형에 관한 설명으로 옳은 것은?

① 대지에 관한 이용률이 가장 높은 유형이다.
② 동행을 위한 공용 면적이 크므로 건물의 이용도가 낮다.
③ 각 세대가 양쪽으로 개구부를 계획할 수 있는 관계로 통풍이 양호하다.
④ 엘리베이터를 공용으로 사용하는 세대가 많으므로 엘리베이터의 효율이 높다.

해설 |
계단실형은 계단 또는 엘리베이터로부터 각 주호로 연결되는 형식으로 통풍이 양호하다.

선지분석
① 대지에 관한 이용률이 가장 높은 유형은 중복도형이다.
② 계단실형은 통행을 위한 공용 면적이 작으므로 건물의 이용도가 높다.
④ 엘리베이터를 공용으로 사용하는 세대가 적으므로 엘리베이터의 효율이 낮다.

정답 | ③

23
19년 1회, 15년 2회

아파트에 의무적으로 설치하여야 하는 장애인·노인·임산부 등의 편의시설에 속하지 않는 것은?

① 점자블록
② 장애인전용 주차구역
③ 높이 차이가 제거된 건축물 출입구
④ 장애인 등의 통행이 가능한 접근로

해설 |
장애인·노인·임산부 등의 편의시설 중 의무사항은 장애인전용 주차주역, 높이 차이가 제거된 건축물 출입구, 장애인 등의 통행이 가능한 접근로이고 안내시설인 점자블록은 권장사항이다.

정답 | ①

24
19년 2회, 17년 1회

테라스 하우스에 관한 설명으로 옳지 않은 것은?

① 경사가 심할수록 밀도가 높아진다.
② 각 세대의 깊이는 7.5m 이상으로 하여야 한다.
③ 평지보다 더 많은 인구를 수용할 수 있어 경제적이다.
④ 시각적인 인공테라스형은 위층으로 갈수록 건물의 내부면적이 작아지는 형태이다.

해설 |
테라스 하우스는 후면에 창문이 없으므로 각 세대의 깊이가 6.0~7.5m 이상이 되어서는 안되며, 세대당 2.7m의 높이차가 적당하다.

정답 | ②

25
21년 2회, 17년 4회, 15년 1회, 12년 4회

페리(C. A. Perry)의 근린주구에 관한 설명으로 옳지 않은 것은?

① 경계: 4면의 간선도로에 의해 구획
② 지구 내 상업시설: 지구 중심에 집중하여 배치
③ 오픈 스페이스: 주민의 일상생활 요구를 충족시키기 위한 소공원과 위락공간체계
④ 지구 내 가로체계: 내부 가로망은 단지 내의 교통량을 원활히 처리하고 통과 교통을 방지

해설 |
지구 내 상업시설은 근린주구의 교차점이나 인접 주구의 점포에 인접한 1개 이상의 점포지구를 배치한다.

관련이론

페리(C.A. Perry)의 근린 단위 방식

- 크기: 초등학교 하나를 필요로 하는 인구가 적당하다.
- 경계: 주구 내의 경계는 간선 도로로 한다.
- 공지: 요구에 적합한 소공원 및 레크리에이션 용지가 필요하다.
- 공동 시설 용지: 그 유치권이 주구의 크기와 같은 학교, 기타의 공공 시설 용지는 주구의 중심 혹은 주위의 일단으로서 짜임새 있게 배치한다.
- 지구적인 검토: 주구 내 인구에 적합한 하나 이상의 점포 지구가 필요하며 위치는 주구의 주위, 교차 지점, 인접하는 지구의 점포 지구에 인접하게 배치해야 한다.
- 내부 가로망: 주구 내의 교통량에 비례하며 주구 내를 통과하는 도로를 두어서는 안 된다.

정답 | ②

26
19년 1회

페리(C.A. Perry)의 근린주구(Neighborhood Unit) 이론의 내용으로 옳지 않은 것은?

① 초등학교 학구를 기본단위로 한다.
② 중학교와 의료시설을 반드시 갖추어야 한다.
③ 지구 내 가로망은 통과교통에 사용되지 않도록 한다.
④ 주민에게 적절한 서비스를 제공하는 1~2개소 이상의 상점가를 주요도로의 결절점에 배치한다.

해설 |
중학교가 아닌 초등학교와 의료시설을 반드시 갖추어야 한다.

정답 | ②

PART 03 상업건축계획

KEYWORD 05, 06, 07

KEYWORD 05 사무소 ★★★

1 개요 및 기본계획

1. 개요

(1) 사무소의 분류

관리상 분류	① 전용사무소: 완전한 개인 전용 사무소 ② 준전용 사무소: 몇 개의 회사가 모여서 부동산 회사를 설립하고 관리 운영과 소유를 공동으로 하는 사무소 ③ 대여 사무소: 건물의 전부 또는 대부분을 임대하는 사무소 ④ 준대여 사무소: 건물의 주요 부분을 개인 전용으로 하고, 그 외 나머지는 임대하는 사무소
대여 계획상 분류	① A형: 기둥 간격 단위로 대여하는 형식 ② B형: 기준층을 몇 개의 블록으로 나누어 대여하는 형식 ③ C형: 층 기준으로 대여하는 형식 ④ D형: 전층을 대여하는 형식

(2) 유효율(랜터블비: Rentable Ratio, %)

① 연면적에 대한 대실 면적의 비율을 말한다.

$$유효율 = \frac{대실면적}{연면적} \times 100\ [\%]$$

② 유효율은 전체 건물(연면적)에 대해서 70~75% 정도이고, 기준층에 대해서는 80% 정도이다.

(3) 사무소의 면적 기준

① 사무소 건축의 기본은 그 수용 인원수(n)이다. 이에 따라 사무소 대실 면적과 연면적(A)을 산출할 수 있다.

$$연면적\ A = \frac{r}{h} = \frac{nk}{h}\ (\because r = nk)$$

- k: 1인당 소요 바닥 면적: 8~11m²/인
- h: 연면적에 대한 대실 면적비: 70~75%

② 1인당 바닥 면적의 기준
   ㉠ 대실 면적: 5.5~6.5m²/인
   ㉡ 연면적: 8.0~11.0m²/인

(4) 책상 배치

① 4조 직렬(4.15m²/인): 일반 사무실에서 책상을 배치하는 표준이다. (사무 능률 및 1인 책상 면적에 적합)
② 3조 직렬(4.47m²/인): 4조 직렬보다 기둥 간격이 작은 건물에 많이 이용된다.
③ 2조 직렬(5.28m²/인): 특수한 경우에 사용한다.

2. 기본계획

(1) 부지의 선정 조건: 건축법상 유리한 곳이어야 한다.

① 도로와의 관계: 모퉁이 대지 또는 2면 이상의 도로에 접한 대지가 좋다.

② 도로폭: 고층 빌딩인 경우 전면 도로 폭 20m 이상이 좋다.

③ 대지의 형태: 직사각형에 가까우며 전면 도로에 길게 접한 대지가 좋다.

④ 주차 면적을 충분히 확보할 수 있는 곳으로 인접 건물에 조망이 막히지 않아야 한다.

(2) 대지 위치의 조건

① 교통이 편리한 곳

② 도심 상업 중심가 지역(CBD)일 것

③ 도시의 경제 사정, 도시의 성격, 크기에 따르는 사무소의 규모 등을 검토할 것

④ 소음 공해가 적고 채광 조건이 양호할 것

2 평면계획

1. 실에 의한 분류

(1) 개실 배치(Individual Room System)

복도에 의해 각 층의 여러 부분으로 들어가는 방법이다.

장점	• 독립성과 쾌적성이 좋다. • 자연 채광 조건이 좋다.
단점	• 공사비가 비교적 높다. • 방 길이에는 변화를 줄 수 있지만, 연속된 복도 때문에 방 깊이에는 제한된다.

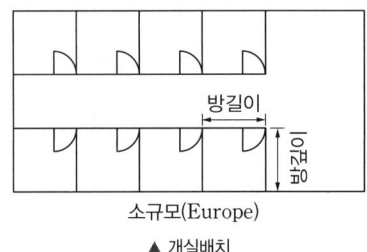

소규모(Europe)

▲ 개실배치

(2) 개방식 배치(Open System)

개방된 큰 방으로 설계하고 중역들을 위해 분리된 작은 방을 두는 방법이다.

장점	• 전면적을 유효하게 이용할 수 있어 공간 절약상 유리하다. • 칸막이벽이 없어 공사비가 다소 저렴해진다. • 방의 길이나 깊이에 변화를 줄 수 있다.
단점	• 소음이 크고 독립성이 떨어진다. • 자연 채광에 인공 조명이 필요하다.

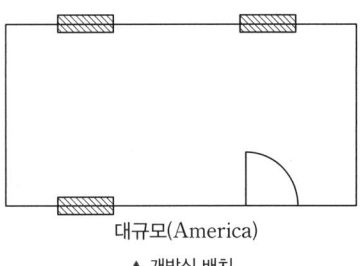

대규모(America)

▲ 개방식 배치

(3) 오피스 랜드스케이핑(Office Landscaping)

① 사무의 흐름이나 작업의 성격을 고려하여 능률적으로 배치한 방법이다.

② 사무소 공간의 2차적인 구조체를 분리해서 자유로운 공간을 확보한다.

장점	개방식으로 공간의 절약, 공사비(칸막이벽, 공조 설비, 소화 설비, 조명 설비 등) 절약이 가능하다.
단점	소음 문제, 독립성이 떨어진다.

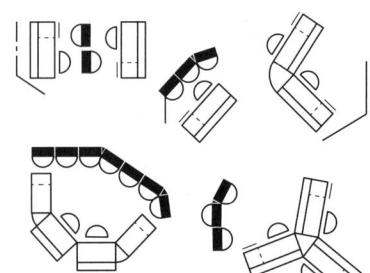

▲ 오피스 랜드스케이핑

2. 사무소 공용시설상에 의한 분류

① 복도가 없는 형: 소규모

② 중복도형: 중규모, 대규모

③ 편복도형: 중규모

④ 편복도에 중복도를 결합한 형: 중규모

⑤ 중복도에 결합형: 중규모, 대규모

⑥ 큰 실 블록을 편복도로 연결한 형: 대규모

⑦ 중복도 방사선형: 20층 이상 대규모

> **참고** 사무소 건축의 기준층 규모 산정 시 고려사항
> ① 구조상 Span의 한계
> ② 자연채광 시의 한계(동선상의 거리)
> ③ 임대면적 비율
> ④ 피난 시 최대 보행거리
> ⑤ 설비의 한계(Duct, 배관, 배선)
> ⑥ 방화 구획상 면적

3. 사무소 복도형에 의한 분류

(1) 단일 지역 배치(편복도식, Single Zone Layout)

① 복도의 한쪽에만 사무실을 둔 형식(소규모 사무소)으로 자연 채광이 좋고, 통풍에 유리하다.

② 비교적 고가로 경제성보다는 건강이나 분위기 등이 필요한 곳에 더 적당하다.

(2) 2중 지역 배치(중복도식, Double Zone Layout)

① 복도를 중앙에 두고 양쪽에 사무실을 둔 형식이다.

② 주계단과 부계단을 두어 사용할 수 있고, 유틸리티 코어의 설계에 주의를 요한다.

(3) 3중 지역 배치(2중 복도식, Triple Zone Layout)

① 중앙에 코어부를 배치하고 2중의 복도 양쪽에 사무실을 둔 형식이다.

② 교통시설, 위생 설비는 건물 내부의 제3 또는 중심 지역에 위치하여 사무실은 외벽을 따라서 배치한다.

③ 복도나 깊은 사무공간 등의 내부 지역에 인공 조명, 기계 설비가 필요하다.

3 코어 계획(Core Plan)

1. 코어의 역할

(1) 평면적 역할

① 사무소 유효 면적을 높이기 위하여 각 층의 서비스 부분을 사무소에서 분리 집약시키는 방법으로 각 층에서의 계단 거리가 최단 거리가 된다.

② 평면 내의 중앙, 한 쪽 옆, 외부에 위치하며 사무소 공간의 2차적인 구조체를 분리해서 자유로운 공간을 확보한다.

※ 코어
사무소 건물에서 평면, 구조, 설비의 관점에서 건물의 일부분에 집약된 형태로 존재하는 것

(2) 구조적 역할

① 주내력 구조체로 외곽이 내진벽 역할을 한다.

② 코어가 큰 하중을 부담하므로 긴 스팬의 구조 계획이 가능하다.

(3) 설비적 역할
   ① 설비시설(Pipe Shaft, Duct Space, Dust Chute) 등을 집약시킴으로써 설비 계통의 순환이 좋아지며 각 층에서의 계통 거리가 최단이 된다.
   ② 수평 수직 교통시설(로비, 계단, 사람 화물용 엘리베이터)의 중심이다.(신경 계통의 집중화)

2. 코어의 종류

(1) 편심코어형(평단코어형)
   ① 바닥면적이 작은 경우에 적합하며, 고층일 경우 구조상 불리하다.
   ② 바닥면적이 커지면 코어 외에 피난설비, 설비샤프트 등이 필요하다.

(2) 독립코어형(외코어형)
   ① 내진구조에 불리하다.
   ② 코어의 제약이 없어 자유로운 사무 공간을 만들 수 있다.
   ③ 방재상 불리하고 바닥면적이 커지면 피난시설 및 서브코어가 필요하다.

(3) 중심코어형(중앙코어형)
   ① 바닥면적이 큰 경우에 적합하다.
   ② 고층 및 초고층에 적합하다.
   ③ 내부 공간 및 외관이 획일화되기 쉽다.

(4) 양단코어형(분리 코어형)
   ① 하나의 큰 공간을 필요로 하는 전용사무소에 적합하다.
   ② 2방향 피난에 유리하며 방재상 좋다.

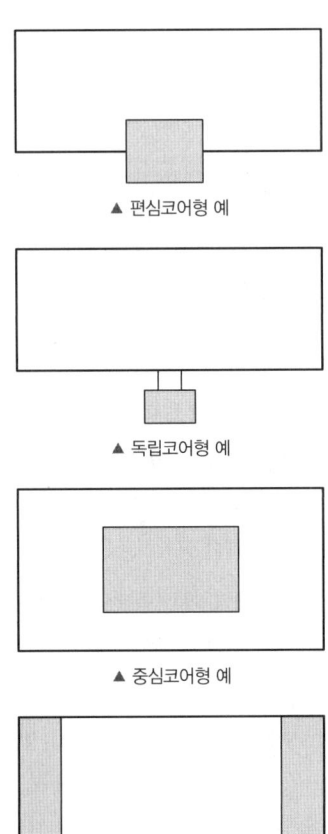

▲ 편심코어형 예

▲ 독립코어형 예

▲ 중심코어형 예

▲ 양단코어형 예

3. 코어 계획 시 고려사항 및 코어 내 각 공간

(1) 코어 계획 시 고려 사항
   ① 계단과 엘리베이터 및 화장실은 가능한 한 접근시킨다.(단, 피난용 특별계단은 법 거리 한도 내에서 가급적 멀리 둔다.)
   ② 코어 내의 공간과 임대 사무실 사이의 동선이 간단해야 한다.
   ③ 코어 내 공간의 위치를 명확히 한다.
   ④ 엘리베이터 홀이 출입구면에 근접해 있지 않도록 한다.
   ⑤ 엘리베이터는 가급적 중앙에 집중시킨다.
   ⑥ 코어 내 각 공간이 각 층마다 공통의 위치에 있어야 한다.
   ⑦ 잡용실, 급탕실, 더스트 슈트는 가급적 접근시킨다.

(2) 코어 내 각 공간
   ① 실: 계단실, 화장실, 세면소, 잡용실, 급탕실, 공조실 등
   ② 샤프트: 엘리베이터(승용, 화물용), 파이프(급배수 배관, 전기, 통신), 덕트(공조, 배연), 메일슈트 등
   ③ 통로: 엘리베이터 홀, 복도, 특별 피난 계단 등

4 세부 계획

1. 층고 및 기둥 간격

(1) 층고

① 층고와 깊이는 사용 목적, 채광, 공사비에 의해 결정된다.

② 사무실 깊이는 책상 배치, 채광량 등으로 결정되지만 층고에도 관계된다.

③ 층고

층	1층	기준층	최상층	지하층
층고	• 소규모 건물 4.0m 내외 • 은행, 영업실, 넓은 상점의 경우 4.5~5.0m 이상 • 중2층의 경우 5.5~6.5m	3.3~4.0m 정도 (냉난방 설비, 덕트 배치로 인해 30cm 정도 증가)	기준층 기준 + 30cm 정도	• 중요한 실이 없는 경우 3.5~3.8m • 소규모 난방 보일러실 4.0~4.5m • 대규모 난방 보일러실 5.0~6.5m

(2) 기둥 간격 — 내부 기둥 간격

① 철근콘크리트조: 5.5~6.0m

② 철골콘크리트조: 6.0~7.0m

③ 유의 사항

　㉠ 건물의 사용 목적에 맞는 치수, 구조상으로 보아 적당한 치수, 건축법상 검토

　㉡ 치수 조정상 검토(Modular Coordination)

　　• 인간의 행동 환경　　　　　　　　• 조명 설비의 치수

　　• 스프링클러, 감지기, 비상 조명의 간격　• 공조 설비의 치수

　　• 주차 배치의 치수

(3) 기둥 간격 — 창 방향 기둥 간격

① 기준층 평면 결정에 가장 기본적인 요소이며, 실제로 경제적인 책상 배열에 따라 결정한다.

② 책상 배열에 따라 스팬 5.8m가 가장 적절한 기둥 간격이다.

③ 지하 주차장은 6.0m 전후(5.8~6.2m) 정도의 스팬이 가장 합리적·경제적인 창 방향 기둥 간격이다.

2. 사무실 계획

(1) 사무실의 안 깊이(L)

① 외측에 면하는 실내(L/H): 2.0~2.4 (H는 층고)

② 채광 정측에 면하는 실내(L/H): 1.5~2.0

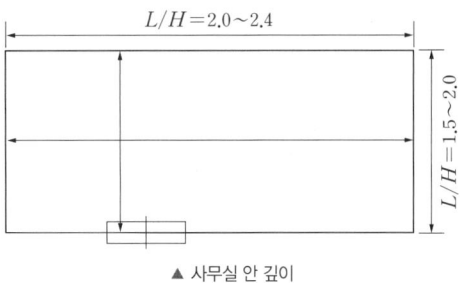

▲ 사무실 안 깊이

(2) 채광 계획

① 자연 채광

　㉠ 사무실 채광 면적은 바닥 면적의 1/10 정도

　㉡ 창의 폭: 1.0~1.5m

　㉢ 창대의 높이: 0.75~0.8m(고층인 경우 0.85~0.9m)

　㉣ 환기창: 0.4~0.45m

② 인공조명

　㉠ 조도가 충분히 높을 것

ⓒ 실내 전반에 균등한 조도가 될 것
　　ⓒ 장시간 노출에도 현휘감(눈부심)이 없도록 광원의 휘도를 낮게 할 것

(3) **출입구**

밖여닫이가 원칙이나 복도 면적이 많이 차지하므로 안여닫이로 할 수 있다.

① 높이: 1.8~2.1m
② 폭: 사무실 출입구의 폭은 0.85~1.0m가 적당하며 외여닫이인 경우는 0.75m 이상, 쌍여닫이인 경우는 1.5m 이상으로 한다.

(4) **복도, 계단, 화장실**

① 복도 폭
　ⓘ 편복도인 경우: 1.2m 이상
　ⓒ 중복도인 경우: 1.5m 이상
　ⓒ 채광창의 폭: 1.8~2.0m, 높이: 0.3~0.5m

② 계단
　ⓘ 동선은 간단하고 명료하며 최단위치에 오게 한다.(주요 계단은 1층 주출입구 근처에 배치한다.)
　ⓒ 엘리베이터 홀에 접근시킨다.
　ⓒ 균등하게 배치한다.
　ⓔ 방화구획(1,000m² 이내마다) 내에서는 1개소 이상을 배치한다.
　ⓜ 표준 계단의 설계

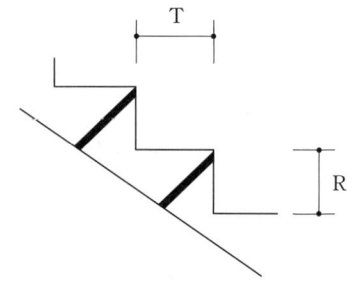

$R+T=45$cm 정도가 적당하다.
① 단 너비 T: 25cm<T<30cm
② 단 높이 R: 15cm<R<20cm
③ 폭: 소규모 1.2m 이상

③ 화장실의 위치 및 배치

위치	배치
• 각 사무소에서 동선이 짧은 곳일 것 • 계단 및 엘리베이터 홀에 근접시킬 것 • 각 층 공동 위치에 둘 것 • 분산시키지 말고 1개소 또는 2개소에 집중 배치할 것 • 외기에 접할 것(접하지 않을 경우 환기 설비 필요)	• 성별에 따라 구분할 것 • 양 입구를 분리할 것 • 남자용은 수세실(세면실)과 화장실을 구분할 것 • 복도를 사이에 두고 사무실과 서로 마주보지 않도록 할 것 • 출구와 입구를 따로 해서 출입할 것 • 수세실(세면실)을 통과해서 화장실에 들어가도록 할 것

3. 엘리베이터

(1) **배치 계획 시 조건**

① 주요 출입구 홀에 직면 배치할 것
② 각 층의 위치는 되도록 동선이 짧고 간단할 것
③ 외래자에게 잘 알려질 수 있는 위치일 것(단, 출입문에 근접 배치 금지)

④ 한 곳에 집중해서 배치할 것
⑤ 엘리베이터 홀의 최소 넓이는 0.5m²/인, 폭은 4.0m 정도로 한다.

(2) 엘리베이터 조닝(Zoning)

① 조닝의 목적: 조닝은 건물 전체를 몇 개의 그룹으로 나누어 서비스 하는 방식으로「경제성, 수송 시간 단축, 대실 면적의 증가」에 그 목적이 있다.

② 조닝 방법
  ㉠ 항구적인 분할 방법(Permanent Zoning)
  ㉡ 일시적인 분할 방법(Temporary Zoning, 러시아워 때만 그루핑 하는 것)

③ 특징

장점	단점
• 엘리베이터 설비비를 절약할 수 있다. • 조닝 수가 증가하면 승강로의 연면적이 줄어든다. 즉, 서비스 층 바닥 면적이 줄어든다. • 일주 시간이 단축되어 수송 능력이 향상된다. • 저층, 중층부의 엘리베이터 기계실 상부는 대실 면적으로 이용이 가능하다. • 급행 부분의 엘리베이터 홀은 화장실이나 창고 등으로 이용이 가능하다.	• 건물 이용에 제약이 생긴다. • 대사무실의 경우 한 임대자에게 다른 층을 나누어 줄 수 없으므로 배치상 제약이 생긴다. • 조닝 수가 많을 경우 대실의 규모가 제약된다. • 건물 내 교통의 편리성이 적어진다. • 이용자가 혼란에 빠질 우려가 있다. • 부하가 많이 걸리는 존이 생기기 쉬우므로 각 존의 교통 수요 예측을 분명히 해야 한다.

(3) 대수 결정 조건

① 대수 산정의 기준: 아침 출근시간 직전 5분간의 이용자
② 1일 이용자가 가장 많은 시간(피크 타임): 오후 12~13시
③ 엘리베이터의 배치 방법과 특징

배치	직선형	앨코브형	대면형	대면혼용형
모양		3.5~4.5m	3.5~4.5m	저층용 고층용 6m 이상
특징	• 1뱅크(Bank)는 4대 이하로 한다. • 5대 이상은 보행 거리가 길어서 좋지 않다.	• 1뱅크는 4~6대로 하고 대면 거리는 3.5~4.5m로 한다. • 6m 이상은 좋지 않다.	• 뱅크는 4~8대의 대면 배치로 하고 대면 거리는 3.5~4.5m로 한다. • 대기 홀을 통과 교통으로 사용하지 않는다. • 저층용과 고층용을 직선으로 병렬 배치하여 그룹으로 배치하는 것이 좋다.	저층용과 고층용을 대면 배치하는 경우 거리를 충분히 확보한다.

(4) 일반 업무용 건물

① 사용 빈도 최대 시간
② 대수 산정 기준: 아침 출근 시간 직전 5분간의 최대 집중도

③ 대수 산정
  ㉠ 약산: 연면적 3,000m² 당 1대, 대실면적 2,000m²당 1대
  ㉡ 정산(Nocks 氏 공식)

$N = \dfrac{\text{아침출근시간 직전 5분간의 최대 집중도}}{\text{5분간의 1대의 수송능력}(S)}$ $\rightarrow S = \dfrac{60 \times 5 \times P}{T}$	• P: 정원(운전자는 제외) • T: Round Trip Time(1주 시간: 초)

4. 메일슈트, 스모크 타워, 사무소 주차 방법

(1) 메일슈트
① 고층 건물의 각 층에서 아래층으로 관을 연결하여 우편물을 내려보내는 장치로 엘리베이터 홀에 둔다.
② 내부는 양질의 래커칠을 하며 전면은 유리로 마감한다.
③ 최하부 상자의 크기는 폭 50cm, 깊이 30cm, 높이 80cm 정도로 한다.

(2) 스모크 타워(Smoke Tower)
① 비상 계단의 전실에 화재 시 침입한 연기를 배기하기 위한 샤프트(Shaft)이다.
② 스모크 타워를 이용하여 계단실 연기를 차단하여 화재 시 계단실이 굴뚝 역할을 하는 것을 방지한다.
  ㉠ 무창의 계단실에 연기가 침입하면 피난이 어려우므로 스모크 타워를 전실에 두어 연기를 흡입하여 배출하게 한다.
  ㉡ 계단실과 전실을 급기 가압하여 계단실 → 전실 → 스모크 타워의 공기 경로를 만들어 계단실과 전실을 연기로부터 보호한다.
③ 자연 환기에 의한 배연과 기계 배기에 의한 배연 방법이 있다.
④ 전실의 천장 높이는 가급적 높게 한다.

(3) 사무소 주차 방법
① 평행주차: 주차장 폭이 좁을 때 쓰이는 방법으로 대당 소요 면적이 가장 크다.
② 직각주차: 가장 경제적인 주차 방법으로 주로 많이 쓰인다.
③ 60° 주차: 직각 주차를 하기에 통로 폭이 좁을 때 쓰는 형식으로 운전이 편리하다.
④ 45° 주차: 데드 스페이스(Dead Space)가 많아지는 등의 불리한 점으로 지하 주차에서는 거의 쓰이지 않는다.

5. 인텔리전트 빌딩

(1) 정보통신(TC) 시스템
① 입주자는 네트워크화 된 단말기기에서 고도의 사무처리 서비스를 받는다.
② 입주자는 고도의 통신 서비스를 받고 값싼 요금으로 통신 회선을 이용할 수 있다.

(2) 사무자동화(OA) 기능
① 네트워크화된 사무실용 각종 단말기를 이용할 수 있다.
② 텔레비전 회의 시스템, 회의실 관리시스템 등 각종 사무처리 시스템을 이용할 수 있다.

(3) 건물 자동화(BA) 시스템
  ① 빌딩 관리 시스템: 빌딩의 설비기기 관리 운전을 합리적으로 한다.
  ② 에너지 절약 시스템: 능동적 수법과 수동적 수법이 있다.
  ③ 보안(Security) 시스템: 기업 기밀의 확보와 재해를 미연에 방지하고 빌딩관리 사무의 효율화 및 에너지 절약 등의 기능이 있다.

(4) 실내 환경의 조절
  ① 채광·조명
  ② 공조: 쾌적한 집무 환경을 위해 필요하다.
  ③ 소음 대책: 각종 전자기기로부터 소음이 발생하는데 대책이 필요하다.

KEYWORD 06 상점, 백화점, 쇼핑센터 ★★

1 상점

1. 기본계획

(1) 대지의 선정
  ① 교통이 편리한 곳 일 것: 일반적으로 일용품점의 경우 약 15~20분 전후(1km 전후) 왕복거리 정도
  ② 사람이 많이 모이고 번화한 곳으로 눈에 잘 띄는 곳일 것
  ③ 도로에 면한 곳일 것(가급적 2면 이상 도로에 접할 것)
  ④ 대지가 불규칙적이고 구석진 곳은 피할 것
  ⑤ 전면 도로의 폭이 너무 넓으면 좋지 않다.(일반적으로 8~12m 정도)
  ⑥ 부지의 형은 전면 폭과 안 깊이가 1 : 2인 것이 유리하다.

(2) 상점의 방위
  ① 식료품점: 석양에 의한 상품 변질을 고려할 것(서향은 피함)
  ② 양복점, 가구점, 서점: 가급적 도로의 남쪽이나 서쪽을 택할 것(일사에 의한 변색, 퇴색, 변형 방지에 유의)
  ③ 음식점: 양지바른 방향으로 할 것
  ④ 여름용품: 도로의 북측을 택하여 남측광선 받도록 할 것
  ⑤ 겨울용품: 도로의 남측을 택하여 북측광선 받도록 할 것
  ⑥ 귀금속점: 태양광선이 직사하지 않는 방향으로 할 것

(3) 상점의 광고 요소
  상점 독자의 성격을 표현하는 5가지 광고 요소(AIDMA법칙)가 정면 및 입면(Facade)구성에서 필요하다.
  ① A(Attention: 주의) - 주목시키려는 배려
  ② I(Interest: 흥미) - 공감을 주는 호소력
  ③ D(Desire: 욕망) - 욕구를 일으키는 연상
  ④ M(Memory: 기억) - 인상적인 변화
  ⑤ A(Action: 행동) - 들어가기 쉬운 구성

(4) **판매 형식**

① 대면 판매: 고객과 종업원이 진열장을 사이에 두고 상담 또는 판매하는 형식이다.

장점	단점
• 설명이 편리하다. • 판매원의 위치를 정하기가 용이하다. • 포장이 편리하다.	• 판매원에 의해 통로가 소요되므로 진열 면적이 감소된다. • 진열장이 많아지면 상점의 분위기가 딱딱해진다.

② 측면 판매: 진열 상품을 같은 방향으로 보며 측면에서 설명하여 판매하는 형식이다.

장점	단점
• 충동적 구매와 선택이 용이하다. • 진열 면적이 커진다. • 상품에 대해 친근감이 있다.	• 판매원의 정위치를 정하기가 어렵고 불안정하다. • 상품의 설명, 포장 등이 불편하다.

2. 평면계획

(1) **동선 계획**

① 고객 동선
  ㉠ 동선을 길게 하여 많은 상품을 접하게 하며 구매 의욕을 높이고, 편안한 마음으로 상품을 선택할 수 있도록 한다.
  ㉡ 상층으로 연결시킬 경우 올라간다는 의식을 감소시킬 수 있도록 설계한다.
  ㉢ 계단을 잘 이용하여 주위 상품을 보면서 계단을 올라가게 하는 계획이 필요하다.

② 종업원 동선
  ㉠ 고객 동선과 교차되지 않도록 한다.
  ㉡ 가능한 보행 거리를 짧게 한다. (적은 종업원 수로 상품 판매가 능률적이 되도록 함)

③ 상품 동선: 반입, 보관, 포장, 발송과 같은 작업 때문에 필요한 공간이다.

(2) **퍼사드(Facade) – 건물의 전면 또는 입면**

① 상점의 외관: 상점의 전면 형태인 점두는 간판, 쇼윈도, 출입구, 광고 등을 포함한 점포 전체의 얼굴이며 이때 진열창은 점두의 의장 중심이 된다.

② 숍 프런트(Shop Front)에 의한 분류

구분	내용
개방형	• 도로에 면한 폭이 전면적으로 개방된 구조로 손님의 출입이 많은 상점 또는 손님이 점내에 잠시 머무르는 상점에 적합 • 전면 유리로 된 경우: 일반 상점가 • 유리없이 완전 개방된 경우: 시장, 일용품 상점 ㉮ 서점, 제과점, 철물점, 지물포 등
폐쇄형	• 출입구 외에는 벽, 장식창 등으로 외계를 차단하는 형식 • 손님의 출입이 적고 점내에 비교적 오래 머무르는 상점에 적합 ㉮ 미용원, 보석상, 카메라점, 귀금속점 등
혼용형	• 개방형과 폐쇄형을 조합한 형식 • 개구부의 일부는 개방하고 다른 일부는 폐쇄한 혼합형과, 길 쪽을 개방하고 안쪽을 폐쇄한 분리형이 있음.

③ 진열창 형태에 의한 분류(Show Window)

구분	내용
평형	• 가장 일반적인 형으로 점두 외면에 출입구를 낸 형식 • 채광이 좋고 점내를 넓게 사용할 수 있어 유리 • 벽면의 일부에 작은 진열창을 설치하여 적당한 조명을 시설하면 귀금속 등의 전시에 효과적 • 상점 전면을 유리로 하여 점내 전체를 진열창으로 하는 것이 가능
돌출형	• 점내 일부를 돌출시킨 형식 • 특수 도매상에 이용
만입형	• 점두의 일부를 상점 안으로 만입시킨 형식으로 혼잡한 도로에서도 마음 놓고 상품을 보는 것이 가능 • 점내 면적의 감소, 자연 채광의 감소 • 만입부 면적을 효과적으로 이용할 수 있으며 기둥이 설 경우 진열창이나 장식으로 이용 가능
홀형	만입형의 만입부를 더욱 넓게 잡아 진열창을 둘러놓은 홀을 두는 형식
다층형	• 2층 또는 그 이상의 층을 연속되게 취급한 형식 • 큰 도로, 광장에 면한 경우 효과적이고 가구점, 양복점에 유리

④ 진열장의 배열
  ㉠ 직선배열형: 입구에서 안쪽을 향하여 직선적으로 구성
    • 통로가 직선이므로 고객의 흐름이 빠르다.
    • 부문별 상품 진열이 용이하고 대량 판매 형식도 가능하다.
    • 침구점, 실용 의복점, 식기점, 서점 등에 알맞다.
  ㉡ 굴절배열형: 진열장의 배치와 고객 동선이 굴절 또는 곡선으로 구성
    • 대면 판매와 측면 판매의 조합에 의해서 이루어진다.
    • 양품점, 모자점, 안경점, 문방구 등에 알맞다.
  ㉢ 환상배열형: 중앙 진열대를 중심으로 회전형으로 구성
    • 설치한 환상 부분 속에 레지스터나 포장대 등을 놓는 형식이다.
    • 수예점, 민예품점 등에 알맞다.
  ㉣ 복합형: 위 ㉠, ㉡, ㉢의 각 형을 적절히 조합하여 배치시킨 형태
    • 뒷부분은 대면판매 또는 카운터 접객 부분이 된다.
    • 피혁 제품점, 서점 등에 알맞다.

3. 상점 세부 계획

(1) 진열창(Show Window)

① 계획 결정의 요소: 진열창은 출입구의 위치와 함께 결정되며 점포 입구의 형식, 상품의 종류, 점포 폭의 크기 및 손님을 점내에 유치할 수 있는 위치를 중심으로 계획한다.
  ㉠ 상점의 위치
  ㉡ 보도의 폭과 교통량
  ㉢ 상점의 출입구
  ㉣ 상품의 종류, 정도와 크기
  ㉤ 진열 방법 및 정돈 상태

② 진열창의 크기
　㉠ 상품의 종류, 전면의 길이, 부지의 조건 등에 따라 다르다.
　㉡ 상품의 크기, 점포 정면의 의장에 따라 결정된다.
　㉢ 가장 눈을 끄는 상품은 선 사람의 눈높이보다 약간 낮게 한다.
　㉣ 창대의 높이는 0.3~1.2m 범위이나 보통 0.6~0.9m가 좋다.
　㉤ 유리의 크기는 높이가 2.0~2.5m이고 그 이상은 진열 효과가 없어진다.
　㉥ 스포츠용품, 양화점의 진열 높이는 낮게 하고 시계, 귀금속점은 높게 한다.
③ 진열창의 흐림 방지
　㉠ 진열창에 외기가 통하도록 한다.
　㉡ 진열창의 윗벽이 없을 때 창대 밑에 난방 장치를 하여 내외부의 온도차를 적게 한다.
④ 진열창의 반사 방지
　㉠ 주간에는 외부의 조도가 내부의 조도보다 10~30배 정도 더 밝을 때 반사가 일어난다.
　　→ 진열창 내의 밝기를 외부보다 더 밝게 한다.
　　→ 차양을 설치하여 외부에 그늘을 준다.
　　→ 유리면을 경사지게 하고, 특수한 경우 곡면 유리를 사용한다.
　　→ 건너편의 건물이 비치는 것을 방지하기 위해 가로수를 심는다.
　㉡ 야간에는 광원 등에 의해 현휘가 일어난다.
　　→ 광원을 감추거나 눈에 입사하는 광속을 적게 한다.
⑤ 내부 조명
　㉠ 전반 조명과 국부 조명을 병용하여 사용한다.
　㉡ 바닥면의 조도는 최저 150lux 정도로 한다.
　㉢ 천장면을 밝게 하는 것은 상품이 덜 돋보이게 할 수 있다.
　㉣ 주광색 전구를 필요로 하는 상점에는 의류품점, 약국 등이 있다.

(2) **진열장(Show Case)**
① 매장 구성의 성공 여부는 영업 실적에 중대한 영향을 끼치며 매장의 능률은 진열장의 배치에 따라 좌우되기도 한다.
② 배치 시 고려 사항
　㉠ 손님쪽에서 바라보았을 때 상품이 효과적으로 보이게 할 것
　㉡ 감시하기 쉬우면서 손님에게는 감시한다는 인상을 주지 않게 할 것
　㉢ 동선을 원활하게 하여 다수의 손님을 수용하고 소수의 종업원으로 관리하기에 편리하게 할 것
　㉣ 들어오는 손님과 종업원의 시선이 직접 마주치지 않게 할 것

(3) **계단**
① 일반적으로 바닥 면적 200m² 이하의 일반 상점에 2층 이상을 판매장으로 사용하는 경우에는 계단의 설치 위치, 주계단과 부계단의 관계, 계단의 경사도 등이 고객의 흡인력과 밀접한 관계가 있다.
② 소규모 상점에서 계단의 경사가 너무 낮을 경우에는 매장 면적을 감소시키게 되므로 규모에 알맞은 경사도를 선택한다.
③ 계단의 형식에는 벽면 위치의 계단, 중앙 위치의 계단, 나선 계단, 중 2층 구조의 계단이 있다.

(4) 상점의 구성상 들어가기 쉬운 조건
  ① 상점 바닥면
    ㉠ 보도면에서 자연스럽게 유도될 수 있도록 평탄할 것
    ㉡ 상품이나 진열 설비와 어울리지 않는 자극적인 색채가 아닐 것
    ㉢ 잘 미끄러지지 않고, 소음 없이 걷기 쉬울 것
    ㉣ 전체적인 색채 조절이 고려될 것
  ② 천장면
    ㉠ 상점 안의 밝기를 고려한 색채일 것
    ㉡ 적당한 천장 높이(2.7~3.0m)를 확보할 것(경우에 따라서는 2층 높이로 하여 장중한 느낌을 갖게 함)
  ③ 기타
    ㉠ 취급 상품의 분위기(Mood) 연출
    ㉡ 주력 상품의 호소력
    ㉢ 시각적 요소의 적정 배치
    ㉣ 적절한 배치(Lay-out)의 원칙

2 백화점

1. 기본계획

(1) 기능 및 분류
  ① 고객권
    ㉠ 고객용 출입구, 통로, 계단, 휴게실, 식당 등의 서비스 시설 부분을 말한다.
    ㉡ 대부분 판매권 등 매장에 결합하며, 종업원과 일부 접하게 된다.
  ② 종업원권
    ㉠ 종업원용 입구, 통로, 계단 사무실, 식당, 기타 부분을 말한다.
    ㉡ 고객권과는 별개의 계통으로 독립되고, 매장 내에 접한다. (매장 외에 상품권과도 접함)
  ③ 상품권
    ㉠ 상품의 반입, 보관, 배달을 행하는 계층이다.
    ㉡ 판매권과 접하며 고객권과는 절대 분리시킨다.
    ㉢ 판매원으로부터 상품의 보급, 조정 및 점외 배달 등을 행하는 시설 부분이다.
  ④ 판매권
    ㉠ 백화점의 가장 중요한 부분인 매장이며 상품을 전시하여 영업하는 장소이다.
    ㉡ 고객의 구매 의욕을 환기시키고 종업원에 대한 능률 좋은 환경을 배려한다.
    ㉢ 백화점의 경영을 좌우하는 매상고는 판매 부분, 즉 매장의 면적에 비례하고 또 그 안의 객의 순환(Circulation)에 의존한다.

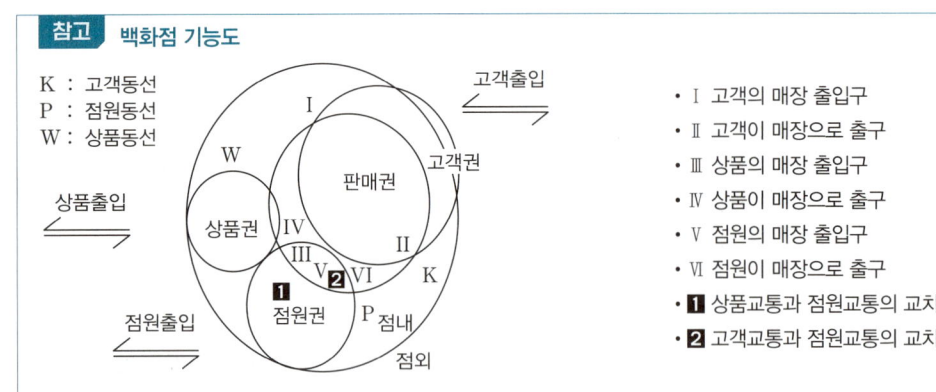

(2) **부지계획**

　① 계획 시 고려할 사항

　　㉠ 부근의 상업 상태

　　㉡ 고객이 될 인구의 양

　　㉢ 고객이 될 인구의 생활 정도(구매력 예상)

　　㉣ 교통 기관의 관계와 교통량(종류, 수송능력, 장래 발전성 등)

　② 부지형태

　　㉠ 정방형에 가까운 장방형의 형태가 좋음.

　　㉡ 긴 변이 주요도로에 면하고 다른 1변 또는 2변이 상당한 너비의 도로에 면하는 것이 좋음.

　③ 부지의 크기

　　㉠ 최소: 3,000m²(백화점 입구 전면의 공지, 현관 앞의 공지, 건물의 높이 제한을 고려)

　　㉡ 대형 백화점인 경우: 4,000~10,000m²

　　㉢ 중·소 백화점인 경우: 1,000~4,000m²

(3) **배치 계획**

　① 주요 도로에서의 고객의 교통로와 상품반입 및 반송을 위한 교통로는 분리시킨다.

　② 고객, 점원, 상품이 반출입에 해당하는 각 도로를 어느 도로에서 유도하느냐 하는 문제는 주위 도로의 너비, 교통량, 부근의 상황 등을 고려하여 결정한다.

　③ 통로

　　㉠ 주통로: 엘리베이터, 로비, 계단, 에스컬레이터 앞, 현관을 연결하는 통로이다. 폭은 2.7~3.0m로 3명 정도가 통행할 수 있는 공간이다.

　　㉡ 객 통로: 폭은 1.8m 이상으로 매대 앞에 사람이 서고 그 뒤에 2명 정도가 통행할 수 있는 공간이다.

　④ 면적 구성비

　　㉠ 통로의 총 면적은 각 층 단위 면적에 대한 교통 밀도에 따라 결정된다.

　　㉡ 가구 배치 소요 면적: 매장의 50~70% 정도

　　㉢ 순교통에 필요한 면적: 매장의 30~50% 정도

　　㉣ 동일층에서는 수평면에 고저차가 없게 한다.

2. 평면계획

(1) 동선, 매장 면적비
① 동선: 고객, 종업원, 상품의 동선을 의미한다.
② 매장 면적비
  ㉠ 판매부분: 연면적의 60~70%　　㉡ 순매장 면적: 연면적의 40~60%

(2) 접객부, 관리부
① 접객부: 매장을 중심으로 하여 부수되는 각실
② 관리부: 상품의 수·발송, 기타 영업용 사무실

(3) 진열장(매대)의 배치
① 직교배치법(직각배치법, Rectangular System)
  ㉠ 가구를 직각으로 배치함으로써 직교하는 통로가 나오게 하는 배치 방법이다.
  ㉡ 가장 간단한 배치 방법으로 판매장 면적을 최대한으로 이용하는 것이 가능하다.
  ㉢ 단조로운 배치로 고객의 통행량에 따른 통로 폭을 조절하기 어려워 국부적 혼란을 일으키기 쉽다.
② 사행배치법(사교배치법, Inclined System)
  ㉠ 주통로를 직각 배치하고 부통로에 45° 경사지게 배치하는 방법이다.
  ㉡ 좌우 주통로에 가까운 길을 택할 수 있고 주통로에서 부통로의 상품이 잘 보인다는 이점이 있다.
  ㉢ 이형의 판매대가 많이 필요하다.
③ 방사배치법(Radiated System)
  ㉠ 판매장의 통로를 방사형으로 배치하는 방법이다.
  ㉡ 일반적인 적용이 곤란한 방식이다.
④ 자유 유동법(Free Flow System: 자유 유선 배치법)
  ㉠ 통로를 고객의 유동 방향에 따라 자유로운 곡선으로 배치하는 방법이다.
  ㉡ 전시에 변화를 주고 판매장의 특수성을 살릴 수 있다.
  ㉢ 판매대나 유리 케이스에 특수형을 필요로 하므로 고가이다.

3. 세부계획

(1) 기둥 간격
① 백화점 평면계획의 기본이 되며 한쌍의 기둥 간격이 그 건물의 사용 목적에 있어서 하나의 유닛이 된다.
② 기둥 배치는 매장의 진열장(Show Case)의 배치와 밀접한 관계가 있다.
③ 기둥 간격
  ㉠ 보통 6m×6m 정도
  ㉡ 이상적인 것
    • K.C.Urch의 안: 9.15m×9.15m
    • L.Parnes의 안: 10.6m×10.6m
    • 미국: 5.7m×5.7m
④ 스팬(Span)이 커지는 것은 주차장이 지하에 있을 경우 주차 폭과의 연관성 때문이다.

사무소	백화점
책상배치	가구배치단위(진열장)
채광 유효 면적	에스컬레이터
지하 주차 단위	지하 주차 단위

▲ 기둥간격의 결정요소

(2) 층 높이
　① 층고는 제한된 높이 가운데 매장별로 유효한 분할이 되어야 한다.
　　㉠ 지하층: 3.4 ~ 5.0m
　　㉡ 1층: 3.5 ~ 5.0m
　　㉢ 2층 이상: 3.3 ~ 4.0m
　② 최상층은 식당 또는 연회장으로 사용되는 경우가 많으므로 층고를 높게 한다.

(3) 출입구, 매장
　① 출입구
　　㉠ 출입이 편리해야 하며 주위의 교통 상황을 고려하여 위치를 결정한다.
　　㉡ 출입구 수
　　　• 도로에 면하여 30m에 1개소씩 설치한다.
　　　• 점내의 엘리베이터 홀, 계단 통로, 주요 진열창(Show Window)의 통로를 향하여 출입구를 설치한다.
　　㉢ 크기: 점포의 규모, 위치에 따라 다르며 기둥간격, 스팬에도 관계된다.
　　㉣ 길이: 진열창의 깊이와 일치되게 하며 2중문 또는 개방식으로 한다.
　② 매장
　　㉠ 일반매장: 자유 형식으로 수층에 걸쳐 동일 면적으로 설치하는 것이 유리하다.
　　㉡ 특별매장: 일반매장 내에 설치한다.

(4) 승강 설비
　① 엘리베이터
　　㉠ 최상층 급행용 이외에는 보조수단을 이용한다.
　　㉡ 크기: 연면적 2,000~3,000m²에 대해서 15~20인승 1대 정도로 한다.
　　㉢ 속도
　　　• 저층(4~5층): 45~100m/min
　　　• 중층(8층): 110m/min 정도
　　㉣ 배치
　　　• 가급적 집중 배치하며 6대 이상인 경우 분산 배치한다.
　　　• 고객용, 화물용, 사무용으로 구분 배치한다.
　　　• 중소 백화점의 경우는 출입구의 반대측에, 대형 백화점의 경우는 중앙에 배치한다.
　② 에스컬레이터(Escalator)
　　㉠ 백화점에 있어서 가장 적합한 수송 수단으로, 수송량이 엘리베이터에 비해 10배 이상이며, 고객을 기다리게 하지 않는다.
　　㉡ 특징
　　　• 수송량이 크며 수송량에 비해 점유 면적이 적다.(같은 수송량의 엘리베이터보다 1/4 정도)
　　　• 수송 설비의 종업원이 적다.
　　　• 고객이 매장을 여러 각도에서 보면서 오르내린다.
　　　• 점유 면적이 크고 설비비가 고가이다.
　　　• 층고, 보의 간격(7~8m 이상) 등의 구조적 고려가 필요하다.
　　㉢ 위치: 엘리베이터 군과 주 출입구의 중간에 위치하는 것이 좋으며, 매장의 중앙에 가까운 곳에 설치하여 매장 전체를 쉽게 볼 수 있게 한다.

ⓔ 배치 형식

유형	점유면적	특 징	배치형식 단면
직렬식	가장 넓다.	• 승객의 시야가 가장 넓다. • 시선이 1방향으로 고정되기 쉽다.	
병렬단속식	보통(중간)	• 승객의 시야가 양호한 편이다. • 연속적으로 승강할 수 없고 우회하여 승강한다.	
병렬연속식	보통(중간)	• 승객의 시야가 일반적이다. • 오르기와 내리기를 연속적으로 할 수 있다.	
교차식	가장 작다.	• 승객의 시야가 좋지 않다. • 연속적으로 승강할 수 있다. • 에스컬레이터 측면이 매장의 전망을 나쁘게 한다.	

(5) 계단
① 승강 설비의 보조용이나 비상계단으로서 계획한다.
② 크기: 높이 3m마다 계단참을 설치한다.
　㉠ 계단 및 계단참의 폭: 1.2m 이상　　㉡ 단 너비: 26cm 이상
　㉢ 단 높이: 18cm 이하　　㉣ 난간의 높이: 0.8~0.9m 정도

3 기타

1. 무창 백화점
실내의 진열만을 늘리거나 분위기의 조성을 위해 백화점의 외벽을 창이 없게 하거나 최소한으로 배치하는 방법
① 창의 역광으로 인한 내부 의장의 불편한 점을 제거할 수 있다.
② 매장 내의 냉난방 효율이 증가된다.
③ 외부 벽면에 상품 전시가 가능하여 매장 배치상 유리하다.
④ 화재나 정전 시 고객들이 큰 혼란에 빠질 우려가 있다.

> **쇼핑 센터**
> 구매 고객에게 최대 편의를 제공하고, 상품매매의 효율을 최대로 하기 위하여 상점 및 관련 시설들을 집단으로 계획한 상점 군의 복합 건물이다.

2. 쇼핑 센터(Shopping Center)

(1) 대지선정
이용객의 주거지로부터 쇼핑센터에 이르기까지 운전시간이 중요한 요인이 되는데 일반적으로 12~15분이 적당하며, 최대 25분 초과 시 이용되기 어렵다고 본다.

(2) **기능 및 공간 구성**
　① 핵상점: 핵상점은 쇼핑센터의 핵으로서 고객을 끌어들이는 기능을 갖고 있으며, 일반적으로 백화점이나 종합 슈퍼마켓이 이에 해당한다.
　② 전문점: 전문점은 주로 단일 종류의 상품을 전문적으로 취급하는 상점과 음식점 등의 서비스점으로 구성되며, 전문점의 구성과 레이아웃은 그 쇼핑 센터의 특색에 의해 결정된다.
　③ 몰(Mall)
　　㉠ 쇼핑 센터 내에서 고객의 주요 보행 동선으로 핵상점과 각 전문점에서 출입이 이루어지는 곳이다.
　　㉡ 확실한 방향성과 식별성이 요구된다.
　　㉢ 자연광을 이용하여 외부 공간과 같은 느낌을 주도록 한다.
　　㉣ 개방된 오픈몰(Open Mall)과 닫혀진 실내공간으로 형성된 인크로즈드몰(Enclosed Mall)로 계획할 수 있으며, 일반적으로 공기조화에 의해 쾌적한 실내 기후를 유지할 수 있는 인클로즈드몰이 선호된다.
　　㉤ 일반적으로 몰의 폭은 6~12m이며, 길이 한계는 240m이다.
　　㉥ 길이 20~30m마다 변화를 주어 단조로운 느낌이 들지 않도록 한다.
　　㉦ 페데스트리언 지대(Pedestrian Area)의 일부이며, 페데스트리언 지대에는 몰, 코트, 분수, 연못, 조경 등이 있다.

KEYWORD 07　은행 ★

1. 부지 계획

(1) **선정 조건**
　① 교통이 편리할 것
　② 주변의 인구 밀도 및 지역 장래의 발전성이 있는 곳
　③ 전면 도로가 넓고 가로 모퉁이 등 사람의 눈에 잘 띄는 곳
　④ 상점가나 번화가(상업지역 내)
　⑤ 비지니스 센터나 공장 지대에 근접할 것

(2) **형태 및 방위**
　① 정사각형 또는 직사각형에 가까운 것이 이상적이다.
　② 남측 또는 동측이 좋고 동남의 가로 모퉁이가 이상적이다.
　③ 서쪽에 면할 경우 루버(Louver)에 의한 일사 조절을 해야 한다.

(3) **도로와 인접지와의 관계**
　양측 도로, 가로 모퉁이의 도로 등이 이상적이다.

2. 세부 계획

(1) **은행실** — 객장과 영업장으로 구분한다.
　① 주 출입구(현관)
　　㉠ 전실을 두거나 방풍을 위한 칸막이를 설치한다.
　　㉡ 도난 방지상 안여닫이(전실을 둘 경우 바깥문은 외여닫이 또는 자재문)로 한다.

② 객장(고객 대기실)
　㉠ 최소 폭은 3.2m 정도로 조성한다.
　㉡ 영업장: 객장의 비율은 3 : 2 정도로 한다.
③ 카운터(Tellers Counter)
　㉠ 높이: 100~110cm(영업장 쪽에서는 90~95cm)
　㉡ 폭: 60~75cm
　㉢ 길이: 150~180cm
　㉣ 영업장 면적 1m²당 카운터의 길이: 10cm
④ 영업장
　㉠ 영업장의 넓이는 은행 건축의 규모를 결정한다.
　㉡ 연면적: 은행원 1인당 10m² 기준(연면적당 16~26m² 정도)
　㉢ 천장높이: 5~7m
　㉣ 소요조도: 책상면상 300~400lux 표준

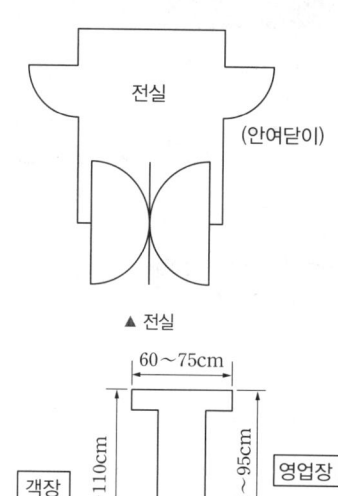

▲ 전실

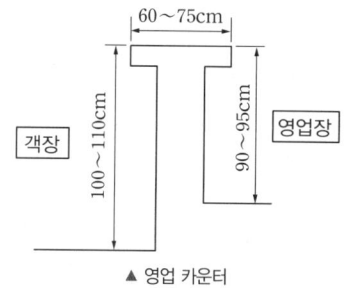

▲ 영업 카운터

(2) **금고실**
① 종류
　㉠ 현금고, 증권고: 일반적으로 금고실이라 하며 칸막이 격자로 구분하여 사용한다.
　㉡ 보호금고: 고객으로부터 보관 물품을 받아 두고, 보관 증서를 교부하는 보호 예치 업무를 위한 금고이다.
　㉢ 대여금고: 금고실 내에 대·소 철제 상자를 설치해 두고 고객에게 일정 금액으로 대여해 주는 금고로서, 전실에 비밀실(Coupon Booth: 넓이 3m² 정도)을 부수해서 설치한다.
　㉣ 화재금고: 규모가 큰 은행에 설치되고 철제 선반을 금고 내에 두고 트렁크나 상자 등의 큰 귀중품을 보관하는 곳이다.
　㉤ 야간금고: 은행이 폐점한 뒤 또는 휴일 등에 고객이 금전을 보관시킬 수 있는 설비이다.
　㉥ 서고: 장부를 격납하는 것과 법정 보존 기간 서류를 보관하는 곳이다.
② 배치 시 고려 사항
　㉠ 도난 방지상 안전한 위치: 외부에서 침입하기 어렵고 감시하기 편리한 위치에 둔다.
　㉡ 방재상 안전한 위치: 화재 등에 대비해 지하실에 배치한다.
　㉢ 사용상 편리한 위치: 영업실에 가까운 곳에 둔다.
　㉣ 금고실은 지하의 직접 외부에 접속하는 부분에 배치할 때는 외벽을 2중 벽으로 하고 방습에 유의한다.
③ 구조
　㉠ 철근콘크리트 구조(벽, 바닥, 천장)
　　• 두께: 30~45cm(큰 규모인 경우 60cm 이상)
　　• 지름 16~19mm 철근을 15cm 간격으로 이중 배근한다.
　㉡ 금고문 및 맨홀 문은 문틀과 문짝면 사이에 기밀성을 유지해야 한다.
　㉢ 사고에 대비하여 전선 케이블은 금고 벽체 안에 위치하게 하여 경보 장치와 연결한다.
　㉣ 비상 전화를 설치한다.
　㉤ 비상 환기 시 혹은 비상구가 별도로 필요한 경우에 한해 공기 출입이 용이한 장소에 비상 출입구를 설치한다.
　㉥ 금고는 밀폐된 공간이기 때문에 환기 설비를 한다.

핵심 기출문제

PART 03
상업건축계획

KEYWORD 05 사무소

01
21년 1회, 19년 1회, 18년 2회, 13년 2회

사무소 건축의 코어 유형에 관한 설명으로 옳지 않은 것은?

① 편심코어형은 기준층 바닥면적이 작은 경우에 적합하다.
② 독립코어형은 코어가 업무공간에서 별도로 분리시킨 형식이다.
③ 중심코어형은 코어가 중앙에 위치한 유형으로 유효율이 높은 계획이 가능하다.
④ 양단코어형은 수직동선이 양 측면에 위치한 관계로 피난에 불리하다는 단점이 있다.

해설 |
양단코어는 양쪽에 계단이 설치되므로 피난 시 양 방향 피난이 가능하여 피난에 가장 유리하다.

정답 | ④

02
19년 4회, 16년 2회

사무소 건축의 코어 계획에 관한 설명으로 옳지 않은 것은?

① 코어 부분에는 계단실도 포함시킨다.
② 코어 내의 각 공간은 각 층마다 공통의 위치에 두도록 한다.
③ 코어 내의 화장실은 외부 방문객이 잘 알 수 없는 곳에 배치한다.
④ 엘리베이터 홀은 출입구문에 근접시키지 않고 일정한 거리를 유지하도록 한다.

해설 |
코어 내의 화장실은 외부 방문객이 잘 알 수 있는 곳에 배치한다. 계단과 엘리베이터 및 화장실은 가능한 한 접근시킨다.(단, 피난용 특별 계단은 법적 거리 한도 내에서 가급적 멀리 둔다.) 또한 코어 내 각 공간은 층마다 공통의 위치에 있도록 배치한다.

정답 | ③

03
19년 2회, 14년 2회, 13년 1회

다음 중 구조코어로서 가장 바람직한 코어형식으로, 바닥면적이 큰 고층, 초고층사무소에 적합한 것은?

① 중심코어형
② 편심코어형
③ 독립코어형
④ 양단코어형

해설 |
바닥면적이 크고 고층 및 초고층에 적합한 코어는 중심코어형이다.

선지분석
② 편심코어형: 바닥이 작은 경우에 적합하다.
③ 독립코어형(외코어형): 코어의 제약이 없어 자유로운 공간을 만들 수 있다.
④ 양단코어형: 하나의 큰 공간을 필요로 하는 전용 사무소에 적합하며 피난에 유리하다.

정답 | ①

04
21년 2회, 13년 4회

다음 설명에 알맞은 사무 건축의 코어 유형은?

- 코어를 업무공간에서 분리시켜 업무공간의 융통성이 높은 유형이다.
- 설비덕트나 배관을 코어로부터 업무공간으로 연결하는데 제약이 많다.

① 외코어형
② 편단코어형
③ 양단코어형
④ 중앙코어형

해설 |
외코어형은 업무공간의 융통성이 높으나 설비덕트나 배관을 코어로부터 사무실 공간으로 연결하는데 길어지고 제약이 많다.

정답 | ①

05
20년 2회

사무소 건축에서 오피스 랜드스케이핑(Office landscaping)에 관한 설명으로 옳지 않은 것은?

① 프라이버시 확보가 용이하여 업무의 효율성이 증대된다.
② 커뮤니케이션의 융통성이 있고 장애요인이 거의 없다.
③ 실내에 고정된 칸막이를 설치하지 않으며 공간을 절약할 수 있다.
④ 변화하는 작업의 패턴에 따라 조절이 가능하며 신속하고 경제적으로 대처할 수 있다.

해설
오피스 랜드스케이핑은 개방식으로 공간의 절약으로 공사비(칸막이벽, 공조 설비, 소화 설비, 조명 설비 등)절약이 가능하나, 소음 문제가 있고 독립성이 떨어진다.

정답 | ①

06
17년 2회, 16년 1회, 13년 1회

사무소 건축에서 엘리베이터 계획 시 고려사항으로 옳지 않은 것은?

① 수량 계산 시 대상 건축물의 교통수요량에 적합해야한다.
② 승객의 층별 대기시간은 평균 운전간격 이상이 되게 한다.
③ 군 관리 운전의 경우 동일 군내의 서비스 층은 같게 한다.
④ 초고층, 대규모 빌딩인 경우는 서비스 그룹을 분할(조닝)하는 것을 검토한다.

해설
승객의 층별 대기시간은 평균 운전간격 이하가 되게 한다.

관련이론
엘리베이터 계획
• 하루 중 이용자가 가장 많은 시간대(출근시간)를 기준으로 한다.
• 2층 이상 거주자의 30%를 15분간 일방향으로 수송한다.
• 1인이 승강하는 데 필요한 시간은 문 개폐시간 포함 6초이다.
• 엘리베이터의 한 층 대기시간은 10초이다.
• 엘리베이터 실제 주행 속도는 전속도의 80%이다.
• 승객의 층별 대기시간은 평균 운전간격 이하가 되게 한다.

정답 | ②

07
21년 4회, 18년 4회, 18년 1회, 17년 4회, 14년 1회

사무소 건물의 엘리베이터 배치 시 고려사항으로 옳지 않은 것은?

① 교통동선의 중심에 설치하여 보행거리가 짧도록 배치한다.
② 대면배치의 경우, 대면거리는 동일 군 관리의 경우 3.5m~4.5m로 한다.
③ 여러 대의 엘리베이터를 설치하는 경우, 그룹별 배치와 군 관리 운전방식으로 한다.
④ 일렬 배치는 6대를 한도로 하고, 엘리베이터 중심간 거리는 10m 이하가 되도록 한다.

해설
엘리베이터는 일렬 배치 시 4대 이하로 하고 엘리베이터 중심간 거리는 8m 이하가 되도록 한다.

정답 | ④

08
17년 2회, 16년 1회

사무소 건축의 기준층 평면형태 결정 요소와 가장 거리가 먼 것은?

① 방화구획상 면적
② 구조상 스팬의 한도
③ 대피상 최소 피난거리
④ 덕트, 배선, 배관 등 설비 시스템상의 한계

해설
사무소 건축에서 피난거리는 대피상 최대 거리로 한다.

정답 | ③

09
21년 2회, 19년 1회, 18년 2회, 14년 4회

사무실 건축의 실단위 계획에 있어서 개방식 배치(Open Plan)에 관한 설명으로 옳지 않은 것은?

① 독립성과 쾌적감 확보에 유리하다.
② 공사비가 개실시스템보다 저렴하다.
③ 방의 길이나 깊이에 변화를 줄 수 있다.
④ 전면적을 유효하게 이용할 수 있어 공간 절약상 유리하다.

해설
개방식 배치는 사무 공간이 개방되어 있어 독립성 확보에 불리하다.

정답 | ①

10
21년 1회, 19년 2회, 17년 4회, 16년 1회

사무소 건축의 실단위 계획에 관한 설명으로 옳지 않은 것은?

① 개실 시스템은 독립성과 쾌적감의 이점이 있다.
② 개방식 배치는 전면적을 유용하게 이용할 수 있다.
③ 개방식 배치는 개실 시스템보다 공사비가 저렴하다.
④ 개실 시스템은 연속된 긴 복도로 인해 방 깊이에 변화를 주기가 용이하다.

해설
사무소의 개실 시스템은 독립된 사무실을 보유한다. 따라서 복도면적을 보존하기 위해 사무실 크기나 길이의 변화는 가능하지만 깊이의 변화를 주기는 어렵다.

정답 | ④

11
18년 1회, 14년 2회, 13년 1회

사무소 건축에서 기둥간격(Span)의 결정요소와 가장 관계가 먼 것은?

① 건물의 외관
② 주차배치의 단위
③ 책상배치의 단위
④ 채광상 층고에 의한 안깊이

해설
건물의 외관과 기둥간격에는 직접적인 관계가 없다.

관련이론
사무소와 백화점의 기둥간격 결정 요소

사무소	백화점
• 책상배치 • 채광 유효 면적 • 지하 주차 단위	• 가구배치단위(진열장) • 에스컬레이터 • 지하 주차 단위

정답 | ①

12
20년 1회, 14년 1회

사무실 내의 책상배치의 유형 중 좌우대향형에 관한 설명으로 옳은 것은?

① 대향형과 동향형의 양쪽 특성을 절충한 형태로 커뮤니케이션의 형성에 불리하다.
② 4개의 책상이 맞물려 십자를 이루도록 배치하는 형식으로 그룹작업을 요하는 업무에 적합하다.
③ 책상이 서로 마주보도록 하는 배치로 면적효율은 좋으나 대면 시선에 의해 프라이버시가 침해당하기 쉽다.
④ 낮은 칸막이로 한사람의 작업활동을 위한 공간이 주어지는 형태로 독립성을 요하는 전문직에 적합한 배치이다.

해설
좌우대향형은 칸막이가 있을 경우 커뮤니케이션 형성에 불리하다.

선지분석
② 십자형에 대한 설명이다.
③ 대향형에 대한 설명이다.
④ 자유형에 대한 설명이다.

정답 | ①

KEYWORD 06 상점, 백화점, 쇼핑센터

13
20년 1회, 19년 2회, 18년 1회, 15년 1회, 13년 4회

다음 중 상점 정면(Facade)구성에 요구되는 5가지 광고요소(AIDMA 법칙)에 속하지 않는 것은?

① Attention(주의)
② Identity(개성)
③ Desire(욕구)
④ Memory(기억)

해설
상점 광고요소는 다음과 같으며, Identity(개성)는 포함되지 않는다.
• A(Attention: 주의) - 주목시키려는 배려
• I(Interest: 흥미) - 공감을 주는 호소력
• D(Desire: 욕망) - 욕구를 일으키는 연상
• M(Memory: 기억) - 인상적인 변화
• A(Action: 행동) - 접근이 쉬운 구성

정답 | ②

14
20년 4회, 14년 4회

기업체가 자사제품의 홍보, 판매 촉진 등을 위해 제품 및 기업에 관한 자료를 소비자들에게 직접 호소하여 제품의 우위성을 인식시키는 전시공간은?

① 쇼룸
② 런드리
③ 프로세니움
④ 인포메이션

해설 |
전시공간인 쇼룸에 대한 설명이다.

선지분석
② 런드리: 세탁소
③ 프로세니움: 프로시니어 아치(Proscenuim Arch)의 개구부를 통해서 무대를 보는 형식으로 일반 극장의 대부분이 여기에 속한다.
④ 인포메이션: 안내데스크

정답 | ①

15
19년 4회, 13년 1회

상점계획에 관한 설명으로 옳지 않은 것은?

① 고객의 동선은 일반적으로 짧을수록 좋다.
② 점원의 동선과 고객의 동선은 서로 교차되지 않는 것이 바람직하다.
③ 대면판매형식은 일반적으로 시계, 귀금속, 의약품 상점 등에서 쓰여 진다.
④ 쇼 케이스 배치 유형 중 직렬형은 다른 유형에 비하여 상품의 전달 및 고객의 동선상 흐름이 빠르다.

해설 |
편안한 마음으로 상품을 선택할 수 있도록 고객의 동선은 가능한 한 길게 하여 구매 의욕을 높인다.

정답 | ①

16
20년 4회, 14년 2회, 13년 2회

상점의 동선계획에 관한 설명으로 옳지 않은 것은?

① 고객동선은 가능한 길게 한다.
② 직원동선은 가능한 짧게 한다.
③ 상품동선과 직원동선은 동일하게 처리한다.
④ 고객출입구와 상품 반입/출 출입구는 분리하는 것이 좋다.

해설 |
점원의 동선과 고객의 동선은 서로 교차되지 않는 것이 바람직하다.

정답 | ③

17
19년 4회, 14년 4회

상점 매장의 가구배치에 따른 평면 유형에 관한 설명으로 옳지 않은 것은?

① 직렬형은 부분별로 상품 진열이 용이하다.
② 굴절형은 대면판매 방식만 가능한 유형이다.
③ 환상형은 대면판매와 측면판매 방식을 병행할 수 있다.
④ 복합형은 서점, 패션점, 악세사리점 등의 상점에 적용이 가능하다.

해설 |
굴절형은 대면판매와 측면판매 방식을 병용할 수 있다. 굴절형은 진열 케이스의 배치와 고객 동선이 굴절 또는 곡선으로 구성된 것으로 대면판매와 측면판매의 조합이 가능하다. 안경점, 문방구, 양품점 등에 적합한 유형이다.

정답 | ②

18
19년 2회, 15년 2회

상점의 판매방식에 관한 설명으로 옳지 않은 것은?

① 측면판매형식은 직원 동선의 이동성이 많다.
② 대면판매형식은 측면판매형식에 비해 상품 진열 면적이 넓어진다.
③ 측면판매형식은 고객이 직접 진열된 상품을 접촉 할 수 있는 관계로 선택이 용이하다.
④ 대면판매형식은 쇼케이스를 중심으로 판매원이 고정된 자리나 위치를 확보하는 것이 용이하다.

해설 |
대면판매형식은 측면판매형식에 비해 진열장(쇼케이스)에 전시하고, 판매원에 의해 통로가 소요되므로 상품 진열 면적이 감소된다.

정답 | ②

19
21년 2회, 20년 4회, 20년 3회, 18년 2회, 12년 2회

백화점 기둥간격의 결정요소와 가장 거리가 먼 것은?

① 매장의 연면적
② 진열장의 배치방법
③ 지하주차장의 주차방식
④ 에스컬레이터의 배치방법

해설 |
매장의 연면적과 기둥간격의 결정은 관계가 없다.

정답 | ①

20

17년 2회

백화점 계획에서 매장 부분의 외관을 무창으로 하는 이유로 옳지 않은 것은?

① 실내의 조도를 일정하게 하기 위해서
② 벽면에 상품 전시공간을 확보하기 위해서
③ 인접건물의 화재 시 백화점으로의 인화를 방지하기 위해서
④ 창으로부터의 역광이 없도록 하여 디스플레이(Display)를 유리하게 하기 위해서

해설 |
인화 방지는 이유가 아니다. 무창백화점은 실내의 진열면적을 늘리거나 분위기의 조성을 위해 백화점의 외벽을 창이 없게 처리하는 방법이다.

정답 | ③

21

20년 1·2회

백화점의 에스컬레이터 배치형식에 관한 설명으로 옳은 것은?

① 직렬식 배치는 승객의 시야도 좋고 점유면적도 작다.
② 병렬연속식 배치는 연속적으로 승강할 수 없다는 단점이 있다.
③ 교차식 배치는 점유면적이 작으며 연속 승강이 가능하다는 장점이 있다.
④ 병렬단속식 배치는 승객의 시야는 안 좋으나 점유면적이 작아 고층 백화점에 주로 사용된다.

해설 |
교차식 배치는 점유면적이 작고, 연속 승강할 수 있으나 승객의 시야는 좋지 않다.

선지분석
① 직렬식 배치는 승객의 시야가 가장 넓은 배치로, 점유면적이 크다.
② 병렬연속식 배치는 연속적으로 승강할 수 있다.
④ 병렬단속식 배치는 승객의 시야가 좋다.

정답 | ③

22

18년 4회, 12년 2회

백화점 매장에 에스컬레이터를 설치할 경우, 설치 위치로 가장 알맞은 곳은?

① 매장의 한 쪽 측면
② 매장의 가장 깊은 곳
③ 백화점의 주출입구 근처
④ 백화점의 주출입구와 엘리베이터 존의 중간

해설 |
백화점 중앙에 에스컬레이터를 배치하여 승객이 전체 매장을 볼수 있게 한다.

정답 | ④

23

17년 2회, 12년 4회

백화점의 진열장 배치에 관한 설명으로 옳지 않은 것은?

① 직각배치는 매장 면적의 이용률을 최대로 확보할 수 있다.
② 사행배치는 주통로 이외의 제2통로를 상하교통계를 향해서 45° 사선으로 배치한 것이다.
③ 사행배치는 많은 고객이 매장구석까지 가기 쉬운 이점이 있으나 이행의 진열장이 필요하다.
④ 자유유선 배치는 확일성을 탈피할 수 있으며, 변화와 개성을 추구할 수 있고 시설비가 적게 든다.

해설 |
자유유선 배치는 확일성 탈피와 변화 및 개성의 추구는 가능하지만, 곡선형 가구 등으로 인해 시설비가 많이 든다.

관련이론
자유유선 배치 특징
- 통로를 고객의 유동 방향에 따라 자유로운 곡선으로 배치하는 방법이다.
- 전시에 변화를 주고 판매장의 특수성을 살릴 수 있다.
- 판매대나 유리 케이스에 특수형을 필요로 하므로 시설비가 많이 든다.

정답 | ④

24
21년 1회, 18년 1회

쇼핑센터의 몰(Mall)의 계획에 관한 설명으로 옳지 않은 것은?

① 전문점들과 중심상점의 주출입구는 몰에 면하도록 한다.
② 몰에는 자연광을 끌어들여 외부공간과 같은 성격을 갖게 하는 것이 좋다.
③ 다층으로 계획할 경우 시야의 개방감을 적극적으로 고려하는 것이 좋다.
④ 중심 상점들 사이의 몰의 길이는 150m를 초과하지 않아야 하며, 길이 40~50m 마다 변화를 주는 것이 바람직하다.

해설
몰의 길이는 240m를 초과하지 않아야 하며, 길이 20~30m마다 변화를 주어 단조로운 느낌이 들지 않도록 하는 것이 바람직하다. 몰의 폭은 6~12m가 일반적이다.

정답 | ④

25
21년 2회, 16년 2회

쇼핑센터의 몰(Mall)에 관한 설명으로 옳은 것은?

① 전문점과 핵상점의 주출입구는 몰에 면하도록 한다.
② 쇼핑 체류 시간을 늘릴 수 있도록 방향성이 복잡하게 계획한다.
③ 몰은 고객의 통과동선으로서 부속시설과 서비스 기능의 출입이 이루어지는 곳이다.
④ 일반적으로 공기조화에 의해 쾌적한 실내기후를 유지할 수 있는 오픈 몰(Open Mall)이 선호된다.

해설
몰은 전문점과 핵상점에서 출입이 이루어지는 곳이다.

선지분석
② 몰은 확실한 방향성과 식별성을 갖도록 계획한다.
③ 몰은 고객의 주 보행 동선으로 핵상점과 각 전문점에서 출입이 이루어지는 곳이다.
④ 일반적으로 공기조화에 의해 쾌적한 실내 기후를 유지할 수 있는 인클로즈드 몰(Enclosed Mall)이 선호된다.

정답 | ①

KEYWORD 07 은행

26
20년 3회, 18년 2회, 17년 1회, 16년 4회, 13년 2회

은행건축계획에 관한 설명으로 옳지 않은 것은?

① 고객과 직원과의 동선이 중복되지 않도록 계획한다.
② 대규모 은행일 경우 고객의 출입구는 되도록 1개소로 계획한다.
③ 이중문을 설치할 경우 바깥문은 바깥여닫이 또는 자재문으로 계획한다.
④ 어린이의 출입이 많은 경우에는 주출입구에 회전문을 설치하는 것이 좋다.

해설
회전문은 어린이와 노약자에게는 위험하므로 어린이와 노약자 출입이 많은 곳은 여닫이문이 안전하다.

정답 | ④

27
17년 4회

은행의 주출입구에 관한 설명으로 옳지 않은 것은?

① 겨울철의 방풍을 위해 방풍실을 설치하는 것이 좋다.
② 내부와 면한 출입문은 도난방지상 바깥여닫이로 하는 것이 좋다.
③ 이중문을 설치하는 경우, 바깥문은 바깥여닫이 또는 자재문으로 계획할 수 있다.
④ 어린이들의 출입이 많은 곳에서는 안전을 고려하여 회전문 설치를 배제하는 것이 좋다.

해설
은행의 주출입구(현관)은 도난 방지상 안여닫이(전실을 둘 경우 바깥문은 외여닫이 또는 자재문)로 한다.

정답 | ②

PART 04 공공문화건축계획
KEYWORD 08, 09

KEYWORD 08 극장, 영화관, 미술관 ★★★

1 극장

1. 기본계획

(1) 부지선정 조건
① 교통이 편리하고, 번화한 장소
② 주차시설이 가능한 곳으로 많은 관람객을 유치할 수 있는 곳
③ 기본 계획 초기에 반드시 도시 계획적 조사를 할 것
④ 2면 이상의 넓은 도로에 접하거나 개방된 공지가 있는 곳(주차나 피난의 경우를 위해 넓은 도로와 공지에 가능한 한 많이 접하도록 함)

(2) 부지 면적과 객석수
극장 경영 방침 및 종류에 따라 다르나 부지 면적당 수용 인원은 다음과 같다.
① 극장: $1m^2$당 0.9인
② 영화관: $1m^2$당 0.9~1.26인이 일반적이다.

구분	객석수/건축면적(m^2)	객석수/연면적(m^2)
영화관	0.5 ~ 0.9	0.5 ~ 0.8
일반극장	0.3 ~ 0.45(식당제외)	0.5 ~ 0.6
대극장	0.25 ~ 0.4	—

2. 평면계획

(1) 오픈 스테이지(Open Stage)
① 무대와 객석이 동일 공간에 있으며, 무대의 대부분을 관객석이 둘러싸고 많은 수의 관객이 시각 거리 내에 수용된다.
② 배우는 관객석 사이나 스테이지 아래로부터 출입한다.
③ 연기자와 관객 사이의 친밀감을 한층 더 높일 수 있다.
④ 종류
  ㉠ 아레나 스테이지(Arena Stage): 관객이 360°로 둘러싼 형
    • 가까운 거리에서 관람이 가능하며, 가장 많은 관객을 수용할 수 있다.
    • 배경을 만들지 않으므로 경제적이다. 무대 배경은 주로 낮은 가구로 구성된다.
  ㉡ 그리스 극장 형식(관객이 210°로 둘러싼 형): 배우는 무대 뒤의 수직 벽에서 출입한다.
  ㉢ 삼면위요형(관객이 180°로 둘러싼 형): 로마 극장 형식으로 반도형 무대가 포함된다.
  ㉣ 관객이 90°로 둘러싼 형: 부채꼴 배열이라고도 한다.

ⓑ 엔드 스테이지(End Stage): 각도가 없는 관객석을 가진 형으로 연기 형식은 오히려 픽쳐 프레임 스테이지에 가깝다.

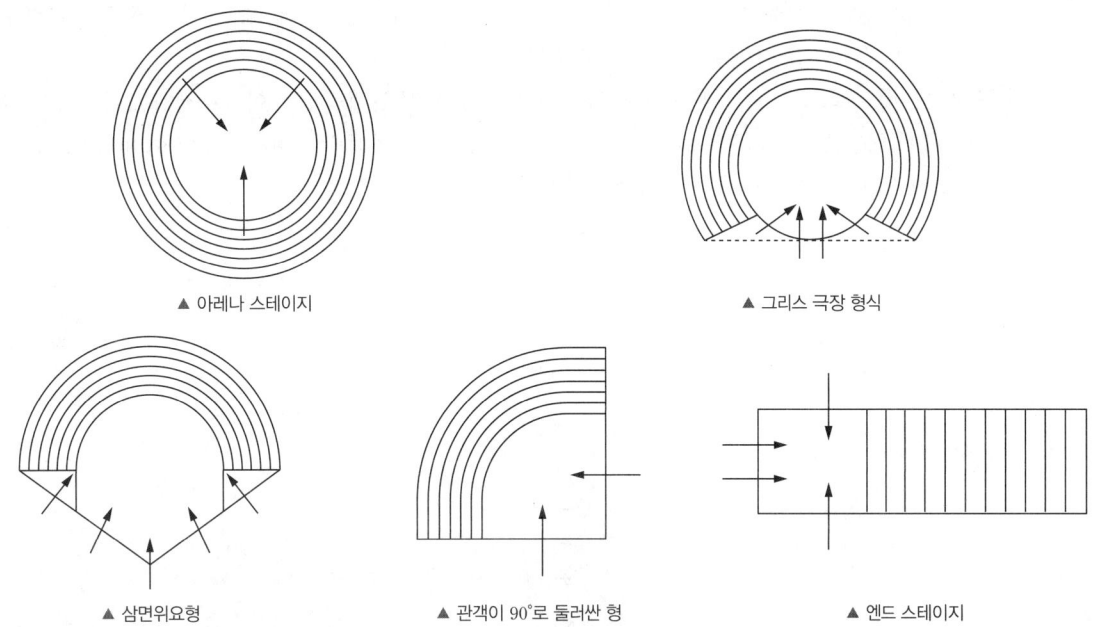

▲ 아레나 스테이지   ▲ 그리스 극장 형식

▲ 삼면위요형   ▲ 관객이 90°로 둘러싼 형   ▲ 엔드 스테이지

(2) 프로시니엄 스테이지(Proscenium Stage, 픽쳐 프레임 스테이지)

① 프로시니어(Proscenia) 벽에 의해 연기 공간이 분리되고, 관객이 프로시니어 아치(Proscenuim Arch)의 개구부를 통해서 무대를 보는 형식으로 일반적인 극장 대부분이 여기에 속한다.
② 연기자가 제한된 방향으로만 관객을 바라보므로 어떤 배경이라도 창출이 가능하다.
③ 장치나 광원을 보이게 하지 않고도 관객에게 여러 가지의 장면을 연출하여 제공할 수 있다.
④ 스테이지에 가깝게 많은 관객을 배치하는 것은 곤란하다.
⑤ 무대 전면의 오케스트라 박스(Orchestra Box) 등을 이용하여 에이프런 스테이지(Apron Stage)로 사용 가능하다.
⑥ 배경은 한 폭의 그림과 같은 느낌을 준다.
⑦ 강연, 음악회, 독주, 연극 공연 등에 좋다.

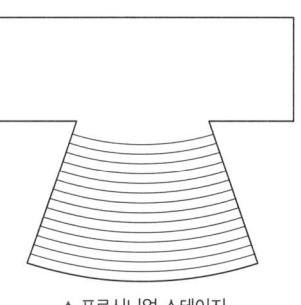

▲ 프로시니엄 스테이지

(3) 가변형 무대(Adaptable Stage)

① 필요에 따라 무대의 객석을 변화시킬 수 있는 형으로 하나의 극장 내에 몇 개의 다른 형태로 무대를 만들 수 있다.
② 상연 종목, 출연 방법에 따라 가장 적합한 공간을 구성시키려는 생각에서 발생한 것이다.
③ 극장 표현에 대한 최소한의 비용으로 최대한의 선택 가능성을 부여 한다.
④ 대학 연구소 등 실험적 요소가 있는 공간에 많이 이용된다.

3. 세부 계획

(1) 관람석

① 평면형: 부채형, 우절형(隅切型)이 많이 쓰여지고 있으며 시각적, 음향적으로 우수한 형이다.

> **관람석**
> 관객이 어느 위치에서라도 무대 위 연기가 쉽게 보여야 하며, 연기자의 음성이나 음악이 잘 들리도록 계획한다.

㉠ A구역: 배우의 표정이나 동작을 상세히 감상할 수 있는 시선 거리의 생리적 한도는 15m이다. 따라서 인형극이나 아동극은 이 한계 내에 있어야 한다.
㉡ B구역: 실제의 극장 건축에서는 될 수 있는 한 수용을 많이 하려는 생각에서 22m까지를 제1차 허용한도로 정하며, 국악이나 신극, 실내악 등은 이 범위 내에 객석을 둘 수 있다.
㉢ C구역: 연극, 그랜드 오페라, 발레, 뮤지컬 등은 배우의 일반적인 동작만 보이면 감상하는 데 지장이 없으므로 이를 제2차 허용한도라 하고 35m까지 둘 수 있다. 심포니 오케스트라(Symphony Orchestra)와 같은 것은 이 이상의 시선 거리에서는 감상이 곤란해진다.

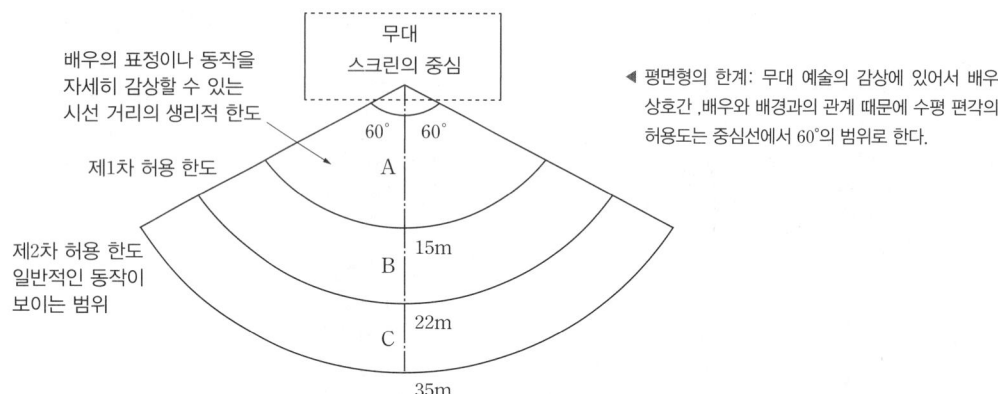

◀ 평면형의 한계: 무대 예술의 감상에 있어서 배우 상호간, 배우와 배경과의 관계 때문에 수평 편각의 허용도는 중심선에서 60°의 범위로 한다.

② 관람석의 단면 형식에 의한 분류
   ㉠ 단상식
   ㉡ 복상식: 2층 또는 3층에 발코니 층이 있는 것
③ 프로시니엄 아치(Proscenium Arch)
   ㉠ 관람석과 무대 사이에 격벽이 설치되고 이 격벽의 개구부를 통해 극을 관람하는데, 이때 개구부의 틀을 프로시니엄 아치라고 한다.
   ㉡ 역할
      • 그림을 액자에 넣는 것과 같이 관객의 눈을 무대로 쏠리게 하는 시각적 효과
      • 조명 기구나 막으로 후면 무대를 가리는 역할
④ 오케스트라 박스(Orchestra Box)
   ㉠ 오페라, 연극 등의 음악을 연주하는 곳으로 객석의 최전열과 무대의 사이에 둔다.
   ㉡ 넓이는 적은 수의 것은 10~40명, 많은 수의 것은 100명 내외이며 점유면적은 1인당 $1m^2$ 정도이다.
⑤ 프롬프터 박스(Prompter Box, 대사 박스)
   ㉠ 무대 중앙에 설치하며, 프롬프터가 들어가는 박스이다.
   ㉡ 객석 쪽은 둘러싸고 무대 측만 개방되어 이곳에서 대사를 불러주거나 연기의 주의환기를 시키는 곳이다.
⑥ 그린 룸(Green Room): 출연 대기실, 무대와 같은 층의 가까운 곳에 두고 크기는 $30m^2$ 이상으로 한다.

(2) **무대의 구성**
① 무대의 평면
   ㉠ 앞무대(에이프런 스테이지, Apron Stage): 막을 경계로 바깥부분, 즉 객석 쪽으로 나온 부문의 무대
   ㉡ 측면 무대(Side Stage): 객석의 측면 벽을 따라 돌출한 부분
   ㉢ 연기부분 무대(Acting Area): 앞무대에서 Curtain Line(프로시니엄 아치의 바로 뒤에 쳐진 막) 안쪽 무대
   ㉣ 무대의 폭: 프로시니엄 아치 폭의 2배 정도
   ㉤ 무대의 깊이: 프로시니엄 아치 폭 이상의 크기가 필요

② 무대의 단면
  ㉠ 무대 상부 공간(플라이 로프트, Fly Loft)의 이상적인 높이는 프로시니엄 높이의 4배 정도이다.
  ㉡ 그리드 아이언(격자 철판, Grid Iron)
    • 무대의 천장 밑에 위치하는 곳에 철골을 촘촘히 깔아 만든 바닥으로, 배경이나 조명기구, 연기자 또는 음향 반사판 등을 매달 수 있게 한 장치이다.
    • 무대 천장 밑의 제일 낮은 보 밑에서 1.8m의 위치에 바닥을 위치하게 한다.
  ㉢ 플라이 갤러리(Fly Gallery)
    • 그리드 아이언에 올라가는 계단과 연결시킨 무대 주위의 벽에 6~9m 높이로 설치되는 좁은 통로(폭은 1.2~2.0m 정도)
    • 조명 또는 눈이 내리는 장면을 위해 사용한다.
  ㉣ 록 레일(Lock Rail): 와이어 로프를 한 곳에 모아서 조정하는 장소
  ㉤ 사이클로라마(Cyclorama, 혹은 Kuppell Horizont): 무대의 제일 뒤에 설치되는 무대 배경용의 벽

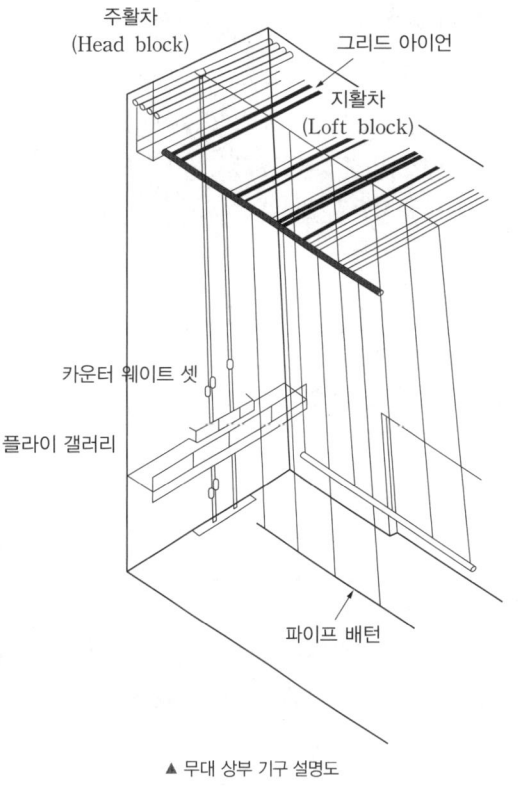

▲ 무대 상부 기구 설명도

2 영화관

1. 평면 계획

(1) 관객 1인당 연면적
  ① 소규모 영화관: 1.0~1.4 m²
  ② 일반영화관: 1.4~2.0m²
  ③ 공회당: 2.0~3.0m²
  ④ 오페라 하우스: 3.5~5.0m²

(2) 관객 1인당 객석 바닥 면적
  1객석당 종횡 통로를 포함해서 0.5m² 정도로 한다.

(3) 용적(객석당)
  ① 영화관: 4~5m³
  ② 음악 홀: 5~9m³
  ③ 공회당 다목적 홀: 5~7m³

2. 세부 계획

(1) 스크린의 위치
  ① 최전열 객석에서 스크린 폭의 최소 1.5배 이상
  ② 보통 최전열 객석으로부터 6m 이상
  ③ 무대 바닥 면에서 50~100cm의 높이
  ④ 뒷 벽면과의 거리는 1.5m 이상

(2) 영사실
  ① 영사실 출입구의 폭은 70cm 이상, 높이는 175cm 이상으로 한다.
  ② 개폐 방법은 외여닫이로 하고 방화문을 단다.
  ③ 영사실과 스크린과의 관계는 영사각이 0°가 되는 것이 최적이나 평균 15° 이내로 한다.

3 미술관

1. 기본계획 – 부지 선정상 고려할 점
① 대중이 용이하게 갈 수 있는 위치
② 매연, 먼지, 소음, 방재로부터의 피해가 없을 것
③ 일상 생활과 밀접한 장소
④ 도심 지구와 주거 지역의 중간적 지역

2. 세부계획

(1) **전시실의 순로(순회) 형식**

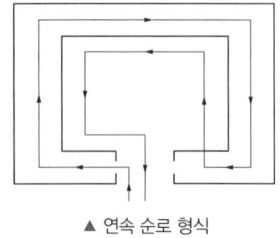
▲ 연속 순로 형식

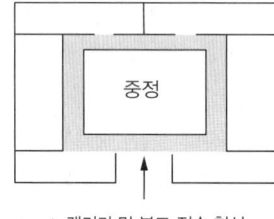
▲ 갤러리 및 복도 접속 형식

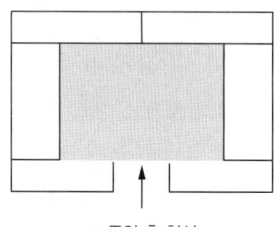
▲ 중앙 홀 형식

① 연속 순로(순회)형식: 직사각형 또는 다각형의 전시실을 연속적으로 연결하는 형식이다.
  ㉠ 단순하고 공간이 절약된다.
  ㉡ 소규모 전시실에 적합하다.
  ㉢ 전시 벽면을 많이 만들 수 있다.
  ㉣ 많은 실을 순서별로 통해야 하고, 하나의 실을 닫으면 전체 동선이 막히게 된다.

② 갤러리(Gallery) 및 복도(코리도, Corridor) 접속 형식: 연속된 전시실의 한쪽 복도에 의해서 각 실을 배치한 형식으로 복도가 중정(中庭)을 포위하여 순로(巡路)를 구성하는 경우가 많다.
  ㉠ 각 실에 직접 들어갈 수 있으며 필요시 독립적으로 폐쇄할 수 있다.
  ㉡ 복도 자체를 전시 공간으로 이용할 수 있다.

③ 중앙 홀 형식: 중심부에 하나의 큰 홀을 두고 그 주위에 각 전시실을 배치하여 자유로이 출입하는 형식이다.
  ㉠ 과거에 많이 사용한 평면으로 중앙 홀에 높은 천창을 설치하여 고창(高窓)으로부터 채광하는 방식이 많았다.
  ㉡ 부지의 이용률이 높은 지점에 건립할 수 있으며, 중앙 홀이 크면 동선의 혼란은 없으나 장래의 확장에 많은 무리가 따른다.

(2) **전시실의 크기**

마그너스(Magnus) 안	티드(Tiede) 안

• 천장 높이: 전시실 폭의 5/7
• 벽면의 진열범위: 바닥에서 1.25~4.7m까지
   (실 폭이 11m일 경우)
• 천창의 폭: 전시실 폭의 1/3~1/2
• 벽면의 최고 조도 위치: 천장에서 5.3m의 밑점까지
   (실 폭이 11m일 경우)
	• 회화 높이의 중심에서 수평선과 실의 중신선과의 교차점을 중심으로 원을 그렸을 때 바닥에서 0.95m의 벽면에서부터 회화 전시면으로 하고 이에 대한 45°선과 교차점을 천창과 천장의 높이로 한다.
	• 실의 폭과 길이는 자연 채광의 경우 창 상단 높이와의 관계로 정해진다.

3. 환경 계획

(1) 조명과 채광의 원칙

인공조명에 관람자의 기분을 고려한 자연 광선을 혼합하여 사용하면 최적의 효과를 얻을 수 있다.

① 광원에 현휘감이 없어야 한다.
② 항상 적당한 조도로 전시물을 균등하게 조명해야 한다.
③ 실내의 조도 및 휘도 분포가 적당해야 한다.
④ 관객의 그림자가 전시물에 나타나지 않아야 한다.
⑤ 화면 또는 케이스의 유리에 다른 영상이 나타나지 않아야 한다.
⑥ 대상에 따라 필요한 점광원을 고려한다.
⑦ 광색(光色)이 적당해야 하며 변화가 없어야 한다.

(2) 자연 채광법

① 정광창 형식(Top Light)
　㉠ 천장의 중앙에 천창을 설계하는 방법으로 전시실의 중앙부를 가장 밝게 하고 전시벽면의 조도를 균등하게 한다.
　㉡ 조각 등의 전시실에는 적당하지만 유리 케이스 내의 공예품 전시물에는 적합하지 못하다.

② 측광창 형식(Side Light)
　㉠ 측면 창에 광선을 들이는 방법으로, 소규모 전시실 이외에는 부적당하다.
　㉡ 광선의 확산, 광량의 조절, 열절연 설비를 병용하는 것이 좋다.

③ 고측광창 형식(Clearstory)
　㉠ 정광창과 측광창 형식의 절충형이다.
　㉡ 전시실 벽면의 조도가 관람자 부근의 조도보다 낮다.

④ 정측광창 형식(Top Side Light)
　㉠ 관람자가 서 있는 상부 천창을 불투명하게 하고 측벽에 가깝게 채광창을 설치하는 방법이다.
　㉡ 관람자의 위치는 어둡고 전시 벽면의 조도가 밝은 이상적인 형이다.
　㉢ 측광창의 광선이 약할 우려가 있다.

⑤ 특수 채광 형식: 천창 상부에서 경사 방향으로 빛을 도입하여 벽면을 주로 비치게 하는 방법이다.

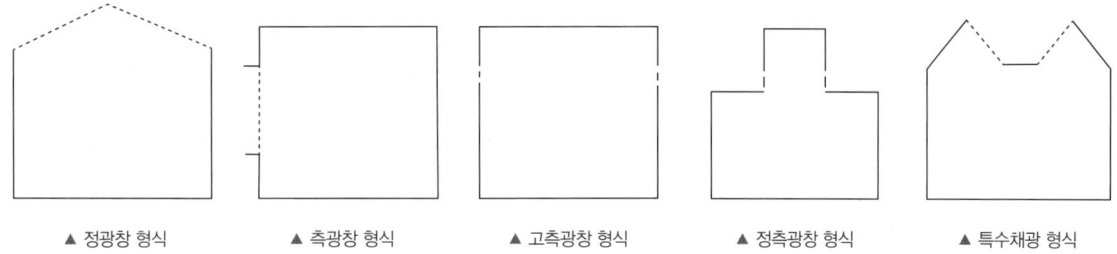

▲ 정광창 형식　　▲ 측광창 형식　　▲ 고측광창 형식　　▲ 정측광창 형식　　▲ 특수채광 형식

⑥ 기타
- ㉠ 실 길이: 폭의 1.5~2배 정도
  - 소형 1.8m 이상, 대형 6.0m 이상 떨어져 관람하는 것이 보통이다.
- ㉡ 시각은 45° 이내, 최량시각은 27~30° 이다.
- ㉢ 실 폭은 5.5m가 최소, 큰 전시실에서는 최소 6.0m 이상(평균 8m), 다수의 관객이 통행할 때는 2.0m 이내의 통로 여유가 필요하다.

(3) 특수 전시기법

① 파노라마(Panorama) 전시: 연속적인 주제를 선적으로 관계성 깊게 표현하기 위해 전경으로 펼쳐지도록 연출하는 전시기법

② 디오라마(Diorama) 전시: 하나의 사실 또는 주제의 시간 상황을 고정시켜 연출하는 것으로 현장에 있는 듯한 느낌을 가지고 관찰할 수 있는 전시기법

③ 아일랜드(Island) 전시: 벽이나 천장을 직접 이용하지 않고 전시물 또는 전시장치를 배치함으로써 전시공간을 만들어 내는 전시기법

④ 하모니카(Harmonica) 전시: 전시평면이 하모니카 흡입구처럼 동일한 공간으로 연속되어 배치되는 전시기법

⑤ 영상전시

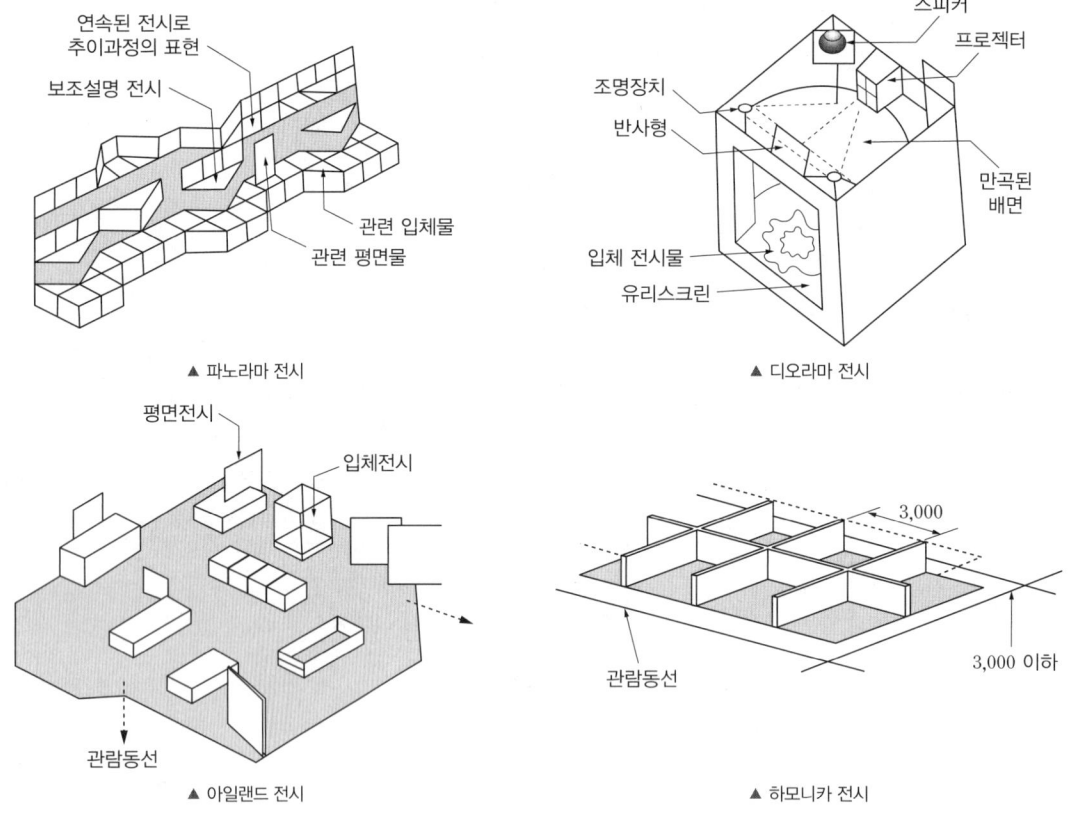

▲ 파노라마 전시　　▲ 디오라마 전시

▲ 아일랜드 전시　　▲ 하모니카 전시

KEYWORD 09　학교, 도서관 ★★★

1 학교

1. 기본계획

(1) 교지 계획

① 교지 선정상 주의 할 점
  ㉠ 지역 내 중심이 될 수 있는 곳이 좋다.
  ㉡ 간선 도로 및 번화가의 소음으로부터 격리한다.
  ㉢ 학교 규모에 따른 장래의 확장 면적을 고려한다.
  ㉣ 의도하는 학교 환경을 구성하는 데 필요한 부지형과 지형을 택한다.
  ㉤ 필요한 일조 및 여름철 통풍이 좋은 곳이어야 한다.
  ㉥ 도시의 서비스 시설(양질의 지하수, 상·하수도, 전기, 가스, 오물 수거 등)을 활용할 수 있는 곳이어야 한다.
  ㉦ 기타 법규적 제한을 받지 않는 곳이어야 한다.
② 교지는 단변과 장변의 비가 3 : 4 정도의 장방향 부지가 좋다.
  → 교지의 유리한 형태 3 : 4 > 2 : 3 > 4 : 5
③ 학교 교지는 고저차가 적은 부지가 적당하다.
  → 교실 배치 시 초등학교 저학년 교실은 저층 배치가 안전상 좋다. 특히, 유치원의 경우에는 단층으로 계획하는 것이 좋고 2층 이상이 불가피한 경우에는 계단보다는 경사로로 계획한다.
④ 교지 면적
  ㉠ 교사 연면적의 3배 이상을 확보한다.
  ㉡ 장래에 학생 수 1,000명 정도가 증가하여도 교실 등의 확장이 충분히 가능한 교지를 확보한다.

학교의 종류	규모, 학교시설	학생 1인당 교지 면적
초등학교	12 학급 이하	20m²
	13 학급 이상	15m²
중학교	학생수 480명 이하	30m²
	학생수 481명 이상	25m²
고등학교	보통과, 상업과, 가정에 관한 학과를 둔 학교	70m²
	농업, 수산, 공업에 관한 학과를 둔 학교	110m²(실습지 제외)
대학교	—	60m²

(2) **교사 계획**

① 방위: 기온, 위생, 채광, 심리적 환경 등 여러 가지 종합적 관점에서 유리한 순서는 다음과 같다.

$$\text{정남} \to \text{남남동} \to \text{남남서}$$

② 교지의 환경
- ㉠ 일조가 좋고, 교사로 인해 운동장에 그늘이 지지 않아야 한다.
- ㉡ 가급적 자연 그대로의 기복을 이용하고, 건물의 위치는 운동장보다 약간 높은 곳이 좋다.
- ㉢ 교통량이 많은 도로와 접할 때 교사는 도로에서 떨어진 위치에 두고 도로에 접하여 식수대를 둔다.
- ㉣ 운동장은 비가 개인 후에도 바로 이용 가능하도록 약 500m^2 정도의 포장한 부분을 둔다.
- ㉤ 운동장은 겨울의 상풍(常風)을 막을 수 있도록 배치하고 운동장에도 식수를 둔다.
- ㉥ 교육상 지장이 있는 시설(공장, 고가 철교, 형무소, 도살장, 위험물 저장 시설 등)이 주변에 없어야 한다.

③ 교지의 형태와 교사의 면적
- ㉠ 교지의 형태: 정형에 가까운 직사각형이 유리하며, 장변과 단변의 비는 4: 3 정도로 한다.
- ㉡ 교사의 면적: 학교의 규모에 따른 학생 1인당 점유 면적은 다음과 같다.

학교의 종류	초등학교	중학교	고등학교	대학교
1인당 소요 면적(m^2)	3.3~4.0	5.5~7.0	7.0~8.0	16.0 이상

④ 교사의 최저 면적: 교사의 최저 소요 면적은 복도, 출입구, 계단 등의 통로 면적을 포함한다.

⑤ 교사의 배치형

폐쇄형	분산병렬형	새로운 형
운동장을 남쪽에 확보하고, 부지의 북쪽에서부터 건축하기 시작해 ㄴ형에서 ㅁ형으로 완결 지어가는 일반적인 형이다. ㉠ 장점 • 부지의 효율적인 이용이 가능하다. ㉡ 단점 • 화재 및 비상시에 불리하다. • 일조, 통풍 등 환경 조건이 불균등하다. • 교사 주변에 활용되지 않는 부분이 많다.	일종의 핑거 플랜(Finger Plan)이다. ㉠ 장점 • 일조, 통풍 등 교실의 환경 조건이 균등하다. • 구조 계획이 간단하고 규격형의 이용이 편리하다. • 각 건물 사이에 놀이터와 정원이 생겨 생활환경이 좋아진다. ㉡ 단점 • 넓은 부지가 필요하다. • 편복도로 할 경우 복도 면적이 너무 커지고, 단조로워 유기적인 구성을 취하기 어렵다.	교사의 최대 규모를 전제로 하여 유기적인 구성으로 계획한다. ㉠ 엘보우형 복도를 교실에서 떨어지게 하여 소음을 적게 한다. ㉡ 클러스터형 클러스터는 꽃송이란 뜻으로 교실이 2~3개의 소단위 그룹으로 넓은 대지에 배치되어 독립성이 크고 일조 통풍이 좋으며 소음이 적다. 넓은 교지가 필요하고 관리부 동선이 길어진다.

(3) **이용률과 순수율**

① 이용률 $= \dfrac{\text{교실이 사용되고 있는 시간}}{\text{1주간의 평균 수업시간}} \times 100(\%)$

② 순수율 $= \dfrac{\text{일정한 교과를 위해 사용되는 시간}}{\text{그 교실이 사용되는 시간}} \times 100(\%)$

2. 평면 계획

(1) 학교 운영 방식

형	방법	장점	단점	비고
종합교실형 (A형)	교실수와 학급수가 일치하고, 각 학급은 자신의 교실 내에서 모든 교과를 행한다.	학생의 이동이 없다. 다른 학급에 관계없이 학급마다 가정적 분위기를 만들 수 있다.	시설 수준이 낮은 경우에는 학교 운영 방식 중 가장 빈약해진다. 특히, 초등학교 고학년 이상에는 무리가 있다.	초등학교 저학년에 가장 적당한 형이다.
일반교실+ 특별교실형 (UV형)	일반교실이 각 학급에 하나씩 배당되고, 기타에 특별교실을 가진다.	전용 학급 교실이 주어지며, 홈룸 활동 및 학생의 소지품의 보관에 유리하다.	특별교실을 확충하면 일반 교실의 이용률이 낮아진다. 즉, 시설의 수준을 높일수록 비경제적이다.	우리나라 학교의 70%를 차지하고 있다.
교과교실형 (V형)	모든 교실이 특정 교과를 위해 만들어지고 일반교실은 없다.	각 교과에 순수율이 높은 교실이 주어지므로 시설 활용도가 높다.	학생 이동이 많다. 순수율을 100%로 하는 한 이용률이 반드시 높다고 할 수는 없다.	이동할 때 소지품 두는 곳을 고려할 필요가 있다. 이동에 대한 동선에 주의해야 한다.
UV형과 V형의 중간 (E형)	일반교실 수는 학급수보다 적다. 특별교실의 순수율이 반드시 100%로 유지되지는 않는다.	이용률을 상당히 높일 수 있으므로 경제적이다.	학생의 이동이 매우 많다. 학생이 있는 곳이 안정되지 않고, 대부분의 경우 혼란이 있다.	혼란이 일어나지 않게 하기 위해 소지품과 동선을 충분히 고려한다.
플라톤형 (P형)	전 학급을 2개 분단으로 나누고, 한 분단이 일반교실을 사용할 때 다른 분단이 특별교실을 이용한다. 일반교실에 있는 동안은 이동하지 않으며, 분단 교체는 점심시간을 이용한다.	E형 수준으로 이용률을 높이면서도 이동을 정리할 수 있다. 교과 담임제와 학급 담임제를 병용할 수 있다.	교사 수가 부족하거나 적당한 시설이 없으면 설치가 불가능하다. 시간 배당을 하는데 많은 노력이 필요하다.	미국 초등학교에서 과밀을 해결하기 위해 실시한 것으로 일반적으로 분단을 둘로 나누지만 기타의 경우도 플라톤형이라고 부르기도 한다.
돌턴형 (D형)	학급과 학년을 없애고 학생들은 각자의 능력에 따라서 교과를 골라 학습하고, 일정한 교과를 끝내면 졸업한다.	기본 목적이 교육 방법에 있으므로 시설면에서 장단점을 말할 수는 없다. 하나의 교과에 출석하는 학생 수가 일정하지 않으므로 같은 크기의 학급 교실을 여러 개 설치하는 것보다는 여러 가지 크기의 교실을 설치하는 것이 유리하다.		우리나라에서는 사설 외국어 학원이나 입시 학원 등에서 채용하고 있다.
개방학교	변화무쌍한 학습 활동이 가능한 그룹 지도 방식으로 팀 티칭(Team Teaching)이라고도 한다. 학급 단위의 수업이 아닌 개인의 능력이나 자질에 따라 수업을 편성하고 경우에 따라서는 무학년제로 한다.	각자의 흥미·능력·자질 등에 의해 그룹화(Grouping)가 되므로 잘 적응하면 가장 좋은 방법이라 할 수 있다.	변화무쌍한 커리큘럼에 충분히 대응할 수 있는 교원의 자질과 풍부한 교재가 필요하다. 때로는 Teaching Machine의 활동이 전제되고, 시설적으로 공기 조화가 요구되는 등 항상 일반적일 수는 없다.	최근 구미 일각에서 발달한 것이나 일반화시키기는 어렵다. 저학년이나 유치원 등에 적용시켜 보거나 전체 학급 중 일부에 채용해 볼 수 있다.

(2) 블록플랜(Block Plan)의 결정 조건
① 학년 단위로 근접시키거나 동일한 층에 배치한다.
② 동학년의 학급은 균등한 조건으로 같은 층에 두도록 고려한다.
③ 저학년은 1층에 있게 한다. 1층으로 하는 이유는 1층의 교실은 직접 외부에 접해 연락되기 쉽고 불시의 재해 시 대피하기에 이상적이기 때문이다.
④ 저학년은 되도록 다른 접촉을 적게 하는 것이 좋고 출입구는 따로 한다. 학급 상호간의 관계도 적당히 차단하고 놀이터도 각각의 교실에 부속시켜 가정적인 분위기를 가지도록 한다.
⑤ 초등학교 저학년은 A(U)형이 이상적이다.
⑥ 초등학교 고학년은 UV형의 학교의 운영방식이 이상적이다.(일반 교실은 특별 교실의 소음 및 학생의 이동 시 소음을 차단한다.)
⑦ 일반 교실의 양끝에 특별 교실을 붙이는 형은 별로 좋지 못하고, 일반 교실과 특별 교실을 분리하는 것이 좋다.
⑧ 특별 교실군은 교과 내용에 대한 융통성, 보편성, 학생 이동 시의 소음 방지를 검토하여 배치한다.
⑨ UV형, E형의 경우 일반 교실과 특별 교실군 사이에 학급 이동을 고려하여 통로의 수, 출입문 등을 크게 한다.(교차 시 혼합 방지)
⑩ 실내체육관은 학생이 이용하기 쉬운 곳에 배치하며, 지역 주민들의 이용도 고려한다.
⑪ 관리실의 배치는 전체의 중심 위치로 하되 학생의 동선을 차단·방해하지 않도록 한다.
⑫ 실내화 또는 실외화를 사용할 경우 신발장 배치 계획을 고려한다.

(3) 확장성과 융통성
① 확장성
  ㉠ 인구의 집중이나 자연 증가로 장래 학생수가 늘어나는 것에 대비한다.
  ㉡ 한계는 최대 1,000명(이상적인 규모는 600~700) 정도이다.
  ㉢ 교과 내용의 변화가 확장을 요구한다.
② 융통성

원인	해결방법
확장에 대한 융통성	칸막이의 변경(건식구조)
광범위한 교과 내용이 변화하는데 대응 할 수 있는 융통성	융통성 있는 교실 배치: 특별 교실 군을 일단에 배치한다.
학교운영방식이 변화하는데 대응할 수 있는 융통성	공간의 다목적성: 평면 계획상 교과내용의 변화에 대응하게 한다.

(4) 계획 시 고려 사항
① 교실의 크기는 7m×9m(저학년은 9m×9m) 정도가 적당하다.
② 교실의 채광은 칠판을 향해 좌측 채광이 원칙이다. 칠판의 현휘를 막기 위해서 정면의 벽에 접해 1m 정도의 측면벽을 남긴다.
③ 출입구는 각 교실마다 2개소 설치한다. 여닫이인 경우에는 밖여닫이로 하고, 가장 가까운 옥외 출입구 또는 계단을 향한 복도 방향으로 열리게 한다.
④ 창대의 높이는 초등학교 80cm, 중학교 85cm가 적당하고, 단층 교실에서는 이보다 낮게 계획한다.
⑤ 교실의 색채는 저학년은 난색계통, 고학년은 남녀 색감이 차이가 나게 하지만 보통 사고력 증진을 위해 중성색이나 종색 계통을 많이 사용한다.
⑥ 채광창의 유리 면적은 교실 면적의 1/10 이상으로 한다.
⑦ 조명은 실내에 음영이 생기지 않게 칠판의 조도가 책상면의 조도 보다 높아야 한다.(최저 100lux 이상)

⑧ 반자는 교실 내의 음향이 조절될 수 있게 계획하며, 교실 내의 조도 분포를 위해 80% 이상의 반사율을 갖도록 백색에 가까운 색으로 마감한다.
⑨ 자연 과학 교실은 전기, 가스, 급배수 시설 때문에 가급적 아래층에 설치하며, 실험에 따른 유독가스가 다른 교실에 영향을 끼칠 수 있으므로 트랩 체임버(Trap Chamber)를 사용한다.

3. 각부 계획

(1) 교실 계획
① 교실의 크기는 길이 9m × 폭 7m의 장방형이 일반적이다.
② 채광상 유리면적은 교실 바닥면적의 최소 1/5 이상으로 한다.
③ 칠판면의 조도는 책상면 조도보다 밝아야 하며, 최저 100lux 이상 되게 한다.
④ 교실의 색채
  ㉠ 일반교실: 저학년은 난색계통으로, 고학년은 한색계통으로 한다.
  ㉡ 예능교실: 난색계통으로 한다.

(2) 복도
① 복도폭은 인원수로 기준하기보다는 통행자가 집중되는 시간 때에 분산이 빨리되도록 고려한다.
② 통풍 채광상 중복도식보다 편복도식이 유리하다.
③ 복도폭
  ㉠ 중복도(양측에 교실이 있는 경우): 2.4m 이상
  ㉡ 편복도(기타의 경우): 1.8m 이상

(3) 계단
① 계단의 위치
  ㉠ 각 층의 학생이 균일하게 이용할 수 있는 위치
  ㉡ 각 층의 계단의 위치는 상하 동일한 위치
  ㉢ 계단에 접하여 옥외 운동장과 기타 공지에 출입하기 쉬운 장소에 위치하게 한다.
② 계단의 크기(R: 단 높이, T: 단 너비)
  ㉠ 초등학교 $R \leq 16cm$, $T \geq 26cm$
  ㉡ 중고등학교 $R \leq 18cm$, $T \geq 26cm$

(4) 강당, 조명
① 강당 면적: 강당 집회 공간의 소요 면적은 다음 표와 같다.

구분	초등학교	중학교	고등학교 이상
1인당 소요 면적(m^2)	0.4	0.5	0.6

② 조명: 야간을 제외하고 일반 교실에는 인공조명을 하지 않으며, 각 실의 소요 조도는 표와 같다.

실명	재봉, 제도 등 정밀을 요하는 방	보통교실의 책상, 칠판면, 도서실, 실험실, 체육관	강당, 집회실, 식당	복도, 계단, 화장실
최저(lux)	100	50	20	10
적당(lux)	200	120	100	40

(5) 체육관

1인당 소요 바닥 면적은 전용 강당과 체육관 겸용 강당의 경우가 거의 동일하다. 체육관과 강당을 겸용할 경우 체육관을 위주로 한다.

① 크기: 농구 코트를 기준으로 한다.
② 천장높이: 6m 이상
③ 바닥마감: 목재 마루판 2중 깔기(길이 방향)

2 도서관

1. 기본계획

(1) 부지 선정 시 고려 사항

① 조용하고 교통이 편리한 곳
② 환경이 양호하고 채광과 통풍이 좋은 곳
③ 지역 사회에서 중심적 위치로 이용하기 편리한 장소
④ 장래의 확장을 고려하여 충분한 공지 확보가 가능한 곳
⑤ 재해가 없고 어린이의 이용을 위해 쉽게 접근할 수 있는 곳
⑥ 주차 면적의 확보가 가능한 곳

(2) 배치 계획

① 기능별로 동선을 분리한다.
  ㉠ 소도서관: 이용자, 직원, 서적의 출입구는 분리한다.
  ㉡ 규모가 큰 도서관: 성인과 아동의 출입구는 분리한다.
  ㉢ 집회를 위한 강당: 전용 출입구를 설치한다.
② 도서관의 성격을 종합해서 결정한다.
③ 공중의 접근이 쉽고 친근한 장소로 한다.
④ 열람 부분과 서고와의 관계는 직원 수에 따라 조절한다.
⑤ 서고의 증축 공간을 반드시 확보해 둔다. 장래의 확장 계획은 건축적으로 적어도 50% 이상의 확장에 순응할 수 있어야 한다.
⑥ 지방 도서관에서는 자전거, 오토바이 등의 보관 장소가 현관 근처에 필요하다. (필로티를 이용하는 방법 고려)

2. 평면계획

(1) 출납 시스템의 분류

① 자유 개가식(Free Open Access)

  ㉠ 형식
   • 열람자 자신이 서가에서 책을 꺼내어 책을 고르고 그대로 검열을 받지 않고 열람하는 형식이다.
   • 보통 1실형이고 10,000권 이하의 서적 보관과 열람에 적당하다.
  ㉡ 장점
   • 책 내용 파악과 선택이 자유롭고 용이하다.
   • 책의 목록이 없어 간편하다.
   • 책 선택 시 대출 기록의 제출이 없어 분위기가 좋다.

ⓒ 단점
- 서가의 정리가 잘 되지 않으면 혼란스럽게 된다.
- 책이 마모나 망실되기 쉽다.

② 안전 개가식(Safe-guarded Open Access)
ⓐ 형식
- 열람자가 책을 직접 서가에서 뽑지만 관원의 검열을 받고 대출 기록을 남긴 후 열람하는 형식이다.
- 자유 개가식과 반개가식의 장점을 취한 형식으로서 보통 15,000권 이하의 서적 보관과 열람에 적당하다.
ⓑ 특징
- 출납 시스템이 필요하지 않으므로 혼잡하지 않다.
- 도서 열람 체크 시설이 필요하다.
- 서가 열람이 가능하여 직접 책을 보고 고를 수 있다.
- 감시가 필요하지 않다.

③ 반개가식(Semi-open Access)
ⓐ 형식
- 열람자가 책의 체재나 표지 정도를 보고 관원에게 요구하여 대출 기록을 남긴 후 열람하는 형식이다.
- 신간 서적 안내 등으로 채용되며, 다량의 도서에는 적용하기 어렵다.
ⓑ 특징
- 출납 시설이 필요하다.
- 서가의 열람이나 감시가 불필요하다.

④ 폐가식(Closed Access)
ⓐ 형식
- 책 목록을 보고 책을 선택하여 관원에게 대출 기록을 제출한 후 대출 받는 형식이다.
- 서고와 열람실이 분리되어 있다.
ⓑ 장점
- 도서의 유지 관리가 양호하다.
- 감시할 필요가 없다.
ⓒ 단점
- 희망한 내용이 아닐 수 있다.
- 대출 절차가 복잡하고 관원의 작업량이 많다.

3. 세부계획

(1) **열람실**

① 계획 시 고려 사항
ⓐ 도서관의 각실 중에서 가장 중점을 두어야 할 실로서 비교적 장시간 동안 안정적으로 독서, 연구가 될 수 있도록 한다.
ⓑ 배치상 내외로부터의 소음에서 격리되게 한다.
ⓒ 채광상 직사광선은 피하고 부득이한 경우에는 루버나 차양으로 일사를 조절하도록 한다.
ⓓ 조도 분포에 유의하고 색채의 조화 등도 고려한다.
ⓔ 자연적인 통풍, 환기가 부족할 경우에는 공기 조화 설비를 한다.

② 종류

일반 열람실	• 일반인과 학생용 열람실을 분리한다. (일반인과 학생들의 이용률은 7 : 3 정도) • 성인 1인당 1.5~2.0m², 아동 1인당 1.1m² 정도가 필요하다. (1석당 평균 면적은 1.8m² 전후) • 실 전체로는 1석 2.0~2.5m²의 바닥 면적이 필요하다.
특별 열람실	• 개인 연구실: 1인당 1.4~4.0m²의 면적이 필요하다. → 캐럴(Carrel): 연구자들을 위해 서고 내에 설치하는 소규모 부스들을 갖춘 연구 열람실로 도서 자료 보관은 햇볕이 닿지 않는 어두운 편으로 인공조명을 사용한다. • 공동 연구실
아동 열람실	• 열람실은 성인용과 구별하며, 현관도 되도록 따로 설치한다. • 열람은 자유 개가식으로 하고 획일적인 책상 배치를 피한다. • 실의 크기는 아동 1인당 1.2~1.5m²를 기준으로 한다.
신문 잡지 열람실	• 위치: 현관이나 로비 부근에 설치한다. • 좌석 1인당 점유면적은 1.2~1.4m² 정도이다.

(2) 서고
  ① 계획 시 고려사항
    ㉠ 서고의 형식은 평면 계획상 가장 중요한 요소로 폐가식과 개가식이 있는데 대도서관의 경우는 폐가식으로 하고 소도서관의 경우는 개가식을 채용한다.
    ㉡ 서고의 목적은 도서를 수장, 보존하는데 있으므로 방화, 방습, 유해가스 제거에 중점을 두며 이때 공기 조화 설비를 갖춘다.
    ㉢ 공간에 합리적으로 도서를 수장해서 출납관리상 편리하게 한다.
    ㉣ 도서 증가에 따른 장래의 확장을 고려한다.
    ㉤ 서가의 높이는 2.1m 전후로 한다.
    ㉥ 서고는 모듈 플래닝이 가능하다.
  ② 수용 능력
    ㉠ 서고 1m²당: 150~250권(평균 200권/m²)
    ㉡ 서가 1단: 25~30권 정도
    ㉢ 서고 공간 1m³당: 약 66권 정도
  ③ 서가의 배열
    ㉠ 평행 직선형이 일반적이며, 불규칙하게 배열하면 손실이 많다.
    ㉡ 통로 폭: 0.75~1.0m(서가 사이를 열람자가 이용할 경우에는 1.4m 정도)
  ④ 자료 보존상 고려 사항
    ㉠ 철저한 관리(점검 등)가 필요하다.
    ㉡ 서고 내의 온습도가 양호해야 한다.(온도 16℃, 습도 63% 이하가 좋다.)
    ㉢ 자료 자체가 내구적이어야 한다.(소독, 제본, 수리에 편리)
    ㉣ 건물과 서가가 재해에 대해 안전해야 한다.(내화, 내진 등)
    ㉤ 도서 보존을 위해 어두운 편이 좋다. 인공조명과 기계 환기로 방진, 방온, 방습과 함께 세균의 침입을 막는다.(서고는 대부분 자연 채광을 하지 않고 인공조명을 사용한다.)

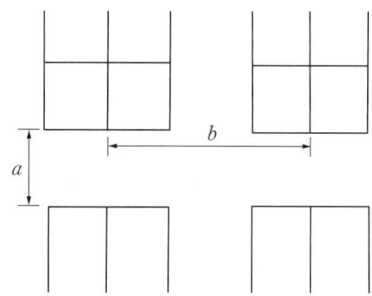

서고	a	b
폐가식 서고	90~150	135~150
개가식 서고	150~200	165~180

▲ 서가 배치 기준

핵심 기출문제

PART 04
공공문화건축계획

KEYWORD 08 극장, 미술관

01
20년 3회, 19년 4회, 14년 2회

극장의 평면형식에 관한 설명으로 옳지 않은 것은?

① 아레나형에서 무대 배경은 주로 낮은 가구로 구성된다.
② 프로시니엄형은 픽쳐 프레임 스테이지형이라고도 불리운다.
③ 오픈 스테이지형은 관객석이 무대의 대부분을 둘러싸고 있는 형식이다.
④ 프로시니엄형은 가까운 거리에서 관람하게 되며, 가장 많은 관객을 수용할 수 있다.

해설
가까운 거리에서 관람하면서 많은 관객을 수용할 수 있는 것은 아레나형이다. 프로시니엄형은 한 방향으로만 관객을 대하고 배경 설치가 용이하므로 강연, 아동극, 독주 등에 적합하다.

관련이론
극장 무대 형식에 의한 분류
㉠ 아레나형
 • 관객이 연기자를 둘러싸고 관람하는 형식이다.
 • 많은 관객을 수용할 수 있으나 배경 설치가 곤란하다.
 • 배우는 관객석 사이나 무대 아래에서 출입한다.
㉡ 오픈 스테이지형
 • 한 방향 이상으로 관객을 대한다.
 • 관객은 연기자에 근접하여 관람할 수 있다.
 • 배경 설치는 프로시니엄형에 비하여 어렵다.
㉢ 프로시니엄형
 • 한 방향으로만 관객을 대한다.
 • 배경 설치가 용이하므로 관객은 한 폭의 그림을 배경으로 보는 듯한 느낌을 받는다.
 • 강연, 아동극, 독주 등의 형식에 적합하다.

정답 | ④

02
20년 1·2회, 18년 2회, 17년 1·4회, 16년 2회, 13년 2회

극장의 평면형식 중 아레나(Arena)형에 관한 설명으로 옳지 않은 것은?

① 관객이 무대를 360°로 둘러싼 형식이다.
② 무대의 장치나 소품은 주로 낮은 기구들로 구성된다.
③ 픽쳐 프레임 스테이지(Picture Frame Stage)형이라고도 한다.
④ 가까운 거리에서 관람하면서 많은 관객을 수용할 수 있다.

해설
픽쳐 프레임 스테이지는 프로니시엄 스테이지이다. 아레나형은 오픈 스테이지형으로 여러 방향에서 관람할 수 있다.

선지분석
① 아레나형은 관객이 무대를 둘러싼 형식으로 객석과 무대가 하나의 공간에 있으므로 양자의 일체감이 높다.
② 무대의 배경을 만들지 않으므로 경제성이 있다.
④ 아레나형은 가까운 거리에서 관람하면서 가장 많은 관객 수용이 가능하다.

정답 | ③

03
18년 1회, 17년 2회, 15년 2회, 13년 4회

극장의 평면형식 중 프로시니엄형에 관한 설명으로 옳지 않은 것은?

① 픽쳐 프레임 스테이지형이라고도 한다.
② 배경은 한 폭의 그림과 같은 느낌을 준다.
③ 연기자가 제한된 방향으로만 관객을 대하게 된다.
④ 가까운 거리에서 관람하면서 가장 많은 관객을 수용할 수 있다.

해설
가까운 거리에서 관람하면서 많은 관객을 수용할 수 있는 것은 아레나형이다.

정답 | ④

04

극장의 평면형식 중 오픈 스테이지(Open Stage)형에 관한 설명으로 옳은 것은?

① 연기자가 남측 방향으로만 관객을 대하게 된다.
② 강연, 음악회, 독주, 연극 공연에 가장 적합한 형식이다.
③ 가장 일반적인 극장의 형식으로 어떠한 배경이라도 창출이 가능하다.
④ 무대와 객석이 동일 공간에 있는 것으로 관객석이 무대의 대부분을 둘러싸고 있다.

해설
무대와 객석이 동일 공간에 있는 것으로 관객석에 의해서 무대의 대부분을 둘러싸고 많은 사람들은 시각 거리 내에 수용된다. 연기자와 관객 사이의 친밀감을 한층 더 높일 수 있다.

선지분석
②, ③ 프로시니엄 스테이지에 대한 설명이다.

정답 | ④

05

다음은 극장의 가시거리에 관한 설명이다. ( ) 안에 알맞은 것은?

> 연극 등을 감상하는 경우 연기자의 표정을 읽을 수 있는 가시한계는 (㉠)m 정도이다. 그러나 실제적으로 극장에서는 잘 보이는 것과 더불어 많은 관객도 수용해야 하므로 (㉡)m까지를 1차 허용한도로 한다.

① ㉠ 15, ㉡ 22
② ㉠ 20, ㉡ 35
③ ㉠ 22, ㉡ 35
④ ㉠ 22, ㉡ 38

해설
인형극, 아동극 등의 연극에서 배우의 표정이나 동작을 자세히 감상할 수 있는 시각 한계는 15m 이내이다.
실제의 극장 건축에서는 될 수 있는 한 수용을 많이 하려는 생각에서 22m까지를 제1차 허용한도로 정하며 국악이나 신극, 실내악 등은 이 범위 내에 객석을 둘 수 있다.
현재 연극, 그랜드 오페라, 발레, 뮤지컬은 배우의 일반적인 동작만 보이면 감상하는 데는 지장이 없으므로 이를 제2차 허용한도라 하며 35m까지 둘 수 있다.

정답 | ①

06

극장건축에서 무대의 제일 뒤에 설치되는 무대 배경용의 벽을 나타내는 용어는?

① 프로시니엄
② 사이클로라마
③ 플라이 로프트
④ 그리드 아이언

해설
무대의 제일 뒤에 설치되는 무대 배경용 벽이 사이클로라마이다.

선지분석
① 프로니시엄: 강연, 아동극, 독주 등의 형식에 적합한 극장의 평면형식 중 하나이다.
③ 플라이 로프트: 무대 상부 공간이다.
④ 그리드 아이언: 조명기구, 연기자 또는 음향 반사판을 매달기 위해 무대 천정 밑에 설치되는 시설이다.

정답 | ②

07

극장건축에서 그린 룸(Green Room)의 역할로 가장 알맞은 것은?

① 의상실
② 배경제작실
③ 관리관계실
④ 출연대기실

해설
그린 룸은 주무대에 가까운 위치에 배치되며 출연자 대기실로 사용된다.

정답 | ④

08

극장 무대 주위의 벽에 6~9m 높이로 설치되는 좁은 통로로, 그리드 아이언에 올라가는 계단과 연결되는 것은?

① 그린 룸
② 록 레일
③ 플라이 갤러리
④ 슬라이딩 스테이지

해설
플라이 갤러리는 그리드 아이언에 올라가는 계단과 연결시킨 무대 주위의 벽에 6~9m 높이로 설치되는 좁은 통로로 조명 또는 눈이 내리는 장면을 위해 사용한다.

선지분석
① 그린 룸: 무대 옆에 설치되는 출연자 대기실이다.
② 록 레일(Lock Rail): 와이어 로프를 한 곳에 모아서 조정하는 장소이다.
④ 슬라이딩 스테이지: 활주 이동시켜 무대를 전환하는 무대이다.

정답 | ③

09
20년 4회, 14년 4회

극장건축 관련 제실에 관한 설명으로 옳지 않은 것은?

① 앤티 룸(Anti Room)은 출연자들이 출연 바로 직전에 기다리는 공간이다.
② 그린 룸(Green Room)은 출연자 대기실을 말하며 주로 무대 가까운 곳에 배치한다.
③ 배경제작실의 위치는 무대에 가까울수록 편리하며, 제작 중의 소음을 고려하여 차음설비가 요구된다.
④ 의상실은 실의 크기가 1인당 최고 $8m^2$가 필요하며, 그린 룸이 있는 경우 무대와 동일한 층에 배치하여야 한다.

해설 |
의상실은 실의 크기가 1인당 최소 $4 \sim 5m^2$가 필요하며, 그린 룸이 있는 경우 무대와 동일한 층에 배치할 필요는 없다.

정답 | ④

10
21년 1회, 19년 4회, 17년 1회, 14년 2회

미술관 전시실의 순회형식 중 연속 순회 형식에 관한 설명으로 옳은 것은?

① 각 전시실에 바로 들어갈 수 있다는 장점이 있다.
② 연속된 전시실의 한 쪽 복도에 의해서 각 실을 배치한 형식이다.
③ 중심부에 하나의 큰 홀을 두고 그 주위에 각 전시실을 배치한 형식이다.
④ 전시실을 순서별로 통해야 하고, 한 실을 폐쇄하면 전체 동선이 막히게 된다.

해설 |
연속 순회 형식은 소규모 미술관에 적용된다. 작은 공간이기에 전시물을 순서대로 관람하며 동선 단절 시 전체 동선이 막히게 된다.

선지분석
①, ②: 갤러리 및 복도 접속형식에 대한 설명이다.
③ 중앙 홀 형식에 대한 설명이다.

정답 | ④

11
19년 4회, 15년 1회, 12년 2회

미술관의 전시실 순회 형식 중 많은 실을 순서별로 통해야 하고, 1실을 폐쇄할 경우 전체 동선이 막히게 되는 것은?

① 중앙 홀 형식
② 연속 순회 형식
③ 갤러리(Gallery) 형식
④ 코리더(Corridor) 형식

해설 |
연속 순회 형식은 전시물을 순서대로 관람하며 한 동선을 단절할 경우 전체 동선이 막히게 된다.

정답 | ②

12
21년 2회, 20년 3회, 18년 4회, 17년 4회, 13년 1회

미술관의 전시실 순회형식에 관한 설명으로 옳지 않은 것은?

① 갤러리 및 코리더 형식에서는 복도 자체도 전시공간으로 이용이 가능하다.
② 중앙 홀 형식에서 중앙 홀이 크면 동선의 혼란은 많으나 장래의 확장에는 유리하다.
③ 연속 순회 형식은 전시 중에 하나의 실을 폐쇄하면 동선이 단절된다는 단점이 있다.
④ 갤러리 및 코리더 형식은 복도에서 각 전시실에 직접 출입할 수 있으며 필요시에 자유로이 독립적으로 폐쇄할 수가 있다.

해설 |
중앙 홀이 크면 동선의 혼란은 없으나 장래의 확장에 많은 무리가 따른다.

정답 | ②

13

19년 2회, 16년 2회, 12년 1회

미술관 전시공간의 순회형식 중 갤러리 및 코리도 형식에 관한 설명으로 옳은 것은?

① 복도의 일부를 전시장으로 사용할 수 있다.
② 전시실 중 하나의 실을 폐쇄하면 동선이 단절된다는 단점이 있다.
③ 중앙에 커다란 홀을 계획하고 그 홀에 접하여 전시실을 배치한 형식이다.
④ 이 형식을 채용한 대표적인 건축물로는 뉴욕 근대 미술관과 프랭크 로이드 라이트의 구겐하임 미술관이 있다.

해설 |
갤러리 및 코리도 형식은 연속된 전시실의 한쪽 복도에 의해서 각 실을 배치한 형식으로 복도가 중정(中庭)을 포위하여 순로(巡路)를 구성하는 경우가 많다.

선지분석
② 연속 순회 형식에 대한 설명이다.
③ 중앙 홀 형식에 대한 설명이다.
④ 뉴욕 근대 미술관과 구겐하임 미술관은 중앙 홀 형식의 대표적인 건축물이다.

정답 | ①

14

21년 2회, 16년 4회, 14년 1회

미술관 전시실의 전시기법에 관한 설명으로 옳지 않은 것은?

① 하모니카 전시는 동일 종류의 전시물을 반복하여 전시할 경우에 유리하다.
② 아일랜드 전시는 실물을 직접 전시할 수 없는 경우 영상매체를 사용하여 전시하는 방법이다.
③ 파노라마 전시는 연속적인 주제를 연관성 있게 표현하기 위해 선형의 파노라마로 연출하는 전시기법이다.
④ 디오라마 전시는 하나의 사실 또는 주제의 시간 상황을 고정시켜 연출하는 것으로 현장에 임한 느낌을 주는 기법이다.

해설 |
아일랜드(Island) 전시는 벽이나 천장을 직접 이용하지 않고 전시물 또는 전시 장치를 배치함으로써 전시공간을 만들어 내는 전시기법이다.

정답 | ②

15

21년 1회, 13년 4회

연속적인 주제를 선적으로 관계성 깊게 표현하기 위하여 전경(全景)으로 펼쳐지도록 연출하여 맥락이 중요시될 때 사용되는 특수전시기법은?

① 아일랜드 전시
② 하모니카 전시
③ 디오라마 전시
④ 파노라마 전시

해설 |
파노라마 전시는 연속적인 주제를 연관성 있게 표현하기 위해 선형의 파노라마로 연출하는 전시기법이다.

선지분석
① 아일랜드 전시: 사방에서 감상해야 할 필요가 있는 조각물이나 모형을 전시하기 위해 벽면에서 띄어놓아 전시하는 특수전시기법
② 하모니카 전시: 미술관의 전시 기법 중 전시평면이 동일한 공간으로 연속되어 배치되는 전시기법으로 동일 종류의 전시물을 반복 전시할 경우에 유리한 방식
③ 디오라마 전시: 현장감을 가장 실감나게 표현하는 방법으로 하나의 사실 또는 주제의 시간 상황을 고정시켜 연출하는 것으로 현장에 임한 느낌을 주는 특수전시기법

정답 | ④

16

20년 1·2회, 18년 4회, 15년 1회

전시공간의 특수전시기법에 관한 설명으로 옳지 않은 것은?

① 파노라마 전시는 전체의 맥락이 중요하다고 생각될 때 사용된다.
② 하모니카 전시는 동일 종류의 전시물을 반복하여 전시할 경우에 유리하다.
③ 디오라마 전시는 하나의 사실 또는 주제의 시간 상황을 고정시켜 연출하는 기법이다.
④ 아일랜드 전시는 벽면 전시 기법으로 전체 벽면의 일부만을 사용하며 그림과 같은 미술품 전시에 주로 사용된다.

해설 |
아일랜드(Island) 전시는 벽이나 천장을 직접 이용하지 않고 전시물 또는 전시 장치를 배치함으로써 전시공간을 만들어 내는 전시기법이다.

정답 | ④

KEYWORD 09 학교, 도서관

17
21년 1·2회, 20년 3·4회, 19년 1회, 17년 4회

학교운영방식에 관한 설명으로 옳지 않은 것은?

① 종합교실형은 교실의 이용률이 높지만 순수율은 낮다.
② 일반교실 및 특별교실형은 우리나라 중학교에서 주로 사용되는 방식이다.
③ 교과교실형에서는 모든 교실이 특정교과를 위해 만들어지고, 일반교실이 없다.
④ 플라톤형은 학년과 학급을 없애고 학생들은 각자의 능력에 따라 교과를 선택하고 일정한 교과가 끝나면 졸업을 한다.

해설
플라톤형이 아닌 달톤형에 대한 설명이다.
플라톤형은 전 학급을 2분단으로 나누어 한쪽이 일반교실을 사용할 때, 다른 쪽은 특별교실을 사용하는 방식으로, 미국의 초등학교에서 과밀을 해소하기 위해 실시한 것이다.

선지분석
① 종합교실형은 학생의 이동이 없고 초등학교 저학년에 적합한 방식으로 이용률이 높지만 순수율이 낮다.
② 일반 및 특별교실형은 우리나라 중학교에서 일반적으로 사용되는 방식으로 각 학급마다 일반교실을 하나씩 배당하고 그 외에 특별교실을 갖는다.
③ 교과교실형 모든 교실이 특정한 교과 수업을 위해 만들어진 형식으로 소지품 보관장소에 대한 고려가 필요하다.

정답 | ④

18
16년 2회, 15년 2회

초등학교 저학년에 가장 권장되는 학교운영방식은?

① 달톤형
② 플라톤형
③ 종합교실형
④ 교과교실형

해설
종합교실형은 학생의 이동이 없고 각 학급마다 가정적인 분위기를 만들 수 있으므로 초등학교 저학년에 권장되는 방식이다.

선지분석
① 달톤형은 학급, 학년 구분을 없애고 학생들은 각자의 능력에 따라 교과를 선택하고 일정한 교과를 끝내면 졸업하는 방식이다.
② 플라톤형은 전 학급을 2분단으로 나누어 한 쪽이 일반교실을 사용할 때, 다른 쪽은 특별교실을 사용하는 방식으로, 교사수 및 시설이 부족하면 운영이 곤란하다는 단점이 있다.
④ 교과교실형은 모든 교실이 특정 교과 수업을 위해 만들어진 형식이다.

정답 | ③

19
19년 2회, 16년 1회, 14년 4회, 13년 2회

학교의 배치형식 중 분산병렬형에 관한 설명으로 옳지 않은 것은?

① 일종의 핑거 플랜이다.
② 구조계획이 간단하고 시공이 용이하다.
③ 부지의 크기에 상관없이 적용이 용이하다.
④ 일조·통풍 등 교실의 환경조건을 균등하게 할 수 있다.

해설
분산병렬형은 넓은 부지가 필요하다.

정답 | ③

20
16년 4회, 12년 4회

학교운영방식 중 종합교실형에 관한 설명으로 옳지 않은 것은?

① 교실의 이용율이 높다.
② 교실의 순수율이 높다.
③ 초등학교 저학년에 적합한 형식이다.
④ 학생의 이동을 최소한으로 할 수 있다.

해설
순수율이 높은 것은 교과교실형이다.

정답 | ②

21
18년 2회, 13년 2회

학교 건축 계획에 요구되는 융통성과 가장 거리기 먼 것은?

① 지역사회의 이용에 의한 융통성
② 학교운영방식의 변화에 대응하는 융통성
③ 광범위한 교과내용의 변화에 대응하는 융통성
④ 한계 이상의 학생수의 증가에 대응하는 융통성

해설
한계 이내의 학생수 증가에 대응하는 융통성이 요구된다.

정답 | ④

22
19년 4회, 14년 4회, 12년 2회

1주간의 평균 수업시간이 30시간인 어느 학교의 설계제도 교실이 사용되는 시간은 24시간이다. 그 중 6시간은 다른 과목을 위해 사용된다. 설계제도교실의 이용률과 순수율은 각각 얼마인가?

① 이용률 80%, 순수율 25%
② 이용률 80%, 순수율 75%
③ 이용률 60%, 순수율 25%
④ 이용률 60%, 순수율 75%

해설 |

이용률 $= \dfrac{\text{교실이 사용되고 있는 시간}}{\text{1주간의 평균 수업시간}} \times 100(\%)$

$= \dfrac{24}{30} \times 100\% = 80\%$

순수율 $= \dfrac{\text{일정한 교과를 위해 사용되는 시간}}{\text{그 교실이 사용되는 시간}} \times 100(\%)$

$= \dfrac{(24-6)}{24} \times 100\% = 75\%$

정답 | ②

23
20년 1·2회, 19년 4회, 13년 4회

학교 건축에서 단층교사에 관한 설명으로 옳지 않은 것은?

① 재해 시 피난이 유리하다.
② 학습활동을 실외에 연장할 수 있다.
③ 부지의 이용률이 높으며 설비의 배선, 배관을 집약할 수 있다.
④ 개개의 교실에서 밖으로 직접 출입할 수 있으므로 복도가 혼잡하지 않다.

해설 |
단층교사는 부지의 이용률이 낮고 설비의 배선, 배관이 집약되지 않고 분산된다.

정답 | ③

24
21년 1회

도서관의 열람실 및 서고계획에 관한 설명으로 옳지 않은 것은?

① 서고 안에 캐럴(Carrel)을 둘 수도 있다.
② 서고면적 1m²당 150~250권의 수장능력으로 계획한다.
③ 열람실은 성인 1인당 3.0~3.5m²의 면적으로 계획한다.
④ 서고실은 모듈러 플래닝(Modular Planning)이 가능하다.

해설 |
일반 열람실의 크기는 성인 1인당 1.5~2.0m², 아동은 1인당 1.1m² 정도가 필요하다.(1석당 평균 면적은 1.8m² 전후)

정답 | ③

25
18년 2회, 17년 2회, 17년 1회, 14년 2회

다음 중 도서관에서 장서가 60만권일 경우 능률적인 작업 용량으로서 가장 적정한 서고의 면적은?

① 3,000m²
② 4,500m²
③ 5,000m²
④ 6,000m²

해설 |
서고의 면적은 1m² 당 200권이 적당하다.
∴ 600,000 ÷ 200 = 3,000m²

정답 | ①

26

19년 4회, 17년 4회, 14년 4회, 14년 2회

도서관 출납시스템에 관한 설명으로 옳지 않은 것은?

① 폐가식은 서고와 열람실이 분리되어 있다.
② 반개가식은 새로 출간된 신간 서적 안내에 채용된다.
③ 안전개가식은 서가 열람이 가능하여 도서를 직접 뽑을 수 있다.
④ 자유개가식은 이용자가 자유롭게 도서를 꺼낼 수 있으나 열람석으로 가기 전에 관원에게 체크를 받는 형식이다.

해설 |
자유개가식은 책 내용의 파악 및 선택이 자유롭고, 관원의 검열이 없어 대출 수속이 간편하다.

선지분석
① 폐가식은 대출 절차가 복잡하고, 대규모 도서관에 적합한 유형으로 독립된 서고의 경우에 채용한다.
② 반개가식은 신간 서적 안내에 채용되나 대량의 도서에는 부적당하다.
③ 안전개가식은 자유개가식과 반개가식의 장점을 취한 형식으로서, 열람자가 책을 직접 서가에서 뽑지만 관원의 검열을 받고 대출 기록을 남긴 후 열람하는 방식이다.

정답 | ④

27

19년 2회, 15년 1회

도서관의 출납시스템 중 폐가식에 관한 설명으로 옳지 않은 것은?

① 서고와 열람실이 분리되어 있다.
② 도서의 유지 관리가 좋아 책의 망실이 적다.
③ 대출절차가 간단하여 관원의 작업량이 적다.
④ 규모가 큰 도서관의 독립된 서고의 경우에 많이 채용된다.

해설 |
폐가식은 책 목록을 보고 책을 선택하여 관원에게 대출 기록을 제출한 후 대출 받는 형식으로 대출 절차가 복잡하고 관원의 작업량이 많다.

정답 | ③

28

20년 1·2회, 19년 1회, 17년 1회, 16년 1회

다음 설명에 알맞은 도서관의 자료 출납시스템 유형은?

> 이용자가 직접 서고 내의 서가에서 도서자료의 제목 정도는 볼 수 있지만 내용을 열람하고자 하는 경우에는 관원에게 대출을 요구하는 형식

① 폐가식　　　　② 반개가식
③ 자유개가식　　④ 안전개가식

해설 |
반개가식에 대한 설명이다. 반개가식은 출납 시설이 필요하나 서가의 열람이나 감시는 불필요하다.

정답 | ②

29

20년 4회, 18년 1회, 15년 4회, 13년 1회

도서관의 출납 시스템 유형 중 이용자가 자유롭게 도서를 꺼낼 수 있으나 열람석으로 가기 전에 관원의 검열을 받는 형식은?

① 폐가식　　　　② 반개가식
③ 자유개가식　　④ 안전개가식

해설 |
안전개가식에 대한 설명이다. 안전개가식은 자유개가식과 반개가식의 장점을 취한 형식으로서 보통 15,000권 이하의 서적 보관과 열람에 적당하다.

정답 | ④

30

21년 2회, 18년 4회, 15년 2회, 12년 1회

다음 중 도서관의 기둥간격 결정과 가장 밀접한 관계가 있는 공간은?

① 서고　　　　② 캐럴
③ 출납실　　　④ 시청각재료실

해설 |
도서관 계획에서 도서관의 기둥간격의 결정은 서고와 가장 깊은 관련이 있다.

관련이론
도서관 계획 시에는 처음부터 확장과 융통성이 고려되어야 하므로 모듈러 플랜(Modular Plan)으로 대응한다.

정답 | ①

PART 05 기타건축계획

KEYWORD 10, 11, 12

KEYWORD 10 공장, 창고 ★

1 공장

1. 기본계획

(1) 부지의 조건
① 노동력과 원료의 공급이 쉬울 것
② 잔류물이나 폐수 처리가 쉬울 것
③ 국토 계획이나 도시 계획상으로 적합할 것
④ 재료 또는 작업에 대해 기후나 풍토가 적합할 것
⑤ 동력원(전기, 용수, 가스 등)을 이용할 수 있을 것
⑥ 교통이 편리할 것(원료 및 제품의 반출입이 용이할 것)
⑦ 유사 공업의 집단지이고, 관련 공장과 편리한 이점이 있을 것
⑧ 지반이 양호하고 습윤하지 않으며 배수가 편리할 것
⑨ 지가가 저렴해서 토지 공급이 용이하고, 평탄한 지형으로 정지 비용이 적게 들 것

(2) 배치 계획
① 작업장의 배치
  ㉠ 각 건물의 배치는 공장 작업 내용을 충분히 검토한 후 결정한다.
  ㉡ 장래 계획, 확장 계획을 충분히 고려하여 배치를 계획한다.
  ㉢ 부지 내 종합 계획을 이상적으로 하고, 그 일부로서 현 계획을 한다.
② 작업장의 배치 시 고려 사항
  ㉠ 원료 및 제품을 운반하는 방법이나 작업 동선을 고려한다. 견학자 동선도 고려한다.
  ㉡ 동력의 종류에 따라 배치하는 계통을 합리화한다.
  ㉢ 생산, 관리, 연구, 후생 등의 각 부분별 시설을 명쾌하게 나누고 유기적으로 결합시킨다.
  ㉣ 여러 종류의 작업이 포함되는 경우 가장 중요한 작업을 가장 유리한 위치에 배치한다.

2. 레이아웃(Lay out)

(1) 정의 및 특징
① 공장 사이의 여러 부분, 작업장 내의 기계 설비, 작업자의 작업 구역, 자재나 제품을 두는 곳 등 상호 위치 관계이다.
② 장래의 공장 규모 변화에 대응하는 융통성이 있어야 한다.
③ 공장 생산성에 미치는 영향이 크므로 공장 배치 계획이나 평면 계획 시에는 레이아웃을 건축적으로 종합해야 한다.

> **평면 계획**
> 공장 설계 시 평면 계획에서 가장 중요한 것은 동선의 정리이다.

(2) **레이아웃 형식**
① 제품 중심의 레이아웃(연속 작업식): 생산에 필요한 모든 공정, 기계 및 기구를 작업 흐름에 따라 배치하는 방식이다.
   ㉠ 상품의 연속성이 유지된다.
   ㉡ 대량 생산이 가능하고 생산성이 높다.
   ㉢ 공정 간의 시간적, 수량적 균형을 이루기 쉽다.
② 공정 중심의 레이아웃(기계 설비 중심): 다품종 소량 생산 등 생산 예측이 불가능한 경우나 작업 표준화를 이루기 어려운 경우에 채용하는 방식이다.
   ㉠ 주문 공장 생산에 적합하며, 생산성이 낮다.
   ㉡ 공정 간의 시간적, 수량적 균형을 이루기 어렵다.
   ㉢ 동일 종류의 공정이나 유사한 것을 하나의 그룹으로 집합시키는 방식으로 일명 기능식 레이아웃이다.
③ 고정식 레이아웃: 주가 되는 재료나 조립부품은 고정된 장소에 있고, 사람이나 기계가 이동하며 작업이 행해지는 방식이다.
   ㉠ 제품의 크기가 크고, 생산 수량이 적은 경우에 적합하다.
   ㉡ 선박, 건축 등이 있다.
④ 혼성식 레이아웃: ①과 ② 또는 ①과 ③ 등 위 방식들을 혼성하여 채용하는 방식이다.

3. 무창 공장
방직 공장 또는 정밀기계공장에 적합한 공장으로 다음의 특징이 있다.
① 실내의 조도는 자연채광이 아닌 인공조명으로 조절하므로 균일하게 할 수 있다.
② 외부로부터의 자극이 적어 작업 능률이 향상된다.
③ 창을 설치할 필요가 없으므로 건설비가 싸고, 유지비도 적게 든다.
④ 온도와 습도 조정이 쉽고 운전이 용이하다.
⑤ 실내에서의 소음이 크다.

4. 구조계획
(1) **공장의 형태**
① 단층: 무거운 것들을 취급 예) 기계, 조선공장
② 중층: 가벼운 원료나 재료를 취급 예) 제지, 제분, 방직공장
③ 단층, 중층 병용: 양조, 방적 공장
④ 특수 구조: 제분, 시멘트

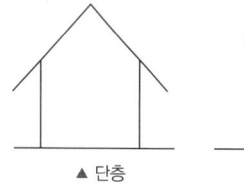
▲ 단층
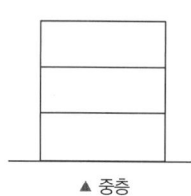
▲ 중층

(2) **지붕의 형태상 분류**
① 평지붕: 중층식 건물의 최상층에 사용한다.
② 뾰족지붕: 동일면에 천창을 내는 방법으로 어느 정도의 직사광선이 허용되는 결점이 있다.
③ 솟을지붕: 채광 및 환기에 적합하다.
   ㉠ 자연환기에 가장 좋다.
   ㉡ 중기계 생산 공장에 적합하다.

> **솟을지붕의 채광 및 환기**
> 채광창의 경사에 따라 채광량 조절이 가능하고, 상부의 개폐에 의해 환기량 조절이 가능하다.

④ 톱날지붕: 공장특유의 지붕 형태이다.
　㉠ 채광창은 북향으로 하루 종일 균일한 조도 유지가 가능하여 조도가 작업 능률에 지장을 주지 않는다.
　㉡ 채광창의 면적에 관계없이 채광한다.
　㉢ 기둥이 많이 필요하다.
⑤ 샤렌 구조: 기둥이 적게 소요된다는 장점이 있으며, 이용 가치가 크다.

　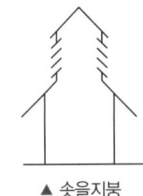　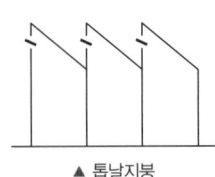　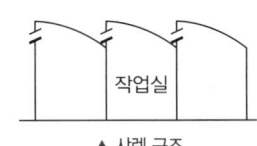
▲ 뾰족지붕　　▲ 솟을지붕　　▲ 톱날지붕　　▲ 샤렌 구조

(3) 지붕에 관계되는 요소
① 스팬의 크기
② 필요한 유효 높이
③ 채광(Top Light)
④ 환기
⑤ 구조 형식 및 구조재
⑥ 외관

2 창고

1. 기본계획

(1) 부지 배치 관계
① 집약되어 있는 것이 관리상 편리하며 관리비 및 하역용 설비 집약 등으로 유리하다.
② 창고는 그 부지가 접하고 있는 교통수송로에 가까이 배치하여 운반 거리가 단축되게 하고 하역비를 절약한다.
③ 구내 도로는 트럭 운반차, 소방차가 통행하는데 지장이 없도록 상당한 넓이로 한다.

(2) 부대 건물의 배치
① 영업용 사무소: 구내 출입구 가까이 배치한다.(하주의 수속상 편리)
② 현장원 대기소: 창고 건물의 일부 또는 창고 외부의 관리상 편리한 장소에 배치한다.
③ 경비원 대기소: 구내 출입구 가까이 배치한다.

2. 평면 계획

(1) 창고 면적 결정 조건
① 화물의 성질: 일반 화물, 특수 화물(식량, 생사, 식품, 가구 등)
② 화물의 대소: 포장이 큰 것, 잡화 종류와 같이 변화가 심한 것
③ 화물의 다소: 대량의 화물이 일시에 출입하는 것, 소량씩 출입하는 것
④ 화물의 빈도: 출입이 빈번한 것, 비교적 장기 보관을 요하는 것

(2) 하역장 형식

※ 1 창고, 2 하역장, 3 기계부(수직계통)

외주 하역장식	중앙 하역장식	분산 하역장식	무인 하역장식
• 수·육운이 편리하여 해안 부두 등 대규모 창고에 적합하다. • 채광 조건이 좋은 곳에서 포장을 고치는 것이 가능하다.	• 각 창고와 하역장까지 거리가 평준화되므로 짐의 처리 및 판매가 비교적 빠르다. • 채광상 불리하나 일기에 관계없이 하역할 수 있다.	• 소규모 창고에 적합하다.	• 수용 면적이 가장 크다. • 화물을 창고 내에 직접 반입할 때 비교적 기계가 많이 필요하다. • 일고일기(一庫一基)가 고장일 때 가장 불편하다.

KEYWORD 11　병원 ★

1. 배치 형식에 의한 병원의 분류

(1) **분관식(Pavilion Type)**

① 배치형식

㉠ 평면분산식으로 각 건물은 3층 이하의 저층 건물이다.

㉡ 외래부, 부속 진료시설, 병동을 각각 별동으로 하여 분산시키고 복도로 연결시키는 방법이다.

② 특성

㉠ 각 병실을 남향으로 배치하는 것이 가능하여 일조와 통풍이 좋다.

㉡ 설비가 분산적이고, 넓은 부지가 필요하며 보행 거리가 멀어진다.

㉢ 내부 환자는 보행 또는 들것으로 운반되며, 주로 경사로를 이용한다.

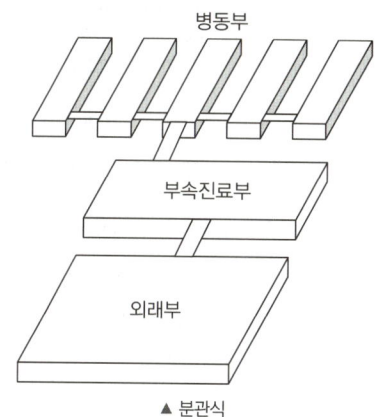

▲ 분관식

(2) **집중식(개형식, Block Type)**

① 배치형식

㉠ 하나의 건물에 외래부, 부속 진료시설, 병동을 합친다.

㉡ 특히 병동은 고층으로 하여 환자는 엘리베이터로 운송한다.

② 특성

㉠ 일조, 통풍 등의 조건이 불리하며, 각 병실의 환경이 균일하지 못하다.

㉡ 관리가 편리하고, 시설비가 적게 든다.

㉢ 대규모 종합 병원들은 주로 이 방식을 채용한다.

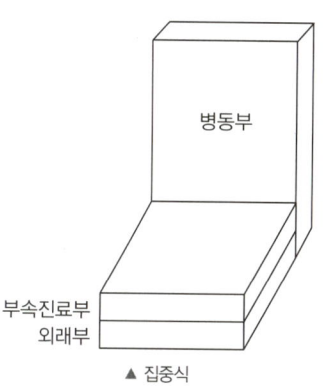

▲ 집중식

2. 기본계획 – 대지 선정 시 조건

① 1km 이내로 환자의 도보 이용이 가능하도록 한다.
② 매연, 소음, 진동 등의 공해가 적으며 조용한 곳이 좋다.
③ 주거 전용 지역, 공업 전용 지역에서는 병원 건축이 금지된다.
④ 남향, 동향, 혹은 동·서향으로 경사져 있고 전망과 풍경이 양호한 곳으로 한다.
⑤ 충분한 수압과 양질의 급수량을 확보할 수 있고, 배수가 잘 되는 장소를 선정한다.
⑥ 환자 1인당 100~150평의 대지 면적이 필요하다.
⑦ 충분한 주차면적을 확보하고, 확장이 가능한 대지로 선정한다.

3. 평면계획

(1) 평면 계획의 요령

① 병원의 조직은 각부 상호간에 동선이 서로 교차되지 않도록 계획한다.

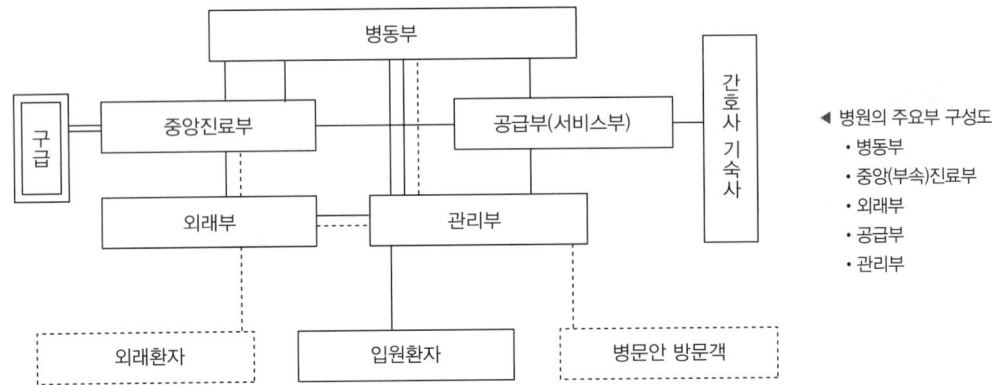

② 건물을 평면적으로 넓히는 것을 피하고 특히 병동부를 고층화하여 간호와 서비스의 능률화를 도모한다.
③ 병동부의 관리상 간호 단위는 다음과 같이 나눈다.
　㉠ 일반 간호 단위(내과, 외과 혼합 등)
　㉡ 특별 간호 단위(결핵, 전염병, 정신병 등)
　㉢ 총실(경환자)과 개실(중환자)
　㉣ 남녀별
④ 외래부는 환자의 이용에 편리한 위치로 한 장소에 모으고 환자에게 친근감을 주도록 한다.
⑤ 외래부는 외래진료, 간단한 처치, 소검사 등을 주로 하고 특수 시설을 요하는 의료 시설, 검사 시설은 원칙적으로 중앙 진료부에 속한다.
⑥ 중앙 진료부는 외래부와 병동부의 중간 위치가 좋으며, 특히 수술실, 물리치료실, 분만실 등을 통과하지 않도록 한다.
⑦ 약국은 외래 진료부, 현관과 연락이 좋은 곳에 설치한다.
⑧ 관리부는 이용자가 근접하기 쉽고 능률적인 위치로 한다.

(2) 병원의 주요 구성

① 외래부(Out-Patient Department): 내과, 외과, 안과, 이비인후과, 부인과, 피부비뇨기과, 치과 등으로 매일 왕복 출입 환자를 취급하는 곳

② 중앙진료부(Adjunct Diagnostic Treatment Facilities): X선과, 검사부, 수술부, 물리요법, 산과부, 약국, 기타 입원 환자와 외래 환자들이 다 같이 이용하는 곳
③ 병동부(Inpatient Department): 입원 장기 치료 환자를 취급하는 곳

4. 세부계획

(1) 외래진료부

① 클로즈드 시스템: 각종 과로 구성되며, 매일 환자가 병원에 출입하는 형식이다.
　㉠ 동선이 복잡하다. (기본 동선은 접수 → 진찰 → 검사 → 투약 → 수납의 순)
　㉡ 1일 환자수는 보통 병상수의 2~3배로 예상한다.
　㉢ 다수의 환자가 집합하는 곳으로 충분한 대기 공간과 합리적인 동선 계획이 필요하다.
　㉣ 진료실 외부의 소음 및 시각을 차단하고, 환자의 동행인에 대한 배려가 요구된다.
　㉤ 외부에서 접근하기 쉬운 곳에 위치시킨다.
　㉥ 대기실은 가능한 한 개방적이고 밝게 해야 하며 일반적으로 저층부(1~2층)에 배치하는 것이 좋다.
② 오픈 시스템: 종합병원 근처의 일반 개업 의사를 종합병원에 등록하여 개인이 준비하기 힘든 각종 큰 병원의 시설을 이용할 수 있도록 한다. 또한, 종합병원 진찰실에서 환자를 진찰 치료하며, 입원을 시킬 수도 있다.
③ 각과 배치 계획
　㉠ 내과: 출입이 많으므로 현관 가까이에 배치한다.
　㉡ 외과: 진찰실과 처치실로 구분한다.
　㉢ 소아과: 소음, 전염 등에 주의하여 배치한다.
　㉣ 정형외과: 보행 부자유자가 많으므로 저층에 위치시킨다.
　㉤ 산부인과: 내진실은 외부에서 보이지 않도록 커튼이나 칸 등으로 차단시킨다.

(2) 중앙(부속)진료부

① 특성
　㉠ 환자의 동선 이동이 쉬운 저층에 설치한다.
　㉡ 환자와 물건의 동선이 교차되지 않도록 한다.
　㉢ 외래진료부와 병동부의 중간 위치 정도로 고려한다.
　㉣ 병원 전체에서 중앙 진료 시설이 차지하는 면적은 15~20% 정도이다.
② 약국: 출입구 부근 등 일반적으로 외래 환자들이 이용하기 쉬운 장소로 위치를 선정한다.
③ 수술실
　㉠ 위치
　　• (최상층 또는 1층) 타 부분의 통과 교통이 없는 건물의 익단부로 격리된 위치
　　• 중앙 소독 공급부(Supply Center)와 수직 또는 수평적으로 근접한 부분
　　• 병동 및 응급부로부터 환자 수송이 용이한 곳
　　• 방위는 고려하지 않으며, 직사광선을 피하고 무영등, 인공조명등을 설치하여 일정한 밝기를 유지한다.

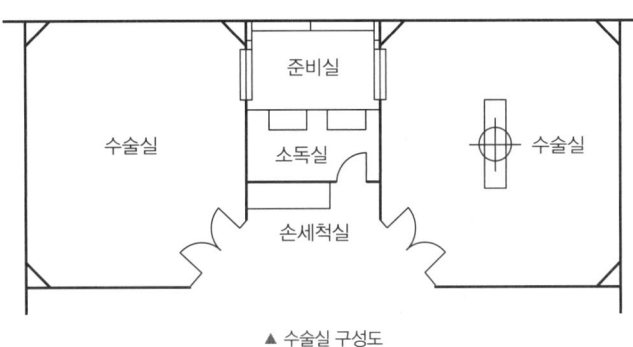

▲ 수술실 구성도

ⓒ 규모
　　　• 100 병상에 대하여 2실(1실은 대수술실)로 한다.
　　　• 50 병상 증가 시마다 1실씩 증가한다.
　　ⓒ 크기: 대수술실 6m × 6m, 소수술실 4.5m × 4.5m로 한다.
　　ⓔ 온도, 습도: 실온 26.6℃, 습도 55% 이상으로 한다.
　　ⓜ 출입구: 1.5m 전후의 폭을 가진 쌍여닫이로 하고, 손잡이는 팔꿈치 조작식 또는 자동문으로 한다.
　　ⓗ 벽 재료: 적색의 식별이 용이하도록 녹색계 타일로 한다.
　　ⓢ 바닥 재료: 불침투질 재료의 전기 도체성 타일을 사용한다.
　　ⓞ 폭발성 마취약 등을 사용하는 경우가 많으므로 전기 스위치 등 모든 전기 기구는 스파크 방지 장치가 삽입된 것을 사용한다.
　　ⓩ 공조 설계: 공조 설비 시 공기는 재순환시키지 않으며, 중앙식보다는 개별식으로 설치한다.
　　ⓧ 안과 수술실: 암막 장치가 필요하다.
④ 중앙 소독 재료부: 각종 기구나 비품 등의 의료자재를 저장하는 장소로 필요시 각 자재를 수술실에 공급해야 하므로 수술실 부근에 둔다.
⑤ 분만부: 20병동 이하의 산과 병상수를 기준으로 1실을 둔다.
⑥ X-레이실: 각 병동에 가깝고 외래 진료부나 구급부 등으로부터 접근이 편리한 장소에 위치하게 한다.
⑦ 물리요법부: 외래 환자에게 필요한 경우가 많으므로 외래 이용 시 편리한 위치에 둔다.
⑧ 검사부: 북향으로 배치하고, 병동과 외래부에서 가까운 곳이 좋다. 오물소각로에 가깝게 둔다.
⑨ 혈액은행
⑩ 의료사업부: 의료 상담 등을 하는 곳으로 상담실 등이 필요하다. 외래의 일부에 두는 것이 좋다.
⑪ 구급부: 구급차가 출입할 수 있도록 플랫폼을 설치하고, 병원 후면의 1층에 위치시킨다.
⑫ 육아부: 분만실과 격리시키고, 산과의 중앙에 배치한다.

(3) 병동부

① 특성
　　㉠ 병원에서 가장 많은 면적을 차지하며, 블록 플랜(Block Plan)의 중심이 된다.
　　㉡ 간호 단위에 의한 계획, 배치, 동선을 고려한다. 입원 환자의 요양을 위해 다른 부분과 연관을 가지면서 동선이 교차되지 않도록 한다.
　　㉢ 환자의 입·퇴원, 문병 등에 따르는 외래인을 고려한다.
　　㉣ 가능한 한 동일한 평면형이 되게 하여 이를 적층화 한다.
② 간호 단위(Nurse Unit)
　　㉠ 1간호 단위: 1조(8~10명)의 간호사가 간호하기에 적절한 병상수로 20~30베드가 이상적이며, 보통 30~40베드이다.
　　㉡ 간호사 대기실: 간호 단위 또는 층별·동별로 설치하며, 간호 작업이 편리한 수직 교통로에 가까운 곳으로 외부인의 출입을 감시할 수 있게 한다.
　　㉢ 보행 거리 24m 이내로 환자 돌보기가 쉬운 병실군의 중앙에 위치하게 한다.
③ 병동부의 면적 구성비
　　㉠ 종합 병원: 연면적의 1/3, 약 30~40% 정도
　　㉡ 결핵 병원: 연면적의 1/2, 약 50% 정도
　　㉢ 정신 병원: 연면적의 2/3, 약 60~70% 정도

④ 병실
- ㉠ 크기
    - 1인용실: 6.3m² 이상, 소아 전용실은 성인의 2/3 이상
    - 2인용실: 8.6m² 이상, 1인별 4.3m² 이상
- ㉡ 병상 1개 면적의 표준
    - 건물 연면적(외래, 간호사 기숙사 포함): 43~66m²/bed
    - 병동 면적: 20~27m²/bed
    - 병실 면적: 10~13m²/bed
- ㉢ 계획 시 유의 사항
    - 병실의 천장은 환자의 시선이 늘 닿는 곳이므로 조도가 낮고, 반사율이 작은 마감 재료를 사용한다.
    - 병실의 조명으로 형광등이 반드시 좋은 것은 아니다. 환자의 머리 후면에 개별 조명을 설치하고, 직사광선을 피할 수 있도록 실 중앙은 피하여 전등을 설치한다.
    - 병실 출입문은 폭 1.1m 이상의 안여닫이로 제작하고, 문지방을 두지 않는다.
    - 창 면적은 바닥 면적의 1/3~1/4 정도로 한다. 창대 높이는 90cm 이하로 하여 외부 전망이 잘 보이도록 한다.
- ㉣ 병실의 구분
    - 총실(경환자)과 개실(중환자)의 그룹별로 층 구성을 다르게 한다.
    - 병상수의 비율은 3:1 또는 4:1의 비율로 한다.
- ㉤ 큐비클 방식(Cubicle System): 병실 내에 병상을 여러 개 배치하고, 천장에 닿지 않는 가벼운 커튼이나 칸막이로 나누어 배치하는 방식이다.
    - 간호 및 급식이 용이하며, 개방감이 있다.
    - 실의 환경이 균등하게 되며, 공간을 유효하게 사용할 수 있다.
    - 독립성이 떨어진다. 실내의 공기가 오염될 가능성이 크며 시끄럽다.

KEYWORD 12 호텔 ★

1 호텔

1. 기본계획

(1) 시티 호텔(City Hotel)
① 여행객의 단기 체재나 연회 등의 장소로 이용할 수 있는 호텔로 도심에 위치한다.
② 대지 선정 조건
- ㉠ 교통이 편리할 것
- ㉡ 환경이 양호하고 쾌적할 것
- ㉢ 자동차 교통에 대한 접근이 양호하고 주차 설비가 충분할 것
- ㉣ 근처 호텔과 경영상의 경쟁과 제휴를 고려할 것

③ 종류
- ㉠ 커머셜 호텔(Commercial Hotel)
  - 비즈니스가 주체인 일반 여행자용 호텔로 편리와 능률을 중요시 한다.
  - 집회나 연회 등을 위해 외래객에게 개방하며, 교통이 편리한 도시 중심지에 위치한다.
  - 대지의 제한으로 주로 고층화 한다.
- ㉡ 레지덴셜 호텔(Residential Hotel)
  - 사업 또는 상업상 단기간 체재하는 여행자용 호텔이다.
  - 커머셜 호텔보다 규모가 작으나 설비는 고급이다.
  - 도심을 피하여 보다 안정된 곳에 위치한다.
- ㉢ 아파트먼트 호텔(Apartment Hotel): 장기간 체재에 적합한 호텔로서 일반적으로 부엌과 셀프서비스 시설을 갖추고 있다.
- ㉣ 터미널 호텔(Terminal Hotel): 공항, 부두, 철도역 등 교통 기관의 발착 지점에 위치한 호텔이다.

(2) 리조트 호텔(Resort Hotel)
① 피서나 피한을 목적으로 하는 관광객이나 유양객에게 많이 이용되는 호텔이다.
② 산, 바다, 호수, 강, 고원 등 도시에서 떨어진 광대한 부지에 운동시설, 레크리에이션 시설 등을 갖추고 그 특색을 충분히 살려서 지어진다.
③ 대지 선정 조건
- ㉠ 조망이 좋은 곳, 관광지의 전경을 충분히 이용할 수 있는 곳
- ㉡ 수질이 좋은 곳, 수량이 풍부한 곳
- ㉢ 식료품의 구입이 쉬운 곳
- ㉣ 자연 재해의 위험이 없고 계절풍에 대한 대비가 가능한 곳

④ 종류
- ㉠ 해변 호텔(Beach Hotel)
- ㉡ 산장 호텔(Mountain Hotel)
- ㉢ 온천 호텔(Hot Spring Hotel)
- ㉣ 스키 호텔(Ski Hotel)
- ㉤ 스포츠 호텔(Sport Hotel)
- ㉥ 클럽 하우스(Club House)

(3) 모텔(Motel)
① 모터리스트 호텔(Motorists Hotel)이라는 뜻으로 자동차 여행자를 위한 숙박시설이다.
② 자동차 도로변, 도시 근교에 많이 위치하며, 10~20실 정도의 실을 갖는다.

(4) 유스 호스텔(Youth Hostel)
① 청소년들의 국제 활동을 위한 장소로 환경이 서로 다른 청소년들이 화합할 수 있는 휴게소이다.
② 일반적으로 1실당 20명 이하를 수용한다.
③ 여행 호스텔, 휴가 호스텔(하계·동계 스포츠, 주말 호스텔), 도시 호스텔이 있다.

2. 평면 계획

(1) 호텔의 기능별 실의 배치

기능	기능에 따른 실의 명칭
관리 부분(Managing Part)	프런트 오피스, 클로크 룸(연회에 참석하는 손님들의 물품을 보관하는 곳), 지배인실, 사무실, 공작실, 창고, 복도, 화장실, 전화 교환실
공용(사교)부분(Public Space)	현관, 홀, 로비, 라운지, 식당, 연회장, 오락실, 바, 다방, 무도장, 그릴, 담화실, 독서실, 진열장, 이·미용실, 엘리베이터, 계단, 정원
숙박부분(Lodging Part)	객실, 보이실, 메이드실, 린넨실, 트렁크 룸
요리관계 부분	배선실, 부엌, 식기실, 창고, 냉장고
설비관계 부분	보일러실, 전기실, 기계실, 세탁실, 창고
대실	상점, 창고, 대사무소, 클럽실

(2) 각 실의 면적 구성 비율

분류	시티호텔	리조트 호텔	아파트먼트 호텔
규모(객실 1에 대한 연면적)	28~50m²	40~91m²	70~100m²
숙박부 면적(연면적에 대한)	49~73%	41~56%	32~48%

3. 세부 계획

(1) 현관, 홀, 로비, 라운지

① 현관, 홀(Vestibule, Hall): 고객이 처음 도착하는 장소로 프런트 데스크와의 접속이 원활하여야 하며, 기능적으로 로비와 라운지에 연속된다.

② 로비(Lobby)
  ㉠ 객 동선의 중심지로 예약이나 식사 및 사교를 위해 이용된다.
  ㉡ 프런트 오피스에 용이하게 접근할 수 있는 위치로 엘리베이터나 계단에 의해 객실로 통하고 식당, 오락실 등에 용이하게 갈 수 있는 장소이다.
  ㉢ 공용 부분(Public Space)의 중심이 되어 휴식, 면회, 담화, 독서 등 다목적으로 사용된다.

③ 라운지(Lounge): 칸막이가 없는 넓은 복도로 현관, 홀, 계단 등에 접하여 응접용, 대화용, 담화용 등으로 사용된다.

(2) 객실의 형

① 가로와 세로의 비, 욕실 벽장의 위치를 고려하여 침대의 배치를 검토하고 결정한다.
② 평면형의 결정 조건: 침대, 욕실, 화장실의 위치에 의해 결정된다.

(3) 프런트 오피스, 지배인실, 클로크 룸

① 프런트 오피스의 업무
  ㉠ 안내계(Information): 객 정보 확인, 보도, 통신, 우편, 전신 연락 등
  ㉡ 객실계(Room Clerk): 실의 배치, 숙박료 결정 등
  ㉢ 회계계(Cashier): 계산서, 현금 출납, 전표 정리, 귀중품 보관 등

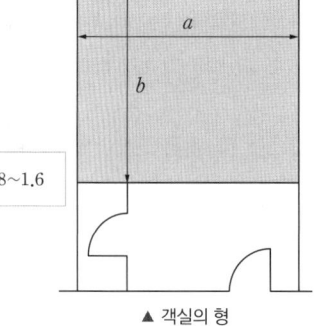

▲ 객실의 형

② 지배인실: 외래객이 알기 쉬운 위치로 누구에게도 방해받는 일이 없이 자유롭게 이야기할 수 있는 위치에 있어야 하며 후문으로도 통할 수 있게 한다.

③ 클로크 룸(Cloak Room): 식당이나 연회장 등에서 고객이 코트나 휴대품 등을 맡길 수 있는 임시 보관소이다.

(4) 종업원의 관계 제실

구분	내용
종업원 수	객실수의 2.5배 정도의 인원
종업원의 숙박시설	종업원의 1/3 정도의 규모
보이실(Boy Room), 서비스실	보이실에는 휴식이나 숙직용을 위한 Bed를 설치, 서비스 실은 각 실의 침대 150개당 Lift 1개를 매층에 설치
린넨실(Linen Room)	숙박객의 셔츠, 머플러, 기타 의류 등을 수납하거나 보관하기 위한 장소
트렁크 룸(Trunk Room)	숙박객의 짐을 보관하는 장소로 화물용 엘리베이터가 필요

2 레스토랑

(1) 레스토랑의 종류

① 식사 위주의 음식점: 레스토랑, 런치룸, 그릴, 카페테리아, 드라이브인 레스토랑, 스낵바, 한식음식점, 일식음식점, 중화음식점 등

② 가벼운 음식 위주의 음식점: 다방, 베이커리, 캔디스토어, 프루츠팔러, 드러그스토어 등

③ 주류 위주의 음식점: 바(Bar), 비어홀, 카페, 스탠드 등

④ 사교 위주의 음식점: 캬바레, 나이트클럽, 댄스홀 등

(2) 평면 형식

① 셀프 서비스 레스토랑
  ㉠ 객이 스스로 서비스하는 형식이다.
  ㉡ 식사의 선택이 자유롭고 효율이 좋으며 값이 싼 점이 특징이다.

② 카운터 서비스 레스토랑
  ㉠ 객석이 카운터와 의자로 구성된 형식이다.
  ㉡ 객과 조리인 사이에 카운터를 두고 직접 교류하므로 서비스가 신속하며 가벼운 기분으로 식사할 수 있다.
  ㉢ 면적 이용률이 높고 어떠한 대지에도 자유로이 배치할 수 있으며 객의 순환율이 좋다.
  ㉣ 시끄럽고 안정하지 못한 것이 결점이다.

③ 테이블 서비스 레스토랑
  ㉠ 웨이터의 서비스에 의해서 운영되는 형식으로, 일반식당이나 중화요리점 등 많은 음식점에 적용된다.
  ㉡ 일반적으로 객의 수준이 높고, 음식 가격도 높다.
  ㉢ 인건비, 유지비, 객의 순환율 등에서 다른 형식보다 비경제적이다.
  ㉣ 연회장: 대·소규모의 연회 및 각종 쇼 또는 회의실로 활용되는 다목적 홀이다.
    → 1인당 소요 면적: 대연회장 $1.3m^2$/인, 중·연회장 $1.5 \sim 2.5m^2$/인

핵심 기출문제

PART 05 기타건축계획

KEYWORD 10 공장, 창고

01
21년 1회, 20년 4회, 17년 2회

공장건축의 레이아웃(Layout)에 관한 설명으로 옳지 않은 것은?

① 제품 중심의 레이아웃은 대량생산에 유리하여 생산성이 높다.
② 레이아웃은 장래 공장 규모의 변화에 대응한 융통성이 있어야 한다.
③ 공정 중심의 레이아웃은 다품종 소량생산이나 주문생산에 적합한 형식이다.
④ 고정식 레이아웃은 기능이 동일하거나 유사한 공정, 기계를 접합하여 배치하는 방식이다.

해설 |
고정식 레이아웃은 주가 되는 재료나 조립부품이 고정된 장소에 있고 사람이나 기계는 그 장소에 이동해 가서 작업이 행해지는 방식으로 선박이나 건축 등 제품이 크고 수가 극히 적을 경우 채용한다.

선지분석
① 제품 중심의 레이아웃(연속 작업식)은 생산에 필요한 모든 공정, 기계 기구를 제품의 흐름에 따라 배치하는 방식으로 공정 시간의 시간적, 수량적 밸런스가 좋고 상품의 연속성이 가능하게 흐를 경우 설립한다. 따라서 대량 생산이 가능하고 생산성이 높다.
② 공장은 장래 운영 및 확장 계획을 충분히 고려한 융통성을 가져야 하며, 전체에 대해 종합계획을 하고 그 일부로서 단위 건물을 계획한다.
③ 공정 중심의 레이아웃(기계설비 중심)은 동일 종류의 공정, 즉 기계로 그 기능이 동일한 것이나 유사한 것을 하나의 그룹으로 집합시키는 방식으로 다종 소량 생산, 예상 생산이 불가능한 경우, 표준화가 행해지기 어려운 경우에 채용한다. 따라서, 생산성은 낮으나 주문 공장 생산에 적합하다.

관련이론
레이아웃
레이아웃(Layout)은 공장의 여러 부분(기계설비, 작업 구역, 자재 보관 장소 등)의 상호위치 관계에서의 합리적이고 효율적인 배치계획을 말한다.

정답 | ④

02
21년 2회, 18년 4회, 13년 2회

다음 설명에 알맞은 공장건축의 레이아웃(Layout) 형식은?

- 생산에 필요한 모든 공정과 기계류를 제품의 흐름에 따라 배치하는 형식이다.
- 대량 생산에 유리하며 생산성이 높다.

① 고정식 레이아웃
② 혼성식 레이아웃
③ 제품 중심의 레이아웃
④ 공정 중심의 레이아웃

해설 |
제품 중심의 레이아웃(연속 작업식)에 대한 설명이다. 제품 중심의 레이아웃은 생산에 필요한 모든 공정, 기계 기구를 제품의 흐름에 따라 배치하는 방식으로 대량 생산에 유리하다.

정답 | ③

03
20년 1·2회, 18년 1회

공장 건축의 레이아웃 계획에 관한 설명으로 옳지 않은 것은?

① 플랜트 레이아웃은 공장 건축의 기본설계와 병행하여 이루어진다.
② 고정식 레이아웃은 조선소와 같이 제품이 크고 수량이 적을 경우에 적용된다.
③ 다품종 소량생산이나 주문생산 위주의 공장에는 공정 중심의 레이아웃이 적합하다.
④ 레이아웃 계획은 작업장 내의 기계설비 배치에 관한 것으로 공장규모 변화에 따른 융통성은 고려대상이 아니다.

해설 |
레이아웃(Layout) 계획은 작업장 내의 배치에 관한 것으로 공장 규모 변화에 대응한 융통성이 있어야 한다.

정답 | ④

04
19년 1회, 14년 4회

다음 설명에 알맞은 공장건축의 레이아웃 형식은?

- 동종의 공정, 동일한 기계 설비 또는 기능이 유사한 것을 하나의 그룹으로 집합시키는 방식
- 다종의 소량 생산의 경우, 예상 생산이 불가능한 경우, 표준화가 이루어지기 어려운 경우에 채용

① 고정식 레이아웃
② 혼성식 레이아웃
③ 공정 중심의 레이아웃
④ 제품 중심의 레이아웃

해설
공정 중심의 레이아웃(기계설비 중심)에 대한 설명이다.

정답 | ③

05
17년 1회, 14년 1회

공장 건축에 관한 설명으로 옳은 것은?

① 계획 시부터 장래증축을 고려하는 것이 필요하며 평면형은 가능한 요철이 많은 것이 유리하다.
② 재료반입과 제품반출 동선은 동일하게 하고 물품 동선과 사람 동선은 별도로 하는 것이 바람직하다.
③ 외부인 동선과 작업원 동선은 동일하게 하고, 견학자는 생산과 교차하지 않는 동선을 확보하도록 한다.
④ 자연환기방식의 경우 환기방법은 채광형식과 관련하여 건물형태를 결정하는 매우 중요한 요소가 된다.

해설
공장 건축 시 조명은 주간조명으로 자연 채광이 경제적이며 보건상 유리하다. 이러한 채광 형식과 관련한 냉난방 계획이나 환기 계획에 따라 공장 건물형태가 결정된다.

선지분석
① 계획 시부터 장래증축을 고려하는 것은 필요하나 평면형은 가능한 요철을 적게 하는 것이 유리하다.
② 물품 동선과 사람 동선은 별도로 하는 것과 마찬가지로 재료반입과 제품반출 동선도 분리하는 것이 바람직하다.
③ 외부인 동선과 작업원 동선은 분리하고, 견학자는 생산과 교차하지 않는 동선을 확보하도록 한다.

정답 | ④

06
19년 2회

공장 건축계획에 관한 설명으로 옳지 않은 것은?

① 기능식 레이아웃은 소종다량생산이나 표준화가 쉬운 경우에 주로 적용된다.
② 공장의 지붕형식 중 톱날지붕은 균일한 조도를 얻을 수 있다는 장점이 있다.
③ 평면계획 시 관리부분과 생산공정 부분을 구분하고 동선이 혼란되지 않게 한다.
④ 공장 건축의 형식에서 집중식(Block Type)은 건축비가 저렴하고, 공간효율도 좋다.

해설
기능식 레이아웃은 다품종 소량 생산 등 생산 예측이 불가능한 경우나 작업 표준화를 이루기 어려운 경우에 채용하는 방식이다.

정답 | ①

07
18년 2회, 16년 2회, 13년 4회

공장 건축의 지붕형에 관한 설명으로 옳지 않은 것은?

① 솟을지붕은 채광, 환기에 적합한 방법이다.
② 샤렌지붕은 기둥이 많이 소요되는 단점이 있다.
③ 뾰족지붕은 직사광선을 어느 정도 허용하는 결점이 있다.
④ 톱날지붕은 북향의 채광창으로 하루종일 변함 없는 조도를 유지할 수 있다.

해설
샤렌지붕은 톱날지붕의 기둥이 많이 소요되는 결점을 보완하기 위하여 지붕을 곡선형으로 만든 형태로서 기둥이 적게 소요되는 장점으로 이용 가치가 크다.

선지분석
① 솟을지붕은 자연환기에 좋으며, 중기계 생산 공장에 적합하다.
③ 뾰족지붕은 동일면에 천장을 내는 방법으로 어느 정도의 직사광선이 허용되는 결점이 있다.
④ 톱날지붕은 공장 특유의 지붕형태로 기둥을 가장 많이 필요로 한다. 채광창은 북향으로 하루 종일 균일한 조도 유지가 가능하여 조도가 작업 능률에 지장을 주지 않는다.

정답 | ②

08
17년 4회

다음 중 기계 공장의 지붕을 톱날형으로 하는 이유로 가장 적당한 것은?

① 모양이 좋다.
② 소음이 줄어든다.
③ 빗물 처리가 용이하다.
④ 균일한 조도를 얻을 수 있다.

해설
톱날지붕의 채광창은 북향으로 하루 종일 균일한 조도 유지가 가능하여 조도가 작업 능률에 지장을 주지 않는다.

정답 | ④

09
16년 4회

공장 형식 중 분관식(Pavilion Type)에 관한 설명으로 옳은 것은?

① 공간의 효율이 좋다.
② 공장의 신설, 확장이 용이하다.
③ 공장건설을 병행할 수 없으므로 시공기간이 길다.
④ 자재나 제품의 운반이 용이하고 흐름이 단순하다.

해설
분관식은 공장의 신설, 확장이 비교적 용이한 편이다.

관련이론
공장 건축 형식
㉠ 분관식(Pavilion Type)
- 공장의 신설, 확장이 비교적 용이하다.
- 공장 건물을 각각 순차적으로 병행하여 건축이 가능하므로 시공기간이 짧고 조기 가동이 가능하다.
- 대지가 부정형이거나 고저차가 존재할 때 채용한다.
- 화학공장, 중층(다층)공장 등에 유리하다.

㉡ 집중식(Block Type)
- 자재나 제품의 운반이 용이하고 흐름이 단순하다.
- 건축비가 저렴하며, 작업공간의 효율이 좋다.
- 대지가 평탄하거나 정형일 때 채용한다.
- 단층공장, 평지붕 무창공장 등에 유리하다.

정답 | ②

10
13년 1회

공장 녹지 계획의 효용성과 관계가 없는 것은?

① 생산 및 노동 환경의 보전
② 공해 및 재해 방지의 완화
③ 상품이미지의 향상과 선전
④ 원료 수급 및 저장의 원활

해설
원료 수급 및 저장의 원활은 공장 대지 선정의 조건으로 중요한 요소이며, 녹지 계획의 효용성과는 관련이 없다.

정답 | ④

KEYWORD 11 병원

11
16년 2회

고층밀집형 병원에 관한 설명으로 옳지 않은 것은?

① 병동에서 조망을 확보할 수 있다.
② 대지를 효과적으로 이용할 수 있다.
③ 각종 방재대책에 대한 비용이 높다.
④ 병원의 확장 등 성장변화에 대한 대응이 용이하다.

해설
고층밀집형 병원은 병원의 배치형식에 의한 분류로 집중식에 속한다. 집중식은 주로 도시에 건립되는 큰 병원들이 보통 채용하는 방식으로 수평적 확장에 어려움이 있을 수 있다.

정답 | ④

12
15년 2회, 12년 2회

병원 건축의 시설규모를 결정하는 기준이 되는 것은?

① 병실의 면적
② 근무자의 수
③ 진료실의 면적
④ 입원환자의 병상수

해설
일반적으로 병원건축의 시설규모는 입원환자의 병상수에 의해 결정된다.

정답 | ④

13

21년 2회, 20년 1·2회, 17년 4회, 13년 1·2회

병원 건축 형식 중 분관식(Pavillion Type)에 관한 설명으로 옳은 것은?

① 대지가 협소할 경우 주로 적용된다.
② 보행길이가 짧아져 관리가 용이하다.
③ 각 병실의 일조, 통풍 환경을 균일하게 할 수 있다.
④ 급수, 난방 등의 배관 길이가 짧아져 설비비가 적게 된다.

해설 |
분관식은 각 병실을 남향으로 배치할 수 있어 일조 및 통풍 환경을 병실마다 균일하게 할 수 있다.

관련이론
병원 건축 형식
㉠ 분관식(Pavilion Type)
 • 평면분산식으로 3층 이하의 저층 건물이다.
 • 외래부, 부속 진료시설, 병동을 각각 별동으로 분산시키고 복도로 연결시키는 방법이다.
 • 각 병실을 남향으로 배치할 수 있어 일조 및 통풍이 좋아진다.
 • 넓은 대지가 필요하며 설비가 분산되므로 보행거리가 길어진다.
㉡ 집중식(Block Type)
 • 하나의 건물에 외래부, 부속 진료시설, 병동을 합쳐서 고층화 하여 환자를 엘리베이터로 운송하는 방식이다.
 • 일조 및 통풍이 불리하며, 각 병실의 환경이 균일하지 못하다.
 • 관리가 편리하고, 시설비가 적게 든다.
 • 대지가 협소한 도시 지역의 큰 병원에 적합하다.

정답 | ③

14

18년 2회, 13년 4회

병원 건축의 형식 중 분관식에 관한 설명으로 옳지 않은 것은?

① 동선이 길어진다.
② 채광 및 통풍이 좋다.
③ 대지면적에 제약이 있는 경우에 주로 적용 된다.
④ 환자는 주로 경사로를 이용한 보행 또는 들것으로 운반된다.

해설 |
대지면적에 제약이 있는 경우에는 보통 집중식이 적용된다.

선지분석
① 분관식은 설비가 분산적이어서 넓은 부지가 필요하고 동선이 길어진다.
② 각 병실을 남향으로 할 수 있어 일조 및 통풍 조건이 좋다.
④ 내부 환자는 주로 경사로를 이용한 보행 또는 들것으로 운반된다.

정답 | ③

15

17년 2회

병원건축의 병동배치형식 중 집중식(Block Type)에 관한 설명으로 옳지 않은 것은?

① 재난 시 환자의 피난이 용이하다.
② 병동에서의 조망을 확보할 수 있다.
③ 대지를 효과적으로 이용할 수 있다.
④ 공조설비가 필요하게 되어 설비비가 높다.

해설 |
집중식은 고층에서 피난해야 하므로 피난이 불리하다.

정답 | ①

16

21년 1회, 20년 4회, 16년 1회, 14년 1회

클로즈드 시스템(Closed System)의 종합병원에서 외래진료부 계획에 관한 설명으로 옳지 않은 것은?

① 환자의 이용이 편리하도록 2층 이하에 두도록 한다.
② 부속 진료시설을 인접하게 하여 이용이 편리하게 한다.
③ 중앙주사실, 약국은 정면 출입구에서 멀리 떨어진 곳에 둔다.
④ 외과 계통 각 과는 1실에서 여러 환자를 볼 수 있도록 대실로 한다.

해설 |
중앙주사실, 약국은 정면 출입구에서 가까이 두어 외래환자들이 편하게 이용할 수 있도록 한다. 외래진료부와 가까운 중앙진료부는 가까운 순서대로 약제실, 주사실, X선실 순이다.

정답 | ③

17

16년 4회, 14년 2회

종합병원건축에서 면적구성 비율이 가장 높은 부분은?

① 병동부
② 관리부
③ 외래진료부
④ 중앙진료부

해설 |
가장 면적 배분이 큰 부분은 병동부이다.
병원 면적 배분이 큰 순서대로 나열하면 다음과 같다.
• 병동부: 30~40%
• 서비스부: 20~25%
• 중앙진료부: 15~20%
• 외래부: 10~14%
• 관리부: 8~10%

정답 | ①

18
19년 1회, 18년 1회

종합병원 건축계획에 관한 설명으로 옳지 않은 것은?

① 간호사 대기실은 각 간호단위 또는 층별, 동별로 설치한다.
② 수술실의 바닥마감은 전기도체성 마감을 사용하는 것이 좋다.
③ 병실의 창문은 환자가 병상에서 외부를 전망할 수 있게 하는 것이 좋다.
④ 우리나라의 일반적인 외래진료방식은 오픈 시스템이며 대규모의 각종 과를 필요로 한다.

해설
우리나라의 일반적인 외래진료방식은 오픈 시스템(Open System)이 아닌 클로즈드 시스템(Closed System)이며 대규모의 각종 과를 필요로 한다. 외래진료부의 운영방식에 있어서 미국의 경우 보통 오픈 시스템을 많이 채택한다.

정답 | ④

19
19년 2회, 18년 4회, 15년 4회

종합병원계획에 관한 설명으로 옳지 않은 것은?

① 수술부는 외래와 병동 중간에 위치시킨다.
② 수술실의 바닥은 전기도체성 마감을 사용하는 것이 좋다.
③ 간호사 대기실은 되도록 계단이나 엘리베이터실 등에 인접하여 설치한다.
④ 평면계획 시 모듈을 적용하여 각 병실을 모두 동일한 크기로 하는 것이 좋다.

해설
평면계획 시 모듈을 적용하여 각 병실을 총실(경환자)과 개실(중환자)의 그룹별로 층 구성을 하며 각각 다른 크기로 하는 것이 좋다.

정답 | ④

KEYWORD 12 호텔

20
20년 1·4회, 19년 2회, 18년 1회, 14년 4회, 12년 4회

다음 중 연면적에 대한 숙박 부분의 비율이 가장 높은 호텔은?

① 커머셜 호텔
② 리조트 호텔
③ 레지덴셜 호텔
④ 아파트먼트 호텔

해설
연면적에 대한 숙박의 면적비는 다음과 같다.
커머셜 호텔＞리조트 호텔＞아파트먼트 호텔

정답 | ①

21
21년 1회, 13년 2회, 12년 4회

다음 중 시티 호텔에 속하지 않는 것은?

① 비치 호텔
② 터미널 호텔
③ 커머셜 호텔
④ 아파트먼트 호텔

해설
시티 호텔(City Hotel)에 속하는 것은 다음과 같다.
• 터미널 호텔(Terminal Hotel): 철도 호텔, 부두호텔
• 커머셜 호텔
• 아파트먼트 호텔
• 레지덴셜 호텔

정답 | ①

22
17년 4회, 16년 2회

리조트 호텔에 속하지 않는 것은?

① 해변 호텔(Beach Hotel)
② 부두 호텔(Harbor Hotel)
③ 클럽 하우스(Club House)
④ 산장 호텔(Mountain Hotel)

해설
리조트 호텔(Resort Hotel)에 속하는 호텔은 다음과 같다.
• 해변 호텔(Beach Hotel)
• 클럽 하우스(Club House): 스포츠 및 레저 시설을 위주로 이용하는 형식
• 산장 호텔(Mountain Hotel)
• 온천 호텔(Hot Spring Hotel)
• 스포츠 호텔(Sport Hotel)

정답 | ②

23
18년 4회

다음 중 터미널 호텔의 종류에 속하지 않은 것은?

① 해변 호텔
② 부두 호텔
③ 공항 호텔
④ 철도역 호텔

해설
해변 호텔은 리조트 호텔에 속한다. 터미널 호텔(Terminal Hotel)은 교통기관의 발착 지점에 위치한 호텔로 부두 호텔, 공항 호텔, 철도역 호텔 등이 있다.

정답 | ①

24
17년 2회, 16년 1회

호텔 건축에 관한 설명으로 옳은 것은?

① 호텔의 동선에서 물품동선과 고객동선은 교차시키는 것이 좋다.
② 프런트 오피스는 수평동선이 수직동선으로 전이되는 공간이다.
③ 현관은 퍼블릭 스페이스의 중심으로 로비, 라운지와 분리하지 않고 통합시킨다.
④ 주식당은 숙박객 및 외래객을 대상으로 하여, 외래객이 편리하게 이용할 수 있도록 출입구를 별도로 설치하는 것이 좋다.

해설
주식당의 출입구는 별도로 설치하는 것이 좋다.

선지분석
① 물품동선과 고객동선은 분리시킨다.
② 로비는 수평동선이 수직동선으로 전이되는 공간이다.
③ 퍼블릭 스페이스의 중심은 로비와 라운지이며, 현관의 동선은 별도로 설치한다.

정답 | ④

25
15년 2회, 15년 1회, 12년 2회

호텔계획에 관한 설명으로 옳지 않은 것은?

① 시티 호텔은 대부분 고밀도의 고층형이다.
② 호텔의 적정규모는 일반적으로 시장성을 따른다.
③ 리조트 호텔의 건축형식은 주변 조건에 따라 자유롭게 이루어진다.
④ 커머셜 호텔은 일반적으로 리조트 호텔에 비해 넓은 공공공간(Public Space)을 갖는다.

해설
리조트 호텔이 일반적으로 커머셜 호텔에 비해 넓은 공공공간(Public Space)을 갖는다.

관련이론
호텔의 부분별 면적비 비교
- 공용 면적비: 아파트먼트 호텔>리조트 호텔>시티(커머셜) 호텔
- 숙박 면적비: 시티(커머셜) 호텔>리조트 호텔>아파트먼트 호텔

정답 | ④

26
21년 2회, 15년 4회

호텔에 관한 설명으로 옳지 않은 것은?

① 커머셜 호텔은 일반적으로 고밀도의 고층형이다.
② 터미널 호텔에는 공항 호텔, 부두 호텔, 철도역 호텔 등이 있다.
③ 리조트 호텔의 건축 형식은 주변 조건에 따라 자유롭게 이루어진다.
④ 레지덴셜 호텔은 여행자의 장기간 체재에 적합한 호텔로서, 각 객실에는 주방 설비를 갖추고 있다.

해설
레지덴셜 호텔은 상업상 여행자나 관광객 등이 단기간 체재하는 여행자용 호텔로 커머셜 호텔보다 규모가 작고 설비는 고급이며 도심을 피하여 안정된 곳에 위치한다. 장기간 체재에 적합하고 주방 시설을 갖춘 호텔은 아파트먼트 호텔이다.

정답 | ④

PART 06 건축사

KEYWORD 13, 14

KEYWORD 13 　서양건축사 ★★

1 고대 건축

1. 이집트 건축

(1) 건축의 특성
① 고대 이집트가 세워진 B.C.3,200년경부터 멸망한 B.C.520년경의 기간 동안 나일강 하류 지역에서 형성된 이집트 문명을 배경으로 건축 양식이 전개되었다.
② 건축 재료: 갈대, 점토, 파피루스, 흙벽돌, 석회석, 사암, 화강암 등이 있다.
③ 기둥형식
　㉠ 기하학주(각기둥): 4각, 8각, 16각 기둥
　㉡ 식물주: 주두에 모양을 로터스(연꽃), 파피루스, 종려의 모양으로 만든 기둥
　㉢ 조각주: 주두에 인상을 새기거나 인신을 조각

(2) 분묘 건축
① 영혼 불멸을 믿었던 이집트 종교관에 의해 사후의 거주지인 분묘 건축이 성행하였다.
② 분묘 형식: 분묘의 형식에는 마스터바, 피라미드, 암굴분묘가 있다.
　㉠ 마스타바: 왕, 왕족, 귀족, 위인의 묘로 피라미드 전 단계의 형식이다.
　㉡ 피라미드: 제왕의 분묘로 이집트를 대표하는 상징적인 건축물이다.
　㉢ 피라미드 변천 과정: 단형(Step) 피라밋 → 굴절(Bent) 피라밋 → 일반형(Common) 피라밋

(3) 신전 건축
① 장제 신전: 파라오를 위한 신전으로 피라미드의 시체 보관과 암굴분묘에 공간 형성을 결합한 개념의 건축물이다.
② 예배 신전: 태양신인 라와 암몬 그리고 그 방계신들에게 예배를 하기 위해 지어진 신전이다.

(4) 기타
① 오벨리스크: 신전의 정면에 세우는 석조탑으로 왕권을 상징한다.
② 스핑크스: 피라미드나 신전에서 수호신 또는 제단의 역할을 한다.

2. 서아시아 건축

① B.C.4,000년경부터 B.C.330년경의 기간 동안 메소포타미아 지방에서 고대 메소포타미아 문명을 배경으로 건축 양식이 전개되었다.
② 유일한 건축재료인 점토를 햇빛에 말린 소성벽돌을 이용한 조적식 구조를 주로 사용하였다.
③ 발달한 조적 기법을 바탕으로 아치 및 보울트 기법을 개발하여 사용하였다.

> **참고** **지구라트(Ziggurat)**
> - 구바빌로니아 건축물로 신에게 제사를 지내는 신전의 기능과 천체관측소 기능을 동시에 지녔다.
> - 구조 재료로는 벽돌을 사용하였다.
> - 예 우르의 지구라트, 바빌론의 바벨탑

3. 그리스 건축

(1) 건축의 특성
① B.C.1,100년경부터 B.C.30년경까지 그리스 헬레니즘 문화를 배경으로 건축 양식이 전개되었다.
② 건축 재료: 석재, 대리석, 테라코타 등이 있다.
③ 석재 가공 기술이 발달하여 석재를 이용한 석조가구식 구조가 발달했다.

(2) 그리스 건축물 예
① 신전: 파르테논 신전, 에렉테이온 신전, 포세이돈 신전, 테세이온 신전 등

> **파르테논 신전**
> - 그리스 건축의 대표로서 페르시아와의 전쟁에서 아테네를 구출한 전승의 처녀를 기념하기 위한 신전이다.
> - 도리아식 오더이다. (외부는 도리아식, 내부는 이오니아식)
> - 전후면 8주, 측면 17주의 주주식 신전이다.

② 극장: 에피다우로스 극장, 디오니소스 극장 등
③ 경기장: 히포드롬(경마장), 스타디온(육상 경기장), 팔라에스트라(실내 경기장), 짐나지온(체육 학교) 등
④ 기타: 아고라(Agora), 스토아(Stoa) 등

> **아고라**
> - 야외에 설치된 공공의 광장으로 광장을 중심으로 스토아, 시장, 공공기관, 극장 등이 위치한다.
> - 시민 도시 생활의 중심적 기능을 담당하며, 일상품을 거래하는 시장이자 음악, 논쟁, 사색 등을 하는 장소로 사용된다.
> - 스토아: 시민 토론, 집회를 위한 장소로 벽체가 없이 지붕과 열주로만 이루어진 개방적인 건물이다.

(3) 기둥 양식

도리아식 오더(Doric Order)	이오니아식 오더(Ionic Order)	코린트식 오더(Corinthian Order)
• 가장 단순하고 간단한 양식으로 직선적이고 장중하며 남성적인 느낌 • 주신에 착시현상을 교정하기 위해 배흘림(엔타시스) 기법을 적용 • 주초가 없으며, 골줄을 새겨 입체감과 수직성을 강조 • 예 파르테논 신전, 포세이돈 신전, 헤라이온 신전	• 우아하고 유연하며 여성적인 느낌 • 주초가 있으며, 엔타시스가 약함 • 주신에 골줄을 새기며, 골줄은 24줄이 표준 • 예 니케 아프로테스 신전, 에렉테이온 신전, 아르테미스 신전	• 주범 양식 중 가장 화려함 • 주두에 아칸더스 나뭇잎을 화려하게 장식 • 예 올림피에이온, 풍답, 리스크라테스의 기념탑

4. 로마 건축

(1) 건축의 특성
① 고대 로마가 세워진 B.C.753년경부터 로마제국이 동로마와 서로마로 분리된 365년경까지 이탈리아 반도 등에서 건축 양식이 전개되었다.
② 그리스 건축의 도리아식, 이오니아식, 코린트식의 양식과 더불어 터스칸식, 복합식의 총 5가지 양식을 사용하였다.
③ 건축 재료: 콘크리트를 제조하여 사용하고 석재나 벽돌을 이용했다.
④ 조적식 구조의 아치(Arch) 및 보울트(Vault) 기법을 발전시켜 구조체로 사용하였다.
⑤ 건축 규모가 웅대하고 종류가 많으며, 서양 건축 역사상 처음으로 내부 공간을 형성하였다.

(2) 로마 건축물 예
① 포럼(Forum): 로마의 공공광장으로, 그리스의 아고라와 같은 역할을 한다.
② 신전: 원형 신전(판테온 신전, 베스타 신전, 시빌 신전 등), 사각 평면형 신전(마르스 울토르 신전, 메종 꼬레 신전, 발베크 신전, 콩코드 신전 등)

> 판테온(Pantheon) 신전
> - 로마의 대표적인 건축물이며, 서양 건축의 역사에서 내부 공간 형성과 발전의 출발점이라 할 수 있다.
> - 거대한 돔을 얹은 로툰다(Rotunda)와 대형 열주 현관으로 구성된다.
> - 로툰다 내부는 드럼과 돔 두 부분으로 구성된다.
> - 전면의 열주현관(Portico)은 코린트식 주범의 기둥 8개로 구성된다.

③ 바실리카: 법정 및 상업교역소의 기능을 하며, 포럼에 면하여 위치한다.
④ 공공욕장: 단순히 목욕탕의 기능뿐 아니라 사교장의 기능도 겸비한다. 예 카라 칼라 욕장
⑤ 극장: 평지에 인공적으로 건설하였다. 예 마르켈루스 극장
⑥ 콜로세움: 50,000명 수용이 가능한 대규모의 원형 경기장이다.
⑦ 개선문: 황제나 장군의 승전을 기념하기 위해 건설하였다. 예 티투스의 개선문, 콘스탄틴의 개선문
⑧ 주택: 도무스(개인주택), 빌라(별장이나 전원주택), 인슐라(평민이나 노예를 위한 공동집합주택)

2 중세 건축

1. 초기 기독교 건축

(1) 건축의 특성
① 기독교가 공인된 313년부터 로마네스크 양식이 시작된 9세기경까지 이탈리아 반도를 중심으로 유럽 지역에서 기독교적 건축 양식이 전개되었다.
② 로마의 건축 양식을 계승하였고, 로마의 바실리카를 교회 건물로 전용하였다.

(2) 바실리카식 교회
① 바실리카식 교회는 중세 초기 기독교 건축의 원형이다.
② 네이브(Nave), 아일(Aisle), 앱스(Apse), 아트리움(Atrium) 등으로 구성된다.

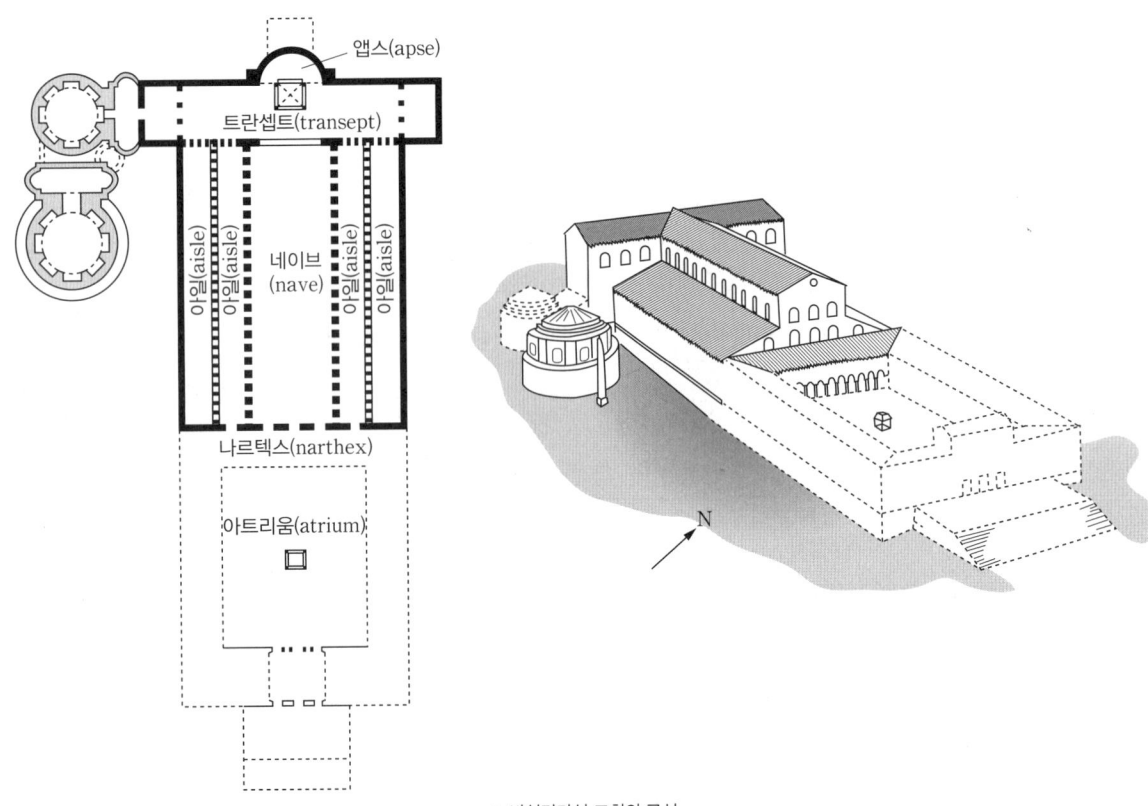

▲ 바실리카식 교회의 구성

(3) 카타콤
① 본래 지하분묘의 용도로 지어졌고, 기독교 박해 시대에는 신도들의 비밀 집회장으로 이용되었다.
② 전실을 통하여 내부로 출입하며, 채광이 안되므로 등불을 사용한다.

2. 비잔틴 건축

(1) 건축의 특성
① 동로마 제국이 건국된 330년부터 콘스탄티노플이 함락된 1,453년까지 동로마 지역에서 전개된 건축 양식이다.
② 로마 건축에 동양적 건축요소를 혼합한 것으로 동양의 사라센 건축 양식의 영향을 받았다.
③ 로마 가톨릭에서 그리스 정교로 분리되면서 라틴십자형보다는 그리스십자형을 많이 사용하였다.
④ 외양은 단조롭고 내부는 화려하게 장식한다.

(2) 펜덴티브 돔(Pendentive dome)
① 사각형 평면 위에 원형 평면의 돔을 가설하는 비잔틴 양식의 독특한 기법이다.
② 펜덴티브: 정방형 평면의 모서리에 외접원을 그려 정방형 변에 따라 수직으로 깎으면 아치와 아치 사이에 3각형이 생기는데 이를 펜덴티브라고 한다.

(3) 도세렛(Dosseret, 부주두)
① 비잔틴 건축에서 기둥은 주두가 2중으로 되어 있는데, 이중 상부를 부주두(도세렛)라고 한다.
② 아치의 하중이 집중되는 것을 구조적으로 보완하기 위해 기존 주두 위에 부주두를 첨가하여 이중주두를 형성한다. 이러한 이중주두는 구조적 보강뿐 아니라 화려하여 장식적인 효과도 갖는다.

(4) 비잔틴 건축물 예
① 성 소피아 성당: 비잔틴 양식의 대표 건물로 내부 공간이 매우 화려하다.
② 성 마르크 성당
③ 성 비탈레 성당
④ 성 세르기우스와 바커스 성당

3. 로마네스크 건축

(1) 건축의 특성
① 8세기 말부터 고딕양식이 발생된 13세기 초까지 이탈리아를 중심으로 프랑스, 독일, 영국 등의 유럽에서 전개된 건축 양식이다. 초기 기독교 양식으로부터 고딕양식에 이르기까지의 과도기적인 건축 양식이다.
② 교회 전면의 중정을 없애고, 전면 양측에 고탑을 세웠다.
③ 신자 수의 증가에 따라 네이브(Nave, 신랑)와 아일(Aisle, 측랑)의 길이를 연장하고 성직자 전용 기도소인 트란셉트(Transept, 수랑)를 아일의 끝에 배치함으로써 라틴 십자형 평면 형식을 완성하였다.
④ 네이브(Nave, 신랑)와 아일(Aisle, 측랑)을 성당과 시각적으로 구별짓는 트리포리엄 아치(Triforium Arch)를 두었다.

(2) 로마네스크 건축물 예
① 이탈리아: 피사의 성당, 성미켈레 성당 등
② 독일: 성 미카엘 교회, 보름스 대성당 등
③ 프랑스: 성 프롱 성당, 캉 남자 수도원 등

> **피사의 성당**
> 로마네스크 건축 양식의 대표로 피사의 사탑이라는 종탑이 유명하다.

4. 고딕 건축

(1) 건축의 특성
① 13C 초부터 르네상스 건축이 발생하는 15C까지 중북부 유럽에서 전개된 중세 건축 양식이다.
② 초기 기독교, 로마네스크에 걸쳐 형성된 중세 교회건축의 완성형으로서 역사상 종교 건축의 최절정 시기이다.
③ 고딕 건축 이전에 이미 사용되던 첨두형 아치, 리브 보울트, 플라잉 버트레스를 상호결합하여 합리적인 구조 체계를 완성하였다.

(2) 고딕 양식의 구조
① 첨두형 아치(Pointed Arch)
  ㉠ 고딕 양식 이전의 사라센 건축 양식에서 이미 사용되던 것이다.
  ㉡ 횡력 작용을 수직으로 변환시킬 수 있는 구조로 반원형 아치에 비해 하중지지 능력이 증가한다.
② 리브 보울트(Ribbed Vault)
  ㉠ 로마네스크 양식에서 사용되었던 교차 보울트에 첨두형 아치의 리브를 덧대어 구조적으로 보강한 것이다.
  ㉡ 첨두형 아치의 사용으로 리브 보울트의 구조체계가 정방형에 한정되지 않고 장방형도 가능하다.
③ 플라잉 버트레스(Flying Buttress)
  ㉠ 신랑 상부의 리브 보울트와 측랑의 부축벽을 연결하는 반아치 형태의 부재로 리브 보울트의 횡압력을 분담해 줌으로서 신랑의 열주는 단지 수직하중만을 지지하게 된다.
  ㉡ 플라잉 버트레스와 기둥이 하중을 전담하므로 벽체가 하중으로부터 해방되어 개구부 면적이 증가한다.
④ 장미창: 성당 입구 위에 설치한 거대한 원형의 창이다.

(3) 고딕 건축물 예

① 프랑스: 노르트담 성당, 샤르트르 성당, 랑스 성당, 아미앵 성당, 론 성당 등

② 영국: 링컨 성당, 웰즈 성당, 솔즈베리 성당, 요크 성당 등

③ 독일: 쾰른 대성당, 성 엘리자베스 대성당 등

④ 이탈리아: 밀라노 대성당, 플로렌스 대성당 등

3 근세 건축

1. 르네상스 건축

(1) 건축의 특성

① 15C 초 이탈리아에서 발생하여 유럽에 전개된 고전주의 경향의 건축 양식이다.

② 중세의 신 중심 세계관으로부터 벗어나 합리적, 과학적 사고방식을 바탕으로 한다.

③ 교회에 집중되었던 중세의 건축과는 달리 인간 중심으로 공공건물, 궁전, 주택 등 다양한 분야에 걸쳐 건축물이 세워졌다.

④ 수학적 비례체계가 건축물의 기본 구성원리로 사용되었다.

⑤ 고전건축의 질서와 형식미를 건축의 기본적 요소로서 고려하여 주범, 코니스, 박공, 아치, 아케이드 등의 고전적 요소를 장식 요소로서 이용하였다.

(2) 르네상스 건축물 예

① 이탈리아

건축가	건축물
브루넬레스키	플로렌스 성당의 돔, 파찌 예배당, 성 스피리토 성당 등
미켈로조	메디치궁, 스트로찌궁 등
알베르티	루첼라이궁, 성 안드레아 성당, 성 프란체스코 예배당 등
브라만테	성 베드로 교회, 템피에토, 성 마리아 델라 파체 등
미켈란젤로	메디치가의 능묘, 라우렌치아의 도서관, 성 베드로 성당 등
안드레아 팔라디오	카프라 별장, 성 지오르지오 마지오레 성당, 성 일 레덴토레 성당 등

② 프랑스: 블로아 성, 샹보르 성 등

③ 영국(이니고 존스): 화이트홀 연회장 궁전, 그리니치의 여왕 저택 등

④ 독일: 하이델부르그 성, 아우스부르그의 시청 등

2. 바로크 건축

(1) 건축의 특성

① 르네상스의 고전주의적·합리주의적 경향에 반대하여 17C 초 이탈리아에서 발생한 건축 양식이다.

② 건축에 있어서 감각적, 역동적, 장식적 효과를 추구하였다. (풍부한 장식, 공간의 해방, 유동하는 벽체 등)

(2) **고전주의 건축 양식 무시, 극적 효과 추구, 화려한 장식**
  ① 건축이 일정한 규칙과 형식에 따라 설계되는 고전주의 양식을 거부하였다.
  ② 음영의 대비, 투시화법의 3차원적 효과, 척도의 변조, 화려한 장식 등의 수법을 이용하여 관찰자에게 강렬한 인상과 감동을 주는 극적 효과를 추구하였다.
  ③ 감각적이고 역동적인 형태와 공간을 창조하였다. 주범의 변형, 곡선형 코니스, 파동벽면 등을 이용하여 화려하게 장식하였다.

3. 로코코 건축
  ① 바로크 건축에 뒤이어 18C에 프랑스를 중심으로 발전된 건축 양식이다.
  ② 바로크 건축이 종교의 권력을 배경으로 인간의 공적생활을 위주로 발전한 데 비해 로코코 건축은 개인의 프라이버시를 위주로 한 양식이다.
  ③ 실내공간을 아담하고 아름답게 꾸미고 장식하는데 중점을 두었으며, 엄격한 고전적 법칙을 무시하고 규칙과 형식에 속박된 것을 피하는 경향이 있다.
  ④ 수평선, 직선과 직각을 피하고 경쾌한 장식을 하였다.
  ⑤ 벽면과 천장을 기하학적 형태에 의하지 않고 일련의 곡선으로 연결하여 공간을 유동성 있게 만들고 수직선만 명확하게 하였다.

4 근대 과도기 건축

1. 신고전주의

(1) **건축의 특성**
  ① 18C 중기에 바로크 건축 양식과 로코코 건축 양식을 퇴폐적인 것으로 보는 한편 고전 건축에 대한 관심은 증가하였다.
  ② 로마와 그리스 건축을 연구하고 고전 건축의 우수한 면을 모방하였다.

(2) **신고전주의 건축물 예**
  ① 프랑스: 스플로의 판테온 (로마 건축의 판테온을 모방하여 건축)
  ② 영국: 해밀턴(Hamilton)의 에디버리 중학교(그리스 양식), 스머크의 대영 박물관(그리스 양식)
  ③ 독일: 쉰켈의 베를린 고대미술관, 베를린 왕립극장

2. 낭만주의

(1) **건축의 특성**
  ① 19C에 고전주의에 대한 반발로 중세의 고딕 건축을 채택하는 낭만주의의 운동이 일어났다.
  ② 구조와 재료를 이용하여 정직하게 표현하는 고딕 건축의 양식과 방법을 그대로 유지하려고 시도하였다.
  ③ 영국에서 시작되어 독일, 프랑스 등지에 전개되었다.

(2) **낭만주의 건축물 예**
  ① 프랑스: 피에르퐁 성 복원, 데니스 성당 등
  ② 영국: 퓨진의 노팅엄 성당, 찰스 베리의 영국 국회의사당 등
  ③ 독일: 쉰켈의 베를린 성당, 베를린 교회당 등

3. 절충주의

(1) 건축의 특성
① 19C 후반 활발하고 광범위한 역사 연구를 통하여 과거 건축양식 전반에 대한 지식이 증대하였고, 사라센, 비잔틴, 바로크 등 건축 양식의 선택 범위가 확대되었다.
② 과거 양식들의 절충을 통하여 새로운 양식의 창조가 시도되었다.
③ 과거 양식이 청산되는 단계이자 신시대 출발에 대한 준비시기이다.

(2) 절충주의 건축물 예
① 프랑스: 앙리 라브루스테의 성제네브에브 도서관과 국립도서관, 찰스 가르니에의 오페라 하우스 등
② 영국: 배리의 런던 여행자 클럽, 벤틀리의 웨스트민스터 사원 등
③ 독일: 닐루의 국립오페라 극장, 슈미트의 빈의 시청사 등

5 근대 및 현대건축

1. 배경

(1) 산업혁명
① 철, 유리, 철근콘크리트 등 신재료가 도입되었다.
② 철근콘크리트 건축의 발달, 시멘트 개발 등 신기술이 개발되었다.

(2) 계몽주의 철학의 등장

2. 근대 건축 운동

(1) 아르누보 운동
① 영국의 수공예 운동(Art And Craft Movement)에 영향을 받아 기계생산에 대한 거부, 새로운 양식 추구, 철과 유리의 사용 등을 전개한 심미적인 운동이다.
② 주로 철의 유연성을 이용하여 곡선미를 표현하였다.
③ 건축물 예: 헨리 반 데 벨데의 공작연맹극장, 헥토르 기마르의 파리 지하철 역사 등

(2) 빈 분리파(세제션 운동)
① 19C 말 오스트리아에서 과거 건축과 분리하여 새로운 양식을 추구한 운동이다.
② 건축물 예: 오토 바그너의 빈 우체국, 올브리히의 세제션관, 요셉 호프만의 스트클레 궁정 등

(3) 기타
시카고 학파, 독일 공작 연맹, 데 스틸, 러시아 구성주의, 독일 표현주의, 이탈리아 미래학파, 바우하우스 등

3. 정착기

(1) 국제건축
① 발터 그로피우스의 제창: 재료 및 구조의 합리적인 적용과 실용적 기능을 중시하여 지역 격차를 없애고 세계 어느 곳에서도 적합한 건축양식을 수립한다.

② 조형적 특색
  ㉠ 대칭성을 배제하고, 평면계획에 의해 공간이나 매스를 유동적으로 배치한다.
  ㉡ 몰딩이나 조각 등의 장식을 하지 않고 수직·수평·직선적 구성을 위주로 한다.
  ㉢ 백색이나 엷은색을 많이 사용하고 재료의 특색을 외부에 그대로 사용한다.

(2) **C.I.A.M(Congress International Architecture Modern, 근대 건축 국제회의)**
① 1928년부터 1959년까지 있었던 건축가들의 조직으로 각국 건축가들의 자유롭고 활발한 교류를 통해 기능주의, 합리주의 건축 형태를 보급하였다.
② 건축가들의 국제적 협력에 의해 근대건축의 발전이 합리적 방법으로 진행되었다.

(3) **근대 건축가와 건축물**

건축가	건축물
발터 그로피우스(Walter Gropius)	아테네 미국 대사관, 데사우 바우하우스 교사, 파구스 공장, 하버드 대학의 대학원 등
미스 반 데어 로에(Mies Van der Rohe)	투겐하트(Tugendhat) 주택, 바르셀로나 파빌리온, 판즈워스 하우스, 시그램 빌딩, 베를린 국립박물관 등
르 코르뷔지에(Le Corbusier)	사보아(Savoye) 주택, 롱샹 교회, 마르세유 아파트, 시트로앙 주택, 브뤼셀 필립관 등
프랭크 로이드 라이트(Frank Lloyd Wright)	낙수장, 구겐하임 미술관, 로비 하우스, 유니티 교회, 제국호텔, 존슨 왁스 사무소, 라킨 빌딩 등
알바 알토(Alvar Aalto)	M.I.T 공대 기숙사, 비푸리 시립도서관, 파이미오 요양소, 세이나 찰로 시청사 등

4. 현대건축

(1) **현대 건축의 특성**
① C.I.A.M 붕괴 이후 이론 및 실무면에서 다원론적인 건축이 전개되었다.
② 일관된 건축원리에 의한 획일적인 건축양식을 거부하고 지역성, 민족성, 전통성, 상징성 등을 건축에 반영한다.

(2) **포스트 모더니즘 건축**
① 건축의 형태는 가치를 전달해야 하며, 형태는 문화를 따른다.
② 주요 건축가: 로버트 벤츄리 (Robert Venturi), 찰스 무어 (Charles Moore), 마이클 그레이브스 (Michael Graves), 로버트 스턴 (Robert A. M. Stern), 필립 존슨 (Philip Johnson), 알도 로시 (Aldo Rossi), 클리에 형제 (Leon & Rob Krier), 랄프 어스킨 (Ralph Erskine) 등

(3) **레이트 모더니즘 건축**
① 근대건축의 이념과 원리를 지속적으로 계승하고 발전시킴으로써 새로운 건축미학을 창조한다.
② 단조로움과 소외감을 느끼게 하는 근대건축에 미적인 즐거움 등 새로운 생명력을 불어넣으려는 시도이다.
③ 주요 건축가: 시저 펠리 (Cesar Pelli), 케빈 로치 (Kevin Roche), 존 포트만 (John Portman), 아이 엠 페이 (I. M. Pei), 노만 포스터 (Norman Foster), 리차드 로저스 (Richard Rogers) 등

KEYWORD 14 한국건축사 ★★

1 한국건축 특징

(1) 주요 특징
① 비대칭적 구성에 의한 균형미를 추구하였다.
② 배산임수의 풍수지리적 이치에 따르는 배치를 중요시 하였다.
③ 자연을 중시하고 계획과 시공 측면에서 인위적인 기교를 사용하지 않았다.
④ 인간적 척도(Human scale) 개념을 나타내는 특징이 있으므로 지나치게 크지 않다.

(2) 착시 보정
① 기둥에 배흘림을 두었다.
② 안쏠림 : 기둥 상단을 안쪽으로 쏠리게 세움으로서 건물 전체에 시각적인 안정감을 줄 수 있다.
③ 귀솟음 : 중간에 있는 평주보다 우주를 더 높게 하여 처마 곡선과 조화를 이루도록 한다.
④ 조로 : 입면에서 처마의 양끝이 들려 올라가도록 한다.

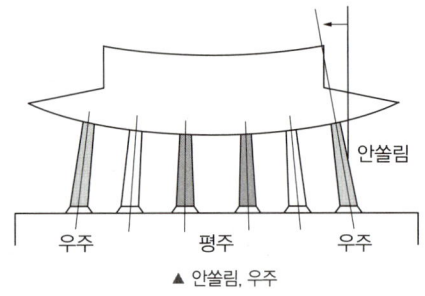

▲ 안쏠림, 우주

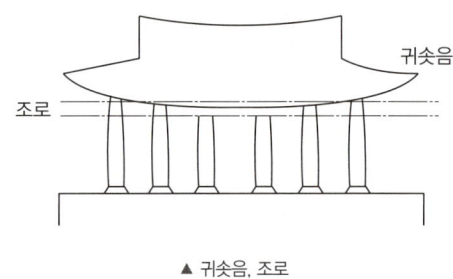

▲ 귀솟음, 조로

(3) 구성 수법의 특징
① 자연 환경에 따라 건물을 비대칭적으로 배치한다.
② 내적 개방적이나, 외적 폐쇄성을 갖는다.
③ 주공간과 부공간을 상호 유기적으로 연결한다.
④ 공간에 위계성이 있어 각 공간의 관계가 주(主)와 종(從)의 관계를 갖는다. 예를 들어, 지붕 크기나 지형 고저차를 이용하여 위계를 표현한다.

2 시대별 한국의 건축

1. 삼국부터 고려까지의 건축

(1) 고구려 건축
① 고구려 건축은 북위의 영향을 주로 받았고, 현재는 분묘 건축만이 남아 있다.
② 분묘 건축에는 토총묘와 석총묘의 두 가지가 있다.
③ 평면의 형태는 정사각형 혹은 직사각형으로 천장은 투팔 천장의 형식으로 되어 있다.
④ 청암리 사지: 1탑 3금당 배치에 속한다.

(2) 백제 건축
① 궁전, 누각, 대사, 조원 등의 기술이 발달하였고, 특히 절 건축이 많다.
② 백제 가람 배치: 부여 정림사지, 신라 황룡사지, 가탑리 사지, 부여 군수리 사지 등

③ 정림사지 석탑: 목조 건축을 돌 재료로 만든 것으로 안정감과 균형미를 갖는다.
④ 미륵사지 석탑: 현존하는 탑 중 가장 크다. 목조탑을 석탑으로 번안한 현존최고의 석탑이다.

(3) 신라 건축
① 고구려와 백제의 영향을 동시에 수용하여 신라 조형 문화를 형성한다.
② 흥륜사(534~544년)와 영흥사가 가장 먼저 건축된 불사이다.
③ 황룡사지: 황룡사 9층탑은 목조탑으로 소실되어 현재는 남아 있지 않으며, 전형적인 일탑식 가람배치 형식이다.
④ 분황사탑: 분황사에 있고 처음에는 9층탑이었으나 현재 3층만 남아 있는 모전탑이다. 안산암을 벽돌 모양으로 다듬어 축조한 모전탑의 일부와 당간주지가 보존되어 있다.
⑤ 첨성대: 동양 최고의 천문대로 경주에 잔존하는 건축물 중 최대 규모이다.

(4) 통일신라 건축
① 궁전: 임해전지, 안압지, 포석정 등이 남아 있다.
② 불교 사원
  ㉠ 2탑식 가람배치 도입
  ㉡ 경주(감은사, 사천왕사, 망덕사, 불국사), 합천(해인사), 동래(범어사), 구례(화엄사), 보은(법주사) 등 전국에 많은 절을 건립
③ 탑: 백제탑에 비하여 추녀 끝의 돌출이 적고 지붕의 물매가 약간 크며, 기단 상부의 변화가 많다.

(5) 고려 건축
① 특징
  ㉠ 풍수지리설의 영향을 받았고, 전체적으로 외관이 높고 웅대하다.
  ㉡ 기둥은 배흘림 양식이 도입되어 건물의 안정감을 주었으며 특히, 공포(栱包) 양식이 발전하였다.
  ㉢ 처마 끝과 주춧돌의 일조 각도를 30° 내외로 하여 일조 효율을 향상시켰다.
② 공포(栱包) 양식
  ㉠ 다포식 : 심원사 보광전, 석왕사 응진전, 성불사 응진전 등
  ㉡ 주심포식 : 봉정사 극락전(우리나라 목조 건축물 중 가장 오래됨), 부석사 무량수전, 수덕사 대웅전, 강릉 객사문 등
③ 궁전: 만월대(개경), 수녕궁 등

2. 조선 건축

(1) 특징
① 불교 건축의 쇠퇴로 궁궐을 비롯하여 성곽과 누문, 분묘, 서원, 사고, 객사, 사원 등의 건축이 중심이 되었다.
② 고려시대 건축에 비해 규모가 웅대하고 장식과 세부는 복잡하였다.
③ 건물의 규모를 신분에 따라 규제하였다.
④ 비원이나 창경궁 등 자연 그대로를 살린 정원을 설계하였다.
⑤ 경복궁, 창덕궁, 덕수궁, 창경궁 등 궁궐은 장대하고 화려하였다.

(2) 도성
① 남대문: 태조 5년(1396년)에 축조
② 수원성곽: 정조 18년에 기공하여 정조 20년에 완공
③ 개성성곽: 고려 말에 시작하여 조선 태조 때 완공

3. 근대 건축

(1) 구한말 건축

① 종교: 약현 성당(삼랑식 고딕 성당), 명동 성당(한국 유일한 순수 고딕양식), 정동 교회, 정관헌, 천주교 원효로 성당 등

② 상업: 일본 제일은행, 부산 세관 등

③ 기타: 독립문(순수 석조), 덕수궁 석조전(그리스 이오니아식 주범) 등

(2) 일제 시대 건축

① 공공: 조선 총독부 청사, 경성 부청(현 서울 시청), 경성 역사(현 서울역)

② 상업: 화신백화점(박길용 설계) 등

③ 학교: 보성전문학교(현 고려대 본관), 경성제대본관 등

④ 기타: 서울 상공회 성당, 경성 부민관(현 서울시 의회 청사) 등

3 주요 건축양식

1. 사찰 건축

(1) 가람배치   탑·금당·강당 등 사찰의 중심부를 형성하는 건물의 배치를 말한다.

1탑식	• 백제 시대에 도입	• 부여 정림사지, 경주 황룡사지, 보은 법주사 등
2탑식	• 통일신라 시대부터 시작	• 경주 사천왕사지, 장흥 보림사, 남원 실상사 등
무탑식	• 풍수지리설의 유행으로 형성	• 순천 송광사, 예천 용문사, 강화 전등사 등

(2) 불교사원

① 송광사: 대웅전을 중심으로 지형에 따라 자유롭게 배치

② 금산사 미륵전: 다포식 3층 불전

③ 안동 봉정사 대웅전: 초기 다포식, 단층 8각 지붕

④ 부여 무량사 극락전: 다포식, 중층 8각 지붕

⑤ 양산 통도사 대웅전: 단층, 정자형 지붕, 다포식

⑥ 구례 화엄사: 각황전(다포식), 대웅전(다포식)

2. 목조건축

(1) 단청

① 의미: 목조 건물에 여러 가지 상징적인 요소를 문양화하여 아름답게 꾸미는 장식

② 목적: 부패를 방지하거나 옹이를 감춤, 권위 상징, 전시나 기록 등

(2) 지붕

① 맞배 지붕: 측면에 지붕이 없다.

② 우진각 지붕: 4면에 모두 지붕면이 있으며, 전후 지붕면은 사다리꼴이고 양측 지붕면은 삼각형이다.

③ 팔작 지붕: 우진각 지붕에 맞배 지붕을 올린 것과 같은 형태로 우물 천장을 가설하는 경우가 많다.

④ 모임 지붕: 용마루가 없고, 정자나 탑 등에 주로 이용된다.

(3) 공포

① 개요: 우리나라 목조건축의 구조를 이해하는 데 중요한 역할을 한다.

    ㉠ 건물의 천장을 높여주고 지붕의 하중을 분산하여 기둥에 전달하는 역할을 한다.

    ㉡ 공포의 기본형은 주두와 첨자로 구성된다.

② 공포의 분류

주심포식	① 전래: 고려 중기 남송으로부터 전래 ② 배치: 기둥 위에 주두를 놓고 배치 ③ 특징 　㉠ 배흘림이 큰 편 　㉡ 단아한 외관 　㉢ 맞배지붕이 많음 　㉣ 측면에 공포 없음(무량수전 팔작지붕) 　㉤ 주로 단장혀 사용 ④ 공포의 출목: 주로 2출목 이하 ⑤ 내부 천장: 연등천장 ⑥ 고려시대 　㉠ 사찰의 불전 등 주요 건축물에 사용 　㉡ 봉정사 극락전, 부석사 무량수전, 부석사 조사당, 수덕사 대웅전, 강릉 객사문 등 ⑦ 조선시대: 중요도가 낮은 곳에 사용 　㉠ 초기: 부석사 조사당(재건축), 정수사 법당, 무위사 극락전, 송광사 국사전 등 　㉡ 중기: 도동서원 강당, 봉정사 고금당 등 　㉢ 후기: 풍남문, 영남루 등	*주심포식: 기둥 위에만 공포가 있는 형식 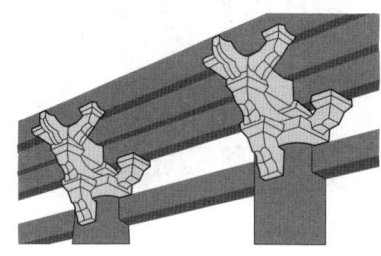 (공포) 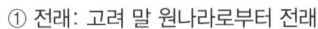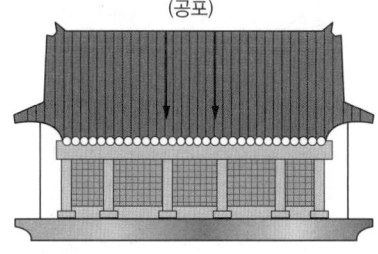
다포식	① 전래: 고려 말 원나라로부터 전래 ② 배치: 기둥 위에 창방과 평방을 놓고 그 위에 배치 ③ 특징 　㉠ 배흘림이 주심포보다 작은 편 　㉡ 장중한 외관 　㉢ 팔작지붕이 많음 　㉣ 주로 긴장혀 사용 ④ 공포의 출목: 주로 2출목 이상 ⑤ 내부 천장: 우물천장 ⑥ 고려시대: 심원사 보광전, 석왕사 응진전 등 ⑦ 조선시대 　㉠ 초기: 개성 남대문, 서울 남대문, 봉정사 대웅전, 장곡사 대웅전 등 　㉡ 중기: 창경궁 명정전, 명정문 및 홍화문, 창덕궁 돈화문, 전등사 대웅전, 관룡사 대웅전 등 　㉢ 후기: 경복궁 근정전, 동대문, 화엄사 각황전, 불국사 대웅전, 창덕궁 인정전, 덕수궁 중화전 등	*다포식: 기둥 위와 기둥과 기둥 사이에 공포가 있는 형식 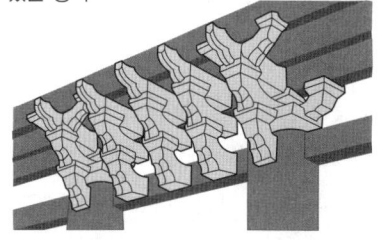 (공포) 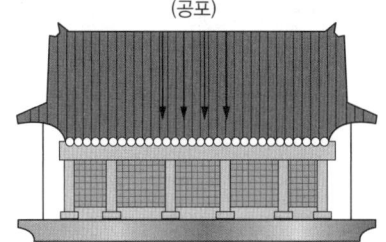
익공식	① 조선 초기에 주심포 양식을 간략화하여 개발 ② 궁궐의 침전, 누각, 누정, 문루, 관아, 향교, 서원, 지방 상류 주택 등에 사용 ③ 강릉 오죽헌 등	*익공식: 주심포 중에서 새 날개 형상의 부재를 끼운 공포 형식 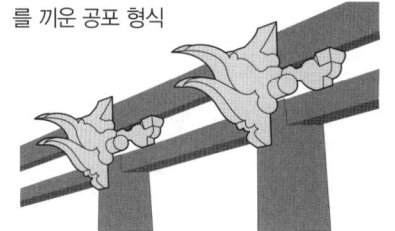
절충식	① 다포식과 주심포식을 혼합하여 만들어진 건축 양식 ② 다포식을 주로하고 여기에 주심포식의 세부수법을 혼합하는 방식	

핵심 기출문제

PART 06
건축사

KEYWORD 13 서양건축사

01
17년 4회, 14년 1회

고대 이집트의 분묘 건축의 형태에 속하지 않는 것은?

① 인슐라
② 피라미드
③ 암굴분묘
④ 마스터바

해설 |
인슐라는 로마건축에 형성된 공동주택의 형태로 다층의 집합주거 건축물이다.

정답 | ①

02
20년 4회, 15년 1회

고대 로마 건축물 중 판테온(Pantheon)에 관한 설명으로 옳지 않은 것은?

① 로툰다 내부는 드럼과 돔 두 부분으로 구성된다.
② 직사각형의 입구 공간은 외부와 내부 사이의 전이공간으로 사용된다.
③ 드럼 하부는 깊은 니치와 독립된 도리아식 기둥들로 동적인 공간을 구현한다.
④ 거대한 돔을 얹은 로툰다와 대형 열주 현관이라는 2가지 주된 구성 요소로 이루어진다.

해설 |
판테온은 원형 건물로, 거대한 화강암으로 된 코린트식 주범의 기둥 8개로 구성된다.

관련이론
로마의 판테온
- 로마의 대표적인 건축물이며, 서양 건축의 역사에서 내부 공간 형성과 발전의 출발점이라 할 수 있다.
- 거대한 돔을 얹은 로툰다(Rotunda)와 대형 열주 현관으로 구성된다.
- 로툰다의 내부는 드럼(Drum)과 돔(Dome)으로 구성된다.
- 단순한 기하학적 공간에도 불구하고 매우 역동적인 모습을 나타낸다.

정답 | ③

03
18년 1회

고대 로마 건축에 관한 설명으로 옳지 않은 것은?

① 인슐라(Insula)는 다층의 집합주거 건물이다.
② 콜로세움의 1층에는 도릭 오더가 사용되었다.
③ 바실리카 울피아는 황제를 위한 신전으로 배럴 볼트가 사용되었다.
④ 판테온은 거대한 돔을 얹은 로툰다와 대형 열주 현관이라는 두 주된 구성 요소로 이루어진다.

해설 |
바실리카 울피아는 로마시대에 재판이나 집회 및 상업거래를 위해 사용된 건축물이다.

정답 | ③

04
19년 1회, 12년 4회

로마시대의 것으로 그리스의 아고라(Agora)와 유사한 기능을 갖는 것은?

① 포럼(Forum)
② 인슐라(Insula)
③ 도무스(Domus)
④ 판테온(Pantheon)

해설 |
그리스 시대의 아고라는 공공의 장소로 정치활동 및 회합의 장소로 사용되었다. 로마시대의 이와 비슷한 기능을 갖는 것은 포럼으로 집회, 시장 및 광장으로 사용되었다.

정답 | ①

05
21년 1회

고대 그리스의 기둥 양식에 속하지 않는 것은?

① 도리아식
② 코린트식
③ 컴포지트식
④ 이오니아식

해설 |
그리스 기둥양식에는 도리아식, 코린트식, 이오니아식이 있다. 로마의 기둥양식은 총 5가지로 기존의 그리스 양식에 컴포지트식과 터스칸식이 추가된다.

정답 | ③

06
21년 4회, 16년 1회, 13년 2회

오토 바그너(Otto Wagner)가 주장한 근대건축의 설계 지침 내용으로 옳지 않은 것은?

① 경제적인 구조
② 그리스 건축양식의 복원
③ 시공재료의 적당한 선택
④ 목적을 정확히 파악하고 완전히 충족시킬 것

해설 |
로마 문화와 그리스 문화를 연구하여 고전건축의 우수한 면의 모방을 추구한 것은 신고전주의 건축이다. 오토 바그너(Otto Wagner)의 근대건축에 대한 설계 지침은 다음과 같다.
• 경제적이고 합목적적인 건축
• 시공재료의 적절성, 적당한 선택
• 경제적인 구조

정답 | ②

07
18년 4회

18세기에서 19세기 초에 있었던 신고전주의 건축의 특징으로 옳은 것은?

① 장대하고 허식적인 벽면 장식
② 고딕건축의 정열적인 예술창조 운동
③ 각 시대의 건축양식의 자유로운 선택
④ 고대 로마와 그리스 건축의 우수성에 대한 모방

해설 |
18세기 중기에 바로크, 로코코 수법을 퇴폐적인 것으로 보고 그 반동으로 고대 유적에 대한 발굴과 고고학적 연구가 활발해지는 등 고전 건축에 대한 관심이 증가하면서, 고대 로마와 그리스 건축의 우수한 여러 면을 모방하려 하였다.

정답 | ④

08
16년 4회

건축물과 양식의 연결이 옳지 않은 것은?

① 노트르담 성당 – 고딕 양식
② 샤르트르 성당 – 고딕 양식
③ 피사의 사탑 – 바로크 양식
④ 성 소피아 성당 – 비잔틴 양식

해설 |
피사의 사탑은 이탈리아의 로마네스크 건축양식이다.

정답 | ③

09
20년 3회

다음 중 건축요소와 해당 건축요소가 사용된 건축 양식의 연결이 옳지 않은 것은?

① 장미창(Rose Window) — 고딕
② 러스티케이션(Rustication) — 르네상스
③ 첨두아치(Pointed Arch) — 로마네스크
④ 펜덴티브 돔(Pendentive Dome) — 비잔틴

해설 |
첨두아치는 로마네스크가 아닌 고딕 건축 양식이다. 고딕 건축 양식에는 첨두아치, 리브 볼트, 플라잉 버트레스가 있고, 로마네스크 건축 양식에는 교차 볼트, 채광창, 버트레스 등이 있다.

정답 | ③

10
21년 1회

비잔틴 건축에 관한 설명으로 옳지 않은 것은?

① 사라센 문화의 영향을 받았다.
② 도세렛(Dosseret)이 사용되었다.
③ 펜덴티브 돔(Pendentive Dome)이 사용되었다.
④ 평면은 주로 장축형 평면(라틴 십자가)이 사용되었다.

해설 |
장축형 평면은 초기 기독교 건축의 바실리카식 교회가 갖는 특징이다. 비잔틴 건축은 로마 가톨릭에서 그리스 정교로 분리되면서 라틴 십자형보다는 그리스 십자형을 많이 사용하였다.

정답 | ④

KEYWORD 14 한국건축사

11
17년 2회

한국건축에 관한 설명으로 옳지 않은 것은?

① 대부분의 한국건축은 인간적 척도 개념을 나타내는 특징이 있다.
② 기둥의 안쏠림으로 건축의 외관에 시지각적인 안정감을 느끼게 하였다.
③ 한국건축은 서양건축과 달리 박공면이 정면이 되고 지붕면이 측면이 된다.
④ 한국건축은 공간의 위계성이 있어 각 공간의 관계가 주(主)와 종(從)의 관계를 갖는다.

해설 |
한국건축은 박공면이 측면이 되고 지붕면이 보이는 쪽이 정면이 된다.

선지분석
① 한국건축은 인간적 척도(Human Scale) 개념을 나타내는 특징으로 지나치게 크지 않다.
② 기둥 상단을 안쪽으로 쏠리게 세움(안쏠림)으로서 건물 전체에 시각적인 안정감을 줄 수 있다.
④ 각 공간의 주종의 관계의 예로 지붕 크기나 지형 고저차를 이용하여 위계를 표현한다.

정답 | ③

12
18년 4회, 13년 4회

한국건축의 가구법과 관련하여 칠량가에 속하지 않는 것은?

① 무위사 극락전   ② 수덕사 대웅전
③ 금산사 대적광전   ④ 지림사 대적광전

해설 |
수덕사 대웅전은 고려 후기 주심포 양식의 목조 건물로서 9량가에 속한다. 맞배지붕과 배흘림 양식이 사용되었다.

관련이론
한국건축의 가구법
도리의 수에 따라 구조형식을 구분할 때 3량가, 5량가, 7량가, 9량가 등으로 구분한다.
7량가와 9량가
- 7량가: 도리가 7개로 구성(종도리, 상중도리, 하중도리, 주심도리)
- 9량가: 도리가 9개로 구성(종도리, 상중도리, 중중도리, 하중도리, 주심도리)

정답 | ②

13
18년 2회, 14년 1회

다음의 한국 근대건축 중 르네상스 양식을 취하고 있는 것은?

① 명동성당   ② 한국은행
③ 덕수궁 정관헌   ④ 서울 성공회성당

해설 |
한국 근대 건축물 중 르네상스 양식을 취하고 있는 것에는 한국은행(구 조선은행), 서울역 구역사(구 경성역사), 구 조선 총독부 청사, 제일은행 본점 등이 있다.

선지분석
① 명동성당: 고딕 양식
③ 덕수궁 정관헌: 한식과 서양식(로마네스크)이 혼합된 양식
④ 서울 성공회성당: 로마네스크 양식

정답 | ②

14
16년 4회, 12년 1회

한국건축의 평면형식에 관한 설명으로 옳지 않은 것은?

① 쌍봉사 대웅전은 2칸 장방형 평면이다.
② 퇴 없이 측면이 단칸인 평면은 평안도 살림집에서 많이 나타난다.
③ 중부지방 민가에서는 ㄱ자형 평면이 많은데 이를 곱은자집이라고도 한다.
④ 다각형 평면으로는 육각과 팔각이 많이 사용되었는데 대개 정자에서 나타난다.

해설 |
쌍봉사 대웅전은 전남 화순군 쌍봉사에 있는 조선 중기의 법당으로 정면 1칸, 측면 1칸의 정사각형 평면으로 구성된다.

정답 | ①

15
19년 4회

한국 고대 사찰배치 중 1탑 3금당 배치에 속하는 것은?

① 미륵사지 ② 불국사지
③ 정림사지 ④ 청암리사지

해설 |
불탑의 수가 1개이고, 금당의 수가 3개인 사찰을 1탑 3금당이라고 하며 1탑 3금당 배치에는 원오리사지, 정릉사지, 청암리사지 등이 있다.

정답 | ④

16
20년 1·2회

한국 전통건축의 지붕양식에 관한 설명으로 옳은 것은?

① 팔작지붕은 원초적인 지붕형태로 원시움집에서부터 사용되었다.
② 모임지붕은 용마루와 내림마루가 있고 추녀마루만 없는 형태이다.
③ 맞배지붕은 용마루와 추녀마루로만 구성된 지붕으로 주로 다포식 건물에 사용되었다.
④ 우진각지붕은 네 면에 모두 지붕면이 있으며 전후 지붕면은 사다리꼴이고 양측 지붕면은 삼각형이다.

해설 |
우진각 지붕은 4면에 모두 지붕면이 있으며, 전후 지붕면은 사다리꼴이고 양측 지붕면은 삼각형이다.

선지분석
① 팔작지붕: 대규모 건축에 어울리며, 가장 화려한 지붕의 형태이다.
② 모임지붕(우진각): 용마루, 내림마루, 추녀마루가 있는 지붕이다.
③ 맞배지붕(박공): 일반적이고 간단한 지붕 형태이며, 용마루와 내림마루는 있으나 추녀마루가 없다.

정답 | ④

17
19년 2회

봉정사 극락전에 관한 설명으로 옳지 않은 것은?

① 지붕은 팔작지붕의 형태를 띠고 있다.
② 공포를 주상에만 짜놓은 주심포 양식의 건축물이다.
③ 우리나라에 현존하는 목조 건축물 중 가장 오래된 것이다.
④ 정면 3칸에 측면 4칸의 규모이며 서남향으로 배치되어 있다.

해설 |
봉정사 극락전의 지붕은 맞배지붕의 형태를 띠고 있다. 봉정사 극락전은 정면 3칸, 측면 4칸의 단층형태로 주심포(柱心包) 양식으로 지어졌다.

정답 | ①

18
17년 1회

현존하는 우리나라 목조건축물 중 가장 오래된 것은?

① 봉정사 극락전
② 법주사 팔상전
③ 부석사 무량수전
④ 화엄사 보광대전

해설 |
봉정사 극락전은 고려시대 주심포 양식의 건축물로, 우리나라에 현존하는 가장 오래된 목조건축물이다.

정답 | ①

19
21년 2회, 13년 2회

주심포 형식에 관한 설명으로 옳지 않은 것은?

① 공포를 기둥 위에만 배열한 형식이다.
② 장혀는 긴 것을 사용하고 평방이 사용된다.
③ 봉정사 극락전, 수덕사 대웅전 등에서 볼 수 있다.
④ 맞배지붕이 대부분이며 천장을 특별히 가설하지 않아 서까래가 노출되어 보인다.

해설 |
주심포 형식에서는 주로 단장혀를 사용하고, 다포식에서 긴장혀를 사용한다.

정답 | ②

20
21년 4회, 21년 1회, 13년 1회

다음 중 다포식(多包式) 건축으로 가장 오래된 것은?

① 창경궁 명정전
② 전등사 대웅전
③ 불국사 극락전
④ 심원사 보광전

해설 |
심원사 보광전이 고려시대 건축물로 가장 오래되었다. 창경궁 명정전, 전등사 대웅전, 불국사 극락전은 조선시대 다포식 건축물이다.

관련이론
다포식과 주심포식 예
- 다포식: 석왕사 응진전, 심원사 보광전, 성불사 응진전
- 주심포식: 부석사 무량수전, 강릉 객사문, 수덕사 대웅전, 봉정사 극락전 (최초의 목조건물)

정답 | ④

21
20년 3회, 19년 1회, 18년 2회

공포형식 중 다포식에 관한 설명으로 옳지 않은 것은?

① 다포식 건축물로는 서울 숭례문(남대문) 등이 있다.
② 기둥 상부 이외에 기둥 사이에도 공포를 배열한 형식이다.
③ 규모가 커지면서 내부출목보다는 외부출목이 점차 많아졌다.
④ 주심포식에 비해서 지붕하중을 등분포로 전달 할 수 있는 합리적인 구조법이다.

해설 |
다포식의 지붕 중도리가 높아짐에 따라 높이를 맞추기 위해 내부출목수가 외부출목보다 점차 많아졌다.

정답 | ③

22
17년 4회

다음 건축물 중 익공식(翼工式)에 속하는 것은?

① 강릉 오죽헌
② 서울 동대문
③ 봉정사 대웅전
④ 무위사 극락전

해설 |
익공식은 조선 초기에 주심포 양식을 간략화하여 개발한 것으로 주요 건축물은 다음과 같다.
- 조선 초기: 강릉 오죽헌, 옥산서원 독락당, 청평사 회전문
- 조선 중기: 서울 동묘, 서울 문묘 명륜당, 종묘 정전 및 영녕전
- 조선 후기: 수원 화서문, 경복궁 경회루 및 향원정, 덕수궁 중화전

선지분석
② 서울 동대문: 다포식
③ 봉정사 대웅전: 다포식
④ 무위사 극락전: 주심포식

정답 | ①

23
16년 2회, 14년 2회

다음의 건축물 중 주심포식 건축양식에 속하지 않는 것은?

① 강릉 객사문
② 석왕사 응진전
③ 봉정사 극락전
④ 부석사 무량수전

해설 |
석왕사 응진전은 다포식 양식에 속하는 건축물이다.
주심포식 건축양식에는 강릉 객사문, 봉정사 극락전, 부석사 무량수전, 수덕사 대웅전 등이 속한다.

정답 | ②

24

각 사찰에 대한 설명 중 옳지 않은 것은?

① 부석사의 가람배치는 누하진입 형식을 취하고 있다.
② 화엄사는 경사된 지형을 수단(數段)으로 나누어서 정지(整地)하여 건물을 적절히 배치하였다.
③ 통도사는 산지에 위치하나 산지가람처럼 건물들을 불규칙하게 배치하지 않고 직교식으로 배치하였다.
④ 봉정사 가람배치는 대지가 3단으로 나누어져 있으며 상단부분에 대웅전과 극락전 등 중요한 건물들이 배치되어 있다.

해설 |
통도사는 건물들을 불규칙하게 배치하는 자유로운 형태를 취하고 있다. 통도사의 가람배치는 신라 이래의 전통 법식에서 벗어나 냇물을 따라 동서로 길게 형성이 되어 있다.

정답 | ③

25

교학건축 건축물인 성균관의 구성에 속하지 않는 것은?

① 동재
② 존경각
③ 천추전
④ 명륜당

해설 |
성균관은 동재(기숙사), 존경관(도서관), 명륜당(유학을 가르치는 곳) 등으로 구성된다. 천추전은 경복궁의 비공식 업무시설로 경복궁 사정전의 서쪽에 있는 건물이다.

정답 | ③

26

경복궁의 궁궐 배치는 전조공간과 후침공간으로 이루어져 있다. 다음 중 전조공간의 구성에 속하지 않는 것은?

① 근정전
② 만춘전
③ 천추전
④ 강녕전

해설 |
경복궁의 궁궐 배치는 다음과 같이 전조공간과 후침공간으로 나뉜다.
• 전조공간(왕이 정사를 보는 곳): 근정전, 만춘전, 사정전, 천추전 등이 있다.
• 후침공간(왕의 사적 생활공간): 강녕전, 수정전, 교태전, 자경전 등이 있다.

정답 | ④

27

조선시대에 田자형 주택으로 대별되는 서민주택의 지방 유형은?

① 서울지방형
② 남부지방형
③ 중부지방형
④ 함경도지방형

해설 |
田자형 주택은 주로 북부지방(함경도지방)에 분포한다. 田자형은 방과 방을 직접 연결하고, 도리 방향의 칸막이벽을 이용하여 방들이 田자 모양으로 구성된 형식이다.

선지분석
① 서울지방형: ㄱ자형, ㄴ자형, ㅁ자형
② 남부지방형: 一자형(방 앞에 긴 마루 설치)
③ 중부지방형: ㄱ자형(방 앞에 좁은 툇마루 설치)

정답 | ④

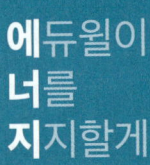

진정으로 적응성이 있고 끝까지 가는 사람은
평생에 거의 이루지 못할 것이 없다.

– 토니 라빈스(Tony Robbins)

SUBJECT
02

건축관계법규

ENGINEER ARCHITECTURE

건축관계법규 합격 TIP

건축관계법규 시험에서는 「건축법, 주차장법, 국토의 계획 및 이용에 관한 법률」에 대한 문제가 출제됩니다. 그 중 전체 문제의 68% 정도는 건축법에 관련된 문제이고, 주차장법에서 약 13%, 국토의 계획 및 이용에 관한 법률에서 약 18%의 문제가 출제됩니다. 따라서 건축관계법규 과목을 공부하는 수험생은 건축법과 관련된 내용을 더 집중해서 공부할 필요가 있습니다.

건축관계법규 문제는 법 과목의 특성상 전체 법의 내용을 알아야 하는 문제의 출제비중이 낮고 대부분 법에 나온 기준을 묻는 문제입니다. 그리고 기존의 기출문제에서 자주 출제되는 법 조항과 그와 연관된 문제가 반복돼서 출제되는 경향이 있습니다.

따라서, 건축관계법규 과목은 비전공자라도 기출문제에서 출제되었던 법 조항을 숙지하면 80점 가까이 고득점을 할 수 있는 과목입니다.

최신 10개년 출제비율 분석

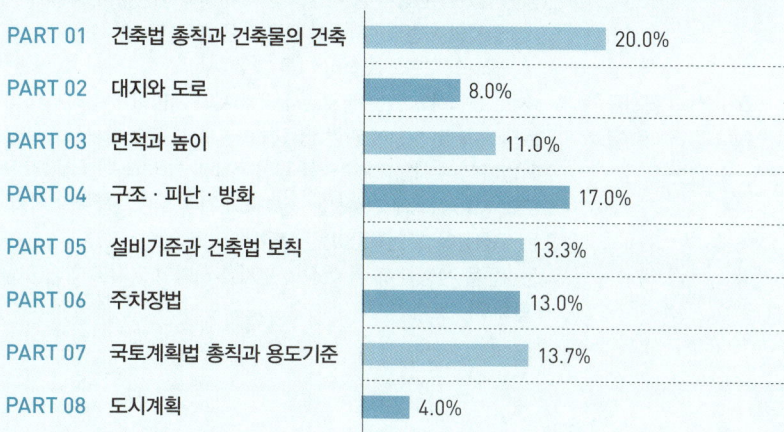

PART 01	건축법 총칙과 건축물의 건축	20.0%
PART 02	대지와 도로	8.0%
PART 03	면적과 높이	11.0%
PART 04	구조 · 피난 · 방화	17.0%
PART 05	설비기준과 건축법 보칙	13.3%
PART 06	주차장법	13.0%
PART 07	국토계획법 총칙과 용도기준	13.7%
PART 08	도시계획	4.0%

PART 01 건축법 총칙과 건축물의 건축

KEYWORD 01, 02, 03, 04

KEYWORD 01　건축법 총칙 ★★

1 건축법의 목적과 용어

1. 건축법의 목적과 규정 내용

구분	내용
목적	공공복리의 증진
규정 내용	건축물의 대지·구조·설비 기준 및 용도

2. 건축법의 법률적 효력

건축법에서는 건축물의 건축공사, 대수선공사 및 사용용도를 제한하는 건축에 관해 최저기준을 설정하고 있다. 따라서 개인의 개별적 건축행위일지라도, 건축법이 규정하고 있는 기준에 어긋날 경우에는 이를 건축할 수 없다.

2 용어 정의

1. 대지

(1) **대지의 정의**

공간정보의 구축 및 관리 등에 관한 법률에 따라 각 필지(筆地)로 나눈 토지를 말한다.

(2) **대지를 예외적으로 인정하는 범위**

구분	내용
둘 이상의 필지를 하나의 대지로 할 수 있는 토지	• 하나의 건축물을 두 필지 이상에 걸쳐 건축하는 경우 • 합병이 불가능한 경우 중 다음의 어느 하나에 해당하는 경우 　- 각 필지의 지번부여지역이 서로 다른 경우 　- 각 필지의 도면의 축척이 다른 경우 　- 서로 인접하고 있는 필지로서 각 필지의 지반이 연속되지 아니한 경우 • 국토의 계획 및 이용에 관한 법률에 따른 도시·군계획시설에 해당하는 건축물이 설치되는 일단의 토지 • 주택법에 따른 사업계획승인을 받아 주택과 그 부대시설 및 복리시설을 건축하는 경우 • 도로의 지표 아래에 건축하는 건축물의 경우 특별시장·광역시장·특별자치시장·특별자치도지사·시장·군수 또는 구청장이 그 건축물이 건축되는 토지로 정하는 토지 • 사용승인을 신청할 때 둘 이상의 필지를 하나의 필지로 합칠 것을 조건으로 건축허가를 하는 경우 그 필지가 합쳐지는 토지

하나 이상의 필지의 일부를 하나의 대지로 할 수 있는 토지	• 도시·군계획시설이 결정·고시된 경우 그 결정·고시가 된 부분의 토지 • 농지법에 따른 농지전용허가를 받은 경우 • 산지관리법에 따른 산지전용허가를 받은 경우 • 국토의 계획 및 이용에 관한 법률에 따른 개발행위허가를 받은 경우 • 사용승인을 신청할 때 필지를 나눌 것을 조건으로 건축허가를 하는 경우

> **참고** 건축법상의 용어
> ① 필지: 하나의 지번이 붙는 토지의 등록단위
> ② 지목: 토지의 주된 사용목적 또는 용도에 따라 토지의 종류를 구분 표시하는 명칭
> ③ 분할: 지적공부에 등록된 1필지를 2필지 이상으로 나누어 등록하는 것
> ④ 합병: 지적공부에 등록된 2필지 이상을 1필지로 합하여 등록하는 것

2. 도로

(1) 도로의 정의

보행 및 자동차 통행이 가능한 너비 4m 이상의 도로로서 다음에 해당하는 도로 또는 그 예정도로를 말한다.

① 국토의 계획 및 이용에 관한 법률, 도로법, 사도법 등에 의하여 신설 또는 변경에 관한 고시가 된 도로

② 건축허가 또는 신고 시에 특별시장·광역시장·특별자치시장·도지사·특별자치도지사 또는 시장·군수·구청장(자치구의 구청장)이 위치를 지정하여 공고한 도로

(2) 지형적 조건 등에 따른 도로의 구조와 너비

① 특별자치시장·특별자치도지사 또는 시장·군수·구청장이 지형적 조건으로 인하여 차량 통행을 위한 도로의 설치가 곤란하다고 인정하여 그 위치를 지정·공고하는 구간의 너비 3m 이상(길이가 10m 미만인 막다른 도로인 경우에는 너비 2m 이상)인 도로

② ①에 해당하지 아니하는 막다른 도로로서 그 도로의 너비가 그 길이에 따라 각각 다음 표에 정하는 기준 이상인 도로

막다른 도로의 길이	도로의 너비
10m 미만	2m 이상
10m 이상 35m 미만	3m 이상
35m 이상	6m 이상(도시지역이 아닌 읍·면지역에서는 4m 이상)

3. 건축물

(1) 건축물의 정의

토지에 정착(定着)하는 공작물 중 지붕과 기둥 또는 벽이 있는 것과 이에 딸린 시설물, 지하나 고가(高架)의 공작물에 설치하는 사무소·공연장·점포·차고·창고, 그 밖에 대통령령으로 정하는 것을 말한다.

(2) 토지에 정착하는 공작물 중 건축물로 보는 기준

① 지붕과 기둥 또는 지붕과 벽이 있는 것
② ①에 부수되는 시설물(건축물에 부수되는 대문, 담장 등)
③ 지하 또는 고가(高架)의 공작물에 설치하는 사무소, 공연장, 점포, 차고, 창고

(3) 일정 규모가 넘는 신고대상 공작물

① 높이 6m를 넘는 굴뚝
② 높이 4m를 넘는 장식탑, 기념탑, 첨탑, 광고탑, 광고판, 그 밖에 이와 비슷한 것
③ 높이 8m를 넘는 고가수조나 그 밖에 이와 비슷한 것
④ 높이 2m를 넘는 옹벽 또는 담장
⑤ 바닥면적 30m²를 넘는 지하대피호
⑥ 높이 6m를 넘는 골프연습장 등의 운동시설을 위한 철탑, 주거지역·상업지역에 설치하는 통신용 철탑, 그 밖에 이와 비슷한 것
⑦ 높이 8m(위험을 방지하기 위한 난간의 높이는 제외) 이하의 기계식 주차장 및 철골 조립식 주차장(바닥면이 조립식이 아닌 것을 포함)으로서 외벽이 없는 것
⑧ 건축조례로 정하는 제조시설, 저장시설(시멘트 사일로를 포함), 유희시설, 그 밖에 이와 비슷한 것
⑨ 건축물의 구조에 심대한 영향을 줄 수 있는 중량물로서 건축조례로 정하는 것
⑩ 높이 5m를 넘는 태양에너지를 이용하는 발전설비와 그 밖에 이와 비슷한 것

4. 건축

(1) 건축의 정의

건축물을 신축·증축·개축·재축(再築)하거나 건축물을 이전하는 것을 말한다.

(2) 건축행위의 비교

구분	행위요소	도해(행위 전 → 행위 후)
신축	건축물이 없는 대지에 건축물 축조	건축물이 없는 대지 ⇒ 새로이 축조
신축	기존 건축물의 전부를 해체(멸실) 한 후 종전의 규모보다 크게 건축물 축조	기존 건축물의 해체·멸실 ⇒ 종전보다 규모를 크게 축조
신축	부속 건축물만 있는 대지에 새로이 주된 건축물 축조	① 부속 건축물만 있는 대지 ⇒ ① 주된 건축물 축조 ②
증축	기존 건축물이 있는 대지에서 건축물의 건축면적, 연면적, 층수 또는 높이를 늘리는 것을 말함	⇒ 규모 증가
개축	기존 건축물의 전부 또는 일부(내력벽, 기둥, 보, 지붕틀 중 3 이상이 포함되는 경우에 한함)를 해체하고 당해 대지 안에 종전과 같은 규모의 범위에서 건축물을 다시 축조	인위적인 해체 ⇒ 종전과 동일규모 이내로 다시 축조

재축	건축물이 천재지변이나 그 밖의 재해로 멸실된 경우 다음 요건을 모두 갖추어 다시 축조하는 것 • 연면적 합계는 종전 규모 이하 • 동수, 층수 및 높이 　− 동수, 층수 및 높이 모두 종전 규모 이하일 것 　− 동수, 층수 및 높이의 어느 하나가 종전 규모 초과 시, 건축법, 영 또는 조례에 모두 적합할 것	천재지변에 의한 멸실 ⇨ 동일규모 이내로 다시 축조
이전	기존 건축물의 주요구조부를 해체하지 않고 동일 대지 내에서 건축물의 위치를 옮기는 행위	동일대지 내 기존 건축물 위치 이동

> **합격 PLUS+** 건축행위 용어 비교
> ❶ 신축과 증축: 부속 건축물만 있는 대지에 주된 건축물을 건축하는 것은 신축이다. 주된 건축물이 있는 대지에 부속 건축물을 새로이 축조하는 것 또는 동일한 용도의 건축물을 새로이 축조하는 것은 증축이다.
> ❷ 신축과 개축: 기존 건축물의 전부를 해체한 후 종전 규모의 범위 내에서 새로이 축조하는 것은 개축이나 종전 규모를 초과할 경우에는 신축이다.
> ❸ 개축: 내력벽, 기둥, 보, 지붕틀 중 3개 이상을 해체하고 종전의 규모 내에서 다시 축조하는 행위이다.

5. 대수선

(1) 대수선의 정의
건축물의 기둥, 보, 내력벽, 주계단 등의 구조나 외부 형태를 수선·변경하거나 증설하는 것을 말한다.

(2) 대수선의 범위
① 내력벽: 증설·해체하거나 벽면적을 $30m^2$ 이상 수선 또는 변경하는 것
② 기둥, 보, 지붕틀: 증설 또는 해체하거나 세 개 이상 수선 또는 변경하는 것
③ 방화벽, 방화구획을 위한 바닥, 벽 및 주계단, 피난계단, 특별피난계단: 증설 또는 해체하거나 수선 또는 변경하는 것
④ 다가구주택의 가구 간 경계벽 또는 다세대주택의 세대 간 경계벽: 증설 또는 해체하거나 수선 또는 변경하는 것
⑤ 건축물의 외벽에 사용하는 마감재료: 증설 또는 해체하거나 벽면적 $30m^2$ 이상 수선 또는 변경하는 것

6. 건축설비

(1) 건축설비의 개념
건축설비는 건축물의 기능을 유지하기 위한 것이다.

(2) 종류
① 전기·전화 설비, 초고속 정보통신 설비, 지능형 홈네트워크 설비
② 가스·급수·배수(配水)·배수(排水)·환기·난방·냉방·소화(消火)·배연(排煙) 및 오물처리의 설비
③ 굴뚝, 승강기, 피뢰침, 국기 게양대, 공동시청 안테나, 유선방송 수신시설
④ 우편함, 저수조(貯水槽), 방범시설

> **참고** 건축설비에 포함되지 않는 것
> 셔터, 차양, 부엌은 건축설비가 아니다.

7. 지하층

(1) 지하층의 정의

건축물의 바닥이 지표면 아래에 있는 층으로서 바닥에서 지표면까지 평균높이가 해당 층 높이의 2분의 1 이상인 것을 말한다.

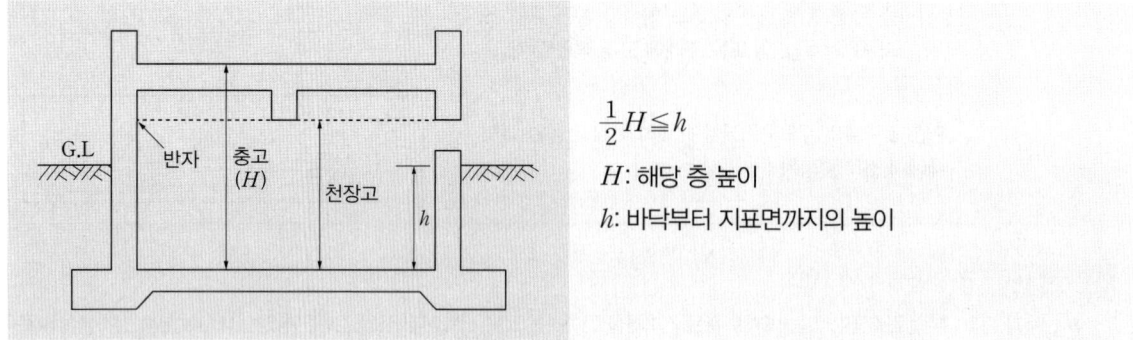

$\frac{1}{2}H \leq h$

H: 해당 층 높이
h: 바닥부터 지표면까지의 높이

(2) 지표면의 산정

건축물 주위에 접하는 각 지표면 부분의 높이를 당해 지표면 부분의 수평거리에 따라 가중 평균한 높이의 수평면을 지표면으로 한다.

$$가중평균면 = \frac{흙에\ 접한\ 건축물의\ 벽면적}{건축물의\ 둘레\ 길이}$$

8. 거실

(1) 거실의 정의

건축물 안에서 거주, 집무, 작업, 집회, 오락, 그 밖에 이와 유사한 목적을 위하여 사용되는 방을 말한다.

(2) 거실과 비거실의 구분

구분	내용
거실의 예	• 주거공간(침실, 거실, 부엌), 의료시설의 병실, 숙박시설의 객실 • 학교의 교실, 판매공간 등 일정한 이용목적으로 지속적으로 사용하는 공간
비거실의 예	현관, 계단실, 화장실, 욕실, 창고, 기계실 등과 같이 일시적으로 사용하는 공간

9. 주요구조부

(1) 개념

① 주요구조부란 내력벽, 기둥, 바닥, 보, 지붕틀 및 주계단을 말한다.
② 사이기둥, 최하층 바닥, 작은보, 차양, 옥외계단, 기타 이와 유사한 것으로 건축물의 구조상 중요하지 아니한 부분은 주요구조부가 아니다.

(2) 주요구조부와 제외되는 부분

주요구조부	구조	제외되는 부분
내력벽		비내력벽
기둥		사이기둥
바닥		최하층 바닥
(큰)보		작은보
지붕틀		차양
주계단		옥외계단

> **합격 PLUS+** 주요구조부와 구조내력상 주요한 부분의 구분
>
> 기초는 구조내력상 주요한 부분에 해당되나 주요구조부는 아니다.

구분	종류	기능
주요구조부	내력벽, 기둥, 바닥, 보, 지붕틀, 주계단	방재
구조내력상 주요한 부분	기초, 벽, 기둥, 바닥판, 지붕틀, 토대, 사재(가새, 버팀대, 귀잡이 등), 가로재(보, 도리)	구조안전

10. 내화구조(화재에 견딜 수 있는 성능을 가진 구조)

(1) 내화구조의 구분

구분	내용
벽 ( ) 안은 외벽 중 비내력벽 기준임	• 철근콘크리트조 또는 철골철근콘크리트조로서 두께가 10cm(7cm) 이상인 것 • 골구를 철골조로 하고 그 양면을 두께 4cm(3cm) 이상의 철망모르타르 또는 두께 5cm(4cm) 이상의 콘크리트블록·벽돌 또는 석재로 덮은 것 • 철재로 보강된 콘크리트블록조·벽돌조 또는 석조로서 철재에 덮은 콘크리트블록 등의 두께가 5cm(4cm) 이상인 것 • 벽돌조로서 두께가 19cm 이상인 것 • 고온·고압의 증기로 양생된 경량기포 콘크리트패널 또는 경량기포 콘크리트블록조로서 두께가 10cm 이상인 것
외벽 중 비내력벽	무근콘크리트조·콘크리트블록조·벽조 또는 석조로서 그 두께가 7cm 이상인 것
기둥 (작은 지름이 25cm 이상인 것)	• 철근콘크리트조 또는 철골철근콘크리트조(두께 무관) • 철골을 두께 6cm(경량골재를 사용하는 경우에는 5cm) 이상의 철망모르타르 또는 두께 7cm 이상의 콘크리트블록·벽돌 또는 석재로 덮은 것 • 철골을 두께 5cm 이상의 콘크리트로 덮은 것
바닥	• 철근콘크리트조 또는 철골철근콘크리트조로서 두께가 10cm 이상인 것 • 철재로 보강된 콘크리트블록조·벽돌조 또는 석조로서 철재에 덮은 콘크리트블록 등의 두께가 5cm 이상인 것 • 철재의 양면을 두께 5cm 이상의 철망모르타르 또는 콘크리트로 덮은 것

보 (지붕틀 포함)	• 철근콘크리트조 또는 철골철근콘크리트조(두께 무관) • 철골을 두께 6cm(경량골재를 사용하는 경우에는 5cm) 이상의 철망모르타르 또는 두께 5cm 이상의 콘크리트로 덮은 것 • 철골조의 지붕틀(바닥으로부터 그 아랫부분까지의 높이가 4m 이상인 것에 한함)로서 바로 아래에 반자가 없거나 불연재료로 된 반자가 있는 것
지붕	• 철근콘크리트조 또는 철골철근콘크리트조 • 철재로 보강된 콘크리트블록조·벽돌조 또는 석조 • 철재로 보강된 유리블록 또는 망입유리(두꺼운 판유리에 철망을 넣은 것을 말함)로 된 것
계단	• 철근콘크리트조 또는 철골철근콘크리트조 • 무근콘크리트조·콘크리트블록조·벽돌조 또는 석조 • 철재로 보강된 콘크리트블록조·벽돌조 또는 석조 • 철골조

(2) **주요 내화구조의 기준**

구분		내용	
벽	벽돌조	내력벽	19cm 이상
		비내력벽	7cm 이상
	철근콘크리트조	내력벽	10cm 이상
		비내력벽	7cm 이상
계단	철골조	무조건 인정	
기둥	철근콘크리트조	작은 지름이 25cm 이상	

11. 방화구조(화염의 확산을 막을 수 있는 성능을 가진 구조)

구조 부분	방화구조의 기준
철망모르타르 바르기	바름두께가 2cm 이상
• 석고판 위에 시멘트모르타르 또는 회반죽을 바른 것 • 시멘트모르타르 위에 타일을 붙인 것	두께의 합계가 2.5cm 이상
• 심벽에 흙으로 맞벽치기 한 것	두께에 관계없이 인정
산업표준화법에 따른 한국산업표준이 정하는 바에 따라 시험한 결과 방화 2급 이상에 해당하는 것	

12. 기타 용어

구분	정의
건축주	건축물의 건축·대수선·용도변경, 건축설비의 설치 또는 공작물의 축조에 관한 공사를 발주하거나 현장관리인을 두어 스스로 그 공사를 하는 자
설계자	자기의 책임(보조자의 도움을 받는 경우를 포함)으로 설계도서를 작성하고 그 설계도서에서 의도하는 바를 해설하며, 지도하고 자문에 응하는 자

공사감리자	자기의 책임(보조자의 도움을 받는 경우를 포함)으로 법으로 정하는 바에 따라 건축물, 건축설비 또는 공작물이 설계도서의 내용대로 시공되는지를 확인하고, 품질관리·공사관리·안전관리 등에 대하여 지도·감독하는 자
공사시공자	건설산업기본법에 따른 건설공사를 행하는 자
관계전문기술자	건축물의 구조·설비 등 건축물과 관련된 전문기술자격을 보유하고 설계와 공사감리에 참여하여 설계자 및 공사감리자와 협력하는 자
설계도서	건축물의 건축 등에 관한 공사용 도면, 구조 계산서, 시방서, 건축설비계산 관계서류, 토질 및 지질 관계 서류, 기타 공사에 필요한 서류
불연재료	불에 타지 않는 성질을 가진 콘크리트·석재·벽돌·기와·철강·알루미늄·유리·시멘트모르타르 및 회 등의 재료
준불연재료	불연재료에 준하는 성질을 가진 재료로서 가스 유해성, 열방출량 등이 성능기준을 충족하는 것
난연재료	불에 잘 타지 아니하는 성능을 가진 재료로서 가스 유해성, 열방출량 등이 성능기준을 충족하는 것
리모델링	건축물의 노후화를 억제하거나 기능 향상 등을 위하여 대수선하거나 건축물의 일부를 증축 또는 개축하는 행위
초고층 건축물	층수가 50층이거나 높이가 200m 이상인 건축물
준초고층 건축물	고층 건축물 중 초고층 건축물이 아닌 것
고층 건축물	층수가 30층 이상이거나 높이가 120m 이상인 건축물

> **합격PLUS+** 건축법 용어 비교
>
> ❶ 방화구조: 내화구조는 부재의 단면재료에 의하여 정의되나, 방화구조는 부재의 단면재료와는 관계 없이 부재에 대한 마감기준으로 정의된다.
> ❷ 설계도서: 공사비 내역서, 공정표는 설계도서에 포함되지 않는다.
> ❸ 불연재료: 불에 타지 않는 성질을 가진 재료로 콘크리트·석재·벽돌·기와·석면판·철강·알루미늄·유리·시멘트모르타르·회 등이 해당된다.

13. 내수재료

벽돌, 자연석, 인조석, 콘크리트, 아스팔트, 도자기질 재료, 유리, 그 밖에 이와 유사한 내수성 건축재료이다.

14. 부속 건축물과 부속용도

(1) 부속 건축물

같은 대지에서 주된 건축물과 분리된 부속용도의 건축물로서 주된 건축물을 이용 또는 관리하는 데에 필요한 건축물이다.

(2) 부속용도

건축물이 주된 용도의 기능을 하기 위해 다음의 어느 하나에 해당하는 용도를 말한다.
① 건축물의 설비, 대피, 위생, 그 밖에 이와 유사한 시설의 용도
② 사무, 작업, 집회, 물품저장, 주차, 그 밖에 이와 유사한 시설의 용도
③ 구내식당·직장어린이집·구내운동시설 등 종업원 후생복리시설, 구내소각시설, 그 밖에 이와 비슷한 시설의 용도

합격 PLUS+ 휴게음식점이 구내식당에 포함되는 것으로 보는 경우

❶ 구내식당 내부에 설치할 것
❷ 설치면적이 구내식당 전체 면적의 1/3 이하로서 50m² 이하일 것
❸ 다류(茶類)를 조리·판매하는 휴게음식점일 것

④ 관계 법령에서 주된 용도의 부수시설로 설치할 수 있게 규정하고 있는 시설

15. 건축물의 용도

대분류	소분류

단독주택
(가정어린이집, 공동생활가정, 지역아동센터, 공동육아나눔터, 작은도서관 및 노인복지시설 포함)
	• 단독주택
	• 다중주택: 다음의 요건 모두를 갖춘 주택
	  − 학생 또는 직장인 등 여러 사람이 장기간 거주할 수 있는 구조로 되어 있는 것
	  − 독립된 주거의 형태를 갖추지 않은 것
	  − 1개 동의 주택으로 쓰이는 바닥면적의 합계가 660m² 이하이고 층수가 3층 이하일 것
	  − 적정한 주거환경을 조성하기 위하여 건축조례로 정하는 실별 최소 면적, 창문의 설치 및 크기 등의 기준에 적합할 것
	• 다가구 주택: 다음의 요건 모두를 갖춘 주택으로서 공동주택에 해당하지 아니하는 것
	  − 주택으로 쓰이는 층수(지하층을 제외)가 3개 층 이하일 것
	  − 1개 동의 주택으로 쓰이는 바닥면적의 합계가 660m² 이하일 것
	  − 19세대 이하가 거주할 수 있는 것
	• 공관

공동주택 (가정어린이집, 공동생활가정, 지역아동센터, 공동육아나눔터, 작은도서관, 노인복지시설, 아파트형 주택 포함)	• 아파트: 주택으로 쓰이는 층수가 5개 층 이상인 주택 • 연립주택: 주택으로 쓰이는 1개 동의 바닥면적의 합계가 660m²를 초과하고, 층수가 4개 층 이하인 주택 • 다세대 주택: 주택으로 쓰이는 1개 동의 바닥면적의 합계가 660m² 이하이고, 층수가 4개 층 이하인 주택 • 기숙사: 일반기숙사, 임대형기숙사
제1종 근린생활시설	• 일용품을 판매하는 소매점, 지역자치센터, 파출소, 지구대, 소방서, 우체국, 방송국, 보건소, 공공도서관 등과 같은 시설로서 해당 용도로 쓰는 바닥면적의 합계가 1,000m² 미만인 것 • 탁구장, 체육도장으로서 같은 건축물에 해당 용도로 사용하는 바닥면적의 합계가 500m² 미만인 것 • 휴게음식점, 제과점 등으로서 같은 건축물에 해당 용도로 사용하는 바닥면적의 합계가 300m² 미만인 것 • 의원, 치과의원, 한의원, 침술원, 접골원, 조산원, 안마원, 산후조리원 등 • 변전소, 마을회관, 공중화장실, 대피소, 지역아동센터, 마을공동구판장 등
제2종 근린생활시설	• 단란주점으로서 같은 건축물에 해당 용도로 사용하는 바닥면적의 합계가 150m² 미만인 것 • 종교집회장, 공연장으로서 같은 건축물에 해당 용도로 사용하는 바닥면적의 합계가 500m² 미만인 것 • 테니스장, 체력단련장, 에어로빅장, 볼링장, 당구장, 골프연습장, 금융업소, 사무소, 부동산중개사무소, 결혼상담소 등 소개업소로서 같은 건축물에 해당 용도로 사용하는 바닥면적의 합계가 500m² 미만인 것 • 학원(같은 건축물에 해당 용도로 사용하는 바닥면적의 합계가 500m² 미만인 것에 한하며, 자동차학원 및 무도학원은 제외함) • 사진관, 표구점, 일반음식점, 독서실, 기원 • 안마시술소, 노래연습장, 장의사, 동물병원, 동물미용실

문화 및 집회시설	• 공연장, 집회장으로서 제2종 근린생활시설에 해당하지 않는 것 • 관람장(경마장, 경륜장, 경정장, 자동차경기장, 그 밖에 이와 비슷한 것과 체육관 및 운동장으로서 관람석의 바닥면의 합계가 1,000m² 이상인 것) • 전시장(박물관, 미술관, 과학관, 문화관, 체험관, 기념관, 산업전시장, 박람회장 등) • 동·식물원(동물원, 식물원, 수족관 포함)
종교시설	• 종교집회장으로서 제2종 근린생활시설에 해당하지 아니하는 것 • 종교집회장에 설치하는 봉안당(奉安堂)
판매시설	도매시장, 소매시장, 상점
운수시설	여객자동차터미널, 철도시설, 공항시설, 항만시설
의료시설	• 병원(종합병원, 병원, 치과병원, 한방병원, 정신병원 및 요양병원) • 격리병원(전염병원, 마약진료소)
교육연구시설 (제2종 근린생활시설에 해당하는 것은 제외)	• 학교(유치원, 초등학교, 중학교, 고등학교, 전문대학, 대학, 대학교, 그 밖에 이에 준하는 각종 학교) • 교육원(연수원 포함) • 직업훈련소(운전 및 정비 관련 직업훈련소는 제외) • 학원(자동차학원·무도학원 및 정보통신기술을 활용하여 원격으로 교습하는 것은 제외) • 교습소(자동차교습·무도교습 및 정보통신기술을 활용하여 원격으로 교습하는 것은 제외) • 연구소(연구소에 준하는 시험소와 계측계량소를 포함) • 도서관
노유자시설	• 아동 관련 시설(어린이집, 아동복지시설, 그 밖에 이와 비슷한 것으로서 단독주택, 공동주택 및 제1종 근린생활시설에 해당하지 않는 것) • 노인복지시설(단독주택과 공동주택에 해당하지 않는 것)
수련시설	생활권 수련시설, 자연권 수련시설, 유스호스텔, 야영장 시설
운동시설	• 탁구장, 체육도장, 테니스장, 체력단련장, 에어로빅장, 볼링장, 당구장, 실내낚시터, 골프연습장, 놀이형 시설, 그 밖에 이와 비슷한 것으로서 제1종 근린생활시설 및 제2종 근린생활시설에 해당하지 아니하는 것 • 체육관으로서 관람석이 없거나 관람석의 바닥면적이 1,000m² 미만인 것 • 운동장(육상장, 구기장, 볼링장, 수영장, 스케이트장, 롤러스케이트장, 승마장, 사격장, 궁도장, 골프장 등과 이에 딸린 건축물)으로서 관람석이 없거나 관람석의 바닥면적이 1,000m² 미만인 것

업무시설	• 공공업무시설: 국가 또는 지방자치단체의 청사와 외국공관의 건축물로서 제1종 근린생활시설에 해당하지 아니하는 것
	• 일반업무시설
	  – 금융업소, 사무소, 결혼상담소 등 소개업소, 출판사, 신문사, 그 밖에 이와 비슷한 것으로서 제1종 근린생활시설 및 제2종 근린생활시설에 해당하지 않는 것
	  – 오피스텔

숙박시설	• 일반숙박시설 및 생활숙박시설 • 관광숙박시설(관광호텔, 수상관광호텔, 한국전통호텔, 가족호텔, 호스텔, 소형호텔, 의료관광호텔 및 휴양 콘도미니엄) • 다중생활시설(제2종 근린생활시설에 해당하지 아니하는 것을 말함)
위락시설	• 단란주점으로서 제2종 근린생활시설에 해당하지 아니하는 것 • 유흥주점, 유원시설업의 시설, 무도장, 무도학원, 카지노영업소

공장	물품의 제조·가공 또는 수리에 계속적으로 이용되는 건축물로서 제1종 근린생활시설, 제2종 근린생활시설, 위험물 저장 및 처리시설, 자동차 관련 시설, 자원순환 관련 시설 등으로 따로 분류되지 아니한 것
창고시설 (위험물 저장 및 처리 시설은 제외)	• 창고 • 하역장, 물류터미널, 집배송 시설
위험물 저장 및 처리 시설	• 주유소(기계식 세차설비를 포함) 및 석유 판매소 • 액화석유가스 충전소·판매소·저장소(기계식 세차설비를 포함) • 위험물 제조소·저장소·취급소 • 액화가스 취급소·판매소 • 유독물 보관·저장·판매시설 • 고압가스 충전소·판매소·저장소 • 도료류 판매소, 도시가스 제조시설, 화약류 저장소
자동차 관련 시설 (건설기계 관련 시설 포함)	• 주차장, 세차장, 폐차장, 검사장, 매매장, 정비공장 • 운전학원 및 정비학원(운전 및 정비 관련 직업훈련시설을 포함) • 차고 및 주기장(駐機場) • 전기자동차 충전소로서 제1종 근린생활시설에 해당하지 않는 것
동물 및 식물 관련 시설	• 축사(양잠·양봉·양어·양돈·양계·곤충사육 시설 및 부화장 등을 포함) • 가축시설, 도축장, 도계장, 종묘배양시설, 화초 및 분재 등의 온실, 작물재배사
자원순환 관련 시설	하수 등 처리시설, 고물상, 폐기물재활용시설, 폐기물 처분시설, 폐기물감량화시설
교정시설 (제1종 근린생활시설에 해당하는 것은 제외)	• 교정시설 • 갱생보호시설, 그 밖에 범죄자의 갱생·보육·교육·보건 등의 용도로 쓰는 시설 • 소년원 및 소년분류심사원
국방·군사시설 (제1종 근린생활시설에 해당하는 것은 제외)	• 국방·군사시설
방송통신시설 (제1종 근린생활시설에 해당하는 것은 제외)	• 방송국(방송프로그램 제작시설 및 송신·수신·중계시설을 포함) • 전신전화국, 촬영소, 통신용 시설, 데이터센터
발전시설	발전소(집단에너지 공급시설을 포함)로 사용되는 건축물로서 제1종 근린생활시설에 해당하지 아니하는 것
묘지 관련 시설	• 화장시설 • 봉안당(종교시설에 해당하는 것은 제외) • 묘지와 자연장지에 부수되는 건축물 • 동물화장시설, 동물건조장(乾燥葬)시설 및 동물 전용의 납골시설
관광 휴게시설	• 야외음악당, 야외극장, 어린이회관, 관망탑, 휴게소 • 공원·유원지 또는 관광지에 부수되는 시설
장례시설	• 장례식장(의료시설의 부수시설에 해당하는 것은 제외) • 동물 전용의 장례식장
야영장 시설	관광진흥법에 따른 야영장 시설로서 관리동, 화장실, 샤워실, 대피소, 취사시설 등의 용도로 쓰는 바닥면적의 합계가 300m² 미만인 것

16. 건축위원회

구분	중앙건축위원회	지방건축위원회
설치의무자	국토교통부장관	• 특별시장·광역시장·특별자치시장·도지사·특별자치도지사 • 시장·군수·구청장
설치	국토교통부	특별시·광역시·특별자치시·도·특별자치도 및 시·군·구(자치구)
위원	70인 이내(위원장·부위원장 각 1명 포함)	25명 이상 150명 이하의 위원으로 성별을 고려하여 구성(위원장 및 부위원장 각 1명 포함)
위원장	국토교통부장관이 임명하거나 위촉	시·도지사 및 시장·군수·구청장이 임명하거나 위촉
임기	2년 이내(공무원을 제외하고 한 차례만 연임가능)	3년 이내(공무원을 제외하고 한 차례만 연임가능)
심의사항	• 표준설계도서의 인정에 관한 사항 • 건축물의 건축·대수선·용도변경, 건축설비의 설치 또는 공작물의 축조와 관련된 분쟁의 조정 또는 재정에 관한 사항 • 법의 제정·개정 및 시행에 관한 중요 사항 • 다른 법령에서 중앙건축위원회의 심의를 받도록 한 경우 해당 법령에서 규정한 심의사항	• 건축선(建築線)의 지정에 관한 사항 • 법에 따른 조례(해당 지방자치단체의 장이 발의하는 조례만 해당)의 제정·개정 및 시행에 관한 중요 사항 • 다중이용 건축물 및 특수구조 건축물의 구조안전에 관한 사항 • 다른 법령에서 지방건축위원회의 심의를 받도록 한 경우 해당 법령에서 규정한 심의사항

17. 다중이용 건축물

(1) 아래 용도로 쓰이는 바닥면적의 합계가 5,000m² 이상인 건축물

① 문화 및 집회시설(동물원 및 식물원은 제외)
② 종교시설
③ 판매시설
④ 운수시설 중 여객용 시설
⑤ 의료시설 중 종합병원
⑥ 숙박시설 중 관광숙박시설

(2) 16층 이상 건축물

18. 준다중이용 건축물

(1) 개념

다중이용 건축물 외의 건축물로서 아래 (2)의 어느 하나에 해당되는 용도로 쓰는 바닥면적 합계가 1,000m² 이상인 건축물이다.

(2) 준다중이용 건축물에 해당되는 용도

① 문화 및 집회시설(동물원 및 식물원은 제외)
② 종교시설
③ 판매시설
④ 운수시설 중 여객용 시설

⑤ 의료시설 중 종합병원
⑥ 교육연구시설
⑦ 노유자시설
⑧ 운동시설
⑨ 숙박시설 중 관광숙박시설
⑩ 위락시설
⑪ 관광 휴게시설
⑫ 장례시설

3 건축법의 적용

건축법은 건축물에 대하여 적용하게 되나, 다음과 같은 조건에 있어서는 적용의 기준을 달리한다.

1. 건축법을 적용하지 않는 건축물

구분	내용
문화유산의 보존 및 활용에 관한 법률	지정문화유산이나 임시지정문화유산
자연유산의 보존 및 활용에 관한 법률	천연기념물이나 임시지정천연기념물, 임시지정명승, 임시지정시·도자연유산, 임시자연유산자료
철도, 궤도의 선로 부지 안에 있는 시설	• 운전보안시설 • 철도 선로의 위나 아래를 가로지르는 보행시설 • 플랫폼 • 해당 철도 또는 궤도사업용 급수(給水)·급탄(給炭) 및 급유(給油)시설
기타	• 고속도로 통행료 징수시설 • 컨테이너를 이용한 간이창고(공장의 용도로만 사용되는 건축물의 대지 안에 설치하는 것으로서 이동이 용이한 것에 한함) • 하천법 따른 하천구역 내의 수문조작실

2. 건축법의 일부를 적용하지 않는 지역

대상 지역	적용에서 제외되는 규정
• 국토의 계획 및 이용에 관한 법률에 따른 도시지역 및 지구단위계획구역 외의 지역으로서 동이나 읍이 아닌 지역 • 동이나 읍에 속하는 섬의 경우에는 인구가 500명 미만인 지역	대지와 도로와의 관계
	도로의 지정·폐지 또는 변경
	건축선의 지정
	건축선에 따른 건축제한
	방화지구 안의 건축물
	대지의 분할 제한

3. 도시·군계획시설로 결정된 도로의 예정지 안에 건축하는 경우

(1) 개념
국토의 계획 및 이용에 관한 법률에 의한 건축물 또는 공작물을 도시·군계획시설로 결정된 도로의 예정지 안에 건축하는 경우 일부규정을 적용하지 않는다.

(2) 적용대상과 제외되는 구역

대상	적용에서 제외되는 규정
도시계획시설 부지의 매수 청구권자가 건축허가를 받는 경우	도로의 지정·폐지 또는 변경
	건축선의 지정
	건축선에 따른 건축제한

4. 건축법 적용의 완화대상 및 적용기준

대상	적용 기준
1. 수면 위에 건축하는 건축물 등 대지의 범위를 설정하기 곤란한 경우	① 1~5호의 경우 ㉠ 공공의 이익을 해치지 아니하고, 주변의 대지 및 건축물에 지나친 불이익을 주지 아니할 것 ㉡ 도시의 미관이나 환경을 지나치게 해치지 아니할 것 ② 6호의 경우 ㉠ ①의 ㉠, ㉡의 기준에 적합할 것 ㉡ 증축은 기능향상 등을 고려하여 국토교통부령으로 정하는 규모와 범위에서 할 것 ㉢ 주택법에 따른 사업계획승인 대상인 공동주택의 리모델링은 복리시설을 분양하기 위한 것이 아닐 것
2. 거실이 없는 통신시설 및 기계·설비시설인 경우	
3. 31층 이상인 건축물(건축물의 전부가 공동주택의 용도로 쓰이는 경우는 제외)과 발전소, 제철소, 제조시설, 운동시설 등 특수용도의 건축물인 경우	
4. 전통사찰, 전통한옥 등 전통문화의 보존을 위하여 시·도의 건축조례로 정하는 지역의 건축물	
5. 경사진 대지에 계단식으로 건축하는 공동주택으로서 지면에서 직접 각 세대가 있는 층으로의 출입이 가능하고, 위층 세대가 아래층 세대의 지붕을 정원 등으로 활용하는 것이 가능한 형태의 건축물과 초고층 건축물	
6. 사용승인을 받은 후 15년 이상이 되어 리모델링이 필요한 건축물	

5. 리모델링이 쉬운 구조의 공동주택의 건축을 촉진하기 위한 완화규정

리모델링이 쉬운 구조	완화 대상	완화기준
• 각 세대는 인접한 세대와 수직 또는 수평 방향으로 통합하거나 분할할 수 있을 것 • 구조체에서 건축설비, 내부 마감재료 및 외부 마감재료를 분리할 수 있을 것 • 개별 세대 안에서 구획된 실(室)의 크기, 개수 또는 위치 등을 변경할 수 있을 것	용적률, 높이제한, 일조권	120/100의 범위

KEYWORD 02 건축허가와 신고 ★★★

1. 건축허가 절차

건축물의 건축 → 신청(건축주 → 허가권자) → 처리(검토 및 심사, 현장조사·검사, 허가서의 교부) → 허가, 신고, 협의 → 착공신고

2. 건축허가를 받아야 하는 대상

(1) 특별자치시장·특별자치도지사 또는 시장·군수·구청장의 건축허가
  ① 건축물을 건축하거나 대수선하려는 자는 특별자치시장·특별자치도지사 또는 시장·군수·구청장의 허가를 받아야 한다.
  ② 건축허가를 받으려는 자는 해당 대지의 소유권을 확보하여야 한다. 다만, 다음의 어느 하나에 해당하는 경우에는 그러하지 아니하다.
    ㉠ 건축주가 대지의 소유권을 확보하지 못하였으나 그 대지를 사용할 수 있는 권원을 확보한 경우(분양을 목적으로 하는 공동주택은 제외)
    ㉡ 건축주가 건축물의 노후화 또는 구조안전 문제 등 대통령령으로 정하는 사유로 건축물을 신축·개축·재축 및 리모델링을 하기 위하여 건축물 및 해당 대지의 공유자 수의 80% 이상의 동의를 얻고 동의한 공유자의 지분 합계가 전체 지분의 80% 이상인 경우
    ㉢ 건축주가 건축허가를 받아 주택과 주택 외의 시설을 동일 건축물로 건축하기 위하여 대지 소유 등의 권리 관계를 증명한 경우(30호수 이상으로 건설·공급하는 경우에 한정함)
    ㉣ 건축하려는 대지에 포함된 국유지 또는 공유지에 대하여 허가권자가 해당 토지의 관리청이 해당 토지를 건축주에게 매각하거나 양여할 것을 확인한 경우
    ㉤ 건축주가 집합건물의 공용부분을 변경하기 위하여 결의가 있었음을 증명한 경우
    ㉥ 건축주가 집합건물을 재건축하기 위하여 결의가 있었음을 증명한 경우

(2) 특별시장 또는 광역시장의 건축허가
  ① 층수가 21층 이상이거나 연면적의 합계가 10만m² 이상인 건축물의 건축(연면적의 3/10 이상을 증축하여 층수가 21층 이상으로 되거나 연면적의 합계가 10만m² 이상으로 되는 경우 포함)을 말한다.
  ② 다음의 어느 하나에 해당하는 건축물의 건축은 제외한다.
    ㉠ 공장
    ㉡ 창고
    ㉢ 지방건축위원회의 심의를 거친 건축물(초고층 건축물은 제외)

(3) 시장·군수의 사전승인
시장·군수는 다음의 어느 하나에 해당하는 건축물의 건축을 허가하려면 미리 건축계획서와 건축물의 용도, 규모 및 형태가 표시된 기본 설계도서를 첨부하여 도지사의 승인을 받아야 한다.
  ① 특별시장이나 광역시장의 허가를 받아야 하는 건축물(도시환경, 광역교통 등을 고려하여 해당 도의 조례로 정하는 건축물은 제외)

② 자연환경이나 수질을 보호하기 위하여 도지사가 지정·공고한 구역에 건축하는 3층 이상 또는 연면적의 합계가 1,000m² 이상인 건축물로서 위락시설과 숙박시설 등 다음의 용도에 해당하는 건축물
  ㉠ 공동주택
  ㉡ 제2종 근린생활시설(일반음식점만 해당)
  ㉢ 업무시설(일반업무시설만 해당)
  ㉣ 숙박시설
  ㉤ 위락시설
③ 주거환경이나 교육환경 등 주변 환경을 보호하기 위하여 필요하다고 인정하여 도지사가 지정·공고한 구역에 건축하는 위락시설 및 숙박시설에 해당하는 건축물
④ 도지사의 사전승인 통보: 사전승인의 신청을 받은 도지사는 승인요청을 받은 날부터 50일 이내에 승인 여부를 시장·군수에게 통보(전자문서에 의한 통보를 포함)하여야 한다.(건축물의 규모가 큰 경우 등 불가피한 경우에는 30일의 범위 내에서 그 기간을 연장할 수 있음)

3. 건축허가의 취소 및 제한

(1) 취소

① 허가를 받은 날부터 2년 이내(공장의 신설·증설 또는 업종변경의 승인을 받은 공장은 3년)에 공사에 착수하지 아니한 경우
② 기간 내에 공사에 착수하였으나 공사의 완료가 불가능하다고 인정한 경우
③ 착공신고 전에 경매 또는 공매 등으로 건축주가 대지의 소유권을 상실한 때부터 6개월이 지난 이후 공사의 착수가 불가능하다고 판단되는 경우
※ ①에 해당하는 경우로서 정당한 사유가 있다고 인정되면 1년의 범위에서 공사의 착수기간을 연장할 수 있다.

(2) 제한(건축허가 또는 허가를 받은 건축물의 착공 제한)

① 제한권자 및 제한요건

제한권자	제한요건	피제한권자
국토교통부장관	• 국토관리상 특히 필요하다고 인정하는 경우 • 주무부장관이 국방, 국가유산의 보존, 환경보전, 국민 경제상 특히 필요하다고 요청한 경우	허가권자
특별시장 · 광역시장 · 도지사	지역계획 또는 도시·군계획에 특히 필요하다고 인정한 경우	시장 · 군수 · 구청장

② 건축허가 제한방법
  ㉠ 제한기간은 2년 이내로 하고, 1회에 한하여 1년 이내의 범위에서 제한기간을 연장할 수 있다.
  ㉡ 착공을 제한하는 경우 제한 목적·기간, 대상 건축물의 용도와 대상 구역의 위치·면적·경계 등을 상세하게 정하여 허가권자에게 통보하여야 한다.
③ 제한에 대한 조치: 특별시장·광역시장·도지사는 지역계획이나 도시·군계획에 특히 필요하다고 인정하여 시장·군수·구청장의 건축허가나 건축물의 착공을 제한한 경우 즉시 국토교통부장관에게 보고하여야 하며, 보고를 받은 국토교통부장관은 제한 내용이 지나치다고 인정하면 해제를 명할 수 있다.

4. 건축신고

허가 대상 건축물이라도 신고함으로써 건축허가를 받은 것으로 본다.

신고 대상	규모
증축, 개축, 재축	바닥면적 합계가 $85m^2$ 이내(3층 이상인 경우 증축·개축 또는 재축하려는 부분의 바닥면적의 합계가 건축물 연면적의 1/10 이내인 경우로 한정함)
관리지역, 농림지역 또는 자연환경보전지역	연면적이 $200m^2$ 미만이고 3층 미만인 건축물의 건축(지구단위계획구역, 방재지구 등 재해취약지역은 제외함)
대수선	연면적 $200m^2$ 미만이고 3층 미만인 건축물
주요구조물의 해체가 없는 대수선	• 내력벽의 면적을 $30m^2$ 이상 수선하는 것 • 기둥을 세 개 이상 수선하는 것 • 보를 세 개 이상 수선하는 것 • 지붕틀을 세 개 이상 수선하는 것 • 방화벽 또는 방화구획을 위한 바닥 또는 벽을 수선하는 것 • 주계단·피난계단 또는 특별피난계단을 수선하는 것

그 밖의 소규모 건축물	• 연면적의 합계가 $100m^2$ 이하인 건축물
	• 건축물의 높이를 3m 이하의 범위에서 증축하는 건축물
	• 표준설계도서에 따라 건축하는 건축물로서 그 용도 및 규모가 주위환경이나 미관에 지장이 없다고 인정하여 건축조례로 정하는 건축물
	• 공업지역, 지구단위계획구역 및 산업단지에서 건축하는 2층 이하인 건축물로서 연면적 합계 $500m^2$ 이하인 공장
	• 농업이나 수산업을 경영하기 위하여 읍·면지역에 건축하는
	   — 연면적 $200m^2$ 이하의 창고
	   — 연면적 $400m^2$ 이하의 축사, 작물재배사(作物栽培舍), 종묘배양시설, 화초 및 분재 등의 온실

5. 허가·신고사항의 변경

(1) 설계변경에 대한 재허가 또는 재신고의 행정 절차

재허가·재신고 대상 행위	구분
① 바닥면적의 합계가 $85m^2$를 초과하는 신축·증축·개축에 해당하는 변경	재허가 대상
② 상기 "①"이 아닌 기타의 경우	재신고 대상
③ 신고로써 허가에 갈음한 건축물은 변경 후 연면적이 각각 신고로써 허가에 갈음할 수 있는 규모 안에서의 변경	재신고 대상
④ 건축주·설계자·공사시공자 또는 공사감리자를 변경하는 경우	재신고 대상
⑤ 건축(신축, 증축, 개축, 재축, 이전), 대수선 또는 용도변경에 해당하지 아니한 경우 제외	건축주 임의

(2) 사용승인 신청 시 일괄신고 사항

① 건축물의 동수나 층수를 변경하지 아니하면서 변경되는 부분의 바닥면적의 합계가 $50m^2$ 이하인 경우로서 다음의 요건을 모두 갖춘 경우이다.
    ㉠ 변경되는 부분의 높이가 1m 이하이거나 전체 높이의 1/10 이하일 것
    ㉡ 허가를 받거나 신고를 하고 건축 중인 부분의 위치 변경범위가 1m 이내일 것

ⓒ 신고를 하면 건축허가를 받은 것으로 보는 규모에서 건축허가를 받아야 하는 규모로의 변경이 아닐 것
② 변경되는 부분이 연면적 합계의 1/10 이하인 경우
　㉠ 건축물의 동수나 층수를 변경하지 않은 경우
　㉡ 연면적이 5,000m² 이상인 건축물은 각 층의 바닥면적이 50m² 이하의 범위에서 변경되는 경우
③ 대수선에 해당하는 경우
④ 건축물의 층수를 변경하지 아니하면서 변경되는 부분의 높이가 1m 이하이거나 전체 높이의 1/10 이하인 경우
⑤ 허가를 받거나 신고를 하고 건축 중인 부분의 위치가 1m 이내에서 변경되는 경우

6. 착공신고의 대상 및 제출서류

구분	내용
대상	건축허가를 받거나 신고를 한 건축물의 공사를 착수하려는 건축주는 허가권자에게 공사계획을 신고하여야 함
제출서류	• 착공신고서 • 건축 관계자 상호 간의 계약서 사본(해당사항이 있는 경우로 한정함) • 설계도서(건축허가 또는 신고를 할 때 제출한 경우에는 제출하지 않으며, 변경사항이 있는 경우에는 변경사항을 반영한 설계도서를 제출해야 함) • 감리계약서(해당 사항이 있는 경우로 한정함) • 보험증서 또는 공제증서의 사본

7. 공사감리

(1) 공사감리 대상 건축물

감리자	내용
건축사	• 건축허가를 받아야 하는 건축물 • 리모델링을 하는 건축물
건설엔지니어링사업자(공사시공자 본인 및 계열회사인 건설엔지니어링사업자는 제외) 또는 건축사 (건설사업관리기술인을 배치하는 경우만 해당)	다중이용건축물을 건축하는 경우

(2) 감리중간보고서의 제출시기

건축물의 구조	진행과정
철근콘크리트조, 철골철근콘크리트조, 조적조, 보강콘크리트 블록조	기초 철근배치를 완료한 때
	지붕슬래브배근을 완료한 때
	지상 5개 층 마다 상부 슬래브배근을 완료한 때
철골조	기초 철근배치를 완료한 때
	지붕 철골조립을 완료한 때
	지상 3개 층 마다 또는 높이 20m마다 주요구조부 조립을 완료한 경우
기타 구조	기초공사에서 거푸집 또는 주춧돌의 설치를 완료한 단계

(3) 공사감리 방법

① 일반공사감리: 수시로 또는 필요한 때 공사현장에서 감리업무를 수행해야 한다.
② 건축사보의 현장 상주감리: 다음에 해당하는 공사감리는 건축사보를 해당 공사기간 동안 공사현장에서 감리업무를 수행해야 한다.

상주공사감리대상 건축물	감리인원 및 감리기간
• 바닥면적의 합계가 5,000㎡ 이상인 건축공사(축사, 작물재배사의 건축공사는 제외) • 연속된 5개 층(지하층을 포함) 이상으로서 바닥면적의 합계가 3,000㎡ 이상인 건축공사 • 아파트 건축공사 • 준다중이용 건축물 건축공사	• 건축분야 건축사보 1인 이상: 전체 공사 기간 동안 상주 • 토목, 전기, 기계분야 건축사보 1인 이상: 각 분야별 해당 공사기간 동안 상주

※ 이 경우 건축사보는 해당 분야의 건축공사의 설계·시공·시험·검사·공사감독 또는 감리업무 등에 2년 이상 종사한 경력이 있는 사람이어야 한다.

(4) 공사감리자 감리 업무

① 공사시공자가 설계도서에 따라 적합하게 시공하는지 여부의 확인
② 공사시공자가 사용하는 건축자재가 관계 법령에 따른 기준에 적합한 건축자재인지 여부의 확인
③ 건축물 및 대지가 건축법 및 관계 법령에 적합하도록 공사시공자 및 건축주를 지도
④ 시공계획 및 공사관리의 적정 여부의 확인
⑤ 수급인이 시공자격을 갖춘 건설업자에게 건축공사를 하도급했는지와 공사현장에 건설기술인을 배치했는지에 대한 확인
⑥ 공사현장에서의 안전관리의 지도
⑦ 공정표의 검토
⑧ 상세시공도면의 검토·확인
⑨ 구조물의 위치와 규격의 적정 여부의 검토·확인
⑩ 품질시험의 실시 여부 및 시험성과의 검토·확인
⑪ 설계변경의 적정 여부의 검토·확인

8. 건축물의 사용승인

(1) 건축물의 사용승인 신청(건축주가 허가권자에게 신청)

대상	시기	비고
건축허가를 받았거나 건축신고를 한 건축물	공사 완료 후	공사감리자가 작성한 감리완료보고서(공사감리자를 지정한 경우만 해당)와 공사완료도서 등 국토교통부령으로 정하는 서류를 첨부하여 허가권자에게 사용승인을 신청하여야 함

※ 하나의 대지에 둘 이상의 건축물을 건축하는 경우 동별 공사를 완료한 경우를 포함한다.

(2) 사용승인서 교부

허가권자는 사용승인신청을 받은 경우에는 그 신청서를 받은 날부터 7일 이내에 사용승인을 위한 현장검사를 실시하여야 하며, 현장검사에 합격된 건축물에 대하여는 사용승인서를 신청인에게 발급하여야 한다.

(3) 건축물의 임시사용승인(사용승인서 교부 전에 임시로 사용하는 것)
  ① 신청: 건축주는 임시사용승인신청서를 허가권자에게 제출하고, 허가권자는 신청을 받은 날로부터 7일 이내에 교부해야 한다.
  ② 조건
    ㉠ 건축물 및 대지가 관계 법령에 적법해야 한다.
    ㉡ 식수 등 조경에 필요한 조치를 하기에 부적합한 시기에는 허가권자가 지정하는 시기까지 식수 등 조경에 필요한 조치를 할 것을 조건으로 할 수 있다.
  ③ 기간: 2년 이내로 하고, 허가권자는 대형 건축물 또는 암반공사 등으로 인하여 공사기간이 긴 건축물에 대해서는 그 기간을 연장할 수 있다.

9. 허용오차

항목	허용오차의 범위	
건폐율	0.5% 이내(단, 건축면적 $5m^2$를 초과할 수 없음)	
용적률	1% 이내(단, 연면적 $30m^2$를 초과할 수 없음)	
건축물 높이	2% 이내	1m를 초과할 수 없음
출구 너비		–
반자 높이		–
평면 길이		건축물 전체의 길이는 1m를 초과할 수 없고, 벽으로 구획된 각 실은 10cm를 초과할 수 없음
벽체 두께	3% 이내	
바닥판 두께		
건축선의 후퇴거리		
인접대지 경계선과의 거리		
인접 건축물과의 거리		

10. 현장조사 · 검사 및 확인업무의 대행

대행자	대상 건축물	대행업무
건축사(해당 건축물의 설계자 또는 공사감리자는 제외함)	허가 대상 건축물 중 건축조례가 정하는 건축물	다음과 관련된 현장조사, 검사, 확인업무 • 건축허가, 건축신고 • 사용승인, 임시사용승인

KEYWORD 03 건축물의 용도와 변경 ★★

1. 용도변경

(1) 시설군 및 용도변경

시설군	용도 분류
㉠ 자동차 관련 시설군	자동차 관련 시설
㉡ 산업 등의 시설군	운수시설, 창고시설, 공장, 위험물 저장 및 처리시설, 자원순환 관련 시설, 묘지 관련 시설, 장례시설
㉢ 전기통신시설군	방송통신시설, 발전시설
㉣ 문화 및 집회시설군	문화 및 집회시설, 종교시설, 위락시설, 관광휴게시설
㉤ 영업시설군	판매시설, 운동시설, 숙박시설, 제2종 근린생활시설 중 다중생활시설
㉥ 교육 및 복지시설군	의료시설, 교육연구시설, 노유자시설, 수련시설, 야영장시설
㉦ 근린생활시설군	제1종 근린생활시설, 제2종 근린생활시설(다중생활시설은 제외)
㉧ 주거업무시설군	단독·공동주택, 업무시설, 교정시설, 국방·군사시설
㉨ 그 밖의 시설군	동물 및 식물 관련 시설

① 허가대상: 상위군에 해당하는 용도로 변경하는 행위
② 신고대상: 하위군에 해당하는 용도로 변경하는 행위
③ 건축물대장 기재변경신청: 동일한 시설군 내에서 용도를 변경하는 행위

(2) 용도변경 시 준용되는 법령

허가 및 신고대상 용도변경으로서 다음의 경우 사용승인 및 건축물의 설계규정을 준용한다.

준용 법령	용도변경 규모
건축물의 사용승인	• 바닥면적 100m² 이상인 용도변경 • 용도변경하려는 부분의 바닥면적의 합계가 500m² 미만으로서 대수선에 해당되는 공사를 수반하지 아니하는 경우는 제외
건축물의 설계	• 바닥면적 500m² 이상인 용도변경 • 1층인 축사를 공장으로 용도변경하는 경우로서 증축·개축 또는 대수선이 수반되지 아니하고 구조 안전이나 피난 등에 지장이 없는 경우는 제외

2. 가설건축물

(1) 허가 대상 가설건축물

대상	허가기준

도시·군계획시설 및 도시·군계획시설예정지에서 가설건축물을 건축하려는 자	• 도시·군계획시설 부지에서의 개발행위에 위배되지 않는 경우
	• 4층 미만인 경우
	• 다음 기준의 범위에서 조례로 정하는 바에 따라야 함
	  − 철근콘크리트조 또는 철골철근콘크리트조가 아닐 것
	  − 존치기간은 3년 이내일 것(도시·군계획사업이 시행될 때까지 그 기간을 연장할 수 있음)
	  − 전기·수도·가스 등 새로운 간선 공급설비의 설치를 필요로 하지 아니할 것
	  − 공동주택·판매시설·운수시설 등으로서 분양을 목적으로 건축하는 건축물이 아닐 것

(2) **건축법 적용의 제외**

법 적용제외 대상	법 적용제외 대상	적용되지 않는 내용
도시·군계획시설 및 도시·군계획시설예정지에서 건축하는 가설건축물	시장의 공지 또는 도로에 설치하는 차양시설	• 건축선의 지정 • 건폐율
	도시·군계획 예정 도로에 건축하는 경우	• 도로의 지정·폐지 또는 변경 • 건축선의 지정 및 건축선에 따른 건축제한

(3) **신고대상 가설건축물의 종류**
① 재해가 발생한 구역 또는 그 인접구역으로서 특별자치시장·특별자치도지사 또는 시장·군수·구청장이 지정하는 구역 안에서 일시사용을 위하여 건축하는 것
② 가설흥행장, 가설전람회장, 농·수·축산물 직거래용 가설점포(도시미관이나 교통소통에 지장이 없는 것)
③ 공사용 가설건축물 및 공작물(공사에 필요한 범위 내)
④ 견본주택(전시를 위한 것)
⑤ 도로변 등의 미관정비를 위하여 필요하다고 인정하여 지정·공고하는 구역 안에서 축조하는 가설점포
⑥ 경비용 가설건축물(조립식 구조로서 연면적 10m² 이하인 것)
⑦ 조립식 경량구조로 된 외벽이 없는 임시 자동차 차고
⑧ 컨테이너 또는 그 밖에 이와 유사한 것으로 된 가설건축물로서 임시 사무실, 임시 창고 또는 임시 숙소로 사용되는 것(건축물의 옥상에 축조하는 것은 제외)
⑨ 도시지역 중 주거지역·상업지역 또는 공업지역에 설치하는 농업·어업용 비닐하우스로서 연면적이 100m² 이상인 것
⑩ 연면적이 100m² 이상인 간이축사용, 가축분뇨처리용, 가축운동용, 가축의 비가림용 비닐하우스 또는 천막
⑪ 농업·어업용 고정식 온실 및 간이작업장, 가축양육실
⑫ 공장 또는 창고시설에 설치하거나 인접 대지에 설치하는 천막
⑬ 유원지, 종합휴양업 사업지역 등에서 한시적인 관광·문화행사 등을 목적으로 천막 또는 경량구조로 설치하는 것
⑭ 야외전시시설 및 촬영시설
⑮ 야외흡연실 용도로 쓰는 가설건축물로서 연면적이 50m² 이하인 것

(4) **가설구조물의 존치기간 연장**
① 특별자치시장·특별자치도지사 또는 시장·군수·구청장은 가설건축물의 존치기간 만료일 30일 전까지 해당 가설건축물의 건축주에게 다음의 사항을 알려야 한다.
　㉠ 존치기간 만료일
　㉡ 존치기간 연장 가능 여부
　㉢ 존치기간이 연장될 수 있다는 사실
② 존치기간을 연장하려는 가설건축물의 건축주는 다음의 구분에 따라 특별자치시장·특별자치도지사 또는 시장·군수·구청장에게 허가를 신청하거나 신고하여야 한다.
　㉠ 허가 대상 가설건축물: 존치기간 만료일 14일 전까지 허가 신청
　㉡ 신고 대상 가설건축물: 존치기간 만료일 7일 전까지 신고

KEYWORD 04 건축물의 유지관리 ★

1. 건축지도원

(1) 개요

특별자치시장·특별자치도지사 또는 시장·군수·구청장은 법에 위반되는 건축물의 발생을 예방하고 건축물을 적법하게 유지·관리하도록 지도하기 위하여 건축지도원을 지정할 수 있다.

(2) 지정

특별자치시장·특별자치도지사 또는 시장·군수·구청장이 특별자치시·특별자치도 또는 시·군·구에 근무하는 건축 직렬의 공무원과 건축에 관한 학식이 풍부한 자로서 건축조례로 정하는 자격을 갖춘 자 중에서 지정한다.

(3) 업무

① 건축신고를 하고 건축 중에 있는 건축물의 시공 지도와 위법 시공 여부의 확인·지도 및 단속
② 건축물의 대지, 높이 및 형태, 구조 안전 및 화재 안전, 건축설비 등이 법령 등에 적합하게 유지·관리되고 있는지의 확인·지도 및 단속
③ 허가를 받지 아니하거나 신고를 하지 아니하고 건축하거나 용도변경한 건축물의 단속

2. 건축물대장

구분	내용
보관자	특별자치시장·특별자치도지사 또는 시장·군수·구청장
기재 및 보관하는 경우	• 건축물의 사용 승인서를 교부한 경우 • 건축허가 대상건축물(신고 대상 건축물 포함) 외의 건축물의 공사를 완료한 후 기재의 요청이 되는 경우 • 건축물대장의 신규등록 및 변경등록의 신청이 있는 경우 • 법 시행일 전에 법령에 적합하게 건축되고 유지·관리된 건축물의 소유자가 그 건축물의 건축물관리대장이나 그 밖에 이와 비슷한 공부(公簿)를 법에 따른 건축물대장에 옮겨 적을 것을 신청한 경우

핵심 기출문제

PART 01 건축법 총칙과 건축물의 건축

KEYWORD 01 건축법 총칙

01
21년 2회

하나 이상의 필지의 일부를 하나의 대지로 할 수 있는 토지 기준에 해당하지 않는 것은?

① 도시·군계획시설이 결정·고시된 경우 그 결정·고시된 부분의 토지
② 농지법에 따른 농지전용허가를 받은 경우 그 허가받은 부분의 토지
③ 국토의 계획 및 이용에 관한 법률에 따른 지목변경 허가를 받은 경우 그 허가받은 부분의 토지
④ 산지관리법에 따른 산지전용허가를 받은 경우 그 허가받은 부분의 토지

해설 |
국토의 계획 및 이용에 관한 법률에 따른 개발행위 허가를 받은 경우 하나 이상의 필지의 일부를 하나의 대지로 할 수 있다.

정답 | ③

02
19년 4회, 17년 4회

막다른 도로의 길이가 15m일 때 이 도로가 「건축법령」상 도로이기 위한 최소 폭은?

① 2m ② 3m
③ 4m ④ 6m

해설 |
막다른 도로가 도로이기 위한 기준

막다른 도로의 길이	도로의 너비
10m 미만	2m 이상
10m 이상 35m 미만	3m 이상
35m 이상	6m 이상

정답 | ②

03
18년 1회, 17년 2회, 15년 2회

공작물을 축조할 때 특별자치시장·특별자치도지사 또는 시장·군수·구청장에게 신고를 하여야 하는 대상 공작물에 속하지 않는 것은? (단, 건축물과 분리하여 축조하는 경우임)

① 높이 3m인 담장   ② 높이 5m인 굴뚝
③ 높이 5m인 광고탑 ④ 높이 5m인 광고판

해설 |
높이 6m 이상인 굴뚝이 일정 규모가 넘는 공작물로 신고대상이다.

관련이론
신고대상 공작물
- 높이 2m를 넘는 옹벽 또는 담장
- 높이 4m를 넘는 장식탑, 기념탑, 첨탑, 광고탑, 광고판
- 높이 5m를 넘는 태양에너지를 이용하는 발전설비
- 높이 6m를 넘는 굴뚝, 골프연습장 등의 운동시설을 위한 철탑, 주거지역·상업지역에 설치하는 통신용 철탑
- 높이 8m를 넘는 고가수조
- 높이 8m(위험을 방지하기 위한 난간의 높이는 제외) 이하의 기계식 주차장 및 철골 조립식 주차장(바닥면이 조립식이 아닌 것을 포함)으로서 외벽이 없는 것
- 바닥면적 $30m^2$를 넘는 지하대피호

정답 | ②

04
21년 2회

다음 중 내화구조에 해당하지 않는 것은?

① 벽의 경우 철재로 보강된 콘크리트블록조·벽돌조 또는 석조로서 철재에 덮은 콘크리트블록 등의 두께가 3cm 이상인 것
② 기둥의 경우 철근콘크리트조로서 그 작은 지름이 25cm 이상인 것
③ 바닥의 경우 철근콘크리트조로서 두께가 10cm 이상인 것
④ 철근콘크리트조로 된 보

해설 |
벽의 경우 철재로 보강된 콘크리트블록조·벽돌조 또는 석조로서 철재에 덮은 콘크리트블록 등의 두께가 5cm 이상인 것이 내화구조에 해당된다.

정답 | ①

05
20년 3회, 18년 1회

다음 중 방화구조의 기준으로 틀린 것은?

① 시멘트모르타르 위에 타일을 붙인 것으로서 그 두께의 합계가 2.5cm 이상인 것
② 석고판 위에 회반죽을 바른 것으로서 그 두께의 합계가 2.5cm 이상인 것
③ 철망모르타르로서 그 바름두께가 1.5cm 이상인 것
④ 심벽에 흙으로 맞벽치기한 것

해설 |
철망모르타르로서 그 바름두께가 2cm 이상인 것이 방화구조에 해당된다.

정답 | ③

06
19년 2회, 16년 4회

「건축법령」상 다음과 같이 정의되는 용어는?

> 건축물의 건축·대수선·용도변경, 건축설비의 설치 또는 공작물의 축조에 관한 공사를 발주하거나 현장 관리인을 두어 스스로 그 공사를 하는 자

① 건축주　　② 건축사
③ 설계자　　④ 공사시공자

해설 |
건축주는 건축물의 건축·대수선·용도변경, 건축설비의 설치 또는 공작물의 축조에 관한 공사를 발주하거나 현장 관리인을 두어 스스로 그 공사를 하는 자이다.

정답 | ①

07
19년 4회, 13년 1회

「건축법령」상 초고층 건축물의 정의로 옳은 것은?

① 층수가 30층 이상이거나 높이가 90m 이상인 건축물
② 층수가 30층 이상이거나 높이가 120m 이상인 건축물
③ 층수가 50층 이상이거나 높이가 150m 이상인 건축물
④ 층수가 50층 이상이거나 높이가 200m 이상인 건축물

해설 |
④가 초고층 건축물의 정의이고, ②는 고층 건축물의 정의이다.

정답 | ④

08
19년 2회

건축물과 해당 건축물의 용도의 연결이 옳지 않은 것은?

① 주유소 — 자동차 관련 시설
② 야외음악당 — 관광 휴게시설
③ 치과의원 — 제1종 근린생활시설
④ 일반음식점 — 제2종 근린생활시설

해설 |
주유소 및 석유판매소는 위험물 저장 및 처리시설이다.

관련이론
위험물 저장 및 처리시설의 종류
- 주유소(기계식 세차설비를 포함) 및 석유 판매소
- 액화석유가스 충전소·판매소·저장소(기계식 세차설비를 포함)
- 위험물 제조소·저장소·취급소
- 액화가스 취급소·판매소
- 유독물 보관·저장·판매시설
- 고압가스 충전소·판매소·저장소
- 도료류 판매소, 도시가스 제조시설, 화약류 저장소

정답 | ①

09
20년 4회, 15년 2회, 14년 4회

지방건축위원회의가 심의 등을 하는 사항에 속하지 않는 것은?

① 건축선의 지정에 관한 사항
② 다중이용 건축물의 구조안전에 관한 사항
③ 특수구조 건축물의 구조안전에 관한 사항
④ 경관지구 내의 건축물의 건축에 관한 사항

해설 |
지방건축위원회의 심의사항
- 건축선의 지정에 관한 사항
- 조례의 제정·개정 및 시행에 관한 중요사항
- 다중이용 건축물 및 특수구조 건축물의 구조안전에 관한 사항
- 다른 법령에서 지방건축위원회의 심의를 받도록 한 경우 해당 법령에서 규정한 심의사항

정답 | ④

10
18년 2회, 15년 1회

다중이용 건축물에 속하지 않는 것은? (단, 층수가 10층이며, 해당 용도로 쓰는 바닥면적의 합계가 5,000m²인 건축물의 경우임)

① 업무시설
② 종교시설
③ 판매시설
④ 숙박시설 중 관광숙박시설

해설
업무시설의 경우 층수가 16층 이상일 때 다중이용 건축물에 해당된다. 종교시설, 판매시설, 숙박시설 중 관광숙박시설은 바닥면적의 합계가 5,000m² 이상이면 다중이용 건축물에 해당된다.

정답 | ①

KEYWORD 02 건축허가와 신고

11
21년 1회, 18년 1회

건축물의 건축 시 허가 대상 건축물이라 하더라도 미리 특별자치시장·특별자치도지사 또는 시장·군수·구청장에게 국토교통부령으로 정하는 바에 따라 신고를 하면 건축허가를 받은 것으로 보는 소규모 건축물의 연면적 기준은?

① 연면적의 합계가 100m² 이하인 건축물
② 연면적의 합계가 150m² 이하인 건축물
③ 연면적의 합계가 200m² 이하인 건축물
④ 연면적의 합계가 300m² 이하인 건축물

해설
연면적의 합계가 100m² 이하인 건축물, 건축물의 높이를 3m 이하의 범위에서 증축하는 건축물 등은 소규모 건축물로 신고함으로써 건축허가를 받은 것으로 본다.

정답 | ①

12
18년 4회, 12년 1회

「건축법령」상 공사감리자가 수행하여야 하는 감리업무에 속하지 않는 것은?

① 공정표의 작성
② 상세시공도면의 검토·확인
③ 공사현장에서의 안전관리의 지도
④ 설계변경의 적정 여부의 검토·확인

해설
공정표의 작성이 아닌 공정표의 검토가 공사감리자의 업무에 해당된다.

정답 | ①

13
20년 4회, 16년 4회

다음은 건축물의 사용승인에 관한 기준 내용이다. (   ) 안에 알맞은 것은?

> 건축주가 허가를 받았거나 신고를 한 건축물의 건축공사를 완료한 후 그 건축물을 사용하려면 공사감리자가 작성한 (㉠)와 (㉡) 등 국토교통부령으로 정하는 서류를 첨부하여 허가권자에게 사용승인을 신청하여야 한다.

① ㉠ 설계도서, ㉡ 시방서
② ㉠ 시방서, ㉡ 설계도서
③ ㉠ 감리완료보고서, ㉡ 공사완료도서
④ ㉠ 공사완료도서, ㉡ 감리완료보고서

해설
건축주가 허가를 받았거나 신고를 한 건축물의 건축공사를 완료한 후 그 건축물을 사용하려면 공사감리자가 작성한 감리완료보고서와 공사완료도서 등 국토교통부령으로 정하는 서류를 첨부하여 허가권자에게 사용승인을 신청하여야 한다.

정답 | ③

14
21년 1회

건축물 관련 건축기준의 허용오차 범위 기준이 2% 이내가 아닌 것은?

① 출구 너비   ② 반자 높이
③ 평면 길이   ④ 벽체 두께

해설
벽체 두께의 허용오차 범위 기준은 3% 이내이다.

정답 | ④

KEYWORD 03 건축물의 용도와 변경

15
17년 4회, 15년 2회, 13년 2회

용도변경과 관련된 시설군 중 산업 등 시설군에 속하지 않는 것은?

① 운수시설 ② 창고시설
③ 발전시설 ④ 묘지관련시설

해설|
발전시설은 방송통신시설과 함께 전기통신시설군에 속한다.

정답 | ③

16
21년 2회, 19년 1회, 18년 2회, 16년 2회, 14년 4회

다음 중 건축물의 용도변경 시 허가를 받아야 하는 경우에 해당하지 않는 것은?

① 주거업무시설군에 속하는 건축물의 용도를 근린생활시설군에 해당하는 용도로 변경하는 경우
② 문화 및 집회시설군에 속하는 건축물의 용도를 영업시설군에 해당하는 용도로 변경하는 경우
③ 전기통신시설군에 속하는 건축물의 용도를 산업 등의 시설군에 해당하는 용도로 변경하는 경우
④ 교육 및 복지시설군에 속하는 건축물의 용도를 문화 및 집회시설군에 해당하는 용도로 변경하는 경우

해설|
상위군에 해당하는 용도로 변경하는 행위는 허가대상이고, 하위군에 해당하는 용도로 변경하는 행위는 신고대상이다.
문화 및 집회시설군(④)에서 영업시설군(⑤)으로 용도를 변경하는 것은 하위군에 해당하는 용도로 변경하는 행위이므로 허가대상이 아니라 신고대상이다.

시설군의 구분

구분	시설군
①	자동차 관련 시설군
②	산업 등의 시설군
③	전기통신시설군
④	문화 및 집회시설군
⑤	영업시설군
⑥	교육 및 복지시설군
⑦	근린생활시설군
⑧	주거업무시설군
⑨	그 밖의 시설군

정답 | ②

17
14년 1회

다음의 가설건축물과 관련된 기준 내용 중 밑줄 친 대통령령으로 정하는 용도의 가설건축물에 속하지 않는 것은?

> 재해복구, 흥행, 전람회, 공사용 가설건축물 등 <u>대통령령으로 정하는 용도의 가설건축물</u>을 축조하려는 자는 대통령령으로 정하는 존치기간, 설치기준 및 절차에 따라 특별자치시장·특별자치도지사 또는 시장·군수·구청장에게 신고한 후 착공하여야 한다.

① 전시를 위한 견본 주택
② 연면적이 50m² 인 간이축사용 비닐하우스
③ 공사에 필요한 규모의 공사용 가설건축물
④ 조립식 경량구조로 된 외벽이 없는 임시 자동차 차고

해설|
연면적이 100m² 이상인 간이축사용 비닐하우스가 대통령령으로 정하는 용도의 가설건축물이다.

정답 | ②

KEYWORD 04 건축물의 유지관리

18
21년 2회

건축지도원에 관한 설명으로 틀린 것은?

① 허가를 받지 아니하고 건축하거나 용도변경한 건축물의 단속 업무를 수행한다.
② 건축지도원은 시장, 군수, 구청장이 지정할 수 있다.
③ 건축지도원의 자격과 업무범위는 국토교통부령으로 정한다.
④ 건축신고를 하고 건축 중에 있는 건축물의 시공 지도와 위법 시공 여부의 확인·지도 및 단속 업무를 수행한다.

해설|
건축지도원은 건축직렬의 공무원과 건축에 관한 학식이 풍부한 자로서 건축조례로 정하는 자격을 갖춘 자 중에서 지정한다.

정답 | ③

PART 02 대지와 도로

KEYWORD 05, 06

KEYWORD 05 대지 · 도로 · 건축선 ★★

1. 대지의 안전 등

(1) 대지의 안전 등을 위한 조치

① 대지는 이와 인접하는 도로면보다 낮아서는 안 된다.
  [예외] 대지의 배수에 지장이 없거나 용도상 방습의 필요가 없는 경우는 인접한 도로면보다 낮아도 된다.
② 습한 토지, 물이 나올 우려가 많은 토지, 쓰레기, 그 밖에 이와 유사한 것으로 매립된 토지에 건축물을 건축하는 경우에는 성토, 지반의 개량 등 필요한 조치를 하여야 한다.
③ 대지에는 빗물 및 오수를 배출하거나 처리하기 위하여 필요한 하수관·하수구·저수탱크 기타 이와 유사한 시설을 하여야 한다.

(2) 손궤의 우려가 있는 대지조성 시 안전조치

① 옹벽 또는 필요한 조치를 하여야 한다.
  [예외] 건축사 또는 건축구조기술사에 의하여 해당 토지의 구조안전이 확인된 경우는 제외한다.
② 안전조치 방법

구분	내용
옹벽설치	성토 또는 절토하는 부분의 경사도가 1:1.5 이상으로서 높이 1m 이상인 경우
옹벽구조	옹벽의 높이가 2m 이상인 경우에는 콘크리트 구조로 할 것 [예외] 옹벽에 관한 기술적 기준에 적합한 경우
외부구조	옹벽의 외벽면에는 이의 지지 또는 배수를 위한 시설 외의 구조물이 밖으로 튀어나오지 아니하게 할 것

(3) 옹벽의 설치기준

① 석축인 옹벽의 윗가장자리로부터 건축물의 외벽면까지 띄어야 하는 거리

건축물의 층수	1층	2층	3층 이상	[예외] 건축물의 기초가 석축의 기초 이하에 있는 경우
띄는 거리	1.5m 이상	2m 이상	3m 이상	

② 설치기준
  ㉠ 옹벽의 윗가장자리로부터 안쪽으로 2m 이내에 묻는 배수관은 주철관, 강관 또는 흡관으로 하고 이음부분은 물이 새지 않도록 할 것
  ㉡ 옹벽에는 $3m^2$ 마다 하나 이상의 배수구멍을 설치할 것
  ㉢ 옹벽의 윗가장자리로부터 안쪽으로 2m 이내에서의 지표수는 지상으로 또는 배수관으로 배수하여 옹벽의 구조에 지장이 없도록 할 것
③ 성토부분의 높이 제한: 대지의 지표면보다 0.5m 이상 높지 않게 할 것

(4) 토지의 굴착부분에 대한 조치 등

① 대지조성 및 토지의 굴착: 공사시공자는 대지를 조성하거나 건축공사를 하기 위하여 토지를 굴착·절토(切土)·매립(埋立) 또는 성토 등을 하는 경우 그 변경 부분에는 공사 중 비탈면 붕괴, 토사 유출 등 위험 발생의 방지, 환경 보존, 그 밖에 필요한 조치를 한 후 해당 공사현장에 그 사실을 게시하여야 한다.

② 환경보전을 위한 조치(굴착 부분의 비탈면으로서 옹벽을 설치하지 않는 부분)
  ㉠ 배수로는 돌 또는 콘크리트를 사용하여 토양의 유실을 방지한다.
  ㉡ 높이가 3m를 넘는 경우에는 높이 3m 이내마다 비탈면적의 1/5 이상에 해당하는 면적의 단을 설치한다.
  ㉢ 비탈면에는 토양의 유실방지와 미관유지를 위해 나무 또는 잔디를 심는다.
    [예외] 필요 시에는 돌붙이기를 하거나 콘크리트 블록격자 등을 사용한다.

2. 대지와 도로의 관계

(1) 건축물이 있는 대지가 도로에 접해야 하는 길이

구분	접해야 하는 길이
원칙	도로에 2m 이상(자동차만의 통행에 사용되는 것은 제외)
연면적 합계 2,000m² 이상	너비 6m 이상 도로에 4m 이상 접해야 함(공장인 경우에는 3,000m²)
예외	• 해당 건축물의 출입에 지장이 없다고 인정되는 경우 • 건축물의 주변에 광장·공원·유원지, 그 밖에 관계 법령에 따라 건축이 금지되고 공중의 통행에 지장이 없는 공지로서 허가권자가 인정한 공지가 있는 경우 • 농지법에 따른 농막을 건축하는 경우

(2) 도로의 지정·폐지 또는 변경

구분	기준
원칙	허가권자는 도로의 위치를 지정·공고하고자 할 때에는 당해 도로에 대한 이해 관계인의 동의를 얻어야 함
예외	이해 관계인의 동의를 얻지 않고 건축위원회의 심의를 거쳐 도로를 지정할 수 있는 경우 • 이해 관계인이 해외에 거주하는 등 이해 관계인의 동의를 얻기가 곤란하다고 허가권자가 인정하는 경우 • 주민이 오랜기간 동안 통행로로 이용하고 있는 사실상의 통로로서 해당 지방자치단체의 조례로 정하는 것인 경우

3. 건축선의 지정

(1) 건축선의 정의
도로에 접한 부분에 있어서 건축물을 건축할 수 있는 선으로 대지와 도로경계선이다.

(2) 소요너비에 미달되는 도로의 건축선

	조건	건축선의 기준
원칙	도로 양쪽에 대지가 있을 때	미달되는 도로의 중심선에서 소요너비의 1/2 수평거리를 후퇴한 선
예외	도로의 반대쪽에 경사지·하천·철도·선로부지 등이 있을 때	경사지 등이 있는 쪽의 도로경계선에서 소요너비에 상당하는 수평거리의 선

(3) **너비 8m 미만인 도로의 모퉁이에 위치한 대지의 경우**

도로의 교차각	해당 도로의 너비		교차되는 도로의 너비
	6m 이상~8m 미만	4m 이상~6m 미만	
90° 미만	4m	3m	6m 이상~8m 미만
	3m	2m	4m 이상~6m 미만
90° 이상~120° 미만	3m	2m	6m 이상~8m 미만
	2m	2m	4m 이상~6m 미만

※ 대지에 접한 도로경계선의 교차점으로부터 도로경계선에 따라 위의 표에 따른 거리를 각각 후퇴한 두 점을 연결한 선을 건축선으로 한다.

(4) **건축선의 별도 지정**
① 특별자치시장·특별자치도지사 또는 시장·군수·구청장은 국토의 계획 및 이용에 관한 법률에 따른 도시지역에는 4m 이하의 범위에서 건축선을 따로 지정할 수 있다.
② 특별자치시장·특별자치도지사 또는 시장·군수·구청장은 건축선을 지정하려면 미리 그 내용을 해당 지방자치단체의 공보(公報), 일간신문 또는 인터넷 홈페이지 등에 30일 이상 공고하여야 하며, 공고한 내용에 대하여 의견이 있는 자는 공고기간에 특별자치시장·특별자치도지사 또는 시장·군수·구청장에게 의견을 제출(전자문서에 의한 제출을 포함)할 수 있다.

(5) **건축선에 의한 건축제한**
① 건축물과 담장은 건축선의 수직면(垂直面)을 넘어서는 아니 된다.(지표(地表) 아래 부분은 제외)
② 도로면으로부터 높이 4.5m 이하에 있는 출입구, 창문, 그 밖에 이와 유사한 구조물은 열고 닫을 때 건축선의 수직면을 넘지 아니하는 구조로 하여야 한다.

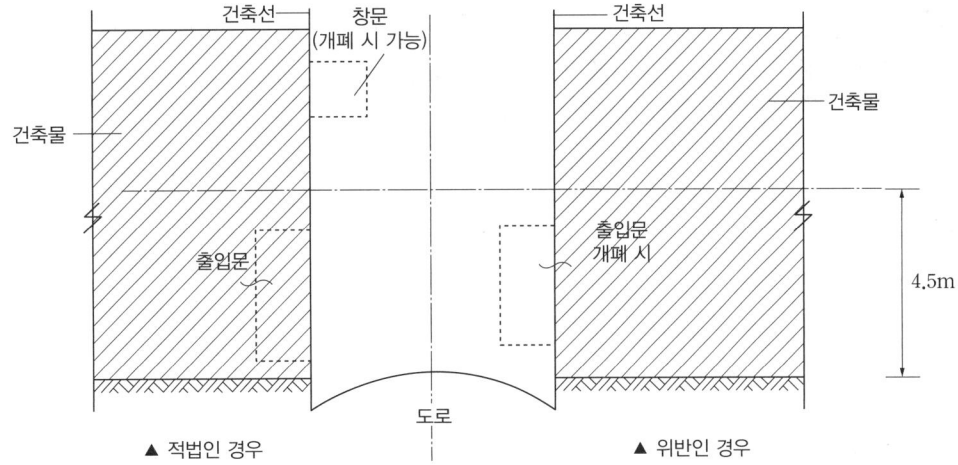

KEYWORD 06　조경 · 공개공지 ★★

1. 대지 안의 조경

(1) 조경대상 및 기준

구분	기준
조경 의무자	건축주
조경대상	대지면적 200m² 이상에 건축을 하는 경우
조경대상 예외	• 녹지지역에 건축하는 건축물 • 면적 5,000m² 미만인 대지에 건축하는 공장 • 연면적의 합계가 1,500m² 미만인 공장 • 산업단지 안의 공장(산업집적활성화 및 공장설립에 관한 법률에 의함) • 대지에 염분이 함유되어 있는 경우 • 건축물 용도의 특성상 조경 등의 조치를 하기가 곤란하거나 조경 등의 조치를 하는 것이 불합리한 경우로서 건축조례가 정하는 건축물 • 축사 • 가설건축물 • 연면적의 합계가 1,500m² 미만인 물류시설 　[예외] 주거지역 또는 상업지역에 건축하는 것 • 자연환경보전지역, 농림지역 또는 관리지역(지구단위계획구역으로 지정된 지역은 제외)의 건축물

(2) 별도의 조경기준

건축조례로 다음의 기준보다 더 완화된 기준을 정한 경우에는 그 기준에 따른다.

구분	기준	
• 공장(조경대상 예외 공장 제외) • 물류시설 [예외] 조경제외 대상 물류시설 및 주거지역, 상업지역에 건축하는 물류시설	연면적 합계가 2,000m² 이상인 경우	대지면적의 10% 이상
	연면적 합계가 1,500m² 이상 2,000m² 미만인 경우	대지면적의 5% 이상
공항시설	대지면적의 10% 이상(활주로·유도로·계류장·착륙대 등 항공기의 이륙 및 착륙시설로 쓰는 면적은 제외)	
철도 중 역시설	대지면적의 10% 이상(선로·승강장 등 철도운행에 이용되는 시설의 면적은 제외)	
200m² 이상 300m² 미만인 대지에 건축하는 건축물	대지면적의 10% 이상	

(3) 옥상조경의 기준

① 국토교통부장관이 고시하는 기준에 따라 조경을 하는 경우에는 옥상부분 조경면적의 2/3에 해당하는 면적을 대지의 조경면적으로 산정할 수 있다.

② 위의 경우 조경면적으로 산정하는 면적은 대지의 조경면적의 50/100을 초과할 수 없다.

2. 공개공지 대상지역 및 면적

(1) 공개공지 대상지역과 건축물

다음에 해당하는 지역의 환경을 쾌적하게 조성하기 위하여 법률이 정하는 바에 따라, 소규모 휴식시설 등의 공개공지 또는 공개공간을 설치하여야 한다.

대상지역	대상 건축물	
• 일반주거지역 • 준주거지역 • 상업지역 • 준공업지역 • 특별자치시장·특별자치도지사 또는 시장·군수·구청장이 도시화의 가능성이 크거나 노후 산업단지의 정비가 필요하다고 인정하여 지정·공고하는 지역	바닥면적의 합계가 5,000m² 이상인 건축물	• 문화 및 집회시설 • 종교시설 • 판매시설(농수산물 유통시설 제외) • 운수시설(여객용 시설만 해당) • 업무시설 및 숙박시설
		그 밖에 다중이 이용하는 시설로서 건축조례가 정하는 건축물

(2) 공개공지 확보면적

① 공개공지의 면적은 대지면적의 10% 이하의 범위 안에서 건축조례로 정한다.
② 조경면적과 매장유산 보호 및 조사에 관한 법률에 따른 매장유산의 현지보존 조치면적을 공개공지 등의 면적으로 할 수 있다.

3. 공개공지 설치 시 건축규제 완화

(1) 개념

건축물에 공개공지 등을 설치하는 경우에는 (2)의 범위에서 대지면적에 대한 공개공지 등 면적비율에 따라 기준을 완화하여 적용한다. 다만, (2)의 범위에서 건축조례로 정한 기준이 완화비율보다 큰 경우에는 해당 건축조례로 정하는 바에 따른다.

(2) 기준

법 규정	완화범위
용적률	해당 지역의 1.2배 이하
건축물의 높이제한	해당 높이의 1.2배 이하

핵심 기출문제

PART 02 대지와 도로

KEYWORD 05 대지 · 도로 · 건축선

01
15년 4회

손궤의 우려가 있는 토지에 대지를 조성하는 경우 설치하는 옹벽에 관한 기준 내용으로 옳지 않은 것은?

① 옹벽에는 3m²마다 하나 이상의 배수구멍을 설치하여야 한다.
② 옹벽의 높이가 2m 이상인 경우에는 이를 콘크리트 구조로 하는 것이 원칙이다.
③ 옹벽의 외벽면에 설치하는 배수를 위한 시설은 밖으로 튀어 나오지 않도록 하여야 한다.
④ 옹벽의 윗가장자리로부터 안쪽으로 2m 이내에 묻는 배수관은 주철관, 강관 또는 흡관으로 하고, 이음부분은 물이 새지 않도록 하여야 한다.

해설|
옹벽의 외벽면에는 이의 지지 또는 배수를 위한 시설 외의 구조물이 밖으로 튀어 나오지 않도록 하여야 한다.

정답 | ③

02
20년 3회, 18년 4회, 17년 1회

다음의 대지와 도로의 관계에 관한 기준 내용 중 ( ) 안에 알맞은 것은?

> 연면적의 합계가 2,000m²(공장인 경우에는 3,000m²) 이상인 건축물(축사, 작물재배사, 그 밖에 이와 비슷한 건축물로서 건축조례로 정하는 규모의 건축물은 제외)의 대지는 너비 (㉠) 이상의 도로에 (㉡) 이상 접하여야 한다.

① ㉠: 4m, ㉡: 2m
② ㉠: 6m, ㉡: 4m
③ ㉠: 8m, ㉡: 6m
④ ㉠: 8m, ㉡: 4m

해설|
연면적 합계가 2,000m² 이상인 건축물의 대지는 너비 6m 이상 도로에 4m 이상 접해야 한다.

정답 | ②

03
14년 2회, 13년 4회

다음의 건축선에 따른 건축제한과 관련된 기준 내용 중 ( ) 안에 알맞은 것은?

> 도로면으로부터 높이 ( )미터 이하에 있는 출입구, 창문, 그 밖에 이와 유사한 구조물은 열고 닫을 때 건축선의 수직면을 넘지 아니하는 구조로 하여야 한다.

① 3
② 4.5
③ 6
④ 10

해설|
도로면으로부터 높이 4.5m 이하에 있는 출입구, 창문, 그 밖에 이와 유사한 구조물은 열고 닫을 때 건축선의 수직면을 넘지 아니하는 구조로 하여야 한다.

정답 | ②

04
19년 1회, 12년 1회

그림과 같은 대지의 도로 모퉁이 부분의 건축선으로서 도로 경계선의 교차점에서의 거리 "A"로 옳은 것은?

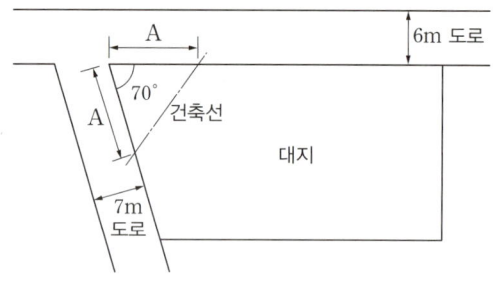

① 1m
② 2m
③ 3m
④ 4m

해설|
도로의 교차각이 90° 미만이고, 해당 도로의 너비가 6m, 교차되는 도로의 너비가 7m 이므로 건축선으로서 도로 경계선의 교차점에서의 거리는 4m이다.

정답 | ④

KEYWORD 06 조경·공개공지

05
21년 1회, 19년 4회, 19년 2회, 17년 4회

다음은 대지의 조경에 관한 기준 내용이다. ( ) 안에 알맞은 것은?

> 면적이 ( ) 이상인 대지에 건축을 하는 건축주는 용도지역 및 건축물의 규모에 따라 지방자치단체의 조례로 정하는 기준에 따라 대지에 조경이나 그 밖에 필요한 조치를 하여야 한다.

① 100m²
② 150m²
③ 200m²
④ 300m²

해설
대지의 면적이 200m² 이상일 때 조경대상이다.

정답 | ③

06
16년 4회

「건축법령」상 건축을 하는 경우 조경 등의 조치를 하지 아니할 수 있는 건축물 기준으로 옳지 않은 것은? (단, 면적이 200m² 이상인 대지에 건축을 하는 경우임)

① 축사
② 녹지지역에 건축하는 건축물
③ 연면적의 합계가 2,000m² 미만인 공장
④ 면적 5,000m² 미만인 대지에 건축하는 공장

해설
연면적의 합계가 1,500m² 미만인 공장이 조경 제외 대상이다.

관련이론
조경 제외 대상
- 녹지지역에 건축하는 건축물
- 면적 5,000m² 미만인 대지에 건축하는 공장
- 연면적의 합계가 1,500m² 미만인 공장
- 산업단지 안의 공장
- 대지에 염분이 함유되어 있는 경우
- 축사
- 가설건축물 등

정답 | ③

07
19년 1회

다음 중 건축물의 대지에 공개공지 또는 공개공간을 확보하여야 하는 대상 건축물에 속하는 것은? (단, 일반주거지역의 경우임)

① 업무시설로서 해당 용도로 쓰는 바닥면적의 합계가 3,000m²인 건축물
② 숙박시설로서 해당 용도로 쓰는 바닥면적의 합계가 4,000m²인 건축물
③ 종교시설로서 해당 용도로 쓰는 바닥면적의 합계가 5,000m²인 건축물
④ 문화 및 집회시설로서 해당 용도로 쓰는 바닥면적의 합계가 4,000m²인 건축물

해설
문화 및 집회시설, 종교시설, 판매시설, 운수시설, 업무시설 및 숙박시설로서 바닥면적의 합계가 5,000m² 이상인 건축물이 공개공지 또는 공개공간을 확보하여야 하는 대상 건축물이다.

정답 | ③

08
20년 1회

200m²인 대지에 10m²의 조경을 설치하고 나머지는 건축물의 옥상에 설치하고자 할 때 옥상에 설치하여야 하는 최소 조경면적은?

① 10m²
② 15m²
③ 20m²
④ 30m²

해설
면적이 200m²~300m² 미만인 대지에 건축하는 건축물은 대지면적의 10% 이상을 조경을 해야 한다.
문제에서 200m²인 대지라고 했으므로 최소 20m² 이상을 조경해야 하고, 전체 조경면적의 50%는 지상에 조경해야 하므로 지상의 조경면적은 10m²이다.
옥상부분 조경면적의 2/3에 해당하는 면적을 대지의 조경면적으로 할 수 있으므로 옥상의 조경면적을 x라고 하면 다음 식이 성립된다.

$$x \times \frac{2}{3} = 10\text{m}^2$$

$$x = 10\text{m}^2 \times \frac{3}{2} = 15\text{m}^2$$

정답 | ②

PART 03 면적과 높이

KEYWORD 07, 08

KEYWORD 07 면적의 규제 ★★★

1. 대지가 지역·지구·구역에 걸친 경우

(1) 원칙

그 건축물 및 대지의 전부에 대하여 그 대지의 과반이 속하는 지역·지구 또는 구역 안의 건축물 및 대지 등에 관한 규정을 적용한다.

(2) 하나의 건축물이 방화지구와 그 밖의 구역에 걸치는 경우
 ① 원칙: 건축물 전부에 대하여 방화지구 안의 건축물에 관한 규정을 적용한다.
 ② 예외
  ㉠ 건축물의 방화지구에 속한 부분과 그 밖의 구역에 속한 부분의 경계가 방화벽으로 구획되는 경우 그 밖의 구역에 있는 부분에 대하여는 그러하지 아니하다.
  ㉡ 오른쪽 그림에서 ❶, ❷는 방화지구 안의 규정을 적용하나 ❸은 방화지구 안의 규정을 적용하지 않아도 된다.

▲ 하나의 건축물이 방화지구와 그 밖의 구역에 걸치는 경우

(3) 대지가 녹지지역과 그 밖의 지역·지구 또는 구역에 걸치는 경우
 ① 각 지역·지구 또는 구역 안의 건축물 및 대지에 관한 규정을 적용한다.
 ② 녹지 지역안의 건축물이 방화지구에 걸치는 경우에는 위의 (2)의 규정에 의한다.

2. 건축물의 면적산정

(1) 대지면적
 ① 원칙: 대지의 수평투영면적으로 한다.
 ② 대지면적에 포함시키지 않는 경우
  ㉠ 대지에 건축선이 정하여진 경우: 그 건축선과 도로 사이의 대지면적
  ㉡ 대지에 도시·군계획시설인 도로·공원 등이 있는 경우: 그 도시·군계획시설에 포함되는 대지면적

(2) 건축면적

구분	산정기준
원칙	건축물의 외벽(외벽이 없는 경우에는 외곽부분의 기둥)의 중심선으로 둘러싸인 부분의 수평투영면적(단, 태양열을 주된 에너지원으로 이용하는 주택의 건축면적은 건축물의 외벽 중 내측 내력벽의 중심선을 기준으로 함)
제외	• 지표면으로부터 1m 이하에 있는 부분(창고 중 물품을 입출고하기 위하여 차량을 접안시키는 경우에는 지표면으로부터 1.5m 이하에 있는 부분) • 건축물의 지상층에 일반인이나 차량이 통행할 수 있도록 설치된 보행통로나 차량통로 • 지하주차장의 경사로

(3) **바닥면적**
  ① 원칙: 건축물의 각 층 또는 그 일부로서 벽, 기둥, 그 밖에 이와 비슷한 구획의 중심선으로 둘러싸인 부분의 수평투영면적이다.
  ② 바닥면적 산정의 예
    ㉠ 벽, 기둥의 구획이 없는 건축물에 있어서는 그 지붕 끝부분으로부터 수평거리 1m를 후퇴한 선으로 둘러싸인 수평투영면적으로 한다.
    ㉡ 건축물의 노대 등의 바닥은 난간 등의 설치 여부에 관계없이 노대 등의 면적에서 노대 등이 접한 가장 긴 외벽에 접한 길이에 1.5m를 곱한 값을 뺀 면적을 바닥면적에 산입한다.
  ③ 바닥면적에 산입되지 않은 부분
    ㉠ 필로티나 그 밖에 이와 비슷한 구조(벽면적의 2분의 1 이상이 그 층의 바닥면에서 위층 바닥 아래면까지 공간으로 된 것만 해당)의 부분은 그 부분이 공중의 통행이나 차량의 통행 또는 주차에 전용되는 경우와 공동주택의 경우
    ㉡ 승강기탑(옥상 출입용 승강장을 포함), 계단탑, 장식탑, 층고 1.5m 이하인 다락(경사진 형태의 지붕인 경우에는 1.8m)
    ㉢ 건축물의 내부에 설치하는 냉방설비 배기장치 전용 설치공간($1m^2$ 이하로 한정), 건축물의 외부 또는 내부에 설치하는 굴뚝, 더스트슈트, 설비덕트 등
    ㉣ 옥상, 옥외 또는 지하에 설치하는 물탱크, 기름탱크, 냉각탑, 정화조, 도시가스 정압기 등
    ㉤ 공동주택으로서 지상층에 설치한 기계실, 전기실, 어린이놀이터, 조경시설 및 생활폐기물 보관시설

(4) **연면적**

구분	산정기준
원칙	하나의 건축물의 각 층 바닥면적의 합계
용적률 산정 시 제외하는 면적	• 지하층의 면적 • 지상층의 주차용(해당 건축물의 부속용도인 경우만 해당)으로 쓰는 면적 • 초고층 건축물과 준초고층 건축물에 설치하는 피난안전구역의 면적 • 건축물의 경사지붕 아래에 설치하는 대피공간의 면적

3. 건폐율·용적률·대지분할제한

(1) **건폐율**
  ① 정의

$$건폐율 = \frac{건축면적(대지에\ 둘\ 이상의\ 건축물이\ 있는\ 경우는\ 건축면적의\ 합계)}{대지면적} \times 100$$

  ② 건폐율의 최대한도: 용도지역 안에서 건폐율의 최대한도는 관할구역의 면적 및 인구규모, 용도지역의 특성 등을 감안하여 다음의 범위 안에서 특별시·광역시·특별자치시·특별자치도·시 또는 군의 조례로 정한다.

주거지역			상업지역				공업지역			녹지지역			관리지역			농림지역	자연환경
전용	일반	준	근린	유통	일반	중심	전용	일반	준	보전	자연	생산	계획	생산	보전		
50	*60	70	70	80	90	90	70	70	70	20	20	20	40	20	20	20	20

▲ 용도지역 안에서의 건폐율(단위 %)

※ 일반주거지역의 경우 건폐율의 최대한도는 제1종과 제2종은 60% 이하, 제3종은 50% 이하이다.

(2) **용적률**

① 정의

$$\text{용적률} = \frac{\text{건축물의 지상층 연면적(대지에 둘 이상의 건축물이 있는 경우 이들 지상층 연면적의 합계)}}{\text{대지면적}} \times 100$$

② 용적률의 최대한도: 용도지역 안에서 용적율의 최대한도는 관할지역의 면적 및 인구규모, 용도지역의 특성 등을 감안하여 특별시·광역시·특별자치시·특별자치도·시 또는 군의 조례로 정한다.

지역		용적율
도시지역	주거지역	500% 이하
	상업지역	1,500% 이하
	공업지역	400% 이하
	녹지지역	100% 이하
관리지역	보전관리지역	80% 이하
	생산관리지역	
	계획관리지역	100% 이하
농림지역		80% 이하
자연환경보전지역		

③ 대지의 분할제한: 건축물이 있는 대지는 다음이 정하는 범위 안에서 해당 지방자치단체의 조례가 정하는 면적에 미달되게 분할할 수 없다.

구 분	최소 분할면적
㉠ 주거지역	60m² 이상
㉡ 상업지역	150m² 이상
㉢ 공업지역	
㉣ 녹지지역	200m² 이상
㉠~㉣에 해당하지 않는 지역	60m² 이상

4. 맞벽건축 및 연결복도

(1) 대지 안의 공지, 건축물의 높이 제한, 경계선 부근의 건축 규정을 적용하지 않는 경우

구분	적용 배제 대상 기준
도시미관 등을 위하여 둘 이상의 건축물 벽을 맞벽으로 하여 건축하는 경우	• 상업지역, 주거지역 • 허가권자가 도시미관 또는 한옥 보전·진흥을 위하여 건축조례로 정하는 구역 • 건축협정구역

인근 건축물과 이어지는 연결 복도나 연결통로를 설치하는 경우	• 주요구조부가 내화구조일 것 • 마감재료가 불연재료일 것 • 밀폐된 구조의 경우 벽면적의 1/10 이상에 해당하는 창문을 설치할 것(지하층으로서 환기설비를 설치한 경우는 제외) • 너비와 높이가 각각 5m 이하일 것 • 건축물과 복도 또는 통로의 연결부분에 자동방화셔터 또는 방화문을 설치할 것

(2) **맞벽과 연결복도의 설치 예**

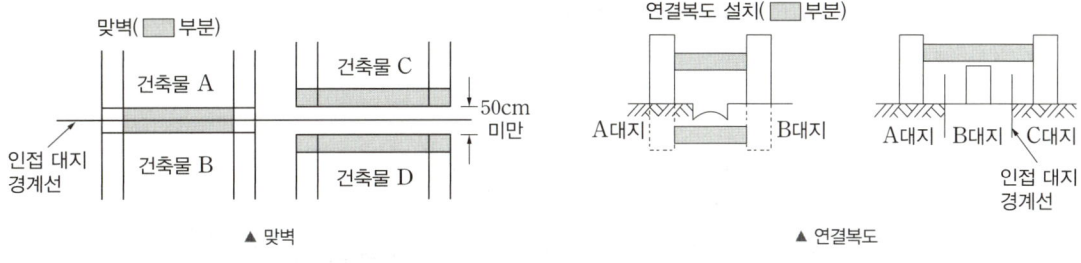

▲ 맞벽 　　　　　　　　　　　　　　　　▲ 연결복도

KEYWORD 08　높이의 규제 ★★

1. 건축물의 층수 및 높이 산정

(1) 건축물의 높이 산정

① 일반적인 높이 산정

구분	내용
원칙	지표면으로부터 그 건축물의 상단까지의 높이로 함
건축물 1층 전체가 필로티인 경우 (경비실, 계단실, 승강기실 등 포함)	건축물의 높이제한 및 공동주택의 높이 제한의 규정을 적용함에 있어서 필로티의 층고를 제외한 높이로 함

② 건축물의 최고높이 제한에 의한 높이 산정

구분	내용
원칙	전면도로 중심선에서 건축물 상단까지의 높이로 함
전면도로의 노면에 고저차가 있는 경우	그 건축물이 접하는 범위의 전면도로부분의 수평거리에 따라 가중평균한 높이의 수평면을 전면도로면으로 봄
건축물의 대지의 지표면이 전면도로면보다 높은 경우	그 고저차의 1/2의 높이만큼 올라온 위치에 그 전면도로의 면이 있는 것으로 봄

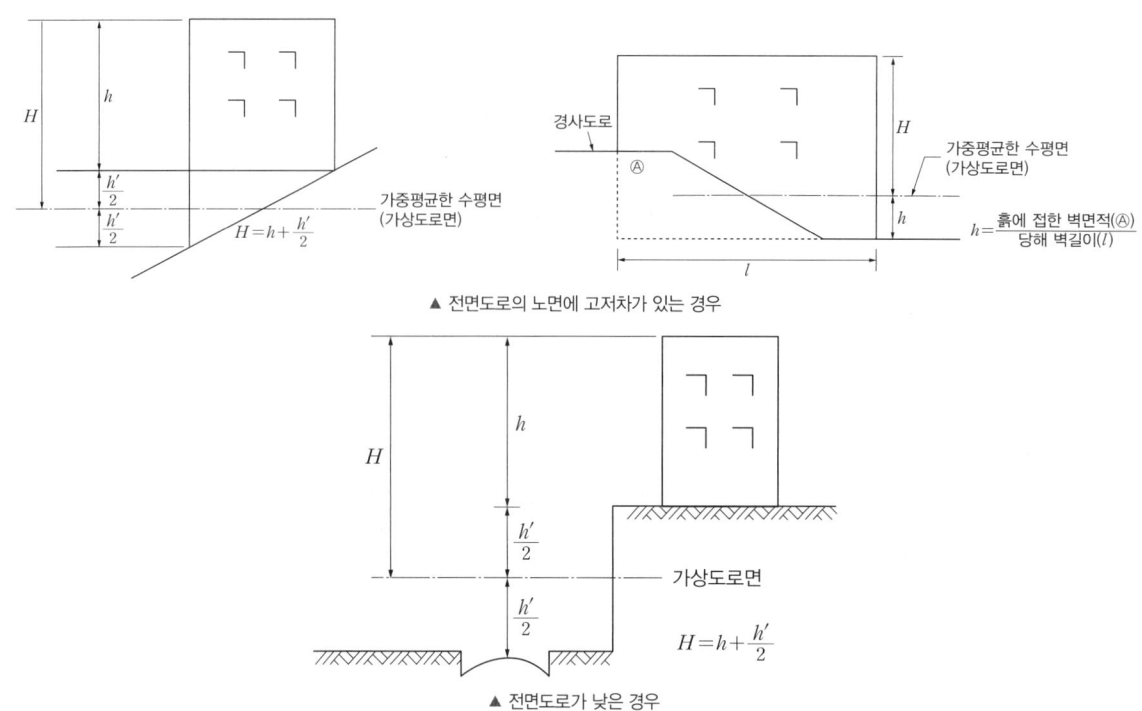

▲ 전면도로의 노면에 고저차가 있는 경우

▲ 전면도로가 낮은 경우

③ 일조확보를 위한 건축물의 높이제한
  ㉠ 건축물 높이를 산정할 때 건축물 대지의 지표면과 인접 대지의 지표면 간에 고저차가 있는 경우에는 그 지표면의 평균 수평면을 지표면으로 본다.
  ㉡ 해당 대지가 인접 대지의 높이보다 낮은 경우에는 해당 대지의 지표면을 지표면으로 보고, 공동주택을 다른 용도와 복합하여 건축하는 경우에는 공동주택의 가장 낮은 부분을 그 건축물의 지표면으로 본다.

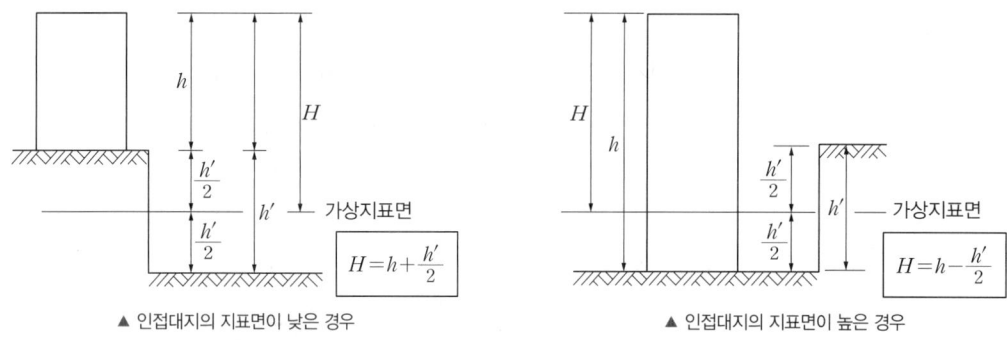

▲ 인접대지의 지표면이 낮은 경우   ▲ 인접대지의 지표면이 높은 경우

④ 건축물의 옥상부분의 높이 산정

구분	산정 기준
원칙	건축물의 옥상에 설치되는 승강기탑(옥상 출입용 승강장을 포함, 장애인용 승강기의 승강기탑으로서 그 높이가 12m 이하인 것은 제외), 계단탑, 망루, 장식탑, 옥탑 등으로서 그 수평투영면적의 합계가 해당 건축물 건축면적의 1/8 이하(주택법에 의한 사업계획승인 대상인 공동주택 중 세대별 전용면적이 $85m^2$ 이하인 경우에는 1/6 이하)인 경우는 그 높이가 12m를 넘는 부분에 한하여 해당 건축물의 높이에 산입함
예외	지붕마루장식, 굴뚝, 방화벽의 옥상돌출부 등의 옥상돌출물과 난간벽(그 벽면적의 1/2 이상이 공간으로 되어 있는 것에 한함), 장애인용 승강기의 승강기탑으로서 그 높이가 12m 이하인 것

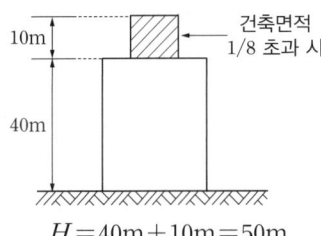 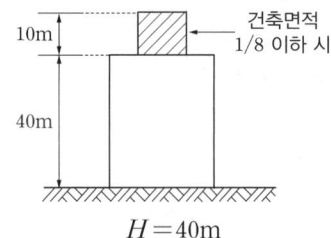 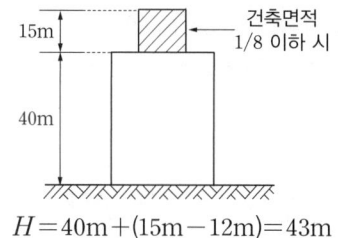

$H = 40\text{m} + 10\text{m} = 50\text{m}$ $H = 40\text{m}$ $H = 40\text{m} + (15\text{m} - 12\text{m}) = 43\text{m}$

(2) 처마높이
지표면으로부터 건축물의 지붕틀 또는 이와 유사한 수평재를 지지하는 벽, 깔도리 또는 기둥의 상단까지 높이이다.

(3) 반자높이
① 방의 바닥면으로부터 반자까지의 높이로 한다.
② 한 방에서 반자높이가 다른 부분이 있는 경우에는 그 각 부분의 반자면적에 따라 가중평균한 높이로 한다.

(4) 층고
① 방의 바닥구조체 윗면으로부터 위층 바닥구조체 윗면까지의 높이로 한다.
② 한 방에서 층의 높이가 다른 부분이 있는 경우에는 그 각 부분 높이에 따른 면적에 따라 가중평균한 높이로 한다.

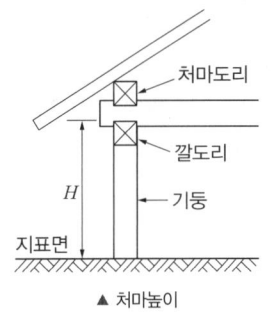 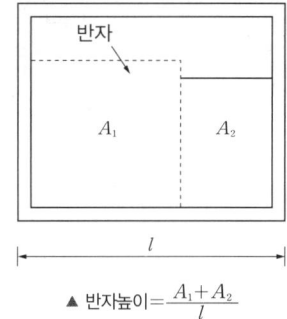 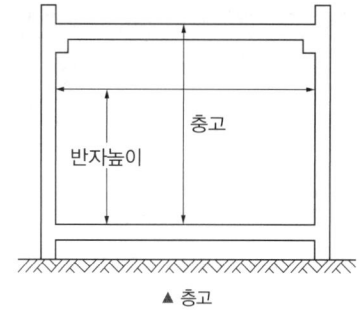

▲ 처마높이 ▲ 반자높이 $= \dfrac{A_1 + A_2}{l}$ ▲ 층고

(5) 층수
① 승강기탑(옥상 출입용 승강장을 포함, 장애인용 승강기의 승강기탑은 제외), 계단탑, 망루, 장식탑, 옥탑, 그 밖에 이와 비슷한 건축물의 옥상 부분으로서 그 수평투영면적의 합계가 해당 건축물 건축면적의 1/8 이하(주택법에 따른 사업계획승인대상 공동주택 중 세대별 전용면적이 85m² 이하인 경우는 1/6)인 것은 층수에 산입하지 아니한다.
② 지하층과 장애인용 승강기의 승강기탑은 건축물의 층수에 산입하지 아니한다.
③ 층의 구분이 명확하지 아니한 건축물은 그 건축물의 높이 4m마다 하나의 층으로 보고 층수를 산정한다.
④ 건축물의 부분에 따라 그 층수를 달리한 경우에는 그 중 가장 많은 층수를 그 건축물의 층수로 본다.

(6) 지하층의 지표면 산정
지하층의 지표면은 각 층의 주위가 접하는 각 지표면 부분의 높이를 그 지표면 부분의 수평거리에 따라 가중평균한 높이의 수평면을 지표면으로 산정한다.

2. 건축물의 높이 제한

(1) 최고높이 제한(가로구역별 건축물의 최고높이 지정)

① 허가권자는 가로구역(도로로 둘러싸인 일단의 지역)을 단위로 다음 사항을 고려하여 건축물의 최고높이를 지정·공고할 수 있다.
  ㉠ 도시·군관리계획 등의 토지이용계획
  ㉡ 해당 가로구역이 접하는 도로의 너비
  ㉢ 해당 가로구역의 상·하수도 등 간선시설의 수용능력
  ㉣ 도시미관 및 경관계획
  ㉤ 해당 도시의 장래 발전계획

② 특별자치시장·특별자치도지사 또는 시장·군수·구청장은 가로구역의 높이를 완화하여 적용할 필요가 있다고 판단되는 대지에 대하여는 대통령령으로 정하는 바에 따라 건축위원회의 심의를 거쳐 높이를 완화하여 적용할 수 있다.

(2) 일조 등의 확보를 위한 건축물의 높이 제한

① 전용주거지역과 일반주거지역 안에서 건축하는 건축물의 높이는 일조(日照) 등의 확보를 위하여 정북방향(正北方向)의 인접 대지경계선으로부터의 거리에 따라 다음에서 정하는 높이 이하로 하여야 한다.

높이	띄우는 거리	예외
10m 이하인 부분	1.5m 이상	해당 대지가 너비 20m 이상의 도로(자동차·보행자·자전거 전용도로를 포함하며, 도로에 공공공지, 녹지, 광장, 그 밖에 건축미관에 지장이 없는 도시·군계획시설이 접한 경우 해당 시설을 포함함)에 접한 경우
10m 초과인 부분	해당 건축물 각 부분 높이의 1/2 이상	

② 정남방향의 인접대지 경계선으로부터 띄우는 거리

구분	내용
대상지역	• 택지개발지구 • 대지조성사업지구 • 지역개발사업구역 • 국가산업단지, 일반산업단지, 도시첨단산업단지 및 농공단지 • 도시개발구역 • 정비구역 • 정북방향으로 도로, 공원, 하천 등 건축이 금지된 공지에 접하는 대지 • 정북방향으로 접하고 있는 대지의 소유자와 합의한 경우나 그 밖에 대통령령으로 정하는 경우
높이제한	①에서 정하는 높이의 범위에서 특별자치시장 · 특별자치도지사 또는 시장 · 군수 · 구청장이 정하여 고시하는 높이 이하로 할 수 있음

(3) 공동주택의 일조 등의 확보를 위한 높이 제한

① 채광을 위한 창문 등이 향하는 방향의 높이 제한: 건축물(다세대주택 및 기숙사 제외)의 각 부분의 높이는 그 부분으로부터 채광을 위한 창문 등이 향하는 방향으로 인접 대지경계선까지의 수평거리의 2배 이하의 범위 안에서 건축조례가 정하는 높이 이하로 할 것

② 같은 대지 내에서 2동 이상의 건축물이 서로 마주보고 있는 경우의 건축물 각 부분 사이의 거리(1동의 건축물의 각 부분이 서로 마주보고 있는 경우를 포함)
  ㉠ 채광을 위한 창문 등이 있는 벽면으로부터 직각방향으로 건축물 각 부분의 높이의 0.5배 이상
  ㉡ 채광창(창넓이 0.5m² 이상의 창)이 없는 벽면과 측벽이 마주보는 경우는 8m 이상
  ㉢ 측벽과 측벽이 마주보는 경우는 4m 이상

핵심 기출문제

PART 03
면적과 높이

KEYWORD 07 면적의 규제

01
20년 1·2회, 18년 2회, 15년 2회

건축물의 면적, 높이 및 층수 산정의 기본원칙으로 옳지 않은 것은?

① 대지면적은 대지의 수평투영면적으로 한다.
② 연면적은 하나의 건축물 각 층의 거실면적의 합계로 한다.
③ 건축면적은 건축물의 외벽(외벽이 없는 경우에는 외곽부분의 기둥)의 중심선으로 둘러싸인 부분의 수평투영면적으로 한다.
④ 바닥면적은 건축물의 각 층 또는 그 일부로서 벽, 기둥, 그 밖에 이와 비슷한 구획의 중심선으로 둘러싸인 부분의 수평투영면적으로 한다.

해설|
연면적은 하나의 건축물의 각 층 바닥면적의 합계로 한다.

정답 | ②

02
20년 1·2회, 18년 2회, 15년 4회, 15년 1회, 14년 4회

태양열을 주된 에너지원으로 이용하는 주택의 건축면적 산정 시 기준이 되는 것은?

① 외벽 중 내측 내력벽의 중심선
② 외벽 중 외측 비내력벽의 중심선
③ 외벽 중 내측 내력벽의 외측 외곽선
④ 외벽 중 외측 비내력벽의 외측 외곽선

해설|
건축면적은 원칙적으로는 건축물의 외벽(외벽이 없는 경우에는 외곽부분의 기둥)의 중심선으로 둘러싸인 부분의 수평투영면적으로 한다.
태양열을 주된 에너지원으로 이용하는 주택의 건축면적은 건축물의 외벽 중 내측 내력벽의 중심선을 기준으로 한다.

정답 | ①

03
19년 2회, 14년 2회

용적률 산정에 사용되는 연면적에 포함되는 것은?

① 지하층의 면적
② 층고가 2.1m인 다락의 면적
③ 준초고층 건축물에 설치하는 피난안전구역의 면적
④ 건축물의 경사지붕 아래에 설치하는 대피공간의 면적

해설|
연면적은 하나의 건축물에 있는 각 층의 바닥면적의 합계를 의미하므로 다락의 면적도 포함된다.

관련이론
용적률 산정 시 제외되는 면적
• 지하층의 면적, 지상층의 주차용으로 쓰는 면적
• 초고층 건축물과 준초고층 건축물에 설치하는 피난안전구역의 면적
• 건축물의 경사지붕 아래에 설치하는 대피공간의 면적

정답 | ②

04
17년 2회

다음은 「건축법령」상 바닥면적 산정에 관한 기준 내용이다. ( ) 안에 포함되지 않는 것은?

> 공동주택으로서 지상층에 설치한 (　　)의 면적은 바닥면적에 산입하지 아니한다.

① 기계실
② 탁아소
③ 조경시설
④ 어린이놀이터

해설|
공동주택으로서 지상층에 설치한 기계실, 전기실, 어린이놀이터, 조경시설 및 생활폐기물 보관시설의 면적은 바닥면적에 산입하지 아니한다.

정답 | ②

05

19년 2회, 15년 1회

용도지역의 건폐율 기준으로 옳지 않은 것은?

① 주거지역: 70% 이하
② 상업지역: 90% 이하
③ 공업지역: 70% 이하
④ 녹지지역: 30% 이하

해설
녹지지역의 건폐율 기준은 20% 이하이다.

관련이론
건폐율의 최대한도

구분	최대한도
주거지역	70%
상업지역	90%
공업지역	70%
녹지지역	20%

정답 | ④

06

21년 1회

대지의 분할 제한과 관련한 아래 내용에서 밑줄 친 부분에 해당하는 규모의 기준이 틀린 것은?

> 건축물이 있는 대지는 <u>대통령령으로 정하는 범위</u>에서 해당 지방자치단체의 조례로 정하는 면적에 못 미치게 분할할 수 없다.

① 주거지역: 60m² 이상
② 상업지역: 100m² 이상
③ 공업지역: 150m² 이상
④ 녹지지역: 200m² 이상

해설
대지의 분할제한

구분	최소 분할면적
주거지역	60m² 이상
상업지역	150m² 이상
공업지역	150m² 이상
녹지지역	200m² 이상

정답 | ②

07

18년 4회

국토의 계획 및 이용에 관한 법률에 따른 용도지역에서의 용적률 최대한도 기준이 옳지 않은 것은? (단, 도시지역의 경우임)

① 주거지역: 500% 이하
② 녹지지역: 100% 이하
③ 공업지역: 400% 이하
④ 상업지역: 1,000% 이하

해설
상업지역의 용적률 최대한도는 1,500% 이하이다.

정답 | ④

KEYWORD 08 높이의 규제

08

20년 3회, 18년 2회, 12년 1회

건축물의 면적, 높이 및 층수 등의 산정 방법에 관한 설명으로 옳은 것은?

① 건축물의 높이 산정 시 건축물의 대지에 접하는 전면도로의 노면에 고저차가 있는 경우에는 그 건축물이 접하는 범위의 전면도로부분의 수평거리에 따라 가중평균한 높이의 수평면을 전면도로면으로 본다.
② 용적률 산정 시 연면적에는 지하층의 면적과 지상층의 주차용으로 쓰는 면적을 포함시킨다.
③ 건축면적은 건축물의 내벽의 중심선으로 둘러싸인 부분의 수평투영면적으로 한다.
④ 건축물의 층수는 지하층을 포함하여 산정하는 것이 원칙이다.

해설
② 용적률 산정 시 연면적에는 지하층의 면적과 지상층의 주차용으로 쓰는 면적은 제외시킨다.
③ 건축면적은 건축물의 외벽의 중심선으로 둘러싸인 부분의 수평투영면적으로 한다.
④ 건축물의 층수는 원칙적으로 지하층은 제외하고 산정한다.

정답 | ①

09
18년 1회

건축물의 층수 산정에 관한 기준 내용으로 옳지 않은 것은?

① 지하층은 건축물의 층수에 산입하지 아니한다.
② 층의 구분이 명확하지 아니한 건축물은 그 건축물의 높이 4m마다 하나의 층으로 보고 그 층수를 산정한다.
③ 건축물이 부분에 따라 그 층수가 다른 경우에는 바닥면적에 따라 가중평균한 층수를 그 건축물의 층수로 본다.
④ 계단탑으로서 그 수평투영면적의 합계가 해당 건축물 건축면적의 8분의 1 이하인 것은 건축물의 층수에 산입하지 아니한다.

해설
건축물이 부분에 따라 그 층수가 다른 경우에는 그 중 가장 많은 층수를 그 건축물의 층수로 본다.

정답 | ③

10
14년 2회

허가권자가 가로구역별로 건축물의 최고높이를 지정·공고할 때 고려하여야 할 사항이 아닌 것은?

① 도시미관 및 경관계획
② 해당 도시의 장래 발전계획
③ 해당 가로구역이 접하는 도로의 길이
④ 도시·군관리계획 등의 토지이용계획

해설
허가권자가 가로구역별로 건축물의 최고높이를 지정·공고할 때에는 해당 가로구역이 접하는 도로의 너비를 고려해야 한다.

관련이론
허가권자가 가로구역별로 건축물의 최고높이를 지정·공고할 때 고려해야 할 사항
- 도시·군관리계획 등의 토지이용계획
- 해당 가로구역이 접하는 도로의 너비
- 해당 가로구역의 상·하수도 등 간선시설의 수용능력
- 도시미관 및 경관계획
- 해당 도시의 장래 발전계획

정답 | ③

11
21년 1회, 16년 1회

일조 등의 확보를 위한 건축물의 높이 제한 기준 중 ㉠과 ㉡에 해당하는 내용이 옳은 것은?

> 전용주거지역이나 일반주거지역에서 건축물을 건축하는 경우에는 건축물의 각 부분을 정북(正北)방향으로의 인접 대지경계선으로부터 다음 각 호의 범위에서 건축조례로 정하는 거리 이상을 띄어 건축하여야 한다.
> 1. 높이 10미터 이하인 부분: 인접 대지경계선으로부터 (㉠) 이상
> 2. 높이 10미터를 초과하는 부분: 인접 대지경계선으로부터 해당 건축물 각 부분 높이의 (㉡) 이상

① ㉠ 1m
② ㉠ 1.5m
③ ㉡ 3분의 1
④ ㉡ 3분의 2

해설
일조 등의 확보를 위한 건축물의 높이 제한

높이	띄우는 거리
10m 이하인 부분	1.5m 이상
10m 초과인 부분	해당 건축물 각 부분 높이의 1/2 이상

정답 | ②

12
12년 2회

정남방향의 인접 대지경계선으로부터의 거리에 따라 건축물의 높이를 제한할 수 있는 경우에 해당하지 않는 것은?

① 주택법에 따른 대지조성사업지구인 경우
② 도시개발법에 따른 도시개발구역인 경우
③ 택지개발촉진법에 따른 택지개발지구인 경우
④ 국토의 계획 및 이용에 관한 법률에 따른 농림지역인 경우

해설
대지조성사업지구, 도시개발구역, 택지개발지구, 국가산업단지 등의 지역은 정남방향의 인접 대지경계선으로부터 거리에 따라 높이를 제한할 수 있다.

정답 | ④

PART 04 구조·피난·방화

KEYWORD 09, 10, 11

KEYWORD 09 구조규정 ★

1. 거실에 관한 규정

(1) 거실의 반자높이

건축물의 용도		반자 높이	예외
모든 건축물		2.1m 이상	• 공장 • 창고시설 • 위험물 저장 및 처리시설 • 동물 및 식물 관련 시설 • 자원순환 관련 시설 • 묘지 관련 시설
• 문화 및 집회시설(전시장 및 동식물원 제외) • 종교시설 • 장례식장 또는 위락시설 중 유흥주점의 용도에 쓰이는 건축물	관람실 또는 집회실로서 그 바닥면적이 200m² 이상	4.0m 이상 (노대의 아랫부분의 높이는 2.7m 이상)	기계환기장치를 설치한 경우

(2) 거실의 채광 및 환기

구분	건축물의 용도	창문 등의 면적	예외 규정
채광창	• 단독주택의 거실 • 공동주택의 거실	거실 바닥면적의 1/10 이상	거실의 용도에 따라 건축물방화구조규칙 별표 1의3의 규정에 의한 조도 이상의 조명장치를 설치한 경우
환기창	• 학교의 교실 • 의료시설의 병실 • 숙박시설의 객실	거실 바닥면적의 1/20 이상	기계환기장치 및 중앙관리방식의 공기조화설비를 설치한 경우

※ 수시로 개방할 수 있는 미닫이로 구획된 2개의 거실은 거실의 채광 및 환기를 위한 규정을 적용함에 있어서 이를 1개의 거실로 본다.

(3) 거실에 배연설비를 해야 하는 건축물

① 6층 이상 건축물로서 다음에 해당하는 용도로 쓰는 건축물: 제2종 근린생활시설 중 공연장, 종교집회장, 인터넷컴퓨터게임시설제공업소 및 다중생활시설(공연장, 종교집회장 및 인터넷게임시설제공업소는 해당 용도로 쓰는 바닥면적의 합계가 각각 300m² 이상인 경우만 해당), 문화 및 집회시설, 종교시설, 판매시설, 운수시설, 의료시설(요양병원 및 정신병원은 제외), 교육연구시설 중 연구소, 노유자시설 중 아동 관련 시설, 노인복지시설(노인요양시설은 제외), 수련시설 중 유스호스텔, 운동시설, 업무시설, 숙박시설, 위락시설, 관광휴게시설, 장례시설

② 의료시설 중 요양병원 및 정신병원, 노유자시설 중 노인요양시설·장애인 거주시설 및 장애인 의료재활시설, 제1종 근린생활시설 중 산후조리원

(4) 거실 등의 방습

구분	대상 건축물	기준
방습조치	건축물의 최하층에 있는 바닥이 목조인 거실	거실바닥 높이는 지표면으로부터 45cm 이상 [예외] 지표면을 콘크리트바닥으로 설치하는 등 방습을 위한 조치를 한 경우
내수재료의 마감	제1종 근린생활시설 중 목욕장의 욕실과 휴게음식점의 조리장	욕실 또는 조리장의 바닥과 그 바닥으로 높이 1m까지의 안쪽 벽의 마감은 내수재료로 해야 함
	제2종 근린생활시설 중 일반음식점 및 휴게음식점의 조리장과 숙박시설의 욕실	

(5) 경계벽 등의 설치

① 적용대상
  ㉠ 단독주택 중 다가구주택의 각 가구 간 또는 공동주택(기숙사는 제외)의 각 세대 간 경계벽(거실·침실 등의 용도로 쓰지 아니하는 발코니 부분은 제외)
  ㉡ 공동주택 중 기숙사의 침실, 의료시설의 병실, 교육연구시설 중 학교의 교실 또는 숙박시설의 객실 간 경계벽
  ㉢ 제1종 근린생활시설 중 산후조리원의 임산부실 간 경계벽, 신생아실 간 경계벽, 임산부실과 신생아실 간 경계벽
  ㉣ 제2종 근린생활시설 중 다중생활시설의 호실 간 경계벽
  ㉤ 노유자시설 중 노인복지법에 따른 노인복지주택의 각 세대 간 경계벽
  ㉥ 노유자시설 중 노인요양시설의 호실 간 경계벽

② 구조: 내화구조로 하고, 지붕밑 또는 바로 위층의 바닥판까지 닿게 해야 한다.

③ 경계벽은 소리를 차단하는 데 장애가 되는 부분이 없도록 다음의 어느 하나에 해당하는 구조로 하여야 한다.
  ㉠ 철근콘크리트조·철골철근콘크리트조로서 두께가 10cm 이상인 것
  ㉡ 무근콘크리트조 또는 석조로서 두께가 10cm(시멘트모르타르·회반죽 또는 석고플라스터의 바름두께를 포함) 이상인 것
  ㉢ 콘크리트블록조 또는 벽돌조로서 두께가 19cm 이상인 것
  ㉣ 국토교통부장관이 정하여 고시하는 기준에 따라 국토교통부장관이 지정하는 자 또는 한국건설기술연구원장이 실시하는 품질시험에서 그 성능이 확인된 것
  ㉤ 한국건설기술연구원장이 정한 인정기준에 따라 인정하는 것

(6) 건축물에 설치하는 굴뚝

① 굴뚝의 옥상 돌출부는 지붕면으로부터의 수직거리를 1m 이상으로 할 것(용마루·계단탑·옥탑 등이 있는 건축물에 있어서 굴뚝의 주위에 연기의 배출을 방해하는 장애물이 있는 경우에는 그 굴뚝의 상단을 용마루·계단탑·옥탑 등보다 높게 하여야 함)
② 굴뚝의 상단으로부터 수평거리 1m 이내에 다른 건축물이 있는 경우에는 그 건축물의 처마보다 1m 이상 높게 할 것
③ 금속제 굴뚝으로서 건축물의 지붕속·반자위 및 가장 아랫바닥 밑에 있는 굴뚝의 부분은 금속 외의 불연재료로 덮을 것
④ 금속제 굴뚝은 목재, 기타 가연재료로부터 15cm 이상 떨어져서 설치할 것(두께 10cm 이상인 금속 외의 불연재료로 덮은 경우는 제외함)

(7) 창문 등의 차면시설

인접 대지경계선으로부터 직선거리 2m 이내에 이웃 주택의 내부가 보이는 창문 등을 설치하는 경우에는 차면시설을 설치하여야 한다.

2. 계단 및 복도의 설치

(1) 대상
연면적 200m²를 초과하는 건축물에 설치하는 계단 및 복도는 국토교통부령으로 정하는 기준에 적합하여야 한다.

(2) 건축물에 설치하는 계단의 설치기준

구분	대상	설치기준
계단참	높이가 3m를 넘는 계단	높이 3m 이내마다 유효너비 1.2m 이상의 계단참을 설치할 것
난간	높이가 1m를 넘는 계단	계단 및 계단참의 양옆에는 난간(벽 또는 이에 대치되는 것을 포함)을 설치할 것
중간난간	너비가 3m를 넘는 계단	계단의 중간에 너비 3m 이내마다 난간을 설치할 것 [예외] 계단의 단높이가 15cm 이하이고, 계단의 단너비가 30cm 이상인 경우
유효높이		2.1m 이상으로 할 것

(3) 계단을 대체하여 설치하는 경사로의 기준
① 경사도는 1:8을 넘지 아니할 것
② 표면을 거친 면으로 하거나 미끄러지지 아니하는 재료로 마감할 것
③ 경사로의 직선 및 굴절부분의 유효너비는 장애인·노인·임산부 등의 편의증진 보장에 관한 법률이 정하는 기준에 적합할 것

(4) 계단 및 계단참의 유효너비, 단높이 및 단너비

계단의 종류	계단 및 계단참의 유효너비	단높이	단너비
초등학교의 계단	150cm 이상	16cm 이하	26cm 이상
중·고등학교의 계단	150cm 이상	18cm 이하	26cm 이상
문화 및 집회 시설(공연장, 집회장, 관람장에 한함), 판매시설과 유사한 용도에 쓰이는 건축물의 계단	120cm 이상	—	—
계단을 설치하려는 층이 지상층인 경우 해당 층의 바로 위층부터 최상층까지의 거실 바닥면적 합계가 200m² 이상인 경우	120cm 이상	—	—
계단을 설치하려는 층이 지하층인 경우 지하층 거실 바닥면적 합계가 100m² 이상인 경우	120cm 이상	—	—
기타의 계단	60cm 이상	—	—

(5) 문화 및 집회시설 중 공연장에 설치하는 복도
① 공연장의 개별 관람실(바닥면적이 300m² 이상인 경우)의 바깥쪽에는 그 양쪽 및 뒤쪽에 각각 복도를 설치할 것
② 하나의 층에 개별 관람실(바닥면적이 300m² 미만인 경우)을 2개소 이상 연속하여 설치하는 경우에는 그 관람실의 바깥쪽의 앞쪽과 뒤쪽에 각각 복도를 설치할 것

KEYWORD 10　피난규정 ★★★

1. 직통계단의 설치

(1) 피난층 외의 층에서의 보행거리 기준

① 피난층 외의 층에서는 피난층 또는 지상으로 통하는 직통계단을 거실의 각 부분으로부터 계단에 이르는 보행거리가 30m 이하가 되도록 설치해야 한다.

[예외] 지하층에 설치하는 것으로서 바닥면적의 합계가 300m² 이상인 공연장·집회장·관람장 및 전시장

② 완화규정

㉠ 주요구조부가 내화구조 또는 불연재료로 된 건축물은 그 보행거리가 50m(층수가 16층 이상인 공동주택의 경우 16층 이상인 층에 대해서는 40m) 이하가 되도록 설치할 수 있다.

㉡ 자동화 생산시설에 스프링클러 등 자동식 소화설비를 설치한 공장으로서 국토교통부령으로 정하는 공장인 경우에는 그 보행거리가 75m(무인화 공장인 경우에는 100m) 이하가 되도록 설치할 수 있다.

(2) 직통계단을 2개소 이상 설치해야 하는 건축물

① 설치기준

㉠ 가장 멀리 위치한 직통계단 2개소의 출입구 간의 가장 가까운 직선거리는 건축물 평면의 최대 대각선 거리의 1/2 이상으로 한다.

[예외] 스프링클러 또는 그 밖에 이와 비슷한 자동식 소화설비를 설치한 경우에는 1/3 이상으로 함

㉡ 각 직통계단 간에는 각각 거실과 연결된 복도 등 통로를 설치할 것

② 대상 건축물

건축물의 용도	해당 부분	면적
• 제2종 근린생활시설 중 공연장, 종교집회장 • 문화 및 집회시설(전시장 및 동·식물원 제외) • 종교시설 • 위락시설 중 주점영업, 장례시설	그 층에서 해당 용도로 쓰는 바닥면적 합계(제2종 근린생활시설 중 공연장, 종교집회장은 각각 300m²)	
• 단독주택 중 다중주택·다가구주택 • 제1종 근린생활시설 중 정신과의원(입원실이 있는 경우) • 제2종 근린생활시설 중 인터넷컴퓨터게임시설제공업소(해당 용도로 쓰는 바닥면적의 합계가 300m² 이상인 경우) • 학원·독서실 • 판매시설, 운수시설(여객용 시설만 해당) • 의료시설(입원실이 없는 치과병원은 제외) • 교육연구시설 중 학원 • 노유자시설 중 아동 관련 시설, 노인복지시설, 장애인 거주시설 및 장애인 의료재활시설 • 수련시설 중 유스호스텔 또는 숙박시설	3층 이상의 층으로서 그 층의 해당 용도로 쓰이는 거실 바닥면적 합계	200m² 이상
• 공동주택(층당 4세대 이하는 제외) • 업무시설 중 오피스텔	그 층의 해당 용도에 쓰이는 거실의 바닥면적의 합계	300m² 이상
• 위의 용도에 해당하지 않음	3층 이상의 층으로서 그 층 거실의 바닥면적의 합계	400m² 이상
• 지하층	그 층의 거실 바닥면적의 합계	200m² 이상

2. 피난계단의 설치 대상

(1) 피난 및 특별피난계단의 설치대상

구분	대상	예외
피난계단 또는 특별피난계단	• 5층 이상 또는 지하 2층 이하의 층으로부터 피난층 또는 지상으로 통하는 직통계단(지하 1층인 건축물의 경우에는 5층 이상의 층으로부터 피난층 또는 지상으로 통하는 직통계단과 직접 연결된 지하 1층의 계단 포함) • 판매시설의 용도에 쓰이는 층으로부터의 직통계단은 그 중 1개소 이상을 특별피난계단으로 설치하여야 함	건축물의 주요구조부가 내화구조 또는 불연재료로 되어 있는 경우로서 다음의 어느 하나에 해당하는 경우 • 5층 이상의 바닥면적 합계가 $200m^2$ 이하인 경우 • 5층 이상의 바닥면적 매 $200m^2$ 이내마다 방화구획이 되어 있는 경우
특별피난계단	• 11층 이상(공동주택은 16층 이상)의 층으로부터 피난층 또는 지상으로 통하는 직통계단 • 지하 3층 이하인 층으로부터 피난층 또는 지상으로 통하는 직통계단	• 갓복도식 공동주택 • 해당 층의 바닥면적이 $400m^2$ 미만인 층

(2) 직통계단 외에 별도의 피난계단, 특별피난계단 설치대상

대상 건축물	설치기준
건축물의 5층 이상의 층으로서 다음에 해당하는 시설 • 문화 및 집회시설 중 전시장 또는 동식물원 • 판매시설, 운수시설(여객용 시설만 해당) • 운동시설, 위락시설 • 관광휴게시설(다중이 이용하는 시설에 한함) • 수련시설 중 생활권 수련시설	• 그 층의 해당 용도로 쓰는 바닥면적의 합계가 $2,000m^2$를 넘는 경우에는 그 넘는 매 $2,000m^2$ 이내마다 1개소의 피난계단 또는 특별피난계단을 설치해야 함 • 4층 이하의 층에 쓰이지 않는 피난계단 또는 특별피난계단에 한함

(3) 옥외피난계단의 설치기준

대상 건축물	건축물의 용도	해당 용도에 쓰이는 층의 거실의 바닥면적 합계
3층 이상 (피난층 제외)	• 제2종 근린생활시설 중 공연장 • 문화 및 집회시설 중 공연장 • 위락시설 중 주점영업	$300m^2$ 이상
	문화 및 집회시설 중 집회장	$1,000m^2$ 이상

(4) 피난계단 및 특별피난계단의 구조

구분		구조기준
건축물의 내부에 설치하는 피난계단	계단실	• 내화구조의 벽으로 구획(창문, 출입구, 기타 개구부는 제외) • 실내에 접하는 부분의 마감은 불연재료로 할 것 • 예비전원에 의한 조명설비를 할 것
	창문	• 계단실의 바깥쪽과 접하는 창문 등(망이 들어 있는 유리의 붙박이창으로서 그 면적이 각각 $1m^2$ 이하인 것은 제외)은 당해 건축물의 다른 부분에 설치하는 창문 등으로부터 2m 이상의 거리를 두고 설치할 것 • 건축물의 내부와 접하는 계단실의 창문 등(출입구는 제외)은 망이 들어 있는 유리의 붙박이창으로서 그 면적을 각각 $1m^2$ 이하로 할 것
	출입구	• 유효너비는 0.9m 이상으로 할 것 • 60분+ 방화문, 60분 방화문을 설치할 것
	계단	내화구조로 하고 피난층 또는 지상까지 직접 연결되도록 할 것
건축물의 바깥쪽에 설치하는 피난계단		• 계단은 그 계단으로 통하는 출입구 외의 창문 등(망이 들어 있는 유리의 붙박이창으로서 그 면적이 각각 $1m^2$ 이하인 것은 제외)으로부터 2m 이상의 거리를 두고 설치할 것 • 건축물의 내부에서 계단으로 통하는 출입구에는 60분+ 방화문 또는 60분 방화문을 설치할 것 • 계단의 유효너비는 0.9m 이상으로 할 것 • 계단은 내화구조로 하고 지상까지 직접 연결되도록 할 것
특별 피난계단		• 건축물의 내부와 계단실은 노대를 통하여 연결하거나 외부를 향하여 열 수 있는 면적 $1m^2$ 이상인 창문(바닥으로부터 1m 이상의 높이에 설치한 것에 한함) 또는 배연설비가 있는 면적 $3m^2$ 이상인 부속실을 통하여 연결할 것 • 계단실·노대 및 부속실은 창문 등을 제외하고는 내화구조의 벽으로 각각 구획할 것 • 계단실 및 부속실의 실내에 접하는 부분은 불연재료로 할 것 • 계단실에는 예비전원에 의한 조명설비를 할 것 • 계단실·노대 또는 부속실에 설치하는 건축물의 바깥쪽에 접하는 창문 등(망이 들어 있는 유리의 붙박이창으로서 그 면적이 각각 $1m^2$ 이하인 것은 제외)은 계단실·노대 또는 부속실 외의 당해 건축물의 다른 부분에 설치하는 창문 등으로부터 2m 이상의 거리를 두고 설치할 것 • 계단실에는 노대 또는 부속실에 접하는 부분 외에는 건축물의 내부와 접하는 창문 등을 설치하지 아니할 것 • 계단실의 노대 또는 부속실에 접하는 창문 등은 망이 들어 있는 유리의 붙박이창으로서 그 면적을 각각 $1m^2$ 이하로 할 것 • 노대 및 부속실에는 계단실 외의 건축물의 내부와 접하는 창문 등(출입구를 제외)을 설치하지 아니할 것 • 건축물의 내부에서 노대 또는 부속실로 통하는 출입구에는 60분+ 방화문 또는 60분 방화문을 설치하고, 노대 또는 부속실로부터 계단실로 통하는 출입구에는 60분+ 방화문, 60분 방화문 또는 30분 방화문을 설치할 것 • 방화문은 언제나 닫힌 상태를 유지하거나 화재로 인한 연기 또는 불꽃을 감지하여 자동적으로 닫히는 구조로 해야 하고, 연기 또는 불꽃으로 감지하여 자동적으로 닫히는 구조로 할 수 없는 경우에는 온도를 감지하여 자동적으로 닫히는 구조로 할 수 있음 • 계단은 내화구조로 하되, 피난층 또는 지상까지 직접 연결되도록 할 것 • 출입구의 유효너비는 0.9m 이상으로 하고 피난의 방향으로 열 수 있을 것

> **합격 PLUS+** 피난안전구역의 구조 및 설비기준
>
> ❶ 피난안전구역의 내부마감재료는 불연재료로 설치할 것
> ❷ 비상용 승강기는 피난안전구역에서 승하차 할 수 있는 구조로 설치할 것
> ❸ 피난안전구역에는 식수공급을 위한 급수전을 1개소 이상 설치하고 예비전원에 의한 조명설비를 설치할 것
> ❹ 피난안전구역의 높이는 2.1m 이상일 것
> ❺ 배연설비를 설치할 것

3. 관람실 등으로부터의 출구 설치기준

(1) 대상 건축물 및 출구의 방향

대상	기준
• 제2종 근린생활시설 중 공연장·종교집회장(해당 용도로 쓰는 바닥면적의 합계가 각각 300m² 이상인 경우만 해당) • 문화 및 집회시설(전시장 및 동·식물원은 제외) • 종교시설, 위락시설, 장례시설	건축물의 관람실 또는 집회실로부터 밖으로의 출구에 쓰이는 문은 안여닫이로 해서는 안 됨

(2) 공연장 개별 관람실의 출구기준

대상	설치기준
문화 및 집회시설 중 공연장의 개별 관람실(바닥면적이 300m² 이상인 것에 한함)	• 관람실별로 2개소 이상 설치할 것 • 각 출구의 유효너비는 1.5m 이상일 것 • 개별 관람실 출구의 유효너비 합계는 개별 관람실 바닥면적 100m²마다 0.6m 비율로 산정한 너비 이상으로 할 것 $$\frac{개별\ 관람실의\ 바닥면적}{100\text{m}^2} \times 0.6\text{m 이상}$$

4. 건축물의 바깥쪽으로의 출구의 설치

(1) 바깥쪽으로의 출구설치 대상

① 제2종 근린생활시설 중 공연장·종교집회장·인터넷컴퓨터게임시설제공업소(해당 용도로 쓰는 바닥면적의 합계가 각각 300m² 이상인 경우만 해당)
② 문화 및 집회시설(전시장 및 동·식물원은 제외) ③ 종교시설
④ 판매시설 ⑤ 업무시설 중 국가 또는 지방자치단체의 청사
⑥ 위락시설 ⑦ 연면적이 5,000m² 이상인 창고시설
⑧ 교육연구시설 중 학교 ⑨ 장례시설
⑩ 승강기를 설치하여야 하는 건축물

(2) 보조출구 또는 비상구설치

대상 건축물	설치기준
관람실의 바닥면적의 합계가 300m² 이상인 집회장 또는 공연장	주된 출구 외에 보조출구 또는 비상구를 2개소 이상 설치해야 함

(3) 판매시설의 피난층에 설치하는 출구의 유효너비

대상	설치기준
판매시설 (도매시장, 소매시장, 상점 등)	건축물의 바깥쪽으로의 출구의 유효너비의 합계는 해당 용도에 쓰이는 바닥면적이 최대인 층에 있어서의 해당 용도의 바닥면적 100m²마다 0.6m의 비율로 산정한 너비 이상으로 하여야 함 $$\frac{\text{해당 용도에 쓰이는 바닥면적이 최대인 층의 바닥면적}}{100\text{m}^2} \times 0.6\text{m 이상}$$

(4) 회전문 설치

① 계단이나 에스컬레이터로부터 2m 이상의 거리를 둘 것
② 회전문과 문틀 사이 및 바닥 사이는 다음에서 정하는 간격을 확보하고 틈 사이를 고무와 고무펠트의 조합체 등을 사용하여 신체나 물건 등에 손상이 없도록 할 것
  ㉠ 회전문과 문틀 사이는 5cm 이상
  ㉡ 회전문과 바닥 사이는 3cm 이하
③ 출입에 지장이 없도록 일정한 방향으로 회전하는 구조로 할 것
④ 회전문의 중심축에서 회전문과 문틀 사이의 간격을 포함한 회전문날개 끝부분까지의 길이는 140cm 이상이 되도록 할 것
⑤ 회전문의 회전속도는 분당회전수가 8회를 넘지 아니하도록 할 것
⑥ 자동회전문은 충격이 가하여지거나 사용자가 위험한 위치에 있는 경우에는 전자감지장치 등을 사용하여 정지하는 구조로 할 것

5. 옥상광장 등의 설치

(1) 난간 설치

① 옥상광장 또는 2층 이상인 층에 있는 노대 등의 주위에는 높이 1.2m 이상의 난간을 설치하여야 한다.
② 예외: 해당 노대 등에 출입할 수 없는 구조인 경우

(2) 옥상광장 설치

5층 이상의 층이 다음 용도로 사용되는 경우 피난 용도로 쓸 수 있는 광장을 옥상에 설치하여야 한다.
① 제2종 근린생활시설 중 공연장·종교집회장·인터넷컴퓨터게임시설제공업소(해당 용도로 쓰는 바닥면적의 합계가 각각 300m² 이상인 경우만 해당)
② 문화 및 집회시설(전시장 및 동·식물원은 제외)
③ 종교시설, 판매시설
④ 위락시설 중 주점영업
⑤ 장례시설

(3) 헬리포트 설치

① 설치대상: 층수가 11층 이상인 건축물로서 11층 이상인 층의 바닥면적의 합계가 10,000m² 이상인 건축물의 옥상에는 다음의 구분에 따른 공간을 확보하여야 한다.
  ㉠ 건축물의 지붕을 평지붕으로 하는 경우: 헬리포트를 설치하거나 헬리콥터를 통하여 인명 등을 구조할 수 있는 공간
  ㉡ 건축물의 지붕을 경사지붕으로 하는 경우: 경사지붕 아래에 설치하는 대피공간

② 설치기준 및 예시

설치기준	예시
길이와 너비는 각각 22m 이상(옥상바닥의 길이와 너비가 22m 이하인 경우 15m까지 감축 가능)	22m 이상(최소 15m) 모든 선은 백색으로 표시할 것 지름 8m 22m 이상(최소 15m) 선의 너비 38cm 선의 너비 60cm 반지름 12m
헬리포트의 중심으로부터 반경 12m 이내에는 헬리콥터의 이·착륙에 장애가 되는 건축물, 공작물, 조경시설 또는 난간 등을 설치하지 아니할 것	
주위한계선의 너비: 38cm	백색
H표시의 선의 너비: 38cm	
○표지의 선의 너비: 60cm	

6. 피난규정의 적용

피난에 관한 규정을 적용함에 있어서 건축물이 창문, 출입구, 그 밖의 개구부가 없는 내화구조의 바닥 또는 벽으로 구획되어 있는 경우에는 각 부분을 별개의 건축물로 본다.

KEYWORD 11 방화규정 ★★

1. 방화에 관한 규정

(1) **방화구획**

① 주요구조부가 내화구조 또는 불연재료로 된 건축물로 연면적이 1,000m²를 넘는 것은 다음의 기준에 의해 구획해야 한다.

㉠ 내화구조로 된 바닥 및 벽   ㉡ 방화문 또는 자동방화셔터

㉢

규모	구획기준		비고
10층 이하의 층	바닥면적 1,000m²(3,000m²) 이내마다 구획		( ) 안의 면적은 스프링클러 등의 자동식 소화설비를 설치한 경우임
매층	층마다 구획(면적에 무관) [예외] 지하 1층에서 지상으로 직접 연결하는 경사로 부위는 제외		
11층 이상의 층	실내마감이 불연재료인 경우	바닥면적 500m²(1,500m²) 이내마다 구획	
	실내마감이 불연재료가 아닌 경우	바닥면적 200m²(600m²) 이내마다 구획	

※ 원자력안전법에 의한 원자로 및 관계시설은 원자력안전법에서 정하는 바에 따른다.

② 방화구획 완화 대상 건축물
㉠ 문화 및 집회시설(동·식물원은 제외), 종교시설, 운동시설 또는 장례시설의 용도로 쓰는 거실로서 시선 및 활동 공간의 확보를 위하여 불가피한 부분

ⓒ 물품의 제조·가공 및 운반 등(보관은 제외)에 필요한 고정식 대형기기 또는 설비의 설치를 위하여 불가피한 부분
　　ⓓ 계단실·복도 또는 승강기의 승강장 및 승강로로서 그 건축물의 다른 부분과 방화구획으로 구획된 부분
　　ⓔ 건축물의 최상층 또는 피난층으로서 대규모 회의장·강당·스카이라운지·로비 또는 피난안전구역 등의 용도로 쓰는 부분으로서 그 용도로 사용하기 위하여 불가피한 부분
　　ⓕ 복층형 공동주택의 세대별 층간 바닥 부분
　　ⓖ 주요구조부가 내화구조 또는 불연재료로 된 주차장
　　ⓗ 단독주택, 동물 및 식물 관련 시설 또는 국방·군사시설(집회, 체육, 창고 등의 용도로 사용되는 시설만 해당)로 쓰는 건축물
　　ⓘ 건축물의 1층과 2층의 일부를 동일한 용도로 사용하며 그 건축물의 다른 부분과 방화구획으로 구획된 부분(바닥면적의 합계가 500m² 이하인 경우)

(2) **방화벽의 구조**
　① 내화구조로서 홀로 설 수 있는 구조일 것
　② 방화벽의 양쪽 끝과 위쪽 끝을 건축물의 외벽면 및 지붕면으로부터 0.5m 이상 튀어나오게 할 것
　③ 방화벽에 설치하는 출입문의 너비 및 높이는 각각 2.5m 이하로 하고, 해당 출입문에는 60분+ 방화문 또는 60분 방화문을 설치할 것

(3) **연면적 1,000m² 이상인 목조건축물**
　① 외벽 및 처마 밑으로 연소할 우려가 있는 부분을 방화구조로 한다.
　② 지붕은 불연재료로 하여야 한다.

(4) **연소할 우려가 있는 부분**

구조부분	기준		비고
• 인접 대지경계선 • 도로 중심선 • 동일한 대지 안에 2동 이상의 건축물(연면적의 합계가 500m² 이하인 건축물은 하나의 건축물로 봄) 상호의 외벽 간의 중심선	1층	3m 이내	[예외] 공원·광장·하천의 공지나 수면 또는 내화구조의 벽 등에 접하는 부분은 제외
	2층 이상	5m 이내	

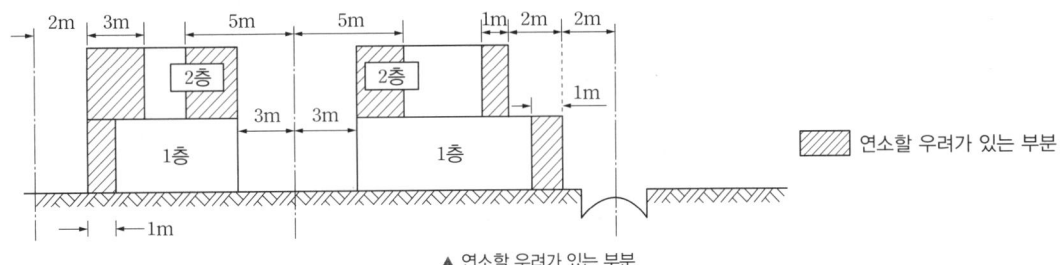

▲ 연소할 우려가 있는 부분

2. 방화지구 안의 건축물

(1) **방화지구 안의 건축물의 구조제한**
　① 원칙: 건축물의 주요구조부 및 외벽을 내화구조로 해야 한다.
　② 예외
　　ⓐ 연면적이 30m² 미만인 단층 부속건물로서 외벽 및 처마면이 내화구조 또는 불연재료로 된 것
　　ⓑ 주요구조부가 불연재료로 된 도매시장의 용도로 쓰는 건축물

(2) 방화지구 안의 지붕·방화문·인접 대지경계선에 접하는 외벽

구분	내용
지붕	내화구조가 아닌 것은 불연재료로 함
외벽에 설치하는 창문 등으로서 연소할 우려가 있는 부분의 방화설비	• 60분+ 방화문 또는 60분 방화문 • 소방법령이 정하는 기준에 적합하게 창문 등에 설치하는 드렌처(Drencher) • 당해 창문 등과 연소할 우려가 있는 다른 건축물의 부분을 차단하는 내화구조나 불연재료로 된 벽·담장, 기타 이와 유사한 방화설비 • 환기구멍에 설치하는 불연재료로 된 방화커버 또는 그물눈이 2mm 이하인 금속망

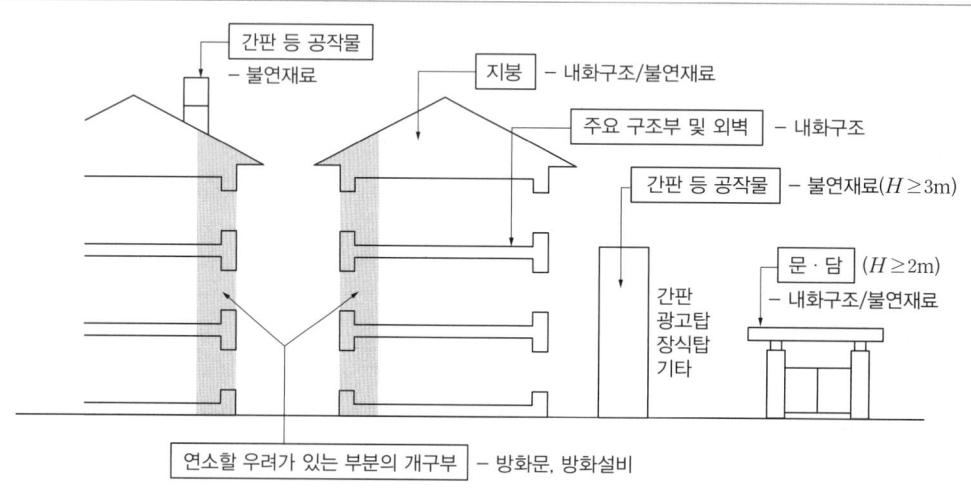

▲ 방화지구 내 건축물의 제한기준

3. 방화에 장애가 되는 용도의 제한

(1) 기준

같은 건축물안에서는 "①"란의 용도와 "②"란의 용도를 함께 설치할 수 없다.

①	②
• 의료시설 • 노유자시설(아동 관련 시설 및 노인복지시설만 해당) • 공동주택 • 장례시설 또는 제1종 근린생활시설(산후조리원만 해당)	• 위락시설 • 위험물 저장 및 처리시설 • 공장 및 자동차 관련 시설(정비공장만 해당)

(2) 같은 건축물 안에서 설치 가능한 시설물 및 설치가 불가능한 시설물

구분	내용
설치 가능한 시설물	• 공동주택(기숙사만 해당)과 공장이 같은 건축물에 있는 경우 • 중심상업지역·일반상업지역 또는 근린상업지역에서 재개발사업을 시행하는 경우 • 공동주택과 위락시설이 같은 초고층 건축물에 있는 경우 • 지식산업센터와 직장어린이집이 같은 건축물에 있는 경우
설치가 불가능한 시설물	• 노유자시설 중 아동 관련 시설 또는 노인복지시설과 판매시설 중 도매시장 또는 소매시장 • 단독주택(다중주택, 다가구주택), 공동주택, 제1종 근린생활시설 중 조산원 또는 산후조리원과 제2종 근린생활시설 중 다중생활시설

4. 방화문의 구분

구분	내용
60분+ 방화문	연기 및 불꽃을 차단할 수 있는 시간이 60분 이상이고, 열을 차단할 수 있는 시간이 30분 이상인 방화문
60분 방화문	연기 및 불꽃을 차단할 수 있는 시간이 60분 이상인 방화문
30분 방화문	연기 및 불꽃을 차단할 수 있는 시간이 30분 이상 60분 미만인 방화문

5. 건축물의 내화구조

다음의 어느 하나에 해당하는 건축물의 주요구조부와 지붕은 내화구조로 해야 한다. 다만, 연면적이 $50m^2$ 이하인 단층의 부속건축물로서 외벽 및 처마 밑면을 방화구조로 한 것과 무대의 바닥은 그렇지 않다.

건축물의 용도	바닥면적 합계
제2종 근린생활시설 중 공연장·종교집회장	$300m^2$ 이상
• 문화 및 집회시설(전시장, 동·식물원은 제외) • 종교시설 • 위락시설 중 주점영업 및 장례시설의 용도로 쓰는 건축물의 관람실 또는 집회실	$200m^2$ 이상 (옥외관람석의 경우는 $1,000m^2$ 이상)
• 문화 및 집회시설 중 전시장 또는 동·식물원 • 판매시설, 운수시설 • 교육연구시설에 설치하는 체육관·강당, 수련시설 • 운동시설 중 체육관·운동장, 위락시설(주점영업의 용도로 쓰는 것은 제외) • 창고시설 • 위험물 저장 및 처리시설 • 자동차 관련 시설 • 방송통신시설 중 방송국·전신전화국·촬영소 • 묘지 관련 시설 중 화장시설·동물화장시설 또는 관광휴게시설의 용도로 쓰는 건축물	$500m^2$ 이상
공장(화재의 위험이 적은 공장으로서 국토교통부령이 정하는 공장은 제외)	$2,000m^2$ 이상
• 단독주택 중 다중주택 및 다가구주택(2층의 건축물) • 공동주택 • 제1종 근린생활시설(의료의 용도에 쓰이는 시설에 한함) • 제2종 근린생활시설 중 다중생활시설 • 의료시설 • 노유자시설 중 아동 관련 시설 및 노인복지시설 • 수련시설 중 유스호스텔 • 업무시설 중 오피스텔 • 숙박시설 또는 장례시설의 용도로 쓰는 건축물	$400m^2$ 이상
3층 이상인 건축물 및 지하층이 있는 건축물(단독주택, 동물 및 식물 관련 시설, 발전시설, 교도소·소년원 또는 묘지 관련 시설 등은 제외함)	모든 건축물

6. 지하층

(1) 지하층의 구조

바닥면적의 규모	설치기준
거실의 바닥면적이 50m² 이상인 층	직통계단 외에 피난층 또는 지상으로 통하는 비상탈출구 및 환기통 설치 [예외] 직통계단이 2 이상 설치된 경우는 제외
바닥면적이 1,000m² 이상인 층	피난층 또는 지상으로 통하는 직통계단을 방화구획으로 구획되는 각 부분마다 1개소 이상 설치하되, 이를 피난계단 또는 특별피난계단의 구조로 할 것
거실의 바닥면적의 합계가 1,000m² 이상인 층	환기설비를 설치
지하층의 바닥면적이 300m² 이상인 층	식수공급을 위한 급수전을 1개소 이상 설치

(2) 비상탈출구의 구조

구분	기준	형태
크기	유효너비는 0.75m 이상, 유효높이는 1.5m 이상으로 할 것	
문	피난방향으로 열리도록 하고, 실내에서 항상 열 수 있는 구조로 하여야 하며, 내부 및 외부에는 비상탈출구의 표시를 할 것	
설치위치	출입구로부터 3m 이상 떨어진 곳에 설치	
사다리	지하층의 바닥으로부터 비상탈출구의 아랫부분까지의 높이가 1.2m 이상이 되는 경우에는 벽체에 발판의 너비가 20cm 이상인 사다리를 설치	
피난통로의 유효너비 및 재료	유효너비는 0.75m 이상으로 하고, 피난통로의 실내에 접하는 부분의 마감과 그 바탕은 불연재료로 할 것	
진입부분 및 피난통로	통행에 지장이 있는 물건을 방치하거나 시설물을 설치하지 아니할 것	
유도등과 피난통로의 비상조명등	소방법령의 정하는 바에 의할 것	

> **참고** 지하층에 거실 설치가 금지되는 건축물
>
> 단독주택, 공동주택 등의 건축물의 지하층에는 거실을 설치할 수 없다. 다만, 침수위험 정도를 비롯한 지역적 특성, 피난 및 대피 가능성, 그 밖에 주거의 안전과 관련된 사항을 고려하여 해당 지방자치단체의 조례로 정하는 경우에는 예외로 한다.

핵심 기출문제

PART 04
구조 · 피난 · 방화

KEYWORD 09 구조규정

01   20년 4회

다음 거실의 반자높이와 관련된 기준 내용 중 ( ) 안에 해당되지 않는 건축물의 용도는?

> ( )의 용도에 쓰이는 건축물의 관람실 또는 집회실로서 그 바닥면적이 200m² 이상인 것의 반자의 높이는 4m(노대의 아랫부분의 높이는 2.7m) 이상이어야 한다. 다만, 기계환기장치를 설치하는 경우에는 그렇지 않다.

① 문화 및 집회시설 중 동·식물원
② 장례식장
③ 위락시설 중 유흥주점
④ 종교시설

해설 |
거실의 반자높이를 정할 때 문화 및 집회시설 중 전시장 및 동·식물원은 제외한다.

정답 | ①

02   21년 2회, 18년 4회, 18년 2회

건축물의 거실에 국토교통부령으로 정하는 기준에 따라 배연설비를 하여야 하는 대상 건축물에 속하지 않는 것은? (단, 피난층의 거실은 제외하며, 6층 이상인 건축물의 경우임)

① 종교시설   ② 판매시설
③ 위락시설   ④ 방송통신시설

해설 |
6층 이상의 건축물의 거실이 종교시설, 판매시설, 위락시설, 운수시설, 의료시설 등에 해당될 때 배연설비를 해야 한다. 방송통신시설은 배연설비 대상 건축물이 아니다.

정답 | ④

03   21년 2회

계단 및 복도의 설치기준에 관한 설명으로 틀린 것은?

① 높이가 3m를 넘은 계단에는 높이 3m 이내마다 유효너비 120cm 이상의 계단참을 설치할 것
② 거실 바닥면적의 합계가 100m² 이상인 지하층에 설치하는 계단인 경우 계단 및 계단참의 유효너비는 120cm 이상으로 할 것
③ 계단을 대체하여 설치하는 경사로의 경사도는 1 : 6을 넘지 아니할 것
④ 문화 및 집회시설 중 공연장의 개별 관람실(바닥면적이 300m² 이상인 경우)의 바깥쪽에는 그 양쪽 및 뒤쪽에 각각 복도를 설치할 것

해설 |
계단을 대체하여 설치하는 경사로의 경사도는 1:8을 넘지 않아야 한다.

정답 | ③

KEYWORD 10 피난규정

04   21년 2회

건축물의 피난층 외의 층에서 피난층 또는 지상으로 통하는 직통계단을 거실의 각 부분으로부터 계단에 이르는 보행거리가 최대 얼마 이내가 되도록 설치하여야 하는가? (단, 건축물의 주요구조부는 내화구조이고 층수는 15층으로 공동주택이 아닌 경우임)

① 30m   ② 40m
③ 50m   ④ 60m

해설 |
주요구조부가 내화구조 또는 불연재료로 된 건축물은 그 보행거리가 50m(층수가 16층 이상인 공동주택의 경우 16층 이상인 층에 대해서는 40m) 이하가 되도록 설치할 수 있다.

정답 | ③

05

18년 4회, 13년 4회

피난층 외의 층으로서 피난층 또는 지상으로 통하는 직통계단을 2개소 이상 설치하여야 하는 대상 기준으로 옳지 않은 것은?

① 지하층으로서 그 층 거실의 바닥면적의 합계가 200m² 이상인 것
② 종교시설의 용도로 쓰는 층으로서 그 층에서 해당 용도로 쓰는 바닥면적의 합계가 200m² 이상인 것
③ 판매시설의 용도로 쓰는 3층 이상의 층으로서 그 층의 해당 용도로 쓰는 거실의 바닥면적의 합계가 200m² 이상인 것
④ 업무시설 중 오피스텔의 용도로 쓰는 층으로서 그 층의 해당 용도로 쓰는 거실의 바닥면적의 합계가 200m² 이상인 것

해설
업무시설 중 오피스텔의 용도로 쓰는 층은 그 층의 해당 용도에 쓰이는 거실의 바닥면적의 합계가 300m² 이상일 때 직통계단을 2개소 이상 설치해야 한다.

정답 | ④

06

19년 4회, 17년 1회

특별피난계단의 구조에 관한 기준 내용으로 옳지 않은 것은?

① 계단실에는 예비전원에 의한 조명설비를 할 것
② 계단은 내화구조로 하되, 피난층 또는 지상까지 직접 연결되도록 할 것
③ 출입구의 유효너비는 0.9m 이상으로 하고 피난의 방향으로 열 수 있을 것
④ 계단실의 노대 또는 부속실에 접하는 창문은 그 면적을 각각 3m² 이하로 할 것

해설
특별피난계단의 내부창문은 망이 들어있는 유리의 붙박이창으로서 그 면적을 각각 1m² 이하로 한다.

정답 | ④

07

21년 1회, 17년 1회

건축물의 관람실 또는 집회실로부터 바깥쪽으로의 출구로 쓰이는 문을 안여닫이로 하여서는 안 되는 건축물은?

① 위락시설
② 수련시설
③ 문화 및 집회시설 중 전시장
④ 문화 및 집회시설 중 동·식물원

해설
문화 및 집회시설(전시장 및 동·식물원은 제외), 종교시설, 위락시설, 장례시설의 출구에 쓰이는 문은 안여닫이로 해서는 안 된다.

정답 | ①

08

15년 4회, 13년 4회

문화 및 집회시설 중 공연장의 개별 관람실의 출구에 관한 기준 내용으로 옳지 않은 것은? (단, 개별 관람실의 바닥면적이 300m² 이상인 경우임)

① 관람실별로 2개소 이상 설치하여야 한다.
② 각 출구의 유효너비는 1.2m 이상이어야 한다.
③ 바깥쪽으로의 출구로 쓰이는 문은 안여닫이로 하여서는 아니된다.
④ 개별 관람실 출구의 유효너비의 합계는 개별 관람실의 바닥면적 100m²마다 0.6m의 비율로 산정한 너비 이상으로 하여야 한다.

해설
공연장의 개별 관람실의 출구의 유효너비는 1.5m 이상이어야 한다.

정답 | ②

09

18년 2회, 15년 4회, 13년 2회

건축물의 출입구에 설치하는 회전문은 계단이나 에스컬레이터로부터 최소 얼마 이상의 거리를 두어야 하는가?

① 1m
② 1.5m
③ 2m
④ 2.5m

해설
건축물의 출입구에 설치하는 회전문은 계단이나 에스컬레이터로부터 최소 2m 이상의 거리를 두어야 한다.

정답 | ③

10
18년 2회, 15년 1회

다음의 옥상광장 등의 설치에 관한 기준 내용 중 ( ) 안에 알맞은 것은?

> 옥상광장 또는 2층 이상인 층에 있는 노대나 그 밖에 이와 비슷한 것의 주위에는 높이 ( ) 이상의 난간을 설치하여야 한다. 다만, 그 노대 등에 출입할 수 없는 구조인 경우에는 그러지 아니하다.

① 1.0m
② 1.2m
③ 1.5m
④ 1.8m

해설
옥상광장 또는 2층 이상의 노대 등의 주위에는 높이 1.2m 이상의 난간을 설치하여야 한다.

정답 | ②

KEYWORD 11 방화규정

11
20년 3회

다음 중 방화구획의 설치에 관한 기준을 적용하지 아니하거나 그 사용에 지장이 없는 범위에서 완화하여 적용할 수 있는 건축물의 부분에 해당되지 않는 것은?

① 복층형 공동주택의 세대별 층간 바닥 부분
② 주요구조부가 내화구조 또는 불연재료로 된 주차장
③ 계단실 부분·복도 또는 승강기의 승강로 부분으로서 그 건축물의 다른 부분과 방화구획으로 구획된 부분
④ 문화 및 집회시설 중 동물원의 용도로 쓰는 거실로서 시선 및 활동공간의 확보를 위하여 불가피한 부분

해설
문화 및 집회시설은 방화구획 완화 대상 건축물에 포함되지만, 동물원과 식물원은 제외된다.

정답 | ④

12
20년 1·2회, 12년 1회

방화와 관련하여 같은 건축물에 함께 설치할 수 없는 것은?

① 의료시설과 업무시설 중 오피스텔
② 위험물 저장 및 처리시설과 공장
③ 위락시설과 문화 및 집회시설 중 공연장
④ 공동주택과 제2종 근린생활시설 중 다중생활시설

해설
단독주택(다중주택, 다가구주택), 공동주택, 제1종 근린생활시설 중 조산원 또는 산후조리원과 제2종 근린생활시설 중 다중생활시설은 방화와 관련하여 같은 건축물에 함께 설치할 수 없다.

정답 | ④

13
19년 4회, 18년 2회, 16년 2회, 15년 4회

건축물의 주요구조부를 내화구조로 하여야 하는 대상 건축물에 속하지 않는 것은?

① 공장의 용도로 쓰는 건축물로서 그 용도로 쓰는 바닥면적의 합계가 500m^2인 건축물
② 판매시설의 용도로 쓰는 건축물로서 그 용도로 쓰는 바닥면적의 합계가 500m^2인 건축물
③ 창고시설의 용도로 쓰는 건축물로서 그 용도로 쓰는 바닥면적의 합계가 500m^2인 건축물
④ 문화 및 집회시설 중 전시장의 용도로 쓰는 건축물로서 그 용도로 쓰는 바닥면적의 합계가 500m^2인 건축물

해설
공장은 바닥면적이 2,000m^2 이상일 때 주요구조부를 내화구조로 해야 한다.

관련이론
주요구조부를 내화구조로 하여야 하는 대상 건축물

용도	바닥면적 합계
문화 및 집회시설(전시장 또는 동·식물원 제외)	200m^2 이상
• 문화 및 집회시설 중 전시장 또는 동·식물원 • 판매시설, 창고시설	500m^2 이상
공장	2,000m^2 이상
공동주택, 의료시설	400m^2 이상

정답 | ①

PART 05 설비기준과 건축법 보칙

KEYWORD 12, 13, 14

KEYWORD 12 건축설비기준과 관계전문기술자 ★★★

1 건축설비기준

1. 개별난방설비(공동주택과 오피스텔)

구분	설치기준
보일러의 설치위치	• 거실 외의 곳에 설치 • 보일러실과 거실 사이의 경계벽을 내화구조의 벽으로 구획(출입구는 제외)
보일러실의 환기	• 윗부분에 면적 $0.5m^2$ 이상의 환기창을 설치 • 윗부분과 아랫부분에는 각각 지름 10cm 이상의 공기흡입구 및 배기구를 항상 열려 있는 상태로 바깥공기에 접하도록 설치 [주의] 전기보일러의 경우는 제외
보일러실과 거실 사이의 출입구	출입구가 닫힌 상태에서는 보일러 가스가 거실에 들어갈 수 없는 구조로 할 것
기름저장소	기름보일러의 기름저장소는 보일러실 외의 다른 곳에 설치할 것
오피스텔의 난방구획	난방구획을 방화구획으로 구획할 것
보일러의 연도	내화구조로서 공동연도로 설치할 것
가스보일러	가스를 중앙집중공급방식으로 공급하는 경우에는 가스관계법령이 정하는 기준에 의함

2. 배연설비

(1) 설치대상(피난층의 거실은 제외)

규모	건축물의 용도	설치장소
6층 이상의 건축물	• 문화 및 집회시설, 종교시설, 판매시설, 운수시설 • 의료시설(요양병원 및 정신병원은 제외), 교육연구시설 중 연구소 • 노유자시설 중 아동 관련 시설, 노인복지시설(노인요양시설은 제외) • 수련시설 중 유스호스텔 • 운동시설, 업무시설, 숙박시설, 위락시설, 관광휴게시설, 장례시설 • 제2종 근린생활시설 중 공연장, 종교집회장, 인터넷컴퓨터게임시설 제공업소 및 다중생활시설(공연장, 종교집회장 및 인터넷컴퓨터게임시설 제공업소는 해당 용도로 쓰는 바닥면적의 합계가 각각 $300m^2$ 이상인 경우만 해당)	건축물의 거실
모든 건축물	• 의료시설 중 요양병원 및 정신병원 • 노유자시설 중 노인요양시설·장애인 거주시설 및 장애인 의료재활시설 • 제1종 근린생활시설 중 산후조리원	

(2) 구조기준

구분	구조기준
배연창	• 건축물이 방화구획으로 구획된 경우에는 그 구획마다 1개소 이상의 배연창을 설치하되, 배연창의 상변과 천장 또는 반자로부터 수직거리가 0.9m 이내일 것 • 면적이 $1m^2$ 이상으로서 그 면적의 합계가 당해 건축물의 바닥면적의 1/100 이상일 것. 이 경우 바닥면적의 산정에 있어서 거실바닥면적의 1/20 이상으로 환기창을 설치한 거실의 면적은 이에 산입하지 아니함
배연구	• 연기감지기, 열감지기에 의해 자동으로 열 수 있는 구조로 하되 손으로 여닫을 수 있도록 할 것 • 예비전원에 의해 열 수 있도록 할 것
기계식 배연설비	소방관계법령의 규정에 따름

3. 배관설비

(1) 급수·배수 등의 용도로 쓰는 배관설비의 설치 및 구조
① 배관설비를 콘크리트에 묻는 경우 부식의 우려가 있는 재료는 부식방지 조치를 할 것
② 건축물의 주요부분을 관통하여 배관하는 경우에는 구조내력에 지장이 없도록 할 것
③ 승강기의 승강로 안에는 승강기의 운행에 필요한 배관설비 외의 배관설비를 설치하지 아니할 것
④ 압력탱크 및 급탕설비에는 폭발 등의 위험을 막을 수 있는 시설을 설치할 것

(2) 배수용으로 쓰이는 배관설비의 설치 및 구조
① (1)의 기준 외에 다음의 기준에 적합하여야 한다.
② 배출시키는 빗물 또는 오수의 양 및 수질에 따라 그에 적당한 용량 및 경사를 지게하거나 그에 적합한 재질을 사용할 것
③ 배관설비에는 배수트랩, 통기관을 설치하는 등 위생에 지장이 없도록 할 것
④ 배관설비의 오수에 접하는 부분은 내수재료를 사용할 것
⑤ 지하실 등 공공하수도로 자연배수를 할 수 없는 곳에는 배수용량에 맞는 강제배수시설을 설치할 것
⑥ 우수관과 오수관은 분리하여 배관할 것
⑦ 콘크리트 구조체에 매설하거나 관통할 경우에는 구조체에 덧관(Sleeve)을 미리 매설하는 등 배관의 부식을 방지하고 그 수선 및 교체가 용이하도록 할 것

(3) 먹는물용 배관설비의 설치 및 구조
① (1)의 기준에 적합할 것
② 먹는물용 배관설비는 다른 용도의 배관설비와 직접 연결하지 아니할 것
③ 급수관 및 수도계량기는 얼어서 깨지지 아니하도록 기준에 적합하게 설치할 것
④ 급수 및 저수탱크는 수도시설의 청소 및 위생관리 등에 관한 규칙의 규정에 의한 저수조설치기준에 적합한 구조로 할 것
⑤ 먹는물의 급수관의 지름은 건축물의 용도 및 규모에 적정한 규격 이상으로 할 것. 다만, 주거용 건축물은 해당 배관에 의하여 급수되는 가구수 또는 바닥면적의 합계에 따라 다음 표의 기준에 적합한 지름의 관으로 배관해야 한다.

가구 또는 세대수	1	2~3	4~5	6~8	9~16	17 이상
급수관 지름의 최소기준(mm)	15	20	25	32	40	50

㉠ 가구 또는 세대의 구분이 불분명한 경우의 가구수 산정
- 바닥면적 85m² 이하: 1가구
- 바닥면적 85m² 초과 150m² 이하: 3가구
- 바닥면적 150m² 초과 300m² 이하: 5가구
- 바닥면적 300m² 초과 500m² 이하: 16가구
- 바닥면적 500m² 초과: 17가구

㉡ 가압설비 등을 설치하여 급수되는 각 기구에서의 압력이 1cm²당 0.7kg 이상인 경우에는 위 표의 기준을 적용하지 아니할 수 있다.

4. 피뢰설비

(1) 설치대상
① 낙뢰의 우려가 있는 건축물
② 높이 20m 이상의 건축물 또는 높이 20m 이상인 공작물(건축물에 공작물을 설치하여 그 전체 높이가 20m 이상인 것을 포함)

(2) 설치기준
① 피뢰설비는 한국산업표준이 정하는 피뢰레벨 등급에 적합한 피뢰설비일 것(위험물 저장 및 처리시설에 설치하는 피뢰설비는 한국산업표준이 정하는 피뢰시스템레벨Ⅱ 이상이어야 함)
② 돌침은 건축물의 맨 윗부분으로부터 25cm 이상 돌출시켜 설치하되, 건축물의 구조기준 등에 관한 규칙에 따른 설계하중에 견딜 수 있는 구조일 것
③ 피뢰설비의 재료는 최소 단면적이 피복이 없는 동선(銅線)을 기준으로 수뢰부, 인하도선 및 접지극은 50mm² 이상이거나 이와 동등 이상의 성능을 갖출 것
④ 피뢰설비의 인하도선을 대신하여 철골조의 철골구조물과 철근콘크리트조의 철근구조체 등을 사용하는 경우에는 전기적 연속성이 보장될 것. 이 경우 전기적 연속성이 있다고 판단되기 위하여는 건축물 금속 구조체의 최상단부와 지표레벨 사이의 전기저항이 0.2Ω 이하이어야 한다.
⑤ 측면 낙뢰를 방지하기 위하여 높이가 60m를 초과하는 건축물 등에는 지면에서 건축물 높이의 4/5가 되는 지점부터 최상단 부분까지의 측면에 수뢰부를 설치하여야 하며, 지표레벨에서 최상단부의 높이가 150m를 초과하는 건축물은 120m 지점부터 최상단부분까지의 측면에 수뢰부를 설치할 것
⑥ 접지(接地)는 환경오염을 일으킬 수 있는 시공방법이나 화학첨가물 등을 사용하지 아니할 것
⑦ 급수·급탕·난방·가스 등을 공급하기 위하여 건축물에 설치하는 금속배관 및 금속재 설비는 전위(電位)가 균등하게 이루어지도록 전기적으로 접속할 것
⑧ 전기설비의 접지계통과 건축물의 피뢰설비 및 통신설비 등의 접지극을 공용하는 통합접지공사를 하는 경우에는 낙뢰 등으로 인한 과전압으로부터 전기설비 등을 보호하기 위하여 한국산업표준에 적합한 서지보호장치를 설치할 것

2 관계전문기술자

1. 관계전문기술자의 협력을 받아야 하는 건축물

(1) 건축구조기술사의 협력을 받아야 하는 건축물

다음의 어느 하나에 해당하는 건축물의 설계자는 해당 건축물에 대한 구조의 안전을 확인하는 경우에는 건축구조기술사의 협력을 받아야 한다.

> 6층 이상인 건축물, 특수구조 건축물, 다중이용 건축물, 준다중이용 건축물, 3층 이상의 필로티 형식 건축물 등

(2) 관계전문기술자의 협력을 받아야 하는 건축물

다음의 건축물에 건축설비를 설치하는 경우에는 관계전문기술자의 협력을 받아야 한다.

① 대상 건축물
  ㉠ 연면적 10,000m^2 이상인 건축물(창고시설은 제외)
  ㉡ 다음에 해당하는 에너지를 대량으로 소비하는 건축물

용도	바닥면적의 합계
냉동냉장시설·항온항습시설 또는 특수청정시설	500m^2 이상
아파트 및 연립주택	—
목욕장, 물놀이형 시설(실내에 설치된 경우), 수영장(실내에 설치된 경우)	500m^2 이상
기숙사, 의료시설, 유스호스텔, 숙박시설	2,000m^2 이상
판매시설, 연구소, 업무시설	3,000m^2 이상
문화 및 집회시설, 종교시설, 교육연구시설(연구소는 제외), 장례식장	10,000m^2 이상

② 대상 관계전문기술자

구분	자격
전기, 승강기(전기 분야만 해당) 및 피뢰침	건축전기설비기술사 또는 발송배전기술사
급수·배수(配水)·배수(排水)·환기·난방·소화·배연·오물처리 설비 및 승강기(기계 분야만 해당)	건축기계설비기술사 또는 공조냉동기계기술사
가스설비	건축기계설비기술사, 공조냉동기계기술사 또는 가스기술사

KEYWORD 13　승강설비 ★★

1. 승강기

(1) 설치대상

① 건축주는 6층 이상으로서 연면적이 2,000m² 이상인 건축물을 건축하려면 승강기를 설치하여야 한다.
② 예외: 층수가 6층인 건축물로서 각 층 거실의 바닥면적 300m² 이내마다 1개소 이상의 직통계단을 설치한 건축물

(2) 승용승강기의 설치기준(8인승 이상 15인승 이하 기준)

건축물의 용도	6층 이상 거실면적의 합계(Am²)		공식
	3,000m² 이하	3,000m² 초과	
• 문화 및 집회시설(공연장, 집회장, 관람장만 해당) • 판매시설, 의료시설	2대	2대에 3,000m²를 초과하는 경우에는 그 초과하는 매 2,000m² 이내마다 1대를 더한 대수	$2+\dfrac{A-3{,}000\text{m}^2}{2{,}000\text{m}^2}$
• 문화 및 집회시설(전시장 및 동·식물원만 해당) • 업무시설, 숙박시설, 위락시설	1대	1대에 3,000m²를 초과하는 경우에는 그 초과하는 매 2,000m² 이내마다 1대를 더한 대수	$1+\dfrac{A-3{,}000\text{m}^2}{2{,}000\text{m}^2}$
• 공동주택 • 교육연구시설 • 노유자시설	1대	1대에 3,000m²를 초과하는 경우에는 그 초과하는 매 3,000m² 이내마다 1대를 더한 대수	$1+\dfrac{A-3{,}000\text{m}^2}{3{,}000\text{m}^2}$

> **합격 PLUS+**　승강기의 대수 산정
>
> 위의 표에 따라 승강기의 대수를 계산할 때 8인승 이상 15인승 이하의 승강기는 1대의 승강기로 보고, 16인승 이상의 승강기는 2대의 승강기로 본다.

2. 비상용승강기

(1) 설치대상

설치대상	설치 예외
높이 31m를 넘는 건축물(승강기를 비상용승강기의 구조로 한 경우는 제외)	• 높이 31m를 넘는 각 층을 거실 이외의 용도로 쓰는 건축물 • 높이 31m를 넘는 각 층의 바닥면적의 합계가 500m² 이하인 건축물 • 높이 31m를 넘는 층수가 4개층 이하로서 당해 각 층의 바닥면적의 합계가 200m²(벽 및 반자가 실내에 접하는 부분의 마감을 불연재료로 한 경우에는 500m²) 이내마다 방화구획으로 구획한 건축물

(2) 설치기준

높이 31m를 넘는 각 층의 바닥면적 중 최대 바닥면적(Am²)	설치대수	공식
1,500m² 이하	1대 이상	—
1,500m² 초과	1대에 1,500m²를 넘는 3,000m² 이내마다 1대씩 더한 대수 이상	$1+\dfrac{A-1{,}500\text{m}^2}{3{,}000\text{m}^2}$

(3) 비상용승강기의 승강장 및 승강로의 구조

구분	구조
승강장	• 승강장의 창문·출입구 기타 개구부를 제외한 부분은 당해 건축물의 다른 부분과 내화구조의 바닥 및 벽으로 구획할 것 • 승강장은 각 층의 내부와 연결될 수 있도록 하되, 그 출입구(승강로의 출입구를 제외)에는 60분＋방화문 또는 60분방화문을 설치할 것. 다만, 피난층에는 60분＋방화문 또는 60분방화문을 설치하지 않을 수 있다. • 노대 또는 외부를 향하여 열 수 있는 창문이나 배연설비를 설치할 것 • 벽 및 반자가 실내에 접하는 부분의 마감재료(마감을 위한 바탕을 포함)는 불연재료로 할 것 • 채광이 되는 창문이 있거나 예비전원에 의한 조명설비를 할 것 • 승강장의 바닥면적은 비상용승강기 1대에 대하여 6m² 이상으로 할 것 • 피난층이 있는 승강장의 출입구(승강장이 없는 경우에는 승강로의 출입구)로부터 도로 또는 공지에 이르는 거리가 30m 이하일 것 • 승강장 출입구 부근의 잘 보이는 곳에 당해 승강기가 비상용승강기임을 알 수 있는 표지를 할 것
승강로	• 승강로는 당해 건축물의 다른 부분과 내화구조로 구획할 것 • 각 층으로부터 피난층까지 이르는 승강로를 단일구조로 연결하여 설치할 것

3. 피난용승강기

(1) 설치대상

고층건축물에는 설치하는 승용승강기 중 1대 이상을 대통령령으로 정하는 바에 따라 피난용승강기로 설치하여야 한다.

(2) 설치기준

① 승강장의 바닥면적은 승강기 1대당 6m² 이상으로 한다.
② 각 층으로부터 피난층까지 이르는 승강로를 단일구조로 연결하여 설치한다.
③ 예비전원으로 작동하는 조명설비를 설치한다.
④ 승강장의 출입구 부근의 잘 보이는 곳에 해당 승강기가 피난용승강기임을 알리는 표지를 설치한다.

KEYWORD 14 보칙과 기타 ★

1. 감독

(1) 감독기관장의 하급기관에 대한 감독

감독기관장	하급기관장	조치
국토교통부 장관	시·도지사 또는 시장·군수·구청장	하급기관이 행한 명령이나 처분이 법이나 법에 따른 명령이나 처분 또는 조례에 위반되거나 부당하다고 인정될 경우 그 명령 또는 처분의 취소·변경, 그 밖에 필요한 조치를 명할 수 있음
특별시장·광역시장·도지사	시장·군수·구청장	

(2) 건축행정의 지도·감독

지도·점검계획 수립자	횟수	내용
국토교통부장관 및 시·도지사	연 1회 이상 건축행정의 건실한 운영을 지도·감독	• 건축허가 및 건축민원 처리실태 • 건축통계의 작성에 관한 사항 • 건축부조리 근절대책 • 위반 건축물의 정비계획 및 실적 • 기타 건축행정과 관련하여 필요한 사항

2. 권한의 위임과 위탁

구분	내용
국토교통부장관	특별건축구역의 지정, 변경 및 해제에 관한 권한을 시·도지사에게 위임할 수 있음
시장·군수·구청장	구청장(자치구가 아닌 구의 구청장) 또는 동장·읍장·면장에게 위임할 수 있는 권한 • 6층 이하로서 연면적 2,000m² 이하인 건축물의 건축·대수선 및 용도변경에 관한 권한 • 기존 건축물 연면적의 3/10 미만의 범위에서 하는 증축에 관한 권한
	동장·읍장 또는 면장에게 위임할 수 있는 권한 • 건축물의 건축 및 대수선에 관한 권한 • 가설건축물의 축조 및 존치기간 연장에 관한 권한 • 옹벽 등의 공작물 축조에 관한 권한

3. 특별건축구역

(1) 지정자

구분	내용
국토교통부장관	• 국가가 국제행사 등을 개최하는 도시 또는 지역의 사업구역 • 행정중심복합도시의 사업구역 • 혁신도시의 사업구역 • 경제자유구역 • 택지개발사업구역 • 공공주택지구 • 도시개발구역 • 국립아시아문화전당 건설사업구역 • 지구단위계획구역 중 현상설계(懸賞設計) 등에 따른 창의적 개발을 위한 특별계획구역
시·도지사	• 지방자치단체가 국제행사 등을 개최하는 도시 또는 지역의 사업구역 • 관계 법령에 따른 도시개발·도시재정비 및 건축문화 진흥사업으로서 건축물 또는 공간환경을 조성하기 위하여 대통령령으로 정하는 사업구역

(2) 특별건축구역으로 지정할 수 없는 구역

① 개발제한구역의 지정 및 관리에 관한 특별조치법에 따른 개발제한구역
② 자연공원법에 따른 자연공원
③ 도로법에 따른 접도구역
④ 산지관리법에 따른 보전산지

핵심 기출문제

PART 05 설비기준과 건축법 보칙

KEYWORD 12 건축설비기준과 관계전문기술자

01
21년 2회, 21년 1회, 17년 1회, 12년 2회

공동주택과 오피스텔 난방설비를 개별난방방식으로 하는 경우에 관한 기준 내용으로 틀린 것은?

① 보일러의 연도는 내화구조로서 공동연도로 설치할 것
② 보일러실의 윗부분에는 그 면적이 $0.5m^2$ 이상인 환기창을 설치할 것
③ 오피스텔의 경우에는 난방구획을 방화구획으로 구획할 것
④ 보일러는 거실 외의 곳에 설치하되, 보일러를 설치하는 곳과 거실 사이의 경계벽은 출입구를 제외하고는 방화구조의 벽으로 구획할 것

해설
보일러와 거실 사이의 경계벽은 출입구를 제외하고는 내화구조의 벽으로 구획해야 한다.

정답 | ④

02
19년 4회, 18년 2회, 16년 1회

건축물의 거실에 「건축물의 설비기준 등에 관한 규칙」에 따라 배연설비를 설치하여야 하는 대상 건축물에 속하지 않는 것은? (단, 피난층의 거실은 제외함)

① 6층 이상인 건축물로서 창고시설의 용도로 쓰는 건축물
② 6층 이상인 건축물로서 운수시설의 용도로 쓰는 건축물
③ 6층 이상인 건축물로서 위락시설의 용도로 쓰는 건축물
④ 6층 이상인 건축물로서 종교시설의 용도로 쓰는 건축물

해설
창고시설의 용도로 쓰는 건축물은 배연설비를 설치하여야 하는 대상에 해당되지 않는다.

정답 | ①

03
21년 2회

세대의 구분이 불분명한 건축물로 주거에 쓰이는 바닥면적의 합계가 $300m^2$인 주거용 건축물의 음용수용 급수관 지름의 최소기준은?

① 20mm
② 25mm
③ 32mm
④ 40mm

해설
세대의 구분이 불분명한 가구수는 바닥면적 기준으로 가구수를 산정한다. 바닥면적의 합계가 $150m^2$ 초과 $300m^2$ 이하인 경우 5가구로 산정하고, 4~5가구일 경우 먹는물용 급수관의 최소지름은 25mm이다.

관련이론
가구 또는 세대의 구분이 불분명한 가구수의 산정
- 바닥면적 $85m^2$ 이하: 1가구
- 바닥면적 $85m^2$ 초과 $150m^2$ 이하: 3가구
- 바닥면적 $150m^2$ 초과 $300m^2$ 이하: 5가구
- 바닥면적 $300m^2$ 초과 $500m^2$ 이하: 16가구
- 바닥면적 $500m^2$ 초과: 17가구

정답 | ②

04
14년 4회

「건축물의 설비기준 등에 관한 규칙」에 따라 피뢰설비를 설치하여야 하는 건축물의 높이 기준은?

① 10m
② 20m
③ 21m
④ 31m

해설
피뢰설비의 설치대상
- 낙뢰의 우려가 있는 건축물
- 높이 20m 이상의 건축물 또는 높이 20m 이상인 공작물

정답 | ②

05
17년 2회, 15년 2회

급수, 배수, 환기, 난방설비를 건축물에 설치하는 경우, 건축기계설비기술사 또는 공조냉동기계기술사의 협력을 받아야 하는 대상 건축물에 속하지 않는 것은?

① 아파트
② 연립주택
③ 기숙사로서 해당 용도에 사용되는 바닥면적의 합계가 2,000m²인 건축물
④ 업무시설로서 해당 용도에 사용되는 바닥면적의 합계가 2,000m²인 건축물

해설
업무시설의 경우 바닥면적의 합계가 3,000m² 이상일 때 관계전문기술자의 협력을 받아야 한다.

관련이론
관계전문기술자의 협력을 받아야 하는 건축물

용도	바닥면적의 합계
아파트 및 연립주택	—
목욕장	500m² 이상
기숙사	2,000m² 이상
업무시설	3,000m² 이상
문화 및 집회시설, 종교시설	10,000m² 이상

정답 | ④

KEYWORD 13   승강설비

06
19년 4회, 18년 2회

건축물의 층수가 15층이며, 6층 이상의 거실면적의 합계가 15,000m²인 종합병원에 설치하여야 하는 승용승강기의 최소 대수는? (단, 8인승 승용승강기의 경우임)

① 6대   ② 7대
③ 8대   ④ 9대

해설
건축물의 용도가 의료시설이고, 6층 이상 거실면적의 합계(A)가 15,000m²이다.

$$승용승강기의\ 최소\ 대수 = 2대 + \frac{A - 3,000m^2}{2,000m^2}$$
$$= 2대 + \frac{15,000m^2 - 3,000m^2}{2,000m^2}대 = 8대$$

정답 | ③

07
20년 3회, 19년 4회, 14년 2회

비상용승강기의 승강장 및 승강로 구조에 관한 기준 내용으로 틀린 것은?

① 옥내 승강장의 바닥면적은 비상용승강기 1대에 대하여 6m² 이상으로 한다.
② 각 층으로부터 피난층까지 이르는 승강로를 단일구조로 연결하여 설치하여야 한다.
③ 피난층이 있는 승강장의 출입구로부터 도로 또는 공지에 이르는 거리는 30m 이하로 한다.
④ 승강장에는 배연설비를 설치하여야 하며, 외부를 향하여 열 수 있는 창문 등을 설치하여서는 안 된다.

해설
비상용승강기의 승강장에는 노대 또는 외부를 향하여 열 수 있는 창문이나 배연설비를 설치하여야 한다.

정답 | ④

KEYWORD 14   보칙과 기타

08
19년 2회, 16년 2회

다음 중 특별건축구역으로 지정할 수 없는 구역은?

① 도로법에 따른 접도구역
② 택지개발촉진법에 따른 택지개발사업구역 지역의 사업구역
③ 국가가 국제행사 등을 개최하는 도시 또는 지역의 사업구역
④ 지방자치단체가 국제행사 등을 개최하는 도시 또는 지역의 사업구역

해설
도로법에 따른 접도구역은 특별건축구역으로 지정할 수 없다.

관련이론
특별건축구역으로 지정할 수 없는 구역
- 개발제한구역의 지정 및 관리에 관한 특별조치법에 따른 개발제한구역
- 자연공원법에 따른 자연공원
- 도로법에 따른 접도구역
- 산지관리법에 따른 보전산지

정답 | ①

PART 06 주차장법

KEYWORD 15, 16, 17

KEYWORD 15 주차장법 총칙 ★★

1. 주차장법의 목적

주차장법은 주차장의 설치, 정비 및 관리에 관하여 필요한 사항을 정함으로써 자동차 교통을 원활하게 하여 공중의 편의와 안전을 도모함을 목적으로 한다.

2. 용어의 정의

(1) 주차장

종류	설치장소
노상주차장	도로의 노면 또는 교통광장(교차점광장에 한함)의 일정한 구역에 설치된 주차장
노외주차장	도로의 노면 또는 교통광장 외의 장소에 설치된 주차장
부설주차장	건축물, 골프연습장, 그 밖에 주차수요를 유발하는 시설에 부대하여 설치된 주차장

(2) 주차장의 수급실태조사

① 사각형 또는 삼각형 형태로 조사구역을 설정하되 조사구역 바깥 경계선의 최대거리가 300m를 넘지 않도록 한다.
② 각 조사구역은 건축법에 따른 도로를 경계로 구분한다.
③ 아파트단지와 단독주택단지가 섞여 있는 지역 또는 주거기능과 상업·업무기능이 섞여 있는 지역의 경우에는 주차시설 수급의 적정성, 지역적 특성 등을 고려하여 같은 특성을 가진 지역별로 조사구역을 설정한다.
④ 수급실태조사의 주기는 3년으로 한다.

(3) 주차전용 건축물(건축물의 연면적 중 일정비율 이상이 주차장으로 사용되는 건축물)

용도	주차장 사용비율
원칙	95% 이상
단독주택, 공동주택, 제1종 및 제2종 근린생활시설, 문화 및 집회시설, 종교시설, 판매시설, 운수시설, 운동시설, 업무시설, 창고시설 또는 자동차 관련 시설(단, 주차환경개선지구 내에 위치한 건축물의 경우 60% 이상)	70% 이상

(4) 기계식 주차

구분	내용
기계식주차장치	노외주차장 및 부설주차장에 설치하는 주차설비로서 기계장치로 자동차를 이동시키는 설비
기계식주차장	기계식주차장치를 설치한 노외주차장 및 부설주차장

(5) 주차장의 주차구획

① 평행주차형식인 경우

구분	너비	길이
경형	1.7m 이상	4.5m 이상
일반형	2.0m 이상	6.0m 이상
보도와 차도의 구분이 없는 주거지역의 도로	2.0m 이상	5.0m 이상
이륜자동차 전용	1.0m 이상	2.3m 이상

② 평행주차형식 이외의 경우

구분	너비	길이
경형	2.0m 이상	3.6m 이상
일반형	2.5m 이상	5.0m 이상
확장형	2.6m 이상	5.2m 이상
장애인 전용	3.3m 이상	5.0m 이상
이륜자동차 전용	1.0m 이상	2.3m 이상

③ 주차단위구획은 흰색 실선(경형자동차 전용주차구획의 주차단위구획은 파란색 실선)으로 표시하여야 한다.
④ 둘 이상의 연속된 주차단위구획의 총 너비 또는 총 길이는 주차단위구획의 너비 또는 길이에 주차단위구획의 개수를 곱한 것 이상이 되어야 한다.

KEYWORD 16 　노상·노외주차장 ★★

1. 노상주차장

(1) 노상주차장의 설치 및 폐지
① 설치: 노상주차장은 특별시장·광역시장, 시장·군수 또는 구청장이 설치한다.
② 지체없이 폐지해야 하는 경우
　㉠ 주차로 인하여 대중교통수단의 운행이나 그 밖의 교통소통에 장애를 주는 경우
　㉡ 노상주차장을 대신하는 노외주차장의 설치 등으로 인하여 노상주차장이 필요 없게 된 경우
　㉢ 도로교통법에 따라 어린이보호구역으로 지정된 경우
③ 화물의 하역을 위한 주차구획 지정
　㉠ 특별시장·광역시장, 시장·군수 또는 구청장은 노상주차장 중 해당 지역의 교통여건을 고려하여 화물의 하역을 위한 주차구획(하역주차구획)을 지정할 수 있다.
　㉡ 특별시장·광역시장, 시장·군수 또는 구청장은 해당 지방자치단체의 조례로 정하는 바에 따라 하역주차구획에 화물자동차 외의 자동차(긴급자동차는 제외)의 주차를 금지할 수 있다.

(2) **노상주차장의 관리**

구분	내용
관리할 수 있는 자	해당 주차장을 설치한 특별시장·광역시장, 시장·군수 또는 구청장이 관리하거나 특별시장·광역시장, 시장·군수 또는 구청장으로부터 그 관리를 위탁받은 자가 관리함
관리에 필요한 사항	해당 지방자치단체의 조례로 정함

(3) **주차행위제한**

특별시장·광역시장, 시장·군수 또는 구청장은 다음의 어느 하나에 해당하는 경우에는 해당 자동차의 운전자 또는 관리책임이 있는 자에게 주차방법을 변경하거나 자동차(긴급자동차는 제외함)를 그 곳으로부터 다른 장소로 이동시킬 것을 명할 수 있다.
① 하역주차구획에 화물자동차가 아닌 자동차를 주차하는 경우
② 정당한 사유 없이 주차요금을 내지 아니하고 주차하는 경우
③ 주차장 사용제한조치를 위반하여 주차하는 경우
④ 주차장의 지정된 주차구획 외의 곳에 주차하는 경우
⑤ 주차장을 주차장 외의 목적으로 이용하는 경우

(4) **노상주차장의 사용제한**

특별시장·광역시장·시장·군수 또는 구청장은 교통의 원활한 소통과 노상주차장의 효율적인 이용을 위하여 다음과 같은 제한조치를 취할 수 있다.(긴급자동차는 제외)
① 노상주차장의 전부나 일부에 대한 일시적인 사용제한
② 자동차별 주차시간 제한
③ 노상주차장의 일부에 대하여 국토교통부령으로 정하는 자동차와 경형자동차, 환경친화적 자동차, 승용차공동이용 자동차 및 영유아동반 자동차 등을 위한 전용주차구획의 지정

> **합격 PLUS+** **국토교통부령에 따라 전용주차구획을 설치할 수 있는 경우**
> ❶ 주거지역에 설치된 노상주차장으로서 인근 주민의 자동차를 위한 경우
> ❷ 주차장법에 따른 하역주차구획으로서 인근 이용자의 화물자동차를 위한 경우
> ❸ 대한민국에 주재하는 외교공관 및 외교관의 자동차를 위한 경우
> ❹ 도시교통정비 촉진법에 따른 승용차공동이용 지원을 위하여 사용되는 자동차를 위한 경우

(5) **노상주차장의 설치금지 장소**

설치금지 장소	예외
주간선도로	분리대, 그 밖의 도로의 부분으로서 도로교통에 지장을 초래하지 않는 부분
너비 6m 미만의 도로	보행자의 통행이나 연도(옆길)의 이용에 지장이 없는 경우로서 해당 지방자치단체의 조례로 따로 정하는 경우
종단경사도(자동차 진행방향의 기울기)가 4%를 초과하는 도로	• 종단경사도가 6% 이하인 도로로서 보도와 차도가 구별되어 있고, 차도의 너비가 13m 이상인 경우 • 종단경사도가 6% 이하인 도로로서 해당 시장·군수 또는 구청장이 안전에 지장이 없다고 인정하는 도로에 인근 주민의 자동차를 위한 노상주차장을 설치하는 경우
고속도로·자동차전용도로 또는 고가도로, 주·정차 금지구역에 해당하는 도로의 부분(도로교통법)	

(6) 장애인 전용주차구획
  ① 주차대수 규모가 20대 이상 50대 미만인 경우: 한 면 이상
  ② 주차대수 규모가 50대 이상인 경우: 주차대수의 2~4%의 범위에서 해당 지방자치단체의 조례로 정하는 비율 이상

2. 노외주차장

(1) 설치 또는 폐지
  ① 노외주차장을 설치 또는 폐지한 자는 설치 또는 폐지한 날로부터 30일 이내에 주차장 소재지를 관할하는 시장·군수 또는 구청장에게 통보하여야 한다.
  ② 특별시장·광역시장·특별자치시장·특별자치도지사 또는 시장은 노외주차장을 설치하면 교통 혼잡이 가중될 우려가 있는 지역에 대하여는 노외주차장의 설치를 제한할 수 있다.

(2) 관리
  ① 노외주차장은 그 노외주차장을 설치한 자가 관리한다.
  ② 특별시장·광역시장, 시장·군수 또는 구청장은 노외주차장을 설치한 경우 그 관리를 특별시장·광역시장, 시장·군수 또는 구청장 외의 자에게 위탁할 수 있다.
  ③ 특별시장·광역시장, 시장·군수 또는 구청장의 위탁을 받아 노외주차장을 관리할 수 있는 자의 자격은 해당 지방자치단체의 조례로 정한다.

(3) 노외주차장인 주차전용 건축물

제한규정		규제기준
건폐율		90/100 이하
용적률		1,500% 이하
대지면적의 최소한도		45m² 이상
전면도로에 의한 높이제한 (대지가 둘 이상의 도로에 접하는 경우에는 가장 넓은 도로를 기준으로 함)	대지가 너비 12m 미만의 도로에 접하는 경우	건축물의 각 부분의 높이는 그 부분으로부터 대지에 접한 도로의 반대쪽 경계선까지의 수평거리의 3배
	대지가 너비 12m 이상의 도로에 접한 경우	그 부분으로부터 대지에 접한 도로의 반대쪽 경계선까지의 수평거리의 $\dfrac{36}{도로의 너비(m)}$배(다만, 배율이 1.8배 미만인 경우에는 1.8배로 함)

(4) 단지조성사업 등에 따른 노외주차장
  ① 단지조성사업의 종류: 택지개발사업, 산업단지개발사업, 항만배후단지개발사업, 도시재개발사업, 도시철도건설사업, 그 밖에 단지 조성 등을 목적으로 하는 사업
  ② 단지조성사업 등으로 설치되는 노외주차장에는 경형자동차 및 환경친화적 자동차를 위한 전용주차구획을 다음의 비율이 모두 충족되도록 설치해야 한다.
    ㉠ 경형자동차를 위한 전용주차구획과 환경친화적 자동차를 위한 전용주차구획을 합한 주차구획: 총주차대수의 10/100 이상
    ㉡ 환경친화적 자동차를 위한 전용주차구획: 총주차대수의 5/100 이상

(5) 노외주차장의 설치에 대한 계획기준
  ① 설치지역: 녹지지역이 아닌 지역이어야 하지만 자연녹지지역으로서 다음의 어느 하나에 해당하는 지역의 경우에는

그러하지 아니하다.
   ㉠ 하천구역 및 공유수면으로서 주차장이 설치되어도 해당 하천 및 공유수면의 관리에 지장을 주지 아니하는 지역
   ㉡ 토지의 형질변경 없이 주차장 설치가 가능한 지역
   ㉢ 주차장 설치를 목적으로 토지의 형질변경 허가를 받은 지역
   ㉣ 특별시장·광역시장, 시장·군수 또는 구청장이 특히 주차장의 설치가 필요하다고 인정하는 지역
② 노외주차장 출구 및 입구의 설치 금지장소
   ㉠ 도로교통법에 따라 정차 및 주차가 금지되는 도로의 부분
   ㉡ 횡단보도(육교 및 지하횡단보도를 포함)로부터 5m 이내에 있는 도로의 부분
   ㉢ 너비 4m 미만의 도로(주차대수 200대 이상인 경우에는 너비 6m 미만의 도로)와 종단기울기가 10%를 초과하는 도로
   ㉣ 유아원, 유치원, 초등학교, 특수학교, 노인복지시설, 장애인복지시설 및 아동전용시설 등의 출입구로부터 20m 이내에 있는 도로의 부분
③ 설치기준

구분	기준
출구 및 입구의 설치위치	• 노외주차장과 연결되는 도로가 둘 이상인 경우에는 자동차 교통에 미치는 지장이 적은 도로에 설치하여야 함 • 보행자의 교통에 지장을 가져올 우려가 있거나 그 밖의 특별한 이유가 있는 경우 예외로 함
출구와 입구의 분리설치	주차대수 400대를 초과하는 규모일 경우(다만, 출입구의 너비의 합이 5.5m 이상으로서 출구와 입구가 차선 등으로 분리되는 경우는 함께 설치할 수 있음)
장애인 전용주차구획 설치	주차대수 규모가 50대 이상인 경우에는 주차대수의 2~4%의 범위에서 장애인의 주차수요를 고려하여 지방자치단체의 조례로 정하는 비율 이상의 장애인 전용주차구획을 설치하여야 함

(6) 노외주차장의 구조 및 설비기준

① 노외주차장의 출구와 입구에서 자동차의 회전을 쉽게 하기 위하여 필요한 경우에는 차로와 도로가 접하는 부분을 곡선형으로 하여야 한다.
② 노외주차장의 출구 부근의 구조는 해당 출구로부터 2m(이륜자동차전용 출구의 경우에는 1.3m)를 후퇴한 노외주차장의 차로의 중심선상 1.4m의 높이에서 도로의 중심선에 직각으로 향한 왼쪽·오른쪽 각각 60도의 범위에서 해당 도로를 통행하는 자를 확인할 수 있도록 하여야 한다.
③ 주차구획선의 긴 변과 짧은 변 중 한 변 이상이 차로에 접하여야 한다.
④ 노외주차장의 출입구 너비는 3.5m 이상으로 하여야 하며, 주차대수 규모가 50대 이상인 경우에는 출구와 입구를 분리하거나 너비 5.5m 이상의 출입구를 설치하여 소통이 원활하도록 하여야 한다.
⑤ 노외주차장 내 차로의 너비기준(이륜자동차전용 외의 노외주차장)

주차형식	출입구가 2개 이상인 경우	출입구가 1개인 경우
평행주차	3.3m	5.0m
직각주차	6.0m	6.0m
60° 대향주차	4.5m	5.5m
45° 대향주차	3.5m	5.0m
교차주차	3.5m	5.0m

⑥ 지하식 또는 건축물식 노외주차장의 차로
  ㉠ 높이는 주차바닥면으로부터 2.3m 이상으로 하여야 한다.
  ㉡ 곡선 부분은 자동차가 6m 이상의 내변반경으로 회전할 수 있도록 하여야 한다.
  ㉢ 경사로의 차로 너비 및 종단경사도

구분	형식		종단경사도
직선형	1차선 : 3.3m 이상	2차선 : 6m 이상	17% 이하
곡선형	1차선 : 3.6m 이상	2차선 : 6.5m 이상	14% 이하

  ㉣ 경사로의 차로에 연석(경계석) 설치: 경사로의 양측 벽면으로부터 30cm 이상의 지점에 높이 10~15cm의 연석을 설치해야 한다.
  ㉤ 경사로의 노면은 거친면으로 한다.
  ㉥ 주차대수 규모가 50대 이상인 경우 경사로는 너비 6m 이상인 2차선의 차로를 확보하거나 진입차로와 진출차로를 분리하여야 한다.

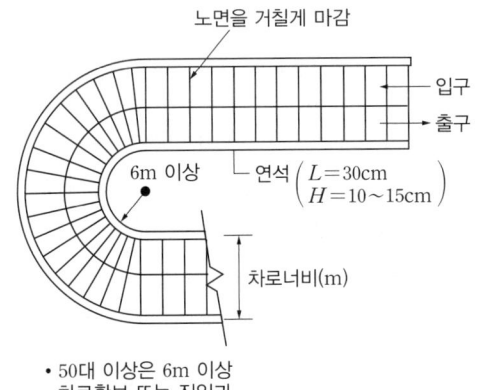

구분	1차선	2차선
직선형	3.3m 이상	6m 이상
곡선형	3.6m 이상	6.5m 이상

▲ 지하식 또는 건축물식 노외주차장의 차로 기준

⑦ 노외주차장에서 주차에 사용되는 부분의 높이: 주차바닥면으로부터 2.1m 이상으로 한다.
⑧ 자동차용 승강기 설치: 자동차용 승강기로 운반된 자동차가 주차구획까지 자주식으로 들어가는 노외주차장의 경우에는 주차대수 30대마다 1대의 자동차용 승강기를 설치한다.
⑨ 일산화탄소의 농도: 주차장을 이용하는 차량이 가장 빈번한 시각의 앞뒤 8시간의 일산화탄소 농도의 평균치가 50ppm 이하가 되도록 유지해야 한다.
⑩ 경보장치: 주차장의 출입구로부터 3m 이내의 장소로서 보행자가 경보장치의 작동을 식별할 수 있는 곳에 위치해야 하며, 자동차의 출입 시 경광과 50dB 이상의 경보음이 발생하도록 해야 한다.
⑪ 방범설비: 주차대수 30대를 초과하는 규모의 자주식주차장(지하식·건축물식에 한함)에는 관리사무소에서 주차장 내부를 볼 수 있는 폐쇄회로 텔레비전(녹화장치 포함) 등 방범설비를 설치·관리해야 한다.
⑫ 노외주차장에 설치할 수 있는 부대시설(전기자동차 충전시설을 제외한 총 면적은 주차장 총 시설면적의 20%를 초과해서는 안 됨)
  ㉠ 관리사무소, 휴게소 및 공중화장실
  ㉡ 간이매점, 자동차의 장식품 판매점 및 전기자동차 충전시설, 태양광발전시설, 집배송시설
  ㉢ 노외주차장의 관리, 운영상 필요한 편의시설
  ㉣ 특별자치도·시·군 또는 자치구의 조례로 정하는 이용자 편의시설

KEYWORD 17　부설·기계식주차장 ★★

1. 부설주차장

(1) 부설주차장의 설치기준

① 부설주차장의 설치지역 및 대상

설치대상 지역	설치대상 시설물	설치위치
• 국토의 계획 및 이용에 관한 법률에 따른 도시지역, 지구단위계획구역 • 지방자치단체의 조례로 정하는 관리지역	건축물, 골프연습장 등 주차수요를 유발하는 시설을 건축하거나 설치하는 경우	해당 시설물의 내부 또는 그 부지에 부설주차장(화물의 하역과 그 밖의 사업 수행을 위한 주차장 포함)을 설치

② 부설주차장 설치대상 종류 및 부설주차장 설치기준

시설물	설치기준
위락시설	시설면적 100m²당 1대
• 문화 및 집회시설(관람장은 제외) • 종교시설 • 판매시설, 운수시설 • 의료시설(정신병원·요양병원 및 격리병원은 제외) • 운동시설(골프장·골프연습장 및 옥외수영장은 제외) • 업무시설(외국공관 및 오피스텔은 제외) • 방송통신시설 중 방송국, 장례식장	시설면적 150m²당 1대
• 제1종 근린생활시설(지역자치센터, 파출소, 지구대, 소방서, 우체국, 방송국, 보건소, 공공도서관, 건강보험공단 사무소 등으로서 바닥면적의 합계가 1,000m² 미만인 것, 마을회관, 마을공동작업소, 마을공동구판장 등으로서 주민이 공동으로 이용하는 시설은 제외) • 제2종 근린생활시설, 숙박시설	시설면적 200m²당 1대
단독주택(다가구주택은 제외)	• 시설면적 50m² 초과 150m² 이하: 1대 • 시설면적 150m² 초과: 1대에 150m²를 초과하는 100m²당 1대를 더한 대수 $$1 + \frac{시설면적 - 150m^2}{100m^2}$$
• 다가구주택 • 공동주택(기숙사는 제외) • 업무시설 중 오피스텔	• 주택건설기준 등에 관한 규정에 따라 산정된 주차대수 • 다가구주택 및 오피스텔의 전용면적은 공동주택의 전용면적 산정방법을 따름
• 골프장 • 골프연습장 • 옥외수영장 • 관람장	• 골프장: 1홀당 10대 • 골프연습장: 1타석당 1대 • 옥외수영장: 정원 15명당 1대 • 관람장: 정원 100명당 1대
수련시설, 공장(아파트형은 제외), 발전시설	시설면적 350m²당 1대
창고시설, 학생용 기숙사, 방송통신시설 중 데이터센터	시설면적 400m²당 1대

③ 부설주차장 설치의 예외규정: 다음의 경우에는 특별시·광역시·특별자치도·시 또는 군(광역시의 군은 제외)의 조례로 시설물의 종류를 세분하거나 부설주차장의 설치기준을 따로 정할 수 있다.
　㉠ 오지·벽지·섬 지역, 도심지의 간선도로변이나 그 밖에 해당 지역의 특수성으로 인하여 설치기준을 적용하는 것이 현저히 부적합한 경우
　㉡ 국토의 계획 및 이용에 관한 법률에 따른 관리지역으로서 주차난이 발생할 우려가 없는 경우
　㉢ 단독주택·공동주택의 부설주차장 설치기준을 세대별로 정하거나 숙박시설 또는 업무시설 중 오피스텔의 부설주차장 설치기준을 호실별로 정하려는 경우
　㉣ 기계식주차장을 설치하는 경우로서 해당 지역의 주차장 확보율, 주차장 이용 실태, 교통여건 등을 고려하여 설치기준과 다르게 정하려는 경우
　㉤ 대한민국 주재 외국공관 안의 외교관 또는 그 가족이 거주하는 구역 등 일반인의 출입이 통제되는 구역에 주택 등의 시설물을 건축하는 경우
　㉥ 시설면적이 10,000m² 이상인 공장을 건축하는 경우
　㉦ 판매시설, 문화 및 집회시설 등 승합자동차(중형 또는 대형 승합자동차만 해당)의 출입이 빈번하게 발생하는 시설물을 건축하는 경우
④ 부설주차장 설치의 강화 및 완화: 특별시·광역시·특별자치도·시 또는 군은 주차수요의 특성 또는 증감에 효율적으로 대처하기 위하여 필요하다고 인정하는 경우에는 부설주차장 설치기준의 1/2의 범위에서 그 설치기준을 해당 지방자치단체의 조례로 강화하거나 완화할 수 있다.
⑤ 용도변경에 따른 부설주차장 설치: 건축물의 용도를 변경하는 경우에는 용도변경 시점의 주차장 설치기준에 따라 변경 후 용도의 주차대수와 변경 전 용도의 주차대수를 산정하여 그 차이에 해당하는 부설주차장을 추가로 확보하여야 한다. 다만, 다음의 어느 하나에 해당하는 경우에는 부설주차장을 추가로 확보하지 아니하고 건축물의 용도를 변경할 수 있다.

용도변경 행위	예외 규정
사용승인 후 5년이 경과된 연면적 1,000m² 미만의 건축물의 용도 변경	• 문화 및 집회시설 중 공연장, 집회장, 관람장 • 위락시설 및 주택 중 다세대주택·다가구주택의 용도로 변경하는 것
해당 건축물 안에서 용도 상호 간의 변경	부설주차장 설치기준이 높은 용도의 면적이 증가하는 경우

(2) **부설주차장의 인근 설치**
　① 인근 설치대상

구분	내용
원칙	부설주차장이 주차대수 300대 이하의 규모인 경우 시설 부지 인근에 단독 또는 공동으로 설치할 수 있음
예외	• 차량통행이 금지된 장소의 시설물인 경우 • 시설물의 부지에 접한 대지나 시설물의 부지와 통로로 연결된 대지에 부설주차장을 설치하는 경우 • 시설물의 부지가 너비 12m 이하인 도로에 접하여 있는 경우 도로의 맞은편 토지에 부설주차장을 그 도로에 접하도록 설치하는 경우 • 산업단지 안에 있는 공장인 경우

　② 부지인근의 범위(다음의 어느 하나의 범위 안에서 특별자치도·시·군 또는 자치구의 조례로 정함)
　　㉠ 해당 부지의 경계선으로부터 부설주차장의 경계선까지의 직선거리 300m 이내 또는 도보거리 600m 이내
　　㉡ 해당 시설물이 있는 동·리(행정 동·리를 말함) 및 그 시설물과의 통행여건이 편리하다고 인정되는 인접 동·리

(3) 부설주차장의 설치의무 면제

① 면제되는 시설물의 위치·용도·규모

구분	내용
위치	• 차량통행의 금지 또는 주변의 토지이용 상황으로 인하여 부설주차장의 설치가 곤란하다고 특별자치도지사·시장·군수 또는 자치구의 구청장이 인정하는 장소 • 부설주차장의 출입구가 도심지 등의 간선도로변에 위치하게 되어 자동차 교통의 혼잡을 가중시킬 우려가 있다고 시장·군수 또는 구청장이 인정하는 장소
용도	• 연면적 10,000m² 이상의 판매시설 및 운수시설에 해당하지 않는 경우 • 연면적 15,000m² 이상의 문화 및 집회시설(공연장·집회장 및 관람장만 해당), 위락시설, 숙박시설 또는 업무시설에 해당하지 아니하는 시설물(차량통행이 금지된 장소의 시설물인 경우에는 건축법에서 정하는 용도별 건축허용 연면적의 범위에서 설치하는 시설물을 말함)
규모	주차대수 300대 이하의 규모(차량통행이 금지된 장소의 경우에는 부설주차장 설치기준에 따라 산정한 주차대수에 상당하는 규모를 말함)

② 부설주차장 설치의무 면제신청서: 부설주차장의 설치의무를 면제받으려는 자는 다음의 사항을 적은 주차장 설치의무 면제신청서를 시장·군수 또는 구청장에게 제출하여야 한다.(이 경우 부설주차장의 설치를 갈음하여 납부된 비용은 노외주차장의 설치 외의 목적으로 사용할 수 없음)

㉠ 시설물의 위치·용도 및 규모
㉡ 설치하여야 할 부설주차장의 규모
㉢ 부설주차장의 설치에 필요한 비용 및 주차장 설치의무가 면제되는 경우 해당 비용의 납부에 관한 사항
㉣ 신청인의 성명(법인인 경우에는 명칭 및 대표자의 성명) 및 주소

③ 부설주차장의 설치제한

제한권자	제한지역	지정 및 설치제한 기준
특별시장·광역시장·특별자치시장·특별자치도지사 또는 시장	부설주차장의 설치로 인하여 교통의 혼잡을 가중시킬 우려가 있는 지역	국토교통부령이 정하는 바에 의하여 해당 지방자치단체의 조례로 정함

(4) 부설주차장의 용도변경 금지

① 부설주차장은 주차장 외의 용도로 사용할 수 없다.
② 시설물의 소유자 또는 부설주차장의 관리책임이 있는 자는 부설주차장 본래의 기능을 유지하여야 한다.
③ 시장·군수 또는 구청장은 부설주차장을 다른 용도로 사용하거나 본래의 기능을 유지하지 않을 때에는 해당 시설물의 소유자 또는 부설주차장의 관리책임이 있는 자에게 지체 없이 원상회복을 명하여야 한다.
④ 부설주차장을 다른 용도로 사용하거나 본래의 기능을 유지하지 않을 때에는 해당 시설물을 건축법 규정에 의한 위반 건축물로 본다.

(5) 부설주차장의 용도를 변경할 수 있는 사항

① 시설물의 내부 또는 그 부지 안에서 주차장의 위치를 변경하는 경우로서 시장·군수 또는 구청장이 주차장의 이용에 지장이 없다고 인정하는 경우
② 시설물의 내부에 설치된 주차장을 추후 확보된 인근 부지로 위치를 변경하는 경우로서 시장·군수 또는 구청장이 주차장의 이용에 지장이 없다고 인정하는 경우
③ 차량통행의 금지 또는 주변의 토지이용 상황 등으로 인하여 시장·군수 또는 구청장이 해당 주차장의 이용이 사실상 불가능하다고 인정한 경우

④ 직거래 장터 개설 등 지역경제 활성화를 위하여 시장·군수 또는 구청장이 정하여 고시하는 바에 따라 주차장을 일시적으로 이용하려는 경우로서 시장·군수 또는 구청장이 해당 주차장의 이용에 지장이 없다고 인정하는 경우
⑤ 해당 시설물의 부설주차장의 설치기준 또는 설치제한기준을 초과하는 주차장으로서 그 초과 부분에 대하여 시장·군수 또는 구청장의 확인을 받은 경우
⑥ 도시·군계획시설사업으로 인하여 그 전부 또는 일부를 사용할 수 없게 된 주차장으로서 시장·군수 또는 구청장의 확인을 받은 경우
⑦ 시설물의 부지 인근에 설치한 부설주차장 또는 시설물 내부 또는 그 부지에서 인근 부지로 위치 변경된 부설주차장을 그 부지 인근의 범위에서 위치를 변경하여 설치하는 경우
⑧ 산업단지 안에 있는 공장의 부설주차장을 시설물 부지 인근의 범위에서 위치 변경하여 설치하는 경우
⑨ 건축물(공동주택은 제외)의 주차장이 도시교통정비 촉진법에 따른 승용차공동이용 지원을 위하여 사용되는 경우로서 다음의 모든 요건을 충족하는지 여부에 대하여 시장·군수 또는 구청장의 확인을 받은 경우
  ㉠ 주차장 외의 용도로 사용하는 주차장의 면적이 승용차공동이용 지원을 위하여 설치한 전용주차구획 면적의 2배를 초과하지 아니할 것
  ㉡ 주차장 외의 용도로 사용하는 주차장의 면적이 해당 주차장의 전체 주차구획 면적의 10/100을 초과하지 아니할 것
  ㉢ 해당 주차장이 승용차공동이용 지원에 사용되지 아니하는 경우에는 주차장 외의 용도로 사용하는 부분을 즉시 주차장으로 환원하는 데에 지장이 없을 것

(6) 부설주차장의 구조 및 설비기준
① 노외주차장의 구조 및 설비기준을 준용한다.(단독주택 및 다세대주택으로서 해당 부설주차장을 이용하는 차량의 소통에 지장을 주지 아니한다고 시장·군수 또는 구청장이 인정하는 주택의 부설주차장의 경우에는 그러하지 아니함)
② 노외주차장의 방범 및 조명설비 준용 대상
  ㉠ 주차대수 30대를 초과하는 지하식 또는 건축물식에 의한 자주식주차장으로서 판매시설, 숙박시설, 운동시설, 위락시설, 문화 및 집회시설, 종교시설 또는 업무시설 용도로 이용되는 건축물의 부설주차장
  ㉡ ㉠에 따른 규모의 주차장을 설치한 판매시설 등과 다른 용도의 시설이 복합적으로 설치된 건축물의 부설주차장으로서 각각의 시설에 대한 부설주차장을 구분하여 사용·관리하는 것이 곤란한 건축물의 부설주차장
③ 노외주차장의 조명설비만 준용: ②에 따른 건축물 외의 건축물(단독주택과 다세대주택 제외)의 부설주차장으로서 지하식 또는 건축물식 형태의 자주식주차장에는 벽면에서부터 50cm 이내를 제외한 바닥면의 최소 조도와 최대 조도를 노외주차장의 기준과 같게 설치한다.

(7) 자주식 부설주차장의 별도기준
① 대상: 총주차대수 규모가 8대 이하인 자주식주차장
② 차로의 너비: 2.5m 이상으로 하되 주차단위구획과 접하여 있는 차로의 너비는 다음 표에 따른 기준 이상으로 한다.

주차형식	차로의 너비
평행주차	3.0m 이상
직각주차	6.0m 이상
60° 대향주차	4.0m 이상
45° 대향주차	3.5m 이상
교차주차	3.5m 이상

③ 보도와 차로의 구분이 없는 너비 12m 미만인 도로에 접한 부설주차장은 그 도로를 차로로 하여 주차단위구획을 배치할 수 있다.
　㉠ 차로의 너비(도로를 포함) : 6m 이상(평행주차인 경우 4m 이상)
　㉡ 도로의 포함 범위 : 중앙선까지(중앙선이 없는 경우 반대측 경계선까지)
④ 보도와 차로의 구분이 있는 너비 12m 이상의 도로에 접하여 있고 주차대수가 5대 이하인 부설주차장은 그 도로를 차로로 하여 직각 주차형식으로 주차단위구획을 배치할 수 있다.
⑤ 기타 기준
　㉠ 주차대수 5대 이하의 주차단위구획은 차로를 기준으로 하여 세로로 2대까지 접하여 배치할 수 있다.
　㉡ 출입구의 너비는 3m 이상으로 한다.
　　[예외] 막다른 도로에 접한 경우로서 시장·군수 또는 구청장이 차량소통에 지장이 없다고 인정하는 경우에는 2.5m 이상으로 할 수 있다.
　㉢ 보행인의 통행로가 필요한 경우에는 시설물과 주차구획 사이에 0.5m 이상의 거리를 두어야 한다.

2. 기계식주차장

(1) 기계식주차장의 규모

주차장 종류	길이	너비	높이	무게
중형 기계식주차장	5.05m 이하	1.9m 이하	1.55m 이하	1,850kg 이하
대형 기계식주차장	5.75m 이하	2.15m 이하	1.85m 이하	2,200kg 이하

(2) 기계식주차장 출입구의 전면공지 및 방향전환장치

주차장 종류	전면공지(너비×길이)	방향전환장치
중형 기계식주차장	8.1m 이상×9.5m 이상	지름 4m 이상의 방향전환장치과 그 방향전환장치에 접한 너비 1m 이상의 여유 공지
대형 기계식주차장	10m 이상×11m 이상	지름 4.5m 이상의 방향전환장치와 그 방향전환장치에 접한 너비 1m 이상의 여유 공지

(3) 진입로 또는 정류장 설치

구분	내용
정류장 확보	주차대수가 20대를 초과하는 매 20대마다 1대 분의 정류장 확보
정류장 규모	중형 기계식주차장: 길이 5.05m 이상×너비 1.9m 이상
	대형 기계식주차장 : 길이 5.3m 이상×너비 2.15m 이상
완화규정	주차장의 출구와 입구가 따로 설치되어 있거나 진입로의 너비가 6m 이상인 경우에는 종단경사도가 6% 이하인 진입로의 길이 6m마다 한 대분의 정류장을 확보한 것으로 봄

(4) 기계식주차장의 안전도인증

① 안전도인증 절차
　㉠ 기계식주차장치를 제작·조립 또는 수입하여 양도·대여 또는 설치하려는 자(변경하는 경우도 포함)는 그 기계식주차장치의 안전도에 관하여 국토교통부장관의 인증을 받아야 한다.

ⓒ 안전도인증을 받으려는 자는 미리 해당 기계식주차장치의 조립도(組立圖), 안전장치의 도면(圖面), 그 밖에 국토교통부령으로 정하는 서류를 국토교통부장관이 지정하는 검사기관에 제출하여 안전도에 대한 심사를 받아야 한다.
ⓒ 국토교통부장관은 기계식주차장치가 국토교통부령으로 정하는 안전기준에 적합하다고 인정되는 경우에는 제작자 등에게 국토교통부령으로 정하는 바에 따라 기계식주차장치의 안전도인증서를 발급하여야 한다.

② 안전도인증 취소사유
  ㉠ 거짓이나 그 밖의 부정한 방법으로 안전도인증을 받은 경우
  ㉡ 안전도인증을 받은 내용과 다른 기계식주차장치를 제작·조립 또는 수입하여 양도·대여 또는 설치한 경우

③ 기계식주차장치의 안전기준(한국산업표준 또는 그 이상)

구분		크기	
출입구의 크기	중형 기계식주차장	너비 2.3m 이상×높이 1.6m 이상	사람이 통행하는 기계식주차장치 출입구의 높이는 1.8m 이상
	대형 기계식주차장	너비 2.4m 이상×높이 1.9m 이상	
주차구획 크기	중형 기계식주차장	너비 2.2m 이상×높이 1.6m 이상 ×길이 5.15m 이상	차량의 길이가 5.1m 이상인 경우에는 주차구획의 길이는 차량의 길이보다 최소 0.2m 이상을 확보해야 함
	대형 기계식주차장	너비 2.3m 이상×높이 1.9m 이상 ×길이 5.3m 이상	
운반기의 크기(자동차가 들어가는 바닥의 너비)	중형 기계식주차장	1.9m 이상	
	대형 기계식주차장	1.95m 이상	
자동차를 입·출고하는 사람이 출입하는 통로		너비 0.5m 이상, 높이 1.8m 이상	

(5) 기계식주차장의 사용검사

종류	검사내용	유효기간
사용검사	기계식 주차장의 설치를 마치고 이를 사용하기 전에 실시하는 검사	3년
정기검사	사용검사의 유효기간이 지난 후 계속하여 사용하고자 하는 경우에 주기적으로 실시하는 검사	2년
수시검사	주요구동부의 부품변경, 운반기 및 철골을 변경한 경우 / 시장·군수 또는 구청장이 안전상의 문제가 있어 점검이 필요하다고 판단하는 경우 / 관리자 등이 요청하는 경우에 실시하는 검사	—

(6) 기계식주차장의 철거

① 철거사유
  ㉠ 기계식주차장치가 노후·고장 등으로 인하여 작동이 불가능한 경우(설치한 날로부터 5년 이상으로서 대통령령이 정하는 기간이 경과한 경우에 한함)
  ㉡ 시설물의 구조 또는 안전상 철거가 불가피한 경우

② 철거 시 조치사항
  ㉠ 부설주차장을 설치하여야 할 시설물의 소유자는 기계식주차장치를 철거함으로써 부설주차장의 설치기준에 미달하게 되는 때에는 시설물의 부지인근에 부설주차장을 설치하거나 설치에 소요되는 비용을 납부해야 한다.
  ㉡ 이 경우 기계식주차장치가 설치되었던 바닥면적에 해당하는 주차장을 해당 시설물 또는 그 부지 안에 확보하여야 한다.

③ 신고: 기계식주차장치를 철거하고자 하는 자는 시장·군수 또는 구청장에게 신고해야 한다.

핵심 기출문제

PART 06 주차장법

KEYWORD 15 주차장법 총칙

01
17년 4회, 16년 1회

「주차법령」상 다음과 같이 정의되는 주차장의 종류는?

> 도로의 노면 또는 교통광장(교차점광장만 해당)의 일정 구역에 설치된 주차장으로서 일반(一般)의 이용에 제공되는 것

① 노외주차장
② 노상주차장
③ 부설주차장
④ 기계식주차장

해설
노상주차장은 도로의 노면 또는 교통광장(교차점광장만 해당)의 일정한 구역에 설치된 주차장으로서 일반(一般)의 이용에 제공되는 것이다.

정답 | ②

02
19년 1회, 18년 4회, 17년 4회

주차장의 수급실태조사에 관한 설명으로 옳지 않은 것은?

① 실태조사의 주기는 5년으로 한다.
② 조사구역은 사각형 또는 삼각형 형태로 설정한다.
③ 조사구역 바깥 경계선의 최대거리가 300m를 넘지 않도록 한다.
④ 각 조사구역은 건축법에 따른 도로를 경계로 구분한다.

해설
주차장의 수급실태조사의 주기는 3년으로 한다.

관련이론
주차장의 수급실태조사
- 사각형 또는 삼각형 형태로 조사구역을 설정하되 조사구역 바깥 경계선의 최대거리가 300m를 넘지 않도록 한다.
- 각 조사구역은 건축법에 따른 도로를 경계로 구분한다.
- 아파트단지와 단독주택단지가 섞여 있는 지역 또는 주거기능과 상업·업무기능이 섞여 있는 지역의 경우에는 주차시설 수급의 적정성, 지역적 특성 등을 고려하여 같은 특성을 가진 지역별로 조사구역을 설정한다.
- 수급실태조사의 주기는 3년으로 한다.

정답 | ①

03
19년 2회, 15년 1회

평행주차형식으로 일반형인 경우 주차장의 주차단위구획의 크기 기준으로 옳은 것은?

① 너비 1.7m 이상, 길이 5.0m 이상
② 너비 1.7m 이상, 길이 6.0m 이상
③ 너비 2.0m 이상, 길이 5.0m 이상
④ 너비 2.0m 이상, 길이 6.0m 이상

해설
평행주차형식인 경우 주차구획 기준은 일반형은 너비 2.0m 이상 길이 6.0m 이상이다. 경형인 경우는 너비 1.7m 이상, 길이 4.5m 이상이다.

정답 | ④

KEYWORD 16 노상·노외주차장

04
12년 1회

노상주차장의 구조·설비기준에 관한 내용 중 옳지 않은 것은?

① 고가도로에 설치하여서는 아니된다.
② 너비 6m 미만의 도로에 설치하지 않는 것이 원칙이다.
③ 종단경사도가 4%를 초과하는 도로에 설치하지 않는 것이 원칙이다.
④ 주차대수 10대마다 장애인 전용주차구획을 1면씩 확보하여야 한다.

해설
주차대수가 20대 이상, 50대 미만인 경우 장애인 전용주차구획을 1면 이상 확보해야 한다.

관련이론
노상주차장의 장애인 전용주차구획 기준
- 주차대수 규모가 20대 이상 50대 미만인 경우: 한 면 이상
- 주차대수 규모가 50대 이상인 경우: 주차대수의 2~4% 범위에서 해당 지방자치단체의 조례로 정하는 비율 이상

정답 | ④

05
16년 2회

노외주차장인 주차전용 건축물의 건폐율, 용적률, 대지면적의 최소한도 및 높이 제한에 관한 기준 내용으로 옳지 않은 것은?

① 건폐율: 100분의 90 이하
② 용적률: 1,500% 이하
③ 대지면적의 최소한도: 45m² 이상
④ 높이 제한(대지가 너비 12m 미만의 도로에 접하는 경우): 건축물의 각 부분의 높이는 그 부분으로부터 대지에 접한 도로의 반대쪽 경계선까지의 수평거리의 4배

해설 |
노외주차장인 주차전용 건축물의 높이 제한 기준에서 대지가 너비 12m 미만의 도로에 접하는 경우 건축물의 각 부분의 높이는 그 부분으로부터 대지에 접한 도로의 반대쪽 경계선까지의 수평거리의 3배이다.

정답 | ④

06
19년 1회

다음 중 노외주차장의 출구 및 입구를 설치할 수 있는 장소는?

① 육교로부터 4m 거리에 있는 도로의 부분
② 지하횡단보도에서 10m 거리에 있는 도로의 부분
③ 초등학교 출입구로부터 15m 거리에 있는 도로의 부분
④ 장애인 복지시설 출입구로부터 15m 거리에 있는 도로의 부분

해설 |
횡단보도(육교 및 지하횡단보도 포함)로부터 5m 이내에 있는 도로의 부분에는 노외주차장의 출구 및 입구를 설치할 수 없다. ②번은 10m 거리에 있기 때문에 노외주차장의 출구 및 입구를 설치할 수 있다.

정답 | ②

07
21년 1회, 13년 1회

노외주차장에 설치하여야 하는 차로의 최소 너비가 가장 작은 주차형식은? (단, 출입구가 2개 이상이며, 이륜자동차전용 외의 노외주차장의 경우임)

① 평행주차
② 교차주차
③ 직각주차
④ 45도 대향주차

해설 |
노외주차장 내 차로의 설치기준에 따르면 평행주차일 경우 차로의 너비가 3.3m로 가장 작다.

관련이론
출입구가 2개 이상인 노외주차장의 차로의 너비(이륜자동차전용 외의 경우)

주차형식	너비
평행주차	3.3m
직각주차	6.0m
60°대향주차	4.5m
45°대향주차	3.5m
교차주차	3.5m

정답 | ①

08
19년 2회

노외주차장의 구조·설비에 관한 기준 내용으로 옳지 않은 것은?

① 출입구의 너비는 3.0m 이상으로 하여야 한다.
② 주차구획선의 긴 변과 짧은 변 중 한 변 이상이 차로에 접하여야 한다.
③ 지하식인 경우 차로의 높이는 주차바닥면으로부터 2.3m 이상으로 하여야 한다.
④ 주차에 사용되는 부분의 높이는 주차바닥면으로부터 2.1m 이상으로 하여야 한다.

해설 |
노외주차장의 출입구의 너비는 3.5m 이상으로 해야 하며 주차대수 규모가 50대 이상인 경우에는 출구과 입구를 분리하거나 너비 5.5m 이상의 출입구를 설치하여 소통이 원활하도록 하여야 한다.

정답 | ①

KEYWORD 17 부설·기계식주차장

09
20년 1·2회, 19년 1회, 15년 4회

부설주차장의 설치대상 시설물의 종류에 따른 설치기준이 틀린 것은?

① 골프장 — 1홀당 10대
② 위락시설 — 시설면적 80m² 당 1대
③ 판매시설 — 시설면적 150m² 당 1대
④ 숙박시설 — 시설면적 200m² 당 1대

해설 |
위락시설은 시설면적 100m² 당 1대 기준으로 부설주차장을 설치해야 한다.

정답 | ②

10
19년 4회

부설주차장의 설치대상 시설물이 업무시설인 경우 설치기준으로 옳은 것은? (단, 외국공관 및 오피스텔은 제외함)

① 시설면적 100m² 당 1대
② 시설면적 150m² 당 1대
③ 시설면적 200m² 당 1대
④ 시설면적 350m² 당 1대

해설 |
업무시설인 경우 부설주차장을 시설면적 150m² 당 1대 기준으로 설치해야 한다.

정답 | ②

11
18년 2회

시설물의 부지 인근에 부설주차장을 설치하는 경우, 해당 부지의 경계선으로부터 부설주차장의 경계선까지의 거리 기준으로 옳은 것은?

① 직선거리 300m 이내
② 도보거리 800m 이내
③ 직선거리 500m 이내
④ 도보거리 1,000m 이내

해설 |
해당 부지의 경계선으로 부터 부설주차장의 경계선까지의 직선거리 300m 이내이고, 도보거리 600m 이내이다.

정답 | ①

12
21년 2회

「주차장법령」의 기계식주차장치의 안전기준과 관련하여, 중형 기계식주차장의 주차장치 출입구 크기 기준으로 옳은 것은? (단, 사람이 통행하지 않는 기계식주차장치인 경우임)

① 너비 2.3m 이상, 높이 1.6m 이상
② 너비 2.3m 이상, 높이 1.8m 이상
③ 너비 2.4m 이상, 높이 1.6m 이상
④ 너비 2.4m 이상, 높이 1.9m 이상

해설 |
중형 기계식주차장의 출입구 너비는 2.3m 이상, 높이는 1.6m 이상으로 해야 한다.(다만, 사람이 통행하는 기계식주차장치 출입구의 높이는 1.8m 이상으로 함)

정답 | ①

13
17년 1회

주차대수가 300대인 기계식주차장의 진입로 또는 전면공지와 접하는 장소에 확보하여야 하는 정류장의 최소 규모는?

① 12대 ② 13대
③ 14대 ④ 15대

해설 |
기계식주차장에는 주차대수가 20대를 초과하는 매 20대마다 1대 분의 정류장을 확보해야 한다.

정류장의 최소규모 $= \dfrac{300-20}{20} = 14$대

관련이론
기계식주차장의 정류장 규모
- 중형 기계식주차장: 길이 5.05m 이상 × 너비 1.9m 이상
- 대형 기계식주차장: 길이 5.3m 이상 × 너비 2.15m 이상

정답 | ③

PART 07 국토계획법 총칙과 용도기준

KEYWORD 18, 19

KEYWORD 18 국토계획법 총칙 ★

1. 용어의 정의

구분	내용
광역도시계획	지정된 광역계획권의 장기 발전방향을 제시하는 계획
도시 · 군계획	특별시·광역시·특별자치시·특별자치도·시 또는 군의 관할구역에 대하여 수립하는 공간구조와 발전방향에 대한 계획으로서 도시·군기본계획과 도시·군관리계획으로 구분함
도시 · 군기본계획	특별시·광역시·특별자치시·특별자치도·시 또는 군의 관할구역 및 생활권에 대하여 기본적인 공간구조와 장기 발전방향을 제시하는 종합계획으로서 도시·군관리계획 수립의 지침이 되는 계획
도시 · 군관리계획	특별시·광역시·특별자치시·특별자치도·시 또는 군의 개발·정비 및 보전을 위하여 수립하는 토지 이용, 교통, 환경, 경관, 안전, 산업, 정보통신, 보건, 복지, 안보, 문화 등에 관한 다음의 계획 • 용도지역·용도지구의 지정 또는 변경에 관한 계획 • 개발제한구역, 도시자연공원구역, 시가화조정구역(市街化調整區域), 수산자원보호구역의 지정 또는 변경에 관한 계획 • 기반시설의 설치·정비 또는 개량에 관한 계획 • 도시개발사업이나 정비사업에 관한 계획 • 지구단위계획구역의 지정 또는 변경에 관한 계획과 지구단위계획 • 도시혁신구역의 지정 또는 변경에 관한 계획과 도시혁신계획 • 복합용도구역의 지정 또는 변경에 관한 계획과 복합용도계획 • 도시·군계획시설입체복합구역의 지정 또는 변경에 관한 계획
지구단위계획	도시·군계획 수립 대상지역의 일부에 대하여 토지 이용을 합리화하고 그 기능을 증진시키며 미관을 개선하고 양호한 환경을 확보하며, 그 지역을 체계적·계획적으로 관리하기 위하여 수립하는 도시·군관리계획
기반시설	종류 • 도로·철도·항만·공항·주차장 등 교통시설 • 광장·공원·녹지 등 공간시설 • 유통업무설비, 수도·전기·가스공급설비, 방송·통신시설, 공동구 등 유통·공급시설 • 학교·공공청사·문화시설 및 공공 필요성이 인정되는 체육시설 등 공공·문화체육시설 • 하천·유수지(遊水池)·방화설비 등 방재시설 • 장사시설 등 보건위생시설 • 하수도, 폐기물처리 및 재활용시설, 빗물 저장 및 이용시설 등 환경기초시설 세분 • 도로: 일반도로, 자동차전용도로, 보행자전용도로, 보행자우선도로, 자전거전용도로, 고가도로, 지하도로 • 자동차정류장: 여객자동차터미널, 물류터미널, 공영차고지, 공동차고지, 화물자동차 휴게소, 복합환승센터, 환승센터 • 광장: 교통광장, 일반광장, 경관광장, 지하광장, 건축물부설광장
도시 · 군계획시설	기반시설 중 도시·군관리계획으로 결정된 시설

구분	내용
광역시설	기반시설 중 광역적인 정비체계가 필요한 다음의 시설 • 둘 이상의 특별시·광역시·특별자치시·특별자치도·시 또는 군의 관할구역에 걸쳐 있는 시설: 도로·철도·광장·녹지, 수도·전기·가스·열공급설비, 방송·통신시설, 공동구, 유류저장 및 송유설비, 하천·하수도(하수종말처리시설은 제외) • 둘 이상의 특별시·광역시·특별자치시·특별자치도·시 또는 군이 공동으로 이용하는 시설: 항만·공항·자동차정류장·공원·유원지·유통업무설비·문화시설·공공 필요성이 인정되는 체육시설·사회복지시설·공공직업훈련시설·청소년수련시설·유수지·장사시설·도축장·하수도(하수종말처리시설에 한함)·폐기물처리 및 재활용시설·수질오염방지시설·폐차장
공동구	전기·가스·수도 등의 공급설비, 통신시설, 하수도시설 등 지하매설물을 공동 수용함으로써 미관의 개선, 도로구조의 보전 및 교통의 원활한 소통을 위하여 지하에 설치하는 시설물
도시·군계획 시설사업	도시·군계획시설을 설치·정비 또는 개량하는 사업
도시·군계획사업	도시·군관리계획을 시행하기 위한 사업으로서 도시·군계획시설사업, 도시개발사업, 정비사업을 말함
도시·군계획사업 시행자	법률에 따라 도시·군계획사업을 하는 자
공공시설	• 도로·공원·철도·수도 • 항만·공항·광장·녹지·공공공지·공동구·하천·유수지·방화설비·방풍설비·방수설비·사방설비·방조설비·하수도·구거(溝渠: 도랑) • 행정청이 설치하는 시설로서 주차장, 저수지 및 그 밖에 국토교통부령으로 정하는 시설 • 스마트도시서비스의 제공 등을 위한 스마트도시 통합운영센터 등 스마트도시의 관리·운영에 관한 시설로서 대통령령으로 정하는 시설
국가계획	중앙행정기관이 법률에 따라 수립하거나 국가의 정책적인 목적을 이루기 위하여 수립하는 계획 중 법에 규정된 사항이나 도시·군관리계획으로 결정하여야 할 사항이 포함된 계획
용도지역	토지의 이용 및 건축물의 용도, 건폐율, 용적률, 높이 등을 제한함으로써 토지를 경제적·효율적으로 이용하고 공공복리의 증진을 도모하기 위하여 서로 중복되지 아니하게 도시·군관리계획으로 결정하는 지역
용도지구	토지의 이용 및 건축물의 용도·건폐율·용적률·높이 등에 대한 용도지역의 제한을 강화하거나 완화하여 적용함으로써 용도지역의 기능을 증진시키고 경관·안전 등을 도모하기 위하여 도시·군관리계획으로 결정하는 지역
용도구역	토지의 이용 및 건축물의 용도·건폐율·용적률·높이 등에 대한 용도지역 및 용도지구의 제한을 강화하거나 완화하여 따로 정함으로써 시가지의 무질서한 확산방지, 계획적이고 단계적인 토지이용의 도모, 혁신적이고 복합적인 토지활용의 촉진, 토지이용의 종합적 조정·관리 등을 위하여 도시·군관리계획으로 결정하는 지역
개발밀도 관리구역	개발로 인하여 기반시설이 부족할 것으로 예상되나 기반시설을 설치하기 곤란한 지역을 대상으로 건폐율이나 용적률을 강화하여 적용하기 위하여 법에 따라 지정하는 구역
기반시설 부담구역	개발밀도관리구역 외의 지역으로서 개발로 인하여 도로, 공원, 녹지 등 대통령령으로 정하는 기반시설의 설치가 필요한 지역을 대상으로 기반시설을 설치하거나 그에 필요한 용지를 확보하게 하기 위하여 지정·고시하는 구역
기반시설 설치비용	단독주택 및 숙박시설 등 대통령령으로 정하는 시설의 신·증축 행위로 인하여 유발되는 기반시설을 설치하거나 그에 필요한 용지를 확보하기 위하여 부과·징수하는 금액

2. 국토의 이용 및 관리

(1) 기본원칙

국토는 자연환경의 보전과 자원의 효율적 활용을 통하여 환경적으로 건전하고 지속가능한 발전을 이루기 위하여 (2)의 목적을 이룰 수 있도록 이용되고 관리되어야 한다.

(2) 국토 이용 및 관리의 목적

① 국민생활과 경제활동에 필요한 토지 및 각종 시설물의 효율적 이용과 원활한 공급
② 자연환경 및 경관의 보전과 훼손된 자연환경 및 경관의 개선 및 복원
③ 교통·수자원·에너지 등 국민생활에 필요한 각종 기초 서비스 제공
④ 주거 등 생활환경 개선을 통한 국민의 삶의 질 향상
⑤ 지역의 정체성과 문화유산의 보전
⑥ 지역 간 협력 및 균형발전을 통한 공동번영의 추구
⑦ 지역경제의 발전과 지역 및 지역 내 적절한 기능 배분을 통한 사회적 비용의 최소화
⑧ 기후변화에 대한 대응 및 풍수해 저감을 통한 국민의 생명과 재산의 보호
⑨ 저출산·인구의 고령화에 따른 대응과 새로운 기술변화를 적용한 최적의 생활환경 제공

3. 도시·군계획 등의 명칭

구분	내용
행정구역의 명칭이 특별시·광역시·특별자치시·특별자치도·시인 경우	도시·군계획, 도시·군기본계획, 도시·군관리계획, 도시·군계획시설, 도시·군계획시설사업, 도시·군계획사업 및 도시·군계획상임기획단의 명칭은 각각 "도시계획", "도시기본계획", "도시관리계획", "도시계획시설", "도시계획시설사업", "도시계획사업" 및 "도시계획상임기획단"으로 함
행정구역의 명칭이 군인 경우	도시·군계획, 도시·군기본계획, 도시·군관리계획, 도시·군계획시설, 도시·군계획시설사업, 도시·군계획사업 및 도시·군계획상임기획단의 명칭은 각각 "군계획", "군기본계획", "군관리계획", "군계획시설", "군계획시설사업", "군계획사업" 및 "군계획상임기획단"으로 함

KEYWORD 19 국토의 용도구분 ★★★

1. 용도지역 · 용도지구 · 용도구역의 비교

① 지정목적·범위 및 중복지정 여부

용도지역	용도지구	용도구역
• 토지의 경제적·효율적인 이용과 공공복리의 증진 • 전체 토지 대상 • 지역과 지역은 중복지정이 불가	• 용도지역 기능의 증진, 경관·안전 등을 도모 • 토지일부를 대상(부가적·추가적) • 지역·지구 및 구역과 중복지정이 가능	• 각기 개별적인 목적 • 국지적으로 지정 • 구역과 구역은 중복지정이 불가하나, 지구 및 지역과는 중복지정이 가능함

② 용도지역·지구 및 구역의 지정에 따른 손실보상: 공공복리 달성을 위한 일반적 계획 규제이므로, 지정만으로는 손실보상을 하지 않는다. 다만, 해당 계획을 집행하기 위해 도시·군계획시설사업 등으로 토지를 수용·사용하는 경우에는 공익사업을 위한 토지 등의 취득 및 보상에 관한 법률에 따라 정당한 보상이 이루어진다.

2. 용도지역의 지정

① 도시지역: 인구와 산업이 밀집되어 있거나 밀집이 예상되어 그 지역에 대하여 체계적인 개발·정비·관리·보전 등이 필요한 지역

구분	내용
주거지역	거주의 안녕과 건전한 생활환경의 보호를 위하여 필요한 지역
상업지역	상업이나 그 밖의 업무의 편익을 증진하기 위하여 필요한 지역
공업지역	공업의 편익을 증진하기 위하여 필요한 지역
녹지지역	자연환경·농지 및 산림의 보호, 보건위생, 보안과 도시의 무질서한 확산을 방지하기 위하여 녹지의 보전이 필요한 지역

② 관리지역: 도시지역의 인구와 산업을 수용하기 위하여 도시지역에 준하여 체계적으로 관리하거나 농림업의 진흥, 자연환경 또는 산림의 보전을 위하여 농림지역 또는 자연환경보전지역에 준하여 관리할 필요가 있는 지역

구분	내용
보전관리지역	자연환경 보호, 산림 보호, 수질오염 방지, 녹지공간 확보 및 생태계 보전 등을 위하여 보전이 필요하나, 주변 용도지역과의 관계 등을 고려할 때 자연환경보전지역으로 지정하여 관리하기가 곤란한 지역
생산관리지역	농업·임업·어업 생산 등을 위하여 관리가 필요하나, 주변 용도지역과의 관계 등을 고려할 때 농림지역으로 지정하여 관리하기가 곤란한 지역
계획관리지역	도시지역으로의 편입이 예상되는 지역이나 자연환경을 고려하여 제한적인 이용·개발을 하려는 지역으로서 계획적·체계적인 관리가 필요한 지역

③ 농림지역: 도시지역에 속하지 아니하는 농지법에 의한 농업진흥지역 또는 산지관리법에 따른 보전산지 등으로서 농림업의 진흥과 산림의 보전을 위해 필요한 지역

④ 자연환경보전지역: 자연환경·수자원·해안·생태계·상수원 및 국가유산의 보전과 수산자원의 보호·육성 등을 위하여 필요한 지역

3. 용도지역의 세분

국토교통부장관, 시·도지사 또는 대도시 시장은 용도지역을 도시·군관리계획결정으로 다시 세분하여 지정하거나 변경할 수 있다.

구분			내용
주거지역 (6개)	전용주거지역	제1종 전용주거지역	단독주택 중심의 양호한 주거환경을 보호
		제2종 전용주거지역	공동주택 중심의 양호한 주거환경을 보호
	일반주거지역	제1종 일반주거지역	저층주택을 중심으로 편리한 주거환경을 조성
		제2종 일반주거지역	중층주택을 중심으로 편리한 주거환경을 조성
		제3종 일반주거지역	중고층주택을 중심으로 편리한 주거환경을 조성
	준주거지역		주거기능을 위주로 하면서 상업기능 및 업무기능을 보완
상업지역 (4개)	중심상업지역		도심·부도심의 상업기능 및 업무기능의 확충
	일반상업지역		일반적인 상업 및 업무기능 담당
	근린상업지역		근린지역에서의 일용품 및 서비스의 공급
	유통상업지역		도시 내 지역 간의 유통기능 증진
공업지역 (3개)	전용공업지역		주로 중화학공업·공해성 공업 등 수용
	일반공업지역		환경을 저해하지 아니하는 공업의 배치
	준공업지역		경공업, 그 밖의 공업을 수용하면서 주거기능·상업기능 및 업무기능의 보완
녹지지역 (3개)	보전녹지지역		도시의 자연환경·경관·산림 및 녹지공간의 보전
	생산녹지지역		주로 농업적 생산을 위한 개발의 유보
	자연녹지지역		도시의 녹지공간의 확보, 도시확산의 방지, 장래 도시용지의 공급 등을 위하여 보전할 필요가 있는 지역으로서 불가피한 경우에 한하여 제한적인 개발이 허용되는 지역

4. 공유수면매립지에 관한 용도지역의 지정

(1) **공유수면(바다만 해당)의 매립 목적이 당해 매립구역과 이웃하고 있는 용도지역의 내용과 동일한 경우**
  ① 도시·군관리계획의 입안 및 결정 절차 없이 그 매립준공구역은 그 매립의 준공인가일부터 이와 이웃하고 있는 용도지역으로 지정된 것으로 본다.
  ② 이 경우 관계 특별시장·광역시장·특별자치시장·특별자치도지사·시장 또는 군수는 그 사실을 지체 없이 고시하여야 한다.

(2) **공유수면의 매립 목적이 그 매립구역과 이웃하고 있는 용도지역의 내용과 다른 경우 및 그 매립구역이 둘 이상의 용도지역에 걸쳐있거나 이웃하고 있는 경우**
  그 매립구역이 속할 용도지역은 도시·군관리계획결정으로 지정하여야 한다.

5. 용도지구

(1) 용도지구의 지정

지구	내용
경관지구	경관의 보전·관리 및 형성을 위하여 필요한 지구
고도지구	쾌적한 환경 조성 및 토지의 효율적 이용을 위하여 건축물 높이의 최고한도를 규제할 필요가 있는 지구
방화지구	화재의 위험을 예방하기 위하여 필요한 지구
방재지구	풍수해, 산사태, 지반의 붕괴, 그 밖의 재해를 예방하기 위하여 필요한 지구
보호지구	국가유산, 중요 시설물(항만, 공항 등 대통령령으로 정하는 시설물) 및 문화적·생태적으로 보존가치가 큰 지역의 보호와 보존을 위하여 필요한 지구
취락지구	녹지지역·관리지역·농림지역·자연환경보전지역·개발제한구역 또는 도시자연공원구역의 취락을 정비하기 위한 지구
개발진흥지구	주거기능·상업기능·공업기능·유통물류기능·관광기능·휴양기능 등을 집중적으로 개발·정비할 필요가 있는 지구
특정용도 제한지구	주거 및 교육 환경 보호나 청소년 보호 등의 목적으로 오염물질 배출시설, 청소년 유해시설 등 특정시설의 입지를 제한할 필요가 있는 지구
복합용도지구	지역의 토지이용 상황, 개발 수요 및 주변 여건 등을 고려하여 효율적이고 복합적인 토지이용을 도모하기 위하여 특정시설의 입지를 완화할 필요가 있는 지구

(2) 용도지구의 세분

지구	구분
경관지구	자연경관지구, 시가지경관지구, 특화경관지구
방재지구	시가지방재지구, 자연방재지구
보호지구	역사문화환경보호지구, 중요시설물보호지구, 생태계보호지구
취락지구	자연취락지구, 보호취락지구, 집단취락지구
개발진흥지구	주거개발진흥지구, 산업·유통개발진흥지구, 관광·휴양개발진흥지구, 복합개발진흥지구, 특정개발진흥지구

> **합격 PLUS+** 경관지구의 세분
> ❶ 자연경관지구: 산지·구릉지 등 자연경관을 보호하거나 유지하기 위하여 필요한 지구
> ❷ 시가지경관지구: 지역 내 주거지, 중심지 등 시가지의 경관을 보호 또는 유지하거나 형성하기 위하여 필요한 지구
> ❸ 특화경관지구: 지역 내 주요 수계의 수변 또는 문화적 보존가치가 큰 건축물 주변의 경관 등 특별한 경관을 보호 또는 유지하거나 형성하기 위하여 필요한 지구

6. 용도구역의 구분

구역	지정목적	비고
개발제한구역	국토교통부장관은 도시의 무질서한 확산을 방지하고 도시주변의 자연환경을 보전하여 도시민의 건전한 생활환경을 확보하기 위하여 도시의 개발을 제한할 필요가 있거나 국방부장관의 요청이 있어 보안상 도시의 개발을 제한할 필요가 있다고 인정되면 개발제한구역의 지정 또는 변경을 도시·군관리계획으로 결정할 수 있음	지정 또는 변경에 관한 사항은 개발제한구역의 지정 및 관리에 관한 특별조치법으로 정함
도시자연공원구역	시·도지사 또는 대도시 시장은 도시의 자연환경 및 경관을 보호하고 도시민에게 건전한 여가·휴식공간을 제공하기 위하여 도시지역 안에서 식생(植生)이 양호한 산지(山地)의 개발을 제한할 필요가 있다고 인정하면 도시자연공원구역의 지정 또는 변경을 도시·군관리계획으로 결정할 수 있음	지정 또는 변경에 관한 사항은 도시공원 및 녹지 등에 관한 법률로 정함
시가화조정구역	시·도지사는 직접 또는 관계 행정기관의 장의 요청을 받아 도시지역과 그 주변지역의 무질서한 시가화를 방지하고 계획적·단계적 개발을 도모하기 위하여 5년 이상 20년 이내 기간 동안 시가화를 유보할 필요가 있다고 인정되는 경우에는 시가화조정구역의 지정 또는 변경을 도시·군관리계획으로 결정할 수 있음	시가화 유보기간이 끝난 날의 다음 날부터 그 효력을 잃음 이 경우 국토교통부장관 또는 시·도지사는 그 사실을 고지해야 함
수산자원보호구역	해양수산부장관은 직접 또는 관계 행정기관의 장의 요청을 받아 수산자원을 보호·육성하기 위하여 필요한 공유수면이나 그에 인접한 토지에 대한 수산자원보호구역의 지정 또는 변경을 도시·군관리계획으로 결정할 수 있음	—
도시혁신구역	공간재구조화계획 결정권자는 다음의 어느 하나에 해당하는 지역을 도시혁신구역으로 지정할 수 있다. ① 도시·군기본계획에 따른 도심·부도심 또는 생활권의 중심지역 ② 주요 기반시설과 연계하여 지역의 거점 역할을 수행할 수 있는 지역 ③ 그 밖에 도시공간의 창의적이고 혁신적인 개발이 필요하다고 인정되는 경우로서 대통령령으로 정하는 지역	도시혁신구역의 지정 및 변경과 도시혁신계획의 수립 및 변경에 관한 세부적인 사항은 국토교통부장관이 정하여 고시함
복합용도구역	공간재구조화계획 결정권자는 다음의 어느 하나에 해당하는 지역을 복합용도구역으로 지정할 수 있다. ① 산업구조 또는 경제활동의 변화로 복합적 토지이용이 필요한 지역 ② 노후 건축물 등이 밀집하여 단계적 정비가 필요한 지역 ③ 그 밖에 복합된 공간이용을 촉진하고 다양한 도시공간을 조성하기 위하여 계획적 관리가 필요하다고 인정되는 경우로서 대통령령으로 정하는 지역	복합용도구역의 지정 및 변경과 복합용도계획의 수립 및 변경에 관한 세부적인 사항은 국토교통부장관이 정하여 고시함
도시·군계획시설 입체복합구역	도시·군관리계획의 결정권자는 도시·군계획시설의 입체복합적 활용을 위하여 다음의 어느 하나에 해당하는 경우에 도시·군계획시설이 결정된 토지의 전부 또는 일부를 도시·군계획시설입체복합구역으로 지정할 수 있다. ① 도시·군계획시설 준공 후 10년이 경과한 경우로서 해당 시설의 개량 또는 정비가 필요한 경우 ② 주변지역 정비 또는 지역경제 활성화를 위하여 기반시설의 복합적 이용이 필요한 경우 ③ 첨단기술을 적용한 새로운 형태의 기반시설 구축 등이 필요한 경우 ④ 그 밖에 효율적이고 복합적인 도시·군계획시설의 조성을 위하여 필요한 경우로서 대통령령으로 정하는 경우	입체복합구역의 지정·변경 등에 필요한 사항은 국토교통부장관이 정함

핵심 기출문제

PART 07 국토계획법 총칙과 용도기준

KEYWORD 18 국토계획법 총칙

01
21년 2회, 19년 1회, 18년 2회, 15년 2회

「국토의 계획 및 이용에 관한 법령」상 아래와 같이 정의되는 것은?

> 도시·군계획 수립 대상지역의 일부에 대하여 토지 이용을 합리화하고 그 기능을 증진시키며 미관을 개선하고 양호한 환경을 확보하며, 그 지역을 체계적·계획적으로 관리하기 위하여 수립하는 도시·군관리계획

① 광역도시계획
② 지구단위계획
③ 도시·군기본계획
④ 입지규제최소구역계획

해설
지구단위계획에 대한 정의이다.

정답 | ②

02
19년 1회, 18년 4회, 16년 1회, 15년 4회, 13년 1회

「국토의 계획 및 이용에 관한 법령」에 따른 도시·군관리계획의 내용에 속하지 않는 것은?

① 광역계획권의 장기발전방향에 관한 계획
② 도시개발사업이나 정비사업에 관한 계획
③ 기반시설의 설치·정비 또는 개량에 관한 계획
④ 용도지역·용도지구의 지정 또는 변경에 관한 계획

해설
①번은 광역도시계획의 내용이다.

관련이론
도시·군관리계획의 내용
- 용도지역·용도지구의 지정 또는 변경에 관한 계획
- 기반시설의 설치·정비 또는 개량에 관한 계획
- 도시개발사업이나 정비사업에 관한 계획
- 지구단위계획구역의 지정 또는 변경에 관한 계획과 지구단위계획

정답 | ①

03
18년 1회, 14년 4회, 12년 1회

「국토의 계획 및 이용에 관한 법령」상 기반시설 중 도로의 세분에 속하지 않는 것은?

① 고가도로
② 보행자우선도로
③ 자전거우선도로
④ 자동차전용도로

해설
자전거우선도로가 아닌 자전거전용도로가 도로의 세분에 속한다.

관련이론
기반시설 중 도로의 세분
- 일반도로
- 자동차전용도로
- 보행자전용도로, 보행자우선도로
- 자전거전용도로
- 고가도로, 지하도로

정답 | ③

04
20년 4회

다음 중 「국토의 계획 및 이용에 관한 법령」상 공공시설에 속하지 않는 것은?

① 공동구
② 방풍설비
③ 사방설비
④ 쓰레기 처리장

해설
공공시설에 속하는 것은 다음과 같으며, 쓰레기 처리장은 포함되지 않는다.
- 도로·공원·철도·수도
- 항만·공항·광장·녹지·공공공지·공동구·하천·유수지·방화설비·방풍설비·방수설비·사방설비·방조설비·하수도·구거(溝渠: 도랑)
- 행정청이 설치하는 시설로서 주차장, 저수지 및 그 밖에 국토교통부령으로 정하는 시설
- 스마트도시서비스의 제공 등을 위한 스마트도시 통합운영센터 등 스마트도시의 관리·운영에 관한 시설로서 대통령령으로 정하는 시설

정답 | ④

KEYWORD 19 국토의 용도구분

05   14년 2회
「국토의 계획 및 이용에 관한 법률」에 따른 국토의 용도지역 구분에 속하지 않는 것은?

① 도시지역 ② 농림지역
③ 관리지역 ④ 보전지역

해설
국토의 용도지역은 도시지역, 관리지역, 농림지역, 자연환경보전지역으로 구분된다.

정답 | ④

06   18년 1회
다음의 각종 용도지역의 세분에 관한 설명 중 옳지 않은 것은?

① 근린상업지역: 근린지역에서의 일용품 및 서비스의 공급을 위하여 필요한 지역
② 중심상업지역: 도심·부도심의 상업기능 및 업무기능의 확충을 위하여 필요한 지역
③ 제1종 일반주거지역: 단독주택을 중심으로 양호한 주거환경을 조성하기 위하여 필요한 지역
④ 준주거지역: 주거기능을 위주로 이를 지원하는 일부 상업기능 및 업무기능을 보완하기 위하여 필요한 지역

해설
제1종 일반주거지역은 저층주택을 중심으로 편리한 주거환경을 조성하기 위한 지역이다.

관련이론
일반주거지역의 세분

구분	내용
제1종 일반주거지역	저층주택을 중심으로 편리한 주거환경을 조성
제2종 일반주거지역	중층주택을 중심으로 편리한 주거환경을 조성
제3종 일반주거지역	중고층주택을 중심으로 편리한 주거환경을 조성

정답 | ③

07   19년 4회
용도지역의 세분 중 도심·부도심의 상업기능 및 업무기능의 확충을 위하여 필요한 지역은?

① 유통상업지역 ② 근린상업지역
③ 일반상업지역 ④ 중심상업지역

해설
중심상업지역은 도심·부도심의 상업기능 및 업무기능의 확충을 위하여 필요한 지역이다.

관련이론
상업지역의 세분

구분	내용
중심상업지역	도심·부도심의 상업기능 및 업무기능의 확충
일반상업지역	일반적인 상업 및 업무기능 담당
근린상업지역	근린지역에서의 일용품 및 서비스의 공급
유통상업지역	도시 내 지역 간의 유통기능 증진

정답 | ④

08   19년 1회
다음 설명에 알맞은 용도지구의 세분은?

> 산지·구릉지 등 자연경관을 보호하거나 유지하기 위하여 필요한 지구

① 자연경관지구 ② 자연방재지구
③ 특화경관지구 ④ 생태계보호지구

해설
경관지구의 세분

구분	내용
자연경관지구	산지·구릉지 등 자연경관을 보호하거나 유지하기 위하여 필요한 지구
시가지경관지구	지역 내 주거지, 중심지 등 시가지의 경관을 보호 또는 유지하거나 형성하기 위하여 필요한 지구
특화경관지구	지역 내 주요 수계의 수변 또는 문화적 보존가치가 큰 건축물 주변의 경관 등 특별한 경관을 보호 또는 유지하거나 형성하기 위하여 필요한 지구

정답 | ①

도시계획

KEYWORD 20, 21, 22

KEYWORD 20 　광역도시계획과 도시군기본계획 ★

1. 광역도시계획

(1) 광역계획권의 지정

① 국토교통부장관 또는 도지사는 둘 이상의 특별시·광역시·특별자치시·특별자치도·시 또는 군의 공간구조 및 기능을 상호 연계시키고 환경을 보전하며 광역시설을 체계적으로 정비하기 위하여 필요한 경우에는 다음의 구분에 따라 인접한 둘 이상의 특별시·광역시·특별자치시·특별자치도·시 또는 군의 관할구역 전부 또는 일부를 광역계획권으로 지정할 수 있다.
　㉠ 광역계획권이 둘 이상의 특별시·광역시·특별자치시·도 또는 특별자치도의 관할구역에 걸쳐 있는 경우: 국토교통부장관이 지정
　㉡ 광역계획권이 도의 관할구역에 속하여 있는 경우: 도지사가 지정
② 중앙행정기관의 장, 시·도지사, 시장 또는 군수는 국토교통부장관이나 도지사에게 광역계획권의 지정 또는 변경을 요청할 수 있다.
③ 광역계획권의 지정 전 심의 및 지정통보

구분	내용
도시계획위원회의 심의	• 국토교통부장관은 광역계획권을 지정하거나 변경하려면 관계 시·도지사, 시장 또는 군수의 의견을 들은 후 중앙도시계획위원회의 심의를 거쳐야 함 • 도지사가 광역계획권을 지정하거나 변경하려면 관계 중앙행정기관의 장, 관계 시·도지사, 시장 또는 군수의 의견을 들은 후 지방도시계획위원회의 심의를 거쳐야 함
지정 및 변경사실의 통지	국토교통부장관 또는 도지사는 광역계획권을 지정하거나 변경하면 지체 없이 관계 시·도지사, 시장 또는 군수에게 그 사실을 통보하여야 한다.

(2) 광역도시계획의 수립과 내용

① 광역도시계획의 수립권자

	수립권자	구분
원칙	관할 시장 또는 군수가 공동으로 수립	광역계획권이 같은 도의 관할구역에 속하여 있는 경우
	관할 시·도지사가 공동으로 수립	광역계획권이 둘 이상의 시·도의 관할구역에 걸쳐 있는 경우
	관할 도지사가 수립	광역계획권을 지정한 날부터 3년이 지날 때까지 관할 시장 또는 군수로부터 광역도시계획의 승인 신청이 없는 경우
	국토교통부장관이 수립	국가계획과 관련된 광역도시계획의 수립이 필요한 경우나 광역계획권을 지정한 날부터 3년이 지날 때까지 관할 시·도지사로부터 광역도시계획의 승인 신청이 없는 경우

예외	국토교통부장관과 시·도지사가 공동으로 수립	시·도지사가 요청하는 경우와 그 밖에 필요하다고 인정되는 경우
	도지사와 관할 시장 또는 군수가 공동으로 수립	시장 또는 군수가 요청하는 경우와 그 밖에 필요하다고 인정하는 경우
	도지사가 단독으로 수립	시장 또는 군수가 협의를 거쳐 요청하는 경우

② 광역도시계획의 내용
  ㉠ 광역계획권의 공간 구조와 기능 분담에 관한 사항
  ㉡ 광역계획권의 녹지관리체계와 환경 보전에 관한 사항
  ㉢ 광역시설의 배치·규모·설치에 관한 사항
  ㉣ 경관계획에 관한 사항
  ㉤ 그 밖에 광역계획권에 속하는 특별시·광역시·특별자치시·특별자치도·시 또는 군 상호 간의 기능 연계에 관한 사항으로서 다음에 해당하는 사항
    • 광역계획권의 교통 및 물류유통체계에 관한 사항
    • 광역계획권의 문화·여가 공간 및 방재에 관한 사항

③ 광역도시계획의 수립기준
  ㉠ 광역계획권의 미래상과 이를 실현할 수 있는 체계화된 전략을 제시하고 국토종합계획 등과 서로 연계되도록 할 것
  ㉡ 특별시·광역시·특별자치시·특별자치도·시 또는 군 간의 기능 분담, 도시의 무질서한 확산방지, 환경보전, 광역시설의 합리적 배치, 그 밖에 광역계획권 안에서 현안사항이 되고 있는 특정부문 위주로 수립할 수 있도록 할 것
  ㉢ 여건 변화에 탄력적으로 대응할 수 있도록 포괄적이고 개략적으로 수립하도록 하되, 특정부문 위주로 수립하는 경우에는 도시·군기본계획이나 도시·군관리계획에 명확한 지침을 제시할 수 있도록 구체적으로 수립하도록 할 것
  ㉣ 녹지축·생태계·산림·경관 등 양호한 자연환경과 우량농지, 보전목적의 용도지역, 국가유산 및 역사문화환경 등을 충분히 고려하여 수립하도록 할 것
  ㉤ 부문별 계획은 서로 연계되도록 할 것
  ㉥ 재난 및 안전관리 기본법에 따른 시·도 안전관리계획 및 같은 법에 따른 시·군·구 안전관리계획과 자연재해대책법에 따른 시·군 자연재해저감 종합계획을 충분히 고려하여 수립하도록 할 것

(3) 광역도시계획 수립 및 승인절차
① 기초조사: 국토교통부장관 또는 시·도지사, 시장 또는 군수는 광역도시계획을 수립 또는 이를 변경하고자 하는 때에는 미리 인구·경제·사회·문화·토지 이용·환경·교통·주택, 그 밖에 대통령령이 정하는 사항 중 당해 광역도시계획의 수립 또는 변경에 관하여 필요한 사항을 대통령령이 정하는 바에 따라 조사하거나 측량하여야 한다.
② 공청회 개최
  ㉠ 국토교통부장관, 시·도지사, 시장 또는 군수는 광역도시계획을 수립 또는 이를 변경하고자 하는 때에는 미리 공청회를 열어 주민 및 관계 전문가 등으로부터 의견을 들어야 하며, 공청회에서 제시된 의견이 타당하다고 인정하는 때에는 이를 광역도시계획에 반영하여야 한다.
  ㉡ 공청회를 개최하려면 일간신문, 관보, 공보, 인터넷 홈페이지 또는 방송 등의 방법으로 공청회 개최예정일 14일 전까지 1회 이상 공고해야 한다.
③ 지방자치단체의 의견청취
  ㉠ 시·도지사, 시장 또는 군수는 광역도시계획을 수립 또는 변경하고자 하는 때에는 미리 관계 시·도, 시 또는 군의 의회와 관계 시장 또는 군수의 의견을 들어야 한다.
  ㉡ 국토교통부장관은 광역도시계획을 수립하거나 변경하려면 관계 시·도지사에게 광역도시계획안을 송부하여야 하며, 관계 시·도지사는 그 광역도시계획안에 대하여 그 시·도의 의회와 관계 시장 또는 군수의 의견을 들은 후

그 결과를 국토교통부장관에게 제출하여야 한다.
ⓒ 위의 규정에 의한 시·도, 시 또는 군의 의회와 관계 시장 또는 군수는 특별한 사유가 없으면 30일 이내에 시·도지사, 시장 또는 군수에게 의견을 제시하여야 한다.

④ 광역도시계획의 승인
㉠ 시·도지사는 광역도시계획을 수립하거나 변경하려면 국토교통부장관의 승인을 받아야 한다.
㉡ 국토교통부장관은 광역도시계획을 승인하거나 직접 광역도시계획을 수립 또는 변경(시·도지사와 공동으로 수립하거나 변경하는 경우를 포함)하려면 관계 중앙행정기관과 협의한 후 중앙도시계획위원회의 심의를 거쳐야 한다.
㉢ 협의 요청을 받은 관계 중앙행정기관의 장은 특별한 사유가 없으면 그 요청을 받은 날부터 30일 이내에 국토교통부장관에게 의견을 제시하여야 한다.
㉣ 국토교통부장관은 직접 광역도시계획을 수립 또는 변경하거나 승인하였을 때에는 관계 중앙행정기관의 장과 시·도지사에게 관계 서류를 송부하여야 하며, 관계 서류를 받은 시·도지사는 30일 이상 그 내용을 공고하고 일반이 열람할 수 있도록 하여야 한다.
㉤ 시장 또는 군수는 광역도시계획을 수립하거나 변경하려면 도지사의 승인을 받아야 한다.

⑤ 광역도시계획의 조정
㉠ 광역도시계획을 공동으로 수립하는 시·도지사는 그 내용에 관하여 서로 협의가 되지 아니하면 공동이나 단독으로 국토교통부장관에게 조정(調停)을 신청할 수 있다.
㉡ 국토교통부장관은 단독으로 조정신청을 받은 경우에는 기한을 정하여 당사자 간에 다시 협의를 하도록 권고할 수 있으며, 기한까지 협의가 이루어지지 아니하는 경우에는 직접 조정할 수 있다.
㉢ 광역도시계획을 공동으로 수립하는 시장 또는 군수는 그 내용에 관하여 서로 협의가 되지 아니하면 공동이나 단독으로 도지사에게 조정을 신청할 수 있다.

2. 도시·군기본계획

(1) **도시·군기본계획의 수립권자와 대상지역**

구분	내용
수립권자	특별시장·광역시장·특별자치시장·특별자치도지사·시장 또는 군수
대상지역	관할구역
수립 제외	시 또는 군의 위치, 인구의 규모, 인구감소율 등을 감안하여 다음의 시 또는 군은 도시·군기본계획을 수립하지 아니할 수 있음 • 수도권에 속하지 아니하고 광역시와 경계를 같이하지 아니한 시 또는 군으로써 인구 10만명 이하인 시 또는 군 • 관할구역 전부에 대하여 광역도시계획이 수립되어 있는 시 또는 군으로써 당해 광역도시계획에 도시·군기본계획의 내용이 모두 포함되어 있는 시 또는 군
비고	• 지역여건상 필요하다고 인정되는 때에는 인접한 특별시·광역시·특별자치시·특별자치도·시 또는 군의 관할구역 전부 또는 일부를 포함하여 도시·군기본계획을 수립할 수 있음 • 특별시장·광역시장·특별자치시장·특별자치도지사·시장 또는 군수는 인접한 특별시·광역시·특별자치시·특별자치도·시 또는 군의 관할구역을 포함하여 도시·군기본계획을 수립하려면 미리 그 특별시장·광역시장·특별자치시장·특별자치도지사·시장 또는 군수와 협의하여야 함

(2) **도시·군기본계획의 내용**
　① 지역적 특성 및 계획의 방향·목표에 관한 사항
　② 공간구조 및 인구의 배분에 관한 사항
　③ 생활권의 설정과 생활권역별 개발·정비 및 보전 등에 관한 사항
　④ 토지의 이용 및 개발에 관한 사항
　⑤ 토지의 용도별 수요 및 공급에 관한 사항
　⑥ 환경의 보전 및 관리에 관한 사항
　⑦ 기반시설에 관한 사항
　⑧ 공원·녹지에 관한 사항
　⑨ 경관에 관한 사항
　⑩ 기후변화 대응 및 에너지절약에 관한 사항
　⑪ 방재·방범 등 안전에 관한 사항

(3) **도시·군기본계획의 수립기준**
　① 여건에 탄력적으로 대응할 수 있도록 포괄적이고 개괄적으로 수립하도록 할 것
　② 도시지역 등에 위치한 개발 가능한 토지는 단계별로 시차를 두어 개발되도록 할 것
　③ 경관에 관한 사항에 대하여는 필요한 경우에는 도시·군기본계획도서의 별책으로 작성할 수 있도록 할 것

(4) **도시·군기본계획의 정비**
　① 특별시장·광역시장·특별자치시장·특별자치도지사·시장 또는 군수는 5년마다 관할 구역의 도시·군기본계획에 대하여 타당성을 전반적으로 재검토하여 정비하여야 한다.
　② 특별시장·광역시장·특별자치시장·특별자치도지사·시장 또는 군수는 도시·군기본계획의 내용에 우선하는 광역도시계획의 내용 및 도시·군기본계획에 우선하는 국가계획의 내용을 도시·군기본계획에 반영하여야 한다.

KEYWORD 21 도시 · 군관리계획과 지구단위계획 ★★

1. 도시 · 군관리계획

(1) 도시·군관리계획의 내용 및 입안권자

구분	입안권자
기본원칙	특별시장 · 광역시장 · 특별자치시장 · 특별자치도지사 · 시장 또는 군수가 관할구역에 대하여 도시 · 군관리계획을 입안하여야 함
지역 여건상 필요하거나 인접한 시 또는 군의 관할구역을 포함하여 계획을 수립한 경우	• 관계 특별시장 · 광역시장 · 특별자치시장 · 특별자치도지사 · 시장 또는 군수가 협의하여 공동으로 입안하거나 입안할 자를 정함 • 협의가 성립되지 아니하는 경우 도시 · 군관리계획을 입안하려는 구역이 같은 도의 관할구역에 속할 때에는 관할 도지사가, 둘 이상의 시 · 도의 관할구역에 걸쳐 있을 때에는 국토교통부장관이 입안할 자를 지정하고 그 사실을 고시하여야 함
• 국가계획과 관련된 경우 • 둘 이상의 시 · 도에 걸쳐 지정되는 용도지역 · 용도지구 또는 용도구역과 둘 이상의 시 · 도에 걸쳐 이루어지는 사업의 계획 중 도시 · 군관리계획으로 결정하여야 할 사항이 있는 경우	• 국토교통부장관이 직접 입안하거나 관계 중앙행정기관의 장의 요청에 의하여 입안할 수 있음 • 이 경우 국토교통부장관은 관할 시 · 도지사 및 시장 · 군수의 의견을 들어야 함
• 둘 이상의 시 · 군에 걸쳐 지정되는 용도지역 · 용도지구 또는 용도구역과 둘 이상의 시 · 군에 걸쳐 이루어지는 사업의 계획 중 도시 · 군관리계획으로 결정하여야 할 사항이 포함되어 있는 경우 • 도지사가 직접 수립하는 사업의 계획으로서 도시 · 군관리계획으로 결정하여야 할 사항이 포함되어 있는 경우	• 도지사가 직접 입안하거나 시장이나 군수의 요청에 의하여 입안할 수 있음 • 이 경우 도지사는 관계 시장 또는 군수의 의견을 들어야 함

(2) 도시·군관리계획의 내용

① 용도지역·용도지구의 지정 또는 변경에 관한 계획
② 개발제한구역, 도시자연공원구역, 시가화조정구역(市街化調整區域), 수산자원보호구역의 지정 또는 변경에 관한 계획
③ 기반시설의 설치·정비 또는 개량에 관한 계획
④ 도시개발사업이나 정비사업에 관한 계획
⑤ 지구단위계획구역의 지정 또는 변경에 관한 계획과 지구단위계획
⑥ 도시혁신구역의 지정 또는 변경에 관한 계획과 도시혁신계획
⑦ 복합용도구역의 지정 또는 변경에 관한 계획과 복합용도계획
⑧ 도시·군계획시설입체복합구역의 지정 또는 변경에 관한 계획

(3) 도시·군관리계획의 입안절차

① 도시·군관리계획의 입안을 위한 기초조사
　㉠ 국토교통부장관, 시·도지사, 시장 또는 군수는 기초조사의 내용에 도시·군관리계획이 환경에 미치는 영향 등에 대한 환경성 검토를 포함하여야 한다.
　㉡ 국토교통부장관, 시·도지사, 시장 또는 군수는 기초조사의 내용에 토지적성평가와 재해취약성분석을 포함하여야 한다.

ⓒ 도시·군관리계획으로 입안하려는 지역이 도심지에 위치하거나 개발이 끝나 나대지가 없는 등 대통령령으로 정하는 요건에 해당하면 규정에 따른 기초조사, 환경성 검토, 토지적성평가 또는 재해취약성분석을 하지 아니할 수 있다.
　② 주민과 지방의회의 의견청취: 국토교통부장관, 시·도지사, 시장 또는 군수는 도시·군관리계획을 입안할 때에는 주민의 의견 및 해당 지방의회의 의견을 들어야 한다.

(4) 도시·군관리계획의 결정권자
① 원칙적으로 도시·군관리계획은 시·도지사가 직접 또는 시장·군수의 신청에 따라 결정한다.
② 지방자치법에 따른 서울특별시와 광역시 및 특별자치시를 제외한 인구 50만 이상의 대도시의 경우에는 해당 시장이 직접 결정하고, 다음의 도시·군관리계획은 시장 또는 군수가 직접 결정한다.
　㉠ 시장 또는 군수가 입안한 지구단위계획구역의 지정·변경과 지구단위계획의 수립·변경에 관한 도시·군관리계획
　㉡ 지구단위계획으로 대체하는 용도지구 폐지에 관한 도시·군관리계획
③ 국토교통부장관의 결정사항
　㉠ 국토교통부장관이 입안한 도시·군관리계획
　㉡ 개발제한구역의 지정 및 변경에 관한 도시·군관리계획
　㉢ 시가화조정구역의 지정 및 변경에 관한 도시·군관리계획
　㉣ 수산자원보호구역의 지정 및 변경에 관한 도시·군관리계획

(5) 도시·군관리계획 결정의 효력
① 도시·군관리계획 결정의 효력은 지형도면을 고시한 날부터 발생한다.
② 도시·군관리계획 결정 당시 이미 사업이나 공사에 착수한 자는 그 도시·군관리계획 결정과 관계없이 그 사업이나 공사를 계속할 수 있다.
③ 시가화조정구역 또는 수산자원보호구역의 지정에 관한 도시·군관리계획의 결정 당시 이미 사업 또는 공사에 착수한 자는 당해 사업 또는 공사를 계속하고자 하는 때에는 규정에 의하여 시가화조정구역 또는 수산자원보호구역의 지정에 관한 도시·군관리계획결정의 고시일부터 3월 이내에 그 사업 또는 공사의 내용을 관할 특별시장·광역시장·특별자치시장·특별자치도지사·시장 또는 군수에게 신고하여야 한다.
④ 건축물의 건축을 목적으로 하는 토지의 형질변경에 관한 공사를 완료한 후 1년 이내에 규정에 의한 도시·군관리계획결정의 고시가 있는 경우 당해 건축물을 건축하고자 하는 자는 당해 도시·군관리계획결정의 고시일부터 6월 이내에 건축허가를 신청하는 때에는 당해 건축물을 건축할 수 있다.

(6) 도시·군관리계획의 정비
특별시장·광역시장·특별자치시장·특별자치도지사·시장 또는 군수는 5년마다 관할 구역의 도시·군관리계획에 대하여 다음의 사항을 검토하여 그 결과를 도시·군관리계획입안에 반영하여야 한다.

구분	내용
도시·군계획시설 설치에 관한 도시·군관리계획	• 도시·군계획시설결정의 고시일부터 3년 이내에 해당 도시·군계획시설의 설치에 관한 도시·군계획시설사업의 전부 또는 일부가 시행되지 아니한 경우 해당 도시·군계획시설결정의 타당성 • 도시·군계획시설결정에 따라 설치된 시설 중 여건 변화 등으로 존치 필요성이 없는 도시·군계획시설에 대한 해제 여부
용도지구 지정에 관한 도시·군관리계획	• 지정목적을 달성하거나 여건 변화 등으로 존치 필요성이 없는 용도지구에 대한 변경 또는 해제 여부 • 해당 용도지구와 중첩하여 지구단위계획구역이 지정되어 지구단위계획이 수립되거나 다른 법률에 따른 지역·지구 등이 지정된 경우 해당 용도지구의 변경 및 해제 여부 등을 포함한 용도지구 존치의 타당성 • 둘 이상의 용도지구가 중첩하여 지정되어 있는 경우 용도지구의 지정 목적, 여건 변화 등을 고려할 때 해당 용도지구를 규정된 사항을 내용으로 하는 지구단위계획으로 대체할 필요성이 있는지 여부

(7) **도시·군관리계획에 관한 지형도면의 고시 등**
　① 지형도면의 작성자

구분	내용
원칙	특별시장·광역시장·특별자치시장·특별자치도지사·시장 또는 군수
국토교통부장관 또는 도지사	도시·군관리계획을 직접 입안한 경우에는 관계 특별시장·광역시장·특별자치시장·특별자치도지사·시장 또는 군수의 의견을 들어 직접 지형도면을 작성할 수 있음

　② 지형도면의 고시
　　㉠ 특별시장·광역시장·특별자치시장·특별자치도지사·시장 또는 군수는 도시·군관리계획 결정이 고시되면 지적(地籍)이 표시된 지형도에 도시·군관리계획에 관한 사항을 자세히 밝힌 도면을 작성하여야 한다.
　　㉡ 시장(대도시 시장은 제외함)이나 군수는 지형도에 도시·군관리계획에 관한 사항을 자세히 밝힌 도면을 작성하면 도지사의 승인을 받아야 한다. 이 경우 지형도면의 승인 신청을 받은 도지사는 그 지형도면과 결정·고시된 도시·군관리계획을 대조하여 착오가 없다고 인정되면 30일 이내로 그 지형도면을 승인하여야 한다.
　　㉢ 국토교통부장관, 시·도지사, 시장 또는 군수는 직접 지형도면을 작성하거나 지형도면을 승인한 경우에는 이를 고시하여야 한다.

(8) **도시·군관리계획 입안의 특례**
　① 국토교통부장관, 시·도지사, 시장 또는 군수는 도시·군관리계획을 조속히 입안하여야 할 필요가 있다고 인정되면 광역도시계획이나 도시·군기본계획을 수립할 때에 도시·군관리계획을 함께 입안할 수 있다.
　② 국토교통부장관, 시·도지사, 시장 또는 군수는 필요하다고 인정되면 도시·군관리계획을 입안할 때에 협의하여야 할 사항에 관하여 관계 중앙행정기관의 장이나 관계 행정기관의 장과 협의할 수 있다. 이 경우 시장이나 군수는 도지사에게 그 도시·군관리계획의 결정을 신청할 때에 관계 행정기관의 장과의 협의 결과를 첨부하여야 한다.

2. 지구단위계획

(1) 개념
도시·군계획 수립 대상지역의 일부에 대하여 토지 이용을 합리화하고 그 기능을 증진시키며 미관을 개선하고 양호한 환경을 확보하며 그 지역을 체계적·계획적으로 관리하기 위하여 수집하는 도시·군 관리계획이다.

(2) 지구단위계획의 수립 시 고려해야 할 사항
① 도시의 정비·관리·보전·개발 등 지구단위계획구역의 지정 목적
② 주거·산업·유통·관광휴양·복합 등 지구단위계획구역의 중심기능
③ 해당 용도지역의 특성
④ 지역 공동체의 활성화
⑤ 안전하고 지속가능한 생활권의 조성
⑥ 해당 지역 및 인근 지역의 토지 이용을 고려한 토지이용계획과 건축계획의 조화

(3) 지구단위계획의 지정권자 및 지정대상구역

구분	내용
지정권자	국토교통부장관, 시·도지사, 시장 또는 군수
지정대상구역 (전부 또는 일부에 대하여 지정 가능)	• 용도지구 및 도시개발법에 따라 지정된 도시개발구역 • 도시 및 주거환경정비법에 따라 지정된 정비구역 • 택지개발촉진법에 따라 지정된 택지개발지구 • 주택법에 따른 대지조성사업지구 • 산업입지 및 개발에 관한 법률의 산업단지와 준산업단지 • 관광진흥법에 따라 지정된 관광단지와 관광특구 • 개발제한구역·도시자연공원구역·시가화조정구역 또는 공원에서 해제되는 구역, 녹지지역에서 주거·상업·공업지역으로 변경되는 구역과 새로 도시지역으로 편입되는 구역 중 계획적인 개발 또는 관리가 필요한 지역 • 도시지역 내 주거·상업·업무 등의 기능을 결합하는 등 복합적인 토지 이용을 증진시킬 필요가 있는 지역 • 도시지역 내 유휴토지를 효율적으로 개발하거나 교정시설, 군사시설, 그 밖에 대통령령으로 정하는 시설을 이전 또는 재배치하여 토지 이용을 합리화하고, 그 기능을 증진시키기 위하여 집중적으로 정비가 필요한 지역 • 도시지역의 체계적·계획적인 관리 또는 개발이 필요한 지역 • 법에 의하여 지정된 시범도시 • 법의 규정에 의하여 고시된 개발행위허가제한지역 • 지하 및 공중 공간을 효율적으로 개발하고자 하는 지역 • 용도지역의 지정·변경에 관한 도시·군관리계획을 입안하기 위하여 열람·공고된 지역 • 주택재건축사업에 의하여 공동주택을 건축하는 지역 • 지구단위계획구역으로 지정하고자 하는 토지와 접하여 공공시설을 설치하고자 하는 자연녹지지역

필요적
지정대상
	국토교통부장관, 시·도지사, 시장 또는 군수는 다음의 어느 하나에 해당하는 지역은 지구단위계획구역으로 지정하여야 한다. 다만, 관계 법률에 따라 그 지역에 토지 이용과 건축에 관한 계획이 수립되어 있는 경우에는 그러하지 아니함
	• 정비구역, 택지개발지구에서 시행되는 사업이 끝난 후 10년이 지난 지역
	• 체계적·계획적인 개발 또는 관리가 필요한 지역으로서 면적이 30만m² 이상인 지역
	   – 시가화조정구역 또는 공원에서 해제되는 지역(녹지지역으로 지정 또는 존치되거나 법에 의하여 도시·군계획사업 등 개발계획이 수립되지 아니하는 경우는 제외)
	   – 녹지지역에서 주거지역·상업지역 또는 공업지역으로 변경되는 지역

(4) 도시지역 외의 지역을 지구단위계획구역으로 지정하려는 경우(계획관리지역)

도시지역 외의 지역을 지구단위계획구역으로 지정하려는 경우 지정하려는 구역 면적의 50/100 이상이 계획관리지역으로서 다음의 요건에 해당하는 지역이어야 한다.

① 계획관리지역 외에 지구단위계획구역에 포함하는 지역은 생산관리지역 또는 보전관리지역일 것

> **합격 PLUS+** 지구단위계획구역에 보전관리지역을 포함하는 경우 해당 보전관리지역의 면적은 다음의 요건을 충족할 것
> ❶ 전체 지구단위계획구역 면적이 10만m² 이하인 경우: 전체 지구단위계획구역 면적의 20% 이내
> ❷ 전체 지구단위계획구역 면적이 10만m² 초과 20만m² 이하인 경우: 2만m²
> ❸ 전체 지구단위계획구역 면적이 20만m²를 초과하는 경우: 전체 지구단위계획구역 면적의 10% 이내

② 지구단위계획구역으로 지정하고자 하는 토지의 면적이 다음의 어느 하나에 규정된 면적 요건에 해당할 것
　㉠ 원칙: 3만m² 이상일 것
　㉡ 지정하고자 하는 지역에 공동주택 중 아파트 또는 연립주택의 건설계획이 포함되는 경우에는 30만m² 이상일 것

> **합격 PLUS+** 다음 요건에 해당되면 일단의 토지를 통합하여 하나의 지구단위계획구역으로 지정할 수 있음
> ❶ 아파트 또는 연립주택의 건설계획이 포함되는 각각의 토지의 면적이 10만m² 이상이고, 그 총면적이 30만m² 이상일 것
> ❷ ❶의 각 토지는 국토교통부장관이 정하는 범위 안에 위치하고, 국토교통부장관이 정하는 규모 이상의 도로로 서로 연결되어 있거나 연결도로의 설치가 가능할 것

　㉢ 지정하고자 하는 지역에 공동주택 중 아파트 또는 연립주택의 건설계획이 포함되는 경우로서 다음의 어느 하나에 해당하는 경우에는 10만m² 이상일 것
　　• 지구단위계획구역이 수도권정비계획법의 규정에 의한 자연보전권역인 경우
　　• 지구단위계획구역 안에 초등학교 용지를 확보하여 관할 교육청의 동의를 얻거나 지구단위계획구역 안 또는 지구단위계획구역으로부터 통학이 가능한 거리에 초등학교가 위치하고 학생수용이 가능한 경우로서 관할 교육청의 동의를 얻은 경우

③ 해당 지역에 도로·수도공급설비·하수도 등 기반시설을 공급할 수 있을 것
④ 자연환경·경관·미관 등을 해치지 아니하고 국가유산의 훼손 우려가 없을 것

(5) 도시지역 외의 지역을 지구단위계획구역으로 지정하려는 경우(개발진흥지구)

해당 개발진흥지구가 다음의 지역에 위치해야 한다.
① 주거개발진흥지구, 복합개발진흥지구(주거기능이 포함된 경우에 한함) 및 특정개발진흥지구: 계획관리지역
② 산업·유통개발진흥지구 및 복합개발진흥지구(주거기능이 포함되지 않은 경우): 계획관리지역·생산관리지역 또는 농림지역
③ 관광·휴양개발진흥지구: 도시지역 외의 지역

(6) 지구단위계획의 내용

① 지구단위계획구역의 지정목적을 이루기 위하여 지구단위계획에는 다음의 사항 중 ㉢과 ㉤의 사항을 포함한 둘 이상의 사항이 포함되어야 한다. 다만, ㉡을 내용으로 하는 지구단위계획의 경우에는 그러하지 아니하다.
　㉠ 용도지역이나 용도지구를 세분하거나 변경하는 사항
　㉡ 기존의 용도지구를 폐지하고 그 용도지구에서의 건축물이나 그 밖의 시설의 용도·종류 및 규모 등의 제한을 대체하는 사항
　㉢ 기반시설의 배치와 규모
　㉣ 도로로 둘러싸인 일단의 지역 또는 계획적인 개발·정비를 위하여 구획된 일단의 토지의 규모와 조성계획

ⓜ 건축물의 용도제한, 건축물의 건폐율 또는 용적률, 건축물 높이의 최고한도 또는 최저한도
　　ⓗ 건축물의 배치·형태·색채 또는 건축선에 관한 계획
　　ⓢ 환경관리계획 또는 경관계획
　　ⓞ 보행안전 등을 고려한 교통처리계획
　② 지구단위계획은 도로, 상하수도 등 도시·군계획시설의 처리·공급 및 수용능력이 지구단위계획구역에 있는 건축물의 연면적, 수용인구 등 개발밀도와 적절한 조화를 이룰 수 있도록 하여야 한다.

(7) 도시지역 내 지구단위계획구역에서의 건폐율 등의 완화적용
① 건폐율·용적률 및 높이제한을 완화하여 적용할 수 있는 경우
　㉠ 지구단위계획구역(도시지역 내에 지정하는 경우로 한정함)에서 건축물을 건축하려는 자가 그 대지의 일부를 공공시설 등의 부지로 제공하거나 공공시설 등을 설치하여 제공하는 경우는 건폐율·용적률 및 높이제한을 완화하여 적용할 수 있다.
　㉡ 부지의 제공은 제외하고 공공시설 등을 설치하여 제공하는 경우에는 공공시설 등을 설치하는 데에 드는 비용에 상응하는 가액(價額)의 부지를 제공한 것으로 건폐율·용적률 및 높이제한을 완화하여 적용할 수 있다.
　㉢ 공공시설 등을 설치하여 그 부지와 함께 제공하는 경우에는 ㉠ 및 ㉡에 따라 완화할 수 있는 건폐율·용적률 및 높이를 합산한 비율까지 완화하여 적용할 수 있다.
② 특별시장·광역시장·특별자치시장·특별자치도지사·시장 또는 군수는 지구단위계획구역에 있는 토지를 공공시설부지로 제공하고 보상을 받은 자 또는 그 포괄승계인이 그 보상금액에 국토교통부령이 정하는 이자를 더한 금액을 반환하는 경우에는 해당 지방자치단체의 도시·군계획조례가 정하는 바에 따라 해당 건축물에 대한 건폐율·용적률 및 높이제한을 완화할 수 있다. 이 경우 그 반환금은 기반시설의 확보에 사용하여야 한다.
③ 지구단위계획구역에서 건축물을 건축하고자 하는 자가 건축법에 따른 공개공지 또는 공개공간을 의무면적을 초과하여 설치한 경우에는 지구단위계획으로 용적률 및 높이제한을 완화하여 적용할 수 있다.
④ 세부기준

구분	내용
주차장 설치기준을 100%까지 완화하여 적용할 수 있는 경우	• 한옥마을을 보존하고자 하는 경우 • 차 없는 거리를 조성하고자 하는 경우(지구단위계획으로 보행자전용도로를 지정하거나 차량의 출입을 금지한 경우를 포함) • 원활한 교통소통 또는 보행환경 조성을 위하여 도로에서 대지로의 차량통행이 제한되는 차량진입금지구간을 지정한 경우
용적률을 120% 이내에서 완화하여 적용할 수 있는 경우	• 도시지역에 개발진흥지구를 지정하고 당해 지구를 지구단위계획구역으로 지정한 경우 • 다음의 하나에 해당하는 경우로서 특별시장·광역시장·특별자치시장·특별자치도지사·시장 또는 군수의 권고에 따라 공동개발을 하는 경우 　- 지구단위계획에 2필지 이상의 토지에 하나의 건축물을 건축하도록 되어 있는 경우 　- 지구단위계획에 합벽건축을 하도록 되어 있는 경우 　- 지구단위계획에 주차장·보행자통로 등을 공동으로 사용하도록 되어 있어 2필지 이상의 토지에 건축물을 동시에 건축할 필요가 있는 경우
제한된 건축물 높이의 120% 이내에서 완화하여 적용할 수 있는 경우	도시지역에 개발진흥지구를 지정하고 해당 지구를 지구단위계획구역으로 지정한 경우
건폐율 및 용적률의 최대범위	규정에 의하여 완화하여 적용되는 건폐율 및 용적률은 당해 용도지역 또는 용도지구에 적용되는 건폐율의 150% 및 용적률의 200%를 각각 초과할 수 없음

(8) 도시지역 외 지구단위계획구역에서 건폐율 등의 완화적용
① 지구단위계획구역(도시지역 외에 지정하는 경우로 한정함)에서는 해당 용도지역 또는 개발진흥지구에 적용되는 건폐율의 150% 및 용적률의 200% 이내에서 건폐율 및 용적률을 완화하여 적용할 수 있다.
② 지구단위계획구역에서는 건축물의 용도·종류 및 규모 등을 완화하여 적용할 수 있다. 다만, 개발진흥지구(계획관리지역에 지정된 개발진흥지구를 제외)에 지정된 지구단위계획구역에 대하여는 공동주택 중 아파트 및 연립주택은 허용되지 아니한다.

(9) 지구단위계획구역의 지정에 관한 도시·군관리계획결정의 실효 등
① 지구단위계획구역의 지정에 관한 도시·군관리계획결정의 고시일부터 3년 이내에 그 지구단위계획구역에 관한 지구단위계획이 결정·고시되지 아니하면 그 3년이 되는 날의 다음날에 그 지구단위계획구역의 지정에 관한 도시·군관리계획결정은 효력을 잃는다.
② 지구단위계획(주민이 입안을 제안한 것에 한정함)에 관한 도시·군관리계획결정의 고시일부터 5년 이내에 이 법 또는 다른 법률에 따라 허가·인가·승인 등을 받아 사업이나 공사에 착수하지 아니하면 그 5년이 된 날의 다음날에 그 지구단위계획에 관한 도시·군관리계획결정은 효력을 잃는다. 이 경우 지구단위계획과 관련한 도시·군관리계획결정에 관한 사항은 해당 지구단위계획구역 지정 당시의 도시·군관리계획으로 환원된 것으로 본다.
③ 국토교통부장관, 시·도지사, 시장 또는 군수는 지구단위계획구역 지정 및 지구단위계획 결정이 효력을 잃으면 지체 없이 그 사실을 고시하여야 한다.

(10) 지구단위계획구역 안에서의 건축 등
① 지구단위계획구역에서 건축물(일정기간 내 철거가 예상되는 경우 등 대통령령으로 정하는 가설건축물은 제외)을 건축 또는 용도변경하거나 공작물을 설치하려면 그 지구단위계획에 맞게 하여야 한다.
② 지구단위계획이 수립되어 있지 아니한 경우에는 그러하지 아니하다.

KEYWORD 22 개발행위의 허가 등 ★

1. 개발행위의 허가

(1) 허가사항

구분	내용
허가자	특별시장·광역시장·특별자치시장·특별자치도지사·시장 또는 군수
허가행위	• 건축물의 건축 또는 공작물의 설치 • 토지의 형질 변경(경작을 위한 토지의 형질 변경은 제외) • 토석의 채취 • 토지 분할(건축물이 있는 대지의 분할은 제외) • 녹지지역·관리지역 또는 자연환경보전지역에 물건을 1개월 이상 쌓아놓는 행위
예외사항	도시·군계획사업(다른 법률에 따라 도시·군계획사업을 의제한 사업 포함)에 의한 행위

(2) 개발행위허가를 받은 사항을 변경하는 경우
개발행위허가를 변경하는 경우에도 (1)의 기준을 준용해야 하지만 다음과 같이 경미한 사항을 변경하는 경우에는 그러하지 아니하다.

① 사업기간을 단축하는 경우
② 다음의 어느 하나에 해당하는 경우
　㉠ 부지면적 또는 건축물 연면적을 5% 범위에서 축소 또는 토석채취량을 5% 범위에서 축소하는 경우
　㉡ 관계 법령의 개정 또는 도시·군관리계획의 변경에 따라 허가받은 사항을 불가피하게 변경하는 경우
　㉢ 공간정보의 구축 및 관리 등에 관한 법률 및 건축법에 따라 허용되는 오차를 반영하기 위한 변경인 경우

(3) 토지의 형질 변경 및 토석의 채취 시 관련 법령 적용사항
① 도시지역과 계획관리지역의 산림에서의 임도(林道)설치와 사방사업에 관해서는 산림자원의 조성 및 관리에 관한 법률과 사방사업법을 따른다.
② 보전관리지역·생산관리지역·농림지역 및 자연환경보전지역의 산림에서의 개발행위에 관하여는 산지관리법을 따른다.

(4) 개발행위허가를 받지 않고 할 수 있는 행위
① 재해복구나 재난수습을 위한 응급조치(단, 이 경우에는 응급조치를 한 경우에는 1개월 이내에 특별시장·광역시장·특별자치시장·특별자치도지사·시장 또는 군수에게 신고하여야 함)
② 건축법에 따라 신고하고 설치할 수 있는 건축물의 개축·증축 또는 재축과 이에 필요한 범위에서의 토지의 형질 변경(도시·군계획시설사업이 시행되지 아니하고 있는 도시·군계획시설의 부지인 경우만 가능)
③ 그 밖에 다음에 해당하는 경미한 행위

구분	내용
건축물의 건축	건축허가 또는 건축신고 및 가설건축물 건축의 허가 또는 가설건축물의 축조신고 대상에 해당하지 아니하는 건축물의 건축
공작물의 설치	• 도시지역 또는 지구단위계획구역에서 무게가 50ton 이하, 부피가 50m³ 이하, 수평투영면적이 50m² 이하인 공작물의 설치 • 도시지역·자연환경보전지역 및 지구단위계획구역 외의 지역에서 무게가 150ton 이하, 부피가 150m³ 이하, 수평투영면적이 150m² 이하인 공작물의 설치 • 녹지지역·관리지역 또는 농림지역 안에서의 농림어업용 비닐하우스(양식업을 하기 위하여 비닐하우스 안에 설치하는 양식장은 제외)의 설치 • 개발행위허가를 받아 설치한 공작물의 철거 후 재설치(보수를 포함, 다음 요건을 모두 갖춘 경우로 한정함) 　— 토지의 형질변경을 수반하지 않을 것 　— 기존의 개발행위허가 규모 이내로서 용도의 변경이 없을 것
토지의 형질변경	• 높이 50cm 이내 또는 깊이 50cm 이내의 절토·성토·정지 등(포장을 제외하며, 주거지역·상업지역 및 공업지역 외의 지역에서는 지목변경을 수반하지 아니하는 경우에 한함) • 도시지역·자연환경보전지역 및 지구단위계획구역 외의 지역에서 면적이 660m² 이하인 토지에 대한 지목변경을 수반하지 아니하는 절토·성토·정지·포장 등 • 조성이 완료된 기존 대지에 건축물이나 그 밖의 공작물을 설치하기 위한 토지의 형질 변경(절토 및 성토는 제외) • 국가 또는 지방자치단체가 공익상의 필요에 의하여 직접 시행하는 사업을 위한 토지의 형질 변경
토석채취	• 도시지역 또는 지구단위계획구역에서 채취면적이 25m² 이하인 토지에서의 부피 50m³ 이하의 토석 채취 • 도시지역·자연환경보전지역 및 지구단위계획구역 외의 지역에서 채취면적이 250m² 이하인 토지에서의 부피 500m³ 이하의 토석 채취

토지분할	• 사도개설허가를 받은 토지의 분할 • 토지의 일부를 국유지 또는 공유지로 하거나 공공시설로 사용하기 위한 토지의 분할 • 행정재산 중 용도폐지되는 부분의 분할 또는 일반재산을 매각·교환 또는 양여하기 위한 분할 • 토지의 일부가 도시·군계획시설로 지형도면고시가 된 당해 토지의 분할 • 너비 5m 이하로 이미 분할된 토지의 건축법에 따른 분할제한면적 이상으로의 분할
물건을 쌓아놓는 행위	• 녹지지역 또는 지구단위계획구역에서 물건을 쌓아놓는 면적이 25m² 이하인 토지에 전체무게 50ton 이하, 전체부피 50m³ 이하로 물건을 쌓아놓는 행위 • 관리지역(지구단위계획구역으로 지정된 지역은 제외)에서 물건을 쌓아놓는 면적이 250m² 이하인 토지에 전체무게 500ton 이하, 전체부피 500m³ 이하로 물건을 쌓아놓는 행위

(5) 개발행위허가의 절차

① 개발행위를 하려는 자는 그 개발행위에 따른 기반시설의 설치나 그에 필요한 용지의 확보, 위해(危害) 방지, 환경오염 방지, 경관, 조경 등에 관한 계획서를 첨부한 신청서를 개발행위허가권자에게 제출하여야 한다.(이 경우 개발밀도관리구역 안에서는 기반시설의 설치나 그에 필요한 용지의 확보에 관한 계획서를 제출하지 아니함)

② 특별시장·광역시장·특별자치시장·특별자치도지사·시장 또는 군수는 개발행위허가의 신청에 대하여 특별한 사유가 없으면 15일 이내에 허가 또는 불허가의 처분을 하여야 한다.

③ 특별시장·광역시장·특별자치시장·특별자치도지사·시장 또는 군수는 허가 또는 불허가의 처분을 할 때에는 지체 없이 그 신청인에게 허가내용이나 불허가처분의 사유를 서면 또는 국토이용정보체계를 통하여 알려야 한다.

④ 특별시장·광역시장·특별자치시장·특별자치도지사·시장 또는 군수는 개발행위허가를 하는 경우에는 그 개발행위에 따른 기반시설의 설치 또는 그에 필요한 용지의 확보, 위해 방지, 환경오염 방지, 경관, 조경 등에 관한 조치를 할 것을 조건으로 개발행위허가를 할 수 있다.

2. 개발행위허가의 기준

(1) 개요

특별시장·광역시장·특별자치시장·특별자치도지사·시장 또는 군수는 개발행위허가의 신청 내용이 (2)의 기준에 맞는 경우에만 개발행위허가 또는 변경허가를 하여야 한다.

(2) 허가의 기준

① 용도지역별 특성을 고려하여 다음에 규정하는 개발행위의 규모에 적합해야 한다.(개발행위가 농어촌정비사업으로 이루어지는 경우는 개발행위 규모의 제한을 받지 않음)

구분	도시지역			관리지역	농림지역	자연환경 보전지역
	주거지역 · 상업지역 · 자연녹지지역 · 생산녹지지역	공업지역	보전녹지지역			
기준	1만m² 미만	3만m² 미만	5천m² 미만	3만m² 미만	3만m² 미만	5천m² 미만

② 도시·군관리계획 및 성장관리계획의 내용에 어긋나지 아니할 것

③ 도시·군계획사업의 시행에 지장이 없을 것

④ 주변지역의 토지이용실태 또는 토지이용계획, 건축물의 높이, 토지의 경사도, 수목의 상태, 물의 배수, 하천·호소·습지의 배수 등 주변환경이나 경관과 조화를 이룰 것

⑤ 해당 개발행위에 따른 기반시설의 설치나 그에 필요한 용지의 확보계획이 적절할 것

3. 개발행위허가의 이행보증

(1) 개요
특별시장·광역시장·특별자치시장·특별자치도지사·시장 또는 군수는 기반시설의 설치나 그에 필요한 용지의 확보, 위해 방지, 환경오염 방지, 경관, 조경 등을 위하여 필요하다고 인정되는 경우에는 이의 이행을 보증하기 위하여 개발행위허가를 받는 자로 하여금 이행보증금을 예치하게 할 수 있다. 다만, (2)의 어느 하나에 해당하는 경우에는 그러하지 아니하다.

(2) 이행보증 예치 예외대상
① 국가나 지방자치단체가 시행하는 개발행위
② 공공기관 중 공기업 또는 위탁집행형 준정부기관이 시행하는 개발행위

4. 준공검사

구분	내용
대상	• 건축물의 건축 또는 공작물의 설치 • 토지의 형질 변경(경작을 위한 토지의 형질 변경은 제외) • 토석의 채취
검사자	특별시장·광역시장·특별자치시장·특별자치도지사·시장 또는 군수
예외사항	건축물의 건축 또는 공작물의 설치행위에 대하여 건축물의 사용승인을 받은 경우

5. 개발행위허가의 제한

(1) 개요
① 국토교통부장관, 시·도지사, 시장 또는 군수는 (2)의 어느 하나에 해당되는 지역으로서 도시·군관리계획상 특히 필요하다고 인정되는 지역에 대해서는 중앙도시계획위원회나 지방도시계획위원회의 심의를 거쳐 한 차례만 3년 이내의 기간 동안 개발행위허가를 제한할 수 있다.
② (2)의 대상 중 ③~⑤에 해당하는 지역에 대해서는 중앙도시계획위원회나 지방도시계획위원회의 심의를 거치지 아니하고 한 차례만 2년 이내의 기간 동안 개발행위허가의 제한을 연장할 수 있다.

(2) 제한대상
① 녹지지역이나 계획관리지역으로서 수목이 집단적으로 자라고 있거나 조수류 등이 집단적으로 서식하고 있는 지역 또는 우량 농지 등으로 보전할 필요가 있는 지역
② 개발행위로 인하여 주변의 환경·경관·미관·국가유산 등이 크게 오염되거나 손상될 우려가 있는 지역
③ 도시·군기본계획이나 도시·군관리계획을 수립하고 있는 지역으로서 그 도시·군기본계획이나 도시·군관리계획이 결정될 경우 용도지역·용도지구 또는 용도구역의 변경이 예상되고 그에 따라 개발행위허가의 기준이 크게 달라질 것으로 예상되는 지역
④ 지구단위계획구역으로 지정된 지역
⑤ 기반시설부담구역으로 지정된 지역

6. 도시·군계획시설 부지에서의 개발행위

(1) 개요
특별시장·광역시장·특별자치시장·특별자치도지사·시장 또는 군수는 도시·군계획시설의 설치장소로 결정된 지상·수상·공중·수중 또는 지하는 그 도시·군계획시설이 아닌 건축물의 건축이나 공작물의 설치를 허가하여서는 아니된다.

(2) 세부사항
① 특별시장·광역시장·특별자치시장·특별자치도지사·시장 또는 군수는 도시·군계획시설결정의 고시일부터 2년이 지날 때까지 그 시설의 설치에 관한 사업이 시행되지 아니한 도시·군계획시설 중 단계별 집행계획이 수립되지 아니하거나 단계별 집행계획에서 제1단계 집행계획에 포함되지 아니한 도시·군계획시설의 부지에 대하여는 다음의 개발행위를 허가할 수 있다.
  ㉠ 가설건축물의 건축과 이에 필요한 범위에서의 토지의 형질 변경
  ㉡ 도시·군계획시설의 설치에 지장이 없는 공작물의 설치와 이에 필요한 범위에서의 토지의 형질 변경
  ㉢ 건축물의 개축 또는 재축과 이에 필요한 범위에서의 토지의 형질 변경
② 특별시장·광역시장·특별자치시장·특별자치도지사·시장 또는 군수는 가설건축물의 건축이나 공작물의 설치를 허가한 토지에서 도시·군계획시설사업이 시행되는 경우에는 그 시행예정일 3개월 전까지 가설건축물이나 공작물 소유자의 부담으로 그 가설건축물이나 공작물의 철거 등 원상회복에 필요한 조치를 명하여야 한다.

핵심 기출문제

PART 08 도시계획

KEYWORD 20 광역도시계획과 도시군기본계획

01
20년 3회

광역도시계획에 관한 내용으로 틀린 것은?

① 인접한 둘 이상의 특별시·광역시·특별자치시·특별자치도·시 또는 군의 관할구역 전부 또는 일부를 광역계획권으로 지정할 수 있다.
② 군수가 광역도시계획을 수립하는 경우 도지사의 승인을 생략한다.
③ 광역계획권의 공간구조와 기능 분담에 관한 정책 방향이 포함되어야 한다.
④ 광역도시계획을 공동으로 수립하는 시·도지사는 그 내용에 관하여 서로 협의가 되지 아니하면 공동이나 단독으로 국토교통부장관에게 조정을 신청할 수 있다.

해설 |
시장 또는 군수는 광역도시계획을 수립하거나 변경하려면 도지사의 승인을 받아야 한다.

정답 | ②

02
13년 4회, 12년 4회

「국토의 계획 및 이용에 관한 법률」상 도시·군기본계획에 포함되어야 하는 사항에 해당하지 않는 것은? (단, 그 밖에 대통령령으로 정하는 사항은 제외함)

① 공원·녹지에 관한 사항
② 토지의 이용 및 개발에 관한 사항
③ 토지의 용도별 수요 및 공급에 관한 사항
④ 광역시설의 배치·규모·설치에 관한 사항

해설 |
광역시설의 배치·규모·설치에 관한 사항은 광역도시계획에 포함되어야 하는 사항이다.

정답 | ④

03
21년 1회

광역도시계획의 수립권자 기준에 대한 내용으로 틀린 것은?

① 광역계획권이 같은 도의 관할구역에 속하여 있는 경우, 관할 시장 또는 군수가 공동으로 수립한다.
② 국가계획과 관련된 광역도시계획의 수립이 필요한 경우 국토교통부장관이 수립한다.
③ 광역계획권을 지정한 날부터 2년이 지날때까지 관할 시장 또는 군수로부터 광역도시계획의 승인신청이 없는 경우 국토교통부장관이 수립한다.
④ 광역계획권이 둘 이상의 시·도의 관할구역에 걸쳐 있는 경우, 관할 시·도지사가 공동으로 수립한다.

해설 |
광역계획권을 지정한 날부터 3년이 지날 때까지 관할 시장 또는 군수로부터 광역도시계획의 승인신청이 없는 경우 관할 도지사가 광역도시계획을 수립한다.

정답 | ③

KEYWORD 21 도시·군관리계획과 지구단위계획

04
19년 1회, 18년 4회, 16년 1회, 15년 4회, 13년 1회

다음 중 도시·군관리계획에 포함되지 않는 것은?

① 도시개발사업이나 정비사업에 관한 계획
② 광역계획권의 장기발전방향을 제시하는 계획
③ 기반시설의 설치·정비 또는 개량에 관한 계획
④ 용도지역·용도지구의 지정 또는 변경에 관한 계획

해설 |
광역계획권의 장기발전방향을 제시하는 계획은 광역도시계획에 포함되어야 할 내용이다.

정답 | ②

05
20년 3회

지구단위계획구역의 지정목적을 이루기 위하여 지구단위계획에 포함될 수 있는 내용이 아닌 것은?

① 용도지역이나 용도지구를 대통령령으로 정하는 범위에서 세분하거나 변경하는 사항
② 건축물 높이의 최고한도 또는 최저한도
③ 도시·군관리계획 중 정비사업에 관한 계획
④ 대통령령으로 정하는 기반시설의 배치와 규모

해설
지구단위계획의 내용
- 용도지역이나 용도지구를 세분하거나 변경하는 사항
- 기존의 용도지구를 폐지하고 그 용도지구에서의 건축물이나 그 밖의 시설의 용도·종류 및 규모 등의 제한을 대체하는 사항
- 기반시설의 배치와 규모
- 도로로 둘러싸인 일단의 지역 또는 계획적인 개발·정비를 위하여 구획된 일단의 토지의 규모와 조성계획
- 건축물의 용도제한, 건축물의 건폐율 또는 용적률, 건축물 높이의 최고한도 또는 최저한도
- 건축물의 배치·형태·색채 또는 건축선에 관한 계획
- 환경관리계획 또는 경관계획
- 보행안전 등을 고려한 교통처리계획
- 그 밖에 토지 이용의 합리화, 도시나 농·산·어촌의 기능 증진 등에 필요한 사항으로서 대통령령으로 정하는 사항

정답 | ③

06
18년 2회

도시지역에 지정된 지구단위계획구역 내에서 건축물을 건축하려는 자가 그 대지의 일부를 공공시설 부지로 제공하는 경우 그 건축물에 대하여 완화하여 적용할 수 있는 항목이 아닌 것은?

① 건축선
② 건폐율
③ 용적률
④ 건축물의 높이

해설
지구단위계획구역에서 건축물을 건축하려는 자가 그 대지의 일부를 공공시설 등의 부지로 제공하는 경우에는 건폐율·용적률 및 높이제한을 완화하여 적용할 수 있다.

정답 | ①

07
18년 2회, 13년 4회

도시·군계획 수립 대상지역의 일부에 대하여 토지 이용을 합리화하고 그 기능을 증진시키며 미관을 개선하고 양호한 환경을 확보하며, 그 지역을 체계적·계획적으로 관리하기 위하여 수립하는 도시·군관리계획은?

① 광역도시계획
② 지구단위계획
③ 지구경관계획
④ 택지개발계획

해설
도시·군계획 수립 대상지역의 일부에 대하여 토지 이용을 합리화하고 그 기능을 증진시키며 미관을 개선하고 양호한 환경을 확보하며, 그 지역을 체계적·계획적으로 관리하기 위하여 수립하는 도시·군관리계획을 지구단위계획이라고 한다.

정답 | ②

KEYWORD 22 개발행위의 허가 등

08
20년 1·2회

「국토의 계획 및 이용에 관한 법령」상 개발행위허가를 받지 아니하여도 되는 경미한 행위 기준으로 틀린 것은?

① 지구단위계획구역에서 무게 100t 이하, 부피 50m³ 이하, 수평투영면적 25m² 이하인 공작물의 설치
② 조성이 완료된 기존 대지에 건축물이나 그 밖의 공작물을 설치하기 위한 토지의 형질 변경(절토 및 성토 제외)
③ 지구단위계획구역에서 채취면적이 25m² 이하인 토지에서의 부피 50m³ 이하의 토석 채취
④ 녹지지역에서 물건을 쌓아놓는 면적이 25m² 이하인 토지에 전체 무게 50t 이하, 전체 부피 50m³ 이하로 물건을 쌓아놓는 행위

해설
지구단위계획구역에서 무게가 50ton 이하, 부피가 50m³ 이하, 수평투영면적이 50m² 이하인 공작물을 설치할 때 개발행위허가를 받지 않을 수 있다.

정답 | ①

에듀윌이
너를
지지할게
ENERGY

내가 꿈을 이루면
나는 누군가의 꿈이 된다.

– 이도준

2026 에듀윌 건축기사 필기 한권끝장

발 행 일	2025년 11월 13일 초판
편 저 자	김강섭, 송성길, 최하진
펴 낸 이	양형남
개발책임	목진재
개 발	박형규
펴 낸 곳	(주)에듀윌
I S B N	979-11-360-4013-8
등록번호	제25100-2002-000052호
주 소	08378 서울특별시 구로구 디지털로34길 55 코오롱싸이언스밸리 2차 3층

* 이 책의 무단 인용·전재·복제를 금합니다.

www.eduwill.net
대표전화 1600-6700

여러분의 작은 소리
에듀윌은 크게 듣겠습니다.

본 교재에 대한 여러분의 목소리를 들려주세요.
공부하시면서 어려웠던 점, 궁금한 점,
칭찬하고 싶은 점, 개선할 점, 어떤 것이라도 좋습니다.
에듀윌은 여러분께서 나누어 주신 의견을
통해 끊임없이 발전하고 있습니다.

에듀윌 도서몰 book.eduwill.net
- 부가학습자료 및 정오표: 에듀윌 도서몰 → 도서자료실
- 교재 문의: 에듀윌 도서몰 → 문의하기 → 교재(내용, 출간) / 주문 및 배송

에듀윌이 너를 지지할게

ENERGY

세상을 움직이려면
먼저 나 자신을 움직여야 한다.

– 소크라테스(Socrates)

에듀윌 건축기사
필기 한권끝장
이론편

차례 CONTENTS

SUBJECT 01

건축시공

PART 01	건설업 총론	8
PART 02	입찰 및 계약	17
PART 03	적산	26
PART 04	공정ㆍ품질관리	37
PART 05	가설공사 및 지반조사	45
PART 06	토공사 및 기초공사	54
PART 07	철근콘크리트공사	73
PART 08	철골공사	95
PART 09	조적·석·목공사	105
PART 10	방수, 지붕 및 홈통공사	119
PART 11	창호 및 유리, 커튼월 공사	127
PART 12	마감공사	135

SUBJECT 02

건축구조

PART 01	건축구조 일반	150
PART 02	재료역학	163
PART 03	구조역학	190
PART 04	철근콘크리트구조	210
PART 05	강구조	254

SUBJECT 03

건축설비

PART 01 위생설비 I	288
PART 02 위생설비 II	308
PART 03 소화, 가스설비	326
PART 04 공기조화설비 I	338
PART 05 공기조화설비 II	361
PART 06 전기설비 I	384
PART 07 전기설비 II	403
PART 08 승강설비	413
PART 09 환경계획원론	420

SUBJECT 01
건축시공

건축시공 합격 TIP

건축시공은 건축물의 기능과 관련하여 인간의 삶에 가장 직접적으로 연관되어 있는 중요한 분야입니다. 마찬가지로 건축기사에서의 건축시공은 필기뿐 아니라 실기에서도 50%의 출제비율을 갖을 정도로 중요하게 다루어지므로 필기에서부터 집중적으로 학습할 필요가 있는 중요한 과목입니다.

건축시공은 크게 총론 및 관리, 시공각론, 재료, 적산의 4가지 분야로 구분되며 다른 과목에 비하여 시험 범위가 넓은 편입니다. 따라서 건축기사 시험을 단기간에 합격하기 위해서는 건축시공에서 다루는 모든 내용을 완벽하게 학습하기 보다는 기출문제 위주로 주요 내용 위주로 학습하는 것이 더 효과적입니다.

즉, 기출문제에서 출제된 개념 위주로 기본개념 및 용어를 확실하게 이해하고 암기해 간다면 필기뿐 아니라 실기에서도 좋은 결과를 얻을 수 있을 것입니다.

최신 10개년 출제비율 분석

PART 01	건설업 총론	6.0%
PART 02	입찰 및 계약	7.0%
PART 03	적산	9.3%
PART 04	공정 · 품질관리	5.0%
PART 05	가설공사 및 지반조사	5.7%
PART 06	토공사 및 기초공사	6.7%
PART 07	철근콘크리트공사	21.0%
PART 08	철골공사	6.3%
PART 09	조적 · 석 · 목공사	9.7%
PART 10	방수, 지붕 및 홈통공사	6.7%
PART 11	창호 및 유리, 커튼월 공사	5.3%
PART 12	마감공사	11.3%

PART 01 건설업 총론
KEYWORD 01, 02, 03

KEYWORD 01 건축시공 개요 ★

1. 건축시공의 정의와 현대화

(1) 정의

건축의 3요소인 기능·구조·미를 갖춘 건축물을 최저 공사비로 최단 기간 내에 구현시키는 건축기술로, 건축물을 생산하는 기술활동의 전 과정이 건축시공이다.

(2) 현대화(근대화)
① 건설의 공업화
② 시공의 건식화
③ 시공의 기계화

2. 건축시공의 관리요소

구분	내용
3대 요소	품질관리, 공정관리, 원가관리
4대 요소	품질관리, 공정관리, 원가관리, 안전관리
5대 요소	품질관리, 공정관리, 원가관리, 안전관리, 환경관리

KEYWORD 02 관계자와 관리기법 ★★

1. 공사관계자

(1) 건축주(발주자, 시행주)
① 공사를 수행하는 주체이다.
② 도급공사의 주문자 또는 직영공사의 시행주로 건설공사를 시공자에게 도급하는 자이다.

(2) 설계자(건축사)

건축물의 설계 또는 지도, 해설하는 자이다.

(3) 공사감리자
① 자기의 책임 하에(보조자의 조력을 받는 경우를 포함) 건축법이 정하는 바에 의하여 건축물, 건축설비 또는 공작물이 설계도서의 내용대로 시공되는지의 여부를 확인하고 품질관리, 공사관리 및 안전관리 등에 대하여 지도, 감독하는 자를 말한다.

② 감리자의 기본업무
　㉠ 시공계획의 검토
　㉡ 공정표의 검토
　㉢ 건축업자 또는 주택건설등록업자가 작성한 시공상세도면의 검토, 확인
　㉣ 시공이 설계도면 및 시방서의 내용에 적합하게 행하여지고 있는지에 대한 확인
　㉤ 구조물 규격에 관한 검토, 확인
　㉥ 사용 자재의 적합성 검토, 확인
　㉦ 건설업자 또는 주택건설등록업자가 수립한 품질보증계획에 대한 확인 및 지도, 품질시험 및 검사결과에 관한 검토, 확인
　㉧ 재해예방대책 안전관리 및 환경관리의 확인
　㉨ 설계변경에 관한 사항의 검토, 확인
　㉩ 공사의 진척 부분에 대한 조사 및 검사
　㉪ 완공 도면의 검토 및 준공검사
　㉫ 하도급에 대한 타당성 검토
　㉬ 설계내용의 현장조건 부합 및 실제 시공가능 여부 등의 사전 검토
　㉭ 기타 공사의 질적 향상을 위하여 필요한 사항으로서 국토교통부령이 정하는 사항

③ 감리원의 업무시점
　㉠ 착공 전: 현장설명서 및 질의응답서 파악, 계약서 확인, 설계도서 검토
　㉡ 착공 시: 공정표 검토, 가설공사계획, 시공계획 검토
　㉢ 시공 시: 사용자재의 승인, 안전관리
　㉣ 완공 시: 예비준공검사 실시, 주요 서류 작성

(4) 공사관리자(시공자)
건축주나 도급자에게 고용되어 시공관계 업무를 담당하는 책임자로 하도급자까지 포함된다.

(5) 도급자
① 원도급자: 건축주와 직접 도급계약을 체결한 자
② 하도급자: 건축주와 관계 없이 원도급자와 도급공사 일부를 수행하기로 계약한 자
③ 재도급자: 건축주와 무관하게 원도급자와 도급공사 전부를 수행하기로 계약한 자
④ 재하도급자: 하도급자가 제3자에게 경비와 이윤을 빼고 임시로 도급을 주어 시행하는 자
※ 재도급과 재하도급은 시공의 품질이 저하될 수 있기에 금지되고 있다.

(6) 건설노무자
① 직용노무자: 원도급자에 직접 고용된 노무자로서 미숙련자가 대부분이다.
② 정용노무자: 전문업자, 하도급자에게 고용된 노무자로서 숙련공이 대부분이다.
③ 임시고용노무자: 날품노무자, 보조노무자로 임금이 싸다.

(7) 임금형태
① 정액 임금제(일급제): 출역일수에 따라 1일당 정해진 금액을 지급하는 것이다.
② 기성고 임금제: 작업량의 완수에 따라 노동시간에 관계없이 임금을 지급하는 것이다.

2. 시공 관리기법

(1) EC화(Engineering Construction)

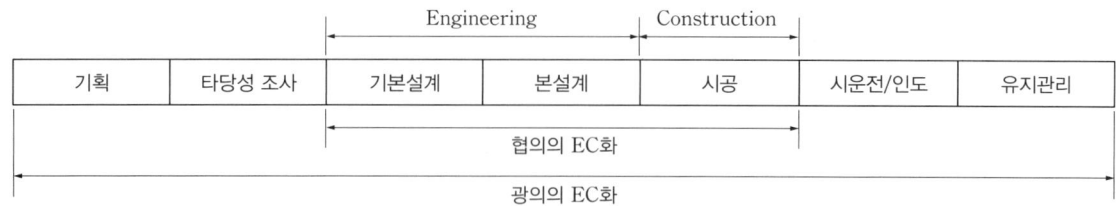

① 정의: 종래의 단순한 시공업과 비교하여 건설사업의 발굴 및 기획, 설계, 시공, 유지관리에 이르기까지 사업의 전반에 관한 것을 종합적으로 기획, 관리하는 업무영역의 확대이다.
② EC화의 필요성
  ㉠ 건설수요가 다양화되고, 높은 기술력을 요구한다.
  ㉡ 건설공사가 대형화, 복잡화 및 고품질화되어 하자 발생이 증가하므로 시공현장에서의 철저한 품질관리 및 노무관리 체계가 필요하다.
  ㉢ 건설사업의 Turn Key 방식, Package 방식의 발주가 가능하다.
  ㉣ 건설시장의 대외적인 개방에 따른 기술력 제고가 필요하다.

(2) V.E(Value Engineering)

① $V.E = \dfrac{F(기능)}{C(비용)}$

② 정의: 비용에 대한 기능의 정도를 식으로 나타내어 가치판단을 하는 기법으로 기능성을 우선으로 하여 조직적 노력과 분석으로 비용을 절감하거나 기능을 향상시키고자 하는 관리기법이다.
③ 비용절감: 수량이 많고, 반복효과가 큰 것, 내용이 복잡한 것, 장시간 사용·숙달되어 개선 효과가 큰 것에 원가절감을 주제를 선정하여 개선해 가는 것이다.
④ 사고방식
  ㉠ 고정관념 제거
  ㉡ 발주자, 사용자 중심의 사고
  ㉢ 기능 중심의 접근
  ㉣ 팀 디자인을 통한 조직적인 노력
⑤ 순서

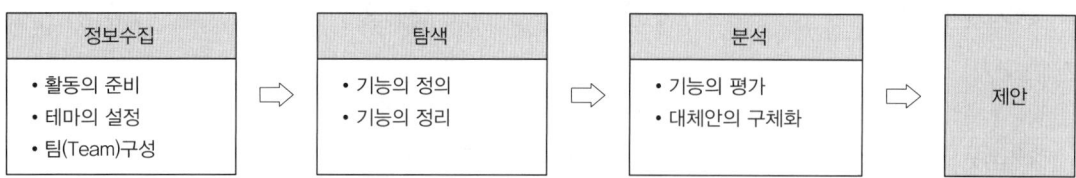

(3) L.C.C(Life Cycle Cost)

① L.C.C는 건물의 기획, 설계단계부터 시공, 유지관리, 해체에 이르기 까지 건물 생애의 전 과정(Life Cycle)의 재비용을 합계한 것이다.
② 건물을 처음 기획, 설계할 때부터 L.C.C의 대부분을 점하는 유지관리비용을 어떻게 하면 최소화하여 효과적으로 건물의 기능 전체에 경제성을 부여할 것인가에 착안하여 만들어진 방법이다.

(4) S.E(System Engineering)
설계 단계에서 시공에 대한 공법의 최적화를 설계하여 공사관리의 극대화를 꾀하는 기법이다.

(5) I.E(Industrial Engineering)
시공단계에서 성력화를 통하여 원가 절감을 하는 공학이다.

(6) Computer화
① CAD(Computer Aided Design): 설계 자동화 System이다.
② CIC(Computer Integrated Construction)
  ㉠ 건설산업 정보의 통합화 생산이다.
  ㉡ 건설생산 과정에 참여하는 모든 참가자들이 공사 진행의 모든 과정에서 서로 협조하여 하나의 팀을 구성한다.
  ㉢ 건설 분야의 생산성 향상, 품질확보, 공기단축, 원가절감 및 안전확보를 위하여 정보와 조직을 체계화하여 통합하는 시스템이다.
③ I.B(Intelligent Building): 건축물에 고도의 정보통신 System을 갖추어 건물관리 시 종합적인 관리 기능을 부여하는 것이다.
④ V.A.N(Value Added Network): 본사와 지사 간의 신속한 업무처리를 위한 망 구성이다.
⑤ C.A.L.S(Continuous Acquisition and Life-cycle Support)
  ㉠ 건축물이 생산되는 전 과정을 정보화하여 Network를 통해 정보망을 구축하는 시스템이다.
  ㉡ 건설산업의 설계·입찰·시공·유지관리 등 전 과정에서 발생되는 정보를 발주청, 설계·시공업체 등 관련 주체가 정보통신망을 활용하여 교환, 공유하는 시스템이다.
⑥ 프로젝트 관리 정보시스템(PMIS: Project Management Information System)
  ㉠ 과학적인 공정관리기법(Time Based Management)을 바탕으로 계획을 수립하고 실적을 분석하여 건설하고자 하는 시설물의 성공적인 완성과 효율적인 운영을 위하여 건설 프로젝트의 Life Cycle인 기획단계에서부터 유지관리단계까지의 발주자, 사업관리자, 건설사업자, 설계(감리자) 사이의 정보 흐름을 원활하게 관리한다.
  ㉡ 경영을 할 때 합리적인 의사결정을 할 수 있도록 프로젝트 전반에 대한 과학적이고 체계적인 관리 절차 시스템을 구축하는 On-Line 안내 시스템이다.
⑦ 브레인스토밍(Brain Storming): 서로 토의하면서 아이디어를 개발하는 방법으로, 어떠한 문제를 여러 사람이 모여 자유분방하게 이야기하면서 아이디어를 창출하는 기법이다.
⑧ 린건설(Lean Construction)

구분	내용
의의	선·후행 작업의 적정한 연계성을 파악하고 후행 작업의 요구에 따라 선행 작업이 진행됨으로써 낭비(재고, 시간, 원가, 품질)를 최소화하는 가장 효율적인 건설생산체계임
린(Lean)원리	• 가치의 구체화: 비가치 작업을 최소화함 • 가치의 흐름 확인: 도식화하여 개선사항을 명시함 • 흐름(Flow) 생산: 각각의 작업을 일련의 연속된 작업, 즉 흐름으로 관리하는 생산방식임 • 당김(Pull-Type) 생산: 후속상황을 고려하여 필요로 하는 양만큼 생산하는 방식임 • 완벽성 추구: 지속적인 개선을 통한 고객만족을 위하여 완벽성을 추구하는 것임

KEYWORD 03 공사계획과 관리조직 ★

1. 공사시공 계획

(1) 목적

건축물을 설계도면 및 시방서에 따라 소정의 공사기간 내에 예산에 맞게 최소의 비용으로 안전하게 시공할 수 있는 조건과 방법을 세우는 것이다.

(2) 시공계획의 원칙

① 작업량의 최소화
② 기계화 시공 도입
③ 설비의 공비율 감안
④ 다수의 의견 수용

(3) 시공계획의 조사사항

① 작업장소, 시공 기계의 설치 장소
② 운반로의 상황
③ 노무자 및 관계 직원의 숙소
④ 현지 조달 자재 및 노무수배
⑤ 용수 및 전기 가설비
⑥ 시공 기계의 사용·용량·수량
⑦ 선행될 공사 종목의 공사량
⑧ 자재, 노무 조달의 공급 가격
⑨ 외주 부분의 공사량

(4) 시공계획 순서

① 현장원 편성
② 공정표 작성
③ 실행예산의 편성과 조성
④ 하도급자의 선정
⑤ 가설 준비물의 결정
⑥ 재료의 선정 및 노력의 결정
⑦ 재해 방지

> **합격 PLUS+ 공정표의 작성 및 검토**
> ❶ 공사의 시공자가 공정표를 작성한다.
> ❷ 공사 감시자는 공정표가 잘 작성되었는지 검토한다.

(5) 일반적인 시공 순서

① 공사 착공 준비
② 가설공사
③ 토공사
④ 지정 및 기초공사
⑤ 구조체 공사
⑥ 방수, 방습공사
⑦ 지붕 및 홈통공사
⑧ 외벽 마무리공사
⑨ 창호공사
⑩ 내부 마무리공사

2. 공사조직의 특성

(1) 직계식 조직(라인조직: Line Organization)

① 정의
  ㉠ 상급직에서 하급직까지의 지휘명령 계통이 라인과 같이 직선적으로 연결되어 소규모 기업에게 널리 사용되는 형태의 조직이다.
  ㉡ 대규모 조직에는 적용하기 어렵다.

ⓒ 지휘명령 계통이 완전히 하나가 되는 가장 단순한 형태의 조직으로 건축공사 현장의 조직에 많이 사용된다.

② 장·단점

구분	내용
장점	• 책임, 권한이 명확하고 질서가 유지됨 • 명령의 전달이 신속하고 정확함 • 운영상 경비가 절감됨
단점	• 횡적인 연락과 협조가 어려움 • 책임자는 이질적 업무까지 담당함 • 소수의 능력에 따라 성패가 좌우됨

(2) **기능식 조직(Functional Organization)**

① 정의
  ㉠ 직무의 기능을 몇 개로 나누어 각각의 것을 그 분야의 장에게 분담시키고, 작업자는 해당 분야의 장으로부터 지시를 받게 한 조직이다.
  ㉡ 영업부, 건축부, 관리부 등으로 조직하는 것이다.

② 장·단점

구분	내용
장점	• 전문화로 숙련도와 능률이 향상됨 • 직능별로 업무수행과 통제가 용이함 • 전문적인 지시와 지도가 가능함
단점	• 결과에 대한 책임이 불명확함 • 권한다툼이 있고, 업무조정이 힘듦 • 지령계통 질서가 문란하기 쉬움

(3) **조합식 조직(라인스탭 조직: Line − Staff Organization)**

① 정의: 기능별 조직과 라인 조직의 조합으로 라인은 스태프의 조언을 받아 주 업무에 정진할 수 있으며 조직 전체에 일관성을 갖는 조직이다.

② 장·단점

구분	내용
장점	• 전문 분야 별로 기능별 조직의 각 장점을 살릴 수 있음(CM 조직) • 독선에 빠지지 않음 • 라인 본래의 주 업무에 정진하는 것이 가능함 • 스탭에 의해 라인을 객관적으로 평가할 수 있음 • 패스트 트랙(Fast Track) 공사를 진행하기에 적합함
단점	• 스탭의 월권행위가 있을 수 있음 • 스탭에 의한 조직력의 낭비, 혼돈의 우려가 있음 • 스탭이 주된 의사결정권을 갖게 되거나 역으로 스탭의 활용이 안 되는 경우가 있음

(4) 기타 조직의 특성

형태	내용
전담반 조직 (Task Force 조직)	• 다양한 기능조직으로부터 파견된 작업자들이 한시적으로 팀을 구성하여 주어진 임무를 수행하고 다시 본래의 조직으로 복귀하는 조직형태임 • 긴급공사, 중요한 공사와 같이 일정한 기간 내에 완료해야 하는 공사, 상호 의존적 기능을 요하는 경우에 구성하는 조직임
매트릭스 조직 (Matrix 조직)	• 기능조직과 전담반 조직을 결합한 형태로 지하철, 공항, 발전소 등 대규모 복합사업에 적합함 • 각 부분의 전문가를 효과적으로 배치하여 업무조정이 용이하고, 최대효과를 얻을 수 있음
부문별 조직	• 각 부분이 하나의 자주적, 독립채산적인 경영을 함 • 플랜트 사업부, 주택사업부, SOC 사업부 등이 해당됨
전략사업부 조직 SBU(Strategic Business Unit)	• 조직의 복잡화, 권한의 지나친 분산 등에 따른 경영의 통제 불능상태 해결을 위한 것임 • 조직을 몇 개 부문으로 묶어서 그 책임자에게 권한과 책임을 위임한 구조의 조직임

핵심 기출문제

PART 01 건설업 총론

KEYWORD 02 관계자와 관리기법

01
19년 2회

건설현장에서 공사감리자로 근무하고 있는 A씨가 하는 업무로 옳지 않은 것은?

① 상세시공도면의 작성
② 공사시공자가 사용하는 건축자재가 관계 법령에 의한 기준에 적합한 건축자재인지 여부의 확인
③ 공사현장에서의 안전관리 지도
④ 품질시험의 실시 여부 및 시험성과의 검토, 확인

해설 |
상세시공도면의 작성은 공사감리자가 아닌 시공자의 업무에 해당된다.

정답 | ①

02
12년 4회

건설공사의 노무형태 중 원도급자에게 직접 고용되어 잡역 등의 미숙련 노무로 임금을 받는 고용형태를 무엇이라 하는가?

① 직용노무자
② 정용노무자
③ 임시고용노무자
④ 날품노무자

해설 |
건설노무자의 구분

구분	내용
직용노무자	원도급자에 직접 고용된 노무자로서 미숙련자가 대부분임
정용노무자	전문업자, 하도급자에게 고용된 노무자로서 숙련공이 대부분임
임시고용노무자	날품노무자, 보조노무자로 임금이 쌈

정답 | ①

03
21년 1회, 17년 4회

건축공사에서 V.E(Value Engineering)의 사고방식으로 옳지 않은 것은?

① 기능분석
② 제품 위주의 사고
③ 비용절감
④ 조직적 노력

해설 |
V.E는 발주자, 사용자 중심의 사고를 하는 것으로 제품 위주의 사고는 관련이 없다.

정답 | ②

04
20년 3회, 15년 1회

건설사업자원 통합전산망으로 건설생산 활동 전 과정에서 건설 관련 주체가 전산망을 통해 신속히 교환·공유할 수 있도록 지원하는 통합 정보시스템을 지칭하는 용어는?

① 건설 CIC(Computer Integraded Construction)
② 건설 CALS(Continuous Acquisition & Life Cycle Support)
③ 건설 EC(Engineering Construction)
④ 건설 EVMS(Earned Value Management System)

해설 |
건설 CALS
- 건축물이 생산되는 전 과정을 정보화하여 Network를 통해 정보망을 구축하는 시스템이다.
- 건설산업의 설계·입찰·시공·유지관리 등 전 과정에서 발생되는 정보를 발주청, 설계·시공업체 등 관련 주체가 정보통신망을 활용하여 교환, 공유하는 시스템이다.

정답 | ②

05
21년 1회

PMIS(프로젝트 관리 정보시스템)의 특징에 관한 설명으로 옳지 않은 것은?

① 합리적인 의사결정을 위한 프로젝트용 정보관리시스템이다.
② 협업관리체계를 지원하며 정보의 공유와 축적을 지원한다.
③ 공정진척도는 구체적으로 측정할 수 없으므로 별도 관리한다.
④ 조직 및 월간업무 현황 등을 등록하고 관리한다.

해설
PMIS는 프로젝트 전반에 대한 체계적인 관리 절차 시스템이다. 이 시스템에는 공정진척도, 사업비, 구매 및 계약 등 다양한 기능을 포함하고 있다.

정답 | ③

06
18년 1회

린건설(Lean Construction)에서의 관리방법으로 옳지 않은 것은?

① 변이관리
② 당김생산
③ 흐름생산
④ 대량생산

해설
린건설은 재고를 최소화하는 가장 효율적인 건설생산체계이다. 대량생산을 할 경우에는 재고가 발생할 우려가 있어 린건설의 관리방법에 해당되지 않는다.

관련이론
린건설의 의의
선·후행 작업의 적정한 연계성을 파악하고 후행 작업의 요구에 따라 선행 작업이 진행됨으로써 낭비(재고, 시간, 원가, 품질)를 최소화하는 가장 효율적인 건설생산체계이다.

정답 | ④

KEYWORD 03 공사계획과 관리조직

07
20년 1·2회, 16년 2회

다음 중 공사진행의 일반적인 순서로 옳은 것은?

① 가설공사 → 공사 착공 준비 → 토공사 → 지정 및 기초공사 → 구조체공사
② 공사 착공 준비 → 가설공사 → 토공사 → 지정 및 기초공사 → 구조체공사
③ 공사 착공 준비 → 토공사 → 가설공사 → 구조체공사 → 지정 및 기초공사
④ 공사 착공 준비 → 지정 및 기초공사 → 토공사 → 가설공사 → 구조체공사

해설
공사진행의 일반적인 순서
- 공사 착공 준비
- 가설공사
- 토공사
- 지정 및 기초공사
- 구조체공사

정답 | ②

08
17년 4회

공기단축을 목적으로 공정에 따라 부분적으로 완성된 도면만을 가지고 각 분야별 전문가를 구성하여 패스트 트랙(Fast Track) 공사를 진행하기에 가장 적합한 조직구조는?

① 기능별 조직(Functional Organization)
② 매트릭스 조직(Matrix Organization)
③ 태스크포스 조직(Task Force Organization)
④ 라인스탭 조직(Line-Staff Organization)

해설
라인스탭 조직은 기능별 조직과 라인 조직의 조합으로 전문 분야의 기능별 조직의 장점을 살릴 수 있어 패스트 트랙(Fast Track) 공사를 진행하기에 가장 적합하다.

정답 | ④

PART 02 입찰 및 계약

KEYWORD 04, 05

KEYWORD 04   계약제도 ★★

1. 계약제도의 개요

2. 설계와 시공의 분리계약 제도(전통적 방식)

(1) 직영공사
 ① 개념: 공사 준비, 진행 등의 공사일체를 건축주가 직접 시공하는 방식이다.
 ② 장점: 발주, 계약 등의 수속이 간편하며 계약에 구속받지 않고 임기응변이 가능하다.
 ③ 단점: 재료의 낭비, 공사비 증대, 공사기간이 연장된다.

(2) 일식도급(일괄도급: General Contract)
 ① 개념: 공사 전체를 한 업자에게 일임하여 시공하게 하는 도급으로 공사를 적당히 분할하여 각각 전문직의 하도급자에게 시공하게 하고 전체 공사를 감독하여 완공시키는 제도이다.
 ② 장점: 계약, 감독이 간단하고 전체 공사의 진척이 원활하다.
 ③ 단점: 하도급 관행에 따른 도급자의 이윤가산으로 공사비가 증대하고, 조잡한 공사가 될 수 있다.

(3) 분할도급(Partial Contract)
 ① 개념: 공사를 일정한 형식에 따라 부분적으로 여러 업자에게 나누어 일임하게 하는 도급이다.
 ② 종류
  ㉠ 전문 공종별 분할도급: 설비공사를 주체공사에서 분리하여 도급을 주는 것으로 설비업자의 자본과 기술이 강화되어 복잡한 공사내용이 전문화된다.
  ㉡ 직종별·공종별 분할도급: 전문 직별이나 각 공종별로 도급을 주는 것으로 직영제도에 가까운 형태가 되어 전문직공에게 건축주의 의도를 철저하게 알려주어 시공시킬 수 있다.

ⓒ 공정별 분할도급
- 시공 과정별로 도급하는 방식으로 공사순서에 따라 구분한다.
- 일반적으로 정지공사, 골조공사, 마무리공사의 순서로 나누어 도급을 주는 형태로 부분적인 공사착공이 가능하다.
- 후속공사에 대하여 도급자 변경이 불리한 단점이 있다.

ⓔ 공구별 분할도급
- 계약실시방식 도급형태의 일환으로 대규모 지역을 지역별로 혹은 구간별로 나누어 빠른 시간에 공사를 진행할 수 있는 도급의 형태이다.
- 도급업자에게 균등한 기회를 부여하며 공사기일 단축, 시공기술의 향상 및 공사의 높은 성과를 기대할 수 있다.

(4) 공동도급(Joint Venture Contract)
① 개념: 2개 이상의 회사가 임시로 결합하여 조직을 구성하고 공동출자하여 한 회사의 입장에서 연대책임 하에 공사를 수급하여 완성한 후 해체되는 도급방식이다.
② 종류: 주계약자 관리형, 파트너링, 컨소시엄, 페이퍼조인트
③ 이행방식
   ㉠ 공동이행방식: 건축공사에 주로 적용한다.
   ㉡ 분담이행방식: 토목공사에 주로 적용한다.
   ㉢ 주계약자형 공동도급방식: 계약상 공사비율이 가장 큰 업체가 주계약자가 되는 방식이다.
④ 공동도급의 장·단점

구분	내용
장점	• 융자력 증대 및 기술의 확충 • 위험분산 및 시공의 확실성
단점	• 경비의 증가 및 업무 흐름의 곤란 • 조직 상호 간의 불일치가 발생할 수 있고, 하자가 생긴 부분에 대한 책임한계가 불분명함

(5) 정액도급
① 총공사비를 결정하고 계약하는 방식으로 경쟁 입찰에 의해 최저 입찰자와 계약을 체결하는 것이다.
② 일식, 분할 및 공종별 도급계약에 모두 병용되는 것으로 공사변경에 따른 도급금액 증감이 곤란하다.

(6) 단가도급
① 긴급공사 또는 공사수량이 명확하지 않을 때 채용되는 방식이다.
② 재료단가, 노임단가 또는 면적 및 체적단가만을 결정하여 공사를 도급하는 방식으로 총공사비를 예측하기 어렵다.

(7) 실비정산 보수가산식 도급
① 건축주, 감독자, 시공자가 입회 하에 공사에 필요한 실비와 보수를 협의하여 정하고 시공자에게 지급하는 방법으로 신용을 계약의 기초로 하는 것이다.
② 각 제도의 장점만 취한 것으로 이론적으로 가장 이상적인 도급계약형태이다.
③ 종류: 실비정산 비율 보수가산식, 실비정산 정액 보수가산식, 실비한정 비율 보수가산식, 실비정산 준동율 보수가산식
④ 특징
   ㉠ 설계와 시공의 중첩이 가능한 단계별 시공이 가능하다.
   ㉡ 복잡한 변경이 예상되거나 긴급을 요하는 공사에 적합하다.
   ㉢ 계약체결 시 공사비용의 최댓값을 정하는 최대보증한도 실비정산 보수가산계약이 일반적으로 사용된다.

(8) **페이퍼조인트**

서류상으로는 공동도급의 형태를 취하지만 실질적으로는 하도급 형태로 참여하거나 단순한 이익배당에만 참여하는 형태의 위장된 공동도급이다.

2. 업무범위에 따른 계약방식(설계와 시공 포함)

(1) **턴키 도급(Turn Key)**
① 모든 요소를 포함한 도급계약 방식으로 주문자가 필요로 하는 모든 것을 조달하여 주문자에게 인도하는 방식이다.
② 대상 계획의 기업, 금융, 토지조달, 설계, 시공, 기계기구 설치, 시운전 및 조업지도 등이 해당된다.

(2) **건설사업관리(C.M: Construction Management) 방식**
① 정의: 건설공사 발주자의 위탁을 받은 대리인이 건설공사의 타당성 조사, 설계, 시공 등 전 과정에 참여하여 공기단축이나 공사비의 절감을 위해 프로젝트를 관리하는 방식의 계약이다.
② 전문가집단: 전 과정을 경제적이고 효과적으로 수행하여 통합된 관리기술을 건축주에게 서비스하기 위한 각 부분의 전문가들로 구성된 집단으로 CM조직이라고 한다.
③ C.M의 주요업무
　㉠ 설계부터 공사관리까지의 전반적인 지도, 관리 업무와 디자인부터 공사관리에 이르기까지의 조언, 감독, 일반적인 서비스
　㉡ 부동산 관리업무
　㉢ 계약 관련 관리업무
　㉣ 원가관리업무
　㉤ General Contractor(제네콘) 관리업무
　㉥ 현장조직 관리업무
④ C.M의 효과
　㉠ 공기단축: 일반적인 방식(Linear System)은 설계가 완전히 끝나고 난 뒤에 입찰과 시공이 가능하나 C.M 방식의 경우 설계와 시공을 병행시켜 프로젝트를 수행하므로 공기단축이 용이하다.
　㉡ 원가절감: 공사비의 결정시기는 계약방식에 따라 차이가 있으며 공사를 진행하면서 각 공정별로 하나씩 금액을 결정하며, 기획·설계단계부터 각 부분의 전문가들의 의견이 반영되므로 원가절감이 용이하다.
　㉢ 원자력발전소, 지하철 공사 등 대규모 공사에 적합하다.
　㉣ 설계자와 시공자의 의사소통 문제를 개선할 수 있다.
⑤ 유형
　㉠ CM for Fee 방식: 관리자가 발주자의 대행인으로서 업무를 수행하는 형태이다.
　㉡ CM at Risk 방식: 관리자가 직접 시공에 참여하여 시공에 대한 책임을 지는 방식이다.

(3) **프로젝트 관리(Project Managment)방식**
초대형 공사에서 주로 사용되고 있는 개념으로 건축주가 최고 경영자가 되고 CM회사에서 나온 전문인력과 A/E(Architect/Engineer) 또는 컨설턴트를 이용하여, 건축주가 통합된 프로젝트 관리를 하는 것이다.

(4) **파트너링(Partnering)방식**
① 발주자가 직접 설계, 시공에 참여하고 프로젝트 관련자들이 상호 신뢰를 바탕으로 팀을 구성해서 프로젝트의 성공과 상호이익 확보를 공동목표로 하여 프로젝트 집행 및 관리하는 새로운 방식이다.
② 미국 등지에서 활용하고 있는 새로운 공사수행방식이다.

(5) 성능발주 방식

발주자는 설계에서 시공까지 건물의 요구성능만을 제시하고 시공자가 재료나 시공방법을 선택하여 요구성능을 실현하는 방식이다.

(6) BOT, BOO, BTO 계약방식(사회간접자본 시설)

① 개요: 사회간접자본(SOC)에 대한 필요성이 급격히 증가되지만 정부가 모든 부분에 투자할 수 없는 한계점이 있어 이러한 방식이 생기게 되었다.

② 종류별 특징

종류	내용
BOT 방식 (Build−Operate−Transfer)	• 발주측이 Project 공사비를 부담하지 않고, 민간 부분의 수주 측에서 설계, 시공한 후 일정기간 시설물을 운영하여 투자금을 회수함 • 일정시간 후 시설물과 운영권을 무상으로 발주 측에 이전함
BOO 방식 (Build−Operate−Own)	민간 부분이 설계, 시공을 주도한 후 그 시설물의 운영과 함께 소유권도 민간에 이전되는 방식임
BTO 방식 (Build−Transfer−Operate)	사회간접시설을 민간 부분이 주도 하에 설계, 시공 후 소유권을 공공 부분에 먼저 이양하고, 약정기간 동안 그 시설물을 운영하여 투자금액을 회수하는 방식임

KEYWORD 05 입찰방식 및 계약 ★

1. 입찰방식의 종류

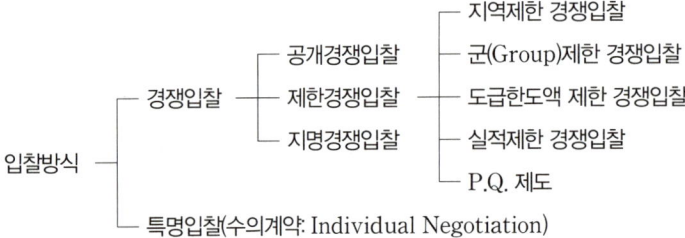

(1) 특명입찰

시공회사의 신용, 자산, 공사경력, 보유기재, 기술 등을 고려하여 그 공사에 가장 적격한 1개 회사를 지정하여 입찰시키는 방식이다.

(2) 공개경쟁입찰(일반경쟁입찰)

입찰 참가를 공고(관보, 신문)하여 유자격자는 모두 참가시키는 입찰방식이다.

(3) 지명경쟁입찰

공사에 가장 적격이라고 인정하는 3~7개 정도의 시공회사를 재산, 신용, 기술경력에 의해 선정하여 입찰시키는 방식으로 대규모 공사, 난공사, 특수공사에 사용된다.

(4) 제한경쟁입찰

업체 자격에 제한을 가하여 입찰에 참가시키는 방식이다.

(5) **입찰방식의 특징**

종류	장점	단점
특명입찰	• 공사의 기밀이 유지됨 • 입찰 수속이 간단하고 우량의 공사가 기대됨	• 공사비가 증대되고 공사금액 결정이 불명확함 • 불공평한 일이 내재됨
공개경쟁 입찰	• 담합의 우려가 적고 공사비가 절감됨 • 일반 업자에게 균등한 기회를 줌 • 입찰자 선정이 공정함	• 입찰수속이 번잡하고 공사가 조잡할 우려가 있음 • 과다한 경쟁으로 업계의 건전한 발전을 저해 할 수 있음
지명경쟁 입찰	• 시공상의 신뢰성이 확보됨 • 부당한 업자가 제거됨	담합의 우려가 큼

2. 입찰순서 및 서류

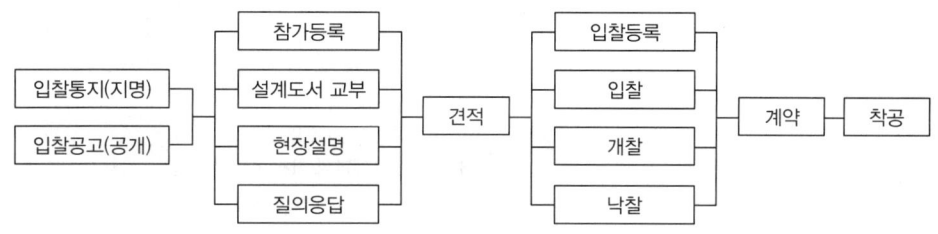

(1) **설계도서**

도면, 시방서, 현장설명서, 질의응답서이다.

(2) **시방서**

① 개념: 설계도면에 표현할 수 없는 내용과 공사의 전반적인 사항을 공사지침이 되도록 설계자가 작성하는 설계도서의 일부이다.

② 종류: 표준시방서, 특기시방서

③ 시방서의 기재내용
    ㉠ 재료에 관한 사항
    ㉡ 공법, 공사순서에 관한 사항
    ㉢ 시공 기계, 기구에 관한 사항
    ㉣ 시공에 대한 주의사항
    ㉤ 보양, 청소, 정리에 관한 사항

④ 시방서 기재 시 주의사항
    ㉠ 공사 전반에 걸쳐 세밀하게 기재한다.
    ㉡ 간단명료하게 작성한다.
    ㉢ 재료의 품종을 명확히 규정한다.
    ㉣ 공법의 정도 및 마무리 정도를 규정한다.
    ㉤ 도면의 표시가 불충분한 부분은 충분히 보충 설명한다.
    ㉥ 오자, 오기가 없어야 한다.

(3) **현장 설명에 필요한 사항**
　① 대지조건　　　　　　　　　　　　　　② 현장조건(지하매설물 등)
　③ 기초, 수도, 전기, 가스 등의 지상·지하 시설물의 관계　④ 설계도면과 시방서로 설명이 불충분한 부분
　⑤ 수도·우물 등의 급수 인접 관계

(4) **낙찰자 선정 방법**
　① 부찰제(제한적 평균가 낙찰제): 예정 가격의 85% 이상인 입찰자들의 평균금액을 산출하고 그 평균금액의 직하에 가장 근접한 자를 선정하는 방식
　② 최저가 낙찰제: 예정가격 이하의 범위에서 가장 낮은 금액으로 입찰한 자를 선정하는 방식
　③ 제한적 최저가 낙찰가: 부실공사를 방지할 목적으로 예정가격 대비 90% 이상의 입찰자 중 가장 낮은 금액으로 입찰한 자를 선정하는 방식
　④ 저가 심의제: 예정가격 85% 이하의 업체 중 공사의 시공능력을 심의하여 적격하다고 판단되면 낙찰시키는 방식

〈최저가 낙찰제〉　〈저가 심의제〉　〈부찰제〉　〈제한적 최저가 낙찰제〉　〈적격 낙찰제〉

(5) **계약**
　① 계약체결 : 낙찰자 확정 시 계약보증금을 납부하고 연대보증인을 세워 계약을 체결한다.
　② 계약서류

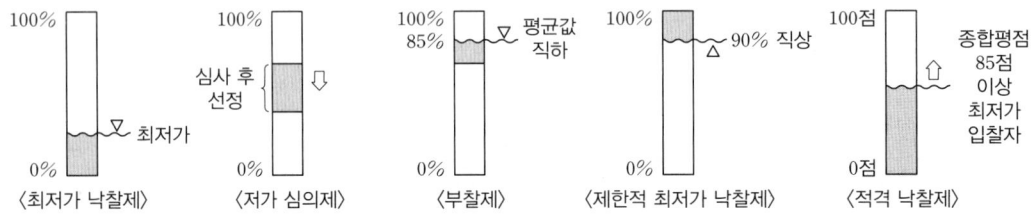

　③ 계약서 내용
　　㉠ 공사내용　　　　　　　　　　　　　㉡ 총 도급금액
　　㉢ 공사 착수시기, 완공시기　　　　　　㉣ 도급액 지불방법, 지불시기
　　㉤ 설계변경, 공사중지의 경우 도급액 변경, 손해부담　　㉥ 천재지변에 의한 손해부담
　　㉦ 인도, 검사 및 인도시기　　　　　　　㉧ 도급대금의 지불시기
　　㉨ 계약에 관한 분쟁의 해결 방법

(6) **클레임(Claim)**
　① 정의: 계약 당사자 간의 계약조건에 대한 요구 또는 주장이 불일치되어 양 당사자에 의해 해결될 수 없는 것을 말한다.
　② 발생요인
　　㉠ 계약에 없는 추가 작업요구
　　㉡ 당초 약정과 다른 작업

ⓒ 당초 예상한 것과 다른 방식과 방법으로 수행토록 요구하는 작업
　　　ⓔ 계약체결 후 변경, 수정, 개정, 과장 혹은 해명된 계약도서의 작업
　　　ⓜ 설계도서의 불충분한 상태로 야기된 예상 밖의 작업
　　　ⓑ 발주자 공급재의 지연, 불량 및 부적합
　　　ⓢ 파업
　③ 대책
　　　㉠ 합리적인 계약서류 작성
　　　㉡ 계약서류의 철저한 파악
　　　㉢ 각종 수신, 발신서류의 편철화
　　　㉣ 철저한 공사계획 수립 및 수정
　　　㉤ 회의록 일지 및 대화 등의 문서화
　④ 해결단계
　　　㉠ 협상(Negotiation)　　　　　　　　㉡ 조정(Mediation)
　　　㉢ 중재(Adjudication): 중재+소송　　㉣ 조정-중재(Mediation-Arbitration)

3. 입찰의 합리화 방안

(1) 제한경쟁입찰
① 일정한 자격 외에 특수한 기술, 실적 등 추가적 요건을 갖춘 불특정 다수인을 참여시키는 제도이다.
② 불성실, 무능력자 배제가 목적이다.

(2) 대안입찰
건축주가 제시한 원안과 동등 이상의 기능 및 효과를 가진 방법으로 공사비 절감, 공기단축을 할 수 있는 내용에 해당되는 대안을 도급자가 제시하는 제도이다.

(3) 내역입찰제
입찰자로 하여금 현장설명서에 배부된 물량내역서에 단가를 기재하여 입찰금액을 산정한 산출내역서를 입찰 시 제출하도록 한 방식이다.

(4) 부대입찰방식
하도급자의 권익을 보호하고 건축물의 실비 투입률을 높이기 위한 도급의 형태로서 하도급자의 계약서를 제출하여 원도급자가 건축주와 계약하는 방식이다.

(5) PQ제도(사전자격 심사제도)
① 입찰 참가자격 사전심사제로서 발주자가 공사의 특성 및 전문성을 고려하여 시공 경험실적, 기술력, 경영상태 등을 종합적으로 평가하여 시공자를 결정하는 방식이다.
② 부실공사를 방지할 수 있는 장점이 있으나 신규업체 및 중소기업 등은 참여하기에 불리하다.

(6) T.E.S방식(선기술 후가격 분리제도)
① 입찰자가 봉투 속에 봉투를 넣어서 입찰한다는 개념이다.
② 1차적으로 입찰에 응한 회사가 기술능력이 있는지를 평가하고, 그 상한선을 통과한 회사 중에서 2차적으로 입찰가격으로 평가하여 낙찰자를 선정하는 방식이다.

핵심 기출문제

PART 02 입찰 및 계약

KEYWORD 04 　계약제도

01　　　　　　　　　　　　　　21년 2회, 17년 1회

공동도급방식(Joint Venture)에 관한 설명으로 옳은 것은?

① 2명 이상의 수급자가 어느 특정 공사에 대하여 협동으로 공사계약을 체결하는 방식이다.
② 발주자, 설계자, 공사관리자의 세 전문집단에 의하여 공사를 수행하는 방식이다.
③ 발주자와 수급자가 상호신뢰를 바탕으로 팀을 구성하여 공동으로 공사를 수행하는 방식이다.
④ 공사수행방식에 따라 설계/시공(D/B)방식과 설계/관리(D/M)방식으로 구분한다.

해설 |
공동도급방식이란 2개 이상의 회사가 임시로 결합하여 조직을 구성하고 공동출자하여 한 회사의 입장에서 연대책임 하에 공사를 수급하여 완성한 후 해체되는 도급방식이다.

정답 | ①

02　　　　　　　　　　　　　　　　　　17년 2회

실비정산 보수가산 계약제도의 특징이 아닌 것은?

① 설계와 시공의 중첩이 가능한 단계별 시공이 가능하다.
② 복잡한 변경이 예상되거나 긴급을 요하는 공사에 적합하다.
③ 계약체결 시 공사비용의 최대값을 정하는 최대보증도 실비정산 보수가산 계약이 일반적으로 사용된다.
④ 공사금액을 구성하는 물량 또는 단위공사 부분에 대한 단가만을 확정하고 공사 완료 시 실시수량의 확정에 따라 정산하는 방식이다.

해설 |
④번은 단가계약방식에 해당되는 설명이다.

정답 | ④

03　　　　　　　　　　　　　　　　　　18년 3회

다음 중 건설사업관리(CM)의 주요업무로 옳지 않은 것은?

① 입찰 및 계약관리 업무
② 건축물의 조사 또는 감정 업무
③ 제네콘(Genecon)관리 업무
④ 현장조직관리 업무

해설 |
CM의 주요업무는 공정관리, 품질관리, 안전관리, 원가관리, 계약관리 등으로 건축물의 조사 또는 감정 업무는 CM의 주요업무에 해당되지 않는다.

정답 | ②

04　　　　　　　　　　　　　　　　　20년 1·2회

공사관리방법 중 CM 계약방식에 관한 설명으로 옳지 않은 것은?

① 대리인형 CM(CM for fee)인 경우 공사품질에 책임을 지며, 품질 문제 발생 시 책임소재가 명확하다.
② 프로젝트의 전 과정에 걸쳐 공사비, 공기 및 시공성에 대한 종합적인 평가 및 설계변경에 대한 효율적인 평가가 가능하여 발주자의 의사결정에 도움이 된다.
③ 설계과정에서 설계가 시공에 미치는 영향을 예측할 수 있어 설계도서의 현실성을 향상시킬 수 있다.
④ 단계적 발주 및 시공의 적용이 가능하다.

해설 |
공사품질에 책임을 지며, 품질 문제 발생 시 책임소재가 명확한 것은 CM at Risk 방식이다.

정답 | ①

KEYWORD 05　입찰방식 및 계약

05　21년 1회, 19년 4회

건축주 자신이 특정의 단일상태를 선정하여 발주하는 방식으로서, 특수공사나 기밀보장이 필요한 경우와 긴급을 요하는 공사에서 주로 채택되는 것은?

① 공개경쟁입찰
② 제한경쟁입찰
③ 지명경쟁입찰
④ 특명입찰

해설
특명입찰은 공사에 가장 적합한 시공회사를 1개를 지정하여 입찰시키는 방식으로 공사의 기밀이 유지되고, 입찰수속이 간단한 장점이 있다.

정답 | ④

06　20년 3회

다음 중 공사시방서에 기재하지 않아도 되는 사항은?

① 건물 전체의 개요
② 공사비 지급방법
③ 시공방법
④ 사용재료

해설
공사비 지급방법은 공사시방서에 기재하지 않고, 일반적으로 계약서에 기재한다.

관련이론
공사시방서에 기재해야 할 내용
- 재료에 관한 사항
- 공법, 공사순서에 관한 사항
- 시공 기계, 기구에 관한 사항
- 시공에 대한 주의사항
- 보양, 청소, 정리에 관한 사항

정답 | ②

07　17년 2회

건설클레임과 분쟁에 관한 설명으로 옳지 않은 것은?

① 클레임의 예방대책으로는 프로젝트의 모든 단계에서 시공의 기술과 경험을 이용한 시공성 검토가 있다.
② 작업범위 관련 클레임은 주로 예상치 못했던 지하구조물의 출현이나 지반 형태로 인해 시공자가 작업 수행을 위해 입찰 시 책정된 예정 가격을 초과 부담해야 할 경우에 발생한다.
③ 분쟁은 발주자와 계약자의 상호 이견 발생 시 조정, 중재, 소송의 개념으로 진행되는 것이다.
④ 클레임의 접근절차는 사전평가단계, 근거자료확보단계, 자료분석단계, 문서작성단계, 청구금액산출단계, 문서제출단계 등으로 진행된다.

해설
②는 현장 상이 조건에 관한 클레임에 해당된다. 견적 시와는 다른 토질 조건에 의한 클레임이다.

정답 | ②

08　20년 1·2회

대안입찰제도의 특징에 관한 설명으로 옳지 않은 것은?

① 공사비를 절감할 수 있다.
② 설계상 문제점의 보완이 가능하다.
③ 신기술의 개발 및 축적을 기대할 수 있다.
④ 입찰기간이 단축된다.

해설
대안입찰제도는 발주가 복잡하여 입찰기간이 길어지는 단점이 있다.

관련이론
대안입찰제도의 개념
건축주가 제시한 원안과 동등 이상의 기능 및 효과를 가진 방법으로 공사비 절감, 공기단축을 할 수 있는 내용에 해당하는 대안을 도급자가 제시하는 제도이다.

정답 | ④

PART 03 적산

KEYWORD 06, 07

KEYWORD 06 　적산 총론 ★★

1. 일반사항

(1) 적산과 견적
① 적산: 공사의 진행에 필요한 공사량(재료, 품)을 산출하는 기술활동
② 견적: 공사량에 단가를 곱한 후 합산하여 총 공사비를 산출하는 기술활동

(2) 견적의 종류
① 명세견적: 설계도서(도면, 시방서), 현장설명서, 구조계산서 등에 의거하여 가장 정확하고 정밀하게 공사비를 산출하는 방법
② 개산견적: 기 수행된 공사의 자료, 통계치, 경험, 실험식 등에 의하여 개략적으로 공사비를 산출하는 방법
　㉠ 단위 수량에 의한 방법: 단위 면적에 의한 개산견적, 단위 체적에 의한 개산견적, 단위설비에 의한 개산견적
　㉡ 단위 비율에 의한 방법: 가격 비율에 의한 개산견적, 수량 비율에 의한 개산견적

(3) 견적의 순서

> 수량조사 → 단가조사 → 가격 → 집계 → 현장경비 → 일반관리비부담금 → 이윤 → 총공사비

(4) 공사비의 분류

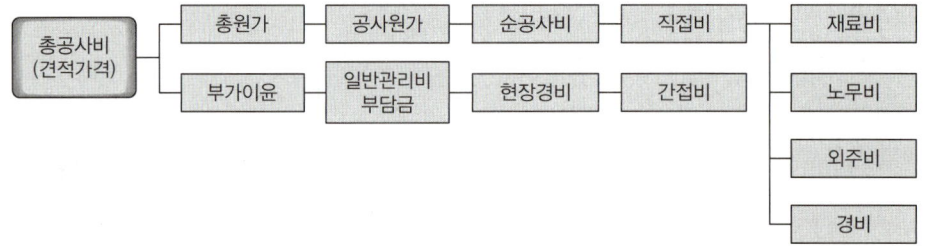

(5) 공사비의 내용

구분	내용
재료 (자재)비	건설 생산에 필요한 소재, 반제품, 제품 등의 비용 • 직접재료비: 공사 목적물의 실체를 형성하는 재료의 비용 • 간접재료비: 공사 목적물의 실체를 형성하지 않으나, 공사에 보조적으로 소비되는 재료의 비용(소모품) • 부산물: 시공 중 발생되는 부산물은 이용가치를 추산하여 재료비에서 공제함
노무비	• 직접노무비: 공사 목적물을 완성하기 위하여 직접 작업에 종사하는 종업원 및 노무자에게 지급하는 금액 • 간접노무비: 직접 작업에 종사하지 않으나, 공사 현장의 보조작업에 종사하는 노무자, 종업원, 현장 사무직원에 지급하는 금액

외주비	도급에 의해 공사 목적물의 일부를 위탁, 제작하여 반입되는 재료비와 노무비(건축물의 일부를 위탁하고 그 비용을 지급하는 것)	
경비	현장에서 발생하는 순공사비 이외의 관리비용(경비전력비, 운반비, 기계경비, 가설비, 특허권사용료, 기술료, 시험검사비, 지급임차료, 보험료, 보관비, 외주가공비, 안전관리비, 기타 경비로 계산함)	
일반관리비	기업의 유지를 위한 관리 활동 부분에서 발생하는 모든 비용(본사직원급료, 수당, 퇴직금 등)	
간접공사비	공사수행에 간접적으로 발생하는 비용(감리비, 임차료 등)	
직접공사비	공사시공 과정에서 발생하는 재료비, 노무비, 경비의 합계액	
이윤	영업이익	

2. 수량산출 기준

(1) 수량의 종류
① 정미량: 설계도서에 의거하여 정확한 길이(m), 면적(m^2), 체적(m^3), 개수 등을 산출한 수량(할증을 고려하지 않은 실제수량)
② 소요량: 산출된 정미량에 시공 시 발생되는 손실량 등을 고려하여 일정 비율의 수량(할증량)을 가산하여 산출된 수량(정미량+할증량)

(2) 할증률

할증률	재료	할증률	재료
1%	유리, 콘크리트(철근)	5%	• 원형철근 • 리벳, 일반볼트 • 강관, 봉강, 소형형강(Angle) • 콘크리트(시멘트)벽돌, 호안블록 • 타일(아스팔트, 리놀륨, 비닐) • 합판(수장용), 목재(각재) • 텍스, 석고보드, 기와
2%	시멘트, 도료, 콘크리트(무근), 위생기구		
3%	• 이형철근 • 고장력볼트 • 점토(붉은)벽돌, 내화벽돌 • 경계블록 • 타일(모자이크, 도기, 자기, 크링커) • 테라코타 • 합판(일반용) • 슬레이트	7%	대형형강
		10%	• 강판, 단열재 • 석재(정형돌), 목재(판재)
4%	콘크리트(시멘트)블록	30%	석재(원석, 부정형돌)

(3) 구조체의 수량산출 시 공제하지 않는 것
① 콘크리트 구조물 중의 말뚝머리 체적
② 볼트의 구멍
③ 모따기 또는 물구멍
④ 이음줄눈의 간격
⑤ 포장공종의 1개소당 $0.1m^2$ 이하의 구조물 자리
⑥ 강(剛) 구조물의 리벳 구멍
⑦ 철근콘크리트 내의 철근

⑧ 다음의 접합부 면적은 거푸집 면적에서 빼지 않는다.
  ㉠ 기초와 지중보
  ㉡ 지중보와 기둥
  ㉢ 기둥과 보
  ㉣ 큰 보와 작은 보
  ㉤ 기둥과 벽체
  ㉥ 보와 벽
  ㉦ 바닥판과 기둥

KEYWORD 07 공종별 적산 ★★★

1. 시멘트 창고

(1) 시멘트 창고 면적 산출식

$$A = 0.4 \times \left(\frac{N}{n}\right)$$

A: 저장면적(m^2), N: 저장할 수 있는 시멘트량, n: 쌓기단수(최대 13포대)

① 저장할 시멘트량이 600포대 미만일 경우: $A = 0.4 \times \left(\frac{N}{n}\right)$

② 저장할 시멘트량이 600포 이상~1,800포 이하일 경우: $A = 0.4 \times \left(\frac{600}{n}\right)$

③ 저장할 시멘트량이 1,800포대를 초과한 경우: $A = 0.4 \times \frac{N}{n} \times \frac{1}{3}$

(2) 창고의 바닥면적 1m²당 시멘트 적재량
① 통로가 있을 경우: 30~35포대/m^2
② 통로가 없을 경우: 50포대/m^2

2. 비계면적

(1) 내부 비계면적

$$내부\ 비계면적 = 연면적 \times 0.9(연면적의\ 90\%)$$

(2) 외부 비계면적

$$외부\ 비계면적 = (건물의\ 둘레\ 길이 + 늘어난\ 비계\ 길이) \times 높이$$

① 외줄·겹비계 = $\{\sum l + (8 \times 0.45m)\} \times H$
② 쌍줄비계 = $\{\sum l + (8 \times 0.9m)\} \times H$
③ 단관파이프 = $\{\sum l + (8 \times 1.0m)\} \times H$
$\sum l$: 건물 외벽 길이의 합, H: 건물의 높이

3. 동바리량

① 동바리(받침기둥)는 목재나 철재를 사용하며 동바리의 체적계산의 단위는 공m^3으로 계산한다.
② 동바리량(공m^3)=상층 슬래브(바닥판) 면적×층 높이×0.9(90%)

4. 수평규준틀

(1) 원칙
수평규준틀의 평면배치도를 작성하여 귀규준틀 또는 평규준틀로 나누어 개소수로 계산함을 원칙으로 한다.

(2) 내용
① 평규준틀: 기초의 중심을 표시
② 귀규준틀: 건물의 외곽 중심선을 표시

5. 터파기량

(1) 독립기초

$$V = \frac{h}{6}\{(2a+a')b+(2a'+a)b'\}$$

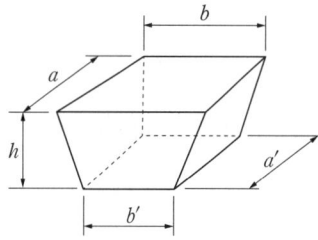

(2) 줄기초

$$V = \frac{a+b}{2} \times h \times 줄기초 길이$$

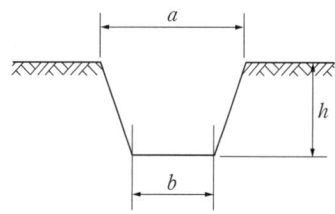

6. 흙 되메우기량

흙 되메우기 토량=흙파기 체적-기초 구조부 체적(G.L 이하)

7. 토량환산계수

(1) 체적환산계수(토량환산계수 L과 C)
자연상태의 보통흙 1m³를 파내면 흙속에 공극 등이 유입되어 체적이 보통 1.2~1.3m³로 20~30% 가량 증가한다.

(2) L와 C의 식

$$L = \frac{\text{흐트러진 상태의 체적(m}^3\text{)}}{\text{자연상태의 체적(m}^3\text{)}}, \quad C = \frac{\text{다져진 상태의 체적(m}^3\text{)}}{\text{자연상태의 체적(m}^3\text{)}}$$

8. 굴착기계(파워셔블) 터파기량 산정

$$\text{터파기량}(V) = Q \times \left(\frac{3{,}600}{C_m}\right) \times E \times K \times f$$

- Q: 버킷용량(m³), C_m: 사이클 타임(sec)
- E: 작업효율, K: 굴착계수
- f: 굴착토의 용적변화계수(토량환산계수)

9. 건설기계의 1시간당 작업량(Q)

(1) 불도저

$$Q = \left(\frac{60 \times q \times f \times E}{C_m}\right)$$

- Q: 1시간당의 작업량(m³/hr), q: 1회의 굴착압토량(m³)
- f: 토량환산계수, E: 작업효율, C_m: 사이클타임(min)

(2) 파워셔블

$$Q = \left(\frac{3{,}600 \times q \times K \times f \times E}{C_m}\right)$$

- Q: 1시간당의 작업량(m³/hr), q: 버킷 또는 딥퍼 용량(m³)
- K: 버킷 또는 딥퍼계수, f: 토량환산계수
- E: 작업효율, C_m: 사이클타임(sec)

(3) 덤프트럭

$$Q = \left(\frac{60 \times q \times f \times E}{C_m}\right)$$

- Q: 1시간당 흐트러진 상태의 작업량(m³/hr), q: 흐트러진 상태의 1회 적재량(m³)
- f: 토량환산계수
- E: 작업효율, C_m: 사이클타임(min)

10. 철근콘크리트 공사

(1) 철근콘크리트의 단위용적중량
① 무근콘크리트: 2,300kg/m^3
② 철근콘크리트: 2,400kg/m^3

(2) 철근 개산량
① 연면적 m^2당 0.06~0.09t(평균 0.075t)
② 콘크리트 m^3당 0.1~0.15t(평균 0.12t)

(3) 거푸집 공사
① 거푸집 공사비의 비율: 건축 공사비의 10~15%, 구체 공사비의 20~30%이다.
② 거푸집 개산량
  ㉠ 연면적 m^2당 4~5m^2(평균 4.5m^2)
  ㉡ 콘크리트 m^3당 6~7m^2(평균 6.5m^2)
③ 거푸집 면적 산출방법

구분	내용
기초	• $\theta \geq 30$인 경우에는 비탈면 거푸집을 계산함 • $\theta < 30°$인 경우에는 기초 주위의 수직면 거푸집(D)만 계산함
기둥	• 기둥 둘레길이 × 기둥높이 • 기둥높이는 바닥 간 안목 간의 높이임
보	• (기둥 간 안목길이 × 바닥판 두께를 뺀 보의 옆 높이) × 2 • 보의 밑부분은 바닥판에 포함
바닥판	외벽의 두께를 뺀 내벽간 바닥면적
벽	• (벽 면적 − 개구부 면적) × 2 • 벽 면적은 기둥과 보의 면적을 뺀 것임
개구부	1m^2 이하의 개구부는 주위의 사용재를 고려하여 거푸집 면적에서 빼지 않음
거푸집 면적에서 빼지 않는 접합부 면적	• 기초와 지중보 ・ 지중보와 기둥 • 기둥과 보 ・ 큰 보와 작은 보 • 기둥과 벽체 ・ 보와 벽 • 바닥판과 기둥

(4) 콘크리트공사

① 콘크리트 개산량: 연면적 m²당 0.4~0.7m³(평균 0.55m³)

② 콘크리트 비벼내기량

　㉠ 정산식에 의한 산출(표준배합비 $1 : m : n$, 물결합재비가 x일 때)

$$V(m^3) = \frac{W_c}{g_c} + \frac{W_s}{g_s} + \frac{W_g}{g_g} + W_c \cdot x (m^3)$$

- g_c: 시멘트 비중, g_s: 모래의 비중, g_g: 자갈의 비중
- W_c: 시멘트의 단위용적중량, W_s: 모래의 단위용적중량, W_g: 자갈의 단위용적중량

　㉡ 근사식에 의한 산출(현장배합비 $1 : m : n$일 때)

$$V(m^3) = 1.1m + 0.57n$$

- 시멘트 소요량: $C = \frac{1}{V}(m^3) = \frac{1{,}500}{V}(kg) = \frac{37.5}{V}(포)$

　(∵ 시멘트 $1m^3 = 1{,}500kg = 37.5포$)

- 모래 소요량(용적): $S = \frac{m}{V}(m^3)$

- 자갈 소요량(용적): $G = \frac{n}{V}(m^3)$

③ 콘크리트 공사 소요 재료

규격	재료
철근콘크리트(1 : 3 : 6)	시멘트: 220kg, 모래: 0.47m³, 자갈: 0.94m³
철근콘크리트(1 : 2 : 4)	시멘트: 320kg, 모래: 0.45m³, 자갈: 0.9m³
레미콘	1.01m³

11. 철골재 할증률

종류	할증률(%)	종류	할증률(%)
대형형강	7	평강 · 대강	5
소형형강	5	경량형강	5
강판	10	강관 · 각관	5

12. 벽돌 수량 산출

(1) 기본공식

$$\text{벽돌 소요량(매)} = \text{벽면적(벽길이} \times \text{벽높이} - \text{개구부 면적)} \times \text{단위수량}$$

(2) 벽돌 단위수량

(m²당)

벽돌종류(mm) \ 벽 두께	0.5B	1.0B	1.5B	2.0B	2.5B	3.0B	줄눈
190×90×57(표준형)	75	149	224	298	373	447	10mm
210×100×60(기존형)	65	130	195	260	325	390	10mm
230×114×65(내화벽돌)	59	118	177	236	295	354	6mm

※ 정미량 기준임(소요량＝정미량＋할증량)

13. 쌓기 모르타르량

(1) 기준

① 벽돌 쌓기 모르타르는 보통쌓기, 치장쌓기로 구분하여 벽돌 1,000매를 기준으로 산정한다.

$$모르타르량(m^3) = \frac{벽돌\ 정미량}{1,000매} \times 단위수량$$

② 단위수량(벽돌 1,000매당: m³)

벽돌형 \ 쌓기	0.5B	1.0B	1.5B	2.0B	2.5B
표준형	0.25	0.33	0.35	0.36	0.37
기존형	0.3	0.34	0.4	0.42	0.44

(2) 모르타르 배합비에 따른 각 재료의 소요량

배합용적비	시멘트(kg)	모래(m³)	인부(인)
1:1	1,093	0.78	1.0
1:2	680	0.98	1.0
1:3	510	1.10	1.0

14. 벽돌 바닥깔기 소요량(정미량)

(m²당)

모로세워 깔기	표준형	75장
	기존형	65.2장
평깔기	표준형	50장
	기존형	41장

15. 블록 수량 산출

(1) 기준
① 블록은 도면 정미량에 할증률 4% 이내를 가산한 것을 소요량으로 한다. 따라서 블록의 단위면적당 매수는 할증을 포함한 소요량이므로 별도의 할증을 고려하지 않는다.
② 블록 크기별 소요량

$$블록량 = 벽면적(벽길이 \times 벽높이 - 개구부 면적) \times 단위수량$$

(2) 단위수량
(m^2당)

구분	치수(mm) (길이×높이×두께)	단위	수량
기본형	390×190×190	매	13
	390×190×150		
	390×190×100		

① 할증률 4%가 포함된 소요량 기준이다.
② 줄눈 너비 10mm인 경우이다.

16. 타일수량 산출

(1) 타일 소요량

$$타일 소요량(매) = (타일 면적 - 개구부 면적) \times 단위 면적당 매수 \times 할증률$$

(2) 타일 장수

$$타일 장수 = \frac{타일 면적}{(타일 한 변의 길이 + 줄눈 두께) \times (타일 다른 변의 길이 + 줄눈 두께)}$$

(3) 할증률

종류	할증률(%)
도기타일	3
자기타일	3
모자이크타일	3

핵심 기출문제

PART 03 적산

KEYWORD 06   적산 총론

01
19년 1회, 14년 4회

건축공사에서 활용되는 견적방법 중 가장 정확한 공사비의 산출이 가능한 견적방법은?

① 명세견적
② 개산견적
③ 입찰견적
④ 실행견적

해설 |
명세견적은 설계도서(도면, 시방서), 현장설명서, 구조계산서 등에 의거하여 가장 정확하고 정밀하게 공사비를 산출하는 방법이다.

정답 | ①

02
16년 2회

공사원가 구성요소의 하나인 직접공사비에 속하지 않는 것은?

① 자재비
② 노무비
③ 경비
④ 일반관리비

해설 |
자재비, 노무비, 외주비, 경비 등은 직접공사비에 속한다.
일반관리비는 기업의 유지에 소요되는 비용으로 직접공사비에는 포함되지 않는다.

정답 | ④

KEYWORD 07   공종별 적산

03
20년 3회, 16년 1회

8개월간 공사하는 현장에 필요한 시멘트량이 2,397포이다. 이 공사현장에 필요한 시멘트 창고의 필요면적으로 적당한 것은? (단, 쌓기단수는 13단임)

① $24.6m^2$ ② $54.2m^2$
③ $73.8m^2$ ④ $98.5m^2$

해설 |
시멘트 창고의 면적 $= 0.4 \times \dfrac{2,397}{13} \times \dfrac{1}{3} = 24.58m^3$

관련이론
시멘트 창고면적(A) 산출(1,800포대를 초과한 경우)

$$A = 0.4 \times \dfrac{N}{n} \times \dfrac{1}{3}$$

- N: 저장할 수 있는 시멘트량
- n: 쌓기단수(최대 13포대)

정답 | ①

04
17년 1회

철근 콘크리트 건축물이 6m × 10m 평면에 높이가 4m일 때 동바리 소요량은 몇 공m^3가 되는가?

① 216   ② 228
③ 240   ④ 264

해설 |
동바리 체적(공m^3) = 바닥판 면적 × 층 높이 × 0.9
$= (6 \times 10) \times 4 \times 0.9 = 216$공$m^3$

정답 | ①

05 19년 2회

다음과 같은 철근콘크리트조 건축물에서 외줄 비계면적으로 옳은 것은? (단, 비계 높이는 건축물의 높이로 함)

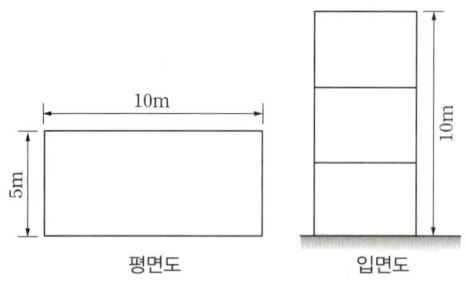

① 300m² ② 336m²
③ 372m² ④ 400m²

해설 |
외줄 비계면적 = {건물 외벽 길이의 합 + (8 × 0.45)} × 높이
= {30 + (8 × 0.45)} × 10 = 336m²
건물 외벽 길이의 합 = (10 + 5) × 2 = 30m

정답 | ②

06 21년 1회, 16년 2회

시멘트 200포를 사용하여 배합비가 1 : 3 : 6의 콘크리트를 비벼 냈을 때의 전체 콘크리트량은? (단, 물-시멘트 비는 60%이고 시멘트 1포대는 40kg임)

① 25.25m³ ② 36.36m³
③ 39.39m³ ④ 44.44m³

해설 |
배합비가 1 : 3 : 6이므로 콘크리트 1m³당 시멘트는 220kg이다.
200포를 사용하여 배합비가 1 : 3 : 6의 콘크리트를 비벼냈을 때 전체 콘크리트의 양을 x라고 하고 비례식을 만든다.
1m³ : 220kg = xm³ : 200포 × 40kg
$x = \dfrac{200 \times 40}{220} = 36.36$m³

정답 | ②

07 18년 2회

조적벽 40m²를 쌓는데 필요한 벽돌량은? (단, 표준형 벽돌 0.5B 쌓기, 할증은 고려하지 않음)

① 2,850장 ② 3,000장
③ 3,150장 ④ 3,500장

해설 |
표준형 벽돌 0.5B 쌓기는 1m²당 75장이다.
벽돌량 = 40 × 75 = 3,000장

관련이론
표준형 벽돌의 단위수량(m²당)

벽두께	단위수량
0.5B	75
1.0B	149
1.5B	224
2.0B	298
2.5B	373
3.0B	447

정답 | ②

08 18년 2회

콘크리트 블록벽체 2m²를 쌓는데 소요되는 콘크리트 블록 장수로 옳은 것은? (단, 블록은 기본형이며, 할증은 고려하지 않음)

① 26장 ② 30장
③ 34장 ④ 38장

해설 |
콘크리트 블록쌓기는 1m²당 기본형이 13장이다.
콘크리트 블록장수 = 2 × 13 = 26장

정답 | ①

PART 04 공정·품질관리
KEYWORD 08, 09

KEYWORD 08 공정관리 ★★

1. 공정표의 작성

(1) 공정표의 정의 및 작성시기
① 공정표는 공정계획에 따라 예정된 각 공정별 작업활동을 도표화하여 각 시점에 있어서의 공사의 진척도를 검토하는 척도가 된다.
② 공정표는 지정된 공사기간 내에 공사의 예산에 맞추어 각 세부공사에 필요한 시간과 순서, 자재, 노무 및 기계 설비 등을 일정한 형식에 의거하여 작성하는 계획표이다.
③ 공정표는 공사착수 이전에 작성한다.

(2) 공정표 작성 시 주의사항
① 재료의 주문량 및 수송상황, 노무관계 등을 고려하여 작성한다.
② 기초공사는 일기와 용수 등에 의해 공기가 늦어지기 쉬우므로 충분한 여유를 둔다.
③ 공정표를 작성함에 있어서 가장 기본이 되는 것은 각 공사별 공사량이다.
④ 공기를 단축하기 위해 각 공정을 적당히 중복되게 한다.
⑤ 구체공사에는 특히 계획적으로 진행함이 필요하다.
⑥ 마감공사에는 충분한 기간을 배정하지 않으면 좋은 마감을 할 수 없다.
⑦ 시공기재는 공정에 맞추어 반입시키는 것이 현장을 관리하는 데 유리하다.
⑧ 공사가 공정표보다 대단히 늦은 경우 공사 관리자는 가장 먼저 공사가 지연되는 원인을 분석해야 한다.
⑨ 공정계획은 실적을 계획과 비교하여 계획에서 벗어나면 조치를 하고 필요하면 당초의 계획을 수정할 수 있다.

2. 공정표의 종류

(1) 네트워크 공정표
① 결합점(Event)과 화살표(Arrow)로 구성된 그물모양의 공정표로서 작업의 상호관계가 명확하다.
② 대표적인 방법으로 PERT와 CPM기법이 있다.

(2) 횡선식 공정표
① 세로축에 각 부분의 공사명을 기록하고 가로축에 공사기간을 두어 시간 경과에 따른 공정을 횡선으로 표시한 것이다.
② 경험이 없는 사람도 쉽게 이해할 수 있다.

(3) 사선식 공정표
① 세로축에 전체 기성고(시공량의 누계)를 표시하고 가로축에 공사기간을 표시하여 예정과 실적을 비교할 수 있다.
② 각 공사의 공정을 경사된 절선 또는 곡선으로 표시하는 공정표로서 주로 부분공사의 상세공정표에 사용된다.

> **참고 기성고 누계곡선**
> 가장 이상적인 공정곡선은 S자형으로 된다.

(4) 열기식 공정표
① 각 공사의 착수와 완료일을 기록하는 간단한 공정표이다.
② 인부 및 재료 준비를 하는 데에 있어서 가장 적당하다.

(5) PDM 공정표
① 1964년 스탠포드대학교에서 만든 네트워크이다.
② 반복적이고 많은 작업이 동시에 일어날 때 CPM보다 효율적이며 Event 안에 작업과 관련된 많은 사항을 기입할 수 있어 Event Type 네트워크라고도 한다.

(6) LSM 공정표
반복되는 각 작업들의 상호관계를 명확하게 나타낼 수 있어 도로나 고층빌딩골조와 같은 반복되는 공사에 주로 사용되며 LOB기법이라고도 한다.

3. 네트워크 공정표의 특징

① 개개의 작업관련이 도시되어 있어 공사 전체의 파악을 용이하게 할 수 있다.
② 각 작업의 흐름과 공정이 분해됨과 동시에 작업의 상호관계가 명확하게 표시된다.
③ 계획단계에서부터 공정상의 문제점이 명확하게 파악되고 작업 전에 수정을 가할 수 있다.
④ 작성자가 아니더라도 공사의 진척상황이 누구에게나 쉽게 알려지게 된다.
⑤ 네트워크 공정표에는 CPM(Critical Path Method)과 PERT(Program Evaluation and Review Technique) 수법이 대표적으로 사용된다.
⑥ 다른 공정표에 비해 작성시간이 필요하며 작성 및 검사에 특별한 기능이 필요하다.

4. PERT와 CPM의 비교

구분	PERT	CPM
사업종류(대상)	신규사업, 비반복 사업, 경험이 없는 사업	반복사업, 경험이 있는 건설공사
일정계획	• 일정계산이 복잡함 • 단계 중심(결합점 중심)의 이완도 산출	• 일정계산이 자세하고 작업 간의 조정이 가능(작업 중심) • 활동재개에 대한 이완도 산출
수법개발	1958년 미해군의 Polaris 핵잠수함 건조계획 시 개발됨	1956년 미국의 Dupant 회사에서 연구, 개발됨
공사기간 추정	소요시간을 세 가지 방법으로 한 후 확률계산을 통해 소요시간을 추정함(3점 시간추정) $t_e = \dfrac{t_o + 4t_m + t_p}{6}$	$t_e = t_m$(1점 시간추정)
	t_e: 평균기대시간, t_o: 낙관시간치, t_m: 정상시간치, t_p: 비관시간치	
M.C.X(최소비용)	없음	CPM의 핵심이론임

5. 네트워크 공정표의 기본용어

용어	영어	기호	내용
프로젝트	project		네트워크에 표현하고자 하는 공사
작업	job, activity	→	프로젝트를 구성하는 작업단위
더미	dummy	⇢	화살표형 네트워크에서 정상표현으로 할 수 없는 작업 상호관계를 표시하는 화살표
결합점 (이벤트)	node, event	○	화살표형 네트워크의 작업과 작업을 결합하는 점 및 개시점·종료점
가장 빠른 개시시각	earliest starting time	EST	작업을 시작하는 가장 빠른 시각
가장 빠른 종료시각	earliest finishing time	EFT	작업을 끝낼 수 있는 가장 빠른 시각
가장 늦은 개시시각	latest starting time	LST	공기에 영향이 없는 범위에서 작업을 가장 늦게 개시하여도 좋은 시각
가장 늦은 종료시각	latest finishing time	LFT	공기에 영향이 없는 범위에서 작업을 가장 늦게 종료하여도 좋은 시각
결합점 시각	node time		화살표형 네트워크에서 시간계산이 된 결합점 시각
가장 빠른 결합점 시각	earliest node time	ET	최초의 결합점에서 대상의 결합점에 이르는 경로 중 가장 긴 경로를 통하여 가장 빨리 도달되는 결합점 시각
가장 늦은 결합점 시각	latest node time	LT	임의의 결합점에서 최종 결합점에 이르는 경로 중 시간적으로 가장 긴 경로를 통과하여 종료시각에 될 수 있는 개시시각
패스	path		네트워크 중 둘 이상의 작업이 이어짐
최장 패스	longest path	LP	임의의 두 결합점 간의 패스 중 소요시간이 가장 긴 패스
크리티컬 패스	critical path	CP	개시 결합점에서 종료 결합점에 이르는 가장 긴 패스
플로트	float	FL	작업의 여유시간
토탈플로트	total float	TF	가장 빠른 개시시각에 시작하여 가장 늦은 종료시각으로 완료할 때 생기는 여유시간
프리플로트	free float	FF	가장 빠른 개시시각에 시작하여 후속하는 작업도 가장 빠른 개시시각에 시작하여도 존재하는 여유시간
디펜던트 플로트	dependent float	DF	후속작업의 TF에 영향을 미치는 플로트
슬랙	slack	SL	결합점이 가지는 여유시간

6. 네트워크 공정표의 일정 계산

(1) EST, EFT의 계산
① 작업의 흐름에 따라 전진계산을 한다.
② 개시 결합점에서 나간 작업의 EST=0으로 한다.
③ 어느 작업의 EFT는 그 작업의 EST에 소요일수를 가산하여 구한다.
④ 복수의 작업에 종속되는 작업의 EST는 선행작업 중 EFT의 최대치로 한다.
⑤ 네트워크의 최종 결합점에서는 그 결합점에서 끝나는 작업의 EFT의 최대값으로 하고 이 EFT의 값이 계산 공기에 해당된다.

(2) LST, LFT의 계산
① 역진계산으로 한다.
② 종료 결합점에서는 지정공기로서 LFT를 넣으면 지정공기에 대한 LST, LFT가 구하여지고 반대로 역진계산의 초기값을 계산공기로 하였을 때는 계산공기에 대한 LST, LFT가 구해진다.
③ 어떤 작업의 LST는 그 작업의 LFT에서 소요일수를 감하여 구한다.
④ 종속작업이 복수일 때는 종속작업의 LST의 최소값이 그 작업의 LFT가 된다.

(3) 주공정선(CP: Critical Path)
① 최초의 개시결합점에서 최종 종료결합점에 이르는 가장 긴 경로이다.
② TF=0인 작업을 굵은 선으로 표시하여 연결하면 크리티컬 패스가 결정된다.

(4) 여유시간 계산
① Total Float(전체여유): 최초 개시일에 작업을 시작하여 가장 늦은 종료일에 완료할 때 생기는 여유시간

$$TF = LFT - EFT = 나중\ LFT - (처음\ EST + 공정일수)$$

② Free Float(자유여유): 가장 일찍 작업을 시작하여 후속작업을 가장 일찍 시작하여도 가능한 여유일

$$FF = 나중\ EST - 그\ 작업의\ EFT = 나중\ EST - (처음\ EST + 공정일수)$$

③ DF(간섭여유, Dependent Float): 후속작업의 TF에 영향을 미치는 여유시간

$$DF = TF(전체여유) - FF(자유여유)$$

(5) 시공 속도 및 최적공기
① 총공사비: 간접비와 직접비로 구성되고, 직접비가 공사 시공량에 비례한다고 가정하면 시공속도를 빠르게 할수록 간접비는 절감되고 총공사비는 저렴해 진다.
② 최적점(Normal Point): 직접비와 간접비의 합계가 최소가 되는 점이다.
③ 특급점(Crash Point): 공기나 공사비를 무한정 투입하여도 더 이상의 효과를 기대할 수 없는 점이다.

(6) 공기단축법(M.C.X : Minimum Cost Expediting)

주공정상의 비용구배가 가장 작은 작업부터 단축하여 최소비용으로 공기를 단축하는 대표적인 공기단축기법이다.

① 네트워크 공정표를 작성한다.
② 주공정선(CP)상의 작업을 선택한다.
③ 각 작업의 비용구배를 구한다.
④ 주공정선(CP)의 작업에서 비용구배가 최소인 작업부터 단축 가능일수 범위 내에서 단축한다.
⑤ 이때 주공정선(CP)이 바뀌지 않도록 주의해야 한다.(부공정선이 추가로 주공정선이 될 수 있음)
⑥ 소요공기를 더 이상 단축할 수 없는 단축한계점을 급속점(단축한계점 또는 특급점)이라고 한다.

KEYWORD 09 품질관리 ★

1. 품질관리의 목표와 수단

목표	수단
공정관리, 품질관리, 원가관리	노무(Men), 자재(Materials), 기계(Machine), 자금(Money)

2. 품질관리 순서(데밍의 관리 Cycle 4단계)

(1) P(plan)계획 — 목표를 위한 계획을 세운다.
① 목적을 정한다.
② 품질기준, 가격 등을 정한다.
③ 목적을 달성할 방법을 정한다.

(2) D(Do)실시 — 표준과 동일한 작업을 실시한다.
① 작업의 표준을 교육하고, 훈련한다.
② 작업을 실시한다.
③ 정한 방법으로 계측한다.

(3) C(Check)검토 — 작업상황 및 결과를 체크한다.
① 표준과 같이 작업이 실행되고 있는가 Check한다.
② 각 측정치와 표준이 맞는가 Check한다.

(4) A(Action)조치 — 검토한 결과에 따라 시정조치한다.
① 작업이 표준에서 벗어났을 경우 표준치가 되도록 시정한다.
② 이상이 있으면 원인을 조사하여 그 원인을 제거하고 재발이 없도록 처치한다.

3. 품질관리(Q.C)를 위한 7가지 도구

도구명	내용
히스토그램	계량치의 분포(데이터)가 어떠한 분포로 되어있는지 알아보기 위하여 막대그래프 등의 형식으로 작성하는 것
특성요인도	결과에 원인이 어떻게 관계하고 있는가를 한눈에 알아보기 위하여 작성하는 것(체계적 정리, 원인 발견)
파레토도	불량, 결점, 고장 등의 발생건수를 분류 항목별로 나누어 크기 순서대로 나열해 놓은 것(불량 항목과 원인의 중요성 발견)
체크시트	계수치의 데이터가 분류 항목별의 어디에 집중되어 있는가를 알아보기 쉽게 나타낸 것(불량 항목 발생, 상황 파악 데이터의 사실 파악)
그래프(관리도)	품질관리에서 얻은 각종 자료의 결과를 알기 쉽게 그림으로 정리한 것
산점도	서로 대응되는 두 개의 짝으로 된 데이터를 그래프 용지에 점으로 나타낸 것으로 두 변수 간의 상관관계를 짐작할 수 있음
층별	집단을 구성하고 있는 많은 데이터를 어떤 특징에 따라 몇 개의 부분집단으로 나눈 것

핵심 기출문제

PART 04
공정 · 품질관리

KEYWORD 08　공정관리

01　　　　　　　　　　　　　　　　18년 2회

기본공정표와 상세공정표에 표시된 대로 공사를 진행시키기 위해 재료, 노력, 원척도 등이 필요한 기일까지 반입, 동원될 수 있도록 작성한 공정표는?

① 횡선식 공정표
② 열기식 공정표
③ 사선 그래프식 공정표
④ 일순식 공정표

해설|
열기식 공정표는 재료, 노력, 원척도 등 각 공사의 착수일과 완료일을 기록한다.

정답 | ②

02　　　　　　　　　　　　　19년 2회, 14년 2회

공정관리에서의 네트워크(Network)에 관한 용어와 관계없는 것은?

① 커넥터(Connector)
② 크리티컬 패스(Critical Path)
③ 더미(Dummy)
④ 플로우트(Float)

해설|
커넥터(Connector)는 목재, 거푸집 등의 부재 간 연결재로 네트워크에 관한 용어와는 관계가 없다.

정답 | ①

03　　　　　　　　　　　　　　　　19년 1회

그림과 같은 네트워크 공정표에서 주공정선(Critical Path)은?

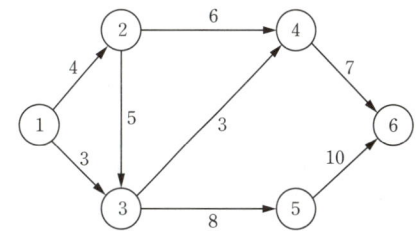

① ① → ③ → ⑤ → ⑥
② ① → ② → ④ → ⑥
③ ① → ② → ③ → ④ → ⑥
④ ① → ② → ③ → ⑤ → ⑥

해설|
주공정선은 공정표상의 개시 결함점에서 종료 결함점에 이르는 가장 긴 경로로 ④번이 해당된다.

정답 | ④

04　　　　　　　　　　　　18년 3회, 12년 1회

PERT-CPM 공정표 작성 시에 EST와 EFT의 계산방법 중 옳지 않은 것은?

① 작업의 흐름에 따라 전진 계산한다.
② 선행작업이 없는 첫 작업의 EST는 프로젝트의 개시시간과 동일하다.
③ 어느 작업의 EFT는 그 작업의 EST에는 소요일수를 더하여 구한다.
④ 복수의 작업에 종속되는 작업의 EST는 선행작업 중 EFT의 최소값으로 한다.

해설|
복수의 작업에 종속되는 작업의 EST는 선행작업 중 EFT의 최대치로 한다.

정답 | ④

05

20년 3회, 14년 1회

MCX(Minimum Cost Expediting) 기법에 의한 공기단축에서 아무리 비용을 투자해도 그 이상 공기를 단축할 수 없는 한계점을 무엇이라 하는가?

① 표준점
② 포화점
③ 경제 속도점
④ 특급점

해설 |
MCX 기법에서 아무리 비용을 투자해도 그 이상 공기를 단축시킬 수 없는 한계점을 특급점이라고 하고, 공기를 1일 단축하는 데 추가되는 비용을 비용구배라고 한다.

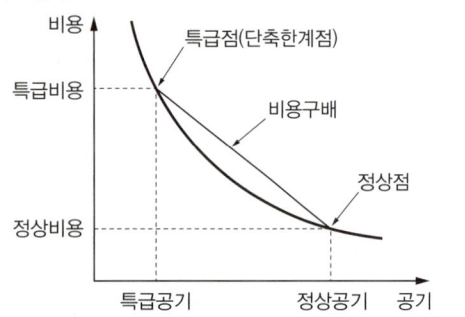

정답 | ④

KEYWORD 09 품질관리

06

13년 4회

품질관리 사이클의 순서로 옳은 것은?

① 계획 - 검토 - 실시 - 조치
② 계획 - 검토 - 조치 - 실시
③ 계획 - 실시 - 조치 - 검토
④ 계획 - 실시 - 검토 - 조치

해설 |
품질관리 순서(데밍의 관리 Cycle 4단계)
• P(Plan): 계획
• D(Do): 실시
• C(Check): 검토
• A(Action): 조치(시정)

정답 | ④

07

20년 4회, 19년 1회, 18년 1회, 16년 2회, 14년 4회

QC(Quality Control) 활동의 도구가 아닌 것은?

① 기능 계통도
② 산점도
③ 히스토그램
④ 특성요인도

해설 |
품질관리(Q.C)를 위한 7가지 도구
히스토그램, 특성요인도, 파레토도, 체크시트, 그래프(관리도), 산점도, 층별

정답 | ①

08

16년 1회, 12년 1회

통합품질관리 TQC(Total Quality Control)를 위한 도구에 관한 설명으로 옳지 않은 것은?

① 파레토도란 층별 요인이나 특성에 대한 불량점유율을 나타낸 그림으로서 가로축에는 층별 요인이나 특성을, 세로축에는 불량건수나 불량손실금액 등을 표시하여 그 점유율을 나타낸 불량해석도이다.
② 특성요인도란 문제로 하고 있는 특성 요인 간의 관계, 요인 간의 상호관계를 쉽게 이해할 수 있도록 화살표를 이용하여 나타낸 그림이다.
③ 히스토그램이란 모집단에 대한 품질특성을 알기 위하여 모집단의 분포상태, 분포의 중심위치, 분포의 산포 등을 쉽게 파악할 수 있도록 막대그래프 형식으로 작성한 도수분포도를 말한다.
④ 관리도란 통계적 요인이나 특성에 대한 두 변량 간의 상관관계를 파악하기 위한 그림으로서 두 변량을 각각 가로축과 세로축에 취하여 측정값을 타점하여 작성한다.

해설 |
④는 산점도에 해당하는 설명이다.
관리도란 품질관리에서 얻은 각종 자료의 결과를 알기 쉽게 그림으로 정리한 것이다.

정답 | ④

PART 05 가설공사 및 지반조사

KEYWORD 10, 11

KEYWORD 10 가설공사 ★

1. 가설공사 계획 시 고려사항

구분	내용
전용성	반복 사용의 증가
시공성	조립, 해체의 용이
경제성	효율적인 비용 고려
안정성	재해방지

2. 가설공사의 분류

(1) 공통가설
① 정의: 공사 전반에 걸쳐 공통으로 사용되는 공사용 기계, 공사관리에 필요한 시설이다.
② 종류
- ㉠ 대지 측량
- ㉡ 가설운반로
- ㉢ 가설울타리
- ㉣ 가설건물
- ㉤ 가설창고
- ㉥ 공사용 동력
- ㉦ 용수설비(가설용수)
- ㉧ 시험설비
- ㉨ 공사용 장비
- ㉩ 운반
- ㉪ 인접 건물 보상
- ㉫ 종말 정리청소
- ㉬ 통신, 환기, 냉·난방 설비

(2) 직접가설
① 정의: 공사의 직접적인 수행을 위한 시설이다.
② 종류
- ㉠ 규준틀
- ㉡ 비계
- ㉢ 안전시설
- ㉣ 보양재료
- ㉤ 건축물 현장 정리

3. 공통 가설공사

(1) 가설 울타리
① 목적: 대지의 경계, 교통의 차단, 위험방지, 도난방지 등
② 재료: 판재, 합판, 철판, 슬레이드판, 철망 등

③ 높이: 1.8m 이상
④ 출입구: 폭 4m 내외
⑤ 공사장 부지 경계선으로부터 50m 이내에 주거, 상가건물이 있는 경우에는 높이 3m 이상으로 설치한다.

(2) 가설건물
① 현장 사무실[1인당 3.3m² (최소)]
  ㉠ 공사 감리자와 시공자 사무소는 1인당 3.3m² 기준이나 보통은 6~12m²가 적당하다.
  ㉡ 대지 여유가 없을 때는 보도를 이용하여 육교(Over Bridge)를 가설하여 2층 부분을 사무소로 한다.
② 가설창고

구분	내용

시멘트 창고	• 방습상 바닥설치는 지면에서 30cm 이상으로 함
	• 출입구, 채광창 이외의 개구부는 되도록 설치하지 않으며 반입로, 반출로를 따로 두어 먼저 쌓은 것부터 사용함
	• 쌓기높이는 13포 이하로 함(장기 저장 시 7포 이하)
	• 1m²당 30~35포대(통로를 고려한 경우)가 적당하며, 최대 50포(통로를 고려하지 않은 경우)까지 적재할 수 있음
	• 창고 주위에 배수도랑을 설치하여 우수의 침입을 방지함
	• 창고면적은 다음 식으로 구함
	
	$$A = 0.4 \times \frac{N}{n}$$
	
	A: 창고면적(m²), n: 쌓기 포대수(최대 13포)
	N: 저장량(포)
	  - 600포 미만일 경우: N
	  - 600포 이상 1,800포 미만일 경우: 600
	  - 1,800포 이상일 경우: $N \div 3$

위험물 저장창고	도료, 유류, 기타 인화성 재료와 화약 등의 저장창고는 건축물 및 재료창고에서 격리된 장소에 선정하고 위험물 표시를 해야 함

③ 현장 화장실

기준면적	2.2m²(대 · 소변기 1개당)
대변기	남자: 20명당 1개, 여자: 15명당 1개
소변기	남자: 30명당 1개

④ 변전소
  ㉠ 지붕, 벽, 바닥에 물이 새지 않도록 시공한다.
  ㉡ 울타리를 적당히 둘러치고 위험 표시를 한다.
  ㉢ 주변에는 조명설비를 하고 야간에는 불을 켜둔다.
  ㉣ 비상시에 대비하여 사무실 근처에 설치한다.

4. 직접 가설공사

(1) 규준틀

① 기준점(Bench Mark)
  ㉠ 정의: 공사 중에 높이의 기준을 하고자 설정하는 것이다.
  ㉡ 설치 시 주의사항
   • 기준점은 바라보기 좋고 공사에 지장이 없는 곳에 설치한다.
   • 기준점은 대개 지반면에서 0.5~1m 위에 두고 그 높이를 기준표 밑에 적어 둔다.
   • 건물의 G.L은 현지에 지정되거나 입찰 전 현장 설명 시에 지정된다.
   • 기준점은 공사기간 중에 이동될 우려가 없는 인근 건물의 벽돌담 등을 이용하는 것이 좋다.
   • 기준점은 2개소 이상 여러 곳에 표시해 두는 것이 좋다
   • 대지 주위에 적당한 물체가 없을 때는 공사에 지장이 없고, 건축의 지표가 될 수 있는 곳에 따라 설치한다.

② 수평 규준틀: 건물의 각부 위치 및 높이, 기초의 너비 또는 길이 등을 정확히 결정하기 위한 것이며, 이동이나 변형이 없도록 견고히 설치해야 한다.

③ 세로 규준틀
  ㉠ 조적공사에서 고저 및 수직면의 기준으로 사용한다.
  ㉡ 10cm 정도 각재를 대패질하여 줄눈, 문틀 위치, 나무벽돌 위치 등을 기재한다.

(2) 비계

① 비계의 종류

구분	내용
공법에 따른 분류	외줄비계, 겹비계, 쌍줄비계
재료에 따른 분류	통나무비계, 강관비계, 틀비계

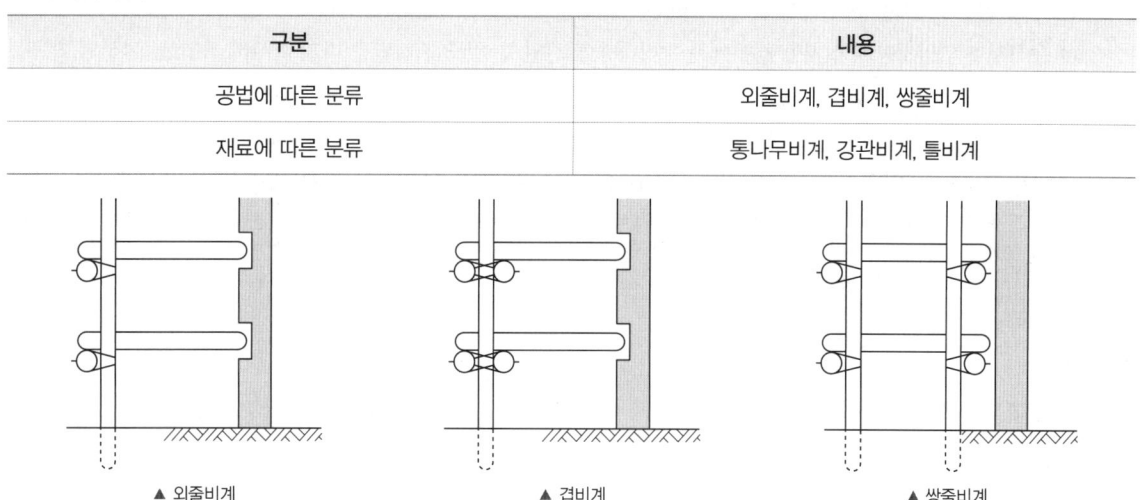

▲ 외줄비계　　　▲ 겹비계　　　▲ 쌍줄비계

② 강관비계
  ㉠ 비계기둥
   • 비계기둥은 이동이나 흔들림을 방지하기 위해 수평재, 가새 등으로 안전하고 단단하게 고정해야 한다.
   • 비계기둥의 바닥 작용하중에 대한 기초기반의 지내력을 시험하여 적절한 기초처리를 해야 한다.
   • 비계기둥의 간격은 띠장 방향으로 1.85m 이하, 장선방향으로 1.5m 이하이어야 한다.
   • 기둥 높이가 31m를 초과하면 기둥의 최고부에서 하단 쪽으로 31m 높이까지는 강관 1개로 기둥을 설치하고, 31m 이하의 부분은 좌굴을 고려하여 강관 2개를 묶어 기둥을 설치하여야 한다. 다만, 브래킷 등으로 보강하여 2개의 강관으로 묶은 기둥 이상의 강도가 유지되는 경우에는 그러하지 아니하여도 된다.

ⓒ 띠장
　　　　• 띠장의 수직간격은 1.5m 이하로 한다. 다만, 지상으로부터 첫 번째 띠장은 통행을 위해 강관의 좌굴이 발생되지 않는 한도 내에서 2m 이내로 설치할 수 있다.
　　　　• 띠장을 연속해서 설치할 경우에는 겹침이음으로 하며, 겹침이음을 하는 띠장 간의 이격거리는 순 간격이 100mm 이내가 되도록 하여 교차되는 비계기둥에 클램프로 결속한다.

　③ 강관틀 비계
　　　㉠ 주틀
　　　　• 전체 높이는 원칙적으로 40m를 초과할 수 없으며, 높이가 20m를 초과하는 경우 또는 중량작업을 하는 경우에는 내력상 중요한 틀의 높이를 2m 이하로 하고 주틀의 간격을 1.8m 이하로 하여야 한다.
　　　　• 주틀의 간격이 1.8m일 경우에는 주틀 사이의 하중한도를 4.0kN으로 하고, 주틀의 간격이 1.8m 이내일 경우에는 그 역비율로 하중한도를 증가할 수 있다.
　　　　• 주틀의 기둥 1개당 수직하중의 한도는 견고한 기초 위에 설치하게 될 경우에는 24.5kN으로 한다.
　　　㉡ 벽이음: 벽 이음재의 배치간격은 벽 이음재의 성능과 작용하중을 고려한 구조설계에 따르며, 수직 방향 6m 이하, 수평 방향 8m 이하로 설치하여야 한다.

　④ 달비계: 건물에 고정된 돌출보 등에 밧줄로 매어다는 비계로 고층 건물의 외부마감, 외벽청소 등에 사용한다.
　⑤ 시스템 비계(일체형 작업 발판)
　　　㉠ 규격화된 부재를 연결하여 흔들림이나 이탈이 없고, 작업발판 및 안전난간을 함께 설치하여 작업이 쉽고 빠르며 안전하다.
　　　㉡ 수직재와 수평재는 직교되게 설치하여야 하며, 체결 후 흔들림이 없어야 한다.
　　　㉢ 수직재를 연약지반에 설치할 경우에는 수직하중에 견딜 수 있도록 지반을 다지고 두께 45mm 이상의 깔목을 소요폭 이상으로 설치하거나, 콘크리트, 강재표면 및 단단한 아스팔트 등의 침하방지조치를 하여야 한다.
　　　㉣ 시스템 비계 최하부에 설치하는 수직재는 받침철물의 조절너트와 밀착되도록 설치하여야 하며, 수직과 수평을 유지하여야 한다. 이때 수직재와 받침철물의 겹침길이는 받침철물 전체 길이의 3분의 1 이상이 되도록 하여야 한다.
　　　㉤ 수직재와 수직재의 연결은 전용의 연결조인트를 사용하여 견고하게 연결하고, 연결 부위가 탈락 또는 꺾어지지 않도록 하여야 한다.

5. 측량

(1) 거리 측량(길이 측량)
　① 줄자를 이용한다.
　② 스타디아 측량: 중간에 장애물이 있을 때 편리하다.
　③ 측량방법: 강측이 정확하고 능률적이다.

(2) 평판 측량
　① 사용기구: 평판, 삼각대, 앨리데이드, 구심기, 다림추, 자침기, 폴
　② 설치작업
　　　㉠ 정치(定置): 앨리데이드에 설치된 수준기로 수평이 되도록 설치한다.
　　　㉡ 정위(定位): 평판이 일정한 방향과 방위를 유지하도록 하고, 앨리데이드와 자침기를 이용한다.
　　　㉢ 치심(致心): 평판의 측정을 표시하는 위치가 상측점과 일치하도록 구심기와 다림추를 이용한다.

(3) 수준 측량(고저측량)
   ① 정의: 지반면에서 필요한 각 점 또는 각 점간의 고저차를 측량하여 기준점(Bench Mark)으로부터의 높이를 정하는 측량이다.
   ② 설치작업
      ㉠ 전시(F.S: Fore Sight): 표고의 미지점에 함척을 세워 읽는 것이다.
      ㉡ 후시(B.S: Back Sight): 표고의 기지점(既知點)에 함척을 세워 읽는 것이다.
      ㉢ 이점(利點)(T.P: Turning Point): 고저차를 구하는 두 점을 한번에 시준할 수 없을 때 레벨을 새로이 고쳐 세우는 점이다.

KEYWORD 11 지반조사 ★

1. 지하탐사법

(1) 터파보기(Test Pit)
   직경 60~90cm, 깊이 1.5~3.0m, 간격 5~10cm로 구멍을 파서 생땅의 위치, 지층의 토질, 지하수 등을 파악한다.

(2) 짚어보기(탐사간)
   ① 9mm 정도의 철봉(탐사간)을 인력으로 땅속에 박아 저항, 울림 및 침하력에 의해 지반의 단단함을 판단한다.
   ② 얕은 기초의 생땅을 발견한 경우에 사용한다.

(3) 물리적 지하탐사
   ① 지반의 구성층을 판단할 때 사용되나, 흙의 공학적 성질을 판별하기는 곤란하다.
   ② 전기저항식, 탄성파식, 강제 진동식이 있으나 보통 전기저항식이 사용된다.(지층의 변화심도 측정 시 유리함)

2. 보링(Boring)

(1) 정의
   ① 지중에 보통 10cm 정도의 구멍을 뚫어 토사를 채취하는 방법이다.
   ② 지중의 토질분포, 토층의 구성, 토질주상도를 개략적으로 파악할 수 있다.

(2) 보링계획
   ① 시험깊이: 지지층 또는 20m 깊이(단, 경미한 건물일 경우 기초폭의 1.5~2배)
   ② 시추공 간격: 30m(중간은 물리적 탐사법 병용)
   ③ 시추공수: 3개공 이상

(3) 종류
   ① 오우거 보링: 오우거를 이용하여 굴삭하며, 밀려오는 흙의 상태를 보고 토질을 판별하는 방법이다.
   ② 수세식 보링: 물을 주입하여 흙과 물을 같이 배출시켜 침전된 상태로 지층의 토질을 판별하는 법으로 깊이 30m 정도의 연질층에 적당하다.
   ③ 충격식 보링: 토사, 암석을 파쇄하여 천공하는 방법으로 구멍벽의 붕괴 및 침수방지를 위하여 황색점토 또는 벤토나이트액 등의 굳은 지층까지 깊이 뚫어 보는 방법이다.
   ④ 회전식 보링: 비트(Bit)를 회전시켜 굴진하는 방법으로 토사를 분쇄하지 않고 연속으로 채취할 수 있으므로 가장 정확하다.

(4) 보링 구성품

로드(Rod), 비트(Bit), 외관(Casing), 코어튜브(Core Tube)

3. 샘플링(Sampling: 시료채취)

(1) 시료의 종류

① 교란시료(Disturbed Sample): 흐트러져 버린 시료이다.

② 불교란시료(Undisturbed Sample): 자연상태로 흩어지지 않게 채취하는 시료이다.

(2) 불교란시료 채취 방법

① 신월샘플링(Thin Wall Sampling): 시료 채취기(Sampler)의 샘플링 튜브가 얇은 살로 된 것으로 시료를 채취 (연약 점토에 적당)

② 콤포지트샘플링(Composite Sampling): 샘플링 튜브의 살이 두꺼운 콤포지트 Sampler를 사용한다.(굳은 점토 시료 채취에 적당)

③ 데니슨샘플링 (Denison Sampling): N값 4~20 정도의 경질점토의 샘플링에 적당하다.

4. 사운딩(Sunding)-연경도 시험

(1) 표준관입시험(Standard Penetration Test)

① 정의: 63.5kg의 무게로 75cm~76cm의 높이에서 낙하시켜 샘플러를 30cm 관입시키는 데 필요한 타격횟수(N치)를 파악하여 상대적 밀도를 측정하는 토질시험방법으로 모래지반에 적용시키기 유리하다.

② 측정방법

㉠ 추의 무게: 63.5kg

㉡ 낙하고: 75cm~76cm

㉢ 관입깊이: 30cm

③ 타격횟수 N값에 따른 지반의 밀도(모래지반)

N값	지반상태	N값	지반상태
0~4	매우 연약함	10~30	보통
4~10	느슨함	50 이상	단단함(다진 상태)

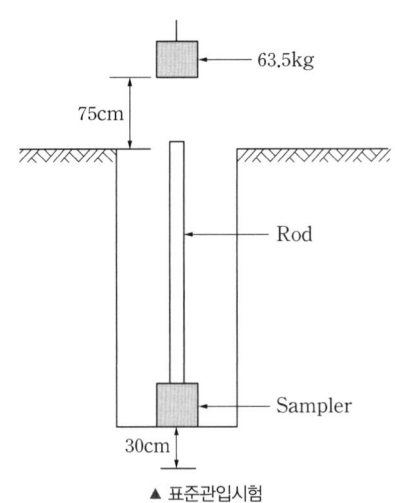

▲ 표준관입시험

(2) 베인테스트(Vane Test)

보링구멍을 이용하여 +자형 날개의 베인테스터를 지반에 때려 박고, 회전시킬 때의 회전력으로 점토의 점착력을 판별하는 것으로 연한 점토질에 사용한다.

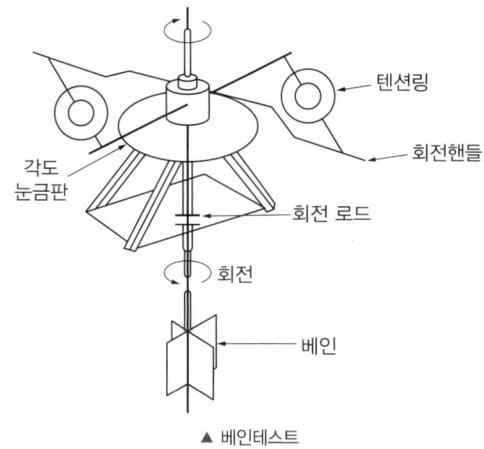

▲ 베인테스트

5. 지내력 시험(재하시험)

(1) 평판재하시험

① 직접기초가 놓일 위치에 시험하는 지반의 지지력시험으로 기초 저면의 위치에 재하판을 설치해 하중을 실어 재하하중마다 침하량을 측정해 지반의 지내력 및 기초 지반의 허용지내력을 판정하는 시험이다.
② 평판재하시험의 재하판은 지름 300mm를 표준으로 하고, 최대 재하하중은 지반의 극한지지력 또는 예상되는 설계하중의 3배로 한다.
③ 재하는 5단계 이상으로 나누어 시행하고 각 하중 단계에 있어서 침하가 정지되었다고 인정된 상태에서 하중을 증가한다.

(2) 말뚝박기(재하)시험

① 시험용 말뚝은 실제 사용할 말뚝과 똑같은 조건으로 한다.
② 시험용 말뚝은 수직으로 세워 연속적으로 박되 휴식시간을 두지 않아야 한다.
③ 시험용 말뚝은 3개 이상으로 하며 소정의 최종 침하량에 도달하면 그 이상 박지 않는다.

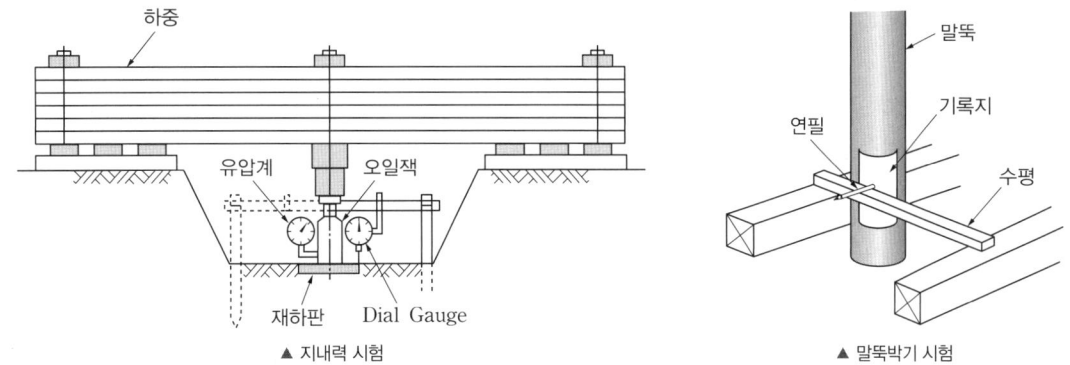

▲ 지내력 시험   ▲ 말뚝박기 시험

핵심 기출문제

PART 05 가설공사 및 지반조사

KEYWORD 10 가설공사

01
17년 2회, 13년 4회, 12년 2회

공사현장의 가설건축물에 대한 설명으로 옳지 않은 것은?

① 하도급자 사무실은 후속공정에 지장이 없는 현장사무실과 가까운 곳에 둔다.
② 시멘트 창고는 통풍이 되지 않도록 출입구 외에는 개구부 설치를 금하고, 벽, 천장, 바닥에는 방수, 방습처리한다.
③ 변전소는 안전상 현장사무실에서 가능한 멀리 위치시킨다.
④ 인화성 재료 저장소는 벽, 지붕 천장의 재료를 방화구조 또는 불연구조로 하고 소화설비를 갖춘다.

해설
변전소는 비상시에 대비하여 사무실 근처에 설치해야 한다.

정답 | ③

02
15년 4회, 13년 1회

가설공사에서 건물의 각부 위치, 기초의 너비 또는 길이 등을 정확히 결정하기 위한 것은?

① 벤치마크
② 수평규준틀
③ 세로규준틀
④ 현상측량

해설
수평규준틀은 건물의 각부 위치 및 높이, 기초의 너비 또는 길이 등을 정확하게 결정하기 위한 것으로, 이동이나 변형이 없도록 견고하게 설치해야 한다.

정답 | ②

03
18년 1회

와이어로프로 매단 비계 권상기에 의해 상하로 이동시킬 수 있는 공사용 비계의 명칭은?

① 시스템비계
② 틀비계
③ 달비계
④ 쌍줄비계

해설
달비계는 건물에 고정된 돌출보 등에 밧줄로 매어다는 비계로 권상기에 의해 상하로 이동하며 고층 건물의 외부마감, 외벽청소 등에 사용된다.

정답 | ③

04
19년 2회

표준시방서에 따른 시스템비계에 관한 기준으로 옳지 않은 것은?

① 수직재와 수직재의 연결은 전용의 연결조인트를 사용하여 견고하게 연결하고, 연결 부위가 탈락 또는 꺾어지지 않도록 하여야 한다.
② 수평재는 수직재에 연결핀 등의 결합 방법에 의해 견고하게 결합되어 흔들리거나 이탈되지 않도록 하여야 한다.
③ 대각으로 설치하는 가새는 비계의 외면으로 평면에 대해 40~60° 방향으로 설치하며 수평재 및 수직재에 결속한다.
④ 시스템 비계 최하부에 설치하는 수직재는 받침철물의 조절너트와 밀착되도록 설치하여야 하며, 수직과 수평을 유지하여야 한다. 이때, 수직재와 받침철물의 겹침 길이는 받침철물 전체 길이의 5분의 1이상이 되도록 하여야 한다.

해설
시스템비계 최하부에 설치하는 수직재는 받침철물의 조절너트와 밀착되도록 설치하여야 하며, 수직과 수평을 유지하여야 한다. 이때 수직재와 받침철물의 겹침길이는 받침철물 전체 길이의 3분의 1 이상이 되도록 하여야 한다.

정답 | ④

KEYWORD 11   지반조사

05
18년 2회, 14년 2회

지반조사 중 보링에 대한 설명으로 옳지 않은 것은?

① 보링의 깊이는 일반적인 건물의 경우 대략 지지 지층 이상으로 한다.
② 채취시료는 충분히 햇빛에 건조시키는 것이 좋다.
③ 부지 내에서 3개소 이상 행하는 것이 바람직하다.
④ 보링 구멍은 수직으로 파는 것이 중요하다.

해설
채취시료는 토질시험을 하기 위해 건조시키지 않고 자연상태 그대로 보관해야 한다.

관련이론
보링(Boring)
- 지중에 보통 10cm 정도의 구멍을 뚫어 토사를 채취하는 방법이다.
- 지중의 토질분포, 토층의 구성. 토질주상도를 개략적으로 파악할 수 있다.

정답 | ②

06
14년 1회, 12년 4회

사운딩은 로드 선단에 붙인 저항체를 지중에 넣고 관입, 회전, 인발 등에 의해 토층의 성상을 탐사하는 시험법인데 이러한 사운딩에 속하지 않는 시험은?

① 표준관입시험
② 콘 관입시험
③ 베인전단시험
④ 말뚝재하시험

해설
사운딩에는 표준관입시험, 베인시험, 콘 관입시험이 해당된다. 말뚝재하시험은 지내력시험에 해당된다.

정답 | ④

07
16년 2회

표준관입시험에서 상대밀도의 정도가 중간(Medium)에 해당될 때의 사질지반의 N값으로 옳은 것은?

① 0~4
② 4~10
③ 10~30
④ 30~50

해설
N값에 따른 모래의 상대밀도

N값	지반상태	N값	지반상태
0~4	매우 연약함	10~30	보통
4~10	느슨함	50 이상	단단함(다진 상태)

정답 | ③

08
19년 1회

지반조사 시 실시하는 평판재하시험에 관한 설명으로 옳지 않은 것은?

① 시험은 예정 기초면보다 높은 위치에서 실시해야 하기 때문에 일부 성토작업이 필요하다.
② 시험재하판은 실제 구조물의 기초면적에 비해 매우 작으므로 재하판 크기의 영향 즉, 스케일 이펙트(Scale Effect)를 고려한다.
③ 하중시험용 재하판은 정방형 또는 원형의 판을 사용한다.
④ 침하량을 측정하기 위해 다이얼게이지 지지대를 고정하고 좌우측에 2개의 다이얼게이지를 설치한다.

해설
평판재하시험을 할 때에는 시험은 직접기초가 놓일 위치에서 하기 때문에 성토작업을 할 필요가 없다.

정답 | ①

PART 06 토공사 및 기초공사

KEYWORD 12, 13

KEYWORD 12 토공사 ★★

1. 흙의 성질

(1) 전단강도

① 전단강도란 흙에 관한 역학적 성질로서 기초의 극한 지지력을 알 수 있다.
② 기초의 하중이 흙의 전단강도 이상이 되면 흙은 붕괴되고, 기초는 침하된다.
③ 기초의 하중이 흙의 전단강도 이하가 되면 흙은 안정되고, 기초는 지지된다.

$$\tau = C + \sigma \tan \phi$$
τ: 전단강도, C: 점착력, $\tan \phi$: 마찰계수, ϕ: 내부 마찰각, σ: 파괴면에 수직인 힘

㉠ 점토: $\tau \fallingdotseq C$ ($\because \phi = 0$)
㉡ 모래: $\tau \fallingdotseq \tan \phi$ ($\because C = 0$)

(2) 투수성

① 터파기 지반의 투수성은 그 배수 등의 공사에 영향을 주고, 기초굴삭에 있어서는 지하수의 처리가 가장 중요하다.
② 다르시의 법칙(Darcy's Law)

$$침투유량 = 수두경사(기울기) \times 단면적 \times 투수계수$$

③ 투수계수의 성질
㉠ 투수계수가 큰 것은 투수량이 크고, 모래는 점토보다 크다.
㉡ 모래의 투수계수는 평균 알지름의 제곱에 비례한다.
㉢ 투수계수가 클수록 압밀량은 작아진다.

(3) 흙의 압밀

① 압밀: 외력에 의하여 간극 내의 물이 빠져 입자의 간격이 감소하는 것이다.
② 간극수압: 지하 흙 중의 수압으로 웰포인트, 샌드드레인 공법과 관계가 깊고, 피에조미터로 측정한다.

> **참고** 압밀량의 크기
> 점토 > 모래(사질)

③ 예민비(Sensitivity Ratio): 점토에 있어서 자연시료는 어느 정도 강도가 있으나 그 함수율을 변화시키지 않고 이기면 약해지는 성질이 있는데 그 정도를 나타낸 것이다.

$$예민비 = \frac{자연시료의 강도}{이긴시료의 강도(흐트러진 상태)}$$

④ 수축한계, 소성한계, 액성한계: 흙은 함수량의 변화에 따라 성질이 변하는데 다음과 같은 상태가 있다.

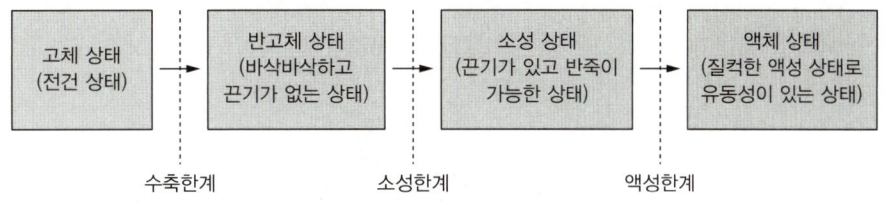

(4) 지반의 종류와 토질

① 일반적인 허용지내력 범위

지반		장기 허용지내력(kN/m²)		단기 허용지내력
경암반	화강암, 석록암, 편마암, 안산암	4,000		
연암반	편암, 판암 등의 수성암	2,000		
	혈암, 토단반 등의 암반	1,000		
	자갈	300	*600	장기 허용지내력의 2배 (법규 구조기준은 1.5배)
	자갈, 모래의 혼합물	200	*500	
	모래	100	*400	
	모래 섞인 점토 또는 Loam토	150	*300	
	점토	100	*250	

* 표는 밀실할 때의 지내력임

> **참고**
> - Loam토: 모래+실트+점토
> - 실트: 지름 0.05~0.005mm의 미세분

② 지중응력의 분포도

㉠ 기초저면과 접하는 지반에는 접지압(지내력)이 형성된다.

㉡ 설계용 접지압은 일반적으로 등분포 상태(균일한 것)로 가정하지만 토질과 기초의 강성 등에 따라 달라진다.

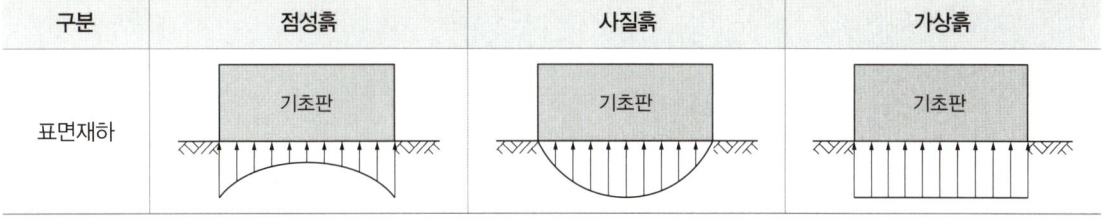

㉢ 접지압의 분포 각도는 기초면으로부터 30° 이내로 제한한다.

(5) 간극비·간극률

$$간극비 = \frac{간극(물+공기)의 용적}{순토립자 용적}$$

$$간극률 = \frac{간극의 용적}{전체 토립자(흙+물+공기)용적} \times 100(\%)$$

(6) 함수비·함수률

$$함수비 = \frac{물의 중량}{순토립자 중량} \times 100(\%)$$

$$함수률 = \frac{물의 중량}{전체 토립자(흙+물)의 중량} \times 100(\%)$$

(7) 포화도

$$포화도 = \frac{물의 용적}{전체 간극의 용적} \times 100(\%)$$

(8) 액상화 현상(Liquefaction)
① 느슨하고 포화된 가는 모래에 충격을 가하면 모래가 약간 수축한다.
② 이 때의 수축으로 정(+)의 간극수압이 발생하여 유효응력이 감소되어 전단강도가 떨어지는 현상으로 지중수 상승으로 지내력이 일시적으로 감소되는 현상이다.

(9) 모래와 점토의 특성 비교

구분	점토	모래
시험	베인테스트	표준관입시험
투수성	작다.	크다.
압밀성	크다.	작다.
압밀속도	느리다.	빠르다.
가소성	있다.	없다.
예민비	크다.	작다.

2. 지반개량공법

(1) 지반개량의 목적
① 지반의 지지력 증대
② 부동침하 방지
③ 지하굴착 시(터파기 공사) 안전성 확보
④ 기초의 보강
⑤ 말뚝의 가로 저항력 증가

(2) **지반개량 공법의 종류**

① 탈수 및 배수공법

종류	내용	
웰포인트 (Well Point) 공법	사질지반에서 행하는 대표적인 탈수공법으로 집수장치를 붙인 파이프를 지중에 박아 이것을 지상의 집수관에 연결하여 펌프로 지중의 물을 배수하는 공법	
샌드드레인 (Sand Drain) 공법	정의	점토지반에 행하는 대표적인 탈수공법으로 지름 40~60cm의 철관을 이용하여 모래말뚝을 형성한 후, 지표면에 성토하중을 가하여 점토질 지반을 압밀탈수하는 공법
	목적	연약 점토층의 수분을 탈수시켜 지반의 경화개량을 도모함
	방법	① 지름 40~60cm의 철관을 적당한 간격으로 때려 박음 ② 철관 속에 모래를 다져 넣어 모래말뚝을 형성함 ③ 지표면에 성토하중을 가하여 모래말뚝을 통해서 수분을 탈수시킴
페이퍼드레인 (Paper Drain) 공법	점토지반에서 모래 대신 합성수지로 된 Card Board를 사용하여 탈수하는 공법	
생석회말뚝공법	지반 내에 생석회(CaO)에 의한 말뚝을 설치하여 흙을 고결화시켜 지지력의 증대와 말뚝 주변의 지반 강화를 도모하는 공법	

② 다짐공법

종류	방법
진동다짐공법 (Vibro Floatation)	수평방향으로 진동하는 Vibro Float를 이용하여 사수와 진동을 동시에 일으켜 느슨한 모래지반을 개량하는 공법
Vibro Composer 공법	특수 파이프를 관입하여 모래를 투입하고 이것을 진동하여 다지면서 파이프를 빼내어 진동다짐 모래말뚝을 형성하는 공법
다짐말뚝공법	사질지반에서 모래로 지중에 말뚝을 형성하여 다지는 공법
동다짐공법	• 개량하고자 하는 지반에 중추를 크레인 또는 타워 등의 특별한 장치를 사용하여 10~40m 높이에서 낙하시켜 지표면에 충격을 줌 • 이 과정에서 발생하는 충격에너지가 지반의 심층까지 다짐효과를 주어 지반을 다져 강도를 증진시키는 공법
폭파다짐공법	지중에 화약류를 폭파시켜서 지반을 파괴하여 다지는 공법

③ 치환공법(흙을 양호한 흙으로 전체적으로 바꾸어서 지반을 개량하는 방법)

종류	방법
굴착치환공법	연약층의 일부 또는 전부를 굴착, 제거하여 양질의 흙으로 치환하는 공법
미끄럼치환공법	양질의 치환토의 성토자중에 의해 연약층 전단면을 강제적으로 밀어내어 연약지반을 양질토로 치환하는 공법
폭파치환공법	연약층 중에 폭약을 삽입하여 폭발시킴으로써 연약토를 밀어내어 양질의 성토재와 치환하는 공법

④ 고결공법(약액주입법): 고결재를 흙입자 사이의 공극에 주입시켜 흙의 화학적 고결작용을 통해, 지반의 강도 증진·압축성의 억제·투수성의 변화를 촉진시키는 공법이다.

종류	방법
동결공법	지중의 수분을 일시적으로 동결시켜 지반의 강도와 차수성을 향상하고 그 동안에 목적된 본 공사를 실시하는 일종의 가설공법
소결공법	점토질의 연약지반 중에 보링하여 구멍을 뚫고 그 속을 가열하여 그 주변의 흙을 탈수시켜 지반을 개량하는 고결공법의 일종
약액주입공법	지반 내에 시멘트, 약액 등을 주입하여 연약지반을 고결시켜 지내력을 증진시키는 공법
J.S.P 공법 (Jumbo Special Pile)	초고압(200kg/cm²)의 제트를 이용하여 연약지반의 내력을 증가시키는 지반고결재(시멘트 주입재)의 주입공법으로 Double Rod 선단에 Jetting 노즐을 장착하여 시멘트 주입재를 분사하면서 회전하게 하여 지반을 강화하는 공법

⑤ 재하(압밀)공법: 점토질에 적용하고, 선행재하공법, 사면선단재하공법, 암성토공법이 있다.

3. 흙파기 공법의 종류

(1) 오픈 컷(Open Cut) 공법
① 비탈진 오픈 컷 공법: 굴착단면을 토질의 안정구배인 사면(斜面)이 유지되도록 하며 파내는 방법
② 흙막이 오픈 컷 공법: 널말뚝을 건물의 주위에 박고 지보(支保)하여 소정의 깊이까지 파내고 기초를 구축하는 방법

(2) 아일랜드 컷(Island Cut) 공법
① 개념: 중앙부를 먼저 굴토하여 기초 또는 지하 구조물을 형성하고 이 구조물에다 버팀대를 지지시킨 다음에 주변을 굴착하는 공법으로 비교적 기초 흙파기의 깊이가 얕고 면적이 넓은 경우에 사용한다.
② 장점 및 단점

장점	• 대지 전체에 건축물을 구축할 수 있음 • 가설재가 적어도 됨(30~50% 절감 가능) • 광대한 공사에서는 가설재의 변형이 적고, 내부 굴착 시 기계화 시공이 가능함
단점	• 깊은 굴착에 적합하지 못하고, 지하공사를 2회 실시하므로 공기가 길어짐 • 외부 토압을 비탈면 부분이 지지하므로 비탈면의 건조수축으로 말뚝 두부의 변형이 커질 수 있음

(3) 트렌치 컷(Trench Cut) 공법
① 아일랜드 공법의 역순으로 구조물 위치 전체를 동시에 파내지 않고 측벽이나 주열선 부분만을 먼저 파내고 그 부분의 기초와 지하구조체를 축조한 다음 중앙부의 나머지 부분을 파내어 지하구조물을 완성하는 공법이다.
② 장점 및 단점

장점	• 연약지반으로 일시에 전체적인 굴삭이 어려울 때 유리함 • 면적이 넓고 깊이가 얕을 때 유리함 • 버팀대의 처짐, 변형이 작음
단점	• 2중 널말뚝 박기로 공기가 길어짐 • 공사비가 증대함 • 깊은 기초에 부적당함

(4) 역타(Top-down) 공법

① 역타(Top-Down) 공법이란 지하연속벽(Slurry Wall, Diaphragm Wall)에 의해 지하층 외부옹벽과 지하층 기둥을 토공에 앞서 선시공하며, 토공단계별로 토공작업과 Slab 등 구조물 시공을 반복하면서 위에서 아래로 지하층을 완성해 나가는 공법이다.

② 도심지 내 공사 여건이 연약한 부분에서 지하층 시공 시와 오픈 컷(Open Cut) 공법, 지보공(Srtut) 공법, 어스 앵커(Earth Anchor) 공법 등의 적용이 어려운 장소에서 사용한다.

③ 인접 건물 및 도로 침하를 방지 및 억제하는 가장 완전한 지하 터파기 공법이다.(흙막이 안전성이 높음)

④ 방축널로서 강성이 높게 되므로 주변지반에 대한 영향력이 적다.

⑤ 장점 및 단점

장점	• 소음과 진동이 적어 도심지 공사에 적합함 • 상하 방향으로 동시에 공사를 진행할 수 있어 공기가 단축됨 • 주변지반 및 인접 건물에 미치는 영향이 적음 • 안전시공이 가능함 • 기상조건에 관계 없이 작업이 가능함 • 가설공사가 불필요함
단점	• 기둥, 벽 등 수직부재 이음이 곤란함 • 굴착장비의 소형화가 필요함 • 사전 공사계획이 치밀해야 함 • 지하작업을 하기 때문에 조명, 환기설비, 화재 예방대책이 필요함 • 공사비가 상승할 수 있음

4. 흙막이 공법

(1) 흙막이의 종류

(2) 널말뚝의 종류 및 흙막이의 특징

① 널말뚝의 재질상 종류

  ㉠ 목재 널말뚝

  ㉡ 기성 철근콘크리트 널말뚝

ⓒ 철재 널말뚝(Steel Sheet Pile): 용수가 많고, 토압이 크며, 기초가 깊을 때 사용하고 다음 종류가 있다.

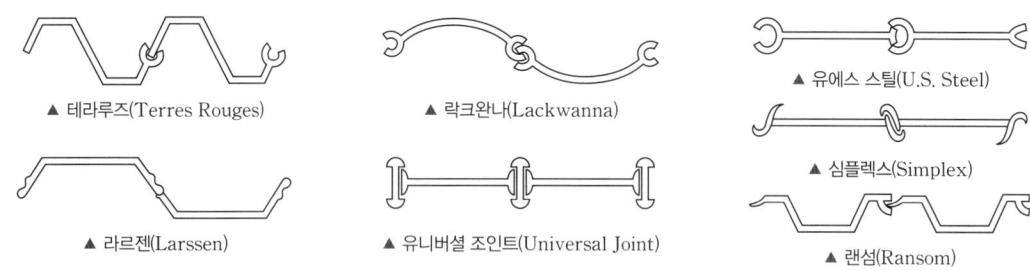

② 널말뚝 시공상의 주의사항
  ㉠ 수직으로 똑바로 박는다.
  ㉡ 널말뚝에 적당한 항타기를 사용하여 한 장 또는 두 장씩 박는다.
  ㉢ 널말뚝의 끝 부분은 바닥면에서 깊이 박히도록 하고, 웰포인트공법 등에 의해 지하수위를 낮춘다.
  ㉣ 널말뚝의 끝 부분에서 용수에 의한 유출 발생 시 흙가마니 등으로 이를 방지한다.
  ㉤ 널말뚝의 인발기계는 세우기용의 기계를 사용한다.
③ 흙막이에 작용하는 토압

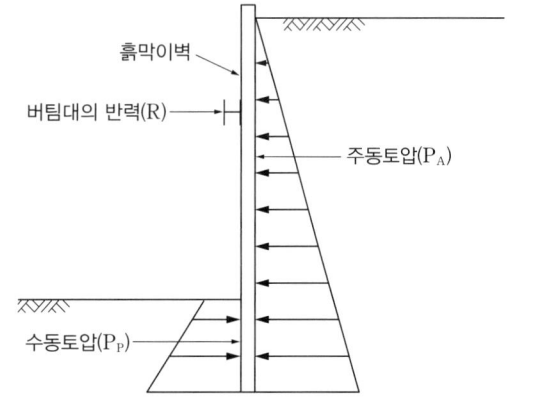

- $P_A < P_p + R$일 때 안전
- $P_A = P_p + R$일 때 정지토압
- $P_A > P_p + R$일 때 붕괴

㉠ 주동토압(P_A): 흙막이 배면에 작용하는 토압
㉡ 수동토압(P_p)
  • 벽체 안쪽으로 변위가 생길 때의 모양으로 이 때는 면을 따라 흙이 부풀어 오르고 활동면의 경사는 완만하다.
  • 옹벽이 변위될 때 연직방향의 팽창이 생기므로 수평응력이 최대주응력이다.
㉢ 정지토압: 흙막이 벽체가 정지하고 있을 때 토압

④ 흙막이의 붕괴 현상

종류	내용
히빙 현상 (Heaving Failure)	점토지반에서 흙막이 공사 시 지표재하 하중의 중량에 못 견디어 흙막이 저면 흙이 붕괴되어 바깥의 흙이 안으로 밀려 볼록하게 파괴되는 현상
보일링 현상 (Boilling of Sand, Quick Sand)	모래질 지반에서 흙막이벽을 설치하고 기초파기 할 때의 흙막이벽 뒷면 수위가 높아서 지하수가 흙막이벽을 돌아서 지하수가 모래와 같이 솟아오르는 현상
파이핑 현상 (Piping)	흙막이벽의 부실공사로서 흙막이벽의 뚫린 구멍 또는 이음새를 통하여 물이 공사장 내부의 바닥으로 스며드는 현상

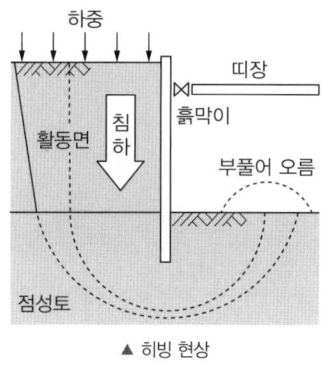
▲ 히빙 현상

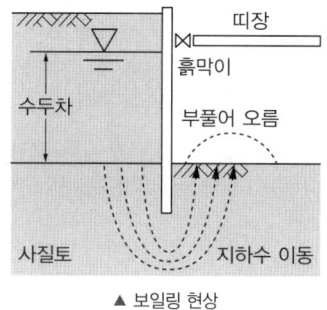
▲ 보일링 현상

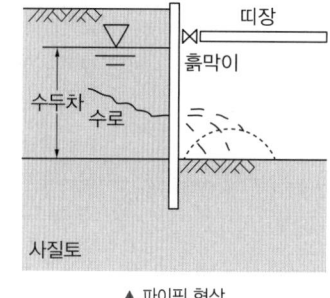
▲ 파이핑 현상

⑤ 흙막이 붕괴 현상에 대한 방지대책

현상	방지대책
히빙 현상	• 지반을 개량함 • 흙막이의 근입장을 경질지반까지 박음 • 강성이 큰 흙막이를 사용함 • 약액주입공법, 동결공법 등으로 굴착저면을 고결시킴 • 이중 흙막이를 설치함
보일링 현상	• 배수공법(웰포인트) 등을 이용하여 지하수위를 저하시킴 • 흙막이의 근입장을 경질지반까지 박음 • 약액주입공법에 의해 차수벽, 차수층을 형성함 • 강성이 큰 흙막이를 사용함
파이핑 현상	• 차수성이 높은 흙막이 공법 시공 • 흙막이벽을 밀실하게 시공 • 지하수위 저하 • 지반 고결

⑥ 흙막이 공사 시 주의사항
  ㉠ 재료의 허용응력도는 장기허용응력도와 단기허용응력도의 평균값으로 한다.
  ㉡ 건축공사에 지장이 없도록 설치하며, 가급적 바꾸어 대기를 금한다.
  ㉢ 버팀보의 격점, 접합부에는 버팀대, 가새, 귀잡이 등으로 보강한다.
  ㉣ 받침기둥, 수평버팀대 등이 떠오르지 않게 하중 또는 인장재를 설치하고 수평 버팀대는 중앙부가 약간 처지게 설치한다.(경사 1/100~1/200 정도)
  ㉤ 지보공의 철거는 되메우기 완료 후 안전을 확인한 후에 철거하며, 제거한 다음 구멍은 모래 등으로 잘 메운다.
  ㉥ 띠장의 이음은 1/4 지점에서 한다.

(3) 흙막이 공법의 종류
① 줄기초 흙막이: 깊이 1.5m, 너비 1m 정도 팔 때 옆벽이 무너질 것을 고려하여 널판, 띠장, 버팀대를 사용한 것이다.
② 어미 말뚝식(H형강) 흙막이: 어미 말뚝을 박고 그 사이에 토류판을 설치하는 공법이다.
③ 연결재 또는 당겨매기식 흙막이: 흙막이 말뚝과 널말뚝 상부에 연결재 또는 로프로 끌어 당겨 매는 공법이다.

④ 버팀대식 흙막이

빗버팀대식	• 널말뚝을 박는 부분의 줄파기를 하고 규준띠장을 댐 • 규준띠장 사이에 널말뚝을 박고 띠장 부분까지 온통파기를 한 다음 중앙부를 파냄 • 버팀 말뚝 및 버팀대를 대고 주변부의 흙을 파냄
수평버팀대식	• 빗버팀대와 같이 중앙부의 흙을 파내고 중간 지주말뚝을 박음 • 띠장, 버팀대를 견고히 댄 다음 휴식각에 따라 남겨둔 흙을 파냄 ※ 버팀대의 위치: H/3(H는 기초파기 밑바닥에서 그 깊이), 띠장의 이음위치: 1/4

⑤ 어스앵커(Earth Anchor) 공법

개념	• 버팀대 대신 흙막이벽 배면을 원통형으로 굴착하여 앵커체에 의해 벽을 지탱하는 공법임 • 버팀대가 없으므로 굴착공간을 넓게 확보할 수 있어 대형 기계를 반입할 수 있고, 공기가 단축됨
시공순서	어미말뚝(엄지말뚝: H형강)설치 → 흙파기 → 토류판(흙막이 벽판) → 어스앵커 드릴로 구멍 천공 → P.C케이블 삽입 후 그라우팅 → 띠장설치 → 앵커 긴장 및 정착
장점	• 넓은 작업공간 확보가 가능 • 굴착 시 기계화 시공 가능 • 경사면과 부정형인 굴착평면에 시공이 용이함 • 공기가 단축됨
단점	• 주변대지 사용에 대한 인접지의 동의가 필요함 • 앵커체 부위의 토질이 불확실한 경우는 위험하고 지하 매설물에 주의해야 함

⑥ 지하연속벽(Slurry Wall)공법

개념	• 벤토나이트 안정액을 사용하여 지반을 굴착하고 철근망을 삽입한 후 콘크리트를 타설하여 지중에 시공된 철근콘크리트 연속벽체를 만드는 것임 • 안정액(Slurry)은 액성한계 이상의 수분을 함유한 흙을 대상으로 공벽을 굴착할 경우 공벽의 붕괴방지를 위해 사용하는 현탁액으로 벤토나이트(Bentonite)를 사용함
장점	• 소음과 진동이 낮음 • 벽체의 강성이 높으며 차수성이 높음 • 주변 지반에 대한 영향이 적음 • 구조물 본체로 사용이 가능하고 단면 형상을 자유롭게 선택할 수 있음
단점	• 공사비가 고가이며 고도의 기술과 경험이 필요함 • 벤토나이트의 이수처리가 곤란함 • 품질관리가 어려움 • 수직부재 및 수평부재의 이음부 시공이 곤란함
안내벽 (Guide Wall) 설치목적	• 표토층의 붕괴를 방지하고 안정액을 순환시킴 • 규준대의 역할(지중벽 두께, 위치, 수평정밀도)의 역할을 함 • 콘크리트를 정확하게 타설하게 함
안정액의 기능	• 굴착벽면의 붕괴를 막음 • 안정액 속의 슬라임 부유물을 배제함 • 굴착토를 지상으로 방출하고 물의 유입을 방지함 • 굴착 부분의 마찰저항을 감소함

5. 토공 및 계측장비

(1) 토공사용 기계

구분	종류	특성
굴착용	파워셔블	지반면보다 높은 곳의 땅파기에 적합하며 굴착력이 큼
	드래그셔블(백호)	지반보다 낮은 곳에 적당하며 굴착력이 크고 범위가 좁음
	드래그라인	• 기계를 설치한 지반보다 낮은 곳 또는 수중 굴착에 적당함 • 굴착력은 약하나 작업범위가 광범위함
	클램쉘	좁은 곳의 수직굴착, 자갈 적재에 적합함
	트랜처	도랑파기, 줄기초 파기에 적합함
정지용	불도저	운반거리 50~60m(최대 100m)의 배토 작업용 장비
	앵글도저	배토판을 좌우로 30° 회전하며 산허리를 깎는 데 유리함
	캐리올 스크레이퍼	흙을 긁어모아 적재하여 운반하며 100~150m의 중거리 정지공사에 적합함
	그레이더	땅고르기 기계로 정지공사 마감이나 도로의 노면을 정리하는 데 적합함
싣기용	크롤러로더	굴착력이 강하며, 불도저 대용으로도 쓸 수 있음
	포크리프트	창고에서 하역작업이나 목재 싣기에 사용됨
운반용	컨베이어	벨트식과 버켓식이 있고 이동식이 많이 사용됨

(2) 계측기

구분	종류
응력(Stress) 계측기기	• Earth Pressure Meter(유압식 토압계) • Lever and Staff(지표면 침하 측정기구)
변위(Strain) 계측기기	• Piezometer(간극수압계) • Water Level Meter(지하수위계) • Strain Gauge(변형계측기) • Transit(수평이동 측정) • Inclinometer(경사계) • Load Cell(토압변위 측정)

(3) 다짐용 기계

① 지반밀도를 증대시키고 흡수성을 적게 하기 위해 사용하는 것이다.
② 롤러(Roller), 램머(Rammer), 컴팩터(Compactor) 등이 해당된다.

KEYWORD 13 기초공사 ★

1. 부동침하에 대한 대책

(1) 부동침하의 원인
① 지반이 연약한 경우
② 연약층의 두께가 상이한 경우
③ 건물이 이질 지층에 걸쳐 있을 경우
④ 건물이 낭떠러지에 접근되어 있을 경우
⑤ 부주의한 일부 증축을 하였을 경우
⑥ 지하수위가 변경되었을 경우
⑦ 지하에 매설물이나 구멍이 있을 경우
⑧ 지반이 메운 땅일 경우
⑨ 이질 지정을 하였을 경우

(2) 부동침하 방지대책

상부 구조에 대한 대책	하부 구조에 대한 대책
• 건물의 중량 분배를 고려함 • 건물의 평면길이를 작게 할 것 • 인접 건물과의 거리를 멀게 할 것 • 건물의 강성을 높일 것 • 건물을 경량화할 것	• 경질지반에 지지시킬 것 • 마찰말뚝을 사용할 것 • 지하실을 사용할 것 • 기초 상호 간을 연결할 것

(3) 언더피닝(Under Pinning) 공법
① 정의: 기존 건축물 가까이 신축공사를 하고자 할 때 기존건물의 지반과 기초를 보강하는 공법이다.
② 적용대상
  ㉠ 기존 건축물의 지지력 부족
  ㉡ 건축물이 침하하여 복원하는 경우
  ㉢ 건물을 이동할 경우
  ㉣ 기존 구조물 밑에 지중 구조물을 설치할 경우
③ 종류
  ㉠ 이중널말뚝 공법
  ㉡ 차단벽 공법
  ㉢ 피트(Pit), 웰(Well)공법
  ㉣ 현장타설 콘크리트 말뚝공법
  ㉤ 강제 말뚝 공법
  ㉥ 지반 안정공법 사용

2. 기초의 종류

(1) 기초판의 형식에 따른 종류
① 독립기초: 단일 기둥을 받치는 구조이다.
② 복합기초: 2개 이상의 기둥을 1개의 기초판으로 받치는 구조이다.
③ 연속기초(줄기초): 벽 또는 1열의 기둥을 받치는 기초이다.
④ 온통기초(매트기초): 건물의 하부 전부에 걸쳐 받치는 기초이다.

(2) 지정형식에 의한 분류
① 직접기초(얕은기초): 기초판으로 직접 지반에 전달하는 기초이다.
② 말뚝기초: 기초판을 말뚝 위에 설치한 기초이다.
③ 피어기초: 피어(Pier)를 지반에 설치하고 위에 기초판을 설치한 기초이다.
④ 잠함기초: 피어의 일종이나 피어보다 대형 굴착을 한다.

3. 말뚝 지정

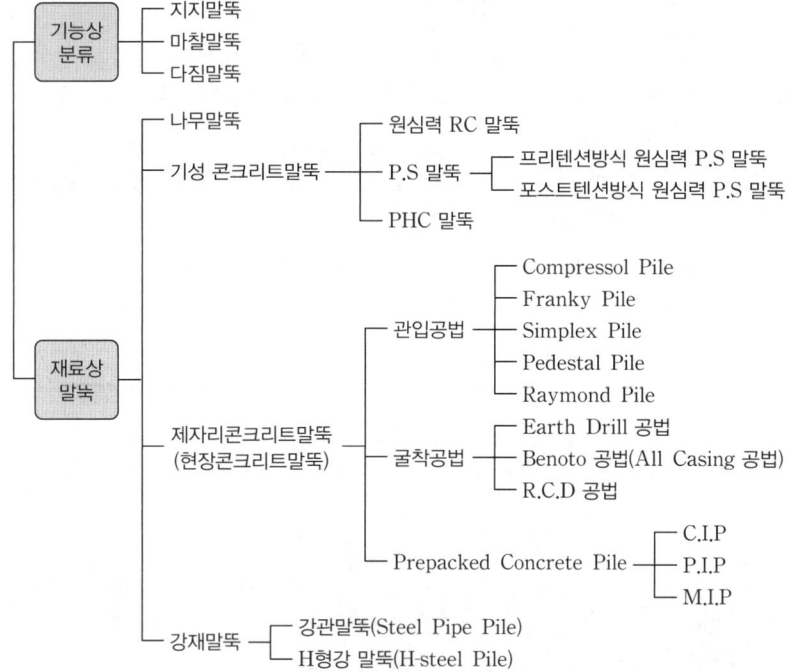

(1) **말뚝의 분류 (기능상)**

① 지지말뚝: 연약지반을 관통시켜 굳은 층에 도달시켜 선단의 지지력에 의하는 말뚝이다.

② 마찰말뚝: 연약층이 깊어 굳은 층에 지지할 수 없을 때 말뚝과 지반의 마찰력에 의하는 말뚝이다.

③ 다짐말뚝: 말뚝을 무리지어 박음으로써 무른 지반을 밀실하게 다지는 것으로, 느슨한 사질지반에 사용한다.

(2) **말뚝박기 공법**

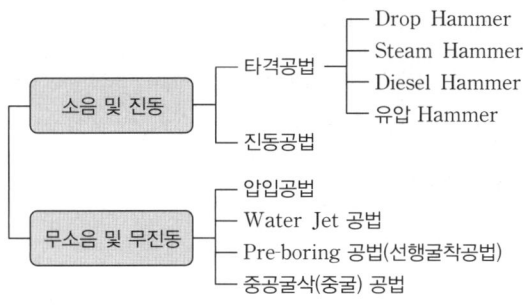

① 소음 및 진동(기존공법)의 종류

종류		내용
타격공법	Drop Hammer(떨공이)	지름 45mm 정도의 쇠막대 또는 철관을 심대(Rod)로 쓰고, 공이는 소요중량 300~600kg의 것을 사용하며, 윈치로 로프를 당겨 공이를 끌어올려 자유낙하로 말뚝을 타설함
	Steam Hammer	증기압을 이용해서 타입하는 기계로 기체가 완전히 말뚝머리에 올려져 있어 말뚝머리 파손이 적음
	Diesel Hammer	• 비교적 좁은 장소에서도 작업할 수 있으며 타입정도가 높음 • 최근 가장 널리 쓰이는 기계로 타격에너지가 큼
	유압 Hammer	• 유압을 이용하여 램을 상승·낙하시켜 타격에너지를 얻음 • 램 낙하고 조절이 가능하고, 저소음 공법으로 기름·연기의 비산이 없음
진동공법		상하로 작동하는 진동기를 이용하여 박는 공법

② 무소음, 무진동공법

종류	내용
프리보링(Preboring) 공법	미리 구멍을 뚫고 굴착한 후에 말뚝을 타입하는 공법
사수(Water Jet) 공법	말뚝선단에서 고압의 물을 분사하여 타입하는 공법
압입(壓入) 공법	잭(Jack)으로 말뚝머리에 큰 하중을 가하여 박는 공법
중공굴삭(중굴) 공법	말뚝의 중공부(中空部)에 오거를 삽입하여 매설하는 공법

(3) **말뚝 이음방법**

구분	내용
충전식 이음	이음 부위에 콘크리트를 충전하여 연결하는 방식
볼트식 이음	특수 커플러(Coupler)를 사용해서 볼트를 채우는 방식
용접식 이음	말뚝 상호 간의 철근을 용접하여 연결하는 방식
장부식 이음	이음부에 Band를 채워서 연결하는 방식

(4) 제자리 콘크리트 말뚝의 종류와 특징

① 관입공법

종류	정의
컴프레솔 파일 (Compressol Pile)	끝이 뾰족한 추로 천공하고, 끝이 둥근 추로 콘크리트를 다져 넣은 다음 평면진 추로 다지는 공법 [3개의 추]
심플렉스 파일 (Simplex Pile)	굳은 지반에 외관을 쳐박고 콘크리트를 추로 다져 넣으며 외관을 빼내는 공법 [외관(철제 쇠심)+추]
레이몬드 파일 (Raymond Pile)	얇은 철판의 외관에 심대를 넣어 쳐박은 후 심대를 빼내고 콘크리트를 다져 넣는 공법 [얇은 철판제의 외관+심대, 유곽]
페데스탈 파일 (Pedestal Pile)	심플렉스 파일을 개량한 것으로 지내력을 증진하기 위하여 말뚝선단에 구근(球根)을 형성하는 공법 [외관+내관, 구근 형성]
프랭키 파일 (Franky Pile)	외관을 추로 내리쳐서 소정의 깊이에 도달하면 내부의 마개와 추를 빼내고 콘크리트를 넣어 추로 다져 외관을 들어 올리면서 선단 구근말뚝을 형성하는 공법 [외관(주철제 원추형의 마개)+추, 합성말뚝]

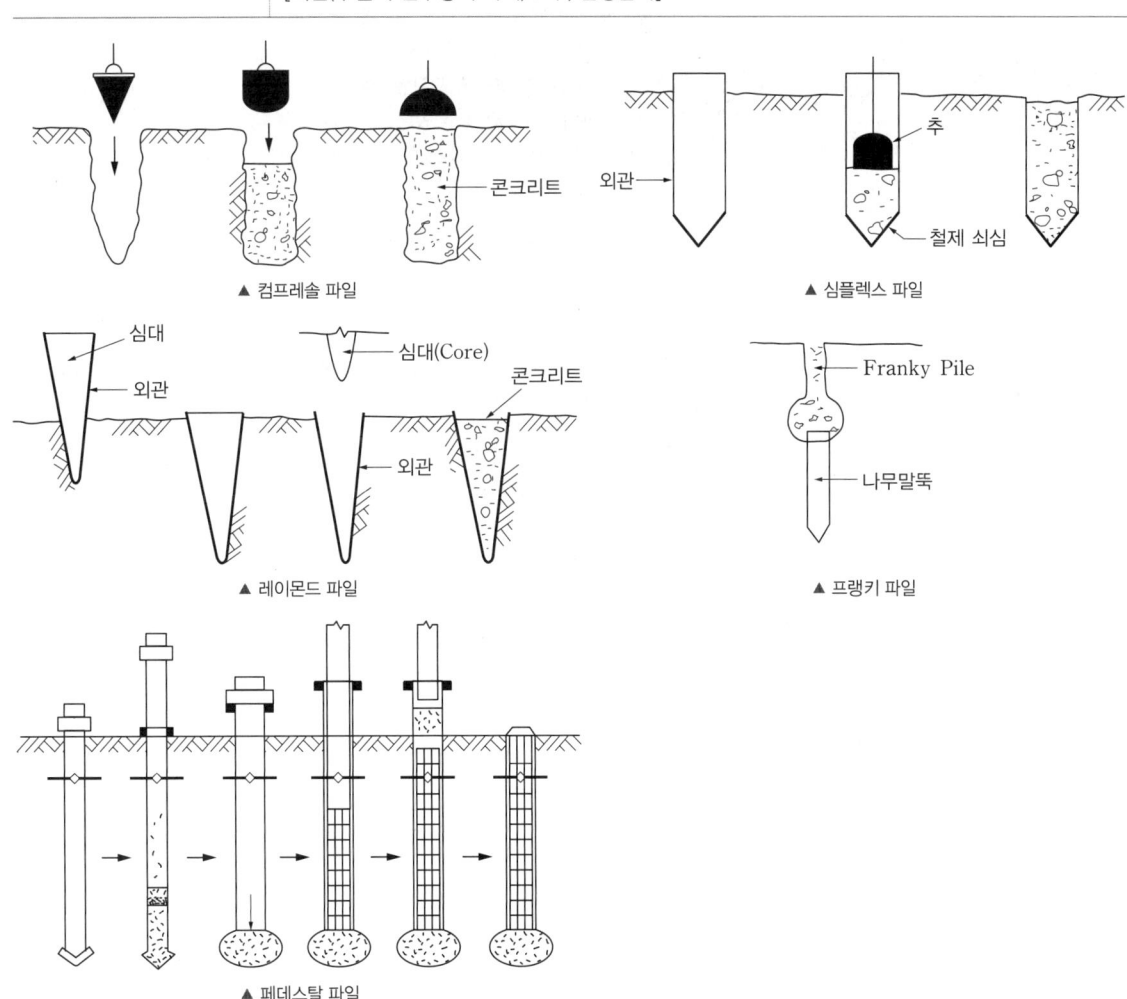

▲ 컴프레솔 파일 ▲ 심플렉스 파일

▲ 레이몬드 파일 ▲ 프랭키 파일

▲ 페데스탈 파일

② 굴착 공법

종류		내용
어스드릴 (Earth Drill) 공법	개념	대구경 보링기기에 의한 현장타설콘크리트 말뚝을 시공하는 공법
	장점	• 점성토에 가장 적합한 기초파기 공법임 • 무소음, 무진동 굴삭이 가능함 • 설비가 간단하고 기동성이 높으며 굴착속도가 빨라 공기를 절감할 수 있음 • 기계의 가격이 싸고 작업원 2명 정도로 시공할 수 있으므로 공사비가 절감됨
	단점	• 붕괴하기 쉬운 모래지반 등에는 적합하지 않음 • 케리바(Carry Bar)의 길이에 한도가 있고 긴 말뚝에는 적합하지 않음 • 안정액을 사용함으로 발수처리가 곤란함
베노토 (Benoto) 공법	개념	• 직경 1~1.2m의 지반 천공기를 써서 케이싱을 삽입하여 피어 기초를 만드는 공법 • 전체 케이싱(All Casing)에 의한 현장타설 콘크리트 말뚝기초 시공에 쓰이며, 강제 Casing Tube를 요동압입시키면서 해머그랩 굴삭기에 의해 굴착 후 Concrete를 부어 넣음
	장점	• 말뚝기초와 우물통 기초의 중간적 기초 시공에 적합함 • 어떤 지반에서도 시공이 가능하고 최대심도 120m까지 기초시공이 됨 • 무소음, 무진동, 무침하로 저렴하게 시공 할 수 있음 • 경사시공에 의해 지면을 확대시킬 수 있음 • 연속 항타로 베노토 옹벽이 시공 됨
	단점	• 기계가 대형으로 공사비가 고가임 • 케이싱을 뽑아 올릴 때 철근이 따라 올라갈 염려가 있음 • Tube의 유압계통 보수관리에 유의해야 함 • 주위의 환경에 제약을 받고, 기계가 부족하면 시공기간이 길어짐
리버스 서큘레이션 (Reverse Circulation)	개념	역순환공법으로 지하수위보다 2m 이상 높게 물을 채워 공벽붕괴를 방지하는 것으로 탑다운 공법에서 기둥을 타설할 때 사용함
	장점	• Bit의 교환에 의해 임의의 직경으로 시공이 가능함 • Casing을 필요로 하지 않으므로 대구경에 적합함 • 무진동, 무소음 공법임 • Rotary Table 장치와 Suction Pump, 유압펌프 등의 장치를 따로 분리할 수 있어서 좁은 장소나 수상시공이 가능함 • Carry Bar와 Drill Rod를 짧게 할 수 있어서 높이에 제한받는 장소에서도 가능함
	단점	• 다량의 물을 사용하므로 수원이 필요함 • 침전조를 필요로 하므로 공간이 필요함 • Casing이 없으므로 토질, 입지조건에 따라 붕괴의 위험이 있고 인접 구조물에 영향 줄 위험이 있음 • 굴삭에 숙련이 필요함

③ 프리팩트(Pre-Packed) 공법

구분	내용
CIP 말뚝 (Cast-In-Place Pile)	오거로 구멍을 굴착한 후 자갈을 채워 넣고 미리 배치한 주입관을 통해 모르타르를 주입하는 공법
PIP 말뚝 (Packed-In-Place Pile)	오거로 소정의 깊이까지 굴착한 다음 흙과 오거를 동시에 끌어 올리면서 오거 선단을 통해 모르타르, 잔자갈 콘크리트를 주입하는 공법
MIP 말뚝 (Mixed-In-Place Pile)	파이프 회전용의 선단에 커터(Cutter)로 흙을 뒤섞으며 지중으로 파고 들어간 다음 파이프 선단에서 모르타르를 분출시켜 흙과 모르타르를 혼합하여 소일 콘크리트(Soil Concrete) 말뚝을 형성하는 공법

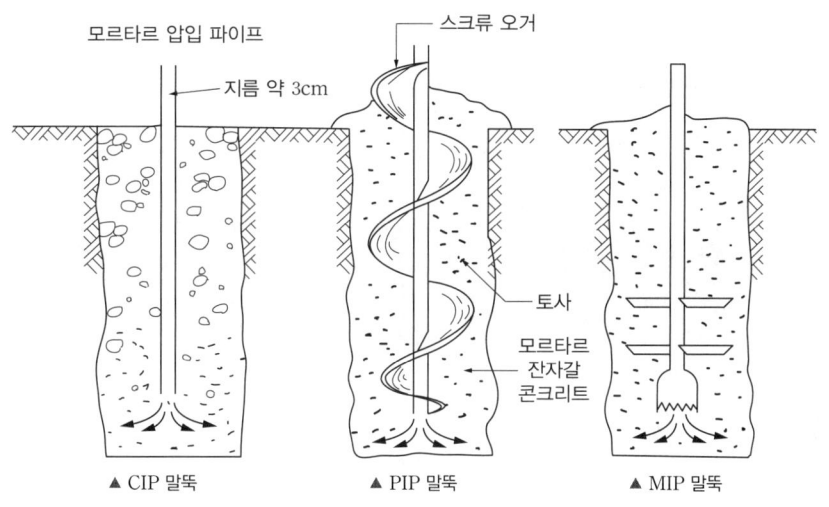

▲ CIP 말뚝　▲ PIP 말뚝　▲ MIP 말뚝

(5) **깊은 기초**

① 우물통식 기초(Well Foundation)
　㉠ 현장에서 지름 1~1.5m 우물통을 지상에서 만들고 속을 파내어 침하시키는 것이다.
　㉡ 기성재 철근콘크리트판을 이어 내려가면서 침하시키며 또는 지상에서 미리 전체 깊이의 우물통을 설치하고 침하시키는 방법이다.

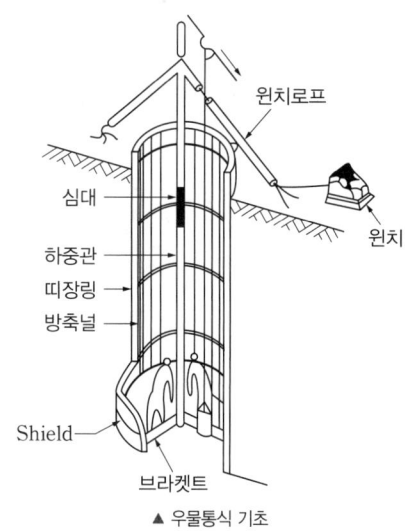

▲ 우물통식 기초

② 잠함기초(Caisson Foundation)
　㉠ 개방잠함(Open Caisson): 지하구조를 지상에서 구축하여 그 밑을 파내어 구조체를 침하시키는 것이다.

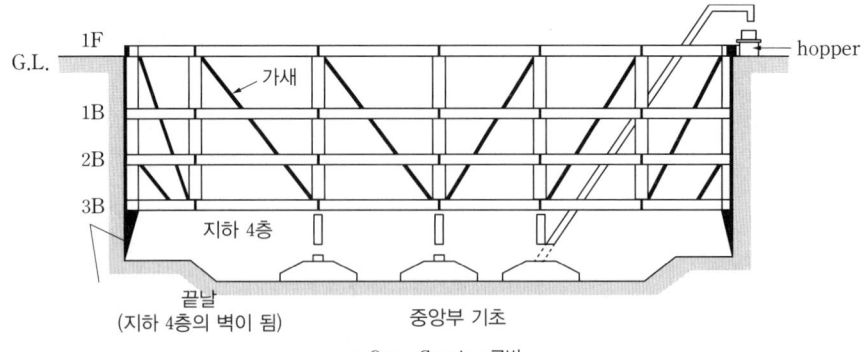
▲ Open Cassion 공법

　㉡ 용기잠함(Pneumatic Caisson): 용수량이 많고 깊은 기초를 구축할 때 쓰이는 공법으로 압축공기의 압력을 이용하는 공법이다.

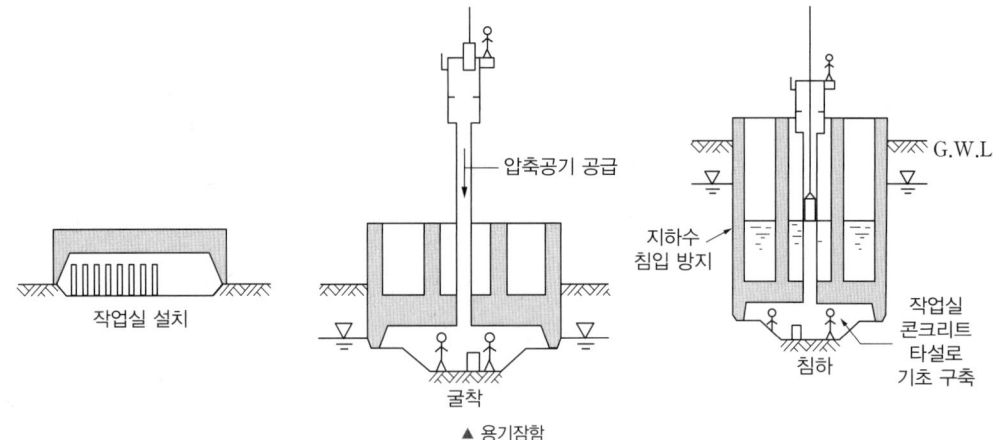
▲ 용기잠함

핵심 기출문제

PART 06 토공사 및 기초공사

KEYWORD 12 토공사

01
20년 1·2회, 18년 4회, 15년 4회, 14년 1회

웰포인트 공법에 관한 설명으로 옳지 않은 것은?

① 흙파기 밑면의 토질 약화를 예방한다.
② 진공펌프를 사용하여 토중의 지하수를 강제적으로 집수한다.
③ 지하수 저하에 따른 인접지반과 공동매설물 침하에 주의가 필요하다.
④ 사질지반보다 점토층 지반에서 효과적이다.

해설 |
웰포인트 공법은 펌프를 이용하여 지중의 물을 배수하는 공법으로 사질지반에서 효과적이다.

정답 | ④

02
20년 1·2회

지표 재하 하중으로 흙막이 저면 흙이 붕괴되고 바깥에 있는 흙이 안으로 밀려 볼록하게 되어 파괴되는 현상은?

① 히빙(Heaving) 파괴
② 보일링(Boiling) 파괴
③ 수동토압(Passive Earth Pressure) 파괴
④ 전단(Shearing) 파괴

해설 |
히빙 파괴란 점토지반에서 흙막이 공사 시 지표 재하 하중의 중량에 못 견디어 흙막이 저면 흙이 붕괴되어 바깥의 흙이 안으로 밀려 볼록하게 파괴되는 현상이다.

정답 | ①

03
19년 1회, 15년 1회, 13년 1회

사질지반 굴착 시 벽체 배면의 토사가 흙막이 틈새 또는 구멍으로 누수가 되어 흙막이벽 배면에 공극이 발생하여 물의 흐름이 점차로 커져 결국에는 주변 지반을 함몰시키는 현상은?

① 보일링 현상
② 히빙 현상
③ 액상화 현상
④ 파이핑 현상

해설 |
파이핑 현상은 흙막이벽의 뚫린 구멍 또는 이음새를 통하여 물이 공사장 내부바닥으로 스며드는 것으로 점차 물의 흐름이 커져 주변 지반을 함몰시킨다.

정답 | ④

04
20년 4회, 15년 1회

어스앵커 공법에 관한 설명으로 옳지 않은 것은?

① 버팀대가 없어 굴착공간을 넓게 활용할 수 있다.
② 인접한 구조물의 기초나 매설물이 있는 경우 효과가 크다.
③ 대형 기계의 반입이 용이하다.
④ 시공 후 검사가 어렵다.

해설 |
어스앵커 공법은 인접한 구조물의 기초나 매설물이 있는 경우 적용하기 어렵다.

선지분석
① 어스앵커 공법은 버팀대 대신 앵커체로 벽을 지지한다.
③ 어스앵커 공법은 버팀대가 없으므로 대형 기계를 반입하기 용이하다.
④ 어스앵커 공법은 한 번 시공하면 검사하기가 어렵다.

정답 | ②

05

17년 1회

지하연속벽(Slurry Wall)에 관한 설명으로 옳지 않은 것은?

① 차수성이 우수하다.
② 비교적 지반조건에 좌우되지 않는다.
③ 소음·진동이 적고, 벽체의 강성이 높다.
④ 공사비가 타 공법에 비하여 저렴하고 공기가 단축된다.

해설 |
지하연속벽(Slurry Wall) 공법은 공사비가 고가이며 일반적으로 공기가 길다.

관련이론
지하연속벽(Slurry Wall) 공법
벤토나이트 안정액을 사용하여 지반을 굴착하고 철근망을 삽입한 후 콘크리트를 타설하여 지중에 시공된 철근콘크리트 연속벽체를 만드는 공법이다.

정답 | ④

06

20년 3회

토공사에 쓰이는 굴착용 기계 중 기계가 서 있는 지반면보다 위에 있는 흙의 굴착에 적합한 장비는?

① 파워 쇼벨(Power Shovel)
② 드래그 라인(Drag Line)
③ 드래그 쇼벨(Drag Shovel)
④ 클램셸(Clamshell)

해설 |
파워 쇼벨은 지면면보다 높은 곳의 땅파기에 적합하고 굴착력이 크다.

선지분석
② 드래그 라인은 지반보다 낮은 곳 또는 수중굴착에 적합하다.
③ 드래그 쇼벨은 지반보다 낮은 곳의 굴착에 적합하다.
④ 클램셸은 좁은 곳의 수직굴착에 적합하다.

정답 | ①

KEYWORD 13 기초공사

07

19년 2회

타격에 의한 말뚝박기공법을 대체하는 저소음, 저진동의 말뚝공법에 해당되지 않는 것은?

① 압입 공법
② 사수(Water Jetting) 공법
③ 프리보링 공법
④ 바이브로 콤포저 공법

해설 |
저소음, 저진동 말뚝공법에는 압입 공법, 사수(Water Jetting) 공법, 프리보링 공법 등이 있다.
바이브로 콤포저 공법은 사질지반 개량공법이다.

정답 | ④

08

17년 4회

굴착구멍 내 지하수위보다 2m 이상 높게 물을 채워 굴착함으로써 굴착 벽면에 $2t/m^2$ 이상의 정수압에 의해 벽면의 붕괴를 방지하면서 현장타설 콘크리트 말뚝을 형성하는 공법은?

① 베노토 파일
② 프랭키 파일
③ 리버스 서큘레이션 파일
④ 프리팩트 파일

해설 |
리버스 서큘레이션 파일공법은 지하수위보다 2m 이상 높게 물을 채워 공벽의 붕괴를 방지하는 공법이다.

선지분석
① 베노토 파일은 케이싱 내에 굴착장비로 구멍을 파는 안정된 공법이나 공사비가 비싸다.
② 프랭키 파일은 외관을 관입한 후 내부의 마개와 추를 넣고 추로 다져 구근을 만들면서 외관만을 빼내어 말뚝을 형성하는 것이다.
④ 프리팩트 파일은 구멍을 굴착하여 콘크리트 말뚝을 형성하는 공법이다.

정답 | ③

PART 07 철근콘크리트공사

KEYWORD 14, 15, 16

KEYWORD 14　철근공사 ★

1. 재료의 종류
① 원형철근
② 이형철근: 원형철근보다 부착력이 40% 이상 증가된다.
③ 피아노선: P.S콘크리트에 사용되며, 강도는 철근에 비해 5배 정도이다.

2. 이음

(1) 이음의 종류
① 간접이음: 겹침이음(Lap Splice: 모살용접), 결속선 이음
② 직접이음: 용접이음, 나사이음, 슬리브 이음

(2) 이음의 기준
① 큰 응력을 받는 곳은 엇갈리게 잇는 것이 원칙이다.
② 한 곳에서 사용 철근 수의 반 이상을 이어서는 안 된다.
③ 보 철근의 이음 자리는 상부근은 중앙부, 하부근은 단부, 굽힘근은 굽힌 부분에서 잇는다.
④ 기둥근은 층고의 2/3 하부에서 잇는다.

(3) 철근의 이음방법
① 겹침이음(Lab Splice): #18~#20 철선을 이용한다.
② 용접이음: 철근을 서로 겹쳐대어 용접한다.
③ 가스압접: 철근을 가열 및 가압하여 연결한다.
④ 기계적 이음(Sleeve Joint)
　㉠ Sleeve 압착(칼라 압착)이음: 강제 Sleeve(강관)를 현장에서 유압 Jack으로 압착한다.
　㉡ Cad Weld: Sleeve를 끼우고 철근과 Sleeve 사이의 공간에 발파제 및 Cad Weld 금속분을 넣어 발파시켜 용융 접합한다.
　㉢ 충전식 이음: Sleeve 구멍을 통하여 에폭시나 모르타르를 충진하는 방법이다.
　㉣ 나사식(커플러) 이음: 철근에 숫나사를 만들고 Coupler 양단을 Nut로 조여서 이음하는 방법이다.

(4) 용접이음
① 아크용접과 가스압접이 있으며, 가스압접이 널리 쓰인다.
② 특성
　㉠ 콘크리트를 부어넣기가 용이하다.
　㉡ 잔토막도 유효하게 이용된다.
　㉢ 겹침이음이 필요 없다.

ㄹ 작업공간을 필요로 한다.
③ 시공의 일반사항
  ㉠ 접합온도: 1,200~1,300℃
  ㉡ 압접소요시간: 1개소에 3~4분이다.
  ㉢ 압접작업은 철근을 조립하기 전에 행한다.
  ㉣ 철근의 지름이나 종류가 같은 것을 압접하는 것이 좋다.(직경의 차가 6mm를 넘는 것은 압접하지 않음)
④ 압접해서는 안 되는 경우
  ㉠ 철근지름의 차가 6mm 초과일 경우
  ㉡ 철근의 재질이 서로 다른 경우
  ㉢ 항복점 또는 강도가 다른 경우

3. 정착

(1) 정착길이
① 겹침 이음길이와 같이 한다.
② 정착길이 지배요소
  ㉠ 철근의 종류
  ㉡ 설계기준 강도
  ㉢ 상부철근과 하부철근
  ㉣ 구조물의 분류(작은 보, 바닥, 지붕)

(2) 정착위치
① 기둥의 주근은 기초에 정착한다.
② 보의 주근은 기둥에 정착한다.
③ 작은 보의 주근은 큰 보에 정착한다.
④ 직교하는 단부 보의 밑에 기둥이 없을 때는 상호 간에 정착한다.
⑤ 벽 철근은 기둥, 보, 바닥판에 정착한다.
⑥ 바닥철근은 보 또는 벽체에 정착한다.
⑦ 지중보의 주근은 기초 또는 기둥에 정착한다.

4. 철근의 간격 및 피복 두께

(1) 철근의 간격

동일 평면에서 평행한 철근 사이의 간격	나선철근 또는 띠철근이 배근된 압축부재의 축방향에서 주철근 사이의 간격
• 25mm 이상 • 철근 공칭지름 이상 • 굵은골재 최대치수의 4/3배 이상	• 40mm 이상 • 철근 공칭지름의 1.5배 이상 • 굵은골재 최대치수의 4/3배 이상

(2) 피복두께
① 목적: 내화성, 내구성, 유동성 확보
② 현장치기 콘크리트의 최소 피복두께

종류			피복두께
옥외의 공기나 흙에 직접 접하지 않는 콘크리트	슬래브, 벽체, 장선	D35 이하 철근	20mm
		D35 초과 철근	40mm
	보, 기둥		40mm
흙에 접하거나 옥외의 공기에 직접 노출되는 콘크리트		D16 이하 철근·철선	40mm
		D19 이상 철근	50mm
흙에 접하여 콘크리트를 친 후 영구히 흙에 묻혀 있는 콘크리트			75mm
수중에서 타설하는 콘크리트			100mm

5. 철근의 조립

(1) 철근콘크리트조 조립순서

> 기초, 지하실 바닥 → 기둥 주근, 대근 → 기둥과 벽의 내측 거푸집 → 벽 배근 → 기둥 거푸집 → 보, 바닥의 거푸집 → 보 배근 → 슬래브 배근 → 검사 → 벽의 외측 거푸집

(2) 철골철근콘크리트조 조립순서

① 철골 조립 및 리벳치기가 완료된 부분부터 철근 조립
② 기둥 → 보 → 벽 → 슬래브

KEYWORD 15 거푸집 공사 ★

1. 거푸집 공사 개요

(1) 시공상 주의사항
① 형상, 치수가 정확하고 처짐, 배부름, 뒤틀림 등의 변형이 생기지 않도록 한다.
② 시멘트 풀의 누출이 없게 쪽매를 수밀하게 한다.
③ 외력에 충분히 안전하게 한다.
④ 소요자재가 절약되고 반복사용이 가능하도록 한다.
⑤ 조립, 해체 시에 손상되지 않아야 한다.

(2) 부속재료
① 격리재(Separator): 거푸집 상호 간의 간격과 측벽의 두께를 유지하기 위한 것이다.
② 긴장재(Form Tie): 콘크리트를 부어넣을 때 거푸집이 벌어지거나 우그러들지 않게 연결, 고정하는 것으로 조임용 철선은 달구어 구부린 철선을 두겹으로 조여맨다.
③ 간격재(Spacer): 철근과 거푸집과의 간격과 철근과 철근의 간격을 유지하기 위한 것이다.

④ 박리제(Form Oil): 콘크리트와 거푸집의 박리를 용이하게 하기 위한 것으로 중유, 석유, 동식물유, 파라핀유, 합성수지 등을 사용한다.

2. 거푸집 설계

(1) 설계 시 고려해야 할 하중

위치	고려해야 할 하중
보, 슬래브 밑면	생콘크리트 중량, 작업하중, 충격하중
벽, 기둥, 보 옆면	생콘크리트 중량, 생콘크리트 측압

(2) 측압

요소별 항목	콘크리트의 측압에 미치는 영향
타설속도	속도가 빠를수록 측압이 큼
컨시스턴시	묽은 콘크리트일수록 측압이 큼
콘크리트의 비중	비중이 클수록 측압이 큼
콘크리트의 온도 및 기온	온도가 높을수록 측압은 작아짐
거푸집 표면의 평활도	표면이 평활하면 마찰계수가 적게 되어 측압이 커짐
거푸집의 투수성	투수성 및 누수성이 클수록 측압이 작아짐
거푸집의 수평단면	단면이 클수록 측압이 커짐
바이브레이터의 사용	바이브레이터를 사용하여 다질수록 측압이 커짐
타설 방법	높은 곳에서 낙하시켜 충격을 주면 측압이 커짐
시멘트의 종류	조강시멘트 등 응결시간이 빠른 것을 사용할수록 측압은 작아짐
거푸집의 강성	거푸집의 강성이 클수록 측압은 커짐
철골 또는 철근량	철골 또는 철근량이 많을수록 측압은 작아짐

> **합격 PLUS+** 측압과 관련된 기타 사항
>
> ❶ 측압은 높이가 클수록 커지지만 어느 일정한 높이에서 측압은 더 이상 증가하지 않는다.
> ❷ 콘크리트 헤더의 측압
> • 기둥: 위에서부터 1m 밑에서 측압은 $2.5t/m^2$
> • 벽: 위에서부터 0.5m 밑에서 측압은 $1t/m^2$

(3) 조립 시 주의사항

① 비계와 같은 가설물에 연결하지 않는다.
② 자주 혼합하여 사용하지 않는다.
③ 보, 바닥판의 거푸집은 처짐변형을 감안하여 스팬의 1/300~1/500 정도를 치켜 올림한다.
④ 형상, 치수가 정확하고 처짐 배부름, 뒤틀림 등의 변형이 생기지 않게 한다.
⑤ 거푸집널의 쪽매는 수밀하게 하여 시멘트풀이 새지 않게 한다.

ⓖ 외력이 가해져도 충분히 안전하도록 한다.
ⓗ 조립순서
　㉠ 기초 → 기둥 → 벽 → 바닥 → 계단
　㉡ 기초 → 기둥 → 내벽 → 큰 보 → 작은 보 → 바닥 → 계단 → 외벽

3. 거푸집의 종류

(1) 벽 전용 거푸집
① 클라이밍 폼: 벽체용 거푸집으로 거푸집과 벽체 마감공사를 위한 비계틀을 일체로 조립하여 한꺼번에 인양시켜 설치하는 공법이다.
② 갱(Gang) 폼: 벽 전용 대형 거푸집으로 대형 벽 패널과 지주·작업대가 일체화된 거푸집으로 옹벽, 교각, 피어(Pier)기초에 사용된다.

(2) 일체식 거푸집(바닥 전용)
① 테이블(Table) 폼: 바닥판과 지주를 일체화하여 Table 모양으로 만들어서 Slab를 타설한 후 동일한 층의 다른 구역으로 이동시켜 반복적으로 사용하는 거푸집이다.
② 플라잉(Flying) 폼: 거푸집, 장선, 멍에 등을 일체화하여 수평 및 수직으로 이동할 수 있게 만든 거푸집이다.

(3) Tunnel 거푸집(벽과 바닥 전용)
① ㄱ자, ㄷ자 모양으로 슬래브와 벽거푸집이 일체로 되어있다.
② 아파트, 병원의 병실, 호텔의 객실 등과 같이 같은 크기와 Unit이 계속되고 보가 없는 칸막이 벽식인 경우에 적합하다.

(4) 연속공법
① 슬라이딩 폼(Sliding Form)
　㉠ 거푸집 높이: 약 1m(비계발판이 필요 없음)
　㉡ 하부가 약간 벌어진 원형철판 거푸집을 요오크(Yoke)로 서서히 끌어올린다.
　㉢ 사일로, 굴뚝공사 등에 접합하다.
　㉣ 돌출부가 있을 때 사용할 수 없다.(일체성 확보)
　㉤ 공기가 약 1/3 단축된다.(소요경비 절감)
　㉥ 기계의 고장이나 정지가 없어야 하고, 강우나 주야를 불구하고 중단할 수 없다.
② 트래블링 폼(이동 거푸집: Traveling Form): 수평 활동 거푸집이며, 거푸집 전체를 그대로 해체하여 다음 사용 장소로 이동시켜 사용할 수 있게 한 거푸집이다.
③ 슬립 폼(Slip Form): 콘크리트를 부어 넣으면서 거푸집을 연속적으로 끌어올려 전망탑, 급수탑 등 단면 형상의 변화가 있는 수직 구조물에 사용한다.

(5) 무지주 공법
① 개념: 받침기둥을 쓰지 않고 보를 걸어서 거푸집 널을 지지하는 형태로서 보우빔(Bow Beam)과 페코빔(Pecco Beam)이 있으며 층고가 높은 경우 적용하기 용이하다.
② 종류 및 특징
　㉠ 보우빔(Bow Beam): 수평 조절이 불가능하다.
　㉡ 페코빔(Pecco Beam): 길이 조절이 가능하다.

(6) 바닥판식

① 데크 플레이트(Deck Plate): 아연도금 철판을 절곡하여 제작한 바닥콘크리트 타설을 위한 슬래브 하부 거푸집판이다.

② 워플(Waffle) 거푸집
  ㉠ 무량판구조 또는 평판구조에서 특수상자 모양의 기성재 거푸집(돔팬: Dome Pan)이다.
  ㉡ 크기는 60~90cm, 각 높이는 9~18cm이고 모서리는 둥글게 되어 있어 1방향 장선 바닥판 구조를 만들 수 있는 거푸집이다.

(7) Euro 거푸집

① 합판과 특수경강으로 만들며 파손이 극히 드물고 Panel 교환이 가능하다.
② 별도의 특수장비(타워크레인) 없이 조립할 수 있다.
③ 종류는 Euro Wall Form, Euro Column Form, Euro Slab Form이 있다.

KEYWORD 16 콘크리트공사 ★★★

1 재료

1. 시멘트

(1) 성분
  ① 규산 이석회($2CaO \cdot SiO_2$)
  ② 규산 삼석회($3CaO \cdot SiO_2$)
  ③ 알루민산 삼석회($3CaO \cdot Al_2O_3$)
  ④ 알루민산철 사석회($4CaO \cdot Al_2O_3 \cdot Fe_2O_3$)

(2) 성질

구분	내용
비중	• 3.05 이상(시방서 3.15 이상) • 클링커의 소성이 불충분 시, 혼합물 첨가 시, 저장기간이 길수록 비중 감소 • 비중시험은 르샤델리에 비중병을 사용함
분말도 (입자의 굵고 가는 정도)	• 분말도가 클수록 표면적이 커짐 • 분말도가 클수록 수화작용이 빠름(물과의 접촉면이 커지므로) • 분말도가 클수록 발열량이 커지고, 초기강도가 커짐 • 분말도가 클수록 시공연도가 좋고, 수밀한 콘크리트가 가능함 • 분말도가 클수록 균열발생이 크고 풍화가 쉬움 • 분말도가 클수록 장기강도는 저하됨
응결 및 경화	• 응결시간은 1~10시간 사이이며, 그 이후부터는 28일까지 경화시간임 • 응결시험 장치는 비이커 장치, 길모어 장치임
안정성	• 시멘트가 경화하는 중 체적이 팽창하는 정도임 • 팽창을 유발하는 원인은 유리석회, 마그네시아, 무수황산의 함유량이며 이로 인해 균열이 발생함 • 안정성 시험은 오토클레이브 팽창도시험으로 함
강도	• 시멘트가 경화하는 힘의 대소로 품질의 대표적 성질을 나타냄 • 성분, 분말도, 수량, 풍화정도, 양생조건, 재령 등에 좌우됨

(3) **종류 및 특징**

종류		특성	용도 및 비고
포틀랜드 시멘트	보통 포틀랜드 시멘트	• 공정이 비교적 간단함 • 품질이 우수함 • 생산량이 많음	일반적으로 가장 많이 쓰임
	중용열 포틀랜드 시멘트	• 원료 중 석회, 알루미나, 마그네시아 양을 적게 하고, 실리카와 산화철을 다량 넣은 것임 • 수화작용을 할 때 발열량이 적음 • 조기강도는 작으나 장기강도는 큼 • 체적의 변화가 적어서 균열 발생이 적음 • 방사선을 차단함 • 내식성, 내구성이 큼	• 대축조 콘크리트 구조물 • 콘크리트 포장 • 방사능 차폐용 콘크리트
	조강 포틀랜드 시멘트	• 경화가 빠르고 조기강도가 큼 • 분말도가 커서 수화열이 큼 • 공기를 단축할 수도 있음	• 한중공사 • 수중공사 • 긴급공사
	백색 포틀랜드 시멘트	• 산화철 및 마그네시아의 함유량을 제한한 시멘트임 • 보통포틀랜드시멘트와 품질이 거의 같음	• 미장재 • 도장재
	고산화철 포틀랜드 시멘트	• 내산성, 내구성을 증가시키기 위하여 광재를 시멘트 원료로 사용한 것임 • 장기강도는 적으나 수축률과 발열량이 적음	• 화학공장의 건설재 • 해안 구조물의 축조
혼합 시멘트	고로 시멘트	• 광재의 혼합량은 포틀랜드 시멘트의 35~66% 정도임 • 건조수축이 발생함	• 해안공사 • 큰 구조물 공사
	플라이 애시 시멘트	• 플라이애시의 혼합량은 포틀랜드시멘트의 15~40% 정도임 • 수화열이 적고 조기강도가 낮으나 장기강도는 커짐 • 워커빌리티가 좋아 수밀성이 크며 단위수량을 감소시킴	하천, 해안, 기초공사
특수 시멘트	알루미나 시멘트	• 조기강도가 크고 수화열이 높음(보통 포틀랜드 시멘트의 28일 강도를 24시간 만에 발현) • 화학작용에 대한 저항이 큼 • 수축이 적고 내화성이 큼	• 동기공사 • 해수공사 • 긴급공사
	팽창시멘트 (무수시멘트)	칼슘 클링거(보오크사이트, 석고를 혼합 소성한 것)에 광재 및 포틀랜드 클링커의 혼합물을 넣어 만든 것	

2. 골재

(1) 골재의 종류

구분		내용
크기에 따른 분류	잔골재	10mm 체를 전부 통과하고 5mm 체를 거의 다 통과하며 0.08mm 체에 모두 남는 골재
	굵은 골재	5mm 체에 다 남는 골재
생성 원인에 따른 분류	천연골재	천연에서 산출되는 강모래, 강자갈 등
	인공골재	인공적으로 만든 쇄석, 광재 등
비중에 따른 분류	경량골재	절건비중 2.5 이하
	보통골재	절건비중 2.5~2.65
	중량골재	절건비중 2.7 이상

(2) 골재의 요구조건
① 유해한 양의 먼지, 흙, 유기분순물 등을 포함하지 않아야 한다.(청정해야 함)
② 표면이 거칠고 둥근 모양인 것이 좋다.
③ 실적률이 크고, 입도가 좋아야 한다.
④ 소요의 내화성, 내구성, 내마모성을 가져야 한다.
⑤ 보통콘크리트에 사용되는 골재의 강도는 시멘트 페이스트 강도 이상이어야 한다.

(3) 골재의 성질
① 비중
  ㉠ 진비중과 겉보기 비중이 있다.
  ㉡ 비중이 크면 흡수량이 적고, 내구성이 증가한다.
  ㉢ 배합설계, 실적율, 공극율과 관련이 있다.
② 골재의 함수량
  ㉠ 흡수량: 표면건조 내부포수상태(표건상태)의 골재 중에 포함되는 물의 양이다.
  ㉡ 유효흡수량: 흡수량과 기건상태의 골재 내에 함유된 수량과의 차이이다.
  ㉢ 함수량: 습윤상태 골재의 내외부에 함유된 전 수량이다.
  ㉣ 표면수량: 함수량과 흡수량의 차이이다.

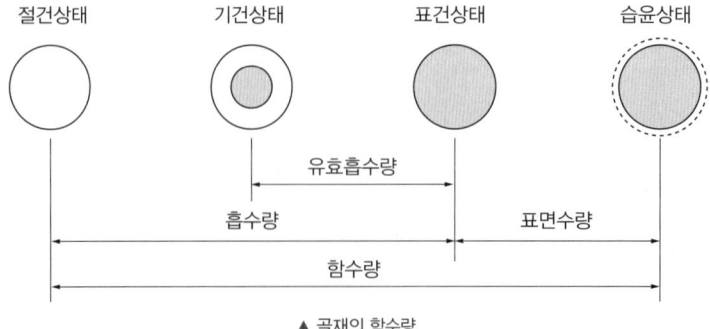

▲ 골재의 함수량

③ 안정성, 강도
　㉠ 온도, 습도, 동결융해 저항성, 화학반응에 대한 저항성이다.
　㉡ 내구성을 결정하는 요인이다.
　㉢ 비중이 크고, 흡수량이 적으면 안정성이 커진다.
　㉣ 마모저항성이 커진다.
　㉤ 로스앤젤레스 시험으로 굵은 골재의 마모저항을 시험한다.

④ 조립률(Finess Modulus)
　㉠ 골재의 입도를 수량으로 나타낸 것이다.
　㉡ 체가름 시험을 하여 구한다.
　㉢ 조립률 = $\dfrac{각\ 체에\ 남은\ 양(\%)의\ 누계의\ 합}{100}$

⑤ 유해물
　㉠ 흙, 석탄, 석면은 강도를 저하시킨다.
　㉡ 혼탁비색법: 유기불순물 시험방법이다.
　㉢ 염화물: 철근 부식, 중성화에 영향을 준다.
　　• 잔골재 중량의 0.04%(NaCl), 0.02%(Cl^-) 이하로 한다.
　　• 콘크리트 체적의 $0.3kg/m^3$ 이하로 한다.

(4) 골재의 취급 시 주의사항
① 크기별, 종류별로 구분하여 반입, 저장한다.
② 재료분리가 일어나지 않도록 한다.
③ 표면건조 내부포수상태로 사용한다.
④ 이물질이 혼입되지 않도록 주의한다.
⑤ 파손되지 않도록 한다.

3. 혼화재료

(1) 개요
① 콘크리트 성질 개선, 부피 증가, 공사비 절감 등의 목적을 위해 사용된다.
② 혼화재(고체): 비교적 다량으로 사용되는 것으로 포졸란, 플라이애시 등이 있다.
③ 혼화제(액체): 소량으로 사용하는 것으로 AE제, 분산제, 경화촉진제, 방동제 등이 있다.

(2) 혼화재의 종류 및 특징
① 포졸란(Pozzolan)
　㉠ 개념: 시멘트가 수화할 때 생기는 수산화칼슘과 화합하여 불용성의 화합물을 만들 수 있는 SiO_2를 함유하고 있는 분말재료이다.
　㉡ 종류
　　• 천연산: 화산재, 규조토, 규산백토
　　• 인공산: 실리카흄, 플라이애시, 소성점토

ⓒ 특성
- 시공연도가 증진된다.
- 블리딩 및 재료 분리가 감소한다.
- 화학적 저항성이 크고, 수밀성이 증대된다.
- 발열량이 적어 초기강도가 작고, 장기강도가 커진다.
- 인장강도, 신장능력이 증대된다.
- 건조수축이 감소된다.
- 단위수량 증가가 우려된다.(입자, 모양, 표면상태가 불량)

② 플라이애시(Fly-Ash)
ⓐ 개념: 화력발전소의 보일러에서 분탄이 연소할 때 부유하는 회분을 전기 집진기로 포집한 미세립자로 포졸란 특성과 거의 같다.
ⓑ 특징
- 워커빌리티 증진
- 수량 감소
- 초기강도 감소, 장기강도 증가
- 발열감소, 균열 발생 억제
- 수밀성 개선

③ 고로 슬래그: 제철용 고로에서 나온 용융상태의 슬래그를 물, 공기 등으로 급랭시켜 입상화한 것이다.
④ 실리카흄: 규소 합금을 제조할 때 생기는 부유 발생 부산물로 플라이애시보다 미세하다.

(3) 혼화제의 종류 및 특징

① A.E제(공기연행제)
ⓐ 개념: 콘크리트 속에 자연적으로 함입된 공기(1~2%) 외에 미세한 기포를 3~4% 정도로 증가시킴으로써 시공연도(Workability)를 좋게 할 수 있으나 강도 저하의 우려가 있다.
ⓑ 특징
- 수밀성 증대
- 동결융해 저항성 증대
- 워커빌리티 증대
- 재료 분리 및 블리딩 감소
- 단위수량 감소
- 발열량 감소

② 분산제
ⓐ 개념: 시멘트 입자를 분산시켜 단위수량을 감소하고 시공연도를 증진시킨다.
ⓑ 특징
- 시공연도 증진
- 시멘트 사용량 감소
- 단위수량 감소
- 수밀성, 내구성 증대
- 강도 증가
- 수화열에 의한 콘크리트 온도 상승 저감효과

③ 응결촉진제(염화칼슘, 규산소다, 염화제2철, 염화마그네슘)
ⓐ 조기강도 획득
ⓑ 거푸집 전용기간 단축
ⓒ 한랭 시 경화속도 증진

④ 응결지연제
ⓐ 응결 및 경화를 지연
ⓑ 굳지 않은 콘크리트의 운송시간 연장
ⓒ 콜드조인트 발생 방지
ⓓ 균열 방지

⑤ 방수제
  ㉠ 균열 및 누수방지 목적
  ㉡ 시공연도 증진
  ㉢ 공극량 감소
  ㉣ 혼합수량 감소
  ㉤ 시멘트 수화작용 촉진
⑥ 발포제
  ㉠ 알칼리에 강한 것
  ㉡ 분산성이 좋은 것
  ㉢ 안정성이 좋은 것
  ㉣ 시멘트의 경화에 영향이 적은 것
⑦ 방청제: 철근의 부식 방지 목적으로 사용되고, 물결합재비, 슬럼프 값, 피복두께, 혼화재료 등과 병행으로 고려해야 효과가 크다.
⑧ 착색제(내알칼리성이 안정한 광물질이어야 함)
  ㉠ 빨강: 제2산화철
  ㉡ 검정: 카본블랙
  ㉢ 갈색: 이산화망간
  ㉣ 초록: 산화크롬
  ㉤ 노랑: 크롬산바륨

2 배합설계

1. 배합설계의 개요

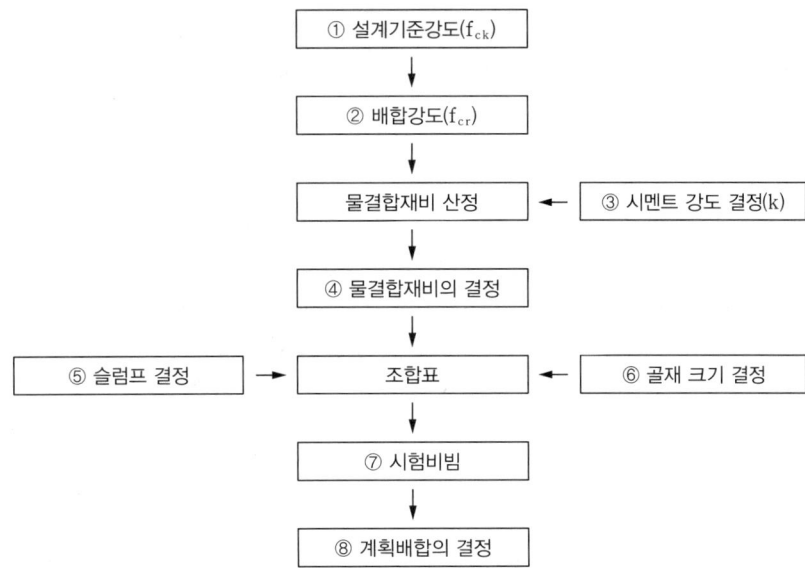

2. 배합의 일반적인 경향

(1) 동일한 물·결합재비(W/B), 동일 Slump일 때
  ① 모래입자가 작을수록 시멘트 사용량이 많아진다.
  ② 자갈입자가 작을수록 시멘트 사용량이 많아진다.
  ③ 모래입자가 작을수록 자갈의 사용량이 많아진다.
  ④ 자갈입자가 클수록 모래의 사용량이 많아진다.
  ⑤ 모래입자가 클수록 모래의 사용량이 많아진다.
  ⑥ 자갈이 굵을수록 자갈의 사용량이 많아진다.

(2) 기타 사항
　① 동일 슬럼프일 때: 물·결합재비가 작을수록 시멘트 사용량이 많아진다.
　② 감수제를 사용해 물·결합재비를 줄이면 시멘트량이 많아진다.
　③ 동일한 물·결합재비일 때: 슬럼프가 클수록 시멘트 사용량이 많아진다.
　④ 물·결합재비 60% 이하인 경우는 동일 Slump에서는 물·결합재비에 관계없이 자갈의 사용량은 동일하다.
　⑤ Slump 값 15cm 이상에서는 동일 물·결합재비의 경우 슬럼프가 커질수록 모래의 사용량은 많아진다.

3 콘크리트

1. 콘크리트의 성질

(1) 굳지 않은 콘크리트의 성질
　① Workability(시공연도): 반죽질기의 여하에 따르는 작업의 난이의 정도 및 재료분리에 저항하는 정도를 나타내는 성질이다.(종합적 의미에서의 시공난이 정도)
　② Consistancy(유동성): 주로 수량의 다소에 따라 반죽이 되고 진 정도를 나타내는 성질이다.
　③ Plasticity(성형성): 거푸집에 쉽게 다져 넣을 수 있고 거푸집을 제거하면 천천히 형상이 변화하지만 재료가 분리되거나 허물어지지 않는 성질이다.
　④ Finishability(마감성): 굵은 골재의 최대치수, 잔골재율, 잔골재의 입도, 반죽질기 등에 따르는 마무리하기 쉬운 정도이다.
　⑤ Pumpability(압송성): 펌프로 콘크리트가 잘 유동되는지의 정도이다.

(2) 재료의 분리
　① 작업 중 원인

원인	방지대책
㉠ 단위수량이 클 때	㉠ 물·결합재비를 작게 함
㉡ 골재의 입도, 입형이 부적당할 때	㉡ 골재의 입도, 입형이 적당한 것을 사용함
㉢ 시멘트량이 적을 때	㉢ 시멘트량을 증가시킴
㉣ 비빔시간이 길 때	㉣ 비빔시간을 준수함
㉤ 타설높이가 높을 때	㉤ 타설높이를 1m 이하로 함
㉥ 혼화재료 사용량이 적을 때	㉥ 적정한 혼화재료를 사용함

　② 작업 후 원인
　　㉠ 블리딩(Bleeding): 재료분리 현상의 일종으로, 물이 과다 사용된 시멘트나 모르타르에서 콘크리트 타설 직후 가벼운 물은 상승하고 골재와 시멘트는 침하하는데 이때 물이 상승하는 현상을 말한다.
　　㉡ 레이턴스(Laitance): 블리딩으로 인하여 미세물질이 같이 상승하며 콘크리트 표면에 침적되어 얇은 피막을 형성하며 이때 침전된 것이다.

2. 콘크리트의 시공 및 양생

(1) 이어붓기
　① 이어붓기 계획
　　㉠ 구조물의 강도에 영향이 적은 곳에 둔다.
　　㉡ 이음길이가 짧게 되는 위치에 둔다.

ⓒ 시공 순서에 무리 없는 곳에 둔다.
ⓓ 이음 위치는 대체로 단면이 작은 곳에 두어 이어붓기 면은 짧게 되게 하고, 또 응력에 직각방향으로, 수직, 수평으로 한다.
② 이어붓기 위치
  ㉠ 보, 바닥판의 이음은 그 간사이(Span)의 중앙부에 수직으로 한다.
  ㉡ 바닥판은 그 간사이의 중앙부에 작은 보가 있을 때에는 작은 보 너비의 2배 정도 떨어진 곳에 둔다.
  ㉢ 기둥은 기초판, 연결보 또는 바닥판 위에서 수평으로 한다.
  ㉣ 아치의 이음은 아치축에 직각으로 설치한다.
  ㉤ 이음길이를 짧게 하고 강도 영향이 적은 곳에 한다.
③ 콘크리트이음(줄눈)
  ㉠ 시공이음(Construction Joint): 콘크리트를 한 번에 붓지 못할 때 생기는 줄눈
  ㉡ 신축이음(Expansion Joint): 온도변화에 따른 팽창, 기초의 부동침하에 대해 부재의 신축이 자유롭게 되도록 설치하는 줄눈
  ㉢ 콜드조인트(Cold Joint): 시공과정 중 휴식시간 등으로 응결하기 시작한 콘크리트에 새로운 콘크리트를 이어 칠 때 일체화가 저해되어 생기는 줄눈
  ㉣ 조절줄눈(Control Joint) : 지반 위에 있는 바닥판이 수축에 의하여 표면에 균열이 생기는 것을 막기 위해 설치하는 줄눈

(2) 양생방법
① 습윤양생(Moist Curing): 수중, 살수보양 등 가장 대중적인 방법으로 충분하게 살수하고 방수지를 덮어서 봉합양생하는 것이다.
② 증기양생(Steam Curing)
  ㉠ 단시간에 강도를 얻기 위해 고온, 고압의 증기로 양생하는 것이다.
  ㉡ 한중 콘크리트, PC, PS 부재에 적합하나 알루미나 시멘트에는 적용하지 않는다.
③ 전기양생(Electric Curing)
  ㉠ 저압 교류에 의한 전기저항으로 발열을 유발하여 양생하는 것이다.
  ㉡ 철근이 부식될 우려가 있고, 부착강도 저하(전기유출) 우려가 있다.
  ㉢ 한중 콘트리트에 이용된다.
④ 피막양생(Membrane Curing)
  ㉠ 피막양생제를 살포하고 방수막을 형성하여 수분의 증발을 방지한다.
  ㉡ 포장 콘크리트, 대규모 슬래브에 적당하다.
⑤ 고주파양생: 거푸집과 콘크리트 윗면에 철판을 놓고 고주파를 흘려 양생한다.

(3) 콘크리트의 내구성 저하 요인
① 외적 요인
  ㉠ 하중작용: 피로, 부동침하, 지진, 과적(Over Load)
  ㉡ 온도: 동결융해, 기상, 화재, 온도 변화
  ㉢ 기계적 작용: 마모 Cavitation
  ㉣ 화학적 작용: 중성화, 염해, 산성비, 황산염
  ㉤ 전류작용: 전해, 전식(電蝕, 직류 전류 원인)

② 내적 요인
  ㉠ 골재반응: 알칼리 골재반응, 점토광물
  ㉡ 강재부식: 중성화, 염분(염사, 염분의 혼입, 침입 등)
③ 중성화(中性化)
  ㉠ 철근콘크리트 내구연한은 중성화와 관계가 깊다.
  ㉡ 중성화란 콘크리트 중의 알칼리와 대기 중 탄산가스가 반응하여 수분이 증발되고 콘크리트가 노화되어 가는 현상으로 탄산화라고도 한다.
  ㉢ 반응식

  $$Ca(OH)_2 + CO_2 \xrightarrow{Carbonation} CaCO_3 + H_2O$$

  ㉣ 영향을 주는 요소: 시멘트의 종류, 골재의 종류, 혼화재, 물·결합재비, 온도 등
  ㉤ 중성화의 문제점

문제점	중성화 속도
• 강도 저하 • 철근 부식 • 2.5배까지 철근 체적 팽창 • 균열 발생 후 부식 촉진, 누수 • 콘크리트 내구성에 심각한 우려	• 단기 재령일수록 빠름 • 중용열, 혼합시멘트가 빠름 • 경량 골재는 기공이 많아서 빠름 • AE제, 감수제, 유동화제는 중성화를 억제함 • 물·결합재비가 높을수록 온도가 높을수록 빠름

> **합격 PLUS+ 중성화 방지대책**
> ❶ 단기 재령 시 탄산가스의 접촉을 금지한다.
> ❷ 습도는 높고, 온도는 낮게 유지한다.
> ❸ AE제, 감수제, 유동화제를 사용한다.
> ❹ 물결합재비(W/B)를 낮춘다.
> ❺ 경량 골재, 혼합시멘트를 사용하지 않는다.

④ 알칼리 골재반응(Alkali Aggregate Reaction: AAR)

의미와 문제점	대책
• 시멘트의 알칼리 성분과 골재 중의 실리카, 탄산염 등의 광물이 화합하여 알칼리 실리카겔이 생성되고, 이것이 팽창하여 균열, 조직붕괴 현상을 일으킴 • 균열, 이동 등 성능 저하 발생 • 무근콘크리트는 거북이등 균열(Map Crack) 발생 • 철근콘크리트는 주근 방향의 균열 발생 • 동해, 화학적 침식의 저항성 악화 • 철근부식 후 내구성 저하	• 반응성 골재, 알칼리 성분, 수분 중 한 가지는 배제함 • 비반응성 골재 사용 및 알칼리 공급원인 염분 사용 금지 • 저알칼리 시멘트 사용(알칼리 함량 0.6%) • 고로시멘트, 플라이애시 등을 사용(양질의 포졸란에 의해 반응이 억제됨) • 방수제를 사용하여 수분을 억제함

(4) **콘크리트의 균열보수 및 보강법**
  ① 표면처리 방법(표면을 Seal하는 방법)   ② 충전 및 주입 공법
  ③ 강재(鋼材) 및 앵커 방법: 구조적인 보강 방법   ④ 프리스트레스 공법

3. 콘크리트의 종류

(1) 서중 콘크리트

① 높은 외부 기온으로 인하여 콘크리트의 슬럼프 또는 슬럼프 플로 저하나 수분의 급격한 증발 등의 우려가 있을 경우에 시공되는 콘크리트로서 하루 평균기온이 25°C를 초과하는 경우 서중 콘크리트로 시공한다.

② 시공상 주의사항
  ㉠ 덤프트럭 등을 사용하여 운반할 경우에는 콘크리트의 표면을 덮어서 일광의 직사나 바람으로부터 보호하여야 한다.
  ㉡ 펌프로 운반할 경우에는 관을 젖은 천으로 덮어야 하며, 레디믹스트 콘크리트를 사용하는 경우에는 에지테이터 트럭을 햇볕에 장시간 대기시키는 일이 없도록 사전에 배차계획까지 충분히 고려하여 시공계획을 세워야 한다.
  ㉢ 운반 및 대기시간의 트럭믹서 내 수분증발을 방지하고 폭우가 내릴 때 우수의 유입방지와 주차할 때 이물질 등의 유입을 방지할 수 있는 뚜껑을 설치하여야 한다.
  ㉣ 콘크리트를 타설하기 전에 지반과 거푸집 등을 조사하여 콘크리트로부터의 수분 흡수로 품질 변화의 우려가 있는 부분은 습윤 상태로 유지하는 등의 조치를 하여야 한다. 또 거푸집, 철근 등이 직사일광을 받아서 고온이 될 우려가 있는 경우에는 살수, 덮개 등의 적절한 조치를 하여야 한다.
  ㉤ 콘크리트는 비빈 후 즉시 타설하여야 하며, KS F 2560의 지연형 감수제를 사용하는 등의 일반적인 대책을 강구한 경우라도 1.5시간 이내에 타설하여야 한다.
  ㉥ 콘크리트를 타설할 때의 콘크리트의 온도는 35°C 이하이어야 한다.

(2) 한중 콘크리트

① 하루 평균기온이 4°C 이하가 예상되는 조건일 때는 콘크리트가 동결할 우려가 있으므로 한중 콘크리트로 시공하여야 한다.
② 시멘트는 KS L 5201에 규정되어 있는 포틀랜드 시멘트를 사용하는 것을 표준으로 한다.
③ 골재가 동결되어 있거나 골재에 빙설이 혼입되어 있는 골재는 그대로 사용할 수 없다.
④ 방동·내한제 등의 특수한 혼화제를 사용할 때는 품질이 확인된 것을 사용하여야 한다.
⑤ 재료를 가열할 경우, 물 또는 골재를 가열하는 것으로 하며, 시멘트는 어떠한 경우라도 직접 가열할 수 없다.
⑥ 골재의 가열은 온도가 균등하게 되고 또 건조되지 않는 방법을 적용하여야 한다.
⑦ 재료를 가열했거나 재료의 온도를 알 수 있을 때 비빈 직후 콘크리트의 온도는 적절한 식으로 계산하여 적용할 수 있다.
⑧ 한중 콘크리트의 배합은 초기동해 피해 방지를 위한 소요 압축강도가 초기양생 기간 내에 얻어지고, 콘크리트의 설계기준압축강도가 소정의 재령에서 얻어지도록 정하여야 한다.
⑨ 물결합재비는 원칙적으로 60% 이하로 하여야 한다.
⑩ 배합강도 및 물결합재비는 적산온도 방식에 의해 결정할 수 있다.

> **참고 | 적산온도**
> ① 콘크리트의 강도를 재령과 온도의 함수도 표시하고 이를 합산한 것을 적산온도라고 한다.
> ② 콘크리트는 동일 적산온도에서 거의 동일한 강도를 갖는다.
> ③ 한중기는 초기강도가 늦어지므로 적산온도를 이용해서 거푸집의 해체시기, 양생기간 등을 검토한다.

(3) AE콘크리트

① AE제(공기연행제: Air Entraining Agent)의 사용으로 시공연도를 증진시키고, 단위수량을 감소시키며 내구성, 수밀성이 향상된 콘크리트이다.
② AE제 사용 시 미세기포가 발생하여 시공연도를 증진시킨다.

③ 공기량이 많을수록 슬럼프가 증대된다.

④ 공기량 1% 증가 시 압축강도는 4~6% 정도가 저하되며 이로 인해 물시멘트비를 적게 하여 동일한 강도를 낸다.

⑤ AE콘크리트의 특성

㉠ 워커빌리티가 좋아진다.

㉡ 단위수량이 감소하고 용적 침하가 적다.

㉢ 내구성, 수밀성, 내동결성이 증가한다.

㉣ 압축강도 및 부착강도가 감소한다.

(4) 쇄석 콘크리트(깬자갈 콘크리트)

① 보통의 강자갈 대신에 인공적으로 부순(깬) 자갈을 사용한 콘크리트이다.

② 원석은 현무암, 안산암, 석회암, 경질사암, 경석 등이 이용된다.

③ 대소립자가 적당히 혼합된 것이 좋다.(5~20mm 이내 범위)

④ 최소실적율은 55% 이상으로 한다.(55% 이하는 시공연도가 극도로 나빠짐)

⑤ 깬자갈 콘크리트는 강자갈콘크리트보다 강도가 10~20% 크다.

⑥ 유동성이 부족하기 때문에 AE제 등의 표면활성제를 사용한다.

(5) 경량골재 콘크리트

① 경량골재 콘크리트의 배합은 구조물에 요구되는 단위질량, 강도, 내구성, 수밀성, 균열저항성, 철근 또는 강재를 보호하는 성능을 갖는 범위 내에서 단위수량을 가능한 작게 할수 있도록 정하여야 한다.

② 경량골재 콘크리트는 공기연행 콘크리트로 하는 것을 원칙으로 한다.

③ 경량골재 콘크리트의 최대 물결합재비는 60%를 원칙으로 한다.

④ 콘크리트의 내동해성 또는 황산염에 대한 내구성을 기준으로 물결합재비를 정할 경우 노출상태에 따라 최소 설계기준압축강도를 27MPa, 30MPa 또는 35MPa로 설정한다.

⑤ 경량골재의 종류

㉠ 인공 경량골재: 팽창점토, 플라이애시, 팽창혈암, 팽창슬래그, 석탄재

㉡ 천연 경량골재: 화산모래, 화산자갈

⑥ 경량 콘크리트의 특성

㉠ 건물의 자중을 경감할 수 있다.

㉡ 콘크리트 운반이나 부어넣기 노력을 절감시킬 수 있다.

㉢ 열전도율이 낮고, 방음효과, 내화성, 흡음성이 좋다.

㉣ 강도가 낮고, 건조수축이 크다.

㉤ 재료처리가 필요하다.

(6) 방사선 차폐용 콘크리트

① 방사선을 차폐할 목적으로 쓰이는 콘크리트이다.

② 콘크리트의 슬럼프는 작업에 알맞은 범위 내에서 가능한 한 작은 값이어야 하며, 일반적인 경우 150mm 이하로 하여야 한다.

③ 물결합재비는 50% 이하를 원칙으로 하고, 워커빌리티 개선을 위하여 품질이 입증된 혼화제를 사용할 수 있다.

④ 특히 방사선 차폐용 콘크리트를 공사할 때는 이어치기 부분에 대하여 기밀이 최대한 유지될 수 있는 방안을 강구하여야 한다.

⑤ 설계에 정해져 있지 않은 이음은 설치할 수 없다.

⑥ 이어치기의 위치 및 이어치기면의 형상은 특별히 정한 바가 없을 때에는 이어치기 부분으로부터 방사선의 유출을 방지할 수 있도록 그 위치 및 형상을 정하여야 한다.

(7) 레디 믹스트 콘크리트(Ready Mixed Concrete)
① 콘크리트 전문 공장(배쳐플랜트)에서 공급하는 굳지 않은 콘크리트로 우리 생활에서 레미콘이라고 많이 부른다.
② 호칭규격

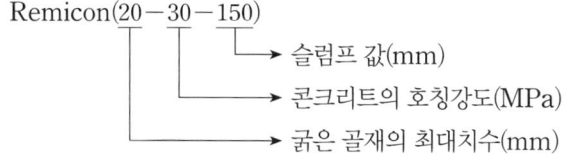

③ 특성
　㉠ 재료 적재, 비빔작업이 불필요하다.
　㉡ 공사의 추진이 정확하고, 품질이 균일하다.
　㉢ 부어넣는 수량에 따라 콘크리트의 양을 조절할 수 있다.
　㉣ 운반시간에 제한을 받으며, 운반 도중 재료분리가 될 우려가 많다.

(8) 프리팩트 콘크리트
① 거푸집 안에 굵은 골재를 채워넣은 후, 그 공극에 특수 모르타르를 주입하여 만드는 것이다.
② 용도: 지수벽, 수중콘크리트, 보수공사, 기초파일 등
③ 특성
　㉠ 재료 분리, 수축이 적다.(보통 콘크리트의 1/2 정도임)
　㉡ 부착력이 크므로 수리 및 개조에 유리하다.
　㉢ 수밀성이 크고, 염류에 대한 내구성이 크다.
　㉣ 시공이 비교적 쉬워 설비비 및 공사비가 절약된다.
　㉤ 조기강도는 작으나 장기강도는 보통 콘크리트와 같다.

(9) 프리스트레스트 콘크리트(Prestressed Concrete)
① 콘크리트의 인장응력이 생기는 부분에 PC 강재를 긴장시켜 프리스트레스를 부여함므로써 콘크리트에 미리 압축력을 주어 인장강도를 증가시켜 휨 저항을 크게 한 것이다.
② 공법의 종류
　㉠ 프리텐션(Pre-tension)방식: PC 강재에 인장력을 가한 상태에서 콘크리트를 타설하고 경화한 후에 긴장을 풀어주는 방법이다.
　㉡ 포스트텐션(Post-tension)방식: 콘크리트를 타설하고 경화한 후에 미리 묻어둔 덕트(시스, Sheath) 내에 PS 강재를 삽입하여 긴장시킨 후 정착하고 그라우팅하는 방법이다.
③ 특성
　㉠ 설계하중 내에서 균열이 안 생긴다.
　㉡ 내구성, 복원성이 크다.
　㉢ 고도의 기술과 내화성에 주의해야 하며, 진동하기 쉽다.
　㉣ 자중을 줄이고 스팬을 길게 할 수 있다.

⑽ 매스 콘크리트(Mass Concrete)
① 부재 단면 최소치수가 80cm 이상이고, 내·외부 온도차가 25℃ 이상일 때의 콘크리트를 말한다.
② 수화열이 작은 시멘트를 사용한다.(내부 온도 감소)
③ 굵은 골재의 최대치수를 크게 하고, 잔골재율을 작게 한다.(내부 온도 감소)
④ 가능한 슬럼프를 작게 하고, 감수제 및 AE감수제를 사용한다.
⑤ 내부 온도의 강하를 서서히 한다.(온도 강하 시 수축 방지)

⑾ 진공 콘크리트(Vacuum Concrete)
① 콘크리트를 타설한 직후 진공매트(Vacuum Mat)를 씌워, 수분을 제거하고 다짐으로써 초기강도를 크게 한 콘크리트이다.
② 초기강도, 장기강도, 내마모성, 동해저항 등이 증가하여 주로 바닥 포장용에 사용한다.

⑿ 제치장 콘크리트
① 콘크리트 면에 미장 등을 하지 않고 직접 노출시켜 마무리한 것으로 모양의 간소함, 고도의 강도 추구, 재료 절약, 건물자중 경감, 공사내용을 단일화하여 안전하고 경제적인 건물을 만드는데 목적이 있다.
② 거푸집은 이음의 틈이 없게 하고, 가능한 금속제를 사용한다.
③ 피복두께는 1~3cm 더 크게 한다.
④ 시멘트는 동일 회사, 동일 공장제품을 사용한다.
⑤ 콘크리트는 된비빔, 진동다짐으로 한다.
⑥ 부어넣기 할 때 슈트에 의하지 않고 손차로 운반하여 비빔판에 받아 각삽으로 떠서 넣는다.
⑦ 벽, 기둥은 한 번에 꼭대기까지 부어넣어야 한다.

⒀ 수밀 콘크리트
① 콘크리트 자체의 밀도를 높이고, 내구적, 방수적으로 만들어 물의 침투를 방지하는데 사용되는 콘크리트로써 시멘트풀의 양을 적게 하거나, 페이스트 자체를 수밀성이 있는 밀실한 것으로 하는 2가지를 고려해야 한다.
② 배합은 콘크리트의 소요의 품질이 얻어지는 범위 내에서 단위수량 및 물결합재비는 되도록 작게 하고, 단위 굵은 골재량은 되도록 크게 한다.
③ 콘크리트의 소요 슬럼프는 되도록 작게 하여 180mm를 넘지 않도록 하며, 콘크리트 타설이 용이할 때에는 120mm 이하로 한다.
④ 콘크리트의 워커빌리티를 개선시키기 위해 공기연행제, 공기연행감수제 또는 고성능 공기연행감수제를 사용하는 경우라도 공기량은 4% 이하가 되게 한다.
⑤ 물결합재비는 50% 이하를 표준으로 한다.
⑥ 연속 타설 시간 간격은 외기온도가 25℃를 넘었을 경우에는 1.5시간, 25℃ 이하일 경우에는 2시간을 넘어서는 안 된다. 다만, 특별한 방법을 강구한 경우에는 책임기술자의 지시에 따르거나 승인을 받아 이 시간의 한도를 변경할 수 있다.
⑦ 콘크리트 다짐을 충분히 하며, 가급적 이어치기를 하지 않아야 한다. 부득이 이어치기를 할 때는 그 방법과 방수처리는 공사시방서 또는 책임기술자의 지시에 따른다.
⑧ 연직 시공 이음에는 지수판 등 물의 통과 흐름을 차단할 수 있는 방수처리제 등의 재료 및 도구 사용을 원칙으로 한다.

⑭ 고강도 콘크리트

① 고강도 콘크리트의 설계기준압축강도는 보통 또는 중량골재 콘크리트에서 40MPa 이상, 경량골재 콘크리트에서 27MPa 이상으로 한다.
② 고성능감수제는 고강도 콘크리트를 제조하는 데 적절한 것인가를 시험배합을 거쳐 확인한 후 사용하여야 한다.
③ 플라이애시, 실리카흄, 고로슬래그 미분말 등의 혼화재는 고강도 콘크리트를 제조하는 데 적절한 것인가를 시험배합을 거쳐 확인한 후 사용하여야 한다.
④ 잔골재는 크고 작은 알갱이가 알맞게 혼합되어 있는 것으로 한다.
⑤ 굵은 골재는 크고 작은 알갱이가 알맞게 혼합되어 있는 것으로 공극률을 줄임으로써 시멘트풀이 최소가 되도록 하는 것이 좋다.
⑥ 고강도 콘크리트에 사용되는 굵은 골재의 최대 치수는 25mm 이하로 하며, 철근 최소 수평 순간격의 3/4 이내의 것을 사용하도록 한다.

⑮ 서머콘(Thermo-con)

골재를 사용하지 않고 시멘트, 발포제, 물을 혼합하여 만든 일종의 경량 콘크리트이다.

⑯ 경량기포콘크리트(ALC: Autoclave Lightweight Concrete)

① 고온·고압의 증기양생한 경량 기포 콘크리트이며, 관 속에 보강 철근을 넣어 기준강도를 유지한다.
② 내화구조 건축물의 지붕, 바닥, 외벽, 칸막이 또는 철골 기둥의 내화피복재로 쓰인다.
③ 가볍고, 단열성능, 내화성능, 보온성능이 있다.

⑰ 숏 크리트(Shotcrete)

① 건나이트(Gunite)라고도 하며 모르타르를 압축공기로 분사하여 바르는 것이다.
② 종류: 시멘트 건(Cement Gun), 본 덕터(Bon Ductor), 제트 크리트(Jet Crete)
③ 여러 재료의 표면에 시공하면 밀착이 잘 되며 수밀성, 강도, 내구성이 커진다.
④ 균열이 생기기 쉽고 다공질이며 외관이 좋지 않다.

⑱ 폴리머 콘크리트 (Polymer Concrete)

① 시멘트 대신 Polymer(유기고분자 중합체)를 사용함으로 시멘트가 갖는 늦은 경화, 작은 인장강도, 큰 건조수축, 약한 내약품성을 개선할 목적으로 만든 콘크리트이다.
② 단위 체적당 단가가 비싸다.
③ 고강도, 다양한 용도, 경량성, 내구성, 속경성의 경제성을 갖는다.
④ 단기에 고강도를 발현하고, 완전한 수밀성을 갖는다.
⑤ 높은 접착성을 가지므로 석재, 금속, 목재와 결합이 용이하다.
⑥ 내약품성, 내마모성, 내충격성, 전기절연성이 좋다.
⑦ 난연성, 내화성은 좋지 않다.

⑲ 유동화 콘크리트

① 비비기를 완료한 베이스(Base) 콘크리트에 유동화제를 첨가함으로써 유동성을 일시적으로 증대시킨 콘크리트이다.
② 낮은 물시멘트비의 고강도, 고품질의 콘크리트를 얻을 수 있다.
③ 다량 사용해도 이상응결 지연, 경화불량, 과잉공기 연행성이 없다.
④ 반죽질기가 크더라도 재료분리에 대한 저항성이 크다.

핵심 기출문제

PART 07
철근콘크리트공사

KEYWORD 14 　철근공사

01
20년 4회

철근의 가스압접에 관한 설명으로 옳지 않은 것은?

① 이음공법 중 접합강도가 극히 크고 성분 원소의 조직변화가 적다.
② 압접공은 작업 대상과 압접 장치에 관하여 충분한 경험과 지식을 가진 자로 책임기술자 승인을 받아야 한다.
③ 가스압접할 부분은 직각으로 자르고 절단면을 깨끗하게 한다.
④ 접합되는 철근의 항복점 또는 강도가 다른 경우에 주로 사용한다.

해설
접합되는 철근의 항복점 또는 강도가 다르거나 재질이 서로 다른 경우 압접해서는 안 된다.

정답 | ④

02
21년 2회, 12년 1회

철근의 정착 위치에 관한 설명으로 옳지 않은 것은?

① 지중보의 주근은 기초 또는 기둥에 정착한다.
② 기둥 철근은 큰 보 혹은 작은 보에 정착한다.
③ 큰 보의 주근은 기둥에 정착한다.
④ 작은 보의 주근은 큰 보에 정착한다.

해설
철근의 정착위치
- 기둥의 주근은 기초에 정착한다.
- 큰 보의 주근은 기둥에 정착한다.
- 작은 보의 주근은 큰 보에 정착한다.
- 직교하는 단부 보의 밑에 기둥이 없을 때는 상호 간에 정착한다.
- 벽 철근은 기둥, 보, 바닥판에 정착한다.
- 바닥철근은 보 또는 벽체에 정착한다.
- 지중보의 주근은 기초 또는 기둥에 정착한다.

정답 | ②

KEYWORD 15 　거푸집 공사

03
18년 1회, 12년 4회

바닥판과 보밑 거푸집 설계 시 고려해야 하는 하중을 옳게 짝지은 것은?

① 굳지 않은 콘크리트 중량, 충격하중
② 굳지 않은 콘크리트 중량, 측압
③ 작업하중, 풍하중
④ 충격하중, 풍하중

해설
바닥판과 보밑 거푸집 설계 시 수직하중에 대한 고려를 해야 한다. 굳지 않은 콘크리트 중량, 작업하중, 충격하중 등이 수직하중으로 작용한다. 측압, 풍하중은 수평하중이다.

정답 | ①

04
19년 1회

철근콘크리트 공사 중 거푸집이 벌어지지 않게 하는 긴장재는?

① 세퍼레이터(Separator)
② 스페이서(Spacer)
③ 폼 타이(Form Tie)
④ 인서트(Insert)

해설
폼 타이(Form Tie)는 거푸집 간격을 유지하는 긴장재로서 거푸집이 밖으로 벌어지는 것을 방지하는 역할을 한다.

선지분석
① 거푸집 상호 간의 간격을 유지하도록 한다.
② 철근과 거푸집과의 간격을 유지하도록 한다.
④ 달대를 매달기 위한 수장철물이다.

정답 | ③

05
15년 1회

콘크리트 측압에 영향을 주는 요인에 관한 설명으로 틀린 것은?

① 콘크리트 타설 속도가 빠를수록 측압이 크다.
② 묽은 콘크리트일수록 측압이 크다.
③ 철골 또는 철근량이 많을수록 측압이 크다.
④ 진동기를 사용하여 다질수록 측압이 크다.

해설
철골 또는 철근량이 많을수록 측압은 작아진다.

정답 | ③

KEYWORD 16 콘크리트공사

06
17년 1회

다음 시멘트 중 시멘트 분말의 비표면적이 가장 큰 것은?

① 보통 포틀랜드 시멘트
② 중용열 포틀랜드 시멘트
③ 조강 포틀랜드 시멘트
④ 백색 포틀랜드 시멘트

해설
조강 포틀랜드 시멘트는 분말도가 커서 비표면적이 크고 조기강도가 증대되는 특징이 있다.

정답 | ③

07
20년 1·2회

콘크리트용 골재의 품질에 관한 설명으로 옳지 않은 것은?

① 골재는 청정, 견경하고 유해량의 먼지, 유기불순물이 포함되지 않아야 한다.
② 골재의 입형은 콘크리트의 유동성을 갖도록 한다.
③ 골재는 예각으로 된 것을 사용하도록 한다.
④ 골재의 강도는 콘크리트 내 경화한 시멘트 페이스트의 강도보다 커야 한다.

해설
골재는 둥근 모양이고 표면이 거친 것이 마찰력을 증강시키므로 품질이 더 좋다.

정답 | ③

08
20년 3회, 17년 2회, 13년 2회

콘크리트에 사용되는 혼화재 중 플라이애시의 사용에 따른 이점으로 볼 수 없는 것은?

① 유동성의 개선
② 초기강도의 증진
③ 수화열의 감소
④ 수밀성의 향상

해설
플라이애시를 사용하면 초기강도는 감소하고, 장기강도가 증가한다.

관련이론
플라이애시
화력발전소의 보일러에서 분탄이 연소할 때 부유하는 회분을 전기집전기로 포집한 미세입자이다.

정답 | ②

09
15년 2회

알칼리 골재반응의 대책으로 적절하지 않은 것은?

① 반응성 골재를 사용한다.
② 콘크리트 중의 알칼리양을 감소시킨다.
③ 포졸란 반응을 일으킬 수 있는 혼화재를 사용한다.
④ 단위시멘트량을 최소화한다.

해설
알칼리 골재반응을 방지하기 위해서는 반응성 골재를 사용하지 않고, 저알칼리 시멘트를 사용해야 한다.

관련이론
알칼리 골재반응
시멘트의 알칼리 성분과 골재 중의 실리카, 탄산염 등의 광물이 화합하여 알칼리 실리카겔이 생성되고, 이것이 팽창하여 균열, 조직붕괴 현상을 일으키는 것이다.

정답 | ①

10
18년 4회, 15년 4회, 12년 2회

서중콘크리트에 관한 설명으로 옳은 것은?

① 동일 슬럼프를 얻기 위한 단위수량이 많아진다.
② 장기강도의 증진이 크다.
③ 콜드조인트가 쉽게 발생하지 않는다.
④ 워커빌리티가 일정하게 유지된다.

해설 |
서중콘크리트는 온도가 높은 곳에서 사용하는 것으로 물이 빨리 증발하여 가수가 필요하기 때문에 동일한 슬럼프를 얻기 위한 단위수량이 많아진다.

선지분석
② 초기강도가 크고, 장기강도는 낮다.
③ 콜드조인트가 쉽게 발생한다.
④ 워커빌리티가 감소되어 작업성이 떨어진다.

정답 | ①

11
18년 2회, 15년 4회

한중(寒中) 콘크리트의 양생에 관한 설명으로 옳지 않은 것은?

① 보온 양생 또는 급열 양생을 끝마친 후에는 콘크리트의 온도를 급격히 저하시켜 양생을 마무리 하여야 한다.
② 초기양생에서 소요 압축강도가 얻어질 때까지 콘크리트의 온도를 5℃ 이상으로 유지하여야 한다.
③ 초기양생에서 구조물의 모서리나 가장자리의 부분은 보온하기 어려운 초기양생에 주의하여야 한다.
④ 한중 콘크리트의 보온 양생 방법은 급열 양생, 단열 양생, 피복양생 및 이들을 복합한 방법 중 한 가지 방법을 선택하여야 한다.

해설 |
한중 콘크리트를 양생할 때에는 보온 양생 또는 급열 양생을 끝마친 후에도 온도를 서서히 저하시켜야 한다.

정답 | ①

12
17년 4회, 12년 4회

레디믹스트 콘크리트(Ready Mixed Concrete)를 사용하는 이유로 옳지 않은 것은?

① 시가지에서는 콘크리트를 혼합할 장소가 좁다.
② 현장에서는 균질한 품질의 콘크리트를 얻기 어렵다.
③ 콘크리트의 혼합이 충분하여 품질이 고르다.
④ 콘크리트의 운반거리 및 운반시간에 제한을 받지 않는다.

해설 |
레디믹스트 콘크리트는 운반거리 및 운반시간에 제한이 많으며, 운반 도중에 재료분리가 발생할 우려가 많다.

정답 | ④

13
19년 1회

수밀콘크리트에 관한 설명으로 옳지 않은 것은?

① 콘크리트의 소요 슬럼프는 되도록 작게 하여 180mm를 넘지 않도록 한다.
② 콘크리트의 워커빌리티를 개선시키기 위해 공기연행제, 공기연행감수제 또는 고성능 공기연행감수제를 사용하는 경우라도 공기량은 2% 이하가 되게 한다.
③ 물결합재비는 50% 이하를 표준으로 한다.
④ 콘크리트 타설 시 다짐을 충분히 하여, 가급적 이어붓기를 하지 않아야 한다.

해설 |
수밀콘크리트에서 공기량은 4% 이하가 되도록 해야 한다.

정답 | ②

14
20년 1·2회

유동화콘크리트에 관한 설명으로 옳지 않은 것은?

① 높은 유동성을 가지면서도 단위수량은 보통 콘크리트보다 적다.
② 일반적으로 유동성을 높이기 위하여 화학혼화제를 사용한다.
③ 동일한 단위시멘트량을 갖는 보통콘크리트에 비하여 압축강도가 매우 높다.
④ 일반적으로 건조수축은 묽은 비빔 콘크리트보다 작다.

해설 |
유동화콘크리트는 유동화제를 첨가하여 유동성을 크게 한 것으로 압축강도는 보통콘크리트와 거의 비슷하다.

정답 | ③

PART 08 철골공사

KEYWORD 17, 18

KEYWORD 17 접합 ★★

1. 공장가공 순서

원척도 작성 → 본뜨기 → 변형 바로잡기 → 금매김 → 절단 및 가공 → 구멍뚫기 → 가조립 → 본조립(리벳치기) → 검사 → 녹막이칠 → 운반

2. 본조립

(1) 일반볼트 접합

① 볼트와 구멍 간 이완이 크기 때문에 총 10ton 이하의 건물에만 사용이 가능하다.
② 볼트 구멍지름은 지름보다 0.5mm 이상 크게 해서는 안 된다.
③ 볼트의 너트가 풀리는 것을 방지하기 위한 방법
　㉠ 이중 너트를 사용한다.
　㉡ 스프링 와셔(Spring Washer)를 사용한다.
　㉢ 너트를 용접한다.
　㉣ 콘크리트에 묻는다.
④ 볼트 조임 기구
　㉠ 토크 콘트롤러(Torque Controller)
　㉡ 임팩트 렌치(Impact Wrench)
　㉢ 토크 렌치(Torque Wrench)

(2) 고력볼트 접합

① 특징
　㉠ 볼트가 풀리지 않는다.
　㉡ 노동력이 절약되고 공기(工期)가 단축된다.
　㉢ 마찰접합(90%), 인장접합, 지압접합이다.
　㉣ 소음이 적다.
　㉤ 재해의 위험이 적다.
　㉥ 접합부의 강성이 높다.
　㉦ 조임이 정확하다.
　㉧ 피로강도(Fatigue Limit, Endurance Limit)가 높다.
　㉨ 현장 시공 설비가 간편하다.
　㉩ 불량 개소의 수정이 용이하다. 즉, 볼트는 다시 죄기가 용이하므로 리벳의 수정보다는 훨씬 용이하다.

② 종류
- ㉠ TC 볼트식(볼트축 전단형): 볼트축의 끝 부분에 홈을 내서 너트가 일정한 죔응력에 달하면 그 이상 더 죄여지지 않고 핀테일(Pintail)이 홈 위치로부터 전단력에 못이겨 떨어져 나가는 방식이다.
- ㉡ PI식(너트 전단형): 2개가 붙어 있는 특수너트를 조여 일정한 토크치에 달하면 상하 2개의 너트가 어긋남으로 조임이 끝나는 방식이다.
- ㉢ 그립(Grip)
  - 너트 대신 칼러(Collar)를 사용하여 핀테일에 반력을 받게 하되, 죔기구는 핀테일을 붙잡고 동시에 칼러를 밀어넣게 작용한다.
  - 일정 압력에 달하면 핀테일을 붙잡고 동시에 칼러를 밀어넣게 작용한다.
  - 일정 압력에 달하면 핀테일이 떨어지게 된 것과 그렇지 않은 것이 있다.
- ㉣ 지압형 볼트: 볼트의 나사부분보다 축부(Shank)가 굵게 되어 있어서, 좁은 볼트 구멍에 때려 박으면 구멍에 빈틈이 남지 않도록 고안된 것이다.

(3) 용접접합

① 종류
- ㉠ 가스압접: 접합하는 두 부재에 2.5~3kg/cm²의 압력을 가하면서 1,200~1,300℃의 열을 가하여 접합하는 것이다.
- ㉡ 가스용접: 가스 불꽃이 열을 이용하여 접합하는 것으로 구조용으로는 사용되지 않는다.
- ㉢ 플러시 버트 용접: 전류를 통한 금속을 강압하여 맞대면 전기저항에 의해 접촉부가 용융상태로 되어 용접되는 것이다.
- ㉣ 아크용접: 용접봉과 모재 사이에 전류를 통하여 이때 전류가 발생하는 열을 이용하여 용접봉을 녹여서 모재에 융합되는 접합방식으로 철골공사에 사용된다.

② 특징
- ㉠ 강재가 절약된다.
- ㉡ 건물의 일체성과 강성을 확보할 수 있다.
- ㉢ 접합 판 두께에 별로 제한을 받지 않는다.
- ㉣ 경량화 할 수 있다.
- ㉤ 수밀성이 유지된다.
- ㉥ 시공 시 소음, 진동이 없다.
- ㉦ 단점으로는 모재의 재질에 따라 응력상의 영향이 크다.

③ 용접 접합부 형식
- ㉠ 맞댄 용접
  - 접합하는 두 부재간의 사이를 트이게 하여(홈: Groove) 그 사이에 용착금속으로 채워 용접하는 것으로 홈 용접이라 한다.
  - 유효 단면 목두께는 얇은 재의 판두께로 한다.
  - 보강 살붙임은 3mm를 초과하지 못한다.
  - 용접 부족, 수축 균열, 슬래그 유입 등의 결함을 없애기 위하여 밑면 따내기를 하거나 뒷받침판을 댄다.
  - 판두께가 다를 때에는 낮은 편에서 높은 편으로 용접을 이행한다.
  - 고저차가 6mm 이상이면 두꺼운 편을 트임새 부분에서 낮은 편의 두께에 맞추고 1/5 경사로 표면을 깎아 마무리한다.

ⓒ 모살 용접
- 목두께의 방향이 모재의 면과 45°, 또는 거의 45°의 각을 이루는 용접, 용접부분의 두 부재의 경사각의 허용값은 60°~120° 이하로 하며, 살덧붙임은 0.1S+1mm 이하로 한다.
- 유효 단면은 다리 및 목두께의 곱으로 한다.
- 보통 다리의 길이는 용접치수보다 크게 하고 목두께는 다리 길이의 0.7배이다.
- 부등변 모살 용접이면 짧은 변 길이를 각장(다리길이)으로 한다.
- 보강 살붙임은 0.1S+1mm 또는 3mm 이하로 한다.(S: 유효 다리길이)
- 유효 용접길이는 실제 용접길이에서 유효 목두께의 2배를 감한 것으로 유효 길이는 각 길이의 10배 이상으로 한다.

(4) **용접부의 결함**
① 결함의 원인
ⓐ 용접 시 전류의 높낮이가 고르지 못한 경우
ⓑ 용접속도가 일정치 못하고 기능이 미숙할 때
ⓒ 용접봉의 잘못된 선택과 관리보관이 불량한 경우
ⓓ 용접부의 개선 정밀도, 청소 상태가 나쁠 때
ⓔ 용접방법 순서에 의한 변형이 생긴 경우

② 결함의 종류

구분	내용	그림
Crack	용착금속과 모재에 생기는 단열로서 용접결함의 대표적인 결함	
Blow Hole	용융금속 응고 시 방출가스가 남아 길쭉하게 된 구멍이 남아 혼입되어 있는 현상	
Slag 감싸들기	용접봉의 피복제 심선과 모재가 변하여 Slag가 용착금속 내에 혼합된 것	
Crater	용접 시 Bead 끝에 항아리 모양처럼 오목하게 파이는 현상	
Under Cut	과대전류 혹은 용입불량으로 모재 표면과 용접 표면이 교차되는 점에 모재가 녹아 용착금속이 채워지지 않는 현상	
Pit	• 작은 구멍이 용접부 표면에 생기는 현상 • 이음부에 도료, 유지, 페인트, 녹, 모재의 수분 등이 있을 때 발생함	

용입불량	용입 깊이가 불량하거나 모재와의 융합이 불량한 것	
Fish Eye	Blow Hole 및 혼입된 Slag가 모여서 둥근 은색반점이 생기는 결함 현상	
Over Lap	겹침이 형성되는 현상으로서 용착금속의 가장자리에 모재와 융합되지 않고, 겹쳐지는 것	
Throat (목두께) 불량	용접 단면에 있어서 바닥을 통하는 직선으로부터 용접의 최소두께가 부족한 현상	

(5) 용접에 사용되는 용어

① 가용접(Tack Weld): 조립을 목적으로 하는 용접
② 루트(Root): 용접부 단면에서의 밑바닥(맞댄 용접에서 트임새 끝의 최소 간격)
③ 레그(Leg): 모살용접에 있어서 한쪽 용착면의 폭
④ 목두께(Throat): 용접 단면에서의 바닥을 통하는 직선부터 잰 용접의 최소 두께
⑤ 비드(Bead): 용착금속이 모재 위에 열상을 이루고 이어지는 용접층
⑥ 위이빙(Weaving): 용접봉을 용접방향에 대하여 서로 엇갈리게 움직여서 용착금속을 녹여 붙이는 운봉방법
⑦ 스틱(Stick): 용접 중에 용접봉이 모재에 붙어 떨어지지 않는 것
⑧ 플럭스(Flux): 자동 용접 시 용접봉의 피복재 역할을 하는 분말상 재료
⑨ 스캘럽(Scallop): 철골 부재의 접합(다른 부재의 연결: 보+기둥 등) 및 이음(동일 부재의 연결: 보+보, 기둥+기둥) 중 용접에 의한 방법으로 접합(or 이음)할 때 H형강의 용접부가 재용접되어 열 영향부(Heat Affected Zone)의 취약화를 방지하기 위해서 모따기를 하는 것
⑩ 뒷댐재(Back Strip): 맞댄 용접 시 루트부에 완전용입을 얻을 수 있도록 뒤쪽에 대는 보조 강판재
⑪ 엔드 탭(End Tab): 용접결함이 생기기 쉬운 용접 비드(Bead)의 시작과 끝 지점에 용접을 정확히 하기 위하여 모재의 양단에 부착하는 보조 강판
⑫ 가우징(Gouging): 양쪽 용접을 하는 경우 충분한 용입을 얻기 위하여 배면용접 전에 용접 금속부분이 나타날 때까지 홈을 파는 것

3. 녹막이칠

(1) 일반사항

① 현장 반입 전 녹막이칠 1회를 한다.
② 공장조립 시 맞댐면이나 조립 후 칠할 수 없는 부분에는 조립 전에 2회 칠하여 조립한다.
③ 운반, 리벳치기, 용접 등으로 손상된 부분은 다시 칠해야 한다.

(2) **녹막이칠을 하지 않는 부분**
① 콘크리트에 밀착되거나 매입되는 부분
② 조립에 의하여 맞닿는 면
③ 현장 용접하는 부분(용접부에서 50mm 이내의 부분)
④ 고장력 볼트 접합부의 마찰면
⑤ 밀착 또는 회전하는 기계 깎기 마무리면
⑥ 폐쇄형 단면을 한 부재의 밀폐된 면

KEYWORD 18 현장작업 ★

1. 앵커볼트 설치

(1) **고정매입공법**
앵커볼트의 위치를 정확하게 설치한 후 콘크리트를 타설하는 공법으로 위치 수정이 불가능하며, 시공 정밀도가 요구되는 곳에 쓰인다.

(2) **나중매입공법**
앵커볼트를 묻을 구멍을 내두었다가 나중에 고정하는 공법으로 앵커볼트 지름이 작을 때 사용된다.

(3) **가동매입공법**
고정매입공법과 나중매입공법을 동시 적용하여 사용된다.

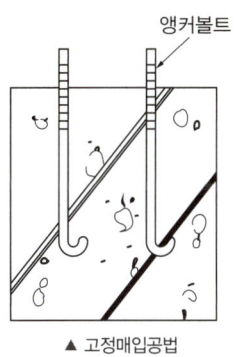
▲ 고정매입공법

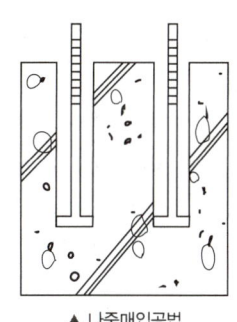
▲ 나중매입공법

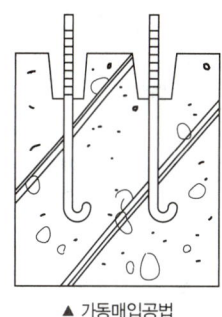
▲ 가동매입공법

2. 기초 상부 고름질

(1) **전면바름 마무리공법**
기둥 저면의 주위에서 3cm 이상 넓게 지정된 높이로 수평되게 한 후에 '된비빔 1 : 모르타르 2' 비율로 펴 바르고 경화 후 세우기를 한다.

(2) **나중채워넣기 중심바름공법**
기둥 저면에 중심부만 지정된 높이만큼 수평으로 '된비빔 1 : 모르타르 1' 비율로 바르고 기둥을 세운 후 사방에서 모르타르를 다져 넣는 방법이다.

(3) 나중채워넣기 십자(+)바름공법

기둥 저면에서 대각선 방향 +자형으로 지정된 높이만큼 수평으로 모르타르를 바르고 기둥을 세운 후 그 주위에 모르타르를 다져 넣는 방법이다.

(4) 나중채워넣기공법

베이스 플레이트 중앙에 구멍을 낼 수 있을 때에 채용되는 방법으로써 기초 위에 베이스 플레이트 4귀에 워셔 등 철판 괴임을 써서 높이 및 수평조절을 하고 기둥을 세운 후 1 : 1 모르타르를 베이스 플레이트의 중앙부 구멍에 다져 넣는 것이다.

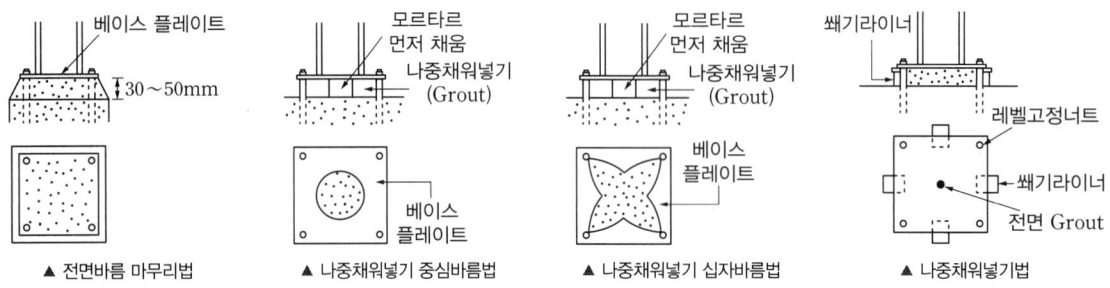

▲ 전면바름 마무리법　　▲ 나중채워넣기 중심바름법　　▲ 나중채워넣기 십자바름법　　▲ 나중채워넣기법

3. 내화피복공법의 종류

구분	내용
타설공법	• 강재 주위에 콘크리트, 경량 콘크리트를 타설함(두께 5cm 이상) • 임의 칫수가 가능하고, 강재와 피복재의 일체화로 신뢰성이 높음
조적공법	콘크리트 블록, 경량 콘크리트 블록, 돌, 벽돌 등을 쌓음
미장공법	철망 모르타르, 철망 펄라이트 모르타르를 바름
뿜칠공법	• 내화 피복재를 뿜칠하여 피복함 • 단시간 시공이 가능, 단면 형상의 영향이 적음
성형판 붙임공법	• ALC판, 석고보드, 석면시멘트판, PC, 콘크리트 판 등을 붙임 • 시공정밀도에 따라 성능 저하가 우려됨 • 기능성이 풍부하나 재료손실이 큼
멤브레인 공법	암면 흡음판을 이용함
합성공법	• 천장판, PC판 등 마감재와 동시에 피복공사를 함 • 마감처리를 동시에 해결함

4. 세우기용 장비

(1) 가이데릭(Guy Derrick)

① 가장 많이 쓰이는 기중기의 일종으로 능력이 크고 5~10ton 정도의 것이 많다.

② Guy의 수: 6~8개

③ 붐(Boom)의 회전범위: 360°

④ 7.5ton 데릭으로 1일 세우기 능력은 철골재 15~20ton이다.

⑤ 붐의 길이는 주축(Mast)보다 3~5m 짧게 한다.

(2) 스티프레그데릭(Stiff-leg Derrick, 삼각데릭)

① 가이데릭에 비해 수평이동이 가능하므로 층수가 낮고 긴 평면인 건물에 유리하다.

② 회전범위는 270°이다.(작업범위는 180°임)

(3) 트럭크레인

① 트럭에 설치한 크레인이다.

② 이동성 및 작업능률이 좋고, 대규모 공장건물 건축 시 적합하다.

(4) 진폴(Gin Pole)

소규모 철골공사에 사용되며 옥탑 등의 돌출부에 쓰이고, 중량재료를 달아 올리기에 편리하다.

(5) 타워크레인(Tower Crane)

고층 건설용으로 초중량물 처리가 가능하다.

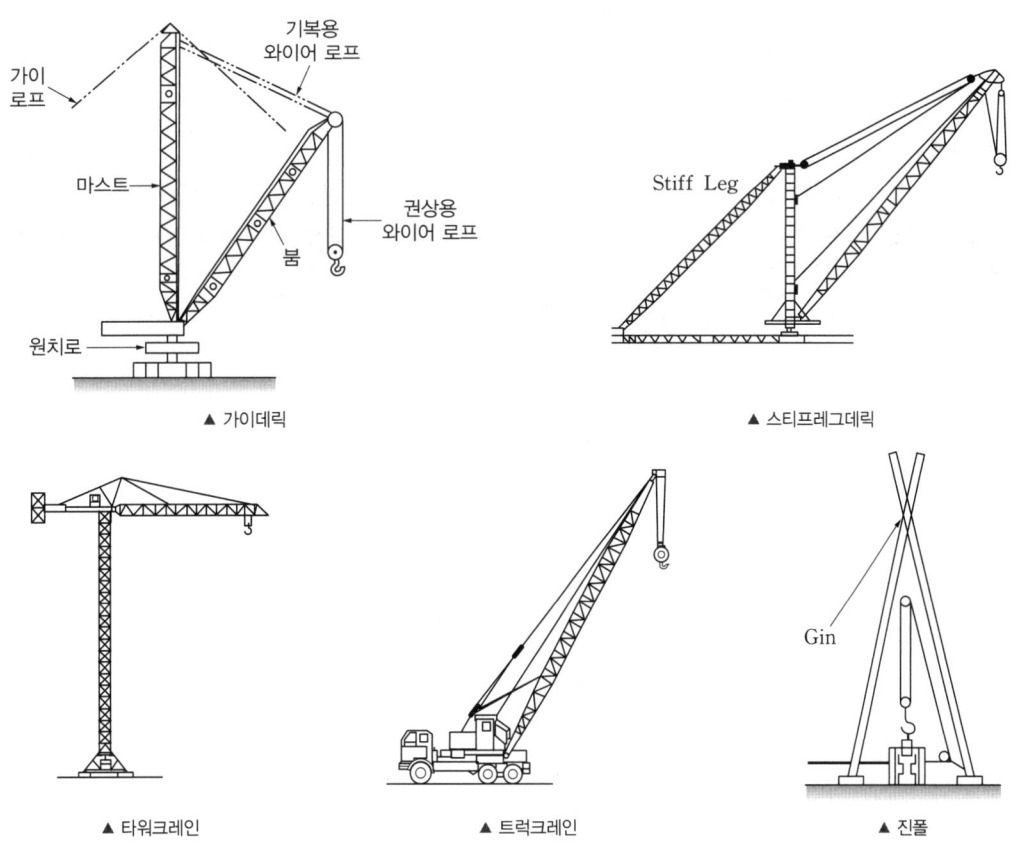

▲ 가이데릭   ▲ 스티프레그데릭

▲ 타워크레인   ▲ 트럭크레인   ▲ 진폴

5. 경량철골 및 특수 철재공사

(1) 파이프 구조의 특징
① 경량이며 외관이 경쾌하고 미려하다.
② 파이프의 부재 형상이 간단하고, 공사비가 저렴하다.
③ 폐쇄 단면이므로 어느 방향에 대해서도 강도가 균일하다.
④ 국부 좌굴에 대하여 강하다.
⑤ 살두께를 작게 하면서도 휨 효과가 크다.
⑥ 접합부의 절단 가공이 어렵고, 접합 부분이 복잡해진다.

(2) 스페이스 프레임(Space Frame)
① 사각뿔 형태의 단위 구조물(Unit)을 통해 현장조립하여 구조체를 구성하는 구법체이다.
② 높이를 50% 까지 낮게 할 수 있고, 철재의 양을 25% 정도 절약할 수 있다.
③ 동일 부재를 반복하여 조립함으로 작업이 용이하다.
④ 지진, 기타 수평외력에 대한 저항이 크다.

(3) 메탈터치 가공
① 철골조에서 2~3개 층의 기둥을 단일재로 하지만 그 이상 고층에서는 기둥부재를 몇 군데 이어서 사용한다.
② 외력에 의한 축력과 휨모멘트, 전단력이 이음부에서 충분히 전달되어 응력집중이나 불연속이 생기지 않도록 유의해야 한다.
③ 기둥 이음의 밀착도에 따라 축응력과 휨응력의 50%까지 직접 전달시키는 이음방법을 메탈터치 가공이라 한다.

핵심 기출문제

PART 08
철골공사

KEYWORD 17 접합

01
16년 1회

철골부재의 공장제작 시 대략적인 작업순서를 옳게 나열한 것은?

① 원척도 → 본뜨기 → 금매김 → 절단 및 가공 → 구멍뚫기 → 가조립 → 본조립 → 검사
② 본뜨기 → 원척도 → 금매김 → 절단 및 가공 → 구멍뚫기 → 가조립 → 본조립 → 검사
③ 원척도 → 금매김 → 본뜨기 → 절단 및 가공 → 구멍뚫기 → 가조립 → 본조립 → 검사
④ 원척도 → 본뜨기 → 금매김 → 구멍뚫기 → 절단 및 가공 → 가조립 → 본조립 → 검사

해설 |
철골부재의 공장가공 순서
원척도 작성 → 본뜨기 → 변형 바로잡기 → 금매김 → 절단 및 가공 → 구멍뚫기 → 가조립 → 본조립(리벳치기) → 검사 → 녹막이칠 → 운반

정답 | ①

02
17년 2회, 14년 4회, 13년 1회

철골부재 용접 시 겹침이용, T자이용 등에 사용되는 용접으로 목두께의 방향이 모재의 면과 45° 또는 거의 45°의 각을 이루는 것은?

① 완전용입 맞댐용접
② 모살용접
③ 부분용입 맞댐용접
④ 다층용접

해설 |
모살용접은 겹침이용, T자이용 등에 사용되는 용접으로 목두께의 방향이 모재의 면과 45° 또는 거의 45°의 각을 이루는 용접이다.

정답 | ②

03
18년 2회, 14년 2회

고력볼트 접합에 관한 설명으로 옳지 않은 것은?

① 현대건축물의 고층화, 대형화 추세에 따라 소음이 심한 리벳은 현재 거의 사용하지 않고 볼트접합과 용접접합이 대부분을 차지하고 있다.
② 토크쉐어형 고력볼트는 조여서 소정의 축력이 얻어지면 자동적으로 핀테일이 파단되는 구조로 되어 있다.
③ 고력볼트의 조임기구는 토크렌치와 임팩트렌치 등이 있다.
④ 고력볼트의 접합형태는 모두 마찰접합이며, 마찰접합은 하중이나 응력을 볼트가 직접 부담하는 방식이다.

해설 |
고력볼트는 접합재료의 마찰저항에 의하여 힘을 전달하는 접합방법으로 접합형태는 마찰접합, 인장접합, 지압접합이 있다.

정답 | ④

04
19년 4회

다음과 같은 원인으로 인하여 발생하는 용접결함의 종류는?

원인: 도료, 녹, 밀스케일, 모재의 수분

① 피트
② 언더컷
③ 오버랩
④ 엔드탭

해설 |
피트는 용접부 표면에 작은 구멍이 생기는 현상이다.
피트는 용접 이음부에 도료, 유지, 페인트, 녹, 모재의 수분 등이 있을 경우에 발생한다.

정답 | ①

05

21년 2회, 15년 1회

철골부재의 용접 시 이음 및 접합부위의 용접선의 교차로 재용접된 부위가 열 영향을 받아 취약해짐을 방지하기 위하여 모재에 부채꼴 모양으로 모따기를 한 것은?

① Blow Hole ② Scallop
③ End Tap   ④ Crater

해설

Scallop은 철골 부재 용접 시 이음 및 접합부위의 용접선이 교차되면 재용접된 부위가 열의 영향을 받아 취약해지기 때문에 모재에 부채꼴 모양의 모따기를 한 것이다.

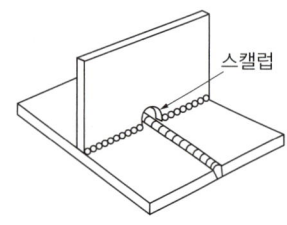

정답 | ②

06

19년 2회

철골공사의 접합에 관한 설명으로 옳지 않은 것은?

① 고력볼트접합의 종류에는 마찰접합, 지압접합이 있다.
② 녹막이도장은 작업장소 주위의 기온이 5°C 미만이거나 상대습도가 85%를 초과할 때는 작업을 중지한다.
③ 철골이 콘크리트에 묻히는 부분은 특히 녹막이칠을 잘 해야 한다.
④ 용접접합에 대한 비파괴시험의 종류에는 자분탐상시험, 초음파탐상시험 등이 있다.

해설

철골이 콘크리트에 묻히는 부분은 콘크리트와의 일체화를 위해서 녹막이칠을 하지 않는다.

관련이론

녹막이칠을 하지 않는 부분
- 콘크리트에 밀착되거나 매입되는 부분
- 조립에 의하여 맞닿는 면
- 현장용접하는 부분(용접부에서 50mm 이내의 부분)
- 고장력 볼트 접합부의 마찰면
- 밀착 또는 회전하는 기계 깎기 마무리면
- 폐쇄형 단면을 한 부재의 밀폐된 면

정답 | ③

KEYWORD 18 현장작업

07

16년 4회

가이데릭(Guy Derrick)에 대한 설명 중 옳지 않은 것은?

① 기계 대수는 평면높이의 가동범위·조립능력과 공기에 따라 결정한다.
② 붐(Boom)의 길이는 마스트의 길이보다 길다.
③ 볼 휠(Ball Wheel)은 가이데릭 하단부에 위치한다.
④ 붐(Boom)의 회전각은 360°이다.

해설

가이데릭(Guy Derrick)의 붐의 길이는 마스트(주축)보다 3~5m 정도 짧게 해야 한다.

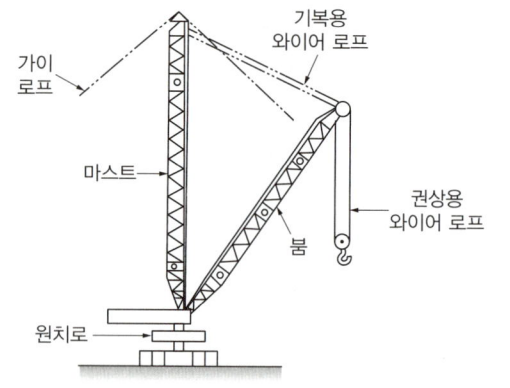

정답 | ②

08

18년 1회

파이프 구조에 관한 설명으로 옳지 않은 것은?

① 파이프 구조는 경량이며, 외관이 경쾌하다.
② 파이프 구조는 대규모의 공장, 창고, 체육관, 동·식물원 등에 이용된다.
③ 접합부의 절단가공이 어렵다.
④ 파이프의 부재 형상이 복잡하여 공사비가 증대된다.

해설

파이프 구조의 경우 파이프의 부재 형상이 간단하고, 공사비가 저렴하다.

정답 | ④

PART 09 조적·석·목공사

KEYWORD 19, 20, 21

KEYWORD 19 조적공사 ★★

1 벽돌공사

1. 벽돌의 크기

구분		길이	너비	두께
표준형	치수(mm)	190	90	57
기존형	치수(mm)	210	100	60

2. 마름질

벽돌을 사용하는 크기에 맞춰 자르는 일이다.

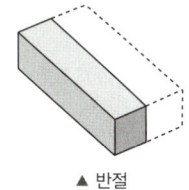
▲ 반절

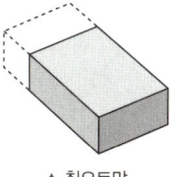
▲ 칠오토막

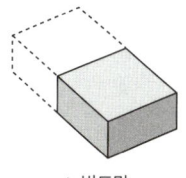
▲ 반토막

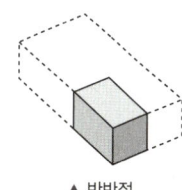
▲ 반반절

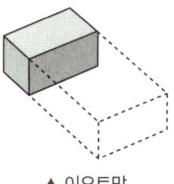
▲ 이오토막

3. 벽돌 쌓기법

(1) 형태별 쌓기법

① 길이 쌓기
  ㉠ 벽돌은 길게 나누어 놓아 길이 면이 내보이도록 쌓는다.
  ㉡ 가장 얇은 벽쌓기이며 1장 길이쌓기의 벽두께를 0.5B라 한다.
② 마구리 쌓기: 벽돌의 마구리가 나오게 쌓는 방식이다.(마구리 쌓기의 벽두께를 1.0B라 함)
③ 세워 쌓기: 길이 면이 내보이도록 벽돌 벽면을 수직으로 쌓는 것이다.
④ 옆세워 쌓기: 마구리면이 내보이도록 벽돌 벽면을 수직으로 쌓는 것이다.
⑤ 영롱 쌓기: 난간벽(Parapet)과 같이 상부 하중을 지지하지 않는 벽에 있어서 장식적인 효과를 기대하기 위해 벽체에 구멍을 내어 쌓는 것이다.
⑥ 엇모 쌓기: 담 또는 처마 부분에 내쌓기를 할 때 45° 각도로 모서리가 면에 나오도록 쌓는 것으로 비교적 시공도 간단하며 외관을 장식하기에 좋은 방법이다.

(2) 나라별 쌓기법

① 영국식 쌓기(영식 쌓기): 마구리 쌓기와 길이 쌓기를 교대로 쌓고 벽의 모서리나 끝에는 반절이나 이오토막을 쓰는 방법으로 가장 튼튼하며 내력벽 쌓기에 사용된다.

② 네덜란드식 쌓기(화란식 쌓기): 마구리 쌓기와 길이 쌓기를 교대로 쌓고 벽 끝에는 칠오토막을 사용한다.
③ 프랑스식 쌓기(불식 쌓기): 매 켜에 길이 쌓기와 마구리 쌓기를 번갈아 쌓는 방법으로 구조적으로는 약하나 외관이 아름다워 비내력벽에 장식용으로 사용된다.
④ 미국식 쌓기(미식 쌓기): 5켜는 길이 쌓기로 하고, 그 위 1켜는 마구리 쌓기로 한다.

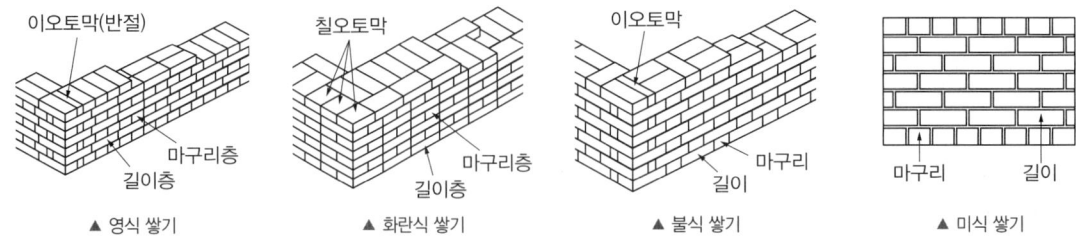

▲ 영식 쌓기　　▲ 화란식 쌓기　　▲ 불식 쌓기　　▲ 미식 쌓기

(3) 각 구조별 쌓기

① 기초 쌓기
　㉠ 벽돌조 기초는 연속기초로 한다.
　㉡ 기초판은 콘크리트 구조로 하며 두께는 보통 20~30cm로 한다.
　㉢ 기초 쌓기 시의 벌림 각도는 60° 이상으로 한다.
　㉣ 1/4B씩 한 켜 또는 두 켜 내어 쌓고, 맨 밑켜는 벽체 두께의 2배 이상으로 마구리 쌓기가 유리하다.
　㉤ 지중 습기를 차단하기 위하여 지반선과 1층 바닥 사이에 방습켜를 설치한다.

② 중간 내쌓기(Corbel)
　㉠ 벽면에서 부분적으로 또는 길게 내밀어 쌓는다.
　㉡ 내쌓기는 한 켜당 1/8B 또는 두 켜당 1/4B로 하고, 내미는 정도는 2B를 한도로 한다.
　㉢ 맨 윗켜는 마구리 쌓기가 유리하다.

③ 중간부 떼어쌓기, 교차부 들여쌓기
　㉠ 공사의 단속으로 인하여 형성될 수 있는 통줄눈을 피하기 위함이다.
　㉡ 1/4B 정도의 깊이로 켜마다(층단 떼어쌓기) 또는 한 켜 걸름(켜걸름 들여쌓기)으로 쌓는다.

④ 공간 쌓기(Cavity Wall Bond)
　㉠ 벽체방습을 목적으로 공간을 두고 안팎벽을 쌓는 방법이다.
　㉡ 공간은 5~7cm로 보통 0.5B 이내로 한다.
　㉢ 안벽은 반장쌓기의 두께로, 벽 두께는 두꺼운 쪽 벽 두께만 산정한다.
　㉣ 벽의 연결은 벽돌, 철물, 철사, 철망 등으로 수직 40cm 이내 또는 수평 90cm 이내의 간격으로 긴결한다.(벽면적 $0.4m^2$ 마다 1개소씩 긴결)

⑤ 창대 쌓기
　㉠ 창대 벽돌은 윗면을 15° 내외로 경사지게 옆세워 쌓는다.
　㉡ 벽면에서의 돌출 길이는 벽돌 벽면에 일치시키거나 1/8~1/4B 정도 내밀어 쌓는다.
　㉢ 창대 쌓기의 길이는 1.5B 또는 벽 두께 이하로 하며 방수 처리에 주의한다.

⑥ 아치 쌓기
　㉠ 개구부 상단에서 상부 하중을 옆벽면으로 분산시키기 위한 쌓기법으로 부재의 하부에서 인장력이 생기지 않도록 해야 한다.
　㉡ 본아치: 아치 벽돌을 사용하여 쌓는 것이다.
　㉢ 막만든 아치: 보통 벽돌을 아치 벽돌처럼 다듬어 쌓는 것이다.

ⓔ 거친아치: 보통 벽돌은 그대로 사용하고 줄눈을 쐐기 모양으로 하여 쌓는다.
ⓜ 아치 쌓기는 좌우로부터 균등히 쌓아야 하며 줄눈은 원호의 중심으로 하여 쌓는다.
ⓑ 조적 벽체의 개구부 상부에서는 원칙적으로 아치를 틀어야 한다.
ⓢ 개구부의 너비가 1m 이하일 때는 평아치로 할 수 있다.
ⓞ 개구부의 너비가 1.8m 이상이면 목재, 석재, 철재나 철근콘크리트로 만든 인방보 등으로 보강하여야 한다.
ⓩ 인방보(Lintel)는 좌우 벽면으로 20~40cm 정도가 물려야 한다.

4. 벽돌벽의 균열 원인

(1) 벽돌조 건물의 계획 설계상의 미비
① 기초의 부동침하
② 건물의 평면, 입면의 불균형 및 벽의 불합리한 배치
③ 불균형 하중, 큰 집중하중, 횡력 및 충격
④ 벽돌벽의 길이, 높이, 두께에 대한 벽돌 벽체의 강도 부족
⑤ 문꼴 크기의 불합리 및 불균형 배치

(2) 시공상의 결함
① 벽돌 및 모르타르의 강도 부족
② 재료의 신축성(온도 및 흡수에 의해 발생)
③ 이질재와의 접합부
④ 콘크리트보 밑의 모르타르 다져 넣기의 부족(장막벽의 상부)
⑤ 모르타르, 회반죽 바름의 신축 및 들뜨기

5. 백화현상

(1) 원인
① 벽 표면에 침투하는 빗물, 재료 및 시공불량에 의해 모르타르 중의 석회분이 유출되어 공기 중의 탄산가스와 결합하는 현상이다.
② 백화현상이 발생하면 벽 표면에 미세한 백색이 물질이 생긴다.

(2) 방지법
① 잘 구워진 양질의 벽돌을 사용한다.
② 줄눈 모르타르에 방수제를 혼합한다.
③ 빗물이 침입하지 않도록 벽면에 비막이를 설치한다.
④ 벽돌 표면에 파라핀 도료를 발라 염류의 유출을 막는다.

6. 치장줄눈

(1) 개념
① 치장줄눈은 1:1 또는 1:2 배합 모르타르를 줄눈흙손으로 충분히 눌러 밀어 넣으며, 벽돌 주위에 밀착되어 수밀하게 줄바르며, 표면이 고르고 가지런하게 마무리 한다.
② 치장줄눈 모르타르에는 방수제를 넣어 쓰기도 하고 백시멘트, 색소 등을 쓸 때도 있다.

(2) 종류

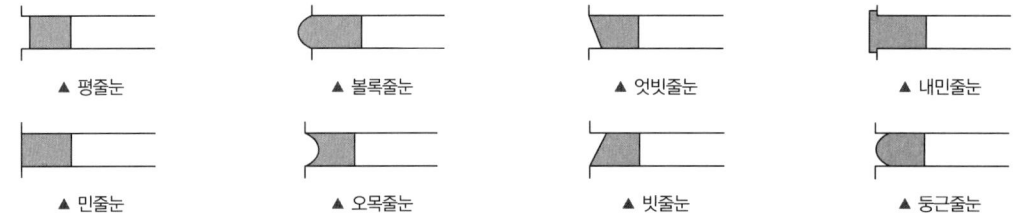

7. 보양
① 벽돌쌓기가 끝나는 대로 거적 등을 씌워 보양하고 그 위를 다니거나, 무거운 짐을 실어 충격·진동·압력 등을 주지 않도록 한다.
② 일단 쌓은 벽돌은 어떠한 일이 있더라도 움직여서는 안 된다.

8. 벽돌쌓기 시 주의사항
① 벽돌은 쌓기 전 충분한 물축임을 한다.(내화벽돌 제외)
② 모르타르는 벽돌의 강도보다 작으면 안 되고 굳기 시작한 모르타르는 사용하지 못한다.
③ 벽돌의 1일 쌓기높이는 표준 1.2m, 최대 1.5m 이내로 한다.
④ 모르타르의 배합 시 모래는 입자가 굵은 것을 사용하며, 부배합으로 한다.
⑤ 모르타르의 배합비: 조적용은 1:3, 아치용은 1:2, 치장줄눈용은 1:1로 한다.

9. 테두리보의 역할
① 벽체의 일체화를 통한 수직하중을 분산한다.
② 수직균열을 방지한다.
③ 세로근의 정착 및 이음 역할을 한다.

2 블록공사
1. 형상 및 치수
(단위: mm)

형상	길이	높이	두께	허용치(길이·두께·높이)
기본형 블록	390	190	190, 150, 100	±2

2. 보강 콘크리트 블록조
① 세로근은 잊지 않고 기초보하단에서 테두리보 상단까지 40d 이상 정착시킨다.
② 철근 굵기는 D10 이상으로 하고, 내력벽 끝부분이나 모서리는 D13 이상으로 한다.
③ 가로근, 세로근의 간격은 80cm 이내로 한다.
④ 가로근의 이음은 25d 이상으로 하고 정착길이는 40d 이상이다.
⑤ #8~#10 철선을 용접하여(와이어메쉬) 블록을 2~3단마다 배치한다.

⑥ 세로근과 세로줄눈 부분의 사춤 모르타르는 윗면에서 5cm 밑에 두어 사춤한다.
⑦ 철근의 피복두께는 2cm 이상으로 하고, 굵은 철근보다 가는 철근을 사용한다.

KEYWORD 20 석공사 ★

1. 석재의 특성 및 가공

(1) 석재의 특성
① 화강암: 강도, 경도, 내마멸성이 우수하여 구조용, 장식용으로 사용된다.
② 안산암: 흡수율이 크고 강도가 화강암보다 작으며 열에 강하지만 큰 재료를 얻을 수는 없다.
③ 응회암: 내화성이 크므로 경량 골재나 내화재로 사용된다.
④ 사문암: 흑록색 바탕에 백색 반점이 있으므로 옥내외 장식판재로 사용된다.
⑤ 대리석: 특유의 색깔과 무늬가 있고, 물갈기하면 아름다운 광택과 무늬가 나타나지만 산과 열, 풍화작용에 약해 외장용보다 내부 장식용으로 쓰인다.

(2) 석재의 가공
① 흑두기: 쇠메로 원석의 두드러진 부분을 쳐서 큰 요철이 없게 다듬는 것이다.
② 정다듬: 정으로 쪼아 다듬어 평평하게 다듬는 것이다.
③ 도드락 다듬: 도드락 망치로 정다듬한 면을 더욱 세밀히 평탄하게 다듬는 것이다.
④ 잔다듬: 날망치로 정다듬면이나 도드락 다듬면 위를 일정 방향의 평행선으로 평탄하게 마무리하는 것이다.
⑤ 물갈기: 손 또는 기계에 의하여 물갈기를 하는데 금강사, 숫돌 등을 이용한다.
⑥ 정갈기: 물갈기 후 광내기를 하는 것이다.

▲ 쇠메

▲ 정

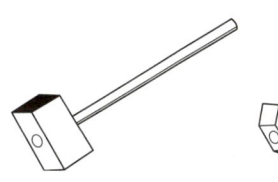
▲ 도르락 망치

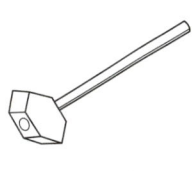
▲ 날망치

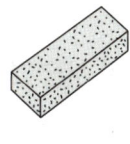
▲ 숫돌

(3) 석재의 표면 마무리(특수공법)
① 분사법: 고압공기의 압력으로 모래를 분사시켜 석재면을 가공하는 방법이다.
② 버너마감: 버너 등의 불꽃으로 석재면을 달군 후 찬물에 급랭시켜 석재 표면에 박리층이 형성되어 떨어진 후 거친면으로 가공하는 방법이다.
③ 착색마감: 석재의 흡수성을 이용하여 염료, 색소 안료 등으로 석재의 내부를 착색시키는 방법이다.

2. 돌쌓기 및 석재붙임공법

(1) 돌쌓기 종류
① 거친돌 막쌓기: 막 생긴 거친돌을 맞댐면을 다듬지 않고, 그대로 또는 거친 다듬 정도로 하여 쌓는다.
② 다듬돌 쌓기: 돌의 모서리나 맞댐면을 일정한 모양으로 다듬어 줄눈을 바르게 쌓는 방법으로 가장 튼튼하고 외관이 좋다.
③ 허튼층 쌓기: 줄눈이 규칙적으로 되지 않는 것으로 막쌓기라고도 한다.

④ 바른층 쌓기

　　㉠ 돌 한켜 한켜가 수평직선으로 되게 쌓는 것이다.

　　㉡ 층지어 쌓기는 허튼층 쌓기로 하되, 3켜 정도마다 수평줄눈을 일직선으로 통하게 한 것이다.

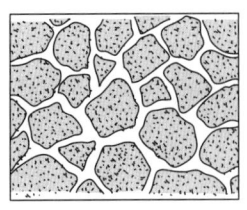 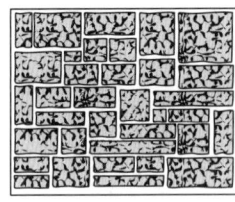 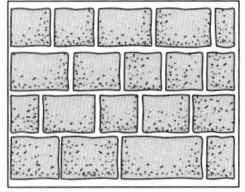 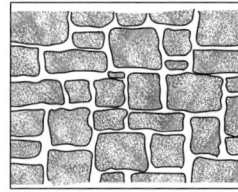

▲ 거친돌 막쌓기　　▲ 다듬돌 쌓기　　▲ 바른층 쌓기　　▲ 허튼층 쌓기

(2) 석재붙임공법

① 습식공법: 구조체와 석재 사이를 연결철물과 모르타르 채움에 의해 붙이는 공법이다.

② 앵커(Anchor) 긴결공법: 구조체에 각종 앵커를 사용하여 석재를 붙여 나가는 공법이다.

③ 트러스 지지공법: 미리 조립된 강재 Truss에 석판재를 지상에 조립한 후 구조체에 설치해 나가는 공법이다.

④ 선부착공법(G.P.C): 석재를 미리 붙여놓는 P.C를 제작하여 건축물의 외벽을 설치하는 공법이다.

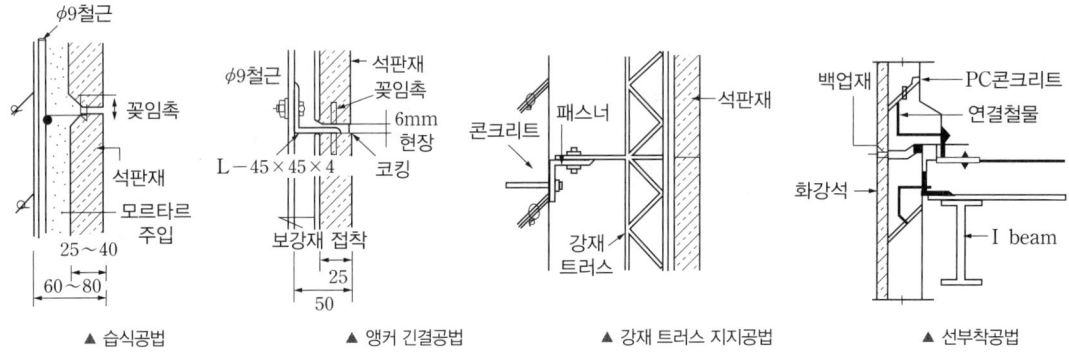

▲ 습식공법　　▲ 앵커 긴결공법　　▲ 강재 트러스 지지공법　　▲ 선부착공법

3. 타일 시공 검사

(1) 두들김 검사

① 붙임 모르타르의 경과 후 검사봉으로 전면적을 두들겨 본다.

② 들뜸, 균열 등이 발견된 부위는 줄눈 부분을 잘라내어 다시 붙인다.

(2) 접착력 시험

① 타일의 접착력 시험은 600m²당 한 장씩 시험한다.

② 시험할 타일은 먼저 줄눈 부분을 콘크리트 면까지 절단하여 주위의 타일과 분리시킨다.

③ 시험할 타일을 부속장치의 크기로 하되 그 이상은 180×60mm 크기로 콘크리트면까지 절단한다.(다만, 40mm 미만의 타일을 4매를 1개 조로 하여 부속장치를 붙여 시험함)

④ 시험은 타일 시공 후 4주 이상일 때 행한다.

⑤ 시험결과의 판정은 접착강도가 0.39MPa 이상이어야 한다.

(3) 타일의 동해 방지
① 소성온도가 높은 타일을 사용한다.
② 흡수율이 낮은 타일을 사용한다.
③ 줄눈누름을 충분히 하여 우수의 침투를 방지한다.
④ 모르타르의 단위수량을 적게 한다.
⑤ 바탕면과 접착모르타르의 접착성을 좋게 한다.

4. 테라코타 공사

(1) 정의
고급점토와 흙을 소성한 속이 빈 점토제품이다.

(2) 용도
① 구조용: 칸막이벽 등에서 사용하는 공동 벽돌이다.
② 장식용: 난간벽, 주주, 돌림띠, 창대 등에 쓰인다.

(3) 특징
① 석재보다 가볍고, 색이 다양하다.
② 압축강도는 800~900kg/cm^{2}로 화강암의 1/2 정도이다.
③ 대리석보다 풍화에 강하다.
④ 현장절단과 구멍뚫기가 불가능하므로 미리 연결구멍을 뚫어 제작해야 한다.

5. A.L.C(Autoclaved Lightweight Concrete)

(1) 정의
규석을 주원료로 하고 생석회, 석고, 시멘트, 물 등을 혼합, 발포시켜 고온·고압 상태에서 증기 양생한 경량기포 콘크리트이다.

(2) 특징
① 경량성이다.
② 단열성이 크다.
③ 불연성, 내화성이 크다.
④ 흡음성이 뛰어나다.
⑤ 건조수축이 작고, 균열발생이 적다.

(3) ALC 블록 시공
① 줄눈의 두께는 1~3mm로 한다.
② 블록 상하단의 겹치는 길이는 블록 길이의 1/3~1/2을 원칙으로 하고, 100mm 이상으로 한다.
③ 공간 쌓기인 경우 공사시방 또는 도면에서 규정한 사항이 없으면 바깥쪽을 주벽체로 하고, 내부공간은 50~90mm 정도, 수평거리 900mm, 수직거리 600mm 마다 철물 연결재로 연결시킨다.

(4) ALC 패널 설치공법
① 보강근삽입공법　　　　　　② 슬라이드공법
③ 볼트조임공법　　　　　　　④ 커버플레이트공법

KEYWORD 21 목공사 ★

1. 목재의 종류와 흠

(1) 목재의 종류

- 형상
  - 침엽수: 소나무, 해송, 삼송나무, 전나무, 낙엽송, 잣나무
  - 활엽수: 밤나무, 느티나무, 오동나무, 단풍나무, 참나무, 박달나무, 벚나무, 은행나무
- 성장
  - 외장수: 수목에 연륜이 형성되어 성장하는 나무
  - 내장수: 두께가 비대해지지 않고 연륜이 형성되지 않는 나무
- 재질
  - 연질: 침엽수종, 오동나무(활엽수)
  - 경질: 활엽수종
- 용도
  - 구조재: 건물의 뼈대를 이루는 부재
  - 수장재: 실내의 치장에 쓰이는 부재
  - 창호재: 창, 문에 쓰이는 부재
  - 가구재

(2) 목재의 흠

① 옹이: 줄기세포와 가지세포가 교차되는 곳에서 발생
② 썩음: 국부 또는 전체가 부패된 것
③ 갈램: 건조수축에 따라 균열이 생긴 것
④ 껍질박이: 목질 내부에 껍질이 남아 있는 것
⑤ 혹: 섬유가 집중되어 불룩하게 된 부분
⑥ 죽: 제재물의 일부에 피죽이 남아 붙어 있는 것

2. 목재의 성질

(1) 함수율

① 기본공식

$$함수율 = \frac{시험편 \ 중량 - 절건상태의 \ 중량}{절건상태의 \ 중량} \times 100$$

② 상태별 함수율

절대건조상태	기건상태	섬유포화점
0%	15%	30%

③ 용도별 함수율

구조용재	수장재	창호재
20%	15%	18%

(2) 강도
① 인장강도＞휨강도＞압축강도＞전단강도이다.
② 섬유평행＞섬유직각이다.
③ 섬유포화점(30%) 이하에서는 함수율 감소에 따라 강도는 증가하나, 섬유포화점 이상에서는 강도가 일정한다.

3. 목재의 건조
(1) 개요
① 건조 전 처리: 수침법, 자비법, 방치
② 건조법: 자연건조법, 인공건조법

(2) 자연건조와 인공건조의 특성

구분	자연건조	인공건조
건조시간	길다.	짧다.
변형	크다.	작다.
건조비용	작다.	크다.
품질	보통	좋다.
건조량	대량	소량

(3) 인공건조의 종류
① 증기법: 건조실을 증기로 가열하여 건조시키는 방법이다.(가장 많이 쓰임)
② 열기법: 건조실 내의 공기를 가열하여 건조시키는 방법이다.
③ 훈연법: 짚이나 톱밥을 태운 연기를 건조실에 도입하여 건조시키는 방법이다.
④ 진공법: 원통형 탱크 속에 목재를 넣고 밀폐하여 고온, 저압 상태에서 수분을 없애는 방법이다.

4. 방부, 방충법
(1) 처리 방법
① 일광직사: 자외선으로 30시간 이상 일광 직사한다.
② 침지법: 물속에 담가 공기를 차단한다.
③ 표면탄화법: 목재의 표면을 태우는 방법으로 방부성은 있으나 흡수성이 증가한다.
④ 표면피복법: 금속판이나 도료로 표면을 덮는 것이다.

(2) 약품 처리법(목재에 약제를 칠하거나 가압·주입·침지시키는 방법)

구분	품명	특징
유성	콜타르	• 상온에서 침투 불가하고 방부력이 약함 • 도포용으로 사용함
	크레오소트	• 방부력이 우수하고 내습성도 있으며 값이 쌈 • 냄새가 좋지 않고 흙갈색이므로 외부용으로 사용함
	아스팔트	가열 도포, 흑색도료칠 불가, 보이지 않는 곳만 사용

유용성	유성 페인트	유성 페인트 도포로 피막 형성, 착색이 자유로움, 미관효과가 우수함
	P.C.P	방부력이 가장 우수, 무색, 도료칠 가능
수용성	황산동 1% 용액	방부성은 우수, 철재 부식, 인체 유해
	염화아연 4% 용액	방부성은 우수, 목질부 약화, 비내구적
	염화제2수은 1% 용액	방부성은 우수, 철재 부식, 인체 유해
	불화소다 2% 용액	방부성은 우수, 인체 무해, 도료칠 가능, 고가

5. 접합

(1) 이음

① 맞댄이음(Butt Joint): 두 부재가 단순히 맞대어 있는 방법으로, 덧판을 대고 큰 못이나 볼트 조임을 한다.

② 겹침이음(Lap Joint): 두 부재를 단순히 겹치게 대고 볼트, 큰 못, 산지 등으로 보강한 이음이다.

③ 따낸이음: 두 부재가 서로 물려지도록 따내고 맞추어 이은 것으로 그 종류와 특징은 아래와 같다.

 ㉠ 주먹장 이음: 한 재의 끝을 주먹 모양으로 만들어, 다른 한 재에 파들어 가게 한 구조로, 공작이 간단하고 튼튼하기 때문에 널리 쓰인다.

 ㉡ 메뚜기장 이음

 ㉢ 엇걸이 이음
- 중요한 가로재의 낸 이음으로 쓰이며, 구부림에 효과적이다.
- 이음길이는 재의 춤의 3~3.5배로 한다.

 ㉣ 빗걸이 이음: 밑에 기둥, 보, 간막이 도리 등의 받침이 있는 보의 이음으로 빗걸이가 2단으로 되어 턱이 있고, 보의 옆 방향으로 이동을 막기 위해 꺾쇠 등으로 보강한다.

 ㉤ 빗이음: 서로 빗잘라 이은 것으로 이음 길이는 재의 춤에 1.5~2배 정도로 하고, 서까래, 띠장, 장선 등에 쓰인다.

(2) 연귀맞춤

나무 마구리를 감추면서 튼튼한 맞춤을 할 때 쓰이는 것으로 목재창에 주로 사용된다.

(3) 쪽매의 종류

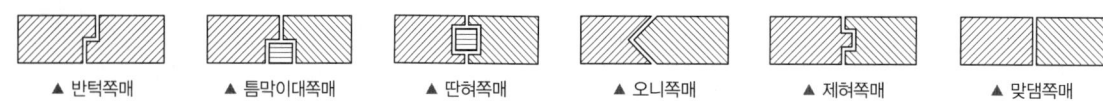

▲ 반턱쪽매　　▲ 틈막이대쪽매　　▲ 딴혀쪽매　　▲ 오니쪽매　　▲ 제혀쪽매　　▲ 맞댐쪽매

(4) 보강철물

① 꺾쇠

 ㉠ 실용 길이는 9~12cm, 갈구리는 4~5cm이다.

 ㉡ 보통꺾쇠, 엇꺾쇠, 주걱꺾쇠가 있다.

② 볼트

 ㉠ 볼트 구멍은 볼트의 지름보다 3mm 이상 커서는 안 된다.

 ㉡ 구조용은 12mm 이상, 경미한 곳은 9mm 정도의 지름을 사용한다.

③ 듀벨: 볼트와 같이 사용하며 듀벨에는 전단력, 볼트에는 인장력을 부담시킨다.

④ 띠쇠: 보통띠쇠, ㄱ자쇠, ㄷ자쇠, 감잡이쇠, 안장쇠 등이 있다.

6. 접착제

(1) 접착력의 크기 순서

> 에폭시 > 요소 > 멜라민 > 페놀(석탄산계)

(2) 내수성의 크기 순서

> 실리콘 > 에폭시 > 페놀 > 멜라민 > 요소 > 아교

7. 횡력에 대한 보강부재

(1) 가새(Diagonal)
① 모양은 ×자형 ∧자형으로 건물 전체에 대하여 대칭으로 배치한다.
② 수평에 대한 각도는 60° 이하로, 보통 45°로 한다.
③ 가새와 샛기둥이 만날 때는 샛기둥을 따내고 가새는 따내지 않는다.
④ 단면적의 크기
  ㉠ 압축가새: 기둥 단면의 1/3 이상(꺽쇠로 긴결함)
  ㉡ 인장가새: 기둥 단면의 1/5 이상 또는 동등내력을 갖는 철근 대용(9mm 이상으로 못, 볼트로 긴결함)
⑤ 횡력에 대해 저항한다.(횡력에 대한 보강재임)

(2) 버팀대 및 귀잡이
① 가새를 댈 수 없는 곳에서 45° 경사로 대어 수직귀를 굳힌다.
② 절점의 강성을 높이기 위해 설치한다.
③ 귀잡이는 수평으로 댄 버팀대이다.

8. 수장

(1) 반자
① 정의: 반자는 지붕 밑, 마루 밑을 감추어 보기 좋게 하고 먼지 등을 방지하며 음·열·기류 차단에 효과가 있다.
② 목조 반자틀 구성

> 달대받이 — 반자돌림대 — 반자틀받이 — 반자틀 — 달대

③ 경량 철골 반자 구성

> 인서트 — 볼트(달대) — 행거 — 채널 — M바 — 텍스마감

(2) 판벽
① 외부판벽: 영식 비늘판벽, 독일식(턱솔) 비늘판벽, 누름대 비닐판벽이 있다.
② 내부판벽: 기둥, 샛기둥에 띠장을 30~60cm 간격으로 널을 세워댄 것이다.
③ 걸레받이: 벽 하부의 바닥과 접하는 부분에 높이 20cm 정도로 설치한 것이다.
④ 징두리판벽: 실내부의 벽하부에서 1~1.5m 정도를 널로 댄 것으로 굽도리판벽이라고도 한다.
⑤ 고막이: 외벽 하부 지면에 닿는 부분을 지면에서 50cm 정도를 벽면보다 약 1~3cm 정도 나오게하거나 드려밀기 한 것이다.

9. 벽 천장재

(1) 코펜하겐 리브
① 두께 3cm, 넓이 10cm 정도의 긴판을 자유곡선으로 깎아 수직 평행선이 되게 리브를 만든 것이다.
② 강당, 극장, 집회장 등에 음향 조절용으로 사용된다.

(2) 코르크판
① 코르크에 톱밥, 삼(마), 접착 등을 혼합한 후 열압처리한 것이다.
② 흡음판, 단열판 등으로 사용된다.

(3) 파티클 보드(Particle Board)
① 식물섬유를 주원료로 하여 접착제로 성형, 열압하여 제판한 것이다.
② 비중이 0.4 이상의 판을 파티클 보드라 한다.

핵심 기출문제

PART 09 조적 · 석 · 목공사

KEYWORD 19 조적공사

01
17년 2회

벽돌벽에서 장식적으로 구멍을 내어 쌓는 벽돌쌓기 방식은?

① 불식쌓기
② 영롱쌓기
③ 무늬쌓기
④ 층단떼어쌓기

해설
영롱쌓기는 난간벽에서 장식적인 효과를 기대하기 위하여 벽체에 구멍을 내서 쌓는 것이다.

정답 | ②

02
20년 3회

외부 조적벽의 방습, 방열, 방한, 방서 등을 위해서 설치하는 쌓기법은?

① 내쌓기
② 기초쌓기
③ 공간쌓기
④ 엇모쌓기

해설
공간쌓기는 벽체의 방습을 목적으로 공간을 두고 안과 밖의 벽을 쌓는 것이다. 공간은 5~7cm로 보통 0.5B 두께로 한다.

정답 | ③

03
19년 2회

다음 중 조적벽 치장줄눈의 종류로 옳지 않은 것은?

① 오목줄눈
② 빗줄눈
③ 통줄눈
④ 실줄눈

해설
통줄눈, 막힌줄눈은 치장줄눈이 아니라 구조적 줄눈이다.

정답 | ③

04
18년 1회, 13년 2회

조적조에 발생하는 백화현상을 방지하기 위하여 취하는 조치로서 효과가 없는 것은?

① 줄눈 부분을 방수처리하여 빗물을 막는다.
② 잘 구워진 벽돌을 사용한다.
③ 줄눈 모르타르에 방수제를 넣는다.
④ 석회를 혼합하여 줄눈 모르타르를 바른다.

해설
백화현상은 빗물에 의해 석회분이 유출하여 발생하는 현상이다. 따라서 석회를 혼합하여 줄눈 모르타르를 바르는 것은 백화현상을 방지하기 위한 조치로서 효과가 없다.

정답 | ④

KEYWORD 20 석공사

05
16년 2회, 13년 4회

석재에 관한 설명으로 옳지 않은 것은?

① 심성암에 속한 암석은 대부분 입상의 결정 광물로 되어 있어 압축강도가 크고 무겁다.
② 화산암의 조암광물은 결정질이 작고 비결정질이어서 경석과 같이 공극이 많고 물에 뜨는 것도 있다.
③ 안산암은 강도가 작고 내화적이지 않으나, 색조가 균일하며 가공도 용이하다.
④ 수성암은 화성암의 풍화물, 유기물, 기타 광물질이 땅속에 퇴적되어 지열과 지압을 받아서 응고된 것이다.

해설
안산암은 강도, 경도, 비중이 크고 내화력도 우수하여 구조용 석재로 사용한다.

정답 | ③

06
21년 1회

건축 석공사에 관한 설명으로 옳지 않은 것은?

① 건식쌓기 공법의 경우 시공이 불량하면 백화현상 등의 원인이 된다.
② 석재 물갈기 마감 공정의 종류는 거친갈기, 물갈기, 본갈기, 정갈기가 있다.
③ 시공 전에 설계도에 따라 돌나누기 상세도, 원척도를 만들고 석재의 치수, 형상, 마감방법 및 철물 등에 의한 고정방법을 정한다.
④ 마감면에 오염의 우려가 있는 경우에는 폴리에틸렌 시트 등으로 보양한다.

해설 |
벽돌을 쌓을 때 시멘트와 물을 섞은 모르타르를 사용하면 백화현상이 발생한다.
건식쌓기 공법은 모르타르 대신 볼트와 너트를 이용하여 벽돌 구멍을 죄어 고정시키는 것으로 백화현상 발생을 막기 위해 개발된 공법이다.

정답 | ①

07
21년 1회, 18년 2회

타일공사에서 시공 후 타일접착력 시험에 관한 설명으로 옳지 않은 것은?

① 타일의 접착력 시험은 600m² 당 한 장씩 시험한다.
② 시험할 타일은 먼저 줄눈 부분을 콘크리트면까지 절단하여 주위의 타일과 분리시킨다.
③ 시험은 타일 시공 후 4주 이상일 때 행한다.
④ 시험결과의 판정은 타일 인장 부착강도가 10MPa 이상이어야 한다.

해설 |
타일공사에서 타일접착력 시험결과에 대한 판정은 타일의 인장 부착강도가 0.39MPa 이상이어야 한다.

정답 | ④

08
19년 4회

경량기포콘크리트(ALC)에 관한 설명으로 옳지 않은 것은?

① 기건 비중은 보통 콘크리트의 약 1/4 정도로 경량이다.
② 열전도율은 보통 콘크리트의 약 1/10 정도로서 단열성이 우수하다.
③ 유기질 소재를 주원료로 사용하여 내화성능이 매우 낮다.
④ 흡음성과 차음성이 우수하다.

해설 |
경량기포콘크리트(ALC)는 발포제에 의하여 콘크리트 내부에 무수한 기포를 생성시킨 것이다. 따라서 경량기포콘크리트는 내화성능이 매우 높다.

정답 | ③

KEYWORD 21 목공사

09
21년 1회, 15년 1회

건축용 목재의 일반적인 성질에 관한 설명으로 옳지 않은 것은?

① 섬유포화점 이하에서는 목재의 함수율이 증가함에 따라 강도는 감소한다.
② 기건상태의 목재의 함수율은 15% 정도이다.
③ 목재의 심재는 변재보다 건조에 의한 수축이 적다.
④ 섬유포화점 이상에서는 목재의 함수율이 증가함에 따라 강도는 증가한다.

해설 |
목재는 섬유포화점 이하에서는 함수율의 감소에 따라 강도가 증가하지만, 섬유포화점 이상에서는 강도가 일정하다.

관련이론
섬유포화점
목재의 세포막 내부가 수분으로 포화되어 있을 때의 함수율로 보통 섬유포화점의 함수율은 30% 정도이다.

정답 | ④

PART 10 방수, 지붕 및 홈통공사

KEYWORD 22, 23

KEYWORD 22　방수공사 ★★★

1. 방수공법의 분류

(1) 시공부위별 분류
　① 옥상방수
　② 외벽방수
　③ 지하실방수(안방수, 바깥방수)

(2) 안방수와 바깥방수의 비교

내용	안방수	바깥방수
사용환경	비교적 수압이 적은 지하실에 적당함	수압에 상관없이 할 수 있음
바탕 만들기	따로 만들 필요가 없음	따로 만들어야 함
공사시기	자유롭게 선택할 수 있음	본공사에 선행해야 함
공사 용이성	간단함	상당한 난점이 있음
본공사 추진	방수공사에 관계없이 본공사를 추진할 수 있음	방수공사 완료 전에는 본공사 추진이 잘 안됨
경제성(공사비)	비교적 쌈	비교적 고가임
내수압 처리	수압에 견디게 하기 곤란함	내수압적으로 됨
공사순서	간단함	복잡함
보호누름	필요함	없어도 무방함

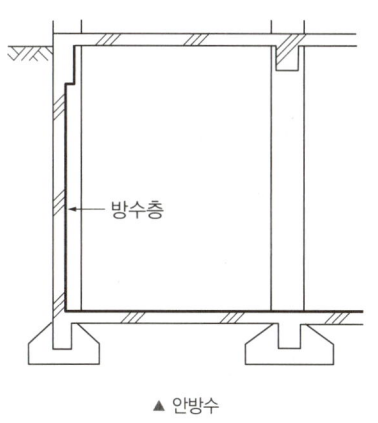

▲ 안방수

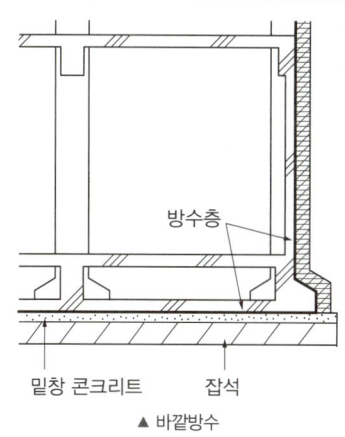

▲ 바깥방수

(3) 공법별 분류
① 멤브레인 방수: 불투수성 피막을 형성하여 방수층을 형성한다.(아스팔트 방수, 시트방수, 도막방수, 개량아스팔트방수)
② 침투성 방수: 침투성 방수제를 침투시켜 방수층을 형성한다.
③ 금속판 방수: 각종 금속판으로 방수층을 형성한다.
④ 실링 방수: 코킹이나 실런트 등을 이용하여 방수층을 형성한다.

2. 아스팔트 방수

(1) 천연 아스팔트
① 레이키 아스팔트(Laky Asphalt): 도로 포장, 내산공사에 사용된다.
② 로크 아스팔트(Rock Asphalt): 역청분이 모래, 사암에 침투되어 있는 것이다.
③ 아스팔트 타이트(Asphalt Tight): 방수, 포장, 절연재료의 원료로 사용된다.

(2) 석유계 아스팔트
① 스트레이트 아스팔트: 신축성이 좋고 교착력이 우수하나, 연화점이 낮아 지하실에 쓰인다.
② 블로운 아스팔트: 비교적 연화점이 높고, 온도에 예민하지 않아 지붕방수에 많이 사용된다.
③ 아스팔트 컴파운드: 블로운 아프팔트에 동·식물성 유지나 광물성 분말을 혼합하여 만든 것으로 신축성이 가장 크고 최우량품이다.
④ 아스팔트 프라이머: 블로운 아스팔트에 휘발성 용제를 넣어 묽게 한 것으로, 방수층 바탕에 침투시켜 부착이 잘 되게 한다.

> **합격 PLUS+ 석유계 아스팔트의 사용**
> ❶ 지하 방수에는 스트레이트 아스팔트가 주로 사용된다.
> ❷ 지붕의 방수공사에는 블로운 아스팔트가 주로 사용된다.
> ❸ 아스팔트 방수공사에서 아스팔트 프라이머는 방수층을 잘 접착시키기 위해 사용한다.

(3) 펠트, 루핑류
① 아스팔트 펠트: 유기성 섬유를 펠트(Felt)상으로 만든 원지를 가열 용융한 침투용 아스팔트를 통과시켜 만든 것이다.
② 아스팔트 루핑: 원지에 아스팔트를 침투시킨 다음, 양면에 피복용 아스팔트를 도포하고, 광물질 분말을 살포시켜 마무리한 것이다.
③ 특수 루핑: 마포, 면포 등을 원지 대신 사용한 것으로 망형 루핑이라고도 한다.

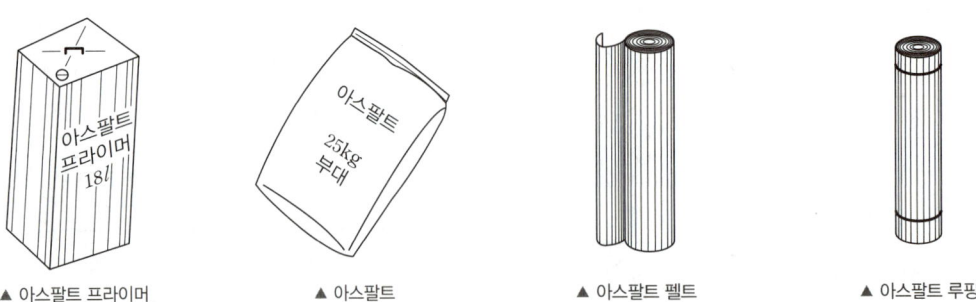

▲ 아스팔트 프라이머　　▲ 아스팔트　　▲ 아스팔트 펠트　　▲ 아스팔트 루핑

(4) 아스팔트 제품
① 아스팔트 유제: 유화제를 넣은 수용액에 아스팔트 분말을 다량 혼입한 것이다.
② 아스팔트 코킹제: 틈서리, 줄눈 등에 사춤하여 방수처리 하는 것이다.

③ 아스팔트 코팅제: 아스팔트, 가솔린, 석면 등을 혼입하여 방수층의 치켜올림부에 사용한다.

(5) 시공방법 및 순서
사용되는 아스팔트 펠트(루핑)수에 따라 겹방수로 지칭되기도 한다.

겹수	층수	품명
1겹	1층	아스팔트 프라이머 뿜칠 또는 솔칠
	2층	아스팔트
	3층	아스팔트 펠트를 펴서 붙임
	4층	아스팔트
2겹	5층	아스팔트 루핑
	6층	아스팔트
3겹	7층	아스팔트 루핑
	8층	아스팔트

(6) 아스팔트 재료의 품질
① 아스팔트 판정 시험에는 침입도, 연화점, 인화점, 감온비, 신도 등이 있다.
② 침입도: 아스팔트의 경도를 나타내는 것으로 25℃에서 100g 추가 5초 동안 바늘을 누를 때 0.1mm 들어가는 것을 침입도 1이라 한다.
③ 일반적으로 침입도가 작은 것은 연화점이 높기 때문에 온난한 지역은 침입도가 작은 것을 사용하고, 한랭지는 침입도가 크고 연화점이 낮은 것을 사용한다.
④ 옥상 방수층에서는 아스팔트의 침입도가 크고, 연화점이 높은 것을 사용한다.

3. 시멘트 액체방수

(1) 정의
방수제를 모르타르와 혼합하여 구조체에 여러 번 도포하여 수밀층을 만들어 방수성능을 갖게 한 공법이다.

(2) 시공순서
① 제1공정: 방수액 침투 → 시멘트풀 먹임 → 방수액 침투 → 시멘트 모르타르 바름
② 제2공정: 1공정 위에 덧붙여 다시 방수액 침투 → 시멘트풀 먹임 → 방수액 침투 → 시멘트 모르타르 바름

(3) 시공상 주의사항
① 바탕처리는 모래를 완전 건조시켜 균열을 100% 발생시킨 후 고름 모르타르로 보수한다.
② 방수층의 부착력을 증진시키기 위하여 고름 모르타르가 반건조된 상태에서 표면처리를 한 후 방수층을 시공하도록 한다.
③ 방수층은 신축성이 없기 때문에 반드시 신축줄눈을 설치하도록 한다.(줄눈의 깊이 6mm, 너비 9mm, 거리간격 1m 정도)
④ 마지막 공정인 시멘트 모르타르를 방수 모르타르 마감으로 하여 보호층의 역할을 겸하게 한다.

4. 아스팔트 방수와 시멘트 액체방수의 비교

내용	아스팔트 방수	시멘트 액체방수
바탕처리	완전건조 · 보수처리는 보통이다.	보통건조 · 보수처리를 엄밀히 한다.
외기에 대한 영향	적다.	크다.
방수층의 신축성	크다.	거의 없다.
균열의 발생 정도	비교적 안 생긴다.	잘 생긴다.
방수층의 중량	자체는 적으나 보호누름이 있으므로 총체적으로 크다.	보호누름을 하지 않아도 되므로 작다.
시공 용이도	복잡하다.	간단하다.
시공기일	길다.	짧다.
보호누름	절대 필요하다.	없어도 무방하다.
경제성(공사비)	비싸다.	싸다.
재료취급 · 성능판단	복잡하지만 명확하다.	간단하지만 신빙성이 적다.
결함부 발견	용이하지 않다.	용이하다.
보수범위	광범위하고 보호누름도 재시공한다.	국부적으로 보수할 수 있다.
보수비	비싸다.	싸다.

5. 합성고분자계 시트방수

(1) 정의

아스팔트와 같이 다층 방식의 방수법이 아니고, 시트 1층으로서 방수효과를 내는 공법이다.

(2) 종류

① 네오프랜 시트 방수막
② 부틸 시트 방수막
③ 비닐 시트 방수막
④ 폴리에틸렌 시트 방수막
⑤ 역청질 시트 방수막
⑥ 아스팔트, 폴리에틸렌 시트 방수막
⑦ 동판 시트 방수막

6. 도막방수

(1) 개요

도료 상태의 방수제를 바탕면에 여러 번 칠하여 방수막을 형성하는 방수법으로 다음과 같이 구분된다.

(2) 종류

① 유제형 도막방수(에멀존): 수지, 유지를 여러 번 발라 0.5~1mm 정도의 바름막을 형성시켜 방수층으로 하는 공법이다.
② 용제형 도막방수(솔벤트): 합성고무를 휘발성 용제(솔벤트)에 녹인 일종의 고무도료를 여러 번 발라 0.5~0.8mm의 방수피막을 형성시키는 것으로 시공이 쉽지만 외부의 충격에는 약하다.
③ 에폭시계 도막방수: 에폭시 수지를 여러 번 발라 1~2mm의 얇은 막을 형성시키는 방수공법으로 내약품성이 우수하다.

7. 실링(Sealing) 공사

(1) 개요
① 건축물의 부재와 부재 간의 접합부에 사용되는 것이다.(샤시, 균열부 등)
② 유성 코킹재, 아스팔트 코킹재, 탄성실란트, 성형 실링재 등이 쓰인다.

(2) 실링재의 종류

종류	내용
코킹재	유성 코킹재와 아스팔트 코킹재가 있음
실(Seal)재	퍼티나 코킹 등 충전재에 쓰임
실란트	고점성 풀이 시간 경과 후 고무형체가 되는 특성이 있음
성형(정형) 실링재	줄퍼티, 가스켓 등으로 조립식 건축에 주로 이용됨

KEYWORD 23 지붕 및 홈통공사 ★

1. 한식기와의 구성요소

구분	내용
착고	지붕마루에 암키와와 수키와의 골에 맞춰지도록 특수제작한 수키와 모양의 기와를 옆세워 댄 것
부고	착고 위에 옆세워 댄 수키와
머거블	용마루 끝 마구리에 옆세워 댄 수키와
단골막이	착고막이로 수키와 반토막을 간단히 댄 것
보습장	추녀마루의 처마 끝에 암키와장을 삼각형으로 다듬어 댄 것
내림새	처마 끝에 있는 암키와
막새	처마 끝에 덮는 수키와에 와당이 딸린 기와
착고막이	지붕마루 수키와 사이의 골에 맞추어 수키와를 다듬어 옆세워 댄 것
너새	박공 옆면에 직각으로 대는 암키와
감새	박공 옆면에 내리덮는 날개를 옆에 댄 기와
산자	서까래 위에 기와를 잇기 위하여 가는 싸리나무로 가는 장작 따위를 새끼로 엮어 댄 것
아귀토	수키와 처마 끝에 막새 대신에 회진흙 반죽으로 둥글게 바른 것
알매흙	암키와 밑의 진흙
홍두깨흙	수키와 밑의 진흙

2. 홈통의 종류

(1) 처마 홈통
① 안홈통과 밖홈통이 있으며 물흘림 경사는 선홈통 쪽으로 원활한 배수가 되도록 충분한 경사를 갖도록 제작한다.
② 밖홈통의 모양은 반달형(반원형)과 쇠시리형으로 한다.
③ 처마 홈통의 이음은 겹침부분이 최소 30cm 이상 겹치도록 제작한다.
④ 홈걸이 띠쇠는 아연 도금 또는 녹막이칠을 하여 서까래 간격에 따라 85~135cm(보통 90cm) 간격으로 서까래에 못 박아 댄다.

(2) 선홈통
① 원형 또는 각형으로 하고 상하이음은 윗통을 밑통에 5cm 이상 꽂아 넣고 가로는 감접기로 한다.
② 선홈통 걸이(Leader Strap)는 아연 도금 또는 녹막이칠을 하여 85~120cm(보통 120cm) 간격으로 벽체에 고정한다.
③ 선홈통 위는 깔대기 홈통 또는 장식통을 받고, 밑은 지하 배수 토관에 직결하거나 낙수받이 돌 위에 빗물이 떨어지게 된다.
④ 선홈통 하부의 높이는 120~180cm 정도는 철관 등으로 보호한다.
⑤ 선홈통은 처마 길이 10cm 이내마다 또는 굴뚝 등으로 처마 홈통이 단절되는 구간마다 설치한다.

(3) 깔대기 홈통
① 처마 홈통과 선홈통을 연결하는 홈통으로 각형 또는 원형으로 한다.
② 15° 기울기를 유지하여 설치하며 선홈통과의 접합부에 장식통을 댈 수도 있다.

(4) 장식홈통
① 선홈통 상부에 대어 우수방향 돌리기, 집수 등의 넘침을 방지한다.
② 선홈통에 60mm 이상 꽂아 넣는다.

핵심 기출문제

PART 10 방수, 지붕 및 홈통공사

KEYWORD 22 방수공사

01
20년 3회, 17년 2회, 16년 1회

바깥방수와 비교한 안방수의 특징에 관한 설명으로 옳지 않은 것은?

① 공사가 간단하다.
② 공사비가 비교적 싸다.
③ 보호누름이 없어도 무방하다.
④ 수압이 작은 곳에 이용된다.

해설
안방수는 보호누름이 필요하고, 바깥방수는 보호누름이 없어도 무방하다.

정답 | ③

02
19년 1회

방수공사에 관한 설명으로 옳은 것은?

① 보통 수압이 적고 얕은 지하실에는 바깥방수법, 수압이 크고 깊은 지하실에는 안방수법이 유리하다.
② 지하실에 안방수법을 채택하는 경우, 지하실 내부에 설치하는 칸막이벽, 창문틀 등은 방수층 시공 전 먼저 시공 하는 것이 유리하다.
③ 바깥방수법은 안방수법에 비하여 하자보수가 곤란하다.
④ 바깥방수법은 보호누름이 필요하지만, 안방수법은 없어도 무방하다.

해설
바깥방수법은 벽체 외부의 지중에 닿은 부분의 방수공사로서 안방수보다 공사진행이 어렵고, 하자보수가 어렵다.

정답 | ③

03
21년 2회, 17년 1회, 16년 4회

멤브레인 방수에 속하지 않는 방수공법은?

① 시멘트 액체방수
② 합성고분자 시트방수
③ 도막방수
④ 아스팔트방수

해설
멤브레인 방수는 불투수성 피막을 형성하여 방수층을 형성하는 것으로 아스팔트방수, 시트방수, 도막방수, 개량아스팔트방수 등이 있다.

관련이론
시멘트 액체방수
방수제를 모르타르와 혼합하여 구조체에 여러 번 도포하여 수밀층을 만들어 방수성능을 갖게 한 공법이다.

정답 | ①

04
20년 1·2회

잔류유(찌꺼기)를 저온으로 장시간 증류한 것으로 응집력이 크고 온도에 의한 변화가 적으며 연화점이 높고 안전하여 방수공사에 많이 사용되는 것은?

① 아스팔트 펠트
② 블로운 아스팔트
③ 아스팔타이트
④ 레이크 아스팔트

해설
블로운 아스팔트는 연화점이 높고 안전하여 지붕 방수공사에 많이 사용된다.

정답 | ②

05
15년 1회

방수공사에 사용하는 아스팔트의 견고성 정도를 침(針)의 관입저항으로 평가하는 방법은?

① 침입도 ② 마모도
③ 연화점 ④ 신도

해설 |
침입도는 25°C에서 100g의 추가 5초 동안 바늘을 누를 때 0.1mm 들어가는 것을 기준으로 아스팔트의 경도를 나타내는 것이다.

정답 | ①

06
17년 2회

시멘트 액체방수에 관한 설명으로 옳은 것은?

① 모체 표면에 시멘트 방수제를 도포하고 방수모르타르를 덧발라 방수층을 형성하는 공법이다.
② 구조체 균열에 대한 저항성이 매우 우수하다.
③ 시공은 바탕처리 → 혼합 → 바르기 → 지수 → 마무리 순으로 진행된다.
④ 시공 시 방수층의 부착력을 위하여 방수할 콘크리트 바탕면은 충분히 건조시키는 것이 좋다.

해설 |
② 구조체 균열에 대한 저항성이 좋지 않다.
③ 시공은 지수 → 바탕처리 → 혼합 → 바르기 → 마무리 순으로 진행된다.
④ 시공 시 방수층의 부착력을 위하여 방수할 콘크리트 바탕면은 습윤상태를 유지하는 것이 좋다.

정답 | ①

07
17년 1회, 12년 2회

합성고무와 열가소성수지를 사용하여 1겹으로 방수효과를 내는 공법은?

① 도막방수 ② 시트방수
③ 아스팔트방수 ④ 표면도포방수

해설 |
시트방수는 열가소성수지를 사용하여 1겹으로 합성고무(접착제)를 사용하여 접착시키는 방수법이다.

정답 | ②

08
19년 4회, 16년 4회, 16년 2회

도막방수에 관한 설명으로 옳지 않은 것은?

① 복잡한 형상에 대한 시공성이 우수하다.
② 용제형 도막방수는 시공이 어려우나 충격에 매우 강하다.
③ 에폭시계 도막방수는 접착성, 내열성, 내마모성, 내약품성이 우수하다.
④ 셀프레벨링공법은 방수 바닥에서 도료상태의 도막재를 바닥에 부어 도포한다.

해설 |
용제형 도막방수는 시공이 쉽지만 외부충격에는 약하다.

관련이론
용제형 도막방수
합성고무를 휘발성 용제(솔벤트)에 녹인 일종의 고무도료를 여러 번 발라 0.5~0.8mm의 방수피막을 형성시키는 것이다.

정답 | ②

KEYWORD 23 지붕 및 홈통공사

09
14년 2회

선홈통 공사에 대한 설명 중 옳지 않은 것은?

① 선홈통이 지반에 접하는 하부에는 보호관을 설치한다.
② 선홈통 홈걸이의 간격은 보통 0.9m마다 줄 바르게 고정한다.
③ 접합겹침은 3cm 이상 꽂아 넣어 납땜한다.
④ 선홈통은 건물의 관에 대한 고려와 동파를 방지하기 위하여 가능한 한 콘크리트 기둥속이나 조적벽체 속에 매설한다.

해설 |
선홈통은 처마홈통에서 내려오는 빗물을 지상으로 유도하는 수직홈통이다. 선홈통을 콘크리트에 매립하면 동결 피해에 의한 보수가 필요할 때 곤란하므로 노출시켜 시공하는 것이 좋다.

정답 | ④

PART 11 창호 및 유리, 커튼월 공사

KEYWORD 24, 25, 26

KEYWORD 24 창호공사 ★

1. 창호공사

(1) 목재의 창호공작

① 장부: 외장부의 두께는 울거미 두께의 1/3, 쌍장부는 각각 1/5 정도, 중요한 장부는 내다지 장부로 하고 벌림쐐기, 아교풀칠한다.
② 면접기(모접기)
③ 마중대: 미닫이, 여닫이 문짝이 서로 맞닿는 선대이다.
④ 여밈대: 미세기, 오르내리창이 서로 여며지는 선대이다.
⑤ 풍소란: 마중대, 여밈대가 서로 접하는 부분의 틈새의 바람막이 부재

(2) 강재창호

① 강재창호 나중세우기 시공순서

> 설치 → 정착 → 모르타르 사춤 → 유리 끼우기 및 창호철물 달기 → 보양

② 멀리온(Mullion): 창 면적이 클 때에는 스틸바(기본 창틀)만으로는 약하므로 이것을 보강하고, 외관을 꾸미기 위하여 강판을 정도의 중공형으로 접어 가로 또는 세로로 보강하는 부재이다.

(3) 알루미늄재 창호

① 재료
  ㉠ 내식 알루미늄 합금을 사용한다.
  ㉡ 재질이 다른 재료와 결합하거나 접촉할 경우에는 미리 녹막이칠을 한다.(징크로메이트, 카드뮴도금)
② 특징

장점	단점
• 비중은 철의 약 1/3로 가벼움 • 녹슬지 않고 수명이 긺 • 공작이 자유롭고 기밀성이 있음 • 여닫음이 경쾌하고 미려함	• 용접부가 철보다 약함 • 콘크리트, 모르타르 등의 알칼리성에 대단히 약함 • 전기화학작용으로 이질 금속재와 접촉하면 부식됨 • 알루미늄 샤시 표면은 철이 잘 부착되지 않음

2. 문의 종류

(1) 목재문의 종류

① 플러시문(Flush Door)
  ㉠ 울거미를 짜고 중간살을 간격 25cm 이내로 배치하며 양면에 합판을 교착한 것이다.
  ㉡ 뒤틀림 변형이 적으며, 울거미를 작은 오림목으로 쪽매하여 쓰며 뒤틀림이 더욱 적어진다.

② 양판문(Panel Door): 문울거미(선대, 중간선대, 웃막이, 밑막이, 중간막이, 띠장, 말 등)를 짜고 그 중간에 양판(넓은 판)을 끼워 넣은 문이다.

③ 도듬문: 울거미를 짜고 그 중간에 가는 살을 가로, 세로 약 20cm 간격으로 짜대고 종이를 두껍게 바른 문이다.

④ 널문

(2) 특수문의 종류

① 주름문: 문을 닫았을 때 창살처럼 되는 문으로 세로살, 마름모살로 구성되며 상하 가드레일을 설치한다.(방도용)

② 회전문: 외풍을 막고 기밀성을 높인 문으로 회전지도리를 사용한다.(현관의 방풍용)

③ 행거도어: 창고, 격납고, 차고, 현장 정문 등 대형문에 이용하고 중량문일 때는 레일 및 바퀴를 설치하기도 한다.

④ 아코디언 도어: 칸막이용 가변적 구획을 할 수 있다.

⑤ 무테문: 테두리에 울거미가 없는 일반용, 현관용 문이다.

⑥ 접문: 문짝끼리 경첩으로 연결하고 상부에 도어행거를 사용한다.(칸막이용)

3. 창호철물

(1) 미서기, 미닫이 창호철물

① 레일
② 문바퀴(호차)
③ 오목손걸이
④ 꽂이쇠
⑤ 도어행거

(2) 오르내리창용 철물

① 달끈(와이어 로프 또는 면사로 꼰끈)
② 도르래(고패)
③ 크레센트
④ 추
⑤ 손걸이

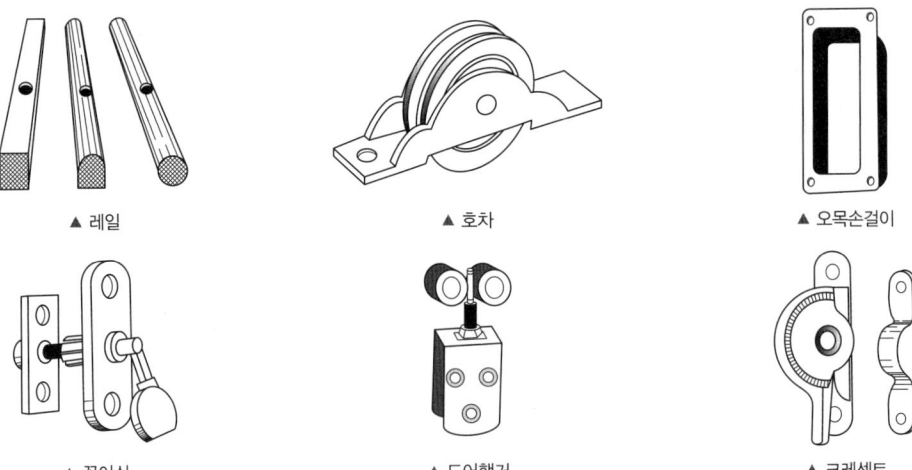

▲ 레일 　　　　　▲ 호차 　　　　　▲ 오목손걸이

▲ 꽂이쇠 　　　　▲ 도어행거 　　　　▲ 크레센트

(3) 여닫이 창호철물의 종류 및 특징

① 자유정첩(Spring Hinge): 안팎 개폐용 철물로 자재문에 사용한다.

② 레버토리힌지(Lavatory Hinge): 공중용 화장실, 공중전화 출입문에 쓰이며 저절로 닫혀지지만 15cm 정도 열려 있게 된 것이다.

③ 도어체크(Door Check): 문 윗틀과 문짝에 설치하여 자동으로 문이 닫히게 하는 장치이다.

④ 크레센트(Crescent): 오르내리기 창이나 미세기 창의 자물쇠이다.

⑤ 피벗힌지, 지도리(Pivot Hinge): 중량문에 사용되는 데 용수철을 사용하지 않고 볼베어링이 들어 있으며 자재 여닫이 중량문에 사용한다.
⑥ 플로어힌지(Floor Hinge): 중량이 큰 여닫이문에 사용되고, 힌지장치를 한 철틀함이 바닥에 설치된다.
⑦ 함자물쇠: 손잡이를 돌리면 열려지는 자물통 즉 래치 볼트(Latch Bolt)와 열쇠로 회전하여 잠그는 데드 볼트(Dead Bolt)가 있다.
⑧ 실린더 자물쇠(Cylinder Lock): 자물통이 실린더로 된 것으로 텀블러(Tumbler) 대신 핀(Pin)을 넣은 실린더록(Cylinder Lock)으로 고정하고, 핀 텀블러 록(Pin Tumbler Lock)이라고도 한다.

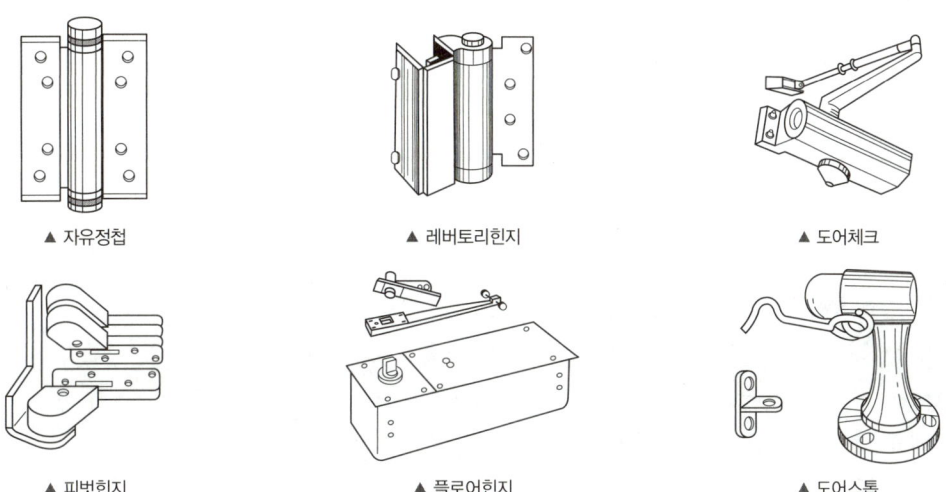

▲ 자유정첩　　　　▲ 레버토리힌지　　　　▲ 도어체크

▲ 피벗힌지　　　　▲ 플로어힌지　　　　▲ 도어스톱

KEYWORD 25　유리공사 ★

1. 재료

(1) 특성

① 취성(작은 응력에 파괴)이 있다.
② 파편이 날카로워 위험하다.
③ 두께가 얇다.(단열, 차음효과가 큰 편이 아님)
④ 내구성이 크다.(반영구적임)
⑤ 불연재료이다.
⑥ 광선 투과율이 높다.

(2) 성분

① 산성분: 규산(SiO_2), 붕산(H_3BO_3), 인산(H_3PO_4)
② 염기성분: 소다, 산화칼륨, 석회, 중토, 고토, 산화납, 아연화, 산화망간, 산화제이철
③ 유리의 주성분은 규산(SiO_2)으로 유리 전체의 약 71~73%를 차지한다.

> **합격 PLUS+**
> ❶ 산화제이철: 자외선을 차단하는 성분이다.
> ❷ 산화제일철: 자외선을 투과하는 성분이다.

(3) 강도
   ① 유리의 강도는 휨강도(kg/cm²)를 말한다.
   ② 두께에 따라 강도가 다르다.

2. 특수유리

(1) 안전유리
   ① 접합유리: 투광성이 낮고, 차음성, 보온성이 크다.
   ② 강화유리
      ㉠ 600℃ 가열 후 냉각한다.
      ㉡ 판유리의 3~5배 정도의 강도를 가진다.
      ㉢ 파괴 시 잘게 부서진다.
      ㉣ 절단, 가공을 할 수 없다.

(2) 망입유리
   ① 유리 내부에 금속망을 삽입하여 압착성형한 것이다.
   ② 잘 깨지지 않아 도난 방지, 화재 방지용 등으로 사용된다.

(3) 복층유리
   ① 2장의 유리를 일정한 간격을 두고, 그 안에 건조공기를 넣은 것이다.
   ② 방음, 단열효과, 결로방지 효과가 있다.

(4) 색유리
   ① 유리에 산화금속류의 착색제를 섞어 만든 것이다.
   ② 적색, 황색, 청색, 자색, 갈색 등 색깔이 다양하다.
   ③ 투명한 것도 있고 불투명한 것도 있다.

(5) 자외선 투과 유리
   ① 산화제이철의 함유량을 줄인 유리이다.
   ② 온실, 병원의 일광욕실로 사용된다.

(6) 자외선 흡수 유리
   ① 산화제이철 10%에 크롬, 망간을 섞어서 만든다.
   ② 상점의 진열장, 용접공의 보호안경으로 사용된다.
   ③ 퇴색 방지 효과가 있다.

(7) 열선 흡수 유리
   ① 단열유리이다.
   ② 철, 니켈, 크롬을 첨가하여 만든다.
   ③ 엷은 청색을 띤다.

(8) X선 차단 유리
   ① 유리에 산화납(6% 이내)을 첨가하여 만든다.
   ② X선 차단용으로 사용된다.

3. 유리의 2차제품

(1) 유리블록
① 빈 상자 모양의 유리를 2개 이상 붙인 유리이다.
② 옆면에 돌가루를 부착한다.(∵모르타르 시공 가능)
③ 칸막이용이다.
④ 실내가 보이지 않으며 채광이 용이하다.
⑤ 방음, 보온 효과가 크며, 장식효과도 크다.

(2) 프리즘 유리
① 입사광선의 방향을 변경시키거나, 확산, 집중의 목적으로 사용한다.
② 프리즘 원리를 이용한 일종의 유리블록이다.
③ 지하실이나 옥상의 채광용으로 사용된다.

(3) 폼 그라스(기포유리)
① 유리를 가는 분말로 하여 카본, 발포제를 섞어서 만든다.
② 다포질의 흑갈색 유리판이다.
③ 광선이 투과되지 않는다.
④ 방음 보온성이 양호하다.(비중 0.15)
⑤ 압축강도($10kg/cm^2$)가 약하다.
⑥ 충격에 약하다.
⑦ 가공이 용이하다.(톱질, 못질이 가능함)

KEYWORD 26 커튼월 공사 ★

1. 커튼월 공사

(1) 개요
① 공장에서 생산된 부재를 현장에서 조립하여 구성하는 외벽이다.
② 공장 제작으로 진행되어 건설현장의 공정이 대폭 단축된다.
③ 건물 완성 후에 벽체가 지녀야 할 성능을 설계 시에 미리 설정해서 이것을 목표로 제작, 시공이 행해진다.
④ 부착작업은 무비계 작업을 원칙으로 한다.
⑤ 다수의 대형 부재를 취급하는 것, 고소작업 및 반복작업이 많은 것에 적용된다.

(2) 외관에 따른 분류
① 샛기둥 방식(Mullion Type): 수직선을 강조하고, 수직 지지대가 노출되며 그 사이에 판넬을 끼운다.
② 스팬드럴 방식(Spandrel Type): 수평선을 강조하고, 창과 Spandrel의 조합으로 구성된다.
③ 격자방식(Grid Type): 수직, 수평의 격자형 외관을 표현하는 방식이다.
④ 피복방식(Sheath(은폐) Type): 샤시(Sash)가 판넬 안으로 은폐되는 형식이다.

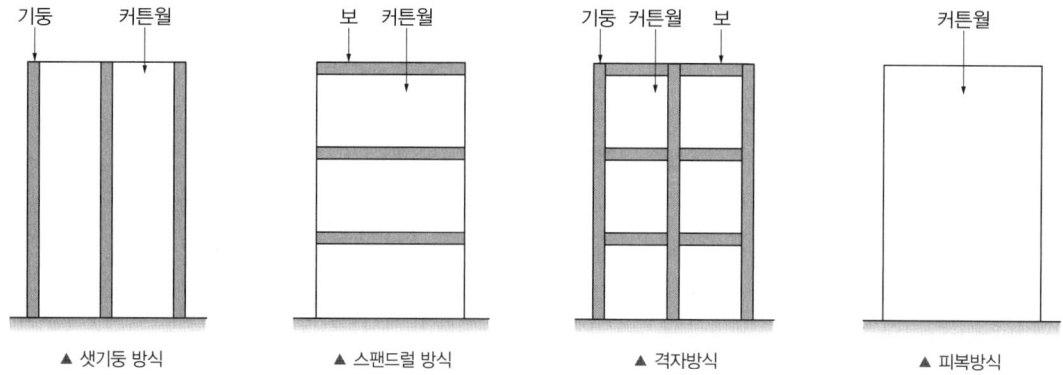

▲ 샛기둥 방식　　▲ 스팬드럴 방식　　▲ 격자방식　　▲ 피복방식

(3) 조립
① 유닛월 공법: 구성 부재를 공장에서 제작하고 현장에서 조립만 하는 공법이다.
② 녹다운 공법: 모든 구성 부재를 현장에서 조립하여 부착하는 공법이다.

2. 커튼월의 요구성능

내진, 내풍압, 내구성, 내화성, 방수, 수밀성, 차음성, 운반 및 시공의 용이성, 기밀성, 층간 변위에 대한 추종성을 갖추어야 한다.

3. 풍동시험(Wind Tunnel Test)

① 건물 주변 600m 반경의 지형 및 건물 배치를 축소모형으로 만들고 원형 Turn Table의 풍동 속에 설치한 후, 과거 10~50년 또는 100년 간의 최대 풍속을 가하여 실시하는 시험이다.
② 건물 준공 후에 나타날지도 모를 문제점을 파악하고 설계하여 반영시킬 목적으로 실시한다.

4. 실물대 모형시험(Mock up Test)

(1) 정의
풍동시험(Wind Tunnel Test) 설계풍하중을 토대로 설계대로 실물모형을 제작하여 설정된 최악의 외부 환경상태에 노출시켜 설정된 외기조건의 실물모형에 어떠한 영향을 주는가를 비교, 분석하는 실험이다.

(2) 목적
① 커튼월의 변위를 측정한다.
② 온도 변화에 따른 변위를 측정한다.
③ 누수시험을 한다.
④ 기밀성, 차음성 등을 확인한다.

(3) 실물대 모형시험의 시험항목
① 예비시험　　　　　　　　　　② 기밀시험
③ 정압수밀시험　　　　　　　　④ 동압수밀시험
⑤ 구조시험

핵심 기출문제

PART 11 창호 및 유리, 커튼월 공사

KEYWORD 24 창호공사

01
19년 4회

창호철물 중 여닫이 문에 사용하지 않는 것은?

① 도어행거(Door Hanger)
② 도어체크(Door Check)
③ 실린더록(Cylinder Lock)
④ 플로어힌지(Floor Hinge)

해설 |
도어행거(Door Hanger)는 미닫이문 또는 미세기문을 매달아서 열고 닫을 수 있는 장치이다.

▲ 도어행거

정답 | ①

02
21년 1회, 14년 1회

문 윗틀과 문짝에 설치하여 문이 자동적으로 닫혀지게 하며, 개폐압력을 조절할 수 있는 장치는?

① 도어체크(Door Check)
② 도어홀더(Door Holder)
③ 피봇힌지(Pivot Hinge)
④ 도어체인(Door Chain)

해설 |
도어체크(Door Check)는 문 윗틀과 문짝에 설치하여 자동으로 문을 닫는 장치로 도어 클로서(Door Closer)라고도 한다.

정답 | ①

KEYWORD 25 유리공사

03
20년 3회

다음 중 유리의 주성분으로 옳은 것은?

① Na_2O
② CaO
③ SiO_2
④ K_2O

해설 |
유리의 주성분은 규산(SiO_2)이고, 이산화규소라고도 한다.

정답 | ③

04
14년 2회

유리 내부 중심에 철, 황동, 알루미늄 등의 금속망을 삽입하고 압착성형한 판유리로 파손방지, 내열효과가 있으며 도난방지, 방화목적으로 사용하는 유리는?

① 강화유리
② 무늬유리
③ 망입유리
④ 복층유리

해설 |
망입유리는 유리 내부에 금속망을 삽입하고, 압착성형한 것으로 잘 깨지지 않아서 도난 방지, 화재 방지용 등으로 사용된다.

정답 | ③

05
16년 1회

유리를 연화점(500~600℃)에 가깝게 가열하고 양면에 냉기를 불어 넣고 급랭시켜 표면에 압축, 내부에 인장력을 도입한 유리는?

① 망입유리
② 강화유리
③ 형판유리
④ 물유리

해설 |
강화유리는 유리를 연화점 이하까지 가열하고 냉기를 불어넣어 만든 유리로 강도가 판유리의 3~5배 정도이다.

정답 | ②

06
19년 2회, 15년 4회

다음 각 유리에 관한 설명으로 옳지 않은 것은?

① 망입유리는 파손되더라도 파편이 튀지 않으므로 진동에 의해 파손되기 쉬운 곳에 사용된다.
② 복층유리는 단열 및 차음성이 좋지 않아 주로 선박의 창 등에 이용된다.
③ 강화유리는 압축강도를 한층 강화한 유리로 현장가공 및 절단이 되지 않는다.
④ 자외선 투과유리는 병원이나 온실 등에 이용된다.

해설 |
복층유리는 2장의 유리를 일정한 간격을 두고, 그 안에 건조공기를 넣은 것으로 방음, 단열, 결로방지 효과가 크다.

정답 | ②

KEYWORD 26 커튼월 공사

07
20년 4회

커튼월(Curtain Wall)의 외관 형태별 분류에 해당하지 않는 방식은?

① Unit 방식 ② Mullion 방식
③ Spandrel 방식 ④ Sheath 방식

해설 |
커튼월(Curtain Wall)의 외관 형태별 분류
- 샛기둥 방식(Mullion Type): 수직선을 강조하고, 수직 지지대가 노출되며 그 사이에 판넬을 끼운다.
- 스팬드럴 방식(Spandrel Type): 수평선을 강조하고, 창과 Spandrel의 조합으로 구성된다.
- 격자방식(Grid Type): 수직, 수평의 격자형 외관을 표현하는 방식이다.
- 피복방식(Sheath Type): 샤시(Sash)가 판넬 안으로 은폐되는 형식이다.

정답 | ①

08
20년 1·2회, 15년 2회

건축물 외부에 설치하는 커튼월에 관한 설명으로 옳지 않은 것은?

① 커튼월이란 외벽을 구성하는 비내력벽 구조이다.
② 커튼월의 조립은 대부분 외부에 대형발판이 필요하므로 비계공사가 필수적이다.
③ 공장에서 생산하여 반입하는 프리패브 제품이다.
④ 일반적으로 콘크리트나 벽돌 등의 외장재에 비하여 경량이어서 건물의 전체 무게를 줄이는 역할을 한다.

해설 |
커튼월의 조립은 각 구성 부재를 공장에서 유니트로 조립, 제작 및 운반하여 현장에서 조립하고 양중기에 의해 설치하는 방식이다. 따라서 커튼월의 조립방식은 무비계작업을 원칙으로 한다.

정답 | ②

09
17년 2회

건축물 외벽공사 중 커튼월 공사의 특징으로 옳지 않은 것은?

① 외벽의 경량화
② 공업화 제품에 따른 품질 제고
③ 가설비계의 증가
④ 공기단축

해설 |
커튼월을 조립할 때에는 타워크레인을 이용하기 때문에 가설비계는 감소한다.

선지분석
① 건물 완성 후에 벽체가 지녀야 할 성능을 설계 시에 설정하므로 외벽이 경량화된다.
② 공장제작으로 진행되어 품질이 향상된다.
④ 필요한 부재를 미리 공장에서 생산하기 때문에 공기가 단축된다.

정답 | ③

PART 12 마감공사

KEYWORD 27, 28, 29, 30, 31

KEYWORD 27 도장공사 ★★★

1. 도료의 종류와 특징

구분	주요 성분	성질
유성페인트	안료＋건성유(건조제＋희석제)	대표적인 칠로 건물 내외에 널리 사용됨
수성페인트	안료＋물(접착제＋카세인)	• 내수성, 내구성에서 가장 떨어짐 • 건물 외부 등 물에 접하는 곳에 부적당함
에나멜페인트	안료＋유성니스	유성니스와 흡사한 성질이나 건축에는 그다지 사용되지 않음
유성니스	수지류＋건성유＋희석제	• 건조가 대단히 더딤 • 투명피막이므로 부치장용으로 사용됨
휘발성 니스	수지류＋휘발성 용제	• 건조가 빠름 • 수성페인트 다음으로 내구성이 떨어짐
투명래커	소화 섬유소＋수지＋휘발성 용제	• 어느 것이나 건조가 대단히 빠름 • 내구성, 내후성이 가장 우수함 • 고가임
에나멜래커	안료＋투명래커	
합성수지 도료	합성수지＋용제	

2. 페인트

(1) 유성페인트
  ① 특성: 내후성, 내마모성이 좋고, 건조가 늦으며 내약품성이 떨어진다.
  ② 용도: 옥내·외의 목부, 금속, 콘크리트면
  ③ 성분: 안료＋건성유＋건조제＋희석제

(2) 수성페인트
  ① 특성: 내알칼리성, 무광택이고 내수성이 없다.
  ② 용도: 모르타르, 회반죽면
  ③ 성분: 안료＋접착제(카세인, 전분, 아교)＋물

3. 에나멀과 레커

(1) 에나멜페인트
  ① 에나멜페인트칠은 기름 바니스에 페인트용 안료를 조합한 것이다.
  ② 광택이 잘 나고 피막이 강인한 것이 특징이나, 건축에는 특수 부분 외에는 거의 사용하지 않는다.

③ 보통 유성페인트는 재벌칠하고 정벌칠은 에나멜칠로 할 때도 있다.

④ 에나멜페인트는 보통 페인트보다 건조가 빠르기 때문에 솔칠은 얼룩질 우려가 있으므로 뿜칠로 하는 것이 좋다.

(2) 래커

① 특징

㉠ 합성수지 도료 중 가장 오래된 도료이다.

㉡ 질화면, 용제, 수지, 휘발성 용제, 안료 등으로 만든다.

㉢ 건조가 빠르다.(10~20분)

㉣ 내후, 내수, 내유성이 있다.

㉤ 도막은 얇으나 견고하다.

㉥ 부착력이 약하다.

㉦ 광택이 있다.

㉧ 초벌공정이 필요하다.

㉨ 외부용으로도 사용된다.(목재면, 금속면)

② 종류

클리어 래커	에나멜 래커	하이 솔리드 래커
• 목재면의 투명 도장에 사용됨 • 내수성, 내후성이 부족함 • 내부용으로 사용됨	• 기계적 성질이 우수함 • 불투명 도료임 • 목재 금속면에 사용됨	• 도막이 두꺼움 • 경화건조가 늦음 • 도막이 단단함

(3) 바니시(니스)

① 스파 바니시: 장유성 니스 기름은 동유, 아마인유, 수지는 요소, 페놀수지가 많이 쓰이며, 내수성, 내마멸성이 우수하여 목부, 외부용으로 많이 쓰인다.

② 코펄 바니시

㉠ 중유성 니스로서, 코펄과 건성유를 가열, 반응시켜 만든 것이다.

㉡ 건조가 비교적 빠르고 담색으로서 목부 내부용이다.

③ 골드 사이즈 바니시: 유성 니스로서, 건조가 빠르고 도막이 굳어 연마성이 좋으므로 주로 코펄 니스의 초벌용으로 사용된다.

④ 셸락바니시(Shellac Varnish)

㉠ 셸락(곤충의 분비물)에 주정, 목정, 테레빈유 등을 1:2~1:4의 비율로 용해한 것이다.

㉡ 건조가 빠르고, 광택이 있으나, 내열성, 내광성이 없으므로 외장용으로 부적당하다.

㉢ 내장 또는 가구 등에 쓰인다.

(4) 합성수지 도료

① 건조시간이 빠르다.

② 도막이 단단하다.

③ 내수성, 방화성이 있다.

④ 콘크리트면, 모르타르면, 플라스터면(석고질)에 사용이 가능하다.

⑤ 투명도장이 가능하다.

4. 뿜칠, 도장요령

(1) 뿜칠요령
① 도료가 되면 거칠고, 묽으면 칠오름이 나빠진다.
② 칠면과의 뿜칠거리는 30cm 정도를 유지하며, 1/3 정도 겹쳐서 칠한다.
③ 뿜칠압력은 0.2~0.4MPa로 한다.
④ 각 회의 스프레이 방향은 전회의 방향에 직각으로 진행한다.
⑤ 스프레이의 건(Gun)은 연속적으로 운행하고, 평행으로 운행한다.
⑥ 뿜칠 압력이 낮으면 거칠게 되고, 높으면 칠의 손실이 많다.

(2) 도장요령
① 칠막은 얇게 여러 번 도포하며, 서서히 건조시킨다.
② 칠하는 횟수를 구분하기 위해 색깔을 다르게 칠한다.
③ 솔질은 위에서 밑으로, 왼편에서 오른편으로, 재의 길이 방향으로 한다.
④ 바람이 강할 때에는 작업을 중지한다.
⑤ 온도가 5℃ 이하, 35℃ 이상, 습도가 85% 이상인 경우에는 작업을 중지한다.

(3) 도료의 보관
① 가연성 도료는 전용창고에 보관해야 하며, 적절한 보관온도를 유지해야 한다.
② 보관창고는 독립된 단층건물로 해야 하고, 주위의 건물과 1.5m 이상 격리시켜야 하며, 지붕은 불연재료로 만들어야 한다.

5. 기타 도장방법

(1) 목부 바탕 처리법
① 오염, 부착물을 제거한다.
② 송진을 처리한다.(긁어내기, 인두지짐, 휘발유 닦기)
③ 연마지로 닦는다.(대팻자국 제거)
④ 옹이땜을 한다.(셸락 니스칠)
⑤ 구멍땜(퍼티 먹임) 및 눈메움을 한다.

(2) 도장공사 시 주의사항
① 바람이 강한 날에는 작업을 중지한다.
② 온도 5℃ 이하, 35℃ 이상, 습도가 85% 이상일 때는 작업을 중지하거나 다른 조치를 취한다.
③ 칠막의 각 층은 얇게 하고 충분히 건조시킨다.
④ 칠하는 횟수를 구분하기 위하여 색을 바꾸는 것이 좋다.

(3) 방청도료(녹막이칠)
① 광명단: 단단한 도막으로 수분의 통과를 방지한다.(주로 철재에 사용함)
② 방청 산화철 도료: 내구성이 좋아 널리 사용한다.
③ 징크로메이트 도료: 크롬산아연과 알키드 수지를 혼합한 것으로 녹막이 효과가 좋다.
④ 알루미늄 도료: 알루미늄 분말을 안료로 하고, 방청효과와 광선 및 열반사 효과가 좋다.
⑤ 역청질 도료: 일시적인 방청효과를 기대할 수 있다.

⑥ 규산염 도료: 내수성이 약하고 실내 및 내화도료로 사용한다.
⑦ 이온교환수지 도료: 전자제품과 철재면의 녹막이 도료로 사용한다.
⑧ 그라파이트 도료: 정벌칠에 사용한다.

KEYWORD 28 미장공사 ★

1. 미장공사의 개요

(1) 미장재료의 구성
① 고결재: 미장재료의 주재료로 소석회, 돌로마이트석회, 석고 등이 있다.
② 결합재: 고결재의 결점(수축균열, 점성 및 보수성 부족)을 보완, 응결시간 조절의 목적으로 여물, 풀, 수염 등이 있다.
③ 골재: 중량, 치장의 목적으로 경화에는 관여치 않는다.

(2) 경화성에 따른 분류

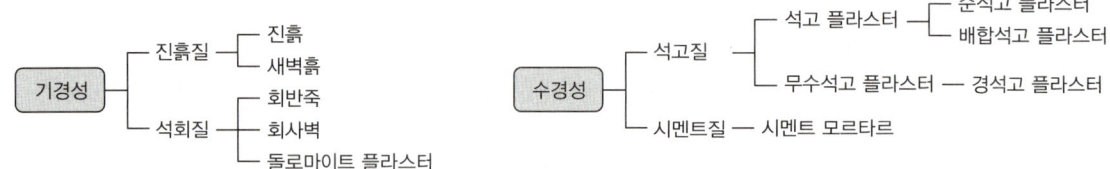

(3) 고결재의 종류

종류	특성
소석회	• 소석회는 회반죽과 회사벽의 고결재로서, 수산화석회[$Ca(OH)_2$]임 • 석회석을 1,000℃ 내외로 가열하면 CO_2가 방출되고, 생석회 CaO가 생성되는데, 여기에 물을 가하면 소석회가 됨 • 다시 물과 반죽하여 벽면에 얇게 바르면, 수분이 공기 중에서 증발하면서 소석회는 공기 중의 CO_2와 반응을 하여 단단한 석회석이 됨
돌로마이트 석회	• 돌로마이트 플라스터의 고결재로서, 소석회와는 성분 및 성질이 다를 뿐 경화방식은 같음 • 백운석(Dolomite, $CaCO_3 \cdot MgCO_3$)을 약 1,000℃로 가열하여 $CaO \cdot MaO$를 만들고, 여기에 물을 가하면 돌로마이트 석회{$Ca(OH)_2 \cdot Mg(OH)_2$}가 생성됨 • 물과 반죽을 하여 얇게 바르면, 물은 증발하고 돌로마이트 석회는 공기 중의 CO_2와 결합하여 백운석화하여 굳어짐
석고	• 석고 플라스터의 고결재로는 소석고와 경석고가 있음 • 천연석고는 암석에서 산출되는데, 이것은 모스 2도로서 연한 편이며, 활석보다는 조금 단단함 • 천연석고를 150~190℃의 범위 내에서 천천히 가열하면 결정수 3/4이 방출되고 소석고가 만들어짐 • 천연석고를 약 400~500℃에서 가열하면 결정수가 모두 방출되어 경석고가 만들어짐 • 물과 반죽을 하여 얇게 바르면 소석회와는 다르게 수화작용에 의해서 단단한 천연석고가 됨
마그네시아시멘트	• 마그네시아시멘트는 특수한 것으로, 건축에서는 별로 사용되지 않고 있음 • 원재료인 마그네시아(MaO)를 염화마그네슘 용액으로 반죽을 하면 일종의 산염화물이 되어 응결, 경화 됨 • 수중 또는 다습한 장소에서는 경화하지 않고, 공기 중에서만 경화함

(4) **결합재(혼화재료)의 종류 및 특징**
  ① 해초풀
    ㉠ 회반죽에 혼입하면 점도가 증대된다.
    ㉡ 바탕재의 흡수를 방지하며 건조 후의 강도를 높인다.
    ㉢ 부착력을 증대시키고 균열을 방지할 수 있다.
  ② 여물
    ㉠ 수축성이 있거나 인장에 약한 미장재료의 보강재 또는 균열 방지의 목적으로 사용된다.
    ㉡ 강인하고 균일하게 분산되는 것이어야 하고, 가늘고 질기며 마디가 없는 것을 사용한다.
  ③ 수염
    ㉠ 목조의 졸대바탕에 붙여서 사용한다.
    ㉡ 바름벽의 벗겨짐, 균열 등을 방지할 목적으로 사용한다.

2. 각종 미장 재료 바름

(1) **시멘트 모르타르**
  ① 종류

종류	용도
보통시멘트 모르타르	일반용
백시멘트 모르타르	안료에 의한 채색 가능
방수 모르타르	방수용
바라이트 모르타르	방사선 차단용
질석 모르타르	경량용
석면 모르타르	균열 방지용
아스팔트 모르타르	내산 바닥용, 방수용

  ② 시공순서

> 바탕처리 → 재료조정 → 초벌바름 → 고름질 → 재벌바름 → 정벌바름 → 마무리(청소/보양)

(2) **회반죽의 재료**
  ① 소석회는 공기 중의 탄산가스(CO_2)에 의해서 굳어지므로 기경성(공기 중에서 경화)이다.
  ② 여물은 회반죽이 건조하여 균열이 생기는 것을 방지한다.
  ③ 해초풀물은 은행초, 미역, 해초를 끓인 물이다.
  ④ 모래는 점도 조절재로 소량을 쓴다.
  ⑤ 수염은 졸대 바탕일 때 회반죽의 균열 방지와 박리 탈락을 방지하기 위하여 길이 50~70cm 정도의 삼오리를 두 가닥으로 못을 박아서 한 가닥은 초벌에 나머지 가닥은 재벌바름에 묻혀 바른다.

(3) 돌로마이트 플라스터

① 재료
  ㉠ 돌로마이트 석회, 여물, 모래이다.
  ㉡ 점성이 좋아 풀은 사용하지 않는다.

② 시공
  ㉠ 정벌용은 가수 후 12시간 정도 지난 후 사용한다.
  ㉡ 시멘트를 혼합한 것은 2시간 이상 경과한 것은 사용하지 않는다.
  ㉢ 초벌바름 후 10일 이상 두어 고름질하고 5일 이상(갈래금 없을 때), 10일 이상(갈래금 있을 때) 지난 후 재벌바름 한한 후 어느 정도 건조 후 정벌바름한다.
  ㉣ 균열이 크고, 경화가 느리나 점도가 커서 시공이 용이하다.

(4) 석고 플라스터

① 재료
  ㉠ 순석고 플라스터: 석고 플라스터에 현장에서 석회죽 또는 돌로마이트를 배합하여 사용할 수 있으며 중성이고, 경화가 빠르다.
  ㉡ 혼합석고 플라스터: 석고 플라스터와 석회가 혼합되어 있는 것으로 초벌용, 정벌용으로 쓰인다.
  ㉢ 경석고 플라스터: 킨즈시멘트라고 불리며 경도가 크다.

② 시공
  ㉠ 경화속도가 빠르고, 팽창성이 있다.
  ㉡ 가수 후 초벌, 재벌용은 3시간 이내, 정벌용은 2시간 이내에 사용한다.
  ㉢ 작업 중 통풍을 방지하고 작업 후에 서서히 통풍시킨다.
  ㉣ 2℃ 이하일 때는 공사를 중지하고, 보온장치를 설치하며 5℃ 이상으로 유지하도록 한다.
  ㉤ 초벌바름에는 반드시 거치름눈(작살긋기)을 넣는다.

(5) 석고인조석 및 테라조

① 재료: 백시멘트, 종석(안산암, 대리석), 안료

② 시공
  ㉠ 황동 줄눈대 대기
    • 바탕 콘크리트는 청소하고 줄눈나누기 먹줄을 친다.
    • 줄눈의 거리간격은 최대 2m, 보통 60~100cm(90cm)로 줄눈대는 수평실(가는 철사)을 치고 줄눈대 한 길이에 2개소씩 된비빔 모르타르(1 : 2 배합)를 바른 위에 눈대를 눌러대고 옆을 좌우에서 모르타르로 발라 붙인다.
  ㉡ 테라조 종석바름
    • 먼저 콘크리트면을 충분히 물축이고, 시멘트풀을 솔, 비 등으로 칠하고 바탕 모르타르(1 : 3 배합)를 두께 2~3cm 정도 바른다.
    • 경화를 보아 종석과 배합비 1 : 2 : 5 정도로 건비빔한 테라초 반죽을 두께 9~15mm 정도로 펴 바른다.
  ㉢ 양생 및 경화: 습기 유지에 유의하며 급격한 건조를 피해 충분히 경화시킨다.(여름은 3일 이상, 기타 7일 이상 방치)
  ㉣ 초벌갈기: 거친 카보런덤 숫돌로 돌알이 균등하게(최대 면적이 될 때까지) 나타나도록 간다.
  ㉤ 시멘트 풀먹임
    • 물씻기 청소 후 테라초와 동색의 시멘트풀을 문질러 바르고 잔구멍, 튄 돌알 등의 구멍을 메운다.
    • 시멘트 풀먹임이 경화된 다음 중갈기를 하고 중갈기와 시멘트 풀먹임을 2~3회 거듭한 후 정벌갈기한다.
  ㉥ 정벌갈기: 고운 숫돌로 마무리갈기를 한 후 청소한다.

KEYWORD 29 　금속공사 ★

1. 금속제품

(1) 미끄럼막이·난간·코너비드

① 미끄럼막이(Non-slip): 계단의 디딤판 끝에 대어 미끄러지지 않게 하는 철물이다.
② 계단난간: 황동제, 철제파이프, 각관 등을 용접 또는 소켓 접합한다.
③ 코너비드: 기둥, 벽 등의 모서리에 대어 미장바름을 보호하는 철물이다.

(2) 줄눈대

① 바닥용 줄눈대: 인조석, 테라초 갈기에 쓰이고, 황동압출재로 I자형(두께 4.5mm, 높이 12mm, 길이 90cm 표준)으로 되어 있다.
② 벽, 천장용 줄눈대(조이너): 아연도금 철판재, 경금속제이고, 황동제의 얇은 판을 프레스한 것으로써 길이는 1.8m이다.

(3) 철망·메탈라스·와이어메시(수장용 철물)

① 와이어라스(Wire Lath: 철망): 원형, 마름모형, 갑형의 3종이 있다.
② 메탈라스(Metal Lath): 얇은 철판(#28)에 자름금을 내어 당겨서 만든 것으로 벽, 천장의 미장공사 바탕에 쓰인다. (익스팬디드 메탈이라고도 함)
③ 와이어메시(Wire Mesh): 연강철선을 전기 용접하여 장방형으로 만든 것으로, 콘크리트 다짐바닥, 지면 콘크리트의 포장에 쓰인다.
④ 펀칭메탈(Punching Metal): 판두께 1.2mm 이하의 얇은 판에 각종 무늬의 구멍을 펀칭하는 것으로 환기구멍, 라디에이터의 커버 등에 쓰인다.

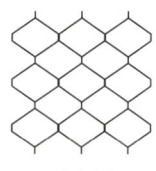  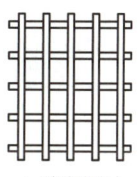  

▲ 와이어라스　　▲ 메탈라스　　▲ 와이어메시　　▲ 펀칭메탈

(4) 고정철물

① 인서트(Insert): 달대를 매달기 위한 수장철물로 콘크리트 바닥판에 미리 묻어 놓는다.
② 익스팬션 볼트: 삽입된 연질금속 플러그에 나사못을 끼운 것이다.
③ 스크류 앵커: 익스팬션 볼트와 같은 원리로 인발력은 50~115kg이다.

2. 재료에 따른 성질

① 함석: 무연탄 가스에 약하다.
② 동판(구리판): 암모니아 가스에 약하다.
③ 알루미늄판: 해풍에 약하다.
④ 연판: 목재나 회반죽에 닿으면 썩기 쉽다.
⑤ 아연판: 산과 알칼리, 매연에 약하다.

KEYWORD 30 단열공사 ★

1. 단열공사 개요

(1) 단열공법의 종류
① 외벽단열: 시공이 어렵고 복잡하나 단열효과는 가장 우수하다.
② 내벽단열: 시공이 간단하나 내부에 결로 우려가 있다.
③ 중공단열: 단열효과가 우수하나 공사비와 공사기간이 증대된다.

(2) 단열재의 선정조건
① 열전도율이 낮고, 내화성이 있을 것
② 흡수율이 낮을 것
③ 통기성이 작을 것
④ 비중이 작고 시공성이 좋을 것
⑤ 내부식성이 좋을 것
⑥ 유독가스가 발생되지 않을 것
⑦ 어느 정도의 기계적 강도가 있을 것
⑧ 균질한 품질이고 가격이 저렴할 것

2. 단열재의 종류 및 특징

종류	특징
암면(Rock Wool)	• 단열 및 보온, 흡수성이 우수함 • 내화성이 있고, 절연재로 사용됨 • 인공 무기질 섬유의 일종으로 현무암, 안산암 등을 용융시켜 실처럼 뽑아내어 만든 것임
유리섬유(Glass Wool)	• 유리의 원료를 녹여 만든 것으로 가는 섬유 모양임 • 탄성은 작지만, 인장강도, 전기절연성, 내화성, 내수성, 내식성 등은 우수함 • 굴곡에 약한 점과 모세관 현상에 의하여 흡수성이 있는 것이 결점임
탄화코르크판	• 떡갈나무나 참나무 등을 이용하여 만듦 • 저온용 보온재로써 보온, 보냉, 방습의 효과가 큼
석면(Asbestos)	• 천연으로 산출되는 무기질 섬유임 • 화학적으로 안정되고, 내화성, 보온성, 절연성이 우수함
발포폴리스티렌	• 스티로폼이라고도 함 • 전기절연성, 단열효과가 크고 흡수율과 비중이 작음 • 시공성과 내부식성이 좋음

> **합격 PLUS+ 단열재의 구분**
> ❶ 무기질 단열재: 세라믹 섬유, 펄라이트 판, ALC 패널, 유리면, 암면, 규산 칼슘판
> ❷ 유기질 단열재: 셀룰로오스 섬유판, 연질 섬유판, 폴리스티렌폼, 경질 우레탄폼

KEYWORD 31　합성수지 ★

1. 합성수지의 장점과 단점

(1) 장점
① 가볍고 성형 및 가공이 쉽다.
② 대량생산이 가능하고 내구성과 내수성이 크다.
③ 내산성과 내알칼리성이 크고 녹슬지 않는다.
④ 착색이 자유롭고 빛의 투과율이 좋다.

(2) 단점
① 내화성 및 내열성이 작다.
② 경도가 작고 내마모성이 작다.
③ 열에 의한 변형이 크다.

2. 합성수지의 종류와 특징

(1) 열경화성 수지
① 개념: 열을 한 번 받아서 경화되면 다시 열을 가해도 연화되지 않는 성질을 가지며 축합반응으로 생성되고 망상구조로 이루어진 물질이다.
② 종류 및 특징

종류		특징
페놀(Phenol)수지		• 접착성, 전기절연성이 큼 • 알칼리에는 약하고 전기 절연재료, 통신 기자재 등으로 사용됨
요소(Urea)수지		무색으로 착색이 자유로움
멜라민(Melamin)수지		외관이 미려하고, 표면경도가 큼
폴리에스테르 수지	포화 폴리에스테르수지 (알키드수지)	• 도료의 원료로 사용함 • 내수성과 내알칼리성이 약함
	불포화 폴리에스테르수지 (F.R.P)	• 강도 우수, 커튼월, 파이프 등 큰 성형품에 사용됨 • 유리섬유와 혼합하여 F.R.P 제품을 만듦
에폭시(Epoxy)수지		• 산, 알칼리에 강함 • 접착제, 프린트 배선판 등에 사용함
실리콘(Silicon)수지		• 내열성이 아주 우수함 • 발포 보온에 사용함
우레탄수지		• 내구성, 내열성, 내약품성이 큼 • 바닥재로 사용함
프란수지		• 접착성, 내약품성이 우수함 • 내식제, 접착제로 사용함

(2) **열가소성 수지**

① 개념: 열을 받으면 다시 연화되고 상온에서 다시 경화되는 성질을 가지면 중합반응으로 생성되고 선상구조로 이루어져 있는 물질이다.

② 종류 및 특징

종류	특징
폴리에틸렌(P.E)수지	• 물보다 가볍고 백색의 우유 빛을 띠며 내약품성, 내수성이 아주 좋음 • 건축용 성형품, 방수필름과 배관에 주로 사용됨
아크릴(Acrylic)수지	• 가공성이 용이하고 투명도가 높고 착색이 자유로움 • 채광판 등의 유리 대용품에 주로 사용됨 • 마찰이 생기면 정전기가 발생함
폴리스티렌수지	• 건축벽 타일, 천장재, 블라인드, 도료 등에 사용됨 • 발포제품은 저온 단열재로 쓰임
염화비닐(P.V.C)수지	• 성형이 용이함 • 약품에 침식되지 않고 내수성이 좋으며 백색임 • 농업용 필름과 수도관 등의 각종 배관과 도료에 사용됨
초산비닐수지	• 접착성이 좋고 무색, 무미, 무취함 • 에멀션형의 도료에 사용됨
불소수지	모든 면에서 양호함

핵심 기출문제

PART 12 마감공사

KEYWORD 27　도장공사

01
18년 2회, 12년 4회

도장공사에서의 뿜칠에 관한 설명으로 옳지 않은 것은?

① 큰 면적을 균등하게 도장할 수 있다.
② 스프레이건과 뿜칠면 사이의 거리는 30cm를 표준으로 한다.
③ 뿜칠은 도막두께를 일정하게 유지하기 위해 겹치지 않게 순차적으로 이행한다.
④ 뿜칠 공기압은 2~4kgf/cm²를 표준으로 한다.

해설 |
뿜칠은 한 줄마다 너비의 1/3이 겹치게 도장해야 한다.

정답 | ③

02
19년 4회, 19년 2회

스프레이 도장방법에 관한 설명으로 옳지 않은 것은?

① 도장거리는 스프레이 도장면에서 150mm를 표준으로 하고 압력에 따라 가감한다.
② 스프레이할 때에는 매끈한 평면을 얻을 수 있도록 하고, 항상 평행이동하면서 운행의 한 줄마다 스프레이 너비의 1/3 정도를 겹쳐 뿜는다.
③ 각 회의 스프레이 방향은 전회의 방향에 직각으로 한다.
④ 에어레스 스프레이 도장은 1회 도장에 두꺼운 도막을 얻을 수 있고 짧은 시간에 넓은 면적을 도장할 수 있다.

해설 |
도장거리는 스프레이 도장면에서 300mm를 표준으로 한다.

정답 | ①

03
20년 1·2회, 17년 1회, 12년 4회

목재의 무늬와 바탕의 재질을 잘 보이게 하는 도장 방법은?

① 유성페인트 도장
② 에나멜페인트 도장
③ 합성수지 페인트 도장
④ 클리어 래커 도장

해설 |
클리어 래커 도장은 투명해서 목재의 무늬와 바탕의 재질을 잘 보이게 하지만 내수성 및 내후성이 부족하여 내부용으로만 사용된다.

정답 | ④

04
21년 2회, 16년 2회, 12년 4회

녹막이칠에 사용하는 도료와 가장 거리가 먼 것은?

① 광명단
② 크레오소트유
③ 아연분말 도료
④ 역청질 도료

해설 |
크레오소트유는 목재의 방부제로 사용된다.

정답 | ②

05
20년 4회

도장작업 시 주의사항으로 옳지 않은 것은?

① 도료의 적부를 검토하여 양질의 도료를 선택한다.
② 도료량을 표준량보다 두껍게 바르는 것이 좋다.
③ 저온 다습 시에는 작업을 피한다.
④ 피막은 각층마다 충분히 건조 경화한 후 다음 층을 바른다.

해설 |
도료량은 표준량 이상으로 두껍게 바르지 않고, 충분히 건조시켜야 한다.

정답 | ②

06
20년 3회

도장공사에 필요한 가연성 도료를 보관하는 창고에 관한 설명으로 옳지 않은 것은?

① 독립한 단층건물로서 주위 건물에서 1.5m 이상 떨어져 있게 한다.
② 건물 내의 일부를 도료의 저장장소로 이용할 때는 내화구조 또는 방화구조로 구획된 장소를 선택한다.
③ 바닥에는 침투성이 없는 재료를 깐다.
④ 지붕은 불연재로 하고, 적정한 높이의 천장을 설치한다.

해설 |
가연성 도료를 보관하는 창고의 지붕을 불연재로 해야 하는 것은 맞지만 천장은 설치하지 않아야 한다.

정답 | ④

KEYWORD 28 미장공사

07
18년 4회, 15년 2회

다음 중 미장재료 중 기경성 재료로만 구성된 것은?

① 회반죽, 석고 플라스터, 돌로마이트 플라스터
② 시멘트 모르타르, 석고 플라스터, 회반죽
③ 석고 플라스터, 돌로마이트 플라스터, 진흙
④ 진흙, 회반죽, 돌로마이트 플라스터

해설 |
진흙, 회반죽, 돌로마이트 플라스터가 기경성 재료이다.

관련이론
수경성 재료
- 물과 섞이면서 상호작용하여 경화되는 재료이다.
- 석고 플라스터, 시멘트 모르타르가 대표적이다.

기경성 재료
- 공기 중에서 경화하는 재료이다.
- 진흙, 회반죽, 돌로마이트 플라스터가 대표적이다.

정답 | ④

08
21년 2회, 19년 1회, 14년 1회, 12년 1회

돌로마이트 플라스터 바름에 관한 설명으로 옳지 않은 것은?

① 정벌바름용 반죽은 물과 혼합한 후 12시간 정도 지난 다음 사용하는 것이 바람직하다.
② 바름두께가 균일하지 못하면 균열이 발생하기 쉽다.
③ 돌로마이트 플라스터는 수경성이므로 해초풀을 적당한 비율로 배합해서 사용해야 한다.
④ 시멘트와 혼합하여 2시간 이상 경과한 것은 사용할 수 없다.

해설 |
돌로마이트 플라스터는 점성이 좋아 해초풀은 사용하지 않는다.

정답 | ③

KEYWORD 29 금속공사

09
17년 2회

건축물에 사용되는 금속제품과 그 용도가 바르게 연결되지 않은 것은?

① 피벗: 문의 하부 발이 닿는 부분에 대하여 문짝이 손상되는 것을 방지하는 철물
② 코너비드: 벽, 기둥 등의 모서리에 대는 보호용 철물
③ 논슬립: 계단에 사용하는 미끄럼 방지 철물
④ 조이너: 천장, 벽 등의 이음새 감추기용 철물

해설 |
피벗은 힌지의 일종으로 무거운 문(철문 등)의 위아래에 설치하는 금속제품이다.

정답 | ①

10
18년 4회

얇은 강판에 동일한 간격으로 펀칭하고 잡아 늘려 그물처럼 만든 것으로 천장, 벽, 처마둘레 등의 미장바탕에 사용하는 재료로 옳은 것은?

① 와이어라스 ② 메탈라스
③ 와이어메시 ④ 펀칭메탈

해설 |
메탈라스는 얇은 철판에 자름금을 내어 당겨서 만든 것으로 벽, 천장의 미장공사 바탕에 사용된다.

정답 | ②

KEYWORD 30 단열공사

11
18년 1회

건축마감공사로서 단열공사에 관한 설명으로 옳지 않은 것은?

① 단열시공 바탕은 단열재 또는 방습재 설치에 못, 철선, 모르타르 등의 돌출물이 도움이 되므로 제거하지 않아도 된다.
② 설치위치에 따른 단열공법 중 내단열공법은 단열성능이 적고 내부 결로가 발생할 우려가 있다.
③ 단열재를 접착제로 바탕에 붙이고자 할 때에는 바탕면을 평탄하게 한 후 밀착하여 시공하되 초기박리를 방지하기 위해 압착상태를 유지시킨다.
④ 단열재료에 따른 공법은 성형판단열재 공법, 현장발포재 공법, 뿜칠단열재 공법 등으로 분류할 수 있다.

해설 |
단열공사를 할 때 못, 철선, 모르타르 등의 돌출물은 제거하여야 한다.

정답 | ①

12
18년 2회

다음 중 무기질 단열재료가 아닌 것은?

① 셀룰로오스 섬유판
② 세라믹 섬유
③ 펄라이트판
④ ALC 패널

해설 |
셀룰로오스 섬유판, 연질 섬유판, 폴리스티렌폼, 경질 우레탄폼 등은 유기질 단열재료이다.
세라믹 섬유, 펄라이트판, ALC 패널, 유리면, 암면, 규산 칼슘판 등은 무기질 단열재료이다.

정답 | ①

KEYWORD 31 합성수지

13
19년 1회, 15년 2회

합성수지에 관한 설명으로 옳지 않은 것은?

① 에폭시수지는 접착제, 프린트 배선판 등에 사용된다.
② 염화비닐수지는 내후성이 있고, 수도관 등에 사용된다.
③ 아크릴수지는 내약품성이 있고, 조명기구 커버 등에 사용된다.
④ 페놀수지는 알칼리에 매우 강하고, 천장 채광판 등에 주로 사용된다.

해설 |
페놀수지는 전기절연성과 내수성이 있고, 접착성도 있지만 알칼리에는 약하다.

정답 | ④

14
19년 2회

다음 중 열가소성 수지에 해당하는 것은?

① 페놀수지
② 염화비닐수지
③ 요소수지
④ 멜라민수지

해설 |
페놀수지, 요소수지, 멜라민수지는 모두 열경화성 수지이고, 염화비닐수지는 열가소성 수지이다.

정답 | ②

15
13년 1회

합성수지 중 건축물의 천장재, 블라인드 등을 만드는 열가소성 수지는?

① 알키드수지
② 요소수지
③ 폴리스티렌수지
④ 실리콘수지

해설 |
폴리스티렌수지는 건축벽의 타일, 천장재, 블라인드 등에 많이 사용되고, 발포제품은 저온 단열재로도 사용된다.
알키드수지, 요소수지, 실리콘수지는 열경화성 수지이다.

정답 | ③

SUBJECT 02
건축구조

ENGINEER ARCHITECTURE

건축구조 합격 TIP

전공자와 비전공자를 통틀어 과락의 위험이 가장 높은 과목입니다. 전체 파트에서 비교적 고르게 문제가 출제되고 역학적 지식을 요하는 문제가 많기 때문에 상당한 시간을 투자해야 합니다.

기출문제로만 준비하시는 분들도 많지만, 건축구조의 경우 같은 유형의 문제가 다시 출제되더라도 대부분 조건이나 수치가 바뀌기 때문에 기출문제 만으로는 40점을 넘기기가 어렵습니다.

요령으로 과락을 면하여 필기시험에 합격하더라도 실기시험에서는 식과 정답까지 정확하게 맞추어야 하기 때문에 필기시험 때 이해와 암기로 확실히 실력을 다져놓는 것이 중요합니다.

40% 이상 출제되는 재료역학과 구조역학 파트는 이해를 바탕으로 공부하고, 철근콘크리트구조와 강구조에서 주요 공식과 용어를 확실히 암기해 놓는다면 과락을 넘어 70점 이상의 점수를 획득할 수 있을 것입니다.

최신 10개년 출제비율 분석

PART 01	건축구조 일반	12.0%
PART 02	재료역학	22.3%
PART 03	구조역학	20.7%
PART 04	철근콘크리트구조	26.3%
PART 05	강구조	18.7%

PART 01 건축구조 일반

KEYWORD 01, 02, 03

KEYWORD 01 건축구조의 개념 ★

1 건축구조 개요

1. 건축구조의 개념

(1) 건축구조의 목적

건축물의 요구 조건인 안전성, 사용성(거주성), 내구성을 충족시킬 수 있는 구조체를 완성하는 것이다.

(2) 주요 구성　　　　　　　　　　※ 일반적인 하중의 전달경로: 슬래브, 작은보(빔), 큰보(거더), 기둥, 기초 순이다.

기초(Foundation, Footing)	건축물의 지하부 구조이며, 건축물의 상부하중을 지반으로 전달하며 건축물을 안전하게 지탱하는 구조부이다.
벽(Wall)	수직으로 공간을 막는 수직부재로 내력벽, 비내력벽 등이 있다.
기둥(Column, Post)	지붕이나 바닥판 등을 지지하는 수직부재이다.
바닥판(Floor, Slab)	• 건축물의 각 층을 수평으로 막는 수평부재이다. • 바닥판 위에 작용하는 하중을 받아 바닥판 밑의 보를 통하여 기둥이나 벽체에 전달한다.
보(Girder, Beam)	• 지붕이나 바닥판 등을 지지하는 수평부재이다. • 기둥이나 기둥 사이에서 바닥판을 지지하는 부재를 큰보(Girder)라고 한다. • 큰보와 큰보 사이에서 바닥판을 지지하는 부재를 작은보(Beam)라고 한다.

2. 건축구조의 분류

(1) 구조체 재료에 의한 분류

철근콘크리트구조(RC)	• 장점: 내진, 내화, 내구적, 자유로운 설계 가능, 경제적 • 단점: 고중량, 습식구조로 긴 공기, 균일시공 곤란
철골구조(강구조, SS)	• 장점: 장스팬 가능, 내진·내풍적, 시공 및 해체용이 • 단점: 비내화적, 고가, 좌굴에 취약
철골철근콘크리트구조(SRC)	• 장점: 내진·내화·내구적, 고층 및 대건축물 • 단점: 고중량, 고가, 시공이 복잡, 긴 공기
벽돌구조	• 장점: 내화·내구적, 외관이 장중·미려, 구조 및 시공법 간단, 방한·방서적 • 단점: 횡력에 약함, 균열이 가기 쉬움, 습기가 차기 쉬움, 고층에 부적합
블록구조	• 장점: 내화적이고 경량, 대량생산 가능, 구조 및 시공법 간단 • 단점: 횡력에 약함, 균열이 가기 쉬움, 습기가 차기 쉬움, 고층에 부적합
돌구조	• 장점: 내화, 내구적, 외관이 장중·미려 • 단점: 횡력에 약함, 가공 및 시공이 어려움, 고가

나무구조(목구조)	• 장점: 구조공작이 간단, 외관이 미려, 짧은 공기, 환경 친화적 • 단점: 비내화·비내구적, 부패 우려

> **참고**
> * 보강블록조: 블록 내부에 철근콘크리트로 보강함으로써 일반 블록구조보다 횡력에 강함
> * 목구조: 목재를 뼈대로 조립한 가구식 구조
> * 목골구조: 건물의 뼈대는 나무이지만 벽에 벽돌, 돌 등을 쌓아 막은 구조
> * 목재패널구조: 합판과 같은 대형패널로 구조체를 만드는 구조

(2) 구조체 구성양식에 의한 분류

분류	내용
조적식 구조	• 벽돌, 블록, 돌 등의 단일재료에 접착제(모르타르 등)를 사용하여 쌓아올린 구조이다. • 벽돌구조, 블록구조, 돌구조 등이 있다. • 횡력에 약하며, 균열이 가기 쉽다. • 조적벽체는 내력벽과 비내력벽으로 구분된다. • 조적단위 재료의 접착강도가 클수록 좋다.
가구식 구조	• 목재, 철재 등의 가늘고 긴 재료로 접합한 구조로 기둥 등의 수직재와 보 등의 가로재로 입체화한 구조이다. • 나무구조, 철골구조 등이 있다. • 각 부재의 접합 및 짜임새에 따라 구조체 강도가 좌우되며, 삼각형으로 조립하면 더욱 안정한 구조체를 이룰 수 있다.
일체식 구조	• 건물의 구체(주체)를 연속적으로 일체가 되게 만든 것으로, 기둥과 보의 접합부가 고정단으로 강접합된 구조이다. • 철근콘크리트구조, 철골철근콘크리트구조 등이 있으며, 라멘(Rahmen)구조라고도 한다. • 철골구조 중 용접 등으로 강접합된 구조는 일체식 구조이다. • 비교적 균일한 강도를 가진다.
조립식 구조	• 건물의 주요 뼈대를 공장 제작한 후, 현장 운반하여 짜 맞춘 구조이다. • 알루미늄 커튼월, 조립식 프리캐스트(Precast), 프리패브조 등이 있다. • 현장 조립이므로 가설물의 사용이 적고 공기가 짧으며, 대량생산이 가능하다. • 현장에서 접합부처리가 관건이며, 각 부품과의 접합부가 일체가 되지 못하여 절점을 강접합으로 하기 어렵다.

(3) 시공방법에 의한 분류

분류	내용
습식 구조	• 물을 사용하는 공정을 갖는 구조이다. • 모르타르 또는 콘크리트 등을 사용하며, 조적식 구조나 일체식 구조 등이 있다.
건식 구조	• 골조를 가구식으로 하여 기성재를 짜 맞추는 구조로 물을 거의 사용하지 않는다. • 조립식 구조로 대형패널공법, 박스프레임공법, 틸트업공법, 리프트슬래브공법, 조립식 커튼월공법 등이 있다.
조립구조	• 부재를 규격화하여 공장에서 생산 및 가공 조립하여 현장에서 짜 맞추는 구조이다. • 단기간에 대량 및 저렴한 건축 생산이 가능하다.
부품화구조	프리패브 방식의 한 가지로 스페이스를 내장한 큐비클 유닛(Cubicle Unit)을 공장에서 제작하여 현장에서 접합하여 완성하는 공법이다.
현장구조	건축 자재를 현장에서 제작·가공하여 조립·설치하는 구조이다.

(4) 구조시스템에 의한 분류

분류	내용
트러스(Truss)	축응력(인장, 압축)으로만 외력에 저항하는 부재로 이루어져 있다. ※철골트러스: 직선 부재
라멘(Rahmen)	• 주로 휨모멘트 및 전단력으로 외력에 저항한다. • 기둥, 보 및 슬래브로 구성되며, 철근콘크리트구조 또는 철골구조가 해당된다.
아치(Arch)	주로 축방향 압축력으로 외력에 저항한다.
쉘(Shell)	주로 면내력으로 외력에 저항한다.
벽식 구조	• 내력벽을 사용하여 바닥과 일체로 구성되기 때문에 공동주택(아파트) 등에 자주 사용된다. • 철근콘크리트구조가 해당된다.
플랫슬래브구조(무량판)	보 없이 수직하중을 철근콘크리트 기둥 및 지판이 부담하는 구조이다.

2 설계하중

1. 하중(Load)

(1) 설계하중의 종류

건축구조기준에 따라서 건축구조물이 저항해야하는 하중은 다음과 같다.

① 고정하중(D): 구조체와 이에 부착된 비내력 부분 및 각종 설비 등의 중량에 의하여 구조물의 존치기간 중 지속적으로 작용하는 연직하중(수직하중)이다.

② 활하중(L): 건축물 및 공작물을 점유·사용함으로써 발생하는 연직하중(수직하중)이다.

③ 지붕활하중(L_r) : 유지보수 작업 시 작업자, 장비 및 자재에 의한 작업하중 또는 점유 사용과는 무관한 화분 또는 이와 유사한 소형 장식물 등 이동 가능한 물체에 의하여 지붕에 작용하는 하중이다.

④ 적설하중(S): 쌓인 눈의 중량에 의하여 건축물·구조물에 작용하는 연직하중(수직하중)이다.

⑤ 풍하중(W): 바람에 의하여 구조물에 작용하는 횡하중(수평하중)이다.

⑥ 지진하중(E): 지진에 의한 지반운동으로 구조물에 작용하는 횡하중(수평하중)이다.

⑦ 지하수압·토압(H): 지하수위에 의하여 구조물에 작용하는 횡하중(수평하중)이다.

⑧ 기타: 온도하중(T), 유체압 및 용기내용물하중(F), 운반설비 및 부속장치 하중(M), 기타 하중

(2) 계수하중, 영향면적, 활하중 저감계수

① 계수하중: 사용하중에 하중계수를 곱한 하중이다.

> **합격 PLUS+** 강도설계법 또는 한계상태설계법의 하중조합(건축구조기준, 2022)
>
> $U = 1.4(D+F)$
> $U = 1.2(D+F+T) + 1.6L + 0.5(L_r \text{ or } S \text{ or } R)$
> $U = 1.2D + 1.6(L_r \text{ or } S \text{ or } R) + (1.0L \text{ or } 0.5W)$
> $U = 1.2D + 1.0W + 1.0L + 0.5(L_r \text{ or } S \text{ or } R)$
> $U = 1.2D + 1.0E + 1.0L + 0.2S$
> $U = 0.9D + 1.0W$
> $U = 0.9D + 1.0E$
>
> • U 소요강도
> • L 활하중
> • L_r 지붕활하중
> • S 적설하중
> • R 강우하중
> • D 고정하중
> • W 풍하중
> • E 지진하중
> • T 온도하중
> • F 유체중량 및 압력에 의한 하중

② 영향면적
　㉠ 연직하중전달 구조부재에 직접적으로 미치는 하중영향을 바닥면적으로 나타낸 것이다.
　㉡ 기둥 또는 기초의 경우에는 부하면적의 4배, 보 또는 벽체의 경우에는 부하면적의 2배를 각각 적용한다. 단, 부하면적 중 캔틸레버 부분은 4배 또는 2배를 적용하지 않고 영향면적에 단순 합산한다.
③ 활하중 저감계수: 영향면적에 따른 저감효과를 고려하기 위해 활하중에 곱하는 계수이다. 지붕활하중을 제외한 등분포활하중은 부재의 영향면적이 36m² 이상인 경우, 기본등분포활하중에 다음의 활하중 저감계수(C)를 곱하여 계산한다. → $C = 0.3 + \frac{4.2}{\sqrt{A}}$ (A: 영향면적, 단, $A \geq 36m^2$)

KEYWORD 02 지반 및 기초 ★★★

1 지반

1. 지반조사

(1) 절차

① 사전조사: 지반의 상태를 추정하는 조사이다.
② 예비조사: 건물배치, 지반 지지층과 기초구조의 형식을 대략 결정할 수 있는 자료가 될 수 있는 조사이다.
③ 본조사: 본격적인 필요 조사사항을 정하고 조사법의 결정 및 선택을 하는 조사이다.
④ 추가조사: 지지층, 기초구조 형식이 부적당할 때 또는 본조사의 결과를 보완하기 위한 조사이다.

(2) 종류

① 표준관입시험: 사질지반에서 샘플러를 관입시킬 때의 타격 횟수로 지반의 지내력을 평가하고 시료를 채취하는 시험법이다.
② 보링 테스트: 지중에 철판을 꽂아 샘플을 채취하여 지층의 상황을 주상도로 작성하는 방법이다.
③ 지내력 시험: 지반의 지내력을 시험하기 위하여 기초 밑면에 재하판을 설치하고 하중을 가하여 기초지반에 대한 침하량을 측정하는 방법이다.
④ 베인 테스트: 연약 점토지반의 점착력을 판별하여 전단강도를 추정하는 방법이다.

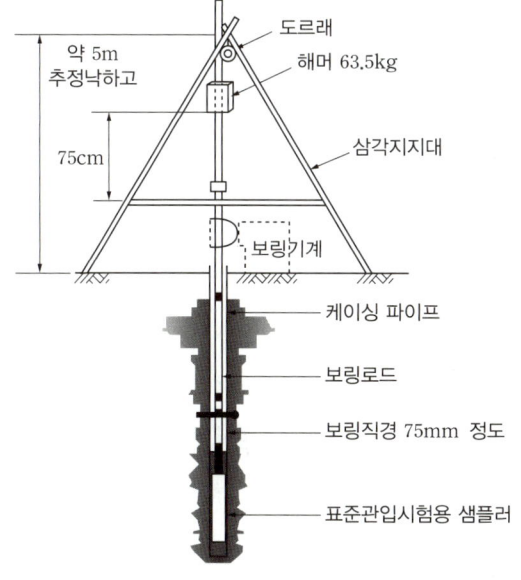

왼쪽 그림과 같이 63.5kg의 해머를 높이 75cm에서 낙하시켜 30cm 관입시키는 데 요하는 타격 횟수(N값)를 측정하는 시험

타격 횟수(N값)	모래의 상대 밀도
0~4	매우 느슨하다.
4~10	느슨하다.
10~30	보통
30~50	단단하다.
50 이상	매우 단단하다.

▲ 표준관입시험

2. 지반특성

(1) 허용지내력

지반의 종류	장기	단기
경암반	4,000	장기값의 1.5배
연암반	2,000(판암, 편암 등) 1,000(혈암, 토단반 등)	
자갈	300	
자갈+모래	200	
모래+점토	150	
모래 또는 점토	100	

(2) 사질 및 점토층 특성

구분	점토	사질지반
내부마찰각	적다.	크다.
투수성	적다.	크다.
침하특성	장기침하	단기침하
침하량	크다.	적다.
예민비	크다.	적다.
침하속도	느리다.	빠르다.

3. 기타

(1) 액상화
① 포화사질토가 비배수상태에서 급속한 재하를 받게 되면 과잉간극수압의 발생과 동시에 유효응력이 감소하며, 이로 인해 전단저항이 크게 감소하여 액체처럼 유동하는 현상이다.
② 액상화 평가결과 대책이 필요한 지반의 경우, 지반개량공법 등을 적용하여 액상화 저항 능력을 증대시킨다.

(2) 부등(부동)침하의 원인과 대책
① 부등침하의 원인은 연약층, 경사지반, 이질지층, 낭떠러지, 증축, 지하수위 변경, 지하 구멍, 메운 땅 흙막이, 이질지정, 일부 지정 등 매우 다양하다.
② 대책

상부구조에 대한 대책	• 건물의 경량화 및 중량 분배를 고려 • 건물의 길이를 짧게 하고 강성을 높일 것 • 인접 건물과의 거리를 멀게 할 것
하부구조에 대한 대책	• 마찰말뚝을 사용하고 서로 다른 종류의 말뚝 혼용을 금지 • 지하실 설치: 온통기초(Mat Foundation)가 유효 • 기초 상호 간을 연결: 지중보 또는 지하연속벽 시공

(3) 흙막이벽 및 기초파기 중 토질에 생기는 현상
① 보일링(Boiling): 흙막이벽과 공사장 안의 지하수 수위 차이로 인하여 공사장 안 바닥에서 물이 차오르는 현상이다.
② 히빙(Heaving): 흙막이벽 좌우측의 토압 차이에 의하여 흙막이벽 밑으로 흙이 미끄러져 들어오는 현상이다.
③ 파이핑(Piping): 부실공사로 인한 흙막이벽 이음새로 물이 새어 들어오는 현상이다.

2 기초

1. 기초구조

(1) 기초의 종류
① 얕은 기초(Shallow Foundation): 지표면 가까이에 굳은 지층(지지층)이 있어서 기초판을 통해 하중을 직접 지반에 전달하는 기초이다.

② 깊은 기초(Deep Foundation): 굳은 지층이 깊이 있어서 말뚝(Pile)기초나 잠함(Caisson)기초 등을 통해 간접적으로 하중을 전달하는 기초이다.
③ 독립기초: 기둥 하나에 기초판도 하나인 기초이다.
④ 연속(줄)기초: 벽 또는 1열의 기둥을 받는 기초이다.
⑤ 복합기초: 2개 이상의 기둥을 하나의 기초판으로 받치는 것으로 기둥 간격이 좁을 때 사용한다.
⑥ 온통기초: 매트(Mat)기초라고도 하며, 부동침하 방지 효과가 크고, 강성이 충분할 때 복합기초와 동일하게 취급하여 설계한다.

(2) 말뚝의 최소 간격

※ D: 말뚝머리 지름

종류	최소 간격
나무 말뚝	2.5D 이상 또는 600mm 이상
기성콘크리트 말뚝	2.5D 이상 또는 750mm 이상
강재 말뚝	2.0D(폐단강관말뚝 2.5D) 이상 또는 750mm 이상
제자리(현장타설)콘크리트 말뚝	2.0D 이상 또는 (D+1,000mm) 이상

(3) 지중보

① 기초와 기초를 연결하여 주각부의 강성을 증대시킨다.
② 기초설계 시 인접대지와의 관계로 편심기초를 만들 때, 지반력이 균등하도록 하기 위하여 사용한다.
③ 지진 대비 및 부등침하를 억제한다.
④ 기초에 중심축 하중을 유도한다.

2. 기초설계

(1) 하중의 위치에 따른 응력분포도

중심축에 작용할 때 $e=0$	편심이 핵점 이내일 때 $e<\dfrac{h}{6}$	핵점에 작용할 때 $e=\dfrac{h}{6}$	핵점 밖에 작용할 때 $e>\dfrac{h}{6}$
$\sigma_c=-\dfrac{P}{A}$	$\sigma_{max}=-\dfrac{P}{A}-\dfrac{P\cdot e}{Z}=-\dfrac{P}{A}-\dfrac{M}{Z}$	$\sigma_{min}=-\dfrac{P}{A}+\dfrac{P\cdot e}{Z}=-\dfrac{P}{A}+\dfrac{M}{Z}$	

(2) 편심길이 및 단면의 핵
  ① 하중을 받고 있는 기초에서 편심거리(e)는 모멘트(M)와 편심축하중(N)의 비율로 계산된다.

$$편심거리\ e = \frac{M}{N}$$

  ② 일정한 폭(h)을 갖는 사각형 단면의 기초에서 단면의 핵은 $\frac{h}{6}$으로 계산되며(참조: 기둥의 좌굴), 위에서 계산한 편심거리가 단면의 핵보다 작은 경우에만 기초저면에 인장력이 발생하지 않는다.

KEYWORD 03 내진·내풍·사용성 설계 ★★

1 내진

1. 지진의 크기

(1) **규모(Magnitude)**
  ① 지진으로 발생한 에너지의 양을 나타내는 절대적 수치로서, 진앙까지의 거리 및 진원의 깊이를 고려한다.
  ② 대표적으로 1932년 찰스 리히터가 창안한 리히터 규모가 있다.

(2) **진도(Intensity)**
  ① 지진으로 발생한 에너지로 인하여 관측된 영향, 특히 피해의 정도에 따라 정해지는 지진의 크기를 로마자로 표현한다.
  ② 사람이 느끼는 감각과 같은 상대적인 수치로서, 여러 기관(국가)에서 개별적으로 정의하고 있으며 MMI, MSK, JMA 등으로 불리는 각 계급별 피해 규모로 나타낸다.

2. 지진하중

(1) **지역구분 및 지역계수**
  우리나라 지진구역 및 지진구역계수는 다음과 같이 정의되며, 지진구역계수는 재현주기 500년의 지진위험도로 정의된 최대예상지진의 유효지반가속도를 가리킨다.

지진구역		행정구역	지진구역계수, Z
I	시	서울, 인천, 대전, 부산, 대구, 울산, 광주, 세종	0.11g
	도	경기, 충북, 충남, 경북, 경남, 전북, 전남, 강원 남부*	
II	도	강원 북부**, 제주	0.07g

*강원 남부: 영월, 정선, 삼척, 강릉, 동해, 원주, 태백
**강원 북부: 홍천, 철원, 화천, 횡성, 평창, 양구, 인제, 고성, 양양, 춘천, 속초

(2) 등가정적해석법

건축구조기준은 동적거동인 지진에 대해서 동일한 진폭으로 가정한 정적해석을 제시한다.

① **밑면전단력**: 지진으로 발생한 에너지가 건축물에 영향을 미치는 힘으로 지진응답계수(C_s)와 고정하중과 추가하중(W, 적설하중 등)의 곱으로 계산된다. 즉, 건물중량을 작게 할수록 밑면전단력이 작다.(내진설계에 유리)

$V = C_s W$	• C_s 표에 따라 산정한 지진응답계수
	• W 고정하중과 아래에 기술한 하중을 포함한 유효 건물 중량
	  ▷ 창고로 쓰이는 공간에서는 활하중의 최소 25%
	    (공용차고와 개방된 주차장 건물의 경우에 활하중은 포함시키지 않음)
	  ▷ 바닥하중에 칸막이벽 하중이 포함될 경우에 칸막이의 실제 중량과 $0.5kN/m^2$ 중 큰 값
	  ▷ 영구설비의 총하중
	  ▷ 적설하중이 $1.5kN/m^2$을 넘는 평지붕의 경우에는 평지붕 적설하중의 20%
	  ▷ 옥상정원이나 이와 유사한 곳에서 조경과 이에 관련된 재료의 무게

② 지진응답계수(C_s)는 설계스펙트럼 가속도(S_{D1}), 반응수정계수(R), 중요도계수(I_E), 건축물의 고유주기(T)로 이루어져 있다. 설계스펙트럼 가속도는 지반 종류에 따라 다르게 결정된다.

$C_s = \dfrac{S_{D1}}{\left[\dfrac{R}{I_E}\right]T}$	• S_{D1} 주기 1초에서의 설계스펙트럼 가속도 • T 건축물의 고유주기(초) • I_E 건축물의 중요도 계수 • R 반응수정계수

㉠ 건축물의 고유주기(T)는 각 구조시스템별로 정의된 약산식을 통하여 구할 수 있다. 건축물의 고유주기가 길수록 지진응답계수(C_s)가 작아지고 결과적으로 밑면전단력도 작아진다.(내진설계에 유리)

㉡ 건축물의 중요도계수(I_E)를 통하여 내진등급을 나두고 있으며, 각 등급의 예시는 다음과 같다. (특: 종합병원, 유해물질 저장고, Ⅰ단계: 학교)

건축물의 중요도	내진등급	중요도계수(I_E)
특	특	1.5
1	Ⅰ	1.2
2, 3	Ⅱ	1.0

㉢ 반응수정계수(R)는 구조시스템에 따라서 지진력 저항정도를 나타낸 값이다. 반응수정계수가 클수록 구조물의 연성이 높은 것을 의미하며, 결과적으로 밑면전단력이 작아져 내진설계에 유리하다.

> **참고** 건축물의 성능에 기초한 내진설계범주
> - 최근 강도기반이 아닌 건축물의 성능에 기초하여 내진설계범주(A~D등급)를 제시하고 있다. 중요도계수와 설계스펙트럼 가속도에 따라서 등급이 나누어지기 때문에 같은 중요도계수를 갖는 건물에 한해서도 내진설계범주는 다를 수 있다.
> - 또한 내진등급에 따라서 허용층간변위를 다음과 같이 규정하고 있다. 특급일수록 층간변위를 더 작게하여 중요시설에 대한 흔들림을 제한하고 있다.
>
> | 구분 | 내진등급 | | |
> |---|---|---|---|
> | | 특 | Ⅰ | Ⅱ |
> | 허용층간변위 Δ_a | $0.010h_{sx}$ | $0.015h_{sx}$ | $0.020h_{sx}$ |
>
> ※ h_{sx}: x층 층고

3. 구조시스템

(1) 내진

건축물이 지진으로 발생하는 힘에 대응할 수 있도록 설계하는 방법으로서, 등가정적해석에 의거하여 다음의 설계 특성을 지니고 있다.

① 설계지진하중에 대한 구조물의 부분 파손을 가정한다.
② 특정층에 파괴가 집중되지 않도록 유도한다.
③ 접합부의 파괴가 발생하지 않도록 유도(부재 파괴)한다.
④ 구조물의 강도, 연성, 감쇠를 증가시키고 중량을 줄이는 방향으로 설계한다.

(2) 면진

건축물을 지반으로부터 분리시켜 지진으로 발생하는 힘이 구조물에 잘 전달되지 않도록 하는 설계 방법으로 다음의 특징을 가진다.

① 지진으로 발생하는 지반의 흔들림을 분리하기 때문에 공진현상의 제어에 유리하다.
② 구조시스템상으로 상부구조를 보강하기 어려운 건축물에 유리하다.
③ 지진이 많이 발생하는 국가에서 주로 적용되고 있는 설계 방법이다.

(3) 제진

건축물에 별도의 장치(댐퍼 등)를 설치하여 지진으로 발생하는 힘을 흡수하는 설계 방법으로 다음의 특징을 가진다.

① 기존 건물의 구조형식에 좌우되지 않는다.
② 지반계수에 의한 제약을 받지 않는다.
③ 건물자체에 대형 계측기를 보유해야 하므로 일반적으로 대형 건물에 적용된다.
④ 댐퍼 등을 사용하여 흔들림을 효과적으로 제어한다.

2 내풍 – 풍하중

풍하중은 설계풍압과 건물면적(유효수압면적)의 곱으로 이루어져 있다.

설계풍압은 각 층별 설계속도압과 건축물의 동적거동을 나타내는 가스트 영향계수, 건축물 벽에 영향을 미치는 외압계수로 구성되어 있다.

※ 주의: 지진하중과 다르게 건축물의 중량은 포함되어 있지 않다.

핵심 기출문제

PART 01 건축구조 일반

KEYWORD 01 건축구조의 개념

01
12년 1회, 11년 2회

다음 각 구조물에 대한 설명으로 옳지 않은 것은?

① 쉘(Shell)은 주로 면내력으로 외력에 저항하는 구조이다.
② 라멘(Rahmen)은 주로 휨모멘트 및 전단력으로 외력에 저항하는 구조이다.
③ 아치(Arch)는 주로 축방향 압축력으로 외력에 저항하는 구조이다.
④ 트러스(Truss)는 주로 휨모멘트로 외력에 저항하는 구조이다.

해설 |
트러스(Truss)는 축방향력(인장 및 압축)으로 외력에 저항하는 구조이다.

정답 | ④

02
17년 2회, 11년 4회

건축구조의 구조별 특징을 기술한 것 중 옳지 않은 것은?

① 조적식 구조는 압축력에는 강하지만 횡력에 취약하다.
② 가구식 구조는 삼각형보다 사각형으로 조립하면 더욱 안정한 구조체를 이룰 수 있다.
③ 조립식 구조는 부재를 공장에서 생산·가공하여 현장에서 조립하므로 공기가 짧다.
④ 일체식 구조는 비교적 균일한 강도를 가진다.

해설 |
가구식 구조는 삼각형 상태일 때 가장 안정적이다.

정답 | ②

03
14년 1회

구조시스템의 분류에 있어 복합구조로 보기 어려운 것은?

① 철골철근콘크리트 기둥에 철골 보를 이용한 구조
② 철골철근콘크리트 기둥에 철근콘크리트 보를 이용한 구조
③ 철근콘크리트 기둥에 철근콘크리트 보를 이용한 구조
④ 철근콘크리트 기둥에 철골 보를 이용한 구조

해설 |
철근콘크리트 기둥에 철근콘크리트 보를 이용한 구조는 복합구조가 아닌 철근콘크리트 단일 구조이다.

정답 | ③

04
14년 4회

벽돌구조에 대한 설명으로 옳지 않은 것은?

① 석구조 및 블록구조와 함께 조적식 구조의 일종이다.
② 고층 건물이나 대규모 건물에 적합하다.
③ 내화, 내구적이다.
④ 풍압력, 지진력 등에 약하다.

해설 |
벽돌구조는 저층 건물이나 소규모 건물에 적합한 구조이다.

정답 | ②

05
15년 1회

곡면판이 지니는 역학적 특성을 응용한 구조로서 외력은 주로 판의 면내력으로 전달되기 때문에 경량이고 내력이 큰 구조물을 구성할 수 있는 것은?

① 쉘구조
② 튜브 시스템
③ 스페이스 프레임
④ 절판구조

해설 |
곡면판이 지니는 역학적 특성을 이용한 구조로서 외력이 주로 판의 면내력으로 전달되는 구조는 쉘구조이다.

정답 | ①

06
15년 2회

목구조에 대한 설명 중 옳지 않은 것은?

① 목골구조는 건물의 뼈대는 목재로 구성하고, 벽에는 벽돌, 돌 등을 쌓아 막은 구조이다.
② 목구조는 주로 목재를 써서 뼈대를 조립한 가구식 구조를 말한다.
③ 심벽 목구조는 기둥·샛기둥의 내외면에 메탈라스 또는 철망을 치고 모르타르 등으로 마감한 구조로 기둥, 샛기둥, 가새 등은 외부에 보이지 않게 된다.
④ 목재패널구조는 합판 또는 널재로 대형패널을 만들어 구조내력부재로 이용하는 목조건물의 구조법이다.

해설 |
심벽(Core Wall)은 목조건축에서 벽을 기둥과 기둥 사이에 쳐서 기둥이 벽면보다 드러나게 한 벽이므로 기둥이 외부에 잘 보인다.

정답 | ③

KEYWORD 02 지반 및 기초

07
10년 2회

지반의 성질에 대한 설명 중 옳지 않은 것은?

① 흙의 점조도(Consistency)가 교란되면서 영향을 받는 성질은 예민비로 표시할 수 있다.
② 물로 포화된 흙에 압력을 가하여 생긴 간극수 추출에 따른 흙의 체적 감소 현상을 압밀이라 한다.
③ 표준관입시험으로 토층을 구성하는 흙의 상대밀도를 조사할 수 있다.
④ 내부마찰각은 모래지반보다 점토질지반이 크다.

해설 |
토립자의 내부마찰각은 사질지반이 점토지반보다 크다.

정답 | ④

08
16년 2회, 10년 4회

다음에서 설명하는 용어는?

> 포화사질토가 비배수상태에서 급속한 재하를 받게 되면 과잉 간극수압의 발생과 동시에 유효응력이 감소하며, 이로 인해 전단저항이 크게 감소하는 현상

① 히빙
② 액상화
③ 보일링
④ 틱소트로피

해설 |
액상화(Liquefaction) 현상에 대한 설명이다.

정답 | ②

09
17년 4회, 13년 1회, 11년 2회

연약지반의 기초구조에 대한 설명 중 옳지 않은 것은?

① 기초 상호간을 지중보로 연결한다.
② 가능한 한 경질지반에 지지한다.
③ 흙다지기, 강제배수 등의 방법으로 지반을 우선 개량한다.
④ 말뚝의 사용을 배제한다.

해설 |
연약지반의 기초구조에서 말뚝의 사용을 배제하지 않고, 마찰말뚝으로 시공한다.

정답 | ④

10
11년 2회

다음 중 지반증폭계수가 가장 큰 지반은?

① 경암지반
② 연약한 토사 지반
③ 단단한 토사 지반
④ 보통암 지반

해설 |
지반의 전단변형에 의하여 지진파가 전달되므로 그 속도는 지반의 전단강성과 깊은 관계가 있다.
지반의 전단강성이 작을수록 지반증폭계수값이 크므로 연약한 토사지반의 지반증폭계수값이 가장 크다. 일반적으로 구조물에 관성력을 일으키는 지진파는 표면파(Surface Wave)이다.

정답 | ②

11
19년 1회, 18년 2회, 15년 4회

연약지반에서 부동침하를 방지하는 대책으로 옳지 않은 것은?

① 건물을 경량화한다.
② 지하실을 강성체로 설치한다.
③ 줄기초와 마찰말뚝기초를 병용한다.
④ 건물의 구조강성을 높인다

해설 |
연약지반에서 줄기초와 마찰말뚝 기초의 병용 시 부등침하의 원인이 된다. 연약지반에서는 온통기초를 사용하는 것이 좋다.

정답 | ③

12
16년 1회

철근콘크리트 독립기초를 설계할 때 수직압력만 받도록 하기 위한 방법으로 가장 효과적인 것은?

① 기초판의 크기를 증가시킨다.
② 기초판의 두께를 증가시킨다.
③ 기초 위 주각을 연결하는 지중보의 크기를 증가시킨다.
④ 기초 위 기둥단면의 크기를 증가시킨다.

해설 |
지중보는 기초의 주각부를 연결하는 수평보로서 기초와 기초를 연결하여 주각부의 강성을 증대시키고, 지진에 대한 저항과 건축물의 부등침하를 억제하는 효과가 있다. 또 기초에 중심축하중을 유도하는 기능을 하기 때문에 독립기초를 설계할 수직압력만 받도록 하기 위한 방법으로 가장 효과적이다.

정답 | ③

KEYWORD 03 내진·내풍·사용성 설계

13
14년 1회

지진에 대응하는 기술 중 하나인 제진(制震)에 대한 설명으로 옳지 않은 것은?

① 기존 건물의 구조형식에 좌우되지 않는다.
② 지반 종류에 의한 제약을 받지 않는다.
③ 소형 건물에 일반적으로 많이 적용된다.
④ 댐퍼 등을 사용하여 흔들림을 효과적으로 제어한다.

해설
제진 시스템은 건물 자체에 대형컴퓨터 및 계측기기를 보유해야 하므로 경제성의 측면에서 소규모 구조물에서는 일반화될 수 없는 단점을 가진다.

정답 | ③

14
18년 2회, 15년 4회, 13년 2회

밑면전단력 산정 시 활용되는 지진응답계수를 구성하는 4가지 항목과 가장 거리가 먼 것은?

① 반응수정계수 ② 건물의 중요도계수
③ 건물의 유효중량 ④ 건물의 고유주기

해설
밑면전단력 산정 시 활용되는 지진응답계수는 $C_s = \dfrac{S_{D1}}{\left[\dfrac{R}{I_E}\right] \cdot T}$ 이다.

여기서, S_{D1}: 주기 1초에서의 설계스펙트럼가속도, R: 반응수정계수, T: 건물의 고유주기, I_E: 건물의 중요도계수

정답 | ③

15
15년 4회

건축물에 작용하는 풍압력의 크기를 결정하는 요소와 가장 거리가 먼 것은?

① 건축물의 무게 ② 건축물의 높이
③ 건축물의 형상 ④ 풍속

해설
건축물의 무게는 풍압력을 산정하는데 관계없다.

정답 | ①

16
16년 1회

우리나라에서 지역계수 S를 결정하는 지진위험도 기준은?

① 100년 평균재현주기 지진
② 500년 평균재현주기 지진
③ 1,000년 평균재현주기 지진
④ 2,400년 평균재현주기 지진

해설
지진구역계수(Seismic zone factor): 지진구역 I과 지진구역 II의 기반암 상에서 평균재현주기 500년 지진의 유효수평지반가속도를 중력가속도 단위로 표현한 값이다.
※ 과거 기준에서는 평균재현주기 2,400년 기준으로는 I구역 구역계수 0.22, II구역 구역계수 0.14이였으나, 개정 기준에는 평균재현주기 500년을 기준으로 I구역 0.11, II구역 0.07로 제시되고 있다.

정답 | ②

17
21년 1회, 16년 4회, 16년 2회, 13년 4회

지진의 진도(Intensity)와 규모(Magnitude)에 대한 설명으로 옳지 않은 것은?

① 진도는 상대적 개념의 지진 크기이다.
② 규모는 장소에 관계없는 절대적 개념의 크기이다.
③ 진도는 사람이 느끼는 감각, 물체이동 등을 계급별로 구분한다.
④ 규모는 지반의 운동정도를 평가하나 정밀하지는 않다.

해설
지진의 규모는 장소와 무관한 절대적 수치이며 진도에 비해 매우 정밀한 값이다.
규모는 각 관측소에서 지진계에 기록된 진폭을 진앙까지의 거리나 진원의 깊이 등을 고려하여 지수형태로 나타낸다.

정답 | ④

PART 02 재료역학

KEYWORD 04, 05, 06, 07

KEYWORD 04 재료의 기계적 성질 ★★

1 힘과 모멘트

1. 힘(Force, F)

(1) **힘의 정의**
① 정지하여 있고 구속되어 있지 않은 물체에 힘이 작용하여 그 물체를 이동, 회전 또는 이동과 회전이 함께 일어나게 하거나 그 물체의 형태를 변형시키는 효과를 지칭한다.
② 움직이고 있는 물체에 힘이 작용하여 물체의 속도나 운동 방향을 바꾸는 효과를 지칭한다.

(2) **힘의 표현**
① 힘은 크기와 방향을 가지는 벡터이다.
② 힘은 눈에 보이지 않지만 시각적으로 화살표로 표현한다.
③ 힘의 단위는 [N(뉴턴)]이며, 1N이란 1kg 물체에 작용하여 $1m/s^2$의 가속도를 내게 하는 힘이다.

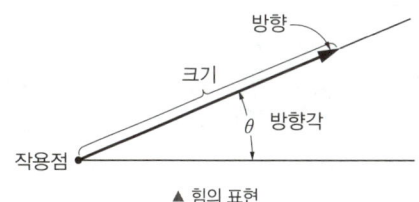

▲ 힘의 표현

(3) **힘의 분해**
① 한 개의 힘을 동일한 힘의 효과를 일으키는 두 개 이상의 힘으로 나누는 개념이다.
② 일반적으로 한 개의 힘을 직교하는 좌표축에 따라 분해한다.

$$F = F_x + F_y$$
$$F_x = F \cos\theta, \quad F_y = F \sin\theta$$

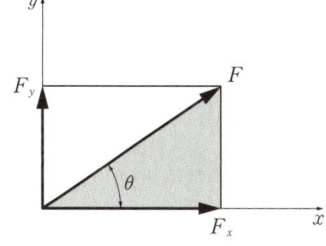

2. 모멘트(Moment, M)

(1) **모멘트의 정의**
물체가 한 고정점 주위를 회전하도록 하는 힘의 회전능력(힘의 회전효과)을 의미한다.

(2) **모멘트의 표현**
① 모멘트는 크기와 방향을 가지는 벡터이다.
② 모멘트는 힘과 마찬가지로 눈에 보이지 않지만, 시각적으로 원호의 화살표로 표현한다.
③ 모멘트의 단위는 [N·m]이며, 모멘트의 크기(M)는 힘의 크기(F)와 고정점까지의 수직거리(d)의 곱으로 표현한다.

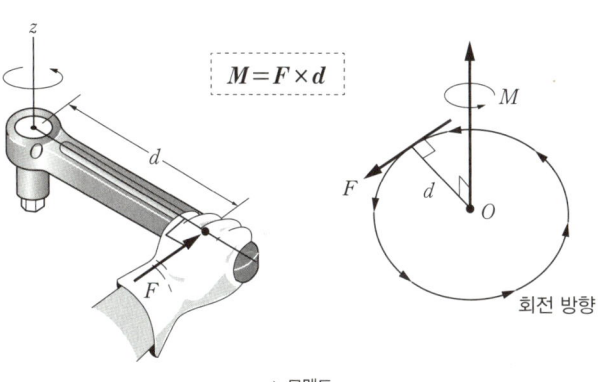

▲ 모멘트

(3) 힘의 평형

① 어떤 물체에 여러 개의 힘이 작용하고 있을 때, 그 물체가 정지해 있는 상태이다. 이때, 여러 개의 힘은 평형을 이룬다고 정의한다.
② 벡터인 힘과 모멘트는 각 방향으로 그 크기를 합하였을 때 평형을 이루어야 한다. (힘의 합력은 0)
　㉮ 2차원에서 $\sum F_x = 0$; $\sum F_y = 0$; $\sum M_o = 0$

> **참고　힘과 모멘트의 부호**
>
> 힘과 모멘트의 정역학적 부호규약은 다음과 같다.
>
> | 구분 | + | − |
> |---|---|---|
> | 힘의 방향 | 위쪽 ↑ | 아래쪽 ↓ |
> | | 오른쪽 → | 왼쪽 ← |
> | 모멘트 | 시계방향 ↻ | 반시계방향 ↺ |

2 응력과 변형률

1. 응력(Stress)

(1) 정의

재료의 단면적에 작용하는 힘의 상대적 세기이며, 단위는 Pa(파스칼, N/m²)이다.

(2) 수직응력과 전단응력

① 수직응력(σ): 단면에 수직(축방향)한 하중(축력 – 인장력, 압축력)에 의해 생기는 응력을 지칭한다.
② 전단응력(τ): 단면에 평행(축에 수직방향)한 하중(전단력)에 의해 생기는 응력을 지칭한다.

▲ 수직응력(인장응력)　　▲ 수직응력(압축응력)　　▲ 수평응력(전단응력)

2. 변형률(Strain)

(1) 수직변형률

변형 전 수직길이(L)에 대한 수직길이 변화량(δ_l)의 비율(ε_l)을 지칭한다.

(2) 횡방향 변형률

변형 전 횡방향 길이(D)에 대한 횡방향 길이 변화량(δ_d)의 비율(ε_d)을 지칭한다.

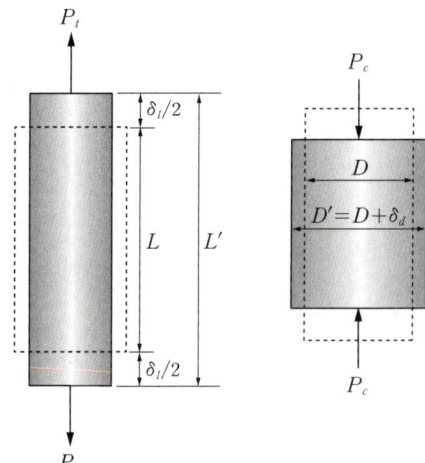

$$\varepsilon_l = \frac{L' - L}{L} = \frac{\delta_l}{L}$$

$$\varepsilon_d = \frac{D' - D}{D} = \frac{\delta_d}{D}$$

(3) 전단변형률(γ)

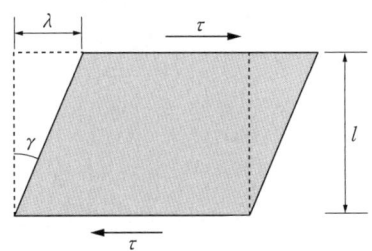

① 전단변형률(γ)은 단면에 평행한 하중(전단력)에 의해 발생하는 변형률을 지칭한다.
② 단위는 radian을 사용한다.

$$\gamma = \frac{\lambda}{l}[\text{rad}]$$

3. 응력과 변형률 곡선

(1) 개념
① 특정재료에 있어 응력(단위면적당 힘)이 가해질 때, 응력과 변형률의 관계를 나타낸 곡선이다.
② 각 재료마다 변형정도, 파괴시점 등의 거동이 다르기 때문에 재료의 특성(강성, 인장강도, 항복강도) 등을 파악하는 기본적인 자료로 사용된다.

(2) 재료의 인장실험(인장응력과 변형률 곡선)

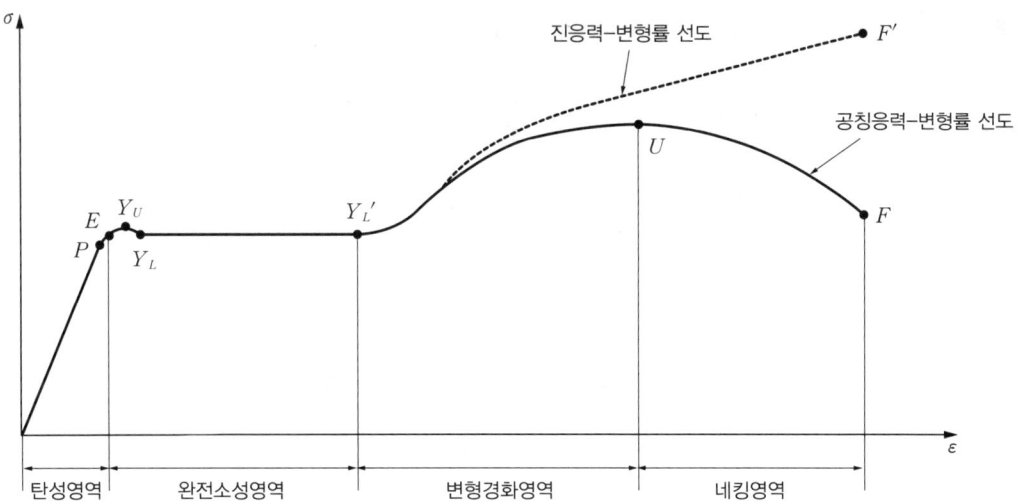

① 비례한도(P점): 응력과 변형도가 선형관계를 유지하는 응력과 변형률의 한계지점
② 탄성한도(E점): 하중을 제거했을 때, 원래 상태(원래 변형)로 돌아오는 응력과 변형률의 한계지점
③ 상항복점(Y_U점): 응력의 증가없이 변형도가 크게 증가하기 시작하는 지점의 상부 응력과 변형률
④ 하항복점(Y_L점): 응력의 증가없이 변형도가 크게 증가하기 시작하는 지점의 하부 응력(항복강도)과 변형률
⑤ 극한응력(U점): 인장시험에서 인장시편이 받을 수 있는 최대응력 – 인장강도
⑥ 파단점(F점): 재료의 파괴
*참고: 줄어든 단면적으로 인장응력을 정의하는 경우도 있으며, 이를 진응력이라고 한다.

4. 재료계수

(1) 탄성계수(Modulus of Elasticity, E)

① 탄성구간에서 수직응력과 수직변형률의 비례관계를 나타내는 계수를 지칭한다.

$$E = \frac{\sigma}{\varepsilon}$$	• σ 응력 • ε 변형률

② 탄성계수를 활용한 변형량의 정의

$$\varepsilon = \frac{\delta}{L}$$ $$\rightarrow \delta = L\varepsilon = L\frac{\sigma}{E} = \frac{L}{E}\sigma = \frac{L}{E}\frac{P}{A} = \frac{PL}{EA}$$ $$\therefore \delta = \frac{PL}{EA}$$	• ε 변형률 • L 길이 • δ 변형량 • E 탄성계수 • A 면적 • P 하중

(2) 프아송비(Poisson's Ratio, ν)

① 수직응력에 의하여 발생하는 횡방향 변형률과 수직변형률의 비율이다.

프아송비 $\nu = -\dfrac{\text{축의 직각방향 변형률}}{\text{축방향 변형률}} = -\dfrac{\text{폭(가로) 변형률}}{\text{길이(세로) 변형률}}$ $= -\dfrac{\varepsilon_d}{\varepsilon_l} = -\dfrac{\delta_l/D}{\delta_l/L}$

② 프아송수는 프아송비의 역수이다.

(3) 전단탄성계수(Shear, Modulus, G)

① 탄성구간에서 전단응력과 전단변형률의 비례관계를 나타내는 계수를 지칭한다.

$$\tau = G \cdot \gamma$$	• τ 전단응력 • γ 전단변형률

② 탄성계수(E)와 전단탄성계수(G)의 관계

$$G = \frac{E}{2(1+\nu)}$$	• E 탄성계수 • ν 프아송비

5. 그 밖의 응력

① 온도응력(Thermal Stress): 온도변화로 인하여 수축, 팽창하는 부재에 발생하는 응력
② 비틀림응력(Torsional Stress): 원형 부재 내부에서(반지름이 ρ인 지점)의 전단변형률과 전단응력
③ 원환응력(Hoop Stress): 원통형관 부재 내부의 압력(p)으로 인하여 발생하는 응력

KEYWORD 05 단면의 성질 ★★

1 단면모멘트

1. 단면1차모멘트(First Moment of Inertia)

임의의 단면에 대한 미소면적(dA)과 구하고자 하는 축(회전축)에서부터 미소면적까지 거리(z)의 곱을 단면에 대해서 적분한 값이다.

① 단위는 길이단위의 세제곱(m^3, cm^3, mm^3 등)이며, 부호는 +와 -값을 갖는다.
② 단면의 면적과 도심거리의 곱으로써 단면의 도심거리($\bar{x}$, $\bar{y}$)를 구할 때 사용한다.

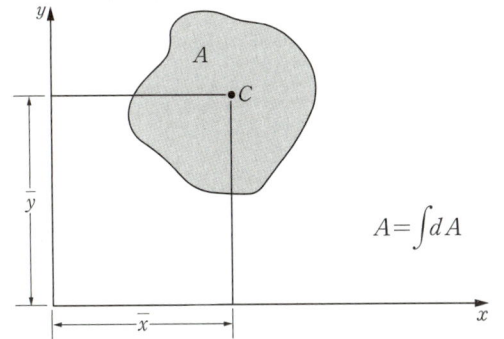

$$\bar{x} = \frac{\int_A x\, dA}{\int_A dA}$$

$$\bar{y} = \frac{\int_A y\, dA}{\int_A dA}$$

$$A = \int dA$$

③ 보의 단면에 작용하는 전단응력을 구할 때 사용한다.

$\tau = \dfrac{S \cdot G_y}{I_y \cdot b}$	• τ 전단응력 • G_y 단면1차모멘트 • b 폭	• S 전단력 • I_y 단면2차모멘트

④ 도심축(도심을 통과하는 축)에 대한 단면1차모멘트는 0이다.
⑤ 기본 도형의 면적과 도심

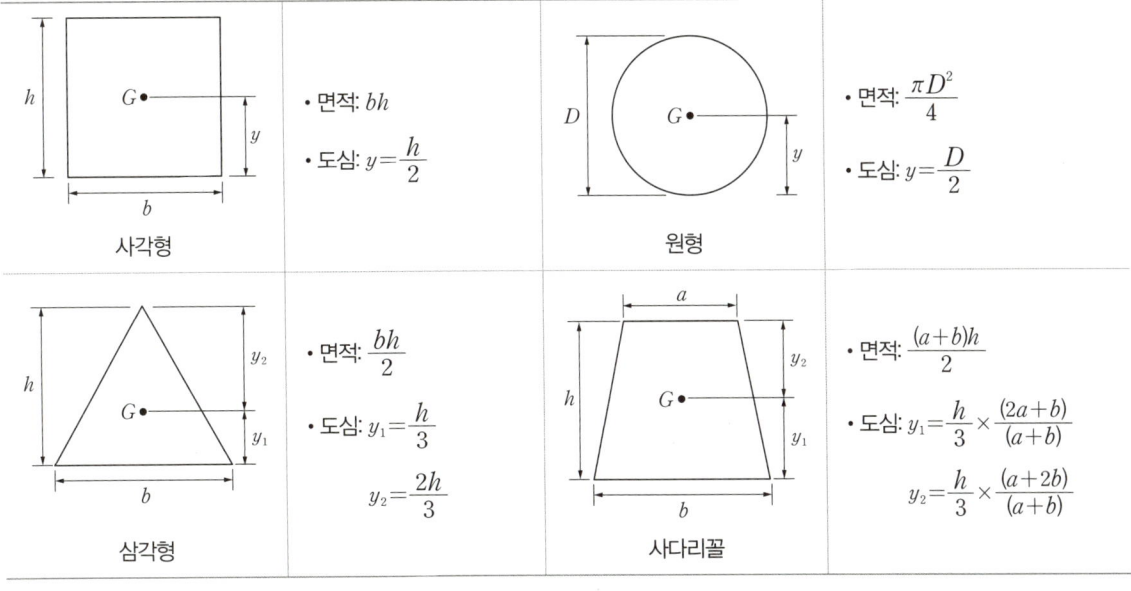

2. 단면2차모멘트(Second Moment of Inertia)

임의의 단면에 대한 미소면적(dA)과 구하고자 하는 축(회전축)에서부터 미소면적까지 거리의 제곱(z^2)을 단면에 대해서 적분한 값이다.

① 단위는 길이단위의 네제곱(m^4, cm^4, mm^4 등)이며 항상 +값을 갖는다.
② 휨모멘트에 대한 단면의 저항성을 나타내며, 탄성계수와 함께 휨강성(EI)을 표현할 때 사용한다.
③ 재료단면이 갖는 휨에 대한 저항계수(단면계수, 단면2차반경 등)를 표현할 때 사용된다.

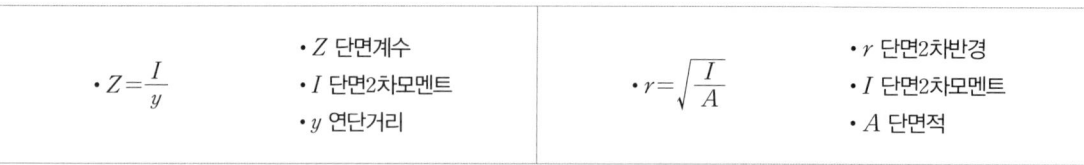

- $Z = \dfrac{I}{y}$
  - Z 단면계수
  - I 단면2차모멘트
  - y 연단거리
- $r = \sqrt{\dfrac{I}{A}}$
  - r 단면2차반경
  - I 단면2차모멘트
  - A 단면적

④ 도심을 지나는 두 직교축에 대한 단면2차모멘트의 합은 모두 같다.(일정하다.)
⑤ 도심을 지나는 축에 대한 단면2차모멘트 중 최대값과 최소값을 갖는 2개의 축은 반드시 직교한다.

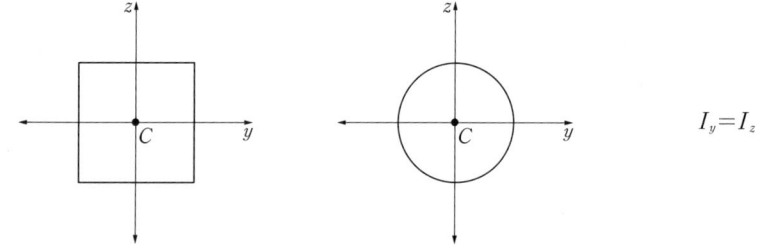

$I_y = I_z$

⑥ 기본도형 단면에 대한 도심과 단면 2차모멘트는 다음과 같다.

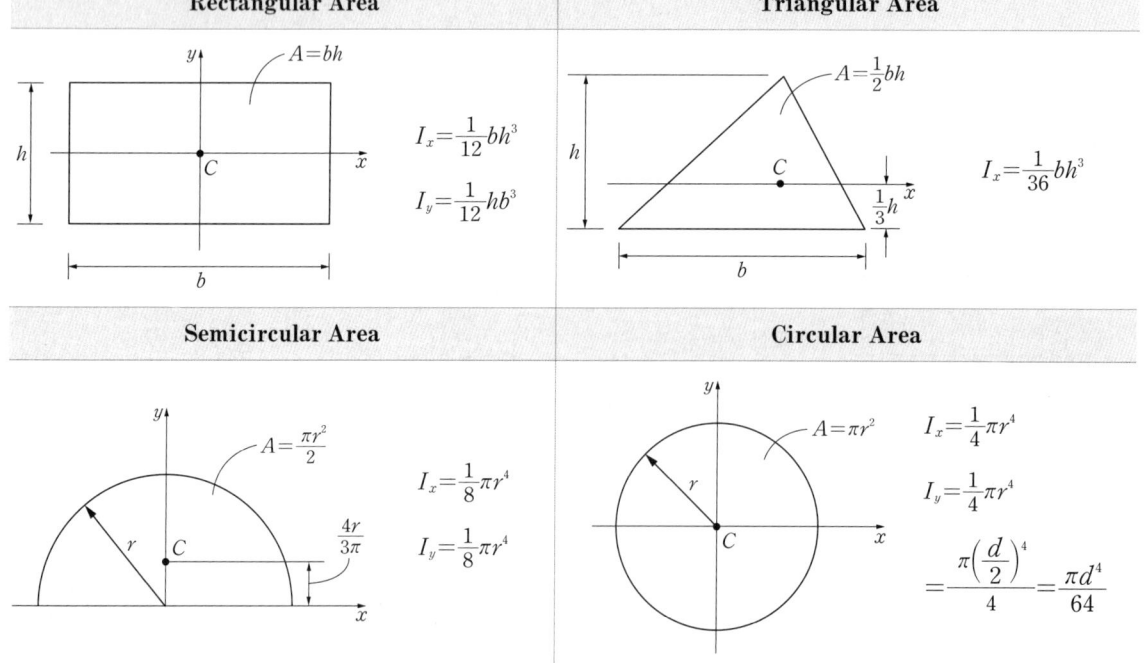

3. 단면2차 극모멘트(주관성 모멘트, Polar Moment of Inertia)

임의의 단면에 대한 미소면적(dA)과 극점으로부터 미소면적까지 거리의 제곱(r^2)을 단면에 대해서 적분한 값이다.

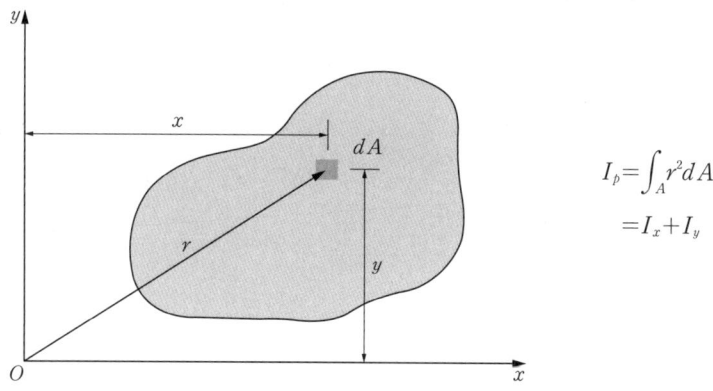

$$I_p = \int_A r^2 dA = I_x + I_y$$

① 단위는 길이단위의 네제곱(m⁴, cm⁴, mm⁴ 등)이며 항상 +값을 갖는다.
② 미소단면에 대한 극점, 각 회전축에 대한 상관관계는 $r^2 = x^2 + y^2$이기 때문에, 각 축에 대한 단면2차모멘트에 대한 합으로 나타낼 수 있다.
③ 부재의 비틀림 응력을 계산할 때 사용한다.
④ 단면2차모멘트와 마찬가지로 평행축의 정리의 적용이 가능하다.

4. 단면상승모멘트(관성곱, Product of Inertia)

임의의 단면에 대한 미소면적(dA)과 각 축에서부터 미소면적까지의 거리(x, y)를 단면에 대해서 적분한 값이다.

$$I_{xy} = \int_A xy\, dA$$

① 단위는 길이단위의 네제곱(m⁴, cm⁴, mm⁴ 등)이며, 부호는 +와 -값을 갖는다.
② 단면의 관성모멘트(단면2차모멘트 등)는 어느 축에 대하여 구하는 값이 달라지기 때문에, 구조물의 설계를 위하여 최대, 최소 관성모멘트가 발생되는 축의 방향(주축)을 계산할 때 사용한다.
③ 단면2차모멘트와 마찬가지로 평행축의 정리의 적용이 가능하다.
④ 주축에 대한 관성곱은 0이 된다.

2 단면계수와 단면2차반경

1. 단면계수(Section Modulus, Z)

(1) 정의

단면2차모멘트를 중심축으로부터의 거리(y)로 나눠준 값이다.

$$Z = \frac{M}{\sigma} = \frac{M}{\frac{My}{I}} = \frac{I}{y}$$

- Z 단면계수
- σ 휨응력
- y 중심축으로부터의 거리
- M 휨모멘트
- I 단면2차모멘트

(2) 특성
① 단위는 길이단위의 세제곱(m^3, cm^3, mm^3 등)이며, 부호는 항상 +값을 갖는다.
② 부재에 발생하는 모멘트와 허용 휨응력의 비율로써, 부재 설계 시 휨에 저항하는 단면의 효율을 계산할 때 사용한다.
③ 기본도형 단면에 대한 단면계수는 다음과 같다.

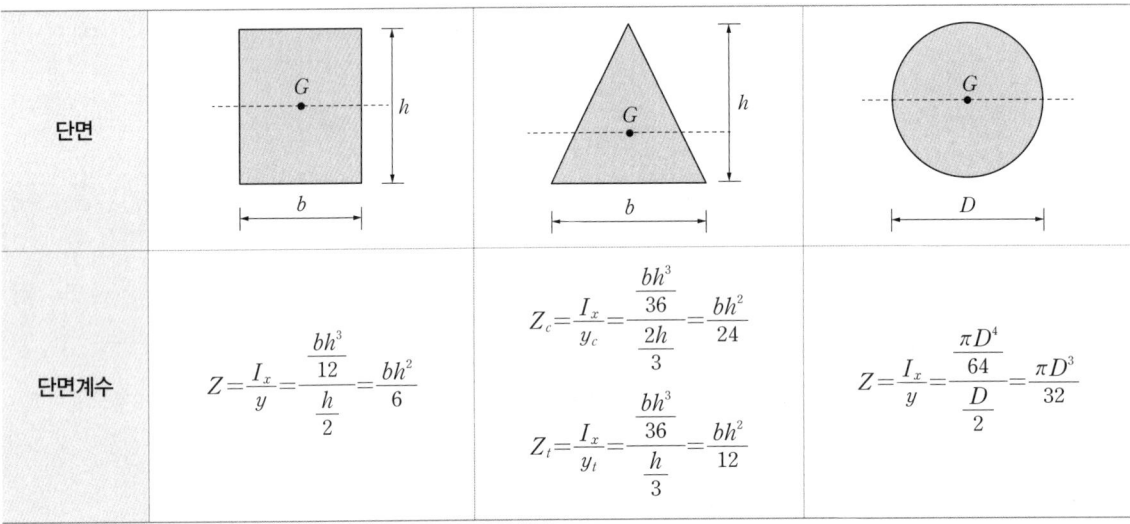

2. 단면2차반경(회전반경, Radius of Gyration)

(1) 정의

단면2차모멘트를 단면적으로 나눈 값의 제곱근이다.

$r = \sqrt{\dfrac{I}{A}}$	• r 단면2차반경 • I 단면2차모멘트 • A 단면적

(2) 특성
① 단위는 길이단위(m, cm, mm 등)이며, 부호는 항상 +값을 갖는다.
② 단면적 대비 휨에 저항하는 성질을 의미하며, 기둥의 좌굴(Buckling)에 대한 저항값을 나타낸다.
③ 기본도형 단면에 대한 단면2차반경은 다음과 같다.

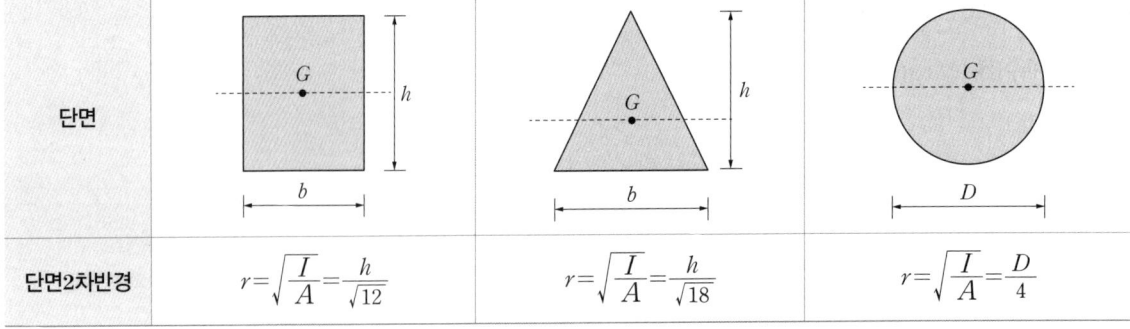

KEYWORD 06 　반력, 전단력, 휨모멘트 ★★★

1 반력

1. 구조물의 지점과 반력

구조물을 지지하고 있는 지지점(지점)의 종류에 따라서 발생하는 반력의 종류를 분류하면 다음과 같다.

지점명칭	롤러지점 (Roller Supports)	힌지지점 (Hinge Supports or Pinned Supports)	고정지점 (Fixed Supports)
지점형태			
이상화된 모델			
반력성분	반력성분 : V	반력성분 : V, H	반력성분 : V, H, M
변형형상			

> **참고** 반력의 부호
>
> 반력의 부호는 힘과 모멘트의 정역학적 부호규약과 같다.
>
> | 구분 | + | − |
> |---|---|---|
> | 힘의 방향 | V ↑ | V ↓ |
> | | H → | H ← |
> | 모멘트 | M ↶ | M ↷ |

2. 보의 종류

보란 부재축에 수직으로 작용하는 전단력과 휨모멘트에 저항하는 부재를 말하며, 지지조건과 형태에 따라서 다음과 같이 분류한다.

종류	정의	모양
단순보 (Simple Beam)	한 단이 힌지지점이며 타단이 롤러지점으로 구성된 정정보로서 가장 기본이 되는 보	
연속보 (Continuous Beam)	한 단이 힌지지점일 때 두 개 이상의 롤러지점을 가지고 있는 일체로 구성된 보	
내민보 (Overhang Beam)	단순보가 지점을 넘어서 한쪽 또는 양쪽으로 내민보	
캔틸레버보 (Cantilever Beam)	외팔보라고도 하며, 한단은 고정단이고 타단은 자유단으로 구성된 보	
양단고정보 (Fixed Beam)	양단이 모두 고정지점으로 구성된 부정정보	

3. 하중의 종류

(1) 정의

구조물에 가해지는 외력을 하중이라고 하며, 보에 발생하는 하중은 다음과 같다.

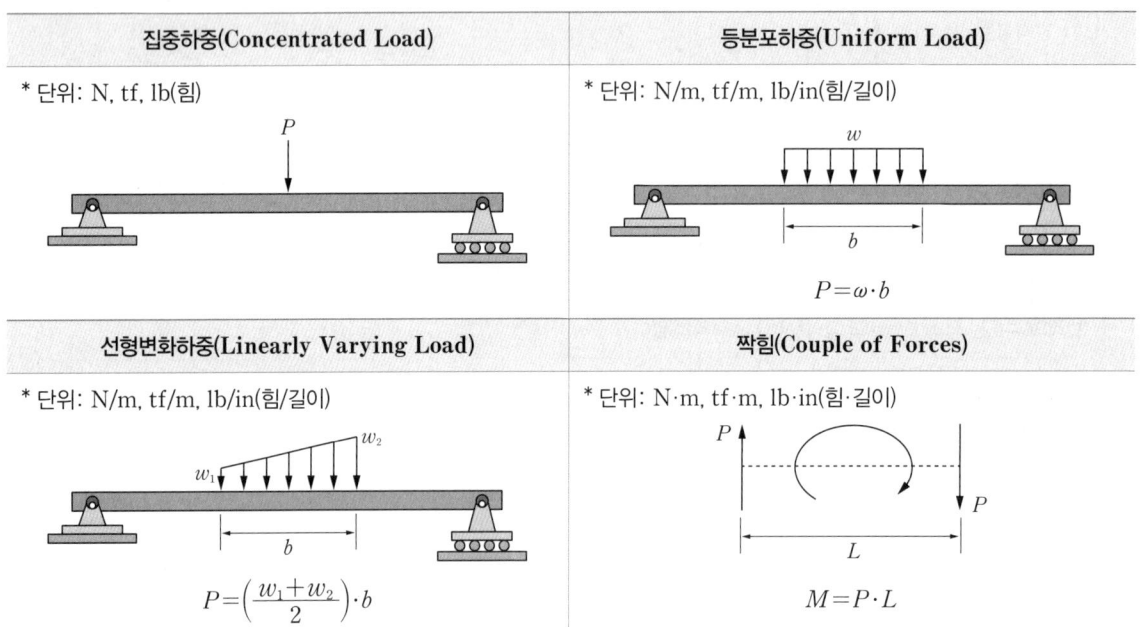

(2) 보에 작용하는 하중의 계산방법

① 보에 작용하는 분포하중의 경우, 집중하중으로 치환한다. 분포하중의 크기는 분포하중이 이루고 있는 도형의 면적으로 작용점은 도형의 도심축으로 결정한다.

하중의 형태	등가집중력	계산법
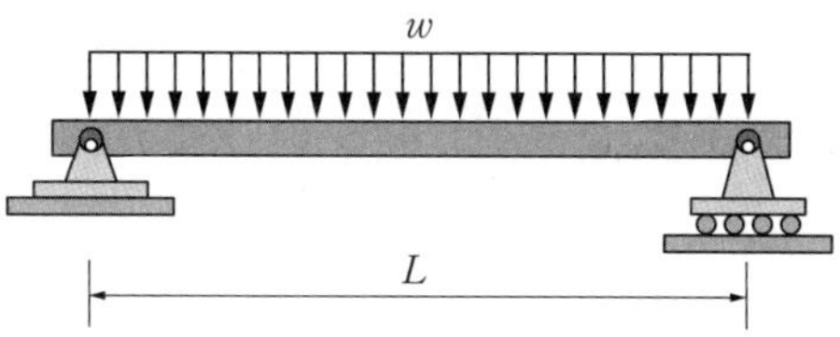 (등분포하중 w, 길이 L)	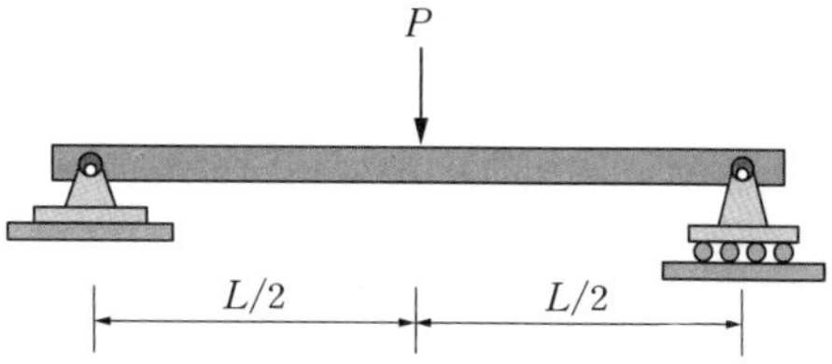 P 가 $L/2$, $L/2$ 위치	$P = w \cdot L$
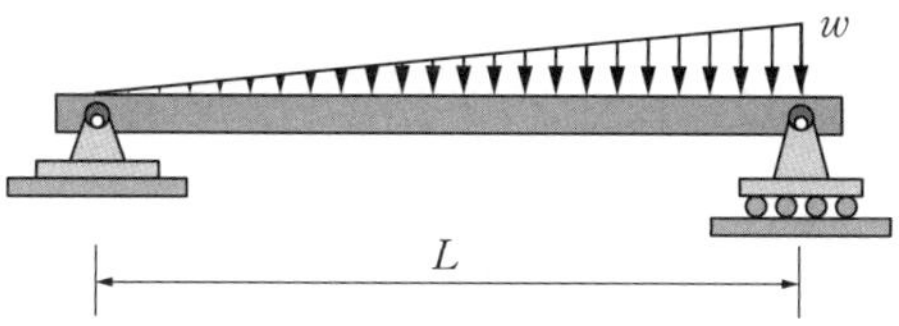 (삼각분포하중 w, 길이 L)	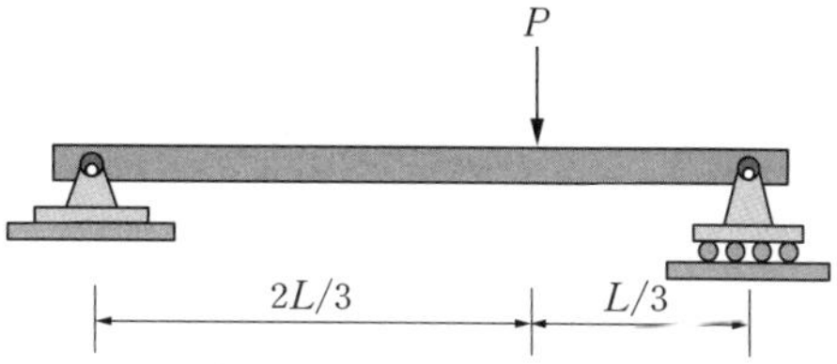 P 가 $2L/3$, $L/3$ 위치	$P = \dfrac{1}{2} w \cdot L$
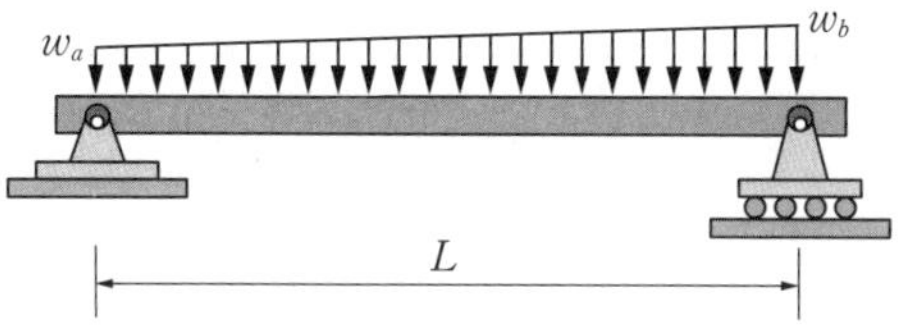 (사다리꼴 분포하중 w_a ~ w_b, 길이 L)	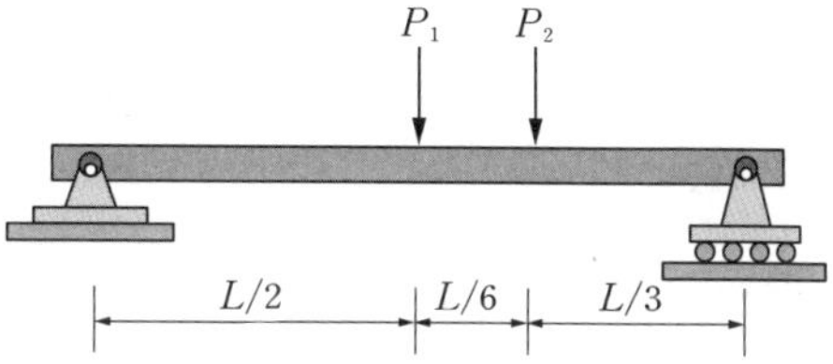 P_1, P_2 가 $L/2$, $L/6$, $L/3$ 위치	$P = P_1 + P_2$
=	=	=
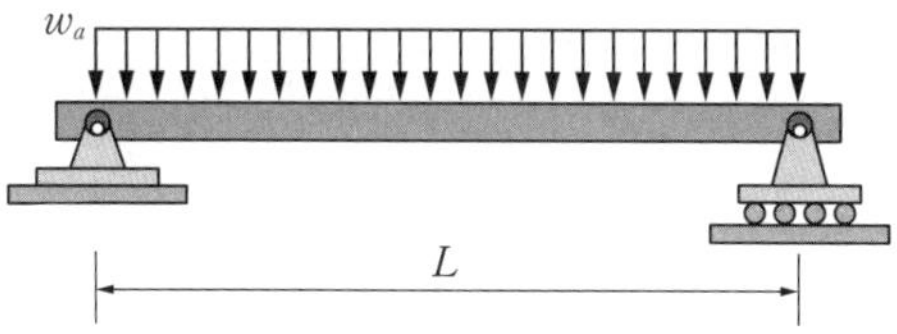 (등분포하중 w_a, 길이 L)	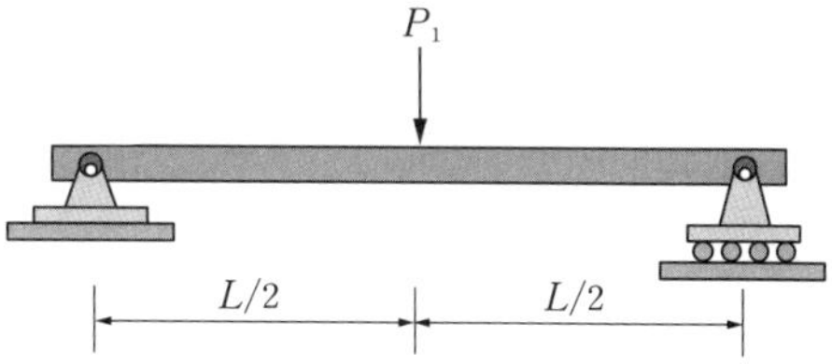 P_1 이 $L/2$, $L/2$ 위치	$P_1 = w_a \cdot L$
+	+	+
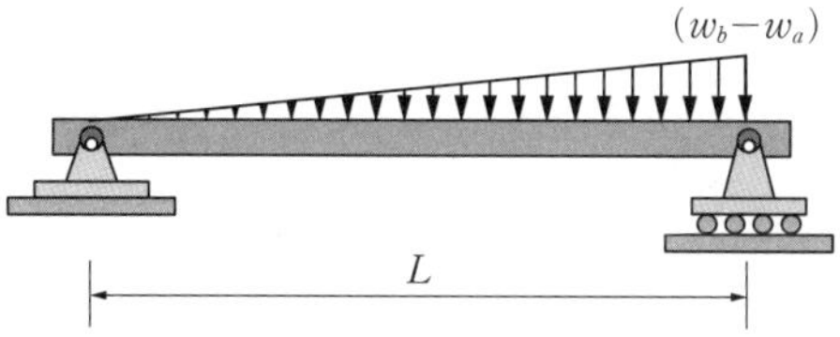 (삼각분포하중 $(w_b - w_a)$, 길이 L)	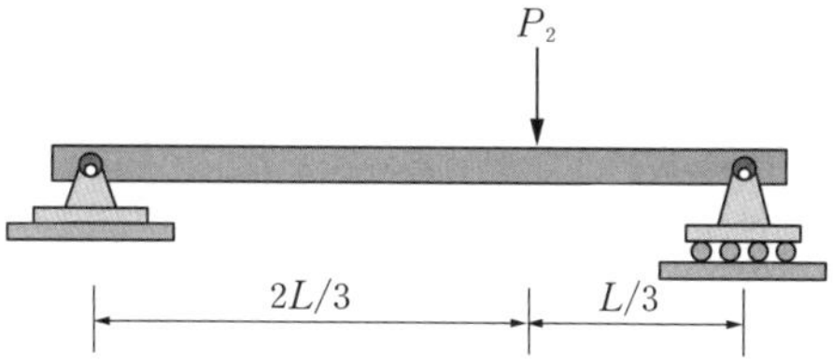 P_2 가 $2L/3$, $L/3$ 위치	$P_2 = \dfrac{1}{2}(w_b - w_a) \cdot L$

② 경사 집중하중이 작용하는 경우, 힘의 분해를 통하여 직교하는 좌표축에 따라 분해 후 계산한다.
③ 모멘트 하중의 경우, 하중과 반대방향의 반력을 갖는다. (지점의 모멘트반력이 없는 경우, 모멘트 힘의 합력을 0으로 계산한다.)
④ 구조물이 움직이지 않는 조건하에 힘의 평형관계로 각 지점의 반력을 계산한다.

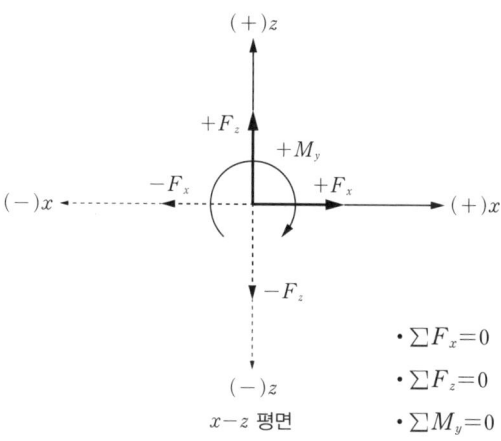

- $\sum F_x = 0$
- $\sum F_z = 0$
- $\sum M_y = 0$

2 부재력

1. 자유물체도를 통한 부재력 계산

(1) 정의

자유물체도란 구조물의 전체 또는 일부를 표현하여 작용하는 외력, 반력, 부재력을 표현한다.

(2) 부재력 계산

① 전체 보에 대한 지점반력을 계산한다.

② 보에 외력, 반력이 작용할 경우, 각 구간별로 부재력을 계산한다.

③ 구간별로 나누어도 구조물이 움직이지 않는 조건이므로 힘의 평형관계로부터 부재력을 계산한다. (부재력 계산은 정역학적 부호규약을 사용한다.)

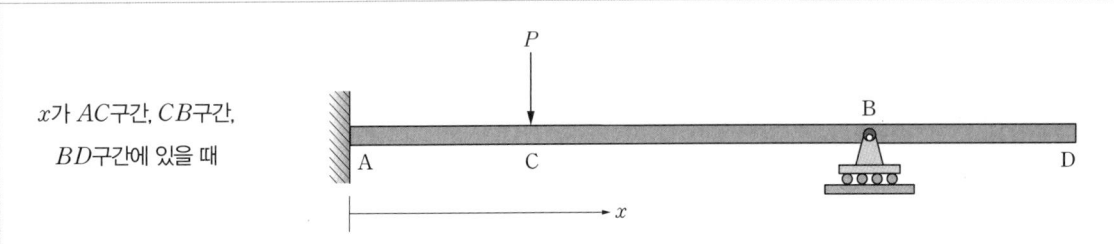

x가 AC구간, CB구간, BD구간에 있을 때

- 일반적으로 왼쪽부터 우측으로 구간을 나누어 계산한다.
- 길이 x 구간에 따라 부재력을 아래 그림들과 같이 표시하여 힘의 평형을 계산한다.
- 주의: 왼쪽부터 우측으로 구간을 나눌 때 x길이 부재에 작용하는 전단력(S_x)과 모멘트(M_x)의 방향은 다음 그림과 같이 일정하게 − 부호로 유지한다.

❶ 전체구조물의 자유물체도

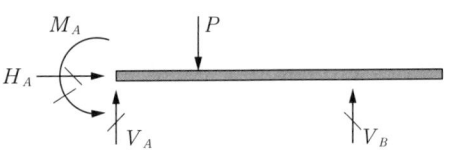

❷ $A<x<C$일 때 부분구조물의 자유물체도

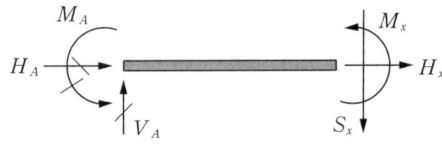

❸ $C<x<B$일 때 부분구조물의 자유물체도

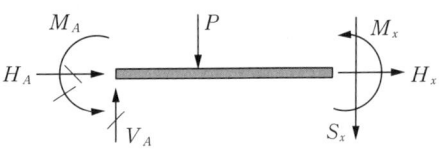

❹ $B<x<D$일 때 부분구조물의 자유물체도

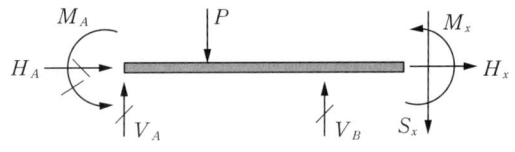

2. 전단력(Shear Force, S)과 휨모멘트(Bending Moment, M)

(1) 정의

① 전단력은 외력의 작용으로 인하여 보 부재를 수직으로 자르려는 부재력이다.

② 휨모멘트는 외력의 작용으로 인하여 보 부재를 휘게 하는 부재력이다.

(2) 전단력도(Shear Force Diagram, SFD)와 휨모멘트도(Bending Moment Diagram, BMD)
① 보 부재에 발생하는 부재력의 크기를 나타내는 다이어그램으로서 부재의 해석을 위하여 사용된다.
② 보 부재 임의의 x 길이에 작용하는 부재력을 나타내며 변형 부호규약에 의거하여 다음의 변형을 의미한다.

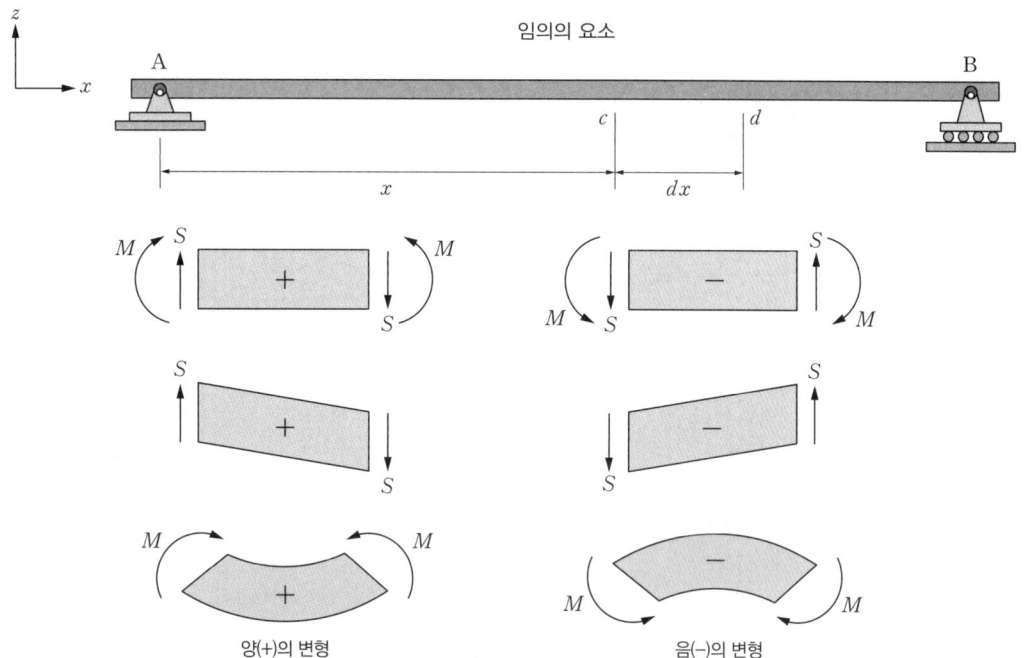

▲ 변형부호규약: 정역학적 부호규약으로 부재력을 계산하고 보 부재 변형의 해석에만 변형부호규약을 적용한다.

③ 전단력과 모멘트의 관계는 다음과 같이 도출되며, 관계식에 따라서 휨모멘트도가 일정할 때(길이 x에 따라 변화가 없을 때) 전단력도의 값은 0이 된다.

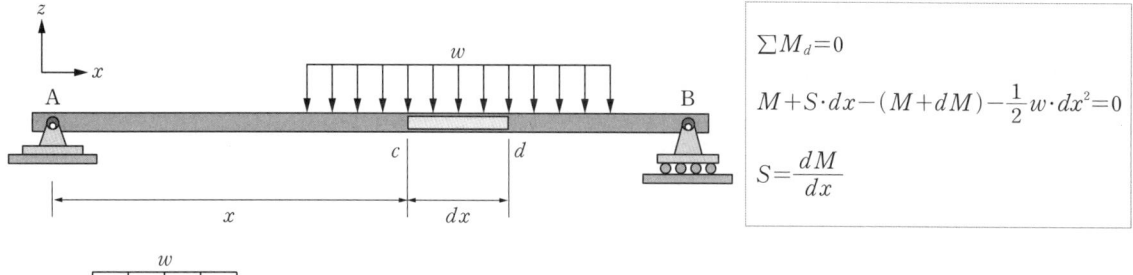

$$\sum M_d = 0$$
$$M + S \cdot dx - (M + dM) - \frac{1}{2} w \cdot dx^2 = 0$$
$$S = \frac{dM}{dx}$$

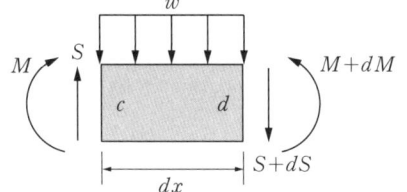

◀ 등분포하중을 받는 보의 미소요소
양(+)의 변형부호규약에 준하여, 미소요소의 왼쪽과 오른쪽 단면에 발생되는 전단력과 휨모멘트의 방향을 결정한다.

④ 일반적인 수직하중이 작용할 경우, 전단력이 0인곳에서 최대 휨모멘트가 발생한다. 반대로 휨모멘트가 최대인 곳에서 전단력이 0이다.

  * 주의: 모멘트힘이 외력으로 작용할 경우에는 적용되지 않는다.

⑤ 하중에 따른 전단력도와 휨모멘트도는 다음과 같다.

㉠ 단순보의 전단력도 휨모멘트도

중앙점에 집중하중 작용 시	전단력도(SFD)	휨모멘트도(BMD)
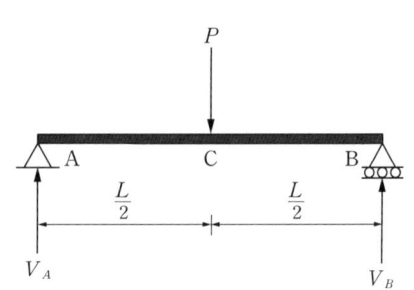	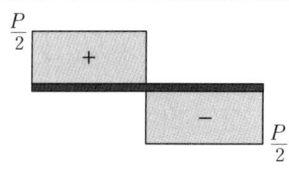	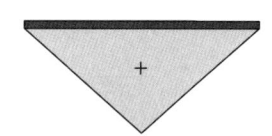
	• $V_A = V_B = \dfrac{P}{2}$ • $V_{max} = \dfrac{P}{2}$	• $M_A = 0$, $M_B = 0$ • $M_C = M_{max} = \dfrac{PL}{4}$
등분포하중 만재 시	전단력도(SFD)	휨모멘트도(BMD)
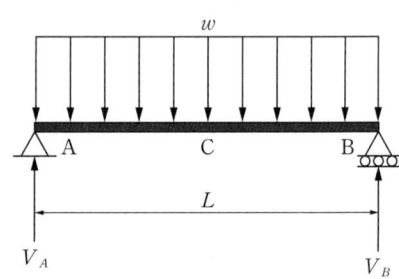	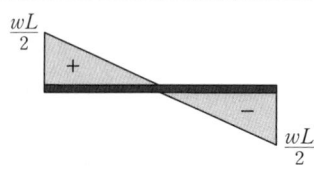	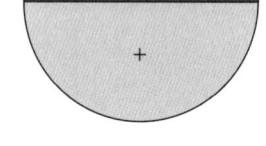
	• $V_A = V_B = \dfrac{wL}{2}$ • $V_{max} = \dfrac{wL}{2}$ • $V_C = 0$	• $M_A = 0$, $M_B = 0$ • $M_C = M_{max} = \dfrac{wL^2}{8}$
삼각형분포하중 작용 시	전단력도(SFD)	휨모멘트도(BMD)
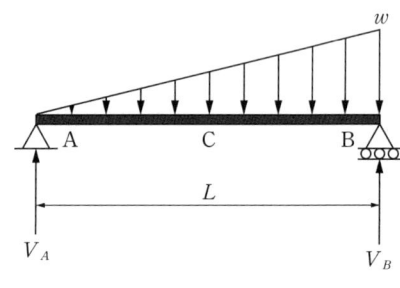	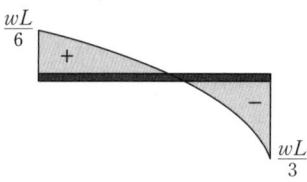	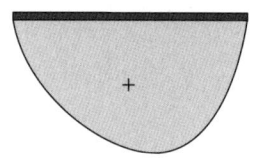
	• $V_A = \dfrac{wL}{6}$, $V_B = \dfrac{wL}{3}$ • $V_{max} = \dfrac{wL}{3}$ • $V_C \neq 0$ • $V_x = 0 \rightarrow x = \dfrac{L}{\sqrt{3}} = 0.57735L$	• $M_A = 0$, $M_B = 0$ • $M_C \neq M_{max}$ • $M_x = M_{max} = \dfrac{wL^2}{9\sqrt{3}}$
모멘트하중 작용 시	전단력도(SFD)	휨모멘트도(BMD)
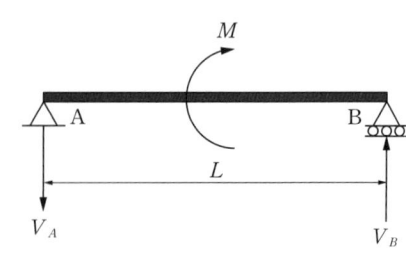		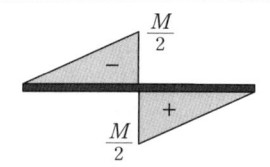
	• $V_A = \dfrac{M}{L}$, $V_B = \dfrac{M}{L}$ • $V_{max} = \dfrac{M}{L}$ • 전단력도의 형태는 수평 직선이다.	• $M_{max} = \dfrac{M}{2}$ • 휨모멘트도의 형태는 삼각형 분포이다.

ⓛ 캔틸레버보의 전단력도 휨모멘트도

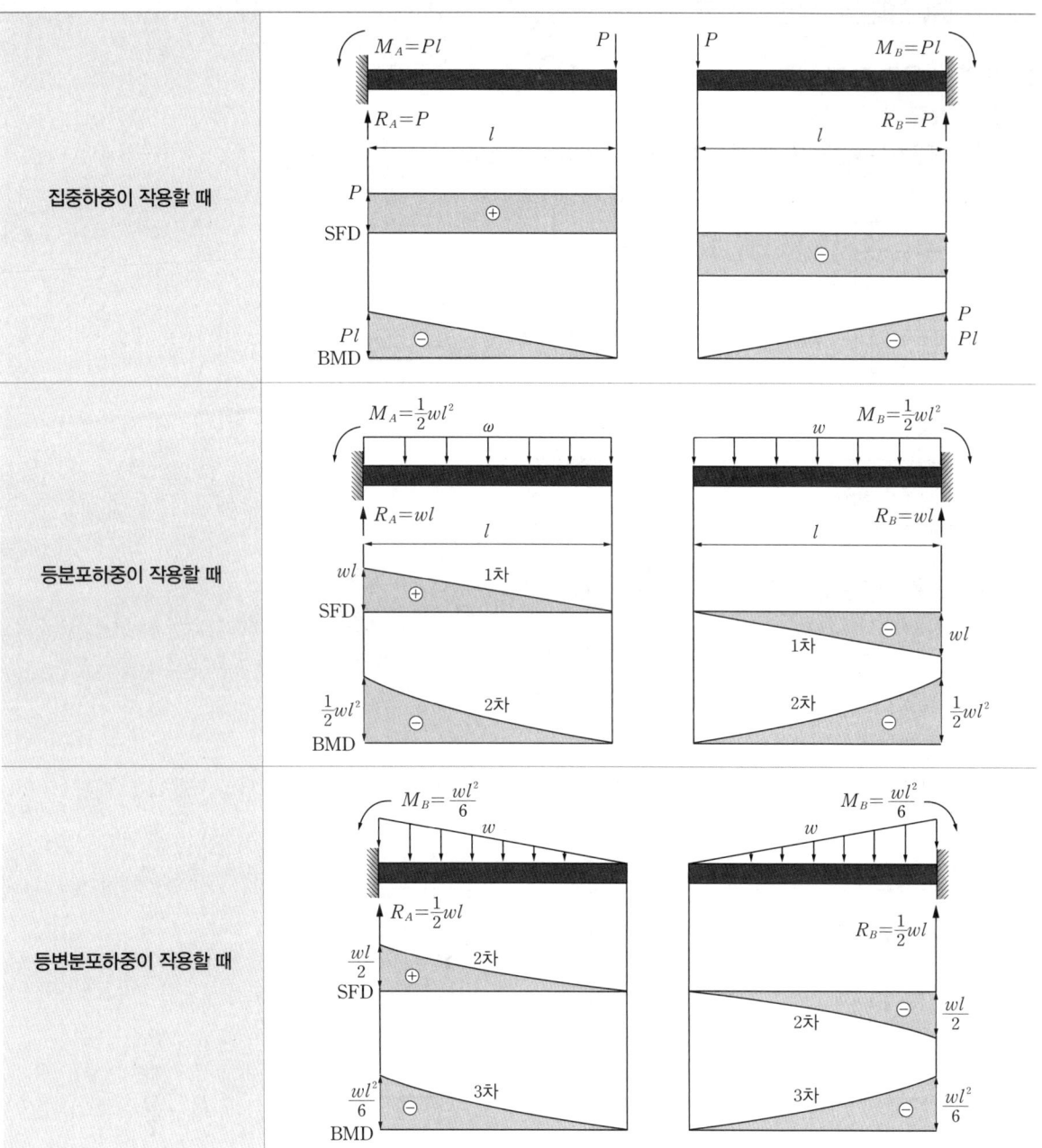

KEYWORD 07 기둥의 좌굴 ★★

1 단주 – 응력 분포

(1) 단주의 분류

기둥에 작용하는 축하중(P)의 위치에 따라서 중심압축과 편심압축으로 나뉘게 된다.

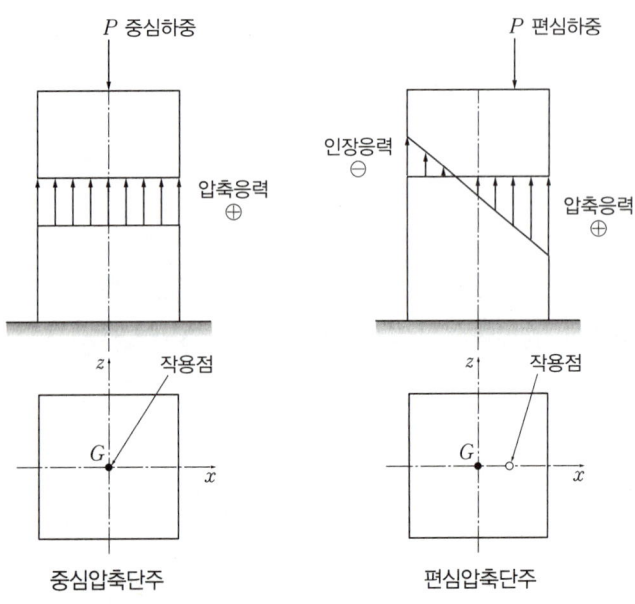

(2) 편심압축응력

① 축으로부터 축하중의 위치(편심거리, e)에 따라서 다음과 같은 편심압축응력이 발생한다.

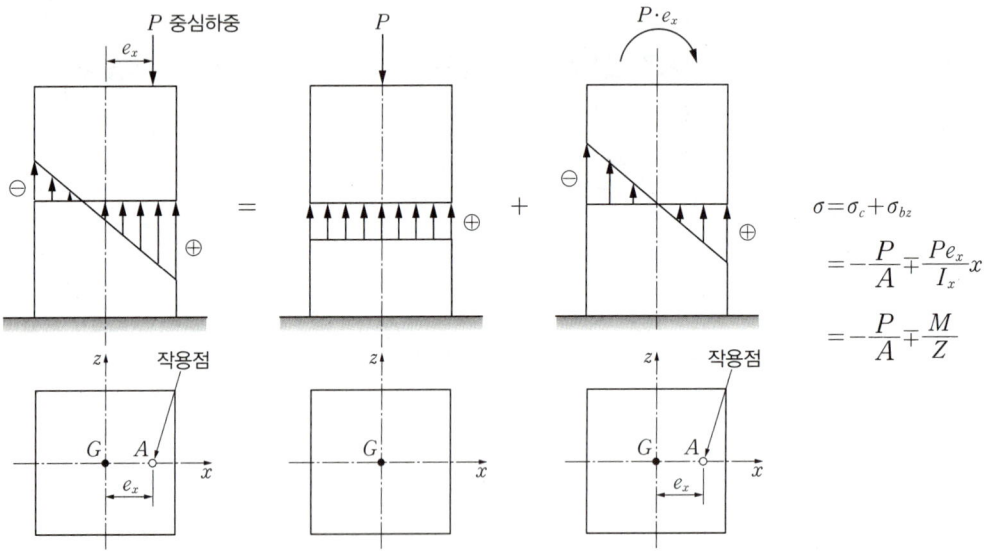

$$\sigma = \sigma_c + \sigma_{bz}$$
$$= -\frac{P}{A} \mp \frac{Pe_x}{I_x} x$$
$$= -\frac{P}{A} \mp \frac{M}{Z}$$

② 위와 같이 인장과 압축이 복합적으로 발생하는 편심압축응력의 조건은 다음과 같다. 편심 축하중(압축력과 휨모멘트)이 작용할 때, 단면 내에 인장력이 발생한다.

중심축에 작용할 때 $e=0$	편심이 핵점 이내일 때 $e<\dfrac{h}{6}$	핵점에 작용할 때 $e=\dfrac{h}{6}$	핵점 밖에 작용할 때 $e>\dfrac{h}{6}$
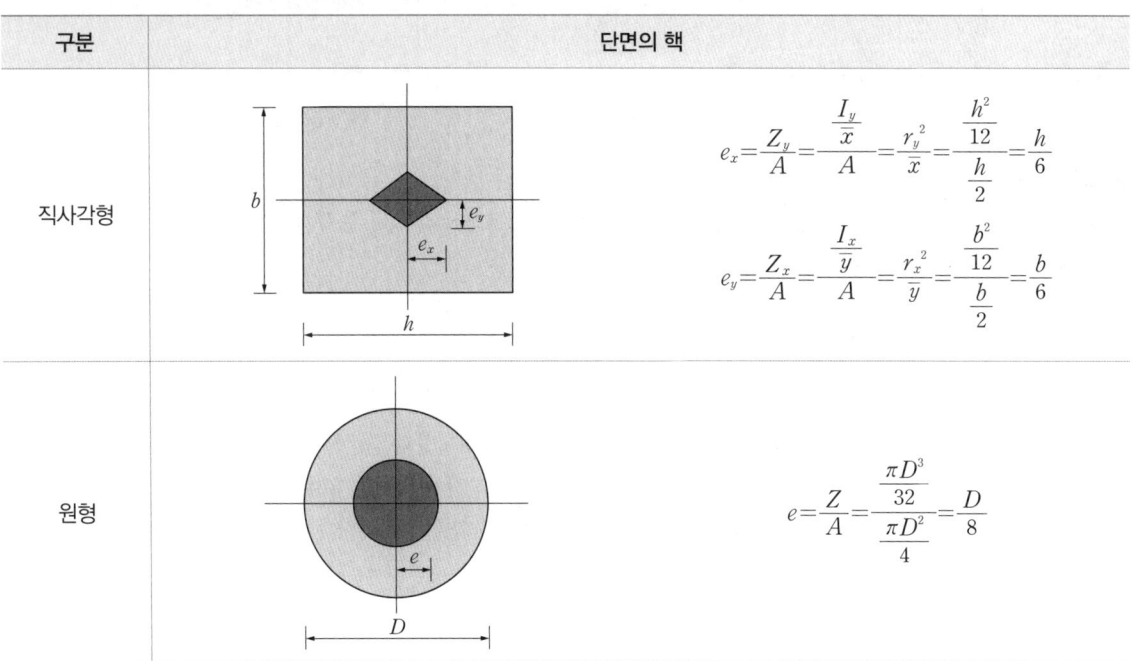			

③ 기둥 단면에서 발생하는 최대응력의 크기를 계산할 때 사용한다. (단면계수 계산 참조)

(3) 단면의 핵

① 기둥 단면 내에 중심압축응력만 발생하는 편심거리의 내에 있는 단면을 말한다.
② 기본 도형에 대한 단면의 핵(핵 반경)은 다음과 같이 계산한다.

구분	단면의 핵
직사각형	$e_x = \dfrac{Z_y}{A} = \dfrac{\frac{I_y}{x}}{A} = \dfrac{r_y^2}{x} = \dfrac{\frac{h^2}{12}}{\frac{h}{2}} = \dfrac{h}{6}$ $e_y = \dfrac{Z_x}{A} = \dfrac{\frac{I_x}{y}}{A} = \dfrac{r_x^2}{y} = \dfrac{\frac{b^2}{12}}{\frac{b}{2}} = \dfrac{b}{6}$
원형	$e = \dfrac{Z}{A} = \dfrac{\frac{\pi D^3}{32}}{\frac{\pi D^2}{4}} = \dfrac{D}{8}$

2 장주 – 좌굴(Buckling)

(1) 개념
① 기둥의 길이에 비해서 단면적이 작아 중심압축하중에 의한 파괴가 일어나기 전에 횡방향으로 휘어지는 현상이다.
② 좌굴은 기둥의 형상이 세장하기 때문에 발생하는 것이며, 편심하중에 의하여 발생하는 현상이 아니다.

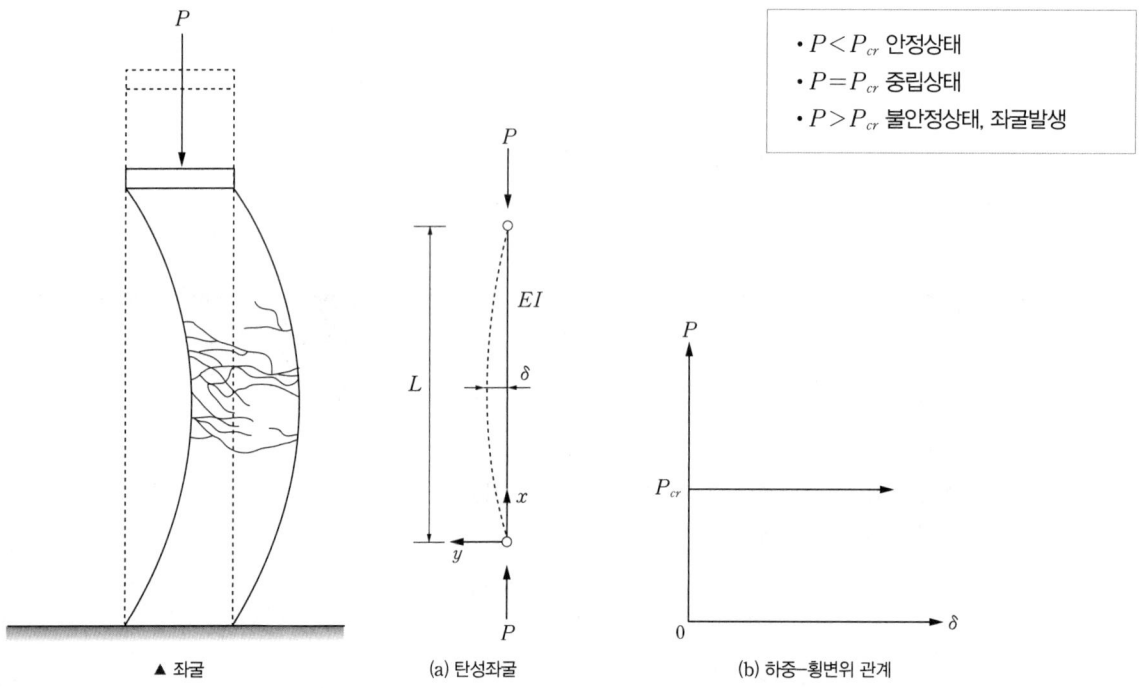

- $P < P_{cr}$ 안정상태
- $P = P_{cr}$ 중립상태
- $P > P_{cr}$ 불안정상태, 좌굴발생

▲ 좌굴   (a) 탄성좌굴   (b) 하중–횡변위 관계

(2) 좌굴하중(P_{cr})
① 좌굴이 일어나는 하중은 탄성계수(E), 단면2차모멘트(I), 유효좌굴길이(l_e)로 구성된다.
  (k: 지지조건에 따른 유효좌굴길이계수)

$$P_{cr} = \frac{\pi^2 EI}{(l_e)^2} = \frac{\pi^2 EI}{(kl)^2}$$

② 기둥을 지지하는 위, 아래 양단의 지지조건에 따라서 좌굴의 변형형상과 좌굴하중에 영향을 미친다.
③ 기둥 내에서 좌굴이 발생하는 길이를 유효좌굴길이라 지칭하며, 전체 길이와 유효좌굴길이 계수의 곱으로 표현한다.
* 주의: 양단 힌지 조건을 기준으로 유효좌굴길이와 좌굴하중의 변화를 살펴본다.

지지조건	힌지-힌지	고정-자유	고정-힌지	고정-고정
변형형상과 좌굴길이				
유효좌굴 길이(l_e)	$l_e = l$	$l_e = 2l$	$l_e = 0.7l$	$l_e = 0.5l$
유효좌굴 길이계수(β)	$k = 1.0$	$k = 2.0$	$k = 0.7$	$k = 0.5$
좌굴하중(P_{cr})	$P_{cr} = \dfrac{\pi^2 EI}{l^2}$	$P_{cr} = \dfrac{\pi^2 EI}{(2l)^2}$	$P_{cr} = \dfrac{\pi^2 EI}{(0.7l)^2}$	$P_{cr} = \dfrac{\pi^2 EI}{(0.5l)^2}$

④ 좌굴하중은 기둥의 단면에서 단면2차모멘트가 최소인 값을 사용한다.

※ 좌굴방향은 단면2차모멘트가 최대인 축의 방향이다.

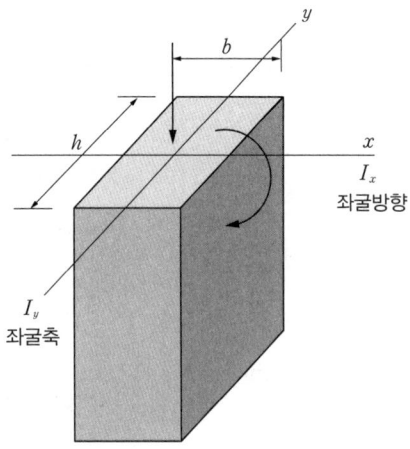

⑤ 좌굴응력(σ_{cr})은 좌굴하중을 기둥의 단면적으로 나눈 값이며, 세장비(Slenderness Ratio)는 유효좌굴길이와 단면 2차반경의 비율이다. 즉, 기둥의 단면적, 단면2차모멘트, 탄성계수, 단면2차반경이 크고 세장비가 작을수록 좌굴응력이 높아 좌굴이 발생하지 않는다.

$$\sigma_{cr} = \frac{P_{cr}}{A} = \frac{\pi^2 E}{(\beta l)^2} \frac{I}{A}$$
$$= \frac{\pi^2 E}{\left(\dfrac{\beta l}{r}\right)^2} = \frac{\pi^2 E}{\left(\dfrac{l_e}{r}\right)^2} = \frac{\pi^2 \cdot E}{\lambda^2}$$

핵심 기출문제

PART 02
재료역학

KEYWORD 04 재료의 기계적 성질

01
11년 2회

강재의 응력–변형도곡선에서 변형도 경화영역(Stain Hardening Range)에 해당하는 기호를 고르면?

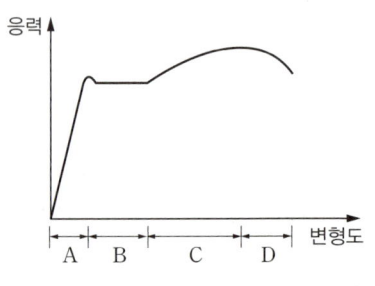

① A ② B ③ C ④ D

해설 |
C가 변형도 경화(Strain Hardening)영역이다.

선지분석
① A 탄성영역
② B 소성영역
④ D 넥킹영역

정답 | ③

02
18년 4회, 17년 1회, 14년 2회

직경(D) 30mm, 길이(L) 4m인 강봉에 90kN의 인장력이 작용할 때 인장응력(σ_t)과 늘어난 길이($\triangle L$)는 얼마인가? (단, 강봉의 탄성계수 $E = 200,000\text{MPa}$)

① $\sigma_t = 127.3\text{MPa}$, $\triangle L = 1.43\text{mm}$
② $\sigma_t = 127.3\text{MPa}$, $\triangle L = 2.55\text{mm}$
③ $\sigma_t = 132.5\text{MPa}$, $\triangle L = 1.43\text{mm}$
④ $\sigma_t = 132.5\text{MPa}$, $\triangle L = 2.55\text{mm}$

해설 |
$$\sigma_t = \frac{P}{A} = \frac{90 \times 10^3}{\frac{\pi(30)^2}{4}} = 127.324\text{MPa},$$

$$\triangle L = \frac{PL}{EA} = \frac{(90 \times 10^3)(4 \times 10^3)}{(200,000)\left(\frac{\pi(30)^2}{4}\right)} = 2.546\text{mm}이다.$$

정답 | ②

03
10년 1회(산업기사)

그림과 같은 단면의 강재에 100kN의 하중을 작용시켰을 때 5mm가 늘어났다. 이때의 탄성계수는?

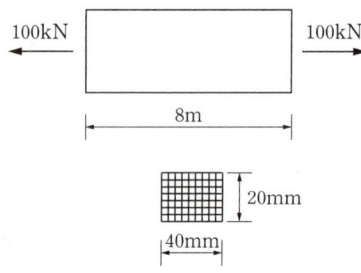

① 180,000MPa ② 200,000MPa
③ 210,000MPa ④ 240,000MPa

해설 |
주어진 상황을 입체로 표현하면 아래와 같다.

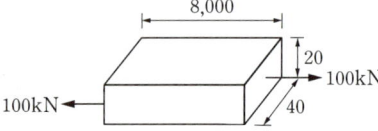

훅의 법칙에 따라 $\sigma = E \cdot \varepsilon$이므로

$$E = \frac{\sigma}{\varepsilon} = \frac{\frac{P}{A}}{\frac{\triangle L}{L}} = \frac{\frac{100 \times 10^3}{20 \times 40}}{\frac{5}{8,000}} = 200,000\text{MPa}이다.$$

정답 | ②

04
11년 1회

다음 중 재료의 탄성계수와 단위가 같은 것은?

① 응력
② 모멘트
③ 연직하중
④ 단면1차모멘트

해설|

탄성계수와 응력은 MPa 등의 같은 단위를 쓴다.

선지분석

② 모멘트: kN·m 등
③ 연직하중: kN 등
④ 단면1차모멘트: mm³ 등

정답 | ①

05
11년 2회

단면적 A, 길이 l인 탄성체에 축방향력 P가 작용하여 $\triangle l$만큼 늘어났다. 이때 응력도, 변형도, 탄성계수를 각각 σ, ε, E라 한다면 다음 관계식 중 옳지 않은 것은?

① $\varepsilon = \dfrac{\sigma}{E}$
② $E = \dfrac{l\sigma}{\triangle l}$
③ $P = \dfrac{lAE}{\triangle l}$
④ $P = \varepsilon AE$

해설|

$\triangle l = \dfrac{Pl}{EA}$ 이므로 $P = \dfrac{\triangle l AE}{l}$ 이다.

선지분석

① $\sigma = E \cdot \varepsilon$ 이므로 $\varepsilon = \dfrac{\sigma}{E}$

② $\sigma = E \cdot \varepsilon$ 이므로 $E = \dfrac{\sigma}{\varepsilon} = \dfrac{\sigma}{\frac{\triangle l}{l}} = \dfrac{l\sigma}{\triangle l}$

④ $\triangle l = \dfrac{Pl}{EA}$ 이므로 $P = \dfrac{\triangle l AE}{l} = \varepsilon AE$

정답 | ③

06
20년 1·2회(산업기사)

철선의 길이 $l = 1.5\text{m}$에 인장하중을 가하여 길이가 1.5009m로 늘어났을 때 변형률(ε)은?

① 0.0003
② 0.0005
③ 0.0006
④ 0.0008

해설|

변형률 $\varepsilon = \dfrac{\triangle L}{L} = \dfrac{1.5009 - 1.5}{1.5} = 0.0006$

정답 | ③

KEYWORD 05 단면의 성질

07
19년 2회, 16년 1회

그림과 같은 단면의 주축(主軸)으로 옳지 않은 것은?

①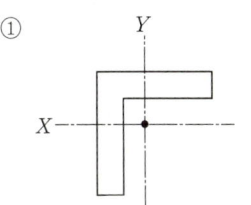
②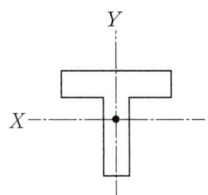
③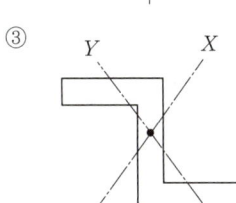
④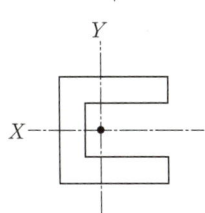

해설|

L형강 단면의 주축은 다음과 같다.

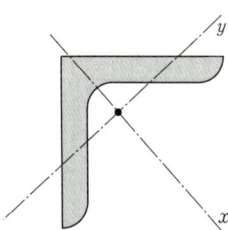

정답 | ①

08
16년 2회

그림과 같은 단면의 x축에 대한 단면계수 값으로서 옳은 것은?

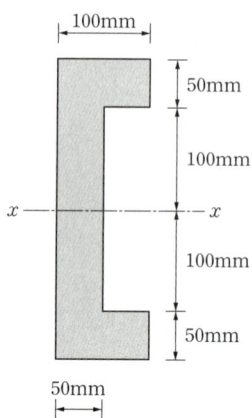

① $1.278 \times 10^6 \text{mm}^3$
② $1.298 \times 10^6 \text{mm}^3$
③ $1.378 \times 10^6 \text{mm}^3$
④ $1.398 \times 10^6 \text{mm}^3$

해설 |

$x-x$축에 대한 단면계수 $Z=\dfrac{I_x}{\bar{y}}$이다. 이때, $\bar{y}$는 150이므로

$$Z=\dfrac{I_x}{\bar{y}}=\dfrac{\left(\dfrac{1}{12}(100 \times 300^3 - 50 \times 200^3)\right)}{(150)} = 1.27778 \times 10^6 \text{mm}^3$$

정답 | ①

09
16년 4회

$x-x$축에 대한 단면2차모멘트를 구하면?

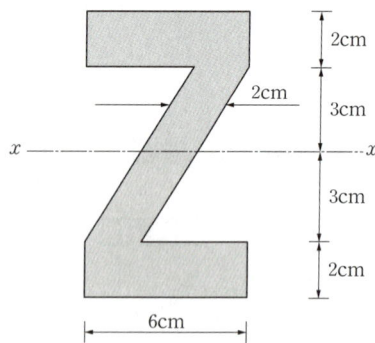

① 76cm^4
② 258cm^4
③ 428cm^4
④ 500cm^4

해설 |

축 이동에 대한 단면2차모멘트
$I_{이동축} = I_{도심축} + A \cdot e^2$

- $I_{이동축}$: 이동축에 대한 단면2차모멘트
- $I_{도심축}$: 도심축에 대한 단면2차모멘트
- A: 단면적
- e: 도심축으로부터 이동축까지의 거리

도심축에 대한 직사각형(10×6)의 단면2차모멘트에서 편심축에 대한 삼각형 2개의 단면2차모멘트를 뺀다.

$$\therefore I_x = \dfrac{bh^3}{12} - \left[\dfrac{bh^3}{36} + A \cdot e^2\right] \times 2$$

$$= \dfrac{(6)(10)^3}{12} - \left[\dfrac{(4)(6)^3}{36} + \left(\dfrac{1}{2} \times 4 \times 6\right)(1)^2\right] \times 2$$

$$= 428 \text{cm}^4$$

정답 | ③

10
14년 4회

그림과 같은 T자형 단면에서 x축으로부터 단면의 중심 O점까지의 거리 $\bar{y}$는?

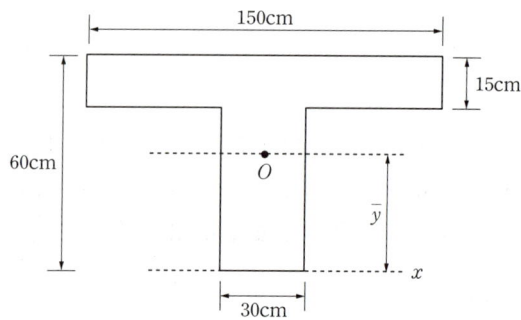

① 15cm
② 30cm
③ 37.5cm
④ 41.25cm

해설 |

도심거리는 단면1차모멘트 G_x를 면적 A로 나누어 구한다.

$$\bar{y} = \dfrac{G_x}{A}$$

플랜지(150×15)와 웨브(30×45)로 구분하여 더한다.

$$\bar{y} = \dfrac{G_x}{A}$$

$$= \dfrac{(150 \times 15)(52.5) + (30 \times 45)(22.5)}{(150 \times 15) + (30 \times 45)}$$

$$= 41.25 \text{cm}$$

정답 | ④

11

11년 1회

x축에 대한 단면2차모멘트 $I_x=12,000\text{cm}^4$일 때, X축에 대한 단면2차모멘트 I_X값은? (단, x축은 단면의 중심축 X축에 평행하다.)

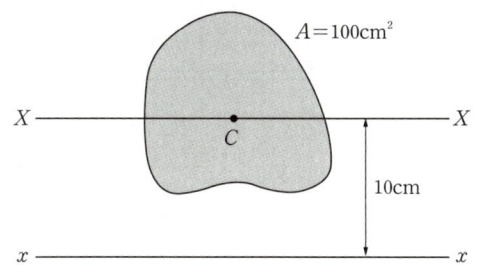

① $1,200\text{cm}^4$　　② $2,000\text{cm}^4$
③ $3,200\text{cm}^4$　　④ $4,800\text{cm}^4$

해설 |

$I_{\text{이동축}}=I_{\text{도심축}}+A\cdot e^2$

- $I_{\text{이동축}}$: 이동축에 대한 단면2차모멘트
- $I_{\text{도심축}}$: 도심축에 대한 단면2차모멘트
- A: 단면적
- e: 도심축으로부터 이동축까지의 거리

$12,000=I_X+(100)(10)^2$

$\therefore I_X=2,000\text{cm}^4$

정답 | ②

12

13년 1회

그림과 같은 단면의 X, Y축으로부터 도심까지의 거리 (X_o, Y_o)는? (단, 단위는 cm임)

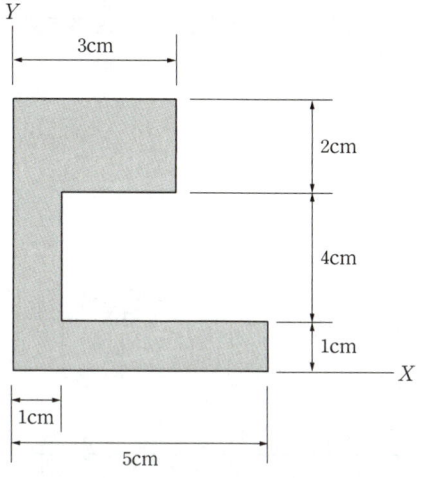

① $(1.32, 3.14)$　　② $(2.04, 4.26)$
③ $(1.25, 2.87)$　　④ $(1.57, 3.37)$

해설 |

단면1차모멘트를 이용한 도심의 산정

단면을 (1×7), (2×2), (4×1)로 구분하여 더한다.

$\bar{x}=\dfrac{G_y}{A}$

$\quad=\dfrac{(1\times7)(0.5)+(2\times2)(2)+(4\times1)(3)}{(1\times7)+(2\times2)+(4\times1)}$

$\quad=1.57\text{cm}$

$\bar{y}=\dfrac{G_x}{A}$

$\quad=\dfrac{(1\times7)(3.5)+(2\times2)(6)+(4\times1)(0.5)}{(1\times7)+(2\times2)+(4\times1)}$

$\quad=3.37\text{cm}$

정답 | ④

KEYWORD 06 반력, 전단력, 휨모멘트

13
12년 1회

그림과 같은 하중을 받는 단순보에서 휨모멘트도로서 옳은 것은?

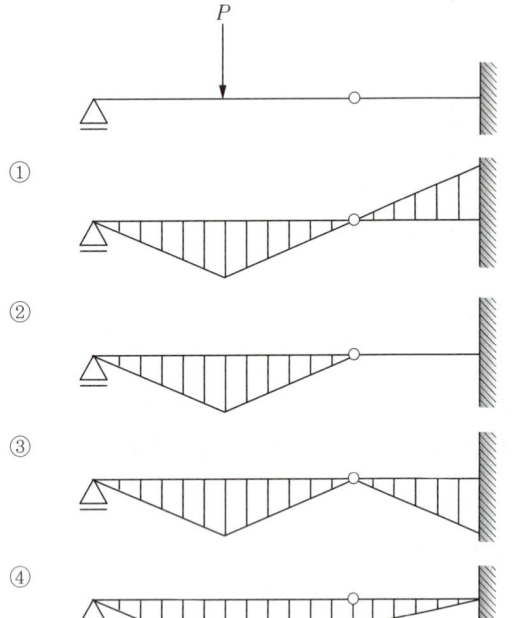

해설 |
겔버보에서는 힌지 절점을 중심으로 양쪽 부재의 휨모멘트선은 같은 기울기가 된다.

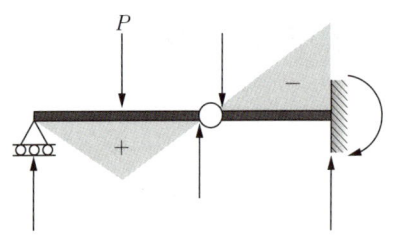

정답 | ①

14
12년 2회

다음 보에서 B점으로부터 2개의 하중이 지나갈 때 최대 휨모멘트가 발생하는 거리 x를 구하면?

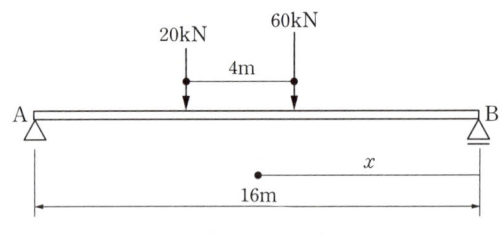

① 6.5m   ② 7.5m
③ 8.5m   ④ 9.5m

해설 |
단순보의 절대최대휨모멘트
- 합력 $R = -20 - 60 = -80kN(↓)$

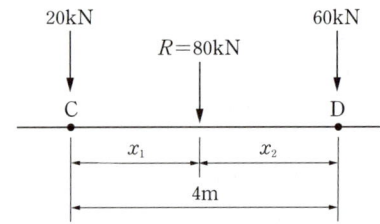

- 20kN 작용점에서 바리농의 정리를 이용한다.
  $(R)(x_1) = (60)(4)$이므로 $x_1 = 3m$

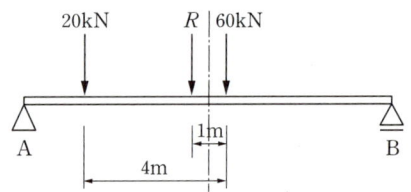

- 합력(R)과 가까운 하중(60kN)과의 거리를 $x_2(=1m)$라 할 때 $\frac{x_2}{2}(=0.5m)$를 보의 중앙점에 일치시키면 최대하중 60kN의 작용점에서 절대최대휨모멘트가 발생한다.
- 절대최대휨모멘트가 발생하는 x의 위치는 B지점으로부터 7.5m이다.

정답 | ②

15
15년 1회, 12년 4회

그림과 같은 양단고정 보에서 A점의 휨모멘트는 얼마인가? (단, EI는 일정)

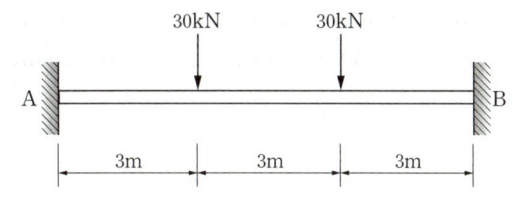

① $-40kN \cdot m$ ② $-50kN \cdot m$
③ $-60kN \cdot m$ ④ $-70kN \cdot m$

해설 |
중첩의 원리를 적용하여 두 집중하중에 대한 고정단모멘트를 각각 더한다.

(좌측) $M_{A1} = -\dfrac{P_1 \cdot a \cdot b^2}{L^2} = -\dfrac{(30)(3)(6)^2}{(9)^2} = -40kN \cdot m$

(우측) $M_{A2} = -\dfrac{P_2 \cdot a \cdot b^2}{L^2} = -\dfrac{(30)(6)(3)^2}{(9)^2} = -20kN \cdot m$

$\therefore M_A = M_{A1} + M_{A2} = -60kN \cdot m$

정답 | ③

16
15년 1회

다음 그림은 단순보의 전단력도이다. 각 구간에 대한 역학적 설명으로 틀린 것은?

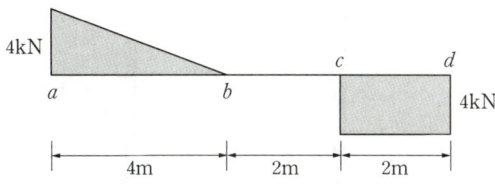

① $a-b$ 구간에는 등분포 하중 1kN/m가 작용한다.
② $b-c$ 구간에는 하중이 작용하지 않는다.
③ c점에는 집중하중 2kN이 작용한다.
④ 양단부(지점)의 반력의 크기는 4kN이다.

해설 |
C점에는 집중하중 4kN이 작용한다.

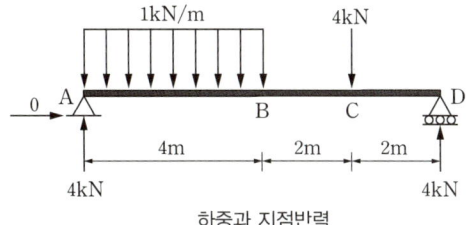

하중과 지점반력

정답 | ③

17
16년 4회, 11년 2회

그림과 같은 구조물에 작용되는 4개의 힘이 평형을 이룰때 F의 크기 및 거리 x는?

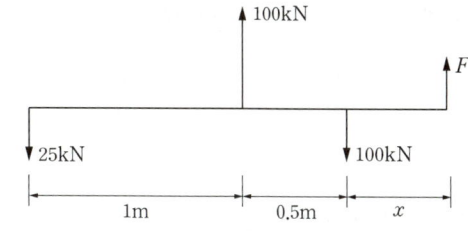

① $F=25kN$, $x=1m$
② $F=50kN$, $x=1m$
③ $F=25kN$, $x=0.5m$
④ $F=50kN$, $x=0.5m$

해설 |
힘의 평형조건: $\sum H=0$, $\sum V=0$, $\sum M=0$
$\sum H=0$: 수평력이 작용하지 않으므로 검토할 필요가 없다.
$\sum V=0: -(25)+(100)-(100)+F=0$
$\therefore F=+25kN(\uparrow)$
100kN 하향 하중 작용점에서 $\sum M=0$을 적용하면
$\sum M=-(25)(1.5)+(100)(0.5)-(F)(x)=0$
$\therefore x=0.5m$

정답 | ③

KEYWORD 07 기둥의 좌굴

18
16년 1회

정방향 단면의 크기가 120mm × 120mm이고, 길이 3m인 기둥의 세장비는 약 얼마인가?

① 67 ② 76
③ 87 ④ 95

해설 |
문제의 조건에 지지단에 대한 언급이 없으면 유효좌굴길이 계수 $K=1.0$을 적용한다.

$\therefore \lambda = \dfrac{KL}{r} = \dfrac{KL}{\sqrt{\dfrac{I}{A}}} = \dfrac{(1.0)(3 \times 10^3)}{\sqrt{\dfrac{(120)(120)^3}{12}}} = 86.60 \fallingdotseq 87$

정답 | ③

19

20년 4회, 15년 2회

단일 압축재에서 세장비를 구할 때 필요 없는 것은?

① 좌굴길이 ② 단면적
③ 단면2차모멘트 ④ 탄성계수

해설

세장비: $\lambda = \dfrac{KL}{r} = \dfrac{KL}{\sqrt{\dfrac{I}{A}}}$

- K: 지지단의 상태에 따른 유효좌굴길이계수
- L: 부재의 길이
- r: 단면2차반경
- I: 단면2차모멘트
- A: 단면적

정답 | ④

20

16년 2회

부재의 EI가 일정하고, 양단의 지지상태가 그림과 같은 경우, A기둥의 탄성좌굴하중은 B기둥의 탄성좌굴 하중의 몇 배인가?

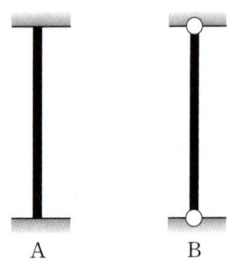

① 4배 ② 6배
③ 8배 ④ 16배

해설

오일러 좌굴하중

좌굴하중 $P_{cr} = \dfrac{\pi^2 EI}{(KL)^2} = \dfrac{1}{K^2} \cdot \dfrac{\pi^2 EI}{L^2}$ 의 형태로부터 $\dfrac{1}{K^2}$을 기둥의 강도라고 정의할 수 있다.

여기서, E: 탄성계수, I: 단면2차모멘트, KL: 유효좌굴길이, 사각형 단면 $I = \dfrac{bh^3}{12}$ 이다.

$A = \dfrac{1}{(0.5)^2} = 4,\ B = \dfrac{1}{(1.0)^2} = 1$

∴ A 기둥의 탄성좌굴하중은 B 기둥의 탄성좌굴하중의 4배이다.

정답 | ①

21

20년 3회, 14년 2회, 12년 1회

다음 그림과 같은 압축재 H-200×200×8×12가 부재 중앙지점에서 약축에 대해 휨변형이 구속되어 있다. 이 부재의 탄성좌굴응력도를 구하면? (단, 단면적 $A = 63.53 \times 10^2\,\text{mm}^2$, $I_x = 4.72 \times 10^7\,\text{mm}^4$, $I_y = 1.60 \times 10^7\,\text{mm}^4$, $E = 210{,}000\,\text{MPa}$)

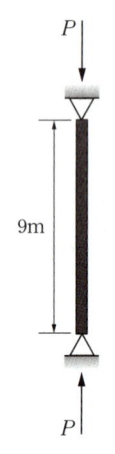

① 252 N/mm²
② 190 N/mm²
③ 132 N/mm²
④ 108 N/mm²

해설

강구조 압축재 탄성좌굴응력

양단 힌지이므로 유효좌굴길이계수 $K = 1.0$ 이고, 강축(x)에 대해서는 부재 전체의 길이 $L = 9\text{m}$, 약축(y)에 대해서는

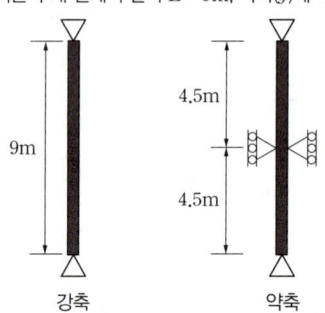

휨변형이 구속되어 있으므로 $L = 4.5\text{m}$를 적용함에 주의한다.
강축과 약축에 대한 좌굴하중을 계산하여 작은 쪽이 탄성좌굴하중이 된다.

$P_{cr,x} = \dfrac{\pi^2 EI_x}{(KL_x)^2} = \dfrac{\pi^2 (210{,}000)(4.72 \times 10^7)}{(1.0 \times 9{,}000)^2} = 1{,}207{,}747\,\text{N}$ ⇒ 지배

$P_{cr,y} = \dfrac{\pi^2 EI_y}{(KL_y)^2} = \dfrac{\pi^2 (210{,}000)(1.60 \times 10^7)}{(1.0 \times 4{,}500)^2} = 1{,}637{,}623\,\text{N}$

최종적으로 탄성좌굴응력을 구하는 식은 다음과 같다.

$F_{cr} = \dfrac{P_{cr}}{A} = \dfrac{1{,}207{,}747}{63.53 \times 10^2} = 190.11\,\text{N/mm}^2$

정답 | ②

22
12년 4회

H형강이 사용된 압축재의 양단이 핀으로 지지되고 부재중간에서 x축 방향으로만 이동할 수 없도록 지지되어 있다. 부재의 전 길이가 4m일 때 세장비는? (단, $r_x=8.62$cm, $r_y=5.02$cm)

① 26.4 ② 36.4
③ 46.4 ④ 56.4

해설 |

강구조 압축재 세장비
양단 힌지이므로 유효좌굴길이계수 $K=1.0$
강축(x)에 대해서는 부재 전체의 길이 $L=4$m, 약축(y)에 대해서는 가새로 횡지지되어 있으므로 $L=2$m를 적용함에 주의하며 다음 값들 중 큰 값으로 세장비를 선정한다.

$\dfrac{KL}{r_x}=\dfrac{(1.0)(400\text{cm})}{(8.62\text{cm})}=46.4$

$\dfrac{KL}{r_y}=\dfrac{(1.0)(200\text{cm})}{(5.02\text{cm})}=39.84$

$\Rightarrow \therefore 46.4$

정답 | ③

23
17년 1회(산업기사)

직경이 40mm인 강봉을 200kN의 인장력으로 잡아당길 때 이 강봉의 가로 변형률(가력방향에 직각)을 구하면? (단, 이 강봉의 푸아송비는 $\dfrac{1}{4}$이고, 탄성계수는 20,000MPa이다.)

① 0.00197 ② 0.00398
③ 0.00592 ④ 0.00796

해설 |

푸아송비(ν) = $\dfrac{\text{압축변형률}(\varepsilon')}{\text{인장변형률}(\varepsilon)}$ 이므로

가로 변형률은 $\varepsilon'=\nu\cdot\varepsilon=\nu\cdot\dfrac{\sigma}{E}=\dfrac{\nu P}{AE}$ 이다.

따라서, $\varepsilon'=\dfrac{\nu P}{AE}=\dfrac{\left(\dfrac{1}{4}\right)\times(200\times10^3)}{\left(\dfrac{\pi(40)^2}{4}\right)\times(20,000)}=0.00197$

정답 | ①

24
16년 1회

다음 그림과 같은 H형강 단면의 핵 면적을 구하면?

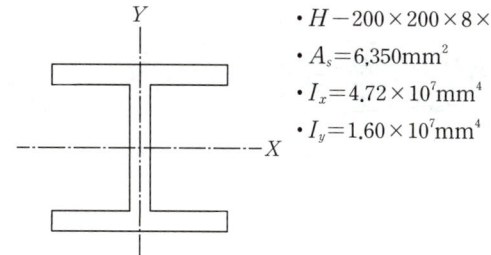

- $H-200\times200\times8\times12$
- $A_s=6,350\text{mm}^2$
- $I_x=4.72\times10^7\text{mm}^4$
- $I_y=1.60\times10^7\text{mm}^4$

① 932.47mm² ② 1,864.93mm²
③ 2,797.40mm² ④ 3,745.81mm²

해설 |

핵 면적을 구하기 위해선 먼저 편심거리(e_x, e_y)를 알아야 한다.

$e_x=\dfrac{r_y^2}{x}=\dfrac{\dfrac{I_y}{A}}{x}=\dfrac{\dfrac{(1.60\times10^7)}{(6,350)}}{(100)}=25.1969\text{mm}$

$e_y=\dfrac{r_x^2}{y}=\dfrac{\dfrac{I_x}{A}}{y}=\dfrac{\dfrac{(4.72\times10^7)}{(6,350)}}{(100)}=74.3307\text{mm}$

핵 면적을 구하는 식은 다음과 같다.

$\left(\dfrac{1}{2}\cdot e_x\cdot e_y\right)\times4$

$=\left(\dfrac{1}{2}(25.1969)(74.3307)\right)\times4=3,745.81\text{mm}^2$

정답 | ④

25
19년 2회, 15년 4회

철골기둥의 좌굴하중(Critical Buckling Load)을 계산하는데 직접적인 영향을 주지 않는 것은?

① 재료의 항복강도 ② 재료의 탄성계수
③ 단면2차모멘트 ④ 유효좌굴길이

해설 |

좌굴하중 기본식

$P_{cr}=\dfrac{\pi^2 EI}{(KL)^2}$

- E: 탄성계수(강재의 경우 210,000MPa)
- I: 단면2차모멘트
- KL: 지지단 조건에 따른 유효좌굴길이

정답 | ①

PART 03 구조역학

KEYWORD 08, 09, 10

KEYWORD 08 구조물 판별 ★

1. 안정과 불안정

(1) 안정(Stable)
구조물에 외력이 작용했을 때 위치(외적)나 모양(내적)의 변화가 없이 항상 평형을 이루는 상태를 말한다.

(2) 불안정(Unstable)
외력이 작용했을 때 위치(외적)나 모양(내적)이 변화하여 평형을 이루지 못하는 상태를 말한다.

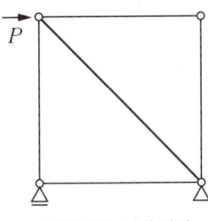
▲ 내적 안정, 외적 안정

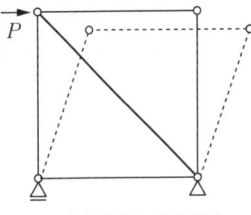
▲ 내적 불안정, 외적 안정

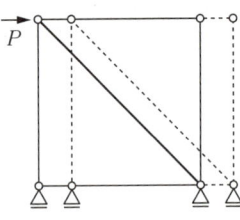
▲ 내적 안정, 외적 불안정

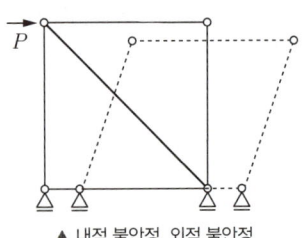
▲ 내적 불안정, 외적 불안정

2. 정정과 부정정

(1) 정정(Statically Determinate)
안정한 구조물로써 힘의 평형 조건으로 반력과 부재력을 구할 수 있는 상태를 말한다.

(2) 부정정(Statically Indeterminate)
안정한 구조물이지만 힘의 평형 조건만으로는 반력과 부재력을 모두 구할 수 없는 상태를 말한다.

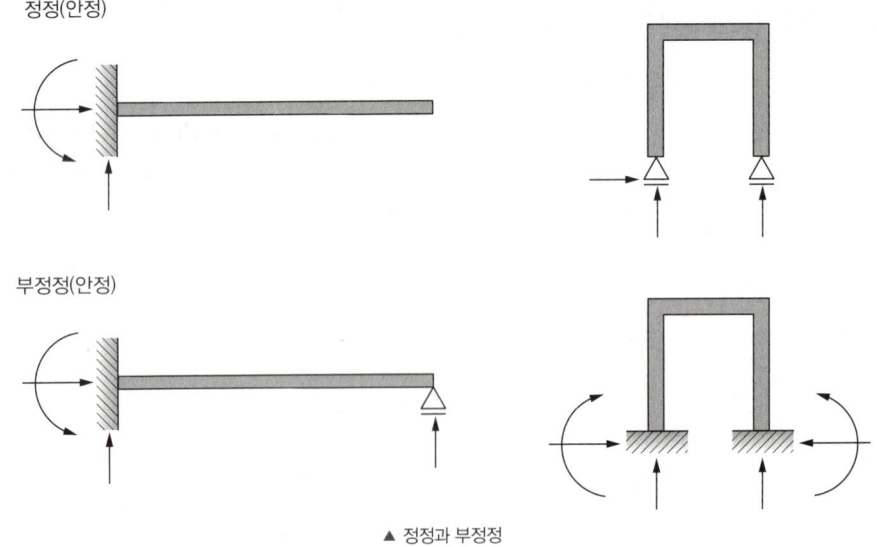
▲ 정정과 부정정

3. 구조물 판별식

(1) 부정정 차수(Degree of Static Indeterminacy, n)

$n=m+r+k-2j < 0$ 불안정 $n=m+r+k-2j =0$ 정정 $n=m+r+k-2j > 0$ 부정정	• n 부정정 차수 • m 부재수(member) • r 반력수(reaction, 이동단 1, 회전단 2, 고정단 3) • k 강절점수(rigid joint, 각 절점에서 어떤 부재에 강절점으로 접합된 타부재수의 총합) (k 또는 f로 표기) • j 절점수(joint, 지점과 자유단 포함)

※ 반력수(reaction) 산정

형태	△	△	⊥
반력수	$r=1$	$r=2$	$r=3$

※ 강절점수(rigid joint) 산정

접합형태					
절점수(j)	1	1	1	1	1
부재수(m)	3	3	2	3	4
강절점수(k)	0	1	1	2	3
		―자 1개	ㄱ자 1개	T자 2개	┼자 3개

> **참고** 구조물의 부정정 차수 계산 예

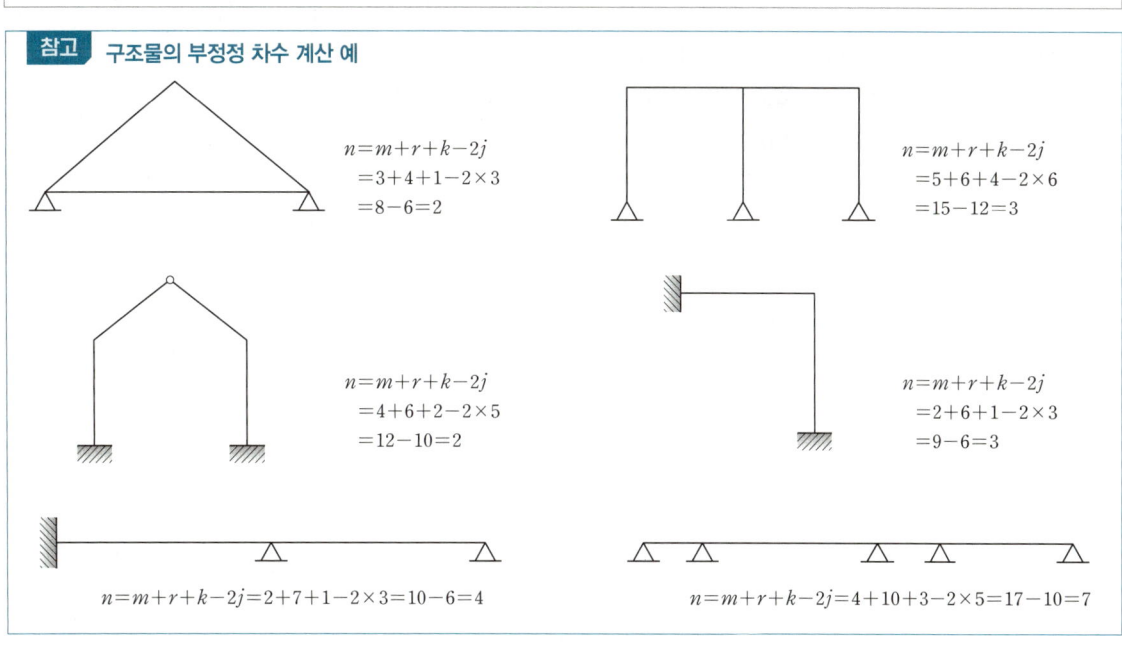

$n=m+r+k-2j$
$=3+4+1-2\times3$
$=8-6=2$

$n=m+r+k-2j$
$=5+6+4-2\times6$
$=15-12=3$

$n=m+r+k-2j$
$=4+6+2-2\times5$
$=12-10=2$

$n=m+r+k-2j$
$=2+6+1-2\times3$
$=9-6=3$

$n=m+r+k-2j=2+7+1-2\times3=10-6=4$

$n=m+r+k-2j=4+10+3-2\times5=17-10=7$

(2) 트러스의 부정정 차수   ※ 트러스의 부정정 차수(n)는 강절점수(k)가 0이다.

$n=m+r-2j < 0$ 불안정 $n=m+r-2j = 0$ 정정 $n=m+r-2j > 0$ 부정정	• n 부정정 차수 • m 부재수 • r 반력수(이동단 1, 회전단 2, 고정단 3) • j 절점수(지점과 자유단 포함)

> **참고** 외적, 내적 차수 (다른 풀이)
>
> 부정정 차수 N은 외적차수 N_e와 내적차수 N_i의 합으로도 구할 수 있다.
> $N=N_e+N_i$
> $N_e=r-3$, $N_i=C_n-h$
> *r: 지점 반력수, h: 힌지 절점수, C_n: 연결부재 차수 (회전-회전=1, 고정-회전=2, 고정-고정=3)

KEYWORD 09 구조물 해석 ★★★

1 라멘과 아치

1. 정정 라멘(Statically Rahmen)

(1) 정의
① 라멘은 일반적으로 보(수평재)와 기둥(수직재) 부재가 강절점으로 연결되어 있어서 구조물에 외력이 작용하여 변형되더라도 강절점으로 접합된 절점각(부재각)은 변하지 않는다고 생각하는 구조물이다.
② 힘의 평형조건만으로 반력과 부재력(축방향력, 전단력, 휨모멘트)을 구할 수 있는 라멘을 정정라멘이라고 한다.

(2) 종류
① 캔틸레버계(Cantilever-type) 라멘: 한 개의 고정지점, 타단은 자유단으로 구성되어 있다.
② 단순보계(Simple-type) 라멘: 한 개의 회전지점, 한 개의 이동지점으로 구성되어 있다.
③ 3-이동단계(3-roller-type) 라멘: 세 개의 이동지점으로 구성되어 있다.
④ 3-회전단계(3-hinged-type) 라멘: 두 개의 회전지점과 한 개의 힌지로 구성되어 있다.

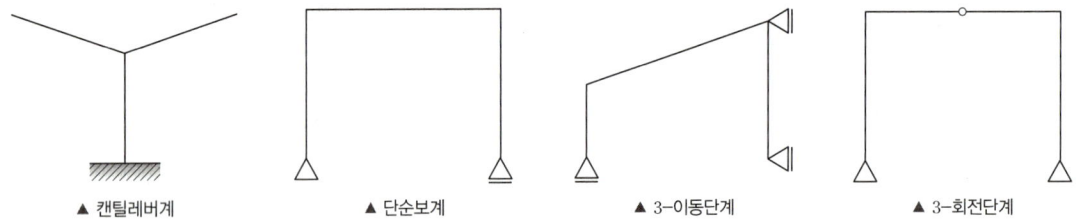

▲ 캔틸레버계   ▲ 단순보계   ▲ 3-이동단계   ▲ 3-회전단계

(3) 풀이법
① 지점의 반력을 설정한다.   ※ Part 02 반력, 전단력, 휨모멘트 참조
② 힘의 평형조건($\Sigma F_x=0$; $\Sigma F_y=0$; $\Sigma M=0$)을 이용하여 반력을 구한다.
③ 자유물체도를 이용하여 각 절점의 부재력을 산정한다. 이때, 모든 지점과 절점에서 반드시 힘의 평형조건을 만족해야 한다. → 캔틸레버계 라멘은 지점의 반력을 먼저 구하지 않고 자유단으로부터 부재력을 구하는 것이 가능하다.
④ 라멘의 부재력도를 도시한다. 부재력도는 축방향력도(AFD, Axial Force Diagram), 전단력도(SFD, Shear Force Diagram), 휨모멘트도(BMD, Bending Moment Diagram)로 구성된다.

⑤ 대표적인 라멘에 대한 부재력도는 다음과 같다.

라멘의 형태	축방향력도(AFD)	전단력도(SFD)	휨모멘트도(BMD)

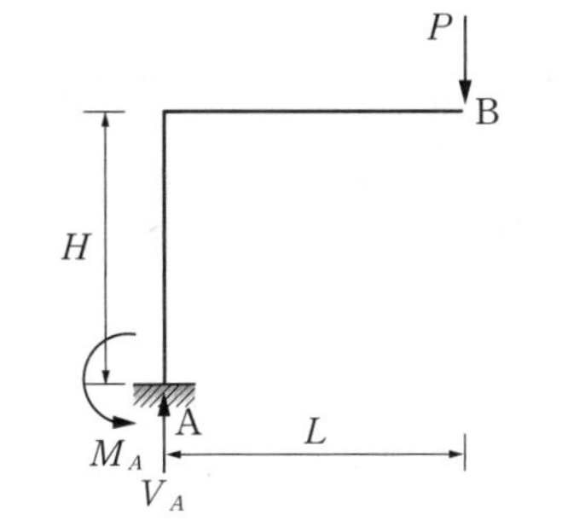

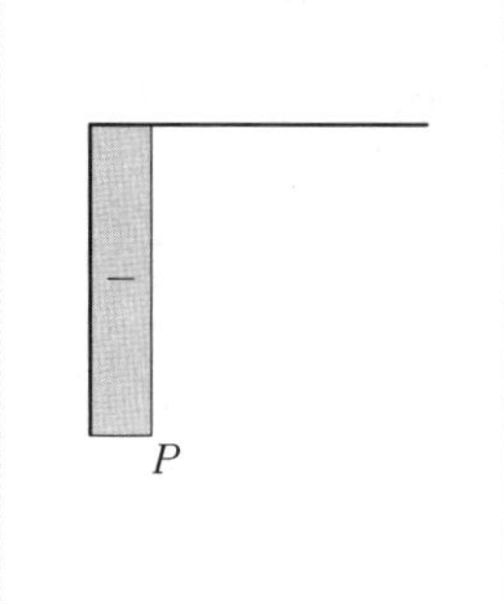

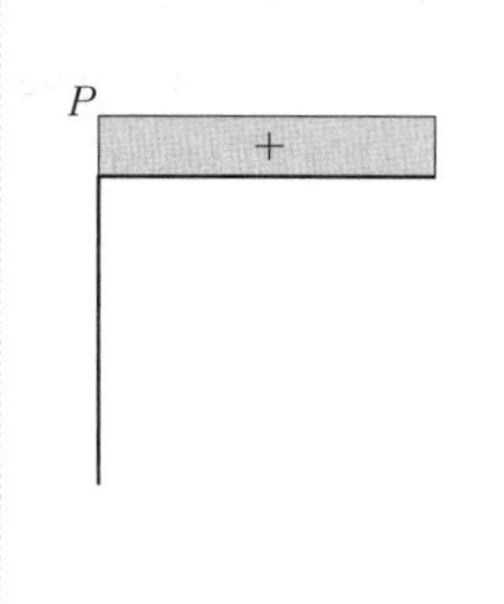

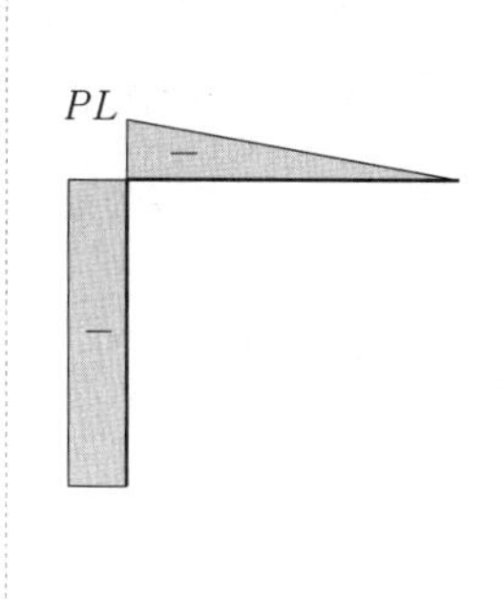

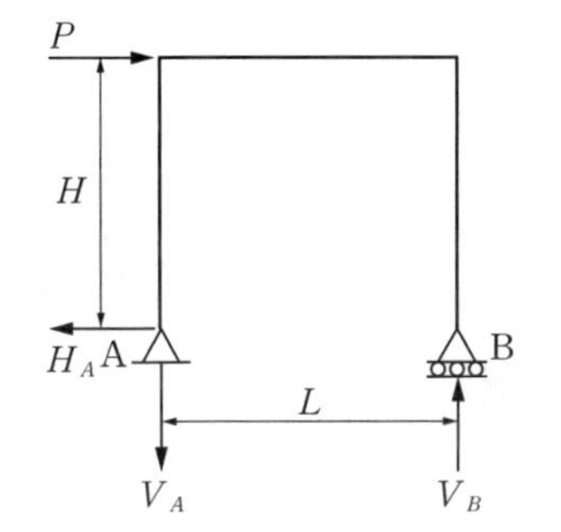

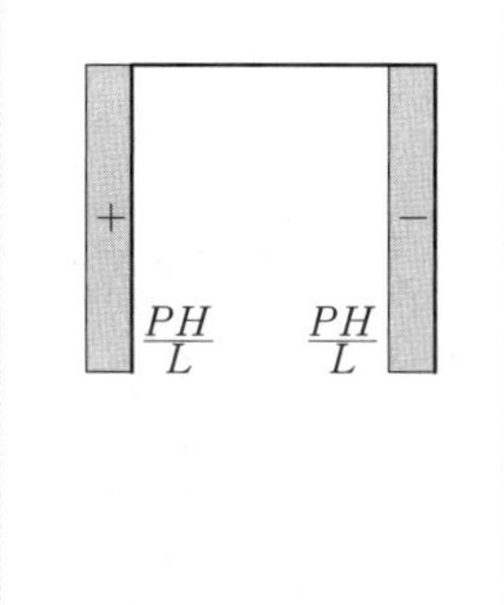

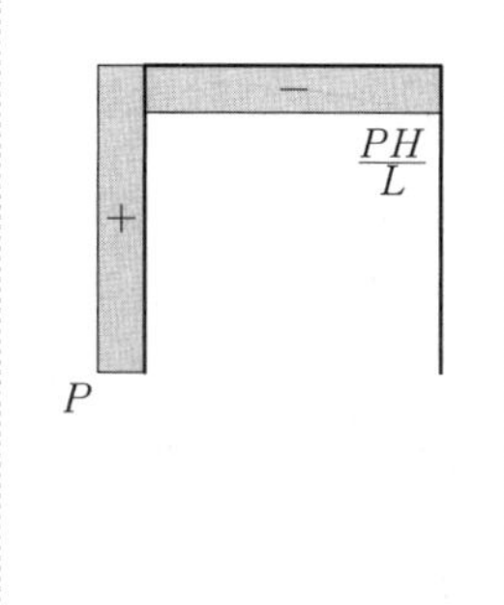

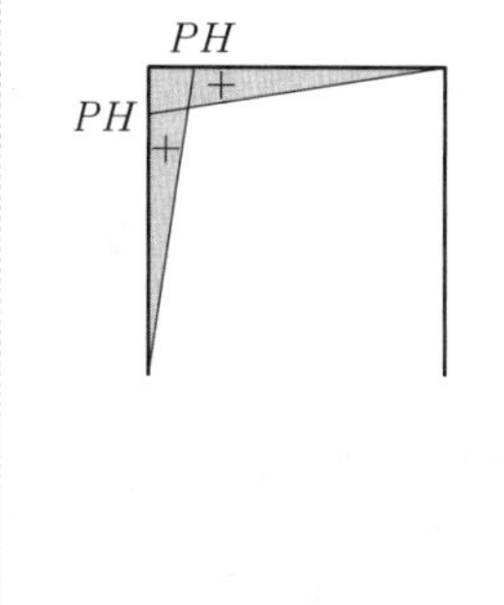

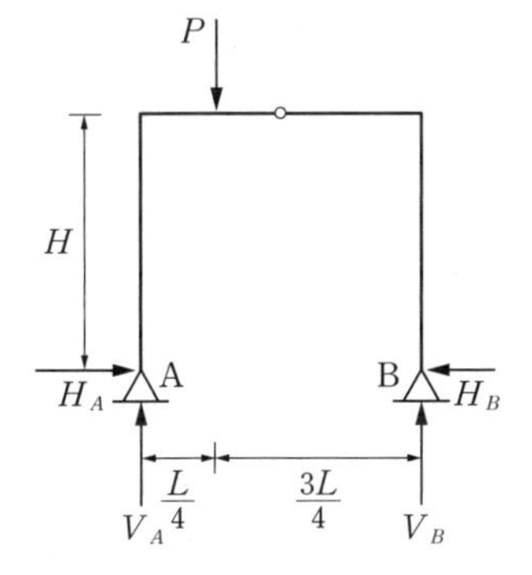

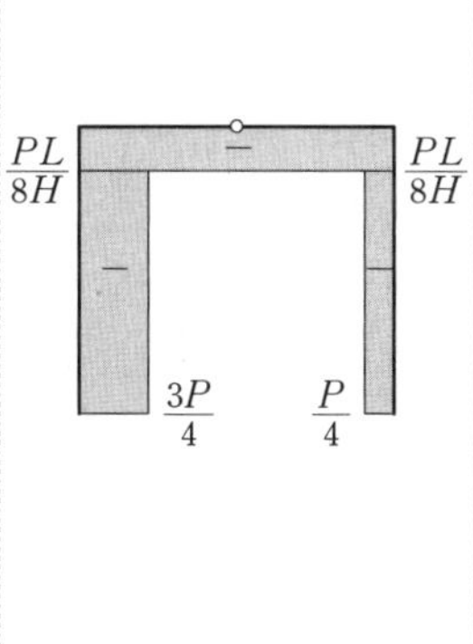

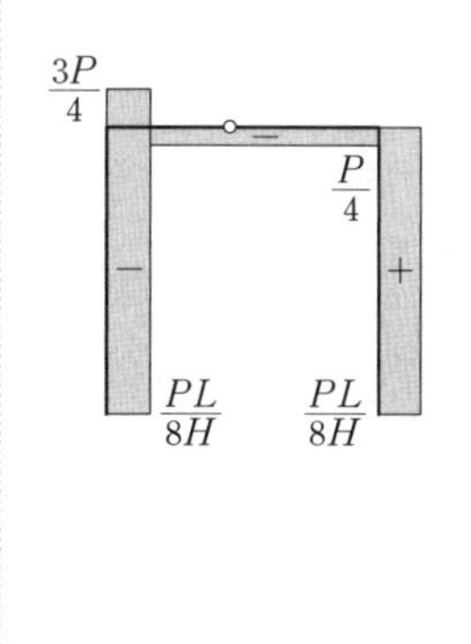

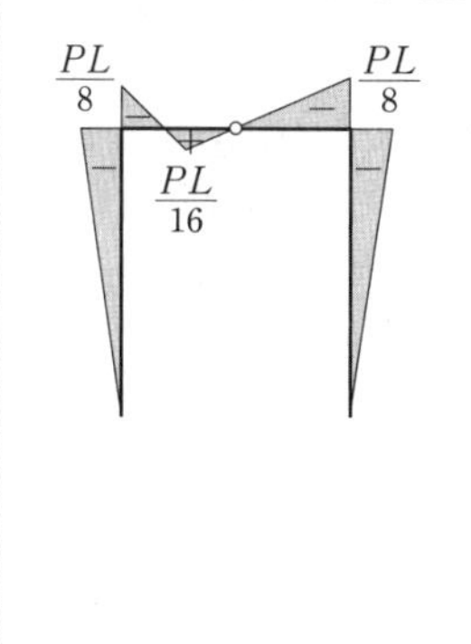

2. 정정 아치(Statically Arch)

(1) **정의**

① 아치는 부재축이 직선이 아니고 곡선으로 이루어진 구조물이다.

② 곡선재로 구성되어 있기 때문에 축방향력에 의한 영향이 크며, 전단이나 휨의 영향은 비교적 적은 것이 일반적이다.

(2) **종류**

① 캔틸레버계(Cantilever-type) 아치: 한 개의 고정지점, 타단은 자유단으로 구성되어 있다.

② 단순보계(Simple-type) 아치: 한 개의 회전지점, 한 개의 이동지점으로 구성되어 있다.

③ 3-회전단계(3-hinged-type) 아치: 두 개의 회전지점과 한 개의 힌지로 구성되어 있다.

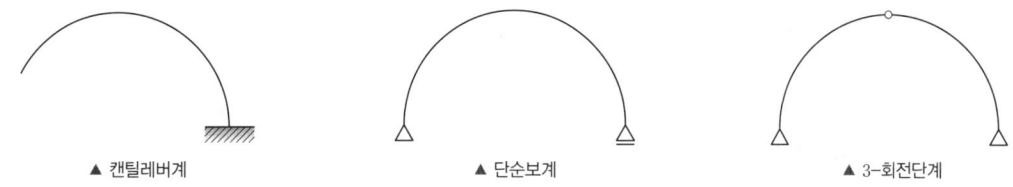

▲ 캔틸레버계　　　▲ 단순보계　　　▲ 3-회전단계

(3) 풀이법

① 지점의 반력 설정 및 힘의 평형을 이용한 부재력의 계산은 동일하다.
② 곡선 부재 임의의 점에서 접선방향은 축방향력, 접선 직각방향은 전단력을 의미한다.

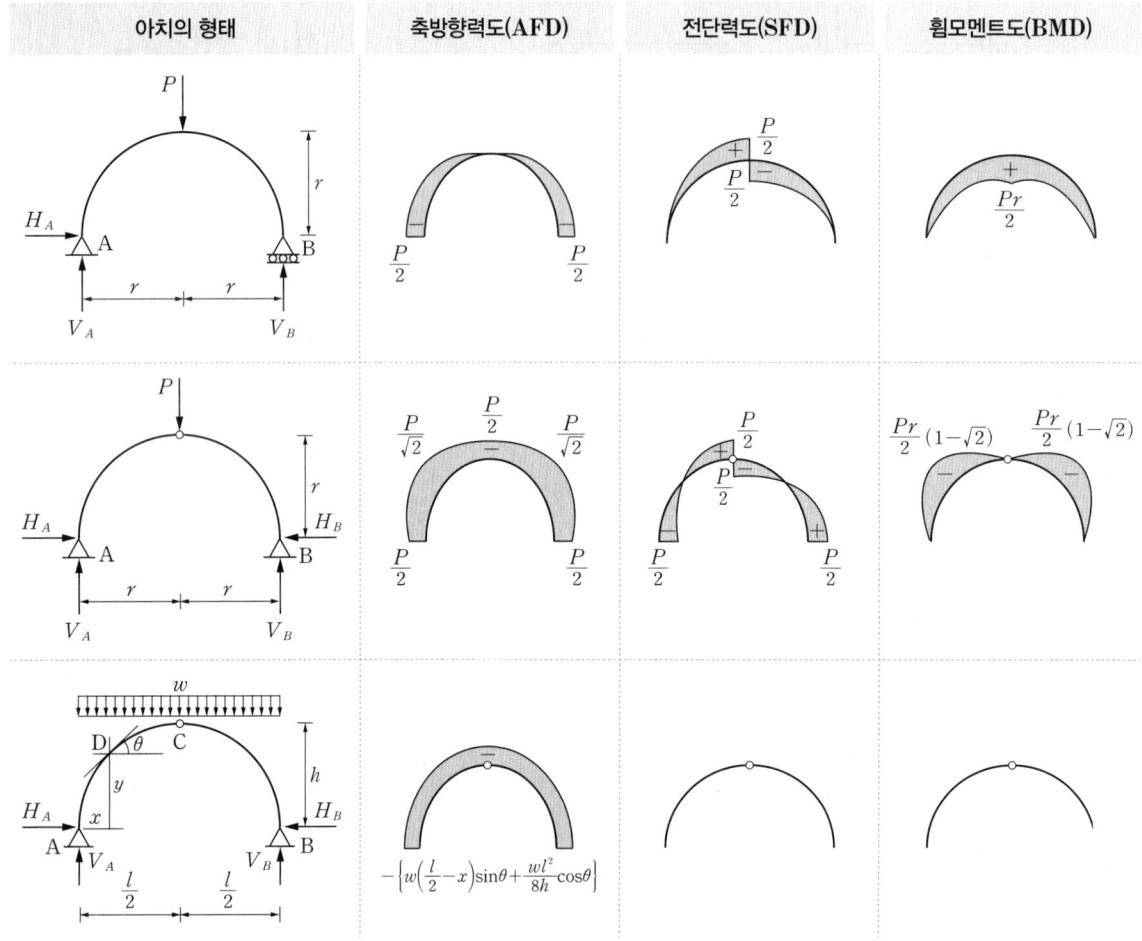

※ 3회전단계 아치가 등분포하중을 받으면 단면 내에는 전단력이나 휨모멘트는 작용하지 않으며, 부(−)의 축방향력, 즉 압축력만 작용한다. 그러므로 매우 경제적인 단면을 설계할 수 있다.

2 정정 트러스(Truss)

1. 트러스의 정의 및 원리

(1) 정의

① 3개 이상의 직선 부재 양끝을 회전 절점(힌지)으로 연결하여 휨모멘트와 전단력은 없고 축방향력(압축력, 인장력)만 존재하는 구조물이다.
② 트러스는 기본적으로 상현재(Top Chords), 하현재(Bottom Chords), 수직재(Vertical Members), 경사재(Diagonal Members)로 구성된다.

(2) **원리 및 가정**

트러스의 부재력을 구할 때는 계산의 간편함을 위하여 다음의 가정을 적용한다.
① 트러스의 부재와 작용하는 외력은 동일평면 안에 있다.
② 절점은 전혀 마찰이 없는 완전한 힌지로 생각한다.
③ 외력은 모두 절점에만 집중하여 작용한다.
④ 절점과 절점을 연결하는 직선은 재축과 일치한다.
⑤ 트러스의 변형은 무시한다. 즉, 하중이 작용한 경우에도 절점의 위치는 변하지 않는다.

(3) **종류**

트러스의 종류는 형태에 따라 다양하며, 대표적인 트러스는 다음과 같다.

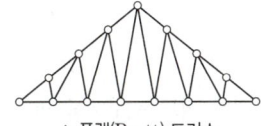
▲ 플랫(Pratt) 트러스

▲ 하우(Howe) 트러스

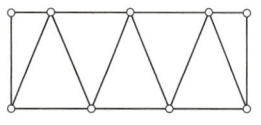
▲ 워렌(Warren) 트러스

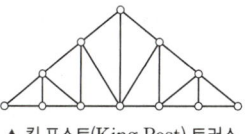
▲ 킹 포스트(King Post) 트러스

> **참고** **철골트러스**
> - 직선 부재들이 삼각형의 형태로 구성되어 안정적인 거동을 한다.
> - 트러스의 개방된 웨브공간으로 전기배선이나 덕트 등과 같은 설비배관의 통과가 가능하다.
> - 부정정차수가 낮은 트러스의 경우에는 일부부재나 접합부의 파괴가 트러스의 붕괴를 야기할 수 있다.

(4) **트러스의 성질(부재력)**

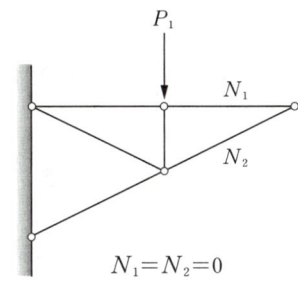 $N_1 = N_2 = 0$	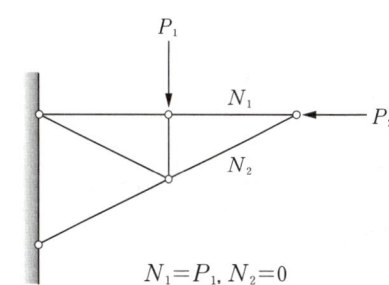 $N_1 = P_1, N_2 = 0$
❶ 동일 직선상에 있지 않은 2개의 부재가 모이는 절점에 외력이 작용하지 않을 때, 이 2개의 부재력은 0이다.	❷ ❶항의 절점에 외력이 한 부재의 방향에 작용할 때는 그 부재의 부재력은 외력과 같고, 다른 부재의 부재력은 0이다.
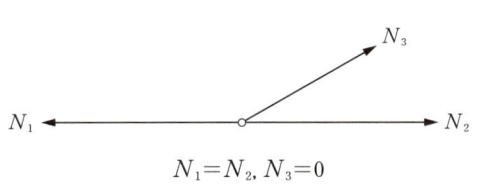 $N_1 = N_2, N_3 = 0$	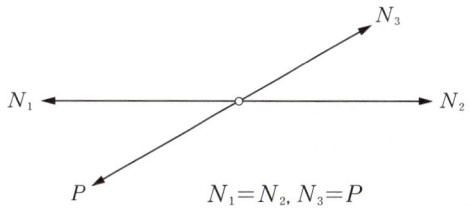 $N_1 = N_2, N_3 = P$
❸ 한 절점에 3개의 부재가 모이고 그 중 2개가 동일 직선상에 있고 그 절점에 외력이 작용하지 않을 때는 동일직선상에 있는 부재의 부재력은 같고, 다른 1개 부재력은 0이다.	❹ ❸항의 경우, 절점에 동일 직선상에 있지 않은 부재와 같은 작용선에 외력 P가 작용할 때 이 부재의 부재력은 외력 P와 같고, 동일 직선상에 있는 2개 부재의 부재력은 서로 같다.

2. 트러스 풀이법

(1) 절점법(Method of Joint)
평형방정식이 2개이므로 미지의 부재력이 2개인 절점에서부터 순차적으로 계산한다.
(시간이 많이 걸리는 단점이 있다.)
① 단순보와 같은 방법으로 지점 반력을 구한다.
② 구하고자 하는 절점에서 작용하는 모든 힘을 힘의 평형조건식($\Sigma F_x=0$; $\Sigma F_y=0$)을 이용하여 부재력을 구한다. 절점을 선택하는 기준은 2개의 평형방적식을 이용하기 때문에 2개의 부재가 만나는 절점이어야만 한다.
③ 각 부재의 부재력은 인장, 압축으로 가정한다. ㉮ 인장부재로 가정하여 계산 결과가 −로 나오면 압축재, +로 나오면 인장재가 된다. (가정을 압축재로 하면 계산결과는 반대이다. 일반적으로는 인장재로 가정하면 편리하다.)
④ 경사부재는 반드시 수직성분과 수평성분으로 분해하여 평형방정식을 적용한다.

(2) 절단법(Method of Section)
3개 이상의 부재가 모이는 절점에서는 절점법을 이용하여 부재력을 계산할 수 없기 때문에 구하고자 하는 부재가 포함되도록 트러스를 절단하여 부재력을 구한다. 절단된 부재의 부재력 중 미지력이 3개 이내가 되도록 부재를 절단하여 트러스 전체를 두 부분으로 나눈다.

① 모멘트법(Ritter Method)
  ㉠ 두 부분 중 계산을 간편하게 할 수 있는 부분을 선택하여 하중, 지점반력, 절단된 부재력에 대하여 미지력이 하나만 남도록 적당한 점에 모멘트 힘의 평형($\Sigma M=0$)을 이용하여 부재력을 구한다.
  ㉡ 일반적으로 상현재와 하현재와 같은 부재에 모멘트 힘의 평형을 사용하면 모멘트가 0이 되는 부재의 부재력을 구하는데 편리하다.

② 전단력법(Culmann Method)
  ㉠ 두 부분 중 계산을 간편하게 할 수 있는 부분을 선택하여 하중, 지점반력, 절단된 부재에 대하여 힘의 평형($\Sigma F_x=0$; $\Sigma F_y=0$)을 이용하여 부재력을 구한다.
  ㉡ 수직, 수평의 2가지 성분을 가지고 있어 모멘트의 평형을 잡아도 0이 될 수 없는 경사재의 부재력을 구하는데 편리하다.

> **참고** 그 밖의 정정 트러스 풀이법
> 추가적인 트러스의 해석은 다음과 같이 나뉜다.
> ① 수식해법   ② 도식해법 (Cremona법, Culmann법, Ritter법)   ③ 영향선법   ④ 부재치환법
>   ㄴ 절점법
>   ㄴ 절단법(Culmann법, Ritter법)

3 부정정 구조물

1. 처짐각법(Slope Deflection Method)

(1) 특징 및 가정
① 처짐각법은 처짐 방정식을 연속보나 라멘과 같은 모멘트에 저항하는 부재 해석에 적용이 가능한 방법이다.
② 특히 부정정 라멘 해석에 유리하며 구조물의 휨변형만을 고려하므로 부정정 트러스의 해법에는 사용할 수 없다.
※ 복잡한 연립방정식을 풀어내야 하므로 부정정 라멘의 해석에는 모멘트 분배법을 더 많이 활용한다. 처짐각법은 중요 이론인 절점방정식과 층방정식을 이용하여 문제를 효율적으로 풀어내는 방법을 학습한다.

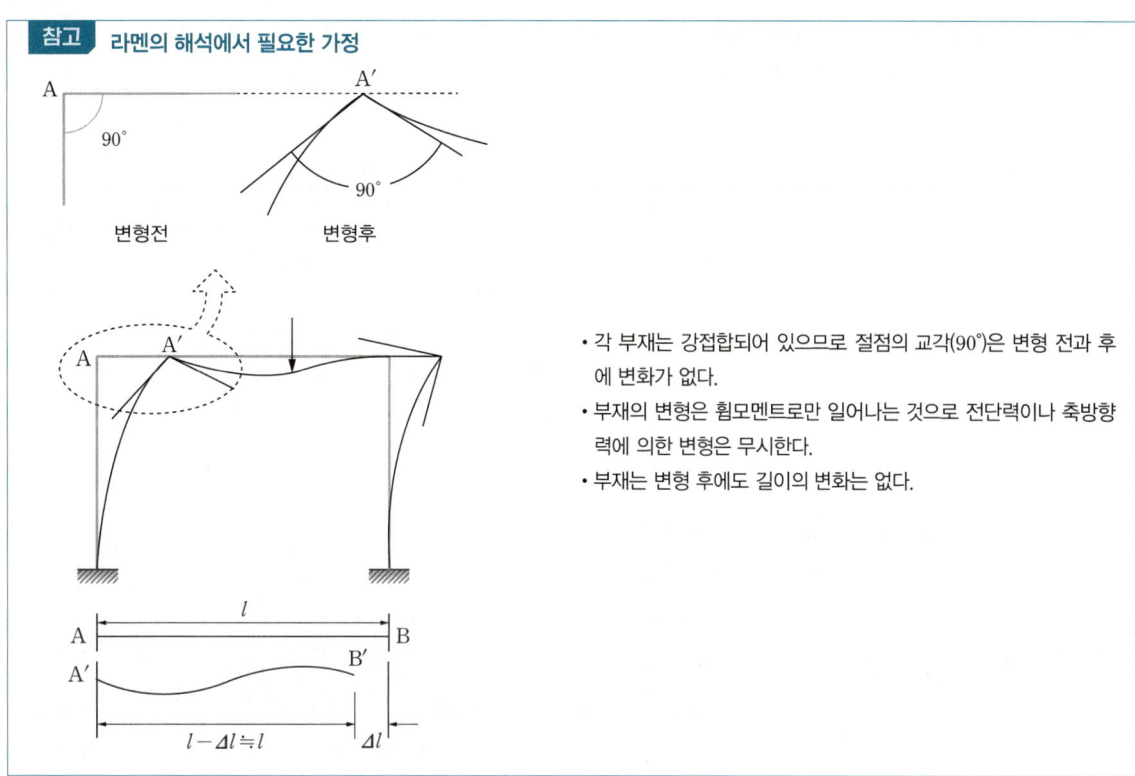

(2) 풀이법

① 고정단 모멘트(FEM, Fixed End Moment): 부재의 양단에 작용하는 모멘트로써 외력의 크기와 각 부재의 강성비로 구할 수 있으나, 일반적인 구조물에 대하여 유도된 기본 공식을 사용하는 것이 일반적이다.

구분	형태	기본 공식
보 한쪽에 집중하중		$FEM_{AB} = -\dfrac{P \cdot a \cdot b^2}{L^2}(\curvearrowleft)$ $FEM_{BA} = +\dfrac{P \cdot a^2 \cdot b}{L^2}(\curvearrowright)$
보 중앙에 집중하중 $a = b = \dfrac{L}{2}$		$FEM_{AB} = -\dfrac{PL}{8}(\curvearrowleft)$ $FEM_{BA} = +\dfrac{PL}{8}(\curvearrowright)$
보에 등분포하중		$FEM_{AB} = -\dfrac{wL^2}{12}(\curvearrowleft)$ $FEM_{BA} = +\dfrac{wL^2}{12}(\curvearrowright)$

② 절점방정식(Joint Equilibrium Equation): 절점에 모멘트가 가해지지 않을 때는 절점에 모인 각부재의 재단모멘트의 총합은 0이다. (예시: $\Sigma M = M_{OB} + M_{OA} = 0$)

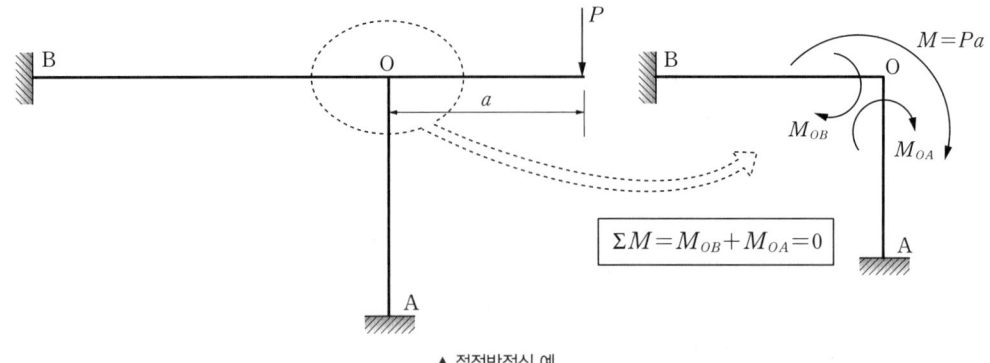

▲ 절점방정식 예

③ 층방정식(Shear Equilibrium Equation)

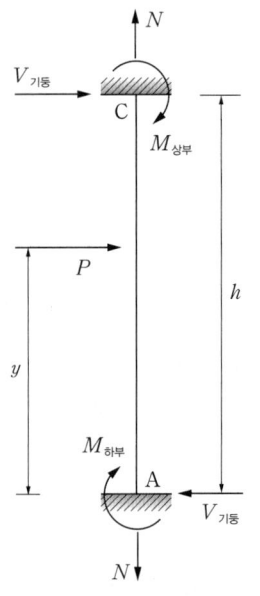

㉠ 라멘에서 수평하중이 작용하지 않는다면 절점방정식만으로 풀이가 가능하지만, 수평하중이 작용하면 부재각의 미지수가 추가되므로 층방정식과 병용한다.

㉡ 층방정식이란 임의의 층에 작용하는 기둥의 전단력(재단 반력)의 합계와 그 보다 윗 층의 수평력의 총합과의 평형을 나타내는 방정식으로 아래와 같이 유도된다.

$$\Sigma M_A = 0;\ M_{상부} + M_{하부} + P \cdot y + V_{기둥} \cdot h = 0$$
$$V_{기둥} = -\left(\frac{M_{상부} + M_{하부}}{h} + \frac{P \cdot y}{h}\right) = -\left(\frac{M_{상부} + M_{하부} + P \cdot y}{h}\right)$$

일반적으로 기둥 중간에 하중 P가 작용하지 않으면 아래의 수식으로 간략화할 수 있다.

$$V_{기둥} = -\frac{M_{상부} + M_{하부}}{h}$$

2. 모멘트 분배법

(1) 특징 및 가정

① 모멘트 분배법은 미지수가 추가되는 연립방정식을 풀이해야하는 처짐각법을 보완하여 제안된 해법으로 단순반복계산을 통하여 부정정 구조물의 재단모멘트를 구할 수 있는 효율적 방법이다.

② 풀이 순서는 다음과 같다.
㉠ 절점에 발생하는 고정단 모멘트가 각 부재의 강성 비율에 따라 분배된다.
㉡ 분배모멘트에 지지조건에 따른 전달률을 곱하면 전달모멘트로서 각 타단에 전달된다.
㉢ 위와 같은 과정을 반복 계산하여 누적하면 각 부재에 발생하는 모멘트를 구할 수 있다.

(2) 풀이법

① 고정단 모멘트(FEM, Fixed End Moment): 처짐각법과 동일하게 기본 공식을 사용하면 효율적이다.

② 강성비(유효강성비, 등가강성비, Stiffness): 부재가 휨에 저항하는 성능을 나타내는 물리량으로서 지지단에 따라 달라진다. 일반적으로 양단이 고정단인 경우를 k로 나타내며, 이를 기준으로 수정된 수정강성비를 사용한다. 제일 많이 출제되는 타단 힌지인 경우 $\frac{3}{4}k$의 수정강성비를 갖는다.

③ 전달률(CF, Carry-over Factor): 절점에서 분배된 모멘트가 타단으로 전달되는 비율을 말한다. 타단의 지지조건에 따라서 다음과 같이 구분된다. 일반적으로 타단고정일 때 $\frac{1}{2}$의 값을 가지기에 절점에서 분배된 모멘트의 절반이 타단으로 전달된다.

부재의 조건	타단고정재	타단힌지(Hinge)재	타단자유재	대칭변형재	역대칭변형재
휨모멘트 분포					
강성비(k)	k	$\frac{3}{4}k=0.75k$	0	$\frac{1}{2}k=0.5k$	$\frac{3}{2}k=1.5k$
전달율(CF)	$\frac{1}{2}$	0	0	-1	1

④ 분배율(DF, Distribution Factor): 절점에 연결된 모든 부재의 강성비의 합(Σk)과 구하려는 부재의 강성비(k)의 비율이다. 즉, 절점에서 각 부재로 분배되는 모멘트의 비율이다.

$$\mathrm{DF} = \frac{k}{\Sigma k}$$

⑤ 분배모멘트(Distributed Moment): 분배율에 의하여 절점에서 각 부재에 분배된 모멘트를 말한다. 고정단 모멘트와 분배율의 곱이다.

⑥ 전달모멘트(Carry-over Moment): 전달율에 의하여 타단으로 전달된 모멘트로 분배모멘트와 전달률의 곱이다.

KEYWORD 10 보의 처짐 ★★★

1. 처짐 이론

보에 하중이 가해지면 변형을 일으키게 되는데 변형의 정도를 나타내기 위하여 처짐(Deflection)과 처짐각(Deflection Angle)이 사용된다.

① 처짐(δ): 단위는 길이(m, cm, mm 등)이며, 부호는 하향처짐($+$)과 상향처짐($-$) 값을 갖는다.
② 처짐각(θ): 단위는 라디안(radian)이며, 시계방향($+$)과 반시계방향($-$)으로 나타낸다.

2. 처짐 및 처짐각

보의 휨에서 발생하는 처짐 및 처짐각은 보 방정식을 활용한 처짐/처짐각 공식에 지지조건 등의 조건을 활용하여 계산이 가능하다.
또한 공액보법, 가상일법 등을 활용하여 계산이 가능하다.

(1) 단순보의 중요 하중에 따른 처짐각 및 처짐 표

하중조건		처짐각, θ[rad]	처짐, δ[mm]
집중 하중	P가 중앙(C)에 작용, $L/2, L/2$	$\theta_A = -\theta_B = \dfrac{PL^2}{16EI}$	$\delta_{max} = \delta_C = \dfrac{PL^3}{48EI}$
	P가 임의점(C)에 작용, a, b	$\theta_A = \dfrac{Pab}{6EI \cdot L}(a+2b)$ $\theta_B = -\dfrac{Pab}{6EI \cdot L}(2a+b)$	$\delta_C = \dfrac{Pa^2b^2}{3EI \cdot L}$ $\delta_{max} = \dfrac{Pb}{9\sqrt{3}EI \cdot L} \cdot \sqrt{(L^2-b^2)^3}$
분포 하중	등분포하중 w	$\theta_A = -\theta_B = \dfrac{wL^3}{24EI}$	$\delta_{max} = \dfrac{5wL^4}{384EI}$
	삼각분포하중 w	$\theta_A = \dfrac{7wL^3}{360EI}$ $\theta_B = -\dfrac{wL^3}{45EI}$	$\delta_{max} = \dfrac{wL^4}{153EI}$
모멘트 하중	M이 임의점(C)에 작용, a, b	$\theta_A = \dfrac{M}{6EI \cdot L^2} \cdot (a^3 + 3a^2b - 2b^3)$	$\delta_C = \dfrac{M \cdot a \cdot b}{3EI \cdot L} \cdot (2a-L)$
	M이 B단에 작용	$\theta_A = \dfrac{ML}{6EI}$ $\theta_B = -\dfrac{ML}{3EI}$	$\delta_{max} = \dfrac{ML^2}{9\sqrt{3}EI}$
	M_A, M_B가 양단에 작용	$\theta_A = \dfrac{L}{6EI}(2M_A + M_B)$ $\theta_B = -\dfrac{L}{6EI}(M_A + 2M_B)$	$M_A = M_B = M$일 때 $\delta_{max} = \dfrac{ML^2}{8EI}$

(2) 캔틸레버보에서의 하중조건에 따른 처짐각 및 처짐 표

하중조건		처짐각, θ[rad]	처짐, δ[mm]
집중 하중	A〜B, P at B, L	$\theta_B = \dfrac{PL^2}{2EI}$	$\delta_B = \dfrac{PL^3}{3EI}$
	A〜C〜B, P at C, L/2, L/2	$\theta_C = \dfrac{PL^2}{8EI}$, $\theta_B = \dfrac{PL^2}{8EI}$	$\delta_C = \dfrac{PL^3}{24EI}$, $\delta_B = \dfrac{5PL^3}{48EI}$
	A〜C〜B, P at C, a, b	$\theta_C = \dfrac{Pa^2}{2EI}$, $\theta_B = \dfrac{Pa^2}{2EI}$	$\delta_C = \dfrac{Pa^3}{3EI}$, $\delta_B = \dfrac{Pa^2}{6EI}(3L-a)$
분포 하중	w 전체, L	$\theta_B = \dfrac{wL^3}{6EI}$	$\delta_B = \dfrac{wL^4}{8EI}$
	w 우측 L/2	$\theta_B = \dfrac{7wL^3}{48EI}$	$\delta_B = \dfrac{41wL^4}{384EI}$
	w 좌측 L/2	$\theta_B = \dfrac{wL^3}{48EI}$	$\delta_B = \dfrac{7wL^4}{384EI}$
	w 구간 a, b	$\theta_B = \dfrac{wa^3}{6EI}$	$\delta_B = \dfrac{wa^3}{24EI}(3a+4b)$
	삼각분포 w, L	$\theta_B = \dfrac{wL^3}{24EI}$	$\delta_B = \dfrac{wL^4}{30EI}$
모멘트 하중	M at B, L	$\theta_B = \dfrac{ML}{EI}$	$\delta_B = \dfrac{ML^2}{2EI}$
	M at C, a, b	$\theta_B = \dfrac{Ma}{EI}$	$\delta_B = \dfrac{Ma}{2EI}(L+b)$

핵심 기출문제

PART 03
구조역학

KEYWORD 08 구조물 판별식

01
15년 1회, 12년 2회

그림과 같은 구조물의 판별로 옳은 것은?

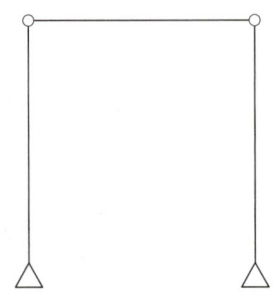

① 불안정
② 정정
③ 1차 부정정
④ 2차 부정정

해설

$N=r+m+k-2j$ 공식 이용
(r: 지점 반력수, m: 부재수, k: 강절점수, j: 지점수＋자유단 지점수)
∴ $N=4+3+0-2\times 4=-1$
따라서, 불안정 구조물이다.

다른 풀이

부정정 차수 N은 외적차수 N_e와 내적차수 N_i의 합으로 구한다.
$N=N_e+N_i$
$N_e=r-3,\ N_i=C_n-h$
(r: 지점 반력수, h: 힌지 절점수, C_n: 연결부재 차수(회전－회전＝1, 고정－회전＝2, 고정－고정＝3))
$N_e=(2+2)-3=1$
$N_i=0-2=-2$
∴ $N=1-2=-1$
따라서, 불안정 구조물이다.

정답 | ①

02
21년 1회, 16년 1회, 15년 2회, 13년 1회

다음 구조물의 부정정 차수는?

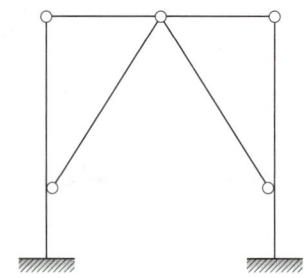

① 1차 부정정
② 2차 부정정
③ 3차 부정정
④ 4차 부정정

해설

$N=r+m+k-2j$ 공식 이용
∴ $N=6+8+2-2\times 7=2$
따라서, 2차 부정정 구조물이다.

다른 풀이

부정정 차수 N은 외적차수 N_e와 내적차수 N_i의 합으로 구한다.
$N=N_e+N_i$
$N_e=r-3,\ N_i=C_n-h$
$N_e=(3+3)-3=3$
$N_i=2(2)-5=-1$
∴ $N=3-1=2$
따라서, 2차 부정정 구조물이다.

정답 | ②

03

14년 4회

다음 구조물의 판별로 옳은 것은?

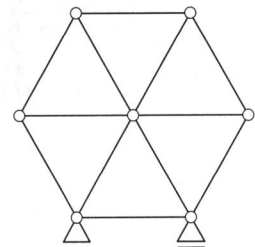

① 불안전 구조물
② 정정 구조물
③ 1차 부정정 구조물
④ 2차 부정정 구조물

해설 |
$N=r+m+k-2j$ 공식 이용
∴ $N=3+12+0-2\times7=1$
따라서, 1차 부정정 구조물이다.

다른 풀이
부정정 차수 N은 외적차수 N_e와 내적차수 N_i의 합으로 구한다.
$N=N_e+N_i$
$N_e=r-3$, $N_i=C_n-h$
$N_e=(2+1)-3=0$
$N_i=6-5=1$
∴ $N=0+1=1$
따라서, 1차 부정정 구조물이다.

정답 | ③

04

21년 4회, 13년 2회

그림과 같은 구조물의 부정정 차수는?

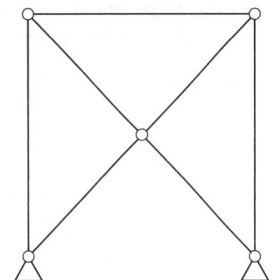

① 1차
② 2차
③ 3차
④ 4차

해설 |
$N=r+m+k-2j$ 공식 이용
∴ $N=4+7+0-2\times5=1$
따라서, 1차 부정정 구조물이다.

다른 풀이
부정정 차수 N은 외적차수 N_e와 내적차수 N_i의 합으로 구한다.
$N=N_e+N_i$
$N_e=r-3$, $N_i=C_n-h$
$N_e=(2+2)-3=1$
$N_i=0$
∴ $N=1+0=1$
따라서, 1차 부정정 구조물이다.

정답 | ①

05

13년 4회

다음 라멘구조물의 부정정 차수는?

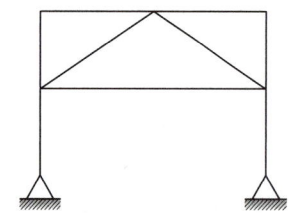

① 9차 부정정
② 10차 부정정
③ 11차 부정정
④ 12차 부정정

해설 |

$N = r + m + k - 2j$ 공식 이용

∴ $N = 4 + 9 + 11 - 2 \times 7 = 10$

따라서, 10차 부정정 구조물이다.

다른 풀이

부정정 차수 N은 외적차수 N_e와 내적차수 N_i의 합으로 구한다.

$N = N_e + N_i$

$N_e = r - 3$, $N_i = C_n - h$

$N_e = (2+2) - 3 = 1$

$N_i = 3(3) - 0 = 9$

∴ $N = 1 + 9 = 10$

따라서, 10차 부정정 구조물이다.

정답 | ②

06

12년 4회

다음 트러스 구조물의 안정성 및 정정 여부는?

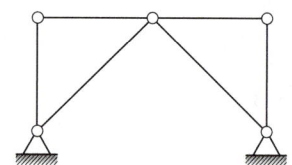

① 불안정, 정정
② 안정, 정정
③ 안정, 1차 부정정
④ 불안정, 1차 부정정

해설 |

$N = r + m + k - 2j$ 공식 이용

∴ $N = 4 + 6 + 0 - 2 \times 5 = 0$

따라서, 안정, 정정 구조물이다.

다른 풀이

부정정 차수 N은 외적차수 N_e와 내적차수 N_i의 합으로 구한다.

$N = N_e + N_i$

$N_e = r - 3$, $N_i = C_n - h$

$N_e = (2+2) - 3 = 1$

$N_i = 2 - 3 = -1$

∴ $N = 1 - 1 = 0$

따라서, 안정, 정정 구조물이다.

정답 | ②

| KEYWORD 09 | 구조물 해석 |

07
20년 4회, 20년 1·2회, 19년 4회, 18년 2회, 16년 4회

그림과 같은 구조에서 C단에 발생하는 휨모멘트는?

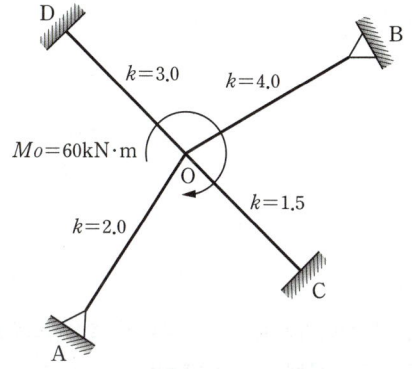

① 2.47kN·m
② 5kN·m
③ 6.5kN·m
④ 10kN·m

해설 |

모멘트 분배법을 이용해 구한다.

C점 도달(전달)모멘트 M_{CO}는 분배모멘트 M_{OC}의 $\frac{1}{2}$이다.

→ $M_{CO} = \frac{1}{2} M_{OC}$ (전달률: 고정단은 $\frac{1}{2}$)

분배율: $DF_{OC} = \frac{K_{OC}}{\Sigma K} = \frac{1.5}{2.0 \times \frac{3}{4} + 4.0 \times \frac{3}{4} + 1.5 + 3.0} = \frac{1}{6}$

(힌지점은 강성 k에 $\frac{3}{4}$을 곱한다)

분배모멘트: $M_{OC} = M_O \cdot DF_{OC} = 60 \times \frac{1}{6} = 10$kN·m(↷)

전달모멘트: $M_{CO} = \frac{1}{2} M_{OC} = \frac{10}{2} = 5$kN·m(↷)

정답 | ②

08
12년 2회

그림과 같은 트러스의 N_1, N_2 부재력(절대값)으로 옳은 것은?

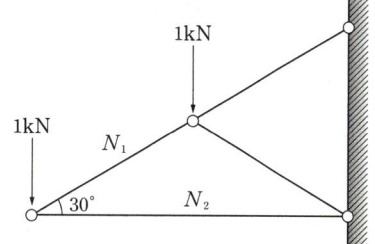

① $N_1 = 2$kN, $N_2 = 1.732$kN
② $N_1 = 1$kN, $N_2 = 0.866$kN
③ $N_1 = 1.5$kN, $N_2 = 1$kN
④ $N_1 = 1$kN, $N_2 = 1.732$kN

해설 |

절점법을 이용해 구한다.
단, 인장력으로 가정하고 계산한다.

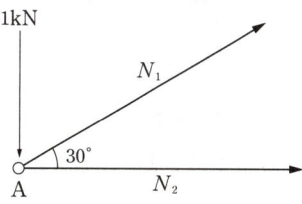

$\Sigma V_A = 0$: $-1 + (N_1 \cdot \sin 30°) = 0$
∴ $N_1 = +2$kN (인장)
$\Sigma H_A = 0$: $+(N_1 \cdot \cos 30°) + N_2 = 0$
∴ $N_2 = -\sqrt{3}$kN $= -1.732$kN (압축)

정답 | ①

09

10년 4회

그림과 같은 구조물의 각 부재에 대한 분할모멘트 M_{OA}, M_{OB}, M_{OC}, M_{OD}를 옳게 구한 것은?

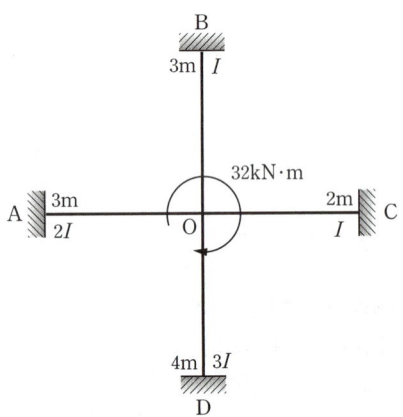

① $M_{OA}=4.74$kN·m, $M_{OB}=2.37$kN·m
　$M_{OC}=3.55$kN·m, $M_{OD}=5.34$kN·m
② $M_{OA}=4.74$kN·m, $M_{OB}=2.37$kN·m
　$M_{OC}=3.91$kN·m, $M_{OD}=4.98$kN·m
③ $M_{OA}=9.48$kN·m, $M_{OB}=4.74$kN·m
　$M_{OC}=7.11$kN·m, $M_{OD}=10.67$kN·m
④ $M_{OA}=9.48$kN·m, $M_{OB}=4.74$kN·m
　$M_{OC}=7.82$kN·m, $M_{OD}=9.96$kN·m

해설 |
모멘트 분배법을 이용해 구한다.
분배모멘트는 모멘트와 분배율을 곱하여 구한다.
강도계수: $K=\dfrac{I}{L}$ (여기서 단면2차모멘트 $I=12$로 가정)

$K_{OA}=\dfrac{2I}{3}=8$, $K_{OB}=\dfrac{I}{3}=4$

$K_{OC}=\dfrac{I}{2}=6$, $K_{OD}=\dfrac{3I}{4}=9$

분배율

$DF_{OA}=\dfrac{K_{OA}}{\Sigma K}=\dfrac{8}{8+4+6+9}=\dfrac{8}{27}$

$DF_{OB}=\dfrac{K_{OB}}{\Sigma K}=\dfrac{4}{8+4+6+9}=\dfrac{4}{27}$

$DF_{OC}=\dfrac{K_{OC}}{\Sigma K}=\dfrac{6}{8+4+6+9}=\dfrac{6}{27}$

$DF_{OD}=\dfrac{K_{OD}}{\Sigma K}=\dfrac{9}{8+4+6+9}=\dfrac{9}{27}$

분배모멘트

$M_{OA}=M_O \cdot DF_{OA}=32\times\dfrac{8}{27}=9.48$kN·m(↶)

$M_{OB}=M_O \cdot DF_{OB}=32\times\dfrac{4}{27}=4.74$kN·m(↶)

$M_{OC}=M_O \cdot DF_{OC}=32\times\dfrac{6}{27}=7.11$kN·m(↶)

$M_{OD}=M_O \cdot DF_{OD}=32\times\dfrac{9}{27}=10.67$kN·m(↶)

정답 | ③

10

11년 1회

그림과 같은 정정라멘에서 BD부재의 축방향력으로 옳은 것은? (단, +: 인장력, −: 압축력)

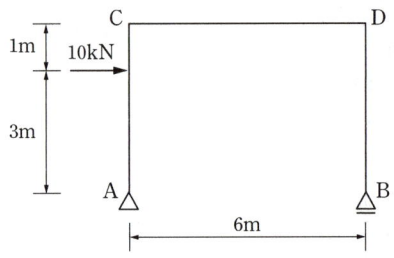

① 5kN　　　　② −5kN
③ 10kN　　　④ −10kN

해설 |

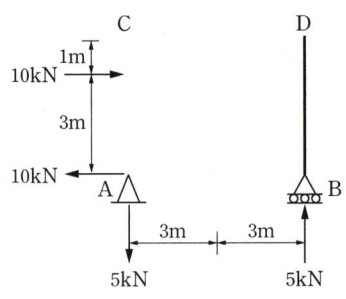

$\Sigma F_x=0$: $+(H_A)+10=0$
∴ $H_A=-10$kN(←)
$\Sigma M_B=0$: $+(V_A)(6)+(10)(3)=0$
∴ $V_A=-5$kN(↓)
$\Sigma F_y=0$: $+(V_A)+(V_B)=0$
∴ $V_B=5$kN(↑)
B지점의 수직 반력이 5kN이므로 BD의 부재력
$F_{BD}=-5$kN(↓)이다.

정답 | ②

11

10년 2회

다음과 같은 트러스에서 부재력이 발생하지 않는 부재는 몇 개인가?

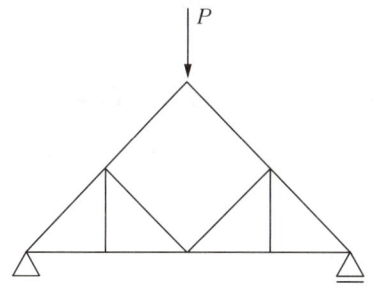

① 2개
② 4개
③ 6개
④ 8개

해설 |
동일 직선상에 놓여 있는 2개 부재의 부재력은 같고 다른 한 부재의 부재력은 0이다.

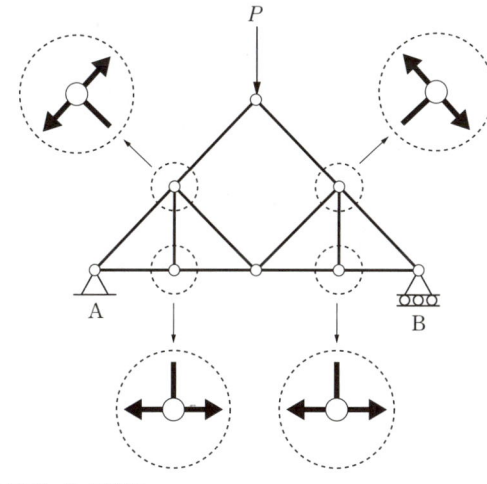

0인 부재는 총 4개이다.

관련이론
트러스에서 부재력이 0인 부재 조건

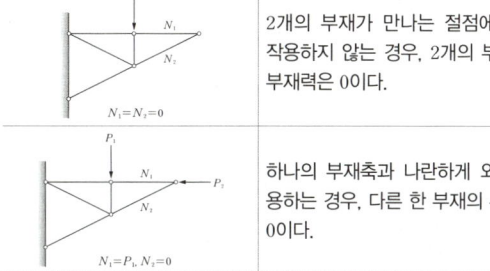

	2개의 부재가 만나는 절점에 외력이 작용하지 않는 경우, 2개의 부재 모두 부재력은 0이다.
	하나의 부재축과 나란하게 외력이 작용하는 경우, 다른 한 부재의 부재력은 0이다.
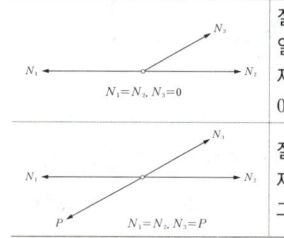	절점에 외력이 작용하지 않는 경우 동일 직선상에 놓여 있는 2개 부재의 부재력은 같고 다른 한 부재의 부재력은 0이다.
	절점에 외력이 작용할 때 그 외력이 부재와 일직선상에 나란하게 작용하면 그 부재의 부재력은 외력과 같다.

정답 | ②

12

16년 2회

다음 그림과 같은 휨모멘트도를 통해 구조물에 작용하는 수평하중 P를 구하면?

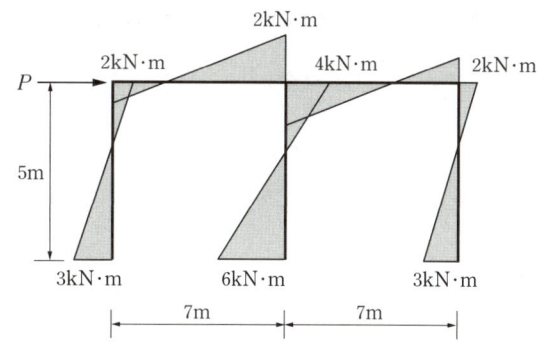

① 2kN
② 3kN
③ 4kN
④ 6kN

해설 |
층방정식을 이용해 구한다.
$$P=V=\frac{M_{up}+M_{dn}}{h}$$
(h:높이, M_{up}:위쪽 모멘트, M_{dn}:아래쪽 모멘트)
$$\therefore P=\frac{(2+4+2)+(3+6+3)}{5}=4\text{kN}$$

정답 | ③

KEYWORD 10 보의 처짐

13 14년 4회

보의 길이가 같은 캔틸레버보에서 작용하는 집중하중의 크기가 $P_1=P_2$일 때, 보의 단면이 그림과 같다면 최대처짐 $y_1:y_2$의 비는?

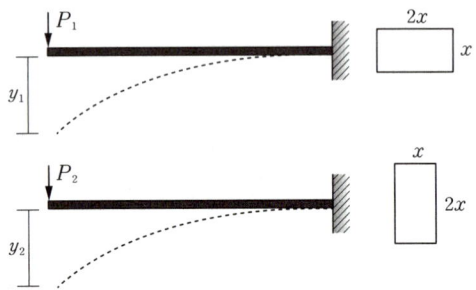

① 2 : 1
② 4 : 1
③ 8 : 1
④ 16 : 1

해설 |

캔틸레버보에 집중하중 적용 시 최대처짐은 다음과 같다.

$\delta_{max}=y_{max}=\dfrac{1}{3}\cdot\dfrac{PL^3}{EI}$

여기서 y_1과 y_2의 차이는 단면2차모멘트 I이므로 I만 비교하면 된다.

$y_1:y_2=\dfrac{1}{\dfrac{(2x)(x)^3}{12}}:\dfrac{1}{\dfrac{(x)(2x)^3}{12}}$

$\qquad=\dfrac{1}{2}:\dfrac{1}{8}=4:1$

정답 | ②

14 16년 1회

다음 그림과 같은 캔틸레버보에서 집중하중 P가 작용할 때 C점의 처짐의 크기는? (단, 보의 EI는 일정한값)

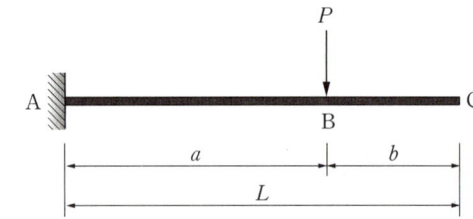

① $\dfrac{Pa^2\left(b+\dfrac{2a}{3}\right)}{2EI}$
② $\dfrac{Pa}{2EI}$

③ $\dfrac{Pa}{EI}$
④ $\dfrac{Pa\left(b+\dfrac{2a}{3}\right)}{2}$

해설 |

처짐 $\delta=\dfrac{M'}{EI}$ (M':처짐을 구하려는 위치의 모멘트)

C점 $M'=Pa\times a\times\dfrac{1}{2}\times\left(b+\dfrac{2}{3}\times a\right)=\dfrac{Pa^2\left(b+\dfrac{2a}{3}\right)}{2}$

$\therefore \delta_C=\dfrac{\dfrac{Pa^2\left(b+\dfrac{2a}{3}\right)}{2}}{EI}=\dfrac{Pa^2\left(b+\dfrac{2a}{3}\right)}{2EI}$

정답 | ①

15 15년 4회

H형강을 사용한 길이 6m인 단순보에 5kN/m의 등분포하중 재하 시 최대 처짐량은? (단, $E_s=206,000\text{MPa}$, $I_x=4,720\text{cm}^4$, 좌굴의 영향은 없는 것으로 가정)

① 1.70mm
② 5.69mm
③ 8.68mm
④ 12.49mm

해설 |

단순보에 등분포하중이 작용하는 경우 최대처짐은

$\delta_{max}=\dfrac{5}{384}\cdot\dfrac{wL^4}{EI}$이다.

$\therefore \delta_{max}=\dfrac{5}{384}\cdot\dfrac{(5)(6\times 10^3)^4}{(206,000)(4,720\times 10^4)}≒8.678\text{mm}$

정답 | ③

16

년 회

그림과 같은 단순보의 중앙에 집중하중 P가 1개 작용할 때, 지점에 생기는 처짐각은?

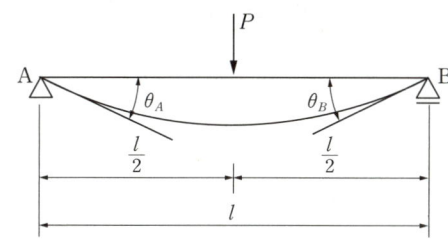

① $\dfrac{Pl^2}{2EI}$ ② $\dfrac{Pl^2}{4EI}$

③ $\dfrac{Pl^2}{8EI}$ ④ $\dfrac{Pl^2}{16EI}$

해설 |

처짐각 $\theta = \dfrac{V'}{EI}$ 으로 구한다.

(V': 처짐을 구하려는 위치의 공액보상 전단력)

A지점 $V' = \dfrac{1}{2} \times \dfrac{Pl}{4} \times \dfrac{l}{2} = \dfrac{Pl^2}{16}$

$\therefore \theta = \dfrac{\frac{Pl^2}{16}}{EI} = \dfrac{Pl^2}{16EI}$

정답 | ④

17

11년 4회

그림과 같이 단순보의 중앙점에 하중 P가 작용할 때 C점의 처짐은?

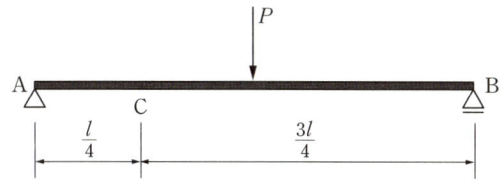

① $\dfrac{Pl^3}{384EI}$ ② $\dfrac{15Pl^3}{192EI}$

③ $\dfrac{11Pl^3}{768EI}$ ④ $\dfrac{17Pl^3}{384EI}$

해설 |

해당 보의 $\dfrac{M}{EI}$의 값이 하중으로 작용하는 단순공액보는 다음과 같다.

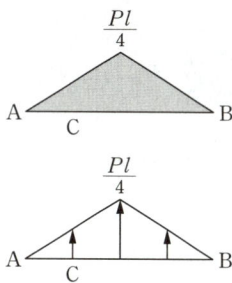

공액보의 모멘트는 실제 보의 처짐과 같으므로 공액보의 자유물체도에서 C점에서의 모멘트를 구하면 다음과 같다.

$M' = \dfrac{Pl}{4} \times \dfrac{l}{2} \times \dfrac{1}{2} \times \left(\dfrac{l}{4}\right) - \dfrac{Pl}{8} \times \dfrac{l}{4} \times \dfrac{1}{2} \times \left(\dfrac{1}{3} \times \dfrac{l}{4}\right) = \dfrac{11Pl^3}{768}$

$\therefore \delta_C = \dfrac{M'}{EI} = \dfrac{\frac{11Pl^3}{768}}{EI} = \dfrac{11Pl^3}{768EI}$

정답 | ③

18

16년 4회

그림과 같은 단순보에서 중앙점의 처짐량이 2cm로 나타났다. 만일 보의 춤을 2배로 크게 하면 처짐량은 얼마로 되는가?

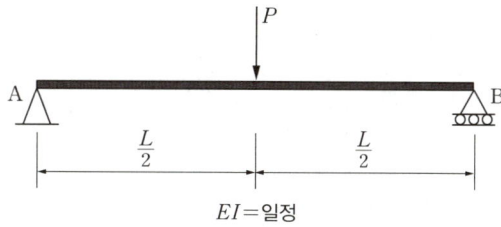

① 1cm ② 0.5cm
③ 0.25cm ④ 0.125cm

해설 |

단순보에 집중하중 적용 시 최대처짐은

$\delta_{max} = \dfrac{1}{48} \cdot \dfrac{PL^3}{EI}$ 이다.

따라서 보의 춤(h)을 2배로 하면 단면2차계수(I)가 달라진다.

$\delta_{max} = \dfrac{1}{48} \cdot \dfrac{PL^3}{E\left(\dfrac{bh^3}{12}\right)}$

보의 춤 2배시 처짐은 $\dfrac{1}{2^3} = \dfrac{1}{8}$배가 된다.

$\therefore 2\text{cm} \times \dfrac{1}{8} = 0.25\text{cm}$

정답 | ③

PART 04 철근콘크리트구조

KEYWORD 11, 12, 13, 14, 15, 16

KEYWORD 11 철근콘크리트구조 총론 ★★

1 철근콘크리트 일반사항

1. 기본특성

(1) 콘크리트
① 시멘트, 골재(모래, 자갈), 물과 함께 다양한 혼화 재료들이 섞여 수화작용을 통하여 고체화되는 재료이다.
② 압축강도, 내화성, 내후성, 경제성, 성형성 측면에 장점이 있다.
③ 낮은 인장강도와 취성적 성질은 단점으로 작용한다.

(2) 철근(강재)
① 인장강도, 연성(Ductility), 인성(Toughness)에서 장점을 가지고 있다.
② 내화성, 내후성, 경제성, 성형성에 있어서 단점을 가지고 있다.

(3) 철근콘크리트(Reinforced Concrete)
① 철근: 콘크리트가 취약한 인장강도와 취성을 보완하기 위하여 인장응력 작용 부분에 철근을 배근한 구조이다.
② 콘크리트: 강재의 단점인 부식을 방지할 수 있도록 알칼리 성분의 콘크리트 내부에 철근을 배근한다.
③ 이형 철근의 사용으로 콘크리트와의 부착성이 높아 일체거동을 하며, 두 재료의 유사한 열팽창계수로 인하여 온도응력이 발생하지 않는다.
④ 철근콘크리트 구조물의 장단점

장점	단점
• 높은 압축강도, 손쉬운 재료 취득성 • 내후성과 내화성능 우수 • 진동 및 충격 저항력 우수(강성과 관계) • 다른 재료에 비해서 긴 사용 수명 • 경제성 있음(재료비용, 노동력, 시간 등과 관계됨) • 성형성 우수(슬래브, 보, 기둥, 아치(Arch), 쉘(Shell) 등 임의의 형태로 제작 가능)	• 콘크리트의 낮은 인장강도(압축강도의 10~15% 정도) • 콘크리트의 품질 변동 가능성 있음 • 크리프(Creep) 등의 장기 변형 가능성 있음(시간에 의한 성능의 변화) • 양생 시간 소요, 가설재 필요, 공사기간이 길어짐 • 강도 대비 무게가 커서 고층빌딩이나 장경간의 구조물에는 불리함(고강도 콘트리트로 극복)

2. 콘크리트의 특성

(1) 강도
① 설계기준강도(f_{ck}): 철근콘크리트 구조 설계 시 사용하는 콘크리트의 기준 압축강도이다.
② 평균압축강도(f_{cu}): 콘크리트의 탄성계수 등을 계산하기 위하여 설계기준강도(f_{ck})에 추가적 여유분($\triangle f$)을 더해준 강도이다.

$$f_{cu} = f_{ck} + \triangle f$$

> **참고** 추가적 여유분(Δf)

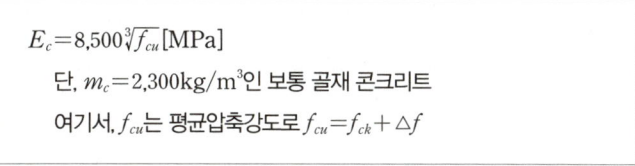

구간별 Δf는 다음과 같다
- $f_{ck} \leq 40\text{MPa} \rightarrow \Delta f = 4\text{MPa}$
- $f_{ck} \geq 60\text{MPa} \rightarrow \Delta f = 6\text{MPa}$
- $40\text{MPa} < f_{ck} < 60\text{MPa} \rightarrow \Delta f = $ 직선보간

③ 휨강도(f_r)
  ㉠ 콘크리트가 휨인장에 저항하는 강도를 휨인장강도(f_r)라고 한다.
  ㉡ 콘크리트가 휨인장강도에 도달하게 되면 이론적으로 균열이 발생하게 되고, 이 때의 휨모멘트를 균열휨모멘트(M_{cr})라고 한다.

$$f_r = 0.63\lambda\sqrt{f_{ck}}\,[\text{MPa}]$$
$$M_{cr} = f_r \times Z = 0.63\lambda\sqrt{f_{ck}} \times \frac{bh^2}{6}\,[\text{N}\cdot\text{mm}]$$

- λ 경량콘크리트계수
- Z 단면계수(단면의 폭이 b, 전체 높이가 h인 직사각형 단면의 경우 $\frac{bh^2}{6}$)

(2) 변형률 및 탄성계수

① 최대응력(설계기준강도)을 기준으로 한 콘크리트의 일반적인 변형률은 0.002이지만 강도설계법에서 극한응력($0.85f_{ck}$)에 대한 변형률은 0.003이다.

② 콘크리트의 탄성계수는 응력-변형률 곡선의 초기 기울기값으로서 실험적(할선 탄성계수, 초기 접선 탄성계수 등)으로 구하는 방법이 있지만, 평균압축강도를 기반으로한 설계용 산정식을 사용한다.

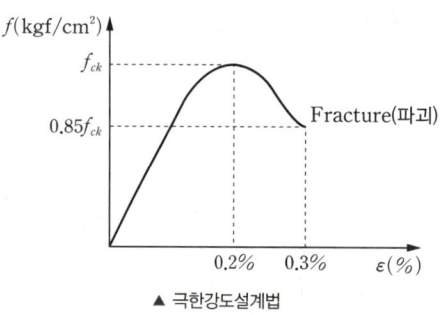

▲ 극한강도설계법

$$E_c = 8,500\sqrt[3]{f_{cu}}\,[\text{MPa}]$$
단, $m_c = 2,300\text{kg/m}^3$인 보통 골재 콘크리트
여기서, f_{cu}는 평균압축강도로 $f_{cu} = f_{ck} + \Delta f$

(3) 건조수축 및 크리프(Creep)

① 건조수축
  ㉠ 굳지 않은 콘크리트가 수화반응을 일으킬 시 방출되는 수화열로 인하여 팽창한 부피가 건조되면서 수축하는 현상을 말한다.
  ㉡ 하중과 무관하게 팽창한 부피에 대해서 수축이 일어나며, 내부 응력 및 균열을 발생시키는 문제를 야기한다.
  ㉢ 감소대책으로 수화열을 낮출 수 있는 방안(단위 시멘트량, 물시멘트비, 시멘트 분말도 등 감소)을 고려할 수 있다.

② 크리프(Creep)
  ㉠ 하중 재하 시 처짐이 발생하였을 때, 하중의 증가를 중지하여도 시간이 지남에 따라 변형이 증가하는 현상을 말한다.
  ㉡ 초기변형에 있어서 구조적 계산보다 더 큰 변형을 야기할 수 있으며 시간이 지남에 따라 크리프의 총 양은 증가하지만 증가폭은 낮아지게 된다.
  ㉢ 감소대책으로 고강도 콘크리트 사용, 긴 양생시간, 낮은 재하속도, 낮은 물시멘트비 사용, 큰 부재 사용, 고온증기 양생, 압축철근 증가 등을 고려할 수 있다.

3. 철근의 특성

(1) 강도
① 설계강도(f_y): 강재의 응력-변형률 곡선으로부터 구할 수 있는 철근의 항복강도이며, 최대응력의 약 70%와 하항복점응력 중 작은값이다.
② 인장강도(f_t): 강재의 응력-변형률 곡선으로부터 구할 수 있는 철근의 최대응력이다.
③ 고강도 철근: 일반적으로 많이 사용되는 $f_y=400\text{MPa}$ 이상의 철근을 고강도 철근으로 규정한다. (참고: 고강도 철근은 구조물의 내력을 증진시킬 수는 있으나 충분한 연성 확보 및 콘크리트 균열 발생과 같은 문제점을 야기할 수 있어 각 부재별로 최대설계강도를 규정하여 사용을 제한하고 있다.)

(2) 항복강도 및 탄성계수
① 일반 강도의 철근의 경우 응력-변형률 곡선에서 일정한 응력에서 변형률만 증가하는 항복점을 보이게 된다.
② 고탄소(고강도) 철근의 경우 일정응력에서 항복 없이 바로 변형경화영역에 들어가게 된다. 이럴 경우 항복응력은 0.0035의 변형률에 해당하는 응력으로 규정한다.

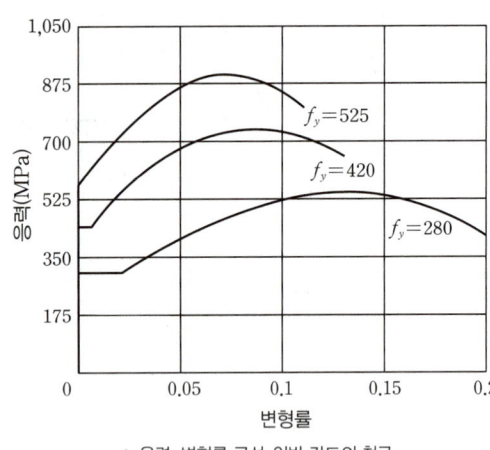

▲ 응력-변형률 곡선, 일반 강도의 철근

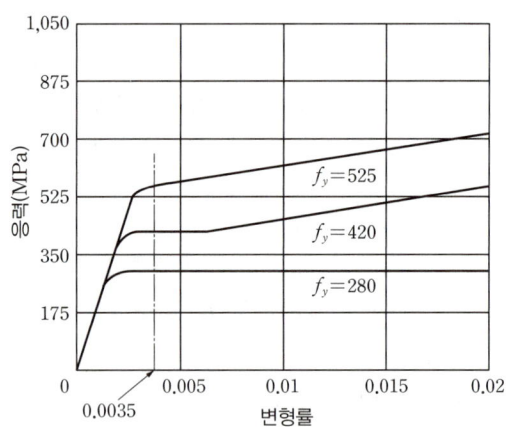

▲ 응력-변형률 곡선, 고탄소(고강도) 철근

③ 탄성계수는 모든 철근에 대하여 동일하게(프리스트레싱 긴장재는 예외) $E_s=200,000\text{MPa}$로 적용한다.

> **참고** 탄성계수비
> 철근과 콘크리트의 탄성계수비(n)는 다음과 같이 계산한다.
> $$n=\frac{\text{철근의 탄성계수}(E_s)}{\text{콘크리트의 탄성계수}(E_c)}\geq 6$$

(3) **철근의 종류 및 피복두께**

① 표면에 마디와 리브가 있는 이형철근을 사용하여 표면적 증가, 부착성 증진, 정착 길이 감소 등의 효과가 있다.

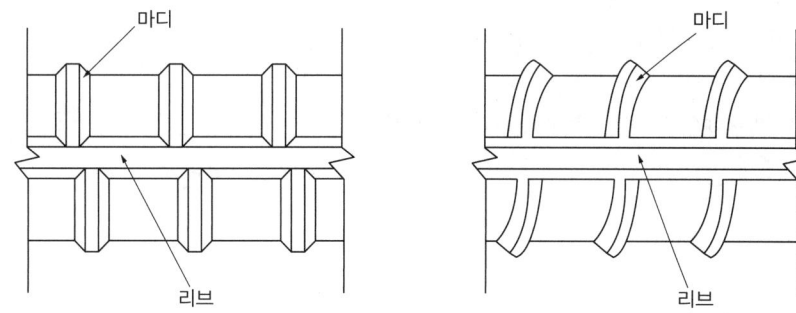

▲ 이형철근의 형상

② 피복두께: 콘크리트 표면으로부터 가장 가깝게 배치된 철근 표면까지의 거리를 말한다. 철근의 부착력 확보, 내화성 및 내구성 확보를 위하여 다음과 같이 규정하고 있다.

종류			피복두께
수중에서 타설하는 콘크리트			100mm
영구히 흙에 묻혀 있는 콘크리트			75mm
흙에 접하거나 옥외의 공기에 직접 노출되는 콘크리트	D19 이상 철근		50mm
	D16 이하 철근, 지름 16mm 이하 철선		40mm
옥외의 공기나 흙에 직접 접하지 않는 콘크리트	슬래브, 벽체, 장선	D35 초과 철근	40mm
		D35 이하 철근	20mm
	보, 기둥*		40mm
	쉘, 절판부재		20mm

*보, 기둥의 경우 f_{ck}가 40MPa 이상이면 피복두께를 10mm 저감시킬 수 있다.

2 설계법

콘크리트 구조물의 설계는 일반적으로 구조해석과 단면해석으로 이루어진다. 하중으로 인한 구조물의 변형과 부재력을 구하는 것이 구조해석이며, 이를 감당하도록 단면의 변형능력을 구하는 것이 단면해석이다.

과거에는 허용응력설계법이 유일한 설계법이었으나 1960년대 초반부터 강도설계법을 사용하고 있다. 또한 1970년대 발표한 한계상태설계법도 도입되었다. 우리나라는 1983년부터 강도설계법을 구조설계기준으로 채택하였고 2012년부터 한계상태설계법도 도입하고 있다. 허용응력설계법은 2012년을 기준으로 완전히 삭제되었다.

▼ 콘크리트 구조물 설계법의 기본해석

구분	단면해석	구조해석
허용응력설계법	선형탄성해석	선형탄성해석
강도설계법	비선형·비탄성해석	선형탄성해석
한계상태설계법	비선형·비탄성해석	비선형·비탄성해석

1. 허용응력설계법

(1) 탄성이론에 근거하여 응력을 해석하기 때문에 철근과 콘크리트의 탄성계수비가 필요하다.

(2) 간편한 계산을 기반으로한 설계법이지만 다음의 단점을 지니고 있다.
　① 부재의 강도를 알기 어렵다.
　② 파괴에 대한 두 재료의 안전도를 일정하게 관리하기 어렵다.
　③ 고정하중 또는 활하중과 같이 서로 성질이 다른 하중의 영향을 설계에 반영할 수 없다.

2. 강도설계법

(1) 개념

① 구조부재가 안전하기 위하여 부재의 공칭강도(M_n)에 불확실한 강도의 결함을 고려하여 강도감소계수(ϕ)를 곱하여 감소시킨다. 이를 설계강도 (M_d)라 부른다.

▼ 강도감소계수 ϕ의 값

부재, 단면 또는 하중(단면력)의 종류		ϕ
인장지배단면		0.85
압축지배단면	나선철근 부재	0.70
	그 이외의 부재	0.65
	공칭강도에서 최외단 인장철근의 순인장변형률 ε_t가 압축지배와 인장지배단면 사이에 있을 경우	ε_t가 압축지배 변형률 한계에서 인장지배 변형률 한계로 증가함에 따라 ϕ값을 압축지배단면에 대한 값에서 0.85까지 증가시킨다.
전단력과 비틀림모멘트		0.75
콘크리트의 지압력(포스트텐션 정착부나 스트럿-타이모델은 제외)		0.65
포스트텐션 정착구역		0.85
스트럿-타이모델	스트럿, 절점부 및 지압부	0.75
	타이	0.85
긴장재 묻힘 길이가 정착 길이보다 작은 프리텐션 부재의 휨단면	부재의 단부에서 전단길이 단부까지	0.75
	전달길이 단부에서 정착길이 단부사이	0.75에서 0.85까지 선형적으로 증가시킨다.
무근콘크리트의 휨모멘트, 압축력, 전단력, 지압력		0.55

② 하중으로 인한 소요강도(M_u)는 불확실한 초과하중을 고려하여 하중계수 및 하중조합에 의하여 증가시킨다.

$$M_d = \phi M_n \geq M_u$$

▼ 하중조합과 하중계수(콘크리트구조설계기준, 2021)

하중조건	하중계수 및 하중조합
고정하중 D, 액체하중 F	$U = 1.4(D+F)$

온도 등의 영향 T, 적설하중 S, 강우하중 R, 풍하중 W	$U=1.2(D+F+T)+1.6(L+\alpha_H H_v+H_h)+0.5(L_r$ 또는 S 또는 $R)$ $U=1.2D+1.6(L_r$ 또는 S 또는 $R)+(1.0L$ 또는 $0.65W)$ $U=1.2D+1.3W+1.0L+0.5(L_r$ 또는 S 또는 $R)$ $U=1.2(D+F+T)+1.6(L+\alpha_H H_v)+0.8H_h+0.5(L_r$ 또는 S 또는 $R)$ $U=0.9(D+H_v)+1.3W+(1.6H_h$ 또는 $0.8H_h)$
지진하중 E	$U=1.2(D+H_v)+1.0E+1.0L+0.2S+(1.0H_h$ 또는 $0.5H_h)$ $U=0.9(D+H_v)+1.0E+(1.0H_h$ 또는 $0.5H_h)$
기본	$U=1.2D+1.6L$

(2) 특징

① 허용응력설계법에 비하여 파괴에 대한 안전도의 확보가 상대적으로 더 확실하다.
② 하중계수에 의하여 하중의 특성을 설계에 반영할 수 있는 장점이 있다.
③ 사용성 확보를 위해서 별도로 검토해야 하는 등 설계과정이 복잡하다.

KEYWORD 12 사용성 및 내구성 ★★

구조물을 사용하는 데 있어 구조부재의 처짐, 균열, 피로 등의 기능에 지장을 초래할 수 있는 사항에 대해서 검토가 필요하다. 철근콘크리트는 극한강도설계법에서 안전성을 중점으로 사용하중에 의한 처짐, 균열 등에 대해 검토를 수행한다.

1 처짐

1. 처짐의 개요

(1) 즉각처짐(탄성처짐)

하중이 가해지자마자 즉각적으로 발생되는 처짐을 의미이다.

(2) 장기처짐

시간이 경과됨에 따라 진행되는 처짐으로 주로 콘크리트의 크리프와 건조 수축 외에 다른 여러 가지 요인들에 의해 발생한다.

2. 처짐량의 계산

(1) 균열휨모멘트(M_{cr})

$M_{cr}=f_r \times Z = \dfrac{f_r}{y_t}I_g = \dfrac{0.63\lambda\sqrt{f_{ck}}}{y_t}I_g$	• f_r 휨인장강도(파괴계수)[MPa]
	• Z 단면계수
	• λ 경량콘크리트계수
	  └ 보통 중량콘크리트의 경우 1.0
	  └ 모래 경량콘크리트의 경우 0.85
	  └ 전 경량콘크리트의 경우 0.75
	• y_t 중립축에서 인장측 연단까지의 거리
	• f_{ck} 콘크리트의 압축강도[MPa]
	• I_g 콘크리트 총 단면(철근의 단면은 무시)에 대한 단면2차모멘트

(2) 균열단면2차모멘트(I_{cr})

$$I_{cr} = \frac{b(kd)^3}{3} + (n-1)A_s'(kd-d')^2 + nA_s(d-kd)^2$$

(3) 유효단면2차모멘트(I_e)

$$I_e = \left(\frac{M_{cr}}{M_a}\right)^3 I_g + \left[1 - \left(\frac{M_{cr}}{M_a}\right)^3\right] I_{cr} \leq I_g$$

(4) 순간처짐($\triangle_L$)과 장기처짐($\triangle_{LT}$)

$\triangle_{LT} = \triangle_L \times \lambda_\triangle = \triangle_L \times \dfrac{\xi}{1+50\rho'}$	• ξ 지속하중의 시간경과 계수 — 3개월의 경우 1.0 — 6개월의 경우 1.2 — 1년의 경우 1.4 — 5년 이상의 경우 2.0 • $\rho' = \dfrac{A_s'}{bd}$ 압축 철근비

(5) 총처짐량($\triangle_T$)

$\triangle_T = \triangle_L + \triangle_{LT}$	• $\triangle_L$ 순간처짐 • $\triangle_{LT}$ 장기처짐

3. 처짐을 계산하지 않는 경우 보 또는 1방향 슬래브의 최소 두께

(1) 처짐을 계산하지 않는 경우의 보 또는 1방향 슬래브의 최소 두께

부재	최소 두께, h			
	단순 지지	1단연속	양단연속	캔틸레버
1방향 슬래브	$l/20$	$l/24$	$l/28$	$l/10$
보, 리브가 있는 1방향 슬래브	$l/16$	$l/18.5$	$l/21$	$l/8$

— 이 표의 값은 보통콘크리트($m_c = 2,300 \text{kg/m}^3$)와 항복강도 400MPa의 철근을 사용하는 경우에 대한 값임.
— 1,500~2,000kg/m³ 범위의 구조용 경량콘크리트에 대해서는 계산된 h값에 $(1.65 - 0.00031 m_c)$를 곱해야 하며, 그 값이 1.09 이상이어야 함.
— f_y가 400MPa 이외인 경우에는 계산된 h값에 $(0.43 + f_y/700)$를 곱해야 함.

(2) 최대 허용처짐

부재의 형태	고려해야 할 처짐	처짐 한계
과도한 처짐에 의해 손상되기 쉬운 비구조 요소를 지지 또는 부착하지 않은 평지붕구조	활하중 L에 의한 순간처짐	$l/180$ [*1]

과도한 처짐에 의해 손상되기 쉬운 비구조 요소를 지지 또는 부착하지 않은 바닥구조	활하중 L에 의한 순간처짐	$l/360$
과도한 처짐에 의해 손상되기 쉬운 비구조 요소를 지지 또는 부착한 지붕 또는 바닥구조	전체 처짐 중에서 비구조 요소가 부착된 후에 발생하는 처짐 부분(모든 지속하중에 의한 장기처짐과 추가적인 활하중에 의한 순간처짐의 합)[3]	$l/480$[2]
과도한 처짐에 의해 손상될 염려가 없는 비구조 요소를 지지 또는 부착한 지붕 또는 바닥구조		$l/240$[4]

[1] 물 고임에 대한 안전성은 고려되지 않았음.
[2] 지지 또는 부착한 비구조요소의 피해방지를 위한 조치가 취해진 경우는 제외함.
[3] 비구조요소의 부착 전에 생긴 처짐량을 감소시킬 수 있음.
[4] 비구조요소에 의한 허용오차 이하여야 함.

2 균열 – 휨균열 제어를 위한 철근의 중심 간격(s)

구조설계기준에서는 균열폭에 직접적으로 제한을 두는 대신, 균열폭에 영향을 미치는 휨철근 배근 간격을 규정하고 있다. 구조 설계 기준에서는 보의 인장 연단에 가장 가까이 배근되는 철근의 중심간격(s)에 기준을 두고 ❶, ❷ 중 더 작은 값 이하가 되야한다.

❶ $s = 375\left(\dfrac{k_{cr}}{f_s}\right) - 2.5c_c$ ❷ $s = 300\left(\dfrac{k_{cr}}{f_s}\right)$	• k_{cr} 노출환경에 따른 계수
	  – 건조환경에 노출되는 경우 280
	  – 그 외의 환경의 경우 210
	• f_s 인장철근의 응력, 인장연단에 가장 가까이 위치한 철근의 응력[MPa]
	  $= \dfrac{2}{3}f_y$(근사값으로 사용 가능)
	• c_c 인장철근 표면과 콘크리트 표면 사이의 최소 두께[mm]

KEYWORD 13 보의 휨설계 ★★★

1 휨 설계

1. 휨 설계 가정

(1) 개념

① 압축응력을 부담하는 콘크리트와 인장응력을 부담하는 철근으로 이루어진 복합구조시스템이다.

② 콘크리트의 극한변형률(ε_{cu})은 0.0033이며, 인장강도는 무시한다. ※ 균열이 발생한 콘크리트의 인장강도는 0이다.

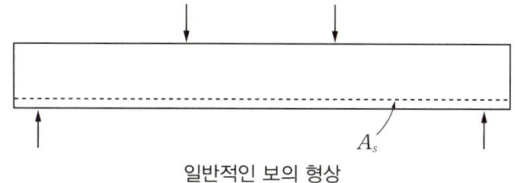

일반적인 보의 형상

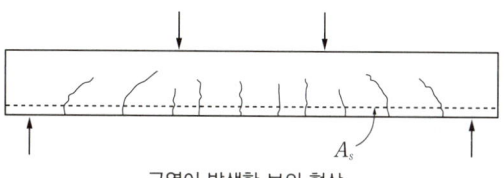

균열이 발생한 보의 형상

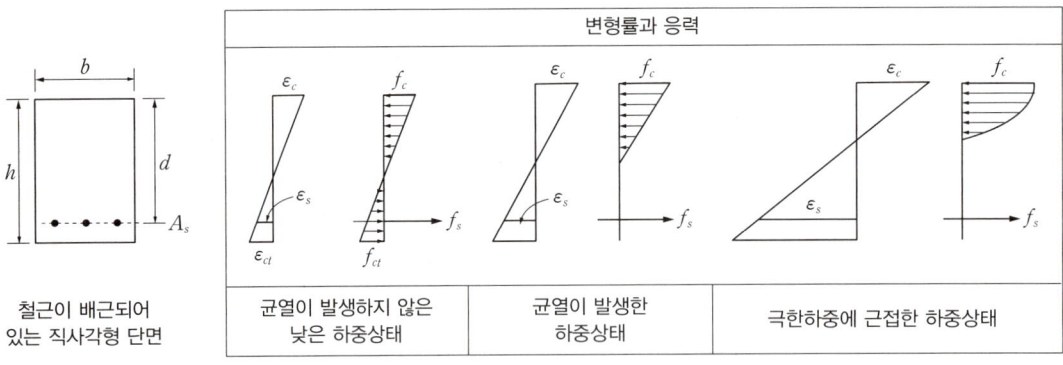

(2) **설계 가정**

① 보의 단면에 작용하는 콘크리트의 압축응력은 직사각형으로 가정된 단면에 작용하며 그 크기는 $0.85f_{ck}$로 균등하다. 이와 같은 직사각형 형태의 응력이 작용하는 형태를 등가응력블록이라고 한다.

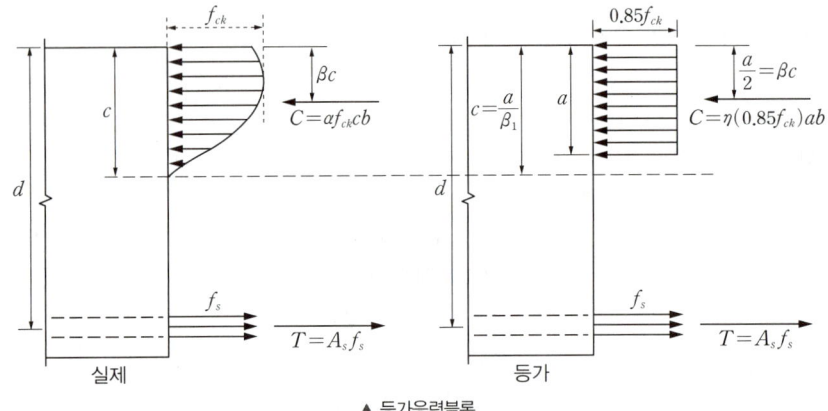

▲ 등가응력블록

② 등가응력블록의 길이(a)는 실제 압축응력이 작용하는 중립축 c와 다음의 상관관계를 지닌다.

$$a = \beta_1 \cdot c$$

③ 등가응력블록에 작용하는 압축력은 압축응력 $0.85f_{ck}$와 그 면적 ($a \times b$)의 곱으로 나타낸다.

$$C = \eta(0.85f_{ck})ab$$

- $f_{ck} \leq 40\text{MPa}$: $\varepsilon_{cu} = 0.0033$
- $f_{ck} > 40\text{MPa}$: ε_{cu}는 f_{ck}가 10MPa 증가 시마다 0.0033에서 0.0001씩 감소

f_{ck}(MPa)	≤40	50	60	70	80	90
ε_{cu}	0.0033	0.0032	0.0031	0.003	0.0029	0.0028
η	1.00	0.97	0.95	0.91	0.87	0.84
β_1	0.80	0.80	0.76	0.74	0.72	0.70

> **참고**
> η: 콘크리트 등가직사각형 압축응력블록의 크기를 나타내는 계수
> β_1: 등가직사각형 압축응력블록의 깊이를 나타내는 계수

④ 철근이 부담하는 인장력은 철근의 인장강도 f_y와 단면적 A_s의 곱으로 나타낸다.

| $T = A_s f_y$ | A_s 인장철근단면적 |

⑤ 보의 단면에서 압축력과 인장력이 작용하고 두 힘 사이의 거리를 모멘트 팔길이(j_d)라 말하며 다음의 관계식을 가진다.

$$j_d = d - \frac{a}{2}$$

⑥ 보의 단면이 힘의 평형을 이루기 위하여 콘크리트의 압축력 C와 철근의 인장력 T는 크기가 같고 방향이 반대인 우력이다. 각 힘에 대한 우력모멘트를 계산하여 보의 공칭휨강도 M_n를 계산할 수 있다.

$$M_n = T\left(d - \frac{a}{2}\right) = A_s f_y \left(d - \frac{a}{2}\right) = C\left(d - \frac{a}{2}\right) = \eta(0.85 f_{ck}) ab \left(d - \frac{a}{2}\right)$$

⑦ 또한 힘의 평형조건을 활용하여 등가응력블록 깊이 a 및 소요철근량 A_s를 계산할 수 있다.

- $C = T \rightarrow a = \dfrac{A_s f_y}{\eta(0.85 f_{ck}) b}$ · $C = T \rightarrow A_s = \dfrac{\eta(0.85 f_{ck}) ab}{f_y}$

2. 강도감소계수, 중립축, 철근비

(1) 강도감소계수(ϕ)

① 공칭강도에 대한 안전성을 확보하기 위하여 1보다 작은 값을 갖는 계수이다.

$$\phi M_n \geq M_u$$

② 지배단면에 따른 강도감소계수

※ ε_y : 철근의 설계기준 항복변형률

지배단면 구분	순인장변형률(ε_t) 조건	강도감소계수
압축지배단면	ε_y 이하	0.65
변화구간단면	$\varepsilon_y \sim 0.005$ ($f_y > 400$MPa인 경우 $2.5\varepsilon_y$)	0.65~0.85
인장지배단면	0.005 이상 ($f_y > 400$MPa인 경우 $2.5\varepsilon_y$ 이상)	0.85

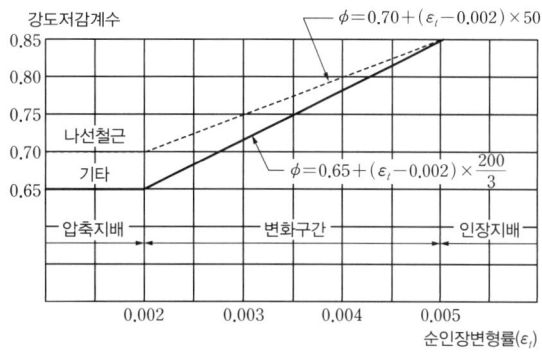

▲ 순인장변형률에 따른 강도감소계수의 변화

(2) **중립축**

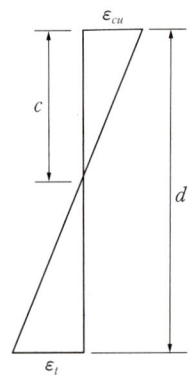

중립축은 단면에 작용하는 압축력과 인장력이 0이 되는 구간이다.

최외단 인장철근의 순인장변형률 $\varepsilon_t = \dfrac{d-c}{c}\varepsilon_{cu}, \varepsilon_{cu}=0.0033$

㉠ 일반적으로 단배근의 경우, ε_s와 동일

㉡ $\begin{cases} f_y \leq 400\text{MPa인 경우: } \varepsilon_t \geq 0.004 \\ f_y > 400\text{MPa인 경우: } \varepsilon_t \geq 2\varepsilon_y \end{cases}$

※ ε_s: 철근의 변형률

(3) **철근비**

① 단면의 폭(b)과 유효깊이(d)의 곱인 유효단면적과 철근단면적의 비율이다.

$$\rho = \dfrac{A_s}{bd}$$

② 균형철근비(ρ_b): 균형파괴가 일어날 때의 조건을 만족하는 철근비이다. (균형파괴: 콘크리트와 철근의 변형률이 각각 $\varepsilon_{cu}=0.0033$, $\varepsilon_y=f_y/E$에 동시 도달하는 경우)

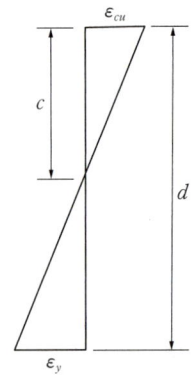

$c = \dfrac{\varepsilon_{cu}}{\varepsilon_{cu}+\varepsilon_y}d$

$\varepsilon_{cu}=0.0033$

$\varepsilon_y = \dfrac{f_y}{E}$

$C=T$

$\eta(0.85f_{ck})ab = f_y A_s$

$\eta(0.85f_{ck})\beta_1 cb = f_y(\rho_b bd) \rightarrow \rho_b = \eta 0.85\dfrac{f_{ck}}{f_y}\beta_1 \dfrac{c}{d}$

$\therefore \rho_b = \eta 0.85\beta_1 \dfrac{f_{ck}}{f_y} \cdot \dfrac{\varepsilon_{cu}}{\varepsilon_{cu}+\varepsilon_y} = \eta 0.85\beta_1 \dfrac{f_{ck}}{f_y} \cdot \dfrac{660}{660+f_y}$

($\varepsilon_{cu}=0.0033$, $E_s = 200{,}000\text{MPa}$)

> **참고** 설계 시 철근비의 가정
> - 균형철근비(ρ_b): 철근이 많다. → 취성적
> - 따라서 설계 시 철근비를 균형철근비의 37.5% 정도로 가정하는 것이 취성파괴를 방지하며 연성적이다.($0.375\rho_b$) 또한 이 정도로 철근을 설계하면 일반적으로 합리적인 철근량을 가정할 수 있다.

③ 최대철근비(휨부재의 최소변형률): 콘크리트의 극한변형률($\varepsilon_{cu}=0.0033$)과 휨부재의 최소변형률($\varepsilon_{t,\min}$)에 도달하는 경우의 철근비를 말한다. (현행 구조설계기준에서는 최대철근비 규정을 없애고 최소 허용변형률의 한계를 규정하여 개선하였다.)

$$\text{최대철근비 } \rho_{\max} = \frac{A_{s,\max}}{bd} = \rho_b \frac{\varepsilon_{cu} + \varepsilon_y}{\varepsilon_{cu} + \varepsilon_{t,\min}}$$

철근 항복강도(f_y)	300MPa	350MPa	400MPa	500MPa
최소 허용변형률($\varepsilon_{t,\min}$)	0.004	0.004	0.004	$0.005(2\varepsilon_y)$
최대철근비($\rho_{\max}$)	$0.658\rho_b$	$0.692\rho_b$	$0.726\rho_b$	$0.699\rho_b$

④ 최소철근비: 철근을 너무 적게 넣으면 균열발생 휨강도 또는 휨부재의 균열휨모멘트(M_{cr})가 설계휨강도(M_n)를 초과하게 되어 인장균열 발생 즉시 파괴에 이르는 위험을 가지게 된다. 이를 방지하기 위하여 다음의 규정을 준수하여야 한다.

최소철근비 $\phi M_n \geq 1.2 M_{cr}$ (M_{cr}: 휨부재의 균열휨모멘트)

$$A_{s,\min} = 1.2 \frac{f_r I_g}{\phi f_y j_d y_t}, \rho_{\min} = 1.2 \frac{f_r I_g}{\phi f_y j_d y_t} \times \frac{1}{bd}$$

$\phi M_n \geq 1.2 M_{cr}$에서

$\phi M_n = \phi A_s f_y \left(d - \frac{a}{2}\right) = \phi A_s f_y j_d$이고, $M_{cr} = \frac{f_r I_g}{y_t}$이므로

$A_{s,\min} = 1.2 \frac{f_r I_g}{\phi f_y j_d y_t}, \rho_{\min} = 1.2 \frac{f_r I_g}{\phi f_y j_d y_t} \times \frac{1}{bd}$

여기서, f_r: 콘크리트의 휨인장강도(파괴계수)(MPa, $f_r = 0.63\lambda\sqrt{f_{ck}}$), I_g: 총 단면에 대한 단면2차모멘트(mm⁴), y_t: 도심에서 인장측 연단까지의 거리(mm), $A_s \to A_{s,\min}$: 최소철근량, $A_{s,\min} = \rho_{\min} \cdot b \cdot d$

$$A_{s,\min} = 0.178 \frac{\lambda\sqrt{f_{ck}}}{\phi f_y} \cdot bd, \rho_{\min} = 0.178 \frac{\lambda\sqrt{f_{ck}}}{\phi f_y}$$

단면의 폭이 b이며 전체 높이가 h인 직사각형 단면 보의 경우

$A_{s,\min} = 1.2 \frac{f_r I_g}{\phi f_y j_d y_t}, \rho_{\min} = 1.2 \frac{f_r I_g}{\phi f_y j_d y_t} \times \frac{1}{bd}$에

$f_r = 0.63\lambda\sqrt{f_{ck}}, I_g = \frac{bh^3}{12}, y_t = \frac{h}{2}, d \approx 0.9h, j_d \approx \frac{7}{8}d$를 대입하면

$A_{s,\min} = 0.178 \frac{\lambda\sqrt{f_{ck}}}{\phi f_y} \cdot bd, \rho_{\min} = 0.178 \frac{\lambda\sqrt{f_{ck}}}{\phi f_y}$이다.

2 복철근보 및 T형보 설계

1. 복철근보

(1) 개념

① 인장철근 뿐만아니라 압축철근을 배치하여 단면의 압축력을 보강한 보를 말한다.

② 최대철근비 제한으로 인하여 유효단면(bd)의 소요강도가 부족할 때 압축철근을 사용하여 인장철근의 철근비를 낮출 수 있다. 즉 인장철근비를 최대철근비 이하로 유지하면서 설계강도를 증대시킬 수 있다.

(2) 장점
    ① 장기처짐 감소: 철근은 크리프 효과가 거의 없어 장기처짐이 감소한다.
    ② 연성증진: 콘크리트의 압축력 분담량을 감소시켜 콘크리트 파괴시점의 인장철근 변형률을 크게 증가시킬 수 있다.
    ③ 철근 조립의 편이: 전단보강근(스터럽)의 설치가 용이하다.

(3) 설계 가정
    ① 공칭휨강도(M_n): 두 개 우력의 조합으로 산정한다. → $M_n = M_{n1} + M_{n2}$
        ㉠ 압축철근 분담량 M_{n1}: 압축철근 압축력(C_s) 및 동일크기의 인장철근 인장력(T_1)으로 구성
        ㉡ 콘크리트 분담량 M_{n2}: 콘크리트 압축력(C_c) 및 동일크기의 인장철근 인장력(T_2)으로 구성

    $\cdot M_{n1} = A_s' f_y (d - d')$ $\cdot M_{n2} = (A_s - A_s') f_y \left(d - \dfrac{a}{2}\right)$

    $\therefore M_n = M_{n1} + M_{n2} = A_s' f_y (d - d') + (A_s - A_s') f_y \left(d - \dfrac{a}{2}\right)$

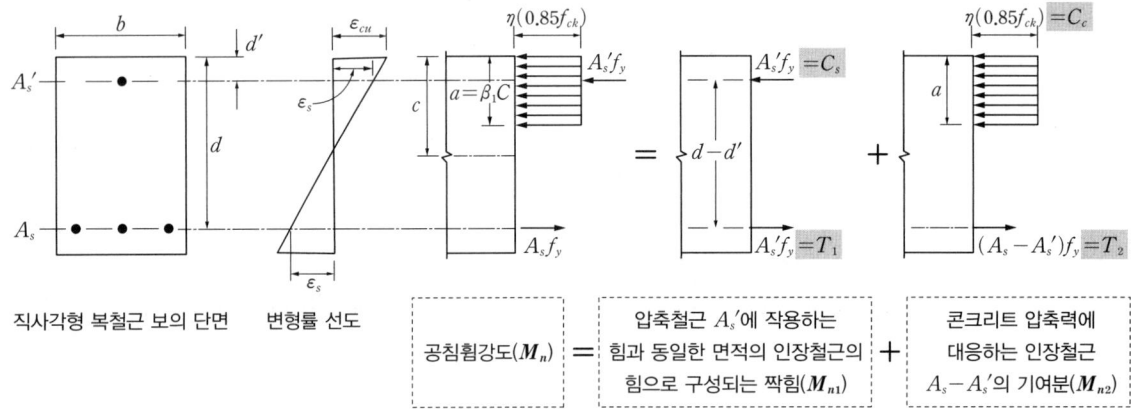

직사각형 복철근 보의 단면   변형률 선도

공칭휨강도(M_n) = 압축철근 A_s'에 작용하는 힘과 동일한 면적의 인장철근의 힘으로 구성되는 짝힘(M_{n1}) + 콘크리트 압축력에 대응하는 인장철근 $A_s - A_s'$의 기여분(M_{n2})

② 등가응력블록 깊이(a)

$C_c = T_2 \rightarrow \eta(0.85 f_{ck}) ab = (A_s - A_s') f_y$

$\therefore a = \dfrac{(A_s - A_s') f_y}{\eta(0.85 f_{ck}) b} = \dfrac{(\rho - \rho') f_y d}{\eta(0.85 f_{ck})}$

2. T형 보

(1) 개념

보의 상부와 슬래브를 일체 타설하는 방식으로 T형 단면을 갖는 보를 말한다.

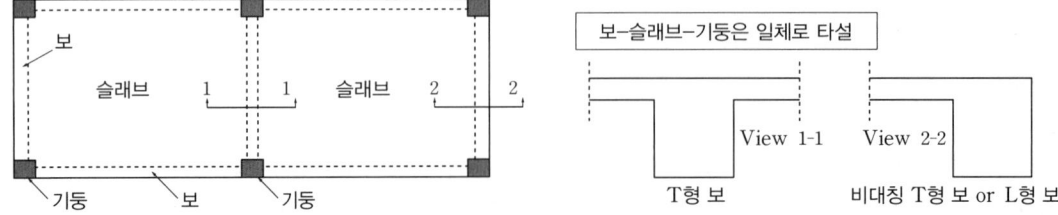

(2) 장점

① 불필요한 인장영역 콘크리트 삭제를 위한 T형 보를 사용(Precast Concrete 구조)하여 시공의 용이성을 증진시킬 수 있다.

② 압축저항이 충분한 플랜지(혹은 슬래브)가 있어 압축단의 취성파괴 가능성을 낮출 수 있다.

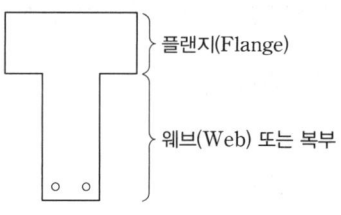

(3) 유효폭 산정

① 현장타설 T형 보의 유효 플랜지 폭(b_e)은 다음과 같다.

㉠ 슬래브가 양쪽에 배치되는 T형 보의 유효폭

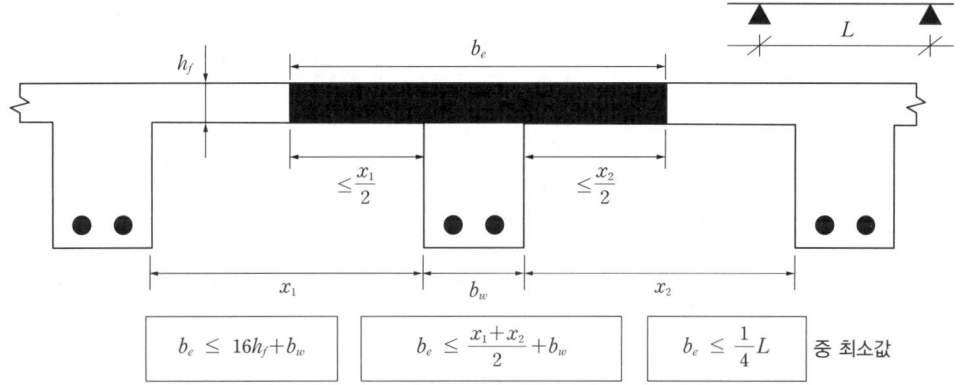

$b_e \leq 16h_f + b_w$, $b_e \leq \dfrac{x_1+x_2}{2} + b_w$, $b_e \leq \dfrac{1}{4}L$ 중 최소값

㉡ 슬래브가 한쪽에만 배치되는 반T형 보의 유효폭

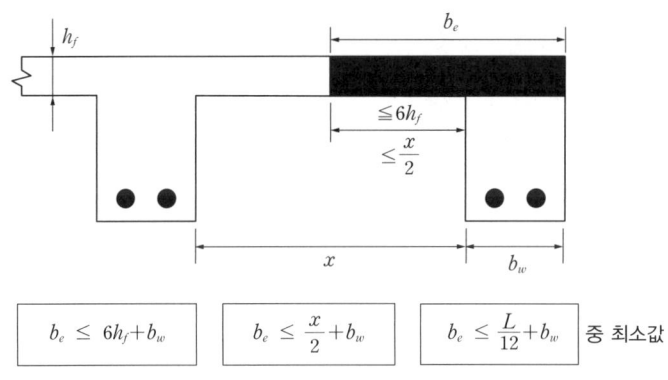

$b_e \leq 6h_f + b_w$, $b_e \leq \dfrac{x}{2} + b_w$, $b_e \leq \dfrac{L}{12} + b_w$ 중 최소값

② 독립형 T형 보의 유효 플랜지 폭(b_e) 및 두께(h_f) 제한: 일체거동을 위해

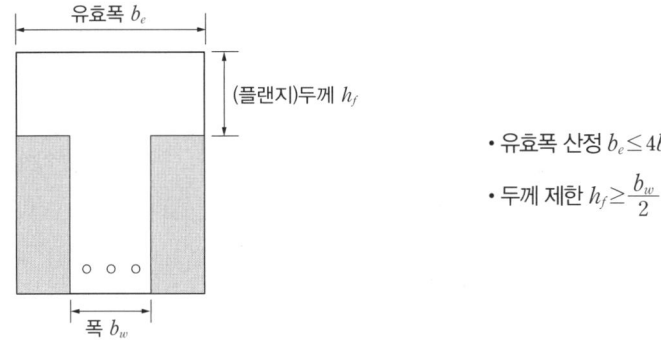

- 유효폭 산정 $b_e \leq 4b_w$
- 두께 제한 $h_f \geq \dfrac{b_w}{2}$

KEYWORD 14 　 전단 및 비틀림 ★★★

1 전단설계

1. 균열의 종류

(1) 휨균열

전단력이 작고 휨모멘트는 큰 단면에서 발생하는 균열이다.

(2) 휨전단균열

전단력과 휨모멘트가 존재하는 경우에서 발생하는 균열로 점차 사인장 균열로 성장한다.

(3) 사인장균열

전단력이 크고 휨모멘트는 작은 단면에서 발생하는 균열로 전단균열이라고도 한다. 전단보강근인 스터럽을 전단력이 큰 보의 양 단부에 배근을 주로 하며, 이로 인해 사인장균열을 감소시킬 수 있다.

▲ 균열의 종류

2. 전단보강철근

(1) 개요

전단력에 의한 사인장균열을 방지 목적으로 사용되는 철근으로 철근 노출 및 강도저하 방지 목적으로도 사용될 수 있으며 사인장철근, 전단철근, 복부철근이라고도 한다.

(2) 종류

① 부재 축에 직각인 스터럽
② 부재 축에 직각으로 배치된 용접 철망
③ 주인장철근에 45° 이상의 각도로 설치되는 스터럽
④ 주인장철근에 30° 이상의 각도로 구부린 굽힘철근
⑤ 스터럽과 굽힘철근의 조합
⑥ 나선철근

3. 받침부에서 d 만큼 떨어진 위험 단면에서의 계수 전단력(V_u)

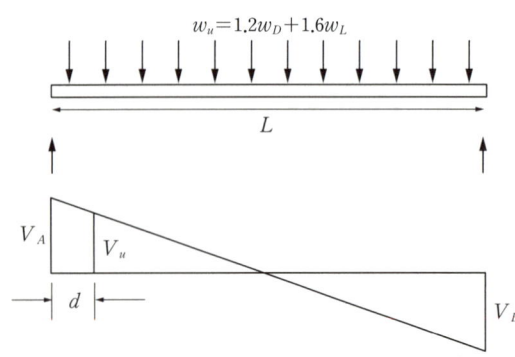

$w_u = 1.2w_D + 1.6w_L$ 　　　　 $V_A = \dfrac{w_u L}{2}$

- w_D 고정하중
- w_L 활하중
- w_u 계수하중
- L 부재의 길이

$V_u = \left(\dfrac{L-2d}{L} \right) V_A$

- L 부재의 길이
- d 받침부로부터 떨어진 거리
- V_A A지점에서의 전단력

4. 전단강도설계의 과정

(1) 설계 개념

강도설계법에 의한 철근콘크리트 부재의 전단설계는 설계전단강도(ϕV_n)가 소요전단강도(V_u) 이상이어야 한다. 설계전단강도는 콘크리트의 설계전단강도(ϕV_c)와 전단보강근에 의한 설계전단강도(ϕV_s)로 구분될 수 있다.

$V_u \leq \phi V_n (= \phi V_c + \phi V_s)$	• V_u 소요전단강도 • ϕ 강도감소계수 = 0.75 • V_n 공칭전단강도($= V_c + V_s$) • V_c 콘크리트에 의한 공칭전단강도 • V_s 전단철근에 의한 공칭전단강도

(2) 소요전단강도(V_u)

$V_u = 1.2 V_D + 1.6 V_L$	• V_u 소요전단강도 • V_D 고정하중에 의한 전단력 • V_L 활하중에 의한 전단력

(3) 콘크리트 설계전단강도(ϕV_c)

① 직사각형단면의 경우
$\phi V_c = \phi \dfrac{1}{6} \lambda \sqrt{f_{ck}} b_w d$
 	
② 원형단면의 경우
$\phi V_c = \phi \dfrac{1}{6} \lambda \sqrt{f_{ck}} (0.8 D^2)$
	• ϕ 강도감소계수 0.75
	• λ 경량콘크리트계수
	  — 보통 중량콘크리트의 경우 1.0
	  — 모래 경량콘크리트의 경우 0.85
	  — 전 경량콘크리트의 경우 0.75
	• b_w 단면 복부폭
	• d 단면 유효춤
	• D 단면의 지름

(4) 전단보강 필요 여부 확인

① $\phi V_c < V_u$: 전단보강이 필요

② $\dfrac{1}{2} \phi V_c < V_u \leq \phi V_c$: 건축구조기준 상 최소 전단철근량($A_{v,\min}$) 배치 필요

③ $V_u \leq \dfrac{1}{2} \phi V_c$: 전단보강 불필요

소요전단강도와 설계전단강도		슬래브, 기초판	보
$\phi V_c < V_u$		전단보강 필요	전단보강 필요
$V_u \leq \phi V_c$	$\dfrac{1}{2} \phi V_c < V_u \leq \phi V_c$	전단보강 필요	최소 전단보강
	$V_u \leq \dfrac{1}{2} \phi V_c$	전단보강 불필요	전단보강 불필요

(5) 전단보강근(스터럽)량(A_v)

① $\phi V_c < V_u$: 전단보강이 필요한 경우

$$A_v = \frac{s(V_u - \phi V_c)}{\phi f_{yt} d}$$

② $\frac{1}{2}\phi V_c < V_u \leq \phi V_c$: 건축구조기준 상 최소 전단철근량($A_{v,\min}$) 배치 필요한 경우

$$A_{v,\min} = 0.0625\sqrt{f_{ck}}\frac{b_w s}{f_{yt}} \geq 0.35\frac{b_w s}{f_{yt}}$$

- s 전단철근(스터럽)의 간격
- ϕ 강도감소계수 0.75
- V_u 소요전단강도
- V_c 콘크리트에 의한 공칭전단강도
- f_{yt} 전단철근의 설계기준 항복강도
- d 단면의 유효춤

참고 전단보강근 간격(s) 및 전단철근의 전단강도(V_s) 산정

① 간격 제한(s): $\frac{d}{2}$ 이하 또는 600mm 이하 (PSC부재는 0.75h 이하) → 단, $V_s > \frac{\lambda}{3}\sqrt{f_{ck}}b_w d$인 경우: $\frac{d}{4}$ 이하 또는 300mm 이하

② 간격(s) 산정
- 전단보강 구간 간격 $s = \frac{\phi A_v f_{yt} d}{\phi V_s}$ (단, $\phi V_s = V_u - \phi V_c$)
- 최소 전단보강 구간 간격 $s = \frac{A_{v,\min} f_{yt}}{0.0625\sqrt{f_{ck}}b_w}$

③ 전단철근의 전단강도 $V_s = \frac{f_{yt} A_v d}{s}$

5. 기타 전단 설계 – 깊은 보 설계

① 순경간(l_n)이 부재 춤(h, 깊이)의 4배 이하인 보($l_n \leq 4h$)를 깊은 보로 규정
② 중립축이 보의 중간에서 인장측에 가깝게 발생
③ 공칭전단강도는 콘크리트 전단강도의 5배 이하 → $V_n \leq 5 \times \left(\frac{1}{6}\lambda\sqrt{f_{ck}}b_w d\right)$

2 비틀림 설계

(1) 개요
① 비틀림파괴는 전단파괴와 유사하게 취성적으로 발생한다.
② 비틀림모멘트는 건물 내의 보에서 많이 발생한다.
③ 구조물 내에서 작은보를 지지하고 있는 외벽선상의 큰보가 비틀림 응력이 가장 많이 발생되는 부재 중 하나이다.

(2) 비틀림 파괴 모드
① 최소비틀림전단파괴 ② 비틀림인장파괴 ③ 비틀림균형파괴 ④ 비틀림압축파괴

(3) 비틀림 철근의 기준
① 비틀림철근의 설계기준항복강도는 500MPa를 초과할 수 없으며, 비틀림철근은 종방향철근과 다음 해당 철근으로 구성된다.
- 부재축에 수직인 폐쇄스터럽 또는 폐쇄띠철근
- 철근콘크리트 보에서 나선철근
- 부재축에 수직인 횡방향 강선으로 구성된 폐쇄용접철망

② 종방향 비틀림철근은 양단에 정착되어야 한다.
③ 횡방향 비틀림철근은 종방향 철근에 135° 표준갈고리로 정착해야 한다.

KEYWORD 15 슬래브, 기둥, 벽체, 기타 ★★

1 슬래브

1. 슬래브의 일반사항 – 설계대

판을 이루고 있는 슬래브의 휨모멘트는 부재의 길이에 일정하게 분포하지 않고, 기둥에 가까울수록 슬래브에 모멘트가 크게 집중되며, 슬래브 중앙부에는 모멘트가 작게 분포한다.

설계 시 슬래브는 주열대와 중간대로 구분되어 사용된다.

① 주열대: 기둥의 중심선에 가까운 슬래브 영역으로 주로 부모멘트가 작용한다. 주열대의 크기는 슬래브의 양변 중에서 작은 쪽 변의 길이를 중심으로 한다.

② 중간대: 슬래브의 중간영역으로 주로 정모멘트가 작용하며, 주열대를 제외한 영역을 의미한다.

㉠ $l_1 > l_2$의 경우

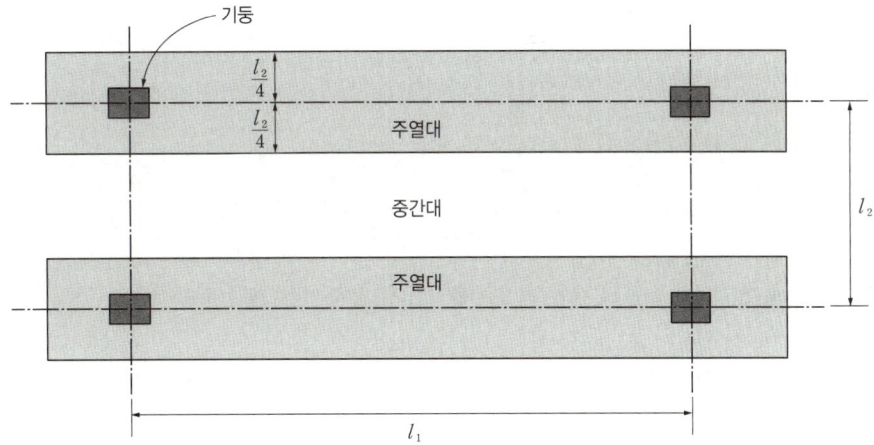

㉡ $l_1 < l_2$의 경우

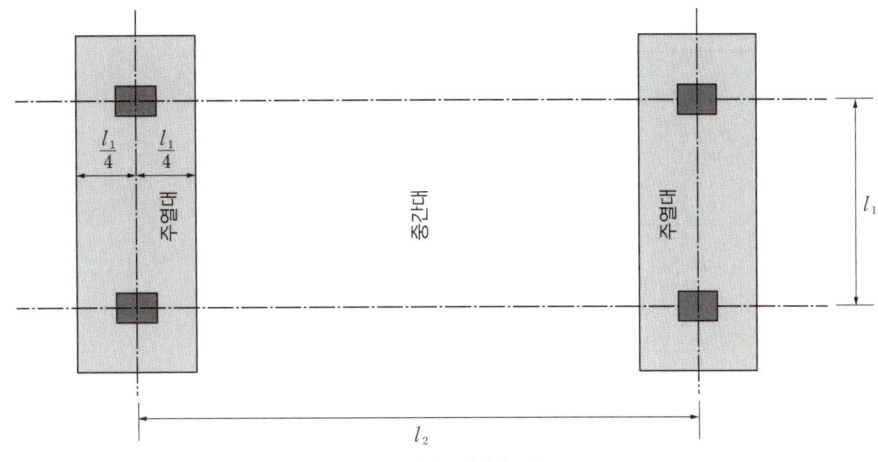

▲ 주열대와 중간대의 구분

2. 1방향 슬래브

(1) 특징
① 슬래브 폭 1m의 단위 폭의 보로 해석 및 설계를 수행한다.
② 1방향 슬래브의 단변방향에는 주근을 배근하고, 장변방향에는 온도철근을 배근한다.

(2) 구조제한사항
① 슬래브의 최소 두께는 100mm 이상이 되어야 한다.
② 위험단면에서의 주철근의 최대간격은 ❶ 슬래브 두께의 2배, ❷ 300mm 중 작은 값 이하이어야 한다.
③ 그 외의 단면에서는 ❶ 슬래브 두께의 3배, ❷ 450mm 중 작은 값 이하이어야 한다.

(3) 지지형태에 따른 최소 두께
$m_c=2,300\text{kg/m}^3$, $f_y=400\text{MPa}$ 보통콘크리트 기준, 처짐을 계산하지 않는 경우의 지지형태에 따른 최소 두께

부재	최소 두께, h			
	단순지지	1단연속	양단연속	캔틸레버
• 1방향 슬래브	$\dfrac{l}{20}$	$\dfrac{l}{24}$	$\dfrac{l}{28}$	$\dfrac{l}{10}$
• 보 • 리브가 있는 1방향 슬래브	$\dfrac{l}{16}$	$\dfrac{l}{18.5}$	$\dfrac{l}{21}$	$\dfrac{l}{8}$

> **참고** 수축·온도철근의 구조설계제한사항
> ① 수축·온도철근의 배근간격은 ❶ 슬래브 두께의 5배 또는 ❷ 450mm 값 중 작은 값을 사용해야 한다.
> ② 수축·온도철근의 최소 철근비
>
> | $f_y\leq400\text{MPa}$인 이형철근 | $f_y>400\text{MPa}$인 이형철근이나 용접철망 |
> |---|---|
> | $\rho_{\min}\geq0.0020$ | $\rho_{\min}=0.0020\times\dfrac{400}{f_y}\geq0.0014$ |

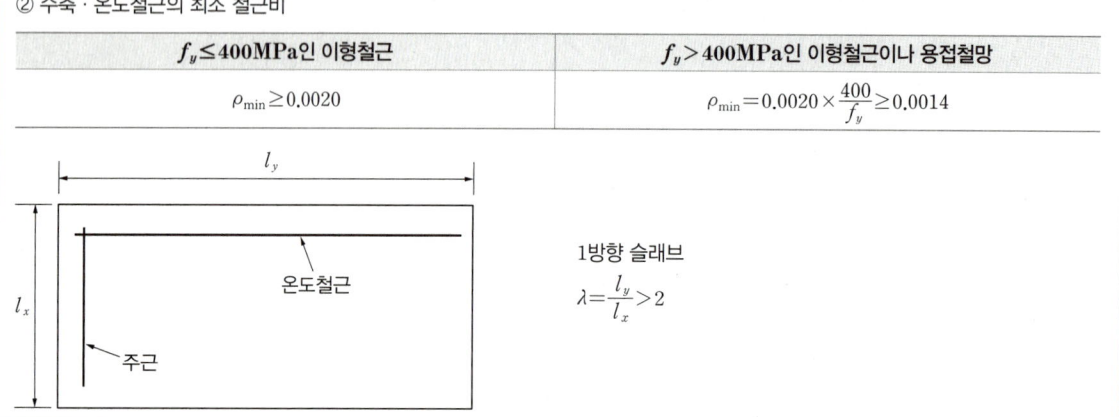

1방향 슬래브
$\lambda=\dfrac{l_y}{l_x}>2$

3. 2방향 슬래브

(1) 2방향 슬래브의 구조제한
① 최소두께
  ㉠ 내부 보가 없는 슬래브
   • 슬래브 4변의 평균 상대 강성비 $\alpha_m\leq0.2$
   • 지판이 없는 경우: 120mm 이상
   • 지판이 있는 경우: 100mm 이상

▼ 내부에 보가 없는 슬래브의 최소 두께

철근항복강도 f_y[MPa]	지판이 없는 경우			지판이 있는 경우		
	외부 슬래브		내부 슬래브	외부 슬래브		내부 슬래브
	테두리보가 없는 경우	테두리보가 있는 경우		테두리보가 없는 경우	테두리보가 있는 경우	
300	$\dfrac{l_n}{32}$	$\dfrac{l_n}{35}$	$\dfrac{l_n}{35}$	$\dfrac{l_n}{35}$	$\dfrac{l_n}{39}$	$\dfrac{l_n}{39}$
350	$\dfrac{l_n}{31}$	$\dfrac{l_n}{34}$	$\dfrac{l_n}{34}$	$\dfrac{l_n}{34}$	$\dfrac{l_n}{37.5}$	$\dfrac{l_n}{37.5}$
400	$\dfrac{l_n}{30}$	$\dfrac{l_n}{33}$	$\dfrac{l_n}{33}$	$\dfrac{l_n}{33}$	$\dfrac{l_n}{36}$	$\dfrac{l_n}{36}$
500	$\dfrac{l_n}{28}$	$\dfrac{l_n}{31}$	$\dfrac{l_n}{31}$	$\dfrac{l_n}{31}$	$\dfrac{l_n}{33}$	$\dfrac{l_n}{33}$
600	$\dfrac{l_n}{26}$	$\dfrac{l_n}{29}$	$\dfrac{l_n}{29}$	$\dfrac{l_n}{29}$	$\dfrac{l_n}{31}$	$\dfrac{l_n}{31}$

ⓒ 내부 보가 있는 슬래브

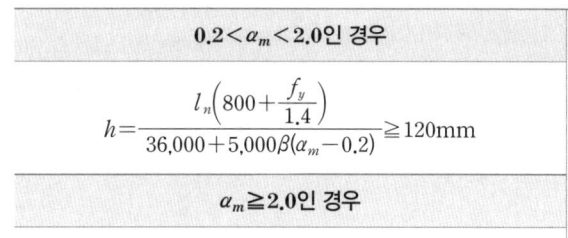

$0.2 < \alpha_m < 2.0$인 경우
$h = \dfrac{l_n\left(800 + \dfrac{f_y}{1.4}\right)}{36,000 + 5,000\beta(\alpha_m - 0.2)} \geq 120\text{mm}$
$\alpha_m \geq 2.0$인 경우
$h = \dfrac{l_n\left(800 + \dfrac{f_y}{1.4}\right)}{36,000 + 9,000\beta} \geq 90\text{mm}$

- h 슬래브 두께
- l_n 긴 변 순경간
- α_m 슬래브 4변의 α의 평균값
- β $\dfrac{\text{슬래브 긴 변의 순경간}}{\text{슬래브 짧은 변의 순경간}}$

② 지판의 두께 및 중심선에서 바깥쪽으로 연결된 길이 (h는 슬래브의 두께, l은 경간의 길이)

㉠ 지판의 두께: $h_d \geq \dfrac{h}{4}$

㉡ 지판 중심선에서 바깥쪽으로 연결된 길이: $l_d \geq \dfrac{l}{6}$

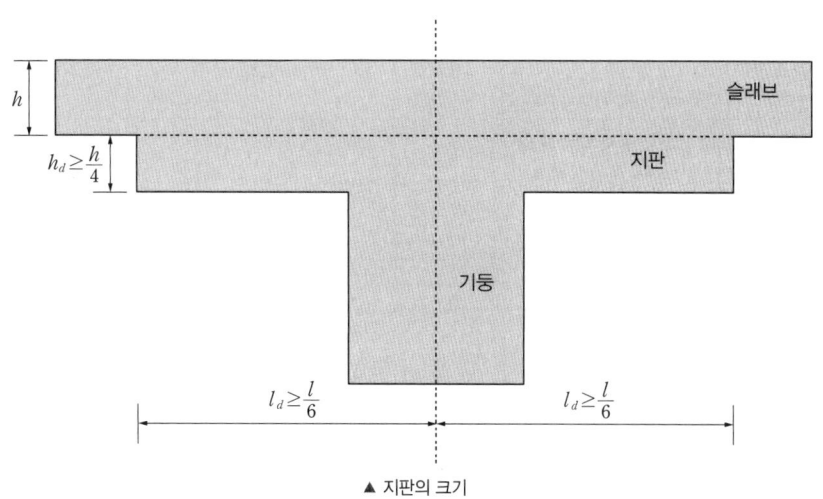

▲ 지판의 크기

(2) **2방향 슬래브의 직접설계법의 적용 범위**
  ① 각 방향으로 3경간 이상이 연속이어야 한다.
  ② 슬래브판은 장방향이며, 슬래브의 장변과 단변의 비는 2배 이하(2방향 슬래브)이어야 한다.
  ③ 각 방향으로 슬래브의 연속한 경간 길이는 긴 경간의 $\frac{1}{3}$ 이상 차이가 있으면 안된다.
  ④ 기둥은 어떠한 축에서도 연속되는 기둥 중심선에서 경간 길이의 10% 이상 바깥으로 벗어나면 안된다.
  ⑤ 하중은 등분포로 작용되는 연직 하중이며, 활하중은 고정하중의 2배 이하이어야 한다.
  ⑥ 슬래브의 모든 변에서 보가 슬래브판을 지지할 경우, 직교하는 두 방향에서 보의 상대강성 $\frac{\alpha_1 l_2^2}{\alpha_2 l_1^2}$ 은 0.2 이상, 5.0 이하가 되어야 한다.

(3) **2방향 슬래브의 하중분담**

구분	단변	장변
집중하중(P)	$P_x = \dfrac{l_y^3}{l_x^3 + l_y^3} P$	$P_y = \dfrac{l_x^3}{l_x^3 + l_y^3} P$
등분포하중(w)	$w_x = \dfrac{l_y^4}{l_x^4 + l_y^4} w$	$w_y = \dfrac{l_x^4}{l_x^4 + l_y^4} w$

(4) **2방향 슬래브의 계수 모멘트**
  ① 전체정적계수모멘트 $M_0 = \dfrac{w_u \cdot l_2 \cdot l_n^2}{8}$
  ② 부계수휨모멘트 $M_u^- = 0.65 M_0$
  ③ 정계수휨모멘트 $M_u^+ = 0.35 M_0$
  ④ 조건에 따른 모멘트 분배율

슬래브의 위치	구속되지 않은 외단	모든 받침부 사이에 보가 있는 슬래브	내부 받침부 사이에 보가 없는 슬래브		완전 구속된 외단
			테두리보가 없는 경우	테두리보가 있는 경우	
내단의 부계수모멘트	0.75	0.70	0.70	0.70	0.65
정계수모멘트	0.63	0.57	0.52	0.50	0.35
외단의 부계수모멘트	0.00	0.16	0.26	0.30	0.65

> **참고** 1방향 슬래브와 2방향 슬래브의 분류
> ① 1방향 슬래브: 변장비(λ) = $\dfrac{\text{장변길이}}{\text{단변길이}} > 2$
> ② 2방향 슬래브: 변장비(λ) = $\dfrac{\text{장변길이}}{\text{단변길이}} \leq 2$

> **참고** 배력철근
> ① 슬래브에 작용되는 하중을 분산시킬 목적으로 사용되는 보조철근이다.
> ② 건조수축에 의한 균열을 방지할 수 있다.
> ③ 슬래브에 작용하는 응력을 고르게 분포시킨다.
> ④ 슬래브 주근의 위치 확보가 가능하다.
>
> 2방향 슬래브
> $\lambda = \dfrac{l_y}{l_x} \leq 2$

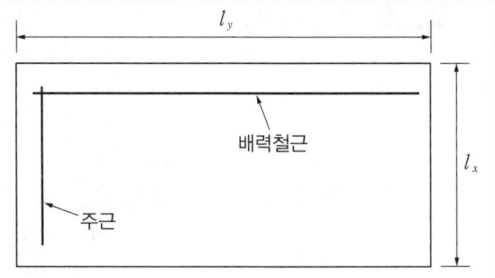

4. 슬래브의 종류

(1) 장선 슬래브

① 장선이 일정한 간격으로 구성되며 그 위에 슬래브가 일체로 되어 있는 슬래브를 의미한다.

② 1방향 또는 서로 직각으로 이루는 2방향으로 구성될 수 있다.

③ 양단이 외부의 보와 벽에 지지된다.

④ 슬래브를 포함한 장선의 높이(D)는 나비(b)의 3.5배 이하이어야 한다.

⑤ 슬래브의 두께(h)는 장선 간격(s)의 $\dfrac{1}{12}$ 이상으로 한다.

⑥ 장선의 간격(s)은 750mm 이하이어야 한다.

⑦ 장선 폭(b)은 100~200mm 정도로 한다.

> **참고** 장선 슬래브 주요 길이의 위치
>
>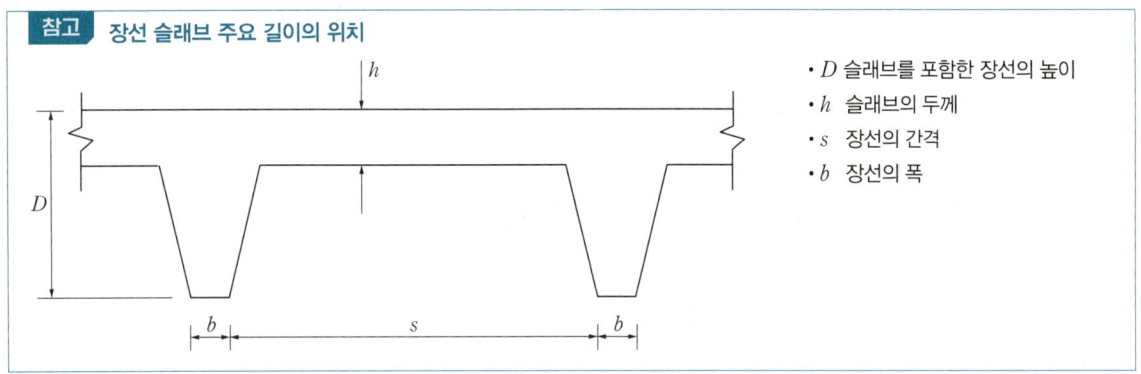
>
> • D 슬래브를 포함한 장선의 높이
> • h 슬래브의 두께
> • s 장선의 간격
> • b 장선의 폭

(2) 플랫 슬래브

① 건물 외부 테두리보는 제외하고 건물 내부는 보 없이 바닥판만으로 구성되며 하중은 직접 기둥으로 전달하는 2방향으로 철근이 배치된 콘크리트 슬래브이다.

② 무량판 구조라고도 하며, 구조가 간단하여 실내의 이용률이 보다 높아진다.

③ 슬래브의 두께는 150mm 이상이어야 하나 최상층의 경우에는 일반 슬래브 두께 규정을 따를 수 있다.

④ 바닥의 주근은 2방향으로 각 방향으로 주열대와 주간대로 나누어 응력이 계산된다.

⑤ 플랫 슬래브의 뚫림 전단 위험 단면의 위치는 기둥면으로 $\dfrac{d}{2}$ 만큼 떨어진 곳에 위치한다.

⑥ 기둥의 최소 단면 치수는 ❶ 기둥 중심간 거리의 $\dfrac{1}{20}$, ❷ 300mm, ❸ 층고의 $\dfrac{1}{15}$ 중 가장 큰 값 이상이어야 한다.

⑦ 지판은 받침부 중심선에서 각 방향 받침부 중심간 경간의 $\dfrac{1}{6}$ 이상을 각 방향으로 연장해야 한다.

⑧ 지판의 슬래브 아래로 돌출된 두께는 돌출부를 제외하고 슬래브 두께의 $\dfrac{1}{4}$ 이상으로 한다.

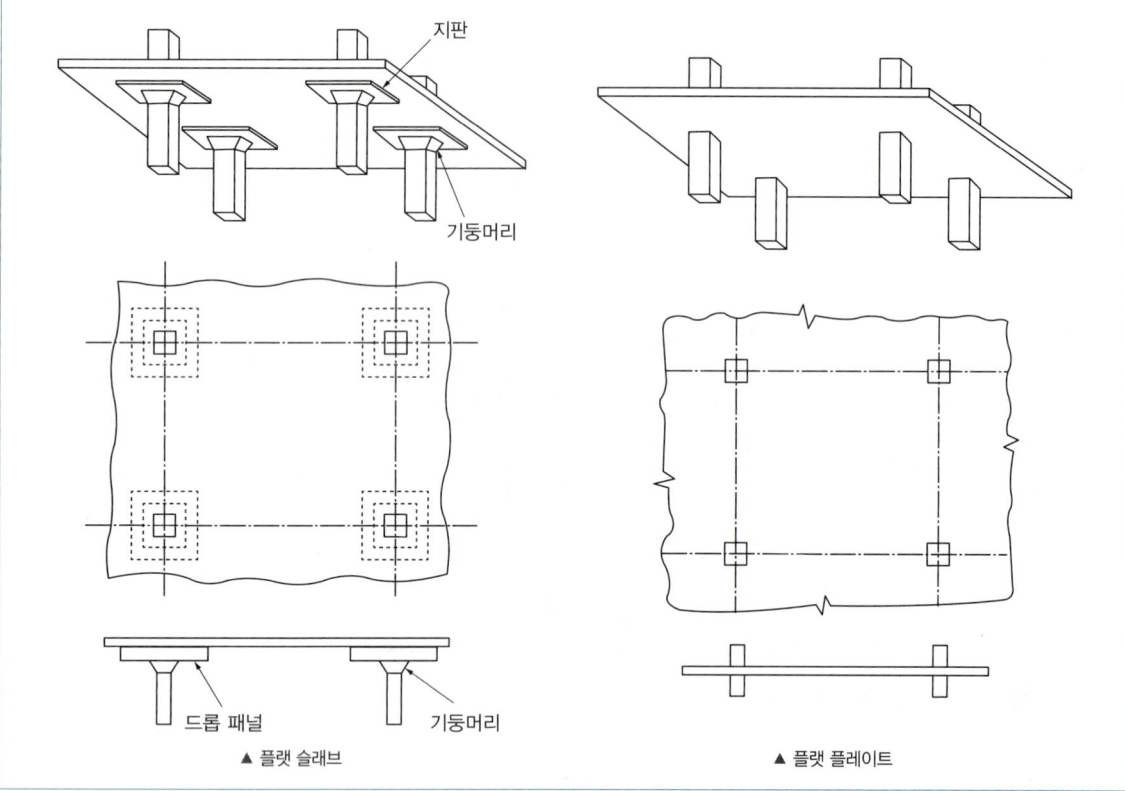

▲ 플랫 슬래브   ▲ 플랫 플레이트

(3) 와플 슬래브

① 우물반자 형태로 된 2방향 장선 바닥구조 슬래브를 의미한다.

② 기둥 간 사이를 크게할 수 있다.

③ 층고 줄이기가 가능하다.

> **참고** 1방향 슬래브 및 2방향 슬래브의 종류
> ① 1방향 슬래브의 종류: 장선 슬래브(Joist Slab), 중공 슬래브(Void Slab)
> ② 2방향 슬래브의 종류: 플랫 슬래브(Flat Slab), 2방향 장선 슬래브(와플 슬래브, Waffle Slab)

2 기둥

1. 기둥해석을 위한 가정과 조건

① 위치가 동일하면 철근과 콘크리트의 변형률 또한 동일하다.

② 콘크리트의 인장강도는 무시한다.

③ 콘크리트는 압축연단의 압축변형률이 0.0033일 때 파괴된다.

④ 힘의 평형을 이룬 상태에서 계산의 편의를 위하여 휨모멘트는 단면의 중심을 기준으로 계산한다.

2. 기둥 설계의 구조 제한

(1) 기둥 단면
① 기둥 단면의 최소 치수는 200mm, 최소 단면적은 60,000mm² 이상으로 한다. 단, 창문틀 기둥에는 예외로 규정을 적용하지 않아도 된다.
② 나선철근 기둥의 유효단면은 나선철근의 바깥지름으로 측정되는 핵의 단면(심부 콘크리트)으로 하며, 벽과 함께 타설되는 기둥의 유효단면은 나선철근 또는 띠철근의 외측에서부터 40mm 이내의 외측 연단까지로 한다.
③ 정팔각형이나 그 외의 다른 형상의 기둥은 설계 시에 원형 단면으로 간주될 수 있으며 단면적, 철근비 등의 산정에 간주된 원형 단면으로 준하여 적용할 수 있다.
④ 기둥의 단면적이 필요한 단면적보다 클 경우에는 전단면적의 $\frac{1}{2}$ 이상 되는 범위에서 감소된 유효단면적을 최소 철근비와 설계 강도 산정용으로 사용될 수 있다.

(2) 축방향철근
① 축방향철근의 단면적은 기둥 전단면적의 1% 이상, 8% 이하로 하며 축방향 주철근이 겹침이음이 발생하는 경우에는 철근비가 4%를 초과하지 않아야 한다.
② 기둥의 주철근 지름은 지름 12mm, 또는 D13 이상으로 해야 한다.
③ 기둥에 배근되는 축방향철근의 최소 개수는 장방형 또는 원형 띠철근 기둥에 4개, 3각형 띠철근 기둥에 3개, 나선철근 기둥에 6개로 한다.

(3) 띠철근
① 주철근의 크기가 D32 이하일 때 띠철근은 D10 이상, 주철근이 D35 이상 또는 다발철근일 경우에는 D13 이상으로 한다.
② 띠철근의 수직간격은 ❶ 축방향 철근지름의 16배 이하, ❷ 띠철근이나 철선지름의 48배 이하, 또한 ❸ 기둥 단면의 최소 치수의 $\frac{1}{2}$ 이하로 하여야 한다. (가장 작은 값으로 한다.) 단, 200mm보다 좁을 필요는 없다.

> **참고** 띠철근의 사용 목적
> - 주철근의 좌굴 방지를 목적으로 사용된다.
> - 전단보강이 가능하다.
> - 주철근의 위치 확보가 가능하게 한다.
> - 피복두께 유지가 가능하다.

(4) 나선철근
① 기둥의 보강에 사용되는 나선철근은 지름 10mm 이상의 철근을 사용해야 한다.
② 나선철근의 체적비 $\rho_s \geq 0.45 \left(\dfrac{\text{기둥의 전체 단면적}(A_g)}{\text{심부 콘크리트의 전체 단면적}(A_{ch})} - 1 \right) \dfrac{f_{ck}}{f_{yt}}$
③ 나선철근의 순간격은 25mm 이상이며, 75mm 이하가 되어야 한다.
④ 기둥단부에서 철근의 정착을 위하여 1.5회 여분으로 감으며, 이음은 나선철근 지름의 48배 이상 또는 300mm 이상의 겹침이음이나 용접이음으로 해야 한다.

(5) 피복
기둥철근은 주철근, 띠철근 또는 나선철근 모두에서 부식방지 및 방화를 위하여 40mm 이상 피복두께를 가져야 한다.

3. 단주의 설계

(1) 설계 개념
기둥에 가해지는 외력에 의하여 발생하는 소요하중은 철근과 콘크리트의 내력에 의한 설계강도 이하가 되어야 한다.
→ 설계축력(ϕP_n) ≥ 소요축력(P_u)

(2) 단주의 설계축력(ϕP_n) 산정

$$\phi P_n = \phi e_k (0.85 f_{ck} \cdot (A_g - A_{st}) + f_y \cdot A_{st})$$

- ϕ 강도감소계수
  - 띠철근 기둥의 경우 0.65
  - 나선철근 기둥의 경우 0.70
- e_k 편심 응력 영향 계수
  - 띠철근 기둥의 경우 0.80
  - 선철근 기둥의 경우 0.85
- f_{ck} 콘크리트의 압축강도
- A_g 기둥의 단면적
- A_{st} 철근의 전체 단면적
- f_y 철근의 항복강도

3 기초

1. 기초의 기본사항

(1) 기초의 종류
① 기초의 역할은 기둥 또는 벽체를 통해 전달되는 하중을 지지하고 지반으로 하중을 전달하는 부재이다.
② 기초는 지반의 상태와 건물의 상부 구조를 고려하여 기초의 종류를 설정하여 사용하며, 부재에 전달되는 축하중, 휨모멘트, 전단력 등을 고려해서 설계해야 한다.

종류	상세도	특징
독립기초 (확대기초)		• 상부의 하중을 정사각형 또는 직사각형 형태의 독립된 각각의 기초판으로 전달하는 기초이다. • 지반이 비교적 양호하거나 상부 하중이 작은 경우에 주로 사용한다.
연속기초		• 상부에 내력벽이나 조적벽같이 하중이 길게 작용될 때 사용된다. • 상부 벽체의 길이에 맞춰 길게 연결된 기초이다.

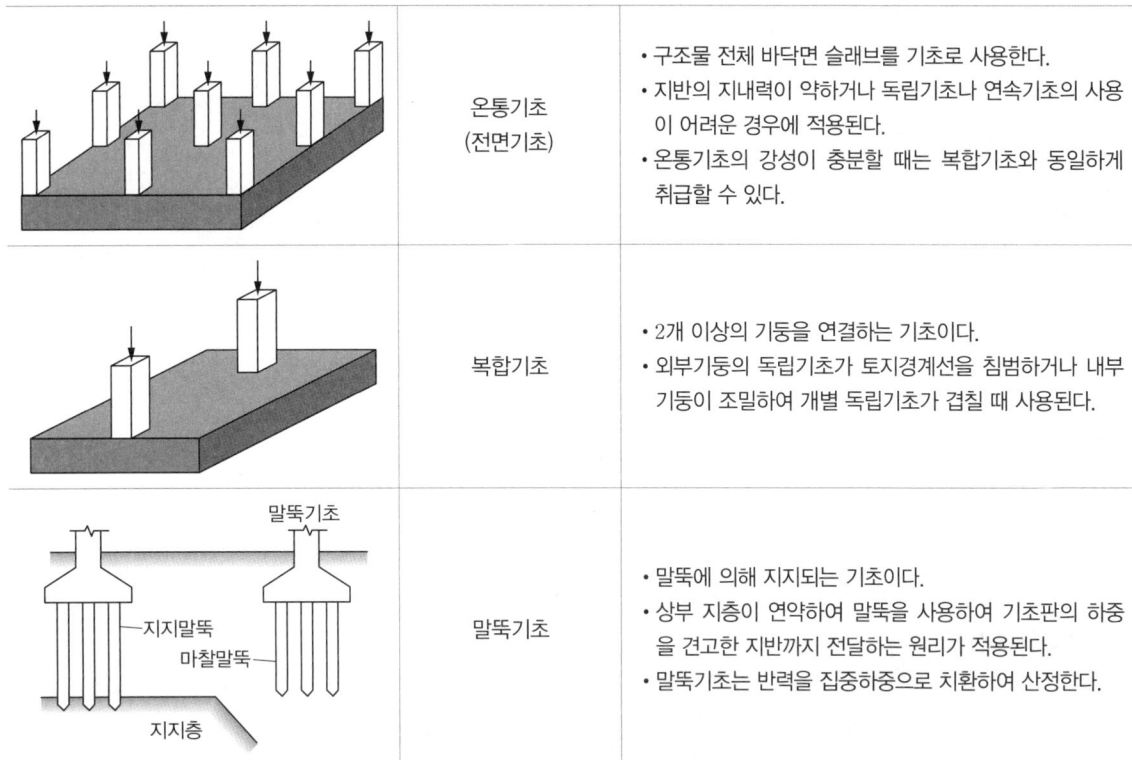

(2) 기초의 지내력 분포

① 사질토: 기초 주변의 흙이 기초의 바깥쪽으로 이동하기 때문에 기초 중심에서 토압이 크고, 기초 주변에서는 토압이 작다.

② 점토: 강한 점착력 때문에 흙이 이동하지 않고, 기초 주변에 평균 토압과 전단저항력이 형성되어 기초 중심에서 토압이 작고, 기초 주변에서는 토압이 크다.

③ 설계 시 토압: 실제 토압은 기초판에 비균질하게 분포하지만, 이러한 토압의 분포가 기초를 설계할 때 영향이 크지 않기 때문에 기초 설계 시에는 기초판에 토압이 균질하게 작용한다고 가정하고 설계한다.

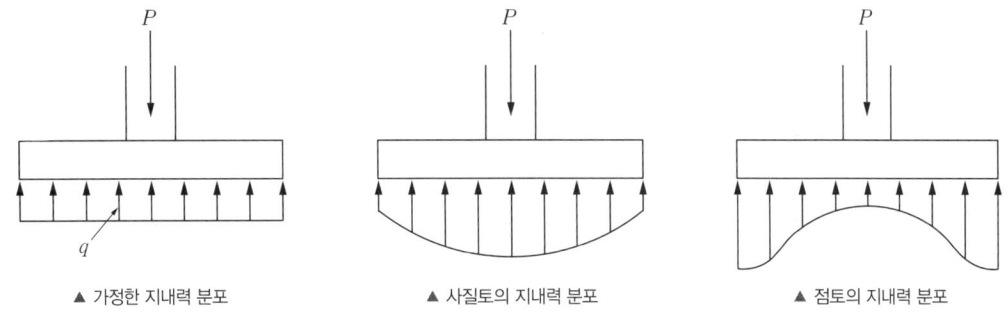

▲ 가정한 지내력 분포　　　▲ 사질토의 지내력 분포　　　▲ 점토의 지내력 분포

(3) 허용지내력

① 허용지내력의 개요: 지면의 토질 분포가 다양하고 이에 건물에 작용되는 토압 또한 일정하지 않기 때문에 정확하게 허용지내력을 계산하는 것은 어렵다. 때문에 구조설계 시에 극한 지지력을 안전율로 나눈 값을 허용지내력 또는 허용지지력으로 정하여 설계에 사용한다. 이때, 안전율은 침하를 허용한계 이내로 유지시키기 위한 계수로 통상 2.5~3.0의 값을 사용한다.

$$\text{허용지내력(허용지지력)} = \frac{\text{극한지지력}}{\text{안전율}(2.5\sim3.0)}$$

② 지반의 종류에 따른 허용지내력

지반		허용응력[kN/m^2]
경암반	화강암, 석록암, 편마암, 안산암 등의 화성암 및 굳은 역암 등의 암반	4,000
연암반	판암, 편암 등의 수성암의 암반	2,000
	혈암, 토단반 등의 암반	1,000
	자갈	300
	자갈과 모래의 혼합물	200
	모래 섞인 점토 또는 롬토	150
	모래 또는 점토	100

(4) **기초의 크기 산정**

$$\text{기초판의 면적} = \frac{\text{사용하중}}{\text{순허용지내력}} = \frac{\text{사용하중}}{\text{허용지내력} - (\text{흙과 콘크리트의 평균 중량} + \text{상재하중})}$$

2. 기초의 설계

(1) **기초설계용 토압**

① 기초설계용 토압(q_u)은 기둥을 통해 전달되는 집중하중을 기초판의 면적(A)으로 나눈 값으로, 이를 이용하여 기초판에 작용하는 휨모멘트, 1방향 전단력, 2방향 전단력 등의 안전성을 검토한다.

② 기초설계용 토압은 다음 두 가지 값 중 큰 값을 사용하게 된다.

㉠ $q_u = \dfrac{1.2D + 1.6L}{A}$

㉡ $q_u = \dfrac{1.2D + 1.0L + 1.3W}{A}$

(2) **기초판의 최소 두께와 피복두께**

① 최소 두께 기준: 기초판이 너무 얇을 경우에 외부 힘에 대한 저항이 어렵다. 따라서 기초판은 일정한 최소 두께 이상을 유지시켜야한다.

② 최소 두께는 기초판의 맨 윗부분부터 하부 철근까지의 깊이를 의미한다.

㉠ 흙에 놓이는 기초: 150mm 이상

㉡ 말뚝기초: 300mm 이상

③ 피복두께 기준: 기초면에는 수분이 많아 철근이 쉽게 부식될 위험성이 있어 일정한 피복두께(80mm 이상)를 유지해야 한다.

4 벽체

1. 벽체의 일반사항

(1) 벽체의 개요
① 벽체는 지붕이나 슬래브의 하중과 상부 벽체 또는 기둥으로 전달되는 하중을 하부 벽체 또는 하부 기둥이나 기초로 전달하는 수직부재로 축력, 휨모멘트 및 전단력을 지지한다.
② 벽체는 주로 상부의 수직하중을 저항하는 역할과 수평하중(지진하중, 풍하중)을 저항하는 역할을 한다.

(2) 벽체의 종류
① 내력벽: 내력벽은 수직하중을 주로 저항하는 벽체를 의미한다. 내력 전단벽이라고도 불리며, 국내 벽식구조 아파트 구조에서 주로 볼 수 있다.
② 전단벽: 전단벽은 외부의 수평하중에 대해 주로 저항하는 벽체를 의미한다.
③ 비내력벽 또는 칸막이벽: 외부의 하중을 직접 저항하지 않고 주로 공간을 구분하기 위하여 사용되는 벽체를 의미한다. 때문에 구조 계산 시에 구조 부재로 포함하지 않으며, 설계 시에는 최소 철근과 최소 벽두께 조건만 고려 대상이 된다.

2. 벽체의 주요 구조 제한

(1) 벽체의 연성
① 계수수직축하중(P): $P \leq 0.4 A_g f_{ck}$
② 인장연단에 가장 가까운 철근의 변형률(ε_t): $\varepsilon_t \geq 0.004$

(2) 최소 수직 철근비
① 설계기준항복강도 400MPa 이상이고 D16 이하의 이형 철근의 경우: 0.0012
② 기타 이형철근: 0.0015
③ 지름 16mm 이하의 용접 철망: 0.0012

(3) 최소 수평 철근비
① 설계기준항복강도 400MPa 이상이고 D16 이하의 이형철근: $0.0020 \times \dfrac{400}{f_y}$
② 기타 이형철근: 0.0025
③ 지름 16mm 이하의 용접철망: 0.0020

(4) 철근 배근
① 수직과 수평 철근의 간격은 벽 두께의 3배 이하 또는 450mm 이하로 해야 한다.
② 벽체의 두께가 250mm 이상인 경우는 수직과 수평 철근을 벽면에 평행하게 양면 배근해야 한다.
② 보강철근의 정착길이는 개구부 모서리에서 600mm 이상이 되어야 한다.

(5) 벽체의 최소 두께
① 내력벽: 벽체의 최소 두께는 내력벽의 수직 또는 수평 받침점 간 거리 중 작은 값의 $\dfrac{1}{25}$ 이상 되어야 하며, 최소 100mm 이상이 되어야 한다. 지하실 외벽과 기초 벽체의 두께는 200mm 이상으로 해야 한다.
② 비내력벽: 벽체가 최소 100mm의 두께 이상이 되어야 하고 이를 횡방향으로 지지하고 있는 부재 간 최소 거리의 $\dfrac{1}{30}$ 이상이 되어야 한다.

5 기타

1. 프리스트레스 콘크리트

(1) 정의

콘크리트에 미리 압축응력을 주어 인장에 대해 높은 저항성능이 발휘되도록 만든 콘크리트이다.

(2) 특징

① 설계 하중에서는 균열이 방지되며 내구성 및 수밀성이 우수하다.
② 고강도 재료로 단가가 높은 편에 속한다.
③ 장스팬의 설계가 가능하다.
④ 충격 및 반복 하중에 대한 저항력이 일반 철근콘크리트보다 크다.
⑤ 철근콘크리트에 비해 프리스트레스 콘크리트는 내화성이 작다.

2. 조인트

(1) 익스펜션조인트 개념

온도차, 지진, 증축, 부동침하 등으로 인해 변위가 발생되면 이로 인한 콘크리트의 하자를 미연에 방지하기 위하여 설치하는 줄눈을 의미한다.

(2) 익스펜션조인트 설치 위치

① 구조물의 길이가 50~60m 이상의 긴 경우에 시공한다.
② 기초 또는 지반이 다른 경우에 시공을 고려한다.
③ 건축물이 증축되는 경우에 접합부에 시공한다.

KEYWORD 16 철근 정착과 이음 ★★★

1 철근의 부착 및 정착

1. 철근의 부착

(1) 개념

① 철근콘크리트는 철근과 콘크리트가 일체로 작용하여, 외력에 저항하는 복합재료이다.
② 이때 철근과 콘크리트 경계면에서 저항이 발생하는데 이를 부착이라고 하며, 발생하는 전단저항력을 부착응력이라고 한다.

(2) 부착에 영향을 미치는 요인

① 철근의 표면상태에 따라 콘크리트와의 경계면에서 발생 되는 부착력에 영향을 미친다. 따라서, 원형철근보다 이형철근의 부착력이 더 크며, 같은 이형철근이더라도 직각마디의 이형철근이 경사마디의 이형철근보다 부착강도가 크다.
② 콘크리트의 압축강도 및 인장강도가 클수록 커진다.
③ 블리딩의 발생으로 수막이나 공극이 형성되기 쉽기 때문에, 부착강도는 연직철근이 수평철근보다 더 크다. 또한 같은 수평철근에서도 하부철근의 부착강도가 상부철근보다 더 크다.
④ 부착강도의 성능이 발휘되기 위해서는 충분한 피복두께가 필요하다. 피복두께가 커질수록 부착강도가 커지며 피복

두께가 부족하게 되면 부착강도의 성능이 제대로 발휘되지 못한다.
⑤ 콘크리트의 다지기가 부족하면 부착강도의 성능이 저하된다.

2. 철근의 정착

(1) 인장 이형철근의 기본정착길이(l_{db}) 및 소요정착길이(l_d)

① 인장 이형철근의 기본정착길이(l_{db})

$$l_{db} = \frac{0.6 d_b f_y}{\lambda \sqrt{f_{ck}}}$$

- d_b 철근의 공칭지름[mm]
- λ 경량콘크리트계수
  - 보통 중량콘크리트의 경우 1.0
  - 모래 경량콘크리트의 경우 0.85
  - 전 경량콘크리트의 경우 0.75
- f_y 철근의 설계기준 항복강도[MPa]
- f_{ck} 콘크리트의 설계기준 압축강도[MPa]

② 인장 이형철근의 소요정착길이(l_d)

$$l_d = 보정계수 \times l_{db} \times \alpha\beta \geq 300\text{mm}$$

- 보정계수

조건	D19 이하	D22 이상
㉠ 정착되거나 이어지는 철근의 순간격과 피복두께가 모두 d_b 이상이고, 정착길이 전 구간에 걸쳐 설계기준에 규정된 최소 철근량 이상의 스터럽 또는 띠철근이 배근된 경우 ㉡ 정착되거나 이어지는 철근의 순간격이 $2d_b$ 이상이고, 피복두께가 d_b 이상인 경우	0.8	1
기 타	1.2	1.5

- α 배치 위치계수
  - 정착길이나 이음부 아래 굳지 않은 콘크리트가 300mm 이상 타설되는 수평 배근된 상부 철근의 경우 1.3
  - 기타 철근의 경우 1.0
- β 도막계수
  - 피복두께가 $3d_b$ 미만이거나 순간격이 $6d_b$ 미만인 에폭시 도막 혹은 아연 – 에폭시 이중도막 철근 또는 철선의 경우 1.5
  - 기타 에폭시 도막 혹은 아연 – 에폭시 이중도막 철근 또는 철선의 경우 1.2
  - 아연도금 혹은 도막되지 않은 철근 또는 철선의 경우 1.0

(2) 압축 이형철근의 기본정착길이(l_{db}) 및 소요정착길이(l_d)

① 압축 이형철근의 기본정착길이(l_{db})

$$l_{db} = \frac{0.25 d_b f_y}{\lambda \sqrt{f_{ck}}} \geq 0.043 d_b f_y$$

- d_b 철근의 공칭지름[mm]
- λ 경량콘크리트계수
  - 보통 중량콘크리트의 경우 1.0
  - 모래 경량콘크리트의 경우 0.85
  - 전 경량콘크리트의 경우 0.75
- f_y 철근의 설계기준 항복강도[MPa]
- f_{ck} 콘크리트의 설계기준 압축강도[MPa]

② 압축 이형철근의 소요정착길이(l_d)

$$l_d = l_{db} \times 보정계수 \geq 200mm$$

보정계수
- 배근된 철근이 소요량 이상으로 초과하여 배치한 경우 $\dfrac{소요 A_s}{배근 A_s}$
- 지름 6mm 이상이며 간격이 100mm 이하인 나선철근, 또는 압축철근에 대한 설계기준에 따라 배근된 D13 띠철근으로 둘러싸인 압축 이형철근의 경우 0.75

2 표준 갈고리

1. 표준 갈고리의 개요

(1) 개념

갈고리는 철근의 정착을 위하여 철근 단부에 붙이는 형태로, 원형철근은 반드시 갈고리를 붙여야 하며, 중요한 부재에서는 이형철근에도 갈고리를 붙인다.

(2) 표준 갈고리의 분류

① 갈고리 형태에 따른 분류

▲ 반원형 갈고리(180°갈고리)   ▲ 직각 갈고리(90°갈고리)   ▲ 예각 갈고리(135°갈고리)

② 철근요소에 따른 연장길이 및 내면반경   ※ d_b 철근의 공칭지름

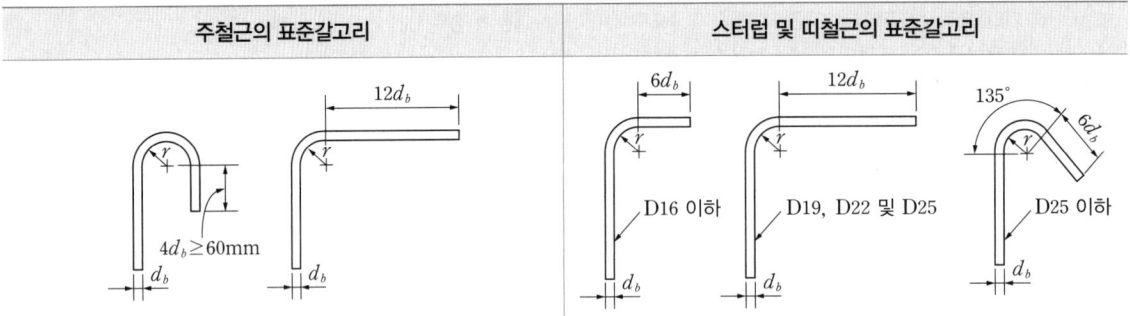

주철근	구분	철근 직경	연장길이
	90°갈고리	—	$12d_b$ 이상
	180°갈고리		$4d_b$ 또는 60mm 이상
	철근직경		내면반경
	D10~D25		$3d_b$
	D29~D35		$4d_b$
	D38 이상		$5d_b$

스터럽 및 띠철근	구분	철근 직경	연장길이
	90°갈고리	D16 이하	$6d_b$
		D19, 22, 25	$12d_b$
	135°갈고리	D25 이하	$6d_b$
	철근직경		내면반경
	D16 이하		$2d_b$
	D19~D25		$3d_b$
	D29~D35		$4d_b$
	D38 이상		$5d_b$

(3) 표준 갈고리의 기본정착길이(l_{hb}) 및 소요정착길이(l_{dh})

① 표준 갈고리의 기본정착길이(l_{hb})

$$l_{hb} = \frac{0.24\beta d_b f_y}{\lambda\sqrt{f_{ck}}}$$

- d_b 철근의 공칭지름[mm]
- λ 경량콘크리트계수
  - ㄴ 보통 중량콘크리트의 경우 1.0
  - ㄴ 모래 경량콘크리트의 경우 0.85
  - ㄴ 전 경량콘크리트의 경우 0.75
- f_y 철근의 설계기준 항복강도[MPa]
- f_{ck} 콘크리트의 설계기준 압축강도[MPa]
- β 도막계수
  - ㄴ 에폭시 도막 혹은 아연-에폭시 이중도막 철근의 경우 1.2
  - ㄴ 아연도금 또는 도막되지 않은 철근의 경우 1.0

② 표준 갈고리의 소요정착길이(l_{dh})

$$l_{dh} = l_{hb} \times 보정계수 \geq 8d_b, 150\text{mm}$$

보정계수

- ㄴ 배근된 철근이 소요량 이상으로 배치된 경우 $\dfrac{소요\ A_s}{배근\ A_s}$
- ㄴ D35 이하의 90° 갈고리 철근이며, 갈고리를 포함한 전체 정착길이(l_{dh})가 띠철근이나 스터럽으로 $3d_b$ 이하 간격으로 수직 또는 수평으로 둘러 싸여 있을 경우 0.8 (단, 설계기준항복강도가 550MPa를 초과하는 철근은 제외)
- ㄴ D35 이하의 180° 갈고리 철근이며, 갈고리를 포함한 전체 정착길이(l_{dh})가 띠철근이나 스터럽으로 $3d_b$ 이하 간격으로 수직 또는 수평으로 둘러 싸여 있을 경우 0.8 (단, 설계기준항복강도가 550MPa를 초과하는 철근은 제외)
- ㄴ D35 이하의 철근이며, 갈고리에 수직한 면의 피복두께가 70mm 이상이고, 90° 갈고리의 경우는 갈고리를 넘어선 부분 철근의 피복두께가 50mm 이상인 경우 0.7

3 철근의 이음

1. 이음

(1) 개념
① 철근과 철근을 이을 때, 이음에 따라 철근은 힘을 연속적으로 전달해야 하며 응력이 한곳에 집중이 생기지 않도록 한다.
② 이음의 방법 중 가장 일반적인 방법으로는 겹침이음을 주로 사용한다.

(2) 겹침이음의 규정
① D35를 초과하는 철근은 아직 실험적 검증이 불충분하기 때문에 겹침이음을 하지 않는 것을 원칙으로 한다. 단, 기둥 철근으로 사용되며 D35 이하의 철근과 압축 겹침이음을 할 때는 규정에 근거하여 D35를 초과하는 철근도 겹침이음을 할 수도 있다.
② 다발철근은 콘크리트와 접하는 면적이 감소하므로 겹침 이음길이를 증가시켜야 한다.
③ 철근이 서로 직접 접촉되지 않고 간격이 넓게 겹쳐질 경우에는 겹침이음하는 철근은 횡방향으로 소요겹침이음길이의 $\frac{1}{5}$ 또는 150mm 중 작은 값 이상 떨어지지 않아야 한다.

(3) 인장철근의 겹침이음길이(l_s)
① A급 이음
  ㉠ 배근철근량이 소요철근량의 2배 이상이며, 겹침 이어지는 철근량이 전체 철근량의 $\frac{1}{2}$ 이하인 경우
  ㉡ 겹침길이: $l_s = 1.0 l_d \geq 300\text{mm}$
② B급 이음의 겹침길이
  ㉠ A급 이음에 해당되지 않는 경우
  ㉡ 겹침길이: $l_s = 1.3 l_d \geq 300\text{mm}$

(4) 압축이형철근의 겹침이음길이

$$l_s = \left(\frac{1.4 f_y}{\lambda \sqrt{f_{ck}}} - 52\right) d_b \geq 300\text{mm}$$

① $f_y \leq 400\text{MPa}$일 경우
$$300\text{mm} \leq l_s = \left(\frac{1.4 f_y}{\lambda \sqrt{f_{ck}}} - 52\right) d_b \leq 0.072 f_y d_b$$
② $f_y > 400\text{MPa}$일 경우
$$300\text{mm} \leq l_s = \left(\frac{1.4 f_y}{\lambda \sqrt{f_{ck}}} - 52\right) d_b \leq (0.13 f_y - 24) d_b$$
③ $f_{ck} < 21\text{MPa}$일 경우
  겹침이음길이를 위한 값의 $\frac{1}{3}$만큼 더 증가시켜야 한다.

핵심 기출문제

PART 04
철근콘크리트구조

KEYWORD 11 　 철근콘크리트구조 총론

01　　　　　　　　　　　　　　　　　13년 4회

콘크리트 구조물의 설계법 중 강도설계법의 특징으로 옳지 않은 것은?

① 구조물의 파괴에 대한 안전도의 확보가 확실하다.
② 서로 다른 하중의 특성을 설계에 반영할 수 있다.
③ 서로 다른 재료의 특성을 설계에 반영시키기 어렵다.
④ 처짐 및 균열에 대한 사용성 확보 검토가 불필요하다.

해설 |
강도설계법은 사용성(처짐, 균열)의 확보를 별도로 검토해야 한다.

정답 | ④

02　　　　　　　　　　　　　　　　16년 2회, 10년 2회

극한강도설계법에서 철근콘크리트 구조물 설계 시 고려해야 하는 하중조합으로 옳지 않은 것은? (단, D는 고정하중, F는 유체압 및 유기내용물하중, L은 활하중, W는 풍하중, E는 지진하중, H_v는 흙, 지하수 또는 기타 재료의 자중에 의한 연직방향 하중, S는 적설하중)

① $U = 1.4(D+F)$
② $U = 1.2D + 1.3W + 1.0L + 0.5S$
③ $U = 1.2D + 1.0E + 1.0L + 0.2S$
④ $U = 1.4D + 1.7L + 1.6S$

해설 |
D, L, S의 하중조합은 $U = 1.2D + 1.6L + 0.5S$이다.
※ 콘크리트구조설계기준(2021)

정답 | ④

03　　　　　　　　　　　　　　　　16년 4회, 10년 1회

강도설계법에서 흙에 접하는 기둥의 최소 피복두께 기준으로 옳은 것은? (단, 현장치기 콘크리트로서 D25인 철근임)

① 20mm　　② 30mm
③ 40mm　　④ 50mm

해설 |
흙에 접하고 D25인 기둥의 최소 피복두께는 50mm이다.

관련이론
콘크리트의 최소 피복두께는 설계기준으로 제한 되어있다.

구분			현장타설 콘크리트 피복두께
수중			100mm
흙에 접하여 타설 후 영구히 흙에 묻혀 있는 콘크리트			75mm
흙에 접하거나 옥외의 공기에 직접 노출	D19 이상 철근		50mm
	D16 이하 철근		40mm
옥외의 공기나 흙에 직접 접하지 않는 콘크리트	슬래브, 벽체, 장선	D35 초과 철근	40mm
		D35 이하 철근	20mm
	보, 기둥*		40mm
	쉘, 절판부재		20mm

* 보, 기둥의 경우 $f_{ck} \geq 40$MPa이면 10mm 저감 가능

정답 | ④

04

12년 4회

건축구조기준에 따른 강도감소계수 값으로 옳지 않은 것은?

① 인장지배단면: 0.85
② 압축지배단면 중 나선철근으로 보강된 철근콘크리트부재: 0.85
③ 전단력 및 비틀림모멘트: 0.75
④ 포스트텐션 정착구역: 0.85

해설 |

압축지배단면 중 나선철근으로 보강된 철근 콘크리트 부재의 강도감소계수는 0.70이다.

관련이론

강도감소계수(ϕ)

적용부재		ϕ
인장지배단면		0.85
압축지배단면	띠철근	0.65
	나선철근	0.70
변화구간 단면		0.65~0.85
전단력과 비틀림모멘트		0.75
콘크리트 지압력		0.65
포스트텐션 정착구역		0.85
스트럿–타이 모델	스트럿, 절점부, 지압부	0.75
	타이	0.85
무근콘크리트의 휨모멘트, 압축력, 전단력, 지압력		0.55

정답 | ②

05

11년 2회

콘크리트에서 발생하는 크리프에 대한 설명으로 옳지 않은 것은?

① 일반적으로 건조수축에 영향을 미치는 요인이 크리프에도 영향을 미친다.
② 일반적으로 크리프 변형은 초기에는 작게 일어나지만 시간이 지남에 따라 증가속도가 점점 증가한다.
③ 크리프 변형량은 하중이 작용하는 시점의 콘크리트 강도와 재령에 좌우된다.
④ 콘크리트에 하중을 제거하면 즉시 탄성회복이 먼저 일어난 후 일부 크리프 회복이 일어난다.

해설 |

크리프 변형은 초기에 크게 일어나지만 재하시간이 경과함에 따라 증가속도가 점차 감소한다.

관련이론

콘크리트의 소성변형

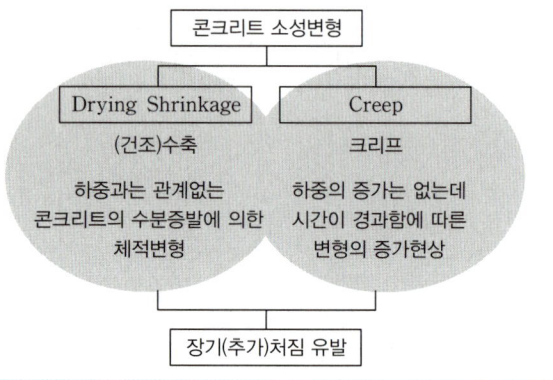

정답 | ②

06
11년 1회

콘크리트 압축강도 및 철근의 항복강도가 증가함에 따라 콘크리트와 철근의 탄성계수는 각각 어떻게 변화하는가?

① 콘크리트: 증가, 철근: 증가
② 콘크리트: 증가, 철근: 불변
③ 콘크리트: 감소, 철근: 감소
④ 콘크리트: 불변, 철근: 증가

해설 |

콘크리트 탄성계수 $E_c = 8,500 \cdot \sqrt[3]{f_{ck} + \Delta f}$ MPa
- f_{ck} 콘크리트 항복강도
- $f_{ck} \leq 40$MPa이면 $\Delta f = 4$

철근의 탄성계수 $E_s = 200,000$MPa

따라서 콘크리트의 탄성계수는 압축강도에 비례하여 증가하지만, 철근은 항복강도의 증가와 상관없이 일정한 값이다.

정답 | ②

07
13년 1회

보통골재를 사용한 철근콘크리트 보에 콘크리트 압축강도($f_{ck} = 24$MPa), 철근의 항복강도($f_y = 400$MPa)의 재료를 사용할 경우 탄성계수비는 약 얼마인가? (단, $E_s = 2 \times 10^5$MPa)

① 6.5
② 7.7
③ 8.2
④ 9.1

해설 |

콘크리트 탄성계수 $E_c = 8,500 \cdot \sqrt[3]{f_{ck} + \Delta f}$ MPa
- f_{ck} 콘크리트 항복강도
- $f_{ck} \leq 40$MPa이면 $\Delta f = 4$

철근의 탄성계수 $E_s = 200,000$MPa

∴ 탄성계수 비 $\dfrac{E_s}{E_c} = \dfrac{200,000}{8,500 \cdot \sqrt[3]{24+4}} = 7.748$

정답 | ②

08
19년 4회, 14년 4회

철근콘크리트의 보강철근에 대한 설명으로 틀린 것은?

① 보강철근으로 보강하지 않은 콘크리트는 인장강도가 낮아서 취성(Brittle)거동을 한다.
② 보강철근은 콘크리트의 크리프를 감소시키고 균열의 폭을 최소화시킨다.
③ 이형철근은 원형강봉의 표면에 돌기를 만들어 철근과 콘크리트의 부착력을 최대가 되도록 한 것이다.
④ KS에서 철근의 번호는 inch단위의 공칭지름을 8로 나눈값을 의미한다.

해설 |

한국의 KS에서 철근의 번호는 mm단위의 공칭지름을 의미한다.

정답 | ④

KEYWORD 12 사용성 및 내구성

09
15년 1회, 13년 4회, 10년 2회

강도설계법에서 처짐을 계산하지 않는 경우 철근콘크리트 보의 최소두께 규정으로 옳은 것은? (단, 보통콘크리트 $m_c = 2,300$kg/m³와 설계기준항복강도 400MPa 철근을 사용한 부재)

① 단순지지: $l/20$
② 1단연속: $l/18.5$
③ 양단연속: $l/24$
④ 캔틸레버: $l/10$

해설 |

l: 경간 길이(mm)

부재	최소 두께(h_{min})			
	단순지지	1단연속	양단연속	캔틸레버
보 및 리브가 있는 1방향 슬래브	$\dfrac{l}{16}$	$\dfrac{l}{18.5}$	$\dfrac{l}{21}$	$\dfrac{l}{8}$

정답 | ②

10

19년 4회, 16년 1회, 14년 4회, 13년 4회

단면의 폭 $b=250\text{mm}$, 높이 $h=500\text{mm}$인 직사각형 콘크리트 단면의 균열모멘트 M_{cr}을 구하면? (단, 경량콘크리트계수 $\lambda=1$, $f_{ck}=24\text{MPa}$)

① 8.3kN·m ② 16.4kN·m
③ 24.5kN·m ④ 32.2kN·m

해설 |
균열모멘트 M_{cr}
$$M_{cr}=f_r \times Z=0.63\lambda\sqrt{f_{ck}} \times \frac{bh^2}{6}$$
- 파괴계수 $f_r=0.63\lambda\sqrt{f_{ck}}$
- f_{ck} 콘크리트 압축강도
- 보통중량콘크리트 $\lambda=1.0$
- b 부재폭
- h 부재높이

$\therefore M_{cr}=0.63\lambda\sqrt{f_{ck}} \cdot \frac{bh^2}{6}$
$=0.63(1)\sqrt{24} \cdot \frac{(250)(500)^2}{6}$
$=32.149\text{kN}\cdot\text{m}$

정답 | ④

11

20년 4회, 17년 4회, 15년 2회, 11년 4회

그림과 같은 철근콘크리트 보의 균열모멘트 (M_{cr})값은? (단, 보통중량 콘크리트 사용, $f_{ck}=24\text{MPa}$, $f_y=400\text{MPa}$)

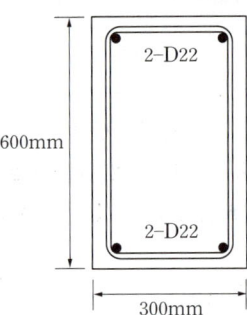

① 21.5kN·m
② 33.6kN·m
③ 42.8kN·m
④ 55.6kN·m

해설 |
균열모멘트 M_{cr}은 다음과 같은 식으로 구한다.
$M_{cr}=f_r \times Z=0.63\lambda\sqrt{f_{ck}} \times \frac{bh^2}{6}$
$=0.63 \times 1.0 \times \sqrt{24} \times \frac{300 \times 600^2}{6}$
$=55,554,427\text{N}\cdot\text{mm}$
$=55.55\text{kN}\cdot\text{m}$

정답 | ④

12

14년 2회, 12년 1회

극한강도설계법에서 다음과 같은 조건의 단면을 가진 부재의 균열모멘트 M_{cr}을 구하면?

- 단면의 중립축에서 인장연단까지 거리 $y_t=420\text{mm}$
- 총 단면 2차모멘트 $I_g=1.0\times10^{10}\text{mm}^4$
- 보통중량 콘크리트 설계기준강도 $f_{ck}=21\text{MPa}$

① 50.6kN·m ② 53.3kN·m
③ 62.5kN·m ④ 68.8kN·m

해설 |
균열모멘트 M_{cr}
$M_{cr}=f_r \times Z=0.63\lambda\sqrt{f_{ck}} \times \frac{I_g}{y_t}=0.63\times1.0\times\sqrt{21}\times\frac{(1.0)\times(10^{10})}{420}$
$=68,738,635\text{N}\cdot\text{mm}=68.739\text{kN}\cdot\text{m}$

정답 | ④

13

21년 2회, 17년 1회, 14년 1회,

보통중량콘크리트를 사용한 그림과 같은 보의 단면에서 외력에 의해 휨 균열을 일으키는 균열모멘트(M_{cr}) 값으로 옳은 것은? (단, $f_{ck}=27\text{MPa}$, $f_y=400\text{MPa}$, 철근은 개략적으로 도시되었음)

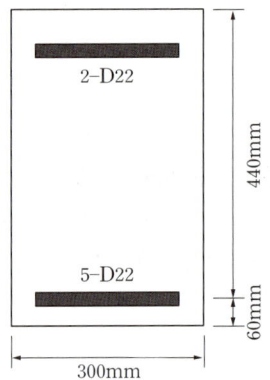

① 29.5kN·m ② 34.7kN·m
③ 40.9kN·m ④ 52.4kN·m

해설 |
균열모멘트 M_{cr}
$M_{cr}=f_r \times Z=0.63\lambda\sqrt{f_{ck}} \times \frac{bh^2}{6}=0.63\times1.0\times\sqrt{27}\times\frac{300\times500^2}{6}$
$=40,919,700\text{N}\cdot\text{mm}=40.9\text{kN}\cdot\text{m}$

정답 | ③

KEYWORD 13 보의 휨설계

14 16년 4회

철근콘크리트 보에서 고정하중과 활하중에 의하여 구한 설계모멘트 $M_u=540\text{kN}\cdot\text{m}$라면 이때의 공칭강도를 구하면? (단, 중립축의 깊이(c)는 220mm, 최외단 압축연단에서 최외단 인장철근까지의 거리(d_t)는 550mm, 철근의 항복강도(f_y)는 400MPa)

① 638kN·m ② 754kN·m
③ 798kN·m ④ 832kN·m

해설|
소요강도(M_u)와 공칭강도(M_n)
$M_u \leq M_d = \phi M_n$에서 $M_u = \phi M_n$이므로
$M_n = \dfrac{M_u}{\phi}$

ϕ(강도감소계수) 계산
$\varepsilon_t = \dfrac{d_t - c}{c} \cdot \varepsilon_{cu} = \dfrac{550-220}{220} \times 0.0033 = 0.00495$

산정된 철근의 순인장변형률(ε_t)이 0.00495이므로 변화구간에 속하며 다음 식에 의해 강도감소계수(ϕ)를 구한다.

$\phi = 0.65 + (\varepsilon_t - 0.002) \times \dfrac{200}{3}$
$ = 0.65 + (0.00495 - 0.002) \times \dfrac{200}{3} = 0.8467$

$\therefore M_n = \dfrac{M_u}{\phi} = \dfrac{540}{0.8467} = 637.8\text{kN}\cdot\text{m}$

정답 | ①

15 17년 1회, 14년 1회

강도설계법에 따라 아래 그림과 같은 단철근 직사각형보의 균형철근비를 구하면? (단, $f_{ck}=24\text{MPa}, f_y=300\text{MPa}$)

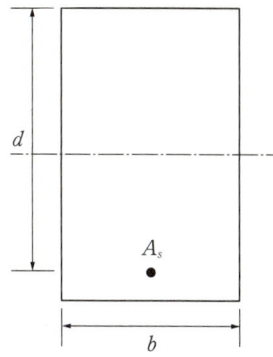

① 0.027 ② 0.037
③ 0.045 ④ 0.057

해설|
균형철근비 ρ_b
$\rho_b = \dfrac{\eta(0.85f_{ck})}{f_y} \cdot \beta_1 \cdot \dfrac{660}{660+f_y}$ ($\varepsilon_{cu}=0.0033, E_s=200,000\text{MPa}$)

- f_{ck} 콘크리트 항복강도
- f_y 철근 항복강도
- $f_{ck} \leq 40\text{MPa}$이므로, $\beta_1 = 0.80, \eta = 1.00$

$\therefore \rho_b = \dfrac{1.00 \times (0.85 \times 24)}{300} \times 0.80 \times \dfrac{660}{660+300} = 0.0374$

정답 | ②

16
15년 4회

강도설계법을 근거로 그림과 같은 단철근 직사각형 보의 최소철근량을 구하면? (단, $f_{ck}=21MPa$, $f_y=400MPa$)

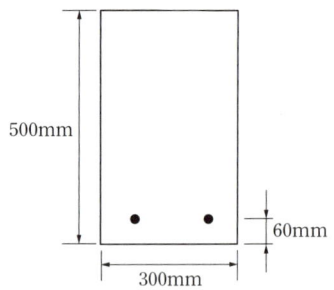

① 354mm² ② 317mm²
③ 588mm² ④ 643mm²

해설

휨부재의 최소철근량

$A_{s,min} = 0.178 \dfrac{\lambda\sqrt{f_{ck}}}{\phi f_y} \cdot bd$

$A_{s,min} = 0.178 \dfrac{(1.0)\sqrt{21}}{(0.85)(400)} \cdot (300)(440) = 316.68mm^2$

∴ 보의 최소철근량은 317mm²이다.

※ 강도감소계수(ϕ)의 경우, 인장지배단면(0.85)으로 가정

정답 | ②

17
16년 4회, 12년 2회

그림과 같은 T형 보(G_1)의 유효폭 B의 값은? (단, 슬래브 두께는 120mm, 보의 폭은 300mm)

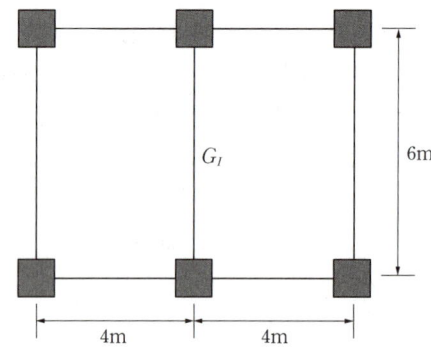

① 150cm ② 192cm
③ 222cm ④ 400cm

해설

T형 보의 유효폭(b_e)은 다음 (1), (2), (3) 중 최소값이다.

(1) $16t_f + b_w = 2,220mm$

(2) 양쪽 슬래브 중심간 거리 = 4,000mm

(3) 보 경간(Span)의 $\dfrac{1}{4} = 6,000 \times \dfrac{1}{4} = 1,500mm$

따라서 T형 보의 유효폭은 1,500mm이고 이는 150cm이다.

정답 | ①

18
16년 4회

단면 $b_w \times d = 300mm \times 550mm$ 콘크리트 보 부재의 최소인장철근량으로 옳은 것은? (단, $f_{ck}=40MPa$, $f_y=400MPa$)

① 495mm² ② 577mm²
③ 546mm² ④ 725mm²

해설

콘크리트 보 부재의 최소인장철근량

$A_{s,min} = 0.178 \dfrac{\lambda\sqrt{f_{ck}}}{\phi f_y} \cdot bd$

$A_{s,min} = 0.178 \dfrac{(1.0)\sqrt{40}}{(0.85)(400)} \cdot (300)(550) = 546.33mm^2$

∴ 보의 최소철근량은 546mm²이다.

※ 강도감소계수(ϕ)의 경우, 인장지배단면(0.85)으로 가정

정답 | ③

19

16년 2회

반T형 보의 유효폭으로 옳은 것은? (단, 보 경간은 **6m**)

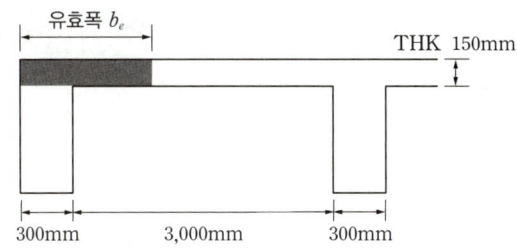

① 800mm
② 1,200mm
③ 1,800mm
④ 2,300mm

해설 │
반T형 보의 유효폭은 다음 중 최소값으로 한다.

$b_e = 6t + b_w = 6 \times 150 + 300 = 1,200\text{mm}$

$b_e = \text{슬래브 순간격} \times \frac{1}{2} + b_w = 3,000 \times \frac{1}{2} + 300 = 1,800\text{mm}$

$b_e = \text{보경간} \times \frac{1}{12} + b_w = 6,000 \times \frac{1}{12} + 300 = 800\text{mm}$

따라서 반T형 보의 유효폭은 최소값인 800mm이다.

정답 │ ①

KEYWORD 14 · 전단 및 비틀림

20

10년 4회

다음 그림과 같은 철근콘크리트 단순보에서 지지점으로부터 유효깊이 d만큼 떨어진 위험단면에서의 계수전단력을 구하면? (단, $W_D = 21\text{kN/m}$, $W_L = 24\text{kN/m}$)

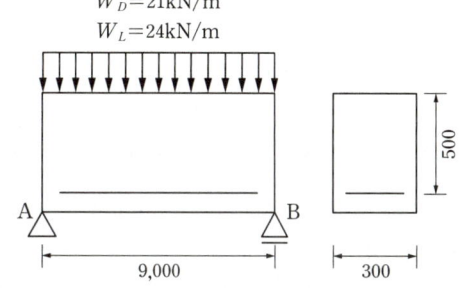

① 63.6kN
② 187kN
③ 254.4kN
④ 367.5kN

해설 │
1. 계수하중을 구한다.
   $w_U = 1.6w_L + 1.2w_D = 1.6 \times 24 + 1.2 \times 21 = 63.6\text{kN/m}$
   여기서, w_U: 계수하중, w_D: 고정하중, w_L: 활하중
2. A지점에서의 전단력을 구한다.
   $V_A = \frac{1}{2}w_U \cdot l = \frac{1}{2} \times (63.6 \times 9) = 286.2\text{kN}$
3. A지점으로부터 유효깊이 500mm만큼 떨어진 위험단면에서의 계수전단력은
   $V_U = V_A - w_U \times d = 286.2 - 63.6 \times 0.5 = 254.4\text{kN}$

정답 │ ③

21
15년 1회, 14년 2회

단면 $b \times d = 300mm \times 550mm$이고, 모래 경량콘크리트를 사용한 철근콘크리트 보에서 콘크리트가 부담할 수 있는 공칭전단강도(V_c)는? (단, KCI2012기준, $f_{ck} = 21MPa$이다.)

① 95kN
② 107kN
③ 126kN
④ 132kN

해설|

공칭전단강도 $V_c = \frac{1}{6}\lambda\sqrt{f_{ck}} \cdot b_w \cdot d$

λ는 경량콘크리트계수로 모래 경량콘크리트의 경우에는 0.85를 사용한다.

$V_c = \frac{1}{6}\lambda\sqrt{f_{ck}} \cdot b_w \cdot d$
$= \frac{1}{6}(0.85)\sqrt{21}(300)(550)$
$= 107,117N ≒ 107.1kN$

정답 | ②

23
19년 1회, 14년 1회

부하면적 $36m^2$인 콘크리트 기둥의 영향면적에 따른 활하중저감계수(C)로 옳은 것은? (단, $C = 0.3 + \frac{4.2}{\sqrt{A}}$, A는 영향면적)

① 0.25
② 0.45
③ 0.65
④ 1

해설|

영향면적은 기둥 및 기초에서 부하면적의 4배,
보 또는 벽체에서는 부하면적의 2배를 적용한다.
기둥의 부하면적이 $36m^2$이므로 영향면적 A는 $144m^2$이다.
$C = 0.3 + \frac{4.2}{\sqrt{144}} = 0.3 + \frac{4.2}{12} = 0.65$
활하중저감계수(C)는 0.65이다.

정답 | ③

KEYWORD 15 슬래브, 기둥, 벽체, 기타

22
13년 2회

아래 단면을 가진 철근콘크리트 기둥의 설계축강도(ϕP_n)를 구하면? (단, $\phi P_{n(max)} = \phi 0.8 P_o$, $\phi = 0.65$, $f_{ck} = 30MPa$, $f_y = 400MPa$, $d = 66mm$)

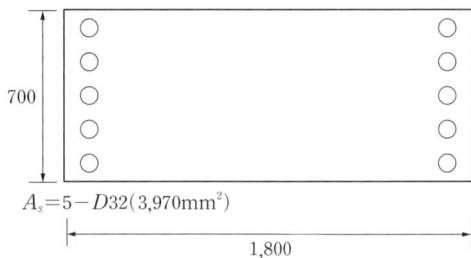

① 18,254kN
② 28,254kN
③ 36,414kN
④ 37,800kN

해설|

띠철근 기둥 설계식
$\phi P_n = (0.65)(0.80)[0.85f_{ck} \cdot (A_g - A_{st}) + f_y \cdot A_{st}]$
$= (0.65)(0.80)[0.85(30)(1,800 \times 700 - 2 \times 3,970)$
$+ (400)(2 \times 3,970)] = 18,253,835N ≒ 18,254kN$

정답 | ①

24
14년 4회

강도설계법에서 그림과 같은 띠철근을 가진 기둥의 설계축하중 ϕP_n은 약 얼마인가? (단, $f_y = 400MPa$, $f_{ck} = 21MPa$, 강도감소계수 $\phi = 0.65$, 주근: $8-D22(A_{st} = 3,096mm^2)$, 띠철근: D10@300, 보조띠철근: D10@900)

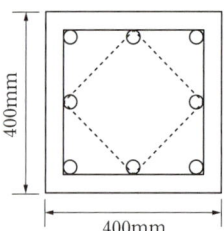

① 2,300kN
② 2,200kN
③ 2,100kN
④ 2,000kN

해설|

띠철근 기둥 설계식
$\phi P_n = (0.65)(0.80)[0.85f_{ck} \cdot (A_g - A_{st}) + f_y \cdot A_{st}]$
$= (0.65)(0.8)[0.85(21)(400^2 - 3,096) + (400)(3,096)]$
$= 2,100.350kN$

정답 | ③

25

15년 4회

다음 그림과 같은 슬래브에서 직접설계법에 의한 설계모멘트를 결정하고자 한다. 화살표방향 패널 중 빗금 친 부분의 정적 모멘트 M_o를 구하면? (단, 등분포 고정하중 $w_D = 7.18\text{kPa}$, 등분포활하중 $w_L = 2.39\text{kPa}$이 작용하고 있으며 기둥의 단면은 $300 \times 300\text{mm}$이다.)

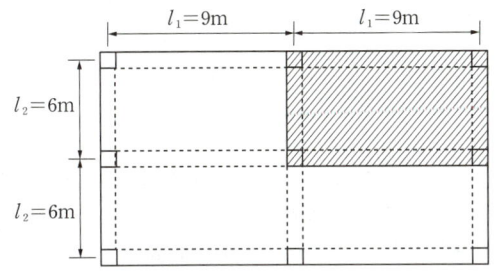

① 406.2 kN·m
② 506.2 kN·m
③ 706.2 kN·m
④ 806.2 kN·m

해설 |

등분포하중 환산

$w_u = 1.2 w_D + 1.6 w_L$
$= 1.2 \times 7.18 + 1.6 \times 2.39$
$= 12.44 \text{kPa} = 12.44 \text{kN/m}^2$

경간 환산
　설계방향 순경간(l_n): $9 - (0.15 \times 2) = 8.7\text{m}$
　설계방향의 직각방향 중심 경간(l_2): 6m

전체 정적 계수 모멘트 산정

$$M_u = \frac{w_u l_2 (l_n)^2}{8} = \frac{12.44 \times 6 \times 8.7^2}{8} = 706.188 \text{kN} \cdot \text{m}$$

정답 | ③

26

16년 4회

그림과 같은 지상 4층 건물에 기둥(C_1)의 1층에 발생하는 계수하중에 의한 축력을 면적법으로 구하면? (단, 보 및 기둥 자중은 무시하며, 바닥하중(지붕하중 동일)은 고정하중 $= 5\text{kN/m}^2$, 활하중 $= 3\text{kN/m}^2$이며 활하중 저감은 무시한다.)

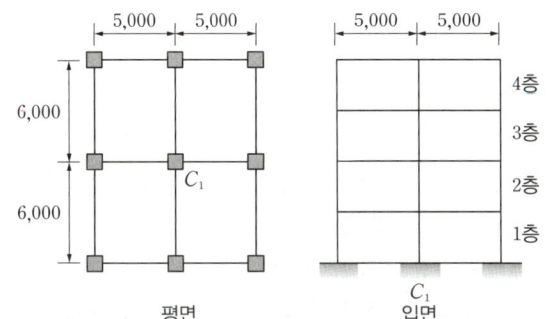

① 1,296kN
② 1,396kN
③ 1,412kN
④ 1,498kN

해설 |

단위층의 C_1 부담면적 $= 5\text{m} \times 6\text{m} = 30\text{m}^2$
1층 기둥의 부담층수 4층
계수하중 $1.2 \times 5 + 1.6 \times 3 = 10.8 \text{kN/m}^2$
따라서, 1층에 발생하는 계수하중에 의한 축력은 다음과 같다.
$30 \times 4 \times 10.8 = 1,296 \text{kN}$

정답 | ①

27

16년 4회

다음 조건을 만족하는 철근콘크리트 벽체의 최소 수직철근량과 최소 수평철근량은 얼마인가?

- 벽체 길이: 3,000mm
- 벽체 높이: 2,600mm
- 벽체 두께: 200mm
- f_y=400MPa, D16

① 최소 수직철근량: 720mm², 최소 수평철근량: 1,020mm²
② 최소 수직철근량: 730mm², 최소 수평철근량: 1,020mm²
③ 최소 수직철근량: 720mm², 최소 수평철근량: 1,040mm²
④ 최소 수직철근량: 730mm², 최소 수평철근량: 1,040mm²

해설 |

벽체의 철근량
최소 수직철근량＝벽체의 수평단면적×최소 수직철근비(0.0012)
　　　　　＝(200×3,000)×0.0012＝720mm²
최소 수평철근량＝벽체의 수직단면적×최소 수평철근비(0.002)
　　　　　＝(200×2,600)×0.002＝1,040mm²

정답 | ③

KEYWORD 16　철근 정착과 이음

28

20년 4회, 19년 1회, 17년 1회, 16년 1회, 14년 1회

강도설계법에서 압축이형철근 $D22$의 기본정착길이는? (단, $f_{ck}=24\text{MPa}$, $f_y=400\text{MPa}$, 경량콘크리트계수 $\lambda=1$)

① 400mm　② 450mm
③ 500mm　④ 550mm

해설 |

압축이형철근의 기본정착길이는 다음 두 가지 방법으로 계산하고 둘 중 큰 값으로 한다. 또한 200mm 이상으로 한다.

(1) $l_{db}=\dfrac{0.25 \cdot d \cdot f_y}{\lambda \cdot \sqrt{f_{ck}}}$　(2) $l_{db}=0.043 d f_y$

- f_{ck} 콘크리트 항복강도
- d_b 철근의 지름
- f_y 철근의 항복강도, 경량콘크리트계수 $\lambda=1.0$

(1) $l_{db}=\dfrac{0.25\times 22\times 400}{1\times\sqrt{24}}=449.1\text{mm}$

(2) $l_{db}=0.043\times 22\times 400=378.4\text{mm}$

(1)＞(2)이므로　∴ $l_{db}=450\text{mm}$

정답 | ②

29

19년 2회

인장이형철근의 정착길이를 산정할 때 작용되는 보정계수에 해당되지 않는 것은?

① 철근배근 위치계수　② 도막계수
③ 크리프계수　④ 경량콘크리트계수

해설 |

크리프계수는 크리프 변형이 거의 일정한 값으로 수렴했을 때 크리프 변형과 탄성 변형의 비율이다. 여기서 크리프 변형은 지속적인 응력 작용 시 시간이 경과하면서 증가하는 변형을 말한다

관련이론

인장이형철근 정착길이 l_d

$$l_d=\dfrac{0.9 d_b \cdot f_y}{\lambda\sqrt{f_{ck}}}\times\dfrac{\alpha\cdot\beta\cdot\gamma}{\left(\dfrac{c+K_{tr}}{d_b}\right)}$$

여기서, λ: 경량콘크리트계수, α: 철근배근 위치계수, β: 도막계수, γ: 철근의 크기계수, c: 철근 간격 또는 피복두께에 관련된 치수, K_{tr}: 횡방향 철근지수

정답 | ③

30
15년 4회

압축을 받는 이형철근의 기본정착길이(l_{db})가 420mm으로 계산되었다. 해석결과 요구되는 철근량보다 20%를 초과하여 배치한 경우 압축을 받는 이형철근의 정착길이(l_d)를 구하면?

① 320mm ② 350mm
③ 420mm ④ 504mm

해설 |

해석 결과 요구되는 철근량을 초과하여 배치한 경우 이형철근의 정착길이에는 기본정착길이에 $\left(\dfrac{소요철근량}{배근철근량}\right)$을 곱하여 보정한 값을 사용한다. 압축을 받는 이형철근의 기본정착길이가 420mm으로 계산되었다. 해석결과 요구되는 철근량보다 20%를 초과하여 배치하였으므로 보정해주어야 한다.

정착길이 $l_d = 기본정착길이\ l_{db} \times \left(\dfrac{소요철근량}{배근철근량}\right)$

$= 420 \times \dfrac{1}{1.2} = 350mm$

정답 | ②

31
11년 4회

인장이형철근 및 이형철선의 정착길이 l_d의 최소값은?

① 150mm ② 200mm
③ 250mm ④ 300mm

해설 |

인장력을 받는 이형철근의 최소 정착길이는 300mm이다.

관련이론

각종 철근의 정착길이

철근 종류	최소 정착길이
인장이형철근 (No Hook)	300mm
인장이형철근 (Hook)	150mm, $8d_b$
압축이형철근	200mm

정답 | ④

32
16년 2회

인장을 받는 이형철근의 정착길이(l_d)는 기본정착길이(l_{db})에 보정계수를 곱하여 구한다. 이 보정계수에 대한 설명 중 옳지 않은 것은?

① 철근배치 위치계수 α 상부철근일 경우 1.5이고, 기타 철근일 경우 1.0이다.
② 철근크기계수 γ는 철근직경이 D22 이상인 경우 1.0이고, D19 이하일 경우 0.8이다.
③ 도막계수 β는 도막되지 않은 철근일 경우 1.0이다.
④ 경량콘크리트계수 λ는 일반콘크리트인 경우 1.0이다.

해설 |

인장이형철근의 정착길이 보정계수

철근의 종류	인장이형철근		압축이형철근
	No Hook	Hook	
기본정착길이 (l_{db})	$\dfrac{0.6 d_b f_y}{\lambda \sqrt{f_{ck}}}$	$\dfrac{0.24 \beta d_b f_y}{\lambda \sqrt{f_{ck}}}$	$\dfrac{0.25 d_b f_y}{\lambda \sqrt{f_{ck}}}$ 또는 $0.043 d_b f_y$
보정계수	상부근: 1.3 에폭시 도장: 1.2 $D19$ 이하: 0.8	에폭시 도장: 1.2 λ: 1.0(보통중량 콘크리트)	$\dfrac{소요철근량}{실제철근량}$ 횡방향보강: 0.75
최소정착길이	300mm	150mm, $8d_b$	200mm

정답 | ①

PART 05 강구조

KEYWORD 17, 18, 19

KEYWORD 17 강구조 총론 ★★

1 강구조 총론

1. 강구조의 개요

(1) 개념

강도 및 인성이 우수한 강재를 사용하여 이들을 볼트 또는 용접 등에 의해 조립하여 형성되는 구조체를 의미한다.

(2) 장점

① 단위 면적당 강도가 높아 구조체의 경량화가 가능하다.
② 소성변형능력(=연성)과 인성이 크고 우수하다.
③ 내구성 및 내진성이 우수하다.
④ 인장 응력과 압축 응력이 거의 동일하여 세장한 구조 부재가 가능하다.
⑤ 재료의 균질성, 빠른 시공 가능, 환경친화적 재료(재활용 가능, 시공 중 먼지 발생 적음)이다.

(3) 단점

① 내화성이 낮아(열에 의한 강도저하가 큼), 내화피복이 필요하다.
② 좌굴에 취약하다.
③ 반복응력에 의한 피로 균열 누적으로 인해 파단 발생의 우려가 있다.
④ 접합부가 다른 부위에 비해 취약하다.
⑤ 부식에 의한 유지 관리가 필요하여 정기적 도장에 의한 관리비가 증대될 수 있다.

2. 강재의 기계적 성질

(1) 응력-변형률 관계

강재의 응력-변형률 관계는 구조물의 강도를 결정하는 매우 중요한 요소로서, KS에서 정하는 시편의 크기, 재하방법 및 재하속도 등으로 결정된 인장시험을 통해 그림과 같이 얻을 수 있다.

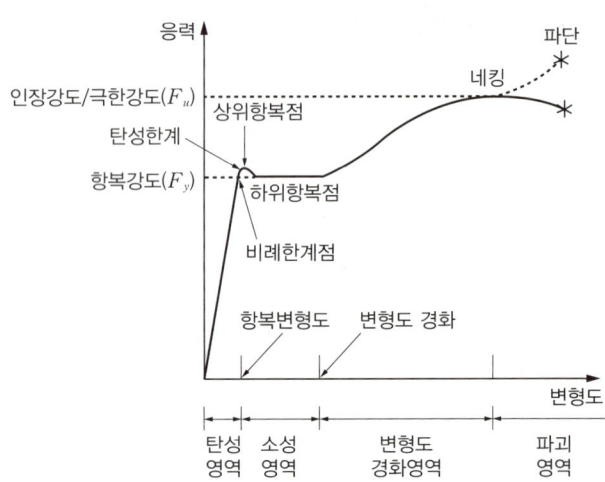

(2) 응력-변형률 곡선을 통해 구분되는 변화 영역 및 기계적 성질
① 비례한계점: 응력과 변형률이 선형관계를 유지하는 한계 응력을 의미한다.
  ㉠ 응력과 변형률이 후크의 법칙이 성립되는 구간으로 이 구간의 변형률에 대한 응력비를 탄성계수라고 불린다.
  ㉡ 일반적으로 강재의 탄성계수는 $210,000N/mm^2(=210GPa)$이다.
② 탄성한계점: 하중을 비례한계보다 높은 응력까지 높인 후 하중을 제거하였을 때, 원점으로 되돌아가는 지점이다.
③ 항복점
  ㉠ 응력의 증가 없이 변형률이 크게 증가하기 시작하는 지점의 응력을 의미한다.
  ㉡ 항복점은 상위항복점과 하위항복점이 있으며, 강재에서 항복강도(F_y)는 하위항복점을 의미한다.
④ 극한강도점: 인장 시험 시 시편이 받을 수 있는 최대 응력 즉, 변형도 경화 영역의 최대 응력을 가르키며 인장강도(F_u)를 의미한다.
⑤ 항복비: 항복비는 극한강도(=인장강도, F_u)에 대한 항복강도(F_y)의 비로 정의된다.

$$항복비 = \frac{항복강도(F_y)}{극한강도(F_u)}$$

참고 | 구조용 강재의 응력-변형률 관계

구조용 강재에 따라 응력-변형률 관계에서 항복점이 뚜렷하지 않을 경우가 존재한다. 이때는 1) 재하 시 0.2%의 영구변형도를 가지는 점의 응력, 또는 2) 0.5%의 총 변형도를 가지는 점의 응력을 항복강도(F_y)로 정의한다.

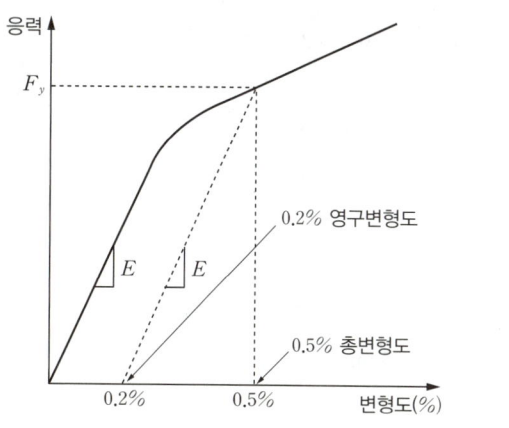

참고 | 바우싱거 효과

반복 및 충격하중에 대한 강재의 특성으로 한번 항복점 이상의 하중을 가한 후, 반대 방향의 하중을 가하면 탄성한도 또는 항복점이 떨어지는 현상이다. 이와 같은 형상은 소성 변형의 내부 변형과 관련되어 발생한다.

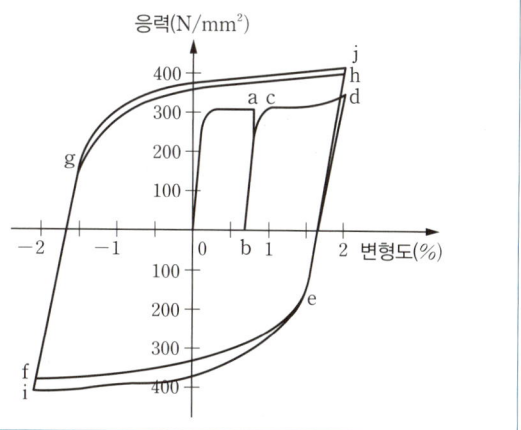

3. 구조용 강재

(1) 강재의 명칭

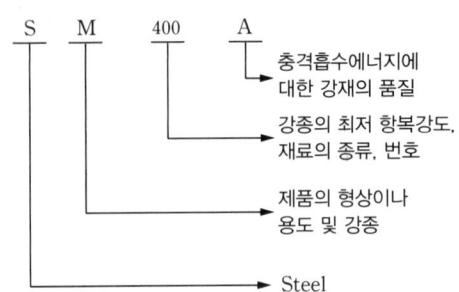

- SS: Steel Structure (일반구조용 압연강재)
- SM: Steel Marine (용접구조용 압연강재)
- SMA: Steel Marine Atmosphere (용접구조용 내후성 열간압연강재)
- SN: Steel New (건축구조용 압연강재)
- FR: Fire Resistance (건축구조용 내화강재)
- TMCP: Thermo Mechanical Control Process (열처리제어공정강재)

(2) 강재의 강도 — 구조용 강재의 항복강도(F_y) 및 인장강도(극한강도, F_u)

강도	강재 기호 판두께	SS275	SM275 SMA275	SM355 SMA355	SM420	SM460	SN275	SN355	SHN275	SHN355	SHN460
F_y	16mm 이하	275	275	355	420	460	275	355	275	355	460
	16mm 초과 40mm 이하	265	265	345	410	450					
	40mm 초과 75mm 이하	245	255	335	400	430	255	335	—	—	—
	75mm 초과 100mm 이하		245	325	390	420					
F_u	75mm 이하	410	410	490	520	570	410	490	410	490	570
	75mm 초과 100mm 이하								—	—	—

(3) 강재의 종류 및 치수표기법

종류	형태	표기	특징
H형강	(H형강 단면도: H, B, t_1, t_2, r)	$H - H \times B \times t_1 \times t_2$	① 기둥과 보 등의 구조용으로 사용된다. ② B(플랜지)와 H(웨브)로 나뉜다. ③ H형강은 플랜지의 두께가 일정하게 유지되며 단면성능이 우수하고 접합 등의 시공성이 뛰어나다. ④ H형강의 전단력이 작용하는 경우 전단응력도(τ)는 전단력(V)을 웨브의 단면적 ($t_1 \times (H-2t_2)$)으로 나누어 구할 수 있다. $$\tau = \frac{V}{t_1 \times (H-2t_2)}$$

명칭	단면	표시법	특징
I형강		$I-H \times B \times t_1 \times t_2$	I형강은 H형강과 비슷하나 플랜지의 두께가 안쪽에서 외부로 점차 줄어드는 형상을 갖는다.
C형강(ㄷ형강)		$C(ㄷ)-H \times B \times t_1 \times t_2$	① 한 축에 대하여 대칭이며, 안쪽이 경사진 플랜지의 단면 형태를 가진다. ② 휨재로 쓰일 때 비틀림에 유의해야 한다. ③ 단면성능은 떨어지나 접합 시공성이 우수해 가새 등으로 많이 쓰인다.
L형강(ㄱ형강)		$L(ㄱ)-A \times B \times t$	① 직교 방향의 두 요소로 이루어진다. ② 두 요소의 길이가 같고 다름에 따라 등변ㄱ형강, 부등변ㄱ형강이라고 한다.
T형강		$T-H \times B \times t_1 \times t_2$	① 하나의 플랜지와 하나의 웨브로 구성된 형강이다. ② H형강의 중앙을 절단하여 만드는 것이 보통이나 I형강을 절단하여 사용하기도 한다. ③ 트러스나 기둥-보의 접합부에 주로 사용된다.
강관	원형강관	$\phi-$외경$\times t$	① 제조방식에 따라 압연에 의한 이음매 없는 강관과 용접에 의한 이음매있는 강관으로 나뉜다. ② 각형강관은 주로 원형강관을 성형하여 만든다.
	각형강관	ㅁ$-A \times B \times t$	
강판		$PL-t$	주로 보나 기둥의 보강, 이음매의 이음판 등의 2차 부재나 임의의 크기 및 형태를 갖는 부재를 용접에 의해 조립하여 사용한다.

(4) 강구조 고층 건물의 구조 형태

종류	형태	특징
모멘트골조		① 가새 없이 보-기둥의 연결부분의 강성으로 횡강도를 발휘하는 구조시스템이다. ② 수평 보와 수직 기둥으로 구성된다. ③ 횡저항은 보와 상호작용하는 기둥으로 이루어진 모멘트 저항 골조에 의해 좌우된다. ④ 특수 모멘트골조, 중간 모멘트골조와 보통 모멘트골조로 분류된다. ⑤ 평면제약이 비교적 적어 시공이 유리하다. ⑥ 20~30층의 고층건물에 적용이 바람직하다.
가새골조		① 수평하중을 주로 수직트러스 골조부재의 축강성으로 저항하는 구조형식이다. ② 40~50층까지의 구조물에 사용이 가능하다. ③ 가새의 형태에 따라 X, K, V 모양으로 분류가 가능하며 가새가 현재에 접합되는 위치에 따라 현재에 휨과 전단력이 발생되기도 한다.
전단벽 구조		① 전단벽이 수직/수평하중을 지지하는 구조 형식이다. ② 코어를 전단벽으로 사용하게 되면 구조효율이 높아진다. ③ 인성이 낮기에 전단파괴의 우려가 있다. 참고) 이중골조형식 　　이중골조방식은 횡력의 25%이상을 부담하는 모멘트(연성)골조가 전단벽이나 가새골조와 조합되어 있는 골조방식이다.
튜브 구조		① 외곽기둥들이 일체화되어 있어 지상에 솟은 빈상자형 캔틸레버형태로 수평하중에 저항하는 구조형식이다. ② 100층 이상의 초고층 구조물에서 사용이 가능하다. ③ 일체화방법에 따라 골조튜브와 가새튜브로 구분될 수 있다.
아웃리거		① 풍하중, 지진하중과 같은 횡력에 저항하기 위해 내부코어와 외부기둥을 연결하여 강성을 발휘하는 구조형식이다. ② 아웃리거를 이용해 전단벽과 외부기둥이 횡력을 서로 분담하여 저항하게 된다. ③ 벨트러스라고도 불린다.

4. 강구조의 설계법(한계상태설계법)

강구조물의 구조설계는 허용응력설계법과 한계상태설계법의 두 가지 설계 원리가 있다. 허용응력설계법은 최대응력이 허용응력보다 작아지도록 구조 부재를 설계하는 방법이며, 한계상태설계법은 확률통계학적인 방법으로 구조 부재를 설계하는 방법이다.

> **참고** 건축구조기준 및 허용응력설계법
>
> 1990년대 말에 이르기까지 강구조건물의 구조설계는 거의 허용응력설계법에 의하여 이루어졌다. 그러나 최근의 구조설계는 보다 이상적인 확률을 바탕으로 하는 한계상태설계법으로 바뀌어가고 있으며, 건축구조기준에서는 한계상태설계법만을 규정하고 있다.
> ① 최대응력이 허용응력보다 작아지도록 구조부재를 설계하는 방법이다.
> ② 최대응력은 부재력으로부터 단면내부의 최대응력을 산출한다.
> ③ 허용응력은 항복응력이나 최대강도를 안전율로 나누어 산정한다.
> ④ 부재의 탄성해석에 근거한다.
> ⑤ 장점: 계산이 편리하고 안전성과 신뢰도가 높다.
> ⑥ 단점: 확률적 고려부족(하중종류, 파괴모드), 비경제적 설계이다.
> 예 축력을 받는 부재의 허용응력설계 $\sigma = \dfrac{P}{A}$, $\sigma_w = \dfrac{f_y(\text{또는 } f_u)}{S.F.(\text{Safety Factor})} \rightarrow \sigma \leq \sigma_w$

(1) 한계상태설계법(LSD: Limit State Design)

① 확률 통계적인 방법으로 접근하여 구조물을 안전하게 설계하고자 하는 합리적인 설계법이다.
② 구조물에 작용하는 하중효과가 저항능력과 같게 되면 구조물은 한계상태(Limit State)에 이르렀다고 정의한다.
③ 구조설계의 목표: 구조체의 저항능력을 하중효과 보다 크게 설계한다. (저항능력 > 하중효과)

$\phi R_n \geq R_u = \sum\limits_{i=1} \gamma_i Q_i$	• ϕ 저항계수 • γ_i 하중계수	• R_n 공칭강도 • Q_i 하중효과	• R_u 소요강도

구조물 저항능력의 확률변수 R, 작용하는 하중효과의 확률변수 Q
$R = Q \rightarrow$ 한계상태
$R < Q \rightarrow$ 파괴
$R > Q \rightarrow$ 안전 : 한계상태의 설계 목표

④ 강도 한계상태(Strength Limit State) 초과 시 전체적 혹은 부분적 파괴가 발생한다.
  ㄴ 골조의 불안정성, 기둥의 좌굴, 보의 횡좌굴, 접합부 파괴, 인장부재의 전단면 항복, 피로파괴, 취성파괴
⑤ 사용성 한계상태(Serviceability Limit State)
  ㉠ 구조기능의 저하로 사용상 부적합한 상태이다. 예 과다균열, 과다처짐, 진동, 철근 부식, 콘크리트 표면 손상 등
  ㉡ 사용성 한계상태 초과 시 파괴는 발생하지 않으나 구조물의 기능이나 성능의 저하가 발생한다.
    ㄴ 부재의 과다한 탄성변형, 부재의 과다한 잔류변형, 바닥재의 진동, 장기변형
  • 하중계수 1.0 사용 → 사용하중 상태(Service Load Condition): 건물의 기능, 외관, 유지관리, 내구성 및 사용자의 편리함을 일정한 기준 이상으로 확보하는 데 있다.
  • 구조물의 변형: 비구조재의 손상 및 변형에 의한 기능 상실 방지, 거주자의 심리적 불안요소 제거
  • 구조물의 진동: 거주자의 심리적 불쾌감 방지, 공진 방지

⑥ 구조물의 저항능력

㉠ 저항계수(Resistance Factor, ϕ): 저항요소 R 속에는 구조재료의 역학적 특성이나 단면 사이즈 결정에 있어서의 가변성, 그리고 부재의 공칭강도를 결정하는 해석방법의 부정확성 등 불확실성을 내포하고 있다. 따라서 이러한 점들을 고려하여 저항계수(ϕ)를 결정한다. (철근콘크리트 강도설계에서는 강도저감(감소)계수라고 명명함.)

㉡ 하중계수(Load Factor, γ): 실제하중의 사용하중에 대한 편차, 하중을 하중효과로 변환하는 해석상의 불확실성, 2개 이상의 최대하중이 동시에 발생할 확률 등을 고려하여 사용하중에 곱하는 계수이다.

$1.4(D+F)$	• D 고정하중	• L 활하중
$1.2(D+F+T)+1.6L+0.5(L_r$ 또는 S 또는 $R)$	• L_r 지붕의 활하중	• W 풍하중
$1.2D+1.6(L_r$ 또는 S 또는 $R)+(1.0L$ 또는 $0.5W)$	• S 적설하중	• E 지진하중
$1.2D+1.0W+1.0L+0.5(L_r$ 또는 S 또는 $R)$	• R 강우하중	• F 수압
$1.2D+1.0E+1.0L+0.2S$	• H 토압	• T 초기변형에 의한 하중
$0.9D+1.0W$		
$0.9D+1.0E$		

(2) 소성설계 개념

강재의 탄성구간을 기반으로 한 탄성해석은 재료를 비경제적으로 사용하는 것에 반하여 소성설계는 부재의 전단면이 소성상태에 이를 때까지 사용하여 경제적 설계가 가능하다.

① 항복모멘트(Yield Moment) M_y

㉠ 보 단면의 최연단(Extreme Fiber)이 강재의 항복강도에 도달할 때 단면이 저항하는 휨강도이다.

㉡ 항복모멘트 이후, 단면 내에서 항복강도를 초과하여 소성변형이 발생하는 면적이 늘어난다. 즉, 단면의 소성화가 보의 내부로 진행되어 휨내력이 증가한다.

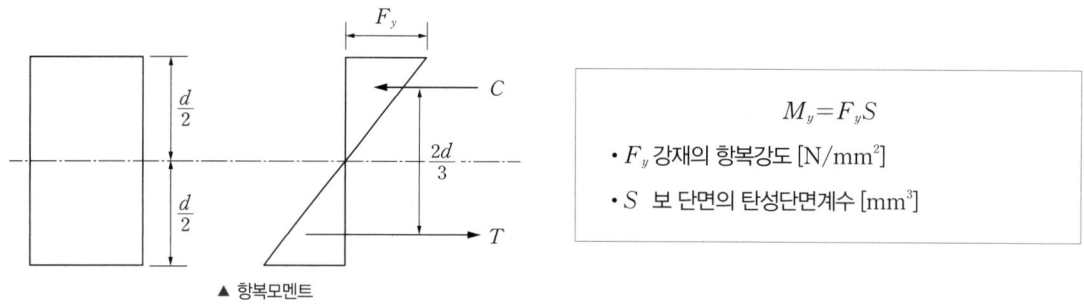

▲ 항복모멘트

$M_y = F_y S$
• F_y 강재의 항복강도 [N/mm²]
• S 보 단면의 탄성단면계수 [mm³]

② 소성모멘트(Plastic Moment) M_p

㉠ 보 단면의 전 부분이 항복강도에 도달하는 소성상태의 휨강도이다.

㉡ 소성모멘트에 도달한 단면은 소성휨강도를 유지하면서 소성회전이 계속되므로 소성힌지(Plastic Hinge)라 한다.

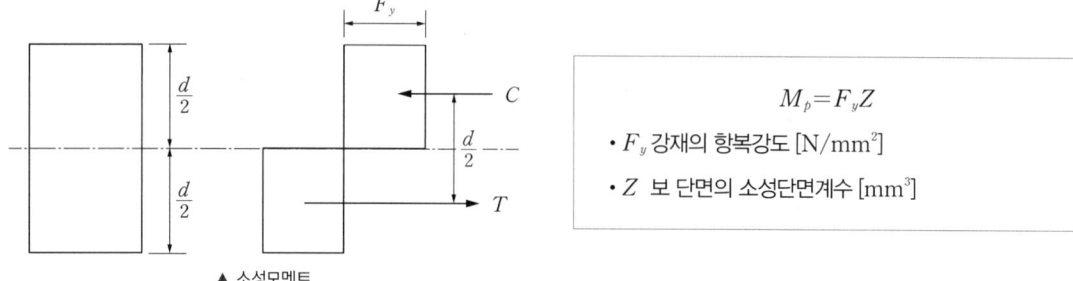

▲ 소성모멘트

$M_p = F_y Z$
• F_y 강재의 항복강도 [N/mm²]
• Z 보 단면의 소성단면계수 [mm³]

> **참고** 단면의 형상계수(Shape Factor)
>
> 소성단면계수(Z)를 탄성단면계수(S)로 나눈 비율로 항복모멘트와 소성모멘트의 비율로부터 유도된다.
>
> $$\frac{M_p}{M_y} = \frac{F_y Z}{F_y S} = \frac{Z}{S}$$

㉠ 직사각형 단면의 형상계수
  ① 탄성단면계수(S)
   • 항복모멘트: $M_y = F_y S$
   • 탄성단면계수: $S = \frac{I}{y_{max}} = \frac{bh^3/12}{h/2} = \frac{bh^2}{6}$
  ② 소성단면계수(Z)
   • 소성모멘트: $M_p = F_y Z = (F_y)\left(\frac{bh}{2}\right)\left(\frac{h}{2}\right)$
   • 소성단면계수: $Z = \frac{bh^2}{4}$
  ∴ 단면의 형상계수 $= \frac{Z}{S} = \frac{bh^2/4}{bh^2/6} = 1.5$

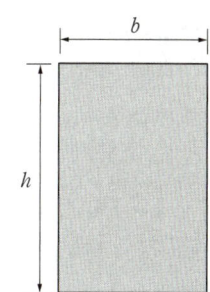

③ 소성힌지(Plastic Hinge): 부재의 전단면이 소성상태가 될 때 이론상 무한변형이 허용되는 지점을 말한다.
④ 붕괴기구(Collapse Mechanism): 소성힌지가 발생하여 붕괴에 이르는 과정을 말한다.
⑤ 하중계수(Load Factor): 허용하중에 대한 종국하중의 비율이다. (종국하중: 소성힌지가 형성되어 구조물을 완전히 붕괴에 이르게 하는 하중이다.)

5. 강구조 기타

(1) 보

종류	특징
형강 보	• H형강, I형강, C형강 등의 단일 형강을 보로 사용하는 형태로 단면을 보강하기 위해 플레이트를 덧붙여 사용한다. • 저항력을 높이기 위한 방법으로 플랜지 및 웨브 플레이트를 대는 방법을 사용하기도 한다.
플레이트 보 (판보)	• 큰 하중과 장스팬에서 사용할 수 있도록 L형강과 I형강을 리벳과 용접으로 조립하여 큰 단면으로 만든다. • 하중과 응력에 따라 단면을 자유로이 조절할 수 있다. • 형강의 단면을 그대로 이용하므로 부재의 가공 절차가 간단하고 기둥과 접합도 단순하여 다른 철골구조보다 재료가 절약되어 경제적이다. • 설계도 용이하고 전단력과 충격, 진동에 강하다. • 플랜지 플레이트는 휨모멘트에 저항하기 위해 사용되고, 4장 이하로 한다.
래티스 보	• 상하 플랜지 사이에 웨브재 평강을 45°, 60°등 일정한 각도로 접합한 조립보이다. • 전단력이 작은 곳에 사용된다. • 웨브를 현재에 90°로 댄 것을 사다리보라고 한다.
격자보	• 상,하 플랜지에 ㄴ형강을 사용하고 웨브재로 평강을 90°로 덧댄 보이다. • 콘크리트로 피복되어 사용된다.

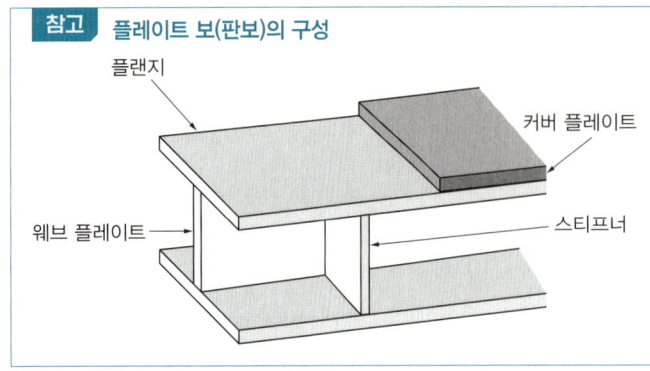

참고 플레이트 보(판보)의 구성

- 플랜지: 보의 단면의 상하에 날개처럼 내민 부분을 의미하며, 인장 및 휨모멘트에 저항한다.
- 커버 플레이트: 전면적이 플랜지의 70% 이하이며, 휨내력을 보강해준다.
- 웨브 플레이트: 전단력에 저항하며 스티프너로 보강한다.
- 스티프너: 웨브의 좌굴을 방지하는 보강재의 역할을 한다.

(2) 강구조의 주각부

① 주각은 기둥의 하중과 모멘트를 기초를 통해 지반에 전달하며, 베이스 콘크리트에 응력이 고르게 분포되도록 충분한 면적과 두께를 갖는 베이스 플레이트를 필요로 한다.

② 주각의 종류로는 핀주각, 고정주각, 매입형 주각이 있다.

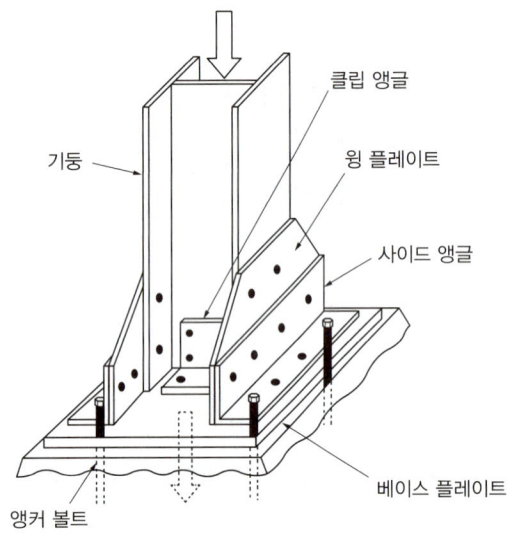

주요 요소들의 역할
- 앵커볼트: 기초 콘크리트에 매입되며 주각부의 이동을 방지한다.
- 베이스 플레이트: 기둥으로부터 전달받은 하중을 기초로 전달하고 윙 플레이트를 통해 힘을 분산하게 된다.
- 윙 플레이트: 기둥으로부터 응력을 분산한다.

KEYWORD 18 접합, 볼트, 용접 ★★

1 접합의 개요

강구조물에서 사용되는 접합 방법은 리벳, 볼트, 핀접합과 용접접합이 있다.

모든 접합부는 최소 45kN이상 지지하도록 설계되어야 하며, 주요한 부재의 접합부에는 볼트 및 고장력 볼트 접합인 경우 2개 이상 설치한다. 단, 연결재, 새그로드 또는 띠장과 같은 부재는 제외한다.

종류	접합 상세	특징
단순접합 (=전단접합, 핀접합)	고력볼트에 의한 접합	• 하중이 전달될 때, 부재의 끝단이 자유롭게 회전하도록 접합되어 휨모멘트에 대한 저항력이 없어 전단력만 전달된다. • 접합부는 구속되지 않는 상대회전 변형을 허용할 수 있다. • 일반적으로 단부를 단순 지점으로 가정하며, 보의 휨모멘트를 기둥이 부담할 수 없다. • 시공이 간단하여 재료비가 줄어든다.
모멘트 접합	앵글과 고력볼트에 의한 접합 (반강접합)	하중이 작용될 때, 일정량의 모멘트에 대해 저항능력을 가진다. (고정도 20~90%)
	용접과 고력볼트에 의한 접합 (강접합)	• 하중이 작용될 때, 접합부가 모멘트에 대해 저항능력을 가진다.(고정도 90~100%) • 접합부의 모멘트 접합은 축력, 전단력, 휨모멘트의 조합으로 설계된다. • 일반적으로 단부를 고정 지점으로 가정하며, 보의 휨모멘트를 기둥이 일부 부담한다. • 시공이 복잡하고 재료비가 증가한다.

2 볼트접합

볼트접합은 특별한 시공 기술을 필요로 하지 않으며, 볼트를 조이는 것만으로 접합이 가능하다.
하지만 접합부에 미끄럼이 생길 수 있어 진동 및 충격이나 반복하중이 가해지면 접합부에 큰 변형이 생길 수 있으므로 영구적인 구조물에는 일반볼트를 사용하지 못하고 고장력볼트를 주로 사용한다.

1. 볼트의 명칭 및 종류

(1) 볼트의 명칭

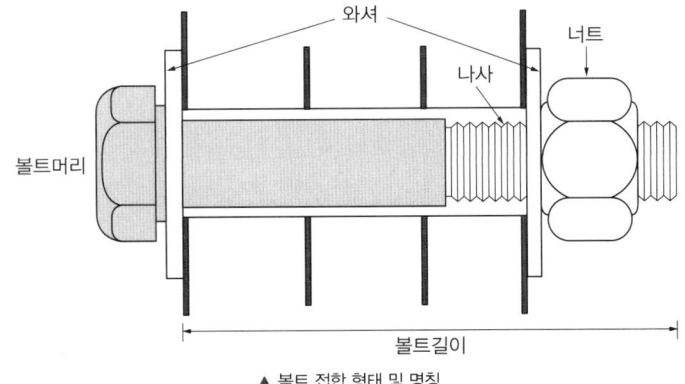

▲ 볼트 접합 형태 및 명칭

(2) 볼트접합의 용어

① 게이지라인: 볼트의 중심선을 연결하는 선
② 게이지: 게이지라인과 게이지라인과의 거리
③ 피치: 볼트 중심 사이의 간격
  → 피치(p)의 구조 기준: $p ≈ 3~4d$(일반적인 기준) $\geq$ $2.5d$(최소기준), 이때 d는 볼트 직경을 의미한다.
④ 측단거리: 볼트 중심과 측단까지의 거리
  → 측단거리 및 연단거리는 일반적으로 $2.0d~2.5d$로 하면 안전하다.
⑤ 연단거리: 볼트 중심과 연단까지의 거리
  → 연단거리 구조기준: 연단거리(e)를 지나치게 크게 하면 휘어지기도 하므로, $e ≈ 2.0~2.5d$(일반적인 기준) $\leq 12t$ 또는 150mm(최대 연단거리)
  → 이때 d는 볼트의 직경이며 t는 판두께를 의미한다.

▲ 볼트 접합 용어

(3) 볼트의 종류와 볼트접합의 배치

① 볼트의 종류: 볼트는 가공정밀도에 따라 상볼트, 중볼트, 흑볼트 3가지가 있다.
  ㉠ 상볼트: 핀접합에서 사용되며, 나볼트 표면을 모두 연마 마무리한 볼트이다.
  ㉡ 중볼트: 구조용으로 사용되며, 두부 하부와 중간부를 마무리한 볼트이다. 진동, 충격이 없는 내력부에 주로 사용된다.
  ㉢ 흑볼트: 가조임에서 사용되는 볼트로, 나사부 이외의 부분이 흑피로 되어 있다.
② 볼트접합의 배치 방법
  ㉠ 볼트 접합의 배치 방법은 정렬배치와 불규칙배치(엇모배치)가 있다.
  ㉡ 일반적으로 정렬배치가 주로 사용되지만 구조적으로는 불규칙배치가 유리하다.

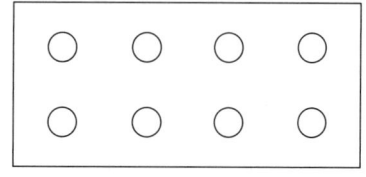
▲ 정렬배치

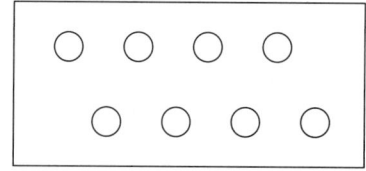
▲ 불규칙배치(엇모배치)

2. 고장력볼트의 접합

(1) 고장력볼트의 명칭

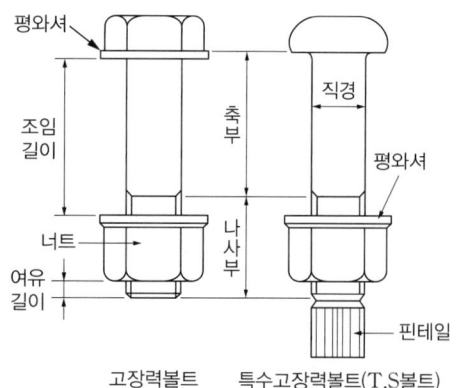

고장력볼트   특수고장력볼트(T.S볼트)

① 볼트의 호칭지름에 의한 분류
  M 22
      └ 직경[mm]
  └ Bolt

② 볼트의 기계적 성질(재질)에 의한 분류
  F 8 T
      │ │ └ 인장강도(Tensile strength)
      │ └ 인장강도 수치 예) F8T→800MPa=8tf/cm²
      └ 마찰(Friction)

(2) 고장력볼트의 특징

① 높은 접합 강성을 유지하여 큰 힘의 전달이 가능하다.
② 조임력이 우수하여 너트의 풀림이 생기지 않는다.
③ 응력 방향에 전환이 발생해도 혼란이 생기지 않는다.
④ 응력 집중이 적어 반복응력에 대해 강한 성능이 발휘된다.
⑤ 유효 면적당 응력발생이 작다.
⑥ 피로강도가 높다.

(3) 고장력볼트의 접합 방법

① 마찰접합
  ㉠ 고장력볼트의 강력한 조임력에 의해 부재간의 마찰력을 이용하는 접합방식으로 일반적으로 고장력볼트접합이라고 하면 마찰접합을 의미한다.
  ㉡ 응력의 흐름이 원활하며 접합부의 강성이 높다.
  ㉢ 부재의 접합면에서 응력이 전달되므로, 국부적인 응력집중현상에 대한 염려가 없다.
  ㉣ 응력이 부재간 마찰력을 초과하게 되면 미끄럼현상이 발생하는데 이때 마찰계수를 미끄럼계수라고 한다.
② 인장접합: 마찰접합과 유사하게 볼트 조임 시 발생하는 부재간 압축력을 이용하여 하중을 전달하나, 응력의 전달 매커니즘에서 마찰이 관여하지 않는다.
③ 지압접합
  ㉠ 부재간 발생하는 마찰력과 고장력볼트 축의 전단력 및 부재의 지압력을 동시에 발생시켜 응력을 부담하는 접합방식이다.
  ㉡ 임팩트렌치로 수회 또는 일반렌치로 최대로 조여서 접합판이 완전히 밀착시키는 밀착조임이 가능한 접합 방식이다.

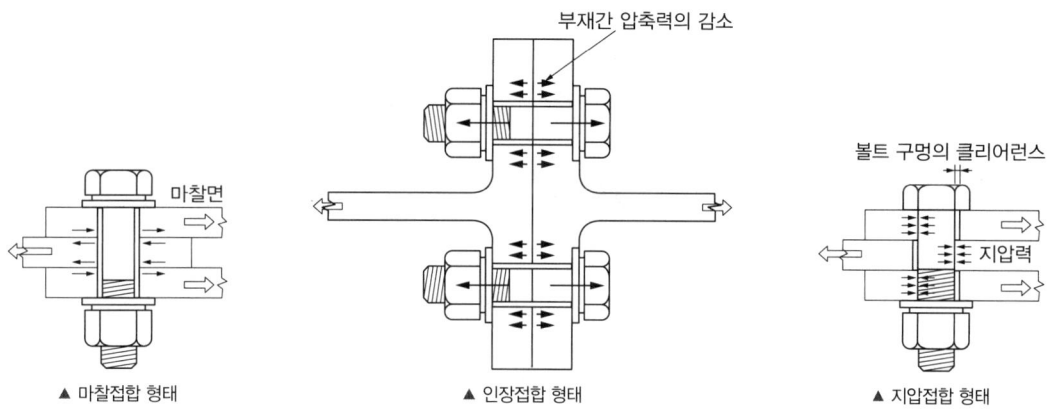

▲ 마찰접합 형태   ▲ 인장접합 형태   ▲ 지압접합 형태

(4) 고장력볼트의 종류

① 볼트의 호칭지름에 의한 고장력볼트의 종류

단위: mm

고장력볼트 호칭	표준구멍의 직경	과대구멍의 직경	단슬롯	장슬롯	참고
M16	18	20	18×22	18×40	※ 표준구멍의 직경 고장력볼트 호칭직경에 여유폭을 더한 값이다. • M16~22: 호칭직경 +2mm • M24~30: 호칭직경 +3mm
M20	22	24	22×26	22×50	
M22	24	28	24×30	24×55	
M24	27	30	27×32	27×60	
M27	30	35	30×37	30×67	
M30	33	38	33×40	33×75	

② 기계적 성질에 의한 고장력볼트의 종류

등급	항복강도[N/mm²]	인장강도[N/mm²]
F8T	640 이상	800 ~ 1,000
F10T	900 이상	1,000 ~ 1,200
F13T	1,170 이상	1,300 ~ 1,500

3. 고장력볼트의 설계강도

(1) 설계 미끄럼강도(ϕR_n)

$$\phi R_n = \phi \mu h_f T_0 N_s$$

ϕ		• 1.0 표준구멍 또는 하중방향에 수직인 단슬롯인 경우 • 0.85 과대구멍 또는 하중방향에 평행한 단슬롯인 경우 • 0.70 장슬롯인 경우
μ 미끄럼계수		페인트칠하지 않은 블라스트 청소된 마찰면=0.5
h_f 끼움재계수	1.0	• 끼움재를 사용하지 않는 경우 • 끼움재 내 하중의 분산을 위하여 볼트를 추가한 경우 • 끼움재 내 하중의 분산을 위해 볼트를 추가하지 않는 경우로서 접합되는 재료 사이에 한 개의 끼움재가 있는 경우
	0.85	끼움재 내 하중의 분산을 위해 볼트를 추가하지 않는 경우로서 접합되는 재료 사이에 2개 이상의 끼움재가 있는 경우
T_0		설계볼트장력[kN]
N_s		전단면의 수(마찰접합 및 지압접합의 경우에만 적용)

(2) 고장력볼트 종류에 따른 공칭단면적과 설계/표준볼트장력

볼트의 등급	볼트의 호칭	공칭단면적[mm²]	설계볼트장력 T_o[kN]	표준볼트장력 $1.1T_o$[kN]
F8T	M16	201	84	92
	M20	314	132	145
	M22	380	160	176
	M24	452	190	209
F10T	M16	201	106	117
	M20	314	165	182
	M22	380	200	220
	M24	452	237	261
F13T	M16	201	137	151
	M20	314	214	235
	M22	380	259	285
	M24	452	308	339

- $T_o = 0.7 F_u A_{eff}$ (T_o: 설계볼트장력, F_u: 고장력볼트의 인장강도)
- $A_{eff} = 0.75 A_b$ (A_{eff}: 고장력볼트의 유효단면적, A_b: 공칭단면적)

(3) 고장력볼트의 설계인장강도 및 설계전단강도(ϕR_n)

$$\phi R_n = \phi F_n A_b N_s$$

① $\phi = 0.75$
② F_n 공칭인장강도 $F_{nt} = 0.75 F_u [\text{N/mm}^2]$
   공칭전단강도 $F_{nv} = 0.5 F_u [\text{N/mm}^2]$ (나사부를 포함하지 않는 경우)
   $F_{nv} = 0.4 F_u [\text{N/mm}^2]$ (나사부를 포함하는 경우)
   F_u 고장력볼트의 인장강도[N/mm²]
③ A_b 고장력볼트의 공칭단면적[mm²]
④ N_s 전단면의 수(마찰접합 및 지압접합의 경우에만 적용)

(4) 고장력볼트 종류에 따른 공칭인장강도와 공칭전단강도

강도	강종	고장력볼트			일반볼트
		F8T	F10T	F13T	KS B 1002에 따른 강도 구분 4.6에 해당
공칭인장강도(F_{nt})		600	750	975	300
지압접합의 공칭전단강도(F_{nv})	나사부가 전단면에 포함	320	400	520	160
	나사부가 전단면에 불포함	400	500	650	200

4. 마찰면의 처리, 도입장력 및 볼트 길이

(1) 마찰면의 처리
① 구멍을 중심으로 지름이 2배 이상 범위를 숏 블라스트(Shot Blast) 또는 샌드 블라스트(Sand Blast)로 제거해야 한다.
② 마찰면에 페인트를 칠하지 않은 경우에는 미끄럼계수가 0.5 이상 확보되어야 한다.
③ 마찰면인 강재의 표면과 고장력볼트 구멍의 주변부를 정리하고 표면 처리된 마찰면에는 도료, 기름, 오물 등이 없어야 한다.

(2) 설계볼트 및 표준볼트장력
① 설계볼트장력은 고장력볼트의 설계미끄럼강도를 구하기 위하여 사용된다.
② 마찰접합의 고장력볼트 조임 시 고장력볼트에 도입되는 장력의 풀림을 고려하여야 하며, 설계볼트장력에 최소 10%를 할증한 표준볼트장력으로 조임을 해야 한다.
→ 설계볼트장력 × 1.1 = 표준볼트장력

(3) 볼트 길이
① 고장력볼트의 조임 길이에 더해야 하는 길이는 너트 1개, 와셔 2장과 나사산 3개 정도의 여유길이이다.
② 고장력볼트의 길이는 KS규격에 따라 5mm 단위로 제조되어, 산출치수와 가장 가까운 것을 선택하여 사용해야 한다.
③ 계산된 고장력볼트의 길이보다 더 긴 길이의 볼트를 사용하게 되면, 응력집중으로 인해 볼트의 연성이 저하되고 피로강도가 급격히 저하될 수 있다.

5. 고장력볼트의 조임 방법

(1) 너트회전법
① 너트회전법은 1차조임 후, 비틀림 원리를 이용하여 너트 회전량으로 조임을 관리하는 방법이다.
② 너트의 회전량에 따라 표준볼트장력을 확보해야 한다.
③ 1차조임 토크값으로 피접합재를 밀착한 후, 고장력볼트의 나사부, 너트 및 와셔 등에 표시를 하며, 그 다음 장력 도입에 맞도록 너트를 120° 회전하도록 조인다. 이때의 회전량은 120°±30°의 경우 합격으로 볼 수 있다.

(2) 보정렌치조임법
① 주로 토크관리법을 의미한다.
② 고장력볼트가 탄성범위 내에 있다 가정하고 조임력(토크)과 고장력볼트의 축력이 비례하는 것을 이용한다.
③ 보정렌치조임법의 조임력(T)은 토크계수(k), 고장력볼트 축부의 공칭직경(d_1)과 고장력볼트의 축력(N)의 곱으로 구할 수 있다.

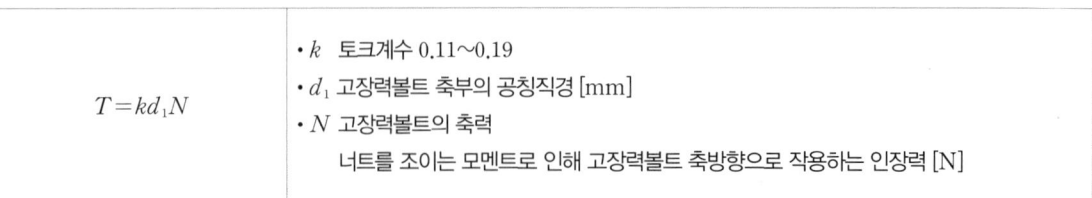

$T = kd_1N$	• k 토크계수 0.11~0.19 • d_1 고장력볼트 축부의 공칭직경 [mm] • N 고장력볼트의 축력 너트를 조이는 모멘트로 인해 고장력볼트 축방향으로 작용하는 인장력 [N]

3 용접접합

1. 용접이음 형식

(1) 그루브 용접(Groove Welding)

① 맞댐용접이라고도 하며, 부재의 한쪽 또는 양쪽 끝단면을 비스듬히 절단하여 용접하는 방법으로, 부재의 끝을 절단해 낸 부분을 홈 또는 개선이라고 한다.

② 용접 방식은 위쪽을 먼저 용접한 뒤에 백가우징을 한뒤 뒤쪽을 용접하거나 뒷댐재를 대고 용접하는 방식이다.

③ 그루브 용접의 각부 명칭

　㉠ 뒷댐재: 용융불량, 수축균열, 슬래그 함입 등 용접 초기에 발생하기 쉬운 결함을 없애기 위한 부재이다.

　㉡ 엔드탭: 루트 밑면의 뒷댐재 및 용접 개시점과 종료점의 용착 금속에 결함이 없도록 하기 위하여 양단에 붙이는 부재이다.

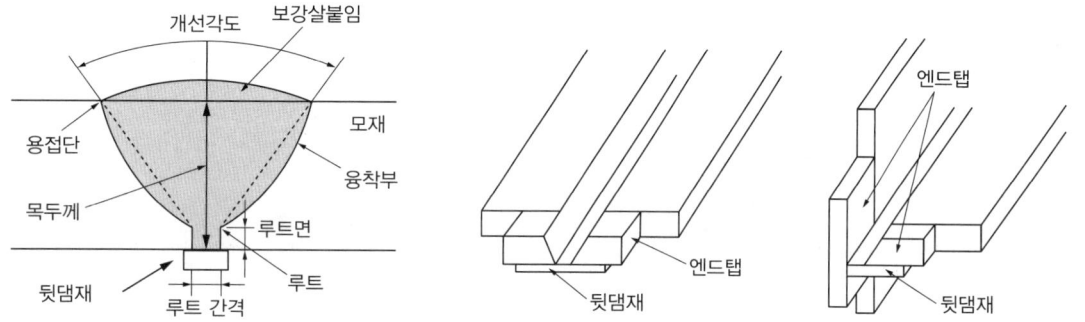

④ 그루브 용접의 유효목두께(a): 목두께가 일정할 경우 유효목두께와 목두께는 동일하며, 목두께가 일정하지 않을 경우의 유효목두께는 얇은 쪽 모재두께로 한다.

⑤ 그루브 용접의 용접유효길이(l): 용접유효길이는 부재축에 직각인 접합부분의 폭을 의미한다.

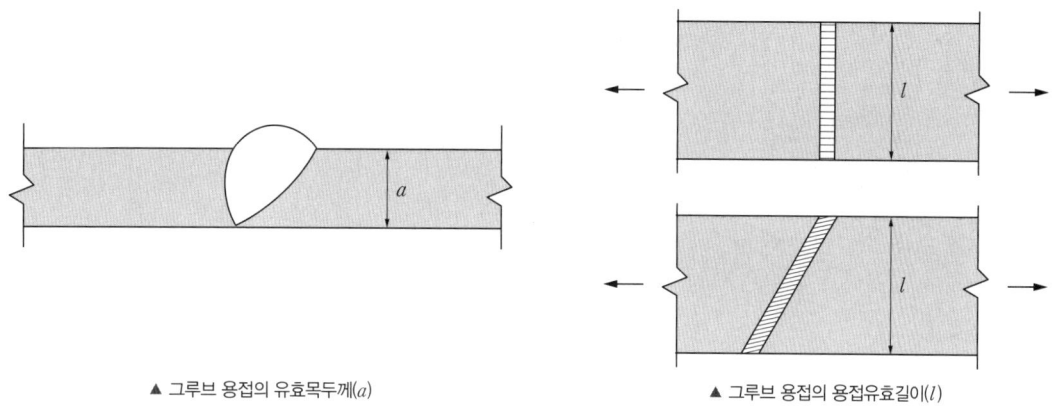

▲ 그루브 용접의 유효목두께(a)　　　　▲ 그루브 용접의 용접유효길이(l)

⑥ 그루브 용접의 분류

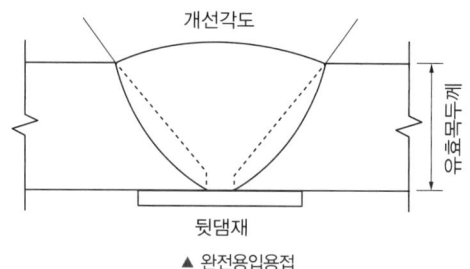 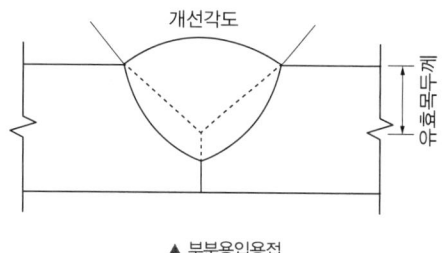

▲ 완전용입용접　　　　▲ 부분용입용접

(2) 필릿 용접(Fillet Welding)

모살용접이라고도 한다. 두 부재에 홈파기 등의 사전 가공을 하지 않고, 교차되는 면 사이에 삼각형 모양으로 용접하는 방법으로 경제적이며, 용접준비가 간편하다.

① 필릿 용접의 각부 명칭

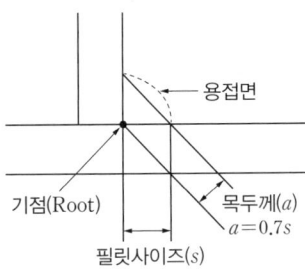

② 필릿 용접의 유효목두께(a)

유효목두께는 필릿사이즈(s)의 0.7배이다.

$a = 0.7s\,[\text{mm}]$

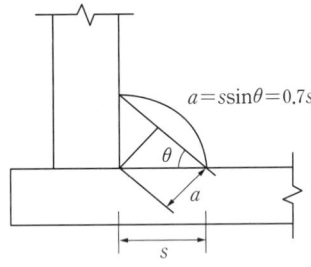

③ 필릿 용접의 유효길이(l_e)

유효길이는 필릿 용접의 총길이(l)에서 필릿사이즈(s)의 2배를 제외한 나머지 부분이다.

$l_e = l - 2s\,[\text{mm}]$

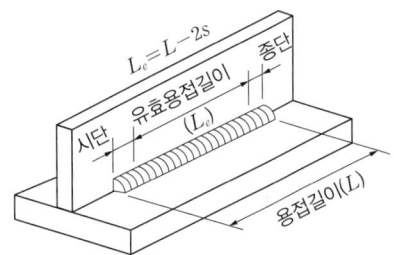

④ 필릿 용접의 사이즈 제한사항: 판 두께가 6mm 이상의 경우 최대 필릿 사이즈는 판두께 보다 2mm 작게 하여 단부 모서리가 확실하게 남을 수 있도록 한다.

접합재 단부 판두께, t	필릿(모살) 용접의 최대 사이즈 [mm]
$t < 6$	$s = t$
$t \geq 6$	$s = t - 2$

접합부의 얇은 쪽 소재 두께, t	필릿(모살) 용접의 최소 사이즈 [mm]
$t < 6$	3
$6 \leq t < 13$	5
$13 \leq t < 20$	6
$20 \leq t$	8

2. 용접이음의 도시법

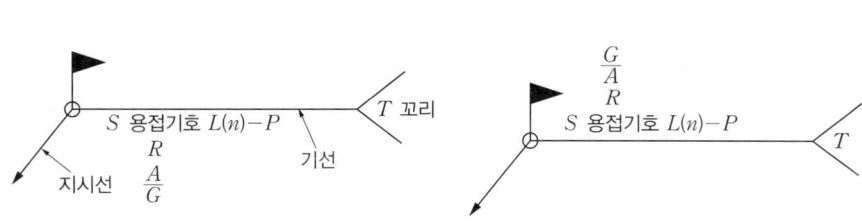

- S 용접치수
- R 루트간격
- A 개선각
- T 꼬리(특기사항 기록)
- $-$ 표면모양
- G 용접부처리방법
- L 용접길이
- P 용접간격
- ▶ 현장용접

▲ 용접할 곳이 화살 쪽 또는 앞쪽일 때   ▲ 용접할 곳이 화살 반대쪽 또는 뒤쪽일 때

[예시]

내용	형상	단면	입면
용접길이 500mm			
양쪽 필릿 용접 $s=6$mm 현장용접			
양쪽 필릿 용접 $s_1=6$mm $s_2=9$mm			
병렬용접 용접길이 50mm 용접수 3 피치 150mm			

3. 용접결함의 종류

종류	특징	비고
균열(Crack)	• 용접금속에 금이 간 상태이다. • 용착금속이 응고되어 수축할 때 용접부가 구속되면 인장 잔류 응력에 의해 균열이 발생되며 대부분 냉각과정에서 용착금속 내에 발생한다.	
블로홀(Blow Hole) & 피트(Pit)	• 블로홀(Blow Hole): 용접 후 냉각 시 용접 부위에 공기가 포함되어 공극이 형성되는 것이다. • 피트(Pit): 용접부 표면에 생기는 미세한 흠이다.	
슬래그(Slag) 혼입	• 슬래그는 제강 시 생기는 비금속성 찌꺼기이다. • 용착금속이 급속히 냉각하는 경우나 운봉작업이 좋지 않은 경우에 일부가 표면에 뜨지 않고 내부로 혼입되는 현상이다.	
오버랩(Over Lap)	• 용융금속이 넘쳐서 표면에 융합되지 않은 상태를 말한다. • 용접 전류가 약할 때 주로 발생한다.	
언더컷(Under Cut)	• 용접 시 모재가 녹아 파이는 현상을 말한다. • 용접 전류가 클 때, 운봉속도가 빠를 때 발생한다.	
용입부족	• 용착금속이 모두 채워지지 않고 빈 공간이 남는 현상을 말한다. • 용접 전류가 낮거나, 운봉속도가 빠를 때 발생한다.	
피시아이(Fish Eye)	슬래그 혼입이나 블로홀 겹침 현상으로 생선 눈알 모양의 은색 반점이 생기는 결함이다.	
크레이터(Crater)	• 용접 시 길이방향 끝부분에 용착금속이 채워지지 않고 오목하게 패이는 결함이다. • 온도 저하로 용접금속이 수축하면서 균열이 생기기도 한다.	

4. 용접부 비파괴검사의 종류

① 방사선 투과시험(Radiographic Test)
② 초음파 탐상시험(Ultrasonic Test)
③ 자분 탐상시험(Magnetic Particle Test)
④ 침투탐상시험(Penetration Test)

KEYWORD 19 인장재·압축재 설계 ★★

1 인장재

1. 인장재의 순단면적

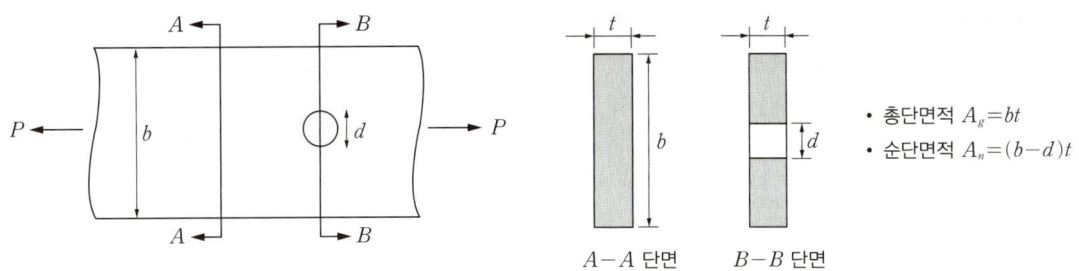

- 총단면적 $A_g = bt$
- 순단면적 $A_n = (b-d)t$

2. 배치 종류에 따른 순단면적 산정

(1) 정렬배치

① 정렬배치의 경우 구멍을 중심으로 나란히 파단이 일어나게 되므로, 파단선은 $A-B$가 된다.
② 순단면적(A_n)은 총단면적(A_g)에서 구멍의 결손부분을 제외한 나머지에 해당하게 된다.

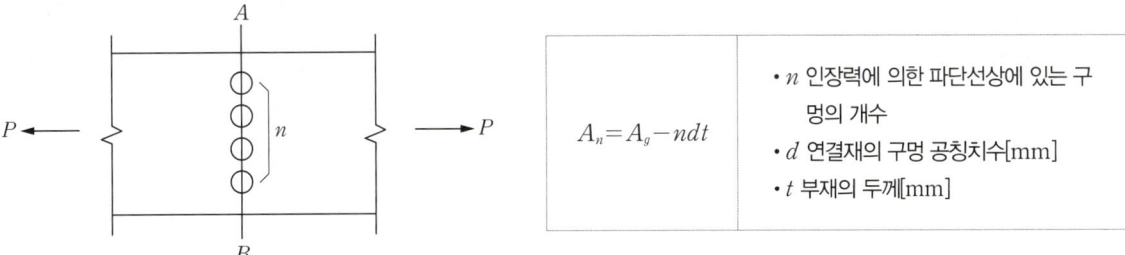

$$A_n = A_g - ndt$$

- n 인장력에 의한 파단선상에 있는 구멍의 개수
- d 연결재의 구멍 공칭치수[mm]
- t 부재의 두께[mm]

(2) 불규칙(엇모)배치

① 불규칙배치의 경우 파단선은 ❶ $A-1-3-B$, ❷ $A-1-2-3-B$, ❸ $A-1-2-C$, ❹ $D-2-3-B$의 파단이 가능하다.
② ❶의 경우 나란히 파단이 일어나게 되므로 정렬배치와 동일한 방법으로 순단면적(A_n)으로 구할 수 있으며, 나머지 파단선의 경우 다음과 같이 순단면적(A_n)을 구할 수 있다.

$$A_n = A_g - ndt + \sum \frac{s^2}{4g} t$$

- s 인접한 2개 구멍의 응력 방향 중심 간격[mm]
- g 연결재 게이지선 사이의 응력 수직방향 중심간격[mm]

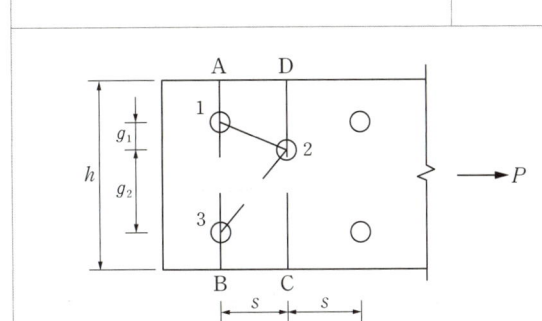

4가지 파단면에 따른 순단면적
❶ $A-1-3-B$: $A_n = (h-2d)t$
❷ $A-1-2-3-B$: $A_n = \left(h - 3d + \frac{s^2}{4g_1} + \frac{s^2}{4g_2}\right)t$
❸ $A-1-2-C$: $A_n = \left(h - 2d + \frac{s^2}{4g_1}\right)t$
❹ $D-2-3-B$: $A_n = \left(h - 2d + \frac{s^2}{4g_2}\right)t$

3. 인장재의 설계

인장재는 소요인장강도(P_u)가 인장재의 공칭인장강도(P_n)에 인장저항계수(ϕ_t)를 곱한 값인 설계인장강도($\phi_t P_n$)보다 작게 설계한다.

> 설계인장강도($\phi_t P_n$)는 총단면의 항복강도와 급격한 파괴가 일어나는 유효순단면의 파단강도 중 더 작은 값을 적용한다.
> - 총단면의 항복강도 $\phi_t P_n = 0.90 \times F_y A_g$ (F_y 강재의 항복강도, A_g 총단면적)
> - 급격한 파괴가 일어나는 유효순단면의 파단강도 $\phi_t P_n = 0.75 \times F_u A_e$ (F_u 강재의 인장강도, A_e 유효순단면적)

2 압축재

1. 개요 및 좌굴의 종류

(1) 개요

① 압축재는 압축력을 받는 구조부재를 의미한다. 해당 압축재로는 트러스의 현재 및 웨브재, 그리고 압축력만이 작용하는 기둥이 이에 속한다.

② 압축재는 중심압축력을 받으면 단면형상에 따라서 휨좌굴, 비틀림좌굴, 휨-비틀림좌굴이 발생한다.

(2) 압축재 좌굴의 종류

① 휨좌굴: 일반적으로 세장비가 큰 약축 방향의 휨에 의하여 발생한다.

② 비틀림좌굴: 매우 세장한 2축 대칭단면의 압축재에 주로 발생한다. 열간압연 형강보다는 얇은 판재를 조립한 조립 압축재에 발생할 가능성이 높다.

③ 휨-비틀림좌굴: 비대칭단면의 압축재에 휨좌굴과 비틀림좌굴의 조합에 의하여 발생한다.

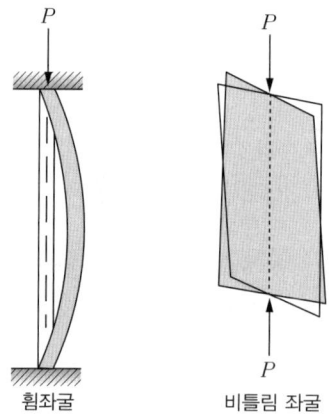

휨좌굴   비틀림 좌굴

2. 압축재의 탄성좌굴응력 및 탄성좌굴하중

(1) 탄성좌굴응력(F_{cr})과 탄성좌굴하중(P_{cr})

$$F_{cr} = \frac{P_{cr}}{A} = \frac{\pi^2 E}{\lambda^2} = \frac{\pi^2 E}{(KL/r)^2}$$

$$P_{cr} = \frac{\pi^2 EI}{(KL)^2}$$

- A 단면적[mm²]
- λ 세장비
- K 유효좌굴길이계수
- r 압축재의 최소 단면2차반경[mm]
- E 탄성계수[MPa]
- KL 압축재의 유효좌굴길이[mm]
- L 부재길이[mm]
- I 단면2차모멘트[mm⁴]

(2) 지지조건에 따른 유효좌굴길이계수(K)

재단조건 (점선은 좌굴모드)	0.5L	0.7L	L	L	2L	2L
K의 이론값	0.5	0.7	1.0	1.0	2.0	2.0
K의 권장설계값	0.65	0.8	1.2	1.0	2.1	2.0
기호	회전구속, 이동구속 회전구속, 이동자유			회전자유, 이동구속 회전자유, 이동자유		

3. 압축요소의 판폭두께비

(1) 압축재 강형강의 종류 및 치수 표기법

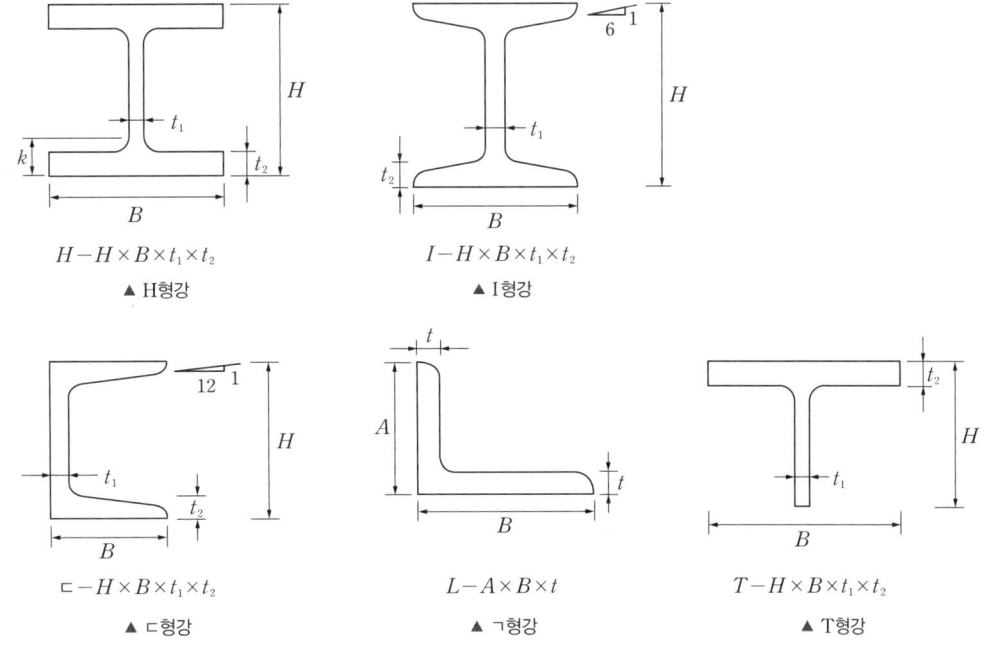

$H - H \times B \times t_1 \times t_2$
▲ H형강

$I - H \times B \times t_1 \times t_2$
▲ I형강

$ㄷ - H \times B \times t_1 \times t_2$
▲ ㄷ형강

$L - A \times B \times t$
▲ ㄱ형강

$T - H \times B \times t_1 \times t_2$
▲ T형강

(2) 압축재 H형강의 판폭두께비

① 플랜지와 웨브의 판폭두께비(E: 탄성계수, F_y: 강재종별에 따른 강재의 항복강도)

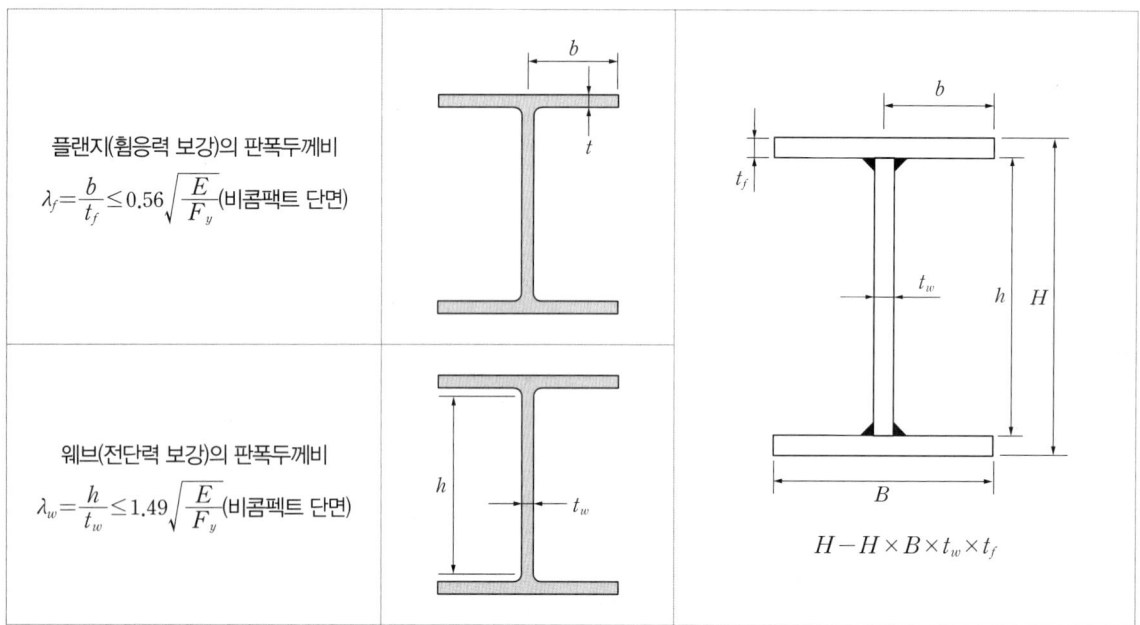

플랜지(휨응력 보강)의 판폭두께비
$\lambda_f = \dfrac{b}{t_f} \leq 0.56\sqrt{\dfrac{E}{F_y}}$ (비콤팩트 단면)

웨브(전단력 보강)의 판폭두께비
$\lambda_w = \dfrac{h}{t_w} \leq 1.49\sqrt{\dfrac{E}{F_y}}$ (비콤팩트 단면)

$H - H \times B \times t_w \times t_f$

② H형강의 판폭두께비

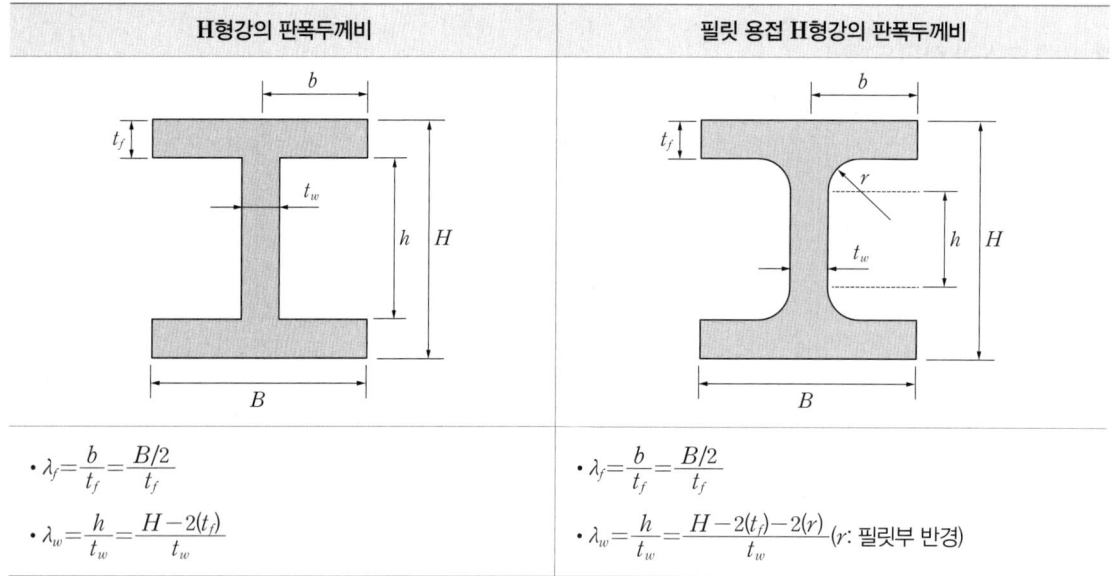

H형강의 판폭두께비
- $\lambda_f = \dfrac{b}{t_f} = \dfrac{B/2}{t_f}$
- $\lambda_w = \dfrac{h}{t_w} = \dfrac{H - 2(t_f)}{t_w}$

필릿 용접 H형강의 판폭두께비
- $\lambda_f = \dfrac{b}{t_f} = \dfrac{B/2}{t_f}$
- $\lambda_w = \dfrac{h}{t_w} = \dfrac{H - 2(t_f) - 2(r)}{t_w}$ (r: 필릿부 반경)

③ 압축재 H형강의 평균전단응력

$\tau_{aver} = -\dfrac{V}{t_w \cdot h}$ ・ V 전단응력

(3) 각형강관의 강재비와 폭두께비

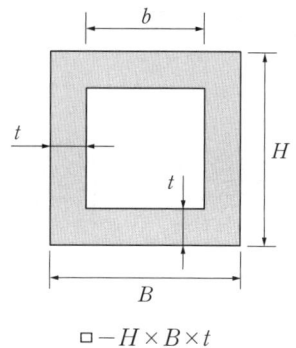

- 강재비 $\rho_s = \dfrac{A_s}{A_g}$
- 폭두께비 $\lambda = \dfrac{b}{t} = \dfrac{B-2(t)}{t}$

4. 조립압축재

(1) 조립압축재의 개요

① 일정한 규격으로 생산되는 압연형강으로는 설계 압축력 지지가 불가능할 경우, 강재를 조립하여 만든 조립압축재를 사용해야 한다.

② 조립압축재의 한계상태하중은 개재의 좌굴에 의해 결정되지 않도록 접합 간격을 정해야하고 개재* 세장비는 조립압축재 전체 세장비의 $\dfrac{3}{4}$배를 초과하지 않아야 한다.

③ 조립압축재는 다음과 같이 종류를 구분할 수 있다.

* 개재(介在)
어떤 것들 사이에 끼여 있음

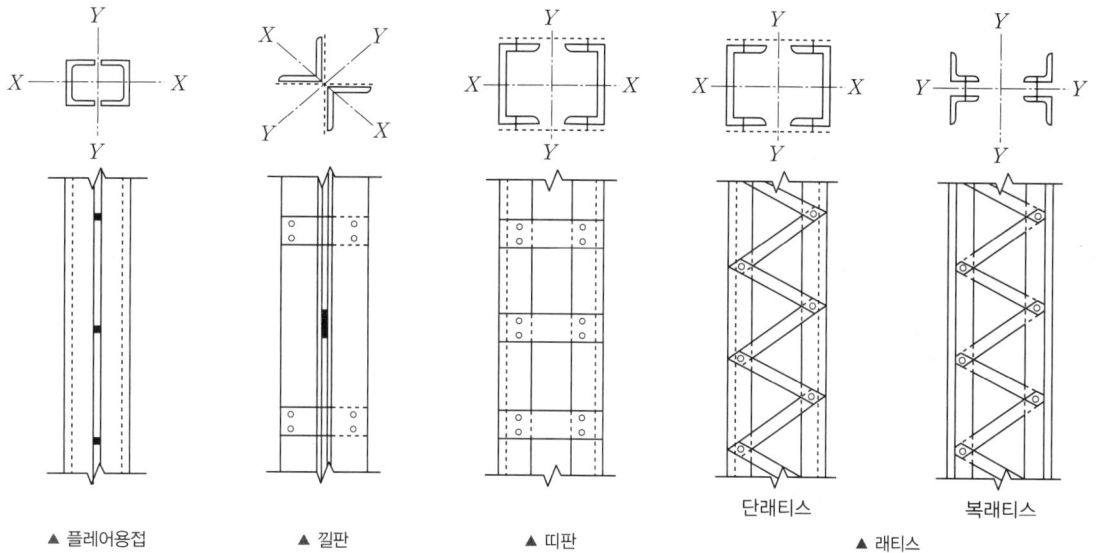

▲ 플레어용접　　▲ 낄판　　▲ 띠판　　단래티스　　복래티스
　　　　　　　　　　　　　　　　　　　▲ 래티스

(2) 조립압축재의 2차반경(r_X, r_Y)

① $X-X$축(충복축)에 대한 2차반경 $$r_X = \sqrt{\dfrac{\Sigma I_X}{\Sigma A}}$$ ② $Y-Y$축(비충복축)에 대한 2차반경 $$r_Y = \sqrt{\dfrac{\Sigma I_Y}{\Sigma A}} = \sqrt{\dfrac{2I_y + 2A\left(\dfrac{c}{2}\right)^2}{2A}} = \sqrt{(r_y)^2 + \left(\dfrac{c}{2}\right)^2}$$	• A 개재의 단면적[mm²] • I_y 개재의 도심축(y축)에 대한 단면2차모멘트[mm⁴] • c 개재의 도심간 거리[mm] • r_y 개재의 도심축(y축)에 대한 단면2차반경[mm]

(3) **조립압축재의 구조제한**
  ① 조립부재의 단부에서 개재 상호 간의 접합
      ㉠ 용접접합: 연속용접으로 용접길이는 조립재의 최대폭 이상의 길이로 한다.
      ㉡ 고장력볼트접합
          • 접합길이: 조립재 최대 폭의 1.5배 이상
          • 볼트피치: 지름의 4배 이하
  ② 단속용접 또는 고장력볼트의 피치는 설계응력을 충분히 전달하도록 하여야 한다.
  ③ 덧판을 사용한 도장된 부재 또는 부식의 우려가 없어 도장되지 않은 조립압축재의 파스너 및 단속용접 최대 간격
      ㉠ 정렬배치: 덧판두께의 $330/\sqrt{F_y}$배 또는 300mm 이하
      ㉡ 엇빗배치: 덧판두께의 $500/\sqrt{F_y}$배 또는 450mm 이하

(4) **래티스형식의 조립압축재**
  ① 사용 래티스재: 평강, ㄱ형강, ㄷ형강, 기타 형강
  ② 개재의 세장비는 조립압축재의 최대세장비를 초과하지 않도록 접합하여야 하며, 다음 조건을 만족하여야 한다.
      ㉠ 단일래티스: $\dfrac{L}{r} \leq 140$
      ㉡ 복래티스: $\dfrac{L}{r} \leq 200$(교차점은 접합함)
  ③ 압축력을 받는 래티스의 길이
      ㉠ 단일래티스: 주부재와 접합되는 비지지된 대각선의 길이
      ㉡ 복래티스: 주부재와 접합되는 비지지된 대각선 길이의 70%
  ④ 래티스재의 기울기
      ㉠ 단일래티스: 60° 이상
      ㉡ 복래티스: 45° 이상
  ⑤ 조립부재의 개재를 연결하는 재축방향의 용접 또는 파스너 열 사이 거리가 380mm를 초과하면, 복래티스 또는 ㄱ형강으로 하는 것이 좋다.
  ⑥ 부재의 단부 또는 래티스 설치에 지장이 있는 부분의 양단부와 중간부에는 다음 조건의 띠판을 설치하도록 한다.
      ㉠ 띠판의 폭
          • 부재단부: 개재를 연결하는 용접 또는 파스너 열간격 이상
          • 부재중간: 부재단부 띠판 길이의 $\dfrac{1}{2}$ 이상
      ㉡ 띠판의 두께: 개재를 연결시키는 용접 또는 파스너 열 사이 거리의 $\dfrac{1}{50}$ 이상
      ㉢ 띠판의 접합
          • 용접의 경우: 용접길이는 띠판 길이의 $\dfrac{1}{3}$ 이상
          • 볼트접합의 경우: 띠판에 최소한 3개 이상의 파스너 설치, 파스너의 간격은 파스너 직경의 6배 이하

핵심 기출문제

PART 05 강구조

KEYWORD 17　강구조 총론

01
12년 2회, 10년 1회

한계상태설계법에 따른 강구조 이음부에 대한 설계세칙 중 옳지 않은 것은?

① 응력을 전달하는 단속모살용접이음부의 길이는 모살사이즈의 10배 이상 또한 30mm 이상을 원칙으로 한다.
② 응력을 전달하는 겹침이음은 1열 이상의 모살용접을 원칙으로 한다.
③ 고력볼트의 구멍중심간 거리는 공칭직경의 2.5배 이상으로 한다.
④ 고력볼트의 구멍중심에서 볼트머리 또는 너트가 접하는 재의 연단까지의 최대거리는 판두께의 12배 이하 또한 150mm 이하로 한다.

해설
응력을 전달하는 겹침이음은 2열 이상의 필릿용접을 원칙으로 하고, 겹침길이는 얇은쪽 판두께의 5배 이상 또한 25mm 이상 겹치게 해야 한다.

관련이론
한계상태설계법
한계상태설계법은 강도한계상태설계와 사용한계상태설계로 대별된다.
- 강도한계상태: 구조체가 제 기능을 발휘 못하는 상태로 압축, 인장, 좌굴, 휨, 전단 등의 하중에 대한 지지 능력을 상실한 상태
- 사용한계상태: 구조기능 저하로 균열, 처짐, 진동 등에 의하여 사용상 부적합한 상태

정답 | ②

02
20년 4회, 20년 1·2회, 14년 1회, 11년 2회

한계상태설계법에 따라 강구조물을 설계할 때 고려되는 강도한계상태가 아닌 것은?

① 기둥의 좌굴
② 접합부 파괴
③ 피로 파괴
④ 바닥재의 진동

해설
바닥재의 진동은 사용성한계상태(Serviceability Limit State)이다.

정답 | ④

03
12년 1회

구조방식과 외부의 힘에 대하여 저항하는 방법으로 옳지 않은 것은?

① 트러스구조: 인장력과 압축력으로 외력에 저항
② 케이블구조: 인장력으로 외력에 저항
③ 아치구조: 인장력과 압축력으로 외력에 저항
④ 쉘구조: 면내응력으로 외력에 저항

해설
아치구조는 수직하중이 아치 중심선을 따라 좌우로 나누어져 압축력만 받게 하고 하부에 인장력이 생기지 않도록 한 구조이다.

정답 | ③

04
15년 2회

철골주각부에 부착하는 강판으로 사이드앵글을 거쳐서 또는 직접 용접에 의해 기둥으로부터의 응력을 베이스플레이트에 전달하기 위해 붙이는 판은?

① 스티프너
② 커버플레이트
③ 윙플레이트
④ 엔드탭

해설 |
윙플레이트는 철골 주각부에 부착되는 강판이다.

선지분석
① 스티프너: 기둥의 플랜지나 웨브의 좌굴방지용 보강재
② 커버플레이트: 강재의 플랜지를 보강하기 위해 사용하는 강판
④ 엔드탭: 용접결함이 생기기 쉬운 용접의 시작이나 끝 부분에 임시로 설치하는 보조 강판

정답 | ③

06
12년 4회

강구조의 설계에 관한 설명 중 옳지 않은 것은?

① 압축재에서는 볼트구멍에 의한 단면 결손을 고려하지 않는다.
② 인장재의 설계에 있어서는 폭두께비를 고려하지 않는다.
③ 공칭인장강도는 세장비와 무관하게 결정된다.
④ 보의 집중하중이 작용하는 곳에 수평 스티프너를 설치한다.

해설 |
집중하중이 작용하거나 예상되는 곳에는 하중점 스티프너를 설치한다.

정답 | ④

05
11년 2회

강재의 응력-변형도곡선에서 변형도 경화영역(Strain Hardening Range)에 해당하는 기호를 고르면?

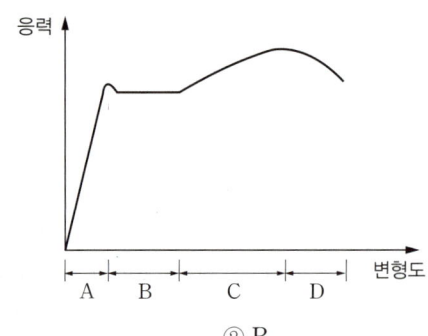

① A
② B
③ C
④ D

해설 |
변형도 경화영역은 C이다.

선지분석
① A 탄성영역
② B 소성영역
④ D 넥킹영역

정답 | ③

KEYWORD 18 접합, 볼트, 용접

07
11년 1회

다음 그림과 같이 용접을 할 때, 용접의 목두께(a)를 구하는 식으로 옳은 것은?

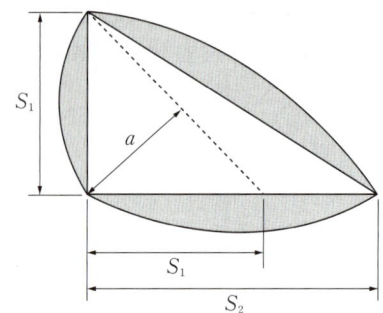

① $a = 1.41S_1$
② $a = 0.7S_1$
③ $a = 0.7S_2$
④ $a = 0.5S_1$

해설 |
필릿사이즈가 다를 경우에는 짧은 쪽을 기준으로 한다.
유효목두께 $a = 0.7S_1$

정답 | ②

08
11년 2회

용접접합설계에 대한 설명으로 옳지 않은 것은?

① 완전용입된 맞댐용접의 유효목두께는 접합판 중 두꺼운 쪽의 판두께로 한다.
② 맞댐용접의 유효면적은 용접의 유효길이에 유효목두께를 곱한 것으로 한다.
③ 모살용접의 유효목두께는 모살사이즈의 0.7배로 한다.
④ 모살용접의 유효길이는 모살용접의 총길이에서 모살사이즈 s의 2배를 공제한 값으로 한다.

해설 |
완전용입된 맞댐용접의 유효목두께는 접합판 중 얇은 쪽의 판두께를 적용한다.

정답 | ①

09
13년 2회

다음 용접기호에 대한 옳은 설명은?

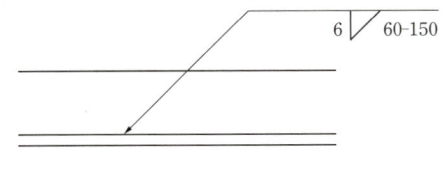

① 그루브용접이다.
② 용접되는 부위는 화살의 반대쪽이다.
③ 유효목두께는 6mm이다.
④ 용접길이는 60mm이다.

해설 |
용접길이는 60mm, 피치는 150mm이다.

선지분석
① 필릿용접이다.
② 용접되는 부위는 화살쪽이다.
③ 용접사이즈 $s=6$mm이다.

관련이론
용접할 곳이 화살 쪽 또는 앞쪽일 때

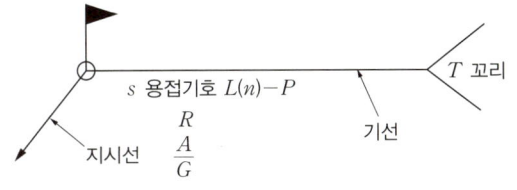

정답 | ④

10
16년 4회

그루브용접부에서 A와 D 부위의 명칭으로 옳은 것은?

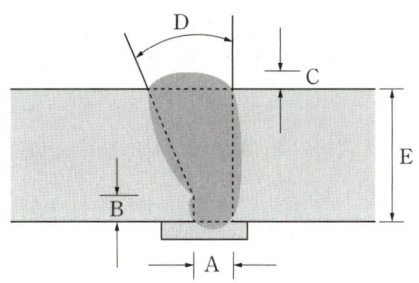

① A: 루트간격, D: 개선각
② A: 루트면, D: 유효목두께
③ A: 루트간격, D: 보강살높이
④ A: 루트면, D: 개선각

해설 |
그루부용접부의 각 명칭은 다음과 같다.

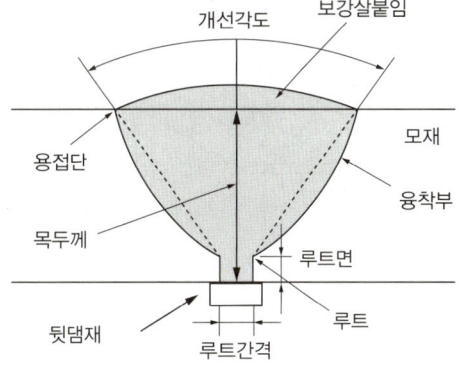

정답 | ①

11

16년 2회

강구조의 볼트접합에 관한 일반적인 설명으로 옳지 않은 것은?

① 볼트는 가공정밀도에 따라 상볼트, 중볼트, 흑볼트로 나뉜다.
② 볼트 중심 사이의 간격을 게이지라인(Gauge Line)이라고 한다.
③ 게이지라인(Gauge Line)과 게이지라인과의 거리를 게이지(Gauge)라고 한다.
④ 배치방식은 정렬배치와 엇모배치가 있다.

해설
볼트의 중심선을 연결하는 선을 게이지라인, 볼트의 중심 사이의 간격은 피치이다.

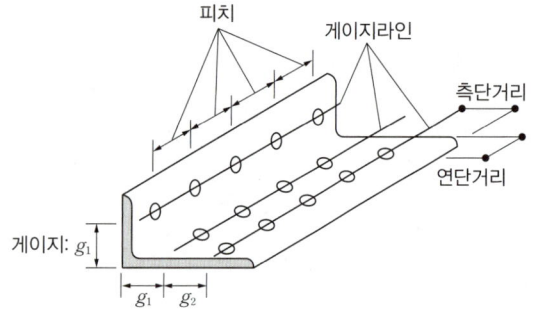

정답 | ②

12

2015년 2회

다음 그림은 고력볼트 체결부의 명칭을 나타낸 것이다. 명칭이 틀린 것은?

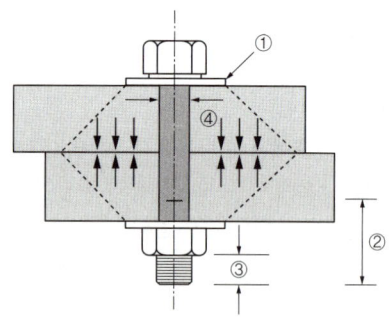

① 평와셔 ② 축부
③ 여유길이 ④ 볼트직경

해설
②는 나사부이다.

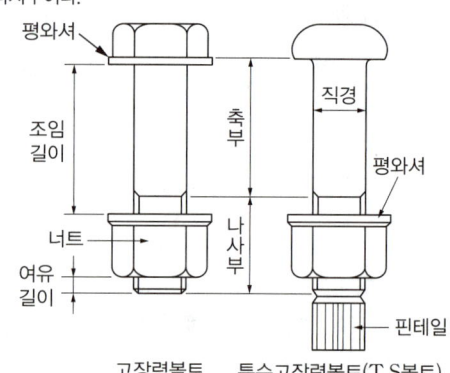

정답 | ②

KEYWORD 19 인장재·압축재 설계

13 16년 4회, 12년 2회

그림과 같은 $2L_s-90\times90\times7$ 조립압축재의 단면2차반경 r_y는 얼마인가? (단, 개재의 중심축에 대한 단면2차반경 r_y는 27.6mm, c_y는 24.6mm이다)

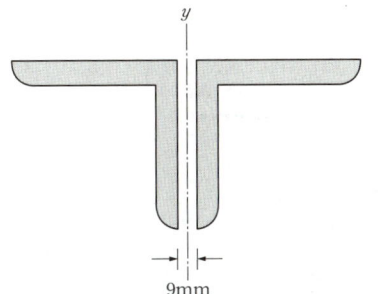

① 38.5mm
② 40.1mm
③ 52.2mm
④ 58.8mm

해설

조립압축재의 단면2차반경
y축에 대한 단면2차모멘트

$$I_y = \left[I_y + A \cdot \left(\frac{c}{2}\right)^2\right] \times 2개$$
$$= 2I_y + 2A \cdot \left(\frac{c}{2}\right)^2$$

y축 단면에 대한 단면2차반경

$$r_y = \sqrt{\frac{\Sigma I_y}{\Sigma A}} = \sqrt{\frac{2I_y + 2A \cdot \left(\frac{c}{2}\right)^2}{2A}}$$
$$= \sqrt{(r_y)^2 + \left(\frac{c}{2}\right)^2}$$
$$\therefore r_y = \sqrt{(r_y)^2 + \left(\frac{c}{2}\right)^2}$$
$$= \sqrt{(27.6)^2 + \left(\frac{2\times24.6+9}{2}\right)^2}$$
$$= 40.107\text{mm}$$

정답 | ②

14 16년 4회, 11년 1회

용접 H형강 $H-450\times450\times20\times28$의 플랜지 및 웨브에 대한 판폭두께비를 구하면?

① 플랜지: 16.07, 웨브: 14.07
② 플랜지: 16.07, 웨브: 19.7
③ 플랜지: 8.04, 웨브: 14.07
④ 플랜지: 8.04, 웨브: 19.7

해설

H형강 $-H\times B\times t_w\times t_f$

플랜지 $\lambda_f = \dfrac{b}{t_f} = \dfrac{B/2}{t_f} = \dfrac{(450/2)}{(28)} = 8.04$

웨브 $\lambda_w = \dfrac{h}{t_w} = \dfrac{H-2t_f}{t_w} = \dfrac{(450)-2(28)}{(20)} = 19.7$

정답 | ④

15

21년 1회, 16년 2회

파단선 A−B−F−C−D의 인장재 순단면적은? (단, 볼트 구멍지름 $d=22\text{mm}$, 인장재 두께는 6mm)

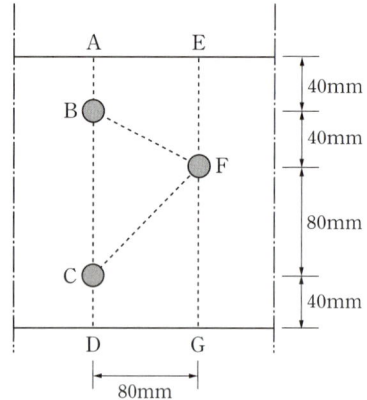

① 1,164mm²
② 1,364mm²
③ 1,564mm²
④ 1,764mm²

해설

엇모배치 상태의 인장재 순단면적 A_n은 다음과 같은 식으로 구한다.

$$A_n = \left(h - nd_o + \Sigma \frac{s^2}{4g}\right)t$$

- h 부재 높이: 200mm
- n 파단선상 구멍 수: 3개
- d_o 파스너 구멍의 직경: 22mm
- s 피치: 80mm
- g 게이지(g_1: 40mm, g_2: 80mm)
- t 부재의 두께: 6mm

$$A_n = \left(200 - 3 \times 22 + \left(\frac{80^2}{4 \times 40} + \frac{80^2}{4 \times 80}\right)\right) \times 6$$
$$= 1,164\text{mm}^2$$

정답 | ①

16

16년 1회, 10년 4회

다음 그림과 같은 충전형 각형강관 합성기둥의 강재비와 폭두께비를 구하면? (단, 각형강관 $A \times B \times t = 300 \times 300 \times 6$, $A_s = 6,993\text{mm}^2$)

① 강재비: 0.078, 폭두께비: 50
② 강재비: 0.078, 폭두께비: 48
③ 강재비: 0.098, 폭두께비: 50
④ 강재비: 0.098, 폭두께비: 48

해설

강재비: $\rho_s = \dfrac{A_s}{A_g} = \dfrac{(6,993)}{(300 \times 300)} = 0.0777$

폭두께비: $\dfrac{b}{t} = \dfrac{(300) - 2(6)}{(6)} = 48$

정답 | ②

에듀윌이
너를
지지할게
ENERGY

기회는 노크하지 않는다.
그것은 당신이 문을 밀어
넘어뜨릴 때 모습을 드러낸다.

– 카일 챈들러

SUBJECT 03

건축설비

ENGINEER ARCHITECTURE

건축설비 합격 TIP

이론이 광범위하고 문제 난이도의 폭도 크기 때문에 수험생들이 학습하기에 쉽지 않은 과목입니다. 하지만 각각의 KEYWORD마다 기출문제 유형이 반복되고 있으므로 암기보다는 이해 위주의 반복학습이 필요합니다.

특히, 급수·급탕설비, 공조설비 총론과 기기, 강전설비에서만 50% 이상이 출제되므로 해당 부분은 확실한 이해를 바탕으로 전체적으로 공부해야 하고, 나머지 KEYWORD는 기출문제를 바탕으로 자주 출제되는 문제 위주로 공부하는 것이 가장 효율적으로 건축설비 과목을 대비하는 방법입니다.

최신 10개년 출제비율 분석

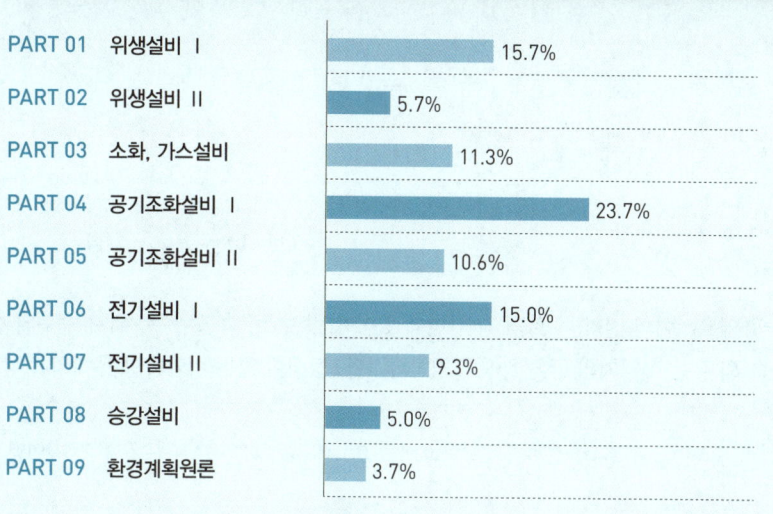

PART 01	위생설비 I	15.7%
PART 02	위생설비 II	5.7%
PART 03	소화, 가스설비	11.3%
PART 04	공기조화설비 I	23.7%
PART 05	공기조화설비 II	10.6%
PART 06	전기설비 I	15.0%
PART 07	전기설비 II	9.3%
PART 08	승강설비	5.0%
PART 09	환경계획원론	3.7%

PART 01 위생설비 I

KEYWORD 01, 02

KEYWORD 01 | 급수설비 ★★★

1 유체의 물리적 성질

1. 물

(1) 물의 질량

물의 질량과 부피는 압력과 온도에 따라 변하며, 같은 질량일 때 1기압 4℃에서 가장 무겁고 부피가 최소이다.

① 물 $1cm^3$의 질량: $1g(g/cm^3)$
② 물 1L의 질량: 1kg(kg/L)
③ 물 $1m^3$의 질량: $1,000kg(kg/m^3) = 1ton/m^3$

(2) 물의 부피

① 순수한 물은 0℃에서 얼며 부피가 약 9% 커진다.
② 4℃의 물이 100℃의 물이 되면 부피가 약 4.3% 커진다.
③ 100℃의 물이 100℃의 증기로 변하면 부피가 약 1,700배 커진다.

> **참고 팽창과 수축**
>
> $$\Delta V = \left(\frac{1}{\rho_2} - \frac{1}{\rho_1}\right) \times m$$
>
> - ΔV: 팽창량
> - ρ_1: 처음 물의 밀도
> - ρ_2: 온도변화 후 물의 밀도
> - m: 전체 물의 질량

(3) 유체의 법칙

① 연속의 법칙: 관 내의 흐름이 정상류일 때 단위시간에 흘러가는 유량은 어느 단면에서나 일정하다.

㉠ 유량

$$Q = A \cdot v$$

- Q: 유량$[m^3/sec]$
- A: 단면적$[m^2]$
- v: 유속$[m/sec]$

㉡ 연속방정식

$$Q = A_1 v_1 = A_2 v_2 \cdots 일정$$

② 베르누이의 정리: 수로의 각 단면에 있어 압력 수두, 속도 수두, 위치 수두의 합은 일정하다. 즉 유체의 위치 에너지와 운동 에너지의 합은 항상 일정하다. (단, 점성이 없는 비압축성 유체의 정상 흐름)

$$P_1 + \frac{\rho v_1^2}{2} + Z_1 = P_2 + \frac{\rho v_2^2}{2} + Z_2 \cdots 일정$$

2. 압력

(1) 표준대기압
그 지방의 고도와 날씨 등에 따라 변하는 국소대기압과 해수면에서 국소대기압의 평균값을 표준대기압이라 한다.

> - 1atm = 1.03323kg/cm²
>   = 10.3323mAq = 760mmHg = 1,013.25mbar
>   = 1,013hPa = 1.03323×10⁴kg/m² = 10.3323mH₂O
>   = 101,325Pa = 101,325N/m² = 101.325kN/m² = 101.325kPa
>   = 14.7psi = 14.7lb/in²
> - 1bar = 1,000mmbar = 10⁵Pa
> - 1torr = 1mmHg

(2) 압력의 종류
① 계기압력: 대기압력을 기준으로 측정한 대기압력 이상의 압력을 계기압력이라 한다.
② 진공압력: 대기압력을 기준으로 측정한 대기압력 이하의 압력을 진공압력이라 한다.
③ 절대압력: 완전진공을 기준으로 측정한 압력을 절대압력이라 한다.

> 절대압력 = 대기압력 + 계기압력 = 대기압력 − 진공압력

(3) 수압과 수두
수압은 수면으로부터의 깊이에 비례하므로 수압의 경우 수면으로부터의 깊이를 압력 대신 사용하는데 이것을 수두라고 한다.

> 수압 P(0.01MPa) = 수두(1mAq) = 압력(10kPa)

(4) 마찰손실 수두
마찰계수·관의 길이·유속의 제곱에 비례하고, 관경 및 중력가속도에는 반비례한다.

> $h = f \cdot \dfrac{l}{d} \cdot \dfrac{v^2}{2g}$
>
> - h: 마찰손실수두(m)
> - d: 관경(m)
> - g: 중력가속도(9.8m/sec²)
> - f: 마찰계수
> - l: 관의 길이(m)
> - v: 유속(m/sec)

2 급수방식

1. 수도직결방식

도로에 매설되어있는 수도 본관에서 수도관을 연결하여 건물 내의 필요한 곳에 직접 급수하는 방식으로, 1~2층 정도의 낮은 건축물이나 주택과 같은 소규모 건축물에 이용된다.

(1) **특징**
① 급수오염의 가능성이 가장 작다.
② 정전 시에도 급수가 가능하다.
③ 단수 시 급수가 불가능하다.
④ 기계실이 필요 없고 설비비가 싸다.

(2) **수도 본관의 최저필요압력은 다음 식으로 계산한다.**

$$P = P_1 + P_2 + \frac{h}{100} \text{(MPa)}$$

- P: 수도 본관의 최저필요압력(MPa)
- P_1: 기구별 최저소요압력(MPa)
- P_2: 관 내 마찰손실수두(MPa)
- h: 수도 본관에서 최고층 급수기구까지의 높이(m)

2. 고가(옥상)탱크방식

물을 지하저수조에 모은 후 양수 펌프를 이용하여 고가수조로 양수한 후 그 수위를 이용하여 하향급수관을 통해 급수하는 방식이다.

상수 ⇨ 지하저수조 ⇨ 양수 펌프 ⇨ 양수관 ⇨ 고가수조 ⇨ 급수관 ⇨ 각 수전

(1) **장단점**

장점	단점
• 대규모 급수설비에 적합 • 항상 일정한 수압으로 급수 • 저수량을 확보하여 단수 시 일정 시간 동안 급수 가능 • 압력이 일정하므로 배관 부속품의 파손이 적음	• 급수오염 가능성이 가장 큼 • 설비비가 고가 • 구조물 보강이 필요

(2) **저수조의 용량**
① 일반적으로 1일 급수량 이상으로 한다.
② 단수 등을 고려하면 용량이 클수록 좋지만 너무 크게 하면 부패하기 쉽다.

(3) **고가탱크의 구조**

① 고가탱크의 용량

1시간 최대사용수량(m^3)×1~3시간(h)

- 대규모: 1시간 최대사용수량(m^3)×1시간
- 중·소규모: 1시간 최대사용수량(m^3)×2~3시간

② 고가탱크 주변기기
㉠ 플로트 스위치(Float Switch): 양수 펌프의 시동과 정지를 자동으로 하기 위하여 옥상 탱크의 물속에 설치하여 수위를 조절하는 스위치이다.

ⓒ 넘침관(Overflow Pipe): 스위치의 고장으로 급수가 계속될 때 탱크에서 넘쳐흐르는 물을 배출하는 관으로 양수관보다 2배 정도 큰 관으로 한다.
ⓒ 마그넷 스위치(Magnet Switch): 전동기 자동제어용 스위치이다.
※ 수조 용량이 4.5m³ 이상이 되면 단수 없이 수조의 청소·검사 및 수리를 용이하게 할 수 있게 복식 수조를 사용하는 것이 좋다.

3. 압력탱크방식

저수조의 물을 급수펌프로 보내면 압력탱크 내부는 압축된 공기로 인하여 압력이 높아지게 된다. 압력탱크방식은 이 공기압력으로 급수가 필요한 장소에 물을 공급하는 방식이다.

상수 ⇨ 저수조 ⇨ 급수펌프 ⇨ 압력탱크 ⇨ 각 수전

(1) 장단점

장점	단점
• 높은 곳에 탱크를 설치할 필요가 없으므로 건축물의 구조를 강화할 필요가 없음 • 국부적으로 고압을 필요로 하는 경우에 적합 • 탱크의 설치 위치에 제한을 받지 않음 • 고가시설 등이 불필요하므로 외관상 깨끗	• 최고, 최저 압력의 차가 커서 급수압이 일정하지 않음 • 취급이 어렵고 다른 방식에 비하여 고장이 많음 • 탱크는 압력에 견디어야 하므로 설비비가 비쌈 • 공기압축기를 설치하여 때때로 공기를 공급하여야 함 • 펌프의 양정이 길어 시설비가 비쌈 • 고장이나 정전 시 즉시 급수가 중단

(2) 양수펌프의 양정식

$$H = H_1 + H_2 + H_3 + H_4$$

- H_1: 펌프흡입구로부터 최정상부에 있는 기구까지의 실제 높이
- H_2: 배관 등에 있어서 마찰손실수두(mAq)
- H_3: 최정상부에 있는 기구의 필요압력수두(mAq)
- H_4: 펌프의 기동·정지 시 압력차의 수두(mAq)

4. 펌프직송방식(탱크 없는 부스터방식)

수도 본관으로부터 받은 물을 물받이 탱크에 저수한 후 급수펌프만으로 건물 내에 급수하는 방식으로 배관 내의 압력을 감지하여 펌프를 운전하는 방식이다.

(1) 장단점

장점	단점
• 옥상탱크가 필요 없음 • 옥상탱크방식에 비하여 수질오염의 가능성이 작음 • 최상층의 수압을 크게 할 수 있음 • 펌프의 토출량 및 토출압력 조절 가능	• 정전 시 급수가 불가능 • 자동제어시스템 고장 시 수리가 어려움 • 펌프의 단락이 잦음 • 20m 이상의 건물에는 전력 소모가 커서 비효율적

5. 초고층 건물의 급수방식

(1) 개요
① 초고층 건물의 경우 최상층과 최하층의 수압 차가 일정하지 않아 물을 사용하기가 곤란하다.
② 중간에 탱크를 설치하거나 감압밸브 등을 설치하여 급수압을 적절하게 조정해 주어야 한다.
③ 급수압이 고르게 될 수 있도록 급수계통을 건물의 상하층으로 구분하여 급수조닝(Zoning)을 할 필요가 있다.

(2) 급수조닝의 목적
① 저층부의 적절한 수압 유지
② 수격작용(Water Hammering) 방지
③ 부속품 파손 방지

(3) 급수조닝의 목적
① 아파트, 호텔: 0.3~0.4MPa(30~40m) 이하가 되도록 조닝한다.
② 사무소: 0.4~0.5MPa(40~50m) 이하가 되도록 조닝한다.

(4) 조닝방식
① 중간수조에 의한 방식
  ㉠ 세퍼레이트(Separate)방식: 저수탱크에서 각 조닝의 탱크로 독립하여 양수시킨다.
  ㉡ 부스터(Booster)방식: 저수탱크에서 직상의 존(Zone)의 탱크로 양수하고, 그 탱크에서 상층의 탱크로 양수하기 때문에 탱크는 위에 둘수록 작게 한다.
  ㉢ 스필백(Spill Back)방식: 저수탱크에서 최상층의 고가탱크로 양수하고, 아래 존의 탱크에 자연 중력으로 점차 급수한다.
② 감압밸브에 의한 방식: 대형의 것을 급수주관에 설치하는 경우와 각 층의 지관마다 소형의 것을 설치하는 경우가 있다.
③ 압력탱크방식이나 펌프직송방식
  ㉠ 각 존마다 급수계통을 분류하고, 저층 계통의 배관에 감압밸브를 설치하는 방식이다.
  ㉡ 최상층에 고가탱크를 설치하지 않는 경우에는 중간탱크에서 압력탱크나 펌프직송방식으로 급수하는 방식이 채용된다.

3 급수관의 관경 결정

1. 기구연결관의 관경에 의한 방법
기구 1개를 담당하는 급수관의 지름은 다음 표의 연결 관경으로 한다. (단위: mm)

위생기구명	급수관경		위생기구명	급수관경	
	저압	고압		저압	고압
세면기	15	10~15	살수전	15~20	15
샤워기	15	10~15	대변기(플러시밸브)	25~32	25
욕조수전	20	15	소변기(플러시밸브)	20~25	20
세탁용 수채	20	15~20	대변기(수조)	15	15~20
오물수채·부엌수채	15~20	15	비데(Bidet)	15	15

2. 균등표에 의한 방법

간단한 옥내 급수관 관경 계산에 사용하는 방법으로, 관경균등표와 동시사용률을 적용하여 계산하는 방법이다.

3. 마찰저항 선도에 의한 방법

대규모 건축물에 있어서 탱크에서의 취출관, 횡주관, 주관의 관경을 결정할 때 사용하며, 급수관 속을 흐르는 유량과 허용마찰을 통해 관경을 구하는 방법이다.

4. 기구급수 부하 단위(FU; Fixture Unit)

기구급수 부하 단위란 세면기의 유량(30L/min)을 1단위로 하여 각 위생기구의 단위를 산출하고 급수량을 정하는 방법으로, 급수관의 규격을 정하는 데 적용된다.

4 대변기 세정방식 및 급수 배관 등

1. 대변기 세정방식

(1) 세정밸브식(Flush Valve System)

① 밸브를 한번 누르면 일정량의 물이 자동으로 분사된 후 정지된다.
② 급수관의 최소 수압: 0.07MPa 이상
③ 급수관의 최소 관경: 25mm 이상
④ 연속 사용이 가능하다.
⑤ 특징
  ㉠ 학교, 사무실, 호텔 등에 적합하다.
  ㉡ 크로스 커넥션(Cross Connection)을 방지하기 위하여 진공방지기를 설치하여야 한다.

(2) 하이탱크식(High Tank System)

① 높은 곳에 세정탱크를 설치하고 급수관을 통하여 물을 채운 다음 세정관을 통하여 변기에 분사하여 세정하는 방식으로, 고수조식 또는 하이시스턴식이라고도 한다.
② 하이탱크의 표준높이: 1.9m 이상(최소 1.6m)
③ 탱크 용량: 15L
④ 급수관의 최소 관경: 15mm 이상
⑤ 세정관의 최소 관경: 32mm 이상
⑥ 특징
  ㉠ 설치면적을 적게 할 수 있다.
  ㉡ 세정 시 소음이 크다.
  ㉢ 수리가 어렵고, 단수 시 사용이 곤란하다.

(3) 로우탱크식(Low Tank System)
   ① 세정수의 수압이 낮으므로 세정관을 굵게 하여 저항을 줄이고 단시간에 소요량의 물을 분사하여 세정하는 방식으로, 저수조식 또는 로우시스턴식이라고도 한다.
   ② 급수관의 최소 관경: 15mm 이상
   ③ 세정관의 최소 관경: 50mm 이상
   ④ 특징
      ㉠ 세정 시 소음이 작아 주택·호텔 등에 적합하다.
      ㉡ 고장 시 수리가 쉽다.
      ㉢ 설치면적이 넓고 세정수량이 많다.
      ㉣ 저압의 지역에서도 사용할 수 있다.

2. 역류

(1) 배수의 역류
   ① 배수의 역류는 단수 시 급수관 내에 일시적인 부압이 형성되어 역사이펀 작용이 일어나 상수계통으로 배수가 역류하는 현상이다.
   ② 방지대책
      ㉠ 위생기구의 넘침선과 수전류의 토수구 사이에 토수구 공간을 확보한다.
      ㉡ 진공방지기(Vacuum Breaker, 역류방지기)를 설치하여 급수관 내에 생긴 부압에 대해 자동적으로 공기를 보충하여 이를 방지한다.
      ㉢ 진공방지기는 플러시밸브와 급수관의 사이에 부착한다.

(2) 크로스 커넥션
   ① 급수배관이나 기구의 불비(不備), 불량의 결과 급수관 내에 오수가 역류하여 음료수를 오염시키는 상태를 말한다.
   ② 급수관과 다른 용도의 배관을 연결(Cross Connection)해서는 안 된다.

5 배관 시공 시 주의사항

1. 밸브

(1) 공기빼기밸브
   ① 설치목적: 굴곡부 배관 속의 공기를 제거하고 물의 흐름을 원활하게 하기 위하여 설치한다.
   ② 설치장소
      ㉠ 굴곡배관 상단부
      ㉡ 방열기 상단부

(2) 지수밸브(Stop Valve)
   ① 설치목적
      ㉠ 국부적 단수로 인한 급수계통의 수량 및 수압 조정을 위하여 설치한다.
      ㉡ 배관계통의 수리를 위하여 설치한다.
   ② 설치장소
      ㉠ 수평주관에서의 각 수직관의 분기점
      ㉡ 각 층 수평주관의 분기점
      ㉢ 급수관의 분기점
      ㉣ 집단기구의 분기점
      ㉤ 각 위생기구에 개별로 설치
   ③ 사용밸브: 슬루스밸브(Sluice Valve)는 유체에 대한 마찰저항이 가장 작고, 수압과 수량을 조절하며 유로를 개폐하는 곳에 사용한다. 일명 게이트밸브라고도 부른다.

2. 수격작용

급수관 내 유속의 흐름을 급정지시키거나 정지된 물을 갑자기 흘려보낼 때 관 내에 압력파가 생겨 수압의 상승과 함께 배관을 망치로 치는 듯한 소음이 발생한다. 이 현상을 수격작용이라 부른다.

(1) 원인
① 플러시 밸브나 수전류를 급격히 열거나 닫을 때 일어나기 쉽다.
② 관경이 작을수록 일어나기 쉽고, 관 내의 유속이 빠를수록 일어나기 쉽다.
③ 배관에 굴곡부가 많을수록 일어나기 쉽다.

(2) 방지대책
① 수전류 등을 개폐하는 시간을 느리게 한다.
② 관경을 크게 하고, 관 내의 유속을 가능한 한 느리게 한다.
③ 굴곡배관을 가능한 한 억제한다.
④ 수전류 가까이에 공기실(Air Chamber)을 설치한다.

3. 배관의 구배와 슬리브

(1) 배관의 구배
① 급수관은 수리 및 기타 필요에 따라 관 속의 물을 완전히 배제할 수 있고 또한 공기가 정체하지 않도록 구배를 주어 배관하여야 한다.
② 최소 250분의 1 이상의 구배가 되도록 하고, 관의 하단에는 배수 밸브를 설치한다.
③ 급수관의 배관구배
　㉠ 하향배관법의 수평(횡)주관은 선하향구배로 한다.
　㉡ 각 층의 수평주관은 선상향구배로 한다.

(2) 슬리브
① 바닥이나 벽을 관통하는 배관의 경우 콘크리트를 칠 때 미리 얇은 철관의 슬리브를 넣고 슬리브 속으로 관을 통과시켜 배관을 설치하는 것이다.
② 슬리브를 설치하면 관의 신축에 무리가 생기지 않고 관의 수리·교체가 용이하다.

4. 수압시험과 관의 보호

(1) 수압시험
① 시기: 배관공사 후 피복하기 전에 실시한다.
② 목적: 접합부 및 기타 부분에서의 누수의 유무, 수압에 대한 저항 등 시공의 불량 여부를 파악하기 위하여 수압시험을 한다.

(2) 관의 보호
① 방식피복(防蝕被覆): 연관이나 납땜이음 부분은 알칼리성에 쉽게 침식되므로 콘크리트 속에 매설하는 배관은 내알칼리성 방식피복을 하여야 한다.
② 방동(防凍)·방로(防露)피복
　㉠ 급수배관에는 겨울철 동파나 결로를 방지하기 위하여 관의 외부를 보온재로 피복하여야 한다.
　㉡ 보온재의 두께는 가는 관일 경우 20mm, 굵은 관일 경우 50mm, 탱크류는 설치장소에 따라 25~75mm 정도로 한다.

6 펌프

1. 펌프의 종류

(1) 왕복동펌프
실린더 속에서 피스톤, 플런저, 버킷 등의 왕복운동으로 물을 송출하는 방식이며, 구조가 간단하고 취급이 용이하다.

① 종류
- ㉠ 피스톤펌프(Piston Pump): 피스톤의 왕복운동으로 급수하는 펌프이며, 모래가 있는 물은 양수하지 못한다.
- ㉡ 플런저펌프(Plunger Pump): 플런저의 왕복운동으로 급수하는 펌프이며, 용량이 적고 압력이 높은 곳에 사용한다.
- ㉢ 워싱턴펌프(Worthington Pump): 보일러의 증기압을 동력으로 하여 보일러 내에 급수하는 펌프이며, 구조가 간단하고 고장이 적다.

② 특징
- ㉠ 양수량이 작고, 조절이 어렵다.
- ㉡ 수압의 변동과 소음이 크다.
- ㉢ 필요 이상의 왕복운동을 하면 효율이 떨어진다.

(2) 원심(와권)펌프(Centrifugal Pump)

① 종류
- ㉠ 볼류트펌프(Volute Pump)
  - 축에 날개차(Impeller)가 달려있어 원심력으로 양수한다.
  - 20m 이하의 저 양정에 사용한다.
  - 급탕, 냉·온수, 냉각수 등의 양정이 낮은 순환용 펌프로 많이 사용한다.
- ㉡ 터빈펌프(Turbine Pump)
  - 날개차 외주에 안내날개(Guide Vane)가 있어 물의 흐름을 조절한다.
  - 20m 이상의 고양정에 상용한다.
  - 임펠러의 수에 따라 단단터빈펌프와 다단터빈펌프로 구분한다.

② 특징
- ㉠ 양수량 조절이 용이하다.
- ㉡ 수압의 변동과 소음이 작다.
- ㉢ 고속운전에 적합하다.

(3) 라인펌프(Line Pump)
축류형 펌프로 급탕·난방설비에 설치하여 온수순환용으로 사용한다.

(4) 심정펌프(Deep Well Pump)

① 보어홀펌프(Borehole Pump)
- ㉠ 지상의 모터와 물속의 임펠러를 긴 축으로 연결하여 작동시킨다.
- ㉡ 깊은 우물의 양수에 사용하는 입형 다단터빈펌프이다.
- ㉢ 고장이 많고 수리가 어렵다.

② 수중모터펌프(Submerged Pump): 모터와 터빈이 수중에서 작용하는 펌프이다.

(5) 오수펌프
① 지하층 등에 설치된 대·소변기에서 사용된 오수나 오물 잔재의 고형물 또는 천조각 등이 섞인 물을 배제하는 데 사용하는 펌프이다.

② 논클로그(Non-clog)와 블레이드리스(Bladeless)형이 있다.

(6) 기타 펌프

① 마찰펌프: 캐스캐이드펌프 또는 웨스코펌프라고도 하며, 회전자가 고속으로 회전하여 케이싱 주벽과의 마찰에너지에 의하여 압력이 생겨 송수하는 펌프이다.

② 논클로그펌프(Non-clog Pump): 오물 잔재의 고형물이나 천조각 등이 섞인 물을 배제하는 데 사용하는 펌프이다.

③ 기어펌프(Gear Pump): 두 개의 기어가 맞물려 회전하면서 오일을 송출하는 펌프이며 오일펌프라고도 한다.

④ 제트펌프(Jet Pump): 노즐에서 고압의 증기 또는 물을 고속으로 분사시키면 노즐 끝부분의 압력이 낮아져 물을 빨아올려 송수하는 펌프이다. (소화용 펌프)

⑤ 에어리프트펌프(Air Lift Pump): 양수관의 하단에 압축공기관을 연결하여 우물 저부에 공기를 불어 넣어 물과 공기를 혼합시켜 물의 비중을 가볍게 하여 기포의 부력으로 양수관 내를 통해서 물을 상승시켜 양수하는 펌프이다.

2. 펌프의 양정

(1) 고가탱크식

① 펌프의 실양정=흡입양정+토출양정

② 펌프의 전양정=실양정(흡입양정+토출양정)+마찰손실수두

(2) 압력탱크식

① 펌프의 실양정=최고압력+흡입양정

② 펌프의 전양정=(최고압력+흡입양정)×1.2(마찰손실수두)

3. 펌프의 소요동력 계산

- 펌프 축동력 $= \dfrac{W \cdot Q \cdot H}{6{,}120E}$ (kW)

- 펌프 축마력 $= \dfrac{W \cdot Q \cdot H}{4{,}500E}$ (hp)

W: 물의 단위용적중량(1,000kg/m³) Q: 양수량(m³/min)

H: 펌프의 전양정(m) E: 펌프의 효율(%)

> **참고** 단위
> - kW=102kg·m/sec=102×60sec/min=6,120kg·m/min
> - hp=75kg·m/sec=75×60sec/min=4,500kg·m/min

4. 펌프의 구경

$$d=\sqrt{\frac{4Q}{\pi v}}=1.13\sqrt{\frac{Q}{v}}$$

Q: 유량(m^3/sec)
v: 유속(m/sec)

5. 펌프 상사의 법칙

① 같은 펌프라도 회전날개(임펠러)의 회전수를 변화시키면 그 성능이 변화하며 변화량은 다음과 같다.

- 유량(송풍량): $Q_2 = Q_1 \times \left(\frac{N_2}{N_1}\right)^1$
- 양정(압력): $H_2 = H_1 \times \left(\frac{N_2}{N_1}\right)^2$
- 축동력: $L_2 = L_1 \times \left(\frac{N_2}{N_1}\right)^3$

여기서,
회전수가 N_1일 때의 유량(Q_1), 양정(H_1), 축동력(L_1)
회전수가 N_2일 때의 유량(Q_2), 양정(H_2), 축동력(L_2)

② 펌프의 회전수를 변화시키면 유량(송풍량)은 회전수에 비례하고, 양정(압력)은 제곱에 비례하며, 축동력은 세제곱에 비례한다.

6. 펌프의 공동현상

(1) 정의
① 공동현상이란 유체의 속도변화에 의한 압력변화로 인하여 유체 내에 빈 공간이 생기는 현상을 말한다.
② 공동현상은 빠른 속도로 액체가 운동할 때 액체의 압력이 증기압 이하로 낮아져서 액체 내에 증기 기포가 발생하는 현상이다.
③ 이러한 현상이 생기면 펌프의 운전성능은 현저히 저하되거나 양수를 할 수 없는 상태가 되고 격심한 소음과 진동이 발생하게 되는데, 이렇게 펌프의 운전이 불안정해지는 현상을 공동현상이라 한다.

(2) 방지법
① 펌프의 설치 높이를 최대한 낮추어 흡입양정을 짧게 한다.
② 펌프의 회전수를 낮추어 흡입비 속도를 작게 한다.
③ 수온 상승을 방지한다.
④ 흡입 배관의 마찰저항을 감소시킨다.

KEYWORD 02　급탕설비 ★★

1 일반사항
급탕설비란 기름, 가스, 전기 등의 열원으로 물을 가열하여 온수가 필요한 주방, 욕실 등에 공급하는 것을 말한다.

1. 급탕량과 급탕부하

(1) 급탕량
① 급탕량은 급탕설비에서 가열기·저탕조 등의 용량 결정의 기준이 된다.
② 건물 내에서 사용되는 급탕량은 건물의 종류나 용도, 급탕기구의 사용상태에 따라 다르다.

(2) 급탕부하

$$급탕부하 = \frac{G \cdot c \cdot \Delta t}{3,600}(kW)$$

G: 시간당 급탕량(kg/h), c: 물의 비열(4.2kJ/kg·K), Δt: 온도차(K)

2. 급탕설비용 기기

(1) 보일러
① 주철제 보일러와 강판제 보일러가 쓰인다.
② 가열장치에는 순간식과 저탕식이 있다.
　㉠ 순간식: 소규모 건물의 급탕설비에 이용되며 팽창탱크를 설치하지 않고 에너지 이용에 효율적이다.
　㉡ 저탕식: 대규모 건물의 급탕설비에 이용되며 팽창탱크를 설치한다.
③ 보일러의 가열능력(H)

$$H = \frac{Q_d \cdot \gamma \cdot c \cdot (t_h - t_c)}{3,600}(kW)$$

Q_d: 1일 급탕량(L/h)
γ: 가열능력비율
c: 물의 비열(4.2kJ/kg·K)
t_h: 급탕온도(K)
t_c: 급수온도(K)

(2) 저탕조(Storage Tank)
① 온수탱크로 탕물을 저장함과 동시에 히터 역할을 한다.
② 저탕조의 용량

직접가열식	간접가열식
V = (1시간 최대 급탕량 − 온수보일러의 탕량) × 1.25	V = 1시간 최대 급탕량 × (0.6∼0.9)

(3) 온수순환펌프
원심식 펌프인 볼류트펌프(단단펌프)가 주로 사용되며, 소규모에서는 축류펌프(라인펌프)가 사용된다.

2 급탕방식

1. 개별식

필요한 곳에 탕비기를 설치하여 온수가 요구되는 장소에 이를 공급하는 방법으로 소규모 급탕설비에 적합하다.

(1) 장단점

장점	단점
• 배관 길이가 짧기 때문에 배관 중의 열 손실이 적음 • 급탕 개소가 작은 경우 설비비가 저렴 • 급탕 개소의 증설이 비교적 쉬움 • 소규모 건축물에 적합하고 난방 겸용의 온수보일러를 이용가능	• 급탕 개소마다 가열기의 설치공간이 필요 • 급탕 개소가 많으면 설비비가 비싸고 비효율적 • 소형 온수 보일러는 수압의 변동이 생겨 사용이 불편 • 급탕 개소마다 탕비기를 설치하므로 미관상 좋지 않음

(2) 종류

① 순간온수기(즉시탕비기)
  ㉠ 급탕관의 일부를 가스나 전기로 가열시켜 직접 온수를 얻는 방법이다.
  ㉡ 급탕기구수가 적고 급탕 범위가 좁은 주택의 욕실, 부엌의 싱크, 이발소 등에 적합하다.
  ㉢ 가열온도: 60~70°C

② 저탕형 탕비기
  ㉠ 가열된 온수를 저탕기(貯湯器) 내에 저장하여 두는 것으로 열손실은 비교적 많지만 많은 온수를 일시에 필요로 하는 곳에 적당하다.
  ㉡ 비등점(100°C)에 가까운 온수를 얻을 수 있다.
  ㉢ 자동온도조절기(Thermostat)에 의하여 저탕온도를 조절한다.
  ㉣ 종류: 가스 연소용, 유류 연소용, 전기형
  ㉤ 용도: 기숙사, 여관 등

③ 기수혼합식
  ㉠ 보일러실의 증기를 물탱크 속에 직접 불어넣어 온수를 얻는 방법이다.
  ㉡ 열효율은 100%이고, 사용 증기압력은 0.1~0.4MPa이다.
  ㉢ 고압의 증기 사용으로 소음이 크다. (소음을 줄이기 위해 스팀사일렌서를 사용한다.)
  ㉣ 보일러에 항상 새로운 물을 보급하여야 하며 사용장소의 제약을 받는다.
  ㉤ 용도: 공장, 병원 등의 욕조

2. 중앙식

지하실 등 일정한 장소에 급탕장치를 설치해 놓고, 배관에 의하여 필요한 각 사용장소에 공급하는 방법으로 대규모 급탕에 적합하다.

(1) 장단점

장점	단점
• 연료비가 저렴(석탄·중유·가스 사용) • 열효율이 좋고, 관리상 유리 • 기구의 동시사용률을 고려하여 총용량을 줄일 수 있음 • 배관에 의하여 필요 개소에 어디든지 급탕가능	• 초기투자비가 많이 듦 • 전문기술자가 필요 • 배관 도중에 열손실이 많음 • 시공 후의 기구증설에 따른 배관 변경공사가 어려움

(2) **종류**
  ① 직접가열식
    ㉠ 급탕경로

    > 온수보일러 ⇨ 저탕조(급탕탱크) ⇨ 급탕주관 ⇨ 각 지관 ⇨ 사용장소

    ㉡ 열효율 면에서 경제적이다.
    ㉢ 계속적인 급수로 항상 새로운 물이 들어오게 되어 보일러의 신축이 불균일하고, 수질에 의해 보일러 내면에 스케일이 발생하여 열효율이 저하되며 보일러의 수명이 단축된다.
    ㉣ 급탕하는 건물의 높이가 높을 경우 고압보일러가 필요하다.
    ㉤ 주택 또는 소규모 건물에 실용적이다.
  ② 간접가열식
    ㉠ 저탕조(급탕탱크) 내에 가열코일을 설치하고 이 코일에 증기(또는 고온수)를 통해서 저탕조의 물을 간접적으로 가열하는 방식이다.
    ㉡ 난방용 보일러의 증기 사용 시 급탕용 보일러가 불필요하다.
    ㉢ 보일러 내면에 스케일이 거의 생기지 않는다.
    ㉣ 건물의 높이에 따른 수압이 보일러에 작용하지 않고 저탕조에 작용하므로 고압용 보일러가 불필요하다.
    ㉤ 대규모 급탕설비에 적합하다.

3 급탕배관

1. 배관

(1) **배관방식**
  ① 단관식(One Pipe System, 1관식): 온수를 급탕 전까지 운반하는 배관을 한 개의 관으로만 설치한 것으로, 순환관(Return Pipe)이 없어서 순환되지 못하며 15m 이내의 배관이 짧은 주택이나 소규모 건물에 많이 이용된다.
    ㉠ 배관의 길이가 짧아 설비비가 싸고 열손실이 작다.
    ㉡ 급탕전을 열면 찬물이 나온 후에 따뜻한 물이 나온다.
  ② 순환식(Two Pipe System, 복관식 또는 2관식): 급탕관의 길이가 길 때에 관 내 온수의 냉각을 방지하여 바로 뜨거운 물을 사용할 수 있도록 보일러에서 급탕전까지의 공급관(급탕관)과 순환관(반탕관)을 배관하는 방식으로, 대규모 건물에 주로 사용된다.
    ㉠ 배관의 길이가 길어 설비비가 비싸고 열손실이 크다.
    ㉡ 급탕전을 열면 곧 따뜻한 물이 나온다.

(2) **순환방식**
  ① 중력식(Gravity Circulation System): 급탕관과 순환관의 물의 온도차에 의한 밀도차에 의해서 대류작용을 일으켜 자연순환시키는 방식으로, 소규모 배관에 적당하다.
  ② 강제식(Forced Circulation System): 급탕순환펌프를 설치하여 강제적으로 온수를 순환시키는 방식으로, 중규모 이상 건물의 중앙식 급탕법에 적당하다.

(3) **역환수방식(Reverse Return)**
① 하향공급방식에서 온수의 순환을 균일하게 하기 위하여 열원에서 각 지관의 공급개소까지 온수공급관과 반송관의 배관길이를 동일하게 하는 방식이다.
② 급탕설비와 온수난방에서 사용된다.

2. 관경 결정

(1) 급탕관의 관경 결정
① 최소 20A 이상
② 일반적으로 급수관경보다 한 단계 큰 치수의 것을 쓴다.

(2) 반탕관의 관경 결정
① 최소 20A 이상
② 반탕관은 급탕관보다 작은 치수의 것을 사용한다.

(3) 급탕·급수·반탕관의 구경 (단위: mm)

급탕관경	25	32	40	50	65	80
급수관경	20	25	32	40	50	65
반탕관경	20	20	25	32	40	40

3. 배관 구배와 밸브 설치

(1) 배관 구배
① 급탕 배관의 구배는 온수의 순환을 원활하게 하기 위하여 가능한 한 급구배로 하는 것이 좋다.
② 중력순환식은 150분의 1 이상으로 하고, 강제순환식은 200분의 1 이상으로 한다.
③ 급탕주관은 상향구배로 하고, 반탕관은 하향구배로 한다.

(2) 밸브의 설치
① 부득이하게 굴곡 배관을 하여야 할 경우에는 공기빼기밸브(Air Vent Valve)를 설치함으로써 공기를 배제하여 온수의 흐름을 원활하게 한다.
② 배관 도중에는 슬루스밸브(게이트밸브)를 사용한다.

4. 신축 이음쇠

배관의 팽창·수축을 흡수처리 하기 위하여 신축 이음쇠를 사용한다.

(1) 종류
스위블 이음, 슬리브형 이음, 벨로즈형 이음, 신축곡관 등이 있다.

> ※ 신축 이음 시 누수의 영향이 큰 순서
>   스위블 이음 > 슬리브형 이음 > 벨로즈형 이음 > 신축곡관

① 스위블 이음(Swivel Joint)
  ㉠ 2개 이상의 엘보를 사용하여 신축을 흡수하며, 분기 배관이나 방열기 주위 배관에 사용한다.
  ㉡ 신축과 팽창으로 누수의 우려가 있다.
② 슬리브형 이음(Sleeve Type)
  ㉠ 배관의 고장이나 건물의 손상을 방지하며, 보수가 용이한 곳에 설치한다.
  ㉡ 누수가 되기 쉽다.
③ 벨로즈형 이음(Bellows Type): 설치비가 비싸며, 고압에 부적당하다.
④ 신축곡관(Expansion Loop)
  ㉠ 신축성이 가장 우수한 방식으로, 옥외 고압 배관에 사용한다.
  ㉡ 다소 넓은 공간이 요구된다.
⑤ 볼 조인트(Ball Joint)
  ㉠ 수직 관에서 분기되는 횡 지관의 신축이음이나 직각 배관 등에 사용하며, 고온이나 고압에 적당하다.
  ㉡ 이음을 2~3개 사용하면 관절작용을 하여 관의 신축을 흡수한다.

(2) 설치간격
직선 배관 시 강관은 보통 30m, 동관은 20m마다 신축이음을 1개씩 설치하는 것이 좋다.

5. 팽창관과 팽창탱크

(1) 목적
온수순환 배관 도중에 이상 압력이 생겼을 때 그 압력을 흡수하는 도피구이다.

(2) 설치 위치
① 개방형 팽창탱크는 저면이 최고층의 급탕전보다 5m 이상 높은 곳에 설치하며, 볼탭에 의하여 자동급수한다.
② 밀폐형 팽창탱크는 설치 위치에 제한을 받지 않으므로 보통 기계실에 설치하지만, 크기는 개방형보다 커야 한다.
③ 팽창관의 도중에는 절대로 밸브를 설치하여서는 안 된다.
④ 팽창관은 급탕수직주관을 연장하여 팽창탱크에 자유 개방시킨다.
⑤ 팽창관은 팽창탱크의 물이 팽창관을 통해 저탕조 내로 역류하지 않도록 팽창탱크의 수면으로부터 일정 높이 이상 개구하여 설치하여야 한다.

6. 수압시험

배관에 보온피복을 하기 전에 실시하며, 최고 사용압력의 2배 이상(0.75MPa)을 가하여 60분 이상 유지되어야 한다.

핵심 기출문제

PART 01
위생설비 I

KEYWORD 01 급수설비

01
21년 2회, 18년 4회, 12년 4회

다음 설명에 알맞은 급수 방식은?

- 위생성 측면에서 가장 바람직한 방식이다.
- 정전으로 인한 단수의 염려가 없다.

① 수도직결방식　② 고가수조방식
③ 압력수조방식　④ 펌프직송방식

해설
수도직결방식은 수도 본관에 직결하므로 위생적인 측면에서 가장 좋고, 전동기(모터)를 사용하지 않으므로 정전으로 인한 단수의 염려가 없다.

정답 | ①

02
15년 1회, 13년 4회

다음 그림과 같이 관경이 다른 관 내에 물이 흐를 경우에 관한 설명으로 옳은 것은?

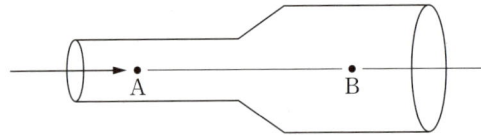

① 물의 속도는 A보다 B가 크며, 압력도 A보다 B가 크다.
② 물의 속도는 A보다 B가 크며, 압력은 B보다 A가 크다.
③ 물의 속도는 B보다 A가 크며, 압력은 A보다 B가 크다.
④ 물의 속도는 B보다 A가 크며, 압력도 B보다 A가 크다.

해설
$Q = A_1 V_1 = A_2 V_2 =$ 일정, 여기서, Q: 유량, A: 단면적, V: 유속
연속방정식에 따라 단면적이 작은 A지점에서 물의 속도가 더 크다.
$P + \frac{1}{2}\rho V^2 + \rho g h =$ 일정,
여기서 P: 압력, ρ: 유체의 밀도, V: 유속, g: 중력가속도, h: 높이
베르누이의 원리에 의해 물의 속도가 더 큰 A지점의 압력이 더 낮다.
∴ 물의 속도는 A가 크며, 압력은 B가 크다.

정답 | ③

03
20년 1회

급수설비에서 펌프의 실양정이 의미하는 것은? (단, 물을 높은 곳으로 보내는 경우)

① 배관 계의 마찰손실에 해당하는 높이
② 흡수 면에서 토출 수면까지의 수직거리
③ 흡수 면에서 펌프 축 중심까지의 수직거리
④ 펌프 축 중심에서 토출 수면까지의 수직거리

해설
펌프의 실양정 = 흡입양정 + 토출양정

정답 | ②

04
20년 4회, 20년 1·2회, 17년 4회

급수방식 중 고가수조방식에 관한 설명으로 옳은 것은?

① 대규모의 급수 수요에 쉽게 대응할 수 있다.
② 저수조가 없으므로 단수 시에 급수할 수 없다.
③ 수도 본관의 영향을 그대로 받아 수압 변화가 심하다.
④ 위생 및 유지·관리 측면에서 가장 바람직한 방식이다.

해설
고가수조방식은 대규모 급수 수요에 쉽게 대응 가능하다.
선지분석
② 저수조가 있으므로 단수 시에 급수가 가능하다.
③ 수도 본관의 영향을 받지 않으므로 수압 변화가 거의 없다.
④ 위생 및 유지·관리 측면에서 가장 좋지 않은 방식이다.

정답 | ①

05
17년 1회

압력수조 급수방식에 관한 설명으로 옳지 않은 것은?

① 정전 시 급수가 곤란하다.
② 고가수조가 필요 없어 미관상 좋다.
③ 고가수조방식에 비해 급수압의 변동이 크다.
④ 고가수조방식에 비해 수조의 설치위치에 제한이 많다.

해설
압력수조방식은 고가수조방식에 비해 수조의 설치 위치에 제한이 없으며 급수과정이 가장 길고(높고) 복잡하다.

정답 | ④

06
19년 1회

수도직결방식의 급수방식에서 수도 본관으로부터 8m 높이에 위치한 기구의 소요압이 70kPa이고 배관의 마찰손실이 20kPa인 경우 이 기구에 급수하기 위해 필요한 수도 본관의 최소 압력은?

① 약 90kPa
② 약 98kPa
③ 약 170kPa
④ 약 210kPa

해설
수도 본관의 최저 필요압력(P)은
$P \geq P_1 + P_2 + 10h$[kPa]이다.
$P \geq 70\text{kPa} + 20\text{kPa} + 10 \times 8\text{m}(80\text{kPa})$이므로
∴ $P \geq 170\text{kPa}$

정답 | ③

07
19년 4회, 17년 1회

수량 22.4m³/h를 양수하는데 필요한 터빈펌프의 구경으로 적당한 것은?(단, 터빈 펌프 내의 유속은 2m/s로 한다.)

① 65mm
② 75mm
③ 100mm
④ 125mm

해설
펌프의 구경
$d = 1.13\sqrt{\dfrac{Q}{v}} = 1.13\sqrt{\dfrac{22.4\text{m}^3/\text{h}}{2\text{m/s}}} = 1.13\sqrt{\dfrac{22.4\text{m}^3/\text{s}}{3,600 \times 2\text{m/s}}}$
≒ 0.0630m ≒ 63mm
∴ 65mm가 적당하다.

정답 | ①

08
17년 2회

펌프에서 발생하는 공동현상(Cavitation)의 방지 대책으로 가장 알맞은 것은?

① 펌프의 설치 위치를 높인다.
② 펌프의 흡입 양정을 낮춘다.
③ 펌프의 토출 양정을 높인다.
④ 펌프의 토출 구경을 확대한다.

해설
공동현상(Cavitation) 방지법
1. 펌프의 설치 높이를 최대한 낮추어 흡입 양정을 낮게 한다.
2. 펌프의 회전수를 낮추어 흡입비 속도를 작게 한다.
3. 수온 상승을 방지한다.
4. 흡입 배관의 마찰저항을 감소시킨다.

정답 | ②

09
20년 1·2회, 16년 1회

다음과 같은 조건에 있는 양수 펌프의 축동력은?

- 양수량: 490L/min
- 전양정: 30m
- 펌프의 효율: 60%

① 약 3kW
② 약 4kW
③ 약 5kW
④ 약 6kW

해설
펌프의 축동력 $= \dfrac{W \cdot Q \cdot H}{6,120E}$

$= \dfrac{1,000\text{kg/m}^3 \times 0.49\text{m}^3/\text{min} \times 30\text{m}}{6,120 \times 0.6} ≒ 4\text{kW}$

여기서, W: 물의 단위용적중량(1,000kg/m³), Q: 양수량(m³/min), H: 펌프의 전양정(m), E: 펌프의 효율(%), 1kW = 6,120kg·m/min

정답 | ②

10
21년 2회, 15년 1회

급수설비에서 역류를 방지하여 오염으로부터 상수계통을 보호하기 위한 방법으로 옳지 않은 것은?

① 토수구 공간을 둔다.
② 각개통기관을 설치한다.
③ 역류 방지 밸브를 설치한다.
④ 가압식 진공 브레이커를 설치한다

해설 |
각개통기관: 트랩의 봉수를 보호할 목적으로 각 위생기구 마다 통기관을 세우는 것으로 가장 이상적인 통기방식이다.

정답 | ②

11
19년 1회, 16년 1회

다음 중 수격작용의 발생 원인과 가장 거리가 먼 것은?

① 밸브의 급폐쇄
② 감압밸브의 설치
③ 배관방법의 불량
④ 수도 본관의 고수압(高水壓)

해설 |
수격작용의 발생 원인
1. 플러시밸브나 수전류를 급격히 열고 닫을 때
2. 관경이 작을수록
3. 관 내의 유속이 빠를수록
4. 배관에 굴곡부가 많을수록

정답 | ②

12
20년 3회, 17년 1회

양수량이 $1m^3/min$, 전양정이 50m인 펌프에서 회전수를 1.2배 증가시켰을 때 양수량은?

① 1.2배 증가
② 1.44배 증가
③ 1.73배 증가
④ 2.4배 증가

해설 |
펌프의 회전날개 회전수를 변화시키면 유량(양수량)은 회전수에 비례하므로 1.2배 증가한다.

정답 | ①

KEYWORD 02 급탕설비

13
15년 2회, 15년 1회

한 시간당 급탕량이 $5m^3$일 때 급탕부하는 얼마인가?(단, 물의 비열은 $4.2 kJ/kg·K$, 급탕온도 70℃, 급수온도 10℃)

① 35 kW
② 126 kW
③ 350 kW
④ 1,260 kW

해설 |
$$급탕부하 = \frac{G \cdot c \cdot \Delta t}{3,600}(kW)$$
여기서, G: 급탕량(kg/h), c: 물의 비열(4.2kJ/kg·K), Δt: 온도차(K)
$$= \frac{5,000 kg/h \times 4.2 kJ/kg·K \times (70-10)K}{3,600 s/h} = 350 kW$$

정답 | ③

14
20년 3회, 19년 2회, 16년 4회, 14년 1회

급탕설비에 관한 설명으로 옳지 않은 것은?

① 냉수, 온수를 혼합 사용해도 압력차에 의한 온도변화가 없도록 한다.
② 배관은 적정한 압력손실 상태에서 피크 시를 충족시킬 수 있어야 한다.
③ 도피관에는 압력을 도피시킬 수 있도록 밸브를 설치하고 배수는 직접배수로 한다.
④ 밀폐형 급탕시스템에는 온도상승에 의한 압력을 도피시킬 수 있는 팽창탱크 등의 장치를 설치한다.

해설 |
도피관(팽창관)에는 밸브를 설치하지 않으며, 팽창탱크의 배수는 간접배수로 한다.

정답 | ③

15
16년 2회, 13년 1회

길이가 20m인 동관으로 된 급탕 수평주관에 급탕이 공급되어 관의 온도가 10℃에서 60℃로 온도가 상승된 경우, 동관의 팽창량은?(단, 동관의 선팽창계수는 1.71×10^{-5})

① 0.86mm ② 8.6mm
③ 17.1mm ④ 171mm

해설
배관의 팽창량 = 배관길이 × 온도차 × 선팽창계수
= 20m × (60 − 10)℃ × 1.71 × 10^{-5}
= 0.0171m = 17.1mm

정답 | ③

16
21년 1회

급탕설비 중 개별식 급탕방식에 관한 설명으로 옳지 않은 것은?

① 배관 길이가 길어 배관 중의 열손실이 크다.
② 건물 완공 후에도 급탕개소의 증설이 비교적 쉽다.
③ 급탕개소마다 가열기의 설치 스페이스가 필요하다.
④ 용도에 따라 필요한 개소에서 필요한 온도의 탕의 비교적 간단하게 얻을 수 있다.

해설
개별식 급탕방식은 배관 길이가 짧아(15m 이하) 배관 중의 열손실이 작다.

정답 | ①

17
20년 3회

급수 및 급탕설비에 사용되는 슬리브(Sleeve)에 관한 설명으로 옳은 것은?

① 사이폰 작용에 의한 트랩의 봉수 파괴 방지를 위해 사용한다.
② 스케일 부착 및 이물질 투입에 의한 관 폐쇄를 방지하기 위해 사용한다.
③ 가열장치 내의 압력이 설정압력을 넘는 경우에 압력을 도피시키기 위해 사용한다.
④ 배관 시 차후의 교체, 수리를 편리하게 하고 관의 신축에 무리가 생기지 않도록 하기 위해 사용한다.

해설
슬리브(Sleeve)는 배관 시 차후의 교체, 수리를 편리하게 하고 관의 신축에 무리가 생기지 않도록 하기 위해 사용한다.

정답 | ④

18
21년 4회, 16년 2회, 15년 4회

중앙식 급탕방식에 관한 설명으로 옳지 않은 것은?

① 주로 중규모 이상의 건물에 적용하는 방식이다.
② 온수를 사용하는 개소마다 가열장치가 설치된다.
③ 직접가열방식, 간접가열방식 및 순간가열방식이 있다.
④ 상향 또는 하향 순환식 배관에 의해 필요 개소에 온수를 공급한다.

해설
온수를 사용하는 개소마다 가열장치가 설치되는 것은 개별식 급탕방식이다.

정답 | ②

19
21년 2회, 19년 1회, 18년 1회, 17년 2회

간접가열식 급탕방식에 관한 설명으로 옳지 않은 것은?

① 저압 보일러를 써도 되는 경우가 많다.
② 직접가열식에 비해 소규모 급탕설비에 적합하다.
③ 급탕용 보일러는 난방용 보일러와 겸용할 수 있다.
④ 직접가열식에 비해 보일러 내면에 스케일이 발생할 염려가 적다.

해설
간접가열식 급탕방식은 직접가열식에 비해 대규모 급탕설비에 적합하다.

관련이론
간접가열식
1. 저탕조(급탕탱크) 내에 가열코일을 설치하고 이 코일에 증기(또는 고온수)를 통해서 저탕조의 물을 간접적으로 가열하는 방식이다.
2. 난방용 보일러의 증기 사용 시 급탕용 보일러가 불필요하다.
3. 보일러 내면에 스케일이 거의 생기지 않는다.
4. 건물의 높이에 따른 수압이 보일러에 작용하지 않고 저탕조에 작용하므로 고압용 보일러가 불필요하다.
5. 대규모 급탕설비에 적합하다.

정답 | ②

PART 02 위생설비 II
KEYWORD 03, 04, 05

KEYWORD 03 | 배수 및 통기설비 ★★

1 배수설비
배수설비란 배수를 공공하수도로 유입시키기 위하여 설치하는 건물 또는 부지 내의 배수관거 및 부대설비를 총칭하는 것을 말한다.

1. 배수의 분류

(1) **오염 정도에 의한 분류**
① 일반배수(잡배수): 세면기, 싱크, 욕조 등에서의 배수를 말한다.
② 오수배수: 수세식 화장실로부터의 배수 중 오물을 포함하고 있는 대·소변기, 비데, 변기소독기 등에서의 배수를 말한다.
③ 우수배수: 옥상이나 마당에 떨어지는 빗물의 배수를 말한다.
④ 특수배수: 공장폐수 등과 같이 유해한 물질이나 병원균·방사능 물질 등을 포함한 물의 배수를 말한다.

(2) **사용개소에 의한 분류**
건물 외벽 면에서 1m 떨어진 곳을 기준으로 옥내배수와 옥외배수로 구분한다.

(3) **중력배수·기계식 배수**
① 중력배수: 높은 곳에서 낮은 곳으로 중력에 의한 대부분의 일반배수이다.
② 기계식 배수: 지하층과 같이 배수집수정이 공공하수도관보다 낮을 경우, 배수펌프를 사용하여 공공하수도관으로 퍼올리는 강제배수이다.

(4) **배수방식에 의한 분류**
① 분류배수방식: 건물에서의 배수를 오수·잡배수·우수로 나누어 각각 배출하는 방식으로, 오수는 정화조에서 처리한 후 하천으로 방류한다.
② 합류배수방식: 오수와 잡배수를 한데 모아 하수종말처리장에서 처리한 다음 하천으로 방류한다.

(5) **직접배수·간접배수**
① 직접배수: 위생기구와 배수관이 직접 연결된 일반 위생기구에서의 배수이다.
② 간접배수: 배수관에 바로 연결하지 않고 기구로부터의 배수관에 물받이 공간(배수구 공간)을 두고 배수하는 방식이다.
  ㉠ 냉장고, 세탁기, 공기조화기, 수영장, 급수탱크의 넘침관, 소독기 등에 사용한다.
  ㉡ 배수관이 막히더라도 배수가 기구 쪽으로 역류하여 차오르지 않고 물받이공간에서 옆으로 흘러내려 기구 내부가 오염되는 것을 방지할 수 있다.

2. 배수관의 구배와 관경

(1) **배수관의 구배**
① 배수관 내의 배수가 정체하지 않도록 적당한 구배를 주어야 한다.

② 표준구배: 50분의 1∼100분의 1
③ 옥내배수관의 구배는 mm로 호칭되는 관경의 역수보다 크게 한다.
④ 옥내배수관의 유속은 0.6∼1.2m/s 정도, 최대 2.4m/s 이내가 되도록 구배를 잡는 것이 좋다.
⑤ 배수관의 구배를 너무 급하게 하면 수위가 낮아져 고형물이 남게 되고, 구배가 너무 완만하면 유속이 느려져 오물을 씻어 내리는 힘이 약하게 된다.
⑥ 관경이 작을수록 구배는 크게 한다.

(2) 배수관의 관경
① 위생기구의 순간최대배수량을 기준으로 하여 배수관경을 결정한다.
② 세면기의 순간최대배수량 30L/min을 기준으로 기구배수부하단위(FU; Fixture Unit value)를 1로 하여 다른 기구의 배수관경을 결정한다.
③ 유수면의 기울기가 동일한 경우 배수관의 관경이 너무 커지면 유속이 감소하고 배수 능력이 저하되므로 적정한 크기로 하는 것이 합리적이다.
④ 유수면은 관경의 2분의 1 ∼ 3분의 2 정도(관 단면적의 50∼70%)가 좋다.

기구	부호	부속트랩의 구경(mm)	기구배수부하단위(FU)
대변기	WC	75	8
소변기	U	40	4
비데	B	40	2.5
세면기	Lav	30	1
음수기	F	30	0.5
욕조(주택용)	BT	49∼75	2∼3
샤워(주택용)	S	40	2
청소수채	SS	65	3
세탁수채	ST	40	2
요리수채(주택용)	KS	40	2
요리수채(영업용)	KS	40∼50	2∼4
바닥배수	FD	59∼75	1∼2

▲ 기구의 배수부하단위

3. 청소구

(1) 설치목적
배수배관이 막힐 경우 점검·수리를 위하여 배관의 굴곡부나 분기점에 청소구를 설치하여야 한다.

(2) 설치장소
① 가옥배수관과 대지하수관이 접속되는 곳
② 배수수직관의 최하단부
③ 배수수평지관의 최상단부
④ 가옥 배수수평주관의 기점
⑤ 배관이 45° 이상 각도로 구부러지는 곳
⑥ 각종 트랩 및 배관상 필요한 곳

⑦ 수평관의 관경이 100mm 이하인 경우에는 직선거리 15m 이내마다, 100mm 이상인 경우에는 직선거리 30m 이내마다 설치

4. 배수용 트랩

(1) 설치목적
배수관 속의 악취, 유독가스 및 벌레 등이 실내로 침투하는 것을 방지하기 위하여 배수계통의 일부에 봉수를 고이게 하는 기구를 트랩이라 한다.

(2) 트랩의 종류
① 사이펀식 트랩: 관 트랩의 일종으로 자기세정작용이 있지만 봉수가 파괴되기 쉬운 결점이 있다.
  ㉠ S트랩
    • 대변기·소변기·세면기에 부착하여 바닥 밑의 배수수평지관에 접속할 때 사용한다.
    • 사이펀작용을 일으키기 쉬운 형태로 봉수가 쉽게 파괴된다.
  ㉡ P트랩: 위생기구에 가장 많이 쓰이는 형식으로 벽체 내의 배수수직관에 접속할 때 사용되며, 세면기에 많이 사용된다.
  ㉢ U트랩
    • 일명 가옥트랩(House Trap) 또는 메인트랩(Main Trap)이라고도 하며, 배수수평주관 도중에 설치하여 공공하수관에서의 하수가스의 역류방지용으로 사용하는 트랩이다.
    • 수평배수관 도중에 설치할 경우 유속을 저해한다는 결점이 있다.
② 비사이펀식 트랩: 자기세정작용이 없는 트랩이다.
  ㉠ 드럼트랩(Drum Trap): 주방 싱크의 배수용 트랩으로 다량의 물을 고이게 하므로 봉수가 잘 파괴되지 않으며, 청소가 가능하다.
  ㉡ 벨트랩(Bell Trap): 일명 플로어트랩(Floor Trap)이라고도 하며, 화장실·샤워실 등의 바닥배수용으로 쓰인다.

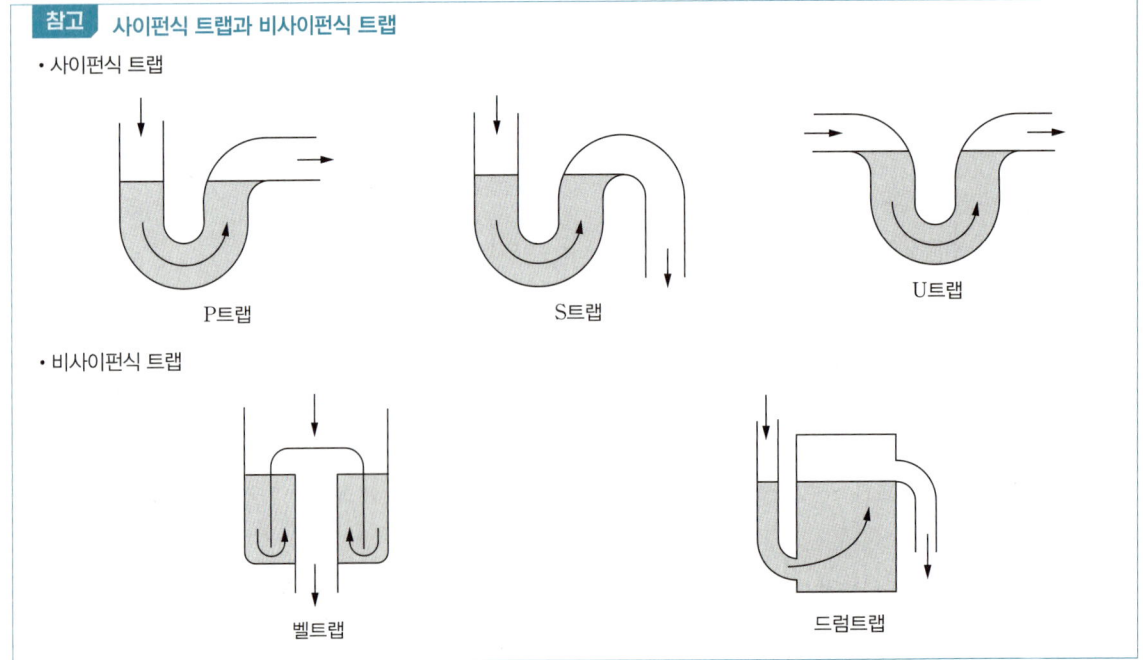

참고 사이펀식 트랩과 비사이펀식 트랩
• 사이펀식 트랩
  P트랩   S트랩   U트랩
• 비사이펀식 트랩
  벨트랩   드럼트랩

③ 저집기(Intercepter): 저집기는 배수 중에 혼입한 여러 가지 유해물질이나 기타 불순물 등을 분리 수집함과 동시에 트랩의 기능을 발휘하는 기구이다.
  ㉠ 그리스저집기(그리스트랩): 주방 등에서 나오는 기름기가 많은 배수로부터 기름기를 제거·분리시키는 장치로, 분리된 기름기를 제거한 후 다시 사용한다.
  ㉡ 샌드저집기(샌드트랩): 배수 중에 진흙이나 모래가 다량으로 포함되는 곳에 사용한다.
  ㉢ 헤어저집기(헤어트랩): 이발소·미장원 등에 설치하여 배수관 내에 모발 등이 침투하여 막히는 것을 방지한다.
  ㉣ 플라스터저집기(플라스터트랩): 치과의 기공실, 정형외과의 깁스실의 배수에 사용하는 트랩이다.
  ㉤ 가솔린저집기(가솔린트랩): 배수에 포함된 가솔린을 트랩 수면 위에 뜨게 하여 휘발시키는 장치로, 주차장·차고 등의 바닥배수용 트랩이다.

(3) 트랩의 봉수
  ① 봉수 깊이: 봉수 깊이는 50~100mm 정도이다. 유효봉수의 깊이가 너무 낮으면 봉수를 손실하기 쉽고, 반대로 너무 깊게 하면 유수의 저항이 증가하여 통수능력이 감소하고 자정작용이 없어지게 된다.
  ② 트랩의 봉수파괴 원인
    ㉠ 자기사이펀작용: 배수 시 트랩 및 배수관은 사이펀관을 형성하여 만수된 물이 일시에 흐르게 되면 트랩 내의 물이 자기세정작용에 의하여 모두 배수관 쪽으로 흡인되어 봉수가 파괴된다.
    ㉡ 유인사이펀작용: 수직관에 접근하여 기구를 설치할 경우, 수직관 상부에서 일시에 다량의 물이 낙하하면 그 수직관과 수평관과의 연결 부분에 순간적으로 진공이 생겨 트랩 내의 봉수가 흡인되는 작용을 말한다.
    ㉢ 분출작용(토출작용): 수직관 가까이에 기구가 설치되어 있을 때 수직관 위로부터 일시에 다량의 물이 흐르게 되면 일종의 피스톤작용을 일으켜서 하류 또는 하층기구의 트랩봉수를 공기의 압축에 의하여 실내 측으로 불어내는 작용이다.
    ㉣ 모세관현상: 트랩의 출구에 실이나 천조각, 머리카락 등이 걸렸을 경우 모세관현상에 의하여 봉수가 파괴된다.
    ㉤ 증발: 위생기구의 사용빈도가 적을 때 봉수가 자연히 증발한다.
    ㉥ 운동량에 의한 관성작용: 강풍 또는 기타 원인으로 배관 중에 급격한 압력변화가 일어난 경우에 봉수면에 상하 동요를 일으켜 사이펀작용이 일어나거나 사이펀작용이 일어나지 않더라도 봉수가 배출된다.
  ③ 트랩의 봉수파괴 방지대책

구분	방지대책
자기사이펀작용, 유인사이펀작용, 분출작용	통기관 설치
모세관현상	천조각, 머리카락 제거
운동량에 의한 관성작용	격자쇠 설치

2 통기설비
대기 중에 개방된 통기관을 배수관에 연결하여 배수관 내에 공기를 유통시키는 것을 말한다.

1. 통기관의 설치목적
① 트랩의 봉수를 보호한다.
② 배수의 흐름을 원활하게 한다.
③ 신선한 공기를 유통시켜 관 내의 청결을 유지한다.
④ 배수관 내의 기압을 일정하게 유지한다.

2. 통기관의 종류

(1) 각개통기관(Individual Vent Pipe)
① 각 위생기구마다 통기관을 세우는 것으로 가장 이상적인 통기방식이다.
② 각개통기관은 접속되는 배수관 구경의 2분의 1 이상으로 한다.
③ 관경: 최소 32mm 이상

(2) 루프통기관(Loop Vent Pipe, 회로통기관·환상통기관)
① 2개 이상 8개 이내의 트랩을 보호하기 위하여 최상류에 있는 위생기구의 기구배수관이 배수수평지관과 연결되는 바로 하류의 수평지관에 접속시켜 통기수직관 또는 신정통기관으로 연결하는 통기관이다.
② 통기수직관에서 최상류 기구까지의 통기관의 연장은 7.5m 이내로 한다.
③ 관경: 최소 40mm 이상, 접속하는 배수수평지관과 통기수직관의 관경 중에서 작은 쪽의 2분의 1 이상으로 한다.

(3) 도피통기관(Relief Vent Pipe)
① 회로통기배관에서 통기능률을 촉진시키기 위한 통기관으로 최하류 기구배수관과 배수수직관 사이에 설치한다.
② 관경: 최소 32mm 이상, 배수수평지관 관경의 2분의 1 이상으로 한다.

(4) 습식통기관(Wet Vent Pipe, 습윤통기관)
최상류기구의 회로통기관(루프통기관)에 연결되어 통기와 배수의 역할을 함께 하는 통기관이며 대기 중에 개구하는 통기관이다.

(5) 신정통기관(Stack Vent Pipe)
관경을 줄이지 않고 배수수직주관 끝을 옥상으로 연장하여 통기관으로 사용하는 부분을 말한다.

(6) 결합통기관(Yoke Vent Pipe)
① 고층건물의 경우 배수수직주관과 통기수직주관을 접속하는 통기관이다.
② 5개 층마다 설치하여 배수수직주관의 통기를 촉진한다.
③ 통기수직주관과 배수수직관 중 작은 쪽 관경으로 하되, 최소 관경은 50mm 이상으로 한다.

(7) 공용통기관(Common Vent Pipe)
2개의 위생기구가 같은 레벨로 설치되어 있을 때 배수관의 교점에서 접속되어 수직으로 세운 통기관을 말한다.

(8) 특수통기방식
① 소벤트방식(Sovent System): 통기관을 따로 설치하지 않고 하나의 배수수직관으로 배수와 통기를 겸하는 시스템으로서, 여기에는 2개의 특수이음쇠가 사용된다. (공기혼합이음쇠(Aerator Fitting), 공기분리이음쇠(Deaerator Fitting))
② 섹스티아방식(Sextia System): 섹스티아 이음쇠와 섹스티아 벤트관(45° 곡관)을 사용하여 유수에 선회(旋回)력을 주어 공기 코어(Air Core)를 유지시켜 하나의 관으로 배수와 통기를 겸한다. 이 시스템은 층수에 제한 없이 고층·저층에 모두 사용이 가능하며, 신정통기만을 사용하므로 통기 및 배수계통이 간단하고 배수관경이 작아도 되며 소음도 작다.

> **참고** 통기배관의 예시

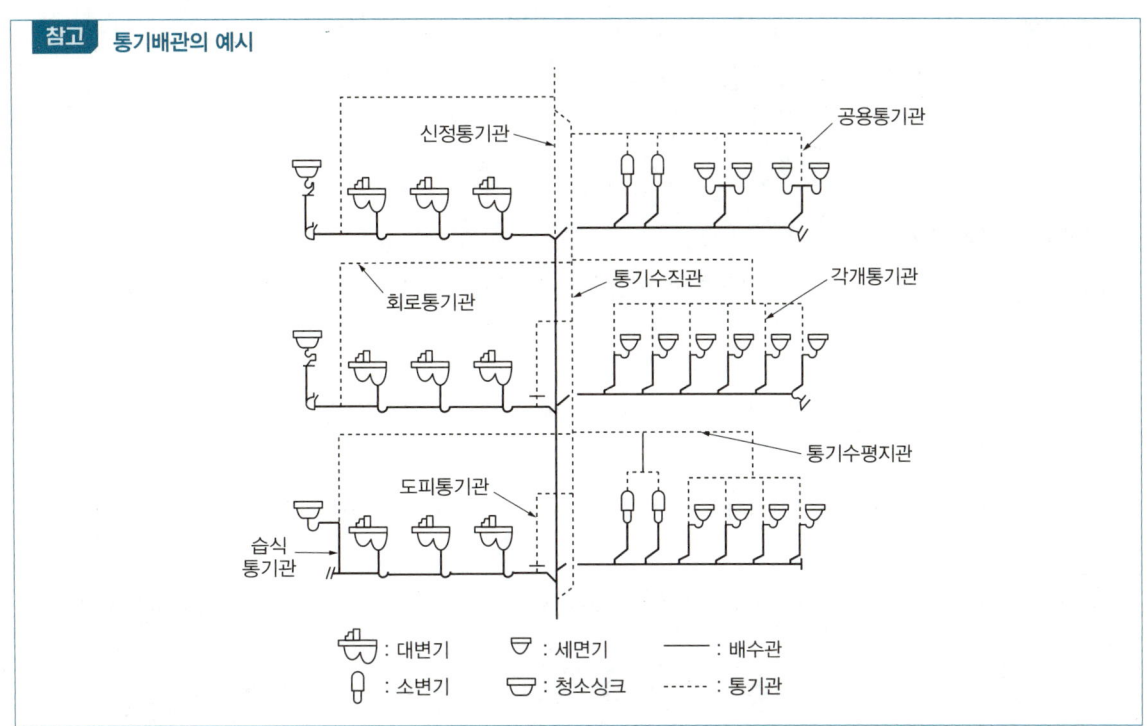

3. 통기관 배관 시 주의사항

(1) 통기관의 개구부
① 사람이 사용하는 옥상을 관통하는 경우 통기관의 말단을 약 2m 이상 세우거나, 옥상을 사용하지 않는 경우에는 0.15m 이상 세운다.
② 통기관의 개구부는 직접 외기에 개방하여야 하며, 건물의 문, 창, 환기유입구 등의 개구부로부터 3m 이상 또는 개구부의 위쪽에서 0.6m 이상 높게 한다.
③ 한랭지 및 적설지(積雪地)에서의 통기관 말단의 개구부는 동결이나 적설에 의하여 막히지 않도록 지름은 75mm 이상으로 하고, 높이는 지붕면으로부터 300mm 이상 떨어진 위치에 개구부를 둔다.

(2) 금지하여야 할 통기관의 배관
① 바닥 아래의 통기배관은 금지한다.
② 2중 트랩이 되지 않도록 한다.
③ 통기관은 기구의 오버플로우면 이상(150mm)으로 입상시킨 다음 통기수직관에 연결한다.
④ 통기수직관을 빗물수직관과 연결하여서는 안 된다.
⑤ 통기관과 실내환기용 덕트를 연결하여서는 안 된다.
⑥ 간접배수 통기관은 단독으로 대기 중에 개구한다.
⑦ 오물정화조의 개구부는 단독으로 대기 중에 개구한다.
⑧ 오수 피트나 잡배수 피트는 각개(개별)통기관을 설치한다.
⑨ 가솔린트랩의 통기관은 단독으로 대기 중에 개구하여야 한다.
⑩ 각개통기관은 동수구배선 위에서 배수관에 접속한다.
⑪ 루프통기관은 배수관의 수평중심선 상부로부터 수직 또는 수직에서 45°의 각도 이내로 접속하여야 한다.

> **참고**
> - 배수 및 통기 수직주관은 파이프 샤프트(Pipe Shaft) 내에 배관한다.
> - 변기는 될 수 있는 대로 수직주관 가까이에 설치한다.

4. 배관의 시험과 검사

건물 내의 배수·통기관 시공 후, 보온시공 이전 또는 은폐 이전에 수압시험 또는 기압시험을 하고, 위생기구 등의 설치가 완료된 후에는 모든 트랩을 봉수하여 연기시험 또는 박하시험을 한다.

(1) 수압시험
모든 개구부를 막고 최고위치의 개구부로 3m 이상의 수두에 해당하는 압력(0.03MPa)을 가하여 30분간 견디면 된다.

(2) 기압시험
모든 개구부를 막고 한 개구부로 0.035MPa의 압력이 될 때까지 올려 15분간 압력변화가 없으면 된다.

(3) 기밀시험
연기시험과 박하시험이 있으며 이상의 배관시험이 끝나고 위생기구가 설치되면 통수시험을 하여 누수를 검사하고 그 후 방로피복 등을 한다.

KEYWORD 04 오수정화설비 ★

1 개요
오수처리설비는 설비의 처리 범위에 따라 단독정화조와 오수처리시설로 구분된다. 단독정화조는 수세식 대·소변기에서 배출되는 오수를 정화하는 시설을 말하고, 오수처리시설은 대·소변기뿐만 아니라 욕조, 싱크 등에서 배출되는 잡배수까지 처리하는 시설을 말한다.

2 수질오염의 지표

1. BOD와 COD

(1) **BOD(Biochemical Oxygen Demand)**: 생물화학적 산소요구량
  ① 주로 미생물이 포함된 생활하수의 유기물 농도를 측정하고자 할 때에 사용한다.
  ② 수질오염의 정도를 측정하는 지표이며, 측정 소요시간은 5일이다.

(2) **COD(Chemical Oxygen Demand)**: 화학적 산소요구량
  ① 주로 중금속이 포함되어 미생물이 살 수 없는 공장폐수의 유기물 농도를 측정하고자 할 때에 사용한다.
  ② 측정 소요시간은 3시간 이내이다.
  ※ BOD와 COD가 낮을수록 깨끗한 물을 의미하며, 단위는 ppm(parts per million)이라는 백만분율을 사용한다.
  ③ BOD제거율
    ㉠ 오물정화조의 성능을 나타내는 지표로, 다음 식에 의하여 구할 수 있다.

$$\text{BOD제거율(\%)} = \frac{\text{유입수 BOD} - \text{유출수 BOD}}{\text{유입수 BOD}} \times 100$$

ⓒ BOD제거율이 높을수록, 유출수(방류수) BOD가 낮을수록 성능이 우수한 정화조이다.

2. DO와 SS

(1) DO(Dissolved Oxygen): 용존산소량
① 오수 중에 녹아 있는 산소량으로, DO가 클수록 정화능력이 우수한 수질이다.
② 용존산소는 주로 공기 중의 산소에 의하여 수면을 통해 공급된다.

(2) SS(Suspended Solids): 부유물질
① 오수 속에 포함되어 있는 $0.1\mu m$ 이상의 고형물질로서, 물에 용해되지 않는 것을 말한다.
② 부유물질은 탁도를 유발하는 원인물질이다.

3. 기타 지표

(1) 스컴(Scum)
정화조 내의 오수 표면 위에 떠오르는 오물 찌꺼기를 말한다.

(2) 활성오니(Activated Sludge)
하수나 폐수에 생기는 세균 등의 미생물로 이루어진 침전물을 말한다.

(3) pH(수소이온농도지수)
① 물의 액성(液性), 즉 산성 또는 알칼리성의 정도를 나타내는 지표를 말한다.
② pH 7이면 중성, 7보다 크면 알칼리성, 7보다 작으면 산성이다.

3 오수정화처리방식

1. 물리적·화학적 처리방식

(1) 물리적 처리방식
① 스크린(Screen): 일종의 여과장치로서 거칠고 큰 부유물질을 제거하는 정화 전 처리방법이다.
② 침전(Sedimentation): 오수 중의 부유성 고형물을 가라앉혀 부패시키는 방법이다.
③ 교반(Agitation): 폭기조 등에서 오수 중에 공기를 혼입시키기 위하여 기계적으로 휘저어 섞어 산화시키는 방법이다.
④ 여과(Filtration): 공극이 있는 매개층을 통하여 물을 통과시켜서 부유물을 제거시키는 방법으로 여과재에는 모래, 활성탄, 규조토, 섬유 등의 다공질 여재가 있다.

(2) 화학적 처리방식
① 중화: 오수의 수질이 산성이나 알칼리성이 강할 때 산성제나 알칼리제를 혼입하여 중화하는 방식이다.
② 소독: 처리수를 방류하기 전의 최종적인 처리방식으로 차아염소산 소다, 차아염소산 칼슘 및 액체염소 등을 처리수에 투입하여 소독하는 방식이다.

3. 생물학적 처리방식

(1) 호기성 처리방법
① 정의: 산소가 있는 장소에서 생존하고 생존에 필요한 산소를 오수 중 혹은 공기 중에서 받아 증식하는 미생물을 호기성 미생물이라 하고, 이 미생물을 이용하여 정화하는 방식을 호기성 처리방식이라고 한다.
② 특징
  ㉠ 짧은 시간에 양호한 처리수를 얻을 수 있는 고급설비이다.
  ㉡ 공간을 적게 차지하지만 운전상 기술을 요하고 운전유지비가 많이 소요된다.
  ㉢ 호기성 분해의 산물로서 초산성 질소, 초산염, 탄산가스 등이 방출된다.
③ 종류: 표준활성오니법, 접촉산화법, 살수여상법, 회전원판법 등

(2) 혐기성 처리방법
① 정의: 슬러지(하수처리 또는 정수과정에서 생긴 침전물) 또는 하수 중의 유기물을 산소 공급 없이 혐기성 상태에서 처리하는 방법으로, 하수처리장에서는 하수처리가 아닌 슬러지의 처리에 혐기성 소화방식이 일반적으로 채용되고 있다.
② 특징
  ㉠ 산소 공급이 필요 없어 유지비가 적게 소요된다.
  ㉡ 처리공간이 많이 필요하다.
  ㉢ 악취 발생의 문제가 있다.
  ㉣ 혐기성 분해의 산물로서 암모니아, 질소, 메탄가스, 유화수소가스 등의 유화물이 방출된다.
③ 종류: 부패탱크, 임호프탱크 등

4 부패탱크식 오물정화조

1. 일반사항과 구성

(1) 일반사항
① 정화조구조물은 방수재료로 만들거나 방수제를 사용하여 누수가 되지 않도록 하여야 한다.
② '부패조 ⇨ 여과조 ⇨ 산화조 ⇨ 소독조'의 순서로 조합한다.
③ 부패조, 산화조, 소독조에는 각각 내경 45cm 이상의 맨홀을 설치한다.
④ 부패탱크식 오물정화조는 세균작용에 의하여 오물을 부패·분해시켜 처리한다.

(2) 구성
① 부패조
  ㉠ 혐기성균을 생육시켜 소화작용과 침전작용이 일어나는 곳이다.
  ㉡ 2개 이상의 부패조와 예비여과조로 구성한다.
  ㉢ 제1, 2부패조와 예비여과조의 용적비는 4 : 2 : 1 또는 4 : 2 : 2로 한다.
  ㉣ 공기를 차단하여 혐기성균으로 하여금 오물을 소화시킨다.(10~15℃에서 활동이 가장 활발하다.)
  ㉤ 오수 저유깊이는 1.2m 이상 3m 이내로 한다.
  ㉥ 부패조의 유효용량은 유입오수량의 2일분(48시간) 이상을 기준으로 한다.

처리대상 인원	용량 산정식
5인 이하	$V = 1.5\text{m}^3$

5~500인	$V = 1.5 + 0.1(n-5)\text{m}^3$
500인 이상	$V = 51 + 0.075(n-500)\text{m}^3$

② 여과조
  ㉠ 오수 속의 부유물을 걸러 제거하는 탱크이다.
  ㉡ 부패조와 산화조 사이에 설치된다.
  ㉢ 오수는 하부에서 상부로 흐르게 한다.
  ㉣ 오수 속의 부유물이 쇄석층에서 제거된다.
  ㉤ 쇄석층의 깊이는 수심의 2분의 1(또는 3분의 1)로 하고, 쇄석층 윗면은 오수면보다 10cm 낮게 한다.

③ 산화조
  ㉠ 부패조에서 1차 처리된 오수를 호기성균을 생육시켜 안정된 물질로 산화(분해)처리한다.
  ㉡ 산소의 공급으로 호기성균에 의하여 산화(분해)처리시킨다.
  ㉢ 살수홈통의 밑면과 쇄석층 윗면과의 거리는 10cm 이상, 쇄석층의 두께는 0.9m 이상 2m 이내, 쇄석층의 밑면과 정화조의 바닥과의 간격은 10cm 이상으로 한다.
  ㉣ 배기관의 높이는 지상 3m 이상으로 한다.
  ㉤ 산화조는 살수여상형으로 하고, 배기관 및 송기구를 설치하여 통기설비를 한다.
  ㉥ 산화조의 밑면은 소독조를 향해 100분의 1 정도로 내림구배로 한다.
  ㉦ 산화조의 용량은 부패조 용량의 2분의 1 이상으로 한다.

④ 소독조
  ㉠ 산화조에서 나오는 오수를 멸균시킨다.
  ㉡ 소독액: 차아염소산 나트륨, 표백분
  ㉢ 약액조의 용량: 25L 이상(10일분 이상)

KEYWORD 05 배관설비 ★

1 배관과 밸브

1. 배관의 종류와 특성

(1) 강관(Steel Pipe)
  ① 특징
    ㉠ 많이 사용하는 관으로 주철관에 비하여 가볍고 인장강도가 크다.
    ㉡ 충격에 강하고 굴곡성이 좋다.
    ㉢ 시공이 용이하여 관의 접합이 비교적 쉽다.
    ㉣ 다른 관에 비하여 내식성이 작아 수명이 짧다.
    ㉤ 가격이 비교적 저렴하다.
  ② 용도: 1MPa 이하의 증기, 물, 기름, 가스, 공기 등을 사용하는 배관에 사용된다.
  ③ 접합방법: 나사접합, 플랜지접합, 용접접합 등이 있다.

④ 강관이음쇠의 종류

구분	종류
직관을 접속할 때	소켓, 유니온, 플랜지, 니플
구경이 다른 관을 접속할 때	리듀서, 부싱, 이경소켓, 이경엘보, 이경티
분기관을 낼 때	티, 크로스, 와이(45°, 90°)
배관을 굴곡할 때	엘보, 벤드(90°)
배관의 말단부	플러그, 캡

(2) **스테인리스강관(Stainless Steel Pipe)**

스테인리스강관은 용도에 따라 배관용, 구조용, 열교환기용으로 제조된다.

① 특징
  ㉠ 내식성이 우수하고 위생적이다.
  ㉡ 강관에 비하여 기계적 성질이 우수하다.
  ㉢ 두께가 얇아 운반 및 시공이 쉽다.
② 용도: 급수관, 급탕관, 냉온수관 등에 사용된다.
③ 접합방법: 나사접합, 용접접합, 프레스접합 등이 있다.

(3) **주철관(Cast Iron Pipe)**

① 특징
  ㉠ 내식성, 내구성, 내마모성이 우수하다.
  ㉡ 압축에 강하고, 인장과 충격에 약하다.
② 용도: 급수관, 오배수관, 가스공급관, 지중매설배관, 화학공업용 배관 등에 사용된다.
③ 접합방법: 소켓접합, 플랜지접합, 메커니컬접합, 빅토리접합 등이 있다.

(4) **연관(Lead Pipe)**

① 특징
  ㉠ 산에는 강하나 알칼리에 약하므로 콘크리트 속에 매설 시 방식피복을 하여야 한다.
  ㉡ 내식성이 크고 굴곡이 용이하며 점성이 좋아 가공이 쉽다.
  ㉢ 열에 약하며 급탕 및 난방배관에 적합하지 않다.
② 용도: 가정용 수도인입관, 기구배수관, 가스배관 등에 사용한다.
③ 접합방법: 플라스턴접합, 납땜접합, 용접접합 등이 있다.

(5) **동관(Copper Pipe)**

① 특징
  ㉠ 수명이 길고 가벼우며 마찰손실이 작다.
  ㉡ 염류, 산, 알칼리 등에 대하여 내식성이 있다.
  ㉢ 전성과 연성이 좋아 배관의 가공이나 시공이 용이하다.
  ㉣ 두께는 K, L, M형이 있으며 K형이 가장 두껍고, M형이 가장 얇다.
② 용도: 급수관, 급탕관, 난방관, 냉·온수관 등에 사용한다.
③ 접합방법: 납땜접합, 압축접합, 용접접합 등이 있다.

(6) 경질염화비닐관(PVC관)

① 특징
- ㉠ 산·알칼리성에 강하고 내식성이 크다.
- ㉡ 가격이 싸고 가벼우며 마찰손실이 작다.
- ㉢ 열과 충격에 약하다.
- ㉣ 열팽창률이 크다.

② 용도: 급수관, 배수관, 통기관 등에 사용한다.

③ 접합방법: 냉간공법과 열간공법이 있다.

(7) 폴리에틸렌관(PE관)

① 특징
- ㉠ PVC관의 3분의 2 정도로 가볍다.
- ㉡ 충격에 강하고 내한성이 우수하다.
- ㉢ 내약품성과 위생성이 우수하다.

② 용도: 일반용, 수도용, 가스용, 하수도용 등에 사용한다.

③ 접합방법: 메커니컬접합, 열융착접합, 전기융착접합 등이 있다.

(8) 콘크리트관(Concrete Pipe)

① 특징: 가격이 싸고, 내식성이 강하다.

② 용도: 배수관, 해수수송관 등에 사용된다.

③ 접합방법: 칼라접합, 기볼트접합, 심플렉스접합, 모르타르접합 등이 있다.

2. 밸브의 종류와 특성

(1) 슬루스밸브(Sluice Valve)

① 게이트밸브라고도 하며, 유체의 마찰저항이 가장 작다.

② 급수·급탕용으로 가장 많이 사용되는 밸브이다.

③ 대형 및 고압 밸브로 사용된다.

(2) 글로브밸브(Globe Valve)

① 스톱밸브·구형 밸브라고도 하며, 마찰저항이 가장 크다.

② 구조상 유량조절과 흐름의 개폐용으로 사용된다.

(3) 앵글밸브(Angle Valve)

글로브밸브의 일종으로 유체의 입구와 출구가 이루는 각이 90°가 되는 밸브이다.

(4) 버터플라이밸브(Butterfly Valve)

① 원통형 몸체 속에서 밸브봉을 축으로 원형판이 회전함으로써 개폐되는 밸브로, 나비밸브라고도 한다.

② 구조가 간단하고 압력손실이 적으며 조작이 용이하다.

③ 저압공기와 수도용으로 사용한다.

(5) 콕밸브(Cock Valve)

① 플러그밸브라고도 하며, 원추형의 꼭지를 90° 회전하여 유로를 급속히 개폐하는 장치이다.

② 유체저항이 작고, 개폐시간도 적다.

③ 종류에는 글래드콕, 메인콕 등이 있다.

(6) 볼밸브(Ball Valve)
① 통로가 연결된 파이프와 같은 모양과 단면으로 되어 있는 중간에 둥근 볼(Ball)의 회전에 의하여 유체의 흐름을 조절하는 밸브이다.
② 밸브 몸체가 크기 때문에 넓은 공간이 필요하며, 90° 회전에 의하여 완전개폐작용이 되는 구조이다.
③ 유체저항이 작고, 밸브의 조작이 간단하다.

(7) 볼탭밸브(Ball Tap Valve)
급수관의 끝에 부착된 동제의 부자(浮子)에 의하여 수조 내의 수면이 상승하였을 때 자동적으로 수전을 멈추고 수면이 내려가면 부자가 내려가 수전을 여는 장치이다.

(8) 플로트밸브(Float Valve)
① 보일러의 급수탱크와 용기의 액면을 일정한 수위로 유지하기 위하여 플로트를 수면에 띄워 수위가 내려가면 플로트에 연결되어 있는 레버를 작동시켜서 밸브를 열어 급수한다.
② 일정한 수위로 되면 플로트도 부상하여 레버를 밀어내려 밸브가 닫히는 구조이며, 일종의 자력식 조정밸브이다.

(9) 역지밸브(Check Valve, 체크밸브)
① 유체를 한 방향으로만 흐르게 하는 역류방지용 밸브로, 유량 조절이 불가능하다.
② 종류
    ㉠ 리프트형: 수평배관에 사용한다.
    ㉡ 스윙형: 수평·수직배관에 모두 사용할 수 있다.

(10) 스트레이너(Strainer)
밸브류 앞에 설치하여 배관 내의 흙, 모래, 쇠부스러기 등을 제거하기 위한 장치로 Y형, U형, V형, T형이 있다.

(11) 감압밸브(Pressure Reducing Valve)
고압배관과 저압배관 사이에 설치하여 압력을 낮추어 일정하게 유지할 때에 사용하는 것으로 벨로즈식, 파이롯트식 등이 있다.

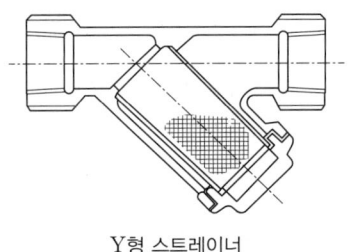
Y형 스트레이너

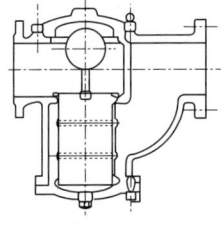
U형 스트레이너

3. 배관 부식의 원인
① 이종금속간의 부식
② 전류가 관으로 유입되어 일어나는 부식
③ 용존산소에 의한 부식
④ 철합금, 동합금, 알루미늄합금의 산화로 인한 부식

2 도시기호

1. 배관과 밸브의 도시기호

(1) 배관의 도시기호

배관의 종류	도시기호	배관의 종류	도시기호
급수관	—·—·—·— 또는 ——·——·——	오수관	——S——
급탕관	—∣—∣— 또는 ——··——	통기관	············ 또는 ······V······
반탕관	—∥—∥— 또는 ——···——	소화수관	——X——X——
배수관	———— 또는 ——D——	가스관	——G——G——

(2) 밸브의 도시기호

밸브의 종류	도시기호	밸브의 종류	도시기호
밸브 일반		전동밸브	M
슬루스밸브		전자밸브	S
글로브밸브		온도조절밸브	T
앵글밸브		차압밸브	P
체크밸브		감압밸브	
공기빼기밸브		콕	

(3) 색채에 의한 배관의 식별

배관 속을 흐르는 물질의 종류를 알려주기 위하여 배관의 표면 마감색을 물질의 종류별로 다음과 같이 표시 한다.

종류	식별색	종류	식별색
물	청색	산·알칼리	회자색
증기	진한 적색	기름	진한 황적색
공기	백색	전기	엷은 황적색
가스	황색	—	—

2. 연결부속 · 위생기구 · 소화기구의 도시기호

(1) 연결부속 도시기호

연결부속의 종류	도시기호	연결부속의 종류	도시기호
플랜지	─┤├─	슬리브형 신축이음	─[──]─
유니온	─┤╟─	벨로스형 신축이음	─/\/\/─
곡관형 신축이음	─⌒─	티	┬ / ─[─]─
90° 엘보	└	─	─

(2) 위생기구, 소화기구 도시기호

구분	도시기호	구분	도시기호
볼탭	●─○	송수구	●△
샤워	♁	청소구	───┤├

핵심 기출문제

PART 02 위생설비 II

KEYWORD 03　배수 및 통기설비

01　　　　　　　　　　　　　　　　15년 2회
배수관에 트랩을 설치하는 가장 주된 이유는?

① 배수의 동결을 막기 위하여
② 배수의 소음을 감소하기 위하여
③ 배수관의 신축을 조절하기 위하여
④ 하수 가스, 악취 등이 실내로 침입하는 것을 막기 위하여

해설
배수관 속의 악취, 유독가스 및 벌레 등이 실내로 침투하는 것을 방지하기 위하여 배수계통의 일부에 봉수를 고이게 하는 기구를 트랩이라 한다.

정답 | ④

02　　　　　　　　　　　　　　　　21년 1회
배수트랩에서 봉수깊이에 관한 설명으로 옳지 않은 것은?

① 봉수깊이는 50~100mm로 하는 것이 보통이다.
② 봉수깊이가 너무 낮으면 봉수를 손실하기 쉽다.
③ 봉수깊이를 너무 깊게 하면 통수능력이 감소된다.
④ 봉수깊이를 너무 깊게 하면 유수의 저항이 감소된다.

해설
봉수깊이를 너무 깊게 하면 유수의 저항이 증가된다.

정답 | ④

03　　　　　　　　　　　　　19년 1회, 13년 2회
통기관의 설치목적으로 옳지 않은 것은?

① 트랩의 봉수를 보호한다.
② 오수와 잡배수가 서로 혼합되지 않게 한다.
③ 배수계통 내의 배수 및 공기의 흐름을 원활히 한다.
④ 배수관 내에 환기를 도모하여 관내를 청결하게 유지한다.

해설
통기관의 설치목적은 트랩의 봉수를 보호하고, 배수계통 내의 배수 및 공기의 흐름을 원활히 하며, 배수관 내에 환기를 도모하여 관내를 청결하게 유지하는 것이다.

정답 | ②

04　　　　　　　　　　　　21년 4회, 16년 4회
배수수직관 내의 압력변화를 방지 또는 완화하기 위해 배수수직관으로부터 분기·입상하여 통기수직관에 접속하는 도피통기관은?

① 각개통기관　　　② 신정통기관
③ 결합통기관　　　④ 루프통기관

해설
결합통기관: 배수수직관 내의 압력변동을 방지하기 위하여 배수수직관 상향으로 통기수직관에 연결하는 통기관

정답 | ③

05　　　　　　　　　　　　21년 2회, 12년 2회
다음 설명에 알맞은 통기 방식은?

- 회로통기방식이라고도 한다.
- 2개 이상의 기구트랩에 공통으로 하나의 통기관을 설치하는 방식이다.

① 공용통기방식　　　② 루프통기방식
③ 신정통기방식　　　④ 결합통기방식

해설
루프통기방식(회로통기, 환상통기)은 1개의 통기관으로 위생기구 2개 이상 8개 이내의 트랩을 보호하기 위하여 설치하는 통기관이다.

정답 | ②

06
18년 2회, 13년 4회

배수 배관에서 청소구(Clean Out)의 일반적인 설치 장소에 속하지 않는 것은?

① 배수수직관의 최상부
② 배수수평지관의 기점
③ 배수수평주관의 기점
④ 배수관이 45°를 넘는 각도에서 방향을 전환하는 개소

해설
청소구는 배수수직관의 최하부에 설치한다.

관련이론
청소구(Clean Out) 설치 위치
1. 가옥 배수관과 부지 하수관이 접속되는 곳
2. 배수수직관의 최하단부
3. 배수수평주관, 배수수평지관의 기점
4. 배관이 45° 이상 구부러진 곳
5. 각종 트랩 및 기타 필요한 곳

정답 | ①

07
20년 3회

사무소 건물에서 다음과 같이 위생기구를 배치하였을 때 이들 위생기구 전체로부터 배수를 받아들이는 배수수평지관의 관경으로 가장 알맞은 것은?

기구종류	바닥배수	소변기	대변기
배수부하단위	2	4	8
기구수	2	8	2

관경(mm)	배수수평지관의 배수부하단위
75	14
100	96
125	216
150	372

① 75mm
② 100mm
③ 125mm
④ 150mm

해설
1. 배수부하단위 계산 = $(2 \times 2) + (4 \times 8) + (8 \times 2) = 52$
2. 관경 결정: 배수부하단위 52는 14보다 크므로 96으로 가정하면 관경은 100mm이다.

정답 | ②

KEYWORD 04　오수정화설비

08
15년 4회, 12년 4회

오수의 BOD 제거율이 95%인 정화조로 유입되는 오수의 BOD 농도가 300ppm일 경우, 방류수의 BOD 농도는?

① 15ppm
② 85ppm
③ 150ppm
④ 285ppm

해설
방류수의 BOD 농도 = 유입수 × (1 − 제거율)
　　　　　　　　　= 300(1 − 0.95) = 15ppm

정답 | ①

09
20년 3회

평균 BOD 150ppm인 가정오수 $1,000m^3/d$가 유입되는 오수정화조의 1일 유입 BOD량은?

① 150kg/d
② 300kg/d
③ 45,000kg/d
④ 150,000kg/d

해설
1일 유입 BOD량 = 1일 오수량 × BOD 농도
　　　　　　　= $1,000m^3/d \times 150ppm$
　　　　　　　= $(1,000 \times 10^3 kg/d) \times (150 \times 10^{-6})$
　　　　　　　= 150kg/d
(여기서, $1m^3 = 1,000kg$)

정답 | ①

10   16년 2회

오수정화조로 유입되는 오수의 BOD농도가 150ppm이고, 방류수의 BOD농도가 60ppm일 때 이 정화조의 BOD 제거율은?

① 40%
② 60%
③ 75%
④ 90%

해설 |
$$\text{BOD 제거율} = \frac{\text{유입수} - \text{유출수}}{\text{유입수}} \times 100$$
$$= \frac{150 - 60}{150} \times 100 = 60\%$$

정답 | ②

12   17년 2회

유체의 흐름을 한 방향으로만 흐르게 하고 반대 방향으로 흐르지 못하게 하는 밸브는?

① 콕
② 체크밸브
③ 게이트밸브
④ 글로브밸브

해설 |
체크밸브는 유체의 흐름을 한 방향으로만 흐르게 하는 역류방지용 밸브로 유량조절이 불가능하다.

정답 | ②

KEYWORD 05   배관설비

11   19년 4회, 12년 2회, 12년 1회

배관재료에 관한 설명으로 옳지 않은 것은?

① 주철관은 오배수관이나 지중 매설 배관에 사용된다.
② 경질염화비닐관은 내식성은 우수하나 충격에 약하다.
③ 연관은 내식성이 작아 배수용보다는 난방배관에 주로 사용된다.
④ 동관은 전기 및 열전도율이 좋고 전성·연성이 풍부하며 가공도 용이하다.

해설 |
연관은 내식성이 크고 굴곡이 용이하며, 점성이 좋아 가공이 쉽지만 열에 약해 급탕 및 난방배관에 적합하지 않다.

정답 | ③

13   18년 4회

일반적으로 가스사용시설의 지상배관 표면 색상은 어떤 색상으로 도색하는가?

① 백색
② 황색
③ 청색
④ 적색

해설 |
가스 배관의 표면 색상은 황색으로 한다.

정답 | ②

PART 03 소화, 가스설비
KEYWORD 06, 07

KEYWORD 06　소화설비 ★★★

1 개요

1. 소화의 원리
연소는 가연물, 산소, 열의 세 조건이 만족될 때 일어나며, 소화는 이들 세 요소 중 하나 이상을 제거 또는 희석시킴으로써 연소를 정지 및 억제시키는 것이다.

(1) **냉각소화**
액체 또는 고체를 사용하여 열을 내리는 방법이다.

(2) **질식소화**
포말이나 불연성 기체 등으로 연소물을 감싸 산소를 차단하는 방법이다.

(3) **제거소화**
가연물을 제거하는 방법이다.

(4) **희석소화**
산소농도와 가연물의 조성을 연소한계점보다 묽게 하는 방법이다.

2. 화재의 종류

(1) **일반화재(A급 화재)**
나무, 섬유, 종이, 고무, 플라스틱류와 같은 일반 가연물이 타고 나서 재가 남는 화재를 말한다.

(2) **유류화재(B급 화재)**
인화성 액체, 가연성 액체, 석유, 그리스, 타르, 오일, 유성도료, 솔벤트, 래커, 알코올 및 인화성 가스와 같은 유류가 타고 나서 재가 남지 않는 화재를 말한다.

(3) **전기화재(C급 화재)**
전류가 흐르고 있는 전기기기, 배선과 관련된 화재를 말한다.

(4) **금속화재(D급 화재)**
금속과 관련된 화재로 산업현장의 철, 리튬 등 가연성 금속에서 발생하는 화재를 말한다. 물로 소화할 경우 수소가스가 발생하므로 매우 위험하다.

(5) **주방화재(K급 화재)**
주방에서 동식물유를 취급하는 조리기구에서 일어나는 화재를 말한다.

2 소방시설의 종류

소방시설은 소화설비, 경보설비, 피난구조설비, 소화용수설비, 소화활동설비로 나누고 있다.

소방에 필요한 설비	소화설비	• 소화기 및 간이소화용구, 자동식 소화기 • 옥내소화전설비 • 스프링클러설비 및 간이스프링클러설비	• 물분무소화설비, 포소화설비, 이산화탄소소화설비, 할로겐화합물설비, 청정소화약제소화설비, 분말소화설비 • 옥외소화전설비
	경보설비	• 비상경보설비 • 비상방송설비 • 누전경보기	• 자동화재탐지설비: 감지기, 수신기, 발신기 등 • 자동화재속보설비
	피난구조설비	• 피난기구: 미끄럼대, 공기안전매트, 완강기, 피난교, 피난밧줄 등 • 인명구조기구: 방열복, 공기호흡기 등 • 피난구유도등, 통로유도등, 유도표지, 비상조명등	
소화용수설비		• 소화수조, 저수조, 기타 소화용수설비	• 상수도 소화용수설비
소화활동설비		• 제연설비 • 연결송수관설비 • 연결살수설비	• 비상콘센트설비 • 무선통신보조설비 • 연소방지설비

1. 소화설비

(1) 소화기

소화기에는 수동식 소화기, 자동식 소화기 및 간이소화용구가 있다.

① 수동식 소화기: 방화대상물로부터 보행거리 20m(대형소화기의 경우 30m) 이내가 되도록 설치하여야 한다.

② 자동식 소화기: 화재 발생 또는 가연성 가스의 누출을 자동으로 경보하고 소화약제를 방출하여 자동으로 소화하는 것으로, 아파트의 주방(가스레인지 상부)에 설치한다.

(2) 옥내소화전

① 정의: 건물 각 층 벽면에 호스, 노즐, 소화전 밸브를 내장한 소화전함을 설치하고, 화재 시 화재 발생지점에 물을 뿌려 소화시키는 설비이다.

② 방수압력: 0.17MPa 이상(노즐 끝)

③ 방수량: 130L/min

④ 노즐의 구경: 13mm

⑤ 호스의 구경: 40mm

⑥ 호스의 길이: 15m × 2개 또는 30m

⑦ 소화전의 높이: 바닥면으로부터 1.5m 이하

⑧ 설치간격: 건물의 각 부분에서 소화전까지의 수평거리는 25m 이하

소화수량(수원의 수량)	소화펌프의 양수량
=옥내소화전 1개의 방수량×동시개구수×20(분) =130(L/min)×N(개)×20(min) =2.6N(m³), N은 최대 2개	=옥내소화전 1개의 방수량×동시개구수(N) =130(L/min)×N(최대 2개)

(3) 옥외소화전

① 정의: 건축물과 옥외설비의 화재진압용으로 옥외에 설치하는 소화설비이며, 1, 2층 바닥면적의 합계가 9,000m² 이상일 때 설치대상이 된다. 호스 및 노즐을 내장한 옥외소화전함은 옥외소화전으로부터 5m 이내의 거리에 설치하여야 한다.

② 표준방수압력: 0.25MPa

③ 표준방수량: 350L/min

④ 설치간격: 건물 외부 각 부분에서 소화전까지 수평거리 40m 이하

소화수량(수원의 수량)
=350(L/min)×N(개)×20(min) =7N(m³), N은 최대 2개

(4) 스프링클러 설비

① 스프링클러의 특징

㉠ 스프링클러 헤드를 실내 천장에 설치하여, 67~75℃ 정도에서 가용합금편이 녹으면 자동적으로 화염에 물을 분사하는 자동소화설비이다.

㉡ 동시에 화재경보장치가 작동하여 화재 발생을 알림으로써 신속히 대피를 하거나 화재를 초기에 진압할 수 있다.

㉢ 장단점

장점	• 자동소화설비이므로 초기 화재에 절대적이다. • 사람이 없는 야간에도 화재를 감지하여 소화한다. • 감지부의 구조가 기계적이므로 오동작·오보가 적다.
단점	• 초기 시공비가 많이 든다. • 물로 인한 2차 피해가 발생할 수 있다.

② 스프링클러 헤드의 구조

㉠ 프레임(Frame), 가용합금편(Fusible Link), 디플렉터(Deflector)로 구성된다.

㉡ 스프링클러 헤드는 평상시에 가용편에 의해 관내 압력수의 유출을 막고 있다가 화재가 발생하면 실내온도의 상승으로 가용합금편이 용해되어 관 속의 물이 살수된다.

㉢ 물이 디플렉터에 부딪쳐 화면(火面)에 균일하게 살수 되는 구조로 되어 있다.

③ 스프링클러 헤드의 설치 간격(정방형 배치)

구분	각 부분에서의 수평거리(m)	헤드의 간격(m)	방호면적(m²)
무대부, 특수가연물 취급장소	1.7	2.40	5.76
내화구조가 아닌 건축물	2.1	2.96	8.76
내화구조 건축물	2.3	3.25	10.56
아파트	3.2	4.52	20.43

④ 스프링클러의 종류: 사용되는 스프링클러 헤드의 종류에 따라 폐쇄형과 개방형으로 대별 되며, 폐쇄형은 습식배관방식과 건식배관방식이 있다. 일반실에는 주로 폐쇄형 습식배관방식이 사용된다.

㉠ 폐쇄형 스프링클러 헤드의 사용
- 습식배관방식(Wet Pipe System): 가압된 물이 스프링클러 배관의 헤드까지 차 있어 화재 시에는 헤드의 개구와 동시에 자동적으로 살수 되며 알람 밸브가 이를 감지하여 경보를 울리고 스프링클러 펌프를 가동하여 헤드에 급수하게 된다.
- 건식배관방식(Dry Pipe System)
  - 스프링클러 배관에 물 대신 압축공기가 차 있어 화재의 열로 헤드가 열리면 배관 내의 공기압이 저하되며 건식 밸브가 이를 감지하여 경보를 울리고 스프링클러 펌프를 가동하여 헤드에 급수하게 된다.
  - 이 방식은 화재 시 소화 활동시간이 다소 지연되지만, 물이 동결할 우려가 있는 한랭지에서 사용되고 있다.
- 준비작동식(Preaction System)
  - 스프링클러 배관에 대기압 상태의 공기가 차 있으며 화재감지기가 화재를 감지하면 준비작동 밸브를 개방함과 동시에 경보를 울리고 스프링클러 펌프를 가동하여 헤드에 급수하게 된다.
  - 이 방식은 물이 동결할 우려가 있는 한랭지에 많이 사용되고 있는데, 주차장 등에 사용되는 스프링클러 설비는 대부분 이 방식이다.

㉡ 개방형 스프링클러 헤드의 사용
- 스프링클러 헤드에 가용합금편이 없는 개방형 헤드를 사용하므로 화재감지기를 설치하여야 하며, 이 화재감지기가 화재를 감지하면 일제개방 밸브를 개방함과 동시에 경보를 울리고 스프링클러 펌프를 가동하여 헤드에 일제살수식으로 급수하게 된다.
- 이 방식은 무대부처럼 천장이 높아 화재 시에 열기류가 옆으로 흘러 폐쇄형 스프링클러 헤드로는 효과를 기대할 수 없는 경우에 사용된다.
- 천장이 높은 무대부를 비롯하여 공장, 창고, 준위험물 저장소 등 급격한 화재 확산의 우려가 있는 곳에 채택하면 효과적이다.

구분		1차측	유수감지장치	2차측	감지기 유무	수동기동 장치	적용장소
폐쇄형	습식	가압수	알람밸브	가압수	없음	없음	일반 거실
	건식	가압수	건식밸브	가압공기	없음	없음	주차장 (동결 우려)
	준비작동식	가압수	프리액션밸브	대기압	있음	있음	주차장 (동결 우려)
개방형	일제살수식	가압수	일제개방밸브	개방상태	있음	있음	무대부, 공장

▲ 종류별 스프링클러 설비의 비교

⑤ 스프링클러의 설치기준
 ㉠ 방수압력: 0.1MPa
 ㉡ 방수량: 80L/min 이상
 ㉢ 설치 간격: 건물의 구조 및 용도에 따라 1.7~3.2m
 ㉣ 소화 수량(수원의 수량) 계산

> 소화수량(수원의 수량) = 80(L/min) × N(개) × 20(min)
> = 1.6N(m³)
> ※ N의 기준개수
> - 아파트: 10개
> - 판매시설, 복합상가 및 11층 이상인 소방대상물: 30개

(5) 드렌처 설비

① 드렌처 설비는 건축물의 외벽, 창, 지붕 등에 설치하여 인접 건물에 화재가 발생하였을 때 수막을 형성함으로써 화재의 연소를 방지하는 방화설비이다.

② 층간 방화구획을 관통하는 에스컬레이터, 컨베이어 등의 주위로서 연소할 우려가 있는 개구부와 같이 방화구획이 되어 있지 않은 부분에 스프링클러 대신 설치하기도 한다.

  ㉠ 방수량: 80L/min 이상
  ㉡ 방수압력: 0.1MPa
  ㉢ 설치 간격: 2.5m 이하
  ㉣ 소화 수량(수원의 수량): $1.6N(m^3)$ (N은 기준개수를 나타낸다.)

(6) 물분무 등 소화설비

방화대상 \ 종류	물분무 소화설비	포소화설비	이산화탄소 소화설비	청정소화약제 소화설비	분말소화설비
비행기 격납고	—	○	—	—	○
자동차수리·정비공장	—	○	○	○	○
위험물 저장·취급소, 주차장, 기계식 주차장 (20대 이상)	○	○	○	○	○
발전기실, 전기실, 통신기계실, 전산실	—	—	○	○	○

2. 소화활동설비

(1) 연결송수관설비(Siamese Connection)

① 개요

  ㉠ 7층 이상의 건축물이나 5층 이상의 연면적 6,000m² 이상의 건축물에 소화활동을 용이하게 하기 위하여 설치하는 소방대 전용 소화설비이다.
  ㉡ 연결송수관의 송수구를 통하여 옥내로 송수하고, 옥내의 방수구에서 방수하여 소화작용을 한다.
  ㉢ 일반적으로 배관 내에 물이 항상 차 있는 습식배관방식이 이용되고 있지만, 동결의 우려가 있는 곳에서는 건식배관방식을 채택한다.

② 설치기준

  ㉠ 방수구의 방수압력: 0.35MPa 이상
  ㉡ 방수구의 방수량: 2,400L/min

> **참고**
> 연결송수관설비 방수구의 방수량은 화재안전기준에 정해져 있지 않으나 70m 이상 고층건물의 연결송수관설비 가압송수장치(중계펌프) 토출량 기준에 의하면 펌프의 토출량은 2,400L/min 이상으로 하되 방수구가 3개를 초과하면 초과하는 방수구 1개마다 800L/min을 가산하도록 되어있다.

ⓒ 쌍구형 송수구가 부착된 주관의 구경: 100mm

ⓔ 방수구와 송수구의 연결 구경: 65mm

ⓜ 소방대 사용 호스: 65mm

ⓗ 방수구의 설치 높이: 바닥면으로부터 0.5~1.0m

ⓢ 송수구의 설치 높이: 지반면으로부터 0.5~1.0m

ⓞ 방수구 설치 간격: 건물의 각 부분에서 방수구까지의 수평거리는 50m 이하

(2) 연결살수설비

소방대 전용 소화전인 송수구를 통하여 소방차로 실내에 물을 공급하여 소화활동을 하는 것으로, 주로 지하층 등의 화재진압을 위한 설비이며 설치대상 건축물은 다음과 같다.

① 판매시설로서 바닥면적의 합계가 1,000m^2 이상인 것

② 지하층으로서 바닥면적의 합계가 150m^2 이상인 것(단, 국민주택규모 이하 아파트와 학교의 지하층에 있어서는 700m^2 이상인 것)

(N: 동시 개구 수, ( ): 최대 개구 수)

구분	연결송수관	옥외소화전	옥내소화전	스프링클러	드렌처
표준방수량(L/min)	2,400	350	130	80	80
방수압력(MPa)	0.35	0.25	0.17	0.1	0.1
수원의 수량(m^3)	—	7N[(2)]	2.6N[(2)]	1.6N	1.6N
설치거리(m)	50	40	25	1.7~3.2	2.5

▲ 소방시설의 설치기준

3. 경보설비

경보설비는 화재 발생을 신속하게 알리기 위한 설비로서 자동화재탐지설비, 누전경보기, 자동화재속보설비, 비상경보설비(비상벨, 자동식 사이렌, 방송설비) 등으로 분류되며, 자동화재탐지설비(감지기, 발신기, 수신기) 중 감지기의 종류는 다음과 같다.

(1) 정온식

주위온도가 일정 온도 이상이 되면 작동하는 것으로, 보일러실·주방과 같이 다량의 열을 취급하는 곳에 설치한다.

(2) 차동식

① 주위온도가 일정 온도상승률 이상이 되면 작동하는 것으로, 사무실, 연구실, 학교와 같이 부착 높이가 8m 미만인 장소에 주로 설치한다.

② 차동식 스폿형이 주로 사용되며, 차동식 분포형은 15m 미만의 장소에 설치한다.

(3) 보상식

차동식과 정온식의 장점을 합한 것이다.

(4) 연기식

층고가 높은 곳, 계단, 복도 등에 사용된다.

KEYWORD 07 가스설비 ★★

1 도시가스

1. 도시가스의 종류

(1) 제조가스

석탄, 코크스, 나프타, 원유, 천연가스, LPG 등을 원료로 사용하여 제조한 가스를 정제, 혼합해서 소정의 발열량을 조정한 것이다.

(2) 천연가스

천연가스는 지하로부터 발생하는 메탄 등을 주성분으로 하는 가연성 가스이며, 연료용에서 화학공업의 원료용에 이르기까지 다양하게 사용되고 있다.

2. 도시가스의 공급방식

구분	공급압력
고압공급	1MPa 이상
중압공급	0.1MPa 이상~1MPa 미만
저압공급	0.1MPa 미만

> **참고** 가스연료의 특성
> ① 무공해 연료이다.
> ② 무색, 무취이므로 누설 시 감지가 어렵다.
> ③ 폭발의 위험이 있다.
> ④ 연소 시 재나 그을음이 생기지 않는다.

2 도시가스의 원료와 배관 설계

1. 도시가스의 원료와 특성

(1) LPG(Liquefied Petroleum Gas, 액화석유가스)

① 특성
  ㉠ 석유의 정제과정에서 채취된 가스를 압축냉각하여 액화시킨 것이다.
  ㉡ 주성분은 프로판(C_3H_8), 부탄(C_4H_{10}), 부틸렌(C_4H_8), 프로필렌(C_3H_6) 등이다.
  ㉢ 액화하면 부피가 약 250분의 1로 감소한다.
  ㉣ 무색, 무미, 무취이지만 프로판에 부탄을 배합하여 냄새를 만든다.
  ㉤ 공기보다 무거우므로 가스경보기는 바닥 위 30cm에 설치한다.
  ㉥ 발열량이 크고, 연소할 때 많은 공기량을 필요로 한다.
  ㉦ 액화 및 기화가 용이하다.
  ㉧ 생성가스에 의한 중독위험이 있으므로 완전연소시켜 사용하여야 한다.(연소 시 환기 필요)

② 일반사항
  ㉠ 용량표시: kg/h
  ㉡ 공급방법: 배관 공급과 용기(봄베) 공급방식이 있다.
  ㉢ 봄베 설치 시 주의사항
    • 봄베는 통풍이 양호한 옥외에 설치한다.
    • 반경 2m 이내에는 화기의 접근을 피한다.
    • 직사광선을 피해 40℃ 이하로 보관한다.
    • 충격을 주어서는 안 된다.
    • 습기로 인한 부식을 방지한다.

> **참고** **봄베(Bombe)**
> 고압 상태의 기체를 저장하는 데 쓰는, 두꺼운 강철로 만든 용기이다.

(2) **LNG(Liquefied Natural Gas, 액화천연가스)**

① 특성
  ㉠ 메탄(CH_4)을 주성분으로 하는 천연가스를 냉각하여 액화한 것이다.
  ㉡ 1기압하, −162℃에서 액화하며, 이때 부피가 580분의 1~600분의 1로 감소한다.
  ㉢ 공기보다 가볍기 때문에 누설되어도 공기 중에 흡수되어 안전성이 높다.
  ㉣ 가스경보기는 천장에서 30cm 아래에 설치한다.
  ㉤ 발열량이 크고, 무공해이다.

② 일반사항
  ㉠ 용량표시: m^3/h
  ㉡ 공급방법: 배관을 통하여 공급하기 때문에 대규모 저장시설이 필요하다.

가스 연소 시 소요공기량, 배기량

구분	가스발열량 (kJ/m^3)	가스 $1m^3$ 연소 시	
		소요공기량(m^3)	배기량(m^3)
도시가스	15,000	4~5	5~6
	21,000	6~7	7~8
천연가스	38,000	11~14	12~14
LP가스	92,000	26~32	27~33

2. 도시가스의 배관 설계

(1) **가스기구 설치위치**
  ① 용도에 적합하고 사용하기 쉬울 것
  ② 열에 의한 주위의 손상 등이 없을 것
  ③ 연소에 의한 급·배기가 가능할 것
  ④ 가스기구의 손질이나 점검이 용이할 것

(2) **배관 시 주의사항**
　① 2인치 이하는 가스관(강관)을 사용하고, 3인치 이상은 주철관을 사용한다.
　② 수평배관은 100분의 1 정도의 구배를 주고, 낮은 곳에는 수취기를 설치한다.
　③ 공급관이 하중에 견디기 위하여 관 지름을 20mm 이상으로 한다.
　④ 배관에 신축이음을 한다.
　⑤ 배관의 굴곡부에는 어느 곳에나 90° 엘보를 사용한다.
　⑥ 가스배관의 매설깊이
　　　㉠ 차량이 통행하는 폭 8m 이상의 도로: 120cm 이상
　　　㉡ 폭 8m 이하의 도로 또는 공동주택 외의 부지: 100cm 이상
　　　㉢ 공동주택 등의 부지 내: 60cm 이상
　⑦ 유량표시는 도시가스의 경우 m^3/h, 액화석유가스의 경우 kg/h를 사용한다.
　⑧ 배관위치
　　　㉠ 가스 누출 시 환기를 위하여 노출 배관으로 한다.
　　　㉡ 시공 및 관리가 용이한 곳에 배관한다.
　　　㉢ 필요한 콕과 물빼기장치 등의 설치가 가능해야 한다.
　　　㉣ 건물의 주요 구조부를 관통하지 않아야 한다.
　　　㉤ 인접 전기설비와는 충분한 거리를 유지해야 한다.
　⑨ 가스미터기의 설치위치
　　　㉠ 가스미터의 성능에 영향을 주는 장소가 아닐 것
　　　㉡ 가스미터의 검침, 검사, 교환 등이 용이하고 미터기의 조작에 지장이 없는 장소일 것
　　　㉢ 전기미터기에서는 60cm 이상 떨어질 것

가스관과 전기설비의 이격거리

구분	이격거리
저압 옥내·옥외배선	15cm 이상
전기점멸기, 전기콘센트	30cm 이상
전기개폐기, 전기계량기, 전기안전기	60cm 이상
고압 옥내배선	60cm 이상
저압 옥상전선로	1m 이상
특별고압 지중·옥내배선	1m 이상
피뢰설비	1.5m 이상

핵심 기출문제

PART 03 소화, 가스설비

KEYWORD 06　소화설비

01
20년 1회, 19년 4회

전류가 흐르고 있는 전자기기, 배선과 관련된 화재를 의미하는 것은?

① A급 화재
② B급 화재
③ C급 화재
④ K급 화재

해설
C급 화재 - 전기화재

관련이론
A급 화재 - 일반화재(보통화재)
B급 화재 - 유류화재(기름화재)
C급 화재 - 전기화재
D급 화재 - 금속화재
K급 화재 - 주방화재

정답 | ③

02
19년 2회, 16년 2회, 15년 1회

소방시설은 소화설비, 경보설비, 피난구조설비, 소화용수설비, 소화활동설비로 구분할 수 있다. 다음 중 소화활동설비에 속하는 것은?

① 제연설비
② 비상방송설비
③ 스프링클러설비
④ 자동화재탐지설비

해설
소화활동설비에는 제연설비, 연결송수관설비, 연결살수설비, 비상콘센트설비, 무선통신보조설비, 연소방지설비가 있다.

정답 | ①

03
21년 1회, 15년 4회

화재안전기준에 따라 소화기구를 설치하여야 하는 특정 소방대상물의 연면적 기준은?

① $10m^2$ 이상
② $25m^2$ 이상
③ $33m^2$ 이상
④ $50m^2$ 이상

해설
소화기구를 설치하여야 하는 특정소방대상물의 연면적 기준은 $33m^2$ 이상이다.

관련이론
소화기구를 설치하여야 하는 특정소방대상물
1. 연면적 $33m^2$ 이상인 것
2. 위에 해당하지 않는 시설로서, 가스시설, 발전시설 중 전기저장시설 및 국가유산
3. 터널
4. 지하구

정답 | ③

04
20년 3회, 18년 2회, 14년 1회

각 층마다 옥내소화전이 3개씩 설치되어 있는 건물에서 옥내소화전설비의 수원의 저수량은 최소 얼마 이상이 되도록 하여야 하는가?

① $3.9m^3$
② $4.2m^3$
③ $4.5m^3$
④ $5.2m^3$

해설
옥내소화전 수원의 유효 저수량
$= 2.6m^3 \times N(최대 2개) = 5.2m^3$

정답 | ④

05
19년 1회, 14년 4회

스프링클러 설비 설치장소가 아파트인 경우, 스프링클러 헤드의 기준 개수는?(단, 폐쇄형 스프링클러 헤드를 사용하는 경우)

① 10개
② 20개
③ 30개
④ 40개

해설 |
폐쇄형 스프링클러 헤드의 기준 개수는 아파트 10개, 판매시설, 복합건축물 및 11층 이상인 소방대상물은 30개이다.

정답 | ①

06
15년 4회

자동화재탐지설비의 감지기에 관한 설명으로 옳지 않은 것은?

① 스포트형 감지기는 45° 이상 경사 되지 않도록 부착한다.
② 감지기는 천장 또는 반자의 옥내에 면하는 부분에 설치한다.
③ 정온식 감지기는 주방, 보일러실 등으로서 다량의 화기를 취급하는 장소에 설치한다.
④ 보상식 스포트형 감지기는 정온점이 감지기 주위의 평상시 최고 온도보다 10°C 이상 높은 것으로 설치한다.

해설 |
보상식 스포트형 감지기는 정온점이 감지기 주위의 평상시 최고 온도보다 20°C 이상 높은 것으로 설치하여야 한다.

정답 | ④

07
21년 2회, 20년 3회, 18년 4회, 17년 4회, 16년 4회

자동화재탐지설비의 감지기 중 감지기 주위의 온도가 일정한 온도 이상이 되었을 때 작동하는 것은?

① 차동식 감지기
② 정온식 감지기
③ 광전식 감지기
④ 이온화식 감지기

해설 |
정온식 감지기: 주위 온도가 일정 온도 이상이 되면 작동하는 것으로, 보일러실·주방과 같이 다량의 열을 취급하는 곳에 설치한다.

정답 | ②

08
21년 4회, 18년 4회

개방형 헤드를 사용하는 연결살수설비에 있어서 하나의 송수구역에 설치하는 살수 헤드의 수는 최대 얼마 이하가 되도록 하여야 하는가?

① 10개
② 20개
③ 30개
④ 40개

해설 |
개방형 헤드를 사용하는 연결살수설비에 있어서 하나의 송수구역에 설치하는 살수 헤드의 수는 10개 이하가 되도록 하여야 한다.

정답 | ①

KEYWORD 07 가스설비

09
21년 1회, 19년 4회, 16년 1회

액화천연가스(LNG)에 관한 설명으로 옳지 않은 것은?

① 공기보다 가볍다.
② 무공해, 무독성이다.
③ 프로필렌, 부탄, 에탄이 주성분이다.
④ 대규모의 저장시설을 필요로 하며, 공급은 배관을 통하여 이루어진다.

해설 |
액화천연가스(LNG)의 주성분은 메탄(CH_4)이다.

관련이론
LPG와 LNG의 주성분

구분	주성분
액화석유가스 (LPG)	프로판(C_3H_8), 부탄(C_4H_{10}), 부틸렌(C_4H_8), 프로필렌 (C_3H_6) 등
액화천연가스 (LNG)	메탄(CH_4)

정답 | ③

10
19년 1회, 18년 2회, 14년 1회

도시가스에서 중압의 가스압력은?(단, 액화가스가 기화되고 다른 물질과 혼합되지 아니한 경우 제외)

① 0.05MPa 이상, 0.1MPa 미만
② 0.01MPa 이상, 0.1MPa 미만
③ 0.1MPa 이상, 1MPa 미만
④ 1MPa 이상, 10MPa 미만

해설 |
중압 도시가스의 압력은 0.1MPa 이상 1MPa 미만이다.

관련이론
도시가스의 압력구분

구분	압력
고압	1MPa 이상
중압	0.1MPa 이상 1MPa 미만
저압	0.1MPa 미만

정답 | ③

11
20년 3회

도시가스 설비에서 도시가스 압력을 사용처에 맞게 낮추는 감압 기능을 갖는 기기는?

① 기화기
② 정압기
③ 압송기
④ 가스홀더

해설 |
정압기(Governor): 도시가스 압력을 사용처에 맞게 낮추는 감압기능과 2차 측의 압력을 허용범위 내의 압력으로 유지하는 정압기능 그리고 가스의 흐름이 없을 때 밸브를 완전히 폐쇄하여 압력상승을 방지하는 폐쇄기능 등을 가진 기기와 부속장치가 조합된 하나의 설비(Unit)를 말한다.

정답 | ②

12
20년 3회, 18년 1회, 15년 1회, 12년 4회

가스 배관 경로 선정 시 주의하여야 할 사항으로 옳지 않은 것은?

① 장래의 증설 및 이설 등을 고려한다.
② 주요 구조부를 관통하지 않도록 한다.
③ 옥내 배관은 매립하는 것을 원칙으로 한다.
④ 손상이나 부식 및 전식을 받지 않도록 한다.

해설 |
가스 배관은 건물 내에서는 반드시 노출 배관으로 한다.

정답 | ③

13
20년 1·2회, 19년 2회, 17년 1회

가스사용시설에서 가스계량기의 설치에 관한 설명으로 옳지 않은 것은?

① 전기접속기와의 거리가 최소 30cm 이상이 되도록 한다.
② 전기점멸기와의 거리가 최소 60cm 이상이 되도록 한다.
③ 전기개폐기와의 거리가 최소 60cm 이상이 되도록 한다.
④ 전기계량기와의 거리가 최소 60cm 이상이 되도록 한다.

해설 |
가스계량기와 전기점멸기와의 거리는 30cm 이상이다.

관련이론
가스계량기와의 거리

거리	종류
60cm 이상	전기계량기, 전기개폐기
30cm 이상	굴뚝(단열조치를 하지 아니한 경우), 전기점멸기, 전기접속기
15cm 이상	절연조치를 하지 아니한 전선

정답 | ②

14
21년 2회, 17년 2회, 13년 1회

가스 설비에 사용되는 거버너(Governor)에 관한 설명으로 옳은 것은?

① 실내에서 발생하는 배기가스를 외부로 배출시키는 장치
② 연소가 원활히 이루어지도록 외부로부터 공기를 받아들이는 장치
③ 가스가 누설되거나 지진이 발생했을 때 가스공급을 긴급히 차단하는 장치
④ 가스공급회사로부터 공급받은 가스를 건물에서 사용하기에 적합한 압력으로 조정하는 장치

해설 |
거버너(Governor)는 가스공급회사로부터 공급받은 가스를 건물에서 사용하기에 적합한 압력으로 조정하는 장치이다. 즉, 가스의 양을 일정하게 조절하여 공급해 주는 역할을 한다.

정답 | ④

PART 04 공기조화설비 I
KEYWORD 08, 09, 10

KEYWORD 08 공기조화설비 총론 ★★★

1 습공기 선도

(1) 개요
① 대기 중의 공기는 습공기로서 건조 공기와 수증기가 혼합된 상태이다.
② 습공기 선도는 습공기의 여러 가지 특성치를 나타내는 그림으로서 인간의 쾌적 범위 결정, 결로 판정, 공기조화 부하계산 등에 이용된다.

(2) 구성요소
건구온도, 습구온도, 노점온도, 절대습도, 상대습도, 포화도, 수증기(분)압, 엔탈피, 비용적(비체적), 현열비, 열수분비

(3) 활용
습공기를 구성하고 있는 요소들 중 2가지만 알면 상태점이 정해지므로 나머지 요소들을 구할 수 있다.(단, 현열비와 열수분비는 계산에 의하여 구한다).

2 습공기 선도의 구성요소별 특징

(1) 건구온도(DB; Dry Bulb temperature) - ℃
온도계의 온감부가 건조한 상태로 측정한 공기의 온도를 건구온도라 한다.

(2) 습구온도(WB; Wet Bulb temperature) - ℃
① 건구온도의 감온부를 천으로 싸고 물을 적셔 증발의 냉각 효과를 고려한 온도로, 감온부 주위의 기류에 따라 변한다.
② 습구온도는 주변이 건조할수록 낮아지고 습할수록 높아지는데, 건구온도보다 항상 낮으며 포화상태에서만 건구온도와 같다.

(3) 노점온도(Dew point temperature) - ℃
① 습공기가 냉각될 때 어느 온도에 다다르면 공기 속의 수분이 수증기의 형태로 존재할 수 없어 이슬이 맺히는 온도, 즉 습공기가 포화상태일 때의 온도이다.
② 공기 중의 수증기량이 많을수록 노점온도는 높아지며 결로 발생이 쉬워진다.
③ 어떤 온도의 공기를 냉각하면 상대습도가 점차로 높아진다.
④ 물체의 표면온도가 노점온도 이하이면 표면에 결로가 발생한다.

(4) 수증기 분압(Vapour pressure) - P(kPa)
대기압은 건공기 압력과 수증기 압력의 합으로 표시되는데 이 중 수증기만의 압력을 말하는 것으로, 수증기량이 많을수록 커진다.

(5) 포화수증기압(Saturated vapour pressure) – P_s(kPa)
포화상태 습공기의 수증기압을 말한다.

(6) 절대습도(AH; Absloute Humidity) – [kg/kg(DA)]
① 습공기를 구성하고 있는 건조 공기 1kg당의 수증기량을 말한다.
② 공기를 가열하거나 냉각하여도 절대습도는 변함이 없다.

(7) 상대습도(RH; Relative Humidity) – ϕ[%]
어느 일정 용량의 공기가 포함하고 있는 수증기압과 이때의 기온에 대하여 최대로 함유된 포화수증기압과의 비이다.

$$\phi = \frac{p}{p_s} \times 100$$

- ϕ: 상대습도[%]
- p: 습공기의 수증기 분압[mmHg, kg/cm²]
- p_s: 포화습공기의 수증기 분압[mmHg, kg/cm²]

(8) 비교습도(포화도) – ψ[%]
상대습도에서의 수증기 분압 대신 절대습도를 적용시킨 것을 비교습도 또는 포화도라 한다.

$$\psi = \frac{x}{x_s} \times 100$$

- ψ: 비교습도(포화도)[%]
- x: 습공기의 절대습도[kg/kg(DA)]
- x_s: 포화 습공기의 절대습도[kg/kg(DA)]

(9) 현열비(SHF; Sensible Heat Factor) – SHF(%)
습공기의 상태변화 시 현열 변화량($C_{pa} \times \Delta x$)에 대한 엔탈피 변화량(Δi)의 비율을 현열비라 한다.

$$\text{SHF} = \frac{C_{pa} \cdot \Delta t}{\Delta i} = \frac{q_s}{q_s + q_L}$$

- C_{pa}: 공기의 정압비열[kJ/kg·K]
- Δt: 온도 변화량[℃]
- Δi: 엔탈피의 변화량[kJ/kg·K]
- q_s: 현열부하[kJ/h]
- q_L: 잠열부하[kJ/h]

(10) 엔탈피(Enthalpy) – H[kJ/kg(DA)]
① 건조 공기 1kg당의 습공기 속에 현열 및 잠열의 형태로 포함되는 열량으로, 건공기의 엔탈피와 습공기의 엔탈피를 합한 것이다.
② 절대습도 x[kg/kg(DA)]의 습공기의 엔탈피는 건조 공기 1kg의 엔탈피와 $x$kg의 수증기 엔탈피의 합이다.

$$H = (건공기의 엔탈피) + (수증기의 엔탈피)$$
$$= C_{pa} \cdot t + \gamma \cdot x$$
$$= 1.01t + x(1.85t + 2,501)$$

- H: 습공기의 엔탈피[kJ/kg]
- C_{pa}: 건조공기의 정압비열[kJ/kg · K]
- t: 건구온도[℃]
- γ: 0℃ 증발잠열[kJ/kg]
- x: 건공기 1kg속에 포함된 수증기량[kg/kg(DA)]

(11) 열수분비(熱水分比) – $U(\%)$

열수분비란 엔탈피 변화량(온도 및 습도의 상태가 변화된 공기)과 수분 변화량(절대습도)의 비율을 나타낸 것이다.

$$U = \frac{\Delta i}{\Delta x}$$

- Δi: 엔탈피 변화량[kJ/kg]
- Δx: 절대습도 변화량[kg/kg(DA)]

> **참고** 습공기 선도의 활용

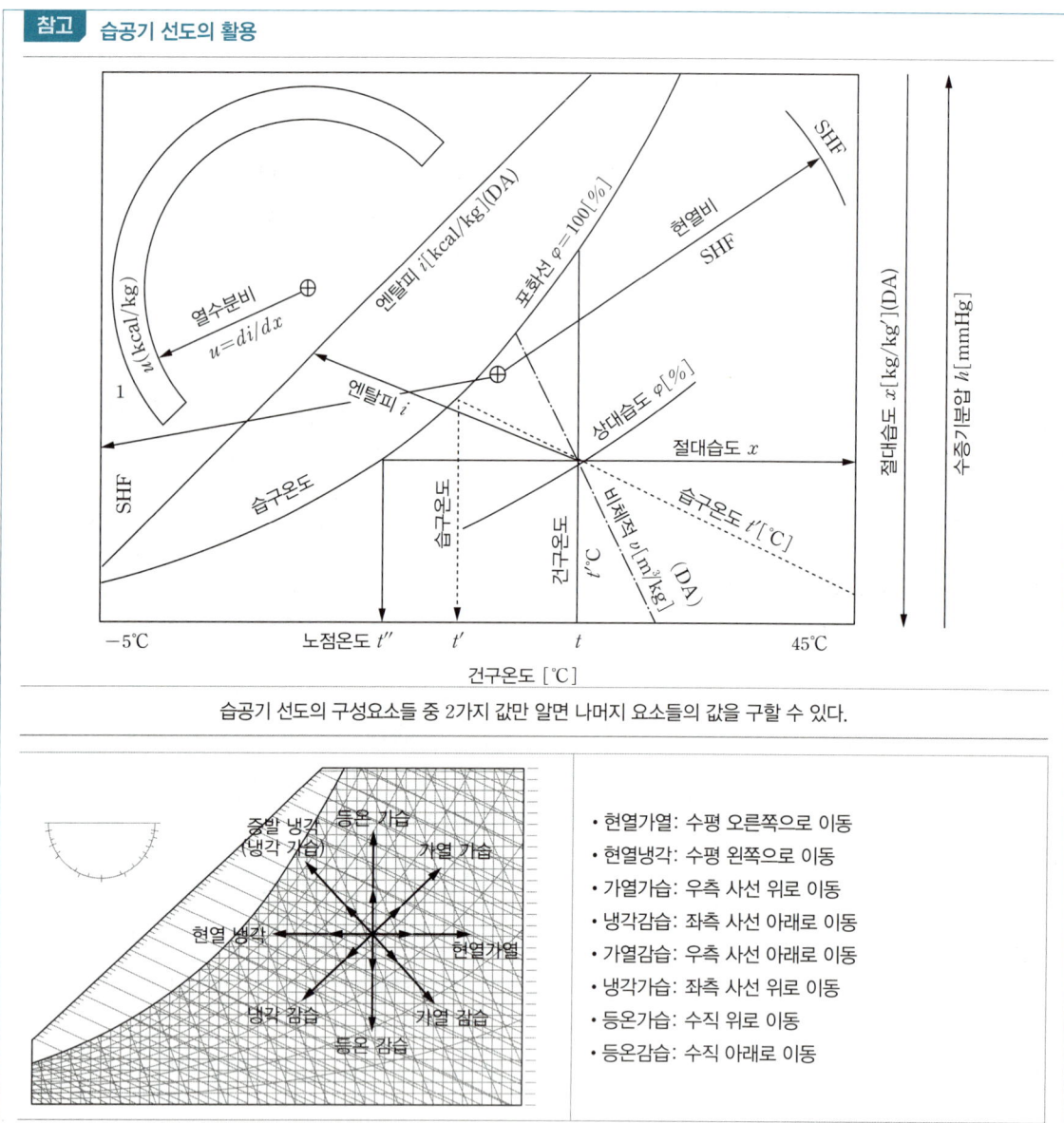

습공기 선도의 구성요소들 중 2가지 값만 알면 나머지 요소들의 값을 구할 수 있다.

- 현열가열: 수평 오른쪽으로 이동
- 현열냉각: 수평 왼쪽으로 이동
- 가열가습: 우측 사선 위로 이동
- 냉각감습: 좌측 사선 아래로 이동
- 가열감습: 우측 사선 아래로 이동
- 냉각가습: 좌측 사선 위로 이동
- 등온가습: 수직 위로 이동
- 등온감습: 수직 아래로 이동

KEYWORD 09 공기조화 방식과 기기 ★★★

1 공기조화설비

공기조화란 주어진 실내공간에서 사람 또는 물품을 대상으로 온도, 습도, 기류 및 청정도 등을 그 실의 사용 목적에 적합한 상태로 유지시키는 것을 말한다.

1. 공기조화부하

(1) 실내부하

여름철 실내의 온습도를 직접적으로 올라가게 하는 요소 및 겨울철 실내의 온습도를 직접적으로 내려가게 하는 요소를 실내부하라 한다.

① 냉방부하

구분		내용	그림의 번호	열
실부하	외피부하	• 전열부하(온도차에 의하여 외벽, 천장, 바닥, 유리 등을 통한 관류열량) • 일사에 의한 부하 • 틈새바람에 의한 부하	①~⑥ ⑦ ⑧	현열 현열 현열, 잠열
	내부부하	• 실내 발생열 - 조명기구 - 인체 - 기타 열원기기	⑨ ⑩ ⑪~⑫	현열 현열, 잠열 현열, 잠열
외기부하		환기부하(신선 외기에 의한 부하)	⑬	현열, 잠열
장치부하		• 송풍기부하 • 덕트의 열획득 • 재열부하 • 혼합손실(2중 덕트의 냉·온풍 혼합손실)	⑭ ⑮ ⑯	현열 현열 현열 현열
열원부하		• 배관 열획득 • 펌프에서의 열획득	⑰ ⑱	현열 현열

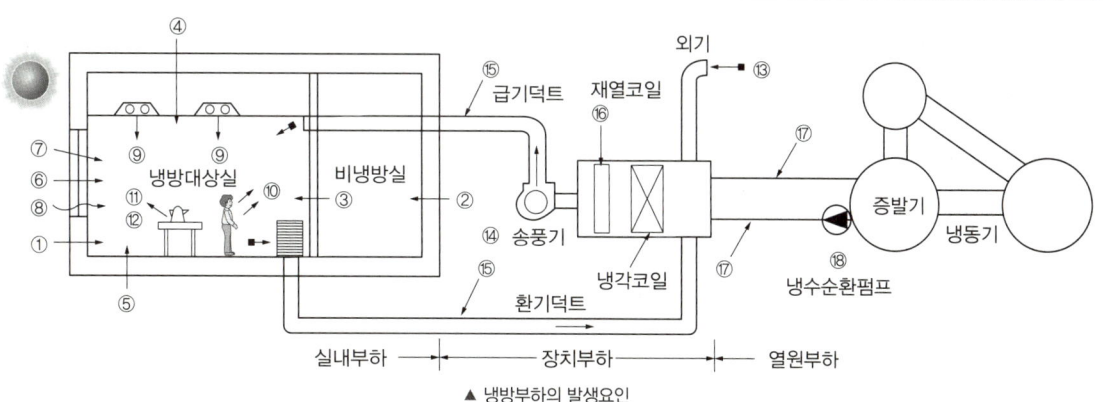

▲ 냉방부하의 발생요인

② 난방부하
- ㉠ 난방부하도 냉방부하와 같이 계산을 하나 유리창을 통한 일사의 취득, 인체나 기기의 발열은 실온을 상승시키는 요인으로 작용하기 때문에 안전율로 생각하고 일반적으로는 고려하지 않는다.
- ㉡ 구조체(벽, 바닥, 지붕, 창, 문)를 통한 열 손실과 환기를 통한 열 손실의 합이 난방부하가 된다.

(2) 장치부하
① 실내에서 직접 발생되는 요소는 아니지만 실내를 쾌적한 상태로 유지하기 위하여 공조기 등과 같은 장치에서 처리하여야 하는 요소가 있으며, 상기 실내부하에 이러한 요소까지 포함시킨 것을 장치부하라 한다.
② 장치부하에 포함되는 요소는 이외에도 공조기 내 송풍기에서 발생되는 송풍기 발열, 공조기에서 발생된 냉·온풍이 덕트 속을 통과하면서 발생되는 덕트 열손실 등이 있다.

(3) 열원부하
열원기기와 공조기를 연결하는 배관에서의 열손실과 열원기기에서 만들어진 냉·온수를 공조기에 보내는 역할을 하는 펌프에서의 발열까지 포함시킨 것을 열원부하라고 한다.

2. 부하계산

(1) 냉방부하 계산
① 유리창을 통한 일사 열부하
② 구조체(벽, 바닥, 지붕, 유리)를 통한 열관류 부하(상당 외기온도 고려)

> **참고** 상당 외기온도
> 일사의 영향을 받은 벽체의 온도가 올라가면서 부하에 영향을 미치는 것으로, 냉방부하 산정 시 상당 외기온도를 적용하여야 한다.

③ 실내 발생 열부하: 인체, 조명, 기기로부터의 발생열(사무기기, 전동기, 커피포트 등)
④ 틈새 바람에 의한 외기부하

(2) 난방부하 계산
① 벽, 바닥 등 구조체를 통한 열 손실량
② 환기에 의한 열 손실량

2 공기조화 방식

1. 열원에 의한 분류

구분	열원방식	시스템 명칭	
중앙방식	전공기방식	• 정풍량 단일덕트방식 • 이중덕트방식 • 각층 유닛방식	• 변풍량 단일덕트방식 • 멀티존유닛방식
	공기·수방식	• 덕트병용 팬코일유닛방식 • 복사 냉난방 방식	• 유인(인덕션)유닛방식
	전수방식	• 팬코일유닛방식	
개별방식	냉매방식	• 룸에어컨 • 패키지유닛방식(터미널유닛방식)	• 패키지유닛방식(중앙식)

(1) **전공기방식**

① 실내에 열을 공급하는 매체로 공기를 사용한 것이 전공기방식이다.

② 중앙공조기에서 온도, 습도, 청정도 등이 조절된 공기를 만들고, 이 공기를 공조가 요구되는 각 실에 송풍하여 공조를 행하는 방식이다.

③ 냉방의 경우 실내에 공급되어 온도가 올라간 공기는 중앙공조기로 되돌아가 차갑게 된 후 다시 실내로 공급된다.

④ 특징

장점	• 모든 공기가 공조기 필터를 통과하여 청정도가 높은 공조 • 냄새 및 소음 제어가 용이 • 장치가 집중되어 운전 및 유지, 보수가 용이 • 열 회수가 용이 • 겨울철 가습이 용이 • 외기냉방이 용이
단점	• 덕트 크기가 커지므로 설치공간이 많이 필요 • 다른 방식에 비하여 반송동력이 큼 • 대형의 공조 기계실이 필요
적용	• 고도의 청정도가 요구되는 클린룸, 병원의 수술실 등 • 고도의 온·습도 조절이 필요한 컴퓨터실 • 유해가스나 냄새의 배출을 위하여 배기풍량을 많이 설정해야 하는 연구실, 레스토랑 등

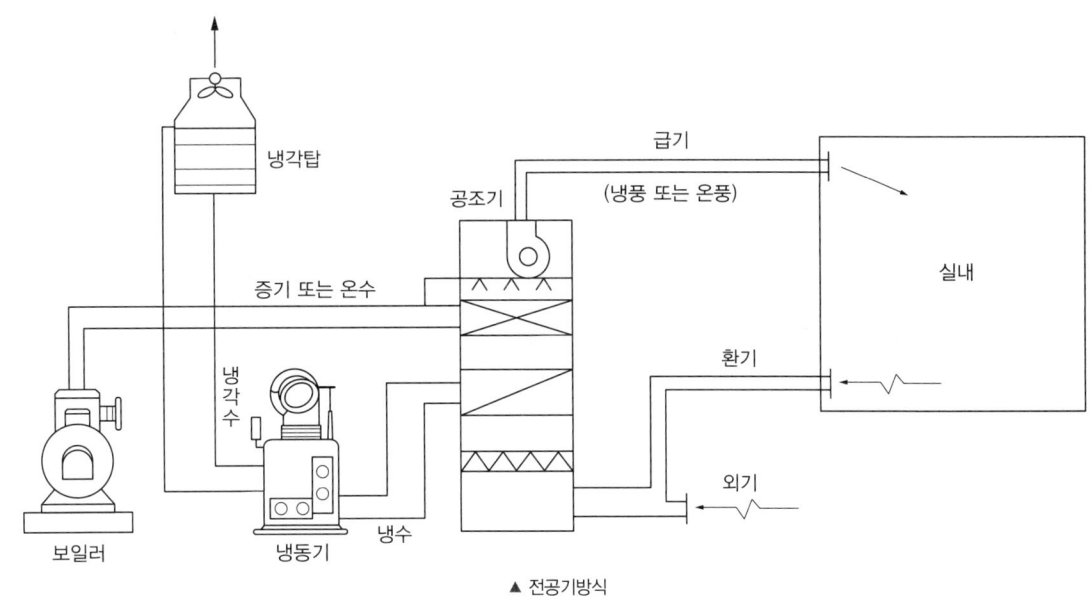

▲ 전공기방식

(2) **공기·수방식**

① 중앙장치에서 가열 및 냉각된 물과 공기가 각 실에 설치되어 있는 기기(터미널유닛)로 반송되어 실내 온·습도를 조절하는 방식이다.
② 열원장치에서 만든 냉·온수 또는 증기를 실내에 설치한 열교환유닛으로 보내서 실내공기를 냉각 또는 가열한다.
③ 공기방식과 마찬가지로 공조기에서 냉각 감습 또는 가열 가습한 외기를 실내로 송풍한다.
④ 특징

장점	• 각 실에 설치된 유닛별로 제어하면 개별제어가 가능 • 전공기방식에 비하여 덕트 공간, 공조실 공간 및 반송동력이 작음
단점	• 전공기방식보다 상대적으로 실내 송풍량이 적으므로 전공기방식에 비하여 실내 청정도가 떨어짐 • 실내 수배관이 필요하므로 누수 우려 • 외기냉방, 폐열회수가 곤란 • 필터 보수, 기기 점검이 증대하여 관리가 어려움 • 실내 기기를 바닥에 설치할 경우 바닥 유효면적이 감소
적용	다수의 공간을 가지면서 고도의 온·습도 조절이 필요하지 않은 사무소, 병원, 호텔 등 대다수의 건물에서 널리 이용

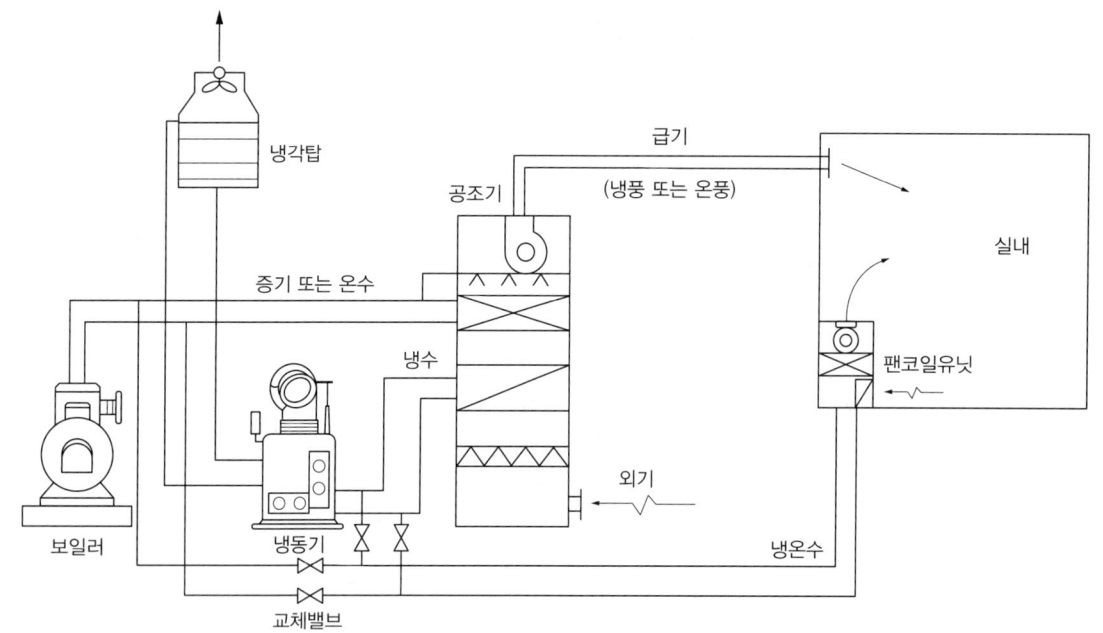

▲ 공기·수방식

(3) 전수방식

① 중앙장치에서 처리된 냉수 또는 온수를 실내에 설치된 기기(팬코일유닛, 컨벡터 등)에 순환시켜 냉·난방하는 방식이다.
② 실내의 열은 처리가 가능하지만 외기를 공급하지 못하기 때문에 공기의 정화 및 환기를 충분히 할 수 없다.
③ 냉·온수가 이송되는 배관의 수에 따라 2관식과 4관식 등이 있다.
④ 특징

장점	• 많은 개수의 팬코일유닛, 컨벡터 등을 모두 조정할 수 있으므로 개별제어·개별운전이 용이 • 덕트 공간 및 공조기 설치공간이 불필요하여 공간 활용도에 여유가 있음 • 열매(열을 옮겨주는 매체)의 반송은 주로 송풍기가 아닌 펌프에 의하여 이루어지므로 반송동력이 작음 • 장래의 부하증가, 증축 등에 대해서는 유닛을 증설함에 따라 쉽게 대응할 수 있어 융통성이 있음
단점	• 기기가 분산되어 있으므로 유지보수가 어려움 • 습도, 청정도, 실내 기류분포에 대한 제어가 곤란 • 덕트가 없어 외기냉방이 불가능 • 실내에 물배관, 전기배선, 필터 등이 필요하며, 이에 대한 정기적인 점검이 필요
적용	높은 청정도 및 습도 조절이 불필요한 사무소, 호텔 등

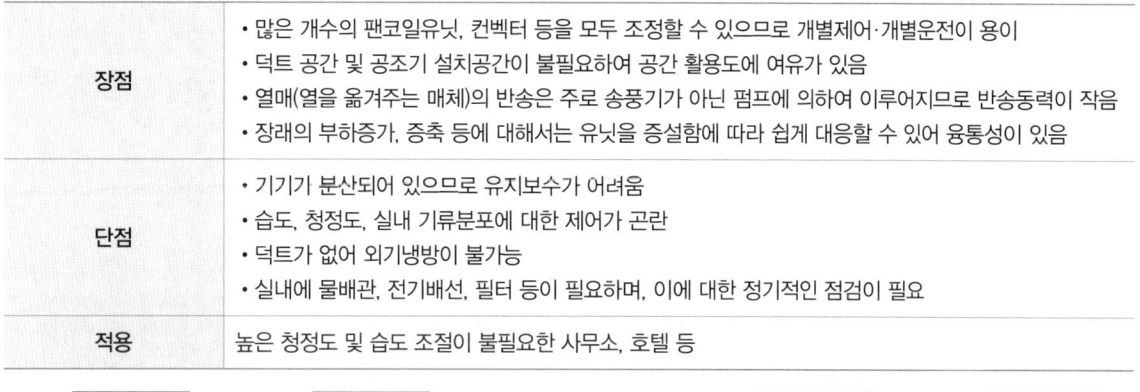

▲ 전수방식

(4) 냉매방식

① 냉매에 의하여 실내공기를 냉각·가열하는 방법으로, 옥외의 공기나 물과 열 교환하여 배열 또는 흡열한다.
② 여름에는 냉매와 직접 팽창에 의해 실내공기를 냉각 감습 하지만, 겨울에는 열펌프로 가열하는 경우와 다른 열원장치에서 만든 증기, 온수 또는 전열에 의해 가열하는 경우가 있다.
③ 특징

장점	• 유닛에 냉동기가 내장되어 있으므로 유닛별 개별운전이 가능 • 장래의 부하증가, 증축 등에 대하여 유닛을 증설함에 따라 쉽게 대응할 수 있음 • 취급이 간단
단점	• 습도, 청정도, 기류제어가 곤란 • 유닛에 냉동기가 내장되어 있으므로 소음, 진동이 발생하기 쉬움 • 타 방식에 비하여 기기의 수명이 짧음
적용	• 주택, 호텔의 객실, 점포 등 비교적 소규모 건물 • 24시간 계통인 전산실, 경비실

2. 공조장치에 의한 분류

(1) 정풍량 단일덕트방식(Constant air volume single duct system)

① 전 공기방식 중 가장 기본적이고 단순한 공조방식으로 구조가 간단하다.
② 중앙공조기로부터 각 실에 이르기까지 풍량을 조절하는 기구가 없으므로 실내에 공급되는 풍량은 항상 일정하며, 실내에서 부하가 변동되면 송풍 공기의 온도를 변화시켜 대응한다.
③ 단일덕트방식에는 덕트의 풍속에 따라 저속덕트방식과 고속덕트방식이 있다. 일반적으로 저속덕트방식이 채택되고 있으나, 건축적으로 덕트 설치공간이 제한되는 경우에는 고속덕트방식을 적용한다.
④ 특징

장점	• 계통수가 작은 만큼 다른 방식에 비해 설비비가 적게 듦 • 공조기가 중앙에 집중되어 보수관리가 용이
단점	• 존별 부하가 심한 곳은 정확한 실내온도를 유지하기가 어려움 • VAV방식 보다 송풍동력이 커서 전기사용량이 증가 • 실내부하 증가에 대한 처리성이 불리 • 최대 부하로 장비를 선정하므로 기기용량이 큼
적용	• 전공기방식과 같음 • 부하변동이 균일하지 않은 경우에도 체류 시간이 짧고, 세밀한 온도제어가 필요하지 않은 장소, 즉 건물의 공용부분(로비, 엘리베이터 홀, 복도 등), 전시실, 휴게실 등에 사용

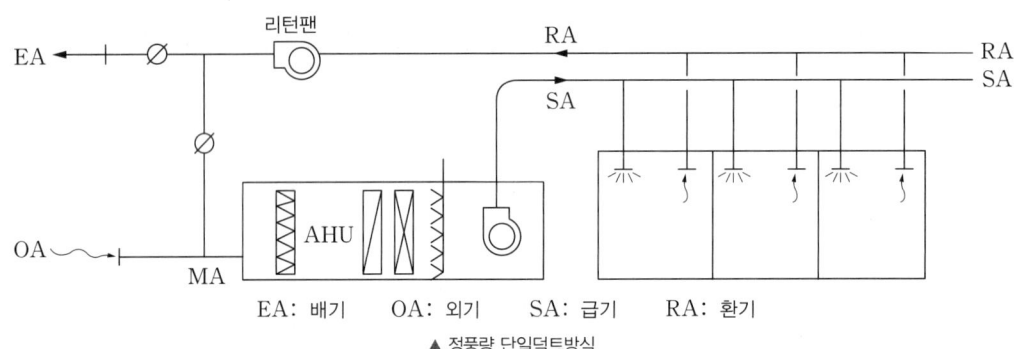

▲ 정풍량 단일덕트방식

(2) 변풍량 단일덕트방식(VAV방식; Variable Air Volume system)

① 정풍량방식이 풍량을 일정하게 하고 송풍온도를 변화시켜 부하의 변동에 대처하는 데 반하여, 변풍량방식은 취출 온도를 일정하게 하고 부하에 따라 송풍량을 변화시키는 방식이다.

② 취출 공기의 양을 조절함으로써 송풍기 동력을 줄일 수 있어 에너지 절약방식으로 채택되고 있다.

③ 특징

장점	• 각 실, 각 존 마다 변풍량 유닛을 설치하여 부하변동에 따라 송풍량을 조절하여 에너지 절약 가능 • 부하변동에 대해 제어 응답이 신속하게 이루어져 적절한 송풍량이 공급되므로 쾌적감 향상
단점	• 부하가 감소되면 송풍량이 작아지므로 이로 인해 환기가 충분하게 이루어지지 않을 가능성이 있음 • 자동제어는 복잡하고, 부속 기기류가 필요하여 설치비가 많이 듦

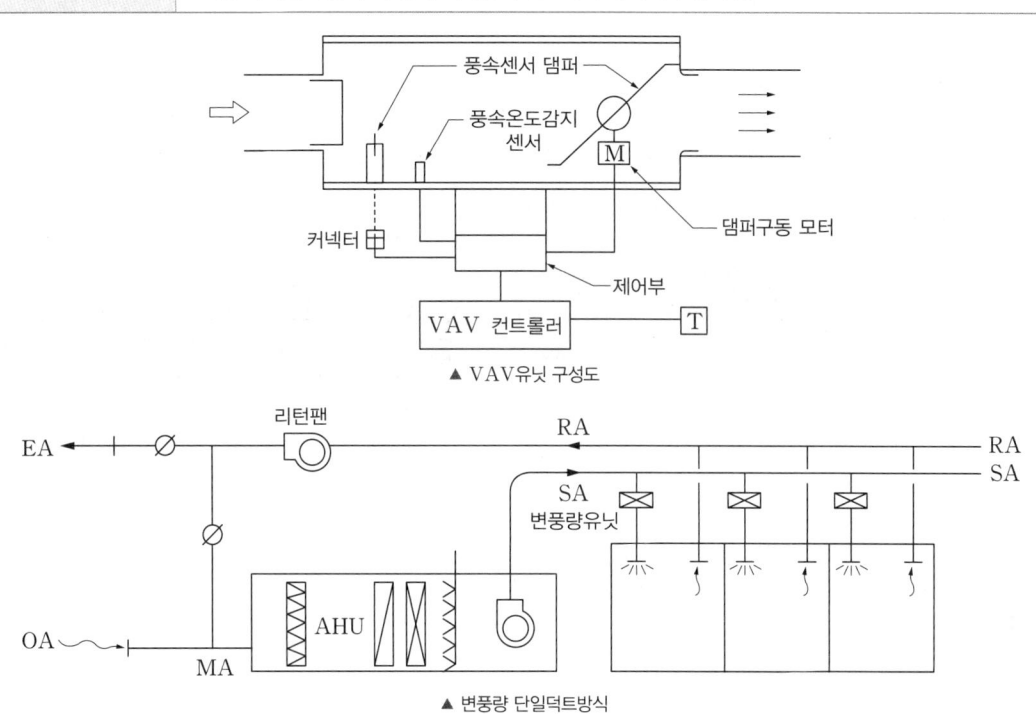

▲ VAV유닛 구성도

▲ 변풍량 단일덕트방식

(3) 이중덕트방식(Dual duct system)

① 중앙의 공조기에서 냉풍과 온풍을 동시에 제조하여 각 실 또는 각 존에 공급하고, 각 실, 각 존 마다의 부하에 따라 혼합유닛에서 냉풍과 온풍을 적절히 혼합하여 송풍온도를 조절하는 방식이다.
② 에너지 절약문제로 최근에는 이중덕트방식을 이용하는 건물이 매우 적다.
③ 특징

장점	• 개별조절 가능 • 냉·난방을 동시에 할 수 있으므로 계절마다 냉·난방의 전환이 필요하지 않음 • 온도, 공기정화, 환기효과 등에 대하여 고도의 처리가 가능 • 일정량의 급기량이 확보되므로 실내의 기류 분포가 양호 • 실내에 열매수(熱媒水) 배관이나 공조용 동력 배선이 불필요
단점	• 설비비, 운전비가 고가 • 덕트가 이중이므로 차지하는 면적이 넓음 • 습도의 완전한 조절이 어려움 • 중간기에는 냉·온풍 혼합에 의한 에너지 낭비가 발생
적용	고급 사무소 건물, 냉·난방부하 분포가 복잡한 건물

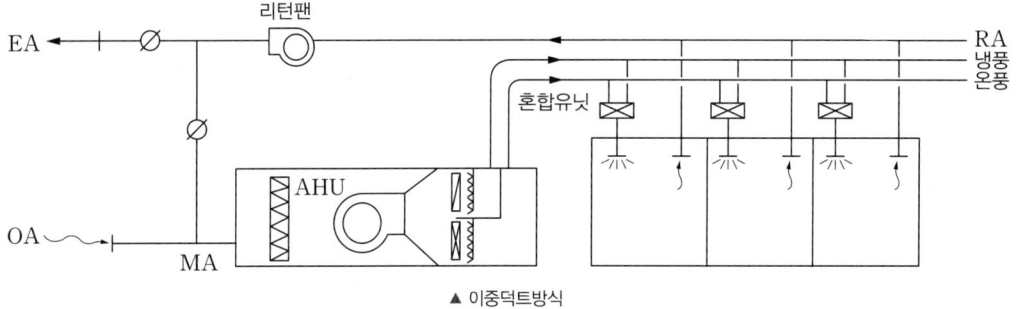

▲ 이중덕트방식

(4) 멀티존유닛방식

장점	• 각 존마다 제어 가능 • 연중 냉난방이 가능
단점	• 각 존마다 독립된 덕트가 필요하여 덕트 공간이 커짐 • 부하변동에 따라 혼합 손실이 많음

(5) 각층 유닛방식

장점	• 송풍 덕트가 짧고 주 덕트의 수평 이동은 각 층의 복도 부분에 한정되므로 설치가 용이 • 사무실과 병원 등의 각 층에 대하여 시간차 운전 등 부분 운전에 적합 • 각 층 슬래브의 관통 덕트가 없게 되므로 방재상 유리 • 중앙기계실의 면적을 적게 차지하고, 송풍기 동력도 적게 듦 • 외기용 공조기가 있는 경우에는 습도제어가 용이
단점	• 공조기가 각 층에 설치되므로 설비비가 높아지며 관리가 불편 • 각 층마다 공조기를 설치 공간이 필요 • 각 층의 공조기로부터 소음 및 진동 발생 • 각 층에 수배관을 하므로 누수의 우려

(6) 덕트병용 팬코일유닛방식

① 실내의 외주부(Perimeter Zone)에 팬코일유닛을 설치하여 외벽을 통해 들어오는 일사부하 및 실내외 온도차에 의한 전도 열부하 등을 담당하게 하고, 실내의 내주부(Interior Zone)에서 발생하는 부하는 VAV방식으로 담당하게 한다.

② 사무소 건물을 비롯한 다양한 용도의 건물에서 현재 가장 많이 채택하고 있는 시스템이다.

③ 특징

장점	• 외주부의 창문 밑에 설치하면 콜드 드래프트(Cold Draft) 방지 가능 • 개별 제어가 가능하므로 부분 부하가 많은 건물에서 경제적인 운전이 가능 • 실내부하 변경에 대하여 팬코일유닛의 증감으로 쉽게 대응 가능 • 전공기방식에 비하여 외주부 부하에 상당하는 풍량을 줄일 수 있으므로 덕트 설치공간을 줄일 수 있음 • 열매로 물을 이용하므로 공기를 이용할 때보다 이송동력이 작음
단점	• 수배관으로 인한 누수의 염려 • 부분 부하 시 도입 외기량이 부족하여 실내공기의 오염이 심함 • 실내에 설치된 팬코일유닛 내의 팬으로부터 소음

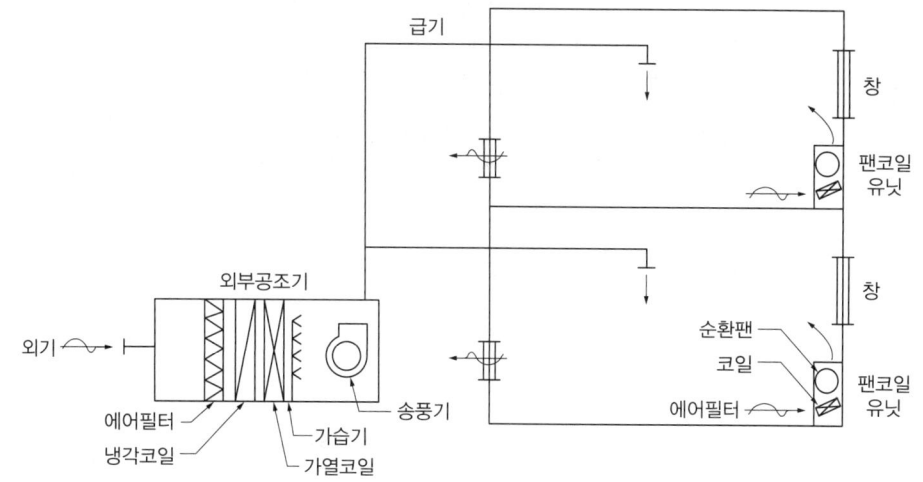

▲ 단일덕트 + 팬코일유닛방식

(7) 유인유닛방식(Induction unit system)

① 중앙에 설치된 1차 공조기에서 냉각 감습 또는 가열 가습한 1차 공기를 고속, 고압으로 실내의 유인유닛에 보내어 유닛의 노즐에서 불어내고, 그 압력으로 실내의 2차 공기를 유인하여 혼합 분출한다.

② 유인된 2차 공기는 유닛 내의 코일에 의하여 냉각, 가열되는 방식이다. 이 방식은 열매에 따라 전공기식과 수·공기식이 있다.

③ 특징

장점	• 각 유닛마다 제어가 가능하므로 개별실 제어가 가능 • 고속덕트를 사용하므로 덕트 공간을 줄일 수 있음 • 1차 공기와 2차 냉·온수를 공급하므로 실내환경 변화에 대응이 용이 • 유인유닛에는 회전 부분이 없어 동력(전기)배선이 필요 없음 • 1차 공기량이 타 방식의 3분의 1 정도이며 3분의 2는 실내 환기가 유인되므로 덕트 공간이 작음

단점	• 각 유닛마다 수배관을 하므로 누수의 염려 • 냉각, 가열을 동시에 하는 경우 혼합손실이 발생 • 유인성능 및 공간의 문제 등으로 고성능 필터의 사용이 곤란 • 송풍량이 적어서 외기냉방의 효과가 적음 • FCU와 같이 개별운전을 할 수 없고 노즐에서의 공기분출 소음이 큼
적용	방이 많은 건물의 외부존 사무실, 호텔, 병원

(8) 복사 냉난방 방식(Panel air system)

① 복사 냉난방 방식은 천장 패널 및 바닥 등에 매설한 배관에 냉수 또는 온수를 보내어 실내 현열부하의 50~70%를 처리한다.

② 동시에 외기를 포함한 공기를 냉각 감습 하거나 가열 가습하여 송풍함으로써 잔여 실내 현열부하와 잠열부하를 처리한다.

③ 특징

장점	• 복사를 이용하므로 쾌적도를 높일 수 있음 • 냉방 시 조명부하나 일사에 의한 부하를 쉽게 처리할 수 있어 실내온도의 제어성을 높일 수 있음 • 건물의 축열(蓄熱) 가능 • 실내 바닥 위에 기기가 없으므로 공간의 유효 이용률이 높음
단점	• 방열면 및 그에 따르는 배관설비, 제어설비가 필요 • 제어가 부적당하면 냉각면에 결로가 생길 염려(특히 잠열부하가 많은 공간에는 부적당) • 배관을 건물에 매입하는 경우 완벽한 단열 필요 • 방의 모양을 바꿀 경우 융통성이 적음 • 공기식에 비하여 풍량이 적으므로 보통 이상의 환기량을 필요로 하는 건물에는 부적당
적용	고층건물의 고급 사무실에 많이 이용

(9) 팬코일유닛방식(FCU)

① 중앙공조기로부터 공급되는 공기 없이 팬코일유닛만으로 부하를 처리하는 방식이다.

② 외기의 공급 없이 실내 공기만이 계속 팬코일유닛으로 흡입되고 다시 토출되는 것을 반복하게 되므로 원리적으로 환기가 불가능하다. 건물의 등급이 그다지 높지 않은 사무소 건물 등에 많이 채택된다.

(10) 패키지방식

① 패키지유닛이란 열원기기인 냉동기와 공조기기인 공조기 역할을 겸한 것이다.

② 소용량의 냉동기, 송풍기, 필터, 가습기, 자동제어기기를 일체화시킨 것을 말한다.

③ 패키지유닛에는 소용량인 가정용 에어컨부터 대형 회의실이나 강당에 사용하는 대용량까지 다양한 기종이 있다.

④ 설치 방법도 바닥설치형, 벽걸이형, 천장매입형 등으로 다양하여 건축물의 조건에 맞추어 선택할 수 있다.

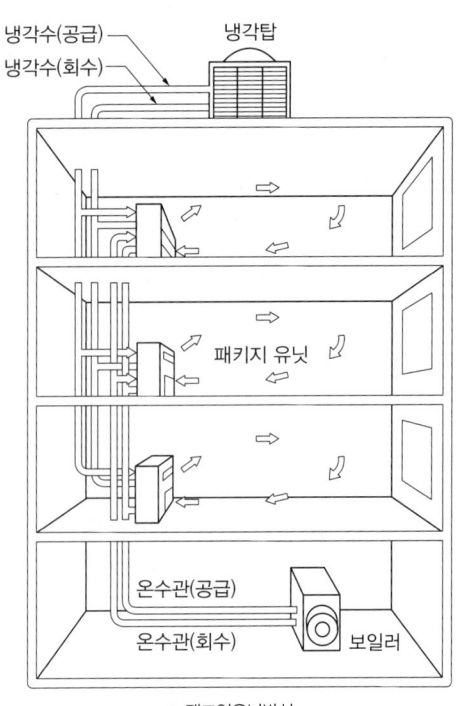

▲ 팬코일유닛방식

3 공기조화 기기

1. 공기조화기

(1) 개요
① 공기조화기는 냉동기, 보일러 등의 열원기기로부터 냉수, 온수, 증기를 공급받아 냉풍, 온풍을 생산하는 기기이다.
② 이러한 과정에서 공기 온도 외에도 가습, 감습과 같은 습도 조절, 필터를 이용한 청정도 조절 등도 동시에 이루어진다.
③ 공조기에는 이런 목적을 달성하기 위하여 냉·온수코일, 송풍기, 필터 등이 내장되어 있다.
④ 공조기에는 넓은 범위의 공조를 담당할 수 있는 중앙식 공기조화기로 흔히 에어핸들링유닛(AHU; Air Handling Unit)과 좁은 범위의 공조를 담당하게 되는 팬코일유닛(FCU; Fan Coil Unit) 등이 있다.
⑤ 대형 에어컨 및 소형 가정용 에어컨과 같은 패키지 에어컨은 냉동기가 내장되어 있는 공기조화기라고 할 수 있다.

(2) AHU의 종류와 구성요소
① 내부형태별 공조기의 종류
  ㉠ 수평형: 각 구성요소가 수평적으로 배열되어 있어 공조실의 면적에 여유가 있을 때 적용하며 천장 높이가 비교적 낮아도 무방하다.
  ㉡ 수직형: 공조실 조건이 ㉠과 반대인 경우에 적용한다.
  ㉢ 복합형: 수직형과 수평형의 복합형태를 하고 있다.
② 주요 구성요소

주요 구성요소	종류
공기여과기(Air Filter)	정전식, 여과식, 충돌점착식
공기가열기(Air Heater)	온수코일, 증기코일, 전기히터
공기냉각기(Air Cooler)	공기코일(냉수형, 직접팽창형 또는 DX형)
공기가습기(Air Humidifier)	증기취출식, 물분무식, 기화식
공기감습기(Air Dehumidifier)	공기세정기(Air Washer), 공기코일(냉수형, 직접팽창형 또는 DX형)
송풍기(Blower)	• 다익송풍기[시로코팬(Sirocco Fan)] • 익형 송풍기(Air Foil Fan) • 리밋로드팬(Limit Load Fan)

2. 공기분배장치

(1) 개요
① 공기분배장치는 실내공간의 공기조화를 위하여 중앙의 공기조화장치에서 조절된 공기를 실내로 보내기 위한 제반 장치를 말한다.
② 송풍기, 덕트, 외기 출입구, 취출구, 흡입구, 댐퍼 등으로 구성되어 있다.

(2) 외기 취입구
① 루버는 유효개구율이 45% 이상 되도록 하여야 한다. ※ 유효개구율이란 루버의 전체 면적에 대한 실제 공기가 통과하는 면적의 비율을 의미한다.
② 보행자 통로에 접해 있는 배기용 루버는 풍속이 0.5m/s 이하가 되도록 유지하여야 한다.

(3) 취출구(분출구)와 흡입구

① 취출구

⊙ 개요: 조화된 공기를 충분히 혼합하고 적당한 기류를 발생시켜 대상 장소에 도달하도록 하는 공기분포장치이다.

⊙ 설치: 재실자를 위한 거주지역은 바닥에서 1.5~1.8m 높이까지 적당한 온도·습도의 분포와 적당한 속도의 기류를 유지할 수 있도록 취출구를 설치한다.

⊙ 취출속도: 여름에는 0.5m/s, 겨울에는 0.3m/s 정도가 적당하고, 최소 0.1m/s 정도가 필요하다.

⊙ 종류

구분	특징
복류취출구	• 주로 천장에 설치하여 기류를 방사형태로 취출하는 것으로, 아네모스탯(Anemostat)형과 팬(Pan)형이 존재 • 기류의 유인성 및 확산성능 면에서 아네모스탯형이 더 우수하여 일반적인 건물에서 가장 많이 사용함
축류취출구	• 기류를 축과 같이 직선상으로 취출하는 것으로, 주로 벽이나 천장에 설치 • 노즐형, 펑커루버형, 라인형과 격자모양으로 되어 있는 베인격자형이 존재

② 흡입구

⊙ 개요: 실내공기를 흡입하여 외기 취입구에 의해 들어온 외기와 함께 공조기기로 보내기 위하여 실내에 낮게 설치한다.

⊙ 흡입속도: 2.0~3.0m/s 정도이다.

⊙ 종류

구분	특징
베인(Vane)격자형	흡입구로 많이 사용되지만, 취출구가 복류형인 경우 천장 디자인을 위하여 흡입구도 같은 복류형을 사용하는 것이 일반적
머시룸형(Mushroom)	• 천장이 높은 건물에서 상하 온도분포를 개선하기 위하여 바닥에 설치하는 흡입구 • 영화관이나 극장 등에 사용

3. 덕트

(1) 개요

① 공조기에서 제조된 냉풍 및 온풍을 각 공조구역까지 이송하는 것을 주목적으로 하는 설비를 공조용 덕트라고 한다.

② 공조용 이외에도 환기를 주목적으로 하는 환기용 덕트, 화재 발생 시 연기 배출을 주목적으로 하는 배연(排煙)용 덕트 등이 있다.

(2) 종류

① 풍속에 의한 분류

⊙ 고속덕트: 주덕트 속의 풍속이 15m/s 이상, 정압이 50mmAq 이상, 송풍용 덕트

⊙ 저속덕트: 주덕트 속의 풍속이 15m/s 이하, 정압이 50mmAq 이하, 송풍용 덕트 및 환기용 덕트

② 형상에 의한 분류

⊙ 장방형 덕트: 저속용으로 사용한다.

⊙ 원형 덕트: 고속용으로 사용한다.

③ 덕트의 배치방식
  ㉠ 간선덕트방식: 가장 간단한 방식이며 설비비가 싸고 덕트공간이 작아도 된다.
  ㉡ 개별덕트방식
    • 취출구마다 덕트를 단독으로 설비하는 방식으로, 가정용 온풍로에 많이 사용되고 있다.
    • 풍량 조절이 용이하며, 설비비가 간선덕트방식보다 비싸다.
  ㉢ 환상덕트방식
    • 덕트 끝을 연결하여 루프를 만드는 형식으로, 말단 취출구의 압력 조절이 용이하다.
    • 말단부 취출구 풍량의 불균형을 개량한 방식인데, 제각기 주덕트를 단독으로 사용할 수 없는 단점이 있다.

(3) **덕트의 부속기기**
  ① 댐퍼: 덕트 도중에 설치하여 풍량조절 및 유체 흐름의 개폐 등에 사용하는 것으로, 배관계에서의 밸브에 해당된다.
    ㉠ 풍량조절댐퍼(VD; Volume Damper): 공조용 덕트 도중에 설치하고 풍량조절에 사용한다.
    ㉡ 방화댐퍼(FD; Fire Damper): 화재 시 화염 및 연기의 확산을 방지하기 위하여 사용하며, 건물의 방화구획을 관통하는 부분이나 불을 사용하는 주방의 배기후드 흡입구 등에 설치한다.
  ② 캔버스이음(Canvas Connection): 송풍기의 진동이 덕트나 장치에 전달되는 것을 방지하기 위하여 송풍기의 추출 측과 흡입 측에 설치한다.

KEYWORD 10 환기설비 ★★

1 환기방식의 종류

(1) **자연환기**
  ① 바람 및 실내·외 온도차에 의한 실내·외 압력의 차이로 환기하는 방식으로서, 환기량이 일정하지 않다.
  ② 개구부를 통한 자연환기량은 개구부 면적 및 유속에 비례하며 실내·외 압력차, 공기밀도차, 온도차, 개구부간 수직 거리의 차의 제곱근에 비례한다.

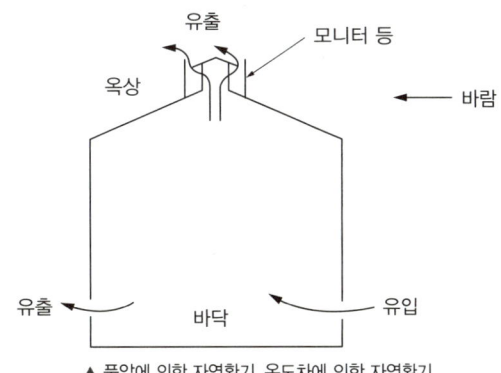

▲ 풍압에 의한 자연환기, 온도차에 의한 자연환기

(2) **기계환기**

송풍기 등의 기계를 이용하여 확실한 환기를 하는 방식이다.

환기방식의 비교

구분	급기구	배기구	사용장소
제1종 환기	송풍기	배풍기	병원의 수술실
제2종 환기	송풍기	자연 배기	반도체 공장, 무균실
제3종 환기	자연 급기	배풍기	주방, 화장실 등(수증기, 열기, 취기 등이 발생하는 장소)

① 제1종 환기
  ㉠ 급기팬, 배기팬을 모두 이용하여 강제적으로 외기를 도입하고, 강제적으로 배출하는 방식이다.
  ㉡ 가장 우수한 환기방식이며, 주변 실내공간과의 공기 이동이 필요하지 않은 대부분의 실내에 적용된다.

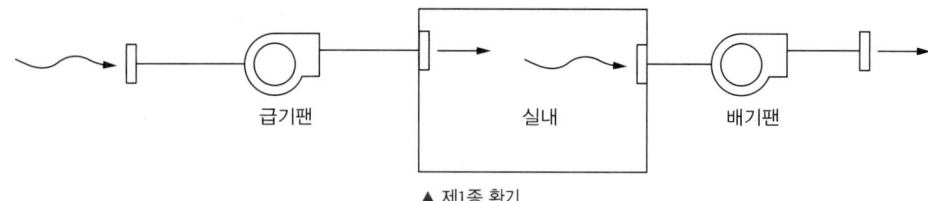

▲ 제1종 환기

② 제2종 환기
  ㉠ 급기팬만 사용하여 강제적으로 외기를 도입하고, 자연적으로 배출하는 방식이다.
  ㉡ 공기의 이동방향이 항상 실내에서 실외로 이루어진다.
  ㉢ 다른 실의 오염된 공기나 먼지 등이 해당 실내로 들어오지 못하게 해야 하는 곳에 적용한다.(클린룸, 자동차 공장의 도장(塗裝)공장 등)

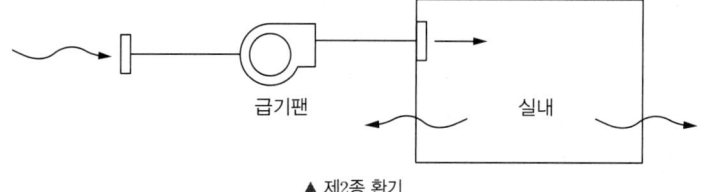

▲ 제2종 환기

③ 제3종 환기: 배기팬만 사용하여 실내공기를 강제적으로 배출하고, 외기는 자연적으로 도입하는 방식으로 주방이나 화장실, 쓰레기처리실 등에 적용한다.

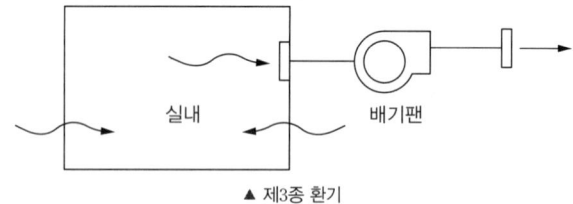

▲ 제3종 환기

2 환기량 결정방법

(1) 환기횟수에 의한 방법

환기량은 실의 크기와 상관없이 절대량만을 사용하는 경우도 많으나, 실의 크기와 관련하여 표현하는 경우 환기횟수를 다음 식으로 표현한다.

$$n = \frac{Q}{V} \text{(회/h)}$$

- Q: 환기량(m^3/h)
- V: 실의 용적(m^3)

(2) 허용치에 의한 방법

실내환경 유지를 위한 환경요인의 허용치와 오염량이 제시된 경우, 그 허용치를 지키기 위하여 필요한 환기량을 다음의 계산에 의하여 구한다.

$$Q = \frac{k}{P_i - P_o} \text{(m}^3\text{/h)}$$

- Q: 환기량(m^3/h)
- k: 유해가스 발생량(m^3/h)
- P_i: 허용농도(ppm)
- P_o: 외기가스농도(ppm)

> **참고** 열량식을 이용한 환기량 계산
>
> 1. 열량(Q)
>
>   어떤 물질 1kg을 1K(또는 1℃) 올리는데 필요한 열량을 비열이라 하며, 물의 비열은 4.2kJ/kg·K이다. 열량은 다음 식에 의해 계산한다.
>
> $Q(\text{kJ}) = G \cdot C \cdot \Delta t$
>
>   여기서, G: 물체의 질량(kg), C: 물체의 비열(kJ/kg·K), Δt: 온도차(K 또는 ℃)
>
> 2. 열량식을 이용한 환기량 계산
>
> $Q = G \cdot C \cdot \Delta t$에서
>
>   환기량$(G) = \frac{3,600Q}{C \cdot \Delta t}$ ($\because$ 1kW = 3,600kJ)
>
> $= \frac{3,600Q}{\rho \cdot C \cdot \Delta t}$ ($\because$ 공기의 비열 = 공기의 정압비열(kJ/kg·K)×공기의 밀도(kg/m^3))
>
>   [예] 실내에 4,500W를 발열하고 있는 기기가 있다. 이 기기의 발열로 인해 실내 온도상승이 생기지 않도록 환기를 하려고 할 때, 필요한 최소 환기량은? (단, 공기의 밀도 1.2kg/m^3, 비열 1.01kJ/kg·K, 실내온도 20℃, 외기온도 0℃이다.)
>
> $G(m^3/h) = \frac{3,600Q(\text{kW})}{\rho(\text{kg}/m^3) \cdot C(\text{kJ/kg} \cdot \text{K}) \cdot \Delta t(\text{K})}$
>
> $= \frac{3,600 \times 4.5}{1.2 \times 1.01 \times (20-0)} = 668.32 ≒ 668 m^3/h$

핵심 기출문제

PART 04
공기조화설비 I

| KEYWORD 08 | 공기조화설비 총론 |

01
19년 4회, 12년 4회

기온, 습도, 기류의 3요소의 조합에 의한 실내 온열 감각을 기온의 척도로 나타낸 것은?

① 작용온도　　② 등가온도
③ 유효온도　　④ 등온지수

해설
유효온도(ET; Effective Temperature): 추위와 더위의 감각을 3요소(기온, 습도, 기류)의 조합으로 나타낸 것으로 감각온도 또는 실효온도라고도 한다.

정답 | ③

02
19년 1회

가로, 세로, 높이가 각각 $4.5 \times 4.5 \times 3\text{m}$인 실의 각 벽면 표면온도가 18℃, 천장면 20℃, 바닥면 30℃일 때 평균복사온도(MRT)는?

① 15.2℃　　② 18.0℃
③ 21.0℃　　④ 27.2℃

해설
$$MRT = \frac{A_1T_1 + A_2T_2 + A_3T_3 + \cdots}{A_1 + A_2 + A_3 + \cdots}$$
$$= \frac{(4.5\text{m} \times 4.5\text{m}) \times 30℃ + (4.5\text{m} \times 4.5\text{m}) \times 20℃ + (4.5\text{m} \times 3\text{m}) \times 4개 \times 18℃}{(4.5\text{m} \times 4.5\text{m}) \times 2개 + (4.5\text{m} \times 3\text{m}) \times 4개}$$
$$= \frac{1,984.5}{94.5} = 21℃$$

관련이론
평균복사온도(MRT; Mean Radiant Temperature): 복사난방에서 복사면을 포함한 실내 표면온도의 평균온도를 말한다.

정답 | ③

03
20년 4회, 16년 2회, 15년 2회, 13년 1회, 12년 4회

습공기의 건구온도와 습구온도를 알 때 습공기 선도를 사용하여 구할 수 있는 상태값이 아닌 것은?

① 엔탈피　　② 비체적
③ 기류속도　　④ 절대습도

해설
기류속도는 습공기 선도에서 알 수 없다.

관련이론
습공기 선도 구성요소: 건구온도, 습구온도, 노점온도, 절대습도, 상대습도, 수증기 분압, 비체적, 엔탈피, 현열비 등

정답 | ③

04
18년 1회

다음과 같은 조건에서 실의 현열부하가 7,000W인 경우 실내 취출풍량은?

- 실내온도: 22℃
- 취출공기온도: 12℃
- 공기의 비열: 1.01kJ/kg·K
- 공기의 밀도: 1.2kg/m³

① 1,042m³/h　　② 2,079m³/h
③ 3,472m³/h　　④ 6,944m³/h

해설
$$G(\text{m}^3/\text{h}) = \frac{3,600Q(\text{kW})}{\rho(\text{kg/m}^3) \times C(\text{kJ/kg} \cdot \text{K}) \times \Delta t(\text{K})}$$
$$= \frac{3,600 \times 7}{1.2 \times 1.01 \times (22 - 12)} = 2,079 \text{m}^3/\text{h}$$

(여기서, Q: 현열부하, ρ: 공기의 밀도, C: 공기의 비열, Δt: 온도차)

정답 | ②

05

19년 2회, 16년 4회, 12년 1회

습공기의 상태변화에 관한 설명으로 옳지 않은 것은?

① 가열하면 엔탈피는 증가한다.
② 냉각하면 비체적은 감소한다.
③ 가열하면 절대습도는 증가한다.
④ 냉각하면 습구온도는 감소한다.

해설 |

절대습도는 습공기를 구성하고 있는 건조공기 1kg당의 수증기량을 말하며 공기를 가열하거나 냉각하여도 변함이 없다.

정답 | ③

06

19년 2회, 17년 1회, 16년 2회, 16년 1회

건구온도 26℃인 실내공기 8,000m³/h와 건구온도 32℃인 외부공기 2,000m³/h를 단열혼합하였을 때 혼합공기의 건구온도는?

① 27.2℃
② 27.6℃
③ 28.0℃
④ 29.0℃

해설 |

26℃×8,000m³/h+32℃×2,000m³/h=x℃×10,000m³/h에서
x=27.2℃

관련이론

혼합공기의 온도(t_3)

$(Q_1+Q_2) \times t_3 = (Q_1 \times t_1) + (Q_2 \times t_2)$
• t_1, t_2: 혼합 전 공기의 온도 • Q_1, Q_2: 혼합 전 공기의 양 • t_3: 혼합 후 공기의 온도

정답 | ①

KEYWORD 09 공기조화 방식과 기기

07

20년 1·2회, 19년 2회, 16년 2회

다음의 냉방부하 발생요인 중 현열부하만 발생시키는 것은?

① 인체의 발생열량
② 벽체로부터의 취득열량
③ 극간풍에 의한 취득열량
④ 외기의 도입으로 인한 취득열량

해설 |

인체의 발생열량, 극간풍에 의한 취득열량, 외기의 도입으로 인한 취득열량은 실내온도뿐만 아니라 습도에도 변화를 주므로 현열과 잠열을 모두 고려해야 한다.

정답 | ②

08

21년 2회, 20년 3회, 18년 4회, 17년 2회

다음과 같은 조건에 있는 실의 틈새바람에 의한 현열부하량은?

[조건]
• 실의 체적: 400
• 환기 횟수: 0.5회/h
• 실내공기 건구온도: 20℃
• 외기 건구온도: 0℃
• 공기의 밀도: 1.2kg/m³
• 공기의 비열: 1.01k/kg·K

① 986W
② 1,124W
③ 1,347W
④ 1,542W

해설 |

$Q = \dfrac{G \cdot \rho \cdot C \cdot \Delta t}{3,600}$ 에서

G=실 체적×환기 횟수=400×0.5=200
ρ: 공기의 밀도, C: 공기의 비열, Δt: 실내외의 온도차

$Q = \dfrac{200 \times 1.2 \times 1.01 \times (20-0)}{3,600} \fallingdotseq 1.347\text{kW} = 1,347\text{W}$

정답 | ③

09

18년 2회, 16년 2회, 16년 1회

공기조화방식 중 전공기방식에 속하지 않는 것은?

① 2중덕트방식
② 팬코일유닛방식
③ 멀티존유닛방식
④ 변풍량 단일덕트방식

해설
팬코일유닛방식은 전수방식이다.

정답 | ②

10

20년 3회, 14년 2회

공기조화방식 중 전수방식에 관한 설명으로 옳지 않은 것은?

① 각 실의 제어가 용이하다.
② 실내 배관에 의한 누수의 우려가 있다.
③ 극장의 관객석과 같이 많은 풍량을 필요로 하는 곳에 주로 사용된다.
④ 열매체가 증기 또는 냉·온수이므로 열의 운송동력이 공기에 비해 적게 소요된다.

해설
전수방식은 극장 같은 대공간에 부적당하며 유닛이 실내에 설치되므로 방송국 스튜디오에도 부적당하다.

정답 | ③

11

21년 1회, 17년 1회

공기조화방식 중 2중덕트방식에 관한 설명으로 옳지 않은 것은?

① 전공기방식에 속한다.
② 냉·온풍의 혼합으로 인한 혼합손실이 있어 에너지 소비량이 많다.
③ 단일덕트방식에 비해 덕트 샤프트 및 덕트 스페이스를 크게 차지한다.
④ 부하특성이 다른 여러 개의 실이나 존이 있는 건물에는 적용할 수 없다.

해설
2중덕트방식은 부하특성이 다른 여러 개의 실이나 존이 있는 건물에 적용할 수 있다.

관련이론
이중덕트방식(Dual duct system): 중앙의 공조기에서 냉풍과 온풍을 동시에 제조하여 각 실 또는 각 존에 공급하고, 각 실, 각 존 마다의 부하에 따라 혼합유닛에서 냉풍과 온풍을 적절히 혼합하여 송풍온도를 조절하는 방식이다.

정답 | ④

12

20년 4회, 18년 2회

변풍량 단일덕트방식에서 송풍량 조절의 기준이 되는 것은?

① 실내 청정도
② 실내 기류속도
③ 실내 현열부하
④ 실내 잠열부하

해설
변풍량 단일덕트방식에서 송풍량 조절의 기준이 되는 것은 실내 현열부하이다.

정답 | ③

13 17년 1회

공기조화설비의 에너지 절약방법 중 배열을 회수하여 이용하는 방식은?

① 변유량 방식 ② 외기냉방 방식
③ 전열교환 방식 ④ 전력수요제어 방식

해설
전열교환기를 통해 실내의 열에너지를 회수하여 도입되는 외기에 공급함으로써 에너지를 절약할 수 있다.

정답 | ③

14 18년 1회, 16년 4회

공기조화방식 중 팬코일유닛방식에 관한 설명으로 옳지 않은 것은?

① 덕트방식에 비교하여 유닛의 위치 변경이 용이하다.
② 유닛을 창문 밑에 설치하면 콜드 드래프트를 줄일 수 있다.
③ 전공기방식으로 각 실에 수배관으로 인한 누수의 염려가 없다.
④ 각 실의 유닛은 수동으로도 제어할 수 있고, 개별제어가 용이하다.

해설
팬코일유닛방식은 전수방식으로 각 실에 수배관으로 인한 누수의 염려가 있다.

정답 | ③

15 20년 3회

덕트 설비에 관한 설명으로 옳은 것은?

① 고속덕트에는 소음상자를 사용하지 않는 것이 원칙이다.
② 고속덕트는 관 마찰저항을 줄이기 위하여 일반적으로 장방형 덕트를 사용한다.
③ 등마찰손실법은 덕트 내의 풍속을 일정하게 유지할 수 있도록 덕트 치수를 결정하는 방법이다.
④ 같은 양의 공기가 덕트를 통해 송풍 될 때 풍속을 높게 하면 덕트의 단면 치수를 작게 할 수 있다.

해설
같은 양의 공기가 덕트를 통해 송풍될 때 풍속을 높게 하면 덕트의 단면 치수를 줄일 수 있다. 하지만 고속으로 인한 소음, 진동 등이 발생한다.

선지분석
① 고속덕트에는 소음상자를 사용하는 것이 원칙이다.
② 고속덕트는 관 마찰저항을 줄이기 위하여 일반적으로 원형 덕트를 사용한다.
③ 등마찰손실법(정압법)은 단위 길이당 마찰저항값을 일정하게 하여 덕트의 치수를 결정하는 방법이다.

정답 | ④

KEYWORD 10   환기설비

16
21년 1회, 18년 4회, 17년 1회

환기에 관한 설명으로 옳지 않은 것은?

① 화장실은 송풍기(급기팬)와 배풍기(배기팬)를 설치하는 것이 일반적이다.
② 기밀성이 높은 주택의 경우 잦은 기계 환기를 통해 실내공기의 오염을 낮추는 것이 바람직하다.
③ 병원의 수술실은 오염 공기가 실내로 들어오는 것을 방지하기 위해 실내 압력을 주변공간보다 높게 설정한다.
④ 공기의 오염농도가 높은 도로에 면해 있는 건물의 경우, 공기조화설비 계통의 외기 도입구를 가급적 높은 위치에 설치한다.

해설
① 화장실은 자연 급기와 배풍기(배기팬)로 환기한다.

관련이론
환기방식의 비교

구분	급기구	배기구	사용장소
제1종 환기	송풍기	배풍기	수술실
제2종 환기	송풍기	자연 배기	반도체 공장, 무균실
제3종 환기	자연 급기	배풍기	주방, 화장실 등

정답 | ①

17
19년 4회, 16년 4회

실내공기 오염의 종합적 지표로 사용되는 오염 물질은?

① 부유분진
② 이산화탄소
③ 일산화탄소
④ 이산화질소

해설
이산화탄소(CO_2)는 실내공기 오염의 종합적 지표로 사용된다.

정답 | ②

18
21년 1회, 18년 1회, 15년 1회, 14년 4회, 12년 2회

2,000명을 수용하는 극장에서 실온을 20℃로 유지하기 위한 필요환기량은?(단, 외기온도 10℃, 1인당 발열량(현열)=60W, 공기의 정압비열=1.01kJ/kg·K, 공기의 밀도=1.2kg/m³, 전등 및 기타 부하는 무시한다.)

① 11,110m³/h
② 21,222m³/h
③ 30,444m³/h
④ 35,644m³/h

해설
$$G = \frac{3,600Q}{\rho \cdot C \cdot \Delta t}(m^3/h) = \frac{3,600 \times 2,000명 \times 0.06kW}{1.2 \times 1.01 \times (20-10)}$$
$$\fallingdotseq 35,644 m^3/h$$

여기서, G: 환기량, Q: 현열부하, ρ: 공기의 밀도, C: 공기의 정압비열, Δt: 온도차

정답 | ④

19
20년 1·2회, 19년 4회, 15년 4회, 12년 4회

100명을 수용하고 있는 회의실에서 1인당 CO_2 배출량이 17L/h일 때 실내의 CO_2 농도를 1,000ppm 이하로 유지시키기 위한 필요환기량은?(단, 외기의 CO_2 농도는 300ppm이다)

① 약 1,120m³/h
② 약 1,750m³/h
③ 약 2,140m³/h
④ 약 2,430m³/h

해설
$$Q = \frac{K}{P_i - P_o}(m^3/h) = \frac{100명 \times 17L/h}{1,000ppm - 300ppm}$$
$$= \frac{100 \times 0.017m^3/h}{0.001 - 0.0003} \fallingdotseq 2,428.57 m^3/h$$

(여기서, 1L=0.001m³)

정답 | ④

PART 05 공기조화설비 II

KEYWORD 11, 12

KEYWORD 11 난방설비 ★★★

1 기본이론

1. 열

(1) 열량과 열용량

① 열량(Heat Quantity): 물의 온도를 높이는 데 소요되는 열의 양으로, 표준기압하에서 순수한 물 1kg을 1℃ 올리는 데 필요한 열량은 4.2kJ이다.

$$Q = G \cdot c \cdot \Delta t \text{(kJ)}$$

- G: 질량(kg)
- c: 비열(kJ/kg·K)
- Δt: 가열 전후의 온도차(K)

> **참고** 비열(Specific Heat)
> 어떤 물질 1kg을 1K 올리는 데 필요한 열량을 비열(kJ/kg·K)이라 한다.
>
> - 1kcal=4.2kJ, 1kJ=0.24kcal
> - 1kW=1kJ/s=860kcal/h
> - 물의 비열: 4.2kJ/kg·K
> - 공기의 비열: 1kJ/kg·K

② 열용량(Heat Capacity): 어떤 물질의 온도를 1K 변화시키기 위하여 필요한 열량을 말한다. 따라서 열용량이 크다는 것은 온도변화에 많은 열량이 필요하다는 것을 의미한다.

$$\text{열용량(kJ/K)} = \text{질량(kg)} \times \text{비열(kJ/kg·K)}$$

(2) 현열과 잠열

① 현열(Sensible Heat): 상태는 변하지 않고, 온도변화에 따라 출입하는 열을 말한다.
② 잠열(Latent Heat): 온도는 변하지 않고, 상태변화에 따라 출입하는 열을 말한다.

2. 전열

(1) 전열의 기본 원리

① 전도(Conduction): 고체 또는 정지한 유체에서 분자 또는 원자의 열에너지 확산에 의하여 열이 전달되는 형태를 의미한다.
② 대류(Convection): 유체의 이동에 의하여 열이 전달되는 형태를 의미한다.

③ 복사(Radiation)
  ㉠ 고온의 물체 표면에서 저온의 물체 표면으로 공간을 통해 전자파에 의해 열이 전달되는 형태로, 진공에서도 일어난다.
  ㉡ 보통 전열현상은 이들 전열형태의 하나가 단독으로 일어나는 것이 아니고 복합된 형태로 일어난다.

(2) 건물 내의 전열과정

① 열전도: 고체 벽 내부의 고온 측에서 저온 측으로 열이 이동하는 현상이다.
  ㉠ 열전도율 λ(W/m·K): 물체의 고유성질로서 전도에 의한 열의 이동 정도를 표시하며, 두께 1m의 재료 양쪽의 온도차가 1K일 때 단위시간 동안에 흐르는 열량을 말한다.
  ㉡ 작은 공극이 많을수록 열전도율이 작고 따라서 같은 종류의 재료일 경우 비중이 작으면 열전도율은 작다.
  ㉢ 재료에 습기가 차면 열전도율은 커진다.

② 열전달: 고체 벽과 이에 접하는 공기층과의 전열현상을 나타낸다.
  ㉠ 열전달률 α(W/m²·K): 벽 표면과 유체간의 열의 이동 정도를 표시하며, 벽 표면적이 1m², 벽과 공기의 온도차가 1K일 때 단위시간 동안에 흐르는 열량을 말한다.

$$\text{열전달률 } \alpha = \text{대류열전달률}(\alpha_c) + \text{복사열전달률}(\alpha_r)$$

  ㉡ 풍속이 커지면 대류열전달률은 커진다.

③ 열관류: 외벽과 같은 고체로 격리된 공간의 한쪽에서 다른 한쪽으로의 전열을 말하며, 열통과라고도 한다.
  ㉠ 열관류율 K(W/m²·K): 열이 통과되는 정도를 열관류율이라 하며, 이 값이 작을수록 열성능상 유리하다.
  ㉡ 열관류율의 역수($1/K$)를 열관류저항(기호: R, 단위: m²·K/W)이라 한다.

$$\text{열관류율 } K = \dfrac{1}{\dfrac{1}{\alpha_i} + \Sigma \dfrac{d}{\lambda} + \gamma_a + \dfrac{1}{\alpha_o}} \text{(W/m}^2\cdot\text{K)}$$

α_i: 내표면 열전달률(W/m²·K)
d: 재료의 두께(m)
λ: 재료의 열전도율(W/m·K)
γ_a: 공기층이 있을 경우 그 공기층의 열저항
α_o: 재료의 열전달률(W/m²·K)

참고 단위 요약

구분	기호	단위
열전도율	λ	W/m·K
열전달률	α	W/m²·K
열관류율	K	W/m²·K

※ 열성능상 작을수록 유리하다.

2 난방설비

1. 개요

(1) 난방방식의 분류

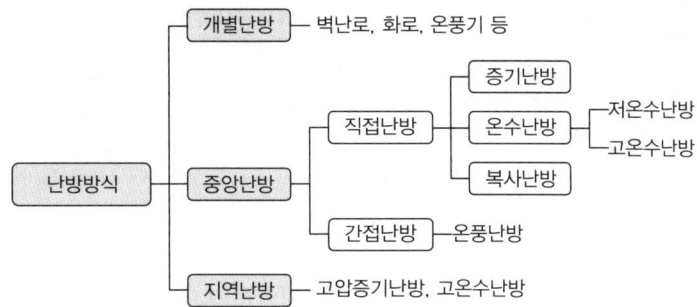

(2) 난방방식의 특징

① 개별난방: 열원기기(난로, 페치카, 스토브)를 실내에 설치하여 난방하는 방식이다.
② 중앙난방: 건물의 중앙기계실에서 온수나 증기 등의 열매를 만들어 실내의 난방장치로 공급하여 난방하는 방식이다.
  ㉠ 직접난방
   • 난방하는 실내에 직접 방열장치를 설치하여 그 방열장치에 의하여 실내의 온도를 조절하는 방식이다.
   • 방열체의 방열형식에 따라 대류난방, 복사난방으로 구분한다.
   • 사용 열매에 따라 증기난방, 온수난방, 온풍난방으로 구분한다.
  ㉡ 간접난방: 중앙기계실의 공기가열장치에서 가열한 공기를 덕트를 통해 실내로 송풍하는 방식이다.
③ 지역난방: 도시 혹은 일정 지역 내에 대규모 고효율의 열원 플랜트를 설치하여 여기에서 생산된 열매(증기 또는 온수)를 지역 내의 각 주택, 상가, 사무실, 병원 등 수용가에 공급함으로써 효율적인 에너지 사용을 도모하는 난방방식이다.

2. 난방방식

(1) 증기난방(Steam Heating)

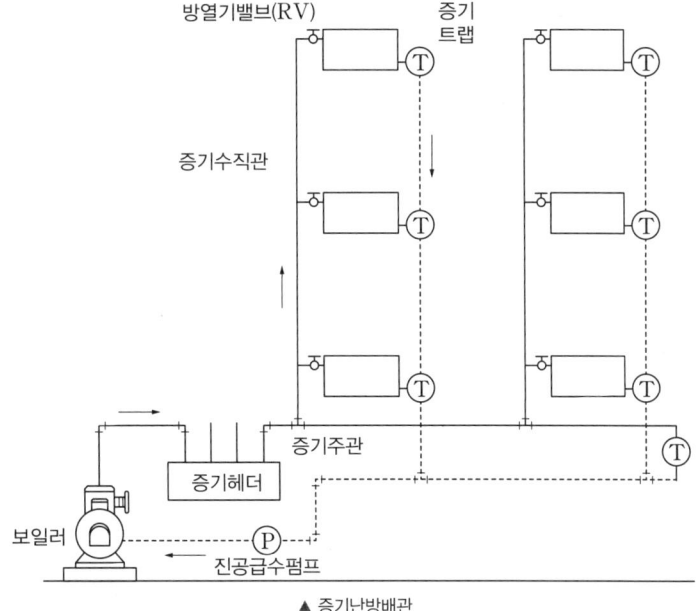

▲ 증기난방배관

① 증기난방의 장단점

장점	단점
• 증발잠열을 이용하여 열의 운반능력이 큼 • 방열기의 방열면적이 작아도 가능 • 설비비가 저가 • 열용량이 작아 예열시간이 짧고 증기순환이 빠름 • 한랭지에서 동결에 의한 파손의 위험이 적음	• 방열기의 방열량 제어가 어려움 • 방열기의 표면온도가 높아 접촉 시 화상의 우려 • 먼지 등의 상승으로 난방의 쾌적감이 나쁨 • 스팀해머가 발생할 우려 • 응축수관이 부식하기 쉬움 • 증기트랩의 고장 및 응축수 처리에 배관상 기술을 요함

② 증기난방의 분류
  ㉠ 사용 증기압력에 의한 분류
    • 저압: 0.1MPa 미만
    • 고압: 0.1MPa 이상
  ㉡ 응축수 환수방법에 의한 분류
    • 중력환수식
      – 응축수를 펌프를 사용하지 않고 중력만으로 보일러에 환수하는 방식이다.
      – 방열기는 보일러 수면보다 상부에 설치해야 한다.
      – 공기빼기밸브를 반드시 설치해야 한다.
    • 기계환수식
      – 환수관을 수수탱크에 접속하여 응축수를 이 탱크에 모아 펌프로 보일러에 송수하는 방식이다.
      – 보일러의 위치는 방열기와 동일한 바닥면 또는 높은 위치라도 지장이 없다.
    • 진공환수식
      – 환수관의 말단에 진공펌프를 설치하여 응축수와 공기를 흡인해서 보일러에 급수하는 방식이다.
      – 환수의 흐름이 원활해지므로 환수관의 관경이 작아도 되고, 공기빼기밸브가 필요하지 않다.
      – 증기의 순환이 가장 빠르며 방열기, 보일러 설치 위치에 제한을 받지 않는다.
      – 대규모 난방에서 많이 사용한다.
  ㉢ 배관방식에 의한 분류
    • 단관식: 별도의 환수관을 설치하지 않아 증기와 응축수가 동일 관 내에 흐르도록 한 것으로, 방열기 하부 태핑에 연결되며 증기트랩을 사용하지 않는다.
    • 복관식: 증기관과 환수관을 별개의 관으로 하고 방열기마다 증기트랩을 설치하여 응축수만을 환수관을 통하여 보일러로 환수시킨다.

③ 증기난방의 배관법
  ㉠ 냉각다리(Cooling Leg)
    • 완전한 응축수를 트랩에 보내는 역할을 한다.
    • 보온피복을 하지 않는다.
    • 냉각 면적을 넓히기 위하여 1.5m 이상의 길이가 되도록 한다.
    • 증기주관보다 한 치수 작은 관을 사용한다.

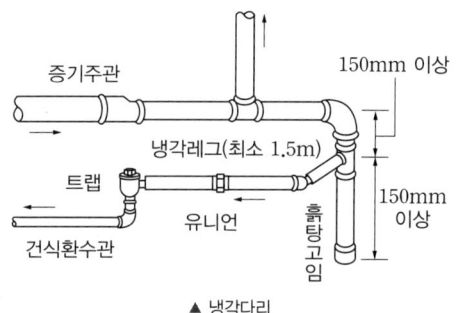

▲ 냉각다리

ⓛ 하트포드 접속법(Hartford Connection)
- 원리: 저압 증기 난방장치에 있어서 환수주관을 보일러 하단에 직접 접속하면 보일러 내의 증기압력에 의해 보일러 내의 수면이 안전수위 이하로 내려간다. 또한 환수관의 일부가 파손되어 누수될 경우 보일러 내의 물이 유출되어 안전수위 이하가 되고 보일러가 빈 상태가 된다. 이 경우에 보일러 내의 안전수위를 확보하기 위한 배관법을 하트포드 접속법이라고 한다.
- 설치목적
  - 보일러의 안전수위 확보
  - 빈불때기 방지
  - 증기압과 환수압의 균형 유지
  - 환수관으로부터 유입되는 찌꺼기 배제

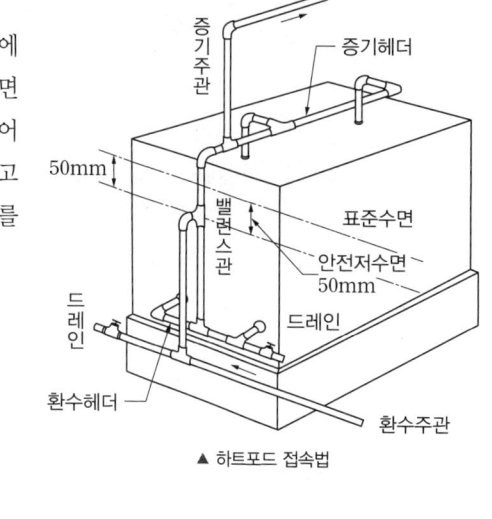

▲ 하트포드 접속법

ⓒ 리프트 이음(Lift Fitting)
- 진공환수식 난방에서 방열기보다 높은 곳에 환수관을 설치할 때 또는 환수주관보다 높은 곳에 진공펌프를 설치할 때 환수관의 응축수를 끌어올릴 수 있는 배관방법이다.
- 입상관(Lift Pipe)의 길이는 1.5m 이내로 하고, 주관보다 한 치수 작은 관을 사용한다.

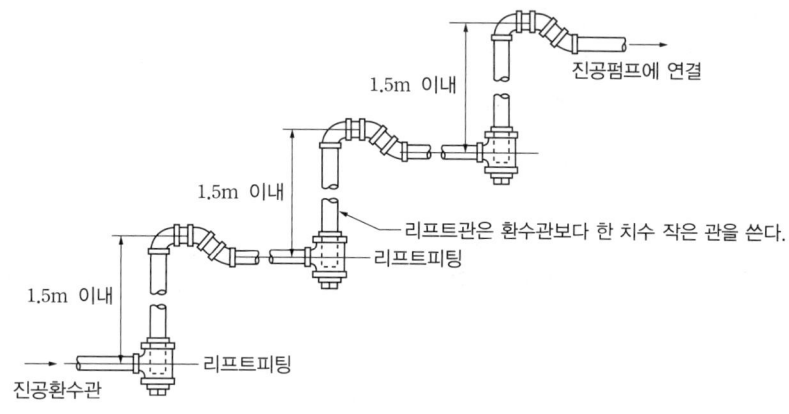

▲ 리프트 이음

ⓔ 증기헤더(Steam Header): 보일러에서 발생한 증기를 각 계통으로 고르게 분배하기 위한 장치이다.

(2) 온수난방(Hot Water Heating)

① 온수난방의 장단점

장점	단점
· 난방부하의 변동에 따른 온도조절이 용이 · 현열을 이용하므로 증기난방에 비하여 쾌적감이 좋음 · 방열기 표면온도가 낮아 화상을 입을 우려가 없음 · 보일러 취급이 용이 · 증기난방에 비해 관의 부식이 적음 · 스팀해머(Steam Hammer)가 생기지 않아 소음이 없음	· 증기난방에 비해 방열면적이 크므로 설비비가 고가 · 공기의 정체에 의한 순환 저해의 가능성 · 긴 예열시간 · 한랭 시 난방을 정지하는 경우 동결의 우려 · 긴 온수순환시간

② 온수난방의 분류
　㉠ 환수방식에 의한 분류
　　• 중력순환식
　　　— 펌프를 이용하지 않고 온수의 온도차에 의한 밀도차에 따라 배관 내를 온수가 자연순환하는 방식이다.
　　　— 방열기는 항상 보일러보다 높은 위치에 설치한다.
　　　— 장치가 간단하고 취급이 간편하기 때문에 주택 등 소규모 건축에 많이 사용한다.
　　　— 자연순환력이 약하기 때문에 큰 건축물에서는 사용할 수 없다.
　　• 강제순환식
　　　— 순환펌프를 환수주관의 보일러 측 말단에 부착하여 관 내 온수가 강제적으로 순환하는 방식이다.
　　　— 대규모 건축물에 사용한다.
　㉡ 배관방식에 의한 분류
　　• 단관식: 온수공급관과 환수관이 하나의 관으로 되어 있는 방식이다.
　　• 복관식: 온수공급관과 환수관이 별도의 관으로 되어 있는 방식으로, 직접환수방식과 역환수방식으로 분류된다.
　㉢ 사용온도에 의한 분류
　　• 보통 온수난방: 100℃ 이하(85~90℃)의 온수 사용
　　• 고온수난방
　　　— 100℃ 이상의 온수 사용
　　　— 강판제 보일러와 밀폐식 팽창탱크의 사용이 필수적이다.

> **참고** 고온수난방의 특징과 문제점
>
> | 특징 | 문제점 |
> | --- | --- |
> | • 고압증기의 흡입으로 온수 순환력이 커서 관경을 줄일 수 있음
• 보일러와 동일 높이의 방열기에도 온수 순환이 가능
• 열매의 온도가 높아 방열기 면적을 줄일 수 있음
• 지역난방이나 배관의 총 길이가 길고 아파트와 같이 분산된 건물의 난방에 적합 | • 순환펌프의 용량이 큼
• 높은 건물에 공급이 곤란
• 긴 예열시간으로 연료소비량이 큼
• 유황분이 많은 연료의 사용 시 부식의 염려 |

③ 팽창탱크
　㉠ 목적: 물의 온도 변화에 따른 체적의 증감에 대처하기 위하여 설치한다.
　㉡ 종류
　　• 개방식
　　　— 방열기보다 높은 위치에 설치한다.
　　　— 최상단부의 배관에서 팽창탱크까지의 높이는 1m 이상으로 설치한다.
　　　— 팽창탱크의 용량은 온수 팽창량의 2~2.5배가 되도록 한다.
　　　— 보통 온수난방에 사용된다.
　　• 밀폐식
　　　— 일정한 압력으로 하고 펌프흡입측 가까이에 접속한다.
　　　— 강판제 보일러를 사용한다.
　　　— 지역난방, 고온수난방에 쓰인다.

④ 온수의 순환수량(G_w)

- $Q = G \cdot c \cdot (t_2 - t_1)$ [kJ/h]
- $Q = \dfrac{G_w \cdot c \cdot (t_2 - t_1)}{3{,}600}$ [kW]
- $G_w = \dfrac{3{,}600 Q}{c \cdot (t_2 - t_1)}$ [kg/h]

- Q: 방열기의 방열량(kW)
- G: 질량
- c: 물의 비열(4.2kJ/kg·K)
- t_2: 방열기 출구의 온수 온도(K)
- t_1: 방열기 입구의 온수 온도(K)

(3) 복사난방(Panel heating)

바닥, 천장, 벽 등에 관을 매설하고 온수를 공급하여 그 복사열에 의해서 실내를 난방하는 방법이다.

① 복사난방의 장단점

장점	단점
• 실내의 온도 분포가 균일하고 쾌적감이 좋음 • 방열기를 설치하지 않으므로 바닥의 이용도가 높음 • 방을 개방하여도 난방 효과가 높음 • 실온이 낮아도 난방 효과가 높음 • 대류현상이 적어 바닥면의 먼지가 상승하지 않음 • 천장이 높아도 난방 가능	• 열용량이 커서 외기온도가 급변할 경우 방열량 조절이 어려움 • 시공이 어렵고, 수리비, 시설비가 고가 • 매입배관으로 고장요소의 발견이 어려움 • 열손실을 막기 위한 단열층이 필요 • 바닥 하중이 증대

② 평균복사온도(MRT; Mean Radiant Temperature): 복사난방에서 복사면을 포함한 실내 표면온도의 평균온도를 말한다.

(4) 온풍난방(Hot Air Heating System)

① 정의: 온풍난방은 온풍로를 통해 가열한 공기를 직접 실내로 공급하는 난방방식이다.

② 온풍난방의 장단점

장점	단점
• 열효율이 좋아 연료비가 적게 듬 • 증기·온수난방에 비해 장치가 간단하며 설비비도 적음 • 짧은 예열시간으로 실온 상승이 빠름 • 누수나 동결의 우려가 없음 • 온도, 습도, 풍량 조절이 가능 • 시공이 간편하며 장치의 조작이 용이 • 기계실의 면적이 작음	• 소음과 온풍로의 내구성이 문제 • 덕트에 의한 공기의 감염이 우려 • 실내의 상하 온도차가 커서 불쾌감을 줌 • 정밀한 온도제어가 곤란

(5) 지역난방(District Heating)

① 정의: 지역난방이란 도시 혹은 일정 지역 내에 대규모 고효율의 열원 플랜트를 설치하여 생산된 열매(증기 또는 온수)를 지역 내의 각 주택, 상가, 사무실, 병원 등 수용가에 공급함으로써 효율적인 에너지 사용을 도모하는 난방방식을 말한다.

② 지역난방의 장단점

장점	단점
• 열원장치가 1개소에 대규모로 집중되어 설치되므로 대용량 기기의 사용에 따른 기기 효율이 증대되고 연료비가 절감 • 각 건물은 기계실 넓이를 대폭 축소하고 유효면적을 넓힐 수 있음 • 열원설비를 집중관리 하므로 관리 인원의 감소, 연료의 대량 구매를 통한 비용절감이 가능 • 도시의 대기오염이 감소, 자연보호효과를 기대 • 화재의 위험 감소	• 초기 시설투자비가 큼 • 열원기기의 용량제어가 어려움 • 배관에서의 열손실 • 사용량이 적을 경우 높은 기본요금 • 고도의 숙련된 기술자가 필요

③ 열병합발전방식
　㉠ 코제너레이션시스템(Cogeneration System)이라고 하며, 석유, 가스 등의 연료를 에너지원으로 하여 터빈 또는 엔진을 구동시켜서 발전하고 그 배열을 이용하여 냉방, 난방, 급탕을 행하는 방식이다.
　㉡ 에너지 절약성이 높아서 최근 많은 분야에 보급, 이용되고 있다.

④ 열매의 유량제어
　㉠ 정유량식
　　• 열수요의 변화에 대해서 공급열매온도를 변화시켜 유량을 일정하게 보내는 방식이다.
　　• 정유량식은 지역배관의 압력 분포가 일정하게 되므로 공급열량은 안정되지만, 저부하 시에 펌프 동력비가 변하지 않고 열원 측에서 바이패스(Bypass)제어를 하지 않으면 경제운전을 기대할 수 없다.
　㉡ 변유량식
　　• 공급열매온도를 일정하게 하고 열매 유량을 변화시키는 방식이다.
　　• 변유량식은 지역배관의 압력 변화가 있으므로 시스템에 압력조절장치를 도입할 필요가 있지만, 열원기기의 저부하 시 경제운전이 가능하여 에너지 절약면에서 변유량식이 많이 사용되고 있다.

3 보일러 설비

1. 보일러

(1) 보일러의 종류

① 주철제 보일러
　㉠ 개요: 주철제의 단위 부재(Section)를 니플 또는 볼트로 연결·조립하며, 섹션 수를 증가시키면 간단히 용량을 늘릴 수 있다.
　㉡ 사용압력: 증기 0.1MPa 미만, 온수 50mAq 이하의 저압용
　㉢ 특징
　　• 내식성이 우수하여 수명이 길고 저가이다.
　　• 취급이 간편하고 분할 반입이 용이하다.
　　• 섹션의 증감에 의하여 보일러의 능력변경이 가능하다.
　　• 내압력이 낮아 중·소규모 건축의 난방·급탕용, 증기보일러, 온수보일러로서 널리 사용된다.

② 노통연관식 보일러
- ㉠ 개요: 강판제 보일러의 일종으로 강판으로 된 원통 속에 노통(爐筒, 연소통)과 다수의 연관을 배치한 것으로, 연소 가스는 수중의 연관을 2~3회 통과하며 물에 열을 주고 연돌로 흐른다.
- ㉡ 사용압력: 0.7~1.0MPa
- ㉢ 특징
  - 보유 수량이 많아 부하변동에도 안정적이다.
  - 설치가 간단하나 수명이 짧고 고가이다.
  - 중·대규모 건축물의 난방용 증기 및 온수보일러로 채용되고 있다.(아파트, 학교, 사무소 등)

③ 수관식 보일러
- ㉠ 개요: 드럼에 여러 개의 수관을 설치하여 복사열이 크게 전달되도록 하는 방식이다.
- ㉡ 사용압력: 증기압력 1MPa 이상
- ㉢ 특징
  - 보유 수량이 적어 증기 발생속도가 빠르며, 예열시간이 짧다.
  - 연소상태가 좋고, 보일러의 열효율이 좋다.
  - 설치면적이 넓고 다른 보일러에 비하여 고가이며, 급수처리가 까다롭다.
  - 고압·고온형에 알맞으며, 고압증기를 대량으로 사용하는 대규모 건축물에 적합하다.

④ 관류식 보일러
- ㉠ 코일 모양의 가열관을 설치하고, 순환펌프에 의해 물이 관 내를 흐르는 동안에 '예열 → 증발부 → 과열부'의 순서로 관류하면서 과열증기를 얻을 수 있다.
- ㉡ 보유 수량이 적기 때문에 가동시간이 짧고 부하변동에 따른 압력변동을 일으키므로 응답이 빠른 자동제어기기가 필요하다.
- ㉢ 증기 발생이 빠르고 소형이어도 충분하기 때문에 난방용으로 널리 사용된다.

(2) 보일러의 능력과 효율 표시방법

① 보일러 마력(B.H.P; Boiler Horse Power): 1시간에 100℃의 물 15.65kg을 전부 증기로 증발시키는 능력을 1보일러 마력이라 한다.

$$1보일러 마력 = 15.65 kg/h \times 2,257 kJ/kg = 35,322 kJ/h = 9.8 kW$$

② 보일러톤: 1시간에 100℃의 물 1,000L를 완전히 증발시킬 수 있는 능력을 1보일러톤이라 한다.
③ 상당방열면적(EDR, m^2): 보일러의 출력을 방열기의 표준방열량으로 나누어 방열면적으로 환산한 것이다.
④ 전열면적(Heating Surface): 보일러의 연소실에서 연료를 연소하는 경우 발생하는 열에 따라서 한쪽이 가열되고, 그 반대쪽에 물이 접근하여 열을 물에 전하는 면적(m^2)을 말한다. 전열면적 $0.929m^2$를 1마력이라 한다.
⑤ 증발량(Quantity of Evaporation)
- ㉠ 실제증발량(kg/h): 단위시간에 발생하는 증발량이다.
- ㉡ 상당증발량(환산증발량): 실제증발량이 흡수한 전열량을 가지고 100℃의 온수에서 같은 온도의 증기로 만들 수 있는 증발량으로서, 즉 실제증발량을 기준증발량으로 환산한 증발량(kg/h)을 말하며, 보일러의 출력을 나타낸다.

$$G_e = \frac{G(h_2 - h_1)}{2{,}257} [\text{kg/h}]$$

- G_e: 증발량(kg/h)
- G: 실제증발량(kg/h)
- h_2: 발생증기의 엔탈피(kJ/kg)
- h_1: 급수 엔탈피(kJ/kg)

(3) 보일러의 용량 결정

① 보일러의 부하

$$H_B = H_r + H_h + H_p + H_a$$

- H_B: 보일러부하
- H_r: 방열기부하(난방부하)
- H_h: 급탕부하
- H_p: 배관계통의 열손실부하
- H_a: 예열부하

② 보일러의 출력

- 정미출력 = 난방부하 + 급탕부하
- 상용출력 = 난방부하 + 급탕부하 + 배관부하
- 정격출력 = 난방부하 + 급탕부하 + 배관부하 + 예열부하

③ 보일러의 효율(η, %): 보일러의 연소실에 공급된 연료 중 몇 %가 유효한 열로서 증기 혹은 물에 전달되었는지를 나타내는 비율이다.

- $\eta = \dfrac{W_a(i_2 - i_1)}{G \cdot H_e}$
- 효율 = $\dfrac{\text{정격출력}}{\text{연료소비량} \times \text{발열량} \times \text{비중}} \times 100(\%)$

- η: 보일러 효율
- W_a: 실제증발량(kg/h)
- i_2: 발생증기의 엔탈피(kJ/kg)
- i_1: 급수의 엔탈피(kJ/kg)
- G: 연료소비량(kg/h)
- H_e: 연료의 발열량(kJ/kg)

(4) 보일러실의 조건

보일러의 위치	보일러실의 구조
• 건물 중앙부 난방부하의 중심에 위치하는 것이 좋다. • 굴뚝 위치는 보일러에 가깝게 설치한다. • 연료의 반·출입이 편리한 위치이어야 하며, 충분한 공간을 가져야 한다. • 가능한 한 보일러 기사실, 전기실을 보일러실에 가깝게 두어 조직상 연락이 편하도록 한다.	• 내화구조여야 한다. • 2개 이상의 출입구가 있어야 하며, 하나는 보일러의 반·출입이 용이해야 한다. • 천장의 높이는 보일러의 최상부에서 1.2m 이상이어야 한다. • 보일러 외벽에서 벽까지의 거리는 0.45m 이상이어야 한다. • 채광, 통풍이 용이하여야 한다. • 정온식 감지기를 부착한다.

2. 방열기(Radiator)와 난방용 부속

(1) 방열기의 종류

① 형태에 따른 분류

　㉠ 주형(柱形) 방열기: 2주형, 3주형, 3세주형, 5세주형 등이 있다.

　㉡ 벽걸이 방열기: 가로형과 세로형이 있다.

　㉢ 길드 방열기: 파이프에 방열면적을 증가시키기 위하여 열전도율이 좋은 금속핀을 여러 개 끼운 것이다.

　㉣ 대류 방열기: 대류작용의 촉진을 위하여 사용되는 것으로, 밑에서 유입된 공기를 가열하면 상부의 개구부로 유출되어 자연대류에 의하여 실내를 순환하는 구조로 되어 있다.

　㉤ 베이스 보드 방열기: 대류 방열기를 낮은 바닥에 설치한 방열기이다.

　㉥ 관 방열기: 관의 표면적을 방열면적으로 한 것으로, 고압에도 잘 견딘다.

② 재료에 따른 분류

　㉠ 주철제 방열기: 주철제의 단위 섹션(Section)을 조합하여 방열기를 만들 수 있으며 주형 방열기, 벽걸이형 방열기 등이 있다.

　㉡ 강판제 방열기: 2·3·4주형의 3종류가 있고, 외형은 강판을 프레스로 형성하고 용접한 것으로 한번 설치하면 증감이 곤란하다.

　㉢ 특수금속제 방열기: 알루미늄 제품의 방열기로, 화장실 등의 소용량에 이용된다.

③ 방열기 표시법: 원을 평행선으로 3등분 하여 원 중앙에는 방열기의 종류와 높이를 표시하고 상단에는 섹션 수(절수)를, 하단에는 유입관과 유출관의 관경을 각각 기입한다.

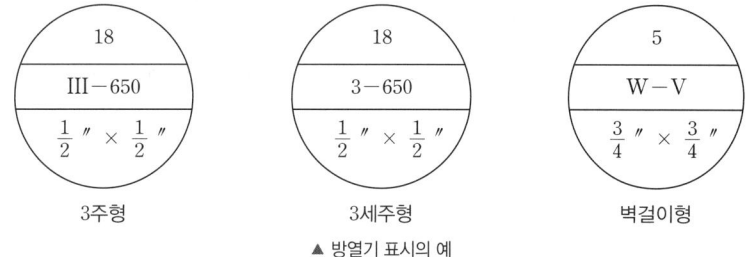

▲ 방열기 표시의 예

④ 방열기의 방열량과 응축수량

　㉠ 표준방열량: 열매 온도와 실내온도가 표준상태일 때 방열기 표면적 1m²당 1시간 동안의 방열량을 말한다.

열매	표준상태의 온도(℃)		표준온도차(℃)	표준방열량(kW/m²)
	열매온도	실내온도		
증기	102	18.5	83.5	0.756
온수	80	18.5	61.5	0.523

- 표준방열량
  - 증기난방: $0.756 \text{kW/m}^2 = 650 \text{kcal/m}^2\text{h}$
  - 온수난방: $0.523 \text{kW/m}^2 = 450 \text{kcal/m}^2\text{h}$
- kcal와 kW와의 관계
  - $1\text{kJ} = 0.238\text{kcal}$, $1\text{kcal} = 4.2\text{kJ}$
  - $1\text{kW} = 1\text{kJ/s} = 0.238\text{kcal/s}$
  - $1\text{kW} = 3,600\text{kJ/h} = 3,600 \times 0.238\text{kcal/s} = 856.8\text{kcal/h} ≒ 860\text{kcal/h}$

ⓒ 상당방열면적(EDR; Equivalent Direct Radiation)

- 증기난방의 경우: $\text{EDR} = \dfrac{H_L}{0.756} (\text{m}^2)$
- 온수난방의 경우: $\text{EDR} = \dfrac{H_L}{0.523} (\text{m}^2)$
- H_L: 손실열량(kW)

ⓒ 방열기의 절수(Section)

방열기 절수 $= \dfrac{\text{손실열량(난방부하)}}{\text{표준방열량} \times 1\text{절의 면적}}$ [개]

- 증기난방의 경우: $N_S = \dfrac{H_L}{0.756a}$ (개)
- 온수난방의 경우: $N_W = \dfrac{H_L}{0.523a}$ (개)

- N_S: 증기난방의 방열기 절수
- N_W: 온수난방의 방열기 절수
- H_L: 손실열량(kW)
- a: 방열기의 섹션당(1절당) 방열면적(m^2)

ⓔ 응축수량

$Q_c = \dfrac{Q_f}{L} = \dfrac{0.756}{0.6267} = 1.21 (\text{kg/m}^2 \cdot \text{h})$

- Q_c: 응축수량($\text{kg/m}^2 \cdot \text{h}$)
- Q_f: 방열기의 방열량($\text{kg/m}^2 \cdot \text{h}$)
- L: 100℃ 증발잠열($\text{kg/m}^2 \cdot \text{h}$)

⑤ 방열기의 주변 배관

ⓐ 방열기 설치위치: 외기에 면한 창문 아래의 벽과 5~6cm 거리를 두고 설치한다.

ⓑ 절(Section)수: 1개의 방열기 절수는 15~20절 정도가 적당하며, 절수가 많을수록 난방부하는 커진다.

ⓒ 온수난방은 유입관경과 유출관경이 같으나, 증기난방은 유입관경보다 유출관경을 작게 설치한다.

ⓓ 방열기의 배관은 열에 의한 배관의 신축을 고려하여 유입관과 유출관은 스위블이음으로 한다.

ⓔ 유출관에는 방열기트랩을 부착하여 응축수 유출이 용이하게 한다.

(2) 난방용 부속품

① 방열기밸브(Radiator Valve)

ⓐ 방열기 입구를 개폐하여 방열량을 조절하기 위하여 설치한다.

ⓑ 증기용은 디스크밸브를 사용한 스톱밸브형이 많고, 온수용은 유체의 마찰저항을 감소시키기 위하여 콕(Cock)식이 많이 사용된다.

② 공기빼기밸브(Air Vent Valve)
　㉠ 방열기와 배관의 굴곡부 등에 설치하여 공기를 제거한다.
　㉡ 하부 방열기 높이의 3분의 2 지점에 공기빼기밸브를 부착하여 순환이 잘 되게 한다(진공환수식은 제외).
③ 증기트랩(Steam Trap)
　㉠ 설치목적: 방열기의 환수구 또는 배관의 최말단부에 설치하여 증기관 내에 생긴 응축수만을 보일러에 환수시키기 위하여 설치한다.
　㉡ 종류
　　• 열기트랩(Radiator Trap, 열동식 트랩): 휘발성 액체를 봉입한 벨로즈(Bellows)를 이용하여 증기와 응축수를 분리시키는 역할을 한다.
　　• 플로트트랩(Float Trap): 저압증기용 트랩으로 다량의 응축수를 처리하기 위하여 설치한다.
　　• 버킷트랩(Bucket Trap): 주로 고압증기의 관 말단부나 증기탕비기 등에 이용된다.
④ 감압밸브
　㉠ 설치목적
　　• 고압증기를 저압증기로 감압시키기 위하여 설치한다.
　　• 증기 유량과 저압 측의 압력을 일정하게 유지하기 위하여 설치한다.
　㉡ 종류: 스프링식, 다이어프램식
⑤ 2중 서비스밸브
　㉠ 한랭지 배관에서 응축수의 동결을 막기 위하여 사용한다.
　㉡ 방열기 밸브와 열동 트랩을 조합한 형태이다.
⑥ 리턴콕(Return Cock): 온수의 유량을 조절하기 위하여 사용하는 것으로, 주로 온수 방열기의 환수 밸브로 사용된다.
⑦ 인젝터(Injector)
　㉠ 증기보일러의 급수장치로 이용된다.　　㉡ 증기노즐, 혼합노즐, 방출노즐로 구성된다.

KEYWORD 12 냉동 및 기타 열원설비 ★★

1 냉동설비

1. 냉동기

(1) 개요

① 난방을 위한 증기 및 온수를 만드는 것을 보일러라 하고, 냉방을 위한 냉수를 만드는 것을 냉동기라 한다.
② 냉동기에서 냉수가 생성되는 원리는 어떤 물체가 증발할 때 그 주변으로부터 증발에 필요한 증발열을 빼앗는 잠열을 이용한 것이다.
③ 증발을 하는 물체로 주로 이용되는 것은 프레온가스 또는 물이다.
④ 냉동기에는 냉동방식에 따라 크게 압축식 냉동기와 흡수식 냉동기가 있다.

⑤ 공조용 냉동기의 종류와 적용

구분	종류	적용
압축식	왕복식 냉동기	가정용 에어컨, 패키지 에어컨, 냉장고, 중·소규모 건물용
	원심(터보)냉동기	대규모 건물용
	로터리냉동기	가정용 에어컨, 자동차 에어컨
	스크롤냉동기	소형 패키지 에어컨, 자동차 에어컨
	스크류냉동기	중·대규모 건물용
흡수식	흡수식 냉동기	중·대규모 건물용, 공장용
	흡수식 냉온수기	일반 건축물

(2) **압축식 냉동기**

① 구성 및 원리

㉠ 압축식 냉동기는 압축기, 응축기, 팽창밸브, 증발기의 4가지 주요 요소로 구성되어 있다.

㉡ 액체상태로 증발기에 들어온 냉매는 증발하면서 냉방용 냉수를 냉각시키고 자신은 기체가 되어 압축기로 간다.

② 압축식 냉동기의 주요 구성

㉠ 압축기(Compressor)
- 압축기로 들어간 기체 냉매는 압축기의 작용에 의하여 압축되면서 고온, 고압의 기체가 된다.
- 압축기는 응축기에서 쉽게 응축할 수 있도록 온도 및 압력을 높이는 역할을 한다.

㉡ 응축기(Condenser)
- 고온, 고압의 기체 냉매를 상온의 물 또는 공기와 접촉시켜 열을 제거하고 응축, 액화하는 일을 한다.
- 응축용으로 물을 사용할 경우 그 물을 냉각수라 한다.

㉢ 팽창밸브(Expansion Valve)
- 응축기에서 응축, 액화하여 넘어온 고온, 고압의 냉매액이 팽창밸브를 통과하면서 팽창되며 저압의 상태가 된다.
- 저압이 되는 과정에서 액체인 냉매는 증발열을 빼앗기면서 저온 상태가 된다.

㉣ 증발기(Evaporator): 팽창밸브에서 압력과 온도를 내린 저온, 저압의 냉매가 피냉각물질로부터 열을 빼앗아 증발하여 냉동 목적을 달성한다.

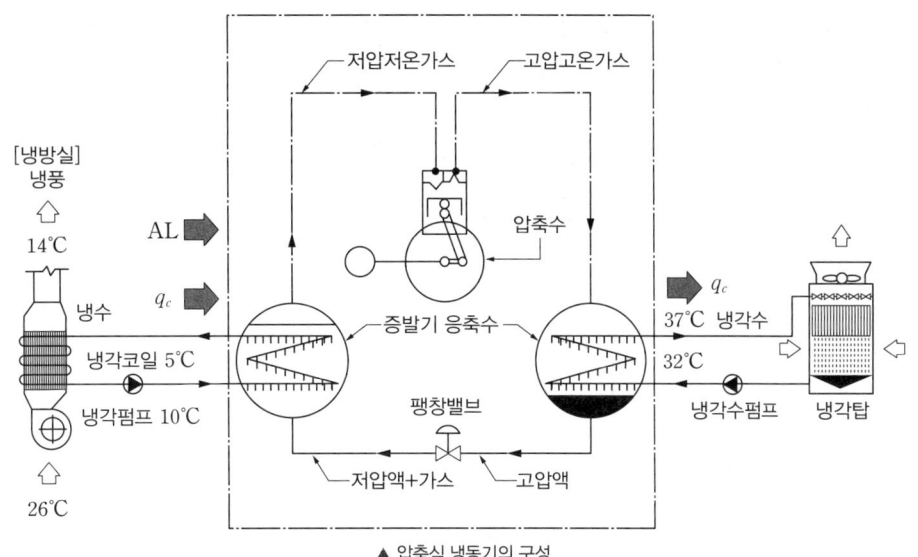

▲ 압축식 냉동기의 구성

③ 압축식 냉동기의 종류

    ㉠ 왕복식 냉동기: 압축기가 피스톤과 실린더 구조로 되어 있으며, 피스톤이 실린더 내에서 왕복운동을 하면서 냉매를 압축하는 형식이다.

    ㉡ 회전냉동기: 회전식은 기기의 회전운동에 의하여 냉매를 압축하는 형식으로, 압축기 형태에 따라 로터리형, 스크롤형, 스크류형이 있다.

    ㉢ 원심냉동기: 날개 형태의 기기(임펠러)가 돌면서 생기는 원심력으로 냉매를 압축하는 형식이다. 압축기 분류상 터보압축기의 한 종류이므로 터보냉동기라고도 한다.

(3) 흡수식 냉동기

① 구성 및 원리

    ㉠ 흡수식 냉동기는 증발기, 흡수기, 재생기 및 응축기의 4가지 주요 요소로 구성되어 있고, 냉매 이외에도 흡수제가 필요하다.

    ㉡ 물이 표준대기압(760mmHg)에서는 100℃에서 끓지만, 진공상태(6.5mmHg)에서는 5℃에서 끓는 특성을 이용하여 냉매로 사용한다.

    ㉢ 흡수제로 리튬브로마이드(LiBr) 용액을 사용한다.

② 흡수식 냉동기의 주요 구성

    ㉠ 증발기

      • 냉매(물)를 넣은 밀폐된 용기의 내부에 전열관을 설치하여 냉수를 흐르게 하고 용기 내부를 6.5mmHg 정도의 진공으로 유지하면 냉매는 5℃에서 증발한다.

      • 증발잠열에 의하여 전열관 내부의 냉수가 냉각된다.

    ㉡ 흡수기

      • 증발기에서 증발이 계속되면 수증기 분압이 점점 높아져 증발온도도 상승하게 된다.

      • LiBr 수용액을 넣은 용기(흡수기)를 증발기와 연결하면 증발된 냉매가 LiBr 수용액에 흡수되어 증발압력 및 온도는 일정하게 유지된다.

    ㉢ 재생기

      • 흡수액이 냉매인 물을 많이 흡수하게 되면 농도가 묽어져서 흡수가 원활하게 이루어지지 않으므로 주기적으로 농도를 원래 상태로 복귀시켜야 한다.

- 흡수액을 재생기로 보내 고온으로 가열하면 흡수액에 포함되어 있던 수분을 증발을 통해 제거할 수 있다. 이를 통해 흡수액의 농도를 환원시키는 것이다.
- 재생기에서 농도가 환원된 흡수액은 다시 흡수기로 보내진다.

ⓔ 응축기: 흡수액으로부터 증발, 제거된 수증기는 응축기로 보내져 상온의 물(냉각수)과 접촉함으로써 물로 환원되고 증발기로 되돌려지면서 냉매로서의 순환이 다시 이루어지게 된다.

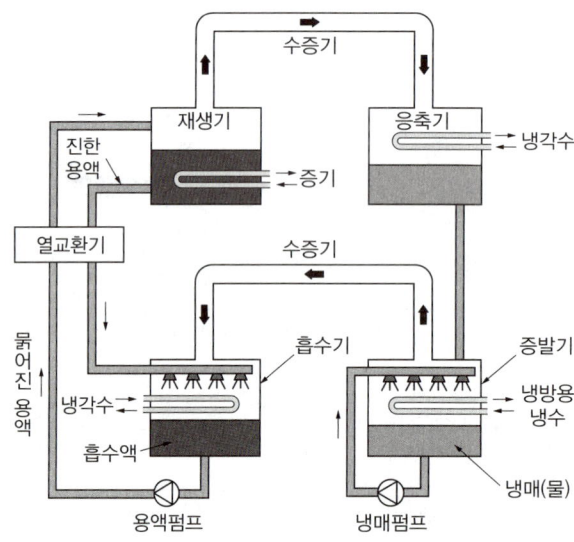

▲ 흡수식 냉동사이클

③ 흡수식 냉동기의 장단점

장점	• 전력 소비가 적어 수변전설비를 작게 할 수 있음 • 진동·소음이 작음 • 10% 가까이 용량 제어 가능
단점	• 압축식에 비하여 설치면적·높이·중량이 큼 • 압축식에 비하여 긴 예냉시간

> **참고** **냉동능력과 냉동톤**
>
> • 냉동능력(Refrigerating Capacity)
>   - 냉동기가 단위시간 동안 증발기에서 흡수할 수 있는 열량을 말한다.
>   - 단위: kJ/h, 냉동톤(RT), Btu/min 등이 있다.
> • 1냉동톤
>   - 표준기압에서 0℃의 물 1t을 24시간 안에 0℃의 얼음으로 만들 수 있는 냉동기의 능력을 말한다.
>   - 미터계의 냉동톤(RT)과 미국 냉동톤(US RT) 및 영국 냉동톤(BS RT)이 있다.
>
> • $1RT = \dfrac{1,000 \times 79.68}{24} = 3,320\,kcal/h \fallingdotseq 3,860\,W \fallingdotseq 3.86\,kW$
>
> • $1US\,RT = 2,000\,Btu/h = 3,024\,kcal/h \fallingdotseq 3.52\,kW$

(4) 몰리에르선도와 성적계수

몰리에르선도상의 냉동사이클은 가로축에 엔탈피를, 세로축에 압력을 표시하여 나타낸다.

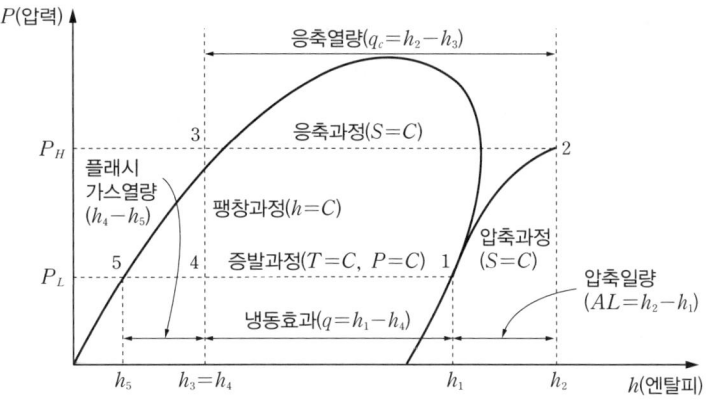

① 성적계수(COP): 냉동기의 능력을 표시한다.

- 냉동기의 성적계수(COP) = $\dfrac{냉동효과(q)}{압축일(AL)}$ = $\dfrac{냉동능력}{소요마력}$

- 열펌프의 성적계수(COP_h) = $\dfrac{응축기의\ 방출열량}{압축일}$ = $\dfrac{q+AL}{AL}$ = $\dfrac{q}{AL}+1$

※ 열펌프를 이용한 성적계수(COP_h)가 냉동기를 이용한 성적계수(COP)보다 1만큼 크다.

　즉, '냉동기 성적계수(COP)+1 = 열펌프 성적계수(COP_h)'이다.

② 성적계수(COP)를 향상시키는 방안

　㉠ 냉동효과(q)를 크게 한다. → 증발기의 증발온도를 높게 하거나, 피냉각물질의 온도를 높게 한다.

　㉡ 압축일(AL)을 작게 한다.

　㉢ 냉각수의 온도를 낮게 한다.

　㉣ 냉매의 과냉각도를 크게 한다. (냉매액-가스 열교환기를 설치)

　㉤ 배관에서의 플래시 가스 발생을 최소화한다. (냉매 증기의 증발기 공급 방지)

(5) 히트펌프(Heat Pump, 열펌프)

① 저온의 열원으로부터 열을 흡수하여 보다 높은 온도를 가진 또 다른 공간으로 열을 방출하는 시스템이다.

② 여름에는 압축식 냉동사이클을 냉방용으로 운전하고, 겨울에는 4방밸브에 의해 냉매의 흐름 방향을 바꾸어 난방용으로 운전한다.

③ 냉매의 흐름 방향을 바꾸면 증발기는 응축기로, 응축기는 증발기로 그 기능이 바뀐다.

2. 냉각탑

(1) 개요
① 응축기에서 발생한 응축잠열은 냉각수에 흡수된다. 응축잠열로 고온이 된 냉각수는 대기 중에 버려야 하는데, 이때 냉각수를 공기에 직접 접촉시켜 방열하는 장치를 냉각탑이라 한다.
② 응축기에서 냉각수가 빼앗은 열량을 냉각시켜 주는 역할을 하는 장치이다.

(2) 냉각탑의 종류
① 개방식 냉각탑: 냉각수가 냉각탑 내에서 대기에 노출되는 개방 회로방식으로, 공기조화에서는 대부분 이 방식이 사용된다.

　㉠ 직교류형
　　• 공기를 수류와 직각으로 흐르게 하여 냉각수와 공기가 직각 방향으로 접촉한다.
　　• 설치면적 및 중량은 대향류형에 비하여 크지만, 높이가 낮아서 고도를 제한하고 싶을 경우에 적합하다.

　㉡ 대향류형
　　• 공기를 아래에서 위로 흐르게 하여 냉각수와 공기가 서로 마주보는 형태로 접촉하게 된다.
　　• 설치면적을 작게 차지하고, 효율이 가장 높다는 장점 때문에 가장 널리 사용되고 있다.

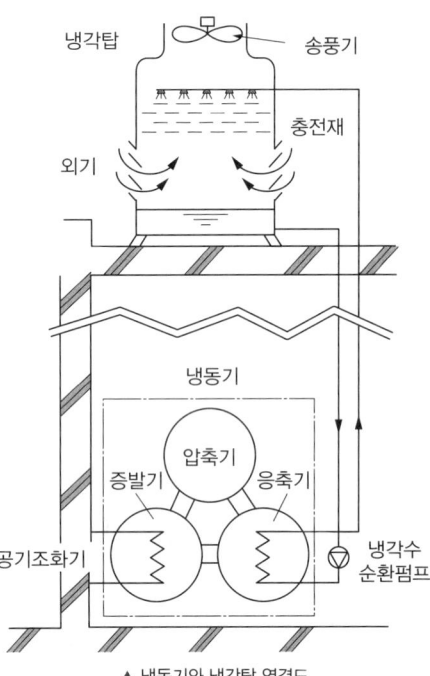

▲ 냉동기와 냉각탑 연결도

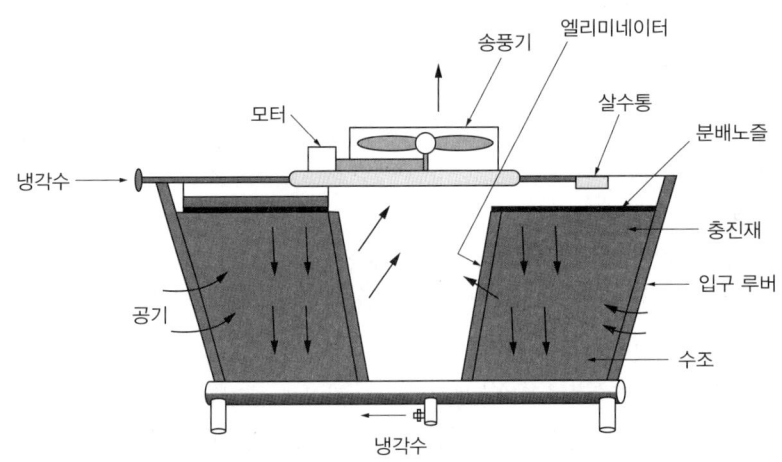

▲ 직교류형 냉각탑

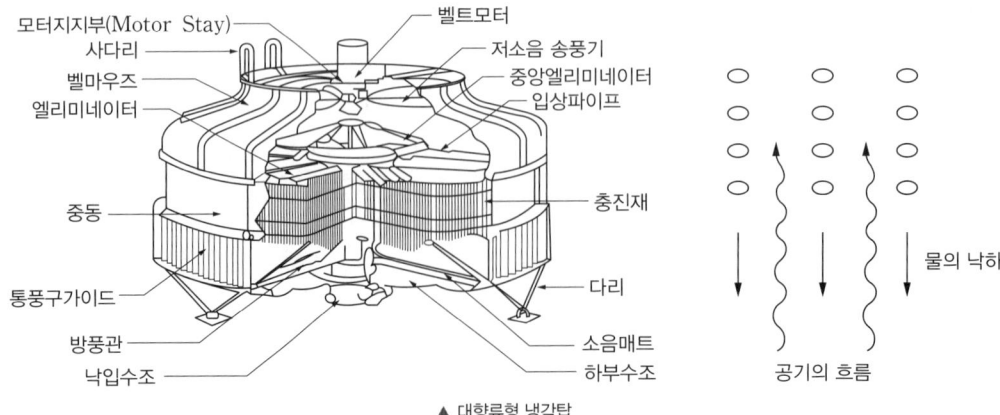

▲ 대향류형 냉각탑

② 밀폐식 냉각탑
  ㉠ 냉각수 배관이 밀폐된 것으로서, 폐회로 수열원 열펌프방식과 같이 냉각수 배관의 길이가 길고 건축물 내에 널리 분포되어 있는 경우에 사용된다.
  ㉡ 대기오염이 아주 심하거나 외부에 노출시켜 설치할 수 없을 때에 주로 사용한다.

(3) 냉각탑의 설치장소
① 충분한 통풍이 확보될 수 있는 장소이며 냉각탑의 급기와 배기가 혼합되지 않도록 계획한다.
② 연돌의 배기, 주방의 배기 등으로 냉각수가 오염되지 않는 장소에 계획한다.
③ 기계 통풍 냉각탑은 소음이 발생하므로 주변의 영향을 고려한다.
④ 냉각탑으로부터 흩어지는 물방울이 주위에 낙하하므로 사람이 모이는 곳으로부터의 거리와 풍향을 고려한다.
⑤ 주위의 조형물과의 관계를 고려하여 결정한다.

2 기타 열원설비

1. 축열(축랭)시스템

(1) 개요
① 냉난방부하는 하루 종일 일정한 것이 아니다. 냉방은 오후 2~4시경이 최대이며, 난방은 아침 시간이 최대이다.
② 축열시스템은 열원설비와 공기조화기 사이에 축열조를 둔 열원방식으로, 값이 저렴한 심야전력을 이용하여 축열조에 에너지를 축열한 후 최대 부하 때 활용하기 때문에 설비용량을 작게 하며 에너지 절약적이다.
③ 축열매체가 물일 경우에는 수축열시스템, 얼음일 경우에는 빙축열시스템이라 한다.

(2) 수축열시스템
① 심야전력(오후 11시~오전 9시)으로 냉동기를 가동하여 냉수를 생성하여 축열 및 저장하였다가 주간에 건물의 냉방에 활용하는 방식이다.
② 축열재로서 물은 비용이 저렴하고 입수가 용이하며 독성 및 폭발성이 없다.
③ 축열조는 제한된 용적에 가능한 한 많은 열량을 저장할 수 있도록 설계하며, 동시에 저장한 열을 유효하게 방열할 수 있는 운전 방법을 선정하여야 한다.

(3) 빙축열시스템
① 심야전력(오후 11시~오전 9시)으로 냉동기를 가동하여 얼음을 생성한 뒤 축열 및 저장하였다가 주간에 냉방에 활용하는 방식이다.
② 빙축열시스템에 활용되는 저온냉동기는 얼음을 생성하기 위하여 영하의 온도에서 운전이 가능한 냉동기로서, 제빙 시에는 영하의 온도로 가동되고, 주간에는 일반 냉동기와 동일한 상태로 운전한다.
③ 냉수의 현열뿐 아니라 얼음의 잠열까지도 이용할 수 있기 때문에 동일한 부피의 수축열시스템보다 최대 12배까지 축열할 수 있어서 경제적이다.
④ 냉동기의 주간 가동시간이 줄기 때문에 다른 시스템에 비하여 운전비가 매우 저렴하다.

핵심 기출문제

PART 05
공기조화설비 II

KEYWORD 11 난방설비

01
18년 1회

겨울철 벽체를 통해 실내에서 실외로 빠져나가는 열 손실량을 계산할 때 필요하지 않은 요소는?

① 외기온도
② 실내습도
③ 벽체의 두께
④ 벽체 재료의 열전도율

해설

$H = K \times A \times \Delta t \times p$ (여기서, H: 열 손실량, K: 열관류율, A: 면적, Δt: 실내외 온도차, p: 방위계수)
열 손실량 계산 시 실내외 온도차, 열전도율, 열관류율, 구조체의 전열면적 및 두께, 방위계수 등이 필요하다.

정답 | ②

02
16년 2회

다음과 같은 벽체의 열관류율은?

㉠ 내표면 열전달률: $8W/m^2 \cdot K$
㉡ 외표면 열전달률: $20W/m^2 \cdot K$
㉢ 재료의 열전도율
 • 콘크리트: $1.2W/m \cdot K$
 • 유리면: $0.036W/m \cdot K$
 • 타일: $1.1W/m \cdot K$

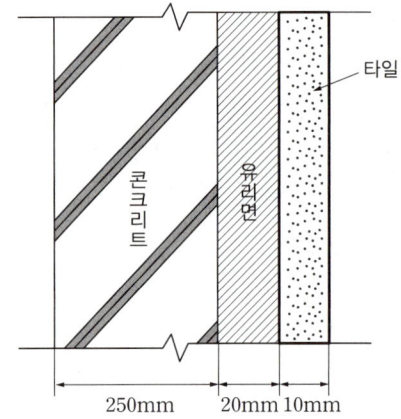

① 약 $0.90W/m^2 \cdot K$
② 약 $1.05W/m^2 \cdot K$
③ 약 $1.20W/m^2 \cdot K$
④ 약 $1.35W/m^2 \cdot K$

해설

$$k = \frac{1}{\frac{1}{8} + \frac{0.25}{1.2} + \frac{0.02}{0.036} + \frac{0.01}{1.1} + \frac{1}{20}}$$

$$\fallingdotseq \frac{1}{0.948} \fallingdotseq 1.05 W/m^2 \cdot K$$

관련이론

열관류율

$$k = \frac{1}{\frac{1}{\alpha_i} + \Sigma \frac{d}{\lambda} + \gamma_a + \frac{1}{\alpha_o}}$$

α_i: 내표면 열전달률($W/m^2 \cdot K$) d: 재료의 두께(m)
λ: 재료의 열전도율($W/m \cdot K$) α_o: 재료의 열전달률($W/m^2 \cdot K$)
γ_a: 공기층이 있을 경우 그 공기층의 열저항

정답 | ②

03

19년 4회, 18년 2회, 16년 1회, 15년 1회, 14년 4회

증기난방에 관한 설명으로 옳지 않은 것은?

① 온수난방에 비해 예열시간이 짧다.
② 운전 중 증기해머로 인한 소음발생의 우려가 있다.
③ 온수난방에 비해 한랭지에서 동결의 우려가 적다.
④ 온수난방에 비해 부하변동에 따른 실내방열량 제어가 용이하다.

해설 |
온수난방에 비교하여 부하변동에 따른 실내방열량 제어가 어렵다.

정답 | ④

04

21년 2회, 20년 4회, 19년 1회, 16년 4회, 13년 1회

온수난방에 관한 설명으로 옳지 않은 것은?

① 증기난방에 비해 보일러의 취급이 쉽고 안전하다.
② 동일 방열량인 경우 증기난방보다 관 지름을 작게 할 수 있다.
③ 증기난방에 비해 난방부하의 변동에 따른 온도 조절이 용이하다.
④ 보일러 정지 후에도 여열이 남아 있어 실내 난방이 어느 정도 지속된다.

해설 |
동일 방열량인 경우 증기난방보다 관 지름을 크게 해야 한다.

정답 | ②

05

18년 4회, 15년 4회

다음과 같은 조건에서 난방부하가 3,500W인 실을 온수난방으로 할 때 방열기의 온수순환수량은?

- 방열기의 입구 수온: 90℃
- 방열기의 출구 수온: 85℃
- 물의 비열: 4.2kJ/kg·K

① 300kg/h
② 600kg/h
③ 900kg/h
④ 1,200kg/h

해설 |

$$G=\frac{3,600Q}{C\cdot\varDelta t}=\frac{3,600\times 3.5\text{kW}}{4.2\times(90-85)}=600\text{kg/h}$$

정답 | ②

06

19년 2회, 17년 1회

바닥복사 난방방식에 관한 설명으로 옳지 않은 것은?

① 열용량이 커서 예열시간이 짧다.
② 방을 개방상태로 하여도 난방효과가 있다.
③ 다른 난방방식에 비교하여 쾌적감이 높다.
④ 실내에 방열기를 설치하지 않으므로 바닥이나 벽면을 유용하게 이용할 수 있다.

해설 |
열용량이 커서 예열시간이 길다.

관련이론

바닥복사 난방방식의 장단점

장점	단점
• 실내의 온도 분포가 균일 • 쾌적감이 좋음 • 방열기를 설치하지 않으므로 바닥의 이용도가 높음 • 방을 개방하여도 난방 효과가 높음 • 실온이 낮아도 난방 효과가 높음 • 대류현상이 적어 바닥면의 먼지가 상승하지 않음 • 천장이 높아도 난방 가능	• 열용량이 커서 외기온도가 급변할 경우 방열량 조절이 어려움 • 시공이 어렵고, 수리비, 시설비가 고가 • 매입배관으로 고장요소의 발견이 어려움 • 열손실을 막기 위한 단열층이 필요 • 바닥 하중이 증대

정답 | ①

07
18년 4회

지역난방 방식에 관한 설명으로 옳지 않은 것은?

① 열원설비의 집중화로 관리가 용이하다.
② 설비의 고도화로 대기오염 등 공해를 방지 할 수 있다.
③ 각 건물의 이용시간 차를 이용하면 보일러의 용량을 줄일 수 있다.
④ 고온수 난방을 채용할 경우 감압장치가 필요하며 응축수 트랩이나 환수관이 복잡해진다.

해설 |
고온수 난방을 채용할 경우 고온, 고압을 사용하므로 가압장치가 필요하며 응축수 트랩이나 환수관이 복잡해진다.

관련이론
지역난방: 도시 혹은 일정 지역 내에 대규모 고효율의 열원 플랜트를 설치하여 생산된 열매(증기 또는 온수)를 지역 내의 각 주택, 상가, 사무실, 병원 등 수용가에 공급함으로써 효율적인 에너지 사용을 도모하는 난방방식을 말한다.

정답 | ④

09
19년 1회

수관식 보일러에 관한 설명으로 옳지 않은 것은?

① 사용압력이 연관식보다 낮다.
② 설치면적이 연관식보다 넓다.
③ 부하변동에 대한 추종성이 높다.
④ 대형건물과 같이 고압증기를 다량 사용하는 곳이나 지역난방 등에 사용된다.

해설 |
수관식 보일러의 압력은 1.0MPa 이상으로 연관식 보일러보다 높다.

정답 | ①

KEYWORD 12 냉동 및 기타열원설비

10
21년 1회, 17년 4회

압축식 냉동기의 냉동사이클로 옳은 것은?

① 압축 → 응축 → 팽창 → 증발
② 압축 → 팽창 → 응축 → 증발
③ 응축 → 증발 → 팽창 → 압축
④ 팽창 → 증발 → 압축 → 응축

해설 |
압축식 냉동기의 냉동사이클 순서
압축기 → 응축기 → 팽창밸브 → 증발기

정답 | ①

08
19년 4회, 16년 4회

주철제 보일러에 대한 설명 중 옳지 않은 것은?

① 재질이 약하여 고압으로는 사용이 곤란하다.
② 섹션(Section)으로 분할되므로 반입이 용이하다.
③ 재질이 주철이므로 내식성이 약하여 수명이 짧다.
④ 규모가 비교적 작은 건물의 난방용으로 사용된다.

해설 |
재질이 주철이므로 내식성이 커서 수명이 길다.

정답 | ③

11

19년 4회

다음 설명에 알맞은 냉동기는?

- 기계적 에너지가 아닌 열에너지에 의해 냉동효과를 얻는다.
- 구조는 증발기, 흡수기, 재생기(발생기), 응축기 등으로 구성되어 있다.

① 터보식 냉동기
② 흡수식 냉동기
③ 스크류식 냉동기
④ 왕복동식 냉동기

해설 |
흡수식 냉동기: 열에너지에 의해 냉동효과를 얻으며, 증발기·흡수기·재생기 및 응축기의 4가지 주요 요소로 구성되어 있고, 냉매 이외에도 흡수제가 필요하다.

정답 | ②

13

20년 4회, 19년 2회, 17년 1회, 13년 4회

냉각탑에 대한 설명으로 옳은 것은?

① 고압의 액체냉매를 증발시켜 냉동효과를 얻게하는 설비이다.
② 증발기에서 나온 수증기를 냉각시켜 물이 되도록 하는 설비이다.
③ 대기 중에서 기체냉매를 냉각시켜 액체냉매로 응축하기 위한 설비이다.
④ 냉매를 응축시키는데 사용된 냉각수를 재사용하기 위하여 냉각시키는 설비이다.

해설 |
응축기에서 발생한 응축잠열은 냉각수에 흡수된다. 응축잠열로 인해 고온이 된 냉각수를 공기에 직접 접촉시켜 방열하는 장치가 냉각탑이다.

정답 | ④

12

20년 3회, 14년 2회

터보 냉동기에 관한 설명으로 옳지 않은 것은?

① 왕복동식에 비하여 진동이 적다.
② 흡수식에 비해 소음 및 진동이 심하다.
③ 임펠러 회전에 의한 원심력으로 냉매 가스를 압축한다.
④ 일반적으로 대용량에는 부적합하며 비례제어가 불가능하다.

해설 |
터보 냉동기는 일반적으로 대용량에 적합하며 비례제어가 가능하다.

정답 | ④

PART 06 전기설비 I

KEYWORD 13, 14

KEYWORD 13 전기설비기초 ★

1 전압, 전류 저항

1. 기본단위

(1) **전압(Voltage)**
① 도체 안에 있는 두 점 사이의 전기적인 위치에너지의 차를 말한다.
② 단위는 V(Volt, 볼트)를 쓴다.

(2) **전류(Electric Current)**
① 전하가 도선(導線)을 따라 흐르는 현상을 말한다.
② 단위는 A(Ampere, 암페어)를 쓴다.

(3) **저항(Resistance)**
① 도체에 전류가 흐를 때 전류의 흐름을 방해하는 요소를 말한다.
② 단위는 Ω(Ohm, 옴)을 쓴다.
③ 전선의 저항은 전선의 길이에 비례하고, 전선의 단면적에 반비례한다.

> 저항 $R = \rho \dfrac{L}{A}[\Omega]$
>
> - ρ: 도선의 고유저항(도체의 재질과 온도로써 정해지는 고유저항)
> - A: 도선의 단면적(cm^2)
> - L: 도선의 길이(cm)

(4) **옴의 법칙(Ohm's Law)**
전류(I)는 전압(V)에 비례하고 저항(R)에 반비례한다.

$$I = \frac{V}{R}[A],\ R = \frac{V}{I}[\Omega],\ V = IR[V]$$

2. 직류와 교류

(1) **직류(DC; Direct Current)**
① 시간에 관계없이 세기와 방향이 일정한 전기를 직류라 한다.
② 전화, 전기 시계, 고속 엘리베이터 등에 이용된다.

(2) **교류(AC; Alternating Current)**
① 시간에 따라 세기와 방향이 주기적으로 변하는 전기를 교류라 한다.
② 일반 전열설비, 전등설비, 동력설비, 저속 엘리베이터 등에 이용된다.

(3) **주파수(Frequency)**
① 1초 동안에 전류의 같은 위상차가 반복되는 횟수를 말한다.
② 주파수의 단위는 Hz(헤르쯔)를 쓴다.
③ 우리나라는 60Hz를 사용하고 있다.

2 전력(電力)과 역률

1. 전력(電力)

(1) **전력의 의미**
① 전기가 하는 일의 양을 의미한다.
② 단위는 W(와트) 또는 kW(kilowatt, 킬로와트) 등을 쓴다.

(2) **전력의 종류**
① 직류

$$P[W] = V \times I = I^2 R = V^2/R$$

② 단상 교류

$$P[W] = V \times I \times 역률(\cos \theta)$$

③ 3상 교류

$$P[W] = \sqrt{3} \times V \times I \times 역률(\cos \theta)$$

2. 역률

(1) **역률의 의미**
① 전기기기에 실제로 걸리는 전압과 전류가 얼마나 유효하게 일을 하는지 비율로 나타낸 것이다.
② 공급된 전기의 100%를 해당 목적에 소모하는 경우를 1로 보았을 때, 1에 가까우면 효율이 높은 제품이다.
③ 역률은 피상전력과 유효전력과의 비이다.

$$역률 = \frac{유효전력}{피상전력}$$

(2) **역률의 개선**
① 방법
  ㉠ 각 기기마다 콘덴서를 설치한다.
  ㉡ 대형 건물의 경우 변전실 내에 고압용 콘덴서(진사용 콘덴서)를 두어 일괄로 역률을 개선한다.
② 효과: 전력손실의 감소, 수변전설비의 용량 감소, 한국전력공사의 송전능력 확대 등을 들 수 있다.

KEYWORD 14 강전설비 ★★★

※ 전기를 에너지로 다루는 설비는 강전설비이고, 전기를 신호로 다루는 설비는 약전설비이다.

1 수변전설비

1. 설계순서

① 부하설비의 용량을 각 부하별로 산출한다.
② 최대 수용전력에 따라 수변전설비 용량(변압기 용량)을 산출한다.
③ 계약전력과 수전 전압을 결정한다.
④ 인입방식과 배선방식을 작성한다.
⑤ 주회로의 결선도를 작성한다.
⑥ 변전설비의 형식을 작성한다.
⑦ 제어방식을 결정한다.
⑧ 변전실의 위치와 면적을 결정한다.
⑨ 기기의 배치를 결정한다.

2. 부하설비 용량의 산출

(1) 부하설비 용량

① 부하설비 용량산출

$$\text{부하설비 용량(VA)} = \text{부하밀도(VA/m}^2\text{)} \times \text{연면적(m}^2\text{)}$$

② 부하밀도: 전등, 일반동력, 냉방동력을 포함한 부하설비 용량의 일반적인 평균치를 나타낸다.

(2) 수변전설비 용량

부하설비 용량이 산출되어 그 값을 그대로 사용하면 과다한 설비가 될 수 있으므로 수변전설비 용량은 수용률(수요율), 부등률, 부하율을 고려하여 최대 수용전력을 구하고, 부하의 역률과 장래 부하 증가를 고려하여 변압기 총용량을 결정한다.

① 수요율(수용률, Demand Factor): 수용장소에 설치된 총 설비용량에 대하여 실제 사용하고 있는 부하의 최대 수용전력과의 비율을 백분율로 표시한 것이다.

$$\text{수요율} = \frac{\text{최대 수용전력 합계(kW)}}{\text{총 부하설비 용량 합계(kW)}} \times 100(\%)$$

② 부하율(Load Factor)
　㉠ 부하율은 전기설비가 어느 정도 유효하게 사용되고 있는가를 나타내는 척도이고, 어떤 기간 중에 최대 수용전력과 그 기간 중에 평균전력과의 비율을 백분율로 표시한 것이다.

$$\text{부하율} = \frac{\text{부하의 평균전력(kW)}}{\text{최대 수용전력(kW)}} \times 100(\%)$$

    ⓒ 부하율은 기준에 따라 일 부하율, 월 부하율, 연 부하율 등으로 나타내며, 부하율이 클수록 전기설비가 유효하게 사용되고 있음을 나타낸다.
  ③ 부등률(Diversity Factor)
    ㉠ 수용가의 설비부하는 각 부하의 부하특성에 따라 최대 수용전력 발생시각이 다르게 나타나므로 부등률을 고려하면, 변압기 용량을 적정 용량으로 낮추는 효과를 가지게 된다.

$$부등률 = \frac{각\ 부하의\ 최대\ 수용전력의\ 합(kW)}{합성\ 최대\ 수용전력(kW)} \times 100(\%)$$

    ⓒ 부등률은 항상 1보다 크며, 이 값이 클수록 일정한 공급설비로 큰 부하설비에 전력을 공급할 수 있다는 것이다. 부등률이 크다는 것은 공급설비의 이용률이 높다는 것을 뜻한다.

3. 전압의 종별과 계약전력

수전 전압은 대부분 22.9kVA인 다중접지식 3상 4선식의 특고압으로 되어 있으나, 실제로는 수전 지점과 수전 용량 및 사용조건 등에 따라 한국전력공사의 공급전압이 정하여지기 때문에 직접 협의하여 결정하도록 하여야 한다.

(1) 수전 전압의 분류
① 저압: 220V, 380V
② 특고압: 22,900V, 154,000V, 345,000V

(2) 공급전압의 결정
한국전력공사의 전기기본공급약관에 의하면 전기를 공급하는 공급방식 및 공급전압은 전기사용장소 내의 계약전력의 합계를 기준으로 공급한다.

구분	직류	교류
저압	1,500V 이하	1,000V 이하
고압	1,500V 초과 7,000V 이하	1,000V 초과 7,000V 이하
특고압	7,000V 초과	7,000V 초과

▲ 전압의 구분

4. 변전설비

(1) 위치
① 부하의 중심에 있어야 한다.
② 수전 및 배전에 유리하여야 한다.
③ 장래의 증설이나 크기의 확장성이 좋은 곳을 선정하여야 한다.

(2) 구조
① 벽은 내화구조로 한다.
② 출입문은 방화문으로 한다.
③ 바닥은 충분한 하중에 견디도록 설계한다.
④ 높이를 고려한다.
    ㉠ 고압: 보 밑에서 3m 이상으로 한다.
    ⓒ 특고압: 보 밑에서 4.5m 이상으로 한다.

(3) 면적

$$A = 3.3 \times \sqrt{\text{변압기 용량(kVA)}} (\text{m}^2)$$

5. 변전설비용 기기

(1) 변압기(變壓器)
① 보통 고압의 전압을 저압의 전압으로 바꾸는 장치이다.
② 부하의 종류(동력용, 전등용), 총 용량에 따라 대수가 정해지며 2차측 전기방식을 단상 3선식, 3상 3선식, 3상 4선식 등으로 하여 적절한 소요전압을 얻는다.
③ 절연방식에 따라 유입변압기, 건식 변압기, 몰드변압기, 아몰퍼스변압기, 가스절연변압기 등이 있다.

(2) 차단기(Circuit Breaker)
보통의 부하전류를 개폐함과 동시에 회로에서 단락사고 및 지락사고 발생 시 각종 계전기와 조합으로 신속히 회로를 차단하여, 사고점으로부터 계통을 분리하여 회로에 접속된 전기기기, 전선류를 보호하고 안전하게 유지하는 역할을 수행하는 장치이다.

① 차단기의 기능
  ㉠ 부하전류의 개폐
  ㉡ 고장전류, 특히 단락전류와 같은 대전류의 차단
  ㉢ 아크(Arc) 소멸 기능

② 차단기의 종류
  ㉠ 특고압용 차단기: GCB, VCB, ABB
  ㉡ 고압차단기: VCB, GCB, MCB
  ㉢ 저압차단기: ACB, MCCB

> **참고 각종 차단기**
> - 가스차단기(GCB; Gas Circuit Breaker)
> - 진공차단기(VCB; Vacuum Circuit Breaker)
> - 유압차단기(OCB; Oil Circuit Breaker)
> - 자기차단기(MCB 또는 MBCB; Magnetic Blast Circuit Breaker)
> - 공기차단기(ABB 또는 ABCB; Air Blast Circuit Breaker)

(3) 전력퓨즈(PF)
회로 및 기기의 단락 보호용으로서 변압기, 전동기, 회로 등의 사고 시 단락전류 차단에 쓰인다.

(4) 개폐기
스위치라고도 하며, 전기회로를 닫거나(On) 열기(Off) 위한 장치이다.
① 부하개폐기(LBS; Load Break Switch): 수변전설비의 인입구 개폐기로 많이 사용되며, 전력퓨즈의 용단 시 결상을 방지할 목적으로 채용되고 있다.
② 선로개폐기(LS; Line Switch): 보안상 책임 분계점에서 보수 점검 시 전로 개폐를 위하여 설치한다. 반드시 무부하 상태에서 개폐하여야 하며, 단로기와 비슷한 용도로 사용한다.
③ 컷아웃스위치(COS; Cut Out Switch): 주로 변압기 1차측의 각 상에 설치하여 변압기의 보호와 개폐를 위하여 단극으로 제작된다.

(5) 단로기(DS; Disconnecting Switch)

① 개폐기의 일종으로 수용가의 인입구 부근에 설치하여 무부하(회로분리) 상태의 전로(電路)를 개폐하는 역할을 한다.

② 변압기, 차단기 등 고전압기기의 1차측에 설치하여 기기를 점검, 수리할 때 그 부분을 전원으로부터 개방하거나 또는 회로의 접속을 변경하는 경우에도 사용한다.

③ 단로기는 부하전류를 개폐할 능력이 없기 때문에 부하전류가 흐르는 상태에서 개폐하면 매우 위험하다. 따라서 단로기는 차단기를 열고나서 개폐할 필요가 있다.
　㉠ 변압기, 차단기 등의 보수, 점검을 위하여 설치하는 회로 분리용
　㉡ 전력계통 변환을 위한 회로 분리용

(6) 피뢰기(LA; Lightning Arrester)

수변전설비가 있는 변전실의 입구에 설치하며, 낙뢰나 혼촉사고 등에 의하여 이상전압이 발생하였을 때 선로 및 기기 등을 보호하기 위하여 설치한다.

(7) 계기용 변성기

수변설비 등 고압회로에서는 취급하는 전압이 높고 전류가 많아 배전반 등에 직접 전압계와 전류계 등의 계기, 계전기를 접속하는 것은 취급상 굉장히 위험하다. 따라서 고압회로에 계기 등을 설치할 경우에는 계기용 저전압이나 소전류로 변성하여야 한다. 이를 위하여 필요한 장치를 계기용 변성기라고 하며, 다음과 같은 것들이 있다.

① 계기용 변압기(PT; Potential Transformer)
② 계기용 변류기(CT; Current Transformer)
③ 계기용 변압변류기(MOF; Metering OutFit 또는 PCT; Potential Current Transformer)
④ 영상변류기(ZCT; Zero-phase Current Transformer)

(8) 진상 콘덴서(SC; Static Condenser)

역률 개선을 목적으로 사용한다.

(9) 보호계전기

전력계통에서 단락과 지락 등의 이상 전류와 전압이 발생한 경우, 영상변류기 등의 검출단이 이를 검출하는 것이다. 이 검출 신호에 의해 작동하여 차단기를 개방시켜 지락사고 등에서 기기와 전로를 적절히 보호하며, 피해를 최소한으로 줄이기 위한 자동스위치의 역할을 하는 계전기의 총칭이 보호계전기이다.

① 과전류계전기(OCR)　　　　　　　　　② 지락계전기(GR, 접지계전기)
③ 과전압계전기(OVR)　　　　　　　　　④ 부족전압계전기(UVR)
⑤ 비율차동계전기(Diff. R; Differential Relay)

2 예비전원설비와 감시제어설비

1. 예비전원설비

상용전력이 돌발사태로 인하여 단전되었을 때 사용하는 전기설비이다.

(1) 예비전원이 필요한 장소

병원의 수술실, 사람의 출입이 많은 건물, 소화설비, 비상조명설비, 소화전용 펌프, 엘리베이터, 환기팬, 각종 경보장치, 확성장치, 도난경보장치 등에 필요하다.

(2) 예비전원이 갖추어야 할 조건

① 축전지: 정전 후 충전하지 않고 30분 이상을 방전할 수 있어야 한다.

② 자가발전설비: 비상사태 발생 후 10초 이내에 가동하여 규정 전압을 유지하여 30분 이상 전력 공급이 가능해야 한다.
③ 축전지와 자가발전설비 병용: 자가발전설비는 사태 발생 후 45초 이내에 시동해서 30분 이상 안정된 전력공급을 할 수 있어야 하며, 축전지설비는 충전하지 않고 20분 이상을 방전할 수 있어야 한다.

(3) 자가발전설비

① 정의: 전력회사로부터 공급받는 상용전원의 정전 등 돌발사고에 대처하기 위하여 스스로 최소한의 보안전력을 확보하기 위한 설비를 말한다.
② 장점: 비교적 장기간의 정전에도 전원의 공급이 가능하다.
③ 종류

구분	종류
전류에 따른 구분	• 직류 발전기 • 교류 발전기
엔진에 따른 구분	• 가솔린 방식 • 디젤 방식

※ 디젤 방식에 의해 구동되는 3상 교류 발전기가 가장 많이 이용된다.
④ 용량: 보통 수전설비 용량의 10~20% 정도를 발전한다.
⑤ 위치와 구조

위치	구조
• 기기의 반출입이 쉽고 운전 및 보수가 용이한 곳 • 배기·배출구에서 가까운 곳 • 변전실에서 가까운 곳 • 급배수와 연료의 보급이 손쉬운 곳	• 내화구조 • 방음, 방진설비 • 바닥은 충분한 하중에 견디도록 설계

(4) 축전지설비

① 축전지설비는 축전지, 충전장치, 보안장치, 제어장치 등으로 구성되어 있고, 수변전설비의 차단기 등과 같이 직류전원이며 경제적이고 보수가 용이한 특성을 가지고 있다.
② 축전지설비는 예비전원으로서 상용전원이 불시에 정전되었을 때 자가발전설비를 가동시켜 정격전압이 확보될 때까지 예비전원으로 사용되는 경우가 많다.
③ 용도: 주로 직류전원의 공급에 이용되며 유도등, 전기시계, 화재경보장치, 비상용 전원, 병원의 수술실, 비상방송, 방재용 설비 등에 이용된다.
④ 종류: 연축전지와 알칼리축전지가 있으며, 알칼리축전지의 성능이 우수하다.
⑤ 용량

$$축전지의 용량 = 방전전류(A) \times 방전시간(h)$$

⑥ 수명: 정격용량의 80% 이하로 감소하였을 때를 전지의 수명으로 본다.
⑦ 충전방법: 교류 전류를 이용하여 직류로 변환하여 충전한다.

⑧ 위치와 구조

위치	구조 및 배치
• 기기의 반출입이 쉽고, 운전 및 보수가 용이한 곳 • 배기·배출구에서 가까운 곳 • 변전실에서 가까운 곳 • 급배수가 손쉬운 곳	• 축전지와 벽면과의 간격: 1m 이상 • 축전지와 보수하지 않은 쪽의 벽면과의 간격: 0.1m 이상 • 천장 높이: 2.6m 이상 • 축전지와 부속기기와의 간격: 1m 이상 • 축전지와 입구 사이의 간격: 2.6m 이상

⑨ 축전지실 시공 시 주의사항
　㉠ 내진성을 고려한다.
　㉡ 충전 중 수소가스의 발생이 있으므로 배기설비를 한다.
　㉢ 축전지실 내의 배선은 비닐전선을 사용해야 한다.
　㉣ 개방형 축전지를 사용 시 조명기구는 내산성으로 해야 한다.
　㉤ 충전기 및 부하에 가까워야 한다.
　㉥ 실내에 급배수시설을 한다.

> **참고** **무정전전원장치**(UPS; Uninterruptible Power System)
> 변환장치, 축전지 및 필요에 따라서 스위치를 조합함으로써 교류입력전원의 연속성을 확보할 수 있는 교류전원시스템을 말한다.

2. 감시제어설비

(1) 감시설비
건물 내의 일반 동력설비, 공조설비, 약전설비, 수전설비 등 각종 전기설비의 작동상태를 확인, 점검하는 기능을 한다.

구분	용도	표시방법
전원 표시	전원이 살아 있는지의 여부	백색 램프
운전 표시	작동상태를 표시	적색 램프
정지 표시	정지상태를 표시	녹색 램프
고장 표시	고장의 유무를 표시	오렌지색 램프(버저, 벨)
경보 표시	경보신호	백색 램프(버저, 벨)

(2) 제어설비
각종 전기설비를 제어하는 기능을 한다.

(3) 구성
감시제어설비는 보통 중앙집중방식을 많이 이용하며, 조작반과 표시반으로 구성되어 있다.

(4) 위치
건물 내의 모든 설비의 작동을 감시, 조작하므로 충분한 공간 확보와 더불어 항상 수평을 유지하고 진동 등이 없는 곳이어야 한다.

3 배전설비

송전되어 온 전력을 각 수용가에 분배하는 것을 배전이라 하며, 중·소규모 건물은 저압으로, 대규모 건물은 고압 또는 특고압으로 전력을 인입하여 건물 내에서 간선, 분전반, 분기회로를 거쳐 배전한다.

1. 배전계통도

(1) 소규모 건물

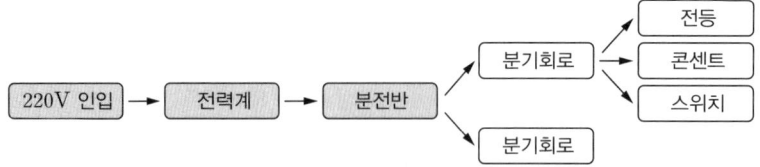

(2) 대규모 건물

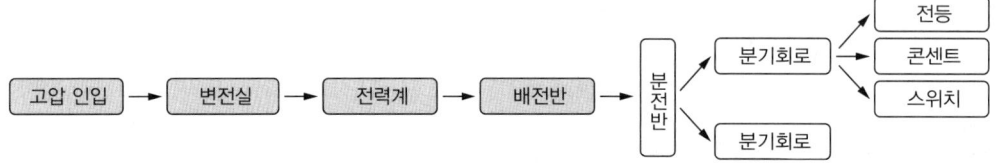

2. 간선의 설계순서

3. 배전방식(전기방식)

구분	특징	도식
단상 2선식 (220V/110V)	보통 일반 주택 등의 소규모 건물에서 많이 사용하는 방식	110[V] (220[V])
단상 3선식 (220V/110V)	• 3kW 이상의 일반 전등, 40W 이상의 형광등, 0.75kW(1마력) 이하의 단상전동기 등과 같이 용량이 비교적 큰 부하의 배선에 사용 • 중성선과 본선은 전원이 각각 110V, 본선 2개를 연결하면 220V이므로 두 종류의 전압을 얻을 수 있음(중·대규모 건물의 간선으로 이용)	N 110[V] 220[V] 110[V]
3상 3선식 (220V/380V)	• 모든 전압이 220V 또는 380V • 효율이 좋고, 전기적 안정성이 우수 • 주로 동력(전동기)의 전원으로 많이 이용	220[V] 220[V] (380[V]) (380[V]) 220[V] (380[V])

3상 4선식 (220V/380V)	• 대규모 건물이나 공장 등의 전등, 동력의 전원으로 여러 종류의 전압이 필요할 때 선택 • 우리나라에서는 주로 220V/380V를 사용 • 중성선은 백색과 회색으로 사용	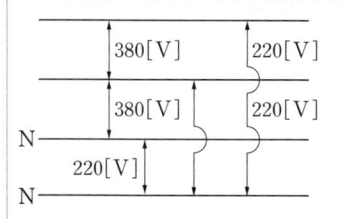

4. 간선의 배선방식

(1) 정의
건물로의 인입 개폐기(배선용 차단기)로부터 각층 마다 설치된 분전반의 분기 개폐기까지의 배선을 말한다.

(2) 나뭇가지식(수지상식)
① 1개의 간선이 각각의 분전반을 거쳐 가며 배전되므로 말단 분전반은 전압이 떨어질 수 있다.
② 부하가 감소됨에 따라 간선의 굵기도 감소하지만, 굵기가 변하는 접속점에는 보안장치가 요구된다.
③ 간선의 굵기를 줄여 감으로써 배선비는 적게 드는 편이다.
④ 분전반 간의 단자 전압에 불균형이 있어 중·소규모 건물의 배전방식으로 적합하다.

(3) 평행식
① 각 분전반 마다 배전반으로부터 단독으로 배선되어 있으므로 전압강하가 적고, 사고가 발생하여도 그 범위를 좁힐 수 있는 것이 특징이다.
② 배선비가 많아지므로 설비비는 많이 드는 편이다.
③ 의료기기, 공장 등과 같은 특수 부하의 경우나 대규모 건물에 사용한다.

(4) 평행식과 나뭇가지식 병용식
평행식과 나뭇가지식을 병용한 것으로, 부하의 중심에 분전반을 설치하고 이 분전반에서 각 분전반으로 배선하는 방식으로 대부분의 사무용 빌딩이나 주거용 공동주택 등에 가장 많이 쓰인다.

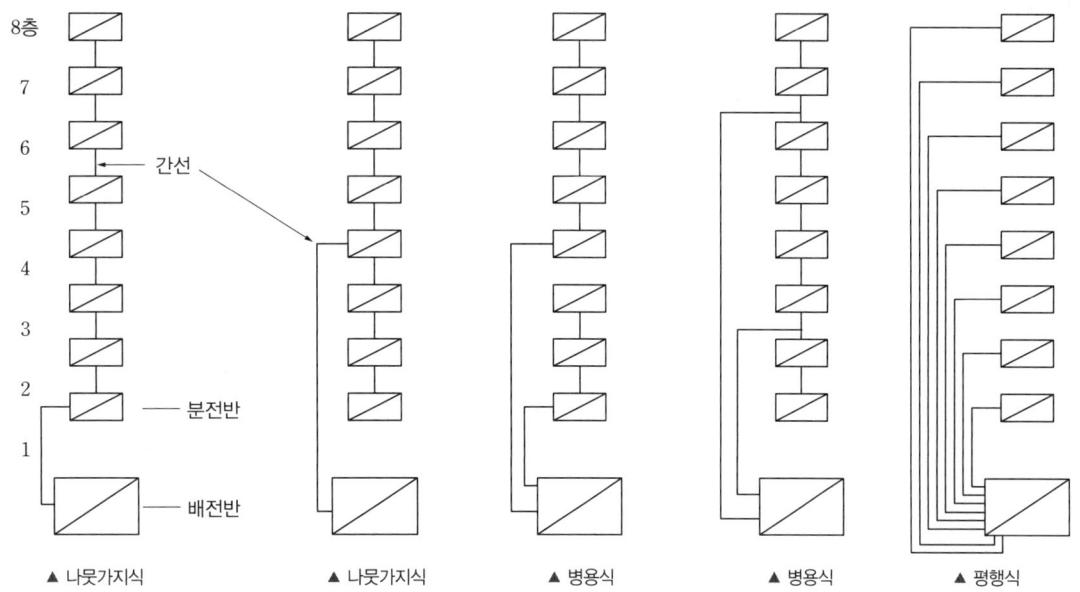

5. 전선의 굵기 결정

(1) 방법
분기 회로의 굵기는 전선의 허용전류, 기계적 강도, 전압강하 등을 고려하여 결정한다.

(2) 전선의 허용전류(안전전류)
회로의 전선에 전류가 흐르면 열이 발생한다. 이 열이 어느 한도 이상에 이르면 절연력이 약해진다. 그 한도의 전류용량은 전선의 굵기에 따라 정해지는데 이것이 전선의 허용전류이다.

(3) 전압강하
① 회로에 전류가 흐르면 공급전압이 전선의 저항에 의해서 떨어지는 현상이다.
② 전압강하가 크면 불필요한 전력의 손실과 전구와 전등이 규정의 빛을 내지 못하며, 분전반 부근과 회로의 말단에서 전압의 불균형이 생긴다.
③ 전압강하는 회로에 나쁜 영향을 미치게 되므로 보통 분기 회로의 전압강하를 2~3% 이하로 제한한다.
④ 간선의 전압강하는 2% 이내, 분기 회로의 전압강하는 2% 이내이다.

(4) 기계적 강도
배선공사 중 단선 등의 어려움이 있거나 특수한 경우를 제외하고는 직경이 1.6mm 이상인 연동선이나 동등 이상의 기계적 강도를 가지는 전선을 사용한다.

4 분전반과 분기회로

1. 분전반(Panel Board)

(1) 정의
분기 보안장치로 퓨즈류를 모아 놓은 장치로서, 배전반으로부터의 각 전선에서 필요로 하는 부하에 배선을 분기하는 개소에 설치한 것으로 배전반의 일종이다.

(2) 설치장소
① 가능한 한 부하의 중심에 가까이 설치한다.
② 조작이 편리하고 안전한 곳에 설치한다.
③ 고층건물은 가능한 한 파이프 샤프트 부근에 설치한다.
④ 가능한 한 각 층에 설치하고 그 분기회로 수는 20회선 정도(예비회로 포함 40회선)까지를 한도로 한다.
⑤ 전화용 단자함이나 소화전 박스와의 조화를 고려하여 배치한다.

(3) 설치 간격
분기회로의 길이가 30m 이하가 되도록 설치한다.

(4) 설치 내용
① 주 개폐기
② 분기 개폐기(나이프스위치, 서킷브레이커, 퓨즈)

(5) 분전반 공급면적
① 분전반 1개의 공급면적은 1,000m² 이하로 한다.
② 1개층 1개소 이상 설치한다.

2. 분기회로

(1) 정의
분기회로는 건물 내의 저압 옥내간선으로부터 분기하여 전등이나 콘센트 등의 전기기기에 이르는 저압 옥내전로와 분전반으로부터의 전선 등을 말한다.

(2) 설치목적
① 모든 전기기기를 안전하게 사용하도록 한다.
② 고장 시 신속하게 보수할 수 있다.
③ 고장 범위를 줄일 수 있다.

(3) 분기회로 설치 시 고려사항
① 건물의 평면계획과 구조를 고려하여 배선이 쉽도록 회로를 나눈다.
② 같은 실이나 같은 방향의 아웃렛은 가능하면 동일회로로 만들어 교차하지 않도록 한다.
③ 전등 및 아웃렛 회로, 콘센트 회로는 되도록 15A 분기회로로 하고, 특별히 용량이 큰 전기기기는 전용회로로 하여 용량에 따라 20A, 30A, 50A, 50A 초과 회로로 한다.
④ 복도, 계단 등은 될 수 있는 대로 동일회로로 한다.
⑤ 습기가 있는 장소의 아웃렛은 별도의 회로로 설치한다.
⑥ 3상 4선식 배선에서는 중성선 이외의 각 선의 부하가 같도록 분기회로의 부하를 균형 있게 한다.
⑦ 같은 스위치로 점멸되는 전등은 같은 회로로 한다.

5 배선공사

구분	시설의 가부(옥내)					
	노출장소		은폐장소			
			점검 가능		점검 불가능	
	건조한 장소	습기가 많은 장소 또는 물기가 있는 장소	건조한 장소	습기가 많은 장소 또는 물기가 있는 장소	건조한 장소	습기가 많은 장소 또는 물기가 있는 장소
애자 사용	○	○	○	○	×	×
금속관	○	○	○	○	○	○
합성수지관	○	○	○	○	○	○
가요전선관(2종)	○	○	○	○	○	○
금속몰드	○	×	○	×	×	×
플로어덕트	×	×	×	×	○	×
금속덕트	○	×	○	×	×	×
라이팅덕트	○	×	○	×	×	×
버스덕트	○	×	○	×	×	×

1. 애자 사용공사

클리트, 노브 등의 애자로 절연전선을 지지하여 배선하는 것으로, 전선 상호 간의 간격은 6cm 이상으로 한다.

2. 몰드공사

(1) 목재몰드공사
목재에 홈을 파서 홈에 절연전선을 넣고 뚜껑을 덮어 실시하는 공사이다.

(2) 금속몰드공사
① 폭 5cm 이하, 두께 0.5mm 이상의 철재 홈통의 바닥에 전선을 넣고 뚜껑을 덮은 것이다.
② 금속몰드공사에는 접속심이 없는 절연전선을 사용하고, 접속은 기계적, 전기적으로 완전히 접속되어야 한다.
③ 바닥과 벽에 많이 이용되나, 습기가 많은 곳에는 부적당하다.
④ 주로 철근콘크리트 건물에서 이미 설치된 금속관 배선에서 증설 배선하는 경우에 이용된다.

3. 금속관공사

(1) 특징
① 전선이 기계적으로 완전히 보호된다.
② 단락 사고, 접지 사고 등에 있어서 화재의 우려가 적다.
③ 접지 공사를 완전히 하면 감전의 우려가 없다.
④ 방습장치를 할 수 있으므로 전선을 내수적으로 시설할 수 있다.
⑤ 배관과 배선을 따로 시공하므로 건축 도중에 전선의 피복이 손상을 받지 않는다.
⑥ 전선 교체가 용이하다.

(2) 전선
① 금속관 배선에는 절연전선을 사용한다.
② 전선의 지름이 3.2mm(알루미늄 전선은 4.0mm)를 초과하는 경우에는 연선이어야 한다.
③ 금속관 내에서는 전선에 접속점을 만들어서는 안 된다.

4. 합성수지관공사

(1) 특징
① 누전의 우려가 없다.
② 내식성이다.
③ 접지가 불필요하다.
④ 중량이 가볍고 시공이 용이하다.
⑤ 기계적 강도가 약하다.
⑥ 파열될 염려가 있다.
⑦ 열에 약하다.

(2) 전선
① 합성수지관 배선에는 절연전선을 사용한다.
② 전선의 지름이 3.2mm(알루미늄 전선은 4.0mm)를 초과하는 경우에는 연선이어야 한다.
③ 합성수지관 내에서는 전선에 접속점을 만들어서는 안 된다.

(3) 시설장소의 제한
합성수지관 배선은 중량물의 압력 또는 심한 기계적 충격을 받는 장소에 시설하여서는 안 된다. 다만, 적당한 방호장치를 시설한 경우에는 그러하지 아니하다.

5. 가요전선관공사

건조하고 전개된 장소, 건조하고 점검할 수 있는 은폐장소로 작은 증설공사, 금속관공사의 어려운 벤딩 가공을 하는 부분이나 접속하는 박스, 기기 등이 다소 움직이거나 진동하는 장소로 전동기에 이르는 공사, 엘리베이터의 공사, 기차, 전차 안의 배선공사에 이용된다.

6. 덕트공사

(1) 금속덕트공사
① 금속관에 의한 간선의 개수가 많아져 경로의 단면적이 커지는 경우에 시설되는 공사이다.
② 덕트는 전선 시공상 극히 융통성이 있으며, 금속관공사보다 건물의 공간 점유면적이 작다.
③ 덕트 내에 세퍼레이터를 설치하면 강약전 회로 양쪽의 배선을 할 수 있다.
④ 금속관공사보다 증설 시 편리하다.
⑤ 많은 전선을 인출하는 간선공사, 미래에 증설이나 변경이 예정된 간선공사에 유리하다.

(2) 버스덕트공사
① 콤팩트하며 대용량의 배전을 할 수 있다.
② 간선 계통을 간소화할 수 있다.
③ 부설이 용이하며, 특히 알루미늄제는 경량으로 취급이 용이하다.
④ 보수 점검이 용이하다.

(3) 플로어덕트공사
① 옥내 건조한 콘크리트 바닥 내의 매설에 한하여 시설할 수 있다.
② 플로어덕트는 주로 빌딩의 일반 사무실 바닥에 설비된다. 최근 사무실에서는 고정된 칸막이를 사용하지 않고 간이 칸막이에 의하여 필요에 따라 실의 크기 및 책상의 배치를 변경하기 때문에 콘센트 및 전화의 아웃렛을 바닥면에 시설하기 보다는 플로어덕트로 설치한다.

> **참고** 전선관
> • 전선의 굵기는 안전전류, 기계적 강도, 전압강하의 조건에 의하여 결정된다.
> • 전선관 내에 전선을 4본 이상 삽입하여 공사를 할 경우에는 전선 단면적이 파이프 내 단면적(전선관 단면적)의 40% 이하가 되도록 파이프의 굵기를 결정한다.
> • 전선관 내에 배선할 수 있는 전선의 수는 10본 이하로 한다.

7. 배선기구

(1) 과전류보호기(자동차단기)
과전류가 흐르면 자동적으로 전로를 차단하는 것으로 퓨즈브레이커, 서킷브레이커 등이 있다.
① 퓨즈(Fuse): 과부하 또는 단락 시에 자동적으로 가용체(Fuse)를 녹여 회로를 차단한다.
② 배선용 차단기(MCCB): 전류가 흐를 때 자동적으로 회로를 끊어서 보호하는 것으로, 퓨즈와는 달리 그 자체에 아무런 손상을 입지 않고 다시 원상태로 복귀하여 재사용할 수 있으며 노퓨즈브레이커(NFB; No Fuse Breaker)라고도 한다.
③ 누전차단기(ELCB): 분전반에 설치하여 전로에 지락(누전)이 발생하였을 때, 이를 감지하여 자동으로 회로를 차단하는 장치이다.

(2) **개폐기**

옥내 배선에 있어 전로를 조작하거나 보수하기에 편리할 목적으로 각종 개폐기를 설치한다.

① 나이프스위치(Knife Switch)
  ㉠ 대리석, 베이클라이트, 사기 등의 절연대 위에 칼, 칼받이 및 퓨즈 등으로 구성되어 있는 개폐기로 커버가 없는 나이프스위치는 감전의 우려가 있다.
  ㉡ 배전반, 분전반에 이용된다.

② 컷아웃스위치(Cut-out Switch)
  ㉠ 스위치와 보안장치를 겸비한 소용량의 보안 개폐기이며 안전기 또는 두꺼비집, 베이비스위치라 부른다.
  ㉡ 감전을 다소 방지할 수 있도록 뚜껑이 있으며, 퓨즈를 이용한다.
  ㉢ 주택 등의 소용량에 이용되었지만, 요즘은 NFB로 대치되어 사용되고 있다.

(3) **점멸기**

① 로터리스위치(Rotary Switch)
  ㉠ 손잡이를 시계방향으로 회전시켜 점멸한다.   ㉡ 노출형으로 많이 이용된다.

② 텀블러스위치(Tumbler Switch)
  ㉠ 노출형, 매입형이 있으며, 상하 또는 좌우로 점멸한다.
  ㉡ 사무실, 아파트, 주택 등의 출입구 전등의 점멸장치로 가장 많이 이용된다.

③ 푸시버튼스위치(Push-button Switch)
  ㉠ 두 개의 버튼 중에서 하나를 누르면 켜지고 다른 하나를 누르면 꺼진다.
  ㉡ 대부분 매입형이다.

④ 풀스위치(Pull Switch): 천장 또는 높은 곳에 설치하여 내려뜨려진 끈을 잡아당겨 점멸한다.

⑤ 코드스위치(Cord Switch): 코드 중간에 접속하여 점멸하는 것이다.

⑥ 캐노피스위치(Canopy Switch): 전등 기구의 플랜지 내부에 끈을 설치하여 끈으로 점멸한다.

⑦ 3로 스위치: 3개의 단자를 구비한 전환용 용수철 스위치로서 복도의 양 끝, 계단의 상하 어느 곳에서도 전등을 점멸할 수 있도록 하는 스위치이다.

⑧ 타임스위치(Time Switch)
  ㉠ 일정한 시간 동안만 점등이 되도록 하는 데 이용된다.   ㉡ 아파트, 호텔 객실 등의 현관에 주로 설치한다.

⑨ 오토매틱스위치(Automatic Switch): 외부 조도 등에 따라 자동으로 점멸되는 스위치로, 옥외 가로등에 많이 이용된다.

⑩ 플로트 스위치(Float Switch)
  ㉠ 수위(水位)에 의한 부자(浮子)의 움직임에 따라 작동하는 스위치이다.
  ㉡ 옥상 물탱크의 수량을 조절하는 전동기 제어용으로 이용된다.

⑪ 마그네틱 스위치(Magnetic Switch)
  ㉠ 펌프의 부하에 따라 자력의 성질이 바뀌는 원리로 작동한다.
  ㉡ 펌프의 전동기 제어용으로 이용된다.

(4) **접속기**

① 콘센트
  ㉠ 전기기구의 플러그를 꽂을 수 있도록 되어 있는 것이다.
  ㉡ 매입형과 노출형이 있다.
  ㉢ 일반적으로 바닥 위 30cm 정도의 높이에 설치한다. 사무실의 경우 벽 길이 5m 정도마다 설치하며, 복도에는 청소용 등으로 20~30m마다 설치한다.

② 로제트: 옥내 배선과 코드를 접속할 때에 이용된다.
③ 코드커넥터: 코드와 코드의 연결을 위하여 사용한다.
④ 소켓, 분기소켓: 전구와 코드를 접속할 때에 이용된다.
⑤ 리셉터클: 옥내 배선에 백열전등을 연결할 때에 이용된다.

6 전동기

1. 전동기의 종류

구분		형식	
교류	유도전동기	단상	분상기동형, 콘덴서기동형, 반발기동형
		3상	농형 유도전동기, 권선형 유도전동기
	동기전동기		
	정류자전동기		
직류	직권전동기		
	분권전동기		
	복권전동기		

2. 전동기의 용도

(1) **목적**

대규모 건물에 설비되는 공조시설, 급배수시설, 엘리베이터, 에스컬레이터 등에 필요한 전력을 공급하기 위하여 사용한다.

(2) **유도전동기**

취급이 매우 간단하고 기계적으로도 견고하며 가격이 저렴하다.
① 분상기동형: 얕은 우물펌프나 세탁기용으로 사용한다.
② 반발기동형: 깊은 우물펌프용으로 사용한다.
③ 콘덴서기동형: 역률과 효율이 양호하여 많이 사용한다.
④ 농형 유도전동기: 견고하고 고장이 적으며, 가격이 저렴하다. 공장이나 빌딩 등의 동력설비로 가장 많이 이용된다.
⑤ 권선형 유도전동기: 큰 시동 토크나 속도제어가 필요한 곳에 이용된다.

(3) **동기전동기**

① 구조 및 취급이 복잡하며, 시동 및 정지가 빈번한 용도에는 부적합하다.
② 대형 공기압축기, 송풍기 등에 사용한다.

(4) **정류자전동기**

송풍기 및 방적용으로 사용한다.

(5) **직류용 전동기**

① 속도 조절이 간단하고, 고도의 제어가 요구되는 장소에 사용한다.
② 큰 시동 토크를 필요로 하는 엘리베이터, 전차 등에 사용한다.
③ 가격이 고가이다.
④ 전원이 교류이므로 교류를 직류로 바꾸는 장치(정류자)가 필요하다.

핵심 기출문제

PART 06 전기설비 I

KEYWORD 13 전기설비기초

01
19년 2회, 14년 4회, 12년 4회

100V, 500W의 전열기를 90V에서 사용할 경우 소비 전력은?

① 200W
② 310W
③ 405W
④ 420W

해설 |
$P = V \cdot I$ 에서

전류 $I = \dfrac{P}{V} = \dfrac{500}{100} = 5\text{A}$

옴의 법칙에 의해 전류는 전압에 비례하므로
$100(\text{V}) : 90(\text{V}) = 5(\text{A}) : x(\text{A})$
$x = 4.5\text{A}$
전압이 90V로 감소하면 전류도 4.5A로 감소한다.
∴ 소비전력(P) = 전압 × 전류 = 90V × 4.5A = 405W

정답 | ③

02
16년 1회

10[Ω]의 저항 10개를 직렬로 접속할 때의 합성 저항은 병렬로 접속할 때의 합성 저항의 몇 배가 되는가?

① 5배
② 10배
③ 50배
④ 100배

해설 |
직렬 시 총 저항
$R = R_1 + R_2 + R_3 + \cdots = 10 \times 10 = 100[\Omega]$

병렬 시 총 저항
$R = \dfrac{1}{\left(\dfrac{1}{R_1} + \dfrac{1}{R_2} + \dfrac{1}{R_3} + \cdots\right)} = \dfrac{1}{\left(\dfrac{1}{10} + \dfrac{1}{10} + \dfrac{1}{10} + \cdots\right)}$
$= \dfrac{1}{\dfrac{10}{10}} = 1[\Omega]$

∴ 직렬로 접속할 때의 합성 저항은 병렬로 접속할 때의 합성 저항의 100배가 된다.

정답 | ④

03
15년 1회, 12년 4회

변압기의 1차측 코일의 권수가 6,000, 2차측 코일의 권수가 200일 때 1차측 코일에 교류전압 3,000V인가 시 2차측 코일에 발생하는 교류전압 V는?

① 500
② 200
③ 100
④ 50

해설 |
변압기의 코일 권수와 전압에 관한 식
$\dfrac{N_1}{N_2} = \dfrac{V_1}{V_2}$ 에서

$\dfrac{6,000}{200} = \dfrac{3,000\text{V}}{x\text{V}}$

∴ $x = 100\text{V}$

정답 | ③

KEYWORD 14 강전설비

04
21년 1회, 19년 1회, 15년 2회

다음과 같은 공식을 통해 산출되는 값으로 전기설비가 어느 정도 유효하게 사용되는가를 나타내는 것은?

$$\dfrac{\text{부하의 평균전력}}{\text{최대 수용전력}} \times 100(\%)$$

① 부하율
② 보상률
③ 부등률
④ 수용률

해설 |
부하율: 전기설비가 어느 정도 유효하게 사용되고 있는가를 나타내는 척도이고, 어떤 기간 중에 최대 수용전력과 그 기간 중에 평균전력과의 비율을 백분율로 표시한 것이다.

부하율 = $\dfrac{\text{부하의 평균전력}}{\text{최대 수용전력}} \times 100(\%)$

정답 | ①

05
18년 1회, 16년 1회

전기설비의 전압 구분에서 고압의 범위 기준으로 옳은 것은?(단, 교류의 경우)

① 300V 이상
② 600V 이상
③ 1,000V 초과 7,000V 이하
④ 750V 초과 7,000V 이하

해설 |
교류의 경우 고압의 기준은 1,000V 초과 7,000V 이하이다.

관련이론
전압의 구분

구분	직류	교류
저압	1,500V 이하	1,000V 이하
고압	1,500V 초과 7,000V 이하	1,000V 초과 7,000V 이하
특고압	7,000V 초과	7,000V 초과

정답 | ③

06
21년 1회, 17년 1회, 14년 4회

변전실에 관한 설명으로 옳지 않은 것은?

① 부하의 중심에 설치한다.
② 외부로부터 전력의 수전이 용이해야 한다.
③ 발전기실과 가능한 한 거리를 두고 설치한다.
④ 간선의 배선과 점검·유지보수가 용이한 장소에 설치한다.

해설 |
변전실은 발전기실과 가능한 한 가까운 곳이 좋다.

정답 | ③

07
20년 3회, 17년 4회

알칼리 축전지에 관한 설명으로 옳지 않은 것은?

① 고율방전특성이 좋다.
② 공칭전압은 2[V/셀]이다.
③ 기대수명이 10년 이상이다.
④ 부식성의 가스가 발생하지 않는다.

해설 |
알칼리 축전지의 공칭전압은 1.2[V/cell]이고, 연축전지 공칭전압은 2.0[V/cell]이다.

정답 | ②

08
17년 2회

3상 대칭성형(Y) 결선에서 상전압이 220V일 때 선간전압은 얼마인가?

① 110V
② 220V
③ 380V
④ 440V

해설 |
$V_{ab} = \sqrt{3}E = \sqrt{3} \times 220 ≒ 380V$
여기서, E: 상전압, V_{ab}: 선간전압

정답 | ③

09
21년 1회, 18년 4회

다음과 같은 특징을 갖는 간선 배선방식은?

- 사고 발생 때 타부하에 파급효과를 최소한으로 억제할 수 있어 다른 부하에 영향을 미치지 않는다.
- 경제적이지 못하다.

① 평행식
② 나뭇가지식
③ 네트워크식
④ 나뭇가지 평행 병용식

해설 |
평행식(개별식): 각 분전반 마다 배전반으로부터 단독으로 배선되어 있으므로 전압강하가 적고, 사고가 발생하여도 그 범위를 좁힐 수 있는 것이 특징이다. 배선비가 많아지므로 설비비는 많이 드는 편이다.

정답 | ①

10
19년 2회

다음의 저압 옥내배선방법 중 노출되고 습기가 많은 장소에 시설이 가능한 것은?(단, 400V 미만인 경우)

① 금속관 배선
② 금속몰드 배선
③ 금속덕트 배선
④ 플로어덕트 배선

해설
400V 미만인 경우 저압 옥내배선방법 중 노출되고 습기가 많은 장소에 시설이 가능한 것은 금속관공사이다.

정답 | ①

11
20년 1·2회, 13년 1회

전기설비에서 다음과 같이 정의되는 장치는?

> 지락전류를 영상변류기로 검출하는 전류 동작형으로 지락전류가 미리 정해 놓은 값을 초과할 경우, 설정된 시간 내에 회로나 회로의 일부의 전원을 자동으로 차단하는 장치

① 퓨즈
② 누전차단기
③ 단로스위치
④ 절환스위치

해설
누전차단기는 교류 600V 이하의 저압선로에 감전, 화재 및 기계·기구의 손상 등을 방지하기 위해 설치하는 것으로 감전과 누전화재를 피하고 전기설비 및 전기기기의 보호를 위한 용도로 사용한다. 누전차단기의 내부는 누전검출부, 영상변류기, 차단부로 이루어지며 누설전류를 감지하는 것은 영상 변류기와 누전검출부이다.

정답 | ②

12
21년 1회, 18년 2회

경질비닐관 공사에 관한 설명으로 옳은 것은?

① 절연성과 내식성이 강하다.
② 자성체이며 금속관보다 시공이 어렵다.
③ 온도 변화에 따라 기계적 강도가 변하지 않는다.
④ 부식성 가스가 발생하는 곳에는 사용할 수 없다.

해설
경질비닐관 공사는 절연성과 내식성이 강하다.

선지분석
② 절연체이며 금속관보다 시공이 쉽다.
③ 온도 변화에 따라 기계적 강도가 변한다.
④ 부식성 가스가 발생하는 곳에는 사용할 수 있다.

정답 | ①

13
16년 4회, 13년 1회

비상콘센트설비에 관한 설명으로 옳지 않은 것은?

① 층수가 6층 이상인 특정소방대상물의 전층에 설치하여야 한다.
② 전원회로는 각 층에 있어서 2 이상이 되도록 설치하는 것을 원칙으로 한다.
③ 비상콘센트는 바닥으로부터 높이 0.8m 이상 1.5m 이하의 위치에 설치한다.
④ 소방시설 중 화재를 진압하거나 인명 구조활동을 위하여 사용하는 소화 활동설비에 속한다.

해설
층수가 11층 이상인 특정소방대상물의 경우 11층 이상의 층에 설치하여야 한다.

정답 | ①

PART 07 전기설비 II

KEYWORD 15, 16

KEYWORD 15 약전 및 방재설비 ★

1 인터폰설비와 안테나설비

1. 인터폰설비
구내 상호간 통화하는 구내 전용 전화로 전화기형과 확성형(마이크로폰+스피커)이 있다.

(1) 통화방식에 의한 분류
① 상호식: 상호 간에 상대를 호출·통화할 수 있는 방식이다.(10회선 이내가 적당하다.)
② 모자식(친자식): 한 대의 모기(母機)에 여러 대의 자기(子機)를 접속한 방식이다.
③ 복합식: 상호식과 모자식을 복합한 방식이다.

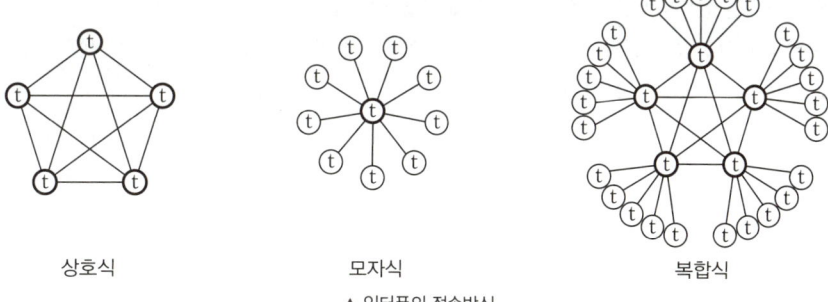

▲ 인터폰의 접속방식

(2) 작동원리에 의한 분류
① 프레스토크(Press Talk)방식: 말할 때에는 통화 버튼을 누르고, 들을 때에는 버튼을 놓는 방식이다.
② 도어폰(Door Phone): 전화기와 같은 방식으로 통화하는 방식이다.

(3) 시공
① 설치 높이는 바닥에서부터 1.5m 정도로 한다.
② 전원장치는 보수가 용이하고 안전한 장소에 시설한다.
③ 전화배선과는 별도 계통으로 한다.

2. 안테나설비

(1) 시공 시 주의사항
① 안테나는 풍속 40m/s 정도에 견디도록 고정시킨다.
② 피뢰침 보호각 내에 들어가도록 설치한다.
③ 강전류로부터 3m 이상 띄어서 설치한다.
④ 정합기(整合器)는 바닥에서 30cm 높이에 설치한다.
⑤ 아파트, 사무실, 병원 등의 건물은 공용 안테나를 설치하여야 한다.

(2) 구성

정합기, 분배기, 증폭기

2 접지와 피뢰설비

1. 접지공사

(1) 목적

전기 누설에 의한 화재 및 감전의 피해를 줄이고자 접지공사를 실시한다.

(2) 접지 시스템의 종류

① 계통 접지: 전력계통의 한 전선로를 의도적으로 접지하는 것이다.
  ㉠ 낙뢰 또는 기타 서지(Surge)에 의하여 전선로에 발생할 수 있는 과전압을 억제한다.
  ㉡ 정상운전 시 발생하는 전력계통의 최대 대지전압을 억제한다.
  ㉢ 지락사고 발생 시 사고전류를 원활히 흐르게 하여 과전류 보호장치를 신속 정확하게 동작시킴으로써 전기설비의 손상을 예방한다.
② 보호 접지: 누전 시 사람과 전기설비기기의 안전을 확보하기 위한 접지로 외함 접지라고도 한다.
  ㉠ 인체에 가해지는 전기충격을 감소시켜 감전사고를 예방한다.
  ㉡ 지락사고 시 사고전류를 원활히 흐르게 하여 사고전류에 의한 과열 및 아크를 억제함으로써 화재나 폭발을 방지하고 과전류 보호장치를 신속히 동작시킨다.
③ 피뢰시스템 접지

(3) 계통 접지방식

① TN 계통 접지: TN-S, TN-C, TN-C-S
② TT 계통 접지
③ IT 계통 접지
④ TN/TT 계통 접지

2. 피뢰설비(避雷設備)

(1) 목적

보호하고자 하는 대상물에 접근하는 낙뢰(落雷)를 확실하게 피뢰도선을 통해 대지에 흐르게 함으로써 건축물의 파괴 또는 화재 발생을 사전에 방지하기 위하여 설치한다.

(2) 설치대상물

① 법적 설치대상물
  ㉠ 높이가 20m 이상인 건축물이나 공작물
  ㉡ 소방관계법에서 정하는 위험물 제조소, 옥외탱크 저장소
  ㉢ 총포·도검·화약류 등의 안전관리에 관한 법률에 규정한 화약류 저장소
② 임의 설치대상물
  ㉠ 낙뢰의 가능성이 많은 대상물
  ㉡ 낙뢰의 피해가 큰 건축물

(3) 보호각

보통 일반 건물은 60°이고, 위험물은 45°이다.

(4) 피뢰설비의 4등급

① 보통 보호: 일반적으로 많이 사용하고 있는 피뢰 보호 방식으로 돌침으로만 건축물 전체를 보호하는 방식이다. 증강 보호가 바람직하고 철근콘크리트 건축물로서 옥상에 난간이 있는 경우에는 보통 보호로 충분하다.

② 증강 보호: 건축물이 60° 이내의 보호각 내에 있을지라도 낙뢰한 사례가 있어서 60° 보호각으로는 충분한 보호 효과를 기대할 수 없는 경우에 건축물 윗면의 모서리 부분, 뾰족한 부분의 위쪽에 수평 도체식 피뢰설비를 보강하면 전체 보호 능력이 향상된다.

③ 완전 보호: 높은 산 위에 있는 관측소, 건물, 매점, 휴게소, 골프장 등에 시설하여야 하며 어떠한 뇌격에 대해서도 뇌해가 가장 적은 방식이다. 케이지방식, 이온방사형 피뢰방식이 이에 해당한다.

④ 간이 보호: 보통 보호보다 간단하며, 특히 뇌해가 많은 지방의 높이 20m 이하의 건물에서 자주적인 피뢰설비로 시설할 때 이용한다.

(5) 피뢰침 설치규정

① 피뢰설비는 한국산업표준이 정하는 피뢰레벨 등급에 적합한 피뢰설비이어야 한다. 다만, 위험물저장 및 처리시설에 설치하는 피뢰설비는 한국산업표준이 정하는 피뢰시스템레벨 Ⅱ 이상이어야 한다.

② 돌침은 건축물의 맨 윗부분으로부터 25cm 이상 돌출시켜 설치하되, 건축물의 구조기준 등에 관한 규칙 제9조에 따른 설계하중에 견딜 수 있는 구조이어야 한다.

③ 피뢰설비의 재료는 최소 단면적이 피복이 없는 동선을 기준으로 수뢰부, 인하도선 및 접지극은 $50mm^2$ 이상이거나 이와 동등 이상의 성능을 갖추어야 한다.

④ 피뢰설비의 인하도선을 대신하여 철골조의 철골구조물과 철근콘크리트조의 철근구조체 등을 사용하는 경우에는 전기적 연속성이 보장되어야 한다. 이 경우 전기적 연속성이 있다고 판단되기 위하여는 건축물 금속 구조체의 최상단부와 지표레벨 사이의 전기저항이 0.2Ω 이하이어야 한다.

⑤ 측면 낙뢰를 방지하기 위하여 높이가 60m를 초과하는 건축물 등에는 지면에서 건축물 높이의 5분의 4가 되는 지점부터 최상단 부분까지의 측면에 수뢰부를 설치하여야 하며, 지표레벨에서 최상단부의 높이가 150m를 초과하는 건축물은 120m 지점부터 최상단 부분까지의 측면에 수뢰부를 설치하여야 한다. 다만, 건축물의 외벽이 금속부재(部材)로 마감되고, 금속부재 상호 간에 ④의 후단에 적합한 전기적 연속성이 보장되며 피뢰시스템레벨 등급에 적합하게 설치하여 인하도선에 연결한 경우에는 측면 수뢰부가 설치된 것으로 본다.

⑥ 접지(接地)는 환경오염을 일으킬 수 있는 시공방법이나 화학첨가물 등을 사용하지 아니하여야 한다.

⑦ 급수, 급탕, 난방, 가스 등을 공급하기 위하여 건축물에 설치하는 금속배관 및 금속재 설비는 전위(電位)가 균등하게 이루어지도록 전기적으로 접속해야 한다.

⑧ 전기설비의 접지계통과 건축물의 피뢰설비 및 통신설비 등의 접지극을 공용하는 통합접지공사를 하는 경우에는 낙뢰 등으로 인한 과전압으로부터 전기설비 등을 보호하기 위하여 한국산업표준에 적합한 서지보호장치를 설치하여야 한다.

⑨ 그 밖에 피뢰설비와 관련된 사항은 한국산업표준에 적합하게 설치하여야 한다.

3. 항공장애등 설비

① 야간에 비행하는 항공기에 대하여 항공에 장애가 되는 물건의 존재를 시각으로 인식시키기 위한 것이다.

② 지표면 또는 수면으로부터 60m 이상 높이의 건축물이나 공작물 등에 설치한다.

③ 고광도·중광도·저광도 항공장애등이 있다.

KEYWORD 16 조명설비 ★★

1 조명설비 기초

1. 용어와 단위

① 광속(F): 1초 동안에 어떤 면을 통과하는 빛의 양으로, 단위는 lm(lumen, 루멘)이다.
② 광도(I): 광원에서 나오는 빛의 세기로, 단위는 cd(candela, 칸델라)이다.
③ 휘도(B): 물체 표면의 밝기로, 단위는 nit(cd/m^2)이다.
④ 조도(E): 단위면적당 입사광속으로, 단위는 lx(lux, 룩스)이다.
⑤ 광속발산도: 단위면적당 발산광속으로 단위는 rlx(radlux)이다.
⑥ 연색성: 광원이 색을 충실하게 나타내고 있는가의 척도를 광원의 연색성이라고 하고, 이는 평균 연색평가수로 나타낸다.

> **참고** 각종 광원의 연색평가수
>
> | 광원의 종류 | 평균 연색평가 수 |
> |---|---|
> | 백열전구 | 100 |
> | 할로겐전구 | 100 |
> | 형광램프 주광색(D) | 76~77 |
> | 형광램프 백색(W) | 62~65 |
> | 형광램프 자연색(D-DSL) | 94~96 |
> | 형광램프 3파장 형광램프(EX) | 84 |
> | 메탈할라이드램프(M) | 70 |
> | 고압수은램프(HF-XW) | 45~46 |
> | 고압나트륨램프(NH) | 27 |

2. 광원(光源)의 종류

전력을 빛으로 바꾸는 기구로서 발광원리에 의하여 구분되며, 전등 조명에 있어서는 그 종류 및 용도에 따라 가장 적절한 광원을 사용하여야 한다.

(1) **백열전등**
① 휘도가 높고 연색성이 가장 좋다.
② 눈부심이 강하다.
③ 발광효율이 낮고 열을 많이 발산한다.
④ 점등이 빠르다.
⑤ 백열등의 광색은 온도가 높을수록 주광색에 가깝다.
⑥ 수명은 1,000시간 정도이다.
⑦ 일반 조명용으로 사용된다.

(2) **형광등**
① 원리: 방전관 내에 수은 및 아르곤가스를 봉입하고 관의 내면에 형광물질을 균일하게 도포하여 전극을 방전시킬 때 형광빛을 발산한다.
② 특징
　㉠ 발광효율이 높고, 연색성이 좋다.
　㉡ 휘도가 낮아 눈부심이 없다.
　㉢ 수명이 길다.(약 7,500~10,000시간)
　㉣ 주위온도의 영향을 많이 받는다.
　㉤ 기동에 시간이 걸린다.(점등이 늦다.)
　㉥ 임의의 광색을 얻을 수 있다.
　㉦ 옥내·외 전반, 국부조명, 간접조명의 용도로 사무실 및 공장 등에 가장 널리 사용된다.

(3) 수은등
① 정의: 유리관 내에 봉입된 수은 증기 중의 방전을 이용한 것으로, 수은 증기압력에 따라 저압·고압·초고압 수은등의 3종류로 나누어진다.
② 가스압에 따른 분류
　㉠ 저압 수은등: 살균용으로 사용한다.
　㉡ 고압 수은등: 도로, 공원, 광장, 큰 공장의 조명에 사용한다.
　㉢ 초고압 수은등: 영화 촬영, 영사 등에 사용한다.
③ 특징
　㉠ 점등이 가장 늦다.
　㉡ 수명이 길다.(약 6,000~12,000시간)
　㉢ 수은 증기압이 높을수록 발광효율이 좋다.
　㉣ 휘도가 높고, 연색성은 나쁘다.

(4) 메탈할라이드램프
① 수은등과 비슷한 원리로 조명 효율이 수은등에 비하여 좋다.
② 색상은 자연색과 유사하며 연색성이 수은등에 비하여 좋다.
③ 경기장, 은행, 백화점 등 수은등의 용도와 같다.

(5) 나트륨등
① 발광효율성이 가장 좋다.
② 연색성이 나쁘다.
③ 수명은 9,000~12,000시간 정도이다.
④ 가로등, 터널조명, 정원 및 주위 표시등에 사용된다.

(6) 네온사인
① 다양한 광색을 얻을 수 있다.
② 색채가 선명하여 유효 가시거리가 크다.
③ 설비비가 비싸다.
④ 상업 광고용으로 사용된다.

> **참고** LED(Light Emitting Diode)조명
> • 정의: 화합물 반도체인 LED에 전압이 흐르면 이를 빛으로 전환하여 나오는 조명을 말한다.
> • 특징
> 　－소비전력이 작다.
> 　－수명이 길고, 친환경적이다.
> 　－다양한 색상을 만들 수 있다.
> 　－가격이 일반 조명등에 비하여 높다.

(7) 각종 광원의 성능

구분	백열전구	형광등	(고압)수은등	메탈할라이드등	(고압)나트륨등
크기(W)	2~2,000	6~110	40~1,000	200~1,500	20~400
효율	좋지 않음	비교적 양호	비교적 양호	양호	매우 양호
수명 (시간)	짧음 (1,500~7,500)	비교적 긺 (7,500~10,000)	긺 (6,000~12,000)	비교적 긺 (6,000~9,000)	긺 (9,000~12,000)
연색성	매우 좋음 (붉은색이 많음)	비교적 좋음	그다지 좋지 않음	좋음	좋지 않음
특징	• 비교적 좁은 장소의 전반조명 • 엑센트조명 • 빛은 집광성 • 가격이 저렴 • 즉시 점등 • 광원의 휘도가 높음 • 광원의 표면온도가 높고 발생열도 높음	• 옥내·외 전반조명, 국부조명 • 고효율, 긴 수명 • 빛은 확산성 • 광원의 휘도가 낮음 • 점등에 시간이 걸림 • 광색, 연색성의 종류가 풍부 • 가격이 저렴	• 천장이 높은 옥내·외 조명 • 공장, 도로 조명에 적합 • 수명이 긺 • 느린 점등 (5~10분) • 비교적 저가	• 고효율과 고연색성을 겸비 • 연색성이 좋아 경기장, 은행, 백화점 등 고연색성이 요구되는 곳에 적당 • 느린 점등 (5~10분)	• 높은 발광효율 • 광의 특성 때문에 도로조명, 터널조명에 적합

※ 발광효율이 좋은 순서: 나트륨등＞메탈할라이드등＞형광등＞수은등＞백열전구
※ 연색성이 좋은 순서: 백열전구＞주광색 형광등＞메탈할라이드등＞형광등＞수은등＞나트륨등

2 조명방식과 조명설계

1. 조명방식

(1) 조명기구의 배치에 의한 분류

① 전반조명
  ㉠ 작업면 전반에 실내의 조도가 균일하게 되도록 조명기구를 일정하게 분산 배치하는 방식이다.
  ㉡ 광원이 일정한 높이와 간격으로 배치된다.
  ㉢ 명시조명을 요하는 사무실, 학교, 공장 등에 사용된다.
② 국부조명
  ㉠ 작업면의 국부적인 장소에만 높은 조도가 필요할 때 쓰이는 방식이다.
  ㉡ 특정한 장소에 조명기구를 밀집해서 설치하거나 또는 스탠드 등을 사용한다.
  ㉢ 밝고 어두움의 차이가 크기 때문에 눈이 피로하기 쉬운 결점이 있다.
  ㉣ 주로 정밀공장의 기계 부분, 전시장, 조립공장 등에 사용된다.
③ 전반·국부 병용 조명
  ㉠ 전반조명하에서 특정한 장소에는 국부조명을 하는 방식이다.
  ㉡ 조도의 변화를 적게 하여 명시효과를 높이기 위한 것이다.
  ㉢ 정밀한 작업을 요하는 곳에 사용된다.
  ㉣ 정밀공장, 수술실, 실험실, 조립 및 가공공장 등에 주로 사용된다.

(2) **조명기구의 배광(配光)에 의한 분류**
   ① 직접조명
      ㉠ 간단하고 적은 전력으로 높은 조도를 얻을 수 있다.
      ㉡ 조명능률이 좋으나 조도 차이가 심하다.
   ② 간접조명
      ㉠ 그늘이 적고, 차분하고 균일한 조도와 안정된 분위기를 얻을 수 있다.
      ㉡ 비경제적이며 입체감이 약하다.
      ㉢ 눈부심이 적으나, 효율이 낮다.

2. 건축화 조명
조명기구로서의 형태를 취하지 않고 건물의 내부와 일체로 하여 조합시키는 형식으로서, 특별한 조명기구를 사용하지 않고 천장, 벽, 기둥 등의 건축 부분에 광원을 만들어 실내를 조명하는 방식이다.

(1) **다운라이트**
   ① 천장에 작은 구멍을 뚫어 그 속에 기구를 매입한 것으로, 매입기구는 설계자의 의도로서 여러 가지의 것이 사용된다.
   ② 개구부가 극히 적은 것을 핀홀라이트, 천장면에 반원구의 구멍을 뚫고 기구를 설치한 것을 코퍼라이트라 한다.

(2) **광천장조명**
   건축구조상 천장에 기구를 설치하여 그 밑에 루버와 확산투과 플라스틱판을 천장마감으로 설치한 방식으로, 천장 전면을 낮은 휘도로 빛나게 하는 방법이다.

(3) **코브라이트**
   광원은 눈가림판 등으로 가리고 빛을 천장에 반사시켜 간접조명하는 방법이다.

(4) **벽면조명**
   코니스라이트, 밸런스라이트 등이 있다.

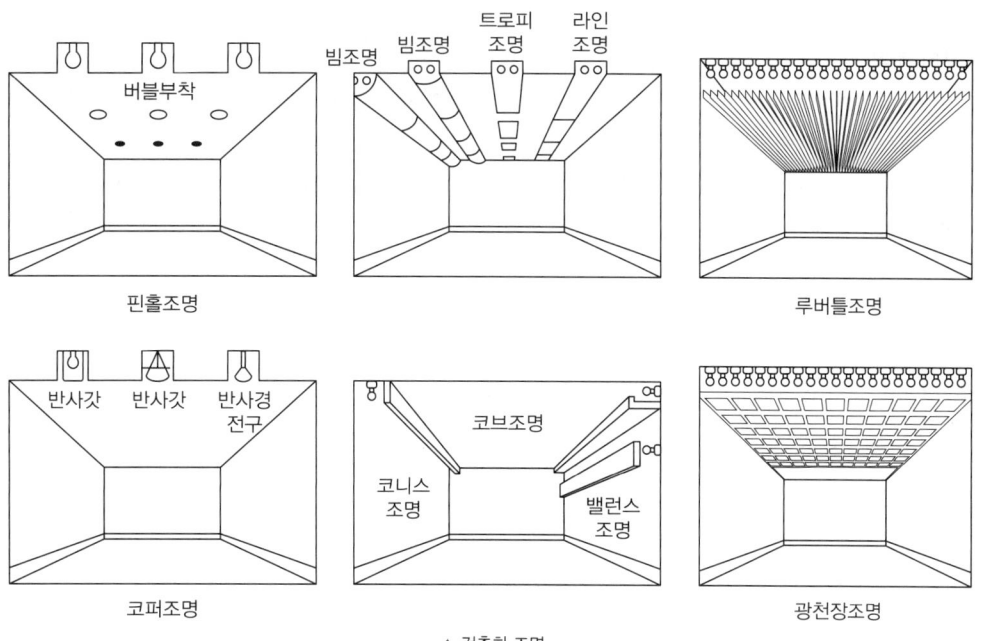

▲ 건축화 조명

3. 조명설계

(1) 설계순서
① 소요 조도의 결정
② 광원의 선정
③ 조명방식의 선정
④ 조명기구의 선정
⑤ 조명 계산에 의한 기구 수의 산출
⑥ 기구의 배열 및 배치의 결정
⑦ 점멸방식의 선정 및 배치
⑧ 조명 요건의 확인, 점검
⑨ 콘센트 배치
⑩ 배선설계

(2) 광속법에 의한 조도 계산
① 광속, 조도, 광원 수 계산: 조도, 전등의 종류 및 조명기구의 형식이 결정된 후 그 실내에 필요한 총 광속을 광속법에 따라 결정한다.

- 소요램프 수: $N = \dfrac{E \times A}{F \times U \times M}$ [개]
- 소요광속: $N \times F = \dfrac{E \times A}{M \times U} = \dfrac{E \times A \times D}{U}$ [lm]
- 소요평균조도: $E = \dfrac{N \times F \times U \times M}{A}$ [lx]

N: 램프의 개수, F: 램프 1개당 광속(lm)
E: 평균수평면조도(lx)
A: 실면적(m²), D: 감광보상률
U: 조명률, M: 보수율(유지율)
※ 감광보상률과 유지율의 관계: $D \times M = 1$

② 실지수(방지수) 계산: 큰 방은 바닥면에 비하여 빛을 흡수하는 벽면이 작으므로 작은 방보다 효율이 높다. 또한 천장의 높이도 같은 이유로 작은 쪽의 효율이 좋게 된다. 이와 같이 방의 크기와 모양, 광원의 위치에 의하여 결정되는 계수를 실지수(방지수, Room Index)라 한다.

$$K = \dfrac{X \cdot Y}{H(X \cdot Y)}$$

K: 실지수, H: 작업면에서 광원까지의 높이(m)
X: 방의 가로(m), Y: 방의 세로(m)

(3) 조명기구의 배치
① 광원의 높이: 광원의 높이가 너무 높으면 조명률이 나빠지고, 너무 낮으면 조도의 분포가 불균일하게 된다.
② 등 기구 배치 간격 및 벽과의 거리
  ㉠ 계산으로 구한 조명의 수를 적절히 배치하여 실내 전체에 명도 차가 없도록 기구를 배치한다.
  ㉡ 일반적으로 기구의 간격 S, 작업면에서 광원까지의 높이 H와의 관계는 다음과 같다.

$$S \leq 1.5H$$

  ㉢ 벽과 가장 가까운 기구와의 거리(S_0)는 다음과 같다.

- 벽 가까이에서 작업을 하지 않는 경우: $S_0 \leq H/2$
- 벽 가까이에서 작업하는 경우: $S_0 \leq H/3$

  ㉣ 벽 가까이에 있는 기구로부터 벽까지의 거리 S_0와 기구까지의 거리 S와의 관계는 $S_0 \leq S/2$가 되도록 한다.

핵심 기출문제

PART 07 전기설비 II

KEYWORD 15 약전 및 방재설비

01
17년 2회

인터폰설비의 통화 망 구성 방식에 속하지 않는 것은?

① 모자식　　② 상호식
③ 복합식　　④ 프레스토크식

해설
인터폰설비의 통화 망 구성 방식에는 모자식, 상호식, 복합식이 있다.

정답 | ④

02
19년 1회, 15년 2회, 12년 1회

다음 중 그 값이 클수록 안전한 것은?

① 접지저항　　② 도체저항
③ 접촉저항　　④ 절연저항

해설
절연은 전기에 의한 감전 또는 기계적 사고의 발생을 방지하고자 도체 사이에 전기가 통하지 못하게 하는 것을 말한다. 저항이 클수록 흐르는 전류의 크기가 작아지므로 절연저항이 클수록 안전한 것이다.

정답 | ④

03
17년 4회

다음 중 약전설비에 속하는 것은?

① 변전설비　　② 전화설비
③ 축전지설비　　④ 자가발전설비

해설
전화설비는 약전설비에 해당한다.

관련이론
약전설비의 종류: 전화설비, 주차관제설비, 방재설비, 감시제어설비, 인터폰설비, 음성통신설비, 구내방송설비, 무선통신설비, 구내통신설비, TV공청설비, 영상통신설비, 영상회의설비, 시간정보설비, 전기시계설비, 데이터통신설비, 원격검침설비 등

정답 | ②

04
18년 2회, 14년 1회

피뢰시스템에 관한 설명으로 옳지 않은 것은?

① 피뢰시스템은 보호 성능 정도에 따라 등급을 구분한다.
② 피뢰시스템의 등급은 Ⅰ, Ⅱ, Ⅲ의 3등급으로 구분된다.
③ 수뢰부 시스템은 보호 범위 산정방식(보호각, 회전구체법, 메시법)에 따라 설치한다.
④ 피 보호 건축물에 적용하는 피뢰시스템의 등급 및 보호에 관한 사항은 한국산업표준의 낙뢰 리스트평가에 의한다.

해설
피뢰시스템의 등급은 Ⅰ, Ⅱ, Ⅲ, Ⅳ의 4개 등급으로 구분하며 Ⅰ등급은 지상에서 20m, Ⅱ등급은 30m, Ⅲ등급은 45m, Ⅳ등급은 60m이다.

정답 | ②

KEYWORD 16 조명설비

05
19년 1회

간접조명기구에 관한 설명으로 옳지 않은 것은?

① 직사 눈부심이 없다.
② 매우 넓은 면적이 광원으로 서의 역할을 한다.
③ 일반적으로 발산 광속 중 상향광속이 90~100[%] 정도이다.
④ 천장, 벽면 등은 빛이 잘 흡수되는 색과 재료를 사용하여야 한다.

해설
간접조명은 천장, 벽 등에 의해 반사되는 빛을 이용하므로 반사되는 색과 재료를 사용하여야 한다.

정답 | ④

06
16년 1회, 13년 2회

건축화 조명 중 천장 전면에 광원 또는 조명기구를 배치하고, 발광면을 확산투과성 플라스틱 판이나 루버 등으로 전면을 가리는 조명방법은?

① 밸런스 조명
② 광천장 조명
③ 코니스 조명
④ 다운라이트 조명

해설
광천장 조명: 건축구조상 천장에 기구를 설치하고 그 밑에 루버와 확산투과 플라스틱판을 천장마감으로 설치한 방식으로, 천장 전면을 낮은 휘도로 빛나게 하는 방법이다.

정답 | ②

07
18년 4회

조명기구를 사용하는 도중에 광원의 능률 저하나 기구의 오염, 손상 등으로 조도가 점차 저하되는데, 인공조명 설계 시 이를 고려하여 반영하는 계수는?

① 광도
② 조명률
③ 실지수
④ 감광 보상률

해설
감광 보상률은 조명기구의 조도 저하를 고려하여 광원을 교환하거나 기구를 청소할 때까지 필요한 조도를 유지할 수 있도록 여유를 두는 비율이다.

정답 | ④

08
21년 1회, 16년 1회, 13년 1회, 12년 4회

바닥면적이 $50m^2$인 사무실이 있다. 32W 형광등 20개를 균등하게 배치할 때 사무실의 평균 조도는?(단, 형광등 1개의 광속은 3,300lm, 조명률은 0.5, 보수율은 0.76이다.)

① 약 350lx
② 약 400lx
③ 약 450lx
④ 약 500lx

해설
조도 $E = \dfrac{N \cdot F \cdot U \cdot M}{A}$
$= \dfrac{20개 \times 3,300lm \times 0.5 \times 0.76}{50m^2} = 501.6lx$

여기서, N: 조명 수, F: 광속, U: 조명률, M: 보수율, A: 면적

정답 | ④

09
21년 2회, 20년 3회, 17년 1회, 16년 4회, 14년 4회

어느 점광원에서 1m 떨어진 곳의 직각면 조도가 200lx일 때 이 광원에서 2m 떨어진 곳의 직각면 조도는?

① 25lx
② 50lx
③ 100lx
④ 200lx

해설
거리의 역 제곱의 법칙 $E = \dfrac{I}{d^2}$에서
조도(E)는 광도(I)에 비례하고, 거리(d)의 제곱에 반비례하므로 거리가 2배가 되면 조도는 200lx의 4분의 1인 50lx가 된다.

정답 | ②

PART 08 승강설비

KEYWORD 17, 18

KEYWORD 17 엘리베이터설비 ★★

1 엘리베이터

1. 엘리베이터의 분류

(1) 용도에 의한 분류
① 승용 엘리베이터
② 화물용 엘리베이터
③ 승화 겸용 엘리베이터
④ 침대용 엘리베이터
⑤ 자동차용 엘리베이터
⑥ 전동 덤웨이터(Dumbwaiter, 부엌용 리프트)

(2) 속도에 의한 분류

구분	속도(m/min)	구동방식
저속	15, 20, 30, 45	교류 1단, 교류 2단
중속	60, 70, 90, 105	교류 2단, 직류 기어
고속	120, 150, 180, 210, 240, 300	직류 기어리스

(3) 구동방식에 의한 분류

① 교류 엘리베이터 제어
   ㉠ 교류 1단 속도: 가장 간단한 제어방식이나 착층(着層) 오차가 커서 최고 30m/min 정도 이하에서만 적용이 가능하다.
   ㉡ 교류 2단 속도: 2단 속도 모터를 이용하여 감속과 착층을 저속권선으로 하고 기동과 주행을 고속권선으로 하여 카를 제어한다. 중규모 이하 건물에서 사용하고, 간단한 속도 조절이 가능하다.
   ㉢ 교류 귀환 제어: 2단 속도 제어방식에 비하여 승차감 및 착층 정밀도가 대폭 개선되었고 착층시간도 짧아졌다.
   ㉣ VVVF(3VF 제어, 가변전압 가변주파수 제어)
     • 인버터 제어라고도 불리며, 유도전동기에 가해지는 전압과 주파수를 동시에 변환시켜 직류전동기와 동등한 제어성능을 가지도록 하는 방식이다.
     • DC영역인 초고속 엘리베이터까지 적용이 가능하며, 유도전동기의 특성상 직류전동기보다 유지보수가 용이하고 소비전력이 절감된다.
     • 귀환 제어방식에 비하여 승차감 외에 소비전력 및 전원설비용량도 약 50% 정도로 줄어든다.

② 직류 엘리베이터 제어
   ㉠ 속도 제어가 용이하고 승차감이 양호하여 주로 고급의 중·고속 엘리베이터에 적용된다.
   ㉡ 교류를 직류로 바꾸는 방식에 따라 워드-레오나드(Ward-leonard)방식과 정지형 레오나드방식이 있다.
   ㉢ 속도 90m/min, 105m/min에는 기어드(Geared)방식이, 120m/min 이상에는 기어리스(Gearless)방식이 적용된다.

- 직류 기어드방식: 하중이 큰 대형 병원의 승강기
- 직류 기어리스방식: 대형 사무실 빌딩·백화점 등의 초고속 엘리베이터 (승차감과 속도제어가 모두 요구되는 곳)

2. 엘리베이터의 구조

기계실, 카(Car), 승강로(Hatchway), 승강장(Landing Entrance) 등으로 구성되어 있다.

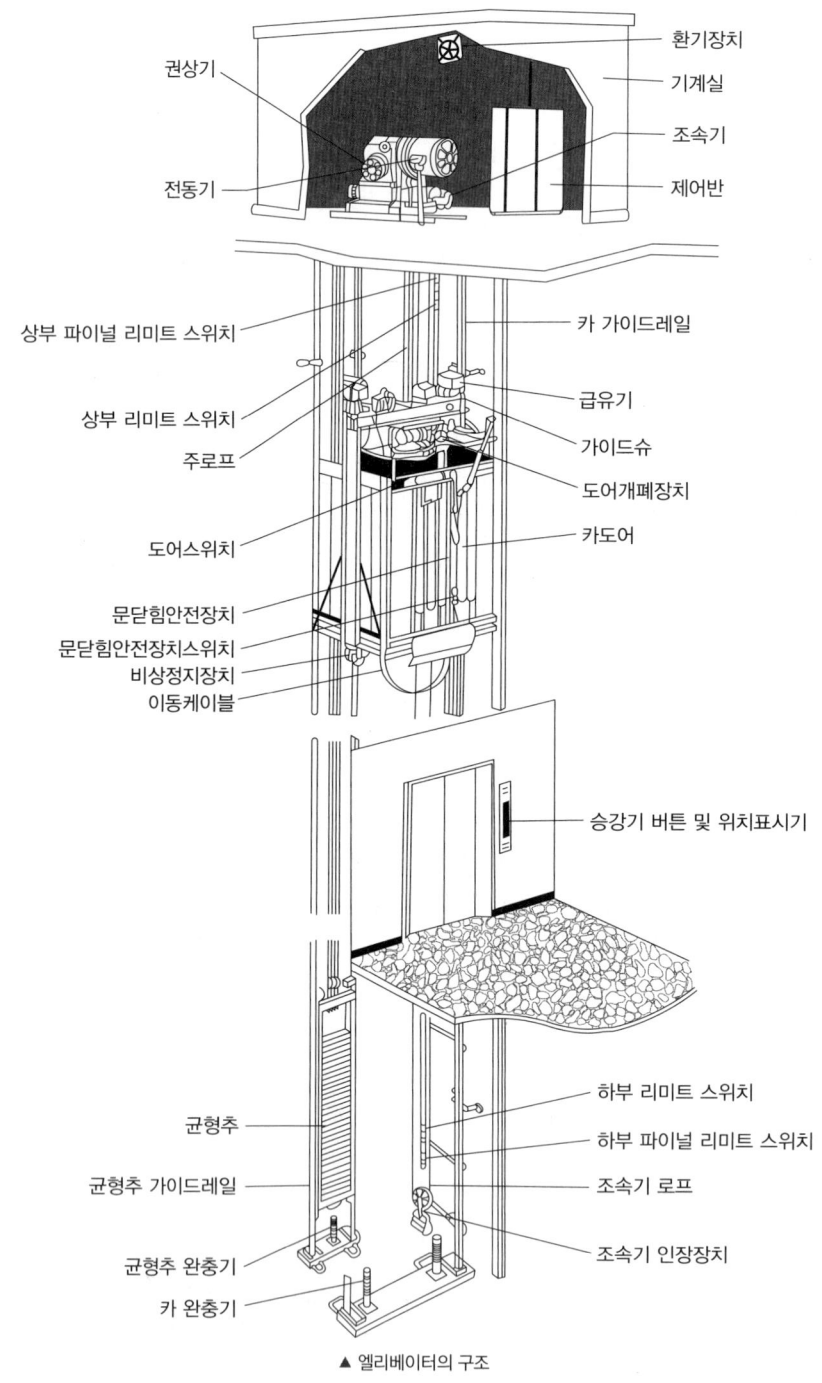

▲ 엘리베이터의 구조

(1) **권상기(Traction Machine)**
권상기는 전동기축의 회전력을 로프차에 전달하는 기구로 전동기, 제동기, 감속기, 견인구차, 로프, 균형추 등으로 구성되어 있다.
① 전동기(Motor): 엘리베이터 카를 들어 올리는 역할을 수행한다. 사용전원의 종류에 따라 교류용 전동기, 직류용 전동기의 2종이 있다.
② 제동기(Brake): 엘리베이터 정지 시 사용된다.
   ㉠ 전기적 제동기: 역회전력을 이용하여 감속시킨다.
   ㉡ 기계적 제동기: 기계의 마찰력을 이용하여 전동기의 제동 바퀴를 브레이크로 조인다.
③ 감속기: 엘리베이터의 속도를 줄이는 데 사용된다.
   ㉠ 기어식: 웜기어를 사용하여 전동기를 회전하여 감속시킨다.
   ㉡ 기어리스식: 웜기어 없이 직류전동기로 감속한다.
④ 견인구차(Sheave): 로프를 감는 도르래로, 로프에 무리를 주지 않기 위하여 로프 지름의 40~48배 정도의 직경을 이용한다.
⑤ 로프(Rope)
   ㉠ 내구성 면에서 안전율이 20 이상이어야 한다.
   ㉡ 승용 엘리베이터의 카와 균형추를 매단 로프는 3본 이상, 직경 12mm 이상이 되어야 한다.
⑥ 균형추(Counter Weight, 중추): 권상기의 부하를 가볍게 하여 전기를 절약할 목적으로 승강 카(Car)의 반대측 로프(Rope)에 장치한다.

$$균형추의\ 중량 = 승강\ 카의\ 중량 + 적재\ 중량 \times (0.4 \sim 0.6)$$

(2) **승강 카(Car Cage)**
① 성인 1인당 기준: 바닥면적 $0.2m^2$, 무게는 75kg을 기준으로 한다.
② 이상적인 비율 = 10 : 7

(3) **가이드 레일(Guide Rail)**
승강로 내의 양 측면에 케이지용, 균형추용 각각 1조씩 2조가 있다.

(4) **안전장치**
① 조속기(Governor): 카와 같은 속도로 움직이는 조속기 로프에 의하여 회전되어 항상 카의 속도를 검출하는 장치이다.
   ㉠ 제1동작
     • 카의 속도가 정격속도의 1.3배를 초과하지 않는 범위에서 과속스위치 동작 후 전원을 끊고 브레이크가 된다.
     • 브레이크의 고장이나 주 로프가 끊어지면 정지할 수 없고 제2동작으로 넘어간다.
     • 상승, 하강 양 방향에 유효하다.
   ㉡ 제2동작
     • 카의 속도가 정격속도의 1.4배를 초과하지 않는 범위에서 조속기 로프를 기계적으로 파지하고 비상정지장치를 구동시킨다.
     • 하강방향에서만 작동하여야 한다.

② 비상정지장치(Safety Device): 엘리베이터가 로프의 절단 및 기타 예측할 수 없는 원인으로 규정속도 이상(정격속도의 1.4배 이내)으로 카의 하강속도가 급격히 증가한 경우 그 하강을 제지하는 장치가 비상정지장치이다.
③ 완충기: 카가 어떤 원인으로 최하층을 통과하여 피트로 떨어졌을 때 그 충격을 완화하기 위하여 혹은 카가 밀어 올렸을 때를 대비하여 균형추의 바로 아래에도 완충기를 설치한다.
④ 도어인터로크 및 클로저, 세이프티 슈
  ㉠ 도어인터로크(Door Interlock): 카가 정지하지 않는 층의 도어는 전용 열쇠를 사용하지 않으면 열리지 않는 하는 도어로크와, 도어가 닫혀 있지 않으면 운전이 불가능하도록 하는 도어스위치로 구성된다. 엘리베이터의 안전장치 중에서 가장 중요한 것 중의 하나이다.
  ㉡ 클로저(Closer): 승강장의 문이 열린 상태에서 모든 제약이 해제되면 자동적으로 닫히도록 하여 문의 개방상태에서 생기는 2차 재해를 방지하는 문의 안전장치이다.
  ㉢ 세이프티 슈: 도어의 끝에 설치하여 물체가 접촉되면 도어의 닫힘을 중지하며 도어를 반전시키는 접촉식 보호장치이다.
⑤ 파이널 리밋 스위치(Final Limit Switch): 엘리베이터가 상하 종단층을 두드러지게 많이 다니지 않는 동안에 확실하게 정지하도록 승강로에 설치된 스위치이다.

(5) 기계실
① 기계실의 천장 높이: 2m 이상
② 바닥면적: 승강로 수평 단면적의 2배 이상(교류: 2배, 직류: 3~3.5배)
③ 기계실과 기계실 벽면과의 간격: 0.5m 이상

(6) 승강로(Elevator Shaft)
① 카가 상하로 움직이는 공간이다.
② 매 층에는 리밋 스위치, 자동착상장치를 설치한다.
③ 지하 피트(Pit)에는 완충기를 설치한다.

참고 안전장치의 분류

기계적 안전장치	전기적 안전장치
• 비상정지장치	• 과속제한스위치
• 조속기	• 과전류 차단기
• 완충기	• 중량초과제한스위치
• 승강장 문턱 보호판	• 파이널 리밋 스위치
• 도어인터로크	• 비상전원장치
• 세이프티 슈	• 역결상 안전센서
• 더블브레이크 및 로프제동장치	• 비상구출전원장치
	• 도어 스위치

2 기타 수송설비

1. 덤웨이터

사람은 타지 않고 물건만 운반하기 위한 설비이다.

① 케이지의 바닥면적: $1m^2$ 이하
② 천장 높이: 1.2m 이하
③ 적재량: 500kg 이하
④ 속도: 1, 20, 39m/min 이하
⑤ 전동기 용량: 최대 3마력(HP)

KEYWORD 18 에스컬레이터설비 ★

1 에스컬레이터의 기준

① 경사도는 30°를 초과하지 않아야 한다. 다만, 높이 6m 이하, 속도 30m/min 이하는 35°까지 가능하다.
② 디딤판의 정격속도는 경사도가 30° 이하인 경우 45m/min 이하이어야 하고, 30° 초과 35° 이하인 경우 30m/min 이하이어야 한다.
③ 사람 또는 화물이 끼거나 장해물에 충돌하지 않도록 해야 한다.
④ 디딤판의 양측에 이동 손잡이를 설치하고 이동 손잡이의 상단부가 디딤판과 동일 방향, 동일 속도로 연동하도록 해야 한다.
⑤ 디딤판에서 60cm의 높이에 있는 이동손잡이의 거리(내측판간의 거리)는 1.2m 이하로 해야 한다.

핵심 기출문제

PART 08
승강설비

KEYWORD 17　엘리베이터설비

01　　　　　　　　　　　　　　　　　18년 1회

직류 엘리베이터에 관한 설명으로 옳지 않은 것은?

① 임의의 기동 토크를 얻을 수 있다.
② 고속 엘리베이터용으로 사용이 가능하다.
③ 원활한 가감속이 가능하여 승차감이 좋다.
④ 교류 엘리베이터에 비하여 가격이 저렴하다.

해설 |
직류 엘리베이터: 속도 제어가 용이하고 승차감이 양호하여 주로 고급의 중·고속 엘리베이터에 적용되며 교류 엘리베이터에 비교하면 고가이다.

정답 | ④

02　　　　　　　　　　20년 1·2회, 19년 4회, 17년 4회

엘리베이터의 안전장치 중 일정 이상의 속도가 되었을 때 브레이크 등을 작동시키는 기능을 하는 것은?

① 조속기　　　　　② 권상기
③ 완충기　　　　　④ 가이드 슈

해설 |
조속기: 엘리베이터의 카가 정상속도 이상으로 과속되었을 때 미리 설정된 속도에서 작동하여 안전하게 정지시키는 장치이다.

정답 | ①

03　　　　　　　　　　　　　　　19년 1회, 15년 4회

승객 스스로 운전하는 전자동 엘리베이터로 카버튼이나 승강장의 호출 신호로 기동, 정지를 이루는 엘리베이터 조작 방식은?

① 승합 전자동식
② 카 스위치 방식
③ 시그널 컨트롤 방식
④ 레코드 컨트롤 방식

해설 |
승합 전자동 방식: 목적층의 버튼과 승강장의 호출신호에 의해 출발 및 정지하는 조작방식이다. 승객 스스로 운전하는 전자동 엘리베이터로서 누른 순서에 관계없이 각 호출에 따른다.

정답 | ①

04　　　　　21년 1회, 20년 3회, 17년 2회, 16년 4회, 14년 4회

엘리베이터의 안전장치 중에서 카가 최상층이나 최하층에서 정상운행 위치를 벗어나 그 이상으로 운행하는 것을 방지하는 것은?

① 완충기(Buffer)
② 조속기(Governor)
③ 리밋 스위치(Limit Switch)
④ 카운터 웨이트(Counter Weight)

해설 |
리밋 스위치: 엘리베이터의 안전장치 중에서 카가 최상층이나 최하층의 정상 운행위치를 벗어나 그 이상으로 운행하는 것을 방지하도록 승강로에 설치된 스위치이다.

정답 | ③

05
21년 2회, 19년 4회, 14년 2회

엘리베이터의 안전장치에 속하지 않는 것은?

① 균형추
② 완충기
③ 조속기
④ 전자브레이크

해설
균형추는 안전장치에 해당하지 않는다.

관련이론
균형추: 권상기의 부하를 가볍게 하여 전기를 절약할 목적으로 승강카(Car)의 반대 측 로프에 장치한다.
엘리베이터 안전장치: 전자브레이크, 조속기, 비상정지장치, 종점스위치, 리밋스위치, 완충기, 도어 안전장치 등

정답 | ①

06
20년 3회, 14년 1회

엘리베이터의 일주시간 구성 요소에 속하지 않는 것은?

① 주행시간
② 도어개폐시간
③ 승객출입시간
④ 승객대기시간

해설
평균 일주시간＝승객출입시간＋도어개폐시간＋주행시간

관련이론
일주시간: 엘리베이터가 출발 기준층에서 승객을 싣고 출발하여 각층에 서비스 한 후 출발 기준층으로 되돌아와 다음 서비스를 위해 대기할 때까지의 총 시간이다.

정답 | ④

KEYWORD 18 에스컬레이터설비

07
16년 4회, 15년 1회, 14년 1회, 12년 4회, 12년 2회

에스컬레이터에 관한 설명으로 옳지 않은 것은?

① 엘리베이터에 비해 수송능력이 크다.
② 대기시간이 없고 연속적인 수송설비이다.
③ 건축적으로 점유면적이 크고, 건물에 걸리는 하중이 집중된다는 단점이 있다.
④ 에스컬레이터의 수량은 공칭 수송능력의 80% 정도를 설계 수송능력으로 하여 계산한다.

해설
에스컬레이터는 수송량에 비해 점유면적이 작고, 건물에 걸리는 하중이 각 층에 분담된다.

정답 | ③

08
19년 2회, 13년 4회

다음의 에스컬레이터의 경사도에 관한 설명 중 (　) 안에 알맞은 것은?

> 에스컬레이터의 경사도는 (㉠)를 초과하지 않아야 한다. 다만, 높이가 6m 이하이고 공칭속도 0.5m/s 이하인 경우에는 경사도를 (㉡)까지 증가시킬 수 있다.

① ㉠ 25°, ㉡ 30°
② ㉠ 25°, ㉡ 35°
③ ㉠ 30°, ㉡ 35°
④ ㉠ 30°, ㉡ 40°

해설
에스컬레이터의 경사도는 30°를 초과하지 않아야 한다. 다만, 높이 6m 이하이고 공칭속도 0.5m/s 이하인 경우에는 경사도를 35°까지 증가시킬 수 있다.

정답 | ③

PART 09 환경계획원론

KEYWORD 19, 20, 21

KEYWORD 19 건축과 환경 ★

1 기상

(1) 기상과 기후
① 기상: 지표 위에서 시시각각으로 변하는 대기 현상이다.
② 기후: 특별한 기간 내 기상 변화를 종합하여 통계적으로 구한 결과이다.
   ㉠ 기후 요소: 기온과 습도, 비와 눈, 바람, 일조 등을 말한다.
   ㉡ 기후 인자: 기후 요소의 지리적 분포를 지배하는 인자로 해륙의 분포, 위도, 표고, 해류 또는 고기압이나 저기압의 위치 등을 말한다.

(2) 기온의 변화
① 일교차: 하루 중 최고 기온과 최저 기온의 차이다.
   ㉠ 맑은 날이 크고 해안에서 대륙으로 갈수록 크다.
   ㉡ 같은 육지라도 맨땅일 때 크다.
   ㉢ 고위도 지방이 크며 표고가 높을수록 일교차는 작다.
② 연교차: 1년 중 최한월(1~2월경)과 최난월(7~8월경)의 차이다.
   ㉠ 저위도에서 고위도로 갈수록 커진다.
   ㉡ 해안 지방보다 내륙 지방으로 갈수록 크다.

(3) 습도
공기 중에 포함되어 있는 수증기량의 함유량을 말한다.
① 절대습도(AH; Absolute Humidity): 1kg의 건공기 중에 포함되어 있는 수증기의 혼합비(kg/kg′)를 말한다.
② 포화 수증기(SH; Saturation Humidity): 공기는 어떤 주어진 온도에서 일정량의 수증기만을 함유할 수 있으며 더 이상 포함할 수 없는 수증기이다.
③ 수증기 장력(Vapour Tension): 공기 중에 포함되어 있는 수증기가 항상 기체로 확산하려는 힘으로써 생기는 압력을 말한다.
④ 상대 습도(RH; Relative Humidity): 1kg의 공기 중에 현재 포함되어 있는 수증기 분량과 이때의 온도에서 포함할 수 있는 최대의 수증기 즉, 포화상태의 수증기 분량과의 비율을 말한다.

$$RH = \frac{\text{어느 온도에서의 공기의 절대 습도(AH)}}{\text{어느 온도에서의 공기의 포화 절대습도(SH)}} \times 100(\%)$$

(4) 비와 눈
① 비: 노점에 달한 다량의 수증기가 물로 응결되어 지상에 떨어지는 것이다.
② 강수: 비와 눈, 우박, 그 밖에 대기 중의 수증기가 응결하여 지면에 강하하는 모든 것이다.
③ 강수일: 하루의 연 강수량이 0.1mm 이상인 날

(5) 바람
① 바람: 공기의 압력이 높은 부분에서 낮은 부분으로 이동하는 공기의 유동 현상이다.
② 계절풍: 대륙과 해양과의 온도 변화에서 계절에 따라 거의 일정한 방향으로 부는 바람이다.

(6) 기후도(Climograph)
① 여러 가지 기후 요소를 월별로 평균하여 이것을 기온과 조합하여 그래프로 그린 것을 말한다.
② 기습도(기온, 습도), 기수도(기온, 강수량), 기풍도(기온, 풍속), 기조도(기온, 일조시수) 등이 있다.

2 일조와 일사

(1) 일조
① 정의: 태양으로부터 나오는 빛이 지상에 직사하는 것이다.
② 일조시수: 태양이 구름이나 안개에 차단되지 않고 지표를 쬐는 시간을 말한다.
③ 일조율: 일조시수를 주간시수로 나눈 값이다.

$$유효율 = \frac{그\ 지방의\ 일조시수}{가조시수} \times 100(\%)$$

(2) 일사
① 일사량의 단위: $kcal/m^2 \cdot h$ ($1m^2$, 시간당 kcal 수)
② 일사 방지를 위한 건물형: 동서축이 길고 급구배 박공지붕이 가장 유리하다.(남북측이 길고 평지붕인 것은 가장 불리하다.)

KEYWORD 20 열 환경 ★

1 단열

(1) 단열재의 구비조건
① 열전도율과 열관류율이 낮아야 한다.
② 흡수율이 낮아야 한다.
③ 재료가 밀실하여 비중이 커지면 열전도율도 커지는 경향이 있다.
④ 내화성이 커야 한다.

(2) **단열 부위**
　① 내단열
　　㉠ 빠른 시간 안에 더워지므로 간헐난방을 하는 곳에 쓰인다.
　　㉡ 내부결로를 방지하기 위하여 단열재의 고온 측에 방습막을 설치하는 것이 좋다.
　　㉢ 표면결로는 발생하지 않으며, 한쪽의 벽돌벽이 차가운 상태로 있기 때문에 외단열보다 결로가 발생할 가능성이 크다.
　　㉣ 강당이나 집회장에 유리하다.
　② 외단열
　　㉠ 지속난방에 유리하며, 내단열보다 결로의 위험을 반감시킬 수 있다.
　　㉡ 내단열보다 공사비가 비싸며, 한랭지 시공에 적합하다.
　　㉢ 벽체의 습기 문제뿐만 아니라 열적 문제에서도 유리한 방법이다.
　　㉣ 단열재를 건조한 상태로 유지시켜야 하며, 내단열보다 단열효과가 우수하다.
　　㉤ 내구성과 외부충격에 견디고 외관의 표면처리도 보기 좋아야 한다.
　　㉥ 내단열에 비하여 시공이 어렵다.

2 결로

공기 중의 수증기에 의하여 발생되는 일종의 습윤상태를 말하는 것으로, 습공기가 차가운 벽이나 천장, 바닥 등에 닿으면 공기 중의 수증기가 응축되어 물방울로 맺히는데 이것을 결로라고 한다.

(1) **결로의 발생 원인**
　① 실내외 온도 차이(실내외 온도차가 클수록 심하다.)
　② 실내 습기의 과다 발생
　③ 생활 습관에 의한 환기 부족
　④ 구조체의 열적 특성
　⑤ 불완전한 단열 시공 등 시공상의 불량
　⑥ 시공 직후의 미건조상태에 따른 결로

(2) **결로의 분류**
　① 표면결로
　　㉠ 표면결로는 건물의 표면온도가 접촉하고 있는 공기의 노점온도보다 낮을 때 그 표면에 발생한다.
　　㉡ 방지대책으로 벽의 표면온도를 실내공기의 노점온도보다 높게 하거나, 실내외 수증기 발생 억제 및 환기를 통하여 발생 습기를 배제시키는 방법이 있다.
　② 내부결로
　　㉠ 실내가 외부보다 습도가 높고 벽체에 투습력이 있으면 벽체 내에 수증기압 구배(기울기)가 발생한다.
　　㉡ 겨울철에 창문을 항상 닫고 있고, 외부온도가 실내온도보다 낮으면 벽체 내에 온도구배가 생긴다.
　　㉢ 벽체 내의 어느 부분의 건구온도가 그 부분의 노점온도보다 낮을 때 내부결로가 발생한다.
　　㉣ 방지대책으로는 벽체 내부온도를 그 부분의 노점온도보다 높게 하거나, 적절한 투습저항을 갖춘 방습층을 벽의 내측(고온측)에 설치하는 방법이 있다.
　　㉤ 벽체 내부의 수증기압을 포화수증기압보다 낮게 한다.

(3) 결로 방지대책
① 실내측 벽의 표면온도를 노점온도보다 높게 한다.
② 벽에 방습층을 설치한다.
③ 난방에 의한 수증기 발생을 억제한다.
④ 벽체의 열관류저항을 크게 한다.
⑤ 벽체의 열관류율을 작게 한다.
⑥ 환기를 잘 한다.
⑦ 각 실 간의 온도차를 작게 한다.

KEYWORD 21 음 환경 ★

1 음의 성질

(1) 음의 기본 성질
① 고저
  ㉠ 가청 주파수의 범위: 20~20,000cycle 정도이다.
  ㉡ 주파수: 음의 1초간 진동하는 횟수이다.
   • 초저주파: 20Hz 이하
   • 가청주파: 20~20,000Hz
   • 초고주파: 20,000Hz 이상
② 강약: 음의 세기의 정도이다.
③ 크기: 0~130phon의 범위가 사람의 귀에 들리는 음의 크기이다.
④ 굴절: 밀도가 다른 면에 평면파가 부딪힐 때 일부는 반사되고 일부는 굴절하여 제2의 매질로 들어가는 것이다.
⑤ 회절: 파동이 진행 중에 장애물이 있으면 직진하지 않고 그 뒤쪽으로 돌아가는 현상이다.
⑥ 간섭(Interference): 양쪽에서 나온 음이 강하게 또는 약하게 하는 현상이다.
⑦ 울림(Echo): 진동수가 조금 다른 두 음의 간섭에 의해 생기는 현상이다.
⑧ 공명(Resonance): 발음체의 진동수와 같은 음파를 받게 되면 자기도 진동하여 음을 내는 현상이다.
⑨ 잔향: 큰 실내에서 일정한 크기의 음을 내다 갑자기 멈추면 그 음이 수 초간 남아 있는 현상이다.

(2) 음의 종류
① 표준음
  ㉠ 대표적인 음: 63, 125, 500, 1,000, 2,000, 4,000, 8,000Hz의 각 사이클의 순음이다.
  ㉡ 1,000cycle: 청각을 고려한 표준음이다.
② 소음: 시끄럽고 듣기 싫은 음이다.

(3) 음의 단위(높이)
주파수, 사이클, cycle/sec 등

(4) 명료도
① 실내에서 강연자의 말을 어느 정도 정확하게 알아들을 수 있는가를 평가하기 위한 지표를 간단하게 명료도라 한다. (0~80dB일 때 음성 레벨이 좋다.)
② 명료도의 요소
    ㉠ 강연자의 음성의 평균 레벨
    ㉡ 방의 잔향 시간
    ㉢ 실내 소음 레벨
    ㉣ 방의 형태

2 잔향

(1) 잔향 시간
① 실내의 평균 레벨이 60dB 감소하는 데 필요로 하는 시간을 말한다.
② 요소: 실용적, 실내 표면적, 실의 평균 흡음률

(2) 잔향 이론
① Sabine의 잔향식(Wallace. C. Sabine)

$$T = K\frac{V}{A} = K\frac{V}{aS}$$

- T: 잔향 시간
- K: 비례상수 0.163
- V: 실의 용적(m^3)
- A: 흡음력 = $\overline{a}$(평균 흡음률) × S(실내 표면적)

② 최적 잔향 시간: 잔향 시간은 그 방의 사용 목적에 따라 적당한 깊이를 필요로 하고 또 같은 용도의 방이라도 용적이 클수록 긴 것이 좋다.(오디토리움에서 강연할 때 최적 잔향 시간은 1초이다.)

3 실내음향 설계

① 실내 전체에서 적당한 음의 레벨을 유지시켜야 한다.
② 방해가 되는 소음이 없어야 한다.
③ 반사음은 충분히 확산시켜야 한다.
④ 잔향 시간 및 주파수의 특성을 적당히 활용한다.
※ 에코(반향, Echo): 음원으로부터 직접음과 반사음이 도달하는 시간이 1/20~1/15초 이상의 차이가 있을 때 귀가 이 음을 분리하여 듣는 현상으로 직접음과 반사음의 노정차가 17m 이상이면 반향이 생긴다.

핵심 기출문제

PART 09 환경계획원론

KEYWORD 19 건축과 환경

01
18년 1회

다음의 어떤 수조 면의 일사량을 나타낸 값 중 그 값이 가장 큰 것은?

① 전천일사량
② 확산일사량
③ 천공일사량
④ 반사일사량

해설
전천일사량은 구름 따위의 영향이 없을 때 일사에 직각인 면에 입사하는 태양 복사와, 구름 따위로 가려져 입사하는 태양 복사의 합으로 직달일사와 천공일사(확산일사)를 합한 일사량을 전천공일사량이라 한다.

정답 | ①

02
18년 2회

일사에 관한 설명으로 옳지 않은 것은?

① 일사에 의한 건물의 수열은 방위에 따라 차이가 있다.
② 추녀와 차양은 창 면에서의 일사조절 방법으로 사용된다.
③ 블라인드, 루버, 롤 스크린은 계절이나 시간, 실내의 사용상황에 따라 일사를 조절할 수 있다.
④ 일사조절의 목적은 일사에 의한 건물의 수열이나 흡열을 작게 하여 동계의 실내기후의 악화를 방지하는데 있다.

해설
일사조절의 목적은 일사에 의한 건물의 수열이나 흡열을 조절하여 난방 기간에는 최대 일사량을 받고 냉방 기간에는 최소 일사량을 받도록 하는 것이다.

정답 | ④

KEYWORD 20 열환경

03
20년 3회, 13년 4회

다음 중 건물 실내에 표면결로 현상이 발생하는 원인과 가장 거리가 먼 것은?

① 실내외 온도차
② 구조재의 열적 특성
③ 실내 수증기 발생량 억제
④ 생활 습관에 의한 환기 부족

해설
실내 수증기 발생량 억제는 표면결로 방지방법이다.

정답 | ③

04
19년 4회, 16년 4회

건축물의 에너지절약설계기준에 따른 건축물의 단열을 위한 권장 사항으로 옳지 않은 것은?

① 외벽 부위는 내단열로 시공한다.
② 열 손실이 많은 북측 거실의 창 및 문의 면적은 최소화한다.
③ 외피의 모서리 부분은 열교가 발생하지 않도록 단열재를 연속적으로 설치한다.
④ 발코니 확장을 하는 공동주택에는 단열성이 우수한 로이(Low-E) 복층창이나 삼중창 이상의 단열성능을 갖는 창을 설치한다.

해설
외벽 부위는 외단열로 시공해야 한다.

정답 | ①

| KEYWORD 21 | 음환경 |

05
19년 1회, 13년 1회

음의 대소를 나타내는 감각량을 음의 크기라고 하는데, 음의 크기의 단위는?

① dB
② cd
③ Hz
④ sone

해설
음의 크기의 단위는 sone이다.

선지분석
① dB: 소리의 상대적인 세기를 나타내는 단위
② cd: 광원에서 나오는 빛의 세기 단위
③ Hz: 주파수의 단위

정답 | ④

06
21년 1회, 15년 2회

음의 세기가 $10^{-9} W/m^2$일 때 음의 세기 레벨은?(단, 기준 음의 세기 $I_0 = 10^{-12} W/m^2$이다.)

① 3dB
② 30dB
③ 0.3dB
④ 0.03dB

해설
음의 세기레벨 $SIL = 10\log\dfrac{I}{I_0} = 10\log\dfrac{10^{-9}}{10^{-12}} = 10\log 10^3 = 30dB$

정답 | ②

07
21년 2회, 18년 4회

다음 중 건축물 실내공간의 잔향 시간에 가장 큰 영향을 주는 것은?

① 실의 용적
② 음원의 위치
③ 벽체의 두께
④ 음원의 음압

해설
잔향 시간은 실의 체적(용적), 흡음력(흡음률×표면적) 등에 의해 결정된다.

관련이론
Sabine의 잔향식

$$T = K\dfrac{V}{A} = K\dfrac{V}{aS}$$

- T: 잔향시간
- K: 비례상수 0.163
- V: 실의 용적(m^3)
- A: 흡음력=$\bar{a}$(평균 흡음률)× S(실내 표면적)

정답 | ①

08
20년 1·2회, 16년 4회, 14년 1회, 12년 1회

흡음 및 차음에 관한 설명으로 옳지 않은 것은?

① 벽의 차음성능은 투과손실이 클수록 높다.
② 차음성능이 높은 재료는 대부분 흡음성능도 높다.
③ 벽의 차음성능은 사용재료의 면밀도에 크게 영향을 받는다.
④ 벽의 차음성능은 동일 재료에서도 두께와 시공법에 따라 다르다.

해설
차음성능이 높은 재료는 대부분 흡음성능이 낮고, 차음성능이 낮은 재료는 대부분 흡음성능이 높다.

정답 | ②

MEMO

에듀윌이
너를
지지할게
ENERGY

삶의 순간순간이
아름다운 마무리이며
새로운 시작이어야 한다.

– 법정 스님

에듀윌이
너를
지지할게

ENERGY

처음에는 당신이 원하는 곳으로
갈 수는 없겠지만,
당신이 지금 있는 곳에서
출발할 수는 있을 것이다.

– 작자 미상

에듀윌 건축기사
필기 한권끝장

기출문제편

차례 CONTENTS

2025년

CBT 복원문제

3회 CBT 복원문제	6
2회 CBT 복원문제	36
1회 CBT 복원문제	64

2024년

CBT 복원문제

3회 CBT 복원문제	92
2회 CBT 복원문제	122
1회 CBT 복원문제	152

2023년

CBT 복원문제

4회 CBT 복원문제	180
2회 CBT 복원문제	208
1회 CBT 복원문제	238

2022년

기출문제

4회 CBT 복원문제	270
2회 기출문제	299
1회 기출문제	330

2021년

기출문제

4회 기출문제	360
2회 기출문제	387
1회 기출문제	414

2020년

기출문제

4회 기출문제	444
3회 기출문제	472
1·2회 기출문제	501

2025년 | 3회 CBT 복원문제

건축계획

01
호텔계획에 관한 설명으로 옳지 않은 것은?

① 시티 호텔은 대부분 고밀도의 고층형이다.
② 호텔의 적정규모는 일반적으로 시장성을 따른다.
③ 리조트 호텔의 건축 형식은 주변 조건에 따라 자유롭게 이루어진다.
④ 커머셜 호텔은 일반적으로 리조트 호텔에 비해 넓은 공공공간(Public Space)을 갖는다.

개념 | KEYWORD 12 호텔
해설 |
커머셜 호텔은 리조트 호텔에 비해 공공공간의 비율이 작다.

관련이론
호텔의 부분별 면적비
1. 숙박 면적비: 커머셜(시티)호텔 > 리조트호텔 > 아파트먼트호텔
2. 공용 면적비: 아파트먼트호텔 > 리조트호텔 > 커머셜(시티)호텔

정답 | ④

02
백화점의 진열장 배치에 관한 설명으로 옳지 않은 것은?

① 직각배치는 매장 면적의 이용률을 최대로 확보할 수 있다.
② 사행배치는 주통로 이외의 제2통로를 상하교통계를 향해서 45° 사선으로 배치한 것이다.
③ 사행배치는 많은 고객이 매장구석까지 가기 쉬운 이점이 있으나 이행의 진열장이 필요하다.
④ 자유유선배치는 획일성을 탈피할 수 있으며, 변화와 개성을 추구할 수 있고 시설비가 적게 든다.

개념 | KEYWORD 06 상점, 백화점, 쇼핑센터
해설 |
자유유선배치를 하면 변화와 개성을 추구할 수 있지만, 곡선형의 가구 등의 사용으로 시설비가 많이 든다.

관련이론
자유유동법(Free flow system: 자유유선배치법)
1. 통로를 고객의 유동 방향에 따라 자유로운 곡선으로 배치하는 방법이다.
2. 전시에 변화를 주고 판매장의 특수성을 살릴 수 있다.
3. 특수형의 판매대와 유리 케이스 등을 필요로 하므로 가격이 비싸다.

정답 | ④

03
다음의 건축양식과 해당 건축양식의 특징적 요소의 연결이 옳지 않은 것은?

① 로마네스크 건축 — 펜덴티브 돔(Pendentive dome)
② 고딕건축 — 플라잉 버트레스(Flying buttress)
③ 고대 로마건축 — 컴포지트 오더(Composite order)
④ 비잔틴 건축 — 도저렛(Dosseret)

개념 | KEYWORD 13 서양건축사
해설 |
펜덴티브 돔은 대표적인 비잔틴 건축 기법으로, 사각형 평면 위에 원형 돔을 올리기 위해 사용하였다.

정답 | ①

04

병원건축의 형식 중 분관식에 관한 설명으로 옳지 않은 것은?

① 동선이 길어진다.
② 채광 및 통풍이 좋다.
③ 대지면적에 제약이 있는 경우에 주로 적용된다.
④ 환자는 주로 경사로를 이용한 보행 또는 들것으로 운반된다.

개념 | KEYWORD 11 병원

해설 |
대지면적에 제약이 있는 경우에 주로 적용되는 것은 집중식이다.

관련이론

병원 분관식(Pavilion type)
- 각 병실을 남향으로 할 수 있어 일조, 통풍 조건이 좋다.
- 넓은 부지가 필요하며 설비가 분산적이고 보행 거리가 길어진다.
- 내부 환자는 주로 경사로를 이용한 보행 또는 들 것으로 운반된다.

정답 | ③

05

백화점 건축계획에 대한 설명 중 옳지 않은 것은?

① 일반적으로 기둥 간격이 클수록 매장배치가 용이하고 매장이 개방되어 보인다.
② 매장의 고객 동선은 너무 단순하거나 혼잡하지 않게 하여 고객을 분산시킨다.
③ 백화점의 색채계획은 중채도의 색을 위주로 한 배색으로 시각적인 혼란감을 억제하는 것이 좋다.
④ 엘리베이터, 에스컬레이터 등 수직동선 설비는 고객 출입구 부근에 집중시켜 동선의 원활한 연결이 가능하게 한다.

개념 | KEYWORD 06 상점, 백화점, 쇼핑센터

해설 |
백화점 건축계획에서 엘리베이터는 출입구 반대편에 두고, 에스컬레이터는 매장 중앙에 배치한다.

정답 | ④

06

주거단지의 도로형식에 관한 설명으로 옳지 않은 것은?

① 격자형은 가로망의 형태가 단순명료하고, 가구 및 획지 구성상 택지의 이용효율이 높다.
② 쿨데삭(Cul-de-sac)형은 각 가구와 관계없는 자동차의 진입을 방지할 수 있다는 장점이 있다.
③ 루프(Loop)형은 우회도로가 없는 쿨데삭형의 결점을 개량하여 만든 패턴으로 도로율이 높아지는 단점이 있다.
④ T자형은 도로의 교차방식을 주로 T자 교차로 한 형태로 통행거리가 짧아 보행자 전용도로와 병용이 불필요하다.

개념 | KEYWORD 04 공동주택

해설 |
T자형은 통행거리가 길어지고, 보행자의 보행이 불편해져 보행자 전용도로와의 병용이 필요하다.

정답 | ④

07

미술관 및 박물관의 전시기법에 관한 설명으로 옳지 않은 것은?

① 하모니카 전시는 동선계획이 용이한 전시기법이다.
② 아일랜드 전시는 일정한 형태의 평면을 반복시켜 전시공간을 구획하는 방식으로 전시효율이 높다.
③ 파노라마 전시는 연속적인 주제를 연관성 있게 표현하기 위해 선형의 파노라마로 연출하는 전시기법이다.
④ 디오라마 전시는 하나의 사실 또는 주제의 시간 상황을 고정시켜 연출하는 것으로 현장에 임한 느낌을 주는 기법이다.

개념 | KEYWORD 08 극장, 영화관, 미술관

해설 |
아일랜드(Island) 전시는 벽이나 천장을 직접 이용하지 않고 전시물 또는 전시장치를 배치함으로써 전시공간을 만들어 내는 전시기법이다.

관련이론

하모니카 전시
전시내용을 통일된 형식 속에서 규칙적으로 반복시켜 표현하는 전시기법이다.

정답 | ②

08

사무소 건축의 엘리베이터 설치 계획에 관한 설명으로 옳지 않은 것은?

① 군 관리운전의 경우 동일 군내의 서비스 층은 같게 한다.
② 승객의 층별 대기시간은 평균 운전간격 이상이 되게 한다.
③ 서비스를 균일하게 할 수 있도록 건축물 중심부에 설치하는 것이 좋다.
④ 건축물의 출입층이 2개 층이 되는 경우는 각각의 교통 수요량 이상이 되도록 한다.

개념 | KEYWORD 05 사무소
해설 |
승객의 층별 대기시간은 평균 운전간격 이하(10초 이내)가 되게 한다.

정답 | ②

09

고려시대 주심포 양식의 특징이 아닌 것은?

① 기둥 위에 창방과 평방을 놓고 그 위에 공포를 배치한다.
② 소로는 비교적 자유스럽게 배치된다.
③ 연등천장 구조로 되어 있다.
④ 우미량을 사용한다.

개념 | KEYWORD 14 한국건축사
해설 |
기둥 위에 창방과 평방을 놓고 그 위에 공포를 배치한 것은 다포 양식의 특징이다. 주심포 양식은 기둥 위에 주두를 놓고 공포를 배치한다.

관련이론
주심포식과 다포식의 비교

포작별 구조별	주심포식	다포식
전래	고려 중기 남송에서 전래	고려 말 원나라에서 전래
공포 배치	기둥 위에 주두를 놓고 배치	기둥 위에 창방과 평방을 놓고 그 위에 공포 배치
공포의 출목	2출목 이하	2출목 이상
첨차의 형태	하단의 곡선을 S자형으로 길게 하여 둘을 이어서 연결한 것 같은 형태	밋밋한 원호 곡선으로 조작
소로 배치	비교적 자유스럽게 배치	상하로 동일 수직선상에 위치를 고정
내부 천장 구조	가구재의 개개 형태에 대한 장식화와 더불어 전체 구성에 미적인 효과를 추구(연등천장)	가구재가 눈에 띄지 않으며 구조상의 필요만 충족(우물천장)
보의 단면형태	위가 넓고 아래가 좁은 4각형을 접은 단면	춤이 높은 4각형으로 아래 모를 접은 단면

정답 | ①

10

일반주택의 동선계획에 관한 설명 중 옳지 않은 것은?

① 동선이 가지는 요소는 속도, 빈도, 하중의 3가지가 있다.
② 동선에는 공간이 필요하고 가구를 둘 수 없다.
③ 하중이 큰 가사노동의 동선은 길게 나타낸다.
④ 개인, 사회, 가사노동권의 3개 동선이 서로 분리되어야 바람직하다.

개념 | KEYWORD 03 단독주택
해설 |
하중이 큰 가사노동의 동선은 짧게 한다.

정답 | ③

11

고대 로마 건축에 관한 설명으로 옳지 않은 것은?

① 인슐라(Insula)는 다층의 집합주거 건물이다.
② 콜로세움의 1층에는 도릭 오더가 사용되었다.
③ 바실리카 울피아는 황제를 위한 신전으로 배럴 볼트가 사용되었다.
④ 판테온은 거대한 돔을 얹은 로툰다와 대형 열주 현관이라는 두 주된 구성 요소로 이루어진다.

개념 | KEYWORD 13 서양건축사
해설 |
바실리카 울피아는 로마 시대에 재판이나 집회 및 상업거래를 위해 사용된 건축물이다.

정답 | ③

12

다음은 객석의 가시거리에 관한 설명이다. ( ) 안에 알맞은 것은?

> 연극 등을 감상하는 경우 연기자의 표정을 읽을 수 있는 가시한계는 (㉠) 정도이다. 그러나 실제적으로 극장에서는 잘 보여야 되는 동시에 많은 관객을 수용해야 하므로 (㉡)까지를 제1차 허용한도로 한다.

① ㉠ 10m, ㉡ 22m
② ㉠ 15m, ㉡ 22m
③ ㉠ 10m, ㉡ 25m
④ ㉠ 15m, ㉡ 25m

개념 | KEYWORD 08 극장, 영화관, 미술관
해설 |
배우의 표정과 동작을 자세히 감상할 수 있는 생리적 한도는 15m이고, 1차 허용한도는 22m까지이다.

관련이론
극장 평면형의 한계

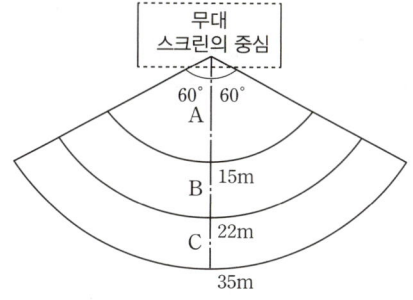

1. A구역: 배우의 표정이나 동작을 상세히 감상할 수 있는 시선 거리의 생리적 한도는 15m이다. 따라서 인형극이나 아동극은 이 한계 내에 있어야 한다.
2. B구역: 실제의 극장 건축에서는 될 수 있는 한 수용을 많이 하려는 생각에서 22m까지를 제1차 허용한도로 정하며, 국악이나 신극, 실내악 등은 이 범위 내에 객석을 둘 수 있다.
3. C구역: 현재 연극, 그랜드 오페라, 발레, 뮤지컬은 배우의 일반적인 동작만 보이면 감상에는 별 지장이 없으므로 이를 제2차 허용한도라 하고 35m까지 둘 수 있다.

정답 | ②

13

공동주택의 단위주거 단면구성 형태에 관한 설명으로 옳지 않은 것은?

① 플랫형은 주거단위가 동일층에 한하여 구성되는 형식이다.
② 복층형(메조네트형)은 엘리베이터의 정지 층수를 적게 할 수 있다.
③ 트리플렉스형은 듀플렉스형보다 프라이버시의 확보율이 낮고 통로면적이 많이 필요하다.
④ 스킵 플로어형은 주거단위의 단면을 단층형과 복층형에서 동일층으로 하지 않고 반층씩 엇나게 하는 형식을 말한다.

개념 | KEYWORD 04 공동주택
해설 |
트리플렉스형은 3개층이 하나의 주호로 만들어지므로 듀플렉스형(2개층이 하나의 주호)보다 프라이버시의 확보율이 높고 통로면적이 적게 소요된다.

정답 | ③

14
종합병원 건축계획에 대한 설명 중 옳지 않은 것은?

① 우리나라의 일반적인 외래진료방식은 오픈 시스템이며 대규모의 각종 과를 필요로 한다.
② 1개의 간호사 대기소에서 관리할 수 있는 병상수는 30~40개 이하로 한다.
③ 병실의 창문은 환자가 병상에서 외부를 전망할 수 있게 하는 것이 좋다.
④ 수술실의 바닥마감은 전기도체성 마감을 사용하는 것이 좋다.

개념 | KEYWORD 11 병원
해설 |
우리나라의 일반적인 외래진료방식은 클로즈드 시스템(Closed system)이며, 대규모의 각종 과를 필요로 한다. 오픈 시스템(Open system)은 주로 미국에서 채택하는 외래진료방식이다.

정답 | ①

15
래드번(Radburn) 계획에서 슈퍼블록을 구성함으로써 얻어 질 수 있는 효과로 옳지 않은 것은?

① 충분한 공동의 오픈스페이스의 확보가 가능
② 건물을 집약화함으로써 고층화·효율화가 가능
③ 커뮤니티시설의 중심배치로 간선도로변의 활성화가 가능
④ 도로교통의 개선, 즉 보도와 차도의 완전 분리가 가능

개념 | KEYWORD 04 공동주택
해설 |
래드번 계획은 보행과 차도의 완전 분리와 슈퍼블록 내부 중심의 커뮤니티 시설 배치가 원칙이며, 간선도로변의 활성화와는 관계없다.

관련이론
래드번 계획의 5가지 기본원리
1. 통과교통 배제를 위한 하나의 단지인 슈퍼블록(Super block)을 구성
2. 4가지 기능의 도로
3. 보도망 형성 및 보도와 차도의 입체적 분리
4. 쿨데삭(막다른 도로)형의 좁은 도로 구성으로 주택의 거실을 보도나 정원을 향하도록 배치
5. 단지 어디든 통할 수 있는 공동 오픈스페이스 조성

정답 | ③

16
다음 중 주택의 평면계획 시 사용되는 공간의 조닝방법과 가장 거리가 먼 것은?

① 융통성에 의한 조닝
② 가족 전체와 개인에 의한 조닝
③ 정적 공간과 동적 공간에 의한 조닝
④ 주간과 야간의 사용시간에 의한 조닝

개념 | KEYWORD 03 단독주택
해설 |
융통성에 의한 조닝은 주택의 평면계획 시 사용되는 공간의 조닝방법과 관계없다.

관련이론
주택의 평면계획 시 공간의 조닝방법
① 가족 전체와 개인에 의한 조닝
② 정적 공간과 동적 공간에 의한 조닝
③ 주간과 야간의 사용시간에 의한 조닝

정답 | ①

17
극장건축의 그리드 아이언(Grid Iron)에 관한 설명으로 옳은 것은?

① 무대 뒤편의 좁은 통로이다.
② 무대의 배경이 되는 벽면 시설이다.
③ 관객의 시선을 차단하는 데 사용된다.
④ 조명기구, 배경 등을 매어다는 데 사용된다.

개념 | KEYWORD 08 극장, 영화관, 미술관
해설 |
그리드 아이언(격자 철판, Grid iron)은 무대의 천장 밑에 위치하는 곳에 철골로 촘촘히 깔아 바닥을 이루게 한 것으로, 여기에 배경이나 조명기구, 연기자 또는 음향 반사판 등을 매어 달 수 있게 한 장치이다.

선지분석
① 플라이 갤러리(Fly gallery)
② 사이클로라마(Cyclorama)

정답 | ④

18

다음 중 극장의 음향계획에서 극장 측면벽에 사용되는 재료에 대한 설명으로 가장 알맞은 것은?

① 무대 쪽 벽은 반사재, 객석 쪽 벽은 흡음재
② 무대 쪽 벽은 흡음재, 객석 쪽 벽은 반사재
③ 모두 반사재
④ 모두 흡음재

개념 | KEYWORD 08 극장, 영화관, 미술관
해설 |
반사재는 무대 주변에 사용하고, 흡음재는 무대 뒤 객석 쪽 벽에 사용한다.

정답 | ①

19

다음과 같은 특징을 갖는 건축적 채광방식은?

- 조도분포가 불균일하며 실 안쪽의 조도가 부족한 경우가 많다.
- 근린의 상황에 의해 채광이 영향을 받는다.
- 투명 부분을 설치하면 해방감이 있다.

① 편측채광
② 양측채광
③ 천장채광
④ 정측광

개념 | KEYWORD 08 극장, 영화관, 미술관
해설 |
편측채광에 대한 설명이다. 편측채광은 창이 한쪽 벽에만 있는 형식으로 창에서 멀어질수록 급격히 어두워지며, 소규모 실 외에는 부적합하다.

정답 | ①

20

은행건축에 대한 설명으로 옳은 것은?

① 직원과 고객의 출입구는 보안 관계상 별도로 설치하지 않는다.
② 고객의 대기공간(객장)과 영업공간의 면적비율은 2:8 정도로 하는 것이 가장 바람직하다.
③ 은행 내부의 동선계획 시 고객의 목적과 관계없이 하나의 동선으로 고객을 유도하는 것이 바람직하다.
④ 대규모의 은행일 경우에도 고객의 출입구는 되도록 1개소로 하고 안여닫이로 하는 것이 보편적이다.

개념 | KEYWORD 07 은행
선지분석
① 은행원과 고객의 출입구는 별도로 설치하는 것이 좋다.
② 객장과 영업장의 면적비율은 2:3 정도로 한다.
③ 은행 내부 동선계획 시 하나의 동선으로 고객을 유도하면 혼잡하며 대기시간이 증가한다.

정답 | ④

건축시공

21

계약제도의 하나로서 독립된 회사의 연합으로 법인을 설립하지 않으며 공사의 책임과 공사 클레임 등을 각각 독립된 회사의 계약 당사자가 책임을 지는 방식은?

① 공동도급(Joint venture)
② 파트너링(Partnering)
③ 컨소시엄(Consortium)
④ 분할도급(Partial contract)

개념 | KEYWORD 04 계약제도
해설 |
컨소시엄은 독립된 회사가 연합으로 법인을 설립하지 않고, 공사 책임과 클레임 등을 각각 독립된 회사의 계약 당사자가 책임지는 방식이다. 공동도급과의 차이점은 클레임이 발생했을 때, 같이 모든 것을 해결하면 공동도급, 각각 나누어서 책임지면 컨소시엄이다.

정답 | ③

22

지하연속벽 공법 중 슬러리 월(Slurry wall)에 대한 특징으로 옳지 않은 것은?

① 시공 시 소음·진동이 크다.
② 인접건물의 경계선까지 시공이 가능하다.
③ 주변 지반에 대한 영향이 적고 차수효과가 확실하다.
④ 지반 굴착 시 안정액을 사용한다.

개념 | KEYWORD 12 토공사
해설 |
슬러리 월은 시공 시 소음·진동이 적다.

관련이론
지하연속벽(Slurry wall)의 장점과 단점

장점	• 무진동, 무소음 시공 가능 • 차수성이 큼 • 단면 형상을 자유롭게 선택 가능	• 벽체강성이 큼 • 각종 지반조건에 적용 가능
단점	• 공사비가 고가임 • 고도의 기술, 경험이 필요 • 벤토나이트 이수처리가 곤란함 • 품질관리가 어려움	

정답 | ①

23

철근콘크리트공사에서 콘크리트 이어치기에 대한 설명으로 옳지 않은 것은?

① 콘크리트의 이어치기는 원칙적으로 응력이 집중되는 곳에서 한다.
② 보는 스팬의 중앙 또는 단부의 1/4 부분에서 이어친다.
③ 기둥 및 벽은 바닥슬래브 및 기초의 상단에서 이어친다.
④ 캔틸레버 보는 이어치기를 하지 않고 한번에 타설한다.

개념 | KEYWORD 16 콘크리트공사
해설 |
콘크리트를 이어붓는(이어치기) 위치는 구조적으로 취약하므로 부재가 부담하는 응력이 최소인 곳에 두어야 한다.

관련이론
이어붓기(이어치기) 계획
① 구조물의 강도에 영향이 적은 곳에 둔다.
② 이음길이가 짧게 되는 위치에 둔다.
③ 시공 순서에 무리 없는 곳에 둔다.
④ 이음 위치는 대체로 단면이 작은 곳에 두어 이어붓기 면은 짧게 되게 하고, 또 응력에 직각방향으로, 수직, 수평으로 한다.

정답 | ①

24

테라조(Terrazzo) 현장 바름 공사에 대한 내용으로 옳지 않은 것은?

① 줄눈 나누기는 최대줄눈 간격을 2m 이하로 한다.
② 바닥 바름두께의 표준은 접착공법(초벌바름)일 때 20mm 정도이다.
③ 갈기는 테라조를 바른 후 손갈기일 때 2일, 기계갈기일 때 3일 이상 경과한 후 경화 정도를 보아 실시한다.
④ 마감은 수산으로 중화 처리하여 때를 벗겨내고, 헝겊으로 문질러 손질한 후 왁스 등을 바른다.

개념 | KEYWORD 28 미장공사
해설 |
테라조를 바른 후에는 배합, 시공 시기 및 기후 조건에 따라 충분히 양생한 뒤 갈기를 실시한다. 일반적으로 손갈기는 1일 이상, 기계갈기는 5~7일 이상 경과 후에 시행한다.

정답 | ③

25

공정표 작성 시 공정계산에 관한 설명 중 옳은 것은?

① 복수의 작업에 후속되는 작업의 EST는 복수의 선행작업 중 EFT의 최소값으로 한다.
② 복수의 작업에 선행되는 작업의 LFT는 후속작업의 LST 중 최대값으로 한다.
③ 전체여유(TF)는 작업을 EST로 시작하고 LFT로 완료할 때 생기는 여유시간이다.
④ 종속여유(DF)는 후속작업의 EST에 영향을 주지 않는 범위 내에서 한 작업이 가질 수 있는 여유시간이다.

개념 | KEYWORD 08 공정관리
선지분석
① 복수의 작업에 후속되는 작업의 EST는 선행작업 중 EFT의 최대값으로 한다.
② 복수의 작업에 선행되는 작업의 LFT는 후속작업의 LST 중 최소값으로 한다.
④ 자유여유(FF)는 후속작업의 EST에 영향을 주지 않는 범위 내에서 한 작업이 가질 수 있는 여유시간이다.

정답 | ③

26

다음 설명이 의미하는 공법으로 옳은 것은?

> 미리 공장 생산한 기둥이나 보, 바닥판, 외벽, 내벽 등을 한 층씩 쌓아 올라가는 조립식으로 구체를 구축하고 이어서 마감 및 설비공사까지 포함하여 차례로 한 층씩 완성해 가는 공법

① 하프 PC합성바닥판공법   ② 역타공법
③ 적층공법   ④ 지하연속벽공법

개념 | KEYWORD 12 토공사
해설 |
적층공법은 미리 공장 생산한 건축 부재를 구축하며 마감, 설비공사까지 포함하여 한 층씩 완성시켜 나가는 시스템 공법이다.

정답 | ③

27

사운딩은 로드 선단에 붙인 저항체를 지중에 넣고 관입, 회전, 인발 등에 의해 토층의 성상을 탐사하는 시험법인데 이러한 사운딩에 속하지 않는 시험은?

① 표준관입시험   ② 콘 관입시험
③ 베인전단시험   ④ 말뚝재하시험

개념 | KEYWORD 11 지반조사
해설 |
말뚝재하시험은 지내력시험에 해당하며, 사운딩시험에는 표준관입시험, 베인시험, 콘 관입시험 등이 해당된다.

정답 | ④

28

금속 커튼월의 Mock up test에 있어 기본성능 시험의 항목에 해당되지 않는 것은?

① 정압수밀시험   ② 방재시험
③ 구조시험   ④ 기밀시험

개념 | KEYWORD 26 커튼월공사
해설 |
금속 커튼월의 Mock up test 기본성능 시험에는 예비시험, 기밀시험, 정압수밀시험, 동압수밀시험, 구조시험 등이 있다.

정답 | ②

29

콘크리트용 재료 중 시멘트에 관한 설명으로 옳지 않은 것은?

① 중용열 포틀랜드시멘트는 수화작용에 따르는 발열이 적기 때문에 매스콘크리트에 적당하다.
② 조강 포틀랜드시멘트는 조기강도가 크기 때문에 한중 콘크리트공사에 주로 쓰인다.
③ 알칼리 골재반응을 억제하기 위한 방법으로써 내황산염 포틀랜드시멘트를 사용한다.
④ 조강 포틀랜드시멘트를 사용한 콘크리트의 7일 강도는 보통 포틀랜드시멘트를 사용한 콘크리트의 28일 강도와 거의 비슷하다.

개념 | KEYWORD 16 콘크리트공사
해설 |
알칼리 골재반응을 억제하기 위하여 플라이애시시멘트나 고로슬래그시멘트를 사용한다.

관련이론
알칼리 골재반응
골재의 실리카 광물질과 시멘트 중의 알칼리 성분이 반응하여 팽창으로 인한 균열이 발생하는 것이다.

정답 | ③

30

콘크리트의 측압에 관한 설명으로 옳지 않은 것은?

① 철근량이 작을수록 측압이 크다.
② 슬럼프가 작을수록 측압이 크다.
③ 타설속도가 빠를수록 측압이 크다.
④ 온도가 높을수록 측압이 작다.

개념 | KEYWORD 15 거푸집공사
해설 |
슬럼프가 클수록 측압이 크다.

관련이론
콘크리트의 측압이 커지는 경우

측압 영향요소	상태	측압 영향요소	상태
슬럼프	클수록	철골, 철근량	적을수록
타설속도	빠를수록	벽두께	두꺼울수록
타설높이	높을수록	온도	낮을수록
다짐	과할수록	습도	높을수록
배합	부배합	거푸집 강성	클수록

정답 | ②

31

다음에서 설명하는 미장재료는?

> 시멘트의 건조모래 및 특성 개선제를 배합한 공장제품을 현장에서 물만 가하여 사용하는 모르타르로서, 현장배합 모르타르보다는 다소 고가지만 현장관리가 용이하다.

① 바라이트 모르타르 ② 셀프레벨링재
③ 초속경 모르타르 ④ 드라이 모르타르

개념 | KEYWORD 28 미장공사
해설 |
드라이 모르타르에 대한 설명이다.

선지분석
① 바라이트 모르타르: 바라이트 분말, 모래, 시멘트로 만든 방사선 차단용 모르타르이다.
② 셀프레벨링재: 바닥에 타설하면 스스로 퍼져 수평을 잡아주는 재료이다.
③ 초속경 모르타르: 일반 모르타르보다 빠르게 굳어 긴급 보수·보강에 쓰이는 모르타르이다.

정답 | ④

32

벽마감공사에서 규격 $200 \times 200\text{mm}$인 타일을 줄눈너비 10mm로 벽면적 100m^2에 붙일 때 붙임매수는 몇 장인가? (단, 할증률 및 파손은 없는 것으로 가정함)

① 2,238매 ② 2,248매
③ 2,258매 ④ 2,268매

개념 | KEYWORD 07 공종별 적산
해설 |
타일량 = 시공면적 × 단위수량
단위수량
$$= \frac{1{,}000\text{mm}}{(\text{타일의 한 변 크기}+\text{줄눈})} \times \frac{1{,}000\text{mm}}{(\text{타일의 한 변 크기}+\text{줄눈})}$$
$$= \frac{1{,}000}{200+10} \times \frac{1{,}000}{200+10} ≒ 22.6757 (\text{단위수량})$$
∴ 타일량 = $100\text{m}^2 \times 22.6757 ≒ 2{,}268$매

정답 | ④

33

지름 100mm, 높이 200mm인 원주 공시체로 콘크리트의 압축강도를 시험하였더니 250kN에서 파괴되었다면 이 콘크리트의 압축강도는?

① 25.4MPa ② 28.5MPa
③ 31.8MPa ④ 34.2MPa

개념 | KEYWORD 16 콘크리트공사
해설 |
$$\text{압축강도(MPa)} = \frac{\text{최대하중(N)}}{\text{시험체의 단면적}(\text{mm}^2)}$$
$$= \frac{\text{최대 하중(N)}}{\frac{\pi}{4} \times (\text{지름})^2} = \frac{250 \times 10^3 (\text{N})}{\frac{\pi}{4} \times 100^2 (\text{mm}^2)}$$
$$≒ 31.83\text{N/mm}^2 = 31.8\text{MPa}$$
※ 1kN = 1,000N

정답 | ③

34
압연강재가 냉각될 때 표면에 생기는 산화철 표피를 무엇이라 하는가?

① 스패터 ② 밀스케일
③ 슬래그 ④ 비드

개념 | KEYWORD 17 접합

해설 |
밀스케일(Mill scale)은 압연강재가 냉각될 때 표면에 생성되는 산화철 표피이다.

선지분석
① 스패터(Spatter): 용접 시 비산하는 슬래그 및 금속입자가 경화된 것을 말한다.
③ 슬래그(Slag): 광물을 제련할 때 생기는 비금속성 찌꺼기를 말한다.
④ 비드(Bead): 용접에서 용접봉이 1회 통과할 때 용재 표면에 용착된 금속층이다.

정답 | ②

35
탄성 계수를 구할 때 변형 측정에 이용하는 것으로 가장 정밀도가 높은 것은?

① 다이얼 게이지 ② 콤퍼레이터
③ 마이크로미터 ④ 와이어 스트레인 게이지

개념 | KEYWORD 12 토공사

해설 |
와이어 스트레인 게이지는 축력, 굽힘, 전단, 비틀림 등으로 물체에 변형이 생길 때, 와이어(저항선)의 길이와 단면 변화로 전기저항이 달라지는 원리를 이용한다. 이 저항 변화가 변형률에 비례하므로, 정밀한 측정이 가능하다.

정답 | ④

36
지반조사시험에서 서로 관련 있는 항목끼리 옳게 연결된 것은?

① 지내력 — 정량분석시험
② 연한 점토 — 표준관입시험
③ 진흙의 점착력 — 베인시험(Vane test)
④ 염분 — 신월샘플링(Thin wall sampling)

개념 | KEYWORD 11 지반조사

해설 |
베인시험을 통해 점토(진흙)지반의 점착력을 파악할 수 있다.

선지분석
① 정량분석시험: 모래의 염화물 시험
② 표준관입시험: 모래의 상대밀도와 전단력 측정
④ 신월샘플링: 무른 점토 지반의 시료 채취

정답 | ③

37

도장공사에 필요한 가연성 도료를 보관하는 창고에 관한 설명으로 옳지 않은 것은?

① 도료가 묻은 헝겊 등 자연발화의 우려가 있는 것을 도료보관 창고 안에 두어서는 안 되며, 반드시 소각시켜야 한다.
② 반입한 도료 및 사용 중인 도료는 현장 내에서 담당원이 승인하는 창고에 보관하고, 도료창고에 화기 엄금 표시를 한다.
③ 바닥에는 침투성이 있는 재료를 깐다.
④ 지붕은 불연재로 하고, 천장을 설치하지 않는다.

개념 | KEYWORD 27 도장공사
해설 |
바닥에는 침투성이 없는 재료를 깐다.

> **관련이론**
> **가연성 도료의 보관 및 장소**
> 가연성 도료는 전용 창고에 보관하는 것을 원칙으로 하며, 적절한 보관온도를 유지하도록 한다.
> ① 반입한 도료 및 사용 중인 도료는 현장 내에서 담당원이 승인하는 창고에 보관하고, 도료창고에 화기 엄금 표시를 한다.
> ② 도료창고는 특히 화재에 주의하고, 창고 내와 그 주변에서의 화기 사용을 엄금한다. 도료창고 또는 도료를 둘 곳은 아래 사항을 구비한다.
>   ㉠ 독립한 단층건물로서 주위 건물에서 1.5m 이상 떨어져 있게 한다.
>   ㉡ 건물 내의 일부를 도료의 저장장소로 이용할 때는 내화구조 또는 방화구조로 된 구획된 장소를 선택한다.
>   ㉢ 지붕은 불연재로 하고, 천장을 설치하지 않는다.
>   ㉣ 바닥에는 침투성이 없는 재료를 깐다.
>   ㉤ 희석제를 보관할 때에는 위험물 취급에 관한 법규에 준하고, 소화기 및 소화용 모래 등을 비치한다.
> ③ 사용하는 도료는 될 수 있는 대로 밀봉하여 새거나 엎지르지 않게 다루고, 샌 것 또는 엎지른 것은 발화의 위험이 없도록 닦아낸다.
> ④ 도료가 묻은 헝겊 등 자연발화의 우려가 있는 것을 도료보관 창고 안에 두어서는 안 되며, 반드시 소각시켜야 한다.

정답 | ③

38

다음 각종 건설기계에 관한 설명 중 옳지 않은 것은?

① 타워크레인은 골조공사의 거푸집, 철근 양중에 주로 사용된다.
② 파워셔블은 위치한 지면보다 높은 곳의 굴착에 적합하다.
③ 스크레이퍼는 굴착, 적재, 운반, 정지 등의 작업을 연속적으로 할 수 있는 중·장거리용 토공기계이다.
④ 바이브레이팅 롤러(Vibrating roller)는 콘크리트 다지기에 사용된다.

개념 | KEYWORD 12 토공사
해설 |
바이브레이팅 롤러는 진동 다짐 방식을 이용해 땅을 다지는 건설 장비이다. 롤러가 회전하면서 강한 진동을 일으켜 흙, 모래, 자갈, 아스팔트 같은 재료 사이의 빈 공간을 줄이고 밀도를 높여 땅을 단단하고 안정적으로 만든다.

정답 | ④

39

콘크리트공사에서 진동기의 효과가 가장 잘 발휘될 수 있는 콘크리트는?

① 부배합 저슬럼프
② 부배합 고슬럼프
③ 빈배합 저슬럼프
④ 빈배합 고슬럼프

개념 | KEYWORD 16 콘크리트공사
해설 |
빈배합·저슬럼프 콘크리트는 일반적으로 다지기 어려우나, 진동 다짐을 하면 큰 효과를 얻을 수 있다. 진동은 굵은 골재와 모르타르 사이의 마찰을 줄여 공극을 제거하고 밀도를 높이며, 동시에 재료의 분리를 방지하여 콘크리트의 품질을 균일하게 만든다.

정답 | ③

40

시멘트 액체방수에 관한 설명으로 옳지 않은 것은?

① 값이 저렴하고 시공 및 보수가 용이한 편이다.
② 바탕의 상태가 습하거나 수분이 함유되어 있더라도 시공할 수 있다.
③ 옥상 등 실외에서 효력의 지속성을 기대할 수 없다.
④ 바탕콘크리트의 침하, 경화 후의 건조수축, 균열 등 구조적 변형이 심한 부분에서도 사용할 수 있다.

개념 | KEYWORD 22 방수공사
해설 |
시멘트 액체방수는 구조적 변형이 심한 곳에는 사용할 수 없다.

정답 | ④

건축구조

41

아래 그림과 같은 6m 길이의 기둥에 압축하중이 작용할 때 횡구속에 가장 유리한 조건은? (단, SS400 강재 사용)

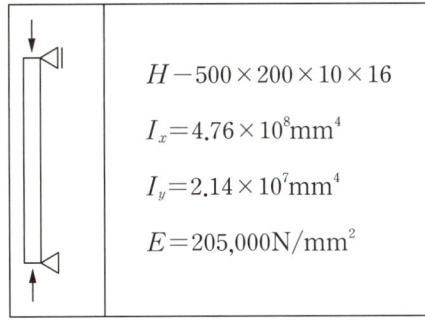

$H-500 \times 200 \times 10 \times 16$
$I_x = 4.76 \times 10^8 \text{mm}^4$
$I_y = 2.14 \times 10^7 \text{mm}^4$
$E = 205,000 \text{N/mm}^2$

① 5m 높이에 강축에만 휨변형 구속이 있다.
② 3m 높이에 강축에만 휨변형 구속이 있다.
③ 5m 높이에 약축에만 휨변형 구속이 있다.
④ 3m 높이에 약축에만 휨변형 구속이 있다.

개념 | KEYWORD 07 기둥의 좌굴
해설 |
1. 기둥은 압축하중 작용 시 좌굴이 횡방향으로 발생하며, 단면2차모멘트 I가 가장 작은 축을 중심으로 일어난다.
   I_y가 I_x보다 작으므로, 약축(y축) 방향의 좌굴에 취약하며 약축에 대한 보강이 필요하다.

2. 좌굴하중은 오일러 공식에 의해 $P_{cr} = \dfrac{\pi^2 EI}{(KL)^2}$로 구한다. 여기서, L은 기둥의 유효좌굴길이이며, 보강재를 설치하면 이 길이를 줄여 좌굴하중을 증가시킬 수 있다. 길이 6m인 기둥에서 보강재를 설치하여 좌굴길이를 최소화하려면 정중앙 3m 지점에 설치하는 것이 효과적이다.

정답 | ④

42

강도설계법에서 D22 압축이형철근의 기본정착길이 l_{db}는? (단, 경량콘크리트계수 $\lambda=1.0$, $f_{ck}=27\text{MPa}$, $f_y=400\text{MPa}$)

① 200.5mm ② 378.4mm
③ 423.4mm ④ 604.6mm

개념 | KEYWORD 16 철근 정착과 이음
해설 |
압축이형철근의 기본정착길이 l_{db}는 다음 중 큰 값 이상이 되어야 한다.

$l_{db} = \dfrac{0.25 \cdot d_b \cdot f_y}{\lambda \cdot \sqrt{f_{ck}}}$	$l_{db} = 0.043 d_b f_y$
• f_{ck}: 콘크리트 압축강도	• d_b: 철근의 지름
• f_y: 철근의 항복강도	• λ: 경량콘크리트계수(1.0)

1. $l_{db} = \dfrac{0.25 \times 22 \times 400}{1.0 \times \sqrt{27}} ≒ 423.4\text{mm}$
2. $l_{db} = 0.043 \times 22 \times 400 = 378.4\text{mm}$
∴ $l_{db} ≥ 423.4\text{mm}$

정답 | ③

43

다음 그림에서 경간이 같은 2개의 단순보의 하중 P에 의한 처짐 y_1과 y_2와의 비(比) 값은 얼마인가?

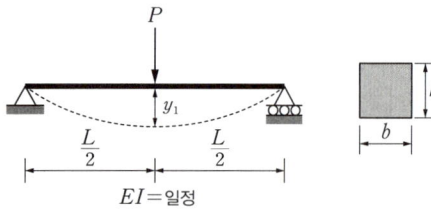

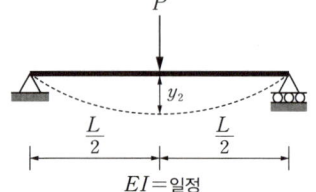

① 2 : 1 ② 4 : 1
③ 6 : 1 ④ 8 : 1

개념 | KEYWORD 10 보의 처짐

해설 |

단순보 중앙에 집중하중 작용 시의 처짐은 다음과 같은 공식으로 구할 수 있다.

$\delta = \frac{1}{48} \cdot \frac{PL^3}{EI}$

문제의 조건에서 단면2차모멘트 I를 제외하고 나머지 조건이 동일하므로 단면2차모멘트만 비교한다.

$I_1 : I_2 = \frac{bh^3}{12} : \frac{b(2h)^3}{12} = 1 : 8$

단면2차모멘트는 처짐에 반비례하므로

∴ $y_1 : y_2 = 8 : 1$

정답 | ④

44

그림과 같은 교차보(Cross beam) A, B부재의 최대휨모멘트의 비로서 옳은 것은? (단, 각 부재의 EI는 일정함)

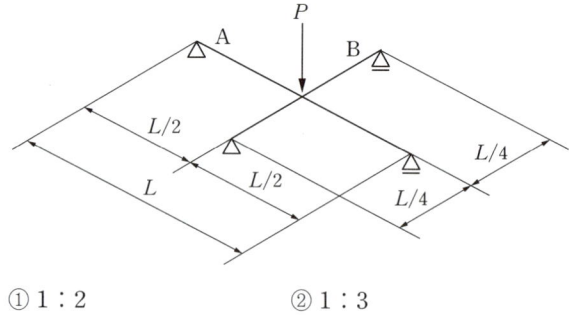

① 1 : 2 ② 1 : 3
③ 1 : 4 ④ 1 : 8

개념 | KEYWORD 10 보의 처짐

해설 |

최대휨모멘트를 구하기 위해서는 각 보 A, B에 하중 P가 어떻게 분배되는지 알아야 한다. 교차점을 N이라고 할 때, 보 A, B의 N점에서의 변위가 같기 때문에 $\delta_A = \delta_B$를 통해 P_A, P_B를 구하고, 이를 통해 최대모멘트를 구하는 방식으로 풀이한다.

1. 단순보에 집중하중 작용 시 처짐공식을 이용해 δ_A, δ_B를 구하면

$\delta_A = \frac{P_A \cdot L^3}{48EI}$, $\delta_B = \frac{P_B \cdot \left(\frac{L}{2}\right)^3}{48EI}$이다.

$\delta_A = \delta_B \rightarrow \frac{P_A \cdot L^3}{48EI} = \frac{P_B \cdot \left(\frac{L}{2}\right)^3}{48EI}$이므로, $8P_A = P_B$이다.

$P = P_A + P_B = P_A + 8P_A = 9P_A$이므로

P_A, P_B는 각각 $\frac{1}{9}P$, $\frac{8}{9}P$이다.

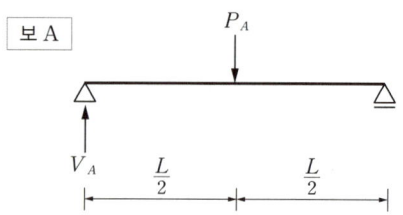

2. 하중이 보의 중앙에 작용하기 때문에 P_A는 양쪽 반력이 똑같이 부담한다. 또한 단순보의 보 중앙에 집중하중이 작용할 경우 휨모멘트는 보 중앙에서 가장 크기 때문에 보 A의 최대휨모멘트는
$M_{max} = \dfrac{P}{18} \times \dfrac{L}{2} = \dfrac{PL}{36}$ 이다.

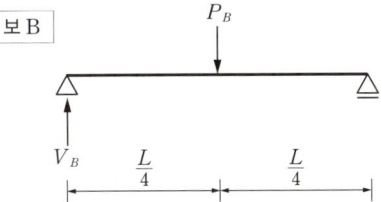

3. 같은 방법으로 보 B의 최대휨모멘트를 구하면
$M_{max} = \dfrac{4P}{9} \times \dfrac{L}{4} = \dfrac{4PL}{36}$ 이다.
따라서 $A : B = 1 : 4$ 이다.

관련이론

단순보에 집중하중 작용 시 처짐각과 처짐

하중 조건	휨모멘트(BMD)	공액보

$\theta_A = F_{A_s} = \dfrac{1}{2} \cdot \dfrac{L}{2} \cdot \dfrac{PL}{4EI} = \dfrac{1}{16} \cdot \dfrac{PL^2}{EI}$

$\delta_C = M_C = \left(\dfrac{1}{2} \cdot \dfrac{L}{2} \cdot \dfrac{PL}{4EI} \right) \left(\dfrac{L}{2} \cdot \dfrac{2}{3} \right) = \dfrac{1}{48} \cdot \dfrac{PL^3}{EI}$

정답 | ③

45

강도설계법에 의해 철근콘크리트 플랫 슬래브 설계 시 지판의 슬래브 아래로 돌출한 두께는 슬래브 두께의 얼마 이상으로 해야 하는가? (단, t는 슬래브의 두께)

① $t/2$ ② $t/3$
③ $t/4$ ④ $t/6$

개념 | KEYWORD 16 슬래브, 기둥, 벽체, 기타

해설 |

기둥 상부 부모멘트에 대한 철근량 감소를 위하여 지판을 사용한다. 지판의 길이는 받침부 중심선에서 각 방향 받침부 중심 간 경간의 1/6 이상을 각 방향으로 연장하고, 지판의 두께는 슬래브 두께의 1/4 이상으로 한다.

▲ 플랫 슬래브

정답 | ③

46

폭이 $b = 100$mm, 높이가 $h = 200$mm인 단면에 전단력 4kN이 작용할 때 최대전단응력을 구하면?

① 0.3MPa   ② 0.4MPa
③ 0.5MPa   ④ 0.6MPa

개념 | KEYWORD 04 재료의 기계적 성질

해설 |

직사각형 단면의 최대전단응력 $\tau_{max} = \dfrac{3}{2} \times \dfrac{V}{A}$로 구한다.

$\therefore \tau_{max} = \dfrac{3}{2} \times \dfrac{4 \times 10^3}{100 \times 200} = 0.3\text{N/mm}^2 = 0.3\text{MPa}$

정답 | ①

47

강재의 항복비(Yield ratio)에 대한 설명 중 옳지 않은 것은?

① 강재의 인장강도에 대한 항복강도의 비를 의미한다.
② 고강도 강재일수록 항복비가 크다.
③ 항복비는 소성능력, 강재부식에 영향을 준다.
④ 항복비가 클수록 연성거동을 확보하기 어렵다.

개념 | KEYWORD 17 강구조 총론
해설 |
강재의 항복비는 강재부식에 영향을 미치지 않는다.

정답 | ③

48

철근콘크리트 압축부재의 철근량 제한 조건에 따라 사각형이나 원형 띠철근으로 둘러싸인 경우 압축부재의 축방향 주철근의 최소 개수는 얼마인가?

① 2개 ② 3개
③ 4개 ④ 6개

개념 | KEYWORD 15 슬래브, 기둥, 벽체, 기타
해설 |
사각형 또는 원형 띠철근 기둥의 경우 축방향 주철근의 최소 개수는 4개이다.

관련이론
축방향 주철근의 최소 개수

구분	최소 개수
사각형 또는 원형 띠철근 기둥	4개
삼각형 띠철근 기둥	3개
나선철근 기둥	6개

정답 | ③

49

다음과 같은 사다리꼴 단면의 도심 y_0값은?

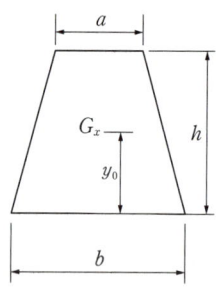

① $\dfrac{h(2a+b)}{3(a+b)}$ ② $\dfrac{h(a+b)}{3(2a+b)}$

③ $\dfrac{3h(2a+b)}{(a+b)}$ ④ $\dfrac{h(a+2b)}{3(a+b)}$

개념 | KEYWORD 05 단면의 성질
해설 |
도심거리는 단면1차모멘트 G_x를 면적 A로 나누어 구한다.
$$y = \frac{G_x}{A}$$
사다리꼴의 도심은 삼각형$\left(\frac{1}{2}bh\right)$와 삼각형$\left(\frac{1}{2}ah\right)$로 나눈 후 더하여 계산할 수 있다.

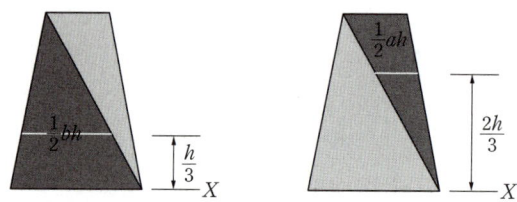

1. $G_x = \frac{1}{2}bh \times \frac{h}{3}$ 2. $G_x = \frac{1}{2}ah \times \frac{2h}{3}$

$$\therefore y = \frac{G_x}{A} = \frac{\left(\frac{1}{2}bh \times \frac{h}{3}\right) + \left(\frac{1}{2}ah \times \frac{2h}{3}\right)}{\left(\frac{1}{2}bh\right) + \left(\frac{1}{2}ah\right)} = \frac{h}{3} \times \frac{2a+b}{a+b}$$

정답 | ①

50

건축구조용 압연강이라 하며, 건축물의 내진성능을 확보하기 위하여 항복점의 상한치 제한 등에 의한 품질의 편차를 줄이고, 용접성 및 냉간 가공성을 향상시킨 강재는?

① SM강재
② TMCP강재
③ SS강재
④ SN강재

개념 | KEYWORD 17 강구조 총론

해설 |
SN강재: 건축구조용 압연강재

선지분석
① SM강재: 용접구조용 압연강재
② TMCP강재: 고층구조물용 강재
③ SS강재: 일반구조용 압연강재

정답 | ④

51

다음과 같은 조건의 1방향 슬래브에서 처짐을 계산하지 않고 정할 수 있는 슬래브의 최소 두께는?

- 중심스팬: 4,200mm
- 양단연속
- 보통콘크리트와 설계기준항복강도 400MPa 철근 사용

① 150mm
② 180mm
③ 200mm
④ 220mm

개념 | KEYWORD 12 사용성 및 내구성

해설 |
보통콘크리트(m_c=2,300kg/m³)와 항복강도 400MPa의 철근을 사용하고, 처짐을 계산하지 않는 경우 양단연속 1방향 슬래브의 최소 두께는 $l/28$이므로, 4,200/28≒150mm이다.

관련이론
처짐을 계산하지 않는 경우 1방향 슬래브의 최소 두께

구분	최소 두께	구분	최소 두께
단순지지	$l/20$	양단연속	$l/28$
1단연속	$l/24$	캔틸레버	$l/10$

정답 | ①

52

다음 그림과 같은 구조물의 판별은?

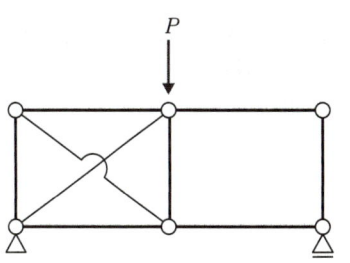

① 3차 부정정
② 2차 부정정
③ 1차 부정정
④ 불안정

개념 | KEYWORD 08 구조물 판별

해설 |
$N=r+m+f-2j$ 공식 이용
여기서, r: 지점반력수, m: 부재수, f: 강절점수, j: 지점수+자유단 지점수이다.
$r=3, m=9, f=0, j=6$
$N=3+9+0-2×6=0$이므로 안정구조처럼 보이나, 형태 불안정 구조이므로 답은 ④ 불안정이다.

정답 | ④

53

다음 철근에 대한 기술 중 옳지 않은 것은?

① 늑근: 보에 생기는 전단력에 저항한다.
② 띠철근: 기둥에 띠 모양으로 들어가서 휨모멘트에 저항한다.
③ 보의 주근: 보에 생기는 휨모멘트에 저항한다.
④ 배력근: 1방향 슬래브의 장변방향으로 배근한 철근이다.

개념 | KEYWORD 15 슬래브, 기둥, 벽체, 기타

해설 |
띠철근은 축방향 철근의 위치 확보 및 좌굴 방지 등을 위해 사용한다.

정답 | ②

54

지진의 진도(Intensity)와 규모(Magnitude)에 대한 설명으로 옳지 않은 것은?

① 진도는 상대적 개념의 지진 크기이다.
② 규모는 장소에 관계없는 절대적 개념의 크기이다.
③ 진도는 사람이 느끼는 감각, 물체이동 등을 계급별로 구분한다.
④ 규모는 지반의 운동정도를 평가하나 정밀하지는 않다.

개념 | KEYWORD 03 내진·내풍·사용성 설계
해설 |
지진의 규모는 장소와 무관한 절대적 수치이며 진도에 비해 매우 정밀한 값이다.
규모는 각 관측소에서 지진계에 기록된 진폭을 진앙까지의 거리나 진원의 깊이 등을 고려하여 지수형태로 나타낸다.

정답 | ④

55

강구조의 접합부에서 접합부에 휨모멘트 반력이 발생되지 않고, 전단력만을 저항하는 접합형식은 다음 중 어느 것인가?

① 강접합
② 모멘트접합
③ 핀접합
④ 반강접합

개념 | KEYWORD 18 접합, 볼트, 용접
해설 |
- 핀접합은 기둥에 전단력만 전달한다.(웨브만 접합)
- 모멘트접합은 보 단부를 강결하여 기둥에 전단력 및 모멘트를 전달한다. (웨브와 플랜지 모두 접합)

정답 | ③

56

다음 부정정 구조물의 A단 수직반력은?

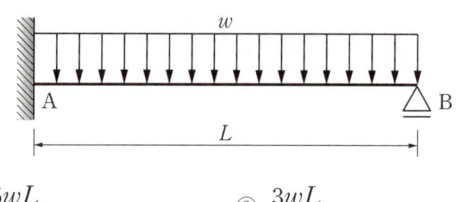

① $\dfrac{5wL}{8}$
② $\dfrac{3wL}{8}$
③ $\dfrac{wL}{2}$
④ $\dfrac{2wL}{3}$

개념 | KEYWORD 06 반력, 전단력, 휨모멘트
해설 |
변위일치법을 이용하면, 일단고정에 등분포하중이 작용하고 있는 구조의 지점 반력은 $\dfrac{5}{8}wL$이다. 변위일치법은 부정정구조물이 정정구조물이 되도록 상황을 가정하여 이때의 두 변위의 합이 0이 됨을 이용한다.

1.
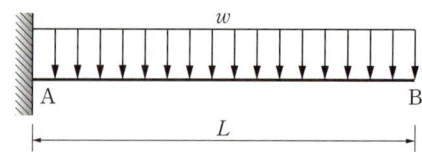

B점이 자유단일 경우 켄틸레버보의 최대처짐은 $+\dfrac{wL^4}{8EI}$

2.
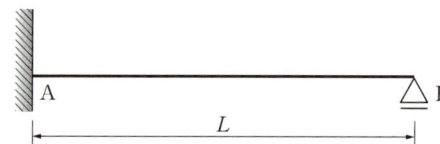

B점에서 수직반력이 작용할 때 발생하는 최대처짐은 $-\dfrac{V_B \cdot L^3}{3EI}$

3. 두 처짐의 합이 0이므로 $V_B = \dfrac{3wL}{8}$이다.

$\therefore \Sigma V = 0; +(V_A)+(V_B)-(w \cdot L)=0$

$V_A = +\dfrac{5wL}{8}(\uparrow)$

정답 | ①

57

다음과 같은 조건에서 철근콘크리트 보의 인장철근의 최대 허용 배근 간격은 얼마인가? (단, 철근은 보의 인장부에만 배근하고 피복두께는 **40mm**임)

- 일반환경 조건($k_{cr}=210$)
- $f_{ck}=28\text{MPa}$
- $f_y=400\text{MPa}$
- $f_s=(2/3)f_y$
- $A_s=1,548.5\text{mm}^2(4-D22)$

① 106.7mm ② 163.5mm
③ 195.3mm ④ 239.1mm

개념 | KEYWORD 13 보의 휨설계

해설 |

배근간격 s는 다음 중 작은 값 이하로 결정한다.
(k_{cr}: 일반환경 조건, c_c: 피복두께)

- $s=375\left(\dfrac{k_{cr}}{f_s}\right)-2.5c_c$
- $s=300\left(\dfrac{k_{cr}}{f_s}\right)$

$s=375\times\left(\dfrac{210}{\frac{2}{3}\times 400}\right)-2.5\times 40 ≒ 195.31\text{mm}$

$s=300\times\left(\dfrac{210}{\frac{2}{3}\times 400}\right)=236.25\text{mm}$

∴ $s=195.3\text{mm}$

정답 | ③

58

다음 강도감소계수 값으로 옳지 않은 것은? (단, KDS 기준)

① 인장지배단면: 0.85
② 압축지배단면 중 나선철근으로 보강된 철근콘크리트부재: 0.85
③ 전단력 및 비틀림모멘트: 0.75
④ 포스트텐션 정착구역: 0.85

개념 | KEYWORD 11 철근콘크리트구조 총론

해설 |

압축지배 단면 중 나선철근으로 보강된 철근콘크리트 부재의 강도감소계수 값은 0.70이다.

관련이론

강도감소계수(ϕ)

적용부재		ϕ
인장지배단면		0.85
압축지배단면	띠철근	0.65
	나선철근	0.70
변화구간 단면		0.65~0.85
전단력과 비틀림모멘트		0.75
콘크리트 지압력		0.65
포스트텐션 정착구역		0.85
스트럿-타이 모델	스트럿, 절점부, 지압부	0.75
	타이	0.85
무근콘크리트의 휨모멘트, 압축력, 전단력, 지압력		0.55

정답 | ②

59

그림과 같은 구조에서 B단에 발생하는 모멘트는?

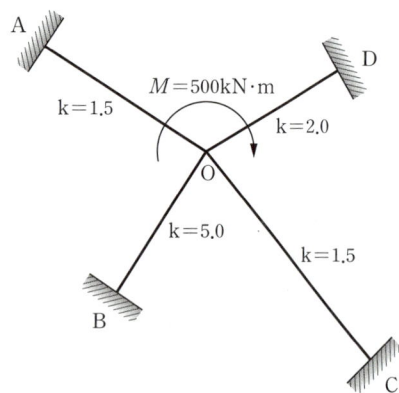

① 125kN·m
② 188kN·m
③ 250kN·m
④ 300kN·m

개념 | KEYWORD 09 구조물 해석
해설 |
분배율(DF_{OB}) 계산

$$DF_{OB} = \frac{k_{OB}}{\Sigma k} = \frac{5}{5+1.5+2+1.5} = \frac{1}{2}$$

분배모멘트 계산(O점에서의 분배)

$$M_{OB} = M_O \times DF_{OB} = 500 \times \frac{1}{2} = 250\text{kN}\cdot\text{m}$$

전달 모멘트 계산$\left(O \to B,\ \text{전달률: 고정단은}\ \frac{1}{2}\right)$

$$M_{BO} = M_{OB} \times \frac{1}{2} = 250 \times \frac{1}{2} = 125\text{kN}\cdot\text{m}$$

정답 | ①

60

철골조의 래티스 형식 조립 압축재의 구조제한에 대한 내용이다. ( ) 안에 알맞은 것은?

- 부재축에 대한 래티스 부재의 기울기는 다음과 같다.
- 단일 래티스 경우: (㉠) 이상
- 복 래티스 경우: (㉡) 이상

① ㉠: 50°, ㉡: 40°   ② ㉠: 60°, ㉡: 40°
③ ㉠: 50°, ㉡: 45°   ④ ㉠: 60°, ㉡: 45°

개념 | KEYWORD 19 인장재·압축재 설계
해설 |
래티스 형식 조립 압축재

구분	단일 래티스	복 래티스
부재의 기울기	60° 이상	45° 이상
래티스 세장비	140 이하	200 이하

정답 | ④

건축설비

61

통기관에 관한 설명으로 옳지 않은 것은?

① 2개 이상의 횡지관이 있는 배수입상관에는 통기입상관을 설치하여야 한다.
② 위생배관의 통기관은 위생배관의 통기 이외의 다른 목적으로 사용하지 않는다.
③ 통기관은 위생기구의 물 넘침선보다 150mm 이상 높게 배관하여 연결하는 것이 원칙이다.
④ 여러 개의 통기관을 입상관 상부 끝에서 공통 헤더로 연결하여 한 곳에서 대기에 개방할 수 있다.

개념 | KEYWORD 03 배수 및 통기설비
해설 |
5개 이상의 횡지관이 있는 배수입상관에는 통기입상관을 설치하여야 한다.

정답 | ①

62
덕트의 치수 결정 방법에 속하지 않는 것은?

① 균등법 ② 등속법
③ 등마찰법 ④ 정압재취득법

개념 | KEYWORD 09 공기조화 방식과 기기
해설
덕트의 치수 결정 방법에는 정압법(등마찰손실법), 정압재취득법, 등속법, 전압법이 있다.

정답 | ①

63
흡수식 냉동기의 주요 구성부분에 속하지 않는 것은?

① 응축기 ② 압축기
③ 증발기 ④ 재생기

개념 | KEYWORD 12 냉동 및 기타 열원설비
해설
압축기는 압축식 냉동기의 주요 구성요소이다.

관련이론
냉동기의 주요 구성요소
1. 압축식 냉동기: 압축기, 응축기, 팽창밸브, 증발기
2. 흡수식 냉동기: 증발기, 흡수기, 재생기, 응축기

정답 | ②

64
다음의 각종 보일러에 대한 설명 중 옳은 것은?

① 노통 연관보일러는 부하변동에 잘 적응되며, 보유 수면이 넓어서 급수용량 제어가 쉽다.
② 관류보일러는 보유 수량이 많아 예열시간이 길다.
③ 주철제 보일러는 사용 내압이 높아 고압용으로 주로 사용되며 용량도 크다.
④ 수관보일러는 소용량으로 소규모 건물에 적합하며 지역난방으로는 사용이 불가능하다.

개념 | KEYWORD 11 난방설비
해설
노통 연관보일러는 보유 수량이 많아 부하변동에도 안전하고 보유 수면이 넓어서 급수용량 제어가 쉽다.

선지분석
② 관류보일러는 보유 수량이 작아 예열시간이 짧고 증기 발생이 빠르다.
③ 주철제 보일러는 사용 내압이 낮아 중·소규모 건축의 난방, 급탕용, 증기보일러, 온수보일러로 널리 사용된다.
④ 수관보일러는 고압·고온형에 알맞으며 고압증기를 대량으로 사용하는 대규모 건물에 적합하고 지역난방으로 사용이 가능하다.

정답 | ①

65
정보통신설비는 정보설비와 통신설비로 구분할 수 있다. 다음 중 통신설비에 속하지 않는 것은?

① 전화설비 ② 인터폰설비
③ TV공청설비 ④ 전기시계설비

개념 | KEYWORD 15 약전 및 방재설비
해설
전기시계설비는 일반적으로 모자식 전기시계를 말하며 정보설비에 속한다.

관련이론
통신설비와 정보설비의 종류
- 통신설비: 전화설비, 인터폰설비, 구내방송(PA)설비, 무선통신설비, TV공청설비, 화상회의설비 등
- 정보설비: 전기시계설비, 근거리통신망설비, 홈네트워크설비, 원격검침설비 등

정답 | ④

66

배수트랩에 관한 설명으로 옳지 않은 것은?

① 트랩은 이중으로 설치하면 효과적이다.
② 트랩의 봉수깊이가 너무 깊으면 통수능력이 감소된다.
③ 트랩은 하수가스의 실내 침입을 방지하는 역할을 한다.
④ 트랩은 위생기구에 가능한 한 접근시켜 설치하는 것이 좋다.

개념 | KEYWORD 03 배수 및 통기설비
해설 |
이중 트랩은 유속을 저해하므로 금지한다.

정답 | ①

67

엘리베이터의 주요 기기의 설치 위치는 기계실, 승강로, 승강장 등을 나눌 수 있다. 다음 중 기계실에 설치하는 것은?

① 가이드 레일 ② 완충기
③ 균형추   ④ 권상기

개념 | KEYWORD 17 엘리베이터설비
해설 |
권상기는 기계실에 설치된다.
권상기는 전동기의 회전력을 로프차에 전달하여 엘리베이터 카와 균형추를 연결한 로프를 감아올리거나 내리는 장치로, 전동기, 제동기, 감속기, 로프차, 로프, 균형추로 구성된다.

정답 | ④

68

급탕배관에 관한 설명으로 옳지 않은 것은?

① 관의 신축을 고려하여 굽힘 부분에는 스위블이음 등으로 접합한다.
② 관의 신축을 고려하여 건물의 벽관통 부분의 배관에는 슬리브를 사용한다.
③ 역구배나 공기 정체가 일어나기 쉬운 배관 등 온수의 순환을 방해하는 것을 피한다.
④ 배관재로 동관을 사용하는 경우 관내 유속을 느리게 하면 부식되기 쉬우므로 2.5m/s 이상으로 하는 것이 바람직하다.

개념 | KEYWORD 02 급탕설비
해설 |
동관을 사용하는 경우 관내에 흐르는 유체의 속도가 너무 빠르면 마찰에 의해 국부적으로 침식이 발생할 수 있다. 이를 방지하기 위해 관내 유속은 일반적으로 1.5m/s 이하로 제한해야 한다.

정답 | ④

69

급수방식 중 펌프직송방식에 대한 설명으로 옳지 않은 것은?

① 상향공급방식이 일반적이다.
② 전력공급이 중단되면 급수가 불가능하다.
③ 자동제어에 필요한 설비비가 적고, 유지관리가 간단하다.
④ 적절한 대수분할, 압력제어 등에 의해 에너지절약을 꾀할 수 있다.

개념 | KEYWORD 01 급수설비
해설 |
펌프직송방식은 자동제어시스템 고장 시 수리가 어렵고 펌프의 단락이 잦아 유지관리가 어렵다.

관련이론
펌프직송방식의 장단점

장점	단점
• 옥상탱크가 필요 없음	• 정전 시 급수 불가
• 옥상탱크방식에 비해 수질오염 가능성이 낮음	• 자동제어시스템 고장 시 수리가 어려움
• 최상층의 수압을 크게 할 수 있음	• 펌프의 단락이 잦음
• 펌프의 토출량 및 토출압력 조절 가능	• 20m 이상의 건물에는 전력 소모가 커서 비효율적

정답 | ③

70

다음의 자동화재 탐지설비의 감지기 중 설치 가능한 부착 높이가 가장 높은 것은?

① 연기감지기
② 정온식 감지기
③ 차동식 분포형 감지기
④ 차동식 스폿형 감지기

개념 | KEYWORD 06 소화설비

해설 |
자동화재 탐지설비의 감지기 중 부착 높이가 가장 높은 것은 연기감지기이다.

관련이론

연기감지기
- 연기가 천장으로 빠르게 모이는 성질을 이용해 초기 화재를 신속하게 탐지할 수 있다.
- 종류
  - 광전식: LED 광원(빛을 내는 장치) → 연기에 빛 산란 → 수광부(빛을 감지하는 센서)에서 감지 → 경보
  - 이온화식: 방사성 물질(공기를 이온화)로 미약한 전류 형성 → 연기가 전류 흐름을 방해 → 경보

정답 | ①

71

온열지표 중 기온, 습도, 기류, 주벽면 온도의 4요소를 조합하여 체감과의 관계를 나타낸 것은?

① 작용온도
② 불쾌지수
③ 등온지수
④ 유효온도

개념 | KEYWORD 08 공기조화설비 총론

해설 |
등온지수는 기온, 습도, 기류, 주벽면 온도를 조합하여 체감과의 관계를 나타낸 것이다. 바람이 없는 실내에서 습도가 100%이고 주벽의 평균 방사온도가 실온과 같은 경우에는 그 실온으로 나타낸다.

정답 | ③

72

길이 1m, 구경 100mm의 관내를 유속 2.0m/s로 물이 흐르고 있을 때 직관부의 마찰손실은 얼마인가? (단, 물의 밀도는 1,000kg/m³, 관 마찰계수는 0.03이다.)

① 6Pa
② 60Pa
③ 600Pa
④ 6,000Pa

개념 | KEYWORD 01 급수설비

해설 |
$$h = f \cdot \frac{l}{d} \cdot \frac{v^2}{2g}$$

여기서, h: 마찰손실수두(m), f: 마찰계수, d: 관경(m), l: 관의 길이(m), g: 중력가속도(9.8m/s²), v: 유속(m/s)

$h = 0.03 \times \frac{1m}{0.1m} \times \frac{(2m/s)^2}{2 \times 9.8(m/s^2)} ≒ 0.06m$

1MPa = 100mH₂O로 환산할 수 있다.

∴ $h = 0.06m = 0.0006MPa = 600Pa$

정답 | ③

73

다음 중 옥내의 건조한 노출장소에 시설할 수 없는 배선 공사는?

① 금속관 배선
② 금속몰드 배선
③ 플로어덕트 배선
④ 합성수지몰드 배선

개념 | KEYWORD 14 강전설비

해설 |
플로어덕트 배선은 옥내의 건조한 콘크리트 바닥 내의 매설에 한하여 시설할 수 있다.

정답 | ③

74

공기조화방식 중 팬코일유닛방식에 관한 설명으로 옳지 않은 것은?

① 덕트 방식에 비해 유닛의 위치 변경이 쉽다.
② 각 실에 수배관으로 인한 누수의 우려가 있다.
③ 덕트 샤프트나 스페이스가 필요 없거나 작아도 된다.
④ 유닛을 수동으로 제어할 수 없어 개별 제어가 불가능하다.

개념 | KEYWORD 09 공기조화 방식과 기기
해설 |
팬코일유닛방식은 다수의 팬코일유닛과 컨벡터를 독립적으로 조절·운전할 수 있어 개별 제어가 용이하다.

정답 | ④

75

공조시스템의 소음방지 대책으로 옳지 않은 것은?

① 덕트의 도중에 댐퍼를 설치한다.
② 덕트의 내부에 흡음재를 부착한다.
③ 송풍기의 출구 부근에 플리넘 챔버를 장치한다.
④ 덕트의 적당한 장소에 셀형이나 플레이트형의 흡음장치를 설치한다.

개념 | KEYWORD 09 공기조화 방식과 기기
해설 |
소음을 줄이기 위하여 챔버 내부에 흡음재를 붙인 소음챔버나 소음엘보를 사용한다.

관련이론
댐퍼는 덕트 도중에 설치하여 풍량 조절 및 유체 흐름의 개폐 등에 사용하는 것으로, 배관계에서의 밸브에 해당한다.

정답 | ①

76

실내에서 발생하는 취기와 수증기 등이 다른 공간으로 유출되지 않도록 실내가 부압이 되도록 하는 환기방식은?

① 자연 환기
② 급기팬과 배기팬의 조합
③ 급기팬과 자연 배기의 조합
④ 자연 급기와 배기팬의 조합

개념 | KEYWORD 10 환기설비
해설 |
자연급기와 배기팬의 조합으로 구성된 3종 환기방식은 실내를 부압(−)으로 유지하여 냄새나 유해물질을 다른 실로 흘려보내지 않으므로 욕실, 화장실 등에 사용한다.

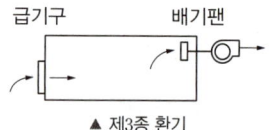

▲ 제3종 환기

관련이론
환기방식의 비교

구분	급기구	배기구	사용장소
제1종 환기	송풍기	배풍기	수술실
제2종 환기	송풍기	자연 배기	반도체 공장, 무균실
제3종 환기	자연 급기	배풍기	주방, 화장실 등

정답 | ④

77

다음과 같은 특징을 갖는 에스컬레이터 배열방법은?

- 설치면적이 작다.
- 일반적으로 대형 백화점에서 채용된다.
- 승강, 하강 모두 연속적으로 갈아탈 수 있다.

① 복렬형 ② 교차형
③ 병렬형 ④ 단열중복형

개념 | KEYWORD 18 에스컬레이터설비

해설 |
교차형 에스컬레이터 배치는 설치면적이 작고, 연속 승·하강이 가능해 대형 백화점 등에서 흔히 채용하는 방식이다.

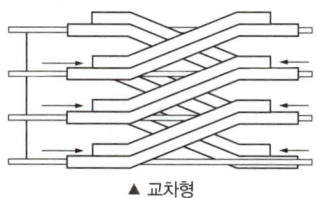

▲ 교차형

정답 | ②

78

간접조명방식에 관한 설명으로 옳지 않은 것은?

① 조명률이 높다.
② 실내면 반사율이 크다.
③ 분위기를 중요시하는 조명에 적합하다.
④ 그림자가 적고 글레어가 적은 조명이 가능하다.

개념 | KEYWORD 16 조명설비

해설 |
간접조명방식은 광원에서 나온 빛이 천장이나 벽을 비춘 후, 그 반사광으로 조명하는 방식이다. 빛이 부드럽고 눈부심이 적지만, 반사 손실 때문에 조명효율이 낮다. 대합실, 회의실, 임원실 등에 주로 사용한다.

정답 | ①

79

강관의 배관 부속품에 관한 설명으로 옳지 않은 것은?

① 엘보는 배관을 굴곡할 때 사용된다.
② 티와 크로스는 분기관을 낼 때 사용된다.
③ 플러그는 구경이 다른 관을 접합할 때 사용된다.
④ 소켓, 유니온, 플랜지는 직관을 접합할 때 사용된다.

개념 | KEYWORD 05 배관설비

해설 |
플러그는 강관 배관 부속품으로 배관의 말단부를 막는 데 사용한다.

정답 | ③

80

음의 세기가 10^{-9}W/m^2일 때 음의 세기 레벨은? (단, 기준음의 세기 $I_0 = 10^{-12} \text{W/m}^2$임)

① 3dB ② 30dB
③ 0.3dB ④ 0.03dB

개념 | KEYWORD 21 음 환경

해설 |
음의 세기 레벨(SIL; Sound Intensy Level)
$$SIL = 10\log\frac{I}{I_0} = 10\log\frac{10^{-9}}{10^{-12}} = 10\log 10^3 = 30\text{dB}$$
여기서, I: 대상음의 세기, I_0: 기준음의 세기

정답 | ②

건축관계법규

81
국토의 계획 및 이용에 관한 법령상 도시·군관리계획의 내용에 속하지 않는 것은?

① 투기과열지구의 지정 또는 변경에 관한 계획
② 개발제한구역의 지정 또는 변경에 관한 계획
③ 기반시설의 설치·정비 또는 개량에 관한 계획
④ 용도지역·용도지구의 지정 또는 변경에 관한 계획

개념 | KEYWORD 18 국토계획법 총칙

해설 |
투기과열지구의 지정 또는 변경에 관한 계획은 도시·군관리계획과 관계없다.

관련이론

도시·군관리계획의 내용
1. 용도지역·용도지구의 지정 또는 변경에 관한 계획
2. 개발제한구역, 도시자연공원구역, 시가화조정구역, 수산자원보호구역의 지정 또는 변경에 관한 계획
3. 기반시설의 설치·정비 또는 개량에 관한 계획
4. 도시개발사업이나 정비사업에 관한 계획
5. 지구단위계획구역의 지정 또는 변경에 관한 계획과 지구단위계획
6. 도시혁신구역의 지정 또는 변경에 관한 계획과 도시혁신계획
7. 복합용도구역의 지정 또는 변경에 관한 계획과 복합용도계획
8. 도시·군계획시설입체복합구역의 지정 또는 변경에 관한 계획

정답 | ①

82
부설주차장 설치대상 시설물이 문화 및 집회시설 중 예식장으로서 시설면적이 $1,200m^2$인 경우, 설치하여야 하는 부설주차장의 최소 대수는?

① 8대 ② 10대
③ 15대 ④ 20대

개념 | KEYWORD 17 부설·기계식주차장

해설 |
문화 및 집회시설(관람장 제외)의 부설주차장 설치기준은 시설면적 $150m^2$당 1대이다.

$\dfrac{\text{시설면적}}{150} = \dfrac{1,200}{150} = 8$대 이상이다.

정답 | ①

83
건축물에 설치하는 지하층의 구조 및 설비에 관한 기준 내용으로 옳지 않은 것은?

① 거실의 바닥면적의 합계가 $1,000m^2$ 이상인 층에는 환기설비를 설치할 것
② 거실의 바닥면적이 $30m^2$ 이상인 층에는 피난층으로 통하는 비상탈출구를 설치할 것
③ 지하층의 바닥면적이 $300m^2$ 이상인 층에는 식수 공급을 위한 급수전을 1개소 이상 설치할 것
④ 문화 및 집회시설 중 공연장의 용도에 쓰이는 층으로서 그 층의 거실의 바닥면적의 합계가 $50m^2$ 이상인 건축물에는 직통계단을 2개소 이상 설치할 것

개념 | KEYWORD 11 방화규정

해설 |
거실의 바닥면적이 $50m^2$ 이상인 층에는 직통계단 외에 피난층 또는 지상으로 통하는 비상탈출구 및 환기통을 설치해야 한다. 다만, 직통계단이 2개소 이상 설치되어 있는 경우에는 그러하지 아니하다.

관련이론

지하층의 구조기준

바닥면적의 규모	설치기준
거실의 바닥면적 $50m^2$ 이상인 층	직통계단 외에 비상탈출구 및 환기통 설치
바닥면적 $1,000m^2$ 이상인 층	방화구획으로 구획되는 각 부분마다 1개소 이상의 피난계단 또는 특별피난계단 설치
거실의 바닥면적의 합계가 $1,000m^2$ 이상인 층	환기설비 설치
지하층의 바닥면적이 $300m^2$ 이상인 층	식수 공급을 위한 급수전을 1개소 이상 설치

정답 | ②

84
비상용승강기 승강장의 구조에 관한 기준 내용으로 옳지 않은 것은?

① 벽 및 반자가 실내에 접하는 부분의 마감재료는 불연재료로 할 것
② 옥내 승강장의 바닥면적은 비상용승강기 1대에 대하여 6m² 이상으로 할 것
③ 채광을 위한 창문 등을 설치하여서는 안 되며 예비전원에 의한 조명설비를 할 것
④ 피난층이 있는 승강장의 출입구로부터 도로 또는 공지에 이르는 거리가 30m 이하일 것

개념 | KEYWORD 13 승강설비
해설 |
비상용승강기 승강장은 채광이 되는 창문이 있거나 예비전원에 의한 조명설비를 해야 한다.

정답 | ③

85
다음은 공사감리에 관한 기준 내용이다. 밑줄 친 "공사의 공정이 대통령령으로 정하는 진도에 다다른 경우"에 속하지 않는 것은? (단, 건축물의 구조가 철근콘크리트조인 경우)

> 공사감리자는 국토교통부령으로 정하는 바에 따라 감리일지를 기록·유지하여야 하고, 공사의 공정(工程)이 대통령령으로 정하는 진도에 다다른 경우에는 감리중간보고서를 작성하여 건축주에게 제출하여야 한다.

① 지붕슬래브배근을 완료한 경우
② 기초공사 시 철근배치를 완료한 경우
③ 기초공사에서 주춧돌의 설치를 완료한 경우
④ 지상 5개 층마다 상부 슬래브배근을 완료한 경우

개념 | KEYWORD 02 건축허가와 신고
해설 |
중간감리보고서의 제출시기

건축물의 구조	공정에 따른 제출시기
철근콘크리트조, 철골철근콘크리트조, 조적조 또는 보강콘크리트블럭조	• 기초공사 시 철근배치를 완료 • 지붕슬래브배근을 완료 • 지상 5개 층마다 상부 슬래브배근을 완료
철골조	• 기초공사 시 철근배치를 완료 • 지붕철골 조립을 완료 • 지상 3개 층마다 또는 높이 20m마다 주요 구조부의 조립을 완료

정답 | ③

86
다음의 대지와 도로의 관계에 관한 기준 내용 중 ( ) 안에 알맞은 것은?

> 연면적의 합계가 2,000m²(공장인 경우에는 3,000m²) 이상인 건축물(축사, 작물 재배사, 그 밖에 이와 비슷한 건축물로서 건축조례로 정하는 규모의 건축물은 제외한다)의 대지는 너비 (㉠) 이상의 도로에 (㉡) 이상 접하여야 한다.

① ㉠ : 4m, ㉡ : 2m
② ㉠ : 6m, ㉡ : 4m
③ ㉠ : 8m, ㉡ : 6m
④ ㉠ : 8m, ㉡ : 4m

개념 | KEYWORD 05 대지·도로·건축선
해설 |
건축물이 있는 대지가 도로에 접해야 하는 길이

구분	접해야 하는 길이
원칙	도로에 2m 이상
연면적의 합계 2,000m² 이상	너비 6m 이상 도로에 4m 이상(공장인 경우에는 3,000m²)

정답 | ②

87

「국토의 계획 및 이용에 관한 법률」에 따른 용도지역에서의 용적률 최대한도 기준이 옳지 않은 것은? (단, 도시지역의 경우)

① 주거지역: 500% 이하
② 녹지지역: 100% 이하
③ 공업지역: 400% 이하
④ 상업지역: 1,000% 이하

개념 | KEYWORD 07 면적의 규제

해설 |
상업지역: 1,500% 이하

관련이론
용적률의 최대한도

지역		용적률
도시지역	주거지역	500% 이하
	상업지역	1,500% 이하
	공업지역	400% 이하
	녹지지역	100% 이하
관리지역	보전관리지역	80% 이하
	생산관리지역	
	계획관리지역	100% 이하

정답 | ④

88

허가권자가 가로구역별로 건축물의 최고높이를 지정·공고할 때 고려하여야 할 사항이 아닌 것은?

① 도시미관 및 경관계획
② 해당 도시의 장래 발전계획
③ 해당 가로구역이 접하는 도로의 길이
④ 도시·군관리계획 등의 토지이용계획

개념 | KEYWORD 08 높이의 규제

해설 |
허가권자는 가로구역별로 건축물의 높이를 지정·공고할 때에는 다음의 사항을 고려해야 한다.
• 도시·군관리계획 등의 토지이용계획
• 해당 가로구역이 접하는 도로의 너비
• 해당 가로구역의 상·하수도 등 간선시설의 수용능력
• 도시미관 및 경관계획
• 해당 도시의 장래 발전계획

따라서 ③ 해당 가로구역이 접하는 도로의 길이는 고려사항이 아니다.

정답 | ③

89

공동주택 중심의 양호한 주거환경을 보호하기 위하여 주거지역을 세분하여 지정하는 지역은?

① 제1종 전용주거지역
② 제2종 전용주거지역
③ 제1종 일반주거지역
④ 제2종 일반주거지역

개념 | KEYWORD 19 국토의 용도구분

해설 |
제2종 전용주거지역에 대한 설명이다.

관련이론
주거지역의 구분

구분		내용
전용 주거지역	제1종 전용주거지역	단독주택 중심의 양호한 주거환경을 보호
	제2종 전용주거지역	공동주택 중심의 양호한 주거환경을 보호
일반 주거지역	제1종 일반주거지역	저층주택 중심으로 편리한 주거환경을 조성
	제2종 일반주거지역	중층주택 중심으로 편리한 주거환경을 조성
	제3종 일반주거지역	중고층주택 중심으로 편리한 주거환경을 조성
준주거지역		주거기능을 주로 하면서 상업기능 및 업무기능을 보완

정답 | ②

90

주차장의 수급 실태를 조사하려는 경우, 조사 구역의 설정 기준으로 옳지 않은 것은?

① 원형 형태로 조사구역을 설정한다.
② 각 조사구역은 「건축법」에 따른 도로를 경계로 구분한다.
③ 조사구역 바깥 경계선의 최대거리가 300m를 넘지 아니하도록 한다.
④ 주거기능과 상업·업무기능이 섞여 있는 지역의 경우에는 주차시설 수급의 적정성, 지역적 특성 등을 고려하여 같은 특성을 가진 지역별로 조사구역을 설정한다.

개념 | KEYWORD 15 주차장법 총칙

해설 |
주차장의 수급 실태 조사구역은 사각형 또는 삼각형 형태로 설정한다.

정답 | ①

91

면적 등의 산정방법에 대한 기본 원칙으로 옳지 않은 것은?

① 대지면적은 대지의 수평투영면적으로 한다.
② 건축면적은 건축물의 외벽의 중심선으로 둘러싸인 부분의 수평투영면적으로 한다.
③ 바닥면적은 건축물의 각 층 또는 그 일부로서 벽, 기둥, 그 밖에 이와 비슷한 구획의 중심선으로 둘러싸인 부분의 수평투영면적으로 한다.
④ 용적률 산정 시 적용하는 연면적은 지하층을 포함하여 하나의 건축물 각 층의 바닥면적의 합계로 한다.

개념 | KEYWORD 07 면적의 규제

해설 |
용적률 산정 시 적용하는 연면적은 지하층을 제외하고 하나의 건축물의 각 층 바닥면적의 합계로 한다.

관련이론
용적률 산정 시 제외하는 면적
1. 지하층의 면적
2. 지상층의 주차용으로 쓰는 면적
3. 초고층 건축물과 준초고층 건축물에 설치하는 피난안전구역의 면적
4. 건축물의 경사지붕 아래에 설치하는 대피공간의 면적

정답 | ④

92

다음은 「건축법령」상 다세대주택의 정의이다. ( ) 안에 알맞은 것은?

> 주택으로 쓰는 1개 동의 바닥면적 합계가 (㉠) 이하이고, 층수가 (㉡) 이하인 주택(2개 이상의 동을 지하주차장으로 연결하는 경우에는 각각의 동으로 본다.)

① ㉠ 330m², ㉡ 3개 층
② ㉠ 330m², ㉡ 4개 층
③ ㉠ 660m², ㉡ 3개 층
④ ㉠ 660m², ㉡ 4개 층

개념 | KEYWORD 01 건축법 총칙

해설 |
다세대주택은 주택으로 쓰는 1개 동의 바닥면적의 합계가 660m² 이하이고, 층수가 4개 층 이하인 주택이다.

정답 | ④

93

공작물을 축조할 때 특별자치시장·특별자치도지사 또는 시장·군수·구청장에게 신고를 하여야 하는 대상 공작물에 속하지 않는 것은? (단, 건축물과 분리하여 축조하는 경우)

① 높이 3m인 담장
② 높이 5m인 굴뚝
③ 높이 5m인 광고탑
④ 높이 5m인 광고판

개념 | KEYWORD 01 건축법 총칙

해설 |
굴뚝은 높이가 6m 이상일 경우 신고 대상이다.

관련이론
신고대상 공작물
1. 높이 2m를 넘는 옹벽 또는 담장
2. 높이 4m를 넘는 장식탑, 기념탑, 첨탑, 광고탑, 광고판
3. 높이 5m를 넘는 태양에너지를 이용하는 발전설비
4. 높이 6m를 넘는 굴뚝, 골프연습장 등의 운동시설을 위한 철탑, 주거지역·상업지역에 설치하는 통신용 철탑
5. 높이 8m를 넘는 고가수조
6. 높이 8m(위험을 방지하기 위한 난간의 높이는 제외) 이하의 기계식 주차장 및 철골 조립식 주차장(바닥면이 조립식이 아닌 것을 포함)으로서 외벽이 없는 것
7. 바닥면적이 30m²를 넘는 지하대피호

정답 | ②

94

대지면적이 1,000m²인 건축물의 옥상에 조경면적을 90m² 설치한 경우, 대지에 설치하여야 하는 최소 조경면적은? (단, 조경설치기준은 대지면적의 10%)

① 10m²
② 40m²
③ 50m²
④ 100m²

개념 | KEYWORD 06 조경·공개공지

해설 |
대지면적이 1,000m²이고 조경설치기준이 대지면적의 10%이므로 조경면적은 100m²이다.
대지의 조경면적으로 산정할 수 있는 옥상의 조경면적은 옥상 부분 조경면적의 2/3이므로 90m²(문제의 조건)의 2/3인 60m²이다. 이 경우 조경면적으로 산정할 수 있는 면적은 전체 조경면적의 50/100을 초과할 수 없으므로 100m²의 50/100인 50m²만 인정된다.
대지의 조경면적은 전체 조경면적인 100m²에서 대지의 조경면적으로 산정할 수 있는 옥상의 조경면적인 50m²을 제외한 50m²이다.

정답 | ③

95

준주거지역 안에서 건축할 수 있는 건축물에 속하지 않는 것은?

① 단독주택　② 종교시설
③ 운동시설　④ 숙박시설

개념 | KEYWORD 19 국토의 용도구분

해설 |
준주거지역은 주거기능을 위주로 하면서 상업기능 및 업무기능을 보완하는 지역이며, 숙박시설은 준주거지역 안에서 건축할 수 없다.

관련이론
준주거지역에 건축할 수 없는 건축물
단란주점, 일반게임제공업의 시설, 의료시설 중 격리병원, 숙박시설, 위락시설, 공장, 위험물 저장 및 처리시설 중 시내버스차고지 외의 지역에 설치하는 액화석유가스 충전소 및 고압가스 충전소·저장소, 폐차장, 자원순환 관련 시설, 묘지 관련 시설

정답 | ④

96

공동주택 중 아파트로서 대피공간을 설치하여야 하는 경우 대피공간의 바닥면적은 최소 얼마 이상이어야 하는가? (단, 각 세대별로 설치하는 경우)

① $1m^2$　② $2m^2$
③ $3m^2$　④ $4m^2$

개념 | KEYWORD 10 피난규정

해설 |
대피공간의 바닥면적은 각 세대별로 설치하는 경우에는 $2m^2$ 이상, 인접 세대와 공동으로 설치하는 경우에는 $3m^2$ 이상으로 한다.

정답 | ②

97

건축물의 건축 시 건축물의 설계자가 국토교통부령으로 정하는 구조기준 등에 따라 그 구조의 안전을 확인하는 경우 건축구조기술사의 협력을 받아야 하는 대상 건축물 기준으로 옳지 않은 것은?

① 다중이용건축물
② 6층 이상인 건축물
③ 기둥과 기둥 사이의 거리가 10m 이상인 건축물
④ 한쪽 끝은 고정되고 다른 끝은 지지되지 아니한 구조로 된 차양 등이 외벽의 중심선으로부터 3m 이상 돌출된 건축물

개념 | KEYWORD 09 구조규정

해설 |
기둥과 기둥 사이의 거리가 20m 이상인 건축물은 특수구조 건축물로서 건축구조기술사의 협력을 받아야 한다.

관련이론
건축구조기술사의 협력을 받아야 하는 건축물
1. 6층 이상인 건축물
2. 특수구조 건축물
3. 다중이용 건축물
4. 준다중이용 건축물
5. 3층 이상인 필로티 구조의 건축물
6. 건축물의 용도 및 규모를 고려한 중요도가 높은 건축물로서 국토교통부령으로 정하는 건축물

관련이론
특수구조 건축물
1. 한쪽 끝은 고정되고 다른 끝은 지지되지 아니한 구조로 된 보·차양 등이 외벽의 중심선으로부터 3m 이상 돌출된 건축물
2. 기둥과 기둥 사이의 거리가 20m 이상인 건축물
3. 무량판 구조를 가진 건축물로서 무량판 구조인 어느 하나의 층에 수직으로 배치된 주요구조부의 전체 단면적에서 보가 없이 배치된 기둥의 전체 단면적이 차지하는 비율이 4분의 1 이상인 건축물
4. 특수한 설계·시공·공법 등이 필요한 건축물로서 국토교통부장관이 정하여 고시하는 구조로 된 건축물

정답 | ③

98

그림과 같은 일반 건축물의 건축면적은? (단, 평면도 건물 치수는 두께 300mm인 외벽의 중심치수이고, 지붕선 치수는 지붕외곽선 치수임)

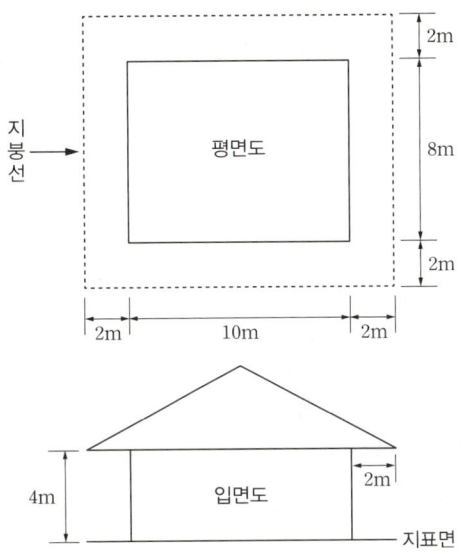

① 80m²
② 100m²
③ 120m²
④ 168m²

개념 | KEYWORD 07 면적의 규제

해설 |
해당 건축물의 건축면적은 처마 끝부분으로부터 1m 후퇴한 선을 기준으로 산정한다.
∴ $(1+10+1) \times (1+8+1) = 12 \times 10 = 120m^2$

관련이론

건축면적

구분	산정기준
원칙	건축물의 외벽(외벽이 없는 경우에는 외곽 부분의 기둥)의 중심선으로 둘러싸인 부분의 수평투영면적
제외	1. 지표면으로부터 1m 이하에 있는 부분 2. 처마·차양·부연 등의 외벽의 중심선으로부터 수평거리 1m 이상 돌출된 부분이 있는 경우에는 그 끝부분으로부터 1m(전통 사찰은 4m, 한옥은 2m, 축사는 3m)를 후퇴한 선의 옥외 쪽 부분

정답 | ③

99

방화와 관련하여 같은 건축물에 함께 설치할 수 없는 것은?

① 의료시설과 업무시설 중 오피스텔
② 위험물 저장 및 처리시설과 공장
③ 위락시설과 문화 및 집회시설 중 공연장
④ 공동주택과 제2종 근린생활시설 중 다중생활시설

개념 | KEYWORD 11 방화규정

해설 |
공동주택과 제2종 근린생활시설 중 다중생활시설은 같은 건축물에 함께 설치할 수 없다.

관련이론

같은 건축물에 함께 설치할 수 없는 용도의 시설
1. 노유자시설 중 아동 관련 시설 또는 노인복지시설과 판매시설 중 도매시장 또는 소매시장
2. 단독주택(다중주택, 다가구주택에 한정), 공동주택, 제1종 근린생활시설 중 조산원 또는 산후조리원과 제2종 근린생활시설 중 다중생활시설

정답 | ④

100

다음 중 건축물의 관람석 또는 집회실로서 그 바닥면적이 200m² 이상인 경우 반자높이를 4m 이상으로 하여야 하는 것은? (단, 기계환기장치를 설치하지 않은 경우)

① 전시장
② 식물원
③ 동물원
④ 장례식장

개념 | KEYWORD 09 구조규정

해설 |
거실의 반자높이: 원칙(2.1m 이상)

건축물의 용도		반자높이	비고
① 문화 및 집회시설(전시장 및 동·식물원 제외) ② 종교시설 ③ 장례식장 ④ 위락시설 중 유흥주점	관람실 또는 집회실로서 그 바닥면적이 200m² 이상	4.0m 이상 (노대 아랫부분은 2.7m 이상)	기계환기장치를 설치하는 경우에는 예외

정답 | ④

2025년 2회 CBT 복원문제

건축계획

01

주택단지 안의 건축물에 설치하는 계단의 유효폭은 최소 얼마 이상으로 하여야 하는가?

① 0.9m
② 1.2m
③ 1.5m
④ 1.8m

개념 | KEYWORD 03 단독주택

해설 |
주택단지 내 건축물의 공동으로 사용하는 계단의 유효폭은 1.2m 이상으로 한다.

관련이론

계단의 각 부위의 치수

종류	유효폭	단높이	단너비
공동으로 사용하는 계단	120cm 이상	18cm 이하	26cm 이상
건축물의 옥외계단	90cm 이상	20cm 이하	24cm 이상

정답 | ②

02

메조네트형(Maisonette type) 공동주택에 관한 설명으로 옳지 않은 것은?

① 주택 내의 공간의 변화가 있다.
② 거주성, 특히 프라이버시가 높다.
③ 소규모 단위평면에 적합한 유형이다.
④ 양면 개구에 의한 통풍 및 채광 확보가 양호하다.

개념 | KEYWORD 04 공동주택

해설 |
메조네트형(Maisonette type)은 복층형으로 소규모 단위평면에는 적합하지 않다.

관련이론

메조네트형(Maisonette type)

1. 장점
   ① 엘리베이터의 정지층 수를 적게 할 수 있다. (효율적, 경제적)
   ② 복도가 없는 층은 남북면이 트여 있으므로 좋은 평면 구성이 가능하다.
   ③ 통로 면적이 감소하고 임대(전용, 거주, 대실, 유효) 면적이 증가한다.
   ④ 프라이버시가 가장 높다.

2. 단점
   ① 소규모 주택(50m² 이하)에서는 비경제적이다.
   ② 공용 복도가 없는 층은 화재 및 비상시 대피상 불리하다.
   ③ 구조상 복잡하다.

정답 | ③

03

은행 건축의 계획에 관한 다음 설명 중 부적당한 것은?

① 은행실은 은행건축의 주체를 이루는 곳으로 기둥수가 적고 넓은 실이 요구된다.
② 영업대의 높이는 고객 대기실에서 140~145cm가 가장 적당하다.
③ 영업실은 고객을 직접 상대하는 업무 외에는 고객과의 직접적인 접촉을 피하도록 계획한다.
④ 정문 출입구에 전실을 둘 경우에 바깥문은 밖여닫이, 또는 자재문으로 하기도 한다.

개념 | KEYWORD 07 은행

해설 |
영업대의 높이는 고객 대기실에서 100~110cm가 가장 적당하다.

관련이론

카운터(영업대, Tellers Counter)
1. 높이: 100~110cm(영업장 쪽에 서는 90~95cm)
2. 폭: 60~75cm
3. 길이: 150~180cm
4. 영업장 면적 1m²당 카운터의 길이: 10cm

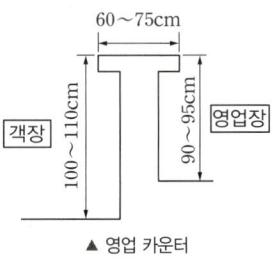

▲ 영업 카운터

정답 | ②

04

백화점의 진열장 배치에 관한 설명으로 옳지 않은 것은?

① 직각배치는 매장 면적의 이용률을 최대로 확보할 수 있다.
② 사행배치는 주통로 이외의 제2통로를 상하교통계를 향해서 45° 사선으로 배치한 것이다.
③ 사행배치는 많은 고객이 매장구석까지 가기 쉬운 이점이 있으나 이행의 진열장이 필요하다.
④ 자유유선배치는 획일성을 탈피할 수 있으며, 변화와 개성을 추구할 수 있고 시설비가 적게 든다.

개념 | KEYWORD 06 상점, 백화점, 쇼핑센터

해설 |
자유유선배치를 하면 변화와 개성을 추구할 수 있지만, 곡선형의 가구 등의 사용으로 시설비가 많이 든다.

관련이론

자유유동법(Free flow system: 자유유선배치법)
1. 통로를 고객의 유동 방향에 따라 자유로운 곡선으로 배치하는 방법이다.
2. 전시에 변화를 주고 판매장의 특수성을 살릴 수 있다.
3. 특수형의 판매대와 유리 케이스 등을 필요로 하므로 가격이 비싸다.

정답 | ④

05

주택의 식당계획에서 LDK형의 의미로 가장 알맞은 것은?

① 별도의 거실을 두고 부엌의 일부에 식당을 설치한 형태
② 별도의 부엌을 두고 거실과 식당을 겸용하는 형태
③ 거실, 식당, 부엌을 개방된 하나의 공간에 배치한 형태
④ 식당, 부엌, 다용도실을 개방된 하나의 공간에 배치한 형태

개념 | KEYWORD 03 단독주택

해설 |
LDK(Living Dining Kitchen)는 거실, 식당, 주방을 한 공간에 통합 배치한 것이다. 공간 이용률이 높고 동선이 짧아 가사노동이 줄어들어, 특히 소규모 주택에서 효율적이다.

정답 | ③

06

초등학교의 운영방식에 관한 기술 중 부적당한 것은?

① 교과교실형(V형)은 학생의 이동률이 심한 것이 단점이다.
② 플래툰형(P형)은 교사의 수와 적당한 시설이 없으면 실시가 곤란하다.
③ 달톤형(D형)은 우리나라에서는 입시학원이나 사설 외국어 학원에서 사용하고 있다.
④ 종합교실형(A형)은 초등학교 고학년에 가장 적합하다.

개념 | KEYWORD 09 학교, 도서관

해설 |
종합교실형은 학생의 이동이 없으며, 초등학교 저학년에 적합한 형식이다.

정답 | ④

07

건축 모듈(Module)에 대한 설명으로 옳지 않은 것은?

① 양산의 목적과 공업화를 위해 사용된다.
② 모든 치수의 수직과 수평이 황금비를 이루도록 하는 것이다.
③ 복합 모듈은 기본 모듈의 배수로서 정한다.
④ 모듈 설정 시 설계작업이 단순화된다.

개념 | KEYWORD 02 건축 치수 계획
해설 |
황금비는 미학적 비례(약 1:1.618)를 뜻하는 개념으로, 기준 치수의 배수·약수로 치수를 통일·표준화하는 건축 모듈과는 무관하다.

정답 | ②

08

다음 중 건축양식의 발달순서가 옳게 된 것은?

① 초기 그리스도교 → 비잔틴 → 로마네스크 → 로코코 → 르네상스
② 로마 → 비잔틴 → 고딕 → 로마네스크 → 르네상스 → 그리스
③ 그리스 → 로마네스크 → 르네상스 → 바로크 → 로코코
④ 이집트 → 비잔틴 → 로마네스크 → 르네상스 → 고딕

개념 | KEYWORD 13 서양건축사
해설 |
서양 건축양식의 역사적인 순서는 다음과 같다.
이집트 → 그리스 → 로마 → 초기기독교 → 비잔틴 → 사라센 → 로마네스크 → 고딕 → 르네상스 → 바로크 → 로코코

정답 | ③

09

공장건축의 지붕형에 관한 설명으로 옳지 않은 것은?

① 솟을지붕은 채광, 환기에 적합한 방법이다.
② 샤렌지붕은 기둥이 많이 소요되는 단점이 있다.
③ 뾰족지붕은 직사광선을 어느 정도 허용하는 결점이 있다.
④ 톱날지붕은 북향의 채광창으로 일정한 조도를 유지할 수 있다.

개념 | KEYWORD 10 공장, 창고
해설 |
샤렌지붕은 기둥이 많이 소요되는 톱날지붕의 결점을 보완하기 위해 지붕을 곡선형으로 만든 것으로서 기둥이 적게 소요되는 장점이 있다.

정답 | ②

10

병원의 간호사 대기소에 관한 설명 중 ( ) 안에 가장 알맞은 내용은?

> 1개의 간호사 대기소에서 관리할 수 있는 병상 수는 (㉠)개 이하로 하며 간호사의 보행거리는 (㉡)m 이내가 되도록 한다.

① ㉠ 10~20, ㉡ 40
② ㉠ 20~30, ㉡ 40
③ ㉠ 30~40, ㉡ 24
④ ㉠ 40~50, ㉡ 24

개념 | KEYWORD 11 병원
해설 |
1개의 간호사 대기소에서 관리할 수 있는 병상 수는 30~40개 이하로 하며, 보행거리는 24m 이내로 한다.

관련이론
간호 단위

항목	기준
간호 인원(1조)	8~10명
규모(병상 수)	• 이상적: 25병상 • 보통: 30~40병상
간호사 대기소	• 각 간호 단위(또는 층·동)에 설치 • 수직 교통로(계단, 승강기)에 가까운 곳으로 외부인 출입 감시 가능
보행거리	24m 이내

정답 | ③

11

고대 그리스에서 사용되던 오더(Order)로 가장 단순하고 장중한 느낌을 주며, 다른 오더와 달리 주초가 없는 것은?

① 도릭 오더(Doric order)
② 이오닉 오더(Ionic order)
③ 코리티안 오더(Corinthian order)
④ 터스칸 오더(Tuscan order)

개념 | KEYWORD 13 서양건축사
해설 |
도릭 오더
• 단순하고 장중한 느낌: 다른 오더에 비해 장식이 거의 없어 굵고 웅장하며, 남성적인 느낌을 준다.
• 주초가 없음: 기둥이 별도의 주초 없이 바로 기단 위에 놓인다.

정답 | ①

12

사무소 건축의 엘리베이터 계획에 관한 설명으로 옳지 않은 것은?

① 대면배치에서 대면거리는 동일 군 관리의 경우는 3.5~4.5m로 한다.
② 여러 대의 엘리베이터를 설치하는 경우, 그룹별 배치와 군 관리 운전방식으로 한다.
③ 일렬 배치는 8대를 한도로 하고, 엘리베이터 중심 간 거리는 8m 이하가 되도록 한다.
④ 엘리베이터 홀은 엘리베이터 정원 합계의 50% 정도를 수용할 수 있어야 하며, 1인당 점유면적은 $0.5~0.8m^2$로 계산한다.

개념 | KEYWORD 05 사무소

해설 |
일렬 배치는 4대를 한도로 하고, 엘리베이터 중심 간 거리는 8m 이하가 되도록 한다.

관련이론

사무소 건축의 엘리베이터 계획
1. 한 줄로 다 설치할 수 없고 6대 이상이면 나누어서 알코브(Alcove)형이나 대면(對面)형태를 사용한다.
2. 접근하기 쉽게 주요 출입구 홀에 직면 배치하며 한 곳에 집중 배치한다.
3. 출입문에 가까이 배치하는 것은 동선 충돌 때문에 피해야 한다.

정답 | ③

13

아파트의 평면형식에 관한 설명으로 옳지 않은 것은?

① 집중형은 기후조건에 따라 기계적 환경조절이 필요하다.
② 편복도형은 공용복도에 있어서 프라이버시가 침해되기 쉽다.
③ 홀형은 승강기를 설치할 경우 1대당 이용률이 복도형에 비해 적다.
④ 편복도형은 단위면적당 가장 많은 주호를 집결시킬 수 있는 형식이다.

개념 | KEYWORD 04 공동주택

해설 |
중복도형과 집중형이 편복도형에 비해 단위면적당 더 많은 주호를 집결시킬 수 있다.

정답 | ④

14

페리(C.A. Perry)의 근린주구(Neighborhood Unit) 이론의 내용으로 옳지 않은 것은?

① 초등학교 학구를 기본단위로 한다.
② 중학교와 의료시설을 반드시 갖추어야 한다.
③ 지구 내 가로망은 통과교통에 사용되지 않도록 한다.
④ 주민에게 적절한 서비스를 제공하는 1~2개소 이상의 상점가를 주요도로의 결절점에 배치한다.

개념 | KEYWORD 04 공동주택

해설 |
초등학교와 의료시설을 반드시 갖추어야 한다.

관련이론

C.A. Perry의 근린 단위 방식
1. 크기: 초등학교 하나를 필요로 하는 인구가 적당하다.
2. 경계: 주구 내의 경계는 간선 도로로 한다.
3. 공지: 요구에 적합한 소공원 및 레크리에이션 용지가 필요하다.
4. 공동 시설 용지: 그 유치권이 주구의 크기와 같은 학교, 기타의 공공 시설 용지는 주구의 중심 혹은 주위의 일단으로서 짜임새 있게 배치한다.

정답 | ②

15

다음 중 병원건축에 있어서 단일 고층건물 형식의 유리한 점이 아닌 것은?

① 각 병실을 남향으로 할 수 있어 일조, 통풍조건이 좋아진다.
② 업무의 효율화가 가능하다.
③ 낮은 건폐율로 주변 공지 확보에 유리하다.
④ 병동의 관리가 용이하다.

개념 | KEYWORD 11 병원

해설 |
각 병실을 남향으로 할 수 있어 일조, 통풍 조건이 좋은 것은 분관식(Block type)의 특징이다.

관련이론

병동배치형식 중 집중식(Block type)
1. 외래부, 부속진료 시설, 병동을 합쳐서 한 건물로 하고 특히 병동은 고층으로 하여 환자를 엘리베이터로 운송하는 방법이다.
2. 일조, 통풍 등의 조건이 불리해지며 각 병실의 환경이 균일하지 못하다.
3. 관리가 편리하다.
4. 현대의 큰 병원은 주로 이 방식을 채용한다.

정답 | ①

16

평지 주택에 비해 경사지 주택이 갖는 유리한 특성으로 볼 수 없는 것은?

① 통풍   ② 조망
③ 접근성   ④ 프라이버시

개념 | KEYWORD 04 공동주택

해설 |
경사지 주택은 평지 주택에 비해 접근성이 불리하다. 경사로 인해 차량이나 보행자의 접근이 어려우며, 도로에서 집까지 계단을 설치해야 하거나, 진입로가 가파를 수 있어 불편하다.

정답 | ③

17

다음 중 상점계획에서 파사드 구성에 요구되는 소비자 구매심리 5단계(AIDMA 법칙)에 속하지 않는 것은?

① 흥미(Interest)   ② 욕망(Desire)
③ 기억(Memory)   ④ 유인(Attraction)

개념 | KEYWORD 06 상점, 백화점, 쇼핑센터

해설 |
Attraction은 AIDMA에 속하지 않는다.

관련이론

상점 광고 5요소(AIDMA 법칙)
1. Attention(주의)   2. Interest(흥미)
3. Desire(욕망, 욕구)   4. Memory(기억, 인상)
5. Action(행동)

정답 | ④

18

다음 건축물 중 익공식(翼工式)에 속하는 것은?

① 강릉 오죽헌   ② 서울 동대문
③ 봉정사 대웅전   ④ 무위사 극락전

개념 | KEYWORD 14 한국건축사

해설 |
② 서울 동대문, ③ 봉정사 대웅전은 다포식 구조이고, ④ 무위사 극락전은 주심포식이다.

정답 | ①

19

아파트 단지 내 어린이 놀이터 계획에 대한 설명 중 옳지 않은 것은?

① 어린이가 안전하게 접근할 수 있어야 한다.
② 어린이가 놀이에 열중할 수 있도록 외부로부터의 시선은 차단되어야 한다.
③ 차량통행이 빈번한 곳은 피하여 배치한다.
④ 이웃한 주거에 소음이 가지 않도록 한다.

개념 | KEYWORD 04 공동주택
해설 |
아파트 단지 내 어린이 놀이터는 어린이가 놀이에 집중하는 것보다 외부에서 보호자의 감시가 용이하도록 시야가 확보되어야 한다. 외부의 시선이 차단되면 안전사고나 범죄 발생 시 신속한 대응이 어렵기 때문이다.

정답 | ②

20

사무소 건축에서 유효율(Rentable ratio)이 의미하는 것은?

① 연면적에 대한 대실면적의 비율
② 건축면적에 대한 대실면적의 비율
③ 대지면적에 대한 대실면적의 비율
④ 기준층 면적에 대한 대실면적의 비율

개념 | KEYWORD 05 사무소
해설 |
유효율은 연면적에 대한 대실면적의 비율을 말한다.

$$유효율 = \frac{대실면적}{연면적} \times 100(\%)$$

연면적에 대해 70~75%, 기준층에 대해서는 80% 정도이다.

정답 | ①

건축시공

21

타일공사에 관한 설명 중 옳은 것은?

① 모자이크 타일의 줄눈나비의 표준은 5mm이다.
② 벽체타일이 시공되는 경우 바닥타일은 벽체타일을 붙이기 전에 시공한다.
③ 타일을 붙이는 모르타르에 시멘트 가루를 뿌리면 백화가 방지된다.
④ 치장줄눈은 24시간이 경과한 뒤 붙임모르타르의 경화정도를 보아 시공한다.

개념 | KEYWORD 20 석공사
선지분석
① 모자이크 타일의 줄눈너비는 2mm이다.
② 일반적으로 벽체타일을 먼저 시공하고 그 다음에 바닥타일을 시공한다.
③ 시멘트 가루를 뿌릴 경우 백화현상이 더 심해질 수 있다.

정답 | ④

22

문 윗틀과 문짝에 설치하여 문이 자동적으로 닫혀지게 하며, 개폐압력을 조절할 수 있는 장치는?

① 도어체크(Door check) ② 도어홀더(Door holder)
③ 피봇힌지(Pivot hinge) ④ 도어체인(Door chain)

개념 | KEYWORD 24 창호공사
해설 |
도어체크, 도어클로저(Door check, Door closer)는 열린 여닫이문을 자동으로 닫아지게 하는 장치이다.

선지분석
② 도어홀더(Door holder): 문을 열린 상태로 고정하는 장치이다.
③ 피봇힌지(Pivot hinge): 용수철을 사용하지 않고 볼베어링이 들어 있는 경첩이다. 자재 여닫이 중량문에 사용한다.
④ 도어체인(Door chain): 문을 열지 못하도록 안쪽에 다는 쇠사슬이다.

정답 | ①

23
벽돌쌓기 시공에 관한 설명으로 옳지 않은 것은?

① 연속되는 벽면의 일부를 나중쌓기 할 때에는 그 부분을 층단 들여쌓기로 한다.
② 내력벽 쌓기에서는 세워쌓기나 옆쌓기가 주로 쓰인다.
③ 벽돌쌓기 시 줄눈모르타르가 부족하면 하중분담이 일정하지 않아 벽면에 균열이 발생할 수 있다.
④ 창대쌓기는 물흘림을 위해 벽돌을 15° 정도 기울여 벽면에서 3~5cm 정도 내밀어 쌓는다.

개념 | KEYWORD 19 조적공사
해설
내력벽 쌓기에서는 세워쌓기나 옆쌓기가 아니라 눕혀쌓기가 주로 쓰인다.

정답 | ②

24
계약제도의 하나로서 독립된 회사의 연합으로 법인을 설립하지 않으며 공사의 책임과 공사 클레임 등을 각각 독립된 회사의 계약 당사자가 책임을 지는 방식은?

① 공동도급(Joint venture)
② 파트너링(Partnering)
③ 컨소시엄(Consortium)
④ 분할도급(Partial contract)

개념 | KEYWORD 04 계약제도
해설
컨소시엄은 독립된 회사가 연합으로 법인을 설립하지 않고, 공사 책임과 클레임 등을 각각 독립된 회사의 계약 당사자가 책임지는 방식이다. 공동도급과의 차이점은 클레임이 발생했을 때, 같이 모든 것을 해결하면 공동도급, 각각 나누어서 책임지면 컨소시엄이다.

정답 | ③

25
다음 중 건축공사의 직접공사비 원가로 바르게 구성된 것은?

① 자재비, 노무비, 장비비, 간접비
② 자재비, 노무비, 장비비, 경비
③ 자재비, 노무비, 외주비, 경비
④ 자재비, 노무비, 외주비, 간접비

개념 | KEYWORD 06 적산 총론
해설
공사 시공 중에 발생하는 비용(실체를 형성하는 비용)을 직접공사비라 하며 재료비(자재비), 노무비, 외주비, 경비가 이에 속한다.

관련이론
간접공사비
간접공사비는 직접공사비 외에 기타경비, 현장근로자 보험료, 간접노무비, 안전관리비, 퇴직공제부금비 등이다.

정답 | ③

26
다음 중 공사감리업무와 가장 거리가 먼 항목은?

① 설계도서의 적정성 검토
② 시공상의 안전관리 지도
③ 공사 실행예산의 편성
④ 사용자재와 설계도서와의 일치 여부 검토

개념 | KEYWORD 02 관계자와 관리기법
해설
실행예산의 편성은 시공자의 업무이다.

관련이론
감리업무
1. 건축자재의 법령 기준 여부 확인
2. 시공계획, 공사관리의 적정 여부, 공정표의 검토
3. 구조물의 위치와 규격 검토 확인
4. 시공자가 설계도서에 따라 시공하는지 확인

정답 | ③

27

콘크리트의 내화, 내열성에 관한 설명으로 옳지 않은 것은?

① 콘크리트의 내화, 내열성은 사용한 골재의 품질에 크게 영향을 받는다.
② 콘크리트는 내화성이 우수해서 600℃ 정도의 화열을 장시간 받아도 압축강도는 거의 저하하지 않는다.
③ 철근콘크리트 부재의 내화성을 높이기 위해서는 철근의 피복두께를 충분히 하면 좋다.
④ 화재를 입은 콘크리트의 탄산화 속도는 그렇지 않은 것에 비하여 크다.

개념 | KEYWORD 16 콘크리트공사
해설 |
콘크리트는 500~600℃ 이상이 되면 콘크리트의 성능이 50% 이하로 저하된다. 또한, 콘크리트가 높은 열을 받으면 다공질이 되어 흡수성이 증대되며, 중성화가 촉진된다.

정답 | ②

28

수밀콘크리트에 관한 설명으로 옳지 않은 것은?

① 콘크리트의 소요 슬럼프는 되도록 작게 하여 180mm를 넘지 않도록 한다.
② 콘크리트의 워커빌리티를 개선시키기 위해 공기연행제, 공기연행감수제 또는 고성능 공기연행감수제를 사용하는 경우라도 공기량은 2% 이하가 되게 한다.
③ 물결합재비는 50% 이하를 표준으로 한다.
④ 콘크리트 타설 시 다짐을 충분히 하여, 가급적 이어붓기를 하지 않아야 한다.

개념 | KEYWORD 16 콘크리트공사
해설 |
수밀콘크리트의 워커빌리티를 개선시키기 위해 공기연행제, 공기연행감수제 또는 고성능 공기연행감수제를 사용하는 경우라도 공기량은 4% 이하가 되게 한다.

정답 | ②

29

일반콘크리트에서 굳지 않은 콘크리트 중의 전 염소이온량은 얼마 이하로 하여야 하는가? (단, 콘크리트표준시방서 기준)

① $0.10kg/m^3$
② $0.20kg/m^3$
③ $0.30kg/m^3$
④ $0.40kg/m^3$

개념 | KEYWORD 16 콘크리트공사
해설 |
굳지 않은 콘크리트 중의 염화물 함유량은 염소이온량(Cl^-)으로서 원칙적으로 $0.30kg/m^3$ 이하로 하여야 한다.

정답 | ③

30

금속 커튼월의 Mock up test에 있어 기본성능 시험의 항목에 해당되지 않는 것은?

① 정압수밀시험
② 방재시험
③ 구조시험
④ 기밀시험

개념 | KEYWORD 26 커튼월공사
해설 |
금속 커튼월의 Mock up test 기본성능 시험에는 예비시험, 기밀시험, 정압수밀시험, 동압수밀시험, 구조시험 등이 있다.

정답 | ②

31

돌로마이트 플라스터 바름에 관한 설명으로 옳지 않은 것은?

① 실내온도가 5℃ 이하일 때는 공사를 중단하거나 난방하여 5℃ 이상으로 유지한다.
② 정벌바름용 반죽은 물과 혼합한 후 4시간 정도 지난 다음 사용하는 것이 바람직하다.
③ 초벌바름에 균열이 없을 때에는 고름질한 후 7일 이상 두어 고름질면의 건조를 기다린 후 균열이 발생하지 아니함을 확인한 다음 재벌바름을 실시한다.
④ 재벌바름이 지나치게 건조한 때는 적당히 물을 뿌리고 정벌바름한다.

개념 | KEYWORD 28 미장공사
해설 |
돌로마이트 플라스터 정벌바름용 반죽은 물과 혼합한 후 12시간 정도 지난 다음 사용하는 것이 바람직하다. 시멘트와 혼합한 정벌바름용 반죽은 2시간 이상 경과한 것은 사용할 수 없다.

정답 | ②

32

버킷용량 1.5m³의 파워쇼벨을 이용하여 사이클 타임 1분, 작업효율 100%로 작업할 경우 체적변화계수 1.2인 흙의 시간당 작업량은? (단, 굴삭계수는 0.6)

① 38.88m³ ② 64.8m³
③ 108.3m³ ④ 150.4m³

개념 | KEYWORD 07 공종별 적산
해설 |
Power shovel의 1시간당 굴착 작업량
$= \dfrac{3,600 \times 1.5 \times 1.2 \times 1.0 \times 0.6}{60} = 64.8\text{m}^3/\text{h}$

관련이론
굴착작업량
$V = \dfrac{3,600 \times Q \times f \times E \times K}{C_m}$
Q: 버킷용량, f: 체적변화계수, E: 작업효율, K: 굴삭계수, C_m: 싸이클시간(60초)

정답 | ②

33

모래의 전단력을 측정하는 가장 유효한 지반조사 방법은?

① 보링 ② 베인테스트
③ 표준관입시험 ④ 재하시험

개념 | KEYWORD 11 지반조사
해설 |
표준관입시험은 모래의 상대밀도와 전단력을 측정한다.

선지분석
① 보링: 지층의 구성 상태 파악
② 베인테스트: 점토 지반의 점착력 측정
④ 재하시험: 지반의 지지력 측정

정답 | ③

34

도장공사 시 주의사항으로 옳지 않은 것은?

① 바탕의 건조가 불충분하거나 공기의 습도가 높을 때에는 시공하지 않는다.
② 불투명한 도장일 때에는 초벌부터 정벌까지 같은 색으로 시공해야 한다.
③ 야간에는 색을 잘못 도장할 염려가 있으므로 시공하지 않는다.
④ 직사광선은 가급적 피하고 도막이 손상될 우려가 있을 때에는 도장하지 않는다.

개념 | KEYWORD 27 도장공사
해설 |
도장공사 시 3회(초벌, 재벌, 정벌) 칠일 경우 다음 칠을 하였는지 안 하였는지 구별하기 위해 다른 색으로 도장한다.

정답 | ②

35

기계가 위치한 곳보다 높은 곳의 굴착에 가장 적당한 건설기계는?

① Dragline ② Back Hoe
③ Power Shovel ④ Scraper

개념 | KEYWORD 12 토공사

해설 |
기계가 서 있는 위치보다 높은 곳의 굴착에 적당한 장비는 파워쇼벨(Power Shovel)이다.

관련이론

굴착용 기계

종류	특성
파워쇼벨	지면보다 높은 곳의 굴착에 적합하며 굴착력이 크다.
드래그쇼벨 (백호)	지면보다 낮은 곳의 굴착에 적합하며 굴착력이 크고 범위가 좁다.
드래그라인	기계를 설치한 지반보다 낮은 장소 또는 수중을 굴착하는데 사용된다. 굴착력은 약하나 작업범위가 광범위하다.
클램쉘	좁은 곳의 수직굴착, 수중굴착에 적합하다.
트렌처	도랑파기, 줄기초 파기에 사용된다.

정답 | ③

36

시멘트 200포를 사용하여 배합비가 1 : 3 : 6의 콘크리트를 비벼 냈을 때의 전체 콘크리트량은? (단, 물—시멘트비는 60%이고 시멘트 1포대는 40kg임)

① $25.25m^3$ ② $36.36m^3$
③ $39.39m^3$ ④ $44.44m^3$

개념 | KEYWORD 07 공종별 적산

해설 |
배합비가 1:3:6일 때 $1m^3$당 시멘트 220kg이 필요하므로
$1m^3$당 시멘트 포대 수
$$\frac{220kg/m^3}{40kg} = 5.5포대/m^3$$
시멘트 200포대를 사용하므로
$$\frac{200포대}{5.5포대/m^3} \fallingdotseq 36.36m^3$$

정답 | ②

37

MCX(Minimum Cost Expediting) 기법에 의한 공기단축에서 아무리 비용을 투자해도 그 이상 공기를 단축할 수 없는 한계점을 무엇이라 하는가?

① 표준점 ② 포화점
③ 경제 속도점 ④ 특급점

개념 | KEYWORD 08 공정관리

해설 |
특급점은 절대공기의 시점을 말하며, 단축이 불가능한 시간이다.

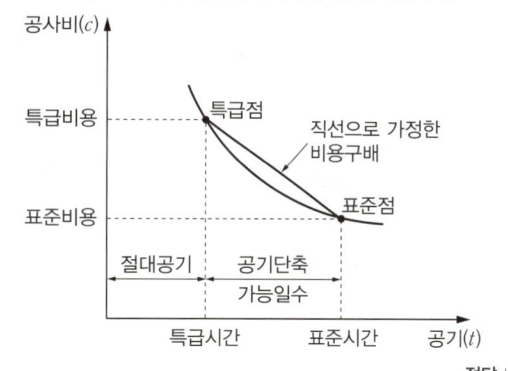

정답 | ④

38

콘크리트 공사 중 적산온도와 가장 관계 깊은 것은?

① 매스(Mass)콘크리트 공사
② 수밀(水密)콘크리트 공사
③ 한중(寒中)콘크리트 공사
④ AE콘크리트 공사

개념 | KEYWORD 16 콘크리트공사

해설 |
한중콘크리트는 타설 후 4주 동안의 예상기온이 5°C 이하인 경우를, 극한기 콘크리트는 2°C 이하인 경우를 뜻한다. 이때 기온에 따른 보정값을 사용하는 방법과 적산온도방식(시간×온도)에 의한 방법이 사용된다.

정답 | ③

39

사용할 때 마다 부재의 조립, 분해를 반복하지 않아 벽식구조인 아파트 건축물에 적용효과가 큰 대형 벽체거푸집은?

① Gang form ② Sliding form
③ Air tube form ④ Traveling form

개념 | KEYWORD 15 거푸집공사
해설 |
갱폼(Gang Form)은 벽체 전용 대형 패널 거푸집으로, 벽 패널·지주(버팀대)·작업대가 일체화되어 크레인으로 일괄 인양·이동이 가능하다. 주로 아파트 외벽, 옹벽, 교각, 피어 기초에 사용된다.

정답 | ①

40

철골가공 및 용접에 있어 자동용접의 경우 용접봉의 피복재 역할로 쓰이는 분말상의 재료를 무엇이라 하는가?

① 플럭스(Flux) ② 슬래그(Slag)
③ 시스(Sheath) ④ 샤모테(Chamotte)

개념 | KEYWORD 17 접합
해설 |
플럭스는 자동용접 시 용접봉의 피복재 역할을 하는 분말상의 재료이다. 용접이 진행되는 동안 플럭스가 녹으면서 용융된 금속을 공기 중의 산소와 질소로부터 보호하고, 불순물을 제거하여 용접 품질을 향상시킨다.

정답 | ①

건축구조

41

강도설계법에서 D22 압축이형철근의 기본정착길이 l_{db}는? (단, 경량콘크리트계수 $\lambda=1.0$, $f_{ck}=27\mathrm{MPa}$, $f_y=400\mathrm{MPa}$)

① 200.5mm ② 378.4mm
③ 423.4mm ④ 604.6mm

개념 | KEYWORD 16 철근 정착과 이음
해설 |
압축이형철근의 기본정착길이 l_{db}는 다음 중 큰 값 이상이 되어야 한다.

$l_{db}=\dfrac{0.25\cdot d_b\cdot f_y}{\lambda\cdot\sqrt{f_{ck}}}$	$l_{db}=0.043 d_b f_y$
• f_{ck}: 콘크리트 압축강도 • f_y: 철근의 항복강도	• d_b: 철근의 지름 • λ: 경량콘크리트계수(1.0)

1. $l_{db}=\dfrac{0.25\times 22\times 400}{1.0\times\sqrt{27}}\fallingdotseq 423.4\mathrm{mm}$
2. $l_{db}=0.043\times 22\times 400=378.4\mathrm{mm}$

∴ $l_{db}\geqq 423.4\mathrm{mm}$

정답 | ③

42

그림과 같은 콘크리트 슬래브에서 합성보 A의 슬래브 유효폭 b_e를 구하면? (단, 그림의 단위는 mm임)

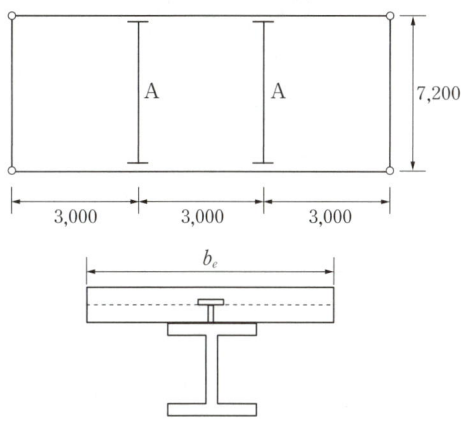

① 1,500mm ② 1,800mm
③ 2,000mm ④ 2,250mm

개념 | KEYWORD 13 보의 휨설계
해설 |
합성보의 유효폭 b_e: 슬래브 양측 중심간 거리와 보 경간의 1/4 거리 값 중 작은 값으로 결정한다.

1. 슬래브 양측 중심간 거리: $\frac{3,000}{2} + \frac{3,000}{2} = 3,000$mm
2. 보 경간의 1/4: $7,200 \div 4 = 1,800$mm

따라서 두 값 중 작은 값인 경간의 1/4의 값(1,800mm)으로 결정된다.

정답 | ②

43

그림과 같은 강접골조에 수평력 $P=10$kN이 작용하고 기둥의 강비 $k=\infty$인 경우, 기둥의 모멘트가 최대가 되는 위치 h_0는? (단, 괄호 안의 기호는 강비이다.)

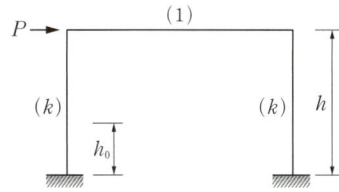

① 0 ② $0.5h$
③ $(4/7)h$ ④ h

개념 | KEYWORD 09 구조물 해석
해설 |
기둥의 강비가 무한대인 경우 해당 기둥은 캔틸레버보와 동일하게 해석된다. 따라서 모멘트가 최대가 되는 위치는 지점이다.
∴ $h_0 = 0$

정답 | ①

44

그림과 같은 구조물의 부정정 차수는?

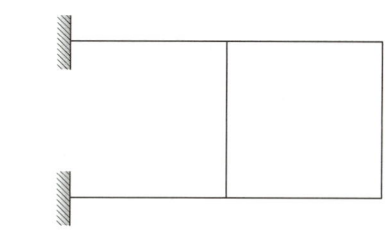

① 3차 부정정 ② 4차 부정정
③ 5차 부정정 ④ 6차 부정정

개념 | KEYWORD 08 구조물 판별
해설 |
$N = r + m + f - 2 \times j$ 공식 이용
여기서, r: 지점반력수, m: 부재수, f: 강절점수, j: 지점수+자유단 지점수이다.
$N = 6 + 6 + 6 - 2 \times 6 = 6$이므로 6차 부정정 구조물이다.

다른 풀이
$N = N_e + N_i$
여기서, N_e는 외적 판별값이고, N_i는 내적 판별값이다.
$N_e = r - 3 = (3+3) - 3 = 3$
$N_i = (+3) \times 1개 = 3$
$N = 3 + 3 = 6$ (6차 부정정 구조물)

정답 | ④

45

고력볼트 접합의 종류에 해당하지 않는 것은?

① 마찰접합
② 인장접합
③ 지압접합
④ 메탈터치접합

개념 | KEYWORD 18 접합, 볼트, 용접

해설 |
고력볼트 접합방식에는 마찰접합, 지압접합, 인장접합이 있다.
메탈터치접합(Metal touch)은 기둥과 기둥의 밀착이음 가공으로 기둥의 이음과 관계있다.

정답 | ④

46

다음 그림과 같은 보 단면에서 정착되는 철근의 수평 순간격을 구하면?

- D22(인장, 압축철근), 지름: 22mm로 계산
- D13@150(스터럽), 지름: 13mm로 계산
- 최소 피복두께: 40mm
- 구부림 최소 내면반지름은 무시

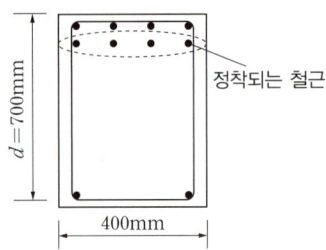

① 60.7mm
② 63.7mm
③ 66.7mm
④ 68.7mm

개념 | KEYWORD 13 보의 휨설계

해설 |
수평 순간격
$= \frac{1}{4-1}(b - 피복두께 \times 2 - 스터럽직경 \times 2 - 주근직경 \times 4)$
$= \frac{1}{3}(400 - 40 \times 2 - 13 \times 2 - 22 \times 4) ≒ 68.7mm$

정답 | ④

47

강구조 필릿용접에 관한 설명으로 옳지 않은 것은?

① 필릿용접의 유효면적은 유효길이에 유효목두께를 곱한 것으로 한다.
② 필릿용접의 유효길이는 필릿용접의 총길이에서 2배의 필릿사이즈를 공제한 값으로 하여야 한다.
③ 필릿용접의 유효목두께는 용접루트로부터 용접표면까지의 최단거리로 한다. 단, 이음면이 직각인 경우에는 필릿사이즈의 $\sqrt{2}$배로 한다.
④ 구멍필릿과 슬롯필릿용접의 유효길이는 목두께의 중심을 잇는 용접중심선의 길이로 한다.

개념 | KEYWORD 18 접합, 볼트, 용접

해설 |
필릿용접의 유효목두께는 용접루트로부터 용접표면까지의 최단거리로 한다. 단, 이음면이 직각인 경우에는 필릿사이즈의 0.7배$\left(\frac{1}{\sqrt{2}}배\right)$로 한다.

정답 | ③

48

철근콘크리트 구조물 설계를 위해 선형탄성 구조해석을 수행한 결과, 보 단면에 다음과 같은 단면력이 계산되었다. 이 값을 사용해서 계수 휨모멘트를 구하면?

- 고정하중에 의한 모멘트 $M_D = 150kN \cdot m$
- 활하중에 의한 모멘트 $M_L = 120kN \cdot m$
- 풍하중에 의한 모멘트 $M_W = 60kN \cdot m$

① 195kN·m
② 210kN·m
③ 300kN·m
④ 360kN·m

개념 | KEYWORD 01 건축구조의 개념

해설 |
풍하중(W)에 의한 하중조합 중 가장 큰 값을 사용한다.
$U = 1.2D + 1.0W + 1.0L$
$\quad = 1.2 \times 150 + 1.0 \times 60 + 1.0 \times 120 = 360kN \cdot m$
$U = 1.2D + 0.5W$
$\quad = 1.2 \times 150 + 0.5 \times 60 = 210kN \cdot m$
$U = 0.9D + 1.0W$
$\quad = 0.9 \times 150 + 1.0 \times 60 = 195kN \cdot m$

정답 | ④

49

부동침하의 원인과 거리가 먼 것은?

① 건물이 경사지반에 근접되어 있을 경우
② 건물이 이질지반에 걸쳐 있을 경우
③ 이질의 기초구조를 적용했을 경우
④ 건물의 강도가 불균등할 경우

개념 | KEYWORD 02 지반 및 기초

해설 |
건물의 강도가 불균등한 경우와 부동침하는 관련이 없다.

관련이론
부동침하의 여러 가지 원인

연약층	경사 지반	이질 지층	낭떠러지	증축
지하수위 변경	지하 구멍	메운땅 흙막이	이질 지정	일부 지정

정답 | ④

50

다음 그림과 같은 단순보의 양단 수직반력을 구하면?

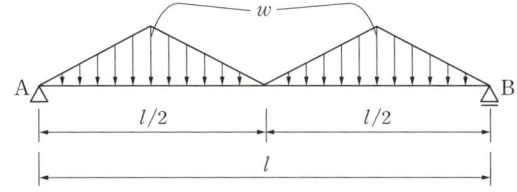

① $R_A=R_B=\dfrac{wl}{2}$ ② $R_A=R_B=\dfrac{wl}{4}$

③ $R_A=R_B=\dfrac{wl}{6}$ ④ $R_A=R_B=\dfrac{wl}{8}$

개념 | KEYWORD 06 반력, 전단력, 휨모멘트

해설 |

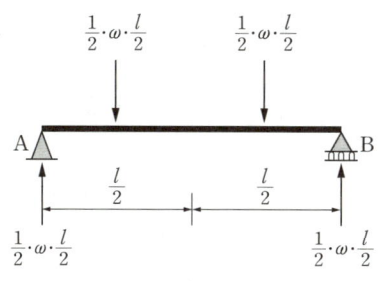

좌우대칭이므로 각 삼각형의 면적이 곧 반력이 된다.
$R_A=R_B=\dfrac{1}{2}\times w \times \left(\dfrac{l}{2}\right)=\dfrac{wl}{4}$

정답 | ②

51

고력볼트 1개의 인장파단 한계상태에 대한 설계인장강도는? (단, 볼트의 등급 및 호칭은 F10T, M24, $\phi=0.75$)

① 254kN ② 284kN
③ 304kN ④ 324kN

개념 | KEYWORD 18 접합, 볼트, 용접

해설 |
설계인장강도 $\phi R_{nt}=\phi \cdot F_{nt} \cdot A_b \cdot n_s$이다.
여기서, F_{nt}: 공칭인장강도, A_b: 볼트의 공칭단면적, n_s: 전단면의 수, F_u: 인장강도
$F_{nt}=0.75F_u=0.75\times 1,000=750\text{N/mm}^2$이므로
$\phi R_{nt}=0.75\times 750\times \dfrac{\pi\times 24^2}{4}\times 1 ≒ 254,469\text{N} ≒ 254\text{kN}$이다.

정답 | ①

52

지진력저항시스템 중 다음 각 구조시스템에 관한 설명으로 옳지 않은 것은?

① 모멘트골조방식: 수직하중과 횡력을 보와 기둥으로 구성된 라멘골조가 저항하는 구조방식
② 연성모멘트골조방식: 횡력에 대한 저항능력을 증가시키기 위하여 부재와 접합부의 연성을 증가시킨 모멘트골조방식
③ 이중골조방식: 횡력의 25% 이상을 부담하는 전단벽이 연성모멘트골조와 조합되어 있는 구조방식
④ 건물골조방식: 수직하중은 입체골조가 저항하고 지진하중은 전단벽이나 가새골조가 저항하는 구조방식

개념 | KEYWORD 17 강구조 총론

해설 |
이중골조시스템에서 수평하중의 25% 이상을 부담하는 것은 전단벽이 아니라 연성모멘트골조이다.

관련이론

이중골조형식(Dual structure)

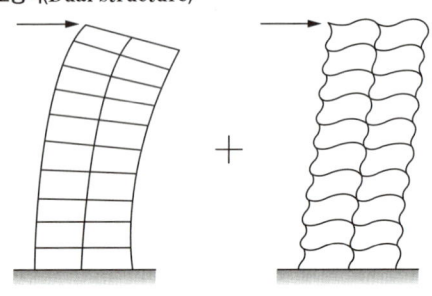

전단벽: 휨변형   강접골조: 전단변형

1. 수평하중의 25% 이상을 부담하는 모멘트(연성)골조가 전단벽이나 가새골조와 조합되어 있는 골조방식이다.
2. 강접골조(전단변형)와 가새골조(휨변형)가 혼합되었을 경우 내진설계에 있어서 비탄성 거동으로서의 연성도가 매우 크기 때문에 반응수정계수를 크게 규정하고 있어 지진력에 효율적으로 저항하는 구조가 된다.

정답 | ③

53

등가정적해석법에 의한 건축물의 내진설계 시 고려해야 할 사항이 아닌 것은?

① 지역계수
② 지반종류
③ 지표면조도구분
④ 반응수정계수

개념 | KEYWORD 03 내진·내풍·사용성 설계

해설 |
지표면조도구분은 일정 지역의 지표면 거칠기에 해당하는 장애물이 바람에 노출된 정도의 구분으로 풍하중 설계 시 고려사항이다.

관련이론

등가정적해석법 밑면전단력 산정식

$$V = C_s \cdot W = \frac{S_{D1}}{\left(\frac{R}{I_E}\right) \cdot T} \cdot W$$

여기서, C_s: 지진응답계수
W: 유효건물중량
S_{D1}: 주기 1초에서의 설계스펙트럼 가속도
R: 반응수정계수
I_E: 건물의 중요도계수
T: 건물의 고유주기

정답 | ③

54

그림과 같은 정정구조의 CD부재에서 C, D점의 휨모멘트 값 중 옳은 것은?

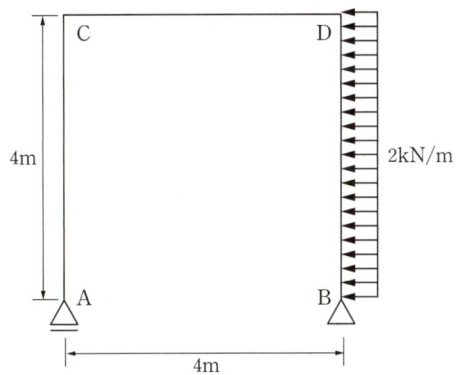

① C점: 0, D점: 16kN·m
② C점: 16kN·m, D점: 16kN·m
③ C점: 0, D점: 32kN·m
④ C점: 32kN·m, D점: 32kN·m

개념 | KEYWORD 06 반력, 전단력, 휨모멘트
해설 |
$\Sigma H=0$; $H_B-2\times 4=0$, $H_B=8kN(\rightarrow)$
A지점의 수직반력 산정
$\Sigma M_B=0$; $V_A\times 4-((2\times 4)\times 2)=0$
$V_A=4kN(\uparrow)$
A지점의 수직반력을 활용하여 두 지점의 휨모멘트를 산정한다.
A지점에는 수직반력만 존재하여 C절점에 휨모멘트는 존재하지 않으므로,
$M_{C,Left}=0$
$M_{D,Right}=-(-(8\times 4)+((2\times 4)\times 2))=16kN\cdot m$

정답 | ①

55

강구조 기둥의 주각부에 관한 설명으로 옳지 않은 것은?

① 기둥의 응력이 크면 윙플레이트, 접합앵글, 리브 등으로 보강하여 응력의 분산을 도모한다.
② 앵커볼트는 기초콘크리트에 매입되어 주각부의 이동을 방지하는 역할을 한다.
③ 주각은 조건에 관계없이 고정으로만 가정하여 응력을 산정한다.
④ 축방향력이나 휨모멘트는 베이스플레이트 저면의 압축력이나 앵커볼트의 인장력에 의해 전달된다.

개념 | KEYWORD 17 강구조 총론
해설 |
주각은 핀 구조물로 가정하여 설계한다. (경우에 따라 고정도 가능)

정답 | ③

56

그림과 같은 하중을 지지하는 단주의 단면에서 인장력을 발생시키지 않는 거리 x의 한계는?

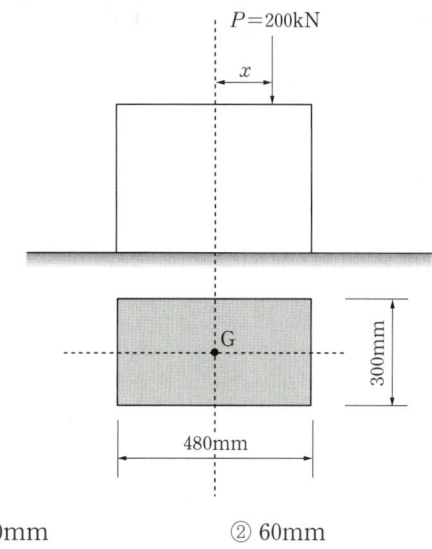

① 40mm   ② 60mm
③ 80mm   ④ 100mm

개념 | KEYWORD 07 기둥의 좌굴
해설 |
편심하중을 받는 단주의 휨응력(σ)은 다음과 같은 식으로 구한다.
$\sigma = \dfrac{P}{A} \pm \dfrac{M}{Z}$
P: 하중, A: 기둥 단면적, M: 모멘트, Z: 기둥의 단면계수
여기서, 직사각형의 단면계수: $Z=\dfrac{bh^2}{6}$
$\sigma = \dfrac{200\times 10^3}{300\times 480} - \dfrac{200\times 10^3}{\dfrac{300\times 480^2}{6}}\times x = 0$
$\therefore x=80mm$

정답 | ③

57

그림과 같이 양단고정인 철골보에 등분포하중이 작용할 때, 소요되는 단면계수 값은? (단, SS400 강재 사용, $f_b=160\text{MPa}$, 좌굴은 없는 것으로 가정한다.)

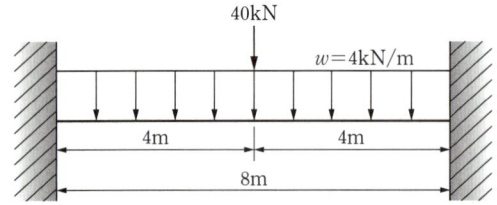

① 383cm^3 ② 415cm^3
③ 513cm^3 ④ 558cm^3

개념 | KEYWORD 05 단면의 성질

해설 |
중첩의 원리를 적용하여 등분포하중과 집중하중에 대한 고정단모멘트를 각각 더하면,

$M_{\max} = \dfrac{wL^2}{12} + \dfrac{PL}{8} = \dfrac{4 \times 8^2}{12} + \dfrac{40 \times 8}{8} \fallingdotseq 61.33\text{kN}\cdot\text{m}$

$M = \sigma \times Z$에서 M(모멘트)과 σ(응력, f_b)를 알고 있으므로,

$Z = \dfrac{M}{\sigma} = \dfrac{61.33 \times 10^6}{160} = 383{,}312.5\text{mm}^3 \fallingdotseq 383.3\text{cm}^3$

정답 | ①

58

인장력을 받는 원형단면 강봉의 지름을 4배로 하면 수직응력도(Normal stress)는 기존 응력도의 얼마로 줄어드는가?

① 1/2 ② 1/4
③ 1/8 ④ 1/16

개념 | KEYWORD 05 단면의 성질

해설 |
$\sigma_t(\text{인장응력}) = \dfrac{P(\text{하중})}{A(\text{면적})}$

원형단면의 경우 단면적이 $\dfrac{\pi D^2}{4}$이므로

응력은 지름의 제곱에 반비례한다. $\left(\sigma_t = \dfrac{4P}{\pi D^2}\right)$

따라서 강봉의 지름이 4배 증가하면 응력도는 기존 응력도의 1/16로 감소한다.

정답 | ④

59

구조방식과 외부의 힘에 대하여 저항하는 방법으로 옳지 않은 것은?

① 트러스구조: 인장력과 압축력으로 외력에 저항
② 케이블구조: 인장력으로 외력에 저항
③ 아치구조: 인장력과 압축력으로 외력에 저항
④ 쉘구조: 면내응력으로 외력에 저항

개념 | KEYWORD 06 반력, 전단력, 휨모멘트

해설 |
아치구조는 수직하중이 아치 중심선을 따라 좌우로 나누어져 압축력만 받게 하고 하부에 인장력이 생기지 않도록 한 구조이다.

정답 | ③

60

철근콘크리트 옹벽을 흙에 닿는 면에 거푸집을 대지 않고 시공하는 경우 콘크리트의 최소 피복두께는?

① 20mm ② 40mm
③ 50mm ④ 75mm

개념 | KEYWORD 11 철근콘크리트구조 총론

해설 |
흙에 접하여 타설 후 영구히 흙에 묻혀 있는 콘크리트의 최소 피복두께는 75mm이다.

관련이론

프리스트레스하지 않는 부재의 현장치기 콘크리트의 최소 피복두께

구분			현장치기 콘크리트 피복두께
수중			100mm
흙에 접하여 타설 후 영구히 흙에 묻혀 있는 콘크리트			75mm
흙에 접하거나 옥외의 공기에 직접 노출	D19 이상		50mm
	D16 이하의 철근, 지름 16 이하의 철선		40mm
옥외의 공기나 흙에 직접 접하지 않는 콘크리트	슬래브, 벽체, 장선	D35 초과	40mm
		D35 이하	20mm
	보, 기둥*		40mm
	쉘, 절판부재		20mm

* 보, 기둥의 경우 $f_{ck} \geq 40\text{MPa}$이면 10mm 저감가능

정답 | ④

건축설비

61
압축식 냉동기의 주요 구성요소가 아닌 것은?

① 재생기 ② 압축기
③ 증발기 ④ 응축기

개념 | KEYWORD 12 냉동 및 기타 열원설비
해설 |
재생기는 흡수식 냉동기의 주요 구성요소이다.

관련이론
냉동사이클
1. 압축식 냉동기
   압축기 → 응축기 → 팽창밸브 → 증발기
2. 흡수식 냉동기
   증발기 → 흡수기 → 재생기 → 응축기

정답 | ①

62
다음 그림과 같은 형태를 갖는 간선의 배선방식은?

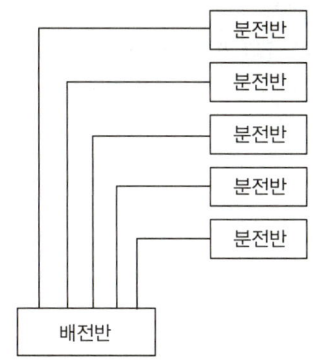

① 개별방식 ② 루프방식
③ 병용방식 ④ 나뭇가지방식

개념 | KEYWORD 14 강전설비
해설 |
그림과 같은 형태의 간선배선방식은 개별방식(평행식)이다.

관련이론
평행식(개별식)
각 분전반 마다 배전반으로부터 단독으로 배선되어 있으므로 전압강하가 적고, 사고가 발생하여도 그 범위를 좁힐 수 있는 것이 특징이다. 배선비가 많아지므로 설비비는 많이 드는 편이다.

정답 | ①

63
LPG에 관한 설명으로 옳지 않은 것은?

① 비중이 공기보다 작다.
② 액화석유가스를 말한다.
③ 액화하면 그 체적은 약 1/250로 된다.
④ 상압에서는 기체이지만 압력을 가하면 액화된다.

개념 | KEYWORD 07 가스설비
해설 |
LPG는 공기보다 비중이 크기 때문에 바닥으로부터 30cm 위치에 감지기를 설치한다.

정답 | ①

64

다음 설명에 알맞은 요운전원 엘리베이터 조작방식은?

> 기동은 운전원의 버튼 조작으로 하며, 정지는 목적층 단추를 누르는 것과 승강장의 호출신호로 층의 순서대로 자동 정지 한다.

① 카 스위치 방식
② 전자동군관리방식
③ 레코드 컨트롤 방식
④ 시그널 컨트롤 방식

개념 | KEYWORD 17 엘리베이터설비
해설 |
기동은 운전원의 버튼 조작으로 하며 정지는 목적층 단추를 누르는 것과 승강장의 호출신호로 층의 순서대로 자동 정지하는 조작방식은 시그널 컨트롤 방식이다.

정답 | ④

65

오수의 BOD 제거율이 95%인 정화조로 유입되는 오수의 BOD 농도가 300ppm일 경우, 방류수의 BOD 농도는?

① 15ppm
② 85ppm
③ 150ppm
④ 285ppm

개념 | KEYWORD 04 오수정화설비
해설 |

$$BOD\ 제거율(\%) = \frac{유입수\ BOD - 방류수\ BOD}{유입수\ BOD} \times 100$$

$$95 = \frac{300 - 방류수\ BOD}{300} \times 100$$

∴ 방류수 BOD = 300 − (95 × 3) = 15ppm

정답 | ①

66

펌프의 양수량 10m³/min, 전양정 10m, 효율 80%일 때, 이 펌프의 소요동력은? (단, 여유율은 10%로 한다.)

① 22.5kW
② 26.5kW
③ 30.6kW
④ 32.4kW

개념 | KEYWORD 01 급수설비
해설 |

$$펌프의\ 축동력 = \frac{W \cdot Q \cdot H}{6,120E}(kW)$$

여기서, W: 물의 단위용적중량(1,000kg/m³), Q: 양수량(m³/min),
H: 펌프의 전양정(m), E: 펌프의 효율(%),
$1kW = 6,120kg \cdot m/min$

$$펌프의\ 축동력 = \frac{1,000 \times 10 \times 10}{6,120 \times 0.8} ≒ 20.425kW$$

단, 여유율이 10%이므로
펌프의 소요동력은 20.425 × 1.1 ≒ 22.5kW이다.

정답 | ①

67

변압기의 1차측 코일의 권수가 6,000, 2차측 코일의 권수가 200일 때 1차측 코일에 교류전압 3,000V 인가 시 2차측 코일에 발생하는 교류전압 V은?

① 500
② 200
③ 100
④ 50

개념 | KEYWORD 13 전기설비기초
해설 |
변압기의 코일의 권수와 접압의 관계식

$$\frac{N_1}{N_2} = \frac{V_1}{V_2}$$ 이므로

$$\frac{6,000}{200} = \frac{3,000}{V_2}$$

∴ $V_2 = \frac{3,000}{6,000} \times 200 = 100V$

정답 | ③

68
공기조화방식 중 팬코일 유닛방식에 관한 설명으로 옳지 않은 것은?

① 각 실에 수배관으로 인한 누수의 우려가 있다.
② 덕트 샤프트나 스페이스가 필요 없거나 작아도 된다.
③ 각 실의 유닛은 수동으로도 제어할 수 있고, 개별제어가 쉽다.
④ 유닛을 창문 밑에 설치하면 콜드 드래프트(Cold draft)가 발생할 우려가 높다.

개념 | KEYWORD 09 공기조화 방식과 기기
해설 |
유닛을 창문 밑에 설치하면 콜드 드래프트(Cold draft)를 방지할 수 있다.

정답 | ④

69
다음 설명에 알맞은 화재의 종류는?

> 나무, 섬유, 종이, 고무, 플라스틱류와 같은 일반 가연물이 타고 나서 재가 남는 화재

① A급 화재 ② B급 화재
③ C급 화재 ④ K급 화재

개념 | KEYWORD 06 소화설비
해설 |
나무, 섬유, 종이, 고무, 플라스틱류와 같은 일반 가연물이 타고 나서 재가 남는 화재는 일반화재(A급 화재)이다.

관련이론
화재의 종류

구분	유형
A급 화재	일반화재(보통화재)
B급 화재	유류화재(기름화재)
C급 화재	전기화재
D급 화재	금속화재
K급 화재	주방화재

정답 | ①

70
전기샤프트(ES)의 계획 시 고려사항으로 옳지 않은 것은?

① 각 층마다 같은 위치에 설치한다.
② 기기의 배치와 유지보수에 충분한 공간으로 하고, 건축적인 마감을 실시한다.
③ 점검구는 유지보수 시 기기의 반출입이 가능하도록 하여야 하며, 점검구 문의 폭은 최소 300mm 이상으로 한다.
④ 공급대상 범위의 배선거리, 전압강하 등을 고려하여 가능한 한 공급 대상설비 시설 위치의 중심부에 위치하도록 한다.

개념 | KEYWORD 13 전기설비 기초
해설 |
전기샤프트(ES)의 점검구는 유지보수 시 기기의 반출입이 가능하도록 하여야 하며, 점검구 문의 폭은 최소 90cm 이상으로 한다.

관련이론
전기샤프트(ES) (건축전기설비 설계기준, 2016)
- 전기샤프트(ES)는 전력용(EPS)과 정보통신용(TPS)과 같이 용도별로 구분하여 설치한다. 다만, 각 용도의 설치 장비 및 배선이 적은 경우는 공용으로 사용한다.
- ES는 각 층마다 같은 위치에 설치한다.
- ES는 연면적 $3,000m^2$ 이상 건축물의 경우 1개 층을 기준하여 $800m^2$ 마다 설치한다. 다만, 용도에 따라 면적을 달리할 수 있다.
- ES의 면적은 보, 기둥부분을 제외하고 산정하며, 기기의 배치와 유지보수에 충분한 공간으로 하고, 건축적인 마감을 시행한다.
- ES의 점검구는 유지보수 시 기기의 반입 및 반출이 가능하도록 하여야 하며, 점검구 문의 폭은 90cm 이상으로 한다.

정답 | ③

71
배수트랩의 봉수파괴 원인 중 통기관을 설치함으로써 봉수파괴를 방지할 수 있는 것이 아닌 것은?

① 분출작용
② 모세관작용
③ 자기사이펀작용
④ 유도사이펀작용

개념 | KEYWORD 03 배수 및 통기설비
해설 |
모세관작용에 의한 봉수파괴를 방지하기 위해서는 트랩 출구의 천 조각이나 머리카락을 제거해야 한다.

관련이론
트랩의 봉수파괴 방지대책

구분	방지대책
자기사이펀작용, 유도사이펀작용, 분출작용	통기관 설치
모세관작용	천 조각, 머리카락 제거
운동량에 의한 관성작용	격자쇠 설치

정답 | ②

72
배수트랩에서 봉수깊이에 관한 설명으로 옳지 않은 것은?

① 봉수깊이는 50~100mm로 하는 것이 보통이다.
② 봉수깊이가 너무 낮으면 봉수를 손실하기 쉽다.
③ 봉수깊이를 너무 깊게 하면 통수능력이 감소된다.
④ 봉수깊이를 너무 깊게 하면 유수의 저항이 감소된다.

개념 | KEYWORD 03 배수 및 통기설비
해설 |
봉수깊이를 너무 깊게 하면 유수의 저항이 증가된다.

정답 | ④

73
어떤 습공기를 가열했을 때 습공기선도에서 변화하지 않는 것은?

① 엔탈피
② 습구온도
③ 절대습도
④ 상대습도

개념 | KEYWORD 08 공기조화설비 총론
해설 |
절대습도는 공기를 가열하거나 냉각하여도 변함이 없다.

정답 | ③

74
공기조화계획에서 내부존의 조닝 방법에 속하지 않는 것은?

① 방위별 조닝
② 부하 특성별 조닝
③ 온·습도 설정별 조닝
④ 용도에 따른 시간별 조닝

개념 | KEYWORD 08 공기조화설비 총론
해설 |
방위별 조닝은 공기조화계획에서 외부존의 조닝 방법에 속한다.

정답 | ①

75
송풍기의 적용에 관한 설명으로 옳지 않은 것은?

① 지붕형의 경우 후익형으로 한다.
② 원심송풍기의 설치는 바닥설치를 원칙으로 한다.
③ 정압이 3,000Pa을 초과하는 경우에는 다익형으로 한다.
④ 화장실, 욕실의 배기는 습기나 가스에 강한 내식성 재질의 축류송풍기로 한다.

개념 | KEYWORD 09 공기조화 방식과 기기
해설 |
정압이 3,000Pa을 초과하는 원심송풍기의 경우 터보형으로 한다.

관련이론
원심송풍기
- 정압 500Pa 이하는 다익형(Sirocco)
- 정압 500~3,000Pa 범위는 익형(Air Foil)
- 정압 3,000Pa 초과는 터보형(Turbo Fan)

정답 | ③

76

배수배관에 관한 설명으로 옳지 않은 것은?

① 배수계통은 원칙적으로 중력에 의해 옥외로 배출하도록 한다.
② 고온의 배수는 원칙적으로 45℃ 미만으로 냉각한 후 배수한다.
③ 건물 내에서 피트 내 또는 가공배관은 피하고 지중배관을 한다.
④ 엘리베이터 샤프트, 수변전실에는 배수배관을 설치하지 않는다.

개념 | KEYWORD 03 배수 및 통기설비
해설 |
건물 내에서 지중배관은 피하고 피트 내 또는 가공배관을 한다.

정답 | ③

77

1일 급탕량이 12,000L/d일 때 급탕부하는 얼마인가? (단, 급탕온도는 80℃, 급수온도는 10℃, 물의 비열은 4.2kJ/kg·K이다.)

① 35.6kW
② 40.8kW
③ 44.6kW
④ 48.2kW

개념 | KEYWORD 02 급탕설비
해설 |
급탕부하 $= \dfrac{G \cdot c \cdot \Delta t}{3,600}$ (kW)

여기서, G: 시간당 급탕량(kg/h), c: 물의 비열(4.2kJ/kg·K), Δt: 온도차(K)

$= \dfrac{(12,000 \div 24) \times 4.2 \times (80-10)}{3,600} ≒ 40.83\text{kW}$

※ 물 1L=1kg

정답 | ②

78

다음 그림과 같이 관경이 다른 관 내에 물이 흐를 경우에 관한 설명으로 옳은 것은?

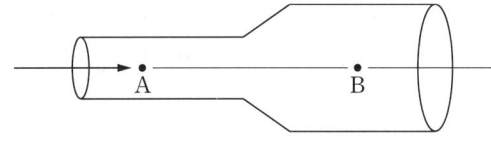

① 물의 속도는 A보다 B가 크며, 압력도 A보다 B가 크다.
② 물의 속도는 A보다 B가 크며, 압력은 B보다 A가 크다.
③ 물의 속도는 B보다 A가 크며, 압력은 A보다 B가 크다.
④ 물의 속도는 B보다 A가 크며, 압력도 B보다 A가 크다.

개념 | KEYWORD 01 급수설비
해설 |
$Q = A_1 V_1 = A_2 V_2 =$ 일정, 여기서, Q: 유량, A: 단면적, V: 유속
연속방정식에 따라 단면적이 작은 A지점에서 물의 속도가 더 크다.
$P + \dfrac{1}{2}\rho V^2 + \rho g h =$ 일정,
여기서 P: 압력, ρ: 유체의 밀도, V: 유속, g: 중력가속도, h: 높이
베르누이의 원리에 의해 물의 속도가 더 큰 A지점의 압력이 더 낮다.
∴ 물의 속도는 A가 크며, 압력은 B가 크다.

정답 | ③

79

다음 중 서로 상이한 실에 냉난방을 동시에 해야 하는 경우 가장 적절한 공조방식은?

① VAV방식
② CAV방식
③ 유인유닛방식
④ 멀티존유닛방식

개념 | KEYWORD 09 공기조화 방식과 기기
해설 |
멀티존유닛방식은 하나의 실내공간을 여러 존(zone)으로 나누어, 각 존에 독립적으로 냉난방을 공급하는 공조방식이다. 서로 다른 존에서 동시에 냉방과 난방이 필요한 경우에 적합하며, 존별 온도 조절이 쉽다. 또한 에너지 효율성도 높아서 다양한 실내 환경에 적합하다.

정답 | ④

80

물과 오리피스가 분리되어 동파를 방지할 수 있는 스프링클러헤드로 정의되는 것은?

① 조기 반응형헤드
② 건식 스프링클러헤드
③ 폐쇄형 스프링클러헤드
④ 개방형 스프링클러헤드

개념 | KEYWORD 06 소화설비
해설 |
건식 스프링클러 헤드는 물과 오리피스(출수구)가 평상시 분리되어 있어 동파를 방지하는 형태이다. 감열부와 오리피스 사이에 건조한 공간(드라이 배럴)을 두어 물이 머물지 못하게 하며, 감열부가 작동하면 내부 밸브가 열려 그때 물이 오리피스로 흘러 분사된다.

정답 | ②

건축관계법규

81

다음 중 「건축법」이 적용되는 건축물은?

① 역사(驛舍)
② 고속도로 통행료 징수시설
③ 철도의 선로 부지에 있는 플랫폼
④ 「문화유산의 보존 및 활용에 관한 법률」에 따른 임시지정문화유산

개념 | KEYWORD 01 건축법 총칙
해설 |
「건축법」이 적용되지 않는 건축물

구분	범위
문화유산의 보존 및 활용에 관한 법률	• 지정문화유산이나 임시지정문화유산
자연유산의 보존 및 활용에 관한 법률	• 지정된 천연기념물 등이나 임시지정천연기념물, 임시지정명승, 임시지정시·도자연유산, 임시자연유산자료
철로나 궤도의 선로 부지에 있는 시설	• 운전보안시설, 플랫폼 • 철도 선로의 위나 아래를 가로지르는 보행시설 • 해당 철도 또는 궤도사업용 급수·급탄 및 급유시설
기타	• 고속도로 통행료 징수시설 • 컨테이너를 이용한 간이창고(공장의 용도로만 사용되는 건축물의 대지에 설치하는 것으로서 이동이 용이한 것) • 하천구역 내의 수문조작실

정답 | ①

82

부설주차장 설치대상 시설물이 문화 및 집회시설 중 예식장으로서 시설면적이 1,200m²인 경우, 설치하여야 하는 부설주차장의 최소 대수는?

① 8대
② 10대
③ 15대
④ 20대

개념 | KEYWORD 17 부설·기계식주차장
해설 |
문화 및 집회시설(관람장 제외)의 부설주차장 설치기준은 시설면적 150m²당 1대이다.

$\dfrac{\text{시설면적}}{150} = \dfrac{1,200}{150} = 8$대 이상이다.

정답 | ①

83

주거에 쓰이는 바닥면적의 합계가 200m²인 주거용 건축물에 설치하는 음용수용(먹는물용) 급수관의 최소 지름 기준은?

① 25mm
② 32mm
③ 40mm
④ 50mm

개념 | KEYWORD 12 건축설비기준과 관계전문기술자

해설 |
바닥면적 200m²의 경우 5가구로 산정하여 급수관 최소 지름 기준은 25mm이다.

관련이론

주거용 건축물 급수관의 지름

가구 또는 세대수	1	2~3	4~5	6~8	9~16	17 이상
급수관 지름의 최소 기준(mm)	15	20	25	32	40	50

가구 및 세대 구분이 불분명한 경우 산정 기준

바닥면적	가구수
85m² 이하	1
85m² 초과 150m² 이하	3
150m² 초과 300m² 이하	5
300m² 초과 500m² 이하	16
500m² 초과	17

정답 | ①

84

도시·군계획 수립 대상지역의 일부에 대하여 토지 이용을 합리화하고 그 기능을 증진시키며 미관을 개선하고 양호한 환경을 확보하며, 그 지역을 체계적·계획적으로 관리하기 위하여 수립하는 도시·군관리계획은?

① 지구단위계획
② 도시·군성장계획
③ 광역도시계획
④ 개발밀도관리계획

개념 | KEYWORD 18 국토계획법 총칙

해설 |
지구단위계획에 대한 설명이다.

정답 | ①

85

급수, 배수, 환기, 난방설비를 건축물에 설치하는 경우, 건축기계설비기술사 또는 공조냉동기계기술사의 협력을 받아야 하는 대상 건축물에 속하지 않는 것은?

① 아파트
② 연립주택
③ 기숙사로서 해당 용도에 사용되는 바닥면적의 합계가 2,000m²인 건축물
④ 업무시설로서 해당 용도에 사용되는 바닥면적의 합계가 2,000m²인 건축물

개념 | KEYWORD 12 건축설비기준과 관계전문기술자

해설 |
업무시설, 판매시설, 연구소의 경우 해당 용도에 사용되는 바닥면적의 합계가 3,000m² 이상인 건축물은 건축기계설비기술사 또는 공조냉동기계기술사의 협력을 받아야 한다.

선지분석

①, ② 아파트와 연립주택은 바닥면적과 관계없이 관계전문기술자의 협력을 받아야 한다.
③ 기숙사, 의료시설, 숙박시설 등은 바닥면적이 2,000m² 이상일 때 관계전문기술자의 협력을 받아야 한다.

정답 | ④

86

다음의 대지와 도로의 관계에 관한 기준 내용 중 ( ) 안에 알맞은 것은?

> 연면적의 합계가 2,000m²(공장인 경우에는 3,000m²) 이상인 건축물(축사, 작물재배사, 그 밖에 이와 비슷한 건축물로서 건축조례로 정하는 규모의 건축물은 제외한다)의 대지는 너비 (㉠) 이상의 도로에 (㉡) 이상 접하여야 한다.

① ㉠ 4m, ㉡ 2m
② ㉠ 6m, ㉡ 4m
③ ㉠ 8m, ㉡ 6m
④ ㉠ 8m, ㉡ 4m

개념 | KEYWORD 05 대지·도로·건축선

해설 |
건축물이 있는 대지가 도로에 접해야 하는 길이

구분	접해야 하는 길이
원칙	도로에 2m 이상(자동차만의 통행에 사용되는 도로는 제외)
연면적의 합계 2,000m² 이상	너비 6m 이상 도로에 4m 이상(공장인 경우에는 3,000m²)

정답 | ②

87

건축물을 특별시나 광역시에 건축하는 경우 특별시장이나 광역시장의 허가를 받아야 하는 대상 건축물의 층수 기준은?

① 7층 이상
② 15층 이상
③ 21층 이상
④ 25층 이상

개념 | KEYWORD 02 건축허가와 신고

해설 |
건축물을 건축하거나 대수선하려는 자는 특별자치시장·특별자치도지사 또는 시장·군수·구청장의 허가를 받아야 한다. 다만, 21층 이상의 건축물 등 대통령령으로 정하는 용도 및 규모의 건축물을 특별시나 광역시에 건축하려면 특별시장이나 광역시장의 허가를 받아야 한다.

정답 | ③

88

주차장에서 장애인용 주차단위구획의 최소 크기는? (단, 평행주차형식 외의 경우)

① 2.3×5.0m
② 2.5×5.1m
③ 3.3×5.0m
④ 2.0×6.0m

개념 | KEYWORD 15 주차장법 총칙

해설 |
평행주차형식 외의 경우 장애인 전용의 주차장 주차단위구획의 최소 크기는 3.3m×5.0m이다.

관련이론

주차구획(평행주차형식 이외의 경우)

구분	너비	길이
경형	2.0m 이상	3.6m 이상
일반형	2.5m 이상	5.0m 이상
확장형	2.6m 이상	5.2m 이상
장애인 전용	3.3m 이상	5.0m 이상
이륜자동차 전용	1.0m 이상	2.3m 이상

정답 | ③

89

「건축법령」상 공사감리자가 수행하여야 하는 감리업무에 속하지 않는 것은?

① 공정표의 작성
② 상세시공도면의 검토·확인
③ 공사현장에서의 안전관리의 지도
④ 설계변경의 적정 여부의 검토·확인

개념 | KEYWORD 02 건축허가와 신고

해설 |
공정표를 작성하는 것은 시공자의 업무이고, 공사감리자는 공정표를 검토한다.

정답 | ①

90

건축법령상, 다중이용 건축물에 해당되지 않는 것은? (단, 해당하는 용도로 쓰는 바닥면적의 합계가 5,000m²인 건축물인 경우)

① 종교시설
② 판매시설
③ 업무시설
④ 의료시설 중 종합병원

개념 | KEYWORD 01 건축법 총칙

해설 |
다중이용 건축물이란 다음의 어느 하나에 해당하는 건축물을 말한다.
- 다음 용도로 쓰는 바닥면적의 합계가 5,000m² 이상인 건축물
  - 문화 및 집회시설(동물원 및 식물원은 제외)
  - 종교시설
  - 판매시설
  - 운수시설 중 여객용 시설
  - 의료시설 중 종합병원
  - 숙박시설 중 관광숙박시설
- 16층 이상인 건축물

정답 | ③

91

다음의 용도변경 중 허가대상에 속하지 않는 것은?

① 영업시설군에서 주거업무시설군으로 용도변경
② 교육 및 복지시설군에서 영업시설군으로 용도변경
③ 주거업무시설군에서 문화 및 집회시설군으로 용도변경
④ 교육 및 복지시설군에서 문화 및 집회시설군으로 용도변경

개념 | KEYWORD 03 건축물의 용도와 변경

해설 |
영업시설군에서 주거업무시설군으로의 용도변경은 하위군에 해당하는 용도로 변경하는 행위로 신고대상이다.

관련이론

시설군의 용도변경

시설군	용도변경
① 자동차 관련 시설군 ② 산업 등의 시설군 ③ 전기통신시설군 ④ 문화 및 집회시설군 ⑤ 영업시설군 ⑥ 교육 및 복지시설군 ⑦ 근린생활시설군 ⑧ 주거업무시설군 ⑨ 그 밖의 시설군	↑ : 상위군으로 용도변경 시, 허가대상 ↓ : 하위군으로 용도변경 시, 신고대상

정답 | ①

92

기존 건축물의 내력벽, 기둥, 보를 철거하고 그 대지에 종전과 같은 규모의 범위에서 건축물을 다시 축조하는 건축행위는?

① 신축
② 증축
③ 재축
④ 개축

개념 | KEYWORD 01 건축법 총칙

해설 |
개축이란 기존 건축물의 전부 또는 일부(내력벽·기둥·보·지붕틀 중 셋 이상이 포함되는 경우)를 해체하고 그 대지에 종전과 같은 규모의 범위에서 건축물을 다시 축조하는 것을 말한다.

선지분석
① 신축: 건축물이 없는 대지에 새로 건축물을 축조하는 것을 말한다.
② 증축: 기존 건축물이 있는 대지에서 건축물의 건축면적, 연면적, 층수 또는 높이를 늘리는 것을 말한다.
③ 재축: 건축물이 천재지변이나 그 밖의 재해로 멸실된 경우 그 대지에 종전과 같은 규모의 범위에서 다시 축조하는 것을 말한다.

정답 | ④

93

비상용승강기 승강장의 구조에 관한 기준 내용으로 옳지 않은 것은?

① 승강장은 각 층의 내부와 연결될 수 있도록 할 것
② 벽 및 반자가 실내에 접하는 부분의 마감재료는 준불연재료로 할 것
③ 옥내에 설치하는 승강장의 바닥면적은 비상용 승강기 1대에 대하여 $6m^2$ 이상으로 할 것
④ 피난층이 있는 승강장의 출입구로부터 도로 또는 공지에 이르는 거리가 30m 이하일 것

개념 | KEYWORD 13 승강설비

해설 |
벽 및 반자가 실내에 접하는 부분의 마감재료(마감을 위한 바탕을 포함)는 불연재료로 한다.

정답 | ②

94

공동주택 중심의 양호한 주거환경을 보호하기 위하여 주거지역을 세분하여 지정하는 지역은?

① 제1종 전용주거지역   ② 제2종 전용주거지역
③ 제1종 일반주거지역   ④ 제2종 일반주거지역

개념 | KEYWORD 19 국토의 용도구분

해설 |
제2종 전용주거지역에 대한 설명이다.

관련이론

주거지역의 구분

구분		내용
전용 주거지역	제1종 전용주거지역	단독주택 중심의 양호한 주거환경을 보호
	제2종 전용주거지역	공동주택 중심의 양호한 주거환경을 보호
일반 주거지역	제1종 일반주거지역	저층주택 중심으로 편리한 주거환경을 조성
	제2종 일반주거지역	중층주택 중심으로 편리한 주거환경을 조성
	제3종 일반주거지역	중고층주택 중심으로 편리한 주거환경을 조성
준주거지역		주거기능을 주로 하면서 상업기능 및 업무기능을 보완

정답 | ②

95

국토교통부령으로 정하는 기준에 따라 채광 및 환기를 위한 창문 등이나 설비를 설치하여야 하는 대상에 속하지 않는 것은?

① 의료시설의 병실
② 숙박시설의 객실
③ 업무시설 중 사무소의 사무실
④ 교육연구시설 중 학교의 교실

개념 | KEYWORD 09 구조규정

해설 |
사무실은 채광 및 환기 시설 설치 대상에 해당 되지 않는다.

관련이론

채광 및 환기 시설 설치 대상

- 단독주택의 거실
- 공동주택의 거실
- 교육연구시설 중 학교의 교실
- 의료시설의 병실
- 숙박시설의 객실

정답 | ③

96

다음 중 주요구조부에 속하지 않는 것은?

① 기둥   ② 지붕틀
③ 바닥   ④ 옥외계단

개념 | KEYWORD 01 건축법 총칙

해설 |
주요구조부란 내력벽, 기둥, 바닥, 보, 지붕틀 및 주계단을 말한다.

정답 | ④

97

전용주거지역 또는 일반주거지역 안에서 높이 8m의 2층 건축물을 건축하는 경우, 건축물의 각 부분은 일조 등의 확보를 위하여 정북방향으로의 인접 대지경계선으로부터 최소 얼마 이상 띄어 건축하여야 하는가?

① 1m
② 1.5m
③ 2m
④ 3m

개념 | KEYWORD 08 높이의 규제

해설 |
정북방향의 인접 대지경계선으로부터 띄우는 거리

높이	띄우는 거리
10m 이하인 부분	1.5m 이상
10m 초과인 부분	해당 건축물 각 부분 높이의 1/2 이상

정답 | ②

98

건축물에 설치하는 피난안전구역의 구조 및 설비에 관한 기준 내용으로 옳지 않은 것은?

① 피난안전구역의 높이는 1.8m 이상일 것
② 피난안전구역의 내부마감재료는 불연재료로 설치할 것
③ 비상용 승강기는 피난안전구역에서 승하차 할 수 있는 구조로 설치할 것
④ 건축물의 내부에서 피난안전구역으로 통하는 계단은 특별피난계단의 구조로 설치할 것

개념 | KEYWORD 10 피난규정

해설 |
피난안전구역의 높이는 2.1m 이상으로 한다.

관련이론
피난안전구역의 구조 및 설비기준
1. 피난안전구역의 내부마감재료는 불연재료로 설치할 것
2. 비상용 승강기는 피난안전구역에서 승하차 할 수 있는 구조로 설치할 것
3. 피난안전구역에는 식수공급을 위한 급수전을 1개소 이상 설치하고 예비전원에 의한 조명설비를 설치할 것
4. 피난안전구역의 높이는 2.1m 이상일 것
5. 배연설비를 설치할 것
6. 건축물의 내부에서 피난안전구역으로 통하는 계단은 특별피난계단의 구조로 설치할 것
7. 관리사무소 또는 방재센터 등과 긴급연락이 가능한 경보 및 통신시설을 설치할 것

정답 | ①

99

용도변경과 관련된 시설군 중 산업 등 시설군에 속하지 않는 것은?

① 운수시설
② 창고시설
③ 발전시설
④ 묘지 관련 시설

개념 | KEYWORD 03 건축물의 용도와 변경

해설 |
발전시설은 전기통신시설군에 속한다.

관련이론
전기통신시설군과 산업 등의 시설군

구분	용도분류
전기통신시설군	방송통신시설, 발전시설
산업 등의 시설군	운수시설, 창고시설, 공장, 위험물저장 및 처리시설, 자원순환 관련 시설, 묘지 관련 시설, 장례시설

정답 | ③

100

지방건축위원회의가 심의 등을 하는 사항에 속하지 않는 것은?

① 건축선의 지정에 관한 사항
② 다중이용 건축물의 구조안전에 관한 사항
③ 특수구조 건축물의 구조안전에 관한 사항
④ 경관지구 내의 건축물의 건축에 관한 사항

개념 | KEYWORD 01 건축법 총칙

해설 |
경관지구 내의 건축물의 건축에 관한 사항은 지방건축위원회의의 심의사항에 속하지 않는다.

관련이론
지방건축위원회의 심의사항
1. 건축선(建築線)의 지정에 관한 사항
2. 건축조례의 제정·개정 및 시행에 관한 중요 사항
3. 다중이용 건축물 및 특수구조 건축물의 구조안전에 관한 사항

정답 | ④

2025년 1회 CBT 복원문제

건축계획

01
공포를 기둥 위에만 배열한 것을 주심포 형식이라고 한다. 다음 중 주심포 형식의 건축물에 해당하는 것은?

① 봉정사 극락전
② 화암사 극락전
③ 봉정사 대웅전
④ 창경궁 명정전

개념 | KEYWORD 14 한국건축사

해설
봉정사 극락전은 대표적인 주심포 형식의 건축물이다.

선지분석
② 화암사 극락전: 다포식
③ 봉정사 대웅전: 다포식
④ 창경궁 명정전: 다포식

정답 | ①

02
전시실 순회방식에 관한 설명으로 옳지 않은 것은?

① 연속순회형식은 비교적 소규모 전시실에 적합하다.
② 중앙홀형식은 홀의 크기가 크면 중앙부 동선의 혼란이 있다.
③ 갤러리 및 코리도형식은 복도 자체도 전시공간으로 이용이 가능하다.
④ 갤러리 및 코리도형식은 각 실에 직접 들어갈 수 있는 점이 유리하다.

개념 | KEYWORD 08 극장, 영화관, 미술관

해설
중앙홀이 크면 동선의 혼란은 없으나, 장래의 확장에는 무리가 있다.

관련이론
중앙홀 형식
중심부에 하나의 큰 홀을 두고 그 주위에 각 전시실을 배치하여 자유로이 출입하는 형식이다.
1. 과거에 많이 사용한 평면으로 중앙홀에 높은 천창을 설치하여 고창(高窓)으로부터 채광하는 방식이 많았다.
2. 부지의 이용률이 높은 지점에 건립할 수 있으며, 중앙홀이 크면 동선의 혼란은 없으나 장래의 확장에 많은 무리가 따른다.

정답 | ②

03

극장에서 인형극이나 아동극 및 연극과 같이 배우의 표정과 동작을 자세히 감상할 필요가 있는 공연에 적합한 가시거리의 한계는?

① 10m ② 15m
③ 22m ④ 38m

개념 | KEYWORD 08 극장, 영화관, 미술관

해설 |
배우의 표정과 동작을 자세히 감상할 수 있는 생리적 한도는 15m이다.

관련이론
극장 평면형의 한계

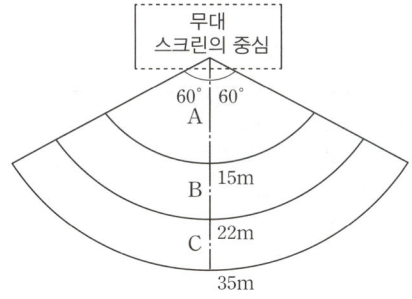

1. A구역: 배우의 표정이나 동작을 상세히 감상할 수 있는 시선 거리의 생리적 한도는 15m이다. 따라서 인형극이나 아동극은 이 한계 내에 있어야 한다.
2. B구역: 실제의 극장 건축에서는 될 수 있는 한 수용을 많이 하려는 생각에서 22m까지를 제1차 허용한도로 정하며, 국악이나 신극, 실내악 등은 이 범위 내에 객석을 둘 수 있다.
3. C구역: 현재 연극, 그랜드 오페라, 발레, 뮤지컬은 배우의 일반적인 동작만 보이면 감상에는 별 지장이 없으므로 이를 제2차 허용한도라 하고 35m까지 둘 수 있다.

정답 | ②

04

쇼핑센터에서 고객의 주 보행동선으로서 중심 상점과 각 전문점에서의 출입이 이루어지는 곳은?

① 몰(Mall)
② 코트(Court)
③ 터미널(Terminal)
④ 페데스트리언 지대(Pedestrian area)

개념 | KEYWORD 06 상점, 백화점, 쇼핑센터

해설 |
몰은 고객의 주 보행동선이면서 휴식처 역할을 한다.

관련이론
몰(Mall)
1. 고객의 주 보행동선으로 핵상점과 각 전문점에서 출입이 이루어지는 곳이므로 확실한 방향성, 식별성이 요구된다.
2. 자연광을 끌어들여 외부 공간과 같은 느낌을 주도록 한다.
3. 몰은 개방된 오픈몰(Open mall)과 닫혀진 실내공간으로 형성된 엔크로즈드몰(Enclosed mall)로 계획할 수 있으며, 일반적으로 공기조화에 의해 쾌적한 실내 기후를 유지할 수 있는 엔클로즈드몰이 선호된다.
4. 몰의 폭은 6~12m가 일반적이며, 몰의 길이는 240m가 한계이다.
5. 길이 20~30m마다 변화를 주어 단조로운 느낌이 들지 않도록 하는 것이 바람직하다.
6. 몰은 페데스트리언 지대(Pedestrian area)의 일부이며, 페데스트리언 지대에는 몰, 코트, 분수, 연못, 조경이 있다.

정답 | ①

05

다음 중 사무소 건축의 기둥간격 결정요소와 가장 거리가 먼 것은?

① 책상배치의 단위
② 주차배치의 단위
③ 엘리베이터의 설치 대수
④ 채광상 층높이에 의한 깊이

개념 | KEYWORD 05 사무소

해설 |
엘리베이터의 설치 대수와는 무관하다.

관련이론
기둥간격 결정요소
1. 사무소: 책상배치, 채광 유효면적, 지하주차단위 등
2. 백화점: 가구배치, 에스컬레이터, 지하주차단위 등

정답 | ③

06

메조네트형(Maisonette type) 공동주택에 관한 설명으로 옳지 않은 것은?

① 주택 내의 공간의 변화가 있다.
② 거주성, 특히 프라이버시가 높다.
③ 소규모 단위평면에 적합한 유형이다.
④ 양면 개구에 의한 통풍 및 채광 확보가 양호하다.

개념 | KEYWORD 04 공동주택
해설 |
메조네트형(Maisonette type)은 복층형으로 소규모 단위평면에는 적합하지 않다.

관련이론
메조네트형(Maisonette type)
1. 장점
  ① 엘리베이터의 정지층 수를 적게 할 수 있다. (효율적, 경제적)
  ② 복도가 없는 층은 남북면이 트여 있으므로 좋은 평면 구성이 가능하다.
  ③ 통로 면적이 감소하고 임대(전용, 거주, 대실, 유효) 면적이 증가한다.
  ④ 프라이버시가 가장 높다.
2. 단점
  ① 소규모 주택(50m² 이하)에서는 비경제적이다.
  ② 공용 복도가 없는 층은 화재 및 비상시 대피상 불리하다.
  ③ 구조상 복잡하다.

정답 | ③

07

주택법상 주택단지의 복리시설에 속하지 않는 것은?

① 경로당
② 관리사무소
③ 어린이놀이터
④ 주민운동시설

개념 | KEYWORD 04 공동주택
해설 |
복리시설은 주택단지의 입주자 등의 생활복리를 위한 공동시설을 말한다. 관리사무소는 부대시설에 속한다.

정답 | ②

08

래드번(Radburn) 계획에서 슈퍼블록을 구성함으로써 얻어 질 수 있는 효과로 옳지 않은 것은?

① 충분한 공동의 오픈스페이스의 확보가 가능
② 건물을 집약화함으로써 고층화·효율화가 가능
③ 커뮤니티시설의 중심배치로 간선도로변의 활성화가 가능
④ 도로교통의 개선, 즉 보도와 차도의 완전한 분리가 가능

개념 | KEYWORD 04 공동주택
해설 |
래드번 계획은 보행과 차도의 완전 분리와 슈퍼블록 내부 중심의 커뮤니티시설 배치가 원칙이며, 간선도로변의 활성화와는 관계없다.

관련이론
래드번 계획의 5가지 기본원리
1. 통과교통 배제를 위한 하나의 단지인 슈퍼블록(Super block)을 구성
2. 4가지 기능의 도로
3. 보도망 형성 및 보도와 차도의 입체적 분리
4. 쿨데삭(막다른 도로)형의 좁은 도로 구성으로 주택의 거실을 보도나 정원을 향하도록 배치
5. 단지 어디든 통할 수 있는 공동 오픈스페이스 조성

정답 | ③

09

건축물과 양식의 연결이 옳지 않은 것은?

① 노트르담 성당 – 고딕 양식
② 샤르트르 성당 – 고딕 양식
③ 피사의 사탑 – 바로크 양식
④ 성 소피아 성당 – 비잔틴 양식

개념 | KEYWORD 13 서양건축사
해설 |
피사의 사탑은 로마네스크 양식의 대표적인 건축물이다.

정답 | ③

10

주택의 부엌계획에 관한 설명 중 옳지 않은 것은?

① 일사가 긴 서쪽은 음식물이 부패하기 쉬우므로 피하도록 한다.
② 부엌은 가사노동의 경감을 위해 작업삼각형의 각 변의 합은 10m 이내로 한다.
③ 부엌의 평면형 중 일렬형은 동선과 배치가 간단한 평면형이지만 설비기구가 많은 경우에는 작업동선이 길어진다.
④ 부엌의 평면형 중 ㄱ자형은 식사실과 함께 이용할 경우에 적합하다.

개념 | KEYWORD 03 단독주택
해설 |
작업삼각형은 냉장고, 개수대, 가열대를 연결하는 가상의 삼각형을 말한다. 작업삼각형의 각 변의 합은 3.6~6.6m가 이상적이다.

정답 | ②

11

장애인 등의 편의시설 중 매개시설에 속하지 않는 것은?

① 주출입구 접근로
② 유도 및 안내설비
③ 장애인전용 주차구역
④ 주출입구 높이 차이 제거

개념 | KEYWORD 01 건축계획 일반
해설 |
매개시설은 대지 출입구부터 건축물 출입구까지 설치되는 시설로 유도 및 안내설비는 매개시설이 아닌 안내시설에 속한다.

관련이론
편의시설 중 매개시설과 안내시설의 구분
1. 매개시설: 주출입구 접근로, 장애인전용 주차구역, 주출입구 높이 차이 제거
2. 안내시설: 점자블록, 유도 및 안내설비, 경보 및 피난설비

정답 | ②

12

다음 중 구조코어로서 가장 바람직한 코어형식으로, 바닥면적이 큰 고층, 초고층사무소에 적합한 것은?

① 중심코어형　② 편심코어형
③ 독립코어형　④ 양단코어형

개념 | KEYWORD 05 사무소
해설 |
중심코어형은 바닥면적이 클 경우에 유리하다. 중앙에 코어가 있어서 구조적으로 가장 바람직하며, 고층 및 초고층 건물에 적합하다.

정답 | ①

13

건축공간의 치수는 인간을 기준으로 볼 때 3가지로 나누어서 생각할 수 있다. 다음 중 이 3가지 분류에 포함되지 않는 것은?

① 환경적 스케일　② 심리적 스케일
③ 생리적 스케일　④ 물리적 스케일

개념 | KEYWORD 02 건축치수 계획
해설 |
환경적 스케일은 인간을 기준으로 한 건축공간의 3가지 분류에 포함되지 않는다.
인간을 기준으로 한 건축공간의 척도: 물리적 스케일, 생리적 스케일, 심리적 스케일

정답 | ①

14

상점의 판매방식에 관한 설명으로 옳지 않은 것은?

① 측면판매방식은 직원 동선의 이동성이 많다.
② 대면판매방식은 측면판매방식에 비해 상품진열면적이 넓어진다.
③ 측면판매방식은 고객이 직접 진열된 상품을 접촉할 수 있는 관계로 선택이 용이하다.
④ 대면판매방식은 쇼케이스를 중심으로 판매원이 고정된 자리나 위치를 확보하는 것이 용이하다.

개념 | KEYWORD 06 상점, 백화점, 쇼핑센터

해설 |
대면판매형식은 측면판매방식에 비해 판매원의 통로면적이 더 필요하므로 진열면적은 좁아진다.

관련이론

상점의 판매방식

대면판매	측면판매
고객과 종업원이 진열장을 사이에 두고 상담 또는 판매하는 형식	진열 상품을 같은 방향으로 보며 판매하는 형식
1. 장점 ① 설명하기가 편리 ② 판매원의 정위치를 정하기가 용이 ③ 포장하기가 편리 2. 단점 ① 판매원에 의해 통로가 소요되므로 진열면적이 감소 ② 진열장이 많아지면 상점의 분위기가 딱딱해짐	1. 장점 ① 충동적 구매와 선택이 용이 ② 진열면적이 커짐 ③ 상품에 대한 친근감 2. 단점 ① 판매원의 정위치를 정하기가 어렵고 불안정 ② 상품의 설명, 포장 등이 불편

정답 | ②

15

병원건축의 병동배치에서 분관식(Pavilion Type)이 집중식(Block Type)보다 좋은 점은?

① 각종 설비 시설의 배관길이가 짧아진다.
② 각 병실의 일조와 통풍이 유리하다.
③ 비교적 작은 대지에도 건축할 수 있다.
④ 이용자들의 동선이 짧아진다.

개념 | KEYWORD 11 병원

해설 |
분관식은 각 병실을 남향으로 할 수 있어 일조, 통풍조건이 좋다.

관련이론

병원 분관식(Pavilion Type)
1. 평면 분산식으로 각 건물은 3층 이하의 저층건물이며 외래부, 부속 진료시설, 병동을 각각 별동으로 하여 분산시키고 복도로 연결시키는 방법이다.
2. 특성
  ① 각 병실을 남향으로 할 수 있어 일조, 통풍 조건이 좋다.
  ② 넓은 부지가 필요하며 설비가 분산적이고 보행 거리가 멀어진다.
  ③ 내부 환자는 주로 경사로를 이용한 보행 또는 들것으로 운반된다.

정답 | ②

16

원합리주의로 분류되며 "장식은 죄악이다."라는 표현을 남긴 근대 건축가는?

① 오토 바그너
② 아돌프 로스
③ 르 코르뷔지에
④ 미스 반 데 로에

개념 | KEYWORD 13 서양건축사

해설 |
아돌프 로스(Adolf Loos)는 근대 건축의 선구자 중 한 명으로 그의 건축철학은 기능주의와 합리주의에 바탕을 두었다. 화려한 장식을 배격하고 순수한 형태와 재료 자체의 아름다움을 추구했다.

정답 | ②

17

병원의 공조 설계 시 가장 중요도가 높은 곳은?

① 간호사 대기
② 병실
③ 환자 식당
④ 수술실

개념 | KEYWORD 11 병원

해설 |
수술실은 감염 관리가 생명과 직결되므로 병원 내에서 가장 엄격한 공조 시스템이 요구된다.

정답 | ④

18

다음 중 주택건축의 내외를 연결하는 매개역할을 하는 공간에 속하지 않는 것은?

① 테라스 ② 다목적실
③ 다이닝포치 ④ 서비스야드

개념 | KEYWORD 03 단독주택

해설 |
다목적실은 다양한 용도로 활용되는 주택의 내부공간이다.

선지분석
① 테라스(Terrace): 실내에서 외부로 나가는 통로이자 휴식 공간 역할을 한다.
③ 다이닝 포치(Dining Porch): 실내 식당과 외부 정원을 연결하는 매개 공간이다.
④ 서비스야드(Service Yard): 쓰레기 처리, 세탁물 건조 등 생활 서비스를 위한 외부 공간으로, 주방 등 실내 서비스 공간과 연결된다.

관련이론
매개 공간
실내 생활의 일부를 외부로 확장하거나, 외부 활동을 실내로 자연스럽게 유도하는 완충 역할을 하는 공간을 의미한다.

정답 | ②

19

다음의 한국 근대건축 중 고딕양식을 취하고 있는 것은?

① 명동성당 ② 덕수궁 정관헌
③ 서울 성공회성당 ④ 한국은행

개념 | KEYWORD 14 한국건축사

선지분석
① 명동성당: 고딕양식
② 덕수궁 정관헌: 절충양식
③ 서울 성공회성당: 로마네스크양식
④ 한국은행: 르네상스양식

정답 | ①

20

고층건물의 스모크 타워(Smoke Tower)에 관한 설명으로 옳은 것은?

① 보일러실의 굴뚝의 보조설비이다.
② 화재 시 연기를 배출시키기 위하여 설치한다.
③ 쿨링타워의 보조설비로서 옥상층에 설치한다.
④ 주방조리대 상부에 설치하여 냄새, 연기, 수증기 등을 흡출하는 설비이다.

개념 | KEYWORD 05 사무소

해설 |
스모크 타워는 고층 건물에서 화재가 발생했을 때 연기를 효과적으로 외부로 배출하기 위해 설치하는 수직 통로이다.

정답 | ②

건축시공

21

벽마감공사에서 규격 200×200mm인 타일을 줄눈너비 10mm로 벽면적 100m²에 붙일 때 붙임매수는 몇 장인가? (단, 할증률 및 파손은 없는 것으로 가정함)

① 2,238매 ② 2,248매
③ 2,258매 ④ 2,268매

개념 | KEYWORD 07 공종별 적산

해설 |
타일량 = 시공면적 × 단위수량
단위수량
$$= \frac{1,000mm}{(타일의\ 한\ 변\ 크기 + 줄눈)} \times \frac{1,000mm}{(타일의\ 한\ 변\ 크기 + 줄눈)}$$
$$= \frac{1,000}{200+10} \times \frac{1,000}{200+10} ≒ 22.6757(단위수량)$$
∴ 타일량 = 100m² × 22.6757 ≒ 2,268매

정답 | ④

22

다음 설명이 의미하는 공법으로 옳은 것은?

> 미리 공장 생산한 기둥이나 보, 바닥판, 외벽, 내벽 등을 한 층씩 쌓아 올라가는 조립식으로 구체를 구축하고 이어서 마감 및 설비공사까지 포함하여 차례로 한 층씩 완성해 가는 공법

① 하프 PC합성바닥판공법
② 역타공법
③ 적층공법
④ 지하연속벽공법

개념 | KEYWORD 12 토공사

해설 |
적층공법은 미리 공장 생산한 건축 부재를 구축하며 마감, 설비공사까지 포함하여 한 층씩 완성시켜 나가는 시스템 공법이다.

정답 | ③

23

다음 중 공사감리업무와 가장 거리가 먼 항목은?

① 설계도서의 적정성 검토
② 시공상의 안전관리 지도
③ 공사 실행예산의 편성
④ 사용자재와 설계도서와의 일치 여부 검토

개념 | KEYWORD 02 관계자와 관리기법

해설 |
실행예산의 편성은 시공자의 업무이다.

관련이론

감리업무
1. 건축자재의 법령 기준 여부 확인
2. 시공계획, 공사관리의 적정 여부, 공정표의 검토
3. 구조물의 위치와 규격 검토 확인
4. 시공자가 설계도서에 따라 시공하는지 확인

정답 | ③

24

지하연속벽(Slurry wall)에 관한 설명으로 옳지 않은 것은?

① 차수성이 우수하다.
② 비교적 지반조건에 좌우되지 않는다.
③ 소음·진동이 적고, 벽체의 강성이 높다.
④ 공사비가 타공법에 비하여 저렴하고 공기가 단축된다.

개념 | KEYWORD 12 토공사

해설 |
지하연속벽(Slurry wall)은 공기가 길고, 공사비도 고가이다.

관련이론

지하연속벽(Slurry wall)의 장점과 단점

장점	• 무진동, 무소음 시공 가능 • 벽체강성이 큼 • 차수성이 큼 • 각종 지반조건에 적용 가능 • 단면 형상을 자유롭게 선택 가능
단점	• 공사비가 고가임 • 고도의 기술, 경험이 필요 • 벤토나이트 이수처리가 곤란함 • 품질관리가 어려움

정답 | ④

25

건설현장에서 굳지 않은 콘크리트에 대해 실시하는 시험으로 옳지 않은 것은?

① 슬럼프(Slump) 시험
② 코어(Core) 시험
③ 염화물 시험
④ 공기량 시험

개념 | KEYWORD 16 콘크리트공사

해설 |
코어(Core) 시험은 굳은 콘크리트의 강도 시험 방법이다.

선지분석

① 슬럼프(Slump) 시험: 굳지 않은 콘크리트에 대해 실시하는 시험으로 콘크리트 시공연도(반죽질기)를 측정한다.
③ 염화물 시험: 굳지 않은 콘크리트에 대해 실시하는 시험으로 콘크리트 속 염화물량을 측정한다.
④ 공기량 시험: 굳지 않은 콘크리트에 대해 실시하는 시험으로 콘크리트 속 공기 함유량을 측정한다.

정답 | ②

26

연강 철선을 전기 용접하여 정방형 또는 장방형으로 만든 것으로 콘크리트 다짐바닥, 지면 콘크리트 포장 등에 사용하는 금속재는?

① 와이어 라스(Wire Lath)
② 와이어 메시(Wire Mesh)
③ 메탈 라스(Metal Lath)
④ 펀칭 메탈(Punching Metal)

개념 | KEYWORD 29 금속공사

해설 |
와이어 메시는 연강 철선을 격자 모양으로 배열하고 교차점을 전기 용접하여 만든 철망이다. 주로 콘크리트 다짐 바닥이나 도로, 주차장 포장 등에서 균열을 방지하고 보강하는 용도로 사용한다.

선지분석
① 와이어 라스: 아연 도금된 굵은 철선을 엮어 만든 철망으로, 주로 벽이나 천장에 모르타르를 바르기 위한 바탕재로 사용한다.
③ 메탈 라스: 얇은 강판에 칼집을 내어 잡아당겨 만든 그물 모양의 철망으로, 와이어 라스와 마찬가지로 미장 바탕재로 주로 사용한다.
④ 펀칭 메탈: 금속판에 다양한 모양의 구멍을 뚫어 만든 제품으로, 건축물의 내외장재, 환기망, 필터 등 장식적이거나 기능적인 용도로 사용한다.

정답 | ②

27

사운딩은 로드 선단에 붙인 저항체를 지중에 넣고 관입, 회전, 인발 등에 의해 토층의 성상을 탐사하는 시험법인데 이러한 사운딩에 속하지 않는 시험은?

① 표준관입시험
② 콘 관입시험
③ 베인전단시험
④ 말뚝재하시험

개념 | KEYWORD 11 지반조사

해설 |
말뚝재하시험은 지내력시험에 해당하며, 사운딩시험에는 표준관입시험, 베인시험, 콘 관입시험 등이 해당된다.

정답 | ④

28

지반조사시험에서 서로 관련 있는 항목끼리 옳게 연결된 것은?

① 지내력 — 정량분석시험
② 연한 점토 — 표준관입시험
③ 진흙의 점착력 — 베인시험(Vane test)
④ 염분 — 신월샘플링(Thin wall sampling)

개념 | KEYWORD 11 지반조사

해설 |
베인시험을 통해 점토(진흙)지반의 점착력을 파악할 수 있다.

선지분석
① 정량분석시험: 모래의 염화물 시험
② 표준관입시험: 모래의 상대밀도와 전단력 측정
④ 신월샘플링: 무른 점토 지반의 시료 채취

정답 | ③

29

압연강재가 냉각될 때 표면에 생기는 산화철 표피를 무엇이라 하는가?

① 스패터
② 밀스케일
③ 슬래그
④ 비드

개념 | KEYWORD 17 접합

해설 |
밀스케일(Mill scale)은 압연강재가 냉각될 때 표면에 생성되는 산화철 표피이다.

선지분석
① 스패터(Spatter): 용접 시 비산하는 슬래그 및 금속입자가 경화된 것을 말한다.
③ 슬래그(Slag): 광물을 제련할 때 생기는 비금속성 찌꺼기를 말한다.
④ 비드(Bead): 용접에서 용접봉이 1회 통과할 때 용재 표면에 용착된 금속층이다.

정답 | ②

30
PERT-CPM 공정표 작성 시에 EST와 EFT의 계산방법 중 옳지 않은 것은?

① 작업의 흐름에 따라 전진 계산한다.
② 선행작업이 없는 첫 작업의 EST는 프로젝트의 개시시간과 동일하다.
③ 어느 작업의 EFT는 그 작업의 EST에 소요일수를 더하여 구한다.
④ 복수의 작업에 종속되는 작업의 EST는 선행작업 중 EFT의 최소값으로 한다.

개념 | KEYWORD 08 공정관리
해설 |
복수의 작업에 종속되는 작업의 EST는 선행작업 중 EFT의 최대값으로 하며, 복수의 작업에 선행되는 작업의 LFT는 후속작업 LST 중 최소값으로 한다.

정답 | ④

31
언더피닝(Under Pinning)공법의 종류가 아닌 것은?

① 갱·피어공법
② 콘크리트 VH 타설법
③ 그라우트주입공법
④ 잭파일(Jacked pile)공법

개념 | KEYWORD 13 기초공사
해설 |
- 언더피닝공법은 기존 건축물 가까이 신축공사를 하고자 할 때 기존 건물의 지반과 기초를 보강하는 공법이다.
- 종류: 피트(Pit), 웰(Well)공법, 갱·피어공법, 잭파일공법, 강재말뚝공법, 현장타설 콘크리트 말뚝공법, 그라우트주입공법, 이중널말뚝공법, 차단벽공법 등

정답 | ②

32
시멘트 분말도 시험방법이 아닌 것은?

① 플로우시험법
② 체분석법
③ 피크노메타법
④ 브레인법

개념 | KEYWORD 16 콘크리트공사
해설 |
플로우시험은 콘크리트의 반죽질기(워커빌리티)를 측정하는 시험방법이다.

정답 | ①

33
각종 유리에 관한 설명으로 옳지 않은 것은?

① 망입유리는 방화, 방재용으로 사용된다.
② 복층유리는 단열 목적의 유리이다.
③ 열선흡수유리는 실내의 냉방효과를 좋게 하기 위해 사용된다.
④ 자외선 투과유리는 의류품의 진열장, 식품이나 약품의 창고 등에 사용된다.

개념 | KEYWORD 25 유리공사
해설 |
자외선 투과 유리는 산화제이철의 함유량을 줄인 유리로 온실과 병원의 일광욕실로 사용된다.

정답 | ④

34
콘크리트 이어붓기에 대한 설명으로 옳지 않은 것은?

① 보 및 슬래브의 이어붓기 위치는 전단력이 작은 스팬의 중앙부에 수직으로 한다.
② 아치이음은 아치축에 직각으로 설치한다.
③ 부득이 전단력이 큰 위치에 이음을 설치할 경우에는 시공이음에 촉 또는 홈을 두거나 적절한 철근을 내어 둔다.
④ 염분 피해의 우려가 있는 해양 및 항만 콘크리트 구조물에서는 시공이음부를 설치하는 것이 좋다.

개념 | KEYWORD 16 콘크리트공사
해설 |
시공이음부는 구조물의 일체성을 떨어뜨려 염해에 대한 저항성을 약화시킬 수 있다. 따라서 해양 및 항만 콘크리트 구조물에서는 시공이음부를 가능하면 최소화하는 것이 원칙이다.

정답 | ④

35

다음 중 건설공사의 입찰 순서로 옳은 것은?

```
ⓐ 입찰통지      ⓑ 계약
ⓒ 입찰         ⓓ 현장설명
ⓔ 낙찰         ⓕ 개찰
```

① ⓐ-ⓓ-ⓒ-ⓑ-ⓔ-ⓕ
② ⓐ-ⓑ-ⓔ-ⓕ-ⓒ-ⓓ
③ ⓐ-ⓔ-ⓑ-ⓕ-ⓒ-ⓓ
④ ⓐ-ⓓ-ⓒ-ⓕ-ⓔ-ⓑ

개념 | KEYWORD 05 입찰방식 및 계약

해설 |

ⓐ 입찰통지 → ⓓ 현장설명 → ⓒ 입찰 → ⓕ 개찰 → ⓔ 낙찰 → ⓑ 계약

관련이론

공개경쟁입찰과 지명경쟁입찰 순서

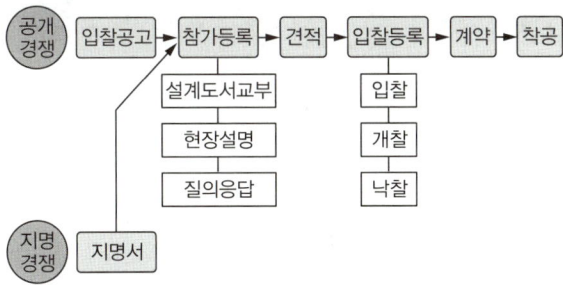

정답 | ④

36

테라조(Terrazzo) 현장갈기에 대한 시공 내용 중 옳지 않은 것은?

① 여름철 갈기는 3일 이상 충분히 경화시킨 다음 갈기 시작한다.
② 초벌갈기는 돌알이 균등하게 나타나도록 하고 바로 이어서 중갈기를 행한다.
③ 정벌갈기는 중갈기가 끝나고 시멘트 풀먹임을 2~3회 거듭한 후 행한다.
④ 광내기 왁스칠은 시간을 두고 얇게 여러 번 행하는 것이 좋다.

개념 | KEYWORD 28 미장공사

해설 |

초벌 갈기 후 생긴 미세한 구멍을 시멘트 풀먹임으로 메운 뒤, 충분한 양생을 거쳐 중갈기를 진행해야 한다.

정답 | ②

37

시트 방수공법에 관한 설명 중 틀린 것은?

① 접착제 도포에 앞서 먼저 도포한 프라이머의 적정한 건조를 확인한다.
② 시트의 너비와 길이에는 제한이 없고, 3겹 이상 적층하여 방수하는 것이 원칙이다.
③ 수용성의 프라이머는 저온 시 동결피해 발생에 주의한다.
④ 접착공법은 모서리부, 드레인 주변 등 특수한 부위를 먼저 세심하게 작업한다.

개념 | KEYWORD 22 방수공사

해설 |

시트방수는 시트의 너비와 길이에 제한이 있고, 1겹으로 방수하는 것이 원칙이다.

정답 | ②

38

다음 배수공법 중 중력배수 공법에 해당하는 것은?

① 웰포인트 공법   ② 진공압밀 공법
③ 전기삼투 공법   ④ 집수정 공법

개념 | KEYWORD 12 토공사

해설 |

중력배수 공법은 지하수나 지표수를 자연적인 중력의 흐름에 따라 배수하는 방식으로 집수정 공법, 딥웰(Deep well) 공법, 명거 공법, 암거 공법 등이 있다.

정답 | ④

39

비철금속에 관한 설명 중 옳지 않은 것은?

① 동에 아연을 합금시킨 일반적인 황동은 아연함유량이 40% 이하이다.
② 구조용 알루미늄 합금은 4~5%의 동을 함유하므로 내식성이 좋다.
③ 주로 합금재료로 쓰이는 주석은 유기산에는 거의 침해되지 않는다.
④ 아연은 철강의 방식용에 피복재로서 사용할 수 있다.

개념 | KEYWORD 29 금속공사
해설 |
알루미늄에 구리(Cu) 4~5%를 넣은 구조용 합금(예 두랄루민)은 강도는 높지만 내식성이 나빠진다.

정답 | ②

40

보통 콘크리트용 부순 골재의 원석으로서 가장 적합하지 않은 것은?

① 현무암 ② 응회암
③ 안산암 ④ 화강암

개념 | KEYWORD 16 콘크리트공사
해설 |
응회암은 다공질로 내화성은 크나 강도가 약하여 부순 골재의 원석으로 적합하지 않다. 부순 골재의 원석으로 현무암, 안산암, 화강암, 석회암, 경질사암 등이 사용된다.

정답 | ②

건축구조

41

지름 20mm, 길이 200mm인 철근에 인장력을 가했을 때, 지름이 0.0052mm 감소하였고, 길이는 0.17mm 늘어났다. 이 재료의 푸아송비는?

① 3.26923 ② 0.00085
③ 0.00026 ④ 0.30588

개념 | KEYWORD 04 재료의 기계적 성질
해설 |

$$\text{푸아송비}(\nu) = \frac{\text{압축변형률}}{\text{인장변형률}} = \frac{\frac{\Delta D}{D}}{\frac{\Delta L}{L}} = \frac{L \cdot \Delta D}{D \cdot \Delta L} \text{이므로}$$

$$\therefore \nu = \frac{200 \times 0.0052}{20 \times 0.17} \fallingdotseq 0.30588$$

정답 | ④

42

토질 및 지반에 관한 설명 중 옳지 않은 것은?

① 자갈층·모래층은 투수성이 큰 편이지만 젖은 점토층은 투수성이 작다.
② 점토와 모래의 중간 크기를 갖는 흙을 실트라 한다.
③ 지진 시 액상화 현상은 모래질 지반보다 점토질 지반에서 일어나기 쉽다.
④ 점토질 지반에서 흙의 내부마찰각이 같은 경우 점착력이 클수록 옹벽에 가해지는 토압은 작아진다.

개념 | KEYWORD 02 지반 및 기초
해설 |
액상화란 사질토(모래질) 지반에서 일어나기 쉬운 현상이다.

관련이론
지반의 액상화
모래지반에서 순간충격, 지진, 진동 등에 의해 간극수압이 상승하고 유효응력이 감소되어 전단저항을 상실하고 지반이 액체와 같은 상태로 변화하는 현상을 말한다. 구조물의 부등침하·파괴, 지반 이동 등이 발생한다.

정답 | ③

43

철골콘크리트 T형보의 유효폭 산정식에 관련된 사항과 거리가 먼 것은?

① 보의 폭
② 슬래브 중점간 거리
③ 슬래브의 두께
④ 보의 춤

개념 | KEYWORD 13 보의 휨설계
해설 |
T형보의 유효폭(b_e)은 다음 중 최솟값
1. $16t_f + b_w$ (t_f: 슬래브 두께, b_w: 보의 폭)
2. 양쪽 슬래브 중심간 거리
3. 보 경간(Span)의 $\frac{1}{4}$

정답 | ④

44

지진의 진도(Intensity)와 규모(Magnitude)에 대한 설명으로 옳지 않은 것은?

① 진도는 상대적 개념의 지진 크기이다.
② 규모는 장소에 관계없는 절대적 개념의 크기이다.
③ 진도는 사람이 느끼는 감각, 물체이동 등을 계급별로 구분한다.
④ 규모는 지반의 운동정도를 평가하나 정밀하지는 않다.

개념 | KEYWORD 03 내진·내풍·사용성 설계
해설 |
지진의 규모는 장소와 무관한 절대적 수치이며 진도에 비해 매우 정밀한 값이다.
규모는 각 관측소에서 지진계에 기록된 진폭을 진앙까지의 거리나 진원의 깊이 등을 고려하여 지수형태로 나타낸다.

정답 | ④

45

그림과 같은 단순보의 C점의 휨모멘트는?

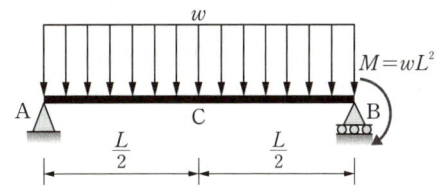

① $\dfrac{wL^2}{8}$
② $\dfrac{3wL^2}{8}$
③ $\dfrac{5wL^2}{8}$
④ $\dfrac{5wL^2}{16}$

개념 | KEYWORD 06 반력, 전단력, 휨모멘트
해설 |
$\sum M_A = 0$에서
$wL \times \dfrac{L}{2} - V_B \times L + wL^2 = 0$이므로
$LV_B = \dfrac{wL^2}{2} + wL^2 = \dfrac{3wL^2}{2}$
$\rightarrow V_B = \dfrac{3wL}{2}$
$\sum V = 0$에서
$wL - V_A - V_B = 0$이므로
$V_A = wL - V_B = wL - \dfrac{3wL}{2}$
$\rightarrow V_A = -\dfrac{wL}{2}$
$\therefore M_{Cright} = \left(w \times \dfrac{L}{2} \times \dfrac{L}{4}\right) - \left(\dfrac{3wL}{2} \times \dfrac{L}{2}\right) + wL^2$
$= \dfrac{wL^2}{8} - \dfrac{3wL^2}{4} + wL^2$
$= \dfrac{wL^2 - 6wL^2 + 8wL^2}{8} = \dfrac{3wL^2}{8}$

정답 | ②

46

다음 그림과 같은 H형강 단면의 핵 면적을 구하면?

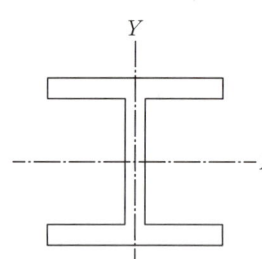

- $H-200\times200\times8\times12$
- $A_s=6{,}350\text{mm}^2$
- $I_x=4.72\times10^7\text{mm}^4$
- $I_y=1.60\times10^7\text{mm}^4$

① 932.47mm^2
② $1{,}864.93\text{mm}^2$
③ $2{,}797.40\text{mm}^2$
④ $3{,}745.81\text{mm}^2$

개념 | KEYWORD 04 기둥의 좌굴

해설 |

핵 면적을 구하기 위해선 먼저 편심거리(e_x, e_y)를 알아야 한다.

$$e_x=\frac{r_y^2}{x}=\frac{\frac{I_y}{A}}{x}=\frac{\frac{(1.60\times10^7)}{(6{,}350)}}{(100)}=25.1969\text{mm}$$

$$e_y=\frac{r_x^2}{y}=\frac{\frac{I_x}{A}}{y}=\frac{\frac{(4.72\times10^7)}{(6{,}350)}}{(100)}=74.3307\text{mm}$$

핵 면적을 구하는 식은 다음과 같다.

$\left(\frac{1}{2}\cdot e_x\cdot e_y\right)\times4$

$=\left(\frac{1}{2}(25.1969)(74.3307)\right)\times4=3{,}745.81\text{mm}^2$

정답 | ④

47

다음 조건을 가진 압축재의 좌굴하중 P_{cr}값으로 옳은 것은?

$EI=1.39\times10^{13}\text{N}\cdot\text{mm}^2$, $K=1$, $L=490\text{cm}$
부재 단면 $400\times400\text{mm}$

① $3{,}123.8\text{kN}$
② $4{,}517.8\text{kN}$
③ $5{,}012.8\text{kN}$
④ $5{,}713.8\text{kN}$

개념 | KEYWORD 07 기둥의 좌굴

해설 |

좌굴하중 $P_{cr}=\frac{\pi^2 EI}{(KL)^2}$이고,

여기서, E: 탄성계수, I: 단면2차모멘트, K: 단부지지조건, L: 부재의 길이

$\therefore P_{cr}=\frac{\pi^2 EI}{(KL)^2}=\frac{\pi^2\times1.39\times10^{13}}{(1\times4{,}900)^2}$

$=5{,}713{,}765.147\text{N}≒5{,}713.8\text{kN}$

정답 | ④

48

인장을 받는 이형철근의 직경이 D16(직경 15.9mm)이고, 콘크리트 강도가 30MPa인 표준갈고리의 기본정착길이는?(단, $f_y=400\text{MPa}$, $\beta=1.0$, $m_c=2{,}300\text{kg/m}^3$)

① 238mm
② 258mm
③ 279mm
④ 312mm

개념 | KEYWORD 16 철근 정착과 이음

해설 |

표준갈고리를 갖는 인장이형철근의 기본정착길이는

$l_{hb}=\frac{0.24\beta\cdot d_b\cdot f_y}{\lambda\sqrt{f_{ck}}}$이다.

$m_c=2{,}300\text{kg/m}^3$이므로 경량콘크리트계수 $\lambda=1.0$을 대입하면,

$l_{hb}=\frac{0.24\times1.0\times15.9\times400}{(1.0)\sqrt{30}}≒278.68\text{mm}$이다.

정답 | ③

49

절점 B에 외력 $M=200\text{kN}\cdot\text{m}$가 작용하고 각 부재의 강비가 그림과 같을 경우 M_{AB}는?

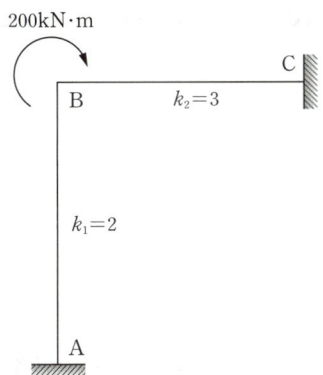

① $20\text{kN}\cdot\text{m}$
② $40\text{kN}\cdot\text{m}$
③ $60\text{kN}\cdot\text{m}$
④ $80\text{kN}\cdot\text{m}$

개념 | KEYWORD 09 구조물 해석
해설 |
지점 도달모멘트(M_{AB})는 분배모멘트(M_{BA})의 1/2이다.

1. 분배율: $DF_{BA}=\dfrac{2}{2+3}=\dfrac{2}{5}$
2. 분배모멘트 계산: B절점에서의 분배
   $M_{BA}=200\times\dfrac{2}{5}=80\text{kN}\cdot\text{m}$
3. 전달모멘트 계산: $B \to A$ (전달률: 고정단 $\dfrac{1}{2}$)
   $M_{AB}=\dfrac{1}{2}M_{BA}=80\times\dfrac{1}{2}=40\text{kN}\cdot\text{m}$

정답 | ②

50

다음 그림과 같은 H형강(H−440×300×10×20) 단면의 전소성모멘트(M_p)는 얼마인가? (단, $F_y=400\text{MPa}$)

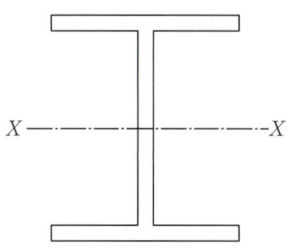

① $963\text{kN}\cdot\text{m}$
② $1,168\text{kN}\cdot\text{m}$
③ $1,363\text{kN}\cdot\text{m}$
④ $1,568\text{kN}\cdot\text{m}$

개념 | KEYWORD 19 인장재·압축재 설계
해설 |
소성단면계수(Z_p): 단면의 도심을 지나는 전체 단면적을 2등분하는 축에 대한 단면계수
$Z_p=A_c\cdot y_c+A_t\cdot y_t$
  $=2\times(300\times20\times210)+2\times(10\times200\times100)$
  $=2.92\times10^6\text{mm}^3$

여기서, A_c: 플랜지면적, y_c: 플랜지의 도심에서 연단까지의 거리
  A_t: 웨브면적, y_t: 웨브의 도심에서 연단까지의 거리

소성모멘트
$M_p=F_y\cdot Z_p=400\times2.92\times10^6=1.168\times10^9\text{N}\cdot\text{mm}$
  $=1,168\text{kN}\cdot\text{m}$

관련이론
H형강의 치수표기

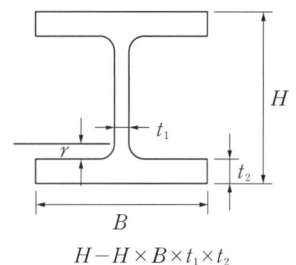

$H-H\times B\times t_1\times t_2$

정답 | ②

51

강도설계법에서 균형보의 개념을 옳게 설명한 것은?

① 콘크리트와 철근의 응력이 각각 허용응력에 도달한 보를 말한다.
② 사용하중 상태에서 파괴형태를 고려하지 않은 보를 말한다.
③ 경제적인 단면 설계를 위주로 한 보를 말한다.
④ 철근이 항복함과 동시에 콘크리트의 압축변형률이 0.0033에 도달한 보를 말한다.

개념 | KEYWORD 13 보의 휨설계
해설 |
철근콘크리트 강도설계법에서 균형보는 철근이 항복함과 동시에 콘크리트의 압축변형률이 0.0033에 도달한 보를 말하며, 이때의 철근비가 균형철근비이다.

정답 | ④

52

모살치수 8mm, 용접길이 500mm인 양면 모살용접의 유효 단면적은 약 얼마인가?

① 2,100mm^2 ② 3,221mm^2
③ 4,300mm^2 ④ 5,421mm^2

개념 | KEYWORD 18 접합, 볼트, 용접
해설 |
유효 목두께 a, 유효 용접길이 l_e일 때, 모살용접의 유효 단면적 A_e는 아래와 같다.
$A_e = a \times l_e$ (양면 모살용접은 ×2)
이때, $a = 0.7S$이므로 (S는 모살치수)
$a = 0.7 \times 8 = 5.6$mm
$l_e = l - 2S$ (l은 용접길이) $= 500 - 2 \times 8 = 484$mm
∴ $A_e = a \times l_e \times 2 = 5.6 \times 484 \times 2 = 5,420.8$mm^2

정답 | ④

53

다음과 같은 구조물의 부정정 차수는?

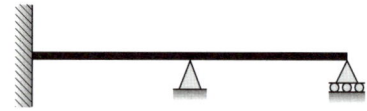

① 불안정   ② 1차 부정정
③ 2차 부정정   ④ 3차 부정정

개념 | KEYWORD 08 구조물 판별
해설 |
$N = r + m + f - 2j$ 공식 이용
여기서, r: 지점반력수, m: 부재수, f: 강절점수, j: 지점수＋자유단 지점수
∴ $N = 6 + 2 + 1 - 2 \times 3 = 3$이므로 3차 부정정 구조물이다.

정답 | ④

54

강도설계법에서 처짐을 계산하지 않는 경우 철근콘크리트 보의 최소 두께 규정으로 옳지 않은 것은? (단, 보통콘크리트와 설계기준 항복강도 400MPa 철근을 사용한 부재임)

① 단순 지지: $l/16$ ② 1단 연속: $l/18.5$
③ 양단 연속: $l/12$ ④ 캔틸레버: $l/8$

개념 | KEYWORD 15 슬래브, 기둥, 벽체, 기타
해설 |
l: 경간 길이(mm)

부재	최소 두께(h_{min})			
	단순 지지	1단 연속	양단 연속	캔틸레버
보 및 리브가 있는 1방향 슬래브	$\dfrac{l}{16}$	$\dfrac{l}{18.5}$	$\dfrac{l}{21}$	$\dfrac{l}{8}$

정답 | ③

55

그림과 같은 장방형 기둥에서 사용되는 띠철근의 최소 간격은? (단, 주철근=D19, 띠철근=D10)

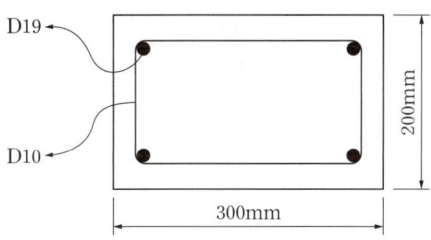

① 150mm
② 200mm
③ 300mm
④ 400mm

개념 | KEYWORD 15 슬래브, 기둥, 벽체, 기타

해설 |

띠철근의 수직간격은 다음 조건식 중 최소값을 사용한다.
※ 단, 200mm보다 좁을 필요는 없음
1. 축방향 철근 지름의 16배 이하
   $19 \times 16 = 304$mm
2. 띠철근 지름의 48배 이하
   $10 \times 48 = 480$mm
3. 기둥 단면 최소 치수의 1/2 이하
   $200 \div 2 = 100$mm
※ 띠철근의 수직간격은 200mm보다 좁을 필요가 없으므로 답은 200mm이다.

정답 | ②

56

강도설계법을 근거로 그림과 같은 단근 직사각형 보의 최소 철근량을 구하면? (단, $f_{ck}=21$MPa, $f_y=400$MPa)

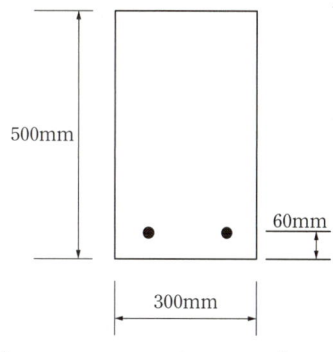

① 317mm²
② 354mm²
③ 420mm²
④ 504mm²

개념 | KEYWORD 13 보의 휨설계

해설 |

휨부재의 최소철근량
$$A_{s,min} = \frac{0.178\lambda\sqrt{f_{ck}}}{\phi f_y} \cdot bd$$
$$A_{s,min} = \frac{0.178(1.0)\sqrt{21}}{(0.85)(400)} \cdot (300)(440) \fallingdotseq 316.68\text{mm}^2$$
∴ 보의 최소 철근량은 317mm²이다.
※ 강도감소계수(ϕ)의 경우, 인장지배단면(0.85)으로 가정
※ 보통중량콘크리트 $\lambda = 1.0$

정답 | ①

57

H형강을 사용한 길이 6m인 단순보에 5kN/m의 등분포 하중 재하 시 최대 처짐량은? (단, $E_s=206,000$MPa, $I_x=4,720$cm⁴, 좌굴의 영향은 없는 것으로 가정)

① 1.70mm
② 5.69mm
③ 8.68mm
④ 12.49mm

개념 | KEYWORD 10 보의 처짐

해설 |

단순보에 등분포하중이 작용하는 경우 최대 처짐은
$$\delta_{max} = \frac{5}{384} \cdot \frac{wL^4}{EI}$$ 이다.
∴ $\delta_{max} = \frac{5}{384} \cdot \frac{(5)(6 \times 10^3)^4}{(206,000)(4,720 \times 10^4)} \fallingdotseq 8.678$mm

정답 | ③

58

건축물에 작용하는 풍압력의 크기를 결정하는 요소와 가장 거리가 먼 것은?

① 건축물의 무게
② 건축물의 높이
③ 건축물의 형상
④ 풍속

개념 | KEYWORD 03 내진·내풍·사용성 설계
해설 |
건축물의 무게는 풍압력을 산정하는데 관계없다.

정답 | ①

59

다음 그림은 고력볼트 체결부의 명칭을 나타낸 것이다. 명칭이 틀린 것은?

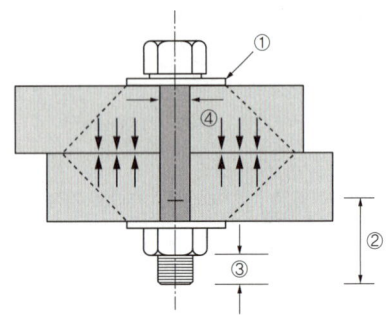

① 평와셔
② 축부
③ 여유길이
④ 볼트직경

개념 | KEYWORD 18 접합, 볼트, 용접
해설 |
②는 나사부이다.

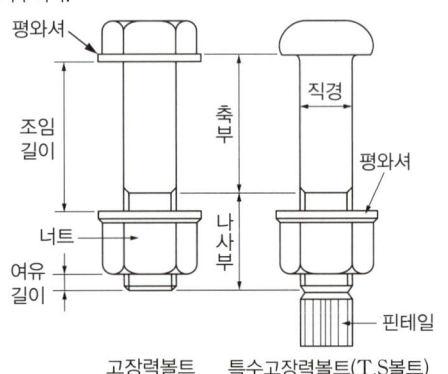

정답 | ②

60

트러스 해법의 기본가정으로 틀린 것은?

① 절점을 연결하는 직선은 재축과 일치한다.
② 외력은 모두 절점에 작용하는 것으로 한다.
③ 부재를 연결하는 절점은 강절점으로 간주한다.
④ 외력은 모두 트러스를 포함한 평면 안에 있는 것으로 한다.

개념 | KEYWORD 09 구조물 해석
해설 |
트러스 구조에서 절점은 힌지로 간주한다. 이를 통해 트러스 구조의 간단한 해석을 가능하게 한다.

정답 | ③

건축설비

61

조명기구를 사용하는 도중에 광원의 능률저하나 기구의 오염, 손상 등으로 조도가 점차 저하되는데, 인공조명 설계 시 이를 고려하여 반영하는 계수는?

① 광도
② 조명률
③ 실지수
④ 감광보상률

개념 | KEYWORD 16 조명설비
해설 |
감광보상률은 조명기구의 조도 저하를 고려하여 광원을 교환하거나 기구를 청소할 때까지 필요한 조도를 유지할 수 있도록 여유를 두는 비율이다.

정답 | ④

62

압력탱크 급수방식에 관한 설명으로 옳지 않은 것은?

① 정전 시 급수가 곤란하다.
② 급수압력을 일정하게 유지할 수 있다.
③ 단수 시 저수조의 물을 사용할 수 있다.
④ 탱크를 높은 곳에 설치하지 않아도 된다.

개념 | KEYWORD 01 급수설비
해설 |
압력탱크 급수방식은 급수압력을 일정하게 유지할 수 없으며 밸브나 부품의 파손이 많다.

정답 | ②

63

실내공기오염의 종합적 지표로서 사용되는 오염 물질은?

① 부유분진   ② 이산화탄소
③ 일산화탄소   ④ 이산화질소

개념 | KEYWORD 10 환기설비
해설 |
이산화탄소(CO_2)는 실내공기오염의 종합적 지표로 사용된다. CO_2 농도와 취기 등에 의한 공기오염 정도가 비례관계이고, CO_2 농도 측정이 용이하기 때문에 실내공기오염의 종합적 지표로서 CO_2를 사용한다.

정답 | ②

64

다음과 같은 특징을 갖는 배선공사 방식은?

> • 열적 영향이나 기계적 외상을 받기 쉬운 곳이 아니면 금속배관과 같이 광범위하게 사용 가능하다.
> • 관 자체가 절연체이므로 감전의 우려가 없으며 시공이 쉬운 게 장점이다.

① 버스덕트 공사   ② 애자사용 공사
③ 합성수지관 공사   ④ 플로어덕트 공사

개념 | KEYWORD 14 강전설비
해설 |
열적 영향이나 기계적 외상을 받기 쉬우며, 관 자체가 절연체이므로 감전의 우려가 없으며, 시공이 용이한 것은 합성수지관 배선에 대한 설명이다.

관련이론
합성수지관 공사의 특징
1. 누전의 우려가 없다.   2. 내식성이 강하다.
3. 접지가 불필요하다.   4. 기계적 강도가 약하다.
5. 파열될 염려가 있다.   6. 열에 약하다.
7. 중량이 가볍고 시공이 용이하다.

정답 | ③

65

다음의 냉방부하 발생요인 중 현열부하만 발생시키는 것은?

① 인체의 발생열량
② 벽체로부터의 취득열량
③ 극간풍에 의한 취득열량
④ 외기의 도입으로 인한 취득열량

개념 | KEYWORD 09 공기조화 방식과 기기
해설 |
인체의 발생열량, 극간풍에 의한 취득열량, 외기의 도입으로 인한 취득열량은 실내온도뿐만 아니라 습도에도 변화를 주므로 현열과 잠열 모두 고려하여야 한다.

정답 | ②

66

압력에 따른 도시가스의 분류에서 고압의 기준으로 옳은 것은?

① 0.1MPa 이상
② 1MPa 이상
③ 10MPa 이상
④ 100MPa 이상

개념 | KEYWORD 07 가스설비

해설 |
도시가스 고압의 기준은 1MPa 이상이다.

관련이론
도시가스의 압력 구분

구분	압력
고압	1MPa 이상
중압	0.1MPa 이상 1MPa 미만
저압	0.1MPa 미만

정답 | ②

67

전압이 1V일 때 1A의 전류가 1s 동안 하는 일을 나타내는 것은?

① 1Ω
② 1J
③ 1dB
④ 1W

개념 | KEYWORD 13 전기설비 기초

해설 |
전력(P): 전기가 하는 일의 양을 의미하며, 단위로 W를 사용한다.
$P(전력) = V(전압) \times I(전류)$

정답 | ④

68

통기관의 설치 목적으로 옳지 않은 것은?

① 트랩의 봉수를 보호한다.
② 오수와 잡배수가 서로 혼합되지 않게 한다.
③ 배수계통 내의 배수 및 공기의 흐름을 원활히 한다.
④ 배수관 내에 환기를 도모하여 관내를 청결하게 유지한다.

개념 | KEYWORD 03 배수 및 통기설비

해설 |
통기관의 설치목적
1. 트랩의 봉수를 보호한다.
2. 배수의 흐름을 원활하게 한다.
3. 신선한 공기를 유통시켜 관 내의 청결을 유지한다.
4. 배수관 내의 기압을 일정하게 유지한다.

정답 | ②

69

덕트의 분기부에 설치하여 풍량 조절용으로 사용되는 댐퍼는?

① 스플릿 댐퍼
② 평행익형 댐퍼
③ 대향익형 댐퍼
④ 버터플라이 댐퍼

개념 | KEYWORD 09 공기조화 방식과 기기

해설 |
스플릿 댐퍼(Split damper): 덕트 분기부에서 풍량 조절에 사용한다.

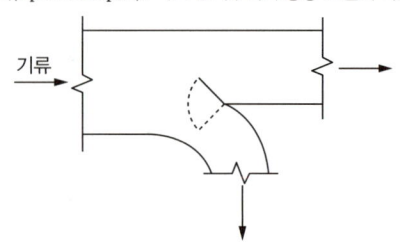

정답 | ①

70

다음과 같은 조건에서 실의 현열부하가 7,000W인 경우 실내 취출풍량은?

- 실내온도: 22℃
- 취출공기온도: 12℃
- 공기의 비열: 1.01kJ/kg·K
- 공기의 밀도: 1.2kg/m³

① 1,042m³/h ② 2,079m³/h
③ 3,472m³/h ④ 6,944m³/h

개념 | KEYWORD 08 공기조화설비 총론

해설 |

$$G(\text{m}^3/\text{h}) = \frac{3{,}600Q(\text{kW})}{\rho(\text{kg/m}^3) \times C(\text{kJ/kg·K}) \times \Delta t(\text{K})}$$

$$= \frac{3{,}600 \times 7}{1.2 \times 1.01 \times (22-12)} = 2{,}079\text{m}^3/\text{h}$$

(여기서, Q: 현열부하, ρ: 공기의 밀도, C: 공기의 비열, Δt: 온도차)

정답 | ②

71

다음 중 트랩의 봉수 파괴 원인이 아닌 것은?

① 자기사이펀작용 ② 유도사이펀작용
③ 증발현상 ④ 자정작용

개념 | KEYWORD 03 배수 및 통기설비

해설 |
트랩의 봉수파괴 원인으로는 자기사이펀작용, 유도사이펀작용, 분출작용, 모세관현상, 증발현상, 운동량에 의한 관성작용 등이 있다.

관련이론
트랩의 봉수파괴 방지대책

구분	방지대책
자기사이펀작용, 유도사이펀작용, 분출작용	통기관 설치
모세관작용	천 조각, 머리카락 제거
운동량에 의한 관성작용	격자쇠 설치

정답 | ④

72

900명을 수용하고 있는 극장에서 실내 CO_2 농도를 0.1%로 유지하기 위해 필요한 환기량은? (단, 외기 CO_2 농도는 0.04%, 1인당 CO_2 배출량은 18L/h임)

① 27,000m³/h ② 30,000m³/h
③ 60,000m³/h ④ 66,000m³/h

개념 | KEYWORD 10 환기설비

해설 |

$$Q = \frac{K}{P_i - P_o} = \frac{900\text{명} \times 18(\text{L/h})}{0.1\% - 0.04\%}$$

$$= \frac{900 \times 0.018(\text{m}^3/\text{h})}{0.001 - 0.0004} = 27{,}000(\text{m}^3/\text{h})$$

(여기서, 1L=0.001m³)

정답 | ①

73

응축기용의 냉각수를 재사용하기 위하여 대기와 접촉시켜서 물을 냉각하는 장치는?

① 냉동기 ② 냉각기
③ 냉각탑 ④ 냉각코일

개념 | KEYWORD 12 냉동 및 기타 열원설비

해설 |
응축기에서 발생한 응축잠열은 냉각수에 흡수된다. 응축잠열로 인해 고온이 된 냉각수를 공기에 직접 접촉시켜 방열하는 장치가 냉각탑이다.

정답 | ③

74

로프식 엘리베이터와 비교한 유압식 엘리베이터의 특징 설명으로 옳은 것은?

① 전동기의 출력이 작다.
② 속도의 범위가 자유롭다.
③ 기계실의 발열량이 작다.
④ 기계실의 위치가 자유롭다.

개념 | KEYWORD 17 엘리베이터설비
해설 |
로프식 엘리베이터는 일반적으로 기계실이 승강로 상부에 위치한다. 하지만 유압식 엘리베이터는 펌프와 오일 탱크가 승강로와 유압 파이프로 연결되므로 기계실을 승강로 근처의 지상 또는 지하 등 자유롭게 설치할 수 있다.

정답 | ④

75

다음 중 간선 및 배선설비 설계에서 일반적으로 가장 먼저 이루어지는 작업은?

① 부하 산정
② 보호방식 결정
③ 간선의 배선방식 결정
④ 배선의 부설방식 결정

개념 | KEYWORD 14 강전설비
해설 |
간선의 설계순서는 다음과 같다.
간선부하용량 산출 → 전기방식 결정 → 배선방식 결정 → 전선의 굵기 결정

정답 | ①

76

주택의 1인 1일 오수량이 0.05m^3/인·일이고 오수의 BOD 농도가 260g/m^3일 때 1인 1일당 BOD 부하량은?

① 5g/인·일
② 13g/인·일
③ 26g/인·일
④ 50g/인·일

개념 | KEYWORD 04 오수정화설비
해설 |
BOD 부하량 = 1인 1일 오수량 × BOD 농도
= 0.05m^3/인·일 × 260g/m^3
= 13g/인·일

정답 | ②

77

다음의 냉동기 중 기계적 에너지가 아닌 열에너지에 의해 냉동효과를 얻는 것은?

① 원심식 냉동기
② 흡수식 냉동기
③ 스크류식 냉동기
④ 왕복동식 냉동기

개념 | KEYWORD 12 냉동 및 기타 열원설비
해설 |
흡수식 냉동기: 열에너지에 의해 냉동효과를 얻으며, 증발기·흡수기·재생기 및 응축기의 4가지 주요 요소로 구성되어 있고, 냉매 이외에도 흡수제가 필요하다.

관련이론
냉동사이클 순서

종류	냉동사이클
압축식	압축 → 응축 → 팽창 → 증발
흡수식	증발 → 흡수 → 재생 → 응축

정답 | ②

78

자동화재탐지설비의 감지기에 관한 설명으로 옳지 않은 것은?

① 스포트형 감지기는 45° 이상 경사 되지 않도록 부착한다.
② 감지기는 천장 또는 반자의 옥내에 면하는 부분에 설치한다.
③ 정온식 감지기는 주방, 보일러실 등으로서 다량의 화기를 취급하는 장소에 설치한다.
④ 보상식 스포트형 감지기는 정온점이 감지기 주위의 평상시 최고 온도보다 10℃ 이상 높은 것으로 설치한다.

개념 | KEYWORD 06 소화설비
해설 |
보상식 스포트형 감지기는 정온점이 감지기 주위의 평상시 최고 온도보다 20℃ 이상 높은 것으로 설치하여야 한다.

정답 | ④

79

공기조화방식 중 단일덕트방식에 관한 설명으로 옳지 않은 것은?

① 전공기방식의 특성이 있다.
② 냉·온풍의 혼합손실이 없다.
③ 각 실이나 존의 부하변동에 즉시 대응할 수 있다.
④ 2중덕트방식에 비해 덕트 스페이스를 적게 차지한다.

개념 | KEYWORD 09 공기조화 방식과 기기
해설 |
단일덕트방식은 하나의 공조기에서 동일 온도의 공기를 단일덕트로 각 실에 공급하는 전공기방식이다. 따라서 각 실이나 존의 개별 온도 제어가 어렵고, 부하 변동에도 즉각 대응하기 어렵다.

정답 | ③

80

건축물의 단열계획에 관한 설명으로 옳지 않은 것은?

① 외벽 부위는 내단열로 시공한다.
② 열손실이 많은 북측 거실의 창 및 문의 면적을 최소화한다.
③ 외피의 모서리 부분은 열교가 발생하지 않도록 단열재를 연속적으로 설치한다.
④ 발코니 확장을 하는 공동주택에는 단열성이 우수한 로이(Low-E) 복층창이나 삼중창 이상의 단열성능을 갖는 창을 설치한다.

개념 | KEYWORD 20 열환경
해설 |
외벽 부위는 외단열로 시공해야 한다.

정답 | ①

건축관계법규

81

「건축법령」상 건축물의 대지에 공개공지 또는 공개공간을 확보하여야 하는 대상 건축물에 속하지 않는 것은? (단, 해당 용도로 쓰는 바닥면적의 합계가 5,000m²인 건축물의 경우)

① 종교시설　　　② 의료시설
③ 업무시설　　　④ 숙박시설

개념 | KEYWORD 06 조경·공개공지
해설 |
바닥면적의 합계가 5,000m² 이상일 때 공개공지 또는 공개공간을 설치해야 하는 대상 건축물
- 문화 및 집회시설
- 종교시설
- 판매시설(농수산물 유통시설은 제외)
- 운수시설(여객용 시설만 해당)
- 업무시설 및 숙박시설

정답 | ②

82

다음은 건축선에 따른 건축제한에 관한 기준 내용이다. ( ) 안에 알맞은 것은?

> 도로면으로부터 높이 (　　) 이하에 있는 출입구, 창문, 그 밖에 이와 유사한 구조물은 열고 닫을 때 건축선의 수직면을 넘지 아니하는 구조로 하여야 한다.

① 3m
② 4.5m
③ 6m
④ 10m

개념 | KEYWORD 05 대지·도로·건축선
해설 |
도로면으로부터 높이 4.5m 이하에 있는 출입구, 창문, 그 밖에 이와 유사한 구조물은 열고 닫을 때 건축선의 수직면을 넘지 아니하는 구조로 하여야 한다.

정답 | ②

83

건축물로부터 바깥쪽으로 나가는 출구를 국토교통부령으로 정하는 기준에 따라 설치하여야 하는 대상 건축물에 속하지 않는 것은?

① 종교시설
② 의료시설 중 종합병원
③ 교육연구시설 중 학교
④ 문화 및 집회시설 중 관람장

개념 | KEYWORD 10 피난규정
해설 |
종교시설, 교육연구시설 중 학교, 문화 및 집회시설 중 관람장은 건축물로부터 바깥쪽으로 나가는 출구를 설치해야 한다.

관련이론
건축물로부터 바깥쪽으로 나가는 출구를 설치해야 하는 건축물
1. 제2종 근린생활시설 중 공연장·종교집회장·인터넷컴퓨터게임시설제공업소(해당 용도로 쓰는 바닥면적의 합계가 각각 300m² 이상인 경우만 해당)
2. 문화 및 집회시설(전시장 및 동·식물원은 제외)
3. 종교시설
4. 판매시설
5. 업무시설 중 국가 또는 지방자치단체의 청사
6. 위락시설
7. 연면적이 5,000m² 이상인 창고시설
8. 교육연구시설 중 학교
9. 장례시설
10. 승강기를 설치하여야 하는 건축물

정답 | ②

84

다음 중 내화구조에 속하지 않는 것은?

① 철근콘크리트조 기둥의 경우 그 작은 지름이 20cm인 것
② 철근콘크리트조 바닥의 경우 두께가 10cm인 것
③ 철근콘크리트조로 된 보
④ 철근콘크리트조로 된 지붕

개념 | KEYWORD 01 건축법 총칙
해설 |
철근콘크리트조 또는 철골철근콘크리트조 기둥의 경우에는 그 작은 지름이 25cm 이상인 것이 내화구조에 속한다.

정답 | ①

85

출입구의 개소에 관계없이 노외주차장의 차로의 너비를 최소 6m 이상으로 하여야 하는 주차형식은? (단, 이륜자동차 전용 외의 노외주차장의 경우)

① 평행주차
② 직각주차
③ 교차주차
④ 45도 대향주차

개념 | KEYWORD 16 노상·노외주차장
해설 |
출입구의 개소에 관계없이 직각주차 형식의 경우 차로의 너비가 6m 이상이다.

관련이론
이륜자동차전용 외의 노외주차장 차로 너비

주차형식	차로의 너비	
	출입구가 2개 이상인 경우	출입구가 1개인 경우
평행주차	3.3m	5.0m
직각주차	6.0m	6.0m
60° 대향주차	4.5m	5.5m
45° 대향주차	3.5m	5.0m
교차주차	3.5m	5.0m

정답 | ②

86

건축물이 있는 대지의 분할 제한 조건에 관련 없는 규정은?

① 대지와 도로와의 관계
② 건축물의 피난시설·용도제한규정
③ 용적률
④ 일조 등의 확보를 위한 건축물의 높이 제한

개념 | KEYWORD 07 면적의 규제

해설 |
건축물이 있는 대지는 다음 기준에 못 미치게 분할할 수 없다.
1. 대지와 도로와의 관계
2. 건축물의 건폐율
3. 건축물의 용적률
4. 대지 안의 공지
5. 건축물의 높이 제한
6. 일조 등의 확보를 위한 건축물의 높이 제한

정답 | ②

87

건축허가 신청에 필요한 설계도서 중 건축계획서에 표시하여야 할 사항으로 옳지 않은 것은?

① 주차장 규모
② 토지형질 변경계획
③ 건축물의 용도별 면적
④ 지역·지구 및 도시계획사항

개념 | KEYWORD 02 건축허가와 신고

해설 |
건축계획서에 표시하여야 할 사항
1. 개요(위치, 대지면적 등)
2. 지역, 지구 및 도시계획사항
3. 건축물의 규모(건축면적, 연면적, 높이, 층수 등)
4. 건축물의 용도별 면적
5. 주차장 규모
6. 에너지절약계획서(해당 건축물에 한함)
7. 노인 및 장애인 등을 위한 편의시설 설치계획서(설치의무가 있는 경우)

정답 | ②

88

관련 규정에 의하여 건축물에 설치하는 지하층의 구조 및 설비에 관한 기준 내용으로 옳지 않은 것은?

① 거실의 바닥면적이 50m² 이상인 층에는 직통계단 외에 피난층 또는 지상으로 통하는 비상탈출구 및 환기통을 설치할 것
② 바닥면적이 1,000m² 이상인 층에는 피난층 또는 지상으로 통하는 직통계단을 방화구획으로 구획되는 각 부분마다 1개소 이상 설치하되, 이를 피난계단 및 특별피난계단의 구조로 할 것
③ 거실의 바닥면적의 합계가 1,000m² 이상인 층에는 환기설비를 설치할 것
④ 지하층의 바닥면적이 200m² 이상인 층에는 식수공급을 위한 급수전을 1개소 이상 설치할 것

개념 | KEYWORD 11 방화규정

해설 |
지하층의 바닥면적이 300m² 이상인 층에는 식수공급을 위한 급수전을 1개소 이상 설치한다.

관련이론
지하층의 구조기준

바닥면적의 규모	설치기준
거실의 바닥면적이 50m² 이상인 층	직통계단 외에 피난층 또는 지상으로 통하는 비상탈출구 및 환기통을 설치할 것
바닥면적이 1,000m² 이상인 층	피난층 또는 지상으로 통하는 직통계단을 방화구획으로 구획되는 각 부분마다 1개소 이상 설치하되, 이를 피난계단 또는 특별피난계단의 구조로 할 것
거실의 바닥면적의 합계가 1,000m² 이상인 층	환기설비를 설치할 것
지하층의 바닥면적이 300m² 이상인 층	식수공급을 위한 급수전을 1개소 이상 설치할 것

정답 | ④

89
계단의 설치 기준으로 옳은 것은?

① 계단을 대체하여 설치하는 경사로는 그 경사도가 1:8을 넘어야 하며 표면을 거친 면으로 미끄러지지 아니하는 재료로 마감하여야 한다.
② 모든 공동주택의 주계단, 피난계단 또는 특별피난계단에 설치하는 난간 및 바닥은 아동의 이용에 안전하고 노약자 및 신체 장애인의 이용에 편리한 구조로 하여야 한다.
③ 업무시설의 주계단, 피난계단 또는 특별피난계단에 설치하는 난간 손잡이는 벽 등으로부터 5cm 이상 떨어지도록 하고 계단으로부터의 높이는 85cm가 되도록 한다.
④ 돌음계단의 단 너비는 그 넓은 너비의 끝부분으로부터 30cm의 위치에서 측정한다.

개념 | KEYWORD 09 구조규정

선지분석
① 계단을 대체하여 설치하는 경사로는 경사도가 1:8을 넘지 않는다.
② 공동주택(기숙사를 제외한다)의 주계단, 피난계단 또는 특별피난계단에 설치하는 난간 및 바닥은 아동의 이용에 안전하고 노약자 및 신체 장애인의 이용에 편리한 구조로 하여야 한다.
④ 돌음계단의 단 너비는 그 좁은 너비의 끝부분으로부터 30cm의 위치에서 측정한다.

정답 | ③

90
기계식주차장에는 도로에서 기계식주차장치 출입구까지의 차로 또는 전면공지와 접하는 장소에 자동차가 대기할 수 있는 장소(정류장)를 설치하여야 한다. 다음 중 정류장의 확보 기준으로 옳은 것은?

① 주차대수가 10대를 초과하는 매 10대마다 1대분의 정류장을 확보
② 주차대수가 10대를 초과하는 매 20대마다 1대분의 정류장을 확보
③ 주차대수가 20대를 초과하는 매 10대마다 1대분의 정류장을 확보
④ 주차대수가 20대를 초과하는 매 20대마다 1대분의 정류장을 확보

개념 | KEYWORD 17 부설·기계식주차장
해설 |
주차대수 20대를 초과하는 20대마다 1대분의 정류장을 확보하여야 한다.

정답 | ④

91
다음 중 대수선의 범위에 속하지 않는 것은?

① 피난계단을 증설 또는 해체하는 것
② 기둥을 3개 이상 수선 또는 변경하는 것
③ 다가구주택의 가구 간 경계벽을 증설 또는 해체하는 것
④ 아파트의 세대 간 경계벽을 수선 또는 변경하는 것

개념 | KEYWORD 01 건축법 총칙
해설 |
대수선의 범위
1. 내력벽: 증설 또는 해체하거나 그 벽면적을 30m^2 이상 수선 또는 변경하는 것
2. 기둥, 보, 지붕틀: 증설 또는 해체하거나 3개 이상 수선 또는 변경하는 것
3. 방화벽 또는 방화구획을 위한 바닥 또는 벽 및 주계단·피난계단 또는 특별피난계단: 증설 또는 해체하거나 수선 또는 변경하는 것
4. 다가구주택의 가구 간 경계벽 또는 다세대주택의 세대 간 경계벽: 증설 또는 해체하거나 수선 또는 변경하는 것
5. 건축물의 외벽에 사용하는 마감재료: 증설 또는 해체하거나 벽면적 30m^2 이상 수선 또는 변경하는 것

정답 | ④

92

다음의 용도변경 중 허가 대상에 속하는 것은?

① 주거업무시설군에서 근린생활시설군으로의 용도변경
② 문화 및 집회시설군에서 영업시설군으로의 용도변경
③ 자동차 관련 시설군에서 산업 등의 시설군으로의 용도변경
④ 문화 및 집회시설군에서 교육 및 복지시설군으로의 용도변경

개념 | KEYWORD 03 건축물의 용도와 변경

해설 |
주거업무시설군(⑧)에서 근린생활시설군(⑦)으로의 용도변경은 상위군에 해당하는 용도로 변경하는 행위로 허가대상이다.

관련이론
시설군의 용도변경

시설군	용도변경
① 자동차 관련 시설군 ② 산업 등의 시설군 ③ 전기통신시설군 ④ 문화 및 집회시설군 ⑤ 영업시설군 ⑥ 교육 및 복지시설군 ⑦ 근린생활시설군 ⑧ 주거업무시설군 ⑨ 그 밖의 시설군	↑ : 상위군으로 용도변경 시, 허가대상 ↓ : 하위군으로 용도변경 시, 신고대상

정답 | ①

93

목조 건축물의 구조를 국토교통부령이 정하는 바에 따라 방화구조로 하거나 불연재료로 하여야 하는 연면적 기준은?

① 500m² 이상
② 1,000m² 이상
③ 1,500m² 이상
④ 2,000m² 이상

개념 | KEYWORD 11 방화규정

해설 |
연면적 1,000m² 이상인 목조 건축물은 그 외벽 및 처마 밑의 연소할 우려가 있는 부분을 방화구조로 하되, 그 지붕은 불연재료로 하여야 한다.

정답 | ②

94

국토의 계획 및 이용에 관한 법률상 도시·군기본계획의 내용에 포함되어야 하는 사항에 해당하지 않는 것은? (단, 그 밖에 대통령령으로 정하는 사항 제외)

① 공원·녹지에 관한 사항
② 토지의 이용 및 개발에 관한 사항
③ 토지의 용도별 수요 및 공급에 관한 사항
④ 광역시설의 배치·규모·설치에 관한 사항

개념 | KEYWORD 20 광역도시계획과 도시군기본계획

해설 |
광역시설의 배치·규모·설치에 관한 사항은 광역도시계획의 내용에 속한다.

관련이론
도시·군기본계획의 내용
1. 지역적 특성 및 계획의 방향·목표에 관한 사항
2. 공간구조 및 인구의 배분에 관한 사항
2의2. 생활권의 설정과 생활권역별 개발·정비 및 보전 등에 관한 사항
3. 토지의 이용 및 개발에 관한 사항
4. 토지의 용도별 수요 및 공급에 관한 사항
5. 환경의 보전 및 관리에 관한 사항
6. 기반시설에 관한 사항
7. 공원·녹지에 관한 사항
8. 경관에 관한 사항
8의2. 기후변화 대응 및 에너지절약에 관한 사항
8의3. 방재·방범 등 안전에 관한 사항
9. 제2호부터 제8호까지, 제8호의2 및 제8호의3에 규정된 사항의 단계별 추진에 관한 사항
10. 그 밖에 대통령령으로 정하는 사항

정답 | ④

95

다음은 주차장 수급실태조사의 조사구역에 관한 설명이다. ( ) 안에 알맞은 것은?

> 사각형 또는 삼각형 형태로 조사구역을 설정하되 조사구역 바깥 경계선의 최대거리가 (   )를 넘지 아니하도록 한다.

① 100m ② 200m
③ 300m ④ 400m

개념 | KEYWORD 15 주차장법 총칙
해설 |
수급실태조사의 조사구역 바깥 경계선의 최대거리가 300m를 넘지 않도록 한다.

정답 | ③

96

건축신고 대상건축물로서 착공신고를 할 때 토지굴착 및 옹벽도 중 흙막이 구조도면을 첨부하여야 하는 건축물은?

① 층수가 6층 이상인 건축물
② 지하 2층 이상의 지하층을 설치하는 건축물
③ 너비 12m 이상인 도로변에 지하층을 설치하는 건축물
④ 인접 대지경계선으로부터 2m 이내에 지하층을 설치하는 건축물

개념 | KEYWORD 02 건축허가와 신고
해설 |
토지굴착 및 옹벽도 중 흙막이 구조를 첨부해야 하는 건축물
1. 지하2층 이상의 지하층을 설치하는 경우
2. 지하 1층을 설치하는 경우로서 건축허가 현장조사·검사 또는 확인 시 굴착으로 인하여 인접 대지 석축 및 건축물 등에 영향이 있어 조치가 필요하다고 인정된 경우

정답 | ②

97

국토의 계획 및 이용에 관한 법령에 따른 기반시설 중 도로의 세분에 속하지 않는 것은?

① 고속도로 ② 일반도로
③ 고가도로 ④ 보행자전용도로

개념 | KEYWORD 18 국토계획법 총칙
해설 |
고속도로는 기반시설 중 도로의 세분에 해당하지 않는다.

관련이론
기반시설의 세분

구분	세분
도로	일반도로, 자동차전용도로, 보행자전용도로, 보행자우선도로, 자전거전용도로, 고가도로, 지하도로
자동차 정류장	여객자동차터미널, 물류터미널, 공영차고지, 공동차고지, 화물자동차휴게소, 복합환승센터, 환승센터

정답 | ①

98

건축물의 설비기준 등에 관한 규칙에 따라 피뢰설비를 설치하여야 하는 건축물의 높이 기준은?

① 10m ② 20m
③ 21m ④ 31m

개념 | KEYWORD 12 건축설비기준과 관계전문기술자
해설 |
피뢰설비 설치 대상
- 낙뢰의 우려가 있는 건축물
- 높이 20m 이상의 건축물 또는 높이 20m 이상의 공작물

정답 | ②

99

다음과 같은 직사각형 대지의 대지면적은?

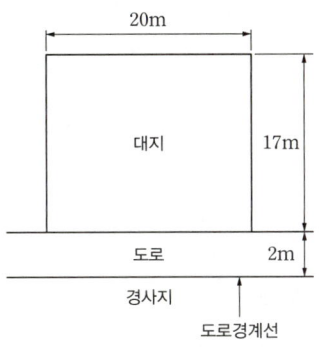

① 280m²
② 300m²
③ 320m²
④ 340m²

개념 | KEYWORD 05 대지·도로·건축선
해설 |

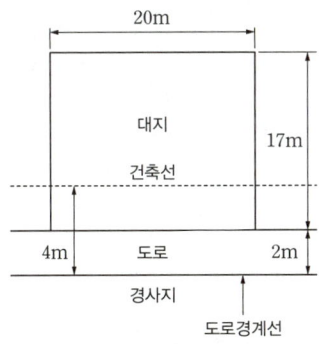

도로는 보행과 자동차 통행이 가능하도록 너비 4m 이상이어야 한다. 따라서 도로의 중심선으로부터 양쪽으로 소요너비의 1/2의 수평거리(2m)만큼 물러난 선을 건축선으로 해야 하지만 도로의 반대쪽에 경사지가 있다. 이 경우 경사지 쪽의 도로경계선에서 소요너비에 해당하는 수평거리(4m)의 선을 건축선으로 한다.
그러므로 대지면적은 20m×(17−2)m＝300m²이다.

정답 | ②

100

건축물의 출입구에 설치하는 회전문은 계단이나 에스컬레이터로부터 최소 얼마 이상의 거리를 두어야 하는가?

① 1m
② 1.5m
③ 2m
④ 3m

개념 | KEYWORD 10 피난규정
해설 |
회전문은 계단이나 에스컬레이터로부터 2m 이상의 거리를 두어야 한다.

정답 | ③

2024년 | 3회 CBT 복원문제

자동채점

건축계획

01

쇼핑센터의 특징적인 요소인 페데스트리언 지대(Pedestrian Area)에 관한 설명으로 옳지 않은 것은?

① 고객에게 변화감과 다채로움, 자극과 흥미를 제공한다.
② 바닥면의 고저차를 많이 두어 지루함을 주지 않도록 한다.
③ 바닥면에 사용하는 재료는 주위 상황과 조화시켜 계획한다.
④ 사람들의 유동적 동선이 방해되지 않는 범위에서 나무나 관엽식물을 둔다.

개념 | KEYWORD 06 상점, 백화점, 쇼핑센터

해설 |
쇼핑몰의 페데스트리언 지대는 주요 보행동선으로 고객을 각 상점으로 고르게 유도하는 쇼핑거리인 동시에 고객의 휴식처로 고저차를 두지 않는다.

관련이론
쇼핑몰의 폭과 길이
- 폭: 6~12m가 일반적
- 길이: 240m가 한계
※ 길이 20~30m 마다 변화를 주어 단조로운 느낌이 들지 않도록 한다.

정답 | ②

02

주택의 평면과 각 부위의 치수 및 기준척도에 관한 설명으로 옳지 않은 것은?

① 치수 및 기준척도는 안목치수를 원칙으로 한다.
② 거실 및 침실의 평면 각 변의 길이는 10cm를 단위로 한 것을 기준척도로 한다.
③ 거실 및 침실의 층높이는 2.4m 이상으로 하되, 5cm를 단위로 한 것을 기준척도로 한다.
④ 계단 및 계단참의 평면 각 변의 길이 또는 너비는 5cm를 단위로 한 것을 기준척도로 한다.

개념 | KEYWORD 02 건축치수 계획

해설 |
거실 및 침실의 평면 각 변의 길이는 5cm를 단위로 한 것을 기준척도로 한다.

관련이론
주택의 평면과 각 부위의 치수 및 기준척도
1. 치수 및 기준척도는 안목치수를 원칙으로 할 것
2. 거실 및 침실의 평면 각 변의 길이는 5cm를 단위로 한 것을 기준척도로 할 것
3. 부엌, 식당, 욕실, 화장실, 복도, 계단 및 계단참 등의 평면 각 변의 길이 또는 너비는 5cm를 단위로 한 것을 기준척도로 할 것
4. 거실 및 침실의 반자높이(반자를 설치하는 경우만 해당)는 2.2m 이상으로 하고 층높이는 2.4m 이상으로 하되, 각각 5cm를 단위로 한 것을 기준척도로 할 것

정답 | ②

03

이슬람교의 영향을 받은 건축물에서 볼 수 있는 연속적인 기하학적 문양, 식물문양, 당초문양 등을 이르는 용어는?

① 스퀸치
② 펜던티브
③ 모자이크
④ 아라베스크

개념 | KEYWORD 13 서양건축사
해설 |
아라베스크(Arabesque)는 이슬람교의 영향을 받은 장식 무늬로, 식물의 줄기와 잎을 도안화하여, 당초(唐草) 무늬나 기하학 무늬로 배합시킨 것이다.

선지분석
① 스퀸치: 둥근 천장이나 뾰족탑의 기초부분을 형성하기 위해 정방형 또는 다각형의 각 부분을 가로질러 만들어진 작은 홍예 또는 까치발 등의 장치를 말한다.
② 펜던티브: 정방형의 외접원을 그리고 정방형 변에 따라 수직으로 깎아 버리면 아치와 아치 사이에 3각형이 생기는데 이것을 펜던티브라 한다.
③ 모자이크: 장식 예술로 색유리, 타일, 돌 등을 조각으로 만들어 붙인 장식이다.

정답 | ④

04

공동주택의 단지계획에서 보차분리를 위한 방식 중 평면분리에 해당하는 방식은?

① 시간제 차량통행
② 쿨데삭(Cul-de-Sac)
③ 오버브리지(Overbridge)
④ 보행자 안전참(Pedestrian Safecross)

개념 | KEYWORD 04 공동주택
해설 |
래드번 계획(슈퍼블록)의 기본원리로 보도와 차도의 분리인 쿨데삭형(막다른 도로)은 좁은 도로 구성으로 주택의 거실을 보도나 정원을 향하도록 배치하는 평면적 분리의 한 종류이다.

관련이론
보차분리의 형태
1. 평면분리: T자형, 루프(Loop), 쿨데삭(Cul-de-Sac)
2. 입체분리: 오버브리지(Overbridge), 다층구조지반, 지상인공지반, 지하가
3. 면적분리: 보행자 공간

정답 | ②

05

주택의 부엌에서 작업 순서에 따른 작업대 배열로 가장 알맞은 것은?

① 냉장고 - 싱크대 - 조리대 - 가열대 - 배선대
② 싱크대 - 조리대 - 가열대 - 냉장고 - 배선대
③ 냉장고 - 조리대 - 가열대 - 배선대 - 싱크대
④ 싱크대 - 냉장고 - 조리대 - 배선대 - 가열대

개념 | KEYWORD 03 단독주택
해설 |
부엌의 작업 순서

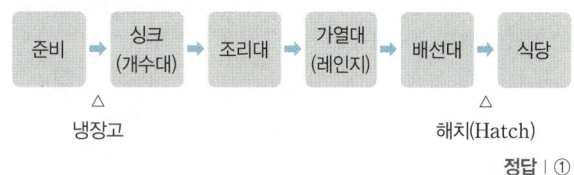

정답 | ①

06

오토 바그너(Otto Wagner)가 주장한 근대건축의 설계지침 내용으로 옳지 않은 것은?

① 경제적인 구조
② 그리스 건축양식의 복원
③ 시공재료의 적당한 선택
④ 목적을 정확히 파악하고 완전히 충족시킬 것

개념 | KEYWORD 13 서양건축사
해설 |
로마 문화와 그리스 문화의 우수한 여러 면의 모방을 추구한 것은 신고전주의 건축이다.

관련이론
오토 바그너 근대건축에 대한 설계지침
1. 경제적이고 합목적적인 건축
2. 시공재료의 적절성, 적당한 선택
3. 경제적인 구조

정답 | ②

07

건축공간의 치수계획에서 "압박감을 느끼지 않을 만큼의 천장 높이 결정"은 다음 중 어디에 해당하는가?

① 물리적 스케일
② 생리적 스케일
③ 심리적 스케일
④ 입면적 스케일

개념 | KEYWORD 02 건축치수 계획

해설 |
심리적으로 압박감이나 답답함을 느끼지 않도록 결정하는 것은 심리적 스케일이다.

선지분석
① 물리적 스케일: 인간이나 물체의 크기에 의해 결정 예) 출입구 치수
② 생리적 스케일: 생리적 필요에 의해 결정 예) 창문 치수

정답 | ③

08

학교 건축계획에서 그림과 같은 평면 유형을 갖는 학교운영방식은?

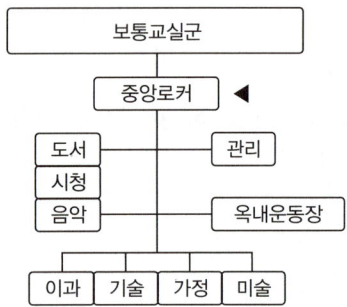

① 달톤형
② 플래툰형
③ 교과교실형
④ 종합교실형

개념 | KEYWORD 09 학교, 도서관

해설 |
플래툰형(Platoon type, P형)의 평면 유형이다.
플래툰형은 전 학급을 2분단으로 나누어 한편이 일반교실을 사용할 때, 다른 한편은 특별교실을 사용하는 방식으로 다음의 특징을 갖는다.
- 교과담임제와 학급담임제를 병용할 수 있으나 교실 사용시간을 배당하는 데 상당한 노력이 필요하다.
- 교사의 수가 부족하거나 적당한 시설이 없을 경우 적용할 수 없다.

정답 | ②

09

학교운영방식에 관한 설명으로 옳지 않은 것은?

① 종합교실형은 각 학급마다 가정적인 분위기를 만들 수 있다.
② 교과교실형은 초등학교 저학년에 대해 가장 권장되는 방식이다.
③ 플래툰형은 미국의 초등학교에서 과밀을 해소하기 위해 실시한 것이다.
④ 달톤형은 학급, 학년 구분을 없애고 학생들은 각자의 능력에 따라 교과를 선택하고 일정한 교과를 끝내면 졸업하는 방식이다.

개념 | KEYWORD 09 학교, 도서관

해설 |
초등학교 저학년에게 적합한 형식은 종합교실형이다.
교과교실형은 학생의 이동이 심하여 초등학교 저학년에게 적합하지 않다.

정답 | ②

10

호텔건축에 관한 설명으로 옳지 않은 것은?

① 커머셜 호텔은 가급적 저층으로 한다.
② 아파트먼트 호텔은 장기 체류용 호텔이다.
③ 리조트 호텔은 자연 경관이 좋은 곳을 선택한다.
④ 터미널 호텔은 교통기관의 발착지점에 위치한다.

개념 | KEYWORD 12 호텔

해설 |
커머셜 호텔은 일반적으로 고밀도의 고층형이다.

정답 | ①

11

메조네트형(Maisonette type) 공동주택에 관한 설명으로 옳지 않은 것은?

① 주택 내의 공간의 변화가 있다.
② 거주성, 특히 프라이버시가 높다.
③ 소규모 단위평면에 적합한 유형이다.
④ 양면 개구에 의한 통풍 및 채광 확보가 양호하다.

개념 | KEYWORD 04 공동주택
해설 |
메조네트형(Maisonette type)은 복층형으로 소규모 단위평면에는 적합하지 않다.

관련이론
메조네트형(Maisonette type)
1. 장점
   ① 엘리베이터의 정지층 수를 적게 할 수 있다. (효율적, 경제적)
   ② 복도가 없는 층은 남북면이 트여 있으므로 좋은 평면 구성이 가능하다.
   ③ 통로 면적이 감소하고 임대(전용, 거주, 대실, 유효) 면적이 증가한다.
   ④ 프라이버시가 가장 높다.
2. 단점
   ① 소규모 주택($50m^2$ 이하)에서는 비경제적이다.
   ② 공용 복도가 없는 층은 화재 및 비상시 대피상 불리하다.
   ③ 구조상 복잡하다.

정답 | ③

12

고대 그리스의 기둥 양식에 속하지 않는 것은?

① 도리아식   ② 코린트식
③ 컴포지트식   ④ 이오니아식

개념 | KEYWORD 13 서양건축사
해설 |
그리스 건축의 기둥양식은 3가지로 도리아식(남성적), 코린트식(나뭇잎), 이오니아식(여성적)이며, 로마 건축의 기둥양식은 그리스양식에 컴포지트식, 터스칸식이 추가된다.

정답 | ③

13

도서관 건축에 관한 설명으로 옳지 않은 것은?

① 캐럴(Carrel)은 서고 내에 설치된 소연구실이다.
② 서고의 내부는 자연채광을 하지 않고 인공조명을 사용한다.
③ 일반 열람실의 면적은 $0.25 \sim 0.5m^2$/인 정도의 규모로 계획한다.
④ 서고면적 $1m^2$ 당 150~250권 정도의 수장능력을 갖도록 계획한다.

개념 | KEYWORD 09 학교, 도서관
해설 |
일반 열람실의 면적은 성인 1인당 $1.5 \sim 2.0m^2$, 아동 1인당 $1.1m^2$ 정도로 계획한다. (1석당 평균 면적은 $1.8m^2$ 전후)

정답 | ③

14

극장의 평면형식에 관한 설명으로 옳지 않은 것은?

① 오픈스테이지형은 무대장치를 꾸미는데 어려움이 있다.
② 프로시니엄형은 객석 수용 능력에 있어서 제한을 받는다.
③ 가변형 무대는 필요에 따라서 무대와 객석을 변화시킬 수 있다.
④ 아레나형은 무대 배경설치 비용이 많이 소요된다는 단점이 있다.

개념 | KEYWORD 08 극장, 영화관, 미술관
해설 |
아레나형은 관객이 무대를 360°로 둘러싸고 있는 형태로 따로 무대 배경을 만들지 않으므로 경제적이다.

정답 | ④

15

주택의 동선계획에 관한 설명으로 옳지 않은 것은?

① 동선은 가능한 굵고 짧게 계획하는 것이 바람직하다.
② 동선의 3요소 중 속도는 동선의 공간적 두께를 의미한다.
③ 개인, 사회, 가사노동권의 3개 동선은 상호간 분리하는 것이 좋다.
④ 화장실, 현관 등과 같이 사용빈도가 높은 공간은 동선을 짧게 처리하는 것이 중요하다.

개념 | KEYWORD 03 단독주택
해설 |
동선의 3요소는 속도, 빈도, 하중이며, 이중 공간적 두께를 의미하는 것은 속도가 아니라 빈도이다.

정답 | ②

16

종합병원에서 클로즈드 시스템(Closed system)의 외래 진료부에 관한 설명으로 옳지 않은 것은?

① 내과는 소규모 진료실을 다수 설치하도록 한다.
② 환자의 이용이 편리하도록 1층 또는 2층 이하에 둔다.
③ 중앙주사실, 회계, 약국 등은 정면출입구 근처에 설치한다.
④ 전체병원에 대한 외래진료부의 면적비율은 40~45% 정도로 한다.

개념 | KEYWORD 11 병원
해설 |
클로즈드 시스템에서 외래진료부의 면적비율은 10~15% 정도로 한다.

정답 | ④

17

조선시대에 田자형 주택으로 대별되는 서민주택의 지방 유형은?

① 서울지방형
② 남부지방형
③ 중부지방형
④ 함경도지방형

개념 | KEYWORD 14 한국건축사
해설 |
田자 형식은 북부지방(함경도지방)에 분포한다.

관련이론
조선시대 서민주택 평면형식
1. 一자 형식: 남부지방에서 분포한다. 부엌, 방, 마루 등이 일렬로 연속 배치된 형식이다.
2. ㄱ자 형식: 중부지방에서 널리 분포한다. 부엌, 안방, 웃방으로 일렬 배치하고 웃방에서 직각 방향에 대청을 두고 건넌방을 연결하는 형식(개성)이다. 또는 방과 마루를 일렬 배치하고 직각 방향에 부엌을 연결하는 방식(서울)이다.
3. 田자 형식: 북부지방(함경도지방)에 분포한다. 부엌의 부뚜막을 넓게 하고, 방에서 방으로 직접 연결하여 도리 방향의 칸막이벽으로 방들을 田자 모양으로 구성한 형식이다.

정답 | ④

18

교학건축인 성균관의 구성에 속하지 않는 것은?

① 동재
② 존경각
③ 천추전
④ 명륜당

개념 | KEYWORD 14 한국건축사
해설 |
성균관은 동재(기숙사), 존경각(도서관), 명륜당(유학을 가르치는 강당) 등으로 구성되며, 천추전은 경복궁의 비공식 업무시설이다.

정답 | ③

19
POE(Post Occupancy Evaluation)의 의미로 가장 알맞은 것은?

① 건축물 사용자를 찾는 것이다.
② 건축물을 사용해 본 후에 평가하는 것이다.
③ 건축물의 사용을 염두에 두고 계획하는 것이다.
④ 건축물 모형을 만들어 설계의 적정성을 평가하는 것이다.

개념 | KEYWORD 01 건축계획 일반

해설 |
POE은 건축물을 사용해 본 후에 평가하는 것이며, 평가요소는 환경장치, 사용자, 주변환경, 디자인 등이다.

정답 | ②

20
은행건축계획에 관한 설명으로 옳지 않은 것은?

① 은행원과 고객의 출입구는 별도로 설치하는 것이 좋다.
② 영업실의 면적은 은행원 1인당 1.2m²을 기준으로 한다.
③ 대규모의 은행일 경우 고객의 출입구는 되도록 1개소로 하는 것이 좋다.
④ 주출입구에 이중문을 설치할 경우, 바깥문은 바깥여닫이 또는 자재문으로 할 수 있다.

개념 | KEYWORD 07 은행

해설 |
영업실의 면적은 은행원 1인당 10m²을 기준으로 한다.

정답 | ②

건축시공

21
목재의 무늬나 바탕의 재질을 잘 보이게 하는 도장 방법은?

① 유성페인트 도장
② 에나멜페인트 도장
③ 합성수지 페인트 도장
④ 클리어 래커 도장

개념 | KEYWORD 27 도장공사

해설 |
클리어 래커 도장은 투명해서 목재에 도장하면 목재의 무늬와 바탕의 재질을 잘 보이게 할 수 있다.
클리어 래커 도장은 내수성 및 내후성은 부족하여 외부용으로는 사용하지 않고 내부용으로 사용된다.

정답 | ④

22
미장공사에서 균열을 방지하기 위하여 고려해야 할 사항 중 옳지 않은 것은?

① 바름면은 바람 또는 직사광선 등에 의한 급속한 건조를 피한다.
② 1회의 바름 두께는 가급적 얇게 한다.
③ 쇠 흙손질을 충분히 한다.
④ 모르타르 바름의 정벌바름은 초벌바름보다 부배합으로 한다.

개념 | KEYWORD 28 미장공사

해설 |
모르타르 바름의 정벌바름은 초벌바름보다 빈배합으로 한다.

관련이론
미장공사의 균열 및 박리 원인

구조체의 균형	설계 미숙에 의한 구조적 결함, 구조재의 수축 및 변형
재료의 원인	배합재료 불량, 모르타르 배합비 불량, 재료 수축
바탕면의 원인	바탕면 처리 불량, 모서리, 이음부, 이질재와 접촉부 등
시공불량	불균질한 바름 두께, 1회 바름 두께량 초과, 혼합재의 불균등, 양생불량으로 인한 건조, 수축

정답 | ④

23

철골부재의 용접 시 이음 및 접합부위의 용접선의 교차로 재용접된 부위가 열 영향을 받아 취약해짐을 방지하기 위하여 모재에 부채꼴 모양으로 모따기를 한 것은?

① Blow hole
② Scallop
③ End tab
④ Crater

개념 | KEYWORD 17 접합

해설 |
Scallop은 철골 부재 용접 시 재용접된 부위가 열의 영향을 받아 취약해지는 것을 방지하기 위해 부채꼴 모양으로 모따기를 한 것이다.

선지분석
① Blow hole: 용융금속 응고 시 방출가스가 남아 길쭉하게 된 구멍이 남아 혼입되어 있는 현상이다.
③ End tab: 용접결함이 생기기 쉬운 용접 비드(Bead)의 시작과 끝 지점에 용접을 정확히 하기 위하여 모재의 양단에 부착하는 보조 강판이다.
④ Crater: 용접 시 Bead 끝에 항아리 모양처럼 오목하게 파이는 현상이다.

정답 | ②

24

석재의 일반적 성질에 관한 설명으로 옳지 않은 것은?

① 석재의 비중은 조암광물의 성질·비율·공극의 정도 등에 따라 달라진다.
② 석재의 강도에서 인장강도는 압축강도에 비해 매우 작다.
③ 석재의 공극률이 클수록 흡수율이 크고 동결융해저항성은 떨어진다.
④ 석재의 강도는 조성결정형이 클수록 크다.

개념 | KEYWORD 20 석공사

해설 |
석재의 조성결정형은 석재의 결정체를 말한다. 결정이 작을수록 또는 미세할수록 흡수율이 작을수록 석재의 강도나 내구성은 증가한다.

정답 | ④

25

건설사업지원 통합 전산망으로 건설 생산활동 전 과정에서 건설 관련 주체가 전산망을 통해 신속히 교환·공유할 수 있도록 지원하는 통합 정보시스템을 지칭하는 용어는?

① 건설 CIC(Computer Integrated Construction)
② 건설 CALS(Continuous Acquisition & Life cycle Support)
③ 건설 EC(Engineering Construction)
④ 건설 EVMS(Earned Value Management System)

개념 | KEYWORD 02 관계자와 관리기법

해설 |
CALS는 건설산업의 설계, 입찰, 시공, 유지관리 등 전 과정에서 발생하는 정보를 발주청, 설계·시공업체 등 관련 주체가 정보통신망을 활용하여 교환, 공유하는 시스템이다.

선지분석
① CIC: 건설생산에 초점을 맞추어 계획, 관리, 엔지니어링, 설계, 구매, 시공, 유지, 보수 등 건설 수행의 모든 프로세스를 효율적으로 운영하기 위한 시스템이다.
③ E.C(종합건설업): 건설사업의 발굴 및 기획, 설계, 시공, 유지관리에 이르기까지 사업전반에 관한 것을 종합적으로 기획, 관리하는 업무영역의 확대이다.
④ EVMS: 프로젝트 비용과 일정에 대한 계획과 실적을 객관적인 기준에 의해 비교·관리하는 기법이다.

정답 | ②

26

포틀랜드시멘트 화학성분 중 1일 이내 수화를 지배하며 응결이 가장 빠른 것은?

① 알루민산3석회
② 알루민산철4석회
③ 규산3석회
④ 규산2석회

개념 | KEYWORD 16 콘크리트공사

해설 |
알루민산3석회는 조기강도가 커서 보통 포틀랜드시멘트의 28일 강도를 24시간 만에 발현한다.

정답 | ①

27

8개월간 공사하는 현장에 필요한 시멘트량이 2,397포이다. 이 공사 현장에 필요한 시멘트 창고 필요면적으로 적당한 것은? (단, 쌓기단수는 13단임)

① 24.6m²
② 54.2m²
③ 73.8m²
④ 98.5m²

개념 | KEYWORD 07 공종별 적산

해설 |
2,397포로 1,800포 초과이므로, 1/3만 적용하면 799포대이다.

$$\therefore A = 0.4 \times \frac{799}{13} ≒ 24.6m^2$$

관련이론

시멘트 창고 면적 $A = 0.4 \times \dfrac{N}{n}$

여기서, n: 쌓기단수(최대 13단)
N: 시멘트 포대수

※ 시멘트 포대수 N 산정

포대수	N
600포 미만	쌓기 포대수 전량
600포 이상~1,800포 이하	600포
1,800포대 초과	1/3만 적용

정답 | ①

28

대안입찰제도의 특징에 관한 설명으로 옳지 않은 것은?

① 공사비를 절감할 수 있다.
② 설계상 문제점의 보완이 가능하다.
③ 신기술의 개발 및 축적을 기대할 수 있다.
④ 입찰기간이 단축된다.

개념 | KEYWORD 05 입찰방식 및 계약

해설 |
대안입찰제도는 발주가 복잡하여 입찰기간이 길어지는 단점이 있다.

관련이론
대안입찰
건축주가 제시한 원안과 동등 이상의 기능 및 효과를 가진 방법으로 공사비 절감, 공기단축을 할 수 있는 내용에 해당되는 대안을 도급자가 제시하는 제도이다.

정답 | ④

29

콘크리트의 균열을 발생시기에 따라 구분할 때 경화 후 균열의 원인에 해당되지 않는 것은?

① 알칼리 골재 반응
② 동결융해
③ 탄산화
④ 재료분리

개념 | KEYWORD 16 콘크리트공사

해설 |
재료분리는 콘크리트 경화 전 균열의 원인이다.

관련이론
콘크리트의 균열

시기	원인
경화 전 균열	• 재료분리, 침하 • 소성수축 • 거푸집 변형 • 진동 및 재하
경화 후 균열	• 건조(크리프) 수축 • 탄산화 • 화학반응(알칼리 골재 반응, 황산염에 의한 팽창반응) • 열응력(온도변화) • 동결융해 • 철근부식

정답 | ④

30

공정관리에서 공기단축을 시행할 경우에 관한 설명으로 옳지 않은 것은?

① 특별한 경우가 아니면 공기단축 시행 시 간접비는 상승한다.
② 비용구배가 최소인 작업을 우선 단축한다.
③ 주공정선상의 작업을 먼저 대상으로 단축한다.
④ MCX(Minimum Cost eXpeding)법은 대표적인 공기단축방법이다.

개념 | KEYWORD 08 공정관리

해설 |
일반적으로 공기단축 시 직접비는 증가하고, 간접비는 감소한다.

정답 | ①

31

다음과 같은 철근콘크리트조 건축물에서 외줄 비계면적으로 옳은 것은? (단, 비계 높이는 건축물의 높이로 함)

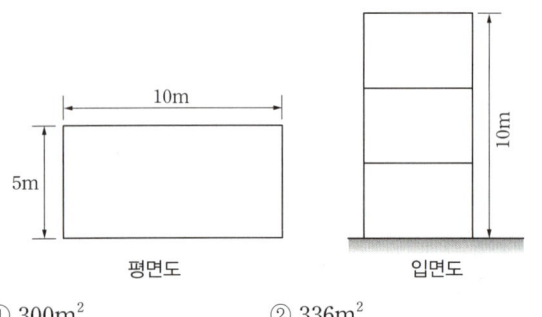

① $300m^2$
② $336m^2$
③ $372m^2$
④ $400m^2$

개념 | KEYWORD 07 공종별 적산

해설 |
외줄 비계면적(A) = 건축물의 높이(H) × (외부 벽 길이(L) + 0.45 × 8)
= 10 × ((10+5) × 2 + 3.6) = 336m²

관련이론
비계설치를 위한 이격거리
1. 외줄비계: 0.45m 이격
2. 쌍줄비계: 0.9m 이격
3. 단관 파이프: 1.0m 이격

정답 | ②

32

콘크리트 중 공기량의 변화에 관한 설명으로 옳은 것은?

① AE제의 혼입량이 증가하면 연행공기량도 증가한다.
② 시멘트 분말도 및 단위시멘트량이 증가하면 공기량은 증가한다.
③ 잔골재 중의 0.15~0.3mm의 골재가 많으면 공기량은 감소한다.
④ 슬럼프가 커지면 공기량은 감소한다.

개념 | KEYWORD 16 콘크리트공사

해설 |
② 시멘트의 분말도 및 단위 시멘트량이 증가하면 공기량은 감소한다.
③ 잔골재가 많아지면 미세한 공극이 많아서 공기량은 증가한다.
④ 슬럼프가 커지면 공기량은 증가한다.

정답 | ①

33

다음 미장재료 중 기경성 재료로만 구성된 것은?

① 회반죽, 석고 플라스터, 돌로마이트 플라스터
② 시멘트 모르타르, 석고 플라스터, 회반죽
③ 석고 플라스터, 돌로마이트 플라스터, 진흙
④ 진흙, 회반죽, 돌로마이트 플라스터

개념 | KEYWORD 28 미장공사

해설 |
미장재료의 경화성에 따른 분류

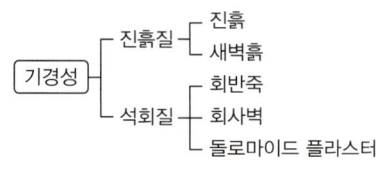

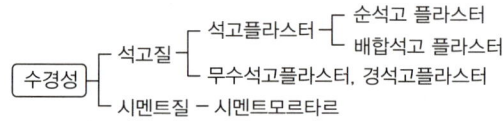

정답 | ④

34

철골공사 접합 중 용접에 관한 주의사항으로 옳지 않은 것은?

① 현장용접을 하는 부재는 그 용접 부위에 얇은 에나멜 페인트를 칠하되, 이밖에 다른 칠을 해서는 안 된다.
② 용접봉의 교환 또는 다층용접일 때에는 먼저 슬래그를 제거하고 청소한 후 용접한다.
③ 용접할 소재는 용접에 의한 수축변형이 생기고, 또 마무리 작업도 고려해야 하므로 치수에 여분을 두어야 한다.
④ 용접이 완료되면 슬래그 및 스패터를 제거하고 청소한다.

개념 | KEYWORD 18 현장작업

해설 |
현장용접을 하는 부재는 그 용접 부위에는 보일드유 이외의 칠을 해서는 안 된다.

정답 | ①

35

실링공사의 재료에 관한 설명으로 옳지 않은 것은?

① 가스켓은 콘크리트의 균열 부위를 충전하기 위하여 사용하는 부정형 재료이다.
② 프라이머는 접착면과 실링재와의 접착성을 좋게 하기 위하여 도포하는 바탕처리 재료이다.
③ 백업재는 소정의 줄눈깊이를 확보하기 위하여 줄눈 속을 채우는 재료이다.
④ 마스킹테이프는 시공 중에 실링재 충전개소 이외의 오염방지와 줄눈선을 깨끗이 마무리하기 위한 보호 테이프이다.

개념 | KEYWORD 22 방수공사
해설 |
콘크리트의 균열 부위를 충전하기 위하여 사용하는 부정형 재료는 에폭시 수지 접착제이다.
가스켓(Gasket)은 물이나 기체의 새어나감을 막기 위한 패킹재의 일종이다.

정답 | ①

36

바닥판, 보밑 거푸집 설계에서 고려하는 하중과 가장 거리가 먼 것은?

① 굳지 않은 콘크리트의 중량
② 작업하중
③ 충격하중
④ 측압

개념 | KEYWORD 15 거푸집공사
해설 |
바닥판과 보밑 거푸집 설계 시 수직하중에 대한 고려를 해야 한다.
굳지 않은 콘크리트 중량, 작업하중, 충격하중 등이 수직하중으로 작용한다.
측압, 풍하중은 수평하중이다.

정답 | ④

37

사질토의 상대밀도를 측정하는 방법으로 가장 적합한 것은?

① 표준관입시험(Standard penetration test)
② 베인 테스트(Vane test)
③ 깊은 우물(Deep well) 공법
④ 아일랜드 컷 공법

개념 | KEYWORD 11 지반조사
해설 |
표준관입시험은 63.5kg의 추를 낙하시켜 사질토(모래지반)의 밀도를 측정하는 토질시험이다.

선지분석
② 베인 테스트: 보링구멍을 이용하여 +자형 날개의 베인테스터를 지반에 때려 박고, 회전시킬 때의 회전력으로 점토의 점착력을 판별하는 것이다.
③ 깊은 우물(Deep well) 공법: 우물을 파서 지하수위를 강하시키는 배수공법이다.
④ 아일랜드 컷 공법(Island cut method): 중앙부를 먼저 굴토하여 기초 또는 지하 구조물을 형성하고 이 구조물에다 버팀대를 지지시킨 다음에 주변을 굴착하는 공법이다.

정답 | ①

38

보통 창유리의 특성 중 투과에 관한 설명으로 옳지 않은 것은?

① 투사각 0도일 때 투명하고 청결한 창유리는 약 90%의 광선을 투과한다.
② 보통의 창유리는 많은 양의 자외선을 투과시키는 편이다.
③ 보통의 창유리도 먼지가 부착되거나 오염되면 투과율이 현저하게 감소한다.
④ 광선의 파장이 길고 짧음에 따라 투과율이 다르게 된다.

개념 | KEYWORD 25 유리공사
해설 |
보통의 창유리는 자외선을 거의 투과시키지 않는다.
자외선 투과 유리는 산화제이철의 함유량을 줄인 유리로 온실과 병원의 일광욕실로 사용된다.

정답 | ②

39

타일크기가 10cm×10cm이고 가로세로 줄눈을 6mm로 할 때 면적 1m²에 필요한 타일의 정미수량은?

① 94매 ② 92매
③ 89매 ④ 85매

개념 | KEYWORD 07 공종별 적산
해설 |
타일 정미량
$$= \frac{\text{타일 면적}}{(\text{타일 한 변의 길이}+\text{줄눈 두께})\times(\text{타일 한 변의 길이}+\text{줄눈 두께})}$$
$$= \frac{1m^2}{(0.1+0.006)\times(0.1+0.006)} = \frac{1m^2}{0.011236} = 88.99 ≒ 89매$$

정답 | ③

40

합성수지 중 건축물의 천장재, 블라인드 등을 만드는 열가소성수지는?

① 알키드수지 ② 요소수지
③ 폴리스티렌수지 ④ 실리콘수지

개념 | KEYWORD 31 합성수지
해설 |
폴리스티렌수지는 열가소성 수지로서 천장재, 블라인드, 도료 등에 사용되고 발포제품은 저온 단열재로도 쓰인다.

선지분석
① 알키드수지는 도료의 원료로 사용된다.
② 요소수지는 무색으로 착색이 자유롭다.
④ 실리콘수지는 내열성이 우수하여 보온재로 사용된다.

정답 | ③

건축구조

41

직사각형 단면의 탄성단면계수에 대한 소성단면계수의 비(比)는?

① 0.67 ② 1.20
③ 1.50 ④ 3.00

개념 | KEYWORD 17 강구조 총론
해설 |
탄성단면계수(Z)
$$Z = \frac{I}{y} = \frac{\left(\frac{bh^3}{12}\right)}{\left(\frac{h}{2}\right)} = \frac{bh^2}{6}$$

소성단면계수(Z_p): 단면의 도심을 지나는 전체 단면적을 2등분 하는 축에 대한 단면계수
$$Z_p = A_c \cdot y_c + A_t \cdot y_t = \left(\frac{bh}{2}\right)\left(\frac{h}{4}\right)\times 2 = \frac{bh^2}{4}$$

형상계수(f): 소성모멘트($M_p = F_y \cdot Z_p$)와 항복모멘트($M_y = F_y \cdot Z$)의 비
$$f = \frac{F_y \cdot Z_p}{F_y \cdot Z} = \frac{Z_p(\text{소성단면계수})}{Z(\text{탄성단면계수})} = \frac{\frac{bh^2}{4}}{\frac{bh^2}{6}} = 1.5$$

∴ 직사각형 단면의 탄성단면계수에 대한 소성단면계수의 비 = 1.5
※ H형강 단면의 탄성단면계수에 대한 소성단면계수의 비: 1.10~1.80

정답 | ③

42

다음과 같은 조건에서의 필릿용접의 최소 치수(mm)는 얼마인가? (단, 하중저항계수설계법 기준)

접합부의 얇은 쪽 소재 두께(t, mm)
$6 \leq t < 13$

① 5mm ② 6mm
③ 7mm ④ 8mm

개념 | KEYWORD 18 접합, 볼트, 용접

해설 |
접합부의 얇은 쪽 소재 두께가 $6 \leq t < 13$이면 최소 치수는 5mm이다.

관련이론
필릿용접 최소 치수

얇은 쪽 소재 두께(t)	최소 치수(mm)
$t < 6$	3
$6 \leq t < 13$	5
$13 \leq t < 20$	6
$20 \leq t$	8

정답 | ①

43

그림과 같은 단면에 전단력 40kN이 작용할 때 A점에서 전단응력은?

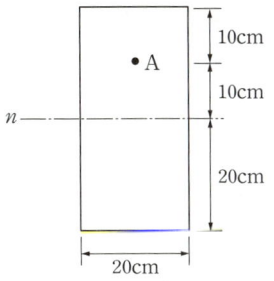

① 0.28MPa ② 0.56MPa
③ 0.84MPa ④ 1.12MPa

개념 | KEYWORD 05 단면의 성질

해설 |
전단응력 $\tau = \dfrac{V \cdot Q}{I \cdot b}$

여기서, V: 전단력, Q: 단면1차모멘트, I: 중립축에 대한 단면2차모멘트, b: 폭

보기의 단위에 따라 mm와 N단위로 변환해 준다.

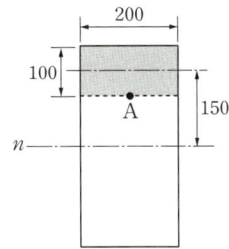

$V = 40 \times 10^3 \text{N}$
$Q = 200 \times 100 \times 150$
$I = \dfrac{200 \times 400^3}{12}$
$b = 200$

∴ A점에서 전단응력

$\tau = \dfrac{V \cdot Q}{I \cdot b} = \dfrac{(40 \times 10^3) \times (200 \times 100 \times 150)}{\left(\dfrac{200 \times 400^3}{12}\right) \times (200)} = 0.5625 \text{MPa}$

정답 | ②

44

연약한 지반에 대한 대책 중 상부구조의 조치사항으로 옳지 않은 것은?

① 건물의 수평길이를 길게 한다.
② 건물을 경량화 한다.
③ 건물의 강성을 높여준다.
④ 건물의 인동간격을 멀리한다.

개념 | KEYWORD 02 지반 및 기초

해설 |
건물의 수평길이를 짧게 한다.

관련이론
부등침하 방지대책(상부구조에 대한 대책)
1. 건물의 경량화 및 중량 분배
2. 건물의 길이를 짧게
3. 강성을 높게
4. 인접 건물과의 거리를 멀게

정답 | ①

45

한 변의 길이가 a인 정사각형 단면을 가진 부재가 있다. 이 부재가 4kN의 인장력을 견딜 수 있는 a의 값으로 가장 적정한 것은? (단, 부재의 허용인장강도는 5MPa이다.)

① 15mm ② 20mm
③ 25mm ④ 30mm

개념 | KEYWORD 04 재료의 기계적 성질

해설 |
단위면적당 힘, 즉 응력 σ에 대한 문제이다.
$$\sigma = \frac{P}{A} = \frac{4 \cdot 10^3 \text{N}}{a^2 \text{mm}^2} = 5\text{MPa} = 5\text{N/mm}^2$$
$$a = \sqrt{\frac{4 \cdot 10^3}{5}} ≒ 28.28\text{mm}$$
따라서, a의 값으로 가장 적정한 것은 30mm이다.

정답 | ④

46

지진력저항시스템 중 다음 각 구조시스템에 관한 설명으로 옳지 않은 것은?

① 모멘트골조방식: 수직하중과 횡력을 보와 기둥으로 구성된 라멘골조가 저항하는 구조방식
② 연성모멘트골조방식: 횡력에 대한 저항능력을 증가시키기 위하여 부재와 접합부의 연성을 증가시킨 모멘트골조방식
③ 이중골조방식: 횡력의 25% 이상을 부담하는 전단벽이 연성모멘트골조와 조합되어 있는 구조방식
④ 건물골조방식: 수직하중은 입체골조가 저항하고 지진하중은 전단벽이나 가새골조가 저항하는 구조방식

개념 | KEYWORD 17 강구조 총론

해설 |
이중골조시스템에서 수평하중의 25% 이상을 부담하는 것은 전단벽이 아니라 연성모멘트골조이다.

관련이론
이중골조형식(Dual structure)

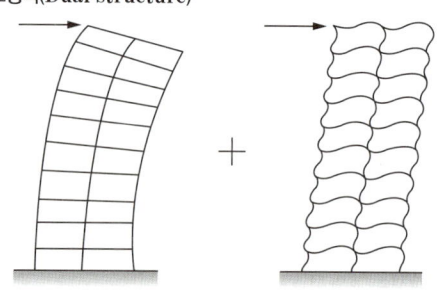

전단벽: 휨변형   강접골조: 전단변형

1. 수평하중의 25% 이상을 부담하는 모멘트(연성)골조가 전단벽이나 가새골조와 조합되어 있는 골조방식이다.
2. 강접골조(전단변형)와 가새골조(휨변형)가 혼합되었을 경우 내진설계에 있어서 비탄성 거동으로서의 연성도가 매우 크기 때문에 반응수정계수를 크게 규정하고 있어 지진력에 효율적으로 저항하는 구조가 된다.

정답 | ③

47

철근콘크리트 단근보에서 균형철근비를 계산한 결과 $\rho_b=0.039$이었다. 최대 철근비는? (단, $E=200,000\text{MPa}$, $f_y=400\text{MPa}$, $f_{ck}=24\text{MPa}$임)

① 0.01863　　② 0.02256
③ 0.02607　　④ 0.02831

개념 | KEYWORD 13 보의 휨설계

해설 |

$f_y=400\text{MPa}$일 경우

$\rho_{\max}=0.726\rho_b=0.726\times 0.039≒0.028314$

관련이론

최대 철근비

철근 항복강도(f_y)	최소 허용변형률($\varepsilon_{t,\min}$)	최대 철근비($\rho_{\max}$)
300MPa	0.004	$0.658\rho_b$
350MPa	0.004	$0.692\rho_b$
400MPa	0.004	$0.726\rho_b$
500MPa	$0.005(2\varepsilon_y)$	$0.699\rho_b$

정답 | ④

48

강구조에서 용접선 단부에 붙인 보조판으로 아크의 시작이나 종단부의 크레이터 등의 결함을 방지하기 위해 붙이는 판은?

① 스티프너　　② 엔드탭
③ 윙플레이트　④ 커버플레이트

개념 | KEYWORD 18 접합, 볼트, 용접

해설 |

엔드탭은 용접결함이 생기기 쉬운 용접의 시작이나 끝부분에 임시로 설치하는 보조 강판이다.

선지분석

① 스티프너: 기둥의 플랜지나 웨브의 좌굴방지용 보강재
③ 윙플레이트: 철골 주각부에 부착되는 강판
④ 커버플레이트: 강재의 플랜지를 보강하기 위해 사용하는 강판

정답 | ②

49

다음 용접기호에 대한 옳은 설명은?

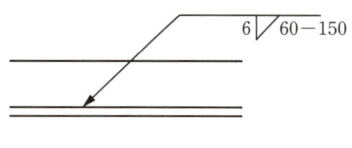

① 맞댐용접이다.
② 용접되는 부위는 화살의 반대쪽이다.
③ 유효목두께는 6mm이다.
④ 용접길이는 60mm이다.

개념 | KEYWORD 18 접합, 볼트, 용접

해설 |

해당 기호는 모살용접(필릿)이고, 삼각형은 아래에 표기 시 화살표 부위, 위에 표기 시 화살표 반대쪽 부위에 용접을 한다는 의미이다. 유효목두께는 $0.7\times s$이므로, $4.2(=0.7\times 6)$mm이다.

관련이론

용접기호

용접의 종류	기호	적용 예	
V형	∨		화살의 반대측에 용접
			화살쪽에 용접
L형	∨		화살의 반대측에 용접
			화살쪽에 용접
필릿 편면	▲		화살의 반대측에 용접
			화살쪽에 용접
필릿 병렬	▷		양측에서 용접

용접도시

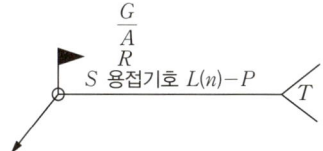

▲ 용접할 곳이 화살 반대쪽 또는 뒤쪽일 때

S 용접치수　　R 루트간격　　A 개선각
T 꼬리(특기사항 기록)　$-$ 표면모양　G 용접부처리방법
L 용접길이　　P 용접간격　　▶ 현장용접

정답 | ④

50

다음과 같은 사다리꼴 단면의 도심 y_0 값은?

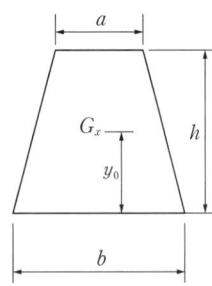

① $\dfrac{h(2a+b)}{3(a+b)}$ ② $\dfrac{h(a+b)}{3(2a+b)}$

③ $\dfrac{3h(2a+b)}{(a+b)}$ ④ $\dfrac{h(a+2b)}{3(a+b)}$

개념 | KEYWORD 05 단면의 성질

해설 |

도심거리는 단면1차모멘트 G_x를 면적 A로 나누어 구한다.

$$y = \dfrac{G_x}{A}$$

사다리꼴의 도심은 삼각형 $\left(\dfrac{1}{2}bh\right)$와 삼각형 $\left(\dfrac{1}{2}ah\right)$로 나눈 후 더하여 계산할 수 있다.

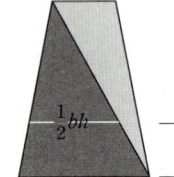 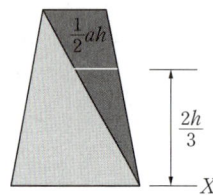

1. $G_x = \dfrac{1}{2}bh \times \dfrac{h}{3}$ 2. $G_x = \dfrac{1}{2}ah \times \dfrac{2h}{3}$

$$\therefore y = \dfrac{G_x}{A} = \dfrac{\left(\dfrac{1}{2}bh \times \dfrac{h}{3}\right) + \left(\dfrac{1}{2}ah \times \dfrac{2h}{3}\right)}{\left(\dfrac{1}{2}bh\right) + \left(\dfrac{1}{2}ah\right)} = \dfrac{h}{3} \times \dfrac{2a+b}{a+b}$$

정답 | ①

51

동일단면, 동일재료를 사용한 캔틸레버보 끝단에 집중하중이 작용하였다. P_1이 작용한 부재의 최대처짐량이 P_2가 작용한 부재의 최대처짐량의 2배일 경우 $P_1 : P_2$는?

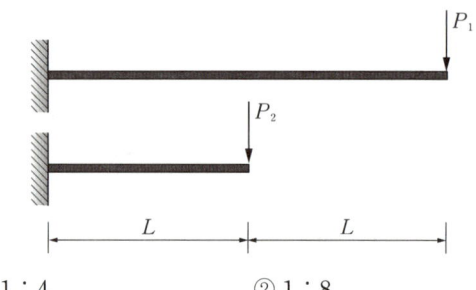

① 1 : 4 ② 1 : 8
③ 4 : 1 ④ 8 : 1

개념 | KEYWORD 10 보의 처짐

해설 |

자유단에 걸리는 하중이 P, 길이가 L인 캔틸레버보 자유단의 최대처짐은

$$\delta_{max} = \left(\dfrac{PL}{EI} \times L\right) \times \dfrac{L}{3} = \dfrac{PL^3}{3EI}$$ 이다.

지문의 조건에 따르면

$$\dfrac{P_1 \cdot (2L)^3}{3EI} = \dfrac{P_2 \cdot (L)^3}{3EI} \times 2$$ 이므로 $\dfrac{P_1}{P_2} = \dfrac{1}{4}$ 이다.

따라서 $P_1 : P_2 = 1 : 4$ 이다.

정답 | ①

52

지진하중 설계 시 밑면전단력과 관계없는 것은?

① 유효건물중량 ② 중요도계수
③ 지반증폭계수 ④ 가스트계수

개념 | KEYWORD 03 내진·내풍·사용성 설계

해설 |
가스트계수는 순간 최대풍속을 구할 때 평균풍속에 곱하는 계수를 말하는 것으로 지진하중 설계와는 관련이 없다.

관련이론
등가정적해석법 밑면전단력 산정식

$$V = C_s \cdot W = \frac{S_{D1}}{\left(\frac{R}{I_E}\right) \cdot T} \cdot W$$

여기서, C_s: 지진응답계수
W: 유효건물중량
S_{D1}: 주기 1초에서의 설계스펙트럼 가속도
R: 반응수정계수
I_E: 건물의 중요도계수
T: 건물의 고유주기

정답 | ④

53

강도설계법에서 직접설계법을 이용한 콘크리트 슬래브 설계 시 적용조건으로 옳지 않은 것은?

① 각 방향으로 3경간 이상 연속되어야 한다.
② 슬래브 판들은 단변경간에 대한 장변경간의 비가 2 이하인 직사각형이어야 한다.
③ 각 방향으로 연속한 받침부 중심간 경간 차이는 긴 경간의 1/3 이하이어야 한다.
④ 모든 하중은 슬래브판의 특정지점에 작용하는 집중하중이어야 하며 활하중은 고정하중의 3배 이하이어야 한다.

개념 | KEYWORD 15 슬래브, 기둥, 벽체, 기타

해설 |
하중은 등분포로 작용되는 연직하중이며, 활하중은 고정하중의 2배 이하이어야 한다.

정답 | ④

54

다음 그림과 같은 인장재의 순단면적을 구하면?(단, F10T－M20볼트 사용(표준구멍), 판의 두께는 6mm임)

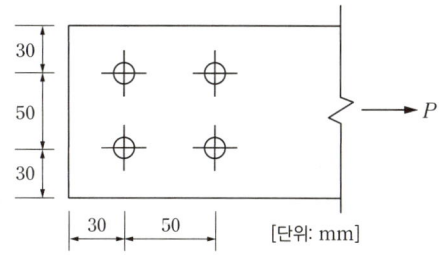

① 296mm² ② 396mm²
③ 426mm² ④ 536mm²

개념 | KEYWORD 19 인장재·압축재 설계

해설 |
정렬배치 상태의 인장재 순단면적 A_n은 다음과 같은 식으로 구한다.

$$A_n = A_g - ndt$$

- A_g: 총 단면적
- n: 파단선상 구멍 수
- d: 파스너 구멍의 직경
- t: 부재의 두께

※ 표준구멍(d)
  직경 24mm 미만 → M＋2.0mm
  직경 24mm 이상 → M＋3.0mm
  따라서, M20의 표준구멍은 22mm

∴ $A_n = (6 \times (30 + 50 + 30)) - 2 \times (20 + 2) \times 6 = 396mm^2$

정답 | ②

55

주철근으로 사용된 D22 철근 180° 표준갈고리의 구부림 최소 내면 반지름(r)으로 옳은 것은?

① $r=1d_b$ ② $r=2d_b$
③ $r=2.5d_b$ ④ $r=3d_b$

개념 | KEYWORD 16 철근 정착과 이음

해설 |
주철근의 180° 표준갈고리와 90° 표준갈고리의 구부림 최소 내면 반지름은 다음 표의 값 이상이어야 한다.

철근 크기	최소 내면 반지름
D10~D25	$3d_b$
D29~D35	$4d_b$
D38 이상	$5d_b$

정답 | ④

56

강도설계법에서 그림과 같은 띠철근을 가진 기둥의 설계 축하중 ϕP_n은 약 얼마인가? (단, $f_y=400\text{MPa}$, $f_{ck}=21\text{MPa}$, 강도감소계수 $\phi=0.65$, 주근: $8-D22(A_{st}=3,096\text{mm}^2)$, 띠철근: $D10@300$, 보조띠철근: $D10@900$)

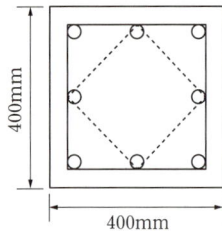

① 2,300kN ② 2,200kN
③ 2,100kN ④ 2,000kN

개념 | KEYWORD 15 슬래브, 기둥, 벽체, 기타

해설 |
띠철근 기둥 설계식
$\phi P_n=(0.65)(0.80)[0.85f_{ck}\cdot(A_g-A_{st})+f_y\cdot A_{st}]$
$=(0.65)(0.8)[0.85(21)(400^2-3,096)+(400)(3,096)]$
$=2,100.351\text{kN}$

정답 | ③

57

그림과 같은 구조물의 부정정 차수는?

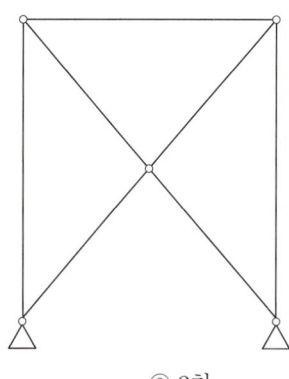

① 1차 ② 2차
③ 3차 ④ 4차

개념 | KEYWORD 08 구조물 판별

해설 |
$N=r+m+f-2\times j$ 공식 이용
여기서, r: 지점반력수, m: 부재수, f: 강절점수, j: 지점수+자유단 지점수이다.
∴ $N=4+7+0-2\times 5=1$

다른 풀이
외적 판별값(N_e)과 내적 판별값(N_i)의 결과를 합산하여 구조물을 판별할 수 있다.
$N_e=R-3=(2+2)-3=1$
$N_i=0$ (기본 삼각형에서 +1 부재가 2개가 추가되어 삼각형이 되면 내적으로 정정이다.)
∴ $N_e+N_i=1+0=1$

정답 | ①

58

H형강이 사용된 압축재의 양단이 핀으로 지지되고 부재중간에서 x축 방향으로만 이동할 수 없도록 지지되어 있다. 부재의 전 길이가 4m일 때 세장비는? (단, $r_x=8.62\text{cm}$, $r_y=5.02\text{cm}$)

① 26.4
② 36.4
③ 46.4
④ 56.4

개념 | KEYWORD 07 기둥의 좌굴

해설 |

강구조 압축재 세장비

양단힌지이므로 유효좌굴길이계수 $K=1.0$

강축(x)에 대해서는 부재 전체의 길이 $L=4\text{m}$, 약축(y)에 대해서는 가새로 횡지지되어 있으므로 $L=2\text{m}$를 적용함에 주의하며 다음 값들 중 큰 값으로 세장비를 선정한다.

$\dfrac{KL}{r_x} = \dfrac{(1.0)(400\text{cm})}{(8.62\text{cm})} = 46.4$

$\dfrac{KL}{r_y} = \dfrac{(1.0)(200\text{cm})}{(5.02\text{cm})} = 39.84$

$\Rightarrow \therefore 46.4$

관련이론

유효좌굴길이계수 K

구분	양단힌지	1단고정, 1단힌지	양단고정	1단고정, 1단자유
계수 값	1	0.7	0.5	2

정답 | ③

59

그림과 같은 구조에서 C단에 발생하는 휨모멘트는?

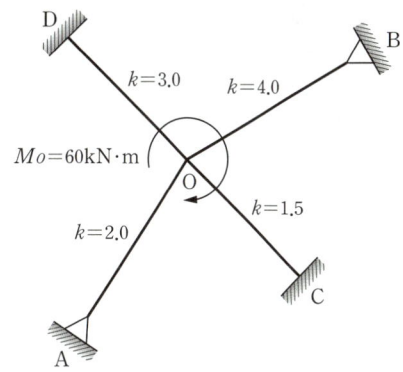

① $2.4\text{kN}\cdot\text{m}$
② $5\text{kN}\cdot\text{m}$
③ $6.5\text{kN}\cdot\text{m}$
④ $10\text{kN}\cdot\text{m}$

개념 | KEYWORD 09 구조물 해석

해설 |

모멘트 분배법을 이용해 구한다.

C점 도달(전달)모멘트 M_{CO}는 분배모멘트 M_{OC}의 $\dfrac{1}{2}$이다.

→ $M_{CO} = \dfrac{1}{2} M_{OC}$

분배율: $DF_{OC} = \dfrac{K_{OC}}{\Sigma K} = \dfrac{1.5}{2.0 \times \dfrac{3}{4} + 4.0 \times \dfrac{3}{4} + 1.5 + 3.0} = \dfrac{1}{6}$

(힌지점은 강성 k에 $\dfrac{3}{4}$을 곱한다)

분배모멘트: $M_{OC} = M_O \cdot DF_{OC} = 60 \times \dfrac{1}{6} = 10\text{kN}\cdot\text{m}(\curvearrowright)$

전달모멘트: $M_{CO} = \dfrac{1}{2} M_{OC} = \dfrac{10}{2} = 5\text{kN}\cdot\text{m}(\curvearrowright)$

정답 | ②

60

다음과 같은 조건의 단면을 가진 부재의 균열모멘트 M_{cr}을 구하면?

- 단면의 중립축에서 인장연단까지의 거리 $y_t=420$mm
- 총 단면2차모멘트 $I_g=1.0\times10^{10}$mm^4
- 보통중량콘크리트 설계기준압축강도 $f_{ck}=21$MPa

① 50.6kN·m
② 53.3kN·m
③ 62.5kN·m
④ 68.8kN·m

개념 | KEYWORD 12 사용성 및 내구성

해설 |

$M_{cr}=f_r\times Z=0.63\lambda\sqrt{f_{ck}}\times\dfrac{I_g}{y_t}$

$\therefore M_{cr}=0.63\times1.0\times\sqrt{21}\times\dfrac{1.0\times10^{10}}{420}$

$=68,738,635$N·mm$=68.739$kN·m

관련이론

균열모멘트(M_{cr})

| $M_{cr}=\dfrac{f_r}{y_t}I_g$ $=\dfrac{0.63\lambda\sqrt{f_{ck}}}{y_t}I_g$ | • f_r: 파괴계수
• λ: 경량콘크리트계수
  – 보통중량콘크리트 1.0
  – 모래경량콘크리트 0.85
  – 전경량콘크리트 0.75
• y_t: 중립축에서 인장축 연단까지의 거리
• f_{ck}: 콘크리트의 압축강도
• I_g: 콘크리트의 총 단면에 대한 단면2차모멘트 |

정답 | ④

건축설비

61

다음의 공기조화방식 중 전수방식에 속하는 것은?

① 단일 덕트 방식
② 2중 덕트 방식
③ 멀티존 유닛 방식
④ 팬코일 유닛 방식

개념 | KEYWORD 09 공기조화 방식과 기기

해설 |
팬코일 유닛 방식이 전수방식이다.

선지분석
①, ②, ③은 전공기 방식이다.

정답 | ④

62

어떤 상태의 습공기를 절대습도의 변화 없이 건구온도만 상승시킬 때 습공기의 상태변화로 옳은 것은?

① 엔탈피는 증가한다.
② 비체적은 감소한다.
③ 노점온도는 낮아진다.
④ 상대습도는 증가한다.

개념 | KEYWORD 08 공기조화설비 총론

해설 |
절대습도의 변화 없이 건구온도만 상승 시, 엔탈피는 증가한다.

선지분석
② 비체적은 증가한다.
③ 노점온도는 변화가 없다.
④ 상대습도는 감소한다.

정답 | ①

63
흡음 및 차음에 관한 설명으로 옳지 않은 것은?

① 벽의 차음성능은 투과손실이 클수록 높다.
② 차음성능이 높은 재료는 흡음성능도 높다.
③ 벽의 차음성능은 사용재료의 면밀도에 크게 영향을 받는다.
④ 벽의 차음성능은 동일 재료에서도 두께와 시공법에 따라 다르다.

개념 | KEYWORD 21 음 환경
해설 |
차음성능이 높은 재료는 대부분 흡음성능이 낮고, 차음성능이 낮은 재료는 대부분 흡음성능이 높다.

정답 | ②

64
급탕설비에 관한 설명으로 옳은 것은?

① 팽창탱크는 반드시 개방식으로 해야 한다.
② 리버스 리턴(Reverse-return) 방식은 전 계통의 탕의 순환을 촉진하는 방식이다.
③ 직접가열식 중앙급탕법은 보일러 안에 스케일 부착이 없이 내부에 방식처리가 불필요하다.
④ 간접가열식 중앙급탕법은 저탕조와 보일러를 직결하여 순환가열하는 것으로 고압용 보일러가 주로 사용된다.

개념 | KEYWORD 02 급탕설비
해설 |
리버스 리턴(Reverse-return, 역환수 방식)은 급탕·반탕관의 순환거리를 각 계통에 있어서 거의 같게 하여 전 계통의 탕의 순환을 촉진하는 방식이다.

선지분석
① 팽창탱크는 개방식과 밀폐식으로 할 수 있다.
③ 직접가열식 중앙급탕법은 보일러 안에 스케일이 발생하므로 방식처리가 필요하다.
④ 간접가열식 중앙급탕법은 건물의 높이에 따른 수압이 보일러에 작용하지 않고 저탕조에 작용하므로 고압용 보일러가 불필요하다.

정답 | ②

65
몰드 변압기에 관한 설명으로 옳지 않은 것은?

① 내진성이 우수하다.
② 내습성이 우수하다.
③ 반입, 반출이 용이하다.
④ 옥외 설치 및 대용량 제작이 용이하다.

개념 | KEYWORD 14 강전설비
해설 |
몰드 변압기는 외함이 없는 상태로 옥외에 설치가 불가능하며, 대용량 제작이 곤란하다.

정답 | ④

66
자동화재탐지설비의 감지기 중 감지기 주위의 온도가 일정한 온도 이상이 되었을 때 작동하는 것은?

① 차동식 감지기   ② 정온식 감지기
③ 광전식 감지기   ④ 이온화식 감지기

개념 | KEYWORD 06 소화설비
해설 |
자동화재탐지설비의 열감지기 중 주위온도가 일정 온도 이상일 때 작동하는 것은 정온식이다.

정답 | ②

67
엘리베이터의 안전장치 중 일정 이상의 속도가 되었을 때 브레이크 등을 작동시키는 기능을 하는 것은?

① 조속기   ② 권상기
③ 완충기   ④ 가이드 슈

개념 | KEYWORD 17 엘리베이터설비
해설 |
조속기는 엘리베이터의 카가 정상속도 이상으로 과속되었을 때 미리 설정된 속도에서 작동하여 안전하게 정지시키는 장치이다.

정답 | ①

68

난방방식에 관한 설명으로 옳지 않은 것은?

① 증기난방은 잠열을 이용한 난방이다.
② 온수난방은 온수의 현열을 이용한 난방이다.
③ 온풍난방은 온습도 조절이 가능한 난방이다.
④ 복사난방은 열용량이 작으므로 간헐난방에 적합하다.

개념 | KEYWORD 11 난방설비
해설 |
④ 복사난방은 열용량이 커서 지속난방에 적합하다.

정답 | ④

69

간선의 배선 방식 중 평행식에 관한 설명으로 옳은 것은?

① 설비비가 가장 저렴하다.
② 배선자재의 소요가 가장 적다.
③ 사고의 영향을 최소화할 수 있다.
④ 전압이 안정되나 부하의 증가에 적응할 수 없다.

개념 | KEYWORD 14 강전설비
해설 |
평행식(개별식)은 사고가 발생하여도 그 범위를 좁힐 수 있는 특징이 있다.

선지분석
① 설비비가 비싸다.
② 배선자재의 소요가 많다.
④ 전압이 안정되고 부하의 증가에 적응할 수 있다.

관련이론
평행식(개별식)
각 분전반마다 배전반으로부터 단독으로 배선되어 있으므로 전압강하가 적고, 사고가 발생하여도 그 범위를 좁힐 수 있는 것이 특징이다. 배선비가 많아지므로 설비비는 많이 드는 편이다.

정답 | ③

70

다음 중 옥내의 노출된 건조한 장소에 시설할 수 없는 배선방법은? (단, 사용전압이 400V 미만인 경우)

① 금속관 배선
② 버스덕트 배선
③ 가요전선관 배선
④ 플로어덕트 배선

개념 | KEYWORD 14 강전설비
해설 |
플로어덕트 배선은 옥내의 건조한 콘크리트 바닥 내의 매설에 한하여 시설할 수 있다.

정답 | ④

71

덕트 설비에 관한 설명으로 옳은 것은?

① 고속덕트에는 소음상자를 사용하지 않는 것이 원칙이다.
② 고속덕트는 관마찰저항을 줄이기 위하여 일반적으로 장방형 덕트를 사용한다.
③ 등마찰손실법은 덕트 내의 풍속을 일정하게 유지할 수 있도록 덕트 치수를 결정하는 방법이다.
④ 같은 양의 공기가 덕트를 통해 송풍될 때 풍속을 높게 하면 덕트의 단면치수를 작게 할 수 있다.

개념 | KEYWORD 09 공기조화 방식과 기기
해설 |
같은 양의 공기가 덕트를 통해 송풍될 때 풍속을 높게 하면 덕트의 단면치수를 줄일 수 있다. 하지만 고속으로 인한 소음, 진동 등이 발생한다.

선지분석
① 고속덕트에는 소음상자를 사용하는 것이 원칙이다.
② 고속덕트는 관마찰저항을 줄이기 위하여 일반적으로 원형 덕트를 사용한다.
③ 등마찰손실법(정압법)은 단위 길이당 마찰저항값을 일정하게 하여 덕트의 치수를 결정하는 방법이다.

정답 | ④

72

아파트의 각 세대에 스프링클러헤드를 30개 설치한 경우, 스프링클러설비의 수원의 저수량은 최소 얼마 이상이 되도록 하여야 하는가? (단, 폐쇄형 스프링클러헤드를 사용한 경우임)

① 48m³ ② 32m³
③ 24m³ ④ 16m³

개념 | KEYWORD 06 소화설비

해설 |
1. 폐쇄형 스프링클러헤드의 기준개수: 아파트 10개, 판매시설·복합상가 및 11층 이상인 소방대상물 30개
2. 스프링클러설비 수원의 저수량
 = 1.6m³ × N(아파트 스프링클러헤드의 기준개수는 10개)
 = 1.6m³ × 10개 = 16m³

관련이론

스프링클러설비 수원의 저수량
= 1.6m³ × N(스프링클러헤드의 기준개수)

정답 | ④

73

급수설비에서 펌프의 실양정이 의미하는 것은? (단, 물을 높은 곳으로 보내는 경우)

① 배관계의 마찰손실에 해당하는 높이
② 흡수면에서 토출수면까지의 수직거리
③ 흡수면에서 펌프축 중심까지의 수직거리
④ 펌프축 중심에서 토출수면까지의 수직거리

개념 | KEYWORD 01 급수설비

해설 |
펌프의 실양정 = 흡입양정 + 토출양정

정답 | ②

74

높이 30m의 고가수조에 매분 1m³의 물을 보내려고 할 때 필요한 펌프의 축동력은? (단, 마찰손실수두 6m, 흡입양정 1.5m, 펌프효율 50%인 경우임)

① 약 2.5kW ② 약 9.8kW
③ 약 12.3kW ④ 약 16.7kW

개념 | KEYWORD 01 급수설비

해설 |

펌프의 축동력 $= \dfrac{W \cdot Q \cdot H}{6{,}120E}$

$= \dfrac{1{,}000(\text{kg/m}^3) \times 1(\text{m}^3/\text{min}) \times (30\text{m} + 6\text{m} + 1.5\text{m})}{6{,}120 \times 0.5}$

$\fallingdotseq 12.25\text{kW}$

관련이론

펌프의 축동력 $= \dfrac{W \cdot Q \cdot H}{6{,}120E}$ (kW)

여기서, W: 물의 단위용적중량(1,000kg/m³), Q: 양수량(m³/min), H: 펌프의 전양정(m), E: 펌프의 효율(%), 1kW = 6,120kg·m/min

정답 | ③

75

공기조화방식 중 전수방식에 관한 설명으로 옳지 않은 것은?

① 각 실의 제어가 용이하다.
② 실내 배관에 의한 누수의 우려가 있다.
③ 극장의 관객석과 같이 많은 풍량을 필요로 하는 곳에 주로 사용된다.
④ 열매체가 증기 또는 냉·온수이므로 열의 운송동력이 공기에 비해 적게 소요된다.

개념 | KEYWORD 09 공기조화 방식과 기기

해설 |
전수방식은 극장 같은 대공간에 부적당하며 유닛이 실내에 설치되므로 방송국 스튜디오에도 부적당하다.
극장, 공장 등의 대공간에는 전공기방식인 단일덕트방식이 적합하다.

정답 | ③

76
다음 중 방송 공동수신 설비의 구성기기에 속하지 않는 것은?

① 혼합기
② 모시계
③ 컨버터
④ 증폭기

개념 | KEYWORD 15 약전 및 방재설비
해설 |
방송 공동수신 설비의 구성기기는 안테나, 혼합기, 컨버터, 선로기기(분기장치, 분배기, 정합기, 분파기), 증폭기 등이 있다.

정답 | ②

77
실내 CO_2 발생량이 17L/h, 실내 CO_2 허용농도가 0.1%, 외기의 CO_2 농도가 0.04%일 경우 필요 환기량은?

① 약 28.3m³/h
② 약 35.0m³/h
③ 약 40.3m³/h
④ 약 42.5m³/h

개념 | KEYWORD 10 환기설비
해설 |

$$Q = \frac{K}{P_i - P_o}(m^3/h)$$

여기서, 1L=0.001m³이므로

$$Q = \frac{0.017(m^3/h)}{0.001 - 0.0004} ≒ 28.3(m^3/h)$$

정답 | ①

78
변풍량 단일덕트 방식에서 송풍량 조절의 기준이 되는 것은?

① 실내 청정도
② 실내 기류속도
③ 실내 현열부하
④ 실내 잠열부하

개념 | KEYWORD 09 공기조화 방식과 기기
해설 |
변풍량 단일덕트 방식에서 송풍량 조절의 기준이 되는 것은 실내의 현열부하이다.

정답 | ③

79
다음 중 냉방부하 계산 시 현열만을 고려하는 것은?

① 인체의 발생열량
② 벽체로부터의 취득열량
③ 극간풍에 의한 취득열량
④ 외기의 도입으로 인한 취득열량

개념 | KEYWORD 09 공기조화 방식과 기기
해설 |
인체의 발생열량, 극간풍에 의한 취득열량, 외기의 도입으로 인한 취득열량은 실내온도뿐만 아니라 습도에도 변화를 주므로 현열과 잠열 모두 고려하여야 한다.

정답 | ②

80
터보 냉동기에 관한 설명으로 옳지 않은 것은?

① 왕복동식에 비하여 진동이 적다.
② 흡수식에 비해 소음 및 진동이 심하다.
③ 임펠러 회전에 의한 원심력으로 냉매가스를 압축한다.
④ 일반적으로 대용량에는 부적합하며 비례제어가 불가능하다.

개념 | KEYWORD 12 냉동 및 기타 열원설비
해설 |
터보 냉동기는 일반적으로 대용량에 적합하며 비례제어가 가능하다.

정답 | ④

건축관계법규

81

주거용 건축물 급수관의 지름 산정에 관한 기준 내용으로 틀린 것은?

① 가구 또는 세대수가 1일 때 급수관 지름의 최소기준은 15mm이다.
② 가구 또는 세대수가 7일 때 급수관 지름의 최소기준은 25mm이다.
③ 가구 또는 세대수가 18일 때 급수관 지름의 최소기준은 50mm이다.
④ 가구 또는 세대의 구분이 불분명한 건축물에 있어서는 주거에 쓰이는 바닥면적의 합계가 85m² 초과 150m² 이하인 경우는 3가구로 산정한다.

개념 | KEYWORD 12 건축설비기준과 관계전문기술자

해설 |
가구 또는 세대수가 7일 때 급수관 지름의 최소기준은 32mm이다.

관련이론

먹는 물용 배관설비의 설치 및 구조기준

1. 주거용 건축물 급수관의 지름

가구 또는 세대수	1	2~3	4~5	6~8	9~16	17 이상
급수관 지름의 최소기준(mm)	15	20	25	32	40	50

2. 가구 및 세대 구분이 불분명한 경우 산정 기준

바닥면적	가구수
85m² 이하	1
85m² 초과 150m² 이하	3
150m² 초과 300m² 이하	5
300m² 초과 500m² 이하	16
500m² 초과	17

정답 | ②

82

다음 중 내화구조에 해당하지 않는 것은? (단, 외벽 중 비내력벽인 경우)

① 철근콘크리트조로서 두께가 7cm인 것
② 무근콘크리트조로서 두께가 7cm인 것
③ 골구를 철골조로 하고 그 양면을 두께 3cm의 철망모르타르로 덮은 것
④ 철재로 보강된 콘크리트블록조로서 철재에 덮은 콘크리트블록의 두께가 3cm인 것

개념 | KEYWORD 01 건축법 총칙

해설 |
철재로 보강된 콘크리트블록조·벽돌조 또는 석조로서 철재에 덮은 콘크리트블록 등의 두께가 4cm 이상인 것이 내화구조에 해당한다.

관련이론

내화구조(외벽 중 비내력벽인 경우)

㉠ 철근콘크리트조 또는 철골철근콘크리트조로서 두께가 7cm 이상인 것
㉡ 골구를 철골조로 하고 그 양면을 두께 3cm 이상의 철망모르타르 또는 두께 4cm 이상의 콘크리트블록·벽돌 또는 석재로 덮은 것
㉢ 철재로 보강된 콘크리트블록조·벽돌조 또는 석조로서 철재에 덮은 콘크리트블록 등의 두께가 4cm 이상인 것
㉣ 무근콘크리트조·콘크리트블록조·벽돌조 또는 석조로서 그 두께가 7cm 이상인 것

정답 | ④

83

다음의 대규모 건축물의 방화벽에 관한 기준 내용 중 ( ) 안에 공통으로 들어갈 내용은?

> 연면적 ( ) 이상인 건축물은 방화벽으로 구획하되, 각 구획된 바닥면적의 합계는 ( ) 미만이어야 한다.

① 500m²
② 1,000m²
③ 1,500m²
④ 3,000m²

개념 | KEYWORD 11 방화규정
해설 |
연면적이 1,000m² 이상인 건축물은 방화벽으로 구획하되, 각 구획된 바닥면적의 합계는 1,000m² 미만이어야 한다.

정답 | ②

84

「건축법령」에 따른 리모델링이 쉬운 구조에 속하지 않는 것은?

① 구조체가 철골구조로 구성되어 있을 것
② 구조체에서 건축설비, 내부 마감재료 및 외부 마감재료를 분리할 수 있을 것
③ 개별 세대 안에서 구획된 실의 크기, 개수 또는 위치 등을 변경할 수 있을 것
④ 각 세대는 인접한 세대와 수직 또는 수평방향으로 통합하거나 분할할 수 있을 것

개념 | KEYWORD 01 건축법 총칙
해설 |
리모델링이 쉬운 구조에는 철골구조에 대한 기준은 없다.
②, ③, ④번은 모두 리모델링이 쉬운 구조로 건축법 시행령 제6조의 5에 명시되어 있다.

정답 | ①

85

계단 및 복도의 설치기준에 관한 설명으로 틀린 것은?

① 높이가 3m를 넘은 계단에는 높이 3m 이내마다 유효너비 120cm 이상의 계단참을 설치할 것
② 거실 바닥면적의 합계가 100m² 이상인 지하층에 설치하는 계단인 경우 계단 및 계단참의 유효너비는 120cm 이상으로 할 것
③ 계단을 대체하여 설치하는 경사로의 경사도는 1 : 6을 넘지 아니할 것
④ 문화 및 집회시설 중 공연장의 개별 관람실(바닥면적이 300m² 이상인 경우)의 바깥쪽에는 그 양쪽 및 뒤쪽에 각각 복도를 설치할 것

개념 | KEYWORD 09 구조규정
해설 |
계단을 대체하여 설치하는 경사로의 경사도는 1:8을 넘지 아니하고 표면을 거친 면으로 하거나 미끄러지지 아니하는 재료로 마감해야 한다.

정답 | ③

86

건축허가신청에 필요한 설계도서에 해당하지 않는 것은?

① 배치도
② 투시도
③ 건축계획서
④ 평면도

개념 | KEYWORD 02 건축허가와 신고
해설 |
투시도는 건축허가신청에 필요한 설계도서에 해당하지 않는다.

관련이론

건축허가신청에 필요한 설계도서	
• 건축계획서	• 배치도
• 평면도	• 입면도
• 단면도	• 소방설비도
• 구조도(구조안전 확인 또는 내진설계 대상)	
• 구조계산서(구조안전 확인 또는 내진설계 대상)	

정답 | ②

87

대지의 분할 제한과 관련한 아래 내용에서, 밑줄 친 부분에 해당하는 규모가 기준이 틀린 것은?

> 건축물이 있는 대지는 대통령령으로 정하는 범위에서 해당 지방자치단체의 조례로 정하는 면적에 못 미치게 분할할 수 없다.

① 주거지역: 60m² 이상 ② 상업지역: 100m² 이상
③ 공업지역: 150m² 이상 ④ 녹지지역: 200m² 이상

개념 | KEYWORD 07 면적의 규제
해설 |
상업지역: 150m² 이상

관련이론
건축물이 있는 대지의 분할제한

구분	최소 분할면적
㉠ 주거지역	60m² 이상
㉡ 상업지역	150m² 이상
㉢ 공업지역	
㉣ 녹지지역	200m² 이상
㉠~㉣에 해당하지 않는 지역	60m² 이상

정답 | ②

88

다음은 「건축법령」상 지하층의 정의 내용이다. ( ) 안에 알맞은 것은?

> "지하층"이란 건축물의 바닥이 지표면 아래에 있는 층으로서 바닥에서 지표면까지 평균 높이가 해당 층 높이의 (　　) 이상인 것을 말한다.

① 2분의 1 ② 3분의 1
③ 3분의 2 ④ 4분의 3

개념 | KEYWORD 01 건축법 총칙
해설 |
지하층은 건축물의 바닥이 지표면 아래에 있는 층으로 바닥에서 지표면까지의 평균 높이가 해당 층 높이의 2분의 1 이상인 것이다.

정답 | ①

89

시가화조정구역의 지정과 관련된 기준 내용 중 밑줄 친 "대통령령으로 정하는 기간"으로 옳은 것은?

> 시·도지사는 직접 또는 관계 행정기관의 장의 요청을 받아 도시지역과 그 주변 지역의 무질서한 시가화를 방지하고 계획적·단계적인 개발을 도모하기 위하여 대통령령으로 정하는 기간 동안 시가화를 유보할 필요가 있다고 인정되면 시가화조정구역의 지정 또는 변경을 도시·군관리계획으로 결정할 수 있다.

① 5년 이상 10년 이내의 기간
② 5년 이상 20년 이내의 기간
③ 7년 이상 10년 이내의 기간
④ 7년 이상 20년 이내의 기간

개념 | KEYWORD 19 국토의 용도구분
해설 |
시가화조정구역의 유보기간은 5년 이상 20년 이내이다.

정답 | ②

90

「국토의 계획 및 이용에 관한 법령」에 따른 기반시설 중 공간시설에 속하지 않는 것은?

① 녹지
② 유원지
③ 유수지
④ 공공공지

개념 | KEYWORD 18 국토계획법 총칙

해설 |
유수지는 방재시설에 속한다.

관련이론

기반시설의 종류

구분	종류
교통시설	도로 · 철도 · 항만 · 공항 · 주차장 · 자동차정류장 · 궤도 · 차량 검사 및 면허시설
공간시설	광장 · 공원 · 녹지 · 유원지 · 공공공지
유통 · 공급시설	유통업무설비, 수도 · 전기 · 가스 · 열공급설비, 방송 · 통신시설, 공동구, 시장, 유류저장 및 송유설비
공공 · 문화시설	학교 · 공공청사 · 문화시설 · 공공 필요성이 인정되는 체육시설 · 연구시설 · 사회복지시설 · 공공직업훈련시설 · 청소년수련시설
방재시설	하천 · 유수지 · 저수지 · 방화설비 · 방풍설비 · 방수설비 · 사방설비 · 방조설비
보건위생시설	장사시설 · 도축장 · 종합의료시설
환경기초시설	하수도 · 폐기물처리 및 재활용시설 · 빗물저장 및 이용시설 · 수질오염방지시설 · 폐차장

정답 | ③

91

노외주차장의 출입구가 2개인 경우 주차형식에 따른 차로의 최소 너비가 옳지 않은 것은? (단, 이륜자동차전용 외의 노외주차장의 경우)

① 직각주차: 6.0m
② 평행주차: 3.3m
③ 45도 대향주차: 3.5m
④ 60도 대향주차: 5.0m

개념 | KEYWORD 16 노상·노외주차장

해설 |
60° 대향주차: 4.5m

관련이론

이륜자동차전용 외의 노외주차장 차로 너비

주차형식	차로의 너비	
	출입구가 2개 이상인 경우	출입구가 1개인 경우
평행주차	3.3m	5.0m
직각주차	6.0m	6.0m
60° 대향주차	4.5m	5.5m
45° 대향주차	3.5m	5.0m
교차주차	3.5m	5.0m

정답 | ④

92

한 방에서 층의 높이가 다른 부분이 있는 경우 층고 산정방법으로 옳은 것은?

① 가장 낮은 높이로 한다.
② 가장 높은 높이로 한다.
③ 각 부분 높이에 따른 면적에 따라 가중평균한 높이로 한다.
④ 가장 낮은 높이와 가장 높은 높이의 산술평균한 높이로 한다.

개념 | KEYWORD 08 높이의 규제

해설 |
층고는 방의 바닥구조체 윗면으로부터 위층 바닥구조체의 윗면까지의 높이로 한다. 다만, 한 방에서 층의 높이가 다른 부분이 있는 경우에는 그 각 부분 높이에 따른 면적에 따라 가중평균한 높이로 한다.

정답 | ③

93

용도지역의 건폐율 기준으로 옳지 않은 것은?

① 주거지역: 70% 이하
② 상업지역: 90% 이하
③ 공업지역: 70% 이하
④ 녹지지역: 30% 이하

개념 | KEYWORD 07 면적의 규제

해설 |
녹지지역의 건폐율 최대한도는 20% 이하이다.

관련이론

건폐율의 최대한도

구분		최대한도
도시지역	주거지역	70% 이하
	상업지역	90% 이하
	공업지역	70% 이하
	녹지지역	20% 이하
관리지역	보전관리지역	20% 이하
	생산관리지역	20% 이하
	계획관리지역	40% 이하
농림지역		20% 이하
자연환경보전지역		20% 이하

정답 | ④

94

공사감리자의 업무에 속하지 않는 것은?

① 시공계획 및 공사관리의 적정 여부의 확인
② 상세 시공도면의 검토·확인
③ 설계변경의 적정 여부의 검토·확인
④ 공정표 및 현장설계도면 작성

개념 | KEYWORD 02 건축허가와 신고

해설 |
공정표 및 현장설계도면 작성은 시공자의 업무이다.

관련이론

공사감리자의 업무
1. 건축자재의 법령 기준 준수 여부 확인
2. 시공계획, 공사관리 적정 여부, 공정표의 검토
3. 구조물의 위치와 규격 검토 확인
4. 시공자가 설계도서에 따라 시공하는지 확인

정답 | ④

95

같은 건축물 안에 공동주택과 위락시설을 함께 설치하고자 하는 경우에 관한 기준 내용으로 옳지 않은 것은?

① 건축물의 주요 구조부를 내화구조로 할 것
② 공동주택과 위락시설은 서로 이웃하도록 배치할 것
③ 공동주택과 위락시설은 내화구조로 된 바닥 및 벽으로 구획하여 서로 차단할 것
④ 공동주택의 출입구와 위락시설의 출입구는 서로 그 보행거리가 30m 이상이 되도록 설치할 것

개념 | KEYWORD 11 방화규정

해설 |
공동주택과 위락시설은 서로 이웃하지 아니하도록 배치할 것

관련이론

같은 건축물 안에 공동주택 등과 위락시설 등을 함께 설치하고자 하는 경우 다음 기준을 따른다.
1. 공동주택 등의 출입구와 위락시설 등의 출입구는 서로 그 보행거리가 30m 이상이 되도록 설치할 것
2. 공동주택 등과 위락시설 등은 내화구조로 된 바닥 및 벽으로 구획하여 서로 차단할 것
3. 공동주택 등과 위락시설 등은 서로 이웃하지 아니하도록 배치할 것
4. 건축물의 주요 구조부를 내화구조로 할 것
5. 거실의 벽 및 반자가 실내에 면하는 부분의 마감은 불연재료·준불연재료 또는 난연재료로 하고, 그 거실로부터 지상으로 통하는 주된 복도·계단 그 밖에 통로의 벽 및 반자가 실내에 면하는 부분의 마감은 불연재료 또는 준불연재료로 할 것

정답 | ②

96

다음은 대피공간의 설치에 관한 기준 내용이다. 밑줄 친 요건 내용으로 옳지 않은 것은?

> 공동주택 중 아파트로서 4층 이상인 층의 각 세대가 2개 이상의 직통계단을 사용할 수 없는 경우에는 발코니에 인접 세대와 공동으로 또는 각 세대 별로 다음 각 호의 요건을 모두 갖춘 대피공간을 하나 이상 설치하여야 한다.

① 대피공간은 바깥의 공기와 접하지 않을 것
② 대피공간은 실내의 다른 부분과 방화구획으로 구획될 것
③ 대피공간의 바닥면적은 각 세대별로 설치하는 경우에는 $2m^2$ 이상일 것
④ 대피공간의 바닥면적은 인접 세대와 공동으로 설치하는 경우에는 $3m^2$ 이상일 것

개념 | KEYWORD 10 피난규정
해설 |
대피공간은 바깥의 공기와 접해야 한다.

정답 | ①

97

다음 중 건축물의 대지에 공개공지 또는 공개공간을 확보하여야 하는 대상 건축물에 속하는 것은? (단, 일반주거지역의 경우)

① 업무시설로서 해당 용도로 쓰는 바닥면적의 합계가 $3,000m^2$인 건축물
② 숙박시설로서 해당 용도로 쓰는 바닥면적의 합계가 $4,000m^2$인 건축물
③ 종교시설로서 해당 용도로 쓰는 바닥면적의 합계가 $5,000m^2$인 건축물
④ 문화 및 집회시설로서 해당 용도로 쓰는 바닥면적의 합계가 $4,000m^2$인 건축물

개념 | KEYWORD 06 조경·공개공지
해설 |
공개공지 또는 공개공간 확보 대상

대상지역	대상 건축물	
일반주거지역, 준주거지역, 상업지역, 준공업지역 등	바닥면적의 합계가 $5,000m^2$ 이상인 건축물	문화 및 집회시설, 종교시설, 판매시설(농수산물유통시설은 제외), 운수시설(여객용 시설만 해당), 업무시설 및 숙박시설
	그 밖에 다중이 이용하는 시설로서 건축조례로 정하는 건축물	

정답 | ③

98

건축물을 신축하는 경우 옥상에 조경을 $150m^2$ 시공했다. 이 경우 대지의 조경면적은 최소 얼마 이상으로 하여야 하는가? (단, 대지면적은 $1,500m^2$이고, 조경설치 기준은 대지면적의 10%임)

① $25m^2$
② $50m^2$
③ $75m^2$
④ $100m^2$

개념 | KEYWORD 06 조경·공개공지

해설 |
문제의 조경설치 기준(대지면적의 10%)에 의해 전체 조경면적은 $1,500m^2$의 10%인 $150m^2$이다.
대지의 조경면적으로 산정할 수 있는 옥상의 조경면적은 옥상 부분 조경면적의 2/3이므로 $150m^2$(문제의 조건)의 2/3인 $100m^2$이다. 이 경우 조경면적으로 산정할 수 있는 면적은 전체 조경면적의 50/100을 초과할 수 없으므로 $150m^2$의 50/100인 $75m^2$만 인정된다.
대지의 조경면적은 전체 조경면적인 $150m^2$에서 대지의 조경면적으로 산정할 수 있는 옥상의 조경면적인 $75m^2$을 제외한 $75m^2$이다.

정답 | ③

99

바닥으로부터 높이 1m까지의 안벽의 마감을 내수재료로 하지 않아도 되는 것은?

① 아파트의 욕실
② 숙박시설의 욕실
③ 제1종 근린생활시설 중 휴게음식점의 조리장
④ 제2종 근린생활시설 중 일반음식점의 조리장

개념 | KEYWORD 09 구조규정

해설 |
거실의 방습

구분	대상 건축물	기준
내수재료의 마감	제1종 근린생활시설 중 ① 목욕장의 욕실 ② 휴게음식점의 조리장 제2종 근린생활시설 중 ① 일반음식점의 조리장 ② 휴게음식점의 조리장 ③ 숙박시설의 욕실	욕실 또는 조리장의 바닥과 그 바닥으로부터 높이 1m까지의 안쪽벽의 마감은 내수재료로 해야 한다.

정답 | ①

100

다중이용 건축물에 속하지 않는 것은? (단, 층수가 10층이며, 해당 용도로 쓰는 바닥면적의 합계가 $5,000m^2$인 건축물의 경우)

① 업무시설
② 종교시설
③ 판매시설
④ 숙박시설 중 관광숙박시설

개념 | KEYWORD 01 건축법 총칙

해설 |
다중이용 건축물은 불특정 다수의 사람들이 이용하는 건축물로 업무시설은 해당되지 않는다.

관련이론
바닥면적의 합계가 $5,000m^2$ 이상일 때 다중이용 건축물에 해당되는 시설
1. 문화 및 집회시설(동물원 및 식물원은 제외)
2. 종교시설
3. 판매시설
4. 운수시설 중 여객용 시설
5. 의료시설 중 종합병원
6. 숙박시설 중 관광숙박시설

정답 | ①

2024년 2회 CBT 복원문제

건축계획

01

한국 전통건축의 지붕양식에 관한 설명으로 옳은 것은?

① 팔작지붕은 원초적인 지붕형태로 원시움집에서부터 사용되었다.
② 모임지붕은 용마루와 내림마루가 있고 추녀마루만 없는 형태이다.
③ 맞배지붕은 용마루와 추녀마루로만 구성된 지붕으로 주로 다포식 건물에 사용되었다.
④ 우진각지붕은 네 면에 모두 지붕면이 있으며 전후 지붕면은 사다리꼴이고 양측 지붕면은 삼각형이다.

개념 | KEYWORD 14 한국건축사
해설 |
우진각지붕은 건물 네 면에 지붕면이 있고 추녀마루가 용마루에서 만나게 되는 지붕이다.

선지분석
① 팔작지붕은 우진각지붕의 삼각형 측면에 여덟 팔(八)자 모양으로 구성한 합각지붕으로서 화려하고 엄숙한 기풍을 가진 지붕이다.
② 모임지붕은 추녀마루로만 구성되고 용마루 없이 하나의 꼭짓점에서 지붕골이 만나는 지붕형태이다.
③ 맞배지붕은 좌우 지붕면이 서로 맞대어 용마루를 만드는 지붕형식으로, 내림마루나 추녀마루가 없다.

정답 | ④

02

클로즈드 시스템(Closed system)의 종합병원에서 외래 진료부 계획에 관한 설명으로 옳지 않은 것은?

① 환자의 이용이 편리하도록 2층 이하에 두도록 한다.
② 부속 진료시설을 인접하게 하여 이용이 편리하게 한다.
③ 중앙주사실, 약국은 정면 출입구에서 멀리 떨어진 곳에 둔다.
④ 외과 계통 각 과는 1실에서 여러 환자를 볼 수 있도록 대실로 한다.

개념 | KEYWORD 11 병원
해설 |
중앙주사실, 회계, 약국 등은 정면 출입구 근처에 설치한다.

정답 | ③

03

그리스 아테네 아크로폴리스에 관한 설명으로 옳지 않은 것은?

① 프로필리어는 아크로폴리스로 들어가는 입구 건물이다.
② 에레크테이온 신전은 이오닉 양식의 대표적인 신전으로 부정형 평면으로 구성되어 있다.
③ 니케 신전은 순수한 코린트식 양식으로서 페르시아와의 전쟁의 승리기념으로 세워졌다.
④ 파르테논 신전은 도릭 양식의 대표적인 신전으로서 그리스 고전건축을 대표하는 건물이다.

개념 | KEYWORD 13 서양건축사
해설 |
니케 신전은 이오니아식 양식의 신전이다.

정답 | ③

04

극장 무대에서 그리드 아이언(Grid iron)이란 무엇인가?

① 조명 조작 등을 위해 무대 주위 벽에 6~9m의 높이로 설치되는 좁은 통로
② 조명기구, 연기자 또는 음향 반사판을 매달기 위해 무대 천정 밑에 설치되는 시설
③ 하늘이나 구름 등 자연 현상을 나타내기 위한 무대 배경용 벽
④ 무대와 객석의 경계를 이루는 곳으로 액자와 같은 시각적 효과를 갖게 하는 시설

개념 | KEYWORD 08 극장, 영화관, 미술관

해설 |
그리드 아이언(격자 철판, Grid iron)은 무대의 천장 밑에 위치하는 곳에 철골로 촘촘히 깔아 바닥을 이루게 한 것으로, 여기에 배경이나 조명기구, 연기자 또는 음향 반사판 등을 매어 달 수 있게 한 장치이다.

선지분석
① 플라이 갤러리(Fly gallery)에 대한 설명이다.
③ 사이클로라마(Cyclorama)에 대한 설명이다.
④ 프로시니엄 아치(Proscenium arch)에 대한 설명이다.

정답 | ②

05

사무소 건축의 코어 형식에 관한 설명으로 옳은 것은?

① 편심코어형은 각 층의 바닥면적이 큰 경우 적합하다.
② 양단코어형은 코어가 분산되어 있어 피난상 불리하다.
③ 중심코어형은 구조적으로 바람직한 형식으로 유효율이 높은 계획이 가능하다.
④ 외코어형은 설비 덕트나 배관을 코어로부터 사무실 공간으로 연결하는데 제약이 없다.

개념 | KEYWORD 05 사무소

해설 |
중심코어형은 중앙에 코어가 있어서 구조적으로 바람직한 형식으로 고층 및 초고층 건물에 적합하다.

선지분석
① 편심코어형은 각 층의 바닥면적이 작은 경우 적합하다.
② 양단코어형은 코어가 분산되어 있어 피난상 유리하다.
④ 외코어형은 각종 덕트, 배관 등의 길이가 길고 제약이 많다.

정답 | ③

06

타운 하우스에 관한 설명으로 옳지 않은 것은?

① 각 세대마다 주차가 용이하다.
② 프라이버시 확보를 위한 경계벽 설치가 가능하다.
③ 단독주택의 장점을 고려한 형식으로 토지 이용의 효율성이 높다.
④ 일반적으로 1층은 침실 등 개인공간, 2층은 거실 등 생활공간으로 구성한다.

개념 | KEYWORD 04 공동주택

해설 |
일반적으로 타운 하우스의 1층은 거실 등의 생활공간이고 2층은 침실 등의 개인공간으로 구성한다. 타운 하우스(Town house)는 토지의 효율적인 이용, 건설비 및 유지관리비의 절약을 고려한 연립주택의 한 종류로 단독주택의 이점을 최대한 살린 형식이다.

정답 | ④

07

극장의 평면 형식 중 아레나형에 관한 설명으로 옳지 않은 것은?

① 무대의 배경을 만들지 않으므로 경제성이 있다.
② 무대의 장치나 소품은 낮은 가구들로 구성된다.
③ 연기는 한정된 액자 속에서 나타나는 구상화의 느낌을 준다.
④ 가까운 거리에서 관람하면서 가장 많은 관객을 수용할 수 있다.

개념 | KEYWORD 08 극장, 영화관, 미술관

해설 |
③은 프로시니엄 형식에 대한 설명이다. 프로시니엄 형식에서는 연기자가 일정한 방향으로만 관객을 대하게 된다.

정답 | ③

08

종합병원의 건축계획에 관한 설명으로 옳지 않은 것은?

① 간호사의 보행거리는 24m 이내가 되도록 한다.
② 외래진료부는 환자의 이용이 편리하도록 1층 또는 2층 이하에 둔다.
③ 일반적으로 병원건축의 시설규모는 입원환자의 병상수에 의해 결정된다.
④ 병동배치방식 중 분관식(Pavilion type)은 동선이 짧게 되는 이점이 있다.

개념 | KEYWORD 11 병원

해설 |
분관식은 외래부, 부속 진료시설, 병동을 분산시키고 복도로 연결하는 방식이기 때문에 동선이 길어진다.

관련이론

분관식(Pavilion type)
1. 배치형식
   평면 분산식으로 각 건물은 3층 이하의 저층 건물이며 외래부, 부속 진료시설, 병동을 각각 별동으로 하여 분산시키고 복도로 연결시키는 방법이다.
2. 특성
   ① 각 병실을 남향으로 할 수 있어 일조 및 통풍 조건이 좋다.
   ② 넓은 부지가 필요하며 설비가 분산적이고 보행 거리가 길어진다.
   ③ 내부 환자는 주로 경사로를 이용하여 보행 하거나 들것으로 운반된다.

정답 | ④

09

다음의 건축 작품과 설계자의 연결이 옳지 않은 것은?

① 낙수장: 프랭크 로이드 라이트
② 사보아(Savoye) 주택: 르 코르뷔지에
③ 킴벨(Kimbel) 미술관: 발터 그로피우스
④ 투겐하트(Tugendhat) 주택: 미스 반 데어 로에

개념 | KEYWORD 13 서양건축사

해설 |
킴벨 미술관의 설계자는 루이스 칸(Louis Isadore Kahn)이다.
발터 그로피우스의 작품으로는 아테네 미국대사관이 보기로 자주 출제된다.

정답 | ③

10

아파트 형식에 관한 설명으로 옳지 않은 것은?

① 계단실형은 거주의 프라이버시가 높다.
② 편복도형은 복도에서 각 세대로 진입하는 형식이다.
③ 메조넷형은 평면구성의 제약이 적어 소규모 주택에 주로 이용된다.
④ 플랫형은 각 세대의 주거단위가 동일한 층에 배치 구성된 형식이다.

개념 | KEYWORD 04 공동주택

해설 |
메조넷(Maisonette) 형식은 하나의 주거 단위가 복층으로 구성되는 형태이며, 2개층으로 구성되는 듀플렉스 형식, 3개층으로 구성되는 트리플렉스 형식으로써 대규모 주택에 알맞다.

관련이론

복층형(Maisonette)
한 주호가 2개 층 이상에 걸쳐 구성되는 형식
1. 장점
   ① 엘리베이터의 정지층 수를 적게 할 수 있다.
   ② 복도가 없는 층은 남북면이 트여져 있으므로 좋은 평면 구성이 가능하다.
   ③ 통로 면적이 감소하고 임대(전용, 거주, 대실, 유효)면적이 증가한다.
   ④ 프라이버시가 가장 좋다.
2. 단점
   ① 소규모 주택(50m² 이하)에서는 비경제적이다.
   ② 공용 복도가 없는 층은 화재 및 위험 시 대피상 불리하다.
   ③ 스킵 플로어인 경우 구조상 복잡하다.

정답 | ③

11
다음 중 사무소 건축의 기둥간격 결정요소와 가장 거리가 먼 것은?

① 책상배치의 단위
② 주차배치의 단위
③ 엘리베이터의 설치 대수
④ 채광상 층높이에 의한 깊이

개념 | KEYWORD 05 사무소

해설 |
엘리베이터의 설치 대수와는 무관하다.

관련이론
기둥간격 결정요소
1. 사무소: 책상배치, 채광 유효면적, 지하주차단위 등
2. 백화점: 가구배치, 에스컬레이터, 지하주차단위 등

정답 | ③

12
건축계획단계에서 조사방법에 관한 설명으로 옳지 않은 것은?

① 설문조사를 통하여 생활과 공간 간의 대응관계를 규명하는 것은 생활행동 행위의 관찰에 해당된다.
② 주거단지에서 어린이들의 행동특성을 조사하기 위해서는 생활행동 행위 관찰 방식이 일반적으로 적절하다.
③ 이용 상황이 명확하게 기록되어 있는 시설의 자료 등을 활용하는 것은 기존자료를 통한 조사에 해당된다.
④ 건물의 이용자를 대상으로 설문을 작성하여 조사하는 방식은 생활과 공간의 대응관계 분석에 유효하다.

개념 | KEYWORD 01 건축계획 일반

해설 |
설문조사를 통하여 생활과 공간 간의 대응관계를 규명하는 것은 설문지법이다. 설문지법은 결과가 응답자의 문장 이해력이나 표현 능력에 좌우된다는 단점이 있다.

정답 | ①

13
은행건축계획에 관한 설명으로 옳지 않은 것은?

① 고객과 직원과의 동선이 중복되지 않도록 계획한다.
② 대규모 은행일 경우 고객의 출입구는 되도록 1개소로 계획한다.
③ 이중문을 설치할 경우 바깥문은 바깥 여닫이 또는 자재문으로 계획한다.
④ 어린이의 출입이 많은 경우에는 주출입구에 회전문을 설치하는 것이 좋다.

개념 | KEYWORD 07 은행

해설 |
어린이의 출입이 많은 곳에서는 안전을 고려하여 회전문 설치를 배제하는 것이 좋다.

관련이론
은행 주출입구(현관)
1. 전실을 두거나 방풍을 위한 칸막이를 설치한다.
2. 도난 방지상 안여닫이(전실을 둘 경우 바깥문은 외여닫이 또는 자재문)로 한다.
3. 고객 출입구는 도난 방지와 관리를 위해 1개소만 설치한다.

정답 | ④

14
다음 설명에 알맞은 국지도로의 유형은?

> 불필요한 차량 진입이 배제되는 이점을 살리면서 우회도로가 없는 Cul-de-sac형의 결점을 개량하여 만든 패턴으로서 보행자의 안전성 확보가 가능하다.

① Loop형
② 격자형
③ T자형
④ 간선분리형

개념 | KEYWORD 04 공동주택

해설 |
루프(Loop)형은 우회도로가 없는 쿨데삭(Cul-de-sac)형의 결점을 개량하여 만든 유형이다.

정답 | ①

15

극장건축에서 그린룸(Green Room)의 역할로 가장 알맞은 것은?

① 의상실
② 배경제작실
③ 관리관계실
④ 출연대기실

개념 | KEYWORD 08 극장, 영화관, 미술관
해설 |
그린룸은 주 무대 가까운 위치에 배치되며 출연자 대기실로 사용된다.

정답 | ④

16

다음 설명에 알맞은 사무소 건축의 코어 유형은?

- 코어와 일체로 한 내진구조가 가능한 유형이다.
- 유효율이 높으며, 임대 사무소로서 경제적인 계획이 가능하다.

① 편심형　　② 독립형
③ 분리형　　④ 중심형

개념 | KEYWORD 05 사무소
해설 |
중심코어형에 대한 설명이다.

관련이론
코어의 종류

구분	특징
중심 코어형	• 중앙에 코어가 있어 구조적으로 가장 유리하다. • 내진구조로서 고층 및 초고층에 적합하다.
편심 코어형	• 소규모 건물에 적합하다. • 규모가 커지면 구조상 좋지 않다.
독립 코어형	• 자유로운 사무공간 제공이 가능하다. • 덕트, 배관 등의 길이가 길어지며 제약이 많다.
양단 코어형	• 중앙부에 대공간이 필요한 전용 사무실에 적합하다. • 방재 및 피난상 유리하다.

정답 | ④

17

병원건축에 있어서 파빌리온 타입(Pavilion type)에 관한 설명으로 옳은 것은?

① 대지 이용의 효율성이 높다.
② 고층 집약식 배치형식을 갖는다.
③ 각 실의 채광을 균등히 할 수 있다.
④ 도심지에서 주로 적용되는 형식이다.

개념 | KEYWORD 11 병원
해설 |
파빌리온 타입은 각 병실을 남향으로 할 수 있어 각 실의 채광이 균등하고 일조 및 통풍 조건이 좋다.

관련이론
병원 분관식(Pavilion type)
1. 평면 분산식으로 각 건물은 3층 이하의 저층 건물이다. 외래부, 부속 진료시설, 병동을 각각 별동으로 하여 분산시키고 복도로 연결시키는 방법이다.
2. 특성
   ① 각 병실을 남향으로 할 수 있어 일조, 통풍 조건이 좋다.
   ② 넓은 부지가 필요하며 설비가 분산적이고 보행 거리가 멀어진다.
   ③ 내부 환자는 주로 경사로를 이용한 보행 또는 들것으로 운반된다.

정답 | ③

18

1주간의 평균 수업시간이 30시간인 어느 학교에서 설계제도교실이 사용되는 시간은 24시간이다. 그 중 6시간은 다른 과목을 위해 사용된다고 할 때, 설계제도교실의 이용률과 순수율은?

① 이용률 80%, 순수율 25%
② 이용률 80%, 순수율 75%
③ 이용률 60%, 순수율 25%
④ 이용률 60%, 순수율 75%

개념 | KEYWORD 09 학교, 도서관
해설 |

이용률 $= \dfrac{\text{교실이 사용되는 시간}}{\text{1주간의 평균수업 시간}} \times 100(\%) = \dfrac{24}{30} \times 100\% = 80\%$

순수율 $= \dfrac{\text{일정한 교과를 위해 사용되는 시간}}{\text{교실이 사용되는 시간}} \times 100(\%) = \dfrac{18}{24} \times 100\% = 75\%$

정답 | ②

19

미술관의 연속순로 형식에 관한 설명으로 옳은 것은?

① 각 실을 필요시에는 자유로이 독립적으로 폐쇄할 수 있다.
② 평면적인 형식으로 2, 3개 층의 입체적인 방법은 불가능하다.
③ 많은 실을 순서별로 통하여야 하는 불편이 있으나 공간 절약의 이점이 있다.
④ 중심부에 하나의 큰 홀을 두고 그 주위에 각 전시실을 배치하여 자유로이 출입하는 형식이다.

개념 | KEYWORD 08 극장, 영화관, 미술관

해설 |
미술관의 연속순로 형식은 구형 또는 다각형의 전시실을 연속적으로 연결하는 형식으로 많은 실을 순서대로 통해야 하지만 공간이 절약된다.

선지분석
① 갤러리 및 코리더 형식에 대한 설명이다.
② 연속순로 형식도 계단을 통하여 2, 3개 층의 입체적인 방법으로 연결할 수 있다.
④ 중앙홀 형식에 대한 설명이다.

정답 | ③

20

오피스 랜드스케이프(Office Landscape)에 관한 설명으로 옳지 않은 것은?

① 외부 조경면적이 확대된다.
② 작업의 패쇄성이 저하된다.
③ 사무능률의 향상을 도모한다.
④ 공간의 효율적 이용이 가능하다.

개념 | KEYWORD 05 사무소

해설 |
외부 조경면적은 건축물의 대지면적에 의한 기준이다.

관련이론
오피스 랜드스케이핑(Office Landscaping)
1. 개념: 계급, 서열에 의한 획일적인 배치가 아니라 사무의 흐름이나 작업의 성격을 중시하여 능률적으로 배치하는 방법이다.
2. 장점: 개방식으로 공간의 절약, 공사비(칸막이벽, 공조 설비, 소화 설비, 조명 설비 등) 절약이 가능하다.
3. 단점: 소음 문제와 독립성이 결여된다.

정답 | ①

건축시공

21

돌로마이트 플라스터 바름에 관한 설명으로 옳지 않은 것은?

① 정벌바름용 반죽은 물과 혼합한 후 12시간 정도 지난 다음 사용하는 것이 바람직하다.
② 바름두께가 균일하지 못하면 균열이 발생하기 쉽다.
③ 돌로마이트 플라스터는 수경성이므로 해초풀을 적당한 비율로 배합해서 사용해야 한다.
④ 시멘트와 혼합하여 2시간 이상 경과한 것은 사용할 수 없다.

개념 | KEYWORD 28 미장공사

해설 |
돌로마이트 플라스터는 점성이 좋아서 해초풀은 사용하지 않는다.

관련이론
돌로마이트 플라스터
1. 재료
    ① 돌로마이트 석회, 여물, 모래이다.
    ② 점성이 좋아 해초풀은 사용하지 않는다.
    ③ 기경성이다.
2. 시공
    ① 정벌용은 가수 후 12시간 정도 지난 후 사용한다.
    ② 시멘트를 혼합한 것은 2시간 이상 경과한 것은 사용하지 않는다.
    ③ 초벌바름 후 10일 이상 두어 고름질하고 5일 이상(갈래금 없을 때), 10일 이상(갈래금 있을 때) 지난 후 재벌바름한다.
    ④ 균열이 크고, 경화가 느리나 점도가 커서 시공이 용이하다.

정답 | ③

22

타일 붙임 공법에 쓰이는 용어 중 거푸집에 전용 시트를 붙이고, 콘크리트 표면에 요철을 부여하여 모르타르가 파고 들어가는 것에 의해 박리를 방지하는 공법은?

① 개량 압착 붙임 공법
② MCR 공법
③ 마스크 붙임 공법
④ 밀착 붙임 공법

개념 | KEYWORD 20 석공사

해설 |
MCR 공법은 거푸집에 전용 시트를 붙이고, 콘크리트 표면에 요철을 부여하여 모르타르가 파고 들어가는 것에 의해 박리를 방지하는 타일 붙임 공법이다.

관련이론

벽타일 붙임 공법

떠붙임 공법	가장 오래된 타일 붙임 방법으로 타일 뒷면에 붙임모르타르를 얹어서 1장씩 붙이는 공법
개량 떠붙임 공법	바탕모르타르 바름 후 타일 뒷면에 얇게 붙임모르타르를 얹어서 1장씩 붙이는 공법
압착 공법	평평하게 만든 바탕모르타르 위에 붙임모르타르를 바르고 그 위에 타일을 두드려 누르거나 비벼 넣으면서 붙이는 방법
개량 압착 공법	평평하게 만든 바탕모르타르 위에 붙임모르타르를 바르고 타일 뒷면에 붙임모르타르를 얇게 발라 두드려 누르거나 비벼 넣으면서 붙이는 방법
밀착(동시줄눈) 공법	바탕면에 붙임모르타르를 발라 타일을 눌러 붙인 다음 충격공구(손진동기)로 타일면에 충격을 가하는 공법
접착 공법	접착제를 바탕에 2~3mm 두께로 바르고 타일을 붙이는 공법으로 내벽에 사용

정답 | ②

23

가설건축물 중 시멘트창고에 관한 설명으로 옳지 않은 것은?

① 바닥구조는 일반적으로 마루널깔기로 한다.
② 창고의 크기는 시멘트 100포당 2~3m^2로 하는 것이 바람직하다.
③ 공기의 유통이 잘 되도록 개구부를 가능한 한 크게 한다.
④ 벽은 널판붙임으로 하고 장기간 사용하는 것은 함석붙이기로 한다.

개념 | KEYWORD 10 가설공사

해설 |
시멘트의 풍화작용을 방지하기 위해 시멘트창고에는 환기창을 설치하지 않는다.

관련이론

시멘트창고

1. 방습상 바닥 설치는 지면에서 30cm 이상으로 한다.
2. 출입구, 채광창 이외의 개구부는 되도록 설치하지 않으며 반입로, 반출로를 따로 두어 먼저 반입된 것부터 사용한다.
3. 쌓기높이는 13포 이하로 한다.
4. 1m^2당 30~35포대가 적당하며, 최고 50포까지 적재할 수 있다.
5. 창고 주위에 배수도랑을 설치하여 우수 침입을 방지한다.

정답 | ③

24

지반조사 중 보링에 관한 설명으로 옳지 않은 것은?

① 보링의 깊이는 일반적인 건물의 경우 대략 지지 지층 이상으로 한다.
② 채취시료는 충분히 햇빛에 건조시키는 것이 좋다.
③ 부지 내에서 3개소 이상 행하는 것이 바람직하다.
④ 보링 구멍은 수직으로 파는 것이 중요하다.

개념 | KEYWORD 11 지반조사

해설 |
채취시료는 토질시험을 하기 위해 건조시키지 않고 자연상태 그대로 보관해야 한다.

정답 | ②

25

조적식 구조의 기초에 관한 설명으로 옳지 않은 것은?

① 내력벽의 기초는 연속기초로 한다.
② 기초판은 철근콘크리트구조로 할 수 있다.
③ 기초판은 무근콘크리트구조로 할 수 있다.
④ 기초벽의 두께는 최하층의 벽체 두께와 같게 하되, 250mm 이하로 하여야 한다.

개념 | KEYWORD 19 조적공사
해설 |
기초벽의 두께는 250mm 이상으로 하여야 한다.

관련이론
조적식 구조의 기초
1. 조적조구조인 내력벽의 기초는 연속기초로 하여야 한다.
2. 기초판은 철근콘크리트구조 또는 무근콘크리트구조로 한다.
3. 기초벽의 두께는 250mm 이상으로 하여야 한다.

정답 | ④

26

목공사에 사용되는 철물에 관한 설명으로 옳지 않은 것은?

① 감잡이쇠는 큰 보에 걸쳐 작은 보를 받게 하고, 안장쇠는 평보를 대공에 달아매는 경우 또는 평보와 ㅅ자보의 밑에 쓰인다.
② 못의 길이는 박아대는 재두께의 2.5배 이상이며, 마구리 등에 박는 것은 3.0배 이상으로 한다.
③ 볼트 구멍은 볼트지름보다 3mm 이상 커서는 안 된다.
④ 듀벨은 볼트와 같이 사용하여 듀벨에는 전단력, 볼트에는 인장력을 분담시킨다.

개념 | KEYWORD 21 목공사
해설 |
안장쇠는 큰 보에 걸쳐 작은 보를 받게 하고, 감잡이쇠는 평보를 대공에 달아매는 경우 또는 평보와 ㅅ자보의 밑에 쓰인다.

정답 | ①

27

콘크리트 블록벽체 $2m^2$를 쌓는데 소요되는 콘크리트 블록 장수로 옳은 것은? (단, 블록은 기본형이며, 할증은 고려하지 않음)

① 26장　　② 30장
③ 34장　　④ 38장

개념 | KEYWORD 07 공종별 적산
해설 |
기본형 콘크리트 블록은 $1m^2$당 13장이 필요하다. 따라서 $2m^2 \times 13$장/$m^2 = 26$장

관련이론
블록 크기별 소요량 ($1m^2$ 기준)

구분	치수 (길이×높이×두께)	단위	수량
기본형	390×190×190 390×190×150 390×190×100	매	13
장려형	290×190×190 290×190×150 290×190×100	매	17

정답 | ①

28

타일의 흡수율 크기의 대소관계로 옳은 것은?

① 석기질 > 도기질 > 자기질
② 도기질 > 석기질 > 자기질
③ 자기질 > 석기질 > 도기질
④ 석기질 > 자기질 > 도기질

개념 | KEYWORD 20 석공사
해설 |
타일의 흡수율(%)
도기질 > 석기질 > 자기질

정답 | ②

29

건축마감공사로서 단열공사에 관한 설명으로 옳지 않은 것은?

① 단열시공바탕은 단열재 또는 방습재 설치에 못, 철선, 모르타르 등의 돌출물이 도움이 되므로 제거하지 않아도 된다.
② 설치위치에 따른 단열공법 중 내단열공법은 단열성능이 적고 내부 결로가 발생할 우려가 있다.
③ 단열재를 접착제로 바탕에 붙이고자 할 때에는 바탕면을 평탄하게 한 후 밀착하여 시공하되 초기박리를 방지하기 위해 압착상태를 유지시킨다.
④ 단열재료에 따른 공법은 성형판단열재 공법, 현장발포재 공법, 뿜칠단열재 공법 등으로 분류할 수 있다.

개념 | KEYWORD 30 단열공사
해설 |
단열시공바탕은 단열재 또는 방습재 설치에 지장이 없도록 못, 철선, 모르타르 등의 돌출물을 제거해 평탄작업을 한다.

정답 | ①

30

프리스트레스트 콘크리트에 관한 설명으로 옳은 것은?

① 진공매트 또는 진공펌프 등을 이용하여 콘크리트로부터 수화에 필요한 수분과 공기를 제거한 것이다.
② 고정시설을 갖춘 공장에서 부재를 철재거푸집에 의하여 제작한 기성제품 콘크리트(PC)이다.
③ 포스트텐션 공법은 미리 강선을 압축하여 콘크리트에 인장력으로 작용시키는 방법이다.
④ 장스팬 구조물에 적용할 수 있으며, 단위부재를 작게 할 수 있어 자중이 경감되는 특징이 있다.

개념 | KEYWORD 16 콘크리트공사
해설 |
프리스트레스트 콘크리트는 자중을 줄이고 스팬을 길게 할 수 있다.

관련이론
프리스트레스트 콘크리트(Prestressed Concrete) 특징
- 장스팬 구조가 가능, 균열발생이 없음
- 구조물의 자중 경감, 부재단면 축소 가능
- 내구성, 복원성이 크고 공기단축이 가능
- 항복점 이상에서 진동, 충격에 약함
- 화재에 약함, 내화피복(5cm 이상)이 필요
- 공정이 복잡, 고도의 품질관리가 요구

프리텐션(Pre-tension) 방식
PS 강재에 인장력을 가한 상태에서 콘크리트를 타설하고 경화한 후에 긴장을 풀어주는 방법

포스트텐션(Post-tension) 방식
콘크리트를 타설하고 경화한 후에 미리 묻어둔 덕트(시스, Sheath) 내에 PS강재를 삽입하여 긴장시킨 후 정착하고 그라우팅하는 방법

정답 | ④

31

콘크리트의 건조수축 영향인자에 관한 설명으로 옳지 않은 것은?

① 시멘트의 화학성분이나 분말도에 따라 건조수축량이 변화한다.
② 골재 중에 포함된 미립분이나 점토, 실트는 일반적으로 건조수축을 증대시킨다.
③ 바다모래에 포함된 염분은 그 양이 많으면 건조수축을 증대시킨다.
④ 단위수량이 증가할수록 건조수축량은 작아진다.

개념 | KEYWORD 16 콘크리트공사
해설 |
콘크리트의 건조수축은 콘크리트 타설 시 콘크리트 수화반응 후 블리딩(Bleeding) 현상에 의해서 콘크리트 속에 있던 자유수가 증발함에 따라 콘크리트가 수축하는 현상이다.
콘크리트의 건조수축은 단위수량에 영향을 크게 받으며 단위수량이 클수록 건조수축이 커진다.

정답 | ④

32

지내력을 갖춘 지반으로 만들기 위한 배수공법 또는 탈수공법이 아닌 것은?

① 샌드 드레인 공법
② 웰 포인트 공법
③ 페이퍼 드레인 공법
④ 베노토 공법

개념 | KEYWORD 12 토공사

해설 |
베노토 공법은 피어기초를 만드는 공법으로 굴착공법에 해당되며 배수공법 또는 탈수공법과는 관련이 없다.
올 케이싱 공법이라고도 하며 굴삭 시 케이싱(관)을 삽입하여 공벽을 보호한다.

선지분석
① 샌드 드레인 공법: 적당한 간격으로 모래말뚝을 형성하고 그 지반 위에 하중을 가하여 지반 중의 물을 유출시키는 공법이다.
② 웰 포인트 공법: 세로관을 삽입 후 가로관으로 연결하여 Pump로 배수하여 지하수위를 낮추는 배수공법이다.
③ 페이퍼 드레인 공법: 샌드파일을 형성한 후 모래 대신에 흡수지를 삽입하여 지반의 물을 뽑아내는 공법이다.

정답 | ④

33

합성수지에 관한 설명으로 옳지 않은 것은?

① 에폭시 수지는 접착제, 프린트 배선판 등에 사용된다.
② 염화비닐수지는 내후성이 있고, 수도관 등에 사용된다.
③ 아크릴 수지는 내약품성이 있고, 조명기구커버 등에 사용된다.
④ 페놀수지는 알칼리에 매우 강하고, 천장 채광판 등에 주로 사용된다.

개념 | KEYWORD 31 합성수지

해설 |
페놀수지는 알칼리에 매우 약하며, 강도, 전기절연성, 내산성, 내열성, 내수성 등이 좋다.
페놀수지는 전기절연재료, 통신 기자재로 많이 사용한다.

정답 | ④

34

건축주 자신이 특정의 단일 상태를 선정하여 발주하는 방식으로서, 특수공사나 기밀보장이 필요한 경우, 또 긴급을 요하는 공사에서 주로 채택되는 것은?

① 공개경쟁입찰
② 제한경쟁입찰
③ 지명경쟁입찰
④ 특명입찰

개념 | KEYWORD 05 입찰방식 및 계약

해설 |
특명입찰은 시공회사의 신용, 자산, 공사경력, 보유기자재 등을 고려하여 그 공사에 가장 적격인 1개 회사를 지정하여 입찰시키는 방식이다.

관련이론
입찰의 종류
1. 특명입찰: 적격한 하나의 회사를 지정하여 입찰시키는 방식
2. 경쟁입찰
  ① 공개경쟁: 유자격자는 모두 참가시키는 방식
  ② 지명경쟁: 적합하다고 판단되는 3~7개의 회사 대상으로 입찰에 참가시키는 방식
  ③ 제한경쟁: 업체 자격에 제한을 가하여 입찰에 참가시키는 방식

정답 | ④

35

다음 중 QC활동의 도구가 아닌 것은?

① 특성요인도
② 파레토그램
③ 층별
④ 기능계통도

개념 | KEYWORD 09 품질관리

해설 |
기능계통도는 QC활동의 도구에 해당하지 않는다.

관련이론
QC(Quality Control)활동의 7도구
1. 히스토그램: 데이터가 어떤 분류나 분포로 되어 있는가를 나타낸 그림
2. 파레토도: 고장, 결점, 불량 등의 원인을 크기 순으로 나열하여 나타낸 그림
3. 특성요인도: 원인이 결과에 어떤 작용을 하고 있는가를 나타낸 그림
4. 체크시트: 데이터가 어느 항목에 집중되어 있는가를 나타낸 그림
5. 산점도: 두 데이터의 상호관계를 파악하기 위하여 그래프 위에 타점하여 나타낸 그림
6. 층별: 데이터를 일정한 형식에 의해 몇 개의 부분집단으로 나눈 것
7. 그래프(관리도): 데이터의 분석 결과를 한눈에 알아보기 쉽게 나타낸 그림

정답 | ④

36

콘크리트용 골재의 품질에 관한 설명으로 옳지 않은 것은?

① 골재는 청정, 견경하고 유해량의 먼지, 유기불순물이 포함되지 않아야 한다.
② 골재의 입형은 콘크리트의 유동성을 갖도록 한다.
③ 골재는 예각으로 된 것을 사용하도록 한다.
④ 골재의 강도는 콘크리트 내 경화한 시멘트 페이스트의 강도보다 커야 한다.

개념 | KEYWORD 16 콘크리트공사

해설 |
골재는 구형에 가까운 것을 사용해야 한다.

관련이론

골재의 요구조건
1. 유해한 양의 먼지, 흙, 유기불순물 등을 포함하지 않아야 한다.
2. 표면이 거칠고 둥근 모양인 것이 좋다.
3. 실적률이 크고, 입도가 좋아야 한다.
4. 소요의 내화성, 내구성, 내마모성을 가져야 한다.
5. 보통 콘크리트에 사용되는 골재의 강도는 시멘트 페이스트 강도 이상이어야 한다.

정답 | ③

37

방수공사에 관한 설명으로 옳은 것은?

① 보통 수압이 적고 얕은 지하실에는 바깥방수법, 수압이 크고 깊은 지하실에는 안방수법이 유리하다.
② 지하실에 안방수법을 채택하는 경우, 지하실 내부에 설치하는 칸막이벽, 창문틀 등은 방수층 시공 전 먼저 시공하는 것이 유리하다.
③ 바깥방수법은 안방수법에 비하여 하자보수가 곤란하다.
④ 바깥방수법은 보호누름이 필요하지만, 안방수법은 없어도 무방하다.

개념 | KEYWORD 22 방수공사

해설 |
바깥방수는 외부와 닿는 부분의 방수공사로 안방수에 비해 하자보수가 곤란하다.

관련이론

안방수와 바깥방수와의 비교

구분	안방수	바깥방수
사용환경	비교적 수압이 적은 지하실에 적당하다.	수압에 상관없이 할 수 있다.
바탕만들기	따로 만들 필요가 없다.	따로 만들어야 한다.
공사시기	자유로 선택할 수 있다.	본공사에 선행해야 한다.
공사 용이성	간단하다.	상당한 난점이 있다.
경제성(공사비)	비교적 싸다.	비교적 고가이다.
내수압성	작다.	크다.
보호누름	필요하다.	없어도 무방하다.
하자보수	쉽다.	어렵다.

정답 | ③

38

웰포인트 공법에 관한 설명으로 옳지 않은 것은?

① 중력배수가 유효하지 않은 경우에 주로 쓰인다.
② 지하수위를 저하시키는 공법이다.
③ 인접지반과 공동매설물 침하에 주의가 필요한 공법이다.
④ 점토질의 투수성이 나쁜 지질에 적합하다.

개념 | KEYWORD 12 토공사

해설 |
웰포인트 공법은 투수성이 좋은 사질지반에 적용되는 대표적인 탈수공법이다.

관련이론

웰포인트(Well Point) 공법
사질지반에서 행하는 대표적인 탈수공법으로 집수장치를 붙인 파이프를 지중에 박아 이것을 지상의 집수관에 연결하여 펌프로 지중의 물을 배수하는 공법

샌드드레인(Sand Drain) 공법
점토지반에 행하는 대표적인 탈수공법으로 지름 40~60cm의 철관을 이용하여 모래말뚝을 형성한 후, 지표면에 성토하중을 가하여 점토질 지반을 압밀탈수하는 공법

정답 | ④

39

철골부재 용접 시 겹침이음, T자이음 등에 사용되는 용접으로 목두께의 방향이 모재의 면과 45° 또는 거의 45°의 각을 이루는 것은?

① 필릿용접
② 완전용입 맞댐용접
③ 부분용입 맞댐용접
④ 다층용접

개념 | KEYWORD 17 접합

해설 |
필릿용접(Fillet Welding, 모살용접)은 목두께의 방향이 모재의 면과 45° 또는 거의 45°의 각을 이루는 용접이다.

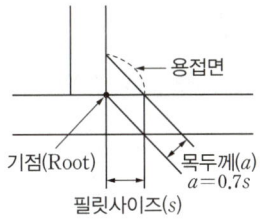

관련이론

맞댐용접(Butt Welding, 그루브용접)
접하는 두 부재 사이를 트이게 홈(Groove)을 만들고 그 사이에 용착금속을 채워 두 부재를 용접하는 것이다.

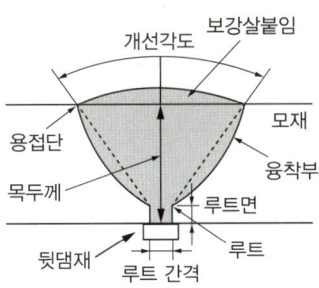

정답 | ①

40

벽돌쌓기 시 벽면적 $1m^2$당 소요되는 벽돌($190 \times 90 \times 57mm$)의 정미량(매)과 모르타르량($m^3$)으로 옳은 것은? (단, 벽두께 1.0B, 모르타르의 재료량은 할증이 포함된 것이며, 배합비는 1 : 3이다.)

① 벽돌매수: 224매, 모르타르량: $0.078m^3$
② 벽돌매수: 224매, 모르타르량: $0.049m^3$
③ 벽돌매수: 149매, 모르타르량: $0.078m^3$
④ 벽돌매수: 149매, 모르타르량: $0.049m^3$

개념 | KEYWORD 07 공종별 적산

해설 |
쌓기모르타르량 산출

모르타르량(m^3) = $\dfrac{벽돌\ 정미량}{1,000매} \times 단위수량$

• 단위수량(벽돌 1,000매당: m^3) → 1.0B일 때 $0.33m^3$

구분	0.5B	1.0B	1.5B	2.0B	2.5B
표준형	0.25	0.33	0.35	0.36	0.37

• 벽돌 단위수량(m^2당) → 1.0B일 때 149매

구분	0.5B	1.0B	1.5B	2.0B	2.5B	3.0B
표준형	75	149	224	298	373	447

∴ 모르타르량: $\dfrac{149매}{1,000매} \times 0.33m^3 = 0.04917m^3$

정답 | ④

건축구조

41

그림과 같은 트러스의 N_1, N_2 부재력(절대값)으로 옳은 것은?

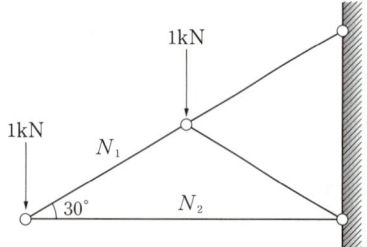

① $N_1 = 2\text{kN}$, $N_2 = 1.732\text{kN}$
② $N_1 = 1\text{kN}$, $N_2 = 0.866\text{kN}$
③ $N_1 = 1.5\text{kN}$, $N_2 = 1\text{kN}$
④ $N_1 = 1\text{kN}$, $N_2 = 1.732\text{kN}$

개념 | KEYWORD 09 구조물 해석

해설 |
절점법을 이용해 구한다.
단, 인장력으로 가정하고 계산한다.

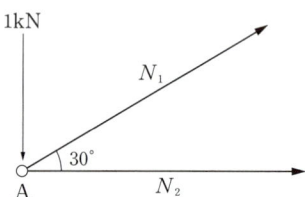

$\Sigma V_A = 0: -1 + (N_1 \cdot \sin 30°) = 0$
$\therefore N_1 = +2\text{kN}$ (인장)
$\Sigma H_A = 0: +(N_1 \cdot \cos 30°) + N_2 = 0$
$\therefore N_2 = -\sqrt{3}\text{kN} = -1.732\text{kN}$ (압축)

정답 | ①

42

다음 그림과 같은 캔틸레버보에서 B점의 처짐각(θ_B)은? (단, EI는 일정함)

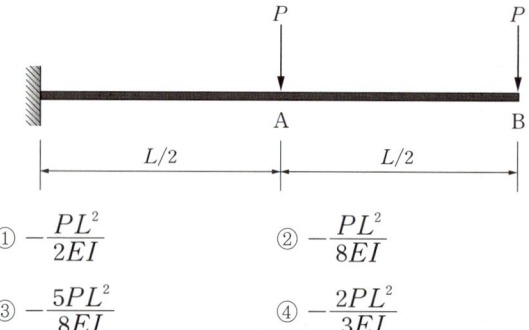

① $-\dfrac{PL^2}{2EI}$
② $-\dfrac{PL^2}{8EI}$
③ $-\dfrac{5PL^2}{8EI}$
④ $-\dfrac{2PL^2}{3EI}$

개념 | KEYWORD 10 보의 처짐

해설 |
공액보법에 따르면 처짐각은 탄성하중도$\left(\dfrac{M}{EI}\right)$의 면적이다. 탄성하중도가 다음과 같으므로

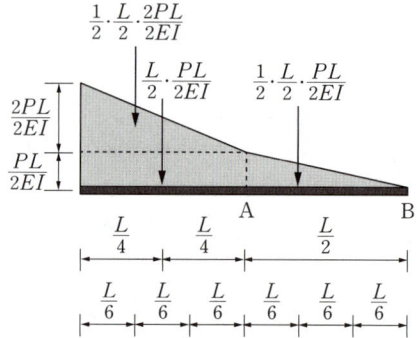

자유단 B의 처짐각을 구하면,
$\theta_B = -\left(\dfrac{1}{2} \cdot \dfrac{L}{2} \cdot \dfrac{PL}{2EI}\right) - \left(\dfrac{L}{2} \cdot \dfrac{PL}{2EI}\right) - \left(\dfrac{1}{2} \cdot \dfrac{L}{2} \cdot \dfrac{2PL}{2EI}\right)$
$= -\dfrac{5}{8} \cdot \dfrac{PL^2}{EI}$ 이다.

다른 풀이
각 하중에 대한 탄성하중도를 각각 구하여 처짐각을 구한 후 합하는 방법이다. 각각의 탄성하중도가 아래와 같으므로

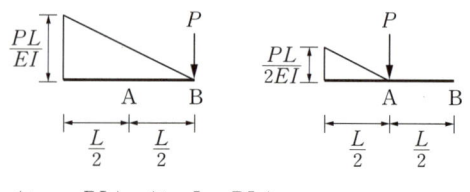

$\theta_B = -\left(\dfrac{1}{2} \cdot L \cdot \dfrac{PL}{EI}\right) - \left(\dfrac{1}{2} \cdot \dfrac{L}{2} \cdot \dfrac{PL}{2EI}\right)$
$= -\dfrac{PL^2}{2EI} - \dfrac{PL^2}{8EI} = -\dfrac{5PL^2}{8EI}$ 이다.

정답 | ③

43

강도설계법에서 D19 압축철근의 기본정착길이는? (단, D19의 단면적은 287mm², f_{ck}=21MPa, f_y=400MPa)

① 674mm
② 570mm
③ 482mm
④ 415mm

개념 | KEYWORD 16 철근 정착과 이음

해설 |

압축이형철근의 기본정착길이 l_{db}는 다음 중 큰 값 이상이 되어야 한다.

$l_{db} = \dfrac{0.25 \cdot d_b \cdot f_y}{\lambda \cdot \sqrt{f_{ck}}}$	$l_{db} = 0.043 d_b f_y$
• f_{ck}: 콘크리트 압축강도 • f_y: 철근의 항복강도	• d_b: 철근의 지름 • λ: 경량콘크리트계수(1.0)

1. $l_{db} = \dfrac{0.25 \times 19 \times 400}{1 \times \sqrt{21}} ≒ 414.61\text{mm}$
2. $l_{db} = 0.043 \times 19 \times 400 = 326.8\text{mm}$

∴ $l_{db} ≥ 414.61\text{mm}$

정답 | ④

44

모살치수 8mm, 용접길이 500mm인 양면 모살용접의 유효 단면적은 약 얼마인가?

① 2,100mm²
② 3,221mm²
③ 4,300mm²
④ 5,421mm²

개념 | KEYWORD 18 접합, 볼트, 용접

해설 |

유효 목두께 a, 유효 용접길이 l_e일 때, 모살용접의 유효 단면적 A_e는 아래와 같다.

$A_e = a \times l_e$ (양면 모살용접은 ×2)

이때, $a = 0.7S$이므로 (S는 모살치수)

$a = 0.7 \times 8 = 5.6\text{mm}$

$l_e = l - 2S$ (l은 용접길이) $= 500 - 2 \times 8 = 484\text{mm}$

∴ $A_e = a \times l_e \times 2 = 5.6 \times 484 \times 2 = 5,420.8\text{mm}^2$

정답 | ④

45

그림과 같은 구조물에 있어 AB부재의 재단모멘트 M_{AB}는?

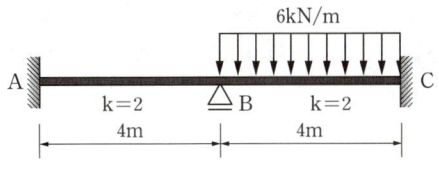

① 0.5kN·m
② 1kN·m
③ 1.5kN·m
④ 2kN·m

개념 | KEYWORD 09 구조물 해석

해설 |

AC부재는 연속경간이기 때문에 고정단과 같은 개념으로 풀이한다.

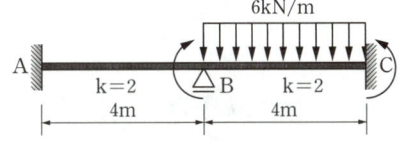

먼저, B절점에서의 고정단모멘트(FEM)을 계산하면

$FEM = \dfrac{wl^2}{12} = \dfrac{6 \times 4^2}{12} = 8\text{kN·m}$이다.

주어진 강도계수를 이용하여 분배율을 구하면

$DF_{BA} = \dfrac{2}{2+2} = \dfrac{1}{2}$ 이므로 분배모멘트는

$M_{BA} = FEM \times DF_{BA} = 8 \times \dfrac{1}{2} = 4\text{kN·m}$이다.

따라서 전달모멘트(전달률: 고정단은 $\dfrac{1}{2}$)

$M_{AB} = \dfrac{1}{2} \times M_{BA} = \dfrac{1}{2} \times 4 = 2\text{kN·m}$이다.

정답 | ④

46

다음 그림과 같은 구멍 2열에 대하여 파단선 $A-B-C$를 지나는 순단면적과 동일한 순단면적을 갖는 파단선 $D-E-F-G$의 피치(s)는? (단, 구멍은 여유폭을 포함하여 23mm임)

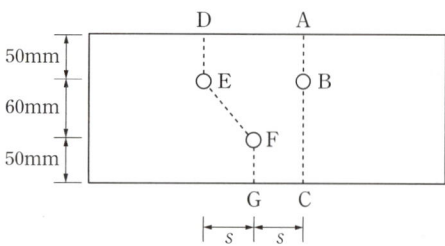

① 3.7cm
② 7.4cm
③ 11.1cm
④ 14.8cm

개념 | KEYWORD 19 인장재·압축재 설계

해설 |

㉠ 파단선 $A-B-C$의 순단면적
$A_n = A_g - n \cdot d \cdot t = (160 \times t) - (1 \times 23 \times t) = 137t$

㉡ 파단선 $D-E-F-G$의 순단면적
$A_n = A_g - n \cdot d \cdot t + \Sigma \dfrac{s^2}{4g} \cdot t$
$= (160 \times t) - (2 \times 23 \times t) + \dfrac{s^2}{4 \times 60} \cdot t = 114t + \dfrac{s^2}{240} \cdot t$

㉠, ㉡ 두 식의 결과값이 같으므로
$137t = 114t + \dfrac{s^2}{240} \cdot t$
$s = \sqrt{(137-114) \times 240} ≒ 74.3\text{mm} ≒ 7.43\text{cm}$

정답 | ②

47

철근콘크리트 단근보에서 균형철근비를 계산한 결과 $\rho_b = 0.039$이었다. 최대 철근비는? (단, $E = 200,000\text{MPa}$, $f_y = 400\text{MPa}$, $f_{ck} = 24\text{MPa}$임)

① 0.01863
② 0.02256
③ 0.02607
④ 0.02831

개념 | KEYWORD 13 보의 휨설계

해설 |

$f_y = 400\text{MPa}$일 경우
$\rho_{\max} = 0.726\rho_b = 0.726 \times 0.039 ≒ 0.028314$

관련이론

최대 철근비

철근 항복강도(f_y)	최소 허용변형률($\varepsilon_{t,\min}$)	최대 철근비($\rho_{\max}$)
300MPa	0.004	$0.658\rho_b$
350Mpa	0.004	$0.692\rho_b$
400MPa	0.004	$0.726\rho_b$
500MPa	$0.005(2\varepsilon_y)$	$0.699\rho_b$

정답 | ④

48

단면의 폭 $b = 250\text{mm}$, 높이 $h = 500\text{mm}$인 직사각형 콘크리트 단면의 균열모멘트 M_{cr}은? (단, 경량콘크리트계수 $\lambda = 1$, $f_{ck} = 24\text{MPa}$)

① 8.3kN·m
② 16.4kN·m
③ 24.5kN·m
④ 32.2kN·m

개념 | KEYWORD 12 사용성 및 내구성

해설 |

균열모멘트
$M_{cr} = 0.63\lambda\sqrt{f_{ck}} \times \dfrac{bh^2}{6} = 0.63 \times 1 \times \sqrt{24} \times \dfrac{250 \times 500^2}{6}$
$≒ 32.15 \times 10^6 \text{N·mm} = 32.15\text{kN·m}$

관련이론

균열모멘트(M_{cr}) $= f_r \times Z = 0.63\lambda\sqrt{f_{ck}} \times \dfrac{bh^2}{6}$

여기서, f_r(콘크리트 파괴계수) $= 0.63\lambda\sqrt{f_{ck}}$, Z: 단면계수, f_{ck}: 콘크리트 압축강도, b: 부재폭, h: 부재높이

정답 | ④

49

강도설계법에서 직접설계법을 이용한 콘크리트 슬래브 설계 시 적용조건으로 옳지 않은 것은?

① 각 방향으로 3경간 이상 연속되어야 한다.
② 슬래브 판들은 단변 경간에 대한 장변 경간의 비가 2 이하인 직사각형이어야 한다.
③ 각 방향으로 연속한 받침부 중심간 경간 차이는 긴 경간의 1/3 이하이어야 한다.
④ 모든 하중은 슬래브판의 특정지점에 작용하는 집중하중이어야 하며 활하중은 고정하중의 3배 이하이어야 한다.

개념 | KEYWORD 14 슬래브, 기둥, 벽체, 기타
해설 |
하중은 등분포로 작용되는 연직하중이며, 활하중은 고정하중의 2배 이하이어야 한다.

정답 | ④

50

그림과 같은 3회전단의 포물선 아치가 등분포하중을 받을 때 아치부재의 단면력에 관한 설명으로 옳은 것은?

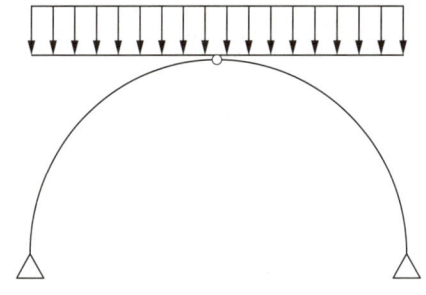

① 축방향력만 존재한다.
② 축방향력과 휨모멘트가 존재한다.
③ 전단력과 축방향력이 존재한다.
④ 축방향력, 전단력, 휨모멘트가 모두 존재한다.

개념 | KEYWORD 09 구조물 해석
해설 |
3회전단 포물선 아치가 등분포하중을 받게 되면 부재력으로서 전단력이나 휨모멘트가 발생하지 않고 축방향력만 발생하므로 경제적인 구조가 된다.

정답 | ①

51

H형강이 사용된 압축재의 양단이 핀으로 지지되고 부재중간에서 x축 방향으로만 이동할 수 없도록 지지되어 있다. 부재의 전 길이가 4m일 때 세장비는? (단, $r_x=8.62\text{cm}$, $r_y=5.02\text{cm}$)

① 26.4 ② 36.4
③ 46.4 ④ 56.4

개념 | KEYWORD 07 기둥의 좌굴
해설 |
강구조 압축재 세장비
양단힌지이므로 유효좌굴길이계수 $K=1.0$
강축(x)에 대해서는 부재 전체의 길이 $L=4\text{m}$, 약축(y)에 대해서는 가새로 횡지지되어 있으므로 $L=2\text{m}$를 적용함에 주의하며 다음 값들 중 큰 값으로 세장비를 선정한다.

$$\frac{KL}{r_x}=\frac{(1.0)(400\text{cm})}{(8.62\text{cm})}=46.4$$
$$\frac{KL}{r_y}=\frac{(1.0)(200\text{cm})}{(5.02\text{cm})}=39.84$$

⇒ ∴ 46.4

관련이론
유효좌굴길이계수 K

구분	양단힌지	1단고정, 1단힌지	양단고정	1단고정, 1단자유
계수 값	1	0.7	0.5	2

정답 | ③

52

구조물의 내진보강 대책으로 적합하지 않은 것은?

① 구조물의 강도를 증가시킨다.
② 구조물의 연성을 증가시킨다.
③ 구조물의 중량을 증가시킨다.
④ 구조물의 감쇠를 증가시킨다.

개념 | KEYWORD 03 내진·내풍·사용성 설계
해설 |
지진하중과 같은 동적인 힘이 구조물에 가해질 경우, 구조물의 질량은 건물 기초에서의 흔들림에 대한 반력과 같게 되므로 반력으로 작용하는 질량이 작으면 작을수록 지진하중은 작아진다. 따라서 구조물의 불필요한 무게를 줄이는 것이 내진설계의 기본원칙이 된다.

정답 | ③

53

다음 중 내진 I등급 구조물의 허용층간변위로 옳은 것은? (단, KDS기준, h_{sx}는 x층 층고)

① $0.005h_{sx}$
② $0.010h_{sx}$
③ $0.015h_{sx}$
④ $0.020h_{sx}$

개념 | KEYWORD 03 내진·내풍·사용성 설계

해설 |
내진 I등급의 허용층간변위는 $0.015h_{sx}$이다.

관련이론

건물 허용층간변위(h_{sx}: 층고)

내진등급	허용층간변위
특	$0.010h_{sx}$
I	$0.015h_{sx}$
II	$0.020h_{sx}$

정답 | ③

54

직사각형 단면의 탄성단면계수에 대한 소성단면계수의 비(比)는?

① 0.67
② 1.20
③ 1.50
④ 3.00

개념 | KEYWORD 17 강구조 총론

해설 |
탄성단면계수(Z)

$$Z = \frac{I}{y} = \frac{\left(\frac{bh^3}{12}\right)}{\left(\frac{h}{2}\right)} = \frac{bh^2}{6}$$

소성단면계수(Z_p): 단면의 도심을 지나는 전체 단면적을 2등분 하는 축에 대한 단면계수

$$Z_p = A_c \cdot y_c + A_t \cdot y_t = \left(\frac{bh}{2}\right)\left(\frac{h}{4}\right) \times 2 = \frac{bh^2}{4}$$

형상계수(f): 소성모멘트($M_p = F_y \cdot Z_p$)와 항복모멘트($M_y = F_y \cdot Z$)의 비

$$f = \frac{F_y \cdot Z_p}{F_y \cdot Z} = \frac{Z_p(\text{소성단면계수})}{Z(\text{탄성단면계수})} = \frac{\frac{bh^2}{4}}{\frac{bh^2}{6}} = 1.5$$

∴ 직사각형 단면의 탄성단면계수에 대한 소성단면계수의 비 = 1.5

※ H형강 단면의 탄성단면계수에 대한 소성단면계수의 비: 1.10~1.80

정답 | ③

55

다음과 같은 조건의 단면을 가진 부재의 균열모멘트 M_{cr}을 구하면?

- 단면의 중립축에서 인장연단까지의 거리 $y_t = 420$mm
- 총 단면2차모멘트 $I_g = 1.0 \times 10^{10}$mm⁴
- 보통중량콘크리트 설계기준압축강도 $f_{ck} = 21$MPa

① 50.6kN·m
② 53.3kN·m
③ 62.5kN·m
④ 68.8kN·m

개념 | KEYWORD 12 사용성 및 내구성

해설 |

$$M_{cr} = f_r \times Z = 0.63\lambda\sqrt{f_{ck}} \times \frac{I_g}{y_t}$$

$$\therefore M_{cr} = 0.63 \times 1.0 \times \sqrt{21} \times \frac{1.0 \times 10^{10}}{420}$$

$$= 68{,}738{,}635 \text{N} \cdot \text{mm} = 68.739 \text{kN} \cdot \text{m}$$

관련이론

균열모멘트(M_{cr})

$$M_{cr} = \frac{f_r}{y_t} I_g = \frac{0.63\lambda\sqrt{f_{ck}}}{y_t} I_g$$

- f_r: 파괴계수
- λ: 경량콘크리트계수
  - 보통중량콘크리트 1.0
  - 모래경량콘크리트 0.85
  - 전경량콘크리트 0.75
- y_t: 중립축에서 인장축 연단까지의 거리
- f_{ck}: 콘크리트의 압축강도
- I_g: 콘크리트의 총 단면에 대한 단면2차모멘트

정답 | ④

56

철골주각부에 부착하는 강판으로 사이드앵글을 거쳐서 또는 직접 용접에 의해 기둥으로부터의 응력을 베이스플레이트에 전달하기 위해 붙이는 판은?

① 스티프너
② 커버플레이트
③ 윙플레이트
④ 엔드탭

개념 | KEYWORD 17 강구조 총론

해설 |
윙플레이트는 철골 주각부에 부착되는 강판이다.

선지분석
① 스티프너: 기둥의 플랜지나 웨브의 좌굴방지용 보강재
② 커버플레이트: 강재의 플랜지를 보강하기 위해 사용하는 강판
④ 엔드탭: 용접결함이 생기기 쉬운 용접의 시작이나 끝 부분에 임시로 설치하는 보조 강판

정답 | ③

57

철근콘크리트 보의 장기처짐을 구할 때 적용되는 5년 이상 지속하중에 대한 시간경과계수 ξ의 값은?

① 2.4
② 2.0
③ 1.2
④ 1.0

개념 | KEYWORD 12 사용성 및 내구성

해설 |
5년 이상 시, 시간경과계수 ξ는 2.0

관련이론
장기처짐＝탄성처짐×λ

여기서, $\lambda = \dfrac{\xi}{1+50\rho'}$(지속하중에 대한 처짐계수), ρ': 압축철근비, ξ: 시간경과계수

구분	ξ
3개월	1.0
6개월	1.2
12개월	1.4
5년 이상	2.0

정답 | ②

58

그림과 같은 라멘 구조물의 판별은?

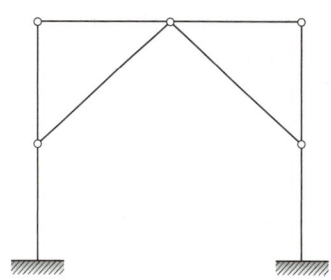

① 불안정 구조물
② 안정, 정정구조물
③ 안정, 1차 부정정구조물
④ 안정, 2차 부정정구조물

개념 | KEYWORD 08 구조물 판별

해설 |
실용적 판별
$N=r+m+f-2j$ 공식 이용
여기서, r: 지점반력수, m: 부재수, f: 강절점수, j: 지점수＋자유단 지점수
∴ $N=6+8+0-2\times 7=0$이므로 정정구조물이다.

다른 풀이
논리적 판별
N＝외적판별값 N_e＋내적판별값 N_i
$N_e=R(\text{지점반력수})-3$
$N_i=C_n(\text{연결부재차수})-h(\text{부재내힌지절점수})$
$N_e=(3+3)-3=3$, $N_i=2-5=-3$
∴ $N=N_e+N_i=3+(-3)=0$, 정정구조물

정답 | ②

59

$f_{ck}=27\text{MPa}$, $f_y=400\text{MPa}$, $d=550\text{mm}$인 철근콘크리트 단근직사각형 보에서 균형철근비 ρ_b를 구하면?(단, $E_s=2.0\times10^5\text{MPa}$)

① 0.0260 ② 0.0286
③ 0.0325 ④ 0.0352

개념 | KEYWORD 13 보의 휨설계

해설 |

$\rho_b = 0.8 \times \dfrac{1.00 \times 0.85 \times 27}{400} \times \dfrac{660}{660+400} \fallingdotseq 0.0286$

(여기서, $f_{ck} \leq 40\text{MPa}$이므로 $\beta_1=0.80$, $\eta=1.00$)

관련이론

균형철근비

$\rho_b = \beta_1 \dfrac{\eta(0.85f_{ck})}{f_y} \cdot \dfrac{660}{660+f_y}$

($\varepsilon_{cu}=0.0033$, $E_s=200{,}000\text{MPa}$)

여기서, f_{ck}: 콘크리트 압축강도, f_y: 철근 항복강도

정답 | ②

60

각종 단면의 주축(主軸)을 표시한 것으로 옳지 않은 것은?

①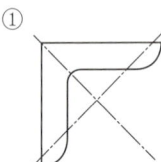
②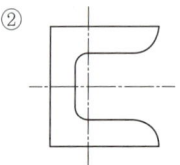
③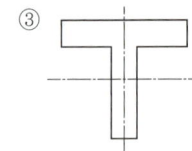
④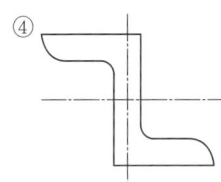

개념 | KEYWORD 05 단면의 성질

해설 |

z형강 단면의 주축

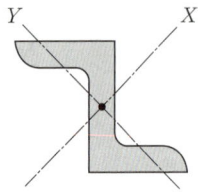

정답 | ④

건축설비

61

크로스 커넥션(Cross connection)에 관한 설명으로 가장 알맞은 것은?

① 관로 내의 유체의 유동이 급격히 변화하여 압력변화를 일으키는 것
② 상수의 급수·급탕계통과 그 외의 계통배관이 장치를 통하여 직접 접속되는 것
③ 겨울철 난방을 하고 있는 실내에서 창을 타고 차가운 공기가 하부로 내려오는 현상
④ 급탕·반탕관의 순환거리를 각 계통에 있어서 거의 같게 하여 전 계통의 탕의 순환을 촉진하는 방식

개념 | KEYWORD 01 급수설비

해설 |

급수·급탕계통과 그 외의 계통배관이 장치를 통하여 접속되는 것을 크로스 커넥션이라 한다.

선지분석

① 관로 내의 유체의 유동이 급격히 변화하여 압력변화를 일으키는 것은 수격작용이다.
③ 겨울철 난방을 하고 있는 실내에서 창을 타고 차가운 공기가 하부로 내려오는 현상은 콜드드래프트이다.
④ 급탕·반탕관의 순환거리를 각 계통에 있어서 거의 같게 하여 전 계통의 탕의 순환을 촉진하는 방식은 역환수방식(Reverse return)이다.

정답 | ②

62
고속덕트에 관한 설명으로 옳지 않은 것은?

① 원형덕트의 사용이 불가능하다.
② 동일한 풍량을 송풍할 경우 저속덕트에 비해 송풍기 동력이 많이 든다.
③ 공장이나 창고 등과 같이 소음이 별로 문제가 되지 않는 곳에 사용된다.
④ 동일한 풍량을 송풍할 경우 저속덕트에 비해 덕트의 단면치수가 작아도 된다.

개념 | KEYWORD 09 공기조화 방식과 기기
해설 |
고속덕트에는 원형덕트를 사용한다.

정답 | ①

63
다음의 냉방부하 발생요인 중 현열부하만 발생시키는 것은?

① 인체의 발생열량
② 벽체로부터의 취득열량
③ 극간풍에 의한 취득열량
④ 외기의 도입으로 인한 취득열량

개념 | KEYWORD 09 공기조화 방식과 기기
해설 |
인체의 발생열량, 극간풍에 의한 취득열량, 외기의 도입으로 인한 취득열량은 실내온도뿐만 아니라 습도에도 변화를 주므로 현열과 잠열 모두 고려하여야 한다.

정답 | ②

64
간접가열식 급탕설비에 관한 설명으로 옳지 않은 것은?

① 대규모 급탕설비에 적당하다.
② 비교적 안정된 급탕을 할 수 있다.
③ 보일러 내면에 스케일이 많이 생긴다.
④ 가열 보일러는 난방용 보일러와 겸용할 수 있다.

개념 | KEYWORD 02 급탕설비
해설 |
간접가열식 급탕법은 보일러 내면에 스케일이 거의 생기지 않는다.

관련이론
간접가열식
1. 저탕조(급탕탱크) 내에 가열코일을 설치하고 이 코일에 증기(또는 고온수)를 통해서 저탕조의 물을 간접적으로 가열하는 방식이다.
2. 난방용 보일러의 증기 사용 시 급탕용 보일러가 불필요하다.
3. 보일러 내면에 스케일이 거의 생기지 않는다.
4. 건물의 높이에 따른 수압이 보일러에 작용하지 않고 저탕조에 작용하므로 고압용 보일러가 불필요하다.
5. 대규모 급탕설비에 적합하다.

정답 | ③

65
통기관의 설치 목적으로 옳지 않은 것은?

① 트랩의 봉수를 보호한다.
② 오수와 잡배수가 서로 혼합되지 않게 한다.
③ 배수계통 내의 배수 및 공기의 흐름을 원활히 한다.
④ 배수관 내에 환기를 도모하여 관내를 청결하게 유지한다.

개념 | KEYWORD 03 배수 및 통기설비
해설 |
통기관의 설치목적
1. 트랩의 봉수를 보호한다.
2. 배수의 흐름을 원활하게 한다.
3. 신선한 공기를 유통시켜 관 내의 청결을 유지한다.
4. 배수관 내의 기압을 일정하게 유지한다.

정답 | ②

66

조명설비에서 눈부심에 관한 설명으로 옳지 않은 것은?

① 광원의 크기가 클수록 눈부심이 강하다.
② 광원의 휘도가 작을수록 눈부심이 강하다.
③ 광원이 시선에 가까울수록 눈부심이 강하다.
④ 배경이 어둡고 눈이 암순응 될수록 눈부심이 강하다.

개념 | KEYWORD 16 조명설비
해설 |
광원의 휘도가 높을수록 눈부심이 강하다.

정답 | ②

67

실내공기오염의 종합적 지표로서 사용되는 오염 물질은?

① 부유분진 ② 이산화탄소
③ 일산화탄소 ④ 이산화질소

개념 | KEYWORD 10 환기설비
해설 |
이산화탄소(CO_2)는 실내공기오염의 종합적 지표로 사용된다.

정답 | ②

68

직경 200mm의 배관을 통하여 물이 1.5m/s의 속도로 흐를 때 유량은?

① $2.83m^3/min$ ② $3.2m^3/min$
③ $3.83m^3/min$ ④ $6.0m^3/min$

개념 | KEYWORD 01 급수설비
해설 |
유량 $Q(m^3/s)$ = 단면적 $A(m^2)$ × 유속 $V(m/s)$ 이므로
$Q = \frac{\pi d^2}{4} \times V = \frac{\pi \times 0.2^2}{4} \times 1.5$
$\fallingdotseq 0.0471 m^3/s \fallingdotseq 2.83 m^3/min$

정답 | ①

69

전기 샤프트(ES)에 관한 설명으로 옳지 않은 것은?

① 전기 샤프트(ES)는 각 층마다 같은 위치에 설치한다.
② 전기 샤프트(ES)의 면적은 보, 기둥부분을 제외하고 산정한다.
③ 전기 샤프트(ES)는 전력용(EPS)과 정보통신용(TPS)을 공용으로 설치하는 것이 원칙이다.
④ 전기 샤프트(ES)의 점검구는 유지보수 시 기기의 반입 및 반출이 가능하도록 하여야 한다.

개념 | KEYWORD 13 전기설비 기초
해설 |
전기 샤프트(ES; Electrical Shaft)는 용도별로 전력용(EPS)과 정보통신용(TPS)으로 구분하여 설치하는 것이 원칙이다. 다만, 각 용도의 설치 장비 및 배선이 적은 경우는 공용으로 사용 가능하다.

정답 | ③

70

다음 설명에 알맞은 냉동기는?

> – 기계적 에너지가 아닌 열에너지에 의해 냉동효과를 얻는다.
> – 구조는 증발기, 흡수기, 재생기(발생기), 응축기 등으로 구성되어 있다.

① 터보식 냉동기 ② 흡수식 냉동기
③ 스크류식 냉동기 ④ 왕복동식 냉동기

개념 | KEYWORD 12 냉동 및 기타 열원설비
해설 |
흡수식 냉동기는 증발기, 흡수기, 재생기 및 응축기의 4가지 주요 요소로 구성되어 있고, 냉매 이외에도 흡수제가 필요하다.

관련이론
냉동사이클 순서

종류	냉동사이클
압축식	압축 → 응축 → 팽창 → 증발
흡수식	증발 → 흡수 → 재생 → 응축

정답 | ②

71
가로, 세로, 높이가 각각 $4.5 \times 4.5 \times 3m$인 실의 각 벽면 표면온도가 18℃, 천장면 20℃, 바닥면 30℃일 때 평균복사온도(MRT)는?

① 15.2℃
② 18.0℃
③ 21.0℃
④ 27.2℃

개념 | KEYWORD 08 공기조화설비 총론

해설 |

$$MRT = \frac{A_1T_1 + A_2T_2 + A_3T_3 + \cdots}{A_1 + A_2 + A_3 + \cdots}$$

여기서, A: 면적(바닥면적, 천장면적, 벽면적), T: 온도

$$= \frac{(4.5m \times 4.5m) \times 30℃ + (4.5m \times 4.5m) \times 20℃ + (4.5m \times 3m) \times 4개 \times 18℃}{(4.5m \times 4.5m) \times 2개 + (4.5m \times 3m) \times 4개}$$

$$= \frac{1,984.5}{94.5} = 21℃$$

관련이론

평균복사온도(MRT; Mean Radiant Temperature): 복사난방에서 복사면을 포함한 실내 표면온도의 평균온도를 말한다.

정답 | ③

72
도시가스에서 중압의 가스압력은? (단, 액화가스가 기화되고 다른 물질과 혼합되지 아니한 경우 제외)

① 0.05MPa 이상, 0.1MPa 미만
② 0.01MPa 이상, 0.1MPa 미만
③ 0.1MPa 이상, 1MPa 미만
④ 1MPa 이상, 10MPa 미만

개념 | KEYWORD 07 가스설비

해설 |
도시가스 중압의 기준은 0.1MPa 이상 1MPa 미만이다.

관련이론

도시가스의 압력구분

구분	압력
고압	1MPa 이상
중압	0.1MPa 이상 1MPa 미만
저압	0.1MPa 미만

정답 | ③

73
습공기의 상태변화에 관한 설명으로 옳지 않은 것은?

① 가열하면 엔탈피는 증가한다.
② 냉각하면 비체적은 감소한다.
③ 가열하면 절대습도는 증가한다.
④ 냉각하면 습구온도는 감소한다.

개념 | KEYWORD 08 공기조화설비 총론

해설 |
절대습도는 습공기를 구성하고 있는 건조 공기 1kg당의 수증기량을 말하며 공기를 가열하거나 냉각하여도 변함이 없다.

정답 | ③

74
액화천연가스(LNG)에 관한 설명으로 옳지 않은 것은?

① 공기보다 가볍다.
② 무공해, 무독성이다.
③ 프로필렌, 부탄, 에탄이 주성분이다.
④ 대규모의 저장시설을 필요로 하며, 공급은 배관을 통하여 이루어진다.

개념 | KEYWORD 07 가스설비

해설 |
액화천연가스(LNG)의 주성분은 메탄(CH_4)이다.

관련이론

LPG와 LNG의 주성분

구분	주성분
액화석유가스(LPG)	프로판(C_3H_8), 부탄(C_4H_{10}), 부틸렌(C_4H_8), 프로필렌(C_3H_6) 등
액화천연가스(LNG)	메탄(CH_4)

정답 | ③

75

건구온도 26℃인 실내공기 8,000m³/h와 건구온도 32℃인 외부공기 2,000m³/h를 단열혼합하였을 때 혼합공기의 건구온도는?

① 27.2℃ ② 27.6℃
③ 28.0℃ ④ 29.0℃

개념 | KEYWORD 08 공기조화설비 총론
해설 |
26℃ × 8,000m³/h + 32℃ × 2,000m³/h = x℃ × 10,000m³/h
혼합공기의 온도 $x = \dfrac{(26 \times 8,000) + (32 \times 2,000)}{10,000} = 27.2℃$

정답 | ①

76

전기설비가 어느 정도 유효하게 사용되는가를 나타내며, 다음과 같은 식으로 산정되는 것은?

$$\dfrac{\text{부하의 평균전력}}{\text{최대 수용전력}} \times 100\%$$

① 역률 ② 부등률
③ 부하율 ④ 수용률

개념 | KEYWORD 14 강전설비
해설 |
부하율: 전기설비가 어느 정도 유효하게 사용되고 있는가를 나타내는 척도이고, 어떤 기간 중에 최대 수용전력과 그 기간 중에 평균전력과의 비율을 백분율로 표시한 것이다.

부하율 = $\dfrac{\text{부하의 평균전력}}{\text{최대 수용전력}} \times 100\%$

정답 | ③

77

냉방부하 계산 결과 현열부하가 620W, 잠열부하가 155W일 경우 현열비는?

① 0.2 ② 0.25
③ 0.4 ④ 0.8

개념 | KEYWORD 09 공기조화 방식과 기기
해설 |
현열비(SHF) = $\dfrac{\text{현열부하}}{\text{현열부하} + \text{잠열부하}} = \dfrac{620}{620 + 155} = 0.8$

정답 | ④

78

다음의 저압 옥내배선방법 중 노출되고 습기가 많은 장소에 시설이 가능한 것은? (단, 400V 미만인 경우)

① 금속관 배선 ② 금속몰드 배선
③ 금속덕트 배선 ④ 플로어덕트 배선

개념 | KEYWORD 14 강전설비
해설 |
400V 미만인 경우 저압 옥내배선방법 중 노출되고 습기가 많은 장소에 시설이 가능한 것은 금속관공사이다.

정답 | ①

79

점광원으로부터의 거리가 n배가 되면 그 값이 1/n²배가 된다는 '거리의 역제곱의 법칙'이 적용되는 빛환경 지표는?

① 조도 ② 광도
③ 휘도 ④ 복사속

개념 | KEYWORD 16 조명설비
해설 |
조도는 거리의 제곱에 반비례한다.
$E = \dfrac{I}{d^2}$
여기서, E: 조도, I: 광도, d: 거리

정답 | ①

80

배수트랩에 관한 설명으로 옳지 않은 것은?

① 트랩은 이중으로 설치하면 효과적이다.
② 트랩의 봉수깊이가 너무 깊으면 통수능력이 감소된다.
③ 트랩은 하수가스의 실내 침입을 방지하는 역할을 한다.
④ 트랩은 위생기구에 가능한 한 접근시켜 설치하는 것이 좋다.

개념 | KEYWORD 03 배수 및 통기설비
해설 |
이중 트랩은 유속을 저해하므로 금지한다.

정답 | ①

건축관계법규

81

다음은 대지의 조경에 관한 기준 내용이다. ( ) 안에 알맞은 것은?

> 면적이 ( ) 이상인 대지에 건축을 하는 건축주는 용도지역 및 건축물의 규모에 따라 해당 지방자치단체의 조례로 정하는 기준에 따라 대지에 조경이나 그 밖에 필요한 조치를 하여야 한다.

① $100m^2$
② $200m^2$
③ $300m^2$
④ $500m^2$

개념 | KEYWORD 06 조경·공개공지
해설 |
대지의 조경 대상: $200m^2$ 이상 대지에 건축을 하는 건축주

정답 | ②

82

다음 중 건축물 관련 건축기준의 허용되는 오차 범위(%)가 가장 큰 것은?

① 평면 길이
② 출구 너비
③ 반자 높이
④ 바닥판 두께

개념 | KEYWORD 02 건축허가와 신고
해설 |
바닥판 두께의 허용오차는 3% 이내이며 나머지는 2% 이내이다.

관련이론
허용오차

항목	허용되는 오차의 범위	
건폐율	0.5% 이내(단, 건축면적 $5m^2$를 초과할 수 없음)	
용적률	1% 이내(단, 연면적 $30m^2$를 초과할 수 없음)	
건축물 높이	2% 이내	1m를 초과할 수 없음
출구 너비		–
반자 높이		–
평면 길이		건축물 전체 길이는 1m를 초과할 수 없고, 벽으로 구획된 각 실은 10cm를 초과할 수 없음
벽체 두께	3% 이내	
바닥판 두께		
건축선의 후퇴거리		
인접대지 경계선과의 거리		
인접 건축물과의 거리		

정답 | ④

83

거실의 채광 및 환기에 관한 규정으로 옳은 것은?

① 교육연구시설 중 학교의 교실에는 채광 및 환기를 위한 창문 등이나 설비를 설치하여야 한다.
② 채광을 위하여 거실에 설치하는 창문 등의 면적은 그 거실의 바닥면적의 20분의 1 이상이어야 한다.
③ 환기를 위하여 거실에 설치하는 창문 등의 면적은 그 거실의 바닥면적 10분의 1 이상이어야 한다.
④ 채광 및 환기를 위한 창문 등의 면적에 관한 규정을 적용함에 있어서 수시로 개방할 수 있는 미닫이로 구획된 2개의 거실은 이를 2개의 거실로 본다.

개념 | KEYWORD 09 구조규정

해설 |
단독주택 및 공동주택의 거실, 교육연구시설 중 학교의 교실, 의료시설의 병실 및 숙박시설의 객실에는 국토교통부령으로 정하는 기준에 따라 채광 및 환기를 위한 창문 등이나 설비를 설치하여야 한다.

관련이론

거실의 채광 및 환기

구분	건축물의 용도	창문 등의 면적	예외 규정
채광창	• 단독주택의 거실 • 공동주택의 거실 • 학교의 교실 • 의료시설의 병실 • 숙박시설의 객실	거실 바닥면적의 1/10 이상	거실의 용도에 따라 별도의 규정에 따라 조도 이상의 조명장치를 설치한 경우
환기창		거실 바닥면적의 1/20 이상	기계환기장치 및 중앙 관리방식의 공기정화설비를 설치한 경우

※ 수시로 개방할 수 있는 미닫이로 구획된 2개의 거실은 거실의 채광 및 환기를 위한 규정을 적용함에 있어서 이를 1개의 거실로 본다.

정답 | ①

84

건축물과 분리하여 공작물을 축조할 때 특별자치시장·특별자치도지사 또는 시장·군수·구청장에게 신고를 해야 하는 대상 공작물 기준이 옳지 않은 것은?

① 높이 2m를 넘는 옹벽
② 높이 4m를 넘는 굴뚝
③ 높이 6m를 넘는 골프연습장 등의 운동시설을 위한 철탑
④ 높이 8m를 넘는 고가수조

개념 | KEYWORD 01 건축법 총칙

해설 |
높이 6m를 넘는 굴뚝이 신고대상이다.

관련이론

신고대상 공작물

1. 높이 2m를 넘는 옹벽 또는 담장
2. 높이 4m를 넘는 장식탑, 기념탑, 첨탑, 광고탑, 광고판
3. 높이 5m를 넘는 태양에너지를 이용하는 발전설비
4. 높이 6m를 넘는 굴뚝, 골프연습장 등의 운동시설을 위한 철탑, 주거지역·상업지역에 설치하는 통신용 철탑
5. 높이 8m를 넘는 고가수조
6. 높이 8m(위험을 방지하기 위한 난간의 높이는 제외) 이하의 기계식 주차장 및 철골 조립식 주차장(바닥면이 조립식이 아닌 것을 포함)으로서 외벽이 없는 것
7. 바닥면적이 30m²를 넘는 지하대피호

정답 | ②

85

기반시설부담구역에서 기반시설설치비용의 부과대상인 건축행위의 기준으로 옳은 것은?

① 100제곱미터(기존 건축물의 연면적 포함)를 초과하는 건축물의 신축·증축
② 100제곱미터(기존 건축물의 연면적 제외)를 초과하는 건축물의 신축·증축
③ 200제곱미터(기존 건축물의 연면적 포함)를 초과하는 건축물의 신축·증축
④ 200제곱미터(기존 건축물의 연면적 제외)를 초과하는 건축물의 신축·증축

개념 | KEYWORD 18 국토계획법 총칙

해설 |
200m²(기존 건축물의 연면적을 포함)를 초과하는 건축물의 신축·증축 행위는 기반시설설치비용 부과대상이다.

관련이론
기반시설부담구역
개발밀도관리구역 외의 지역으로서 개발로 인하여 도로, 공원, 녹지 등 대통령령으로 정하는 기반시설의 설치가 필요한 지역을 대상으로 기반시설을 설치하거나 그에 필요한 용지를 확보하게 하기 위하여 지정·고시하는 구역을 말한다.

정답 | ③

86

그림과 같은 대지의 도로 모퉁이 부분의 건축선으로서 도로 경계선의 교차점에서의 거리 "A"로 옳은 것은?

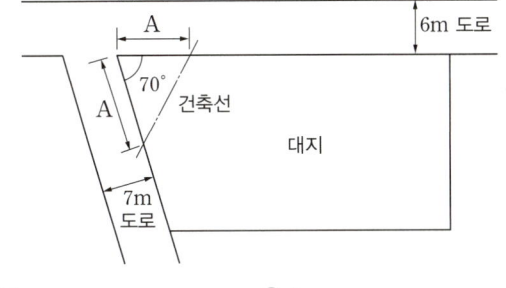

① 1m ② 2m
③ 3m ④ 4m

개념 | KEYWORD 05 대지·도로·건축선

해설 |
도로의 교차각이 90° 미만이고, 해당 도로의 너비가 6m, 교차되는 도로의 너비가 7m이므로 도로 경계선의 교차점으로부터 거리는 4m이다.

관련이론
도로 모퉁이 부분의 건축선

도로의 교차각	해당 도로의 너비		교차되는 도로의 너비
	6m 이상 8m 미만	4m 이상 6m 미만	
90° 미만	4m	3m	6m 이상 8m 미만
	3m	2m	4m 이상 6m 미만

정답 | ④

87

피난층 이외 층으로서 피난층 또는 지상으로 통하는 직통계단을 2개소 이상 설치하여야 하는 대상기준으로 옳지 않은 것은?

① 지하층으로서 그 층 거실의 바닥면적의 합계가 200m² 이상인 것
② 종교시설의 용도로 쓰는 층으로서 그 층에서 해당 용도로 쓰는 바닥면적의 합계가 200m² 이상인 것
③ 판매시설의 용도로 쓰는 3층 이상의 층으로서 그 층의 해당 용도로 쓰는 거실의 바닥면적의 합계가 200m² 이상인 것
④ 업무시설 중 오피스텔의 용도로 쓰는 층으로서 그 층의 해당 용도로 쓰는 거실의 바닥면적의 합계가 200m² 이상인 것

개념 | KEYWORD 10 피난규정

해설 |
공동주택과 업무시설 중 오피스텔의 용도로 쓰는 층은 그 층의 해당 용도에 쓰이는 거실의 바닥면적의 합계가 300m² 이상일 때 직통계단을 2개소 이상 설치해야 한다.

정답 | ④

88

건축지도원에 관한 설명으로 틀린 것은?

① 허가를 받지 아니하고 건축하거나 용도변경한 건축물의 단속 업무를 수행한다.
② 건축지도원은 시장, 군수, 구청장이 지정할 수 있다.
③ 건축지도원의 자격과 업무범위는 국토교통부령으로 정한다.
④ 건축신고를 하고 건축 중에 있는 건축물의 시공 지도와 위법 시공 여부의 확인·지도 및 단속 업무를 수행한다.

개념 | KEYWORD 04 건축물의 유지관리
해설 |
건축지도원의 자격은 건축직 공무원과 건축에 관한 학식이 풍부한 자로 건축조례로 정하는 자격을 갖춘 자 중에서 지정한다.

정답 | ③

89

광역도시계획에 관한 내용으로 틀린 것은?

① 인접한 둘 이상의 특별시·광역시·특별자치시·특별자치도·시 또는 군의 관할 구역 전부 또는 일부를 광역계획권으로 지정할 수 있다.
② 군수가 광역도시계획을 수립하는 경우 도지사의 승인을 생략한다.
③ 광역계획권의 공간 구조와 기능 분담에 관한 정책 방향이 포함되어야 한다.
④ 광역도시계획을 공동으로 수립하는 시·도지사는 그 내용에 관하여 서로 협의가 되지 아니하면 공동이나 단독으로 국토교통부장관에게 조정을 신청할 수 있다.

개념 | KEYWORD 20 광역도시계획과 도시군기본계획
해설 |
시장 또는 군수는 광역도시계획을 수립하거나 변경하려면 도지사의 승인을 받아야 한다.

정답 | ②

90

부설주차장의 설치대상 시설물 종류에 따른 설치기준이 틀린 것은?

① 골프장 — 1홀당 10대
② 위락시설 — 시설면적 80m^{2}당 1대
③ 판매시설 — 시설면적 150m^{2}당 1대
④ 숙박시설 — 시설면적 200m^{2}당 1대

개념 | KEYWORD 17 부설·기계식주차장
해설 |
위락시설은 시설면적 100m^{2}당 1대의 부설주차장을 설치하여야 한다.

관련이론
부설주차장의 설치기준

시설물	설치기준
위락시설	시설면적 100m^{2}당 1대
문화 및 집회시설(관람장 제외), 종교시설, 판매시설, 운수시설, 의료시설(정신병원, 요양병원, 격리병원 제외), 운동시설(골프장, 골프연습장, 옥외수영장 제외), 업무시설(외국공관, 오피스텔 제외), 방송통신시설 중 방송국, 장례식장	시설면적 150m^{2}당 1대
제1종 근린생활시설, 제2종 근린생활시설, 숙박시설	시설면적 200m^{2}당 1대
골프장	1홀당 10대
골프연습장	1타석당 1대
옥외수영장	정원 15명당 1대
관람장	정원 100명당 1대
수련시설, 공장(아파트형 제외), 발전시설	시설면적 350m^{2}당 1대
창고시설, 학생용 기숙사, 방송통신시설 중 데이터센터	시설면적 400m^{2}당 1대

정답 | ②

91

다음은 「건축법령」상 다세대주택의 정의이다. ( ) 안에 알맞은 것은?

> 주택으로 쓰는 1개 동의 바닥면적 합계가 (㉠) 이하이고, 층수가 (㉡) 이하인 주택(2개 이상의 동을 지하주차장으로 연결하는 경우에는 각각의 동으로 본다.)

① ㉠ 330m², ㉡ 3개 층
② ㉠ 330m², ㉡ 4개 층
③ ㉠ 660m², ㉡ 3개 층
④ ㉠ 660m², ㉡ 4개 층

개념 | KEYWORD 01 건축법 총칙

해설 |
다세대주택은 주택으로 쓰는 1개 동의 바닥면적의 합계가 660m² 이하이고, 층수가 4개 층 이하인 주택이다.

관련이론
공동주택의 분류
1. 아파트: 주택으로 쓰는 층수가 5개 층 이상인 주택
2. 연립주택: 주택으로 쓰는 1개 동의 바닥면적 합계가 660m² 초과하고, 층수가 4개 층 이하인 주택
3. 기숙사: 일반기숙사, 임대형기숙사

정답 | ④

92

다음 중 특별건축구역으로 지정할 수 없는 구역은?

① 「도로법」에 따른 접도구역
② 「택지개발촉진법」에 따른 택지개발사업구역
③ 국가가 국제행사 등을 개최하는 도시 또는 지역의 사업구역
④ 지방자치단체가 국제행사 등을 개최하는 도시 또는 지역의 사업구역

개념 | KEYWORD 14 보칙과 기타

해설 |
「도로법」에 따른 접도구역은 특별건축구역으로 지정할 수 없다.

관련이론
특별건축구역 지정 불가 구역
개발제한구역, 자연공원, 접도구역, 보전산지

정답 | ①

93

다음 중 노외주차장의 출구 및 입구를 설치할 수 있는 장소는?

① 육교로부터 4m 거리에 있는 도로의 부분
② 지하횡단보도에서 10m 거리에 있는 도로의 부분
③ 초등학교 출입구로부터 15m 거리에 있는 도로의 부분
④ 장애인복지시설 출입구로부터 15m 거리에 있는 도로의 부분

개념 | KEYWORD 16 노상·노외주차장

해설 |
노외주차장의 출구 및 입구는 횡단보도(육교 및 지하횡단보도를 포함)로부터 5m 이내에 있는 도로의 부분에 설치하여서는 아니 된다.

관련이론
노외주차장의 출구 및 입구의 설치 금지장소
1. 도로교통법에 의해 정차·주차가 금지되는 도로의 부분
2. 횡단보도(육교 및 지하횡단보도를 포함)로부터 5m 이내에 있는 도로의 부분
3. 너비 4m 미만의 도로(주차대수 200대 이상인 경우에는 너비 6m 미만의 도로)와 종단 기울기가 10%를 초과하는 도로
4. 유아원, 유치원, 초등학교, 특수학교, 노인복지시설, 장애인복지시설 및 아동전용시설 등의 출입구로부터 20m 이내에 있는 도로의 부분

정답 | ②

94

「건축법령」상 초고층 건축물의 정의로 옳은 것은?

① 층수가 30층 이상이거나 높이가 90m 이상인 건축물
② 층수가 30층 이상이거나 높이가 120m 이상인 건축물
③ 층수가 50층 이상이거나 높이가 150m 이상인 건축물
④ 층수가 50층 이상이거나 높이가 200m 이상인 건축물

개념 | KEYWORD 01 건축법 총칙

해설 |
초고층 건축물은 층수가 50층이거나 높이가 200m 이상인 건축물이다.

정답 | ④

95

면적 등의 산정방법에 대한 기본 원칙으로 옳지 않은 것은?

① 대지면적은 대지의 수평투영면적으로 한다.
② 건축면적은 건축물의 외벽의 중심선으로 둘러싸인 부분의 수평투영면적으로 한다.
③ 바닥면적은 건축물의 각 층 또는 그 일부로서 벽, 기둥, 그 밖에 이와 비슷한 구획의 중심선으로 둘러싸인 부분의 수평투영면적으로 한다.
④ 용적률 산정 시 적용하는 연면적은 지하층을 포함하여 하나의 건축물 각 층의 바닥면적의 합계로 한다.

개념 | KEYWORD 07 면적의 규제
해설 |
용적률 산정 시 적용하는 연면적은 지하층을 제외하고 하나의 건축물의 각 층 바닥면적의 합계로 한다.

관련이론
용적률 산정 시 제외하는 면적
1. 지하층의 면적
2. 지상층의 주차용으로 쓰는 면적
3. 초고층 건축물과 준초고층 건축물에 설치하는 피난안전구역의 면적
4. 건축물의 경사지붕 아래에 설치하는 대피공간의 면적

정답 | ④

96

연면적의 합계가 2,000m² 이상인 건축물의 대지와 도로의 관계가 옳은 것은?

① 대지는 너비 4m 이상인 도로에 2m 이상 접하여야 한다.
② 대지는 너비 4m 이상인 도로에 4m 이상 접하여야 한다.
③ 대지는 너비 6m 이상인 도로에 2m 이상 접하여야 한다.
④ 대지는 너비 6m 이상인 도로에 4m 이상 접하여야 한다.

개념 | KEYWORD 05 대지·도로·건축선
해설 |
건축물이 있는 대지가 도로에 접해야 하는 길이

구분	접해야 하는 길이
원칙	도로에 2m 이상
연면적의 합계 2,000m² 이상	너비 6m 이상 도로에 4m 이상(공장인 경우에는 3,000m²)

정답 | ④

97

주차전용건축물의 주차면적비율과 관련한 아래 내용에서, ( )에 들어갈 수 없는 것은?

주차전용건축물이란 건축물의 연면적 중 주차장으로 사용되는 부분의 비율이 95% 이상인 것을 말한다. 다만, 주차장 외의 용도로 사용되는 부분이 「건축법 시행령」 별표 1에 따른 ( )인 경우에는 주차장으로 사용되는 부분의 비율이 70% 이상인 것을 말한다.

① 종교시설
② 운동시설
③ 업무시설
④ 숙박시설

개념 | KEYWORD 15 주차장법 총칙
해설 |
주차전용건축물의 주차장 비율

용도	주차장 사용비율
원칙	95% 이상
단독주택, 공동주택, 제1종 및 제2종 근린생활시설, 문화 및 집회시설, 종교시설, 판매시설, 운수시설, 운동시설, 업무시설, 창고시설 또는 자동차 관련 시설	70% 이상

정답 | ④

98

국토교통부령으로 정하는 기준에 따라 거실에 배연설비를 설치하여야 하는 대상 건축물에 속하지 않는 것은? (단, 6층 이상의 건축물)

① 의료시설
② 위락시설
③ 수련시설 중 유스호스텔
④ 교육연구시설 중 대학교

개념 | KEYWORD 12 건축설비기준과 관계전문기술자
해설 |
교육연구시설 중 대학교는 배연설비 설치 대상에 해당되지 않는다.

관련이론

거실의 배연설비(6층 이상 건축물, 피난층은 제외)	
• 문화 및 집회시설	• 종교시설
• 판매시설	• 운수시설
• 운동시설	• 업무시설
• 숙박시설	• 위락시설
• 관광휴게시설	• 장례시설
• 의료시설(요양병원 및 정신병원은 제외)	
• 교육연구시설 중 연구소	
• 노유자시설 중 아동 관련 시설	
• 노인복지시설(노인요양시설은 제외)	
• 수련시설 중 유스호스텔	
• 제2종 근린생활시설 중 공연장, 종교집회장, 인터넷컴퓨터게임시설제공업소 및 다중생활시설	

정답 | ④

99

지하층에 설치하는 비상탈출구의 유효너비 및 유효높이 기준으로 옳은 것은? (단, 주택이 아닌 경우)

① 유효너비 0.5m 이상, 유효높이 1.0m 이상
② 유효너비 0.5m 이상, 유효높이 1.5m 이상
③ 유효너비 0.75m 이상, 유효높이 1.0m 이상
④ 유효너비 0.75m 이상, 유효높이 1.5m 이상

개념 | KEYWORD 11 방화규정
해설 |
지하층의 비상탈출구 기준
1. 유효너비: 0.75m 이상
2. 유효높이: 1.5m 이상

정답 | ④

100

건축물과 해당 건축물의 용도의 연결이 옳지 않은 것은?

① 주유소 — 자동차 관련 시설
② 야외음악당 — 관광휴게시설
③ 치과의원 — 제1종 근린생활시설
④ 일반음식점 — 제2종 근린생활시설

개념 | KEYWORD 01 건축법 총칙
해설 |
주유소는 위험물 저장 및 처리시설이다.

관련이론

위험물 저장 및 처리시설과 자동차 관련 시설

구분	종류
위험물 저장 및 처리시설	• 주유소 및 석유 판매소 • 액화석유가스 충전소·판매소·저장소 • 위험물 제조소·저장소·취급소 • 액화가스 취급소·판매소 • 유독물 보관·저장·판매시설 • 고압가스 충전소·판매소·저장소 • 도료류 판매소 • 도시가스 제조시설 • 화약류 저장소 등
자동차 관련 시설	주차장, 세차장, 폐차장, 검사장, 매매장, 정비공장, 운전학원 및 정비학원, 차고 및 주기장(駐機場), 전기자동차 충전소(제1종 근린생활시설에 해당하지 않는 것)

정답 | ①

2024년 1회 CBT 복원문제

건축계획

01
다음 중 호텔의 성격상 연면적에 대한 숙박면적의 비가 가장 큰 것은?

① 리조트 호텔
② 커머셜 호텔
③ 클럽 하우스
④ 레지덴셜 호텔

개념 | KEYWORD 12 호텔
해설 |
커머셜(시티)호텔은 다른 호텔에 비해 숙박 관계 부분의 비율이 가장 크다.

관련이론
호텔의 부분별 면적비
1. 숙박 면적비: 커머셜(시티)호텔 > 리조트호텔 > 아파트먼트호텔
2. 공용 면적비: 아파트먼트호텔 > 리조트호텔 > 커머셜(시티)호텔

정답 | ②

02
다음의 건축물 중 주심포식 건축양식에 속하지 않는 것은?

① 강릉 객사문
② 석왕사 응진전
③ 봉정사 극락전
④ 부석사 무량수전

개념 | KEYWORD 14 한국건축사
해설 |
석왕사 응진전은 다포식 양식에 속하는 건축물이다.
대표적인 주심포식 건축양식에는 강릉 객사문, 봉정사 극락전, 부석사 무량수전, 수덕사 대웅전 등이 속한다.

정답 | ②

03
다음 설명에 알맞은 공장건축의 레이아웃 형식은?

- 동종의 공정, 동일한 기계 설비 또는 기능이 유사한 것을 하나의 그룹으로 집합시키는 방식
- 다종 소량 생산의 경우, 예상 생산이 불가능한 경우, 표준화가 이루어지기 어려운 경우에 채용

① 고정식 레이아웃
② 혼성식 레이아웃
③ 공정중심의 레이아웃
④ 제품중심의 레이아웃

개념 | KEYWORD 10 공장, 창고
해설 |
공정중심의 레이아웃(기계설비 중심)
- 동일 종류의 공정, 즉 기계로 그 기능이 동일한 것, 혹은 유사한 것을 하나의 그룹으로 집합시키는 방식으로 일명 기능식 레이아웃이다.
- 다종 소량 생산으로 예상 생산이 불가능한 경우 또는 표준화가 어려운 경우에 채용한다.
- 생산성은 낮으나 주문생산에 적합하다.

선지분석
① 고정식 레이아웃
- 주가 되는 재료나 조립부품이 고정된 장소에 있고 사람이나 기계가 그 장소로 이동해 가서 작업이 행해지는 방식이다.
- 제품이 크고 수가 극히 적을 경우에 적합하다. (선박, 건축)
② 혼성식 레이아웃: 제품중심, 공정중심, 고정식 레이아웃이 섞인 방식이다.
④ 제품중심의 레이아웃(연속 작업식)
- 생산에 필요한 모든 공정, 기계, 기구를 제품의 흐름에 따라 배치하는 방식이다.
- 대량생산이 가능하고, 생산성이 높다. 공정의 시간적, 수량적 밸런스가 좋고 상품의 연속성이 가능하게 흐를 경우 성립한다.

정답 | ③

04

메조넷형 아파트에 관한 설명으로 옳지 않은 것은?

① 다양한 평면구성이 가능하다.
② 소규모 주택에서는 비경제적이다.
③ 통로면적이 감소되며 유효면적이 증대된다.
④ 복도와 엘리베이터홀은 각 층마다 계획된다.

개념 | KEYWORD 04 공동주택
해설 |
복층형(메조넷, 듀플렉스)은 1개의 주호가 2개층으로 구성되므로 엘리베이터홀과 복도는 2개층마다 설치된다.

관련이론
복층형(Maisonnette Type)

구분	내용
정의	한 주호가 2개층 이상에 걸쳐 구성되는 형식
장점	• 엘리베이터의 정지층 수를 적게 할 수 있다. (효율적, 경제적) • 복도가 없는 층은 남북면이 트여 있으므로 좋은 평면 구성이 가능하다. • 통로면적이 감소하고 임대(전용, 거주, 대실, 유효)면적이 증가한다. • 프라이버시가 가장 높다.
단점	• 소규모 주택($50m^2$ 이하)에서는 비경제적이다. • 공용 복도가 없는 층은 화재 및 비상시 대피상 불리하다. • 구조상 복잡하다. (단, 스킵 플로어인 경우)

정답 | ④

05

테라스 하우스에 관한 설명으로 옳지 않은 것은?

① 경사가 심할수록 밀도가 높아진다.
② 각 세대의 깊이는 7.5m 이상으로 하여야 한다.
③ 평지보다 더 많은 인구를 수용할 수 있어 경제적이다.
④ 시각적인 인공테라스형은 위층으로 갈수록 건물의 내부 면적이 작아지는 형태이다.

개념 | KEYWORD 04 공동주택
해설 |
테라스 하우스는 후면에 창을 설치할 수 없으므로 각 세대의 깊이는 6.0~7.5m 이상이 되어서는 안 된다.

정답 | ②

06

사무소 건축의 코어 유형에 관한 설명으로 옳지 않는 것은?

① 중심코어형은 유효율이 높은 계획이 가능하다.
② 양단코어형은 2방향 피난에 이상적이며 방재상 유리하다.
③ 편심코어형은 각 층 바닥면적이 소규모인 경우에 적합하다.
④ 독립코어형은 구조적으로 가장 바람직한 유형으로, 고층, 초고층 사무소 건축에 주로 사용된다.

개념 | KEYWORD 05 사무소
해설 |
구조적으로 가장 바람직한 유형으로 고층, 초고층 사무소 건축에 주로 사용되는 코어 유형은 중심코어형이다.

관련이론
독립코어형(외코어형)
1. 코어의 제약이 없어 자유로운 공간을 만들 수 있다.
2. 방재상 불리하고 바닥면적이 커지면 피난시설 및 서브코어가 필요하다.
3. 내진구조에는 불리하고 고층, 초고층에 부적합하다.

정답 | ④

07

학교의 강당계획에 관한 설명으로 옳지 않은 것은?

① 체육관의 크기는 배구 코트의 크기를 표준으로 한다.
② 강당은 반드시 전교생을 수용할 수 있도록 크기를 결정하지는 않는다.
③ 강당 및 체육관으로 겸용하게 될 경우 체육관 목적으로 치중하는 것이 좋다.
④ 강당 겸 체육관은 커뮤니티의 시설로서 이용될 수 있도록 고려하여야 한다.

개념 | KEYWORD 09 학교, 도서관
해설 |
체육관의 크기는 농구 코트를 기준으로 한다.

관련이론
체육관 계획
1. 천정높이: 6m 이상
2. 체육관과 강당을 겸용할 경우 체육관을 위주로 한다.
3. 바닥마감: 목재 마루판 2중 깔기(길이 방향)

정답 | ①

08

숑바르 드 로브의 주거면적으로 옳은 것은?

① 병리기준: 6m², 한계기준: 12m²
② 병리기준: 6m², 한계기준: 14m²
③ 병리기준: 8m², 한계기준: 12m²
④ 병리기준: 8m², 한계기준: 14m²

개념 | KEYWORD 03 단독주택
해설 |
병리기준: 8m²/인, 한계기준: 14m²/인

관련이론
1인당 주거면적

구분		면적(m²/인)
최소한 주택의 표준		10
코로느(Cologne) 기준		16
숑바르 드 로브	병리기준	8
	한계기준	14
	표준기준	16
국제주거회의(최소)		15

정답 | ④

09

공동주택의 단지계획에서 보차분리를 위한 방식 중 평면분리에 해당하는 방식은?

① 시간제 차량통행
② 쿨데삭(Cul-de-Sac)
③ 오버브리지(Overbridge)
④ 보행자 안전참(Pedestrian Safecross)

개념 | KEYWORD 04 공동주택
해설 |
래드번 계획(슈퍼블록)의 기본원리로 보도와 차도의 분리인 쿨데삭형(막다른 도로)은 좁은 도로 구성으로 주택의 거실을 보도나 정원을 향하도록 배치하는 평면적 분리의 한 종류이다.

관련이론
보차분리의 형태
1. 평면분리: T자형, 루프(Loop), 쿨데삭(Cul-de-Sac)
2. 입체분리: 오버브리지(Overbridge), 다층구조지반, 지상인공지반, 지하가
3. 면적분리: 보행자 공간

정답 | ②

10

다음 설명에 알맞은 백화점 진열장 배치방법은?

- Main 통로를 직각 배치하며, Sub 통로를 45° 정도 경사지게 배치하는 유형이다.
- 많은 고객이 매장공간의 코너까지 접근하기 용이하지만, 이형의 진열장이 많이 필요하다.

① 직각배치
② 방사배치
③ 사행배치
④ 자유유선배치

개념 | KEYWORD 06 상점, 백화점, 쇼핑센터
해설 |
진열장 배치방법 중 주통로를 직각으로 배치하고, 부통로를 경사지게 배치하는 것은 사행배치법이다.

선지분석
① 직각배치(직교배치, Rectangular System)
  ㉠ 가구를 열을 지어 직각 배치함으로써 직교하는 통로가 나게 하는 방법이다.
  ㉡ 가장 간단한 배치 방법으로 판매장 면적을 최대한 이용할 수 있다.
  ㉢ 단조로운 배치이고 고객의 통행량에 따른 통로 폭을 조절하기 어려워 국부적 혼란을 일으키기 쉽다.
② 방사배치(Radiated System)
  ㉠ 판매장의 통로를 방사형으로 배치하는 방법이다.
  ㉡ 일반적으로 적용하기 곤란한 방식이다.
④ 자유유선배치(Free Flow System, 자유유동법)
  ㉠ 통로를 고객의 유동 방향에 따라 자유로운 곡선으로 배치하는 방법이다.
  ㉡ 전시에 변화를 주고 판매장의 특수성을 살릴 수 있다.
  ㉢ 판매대나 유리 케이스에 특수형을 필요로 하므로 고가이다.

정답 | ③

11

연극을 감상하는 경우 배우의 표정이나 동작을 감상할 수 있는 시각 한계는?

① 3m
② 5m
③ 10m
④ 15m

개념 | KEYWORD 08 극장, 영화관, 미술관

해설 |
배우의 표정과 동작을 자세히 감상할 수 있는 생리적 한도는 15m이다.

관련이론

극장 평면형의 한계

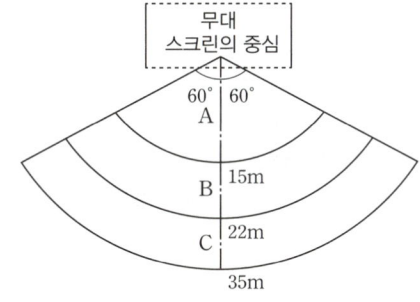

1. A구역: 배우의 표정이나 동작을 상세히 감상할 수 있는 시선 거리의 생리적 한도는 15m이다. 따라서 인형극이나 아동극은 이 한계 내에 있어야 한다.
2. B구역: 실제의 극장 건축에서는 될 수 있는 한 수용을 많이 하려는 생각에서 22m까지를 제1차 허용한도로 정하며, 국악이나 신극, 실내악 등은 이 범위 내에 객석을 둘 수 있다.
3. C구역: 현재 연극, 그랜드 오페라, 발레, 뮤지컬은 배우의 일반적인 동작만 보이면 감상하는데는 별 지장이 없으므로 이를 제2차 허용한도라 하고 35m까지 둘 수 있다.

정답 | ④

12

그리스 아테네 아크로폴리스에 관한 설명으로 옳지 않은 것은?

① 프로필리어는 아크로폴리스로 들어가는 입구 건물이다.
② 에레크테이온 신전은 이오닉 양식의 대표적인 신전으로 부정형 평면으로 구성되어 있다.
③ 니케 신전은 순수한 코린트식 양식으로서 페르시아와의 전쟁의 승리기념으로 세워졌다.
④ 파르테논 신전은 도릭 양식의 대표적인 신전으로서 그리스 고전건축을 대표하는 건물이다.

개념 | KEYWORD 13 서양건축사

해설 |
니케 신전은 이오니아식 양식의 신전이다.

관련이론

니케 신전

- 그리스 아테네의 아크로폴리스에 위치하여 아테네 여신을 모시던 신전이다.
- 아크로폴리스 최초의 이오니아식 건축물이다.
- 페르시아와의 승전을 기념하기 위해 세웠다.

정답 | ③

13

공장의 지붕형태에 관한 설명으로 옳은 것은?

① 솟을지붕은 채광 및 환기에 적합한 방법이다.
② 샤렌구조는 기둥이 많이 소요된다는 단점이 있다.
③ 뾰족지붕은 직사광선이 완전히 차단된다는 장점이 있다.
④ 톱날지붕은 남향으로 할 경우 하루 종일 변함없는 조도를 가진 약광선을 받아들일 수 있다.

개념 | KEYWORD 10 공장, 창고

해설 |
솟을지붕은 자연 환기에 유리하며, 채광 및 환기에 적합한 방법이다.

선지분석
② 샤렌구조는 기둥이 적게 소요된다는 장점이 있다.
③ 뾰족지붕은 동일면에 천장을 내므로 직사광선이 어느 정도 허용되는 결점이 있다.
④ 톱날지붕은 북향의 채광창으로 균일한 조도의 유지가 가능하다.

정답 | ①

14

도서관 출납 시스템에 관한 설명으로 옳지 않은 것은?

① 자유개가식은 책 내용의 파악 및 선택이 자유롭다.
② 자유개가식은 서가의 정리가 잘 안되면 혼란스럽게 된다.
③ 안전개가식은 서가열람이 가능하여 책을 직접 뽑을 수 있다.
④ 폐가식은 서가와 열람실에서 감시가 필요하나 대출절차가 간단하여 관원의 작업량이 적다.

개념 | KEYWORD 09 학교, 도서관
해설 |
폐가식은 서가나 열람실에서 감시할 필요가 없으나 대출절차가 복잡하여 관원의 작업량이 가장 많다.

관련이론
폐가식(Closed Access)
1. 장점
   ① 도서의 유지 관리가 양호하다.
   ② 감시할 필요가 없다.
2. 단점
   ① 희망한 내용이 아닐 수 있다.
   ② 대출 절차가 복잡하고 관원의 작업량이 많다.

정답 | ④

15

전시공간의 특수전시기법 중 하나의 사실이나 주제의 시간 상황을 고정시켜 연출함으로써 현장에 임한 듯한 느낌을 가지고 관찰할 수 있는 기법은?

① 알코브 전시
② 아일랜드 전시
③ 디오라마 전시
④ 하모니카 전시

개념 | KEYWORD 08 극장, 영화관, 미술관
해설 |
디오라마(Diorama) 전시에 대한 설명이다.

정답 | ③

16

쇼핑센터의 몰(Mall)의 계획에 관한 설명으로 옳지 않은 것은?

① 전문점들과 중심상점의 주출입구는 몰에 면하도록 한다.
② 몰에는 자연광을 끌어들여 외부공간과 같은 성격을 갖게 하는 것이 좋다.
③ 다층으로 계획할 경우 시야의 개방감을 적극적으로 고려하는 것이 좋다.
④ 중심상점들 사이의 몰의 길이는 150m를 초과하지 않아야 하며, 길이 40~50m마다 변화를 주는 것이 바람직하다.

개념 | KEYWORD 06 상점, 백화점, 쇼핑센터
해설 |
몰의 폭은 6~12m가 일반적이며, 몰의 길이는 240m가 한계이다. 길이 20~30m마다 변화를 주어 단조로운 느낌이 들지 않도록 하는 것이 바람직하다.

정답 | ④

17

척도 조정(M.C.)에 관한 설명으로 옳지 않은 것은?

① 설계작업이 단순해지고 간편해진다.
② 현장작업이 단순해지고 공기가 단축된다.
③ 건축물 형태의 다양성 및 창조성 확보가 용이하다.
④ 구성재의 상호조합에 의한 호환성을 확보할 수 있다.

개념 | KEYWORD 02 건축치수 계획
해설 |
척도 조정(M.C.)은 모듈을 통하여 건축 전반에 사용되는 재료를 규격화하는 것으로 건축물 형태의 창조성과 인간성이 상실될 수 있다.

관련이론
척도 조정(M.C; Modular Coordination)

장점	단점
1. 설계작업이 간단해지고 간편해진다. 2. 현장작업이 단순해지고 공기가 단축된다. 3. 건축재의 수송이나 취급이 편리해진다. 4. 대량생산이 가능하다. 5. 국제 M.C 사용 시 건축구성재의 국제교역이 가능하다.	1. 건축물 형태의 창조성 및 인간성 상실 우려된다. 2. 건물의 배치와 외관이 동일해지므로 배색에 신중을 기한다.

정답 | ③

18
단독주택의 평면계획에 관한 설명으로 옳지 않은 것은?

① 거실은 평면계획상 통로나 홀로 사용하지 않는 것이 좋다.
② 현관의 위치는 대지의 형태, 도로와의 관계 등에 의하여 결정된다.
③ 부엌은 주택의 서측이나 동측이 좋으며 남향은 피하는 것이 좋다.
④ 노인침실은 일조가 충분하고 전망이 좋은 조용한 곳에 면하게 하고 식당, 욕실 등에 근접시킨다.

개념 | KEYWORD 03 단독주택

해설 |
부엌의 위치는 주택의 서측을 피하는 것이 좋다.

관련이론
부엌의 위치
1. 항상 쾌적하고 일광에 의한 건조 소독이 가능한 남쪽 또는 동쪽이 좋다.
2. 일사 시간이 긴 서쪽은 음식물이 부패하기 쉬우므로 반드시 피해야 한다.

정답 | ③

19
열람자가 서가에서 책을 자유롭게 선택하나 관원의 검열을 받고 열람하는 도서관 출납 시스템은?

① 폐가식　　　　　② 반개가식
③ 안전개가식　　　④ 자유개가식

개념 | KEYWORD 09 학교, 도서관

해설 |
안전개가식(Safe-guarded open access)에 대한 설명이다. 안전개가식은 자유개가식과 반개가식의 장점을 취한 형식으로서, 열람자가 책을 직접 서가에서 뽑지만 관원의 검열을 받고 대출의 기록을 남긴 후 열람하는 형식이다.

선지분석
① 폐가식(Closed access): 열람자는 목록에 의해 책을 선택하여 관원에게 대출 기록을 제출한 후 대출 받는 형식이다.
② 반개가식(Semi-open access): 열람자는 직접 서가에 면하여 책의 체재나 표지 정도는 볼 수 있으나 내용을 보려면 관원에게 요구하여 대출 기록을 남긴 후 열람하는 형식이다
④ 자유개가식(Free open access): 열람자 자신이 서가에서 책을 꺼내어 책을 고르고 그대로 검열을 받지 않고 열람하는 형식으로 보통 1실형이고 10,000권 이하의 서적 보관과 열람에 적당하다.

정답 | ③

20
다음과 같은 특징을 갖는 에스컬레이터 배치 유형은?

- 점유면적이 다른 유형에 비해 작다.
- 연속적으로 승강이 가능하다.
- 승객의 시야가 좋지 않다.

① 교차식 배치　　　　② 직렬식 배치
③ 병렬 단속식 배치　　④ 병렬 연속식 배치

개념 | KEYWORD 06 상점, 백화점, 쇼핑센터

해설 |
점유면적이 작고, 연속적으로 승강할 수 있으며, 승객의 시야가 좋지 않은 대표적인 유형은 교차식 배치이다.

관련이론
백화점의 에스컬레이터 배치 형식

유형	특징
직렬식 배치	• 승객의 시야가 가장 넓다. • 점유 면적이 넓다. • 손님의 시선이 1방향으로 고정된다.
병렬 단속식 배치	• 승객의 시야가 좋다 • 연속적으로 승강할 수 없다.
병렬 연속식 배치	• 승객의 시야가 좋다. • 오르기와 내리기를 연속적으로 할 수 있다.
교차식 배치	• 점유면적이 적다. • 연속적으로 승강할 수 있다. • 손님의 시야가 좋지 않다. • 에스컬레이터 측면이 매장의 전망을 나쁘게 한다.

정답 | ①

건축시공

21

멤브레인 방수에 속하지 않는 방수공법은?

① 시멘트 액체방수
② 합성고분자 시트방수
③ 도막방수
④ 아스팔트 방수

개념 | KEYWORD 22 방수공사

해설 |
시멘트 액체방수는 방수제를 모르타르와 혼합하여 구조체에 여러 번 도포하여 방수성능을 갖게 한 공법으로 멤브레인 방수와는 관련이 없다.

관련이론
멤브레인 방수
구조체에 불투수성 얇은 피막을 형성하여 방수층을 형성하는 방수법으로 아스팔트 방수, 시트방수, 도막방수 등이 해당한다.

정답 | ①

22

철근콘크리트 구조물에서 철근 조립순서로 옳은 것은?

① 기초철근 → 기둥철근 → 보철근 → 슬래브철근 → 계단철근 → 벽철근
② 기초철근 → 기둥철근 → 벽철근 → 보철근 → 슬래브철근 → 계단철근
③ 기초철근 → 벽철근 → 기둥철근 → 보철근 → 슬래브철근 → 계단철근
④ 기초철근 → 벽철근 → 보철근 → 기둥철근 → 슬래브철근 → 계단철근

개념 | KEYWORD 14 철근공사

해설 |
철근은 기초 → 기둥 → 벽 → 보 → 슬래브 → 계단의 순으로 조립한다.

정답 | ②

23

콘크리트에 사용되는 혼화재 중 플라이애시의 사용에 따른 이점으로 볼 수 없는 것은?

① 유동성의 개선
② 수화열의 감소
③ 수밀성의 향상
④ 초기강도의 증진

개념 | KEYWORD 16 콘크리트공사

해설 |
플라이애시를 사용하면 초기강도는 감소하고, 장기강도가 커진다.

관련이론
플라이애시의 특성
1. 수화열이 적고, 건조수축이 작다.
2. 초기강도가 작고, 장기강도는 크다.
3. 워커빌리티가 좋고, 수밀성이 크며, 단위수량이 감소한다.

정답 | ④

24

아스팔트 방수공사에 관한 설명으로 옳지 않은 것은?

① 아스팔트 프라이머는 건조하고 깨끗한 바탕면에 솔, 롤러, 뿜칠기 등을 이용하여 규정량을 균일하게 도포한다.
② 용융 아스팔트는 운반용 기구로 시공 장소까지 운반하여 방수 바탕과 시트재 사이에 롤러, 주걱 등으로 뿌리면서 시트재를 깔아 나간다.
③ 옥상에서의 아스팔트 방수 시공 시 평탄부에서의 방수시트 깔기 작업 후 특수부위에 대한 보강붙이기를 시행한다.
④ 평탄부에서는 프라이머의 적절한 건조상태를 확인하여 시트를 깐다.

개념 | KEYWORD 22 방수공사

해설 |
옥상에서의 아스팔트 방수 시공 시 특수부위에 대한 보강붙이기를 시행한 후 방수시트 깔기 작업을 진행한다.

정답 | ③

25

프리스트레스트 콘크리트(Prestressed concrete)에 관한 설명으로 옳지 않은 것은?

① 포스트텐션(Post-tension)공법은 콘크리트의 강도가 발현된 후에 프리스트레스를 도입하는 현장형 공법이다.
② 구조물의 자중을 경감할 수 있으며, 부재단면을 줄일 수 있다.
③ 화재에 강하며, 내화피복이 불필요하다.
④ 고강도이면서 수축 또는 크리프 등의 변형이 적은 균일한 품질의 콘크리트가 요구된다.

개념 | KEYWORD 16 콘크리트공사

해설 |
프리스트레스트 콘크리트는 화재에 약하며, 내화피복이 필요하다.

관련이론

프리스트레스트 콘크리트(Prestressed concrete)

1. 정의: 콘크리트의 인장력이 생기는 부분에 PC강재를 긴장시켜 프리스트레스를 부여함으로써 콘크리트에 미리 압축력을 주어 인장강도를 증가시켜 휨 저항을 크게 한 콘크리트로 화재에 약하며 내화피복이 필요하다.
2. 공법
   ① 프리텐션
   ② 포스트텐션

정답 | ③

26

다음 그림과 같은 건물에서 G_1과 같은 보가 8개 있다고 할 때 보의 총 콘크리트량을 구하면? (단, 보의 단면상 슬래브와 겹치는 부분은 제외하며, 철근량은 고려하지 않음)

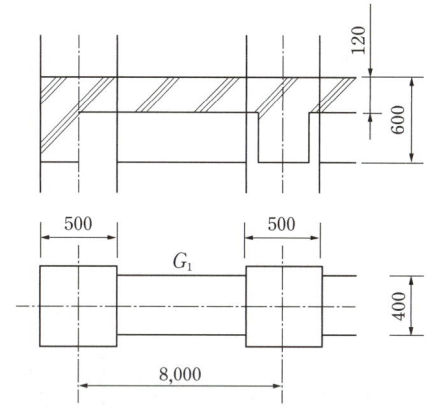

① 11.52m³
② 12.23m³
③ 13.44m³
④ 15.36m³

개념 | KEYWORD 07 공종별 적산

해설 |
보의 콘크리트량(V) = 보의 너비 × (보의 춤 − 바닥판의 두께) × 보의 기둥 간 안목거리 × 보의 개수
∴ $0.4 \times (0.6 - 0.12) \times (8 - 0.5) \times 8 = 11.52\text{m}^3$

정답 | ①

27

가설공사에서 건물의 각부 위치, 기초의 너비 또는 길이 등을 정확히 결정하기 위한 것은?

① 벤치마크
② 수평규준틀
③ 세로규준틀
④ 현황측량

개념 | KEYWORD 10 가설공사

해설 |
건축물 기초의 너비 또는 길이 등을 표시하기 위한 것은 수평규준틀이다.

정답 | ②

28

PERT-CPM 공정표 작성 시에 EST와 EFT의 계산방법 중 옳지 않은 것은?

① 작업의 흐름에 따라 전진 계산한다.
② 선행작업이 없는 첫 작업의 EST는 프로젝트의 개시시간과 동일하다.
③ 어느 작업의 EFT는 그 작업의 EST에 소요일수를 더하여 구한다.
④ 복수의 작업에 종속되는 작업의 EST는 선행작업 중 EFT의 최소값으로 한다.

개념 | KEYWORD 08 공정관리
해설 |
복수의 작업에 종속되는 작업의 EST는 선행작업 중 EFT의 최대값으로 하며, 복수의 작업에 선행되는 작업의 LFT는 후속작업 LST 중 최소값으로 한다.

정답 | ④

29

기계가 위치한 곳보다 높은 곳의 굴착에 가장 적당한 건설기계는?

① Dragline
② Back Hoe
③ Power Shovel
④ Scraper

개념 | KEYWORD 12 토공사
해설 |
기계가 서 있는 위치보다 높은 곳의 굴착에 적당한 장비는 파워쇼벨(Power Shovel)이다.

관련이론
굴착용 기계

종류	특성
파워쇼벨	지면보다 높은 곳의 굴착에 적합하며 굴착력이 크다.
드래그쇼벨 (백호)	지면보다 낮은 곳의 굴착에 적합하며 굴착력이 크고 범위가 좁다.
드래그라인	기계를 설치한 지반보다 낮은 장소 또는 수중을 굴착하는데 사용된다. 굴착력은 약하나 작업범위가 광범위하다.
클램쉘	좁은 곳의 수직굴착, 수중굴착에 적합하다.
트렌처	도랑파기, 줄기초 파기에 사용된다.

정답 | ③

30

미장공사에서 균열을 방지하기 위하여 고려해야 할 사항 중 옳지 않은 것은?

① 바름면은 바람 또는 직사광선 등에 의한 급속한 건조를 피한다.
② 1회의 바름 두께는 가급적 얇게 한다.
③ 쇠 흙손질을 충분히 한다.
④ 모르타르 바름의 정벌바름은 초벌바름보다 부배합으로 한다.

개념 | KEYWORD 28 미장공사
해설 |
모르타르 바름의 정벌바름은 초벌바름보다 빈배합으로 한다.

관련이론
미장공사의 균열 및 박리 원인

구조체의 균형	설계 미숙에 의한 구조적 결함, 구조재의 수축 및 변형
재료의 원인	배합재료 불량, 모르타르 배합비 불량, 재료 수축
바탕면의 원인	바탕면 처리 불량, 모서리, 이음부, 이질재와 접촉부 등
시공불량	불균질한 바름 두께, 1회 바름 두께량 초과, 혼합재의 불균등, 양생불량으로 인한 건조, 수축

정답 | ④

31

콘크리트 거푸집용 박리제 사용 시 주의사항으로 옳지 않은 것은?

① 거푸집 종류에 상응하는 박리제를 선택·사용한다.
② 박리제 도포 전에 거푸집면의 청소를 철저히 한다.
③ 거푸집 뿐만 아니라 철근에도 도포하도록 한다.
④ 콘크리트 색조에 영향이 없는지를 시험한다.

개념 | KEYWORD 15 거푸집공사
해설 |
콘크리트의 부착력 저하로 철근에는 도포하지 않는다.

관련이론
박리제(Form Oil)
콘크리트와 거푸집의 박리를 용이하게 하기 위한 것으로 중유, 석유, 동식물유, 파라핀, 합성수지 등을 사용한다.

정답 | ③

32

한중콘크리트에 관한 설명으로 옳은 것은?

① 한중콘크리트는 공기연행콘크리트를 사용하는 것을 원칙으로 한다.
② 타설할 때의 콘크리트 온도는 구조물의 단면 치수, 기상 조건 등을 고려하여 최소 25°C 이상으로 한다.
③ 물-결합재비는 50% 이하로 하고, 단위수량은 소요의 워커빌리티를 유지할 수 있는 범위 내에서 되도록 크게 정하여야 한다.
④ 콘크리트를 타설한 직후에 찬바람이 콘크리트 표면에 닿도록 하여 초기양생을 실시한다.

개념 | KEYWORD 16 콘크리트공사

해설 |
한중콘크리트는 공기연행제를 사용한다.

선지분석
② 타설할 때의 콘크리트 온도는 구조물의 단면 치수, 기상 조건 등을 고려하여 최소 5~20°C 이상으로 한다.
③ 물-결합재비는 60% 이하로 하고, 단위수량은 소요의 워커빌리티를 유지할 수 있는 범위 내에서 되도록 작게 정하여야 한다.
④ 콘크리트를 타설한 직후에 찬바람이 콘크리트 표면에 닿지 않도록 하여 초기양생을 실시한다.

정답 | ①

33

실의 크기 조절이 필요한 경우 칸막이 기능을 하기 위해 만든 병풍 모양의 문은?

① 여닫이문　　② 자재문
③ 미서기문　　④ 홀딩 도어

개념 | KEYWORD 24 창호공사

해설 |
홀딩 도어(Folding Door)는 포개어 접게 되는 문으로서, 칸막이 기능을 한다.

선지분석
① 여닫이문: 일반적인 문으로 한쪽 방향으로 개폐된다.
② 자재문: 양방향으로 개폐된다.
③ 미서기문: 옆으로 밀어서 개폐되는 문이다.

정답 | ④

34

블록조 벽체에 와이어메시를 가로줄눈에 묻어 쌓기도 하는데 이에 관한 설명으로 옳지 않은 것은?

① 전단작용에 대한 보강이다.
② 수직하중을 분산시키는 데 유리하다.
③ 블록과 모르타르의 부착성능의 증진을 위한 것이다.
④ 교차부의 균열을 방지하는 데 유리하다.

개념 | KEYWORD 19 조적공사

해설 |
블록조 벽체에서 와이어메시를 가로줄눈에 묻어 쌓는 이유
1. 전단작용에 대한 보강
2. 수직하중 분산
3. 교차부 균열 방지

정답 | ③

35

다음 중 가설비용의 종류로 볼 수 없는 것은?

① 가설건물비　　② 바탕처리비
③ 동력, 전등설비　　④ 용수설비

개념 | KEYWORD 10 가설공사

해설 |
바탕처리비는 본공사 비용이다.

관련이론
가설공사의 분류

공통가설공사	직접가설공사
• 대지측량	
• 가설운반로	
• 가설울타리	
• 가설건물	
• 가설창고	• 규준틀
• 공사용 동력	• 비계
• 용수설비(가설용수)	• 안전시설
• 시험설비	• 보양재료
• 공사용 장비	• 건축물 현장정리
• 운반	
• 인접건물 보상	
• 종말 정리청소	
• 통신, 환기, 냉·난방 설비	

정답 | ②

36

지반조사 시 실시하는 평판재하시험에 관한 설명으로 옳지 않은 것은?

① 시험은 예정 기초면보다 높은 위치에서 실시해야 하기 때문에 일부 성토작업이 필요하다.
② 시험재하판은 실제 구조물의 기초면적에 비해 매우 작으므로 재하판 크기의 영향 즉, 스케일 이펙트(Scale effect)를 고려한다.
③ 하중시험용 재하판은 정방형 또는 원형의 판을 사용한다.
④ 침하량을 측정하기 위해 다이얼게이지 지지대를 고정하고 좌우측에 2개의 다이얼게이지를 설치한다.

개념 | KEYWORD 11 지반조사
해설 |
평판재하시험은 직접기초가 놓일 위치에서 하기 때문에 성토작업을 할 필요가 없다.

정답 | ①

37

콘크리트 펌프 사용에 관한 설명으로 옳지 않은 것은?

① 콘크리트 펌프를 사용하여 시공하는 콘크리트 소요의 워커빌리티를 가지며, 시공 시 및 경화 후에 소정의 품질을 갖는 것이어야 한다.
② 압송관의 지름 및 배관의 경로는 콘크리트의 종류 및 품질, 굵은골재의 최대치수, 콘크리트 펌프의 기종, 압송 조건, 압송 작업의 용이성, 안전성 등을 고려하여 정하여야 한다.
③ 콘크리트 펌프의 형식은 피스톤식이 적당하고 스퀴즈식은 적용이 불가하다.
④ 압송은 계획에 따라 연속적으로 실시하며, 되도록 중단되지 않도록 하여야 한다.

개념 | KEYWORD 16 콘크리트공사
해설 |
콘크리트 압송방식은 피스톤식, 스퀴즈식, 압축공기식 등이 있으며, 주로 피스톤식과 스퀴즈식이 사용된다.

관련이론
스퀴즈식
1. 후퍼(튜브)를 쥐어짜듯 회전하면서 압송하는 원리이다.
2. 피스톤식과 압송능력은 비슷하나 압송거리가 짧다.

정답 | ③

38

웰포인트(Well point) 공법에 관한 설명으로 옳지 않은 것은?

① 인접 대지에서 지하수위 저하로 우물 고갈의 우려가 있다.
② 투수성이 비교적 낮은 사질토층까지도 강제배수가 가능하다.
③ 압밀침하가 발생하지 않아 주변 대지, 도로 등의 균열 발생 위험이 없다.
④ 지반의 안전성을 대폭 향상시킨다.

개념 | KEYWORD 12 토공사
해설 |
웰포인트 공법은 강제배수공법으로 압밀침하가 발생하여 주변 대지, 도로가 균열될 수 있다.

관련이론
웰포인트 공법
1. 투수성이 좋은 모래 지반에서 효과가 크다.
2. 지하수위를 낮추는 배수공법으로 일시적인 지반개량효과는 있으나 영구 지반개량공법이라고는 할 수 없다.
3. 압밀침하가 발생하므로 주변 대지, 도로 등의 균열발생의 위험이 있다.

정답 | ③

39

와이어로프로 매단 비계 권상기에 의해 상하로 이동시킬 수 있는 공사용 비계의 명칭은?

① 시스템비계　　② 틀비계
③ 달비계　　　　④ 쌍줄비계

개념 | KEYWORD 10 가설공사

해설 |

달비계는 건물에 고정된 돌출보 등에 밧줄로 매어다는 비계로 고층건물의 외부마감, 외벽청소 등에 사용한다.

선지분석

① 시스템비계: 각각의 비계부재를 공장에서 제작하고 현장에서 조립하여 사용하는 조립형 비계이다.
② 틀비계: 강관틀비계로서 공사용 통로, 작업용 발판을 위해 조립, 설치되는 비계이다.
④ 쌍줄비계: 비계기둥과 띠장을 2열로 만든 비계이다.

정답 | ③

40

철근의 정착 위치에 관한 설명으로 옳지 않은 것은?

① 지중보의 주근은 기초 또는 기둥에 정착한다.
② 기둥 철근은 큰 보 혹은 작은 보에 정착한다.
③ 큰 보의 주근은 기둥에 정착한다.
④ 작은 보의 주근은 큰 보에 정착한다.

개념 | KEYWORD 14 철근공사

해설 |

철근의 정착 위치

1. 기둥의 주근은 기초에 정착한다.
2. 보의 주근은 기둥에 정착한다.
3. 작은 보의 주근은 큰 보에 정착한다.
4. 직교하는 단부 보의 밑에 기둥이 없을 때는 상호 간에 정착한다.
5. 벽 철근은 기둥, 보, 바닥판에 정착한다.
6. 바닥철근은 보 또는 벽체에 정착한다.
7. 지중보의 주근은 기초 또는 기둥에 정착한다.

정답 | ②

건축구조

41

다음 그림에서 파단선 a-1-2-3-d의 인장재의 순단면적은? (단, 판두께는 10mm, 볼트구멍지름은 22mm)

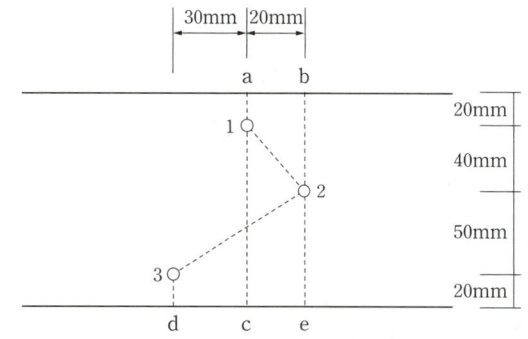

① 690mm²　　② 790mm²
③ 890mm²　　④ 990mm²

개념 | KEYWORD 19 인장재·압축재 설계

해설 |

$$A_n = \left(130 - 3 \times 22 + \frac{20^2}{4 \times 40} + \frac{50^2}{4 \times 50}\right) \times 10 = 790\text{mm}^2$$

관련이론

엇모배치 상태의 인장재 순단면적(A_n)

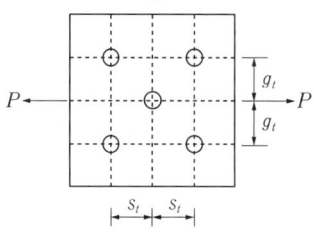

$$A_n = \left(h - n \times d + \sum \frac{s^2}{4g}\right)t$$

- h: 부재 높이
- n: 파단선상 구멍 수
- d: 파스너 구멍의 직경
- s: 피치
- g: 게이지
- t: 부재의 두께

정답 | ②

42

다음 그림과 같은 단순보를 $I-200\times100\times7$로 설계하였다면 최대 처짐량은? (단, $I_x=2.18\times10^7\text{mm}^4$, $E=2.0\times10^5\text{MPa}$)

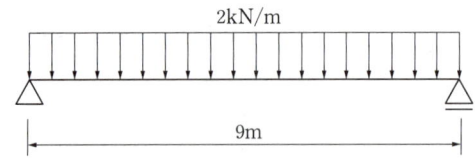

① 32.1mm ② 33.6mm
③ 34.5mm ④ 39.2mm

개념 | KEYWORD 10 보의 처짐
해설 |
단순보의 최대 처짐 $\delta=\dfrac{M'}{EI}=\dfrac{5wl^4}{384EI}$ 로 구한다.
(M': 최대 모멘트, E: 탄성계수 I: 단면2차모멘트)
$\therefore \delta=\dfrac{5\times2\times9{,}000^4}{384\times(2.0\times10^5)\times(2.18\times10^7)}\fallingdotseq 39.19\text{mm}$

정답 | ④

43

그림과 같은 내민보에서 A지점의 반력값은?

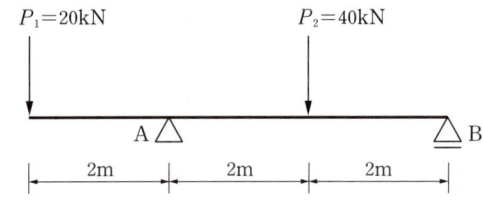

① 20kN ② 30kN
③ 40kN ④ 50kN

개념 | KEYWORD 06 반력, 전단력, 휨모멘트
해설 |
$\Sigma H=0$; $H_A=0$
$\Sigma M_B=0$;
$(-20\times6)+(V_A\times4)-(40\times2)=0$
$\therefore V_A=50\text{kN}$

정답 | ④

44

1단은 고정, 1단은 자유인 길이 10m인 철골기둥에서 오일러의 좌굴하중은? (단, $A=6{,}000\text{mm}^2$, $I_x=4{,}000\text{cm}^4$, $I_y=2{,}000\text{cm}^4$, $E=205{,}000\text{MPa}$)

① 101.2kN ② 168.4kN
③ 195.7kN ④ 202.4kN

개념 | KEYWORD 07 기둥의 좌굴
해설 |
$P_{cr}=\dfrac{\pi^2 EI}{(KL)^2}=\dfrac{\pi^2\times205{,}000\times(2{,}000\times10^4)}{(2\times10{,}000)^2}$
$\fallingdotseq 101{,}163.4\text{N}\fallingdotseq 101.2\text{kN}$
(단면2차모멘트가 작은 값인 I_y를 적용, 1단 고정-1단 자유에서의 좌굴계수 $K=2$)

정답 | ①

45

그림과 같은 구조물의 부정정 차수는?

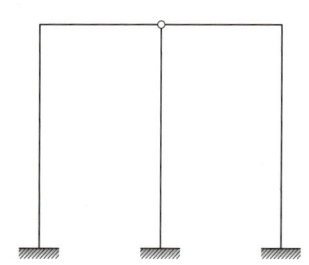

① 1차 부정정 ② 2차 부정정
③ 3차 부정정 ④ 4차 부정정

개념 | KEYWORD 08 구조물 판별
해설 |
$N=r+m+f-2\times j$(r: 지점반력수, m: 부재수, f: 강절점수, j: 지점수+자유단 절점수)의 공식을 이용해 부정정 차수를 구하면
$N=(3+3+3)+5+2-2\times6=4$이므로
4차 부정정 구조이다.

다른 풀이
부정정 차수(N)=외적 차수(N_e)+내적 차수(N_i)이다.
외적차수 $N_e=r-3=(3+3+3)-3=6$이고,
내적차수 $N_i=(-1)\times2=-2$이므로
$N=N_e+N_i=6-2=4$이다.

정답 | ④

46

강도설계법으로 설계된 보에서 스터럽이 부담하는 전단력이 $V_s=265\text{kN}$일 경우 수직 스터럽의 적절한 간격은? (단, $A_v=2\times127\text{mm}^2$(U형 2-D13), $f_{yt}=350\text{MPa}$, $b_w\times d=300\times450\text{mm}$)

① 120mm ② 150mm
③ 180mm ④ 210mm

개념 | KEYWORD 14 전단 및 비틀림
해설 |
전단철근의 전단강도 $V_s=\dfrac{A_v\cdot f_{yt}\cdot d}{s}$
여기서, s: 스터럽의 간격
$s=\dfrac{A_v\cdot f_{yt}\cdot d}{V_s}=\dfrac{(2\times127)(350)(450)}{(265\times10^3)}=150.96\text{mm}$
따라서 150mm가 가장 타당하다.

정답 | ②

47

직경(D) 30mm, 길이(L) 4m인 강봉에 90kN의 인장력이 작용할 때 인장응력(σ_t)과 늘어난 길이(ΔL)는 약 얼마인가? (단, 강봉의 탄성계수 $E=200{,}000\text{MPa}$)

① $\sigma_t=127.3\text{MPa}$, $\Delta L=1.43\text{mm}$
② $\sigma_t=127.3\text{MPa}$, $\Delta L=2.55\text{mm}$
③ $\sigma_t=132.5\text{MPa}$, $\Delta L=1.43\text{mm}$
④ $\sigma_t=132.5\text{MPa}$, $\Delta L=2.55\text{mm}$

개념 | KEYWORD 04 재료의 기계적 성질
해설 |
인장응력과 늘어난 길이를 구하는 공식은 다음과 같다.
$\sigma_t=\dfrac{P}{A}=\dfrac{(90\times10^3)}{\dfrac{\pi(30)^2}{4}}=127.32\text{N/mm}^2\fallingdotseq127.3\text{MPa}$
$\Delta L=\dfrac{\sigma\times L}{E}=\dfrac{127.3\times4{,}000}{200{,}000}=2.546\text{mm}\fallingdotseq2.55\text{mm}$

정답 | ②

48

다음 구조용 강재의 명칭에 관한 내용으로 옳지 않은 것은?

① SM - 용접구조용 압연강재 (KS D 3515)
② SS - 일반구조용 압연강재 (KS D 3503)
③ SN - 건축구조용 각형 탄소강관 (KS D 3864)
④ SGT - 일반구조용 탄소강관 (KS D 3566)

개념 | KEYWORD 17 강구조 총론
해설 |
SN(Steel New)은 건축구조용 압연강재를 의미한다.

정답 | ③

49

철골조 주각부분에 사용하는 보강재에 해당되지 않는 것은?

① 윙플레이트 ② 데크플레이트
③ 사이드앵글 ④ 클립앵글

개념 | KEYWORD 17 강구조 총론
해설 |
데크플레이트는 콘크리트 슬래브의 거푸집으로 사용되며, 바닥판이나 평지붕에도 사용된다.

관련이론
데크플레이트(Deck plate)

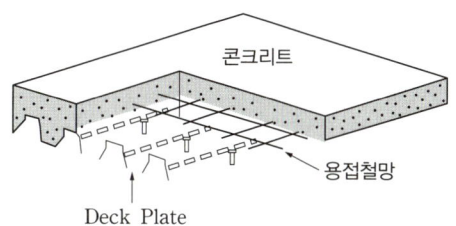

1. 강도를 유지하는데 합리적인 모양으로 골을 넣어 만든 폭이 넓은 대형 강판이다.
2. 콘크리트 슬래브의 거푸집으로 사용된다.
3. 바닥판이나 평지붕에도 사용된다.
4. 서포트가 필요하지 않아서 고층빌딩에 많이 이용된다.

정답 | ②

50

철근의 가공 및 조립에 관한 설명으로 옳지 않은 것은?

① 철근의 가공은 철근상세도에 표시된 형상과 치수가 일치하고 재질을 해치지 않은 방법으로 이루어져야 한다.
② 철근상세도에 철근의 구부리는 내면 반지름이 표시되어 있지 않은 때에는 KDS에 규정된 구부림의 최소 내면 반지름 이상으로 철근을 구부려야 한다.
③ 경미한 녹이 발생한 철근이라 하더라도 일반적으로 콘크리트와의 부착성능을 매우 저하시키므로 사용이 불가하다.
④ 철근은 상온에서 가공하는 것을 원칙으로 한다.

개념 | KEYWORD 14 철근공사

해설 |
철근은 마디에 의해 콘크리트와 결합되며 경미한 녹에 의한 부착력의 저하는 거의 없다. 녹이 있더라도 콘크리트 결합 시 피막이 형성되므로 더 이상의 녹은 발생하지 않으며, 콘크리트 구조물 품질에 영향을 주지 않는다.

정답 | ③

51

다음 중 내진 I 등급 구조물의 허용층간변위로 옳은 것은? (단, KDS기준, h_{sx}는 x층 층고)

① $0.005h_{sx}$
② $0.010h_{sx}$
③ $0.015h_{sx}$
④ $0.020h_{sx}$

개념 | KEYWORD 03 내진·내풍·사용성 설계

해설 |
내진 I 등급의 허용층간변위는 $0.015h_{sx}$이다.

관련이론

건물 허용층간변위(h_{sx}: 층고)

내진등급	허용층간변위
특	$0.010h_{sx}$
I	$0.015h_{sx}$
II	$0.020h_{sx}$

정답 | ③

52

다음 그림과 같은 압축재 $H-200\times200\times8\times12$가 부재의 중앙지점에서 약축에 대해 휨변형이 구속되어 있다. 이 부재의 탄성좌굴응력도를 구하면? (단, 단면적 $A=63.53\times10^2\text{mm}^2$, $I_x=4.72\times10^7\text{mm}^4$, $I_y=1.60\times10^7\text{mm}^4$, $E=205{,}000\text{MPa}$)

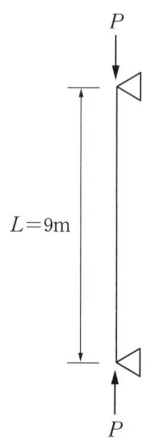

① 252N/mm^2
② 186N/mm^2
③ 132N/mm^2
④ 108N/mm^2

개념 | KEYWORD 07 기둥의 좌굴

해설 |
1. 양단 힌지이므로 유효좌굴길이계수 $K=1.0$
2. 강축(x)에 대해서는 부재 전체의 길이 $L=9\text{m}$, 약축(y)에 대해서는 휨변형이 구속되어 있으므로 $L=4.5\text{m}$를 적용함에 주의한다.
3. 강축과 약축에 대한 좌굴하중을 계산하여 작은 쪽이 탄성좌굴하중이 된다.

$$P_{cr,x}=\frac{\pi^2 EI_x}{(KL_x)^2}=\frac{\pi^2\times205{,}000\times(4.72\times10^7)}{(1.0\times9{,}000)^2}\fallingdotseq 1{,}178{,}991.3\text{N}$$

$$P_{cr,y}=\frac{\pi^2 EI_y}{(KL_y)^2}=\frac{\pi^2\times205{,}000\times(1.60\times10^7)}{(1.0\times4{,}500)^2}\fallingdotseq 1{,}598{,}632.2\text{N}$$

4. 탄성좌굴응력

$$\sigma_{cr}=\frac{P_{cr}}{A}=\frac{1{,}178{,}991.3}{63.53\times10^2}\fallingdotseq 185.58\text{N/mm}^2$$

정답 | ②

53

동일단면, 동일재료를 사용한 캔틸레버보 끝단에 집중하중이 작용하였다. P_1이 작용한 부재의 최대처짐량이 P_2가 작용한 부재의 최대처짐량의 2배일 경우 $P_1 : P_2$는?

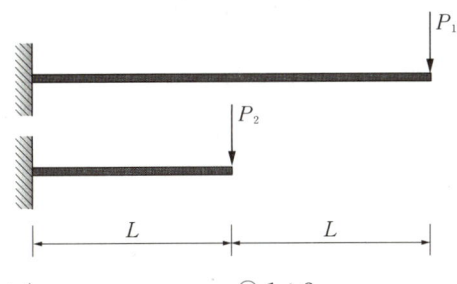

① 1 : 4 ② 1 : 8
③ 4 : 1 ④ 8 : 1

개념 | KEYWORD 10 보의 처짐

해설 |
자유단에 걸리는 하중이 P, 길이가 L인 캔틸레버보 자유단의 최대처짐은
$\delta_{max} = \left(\dfrac{PL}{EI} \times L\right) \times \dfrac{L}{3} = \dfrac{PL^3}{3EI}$ 이다.

지문의 조건에 따르면
$\dfrac{P_1 \cdot (2L)^3}{3EI} = \dfrac{P_2 \cdot (L)^3}{3EI} \times 2$ 이므로 $\dfrac{P_1}{P_2} = \dfrac{1}{4}$ 이다.

따라서 $P_1 : P_2 = 1 : 4$ 이다.

정답 | ①

54

그림과 같은 구조물에서 C점에 발생되는 모멘트는?

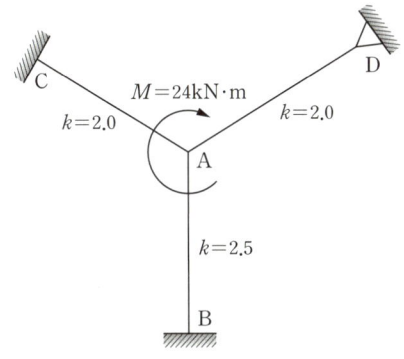

① 4.0kN·m ② 3.5kN·m
③ 3.0kN·m ④ 2.5kN·m

개념 | KEYWORD 09 구조물 해석

해설 |

1. 분배율: $DF_{AC} = \dfrac{2}{2 + 2.5 + 2 \times \frac{3}{4}} = \dfrac{1}{3}$ (강비 k는 타단힌지일 경우 $\dfrac{3}{4}k$이다.)

2. 분배모멘트 계산: $M_{AC} = 24 \times \dfrac{1}{3} = 8\text{kN}\cdot\text{m}$

3. 전달모멘트 계산: $A \to C$ (전달률: 고정단은 $\dfrac{1}{2}$)

   $M_{CA} = \dfrac{1}{2}M_{AC} = 8 \times \dfrac{1}{2} = 4\text{kN}\cdot\text{m}$

정답 | ①

55

인장을 받는 이형철근의 정착길이(l_d)는 기본정착길이(l_{db})에 보정계수를 곱하여 산정한다. 다음 중 이러한 보정계수에 영향을 미치는 사항이 아닌 것은?

① 하중계수 ② 경량콘크리트계수
③ 에폭시 도막계수 ④ 철근배치 위치계수

개념 | KEYWORD 16 철근의 정착과 이음

해설 |
인장이형철근의 정착길이에 사용되는 보정계수에는 하중계수가 포함되지 않는다.

관련이론

인장이형철근 정착길이

$l_d = \dfrac{0.9 d_b \cdot f_y}{\lambda \sqrt{f_{ck}}} \cdot \dfrac{\alpha \cdot \beta \cdot \gamma}{\left(\dfrac{c + K_{tr}}{d_b}\right)}$

여기서, λ: 경량콘크리트계수, α: 철근배근 위치계수, β: 도막계수,
γ: 철근의 크기계수, c: 철근 간격 또는 피복두께에 관련된 치수,
K_{tr}: 횡방향 철근지수

정답 | ①

56

그림과 같은 단면의 X, Y축으로부터 도심까지의 거리 (X_o, Y_o)는? (단, 단위는 cm임)

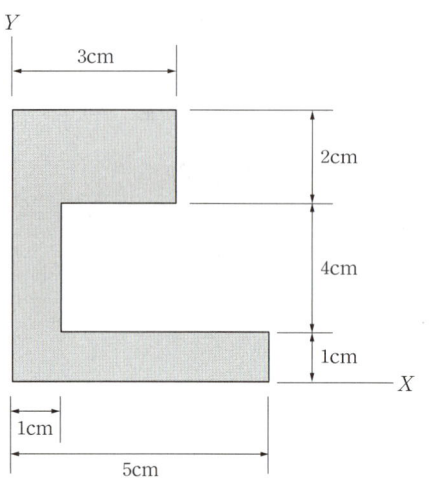

① (1.32, 3.14)
② (2.04, 4.26)
③ (1.25, 2.87)
④ (1.57, 3.37)

개념 | KEYWORD 05 단면의 성질

해설 |
단면1차모멘트를 이용한 도심의 산정
단면을 (1×7), (2×2), (4×1)로 구분하여 더한다.
$$\bar{x} = \frac{G_y}{A} = \frac{(1 \times 7)(0.5) + (2 \times 2)(2) + (4 \times 1)(3)}{(1 \times 7) + (2 \times 2) + (4 \times 1)}$$
$\quad \fallingdotseq 1.57\text{cm}$
$$\bar{y} = \frac{G_x}{A} = \frac{(1 \times 7)(3.5) + (2 \times 2)(6) + (4 \times 1)(0.5)}{(1 \times 7) + (2 \times 2) + (4 \times 1)}$$
$\quad \fallingdotseq 3.37\text{cm}$

정답 | ④

57

프리스트레스하지 않는 부재의 현장치기 콘크리트에서 흙에 접하여 콘크리트를 친 후 영구히 흙에 묻혀 있는 콘크리트 부재의 최소 피복두께로 옳은 것은?

① 40mm
② 50mm
③ 60mm
④ 75mm

개념 | KEYWORD 11 철근콘크리트구조 총론

해설 |
프리스트레스하지 않는 부재의 현장치기 콘크리트의 최소 피복두께

구분			현장치기 콘크리트 피복두께
수중			100mm
흙에 접하여 타설 후 영구히 흙에 묻혀 있는 콘크리트			75mm
흙에 접하거나 옥외의 공기에 직접 노출	D19 이상		50mm
	D16 이하의 철근, 지름 16 이하의 철선		40mm
옥외의 공기나 흙에 직접 접하지 않는 콘크리트	슬래브, 벽체, 장선	D35 초과	40mm
		D35 이하	20mm
	보, 기둥*		40mm
	쉘, 절판부재		20mm

* 보, 기둥의 경우 $f_{ck} \geq 40\text{MPa}$이면 10mm 저감가능

정답 | ④

58

콘크리트 구조 설계 시 철근간격제한에 관한 내용으로 옳지 않은 것은?

① 벽체 또는 슬래브에서 휨 주철근의 간격은 벽체나 슬래브 두께의 3배 이하로 하여야 하고, 또한 450mm 이하로 하여야 한다.
② 상단과 하단에 2단 이상으로 배치된 경우 상하 철근은 동일 연직면 내에 배치하여야 하고, 이 때 상하 철근의 순간격은 25mm 이상으로 하여야 한다.
③ 나선철근 또는 띠철근이 배근된 압축부재에서 축방향 철근의 순간격은 25mm 이상, 또한 철근 공칭지름의 2.5배 이상으로 하여야 한다.
④ 2개 이상의 철근을 묶어서 사용하는 다발철근은 이형철근으로 그 개수는 4개 이하이어야 하며, 이들은 스터럽이나 띠철근으로 둘러싸여져야 한다.

개념 | KEYWORD 16 철근 정착과 이음

해설 |
③ 나선철근 또는 띠철근이 배근된 압축부재에서 축방향 철근의 순간격은 40mm 이상, 또한 철근 공칭지름의 1.5배 이상으로 하여야 한다.

정답 | ③

59

그림과 같은 원통단면의 핵반경은?

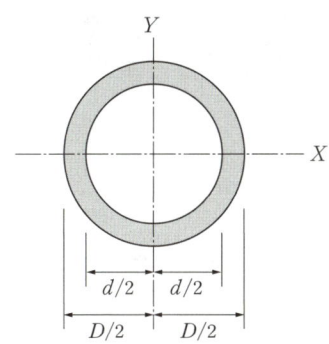

① $\dfrac{D+d}{6}$ ② $\dfrac{D}{8}$

③ $\dfrac{D+d}{8}$ ④ $\dfrac{D^2+d^2}{8D}$

개념 | KEYWORD 05 단면의 성질

해설 |

핵반경 $e = \dfrac{Z}{A}$, $Z = \dfrac{I}{y}$

여기서, Z: 단면계수, A: 단면적, I: 단면2차모멘트, y: 중심축으로부터의 거리

$Z = \dfrac{I}{y} = \dfrac{\dfrac{\pi}{64}(D^4-d^4)}{\dfrac{D}{2}}$, $A = \dfrac{\pi}{4}(D^2-d^2)$

핵반경 식에 대입하여 정리한다.

$\therefore e = \dfrac{Z}{A} = \dfrac{\dfrac{\pi(D^2-d^2)(D^2+d^2)}{32D}}{\dfrac{\pi(D^2-d^2)}{4}} = \dfrac{D^2+d^2}{8D}$

관련이론

각 도형의 단면2차모멘트

사각형	$I=\dfrac{bh^3}{12}$	원형	$I=\dfrac{\pi D^4}{64}$	삼각형	$I=\dfrac{bh^3}{36}$

정답 | ④

60

강구조에서 기초 콘크리트에 매입되어, 주각부의 이동을 방지하는 역할을 하는 것은?

① 턴 버클 ② 클립 앵글
③ 앵커 볼트 ④ 사이드 앵글

개념 | KEYWORD 17 강구조 총론

해설 |

기초 콘크리트에 매입되며 주각부의 이동을 방지하는 것은 앵커 볼트이다.

관련이론

주각부

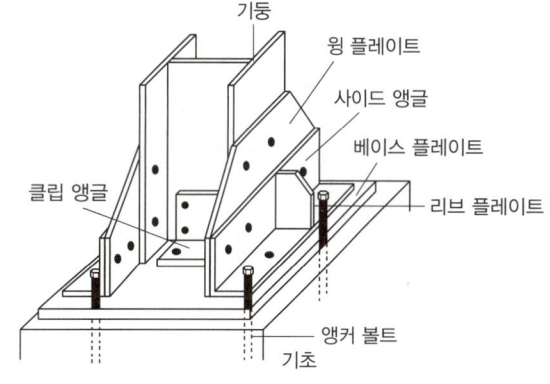

정답 | ③

건축설비

61
간접가열식 급탕법에 관한 설명으로 옳지 않은 것은?

① 대규모 급탕설비에 적합하다.
② 보일러 내부에 스케일의 발생 가능성이 높다.
③ 가열코일에 순환하는 증기는 저압으로도 된다.
④ 난방용 증기를 사용하면 별도의 보일러가 필요 없다.

개념 | KEYWORD 02 급탕설비
해설 |
간접가열식 급탕법은 저탕조에서 가열코일을 이용하여 가열하므로 보일러 내부에 스케일의 발생 가능성이 낮다.

정답 | ②

62
배수 배관에서 청소구(Clean Out)의 일반적 설치 장소에 속하지 않는 것은?

① 배수수직관의 최상부
② 배수수평지관의 기점
③ 배수수평주관의 기점
④ 배수관이 45°를 넘는 각도에서 방향을 전환하는 개소

개념 | KEYWORD 03 배수 및 통기설비
해설 |
청소구는 배수수직관의 최하부에 설치한다.

관련이론
청소구(Clean Out) 설치 위치
1. 가옥 배수관과 부지 하수관이 접속되는 곳
2. 배수수직관의 최하단부
3. 배수수평주관, 배수수평지관의 기점
4. 배관이 45° 이상 구부러진 곳
5. 각종 트랩 및 기타 필요한 곳

정답 | ①

63
일반적으로 가스사용시설의 지상배관 표면 색상은 어떤 색상으로 도색하는가?

① 백색   ② 황색
③ 청색   ④ 적색

개념 | KEYWORD 05 배관설비
해설 |
가스 지상배관의 표면 색상은 황색으로 한다.

정답 | ②

64
다음의 어떤 수조면의 일사량을 나타낸 값 중 그 값이 가장 큰 것은?

① 전천일사량   ② 확산일사량
③ 천공일사량   ④ 반사일사량

개념 | KEYWORD 19 건축과 환경
해설 |
전천일사량은 구름 따위의 영향이 없을 때 일사에 직각인 면에 입사하는 태양복사와, 구름 따위로 가려져 입사하는 태양복사의 합으로 수조면의 일사량 중 가장 크다.

정답 | ①

65
다음의 간선 배전방식 중 분전반에서 사고가 발생했을 때 그 파급 범위가 가장 좁은 것은?

① 평행식
② 방사선식
③ 나뭇가지식
④ 나뭇가지 평행식

개념 | KEYWORD 14 강전설비
해설 |
평행식은 배전반에서 각 분전반으로 단독으로 배선되기 때문에 사고 발생 시 영향을 최소화 할 수 있다.

정답 | ①

66

다음과 같은 조건에서 실의 현열부하가 7,000W인 경우 실내 취출풍량은?

- 실내온도: 22℃
- 취출공기온도: 12℃
- 공기의 비열: 1.01kJ/kg·K
- 공기의 밀도: 1.2kg/m³

① 1,042m³/h ② 2,079m³/h
③ 3,472m³/h ④ 6,944m³/h

개념 | KEYWORD 08 공기조화설비 총론

해설 |

$$G(\mathrm{m^3/h}) = \frac{3,600Q(\mathrm{kW})}{\rho(\mathrm{kg/m^3}) \times C(\mathrm{kJ/kg \cdot K}) \times \Delta t(\mathrm{K})}$$

$$= \frac{3,600 \times 7}{1.2 \times 1.01 \times (22-12)} = 2,079\mathrm{m^3/h}$$

(여기서, Q: 현열부하, ρ: 공기의 밀도, C: 공기의 비열, Δt: 온도차)

정답 | ②

67

급수관에 워터해머(Water hammer)가 생기는 가장 주된 원인은?

① 배관의 부식   ② 배관 지름의 확대
③ 수원의 고갈   ④ 배관 내 유수의 급정지

개념 | KEYWORD 01 급수설비

해설 |

급수관에 워터해머가 생기는 가장 주된 원인은 배관 내 유수(流水)의 급정지이다.

관련이론

수격작용의 원인

1. 플러시 밸브나 수전류를 급격히 열거나 닫을 때 일어나기 쉽다.
2. 관경이 작을수록 일어나기 쉽고, 관 내의 유속이 빠를수록 일어나기 쉽다.
3. 배관에 굴곡부가 많을수록 일어나기 쉽다.

정답 | ④

68

지역난방 방식에 관한 설명으로 옳지 않은 것은?

① 열원설비의 집중화로 관리가 용이하다.
② 설비의 고도화로 대기오염 등 공해를 방지 할 수 있다.
③ 각 건물의 이용시간차를 이용하면 보일러의 용량을 줄일 수 있다.
④ 고온수 난방을 채용할 경우 감압장치가 필요하며 응축수 트랩이나 환수관이 복잡해진다.

개념 | KEYWORD 11 난방설비

해설 |

고온수 난방을 채용할 경우 고온, 고압을 사용하므로 가압장치가 필요하며 응축수 트랩이나 환수관이 복잡해진다.

관련이론

지역난방

도시 혹은 일정 지역 내에 대규모 고효율의 열원 플랜트를 설치하여 생산된 열매(증기 또는 온수)를 지역 내의 각 주택, 상가, 사무실, 병원 등 수용가에 공급함으로써 효율적인 에너지 사용을 도모하는 난방방식을 말한다.

정답 | ④

69

다음 중 약전설비(소세력 전기설비)에 속하지 않는 것은?

① 조명설비   ② 전기음향설비
③ 감시제어설비   ④ 주차관제설비

개념 | KEYWORD 15 약전 및 방재설비

해설 |

조명설비는 강전설비에 해당한다.

관련이론

약전설비의 종류

전화설비, 주차관제설비, 방재설비, 감시제어설비, 인터폰설비, 음성통신설비, 구내방송설비, 무선통신설비, 약전 및 기타, 구내통신설비, TV공청설비, 영상통신설비, 영상회의설비, 시간정보설비, 전기시계설비, 데이터통신설비, 원격검침설비 등

정답 | ①

70

옥내소화전설비의 설치 대상 건축물로서 옥내소화전의 설치 개수가 가장 많은 층의 설치 개수가 4개인 경우, 옥내소화전설비 수원의 유효 저수량은 최소 얼마 이상이 되어야 하는가?

① $2.6m^3$
② $7.8m^3$
③ $5.2m^3$
④ $10.4m^3$

개념 | KEYWORD 06 소화설비
해설 |
옥내소화전 수원의 유효 저수량
$= 2.6m^3 \times N(최대\ 2개) = 5.2m^3$

정답 | ③

71

다음과 같은 조건에서 사무실의 평균 조도를 800lx로 설계하고자 할 경우, 광원의 필요수량은?

[조건]
- 광원 1개의 광속: 2,000lm
- 실의 면적: $10m^2$
- 감광 보상률: 1.5
- 조명률: 0.6

① 3개
② 5개
③ 8개
④ 10개

개념 | KEYWORD 16 조명설비
해설 |
조명설계식 $F \cdot N \cdot U = A \cdot E \cdot D$에서
$N = \dfrac{A \cdot E \cdot D}{F \cdot U} = \dfrac{10m^2 \times 800lx \times 1.5}{2,000lm \times 0.6} = 10개$
여기서, F: 광속, N: 소요량, U: 조명률, A: 면적, E: 조도, D: 감광 보상률

정답 | ④

72

습공기를 가열하였을 경우 상태량이 변하지 않는 것은?

① 절대습도
② 상대습도
③ 건구온도
④ 습구온도

개념 | KEYWORD 08 공기조화설비 총론
해설 |
절대습도는 공기를 가열하거나 냉각하여도 변함이 없다.

정답 | ①

73

직류 엘리베이터에 관한 설명으로 옳지 않은 것은?

① 임의의 기동 토크를 얻을 수 있다.
② 고속 엘리베이터용으로 사용이 가능하다.
③ 원활한 가감속이 가능하여 승차감이 좋다.
④ 교류 엘리베이터에 비하여 가격이 저렴하다.

개념 | KEYWORD 17 엘리베이터설비
해설 |
직류 엘리베이터는 속도 제어가 용이하고 승차감이 양호하여 주로 고급의 중·고속 엘리베이터에 적용된다. 하지만 직류 엘리베이터는 교류 엘리베이터에 비교하면 고가이다.

정답 | ④

74

변풍량 단일덕트방식에서 송풍량 조절의 기준이 되는 것은?

① 실내 청정도
② 실내 기류속도
③ 실내 현열 부하
④ 실내 잠열 부하

개념 | KEYWORD 09 공기조화 방식과 기기
해설 |
변풍량 단일덕트 방식에서 송풍량 조절의 기준이 되는 것은 실내 현열 부하이다.

정답 | ③

75

각각의 최대 수용전력의 합이 1,200kW, 부등률이 1.2일 때 합성 최대 수용전력은?

① 800kW
② 1,000kW
③ 1,200kW
④ 1,440kW

개념 | KEYWORD 14 강전설비

해설 |

$$부등률 = \frac{각 부하의 최대 수용전력의 합(kW)}{합성 최대 수용전력(kW)} \times 100(\%)$$

∴ 합성 최대 수용전력 $= \frac{1,200(kW)}{1.2} = 1,000(kW)$

정답 | ②

76

냉난방 부하에 관한 설명으로 옳지 않은 것은?

① 틈새바람부하에는 현열부하 요소와 잠열부하 요소가 있다.
② 최대부하를 계산하는 것은 장치의 용량을 구하기 위한 것이다.
③ 냉방부하 중 실부하란 전열부하, 일사에 의한 부하 등을 말한다.
④ 인체 발생열과 조명기구 발생열은 난방부하를 증가시키므로 난방부하 계산에 포함시킨다.

개념 | KEYWORD 09 공기조화 방식과 기기

해설 |
인체 발생열과 조명기구 발생열 및 일사 취득열은 냉방부하 계산에만 포함시키며, 난방부하 계산 시에는 무시한다.

정답 | ④

77

증기난방에 관한 설명으로 옳지 않은 것은?

① 온수난방에 비해 예열시간이 짧다.
② 운전 중 증기해머로 인한 소음발생의 우려가 있다.
③ 온수난방에 비해 한랭지에서 동결의 우려가 적다.
④ 온수난방에 비해 부하변동에 따른 실내방열량 제어가 용이하다.

개념 | KEYWORD 11 난방설비

해설 |
증기난방은 온수난방에 비교하여 부하변동에 따른 실내방열량 제어가 어렵다.

관련이론
증기난방의 장단점

장점	단점
• 증발잠열을 이용하여 열의 운반 능력이 큼 • 방열기의 방열면적이 작아도 가능 • 설비비가 저가 • 열용량이 작아 예열시간이 짧고 증기순환이 빠름 • 한랭지에서 동결에 의한 파손의 위험이 적음	• 방열기의 방열량 제어가 어려움 • 방열기의 표면온도가 높아 접촉 시 화상의 우려 • 먼지 등의 상승으로 난방의 쾌적감이 나쁨 • 스팀해머가 발생할 우려 • 응축수관이 부식하기 쉬움 • 증기트랩의 고장 및 응축수 처리에 배관상 기술을 요함

정답 | ④

78

다음 중 최근 저압선로의 배선보호용 차단기로 가장 많이 사용되는 것은?

① ACB
② GCB
③ MCCB
④ ABCB

개념 | KEYWORD 14 강전설비

해설 |
전류의 이상을 감지하는 것으로 최근 저압선로의 배선보호용 차단기로 가장 많이 사용되는 것은 MCCB(Molded Case Circuit Breaker: 배선용 차단기)이며 개폐기구, 트립장치 등을 절연물 용기 내에 일체로 조립한 제품이다.

정답 | ③

79

900명을 수용하고 있는 극장에서 실내 CO_2 농도를 0.1%로 유지하기 위해 필요한 환기량은? (단, 외기 CO_2 농도는 0.04%, 1인당 CO_2 배출량은 18L/h임)

① 27,000m³/h
② 30,000m³/h
③ 60,000m³/h
④ 66,000m³/h

개념 | KEYWORD 10 환기설비
해설 |

$$Q = \frac{K}{P_i - P_o} = \frac{900명 \times 18(L/h)}{0.1\% - 0.04\%}$$

$$= \frac{900 \times 0.018(m^3/h)}{0.001 - 0.0004} = 27,000(m^3/h)$$

(여기서, $1L = 0.001m^3$)

정답 | ①

80

다음 공기조화방식 중 전공기 방식에 속하지 않는 것은?

① 단일덕트방식
② 이중덕트방식
③ 멀티존 유닛방식
④ 팬코일 유닛방식

개념 | KEYWORD 09 공기조화 방식과 기기
해설 |
팬코일 유닛방식은 전수 방식이다.

관련이론
공기조화 방식의 분류

열원방식	시스템 명칭
전공기 방식	• 정풍량 단일덕트 방식 • 변풍량 단일덕트 방식 • 이중 덕트 방식 • 멀티존 유닛방식 • 각층 유닛방식
공기·수 방식	• 덕트병용 팬코일 유닛방식 • 유인(인덕션)유닛방식 • 복사 냉난방 방식
전수 방식	• 팬코일 유닛방식
냉매 방식	• 룸에어컨 • 패키지유닛방식(중앙식) • 패키지유닛방식(터미널유닛방식)

정답 | ④

건축관계법규

81

다음의 옥상광장 등의 설치에 관한 기준 내용 중 ( ) 안에 알맞은 것은?

> 옥상광장 또는 2층 이상인 층에 있는 노대나 그 밖에 이와 비슷한 것의 주위에는 높이 ( ) 이상의 난간을 설치하여야 한다. 다만, 그 노대 등에 출입할 수 없는 구조인 경우에는 그러하지 아니하다.

① 1.0m
② 1.2m
③ 1.5m
④ 1.8m

개념 | KEYWORD 10 피난규정
해설 |
옥상광장 또는 2층 이상인 층에 있는 노대 등의 주위에는 높이 1.2m 이상의 난간을 설치해야 한다.

정답 | ②

82

건축물의 피난층 외의 층에서 피난층 또는 지상으로 통하는 직통계단을 거실의 각 부분으로부터 계단에 이르는 보행거리가 최대 얼마 이내가 되도록 설치하여야 하는가? (단, 건축물의 주요구조부는 내화구조이고 층수는 15층으로 공동주택이 아닌 경우임)

① 30m
② 40m
③ 50m
④ 60m

개념 | KEYWORD 10 피난규정
해설 |
피난층 외의 층에서의 보행거리 기준

구분	보행거리
원칙	30m 이하
주요구조부가 내화구조 또는 불연재료로 된 건축물	50m 이하 (16층 이상 공동주택의 경우는 40m 이하)

정답 | ③

83

건축물의 면적, 높이 및 층수 등의 산정 방법에 관한 설명으로 옳은 것은?

① 건축물의 높이 산정 시 건축물의 대지에 접하는 전면도로의 노면에 고저차가 있는 경우에는 그 건축물이 접하는 범위의 전면도로부분의 수평거리에 따라 가중평균한 높이의 수평면을 전면도로면으로 본다.
② 용적률 산정 시 연면적에는 지하층의 면적과 지상층의 주차용으로 쓰는 면적을 포함시킨다.
③ 건축면적은 건축물의 내벽의 중심선으로 둘러싸인 부분의 수평투영면적으로 한다.
④ 건축물의 층수는 지하층을 포함하여 산정하는 것이 원칙이다.

개념 | KEYWORD 08 높이의 규제
해설 |
전면도로의 노면에 고저차가 있는 경우에는 전면도로부분의 수평거리에 따라 가중평균한 높이의 수평면을 전면도로면으로 본다.

선지분석
② 용적률 산정 시 연면적에서 지하층의 면적과 지상층의 주차용으로 쓰는 면적은 제외한다.
③ 건축면적은 건축물의 외벽의 중심선으로 둘러싸인 부분의 수평투영면적으로 한다.
④ 지하층은 건축물의 층수에 산입하지 아니한다.

정답 | ①

84

노외주차장 내부 공간의 일산화탄소 농도는 주차장을 이용하는 차량이 가장 빈번한 시각의 앞뒤 8시간의 평균치가 몇 ppm 이하로 유지되어야 하는가?

① 80ppm ② 70ppm
③ 60ppm ④ 50ppm

개념 | KEYWORD 16 노상·노외주차장
해설 |
노외주차장 내부 공간의 일산화탄소 농도는 주차장을 이용하는 차량이 가장 빈번한 시각의 앞뒤 8시간의 평균치가 50ppm 이하가 되도록 유지되어야 한다.

정답 | ④

85

「건축법령」상 아파트의 정의로 가장 알맞은 것은?

① 주택으로 쓰는 층수가 3개 층 이상인 주택
② 주택으로 쓰는 층수가 5개 층 이상인 주택
③ 주택으로 쓰는 층수가 7개 층 이상인 주택
④ 주택으로 쓰는 층수가 10개 층 이상인 주택

개념 | KEYWORD 01 건축법 총칙
해설 |
아파트: 주택으로 쓰는 층수가 5개 층 이상인 주택

정답 | ②

86

건축물의 거실(피난층의 거실 제외)에 국토교통부령으로 정하는 기준에 따라 배연설비를 설치하여야 하는 대상 건축물에 속하지 않는 것은?

① 6층 이상인 건축물로서 종교시설의 용도로 쓰는 건축물
② 6층 이상인 건축물로서 판매시설의 용도로 쓰는 건축물
③ 6층 이상인 건축물로서 방송통신시설 중 방송국의 용도로 쓰는 건축물
④ 6층 이상인 건축물로서 교육연구시설 중 연구소의 용도로 쓰는 건축물

개념 | KEYWORD 12 건축설비기준과 관계전문기술자
해설 |
방송통신시설은 배연설비 설치 대상에 해당되지 않는다.

관련이론

거실의 배연설비(6층 이상 건축물, 피난층은 제외)	
• 문화 및 집회시설	• 종교시설
• 판매시설	• 운수시설
• 운동시설	• 업무시설
• 숙박시설	• 위락시설
• 관광휴게시설	• 장례시설
• 의료시설(요양병원 및 정신병원은 제외)	
• 교육연구시설 중 연구소	
• 노유자시설 중 아동 관련 시설	
• 노인복지시설(노인요양시설은 제외)	
• 수련시설 중 유스호스텔	
• 제2종 근린생활시설 중 공연장, 종교집회장, 인터넷컴퓨터게임시설제공업소 및 다중생활시설	

정답 | ③

87

공동주택과 오피스텔의 난방설비를 개별난방 방식으로 하는 경우에 관한 기준 내용으로 틀린 것은?

① 보일러는 거실 외의 곳에 설치할 것
② 보일러실의 윗부분에는 그 면적이 0.5m² 이상인 환기창을 설치할 것
③ 보일러실과 거실 사이의 출입구는 그 출입구가 닫힌 경우에는 보일러 가스가 거실에 들어갈 수 없는 구조로 할 것
④ 보일러의 연도는 내화구조로서 개별연도로 설치할 것

개념 | KEYWORD 12 건축설비기준과 관계전문기술자

해설
보일러의 연도는 내화구조로서 공동연도로 설치해야 한다.

관련이론

개별난방설비(공동주택과 오피스텔)의 설치기준

구분	설치기준
보일러의 설치 위치	• 거실 외의 곳에 설치 • 보일러실과 거실 사이의 경계벽은 내화구조의 벽으로 구획(출입구는 제외)
보일러실의 환기	• 윗부분에 면적 0.5m² 이상의 환기창 설치 • 윗부분과 아랫부분에는 각각 지름 10cm 이상의 공기 흡입구 및 배기구를 항상 개방된 상태로 외기와 접하도록 설치
보일러실과 거실 사이의 출입구	출입구가 닫힌 경우에는 보일러 가스가 거실에 들어갈 수 없는 구조로 할 것
기름저장소	기름보일러의 기름저장소는 보일러실 외의 곳에 설치할 것
오피스텔의 난방구획	방화구획으로 구획할 것
보일러실의 연도	내화구조로서 공동연도로 설치할 것

정답 | ④

88

다음 설명에 알맞은 용도지구의 세분은?

> 산지·구릉지 등 자연경관을 보호하거나 유지하기 위하여 필요한 지구

① 자연경관지구
② 자연방재지구
③ 특화경관지구
④ 생태계보호지구

개념 | KEYWORD 19 국토의 용도구분

해설
자연경관지구는 산지·구릉지 등 자연경관을 보호하거나 유지하기 위하여 필요한 지구이다.

선지분석
② 자연방재지구: 토지의 이용도가 낮은 해안변, 하천변, 급경사지 주변 등의 지역으로서 건축 제한 등을 통하여 재해 예방이 필요한 지구
③ 특화경관지구: 지역 내 주요 수계의 수변 또는 문화적 보존가치가 큰 건축물 주변의 경관 등 특별한 경관을 보호 또는 유지하거나 형성하기 위하여 필요한 지구
④ 생태계보호지구: 야생동식물서식처 등 생태적으로 보존가치가 큰 지역의 보호와 보존을 위하여 필요한 지구

정답 | ①

89

판매시설 용도이며 지상 각 층의 거실면적이 2,000m²인 15층의 건축물에 설치하여야 하는 승용승강기의 최소 대수는? (단, 16인승 승강기이다.)

① 2대
② 4대
③ 6대
④ 8대

개념 | KEYWORD 13 승강설비

해설
6층 이상 거실면적의 합계는 2,000m² × 10층 = 20,000m²이고, 판매시설이므로 $2 + \dfrac{20,000 - 3,000}{2,000} = 10.5$대이다.

16인승 이상의 승강기는 2대의 승강기로 보기 때문에
10.5 ÷ 2 = 5.25대

∴ 최소 6대를 설치하여야 한다.

관련이론

승용승강기의 설치기준

건축물의 용도	6층 이상 거실면적의 합계(m²)		
	3,000m² 이하	3,000m² 초과	공식
1. 문화 및 집회시설 　① 공연장 　② 집회장 　③ 관람장 2. 판매시설 3. 의료시설	2대	2대에 3,000m²를 초과하는 2,000m² 이내마다 1대를 더한 대수	$2 + \dfrac{A - 3,000m^2}{2,000m^2}$

8인승 이상 15인승 이하 → 1대
16인승 이상의 승강기 → 2대

정답 | ③

90

막다른 도로의 길이가 **20m**인 경우, 이 도로가 「건축법령」 상 도로이기 위한 최소 너비는?

① 2m　　　　　　② 3m
③ 4m　　　　　　④ 6m

개념 | KEYWORD 01 건축법 총칙

해설 |
막다른 도로의 길이가 20m인 경우 도로이기 위한 최소 너비는 3m 이상이다.

관련이론
막다른 도로가 도로이기 위한 조건

막다른 도로의 길이	도로의 너비
10m 미만	2m 이상
10m 이상 35m 미만	3m 이상

정답 | ②

91

「국토의 계획 및 이용에 관한 법률」에 따른 용도지역에서의 용적률 최대한도 기준이 옳지 않은 것은? (단, 도시지역의 경우)

① 주거지역: 500% 이하　② 녹지지역: 100% 이하
③ 공업지역: 400% 이하　④ 상업지역: 1,000% 이하

개념 | KEYWORD 07 면적의 규제

해설 |
상업지역: 1,500% 이하

관련이론
용적률의 최대한도

지역		용적률
도시지역	주거지역	500% 이하
	상업지역	1,500% 이하
	공업지역	400% 이하
	녹지지역	100% 이하
관리지역	보전관리지역	80% 이하
	생산관리지역	
	계획관리지역	100% 이하

정답 | ④

92

다음 중 허가대상에 속하는 용도변경은?

① 영업시설군에서 근린생활시설군으로의 용도변경
② 교육 및 복지시설군에서 영업시설군으로의 용도변경
③ 근린생활시설군에서 주거업무시설군으로의 용도변경
④ 산업 등의 시설군에서 전기통신시설군으로의 용도변경

개념 | KEYWORD 03 건축물의 용도와 변경

해설 |
교육 및 복지시설군(⑥)에서 영업시설군(⑤)으로의 용도변경은 상위군에 해당하는 용도로 변경하는 행위로 허가대상이다.

관련이론
시설군의 용도변경

시설군	용도변경
① 자동차 관련 시설군 ② 산업 등의 시설군 ③ 전기통신시설군 ④ 문화 및 집회시설군 ⑤ 영업시설군 ⑥ 교육 및 복지시설군 ⑦ 근린생활시설군 ⑧ 주거업무시설군 ⑨ 그 밖의 시설군	↑ : 상위군으로 용도변경 시, 허가대상 ↓ : 하위군으로 용도변경 시, 신고대상

정답 | ②

93

다음 중 내화구조에 해당하지 않는 것은?

① 벽의 경우 철재로 보강된 콘크리트블록조·벽돌조 또는 석조로서 철재에 덮은 콘크리트블록 등의 두께가 3cm 이상인 것
② 기둥의 경우 철근콘크리트조로서 그 작은 지름이 25cm 이상인 것
③ 바닥의 경우 철근콘크리트조로서 두께가 10cm 이상인 것
④ 철근콘크리트조로 된 보

개념 | KEYWORD 01 건축법 총칙

해설 |
벽의 경우 철재로 보강된 콘크리트블록조·벽돌조 또는 석조로서 철재에 덮은 콘크리트블록 등의 두께가 5cm 이상일 때 내화구조에 해당된다.

정답 | ①

94
다음은 건축물의 사용승인에 관한 기준 내용이다. (   ) 안에 알맞은 것은?

> 건축주가 허가를 받았거나 신고를 한 건축물의 건축공사를 완료한 후 그 건축물을 사용하려면 공사감리자가 작성한 (㉠) 와 (㉡) 등 국토교통부령으로 정하는 서류를 첨부하여 허가권자에게 사용승인을 신청하여야 한다.

① ㉠ 설계도서, ㉡ 시방서
② ㉠ 시방서, ㉡ 설계도서
③ ㉠ 감리완료보고서, ㉡ 공사완료도서
④ ㉠ 공사완료도서, ㉡ 감리완료보고서

개념 | KEYWORD 02 건축허가와 신고
해설 |
건축물의 사용승인 신청에 대한 내용으로 ㉠은 감리완료보고서, ㉡은 공사완료도서이다.

정답 | ③

95
주차전용건축물이란 건축물의 연면적 중 주차장으로 사용되는 부분의 비율이 최소 얼마 이상인 건축물을 말하는가? (단, 주차장 외의 용도로 사용되는 부분이 자동차 관련 시설인 건축물의 경우)

① 70%
② 80%
③ 90%
④ 95%

개념 | KEYWORD 15 주차장법 총칙
해설 |
주차장 사용비율이 95% 이상인 건축물을 주차전용건축물이라고 한다. 하지만 자동차 관련 시설인 경우 주차장 비율이 70% 이상일 때 주차전용건축물로 본다.

관련이론
주차장 사용비율이 70% 이상일 때 주차전용건축물로 보는 건축물
1. 단독주택, 공동주택
2. 제1종 및 제2종 근린생활시설
3. 문화 및 집회시설, 종교시설
4. 판매시설, 운수시설, 운동시설, 업무시설
5. 창고시설 또는 자동차 관련 시설

정답 | ①

96
지하식 또는 건축물식 노외주차장의 차로에 관한 기준 내용으로 옳지 않은 것은? (단, 이륜자동차전용 노외주차장이 아닌 경우임)

① 높이는 주차바닥면으로부터 2.3m 이상으로 하여야 한다.
② 경사로의 종단경사도는 직선 부분에서는 17%를 초과하여서는 아니 된다.
③ 곡선 부분은 자동차가 4m 이상의 내변반경으로 회전할 수 있도록 하여야 한다.
④ 주차대수 규모가 50대 이상인 경우의 경사로는 너비 6m 이상인 2차로를 확보하거나 진입차로와 진출차로를 분리하여야 한다.

개념 | KEYWORD 16 노상·노외주차장
해설 |
곡선 부분은 자동차가 6m 이상의 내변반경으로 회전할 수 있도록 하여야 한다.

정답 | ③

97
건축물의 출입구에 설치하는 회전문의 구조에 대한 설명으로 옳지 않은 것은?

① 계단이나 에스컬레이터로부터 2m 이상의 거리를 둘 것
② 틈 사이를 고무와 고무펠트의 조합체 등을 사용하여 신체나 물건 등에 손상이 없도록 할 것
③ 출입에 지장이 없도록 일정한 방향으로 회전하는 구조로 할 것
④ 회전문의 회전속도는 분당회전수가 10회를 넘지 아니하도록 할 것

개념 | KEYWORD 10 피난규정
해설 |
회전문의 회전속도는 분당회전수가 8회를 넘지 아니하도록 해야 한다.

정답 | ④

98

다음 중 노외주차장의 출구 및 입구를 설치할 수 있는 장소는?

① 육교로부터 4m 거리에 있는 도로의 부분
② 지하횡단보도에서 10m 거리에 있는 도로의 부분
③ 초등학교 출입구로부터 15m 거리에 있는 도로의 부분
④ 장애인복지시설 출입구로부터 15m 거리에 있는 도로의 부분

개념 | KEYWORD 16 노상·노외주차장

해설 |
노외주차장의 출구 및 입구는 횡단보도(육교 및 지하횡단보도를 포함)로부터 5m 이내에 있는 도로의 부분에 설치하여서는 아니 된다.

관련이론
노외주차장의 출구 및 입구의 설치 금지장소
1. 도로교통법에 의해 정차·주차가 금지되는 도로의 부분
2. 횡단보도(육교 및 지하횡단보도를 포함)로부터 5m 이내에 있는 도로의 부분
3. 너비 4m 미만의 도로(주차대수 200대 이상인 경우에는 너비 6m 미만의 도로)와 종단 기울기가 10%를 초과하는 도로
4. 유아원, 유치원, 초등학교, 특수학교, 노인복지시설, 장애인복지시설 및 아동전용시설 등의 출입구로부터 20m 이내에 있는 도로의 부분

정답 | ②

99

도시지역에 지정된 지구단위계획구역 내에서 건축물을 건축하려는 자가 그 대지의 일부를 공공시설 부지로 제공하는 경우 그 건축물에 대하여 완화하여 적용할 수 있는 항목이 아닌 것은?

① 건축선   ② 건폐율
③ 용적률   ④ 건축물의 높이

개념 | KEYWORD 21 도시군관리계획과 지구단위계획

해설 |
대지의 일부를 공공시설 부지로 제공하는 경우 그 건축물에 대하여 완화하여 적용할 수 있는 항목은 건폐율, 용적률 및 높이제한이다.

정답 | ①

100

특별피난계단의 구조에 관한 기준 내용으로 옳지 않은 것은?

① 계단실에는 예비전원에 의한 조명설비를 할 것
② 계단은 내화구조로 하되, 피난층 또는 지상까지 직접 연결되도록 할 것
③ 출입구의 유효너비는 0.9m 이상으로 하고 피난의 방향으로 열 수 있을 것
④ 계단실의 노대 또는 부속실에 접하는 창문은 그 면적을 각각 $3m^2$ 이하로 할 것

개념 | KEYWORD 10 피난규정

해설 |
④ 계단실의 노대 또는 부속실에 접하는 창문 등(출입구를 제외)은 망이 들어 있는 유리의 붙박이창으로서 그 면적을 각각 $1m^2$ 이하로 할 것

관련이론
피난계단의 구조

구분	옥내피난계단	특별피난계단	옥외피난계단
계단실	• 내화구조의 벽으로 구획(단, 창문, 출입구 등 제외) • 돌음계단 금지		
	피난층 또는 지상층까지 직접 연결		지상까지 직접 연결
	—	노대 또는 부속실 (배연설비 설치)과 연결	—
마감재료	불연재료		—
외부창문	다른 창문으로부터 2m 이상 띄울 것(단, 망입유리로 $1m^2$ 이하 제외)		
내부창문	계단실과 옥내 사이에 설치	계단실과 노대 또는 부속실 사이에 설치	—
	망입유리의 붙박이창으로서 각각 $1m^2$ 이하로 할 것		

정답 | ④

2023년 | 4회 CBT 복원문제

건축계획

01

공포형식 중 다포형식에 관한 설명으로 옳지 않은 것은?

① 출목은 2출목 이상으로 전개된다.
② 수덕사 대웅전이 대표적인 건물이다.
③ 내부 천장구조는 대부분 우물천장이다.
④ 기둥 상부 이외에 기둥 사이에도 공포를 배열한 형식이다.

개념 | KEYWORD 14 한국건축사
해설 |
수덕사 대웅전은 주심포식 건축물이다.

정답 | ②

02

종합병원 건축계획에 대한 설명 중 옳지 않은 것은?

① 우리나라의 일반적인 외래진료방식은 오픈 시스템이며 대규모의 각종 과를 필요로 한다.
② 1개의 간호사 대기소에서 관리할 수 있는 병상수는 30~40개 이하로 한다.
③ 병실의 창문은 환자가 병상에서 외부를 전망할 수 있게 하는 것이 좋다.
④ 수술실의 바닥마감은 전기도체성 마감을 사용하는 것이 좋다.

개념 | KEYWORD 11 병원
해설 |
우리나라의 일반적인 외래진료방식은 클로즈드 시스템(Closed system)이며, 대규모의 각종 과를 필요로 한다. 오픈 시스템(Open system)은 주로 미국에서 채택하는 외래진료방식이다.

정답 | ①

03

극장건축의 관련 제실에 관한 설명으로 옳지 않은 것은?

① 앤티룸(Anti room)은 출연자들이 출연 바로 직전에 기다리는 공간이다.
② 그린룸(Green room)은 출연자 대기실을 말하며 주로 무대 가까운 곳에 배치한다.
③ 배경제작실의 위치는 무대에 가까울수록 편리하며, 제작 중의 소음을 고려하여 차음 설비가 요구된다.
④ 의상실은 실의 크기가 1인당 최소 $8m^2$가 필요하며, 그린룸이 있는 경우 무대와 동일한 층에 배치하여야 한다.

개념 | KEYWORD 08 극장, 영화관, 미술관
해설 |
의상실은 실의 크기가 1인당 최소 $4 \sim 5m^2$가 필요하며, 그린룸이 있는 경우에는 무대와 동일한 층에 배치하지 않아도 된다.

정답 | ④

04

다음 설명에 알맞은 공장건축의 레이아웃 형식은?

> - 동종의 공정, 동일한 기계 설비 또는 기능이 유사한 것을 하나의 그룹으로 집합시키는 방식
> - 다종 소량 생산의 경우, 예상 생산이 불가능한 경우, 표준화가 이루어지기 어려운 경우에 채용

① 고정식 레이아웃
② 혼성식 레이아웃
③ 공정중심의 레이아웃
④ 제품중심의 레이아웃

개념 | KEYWORD 10 공장, 창고

해설 |

공정중심의 레이아웃(기계설비 중심)
- 동일 종류의 공정, 즉 기계로 그 기능이 동일한 것, 혹은 유사한 것을 하나의 그룹으로 집합시키는 방식으로 일명 기능식 레이아웃이다.
- 다종 소량 생산으로 예상 생산이 불가능한 경우 또는 표준화가 어려운 경우에 채용한다.
- 생산성은 낮으나 주문생산에 적합하다.

선지분석

① 고정식 레이아웃
 - 주가 되는 재료나 조립부품이 고정된 장소에 있고 사람이나 기계가 그 장소로 이동해 가서 작업이 행해지는 방식이다.
 - 제품이 크고 수가 극히 적을 경우에 적합하다. (선박, 건축)
② 혼성식 레이아웃: 제품중심, 공정중심, 고정식 레이아웃이 섞인 방식이다.
④ 제품중심의 레이아웃(연속 작업식)
 - 생산에 필요한 모든 공정, 기계, 기구를 제품의 흐름에 따라 배치하는 방식이다.
 - 대량생산이 가능하고, 생산성이 높다. 공정의 시간적, 수량적 밸런스가 좋고 상품의 연속성이 가능하게 흐를 경우 성립한다.

정답 | ③

05

다음 중 백화점 매장의 기둥간격 결정요소와 가장 거리가 먼 것은?

① 엘리베이터의 배치방법
② 진열장의 치수와 배치방법
③ 지하주차장 주차방식과 주차 폭
④ 층별 매장 구성과 예상 이용 인원

개념 | KEYWORD 06 상점, 백화점, 쇼핑센터

해설 |
층별 매장 구성과 예상 이용 인원은 기둥간격 결정요소와는 거리가 멀다.

관련이론

기둥간격 결정요소
1. 사무소: 책상배치, 채광 유효면적, 지하주차단위 등
2. 백화점: 가구배치, 에스컬레이터, 지하주차단위 등

정답 | ④

06

상점의 쇼윈도에 관한 설명으로 옳지 않은 것은?

① 평형은 일반적으로 많이 사용되는 기본형으로 상점 내의 면적을 넓게 사용할 수 있다.
② 경사형은 유리면을 경사지게 처리하여 단조로움이 적게 되지만 유리면의 눈부심이 크다.
③ 상점의 전면이 넓지 않을 경우 일반적으로 쇼윈도와 출입구는 비대칭적으로 처리하는 것이 좋다.
④ 곡면형은 곡면유리를 사용하여 쇼윈도의 구성에 변화를 주어 일단 형태감에서 통행인의 시선을 자연스럽게 유도할 수 있다.

개념 | KEYWORD 09 상점, 백화점, 쇼핑센터

해설 |
눈부심을 적게 하기 위해 유리면을 경사지게 하고, 특수한 경우 곡면 유리를 사용한다.

정답 | ②

07

다음 중 비잔틴 건축에 해당하는 것은?

① 성 소피아 성당
② 피사 사원
③ 노트르담 성당
④ 성 베드로 성당

개념 | KEYWORD 13 서양건축사

해설 |
성 소피아 성당, 산 마르코 성당, 산 비탈레 성당, 성 세르기우스와 바커스 성당 등이 비잔틴 건축에 속한다.

정답 | ①

08

미술관 건축계획에 관한 설명으로 옳은 것은?

① 하모니카 전시기법은 동일 종류의 전시물을 반복 전시할 경우 유리하다.
② 연속 순회형식이 가장 이상적으로 반영되어 있는 건축물로는 뉴욕의 구겐하임 미술관이 있다.
③ 미술관의 채광 방식을 편측창 방식으로 할 경우 실 전체의 조도분포가 균일하여 별도의 조명설비가 필요 없다.
④ 아일랜드 전시기법은 벽이나 천장을 직접 이용하여 전시물을 배치하는 기법으로 관람자의 시거리를 짧게 할 수 없다는 단점이 있다.

개념 | KEYWORD 08 극장, 영화관, 미술관

해설 |
하모니카 전시기법은 전시평면이 하모니카 흡입구처럼 일정한 크기와 공간으로 연속되어 배치된다. 따라서 동일 종류의 전시물을 반복 전시할 경우 유리하다.

선지분석
② 구겐하임 미술관은 중앙홀 형식이다.
③ 편측창 방식은 조도분포가 균일하지 않다.
④ 아일랜드 전시기법은 벽이나 천장을 직접 이용하지 않고 전시물 또는 전시장치를 배치함으로써 전시공간을 만든다.

정답 | ①

09

전통 주거건축 중 부엌, 방, 대청, 방의 순으로 배열되는 일(一)자형 평면을 가진 민가형은?

① 남부 지방형
② 개성 지방형
③ 평안도 지방형
④ 함경도 지방형

개념 | KEYWORD 14 한국건축사

해설 |
부엌, 방, 마루 등이 일렬로 연속 배치된 형식은 一자형으로 주로 남부 지방에 분포한다.

관련이론

전통주거 평면형식

구분	특징
一자 형식	• 남부 지방에 분포 • 부엌, 방, 마루 등이 일렬로 연속 배치된 형식
ㄱ자 형식	• 중부 지방에 분포 • 부엌, 안방, 웃방으로 일렬 배치하고 윗방에서 직각 방향에 대청을 두고 건넌방을 연결하는 형식(개성) • 방과 마루를 일렬 배치하고 직각 방향에 부엌을 연결하는 방식(서울)
田자 형식	• 주로 북부 지방에 분포 • 부엌의 부뚜막을 넓게 하고, 방에서 방으로 직접 연결되어 도리 방향의 칸막이벽으로 방들이 田자와 같이 구성된 형식

정답 | ①

10

아파트의 단면형식 중 메조넷형(Maisonette type)에 관한 설명으로 옳지 않은 것은?

① 다양한 평면구성이 가능하다.
② 거주성, 특히 프라이버시의 확보가 용이하다.
③ 통로가 없는 층은 채광 및 통풍 확보가 용이하다.
④ 공용 및 서비스 면적이 증가하여 유효면적이 감소된다.

개념 | KEYWORD 04 공동주택

해설
메조넷형은 복층형으로 단층형에 비해 공용 및 서비스 면적이 감소하고 유효면적이 증가한다.

관련이론
복층형의 장단점
1. 장점
   - 엘리베이터의 정지층 수를 적게 할 수 있다. (효율적, 경제적)
   - 복도가 없는 층은 남북면이 트여져 있으므로 좋은 평면 구성이 가능하다.
   - 통로 면적이 감소하고 임대(전용, 거주, 대실, 유효)면적이 증가한다.
   - 프라이버시가 가장 좋다.
2. 단점
   - 소규모 주택($50m^2$ 이하)에서는 비경제적이다.
   - 공용 복도가 없는 층은 화재 및 위험 시 대피상 불리하다.
   - 구조상 복잡하다.

정답 | ④

11

1주간의 평균 수업시간이 30시간인 어느 학교에서 설계제도교실이 사용되는 시간은 24시간이다. 그 중 6시간은 다른 과목을 위해 사용된다고 할 때, 설계제도교실의 이용률과 순수율은?

① 이용률 80%, 순수율 25%
② 이용률 80%, 순수율 75%
③ 이용률 60%, 순수율 25%
④ 이용률 60%, 순수율 75%

개념 | KEYWORD 09 학교, 도서관

해설
이용률 = $\frac{교실이 사용되는 시간}{1주간의 평균수업 시간} \times 100(\%) = \frac{24}{30} \times 100\% = 80\%$

순수율 = $\frac{일정한 교과를 위해 사용되는 시간}{교실이 사용되는 시간} \times 100(\%) = \frac{18}{24} \times 100\% = 75\%$

정답 | ②

12

도서관의 출납 시스템 유형 중 이용자가 자유롭게 도서를 꺼낼 수 있으나 열람석으로 가기 전에 관원의 검열을 받는 형식은?

① 폐가식   ② 반개가식
③ 자유개가식   ④ 안전개가식

개념 | KEYWORD 09 학교, 도서관

해설
안전개가식(Safe-guarded open access)에 대한 설명이다. 안전개가식은 자유개가식과 반개가식의 장점을 취한 형식이다.

선지분석
① 폐가식(Closed access): 열람자는 목록에 의해 책을 선택하여 관원에게 대출 기록을 제출한 후 대출 받는 형식이다.
② 반개가식(Semi-open access): 열람자는 직접 서가에 면하여 책의 체재나 표지 정도는 볼 수 있으나 내용을 보려면 관원에게 요구하여 대출 기록을 남긴 후 열람하는 형식이다
③ 자유개가식(Free open access): 열람자 자신이 서가에서 책을 꺼내어 책을 고르고 그대로 검열을 받지 않고 열람하는 형식으로 보통 1실형이고 10,000권 이하의 서적 보관과 열람에 적당하다.

정답 | ④

13

다음 설명에 알맞은 국지도로의 유형은?

> 불필요한 차량 진입이 배제되는 이점을 살리면서 우회도로가 없는 Cul-de-sac형의 결점을 개량하여 만든 패턴으로서 보행자의 안전성 확보가 가능하다.

① Loop형   ② 격자형
③ T자형   ④ 간선분리형

개념 | KEYWORD 04 공동주택

해설
루프(Loop)형은 우회도로가 없는 쿨데삭(Cul-de-sac)형의 결점을 개량하여 만든 유형이다.

정답 | ①

14

사무소 건축의 실단위 계획에 있어서 개방식 배치(Open plan)에 관한 설명으로 옳지 않은 것은?

① 독립성과 쾌적감 확보에 유리하다.
② 공사비가 개실시스템보다 저렴하다.
③ 방의 길이나 깊이에 변화를 줄 수 있다.
④ 전면적을 유효하게 이용할 수 있어 공간 절약상 유리하다.

개념 | KEYWORD 05 사무소
해설 |
독립성과 쾌적감 확보에 유리한 것은 개실형 배치이다.

관련이론
개방식 배치(Open plan)
단일 공간의 개방된 대규모 사무공간을 계획하는 것이다.
1. 장점
   ㉠ 전 면적을 유효하게 이용할 수 있어 공간 절약상 유리하다.
   ㉡ 칸막이벽이 없어서 공사비가 다소 저렴하다.
   ㉢ 방의 길이나 깊이에 변화를 줄 수 있다.
2. 단점
   ㉠ 소음이 크고 독립성이 떨어진다.
   ㉡ 자연채광에 인공조명이 필요하다.

정답 | ①

15

르 코르뷔지에가 주장한 근대건축 5원칙에 속하지 않는 것은?

① 필로티   ② 옥상정원
③ 유기적 공간   ④ 자유로운 평면

개념 | KEYWORD 13 서양건축사
해설 |
르 코르뷔지에의 근대건축 5원칙
1. 필로티
2. 옥상정원
3. 가로로 긴 창(연속적인 수평창)
4. 자유로운 입면
5. 자유로운 평면

정답 | ③

16

오피스의 엘리베이터 배치계획에 관한 설명으로 옳은 것은?

① 4대 이하일 경우 일렬배치로 한다.
② 대면배치에서 대면거리는 2m 정도로 하는 것이 좋다.
③ 오피스 내의 주출입구홀에 직접적으로 면하여 배치하지 않도록 한다.
④ 오피스를 방문하거나 이용하는 외래자에게 잘 보이지 않는 위치에 배치한다.

개념 | KEYWORD 05 사무소
해설 |
일렬배치는 4대를 한도로 하고, 엘리베이터 중심간 거리는 8m 이하가 되도록 한다.

선지분석
② 대면거리는 3.5~4.5m 정도로 한다.
③ 주출입구홀에 직접적으로 면하여 배치한다.
④ 외래자에게 잘 알려질 수 있는 위치에 배치한다.

정답 | ①

17

다음과 같은 특징을 갖는 부엌의 평면형은?

- 작업 시 몸을 앞뒤로 바꾸어야 하는 불편이 있다.
- 식당과 부엌이 개방되지 않고 외부로 통하는 출입구가 필요한 경우에 많이 쓰인다.

① 일렬형   ② ㄱ자형
③ 병렬형   ④ ㄷ자형

개념 | KEYWORD 03 단독주택
해설 |
병렬형에 대한 설명이다. 병렬형은 동선 단축의 장점이 있지만 몸을 앞뒤로 바꾸면서 작업을 해야 하는 불편이 있다.

선지분석
① 일렬형(직선형): 좁은 부엌에 알맞고 동선의 혼란이 없는 반면 움직임이 많아 동선이 길어진다.
② ㄱ자형(L자형): 정방형의 부엌에 적당하며 비교적 넓은 부엌에서 능률이 좋으나 모서리 부분의 이용도가 낮다.
④ ㄷ자형(U자형): 3개 벽면의 이용으로 수납공간을 넓게 잡을 수 있으며 작업하기에 편리하다.

정답 | ③

18
학교의 강당계획에 관한 설명으로 옳지 않은 것은?

① 체육관의 크기는 배구 코트의 크기를 표준으로 한다.
② 강당은 반드시 전교생을 수용할 수 있도록 크기를 결정하지는 않는다.
③ 강당 및 체육관으로 겸용하게 될 경우 체육관 목적으로 치중하는 것이 좋다.
④ 강당 겸 체육관은 커뮤니티의 시설로서 이용될 수 있도록 고려하여야 한다.

개념 | KEYWORD 09 학교, 도서관
해설 |
체육관의 크기는 농구 코트를 기준으로 한다.

관련이론
체육관 계획
1. 천정높이: 6m 이상
2. 체육관과 강당을 겸용할 경우 체육관을 위주로 한다.
3. 바닥마감: 목재 마루판 2중 깔기(길이 방향)

정답 | ①

19
다음 중 단독주택의 현관 위치 결정에 가장 주된 영향을 끼치는 것은?

① 방위
② 주택의 층수
③ 거실의 위치
④ 도로와의 관계

개념 | KEYWORD 03 단독주택
해설 |
현관의 위치는 대지의 형태, 도로와의 관계 등에 의하여 결정된다.

정답 | ④

20
래드번(Radburn) 계획에서 슈퍼블록을 구성함으로써 얻어 질 수 있는 효과로 옳지 않은 것은?

① 충분한 공동의 오픈스페이스의 확보가 가능
② 건물을 집약화함으로써 고층화·효율화가 가능
③ 커뮤니티시설의 중심배치로 간선도로변의 활성화가 가능
④ 도로교통의 개선, 즉 보도와 차도의 완전한 분리가 가능

개념 | KEYWORD 04 공동주택
해설 |
래드번 계획은 보행과 차도의 완전 분리와 슈퍼블록 내부 중심의 커뮤니티 시설 배치가 원칙이며, 간선도로변의 활성화와는 관계없다.

정답 | ③

건축시공

21
열적외선을 반사하는 은소재 도막으로 코팅하여 방사율과 연관류율을 낮추고 가시광선 투과율을 높인 유리는?

① 스팬드럴 유리
② 접합유리
③ 배강도유리
④ 로이유리

개념 | KEYWORD 25 유리공사
해설 |
로이유리(Low-Emissivity Glass)는 금속 또는 금속산화물을 얇게 코팅하여 열(적외선)의 이동을 최소화시킨 저방사 유리이다.

선지분석
① 스팬드럴 유리: 세라믹질의 도료를 코팅한 불투명한 유리이다.
② 접합유리: 투명판 유리 2장 사이에 합성수지막을 넣어 접착제로 접착시킨 유리로 차음성, 보온성이 좋다.
③ 배강도유리: 유리 표면에 열처리하여 파괴강도를 증대시키고, 파손 시 판유리와 유사하게 깨지도록 만든 유리이다.

정답 | ④

22

지름 100mm, 높이 200mm의 콘크리트 공시체를 쪼갬인장강도시험에 의해 강도를 측정하였더니 파괴하중이 63kN이었다. 이 공시체의 인장강도는?

① 0.8MPa
② 1.5MPa
③ 2MPa
④ 3MPa

개념 | KEYWORD 16 콘크리트공사

해설 |

공시체의 쪼갬인장강도(할렬강도)

$$\frac{2P}{\pi DL} = \frac{2 \times 63 \times 10^3 \text{N}}{\pi \times 100\text{mm} \times 200\text{mm}} ≒ 2.005 \text{N/mm}^2 (\text{MPa})$$

여기서, P: 하중(N), D: 공시체의 지름(mm), L: 공시체의 길이(mm)

정답 | ③

23

품질관리 사이클의 순서로 옳은 것은?

① 계획 - 검토 - 실시 - 조치
② 계획 - 검토 - 조치 - 실시
③ 계획 - 실시 - 조치 - 검토
④ 계획 - 실시 - 검토 - 조치

개념 | KEYWORD 09 품질관리

해설 |

품질관리 순서(데밍의 관리 Cycle 4단계)

P(Plan)	계획	목표를 위한 계획을 세움
D(Do)	실시	표준과 동일한 작업을 실시
C(Check)	검토	작업상황 및 결과를 검토
A(Action)	조치	검토한 결과에 따라 시정조치

정답 | ④

24

건축마감공사로서 단열공사에 관한 설명으로 옳지 않은 것은?

① 단열시공바탕은 단열재 또는 방습재 설치에 못, 철선, 모르타르 등의 돌출물이 도움이 되므로 제거하지 않아도 된다.
② 설치위치에 따른 단열공법 중 내단열공법은 단열성능이 적고 내부 결로가 발생할 우려가 있다.
③ 단열재를 접착제로 바탕에 붙이고자 할 때에는 바탕면을 평탄하게 한 후 밀착하여 시공하되 초기박리를 방지하기 위해 압착상태를 유지시킨다.
④ 단열재료에 따른 공법은 성형판단열재 공법, 현장발포재 공법, 뿜칠단열재 공법 등으로 분류할 수 있다.

개념 | KEYWORD 30 단열공사

해설 |

단열시공바탕은 단열재 또는 방습재 설치에 지장이 없도록 못, 철선, 모르타르 등의 돌출물을 제거해 평탄작업을 한다.

정답 | ①

25

다음 중 통계적 품질관리 기법의 종류에 해당되지 않는 것은?

① 히스토그램
② 특성요인도
③ 브레인스토밍
④ 파레토도

개념 | KEYWORD 09 품질관리

해설 |

브레인스토밍은 자유롭게 아이디어를 내기 위한 발상법으로 통계적 품질관리 기법에 해당되지 않는다.

관련이론

QC활동(품질관리도구)의 7도구

1. 히스토그램: 데이터가 어떤 분류나 분포로 되어 있는가를 나타낸 그림
2. 파레토도: 고장, 결점, 불량 등의 원인을 크기 순으로 나열하여 나타낸 그림
3. 특성요인도: 원인이 결과에 어떤 작용을 하고 있는가를 나타낸 그림
4. 체크시트: 데이터가 어느 항목에 집중되어 있는가를 나타낸 그림
5. 산점도: 두 데이터의 상호관계를 파악하기 위하여 그래프 위에 타점하여 나타낸 그림
6. 층별: 데이터를 일정한 형식에 의해 부분 집단으로 재구성한 수법
7. 그래프(관리도): 품질관리에서 얻은 자료를 알기 쉽게 그림으로 정리한 것임

정답 | ③

26

도장공사에 필요한 가연성 도료를 보관하는 창고에 관한 설명으로 옳지 않은 것은?

① 도료가 묻은 헝겊 등 자연발화의 우려가 있는 것을 도료보관 창고 안에 두어서는 안 되며, 반드시 소각시켜야 한다.
② 반입한 도료 및 사용 중인 도료는 현장 내에서 담당원이 승인하는 창고에 보관하고, 도료창고에 화기 엄금 표시를 한다.
③ 바닥에는 침투성이 있는 재료를 깐다.
④ 지붕은 불연재로 하고, 천장을 설치하지 않는다.

개념 | KEYWORD 27 도장공사

해설 |
바닥에는 침투성이 없는 재료를 깐다.

관련이론

가연성 도료의 보관 및 장소

가연성 도료는 전용 창고에 보관하는 것을 원칙으로 하며, 적절한 보관온도를 유지하도록 한다.
① 반입한 도료 및 사용 중인 도료는 현장 내에서 담당원이 승인하는 창고에 보관하고, 도료창고에 화기 엄금 표시를 한다.
② 도료창고는 특히 화재에 주의하고, 창고 내와 그 주변에서의 화기 사용을 엄금한다. 도료창고 또는 도료를 둘 곳은 아래 사항을 구비한다.
  ㉠ 독립한 단층건물로서 주위 건물에서 1.5m 이상 떨어져 있게 한다.
  ㉡ 건물 내의 일부를 도료의 저장장소로 이용할 때는 내화구조 또는 방화구조로 된 구획된 장소를 선택한다.
  ㉢ 지붕은 불연재로 하고, 천장을 설치하지 않는다.
  ㉣ 바닥에는 침투성이 없는 재료를 깐다.
  ㉤ 희석제를 보관할 때에는 위험물 취급에 관한 법규에 준하고, 소화기 및 소화용 모래 등을 비치한다.
③ 사용하는 도료는 될 수 있는 대로 밀봉하여 새거나 엎지르지 않게 다루고, 샌 것 또는 엎지른 것은 발화의 위험이 없도록 닦아낸다.
④ 도료가 묻은 헝겊 등 자연발화의 우려가 있는 것을 도료보관 창고 안에 두어서는 안 되며, 반드시 소각시켜야 한다.

정답 | ③

27

콘크리트의 강도에 가장 큰 영향을 미치는 것은?

① 물시멘트비
② 시멘트의 품질
③ 골재의 강도
④ 공기량

개념 | KEYWORD 16 콘크리트 공사

해설 |
물시멘트비가 가장 직접적인 영향을 준다.

정답 | ①

28

서로 다른 종류의 금속재가 접촉하는 경우 부식이 일어나는 경우가 있는데 부식성이 큰 금속 순으로 옳게 나열된 것은?

① 알루미늄 > 철 > 주석 > 구리
② 주석 > 철 > 알루미늄 > 구리
③ 철 > 주석 > 구리 > 알루미늄
④ 구리 > 철 > 알루미늄 > 주석

개념 | KEYWORD 29 금속공사

해설 |
다른 종류의 금속재가 접촉하는 경우 수분이 있으면 전기분해가 발생하여 부식된다. 반응성이 큰 순서대로 나열하면, 알루미늄>철>주석>구리 순이다.

관련이론

금속의 이온화 경향

K>Ca>Na>Mg>Al>Zn>Fe>Ni>Sn>Pb>(H)>Cu>Hg>Ag>Pt>Au

정답 | ①

29
건축용 석재 사용 시 주의사항으로 옳지 않은 것은?

① 석재를 구조재로 사용 시 압축강도가 큰 것을 선택하여 사용할 것
② 석재를 다듬어 쓸 때는 석질이 균일한 것을 사용할 것
③ 동일 건축물에는 다양한 종류 및 다양한 산지의 석재를 사용할 것
④ 석재를 마감재로 사용 시 석리와 색채가 우아한 것을 선택하여 사용할 것

개념 | KEYWORD 20 석공사
해설 |
석재를 동일 건축물에 사용 시 외부재와 내부재를 구분하여 사용한다.(흡수율 기준)

정답 | ③

30
벽돌쌓기 시 벽면적 $1m^2$당 소요되는 벽돌($190 \times 90 \times 57mm$)의 정미량(매)과 모르타르량($m^3$)으로 옳은 것은? (단, 벽두께 1.0B, 모르타르의 재료량은 할증이 포함된 것이며, 배합비는 1 : 3이다.)

① 벽돌매수: 224매, 모르타르량: $0.078m^3$
② 벽돌매수: 224매, 모르타르량: $0.049m^3$
③ 벽돌매수: 149매, 모르타르량: $0.078m^3$
④ 벽돌매수: 149매, 모르타르량: $0.049m^3$

개념 | KEYWORD 07 공종별 적산
해설 |
쌓기모르타르량 산출

모르타르량(m^3) = $\dfrac{\text{벽돌 정미량}}{1,000매} \times \text{단위수량}$

• 단위수량(벽돌 1,000매당: m^3) → 1.0B일 때 $0.33m^3$

구분	0.5B	1.0B	1.5B	2.0B	2.5B
표준형	0.25	0.33	0.35	0.36	0.37

• 벽돌 단위수량(m^2당) → 1.0B일 때 149매

구분	0.5B	1.0B	1.5B	2.0B	2.5B	3.0B
표준형	75	149	224	298	373	447

∴ 모르타르량: $\dfrac{149매}{1,000매} \times 0.33m^3 = 0.04917m^3$

정답 | ④

31
건설업의 종합건설업 제도(EC화: Engineering Construction)에 관한 정의로 옳은 것은?

① 종래의 단순한 시공업과 비교하여 건설사업의 발굴 및 기획, 설계, 시공, 유지관리에 이르기까지 사업 전반에 관한 것을 종합, 기획관리하는 업무영역의 확대를 말한다.
② 각 공사별로 나누어져 있는 토목, 건축, 전기, 설비, 철골, 포장 등의 공사를 1개 회사에서 시공하도록 하는 종합건설 면허제도이다.
③ 설계업을 하는 회사를 공사시공까지 할 수 있도록 업무영역을 확대한 면허제도를 말한다.
④ 시공업체가 설계업까지 할 수 있게 하는 면허제도이다.

개념 | KEYWORD 02 관계자와 관리기법
해설 |
EC화는 건설사업의 발굴 및 기획, 설계, 시공, 유지관리에 이르기까지 사업전반에 관한 것을 종합적으로 기획, 관리한다.

정답 | ①

32
신축할 건축물의 높이의 기준이 되는 주요 가설물로 이동의 위험이 없는 인근 건물의 벽 또는 담장에 설치하는 것은?

① 줄띄우기　② 벤치마크
③ 규준틀　④ 수평보기

개념 | KEYWORD 10 가설공사
해설 |
벤치마크(Bench mark: 기준점, 수준점)
1. 건물의 위치, 높이 기준이 되는 표식으로 기준면으로부터 표고를 측정하여 표시해 둔 점이다.
2. 높이 측량의 기준이 되도록 건축물 인근에 설치한다.

정답 | ②

33
가설공사에서 건물의 각부 위치, 기초의 너비 또는 길이 등을 정확히 결정하기 위한 것은?

① 벤치마크
② 수평규준틀
③ 세로규준틀
④ 현황측량

개념 | KEYWORD 10 가설공사
해설 |
건축물 기초의 너비 또는 길이 등을 표시하기 위한 것은 수평규준틀이다.

정답 | ②

34
기술제안입찰제도의 특징에 관한 설명으로 옳지 않은 것은?

① 공사비 절감방안의 제안은 불가하다.
② 기술제안서 작성에 추가비용이 발생된다.
③ 제안된 기술의 지적재산권 인정이 미흡하다.
④ 원안 설계에 대한 공법, 품질 확보 등이 핵심 제안요소이다.

개념 | KEYWORD 05 입찰방식 및 계약
해설 |
기술제안입찰은 발주처에서 설계한 뒤 업체에서 공기 단축, 공사비 절감 등을 위한 기술제안서 제출이 가능하다.

정답 | ①

35
타일의 흡수율 크기의 대소관계로 옳은 것은?

① 석기질 > 도기질 > 자기질
② 도기질 > 석기질 > 자기질
③ 자기질 > 석기질 > 도기질
④ 석기질 > 자기질 > 도기질

개념 | KEYWORD 20 석공사
해설 |
타일의 흡수율(%)
도기질 > 석기질 > 자기질

정답 | ②

36
다음 중 벽돌벽에 삼각형, 사각형, 십자형 등의 구멍을 벽면 중간에 규칙적으로 만들어 쌓는 방식에 해당하는 것은?

① 엇모쌓기
② 영롱쌓기
③ 창대쌓기
④ 허튼쌓기

개념 | KEYWORD 19 조적공사
해설 |
영롱쌓기는 난간벽과 같이 상부하중을 지지하지 않는 벽에 있어서 장식적인 효과를 위해 벽체에 구멍을 내어 쌓는 것이다.

정답 | ②

37
철근이음방법 중 철근을 가열하면서 압력을 가하는 방식으로 모재와 동등한 기계적 강도를 가지며 조직의 성분의 변화가 적고 접합강도가 큰 것은?

① 겹침 이음
② 가스압접
③ 나사식 이음
④ Cad Welding

개념 | KEYWORD 14 철근공사
해설 |
가스압접이음은 철근의 접합면을 맞대고 압력을 가하면서 산소 아세틸렌가스의 중성염으로 가열하면 접합부가 부풀어 오르면서 접합된다.

정답 | ②

38

수량 산출 작업을 함에 있어 효율적인 적산방법이 아닌 것은?

① 수직방향에서 수평방향으로 적산한다.
② 시공순서대로 적산한다.
③ 내부에서 외부로 적산한다.
④ 큰 곳에서 작은 곳으로 적산한다.

개념 | KEYWORD 06 적산 총론
해설 |
수량 산출은 수평방향에서 수직방향으로 적산한다.

정답 | ①

39

다음 설명에 적절한 방수공법을 고르시오.

> 신장성과 내후성이 우수하고 보호누름이 필요하며 결함부의 발견이 매우 어렵다.

① 시트방수
② 아스팔트방수
③ 도막방수
④ 시멘트액체방수

개념 | KEYWORD 22 방수공사
해설 |
시트방수에 대한 설명이다.

정답 | ①

40

어스앵커 공법에 관한 설명으로 옳지 않은 것은?

① 버팀대가 없어 굴착공간을 넓게 활용할 수 있다.
② 인접한 구조물의 기초나 매설물이 있는 경우 효과가 크다.
③ 대형 기계의 반입이 용이하다.
④ 시공 후 검사가 어렵다.

개념 | KEYWORD 12 토공사
해설 |
어스앵커 공법은 인접한 구조물의 기초나 매설물이 있는 경우 적용이 어렵다.

관련이론
어스앵커(Earth anchor) 공법
1. 개념: 버팀대 대신 흙막이벽 배면을 원통형으로 굴착하여 앵커체에 의해 벽을 지탱하는 공법이다.
2. 장점: 버팀대가 없으므로 굴착공간을 넓게 확보할 수 있고, 대형 기계 반입이 용이하다.
3. 단점: 인접한 구조물의 기초나 매설물이 있는 경우 적용이 어렵고, 시공 후 검사가 어렵다.

정답 | ②

건축구조

41

등가정적해석법에 의한 건축물의 내진설계 시 고려해야 할 사항이 아닌 것은?

① 지역계수
② 지반종류
③ 지표면조도구분
④ 반응수정계수

개념 | KEYWORD 03 내진·내풍·사용성 설계
해설 |
지표면조도구분은 일정 지역의 지표면 거칠기에 해당하는 장애물이 바람에 노출된 정도의 구분으로 풍하중 설계 시 고려사항이다.

관련이론
등가정적해석법 밑면전단력 산정식

$$V = C_s \cdot W = \frac{S_{D1}}{\left(\dfrac{R}{I_E}\right) \cdot T} \cdot W$$

여기서, C_s: 지진응답계수
W: 유효건물중량
S_{D1}: 주기 1초에서의 설계스펙트럼 가속도
R: 반응수정계수
I_E: 건물의 중요도계수
T: 건물의 고유주기

정답 | ③

42

철근콘크리트 단근보를 강도설계법으로 설계 시 콘크리트의 전압축력으로 옳은 것은?(단, $f_{ck}=24\text{MPa}$, 보의 폭 300mm, 응력블록의 깊이 110mm)

① 750.6kN ② 724.4kN
③ 673.2kN ④ 650.8kN

개념 | KEYWORD 13 보의 휨설계
해설 |
콘크리트의 전압축력 $C=\eta(0.85f_{ck})ab$로 구한다.
(f_{ck}: 콘크리트 항복강도, a: 등가응력블록의 깊이, b: 보의 폭, $f_{ck}\leq 40\text{MPa}$이므로 $\eta=1.00$)
$C=1.00\times 0.85\times 24\times 110\times 300=673,200\text{N}=673.2\text{kN}$

정답 | ③

43

그림과 같은 정정라멘에서 BD부재의 축방향력으로 옳은 것은? (단, + : 인장력, − : 압축력)

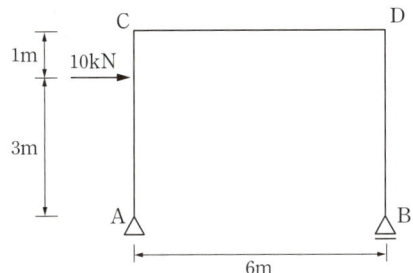

① 5kN ② −5kN
③ 10kN ④ −10kN

개념 | KEYWORD 06 반력, 전단력, 휨모멘트
해설 |
A점에 반력 V_A, H_A가 작용하고, B점에 반력 V_B가 작용한다고 가정한다.

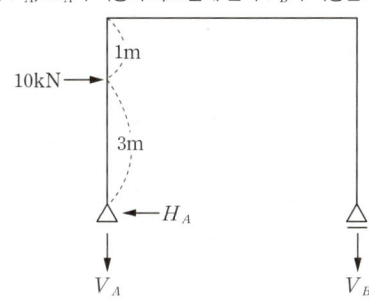

이 때, 평형방정식에 따라
$\Sigma F_x=10\text{kN}-H_A=0 \to H_A=10\text{kN}$
$\Sigma F_y=-V_A-V_B=0 \to V_A=-V_B$
$\Sigma M_B=(3\text{m}\times 10\text{kN})-(6\text{m}\times V_A)=0 \to V_A=5\text{kN}$
따라서 $V_B=-5\text{kN}$이므로 BD부재의 축방향력은 −5kN이다.

정답 | ②

44

그림과 같은 내민보에서 A지점의 반력값은?

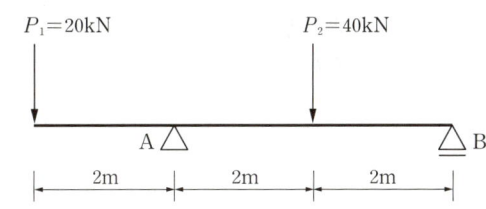

① 20kN ② 30kN
③ 40kN ④ 50kN

개념 | KEYWORD 06 반력, 전단력, 휨모멘트
해설 |
$\Sigma H=0; H_A=0$
$\Sigma M_B=0;$
$(-20\times 6)+(V_A\times 4)-(40\times 2)=0$
$\therefore V_A=50\text{kN}$

정답 | ④

45

그림과 같은 보에서 A점에 모멘트 M이 작용할 때 타단 B점의 모멘트를 구하시오.

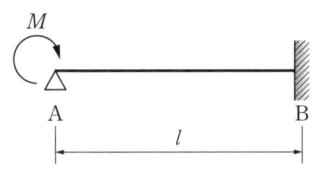

① $\dfrac{M}{2}$ ② $\dfrac{3}{4}M$

③ M ④ $\dfrac{5}{4}M$

개념 | KEYWORD 09 구조물 해석

해설 |

모멘트 분배법을 이용하여 구한다.
분배율(DF_{AB}) 계산

$DF_{AB} = \dfrac{k_{AB}}{\sum k} = \dfrac{k_{AB}}{k_{AB}} = 1$

(한 개의 부재만 존재하기 때문에 일정한 강성을 지닌다.)
분배모멘트(M_{AB}) 계산
$M_{AB} = M_A \times DF_{AB} = M \times 1 = M$

전달모멘트(M_{BA}) 계산 (전달률: 고정단은 $\dfrac{1}{2}$)

$M_{BA} = M_{AB} \times \dfrac{1}{2} = \dfrac{M}{2}$

정답 | ①

46

다음 그림과 같은 두 개의 단순보에 크기가 같은 ($P=wL$) 하중이 작용할 때, A점에서 발생하는 처짐각의 비율(가 : 나)은? (단, 부재의 EI는 일정함)

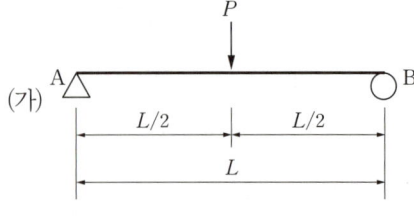

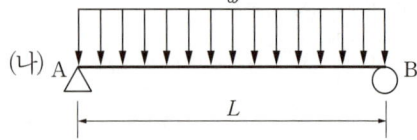

① 1 : 1.5   ② 1.5 : 1
③ 1 : 0.33   ④ 0.67 : 1

개념 | KEYWORD 10 보의 처짐

해설 |

공액보법을 이용해 각각의 처짐각을 구하면,

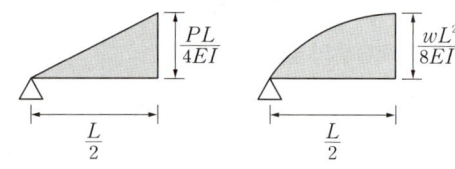

(가) $\theta_A = \dfrac{1}{2} \cdot \dfrac{L}{2} \cdot \dfrac{PL}{4EI} = \dfrac{PL^2}{16EI} = \dfrac{wL \cdot L^2}{16EI} = \dfrac{wL^3}{16EI}$

(조건에서 $P=wL$이므로)

(나) $\theta_A = \dfrac{2}{3} \cdot \dfrac{L}{2} \cdot \dfrac{wL^2}{8EI} = \dfrac{wL^3}{24EI}$

∴ (가) : (나) $= \dfrac{1}{16} : \dfrac{1}{24} = 1.5 : 1$이다.

정답 | ②

47

그림과 같이 단순보의 중앙점에 하중 P가 작용할 때 C점의 처짐은?

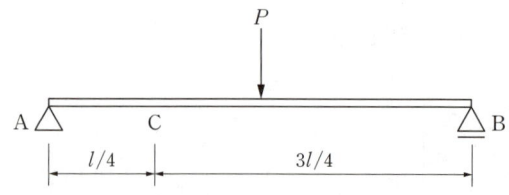

① $\dfrac{Pl^3}{384EI}$ ② $\dfrac{15Pl^3}{192EI}$

③ $\dfrac{11Pl^3}{768EI}$ ④ $\dfrac{17Pl^3}{384EI}$

개념 | KEYWORD 10 보의 처짐

해설 |

해당 보의 $\frac{M}{EI}$ 의 값이 하중으로 작용하는 단순공액보는 다음과 같다.

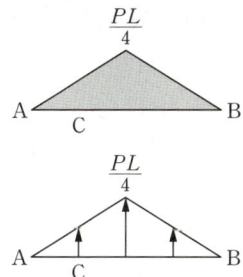

공액보의 모멘트는 실제 보의 처짐과 같으므로 공액보의 자유물체도에서 C점에서의 모멘트를 구하면 다음과 같다.

$$M' = \frac{Pl}{4} \times \frac{l}{2} \times \frac{1}{2} \times \left(\frac{l}{4}\right) - \frac{Pl}{8} \times \frac{l}{4} \times \frac{1}{2} \times \left(\frac{1}{3} \times \frac{l}{4}\right) = \frac{11Pl^3}{768}$$

$$\therefore \delta_C = \frac{M'}{EI} = \frac{\frac{11Pl^3}{768}}{EI} = \frac{11Pl^3}{768EI}$$

정답 | ③

48

직사각형 단면의 탄성단면계수에 대한 소성단면계수의 비(比)는?

① 0.67 ② 1.20
③ 1.50 ④ 3.00

개념 | KEYWORD 17 강구조 총론

해설 |

탄성단면계수(Z)

$$Z = \frac{I}{y} = \frac{\left(\frac{bh^3}{12}\right)}{\left(\frac{h}{2}\right)} = \frac{bh^2}{6}$$

소성단면계수(Z_p): 단면의 도심을 지나는 전체 단면적을 2등분 하는 축에 대한 단면계수

$$Z_p = A_c \cdot y_c + A_t \cdot y_t = \left(\frac{bh}{2}\right)\left(\frac{h}{4}\right) \times 2 = \frac{bh^2}{4}$$

형상계수(f): 소성모멘트($M_p = F_y \cdot Z_p$)와 항복모멘트($M_y = F_y \cdot Z$)의 비

$$f = \frac{F_y \cdot Z_p}{F_y \cdot Z} = \frac{Z_p(\text{소성단면계수})}{Z(\text{탄성단면계수})} = \frac{\frac{bh^2}{4}}{\frac{bh^2}{6}} = 1.5$$

∴ 직사각형 단면의 탄성단면계수에 대한 소성단면계수의 비=1.5
※ H형강 단면의 탄성단면계수에 대한 소성단면계수의 비: 1.10~1.80

정답 | ③

49

그림과 같은 구조물의 부정정 차수는?

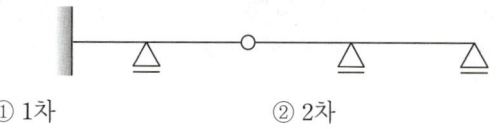

① 1차 ② 2차
③ 3차 ④ 4차

개념 | KEYWORD 08 구조물 판별

해설 |

$N = r + m + f - 2j$ 공식 이용
(여기서, r: 지점 반력수, m: 부재수, f: 강절점수, j: 지점수+자유단 지점수)
∴ $N = 6 + 4 + 2 - 2 \times 5 = 2$ (2차 부정정 구조물)

다른 풀이

부정정 차수 N은 외적차수 N_e와 내적차수 N_i의 합으로 구한다.
$N = N_e + N_i$
$N_e = r - 3$, $N_i = C_n - h$
(여기서, r: 지점 반력수, C_n: 연결부재 차수, h: 힌지 절점수)
$N_e = (3+1+1+1) - 3 = 3$
$N_i = 0 - 1 = -1$
∴ $N = 3 - 1 = 2$ (2차 부정정 구조물)

정답 | ②

50

고장력볼트 접합에 해당하지 않는 것을 고르시오.

① 인장접합 ② 지압접합
③ 마찰접합 ④ 메탈터치접합

개념 | KEYWORD 17 접합

해설 |

고장력볼트 접합방식에는 마찰접합, 지압접합, 인장접합이 있다.
메탈터치접합(Metal touch)은 기둥과 기둥의 밀착이음 가공으로 기둥의 이음과 관계있다.

정답 | ④

51

강도설계법에서 처짐을 계산하지 않는 경우 스팬이 8.0m 인 단순지지된 보의 최소 두께로 옳은 것은? (단, 보통중량 콘크리트와 $f_y=400\text{MPa}$ 철근을 사용한 경우)

① 380mm ② 430mm
③ 500mm ④ 600mm

개념 | KEYWORD 12 사용성 및 내구성

해설 |
단순지지된 보이므로 최소 두께는
$$\frac{l}{16}=\frac{8,000}{16}=500\text{mm}$$

관련이론
처짐을 계산하지 않는 경우 보의 최소두께

구분	최소 두께	구분	최소 두께
단순지지	$l/16$	양단연속	$l/21$
1단연속	$l/18.5$	캔틸레버	$l/8$

정답 | ③

52

직경 2.2cm, 길이 50cm의 강봉에 축방향 인장력을 작용시켰더니 길이는 0.04cm 늘어났고 직경은 0.0006cm 줄었다. 이 재료의 포아송수는?

① 0.015 ② 0.34
③ 2.93   ④ 66.67

개념 | KEYWORD 10 보의 처짐

해설 |
포아송비$(\nu)=\dfrac{\text{압축변형률}(\varepsilon')}{\text{인장변형률}(\varepsilon)}=\dfrac{1}{\text{포아송수}(m)}$

포아송수$(m)=\dfrac{\text{인장변형률}(\varepsilon)}{\text{압축변형률}(\varepsilon')}$이다.

이 때, $\varepsilon=\dfrac{\Delta L}{L}$, $\varepsilon'=\dfrac{\Delta D}{D}$이므로

포아송수$(m)=\dfrac{\varepsilon}{\varepsilon'}=\dfrac{\frac{\Delta L}{L}}{\frac{\Delta D}{D}}=\dfrac{\frac{0.04}{50}}{\frac{0.0006}{2.2}}\fallingdotseq 2.93$이다.

정답 | ③

53

콘크리트 구조 설계 시 철근간격제한에 관한 내용으로 옳지 않은 것은?

① 벽체 또는 슬래브에서 휨 주철근의 간격은 벽체나 슬래브 두께의 3배 이하로 하여야 하고, 또한 450mm 이하로 하여야 한다.
② 상단과 하단에 2단 이상으로 배치된 경우 상하 철근은 동일 연직면 내에 배치하여야 하고, 이 때 상하 철근의 순간격은 25mm 이상으로 하여야 한다.
③ 나선철근 또는 띠철근이 배근된 압축부재에서 축방향 철근의 순간격은 25mm 이상, 또한 철근 공칭지름의 2.5배 이상으로 하여야 한다.
④ 2개 이상의 철근을 묶어서 사용하는 다발철근은 이형철근으로 그 개수는 4개 이하이어야 하며, 이들은 스터럽이나 띠철근으로 둘러싸여져야 한다.

개념 | KEYWORD 16 철근 정착과 이음

해설 |
③ 나선철근 또는 띠철근이 배근된 압축부재에서 축방향 철근의 순간격은 40mm 이상, 또한 철근 공칭지름의 1.5배 이상으로 하여야 한다.

정답 | ③

54

다음과 같은 조건에서의 필릿용접의 최소 치수(mm)는 얼마인가? (단, 하중저항계수설계법 기준)

접합부의 얇은 쪽 소재 두께(t, mm)
$6\le t<13$

① 5mm ② 6mm
③ 7mm ④ 8mm

개념 | KEYWORD 18 접합, 볼트, 용접

해설 |
접합부의 얇은 쪽 소재 두께가 $6\le t<13$이면 최소 치수는 5mm이다.

관련이론
필릿용접 최소 치수

얇은 쪽 소재 두께 (t)	최소 치수 (mm)
$t<6$	3
$6 \leq t < 13$	5
$13 \leq t < 20$	6
$20 \leq t$	8

정답 | ①

55

강구조에서 용접선 단부에 붙인 보조판으로 아크의 시작이나 종단부의 크레이터 등의 결함을 방지하기 위해 붙이는 판은?

① 엔드탭 ② 스티프너
③ 윙플레이트 ④ 커버플레이트

개념 | KEYWORD 18 접합, 볼트, 용접
해설 |
엔드탭은 용접결함이 생기기 쉬운 용접의 시작이나 끝부분에 임시로 설치하는 보조 강판이다.

선지분석
② 스티프너: 기둥의 플랜지나 웨브의 좌굴방지용 보강재
③ 윙플레이트: 철골 주각부에 부착되는 강판
④ 커버플레이트: 강재의 플랜지를 보강하기 위해 사용하는 강판

정답 | ①

56

연약한 지반에서 기초의 부동침하를 감소시키기 위한 상부 구조에 대한 대책으로 옳지 않은 것은?

① 건물을 경량화 할 것
② 강성을 크게 할 것
③ 이웃 건물과의 거리를 가깝게 할 것
④ 건물의 길이를 짧게 할 것

개념 | KEYWORD 02 지반 및 기초
해설 |
이웃 건물과의 거리를 멀게 해야 한다.

관련이론
부동침하 방지대책(상부 구조에 대한 대책)
1. 건물의 경량화 및 중량 분배
2. 건물의 길이를 짧게
3. 강성을 높게
4. 인접 건물과의 거리를 멀게

정답 | ③

57

단면의 지름이 150mm, 재축방향 길이가 300mm인 원형 강봉의 윗면에 300kN의 힘이 작용하여 재축방향 길이가 0.16mm 줄어들었고, 단면의 지름이 0.02mm 늘어났다면 이 강봉의 탄성계수 E와 푸와송비는?

① 31,830MPa, 0.25 ② 31,830MPa, 0.125
③ 39,630MPa, 0.25 ④ 39,630MPa, 0.125

개념 | KEYWORD 04 재료의 기계적 성질
해설 |
1. 훅의 법칙에 의해 응력도는 변형도와 탄성계수의 곱에 비례한다.
($\sigma = E \cdot \varepsilon$)
응력 $\left(\sigma = \dfrac{P}{A}\right)$, 변형률 $\left(\varepsilon = \dfrac{\triangle L}{L}\right)$을 적용하면

$E = \dfrac{\sigma}{\varepsilon} = \dfrac{\frac{P}{A}}{\frac{\triangle L}{L}} = \dfrac{P \cdot L}{A \cdot \triangle L}$ 이다.

$\therefore E = \dfrac{(300 \times 10^3) \times 300}{\left(\dfrac{\pi \times 150^2}{4}\right) \times 0.16} \fallingdotseq 31,831 \text{N/mm}^2 = 31,831 \text{MPa}$

2. 푸아송비(ν) = $\dfrac{\text{압축변형률}}{\text{인장변형률}} = \dfrac{\frac{\triangle D}{D}}{\frac{\triangle L}{L}} = \dfrac{L \cdot \triangle D}{D \cdot \triangle L}$

$\therefore \nu = \dfrac{300 \times 0.02}{150 \times 0.16} = 0.25$

정답 | ①

58

다음 강도감소계수 값으로 옳지 않은 것은? (단, KDS 기준)

① 인장지배단면: 0.85
② 압축지배단면 중 나선철근으로 보강된 철근콘크리트부재: 0.85
③ 전단력 및 비틀림모멘트: 0.75
④ 포스트텐션 정착구역: 0.85

개념 | KEYWORD 11 철근콘크리트구조 총론

해설 |
압축지배 단면 중 나선철근으로 보강된 철근콘크리트 부재의 강도감소계수 값은 0.70이다.

관련이론

강도감소계수(ϕ)

적용부재		ϕ
인장지배단면		0.85
압축지배단면	띠철근	0.65
	나선철근	0.70
변화구간 단면		0.65~0.85
전단력과 비틀림모멘트		0.75
콘크리트 지압력		0.65
포스트텐션 정착구역		0.85
스트럿-타이 모델	스트럿, 절점부, 지압부	0.75
	타이	0.85
무근콘크리트의 휨모멘트, 압축력, 전단력, 지압력		0.55

정답 | ②

59

강도설계법에 의한 철근콘크리트 전단설계에서 계수전단력 V_u가 $\frac{1}{2}\phi V_c < V_u \leq \phi V_c$인 경우에 필요한 전단철근의 최소 단면적을 구하는 공식은? (단, b_w는 복부의 폭, s는 전단철근의 간격)

① $A_v = 0.35 \dfrac{b_w \cdot s}{f_{yt}}$
② $A_v = 0.3 \dfrac{b_w \cdot s}{f_{yt}}$
③ $A_v = 0.25 \dfrac{b_w \cdot s}{f_{yt}}$
④ $A_v = 0.2 \dfrac{b_w \cdot s}{f_{yt}}$

개념 | KEYWORD 14 전단 및 비틀림

해설 |
$\frac{1}{2}\phi V_c < V_u \leq \phi V_c$인 경우, 이론적으로 전단철근을 배근하지 않아도 괜찮지만, 우발적인 취성파괴를 방지하기 위해 최소의 전단철근을 배치하도록 규정한다.

$$A_{v.min} = 0.0625\sqrt{f_{ck}}\frac{b_w s}{f_{yt}} \geq 0.35\frac{b_w s}{f_{yt}}$$

정답 | ①

60

강도설계법에서 처짐을 계산하지 않는 경우 철근콘크리트 보의 최소 두께 규정으로 옳지 않은 것은? (단, 보통콘크리트와 설계기준 항복강도 400MPa 철근을 사용한 부재임)

① 단순 지지: $l/16$
② 1단 연속: $l/18.5$
③ 양단 연속: $l/12$
④ 캔틸레버: $l/8$

개념 | KEYWORD 15 슬래브, 기둥, 벽체, 기타

해설 |
l: 경간 길이(mm)

부재	최소 두께(h_{min})			
	단순 지지	1단 연속	양단 연속	캔틸레버
보 및 리브가 있는 1방향 슬래브	$\dfrac{l}{16}$	$\dfrac{l}{18.5}$	$\dfrac{l}{21}$	$\dfrac{l}{8}$

정답 | ③

건축설비

61
다음 중 상대습도(R.H) 100%에서 그 값이 같지 않은 온도는?

① 건구온도
② 효과온도
③ 습구온도
④ 노점온도

개념 | KEYWORD 08 공기조화설비 총론
해설 |
상대습도(R.H) 100%일 때 건구온도, 습구온도, 노점온도는 같다.

관련이론
효과온도
공기의 온도와 흐름, 주변 벽면의 온도 따위의 요인을 모두 고려하여 인간의 체감도를 나타내는 기준이며 인간이 활발하게 활동하기에 가장 적합한 실내온도를 말한다.

정답 | ②

62
일사에 관한 설명으로 옳지 않은 것은?

① 일사에 의한 건물의 수열은 방위에 따라 차이가 있다.
② 추녀와 차양은 창면에서의 일사조절 방법으로 사용된다.
③ 블라인드, 루버, 롤스크린은 계절이나 시간, 실내의 사용상황에 따라 일사를 조절할 수 있다.
④ 일사조절의 목적은 일사에 의한 건물의 수열이나 흡열을 작게 하여 동계의 실내기후의 악화를 방지하는데 있다.

개념 | KEYWORD 19 건축과 환경
해설 |
일사조절의 목적은 일사에 의한 건물의 수열이나 흡열을 조절하여 난방기간에는 최대일사량을 받고 냉방기간에는 최소일사량을 받도록 하는 것이다.

정답 | ④

63
실내에 4,500W를 발열하고 있는 기기가 있다. 이 기기의 발열로 인해 실내 온도상승이 생기지 않도록 환기를 하려고 할 때, 필요한 최소 환기량은? (단, 공기의 밀도 $1.2kg/m^3$, 비열 $1.01kJ/kg·K$, 실내온도 20℃, 외기온도 0℃이다.)

① 약 $452m^3/h$
② 약 $668m^3/h$
③ 약 $856m^3/h$
④ 약 $928m^3/h$

개념 | KEYWORD 10 환기설비
해설 |
$$G(m^3/h) = \frac{3,600Q(kW)}{\rho(kg/m^3) \times C(kJ/kg·K) \times \Delta t(K)}$$
$$= \frac{3,600 \times 4.5}{1.2 \times 1.01 \times (20-0)} = 668.32 ≒ 668m^3/h$$

여기서, G: 환기량, Q: 현열부하, ρ: 공기의 밀도, C: 공기의 비열, Δt: 실내외의 온도차

정답 | ②

64
냉각탑에 대한 설명으로 옳은 것은?

① 고압의 액체냉매를 증발시켜 냉동효과를 얻게 하는 설비이다.
② 증발기에서 나온 수증기를 냉각시켜 물이 되도록 하는 설비이다.
③ 대기 중에서 기체냉매를 냉각시켜 액체냉매로 응축하기 위한 설비이다.
④ 냉매를 응축시키는데 사용된 냉각수를 재사용하기 위하여 냉각시키는 설비이다.

개념 | KEYWORD 12 냉동 및 기타 열원설비
해설 |
냉각탑은 냉동기의 응축기에 사용하는 냉각수를 재사용하기 위해 실외의 공기와 직접 접촉시켜 물을 냉각하는 일종의 열교환 장치이다.

정답 | ④

65

전기설비가 어느 정도 유효하게 사용되는가를 나타내며, 다음과 같은 식으로 산정되는 것은?

$$\frac{\text{부하의 평균전력}}{\text{최대 수용전력}} \times 100\%$$

① 역률　　　　② 부등률
③ 부하율　　　④ 수용률

개념 | KEYWORD 14 강전설비
해설 |
부하율: 전기설비가 어느 정도 유효하게 사용되고 있는가를 나타내는 척도이고, 어떤 기간 중에 최대 수용전력과 그 기간 중에 평균전력과의 비율을 백분율로 표시한 것이다.

부하율 = $\frac{\text{부하의 평균전력}}{\text{최대 수용전력}} \times 100\%$

정답 | ③

66

카(Car)가 최상층이나 최하층에서 정상 운행 위치를 벗어나 그 이상으로 운행하는 것을 방지하는 엘리베이터 안전장치는?

① 완충기　　　　② 가이드 레일
③ 리미트 스위치　④ 카운터 웨이트

개념 | KEYWORD 17 엘리베이터설비
해설 |
엘리베이터의 안전장치 중에서 카가 최상층이나 최하층에서 정상 운행 위치를 벗어나 그 이상으로 운행하는 것을 방지하는 것은 리미트 스위치이다.

정답 | ③

67

증기난방에 관한 설명으로 옳지 않은 것은?

① 온수난방에 비해 예열시간이 짧다.
② 온수난방에 비해 한랭지에서 동결의 우려가 작다.
③ 운전 시 증기해머로 인한 소음을 일으키기 쉽다.
④ 온수난방에 비해 부하변동에 따른 실내방열량의 제어가 용이하다.

개념 | KEYWORD 11 난방설비
해설 |
증기난방은 온수난방에 비교하여 부하변동에 따른 실내방열량 제어가 어렵다.

관련이론
증기난방의 장단점

장점	단점
• 증발잠열을 이용하여 열의 운반 능력이 큼 • 방열기의 방열면적이 작아도 가능 • 설비비가 저가 • 열용량이 작아 예열시간이 짧고 증기순환이 빠름 • 한랭지에서 동결에 의한 파손의 위험이 적음	• 방열기의 방열량 제어가 어려움 • 방열기의 표면온도가 높아 접촉 시 화상의 우려 • 먼지 등의 상승으로 난방의 쾌적감이 나쁨 • 스팀해머가 발생할 우려 • 응축수관이 부식하기 쉬움 • 증기트랩의 고장 및 응축수 처리에 배관상 기술을 요함

정답 | ④

68

냉방부하 중 현열부하로만 작용하는 것은?

① 인체부하　　　　② 조명기구부하
③ 틈새바람에 의한 부하　④ 환기부하

개념 | KEYWORD 09 공기조화 방식과 기기
해설 |
냉방부하 중 현열부하로만 작용하는 것은 조명기구부하이다. 인체부하, 틈새바람에 의한 부하, 환기부하는 현열과 잠열을 모두 고려해야 한다.

정답 | ②

69
자동화재탐지설비의 감지기 중 주위의 온도상승률이 일정한 값을 초과하는 경우 동작하는 것은?

① 차동식
② 정온식
③ 광전식
④ 이온화식

개념 | KEYWORD 06 소화설비

해설 |
차동식은 주위온도가 일정 온도상승률 이상이 되면 작동하는 것으로, 사무실, 연구실, 학교와 같이 부착 높이가 8m 미만인 장소에 주로 설치한다.

정답 | ①

70
통기관의 관경에 관한 설명으로 옳지 않은 것은?

① 신정통기관의 관경은 배수수직관의 관경보다 작게 해서는 안 된다.
② 각개통기관의 관경은 그것이 접속되는 배수관 관경의 1/2 이상으로 한다.
③ 결합통기관의 관경은 통기수직관과 배수수직관 중 작은 쪽 관경 이상으로 한다.
④ 회로통기관의 관경은 배수수평지관과 통기수직관 중 큰 쪽 관경의 1/2 이상으로 한다.

개념 | KEYWORD 03 배수 및 통기설비

해설 |
회로통기관의 관경은 배수수평지관과 통기수직관 중 작은 쪽 관경의 1/2 이상으로 한다.

정답 | ④

71
다음의 각종 보일러에 대한 설명 중 옳은 것은?

① 노통 연관보일러는 부하변동에 잘 적응되며, 보유 수면이 넓어서 급수용량 제어가 쉽다.
② 관류보일러는 보유 수량이 많아 예열시간이 길다.
③ 주철제 보일러는 사용 내압이 높아 고압용으로 주로 사용되며 용량도 크다.
④ 수관보일러는 소용량으로 소규모 건물에 적합하며 지역난방으로는 사용이 불가능하다.

개념 | KEYWORD 11 난방설비

해설 |
노통 연관보일러는 보유 수량이 많아 부하변동에도 안전하고 보유 수면이 넓어서 급수용량 제어가 쉽다.

선지분석
② 관류보일러는 보유 수량이 작아 예열시간이 짧고 증기 발생이 빠르다.
③ 주철제 보일러는 사용 내압이 낮아 중·소규모 건축의 난방, 급탕용, 증기보일러, 온수보일러로 널리 사용된다.
④ 수관보일러는 고압·고온형에 알맞으며 고압증기를 대량으로 사용하는 대규모 건물에 적합하고 지역난방으로 사용이 가능하다.

정답 | ①

72
배수배관에 관한 설명으로 옳지 않은 것은?

① 배수계통은 원칙적으로 중력에 의해 옥외로 배출하도록 한다.
② 고온의 배수는 원칙적으로 45℃ 미만으로 냉각한 후 배수한다.
③ 건물 내에서 피트 내 또는 가공배관은 피하고 지중배관을 한다.
④ 엘리베이터 샤프트, 수변전실에는 배수배관을 설치하지 않는다.

개념 | KEYWORD 03 배수 및 통기설비

해설 |
건물 내에서 지중배관은 피하고 피트 내 또는 가공배관을 한다.

정답 | ③

73

다음과 같은 조건에서 사무실의 평균 조도를 800lx로 설계하고자 할 경우, 광원의 필요수량은?

[조건]
- 광원 1개의 광속: 2,000lm
- 실의 면적: 10m²
- 감광 보상률: 1.5
- 조명률: 0.6

① 3개
② 5개
③ 8개
④ 10개

개념 | KEYWORD 16 조명설비
해설 |
조명설계식 $F \cdot N \cdot U = A \cdot E \cdot D$ 에서
$N = \dfrac{A \cdot E \cdot D}{F \cdot U} = \dfrac{10\text{m}^2 \times 800\text{lx} \times 1.5}{2,000\text{lm} \times 0.6} = 10$개

여기서, F: 광속, N: 소요량, U: 조명률, A: 면적, E: 조도, D: 감광 보상률

정답 | ④

74

게이트 밸브라고도 하며 유체의 흐름을 단속하는 대표적인 밸브로서 밸브를 완전히 열면 유체 흐름의 단면적 변화가 없어서 마찰저항이 거의 발생하지 않는 것은?

① 슬루스 밸브
② 글로브 밸브
③ 체크 밸브
④ 볼 밸브

개념 | KEYWORD 05 배관설비
해설 |
슬루스 밸브에 대한 설명이다.
슬루스 밸브(Sluice Valve)
- 게이트 밸브라고도 하며, 유체의 마찰저항이 가장 작다.
- 급수·급탕용으로 가장 많이 사용되는 밸브이다.
- 대형 및 고압 밸브로 사용된다.

정답 | ①

75

환기에 관한 설명으로 옳지 않은 것은?

① 화장실은 송풍기(급기팬)와 배풍기(배기팬)를 설치하는 것이 일반적이다.
② 기밀성이 높은 주택의 경우 잦은 기계환기를 통해 실내공기의 오염을 낮추는 것이 바람직하다.
③ 병원의 수술실은 오염공기가 실내로 들어오는 것을 방지하기 위해 실내압력을 주변공간보다 높게 설정한다.
④ 공기의 오염농도가 높은 도로에 면해 있는 건물의 경우, 공기조화설비 계통의 외기도입구를 가급적 높은 위치에 설치한다.

개념 | KEYWORD 10 환기설비
해설 |
화장실은 자연 급기와 배풍기(배기팬)로 환기한다.

관련이론
환기방식의 비교

구분	급기구	배기구	사용장소
제1종 환기	송풍기	배풍기	수술실
제2종 환기	송풍기	자연 배기	반도체 공장, 무균실
제3종 환기	자연 급기	배풍기	주방, 화장실 등

정답 | ①

76

다음 설명에 알맞은 화재의 종류는?

나무, 섬유, 종이, 고무, 플라스틱류와 같은 일반 가연물이 타고 나서 재가 남는 화재

① A급 화재
② B급 화재
③ C급 화재
④ K급 화재

개념 | KEYWORD 06 소화설비
해설 |
나무, 섬유, 종이, 고무, 플라스틱류와 같은 일반 가연물이 타고 나서 재가 남는 화재는 일반화재(A급 화재)이다.

관련이론
화재의 종류

구분	유형
A급 화재	일반화재(보통화재)
B급 화재	유류화재(기름화재)
C급 화재	전기화재
D급 화재	금속화재
K급 화재	주방화재

정답 | ①

77
가스의 연소성을 나타내는 것은?
① 비열비
② 가버너
③ 웨버지수
④ 단열지수

개념 | KEYWORD 07 가스설비
해설 |
웨버지수(Webbe Index)는 가스 기구에 대한 가스의 입열량을 표시하는 지수로서 가스의 연소성을 나타내며, 가스의 호환성 측정을 위하여 사용되는 지수이다.

정답 | ③

78
다음 설명에 알맞은 전동기의 종류는?

- 회전자계를 만드는 여자전류가 전원 측으로부터 흐르는 관계로 역률이 나쁘다는 결점이 있다.
- 구조와 취급이 간단하여 건축설비에서 가장 널리 사용된다.

① 직권전동기
② 분권전동기
③ 유도전동기
④ 동기전동기

개념 | KEYWORD 14 강전설비
해설 |
유도전동기에 대한 설명이다.
유도전동기
- 구조와 취급이 간단하고 기계적으로 견고하다.
- 가격이 비교적 싸고 운전이 대체로 쉽다.
- 건축설비에서 가장 널리 사용되고 있다.

정답 | ③

79
다음 중 최근 저압선로의 배선보호용 차단기로 가장 많이 사용되는 것은?
① ACB
② GCB
③ MCCB
④ ABCB

개념 | KEYWORD 14 강전설비
해설 |
전류의 이상을 감지하는 것으로 최근 저압선로의 배선보호용 차단기로 가장 많이 사용되는 것은 MCCB(Molded Case Circuit Breaker: 배선용 차단기)이며 개폐기구, 트립장치 등을 절연물 용기 내에 일체로 조립한 제품이다.

정답 | ③

80
소방시설은 소화설비, 경보설비, 피난설비, 소화활동설비 등으로 구분할 수 있다. 다음 중 소화활동설비에 속하지 않는 것은?
① 제연설비
② 연결살수설비
③ 비상방송설비
④ 연소방지설비

개념 | KEYWORD 06 소화설비
해설 |
비상방송설비는 경보설비에 속한다.

관련이론
소화활동설비
제연설비, 연결송수관설비, 연결살수설비, 비상콘센트설비, 무선통신보조설비, 연소방지설비

정답 | ③

건축관계법규

81
다음은 건축법령상 증축의 정의이다. ( ) 안에 포함되지 않는 것은?

> "증축"이란 기존 건축물이 있는 대지에서 건축물의 ( )을/를 늘리는 것을 말한다.

① 층수
② 높이
③ 연면적
④ 대지면적

개념 | KEYWORD 01 건축법 총칙
해설 |
증축은 건축면적, 연면적, 층수 또는 높이를 늘리는 것을 말하며, 대지면적은 해당하지 않는다.

정답 | ④

82
다음 그림과 같은 경우 건축법상 건축물의 높이는? (장식탑의 수평투영면적은 건축물 건축면적의 10분의 1이다.)

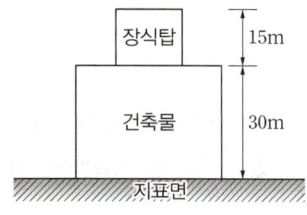

① 30m
② 33m
③ 40m
④ 45m

개념 | KEYWORD 08 높이의 규제
해설 |
건축물의 옥상에 설치되는 승강기탑(옥상 출입용 승강장을 포함, 장애인용 승강기의 승강기탑으로서 그 높이가 12m 이하인 것은 제외), 계단탑, 망루, 장식탑, 옥탑 등으로서 그 수평투영면적의 합계가 해당 건축물 건축면적의 1/8 이하인 경우는 그 높이가 12m를 넘는 부분에 한하여 해당 건축물의 높이에 산입한다.
∴ 30m + (15m − 12m) = 33m

정답 | ②

83
다음 거실의 용도에 따른 조도기준 내용 중 ( ) 안에 알맞은 것을 차례대로 적은 것은?

> • 바닥에서 ( )cm 높이에 있는 수평면의 조도
> • 일반사무일 경우 조도 ( )룩스

① 80, 100
② 85, 100
③ 80, 300
④ 85, 300

개념 | KEYWORD 09 구조규정
해설 |
바닥에서 85cm의 높이에 있는 수평면의 조도 기준

거실의 용도 구분		조도(룩스)
거주	독서, 식사, 조리	150
집무	설계, 제도, 계산	700
	일반사무	300
오락	오락 일반	150
집회	회의	300
	집회	150
	공연, 관람	70
작업	검사, 시험, 정밀검사, 수술	700
	일반작업, 제조, 판매	300
	포장, 세척	150

정답 | ④

84
한 방에서 층의 높이가 다른 부분이 있는 경우 층고 산정방법으로 옳은 것은?

① 가장 낮은 높이로 한다.
② 가장 높은 높이로 한다.
③ 각 부분 높이에 따른 면적에 따라 가중평균한 높이로 한다.
④ 가장 낮은 높이와 가장 높은 높이의 산술평균한 높이로 한다.

개념 | KEYWORD 08 높이의 규제
해설 |
층고는 방의 바닥구조체 윗면으로부터 위층 바닥구조체의 윗면까지의 높이로 한다. 다만, 한 방에서 층의 높이가 다른 부분이 있는 경우에는 그 각 부분 높이에 따른 면적에 따라 가중평균한 높이로 한다.

정답 | ③

85
다음은 공동주택의 환기설비에 관한 기준 내용이다. ( ) 안에 알맞은 것은?

> 신축 또는 리모델링하는 (㉠)세대 이상의 공동주택에는 시간당 (㉡) 이상의 환기가 이루어질 수 있도록 자연환기설비 또는 기계환기설비를 설치하여야 한다.

① ㉠: 100, ㉡: 0.5회
② ㉠: 100, ㉡: 1회
③ ㉠: 30, ㉡: 0.5회
④ ㉠: 30, ㉡: 1회

개념 | KEYWORD 12 건축설비기준과 관계전문기술자

해설 |
신축 또는 리모델링하는 다음의 어느 하나에 해당하는 주택 또는 건축물 등은 시간당 0.5회 이상의 환기가 이루어질 수 있도록 자연환기설비 또는 기계환기설비를 설치해야 한다.
1. 30세대 이상의 공동주택
2. 주택을 주택 외의 시설과 동일건축물로 건축하는 경우로서 주택이 30세대 이상인 건축물

정답 | ③

86
문화 및 집회시설 중 공연장의 개별 관람실을 다음과 같이 계획하였을 경우, 옳지 않은 것은? (단, 개별 관람실의 바닥면적은 $1,000m^2$임)

① 각 출구의 유효너비는 1.5m 이상으로 하였다.
② 관람실로부터 바깥쪽으로의 출구로 쓰이는 문을 밖여닫이로 하였다.
③ 개별 관람실의 바깥쪽에는 그 양쪽 및 뒤쪽에 각각 복도를 설치하였다.
④ 개별 관람실의 출구는 3개소 설치하였으며 출구의 유효너비의 합계는 4.5m로 하였다.

개념 | KEYWORD 10 피난규정

해설 |
출구의 유효너비의 합계 = $\left(\dfrac{1,000}{100}\right) \times 0.6 = 6m$ 이상

관련이론
공연장 개별 관람실의 출구기준
1. 관람실별로 2개소 이상 설치
2. 각 출구의 유효너비는 1.5m 이상
3. 개별 관람실 출구 유효너비의 합계는 관람실 바닥면적 $100m^2$마다 0.6m 비율로 산정한 너비 이상

$$\dfrac{\text{개별 관람실의 바닥면적}}{100m^2} \times 0.6m \text{ 이상}$$

정답 | ④

87
국토의 계획 및 이용에 관한 법령상 아래와 같이 정의되는 것은?

> 국토교통부장관은 도시의 무질서한 확산을 방지하고 도시 주변의 자연환경을 보전하여 도시민의 건전한 생활환경을 확보하기 위하여 도시의 개발을 제한할 필요가 있거나 국방부장관의 요청으로 보안상 도시의 개발을 제한할 필요가 있다고 인정되면 지정 또는 변경을 도시·군관리계획으로 결정할 수 있다.

① 입지규제최소구역
② 시가화조정구역
③ 개발제한구역
④ 도시자연공원구역

개념 | KEYWORD 19 국토의 용도구분

해설 |
개발제한구역에 대한 설명이다.

정답 | ③

88

건축물의 피난층 외의 층에서 피난층 또는 지상으로 통하는 직통계단을 거실의 각 부분으로부터 계단에 이르는 보행거리가 최대 얼마 이내가 되도록 설치하여야 하는가? (단, 건축물의 주요구조부는 내화구조이고 층수는 15층으로 공동주택이 아닌 경우임)

① 30m
② 40m
③ 50m
④ 60m

개념 | KEYWORD 10 피난규정
해설 |
피난층 외의 층에서의 보행거리 기준

구분	보행거리
원칙	30m 이하
주요구조부가 내화구조 또는 불연재료로 된 건축물	50m 이하 (16층 이상 공동주택의 경우는 40m 이하)

정답 | ③

89

방화와 관련하여 같은 건축물에 함께 설치할 수 없는 것은?

① 의료시설과 업무시설 중 오피스텔
② 위험물 저장 및 처리시설과 공장
③ 위락시설과 문화 및 집회시설 중 공연장
④ 공동주택과 제2종 근린생활시설 중 다중생활시설

개념 | KEYWORD 11 방화규정
해설 |
공동주택과 제2종 근린생활시설 중 다중생활시설은 같은 건축물에 함께 설치할 수 없다.

관련이론
같은 건축물에 함께 설치할 수 없는 용도의 시설
1. 노유자시설 중 아동 관련 시설 또는 노인복지시설과 판매시설 중 도매시장 또는 소매시장
2. 단독주택(다중주택, 다가구주택에 한정), 공동주택, 제1종 근린생활시설 중 조산원 또는 산후조리원과 제2종 근린생활시설 중 다중생활시설

정답 | ④

90

다음은 도시·군계획시설결정의 실효와 관련된 기준 내용이다. ( ) 안에 공통으로 들어갈 내용은?

> 도시·군계획시설결정이 고시된 도시·군계획시설에 대하여 그 고시일부터 ( )년이 지날 때까지 그 시설의 설치에 관한 도시·군계획시설사업이 시행되지 아니하는 경우 그 도시·군계획시설결정은 그 고시일부터 ( )년이 되는 날의 다음날에 그 효력을 잃는다.

① 5
② 10
③ 15
④ 20

개념 | KEYWORD 21 도시·군관리계획과 지구단위계획
해설 |
도시·군계획시설결정이 고시된 도시·군계획시설에 대하여 그 고시일부터 20년이 지날 때까지 그 시설의 설치에 관한 도시·군계획시설사업이 시행되지 아니하는 경우 그 도시·군계획시설결정은 그 고시일부터 20년이 되는 날의 다음날에 그 효력을 잃는다.

정답 | ④

91

부설주차장의 규모가 주차대수 300대 이하인 경우 시설물의 부지 인근에 단독 또는 공동으로 부설주차장을 설치할 수 있다. 다음 중 부지 인근의 범위에 관한 기준 내용으로 알맞은 것은?

① 해당 부지의 경계선으로부터 부설주차장의 경계선까지의 직선거리 200m 이내 또는 도보거리 500m 이내
② 해당 부지의 경계선으로부터 부설주차장의 경계선까지의 직선거리 300m 이내 또는 도보거리 500m 이내
③ 해당 부지의 경계선으로부터 부설주차장의 경계선까지의 직선거리 200m 이내 또는 도보거리 600m 이내
④ 해당 부지의 경계선으로부터 부설주차장의 경계선까지의 직선거리 300m 이내 또는 도보거리 600m 이내

개념 | KEYWORD 17 부설·기계식주차장
해설 |
부설주차장의 부지 인근의 범위는 해당 부지의 경계선으로부터 부설주차장의 경계선까지의 직선거리 300m 이내 또는 도보거리 600m 이내이다.

정답 | ④

92

노외주차장에 설치하는 부대시설의 총 면적은 주차장 총 시설면적의 최대 얼마를 초과 하여서는 아니 되는가?

① 5%   ② 10%
③ 20% ④ 30%

개념 | KEYWORD 16 노상·노외주차장

해설 |
노외주차장에 설치할 수 있는 부대시설의 총 면적(전기자동차 충전시설을 제외한)은 주차장 총 시설면적(주차장으로 사용되는 면적과 주차장 외의 용도로 사용되는 면적을 합한 면적)의 20%를 초과해서는 안 된다.

관련이론
노외주차장에 설치할 수 있는 부대시설
1. 관리사무소, 휴게소, 공중화장실
2. 간이매점, 자동차 장식품 판매점 및 전기장동차 충전시설, 태양광발전시설, 집배송시설
3. 주유소
4. 노외주차장의 관리·운영상 필요한 편의시설
5. 시·군 또는 구의 조례가 정하는 이용자 편의시설

정답 | ③

93

공사감리자의 업무에 속하지 않는 것은?

① 시공계획 및 공사관리의 적정 여부의 확인
② 상세 시공도면의 검토·확인
③ 설계변경의 적정 여부의 검토·확인
④ 공정표 및 현장설계도면 작성

개념 | KEYWORD 02 건축허가와 신고

해설 |
공정표 및 현장설계도면 작성은 시공자의 업무이다.

관련이론
공사감리자의 업무
1. 건축자재의 법령 기준 준수 여부 확인
2. 시공계획, 공사관리 적정 여부, 공정표의 검토
3. 구조물의 위치와 규격 검토 확인
4. 시공자가 설계도서에 따라 시공하는지 확인

정답 | ④

94

다음의 옥상광장의 설치에 관한 기준 내용 중 ( ) 안에 들어갈 수 없는 건축물의 용도는?

> 5층 이상인 층이 (   )의 용도로 쓰는 경우에는 피난용도로 쓸 수 있는 광장을 옥상에 설치하여야 한다.

① 숙박시설   ② 종교시설
③ 판매시설   ④ 장례식장

개념 | KEYWORD 10 피난규정

해설 |
② 종교시설, ③ 판매시설, ④ 장례식장은 옥상광장 설치대상에 속한다.

관련이론
옥상광장 설치대상(5층 이상인 경우가 해당)
1. 제2종 근린생활시설 중 공연장·종교집회장·인터넷컴퓨터게임시설제공업소(해당 용도는 쓰는 바닥면적의 합계가 300m² 이상인 경우)
2. 문화 및 집회시설(전시장 및 동·식물원은 제외)
3. 종교시설, 판매시설
4. 위락시설 중 주점영업, 장례시설

정답 | ①

95

판매시설 용도이며 지상 각 층의 거실면적이 2,000m²인 15층의 건축물에 설치하여야 하는 승용승강기의 최소 대수는? (단, 16인승 승강기이다.)

① 2대　　　　　② 4대
③ 6대　　　　　④ 8대

개념 | KEYWORD 13 승강설비

해설 |

6층 이상 거실면적의 합계는 2,000m²×10층=20,000m²이고, 판매시설이므로 $2+\dfrac{20,000-3,000}{2,000}=10.5$대이다.

16인승 이상의 승강기는 2대의 승강기로 보기 때문에
10.5÷2=5.25대
∴ 최소 6대를 설치하여야 한다.

관련이론

승용승강기의 설치기준

건축물의 용도	6층 이상 거실면적의 합계(m²)		
	3,000m² 이하	3,000m² 초과	공식
1. 문화 및 집회시설 　① 공연장 　② 집회장 　③ 관람장 2. 판매시설 3. 의료시설	2대	2대에 3,000m²를 초과하는 2,000m² 이내마다 1대를 더한 대수	$2+\dfrac{A-3,000m^2}{2,000m^2}$

8인승 이상 15인승 이하 → 1대
16인승 이상의 승강기 → 2대

정답 | ③

96

지하층에 설치하는 비상탈출구에 대한 기술 중 틀린 것은?

① 비상탈출구에서 피난층 또는 지상으로 통하는 복도나 직통계단까지 이르는 피난통로의 유효너비는 0.75m 이상으로 할 것
② 비상탈출구는 출입구로부터 2m 이상 떨어진 곳에 설치할 것
③ 비상탈출구의 유효너비는 0.75m 이상으로 하고, 유효높이는 1.5m 이상으로 할 것
④ 지하층의 바닥으로부터 비상탈출구의 아랫부분까지의 높이가 1.2m 이상이 되는 경우에는 벽체에 발판의 너비가 20cm 이상인 사다리를 설치할 것

개념 | KEYWORD 11 방화규정

해설 |

비상탈출구는 출입구로부터 3m 이상 떨어진 곳에 설치할 것

정답 | ②

97

면적 등의 산정방법에 대한 기본 원칙으로 옳지 않은 것은?

① 대지면적은 대지의 수평투영면적으로 한다.
② 건축면적은 건축물의 외벽의 중심선으로 둘러싸인 부분의 수평투영면적으로 한다.
③ 바닥면적은 건축물의 각 층 또는 그 일부로서 벽, 기둥, 그 밖에 이와 비슷한 구획의 중심선으로 둘러싸인 부분의 수평투영면적으로 한다.
④ 용적률 산정 시 적용하는 연면적은 지하층을 포함하여 하나의 건축물 각 층의 바닥면적의 합계로 한다.

개념 | KEYWORD 07 면적의 규제

해설 |

용적률 산정 시 적용하는 연면적은 지하층을 제외하고 하나의 건축물의 각 층 바닥면적의 합계로 한다.

관련이론

용적률 산정 시 제외하는 면적

1. 지하층의 면적
2. 지상층의 주차용으로 쓰는 면적
3. 초고층 건축물과 준초고층 건축물에 설치하는 피난안전구역의 면적
4. 건축물의 경사지붕 아래에 설치하는 대피공간의 면적

정답 | ④

98

건축물 관련 건축기준의 허용오차가 옳지 않은 것은?

① 출구 너비: 2% 이내
② 바닥판 두께: 3% 이내
③ 건축물 높이: 3% 이내
④ 벽체 두께: 3% 이내

개념 | KEYWORD 02 건축허가와 신고

해설 |
건축물 높이: 2% 이내

관련이론

허용오차

항목	허용되는 오차의 범위	
건폐율	0.5% 이내(단, 건축면적 5m²를 초과할 수 없음)	
용적률	1% 이내(단, 연면적 30m²를 초과할 수 없음)	
건축물 높이	2% 이내	1m를 초과할 수 없음
출구 너비		–
반자 높이		–
평면 길이		건축물 전체 길이는 1m를 초과할 수 없고, 벽으로 구획된 각 실은 10cm를 초과할 수 없음
벽체 두께	3% 이내	
바닥판 두께		
건축선의 후퇴거리		
인접대지 경계선과의 거리		
인접 건축물과의 거리		

정답 | ③

99

「건축법령」상 초고층 건축물의 정의로 옳은 것은?

① 층수가 30층 이상이거나 높이가 90m 이상인 건축물
② 층수가 30층 이상이거나 높이가 120m 이상인 건축물
③ 층수가 50층 이상이거나 높이가 150m 이상인 건축물
④ 층수가 50층 이상이거나 높이가 200m 이상인 건축물

개념 | KEYWORD 01 건축법 총칙

해설 |
초고층 건축물은 층수가 50층이거나 높이가 200m 이상인 건축물이다.

관련이론

고층 건축물의 정의

구분	정의
초고층 건축물	층수가 50층이거나 높이가 200m 이상인 건축물
준초고층 건축물	고층 건축물 중 초고층 건축물이 아닌 것
고층 건축물	층수가 30층 이상이거나 높이가 120m 이상인 건축물

정답 | ④

100

다음은 건축허가에 대한 내용이다. ( ) 안에 알맞은 것을 고르시오.

> 건축물을 건축하거나 대수선하려는 자는 특별자치시장·특별자치도지사 또는 시장·군수·구청장의 허가를 받아야 한다. 다만, 층수가 21층 이상이거나 연면적의 합계가 (　　　) 제곱미터 이상인 건축물을 특별시나 광역시에 건축하려면 특별시장이나 광역시장의 허가를 받아야 한다.

① 5만　　② 10만
③ 15만　　④ 20만

개념 | KEYWORD 02 건축허가와 신고

해설 |
특별시장 또는 광역시장의 건축허가: 층수가 21층 이상이거나 연면적의 합계가 10만m² 이상인 건축물이 대상이다.

정답 | ②

2023년 2회 CBT 복원문제

건축계획

01
다음의 건축 작품과 설계자의 연결이 옳지 않은 것은?

① 낙수장: 프랭크 로이드 라이트
② 사보아(Savoye) 주택: 르 코르뷔지에
③ 킴벨(Kimbel) 미술관: 발터 그로피우스
④ 투겐하트(Tugendhat) 주택: 미스 반 데어 로에

개념 | KEYWORD 13 서양건축사
해설 |
킴벨 미술관의 설계자는 루이스 칸(Louis Isadore Kahn)이다.
발터 그로피우스의 작품으로는 아테네 미국대사관이 보기로 자주 출제된다.

정답 | ③

02
각 사찰에 관한 설명 중 옳지 않은 것은?

① 부석사의 가람배치는 누하진입 형식을 취하고 있다.
② 화엄사는 경사된 지형을 수단(數段)으로 나누어서 정지(整地)하여 건물을 적절히 배치하였다.
③ 통도사는 산지에 위치하나 산지가람처럼 건물들을 불규칙하게 배치하지 않고 직교식으로 배치하였다.
④ 봉정사 가람배치는 대지가 3단으로 나누어져 있으며 상단부분에 대웅전과 극락전 등 중요한 건물들이 배치되어 있다.

개념 | KEYWORD 14 한국건축사
해설 |
통도사는 건물들을 불규칙하게 배치하는 자유로운 형태를 취하고 있다. 통도사의 가람배치는 신라 이래의 전통 법식에서 벗어나 냇물을 따라 동서로 길게 형성이 되어 있다.

정답 | ③

03
다음의 건축물 중 주심포식 건축양식에 속하지 않는 것은?

① 강릉 객사문
② 석왕사 응진전
③ 봉정사 극락전
④ 부석사 무량수전

개념 | KEYWORD 14 한국건축사
해설 |
석왕사 응진전은 다포식 양식에 속하는 건축물이다.
대표적인 주심포식 건축양식에는 강릉 객사문, 봉정사 극락전, 부석사 무량수전, 수덕사 대웅전 등이 속한다.

정답 | ②

04
극장에서 인형극이나 아동극 및 연극과 같이 배우의 표정과 동작을 자세히 감상할 필요가 있는 공연에 적합한 가시거리의 한계는?

① 10m
② 15m
③ 22m
④ 38m

개념 | KEYWORD 08 극장, 영화관, 미술관
해설 |
배우의 표정과 동작을 자세히 감상할 수 있는 생리적 한도는 15m이다.

> **관련이론**
> 극장 평면형의 한계

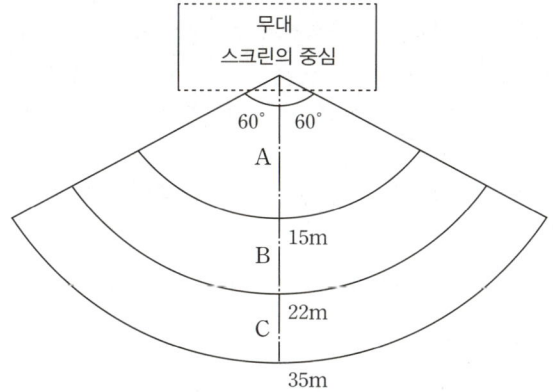

1. A구역: 배우의 표정이나 동작을 상세히 감상할 수 있는 시선 거리의 생리적 한도는 15m이다. 따라서 인형극이나 아동극은 이 한계 내에 있어야 한다.
2. B구역: 실제의 극장 건축에서는 될 수 있는 한 수용을 많이 하려는 생각에서 22m까지를 제1차 허용한도로 정하며, 국악이나 신극, 실내악 등은 이 범위 내에 객석을 둘 수 있다.
3. C구역: 현재 연극, 그랜드 오페라, 발레, 뮤지컬은 배우의 일반적인 동작만 보이면 감상하는 데는 별 지장이 없으므로 이를 제2차 허용한도라 하고 35m까지 둘 수 있다.

정답 | ②

05

미술관 전시실의 순회형식에 관한 설명으로 옳지 않은 것은?

① 중앙홀 형식은 작은 부지에서 효율적이나 많은 실을 순서별로 통하여야 하는 불편이 있다.
② 중앙홀 형식은 중앙홀이 크면 동선의 혼란은 없으나 장래의 확장에 많은 무리를 가지고 있다.
③ 연속순로 형식은 각 전시실이 연속적으로 동선을 형성하고 있으며 비교적 소규모 전시에 적합하다.
④ 갤러리(Gallery) 형식은 각 실에 직접 들어갈 수가 있는 점이 유리하며, 필요시에는 자유로이 독립적으로 폐쇄할 수 있다.

개념 | KEYWORD 08 극장, 영화관, 미술관

해설
작은 부지에서 효율적이나 많은 실을 순서별로 통하여야 하는 불편은 연속순로 형식의 특징이다.

> **관련이론**
> 중앙홀 형식
> 중심부에 하나의 큰 홀을 두고 그 주위에 각 전시실을 배치하여 자유로이 출입하는 형식이다.
> 1. 과거에 많이 사용한 평면으로 중앙홀에 높은 천창을 설치하여 고창(高窓)으로부터 채광하는 방식이 많았다.
> 2. 부지의 이용률이 높은 지점에 건립할 수 있으며, 중앙홀이 크면 동선의 혼란은 없으나 장래의 확장에 많은 무리가 따른다.

정답 | ①

06

주당 평균 40시간을 수업하는 어느 학교에서 음악실에서의 수업이 총 20시간이며, 이중 15시간은 음악시간으로 나머지 5시간은 학급 토론시간으로 사용되었다면 이 음악실의 이용률과 순수율은?

① 이용률 37.5%, 순수율 75%
② 이용률 50%, 순수율 75%
③ 이용률 75%, 순수율 37.5%
④ 이용률 75%, 순수율 50%

개념 | KEYWORD 09 학교, 도서관

해설

$$이용률 = \frac{교실이\ 사용되는\ 시간}{1주간의\ 평균\ 수업시간} \times 100(\%)$$
$$= \frac{20}{40} \times 100\% = 50\%$$

$$순수율 = \frac{일정한\ 교과를\ 위해\ 사용되는\ 시간}{교실이\ 사용되는\ 시간} \times 100(\%)$$
$$= \frac{15}{20} \times 100\% = 75\%$$

정답 | ②

07

종합병원에서 클로즈드 시스템(Closed system)의 외래진료부에 관한 설명으로 옳지 않은 것은?

① 내과는 소규모 진료실을 다수 설치하도록 한다.
② 환자의 이용이 편리하도록 1층 또는 2층 이하에 둔다.
③ 중앙주사실, 회계, 약국 등은 정면출입구 근처에 설치한다.
④ 전체병원에 대한 외래진료부의 면적비율은 40~45% 정도로 한다.

개념 | KEYWORD 11 병원
해설 |
클로즈드 시스템에서 외래진료부의 면적비율은 10~15% 정도로 한다.

정답 | ④

08

국지도로의 유형 중 쿨데삭(Cul-de-sac)형에 관한 설명으로 옳은 것은?

① 통과교통이 다수 발생한다.
② 우회도로가 있어 방재, 방범상 유리하다.
③ 도로의 최대 길이는 30m 이하이어야 한다.
④ 주택 배면에 보행자전용도로가 설치되어야 효과적이다.

개념 | KEYWORD 04 공동주택
해설 |
쿨데삭형은 보도와 차도의 분리가 원칙이다.

선지분석
① 통과교통이 방지된다.
② 우회도로가 없기 때문에 방재·방범상으로는 불리하다.
③ 쿨데삭의 최대 길이는 120~300m까지로 하며, 300m 이상 시에는 중간부에 회전지점이 필요하다.

정답 | ④

09

주택의 부엌 계획에 관한 설명으로 옳지 않은 것은?

① 일사가 긴 서쪽은 음식물이 부패하기 쉬우므로 피하도록 한다.
② 작업삼각형은 냉장고와 개수대 그리고 배선대를 잇는 삼각형이다.
③ 부엌가구의 배치유형 중 ㄱ자형은 부엌과 식당을 겸할 경우 많이 활용되는 형식이다.
④ 부엌가구의 배치유형 중 일렬형은 면적이 좁은 경우 이용에 효과적이므로 소규모 부엌에 주로 활용된다.

개념 | KEYWORD 03 단독주택
해설 |
냉장고, 개수대, 가열대를 잇는 삼각형이 작업삼각형이다. 이러한 작업삼각형의 길이는 3.6~6.6m로 하는 것이 능률적이다.

정답 | ②

10

도서관 건축 계획에서 장래에 증축을 반드시 고려해야 할 부분은?

① 서고   ② 대출실
③ 사무실   ④ 휴게실

개념 | KEYWORD 09 학교, 도서관
해설 |
신간서적 유입에 따른 서고의 증축을 반드시 고려해야 한다.

정답 | ①

11
자연형 테라스 하우스에 관한 설명으로 옳지 않은 것은?

① 각 세대마다 전용의 정원을 가질 수 있다.
② 하향식이나 상향식 모두 스플릿 레벨이 가능하다.
③ 하향식의 경우 각 세대의 규모를 동일하게 할 수 없다.
④ 일반적으로 후면에 창을 설치할 수 없으므로 각 세대 깊이가 너무 깊지 않도록 한다.

개념 | KEYWORD 04 공동주택
해설 |
자연형 테라스 하우스는 경사지에 설치되므로 상향식과 하향식 모두 동일한 규모를 가질 수 있다.

관련이론
자연형 테라스 하우스
1. 자연적인 경사 지형을 이용하여 만든 것이다.
2. 평지 주택보다 주거로 진입하는 동선이 길어진다.
3. 아래층 세대의 지붕은 위층 세대의 개인 정원이 될 수 있다.
4. 경사면 반대쪽에 창문이 없기 때문에 각 세대의 깊이가 6~7.5m 이상이 되어서는 안 된다.

정답 | ③

12
학교운영방식 중 플래툰형에 관한 설명으로 옳은 것은?

① 교실수는 학급수와 동일하다.
② 초등학교 저학년에 가장 적합한 형식이다.
③ 교과 담임제와 학급 담임제를 병용할 수 있는 형식이다.
④ 모든 교실이 특정한 교과 수업을 위해 만들어진 형식으로, 일반교실은 없다.

개념 | KEYWORD 09 학교, 도서관
해설 |
플래툰형(P형)은 전학급을 2분단으로 나누고, 한 쪽이 일반교실을 사용할 때 다른 쪽은 특별교실을 이용하는 형식으로 교과 담임제와 학급 담임제를 병용할 수 있다.

선지분석
①, ②: 종합교실형에 대한 설명이다.
④: 교과교실형에 대한 설명이다.

정답 | ③

13
공장 건축의 레이아웃 계획에 관한 설명으로 옳지 않은 것은?

① 플랜트 레이아웃은 공장건축의 기본설계와 병행하여 이루어진다.
② 고정식 레이아웃은 조선소와 같이 제품이 크고 수량이 적을 경우에 적용된다.
③ 다품종 소량생산이나 주문생산 위주의 공장에는 공정 중심의 레이아웃이 적합하다.
④ 레이아웃 계획은 작업장 내의 기계설비 배치에 관한 것으로 공장규모 변화에 따른 융통성은 고려대상이 아니다.

개념 | KEYWORD 10 공장, 창고
해설 |
공장 레이아웃은 기계설비 배치에 관한 계획이며, 공장규모의 변화에 융통성 있게 대응할 수 있어야 한다.

정답 | ④

14
사무소 건축의 실단위 계획 중 개방식 배치에 관한 설명으로 옳지 않은 것은?

① 공사비를 줄일 수 있다.
② 실의 깊이나 길이에 변화를 줄 수 없다.
③ 시각차단이 없으므로 독립성이 적어진다.
④ 경영자의 입장에서는 전체를 통제하기가 쉽다.

개념 | KEYWORD 05 사무소
해설 |
개방식 배치는 실의 깊이나 길이에 변화를 줄 수 있다. 개실 배치는 실의 길이에는 변화를 줄 수 있지만, 연속된 복도 때문에 실의 깊이는 제한된다.

관련이론
개방식 배치(Open plan)
단일 공간의 개방된 대규모 사무공간을 계획하는 것이다.
1. 장점
   - 전 면적을 유효하게 이용할 수 있어 공간 절약상 유리하다.
   - 칸막이벽이 없어서 공사비가 다소 저렴하다.
   - 방의 길이나 깊이에 변화를 줄 수 있다.
2. 단점
   - 소음이 크고 독립성이 떨어진다.
   - 자연채광에 인공조명이 필요하다.

정답 | ②

15

한국 전통건축의 지붕양식에 관한 설명으로 옳은 것은?

① 팔작지붕은 원초적인 지붕형태로 원시움집에서부터 사용되었다.
② 모임지붕은 용마루와 내림마루가 있고 추녀마루만 없는 형태이다.
③ 맞배지붕은 용마루와 추녀마루로만 구성된 지붕으로 주로 다포식 건물에 사용되었다.
④ 우진각지붕은 네 면에 모두 지붕면이 있으며 전후 지붕면은 사다리꼴이고 양측 지붕면은 삼각형이다.

개념 | KEYWORD 14 한국건축사
해설 |
우진각지붕은 건물 네 면에 지붕면이 있고 추녀마루가 용마루에서 만나게 되는 지붕이다.

선지분석
① 팔작지붕은 우진각지붕의 삼각형 측면에 여덟 팔(八)자 모양으로 구성한 합각지붕으로서 화려하고 엄숙한 기풍을 가진 지붕이다.
② 모임지붕은 추녀마루로만 구성되고 용마루 없이 하나의 꼭짓점에서 지붕골이 만나는 지붕형태이다.
③ 맞배지붕은 좌우 지붕면이 서로 맞대어 용마루를 만드는 지붕형식으로, 내림마루나 추녀마루가 없다.

정답 | ④

16

다음 중 상점계획에서 파사드 구성에 요구되는 소비자 구매심리 5단계(AIDMA 법칙)에 속하지 않는 것은?

① 흥미(Interest) ② 욕망(Desire)
③ 기억(Memory) ④ 유인(Attraction)

개념 | KEYWORD 06 상점, 백화점, 쇼핑센터
해설 |
Attraction은 AIDMA에 속하지 않는다.

관련이론
상점 광고 5요소(AIDMA 법칙)
1. Attention(주의)
2. Interest(흥미)
3. Desire(욕망, 욕구)
4. Memory(기억, 인상)
5. Action(행동)

정답 | ④

17

사무소 건축의 코어 형식에 관한 설명으로 옳은 것은?

① 편심코어형은 각 층의 바닥면적이 큰 경우 적합하다.
② 양단코어형은 코어가 분산되어 있어 피난상 불리하다.
③ 중심코어형은 구조적으로 바람직한 형식으로 유효율이 높은 계획이 가능하다.
④ 외코어형은 설비 덕트나 배관을 코어로부터 사무실 공간으로 연결하는데 제약이 없다.

개념 | KEYWORD 05 사무소
해설 |
중심코어형은 중앙에 코어가 있어서 구조적으로 바람직한 형식으로 고층 및 초고층 건물에 적합하다.

선지분석
① 편심코어형은 각 층의 바닥면적이 작은 경우 적합하다.
② 양단코어형은 코어가 분산되어 있어 피난상 유리하다.
④ 외코어형은 각종 덕트, 배관 등의 길이가 길고 제약이 많다.

정답 | ③

18

극장의 평면형식 중 아레나(Arena)형에 관한 설명으로 옳지 않은 것은?

① 무대의 배경을 만들지 않으므로 경제성이 있다.
② 무대의 장치나 소품은 주로 낮은 기구들로 구성한다.
③ 가까운 거리에서 관람하면서 많은 관객을 수용할 수 있다.
④ 연기자가 일정한 방향으로만 관객을 대하므로 강연, 콘서트, 독주, 연극 공연에 가장 좋은 형식이다.

개념 | KEYWORD 08 극장, 영화관, 미술관
해설 |
아레나 스테이지는 관객이 무대를 360°로 둘러싼 형식으로 가까운 거리에서 관람하게 되며 가장 많은 관객을 수용할 수 있다.
프로시니엄 형식은 연기자가 일정한 방향으로만 관객을 대하므로 강연, 콘서트, 독주, 연극 공연 등에 알맞다.

정답 | ④

19

상점계획에 관한 설명으로 옳지 않은 것은?

① 고객의 동선은 일반적으로 짧을수록 좋다.
② 점원의 동선과 고객의 동선은 서로 교차되지 않는 것이 바람직하다.
③ 대면판매형식은 일반적으로 시계, 귀금속, 의약품 상점 등에서 쓰여진다.
④ 쇼 케이스 배치 유형 중 직렬형은 다른 유형에 비하여 상품의 전달 및 고객의 동선상 흐름이 빠르다.

개념 | KEYWORD 06 상점, 백화점, 쇼핑센터
해설 |
고객의 동선은 가능한 한 길게 하여 구매 의욕을 높이며 한편으로는 편안한 마음으로 상품을 선택할 수 있도록 한다.

정답 | ①

20

숑바르 드 로브의 주거면적으로 옳은 것은?

① 병리기준: $6m^2$, 한계기준: $12m^2$
② 병리기준: $6m^2$, 한계기준: $14m^2$
③ 병리기준: $8m^2$, 한계기준: $12m^2$
④ 병리기준: $8m^2$, 한계기준: $14m^2$

개념 | KEYWORD 03 단독주택
해설 |
병리기준: $8m^2$/인, 한계기준: $14m^2$/인

관련이론
1인당 주거면적

구분		면적(m^2/인)
최소한 주택의 표준		10
코로느(Cologne) 기준		16
숑바르 드 로브	병리기준	8
	한계기준	14
	표준기준	16
국제주거회의(최소)		15

정답 | ④

건축시공

21
다음 중 통계적 품질관리 기법의 종류에 해당되지 않는 것은?

① 히스토그램 ② 특성요인도
③ 브레인스토밍 ④ 파레토도

개념 | KEYWORD 09 품질관리

해설 |
브레인스토밍은 자유롭게 아이디어를 내기 위한 발상법으로 통계적 품질관리 기법에 해당되지 않는다.

관련이론

QC활동(품질관리도구)의 7도구
1. 히스토그램: 데이터가 어떤 분류나 분포로 되어 있는가를 나타낸 그림
2. 파레토도: 고장, 결점, 불량 등의 원인을 크기 순으로 나열하여 나타낸 그림
3. 특성요인도: 원인이 결과에 어떤 작용을 하고 있는가를 나타낸 그림
4. 체크시트: 데이터가 어느 항목에 집중되어 있는가를 나타낸 그림
5. 산점도: 두 데이터의 상호관계를 파악하기 위하여 그래프 위에 타점하여 나타낸 그림
6. 층별: 데이터를 일정한 형식에 의해 부분 집단으로 재구성한 수법
7. 그래프(관리도): 품질관리에서 얻은 자료를 알기 쉽게 그림으로 정리한 것임

정답 | ③

22
건설업의 종합건설업 제도(EC화: Engineering Construction)에 관한 정의로 옳은 것은?

① 종래의 단순한 시공업과 비교하여 건설사업의 발굴 및 기획, 설계, 시공, 유지관리에 이르기까지 사업 전반에 관한 것을 종합, 기획관리하는 업무영역의 확대를 말한다.
② 각 공사별로 나누어져 있는 토목, 건축, 전기, 설비, 철골, 포장 등의 공사를 1개 회사에서 시공하도록 하는 종합건설 면허제도이다.
③ 설계업을 하는 회사를 공사시공까지 할 수 있도록 업무영역을 확대한 면허제도를 말한다.
④ 시공업체가 설계업까지 할 수 있게 하는 면허제도이다.

개념 | KEYWORD 02 관계자와 관리기법

해설 |
EC화는 건설사업의 발굴 및 기획, 설계, 시공, 유지관리에 이르기까지 사업전반에 관한 것을 종합적으로 기획, 관리한다.

정답 | ①

23
벽돌쌓기 시 벽면적 $1m^2$당 소요되는 벽돌($190 \times 90 \times 57mm$)의 정미량(매)과 모르타르량($m^3$)으로 옳은 것은? (단, 벽두께 1.0B, 모르타르의 재료량은 할증이 포함된 것이며, 배합비는 1 : 3이다.)

① 벽돌매수: 224매, 모르타르량: $0.078m^3$
② 벽돌매수: 224매, 모르타르량: $0.049m^3$
③ 벽돌매수: 149매, 모르타르량: $0.078m^3$
④ 벽돌매수: 149매, 모르타르량: $0.049m^3$

개념 | KEYWORD 07 공종별 적산

해설 |

쌓기모르타르량 산출

모르타르량(m^3) = $\frac{벽돌\ 정미량}{1,000매}$ × 단위수량

• 단위수량(벽돌 1,000매당: m^3) → 1.0B일 때 0.33m^3

구분	0.5B	1.0B	1.5B	2.0B	2.5B
표준형	0.25	0.33	0.35	0.36	0.37

• 벽돌 단위수량(m^2당) → 1.0B일 때 149매

구분	0.5B	1.0B	1.5B	2.0B	2.5B	3.0B
표준형	75	149	224	298	373	447

∴ 모르타르량: $\frac{149매}{1,000매}$ × 0.33m^3 = 0.04917m^3

정답 | ④

24

열적외선을 반사하는 은소재 도막으로 코팅하여 방사율과 연관류율을 낮추고 가시광선 투과율을 높인 유리는?

① 스팬드럴 유리
② 접합유리
③ 배강도유리
④ 로이유리

개념 | KEYWORD 25 유리공사

해설 |

로이유리(Low-Emissivity Glass)는 금속 또는 금속산화물을 얇게 코팅하여 열(적외선)의 이동을 최소화시킨 저방사 유리이다.

선지분석
① 스팬드럴 유리: 세라믹질의 도료를 코팅한 불투명한 유리이다.
② 접합유리: 투명판 유리 2장 사이에 합성수지막을 넣어 접착제로 접착시킨 유리로 차음성, 보온성이 좋다.
③ 배강도유리: 유리 표면에 열처리하여 파괴강도를 증대시키고, 파손 시 판유리와 유사하게 깨지도록 만든 유리이다.

정답 | ④

25

서로 다른 종류의 금속재가 접촉하는 경우 부식이 일어나는 경우가 있는데 부식성이 큰 금속 순으로 옳게 나열된 것은?

① 알루미늄 > 철 > 주석 > 구리
② 주석 > 철 > 알루미늄 > 구리
③ 철 > 주석 > 구리 > 알루미늄
④ 구리 > 철 > 알루미늄 > 주석

개념 | KEYWORD 29 금속공사

해설 |

다른 종류의 금속재가 접촉하는 경우 수분이 있으면 전기분해가 발생하여 부식된다. 반응성이 큰 순서대로 나열하면, 알루미늄>철>주석>구리 순이다.

관련이론
금속의 이온화 경향
K>Ca>Na>Mg>Al>Zn>Fe>Ni>Sn>Pb>(H)>Cu>Hg>Ag>Pt>Au

정답 | ①

26

건축용 석재 사용 시 주의사항으로 옳지 않은 것은?

① 석재를 구조재로 사용 시 압축강도가 큰 것을 선택하여 사용할 것
② 석재를 다듬어 쓸 때는 석질이 균일한 것을 사용할 것
③ 동일 건축물에는 다양한 종류 및 다양한 산지의 석재를 사용할 것
④ 석재를 마감재로 사용 시 석리와 색채가 우아한 것을 선택하여 사용할 것

개념 | KEYWORD 20 석공사

해설 |

석재를 동일 건축물에 사용 시 외부재와 내부재를 구분하여 사용한다.(흡수율 기준)

정답 | ③

27

신축할 건축물의 높이의 기준이 되는 주요 가설물로 이동의 위험이 없는 인근 건물의 벽 또는 담장에 설치하는 것은?

① 줄띄우기 ② 벤치마크
③ 규준틀   ④ 수평보기

개념 | KEYWORD 10 가설공사

해설 |

벤치마크(Bench mark: 기준점, 수준점)
1. 건물의 위치, 높이 기준이 되는 표식으로 기준면으로부터 표고를 측정하여 표시해 둔 점이다.
2. 높이 측량의 기준이 되도록 건축물 인근에 설치한다.

정답 | ②

28

수량 산출 작업을 함에 있어 효율적인 적산방법이 아닌 것은?

① 수직방향에서 수평방향으로 적산한다.
② 시공순서대로 적산한다.
③ 내부에서 외부로 적산한다.
④ 큰 곳에서 작은 곳으로 적산한다.

개념 | KEYWORD 06 적산 총론

해설 |
수량 산출은 수평방향에서 수직방향으로 적산한다.

정답 | ①

29

가설공사에서 건물의 각부 위치, 기초의 너비 또는 길이 등을 정확히 결정하기 위한 것은?

① 벤치마크   ② 수평규준틀
③ 세로규준틀 ④ 현황측량

개념 | KEYWORD 10 가설공사

해설 |
건축물 기초의 너비 또는 길이 등을 표시하기 위한 것은 수평규준틀이다.

정답 | ②

30

타일의 흡수율 크기의 대소관계로 옳은 것은?

① 석기질 > 도기질 > 자기질
② 도기질 > 석기질 > 자기질
③ 자기질 > 석기질 > 도기질
④ 석기질 > 자기질 > 도기질

개념 | KEYWORD 20 석공사

해설 |
타일의 흡수율(%)
도기질 > 석기질 > 자기질

정답 | ②

31

기술제안입찰제도의 특징에 관한 설명으로 옳지 않은 것은?

① 공사비 절감방안의 제안은 불가하다.
② 기술제안서 작성에 추가비용이 발생된다.
③ 제안된 기술의 지적재산권 인정이 미흡하다.
④ 원안 설계에 대한 공법, 품질 확보 등이 핵심 제안요소이다.

개념 | KEYWORD 05 입찰방식 및 계약

해설 |
기술제안입찰은 발주처에서 설계한 뒤 업체에서 공기 단축, 공사비 절감 등을 위한 기술제안서 제출이 가능하다.

정답 | ①

32

철근의 이음방식 중 철근단면을 맞대고 산소-아세틸렌염으로 가열하여 접합단면을 녹이지 않고 적열상태에서 부풀려 가압, 접합하는 형태로 전 이음공법 중 접합강도가 큰 편에 속하는 것은?

① 겹침이음 ② 기계적이음
③ 아크용접이음 ④ 가스압접이음

개념 | KEYWORD 14 철근공사

해설 |
가스압접이음에 대한 설명이다.

> **관련이론**
> 가스압접
> 1. 압접작업은 철근을 조립하기 전에 행한다.
> 2. 지름이나 종류가 같은 것을 압접하는 것이 좋다.
> 3. 용접 돌출부의 직경은 원칙적으로 철근 직경의 1.5배 이상
> 4. 철근 중심축의 어긋남은 철근 직경의 1/5 이하
> 5. 압접해서는 안 되는 경우
>   ① 철근지름의 차가 6mm 초과인 경우
>   ② 철근의 재질이 다른 경우
>   ③ 항복점 또는 강도가 다른 경우

정답 | ④

33

콘크리트의 강도에 가장 큰 영향을 미치는 것은?

① 물시멘트비 ② 시멘트의 품질
③ 골재의 강도 ④ 공기량

개념 | KEYWORD 16 콘크리트공사

해설 |
물시멘트비가 가장 직접적인 영향을 준다.

정답 | ①

34

다음 중 멤브레인 방수공사에 해당되지 않는 것은?

① 아스팔트방수공사 ② 실링방수공사
③ 시트방수공사 ④ 도막방수공사

개념 | KEYWORD 22 방수공사

해설 |
멤브레인 방수는 구조물의 외부 전면을 덮는 피막 방수층을 형성하는 방수공법으로 개량아스팔트시트방수, 합성고분자시트방수, 아스팔트방수, 도막방수 등이 있다

정답 | ②

35

도장공사에 필요한 가연성 도료를 보관하는 창고에 관한 설명으로 옳지 않은 것은?

① 독립한 단층건물로서 주위 건물에서 1.5m 이상 떨어져 있게 한다.
② 건물 내의 일부를 도료의 저장장소로 이용할 때는 내화구조 또는 방화구조로 구획된 장소를 선택한다.
③ 바닥에는 침투성이 없는 재료를 깐다.
④ 지붕은 불연재로 하고, 적정한 높이의 천장을 설치한다.

개념 | KEYWORD 27 도장공사

해설 |
가연성 도료를 보관하는 창고의 지붕을 불연재로 해야 하는 것은 맞지만 천장은 설치하지 않아야 한다.

정답 | ④

36

건축마감공사로서 단열공사에 관한 설명으로 옳지 않은 것은?

① 단열시공바탕은 단열재 또는 방습재 설치에 못, 철선, 모르타르 등의 돌출물이 도움이 되므로 제거하지 않아도 된다.
② 설치위치에 따른 단열공법 중 내단열공법은 단열성능이 적고 내부 결로가 발생할 우려가 있다.
③ 단열재를 접착제로 바탕에 붙이고자 할 때에는 바탕면을 평탄하게 한 후 밀착하여 시공하되 초기박리를 방지하기 위해 압착상태를 유지시킨다.
④ 단열재료에 따른 공법은 성형판단열재 공법, 현장발포재 공법, 뿜칠단열재 공법 등으로 분류할 수 있다.

개념 | KEYWORD 30 단열공사

해설 |
단열시공바탕은 단열재 또는 방습재 설치에 지장이 없도록 못, 철선, 모르타르 등의 돌출물을 제거해 평탄작업을 한다.

정답 | ①

37

지름 100mm, 높이 200mm의 콘크리트 공시체를 쪼갬인 장강도시험에 의해 강도를 측정하였더니 파괴하중이 63kN 이었다 이 공시체의 인장강도는?

① 0.8MPa   ② 1.5MPa
③ 2MPa   ④ 3MPa

개념 | KEYWORD 16 콘크리트공사

해설 |
공시체의 쪼갬인장강도(할렬강도)

$$\frac{2P}{\pi DL} = \frac{2 \times 63 \times 10^3 N}{\pi \times 200mm \times 100mm} ≒ 2.005 N/mm^2 (MPa)$$

여기서, P: 하중(N), D: 공시체의 지름(mm), L: 공시체의 길이(mm)

정답 | ③

38

벽돌벽에서 장식적으로 구멍을 내어 쌓는 벽돌쌓기 방식은?

① 불식 쌓기   ② 영롱 쌓기
③ 무늬 쌓기   ④ 층단떼어 쌓기

개념 | KEYWORD 19 조적공사

해설 |
영롱 쌓기는 난간벽과 같이 상부하중을 지지하지 않는 벽에 있어서 장식적인 효과를 기대하기 위해 벽체에 구멍을 내어 쌓는 것이다.

정답 | ②

39

품질관리 사이클의 순서로 옳은 것은?

① 계획 - 검토 - 실시 - 조치
② 계획 - 검토 - 조치 - 실시
③ 계획 - 실시 - 조치 - 검토
④ 계획 - 실시 - 검토 - 조치

개념 | KEYWORD 09 품질관리

해설 |
품질관리 순서(데밍의 관리 Cycle 4단계)

P(Plan)	계획	목표를 위한 계획을 세움
D(Do)	실시	표준과 동일한 작업을 실시
C(Check)	검토	작업상황 및 결과를 검토
A(Action)	조치	검토한 결과에 따라 시정조치

정답 | ④

40

철골공사에 관한 설명으로 옳지 않은 것은?

① 볼트접합부는 부식하기 쉬우므로 방청도장을 하여야 한다.
② 볼트조임에는 임팩트렌치, 토크렌치 등을 사용한다.
③ 철골조는 화재에 의한 강성 저하가 심하므로 내화피복을 하여야 한다.
④ 용접부 비파괴검사에는 침투탐상법, 초음파탐상법 등이 있다.

개념 | KEYWORD 17 접합
해설 |
볼트접합부는 볼트의 풀림방지와 마찰력의 증대를 위해 방청도장을 하지 않는다.

관련이론
1. 방청도장을 하지 않는 장소: 볼트접합부, 콘크리트에 묻히는 부분, 현장용접부로부터 100mm 이내, 철골조립으로 맞닿는 부분 등
2. 용접부 비파괴검사: 외관검사, 방사선투과검사, 침투탐상법, 초음파탐상법, 자기분말탐상법 등

정답 | ①

건축구조

41

그림과 같은 구조물의 부정정 차수는?

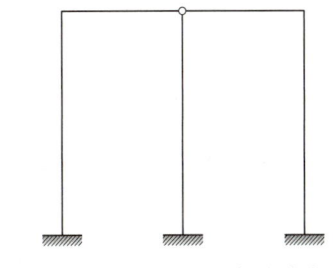

① 1차 부정정 ② 2차 부정정
③ 3차 부정정 ④ 4차 부정정

개념 | KEYWORD 08 구조물 판별
해설 |
$N=r+m+f-2\times j$ (r: 지점반력수, m: 부재수, f: 강절점수, j: 지점수 + 자유단 절점수)의 공식을 이용해 부정정 차수를 구하면
$N=(3+3+3)+5+2-2\times 6=4$이므로
4차 부정정 구조이다.

다른 풀이
부정정 차수(N) = 외적 차수(N_e) + 내적 차수(N_i)이다.
외적차수 $N_e=r-3=(3+3+3)-3=6$이고,
내적차수 $N_i=(-1)\times 2=-2$이므로
$N=N_e+N_i=6-2=4$이다.

정답 | ④

42

강구조에서 용접선 단부에 붙인 보조판으로 아크의 시작이나 종단부의 크레이터 등의 결함을 방지하기 위해 붙이는 판은?

① 스티프너 ② 엔드탭
③ 윙플레이트 ④ 커버플레이트

개념 | KEYWORD 18 접합, 볼트, 용접
해설 |
엔드탭은 용접결함이 생기기 쉬운 용접의 시작이나 끝부분에 임시로 설치하는 보조 강판이다.

선지분석
① 스티프너: 기둥의 플랜지나 웨브의 좌굴방지용 보강재
③ 윙플레이트: 철골 주각부에 부착되는 강판
④ 커버플레이트: 강재의 플랜지를 보강하기 위해 사용하는 강판

정답 | ②

43

철골조 주각부분에 사용하는 보강재에 해당되지 않는 것은?

① 윙플레이트 ② 데크플레이트
③ 사이드앵글 ④ 클립앵글

개념 | KEYWORD 17 강구조 총론

해설 |
데크플레이트는 콘크리트 슬래브의 거푸집으로 사용되며, 바닥판이나 평지붕에도 사용된다.

관련이론

데크플레이트(Deck plate)

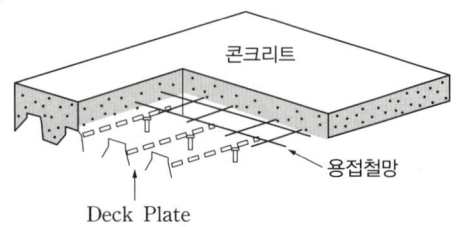

1. 강도를 유지하는데 합리적인 모양으로 골을 넣어 만든 폭이 넓은 대형 강판이다.
2. 콘크리트 슬래브의 거푸집으로 사용된다.
3. 바닥판이나 평지붕에도 사용된다.
4. 서포트가 필요하지 않아서 고층빌딩에 많이 이용된다.

정답 | ②

44

인장을 받는 이형철근의 직경이 D16(직경 15.9mm)이고, 콘크리트 강도가 30MPa인 표준갈고리의 기본정착길이는?(단, $f_y=400$MPa, $\beta=1.0$, $m_c=2,300$kg/m³)

① 238mm ② 258mm
③ 279mm ④ 312mm

개념 | KEYWORD 16 철근 정착과 이음

해설 |
표준갈고리를 갖는 인장이형철근의 기본정착길이는
$l_{hb}=\dfrac{0.24\beta \cdot d_b \cdot f_y}{\lambda\sqrt{f_{ck}}}$이다.
$m_c=2,300$kg/m³이므로 경량콘크리트계수 $\lambda=1.0$을 대입하면,
$l_{hb}=\dfrac{0.24\times1.0\times15.9\times400}{(1.0)\sqrt{30}}\fallingdotseq 278.68$mm이다.

정답 | ③

45

동일단면, 동일재료를 사용한 캔틸레버보 끝단에 집중하중이 작용하였다. P_1이 작용한 부재의 최대처짐량이 P_2가 작용한 부재의 최대처짐량의 2배일 경우 $P_1 : P_2$는?

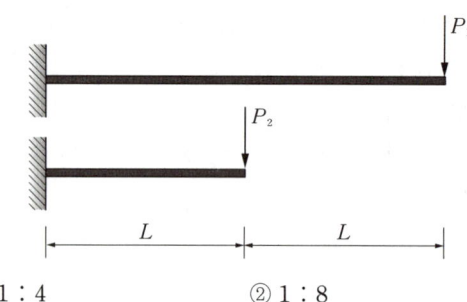

① 1 : 4 ② 1 : 8
③ 4 : 1 ④ 8 : 1

개념 | KEYWORD 10 보의 처짐

해설 |
자유단에 걸리는 하중이 P, 길이가 L인 캔틸레버보 자유단의 최대처짐은
$\delta_{max}=\left(\dfrac{PL}{EI}\times L\right)\times\dfrac{L}{3}=\dfrac{PL^3}{3EI}$이다.
지문의 조건에 따르면
$\dfrac{P_1\cdot(2L)^3}{3EI}=\dfrac{P_2\cdot(L)^3}{3EI}\times 2$이므로 $\dfrac{P_1}{P_2}=\dfrac{1}{4}$이다.
따라서 $P_1 : P_2 = 1 : 4$이다.

정답 | ①

46

강도설계법에서 처짐을 계산하지 않는 경우 철근콘크리트 보의 최소 두께 규정으로 옳지 않은 것은? (단, 보통콘크리트와 설계기준 항복강도 400MPa 철근을 사용한 부재임)

① 단순 지지: $l/16$
② 1단 연속: $l/18.5$
③ 양단 연속: $l/12$
④ 캔틸레버: $l/8$

개념 | KEYWORD 15 슬래브, 기둥, 벽체, 기타
해설 |
l: 경간 길이(mm)

부재	최소 두께(h_{min})			
	단순 지지	1단 연속	양단 연속	캔틸레버
보 및 리브가 있는 1방향 슬래브	$\dfrac{l}{16}$	$\dfrac{l}{18.5}$	$\dfrac{l}{21}$	$\dfrac{l}{8}$

정답 | ③

47

벽돌구조에 대한 설명으로 옳지 않은 것은?

① 석구조 및 블록구조와 함께 조적식 구조의 일종이다.
② 고층 건물이나 대규모 건물에 적합하다.
③ 내화, 내구적이다.
④ 풍압력, 지진력 등에 약하다.

개념 | KEYWORD 01 건축구조의 개념
해설 |
벽돌구조는 저층 건물이나 소규모 건물에 적합한 구조이다.

정답 | ②

48

강재 SM 355A에 대한 설명 중 옳지 않은 것은?

① SM은 용접구조용 강재임을 의미한다.
② 기호의 끝 알파벳은 충격흡수 에너지 시험 보증값에 따라 규정된다.
③ 기호의 끝 알파벳은 A<B<C의 순으로 용접성이 양호함을 의미한다.
④ 최저 인장강도가 355N/mm²임을 나타낸다.

개념 | KEYWORD 17 강구조 총론
해설 |
최저 항복강도가 355N/mm²임을 나타낸다.

정답 | ④

49

그림과 같은 직사각형 단면을 가지는 보에 최대 휨모멘트 $M=20kN \cdot m$가 작용할 때 최대 휨응력은?

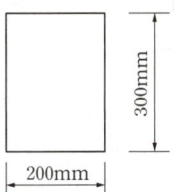

① 3.33MPa ② 4.44MPa
③ 5.56MPa ④ 6.67MPa

개념 | KEYWORD 06 반력, 전단력, 휨모멘트
해설 |
최대 휨응력 $\sigma_{max} = \dfrac{M_{max}}{Z}$로 구한다.

여기서, M_{max}: 최대 휨모멘트, Z: 단면계수

단면이 사각형일 경우 $Z = \dfrac{bh^2}{6}$이므로

$\therefore \sigma_{max} = \dfrac{(20 \times 10^6)}{\dfrac{200 \times 300^2}{6}} = 6.67 N/mm^2 = 6.67 MPa$

정답 | ④

50

다음과 같은 사다리꼴 단면의 도심 y_0값은?

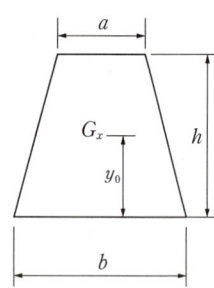

① $\dfrac{h(2a+b)}{3(a+b)}$ ② $\dfrac{h(a+b)}{3(2a+b)}$

③ $\dfrac{3h(2a+b)}{(a+b)}$ ④ $\dfrac{h(a+2b)}{3(a+b)}$

개념 | KEYWORD 05 단면의 성질

해설 |

도심거리는 단면1차모멘트 G_x를 면적 A로 나누어 구한다.

$y = \dfrac{G_x}{A}$

사다리꼴의 도심은 삼각형 $\left(\dfrac{1}{2}bh\right)$와 삼각형 $\left(\dfrac{1}{2}ah\right)$로 나눈 후 더하여 계산할 수 있다.

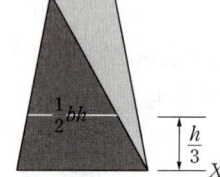 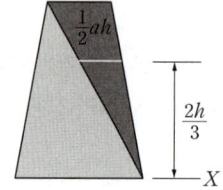

1. $G_x = \dfrac{1}{2}bh \times \dfrac{h}{3}$ 2. $G_x = \dfrac{1}{2}ah \times \dfrac{2h}{3}$

$\therefore y = \dfrac{G_x}{A} = \dfrac{\left(\dfrac{1}{2}bh \times \dfrac{h}{3}\right) + \left(\dfrac{1}{2}ah \times \dfrac{2h}{3}\right)}{\left(\dfrac{1}{2}bh\right) + \left(\dfrac{1}{2}ah\right)} = \dfrac{h}{3} \times \dfrac{2a+b}{a+b}$

정답 | ①

51

다음 그림과 같은 구멍 2열에 대하여 파단선 $A-B-C$를 지나는 순단면적과 동일한 순단면적을 갖는 파단선 $D-E-F-G$의 피치(s)는? (단, 구멍은 여유폭을 포함하여 $23mm$임)

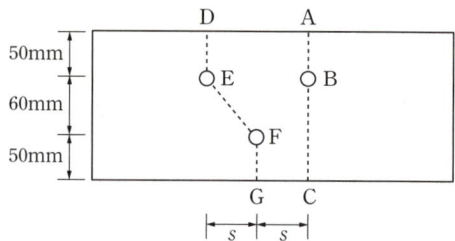

① 3.7cm ② 7.4cm
③ 11.1cm ④ 14.8cm

개념 | KEYWORD 19 인장재·압축재 설계

해설 |

㉠ 파단선 $A-B-C$의 순단면적
$A_n = A_g - n \cdot d \cdot t = (160 \times t) - (1 \times 23 \times t) = 137t$

㉡ 파단선 $D-E-F-G$의 순단면적
$A_n = A_g - n \cdot d \cdot t + \Sigma \dfrac{s^2}{4g} \cdot t$

$= (160 \times t) - (2 \times 23 \times t) + \dfrac{s^2}{4 \times 60} \cdot t = 114t + \dfrac{s^2}{240} \cdot t$

㉠, ㉡ 두 식의 결과값이 같으므로

$137t = 114t + \dfrac{s^2}{240} \cdot t$

$s = \sqrt{(137-114) \times 240} ≒ 74.3mm ≒ 7.43cm$

정답 | ②

52

다음 그림은 각 구간에서 직선적으로 변화하는 단순보의 모멘트도이다. C점과 D점에 동일한 힘 P_1이 작용하고 보의 중앙점 E에 P_2가 작용할 때 P_1과 P_2의 절댓값은?

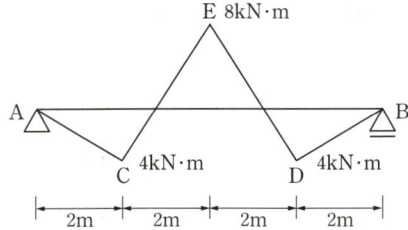

① $P_1=4\text{kN}$, $P_2=6\text{kN}$
② $P_1=4\text{kN}$, $P_2=8\text{kN}$
③ $P_1=8\text{kN}$, $P_2=10\text{kN}$
④ $P_1=8\text{kN}$, $P_2=12\text{kN}$

개념 | KEYWORD 06 반력, 전단력, 휨모멘트

해설 |
휨모멘트를 미분하면 전단력이며, 전단력을 미분하면 하중이 된다. 따라서 역으로 해석하려면 적분한다.
1. C점의 휨모멘트로 A지점 반력 구하기
   $V_A \times 2 = 4\text{kN} \cdot \text{m} \rightarrow V_A = 2\text{kN}$
2. E점의 휨모멘트로 하중 P_1 구하기
   $V_A \times 4 + P_1 \times 2 = -8\text{kN} \cdot \text{m}$
   $\therefore P_1 = -8\text{kN}$
3. D점의 휨모멘트로 하중 P_2 구하기
   $V_A \times 6 + P_1 \times 4 + P_2 \times 2 = 4\text{kN} \cdot \text{m}$
   $\therefore P_2 = 12\text{kN}$

정답 | ④

53

그림과 같은 구조물에 있어 **AB**부재의 재단모멘트 M_{AB}는?

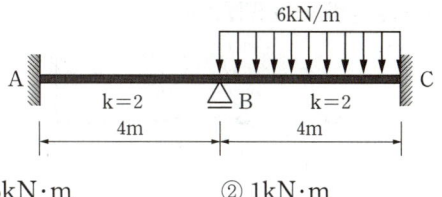

① $0.5\text{kN} \cdot \text{m}$
② $1\text{kN} \cdot \text{m}$
③ $1.5\text{kN} \cdot \text{m}$
④ $2\text{kN} \cdot \text{m}$

개념 | KEYWORD 09 구조물 해석

해설 |
AC부재는 연속경간이기 때문에 고정단과 같은 개념으로 풀이한다.

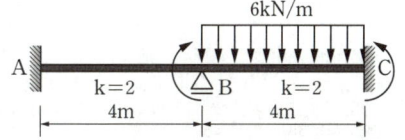

먼저, B절점에서의 고정단모멘트(FEM)을 계산하면
$FEM = \dfrac{wl^2}{12} = \dfrac{6 \times 4^2}{12} = 8\text{kN} \cdot \text{m}$이다.

주어진 강도계수를 이용하여 분배율을 구하면
$DF_{BA} = \dfrac{2}{2+2} = \dfrac{1}{2}$이므로 분배모멘트는
$M_{BA} = FEM \times DF_{BA} = 8 \times \dfrac{1}{2} = 4\text{kN} \cdot \text{m}$이다.

따라서 전달모멘트(전달률: 고정단은 $\dfrac{1}{2}$)
$M_{AB} = \dfrac{1}{2} \times M_{BA} = \dfrac{1}{2} \times 4 = 2\text{kN} \cdot \text{m}$이다.

정답 | ④

54

다음 그림과 같은 내민보의 지점 반력을 각각 구하면? (단, 반력의 +:상방향, -:하방향)

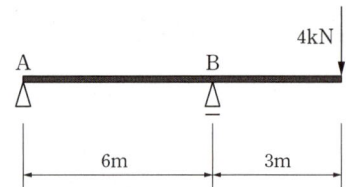

① $R_A=-2kN$, $R_B=6kN$
② $R_A=2kN$, $R_B=-6kN$
③ $R_A=2kN$, $R_B=2kN$
④ $R_A=-4kN$, $R_B=8kN$

개념 | KEYWORD 06 반력, 전단력, 휨모멘트

해설 |
힘의 평형 조건을 사용하여 계산한다.
$\Sigma M_A=0$; $4\times9-R_B\times6=0$ ∴ $R_B=6kN$
$\Sigma F_y=0$; $R_A+R_B=4kN$ ∴ $R_A=-2kN$

정답 | ①

55

보가 있는 2방향 슬래브를 강도설계법에서 직접설계법으로 계산할 때 $M_0=900kN\cdot m$로 산정되었다. 내부 스팬의 정계수모멘트(kN·m)와 부계수모멘트(kN·m)로 옳은 것은?

① 정계수모멘트 315, 부계수모멘트 585
② 정계수모멘트 270, 부계수모멘트 630
③ 정계수모멘트 585, 부계수모멘트 315
④ 정계수모멘트 630, 부계수모멘트 270

개념 | KEYWORD 15 슬래브, 기둥, 벽체, 기타

해설 |
2방향 슬래브의 계수모멘트
• 정계수휨모멘트 $M_u^+=0.35M_0$
• 부계수휨모멘트 $M_u^-=0.65M_0$
$M_u^+=0.35\times900=315kN\cdot m$
$M_u^-=0.65\times900=585kN\cdot m$

정답 | ①

56

다음 중 한계상태설계법에서 강도 한계상태를 구성하는 요소가 아닌 것은?

① 바닥재의 진동 ② 기둥의 좌굴
③ 골조의 불안정성 ④ 취성파괴

개념 | KEYWORD 17 강구조 총론

해설 |
바닥재의 진동은 사용 한계상태(Serviceability limit state)에 해당한다.

관련이론
한계상태설계법
1. 강도 한계상태: 구조체가 제 기능을 발휘 못하는 상태로 압축, 인장, 좌굴, 휨, 전단 등의 하중에 대한 지지 능력을 상실한 상태
2. 사용 한계상태: 구조 기능 저하로 균열, 처짐, 진동 등에 의하여 사용상 부적합한 상태

정답 | ①

57

철근콘크리트 단근보에서 균형철근비를 계산한 결과 $\rho_b=0.039$이었다. 최대 철근비는? (단, $E=200,000MPa$, $f_y=400MPa$, $f_{ck}=24MPa$임)

① 0.01863 ② 0.02256
③ 0.02607 ④ 0.02831

개념 | KEYWORD 13 보의 휨설계

해설 |
$f_y=400MPa$일 경우
$\rho_{max}=0.726\rho_b=0.726\times0.039≒0.028314$

관련이론
최대 철근비

철근 항복강도(f_y)	최소 허용변형률($\varepsilon_{t,\,min}$)	최대 철근비(ρ_{max})
300MPa	0.004	$0.658\rho_b$
350Mpa	0.004	$0.692\rho_b$
400MPa	0.004	$0.726\rho_b$
500MPa	$0.005(2\varepsilon_y)$	$0.699\rho_b$

정답 | ④

58

지진계에 기록된 진폭을 진원의 깊이와 진앙까지의 거리 등을 고려하여 지수로 나타낸 것으로 장소에 관계없는 절대적 개념의 지진크기를 말하는 것은?

① 규모 ② 진도
③ 진원시 ④ 지진동

개념 | KEYWORD 03 내진·내풍·사용성 설계
해설 |
규모란 지진 자체의 크기를 나타내는 척도 중 하나로 절대적 개념이다.

선지분석
② 진도는 사람이 감지하는 지표면 흔들림을 나타내는 상대적 개념의 지표이다.
③ 진원시는 지진파가 처음 발생한 시각을 말한다.
④ 지진동은 지진파가 지표에 도달하여 관측되는 표면층의 진동을 말한다.

정답 | ①

59

강도설계법에서 흙에 접하는 기둥의 최소 피복두께 기준으로 옳은 것은? (단, 프리스트레스하지 않는 부재의 현장치기 콘크리트로서 D25인 철근임)

① 20mm ② 30mm
③ 40mm ④ 50mm

개념 | KEYWORD 11 철근콘크리트구조 총론
해설 |
흙에 접하고 D25인 기둥의 최소 피복두께는 50mm이다.

관련이론
프리스트레스하지 않는 부재의 현장치기 콘크리트의 최소 피복두께

구분			현장치기 콘크리트 피복두께
수중			100mm
흙에 접하여 타설 후 영구히 흙에 묻혀 있는 콘크리트			75mm
흙에 접하거나 옥외의 공기에 직접 노출		D19 이상	50mm
		D16 이하의 철근, 지름 16 이하의 철선	40mm
옥외의 공기나 흙에 직접 접하지 않는 콘크리트	슬래브, 벽체, 장선	D35 초과	40mm
		D35 이하	20mm
	보, 기둥*		40mm
	쉘, 절판부재		20mm

* 보, 기둥의 경우 $f_{ck} \geq 40$MPa이면 10mm 저감가능

정답 | ④

60

그림과 같은 단순보에서 중앙점의 처짐량이 2cm로 나타났다. 만일 보의 춤을 2배로 크게 하면 처짐량은 얼마로 되는가?

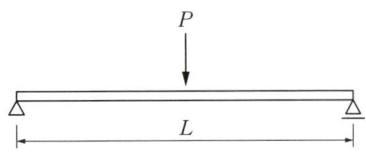

① 1cm ② 0.5cm
③ 0.25cm ④ 0.125cm

개념 | KEYWORD 10 보의 처짐

해설 |
단순보 중앙점 집중하중 시

처짐량 $\delta_{max} = \dfrac{PL^3}{48EI}$ 이다.

여기서, 단면2차모멘트 $I = \dfrac{bh^3}{12}$ 이므로

보의 춤(h)을 2배로 하면

처짐은 $\dfrac{1}{2^3} = \dfrac{1}{8}$ 배가 된다.

∴ $2cm \times \dfrac{1}{8} = 0.25cm$

관련이론

단순보의 처짐량

집중하중	등분포하중
$\dfrac{PL^3}{48EI}$	$\dfrac{5wL^4}{384EI}$

정답 | ③

건축설비

61

에스컬레이터에 관한 설명으로 옳지 않은 것은?

① 기계실이 필요하지 않으며 피트가 간단하다.
② 수송능력이 엘리베이터의 약 10배 정도이다.
③ 기다리는 시간 없이 연속적으로 승객을 수송할 수 있다.
④ 정격 속도는 하강방향을 고려하여 60m/min 정도가 가장 바람직하다.

개념 | KEYWORD 18 에스컬레이터설비

해설 |
정격 속도는 경사도가 30° 이하인 경우 45m/min 이하이어야 하고, 30° 초과 35° 이하인 경우 30m/min 이하이어야 한다.

정답 | ④

62

급탕설비에 관한 설명으로 옳지 않은 것은?

① 냉수, 온수를 혼합 사용해도 압력차에 의한 온도변화가 없도록 한다.
② 배관은 적정한 압력손실 상태에서 피크 시를 충족시킬 수 있어야 한다.
③ 도피관에는 압력을 도피시킬 수 있도록 밸브를 설치하고 배수는 직접배수로 한다.
④ 밀폐형 급탕시스템에는 온도상승에 의한 압력을 도피시킬 수 있는 팽창탱크 등의 장치를 설치한다.

개념 | KEYWORD 02 급탕설비

해설 |
도피관(팽창관)에는 밸브를 설치하지 않으며, 팽창탱크의 배수는 간접배수로 한다.

정답 | ③

63
조명설비에서 불쾌 글레어(Discomfort glare)의 원인과 가장 거리가 먼 것은?

① 휘도가 낮은 광원
② 시선 부근에 노출된 광원
③ 눈에 입사하는 광속의 과다
④ 물체와 그 주위 사이의 고휘도 대비

개념 | KEYWORD 16 조명설비

해설 |
휘도가 낮은 광원은 조명설비에서 불쾌 글레어의 원인이 아니다.

관련이론

불쾌 글레어(Discomfort glare)
대상을 보는 데는 문제가 없다. 하지만 눈부심으로 인한 불쾌감이나 눈의 피로도를 크게 높인다. 축구장이나 야구장에서 경기장의 선수들 모습에 집중하고 있는데 갑작스레 조명이 켜졌을 때 느껴지는 눈부심이 그 예다. 빛의 밝기나 대상자의 위치에 따라 영향을 받으며 빛이 눈에 직접 들어오지 않아도 심리적으로 불쾌감을 느낀다.

정답 | ①

64
가스의 연소성을 나타내는 것은?

① 비열비   ② 가버너
③ 웨버지수   ④ 단열지수

개념 | KEYWORD 07 가스설비

해설 |
웨버지수(Webbe Index)는 가스 기구에 대한 가스의 입열량을 표시하는 지수로서 가스의 연소성을 나타내며, 가스의 호환성 측정을 위하여 사용되는 지수이다.

정답 | ③

65
실내 공기의 탄산가스 함유량을 0.1%로 유지하는데 필요한 환기량은? (단, 실내 발생 탄산가스량은 $51L/h$, 외기의 탄산가스 함유량은 0.03%이다.)

① 약 $23m^3/h$ ② 약 $35m^3/h$
③ 약 $43m^3/h$ ④ 약 $73m^3/h$

개념 | KEYWORD 10 환기설비

해설 |
$$Q = \frac{K}{P_i - P_o} = \frac{0.051}{(0.001 - 0.0003)} ≒ 72.857 ≒ 73(m^3/h)$$

여기서, Q: 환기량(m^3/h), K: 유해가스 발생량(m^3/h),
P_i: 허용농도(ppm), P_o: 외기가스농도(ppm),
$1L = 0.001m^3$

정답 | ④

66
습공기 선도에 표현되어 있지 않은 것은?

① 비체적   ② 엔탈피
③ 열용량   ④ 노점온도

개념 | KEYWORD 08 공기조화설비 총론

해설 |
열용량은 어떤 물질의 온도를 1K 변화시키기 위하여 필요한 열량을 말하며, 습공기 선도에는 표현되어 있지 않다.

관련이론

습공기 선도 구성요소
건구온도, 습구온도, 노점온도, 절대습도, 상대습도, 수증기 분압, 비체적, 엔탈피, 현열비 등

정답 | ③

67
3상 동력과 단상 전등, 전열부하를 동시에 사용 가능한 방식으로 사무소 건물 등 대규모 건물에 많이 사용되는 구내 배전방식은?

① 단상 2선식　　② 단상 3선식
③ 3상 3선식　　④ 3상 4선식

개념 | KEYWORD 14 강전설비
해설 |
사무소 건물이나 공장 등의 전등, 동력의 전원으로 여러 종류의 전압이 필요할 때 선택하는 것은 3상 4선식이다.

정답 | ④

68
이중덕트방식에 관한 설명으로 옳은 것은?

① 부하감소에 따라 송풍량이 감소된다.
② 부하변동에 따른 적응속도가 느리다.
③ 혼합손실로 인한 에너지 소비량이 크다.
④ 부하특성이 다른 여러 실에 적용하기 곤란하다.

개념 | KEYWORD 09 공기조화 방식과 기기
해설 |
이중덕트방식은 냉온풍 혼합에 따른 에너지 손실이 크다.
선지분석
① 부하감소에 따라 송풍량이 감소하지는 않는다.
② 부하변동에 따른 적응속도가 빠르다.
④ 부하특성이 다른 여러 실에 적용할 수 있다.

정답 | ③

69
송풍기의 적용에 관한 설명으로 옳지 않은 것은?

① 지붕형의 경우 후익형으로 한다.
② 원심송풍기의 설치는 바닥설치를 원칙으로 한다.
③ 정압이 3,000Pa을 초과하는 경우에는 다익형으로 한다.
④ 화장실, 욕실의 배기는 습기나 가스에 강한 내식성 재질의 축류송풍기로 한다.

개념 | KEYWORD 09 공기조화 방식과 기기
해설 |
정압이 3,000Pa을 초과하는 원심송풍기의 경우 터보형으로 한다.

관련이론
원심송풍기
- 정압 500Pa 이하는 다익형(Sirocco)
- 정압 500~3,000Pa 범위는 익형(Air Foil)
- 정압 3,000Pa 초과는 터보형(Turbo Fan)

정답 | ③

70
소방시설은 소화설비, 경보설비, 피난설비, 소화활동설비 등으로 구분할 수 있다. 다음 중 소화활동설비에 속하지 않는 것은?

① 제연설비　　② 연결살수설비
③ 비상방송설비　　④ 연소방지설비

개념 | KEYWORD 06 소화설비
해설 |
비상방송설비는 경보설비에 속한다.

관련이론
소화활동설비
제연설비, 연결송수관설비, 연결살수설비, 비상콘센트설비, 무선통신보조설비, 연소방지설비

정답 | ③

71

직경 200mm의 배관을 통하여 물이 1.5m/s의 속도로 흐를 때 유량은?

① 2.83m³/min ② 3.2m³/min
③ 3.83m³/min ④ 6.0m³/min

개념 | KEYWORD 01 급수설비

해설 |
유량 $Q(\text{m}^3/\text{s})$ = 단면적 $A(\text{m}^2)$ × 유속 $V(\text{m/s})$이므로
$Q = \dfrac{\pi d^2}{4} \times V = \dfrac{\pi \times 0.2^2}{4} \times 1.5$
≒ $0.0471\text{m}^3/\text{s}$ ≒ $2.83\text{m}^3/\text{min}$

정답 | ①

72

배수트랩에 관한 설명으로 옳지 않은 것은?

① 트랩은 이중으로 설치하면 효과적이다.
② 트랩의 봉수깊이가 너무 깊으면 통수능력이 감소된다.
③ 트랩은 하수가스의 실내 침입을 방지하는 역할을 한다.
④ 트랩은 위생기구에 가능한 한 접근시켜 설치하는 것이 좋다.

개념 | KEYWORD 03 배수 및 통기설비

해설 |
이중 트랩은 유속을 저해하므로 금지한다.

정답 | ①

73

간접가열식 급탕설비에 관한 설명으로 옳지 않은 것은?

① 대규모 급탕설비에 적당하다.
② 비교적 안정된 급탕을 할 수 있다.
③ 보일러 내면에 스케일이 많이 생긴다.
④ 가열 보일러는 난방용 보일러와 겸용할 수 있다.

개념 | KEYWORD 02 급탕설비

해설 |
간접가열식 급탕법은 보일러 내면에 스케일이 거의 생기지 않는다.

관련이론

간접가열식

1. 저탕조(급탕탱크) 내에 가열코일을 설치하고 이 코일에 증기(또는 고온수)를 통해서 저탕조의 물을 간접적으로 가열하는 방식이다.
2. 난방용 보일러의 증기 사용 시 급탕용 보일러가 불필요하다.
3. 보일러 내면에 스케일이 거의 생기지 않는다.
4. 건물의 높이에 따른 수압이 보일러에 작용하지 않고 저탕조에 작용하므로 고압용 보일러가 불필요하다.
5. 대규모 급탕설비에 적합하다.

정답 | ③

74

바닥복사 난방방식에 관한 설명으로 옳지 않은 것은?

① 열용량이 커서 예열시간이 짧다.
② 방을 개방상태로 하여도 난방효과가 있다.
③ 다른 난방방식에 비교하여 쾌적감이 높다.
④ 실내에 방열기를 설치하지 않으므로 바닥이나 벽면을 유용하게 이용할 수 있다.

개념 | KEYWORD 11 난방설비
해설 |
열용량이 커서 예열시간이 길다.

관련이론
바닥복사 난방방식의 장단점

장점	단점
• 실내의 온도 분포가 균일 • 쾌적감이 좋음 • 방열기를 설치하지 않으므로 바닥의 이용도가 높음 • 방을 개방하여도 난방 효과가 높음 • 실온이 낮아도 난방 효과가 높음 • 대류현상이 적어 바닥면의 먼지가 상승하지 않음 • 천장이 높아도 난방 가능	• 열용량이 커서 외기온도가 급변할 경우 방열량 조절이 어려움 • 시공이 어렵고, 수리비, 시설비가 고가 • 매입배관으로 고장요소의 발견이 어려움 • 열손실을 막기 위한 단열층이 필요 • 바닥 하중이 증대

정답 | ①

75

건구온도 26°C인 실내공기 8,000m³/h와 건구온도 32°C인 외부공기 2,000m³/h를 단열혼합하였을 때 혼합공기의 건구온도는?

① 27.2°C
② 27.6°C
③ 28.0°C
④ 29.0°C

개념 | KEYWORD 08 공기조화설비 총론
해설 |
26°C × 8,000m³/h + 32°C × 2,000m³/h = x°C × 10,000m³/h
혼합공기의 온도 $x = \dfrac{(26 \times 8,000) + (32 \times 2,000)}{10,000} = 27.2$°C

관련이론
혼합공기의 온도(t_3)

$(Q_1 + Q_2) \times t_3 = (Q_1 \times t_1) + (Q_2 \times t_2)$

• t_1, t_2: 혼합 전 공기의 온도
• Q_1, Q_2: 혼합 전 공기의 양
• t_3: 혼합 후 공기의 온도

정답 | ①

76

전기에 관한 용어와 단위의 연결이 옳지 않은 것은?

① 전력 – 와트[W]
② 전압 – 볼트[V]
③ 저항 – 오옴[Ω]
④ 전류 – 쿨롱[C]

개념 | KEYWORD 13 전기설비기초
해설 |
전류는 전하가 도선을 따라 흐르는 현상을 말하며 단위는 암페어[A]이다.

정답 | ④

77

몰드 변압기에 관한 설명으로 옳지 않은 것은?

① 내진성이 우수하다.
② 내습성이 우수하다.
③ 반입, 반출이 용이하다.
④ 옥외 설치 및 대용량 제작이 용이하다.

개념 | KEYWORD 14 강전설비
해설 |
몰드 변압기는 외함이 없는 상태로 옥외에 설치가 불가능하며, 대용량 제작이 곤란하다.

정답 | ④

78

다음 중 겨울철 실내 유리창 표면에 발생하기 쉬운 결로의 방지 방법과 가장 거리가 먼 것은?

① 실내공기의 움직임을 억제한다.
② 실내에서 발생하는 수증기를 억제한다.
③ 이중유리로 하여 유리창의 단열성능을 높인다.
④ 난방기기를 이용하여 유리창 표면온도를 높인다.

개념 | KEYWORD 20 열 환경
해설 |
실내공기의 움직임을 억제할수록 표면결로가 잘 발생한다.

관련이론
결로 방지대책
1. 실내측 벽의 표면온도를 실내공기의 노점온도보다 높게 한다.
2. 벽에 방습층을 설치한다.
3. 난방에 의한 수증기 발생을 억제한다.
4. 벽체의 열관류저항을 크게 한다.
5. 벽체의 열관류율을 작게 한다.
6. 환기를 잘 한다.
7. 각 실 간의 온도차를 작게 한다.

정답 | ①

79

전기설비에서 다음과 같이 정의되는 장치는?

> 지락전류를 영상변류기로 검출하는 전류 동작형으로 지락전류가 미리 정해 놓은 값을 초과할 경우, 설정된 시간 내에 회로나 회로의 일부의 전원을 자동으로 차단하는 장치

① 퓨즈
② 누전차단기
③ 단로스위치
④ 절환스위치

개념 | KEYWORD 14 강전설비
해설 |
누전차단기는 교류 600V 이하의 저압선로에 감전, 화재 및 기계·기구의 손상 등을 방지하기 위해 설치하는 것으로 감전과 누전화재를 피하고 전기설비 및 전기기기의 보호를 위한 용도로 사용한다. 누전차단기의 내부는 누전검출부, 영상변류기, 차단부로 이루어지는데 누설전류를 감지하는 것은 영상 변류기와 누전 검출부이다.

정답 | ②

80

다음과 같은 조건에서 2,000명을 수용하는 극장의 실온을 20℃로 유지하기 위한 필요 환기량은?

> • 외기온도: 10℃
> • 1인당 발열량(현열): 60W
> • 공기의 정압비열: 1.01kJ/kg·K
> • 공기의 밀도: 1.2kg/m³
> • 전등 및 기타 부하는 무시한다.

① 11,110m³/h
② 21,222m³/h
③ 30,444m³/h
④ 35,644m³/h

개념 | KEYWORD 10 환기설비
해설 |
$$G = \frac{3,600Q}{\rho \cdot C \cdot \Delta t} = \frac{3,600 \times 2,000명 \times 0.06\text{kW}}{1.2 \times 1.01 \times (20-10)} ≒ 35,643.6\text{m}^3/\text{h}$$
여기서, Q: 현열부하, ρ: 공기의 밀도, C: 공기의 정압비열, Δt: 온도차

정답 | ④

건축관계법규

81

국토의 계획 및 이용에 관한 법령상 아래와 같이 정의되는 것은?

> 국토교통부장관은 도시의 무질서한 확산을 방지하고 도시 주변의 자연환경을 보전하여 도시민의 건전한 생활환경을 확보하기 위하여 도시의 개발을 제한할 필요가 있거나 국방부장관의 요청으로 보안상 도시의 개발을 제한할 필요가 있다고 인정되면 지정 또는 변경을 도시·군관리계획으로 결정할 수 있다.

① 입지규제최소구역
② 시가화조정구역
③ 개발제한구역
④ 도시자연공원구역

개념 | KEYWORD 19 국토의 용도구분
해설 |
개발제한구역에 대한 설명이다.

정답 | ③

82

6층 이상의 거실면적의 합계가 $10,000m^2$인 20층의 업무시설에 설치하여야 하는 승용승강기의 최소 대수는? (단, 8인승 승강기의 경우)

① 3대　　　　　② 4대
③ 5대　　　　　④ 6대

개념 | KEYWORD 13 승강설비
해설 |
건축물의 용도가 업무시설이고, 6층 이상 거실면적의 합계(A)가 $3,000m^2$를 초과하므로 다음 식으로 승강기의 대수를 계산한다.

$$1대 + \frac{A - 3,000m^2}{2,000m^2} = 1대 + \frac{10,000m^2 - 3,000m^2}{2,000m^2}$$
$$= 4.5대 ≒ 5대$$

관련이론
승용승강기 설치기준(6층 이상 거실면적 $3,000m^2$ 초과 시)

건축물의 용도	공식
판매, 의료시설	$2 + \dfrac{A - 3,000m^2}{2,000m^2}$
업무, 숙박, 위락시설	$1 + \dfrac{A - 3,000m^2}{2,000m^2}$
공동주택, 교육연구시설, 노유자시설	$1 + \dfrac{A - 3,000m^2}{3,000m^2}$

정답 | ③

83

장애인 전용의 주차장 주차단위구획의 최소 길이는? (단, 평행주차형식 외의 경우)

① 3.6m　　　　② 4.5m
③ 5.0m　　　　④ 6.0m

개념 | KEYWORD 15 주차장법 총칙
해설 |
평행주차형식 이외의 경우 장애인 전용의 주차장 주차단위구획의 길이는 5.0m 이상이다.

관련이론
주차구획(평행주차형식 이외의 경우)

구분	너비	길이
경형	2.0m 이상	3.6m 이상
일반형	2.5m 이상	5.0m 이상
확장형	2.6m 이상	5.2m 이상
장애인 전용	3.3m 이상	5.0m 이상
이륜자동차 전용	1.0m 이상	2.3m 이상

정답 | ③

84

다음은 도시·군계획시설결정의 실효와 관련된 기준 내용이다. ( ) 안에 공통으로 들어갈 내용은?

> 도시·군계획시설결정이 고시된 도시·군계획시설에 대하여 그 고시일부터 (　　)년이 지날 때까지 그 시설의 설치에 관한 도시·군계획시설사업이 시행되지 아니하는 경우 그 도시·군계획시설 결정은 그 고시일부터 (　　)년이 되는 날의 다음날에 그 효력을 잃는다.

① 5　　　　　　② 10
③ 15　　　　　④ 20

개념 | KEYWORD 21 도시·군관리계획과 지구단위계획
해설 |
도시·군계획시설결정이 고시된 도시·군계획시설에 대하여 그 고시일부터 20년이 지날 때까지 그 시설의 설치에 관한 도시·군계획시설사업이 시행되지 아니하는 경우 그 도시·군계획시설결정은 그 고시일부터 20년이 되는 날의 다음날에 그 효력을 잃는다.

정답 | ④

85

부설주차장의 규모가 주차대수 300대 이하인 경우 시설물의 부지 인근에 단독 또는 공동으로 부설주차장을 설치할 수 있다. 다음 중 부지 인근의 범위에 관한 기준 내용으로 알맞은 것은?

① 해당 부지의 경계선으로부터 부설주차장의 경계선까지의 직선거리 200m 이내 또는 도보거리 500m 이내
② 해당 부지의 경계선으로부터 부설주차장의 경계선까지의 직선거리 300m 이내 또는 도보거리 500m 이내
③ 해당 부지의 경계선으로부터 부설주차장의 경계선까지의 직선거리 200m 이내 또는 도보거리 600m 이내
④ 해당 부지의 경계선으로부터 부설주차장의 경계선까지의 직선거리 300m 이내 또는 도보거리 600m 이내

개념 | KEYWORD 17 부설·기계식주차장
해설 |
부설주차장의 부지 인근의 범위는 해당 부지의 경계선으로부터 부설주차장의 경계선까지의 직선거리 300m 이내 또는 도보거리 600m 이내이다.

정답 | ④

86

다음은 건축법령상 증축의 정의이다. ( ) 안에 포함되지 않는 것은?

"증축"이란 기존 건축물이 있는 대지에서 건축물의 ( )을/를 늘리는 것을 말한다.

① 층수　　② 높이
③ 연면적　④ 대지면적

개념 | KEYWORD 01 건축법 총칙
해설 |
증축은 건축면적, 연면적, 층수 또는 높이를 늘리는 것을 말하며, 대지면적은 해당하지 않는다.

정답 | ④

87

건축물의 대지는 원칙적으로 최소 얼마 이상이 도로에 접하여야 하는가?

① 1m　　② 2m
③ 3m　　④ 4m

개념 | KEYWORD 05 대지·도로·건축선
해설 |
건축물의 대지는 원칙적으로 도로에 2m 이상 접해야 한다.

정답 | ②

88

그림과 같은 대지의 도로 모퉁이 부분의 건축선으로서 도로 경계선의 교차점에서의 거리 "A"로 옳은 것은?

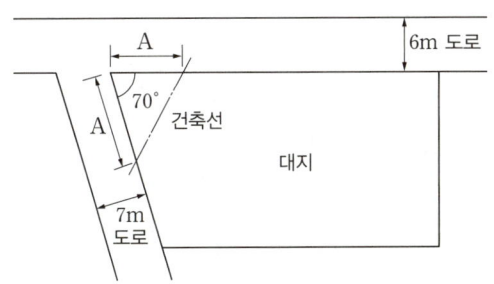

① 1m　　② 2m
③ 3m　　④ 4m

개념 | KEYWORD 05 대지·도로·건축선
해설 |
도로의 교차각이 90° 미만이고, 해당 도로의 너비가 6m, 교차되는 도로의 너비가 7m이므로 도로 경계선의 교차점으로부터 거리는 4m이다.

관련이론
도로 모퉁이 부분의 건축선

도로의 교차각	해당 도로의 너비		교차되는 도로의 너비
	6m 이상 8m 미만	4m 이상 6m 미만	
90° 미만	4m	3m	6m 이상 8m 미만
	3m	2m	4m 이상 6m 미만

정답 | ④

89

다음 중 건축허용오차(%)가 가장 큰 것은?

① 건폐율 ② 용적률
③ 건축물 높이 ④ 건축선의 후퇴거리

개념 | KEYWORD 02 건축허가와 신고

해설 |
건축선의 후퇴거리가 3%로 가장 크다.

관련이론

허용오차

항목	허용되는 오차의 범위	
건폐율	0.5% 이내(단, 건축면적 5m²를 초과할 수 없음)	
용적률	1% 이내(단, 연면적 30m²를 초과할 수 없음)	
건축물 높이	2% 이내	1m를 초과할 수 없음
출구 너비		–
반자 높이		–
평면 길이		건축물 전체 길이는 1m를 초과할 수 없고, 벽으로 구획된 각 실은 10cm를 초과할 수 없음
벽체 두께	3% 이내	
바닥판 두께		
건축선의 후퇴거리		
인접대지 경계선과의 거리		
인접 건축물과의 거리		

정답 | ④

90

다음의 옥상광장의 설치에 관한 기준 내용 중 ( ) 안에 들어갈 수 없는 건축물의 용도는?

> 5층 이상인 층이 ( )의 용도로 쓰는 경우에는 피난용도로 쓸 수 있는 광장을 옥상에 설치하여야 한다.

① 숙박시설 ② 종교시설
③ 판매시설 ④ 장례식장

개념 | KEYWORD 10 피난규정

해설 |
② 종교시설, ③ 판매시설, ④ 장례식장은 옥상광장 설치대상에 속한다.

정답 | ①

91

공동주택 중심의 양호한 주거환경을 보호하기 위하여 주거지역을 세분하여 지정하는 지역은?

① 제1종 전용주거지역 ② 제2종 전용주거지역
③ 제1종 일반주거지역 ④ 제2종 일반주거지역

개념 | KEYWORD 19 국토의 용도구분

해설 |
제2종 전용주거지역에 대한 설명이다.

관련이론

주거지역의 구분

구분		내용
전용 주거지역	제1종 전용주거지역	단독주택 중심의 양호한 주거환경을 보호
	제2종 전용주거지역	공동주택 중심의 양호한 주거환경을 보호
일반 주거지역	제1종 일반주거지역	저층주택 중심으로 편리한 주거환경을 조성
	제2종 일반주거지역	중층주택 중심으로 편리한 주거환경을 조성
	제3종 일반주거지역	중고층주택 중심으로 편리한 주거환경을 조성
준주거지역		주거기능을 주로 하면서 상업기능 및 업무기능을 보완

정답 | ②

92

지하층에 설치하는 비상탈출구에 대한 기술 중 틀린 것은?

① 비상탈출구에서 피난층 또는 지상으로 통하는 복도나 직통계단까지 이르는 피난통로의 유효너비는 0.75m 이상으로 할 것
② 비상탈출구는 출입구로부터 2m 이상 떨어진 곳에 설치할 것
③ 비상탈출구의 유효너비는 0.75m 이상으로 하고, 유효높이는 1.5m 이상으로 할 것
④ 지하층의 바닥으로부터 비상탈출구의 아랫부분까지의 높이가 1.2m 이상이 되는 경우에는 벽체에 발판의 너비가 20cm 이상인 사다리를 설치할 것

개념 | KEYWORD 11 방화규정
해설 |
비상탈출구는 출입구로부터 3m 이상 떨어진 곳에 설치할 것

정답 | ②

93

다음 거실의 용도에 따른 조도기준 내용 중 ( ) 안에 알맞은 것을 차례대로 적은 것은?

- 바닥에서 ( )cm 높이에 있는 수평면의 조도
- 일반사무일 경우 조도 ( )룩스

① 80, 100
② 85, 100
③ 80, 300
④ 85, 300

개념 | KEYWORD 09 구조규정
해설 |
바닥에서 85cm의 높이에 있는 수평면의 조도 기준

거실의 용도 구분		조도(룩스)
거주	독서, 식사, 조리	150
집무	설계, 제도, 계산	700
	일반사무	300
오락	오락 일반	150
집회	회의	300
	집회	150
	공연, 관람	70
작업	검사, 시험, 정밀검사, 수술	700
	일반작업, 제조, 판매	300
	포장, 세척	150

정답 | ④

94

주거에 쓰이는 바닥면적의 합계가 200m²인 주거용 건축물에 설치하는 음용수용(먹는물용) 급수관의 최소 지름 기준은?

① 25mm
② 32mm
③ 40mm
④ 50mm

개념 | KEYWORD 12 건축설비기준과 관계전문기술자
해설 |
바닥면적 200m²의 경우 5가구로 산정하여 급수관 최소 지름 기준은 25mm이다.

관련이론
주거용 건축물 급수관의 지름

가구 또는 세대수	1	2~3	4~5	6~8	9~16	17 이상
급수관 지름의 최소 기준(mm)	15	20	25	32	40	50

가구 및 세대 구분이 불분명한 경우 산정 기준

바닥면적	가구수
85m² 이하	1
85m² 초과 150m² 이하	3
150m² 초과 300m² 이하	5
300m² 초과 500m² 이하	16
500m² 초과	17

정답 | ①

95

다음은 공동주택의 환기설비에 관한 기준 내용이다. ( ) 안에 알맞은 것은?

> 신축 또는 리모델링하는 (㉠)세대 이상의 공동주택에는 시간당 (㉡) 이상의 환기가 이루어질 수 있도록 자연환기설비 또는 기계환기설비를 설치하여야 한다.

① ㉠: 100, ㉡: 0.5회
② ㉠: 100, ㉡: 1회
③ ㉠: 30, ㉡: 0.5회
④ ㉠: 30, ㉡: 1회

개념 | KEYWORD 12 건축설비기준과 관계전문기술자
해설 |
신축 또는 리모델링하는 다음의 어느 하나에 해당하는 주택 또는 건축물 등은 시간당 0.5회 이상의 환기가 이루어질 수 있도록 자연환기설비 또는 기계환기설비를 설치해야 한다.
1. 30세대 이상의 공동주택
2. 주택을 주택 외의 시설과 동일건축물로 건축하는 경우로서 주택이 30세대 이상인 건축물

정답 | ③

96

다음은 바닥면적의 산정방법에 관한 기준 내용이다. ( ) 안에 알맞은 것은?

> 벽·기둥의 구획이 없는 건축물은 그 지붕 끝부분으로부터 수평거리 ( )를 후퇴한 선으로 둘러싸인 수평투영면적으로 한다.

① 0.5m
② 1m
③ 1.5m
④ 2m

개념 | KEYWORD 07 면적의 규제
해설 |
바닥면적 산정 시 벽·기둥의 구획이 없는 건축물에 있어서는 그 지붕 끝부분으로부터 수평거리 1m를 후퇴한 선으로 둘러싸인 수평투영면적으로 한다.

정답 | ②

97

다음 그림과 같은 경우 건축법상 건축물의 높이는? (장식탑의 수평투영면적은 건축물 건축면적의 10분의 1이다.)

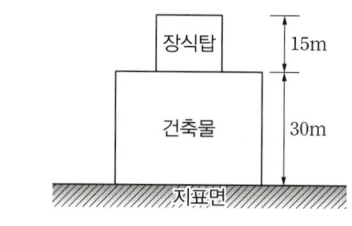

① 30m
② 33m
③ 40m
④ 45m

개념 | KEYWORD 08 높이의 규제
해설 |
건축물의 옥상에 설치되는 승강기탑(옥상 출입용 승강장을 포함, 장애인용 승강기의 승강기탑으로서 그 높이가 12m 이하인 것은 제외), 계단탑, 망루, 장식탑, 옥탑 등으로서 그 수평투영면적의 합계가 해당 건축물 건축면적의 1/8 이하인 경우는 그 높이가 12m를 넘는 부분에 한하여 해당 건축물의 높이에 산입한다.
∴ 30m+(15m−12m)=33m

정답 | ②

98

다음은「건축법령」상 다세대주택의 정의이다. ( ) 안에 알맞은 것은?

> 주택으로 쓰는 1개 동의 바닥면적 합계가 (㉠) 이하이고, 층수가 (㉡) 이하인 주택(2개 이상의 동을 지하주차장으로 연결하는 경우에는 각각의 동으로 본다.)

① ㉠ 330m², ㉡ 3개 층
② ㉠ 330m², ㉡ 4개 층
③ ㉠ 660m², ㉡ 3개 층
④ ㉠ 660m², ㉡ 4개 층

개념 | KEYWORD 01 건축법 총칙

해설 |
다세대주택은 주택으로 쓰는 1개 동의 바닥면적의 합계가 660m² 이하이고, 층수가 4개 층 이하인 주택이다.

관련이론

공동주택의 분류
1. 아파트: 주택으로 쓰는 층수가 5개 층 이상인 주택
2. 연립주택: 주택으로 쓰는 1개 동의 바닥면적 합계가 660m² 초과하고, 층수가 4개 층 이하인 주택
3. 기숙사: 일반기숙사, 임대형기숙사

정답 | ④

99

다음의 대규모 건축물의 방화벽에 관한 기준 내용 중 ( ) 안에 공통으로 들어갈 내용은?

> 연면적 ( ) 이상인 건축물은 방화벽으로 구획하되, 각 구획된 바닥면적의 합계는 ( ) 미만이어야 한다.

① 500m²
② 1,000m²
③ 1,500m²
④ 3,000m²

개념 | KEYWORD 11 방화규정

해설 |
연면적이 1,000m² 이상인 건축물은 방화벽으로 구획하되, 각 구획된 바닥면적의 합계는 1,000m² 미만이어야 한다.

정답 | ②

100

준주거지역 안에서 건축할 수 있는 건축물에 속하지 않는 것은?

① 단독주택
② 종교시설
③ 운동시설
④ 숙박시설

개념 | KEYWORD 19 국토의 용도구분

해설 |
준주거지역은 주거기능을 위주로 하면서 상업기능 및 업무기능을 보완하는 지역이며, 숙박시설은 준주거지역 안에서 건축할 수 없다.

관련이론

준주거지역에 건축할 수 없는 건축물
단란주점, 일반게임제공업의 시설, 의료시설 중 격리병원, 숙박시설, 위락시설, 공장, 위험물 저장 및 처리시설 중 시내버스차고지 외의 지역에 설치하는 액화석유가스 충전소 및 고압가스 충전소·저장소, 폐차장, 자원순환 관련 시설, 묘지 관련 시설

정답 | ④

2023년 1회 CBT 복원문제

건축계획

01
다음과 같은 특징을 갖는 미술관 전시실의 순회 형식은?

- 각 전시실이 연속적으로 동선을 형성하고 있으며, 단순함과 공간절약의 의미에서 이점을 갖고 있다.
- 많은 실을 순서별로 통하여야 하는 불편이 있다.
- 1실을 폐문시켰을 때는 전체 동선이 막히게 된다.

① 연속순로 형식
② 갤러리 형식
③ 중앙홀 형식
④ 코리더 형식

개념 | KEYWORD 08 극장, 영화관, 미술관
해설 |
연속순로 형식은 많은 실을 순서별로 통해야 하므로 1실을 닫으면 전체 동선이 막히게 된다.

정답 | ①

02
다음 중 백화점 기둥간격의 결정요소와 가장 거리가 먼 것은?

① 지하 주차장의 주차방법
② 진열대의 치수와 배열법
③ 엘리베이터의 배치 방법
④ 각 층별 매장의 상품구성

개념 | KEYWORD 06 상점, 백화점, 쇼핑센터
해설 |
각 층별 매장의 상품구성은 기둥간격 결정요소와 거리가 멀다.

관련이론
기둥간격 결정요소
1. 사무소: 책상배치, 채광 유효면적, 지하주차단위 등
2. 백화점: 가구배치, 에스컬레이터, 지하주차단위 등

정답 | ④

03
다음 중 10만권을 수용하는 도서관의 서고 면적으로 가장 적절한 것은?

① 500m²
② 750m²
③ 900m²
④ 1,000m²

개념 | KEYWORD 09 학교, 도서관
해설 |
서고 1m²당 150~200권(평균 200권)으로
100,000권÷200권/m²=500m²이다.

정답 | ①

04
다음과 같은 특징을 갖는 그리스 건축의 오더는?

- 주두는 에키누스와 아바쿠스로 구성된다.
- 육중하고 엄정한 모습을 지니는 남성적인 오더이다.

① 코린트식 오더
② 도리아식 오더
③ 이오니아식 오더
④ 컴포지트 오더

개념 | KEYWORD 13 서양건축사
해설 |
도리아식 오더(Doric Order)에 대한 설명이다. 도리아식 오더는 가장 단순하고 간단한 양식으로 장중하며 남성적이다.

정답 | ②

05

다음 중 호텔의 성격상 연면적에 대한 숙박면적의 비가 가장 큰 것은?

① 리조트 호텔
② 커머셜 호텔
③ 클럽 하우스
④ 레지덴셜 호텔

개념 | KEYWORD 12 호텔

해설 |
커머셜(시티)호텔은 다른 호텔에 비해 숙박 관계 부분의 비율이 가장 크다.

관련이론

호텔의 부분별 면적비
1. 숙박 면적비: 커머셜(시티)호텔 > 리조트호텔 > 아파트먼트호텔
2. 공용 면적비: 아파트먼트호텔 > 리조트호텔 > 커머셜(시티)호텔

정답 | ②

06

한국건축의 평면형식에 관한 설명으로 옳지 않은 것은?

① 쌍봉사 대웅전은 2칸 장방형 평면이다.
② 퇴 없이 측면이 단칸인 평면은 평안도 살림집에서 많이 나타난다.
③ 중부지방 민가에서는 ㄱ자형 평면이 많은데 이를 곱은자집이라고도 한다.
④ 다각형 평면으로는 육각과 팔각이 많이 사용 되었는데 대개 정자에서 나타난다.

개념 | KEYWORD 14 한국건축사

해설 |
쌍봉사 대웅전은 전남 화순군 쌍봉사에 있는 조선 중기의 법당으로 정면 1칸, 측면 1칸의 정사각형 평면으로 구성된다.

정답 | ①

07

공장 건축의 레이아웃(Layout)에 관한 설명으로 옳지 않은 것은?

① 제품중심의 레이아웃은 대량생산에 유리하며 생산성이 높다.
② 레이아웃은 장래 공장규모의 변화에 대응한 융통성이 있어야 한다.
③ 공정중심의 레이아웃은 다품종 소량생산이나 주문생산에 적합한 형식이다.
④ 고정식 레이아웃은 기능이 동일하거나 유사한 공정, 기계를 접합하여 배치하는 방식이다.

개념 | KEYWORD 10 공장, 창고

해설 |
동일 종류의 공정, 즉 기계로 그 기능이 동일한 것, 혹은 유사한 것을 하나의 그룹으로 접합시키는 방식은 공정중심의 레이아웃이다.

관련이론

고정식 레이아웃
1. 주가 되는 재료나 조립부품이 고정된 장소에 있고 사람이나 기계가 그 장소로 이동해 가서 작업이 행해지는 방식이다.
2. 제품이 크고 수가 극히 적을 경우에 적합하다. (선박, 건축)

정답 | ④

08

다음 중 상점 쇼윈도 유리면의 반사방지 방법과 가장 관계가 먼 것은?

① 해가리개로 일사를 방지한다.
② 대향하는 건물을 밝은 벽면으로 한다.
③ 점내를 밝게 한다.
④ 곡면유리를 설치한다.

개념 | KEYWORD 06 상점, 백화점, 쇼핑센터
해설 |
대향하는 건물을 밝은 벽면으로 하는 것은 반사방지 방법과 거리가 멀다.

관련이론
진열창의 반사방지 방법
- 진열창 내의 밝기를 외부보다 더 밝게 한다.
- 차양을 설치하여 외부에 그늘을 준다.
- 유리면을 경사지게 하고, 특수한 경우 곡면 유리를 사용한다.
- 건너편의 건물이 비치는 것을 방지하기 위해 가로수를 심는다.

정답 | ②

09

은행의 건축계획에 관한 설명으로 옳지 않은 것은?

① 고객이 지나는 동선은 되도록 짧게 한다.
② 직원과 고객의 출입구는 따로 설치하는 것이 좋다.
③ 규모가 큰 건물에 은행을 계획하는 경우, 고객 출입구는 최소 2개소 이상 설치하여야 한다.
④ 일반적으로 출입문은 안여닫이로 하며, 전실을 둘 경우에 바깥문은 밖여닫이 또는 자재문으로 하기도 한다.

개념 | KEYWORD 07 은행
해설 |
은행 주출입구(현관)
규모가 큰 건물에 은행을 계획하는 경우 고객의 출입구는 도난방지와 관리를 위해 1개소만 설치한다.

정답 | ③

10

사무소 건축의 코어 유형에 관한 설명으로 옳지 않은 것은?

① 편심코어형은 기준층 바닥면적이 작은 경우에 적합하다.
② 독립코어형은 코어를 업무공간에서 별도로 분리시킨 형식이다.
③ 중심코어형은 코어가 중앙에 위치한 유형으로 유효율이 높은 계획이 가능하다.
④ 양단코어형은 수직동선이 양 측면에 위치한 관계로 피난에 불리하다는 단점이 있다.

개념 | KEYWORD 05 사무소
해설 |
양단코어형은 양쪽에 계단이 설치되므로 2방향 피난에 이상적이며 방재상 유리하다.

정답 | ④

11

병원건축의 병동배치형식 중 집중식(Block type)에 관한 설명으로 옳지 않은 것은?

① 재난 시 환자의 피난이 용이하다.
② 병동에서의 조망을 확보할 수 있다.
③ 대지를 효과적으로 이용할 수 있다.
④ 공조설비가 필요하게 되어 설비비가 높다.

개념 | KEYWORD 11 병원
해설 |
집중식은 재난 시 고층에서 대피해야 하므로 피난에 불리하다.

관련이론
병동배치형식 중 집중식(Block type)
1. 외래부, 부속진료 시설, 병동을 합쳐서 한 건물로 하고 특히 병동은 고층으로 하여 환자를 엘리베이터로 운송하는 방법이다.
2. 일조, 통풍 등의 조건이 불리해지며 각 병실의 환경이 균일하지 못하다.
3. 관리가 편리하다.
4. 현대의 큰 병원은 주로 이 방식을 채용한다.

정답 | ①

12

극장의 무대에 관한 설명으로 옳지 않은 것은?

① 프로시니엄 아치는 일반적으로 장방형이며, 종횡의 비율은 황금비가 많다.
② 프로시니엄 아치의 바로 뒤에는 막이 쳐지는데, 이 막의 위치를 커튼 라인이라고 한다.
③ 무대의 폭은 적어도 프로시니엄 아치 폭의 2배, 깊이는 프로시니엄 아치 폭 이상으로 한다.
④ 플라이 갤러리는 배경이나 조명기구, 연기자 또는 음향 반사판 등을 매달 수 있도록 무대 천장 밑에 철골로 설치한 것이다.

개념 | KEYWORD 08 극장, 영화관, 미술관
해설 |
플라이 갤러리(Fly gallery)는 그리드 아이언에 올라가는 계단과 연결되도록 무대 주위의 벽에 6~9m 높이로 설치되는 좁은 통로(폭은 1.2~2.0m 정도)이다.
무대의 천장 밑에 철골로 촘촘히 깔아 바닥을 이루게 한 것으로, 여기에 배경이나 조명기구, 연기자 또는 음향 반사판 등을 매어 달 수 있게 한 장치는 그리드 아이언(격자 철판, Grid iron)이다.

정답 | ④

13

극장의 평면형식 중 프로시니엄형에 관한 설명으로 옳지 않은 것은?

① 픽쳐 프레임 스테이지형이라고도 한다.
② 배경은 한 폭의 그림과 같은 느낌을 준다.
③ 연기자가 제한된 방향으로만 관객을 대하게 된다.
④ 가까운 거리에서 관람하면서 가장 많은 관객을 수용할 수 있다.

개념 | KEYWORD 08 극장, 영화관, 미술관
해설 |
가까운 거리에서 관람하면서 가장 많은 관객을 수용할 수 있는 것은 아레나 형식이다.

정답 | ④

14

르네상스 건축에 관한 설명으로 옳은 것은?

① 건축 비례와 미적 대칭 등을 중시하였다.
② 첨탑과 플라잉 버트레스가 처음 도입되었다.
③ 펜덴티브 돔이 창안되어 실내 공간의 자유도가 높아졌다.
④ 강렬한 극적효과를 추구하며 관찰자의 주관적 감흥을 중시하였다.

개념 | KEYWORD 13 서양건축사
해설 |
르네상스 건축은 구성요소의 비례와 조화를 이루는 형태를 추구한다.
선지분석
② 첨탑과 플라잉 버트레스는 고딕 건축의 특징이다.
③ 펜덴티브 돔은 비잔틴 건축의 특징이다.
④ 강렬한 극적효과를 추구하며 관찰자의 주관적 감흥을 중시하는 것은 바로크 건축의 특징이다.

정답 | ①

15

메조넷형 아파트에 관한 설명으로 옳지 않은 것은?

① 다양한 평면구성이 가능하다.
② 소규모 주택에서는 비경제적이다.
③ 편복도형일 경우 프라이버시가 양호하다.
④ 복도와 엘리베이터홀은 각 층마다 계획된다.

개념 | KEYWORD 04 공동주택
해설 |
메조넷형(복층형)은 한 주호가 2개 층 이상에 걸쳐 구성되는 형식으로 복도 및 엘리베이터홀이 없는 층이 있다.

관련이론
복층형(Maisonnette Type)

구분	내용
정의	한 주호가 2개층 이상에 걸쳐 구성되는 형식
장점	• 엘리베이터의 정지층 수를 적게 할 수 있다. (효율적, 경제적) • 복도가 없는 층은 남북면이 트여 있으므로 좋은 평면 구성이 가능하다. • 통로 면적이 감소하고 임대(전용, 거주, 대실, 유효) 면적이 증가한다. • 프라이버시가 가장 높다.
단점	• 소규모 주택(50m² 이하)에서는 비경제적이다. • 공용 복도가 없는 층은 화재 및 비상시 대피상 불리하다. • 구조상 복잡하다. (단, 스킵 플로어인 경우)

정답 | ④

16

근린생활권의 주택지의 단위로서 초등학교를 중심으로 한 단위이며 어린이 공원, 운동장, 우체국, 소방서, 동사무소 등이 설립되는 것은 어느 것인가?

① 인보구 ② 근린분구
③ 근린주구 ④ 커뮤니티

개념 | KEYWORD 04 공동주택

해설 |
근린주구는 일반적으로 초등학교 한 곳을 필요로 하는 인구가 적당하며, 반지름이 400m 정도이다.

관련이론

C.A. Perry의 근린 단위 방식
1. 크기: 초등학교 하나를 필요로 하는 인구가 적당하다.
2. 경계: 주구 내의 경계는 간선도로로 한다.
3. 공지: 요구에 적합한 소공원 및 레크리에이션 용지가 필요하다.
4. 공동 시설 용지: 그 유치권이 주구의 크기와 같은 학교, 기타의 공공 시설 용지는 주구의 중심 혹은 주위의 일단으로서 짜임새 있게 배치한다.

정답 | ③

17

단지계획에 있어서 교통계획의 주요 착안사항으로 옳지 않은 것은?

① 통행량이 많은 고속도로는 근린주구단위를 분리시킨다.
② 근린주구단위 내부로의 자동차 통과진입을 최소화 한다.
③ 2차 도로체계는 주도로와 연결하고 통과도로를 이루게 한다.
④ 단지 내의 교통량을 줄이기 위하여 고밀도지역은 진입구 주변에 배치시킨다.

개념 | KEYWORD 04 공동주택

해설 |
단지 내 가로망은 통과교통에 사용되지 않도록 한다.

정답 | ③

18

다음 중 주택의 거실 규모 결정 시 고려하여야 할 사항과 가장 관계가 먼 것은?

① 가족 수 ② 전체 주택의 규모
③ 가족 구성 ④ 현관의 위치

개념 | KEYWORD 03 단독주택

해설 |
현관의 위치는 거실의 규모 결정과는 관련이 없으며, 대지의 형태, 도로와의 관계 등에 의하여 결정된다.

정답 | ④

19

건축계획단계에서 조사방법에 관한 설명으로 옳지 않은 것은?

① 설문조사를 통하여 생활과 공간 간의 대응관계를 규명하는 것은 생활행동 행위의 관찰에 해당된다.
② 주거단지에서 어린이들의 행동특성을 조사하기 위해서는 생활행동 행위 관찰 방식이 일반적으로 적절하다.
③ 이용 상황이 명확하게 기록되어 있는 시설의 자료 등을 활용하는 것은 기존자료를 통한 조사에 해당된다.
④ 건물의 이용자를 대상으로 설문을 작성하여 조사하는 방식은 생활과 공간의 대응관계 분석에 유효하다.

개념 | KEYWORD 01 건축계획 일반

해설 |
설문조사를 통하여 생활과 공간 간의 대응관계를 규명하는 것은 설문지법이다. 설문지법은 결과가 응답자의 문장 이해력이나 표현 능력에 좌우된다는 단점이 있다.

정답 | ①

20

주택의 부엌가구 배치 유형에 관한 설명으로 옳지 않은 것은?

① L자형은 부엌과 식당을 겸할 경우 많이 활용된다.
② ㄷ자형은 작업공간이 좁기 때문에 작업효율이 나쁘다.
③ 일(一)자형은 좁은 면적 이용에 효과적이므로 소규모 부엌에 주로 사용된다.
④ 병렬형은 작업 동선은 줄일 수 있지만 작업 시 몸을 앞뒤로 바꿔야 하므로 불편하다.

개념 | KEYWORD 03 단독주택
해설 |
ㄷ자형은 작업공간이 넓고 작업효율이 좋다.

관련이론
부엌의 유형
1. 일자형(직선형): 좁은 부엌에 알맞고 동선의 혼란이 없는 반면 움직임이 많아 동선이 길어진다.
2. L자형(ㄱ자형): 정방형의 부엌에 적당하며 비교적 넓은 부엌에서 능률이 좋으나 모서리 부분의 이용도가 낮다.
3. U(ㄷ)자형: 세 벽면의 이용으로 수납공간이 넓으며 작업효율이 좋다.
4. 병렬형: 양쪽 벽면에 작업대가 마주 보도록 배치한 형식으로, 몸을 앞뒤로 바꾸어야 하는 점이 불편하다.

정답 | ②

건축시공

21

프리패브 건축, 커튼월 공법에 따른 건축물에서 각 부분의 접합부 특히 스틸 새시의 부위틈새 및 균열부 보수 등에 많이 이용되는 방수 공법은?

① 아스팔트 방수   ② 시트 방수
③ 도막방수   ④ 실링재 방수

개념 | KEYWORD 22 방수공사
해설 |
실링재는 국부 방수재로서 각종 재료의 접합부, 창호 주위, 균열 보수 등에 사용된다.

정답 | ④

22

멤브레인 방수에 속하지 않는 방수공법은?

① 시멘트 액체방수
② 합성고분자 시트방수
③ 도막방수
④ 아스팔트 방수

개념 | KEYWORD 22 방수공사
해설 |
시멘트 액체방수는 방수제를 모르타르와 혼합하여 구조체에 여러 번 도포하여 방수성능을 갖게 한 공법으로 멤브레인 방수와는 관련이 없다.

관련이론
멤브레인 방수
구조체에 불투수성 얇은 피막을 형성하여 방수층을 형성하는 방수법으로 아스팔트 방수, 시트방수, 도막방수 등이 해당한다.

정답 | ①

23

콘크리트 공사에서 콘크리트의 압축강도를 시험하지 않을 경우 거푸집널의 해체시기로 옳은 것은? (단, 조강포틀랜드 시멘트를 사용한 기둥으로서 평균 기온이 20℃ 이상인 경우)

① 1일 이상
② 2일 이상
③ 3일 이상
④ 4일 이상

개념 | KEYWORD 15 거푸집 공사

해설 |
조강포틀랜드 시멘트를 사용하고 평균기온 20℃ 이상이므로 2일이다.

관련이론
콘크리트의 압축강도를 시험하지 않을 경우(기초, 보, 기둥 및 벽의 측면) 거푸집널의 해체 시기

시멘트 종류 \ 평균기온	20℃ 이상	20℃ 미만 10℃ 이상
조강포틀랜드 시멘트	2일	3일
• 보통포틀랜드 시멘트 • 고로슬래그 시멘트(1종) • 포틀랜드포졸란 시멘트(1종) • 플라이애시 시멘트(1종)	4일	6일
• 고로슬래그 시멘트(2종) • 포틀랜드포졸란 시멘트(2종) • 플라이애시 시멘트(2종)	5일	8일

정답 | ②

24

도장공사에 필요한 가연성 도료를 보관하는 창고에 관한 설명으로 옳지 않은 것은?

① 독립한 단층건물로서 주위 건물에서 1.5m 이상 떨어져 있게 한다.
② 건물 내의 일부를 도료의 저장장소로 이용할 때는 내화구조 또는 방화구조로 구획된 장소를 선택한다.
③ 바닥에는 침투성이 없는 재료를 깐다.
④ 지붕은 불연재로 하고, 적정한 높이의 천장을 설치한다.

개념 | KEYWORD 27 도장공사

해설 |
가연성 도료를 보관하는 창고의 지붕을 불연재로 해야 하는 것은 맞지만 천장은 설치하지 않아야 한다.

정답 | ④

25

MCX(Minimum Cost Expediting)기법에 의한 공기단축 방법에 관한 설명 중 옳지 않은 것은?

① 주공정선(Critical Path) 이외의 작업을 단축한다.
② 비용구배가 최소인 작업부터 단축한다.
③ 단축가능한계까지 단축한다.
④ 보조 주공정선(Sub-Critical Path)의 발생을 확인한다.

개념 | KEYWORD 08 공정관리

해설 |
주공정선상의 작업을 먼저 대상으로 단축한다.

관련이론
공기단축 방법
• 주공정선(Critical Path)상의 작업을 먼저 대상으로 단축한다.
• 비용구배가 최소인 작업부터 단축한다.
• 단축가능한계까지 단축한다.
• 보조 주공정선(Sub-Critical Path)의 발생을 확인한다.
• 공기단축 시 직접비는 증가하고, 간접비는 감소한다.

정답 | ①

26

계약제도의 하나로서 독립된 회사의 연합으로 법인을 설립하지 않으며 공사의 책임과 공사 클레임 등을 각각 독립된 회사의 계약 당사자가 책임을 지는 방식은?

① 공동도급(Joint venture)
② 파트너링(Partnering)
③ 컨소시엄(Consortium)
④ 분할도급(Partial contract)

개념 | KEYWORD 04 계약제도

해설 |
컨소시엄은 독립된 회사가 연합으로 법인을 설립하지 않고, 공사 책임과 클레임 등을 각각 독립된 회사의 계약 당사자가 책임지는 방식이다. 공동도급과의 차이점은 클레임이 발생했을 때, 같이 모든 것을 해결하면 공동도급, 각각 나누어서 책임지면 컨소시엄이다.

정답 | ③

27

QC(Quality Control) 활동의 도구가 아닌 것은?

① 기능계통도 ② 산점도
③ 히스토그램 ④ 특성요인도

개념 | KEYWORD 09 품질관리

해설 |
기능계통도는 VE의 수행 시 기능을 분석하는 방법으로 QC 활동의 도구는 아니다.

관련이론

QC 활동의 7도구
1. 히스토그램: 데이터가 어떤 분류나 분포로 되어 있는가를 나타낸 그림
2. 파레토도: 고장, 결점, 불량 등의 원인을 크기 순으로 나열하여 나타낸 그림
3. 특성요인도: 원인이 결과에 어떤 작용을 하고 있는가를 나타낸 그림
4. 체크시트: 데이터가 어느 항목에 집중되어 있는가를 나타낸 그림
5. 산점도: 두 데이터의 상호관계를 파악하기 위하여 그래프 위에 타점하여 나타낸 그림
6. 층별: 데이터를 일정한 형식에 의거하여 부분 집단으로 재구성한 수법
7. 각종 그래프 및 관리도: 데이터의 분석 결과를 한눈에 알아보기 쉽게 나타낸 그림

정답 | ①

28

말뚝박기 시공법 중 기성말뚝공법에 속하지 않는 것은?

① 어스드릴공법 ② 디젤해머공법
③ 프리보링공법 ④ 유압해머공법

개념 | KEYWORD 13 기초공사

해설 |
어스드릴공법은 대구경 보링기기에 의한 현장타설콘크리트말뚝(제자리콘크리트말뚝)을 시공하는 공법이다.

관련이론

기성말뚝공법

구분	종류
타입공법	타격공법(드롭해머, 스팀해머, 디젤해머, 유압해머)
	진동공법
매입공법	내부굴착(중굴)공법
	선굴착(프리보링)공법
	말뚝회전압입공법
	사수(Water Jet)공법

정답 | ①

29

연한 점토질 지반의 전단강도 측정에 가장 적합한 토질시험은?

① 표준관입시험 ② 베인 테스트(Vane test)
③ 전기적 탐사 ④ 3축 압축 시험

개념 | KEYWORD 11 지반조사

해설 |
베인 테스트는 보링구멍을 이용하여 +자형 날개의 베인테스터를 지반에 때려 박고, 회전시킬 때의 회전력으로 점토(진흙) 지반의 점착력을 파악할 수 있다.

정답 | ②

30

대린벽으로 구획된 조적조의 벽에서 벽 길이가 9m인 경우 이 벽체에 설치할 수 있는 개구부 폭의 합계는?

① 1.5m 이하
② 3.0m 이하
③ 4.5m 이하
④ 6.0m 이하

개념 | KEYWORD 19 조적공사

해설 |
벽돌구조에서 각 층의 대린벽으로 구획된 각 벽에 있어서 개구부의 폭의 합계는 그 벽의 길이의 2분의 1 이하로 하여야 한다.
따라서 개구부의 폭은 9m÷2＝4.5m 이하이다.

정답 | ③

31

콘크리트용 골재로서 요구되는 성질에 대해 설명한 것으로 옳지 않은 것은?

① 콘크리트의 입형은 가능한 한 편평, 세장하지 않을 것
② 골재의 강도는 경화시멘트페이스트의 강도를 초과하지 않을 것
③ 입도는 조립에서 세립까지 연속적으로 균등히 혼합되어 있을 것
④ 골재는 시멘트페이스트와의 부착이 강한 표면구조를 가져야 할 것

개념 | KEYWORD 16 콘크리트공사

해설 |
골재의 강도는 콘크리트 내 경화한 시멘트페이스트의 강도보다 커야 한다.

정답 | ②

32

다음 미장재료 중 기경성 재료로만 구성된 것은?

① 회반죽, 석고 플라스터, 돌로마이트 플라스터
② 시멘트 모르타르, 석고 플라스터, 회반죽
③ 석고 플라스터, 돌로마이트 플라스터, 진흙
④ 진흙, 회반죽, 돌로마이트 플라스터

개념 | KEYWORD 28 미장공사

해설 |
미장재료의 경화성에 따른 분류

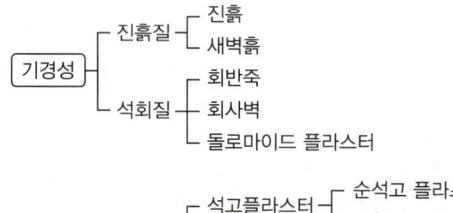

정답 | ④

33

조적조에 발생하는 백화현상을 방지하기 위하여 취하는 조치로서 효과가 없는 것은?

① 줄눈부분을 방수처리하여 빗물을 막는다.
② 잘 구워진 벽돌을 사용한다.
③ 줄눈 모르타르에 방수제를 넣는다.
④ 석회를 혼합하여 줄눈 모르타르를 바른다.

개념 | KEYWORD 19 조적공사

해설 |
줄눈 모르타르에 석회를 혼합하면 백화현상이 더 잘 발생된다.

관련이론

백화현상 방지대책
1. 잘 구워진 양질의 벽돌을 사용할 것(소성이 잘 된 벽돌)
2. 줄눈 모르타르에 방수제를 혼합한다.
3. 빗물이 침입하지 않도록 벽면에 비막이를 설치한다.
4. 벽돌 표면에 파라핀 도료를 발라 염류의 유출을 막는다.

정답 | ④

34

건축용 석재 사용 시 주의사항으로 옳지 않은 것은?

① 석재를 구조재로 사용 시 압축강도가 큰 것을 선택하여 사용할 것
② 석재를 다듬어 쓸 때는 석질이 균일한 것을 사용할 것
③ 동일 건축물에는 다양한 종류 및 다양한 산지의 석재를 사용할 것
④ 석재를 마감재로 사용 시 석리와 색채가 우아한 것을 선택하여 사용할 것

개념 | KEYWORD 20 석공사
해설 |
석재를 동일 건축물에 사용 시 외부재와 내부재를 구분하여 사용한다.(흡수율 기준)

정답 | ③

35

레디믹스트 콘크리트 발주 시 호칭규격인 25-24-150에서 알 수 없는 것은?

① 염화물 함유량
② 슬럼프(Slump)
③ 호칭강도
④ 굵은골재의 최대치수

개념 | KEYWORD 16 콘크리트공사
해설 |
레디믹스트 콘크리트 규격

Remicon(25-24-150)		
㉠	㉠	굵은골재 최대치수(25mm)
	㉡	호칭강도(24MPa)
	㉢	슬럼프값(150mm)

정답 | ①

36

건축물에 이용하는 타일 중 흡수율이 적어 겨울철 동파의 우려가 가장 작은 것은?

① 도기질 타일
② 석기질 타일
③ 토기질 타일
④ 자기질 타일

개념 | KEYWORD 20 석공사
해설 |
타일의 흡수율(%)
도기질 > 석기질 > 자기질
따라서 타일의 흡수율이 가장 작은 자기질 타일이 동파의 우려가 가장 작다.

정답 | ④

37

건축 석공사에 관한 설명으로 옳지 않은 것은?

① 건식쌓기 공법의 경우 시공이 불량하면 백화현상 등의 원인이 된다.
② 석재 물갈기 마감공정의 종류는 거친갈기, 물갈기, 본갈기, 정갈기가 있다.
③ 시공 전에 설계도에 따라 돌나누기 상세도, 원척도를 만들고 석재의 치수, 형상, 마감방법 및 철물 등에 의한 고정방법을 정한다.
④ 마감면에 오염의 우려가 있는 경우에는 폴리에틸렌 시트 등으로 보양한다.

개념 | KEYWORD 20 석공사
해설 |
백화현상은 습식쌓기에서 발생한다. 건식쌓기는 돌 사이에 모르타르(습식쌓기) 대신 사춤자갈을 채워 넣는다.

정답 | ①

38

시멘트 600포대를 저장할 수 있는 시멘트 창고의 최소 필요면적으로 옳은 것은? (단, 시멘트 600포대 전량을 저장할 수 있는 면적으로 산정함)

① 18.46m² ② 21.64m²
③ 23.25m² ④ 25.84m²

개념 | KEYWORD 07 공종별 적산

해설 |

$0.4 \times \dfrac{600}{13} ≒ 18.46\text{m}^2$

관련이론

시멘트 창고 면적 $A = 0.4 \times \dfrac{N}{n}$

여기서, n: 쌓기단수(최대 13단)
N: 시멘트 포대수

※ 시멘트 포대수 N 산정

포대수	N
600포 미만	쌓기 포대수 전량
600포 이상~1,800포 이하	600포
1,800포대 초과	1/3만 적용

정답 | ①

39

파이프 구조에 관한 설명으로 옳지 않은 것은?

① 파이프 구조는 경량이며, 외관이 경쾌하다.
② 파이프 구조는 대규모의 공장, 창고, 체육관, 동·식물원 등에 이용된다.
③ 접합부의 절단가공이 어렵다.
④ 파이프의 부재 형상이 복잡하여 공사비가 증대된다.

개념 | KEYWORD 18 현장작업

해설 |

파이프 구조에서 사용하는 파이프는 부재 형상이 간단하고 공사비가 저렴하다.

정답 | ④

40

철근, 볼트 등 건축용 강재의 재료시험 항목에서 일반적으로 제외되는 항목은?

① 압축강도시험 ② 인장강도시험
③ 굽힘시험 ④ 연신율시험

개념 | KEYWORD 17 접합

해설 |

압축강도시험은 보통 콘크리트의 시험 항목에 해당한다.

관련이론

건축용 강재의 재료시험 항목

인장강도시험, 굽힘시험, 연신율시험 등

정답 | ①

건축구조

41

보가 있는 2방향 슬래브를 강도설계법에서 직접설계법으로 계산할 때 $M_0 = 900\text{kN}\cdot\text{m}$로 산정되었다. 내부 스팬의 정계수모멘트(kN·m)와 부계수모멘트(kN·m)로 옳은 것은?

① 정계수모멘트 315, 부계수모멘트 585
② 정계수모멘트 270, 부계수모멘트 630
③ 정계수모멘트 585, 부계수모멘트 315
④ 정계수모멘트 630, 부계수모멘트 270

개념 | KEYWORD 15 슬래브, 기둥, 벽체, 기타

해설 |

2방향 슬래브의 계수모멘트

- 정계수휨모멘트 $M_u^+ = 0.35 M_0$
- 부계수휨모멘트 $M_u^- = 0.65 M_0$

$M_u^+ = 0.35 \times 900 = 315\text{kN}\cdot\text{m}$
$M_u^- = 0.65 \times 900 = 585\text{kN}\cdot\text{m}$

정답 | ①

42

그림과 같은 직사각형 단면을 가지는 보에 최대 휨모멘트 $M=20\text{kN}\cdot\text{m}$가 작용할 때 최대 휨응력은?

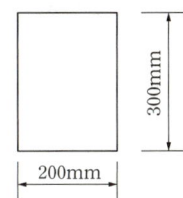

① 3.33MPa ② 4.44MPa
③ 5.56MPa ④ 6.67MPa

개념 | KEYWORD 06 반력, 전단력, 휨모멘트
해설 |

최대 휨응력 $\sigma_{max} = \dfrac{M_{max}}{Z}$로 구한다.

여기서, M_{max}: 최대 휨모멘트, Z: 단면계수

단면이 사각형일 경우 $Z = \dfrac{bh^2}{6}$이므로

$\therefore \sigma_{max} = \dfrac{(20 \times 10^6)}{\dfrac{200 \times 300^2}{6}} = 6.67\text{N/mm}^2 = 6.67\text{MPa}$

정답 | ④

43

벽돌구조에 대한 설명으로 옳지 않은 것은?

① 석구조 및 블록구조와 함께 조적식 구조의 일종이다.
② 고층 건물이나 대규모 건물에 적합하다.
③ 내화, 내구적이다.
④ 풍압력, 지진력 등에 약하다.

개념 | KEYWORD 01 건축구조의 개념
해설 |
벽돌구조는 저층 건물이나 소규모 건물에 적합한 구조이다.

정답 | ②

44

강구조에서 용접선 단부에 붙인 보조판으로 아크의 시작이나 종단부의 크레이터 등의 결함을 방지하기 위해 붙이는 판은?

① 엔드탭
② 스티프너
③ 윙플레이트
④ 커버플레이트

개념 | KEYWORD 18 접합, 볼트, 용접
해설 |
엔드탭은 용접결함이 생기기 쉬운 용접의 시작이나 끝부분에 임시로 설치하는 보조 강판이다.

선지분석
② 스티프너: 기둥의 플랜지나 웨브의 좌굴방지용 보강재
③ 윙플레이트: 철골 주각부에 부착되는 강판
④ 커버플레이트: 강재의 플랜지를 보강하기 위해 사용하는 강판

관련이론

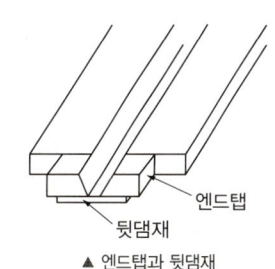
▲ 엔드탭과 뒷댐재

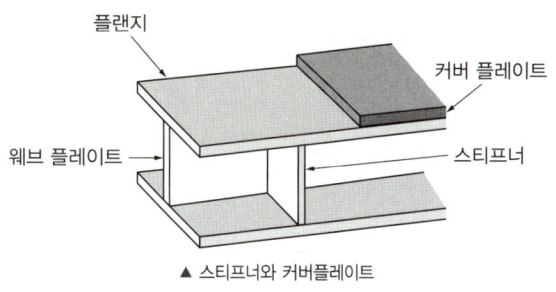
▲ 스티프너와 커버플레이트

정답 | ①

45

철근콘크리트 단근보에서 균형철근비를 계산한 결과 $\rho_b=0.039$이었다. 최대 철근비는? (단, $E=200,000\text{MPa}$, $f_y=400\text{MPa}$, $f_{ck}=24\text{MPa}$임)

① 0.01863 ② 0.02256
③ 0.02607 ④ 0.02831

개념 | KEYWORD 13 보의 휨설계
해설 |
$f_y=400\text{MPa}$일 경우
$\rho_{max}=0.726\rho_b=0.726\times0.039≒0.028314$

관련이론
최대 철근비

철근 항복강도(f_y)	최소 허용변형률($\varepsilon_{t,\,min}$)	최대 철근비(ρ_{max})
300MPa	0.004	$0.658\rho_b$
350Mpa	0.004	$0.692\rho_b$
400MPa	0.004	$0.726\rho_b$
500MPa	$0.005(2\varepsilon_y)$	$0.699\rho_b$

정답 | ④

46

다음 그림과 같은 내민보의 지점 반력을 각각 구하면? (단, 반력의 +:상방향, -:하방향)

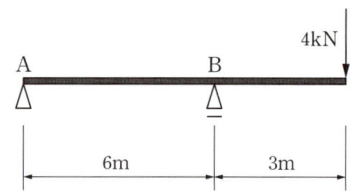

① $R_A=-2\text{kN}$, $R_B=6\text{kN}$
② $R_A=2\text{kN}$, $R_B=-6\text{kN}$
③ $R_A=2\text{kN}$, $R_B=2\text{kN}$
④ $R_A=-4\text{kN}$, $R_B=8\text{kN}$

개념 | KEYWORD 06 반력, 전단력, 휨모멘트
해설 |
힘의 평형 조건을 사용하여 계산한다.
$\sum M_A=0;\ 4\times9-R_B\times6=0 \quad \therefore R_B=6\text{kN}$
$\sum F_y=0;\ R_A+R_B=4\text{kN} \quad \therefore R_A=-2\text{kN}$

정답 | ①

47

지진계에 기록된 진폭을 진원의 깊이와 진앙까지의 거리 등을 고려하여 지수로 나타낸 것으로 장소에 관계없는 절대적 개념의 지진크기를 말하는 것은?

① 규모 ② 진도
③ 진원시 ④ 지진동

개념 | KEYWORD 03 내진·내풍·사용성 설계
해설 |
규모란 지진 자체의 크기를 나타내는 척도 중 하나로 절대적 개념이다.

선지분석
② 진도는 사람이 감지하는 지표면 흔들림을 나타내는 상대적 개념의 지표이다.
③ 진원시는 지진파가 처음 발생한 시각을 말한다.
④ 지진동은 지진파가 지표에 도달하여 관측되는 표면층의 진동을 말한다.

정답 | ①

48

다음과 같은 사다리꼴 단면의 도심 y_0 값은?

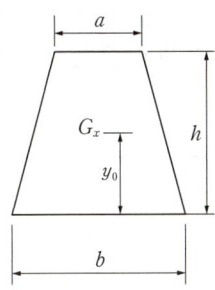

① $\dfrac{h(2a+b)}{3(a+b)}$ ② $\dfrac{h(a+b)}{3(2a+b)}$

③ $\dfrac{3h(2a+b)}{(a+b)}$ ④ $\dfrac{h(a+2b)}{3(a+b)}$

개념 | KEYWORD 05 단면의 성질

해설 |

도심거리는 단면1차모멘트 G_x를 면적 A로 나누어 구한다.

$y = \dfrac{G_x}{A}$

사다리꼴의 도심은 삼각형 $\left(\dfrac{1}{2}bh\right)$와 삼각형 $\left(\dfrac{1}{2}ah\right)$로 나눈 후 더하여 계산할 수 있다.

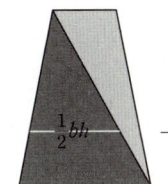  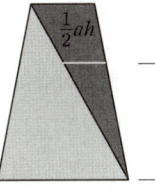

1. $G_x = \dfrac{1}{2}bh \times \dfrac{h}{3}$ 2. $G_x = \dfrac{1}{2}ah \times \dfrac{2h}{3}$

$\therefore y = \dfrac{G_x}{A} = \dfrac{\left(\dfrac{1}{2}bh \times \dfrac{h}{3}\right) + \left(\dfrac{1}{2}ah \times \dfrac{2h}{3}\right)}{\left(\dfrac{1}{2}bh\right) + \left(\dfrac{1}{2}ah\right)} = \dfrac{h}{3} \times \dfrac{2a+b}{a+b}$

정답 | ①

49

그림과 같은 구조물의 부정정 차수는?

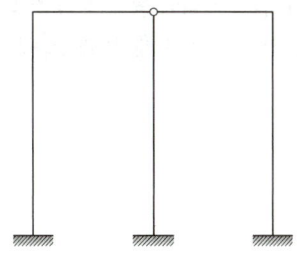

① 1차 부정정 ② 2차 부정정
③ 3차 부정정 ④ 4차 부정정

개념 | KEYWORD 08 구조물 판별

해설 |

$N = r + m + f - 2 \times j$ (r: 지점반력수, m: 부재수, f: 강절점수, j: 지점수 + 자유단 절점수)의 공식을 이용해 부정정 차수를 구하면

$N = (3+3+3) + 5 + 2 - 2 \times 6 = 4$이므로

4차 부정정 구조이다.

다른 풀이

부정정 차수(N) = 외적 차수(N_e) + 내적 차수(N_i)이다.

외적차수 $N_e = r - 3 = (3+3+3) - 3 = 6$이고,

내적차수 $N_i = (-1) \times 2 = -2$이므로

$N = N_e + N_i = 6 - 2 = 4$이다.

정답 | ④

50

다음 그림은 각 구간에서 직선적으로 변화하는 단순보의 모멘트도이다. C점과 D점에 동일한 힘 P_1이 작용하고 보의 중앙점 E에 P_2가 작용할 때 P_1과 P_2의 절댓값은?

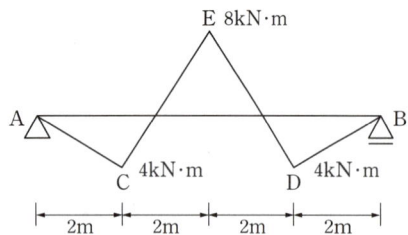

① $P_1=4$kN, $P_2=6$kN
② $P_1=4$kN, $P_2=8$kN
③ $P_1=8$kN, $P_2=10$kN
④ $P_1=8$kN, $P_2=12$kN

개념 | KEYWORD 06 반력, 전단력, 휨모멘트
해설 |
휨모멘트를 미분하면 전단력이며, 전단력을 미분하면 하중이 된다. 따라서 역으로 해석하려면 적분한다.

1. C점의 휨모멘트로 A지점 반력 구하기
   $V_A \times 2 = 4$kN·m → $V_A = 2$kN
2. E점의 휨모멘트로 하중 P_1 구하기
   $V_A \times 4 + P_1 \times 2 = -8$kN·m
   ∴ $P_1 = -8$kN
3. D점의 휨모멘트로 하중 P_2 구하기
   $V_A \times 6 + P_1 \times 4 + P_2 \times 2 = 4$kN·m
   ∴ $P_2 = 12$kN

정답 | ④

51

다음 그림과 같은 구멍 2열에 대하여 파단선 $A-B-C$를 지나는 순단면적과 동일한 순단면적을 갖는 파단선 $D-E-F-G$의 피치(s)는? (단, 구멍은 여유폭을 포함하여 23mm임)

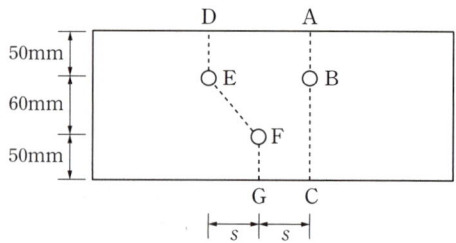

① 3.7cm
② 7.4cm
③ 11.1cm
④ 14.8cm

개념 | KEYWORD 19 인장재·압축재 설계
해설 |
㉠ 파단선 $A-B-C$의 순단면적
$A_n = A_g - n \cdot d \cdot t = (160 \times t) - (1 \times 23 \times t) = 137t$
㉡ 파단선 $D-E-F-G$의 순단면적
$A_n = A_g - n \cdot d \cdot t + \Sigma \dfrac{s^2}{4g} \cdot t$
$= (160 \times t) - (2 \times 23 \times t) + \dfrac{s^2}{4 \times 60} \cdot t = 114t + \dfrac{s^2}{240} \cdot t$
㉠, ㉡ 두 식의 결과값이 같으므로
$137t = 114t + \dfrac{s^2}{240} \cdot t$
$s = \sqrt{(137-114) \times 240} ≒ 74.3$mm ≒ 7.43cm

정답 | ②

52

그림과 같은 구조물에 있어 AB부재의 재단모멘트 M_{AB}는?

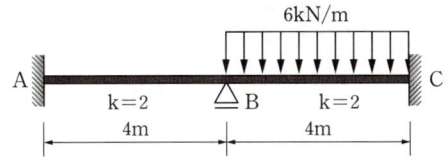

① 0.5kN·m
② 1kN·m
③ 1.5kN·m
④ 2kN·m

개념 | KEYWORD 09 구조물 해석

해설 |
AC부재는 연속경간이기 때문에 고정단과 같은 개념으로 풀이한다.

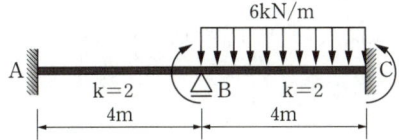

먼저, B절점에서의 고정단모멘트(FEM)을 계산하면
$FEM = \dfrac{wl^2}{12} = \dfrac{6 \times 4^2}{12} = 8\text{kN·m}$이다.

주어진 강도계수를 이용하여 분배율을 구하면
$DF_{BA} = \dfrac{2}{2+2} = \dfrac{1}{2}$이므로 분배모멘트는
$M_{BA} = FEM \times DF_{BA} = 8 \times \dfrac{1}{2} = 4\text{kN·m}$이다.

따라서 전달모멘트(전달률: 고정단은 $\dfrac{1}{2}$)

$M_{AB} = \dfrac{1}{2} \times M_{BA} = \dfrac{1}{2} \times 4 = 2\text{kN·m}$이다.

정답 | ④

53

동일단면, 동일재료를 사용한 캔틸레버보 끝단에 집중하중이 작용하였다. P_1이 작용한 부재의 최대처짐량이 P_2가 작용한 부재의 최대처짐량의 2배일 경우 $P_1 : P_2$는?

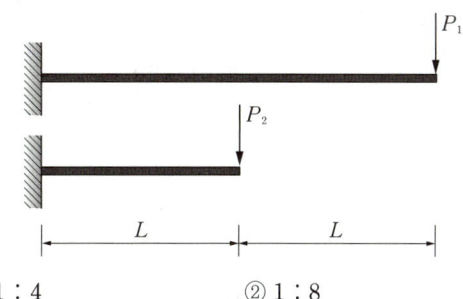

① 1 : 4
② 1 : 8
③ 4 : 1
④ 8 : 1

개념 | KEYWORD 10 보의 처짐

해설 |
자유단에 걸리는 하중이 P, 길이가 L인 캔틸레버보 자유단의 최대처짐은
$\delta_{max} = \left(\dfrac{PL}{EI} \times L\right) \times \dfrac{L}{3} = \dfrac{PL^3}{3EI}$이다.

지문의 조건에 따르면
$\dfrac{P_1 \cdot (2L)^3}{3EI} = \dfrac{P_2 \cdot (L)^3}{3EI} \times 2$이므로 $\dfrac{P_1}{P_2} = \dfrac{1}{4}$이다.

따라서 $P_1 : P_2 = 1 : 4$이다.

정답 | ①

54

인장을 받는 이형철근의 직경이 D16(직경 15.9mm)이고, 콘크리트 강도가 30MPa인 표준갈고리의 기본정착길이는?(단, $f_y=400$MPa, $\beta=1.0$, $m_c=2,300$kg/m³)

① 238mm   ② 258mm
③ 279mm   ④ 312mm

개념 | KEYWORD 16 철근 정착과 이음
해설 |
표준갈고리를 갖는 인장이형철근의 기본정착길이는
$l_{hb} = \dfrac{0.24\beta \cdot d_b \cdot f_y}{\lambda\sqrt{f_{ck}}}$ 이다.
$m_c=2,300$kg/m³이므로 경량콘크리트계수 $\lambda=1.0$을 대입하면,
$l_{hb} = \dfrac{0.24 \times 1.0 \times 15.9 \times 400}{(1.0)\sqrt{30}} ≒ 278.68$mm이다.

정답 | ③

55

강도설계법에서 처짐을 계산하지 않는 경우 철근콘크리트 보의 최소 두께 규정으로 옳지 않은 것은? (단, 보통콘크리트와 설계기준 항복강도 400MPa 철근을 사용한 부재임)

① 단순 지지: $l/16$
② 1단 연속: $l/18.5$
③ 양단 연속: $l/12$
④ 캔틸레버: $l/8$

개념 | KEYWORD 15 슬래브, 기둥, 벽체, 기타
해설 |
l: 경간 길이(mm)

부재	최소 두께($h_{\min}$)			
	단순 지지	1단 연속	양단 연속	캔틸레버
보 및 리브가 있는 1방향 슬래브	$\dfrac{l}{16}$	$\dfrac{l}{18.5}$	$\dfrac{l}{21}$	$\dfrac{l}{8}$

정답 | ③

56

고장력볼트 F10T(M20) 1면전단일 때 볼트 한 개당 설계전단강도(ϕR_n)를 구하면?(단, 고력볼트의 $F_u=1,000$MPa, $\phi=0.75$, $F_{nv}=0.5F_u$임)

① 117.8kN   ② 94.2kN
③ 58.8kN   ④ 47.1kN

개념 | KEYWORD 18 접합, 볼트, 용접
해설 |
설계전단강도는 다음과 같은 식으로 구한다.
$\phi R_n = 0.75 \cdot F_{nv} \cdot A_b \cdot n_s$
여기서, F_{nv}: 공칭전단강도, A_b: 볼트의 공칭단면적, n_s: 전단면수
$F_{nv} = 0.5F_u = 0.5 \times 1,000 = 500$MPa
$A_b = \dfrac{\pi(20)^2}{4} ≒ 314$mm²
$\phi R_n = 0.75 \times 500 \times 314 \times 1 = 117,750$N ≒ 117.8kN

정답 | ①

57

철골조 주각부분에 사용하는 보강재에 해당되지 않는 것은?

① 윙플레이트
② 데크플레이트
③ 사이드앵글
④ 클립앵글

개념 | KEYWORD 17 강구조 총론

해설 |
데크플레이트는 콘크리트 슬래브의 거푸집으로 사용되며, 바닥판이나 평지붕에도 사용된다.

관련이론

데크플레이트(Deck Plate)

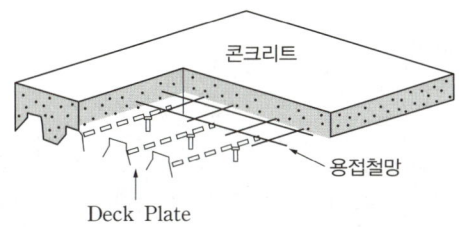

1. 강도를 유지하는데 합리적인 모양으로 골을 넣어 만든 폭이 넓은 대형 강판이다.
2. 콘크리트 슬래브의 거푸집으로 사용된다.
3. 바닥판이나 평지붕에도 사용된다.
4. 서포트가 필요하지 않아서 고층빌딩에 많이 이용된다.

정답 | ②

58

용접 H형강 H-450×450×20×28의 플랜지 및 웨브에 대한 판폭두께비를 구하면?

① 플랜지: 16.07, 웨브: 14.07
② 플랜지: 16.07, 웨브: 19.7
③ 플랜지: 8.04, 웨브: 14.07
④ 플랜지: 8.04, 웨브: 19.7

개념 | KEYWORD 19 인장재·압축재 설계

해설 |
H형강 $- H \times B \times t_w \times t_f$

플랜지 $\lambda_f = \dfrac{b}{t_f} = \dfrac{B/2}{t_f} = \dfrac{(450/2)}{(28)} = 8.04$

웨브 $\lambda_w = \dfrac{h}{t_w} = \dfrac{H-2t_f}{t_w} = \dfrac{(450)-2(28)}{(20)} = 19.7$

정답 | ④

59

독립기초(자중포함)가 축방향력 $650\,kN$, 휨모멘트 $130\,kN\cdot m$를 받을 때 기초 저면의 편심거리는?

① 0.2m
② 0.3m
③ 0.4m
④ 0.6m

개념 | KEYWORD 02 지반 및 기초

해설 |
$M = N \times e$

$\therefore e = \dfrac{M}{N} = \dfrac{130}{650} = 0.2\,m$

정답 | ①

60

다음 중 한계상태설계법에서 강도 한계상태를 구성하는 요소가 아닌 것은?

① 바닥재의 진동
② 기둥의 좌굴
③ 골조의 불안정성
④ 취성파괴

개념 | KEYWORD 17 강구조 총론

해설 |
바닥재의 진동은 사용 한계상태(Serviceability limit state)에 해당한다.

관련이론

한계상태설계법

1. 강도 한계상태: 구조체가 제 기능을 발휘 못하는 상태로 압축, 인장, 좌굴, 휨, 전단 등의 하중에 대한 지지 능력을 상실한 상태
2. 사용 한계상태: 구조 기능 저하로 균열, 처짐, 진동 등에 의하여 사용상 부적합한 상태

정답 | ①

건축설비

61
2중효용 흡수식 냉동기에 관한 설명으로 옳은 것은?

① 냉매로서 LiBr 수용액을 사용한다.
② LiBr 수용액의 농축을 위하여 증발기를 사용한다.
③ 발생기, 압축기, 흡수기, 증발기로 구성되어 있다.
④ 발생기는 저온발생기와 고온발생기로 구성되어 있다.

개념 | KEYWORD 12 냉동 및 기타 열원설비

선지분석
① 냉매는 주로 물(H_2O)을 사용한다.
② 리튬브로마이드(LiBr, 브로민화 리튬) 수용액의 농축을 위하여 발생기(재생기)를 사용한다.
③ 증발기, 흡수기, 발생기(재생기) 및 응축기로 구성되어 있다.

관련이론

발생기(재생기)
- 저온발생기: 고온발생기에서 발생한 중간 용액을 가열하여 냉매와 분리시켜 진한 용액을 만들어 흡수기로 보내는 장치이다. 저온발생기 내의 용액이 냉매 증기와 함께 응축기로 넘어가는 것을 방지하기 위해 엘리미네이터를 설치한다.
- 고온발생기: 흡수기에서의 묽은 용액을 진한 농도의 용액으로 만들어 주는 장치이다, 가열장치에서 묽은 용액을 가열하여 비등점에 의해 냉매와 용액을 분리한다.

정답 | ④

62
내경이 20cm인 관내를 유속 1.2m/s의 물이 흐르고 있을 때 유량은 얼마인가?

① $0.028m^3/s$
② $0.038m^3/s$
③ $0.048m^3/s$
④ $0.058m^3/s$

개념 | KEYWORD 01 급수설비

해설 |
Q: 유량(m^3/s) = 단면적 $A(m^2)$ × 유속 $V(m/s)$ 이므로
$$Q = \frac{\pi d^2}{4} \times V = \frac{\pi \times (0.2)^2}{4} \times 1.2 ≒ 0.038 m^3/s$$

정답 | ②

63
900명을 수용하고 있는 극장에서 실내 CO_2 농도를 0.1%로 유지하기 위해 필요한 환기량은? (단, 외기 CO_2 농도는 0.04%, 1인당 CO_2 배출량은 18L/h임)

① $27,000m^3/h$
② $30,000m^3/h$
③ $60,000m^3/h$
④ $66,000m^3/h$

개념 | KEYWORD 10 환기설비

해설 |
$$Q = \frac{K}{P_i - P_o} = \frac{900명 \times 18(L/h)}{0.1\% - 0.04\%}$$
$$= \frac{900 \times 0.018(m^3/h)}{0.001 - 0.0004} = 27,000(m^3/h)$$

(여기서, $1L = 0.001m^3$)

정답 | ①

64
승객 스스로 운전하는 전자동 엘리베이터로 카 버튼이나 승강장의 호출신호로 기동, 정지를 이루는 엘리베이터 조작방식은?

① 승합전자동 방식
② 카 스위치 방식
③ 시그널 컨트롤 방식
④ 레코드 컨트롤 방식

개념 | KEYWORD 17 엘리베이터설비

해설 |
승합전자동 방식: 목적층의 버튼과 승강장의 호출신호에 의해 출발 및 정지하는 조작방식이다. 승객 스스로 운전하는 전자동 엘리베이터로서 누른 순서에 관계없이 각 호출에 따른다.

정답 | ①

65
다음 중 배수 통기관의 목적과 가장 관계가 먼 것은?

① 트랩의 봉수보호
② 배수의 원활한 흐름
③ 배관의 소음 감소
④ 배수관 계통의 환기

개념 | KEYWORD 03 배수 및 통기설비
해설 |
통기관의 설치 목적
1. 트랩의 봉수를 보호한다.
2. 배수의 흐름을 원활하게 한다.
3. 신선한 공기를 유통시켜 관 내의 청결을 유지한다.
4. 배수관 내의 기압을 일정하게 유지한다.

정답 | ③

66
다음 설명이 의미하는 봉수파괴 원인은?

> 일반적으로 배수 수직관의 상·중층부에서는 압력이 부압으로, 그리고 저층부에서는 정압으로 된다. 이때 배수 수직관내가 부압으로 되는 곳에 배수 수평지관이 접속되어 있으면 배수 수평지관 내의 공기는 수직관 쪽으로 유인되며, 이에 따라서 봉수가 이동하여 손실된다.

① 증발현상
② 모세관현상
③ 자기사이펀작용
④ 유도사이펀작용

개념 | KEYWORD 03 배수 및 통기설비
해설 |
유인(유도)사이펀작용: 수직관에 접근하여 기구를 설치할 경우, 수직관 상부에서 일시에 다량의 물이 낙하하면 그 수직관과 수평관과의 연결 부분에 순간적으로 진공이 생겨 트랩 내의 봉수가 흡인되는 작용을 말한다.

관련이론
트랩의 봉수파괴 방지대책

구분	방지대책
자기사이펀작용, 유도사이펀작용, 분출작용	통기관 설치
모세관작용	천 조각, 머리카락 제거
운동량에 의한 관성작용	격자쇠 설치

정답 | ④

67
공기조화방식 중 단일덕트 변풍량방식에 관한 설명으로 옳지 않은 것은?

① 전공기방식의 특성이 있다.
② 각 실이나 존의 온도를 개별제어 할 수 있다.
③ 단일덕트 정풍량방식보다 설비비가 적게 든다.
④ 실내부하가 적어지면 송풍량을 줄일 수 있으므로 에너지 절감효과가 크다.

개념 | KEYWORD 09 공기조화 방식과 기기
해설 |
변풍량방식은 자동제어가 복잡하고 부속 기기류가 필요하여 단일덕트 정풍량방식 보다 설비비가 비싸다.

관련이론
변풍량 단일덕트방식의 장단점

장점	• 각 실, 각 존 마다 변풍량 유닛을 설치하여 부하변동에 따라 송풍량을 조절하여 에너지 절약 가능 • 부하변동에 대해 제어 응답이 신속하게 이루어져 적절한 송풍량이 공급되므로 쾌적감이 향상
단점	• 부하가 감소되면 송풍량이 작아지므로 이로 인해 환기가 충분하게 이루어지지 않을 가능성 • 자동제어는 복잡하고, 부속 기기류가 필요하여 설치비가 많이 듦

정답 | ③

68

겨울철 주택의 단열 및 결로에 관한 설명으로 옳지 않은 것은?

① 단층 유리보다 복층 유리의 사용이 단열에 유리하다.
② 벽체 내부로 수증기 침입을 억제할 경우 내부결로 방지에 효과적이다.
③ 단열이 잘 된 벽체에서는 내부결로는 발생하지 않으나 표면결로는 발생하기 쉽다.
④ 실내측 벽 표면온도가 실내공기의 노점온도보다 높은 경우 표면결로는 발생하지 않는다.

개념 | KEYWORD 20 열 환경
해설 |
단열이 잘 된 벽체는 표면 온도가 높아져 표면결로는 방지할 수 있지만, 단열재 외측 부분에는 내부결로가 발생하므로 외단열로 시공하는 것이 좋다.

정답 | ③

69

실내공기오염의 종합적 지표로서 사용되는 오염 물질은?

① 부유분진
② 이산화탄소
③ 일산화탄소
④ 이산화질소

개념 | KEYWORD 10 환기설비
해설 |
이산화탄소(CO_2)는 실내공기오염의 종합적 지표로 사용된다.
CO_2 농도와 취기 등에 의한 공기오염 정도가 비례관계이고, CO_2 농도 측정이 용이하기 때문에 실내공기오염의 종합적 지표로서 CO_2를 사용한다.

정답 | ②

70

다음 설명에 알맞은 급수방식은?

- 대규모의 급수 수요에 쉽게 대응할 수 있다.
- 급수압력이 일정하다.
- 단수 시에도 일정량의 급수를 계속할 수 있다.

① 수도직결방식
② 고가수조방식
③ 압력수조방식
④ 펌프직송방식

개념 | KEYWORD 01 급수설비
해설 |
고가수조방식에 대한 설명이다.

관련이론
고가수조방식의 장단점

장점	• 대규모 급수설비에 적합 • 항상 일정한 수압으로 급수 • 저수량을 확보하여 단수 시 일정시간동안 급수 가능 • 압력이 일정하여 배관 부속품의 파손이 적음
단점	• 급수오염 가능성이 가장 큼 • 설비비가 고가 • 구조물 보강이 필요

정답 | ②

71

어느 실에 필요한 램프의 개수를 구하고자 한다. 그 실의 바닥면적을 A, 평균조도를 E, 조명률은 U, 보수율을 M, 램프 1개의 광속을 F라고 할 때, 소요램프수의 적절한 산정식은?

① $\dfrac{E \cdot A \cdot M}{F \cdot U}$
② $\dfrac{E \cdot A \cdot F}{U \cdot M}$
③ $\dfrac{E \cdot A}{F \cdot U \cdot M}$
④ $\dfrac{E}{A \cdot F \cdot U \cdot M}$

개념 | KEYWORD 16 조명설비

해설 |
램프 개수 산정식
$$N = \dfrac{E \times A}{F \times U \times M}$$
여기서, N: 조명의 개수, E: 평균 수평면 조도(lx), A: 실면적(m²), F: 조명 1개당 광속(lm), U: 조명률, M: 보수율(유지율)

정답 | ③

72

간선의 배선 방식 중 평행식에 관한 설명으로 옳은 것은?

① 설비비가 가장 저렴하다.
② 배선자재의 소요가 가장 적다.
③ 사고의 영향을 최소화할 수 있다.
④ 전압이 안정되나 부하의 증가에 적응할 수 없다.

개념 | KEYWORD 14 강전설비

해설 |
평행식(개별식)은 사고가 발생하여도 그 범위를 좁힐 수 있는 특징이 있다.

선지분석
① 설비비가 비싸다.
② 배선자재의 소요가 많다.
④ 전압이 안정되고 부하의 증가에 적응할 수 있다.

관련이론
평행식(개별식)
각 분전반마다 배전반으로부터 단독으로 배선되어 있으므로 전압강하가 적고, 사고가 발생하여도 그 범위를 좁힐 수 있는 것이 특징이다. 배선비가 많아지므로 설비비는 많이 드는 편이다.

정답 | ③

73

간접가열식 급탕방식에 관한 설명으로 옳지 않은 것은?

① 저압보일러를 써도 되는 경우가 많다.
② 직접가열식에 비해 소규모 급탕설비에 적합하다.
③ 급탕용 보일러는 난방용 보일러와 겸용할 수 있다.
④ 직접가열식에 비해 보일러 내면에 스케일이 발생할 염려가 적다.

개념 | KEYWORD 02 급탕설비

해설 |
간접가열식 급탕방식은 직접가열식에 비해 대규모 급탕설비에 적합하다.

관련이론
간접가열식
1. 저탕조(급탕탱크) 내에 가열코일을 설치하고 이 코일에 증기(또는 고온수)를 통해서 저탕조의 물을 간접적으로 가열하는 방식이다.
2. 난방용 보일러의 증기 사용 시 급탕용 보일러가 불필요하다.
3. 보일러 내면에는 스케일이 거의 생기지 않는다.
4. 건물의 높이에 따른 수압이 보일러에 작용하지 않고 저탕조에 작용하므로 고압용 보일러가 불필요하다.
5. 대규모 급탕설비에 적합하다.

정답 | ②

74

온수난방에 관한 설명으로 옳지 않은 것은?

① 증기난방에 비해 보일러의 취급이 비교적 쉽고 안전하다.
② 동일 방열량인 경우 증기난방보다 관 지름을 작게 할 수 있다.
③ 증기난방에 비해 난방부하의 변동에 따른 온도 조절이 용이하다.
④ 보일러 정지 후에도 여열이 남아 있어 실내 난방이 어느 정도 지속된다.

개념 | KEYWORD 11 난방설비

해설 |
동일 방열량인 경우 증기난방보다 관 지름을 크게 해야 한다.

관련이론
온수난방의 장단점

장점	단점
• 난방부하의 변동에 따른 온도조절이 용이	• 증기난방에 비해 방열면적이 크므로 설비비가 고가
• 현열을 이용하므로 증기난방에 비하여 쾌적감이 좋음	• 공기의 정체에 의한 순환 저해의 가능성
• 방열기 표면온도가 낮아 화상을 입을 우려가 없음	• 긴 예열시간
• 보일러 취급이 용이	• 한랭 시 난방을 정지하는 경우 동결의 우려
• 증기난방에 비해 관의 부식이 적음	• 긴 온수순환시간
• 스팀해머(Steam hammer)가 생기지 않아 소음이 없음	

정답 | ②

75

여름철 실내 최고 온도는 외기온도가 가장 높은 시각 이후에 나타나는 것이 일반적이다. 이와 같은 현상은 벽체를 구성하고 있는 재료의 어떤 성능 때문인가?

① 축열성능
② 단열성능
③ 일사반사성능
④ 일사투과성능

개념 | KEYWORD 11 난방설비

해설 |
벽체의 축열성능(열을 저장하는 성질) 때문에 일어나는 현상이다.

정답 | ①

76

다음 중 변전실 면적에 영향을 주는 요소와 가장 거리가 먼 것은?

① 발전기실의 면적
② 변전설비 변압방식
③ 수전전압 및 수전방식
④ 설치 기기와 큐비클의 종류

개념 | KEYWORD 14 강전설비

해설 |
변전실 면적에 영향을 주는 요소
1. 수전전압 및 수전방식
2. 변전설비 변압방식, 변압기 용량, 수량 및 형식
3. 설치 기기와 큐비클의 종류
4. 기기의 배치방법 및 유지보수 필요면적
5. 건축물의 구조적 여건

정답 | ①

77

다음과 같은 조건에 있는 실의 틈새바람에 의한 현열부하는?

- 실의 체적: 400m³
- 환기횟수: 0.5회/h
- 실내온도: 20°C, 외기온도: 0°C
- 공기의 밀도: 1.2kg/m³
- 공기의 정압비열: 1.01kJ/kg·K

① 약 654W ② 약 972W
③ 약 1,347W ④ 약 1,654W

개념 | KEYWORD 09 공기조화 방식과 기기

해설 |

$$Q = \frac{G \cdot \rho \cdot C \cdot \Delta t}{3,600}$$

여기서, G=실체적×환기횟수=400×0.5=200
ρ: 공기의 밀도, C: 공기의 비열, Δt: 실내외의 온도차

$$Q = \frac{200 \times 1.2 \times 1.01 \times (20-0)}{3,600} ≒ 1.347kW = 1,347W$$

정답 | ③

78

전류가 흐르고 있는 전기기기, 배선과 관련된 화재를 의미하는 것은?

① A급 화재 ② B급 화재
③ C급 화재 ④ K급 화재

개념 | KEYWORD 06 소화설비

해설 |

C급 화재: 전기화재

관련이론

화재의 종류

구분	유형
A급 화재	일반화재(보통화재)
B급 화재	유류화재(기름화재)
C급 화재	전기화재
D급 화재	금속화재
K급 화재	주방화재

정답 | ③

79

발전기에 적용되는 법칙으로 유도기전력의 방향을 알기 위하여 사용되는 법칙은?

① 오옴의 법칙 ② 키르히호프의 법칙
③ 플레밍의 왼손의 법칙 ④ 플레밍의 오른손의 법칙

개념 | KEYWORD 14 강전설비

해설 |

발전기에 적용되는 법칙으로 유도기전력의 방향을 알기 위하여 사용되는 법칙은 플레밍의 오른손의 법칙이다.

정답 | ④

80

냉방부하 계산 결과 현열부하가 620W, 잠열부하가 155W일 경우 현열비는?

① 0.2 ② 0.25
③ 0.4 ④ 0.8

개념 | KEYWORD 09 공기조화 방식과 기기

해설 |

$$현열비(SHF) = \frac{현열부하}{현열부하 + 잠열부하} = \frac{620}{620+155} = 0.8$$

정답 | ④

건축관계법규

81
건축물의 지하층에 비상탈출구를 설치하여야 하는 경우, 설치되는 비상탈출구에 관한 기준내용으로 옳지 않은 것은? (단, 주택이 아닌 경우)

① 비상탈출구의 유효너비는 0.75m 이상으로 할 것
② 비상탈출구의 유효높이는 1.5m 이상으로 할 것
③ 비상탈출구는 출입구로부터 3m 이상 떨어진 곳에 설치할 것
④ 비상탈출구의 문은 피난방향으로 열리도록 하고, 실내에서 비상시에만 열 수 있는 구조로 할 것

개념 | KEYWORD 11 방화규정
해설 |
비상탈출구의 문은 피난방향으로 열리도록 하고, 실내에서 항상 열 수 있는 구조로 하여야 하며, 내부 및 외부에는 비상탈출구의 표시를 해야 한다.

정답 | ④

82
건축물에 설치하는 피뢰설비의 기준 내용으로 옳지 않은 것은?

① 피뢰설비는 높이 20m 이상의 건축물에만 설치한다.
② 돌침은 건축물의 맨 윗부분으로부터 25cm 이상 돌출시켜 설치한다.
③ 돌침은 「건축물의 구조기준 등에 관한 규칙」에 의한 설계하중에 견딜 수 있는 구조이어야 한다.
④ 피뢰설비의 인하도선을 대신하여 철골조의 철골구조물과 철근콘크리트조의 철근구조체를 사용하는 경우에는 전기적 연속성이 보장되어야 한다.

개념 | KEYWORD 12 건축설비기준과 관계전문기술자
해설 |
피뢰설비 설치 대상
• 낙뢰의 우려가 있는 건축물
• 높이 20m 이상의 건축물 또는 높이 20m 이상의 공작물

정답 | ①

83
연면적의 합계가 2,000m² 이상인 건축물의 대지와 도로의 관계가 옳은 것은?

① 대지는 너비 4m 이상인 도로에 2m 이상 접하여야 한다.
② 대지는 너비 4m 이상인 도로에 4m 이상 접하여야 한다.
③ 대지는 너비 6m 이상인 도로에 2m 이상 접하여야 한다.
④ 대지는 너비 6m 이상인 도로에 4m 이상 접하여야 한다.

개념 | KEYWORD 05 대지·도로·건축선
해설 |
건축물이 있는 대지가 도로에 접해야 하는 길이

구분	접해야 하는 길이
원칙	도로에 2m 이상
연면적의 합계 2,000m² 이상	너비 6m 이상 도로에 4m 이상(공장인 경우에는 3,000m²)

정답 | ④

84
건축물의 출입구에 설치하는 회전문은 계단이나 에스컬레이터로부터 최소 얼마 이상의 거리를 두어야 하는가?

① 1m
② 1.5m
③ 2m
④ 3m

개념 | KEYWORD 10 피난규정
해설 |
회전문은 계단이나 에스컬레이터로부터 2m 이상의 거리를 두어야 한다.

정답 | ③

85

건축분야의 건축사보 1인 이상을 전체 공사기간 동안, 토목·전기 또는 기계분야의 건축사보 1인 이상을 각 분야별 해당 공사기간 동안 각각 공사현장에서 감리업무를 수행하게 해야 하는 대상 건축공사의 기준에 속하지 않는 것은?

① 바닥면적의 합계가 5,000m² 이상인 건축공사
② 건축물의 층수가 10층 이상인 건축공사
③ 연속된 5개층 이상으로서 바닥면적의 합계가 3,000m² 이상인 건축공사
④ 아파트의 건축공사

개념 | KEYWORD 02 건축허가와 신고

해설 |
건축분야의 건축사보 한 명 이상을 전체 공사기간 동안, 토목·전기 또는 기계분야의 건축사보 한 명 이상을 각 분야별 해당 공사기간 동안 각각 공사현장에서 감리업무를 수행하게 해야 하는 건축공사

- 바닥면적의 합계가 5,000m² 이상인 건축공사. 다만, 축사 또는 작물 재배사의 건축공사는 제외
- 연속된 5개 층(지하층을 포함) 이상으로서 바닥면적의 합계가 3,000m² 이상인 건축공사
- 아파트 건축공사
- 준다중이용 건축물 건축공사

정답 | ②

86

국토의 계획 및 이용에 관한 법률상 제2종 일반주거지역 안에서 건축할 수 있는 건축물에 해당하지 않는 것은?

① 숙박시설
② 종교시설
③ 노유자시설
④ 제1종 근린생활시설

개념 | KEYWORD 19 국토의 용도구분

해설 |
숙박시설은 제2종 일반주거지역 안에서 건축할 수 없다.

관련이론

제2종 일반주거지역 안에서 건축할 수 있는 건축물
• 단독주택
• 공동주택(아파트 포함)
• 제1종 근린생활시설
• 종교시설
• 노유자시설
• 교육연구시설 중 유치원·초등학교·중학교 및 고등학교

정답 | ①

87

「주차장법령」상 다음과 같이 정의되는 주차장의 종류는?

> 도로의 노면 또는 교통광장(교차점광장만 해당)의 일정한 구역에 설치된 주차장으로서 일반(一般)의 이용에 제공되는 것

① 노외주차장
② 노상주차장
③ 부설주차장
④ 공영주차장

개념 | KEYWORD 15 주차장법 총칙

해설 |
주차장

종류	설치장소
노상주차장	도로의 노면 또는 교통광장(교차점광장만 해당)의 일정한 구역에 설치된 주차장
노외주차장	도로의 노면 또는 교통광장 외의 장소에 설치된 주차장
부설주차장	건축물, 골프연습장, 그 밖에 주차수요를 유발하는 시설에 부대하여 설치된 주차장

정답 | ②

88

6층 이상의 거실면적의 합계가 $12,000m^2$인 문화 및 집회시설 중 전시장에 설치하여야 하는 승용승강기의 최소 대수는? (단, 8인승 승강기 기준)

① 4대 ② 5대
③ 6대 ④ 7대

개념 | KEYWORD 13 승강설비

해설 |
6층 이상의 거실면적의 합계가 $12,000m^2$이다.
$1 + \dfrac{12,000m^2 - 3,000m^2}{2,000m^2} = 5.5$대
따라서 6대가 필요하다.

관련이론

건축물의 용도	6층 이상 거실면적의 합계(Am^2)	
	$3,000m^2$ 이하	$3,000m^2$ 초과

• 문화 및 집회시설
  － 전시장
  － 동·식물원
• 업무시설
• 숙박시설
• 위락시설
	1대	1대에 $3,000m^2$를 초과하는 $2,000m^2$ 이내마다 1대를 더한 대수
		
		$1 + \dfrac{A - 3,000m^2}{2,000m^2}$

※ 승강기 대수 계산 시
• 8인승 이상 15인승 이하의 승강기: 1대의 승강기로 취급
• 16인승 이상의 승강기: 2대의 승강기로 취급

정답 | ③

89

다음 중 대지에 조경 등의 조치를 아니할 수 있는 대상 건축물에 속하지 않는 것은?

① 축사
② 녹지지역에 건축하는 건축물
③ 연면적의 합계가 $1,000m^2$인 공장
④ 면적이 $5,000m^2$인 대지에 건축하는 공장

개념 | KEYWORD 06 조경·공개공지

해설 |
조경대상 예외로 적용되는 공장건축은 연면적의 합계가 $1,500m^2$ 미만인 공장과 면적 $5,000m^2$ 미만인 대지에 건축하는 공장이다.

관련이론

조경대상 예외 기준
1. 녹지지역에 건축하는 건축물
2. 면적 $5,000m^2$ 미만인 대지에 건축하는 공장
3. 연면적의 합계가 $1,500m^2$ 미만인 공장
4. 산업단지 안의 공장
5. 대지에 염분이 함유되어 있는 경우
6. 축사
7. 가설건축물
8. 연면적의 합계가 $1,500m^2$ 미만인 물류시설(주거지역 또는 상업지역에 건축하는 것은 제외)
9. 자연환경보전지역, 농림지역 또는 관리지역의 건축물

정답 | ④

90

국토의 계획 및 이용에 관한 법령상 용도지구에 속하지 않는 것은?

① 경관지구 ② 미관지구
③ 방재지구 ④ 취락지구

개념 | KEYWORD 19 국토의 용도구분

해설 |
용도지구: 경관지구, 고도지구, 방화지구, 방재지구, 보호지구, 취락지구, 개발진흥지구, 특정용도제한지구, 복합용도지구

정답 | ②

91

국토교통부령으로 정하는 기준에 따라 거실에 배연설비를 설치하여야 하는 대상 건축물에 속하지 않는 것은? (단, 6층 이상의 건축물)

① 의료시설
② 위락시설
③ 수련시설 중 유스호스텔
④ 교육연구시설 중 대학교

개념 | KEYWORD 12 건축설비기준과 관계전문기술자

해설 |
교육연구시설 중 대학교는 배연설비 설치 대상에 해당되지 않는다.

관련이론

거실의 배연설비(6층 이상 건축물, 피난층은 제외)

- 문화 및 집회시설
- 판매시설
- 운동시설
- 숙박시설
- 관광휴게시설
- 종교시설
- 운수시설
- 업무시설
- 위락시설
- 장례시설
- 의료시설(요양병원 및 정신병원은 제외)
- 교육연구시설 중 연구소
- 노유자시설 중 아동 관련 시설
- 노인복지시설(노인요양시설은 제외)
- 수련시설 중 유스호스텔
- 제2종 근린생활시설 중 공연장, 종교집회장, 인터넷컴퓨터게임시설제공업소 및 다중생활시설

정답 | ④

92

시가화조정구역에서 시가화유보기간으로 정하는 기간 기준은?

① 1년 이상 5년 이내
② 3년 이상 10년 이내
③ 5년 이상 20년 이내
④ 10년 이상 30년 이내

개념 | KEYWORD 19 국토의 용도구분

해설 |
5년 이상 20년 이내 기간 동안 시가화를 유보할 필요가 있다고 인정되면 시가화조정구역의 지정 또는 변경을 도시·군관리계획으로 결정할 수 있다.

정답 | ③

93

막다른 도로의 길이가 20m인 경우, 이 도로가 「건축법령」상 도로이기 위한 최소 너비는?

① 2m
② 3m
③ 4m
④ 6m

개념 | KEYWORD 01 건축법 총칙

해설 |
막다른 도로의 길이가 20m인 경우 도로이기 위한 최소 너비는 3m 이상이다.

관련이론

막다른 도로가 도로이기 위한 조건

막다른 도로의 길이	도로의 너비
10m 미만	2m 이상
10m 이상 35m 미만	3m 이상

정답 | ②

94

전용주거지역 또는 일반주거지역 안에서 높이 8m의 2층 건축물을 건축하는 경우, 건축물의 각 부분은 일조 등의 확보를 위하여 정북방향으로의 인접 대지경계선으로부터 최소 얼마 이상 띄어 건축하여야 하는가?

① 1m
② 1.5m
③ 2m
④ 3m

개념 | KEYWORD 08 높이의 규제

해설 |
정북방향의 인접 대지경계선으로부터 띄우는 거리

높이	띄우는 거리
10m 이하인 부분	1.5m 이상
10m 초과인 부분	해당 건축물 각 부분 높이의 1/2 이상

정답 | ②

95

다음은 「건축법령」상 직통계단의 설치에 관한 기준 내용이다. ( ) 안에 알맞은 것은?

> 초고층 건축물에는 피난층 또는 지상으로 통하는 직통계단과 직접 연결되는 피난안전구역(건축물의 피난·안전을 위하여 건축물 중간층에 설치하는 대피공간)을 지상층으로부터 최대 ( ) 층마다 1개소 이상 설치하여야 한다.

① 10개
② 20개
③ 30개
④ 40개

개념 | KEYWORD 10 피난규정

해설 |
초고층 건축물에는 피난안전구역을 지상층으로부터 최대 30개 층마다 1개소 이상 설치하여야 한다.

정답 | ③

96

다음 중 신고대상에 속하는 용도변경은?

① 영업시설군에서 문화 및 집회시설군으로 용도변경
② 근린생활시설군에서 주거업무시설군으로 용도변경
③ 산업 등의 시설군에서 자동차 관련 시설군으로 용도변경
④ 교육 및 복지시설군에서 전기통신시설군으로 용도변경

개념 | KEYWORD 03 건축물의 용도와 변경

해설 |
근린생활시설군(⑦)에서 주거업무시설군(⑧)으로의 용도변경은 하위변경으로 신고대상에 속한다.

관련이론

시설군의 용도변경

시설군	용도변경
① 자동차 관련 시설군 ② 산업 등의 시설군 ③ 전기통신시설군 ④ 문화 및 집회시설군 ⑤ 영업시설군 ⑥ 교육 및 복지시설군 ⑦ 근린생활시설군 ⑧ 주거업무시설군 ⑨ 그 밖의 시설군	↑ : 상위군으로 용도변경 시, 허가대상 ↓ : 하위군으로 용도변경 시, 신고대상

정답 | ②

97

면적 등의 산정방법에 대한 기본 원칙으로 옳지 않은 것은?

① 대지면적은 대지의 수평투영면적으로 한다.
② 건축면적은 건축물의 외벽의 중심선으로 둘러싸인 부분의 수평투영면적으로 한다.
③ 바닥면적은 건축물의 각 층 또는 그 일부로서 벽, 기둥, 그 밖에 이와 비슷한 구획의 중심선으로 둘러싸인 부분의 수평투영면적으로 한다.
④ 용적률 산정 시 적용하는 연면적은 지하층을 포함하여 하나의 건축물 각 층의 바닥면적의 합계로 한다.

개념 | KEYWORD 07 면적의 규제

해설 |
용적률 산정 시 적용하는 연면적은 지하층을 제외하고 하나의 건축물의 각 층 바닥면적의 합계로 한다.

관련이론

용적률 산정 시 제외하는 면적

1. 지하층의 면적
2. 지상층의 주차용으로 쓰는 면적
3. 초고층 건축물과 준초고층 건축물에 설치하는 피난안전구역의 면적
4. 건축물의 경사지붕 아래에 설치하는 대피공간의 면적

정답 | ④

98

다음 ( ) 안에 알맞은 것을 고르시오.

> 수도권에 속하지 아니하고 광역시와 경계를 같이하지 아니한 시 또는 군으로서 인구 ( ) 이하인 시 또는 군은 도시·군기본계획을 수립하지 아니할 수 있다.

① 5만명 ② 10만명
③ 15만명 ④ 20만명

개념 | KEYWORD 20 광역도시계획과 도시군기본계획

해설 |
수도권에 속하지 아니하고 광역시와 경계를 같이하지 아니한 시 또는 군으로써 인구 10만명 이하인 시 또는 군은 위치, 인구의 규모, 인구감소율 등을 감안하여 도시·군기본계획을 수립하지 아니할 수 있다.

정답 | ②

99

건축물의 관람실 또는 집회실로부터 바깥쪽으로의 출구로 쓰이는 문을 안여닫이로 해서는 안 되는 건축물은?

① 위락시설
② 수련시설
③ 문화 및 집회시설 중 전시장
④ 문화 및 집회시설 중 동·식물원

개념 | KEYWORD 10 피난규정

해설 |
위락시설의 관람실 또는 집회실로부터 바깥쪽으로의 출구로 쓰이는 문은 안여닫이로 해서는 안 된다.

관련이론

관람실 또는 집회실 출구의 방향

구분	기준
• 제2종 근린생활시설 중 공연장·종교집회장(해당 용도로 쓰는 바닥면적의 합계가 각각 300m² 이상인 경우만 해당) • 문화 및 집회시설(전시장 및 동·식물원은 제외) • 종교시설, 위락시설, 장례시설	해당 건축물의 관람실 또는 집회실로부터 바깥쪽으로의 출구로 쓰이는 문은 안여닫이로 해서는 안 된다.

정답 | ①

100

「국토의 계획 및 이용에 관한 법령」상 아래와 같이 정의되는 것은?

> 도시·군계획 수립 대상지역의 일부에 대하여 토지이용을 합리화하고 그 기능을 증진시키며, 미관을 개선하고 양호한 환경을 확보하며, 그 지역을 체계적·계획적으로 관리하기 위하여 수립하는 도시·군관리계획

① 광역도시계획 ② 지구단위계획
③ 도시·군기본계획 ④ 입지규제최소구역계획

개념 | KEYWORD 18 국토계획법 총칙

해설 |
문제는 지구단위계획에 대한 설명이다.

선지분석
① 광역도시계획은 지정된 광역계획권의 장기발전방향을 제시하는 계획이다.
③ 도시·군기본계획은 관할구역 및 생활권에 대하여 기본적인 공간구조와 장기발전방향을 제시하는 종합계획으로서 도시·군관리계획 수립의 지침이 되는 계획이다.
④ 입지규제최소구역계획은 입지규제최소구역에서의 토지의 이용 및 건축물의 용도 등의 제한에 관한 사항 등 입지규제최소구역의 관리에 필요한 사항을 정하기 위하여 수립하는 도시·군관리계획이다.

정답 | ②

에듀윌이
너를
지지할게
ENERGY

목표에 대한 신념이 투철하고
이에 상응한 노력만 쏟아 부으면
그 누구라도 무슨 일이든 다 할 수 있다.

– 정주영

2022년 4회 CBT 복원문제

건축계획

01
주심포 형식에 관한 설명으로 옳지 않은 것은?

① 공포를 기둥 위에만 배열한 형식이다.
② 장혀는 긴 것을 사용하고 평방이 사용된다.
③ 부재가 전체적으로 정연하게 가공되고 조각이 많아 인공성이 강하다.
④ 맞배지붕이 대부분이며 천장을 특별히 가설하지 않고 서까래가 노출되어 보인다.

개념 | KEYWORD 14 한국건축사

해설
주심포는 단장혀를 사용하고 평방은 사용하지 않는다.

관련이론
주심포식
1. 전래: 고려 중기 남송
2. 배치: 기둥 위에 주두를 놓고 배치
3. 특징
   - 배흘림이 큰 편
   - 맞배지붕이 많음
   - 주로 단장혀 사용
   - 단아한 외관
   - 측면에 공포 없음
4. 공포의 출목: 주로 2출목 이하
5. 내부 천장: 연등천장

정답 | ②

02
다음과 같은 특징을 갖는 에스컬레이터 배치 유형은?

- 점유면적이 다른 유형에 비해 작다.
- 연속적으로 승강이 가능하다.
- 승객의 시야가 좋지 않다.

① 교차식 배치
② 직렬식 배치
③ 병렬 단속식 배치
④ 병렬 연속식 배치

개념 | KEYWORD 06 상점, 백화점, 쇼핑센터

해설
점유면적이 작고, 연속적으로 승강할 수 있으며, 승객의 시야가 좋지 않은 대표적인 유형은 교차식 배치이다.

관련이론
백화점의 에스컬레이터 배치 형식

유형	특징
직렬식 배치	• 승객의 시야가 가장 넓다. • 점유 면적이 넓다. • 손님의 시선이 1방향으로 고정된다.
병렬 단속식 배치	• 승객의 시야가 좋다. • 연속적으로 승강할 수 없다.
병렬 연속식 배치	• 승객의 시야가 좋다. • 오르기와 내리기를 연속적으로 할 수 있다.
교차식 배치	• 점유면적이 적다. • 연속적으로 승강할 수 있다. • 손님의 시야가 좋지 않다. • 에스컬레이터 측면이 매장의 전망을 나쁘게 한다.

정답 | ①

03

은행 건축의 계획에 관한 다음 설명 중 부적당한 것은?

① 은행실은 은행건축의 주체를 이루는 곳으로 기둥수가 적고 넓은 실이 요구된다.
② 영업대의 높이는 고객 대기실에서 140~145cm가 가장 적당하다.
③ 영업실은 고객을 직접 상대하는 업무 외에는 고객과의 직접적인 접촉을 피하도록 계획한다.
④ 정문 출입구에 전실을 둘 경우에 바깥문은 밖여닫이, 또는 자재문으로 하기도 한다.

개념 | KEYWORD 07 은행

해설 |
영업대의 높이는 고객 대기실에서 100~110cm가 가장 적당하다.

관련이론

카운터(영업대, Tellers Counter)
1. 높이: 100~110cm(영업장 쪽에서는 90~95cm)
2. 폭: 60~75cm
3. 길이: 150~180cm
4. 영업장 면적 1m²당 카운터의 길이: 10cm

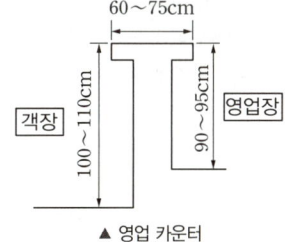
▲ 영업 카운터

정답 | ②

04

서양 건축양식의 역사적인 순서로서 옳게 배열된 것은?

① 비잔틴 → 로마네스크 → 고딕 → 르네상스 → 바로크
② 비잔틴 → 고딕 → 로마네스크 → 르네상스 → 바로크
③ 비잔틴 → 로마네스크 → 고딕 → 바로크 → 르네상스
④ 비잔틴 → 고딕 → 로마네스크 → 바로크 → 르네상스

개념 | KEYWORD 13 서양건축사

해설 |
서양 건축양식의 역사적인 순서는 다음과 같다.
이집트 → 그리스 → 로마 → 초기기독교 → 비잔틴 → 사라센 → 로마네스크 → 고딕 → 르네상스 → 바로크 → 로코코

정답 | ①

05

종합병원계획에 관한 설명으로 옳지 않은 것은?

① 수술부는 타 부분의 통과교통이 없는 장소에 배치한다.
② 전체적으로 바닥의 단차이를 가능한 줄이는 것이 좋다.
③ 외래 진료부의 구성단위는 간호단위를 기본단위로 한다.
④ 내과는 진료검사에 시간이 걸리므로, 소진료실을 다수 설치한다.

개념 | KEYWORD 11 병원

해설 |
구성단위에서 간호단위를 기본단위로 하는 것은 입원한 환자를 취급하는 병동부이다.

정답 | ③

06

학교 운영방식에 관한 설명으로 옳지 않은 것은?

① 달톤형은 다양한 크기의 교실이 요구된다.
② 교과교실형은 각 교과교실의 순수율이 낮다는 단점이 있다.
③ 플래툰형은 교사수 및 시설이 부족하면 운영이 곤란하다는 단점이 있다.
④ 종합교실형은 학생의 이동이 없으며, 초등학교 저학년에 적합한 형식이다.

개념 | KEYWORD 09 학교, 도서관

해설 |
교과교실형은 교과의 특수성이 강조된 특별교실이 집중 배치되기에 순수율이 매우 높다.

관련이론

교과교실형(V형)

방법	모든 교실이 특정한 교과를 위해 만들어지고 일반교실은 없다.
장점	각 교과에 순수율이 높은 교실이 주어져 시설의 활용도가 높다.
단점	학생의 이동이 심하다. 순수율을 100%로 하는 한 이용률은 반드시 높다고 할 수 없다.
비고	이동 시 소지품을 보관하는 곳에 대한 고려가 필요하며, 이동에 대한 동선에 주의해야 한다.

정답 | ②

07

특수전시기법에 관한 설명으로 옳지 않은 것은?

① 하모니카 전시는 전시내용을 통일된 형식 속에서 규칙적으로 반복시켜 표현하는 기법이다.
② 파노라마 전시는 연속적인 주제를 연관성 있게 표현하기 위해 선형의 파노라마로 연출하는 기법이다.
③ 디오라마 전시는 하나의 사실 또는 주제의 시간 상황을 고정시켜 연출하는 것으로 현장에 임한 느낌을 주는 기법이다.
④ 아일랜드 전시는 실물을 직접 전시할 수 없거나 오브제 전시만의 한계를 극복하기 위해 영상매체를 사용하여 전시하는 기법이다.

개념 | KEYWORD 08 극장, 영화관, 미술관
해설 |
영상매체의 사용은 영상전시의 특징이다.

관련이론
아일랜드(Island) 전시
벽이나 천장을 직접 이용하지 않고 전시물 또는 전시장치를 배치함으로써 전시공간을 만들어 내는 전시기법이다.

정답 | ④

08

백화점 계획에서 매장 부분의 외관을 무창으로 하는 이유로 옳지 않은 것은?

① 실내의 조도를 일정하게 하기 위해서
② 벽면에 상품 전시공간을 확보하기 위해서
③ 인접건물의 화재 시 백화점으로의 인화를 방지하기 위해서
④ 창으로부터의 역광이 없도록 하여 디스플레이(Display)를 유리하게 하기 위해서

개념 | KEYWORD 06 상점, 백화점, 쇼핑센터
해설 |
백화점의 무창 계획은 실내조도의 균일함과 전시면적의 증가를 위함이며 인접건물의 화재방지는 트렌처설비가 필요하다.

정답 | ③

09

전시실 순회방식에 관한 설명으로 옳지 않은 것은?

① 연속순회형식은 비교적 소규모 전시실에 적합하다.
② 중앙홀형식은 홀의 크기가 크면 중앙부 동선의 혼란이 있다.
③ 갤러리 및 코리도형식은 복도 자체도 전시공간으로 이용이 가능하다.
④ 갤러리 및 코리도형식은 각 실에 직접 들어갈 수 있는 점이 유리하다.

개념 | KEYWORD 08 극장, 영화관, 미술관
해설 |
중앙홀이 크면 동선의 혼란은 없으나, 장래의 확장에는 무리가 있다.

관련이론
중앙홀 형식
중심부에 하나의 큰 홀을 두고 그 주위에 각 전시실을 배치하여 자유로이 출입하는 형식이다.
1. 과거에 많이 사용한 평면으로 중앙홀에 높은 천창을 설치하여 고창(高窓)으로부터 채광하는 방식이 많았다.
2. 부지의 이용률이 높은 지점에 건립할 수 있으며, 중앙홀이 크면 동선의 혼란은 없으나 장래의 확장에 많은 무리가 따른다.

정답 | ②

10

도서관 건축에 관한 설명으로 옳지 않은 것은?

① 캐럴(Carrel)은 서고 내에 설치된 소연구실이다.
② 서고의 내부는 자연채광을 하지 않고 인공조명을 사용한다.
③ 일반 열람실의 면적은 $0.25 \sim 0.5 m^2$/인 정도의 규모로 계획한다.
④ 서고면적 $1m^2$ 당 150~250권 정도의 수장능력을 갖도록 계획한다.

개념 | KEYWORD 09 학교, 도서관
해설 |
일반 열람실의 면적은 성인 1인당 $1.5 \sim 2.0m^2$, 아동 1인당 $1.1m^2$ 정도로 계획한다. (1석당 평균 면적은 $1.8m^2$ 전후)

정답 | ③

11

사무실 내의 책상배치의 유형 중 좌우대향형에 관한 설명으로 옳은 것은?

① 대향형과 동향형의 양쪽 특성을 절충한 형태로 커뮤니케이션의 형성에 불리하다.
② 4개의 책상이 맞물려 십자를 이루도록 배치하는 형식으로 그룹작업을 요하는 업무에 적합하다.
③ 책상이 서로 마주보도록 하는 배치로 면적효율은 좋으나 대면 시선에 의해 프라이버시가 침해당하기 쉽다.
④ 낮은 칸막이로 한 사람의 작업활동을 위한 공간이 주어지는 형태로 독립성을 요하는 전문직에 적합한 배치이다.

개념 | KEYWORD 05 사무소
해설 |
좌우대향형은 칸막이가 있을 경우 커뮤니케이션 형성에 불리하다.(마주보는 형태가 아니다.)

선지분석
② 십자형에 대한 설명이다.
③ 대향형에 대한 설명이다.
④ 자유형에 대한 설명이다.

정답 | ①

12

다음 중 호텔의 성격상 연면적에 대한 숙박면적의 비가 가장 큰 것은?

① 리조트호텔   ② 커머셜호텔
③ 클럽하우스   ④ 레지덴셜호텔

개념 | KEYWORD 12 호텔
해설 |
커머셜(시티)호텔은 다른 호텔에 비해 숙박 관계 부분의 비율이 가장 크다.

관련이론
호텔의 부분별 면적비
1. 숙박 면적비: 커머셜(시티)호텔 > 리조트호텔 > 아파트먼트호텔
2. 공용 면적비: 아파트먼트호텔 > 리조트호텔 > 커머셜(시티)호텔

정답 | ②

13

극장건축에서 그린룸(Green Room)의 역할로 가장 알맞은 것은?

① 의상실
② 배경제작실
③ 관리관계실
④ 출연대기실

개념 | KEYWORD 08 극장, 영화관, 미술관
해설 |
그린룸은 주 무대 가까운 위치에 배치되며 출연자 대기실로 사용된다.

정답 | ④

14

그리스 아테네 아크로폴리스에 관한 설명으로 옳지 않은 것은?

① 프로필리어는 아크로폴리스로 들어가는 입구 건물이다.
② 에레크테이온 신전은 이오닉 양식의 대표적인 신전으로 부정형 평면으로 구성되어 있다.
③ 니케 신전은 순수한 코린트식 양식으로서 페르시아와의 전쟁의 승리기념으로 세워졌다.
④ 파르테논 신전은 도릭 양식의 대표적인 신전으로서 그리스 고전건축을 대표하는 건물이다.

개념 | KEYWORD 13 서양건축사
해설 |
니케 신전은 이오니아식 양식의 신전이다.

관련이론
니케 신전
- 그리스 아테네의 아크로폴리스에 위치하여 아테네 여신을 모시던 신전이다.
- 아크로폴리스 최초의 이오니아식 건축물이다.
- 페르시아와의 승전을 기념하기 위해 세웠다.

정답 | ③

15

아파트의 단면형식 중 메조넷형(Maisonette Type)에 대한 설명으로 옳지 않은 것은?

① 주택 내부공간의 다양한 변화추구가 가능하다.
② 공용 및 서비스 면적이 증가한다.
③ 통로가 없는 층의 평면은 일조, 통풍 및 전망이 좋다.
④ 거주성, 특히 프라이버시의 확보가 용이하다.

개념 | KEYWORD 04 공동주택
해설 |
메조넷형은 복층형으로 단층형에 비해 공용 및 서비스 면적이 감소하고 유효면적이 증가한다.

관련이론
복층형의 장단점
1. 장점
   - 엘리베이터의 정지층 수를 적게 할 수 있다. (효율적, 경제적)
   - 복도가 없는 층은 남북면이 트여져 있으므로 좋은 평면 구성이 가능하다.
   - 통로면적이 감소하고 임대(전용, 거주, 대실, 유효)면적이 증가한다.
   - 프라이버시가 가장 좋다.
2. 단점
   - 소규모 주택(50m² 이하)에서는 비경제적이다.
   - 공용 복도가 없는 층은 화재 및 위험 시 대피상 불리하다.
   - 구조상 복잡하다.

정답 | ②

16

공장건축의 레이아웃(Lay Out)에 관한 설명으로 옳지 않은 것은?

① 제품중심의 레이아웃은 대량생산에 유리하며 생산성이 높다.
② 레이아웃이란 생산품의 특성에 따른 공장의 건축면적 결정 방식을 말한다.
③ 공정중심의 레이아웃은 다종 소량생산으로 표준화가 행해지기 어려운 경우에 적합하다.
④ 고정식 레이아웃은 조선소와 같이 조립부품이 고정된 장소에 있고 사람과 기계를 이동시키며 작업을 행하는 방식이다.

개념 | KEYWORD 10 공장, 창고
해설 |
공장건축의 레이아웃은 공장의 여러 부분, 작업장 내의 기계설비, 작업자의 작업 구역, 자재나 제품을 두는 곳 등의 상호 위치 관계를 고려한 배치계획이다.

정답 | ②

17

일반주택의 동선계획에 관한 설명 중 옳지 않은 것은?

① 동선이 가지는 요소는 속도, 빈도, 하중의 3가지가 있다.
② 동선에는 공간이 필요하고 가구를 둘 수 없다.
③ 하중이 큰 가사노동의 동선은 길게 나타낸다.
④ 개인, 사회, 가사노동권의 3개 동선이 서로 분리되어야 바람직하다.

개념 | KEYWORD 03 단독주택
해설 |
하중이 큰 가사노동의 동선은 짧게 한다.

정답 | ③

18

테라스 하우스에 관한 설명으로 옳지 않은 것은?

① 경사가 심할수록 밀도가 높아진다.
② 각 세대의 깊이는 7.5m 이상으로 하여야 한다.
③ 평지보다 더 많은 인구를 수용할 수 있어 경제적이다.
④ 시각적인 인공테라스형은 위층으로 갈수록 건물의 내부 면적이 작아지는 형태이다.

개념 | KEYWORD 04 공동주택
해설 |
테라스 하우스는 후면에 창을 설치할 수 없으므로 각 세대의 깊이는 6.0~7.5m 이상이 되어서는 안 된다.

정답 | ②

19

탑상형 공동주택에 관한 설명으로 옳지 않은 것은?

① 각 세대에 시각적인 개방감을 준다.
② 각 세대의 거주 조건 및 환경이 균등하다.
③ 도심지 내의 랜드마크적인 역할이 가능하다.
④ 건축물 외면의 4개의 입면성을 강조한 유형이다.

개념 | KEYWORD 04 공동주택

해설 |
여러 주동이 밀집 되는 형태로 각 세대에 거주 조건 및 환경이 불균등하다.

관련이론

탑상형(타워형)의 특징
1. Y자형, +자형, ㅁ자형이 일반적이다.
2. 고층으로 조망권, 일조권이 좋고 건축물의 외형미가 좋다.
3. 구조에 따라 강제 환기 시스템이 필요하다.
4. 각 세대의 채광, 통풍이 동일하지 않다.

정답 | ②

20

척도 조정(M.C.)에 관한 설명으로 옳지 않은 것은?

① 설계작업이 단순해지고 간편해진다.
② 현장작업이 단순해지고 공기가 단축된다.
③ 건축물 형태의 다양성 및 창조성 확보가 용이하다.
④ 구성재의 상호조합에 의한 호환성을 확보할 수 있다.

개념 | KEYWORD 02 건축치수 계획

해설 |
척도 조정(M.C.)은 모듈을 통하여 건축 전반에 사용되는 재료를 규격화하는 것으로 건축물 형태의 창조성과 인간성이 상실될 수 있다.

관련이론

척도 조정(M.C; Modular Coordination)

장점	단점
1. 설계작업이 간단해지고 간편해진다. 2. 현장작업이 단순해지고 공기가 단축된다. 3. 건축재의 수송이나 취급이 편리해진다. 4. 대량생산이 가능하다. 5. 국제 M.C 사용 시 건축구성재의 국제교역이 가능하다.	1. 건축물 형태의 창조성 및 인간성 상실 우려된다. 2. 건물의 배치와 외관이 동일해지므로 배색에 신중을 기한다.

정답 | ③

건축시공

21

가이데릭(Guy Derick)에 대한 설명 중 옳지 않은 것은?

① 기계 대수는 평면높이의 가동범위·조립능력과 공기에 따라 결정한다.
② 붐(Boom)의 길이는 마스트의 길이보다 길다.
③ 볼휠(Ball Wheel)은 가이데릭 하단부에 위치한다.
④ 붐(Boom)의 회전각은 360°이다.

개념 | KEYWORD 18 현장작업

해설 |
붐(Boom)의 길이는 마스트의 길이보다 짧게 한다.

관련이론

가이데릭(Guy Derrick)
1. 가장 일반적으로 사용되는 기중기의 일종이다.
2. 가이(Guy)의 수: 6~8개
3. 붐(Boom)의 회전범위: 360°

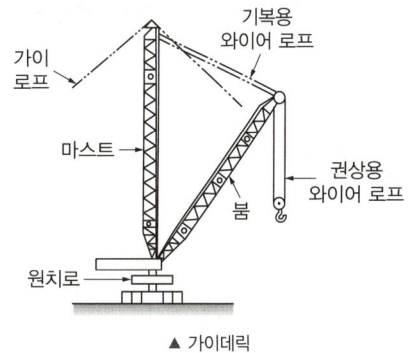

▲ 가이데릭

정답 | ②

22

목재의 무늬나 바탕의 재질을 잘 보이게 하는 도장 방법은?

① 유성페인트 도장
② 에나멜페인트 도장
③ 합성수지 페인트 도장
④ 클리어 래커 도장

개념 | KEYWORD 27 도장공사

해설 |
클리어 래커 도장은 투명해서 목재에 도장하면 목재의 무늬와 바탕의 재질을 잘 보이게 할 수 있다.
클리어 래커 도장은 내수성 및 내후성은 부족하여 외부용으로는 사용하지 않고 내부용으로 사용된다.

정답 | ④

23

건축구조물에 쓰이는 일반적인 목재의 성질에 대한 설명으로 옳지 않은 것은?

① 색채 무늬가 있어 미장에 유리하다.
② 비중이 작고 연질이어서 가공이 쉽다.
③ 방부제와 방화자재를 사용하면 내구성을 연장할 수 있다.
④ 무게에 비해 강도가 작아 구조용으로 부적합하다.

개념 | KEYWORD 21 목공사
해설 |
목재는 비중(무게)에 비해 강도가 크다.

관련이론
목구조의 장단점

장점	단점
• 가공용이, 건물 경량화 • 비중에 비해 강도가 큼 • 열전도율이 작음(방한, 방서) • 내산, 내약품성, 염분에 강함 • 수종이 다양, 색채, 무늬가 미려함	• 고층건물이나 장스팬의 구조가 불가능 • 착화점이 낮아 비내화적 • 비내구적(부패균과 충해) • 함수율에 따른 변형이 큼(흡수성이 큼)

정답 | ④

24

사운딩은 로드 선단에 붙인 저항체를 지중에 넣고 관입, 회전, 인발 등에 의해 토층의 성상을 탐사하는 시험법인데 이러한 사운딩에 속하지 않는 시험은?

① 표준관입시험
② 콘 관입시험
③ 베인전단시험
④ 말뚝재하시험

개념 | KEYWORD 11 지반조사
해설 |
말뚝재하시험은 지내력시험에 해당하며, 사운딩시험에는 표준관입시험, 베인시험, 콘 관입시험 등이 해당된다.

정답 | ④

25

합성고무와 열가소성수지를 사용하여 1겹으로 방수효과를 내는 공법은?

① 도막방수
② 시트방수
③ 아스팔트방수
④ 표면도포방수

개념 | KEYWORD 22 방수공사
해설 |
시트방수는 아스팔트와 같이 다층 방식의 방수법이 아니고, 시트 1층으로 방수효과를 내는 공법이다.

정답 | ②

26

도막방수에 관한 설명으로 옳지 않은 것은?

① 도막방수의 바탕처리는 시멘트액체방수에 준하여 실시한다.
② 도막방수에는 노출공법과 비노출공법이 있다.
③ 아크릴계 도막방수는 인화성이 강하므로 시공 시 화기를 엄금한다.
④ 용제형 도막방수는 강풍이 불 경우 방수층 접착이 불량하다.

개념 | KEYWORD 22 방수공사
해설 |
아크릴계 도막방수는 시너나 휘발유가 아닌 수용성 용제를 사용하는 제품으로 인화성이 약하다.

관련이론
유제형 도막방수(Emulsion형, 아크릴형)
1. 수지, 유지를 여러 번 발라서 0.5~1mm의 피막 형성한다.
2. 바탕 1/50의 물흘림경사
3. 다소 습기가 있어도 시공 가능, 보호층을 둔다.
4. 우천 시 동기 시공(2℃ 이하)은 피한다.

정답 | ③

27

QC(Quality Control)활동의 도구가 아닌 것은?

① 기능계통도 ② 산점도
③ 히스토그램 ④ 특성요인도

개념 | KEYWORD 09 품질관리

해설 |
기능계통도는 VE의 수행 시 기능을 분석하는 방법으로 QC활동의 도구는 아니다.

관련이론

QC활동의 7도구
1. 히스토그램: 데이터가 어떤 분류나 분포로 되어 있는가를 나타낸 그림
2. 파레토도: 고장, 결점, 불량 등의 원인을 크기 순으로 나열하여 나타낸 그림
3. 특성요인도: 원인이 결과에 어떤 작용을 하고 있는가를 나타낸 그림
4. 체크시트: 데이터가 어느 항목에 집중되어 있는가를 나타낸 그림
5. 산점도: 두 데이터의 상호관계를 파악하기 위하여 그래프 위에 타점하여 나타낸 그림
6. 층별: 데이터를 일정한 형식에 의거하여 부분 집단으로 재구성한 수법
7. 각종 그래프 및 관리도: 데이터의 분석 결과를 한눈에 알아보기 쉽게 나타낸 그림

정답 | ①

28

품질관리 사이클의 순서로 옳은 것은?

① 계획 – 검토 – 실시 – 조치
② 계획 – 검토 – 조치 – 실시
③ 계획 – 실시 – 조치 – 검토
④ 계획 – 실시 – 검토 – 조치

개념 | KEYWORD 09 품질관리

해설 |
품질관리 순서(데밍의 관리 Cycle 4단계)

P(Plan)	계획	목표를 위한 계획을 세움
D(Do)	실시	표준과 동일한 작업을 실시
C(Check)	검토	작업상황 및 결과를 검토
A(Action)	조치	검토한 결과에 따라 시정조치

정답 | ④

29

수밀콘크리트에 관한 설명으로 옳지 않은 것은?

① 콘크리트의 소요 슬럼프는 되도록 작게 하여 180mm를 넘지 않도록 한다.
② 콘크리트의 워커빌리티를 개선시키기 위해 공기연행제, 공기연행감수제 또는 고성능 공기연행감수제를 사용하는 경우라도 공기량은 2% 이하가 되게 한다.
③ 물결합재비는 50% 이하를 표준으로 한다.
④ 콘크리트 타설 시 다짐을 충분히 하여, 가급적 이어붓기를 하지 않아야 한다.

개념 | KEYWORD 16 콘크리트공사

해설 |
수밀콘크리트의 워커빌리티를 개선하기 위해 공기연행제, 공기연행감수제 또는 고성능 공기연행감수제를 사용하는 경우라도 공기량은 4% 이하가 되게 한다.

정답 | ②

30

높이 3m, 길이 200m의 벽을 시멘트 벽돌 1.0B 쌓기로 할 때 필요한 벽돌의 정미량은? (단, 벽돌규격: 190×90×57mm)

① 84,500매 ② 89,400매
③ 92,000매 ④ 98,300매

개념 | KEYWORD 07 공종별 적산

해설 |
1.0B 쌓기 시 $1m^2$당 149매의 표준형 벽돌이 필요하므로,
(200m × 3m) × 149매/m^2 = 89,400매

관련이론

표준형 벽돌의 단위수량

벽두께	단위수량
0.5B	75
1.0B	149
1.5B	224
2.0B	298
2.5B	373
3.0B	447

정답 | ②

31

바닥판, 보밑 거푸집 설계에서 고려하는 하중과 가장 거리가 먼 것은?

① 굳지 않은 콘크리트의 중량
② 작업하중
③ 충격하중
④ 측압

개념 | KEYWORD 15 거푸집공사

해설 |
바닥판과 보밑 거푸집 설계 시 수직하중에 대한 고려를 해야 한다.
굳지 않은 콘크리트 중량, 작업하중, 충격하중 등이 수직하중으로 작용한다. 측압, 풍하중은 수평하중이다.

정답 | ④

32

철골공사의 용접작업 시 발생하는 각 용접결함에 대한 설명으로 옳지 않은 것은?

① 언더컷(Under Cut)은 모재가 용착금속이 채워지지 않고 홈으로 남게 된 부분을 말한다.
② 오버랩(Over Lap)은 용접금속과 모재가 융합되지 않고 겹쳐지는 것을 말한다.
③ 블로홀(Blow Hole)은 금속이 녹아들 때 생기는 기포를 말한다.
④ 피트(Pit)는 용접 후 냉각 시 용접부에 생기는 갈라짐을 말한다.

개념 | KEYWORD 17 접합

해설 |
피트: 이음부에 도료, 녹, 밀스케일, 모재의 수분 등이 있을 경우에 발생하는 용접부 표면에 나타나는 작고 오목한 구멍을 말한다.

정답 | ④

33

공사감리자의 업무사항으로 맞지 않은 것은?

① 시공계획 및 공사관리의 적정여부 확인
② 상세 시공도면의 작성·검토
③ 공정표의 검토
④ 설계변경의 적정여부의 검토·확인

개념 | KEYWORD 02 관계자와 관리기법

해설 |
상세 시공도면은 감리자가 아닌 시공자가 작성한다.

관련이론
공사감리자의 업무
1. 건축자재의 법령 기준 준수 여부 확인
2. 시공계획, 공사관리 적정 여부, 공정표의 검토
3. 구조물의 위치와 규격 검토 확인
4. 시공자가 설계도서에 따라 시공하는지 확인

정답 | ②

34

치장줄눈 표기로 바르지 않은 것은?

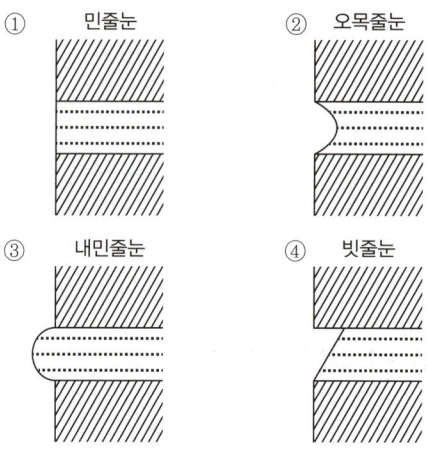

개념 | KEYWORD 19 조적공사

해설 |
③은 볼록줄눈이다.

관련이론
치장줄눈의 종류

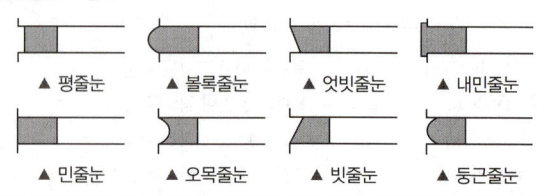

▲ 평줄눈 ▲ 볼록줄눈 ▲ 엇빗줄눈 ▲ 내민줄눈
▲ 민줄눈 ▲ 오목줄눈 ▲ 빗줄눈 ▲ 둥근줄눈

정답 | ③

35

대규모 공사에서 지역별로 공사를 분리하여 발주하며 중소업자에게 균등한 기회를 주는 발주방식은?

① 전문공종별 분할도급
② 공정별 분할도급
③ 공구별 분할도급
④ 직종별, 공종별 분할도급

개념 | KEYWORD 04 계약제도

해설 |
공구별 분할도급은 대규모 지역을 지역별로 혹은 구간별로 나누어 빠른 시간에 공사를 진행할 수 있는 도급형태이다. 도급업자에게 균등한 기회를 부여하며 공사기일 단축, 시공기술의 향상 및 공사의 높은 성과를 기대할 수 있다.

관련이론
도급(전통계약방식)

정답 | ③

36

건축마감공사로서 단열공사에 관한 설명으로 옳지 않은 것은?

① 단열시공바탕은 단열재 또는 방습재 설치에 못, 철선, 모르타르 등의 돌출물이 도움이 되므로 제거하지 않아도 된다.
② 설치위치에 따른 단열공법 중 내단열공법은 단열성능이 적고 내부 결로가 발생할 우려가 있다.
③ 단열재를 접착제로 바탕에 붙이고자 할 때에는 바탕면을 평탄하게 한 후 밀착하여 시공하되 초기박리를 방지하기 위해 압착상태를 유지시킨다.
④ 단열재료에 따른 공법은 성형판단열재 공법, 현장발포재 공법, 뿜칠단열재 공법 등으로 분류할 수 있다.

개념 | KEYWORD 30 단열공사

해설 |
단열시공바탕은 단열재 또는 방습재 설치에 지장이 없도록 못, 철선, 모르타르 등의 돌출물을 제거해 평탄작업을 한다.

정답 | ①

37

철골공사에서 크롬산 아연을 안료로 하고, 알키드 수지를 전색료로 한 것으로서 알루미늄 녹막이 초벌칠에 적당한 것은?

① 그래파이트 도료
② 징크로메이트 도료
③ 광명단
④ 알루미늄 도료

개념 | KEYWORD 27 도장공사

해설 |
징크로메이트 도료는 알루미늄, 아연철판의 녹막이 초벌용으로 사용된다.

관련이론
기능성 도장

방청 도료	방부 도료	방화 도료
1. 징크로메이트 도료 2. 광명단 3. Boiled 유 4. 아연분말 도료 5. 방청페인트	1. 콜타르(흑색) 2. 크레오소트 오일 3. P.C.P용액(무색) 4. 아스팔트	1. 요소수지 2. 비닐수지 3. 염화파라핀

정답 | ②

38

가설건축물 중 시멘트창고에 관한 설명으로 옳지 않은 것은?

① 바닥구조는 일반적으로 마루널깔기로 한다.
② 창고의 크기는 시멘트 100포당 2~3m²로 하는 것이 바람직하다.
③ 공기의 유통이 잘 되도록 개구부를 가능한 한 크게 한다.
④ 벽은 널판붙임으로 하고 장기간 사용하는 것은 함석붙이기로 한다.

개념 | KEYWORD 10 가설공사
해설 |
시멘트의 풍화작용을 방지하기 위해 시멘트창고에는 환기창을 설치하지 않는다.

관련이론
시멘트창고
1. 방습상 바닥 설치는 지면에서 30cm 이상으로 한다.
2. 출입구, 채광창 이외의 개구부는 되도록 설치하지 않으며 반입로, 반출로를 따로 두어 먼저 반입된 것부터 사용한다.
3. 쌓기높이는 13포 이하로 한다.
4. 1m²당 30~35포대가 적당하며, 최고 50포까지 적재할 수 있다.
5. 창고 주위에 배수도랑을 설치하여 우수 침입을 방지한다.

정답 | ③

39

실비정산 보수가산계약 제도의 특징이 아닌 것은?

① 설계 시공의 중첩이 가능한 단계별 시공이 가능하다.
② 복잡한 변경이 예상되거나 긴급을 요하는 공사에 적합하다.
③ 계약체결 시 공사비용의 최대값을 정하는 최대보증한도 실비정산보수가산계약이 일반적으로 사용된다.
④ 공사금액을 구성하는 물량 또는 단위공사 부분에 대한 단가만을 확정하고 공사 완료 시 실시수량의 확정에 따라 정산하는 방식이다.

개념 | KEYWORD 04 계약제도
해설 |
④번은 단가계약방식에 대한 설명이다.

관련이론
실비정산 보수가산식 도급
건축주, 감독자, 시공자가 입회 하에 공사에 필요한 실비와 보수를 협의하여 정하고 시공자에게 지급하는 방법으로 신용을 계약의 기초로 한다. 각 제도의 장점만 취합한 것으로 가장 이상적인 도급계약형태이고, 실비정산 보수가산계약이 일반적으로 사용된다.

정답 | ④

40

철근의 가공 및 조립에 관한 설명으로 옳지 않은 것은?

① 철근의 가공은 철근상세도에 표시된 형상과 치수가 일치하고 재질을 해치지 않은 방법으로 이루어져야 한다.
② 철근상세도에 철근의 구부리는 내면 반지름이 표시되어 있지 않은 때에는 KDS에 규정된 구부림의 최소 내면 반지름 이상으로 철근을 구부려야 한다.
③ 경미한 녹이 발생한 철근이라 하더라도 일반적으로 콘크리트와의 부착성능을 매우 저하시키므로 사용이 불가하다.
④ 철근은 상온에서 가공하는 것을 원칙으로 한다.

개념 | KEYWORD 14 철근공사
해설 |
철근은 마디에 의해 콘크리트와 결합되며 경미한 녹에 의한 부착력의 저하는 거의 없다. 녹이 있더라도 콘크리트 결합 시 피막이 형성되므로 더 이상의 녹은 발생하지 않으며, 콘크리트 구조물 품질에 영향을 주지 않는다.

정답 | ③

건축구조

41

강구조에서 용접선 단부에 붙인 보조판으로 아크의 시작이나 종단부의 크레이터 등의 결함을 방지하기 위해 붙이는 판은?

① 엔드탭
② 스티프너
③ 윙플레이트
④ 커버플레이트

개념 | KEYWORD 18 접합, 볼트, 용접

해설 |
엔드탭은 용접결함이 생기기 쉬운 용접의 시작이나 끝부분에 임시로 설치하는 보조 강판이다.

선지분석
② 스티프너: 기둥의 플랜지나 웨브의 좌굴방지용 보강재
③ 윙플레이트: 철골 주각부에 부착되는 강판
④ 커버플레이트: 강재의 플랜지를 보강하기 위해 사용하는 강판

관련이론

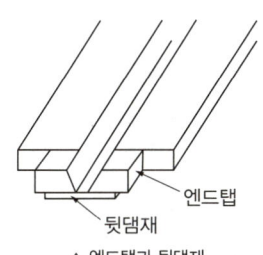

▲ 엔드탭과 뒷댐재

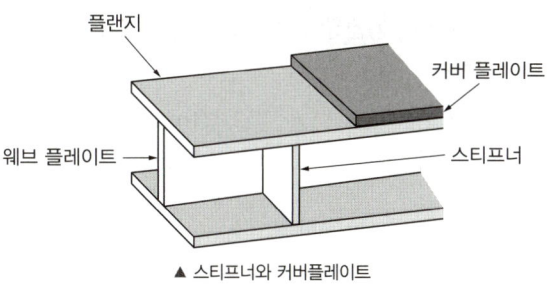

▲ 스티프너와 커버플레이트

정답 | ①

42

철골조 주각부분에 사용하는 보강재에 해당되지 않는 것은?

① 윙플레이트
② 데크플레이트
③ 사이드앵글
④ 클립앵글

개념 | KEYWORD 17 강구조 총론

해설 |
데크플레이트는 콘크리트 슬래브의 거푸집으로 사용되며, 바닥판이나 평지붕에도 사용된다.

관련이론
데크플레이트(Deck Plate)

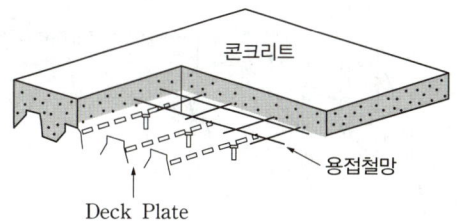

1. 강도를 유지하는데 합리적인 모양으로 골을 넣어 만든 폭이 넓은 대형 강판이다.
2. 콘크리트 슬래브의 거푸집으로 사용된다.
3. 바닥판이나 평지붕에도 사용된다.
4. 서포트가 필요하지 않아서 고층빌딩에 많이 이용된다.

정답 | ②

43

강구조에서 기초 콘크리트에 매입되어, 주각부의 이동을 방지하는 역할을 하는 것은?

① 턴 버클
② 클립 앵글
③ 앵커 볼트
④ 사이드 앵글

개념 | KEYWORD 17 강구조 총론

해설 |
기초 콘크리트에 매입되며 주각부의 이동을 방지하는 것은 앵커 볼트이다.

관련이론
주각부

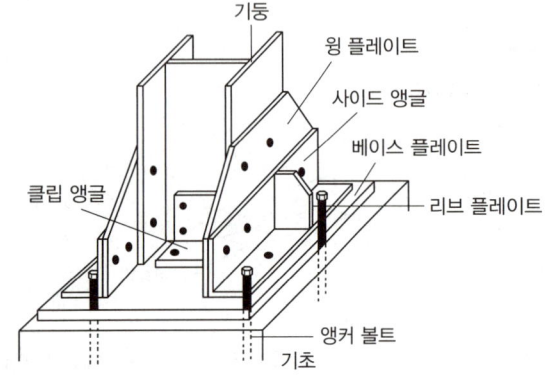

정답 | ③

44

단일 압축재에서 세장비를 구할 때 필요하지 않은 것은?

① 유효좌굴길이
② 단면적
③ 탄성계수
④ 단면2차모멘트

개념 | KEYWORD 07 기둥의 좌굴

해설 |
세장비를 구할 때 탄성계수는 필요하지 않다.

관련이론

세장비 $\lambda = \dfrac{KL}{r} = \dfrac{KL}{\sqrt{\dfrac{I}{A}}}$

여기서, KL: 유효좌굴길이, K: 지지단의 상태에 따른 유효좌굴길이계수, L: 부재의 길이, r: 단면2차반경, I: 단면2차모멘트, A: 단면적

정답 | ③

45

고정하중(D)이 10kN, 활하중(L)이 9kN, 풍하중(W)이 0.8kN일 때 계수하중(U)을 계산하시오.

① 22kN
② 26.4kN
③ 19.8kN
④ 10kN

개념 | KEYWORD 01 건축구조의 개념

해설 |
고정하중(D)과 활하중(L), 풍하중(W)에 의한 하중조합(U)식 중 큰 값을 사용한다.

1. $U = 1.4D = 1.4 \times 10 = 14$kN
2. $U = 1.2D + 1.6L = 1.2 \times 10 + 1.6 \times 9 = 26.4$kN
3. $U = 1.2D + 1.0W + 1.0L$
   $= 1.2 \times 10 + 1.0 \times 0.8 + 1.0 \times 9 = 21.8$kN
4. $U = 1.2D + 0.5W = 1.2 \times 10 + 0.5 \times 0.8 = 12.4$kN
5. $U = 0.9D + 1.0W = 0.9 \times 10 + 1.0 \times 0.8 = 9.8$kN

∴ 계수하중(U)는 26.4kN이다.

정답 | ②

46

모살치수 8mm, 용접길이 500mm인 양면 모살용접의 유효 단면적은 약 얼마인가?

① 2,100mm²
② 3,221mm²
③ 4,300mm²
④ 5,421mm²

개념 | KEYWORD 18 접합, 볼트, 용접

해설 |
유효 목두께 a, 유효 용접길이 l_e일 때, 모살용접의 유효 단면적 A_e는 아래와 같다.

$A_e = a \times l_e$ (양면 모살용접은 ×2)

이때, $a = 0.7S$이므로 (S는 모살치수)

$a = 0.7 \times 8 = 5.6$mm

$l_e = l - 2S$ (l은 용접길이) $= 500 - 2 \times 8 = 484$mm

∴ $A_e = a \times l_e \times 2 = 5.6 \times 484 \times 2 = 5,420.8$mm²

정답 | ④

47

그림과 같은 직경 d인 원목에서 켜낼 수 있는 최대 단면계수를 갖는 직사각형 단면 $x : y$의 비로서 맞는 것은?

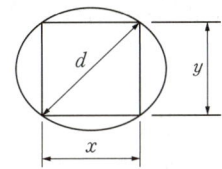

① $1 : \sqrt{2}$
② $1 : \sqrt{3}$
③ $1 : 2$
④ $1 : 3$

개념 | KEYWORD 05 단면의 성질
해설 |

직사각형 단면의 단면계수 $Z = \dfrac{bh^2}{6}$이다.

직경이 d인 원 안에서 $d = \sqrt{x^2 + y^2}$이고, $y^2 = d^2 - x^2$으로 표현가능하고,

$Z = \dfrac{bh^2}{6} = \dfrac{xy^2}{6} = \dfrac{x(d^2 - x^2)}{6}$ 이다.

Z를 x에 대해 미분하면 $Z' = \dfrac{d^2 - 3x^2}{6}$ 이며

$x = \dfrac{1}{\sqrt{3}} d, \ y = \dfrac{\sqrt{2}}{\sqrt{3}} d$일 때 Z값이 최대이다.

$\therefore x : y = 1 : \sqrt{2}$이다.

정답 | ①

48

다음 그림과 같은 내민보의 지점 반력을 각각 구하면? (단, 반력의 +:상방향, −:하방향)

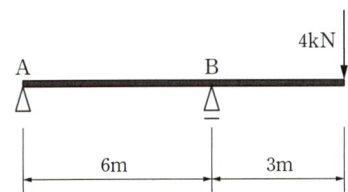

① $R_A = -2\text{kN}, \ R_B = 6\text{kN}$
② $R_A = 2\text{kN}, \ R_B = -6\text{kN}$
③ $R_A = 2\text{kN}, \ R_B = 2\text{kN}$
④ $R_A = -4\text{kN}, \ R_B = 8\text{kN}$

개념 | KEYWORD 06 반력, 전단력, 휨모멘트
해설 |

힘의 평형 조건을 사용하여 계산한다.

$\sum M_A = 0; \ 4 \times 9 - R_B \times 6 = 0 \quad \therefore R_B = 6\text{kN}$

$\sum F_y = 0; \ R_A + R_B = 4\text{kN} \quad \therefore R_A = -2\text{kN}$

정답 | ①

49

다음 그림과 같은 단순보에 변등분포하중이 작용할 때 전단력이 '0'이 되는 점에 대하여 A점으로부터의 거리를 구하면?

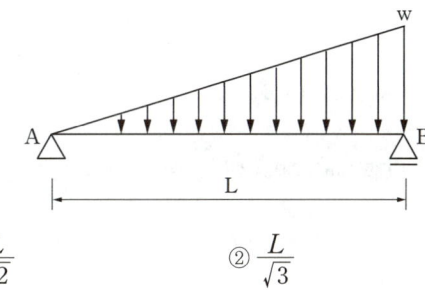

① $\dfrac{L}{\sqrt{2}}$
② $\dfrac{L}{\sqrt{3}}$
③ $\dfrac{L}{\sqrt{4}}$
④ $\dfrac{L}{\sqrt{5}}$

개념 | KEYWORD 06 반력, 전단력, 휨모멘트
해설 |

A점의 수직반력을 먼저 구한다.

$\sum M_B = 0;$

$V_A \times L - L \times w \times \dfrac{1}{2} \times \dfrac{L}{3} = 0, \ \therefore V_A = \dfrac{wL}{6}$

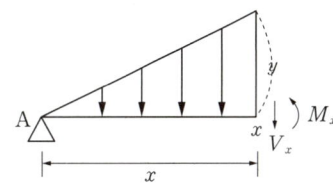

전단력이 0인 지점의 위치 x에서 하중이 y이면,

$L : w = x : y$이므로 $y = \dfrac{xw}{L}$이다.

이제 전단력이 0이 되는 거리 x를 구한다.

$\sum V = 0; \ \dfrac{wL}{6} - \dfrac{1}{2} \cdot x \cdot \dfrac{xw}{L} = 0$

$\dfrac{wL}{6} = \dfrac{wx^2}{2L}$

$x^2 = \dfrac{L^2}{3}$이므로

$\therefore x = \dfrac{L}{\sqrt{3}}$

정답 | ②

50

다음 두 보의 최대 처짐량이 같기 위한 등분포하중의 비로 옳은 것은? (단, 부재의 재질과 단면은 동일하며 A부재의 길이는 B부재 길이의 2배임)

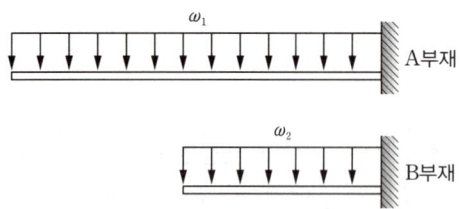

① $w_2 = 2w_1$
② $w_2 = 4w_1$
③ $w_2 = 8w_1$
④ $w_2 = 16w_1$

개념 | KEYWORD 10 보의 처짐

해설 |

등분포하중 시, 캔틸레버의 최대 처짐(δ_{max})은 $\dfrac{wl^4}{8EI}$이다.

$\delta_{A,max} = \dfrac{w_1 \cdot (2l)^4}{8EI}$, $\delta_{B,max} = \dfrac{w_2 \cdot (l)^4}{8EI}$

$\delta_{A,max} = \delta_{B,max}$이므로

$w_1 \cdot (2l)^4 = w_2 \cdot (l)^4$

∴ $w_2 = 16w_1$

정답 | ④

51

다음 라멘구조물의 부정정 차수는?

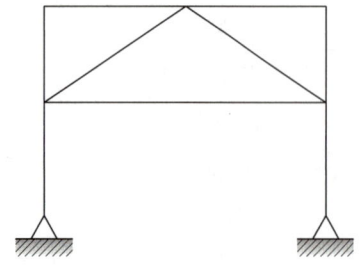

① 9차 부정정
② 10차 부정정
③ 11차 부정정
④ 12차 부정정

개념 | KEYWORD 08 구조물 판별

해설 |

$N = r + m + f - 2j$ 공식 이용

여기서, r: 지점 반력수, m: 부재수, f: 강절점수, j: 지점수+자유단 지점수

∴ $N = (2+2) + 9 + 11 - 2 \times 7 = 10$이므로 10차 부정정 구조이다.

다른 풀이

부정정 차수 N은 외적차수 N_e와 내적차수 N_i의 합으로 구한다.

$N = N_e + N_i$ ($N_e = r - 3$, $N_i = C_n - h$)

여기서, r: 지점 반력수, C_n: 연결부재 차수, h: 힌지 절점수

$N_e = (2+2) - 3 = 1$, $N_i = (3)3 - 0 = 9$

∴ $N = N_e + N_i = 1 + 9 = 10$

정답 | ②

52

다음 그림과 같은 부정정보에서 고정단모멘트 $M_{AB}(C_{AB})$의 절댓값은?

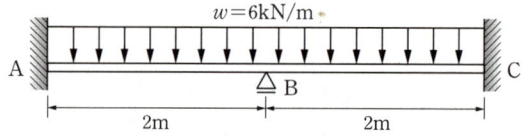

① $2kN \cdot m$
② $3kN \cdot m$
③ $4kN \cdot m$
④ $5kN \cdot m$

개념 | KEYWORD 09 구조물 해석

해설 |

AB구간으로 분리하고 양단고정보의 등분포하중 작용 시 A고정단의 휨모멘트로 구할 수 있다.

$M_A = -\dfrac{wl^2}{12} = -\dfrac{6 \times 2^2}{12} = -2kN \cdot m$

절댓값을 구하는 것이므로 답은 $2kN \cdot m$이다.

정답 | ①

53

그림과 같은 단순보에서 최대 전단응력은 얼마인가?

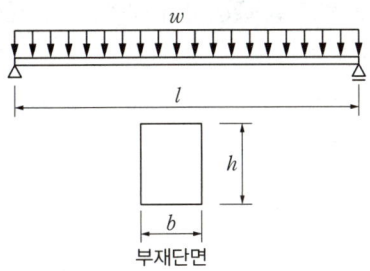

① $\dfrac{2}{3} \cdot \dfrac{wl}{bh}$ ② $\dfrac{3}{4} \cdot \dfrac{wl}{bh}$

③ $\dfrac{4}{3} \cdot \dfrac{wl}{bh}$ ④ $\dfrac{3}{2} \cdot \dfrac{wl}{bh}$

개념 | KEYWORD 04 재료의 기계적 성질

해설 |

직사각형 단면의 최대 전단응력 $\tau_{\max} = \dfrac{3}{2} \dfrac{V}{A}$

여기서, 최대 전단력 $V_{\max} = \dfrac{wl}{2}$ 이므로

$\therefore \tau_{\max} = \dfrac{3}{2} \times \dfrac{wl}{2bh} = \dfrac{3}{4} \cdot \dfrac{wl}{bh}$

정답 | ②

54

강도설계법에서 압축이형철근 $D22$의 기본정착길이는? (단, $D22$ 철근의 단면적은 287mm^2, 콘크리트의 압축강도는 24MPa, 철근의 항복강도는 400MPa, 경량콘크리트계수는 1)

① 400mm ② 450mm
③ 500mm ④ 550mm

개념 | KEYWORD 16 철근 정착과 이음

해설 |

압축이형철근의 기본정착길이 l_{db}는 다음 중 큰 값 이상이 되어야 한다.

$l_{db} = \dfrac{0.25 \cdot d_b \cdot f_y}{\lambda \cdot \sqrt{f_{ck}}}$	$l_{db} = 0.043 d_b f_y$
• f_{ck}: 콘크리트 압축강도 • f_y: 철근의 항복강도	• d_b: 철근의 지름 • λ: 경량콘크리트계수(1.0)

1. $l_{db} = \dfrac{0.25 \times 22 \times 400}{(1.0) \times \sqrt{24}} = 449.07\text{mm}$
2. $l_{db} = 0.043 \times 22 \times 400 = 378.4\text{mm}$

$\therefore l_{db} \geq 449.07\text{mm}$

정답 | ②

55

그림은 연직하중을 받는 철근콘크리트의 보의 균열 상태를 표시한 것이다. 전단력에 의해서 생기는 대표적인 균열의 형태로 옳은 것은?

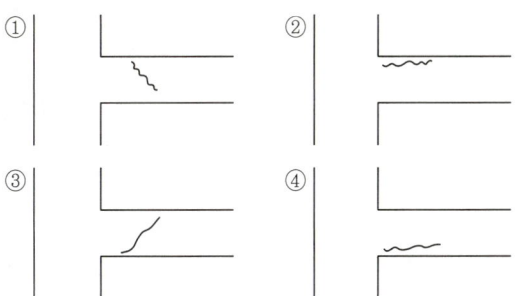

개념 | KEYWORD 12 보의 휨설계

해설 |

전단력에 의해 연직하중이 작용하는 방향의 45° 각도로 균열이 발생한다.

관련이론

전단균열(사인장균열)

전단균열은 전단응력이 큰 방향에 대해 45° 각도로 발생한다.

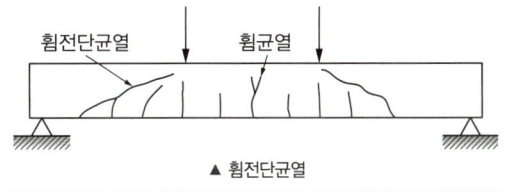

▲ 휨전단균열

정답 | ③

56

연약지반에서 부동침하를 방지하는 대책으로 옳지 않은 것은?

① 건물을 경량화한다.
② 지하실을 강성체로 설치한다.
③ 줄기초와 마찰말뚝기초를 병용한다.
④ 건물의 구조강성을 높인다.

개념 | KEYWORD 02 지반 및 기초

해설 |
연약지반에서 줄기초와 마찰말뚝기초의 병용 시 부동침하의 원인이 된다. 연약지반에서는 온통기초를 사용하는 것이 좋다.

관련이론

연약지반의 부동침하 방지대책

1. 상부구조: 건물의 경량화, 건물의 길이 제한, 인접건물과 이격, 건물의 중량 균등 분배
2. 하부구조: 경질 지반에 지지, 마찰말뚝 사용하고 서로 다른 종류의 말뚝 혼용을 금지, 지하실(온통기초) 설치, 지중보 또는 지하 연속벽 시공

정답 | ③

57

과도한 처짐에 의해 손상되기 쉬운 비구조요소를 지지 또는 부착하지 않은 바닥구조의 활하중 l에 의한 순간처짐의 한계는?

① $\dfrac{l}{180}$ ② $\dfrac{l}{240}$
③ $\dfrac{l}{360}$ ④ $\dfrac{l}{480}$

개념 | KEYWORD 12 사용성 및 내구성

해설 |
처짐의 한계는 최대 허용처짐 규정에 따라 결정된다. 따라서 과도한 처짐에 의해 손상되기 쉬운 비구조요소를 지지 또는 부착하지 않은 바닥구조의 활하중에 의한 순간처짐의 한계는 $\dfrac{l}{360}$이다.

정답 | ③

58

기초설계 시 장기 150kN(자중포함)의 하중을 받는 경우 장기허용지내력도 20kN/m²의 지반에서 필요한 기초판의 크기는?

① 1.6m × 1.6m ② 2.0m × 2.0m
③ 2.4m × 2.4m ④ 2.8m × 2.8m

개념 | KEYWORD 04 재료의 기계적 성질

해설 |
응력(지내력) σ은 작용하중 P를 작용면적 A로 나누어 구하는 식을 이용한다.

$$\sigma = \dfrac{P}{A} \rightarrow A = \dfrac{P}{\sigma}$$

$$A = \dfrac{150}{20} = 7.5\text{m}^2$$

한변을 a라고 가정하면, $A = a^2$이므로
$\sqrt{7.5}\text{m} \times \sqrt{7.5}\text{m} ≒ 2.74\text{m} \times 2.74\text{m}$보다 커야 한다.

정답 | ④

59

강도설계법에 따른 철근콘크리트 부재의 휨에 관한 일반사항으로 옳지 않은 것은?

① 콘크리트의 인장강도는 철근콘크리트 부재 단면의 축강도와 휨강도 계산에서 무시할 수 있다.
② $f_{ck} \leq 40\text{MPa}$일 때 휨모멘트 또는 휨모멘트와 축력을 동시에 받는 부재의 콘크리트 압축연단의 극한변형률은 0.0033으로 가정한다.
③ 최소철근비는 $\phi M_n \geq 1.2 M_{cr}$를 만족하여야 한다.
④ 강도설계법에서는 연성파괴 보다는 취성파괴를 유도하도록 설계의 초점을 맞추고 있다.

개념 | KEYWORD 13 보의 휨설계

해설 |
취성파괴는 불안정하며 고속으로 진전하므로 위험하다. 따라서 강도설계법에서는 취성파괴가 아닌 연성파괴를 유도하도록 설계의 초점을 맞추고 있다.

정답 | ④

60

주철근으로 사용된 D22 철근 180° 표준갈고리의 구부림 최소 내면 반지름으로 옳은 것은?

① d_b
② $2d_b$
③ $2.5d_b$
④ $3d_b$

개념 | KEYWORD 16 철근 정착과 이음

해설 |
D22 철근(D10~D25)이므로 $3d_b$ 이상이다.

관련이론
주철근의 180° 표준갈고리와 90° 표준갈고리의 구부림 최소 내면 반지름

철근 크기	최소 내면 반지름
D10~D25	$3d_b$
D29~D35	$4d_b$
D38 이상	$5d_b$

정답 | ④

건축설비

61

다음 중 통로유도등의 종류에 포함되지 않는 것은?

① 계단통로유도등
② 객석유도등
③ 복도통로유도등
④ 거실통로유도등

개념 | KEYWORD 06 소화설비

해설 |
객석유도등은 통로유도등에 속하지 않는다.

관련이론
유도등의 종류
1. 피난구유도등
2. 통로유도등(복도통로유도등, 거실통로유도등, 계단통로유도등)
3. 객석유도등

정답 | ②

62

인터폰설비의 통화망 구성 방식에 속하지 않는 것은?

① 모자식
② 상호식
③ 복합식
④ 프레스토크식

개념 | KEYWORD 15 약전 및 방재설비

해설 |
인터폰설비의 통화망 구성 방식에는 모자식, 상호식, 복합식이 있다.

관련이론
프레스토크식
말할 때에는 통화 버튼을 누르고, 들을 때에는 버튼을 놓는 방식으로 작동 원리에 의한 분류에 속한다.

정답 | ④

63

흡수식 냉동기의 주요 구성부분에 속하지 않는 것은?

① 응축기
② 압축기
③ 증발기
④ 재생기

개념 | KEYWORD 12 냉동 및 기타 열원설비

해설 |
압축기는 압축식 냉동기의 주요 구성요소이다.

관련이론
냉동기의 주요 구성요소
1. 압축식 냉동기: 압축기, 응축기, 팽창밸브, 증발기
2. 흡수식 냉동기: 증발기, 흡수기, 재생기, 응축기

정답 | ②

64
저압옥내 배선공사 중 직접 콘크리트에 매설할 수 있는 공사는?

① 금속관공사
② 금속덕트공사
③ 버스덕트공사
④ 금속몰드공사

개념 | KEYWORD 14 강전설비
해설 |
금속관공사는 건물의 종류와 장소에 구애받지 않고 사용이 가능하며, 주로 철근콘크리트 건물의 매입공사에 많이 사용한다.

정답 | ①

65
공조시스템의 소음방지 대책으로 옳지 않은 것은?

① 덕트의 도중에 댐퍼를 설치한다.
② 덕트의 내부에 흡음재를 부착한다.
③ 송풍기의 출구 부근에 플리넘 챔버를 장치한다.
④ 덕트의 적당한 장소에 셀형이나 플레이트형의 흡음장치를 설치한다.

개념 | KEYWORD 09 공기조화 방식과 기기
해설 |
소음을 줄이기 위하여 챔버 내부에 흡음재를 붙인 소음챔버나 소음엘보를 사용한다.

관련이론
댐퍼는 덕트 도중에 설치하여 풍량 조절 및 유체 흐름의 개폐 등에 사용하는 것으로, 배관계에서의 밸브에 해당한다.

정답 | ①

66
배수 배관에서 청소구(Clean Out)의 일반적 설치 장소에 속하지 않는 것은?

① 배수수직관의 최상부
② 배수수평지관의 기점
③ 배수수평주관의 기점
④ 배수관이 45°를 넘는 각도에서 방향을 전환하는 개소

개념 | KEYWORD 03 배수 및 통기설비
해설 |
청소구는 배수수직관의 최하부에 설치한다.

관련이론
청소구(Clean Out) 설치 위치
1. 가옥 배수관과 부지 하수관이 접속되는 곳
2. 배수수직관의 최하단부
3. 배수수평주관, 배수수평지관의 기점
4. 배관이 45° 이상 구부러진 곳
5. 각종 트랩 및 기타 필요한 곳

정답 | ①

67
습공기를 가열했을 때 상태값이 변화하지 않는 것은?

① 엔탈피
② 습구온도
③ 절대습도
④ 상대습도

개념 | KEYWORD 08 공기조화설비 총론
해설 |
습공기를 가열했을 때 상태값이 변화하지 않는 것은 절대습도이다.

관련이론
습공기 가열·냉각 시 상태변화

습공기	상태변화
가열	엔탈피 증가, 비체적 증가, 상대습도 감소
냉각	엔탈피 감소, 비체적 감소, 상대습도 증가

※ 절대습도는 일정하다.

정답 | ③

68

각 층마다 옥내소화전이 3개씩 설치되어 있는 건물에서 옥내소화전설비의 수원의 저수량은 최소 얼마 이상이 되도록 하여야 하는가?

① $3.9m^3$
② $4.2m^3$
③ $4.5m^3$
④ $5.2m^3$

개념 | KEYWORD 06 소화설비
해설 |
옥내소화전 수원의 유효 저수량
$= 2.6m^3 \times N(최대 2개) = 5.2m^3$

관련이론
옥내소화전 수원의 수량
= 옥내소화전 1개의 방수량×동시개구수×20min
= 130(L/min)×N개×20min
= $2.6N(m^3)$, N은 최대 2개

정답 | ④

69

실내열환경 지표 중 공기의 습도가 고려되지 않은 것은?

① 작용온도
② 유효온도
③ 등온지수
④ 신유효지수

개념 | KEYWORD 08 공기조화설비 총론
해설 |
작용온도는 기온, 기류 및 주위의 벽의 방사온도의 종합에 의해서 체감온도를 나타내는 것으로 습도는 고려하지 않는다.

정답 | ①

70

액화천연가스(LNG)에 관한 설명으로 옳지 않은 것은?

① 메탄이 주성분이다.
② 무공해, 무독성이다.
③ 비중이 공기보다 크다.
④ 일반적으로 배관을 통해 공급한다.

개념 | KEYWORD 07 가스설비
해설 |
액화천연가스(LNG)는 비중이 공기보다 가볍기 때문에 천장에서 30cm 아래에 감지기를 설치한다.

관련이론
액화천연가스(LNG; Liquefied Natural Gas)
1. 주성분: 메탄(CH_4)
2. 공기보다 가볍기 때문에 누설되어도 공기 중에 흡수되어 안전성이 높다.
3. 가스경보기는 천장에서 30cm 아래에 설치한다.
4. 발열량이 크고, 무공해이다.
5. 공급방법: 배관을 통하여 공급하기 때문에 대규모 저장시설이 필요하다.

정답 | ③

71

복사난방에 대한 설명으로 옳지 않은 것은?

① 열용량이 작아 방열량 조절이 쉽다.
② 매립코일이 고장나면 수리가 어렵다.
③ 천장고가 높은 곳에서 난방감을 얻을 수 있다.
④ 실내에 방열기를 설치하지 않으므로 바닥을 유용하게 이용할 수 있다.

개념 | KEYWORD 11 난방설비
해설 |
복사난방은 열용량이 커서 방열량 조절이 어렵다.

정답 | ①

72

공기조화방식 중 팬코일 유닛 방식에 대한 설명으로 옳지 않은 것은?

① 덕트 샤프트와 스페이스가 반드시 필요하다.
② 중앙기계실의 면적이 작아도 된다.
③ 외기량이 부족하여 실내공기의 오염이 심하다.
④ 각 실의 유닛은 수동으로도 제어할 수 있고, 개별 제어가 쉽다.

개념 | KEYWORD 09 공기조화 방식과 기기
해설 |
팬코일 유닛 방식은 전수방식이므로 덕트 샤프트와 스페이스가 필요 없다.

정답 | ①

73

다음 중 건물 실내에 표면결로 현상이 발생하는 원인과 가장 거리가 먼 것은?

① 실내외 온도차
② 구조재의 열적 특성
③ 실내 수증기 발생량 억제
④ 생활 습관에 의한 환기 부족

개념 | KEYWORD 20 열 환경
해설 |
실내 수증기 발생량 억제는 표면결로 방지법이다.

관련이론
결로 방지대책
1. 실내측 벽의 표면온도를 실내공기의 노점온도보다 높게 한다.
2. 벽에 방습층을 설치한다.
3. 난방에 의한 수증기 발생을 억제한다.
4. 벽체의 열관류저항을 크게 한다.
5. 벽체의 열관류율을 작게 한다.
6. 환기를 잘 한다.
7. 각 실 간의 온도차를 작게 한다.

정답 | ③

74

급수방식 중 펌프직송방식에 대한 설명으로 옳지 않은 것은?

① 상향공급방식이 일반적이다.
② 전력공급이 중단되면 급수가 불가능하다.
③ 자동제어에 필요한 설비비가 적고, 유지관리가 간단하다.
④ 적절한 대수분할, 압력제어 등에 의해 에너지절약을 꾀할 수 있다.

개념 | KEYWORD 01 급수설비
해설 |
펌프직송방식은 자동제어시스템 고장 시 수리가 어렵고 펌프의 단락이 잦아 유지관리가 어렵다.

관련이론
펌프직송방식의 장단점

장점	단점
• 옥상탱크가 필요 없음 • 옥상탱크방식에 비해 수질오염 가능성이 낮음 • 최상층의 수압을 크게 할 수 있음 • 펌프의 토출량 및 토출압력 조절 가능	• 정전 시 급수 불가 • 자동제어시스템 고장 시 수리가 어려움 • 펌프의 단락이 잦음 • 20m 이상의 건물에는 전력 소모가 커서 비효율적

정답 | ③

75

엘리베이터의 조작 방식 중 무운전원 방식으로 다음과 같은 특징을 갖는 것은?

> 승객 스스로 운전하는 전자동 엘리베이터로, 승강장으로부터의 호출 신호로 기동, 정지를 이루는 조작 방식이며, 누른 순서에 상관없이 각 호출에 응하여 자동적으로 정지한다.

① 단식자동방식
② 카 스위치 방식
③ 승합전자동방식
④ 시그널 컨트롤 방식

개념 | KEYWORD 17 엘리베이터설비
해설 |
승객 스스로 운전하는 전자동 엘리베이터로, 승강장으로부터의 호출 신호로 기동, 정지를 이루는 조작 방식이며, 누른 순서에 상관없이 각 호출에 응하여 자동적으로 정지하는 것은 승합전자동방식이다.

정답 | ③

76
어느 점광원에서 1m 떨어진 곳의 직각면 조도가 200lx일 때, 이 광원에서 2m 떨어진 곳의 직각면 조도는?

① 25lx ② 50lx
③ 100lx ④ 200lx

개념 | KEYWORD 16 조명설비

해설 |
거리의 역 제곱의 법칙 $E = \dfrac{I}{d^2}$ 에서
조도(E)는 광도(I)에 비례하고, 거리(d)의 제곱에 반비례하므로 거리가 2배가 되면 조도는 200lx의 4분의 1인 50lx가 된다.

정답 | ②

77
다음 중 사이펀식 트랩에 속하지 않는 것은?

① P트랩 ② S트랩
③ U트랩 ④ 드럼트랩

개념 | KEYWORD 03 배수 및 통기설비

해설 |
드럼트랩은 비사이펀식 트랩이며 주방 싱크의 배수용 트랩으로 다량의 물을 고이게 하므로 봉수가 잘 파괴되지 않는다.

정답 | ④

78
일반적으로 실내 환기량의 기준이 되는 것은?

① 공기 온도 ② NO_2 농도
③ CO_2 농도 ④ SO_2 농도

개념 | KEYWORD 10 환기설비

해설 |
대부분의 오염 물질 농도는 이산화탄소의 농도에 비례하여 증감하기 때문에 실내 환기량은 이산화탄소(CO_2)의 농도를 기준으로 정한다.

정답 | ③

79
간접가열식 급탕법에 관한 설명으로 옳지 않은 것은?

① 대규모 급탕설비에 적합하다.
② 보일러 내부에 스케일의 발생 가능성이 높다.
③ 가열코일에 순환하는 증기는 저압으로도 된다.
④ 난방용 증기를 사용하면 별도의 보일러가 필요 없다.

개념 | KEYWORD 02 급탕설비

해설 |
간접가열식 급탕법은 저탕조에서 가열코일을 이용하여 가열하므로 보일러 내부에 스케일의 발생 가능성이 낮다.

관련이론
간접가열식
저탕조(급탕탱크) 내에 가열코일을 설치하고 이 코일에 증기(또는 고온수)를 통해서 저탕조의 물을 간접적으로 가열하는 방식이다.

정답 | ②

80
전기설비가 어느 정도 유효하게 사용되는가를 나타내며, 최대 수용전력에 대한 부하의 평균전력의 비로 표현되는 것은?

① 부하율
② 부등률
③ 수용율
④ 유효율

개념 | KEYWORD 14 강전설비

해설 |
부하율: 전기설비가 어느 정도 유효하게 사용되고 있는가를 나타내는 척도이고, 어떤 기간 중에 최대 수용전력과 그 기간 중에 평균전력과의 비율을 백분율로 표시한 것이다.

부하율 $= \dfrac{\text{부하의 평균전력}}{\text{최대 수용전력}} \times 100\%$

정답 | ①

건축관계법규

81

국토의 계획 및 이용에 관한 법률상 제2종 일반주거지역 안에서 건축할 수 있는 건축물에 해당하지 않는 것은?

① 숙박시설
② 종교시설
③ 노유자시설
④ 제1종 근린생활시설

개념 | KEYWORD 19 국토의 용도구분

해설 |
숙박시설은 제2종 일반주거지역 안에서 건축할 수 없다.

관련이론

제2종 일반주거지역 안에서 건축할 수 있는 건축물
• 단독주택 • 공동주택(아파트 포함) • 제1종 근린생활시설 • 종교시설 • 노유자시설 • 교육연구시설 중 유치원·초등학교·중학교 및 고등학교

정답 | ①

82

주차전용건축물의 주차면적비율과 관련한 아래 내용에서, ( )에 들어갈 수 없는 것은?

주차전용건축물이란 건축물의 연면적 중 주차장으로 사용되는 부분의 비율이 95% 이상인 것을 말한다. 다만, 주차장 외의 용도로 사용되는 부분이 「건축법 시행령」 별표 1에 따른 ( )인 경우에는 주차장으로 사용되는 부분의 비율이 70% 이상인 것을 말한다.

① 종교시설
② 운동시설
③ 업무시설
④ 숙박시설

개념 | KEYWORD 15 주차장법 총칙

해설 |
숙박시설은 해당하지 않는다.

주차전용건축물의 주차장 비율

용도	주차장 사용비율
원칙	95% 이상
• 단독주택 • 공동주택 • 제1종 및 제2종 근린생활시설 • 문화 및 집회시설 • 종교시설 • 판매시설 • 운수시설 • 운동시설 • 업무시설 • 창고시설 • 자동차 관련 시설	70% 이상

정답 | ④

83

특별시·광역시·특별자치시·특별자치도·시 또는 군의 관할 구역 및 생활권에 대하여 기본적인 공간구조와 장기발전방향을 제시하는 종합계획으로서 도시·군관리계획 수립의 지침이 되는 계획은 무엇인가?

① 도시·군계획
② 광역도시계획
③ 도시·군기본계획
④ 지구단위계획

개념 | KEYWORD 18 국토계획법 총칙

해설 |
도시·군기본계획은 관할구역 및 생활권에 대하여 기본적인 공간구조와 장기발전방향을 제시하는 종합계획으로서 도시·군관리계획 수립의 지침이 되는 계획이다.

관련이론
• 도시·군계획: 관할구역에 대하여 수립하는 공간구조와 발전방향에 대한 계획으로서 도시·군기본계획과 도시·군관리계획으로 구분한다.
• 광역도시계획: 지정된 광역계획권의 장기발전방향을 제시하는 계획이다.
• 지구단위계획: 도시·군계획 수립 대상지역의 일부에 대하여 토지이용을 합리화하고 그 기능을 증진시키며, 미관을 개선하고 양호한 환경을 확보하며, 그 지역을 체계적·계획적으로 관리하기 위하여 수립하는 도시·군관리계획이다.

정답 | ③

84

다음의 노외주차장에 관한 기준 내용 중 ( ) 안에 알맞은 것은?

> 노외주차장의 출입구 너비는 (㉠) 이상으로 하여야 하며, 주차대수가 50대 이상인 경우에는 출구와 입구를 분리하거나 너비 (㉡) 이상의 출입구를 설치하여 소통이 원활하도록 하여야 한다.

① ㉠ 3.0m, ㉡ 5.0m
② ㉠ 3.5m, ㉡ 5.5m
③ ㉠ 3.0m, ㉡ 5.5m
④ ㉠ 3.5m, ㉡ 5.0m

개념 | KEYWORD 16 노상·노외주차장

해설 |

노외주차장의 출입구 너비

1. 3.5m 이상으로 하여야 한다.
2. 주차대수 규모가 50대 이상인 경우에는 출구와 입구를 분리하거나 너비 5.5m 이상의 출입구를 설치한다.

정답 | ②

85

노상주차장의 구조·설비기준 내용으로 옳지 않은 것은?

① 주간선도로에 원칙상 설치하여서는 안 된다.
② 너비 6m 미만의 도로에 원칙상 설치하여서는 안 된다.
③ 종단경사도가 3%를 초과하는 도로에 원칙상 설치하여서는 안 된다.
④ 주차대수 규모가 20대 이상인 경우에는 장애인전용주차구획을 1면 이상 설치하여야 한다.

개념 | KEYWORD 16 노상·노외주차장

해설 |

종단경사도가 4%를 초과하는 도로에 원칙상 설치하여서는 안 된다.

관련이론

노상주차장의 설치금지 장소

1. 주간선도로
2. 너비 6m 미만의 도로
3. 종단경사도(자동차 방향의 기울기)가 4%를 초과하는 도로
4. 고속도로·자동차전용도로 또는 고가도로, 주·정차금지구역에 해당하는 도로의 부분(도로교통법)

노상주차장의 장애인 전용주차구획

1. 주차대수 규모가 20대 이상 50대 미만: 한 면 이상
2. 주차대수 규모가 50대 이상: 주차대수의 2~4% 범위에서 지방자치단체의 조례로 정하는 비율 이상

정답 | ③

86

건축허가신청에 필요한 설계도서 중 평면도에 표시하여야 할 사항에 속하지 않는 것은?

① 주차장 규모
② 승강기의 위치
③ 기둥·벽·창문 등의 위치
④ 방화구획 및 방화문의 위치

개념 | KEYWORD 02 건축허가와 신고

해설 |

평면도에는 승강기의 위치, 창, 출입구의 위치와 부호, 방화구획 및 방화문의 위치, 각 실의 명칭, 구조방식, 벽면 구조, 각 부분의 치수와 면적 등이 표기되며 주차장 규모는 건축계획서에 표기된다.

관련이론

건축허가신청에 필요한 설계도서		
• 건축계획서	• 배치도	• 평면도
• 입면도	• 단면도	• 소방설비도
• 구조도(구조안전 확인 또는 내진설계 대상)		
• 구조계산서(구조안전 확인 또는 내진설계 대상)		

정답 | ①

87

태양열을 주된 에너지원으로 이용하는 주택의 건축면적 산정 시 기준이 되는 것은?

① 외벽의 외곽선
② 외벽의 내측 벽면선
③ 외벽 중 내측 내력벽의 중심선
④ 외벽 중 외측 비내력벽의 중심선

개념 | KEYWORD 07 면적의 규제

해설 |

태양열을 주된 에너지원으로 이용하는 주택의 건축면적은 건축물의 외벽 중 내측 내력벽의 중심선을 기준으로 한다.

관련이론

건축면적

1. 원칙: 건축물의 외벽(외벽이 없는 경우에는 외곽 부분의 기둥)의 중심선으로 둘러싸인 부분의 수평투영면적을 기준으로 한다.
2. 태양열을 주된 에너지원으로 이용하는 주택은 건축물의 외벽 중 내측 내력벽의 중심선을 기준으로 한다.

정답 | ③

88

건축물을 신축하는 경우 옥상에 조경을 $150m^2$ 시공했다. 이 경우 대지의 조경면적은 최소 얼마 이상으로 하여야 하는가? (단, 대지면적은 $1,500m^2$이고, 조경설치 기준은 대지면적의 10%임)

① $25m^2$
② $50m^2$
③ $75m^2$
④ $100m^2$

개념 | KEYWORD 06 조경·공개공지

해설 |
문제의 조경설치 기준(대지면적의 10%)에 의해 전체 조경면적은 $1,500m^2$의 10%인 $150m^2$이다.
대지의 조경면적으로 산정할 수 있는 옥상의 조경면적은 옥상 부분 조경면적의 2/3이므로 $150m^2$(문제의 조건)의 2/3인 $100m^2$이다. 이 경우 조경면적으로 산정할 수 있는 면적은 전체 조경면적의 50/100을 초과할 수 없으므로 $150m^2$의 50/100인 $75m^2$만 인정된다.
대지의 조경면적은 전체 조경면적인 $150m^2$에서 대지의 조경면적으로 산정할 수 있는 옥상의 조경면적인 $75m^2$을 제외한 $75m^2$이다.

정답 | ③

89

판매시설 용도이며 지상 각 층의 거실면적이 $2,000m^2$인 15층의 건축물에 설치하여야 하는 승용승강기의 최소 대수는? (단, 16인승 승강기이다.)

① 2대
② 4대
③ 6대
④ 8대

개념 | KEYWORD 13 승강설비

해설 |
6층 이상 거실면적의 합계는 $2,000m^2 \times 10층 = 20,000m^2$이고, 판매시설이므로 $2 + \dfrac{20,000 - 3,000}{2,000} = 10.5$대이다.
16인승 이상의 승강기는 2대의 승강기로 보기 때문에
$10.5 \div 2 = 5.25$대
∴ 최소 6대를 설치하여야 한다.

관련이론

승용승강기의 설치기준

건축물의 용도	6층 이상 거실면적의 합계(m^2)		
	$3,000m^2$ 이하	$3,000m^2$ 초과	공식
1. 문화 및 집회시설 　① 공연장 　② 집회장 　③ 관람장 2. 판매시설 3. 의료시설	2대	2대에 $3,000m^2$를 초과하는 $2,000m^2$ 이내마다 1대를 더한 대수	$2 + \dfrac{A - 3,000m^2}{2,000m^2}$

8인승 이상 15인승 이하 → 1대
16인승 이상의 승강기 → 2대

정답 | ③

90

다음 중 「국토의 계획 및 이용에 관한 법령」상 공공시설에 속하지 않는 것은?

① 공동구
② 방풍설비
③ 사방설비
④ 쓰레기 처리장

개념 | KEYWORD 18 국토계획법 총칙

해설 |
쓰레기 처리장은 공공시설에 속하지 않는다.

관련이론

공공시설의 종류
1. 도로·공원·철도·수도
2. 항만·공항·광장·녹지·공공공지·공동구·하천·유수지·방화설비·방풍설비·방수설비·사방설비·방조설비·하수도·구거(溝渠: 도랑)
3. 행정청이 설치하는 시설로서 주차장, 저수지 및 그 밖에 국토교통부령으로 정하는 시설
4. 스마트도시서비스의 제공 등을 위한 스마트도시 통합운영센터 등 스마트도시의 관리·운영에 관한 시설로서 대통령령으로 정하는 시설

정답 | ④

91

「건축법」 제61조 제2항에 따른 높이를 산정할 때, 공동주택을 다른 용도와 복합하여 건축하는 경우 건축물의 높이 산정을 위한 지표면 기준은?

> 건축법 제61조(일조 등의 확보를 위한 건축물의 높이 제한)
> ② 다음 각 호의 어느 하나에 해당하는 공동주택(일반상업지역과 중심상업지역에 건축하는 것은 제외한다)은 채광(採光) 등의 확보를 위하여 대통령령으로 정하는 높이 이하로 하여야 한다.
> 1. 인접 대지경계선 등의 방향으로 채광을 위한 창문 등을 두는 경우
> 2. 하나의 대지에 두 동(棟) 이상을 건축하는 경우

① 전면도로의 중심선
② 인접 대지의 지표면
③ 공동주택의 가장 낮은 부분
④ 다른 용도의 가장 낮은 부분

개념 | KEYWORD 08 높이의 규제

해설 |
공동주택을 다른 용도와 복합하여 건축하는 경우에는 공동주택의 가장 낮은 부분을 그 건축물의 지표면으로 본다.

정답 | ③

92

다음과 같은 대지의 대지면적은?

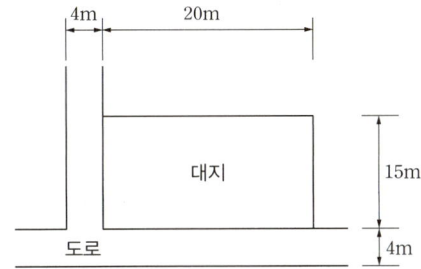

① 294m²
② 296m²
③ 298m²
④ 300m²

개념 | KEYWORD 05 대지·도로·건축선

해설 |
$(20m \times 15m) - (2m \times 2m \times \frac{1}{2}) = 298m^2$

관련이론
8m 미만인 도로의 모퉁이에 위치한 대지는 표에 따른 거리를 후퇴한 두 점을 연결한 선을 건축선으로 한다.

도로의 교차각	해당 도로의 너비		교차되는 도로의 너비
	6m 이상 ~ 8m 미만	4m 이상 ~ 6m 미만	
90° 미만	4m	3m	6m 이상 ~ 8m 미만
	3m	2m	4m 이상 ~ 6m 미만
90°~120°	3m	2m	6m 이상 ~ 8m 미만
	2m	2m	4m 이상 ~ 6m 미만

정답 | ③

93

상업지역 및 주거지역에서 건축물에 설치하는 냉방시설 및 환기시설의 배기구를 설치하는 높이 기준으로 옳은 것은?

① 도로면으로부터 1.5m 이상
② 도로면으로부터 2.0m 이상
③ 건축물 1층 바닥에서 1.5m 이상
④ 건축물 1층 바닥에서 2.0m 이상

개념 | KEYWORD 12 건축설비기준과 관계전문기술자

해설 |
상업지역 및 주거지역에서 건축물에 설치하는 냉방시설 및 환기시설의 배기구는 도로면으로부터 2.0m 이상의 높이에 설치한다.

정답 | ②

94

국토의 계획 및 이용에 관한 법령에 따른 기반시설 중 도로의 세분에 속하지 않는 것은?

① 고속도로
② 일반도로
③ 고가도로
④ 보행자전용도로

개념 | KEYWORD 18 국토계획법 총칙
해설 |
고속도로는 기반시설 중 도로의 세분에 해당하지 않는다.

관련이론
기반시설의 세분

구분	세분
도로	일반도로, 자동차전용도로, 보행자전용도로, 보행자우선도로, 자전거전용도로, 고가도로, 지하도로
자동차 정류장	여객자동차터미널, 물류터미널, 공영차고지, 공동차고지, 화물자동차휴게소, 복합환승센터, 환승센터

정답 | ①

95

대통령령으로 정하는 용도와 규모의 건축물에 대해 일반이 사용할 수 있도록 소규모 휴식시설 등의 공개공지 또는 공개공간을 설치하여야 하는 대상 지역에 속하지 않는 것은?

① 준주거지역
② 준공업지역
③ 일반주거지역
④ 전용주거지역

개념 | KEYWORD 06 조경·공개공지
해설 |
일반주거지역, 준주거지역, 상업지역, 준공업지역에는 환경을 쾌적하게 조성하기 위해 소규모 휴식시설 등의 공개공지 또는 공개공간을 설치해야 한다.

관련이론
공개공지 또는 공개공간 설치
1. 대상 지역
   ① 일반주거지역
   ② 준주거지역
   ③ 상업지역
   ④ 준공업지역
2. 대상 건축물
   바닥면적의 합계가 5,000m² 이상인 다음의 건축물에는 공개공지 또는 공개공간을 설치해야 한다.
   ① 문화 및 집회시설
   ② 종교시설
   ③ 판매시설(농수산물 유통시설은 제외)
   ④ 운수시설(여객용 시설만 해당)
   ⑤ 업무시설 및 숙박시설

정답 | ④

96

건축물의 대지는 원칙적으로 최소 얼마 이상이 도로에 접하여야 하는가?

① 1m
② 2m
③ 3m
④ 4m

개념 | KEYWORD 05 대지·도로·건축선
해설 |
건축물의 대지는 원칙적으로 도로에 2m 이상 접해야 한다.

관련이론
건축물이 있는 대지가 도로에 접해야 하는 길이

구분	접해야 하는 길이
원칙	도로에 2m 이상(자동차만의 통행에 사용되는 도로는 제외)
연면적의 합계 2,000m² 이상	너비 6m 이상 도로에 4m 이상(공장인 경우에는 3,000m²)

정답 | ②

97

건축법상 2 이상의 필지를 하나의 대지로 할 수 있는 토지가 아닌 것은?

① 각 필지의 지번지역이 서로 다른 경우
② 토지의 소유자가 다르고 소유권 외의 권리관계는 같은 경우
③ 각 필지의 도면의 축척이 다른 경우
④ 상호 인접하고 있는 필지로서 각 필지의 지반이 연속되지 아니한 경우

개념 | KEYWORD 01 건축법 총칙
해설 |
2 이상의 필지를 하나의 대지로 인정하는 경우 토지의 소유자는 같아야 한다.

관련이론
둘 이상의 필지를 하나의 대지로 인정하는 경우
- 하나의 건축물을 두 필지 이상에 걸쳐 건축하는 경우
- 합병이 불가능한 경우 중 다음의 어느 하나에 해당하는 경우
  - 각 필지의 지번부여지역이 서로 다른 경우
  - 각 필지의 도면의 축척이 다른 경우
  - 서로 인접하고 있는 필지로서 각 필지의 지반이 연속되지 아니한 경우
- 국토의 계획 및 이용에 관한 법률에 따른 도시·군계획시설에 해당하는 건축물이 설치되는 일단의 토지
- 주택법에 따른 사업계획승인을 받아 주택과 그 부대시설 및 복리시설을 건축하는 경우
- 도로의 지표 아래에 건축하는 건축물의 경우 특별시장·광역시장·특별자치시장·특별자치도지사·시장·군수 또는 구청장이 그 건축물이 건축되는 토지로 정하는 토지
- 사용승인을 신청할 때 둘 이상의 필지를 하나의 필지로 합칠 것을 조건으로 건축허가를 하는 경우 그 필지가 합쳐지는 토지

정답 | ②

98

건축물에 설치하는 지하층의 구조 및 설비에 관한 기준 내용으로 옳지 않은 것은?

① 거실의 바닥면적의 합계가 1,000m² 이상인 층에는 환기설비를 설치할 것
② 거실의 바닥면적이 30m² 이상인 층에는 피난층으로 통하는 비상탈출구를 설치할 것
③ 지하층의 바닥면적이 300m² 이상인 층에는 식수 공급을 위한 급수전을 1개소 이상 설치할 것
④ 문화 및 집회시설 중 공연장의 용도에 쓰이는 층으로서 그 층의 거실의 바닥면적의 합계가 50m² 이상인 건축물에는 직통계단을 2개소 이상 설치할 것

개념 | KEYWORD 11 방화규정
해설 |
거실의 바닥면적이 50m² 이상인 층에는 직통계단 외에 피난층 또는 지상으로 통하는 비상탈출구 및 환기통을 설치해야 한다. 다만, 직통계단이 2개소 이상 설치되어 있는 경우에는 그러하지 아니하다.

관련이론
지하층의 구조기준

바닥면적의 규모	설치기준
거실의 바닥면적 50m² 이상인 층	직통계단 외에 비상탈출구 및 환기통 설치
바닥면적 1,000m² 이상인 층	방화구획으로 구획되는 각 부분마다 1개소 이상의 피난계단 또는 특별피난계단 설치
거실의 바닥면적의 합계가 1,000m² 이상인 층	환기설비 설치
지하층의 바닥면적이 300m² 이상인 층	식수 공급을 위한 급수전을 1개소 이상 설치

정답 | ②

99

다음은 건축물의 사용승인에 관한 기준 내용이다. ( ) 안에 알맞은 것은?

> 건축주가 허가를 받았거나 신고를 한 건축물의 건축공사를 완료한 후 그 건축물을 사용하려면 공사감리자가 작성한 (㉠)와 (㉡) 등 국토교통부령으로 정하는 서류를 첨부하여 허가권자에게 사용승인을 신청하여야 한다.

① ㉠ 설계도서, ㉡ 시방서
② ㉠ 시방서, ㉡ 설계도서
③ ㉠ 감리완료보고서, ㉡ 공사완료도서
④ ㉠ 공사완료도서, ㉡ 감리완료보고서

개념 | KEYWORD 02 건축허가와 신고

해설 |
건축물의 사용승인 신청에 대한 내용으로 ㉠은 감리완료보고서, ㉡은 공사완료도서이다.

정답 | ③

100

건폐율의 허용오차로 옳은 것을 고르시오.

① 0.5% 이내
② 1% 이내
③ 2% 이내
④ 3% 이내

개념 | KEYWORD 02 건축허가와 신고

해설 |
건폐율의 허용오차는 0.5% 이내이다.

관련이론

허용오차

항목	허용되는 오차의 범위	
건폐율	0.5% 이내(단, 건축면적 5m²를 초과할 수 없음)	
용적률	1% 이내(단, 연면적 30m²를 초과할 수 없음)	
건축물 높이	2% 이내	1m를 초과할 수 없음
출구 너비		–
반자 높이		–
평면 길이		건축물 전체 길이는 1m를 초과할 수 없고, 벽으로 구획된 각 실은 10cm를 초과할 수 없음
벽체 두께	3% 이내	
바닥판 두께		
건축선의 후퇴거리		
인접대지 경계선과의 거리		
인접 건축물과의 거리		

정답 | ①

2022년 | 2회 기출문제

>> 2022년 4월 24일 시행

건축계획

01

장애인·노인·임산부 등의 편의증진 보장에 관한 법령에 따른 편의시설 중 매개시설에 속하지 않는 것은?

① 주출입구 접근로
② 유도 및 안내설비
③ 장애인전용 주차구역
④ 주출입구 높이차이 제거

개념 | KEYWORD 01 건축계획 일반
해설 |
매개시설은 대지 출입구부터 건축물 출입구까지 설치되는 시설로 유도 및 안내설비는 매개시설이 아닌 안내시설에 속한다.

관련이론
편의시설 중 매개시설과 안내시설의 구분
1. 매개시설: 주출입구 접근로, 장애인전용 주차구역, 주출입구 높이 차이 제거
2. 안내시설: 점자블록, 유도 및 안내설비, 경보 및 피난설비

정답 | ②

02

다음 중 사무소 건축의 기둥간격 결정요소와 가장 거리가 먼 것은?

① 책상배치의 단위
② 주차배치의 단위
③ 엘리베이터의 설치 대수
④ 채광상 층높이에 의한 깊이

개념 | KEYWORD 05 사무소
해설 |
엘리베이터의 설치 대수와는 무관하다.

관련이론
기둥간격 결정요소
1. 사무소: 책상배치, 채광 유효면적, 지하주차단위 등
2. 백화점: 가구배치, 에스컬레이터, 지하주차단위 등

정답 | ③

03

우리나라 전통 한식주택에서 문꼴부분(개구부)의 면적이 큰 이유로 가장 적합한 것은?

① 겨울의 방한을 위해서
② 하절기 고온다습을 견디기 위해서
③ 출입하는데 편리하게 하기 위해서
④ 상부의 하중을 효과적으로 지지하기 위해서

개념 | KEYWORD 03 단독주택
해설 |
한식주택의 문꼴 크기는 하절기(여름) 고온다습에 대비하기 위한 것이다.

정답 | ②

04

공장건축의 레이아웃에 관한 설명으로 옳지 않은 것은?

① 제품중심의 레이아웃은 대량생산에 유리하며 생산성이 높다.
② 레이아웃이란 공장건축의 평면요소간의 위치 관계를 결정하는 것을 말한다.
③ 고정식 레이아웃은 조선소와 같이 제품이 크고 수량이 적은 경우에 행해진다.
④ 중화학 공업, 시멘트 공업 등 장치공업 등은 시설의 융통성이 크기 때문에 신설 시 장래성에 대한 고려가 필요 없다.

개념 | KEYWORD 10 공장, 창고
해설 |
장치공업을 비롯한 공장건축은 장래의 공장 규모의 변화에 대응하는 융통성이 있어야 한다.

정답 | ④

05

메조넷형 아파트에 관한 설명으로 옳지 않은 것은?

① 다양한 평면구성이 가능하다.
② 소규모 주택에서는 비경제적이다.
③ 통로면적이 감소되며 유효면적이 증대된다.
④ 복도와 엘리베이터홀은 각 층마다 계획된다.

개념 | KEYWORD 04 공동주택
해설 |
복층형(메조넷, 듀플렉스)은 1개의 주호가 2개층으로 구성되므로 엘리베이터홀과 복도는 2개층마다 설치된다.

관련이론
복층형(Maisonnette Type)

구분	내용
정의	한 주호가 2개층 이상에 걸쳐 구성되는 형식
장점	• 엘리베이터의 정지층 수를 적게 할 수 있다. (효율적, 경제적) • 복도가 없는 층은 남북면이 트여 있으므로 좋은 평면 구성이 가능하다. • 통로면적이 감소하고 임대(전용, 거주, 대실, 유효)면적이 증가한다. • 프라이버시가 가장 높다.
단점	• 소규모 주택(50m² 이하)에서는 비경제적이다. • 공용 복도가 없는 층은 화재 및 비상시 대피상 불리하다. • 구조상 복잡하다. (단, 스킵 플로어인 경우)

정답 | ④

06

고층밀집형 병원에 관한 설명으로 옳지 않은 것은?

① 병동에서 조망을 확보할 수 있다.
② 대지를 효과적으로 이용할 수 있다.
③ 각종 방재대책에 대한 비용이 높다.
④ 병원의 확장 등 성장변화에 대한 대응이 용이하다.

개념 | KEYWORD 11 병원
해설 |
고층밀집형(집중형) 병원은 좁은 대지와 고층화로 장래확장이 어려우므로 충분한 대책이 필요하다.

관련이론
병동배치형식 중 집중식(Block Type)
1. 외래부, 부속진료 시설, 병동을 합쳐서 한 건물로 하고 특히 병동은 고층으로 하여 환자를 엘리베이터로 운송하는 방법이다.
2. 일조, 통풍 등의 조건이 불리해지며 각 병실의 환경이 균일하지 못하다.
3. 관리가 편리하다.
4. 현대의 큰 병원은 주로 이 방식을 채용한다.

정답 | ④

07

주당 평균 40시간을 수업하는 어느 학교에서 음악실에서의 수업이 총 20시간이며, 이중 15시간은 음악시간으로 나머지 5시간은 학급 토론시간으로 사용되었다면 이 음악실의 이용률과 순수율은?

① 이용률 37.5%, 순수율 75%
② 이용률 50%, 순수율 75%
③ 이용률 75%, 순수율 37.5%
④ 이용률 75%, 순수율 50%

개념 | KEYWORD 09 학교, 도서관
해설 |

$$이용률 = \frac{교실이 사용되는 시간}{1주간의 평균 수업시간} \times 100(\%)$$

$$= \frac{20}{40} \times 100\% = 50\%$$

$$순수율 = \frac{일정한 교과를 위해 사용되는 시간}{교실이 사용되는 시간} \times 100(\%)$$

$$= \frac{15}{20} \times 100\% = 75\%$$

정답 | ②

08

극장건축에서 무대의 제일 뒤에 설치되는 무대 배경용의 벽을 의미하는 것은?

① 사이클로라마 ② 플라이 로프트
③ 플라이 갤러리 ④ 그리드 아이언

개념 | KEYWORD 08 극장, 영화관, 미술관

해설 |
사이클로라마에 대한 설명이다.

관련이론
- 플라이 로프트: 무대 상부 공간이다.
- 플라이 갤러리: 무대 주위의 벽에 설치되는 좁은 통로이다.
- 그리드 아이언: 무대 천장 밑에 설치한 것으로 배경이나 조명 기구 등이 매달린다.

정답 | ①

09

도서관의 출납시스템 중 자유개가식에 관한 설명으로 옳은 것은?

① 도서의 유지 관리가 용이하다.
② 책의 내용 파악 및 선택이 자유롭다.
③ 대출절차가 복잡하고 관원의 작업량이 많다.
④ 열람자는 직접 서가에 면하여 책의 표지 정도는 볼 수 있으나 내용은 볼 수 없다.

개념 | KEYWORD 09 학교, 도서관

해설 |
자유개가식은 책 내용의 파악 및 선택이 자유롭고, 관원의 검열이 없어 대출 수속이 간편하다.

관련이론
자유개가식 특징

장점	단점
• 책 내용 파악과 선택이 자유롭고 용이 • 책의 목록이 없어 간편 • 책 선택 시 대출 기록의 제출이 없어 분위기가 좋음	• 서가의 정리가 잘 되지 않으면 혼란스러움 • 책이 마모나 망실되기 쉬움

정답 | ②

10

미술관 전시실의 순회형식 중 연속순로 형식에 관한 설명으로 옳은 것은?

① 각 실을 필요시에는 자유로이 독립적으로 폐쇄할 수 있다.
② 평면적인 형식으로 2, 3개 층의 입체적인 방법은 불가능하다.
③ 많은 실을 순서별로 통하여야 하는 불편이 있으나 공간절약의 이점이 있다.
④ 중심부에 하나의 큰 홀을 두고 그 주위에 각 전시실을 배치하여 자유로이 출입하는 형식이다.

개념 | KEYWORD 08 극장, 영화관, 미술관

해설 |
미술관의 연속순로 형식은 구형 또는 다각형의 전시실을 연속적으로 연결하는 형식으로 많은 실을 순서대로 통해야 하지만 공간이 절약된다.

선지분석
① 갤러리 및 코리더 형식에 대한 설명이다.
② 연속순로 형식도 계단을 통하여 2, 3개 층의 입체적인 방법으로 연결할 수 있다.
④ 중앙홀 형식에 대한 설명이다.

정답 | ③

11

서양 건축양식의 역사적인 순서가 옳게 배열된 것은?

① 로마 → 로마네스크 → 고딕 → 르네상스 → 바로크
② 로마 → 고딕 → 로마네스크 → 르네상스 → 바로크
③ 로마 → 로마네스크 → 고딕 → 바로크 → 르네상스
④ 로마 → 고딕 → 로마네스크 → 바로크 → 르네상스

개념 | KEYWORD 13 서양건축사

해설 |
서양 건축양식의 역사적인 순서는 다음과 같다.
이집트 → 그리스 → 로마 → 초기기독교 → 비잔틴 → 사라센 → 로마네스크 → 고딕 → 르네상스 → 바로크 → 로코코

정답 | ①

12
르네상스 교회 건축양식의 일반적 특징으로 옳은 것은?

① 타원형 등 곡선평면을 사용하여 동적이고 극적인 공간 연출을 하였다.
② 수평을 강조하며 정사각형, 원 등을 사용하여 유심적 공간 구성을 하였다.
③ 직사각형의 평면구성으로 볼트구조의 지붕을 구성하며 종탑을 설치하였다.
④ 로마네스크 건축의 반원아치를 발전시킨 첨두형 아치를 주로 사용하였다.

개념 | KEYWORD 13 서양건축사
해설 |
르네상스 교회 건축의 특징
㉠ 수평성 강조
㉡ 정사각형과 정탑을 둔 돔을 사용
㉢ 유심적 공간 구성

정답 | ②

13
아파트의 평면형식에 관한 설명으로 옳지 않은 것은?

① 홀형은 통행부 면적이 작아서 건물의 이용도가 높다.
② 중복도형은 대지 이용률이 높으나, 프라이버시가 좋지 않다.
③ 집중형은 채광·통풍 조건이 좋아 기계적 환경조절이 필요하지 않다.
④ 홀형은 계단실 또는 엘리베이터 홀로부터 직접 주거 단위로 들어가는 형식이다.

개념 | KEYWORD 04 공동주택
해설 |
집중형은 채광·통풍 조건이 나쁘며 기계적 환경조절이 필요하다.

관련이론
- 계단실형(홀형): 계단 혹은 엘리베이터가 있는 홀로부터 단위 주거에 직접 들어가는 방식이다.
- 편(갓)복도형: 각 층에 있는 공용 복도에 의해 각 주호로 출입하는 형식이다.
- 중(속)복도형: 복도 양측에 각 주호가 배치된 형식이다.
- 집중형(코어형): 엘리베이터와 계단실을 중심으로 다수의 주호를 배치한 형식이다.

정답 | ③

14
페리의 근린주구이론의 내용으로 옳지 않은 것은?

① 주민에게 적절한 서비스를 제공하는 1~2개소 이상의 상점가를 주요도로의 결절점에 배치하여야 한다.
② 내부 가로망은 단지 내의 교통량을 원활히 처리하고 통과교통에 사용되지 않도록 계획되어야 한다.
③ 근린주구의 단위는 통과교통이 내부를 관통하지 않고 용이하게 우회할 수 있는 충분한 넓이의 간선도로에 의해 구획되어야 한다.
④ 근린주구는 하나의 중학교가 필요하게 되는 인구에 대응하는 규모를 가져야 하고, 그 물리적 크기는 인구밀도에 의해 결정되어야 한다.

개념 | KEYWORD 04 공동주택
해설 |
근린주구는 일반적으로 초등학교 한 곳을 필요로 하는 인구가 적당하며, 반지름이 400m 정도이다.

관련이론
C.A. Perry의 근린 단위 방식
1. 크기: 초등학교 하나를 필요로 하는 인구가 적당하다.
2. 경계: 주구 내의 경계는 간선도로로 한다.
3. 공지: 요구에 적합한 소공원 및 레크리에이션 용지가 필요하다.
4. 공동 시설 용지: 그 유치권이 주구의 크기와 같은 학교, 기타의 공공 시설 용지는 주구의 중심 혹은 주위의 일단으로서 짜임새 있게 배치한다.

정답 | ④

15

다음 설명에 알맞은 백화점 진열장 배치방법은?

- Main 통로를 직각 배치하며, Sub 통로를 45° 정도 경사지게 배치하는 유형이다.
- 많은 고객이 매장공간의 코너까지 접근하기 용이하지만, 이 형의 진열장이 많이 필요하다.

① 직각배치 ② 방사배치
③ 사행배치 ④ 자유유선배치

개념 | KEYWORD 06 상점, 백화점, 쇼핑센터
해설 |
진열장 배치방법 중 주통로를 직각으로 배치하고, 부통로를 경사지게 배치하는 것은 사행배치법이다.

선지분석
① 직각배치(직교배치, Rectangular System)
  ㉠ 가구를 열을 지어 직각 배치함으로써 직교하는 통로가 나게 하는 방법이다.
  ㉡ 가장 간단한 배치 방법으로 판매장 면적을 최대한 이용할 수 있다.
  ㉢ 단조로운 배치이고 고객의 통행량에 따른 통로 폭을 조절하기 어려워 국부적 혼란을 일으키기 쉽다.
② 방사배치(Radiated System)
  ㉠ 판매장의 통로를 방사형으로 배치하는 방법이다.
  ㉡ 일반적으로 적용하기 곤란한 방식이다.
④ 자유유선배치(Free Flow System, 자유유동법)
  ㉠ 통로를 고객의 유동 방향에 따라 자유로운 곡선으로 배치하는 방법이다.
  ㉡ 전시에 변화를 주고 판매장의 특수성을 살릴 수 있다.
  ㉢ 판매대나 유리 케이스에 특수형을 필요로 하므로 고가이다.

정답 | ③

16

다음 중 주심포식 건물이 아닌 것은?

① 강릉 객사문 ② 서울 남대문
③ 수덕사 대웅전 ④ 무위사 극락전

개념 | KEYWORD 14 한국건축사
해설 |
서울 남대문은 다포식에 해당된다.

관련이론
주심포식과 다포식의 비교

구조별 \ 포작별	주심포식	다포식
전래	고려 중기 남송에서 전래	고려 말 원나라에서 전래
공포 배치	기둥 위에 주두를 놓고 배치	기둥 위에 창방과 평방을 놓고 그 위에 공포 배치
공포의 출목	2출목 이하	2출목 이상
첨차의 형태	하단의 곡선을 S자형으로 길게 하여 둘을 이어서 연결한 것 같은 형태	밋밋한 원호 곡선으로 조작
소로 배치	비교적 자유스럽게 배치	상하로 동일 수직선상에 위치를 고정
내부 천장 구조	가구재의 개개 형태에 대한 장식화와 더불어 전체 구성에 미적인 효과를 추구 (연등천장)	가구재가 눈에 띄지 않으며 구조상의 필요만 충족 (우물천장)
보의 단면형태	위가 넓고 아래가 좁은 4각형을 접은 단면	춤이 높은 4각형으로 아래 모를 접은 단면

정답 | ②

17

극장건축의 음향계획에 관한 설명으로 옳지 않은 것은?

① 음향계획에 있어서 발코니의 계획은 될 수 있는 한 피하는 것이 좋다.
② 음의 반복 반사 현상을 피하기 위해 가급적 원형에 가까운 평면형으로 계획한다.
③ 무대에 가까운 벽은 반사체로 하고 멀어짐에 따라서 흡음재의 벽을 배치하는 것이 원칙이다.
④ 오디토리움 양쪽의 벽은 무대의 음을 반사에 의해 객석 뒷부분까지 이르도록 보강해 주는 역할을 한다.

개념 | KEYWORD 08 극장, 영화관, 미술관
해설 |
극장의 평면형은 부채형 또는 우절형이 많이 쓰이며, 시각적·음향적으로 우수한 형태이다.

정답 | ②

18

쇼핑센터의 특징적인 요소인 페데스트리언 지대(Pedestrian Area)에 관한 설명으로 옳지 않은 것은?

① 고객에게 변화감과 다채로움, 자극과 흥미를 제공한다.
② 바닥면의 고저차를 많이 두어 지루함을 주지 않도록 한다.
③ 바닥면에 사용하는 재료는 주위 상황과 조화시켜 계획한다.
④ 사람들의 유동적 동선이 방해되지 않는 범위에서 나무나 관엽식물을 둔다.

개념 | KEYWORD 06 상점, 백화점, 쇼핑센터
해설 |
쇼핑몰의 페데스트리언 지대는 주요 보행동선으로 고객을 각 상점으로 고르게 유도하는 쇼핑거리인 동시에 고객의 휴식처로 고저차를 두지 않는다.

관련이론
쇼핑몰의 폭과 길이
- 폭: 6~12m가 일반적
- 길이: 240m가 한계
※ 길이 20~30m 마다 변화를 주어 단조로운 느낌이 들지 않도록 한다.

정답 | ②

19

그리스 건축의 오더 중 도릭 오더의 구성에 속하지 않는 것은?

① 볼류트(Volute)
② 프리즈(Frieze)
③ 아바쿠스(Abacus)
④ 에키누스(Echinus)

개념 | KEYWORD 13 서양건축사
해설 |
볼류트(Volute)
- 기둥머리 끝이 말린 것처럼 보이는 소용돌이 모양의 장식이다.
- 이오니아식과 코린트식 기둥머리 장식에 쓰인다.

정답 | ①

20

오피스 랜드스케이프(Office Landscape)에 관한 설명으로 옳지 않은 것은?

① 외부 조경면적이 확대된다.
② 작업의 패쇄성이 저하된다.
③ 사무능률의 향상을 도모한다.
④ 공간의 효율적 이용이 가능하다.

개념 | KEYWORD 05 사무소
해설 |
외부 조경면적은 건축물의 대지면적에 의한 기준이다.

관련이론
오피스 랜드스케이핑(Office Landscaping)
1. 개념: 계급, 서열에 의한 획일적인 배치가 아니라 사무의 흐름이나 작업의 성격을 중시하여 능률적으로 배치하는 방법이다.
2. 장점: 개방식으로 공간의 절약, 공사비(칸막이벽, 공조 설비, 소화 설비, 조명 설비 등) 절약이 가능하다.
3. 단점: 소음 문제와 독립성이 결여된다.

정답 | ①

건축시공

21

목공사에 사용되는 철물에 관한 설명으로 옳지 않은 것은?

① 감잡이쇠는 큰 보에 걸쳐 작은 보를 받게 하고, 안장쇠는 평보를 대공에 달아매는 경우 또는 평보와 ㅅ자보의 밑에 쓰인다.
② 못의 길이는 박아대는 재두께의 2.5배 이상이며, 마구리 등에 박는 것은 3.0배 이상으로 한다.
③ 볼트 구멍은 볼트지름보다 3mm 이상 커서는 안 된다.
④ 듀벨은 볼트와 같이 사용하여 듀벨에는 전단력, 볼트에는 인장력을 분담시킨다.

개념 | KEYWORD 21 목공사
해설 |
안장쇠는 큰 보에 걸쳐 작은 보를 받게 하고, 감잡이쇠는 평보를 대공에 달아매는 경우 또는 평보와 ㅅ자보의 밑에 쓰인다.

정답 | ①

22
지명경쟁입찰을 택하는 이유 중 가장 중요한 것은?

① 공사비의 절감
② 양질의 시공 결과 기대
③ 준공기일의 단축
④ 공사 감리의 편리

개념 | KEYWORD 05 입찰방식 및 계약

해설 |
부적격자를 제거하고 부실시공을 방지하여 시공상의 신뢰성을 높이기 위해 지명경쟁입찰을 선택한다.

관련이론
입찰의 종류
1. 특명입찰: 적격한 하나의 회사를 지정하여 입찰시키는 방식
2. 경쟁입찰
  ① 공개경쟁: 유자격자는 모두 참가시키는 방식
  ② 지명경쟁: 적합하다고 판단되는 3~7개의 회사를 대상으로 입찰에 참가시키는 방식
  ③ 제한경쟁: 업체 자격에 제한을 가하여 입찰에 참가시키는 방식

정답 | ②

23
실의 크기 조절이 필요한 경우 칸막이 기능을 하기 위해 만든 병풍 모양의 문은?

① 여닫이문   ② 자재문
③ 미서기문   ④ 홀딩 도어

개념 | KEYWORD 24 창호공사

해설 |
홀딩 도어(Folding Door)는 포개어 접게 되는 문으로서, 칸막이 기능을 한다.

선지분석
① 여닫이문: 일반적인 문으로 한쪽 방향으로 개폐된다.
② 자재문: 양방향으로 개폐된다.
③ 미서기문: 옆으로 밀어서 개폐되는 문이다.

정답 | ④

24
강제배수공법의 대표적인 공법으로 인접 건축물과 토류판 사이에 케이싱 파이프를 삽입하여 지하수를 펌프 배수하는 공법은?

① 집수정 공법
② 웰포인트 공법
③ 리버스 서큘레이션 공법
④ 전기 삼투 공법

개념 | KEYWORD 12 토공사

해설 |
웰포인트 공법은 사질지반에서 행하는 대표적인 탈수공법으로 집수장치를 붙인 파이프를 지중에 박아 이것을 지상의 집수관에 연결하여 펌프로 지중의 물을 배수하는 공법이다.

정답 | ②

25
기계가 위치한 곳보다 높은 곳의 굴착에 가장 적당한 건설기계는?

① Dragline   ② Back Hoe
③ Power Shovel   ④ Scraper

개념 | KEYWORD 12 토공사

해설 |
기계가 서 있는 위치보다 높은 곳의 굴착에 적당한 장비는 파워쇼벨(Power Shovel)이다.

관련이론
굴착용 기계

종류	특성
파워쇼벨	지면보다 높은 곳의 굴착에 적합하며 굴착력이 크다.
드래그쇼벨 (백호)	지면보다 낮은 곳의 굴착에 적합하며 굴착력이 크고 범위가 좁다.
드래그라인	기계를 설치한 지반보다 낮은 장소 또는 수중을 굴착하는데 사용된다. 굴착력은 약하나 작업범위가 광범위하다.
클램쉘	좁은 곳의 수직굴착, 수중굴착에 적합하다.
트렌처	도랑파기, 줄기초 파기에 사용된다.

정답 | ③

26

건축공사 스프레이 도장 방법에 관한 설명으로 옳지 않은 것은?

① 도장거리는 스프레이 도장면에서 300mm를 표준으로 한다.
② 매 회에 에어스프레이는 붓도장과 동등한 정도의 두께로 하고, 2회분의 도막 두께를 한 번에 도장하지 않는다.
③ 각 회의 스프레이 방향은 전회의 방향에 평행으로 진행한다.
④ 스프레이할 때는 항상 평행이동하면서 운행의 한 줄마다 스프레이 너비의 1/3 정도를 겹쳐 뿜는다.

개념 | KEYWORD 27 도장공사
해설 |
각 회의 스프레이 방향은 전회의 방향에 직각으로 진행한다.

관련이론
뿜칠(스프레이) 도장 요령
1. 1/3 정도 겹쳐서 칠한다.
2. 뿜칠면과의 거리: 30cm
3. 칠 횟수를 구분하기 위해 색을 다르게 칠한다.
4. 전회의 방향에 직각으로 진행한다.

정답 | ③

27

철근콘크리트공사 시 벽체 거푸집 또는 보 거푸집에서 거푸집판을 일정한 간격으로 유지시켜 주는 동시에 콘크리트의 측압을 최종적으로 지지하는 역할을 하는 부재는?

① 인서트
② 컬럼밴드
③ 폼타이
④ 턴버클

개념 | KEYWORD 15 거푸집 공사
해설 |
폼타이(Form Tie)는 거푸집 간격을 유지하는 긴장재로서 거푸집이 밖으로 벌어지는 것을 방지하는 역할을 한다.

정답 | ③

28

커튼월(Curtain Wall)에 관한 설명으로 옳지 않은 것은?

① 주로 내력벽에 사용된다.
② 공장생산이 가능하다.
③ 고층건물에 많이 사용된다.
④ 용접이나 볼트조임으로 구조물에 고정시킨다.

개념 | KEYWORD 26 커튼월 공사
해설 |
커튼월은 공장생산 부재로 구성되는 비내력벽이며, 구조체의 외벽에 고정철물(Fastener)을 사용하여 부착시킨 것으로 초고층 건물에 많이 사용된다.

정답 | ①

29

TQC를 위한 7가지 도구 중 다음 설명에 해당하는 것은?

> 모집단에 대한 품질특성을 알기 위하여 모집단의 분포상태, 분포의 중심위치, 분포의 산포 등을 쉽게 파악할 수 있도록 막대 그래프 형식으로 작성한 도수분포도를 말한다.

① 히스토그램
② 특성요인도
③ 파레토도
④ 체크시트

개념 | KEYWORD 09 품질관리
해설 |
히스토그램은 데이터가 어떤 분류나 분포로 되어있는가를 막대 그래프와 같은 형태로 만든 도표이다.

관련이론
TQC활동의 7도구
1. 히스토그램: 데이터가 어떤 분류나 분포로 되어 있는가를 나타낸 그림
2. 파레토도: 고장, 결점, 불량 등의 원인을 크기 순으로 나타낸 그림
3. 특성요인도: 원인이 결과에 어떤 작용을 하고 있는가를 나타낸 그림
4. 체크시트: 데이터가 어느 항목에 집중되어 있는가를 나타낸 그림
5. 산점도: 두 데이터의 상호관계를 파악하기 위하여 그래프 위에 타점하여 나타낸 그림
6. 층별: 데이터를 일정한 형식에 의거하여 부분 집단으로 재구성한 수법
7. 각종 그래프 및 관리도: 분석 결과를 알아보기 쉽게 나타낸 그림

정답 | ①

30

건설현장에서 근무하는 공사감리자의 업무에 해당되지 않는 것은?

① 공사시공자가 사용하는 건축자재가 관계법령에 의한 기준에 적합한 건축자재인지 여부의 확인
② 상세시공도면의 작성
③ 공사현장에서의 안전관리지도
④ 품질시험의 실시여부 및 시험성과의 검토·확인

개념 | KEYWORD 02 관계자와 관리기법
해설 |
상세시공도면은 감리자가 아닌 시공자가 작성한다.

관련이론
감리업무
1. 건축자재 법령 기준 여부 확인
2. 시공계획, 공사관리 적정여부, 공정표의 검토
3. 구조물의 위치와 규격 검토 확인
4. 시공자가 설계도서에 따라 시공하는지 확인

정답 | ②

31

석고 플라스터에 관한 설명으로 옳지 않은 것은?

① 석고 플라스터는 경화지연제를 넣어서 경화시간을 너무 빠르지 않게 한다.
② 경화·건조 시 치수 안정성과 내화성이 뛰어나다.
③ 석고 플라스터는 공기 중의 탄산가스를 흡수하여 표면부터 서서히 경화한다.
④ 시공 중에는 될 수 있는 한 통풍을 피하고 경화 후에는 적당한 통풍을 시켜야 한다.

개념 | KEYWORD 28 미장공사
해설 |
석고 플라스터는 공기 중에서 빠르게 경화한다.

관련이론
미장재료 비교

구분	회반죽	돌로마이트 플라스터	석고 플라스터
주체	소석회	마그네시아 석회	순·혼합(배합)·경석고
강도	작다.	회반죽보다 크다.	가장 크다.
경화속도	늦다.	회반죽보다 빠르다.	가장 빠르다.
건조수축	보통	크다.	작다.
점성	작다.	크다.	보통

정답 | ③

32

미장공사에서 균열을 방지하기 위하여 고려해야 할 사항 중 옳지 않은 것은?

① 바름면은 바람 또는 직사광선 등에 의한 급속한 건조를 피한다.
② 1회의 바름 두께는 가급적 얇게 한다.
③ 쇠 흙손질을 충분히 한다.
④ 모르타르 바름의 정벌바름은 초벌바름보다 부배합으로 한다.

개념 | KEYWORD 28 미장공사
해설 |
모르타르 바름의 정벌바름은 초벌바름보다 빈배합으로 한다.

관련이론
미장공사의 균열 및 박리 원인

구조체의 균형	설계 미숙에 의한 구조적 결함, 구조재의 수축 및 변형
재료의 원인	배합재료 불량, 모르타르 배합비 불량, 재료 수축
바탕면의 원인	바탕면 처리 불량, 모서리, 이음부, 이질재와 접촉부 등
시공불량	불균질한 바름 두께, 1회 바름 두께량 초과, 혼합재의 불균등, 양생불량으로 인한 건조, 수축

정답 | ④

33

고강도 콘크리트에 관한 내용으로 옳지 않은 것은?

① 설계기준압축강도는 보통 또는 중량골재 콘크리트에서 40MPa 이상인 것으로 한다.
② 고성능 감수제의 단위량은 소요 강도 및 작업에 적합한 워커빌리티를 얻도록 시험에 의해서 결정하여야 한다.
③ 단위수량은 소요의 워커빌리티를 얻을 수 있는 범위 내에서 가능한 한 작게 하여야 한다.
④ 기상의 변화나 동결융해 발생 여부에 관계없이 공기연행제를 사용하는 것을 원칙으로 한다.

개념 | KEYWORD 16 콘크리트공사

해설 |
고강도 콘크리트 소요 공기량: 공기연행제를 사용 안하는 것이 원칙이다. (기상 변화가 심하거나 융해 대책 필요시는 예외)

관련이론
고강도 콘크리트의 설계기준압축강도
1. 보통 또는 중량골재 콘크리트: 40MPa 이상
2. 경량골재 콘크리트: 27MPa 이상

정답 | ④

34

건축공사에서 활용되는 견적방법 중 가장 상세한 공사비의 산출이 가능한 견적방법은?

① 개산견적　　② 명세견적
③ 입찰견적　　④ 실행견적

개념 | KEYWORD 06 적산총론

해설 |
명세견적은 설계도서(도면, 시방서), 현장설명서, 구조계산서 등에 의거하여 가장 정확하고 정밀하게 공사비를 산출하는 방법이다.

관련이론
- 개산견적: 기 수행된 공사의 자료, 통계치, 경험, 실험식 등에 의하여 개략적으로 공사비를 산출하는 방법이다.
- 입찰견적: 입찰 시에 제출하는 견적을 말한다.
- 실행견적: 공사현장의 주위여건 등을 조사, 검토, 분석 후 별도로 작성한 실제 소요 공사견적이다.

정답 | ②

35

벽돌에 생기는 백화를 방지하기 위한 방법으로 옳지 않은 것은?

① 10% 이하의 흡수율을 가진 양질의 벽돌을 사용한다.
② 벽돌면 상부에 빗물막이를 설치한다.
③ 파라핀 도료를 발라 염류가 나오는 것을 방지한다.
④ 줄눈 모르타르에 석회를 넣어 바른다.

개념 | KEYWORD 19 조적공사

해설 |
줄눈 모르타르에 석회를 혼합하면 백화현상이 더 잘 발생된다.

관련이론
백화현상 방지대책
1. 잘 구워진 양질의 벽돌을 사용할 것(소성이 잘 된 벽돌)
2. 줄눈 모르타르에 방수제를 혼합한다.
3. 빗물이 침입하지 않도록 벽면에 비막이를 설치한다.
4. 벽돌 표면에 파라핀 도료를 발라 염류의 유출을 막는다.

정답 | ④

36

주문받은 건설업자가 대상계획의 기업, 금융, 토지조달, 설계, 시공 기타 모든 요소를 포괄하여 발주하는 도급계약 방식은?

① 실비청산 보수가산 도급
② 정액도급
③ 공동도급
④ 턴키도급

개념 | KEYWORD 04 계약제도

해설 |
턴키도급: 대상계획의 금융, 토지, 설계, 시공, 기계설치, 시운전 등 모든 요소를 포괄하는 도급계약방식으로 주문자가 필요로 하는 모든 것을 조달하여 주문자에게 인도하는 방식이다.

정답 | ④

37

서로 다른 종류의 금속재가 접촉하는 경우 부식이 일어나는 경우가 있는데 부식성이 큰 금속 순으로 옳게 나열된 것은?

① 알루미늄 > 철 > 주석 > 구리
② 주석 > 철 > 알루미늄 > 구리
③ 철 > 주석 > 구리 > 알루미늄
④ 구리 > 철 > 알루미늄 > 주석

개념 | KEYWORD 29 금속공사
해설 |
다른 종류의 금속재가 접촉하는 경우 수분이 있으면 전기분해가 발생하여 부식된다. 반응성이 큰 순서대로 나열하면, 알루미늄>철>주석>구리 순이다.

관련이론
금속의 이온화 경향
$K>Ca>Na>Mg>Al>Zn>Fe>Ni>Sn>Pb>(H)>Cu>Hg>Ag>Pt>Au$

정답 | ①

38

프리스트레스트 콘크리트에 관한 설명으로 옳은 것은?

① 진공매트 또는 진공펌프 등을 이용하여 콘크리트로부터 수화에 필요한 수분과 공기를 제거한 것이다.
② 고정시설을 갖춘 공장에서 부재를 철재거푸집에 의하여 제작한 기성제품 콘크리트(PC)이다.
③ 포스트텐션 공법은 미리 강선을 압축하여 콘크리트에 인장력으로 작용시키는 방법이다.
④ 장스팬 구조물에 적용할 수 있으며, 단위부재를 작게 할 수 있어 자중이 경감되는 특징이 있다.

개념 | KEYWORD 16 콘크리트공사
해설 |
프리스트레스트 콘크리트는 자중을 줄이고 스팬을 길게 할 수 있다.

관련이론
프리스트레스트 콘크리트(Prestressed Concrete) 특징
• 장스팬 구조가 가능, 균열발생이 없음
• 구조물의 자중 경감, 부재단면 축소 가능
• 내구성, 복원성이 크고 공기단축이 가능
• 항복점 이상에서 진동, 충격에 약함
• 화재에 약함, 내화피복(5cm 이상)이 필요
• 공정이 복잡, 고도의 품질관리가 요구

프리텐션(Pre-tension) 방식
PS 강재에 인장력을 가한 상태에서 콘크리트를 타설하고 경화한 후에 긴장을 풀어주는 방법

포스트텐션(Post-tension) 방식
콘크리트를 타설하고 경화한 후에 미리 묻어둔 덕트(시스, Sheath) 내에 PS강재를 삽입하여 긴장시킨 후 정착하고 그라우팅하는 방법

정답 | ④

39

다음 그림과 같은 건물에서 G_1과 같은 보가 8개 있다고 할 때 보의 총 콘크리트량을 구하면? (단, 보의 단면상 슬래브와 겹치는 부분은 제외하며, 철근량은 고려하지 않음)

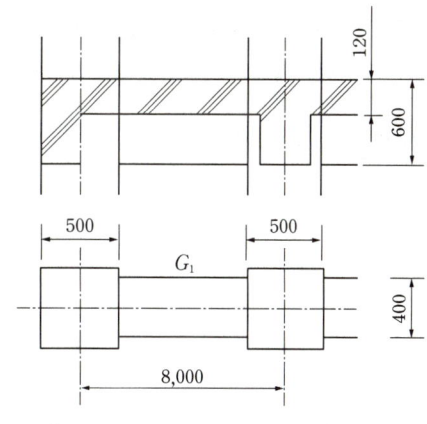

① $11.52m^3$
② $12.23m^3$
③ $13.44m^3$
④ $15.36m^3$

개념 | KEYWORD 07 공종별 적산
해설 |
보의 콘크리트량(V)=보의 너비×(보의 춤−바닥판의 두께)×보의 기둥 간 안목거리×보의 개수
∴ $0.4×(0.6−0.12)×(8−0.5)×8=11.52m^3$

정답 | ①

40
포틀랜드시멘트 화학성분 중 1일 이내 수화를 지배하며 응결이 가장 빠른 것은?

① 알루민산3석회
② 알루민산철4석회
③ 규산3석회
④ 규산2석회

개념 | KEYWORD 16 콘크리트공사

해설 |
알루민산3석회는 조기강도가 커서 보통 포틀랜드시멘트의 28일 강도를 24시간 만에 발현한다.

정답 | ①

건축구조

41
고장력볼트접합에 관한 설명으로 옳지 않은 것은?

① 유효단면적당 응력이 크며, 피로강도가 작다.
② 강한 조임력으로 너트의 풀림이 생기지 않는다.
③ 응력방향이 바뀌더라도 혼란이 일어나지 않는다.
④ 접합방식에는 마찰접합, 지압접합, 인장접합이 있다.

개념 | KEYWORD 18 접합, 볼트, 용접

해설 |
고장력볼트접합은 유효단면적당 응력이 작으며, 피로강도가 크다.

정답 | ①

42
지진에 대응하는 기술 중 하나인 제진(製震)에 관한 설명으로 옳지 않은 것은?

① 기존 건물의 구조형식에 좌우되지 않는다.
② 지반종류에 의한 제약을 받지 않는다.
③ 소형 건물에 일반적으로 많이 적용된다.
④ 댐퍼 등을 사용하여 흔들림을 효과적으로 제어한다.

개념 | KEYWORD 03 내진·내풍·사용성 설계

해설 |
일반적으로 대규모 건물에 많이 사용된다.

관련이론
제진구조
- 건물 자체의 지진 에너지 흡수 메커니즘에 의해 지진의 충격력을 흡수하는 구조이다.
- 1층 부분의 댐퍼 등의 제진장치로 건물 내 전달되는 지진에너지를 흡수한다.
- 면진에 비해 상대적으로 경제적이다.

정답 | ③

43
콘크리트구조의 내구성설계기준에 따른 보수·보강설계에 관한 설명으로 옳지 않은 것은?

① 손상된 콘크리트 구조물에서 안전성, 사용성, 내구성, 미관 등의 기능을 회복시키기 위한 보수는 타당한 보수설계에 근거하여야 한다.
② 보수·보강설계를 할 때는 구조체를 조사하여 손상 원인, 손상 정도, 저항내력 정도를 파악한다.
③ 책임구조기술자는 보수·보강공사에서 품질을 확보하기 위하여 공정별로 품질관리검사를 시행하여야 한다.
④ 보강설계를 할 때에는 사용성과 내구성 등의 성능은 고려하지 않고, 보강 후의 구조내하력 증가만을 반영한다.

개념 | KEYWORD 03 내진·내풍·사용성 설계

해설 |
보강설계를 할 때에는 사용성과 내구성 등의 성능도 고려한다.

정답 | ④

44

그림과 같은 직사각형 단면을 가지는 보에 최대 휨모멘트 $M=20\text{kN}\cdot\text{m}$가 작용할 때 최대 휨응력은?

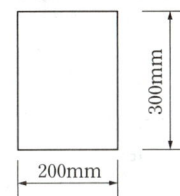

① 3.33MPa ② 4.44MPa
③ 5.56MPa ④ 6.67MPa

개념 | KEYWORD 06 반력, 전단력, 휨모멘트
해설 |

최대 휨응력 $\sigma_{\max}=\dfrac{M_{\max}}{Z}$로 구한다.

여기서, $M_{\max}$: 최대 휨모멘트, Z : 단면계수

단면이 사각형일 경우 $Z=\dfrac{bh^2}{6}$이므로

$\therefore \sigma_{\max}=\dfrac{(20\times 10^6)}{\dfrac{200\times 300^2}{6}}=6.67\text{N/mm}^2=6.67\text{MPa}$

정답 | ④

45

그림과 같은 복근보에서 전단보강철근이 부담하는 전단력 V_s를 구하면? (단, $f_{ck}=24\text{MPa}$, $f_y=400\text{MPa}$, $f_{yt}=300\text{MPa}$, $A_v=71\text{mm}^2$)

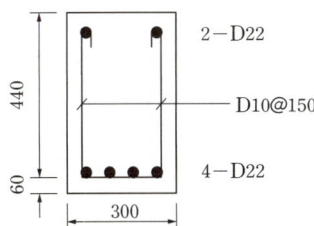

① 약 110kN ② 약 115kN
③ 약 120kN ④ 약 125kN

개념 | KEYWORD 13 전단 및 비틀림
해설 |

전단철근의 공칭전단강도는 $V_s=\dfrac{A_v f_{yt} d}{s}$이다.

여기서, s는 전단철근의 간격

그림의 복근보에는 2개의 전단철근이 사용되었으므로 구하고자 하는 공칭 전단강도는 2개의 전단철근에 의한 전단강도를 계산해야 한다. 따라서 다음과 같이 A_v에 2를 곱하여 계산한다.

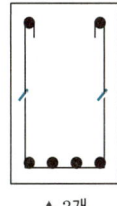

▲ 2개

$\therefore V_s=\dfrac{(71\times 2)(300)(440)}{150}=124,960\text{N}=124.960\text{kN}$

정답 | ④

46

강도설계법에서 단근직사각형 보의 c(압축연단에서 중립축까지 거리)값으로 옳은 것은? (단, $f_{ck}=24\text{MPa}$, $f_y=400\text{MPa}$, $b=300\text{mm}$, $A_s=1,161\text{mm}^2$, 포물선 – 직선 형상의 응력 – 변형률 관계 이용)

① 92.65mm ② 94.85mm
③ 96.65mm ④ 98.85mm

개념 | KEYWORD 12 보의 휨설계
해설 |

보의 압축연단에서 중립축까지의 거리를 응력 – 변형률 관계를 이용하면
$c:d-c=0.0033:\varepsilon_y$

$c=\dfrac{a}{\beta_1}$, $a=\dfrac{A_s f_y}{\eta(0.85 f_{ck})b}=\dfrac{1,161\times 400}{1.0\times(0.85\times 24)\times 300}=75.88\text{mm}$

$c=\dfrac{a}{\beta_1}=\dfrac{75.88}{0.80}=94.85\text{mm}$

관련이론

$f_{ck}(\text{MPa})$	≤ 40
ε_{cu}	0.0033
η	1.00
β_1	0.80

정답 | ②

47

그림의 용접기호와 관련된 내용으로 옳은 것은?

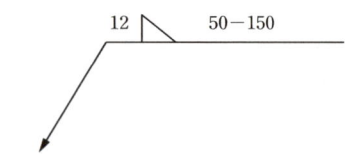

① 양면용접에 용접길이 50mm
② 용접 간격 100mm
③ 용접 치수 12mm
④ 맞댐(개선) 용접

개념 | KEYWORD 18 접합, 볼트, 용접

해설 |
용접 치수는 12mm이다.

선지분석
① 편면용접에 용접길이는 50mm
② 용접 간격은 150mm
④ 필릿(모살) 용접

관련이론
용접기호

용접의 종류	기호	적용 예	
V형	∨		화살의 반대측에 용접
			화살쪽에 용접
L형	∨		화살의 반대측에 용접
			화살쪽에 용접
필릿 편면			화살의 반대측에 용접
			화살쪽에 용접
필릿 병렬			양측에서 용접

용접도시

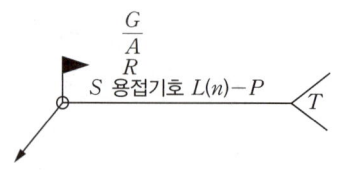

▲ 용접할 곳이 화살 반대쪽 또는 뒤쪽일 때

S 용접치수　　　R 루트간격　　　A 개선각
T 꼬리(특기사항 기록) − 표면모양　　G 용접부처리방법
L 용접길이　　　P 용접간격　　▶ 현장용접

정답 | ③

48

그림과 같은 3회전단 구조물의 반력은?

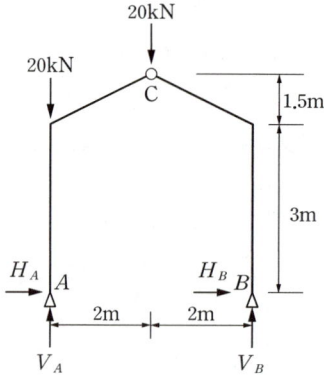

① $H_A=4.44$kN, $H_B=-4.44$kN, $V_A=30$kN, $V_B=10$kN
② $H_A=0$, $H_B=0$, $V_A=30$kN, $V_B=10$kN
③ $H_A=-4.44$kN, $H_B=4.44$kN, $V_A=30$kN, $V_B=10$kN
④ $H_A=4.44$kN, $H_B=-4.44$kN, $V_A=50$kN, $V_B=-10$kN

개념 | KEYWORD 06 반력, 전단력, 휨모멘트

해설 |
3힌지 라멘구조의 중앙힌지를 기준으로 좌우 모멘트 값이 0이라는 걸 이용한다.
$\Sigma H = H_A + H_B = 0$　　$\Sigma V = V_A + V_B - 20 - 20 = 0$
$\Sigma M_A = 20 \times 2 - V_B \times 4 = 0$이므로
$V_B = 10$kN, $V_A = 30$kN
왼쪽 $\Sigma M_C = V_A \times 2 - H_A \times 4.5 - 20 \times 2 = 0$이므로
$H_A = 4.44$kN, $H_B = -4.44$kN

정답 | ①

49

그림과 같은 양단 고정보에서 B단의 휨모멘트 값은?

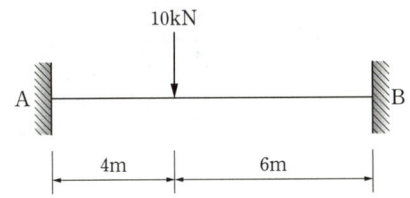

① 2.4kN·m   ② 9.6kN·m
③ 14.4kN·m ④ 24.8kN·m

개념 | KEYWORD 09 구조물 해석

해설 |
양단 고정보에서 양 끝단의 휨모멘트의 경우 다음 그림과 같다.

B단의 휨모멘트 $M_B = \dfrac{Pa^2b}{L^2}$ 이므로

$M_B = \dfrac{10\text{kN} \times (4\text{m})^2 \times 6\text{m}}{(10\text{m})^2} = 9.6\text{kN}\cdot\text{m}$

관련이론
양단 고정보 휨모멘트

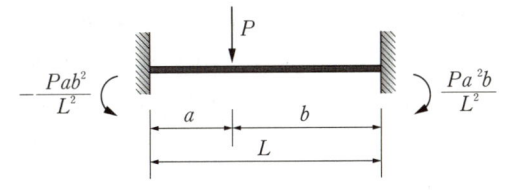

정답 | ②

50

1방향 철근콘크리트 슬래브에 배치하는 수축·온도철근에 관한 기준으로 옳지 않은 것은?

① 수축·온도철근으로 배치되는 이형철근 및 용접철망의 철근비는 어떤 경우에도 0.0014 이상이어야 한다.
② 수축·온도철근으로 배치되는 설계기준항복강도가 400MPa를 초과하는 이형철근 또는 용접철망을 사용한 슬래브의 철근비는 $0.0020 \times \dfrac{400}{f_y}$ 으로 산정한다.
③ 수축·온도철근의 간격은 슬래브 두께의 6배 이하, 또한 600mm 이하로 하여야 한다.
④ 수축·온도철근은 설계기준항복강도 f_y를 발휘할 수 있도록 정착되어야 한다.

개념 | KEYWORD 14 슬래브, 기둥, 벽체, 기타

해설 |
수축·온도철근의 간격은 슬래브 두께의 5배 이하, 또한 450mm 이하로 하여야 한다.

관련이론
1방향 슬래브의 수축·온도 철근비

$f_y \leq 400$MPa인 경우 $\rho = 0.002$

$f_y > 400$MPa인 경우 $\rho = 0.002 \times \dfrac{400}{f_y}$

정답 | ③

51

다음 그림과 같은 인장재의 순단면적을 구하면?(단, F10T
-M20볼트 사용(표준구멍), 판의 두께는 6mm임)

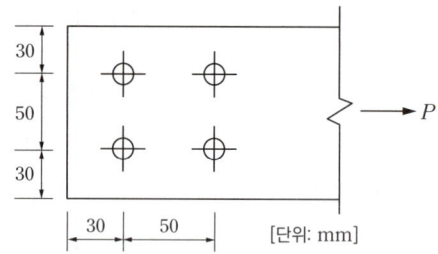

① 296mm² ② 396mm²
③ 426mm² ④ 536mm²

개념 | KEYWORD 19 인장재·압축재 설계
해설 |

정렬배치 상태의 인장재 순단면적 A_n은 다음과 같은 식으로 구한다.

$$A_n = A_g - ndt$$

- A_g: 총 단면적
- n: 파단선상 구멍 수
- d: 파스너 구멍의 직경
- t: 부재의 두께

※ 표준구멍(d)
  직경 24mm 미만 → M+2.0mm
  직경 24mm 이상 → M+3.0mm
  따라서, M20의 표준구멍은 22mm

∴ $A_n = (6 \times (30+50+30)) - 2 \times (20+2) \times 6 = 396mm^2$

정답 | ②

52

다음 그림과 같은 내민보에 집중하중이 작용할 때 A점의 처짐각 θ_A를 구하면?

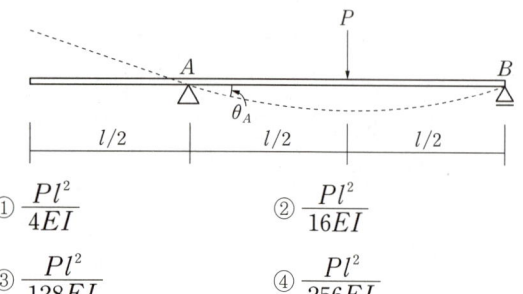

① $\dfrac{Pl^2}{4EI}$ ② $\dfrac{Pl^2}{16EI}$
③ $\dfrac{Pl^2}{128EI}$ ④ $\dfrac{Pl^2}{256EI}$

개념 | KEYWORD 10 보의 처짐
해설 |

내민보에 하중이 작용하지 않으므로 단순보라고 생각하고 계산한다.

∴ 단순보의 처짐각 공식에서 $\theta_A = \dfrac{Pl^2}{16EI}$

정답 | ②

53

양단 힌지인 길이 6m의 H-300×300×10×15의 기둥이 부재 중앙에서 약축방향으로 가새를 통해 지지되어 있을 때 설계용 세장비는? (단, r_x=131mm, r_y=75.1mm)

① 39.9 ② 45.8
③ 58.2 ④ 66.3

개념 | KEYWORD 07 기둥의 좌굴
해설 |

세장비 $\lambda = \dfrac{KL}{r}$이고, 양단 힌지이므로 $K=1.0$이다.
(여기서, KL: 유효좌굴길이, r: 단면2차반경)
강축(x)에 대해서는 부재 전체의 길이 6m를,
약축(y)에 대해서는 가새로 횡지지 되어 있으므로 3m를 적용하여 세장비를 계산하면

강축(λ_x): $\dfrac{KL}{r_x} = \dfrac{(1.0)(6,000)}{131} ≒ 45.8$

약축(λ_y): $\dfrac{KL}{r_y} = \dfrac{(1.0)(3,000)}{75.1} ≒ 39.90$이다.

이 중 큰 값을 선정하므로 45.8이다.

관련이론

유효좌굴길이계수 K

구분	양단 힌지	1단고정, 1단힌지	양단고정	1단고정, 1단자유
계수 값	1	0.7	0.5	2

정답 | ②

54

과도한 처짐에 의해 손상되기 쉬운 비구조요소를 지지 또는 부착하지 않은 바닥구조의 활하중 l에 의한 순간처짐의 한계는?

① $\dfrac{l}{180}$ ② $\dfrac{l}{240}$

③ $\dfrac{l}{360}$ ④ $\dfrac{l}{480}$

개념 | KEYWORD 12 사용성 및 내구성

해설 |

처짐의 한계는 최대 허용처짐 규정에 따라 결정된다. 따라서 과도한 처짐에 의해 손상되기 쉬운 비구조요소를 지지 또는 부착하지 않은 바닥구조의 활하중에 의한 순간처짐의 한계는 $\dfrac{l}{360}$이다.

관련이론

최대 허용처짐 규정

부재의 형태	고려해야할 처짐	처짐 한계
과도한 처짐에 의해 손상되기 쉬운 비구조 요소를 지지 또는 부착하지 않은 평지붕구조: 외부 환경	활하중 l에 의한 순간처짐	$\dfrac{l}{180}$
과도한 처짐에 의해 손상되기 쉬운 비구조 요소를 지지 또는 부착하지 않은 바닥구조: 내부 환경	활하중 l에 의한 순간처짐	$\dfrac{l}{360}$
과도한 처짐에 의해 손상되기 쉬운 비구조 요소를 지지 또는 부착한 지붕 또는 바닥구조	전체 처짐 중에서 비구조 요소가 부착된 후에 발생하는 처짐 부분	$\dfrac{l}{480}$
과도한 처짐에 의해 손상될 염려가 없는 비구조 요소를 지지 또는 부착한 지붕 또는 바닥구조	(모든 지속하중에 의한 장기 처짐과 추가적인 활하중에 의한 순간처짐의 합)	$\dfrac{l}{240}$

정답 | ③

55

다음과 같은 사다리꼴 단면의 도심 y_0값은?

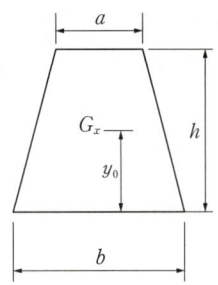

① $\dfrac{h(2a+b)}{3(a+b)}$ ② $\dfrac{h(a+b)}{3(2a+b)}$

③ $\dfrac{3h(2a+b)}{(a+b)}$ ④ $\dfrac{h(a+2b)}{3(a+b)}$

개념 | KEYWORD 05 단면의 성질

해설 |

도심거리는 단면1차모멘트 G_x를 면적 A로 나누어 구한다.

$y = \dfrac{G_x}{A}$

사다리꼴의 도심은 삼각형 $\left(\dfrac{1}{2}bh\right)$와 삼각형 $\left(\dfrac{1}{2}ah\right)$로 나눈 후 더하여 계산할 수 있다.

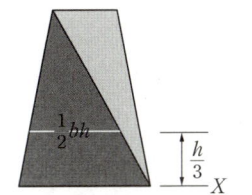 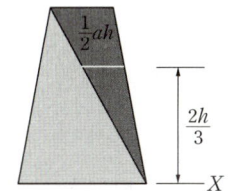

1. $G_x = \dfrac{1}{2}bh \times \dfrac{h}{3}$ 2. $G_x = \dfrac{1}{2}ah \times \dfrac{2h}{3}$

$\therefore y = \dfrac{G_x}{A} = \dfrac{\left(\dfrac{1}{2}bh \times \dfrac{h}{3}\right) + \left(\dfrac{1}{2}ah \times \dfrac{2h}{3}\right)}{\left(\dfrac{1}{2}bh\right) + \left(\dfrac{1}{2}ah\right)} = \dfrac{h}{3} \times \dfrac{2a+b}{a+b}$

정답 | ①

56

그림과 같은 라멘에 있어서 A점의 모멘트는 얼마인가? (단, k는 강비이다.)

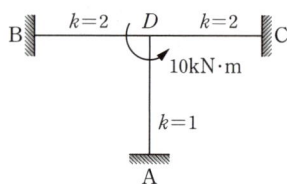

① 1kN·m
② 2kN·m
③ 3kN·m
④ 4kN·m

개념 | KEYWORD 09 구조물 해석

해설 |

모멘트 분배법을 이용해 구한다.

- 분배율: $DF_{DA} = \dfrac{1}{1+2+2} = \dfrac{1}{5}$
- 분배모멘트 계산: $M_{DA} = M_D \cdot DF_{DA} = 10 \times \dfrac{1}{5} = 2\text{kN·m}$
- 전달모멘트 계산(전달률: 고정단은 $\dfrac{1}{2}$)

$M_A = \dfrac{1}{2} M_{DA} = \dfrac{1}{2} \times 2 = 1\text{kN·m}$

정답 | ①

57

연약한 지반에 대한 대책 중 하부구조의 조치사항으로 옳지 않은 것은?

① 동일 건물의 기초에 이질 지정을 둔다.
② 경질지반에 기초판을 지지한다.
③ 지하실을 설치한다.
④ 경질지반이 깊을 때는 마찰말뚝을 사용한다.

개념 | KEYWORD 02 지반 및 기초

해설 |

동일 건물의 기초에 온통기초를 사용하는 것이 부동침하 방지에 효과적이다.

관련이론
연약지반의 부동침하 방지대책
1. 상부구조: 건물의 경량화, 건물의 길이 제한, 인접건물과 이격, 건물의 중량 균등 분배
2. 하부구조: 경질 지반에 지지, 마찰말뚝 사용하고 서로 다른 종류의 말뚝 혼용을 금지, 지하실(온통기초) 설치, 지중보 또는 지하 연속벽 시공

정답 | ①

58

프리스트레스하지 않는 부재의 현장치기 콘크리트 중 흙에 접하여 콘크리트를 친 후 영구히 흙에 묻혀 있는 콘크리트의 최소 피복두께 기준으로 옳은 것은?

① 100mm
② 75mm
③ 50mm
④ 40mm

개념 | KEYWORD 11 철근콘크리트구조 총론

해설 |

프리스트레스하지 않는 부재의 현장치기 콘크리트의 최소 피복두께

구분			현장치기 콘크리트 피복두께
수중			100mm
흙에 접하여 타설 후 영구히 흙에 묻혀 있는 콘크리트			75mm
흙에 접하거나 옥외의 공기에 직접 노출	D19 이상		50mm
	D16 이하의 철근, 지름 16 이하의 철선		40mm
옥외의 공기나 흙에 직접 접하지 않는 콘크리트	슬래브, 벽체, 장선	D35 초과	40mm
		D35 이하	20mm
	보, 기둥*		40mm
	쉘, 절판부재		20mm

* 보, 기둥의 경우 $f_{ck} \geq 40\text{MPa}$이면 10mm 저감가능

정답 | ②

59

그림과 같은 구조물의 부정정 차수는?

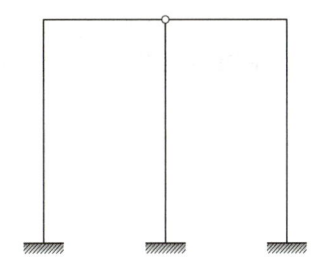

① 1차 부정정 ② 2차 부정정
③ 3차 부정정 ④ 4차 부정정

개념 | KEYWORD 08 구조물 판별

해설 |
$N=r+m+f-2\times j$ (r: 지점반력수, m: 부재수, f: 강절점수, j: 지점수 + 자유단 절점수)의 공식을 이용해 부정정 차수를 구하면
$N=(3+3+3)+5+2-2\times 6=4$이므로
4차 부정정 구조이다.

다른 풀이
부정정 차수(N)=외적 차수(N_e)+내적 차수(N_i)이다.
외적차수 $N_e=r-3=(3+3+3)-3=6$이고,
내적차수 $N_i=(-1)\times 2=-2$이므로
$N=N_e+N_i=6-2=4$이다.

정답 | ④

60

철골구조 주각부의 구성요소가 아닌 것은?

① 커버 플레이트   ② 앵커볼트
③ 리브 플레이트   ④ 베이스 플레이트

개념 | KEYWORD 17 강구조 총론

해설 |

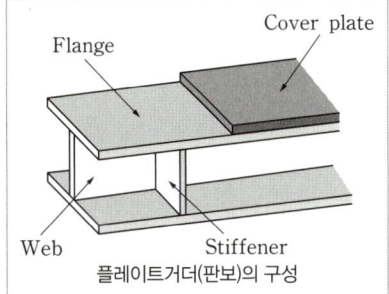

커버 플레이트(Cover plate): 플레이트거더(Plate girder)의 요소 중 하나로 플랜지 전체 단면적의 70% 이하이며, 휨내력을 보강하기 위해 사용된다.

관련이론
주각부

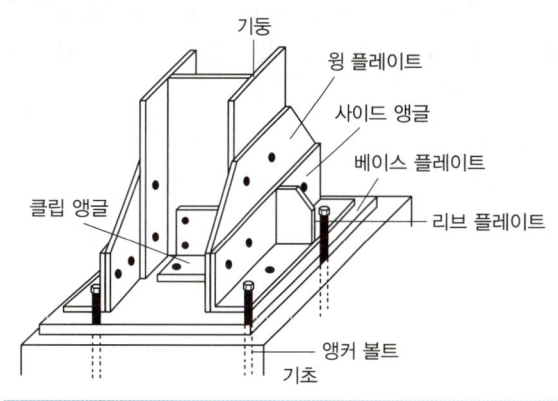

정답 | ①

건축설비

61

배수관의 관경과 구배에 관한 설명으로 옳지 않은 것은?

① 배관구배를 완만하게 하면 세정력이 저하된다.
② 배수관경을 크게 하면 할수록 배수능력은 향상된다.
③ 배관구배를 너무 급하게 하면 흐름이 빨라 고형물이 남는다.
④ 배관구배를 너무 급하게 하면 관로의 수류에 의한 파손 우려가 높아진다.

개념 | KEYWORD 03 배수 및 통기설비

해설 |
배수관경을 크게 하면 할수록 유속이 저하되므로 배수능력은 떨어진다.

정답 | ②

62

한 시간당 급탕량이 5m³일 때 급탕부하는 얼마인가? (단, 물의 비열은 4.2kJ/kg·K, 급탕온도는 70℃, 급수온도는 10℃이다.)

① 35kW
② 126kW
③ 350kW
④ 1,260kW

개념 | KEYWORD 02 급탕설비

해설 |

급탕부하 $= \dfrac{G \cdot c \cdot \Delta t}{3,600}$ (kW)

$= \dfrac{(5 \times 10^3)\text{kg/h} \times 4.2\text{kJ/kg·K} \times (70-10)\text{K}}{3,600\text{s/h}}$

$= 350\text{kW}(\text{kJ/s})$

여기서, G: 시간당 급탕량(kg/h)
c: 물의 비열(4.2kJ/kg·K)
Δt: 온도차(K)

정답 | ③

63

엘리베이터의 조작 방식 중 무운전원 방식으로 다음과 같은 특징을 갖는 것은?

> 승객 스스로 운전하는 전자동 엘리베이터로, 승강장으로부터의 호출 신호로 기동, 정지를 이루는 조작 방식이며, 누른 순서에 상관없이 각 호출에 응하여 자동적으로 정지한다.

① 단식자동방식
② 카 스위치방식
③ 승합전자동방식
④ 시그널 콘트롤 방식

개념 | KEYWORD 17 엘리베이터설비

해설 |

승합전자동 방식: 목적층의 버튼과 승강장의 호출신호에 의해 출발 및 정지하는 조작방식이다. 승객 스스로 운전하는 전자동 엘리베이터로서 누른 순서에 관계없이 각 호출에 따른다.

정답 | ③

64

전기샤프트(ES)의 계획 시 고려사항으로 옳지 않은 것은?

① 각 층마다 같은 위치에 설치한다.
② 기기의 배치와 유지보수에 충분한 공간으로 하고, 건축적인 마감을 실시한다.
③ 점검구는 유지보수 시 기기의 반출입이 가능하도록 하여야 하며, 점검구 문의 폭은 최소 300mm 이상으로 한다.
④ 공급대상 범위의 배선거리, 전압강하 등을 고려하여 가능한 한 공급 대상설비 시설 위치의 중심부에 위치하도록 한다.

개념 | KEYWORD 13 전기설비 기초

해설 |

전기샤프트(ES)의 점검구는 유지보수 시 기기의 반출입이 가능하도록 하여야 하며, 점검구 문의 폭은 최소 90cm 이상으로 한다.

관련이론

전기샤프트(ES) (건축전기설비 설계기준, 2016)

- 전기샤프트(ES)는 전력용(EPS)과 정보통신용(TPS)과 같이 용도별로 구분하여 설치한다. 다만, 각 용도의 설치 장비 및 배선이 적은 경우는 공용으로 사용한다.
- ES는 각 층마다 같은 위치에 설치한다.
- ES는 연면적 3,000m² 이상 건축물의 경우 1개 층을 기준하여 800m²마다 설치한다. 다만, 용도에 따라 면적을 달리할 수 있다.
- ES의 면적은 보, 기둥부분을 제외하고 산정하며, 기기의 배치와 유지보수에 충분한 공간으로 하고, 건축적인 마감을 시행한다.
- ES의 점검구는 유지보수 시 기기의 반입 및 반출이 가능하도록 하여야 하며, 점검구 문의 폭은 90cm 이상으로 한다.

정답 | ③

65
다음 중 변전실 면적에 영향을 주는 요소와 가장 거리가 먼 것은?

① 발전기실의 면적
② 변전설비 변압방식
③ 수전전압 및 수전방식
④ 설치 기기와 큐비클의 종류

개념 | KEYWORD 14 강전설비
해설 |
변전실 면적에 영향을 주는 요소
1. 수전전압 및 수전방식
2. 변전설비 변압방식, 변압기 용량, 수량 및 형식
3. 설치 기기와 큐비클의 종류
4. 기기의 배치방법 및 유지보수 필요면적
5. 건축물의 구조적 여건

정답 | ①

66
배수트랩의 봉수가 파손되는 것을 방지하기 위한 방법으로 옳지 않은 것은?

① 자기사이펀 작용에 의한 봉수파괴를 방지하기 위하여 S트랩을 설치한다.
② 유도사이펀 작용에 의한 봉수파괴를 방지하기 위하여 도피통기관을 설치한다.
③ 증발현상에 의한 봉수파괴를 방지하기 위하여 트랩 봉수 보급수 장치를 설치한다.
④ 역압에 의한 분출작용을 방지하기 위하여 배수 수직관의 하단부에 통기관을 설치한다.

개념 | KEYWORD 03 배수 및 통기설비
해설 |
S트랩은 사이펀 작용을 일으키기 쉬운 형태로 봉수가 쉽게 파괴된다.

정답 | ①

67
다음의 간선 배전방식 중 분전반에서 사고가 발생했을 때 그 파급 범위가 가장 좁은 것은?

① 평행식
② 방사선식
③ 나뭇가지식
④ 나뭇가지 평행식

개념 | KEYWORD 14 강전설비
해설 |
평행식은 배전반에서 각 분전반으로 단독으로 배선되기 때문에 사고 발생 시 영향을 최소화 할 수 있다.

정답 | ①

68
스프링클러설비를 설치하여야 하는 특정소방 대상물의 최대 방수구역에 설치된 개방형스프링클러헤드의 개수가 30개일 경우, 스프링클러설비의 수원의 저수량은 최소 얼마 이상으로 하여야 하는가?

① $16m^3$
② $32m^3$
③ $48m^3$
④ $56m^3$

개념 | KEYWORD 06 소화설비
해설 |
개방형스프링클러헤드의 개수가 30개이므로,
스프링클러설비의 수원의 저수량 = $1.6m^3 \times 30개 = 48m^3$

관련이론
스프링클러설비 수원의 저수량
1. 폐쇄형스프링클러헤드
  → 설치장소별 스프링클러헤드 기준개수 × $1.6m^3$
   (기준개수: 아파트 10개, 판매시설, 복합상가 및 11층 이상인 소방대상물 30개)
2. 개방형스프링클러헤드
  → 헤드수가 30개 이하일 경우 설치헤드수 × $1.6m^3$

정답 | ③

69

열관류율 $K=2.5W/m^2 \cdot K$인 벽체의 양쪽 공기온도가 각각 20℃와 0℃일 때, 이 벽체 $1m^2$당 이동열량은?

① 25W
② 50W
③ 100W
④ 200W

개념 | KEYWORD 11 난방설비

해설 |
열량$(Q) = K \cdot A \cdot \Delta t = 2.5 \times 1 \times (20-0) = 50(W)$

정답 | ②

70

어느 점광원과 1m 떨어진 곳의 직각면 조도가 800[lx]일 때, 이 광원과 4m 떨어진 곳의 직각면 조도는?

① 50[lx]
② 100[lx]
③ 150[lx]
④ 200[lx]

개념 | KEYWORD 16 조명설비

해설 |
$E = \dfrac{I}{d^2}$에서

조도(E)는 광도(I)에 비례하고, 거리(d)의 제곱에 반비례하므로 거리가 4배가 되면 조도는 800의 16분의 1인 50[lx]가 된다.

정답 | ①

71

습공기를 가열했을 때 상태값이 변화하지 않는 것은?

① 엔탈피
② 습구온도
③ 절대습도
④ 상대습도

개념 | KEYWORD 08 공기조화설비 총론

해설 |
습공기를 가열했을 때 상태값이 변화하지 않는 것은 절대습도이다.

관련이론
습공기 가열·냉각 시 상태변화

습공기	상태변화
가열	엔탈피 증가, 비체적 증가, 상대습도 감소
냉각	엔탈피 감소, 비체적 감소, 상대습도 증가

※ 절대습도는 가열하거나 냉각하여도 일정하다.(변하지 않는다.)

정답 | ③

72

증기난방에 관한 설명으로 옳지 않은 것은?

① 온수난방에 비해 예열시간이 짧다.
② 온수난방에 비해 한랭지에서 동결의 우려가 작다.
③ 운전 시 증기해머로 인한 소음을 일으키기 쉽다.
④ 온수난방에 비해 부하변동에 따른 실내방열량의 제어가 용이하다.

개념 | KEYWORD 11 난방설비

해설 |
증기난방은 온수난방에 비교하여 부하변동에 따른 실내방열량 제어가 어렵다.

관련이론
증기난방의 장단점

장점	단점
• 증발잠열을 이용하여 열의 운반능력이 큼 • 방열기의 방열면적이 작아도 가능 • 설비비가 저가 • 열용량이 작아 예열시간이 짧고 증기순환이 빠름 • 한랭지에서 동결에 의한 파손의 위험이 적음	• 방열기의 방열량 제어가 어려움 • 방열기의 표면온도가 높아 접촉 시 화상의 우려 • 먼지 등의 상승으로 난방의 쾌적감이 나쁨 • 스팀해머가 발생할 우려 • 응축수관이 부식하기 쉬움 • 증기트랩의 고장 및 응축수 처리에 배관상 기술을 요함

정답 | ④

73

공기조화방식 중 2중덕트방식에 관한 설명으로 옳지 않은 것은?

① 전공기 방식에 속한다.
② 덕트가 2개의 계통이므로 설비비가 많이 든다.
③ 부하특성이 다른 다수의 실이나 존에도 적용할 수 있다.
④ 냉풍과 온풍을 혼합하는 혼합상자가 필요 없으므로 소음과 진동도 적다.

개념 | KEYWORD 09 공기조화 방식과 기기
해설 |
2중덕트방식은 냉풍과 온풍을 혼합하는 혼합상자가 필요하다.

관련이론
이중덕트방식(Dual Duct System): 중앙의 공조기에서 냉풍과 온풍을 동시에 제조하여 각 실 또는 각 존에 공급하고, 각 실, 각 존 마다의 부하에 따라 혼합유닛에서 냉풍과 온풍을 적절히 혼합하여 송풍온도를 조절하는 방식이다.

장점	• 개별조절 가능 • 냉·난방을 동시에 할 수 있으므로 계절마다 냉·난방의 전환이 필요하지 않음 • 온도, 공기정화, 환기효과 등에 대하여 고도의 처리가 가능 • 일정량의 급기량이 확보되므로 실내의 기류 분포가 양호 • 실내에 열매수(熱媒水) 배관이나 공조용 동력 배선이 불필요
단점	• 설비비, 운전비가 고가 • 덕트가 이중이므로 차지하는 면적이 넓음 • 습도의 완전한 조절이 어려움 • 중간기에는 냉·온풍 혼합에 의한 에너지 낭비가 발생
적용	고급 사무소 건물, 냉·난방부하 분포가 복잡한 건물

정답 | ④

74

다음과 가장 관계가 깊은 것은?

> 에너지보존의 법칙을 유체의 흐름에 적용한 것으로서 유체가 갖고 있는 운동에너지, 중력에 의한 위치에너지 및 압력에너지의 총합은 흐름 내 어디에서나 일정하다.

① 뉴턴의 점성법칙
② 베르누이의 정리
③ 보일–샤를의 법칙
④ 오일러의 상태방정식

개념 | KEYWORD 01 급수설비
해설 |
베르누이의 정리에 대한 설명이다.
운동하고 있는 유체의 역학적 총에너지, 즉 유체의 압력에 의한 에너지와 임의의 수평면에 대한 중력에 의한 위치에너지 그리고 유체의 운동에너지의 총합은 일정하다. (단, 점성이 없는 비압축성 유체의 정상 흐름)

정답 | ②

75

자연환기에 관한 설명으로 옳은 것은?

① 풍력환기에 의한 환기량은 풍속에 반비례한다.
② 풍력환기에 의한 환기량은 유량계수에 비례한다.
③ 중력환기에 의한 환기량은 공기의 입구와 출구가 되는 두 개구부의 수직거리에 반비례한다.
④ 중력환기에서는 실내온도가 외기온도보다 높을 경우, 공기는 건물 상부의 개구부에서 들어와서 하부의 개구부로 나간다.

개념 | KEYWORD 10 환기설비
해설 |
풍력환기에 의한 환기량은 유량계수에 비례한다.

선지분석
① 풍력환기에 의한 환기량은 풍속에 비례한다.
③ 중력환기에 의한 환기량은 공기의 입구와 출구가 되는 두 개구부의 수직거리의 제곱근에 비례한다.
④ 중력환기에서는 실내온도가 외기온도보다 높을 경우, 공기는 건물 하부의 개구부에서 들어와서 상부의 개구부로 나간다.

정답 | ②

76

실내 음환경의 잔향시간에 관한 설명으로 옳은 것은?

① 실의 흡음력이 높을수록 잔향시간은 길어진다.
② 잔향시간을 길게 하기 위해서는 실내공간의 용적을 작게 하여야 한다.
③ 잔향시간은 음향청취를 목적으로 하는 공간이 음성전달을 목적으로 하는 공간보다 짧아야 한다.
④ 잔향시간은 실내가 확장음장이라고 가정하여 구해진 개념으로 원리적으로는 음원이나 수음점의 위치에 상관없이 일정하다.

개념 | KEYWORD 21 음 환경

선지분석
① 실의 흡음력이 높을수록 잔향시간은 짧아진다.
② 잔향시간을 길게 하기 위해서는 실내공간의 용적을 크게 하여야 한다.
③ 잔향시간은 음향청취를 목적으로 하는 공간이 음성전달을 목적으로 하는 공간보다 길어야 한다.

관련이론

Sabine의 잔향식

$$T = K\frac{V}{A} = K\frac{V}{aS}$$

- T: 잔향시간
- K: 비례상수 0.163
- V: 실의 용적(m^3)
- A: 흡음력 = $\bar{a}$(평균 흡음률) × S(실내 표면적)

정답 | ④

77

발전기에 적용되는 법칙으로 유도기전력의 방향을 알기 위하여 사용되는 법칙은?

① 오옴의 법칙
② 키르히호프의 법칙
③ 플레밍의 왼손의 법칙
④ 플레밍의 오른손의 법칙

개념 | KEYWORD 14 강전설비

해설
발전기에 적용되는 법칙으로 유도기전력의 방향을 알기 위하여 사용되는 법칙은 플레밍의 오른손의 법칙이다.

정답 | ④

78

압력에 따른 도시가스의 분류에서 고압의 기준으로 옳은 것은? (단, 게이지압력 기준)

① 0.1MPa 이상
② 1MPa 이상
③ 10MPa 이상
④ 100MPa 이상

개념 | KEYWORD 07 가스설비

해설
도시가스 고압의 기준은 1MPa 이상이다.

관련이론

도시가스의 압력 구분

구분	압력
고압	1MPa 이상
중압	0.1MPa 이상 1MPa 미만
저압	0.1MPa 미만

정답 | ②

79

냉방부하 계산 결과 현열부하가 620W, 잠열부하가 155W일 경우 현열비는?

① 0.2
② 0.25
③ 0.4
④ 0.8

개념 | KEYWORD 09 공기조화 방식과 기기

해설

$$\text{현열비}(SHF) = \frac{\text{현열부하}}{\text{현열부하} + \text{잠열부하}} = \frac{620}{620+155} = 0.8$$

정답 | ④

80
다음의 냉동기 중 기계적 에너지가 아닌 열에너지에 의해 냉동효과를 얻는 것은?

① 원심식 냉동기 ② 흡수식 냉동기
③ 스크류식 냉동기 ④ 왕복동식 냉동기

개념 | KEYWORD 12 냉동 및 기타 열원설비

해설 |
흡수식 냉동기: 열에너지에 의해 냉동효과를 얻으며, 증발기·흡수기·재생기 및 응축기의 4가지 주요 요소로 구성되어 있고, 냉매 이외에도 흡수제가 필요하다.

관련이론
냉동사이클 순서

종류	냉동사이클
압축식	압축 → 응축 → 팽창 → 증발
흡수식	증발 → 흡수 → 재생 → 응축

정답 | ②

건축관계법규

81
막다른 도로의 길이가 30m인 경우, 이 도로가 건축법상 도로이기 위한 최소 너비는?

① 2m ② 3m
③ 4m ④ 6m

개념 | KEYWORD 01 건축법 총칙

해설 |
막다른 도로의 길이가 10m 이상~35m 미만인 경우 도로의 너비는 3m 이상이다.

관련이론

막다른 도로의 길이	도로의 너비
10m 미만	2m 이상
10m 이상 35m 미만	3m 이상
35m 이상	6m 이상(도시지역이 아닌 읍·면지역에서는 4m 이상)

정답 | ②

82
신축공동주택 등의 기계환기설비의 설치 기준이 옳지 않은 것은?

① 세대의 환기량 조절을 위하여 환기설비의 정격풍량을 3단계 또는 그 이상으로 조절할 수 있는 체계를 갖추어야 한다.
② 적정 단계의 필요 환기량은 신축공동주택 등의 세대를 시간당 0.3회로 환기할 수 있는 풍량을 확보하여야 한다.
③ 기계환기설비에서 발생하는 소음의 측정은 한국산업규격(KS B 6361)에 따르는 것을 원칙으로 한다.
④ 기계환기설비는 주방 가스대 위의 공기배출장치, 화장실의 공기배출 송풍기 등 급속 환기 설비와 함께 설치할 수 있다.

개념 | KEYWORD 12 건축설비기준과 관계전문기술자

해설 |
적정 단계의 필요 환기량은 신축공동주택 등의 세대를 시간당 0.5회로 환기할 수 있는 풍량을 확보하여야 한다.

정답 | ②

83
주차전용건축물의 주차면적비율과 관련한 아래 내용에서, ( )에 들어갈 수 없는 것은?

> 주차전용건축물이란 건축물의 연면적 중 주차장으로 사용되는 부분의 비율이 95% 이상인 것을 말한다. 다만, 주차장 외의 용도로 사용되는 부분이 「건축법 시행령」 별표 1에 따른 ( )인 경우에는 주차장으로 사용되는 부분의 비율이 70% 이상인 것을 말한다.

① 종교시설 ② 운동시설
③ 업무시설 ④ 숙박시설

개념 | KEYWORD 15 주차장법 총칙

해설 |
주차전용건축물의 주차장 비율

용도	주차장 사용비율
원칙	95% 이상
단독주택, 공동주택, 제1종 및 제2종 근린생활시설, 문화 및 집회시설, 종교시설, 판매시설, 운수시설, 운동시설, 업무시설, 창고시설 또는 자동차 관련 시설	70% 이상

정답 | ④

84

건축물과 분리하여 공작물을 축조할 때 특별자치시장·특별자치도지사 또는 시장·군수·구청장에게 신고를 해야 하는 대상 공작물 기준이 옳지 않은 것은?

① 높이 2m를 넘는 옹벽
② 높이 4m를 넘는 굴뚝
③ 높이 6m를 넘는 골프연습장 등의 운동시설을 위한 철탑
④ 높이 8m를 넘는 고가수조

개념 | KEYWORD 01 건축법 총칙

해설 |
높이 6m를 넘는 굴뚝이 신고대상이다.

관련이론

신고대상 공작물
1. 높이 2m를 넘는 옹벽 또는 담장
2. 높이 4m를 넘는 장식탑, 기념탑, 첨탑, 광고탑, 광고판
3. 높이 5m를 넘는 태양에너지를 이용하는 발전설비
4. 높이 6m를 넘는 굴뚝, 골프연습장 등의 운동시설을 위한 철탑, 주거지역·상업지역에 설치하는 통신용 철탑
5. 높이 8m를 넘는 고가수조
6. 높이 8m(위험을 방지하기 위한 난간의 높이는 제외) 이하의 기계식 주차장 및 철골 조립식 주차장(바닥면이 조립식이 아닌 것을 포함)으로서 외벽이 없는 것
7. 바닥면적이 30m²를 넘는 지하대피호

정답 | ②

85

다음 중 제2종 일반주거지역 안에서 건축할 수 없는 건축물은? (단, 도시·군계획 조례가 정하는 바에 따라 건축할 수 있는 경우는 고려하지 않는다.)

① 종교시설
② 운수시설
③ 노유자시설
④ 제1종 근린생활시설

개념 | KEYWORD 19 국토의 용도구분

해설 |
운수시설은 제2종 일반주거지역 안에서 건축할 수 있는 건축물에 해당하지 않는다.

관련이론

- 제2종 일반주거지역: 중층주택을 중심으로 편리한 주거환경을 조성하기 위하여 필요한 지역이다.
- 제2종 일반주거지역 안에서 건축할 수 있는 건축물: 단독주택, 공동주택, 제1종 근린생활시설, 종교시설, 교육연구시설 중 유치원, 초등학교, 중학교 및 고등학교, 노유자시설

정답 | ②

86

높이가 31m를 넘는 각 층의 바닥면적 중 최대 바닥면적이 4,500m²인 건축물에 원칙적으로 설치하여야 하는 비상용 승강기의 최소 대수는?

① 1대
② 2대
③ 3대
④ 5대

개념 | KEYWORD 13 승강설비

해설 |
높이가 31m를 넘는 각 층의 바닥면적 중 최대 바닥면적이 1,500m²를 초과하는 경우 1대에 1,500m²를 넘는 3,000m² 이내마다 1대씩 더한 대수 이상의 비상용 승강기를 설치해야 한다.

$$1대 + \frac{4,500m^2 - 1,500m^2}{3,000m^2} = 2대$$

∴ 최소 2대를 설치해야 한다.

관련이론

비상용 승강기 설치기준

높이 31m를 넘는 각 층의 바닥면적 중 최대 바닥면적(Am^2)	대수
1,500m² 이하	1대 이상
1,500m² 초과	$1 + \frac{A - 1,500m^2}{3,000m^2}$

정답 | ②

87

다음 중 대지에 조경 등의 조치를 아니할 수 있는 대상 건축물에 속하지 않는 것은?

① 축사
② 녹지지역에 건축하는 건축물
③ 연면적의 합계가 1,000m²인 공장
④ 면적이 5,000m²인 대지에 건축하는 공장

개념 | KEYWORD 06 조경·공개공지

해설 |
조경대상 예외로 적용되는 공장건축은 연면적의 합계가 1,500m² 미만인 공장과 면적 5,000m² 미만인 대지에 건축하는 공장이다.

관련이론

조경대상 예외 기준
1. 녹지지역에 건축하는 건축물
2. 면적 5,000m² 미만인 대지에 건축하는 공장
3. 연면적의 합계가 1,500m² 미만인 공장
4. 산업단지 안의 공장
5. 대지에 염분이 함유되어 있는 경우
6. 축사
7. 가설건축물
8. 연면적의 합계가 1,500m² 미만인 물류시설(주거지역 또는 상업지역에 건축하는 것은 제외)
9. 자연환경보전지역, 농림지역 또는 관리지역의 건축물

정답 | ④

88

건축물의 바닥면적 산정 기준에 대한 설명으로 옳지 않은 것은?

① 공동주택으로서 지상층에 설치한 어린이놀이터의 면적은 바닥면적에 산입하지 않는다.
② 필로티는 그 부분이 공중의 통행이나 차량의 통행 또는 주차에 전용되는 경우에는 바닥면적에 산입하지 아니한다.
③ 벽·기둥의 구획이 없는 건축물은 그 지붕 끝부분으로부터 수평거리 1.5m를 후퇴한 선으로 둘러싸인 수평투영면적을 바닥면적으로 한다.
④ 단열재를 구조체의 외기측에 설치하는 단열공법으로 건축된 건축물의 경우에는 단열재가 설치된 외벽 중 내측 내력벽의 중심선을 기준으로 산정한 면적을 바닥면적으로 한다.

개념 | KEYWORD 07 면적의 규제

해설 |
벽·기둥의 구획이 없는 건축물은 그 지붕 끝부분으로부터 수평거리 1m를 후퇴한 선으로 둘러싸인 수평투영면적을 바닥면적으로 한다.

관련이론

바닥면적에 산입되지 않은 부분
1. 필로티, 기타 이와 유사한 구조의 부분이 다음과 같은 용도에 전용되는 경우
   ① 공중의 통행
   ② 차량의 통행 또는 주차
   ③ 공동주택
2. 승강기탑(옥상 출입용 승강장을 포함), 계단탑, 장식탑, 층고 1.5m 이하인 다락
3. 건축물의 내부에 설치하는 냉방설비 배기장치 전용 설치공간
4. 건축물의 외부 또는 내부에 설치하는 굴뚝, 더스트슈트, 설비덕트 등
5. 옥상·옥외 또는 지하에 설치하는 물탱크·기름탱크·냉각탑·정화조·도시가스 정압기 등
6. 공동주택으로서 지상층에 설치한 기계실, 전기실, 어린이놀이터, 조경시설 및 생활폐기물 보관시설

정답 | ③

89

특별피난계단의 구조에 관한 기준 내용으로 옳지 않은 것은?

① 계단실에는 예비전원에 의한 조명설비를 할 것
② 계단은 내화구조로 하되, 피난층 또는 지상까지 직접 연결되도록 할 것
③ 출입구의 유효너비는 0.9m 이상으로 하고 피난의 방향으로 열 수 있을 것
④ 계단실의 노대 또는 부속실에 접하는 창문은 그 면적을 각각 3m² 이하로 할 것

개념 | KEYWORD 10 피난규정

해설 |
④ 계단실의 노대 또는 부속실에 접하는 창문 등(출입구를 제외)은 망이 들어 있는 유리의 붙박이창으로서 그 면적을 각각 1m² 이하로 할 것

관련이론

피난계단의 구조

구분	옥내피난계단	특별피난계단	옥외피난계단
계단실	• 내화구조의 벽으로 구획(단, 창문, 출입구 등 제외) • 돌음계단 금지		
	피난층 또는 지상층까지 직접 연결	지상까지 직접 연결	
	—	노대 또는 부속실(배연설비 설치)과 연결	—
마감재료	불연재료		—
외부창문	다른 창문으로부터 2m 이상 띄울 것(단, 망입유리로 1m² 이하 제외)		
내부창문	계단실과 옥내 사이에 설치	계단실과 노대 또는 부속실 사이에 설치	—
	망입유리의 붙박이창으로서 각각 1m² 이하로 할 것		

정답 | ④

90

국토의 계획 및 이용에 관한 법령상 용도지구에 속하지 않는 것은?

① 경관지구   ② 미관지구
③ 방재지구   ④ 취락지구

개념 | KEYWORD 19 국토의 용도구분

해설 |
용도지구: 경관지구, 고도지구, 방화지구, 방재지구, 보호지구, 취락지구, 개발진흥지구, 특정용도제한지구, 복합용도지구

정답 | ②

91

도시·군계획 수립 대상지역의 일부에 대하여 토지 이용을 합리화하고 그 기능을 증진시키며 미관을 개선하고 양호한 환경을 확보하며, 그 지역을 체계적·계획적으로 관리하기 위하여 수립하는 도시·군관리계획은?

① 지구단위계획   ② 도시·군성장계획
③ 광역도시계획   ④ 개발밀도관리계획

개념 | KEYWORD 18 국토계획법 총칙

해설 |
지구단위계획에 대한 설명이다.

정답 | ①

92

지하층에 설치하는 비상탈출구의 유효너비 및 유효높이 기준으로 옳은 것은? (단, 주택이 아닌 경우)

① 유효너비 0.5m 이상, 유효높이 1.0m 이상
② 유효너비 0.5m 이상, 유효높이 1.5m 이상
③ 유효너비 0.75m 이상, 유효높이 1.0m 이상
④ 유효너비 0.75m 이상, 유효높이 1.5m 이상

개념 | KEYWORD 11 방화규정

해설 |
지하층의 비상탈출구 기준
1. 유효너비: 0.75m 이상
2. 유효높이: 1.5m 이상

정답 | ④

93

지역의 환경을 쾌적하게 조성하기 위하여 대통령령으로 정하는 용도와 규모의 건축물에 대해 일반이 사용할 수 있도록 대통령령으로 정하는 기준에 따라 공개공지 등을 설치하여야 하는 대상 지역에 속하지 않는 것은? (단, 특별자치시장·특별자치도지사 또는 시장·군수·구청장이 따로 지정·공고하는 지역의 경우는 고려하지 않는다.)

① 준공업지역 ② 준주거지역
③ 일반주거지역 ④ 전용주거지역

개념 | KEYWORD 06 조경·공개공지

해설 |
일반주거지역, 준주거지역, 상업지역, 준공업지역에는 환경을 쾌적하게 조성하기 위해 소규모 휴식시설 등의 공개공지 또는 공개공간을 설치해야 한다.

관련이론

공개공지 또는 공개공간 설치

1. 대상 지역
   ① 일반주거지역 ② 준주거지역
   ③ 상업지역 ④ 준공업지역

2. 대상 건축물
   바닥면적의 합계가 5,000m² 이상인 다음의 건축물에는 공개공지 또는 공개공간을 설치해야 한다.
   ① 문화 및 집회시설 ② 종교시설
   ③ 업무시설 및 숙박시설 ④ 운수시설(여객용 시설만 해당)
   ⑤ 판매시설(농수산물 유통시설은 제외)

정답 | ④

94

건축물의 거실(피난층의 거실 제외)에 국토교통부령으로 정하는 기준에 따라 배연설비를 설치하여야 하는 대상 건축물 용도에 속하지 않는 것은? (단, 6층 이상인 건축물의 경우)

① 종교시설 ② 판매시설
③ 방송통신시설 중 방송국 ④ 교육연구시설 중 연구소

개념 | KEYWORD 12 건축설비기준과 관계전문기술자

해설 |
방송통신시설은 배연설비 설치 대상에 해당되지 않는다.

관련이론

거실의 배연설비(6층 이상 건축물, 피난층은 제외)

- 문화 및 집회시설
- 판매시설
- 운동시설
- 숙박시설
- 관광휴게시설
- 종교시설
- 운수시설
- 업무시설
- 위락시설
- 장례시설
- 의료시설(요양병원 및 정신병원은 제외)
- 교육연구시설 중 연구소
- 노유자시설 중 아동 관련 시설
- 노인복지시설(노인요양시설은 제외)
- 수련시설 중 유스호스텔
- 제2종 근린생활시설 중 공연장, 종교집회장, 인터넷컴퓨터게임시설제공업소 및 다중생활시설

정답 | ③

95

건축물과 해당 건축물의 용도의 연결이 옳지 않은 것은?

① 주유소 — 자동차 관련 시설
② 야외음악당 — 관광휴게시설
③ 치과의원 — 제1종 근린생활시설
④ 일반음식점 — 제2종 근린생활시설

개념 | KEYWORD 01 건축법 총칙

해설 |
주유소는 위험물 저장 및 처리시설이다.

관련이론

위험물 저장 및 처리시설과 자동차 관련 시설

구분	종류
위험물 저장 및 처리시설	• 주유소 및 석유 판매소 • 액화석유가스 충전소·판매소·저장소 • 위험물 제조소·저장소·취급소 • 액화가스 취급소·판매소 • 유독물 보관·저장·판매시설 • 고압가스 충전소·판매소·저장소 • 도료류 판매소 • 도시가스 제조시설 • 화약류 저장소 등
자동차 관련 시설	주차장, 세차장, 폐차장, 검사장, 매매장, 정비공장, 운전학원 및 정비학원, 차고 및 주기장(駐機場), 전기자동차 충전소(제1종 근린생활시설에 해당하지 않는 것)

정답 | ①

96

건축법령상 용어의 정의가 옳지 않은 것은?

① 초고층 건축물이란 층수가 50층 이상이거나 높이가 200미터 이상인 건축물을 말한다.
② 증축이란 기존 건축물이 있는 대지에서 건축물의 건축면적, 연면적, 층수 또는 높이를 늘리는 것을 말한다.
③ 개축이란 건축물이 천재지변이나 그 밖의 재해로 멸실된 경우 그 대지에 종전과 같은 규모의 범위에서 다시 축조하는 것을 말한다.
④ 부속건축물이란 같은 대지에서 주된 건축물과 분리된 부속용도의 건축물로서 주된 건축물을 이용 또는 관리하는 데에 필요한 건축물을 말한다.

개념 | KEYWORD 01 건축법 총칙

해설 |
③은 재축에 대한 설명이다.

관련이론

건축은 건축물을 신축·증축·개축·재축(再築)하거나 건축물을 이전하는 것을 말한다.

신축	건축물이 없는 대지(기존 건축물이 해체되거나 멸실된 대지를 포함)에 새로 건축물을 축조하는 것
증축	기존 건축물이 있는 대지에서 건축물의 건축면적, 연면적, 층수 또는 높이를 늘리는 것
개축	기존 건축물의 전부 또는 일부(내력벽, 기둥, 보, 지붕틀 중 3 이상이 포함되는 경우를 말함)를 해체하고 그 대지에 종전과 같은 규모의 범위에서 건축물을 다시 축조하는 것
재축	건축물이 천재지변이나 그 밖의 재해로 멸실된 경우 그 대지에 종전과 동일한 규모의 범위 안에서 다시 축조하는 것
이전	건축물의 주요구조부를 해체하지 아니하고 같은 대지의 다른 위치로 옮기는 것

정답 | ③

97

건축물의 주요구조부를 내화구조로 하여야 하는 대상 건축물에 속하지 않는 것은?

① 공장의 용도로 쓰는 건축물로서 그 용도로 쓰는 바닥면적의 합계가 500m²인 건축물
② 판매시설의 용도로 쓰는 건축물로서 그 용도로 쓰는 바닥면적의 합계가 500m²인 건축물
③ 창고시설의 용도로 쓰는 건축물로서 그 용도로 쓰는 바닥면적의 합계가 500m²인 건축물
④ 문화 및 집회시설 중 전시장의 용도로 쓰는 건축물로서 그 용도로 쓰는 바닥면적의 합계가 500m²인 건축물

개념 | KEYWORD 11 방화규정

해설 |
공장의 용도로 쓰는 건축물로서 그 용도로 쓰는 바닥면적의 합계가 2,000m² 이상인 건축물의 주요구조부와 지붕은 내화구조로 해야 한다.

정답 | ①

98

기반시설부담구역에서 기반시설설치비용의 부과대상인 건축행위의 기준으로 옳은 것은?

① 100제곱미터(기존 건축물의 연면적 포함)를 초과하는 건축물의 신축·증축
② 100제곱미터(기존 건축물의 연면적 제외)를 초과하는 건축물의 신축·증축
③ 200제곱미터(기존 건축물의 연면적 포함)를 초과하는 건축물의 신축·증축
④ 200제곱미터(기존 건축물의 연면적 제외)를 초과하는 건축물의 신축·증축

개념 | KEYWORD 18 국토계획법 총칙

해설 |
200m²(기존 건축물의 연면적을 포함)를 초과하는 건축물의 신축·증축 행위는 기반시설설치비용 부과대상이다.

관련이론

기반시설부담구역
개발밀도관리구역 외의 지역으로서 개발로 인하여 도로, 공원, 녹지 등 대통령령으로 정하는 기반시설의 설치가 필요한 지역을 대상으로 기반시설을 설치하거나 그에 필요한 용지를 확보하게 하기 위하여 지정·고시하는 구역을 말한다.

정답 | ③

99
국토교통부령으로 정하는 기준에 따라 채광 및 환기를 위한 창문 등이나 설비를 설치하여야 하는 대상에 속하지 않는 것은?

① 의료시설의 병실
② 숙박시설의 객실
③ 업무시설 중 사무소의 사무실
④ 교육연구시설 중 학교의 교실

개념 | KEYWORD 09 구조규정
해설 |
사무실은 채광 및 환기 시설 설치 대상에 해당 되지 않는다.

관련이론
채광 및 환기 시설 설치 대상
- 단독주택의 거실
- 공동주택의 거실
- 교육연구시설 중 학교의 교실
- 의료시설의 병실
- 숙박시설의 객실

정답 | ③

100
부설주차장 설치대상 시설물이 문화 및 집회시설(관람장 제외)인 경우, 부설주차장 설치기준으로 옳은 것은? (단, 지방자치단체의 조례로 따로 정하는 사항은 고려하지 않는다.)

① 시설면적 50m²당 1대
② 시설면적 100m²당 1대
③ 시설면적 150m²당 1대
④ 시설면적 200m²당 1대

개념 | KEYWORD 17 부설·기계식주차장
해설 |
문화 및 집회시설(관람장 제외)의 부설주차장 설치기준은 시설면적 150m²당 1대이다.

관련이론
부설주차장의 설치기준

시설물	설치기준
위락시설	시설면적 100m²당 1대
문화 및 집회시설(관람장 제외), 종교시설, 판매시설, 운수시설, 의료시설(정신병원, 요양병원, 격리병원 제외), 운동시설(골프장, 골프연습장, 옥외수영장 제외), 업무시설(외국공관, 오피스텔 제외), 방송통신시설 중 방송국, 장례식장	시설면적 150m²당 1대
제1종 근린생활시설, 제2종 근린생활시설, 숙박시설	시설면적 200m²당 1대
수련시설, 공장(아파트형 제외), 발전시설	시설면적 350m²당 1대
창고시설, 학생용 기숙사, 방송통신시설 중 데이터센터	시설면적 400m²당 1대

정답 | ③

2022년 1회 기출문제

>> 2022년 3월 5일 시행

건축계획

01

특수전시기법에 관한 설명으로 옳지 않은 것은?

① 하모니카 전시는 동일 종류의 전시물을 반복 전시하는 경우에 사용된다.
② 파노라마 전시는 연속적인 주제를 연관성 있게 표현하기 위해 선형의 파노라마로 연출하는 기법이다.
③ 디오라마 전시는 하나의 사실 또는 주제의 시간 상황을 고정시켜 연출하는 것으로 현장에 임한 느낌을 준다.
④ 아일랜드 전시는 실물을 직접 전시할 수 없거나 오브제 전시만의 한계를 극복하기 위해 영상매체를 사용하여 전시하는 기법이다.

개념 | KEYWORD 08 극장, 영화관, 미술관
해설 |
영상매체의 사용은 영상전시의 특징이다.

관련이론
아일랜드(Island) 전시
벽이나 천장을 직접 이용하지 않고 전시물 또는 전시장치를 배치함으로써 전시공간을 만들어 내는 전시기법이다.
영상전시
실물을 직접 전시할 수 없거나 오브제 전시만의 한계를 극복하기 위해 영상매체를 사용하여 전시하는 기법이다.

정답 | ④

02

병원건축의 병동배치방법 중 분관식(Pavilion Type)에 관한 설명으로 옳은 것은?

① 각종 설비 시설의 배관길이가 짧아진다.
② 대지의 크기와 관계없이 적용이 용이하다.
③ 각 병실을 남향으로 할 수 있어 일조와 통풍 조건이 좋다.
④ 병동부는 5층 이상의 고층으로 하며 환자는 엘리베이터로 운송된다.

개념 | KEYWORD 11 병원
해설 |
파빌리온 타입은 각 병실을 남향으로 할 수 있어 각 실의 채광이 균등하고 일조 및 통풍 조건이 좋다.

관련이론
병원 분관식(Pavilion Type)
1. 평면 분산식으로 각 건물은 3층 이하의 저층 건물이다. 외래부, 부속 진료시설, 병동을 각각 별동으로 하여 분산시키고 복도로 연결시키는 방법이다.
2. 특성
   ① 각 병실을 남향으로 할 수 있어 일조, 통풍 조건이 좋다.
   ② 넓은 부지가 필요하며 설비가 분산적이고 보행 거리가 멀어진다.
   ③ 내부 환자는 주로 경사로를 이용한 보행 또는 들것으로 운반된다.

정답 | ③

03

전시실의 순회형식에 관한 설명으로 옳지 않은 것은?

① 중앙홀 형식은 각 실에 직접 들어갈 수 없다는 단점이 있다.
② 연속순회 형식은 많은 실을 순서별로 통하여야 하는 불편이 있다.
③ 갤러리 및 코리도 형식에서는 복도 자체도 전시공간으로 이용할 수 있다.
④ 갤러리 및 코리도 형식은 각 실에 직접 들어갈 수 있으며, 필요시 독립적으로 폐쇄할 수 있다.

개념 | KEYWORD 08 극장, 영화관, 미술관

해설 |
중앙홀 형식은 중심부에 하나의 큰 홀을 두고 그 주위에 각 전시실을 배치하여 자유로이 출입하는 형식이다.

관련이론
중앙홀 형식의 특징
1. 과거에 많이 사용한 평면으로 중앙홀에 높은 천창을 설치하여 고창(高窓)으로부터 채광하는 방식이 많았다.
2. 부지의 이용률이 높은 지점에 건립할 수 있으며, 중앙홀이 크면 동선의 혼란은 없으나 장래의 확장에 많은 무리가 따른다.

정답 | ①

04

공동주택의 단지계획에서 보차분리를 위한 방식 중 평면분리에 해당하는 방식은?

① 시간제 차량통행
② 쿨데삭(Cul-de-Sac)
③ 오버브리지(Overbridge)
④ 보행자 안전참(Pedestrian Safecross)

개념 | KEYWORD 04 공동주택

해설 |
래드번 계획(슈퍼블록)의 기본원리로 보도와 차도의 분리인 쿨데삭형(막다른 도로)은 좁은 도로 구성으로 주택의 거실을 보도나 정원을 향하도록 배치하는 평면적 분리의 한 종류이다.

관련이론
보차분리의 형태
1. 평면분리: T자형, 루프(Loop), 쿨데삭(Cul-de-Sac)
2. 입체분리: 오버브리지(Overbridge), 다층구조지반, 지상인공지반, 지하가
3. 면적분리: 보행자 공간

정답 | ②

05

다음 중 터미널 호텔의 종류에 속하지 않는 것은?

① 해변 호텔
② 부두 호텔
③ 공항 호텔
④ 철도역 호텔

개념 | KEYWORD 12 호텔

해설 |
터미널 호텔은 교통의 발착지점에 설치되는 호텔이며, 해변 호텔(비치 호텔)은 리조트 호텔에 속한다.

관련이론
리조트 호텔
해변 호텔(Beach Hotel), 산장 호텔(Mountain Hotel), 온천 호텔(Hot Spring Hotel), 스키 호텔(Ski Hotel), 스포츠 호텔(Sport Hotel), 클럽하우스(Club House) 등이 있다.

정답 | ①

06

레이트 모던(Late Modern) 건축양식에 관한 설명으로 옳지 않은 것은?

① 기호학적 분절을 추구하였다.
② 퐁피두 센터는 이 양식에 부합되는 건축물이다.
③ 공업기술을 바탕으로 기술적 이미지를 강조하였다.
④ 대표적 건축가로는 시저 펠리, 노만 포스터 등이 있다.

개념 | KEYWORD 13 서양건축사

해설 |
레이트 모던은 공업기술주의를 지향하며 기호체계로 나누는 기호학과는 구분된다.

정답 | ①

07

다음 중 백화점 건물의 기둥간격 결정요소와 가장 거리가 먼 것은?

① 진열장의 치수
② 고객 동선의 길이
③ 에스컬레이터의 배치
④ 지하주차장의 주차방식

개념 | KEYWORD 06 상점, 백화점, 쇼핑센터
해설 |
백화점 내 고객 동선은 진열장 계획과 밀접하다.

관련이론
기둥간격 결정요소
1. 사무소: 책상 배치, 채광 유효면적, 지하주차단위
2. 백화점: 가구(진열장) 배치, 에스컬레이터 배치, 지하주차단위

정답 | ②

08

주택의 부엌에서 작업 순서에 따른 작업대 배열로 가장 알맞은 것은?

① 냉장고 - 싱크대 - 조리대 - 가열대 - 배선대
② 싱크대 - 조리대 - 가열대 - 냉장고 - 배선대
③ 냉장고 - 조리대 - 가열대 - 배선대 - 싱크대
④ 싱크대 - 냉장고 - 조리대 - 배선대 - 가열대

개념 | KEYWORD 03 단독주택
해설 |
부엌의 작업 순서

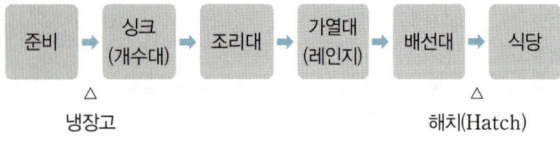

정답 | ①

09

도서관 출납 시스템에 관한 설명으로 옳지 않은 것은?

① 자유개가식은 책 내용의 파악 및 선택이 자유롭다.
② 자유개가식은 서가의 정리가 잘 안되면 혼란스럽게 된다.
③ 안전개가식은 서가열람이 가능하여 책을 직접 뽑을 수 있다.
④ 폐가식은 서가와 열람실에서 감시가 필요하나 대출절차가 간단하여 관원의 작업량이 적다.

개념 | KEYWORD 09 학교, 도서관
해설 |
폐가식은 서가나 열람실에서 감시할 필요가 없으나 대출절차가 복잡하여 관원의 작업량이 가장 많다.

관련이론
폐가식(Closed Access)
1. 장점
    ① 도서의 유지 관리가 양호하다.
    ② 감시할 필요가 없다.
2. 단점
    ① 희망한 내용이 아닐 수 있다.
    ② 대출 절차가 복잡하고 관원의 작업량이 많다.

정답 | ④

10

르 코르뷔지에가 주장한 근대건축 5원칙에 속하지 않는 것은?

① 필로티
② 옥상정원
③ 유기적 공간
④ 자유로운 평면

개념 | KEYWORD 13 서양건축사
해설 |
르 코르뷔지에의 근대건축 5원칙
1. 필로티
2. 옥상정원
3. 가로로 긴 창(연속적인 수평창)
4. 자유로운 입면
5. 자유로운 평면

정답 | ③

11

다음 중 사무소 건축에서 기준층 평면형태의 결정요소와 가장 거리가 먼 것은?

① 동선상의 거리
② 구조상 스팬의 한도
③ 사무실 내의 책상 배치 방법
④ 덕트, 배선, 배관 등 설비시스템상의 한계

개념 | KEYWORD 05 사무소

해설 |
사무실의 기둥간격 결정요소로 책상 배치가 고려된다.

관련이론
기준층 규모 산정 시 고려할 사항
1. 구조상 스팬의 한계
2. 동선상의 거리
3. 자연광에 의한 조명 한계
4. 피난 시 최대 보행거리
5. 덕트, 배관, 배선 등 설비의 한계
6. 방화구획상 면적

정답 | ③

12

다음 설명에 알맞은 학교운영방식은?

> 각 학급을 2분단으로 나누어 한 쪽이 일반교실을 사용할 때, 다른 한 쪽은 특별교실을 사용한다.

① 달톤형
② 플래툰형
③ 개방 학교
④ 교과교실형

개념 | KEYWORD 09 학교, 도서관

해설 |
플래툰형은 미국의 초등학교에서 과밀을 해소하기 위해 실시한 것으로, 전 학급을 2분단으로 나누어 한 쪽이 일반교실을 사용할 때, 다른 쪽은 특별교실을 사용하는 방식이다.

정답 | ②

13

주택 부엌의 가구 배치 유형 중 병렬형에 관한 설명으로 옳은 것은?

① 연속된 두 벽면을 이용하여 작업대를 배치한 형식이다.
② 폭이 길이에 비해 넓은 부엌의 형태에 적당한 유형이다.
③ 작업면이 가장 넓은 배치 유형으로 작업효율이 좋다.
④ 좁은 면적 이용에 효과적이므로 소규모 부엌에 주로 이용된다.

개념 | KEYWORD 03 단독주택

해설 |
병렬형은 양쪽 벽면에 작업대가 마주보도록 배치한 것으로, 부엌 폭의 길이에 비해 넓은 부엌의 형태에 적당한 형식이다.

관련이론
부엌의 유형
1. 일자형(직선형): 좁은 부엌에 알맞고 동선의 혼란이 없는 반면 움직임이 많아 동선이 길어진다.
2. L자형(ㄱ자형): 정방형의 부엌에 적당하며 비교적 넓은 부엌에서 능률이 좋으나 모서리 부분의 이용도가 낮다.
3. U(ㄷ)자형: 세 벽면의 이용으로 수납공간이 넓으며 작업효율이 좋다.
4. 병렬형: 양쪽 벽면에 작업대가 마주 보도록 배치한 형식으로, 몸을 앞뒤로 바꾸어야 하는 점이 불편하다.

정답 | ②

14

극장 무대 주위의 벽에 6~9m 높이로 설치되는 좁은 통로로, 그리드 아이언에 올라가는 계단과 연결되는 것은?

① 록레일
② 사이클로라마
③ 플라이 갤러리
④ 슬라이딩 스테이지

개념 | KEYWORD 08 극장, 영화관, 미술관

해설 |
극장 무대 주위의 벽에 6~9m 높이로 설치되는 좁은 통로는 플라이 갤러리이다.

선지분석
① 록레일: 와이어로프를 한 곳에 모아 조정하는 장소이다.
② 사이클로라마: 무대의 제일 뒤에 설치되는 무대 배경용의 벽이다.
④ 슬라이딩 스테이지: 공연 중 수평으로 이동하면서 장면을 전환할 수 있도록 만든 무대이다.

정답 | ③

15

다음 중 다포식(多包式) 건물에 속하지 않는 것은?

① 서울 동대문
② 창덕궁 돈화문
③ 전등사 대웅전
④ 봉정사 극락전

개념 | KEYWORD 14 한국건축사

해설 |
①, ②, ③은 다포식 건축물이고, ④ 봉정사 극락전은 주심포식 건축물이다.

관련이론
고려시대 주심포식 건축물
봉정사 극락전, 부석사 무량수전, 부석사 조사당, 수덕사 대웅전, 강릉 객사문 등

정답 | ④

16

이슬람(사라센) 건축 양식에서 미나렛(Minaret)이 의미하는 것은?

① 이슬람교의 신학원 시설
② 모스크의 상징인 높은 탑
③ 메카 방향으로 설치된 실내 제단
④ 열주나 아케이드로 둘러싸인 중정

개념 | KEYWORD 13 서양건축사

해설 |
미나렛은 이슬람 사원의 외곽에 설치하는 첨탑이다.

정답 | ②

17

아파트의 단면형식 중 메조넷 형식(Maisonnette Type)에 관한 설명으로 옳지 않은 것은?

① 하나의 주거단위가 복층 형식을 취한다.
② 양면 개구부에 의한 통풍 및 채광이 좋다.
③ 주택 내의 공간의 변화가 없으며 통로에 의해 유효면적이 감소한다.
④ 거주성, 특히 프라이버시는 높으나 소규모 주택에는 비경제적이다.

개념 | KEYWORD 04 공동주택

해설 |
복층형 아파트인 메조넷은 1개의 주호가 2개층을 구성하므로 공용면적(복도)은 감소하고 유효면적(주거면적)은 증가한다.

관련이론
복층형(Maisonnette Type)

구분	내용
정의	한 주호가 2개층 이상에 걸쳐 구성되는 형식
장점	• 엘리베이터의 정지층 수를 적게 할 수 있다. (효율적, 경제적) • 복도가 없는 층은 남북면이 트여 있으므로 좋은 평면 구성이 가능하다. • 통로면적이 감소하고 임대(전용, 거주, 대실, 유효)면적이 증가한다. • 프라이버시가 가장 높다.
단점	• 소규모 주택($50m^2$ 이하)에서는 비경제적이다. • 공용 복도가 없는 층은 화재 및 비상시 대피상 불리하다. • 구조상 복잡하다. (단, 스킵 플로어인 경우)

정답 | ③

18

기계공장에서 지붕의 형식을 톱날지붕으로 하는 가장 주된 이유는?

① 소음을 작게 하기 위하여
② 빗물의 배수를 충분히 하기 위하여
③ 실내 온도를 일정하게 유지하기 위하여
④ 실내의 주광조도를 일정하게 하기 위하여

개념 | KEYWORD 10 공장, 창고

해설 |
톱날지붕은 북향의 채광창으로 일정한 조도를 유지할 수 있다.

정답 | ④

19

상점 정면(Facade)구성에 요구되는 5가지 광고요소
(AIDMA 법칙)에 속하지 않는 것은?

① Attention(주의)
② Identity(개성)
③ Desire(욕구)
④ Memory(기억)

개념 | KEYWORD 06 상점, 백화점, 쇼핑센터

해설 |
상점의 광고 5요소(AIDMA 법칙)는 다음과 같으며 Identity(개성)는 속하지 않는다.
- Attention(주의)
- Interest(흥미)
- Desire(욕망, 욕구)
- Memory(기억, 인상)
- Action(행동)

정답 | ②

20

사무소 건축의 오피스 랜드스케이핑(Office Landscaping)에 관한 설명으로 옳지 않은 것은?

① 의사전달, 작업흐름의 연결이 용이하다.
② 일정한 기하학적 패턴에서 탈피한 형식이다.
③ 작업단위에 의한 그룹(Group)배치가 가능하다.
④ 개인적 공간으로의 분할로 독립성 확보가 용이하다.

개념 | KEYWORD 05 사무소

해설 |
오피스 랜드스케이핑은 작업의 성격이나 업무의 흐름에 따라 능률적으로 배치하는 방법으로 소음에 취약하고 독립성이 결여되어 프라이버시 확보가 잘 되지 않는 단점이 있다.

정답 | ④

건축시공

21

건축물에 사용되는 금속자재와 그 용도가 바르게 연결되지 않은 것은?

① 경량철골 M-BAR: 경량벽체 시공을 위한 구조용 지지틀
② 코너비드: 벽, 기둥 등의 모서리에 대는 보호용 철물
③ 논슬립: 계단에 사용하는 미끄럼 방지 철물
④ 조이너: 천장, 벽 등의 이음새 감추기용 철물

개념 | KEYWORD 29 금속공사

해설 |
경량철골 M-BAR는 경량 반자틀 시공 시 사용되는 부재로 벽체가 아닌 천장 시공에 사용된다.

관련이론
경량 철골 반자틀 시공순서
인서트 매입 → 볼트(달대볼트, 행거볼트) 조임 → 달대(행거) 설치 → 천장 채널(캐링채널) 설치 → 작은 채널(MW/MS-BAR) 설치 → 천장판(텍스) 설치

정답 | ①

22

네트워크 공정표에서 작업의 상호관계만을 도식하기 위하여 사용하는 화살선을 무엇이라 하는가?

① Event
② Dummy
③ Activity
④ Critical path

개념 | KEYWORD 08 공정관리

해설 |
네트워크 공정표 용어

용어	영어	기호	내용
더미	Dummy	┈▶	화살표형 네트워크에서 정상 표현으로 할 수 없는 작업 상호관계를 표시하는 화살표
작업	Job, Activity	→	프로젝트를 구성하는 작업단위
결합점 (이벤트)	Node, Event	○	화살표형 네트워크의 작업과 작업을 결합하는 점 및 개시점·종료점
크리티컬 패스	Critical path	CP	개시 결합점에서 종료 결합점에 이르는 가장 긴 패스

정답 | ②

23

건축용 석재 사용 시 주의사항으로 옳지 않은 것은?

① 석재를 구조재로 사용 시 압축강도가 큰 것을 선택하여 사용할 것
② 석재를 다듬어 쓸 때는 석질이 균일한 것을 사용할 것
③ 동일 건축물에는 다양한 종류 및 다양한 산지의 석재를 사용할 것
④ 석재를 마감재로 사용 시 석리와 색채가 우아한 것을 선택하여 사용할 것

개념 | KEYWORD 20 석공사

해설
석재를 동일 건축물에 사용 시 외부재와 내부재를 구분하여 사용한다.(흡수율 기준)

정답 | ③

24

린건설(Lean Construction)에서의 관리방법으로 옳지 않은 것은?

① 변이관리   ② 당김생산
③ 대량생산   ④ 흐름생산

개념 | KEYWORD 02 관계자와 관리기법

해설
린건설에서는 소품종 대량생산이 아닌 다품종 소량생산을 관리방법으로 한다.

관련이론

린건설
1. 정의: 낭비(재고, 시간, 원가, 품질)를 최소화하는 가장 효율적인 건설생산체계이다. 소품종 대량생산이 아닌 다품종 소량생산이다.
2. 원리
   ㉠ 가치의 구체화: 비가치 작업을 최소화 한다.
   ㉡ 가치의 흐름 확인: 도식화하여 개선사항을 명시
   ㉢ 흐름생산: 각각의 작업들을 일련의 연속된 작업, 즉 흐름으로 관리하는 생산방식
   ㉣ 당김생산: 후속 상황을 고려하여 필요한 양만큼 생산하는 방식
   ㉤ 완벽성 추구: 지속적인 개선을 통한 고객만족을 위하여 완벽성 추구

정답 | ③

25

건축공사 시 직접공사비 구성 항목으로 옳게 짝지어진 것은?

① 재료비, 노무비, 장비비, 간접공사비
② 재료비, 노무비, 외주비, 간접공사비
③ 재료비, 노무비, 일반관리비, 경비
④ 재료비, 노무비, 외주비, 경비

개념 | KEYWORD 06 적산 총론

해설
공사 시공 중에 발생하는 비용(실체를 형성하는 비용)을 직접공사비라 하며 재료비, 노무비, 외주비, 경비가 이에 속한다.

관련이론

간접공사비: 간접공사비는 직접공사비 외에 기타경비, 현장근로자 보험료, 간접노무비, 안전관리비, 퇴직공제부금비 등이다.

정답 | ④

26

벽돌쌓기 시 벽면적 $1m^2$당 소요되는 벽돌($190 \times 90 \times 57mm$)의 정미량(매)과 모르타르량($m^3$)으로 옳은 것은? (단, 벽두께 1.0B, 모르타르의 재료량은 할증이 포함된 것이며, 배합비는 1:3이다.)

① 벽돌매수: 224매, 모르타르량: $0.078m^3$
② 벽돌매수: 224매, 모르타르량: $0.049m^3$
③ 벽돌매수: 149매, 모르타르량: $0.078m^3$
④ 벽돌매수: 149매, 모르타르량: $0.049m^3$

개념 | KEYWORD 07 공종별 적산

해설

쌓기모르타르량 산출

모르타르량(m^3) = $\dfrac{벽돌\ 정미량}{1,000매} \times$ 단위수량

• 단위수량(벽돌 1,000매당: m^3) → 1.0B일 때 $0.33m^3$

구분	0.5B	1.0B	1.5B	2.0B	2.5B
표준형	0.25	0.33	0.35	0.36	0.37

• 벽돌 단위수량(m^2당) → 1.0B일 때 149매

구분	0.5B	1.0B	1.5B	2.0B	2.5B	3.0B
표준형	75	149	224	298	373	447

∴ 모르타르량: $\dfrac{149매}{1,000매} \times 0.33m^3 = 0.04917m^3$

정답 | ④

27
금속커튼월의 성능시험 관련 항목과 가장 거리가 먼 것은?

① 내동해성 시험
② 구조시험
③ 기밀시험
④ 정압수밀시험

개념 | KEYWORD 26 커튼월 공사

해설 |
내동해성 시험은 콘크리트의 저온과 고온을 반복하여 시험하는 것으로 커튼월 성능시험과는 무관하다.

관련이론
커튼월 성능시험 종류
1. 풍동시험(Wind Tunnel Test)
   ① 외벽풍압시험　　② 구조하중시험
   ③ 고주파 응력시험　④ 보행자 풍압영향시험
2. 실물대모형시험(Mock Up Test: 외벽성능시험)
   ① 예비시험　　　　② 기밀시험
   ③ 정압수밀시험　　④ 동압수밀시험
   ⑤ 구조시험

정답 | ①

28
석재 설치 공법 중 오픈조인트공법의 특징으로 옳지 않은 것은?

① 등압이론 방식을 적용한 수밀방식이다.
② 압력차에 의해서 빗물을 차단할 수 있다.
③ 실링재가 많이 소요된다.
④ 층간변위에도 유동적으로 변위를 흡수할 수 있으므로 파손 확률이 적어진다.

개념 | KEYWORD 20 석공사

해설 |
석재 오픈조인트공법은 조인트 부분을 실링재를 사용하지 않고 주변 공기가 통하도록 시공하는 공법이다.

정답 | ③

29
웰포인트 공법에 관한 설명으로 옳지 않은 것은?

① 중력배수가 유효하지 않은 경우에 주로 쓰인다.
② 지하수위를 저하시키는 공법이다.
③ 인접지반과 공동매설물 침하에 주의가 필요한 공법이다.
④ 점토질의 투수성이 나쁜 지질에 적합하다.

개념 | KEYWORD 12 토공사

해설 |
웰포인트 공법은 투수성이 좋은 사질지반에 적용되는 대표적인 탈수공법이다.

관련이론
웰포인트(Well Point) 공법
사질지반에서 행하는 대표적인 탈수공법으로 집수장치를 붙인 파이프를 지중에 박아 이것을 지상의 집수관에 연결하여 펌프로 지중의 물을 배수하는 공법

샌드드레인(Sand Drain) 공법
점토지반에 행하는 대표적인 탈수공법으로 지름 40~60cm의 철관을 이용하여 모래말뚝을 형성한 후, 지표면에 성토하중을 가하여 점토질 지반을 압밀탈수하는 공법

정답 | ④

30
타일크기가 10cm×10cm이고 가로세로 줄눈을 6mm로 할 때 면적 $1m^2$에 필요한 타일의 정미수량은?

① 94매　　　　② 92매
③ 89매　　　　④ 85매

개념 | KEYWORD 07 공종별 적산

해설 |
타일 정미량

$$= \frac{타일 면적}{(타일 한 변의 길이+줄눈 두께) \times (타일 한 변의 길이+줄눈 두께)}$$

$$= \frac{1m^2}{(0.1+0.006) \times (0.1+0.006)} = \frac{1m^2}{0.011236} = 88.99 = 89매$$

정답 | ③

31

콘크리트의 압축강도를 시험하지 않을 경우 다음과 같은 조건에서의 거푸집널 해체 시기로 옳은 것은?

- 기초, 보, 기둥 및 벽의 측면의 경우
- 평균기온 20℃ 이상
- 조강포틀랜드 시멘트 사용

① 1일 ② 2일
③ 3일 ④ 4일

개념 | KEYWORD 15 거푸집 공사

해설 |
조강포틀랜드 시멘트를 사용하고 평균기온 20℃ 이상이므로 2일이다.

관련이론
콘크리트의 압축강도를 시험하지 않을 경우(기초, 보, 기둥 및 벽의 측면) 거푸집널의 해체 시기

시멘트 종류	평균기온 20℃ 이상	20℃ 미만 10℃ 이상
조강포틀랜드 시멘트	2일	3일
• 보통포틀랜드 시멘트 • 고로슬래그 시멘트(1종) • 포틀랜드포졸란 시멘트(1종) • 플라이애시 시멘트(1종)	4일	6일
• 고로슬래그 시멘트(2종) • 포틀랜드포졸란 시멘트(2종) • 플라이애시 시멘트(2종)	5일	8일

정답 | ②

32

건축공사의 도급계약서 내용에 기재하지 않아도 되는 항목은?

① 공사의 착수시기
② 재료의 시험에 관한 내용
③ 계약에 관한 분쟁 해결방법
④ 천재 및 그 외의 불가항력에 의한 손해부담

개념 | KEYWORD 05 입찰방식 및 계약

해설 |
건축공사의 도급계약서 내용에는 재료시험이 기재하지 않는다.

관련이론
도급계약서의 기재내용
- 공사내용
- 공사 착수 및 완공시기
- 설계변경, 공사중지의 경우 도급액 변경, 손해부담
- 준공검사 및 인도시기
- 천재지변에 의한 손해부담
- 도급금액
- 도급금액 지불방법 및 시기
- 도급대금의 지불시기
- 계약에 관한 분쟁의 해결방법

정답 | ②

33

지질조사를 통한 주상도에서 나타나는 정보가 아닌 것은?

① N치 ② 투수계수
③ 토층별 두께 ④ 토층의 구성

개념 | KEYWORD 11 지반조사

해설 |
투수계수는 지반의 투수성을 알기 위한 것으로 주상도에는 나타나지 않는다. 주상도는 지질층의 구성과 두께를 알기 위한 것으로 보링작업으로 구할 수 있고, N치, 심도, 지층명, 토층별 두께, 토층 구성 등을 알 수 있다.

정답 | ②

34

레디믹스트 콘크리트 발주 시 호칭규격인 25 − 24 − 150에서 알 수 없는 것은?

① 염화물 함유량 ② 슬럼프(Slump)
③ 호칭강도 ④ 굵은골재의 최대치수

개념 | KEYWORD 16 콘크리트공사

해설 |
레디믹스트 콘크리트 규격

Remicon(25 − 24 − 150)	㉠	굵은골재 최대치수(25mm)
㉠ ㉡ ㉢	㉡	호칭강도(24MPa)
	㉢	슬럼프값(150mm)

정답 | ①

35

Top-Down공법(역타공법)에 관한 설명으로 옳지 않은 것은?

① 지하와 지상작업을 동시에 한다.
② 주변지반에 대한 영향이 적다.
③ 수직부재 이음부 처리에 유리한 공법이다.
④ 1층 슬래브의 형성으로 작업공간이 확보된다.

개념 | KEYWORD 12 토공사

해설 |
흙막이벽으로 설치한 Slurry Wall을 본 구조체의 벽체로 사용하기 때문에 다른 부재와의 이음에는 불리하다.

관련이론

Top-Down공법(역타공법)의 장단점

장점	• 소음과 진동이 적어 도심지 공사에 적합함 • 상하 방향으로 동시에 공사를 진행할 수 있어 공기가 단축됨 • 주변지반 및 인접 건물에 미치는 영향이 적음 • 안전시공이 가능함 • 기상조건에 관계없이 작업이 가능함 • 가설공사가 불필요함
단점	• 기둥, 벽 등 수직부재 이음이 곤란함 • 굴착장비의 소형화가 필요함 • 사전 공사계획이 치밀해야 함 • 지하작업을 하기 때문에 조명, 환기설비, 화재 예방대책이 필요함 • 공사비가 상승할 수 있음

정답 | ③

36

도장공사 시 유의사항으로 옳지 않은 것은?

① 도장마감은 도막이 너무 두껍지 않도록 얇게 몇 회로 나누어 실시한다.
② 도장을 수회 반복할 때에는 칠의 색을 동일하게 하여 혼동을 방지해야 한다.
③ 칠하는 장소에서 저온, 다습하고 환기가 충분하지 못할 때는 도장작업을 금지해야 한다.
④ 도장 후 기름, 산, 수지, 알칼리 등의 유해물이 배어 나오거나 녹아 나올 때에는 재시공한다.

개념 | KEYWORD 27 도장공사

해설 |
칠하는 횟수를 구분하기 위해 색깔을 다르게 칠한다.

정답 | ②

37

철골부재 용접 시 겹침이음, T자이음 등에 사용되는 용접으로 목두께의 방향이 모재의 면과 45° 또는 거의 45°의 각을 이루는 것은?

① 필릿용접
② 완전용입 맞댐용접
③ 부분용입 맞댐용접
④ 다층용접

개념 | KEYWORD 17 접합

해설 |
필릿용접(Fillet Welding, 모살용접)은 목두께의 방향이 모재의 면과 45° 또는 거의 45°의 각을 이루는 용접이다.

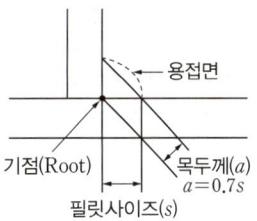

관련이론

맞댐용접(Butt Welding, 그루브용접)
접하는 두 부재 사이를 트이게 홈(Groove)을 만들고 그 사이에 용착금속을 채워 두 부재를 용접하는 것이다.

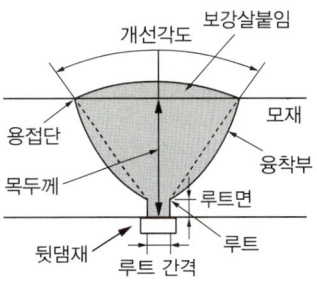

정답 | ①

38

타일 붙임 공법에 쓰이는 용어 중 거푸집에 전용 시트를 붙이고, 콘크리트 표면에 요철을 부여하여 모르타르가 파고 들어가는 것에 의해 박리를 방지하는 공법은?

① 개량 압착 붙임 공법
② MCR 공법
③ 마스크 붙임 공법
④ 밀착 붙임 공법

개념 | KEYWORD 20 석공사

해설 |
MCR 공법은 거푸집에 전용 시트를 붙이고, 콘크리트 표면에 요철을 부여하여 모르타르가 파고 들어가는 것에 의해 박리를 방지하는 타일 붙임 공법이다.

관련이론

벽타일 붙임 공법

떠붙임 공법	가장 오래된 타일 붙임 방법으로 타일 뒷면에 붙임모르타르를 얹어서 1장씩 붙이는 공법
개량 떠붙임 공법	바탕모르타르 바름 후 타일 뒷면에 얇게 붙임모르타르를 얹어서 1장씩 붙이는 공법
압착 공법	평평하게 만든 바탕모르타르 위에 붙임모르타르를 바르고 그 위에 타일을 두드려 누르거나 비벼 넣으면서 붙이는 방법
개량 압착 공법	평평하게 만든 바탕모르타르 위에 붙임모르타르를 바르고 타일 뒷면에 붙임모르타르를 얇게 발라 두드려 누르거나 비벼 넣으면서 붙이는 방법
밀착(동시줄눈) 공법	바탕면에 붙임모르타르를 발라 타일을 눌러 붙인 다음 충격공구(손진동기)로 타일면에 충격을 가하는 공법
접착 공법	접착제를 바탕에 2~3mm 두께로 바르고 타일을 붙이는 공법으로 내벽에 사용

정답 | ②

39

아래 설명은 어느 방식에 해당되는가?

> 도급자가 대상계획의 기업, 금융, 토지조달, 설계, 시공, 기계·기구설치, 시운전 및 조업지도까지 주문자가 필요로 하는 모든 것을 조달하여 주문자에게 인도하는 방식으로, 산업기술의 고도화, 전문화와 건축물의 고층화, 대형화에 따라 계속 증가 추세인 것

① 프로젝트관리방식(PM)
② 공사관리방식(CM)
③ 파트너링방식
④ 턴키방식

개념 | KEYWORD 04 계약제도

해설 |
대상계획의 금융, 토지, 설계, 시공, 기계설치, 시운전 등 모든 요소를 포괄하는 도급계약방식으로 주문자가 필요로 하는 모든 것을 조달하여 주문자에게 인도하는 방식을 턴키(Turn Key)방식이라고 한다.

정답 | ④

40

아스팔트 방수재료에 관한 설명으로 옳지 않은 것은?

① 아스팔트 컴파운드는 블로운 아스팔트에 동식물성 섬유를 혼합한 것이다.
② 아스팔트 프라이머는 아스팔트 싱글을 용제로 녹인 것이다.
③ 아스팔트 펠트는 섬유원지에 스트레이트 아스팔트를 가열용해하여 흡수시킨 것이다.
④ 아스팔트 루핑은 원지에 스트레이트 아스팔트를 침투시키고 양면에 컴파운드를 피복한 후 광물질 분말을 살포시킨 것이다.

개념 | KEYWORD 22 방수공사

해설 |
아스팔트 프라이머: 블로운 아스팔트에 휘발성 용제를 넣어 묽게 한 것으로, 방수층 바탕에 침투시켜 부착이 잘 되게 한다.

정답 | ②

건축구조

41
다음 그림과 같은 단순보의 양단 수직반력을 구하면?

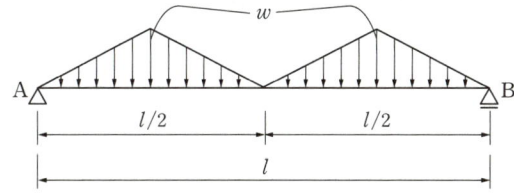

① $R_A=R_B=\dfrac{wl}{2}$

② $R_A=R_B=\dfrac{wl}{4}$

③ $R_A=R_B=\dfrac{wl}{6}$

④ $R_A=R_B=\dfrac{wl}{8}$

개념 | KEYWORD 06 반력, 전단력, 휨모멘트
해설 |

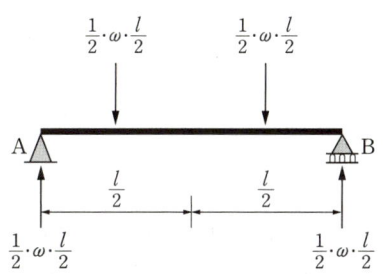

좌우대칭이므로 각 삼각형의 면적이 곧 반력이 된다.
$R_A=R_B=\dfrac{1}{2}\times w\times\left(\dfrac{l}{2}\right)=\dfrac{wl}{4}$

정답 | ②

42
강도설계법으로 설계된 보에서 스터럽이 부담하는 전단력이 $V_s=265\text{kN}$일 경우 수직 스터럽의 적절한 간격은? (단, $A_v=2\times127\text{mm}^2$(U형 2-D13), $f_{yt}=350\text{MPa}$, $b_w\times d=300\times450\text{mm}$)

① 120mm ② 150mm
③ 180mm ④ 210mm

개념 | KEYWORD 14 전단 및 비틀림
해설 |

전단철근의 전단강도 $V_s=\dfrac{A_v\cdot f_{yt}\cdot d}{s}$

여기서, s: 스터럽의 간격

$s=\dfrac{A_v\cdot f_{yt}\cdot d}{V_s}=\dfrac{(2\times127)(350)(450)}{(265\times10^3)}=150.96\text{mm}$

따라서 150mm가 가장 타당하다.

정답 | ②

43
부동침하의 원인과 거리가 먼 것은?

① 건물이 경사지반에 근접되어 있을 경우
② 건물이 이질지반에 걸쳐 있을 경우
③ 이질의 기초구조를 적용했을 경우
④ 건물의 강도가 불균등할 경우

개념 | KEYWORD 02 지반 및 기초
해설 |
건물의 강도가 불균등한 경우와 부동침하는 관련이 없다.

관련이론
부동침하의 여러 가지 원인

연약층	경사 지반	이질 지층	낭떠러지	증축
지하수위 변경	지하 구멍	메운땅 흙막이	이질 지정	일부 지정

정답 | ④

44

바람의 난류로 인해서 발생되는 구조물의 동적 거동 성분을 나타내는 것으로 평균변위에 대한 최대변위의 비를 통계적인 값으로 나타낸 계수는?

① 지형계수 ② 가스트영향계수
③ 풍속고도분포계수 ④ 풍력계수

개념 | KEYWORD 03 내진·내풍·사용성 설계
해설 |
가스트영향계수: 바람의 세기는 일정하지 않고 항상 변하는 동적 거동 성분이다. 이러한 특성을 고려하여 풍하중 산정 시 바람 세기의 평균값에 대한 피크값의 비를 통계적으로 나타낸 계수를 활용한다.

정답 | ②

45

다음 용접기호에 대한 옳은 설명은?

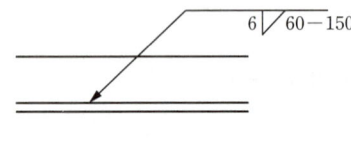

① 맞댐용접이다.
② 용접되는 부위는 화살의 반대쪽이다.
③ 유효목두께는 6mm이다.
④ 용접길이는 60mm이다.

개념 | KEYWORD 18 접합, 볼트, 용접
해설 |
해당 기호는 모살용접(필릿)이고, 삼각형은 아래에 표기 시 화살표 부위, 위에 표기 시 화살표 반대쪽 부위에 용접을 한다는 의미이다. 유효목두께는 $0.7 \times s$이므로, $4.2(=0.7 \times 6)$mm이다.

관련이론
용접기호

용접의 종류	기호	적용 예	
V형	∨		화살의 반대측에 용접
			화살쪽에 용접
L형			화살의 반대측에 용접
			화살쪽에 용접
필릿 편면			화살의 반대측에 용접
			화살쪽에 용접
필릿 병렬			양측에서 용접

용접도시

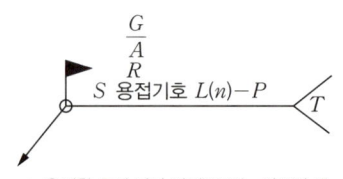

▲ 용접할 곳이 화살 반대쪽 또는 뒤쪽일 때

S 용접치수 R 루트간격 A 개선각
T 꼬리(특기사항 기록) $-$ 표면모양 G 용접부처리방법
L 용접길이 P 용접간격 ▶ 현장용접

정답 | ④

46

그림과 같은 강접골조에 수평력 $P=10$kN이 작용하고 기둥의 강비 $k=\infty$인 경우, 기둥의 모멘트가 최대가 되는 위치 h_0는? (단, 괄호 안의 기호는 강비이다.)

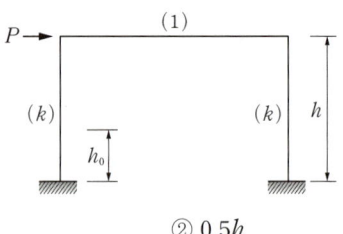

① 0 ② $0.5h$
③ $(4/7)h$ ④ h

개념 | KEYWORD 09 구조물 해석
해설 |
기둥의 강비가 무한대인 경우 해당 기둥은 캔틸레버보와 동일하게 해석된다. 따라서 모멘트가 최대가 되는 위치는 지점이다.
∴ $h_0=0$

정답 | ①

47

강구조에서 기초콘크리트에 매입되어 주각부의 이동을 방지하는 역할을 하는 것은?

① 앵커 볼트
② 턴 버클
③ 클립 앵글
④ 사이드 앵글

개념 | KEYWORD 17 강구조 총론
해설 |
기초 콘크리트에 매입되며 주각부의 이동을 방지하는 것은 앵커 볼트이다.

관련이론
주각부

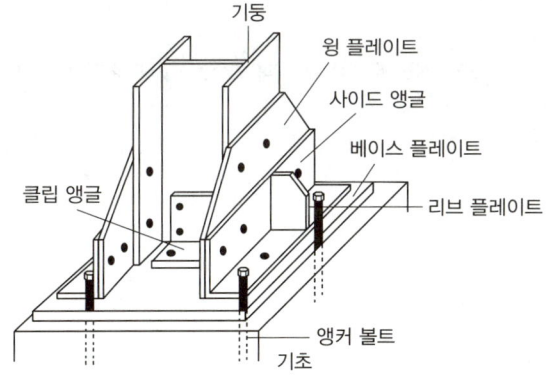

정답 | ①

48

다음 그림에서 파단선 a-1-2-3-d의 인장재의 순단면적은? (단, 판두께는 10mm, 볼트구멍지름은 22mm)

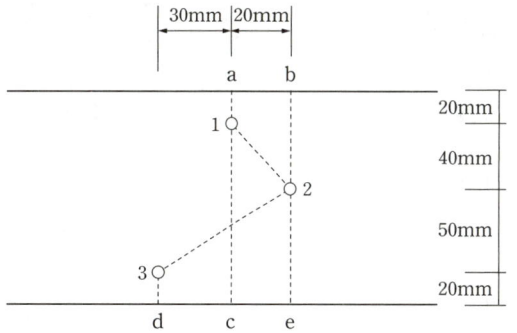

① 690mm^2
② 790mm^2
③ 890mm^2
④ 990mm^2

개념 | KEYWORD 19 인장재·압축재 설계
해설 |
$A_n = \left(130 - 3 \times 22 + \dfrac{20^2}{4 \times 40} + \dfrac{50^2}{4 \times 50}\right) \times 10 = 790\text{mm}^2$

관련이론
엇모배치 상태의 인장재 순단면적(A_n)

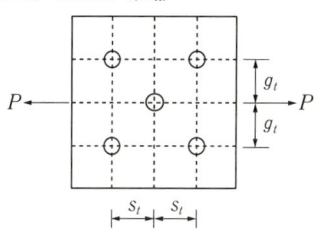

| $A_n = \left(h - n \times d + \sum \dfrac{s^2}{4g}\right)t$ | · h: 부재 높이
· n: 파단선상 구멍 수
· d: 파스너 구멍의 직경
· s: 피치
· g: 게이지
· t: 부재의 두께 |

정답 | ②

49

다음과 같은 조건의 단면을 가진 부재의 균열모멘트 M_{cr}을 구하면?

- 단면의 중립축에서 인장연단까지의 거리 $y_t = 420\text{mm}$
- 총 단면2차모멘트 $I_g = 1.0 \times 10^{10} \text{mm}^4$
- 보통중량콘크리트 설계기준압축강도 $f_{ck} = 21\text{MPa}$

① 50.6kN·m
② 53.3kN·m
③ 62.5kN·m
④ 68.8kN·m

개념 | KEYWORD 12 사용성 및 내구성

해설 |

$M_{cr} = f_r \times Z = 0.63 \lambda \sqrt{f_{ck}} \times \dfrac{I_g}{y_t}$

$\therefore M_{cr} = 0.63 \times 1.0 \times \sqrt{21} \times \dfrac{1.0 \times 10^{10}}{420}$

$= 68{,}738{,}635\text{N·mm} = 68.739\text{kN·m}$

관련이론

균열모멘트(M_{cr})

$M_{cr} = \dfrac{f_r}{y_t} I_g$ $= \dfrac{0.63\lambda\sqrt{f_{ck}}}{y_t} I_g$	• f_r: 파괴계수
	• λ: 경량콘크리트계수
	  – 보통중량콘크리트 1.0
	  – 모래경량콘크리트 0.85
	  – 전경량콘크리트 0.75
	• y_t: 중립축에서 인장축 연단까지의 거리
	• f_{ck}: 콘크리트의 압축강도
	• I_g: 콘크리트의 총 단면에 대한 단면2차모멘트

정답 | ④

50

강도설계법에서 직접설계법을 이용한 콘크리트 슬래브 설계 시 적용조건으로 옳지 않은 것은?

① 각 방향으로 3경간 이상 연속되어야 한다.
② 슬래브 판들은 단변 경간에 대한 장변 경간의 비가 2 이하인 직사각형이어야 한다.
③ 각 방향으로 연속한 받침부 중심간 경간 차이는 긴 경간의 1/3 이하이어야 한다.
④ 모든 하중은 슬래브판의 특정지점에 작용하는 집중하중이어야 하며 활하중은 고정하중의 3배 이하이어야 한다.

개념 | KEYWORD 14 슬래브, 기둥, 벽체, 기타

해설 |
하중은 등분포로 작용되는 연직하중이며, 활하중은 고정하중의 2배 이하이어야 한다.

정답 | ④

51

인장을 받는 이형철근의 정착길이(l_d)는 기본정착길이(l_{db})에 보정계수를 곱하여 산정한다. 다음 중 이러한 보정계수에 영향을 미치는 사항이 아닌 것은?

① 하중계수
② 경량콘크리트계수
③ 에폭시 도막계수
④ 철근배치 위치계수

개념 | KEYWORD 16 철근의 정착과 이음

해설 |
인장이형철근의 정착길이에 사용되는 보정계수에는 하중계수가 포함되지 않는다.

관련이론

인장이형철근 정착길이

$l_d = \dfrac{0.9 d_b \cdot f_y}{\lambda \sqrt{f_{ck}}} \cdot \dfrac{\alpha \cdot \beta \cdot \gamma}{\left(\dfrac{c + K_{tr}}{d_b}\right)}$

여기서, λ: 경량콘크리트계수, α: 철근배근 위치계수, β: 도막계수, γ: 철근의 크기계수, c: 철근 간격 또는 피복두께에 관련된 치수, K_{tr}: 횡방향 철근지수

정답 | ①

52

직경(D) 30mm, 길이(L) 4m인 강봉에 90kN의 인장력이 작용할 때 인장응력(σ_t)과 늘어난 길이(ΔL)는 약 얼마인가? (단, 강봉의 탄성계수 $E=200,000$MPa)

① $\sigma_t=127.3$MPa, $\Delta L=1.43$mm
② $\sigma_t=127.3$MPa, $\Delta L=2.55$mm
③ $\sigma_t=132.5$MPa, $\Delta L=1.43$mm
④ $\sigma_t=132.5$MPa, $\Delta L=2.55$mm

개념 | KEYWORD 04 재료의 기계적 성질

해설 |
인장응력과 늘어난 길이를 구하는 공식은 다음과 같다.

$$\sigma_t = \frac{P}{A} = \frac{(90\times 10^3)}{\frac{\pi(30)^2}{4}} = 127.32 \text{N/mm}^2 ≒ 127.3 \text{MPa}$$

$$\Delta L = \frac{\sigma \times L}{E} = \frac{127.3 \times 4,000}{200,000} = 2.546 \text{mm} ≒ 2.55 \text{mm}$$

정답 | ②

53

동일재료를 사용한 캔틸레버보에서 작용하는 집중하중의 크기가 $P_1=P_2$일 때, 보의 단면이 그림과 같다면 최대처짐 $y_1 : y_2$의 비는?

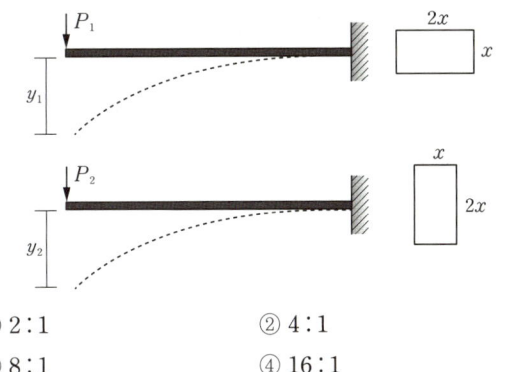

① 2 : 1
② 4 : 1
③ 8 : 1
④ 16 : 1

개념 | KEYWORD 05 단면의 성질

해설 |
캔틸레버보의 자유단 끝에 집중하중이 작용하는 경우 최대처짐은 $\delta_{max} = y_{max} = \frac{PL^3}{3EI}$로 구한다.

여기서, 두 조건의 다른 점은 단면2차모멘트이므로,
(단면이 사각형인 경우 단면2차모멘트: $I = \frac{bh^3}{12}$)

$$I_{y_1} = \frac{2x \times x^3}{12}, \ I_{y_2} = \frac{x \times (2x)^3}{12}$$

$$y_1 : y_2 = \frac{1}{\frac{(2x)(x)^3}{12}} : \frac{1}{\frac{(x)(2x)^3}{12}} = \frac{1}{2} : \frac{1}{8}$$

∴ $y_1 : y_2 = 4 : 1$

정답 | ②

54

인장시험을 통하여 얻어진 탄소강의 응력-변형도 곡선에서 변형도 경화영역의 최대응력을 의미하는 것은?

① 인장강도
② 항복강도
③ 탄성강도
④ 비례한도

개념 | KEYWORD 04 재료의 기계적 성질

해설 |
변형도 경화영역의 최대응력은 인장강도를 의미한다.

관련이론
응력-변형도 곡선

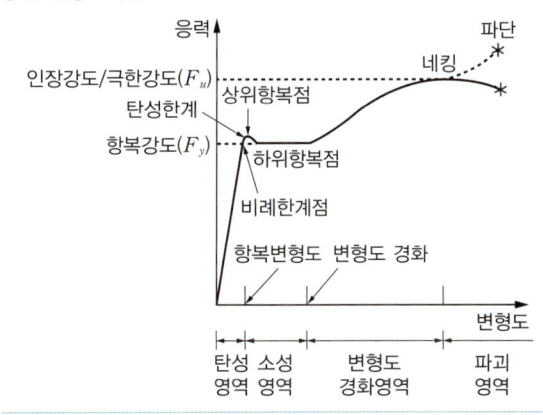

정답 | ①

55

고층건물의 구조형식 중에서 건물의 중간층에 대형 수평부재를 설치하여 횡력을 외곽기둥이 분담할 수 있도록 한 형식은?

① 트러스 구조
② 골조 아웃리거 구조
③ 튜브 구조
④ 스페이스 프레임 구조

개념 | KEYWORD 17 강구조 총론
해설 |
고층건물의 중간층에 대형 수평부재를 설치하여 횡력을 외곽기둥이 분담할 수 있도록 한 형식은 골조 아웃리거 구조이다.

[선지분석]
① 트러스 구조: 강재나 목재를 삼각형 그물 모양으로 짜서 하중을 지탱시킨다. 마찰이 없는 힌지로 결합되어 있는 직선 부재의 구조이다.
③ 튜브 구조: 고층건물의 외곽기둥을 밀실하게 배치하고 일체화한 형식이다.
④ 스페이스 프레임 구조: 대공간 건축물을 만들기 위한 형식으로 강판이나 파이프를 강접하여 골격을 구성한 구조이다.

정답 | ②

56

그림과 같은 기둥단면이 300mm×300mm인 사각형 단주에서 기둥에 발생하는 최대압축응력은? (단, 부재의 재질은 균등한 것으로 본다.)

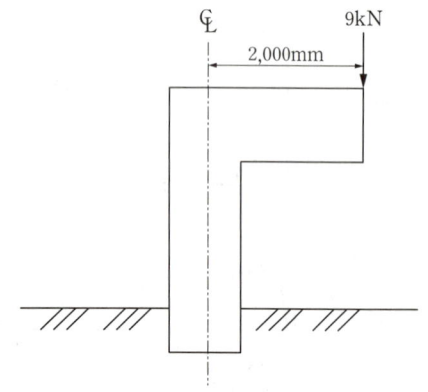

① -2.0MPa
② -2.6MPa
③ -3.1MPa
④ -4.1MPa

개념 | KEYWORD 07 기둥의 좌굴
해설 |
편심압축응력을 구하는 공식은 다음과 같다.

$$\sigma = \sigma_c + \sigma_{bz} = -\frac{P}{A} \mp \frac{M}{Z}$$

여기서, P: 하중, A: 기둥 단면적, M: 모멘트, Z: 기둥의 단면계수(직사각형 $Z = \frac{bh^2}{6}$)

$$\therefore \sigma = -\frac{9 \times 10^3}{300 \times 300} - \frac{9 \times 10^3 \times 2{,}000}{\frac{300^3}{6}} = -4.1\text{MPa}$$

정답 | ④

57

다음 그림과 같은 트러스의 반력 R_A와 R_B는?

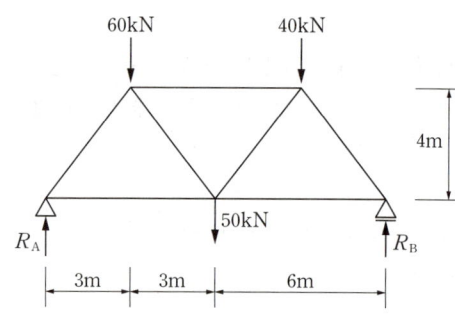

① $R_A = 60$kN, $R_B = 90$kN
② $R_A = 70$kN, $R_B = 80$kN
③ $R_A = 80$kN, $R_B = 70$kN
④ $R_A = 100$kN, $R_B = 50$kN

개념 | KEYWORD 09 구조물 해석
해설 |
힘의 평형 조건을 사용하여 계산하면
$\sum F_y = 0$ ∴ $R_A + R_B = 60 + 40 + 50 = 150$kN
$\sum M_A = 0$ ∴ $3 \times 60 + 9 \times 40 + 6 \times 50 - 12 \times R_B = 0$
∴ $R_B = 70$kN, $R_A = 80$kN

정답 | ③

58

점 A에 작용하는 두 개의 힘 P_1과 P_2의 합력을 구하면?

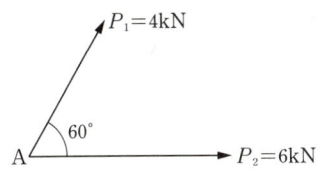

① $\sqrt{72}$kN
② $\sqrt{74}$kN
③ $\sqrt{76}$kN
④ $\sqrt{78}$kN

개념 | KEYWORD 04 재료의 기계적 성질

해설 |
합력은 다음과 같은 식을 사용해 구할 수 있다.
$F = F_1 \times \sin\theta + F_2 \times \cos\theta$
x축: $(4 \times \cos 60) + 6 = 8$kN
y축: $4 \times \sin 60 = 2\sqrt{3}$kN
피타고라스 정의를 이용하면 $8^2 + (2\sqrt{3})^2 = 76$
따라서 P_1과 P_2의 합력은 $\sqrt{76}$kN

정답 | ③

59

표준갈고리를 갖는 인장 이형철근(D13)의 기본정착길이는?(단, D13의 공칭지름: $12.7mm$, $f_{ck} = 27MPa$, $f_y = 400MPa$, $\beta = 1.0$, $m_c = 2,300kg/m^3$)

① 190mm
② 205mm
③ 220mm
④ 235mm

개념 | KEYWORD 16 철근 정착과 이음

해설 |
$l_{db} = \dfrac{0.24 \times 1 \times 12.7 \times 400}{1 \times \sqrt{27}} \fallingdotseq 234.64$mm

($m_c = 2,300kg/m^3$이므로 경량콘크리트계수 $\lambda = 1.0$)

관련이론

표준갈고리가 있는 인장 철근의 기본정착길이(l_{db})

$$l_{db} = \dfrac{0.24 \cdot \beta \cdot d_b \cdot f_y}{\lambda \sqrt{f_{ck}}}$$

- f_{ck}: 콘크리트 압축강도
- d_b: 철근의 지름
- f_y: 철근의 항복강도
- β: 도막계수
- λ: 경량콘크리트계수

정답 | ④

60

H형강이 사용된 압축재의 양단이 핀으로 지지되고 부재중간에서 x축 방향으로만 이동할 수 없도록 지지되어 있다. 부재의 전 길이가 4m일 때 세장비는? (단, $r_x = 8.62$cm, $r_y = 5.02$cm)

① 26.4
② 36.4
③ 46.4
④ 56.4

개념 | KEYWORD 07 기둥의 좌굴

해설 |

강구조 압축재 세장비
양단 힌지이므로 유효좌굴길이계수 $K = 1.0$
강축(x)에 대해서는 부재 전체의 길이 $L = 4$m, 약축(y)에 대해서는 가새로 횡지지되어 있으므로 $L = 2$m를 적용함에 주의하며 다음 값들 중 큰 값으로 세장비를 선정한다.

$\dfrac{KL}{r_x} = \dfrac{(1.0)(400cm)}{(8.62cm)} = 46.4$
$\dfrac{KL}{r_y} = \dfrac{(1.0)(200cm)}{(5.02cm)} = 39.84$ ⇒ ∴ 46.4

관련이론

유효좌굴길이계수 K

구분	양단 힌지	1단고정, 1단힌지	양단고정	1단고정, 1단자유
계수 값	1	0.7	0.5	2

정답 | ③

건축설비

61

실내에 4,500W를 발열하고 있는 기기가 있다. 이 기기의 발열로 인해 실내 온도상승이 생기지 않도록 환기를 하려고 할 때, 필요한 최소 환기량은? (단, 공기의 밀도 $1.2kg/m^3$, 비열 $1.01kJ/kg·K$, 실내온도 20℃, 외기온도 0℃이다.)

① 약 $452m^3/h$
② 약 $668m^3/h$
③ 약 $856m^3/h$
④ 약 $928m^3/h$

개념 | KEYWORD 10 환기설비
해설 |

$$G(m^3/h) = \frac{3,600Q(kW)}{\rho(kg/m^3) \times C(kJ/kg·K) \times \Delta t(K)}$$

$$= \frac{3,600 \times 4.5}{1.2 \times 1.01 \times (20-0)} = 668.32 ≒ 668m^3/h$$

여기서, G: 환기량, Q: 현열부하, ρ: 공기의 밀도, C: 공기의 비열, Δt: 실내외의 온도차

정답 | ②

62

주위 온도가 일정 온도 이상으로 되면 동작하는 자동화재 탐지설비의 감지기는?

① 이온화식 감지기
② 차동식 스폿형 감지기
③ 정온식 스폿형 감지기
④ 광전식 스폿형 감지기

개념 | KEYWORD 06 소화설비
해설 |
주위 온도가 일정 온도 이상으로 되면 동작하는 자동화재탐지설비의 감지기는 정온식 스폿형 감지기이며, 보일러실·주방과 같이 다량의 열을 취급하는 곳에 설치한다.

정답 | ③

63

습공기의 엔탈피에 관한 설명으로 옳은 것은?

① 건구온도가 높을수록 커진다.
② 절대습도가 높을수록 작아진다.
③ 수증기의 엔탈피에서 건공기의 엔탈피를 뺀 값이다.
④ 습공기를 냉각·가습할 경우, 엔탈피는 항상 감소한다.

개념 | KEYWORD 08 공기조화설비 총론
선지분석
② 절대습도가 높을수록 커진다.
③ 수증기의 엔탈피에 건공기의 엔탈피를 더한 값이다.
④ 습공기를 냉각하면 엔탈피는 감소하고, 습공기를 가습하면 엔탈피는 증가한다.

정답 | ①

64

조명기구의 배광에 따른 분류 중 직접조명형에 관한 설명으로 옳은 것은?

① 상향광속과 하향광속이 거의 동일하다.
② 천장을 주광원으로 이용하므로 천장의 색에 대한 고려가 필요하다.
③ 매우 넓은 면적이 광원으로서의 역할을 하기 때문에 직사 눈부심이 없다.
④ 작업면에 고조도를 얻을 수 있으나 심한 휘도차 및 짙은 그림자가 생긴다.

개념 | KEYWORD 16 조명설비
선지분석
① 상향광속과 하향광속이 거의 동일한 것은 전반확산조명이다.
② 천장을 주광원으로 이용하므로 천장의 색에 대한 고려가 필요한 것은 간접조명이다.
③ 작은 면적이 광원으로서의 역할을 하기 때문에 직사 눈부심이 있다.

정답 | ④

65

다음 중 건축물 실내공간의 잔향시간에 가장 큰 영향을 주는 것은?

① 실의 용적
② 음원의 위치
③ 벽체의 두께
④ 음원의 음압

개념 | KEYWORD 21 음 환경
해설 |
잔향시간은 실의 체적(용적), 흡음력(흡음률×표면적) 등에 의해 결정된다.

관련이론
Sabine의 잔향식

$T=K\dfrac{V}{A}=K\dfrac{V}{aS}$	T: 잔향시간 K: 비례상수 0.163 V: 실의 용적(m³) A: 흡음력=$\overline{a}$(평균 흡음률)×S(실내 표면적)

정답 | ①

66

다음 설명에 알맞은 통기관의 종류는?

> 기구가 반대방향(좌우분기) 또는 병렬로 설치된 기구배수관의 교점에 접속하여 입상하며, 그 양 기구의 트랩 봉수를 보호하기 위한 1개의 통기관을 말한다.

① 공용통기관   ② 결합통기관
③ 각개통기관   ④ 신정통기관

개념 | KEYWORD 03 배수 및 통기설비
해설 |
공용통기관(Common Vent Pipe): 2개의 위생기구가 같은 레벨로 설치되어 있을 때 배수관의 교점에서 접속되어 수직으로 세운 통기관을 말한다.

정답 | ①

67

습공기가 냉각되어 포함되어 있던 수증기가 응축되기 시작하는 온도를 의미하는 것은?

① 노점온도   ② 습구온도
③ 건구온도   ④ 절대온도

개념 | KEYWORD 08 공기조화설비 총론
해설 |
노점온도는 습공기가 냉각될 때 어느 온도에 다다르면 공기 속의 수분이 수증기의 형태로 존재할 수 없어 이슬로 맺히는 온도, 즉 습공기가 포화상태일 때의 온도이다.

정답 | ①

68

변전실에 관한 설명으로 옳지 않은 것은?

① 건축물의 최하층에 설치하는 것이 원칙이다.
② 용량의 증설에 대비한 면적을 확보할 수 있는 장소로 한다.
③ 사용부하의 중심에 가깝고, 간선의 배선이 용이한 곳으로 한다.
④ 변전실의 높이는 바닥의 케이블트렌치 및 무근 콘크리트 설치 여부 등을 고려한 유효 높이로 한다.

개념 | KEYWORD 14 강전설비
해설 |
변전실을 건축물의 최하층에 설치하면 침수 시 문제가 발생한다.

관련이론
변전실 면적에 영향을 주는 요소
1. 수전전압 및 수전방식
2. 변전설비 변압방식, 변압기 용량, 수량 및 형식
3. 설치 기기와 큐비클의 종류
4. 기기의 배치방법 및 유지보수 필요면적
5. 건축물의 구조적 여건

정답 | ①

69

10Ω의 저항 10개를 직렬로 접속할 때의 합성저항은 병렬로 접속할 때의 합성저항의 몇 배가 되는가?

① 5배 ② 10배
③ 50배 ④ 100배

개념 | KEYWORD 13 전기설비기초
해설 |
직렬 시 총 저항
$R = R_1 + R_2 + R_3 + \cdots = 10 \times 10 = 100[\Omega]$
병렬 시 총 저항
$R = \dfrac{1}{\left(\dfrac{1}{R_1} + \dfrac{1}{R_2} + \dfrac{1}{R_3} + \cdots\right)} = \dfrac{1}{\left(\dfrac{1}{10} + \dfrac{1}{10} + \dfrac{1}{10} + \cdots\right)}$
$= \dfrac{1}{\dfrac{10}{10}} = 1[\Omega]$

∴ 직렬로 접속할 때의 합성저항은 병렬로 접속할 때의 합성저항의 100배가 된다.

정답 | ④

70

증기난방에 관한 설명으로 옳지 않은 것은?

① 응축수 환수관 내에 부식이 발생하기 쉽다.
② 동일 방열량인 경우 온수난방에 비해 방열기의 방열면적이 작아도 된다.
③ 방열기를 바닥에 설치하므로 복사난방에 비해 실내바닥의 유효면적이 줄어든다.
④ 온수난방에 비해 예열시간이 길어서 충분한 난방감을 느끼는데 시간이 걸린다.

개념 | KEYWORD 11 난방설비
해설 |
증기난방은 온수난방에 비해 예열시간이 짧아서 충분한 난방감을 느끼는데 오랜시간이 걸리지 않는다.

정답 | ④

71

건구온도 26℃인 실내공기 8,000m³/h와 건구온도 32℃인 외부공기 2,000m³/h를 단열혼합하였을 때 혼합공기의 건구온도는?

① 27.2℃ ② 27.6℃
③ 28.0℃ ④ 29.0℃

개념 | KEYWORD 08 공기조화설비 총론
해설 |
26℃ × 8,000m³/h + 32℃ × 2,000m³/h = x℃ × 10,000m³/h
혼합공기의 온도 $x = \dfrac{(26 \times 8,000) + (32 \times 2,000)}{10,000} = 27.2℃$

관련이론
혼합공기의 온도(t_3)

$(Q_1 + Q_2) \times t_3 = (Q_1 \times t_1) + (Q_2 \times t_2)$

- t_1, t_2: 혼합 전 공기의 온도
- Q_1, Q_2: 혼합 전 공기의 양
- t_3: 혼합 후 공기의 온도

정답 | ①

72

다음의 스프링클러설비의 화재안전기준 내용 중 ( ) 안에 알맞은 것은?

전동기에 따른 펌프를 이용하는 가압송수장치의 송수량은 0.1MPa의 방수압력 기준으로 ( ) 이상의 방수성능을 가진 기준 개수의 모든 헤드로부터 방수량을 충족시킬 수 있는 양 이상으로 할 것

① 80L/min ② 90L/min
③ 110L/min ④ 130L/min

개념 | KEYWORD 06 소화설비
해설 |
스프링클러설비는 0.1MPa의 방수압력을 기준으로 80L/min 이상의 방수성능을 갖추어야 한다.

정답 | ①

73
다음 설명에 알맞은 요운전원 엘리베이터 조작방식은?

> 기동은 운전원의 버튼 조작으로 하며, 정지는 목적층 단추를 누르는 것과 승강장의 호출신호로 층의 순서대로 자동 정지한다.

① 카 스위치 방식
② 전자동군관리방식
③ 레코드 컨트롤 방식
④ 시그널 컨트롤 방식

개념 | KEYWORD 17 엘리베이터설비
해설 |
기동은 운전원의 버튼 조작으로 하며 정지는 목적층 단추를 누르는 것과 승강장의 호출신호로 층의 순서대로 자동 정지하는 조작방식은 시그널 컨트롤 방식이다.

정답 | ④

74
가스설비에서 LPG에 관한 설명으로 옳지 않은 것은?

① 공기보다 무겁다.
② LNG에 비해 발열량이 작다.
③ 순수한 LPG는 무색, 무취이다.
④ 액화하면 체적이 1/250 정도가 된다.

개념 | KEYWORD 07 가스설비
해설 |
LPG(92,000kJ/m³)는 LNG(38,000kJ/m³)에 비해 발열량이 크다.

정답 | ②

75
각종 급수방식에 관한 설명으로 옳지 않은 것은?

① 수도직결방식은 정전으로 인한 단수의 염려가 없다.
② 압력수조방식은 단수 시에 일정량의 급수가 가능하다.
③ 수도직결방식은 위생 및 유지·관리 측면에서 가장 바람직한 방식이다.
④ 고가수조방식은 수도 본관의 영향에 따라 급수압력의 변화가 심하다.

개념 | KEYWORD 01 급수설비
해설 |
고가수조방식은 급수압력이 일정하다.

관련이론
고가수조방식의 장단점

장점	• 대규모 급수설비에 적합 • 항상 일정한 수압으로 급수 • 저수량을 확보하여 단수 시 일정시간동안 급수 가능 • 압력이 일정하여 배관 부속품의 파손이 적음
단점	• 급수오염 가능성이 가장 큼 • 설비비가 고가 • 구조물 보강이 필요

정답 | ④

76
길이 20m, 지름 400mm의 덕트에 평균속도 12m/s로 공기가 흐를 때 발생하는 마찰저항은? (단, 덕트의 마찰저항계수는 0.02, 공기의 밀도는 1.2kg/m³이다.)

① 7.3Pa
② 8.6Pa
③ 73.2Pa
④ 86.4Pa

개념 | KEYWORD 09 공기조화 방식과 기기
해설 |

마찰저항(ΔP) $= f \cdot \dfrac{L \cdot v^2 \cdot \rho}{D \cdot 2}$

$\Delta P = 0.02 \times \dfrac{20 \times 12^2 \times 1.2}{0.4 \times 2} = 86.4(\text{Pa} = \text{kg/m} \cdot \text{s}^2)$

여기서, f: 마찰저항계수, L: 관의 길이, v: 평균속도, ρ: 밀도, D: 관의 내경

정답 | ④

77
압축식 냉동기의 냉동사이클을 옳게 나타낸 것은?

① 압축 → 응축 → 팽창 → 증발
② 압축 → 팽창 → 응축 → 증발
③ 응축 → 증발 → 팽창 → 압축
④ 팽창 → 증발 → 응축 → 압축

개념 | KEYWORD 12 냉동 및 기타 열원설비
해설 |
압축식 냉동기의 냉동사이클 순서는 압축기 → 응축기 → 팽창밸브 → 증발기 순이다.

정답 | ①

78

다음 중 급수배관계통에서 공기빼기밸브를 설치하는 가장 주된 이유는?

① 수격작용을 방지하기 위하여
② 배관 내면의 부식을 방지하기 위하여
③ 배관 내 유체의 흐름을 원활하게 하기 위하여
④ 배관 표면에 생기는 결로를 방지하기 위하여

개념 | KEYWORD 01 급수설비
해설 |
배관계통에서 공기빼기밸브를 설치하는 가장 주된 이유는 배관 내 유체의 흐름을 원활하게 하기 위해서이다.

정답 | ③

79

배수트랩의 봉수파괴 원인 중 통기관을 설치함으로써 봉수파괴를 방지할 수 있는 것이 아닌 것은?

① 분출작용
② 모세관작용
③ 자기사이펀작용
④ 유도사이펀작용

개념 | KEYWORD 03 배수 및 통기설비
해설 |
모세관작용에 의한 봉수파괴를 방지하기 위해서는 트랩 출구의 천 조각이나 머리카락을 제거해야 한다.

관련이론
트랩의 봉수파괴 방지대책

구분	방지대책
자기사이펀작용, 유도사이펀작용, 분출작용	통기관 설치
모세관작용	천 조각, 머리카락 제거
운동량에 의한 관성작용	격자쇠 설치

정답 | ②

80

저압 옥내배선공사 중 직접 콘크리트에 매설할 수 있는 공사는?

① 금속관공사
② 금속덕트공사
③ 버스덕트공사
④ 금속몰드공사

개념 | KEYWORD 14 강전설비
해설 |
저압 옥내배선공사 중 직접 콘크리트에 매설할 수 있는 공사는 금속관공사이다.

정답 | ①

건축관계법규

81

판매시설 용도이며 지상 각 층의 거실면적이 2,000m²인 15층의 건축물에 설치하여야 하는 승용승강기의 최소 대수는? (단, 16인승 승강기이다.)

① 2대
② 4대
③ 6대
④ 8대

개념 | KEYWORD 13 승강설비
해설 |
6층 이상 거실면적의 합계는 2,000m²×10층=20,000m²이고, 판매시설이므로
$2+\dfrac{20,000-3,000}{2,000}=10.5$대이다.
16인승 이상의 승강기는 2대의 승강기로 보기 때문에
10.5÷2=5.25대
∴ 최소 6대를 설치하여야 한다.

관련이론
승용승강기의 설치기준

건축물의 용도	6층 이상 거실면적의 합계(m²)		공식
	3,000m² 이하	3,000m² 초과	
1. 문화 및 집회시설 ① 공연장 ② 집회장 ③ 관람장 2. 판매시설 3. 의료시설	2대	2대에 3,000m²를 초과하는 2,000m² 이내마다 1대를 더한 대수	$2+\dfrac{A-3,000m^2}{2,000m^2}$

8인승 이상 15인승 이하 → 1대
16인승 이상의 승강기 → 2대

정답 | ③

82

다음 중 건축물 관련 건축기준의 허용되는 오차 범위(%)가 가장 큰 것은?

① 평면 길이
② 출구 너비
③ 반자 높이
④ 바닥판 두께

개념 | KEYWORD 02 건축허가와 신고

해설 |
바닥판 두께의 허용오차는 3% 이내이며 나머지는 2% 이내이다.

관련이론

허용오차

항목	허용되는 오차의 범위	
건폐율	0.5% 이내(단, 건축면적 5m²를 초과할 수 없음)	
용적률	1% 이내(단, 연면적 30m²를 초과할 수 없음)	
건축물 높이	2% 이내	1m를 초과할 수 없음
출구 너비		–
반자 높이		–
평면 길이		건축물 전체 길이는 1m를 초과할 수 없고, 벽으로 구획된 각 실은 10cm를 초과할 수 없음
벽체 두께	3% 이내	
바닥판 두께		
건축선의 후퇴거리		
인접대지 경계선과의 거리		
인접 건축물과의 거리		

정답 | ④

83

다음 중 내화구조에 해당하지 않는 것은? (단, 외벽 중 비내력벽인 경우)

① 철근콘크리트조로서 두께가 7cm인 것
② 무근콘크리트조로서 두께가 7cm인 것
③ 골구를 철골조로 하고 그 양면을 두께 3cm의 철망모르타르로 덮은 것
④ 철재로 보강된 콘크리트블록조로서 철재에 덮은 콘크리트블록의 두께가 3cm인 것

개념 | KEYWORD 01 건축법 총칙

해설 |
철재로 보강된 콘크리트블록조·벽돌조 또는 석조로서 철재에 덮은 콘크리트블록 등의 두께가 4cm 이상인 것이 내화구조에 해당한다.

관련이론

내화구조(외벽 중 비내력벽인 경우)
㉠ 철근콘크리트조 또는 철골철근콘크리트조로서 두께가 7cm 이상인 것
㉡ 골구를 철골조로 하고 그 양면을 두께 3cm 이상의 철망모르타르 또는 두께 4cm 이상의 콘크리트블록·벽돌 또는 석재로 덮은 것
㉢ 철재로 보강된 콘크리트블록조·벽돌조 또는 석조로서 철재에 덮은 콘크리트블록 등의 두께가 4cm 이상인 것
㉣ 무근콘크리트조·콘크리트블록조·벽돌조 또는 석조로서 그 두께가 7cm 이상인 것

정답 | ④

84
중앙도시계획위원회에 관한 설명으로 틀린 것은?

① 위원장·부위원장 각 1명을 포함한 25명 이상 30명 이하의 위원으로 구성한다.
② 위원장은 국토교통부장관이 되고, 부위원장은 위원 중 국토교통부장관이 임명한다.
③ 공무원이 아닌 위원의 수는 10명 이상으로 하고, 그 임기는 2년으로 한다.
④ 도시·군계획에 관한 조사·연구 업무를 수행한다.

개념 | KEYWORD 20 광역도시계획과 도시군기본계획
해설 |
중앙도시계획위원회의 위원장과 부위원장은 위원 중에서 국토교통부장관이 임명하거나 위촉한다.

관련이론
중앙도시계획위원회의 조직
㉠ 위원장·부위원장 각 1명을 포함한 25명 이상 30명 이하의 위원으로 구성
㉡ 위원장과 부위원장은 위원 중에서 국토교통부장관이 임명 또는 위촉
㉢ 위원은 관계 중앙행정기관의 공무원과 도시·군계획과 관련된 분야에 관한 학식과 경험이 풍부한 자 중에서 국토교통부장관이 임명 또는 위촉
㉣ 공무원이 아닌 위원의 수는 10명 이상, 임기는 2년

정답 | ②

85
다음은 「건축법령」상 직통계단의 설치에 관한 기준 내용이다. ( ) 안에 알맞은 것은?

> 초고층 건축물에는 피난층 또는 지상으로 통하는 직통계단과 직접 연결되는 피난안전구역(건축물의 피난·안전을 위하여 건축물 중간층에 설치하는 대피공간)을 지상층으로부터 최대 ( ) 층마다 1개소 이상 설치하여야 한다.

① 10개 ② 20개
③ 30개 ④ 40개

개념 | KEYWORD 10 피난규정
해설 |
초고층 건축물에는 피난안전구역을 지상층으로부터 최대 30개 층마다 1개소 이상 설치하여야 한다.

정답 | ③

86
다음은 승용승강기의 설치에 관한 기준 내용이다. 밑줄 친 "대통령령으로 정하는 건축물"에 대한 기준 내용으로 옳은 것은?

> 건축주는 6층 이상으로 연면적이 2,000m² 이상인 건축물(대통령령으로 정하는 건축물은 제외함)을 건축하려면 승강기를 설치하여야 한다.

① 층수가 6층인 건축물로서 각 층 거실의 바닥면적 300m² 이내마다 1개소 이상의 직통계단을 설치한 건축물
② 층수가 6층인 건축물로서 각 층 거실의 바닥면적 500m² 이내마다 1개소 이상의 직통계단을 설치한 건축물
③ 층수가 10층인 건축물로서 각 층 거실의 바닥면적 300m² 이내마다 1개소 이상의 직통계단을 설치한 건축물
④ 층수가 10층인 건축물로서 각 층 거실의 바닥면적 500m² 이내마다 1개소 이상의 직통계단을 설치한 건축물

개념 | KEYWORD 13 승강설비
해설 |
승강기 설치
1. 대상: 6층 이상으로서 연면적 2,000m² 이상인 건축물
2. 예외: 층수가 6층인 건축물로서 각 층 거실의 바닥면적 300m² 이내마다 1개소 이상의 직통계단을 설치한 경우

정답 | ①

87

주차장의 용도와 판매시설이 복합된 연면적 20,000m²인 건축물이 주차전용건축물로 인정받기 위해서는 주차장으로 사용되는 부분의 면적이 최소 얼마 이상이어야 하는가?

① 6,000m²
② 10,000m²
③ 14,000m²
④ 19,500m²

개념 | KEYWORD 15 주차장법 총칙

해설 |

판매시설과 복합된 주차전용건축물은 70% 이상 주차장으로 사용되어야 한다.

∴ 20,000m² × 0.7 = 14,000m²

관련이론

주차전용건축물의 주차장 비율

용도	주차장 사용비율
원칙	95% 이상
• 단독주택 • 공동주택 • 제1종 및 제2종 근린생활시설 • 문화 및 집회시설 • 종교시설 • 판매시설 • 운수시설 • 운동시설 • 업무시설 • 창고시설 • 자동차 관련 시설	70% 이상

정답 | ③

88

건축법령상 건축을 하는 경우 조경 등의 조치를 하지 아니할 수 있는 건축물 기준으로 틀린 것은? (단, 옥상 조경 등 대통령령으로 따로 기준을 정하는 경우는 고려하지 않는다.)

① 축사
② 녹지지역에 건축하는 건축물
③ 연면적의 합계가 2,000m² 미만인 공장
④ 면적 5,000m² 미만인 대지에 건축하는 공장

개념 | KEYWORD 06 조경·공개공지

해설 |

조경대상이 아닌 공장건축은 연면적의 합계가 1,500m² 미만인 공장과 면적 5,000m² 미만인 대지에 건축하는 공장이다.

관련이론

조경대상 예외 기준

1. 녹지지역에 건축하는 건축물
2. 면적 5,000m² 미만인 대지에 건축하는 공장
3. 연면적의 합계가 1,500m² 미만인 공장
4. 산업단지 안의 공장
5. 대지에 염분이 함유되어 있는 경우
6. 축사
7. 가설건축물
8. 연면적의 합계가 1,500m² 미만인 물류시설(주거지역 또는 상업지역에 건축하는 것은 제외)
9. 자연환경보전지역, 농림지역 또는 관리지역의 건축물

정답 | ③

89

시가화조정구역에서 시가화유보기간으로 정하는 기간 기준은?

① 1년 이상 5년 이내
② 3년 이상 10년 이내
③ 5년 이상 20년 이내
④ 10년 이상 30년 이내

개념 | KEYWORD 19 국토의 용도구분

해설 |

5년 이상 20년 이내 기간 동안 시가화를 유보할 필요가 있다고 인정되면 시가화조정구역의 지정 또는 변경을 도시·군관리계획으로 결정할 수 있다.

정답 | ③

90

공동주택과 오피스텔의 난방설비를 개별난방방식으로 하는 경우의 기준으로 틀린 것은?

① 보일러실의 윗부분에는 그 면적이 0.5m² 이상인 환기창을 설치할 것
② 보일러는 거실 외의 곳에 설치하되, 보일러를 설치하는 곳과 거실 사이의 경계벽은 출입구를 제외하고는 내화구조의 벽으로 구획할 것
③ 보일러의 연도는 방화구조로서 개별연도로 설치할 것
④ 기름보일러를 설치하는 경우 기름저장소를 보일러실 외의 다른 곳에 설치할 것

개념 | KEYWORD 12 건축설비기준과 관계전문기술자
해설 |
보일러의 연도는 내화구조로서 공동연도로 설치해야 한다.

관련이론
개별난방설비(공동주택과 오피스텔)의 설치기준

구분	설치기준
보일러의 설치 위치	• 거실 외의 곳에 설치 • 보일러실과 거실 사이의 경계벽은 내화구조의 벽으로 구획(출입구는 제외)
보일러실의 환기	• 윗부분에 면적 0.5m² 이상의 환기창 설치 • 윗부분과 아랫부분에는 각각 지름 10cm 이상의 공기 흡입구 및 배기구를 항상 개방된 상태로 외기와 접하도록 설치
보일러실과 거실 사이의 출입구	출입구가 닫힌 경우에는 보일러 가스가 거실에 들어갈 수 없는 구조로 할 것
기름저장소	기름보일러의 기름저장소는 보일러실 외의 곳에 설치할 것
오피스텔의 난방구획	방화구획으로 구획할 것
보일러실의 연도	내화구조로서 공동연도로 설치할 것

정답 | ③

91

건축물의 층수 산정에 관한 기준 내용으로 옳지 않은 것은?

① 지하층은 건축물의 층수에 산입하지 아니한다.
② 층의 구분이 명확하지 아니한 건축물은 그 건축물의 높이 4m마다 하나의 층으로 보고 그 층수를 산정한다.
③ 건축물이 부분에 따라 그 층수가 다른 경우에는 바닥면적에 따라 가중평균한 층수를 그 건축물의 층수로 본다.
④ 계단탑으로서 그 수평투영면적의 합계가 해당 건축물 건축면적의 8분의 1 이하인 것은 건축물의 층수에 산입하지 아니한다.

개념 | KEYWORD 08 높이의 규제
해설 |
건축물이 부분에 따라 그 층수가 다른 경우에는 그 중 가장 많은 층수를 그 건축물의 층수로 본다.

정답 | ③

92

특별시장·광역시장·특별자치시장·특별자치도지사·시장 또는 군수가 관할 구역의 도시·군기본계획에 대하여 타당성을 전반적으로 재검토하여 정비하여야 하는 기간의 기준은?

① 5년 ② 10년
③ 15년 ④ 20년

개념 | KEYWORD 20 광역도시계획과 도시군기본계획
해설 |
도시·군기본계획의 정비: 특별시장·광역시장·특별자치시장·특별자치도지사·시장 또는 군수는 5년마다 관할 구역의 도시·군기본계획에 대하여 타당성을 전반적으로 재검토하여 정비하여야 한다.

정답 | ①

93

국토의 계획 및 이용에 관한 법령상 주거지역의 세분 중 중층주택을 중심으로 편리한 주거환경을 조성하기 위하여 지정하는 용도지역은?

① 제1종 일반주거지역 ② 제2종 일반주거지역
③ 제1종 전용주거지역 ④ 제2종 전용주거지역

개념 | KEYWORD 19 국토의 용도구분

해설 |
제2종 일반주거지역에 대한 설명이다.

관련이론

주거지역의 구분

구분		내용
전용 주거지역	제1종 전용주거지역	단독주택 중심의 양호한 주거환경을 보호
	제2종 전용주거지역	공동주택 중심의 양호한 주거환경을 보호
일반 주거지역	제1종 일반주거지역	저층주택 중심으로 편리한 주거환경을 조성
	제2종 일반주거지역	중층주택 중심으로 편리한 주거환경을 조성
	제3종 일반주거지역	중고층주택 중심으로 편리한 주거환경을 조성
준주거지역		주거기능을 주로 하면서 상업기능 및 업무기능을 보완

정답 | ②

94

사용승인을 받는 즉시 건축물의 내진능력을 공개하여야 하는 대상 건축물의 층수 기준은? (단, 목구조 건축물의 경우이며 기타의 경우는 고려하지 않는다.)

① 2층 이상 ② 3층 이상
③ 6층 이상 ④ 16층 이상

개념 | KEYWORD 02 건축허가와 신고

해설 |
목구조 건축물의 경우에는 3층 이상인 경우에는 사용승인을 받는 즉시 내진능력을 공개하여야 한다.

관련이론

내진능력 공개 대상 건축물

1. 층수가 2층(목구조 건축물은 3층) 이상
2. 연면적이 200m²(목구조 건축물은 500m²) 이상

정답 | ②

95

특별피난계단의 구조에 관한 기준 내용으로 틀린 것은?

① 계단은 내화구조로 하되, 피난층 또는 지상까지 직접 연결되도록 한다.
② 계단실 및 부속실의 실내에 접하는 부분의 마감은 불연재료로 한다.
③ 출입구의 유효너비는 0.9m 이상으로 하고 피난의 방향으로 열 수 있도록 한다.
④ 건축물의 내부에서 노대 또는 부속실로 통하는 출입구에는 30분방화문을 설치하고, 노대 또는 부속실로부터 계단실로 통하는 출입구에는 60분방화문을 설치하도록 한다.

개념 | KEYWORD 10 피난규정

해설 |
건축물의 내부에서 노대 또는 부속실로 통하는 출입구에는 60+방화문 또는 60분방화문을 설치하고, 노대 또는 부속실로부터 계단실로 통하는 출입구에는 60+방화문, 60분방화문 또는 30분방화문을 설치해야 한다.

관련이론

방화문의 구분

갑종방화문, 을종방화문은 60+방화문, 60분방화문, 30분방화문으로 개정되었다.

구분	내용
60분+방화문	연기 및 불꽃을 차단할 수 있는 시간이 60분 이상이고, 열을 차단할 수 있는 시간이 30분 이상인 방화문
60분방화문	연기 및 불꽃을 차단할 수 있는 시간이 60분 이상인 방화문
30분방화문	연기 및 불꽃을 차단할 수 있는 시간이 30분 이상 60분 미만인 방화문

정답 | ④

96

건축허가 대상 건축물이라 하더라도 건축신고를 하면 건축허가를 받은 것으로 보는 경우에 속하지 않는 것은? (단, 층수가 2층인 건축물의 경우)

① 바닥면적의 합계가 75m²의 증축
② 바닥면적의 합계가 75m²의 재축
③ 바닥면적의 합계가 75m²의 개축
④ 연면적의 합계가 250m²인 건축물의 대수선

개념 | KEYWORD 02 건축허가와 신고
해설 |
대수선의 경우 연면적의 합계가 200m² 미만일 때 신고대상이다.

관련이론
신고함으로써 건축허가를 받은 것으로 보는 경우

대상	규모
증축, 개축, 재축	바닥면적 합계가 85m² 이내
대수선	연면적 200m² 미만이고 3층 미만인 건축물

정답 | ④

97

건축지도원에 관한 내용으로 틀린 것은?

① 건축지도원은 특별자치시·특별자치도 또는 시·군·구에 근무하는 건축직렬의 공무원과 건축에 관한 학식이 풍부한 자 중에서 지정한다.
② 건축지도원의 자격과 업무 범위는 건축조례로 정한다.
③ 건축설비가 법령 등에 적합하게 유지·관리되고 있는지 확인·지도 및 단속한다.
④ 허가를 받지 아니하거나 신고를 하지 아니하고 건축하거나 용도 변경한 건축물을 단속한다.

개념 | KEYWORD 04 건축물의 유지관리
해설 |
건축지도원의 자격과 업무 범위 등은 대통령령으로 정한다.

관련이론
건축지도원

1. 지정
   특별자치시장·특별자치도지사 또는 시장·군수·구청장이 특별자치시·특별자치도 또는 시·군·구에 근무하는 건축직렬의 공무원과 건축에 관한 학식이 풍부한 자로서 건축조례로 정하는 자격을 갖춘 자 중에서 지정한다.
2. 업무
   ① 건축신고를 하고 건축 중에 있는 건축물의 시공 지도와 위법 시공 여부의 확인·지도 및 단속
   ② 건축물의 대지, 높이 및 형태, 구조 안전 및 화재 안전, 건축설비 등이 법령 등에 적합하게 유지·관리되고 있는지의 확인·지도 및 단속
   ③ 허가를 받지 아니하거나 신고를 하지 아니하고 건축하거나 용도 변경한 건축물의 단속

정답 | ②

98

다음 노외주차장의 구조 및 설비기준에 관한 내용 중 ( ) 안에 알맞은 것은?

> 자동차용 승강기로 운반된 자동차가 주차구획까지 자주식으로 들어가는 노외주차장의 경우에는 주차대수 ( )마다 1대의 자동차용 승강기를 설치하여야 한다.

① 10대 ② 20대
③ 30대 ④ 40대

개념 | KEYWORD 16 노상·노외주차장
해설 |
자동차용 승강기 설치: 자동차용 승강기로 운반된 자동차가 주차구획까지 자주식으로 들어가는 노외주차장의 경우에는 주차대수 30대마다 1대의 자동차용 승강기를 설치하여야 한다.

정답 | ③

99

비상용승강기의 승강장에 설치하는 배연설비의 구조에 관한 기준 내용으로 틀린 것은?

① 배연구 및 배연풍도는 불연재료로 할 것
② 배연구는 평상시에는 열린 상태를 유지할 것
③ 배연구가 외기에 접하지 아니하는 경우에는 배연기를 설치할 것
④ 배연기는 배연구의 열림에 따라 자동적으로 작동하고, 충분한 공기배출 또는 가압능력이 있을 것

개념 | KEYWORD 13 승강설비
해설 |
배연구는 평상시에는 닫힌 상태를 유지하고, 연 경우에는 배연에 의한 기류로 인하여 닫히지 아니하도록 해야 한다.

관련이론
배연설비의 구조(특별피난계단 및 비상용승강기의 승강장 설치)

배연구 및 배연풍도	• 불연재료 • 화재 시 원활하게 배연시킬 수 있는 규모 • 외기 또는 평상시에 사용하지 아니하는 굴뚝에 연결
배연구	• 평상시에는 닫힌 상태를 유지하고, 연 경우에는 배연에 의한 기류로 인하여 닫히지 아니하도록 할 것 • 배연구에 설치하는 수동개방장치 또는 자동개방장치는 손으로도 열고 닫을 수 있도록 할 것
배연기	• 배연구가 외기에 접하지 아니하는 경우에는 배연기를 설치 • 배연구의 열림에 따라 자동적으로 작동하고, 충분한 공기배출 또는 가압능력이 있을 것 • 예비전원을 설치할 것

정답 | ②

100

막다른 도로의 길이가 **15m**일 때, 이 도로가 건축법령상 도로이기 위한 최소 폭은?

① 2m　　② 3m
③ 4m　　④ 6m

개념 | KEYWORD 01 건축법 총칙
해설 |
막다른 도로가 10m 이상 35m 미만인 경우 도로의 너비는 3m 이상으로 한다.

관련이론
막다른 도로

막다른 도로의 길이	도로의 너비
10m 미만	2m 이상
10m 이상 35m 미만	3m 이상
35m 이상	6m 이상 (도시지역이 아닌 읍·면지역은 4m 이상)

정답 | ②

2021년 | 4회 기출문제

>> 2021년 9월 12일 시행

건축계획

01
상점 건축의 진열장 배치에 관한 설명으로 옳은 것은?
① 손님 쪽에서 상품이 효과적으로 보이도록 계획한다.
② 들어오는 손님과 종업원의 시선이 정면으로 마주치도록 계획한다.
③ 도난을 방지하기 위하여 손님에게 감시한다는 인상을 주도록 설계한다.
④ 동선이 원활하여 다수의 손님을 수용하고 가능한 다수의 종업원으로 관리하게 한다.

개념 | KEYWORD 06 상점, 백화점 쇼핑센터
해설 |
상품 판매를 위해 손님 쪽에서 상품이 효과적으로 보여야 한다.
선지분석
② 들어오는 손님과 종업원의 시선이 직접 마주치지 않도록 계획한다.
③ 손님에게는 감시한다는 인상을 주지 않도록 설계한다.
④ 소수의 종업원으로 관리하게 한다.

정답 | ①

02
다음 중 도서관에 있어 모듈 계획(Module plan)을 고려한 서고 계획 시 결정 및 선행되어야 할 요소와 가장 거리가 먼 것은?
① 엘리베이터의 위치
② 서가 선반의 배열 깊이
③ 서고 내의 주요 통로 및 교차 통로의 폭
④ 기둥의 크기와 방향에 따른 서가의 규모 및 배열의 길이

개념 | KEYWORD 09 학교, 도서관
해설 |
도서관 서고 내 서가는 모듈이 가장 많이 적용되는 배치이며, 엘리베이터의 위치는 무관하다.

정답 | ①

03
호텔의 퍼블릭 스페이스(Public space)의 계획에 대한 설명으로 옳지 않은 것은?
① 로비의 개방성과 다른 공간과의 연계성이 중요하다.
② 프론트 데스크 후방에 프론트 오피스를 연속시킨다.
③ 주식당은 외래객이 편리하게 이용할 수 있도록 출입구를 별도로 설치한다.
④ 프론트 오피스는 기계화된 설비보다는 많은 사람을 고용함으로써 편의와 능률을 높여야 한다.

개념 | KEYWORD 12 호텔
해설 |
프론트 오피스는 기계화된 설비와 함께 적은 인원으로도 고객의 편의와 능률을 높여야 한다.
관련이론
프론트 오피스
입구 가까이에 위치하여 호텔을 관리하며 관리부문과 접객부문으로 분리된다.
1. 안내계(Information) : 객의 확인, 보도, 통신, 우편, 전신 연락
2. 객실계(Room clerk) : 실의 배치, 숙박료 결정
3. 회계계(Cashier) : 계산서, 현금 출납, 각종 전표 정리, 귀중품 보관

정답 | ④

04

아파트에서 친교공간 형성을 위한 계획 방법으로 옳지 않은 것은?

① 아파트에서의 통행을 공동 출입구로 집중시킨다.
② 별도의 계단실과 입구 주위에 집합단위를 만든다.
③ 큰 건물로 설계하고, 작은 단지는 통합하여 큰 단지로 만든다.
④ 공동으로 이용되는 서비스 시설을 현관에 인접하여 통행의 주된 흐름으로 약간 빗어난 곳에 위치한다.

개념 | KEYWORD 04 공동주택
해설 |
작은 단위로 서비스공간을 만들어 거주자간 교류 활성, 이웃관계 회복, 공동체 의식 형성을 추구한다.

정답 | ③

05

다음과 같은 특징을 갖는 건축양식은?

- 사라센 문화의 영향을 받았다.
- 도세렛(Dosseret)과 펜덴티브돔(Pendentive dome)이 사용되었다.

① 로마 건축 ② 이집트 건축
③ 비잔틴 건축 ④ 로마네스크 건축

개념 | KEYWORD 13 서양건축사
해설 |
비잔틴 건축에 대한 설명이다. 비잔틴 건축은 이외에도 다음과 같은 특징을 갖는다.
- 외양은 단조롭고 내부는 화려하게 장식
- 신주범을 창안하여 사용

정답 | ③

06

오토 바그너(Otto Wagner)가 주장한 근대건축의 설계지침 내용으로 옳지 않은 것은?

① 경제적인 구조
② 그리스 건축양식의 복원
③ 시공재료의 적당한 선택
④ 목적을 정확히 파악하고 완전히 충족시킬 것

개념 | KEYWORD 13 서양건축사
해설 |
로마 문화와 그리스 문화의 우수한 여러 면의 모방을 추구한 것은 신고전주의 건축이다.

관련이론
오토 바그너 근대건축에 대한 설계지침
1. 경제적이고 합목적적인 건축
2. 시공재료의 적절성, 적당한 선택
3. 경제적인 구조

정답 | ②

07

공동주택의 단면형식에 관한 설명으로 옳지 않은 것은?

① 트리플렉스형은 듀플렉스형보다 공용면적이 크게 된다.
② 메조넷형에서 통로가 없는 층은 채광 및 통풍확보가 양호하다.
③ 플랫형은 평면구성의 제약이 적으며, 소규모의 평면계획도 가능하다.
④ 스킵 플로어형은 동일한 주거동에서 각기 다른 모양의 세대 배치가 가능하다.

개념 | KEYWORD 04 공동주택
해설 |
2층마다 복도가 설치되는 듀플렉스형이 3층마다 복도가 설치되는 트리플렉스형보다 공용면적이 더 크다.

정답 | ①

08

공연장의 객석 계획에서 잘 보이는 동시에 실제적으로 관객을 수용해야 하는 공연장에서 큰 무리가 없는 거리인 제1차 허용거리의 한도는?

① 15m ② 22m
③ 38m ④ 52m

개념 | KEYWORD 08 극장, 영화관, 미술관

해설 |
22m까지를 제1차 허용한도로 정한다.

관련이론

극장 평면형의 한계

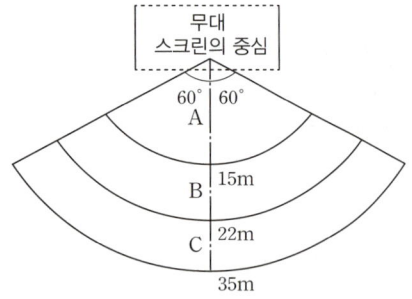

1. A구역: 배우의 표정이나 동작을 상세히 감상할 수 있는 사선 거리의 생리적 한도는 15m이다. 따라서 인형극이나 아동극은 이 한계 내에 있어야 한다.
2. B구역: 실제의 극장 건축에서는 될 수 있는 한 수용을 많이 하려는 생각에서 22m까지를 제1차 허용한도로 정하며, 국악이나 신극, 실내악 등은 이 범위 내에 객석을 둘 수 있다.
3. C구역: 현재 연극, 그랜드 오페라, 발레, 뮤지컬은 배우의 일반적인 동작만 보이면 감상하는 데는 별 지장이 없으므로 이를 제2차 허용한도라 하고 35m까지 둘 수 있다.

정답 | ②

09

우리나라의 현존하는 목조건축물 중 가장 오래된 것은?

① 부석사 무량수전 ② 부석사 조사당
③ 봉정사 극락전   ④ 수덕사 대웅전

개념 | KEYWORD 14 한국건축사

해설 |
봉정사 극락전은 고려 초기(13C) 건축물로 현존하는 가장 오래된 목조건축물이다. 정면 3칸, 측면 4칸의 단층 맞배지붕으로, 주심포식 건축물이다.

정답 | ③

10

열람자가 서가에서 책을 자유롭게 선택하나 관원의 검열을 받고 열람하는 도서관 출납 시스템은?

① 폐가식   ② 반개가식
③ 안전개가식 ④ 자유개가식

개념 | KEYWORD 09 학교, 도서관

해설 |
안전개가식(Safe-guarded open access)에 대한 설명이다. 안전개가식은 자유개가식과 반개가식의 장점을 취한 형식으로서, 열람자가 책을 직접 서가에서 뽑지만 관원의 검열을 받고 대출의 기록을 남긴 후 열람하는 형식이다.

선지분석
① 폐가식(Closed access): 열람자는 목록에 의해 책을 선택하여 관원에게 대출 기록을 제출한 후 대출 받는 형식이다.
② 반개가식(Semi-open access): 열람자는 직접 서가에 면하여 책의 체재나 표지 정도는 볼 수 있으나 내용을 보려면 관원에게 요구하여 대출 기록을 남긴 후 열람하는 형식이다
④ 자유개가식(Free open access): 열람자 자신이 서가에서 책을 꺼내어 책을 고르고 그대로 검열을 받지 않고 열람하는 형식으로 보통 1실형이고 10,000권 이하의 서적 보관과 열람에 적당하다.

정답 | ③

11

테라스 하우스에 관한 설명으로 옳지 않은 것은?

① 각 호마다 전용의 뜰(정원)을 갖는다.
② 각 세대의 깊이는 7.5m 이상으로 하여야 한다.
③ 전입방식에 따라 하향식과 상향식으로 나눌 수 있다.
④ 시각적인 인공테라스형은 위층으로 갈수록 건물의 내부면적이 작아지는 형태이다.

개념 | KEYWORD 04 공동주택

해설 |
각 세대의 깊이는 6~7.5m 이상이 되어서는 안 된다.

정답 | ②

12

학교 교사의 배치 형식에 관한 설명으로 옳지 않은 것은?

① 분산병렬형은 넓은 부지를 필요로 한다.
② 폐쇄형은 일조, 통풍 등 환경조건이 불균등하다.
③ 집합형은 이동 동선이 길어지고 물리적 환경이 나쁘다.
④ 분산병렬형은 구조계획이 간단하고 생활환경이 좋아진다.

개념 | KEYWORD 09 학교, 도서관
해설 |
집합형은 소규모 학교로 동선이 짧고, 물리적 환경이 좋다.
집합형은 도심지역 내 학생 수 감소와 지가 상승 등으로 인하여 변화하고 있는 국내 교육시설환경의 새로운 대안으로 시도되고 있는 형식으로 다목적 계획이 가능하다.

정답 | ③

13

사무소 건물의 엘리베이터 배치 시 고려사항으로 옳지 않은 것은?

① 교통동선의 중심에 설치하여 보행거리가 짧도록 배치한다.
② 대면배치에 대면거리는 동일 군 관리의 경우 3.5~4.5m로 한다.
③ 여러 대의 엘리베이터를 설치하는 경우, 그룹별 배치와 군 관리 운전방식으로 한다.
④ 일렬 배치는 6대를 한도로 하고, 엘리베이터 중심 간 거리는 10m 이하가 되도록 한다.

개념 | KEYWORD 05 사무소
해설 |
일렬 배치는 4대를 한도로 하고, 엘리베이터 중심 간 거리는 8m 이하가 되도록 한다.

관련이론
사무소 건축의 엘리베이터 계획
- 엘리베이터는 한 줄로 다 설치할 수 없고 6대 이상이면 나누어서 알코브(Alcove)형이나 대면(對面)형태를 사용한다.
- 접근하기 쉽게 주요 출입구 홀에 직면 배치하며 한 곳에 집중 배치한다.
- 출입문에 바싹 접근 배치하는 것은 동선 충돌 때문에 피해야 한다.

정답 | ④

14

사무소 건축의 코어 형식 중 편심형 코어에 관한 설명으로 옳지 않은 것은?

① 고층인 경우 구조상 불리할 수 있다.
② 각 층 바닥면적이 소규모인 경우에 사용된다.
③ 바닥면적이 커지면 코어 이외에 피난시설 등이 필요해진다.
④ 내진구조상 유리하며 구조코어로서 가장 바람직한 형식이다.

개념 | KEYWORD 05 사무소
해설 |
내진구조상 유리하며 구조코어로서 가장 바람직한 형식은 중심코어형이다.

정답 | ④

15

공장건축의 레이아웃에 관한 설명으로 옳지 않은 것은?

① 장래 공장 규모의 변화에 대응한 융통성이 있어야 한다.
② 제품 중심의 레이아웃은 생산에 필요한 모든 공정, 기계기구를 제품의 흐름에 따라 배치한다.
③ 이동식 레이아웃은 사람이나 기계가 이동하여 작업하는 방식으로 제품이 크고, 수량이 적을 때 사용한다.
④ 레이아웃은 공장 생산성에 미치는 영향이 크므로 공장의 배치계획, 평면계획은 이것에 부합되는 건축계획이 되어야 한다.

개념 | KEYWORD 10 공장, 창고
해설 |
사람이나 기계가 이동하여 작업하며, 제품이 크고 수량이 적을 때 사용하는 것은 고정식 레이아웃이다.

관련이론
고정식 레이아웃
1. 주가 되는 재료나 조립부품이 고정된 장소에 있고 사람이나 기계가 그 장소로 이동해 가서 작업이 행해지는 방식이다.
2. 제품이 크고 수가 극히 적을 경우에 적합하다. (선박, 건축)

정답 | ③

16

병원건축에 있어서 파빌리온 타입(Pavilion type)에 관한 설명으로 옳은 것은?

① 대지 이용의 효율성이 높다.
② 고층 집약식 배치형식을 갖는다.
③ 각 실의 채광을 균등히 할 수 있다.
④ 도심지에서 주로 적용되는 형식이다.

개념 | KEYWORD 11 병원
해설 |
파빌리온 타입은 각 병실을 남향으로 할 수 있어 각 실의 채광이 균등하고 일조 및 통풍 조건이 좋다.

관련이론
병원 분관식(Pavilion type)
1. 평면 분산식으로 각 건물은 3층 이하의 저층 건물이다. 외래부, 부속 진료시설, 병동을 각각 별동으로 하여 분산시키고 복도로 연결시키는 방법이다.
2. 특성
 ① 각 병실을 남향으로 할 수 있어 일조, 통풍 조건이 좋다.
 ② 넓은 부지가 필요하며 설비가 분산적이고 보행 거리가 멀어진다.
 ③ 내부 환자는 주로 경사로를 이용한 보행 또는 들것으로 운반된다.

정답 | ③

17

전시공간의 특수전시기법 중 하나의 사실이나 주제의 시간 상황을 고정시켜 연출함으로써 현장에 임한 듯한 느낌을 가지고 관찰할 수 있는 기법은?

① 알코브 전시
② 아일랜드 전시
③ 디오라마 전시
④ 하모니카 전시

개념 | KEYWORD 08 극장, 영화관, 미술관
해설 |
디오라마(Diorama)전시에 대한 설명이다.

정답 | ③

18

백화점 매장의 배치 유형에 관한 설명으로 옳지 않은 것은?

① 직각배치는 매장 면적의 이용률을 최대로 확보할 수 있다.
② 직각배치는 고객의 통행량에 따라 통로폭을 조정하기 용이하다.
③ 사행배치는 많은 고객이 매장공간의 코너까지 접근하기 용이한 유형이다.
④ 사행배치는 Main 통로를 직각 배치하며, Sub 통로를 45° 정도로 경사지게 배치하는 유형이다.

개념 | KEYWORD 06 상점, 백화점 쇼핑센터
해설 |
직각배치는 고객의 통행량에 따른 통로폭을 조절하기 어렵고, 국부적 혼란을 일으키기 쉽다.

관련이론
직교배치법(직각배치법, Rectangular system)
1. 가구를 열을 지어 직각 배치함으로써 직교하는 통로가 나게 하는 방법이다.
2. 가장 간단한 배치 방법으로 판매장 면적을 최대한으로 이용할 수 있다.
3. 단조로운 배치이고 고객의 통행량에 따른 통로 폭을 조절하기 어렵고, 국부적 혼란을 일으키기 쉽다.

정답 | ②

19

지속가능한(Sustainable) 공동주택의 설계개념으로 적절하지 않은 것은?

① 환경친화적 설계
② 지형순응형 배치
③ 가변적 구조체의 확대 적용
④ 규격화, 동일화된 단위평면

개념 | KEYWORD 04 공동주택
해설 |
규격화된 단위평면은 표준화에 의한 모듈방식으로 지속가능한 공동주택의 설계개념으로 볼 수 없다.

정답 | ④

20
래드번(Radburn) 계획의 5가지 기본원리로 옳지 않은 것은?

① 기능에 따른 4가지 종류의 도로 구분
② 보도망 형성 및 보도와 차도의 평면적 분리
③ 자동차 통과도로 배제를 위한 슈퍼블록 구성
④ 주택단지 어디로나 통할 수 있는 공동 오픈스페이스 구성

개념 | KEYWORD 04 공동주택
해설 |
보도망 형성 및 보도와 차도의 입체적 분리가 맞는 내용이다.

관련이론
래드번 계획의 5가지 기본원리
1. 통과교통 배제를 위한 하나의 단지인 슈퍼블록(Super block)을 구성
2. 4가지 기능의 도로
3. 보도망 형성 및 보도와 차도의 입체적 분리
4. 쿨데삭(막다른 도로)형의 좁은 도로 구성으로 주택의 거실을 보도나 정원을 향하도록 배치
5. 단지 어디든 통할 수 있는 공동 오픈스페이스 조성

정답 | ②

건축시공

21
표준시방서에 시스템비계에 관한 기준으로 옳지 않은 것은?

① 수직재와 수직재의 연결은 전용의 연결조인트를 사용하여 견고하게 연결하고, 연결 부위가 탈락 또는 꺾어지지 않도록 하여야 한다.
② 수평재는 수직재에 연결핀 등의 결합방법에 의해 견고하게 결합되어 흔들리거나 이탈되지 않도록 하여야 한다.
③ 대각으로 설치하는 가새는 비계의 외면으로 수평면에 대해 40°~60° 방향으로 설치하며 수평재 및 수직재에 결속한다.
④ 시스템 비계 최하부에 설치하는 수직재는 받침 철물의 조절너트와 밀착되도록 설치하여야 하며, 수직과 수평을 유지하여야 한다. 이 때, 수직재와 받침 철물의 겹침 길이는 받침 철물 전체길이의 5분의 1 이상이 되도록 하여야 한다.

개념 | KEYWORD 10 가설공사
해설 |
시스템 비계 최하부에 설치하는 수직재는 받침철물의 조절너트와 밀착되도록 설치하여야 하며, 수직과 수평을 유지하여야 한다. 이때 수직재와 받침 철물의 겹침길이는 받침 철물 전체길이의 3분의 1 이상이 되도록 하여야 한다.

정답 | ④

22

공정관리에서 공기단축을 시행할 경우에 관한 설명으로 옳지 않은 것은?

① 특별한 경우가 아니면 공기단축 시행 시 간접비는 상승한다.
② 비용구배가 최소인 작업을 우선 단축한다.
③ 주공정선상의 작업을 먼저 대상으로 단축한다.
④ MCX(Minimum Cost eXpeding)법은 대표적인 공기단축방법이다.

개념 | KEYWORD 08 공정관리
해설 |
일반적으로 공기단축 시 직접비는 증가하고, 간접비는 감소한다.

정답 | ①

23

콘크리트의 건조수축 영향인자에 관한 설명으로 옳지 않은 것은?

① 시멘트의 화학성분이나 분말도에 따라 건조수축량이 변화한다.
② 골재 중에 포함된 미립분이나 점토, 실트는 일반적으로 건조수축을 증대시킨다.
③ 바다모래에 포함된 염분은 그 양이 많으면 건조수축을 증대시킨다.
④ 단위수량이 증가할수록 건조수축량은 작아진다.

개념 | KEYWORD 16 콘크리트공사
해설 |
콘크리트의 건조수축은 콘크리트 타설 시 콘크리트 수화반응 후 블리딩(Bleeding) 현상에 의해서 콘크리트 속에 있던 자유수가 증발함에 따라 콘크리트가 수축하는 현상이다.
콘트리트의 건조수축은 단위수량에 영향을 크게 받으며 단위수량이 클수록 건조수축이 커진다.

정답 | ④

24

지내력을 갖춘 지반으로 만들기 위한 배수공법 또는 탈수공법이 아닌 것은?

① 샌드 드레인 공법
② 웰 포인트 공법
③ 페이퍼 드레인 공법
④ 베노토 공법

개념 | KEYWORD 12 토공사
해설 |
베노토 공법은 피어기초를 만드는 공법으로 굴착공법에 해당되며 배수공법 또는 탈수공법과는 관련이 없다.
올 케이싱 공법이라고도 하며 굴삭 시 케이싱(관)을 삽입하여 공벽을 보호한다.

선지분석
① 샌드 드레인 공법: 적당한 간격으로 모래말뚝을 형성하고 그 지반 위에 하중을 가하여 지반 중의 물을 유출시키는 공법이다.
② 웰 포인트 공법: 세로관을 삽입 후 가로관으로 연결하여 Pump로 배수하여 지하수위를 낮추는 배수공법이다.
③ 페이퍼 드레인 공법: 샌드파일을 형성한 후 모래 대신에 흡수지를 삽입하여 지반의 물을 뽑아내는 공법이다.

정답 | ④

25

페인트칠의 경우 초벌과 재벌 등을 도장할 때마다 색을 약간씩 다르게 하는 주된 이유는?

① 희망하는 색을 얻기 위하여
② 색이 진하게 되는 것을 방지하기 위하여
③ 착색안료를 낭비하지 않고 경제적으로 사용하기 위하여
④ 초벌, 재벌 등 페인트 횟수를 구별하기 위하여

개념 | KEYWORD 27 도장공사
해설 |
도장작업 시 칠하는 횟수를 구분하기 위해 색깔을 다르게 칠한다.

정답 | ④

26

개념설계에서 유지관리 단계에까지 건물의 전 수명주기 동안 다양한 분야에서 적용되는 모든 정보를 생산하고 관리하는 기술을 의미하는 용어는?

① ERP(Enterprise Resource Planning)
② SOA(Service Oriented Architecture)
③ BIM(Building Information Modeling)
④ CIC(Computer Integrated Construction)

개념 | KEYWORD 02 관계자와 관리기법
해설 |
BIM은 3차원 형상정보 모델로서 건설의 전 분야에서 시설물 객체의 물리적, 기능적 특성에 의하여 시설물의 수명주기 동안 의사결정을 하는 데 신뢰할 수 있는 근거를 제공하고 관리하는 것이다.

정답 | ③

27

벽돌벽의 균열원인과 가장 거리가 먼 것은?

① 문꼴의 불균형 배치
② 벽돌벽의 공간쌓기
③ 기초의 부동침하
④ 하중의 불균등분포

개념 | KEYWORD 19 조적공사
해설 |
벽돌벽의 공간 쌓기는 벽체의 방습을 목적으로 공간을 두고 안팎벽을 쌓는 것으로 벽돌벽의 균열원인과는 거리가 멀다.
선지분석
①, ③, ④는 모두 건물의 계획 설계상의 원인으로 벽돌벽이 균열되는 원인에 해당된다.

정답 | ②

28

쇄석 콘크리트에 관한 설명으로 옳지 않은 것은?

① 모래의 사용량은 보통 콘크리트에 비해서 많아진다.
② 쇄석은 각이 둔각인 것을 사용한다.
③ 보통콘크리트에 비해 시멘트 페이스트의 부착력이 떨어진다.
④ 깬자갈 콘크리트라고도 한다.

개념 | KEYWORD 16 콘크리트공사
해설 |
쇄석콘크리트는 보통의 강자갈 대신에 인공적으로 부순(깬) 자갈을 사용한 콘크리트로 보통콘크리트에 비해 부착력이 증가하고 시공연도는 감소한다.

정답 | ③

29

실비정산보수가산계약 제도의 특징이 아닌 것은?

① 설계 시공의 중첩이 가능한 단계별 시공이 가능하다.
② 복잡한 변경이 예상되거나 긴급을 요하는 공사에 적합하다.
③ 계약체결 시 공사비용의 최대값을 정하는 최대보증한도 실비정산보수가산계약이 일반적으로 사용된다.
④ 공사금액을 구성하는 물량 또는 단위공사 부분에 대한 단가만을 확정하고 공사 완료 시 실시수량의 확정에 따라 정산하는 방식이다.

개념 | KEYWORD 04 계약제도
해설 |
④번은 단가계약방식에 대한 설명이다.
관련이론
실비정산 보수 가산식 도급
건축주, 감독자, 시공자가 입회 하에 공사에 필요한 실비와 보수를 협의하여 정하고 시공자에게 지급하는 방법으로 신용을 계약의 기초로 한다. 각 제도의 장점만 취합한 것으로 가장 이상적인 도급계약형태이고, 실비정산보수가산계약이 일반적으로 사용된다.

정답 | ④

30

합성수지 중 건축물의 천장재, 블라인드 등을 만드는 열가소성수지는?

① 알키드수지　② 요소수지
③ 폴리스티렌수지　④ 실리콘수지

개념 | KEYWORD 31 합성수지

해설 |
폴리스티렌수지는 열가소성 수지로서 천장재, 블라인드, 도료 등에 사용되고 발포제품은 저온 단열재로도 쓰인다.

선지분석
① 알키드수지는 도료의 원료로 사용된다.
② 요소수지는 무색으로 착색이 자유롭다.
④ 실리콘수지는 내열성이 우수하여 보온재로 사용된다.

정답 | ③

31

프리패브 콘크리트(Prefab Concrete)에 관한 설명으로 옳지 않은 것은?

① 제품의 품질을 균일화 및 고품질화 할 수 있다.
② 작업의 기계화로 노무 절약을 기대할 수 있다.
③ 공장생산으로 부재의 규격을 다양하고 쉽게 변경할 수 있다.
④ 자재를 규격화하여 표준화 및 대량생산을 할 수 있다.

개념 | KEYWORD 16 콘크리트공사

해설 |
프리패브 콘크리트는 부재를 공장에서 생산하고 현장에서는 조립, 부착을 하는 공법으로 표준화, 생산성 향상, 품질의 균일성을 목표로 한다. 또한 대량생산을 위해서 부재 규격은 다양화하지 않는다.

정답 | ③

32

철근콘크리트 공사에 사용되는 거푸집 중 갱폼(Gang form)의 특징으로 옳지 않은 것은?

① 기능공의 기능도에 따라 시공 정밀도가 크게 좌우된다.
② 대형장비가 필요하다.
③ 초기 투자비가 높은 편이다.
④ 거푸집의 대형화로 이음부위가 감소한다.

개념 | KEYWORD 15 거푸집공사

해설 |
갱폼은 사용할 때마다 작은 부재의 조립, 분해를 반복하지 않고 대형화, 단순화하여 한 번에 설치하고 해체하는 거푸집이다.
갱폼은 조립분해 과정이 생략되므로 기능공의 기능도에 시공 정밀도가 좌우되지 않고, 이음부위가 감소되어 공기가 단축된다.

정답 | ①

33

건축물 외벽공사 중 커튼월 공사의 특징으로 옳지 않은 것은?

① 외벽의 경량화
② 공업화 제품에 따른 품질 제고
③ 가설비계의 증가
④ 공기단축

개념 | KEYWORD 26 커튼월공사

해설 |
커튼월을 조립할 때에는 타워크레인을 이용하고, 무비계 작업을 원칙으로 한다.

선지분석
① 건물의 완성 후에 벽체가 지녀야 할 성능을 설계 시에 미리 설정하므로 외벽이 경량화된다.
② 공장제작으로 진행되어 품질이 향상된다.
④ 필요한 부재를 미리 공장에서 생산하기 때문에 공기가 단축된다.

정답 | ③

34

철근 콘크리트 PC 기둥을 8ton 트럭으로 운반하고자 한다. 차량 1대에 최대로 적재 가능한 PC 기둥의 수는? (단, PC 기둥의 단면의 크기는 30cm×60cm, 길이는 3m임)

① 1개 ② 2개
③ 4개 ④ 6개

개념 | KEYWORD 06 적산 총론
해설 |
철근 콘크리트 PC 기둥(1개 무게) = 기둥의 체적 × 철근콘크리트의 비중
∴ $(0.3m × 0.6m × 3m) × 2.4t/m^3 = 1.296t$
8톤 트럭을 사용하므로 8÷1.296=6.17개 이하이므로 최대 적재 개수는 6개이다.

정답 | ④

35

콘크리트를 타설하면서 거푸집을 수직방향으로 이동시켜 연속작업을 할 수 있게 한 것으로 사일로 등의 건설공사에 적합한 것은?

① Euro form
② Sliding form
③ Air tube form
④ Traveling form

개념 | KEYWORD 15 거푸집공사
해설 |
슬라이딩 폼(Sliding form)은 거푸집을 수직방향으로 이동시켜 연속작업을 할 수 있도록 한 것으로 사일로, 굴뚝공사 등에 적합하다.

선지분석
① Euro form: 합판과 특수경강으로 만들며 파손이 극히 드물고 Panel 교환이 가능하다.
④ Traveling form: 수평활동 거푸집이며, 거푸집 전체를 그대로 해체하여 다음 사용 장소로 이동시켜 사용할 수 있다.

정답 | ②

36

신축할 건축물의 높이의 기준이 되는 주요 가설물로 이동의 위험이 없는 인근 건물의 벽 또는 담장에 설치하는 것은?

① 줄띄우기 ② 벤치마크
③ 규준틀   ④ 수평보기

개념 | KEYWORD 10 가설공사
해설 |
벤치마크(Bench mark: 기준점, 수준점)
1. 건물의 위치, 높이 기준이 되는 표식으로 기준면으로부터 표고를 측정하여 표시해 둔 점이다.
2. 높이 측량의 기준이 되도록 건축물 인근에 설치한다.

정답 | ②

37

수경성 마무리재료로 가장 적합하지 않은 것은?

① 돌로마이트 플라스터
② 혼합 석고 플라스터
③ 시멘트 모르타르
④ 경석고 플라스터

개념 | KEYWORD 28 미장공사
해설 |
돌로마이트 플라스터는 기경성 미장재료이다.

관련이론
미장재료의 경화성
1. 수경성 미장재료: 시멘트 모르타르, 석고 플라스터
2. 기경성 미장재료: 점토, 돌로마이트 플라스터, 회반죽

정답 | ①

38

보통 창유리의 특성 중 투과에 관한 설명으로 옳지 않은 것은?

① 투사각 0도일 때 투명하고 청결한 창유리는 약 90%의 광선을 투과한다.
② 보통의 창유리는 많은 양의 자외선을 투과시키는 편이다.
③ 보통의 창유리도 먼지가 부착되거나 오염되면 투과율이 현저하게 감소한다.
④ 광선의 파장이 길고 짧음에 따라 투과율이 다르게 된다.

개념 | KEYWORD 25 유리공사
해설 |
보통의 창유리는 자외선을 거의 투과시키지 않는다.
자외선 투과 유리는 산화제이철의 함유량을 줄인 유리로 온실과 병원의 일광욕실로 사용된다.

정답 | ②

39

가치공학(Value engineering) 수행계획 4단계로 옳은 것은?

① 정보(Informative) — 제안(Proposal) — 고안(Speculative) — 분석(Analytical)
② 정보(Informative) — 고안(Speculative) — 분석(Analytical) — 제안(Proposal)
③ 분석(Analytical) — 정보(Informative) — 제안(Proposal) — 고안(Speculative)
④ 제안(Proposal) — 정보(Informative) — 고안(Speculative) — 분석(Analytical)

개념 | KEYWORD 02 관계자와 관리기법
해설 |
가치공학(Value engineering) 수행계획 단계
정보 → 고안 → 기능분석 → 분석(평가) → 제안(실시단계)

정답 | ②

40

시멘트 광물질의 조성 중에서 발열량이 높고 응결시간이 가장 빠른 것은?

① 알루민산 삼석회
② 규산 삼석회
③ 규산 이석회
④ 알루민산철 사석회

개념 | KEYWORD 16 콘크리트공사
해설 |
시멘트의 성분은 규산 이석회, 규산 삼석회, 알루민산 삼석회, 알루민산철 사석회이다.
시멘트의 성분 중 응결시간이 빠른 순서는 '알루민산 삼석회 → 규산 삼석회 → 알루민산철 사석회 → 규산 이석회'이다.

정답 | ①

건축구조

41

강도설계법에서 처짐을 계산하지 않는 경우 스팬이 8.0m인 단순지지된 보의 최소 두께로 옳은 것은? (단, 보통중량 콘크리트와 $f_y=400\text{MPa}$ 철근을 사용한 경우)

① 380mm　② 430mm
③ 500mm　④ 600mm

개념 | KEYWORD 12 사용성 및 내구성
해설 |
단순지지된 보이므로 최소 두께는
$\dfrac{l}{16}=\dfrac{8,000}{16}=500\text{mm}$

관련이론
처짐을 계산하지 않는 경우 보의 최소두께

구분	최소 두께	구분	최소 두께
단순지지	$l/16$	양단연속	$l/21$
1단연속	$l/18.5$	캔틸레버	$l/8$

정답 | ③

42

그림과 같이 캔틸레버 보가 상수 k를 가지는 스프링에 의해 지지되어 있으며 집중하중 P가 작용하고 있다. 스프링에 걸리는 힘은?

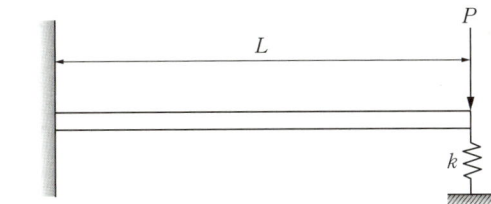

① $\dfrac{PL^3 k}{(2EI + kL^3)}$ ② $\dfrac{PL^3 k}{(3EI + kL^3)}$

③ $\dfrac{PL^3 k}{(6EI + kL^3)}$ ④ $\dfrac{PL^3 k}{(8EI + kL^3)}$

개념 | KEYWORD 10 보의 처짐
해설 |
자유단에 걸리는 하중이 P, 길이가 L인 캔틸레버 보 자유단의 최대 처짐은
$\delta_{max} = \left(\dfrac{PL}{EI} \times L\right) \times \dfrac{L}{3} = \dfrac{PL^3}{3EI}$ 이고,

스프링에 작용하는 처짐 $\delta_s = \dfrac{(P-R_s)L^3}{3EI}$ 이다.

여기서 스프링에 작용하는 반력 $R_s = k \cdot \delta_s$ 이며

$R_s = k \cdot \dfrac{(P-R_s)L^3}{3EI}$ 로 볼 수 있다.

이를 정리하면
$3R_s EI = PL^3 k - R_s L^3 k$
$(3EI + L^3 k) R_s = PL^3 k$
$\therefore R_s = \dfrac{PL^3 k}{3EI + kL^3}$

정답 | ②

43

전단과 휨만을 받는 철근콘크리트 보에서 콘크리트만으로 지지할 수 있는 전단강도 V_c는? (단, 보통중량콘크리트 사용, $f_{ck} = 28\text{MPa}$, $b_w = 100\text{mm}$, $d = 300\text{mm}$)

① 26.5kN   ② 53.0kN
③ 79.3kN   ④ 158.7kN

개념 | KEYWORD 14 전단 및 비틀림
해설 |
콘크리트의 설계전단강도
$V_c = \dfrac{1}{6} \lambda \sqrt{f_{ck}} \cdot b_w \cdot d$
$= \dfrac{1}{6} \times 1.0 \times \sqrt{28} \times 100 \times 300 ≒ 26,457.5\text{N} ≒ 26.5\text{kN}$

정답 | ①

44

보의 유효깊이 $d = 550\text{mm}$, 보의 폭 $b_w = 300\text{mm}$인 보에서 스터럽이 부담할 전단력 $V_s = 200\text{kN}$일 경우, 적용 가능한 수직 스터럽의 간격으로 옳은 것은? (단, $A_v = 142\text{mm}^2$, $f_{yt} = 400\text{MPa}$, $f_{ck} = 24\text{MPa}$)

① 150mm   ② 180mm
③ 200mm   ④ 250mm

개념 | KEYWORD 14 전단 및 비틀림
해설 |
전단철근의 전단강도 $V_s = \dfrac{A_v \cdot f_{yt} \cdot d}{s}$

여기서, s: 스터럽의 간격

$s = \dfrac{A_v \cdot f_{yt} \cdot d}{V_s} = \dfrac{142 \times 400 \times 550}{200 \times 10^3} = 156.2\text{mm}$

∴ 150mm가 가장 타당하다.

정답 | ①

45

고력볼트 F10T-M24의 현장시공을 위한 본조임의 조임력(T)은 얼마인가? (단, 토크계수는 0.13, F10T-M24 볼트의 설계볼트장력은 200kN이며 표준볼트장력은 설계볼트장력에 10%를 할증함)

① 569,573N·mm ② 686,400N·mm
③ 799,656N·mm ④ 892,638N·mm

개념 | KEYWORD 18 접합, 볼트, 용접

해설 |
조임력 $T = k \times d \times N$으로 구한다.
여기서, k: 마찰(토크)계수, d: 공칭직경, N: 볼트 축력
$N = 200 + 200 \times 0.1(10\%) = 220\text{kN} = 220 \times 10^3\text{N}$이므로
∴ $T = 0.13 \times 24 \times (220 \times 10^3) = 686,400\text{N·mm}$

정답 | ②

46

강구조 고장력볼트 마찰접합의 특징에 관한 설명으로 옳지 않은 것은?

① 시공이 용이하여 공기가 절약된다.
② 접합부의 강성과 강도가 크다.
③ 품질관리가 용이하다.
④ 국부적인 응력집중이 발생한다.

개념 | KEYWORD 18 접합, 볼트, 용접

해설 |
마찰접합은 부재의 접합면에서 응력이 전달되기 때문에 응력집중현상이 생기지 않는다.

관련이론
고장력볼트의 마찰접합
부재간에 발생하는 마찰력에 의해 응력을 전달하는 접합형식으로 응력의 흐름이 원활하며 접합부의 강성이 높고, 부재의 접합면에서 응력이 전달되기 때문에 응력집중현상이 생기지 않는다. 또한 소음이 적고, 불량개소 수정이 쉽고, 현장설비가 간단하여 노동력 절감 및 공기단축이 가능하다.

정답 | ④

47

그림과 같은 단면의 단순보에서 보의 중앙점 C단면에 생기는 휨응력 σ_b와 전단응력 τ의 값은?

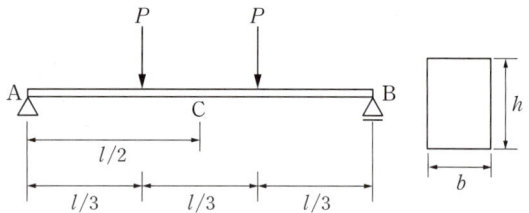

① $\sigma_b = \dfrac{Pl}{bh^2}$, $\tau = \dfrac{3Pl}{2bh}$ ② $\sigma_b = \dfrac{2Pl}{bh^2}$, $\tau = 0$

③ $\sigma_b = \dfrac{2Pl}{bh^2}$, $\tau = \dfrac{3Pl}{2bh}$ ④ $\sigma_b = \dfrac{Pl}{bh^2}$, $\tau = 0$

개념 | KEYWORD 14 전단 및 비틀림

해설 |

1. 휨응력 $\sigma = \dfrac{M}{Z}$을 구한다. (여기서, M: 모멘트, Z: 단면계수)
- 단순보에 하중이 $2P$가 작용하고 좌우 대칭이므로, A지점 반력은 P이다.
- C점 $M = \left(P \times \dfrac{l}{2}\right) - \left(P \times \dfrac{l}{6}\right) = \dfrac{Pl}{3}$
- 단면이 사각형일 경우: $Z = \dfrac{bh^2}{6}$

∴ $\sigma_{max} = \dfrac{\frac{Pl}{3}}{\frac{bh^2}{6}} = \dfrac{2Pl}{bh^2}$

2. 전단응력 $\tau = \dfrac{V \cdot Q}{I \cdot b}$을 구한다. (여기서, V: 전단력, I: 단면2차모멘트, b: 단면 폭, Q: 단면1차모멘트)

C점 $V = P - P = 0$이므로
∴ $\tau = \dfrac{V \cdot Q}{I \cdot b} = 0$

정답 | ②

48

다음과 같은 조건에서의 필릿용접의 최소 치수(mm)는 얼마인가? (단, 하중저항계수설계법 기준)

접합부의 얇은 쪽 소재 두께(t, mm)
$6 \leq t < 13$

① 5mm ② 6mm
③ 7mm ④ 8mm

개념 | KEYWORD 18 접합, 볼트, 용접

해설 |
접합부의 얇은 쪽 소재 두께가 $6 \leq t < 13$이면 최소 치수는 5mm이다.

관련이론

필릿용접 최소 치수

얇은 쪽 소재 두께 (t)	최소 치수 (mm)
$t < 6$	3
$6 \leq t < 13$	5
$13 \leq t < 20$	6
$20 \leq t$	8

※ 기준이 개정되어 문제를 수정하였습니다.

정답 | ①

49

그림과 같은 보에서 C점의 처짐은? (단, EI는 전 경간에 걸쳐 일정함)

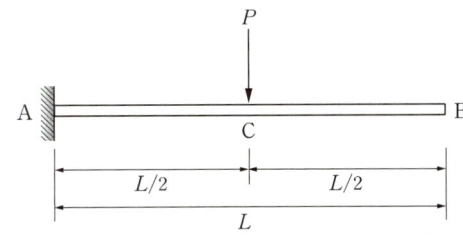

① $\dfrac{PL^3}{12EI}$ ② $\dfrac{PL^3}{24EI}$

③ $\dfrac{PL^3}{48EI}$ ④ $\dfrac{PL^3}{96EI}$

개념 | KEYWORD 10 보의 처짐

해설 |
처짐 $\delta = \dfrac{M'}{EI}$ (M': 처짐을 구하려는 위치의 모멘트)

C점 $M' = \dfrac{PL}{2} \times \dfrac{L}{2} \times \dfrac{1}{2} \times \left(\dfrac{2}{3} \times \dfrac{L}{2}\right) = \dfrac{PL^3}{24}$

$\therefore \delta_C = \dfrac{\dfrac{PL^3}{24}}{EI} = \dfrac{PL^3}{24EI}$

정답 | ②

50

다음 그림과 같이 단면적이 같은 4개의 단면을 보부재로 각각 사용할 경우 X축에 대한 처짐에 가장 유리한 단면은?

① 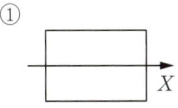   ②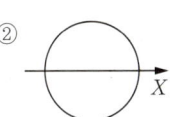

③ 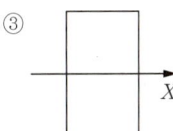   ④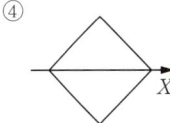

개념 | KEYWORD 05 단면의 성질

해설 |
보의 처짐과 단면2차모멘트는 반비례관계이다. 따라서 X축에 대한 처짐에 유리하기 위해서는 단면2차모멘트값이 커야 한다. 단면2차모멘트는 회전축으로부터의 거리가 먼 단면이 클수록 유리하다.

정답 | ③

51

그림과 같은 단면을 가진 압축재에서 유효좌굴길이 $KL=250\text{mm}$일 때 Euler의 좌굴하중 값은? (단, $E=210,000\text{MPa}$임)

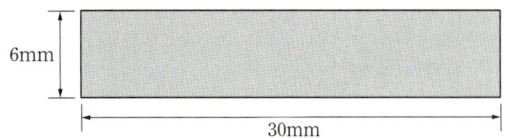

① 17.9kN ② 43.0kN
③ 52.9kN ④ 64.7kN

개념 | KEYWORD 07 기둥의 좌굴
해설 |

좌굴하중 $P_{cr}=\dfrac{\pi^2 EI}{(KL)^2}$이고,

여기서, E: 탄성계수, I: 단면2차모멘트, KL: 유효좌굴길이, 사각형 단면의 $I=\dfrac{bh^3}{12}$이다.

따라서 $P_{cr}=\dfrac{\pi^2 EI}{(KL)^2}=\dfrac{\pi^2 \times 210,000 \times \dfrac{30 \times 6^3}{12}}{250^2}$

$\fallingdotseq 17,907.4\text{N} \fallingdotseq 17.9\text{kN}$이다.

정답 | ①

52

철골구조와 비교한 철근콘크리트구조의 특징으로 옳지 않은 것은?

① 진동이 적고 소음이 덜 난다.
② 시공 시 동절기 기후의 영향을 받을 수 있다.
③ 내화성이 크다.
④ 구조의 개조나 보강이 쉽다.

개념 | KEYWORD 11 철근콘크리트구조 총론
해설 |
철근콘크리트구조는 재료의 재사용 및 제거 작업이 어려워서 구조의 개조나 보강이 쉽지 않다.

정답 | ④

53

주철근으로 사용된 D22 철근 180° 표준갈고리의 구부림 최소 내면 반지름으로 옳은 것은?

① d_b ② $2d_b$
③ $2.5d_b$ ④ $3d_b$

개념 | KEYWORD 16 철근 정착과 이음
해설 |
D22 철근(D10~D25)이므로 $3d_b$ 이상이다.

관련이론

주철근의 180° 표준갈고리와 90° 표준갈고리의 구부림 최소 내면 반지름

철근 크기	최소 내면 반지름
D10~D25	$3d_b$
D29~D35	$4d_b$
D38 이상	$5d_b$

정답 | ④

54

그림과 같은 구조물의 부정정 차수는?

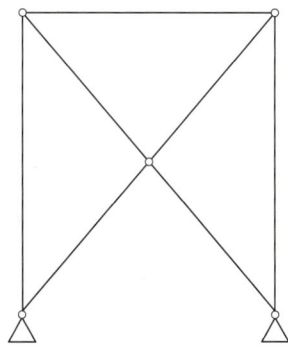

① 1차 ② 2차
③ 3차 ④ 4차

개념 | KEYWORD 08 구조물 판별
해설 |
$N=r+m+f-2\times j$ 공식 이용
여기서, r: 지점반력수, m: 부재수, f: 강절점수, j: 지점수+자유단 지점수이다.
∴ $N=4+7+0-2\times 5=1$

다른 풀이
외적 판별값(N_e)과 내적 판별값(N_i)의 결과를 합산하여 구조물을 판별할 수 있다.
$N_e=R-3=(2+2)-3=1$
$N_i=0$ (기본 삼각형에서 +1 부재가 2개가 추가되어 삼각형이 되면 내적으로 정정이다.)
∴ $N_e+N_i=1+0=1$

정답 | ①

55

각 지반의 허용지내력의 크기가 큰 것부터 순서대로 올바르게 나열된 것은?

| A. 자갈   B. 모래   C. 연암반   D. 경암반 |

① B > A > C > D
② A > B > C > D
③ D > C > A > B
④ D > C > B > A

개념 | KEYWORD 02 지반 및 기초
해설 |
경암반 > 연암반 > 자갈 > 모래

관련이론
지반의 허용지내력(단위 : kN/m²)

구분	장기	단기
경암반	4,000	장기값×1.5
연암반	2,000/1,000	
자갈	300	
자갈+모래	200	
모래	100	
모래 섞인 점토	150	
점토	100	

정답 | ③

56

그림과 같은 정정라멘에서 BD부재의 축방향력으로 옳은 것은? (단, + : 인장력, − : 압축력)

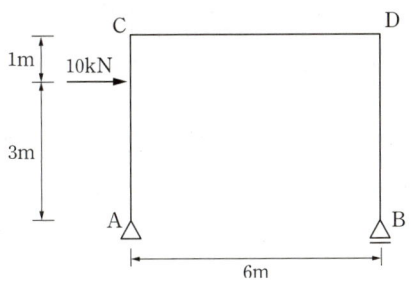

① 5kN
② −5kN
③ 10kN
④ −10kN

개념 | KEYWORD 06 반력, 전단력, 휨모멘트
해설 |
A점에 반력 V_A, H_A가 작용하고, B점에 반력 V_B가 작용한다고 가정한다.

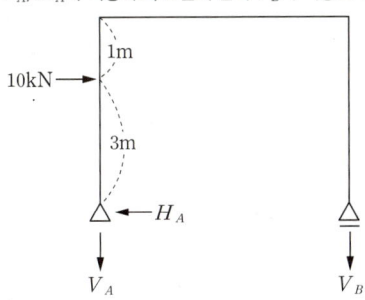

이 때, 평형방정식에 따라
$\Sigma F_x=10kN-H_A=0 \rightarrow H_A=10kN$
$\Sigma F_y=-V_A-V_B=0 \rightarrow V_A=-V_B$
$\Sigma M_B=(3m\times 10kN)-(6m\times V_A)=0 \rightarrow V_A=5kN$
따라서 $V_B=-5kN$이므로 BD부재의 축방향력은 −5kN이다.

정답 | ②

57

강구조의 볼트접합 구성에 관한 일반적인 설명으로 옳지 않은 것은?

① 볼트의 중심 사이의 간격을 게이지라인이라고 한다.
② 볼트는 가공정밀도에 따라 상볼트, 중볼트, 흑볼트로 나뉜다.
③ 게이지라인과 게이지라인과의 거리를 게이지라고 한다.
④ 배치방식은 정렬배치과 엇모배치가 있다.

개념 | KEYWORD 18 접합, 볼트, 용접
해설 |
볼트의 중심선을 연결하는 선은 게이지라인, 볼트의 중심 사이의 간격은 피치이다.

정답 | ①

58

압축철근 $A_s' = 2,400\text{mm}^2$로 배근된 복철근 보의 탄성처짐이 15mm라 할 때 지속하중에 의해 발생되는 5년 후 장기처짐은? (단, $b=300\text{mm}$, $d=400\text{mm}$, 5년 후 지속하중 재하에 따른 계수 $\xi=2.0$)

① 9mm
② 12mm
③ 15mm
④ 30mm

개념 | KEYWORD 12 사용성 및 내구성
해설 |
장기처짐 = 탄성처짐 × λ
여기서, $\lambda = \dfrac{\xi}{1+50\rho'}$(지속하중에 대한 처짐계수), ρ': 압축철근비, ξ: 시간경과 계수

구분	ξ
3개월	1.0
6개월	1.2
12개월	1.4
5년 이상	2.0

압축철근비 $\rho' = \dfrac{A_s'}{bd} = \dfrac{2,400}{300 \times 400} = 0.02$

$\lambda = \dfrac{\xi}{1+50\rho'} = \dfrac{2}{1+50 \times 0.02} = \dfrac{2}{2} = 1$

∴ 장기처짐 = 15mm × 1 = 15mm

정답 | ③

59

연약지반에 대한 안전확보 대책으로 옳지 않은 것은?

① 지반개량공법을 적용한다.
② 말뚝기초를 적용한다.
③ 독립기초를 적용한다.
④ 건물을 경량화한다.

개념 | KEYWORD 02 지반 및 기초
해설 |
독립기초를 적용하는 것은 연약지반에 대한 대책과 관련이 없다.

관련이론
연약지반의 부동침하 방지대책
1. 상부구조: 건물의 경량화, 건물의 길이 제한, 인접건물과 이격, 건물의 중량 균등 분배
2. 하부구조: 경질 지반에 지지, 마찰말뚝 사용, 지하실(온통기초) 설치, 지중보 또는 지하 연속벽 시공

정답 | ③

60

다음 그림과 같이 수평하중 30kN이 작용하는 라멘구조에서 E점에서 휨모멘트 값(절댓값)은?

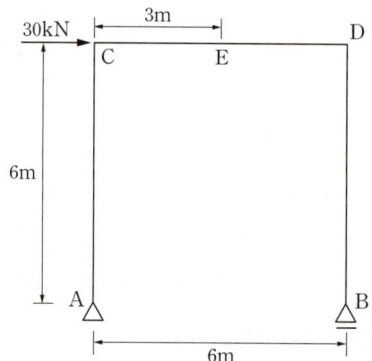

① 40kN·m
② 45kN·m
③ 60kN·m
④ 90kN·m

개념 | KEYWORD 09 구조물 해석
해설 |
$\Sigma M_A = 0$; $(30 \times 6) - (V_B \times 6) = 0$이므로
$V_B = 30\text{kN}$
$|M_{E.Right}| = |-30 \times 3| = 90\text{kN·m}$

정답 | ④

건축설비

61
유압식 엘리베이터에 관한 설명으로 옳지 않은 것은?

① 오버헤드가 작다.
② 기계실의 위치가 자유롭다.
③ 큰 적재량으로 승강행정이 짧은 경우에는 적용할 수 없다.
④ 지하주차장 엘리베이터와 같이 지하층에만 운전하는 경우 적용할 수 있다.

개념 | KEYWORD 17 엘리베이터설비
해설 |
유압식 엘리베이터는 행정거리와 속도에 한계가 있으므로 승강행정이 긴 경우에 적용할 수 없다.

정답 | ③

62
온수난방에 관한 설명으로 옳지 않은 것은?

① 증기난방에 비해 예열시간이 길다.
② 온수의 잠열을 이용하여 난방하는 방식이다.
③ 한랭지에서 운전정지 중에 동결의 우려가 있다.
④ 증기난방에 비해 난방부하의 변동에 따른 온도조절이 비교적 용이하다.

개념 | KEYWORD 11 난방설비
해설 |
온수난방은 현열을 이용하여 난방하는 방식이다.

관련이론
온수난방의 장단점

장점	단점
• 난방부하의 변동에 따른 온도조절이 용이	• 증기난방에 비해 방열면적이 크므로 설비비가 고가
• 현열을 이용하므로 증기난방에 비하여 쾌적감이 좋음	• 공기의 정체에 의한 순환 저해의 가능성
• 방열기 표면온도가 낮아 화상을 입을 우려가 없음	• 긴 예열시간
• 보일러 취급이 용이	• 한랭 시 난방을 정지하는 경우 동결의 우려
• 증기난방에 비해 관의 부식이 적음	• 긴 온수순환시간
• 스팀해머(Steam hammer)가 생기지 않아 소음이 없음	

정답 | ②

63
중앙식 급탕방식에 관한 설명으로 옳지 않은 것은?

① 온수를 사용하는 개소마다 가열장치가 설치된다.
② 상향 또는 하향 순환식 배관에 의해 필요 개소에 온수를 공급한다.
③ 국소식에 비해 기기가 집중되어 있으므로 설비의 유지관리가 용이하다.
④ 호텔이나 병원 등과 같이 급탕 개소가 많고 사용량이 많은 건물 등에 채용된다.

개념 | KEYWORD 02 급탕설비
해설 |
온수를 사용하는 개소마다 가열장치가 설치되는 것은 국소식(개별식) 급탕방식이다.

정답 | ①

64
건구온도 30°C, 상대습도 60%인 공기를 냉수 코일에 통과시켰을 때 공기의 상태변화로 옳은 것은? (단, 코일 입구 수온 5°C, 코일 출구수온 10°C)

① 건구온도는 낮아지고 절대습도는 높아진다.
② 건구온도는 높아지고 절대습도는 낮아진다.
③ 건구온도는 높아지고 상대습도는 높아진다.
④ 건구온도는 낮아지고 상대습도는 높아진다.

개념 | KEYWORD 08 공기조화설비 총론
해설 |
공기를 냉각하면 건구온도는 낮아지고 상대습도는 높아진다.

관련이론
습공기 가열·냉각 시 상태변화

습공기	상태변화
가열	엔탈피 증가, 비체적 증가, 상대습도 감소
냉각	엔탈피 감소, 비체적 감소, 상대습도 증가

정답 | ④

65

터보식 냉동기에 관한 설명으로 옳지 않은 것은?

① 임펠러의 원심력에 의해 냉매가스를 압축한다.
② 대용량에서는 압축효율이 좋고 비례 제어가 가능하다.
③ 대·중형 규모의 중앙식 공조에서 냉방용으로 사용된다.
④ 기계적 에너지가 아닌 열에너지에 의해 냉동 효과를 얻는다.

개념 | KEYWORD 12 냉동 및 기타 열원설비
해설 |
기계적 에너지가 아닌 열에너지에 의해 냉동 효과를 얻는 것은 흡수식 냉동기이다.

정답 | ④

66

연결송수관설비의 방수구에 관한 설명으로 옳지 않은 것은?

① 방수구의 위치표시는 표시등 또는 축광식 표지로 한다.
② 호스접결구는 바닥으로부터 0.5m 이상 1m 이하의 위치에 설치한다.
③ 개폐기능을 가진 것으로 설치하여야 하며, 평상시 닫힌 상태를 유지하도록 한다.
④ 연결송수관설비의 전용방수구 또는 옥내소화전 방수구로서 구경 50mm의 것으로 설치한다.

개념 | KEYWORD 06 소화설비
해설 |
연결송수관설비의 전용방수구 또는 옥내소화전 방수구로서 구경 65mm의 것으로 설치한다.

정답 | ④

67

엔탈피 변화량에 대한 현열 변화량의 비를 의미하는 것은?

① 현열비　　　　② 잠열비
③ 유인비　　　　④ 열수분비

개념 | KEYWORD 08 공기조화설비 총론
해설 |
① 현열비: 엔탈피 변화량에 대한 현열 변화량의 비이다.

선지분석
② 잠열비: 엔탈피 변화량에 대한 잠열 변화량의 비이다.
③ 유인비: 취출구에서 나온 공기는 주위 실내공기를 자기 흐름 속에 유인하여 혼합공기가 되면서 점차 풍량은 증가하고 속도는 감소한다. 이때 1차 공기의 풍량에 대한 혼합공기의 풍량의 비를 말한다.
④ 열수분비: 엔탈피 변화량과 수분 변화량의 비이다.

정답 | ①

68

의복의 단열성을 나타내는 단위로서, 그 값이 클수록 인체에서 발생되는 열이 주위 공기로 적게 발산되는 것을 의미하는 것은?

① clo　　　　② dB
③ NC　　　　④ MRT

개념 | KEYWORD 08 공기조화설비 총론
해설 |
clo: 의복의 단열성을 나타내는 단위로서, 그 값이 클수록 인체에서 발생되는 열이 주위 공기로 적게 발산되는 것을 의미하는 무차원 단위이다.

선지분석
② dB: 소리의 상대적인 세기를 나타내는 단위
③ NC: 소음기준 또는 소음한계
④ MRT: 평균복사온도

정답 | ①

69

양수 펌프의 회전수를 원래보다 20% 증가시켰을 경우 양수량의 변화로 옳은 것은?

① 20% 증가
② 44% 증가
③ 73% 증가
④ 100% 증가

개념 | KEYWORD 01 급수설비

해설 |
양수량은 회전수에 비례하므로 20% 증가한다.

정답 | ①

70

다음과 같은 조건에서 사무실의 평균 조도를 800lx로 설계하고자 할 경우, 광원의 필요수량은?

[조건]
- 광원 1개의 광속: 2,000lm
- 실의 면적: 10m²
- 감광 보상률: 1.5
- 조명률: 0.6

① 3개
② 5개
③ 8개
④ 10개

개념 | KEYWORD 16 조명설비

해설 |
조명설계식 $F \cdot N \cdot U = A \cdot E \cdot D$에서

$$N = \frac{A \cdot E \cdot D}{F \cdot U} = \frac{10m^2 \times 800lx \times 1.5}{2,000lm \times 0.6} = 10개$$

여기서, F: 광속, N: 소요량, U: 조명률, A: 면적, E: 조도, D: 감광 보상률

정답 | ④

71

공조부하 중 현열과 잠열이 동시에 발생하는 것은?

① 인체의 발생열량
② 벽체로부터의 취득열량
③ 유리로부터의 취득열량
④ 덕트로부터의 취득열량

개념 | KEYWORD 09 공기조화 방식과 기기

해설 |
인체의 발생열량, 극간풍에 의한 취득열량, 외기의 도입으로 인한 취득열량, 실내열원기기는 현열과 잠열을 동시에 발생한다.

정답 | ①

72

다음과 같이 정의되는 통기관의 종류는?

> 오배수수직관 내의 압력변동을 방지하기 위하여 오배수수직관 상향으로 통기수직관에 연결하는 통기관

① 결합통기관
② 공용통기관
③ 각개통기관
④ 반송통기관

개념 | KEYWORD 03 배수 및 통기설비

해설 |
결합통기관은 배수수직관 내의 압력변화를 방지 또는 완화하기 위해 배수수직관으로부터 분기·입상하여 통기수직관에 접속하는 통기관이다.

정답 | ①

73

공조방식 중 팬코일 유닛방식에 관한 설명으로 옳지 않은 것은?

① 유닛의 개별제어가 용이하다.
② 수배관이 없어 누수의 우려가 없다.
③ 덕트 샤프트나 스페이스가 필요 없다.
④ 덕트방식에 비해 유닛의 위치변경이 용이하다.

개념 | KEYWORD 09 공기조화 방식과 기기

해설 |
팬코일 유닛방식은 전수방식이므로 수배관이 필요하며 누수의 우려가 있다.

정답 | ②

74

다음 설명에 알맞은 전기설비 관련 용어는?

> 최대 수요전력을 구하기 위한 것으로 최대 수요전력의 총 부하 설비용량에 대한 비율이다.

① 역률
② 부등률
③ 부하율
④ 수용률

개념 | KEYWORD 14 강전설비

해설 |

수용률 = 최대 수요전력 합계 / 총 부하 설비용량 합계

선지분석

① 역률 = 유효전력 / 피상전력

② 부등률 = 각 부하의 최대 수용전력의 합계 / 합성 최대 수용전력

③ 부하율 = 부하의 평균전력 / 최대 수용전력

정답 | ④

75

다음 중 급수계통의 오염 원인과 가장 거리가 먼 것은?

① 급수로의 배수 역류
② 저수탱크에 유해물질 침입
③ 수격작용(Water hammering)
④ 크로스 커넥션(Cross connection)

개념 | KEYWORD 01 급수설비

해설 |
수격작용은 급수계통의 오염 원인과 관계없다.

관련이론

수격작용(Water hammering)
급수관 내 유속의 흐름을 급정지시키거나 정지된 물을 갑자기 흘려보낼 때 관 내에 압력차가 생겨 수압의 상승과 함께 배관을 망치로 치는 듯한 소음이 발생하는 현상이다.

정답 | ③

76

220V, 200W 전열기를 110V에서 사용하였을 경우 소비전력은?

① 50W
② 100W
③ 200W
④ 400W

개념 | KEYWORD 14 강전설비

해설 |

$P = V \cdot I$에서

전류 $I = \dfrac{P}{V} = \dfrac{200}{220} \fallingdotseq 0.91A$

옴의 법칙에 의해 전류는 전압에 비례하므로

$220V : 110V = 0.91A : xA$

$x = 0.455A$

전압이 110V로 감소하면 전류도 0.455A로 감소한다.

∴ 소비전력(P) = 전압 × 전류
= 110V × 0.455A = 50.05W

정답 | ①

77

덕트 분기부에 설치하여 풍량 조절용으로 사용하는 댐퍼는?

① 스플릿 댐퍼
② 평행익형 댐퍼
③ 대향익형 댐퍼
④ 버터플라이 댐퍼

개념 | KEYWORD 09 공기조화 방식과 기기

해설 |
스플릿 댐퍼(Split damper): 덕트 분기부에서 풍량 조절에 사용한다.

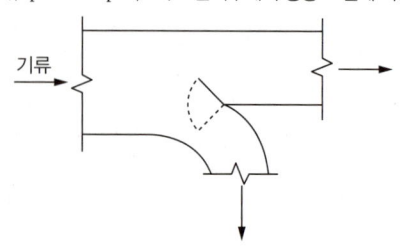

정답 | ①

78
다음 중 변전실 면적에 영향을 주는 요소와 가장 거리가 먼 것은?

① 출입문의 높이
② 건축물의 구조적 여건
③ 수전전압 및 수전방식
④ 설치 기기와 큐비클의 종류 및 시방

개념 | KEYWORD 14 강전설비

해설 |
출입문의 높이는 변전실 면적에 영향을 주는 요소가 아니다.

관련이론
변전실 면적에 영향을 주는 요소
1. 수전전압 및 수전방식
2. 변전설비 변압방식, 변압기 용량, 수량 및 형식
3. 설치 기기와 큐비클의 종류
4. 기기의 배치방법 및 유지보수 필요면적
5. 건축물의 구조적 여건

정답 | ①

79
3상 동력과 단상 전등 부하를 동시에 사용할 수 있는 방식으로 대형빌딩이나 공장 등에서 사용되는 것은?

① 단상 3선식 220/110V
② 3상 2선식 220V
③ 3상 3선식 220V
④ 3상 4선식 380/220V

개념 | KEYWORD 14 강전설비

해설 |
3상 4선식은 대규모 건물이나 공장 등의 전등 및 동력의 전원으로 여러 종류의 전압이 필요할 때 선택한다. 주로 220V/380V를 사용한다.

정답 | ④

80
개방형 헤드를 사용하는 연결살수설비에 있어서 하나의 송수구역에 설치하는 살수헤드의 수는 최대 얼마 이하가 되도록 하여야 하는가?

① 10개
② 20개
③ 30개
④ 40개

개념 | KEYWORD 06 소화설비

해설 |
연결살수설비에서 개방형 헤드를 사용하는 경우 하나의 송수구역에 설치하는 살수헤드의 수는 10개 이하가 되도록 한다.

정답 | ①

건축관계법규

81
「건축법령」에 따른 리모델링이 쉬운 구조에 속하지 않는 것은?

① 구조체가 철골구조로 구성되어 있을 것
② 구조체에서 건축설비, 내부 마감재료 및 외부 마감재료를 분리할 수 있을 것
③ 개별 세대 안에서 구획된 실의 크기, 개수 또는 위치 등을 변경할 수 있을 것
④ 각 세대는 인접한 세대와 수직 또는 수평방향으로 통합하거나 분할할 수 있을 것

개념 | KEYWORD 01 건축법 총칙

해설 |
리모델링이 쉬운 구조에는 철골구조에 대한 기준은 없다.
②, ③, ④번은 모두 리모델링이 쉬운 구조로 건축법 시행령 제6조의 5에 명시되어 있다.

정답 | ①

82

국토교통부장관이 정한 범죄예방에 관한 기준에 따라 건축하여야 하는 대상 건축물에 속하지 않는 것은?

① 수련시설
② 교육연구시설 중 도서관
③ 업무시설 중 오피스텔
④ 숙박시설 중 다중생활시설

개념 | KEYWORD 01 건축법 총칙

해설 |
교육연구시설 중 도서관은 범죄예방에 관한 기준에 따라 건축해야 하는 건물에서 제외된다.

관련이론

범죄 예방 기준에 따라 건축하는 건축물
1. 다가구주택, 아파트, 연립주택 및 다세대주택
2. 제1종 근린생활시설 중 일용품을 판매하는 소매점
3. 제2종 근린생활시설 중 다중생활시설
4. 문화 및 집회시설(동·식물원 제외)
5. 교육연구시설(연구소 및 도서관은 제외)
6. 노유자 시설, 수련시설
7. 업무시설 중 오피스텔
8. 숙박시설 중 다중생활시설

정답 | ②

83

지하식 또는 건축물식 노외주차장의 차로에 관한 기준 내용으로 옳지 않은 것은? (단, 이륜자동차전용 노외주차장이 아닌 경우임)

① 높이는 주차바닥면으로부터 2.3m 이상으로 하여야 한다.
② 경사로의 종단경사도는 직선 부분에서는 17%를 초과하여서는 아니 된다.
③ 곡선 부분은 자동차가 4m 이상의 내변반경으로 회전할 수 있도록 하여야 한다.
④ 주차대수 규모가 50대 이상인 경우의 경사로는 너비 6m 이상인 2차로를 확보하거나 진입차로와 진출차로를 분리하여야 한다.

개념 | KEYWORD 16 노상·노외주차장

해설 |
곡선 부분은 자동차가 6m 이상의 내변반경으로 회전할 수 있도록 하여야 한다.

정답 | ③

84

피난용승강기의 설치에 관한 기준 내용으로 옳지 않은 것은?

① 예비전원으로 작동하는 조명설비를 설치할 것
② 승강장의 바닥면적은 승강기 1대당 5m² 이상으로 할 것
③ 각 층으로부터 피난층까지 이르는 승강로를 단일구조로 연결하여 설치할 것
④ 승강장의 출입구 부근의 잘 보이는 곳에 해당 승강기가 피난용승강기임을 알리는 표지를 설치할 것

개념 | KEYWORD 13 승강설비

해설 |
승강장의 바닥면적은 비상용승강기 1대에 대하여 6m² 이상으로 해야 한다.

관련이론

피난용승강기의 구조
1. 승강장의 바닥면적은 승강기 1대당 6m² 이상으로 할 것
2. 각 층으로부터 피난층까지 이르는 승강로를 단일구조로 연결하여 설치할 것
3. 예비전원으로 작동하는 조명설비를 설치할 것
4. 승강장의 출입구 부근의 잘 보이는 곳에 해당 승강기가 피난용승강기임을 알리는 표지를 설치할 것

정답 | ②

85

대지의 조경에 있어 조경 등의 조치를 하지 아니할 수 있는 건축물 기준으로 옳지 않은 것은?

① 면적 5,000m² 미만인 대지에 건축하는 공장
② 연면적의 합계가 1,500m² 미만인 공장
③ 연면적의 합계가 2,000m² 미만인 물류시설
④ 녹지지역에 건축하는 건축물

개념 | KEYWORD 06 조경·공개공지

해설 |
연면적의 합계가 1,500m² 미만인 물류시설이 조경 등의 조치를 하지 아니할 수 있는 건축물 기준이다.

관련이론
조경대상 예외 기준
1. 녹지지역에 건축하는 건축물
2. 면적 5,000m² 미만인 대지에 건축하는 공장
3. 연면적의 합계가 1,500m² 미만인 공장
4. 산업단지 안의 공장
5. 대지에 염분이 함유되어 있는 경우
6. 축사
7. 가설건축물
8. 연면적의 합계가 1,500m² 미만인 물류시설(주거지역 또는 상업지역에 건축하는 것은 제외)
9. 자연환경보전지역, 농림지역 또는 관리지역의 건축물

정답 | ③

86
건축허가 신청에 필요한 설계도서 중 건축계획서에 표시하여야 할 사항으로 옳지 않은 것은?

① 주차장 규모
② 토지형질 변경계획
③ 건축물의 용도별 면적
④ 지역·지구 및 도시계획사항

개념 | KEYWORD 02 건축허가와 신고

해설 |
건축계획서에 표시하여야 할 사항
1. 개요(위치, 대지면적 등)
2. 지역, 지구 및 도시계획사항
3. 건축물의 규모(건축면적, 연면적, 높이, 층수 등)
4. 건축물의 용도별 면적
5. 주차장 규모
6. 에너지절약계획서(해당 건축물에 한함)
7. 노인 및 장애인 등을 위한 편의시설 설치계획서(설치의무가 있는 경우)

정답 | ②

87
「국토의 계획 및 이용에 관한 법률」상 용도지역에서의 용적률 최대한도 기준이 옳지 않은 것은? (단, 도시지역의 경우임)

① 주거지역: 500% 이하
② 녹지지역: 100% 이하
③ 공업지역: 400% 이하
④ 상업지역: 1,000% 이하

개념 | KEYWORD 07 면적의 규제

해설 |
상업지역의 용적률 최대한도는 1,500% 이하이다.

관련이론
용적률의 최대한도

지역		용적률
도시지역	주거지역	500% 이하
	상업지역	1,500% 이하
	공업지역	400% 이하
	녹지지역	100% 이하
관리지역	보전관리지역	80% 이하
	생산관리지역	
	계획관리지역	100% 이하
농림지역		80% 이하
자연환경보전지역		

정답 | ④

88
건축물이 있는 대지의 분할제한 최소 기준이 옳은 것은? (단, 상업지역의 경우임)

① 100m²   ② 150m²
③ 200m²   ④ 250m²

개념 | KEYWORD 07 면적의 규제

해설 |
상업지역의 대지의 분할제한 최소 기준은 150m² 이상이다.

관련이론
대지의 분할제한

구분	최소 분할면적
주거지역	60m² 이상
상업지역, 공업지역	150m² 이상
녹지지역	200m² 이상

정답 | ②

89

허가권자가 가로구역별로 건축물의 높이를 지정·공고할 때 고려하지 않아도 되는 사항은?

① 도시·군관리계획의 토지이용계획
② 해당 가로구역에 접하는 대지의 너비
③ 도시미관 및 경관계획
④ 해당 가로구역의 상수도 수용능력

개념 | KEYWORD 08 높이의 규제

해설 |
허가권자가 가로구역별로 건축물의 높이를 지정·공고할 때에는 해당 가로구역에 접하는 대지의 너비가 아니라 도로의 너비를 고려해야 한다.

관련이론

가로구역별로 건축물의 높이를 지정·공고할 때 고려해야 할 사항
1. 도시·군관리계획 등의 토지이용계획
2. 해당 가로구역이 접하는 도로의 너비
3. 해당 가로구역의 상·하수도 등 간선시설의 수용능력
4. 도시미관 및 경관계획
5. 해당 도시의 장래 발전계획

정답 | ②

90

다음 중 거실의 용도에 따른 조도 기준이 가장 낮은 것은? (단, 바닥에서 85cm의 높이에 있는 수평면의 조도 기준임)

① 독서
② 회의
③ 판매
④ 일반사무

개념 | KEYWORD 09 구조규정

해설 |
거실 용도에 따른 조도 기준

거실의 용도 구분		조도(룩스)
거주	독서, 식사, 조리	150
집무	설계, 제도, 계산	700
	일반사무	300
오락	오락 일반	150
집회	회의	300
	집회	150
	공연, 관람	70
작업	검사, 시험, 정밀검사, 수술	700
	일반작업, 제조, 판매	300
	포장, 세척	150

정답 | ①

91

다음의 옥상광장 등의 설치에 관한 기준 내용 중 ( ) 안에 알맞은 것은?

> 옥상광장 또는 2층 이상인 층에 있는 노대나 그 밖에 이와 비슷한 것의 주위에는 높이 ( ) 이상의 난간을 설치하여야 한다. 다만, 그 노대 등에 출입할 수 없는 구조인 경우에는 그러하지 아니하다.

① 1.0m
② 1.2m
③ 1.5m
④ 1.8m

개념 | KEYWORD 10 피난규정

해설 |
옥상광장 또는 2층 이상인 층에 있는 노대 등의 주위에는 높이 1.2m 이상의 난간을 설치해야 한다.

정답 | ②

92

「국토의 계획 및 이용에 관한 법령」상 제1종 일반주거지역 안에서 건축할 수 있는 건축물에 속하지 않는 것은?

① 아파트
② 단독주택
③ 노유자시설
④ 교육연구시설 중 고등학교

개념 | KEYWORD 19 국토의 용도구분

해설 |
제1종 일반주거지역 안에서 건축할 수 있는 건축물은 단독주택, 공동주택(아파트는 제외), 제1종 근린생활시설, 교육연구시설 중 유치원·초등학교·중학교 및 고등학교, 노유자시설이다.

정답 | ①

93

노외주차장의 설치에 관한 계획기준 내용 중 ( ) 안에 알맞은 것은?

> 주차대수 400대를 초과하는 규모의 노외주차장의 경우에는 노외주차장의 출구와 입구를 각각 따로 설치하여야 한다. 다만, 출입구의 너비의 합이 ( )m 이상으로서 출구와 입구가 차선 등으로 분리되는 경우에는 함께 설치할 수 있다.

① 4.5
② 5.0
③ 5.5
④ 6.0

개념 | KEYWORD 16 노상·노외주차장
해설 |
주차대수 규모가 400대 이상인 노외주차장인 경우에는 출구와 입구를 분리해서 설치해야 한다. 다만 출입구의 너비의 합이 5.5m 이상으로서 출구와 입구가 차선 등으로 분리되는 경우에는 함께 설치할 수 있다.

정답 | ③

94

「건축법령」상 공동주택에 해당하지 않는 것은?

① 기숙사
② 연립주택
③ 다가구 주택
④ 다세대 주택

개념 | KEYWORD 01 건축법 총칙
해설 |
아파트, 연립주택, 다세대 주택, 기숙사는 공동주택에 해당되지만, 다가구 주택은 단독주택에 해당된다.

정답 | ③

95

다음은 건축선에 따른 건축제한에 관한 기준 내용이다. ( ) 안에 알맞은 것은?

> 도로면으로부터 높이 ( ) 이하에 있는 출입구, 창문, 그 밖에 이와 유사한 구조물은 열고 닫을 때 건축선의 수직면을 넘지 아니하는 구조로 하여야 한다.

① 1.5m
② 2.5m
③ 3.5m
④ 4.5m

개념 | KEYWORD 05 대지·도로·건축선
해설 |
도로면으로부터 높이 4.5m 이하에 있는 출입구, 창문, 그 밖에 이와 유사한 구조물은 열고 닫을 때 건축선의 수직면을 넘지 아니하는 구조로 하여야 한다.

정답 | ④

96

다음 중 옥내계단의 너비의 최소 설치기준으로 적합하지 않는 것은?

① 관람장의 용도에 쓰이는 건축물의 계단의 너비 120cm 이상
② 중학교 용도에 쓰이는 건축물의 계단의 너비 150cm 이상
③ 거실의 바닥면적의 합계가 100m² 이상인 지하층의 계단의 너비 120cm 이상
④ 바로 윗층의 거실의 바닥면적의 합계가 200m² 이상인 층의 계단의 너비 150cm 이상

개념 | KEYWORD 09 구조규정
해설 |
바로 윗층의 거실의 바닥면적의 합계가 200m² 이상인 경우 계단 및 계단참의 유효너비는 120cm 이상으로 해야 한다.

관련이론
계단 및 계단참의 유효너비

계단의 종류	유효너비
초등학교의 계단	150cm 이상
중·고등학교의 계단	150cm 이상
문화 및 집회시설(공연장, 집회장, 관람장에 한함), 판매시설과 유사한 용도에 쓰이는 건축물의 계단	120cm 이상
계단을 설치하려는 층이 지상층인 경우 바로 위층 거실 바닥면적 합계가 200m² 이상인 경우	
계단을 설치하려는 층이 지하층인 경우 지하층 거실의 바닥면적 합계가 100m² 이상인 경우	

정답 | ④

97

「국토의 계획 및 이용에 관한 법률」상 주거지역의 세분에서 단독주택의 중심의 양호한 주거환경을 보호하기 위하여 필요한 지역에 대해 지정하는 용도지역은?

① 제1종 전용주거지역
② 제1종 특별주거지역
③ 제1종 일반주거지역
④ 제3종 일반주거지역

개념 | KEYWORD 19 국토의 용도구분
해설 |
주거지역의 구분

구분		내용
전용 주거지역	제1종 전용주거지역	단독주택 중심의 양호한 주거환경을 보호
	제2종 전용주거지역	공동주택 중심의 양호한 주거환경을 보호
일반 주거지역	제1종 일반주거지역	저층주택 중심으로 편리한 주거환경을 조성
	제2종 일반주거지역	중층주택 중심으로 편리한 주거환경을 조성
	제3종 일반주거지역	중고층주택 중심으로 편리한 주거환경을 조성
준주거지역		주거기능을 주로 하면서 상업기능 및 업무기능을 보완

정답 | ①

98

건축물의 출입구에 설치하는 회전문의 구조에 대한 설명으로 옳지 않은 것은?

① 계단이나 에스컬레이터로부터 2m 이상의 거리를 둘 것
② 틈 사이를 고무와 고무펠트의 조합체 등을 사용하여 신체나 물건 등에 손상이 없도록 할 것
③ 출입에 지장이 없도록 일정한 방향으로 회전하는 구조로 할 것
④ 회전문의 회전속도는 분당회전수가 10회를 넘지 아니하도록 할 것

개념 | KEYWORD 10 피난규정
해설 |
회전문의 회전속도는 분당회전수가 8회를 넘지 아니하도록 해야 한다.

정답 | ④

99

높이 31m를 넘는 각 층의 바닥면적 중 최대 바닥면적이 5,000m²인 건축물에 원칙적으로 설치하여야 하는 비상용 승강기의 최소 대수는?

① 1대
② 2대
③ 3대
④ 4대

개념 | KEYWORD 13 승강설비
해설 |
최대 바닥면적이 1,500m²를 초과할 경우 1대에 1,500m²를 넘는 3,000m² 이내마다 1대씩 더한 대수 이상의 비상용 승강기를 설치해야 한다.

$$\therefore 1 + \frac{5{,}000\text{m}^2 - 1{,}500\text{m}^2}{3{,}000\text{m}^2} ≒ 2.17대 = 3대 설치$$

정답 | ③

100

「국토의 계획 및 이용에 관한 법률」상 용도지역의 구분이 모두 옳은 것은?

① 도시지역, 관리지역, 농림지역, 자연환경보전지역
② 도시지역, 개발관리지역, 농림지역, 보전지역
③ 도시지역, 관리지역, 생산지역, 녹지지역
④ 도시지역, 개발제한지역, 생산지역, 보전지역

개념 | KEYWORD 19 국토의 용도구분
해설 |
국토의 계획 및 이용에 관한 법률상 용도지역은 도시지역, 관리지역, 농림지역, 자연환경보전지역으로 구분된다.

정답 | ①

2021년 2회 기출문제

>> 2021년 5월 15일 시행

건축계획

01
주택의 부엌 작업대 배치유형 중 ㄷ자형에 관한 설명으로 옳은 것은?

① 두 벽면을 따라 작업이 전개되는 전통적인 형태이다.
② 평면계획상 외부로 통하는 출입구의 설치가 곤란하다.
③ 작업동선이 길고 조리면적은 좁지만 다수의 인원이 함께 작업할 수 있다.
④ 가장 간결하고 기본적인 설계형태로 길이가 4.5m 이상이 되면 동선이 비효율적이다.

개념 | KEYWORD 03 단독주택
해설 |
ㄷ자형은 세 벽면이 부엌 작업대로 둘러싸여 외부로 통하는 출입구의 설치가 곤란하다.

관련이론
부엌의 유형
1. 직선형: 좁은 부엌에 알맞고 동선의 혼란이 없는 반면 움직임이 많아 동선이 길어진다.
2. L자형: 정방형의 부엌에 적당하며 비교적 넓은 부엌에서 능률이 좋으나 모서리 부분의 이용도가 낮다.
3. U(ㄷ)자형: 세 벽면의 이용으로 수납공간이 넓으며 작업효율이 좋다.
4. 병렬형: 양쪽 벽면에 작업대가 마주 보도록 배치한 형식으로, 몸을 앞뒤로 바꾸어야 하는 점이 불편하다.

정답 | ②

02
호텔에 관한 설명으로 옳지 않은 것은?

① 커머셜 호텔은 일반적으로 고밀도의 고층형이다.
② 터미널 호텔에는 공항 호텔, 부두 호텔, 철도역 호텔 등이 있다.
③ 리조트 호텔의 건축 형식은 주변 조건에 따라 자유롭게 이루어진다.
④ 레지덴셜 호텔은 여행자의 장기간 체재에 적합한 호텔로서, 각 객실에는 주방 설비를 갖추고 있다.

개념 | KEYWORD 12 호텔
해설 |
여행자의 장기간 체재에 적합한 호텔로서, 각 객실에 주방 설비를 갖춘 것은 아파트먼트 호텔이다.

정답 | ④

03
다음 설명에 알맞은 공장건축의 레이아웃(Layout) 형식은?

- 생산에 필요한 모든 공정, 기계기구를 제품의 흐름에 따라 배치한다.
- 대량생산에 유리하며 생산성이 높다.

① 혼성식 레이아웃
② 고정식 레이아웃
③ 제품중심의 레이아웃
④ 공정중심의 레이아웃

개념 | KEYWORD 10 공장, 창고
해설 |
제품중심의 레이아웃에 대한 설명이다.

선지분석
① 혼성식 레이아웃: 제품중심, 공정중심, 고정식 레이아웃이 섞인 방식이다.
② 고정식 레이아웃: 주가 되는 재료나 조립부품이 고정된 장소에 있고 사람이나 기계가 그 장소로 이동해 가서 작업이 행해지는 방식이다.
④ 공정중심의 레이아웃(기계설비 중심): 동일 종류의 공정, 즉 기계로 그 기능이 동일한 것, 혹은 유사한 것을 하나의 그룹으로 집합시키는 방식으로 일명 기능식 레이아웃이다.

정답 | ③

04

주심포 형식에 관한 설명으로 옳지 않은 것은?

① 공포를 기둥 위에만 배열한 형식이다.
② 장혀는 긴 것을 사용하고 평방이 사용된다.
③ 봉정사 극락전, 수덕사 대웅전 등에서 볼 수 있다.
④ 맞배지붕이 대부분이며 천장을 특별히 가설하지 않아 서까래가 노출되어 보인다.

개념 | KEYWORD 14 한국건축사

해설 |
②는 다포 형식에 대한 설명이다.

관련이론
주심포 형식
1. 기둥과 기둥을 창방으로 연결하였고 기둥 위에 바로 주두를 놓았다.
2. 치목이 아름답게 되어 있으며 연등천장이다.
3. 전통 목조 건축의 가구형식 중 가장 오래된 형식으로 소박한 느낌을 주며 배흘림 기둥에 맞배지붕을 하고 있다.

정답 | ②

05

다음 설명에 알맞은 사무소 건축의 코어 유형은?

- 코어를 업무공간에서 분리시킨 관계로 업무공간의 융통성이 높은 유형이다.
- 설비 덕트나 배관을 코어로부터 업무공간으로 연결하는데 제약이 많다.

① 외코어형　　② 편단코어형
③ 양단코어형　④ 중앙코어형

개념 | KEYWORD 05 사무소

해설 |
외코어형(독립코어형)에 대한 설명이다. 외코어형은 다음의 특징을 갖는다.
1. 코어의 제약이 없어 자유로운 공간을 만들 수 있다.
2. 방재상 불리하고 바닥면적이 커지면 피난시설 및 서브코어가 필요하다.
3. 내진구조에는 불리하고 고층, 초고층에 부적합하다.

정답 | ①

06

건축계획단계에서의 조사방법에 관한 설명으로 옳지 않은 것은?

① 설문조사를 통하여 생활과 공간 간의 대응관계를 규명하는 것은 생활행동 행위의 관찰에 해당된다.
② 이용 상황이 명확하게 기록되어 있는 시설의 자료 등을 활용하는 것은 기존자료를 통한 조사에 해당된다.
③ 건물의 이용자를 대상으로 설문을 작성하여 조사하는 방식은 생활과 공간의 대응관계 분석에 유효하다.
④ 주거단지에서 어린이들의 행동특성을 조사하기 위해서는 생활행동 행위 관찰방식이 일반적으로 적절하다.

개념 | KEYWORD 01 건축계획 일반

해설 |
설문조사를 통하여 생활과 공간 간의 대응관계를 규명하는 것은 설문지법이다. 설문지법은 응답자의 문장 이해력이나 표현 능력에 좌우된다는 결점이 있다.

정답 | ①

07

학교운용방식에 관한 설명으로 옳지 않은 것은?

① 종합교실형은 교실의 이용률이 높지만 순수율은 낮다.
② 일반교실 및 특별교실형은 우리나라 중학교에서 주로 사용되는 방식이다.
③ 교과교실형에서는 모든 교실이 특정교과를 위해 만들어지고, 일반교실이 없다.
④ 플래툰형은 학년과 학급을 없애고 학생들은 각자의 능력에 따라 교과를 선택하고 일정한 교과가 끝나면 졸업을 한다.

개념 | KEYWORD 09 학교, 도서관

해설 |
학급, 학년 구분을 없애고 학생들은 각자의 능력에 따라 교과를 선택하고 일정한 교과를 끝내면 졸업하는 방식은 달톤형이다.
플래툰형은 전학급을 2분단으로 나누고, 한쪽이 일반교실을 사용할 때 다른 쪽은 특별교실을 이용한다.

정답 | ④

08
페리(C. A. Perry)의 근린주구에 관한 설명으로 옳지 않은 것은?

① 경계: 4면의 간선도로에 의해 구획
② 공공시설용지: 지구 전체에 분산하여 배치
③ 오픈 스페이스: 주민의 일상생활 요구를 충족시키기 위한 소공원과 위락공간체계
④ 지구 내 가로체계: 내부 가로망은 단지 내의 교통량을 원활히 처리하고 통과 교통을 방지

개념 | KEYWORD 04 공동주택
해설 |
공공시설용지는 주구의 중심 혹은 주위의 일단으로서 집중적으로 배치한다.

정답 | ②

09
다음 중 백화점의 기둥간격 결정요소와 가장 거리가 먼 것은?

① 매장의 연면적
② 진열장의 배치방법
③ 지하주차장의 주차방식
④ 에스컬레이터의 배치방법

개념 | KEYWORD 06 상점, 백화점, 쇼핑센터
해설 |
매장의 연면적은 기둥간격 결정요소가 아니다.

관련이론
기둥간격 결정요소
1. 사무소: 책상배치, 채광 유효면적, 지하주차단위 등
2. 백화점: 가구배치, 에스컬레이터, 지하주차단위 등

정답 | ①

10
고딕양식의 건축물에 속하지 않는 것은?

① 아미앵 성당
② 노트르담 성당
③ 샤르트르 성당
④ 성 베드로 성당

개념 | KEYWORD 13 서양건축사
해설 |
성 베드로 성당은 르네상스 양식이다.

정답 | ④

11
도서관 건축 계획에서 장래에 증축을 반드시 고려해야 할 부분은?

① 서고
② 대출실
③ 사무실
④ 휴게실

개념 | KEYWORD 09 학교, 도서관
해설 |
신간서적 유입에 따른 서고의 증축을 반드시 고려해야 한다.

정답 | ①

12
병원건축형식 중 분관식(Pavilion type)에 관한 설명으로 옳은 것은?

① 대지가 협소할 경우 주로 적용된다.
② 보행길이가 짧아져 관리가 용이하다.
③ 각 병실의 일조, 통풍 환경을 균일하게 할 수 있다.
④ 급수, 난방 등의 배관 길이가 짧아져 설비비가 적게 된다.

개념 | KEYWORD 11 병원
해설 |
분관식(Pavilion type)은 각 병실을 남향으로 할 수 있어 일조 및 통풍 환경을 균일하게 할 수 있다.

선지분석
① 넓은 부지가 필요하다.
② 보행 거리가 길어진다.
④ 설비가 분산되어 설비비가 많이 든다.

정답 | ③

13

단독주택의 리빙 다이닝 키친에 관한 설명으로 옳지 않은 것은?

① 공간의 이용률이 높다.
② 소규모 주택에 주로 사용된다.
③ 주부의 동선이 짧아 노동력이 절감된다.
④ 거실과 식당이 분리되어 각 실의 분위기 조성이 용이하다.

개념 | KEYWORD 03 단독주택

해설 |
리빙 다이닝 키친은 거실과 식사실을 분리하지 않고 하나의 공간으로 구성하는 형식으로 주부의 동선이 짧아 노동력이 절감된다는 장점이 있다.

정답 | ④

14

사무소 건축의 실단위 계획에 있어서 개방식 배치에 관한 설명으로 옳지 않은 것은?

① 독립성과 쾌적감 확보에 유리하다.
② 공사비가 개실시스템보다 저렴하다.
③ 방의 길이나 깊이에 변화를 줄 수 있다.
④ 전면적을 유효하게 이용할 수 있어 공간 절약상 유리하다.

개념 | KEYWORD 05 사무소

해설 |
독립성과 쾌적감 확보에 유리한 것은 개실형 배치이다.

관련이론
개방식 배치(Open plan)
단일 공간의 개방된 대규모 사무공간을 계획하는 것이다.
1. 장점
  ① 전 면적을 유효하게 이용할 수 있어 공간 절약상 유리하다.
  ② 칸막이벽이 없어서 공사비가 다소 저렴하다.
  ③ 방의 길이나 깊이에 변화를 줄 수 있다.
2. 단점
  ① 소음이 크고 독립성이 떨어진다.
  ② 자연채광에 인공조명이 필요하다.

정답 | ①

15

아파트의 평면형식 중 계단실형에 관한 설명으로 옳은 것은?

① 대지에 대한 이용률이 가장 높은 유형이다.
② 통행을 위한 공용 면적이 크므로 건물의 이용도가 낮다.
③ 각 세대가 양쪽으로 개구부를 계획할 수 있는 관계로 통풍이 양호하다.
④ 엘리베이터를 공용으로 사용하는 세대수가 많으므로 엘리베이터의 효율이 높다.

개념 | KEYWORD 04 공동주택

해설 |
계단실형은 각 세대의 통풍이 양호하다.

선지분석
① 대지에 대한 이용률이 가장 높은 것은 집중형이다.
② 통행을 위한 공용 면적이 작으므로 건물의 이용도가 높다.
④ 엘리베이터를 공용으로 사용하는 세대가 적으므로 엘리베이터의 효율이 낮다.

정답 | ③

16

르네상스 건축에 관한 설명으로 옳은 것은?

① 건축 비례와 미적 대칭 등을 중시하였다.
② 첨탑과 플라잉 버트레스가 처음 도입되었다.
③ 펜덴티브 돔이 창안되어 실내 공간의 자유도가 높아졌다.
④ 강렬한 극적효과를 추구하며 관찰자의 주관적 감흥을 중시하였다.

개념 | KEYWORD 13 서양건축사

해설 |
르네상스 건축은 구성요소의 비례와 조화를 이루는 형태를 추구한다.

선지분석
② 첨탑과 플라잉 버트레스는 고딕 건축의 특징이다.
③ 펜덴티브 돔은 비잔틴 건축의 특징이다.
④ 강렬한 극적효과를 추구하며 관찰자의 주관적 감흥을 중시하는 것은 바로크 건축의 특징이다.

정답 | ①

17
미술관 전시실의 전시기법에 관한 설명으로 옳지 않은 것은?

① 하모니카 전시는 동일 종류의 전시물을 반복하여 전시할 경우에 유리하다.
② 아일랜드 전시는 실물을 직접 전시할 수 없는 경우 영상매체를 사용하여 전시하는 방법이다.
③ 파노라마 전시는 연속적인 주제를 연관성 있게 표현하기 위해 선형의 파노라마로 연출하는 전시기법이다.
④ 디오라마 전시는 하나의 사실 또는 주제의 시간 상황을 고정시켜 연출하는 것으로 현장에 임한 느낌을 주는 기법이다.

개념 | KEYWORD 08 극장, 영화관, 미술관
해설 |
아일랜드(Island) 전시는 벽이나 천장을 직접 이용하지 않고 전시물 또는 전시장치를 배치함으로써 전시공간을 만들어 내는 전시기법이다.

정답 | ②

18
미술관의 전시실 순회형식에 관한 설명으로 옳지 않은 것은?

① 갤러리 및 코리더 형식에서는 복도 자체도 전시공간으로 이용이 가능하다.
② 중앙홀 형식에서 중앙홀이 크면 동선의 혼란은 많으나 장래의 확장에는 유리하다.
③ 연속순회 형식은 전시 중에 하나의 실을 폐쇄하면 동선이 단절된다는 단점이 있다.
④ 갤러리 및 코리더 형식은 복도에서 각 전시실에 직접 출입할 수 있으며 필요시에 자유로이 독립적으로 폐쇄할 수가 있다.

개념 | KEYWORD 08 극장, 영화관, 미술관
해설 |
중앙홀이 크면 동선의 혼란은 없으나, 장래의 확장에는 무리가 있다.

관련이론
중앙홀 형식
중심부에 하나의 큰 홀을 두고 그 주위에 각 전시실을 배치하여 자유로이 출입하는 형식이다.
1. 과거에 많이 사용한 평면으로 중앙홀에 높은 천창을 설치하여 고창(高窓)으로부터 채광하는 방식이 많았다.
2. 부지의 이용률이 높은 지점에 건립할 수 있으며, 중앙홀이 크면 동선의 혼란은 없으나 장래의 확장에 많은 무리가 따른다.

정답 | ②

19
쇼핑센터의 몰(Mall)에 관한 설명으로 옳은 것은?

① 전문점과 핵상점의 주 출입구는 몰에 면하도록 한다.
② 쇼핑체류시간을 늘릴 수 있도록 방향성이 복잡하게 계획한다.
③ 몰은 고객의 통과동선으로서 부속시설과 서비스기능의 출입이 이루어지는 곳이다.
④ 일반적으로 공기조화에 의해 쾌적한 실내 기후를 유지할 수 있는 오픈 몰(Open mall)이 선호된다.

개념 | KEYWORD 06 상점, 백화점, 쇼핑센터
해설 |
고객의 주 보행동선으로서 전문점과 핵상점의 주 출입구는 몰에 면하도록 한다.

선지분석
② 확실한 방향성과 식별성이 요구된다.
③ 중심 상점과 각 전문점에서의 출입이 이루어지는 곳이다.
④ 일반적으로 공기조화에 의해 쾌적한 실내 기후를 유지할 수 있는 엔크로즈드 몰(Enclosed mall)이 선호된다.

정답 | ①

20

극장건축에서 무대의 제일 뒤에 설치되는 무대 배경용의 벽을 나타내는 용어는?

① 프로시니엄
② 사이클로라마
③ 플라이 로프트
④ 그리드 아이언

개념 | KEYWORD 08 극장, 영화관, 미술관
해설 |
사이클로라마(Cyclorama, 혹은 Kuppel horizont)는 무대의 제일 뒤에 설치되는 무대 배경용의 벽이다.

선지분석
① 프로시니엄 아치(Proscenium arch): 관람석과 무대 사이에 격벽이 설치되고 이 격벽의 개구부를 통해 극을 관람하게 되는데 이 개구부의 틀을 프로시니엄 아치라고 한다.
③ 플라이 로프트(Fly loft): 무대 상부 공간이다.
④ 그리드 아이언(격자 철판, Grid iron): 무대의 천장 밑에 위치하는 곳에 철골로 촘촘히 깔아 바닥을 이루게 한 것으로, 여기에 배경이나 조명기구, 연기자 또는 음향 반사판 등을 매어 달 수 있게 한 장치이다.

정답 | ②

건축시공

21

백화현상에 관한 설명으로 옳지 않은 것은?

① 시멘트는 수산화칼슘의 주성분인 생석회(CaO)의 다량 공급원으로서 백화의 주된 요인이다.
② 백화현상은 미장 표면뿐만 아니라 벽돌벽체, 타일 및 착색 시멘트 제품 등의 표면에도 발생한다.
③ 겨울철보다 여름철의 높은 온도에서 백화 발생빈도가 높다.
④ 배합수 중에 용해되는 가용 성분이 시멘트 경화체의 표면건조 후 나타나는 현상이다.

개념 | KEYWORD 19 조적공사
해설 |
백화현상은 온도가 낮거나 그늘진 곳에서 잘 발생하기 때문에 여름철보다 겨울철에 발생빈도가 높다.

관련이론
백화현상
백화현상은 벽 표면에 침투하는 빗물, 재료 및 시공불량에 의해 모르타르 중의 석회분이 유출되어 공기 중의 탄산가스와 결합하는 현상이다.
백화현상이 발생하면 벽 표면에 미세한 백색 물질이 생긴다.

정답 | ③

22

계측관리 항목 및 기기에 관한 설명으로 옳지 않은 것은?

① 흙막이벽의 응력은 변형계(Strain gauge)를 이용한다.
② 주변 건물의 경사는 건물경사계(Tiltmeter)를 이용한다.
③ 지하수의 간극수압은 지하수위계(Water level meter)를 이용한다.
④ 버팀보, 앵커 등의 축하중 변화 상태의 측정은 하중계(Load cell)를 이용한다.

개념 | KEYWORD 12 토공사
해설 |
지하수의 간극수압은 간극수압계(Piezo meter)로 측정한다. 지하수위계(Water level meter)는 지하수위의 변화를 측정하는 계측기이다.

정답 | ③

23
녹막이칠에 사용하는 도료와 가장 거리가 먼 것은?

① 광명단
② 크레오소트유
③ 아연분말 도료
④ 역청질 도료

개념 | KEYWORD 27 도장공사

해설 |
크레오소트유는 목재의 방부재로 사용하는 것으로 녹막이칠에 사용하는 도료와 관계가 적다.
광명단, 아연분말 도료, 역청질 도료는 모두 녹막이칠에 사용하는 방청도료이다.

정답 | ②

24
사질토의 상대밀도를 측정하는 방법으로 가장 적합한 것은?

① 표준관입시험(Standard penetration test)
② 베인 테스트(Vane test)
③ 깊은 우물(Deep well) 공법
④ 아일랜드 컷 공법

개념 | KEYWORD 11 지반조사

해설 |
표준관입시험은 63.5kg의 추를 낙하시켜 사질토(모래지반)의 밀도를 측정하는 토질시험이다.

선지분석
② 베인 테스트: 보링구멍을 이용하여 +자형 날개의 베인테스터를 지반에 때려 박고, 회전시킬 때의 회전력으로 점토의 점착력을 판별하는 것이다.
③ 깊은 우물(Deep well) 공법: 우물을 파서 지하수위를 강하시키는 배수공법이다.
④ 아일랜드 컷 공법(Island cut method): 중앙부를 먼저 굴토하여 기초 또는 지하 구조물을 형성하고 이 구조물에다 버팀대를 지지시킨 다음 주변을 굴착하는 공법이다.

정답 | ①

25
철골부재의 용접 시 이음 및 접합부위의 용접선의 교차로 재용접된 부위가 열 영향을 받아 취약해짐을 방지하기 위하여 모재에 부채꼴 모양으로 모따기를 한 것은?

① Blow hole
② Scallop
③ End tab
④ Crater

개념 | KEYWORD 17 접합

해설 |
Scallop은 철골 부재 용접 시 재용접된 부위가 열의 영향을 받아 취약해지는 것을 방지하기 위해 부채꼴 모양으로 모따기를 한 것이다.

선지분석
① Blow hole: 용융금속 응고 시 방출가스가 남아 길쭉하게 된 구멍이 남아 혼입되어 있는 현상이다.
③ End tab: 용접결함이 생기기 쉬운 용접 비드(Bead)의 시작과 끝 지점에 용접을 정확히 하기 위하여 모재의 양단에 부착하는 보조 강판이다.
④ Crater: 용접 시 Bead 끝에 항아리 모양처럼 오목하게 파이는 현상이다.

정답 | ②

26
공동도급방식(Joint venture)에 관한 설명으로 옳은 것은?

① 2명 이상의 수급자가 어느 특정 공사에 대하여 협동으로 공사계약을 체결하는 방식이다.
② 발주자, 설계자, 공사관리자의 세 전문집단에 의하여 공사를 수행하는 방식이다.
③ 발주자와 수급자가 상호신뢰를 바탕으로 팀을 구성하여 공동으로 공사를 수행하는 방식이다.
④ 공사수행방식에 따라 설계/시공(D/B)방식과 설계/관리(D/M)방식으로 구분한다.

개념 | KEYWORD 04 계약제도

해설 |
공동도급방식이란 2개 이상의 회사가 임시로 결합하여 조직을 구성하고 공동출자하여 한 회사의 입장에서 연대책임 하에 공사를 수급하여 완성한 후 해체되는 도급방식이다.

정답 | ①

27
칠공사에 관한 설명으로 옳지 않은 것은?

① 한랭 시나 습기를 가진 면은 작업을 하지 않는다.
② 초벌부터 정벌까지 같은 색으로 도장해야 한다.
③ 강한 바람이 불 때는 먼지가 묻게 되므로 외부 공사를 하지 않는다.
④ 야간은 색을 잘못 칠할 염려가 있으므로 작업을 하지 않는 것이 좋다.

개념 | KEYWORD 27 도장공사
해설 |
도장공사 시 칠하는 횟수를 구분하기 위해 색깔을 다르게 칠한다.

정답 | ②

28
석재에 관한 설명으로 옳은 것은?

① 인장강도는 압축강도에 비하여 10배 정도 크다.
② 석재는 불연성이긴 하나 화열에 닿으면 화강암과 같이 균열이 생기거나 파괴되는 경우도 있다.
③ 장대재를 얻기에 용이하다.
④ 조직이 치밀하여 가공성이 매우 뛰어나다.

개념 | KEYWORD 20 석공사
해설 |
석재는 불연재이기는 하나 석재를 이루는 조암광물이 여러 가지로 조성이 되어 있어 서로의 열팽창계수가 달라 고열에 파손되어 내화성이 작다.

정답 | ②

29
목재의 접착제로 활용되는 수지와 가장 거리가 먼 것은?

① 요소 수지 ② 멜라민 수지
③ 폴리스티렌수지 ④ 역청질 도료

개념 | KEYWORD 21 목공사
해설 |
폴리스티렌수지는 건축벽의 타일, 천장재, 블라인드 등에 사용되고, 발포제품은 단열재로도 사용되지만 목재의 접착제로는 사용되지 않는다.

정답 | ③

30
보강 블록공사에 관한 설명으로 옳지 않은 것은?

① 벽의 세로근은 구부리지 않고 설치한다.
② 벽의 세로근은 밑창 콘크리트 윗면에 철근을 배근하기 위한 먹매김을 하여 기초판 철근 위의 정확한 위치에 고정시켜 배근한다.
③ 벽 가로근 배근 시 창 및 출입구 등의 모서리 부분에 가로근의 단부를 수평방향으로 정착할 여유가 없을 때에는 갈구리로 하여 단부 세로근에 걸고 결속선으로 결속한다.
④ 보강 블록조와 라멘구조가 접하는 부분은 라멘구조를 먼저 시공하고 보강 블록조를 나중에 쌓는 것이 원칙이다.

개념 | KEYWORD 19 조적공사
해설 |
블록을 쌓아 철근과 콘크리트로 보강하여 내력벽을 구축하는 보강블록 공사는 보강 블록조와 라멘구조가 접하는 부분에 있어 보강 블록을 먼저 시공하고 라멘구조를 나중에 시공한다.

정답 | ④

31
다음 설명에서 의미하는 공법은?

> 구조물 하중보다 더 큰 하중을 연약지반(점성토) 표면에 프리로딩하여 압밀침하를 촉진시킨 뒤 하중을 제거하여 지반의 전단강도를 증대하는 공법

① 고결안정공법 ② 치환공법
③ 재하공법 ④ 탈수공법

개념 | KEYWORD 12 토공사
재하공법에 대한 설명이다.
선지분석
① 고결안정공법(약액주입법): 고결재를 흙입자 사이의 공극에 주입시켜 흙의 화학적 고결작용을 통해 지반의 강도를 증진시키는 공법이다.
② 치환공법: 흙을 양호한 흙으로 전체적으로 바꾸어서 지반을 개량하는 공법이다.
④ 탈수공법: 지반에 물을 제거하는 것으로 샌드드레인(Sand drain) 공법, 웰포인트(Well point) 공법 등이 있다.

정답 | ③

32
재료별 할증률을 표기한 것으로 옳은 것은?

① 시멘트벽돌: 3%   ② 강관: 7%
③ 단열재: 7%   ④ 봉강: 5%

개념 | KEYWORD 06 적산 총론

해설 |

재료별 할증률

재료	할증률
유리, 콘크리트(철근)	1%
이형철근, 고력볼트, 붉은벽돌	3%
시멘트블록	4%
원형철근, 일반철근, 강관, 봉강, 시멘트벽돌	5%
대형형강	7%
강판, 단열재	10%
졸대	20%
석재(원석, 부정형)	30%

정답 | ④

33
철근의 정착 위치에 관한 설명으로 옳지 않은 것은?

① 지중보의 주근은 기초 또는 기둥에 정착한다.
② 기둥 철근은 큰 보 혹은 작은 보에 정착한다.
③ 큰 보의 주근은 기둥에 정착한다.
④ 작은 보의 주근은 큰 보에 정착한다.

개념 | KEYWORD 14 철근공사

해설 |

철근의 정착 위치

1. 기둥의 주근은 기초에 정착한다.
2. 보의 주근은 기둥에 정착한다.
3. 작은 보의 주근은 큰 보에 정착한다.
4. 직교하는 단부 보의 밑에 기둥이 없을 때는 상호 간에 정착한다.
5. 벽 철근은 기둥, 보, 바닥판에 정착한다.
6. 바닥철근은 보 또는 벽체에 정착한다.
7. 지중보의 주근은 기초 또는 기둥에 정착한다.

정답 | ②

34
돌로마이트 플라스터 바름에 관한 설명으로 옳지 않은 것은?

① 정벌바름용 반죽은 물과 혼합한 후 12시간 정도 지난 다음 사용하는 것이 바람직하다.
② 바름두께가 균일하지 못하면 균열이 발생하기 쉽다.
③ 돌로마이트 플라스터는 수경성이므로 해초풀을 적당한 비율로 배합해서 사용해야 한다.
④ 시멘트와 혼합하여 2시간 이상 경과한 것은 사용할 수 없다.

개념 | KEYWORD 28 미장공사

해설 |

돌로마이트 플라스터는 점성이 좋아서 해초풀은 사용하지 않는다.

관련이론

돌로마이트 플라스터

1. 재료
   ① 돌로마이트 석회, 여물, 모래이다.
   ② 점성이 좋아 해초풀은 사용하지 않는다.
   ③ 기경성이다.
2. 시공
   ① 정벌용은 가수 후 12시간 정도 지난 후 사용한다.
   ② 시멘트를 혼합한 것은 2시간 이상 경과한 것은 사용하지 않는다.
   ③ 초벌바름 후 10일 이상 두어 고름질하고 5일 이상(갈래금 없을 때), 10일 이상(갈래금 있을 때) 지난 후 재벌바름한다.
   ④ 균열이 크고, 경화가 느리나 점도가 커서 시공이 용이하다.

정답 | ③

35

석고 플라스터 바름에 관한 설명으로 옳지 않은 것은?

① 보드용 플라스터는 초벌바름, 재벌바름의 경우 물을 가한 후 2시간 이상 경과한 것은 사용할 수 없다.
② 실내온도가 10℃ 이하일 때는 공사를 중단하거나 난방하여 10℃ 이상으로 유지한다.
③ 바름작업 중에는 될 수 있는 한 통풍을 방지한다.
④ 바름 작업이 끝난 후 실내를 밀폐하지 않고 가열과 동시에 환기하여 바름면이 서서히 건조되도록 한다.

개념 | KEYWORD 28 미장공사

해설
석고 플라스터를 시공할 때에는 온도가 5℃ 이하일 때에는 공사를 중지하고, 보온장치를 설치하여 5℃ 이상으로 유지하도록 해야 한다.

관련이론
석고 플라스터 시공법
1. 가수 후 초벌, 재벌용은 3시간 이내, 정벌용은 2시간 이내에 사용한다.
2. 작업 중 통풍을 방지하고 작업 후에 서서히 통풍시킨다.
3. 5℃ 이하일 때는 공사를 중지하고, 보온장치를 설치하며 5℃ 이상으로 유지하도록 한다.
4. 초벌바름에는 반드시 거치름눈(작살긋기)을 넣는다.

정답 | ②

36

기술제안입찰제도의 특징에 관한 설명으로 옳지 않은 것은?

① 공사비 절감방안의 제안은 불가하다.
② 기술제안서 작성에 추가비용이 발생된다.
③ 제안된 기술의 지적재산권 인정이 미흡하다.
④ 원안 설계에 대한 공법, 품질 확보 등이 핵심 제안요소이다.

개념 | KEYWORD 05 입찰방식 및 계약

해설
기술제안입찰은 발주처에서 설계한 뒤 업체에서 공기 단축, 공사비 절감 등을 위한 기술제안서 제출이 가능하다.

정답 | ①

37

토공사에 적용되는 체적환산계수 L의 정의로 옳은 것은?

① $\dfrac{\text{흐트러진 상태의 체적}(m^3)}{\text{자연상태의 체적}(m^3)}$

② $\dfrac{\text{자연상태의 체적}(m^3)}{\text{흐트러진 상태의 체적}(m^3)}$

③ $\dfrac{\text{다져진 상태의 체적}(m^3)}{\text{자연상태의 체적}(m^3)}$

④ $\dfrac{\text{자연상태의 체적}(m^3)}{\text{다져진 상태의 체적}(m^3)}$

개념 | KEYWORD 07 공종별 적산

해설
체적환산계수(토량환산계수)
자연상태의 보통흙 $1m^3$를 파내면 흙 속에 공극 등이 유입되어 체적이 보통 $1.2 \sim 1.3 m^3$로 $20 \sim 30\%$ 가량 증가하게 된다.

$L = \dfrac{\text{흐트러진 상태의 체적}(m^3)}{\text{자연상태의 체적}(m^3)}$

$C = \dfrac{\text{다져진 상태의 체적}(m^3)}{\text{자연상태의 체적}(m^3)}$

정답 | ①

38

멤브레인 방수에 속하지 않는 방수공법은?

① 시멘트 액체방수
② 합성고분자 시트방수
③ 도막방수
④ 아스팔트 방수

개념 | KEYWORD 22 방수공사

해설
시멘트 액체방수는 방수제를 모르타르와 혼합하여 구조체에 여러 번 도포하여 방수성능을 갖게 한 공법으로 멤브레인 방수와는 관련이 없다.

관련이론
멤브레인 방수
구조체에 불투수성 얇은 피막을 형성하여 방수층을 형성하는 방수법으로 아스팔트 방수, 시트방수, 도막방수 등이 해당한다.

정답 | ①

39

아파트 온돌바닥 미장용 콘크리트로서 고층적용 실적이 많고 배합을 조닝별로 다르게 하며 타설 바탕면에 따라 배합비 조정이 필요한 것은?

① 경량기포 콘크리트
② 중량 콘크리트
③ 수밀 콘크리트
④ 유동화 콘크리트

개념 | KEYWORD 16 콘크리트공사
해설 |
경량기포 콘크리트(ALC)는 고온, 고압의 증기양생한 콘크리트로서 가볍고 단열성능, 보온성능이 있다.
경량기포 콘크리트를 아파트 온돌바닥 미장용으로 사용하기 위해서는 타설 바탕면에 따라 배합비 조정이 필요하다.

정답 | ①

40

공급망관리(Supply Chain Management)의 필요성이 상대적으로 가장 적은 공종은?

① PC(Precast Concrete)공사
② 콘크리트공사
③ 커튼월공사
④ 방수공사

개념 | KEYWORD 02 관계자와 관리기법
해설 |
공급망관리(SCM)는 부품 제공업자로부터 생산자, 배포자, 재고관리, 고객에 이르는 물류 흐름을 파악해 필요한 정보가 원활히 흐르도록 지원하는 시스템을 의미한다.
종합적인 공사가 아닌 전문공사인 방수공사는 상대적으로 공급망관리의 필요성이 적다.

정답 | ④

건축구조

41

합성보에서 강재보와 철근콘크리트 또는 합성슬래브 사이의 미끄러짐을 방지하기 위하여 설치하는 것은?

① 스터드 볼트
② 퍼린
③ 윈드칼럼
④ 턴버클

개념 | KEYWORD 17 강구조 총론
해설 |
스터드 볼트는 합성보에서 강재보와 철근콘크리트 또는 합성슬래브 사이의 미끄러짐을 방지하기 위해 설치한다.

선지분석
② 퍼린(Purlin): 지붕을 씌우기 위한 고정틀, 서까래
③ 윈드칼럼(Wind column): 벽체에 횡판넬을 설치할 때 메인칼럼 사이에 2m 내외로 세우는 2차 부재
④ 턴버클(Turn buckle): 한쪽에는 오른나사, 다른 쪽은 왼나사로 되어 너트를 회전하면 양측에 연결된 부재가 서로 동시에 접근하거나 멀어지는 부품

정답 | ①

42

다음 중 내진 Ⅰ등급 구조물의 허용층간변위로 옳은 것은? (단, KDS기준, h_{sx}는 x층 층고)

① $0.005h_{sx}$
② $0.010h_{sx}$
③ $0.015h_{sx}$
④ $0.020h_{sx}$

개념 | KEYWORD 03 내진·내풍·사용성 설계
해설 |
내진 Ⅰ등급의 허용층간변위는 $0.015h_{sx}$이다.

관련이론
건물 허용층간변위(h_{sx}: 층고)

내진등급	허용층간변위
특	$0.010h_{sx}$
Ⅰ	$0.015h_{sx}$
Ⅱ	$0.020h_{sx}$

정답 | ③

43
그림과 같은 단순보에서 반력 R_A의 값은?

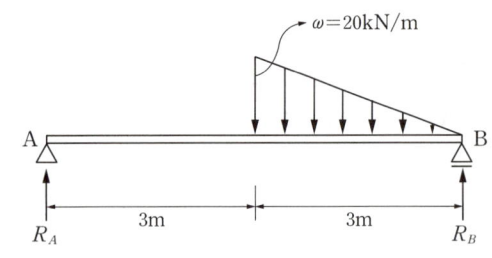

① 5kN ② 10kN
③ 20kN ④ 25kN

개념 | KEYWORD 06 반력, 전단력, 휨모멘트
해설 |
1. 등변분포하중을 집중하중 형태로 가정한다.
   삼각형의 도심은 점 A로부터 4m 지점에 위치하며, 해당 위치에 삼각형의 면적만큼의 집중하중이 작용한다고 가정한다. 따라서 도심에 작용하는 집중하중의 크기는
   $20\text{kN/m} \times 3\text{m} \times \frac{1}{2} = 30\text{kN}$이다.
2. 수평하중은 작용하지 않으므로 점 A, B에서의 수평반력은 0이다.
3. 점 A에서의 수직반력과 점 B에서의 수직반력의 합은 30kN이고 도심으로부터의 거리의 비가 4 : 2이므로 점 A와 점 B에서 30kN의 하중을 1 : 2로 분담한다. 따라서 반력 R_A의 값은 $30\text{kN} \times \frac{1}{3} = 10\text{kN}$이다.

정답 | ②

44
등분포하중을 받는 4변 고정 2방향 슬래브에서 모멘트양이 일반적으로 가장 크게 나타나는 곳은?

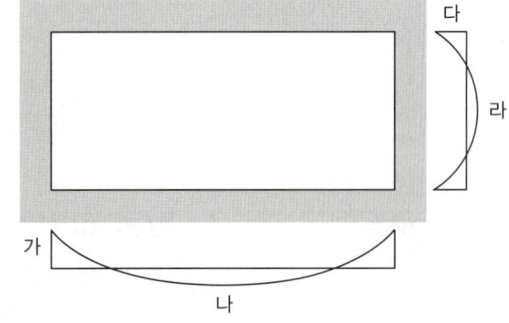

① 가 ② 나
③ 다 ④ 라

개념 | KEYWORD 15 슬래브, 기둥, 벽체, 기타
해설 |
하중이 가해지면 힘은 단변방향의 단부로 많이 전해진다. 따라서 슬래브 단변방향의 다, 라 중 단부인 다에서 2방향 슬래브의 휨모멘트를 지배적으로 받는다.

정답 | ③

45
강도설계법에서 양단연속 1방향 슬래브의 스팬이 3,000mm일 때 처짐을 계산하지 않는 경우 슬래브의 최소 두께를 계산한 값으로 옳은 것은? (단, 단위중량 $m_c = 2,300\text{kg/m}^3$의 보통콘크리트 및 $f_y = 400\text{MPa}$ 철근 사용)

① 107.1mm ② 124.3mm
③ 132.1mm ④ 145.5mm

개념 | KEYWORD 12 사용성 및 내구성
해설 |
경간이 3,000m인 양단연속 1방향 슬래브의 최소 두께는
$\frac{l}{28} = \frac{3,000\text{mm}}{28} ≒ 107.14\text{mm}$이다.

관련이론
처짐을 계산하지 않는 경우 1방향 슬래브의 최소두께

구분	최소 두께	구분	최소 두께
단순지지	$l/20$	양단연속	$l/28$
1단연속	$l/24$	캔틸레버	$l/10$

정답 | ①

46

다음 구조용 강재의 명칭에 관한 내용으로 옳지 않은 것은?

① SM - 용접구조용 압연강재 (KS D 3515)
② SS - 일반구조용 압연강재 (KS D 3503)
③ SN - 건축구조용 각형 탄소강관 (KS D 3864)
④ SGT - 일반구조용 탄소강관 (KS D 3566)

개념 | KEYWORD 17 강구조 총론

해설 |
SN(Steel New)은 건축구조용 압연강재를 의미한다.

정답 | ③

47

다음 그림과 같은 단순 인장접합부의 강도한계상태에 따른 고력볼트의 설계전단강도를 구하면? (단, 강재의 재질은 SS275이며 고력볼트는 M22(F10T), 공칭전단강도 $F_{nv}=500\text{MPa}$, $\phi=0.75$)

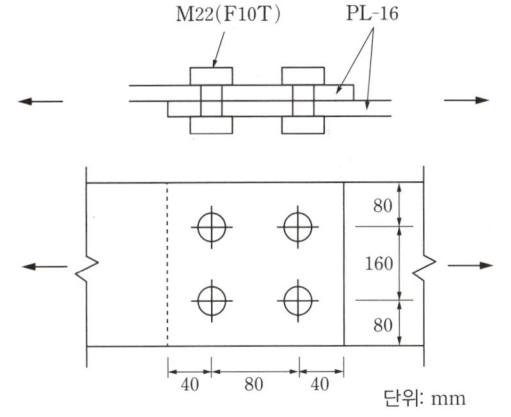

① 500kN
② 530kN
③ 550kN
④ 570kN

개념 | KEYWORD 18 접합, 볼트, 용접

해설 |
고력볼트 설계전단강도 $\phi R_{nv}=\phi \cdot F_{nv} \cdot A_b \cdot n_s$이다.
여기서, F_{nv}: 공칭전단강도, A_b: 볼트의 공칭단면적, n_s: 전단면의 수
$\therefore \phi R_{nv}=0.75 \times 500 \times \dfrac{\pi \times 22^2}{4} \times 4 ≒ 570{,}199\text{N} ≒ 570\text{kN}$

정답 | ④

48

그림과 같은 스팬이 8,000mm이며, 보 중심 간격이 3,000mm인 합성보 H-588×300×12×20의 강재에 콘크리트 두께 150mm로 합성보를 설계하고자 한다. 합성보 B의 슬래브 유효폭을 구하면? (단, 스터드 전단연결재가 설치됨)

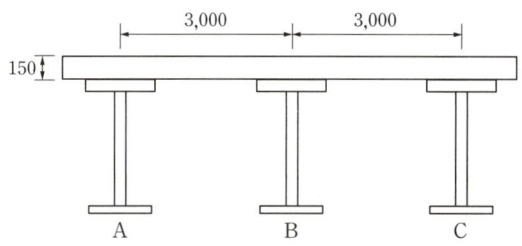

① 1,500mm
② 2,000mm
③ 3,000mm
④ 4,000mm

개념 | KEYWORD 13 보의 휨설계

해설 |
합성보의 유효폭은 다음 중 작은 값으로 한다.

1. 양쪽 슬래브 중심 간 거리: $\dfrac{3{,}000}{2}+\dfrac{3{,}000}{2}=3{,}000\text{mm}$

2. 보 경간의 1/4: 8,000/4=2,000mm

따라서 두 값 중 작은 값인 경간의 1/4의 값(2,000mm)으로 결정된다.

정답 | ②

49

철근콘크리트 보 설계 시 적용되는 경량콘크리트계수 중 모래경량콘크리트의 경우에 적용되는 계수값은 얼마인가?

① 0.65
② 0.75
③ 0.85
④ 1.0

개념 | KEYWORD 11 철근콘크리트구조 총론

해설 |
모래경량콘크리트의 계수는 0.85이다.

관련이론

경량콘크리트계수(λ)

구분	경량콘크리트계수(λ)
보통중량콘크리트	1.0
모래경량콘크리트	0.85
전경량콘크리트	0.75

정답 | ③

50

도심축에 대한 빗줄(사선)친 부분의 단면계수 값은?

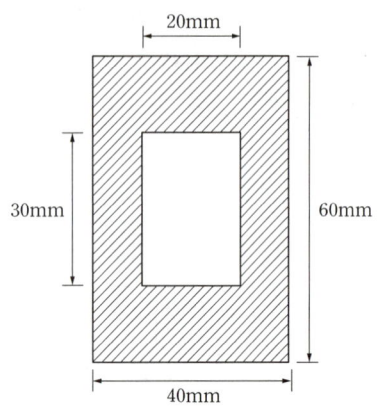

① 19,000mm³ ② 20,500mm³
③ 21,000mm³ ④ 22,500mm³

개념 | KEYWORD 05 단면의 성질

해설 |

단면2차모멘트를 압축 또는 인장 연단거리로 나누면 단면계수 Z가 된다.

외부 직사각형의 단면2차모멘트를 $I_{X1} = \dfrac{BH^3}{12}$

내부 직사각형의 단면2차모멘트를 $I_{X2} = \dfrac{bh^3}{12}$

$I_{X1} = \dfrac{BH^3}{12} = \dfrac{40 \times 60^3}{12} = 720,000 \text{mm}^4$

$I_{X2} = \dfrac{bh^3}{12} = \dfrac{20 \times 30^3}{12} = 45,000 \text{mm}^4$

∴ 빗줄친 부분의 단면계수는

$Z = \dfrac{I_{X1} - I_{X2}}{y} = \dfrac{720,000 - 45,000}{30} = 22,500 \text{mm}^3$

정답 | ④

51

다음 그림과 같은 단순보에서 부재 길이가 2배로 증가할 때 보의 중앙점 최대 처짐은 몇 배로 증가되는가?

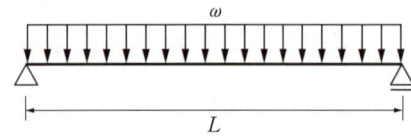

① 2배 ② 4배
③ 6배 ④ 16배

개념 | KEYWORD 10 보의 처짐

해설 |

단순보 등분포하중 시 최대 처짐은 $\delta_{max} = \dfrac{5wL^4}{384EI}$ 이다.

처짐이 부재 길이(L)의 4제곱에 비례하므로, 부재 길이가 2배 증가하면 최대 처짐은 16배 증가한다.

관련이론

단순보의 하중조건에 따른 처짐각과 처짐

하중조건	처짐각(θ)	처짐(δ)
집중하중	$\dfrac{PL^2}{16EI}$	$\dfrac{PL^3}{48EI}$
등분포하중	$\dfrac{wL^3}{24EI}$	$\dfrac{5wL^4}{384EI}$

정답 | ④

52

다음과 같은 구조물의 판별로 옳은 것은? (단, 그림의 하부 지점은 고정단임)

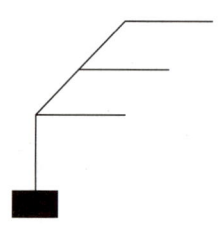

① 불안정 ② 정정
③ 1차 부정정 ④ 2차 부정정

개념 | KEYWORD 08 구조물 판별

해설 |

$N = r + m + f - 2j$ 공식 이용

여기서, r: 지점반력수, m: 부재수, f: 강절점수, j: 지점수+자유단 지점수

∴ $N = 3 + 6 + 5 - 2 \times 7 = 0$이므로 정정구조물이다.

다른 풀이

N = 외적판별값 N_e + 내적판별값 N_i

$N_e = R$(지점반력수) $- 3$

$N_i = C_n$(연결부재차수) $- h$(부재내힌지절점수)

$N_e = 3 - 3 = 0$, $N_i = (-1) \times 0 + 0 = 0$

$N = N_e + N_i = 0 + 0 = 0$

$N = 0$이므로 정정구조물이다.

정답 | ②

53

활하중의 영향면적 산정기준으로 옳은 것은? (단, KDS 기준임)

① 부하면적 중 캔틸레버 부분은 영향면적에 단순합산
② 기둥 및 기초에서는 부하면적의 6배
③ 보에서는 부하면적의 5배
④ 슬래브에서는 부하면적의 2배

개념 | KEYWORD 01 건축구조의 개념
해설 |
부하면적 중 캔틸레버 부분은 영향면적에 단순합산이다.

선지분석
② 기둥 및 기초에서는 부하면적의 4배
③ 보에서는 부하면적의 2배
④ 슬래브에서는 부하면적의 1배

정답 | ①

54

인장력을 받는 원형단면 강봉의 지름을 4배로 하면 수직응력도(Normal stress)는 기존 응력도의 얼마로 줄어드는가?

① 1/2
② 1/4
③ 1/8
④ 1/16

개념 | KEYWORD 05 단면의 성질
해설 |
$\sigma_t(인장응력) = \dfrac{P(하중)}{A(면적)}$

원형단면의 경우 단면적이 $\dfrac{\pi D^2}{4}$ 이므로

응력은 지름의 제곱에 반비례한다. $\left(\sigma_t = \dfrac{4P}{\pi D^2}\right)$

따라서 강봉의 지름이 4배 증가하면 응력도는 기존 응력도의 1/16로 감소한다.

정답 | ④

55

보통중량콘크리트를 사용한 그림과 같은 보의 단면에서 외력에 의해 휨 균열을 일으키는 균열모멘트(M_{cr})값으로 옳은 것은? (단, $f_{ck}=27\text{MPa}$, $f_y=400\text{MPa}$, 철근은 개략적으로 도시되었음)

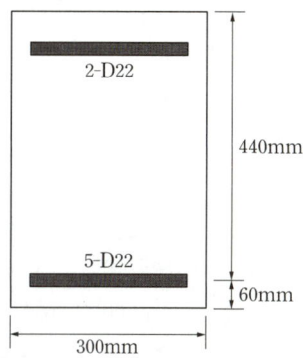

① 29.5kN·m
② 34.7kN·m
③ 40.9kN·m
④ 52.4kN·m

개념 | KEYWORD 13 보의 휨설계
해설 |
$M_{cr} = 0.63 \times 1.0 \times \sqrt{27} \times \dfrac{300 \times 500^2}{6}$
$\fallingdotseq 40,919,700\text{N}\cdot\text{mm} = 40.9\text{kN}\cdot\text{m}$

관련이론
균열모멘트 $(M_{cr}) = f_r \times Z$
여기서, 콘크리트 파괴계수 $f_r = 0.63\lambda\sqrt{f_{ck}}$,
Z: 단면계수 $\left(직사각형 = \dfrac{bh^2}{6}\right)$,
보통중량 콘크리트 λ: 1.0,
f_{ck}: 콘크리트 압축강도,
b: 부재폭,
h: 부재높이

정답 | ③

56

그림과 같은 부정정 라멘에서 A점의 M_{AB}는?

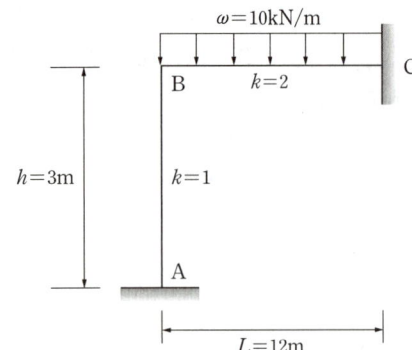

① 0
② 20kN·m
③ 40kN·m
④ 60kN·m

개념 | KEYWORD 09 구조물 해석

해설 |
모멘트분배법을 이용해 구한다.
BC부재는 양단 고정보이고, 등분포하중이 작용한다.

$M_B = \dfrac{wl^2}{12} = \dfrac{10 \times 12^2}{12} = 120 \text{kN·m}$

분배율: $DF_{BA} = \dfrac{K_{BA}}{\Sigma K} = \dfrac{1}{1+2} = \dfrac{1}{3}$

분배모멘트: $M_{BA} = M_B \times DF_{BA} = 120 \times \dfrac{1}{3} = 40 \text{kN·m}(\curvearrowleft)$

전달모멘트: $M_{AB} = \dfrac{1}{2} M_{BA} = \dfrac{40}{2} = 20 \text{kN·m}$

(전달률: 고정단은 $\dfrac{1}{2}$)

정답 | ②

57

그림과 같은 부정정 라멘의 B.M.D에서 P값을 구하면?

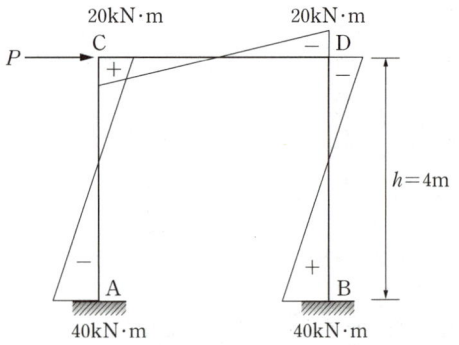

① 20kN
② 30kN
③ 50kN
④ 60kN

개념 | KEYWORD 06 반력, 전단력, 휨모멘트

해설 |
처짐각법 전단력 평형조건식에 따라

$P = \dfrac{(M_{CA}+M_{AC})+(M_{DB}+M_{BD})}{h}$ 이므로

$P = \dfrac{(20+40)+(20+40)}{4} = 30 \text{kN}$이다.

관련이론

처짐각법 전단력 평형조건식

절점방정식	층방정식
모멘트 평형조건식	전단력 평형조건식
$M_O = M_{OA} + M_{OB} + M_{OC}$	$P = \dfrac{M_{AB}+M_{BA}}{h}$

정답 | ②

58

KDS에서 철근콘크리트 구조의 최소 피복두께를 규정하는 이유로 보기 어려운 것은?

① 철근이 부식되지 않도록 보호
② 철근의 화해(火害) 방지
③ 철근의 부착력 확보
④ 콘크리트의 동결융해 방지

개념 | KEYWORD 11 철근콘크리트구조 총론
해설 |
콘크리트의 동결융해를 방지하기 위해 피복두께를 규정하는 것으로는 보기 어렵다.

관련이론
피복두께 확보 목적
1. 내화성 확보
2. 부착력 확보
3. 골재의 유동성 확보
4. 철근의 부식방지를 통한 내구성 확보

정답 | ④

59

인장이형철근 및 압축이형철근의 정착길이(l_d)에 관한 기준으로 옳지 않은 것은? (단, KDS 기준)

① 계산에 의하여 산정한 인장이형철근의 정착길이는 항상 200mm 이상이어야 한다.
② 계산에 의하여 산정한 압축이형철근의 정착길이는 항상 200mm 이상이어야 한다.
③ 인장 또는 압축을 받는 하나의 다발철근 내에 있는 개개 철근의 정착길이 l_d는 다발철근이 아닌 경우의 각 철근의 정착길이보다 3개의 철근으로 구성된 다발철근에 대해서는 20%를 증가시켜야 한다.
④ 단부에 표준갈고리가 있는 인장이형철근의 정착길이는 항상 $8d_b$이상, 또한 150mm 이상이어야 한다.

개념 | KEYWORD 11 철근콘크리트구조 총론
해설 |
인장력을 받는 이형철근의 최소 정착길이는 300mm이다.

관련이론
각종 철근의 정착길이

철근 종류	최소 정착길이
인장이형철근 (No hook)	300mm
인장이형철근 (Hook)	150mm, $8d_b$
압축이형철근	200mm

정답 | ①

60

그림과 같은 구조물에 힘 P가 작용할 때 휨모멘트가 0이 되는 곳은 모두 몇 개인가?

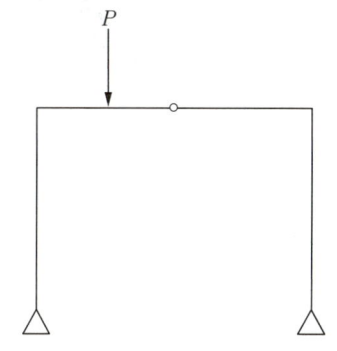

① 2개 ② 3개
③ 4개 ④ 6개

개념 | KEYWORD 06 반력, 전단력, 휨모멘트
해설 |
휨모멘트도를 작성한다.

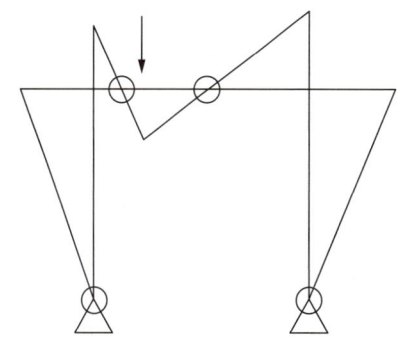

그림에 따르면 휨모멘트가 0이 되는 지점이 4개 있다.

정답 | ③

건축설비

61
다음 설명에 알맞은 통기방식은?

> - 회로통기방식이라고도 한다.
> - 2개 이상의 기구트랩에 공통으로 하나의 통기관을 설치하는 방식이다.

① 공용통기방식 ② 루프통기방식
③ 신정통기방식 ④ 결합통기방식

개념 | KEYWORD 03 배수 및 통기설비
해설 |
루프통기방식(회로통기, 환상통기)은 1개의 통기관으로 위생기구 2개 이상 8개 이내의 트랩을 보호하기 위하여 설치하는 통기관이다.

정답 | ②

62
어떤 실의 취득열량이 현열 35,000W, 잠열 15,000W이었을 때, 현열비는?

① 0.3 ② 0.4
③ 0.7 ④ 2.3

개념 | KEYWORD 09 공기조화 방식과 기기
해설 |
$$현열비(SHF) = \frac{현열부하}{현열부하+잠열부하} = \frac{35,000}{35,000+15,000} = 0.7$$

정답 | ③

63
다음과 같은 조건에 있는 실의 틈새바람에 의한 현열부하는?

> - 실의 체적: 400m³
> - 환기횟수: 0.5회/h
> - 실내온도: 20℃, 외기온도: 0℃
> - 공기의 밀도: 1.2kg/m³
> - 공기의 정압비열: 1.01kJ/kg·K

① 약 654W   ② 약 972W
③ 약 1,347W ④ 약 1,654W

개념 | KEYWORD 09 공기조화 방식과 기기
해설 |
$$Q = \frac{G \cdot \rho \cdot C \cdot \Delta t}{3,600}$$
여기서, G = 실체적 × 환기횟수 = 400 × 0.5 = 200
ρ: 공기의 밀도, C: 공기의 비열, Δt: 실내외의 온도차
$$Q = \frac{200 \times 1.2 \times 1.01 \times (20-0)}{3,600} ≒ 1.347 \text{kW} = 1,347\text{W}$$

정답 | ③

64
다음 중 건축물 실내공간의 잔향시간에 가장 큰 영향을 주는 것은?

① 실의 용적   ② 음원의 위치
③ 벽체의 두께 ④ 음원의 음압

개념 | KEYWORD 21 음 환경
해설 |
잔향시간은 실의 체적(용적), 흡음력(흡음률 × 표면적) 등에 의해 결정된다.

관련이론
Sabine의 잔향식

$$T = K\frac{V}{A} = K\frac{V}{aS}$$

- T: 잔향시간
- K: 비례상수 0.163
- V: 실의 용적(m³)
- A: 흡음력 = $\bar{a}$(평균 흡음률) × S(실내 표면적)

정답 | ①

65
자연환기에 관한 설명으로 옳지 않은 것은?

① 풍력환기량은 풍속이 높을수록 증가한다.
② 중력환기량은 개구부 면적이 클수록 증가한다.
③ 중력환기량은 실내외 온도차가 클수록 감소한다.
④ 중력환기는 실내외의 온도차에 의한 공기의 밀도차가 원동력이 된다.

개념 | KEYWORD 10 환기설비
해설 |
중력환기량은 실내외 온도차가 클수록 증가한다.

정답 | ③

66
단일덕트 변풍량 방식에 관한 설명으로 옳지 않은 것은?

① 전공기방식의 특성이 있다.
② 각 실이나 존의 온도를 개별제어할 수 있다.
③ 일사량 변화가 심한 페리미터 존에 적합하다.
④ 정풍량 방식에 비해 설비비는 낮아지나 운전비가 증가한다.

개념 | KEYWORD 09 공기조화 방식과 기기
해설 |
변풍량 방식은 정풍량 방식에 비교하여 설비비가 증가하나 운전비는 감소한다.

관련이론
변풍량 단일덕트 방식의 장단점

장점	• 각 실, 각 존 마다 변풍량 유닛을 설치하여 부하변동에 따라 송풍량을 조절하여 에너지 절약 가능 • 부하변동에 대해 제어 응답이 신속하게 이루어져 적절한 송풍량이 공급되므로 쾌적감이 향상
단점	• 부하가 감소되면 송풍량이 작아지므로 이로 인해 환기가 충분하게 이루어지지 않을 가능성 • 자동제어는 복잡하고, 부속 기기류가 필요하여 설치비가 많이 듦

정답 | ④

67
다음 중 조명률에 영향을 끼치는 요소와 가장 거리가 먼 것은?

① 광원의 높이
② 마감재의 반사율
③ 조명기구의 배광방식
④ 글레어(Glare)의 크기

개념 | KEYWORD 16 조명설비
해설 |
조명률에 영향을 미치는 요소에는 광원의 종류, 조명방식, 조명기구의 효율 및 배광방식, 실내 반사율, 실의 형태, 광원의 높이 등이 있다.

정답 | ④

68
간접가열식 급탕방식에 관한 설명으로 옳지 않은 것은?

① 저압보일러를 써도 되는 경우가 많다.
② 직접가열식에 비해 소규모 급탕설비에 적합하다.
③ 급탕용 보일러는 난방용 보일러와 겸용할 수 있다.
④ 직접가열식에 비해 보일러 내면에 스케일이 발생할 염려가 적다.

개념 | KEYWORD 02 급탕설비
해설 |
간접가열식 급탕방식은 직접가열식에 비해 대규모 급탕설비에 적합하다.

관련이론
간접가열식
1. 저탕조(급탕탱크) 내에 가열코일을 설치하고 이 코일에 증기(또는 고온수)를 통해서 저탕조의 물을 간접적으로 가열하는 방식이다.
2. 난방용 보일러의 증기 사용 시 급탕용 보일러가 불필요하다.
3. 보일러 내면에는 스케일이 거의 생기지 않는다.
4. 건물의 높이에 따른 수압이 보일러에 작용하지 않고 저탕조에 작용하므로 고압용 보일러가 불필요하다.
5. 대규모 급탕설비에 적합하다.

정답 | ②

69
자동화재탐지설비의 열감지기 중 주위온도가 일정온도 이상일 때 작동하는 것은?

① 차동식 ② 정온식
③ 광전식 ④ 이온화식

개념 | KEYWORD 06 소화설비
해설 |
자동화재탐지설비의 열감지기 중 주위온도가 일정온도 이상일 때 작동하는 것은 정온식이다.

정답 | ②

70
온열 감각에 영향을 미치는 물리적 온열 4요소에 속하지 않는 것은?

① 기온 ② 습도
③ 일사량 ④ 복사열

개념 | KEYWORD 08 공기조화설비 총론
해설 |
열 쾌적의 물리적 변수 4요소는 기온, 습도, 기류, 복사열이다.

정답 | ③

71
옥내소화전설비에 관한 설명으로 옳지 않은 것은?

① 옥내소화전방수구는 바닥으로부터의 높이가 1.5m 이하가 되도록 설치한다.
② 옥내소화전설비의 송수구는 구경 65mm의 쌍구형 또는 단구형으로 한다.
③ 전동기에 따른 펌프를 이용하는 가압송수 장치를 설치하는 경우, 펌프는 전용으로 하는 것이 원칙이다.
④ 어느 한 층의 옥내소화전을 동시에 사용할 경우 각 소화전의 노즐선단에서의 방수압력은 최소 0.7MPa 이상이 되어야 한다.

개념 | KEYWORD 06 소화설비
해설 |
노즐선단에서의 방수압력이 0.17MPa 이상이 되어야 한다.

정답 | ④

72
다음 설명에 알맞은 접지의 종류는?

> 기능상 목적이 서로 다르거나 동일한 목적의 개별접지들을 전기적으로 서로 연결하여 구현한 접지

① 단독접지 ② 공통접지
③ 통합접지 ④ 종별접지

개념 | KEYWORD 15 약전 및 방재설비
해설 |
기능상 목적이 서로 다르거나 동일한 목적의 개별 접지들을 전기적으로 서로 연결하여 구현한 접지시스템은 통합접지이다.

정답 | ③

73
온수난방방식에 관한 설명으로 옳지 않은 것은?

① 예열시간이 짧아 간헐운전에 주로 이용된다.
② 한랭지에서 운전 정지 중에 동결의 위험이 있다.
③ 증기난방방식에 의해 난방부하 변동에 따른 온도조절이 용이하다.
④ 보일러 정지 후에도 여열이 남아 있어 실내 난방이 어느 정도 지속된다.

개념 | KEYWORD 11 난방설비
해설 |
예열시간이 짧아 간헐운전에 주로 이용되는 것은 증기난방방식이다.

정답 | ①

74
흡수식 냉동기의 주요 구성부분에 속하지 않는 것은?

① 응축기 ② 압축기
③ 증발기 ④ 재생기

개념 | KEYWORD 12 냉동 및 기타 열원설비
해설 |
압축기는 압축식 냉동기의 주요 구성요소이다.

관련이론
냉동기의 주요 구성요소
1. 압축식 냉동기: 압축기, 응축기, 팽창밸브, 증발기
2. 흡수식 냉동기: 증발기, 흡수기, 재생기, 응축기

정답 | ②

75
다음 설명에 알맞은 급수 방식은?

- 위생성 측면에서 가장 바람직한 방식이다.
- 정전으로 인한 단수의 염려가 없다.

① 수도직결방식　　② 고가수조방식
③ 압력수조방식　　④ 펌프직송방식

개념 | KEYWORD 01 급수설비
해설 |
수도직결방식은 수도 본관에 직결하므로 위생적인 면에서 가장 좋고, 전동기(모터)를 사용하지 않으므로 정전으로 인한 단수의 염려가 없다.

정답 | ①

76
가스설비에 사용되는 거버너(Governor)에 관한 설명으로 옳은 것은?

① 실내에서 발생되는 배기가스를 외부로 배출시키는 장치
② 연소가 원활히 이루어지도록 외부로부터 공기를 받아들이는 장치
③ 가스가 누설되거나 지진이 발생했을 때 가스공급을 긴급히 차단하는 장치
④ 가스공급회사로부터 공급받은 가스를 건물에서 사용하기에 적합한 압력으로 조정하는 장치

개념 | KEYWORD 07 가스설비
해설 |
거버너(Governor)는 가스공급회사로부터 공급받은 가스를 건물에서 사용하기에 적합한 압력으로 조정하는 장치이다. 즉, 가스의 양을 일정하게 조절하여 공급해 주는 기능을 가지고 있다.

정답 | ④

77
엘리베이터의 안전장치에 속하지 않는 것은?

① 균형추　　② 완충기
③ 조속기　　④ 전자브레이크

개념 | KEYWORD 17 엘리베이터설비
해설 |
균형추는 안전장치에 해당하지 않는다.

관련이론
균형추: 권상기의 부하를 가볍게 하여 전기를 절약할 목적으로 승강카(Car)의 반대 측 로프에 장치한다.
엘리베이터 안전장치: 전자브레이크, 조속기, 비상정지장치, 종점스위치, 리밋스위치, 완충기, 도어 안전장치 등

정답 | ①

78
어느 점광원에서 1m 떨어진 곳의 직각면 조도가 200lx일 때, 이 광원에서 2m 떨어진 곳의 직각면 조도는?

① 25lx　　② 50lx
③ 100lx　　④ 200lx

개념 | KEYWORD 16 조명설비
해설 |
거리의 역 제곱의 법칙 $E=\dfrac{I}{d^2}$ 에서

조도(E)는 광도(I)에 비례하고, 거리(d)의 제곱에 반비례하므로 거리가 2배가 되면 조도는 200lx의 4분의 1인 50lx가 된다.

정답 | ②

79

전기설비의 배선공사에 관한 설명으로 옳지 않은 것은?

① 금속관 공사는 외부적 응력에 대해 전선보호의 신뢰성이 높다.
② 합성수지관 공사는 열적 영향이나 기계적 외상을 받기 쉬운 곳에서는 사용이 곤란하다.
③ 금속덕트 공사는 다수회선의 절연전선이 동일 경로에 부설되는 간선 부분에 사용된다.
④ 플로어덕트 공사는 옥내의 건조한 콘크리트 바닥면에 매입 사용되나 강·약전을 동시에 배선할 수 없다.

개념 | KEYWORD 14 강전설비
해설 |
플로어덕트 공사는 강·약전을 동시에 배선할 수 있다.

정답 | ④

80

급수설비에서 역류를 방지하여 오염으로부터 상수계통을 보호하기 위한 방법으로 옳지 않은 것은?

① 토수구 공간을 둔다.
② 각개통기관을 설치한다.
③ 역류방지밸브를 설치한다.
④ 가압식 진공브레이커를 설치한다.

개념 | KEYWORD 01 급수설비
해설 |
각개통기관은 트랩의 봉수를 보호할 목적으로 각 위생기구 마다 통기관을 세우는 것으로 가장 이상적인 통기방식이다.

정답 | ②

건축관계법규

81

계단 및 복도의 설치기준에 관한 설명으로 틀린 것은?

① 높이가 3m를 넘은 계단에는 높이 3m 이내마다 유효너비 120cm 이상의 계단참을 설치할 것
② 거실 바닥면적의 합계가 100m² 이상인 지하층에 설치하는 계단인 경우 계단 및 계단참의 유효너비는 120cm 이상으로 할 것
③ 계단을 대체하여 설치하는 경사로의 경사도는 1 : 6을 넘지 아니할 것
④ 문화 및 집회시설 중 공연장의 개별 관람실(바닥면적이 300m² 이상인 경우)의 바깥쪽에는 그 양쪽 및 뒤쪽에 각각 복도를 설치할 것

개념 | KEYWORD 09 구조규정
해설 |
계단을 대체하여 설치하는 경사로의 경사도는 1:8을 넘지 아니하고 표면을 거친 면으로 하거나 미끄러지지 아니하는 재료로 마감해야 한다.

정답 | ③

82

면적 등의 산정방법과 관련한 용어의 설명 중 틀린 것은?

① 대지면적은 대지의 수평투영면적으로 한다.
② 건축면적은 건축물의 외벽의 중심선으로 둘러싸인 부분의 수평투영면적으로 한다.
③ 용적률을 산정할 때에는 지하층의 면적을 포함하여 연면적을 계산한다.
④ 건축물의 높이는 지표면으로부터 그 건축물의 상단까지의 높이로 한다.

개념 | KEYWORD 07 면적의 규제
해설 |
용적률 산정 시 지하층의 면적은 제외한다.

관련이론
용적률 산정 시 제외하는 면적
1. 지하층의 면적
2. 지상층의 주차용으로 쓰는 면적
3. 초고층 건축물과 준초고층 건축물에 설치하는 피난안전구역의 면적
4. 건축물의 경사지붕 아래에 설치하는 대피공간의 면적

정답 | ③

83

세대의 구분이 불분명한 건축물로 주거에 쓰이는 바닥면적의 합계가 300m²인 주거용 건축물의 음용수용(먹는물용) 급수관 지름의 최소기준은?

① 20mm ② 25mm
③ 32mm ④ 40mm

개념 | KEYWORD 12 건축설비기준과 관계전문기술자

해설 |
바닥면적의 합계가 300m²인 경우 5가구이고, 5가구일 때 먹는물의 급수관 지름의 최소기준은 25mm이다.

관련이론

먹는물용 배관설비의 설치 및 구조기준

1. 주거용 건축물 급수관의 지름

가구 또는 세대수	최소기준(mm)
1	15
2~3	20
4~5	25
6~8	32
9~16	40
17 이상	50

2. 세대의 구분이 불분명한 경우 바닥면적으로 가구 수 산정
   ① 바닥면적 85m² 이하: 1가구
   ② 바닥면적 85m² 초과 150m² 이하: 3가구
   ③ 바닥면적 150m² 초과 300m² 이하: 5가구
   ④ 바닥면적 300m² 초과 500m² 이하: 16가구
   ⑤ 바닥면적 500m² 초과: 17가구

정답 | ②

84

다음 중 내화구조에 해당하지 않는 것은?

① 벽의 경우 철재로 보강된 콘크리트블록조·벽돌조 또는 석조로서 철재에 덮은 콘크리트블록 등의 두께가 3cm 이상인 것
② 기둥의 경우 철근콘크리트조로서 그 작은 지름이 25cm 이상인 것
③ 바닥의 경우 철근콘크리트조로서 두께가 10cm 이상인 것
④ 철근콘크리트조로 된 보

개념 | KEYWORD 01 건축법 총칙

해설 |
벽의 경우 철재로 보강된 콘크리트블록조·벽돌조 또는 석조로서 철재에 덮은 콘크리트블록 등의 두께가 5cm 이상일 때 내화구조에 해당된다.

정답 | ①

85

「국토의 계획 및 이용에 관한 법령」상 아래와 같이 정의되는 것은?

> 도시·군계획 수립 대상지역의 일부에 대하여 토지이용을 합리화하고 그 기능을 증진시키며, 미관을 개선하고 양호한 환경을 확보하며, 그 지역을 체계적·계획적으로 관리하기 위하여 수립하는 도시·군관리계획

① 광역도시계획 ② 지구단위계획
③ 도시·군기본계획 ④ 입지규제최소구역계획

개념 | KEYWORD 18 국토계획법 총칙

해설 |
문제는 지구단위계획에 대한 설명이다.

선지분석
① 광역도시계획은 지정된 광역계획권의 장기발전방향을 제시하는 계획이다.
③ 도시·군기본계획은 관할구역 및 생활권에 대하여 기본적인 공간구조와 장기발전방향을 제시하는 종합계획으로서 도시·군관리계획 수립의 지침이 되는 계획이다.
④ 입지규제최소구역계획은 입지규제최소구역에서의 토지의 이용 및 건축물의 용도 등의 제한에 관한 사항 등 입지규제최소구역의 관리에 필요한 사항을 정하기 위하여 수립하는 도시·군관리계획이다.

정답 | ②

86

다음 중 「건축법」상 건축물의 용도 구분에 속하지 않는 것은? (단, 대통령령으로 정하는 세부 용도는 제외함)

① 공장 ② 교육시설
③ 묘지 관련 시설 ④ 자원순환 관련 시설

개념 | KEYWORD 01 건축법 총칙
해설 |
건축법상 건축물의 용도에서 학교, 교육원, 학원, 연구소, 도서관 등을 포함하여 교육연구시설로 분류한다.

정답 | ②

87

「주차장법령」의 기계식주차장치의 안전기준과 관련하여, 중형 기계식주차장의 주차장치 출입구 크기기준으로 옳은 것은? (단, 사람이 통행하지 않는 기계식주차장치인 경우임)

① 너비 2.3m 이상, 높이 1.6m 이상
② 너비 2.3m 이상, 높이 1.8m 이상
③ 너비 2.4m 이상, 높이 1.6m 이상
④ 너비 2.4m 이상, 높이 1.9m 이상

개념 | KEYWORD 17 부설·기계식주차장
해설 |
기계식주차장치의 안전기준

구분		크기	
출입구의 크기	중형기계식 주차장	2.3m(너비)×1.6m(높이) 이상	사람이 통행하는 기계식 주차장 출입구의 높이는 1.8m 이상
	대형기계식 주차장	2.4m(너비)×1.9m(높이) 이상	

정답 | ①

88

「주차장법령」상 노외주차장의 구조 및 설비기준에 관한 아래 설명에서, ⓐ~ⓒ에 들어갈 내용이 모두 옳은 것은?

> 노외주차장의 출구 부근의 구조는 해당 출구로부터 (ⓐ)m(이륜자동차전용 출구의 경우에는 1.3m)를 후퇴한 노외주차장의 차로의 중심선상 (ⓑ)m의 높이에서 도로의 중심선에 직각으로 향한 왼쪽·오른쪽 각각 (ⓒ)도의 범위에서 해당도로를 통행하는 자를 확인할 수 있도록 하여야 한다.

① ⓐ 1, ⓑ 1.2, ⓒ 45 ② ⓐ 2, ⓑ 1.4, ⓒ 60
③ ⓐ 3, ⓑ 1.6, ⓒ 60 ④ ⓐ 2, ⓑ 1.2, ⓒ 45

개념 | KEYWORD 16 노상·노외주차장
해설 |
노외주차장의 출구 부근의 구조는 해당 출구로부터 2m를 후퇴한 노외주차장의 차로의 중심선상 1.4m의 높이에서 도로의 중심선에 직각으로 향한 왼쪽·오른쪽 각각 60도의 범위에서 해당 도로를 통행하는 자를 확인할 수 있어야 한다.

정답 | ②

89

건축물의 거실에 국토교통부령으로 정하는 기준에 따라 배연설비를 하여야 하는 대상 건축물에 속하지 않는 것은? (단, 피난층의 거실은 제외하며, 6층 이상인 건축물의 경우임)

① 종교시설 ② 판매시설
③ 위락시설 ④ 방송통신시설

개념 | KEYWORD 12 건축설비기준과 관계전문기술자
해설 |
방송통신시설은 배연설비 의무설치 대상 건축물이 아니다.

관련이론

거실의 배연설비(6층 이상 건축물, 피난층은 제외)
- 문화 및 집회시설
- 종교시설
- 판매시설
- 운수시설
- 운동시설
- 업무시설
- 숙박시설
- 위락시설
- 관광휴게시설
- 장례시설
- 의료시설(요양병원 및 정신병원은 제외)
- 교육연구시설 중 연구소
- 노유자시설 중 아동 관련 시설
- 노인복지시설(노인요양시설은 제외)
- 수련시설 중 유스호스텔
- 제2종 근린생활시설 중 공연장, 종교집회장, 인터넷컴퓨터게임시설제공업소 및 다중생활시설

정답 | ④

90

피난 용도로 쓸 수 있는 광장을 옥상에 설치하여야 하는 대상 기준으로 옳지 않은 것은?

① 5층 이상인 층이 종교시설의 용도로 쓰는 경우
② 5층 이상인 층이 업무시설의 용도로 쓰는 경우
③ 5층 이상인 층이 판매시설의 용도로 쓰는 경우
④ 5층 이상인 층이 장례식장의 용도로 쓰는 경우

개념 | KEYWORD 10 피난규정

해설 |
5층 이상인 층이 업무시설의 용도로 쓰는 경우 옥상광장을 설치해야 하는 의무대상은 아니다.

관련이론

옥상광장 설치대상(5층 이상인 경우가 해당)
1. 제2종 근린생활시설 중 공연장·종교집회장·인터넷컴퓨터게임시설제공업소(해당 용도로 쓰는 바닥면적의 합계가 300m² 이상인 경우)
2. 문화 및 집회시설(전시장 및 동·식물원은 제외)
3. 종교시설, 판매시설
4. 위락시설 중 주점영업, 장례시설

정답 | ②

91

건축물의 대지는 원칙적으로 최소 얼마 이상이 도로에 접하여야 하는가? (단, 자동차만의 통행에 사용되는 도로는 제외함)

① 1.5m ② 2m
③ 3m   ④ 4m

개념 | KEYWORD 05 대지·도로·건축선

해설 |
건축물이 있는 대지가 도로에 접해야 하는 길이

구분	접해야 하는 길이
원칙	도로에 2m 이상(자동차만의 통행에 사용되는 것은 제외)
연면적의 합계 2,000m² 이상	너비 6m 이상 도로에 4m 이상 접해야 함

정답 | ②

92

다음 설명에 알맞은 용도지구의 세분은?

> 건축물·인구가 밀집되어 있는 지역으로서 시설개선 등을 통하여 재해 예방이 필요한 지구

① 일반방재지구   ② 시가지방재지구
③ 중요시설물보호지구   ④ 역사문화환경보호지구

개념 | KEYWORD 19 국토의 용도구분

해설 |
시가지방재지구에 대한 설명이다.

선지분석
① 방재지구는 시가지방재지구와 자연방재지구로 구분된다. 일반방재지구는 국토계획법 시행령상에는 명시되어 있지 않다.
③ 중요시설물보호지구는 중요시설물의 보호와 기능의 유지 및 증진 등을 위하여 필요한 지구이다.
④ 역사문화환경보호지구는 국가유산·전통사찰 등 역사·문화적으로 보존가치가 큰 시설 및 지역의 보호와 보존을 위하여 필요한 지구이다.

정답 | ②

93

건축지도원에 관한 설명으로 틀린 것은?

① 허가를 받지 아니하고 건축하거나 용도변경한 건축물의 단속 업무를 수행한다.
② 건축지도원은 시장, 군수, 구청장이 지정할 수 있다.
③ 건축지도원의 자격과 업무범위는 국토교통부령으로 정한다.
④ 건축신고를 하고 건축 중에 있는 건축물의 시공 지도와 위법 시공 여부의 확인·지도 및 단속 업무를 수행한다.

개념 | KEYWORD 04 건축물의 유지관리

해설 |
건축지도원의 자격은 건축직 공무원과 건축에 관한 학식이 풍부한 자로 건축조례로 정하는 자격을 갖춘 자 중에서 지정한다.

정답 | ③

94

하나 이상의 필지의 일부를 하나의 대지로 할 수 있는 토지 기준에 해당하지 않는 것은?

① 도시·군계획시설이 결정·고시된 경우 그 결정·고시된 부분의 토지
② 농지법에 따른 농지전용허가를 받은 경우 그 허가받은 부분의 토지
③ 국토의 계획 및 이용에 관한 법률에 따른 지목변경 허가를 받은 경우 그 허가받은 부분의 토지
④ 산지관리법에 따른 산지전용허가를 받은 경우 그 허가받은 부분의 토지

개념 | KEYWORD 01 건축법 총칙
해설 |
국토의 계획 및 이용에 관한 법률에 따른 개발행위허가를 받은 경우 하나 이상의 필지의 일부를 하나의 대지로 할 수 있다.

정답 | ③

95

다음은 지하층과 피난층 사이의 개방공간 설치와 관련된 기준 내용이다. ( ) 안에 알맞은 것은?

> 바닥면적의 합계가 ( ) 이상인 공연장·집회장·관람장 또는 전시장을 지하층에 설치하는 경우에는 각 실에 있는 자가 지하층 각 층에서 건축물 밖으로 피난하여 옥외 계단 또는 경사로 등을 이용하여 피난층으로 대피할 수 있도록 천장이 개방된 외부 공간을 설치하여야 한다.

① 500m²
② 1,000m²
③ 2,000m²
④ 3,000m²

개념 | KEYWORD 10 피난규정
해설 |
바닥면적의 합계가 3,000m² 이상인 공연장·집회장·관람장 또는 전시장을 지하층에 설치하는 경우에 개방공간을 설치해야 한다.

정답 | ④

96

다음 중 「국토의 계획 및 이용에 관한 법령」에 따른 용도지역 안에서의 건폐율 최대한도가 가장 높은 것은?

① 준주거지역
② 중심상업지역
③ 일반상업지역
④ 유통상업지역

개념 | KEYWORD 07 면적의 규제
해설 |
중심상업지역의 건폐율 최대한도가 90% 이하로 가장 높다.

선지분석
① 준주거지역의 건폐율 최대한도는 70%이다.
③ 일반상업지역의 건폐율 최대한도는 80%이다.
④ 유통상업지역의 건폐율 최대한도는 80%이다.

정답 | ②

97

건축물의 피난층 외의 층에서 피난층 또는 지상으로 통하는 직통계단을 거실의 각 부분으로부터 계단에 이르는 보행거리가 최대 얼마 이내가 되도록 설치하여야 하는가? (단, 건축물의 주요구조부는 내화구조이고 층수는 15층으로 공동주택이 아닌 경우임)

① 30m
② 40m
③ 50m
④ 60m

개념 | KEYWORD 10 피난규정
해설 |
피난층 외의 층에서의 보행거리 기준

구분	보행거리
원칙	30m 이하
주요구조부가 내화구조 또는 불연재료로 된 건축물	50m 이하 (16층 이상 공동주택의 경우는 40m 이하)

정답 | ③

98

공동주택과 오피스텔의 난방설비를 개별난방방식으로 하는 경우 설치기준과 거리가 먼 것은?

① 보일러실의 윗부분에는 그 면적이 $0.5m^2$ 이상인 환기창을 설치할 것
② 보일러를 설치하는 곳과 거실 사이의 경계벽은 출입구를 포함하여 방화구조의 벽으로 구획할 것
③ 보일러의 연도는 내화구조로서 공동연도로 설치할 것
④ 기름보일러를 설치하는 경우에는 기름저장소를 보일러실 외의 다른 곳에 설치할 것

개념 | KEYWORD 12 건축설비기준과 관계전문기술자
해설 |
보일러실과 거실 사이의 경계벽은 출입구는 제외하고 내화구조의 벽으로 구획해야 한다.

정답 | ②

99

「국토의 계획 및 이용에 관한 법령」상 지구단위계획의 내용에 포함되지 않는 것은?

① 건축물의 배치·형태·색채에 관한 계획
② 건축물의 안전 및 방재에 대한 계획
③ 기반시설의 배치와 규모
④ 교통처리계획

개념 | KEYWORD 21 도시군관리계획과 지구단위계획
해설 |
지구단위계획은 도시·군계획 수립 대상지역의 일부에 대하여 토지 이용을 합리화하고 그 기능을 증진시키며 미관을 개선하기 위하여 수립하는 계획으로 건축물의 안전 및 방재에 대한 계획은 내용에 포함되지 않는다.

정답 | ②

100

다음 중 건축물의 용도변경 시 허가를 받아야 하는 경우에 해당하지 않는 것은?

① 주거업무시설군에 속하는 건축물의 용도를 근린생활시설군에 해당하는 용도로 변경하는 경우
② 문화 및 집회시설군에 속하는 건축물의 용도를 영업시설군에 해당하는 용도로 변경하는 경우
③ 전기통신시설군에 속하는 건축물의 용도를 산업 등의 시설군에 해당하는 용도로 변경하는 경우
④ 교육 및 복지시설군에 속하는 건축물의 용도를 문화 및 집회시설군에 해당하는 용도로 변경하는 경우

개념 | KEYWORD 03 건축물의 용도와 변경
해설 |
상위군에 해당하는 용도로 변경하는 행위는 허가대상이고, 하위군에 해당하는 용도로 변경하는 행위는 신고대상이다.
문화 및 집회시설군(④)에서 영업시설군(⑤)에 해당하는 용도로 변경하는 것은 하위군에 해당하는 용도로 변경하는 행위이다. 따라서 이 경우는 허가대상이 아니고, 신고대상이다.

관련이론
시설군의 구분

구분	시설군
①	자동차 관련 시설군
②	산업 등의 시설군
③	전기통신시설군
④	문화 및 집회시설군
⑤	영업시설군
⑥	교육 및 복지시설군
⑦	근린생활시설군
⑧	주거업무시설군
⑨	그 밖의 시설군

정답 | ②

2021년 1회 기출문제

>> 2021년 3월 7일 시행

건축계획

01
쇼핑센터의 몰(Mall)의 계획에 관한 설명으로 옳지 않은 것은?

① 전문점들과 중심상점의 주출입구는 몰에 면하도록 한다.
② 몰에는 자연광을 끌어들여 외부공간과 같은 성격을 갖게 하는 것이 좋다.
③ 다층으로 계획할 경우, 시야의 개방감을 적극적으로 고려하는 것이 좋다.
④ 중심상점들 사이의 몰의 길이는 100m를 초과하지 않아야 하며, 길이 40~50m마다 변화를 주는 것이 바람직하다.

개념 | KEYWORD 06 상점, 백화점, 쇼핑센터
해설 |
몰의 길이는 240m를 초과하지 않아야 하며, 길이 20~30m마다 변화를 주어 단조로운 느낌을 주지 않도록 한다.

관련이론
몰(Mall)
1. 쇼핑센터 내의 주보행동선이며 휴식처의 기능을 가지고 있다.
2. 폭은 6~12m로 하고, 총 길이는 240m 이내로 한다.
3. 길이 20~30m마다 단속시켜 변화를 주며 무미건조하고 단조로운 느낌을 주지 않도록 한다.
4. Open mall(외부)과 Enclosed mall(내부)의 2가지 종류가 있다.

정답 | ④

02
연속적인 주제를 선(線)적으로 관계성 깊게 표현하기 위하여 전경(全景)으로 펼치도록 연출하는 것으로 맥락이 중요시될 때 사용되는 특수전시기법은?

① 아일랜드 전시
② 파노라마 전시
③ 하모니카 전시
④ 디오라마 전시

개념 | KEYWORD 08 극장, 영화관, 미술관
해설 |
전경은 넓은 시야로 실제 경치를 보는 듯한 느낌을 받는 것이므로 벽면전시와 입체물이 병행되는 전시효과로 파노라마 전시가 있다.

선지분석
① 아일랜드 전시: 벽이나 천장을 직접 이용하지 않고 전시물 또는 전시장치를 배치함으로써 전시공간을 만들어 내는 전시기법이다.
③ 하모니카 전시: 전시평면이 하모니카 흡입구처럼 동일한 공간으로 연속되어 배치되는 전시기법이다.
④ 디오라마 전시: 하나의 사실 또는 주제의 시간 상황을 고정시켜 연출하는 것으로 현장에 임한 듯한 느낌을 가지고 관찰할 수 있는 전시기법이다.

정답 | ②

03
다음 설명에 알맞은 극장 건축의 평면형식은?

- 가까운 거리에서 관람하면서 가장 많은 관객을 수용할 수 있다.
- 객석과 무대가 하나의 공간에 있으므로 양자의 일체감이 높다.
- 무대의 배경을 만들지 않으므로 경제성이 있다.

① 아레나(Arena)형
② 가변형(Adaptable)
③ 프로시니엄(Proscenium)형
④ 오픈 스테이지(Open stage)형

개념 | KEYWORD 08 극장, 영화관, 미술관
해설 |
아레나 스테이지(Arena stage, Center stage)에 대한 설명이다.
• 관객이 360°로 둘러싼 형이다.
• 가까운 거리에서 관람하게 되며 가장 많은 관객을 수용할 수 있다.
• 배경을 만들지 않으므로 경제적이다.
• 무대 배경은 주로 낮은 가구로 구성된다.

정답 | ①

04
아파트 형식에 관한 설명으로 옳지 않은 것은?
① 계단실형은 거주의 프라이버시가 높다.
② 편복도형은 복도에서 각 세대로 진입하는 형식이다.
③ 메조넷형은 평면구성의 제약이 적어 소규모 주택에 주로 이용된다.
④ 플랫형은 각 세대의 주거단위가 동일한 층에 배치 구성된 형식이다.

개념 | KEYWORD 04 공동주택
해설 |
메조넷(Maisonette) 형식은 하나의 주거 단위가 복층으로 구성되는 형태이며, 2개층으로 구성되는 듀플렉스 형식, 3개층으로 구성되는 트리플렉스 형식으로써 대규모 주택에 알맞다.

관련이론
복층형(Maisonette)
한 주호가 2개 층 이상에 걸쳐 구성되는 형식
1. 장점
   ① 엘리베이터의 정지층 수를 적게 할 수 있다.
   ② 복도가 없는 층은 남북면이 트여져 있으므로 좋은 평면 구성이 가능하다.
   ③ 통로 면적이 감소하고 임대(전용, 거주, 대실, 유효)면적이 증가한다.
   ④ 프라이버시가 가장 좋다.
2. 단점
   ① 소규모 주택(50m² 이하)에서는 비경제적이다.
   ② 공용 복도가 없는 층은 화재 및 위험 시 대피상 불리하다.
   ③ 스킵 플로어인 경우 구조상 복잡하다.

정답 | ③

05
학교운영방식에 관한 설명으로 옳지 않은 것은?
① 종합교실형은 각 학급마다 가정적인 분위기를 만들 수 있다.
② 교과교실형은 초등학교 저학년에 대해 가장 권장되는 방식이다.
③ 플래툰형은 미국의 초등학교에서 과밀을 해소하기 위해 실시한 것이다.
④ 달톤형은 학급, 학년 구분을 없애고 학생들은 각자의 능력에 따라 교과를 선택하고 일정한 교과를 끝내면 졸업하는 방식이다.

개념 | KEYWORD 09 학교, 도서관
해설 |
초등학교 저학년에게 적합한 형식은 종합교실형이다.
교과교실형은 학생의 이동이 심하여 초등학교 저학년에게 적합하지 않다.

정답 | ②

06
다음 중 단독주택의 현관 위치 결정에 가장 주된 영향을 끼치는 것은?
① 방위
② 주택의 층수
③ 거실의 위치
④ 도로와의 관계

개념 | KEYWORD 03 단독주택
해설 |
현관의 위치는 대지의 형태, 도로와의 관계 등에 의하여 결정된다.

정답 | ④

07

도서관의 열람실 및 서고계획에 관한 설명으로 옳지 않은 것은?

① 서고 안에 캐럴(Carrel)을 둘 수도 있다.
② 서고면적 1m²당 150~250권의 수장능력으로 계획한다.
③ 열람실은 성인 1인당 3.0~3.5m²의 면적으로 계획한다.
④ 서고실은 모듈러 플래닝(Modular planning)이 가능하다.

개념 | KEYWORD 09 학교, 도서관
해설 |
일반 열람실의 면적은 성인 1인당 1.5~2.0m², 아동 1인당 1.1m² 정도로 계획한다. (1석당 평균 면적은 1.8m² 전후)

정답 | ③

08

다음 중 건축계획에서 말하는 미의 특성 중 변화 또는 다양성을 얻는 방식과 가장 거리가 먼 것은?

① 억양(Accent)
② 대비(Contrast)
③ 균제(Proportion)
④ 대칭(Symmetry)

개념 | KEYWORD 01 건축계획 일반
해설 |
건축의 3요소는 구조, 미, 기능이다. 이중 미의 디자인 원리에는 조화, 대비, 비례, 대칭, 균형, 율동, 반복, 통일 등이 있다. 대칭(Symmetry)은 양쪽이 같은 모양으로 표현되는 조형원리로 변화 또는 다양성을 얻기 어렵다.

정답 | ④

09

공장건축의 레이아웃(Lay out)에 관한 설명으로 옳지 않은 것은?

① 제품중심의 레이아웃은 대량생산에 유리하며 생산성이 높다.
② 레이아웃이란 생산품의 특성에 따른 공장의 건축면적 결정 방식을 말한다.
③ 공정중심의 레이아웃은 다종 소량생산으로 표준화가 행해지기 어려운 경우에 적합하다.
④ 고정식 레이아웃은 조선소와 같이 조립부품이 고정된 장소에 있고 사람과 기계를 이동시키며 작업을 행하는 방식이다.

개념 | KEYWORD 10 공장, 창고
해설 |
공장건축의 레이아웃은 공장의 여러 부분, 작업장 내의 기계설비, 작업자의 작업 구역, 자재나 제품을 두는 곳 등의 상호 위치 관계를 고려한 배치계획이다.

정답 | ②

10

주택단지 도로의 유형 중 쿨데삭(Cul-de-sac)형에 관한 설명으로 옳은 것은?

① 단지 내 통과교통의 배제가 불가능하다.
② 교차로가 +자형이므로 자동차의 교통처리에 유리하다.
③ 우회도로가 없기 때문에 방재상 불리하다는 단점이 있다.
④ 주행속도 감소를 위해 도로의 교차방식을 주로 T자 교차로 한 형태이다.

개념 | KEYWORD 04 공동주택
해설 |
주택단지 내 막다른 도로를 쿨데삭이라고 하며 우회도로가 없어 화재 시 대피나 피난이 어렵다.

정답 | ③

11

사무소 건축의 실단위 계획에 관한 설명으로 옳지 않은 것은?

① 개실 시스템은 독립성과 쾌적감의 이점이 있다.
② 개방식 배치는 전면적을 유용하게 이용할 수 있다.
③ 개방식 배치는 개실 시스템보다 공사비가 저렴하다.
④ 개실 시스템은 연속된 긴 복도로 인해 방 깊이에 변화를 주기가 용이하다.

개념 | KEYWORD 05 사무소
해설 |
사무소의 개실 시스템은 방 길이에는 변화를 줄 수 있지만, 연속된 복도 때문에 방 깊이는 제한된다.

관련이론
개실 배치(Individual room system)
복도에 의해 각 층의 여러 부분으로 들어가는 방법으로 유럽에서 널리 쓰인다.
1. 장점
   ① 독립성과 쾌적성이 좋다.
   ② 자연 채광이 조건이 좋다.
2. 단점
   ① 공사비가 비교적 높다.
   ② 방 길이에는 변화를 줄 수 있지만, 연속된 복도 때문에 방 깊이는 제한된다.

정답 | ④

12

미술관 전시실의 순회형식 중 연속 순회형식에 관한 설명으로 옳은 것은?

① 각 전시실에 바로 들어갈 수 있다는 장점이 있다.
② 연속된 전시실의 한 쪽 복도에 의해서 각 실을 배치한 형식이다.
③ 중심부에 하나의 큰 홀을 두고 그 주위에 각 전시실을 배치한 형식이다.
④ 전시실을 순서별로 통해야 하고, 한 실을 폐쇄하면 전체 동선이 막히게 된다.

개념 | KEYWORD 08 극장, 영화관, 미술관
해설 |
연속 순로(순회)형식은 많은 실을 순서별로 통해야 하므로 1실을 닫으면 전체 동선이 막히게 된다.
1. 단순하고 공간이 절약된다.
2. 소규모의 전시실에 적합하다.
3. 전시벽면을 많이 만들 수 있다.

선지분석
① 갤러리 및 코리더 형식에 대한 설명이다.
② 갤러리 및 코리더 형식에 대한 설명이다.
③ 중앙홀 형식에 대한 설명이다.

정답 | ④

13

사무소 건축의 코어 유형에 관한 설명으로 옳지 않은 것은?

① 편심코어형은 기준층 바닥면적이 작은 경우에 적합하다.
② 독립코어형은 코어를 업무공간에서 별도로 분리시킨 형식이다.
③ 중심코어형은 코어가 중앙에 위치한 유형으로 유효율이 높은 계획이 가능하다.
④ 양단코어형은 수직동선이 양 측면에 위치한 관계로 피난에 불리하다는 단점이 있다.

개념 | KEYWORD 05 사무소
해설 |
양단코어형은 양쪽에 계단이 설치되므로 2방향 피난에 이상적이며 방재상 유리하다.

정답 | ④

14

비잔틴 건축에 관한 설명으로 옳지 않은 것은?

① 사라센 문화의 영향을 받았다.
② 도세렛(Dosseret)이 사용되었다.
③ 펜덴티브 돔(Pendentive dome)이 사용되었다.
④ 평면은 주로 장축형 평면(라틴 십자가)이 사용되었다.

개념 | KEYWORD 13 서양건축사
해설 |
장축형 평면의 사용은 초기 기독교 건축의 바실리카(Basilica)식 교회가 갖는 특징이다.

정답 | ④

15

다음과 같은 특징을 갖는 에스컬레이터 배치 유형은?

- 점유면적이 다른 유형에 비해 작다.
- 연속적으로 승강이 가능하다.
- 승객의 시야가 좋지 않다.

① 교차식 배치
② 직렬식 배치
③ 병렬 단속식 배치
④ 병렬 연속식 배치

개념 | KEYWORD 06 상점, 백화점, 쇼핑센터
해설 |
점유면적이 작고, 연속적으로 승강할 수 있으며, 승객의 시야가 좋지 않은 대표적인 유형은 교차식 배치이다.

관련이론
백화점의 에스컬레이터 배치 형식

유형	특징
직렬식 배치	• 승객의 시야가 가장 넓다. • 점유 면적이 넓다. • 손님의 시선이 1방향으로 고정된다.
병렬 단속식 배치	• 승객의 시야가 좋다 • 연속적으로 승강할 수 없다.
병렬 연속식 배치	• 승객의 시야가 좋다. • 오르기와 내리기를 연속적으로 할 수 있다.
교차식 배치	• 점유면적이 적다. • 연속적으로 승강할 수 있다. • 손님의 시야가 좋지 않다. • 에스컬레이터 측면이 매장의 전망을 나쁘게 한다.

정답 | ①

16

클로즈드 시스템(Closed system)의 종합병원에서 외래 진료부 계획에 관한 설명으로 옳지 않은 것은?

① 환자의 이용이 편리하도록 2층 이하에 두도록 한다.
② 부속 진료시설을 인접하게 하여 이용이 편리하게 한다.
③ 중앙주사실, 약국은 정면 출입구에서 멀리 떨어진 곳에 둔다.
④ 외과 계통 각 과는 1실에서 여러 환자를 볼 수 있도록 대실로 한다.

개념 | KEYWORD 11 병원
해설 |
중앙주사실, 회계, 약국 등은 정면 출입구 근처에 설치한다.

정답 | ③

17

다음 중 다포식(多包式) 건축으로 가장 오래된 것은?

① 창경궁 명정전
② 전등사 대웅전
③ 불국사 극락전
④ 심원사 보광전

개념 | KEYWORD 14 한국건축사
해설 |
① 창경궁 명정전, ② 전등사 대웅전, ③ 불국사 극락전은 조선시대 다포식 건축물이며, ④ 심원사 보광전은 고려시대 다포식 건축물이다.

정답 | ④

18

다음 중 시티 호텔에 속하지 않는 것은?

① 비치 호텔
② 터미널 호텔
③ 커머셜 호텔
④ 아파트먼트 호텔

개념 | KEYWORD 12 호텔
해설 |
비치 호텔(Beach hotel)은 리조트 호텔에 속한다.

관련이론
호텔의 분류
1. 시티 호텔: 커머셜 호텔, 레지덴셜 호텔, 아파트먼트 호텔, 터미널 호텔
2. 리조트 호텔: 해변 호텔, 산장 호텔, 온천 호텔, 스키 호텔, 클럽 하우스

정답 | ①

19
고대 그리스의 기둥 양식에 속하지 않는 것은?

① 도리아식 ② 코린트식
③ 컴포지트식 ④ 이오니아식

개념 | KEYWORD 13 서양건축사
해설 |
그리스 건축의 기둥양식은 3가지로 도리아식(남성적), 코린트식(나뭇잎), 이오니아식(여성적)이며, 로마 건축의 기둥양식은 그리스양식에 컴포지트식, 터스칸식이 추가된다.

정답 | ③

20
주택의 동선계획에 관한 설명으로 옳지 않은 것은?

① 동선은 가능한 굵고 짧게 계획하는 것이 바람직하다.
② 동선의 3요소 중 속도는 동선의 공간적 두께를 의미한다.
③ 개인, 사회, 가사노동권의 3개 동선은 상호간 분리하는 것이 좋다.
④ 화장실, 현관 등과 같이 사용빈도가 높은 공간은 동선을 짧게 처리하는 것이 중요하다.

개념 | KEYWORD 03 단독주택
해설 |
동선의 3요소는 속도, 빈도, 하중이며, 이중 공간적 두께를 의미하는 것은 속도가 아니라 빈도이다.

정답 | ②

건축시공

21
수직굴삭, 수중굴삭 등에 사용되는 깊은 흙파기용 기계이며, 연약지반에 사용하기에 적당한 기계는?

① 드래그쇼벨 ② 클램쉘
③ 모터 그레이더 ④ 파워쇼벨

개념 | KEYWORD 12 토공사
해설 |
수직굴착, 수중굴착에 적합한 기계는 클램쉘이다.

관련이론
토공사용 기계

구분	종류	특성
굴착용	파워쇼벨	지면보다 높은 곳의 굴착에 적합하며 굴착력이 크다.
	드래그쇼벨 (백호)	지면보다 낮은 곳의 굴착에 적합하며 굴착력이 크고 범위가 좁다.
	드래그라인	기계를 설치한 지반보다 낮은 장소 또는 수중을 굴착하는 데 사용된다. 굴착력은 약하나 작업범위가 광범위하다.
	클램쉘	좁은 곳의 수직굴착, 수중굴착에 적합하다.
	트렌처	도랑파기, 줄기초 파기에 사용된다.
정지용	불도저	운반거리는 50~60m(최대 100m)이며, 배토, 정지작업에 사용된다.
	앵글도저	배토판을 좌우로 20~30° 회전 할 수 있어 측면절삭에 유리하다.
	스크레이퍼	굴착, 운반, 하역, 적재, 사토, 흙깔기 작업을 연속적으로 할 수 있는 중거리 토공 기계이다. 유효운반거리는 250~2,000m로 중장거리 작업용으로 적합하다.
	모터그레이더	땅고르기 기계로 정지작업이나 도로의 유지보수 등의 작업에 적합하다.

정답 | ②

22

철근의 가공 및 조립에 관한 설명으로 옳지 않은 것은?

① 철근의 가공은 철근상세도에 표시된 형상과 치수가 일치하고 재질을 해치지 않은 방법으로 이루어져야 한다.
② 철근상세도에 철근의 구부리는 내면 반지름이 표시되어 있지 않은 때에는 KDS에 규정된 구부림의 최소 내면 반지름 이상으로 철근을 구부려야 한다.
③ 경미한 녹이 발생한 철근이라 하더라도 일반적으로 콘크리트와의 부착성능을 매우 저하시키므로 사용이 불가하다.
④ 철근은 상온에서 가공하는 것을 원칙으로 한다.

개념 | KEYWORD 14 철근공사

해설 |
철근은 마디에 의해 콘크리트와 결합되며 경미한 녹에 의한 부착력의 저하는 거의 없다. 녹이 있더라도 콘크리트 결합 시 피막이 형성되므로 더 이상의 녹은 발생하지 않으며, 콘크리트 구조물 품질에 영향을 주지 않는다.

정답 | ③

23

건축주 자신이 특정의 단일 상태를 선정하여 발주하는 방식으로서, 특수공사나 기밀보장이 필요한 경우, 또 긴급을 요하는 공사에서 주로 채택되는 것은?

① 공개경쟁입찰　② 제한경쟁입찰
③ 지명경쟁입찰　④ 특명입찰

개념 | KEYWORD 05 입찰방식 및 계약

해설 |
특명입찰은 시공회사의 신용, 자산, 공사경력, 보유기자재 등을 고려하여 그 공사에 가장 적격한 1개 회사를 지정하여 입찰시키는 방식이다.

관련이론

입찰의 종류
1. 특명입찰: 적격한 하나의 회사를 지정하여 입찰시키는 방식
2. 경쟁입찰
   ① 공개경쟁: 유자격자는 모두 참가시키는 방식
   ② 지명경쟁: 적합하다고 판단되는 3~7개의 회사 대상으로 입찰에 참가시키는 방식
   ③ 제한경쟁: 업체 자격에 제한을 가하여 입찰에 참가시키는 방식

정답 | ④

24

문 윗틀과 문짝에 설치하여 문이 자동적으로 닫혀지게 하며, 개폐압력을 조절할 수 있는 장치는?

① 도어체크(Door check)
② 도어홀더(Door holder)
③ 피봇힌지(Pivot hinge)
④ 도어체인(Door chain)

개념 | KEYWORD 24 창호공사

해설 |
도어체크, 도어클로저(Door check, Door closer)는 열린 여닫이문을 자동으로 닫아지게 하는 장치이다.

선지분석
② 도어홀더(Door holder): 문을 열린 상태로 고정하는 장치이다.
③ 피봇힌지(Pivot hinge): 용수철을 사용하지 않고 볼베어링이 들어 있는 경첩이다. 자재 여닫이 중량문에 사용한다.
④ 도어체인(Door chain): 문을 열지 못하도록 안쪽에 다는 쇠사슬이다.

정답 | ①

25

건축 석공사에 관한 설명으로 옳지 않은 것은?

① 건식쌓기 공법의 경우 시공이 불량하면 백화현상 등의 원인이 된다.
② 석재 물갈기 마감공정의 종류는 거친갈기, 물갈기, 본갈기, 정갈기가 있다.
③ 시공 전에 설계도에 따라 돌나누기 상세도, 원척도를 만들고 석재의 치수, 형상, 마감방법 및 철물 등에 의한 고정방법을 정한다.
④ 마감면에 오염의 우려가 있는 경우에는 폴리에틸렌 시트 등으로 보양한다.

개념 | KEYWORD 20 석공사

해설 |
백화현상은 습식쌓기에서 발생한다. 건식쌓기는 돌 사이에 모르타르(습식쌓기) 대신 사춤자갈을 채워 넣는다.

정답 | ①

26

벤치마크(Bench Mark)에 관한 설명으로 옳지 않은 것은?

① 적어도 2개소 이상 설치하도록 한다.
② 이동 또는 소멸 우려가 없는 곳에 설치한다.
③ 건축물 기초의 너비 또는 길이 등을 표시하기 위한 것이다.
④ 공사 완료 시까지 존치시켜야 한다.

개념 | KEYWORD 10 가설공사
해설 |
건축물 기초의 너비 또는 길이 등을 표시하기 위한 것은 수평규준틀이며, 벤치마크는 건축물의 높낮이의 기준이다.

관련이론
벤치마크
공사 중의 높이의 기준을 삼고자 설정하는 가설공사
1. 바라보기 좋고 공사에 지장이 없는 곳에 설정
2. 이동의 우려가 없는 인근건물, 벽돌담 등을 이용
3. 지반면에서 0.5~1.0m 위에 설치
4. 2개소 이상 설치
5. 위치 및 기타사항을 현장 기록부에 기록

정답 | ③

27

방부력이 약하고 도포용으로만 쓰이며, 상온에서 침투가 잘 되지 않고 흑색이므로 사용 장소가 제한되는 유성방부제는?

① 캐로신 ② PCP
③ 염화아연 4% 용액 ④ 콜타르

개념 | KEYWORD 21 목공사
해설 |
콜타르는 방부력이 약하여 도포용으로 쓰이는 흑색의 유성방부제이다.

관련이론
기능성 도장

방청 도료	방부 도료	방화 도료
1. 징크로메이트 도료 2. 광명단 3. Boiled 유 4. 아연분말 도료 5. 방청페인트	1. 콜타르(흑색) 2. 크레오소트 오일 3. P.C.P용액(무색) 4. 아스팔트	1. 요소수지 2. 비닐수지 3. 염화파라핀

정답 | ④

28

시멘트 600포대를 저장할 수 있는 시멘트 창고의 최소 필요면적으로 옳은 것은? (단, 시멘트 600포대 전량을 저장할 수 있는 면적으로 산정함)

① 18.46m² ② 21.64m²
③ 23.25m² ④ 25.84m²

개념 | KEYWORD 07 공종별 적산
해설 |
$0.4 \times \dfrac{600}{13} ≒ 18.46 m^2$

관련이론
시멘트 창고 면적 $A = 0.4 \times \dfrac{N}{n}$

여기서, n: 쌓기단수(최대 13단)
　　　　N: 시멘트 포대수

※ 시멘트 포대수 N 산정

포대수	N
600포 미만	쌓기 포대수 전량
600포 이상~1,800포 이하	600포
1,800포대 초과	1/3만 적용

정답 | ①

29

시멘트, 모래, 잔자갈, 안료 등을 섞어 이긴 것을 바탕바름이 마르기 전에 뿌려 붙이거나 또는 바르는 것으로 일종의 인조석 바름으로 볼 수 있는 것은?

① 회반죽 ② 경석고 플라스터
③ 혼합석고 플라스터 ④ 러프코트

개념 | KEYWORD 28 미장공사
해설 |
러프코트(Rough coat)는 시멘트, 모래, 잔자갈, 안료 등을 반죽하여 바탕바름이 마르기 전에 뿌려 바르는 거친 벽 마무리로 일종의 인조석 바름이다.

정답 | ④

30
용접작업 시 용착금속 단면에 생기는 작은 은색의 점을 무엇이라 하는가?

① 피시아이(Fish eye)
② 블로홀(Blow hole)
③ 슬래그 함입(Slag inclusion)
④ 크레이터(Crater)

개념 | KEYWORD 17 접합
해설 |
피시아이(Fish eye)는 용접결함의 한 종류이다. 기공이나 불순물로 둘러싸인 반점 형태의 결함으로 물고기의 눈과 같아 Fish eye 또는 은점이라고 한다.

선지분석
② 블로홀(Blow hole): 용융금속 응고 시 방출가스가 남아 길쭉하게 된 구멍이다.
③ 슬래그 함입(Slag inclusion): 용접봉의 피복제 심선과 모재가 변하여 Slag가 용착금속 내에 혼입된 것이다.
④ 크레이터(Crater): 용접 시 비드 끝에 항아리 모양처럼 오목하게 파인 현상이다.

정답 | ①

31
달성가치(Earned value)를 기준으로 원가관리를 시행할 때, 실제 투입원가와 계획된 일정에 근거한 진행성과 차이를 의미하는 용어는?

① CV(Cost Variance)
② SV(Schedule Variance)
③ CPI(Cost Performance Index)
④ SPI(Schedule Performance Index)

개념 | KEYWORD 02 관계자와 관리기법
해설 |
CV(Cost Variance): 원가차이

관련이론
E.V.M(프로젝트 원가 통제)
1. 향후 성과(일정, 비용)를 예측하는 방법
2. E.V.M의 구성요소·분석요소
    ① CV(Cost Variance): 원가차이
    ② SV(Schedule Variance): 일정차이
    ③ CPI(Cost Performance Index): 원가 성과 지수
    ④ SPI(Schedule Performance Index): 일정 성과 지수

정답 | ①

32
시멘트 200포를 사용하여 배합비가 1 : 3 : 6의 콘크리트를 비벼 냈을 때의 전체 콘크리트량은? (단, 물-시멘트 비는 60%이고 시멘트 1포대는 40kg임)

① $25.25m^3$
② $36.36m^3$
③ $39.39m^3$
④ $44.44m^3$

개념 | KEYWORD 07 공종별 적산
해설 |
배합비가 1:3:6일 때 $1m^3$당 시멘트 220kg이 필요하므로 $1m^3$당 시멘트 포대 수

$$\frac{220kg/m^3}{40kg} = 5.5포대/m^3$$

시멘트 200포대를 사용하므로

$$\frac{200포대}{5.5포대/m^3} ≒ 36.36m^3$$

정답 | ②

33
타일공사에서 시공 후 타일접착력 시험에 관한 설명으로 옳지 않은 것은?

① 타일의 접착력 시험은 $600m^2$당 한 장씩 시험한다.
② 시험할 타일은 먼저 줄눈 부분을 콘크리트면까지 절단하여 주위의 타일과 분리시킨다.
③ 시험은 타일 시공 후 4주 이상일 때 행한다.
④ 시험결과의 판정은 타일 인장 부착강도가 10MPa 이상이어야 한다.

개념 | KEYWORD 20 석공사
해설 |
타일의 접착력 시험결과의 판정은 타일 인장 부착강도가 0.39MPa 이상이어야 한다.

정답 | ④

34

창면적이 클 때에는 스틸바(Steel bar)만으로는 부족하고, 또한 여닫을 때의 진동으로 유리가 파손될 우려가 있으므로 이것을 보강하고 외관을 꾸미기 위하여 강판을 중공형으로 접어 가로 또는 세로로 대는 것을 무엇이라 하는가?

① Mullion ② Ventilator
③ Gallery ④ Pivot

개념 | KEYWORD 26 커튼월공사
해설 |
멀리온(Mullion)에 대한 설명이다.

정답 | ①

35

벽돌조 건물에서 벽량이란 해당 층의 바닥면적에 대한 무엇의 비를 말하는가?

① 벽면적의 총합계 ② 내력벽 길이의 총합계
③ 높이 ④ 벽두께

개념 | KEYWORD 07 공종별 적산
해설 |
$$벽량 = \frac{내력벽 \ 길이의 \ 총합계}{해당층 \ 바닥면적}$$

정답 | ②

36

PMIS(프로젝트 관리 정보시스템)의 특징에 관한 설명으로 옳지 않은 것은?

① 합리적인 의사결정을 위한 프로젝트용 정보관리시스템이다.
② 협업관리체계를 지원하며 정보의 공유와 축적을 지원한다.
③ 공정진척도는 구체적으로 측정할 수 없으므로 별도 관리한다.
④ 조직 및 월간업무 현황 등을 등록하고 관리한다.

개념 | KEYWORD 02 관계자와 관리기법
해설 |
프로젝트 관리 정보시스템(PMIS; Project Management Information System)
1. 사업의 전 과정에서 건설관련주체간(발주자, CM, 감리자, 설계자, 시공업체 및 협력업체) 발생되는 각종 정보를 체계적, 종합적으로 관리하여 최고품질의 사업 목적물을 건설하도록 지원하는 전산시스템(웹 기반 프로젝트 관리)이다.
2. 주요기능은 자원관리, 공정관리, 문서관리, 공사관리, 환경관리, 품질관리, 전자결제, 설계관리, 안전관리 등이다.

정답 | ③

37

콘크리트 거푸집용 박리제 사용 시 주의사항으로 옳지 않은 것은?

① 거푸집 종류에 상응하는 박리제를 선택·사용한다.
② 박리제 도포 전에 거푸집면의 청소를 철저히 한다.
③ 거푸집 뿐만 아니라 철근에도 도포하도록 한다.
④ 콘크리트 색조에 영향이 없는지를 시험한다.

개념 | KEYWORD 15 거푸집공사
해설 |
콘크리트의 부착력 저하로 철근에는 도포하지 않는다.

관련이론
박리제(Form Oil)
콘크리트와 거푸집의 박리를 용이하게 하기 위한 것으로 중유, 석유, 동식물유, 파라핀, 합성수지 등을 사용한다.

정답 | ③

38

다음 중 도장공사를 위한 목부 바탕만들기 공정으로 옳지 않은 것은?

① 오염, 부착물의 제거
② 송진의 처리
③ 옹이땜
④ 바니시칠

개념 | KEYWORD 27 도장공사

해설 |
바니시는 안료를 첨가하지 않기 때문에 투명한 도료이며, 주로 도장 후 마무리 코팅하는 마감처리에 사용한다.

관련이론
바탕만들기 공정
1. 오염, 부착물의 제거
2. 송진의 처리
3. 연마지 닦기
4. 옹이땜
5. 구멍땜 및 눈메움

정답 | ④

39

건축용 목재의 일반적인 성질에 관한 설명으로 옳지 않은 것은?

① 섬유포화점 이하에서는 목재의 함수율이 증가함에 따라 강도는 감소한다.
② 기건상태의 목재의 함수율은 15% 정도이다.
③ 목재의 심재는 변재보다 건조에 의한 수축이 적다.
④ 섬유포화점 이상에서는 목재의 함수율이 증가함에 따라 강도는 증가한다.

개념 | KEYWORD 21 목공사

해설 |
섬유포화점(30%) 이상에서는 목재의 함수율이 증가하여도 강도는 일정하다.

관련이론
목재의 함수율
1. 상태별 함수율

절대 건조 상태	대기 건조 상태	섬유 포화점
0%	15%	30%

① 섬유포화점(30%) 이하에서는 목재의 함수율이 증가함에 따라 강도는 감소한다.
② 섬유포화점(30%) 이상에서는 목재의 함수율이 증가하여도 강도는 일정하다.

2. 용도별 함수율

구조용재	수장재	창호재
20%	15%	18%

정답 | ④

40

건축공사에서 V.E(Value Engineering)의 사고방식으로 옳지 않은 것은?

① 기능분석
② 제품위주의 사고
③ 비용절감
④ 조직적 노력

개념 | KEYWORD 02 관계자와 관리기법

해설 |
제품위주의 사고는 VE에 해당하지 않는다.

관련이론
V.E(Value Engineering)

1. $V.E = \dfrac{\text{기능(Function)}}{\text{비용(Cost)}}$

2. 기본원칙
   ① 사용자 우선의 원칙(사용자 중심)
   ② 기능본위 우선의 원칙(기능분석)
   ③ 창조에 의한 변경 우선의 원칙
   ④ Team Design 우선의 원칙(조직적 노력)
   ⑤ 가치향상 우선의 원칙(기능향상과 비용절감)

정답 | ②

건축구조

41

다음 그림과 같이 D16 철근이 90°표준갈고리로 정착되었다면 이 갈고리의 소요 정착길이(l_{hb})는 약 얼마인가?

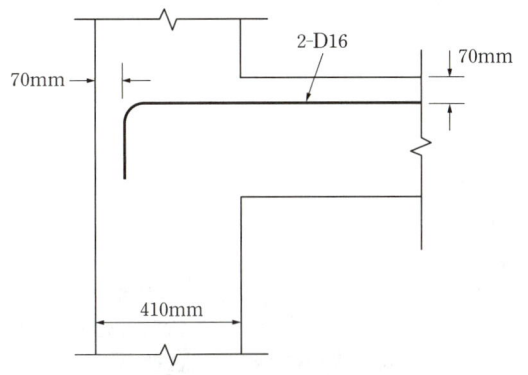

- $l_{hb} = \dfrac{0.24\beta d_b f_y}{\lambda\sqrt{f_{ck}}}$
- 도막계수: 1
- 경량콘크리트계수: 1
- D16의 공칭지름: 15.9mm
- f_{ck}: 21MPa
- f_y: 400MPa

① 233mm ② 243mm
③ 254mm ④ 263mm

개념 | KEYWORD 16 철근 정착과 이음

해설 |

소요 정착길이(l_{dh}) = 기본 정착길이(l_{hb}) × 보정계수

기본 정착길이(l_{hb}) = $\dfrac{0.24\beta d_b f_y}{\lambda\sqrt{f_{ck}}} = \dfrac{0.24 \times 1 \times 15.9 \times 400}{1 \times \sqrt{21}}$

D35 이하 90° 표준갈고리 시 피복두께가 50mm 이상인 경우 보정계수는 0.7

∴ $l_{dh} = \dfrac{0.24 \times 1 \times 15.9 \times 400}{1 \times \sqrt{21}} \times 0.7 ≒ 233\text{mm}$

정답 | ①

42

연약한 지반에서 기초의 부동침하를 감소시키기 위한 상부 구조에 대한 대책으로 옳지 않은 것은?

① 건물을 경량화 할 것
② 강성을 크게 할 것
③ 이웃 건물과의 거리를 멀게 할 것
④ 폭이 일정한 경우 건물의 길이를 길게 할 것

개념 | KEYWORD 02 지반 및 기초

해설 |

폭이 일정한 경우 건물의 길이를 짧게 해야 부동침하를 감소시킬 수 있다.

관련이론

부동침하 방지대책(상부 구조에 대한 대책)
1. 건물의 경량화 및 중량 분배
2. 건물의 길이를 짧게
3. 강성을 높게
4. 인접 건물과의 거리를 멀게

정답 | ④

43

그림과 같은 라멘 구조물의 판별은?

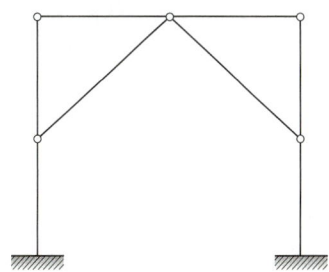

① 불안정 구조물
② 안정, 정정구조물
③ 안정, 1차 부정정구조물
④ 안정, 2차 부정정구조물

개념 | KEYWORD 08 구조물 판별

해설 |

실용적 판별

$N = r + m + f - 2j$ 공식 이용

여기서, r: 지점반력수, m: 부재수, f: 강절점수, j: 지점수+자유단 지점수

∴ $N = 6 + 8 + 0 - 2 \times 7 = 0$이므로 정정구조물이다.

다른 풀이

논리적 판별

N = 외적판별값 N_e + 내적판별값 N_i

$N_e = R(지점반력수) - 3$

$N_i = C_n(연결부재차수) - h(부재내힌지절점수)$

$N_e = (3+3) - 3 = 3$, $N_i = 2 - 5 = -3$

∴ $N = N_e + N_i = 3 + (-3) = 0$, 정정구조물

정답 | ②

44

그림과 같이 양단이 회전단인 부재의 좌굴축에 대한 세장비는?

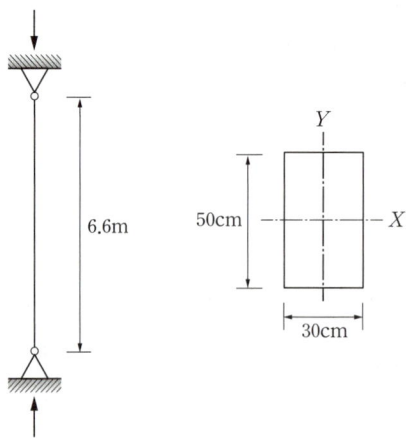

① 76.21
② 84.28
③ 94.64
④ 103.77

개념 | KEYWORD 07 기둥의 좌굴

해설 |

세장비 $\lambda = \dfrac{l_k(\text{좌굴길이})}{r(\text{단면2차반경})}$

좌굴길이 $l_k = k(\text{좌굴계수}) \times l$

양단회전이므로 $k=1$

좌굴길이 $l_k = 1 \times 660 = 660\text{cm}$

$r = \sqrt{\dfrac{I}{A}}$, $I = \dfrac{bh^3}{12} = \dfrac{50 \times 30^3}{12} = 112{,}500\text{cm}^4$

$r = \sqrt{\dfrac{I}{A}} = \sqrt{\dfrac{112{,}500}{50 \times 30}} \fallingdotseq 8.66\text{cm}$

$\lambda = \dfrac{l_k}{r} = \dfrac{660}{8.66} \fallingdotseq 76.21$

관련이론

유효좌굴길이계수

양단힌지	1단고정, 1단힌지	양단고정	1단고정, 1단자유
1	0.7	0.5	2

정답 | ①

45

강구조 용접에서 용접 개시점과 종료점에 용착금속에 결함이 없도록 임시로 부착하는 것은?

① 엔드탭(End tab)
② 오버랩(Overlap)
③ 뒷댐재(Backing strip)
④ 언더컷(Under cut)

개념 | KEYWORD 18 접합, 볼트, 용접

해설 |

엔드탭은 용접결함이 생기기 쉬운 용접의 시작이나 끝부분에 임시로 설치하는 보조 강판이다.

선지분석

② 오버랩(Overlap): 용융된 금속이 모재면에 덮혀진 상태
③ 뒷댐재(Backing strip): 맞대기 용접을 한 면으로만 실시하는 경우 충분한 용입을 확보하기 위해 루트 뒷면에 받치는 판
④ 언더컷(Under cut): 용접과정 중 생기는 표면결함으로 응력이 집중되면 균열로 발전할 수 있는 결함

정답 | ①

46

다음 각 구조시스템에 관한 정의로 옳지 않은 것은?

① 모멘트골조방식: 수직하중과 횡력을 보와 기둥으로 구성된 라멘골조가 저항하는 구조방식
② 연성모멘트골조방식: 횡력에 대한 저항능력을 증가시키기 위하여 부재와 접합부의 연성을 증가시킨 모멘트골조방식
③ 이중골조방식: 횡력의 25% 이상을 부담하는 전단벽이 연성모멘트골조와 조합되어 있는 구조방식
④ 건물골조방식: 수직하중은 입체골조가 저항하고 지진하중은 전단벽이나 가새골조가 저항하는 구조방식

개념 | KEYWORD 17 강구조 총론

해설 |
이중골조시스템에서 수평하중의 25% 이상을 부담하는 것은 전단벽이 아니라 연성 모멘트골조이다.

관련이론

이중골조형식(Dual structure)

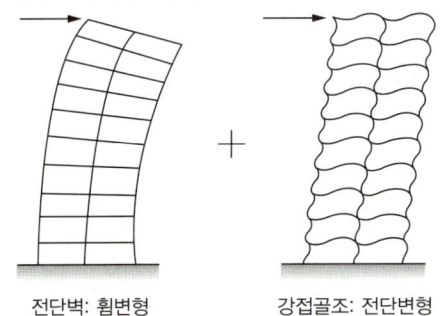

전단벽: 휨변형 　　　강접골조: 전단변형

1. 수평하중의 25% 이상을 부담하는 모멘트(연성)골조가 전단벽이나 가새골조와 조합되어 있는 골조방식이다.
2. 강접골조(전단변형)와 가새골조(휨변형)가 혼합되었을 경우 내진설계에 있어서 비탄성 거동으로서의 연성도가 매우 크기 때문에 반응수정계수를 크게 규정하고 있어 지진력에 효율적으로 저항하는 구조가 된다.

정답 | ③

47

그림과 같은 콘크리트 슬래브에서 합성보 A의 슬래브 유효폭 b_e를 구하면? (단, 그림의 단위는 mm임)

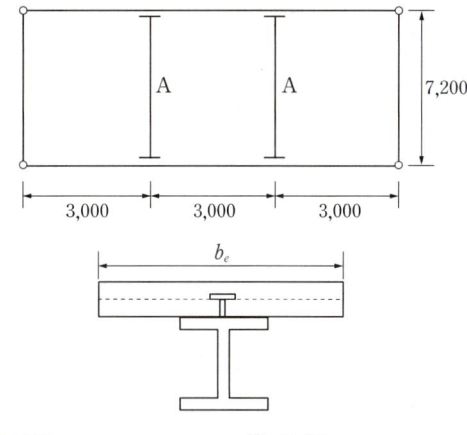

① 1,500mm　　　② 1,800mm
③ 2,000mm　　　④ 2,250mm

개념 | KEYWORD 13 보의 휨설계

해설 |
합성보의 유효폭 b_e: 슬래브 양측 중심간 거리와 보 경간의 1/4 거리 값 중 작은 값으로 결정한다.

1. 슬래브 양측 중심간 거리: $\frac{3,000}{2} + \frac{3,000}{2} = 3,000$mm

2. 보 경간의 1/4: $7,200 \div 4 = 1,800$mm

따라서 두 값 중 작은 값인 경간의 1/4의 값(1,800mm)으로 결정된다.

정답 | ②

48

그림과 같은 등변분포하중이 작용하는 단순보의 최대휨모멘트 M_{max}는?

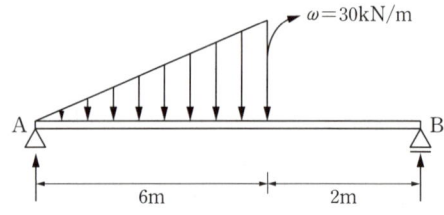

① $25\sqrt{3}$ kN·m
② $25\sqrt{2}$ kN·m
③ $90\sqrt{3}$ kN·m
④ $90\sqrt{2}$ kN·m

개념 | KEYWORD 09 구조물 해석

해설 |

등변분포하중을 집중하중 형태로 가정한다.
삼각형의 도심은 높이의 1/3에 위치하므로 점 A로부터 4m 지점에 삼각형의 면적만큼의 집중하중이 작용한다.
도심에 작용하는 집중하중의 크기는

$30 \text{kN/m} \times 6\text{m} \times \dfrac{1}{2} = 90\text{kN}$, 수평하중은 작용하지 않으므로 점 A, B에서의 수평반력은 0이다.

집중하중이 가해지는 지점이 점 A와 점 B의 정중앙이므로 점 A, B의 수직반력은 45kN이다.

점 A로부터 거리가 x인 지점을 살펴보면 삼각형의 닮음을 이용하여 등변분포하중의 크기는 $5x$가 된다.

$M_x = +45x - \left(\dfrac{1}{2}x \cdot 5x \cdot \dfrac{x}{3}\right) = 45x - \dfrac{5}{6}x^3$

$\dfrac{dM_x}{dx} = V = 45 - \dfrac{15}{6}x^2 = 0$이 되는 $x = \sqrt{18} = 3\sqrt{2}$이다. (전단력이 0인 지점에서 휨모멘트 값이 최대이다.)

$x = 3\sqrt{2}$일 때의 휨모멘트 값은

$M_x = 45 \times 3\sqrt{2} - \dfrac{5}{6} \times 54\sqrt{2} = 90\sqrt{2}$ kN·m

정답 | ④

49

보의 재질과 단면의 크기가 같을 때 (A)보의 최대처짐은 (B)보의 몇 배 인가?

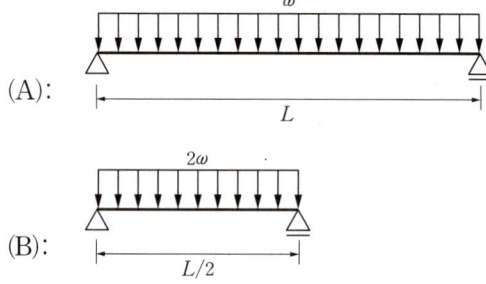

① 2배
② 4배
③ 8배
④ 16배

개념 | KEYWORD 10 보의 처짐

해설 |

단순보의 등분포하중 시 최대처짐 $\delta_{max} = \dfrac{5}{384} \cdot \dfrac{wL^4}{EI}$

(A)의 최대처짐이 $\dfrac{5}{384} \cdot \dfrac{wL^4}{EI}$이면

(B)의 최대처짐은 $\dfrac{5}{384} \cdot \dfrac{(2w)(L/2)^4}{EI} = \dfrac{5}{384} \cdot \dfrac{wL^4}{8EI}$이다.

따라서 (A)의 최대처짐은 (B)의 8배이다.

관련이론

단순보의 하중별 최대처짐

1. 중앙 집중하중 시, $\delta_{max} = \dfrac{PL^3}{48EI}$

2. 등분포하중 시, $\delta_{max} = \dfrac{5}{384} \cdot \dfrac{wL^4}{EI}$

정답 | ③

50

그림과 같은 원통단면의 핵반경은?

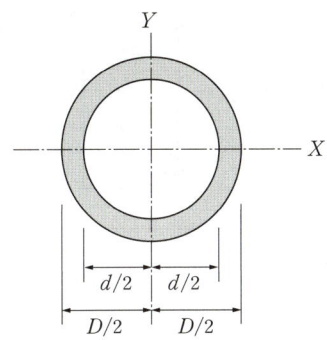

① $\dfrac{D+d}{6}$ ② $\dfrac{D}{8}$

③ $\dfrac{D+d}{8}$ ④ $\dfrac{D^2+d^2}{8D}$

개념 | KEYWORD 05 단면의 성질

해설 |

핵반경 $e = \dfrac{Z}{A}$, $Z = \dfrac{I}{y}$

여기서, Z: 단면계수, A: 단면적, I: 단면2차모멘트, y: 중심축으로부터의 거리

$Z = \dfrac{I}{y} = \dfrac{\dfrac{\pi}{64}(D^4-d^4)}{\dfrac{D}{2}}$, $A = \dfrac{\pi}{4}(D^2-d^2)$

핵반경 식에 대입하여 정리한다.

$\therefore e = \dfrac{Z}{A} = \dfrac{\dfrac{\pi(D^2-d^2)(D^2+d^2)}{32D}}{\dfrac{\pi(D^2-d^2)}{4}} = \dfrac{D^2+d^2}{8D}$

관련이론

각 도형의 단면2차모멘트

| 사각형 | $I=\dfrac{bh^3}{12}$ | 원형 | $I=\dfrac{\pi D^4}{64}$ | 삼각형 | $I=\dfrac{bh^3}{36}$ |

정답 | ④

51

다음 그림에서 파단선 A−B−F−C−D의 인장재 순단면적은? (단, 볼트구멍지름 d: 22mm, 인장재 두께는 6mm임)

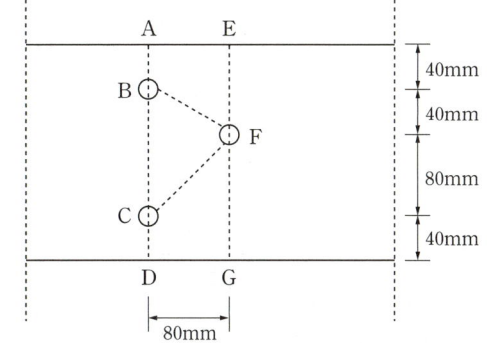

① 1,164mm² ② 1,364mm²
③ 1,564mm² ④ 1,764mm²

개념 | KEYWORD 19 인장재·압축재 설계

해설 |

순단면적 = 총 단면적 − 구멍면적 + 대각선 면적이다.

$A_n = A_g - ndt + \Sigma \dfrac{s^2}{4g}t$

여기서 A_n: 순단면적, A_g: 총단면적, n: 볼트 개수, d: 볼트구멍직경, t: 접합판의 두께, s: 인접 구멍 사이의 응력방향 중심간격, g: 게이지선들의 응력방향 중심간격

$A_n = 6 \times 200 - 3 \times 22 \times 6 + \left(\dfrac{80^2}{4 \times 40} \times 6\right) + \left(\dfrac{80^2}{4 \times 80} \times 6\right) = 1,164\text{mm}^2$

정답 | ①

52

그림과 같은 독립기초에 $N=480\text{kN}$, $M=96\text{kN}\cdot\text{m}$가 작용할 때 기초저면에 발생하는 최대 지반반력은?

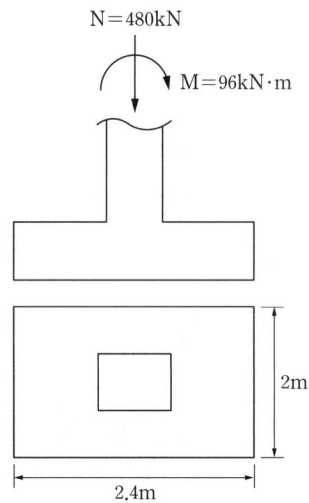

① 15kN/m^2
② 150kN/m^2
③ 20kN/m^2
④ 200kN/m^2

개념 | KEYWORD 02 지반 및 기초

해설 |

최대 지반반력은 편심축하중 N에 의한 응력과 모멘트 M에 의한 응력이 같은 방향으로 발생할 때 발생한다.

최대 지반반력 $q_{max}=-\dfrac{N}{A}-\dfrac{M}{Z}$

여기서, A: 단면적, Z: 단면계수 $\left(\text{사각형: }\dfrac{bh^2}{6}\right)$

$\therefore q_{max}=-\dfrac{N}{A}-\dfrac{M}{Z}=-\dfrac{480}{2\times 2.4}-\dfrac{96}{\dfrac{2\times 2.4^2}{6}}=-150\text{kN/m}^2$

정답 | ②

53

그림과 같은 트러스에서 a부재의 부재력은 얼마인가?

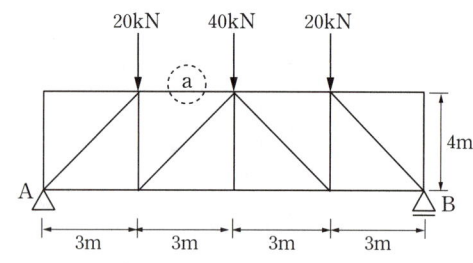

① 20kN (인장)
② 30kN (압축)
③ 40kN (인장)
④ 60kN (압축)

개념 | KEYWORD 09 구조물 해석

해설 |

트러스가 좌우대칭이고 점 A, B의 수직반력의 합이 80kN이 되어야 하므로 점 A, B에서의 수직반력은 각각 40kN이다.

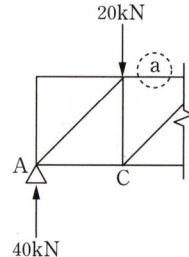

A점에서 우측으로 3m 떨어진 점을 C라고 하면,
$\Sigma M_C = 40\times 3 + a\times 4 = 0$
$a=-30$이므로 a부재의 부재력은 30kN의 압축력이다.

정답 | ②

54

그림과 같은 단면에 전단력 40kN이 작용할 때 A점에서 전단응력은?

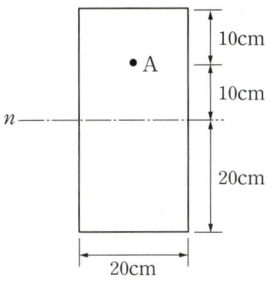

① 0.28MPa
② 0.56MPa
③ 0.84MPa
④ 1.12MPa

개념 | KEYWORD 05 단면의 성질

해설 |

전단응력 $\tau = \dfrac{V \cdot Q}{I \cdot b}$

여기서, V: 전단력, Q: 단면1차모멘트, I: 중립축에 대한 단면2차모멘트, b: 폭

보기의 단위에 따라 mm와 N단위로 변환해 준다.

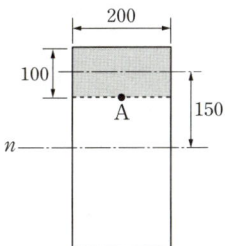

$V = 40 \times 10^3 \text{N}$
$Q = 200 \times 100 \times 150$
$I = \dfrac{200 \times 400^3}{12}$
$b = 200$

∴ A점에서 전단응력

$\tau = \dfrac{V \cdot Q}{I \cdot b} = \dfrac{(40 \times 10^3) \times (200 \times 100 \times 150)}{\left(\dfrac{200 \times 400^3}{12}\right) \times (200)} = 0.5625 \text{MPa}$

정답 | ②

55

그림과 같이 O점에 모멘트가 작용할 때 OB부재와 OC부재에 분배되는 모멘트가 같게 하려면 OC부재의 길이를 얼마로 해야 하는가?

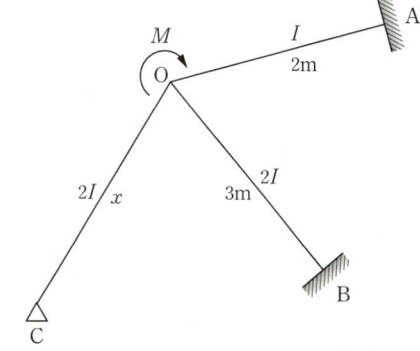

① $\dfrac{2}{3}$m
② $\dfrac{3}{2}$m
③ $\dfrac{9}{4}$m
④ 3m

개념 | KEYWORD 06 반력, 전단력, 휨모멘트

해설 |

분배되는 모멘트가 같으려면 강도계수가 같아야 한다. OB, OC부재의 강도계수가 같다는 것을 이용해 OC부재의 길이를 구한다.

강도계수 $K = \dfrac{I}{L}$이다.

여기서 I: 단면2차모멘트, L: 부재의 길이

고정단일 경우에는 위의 강도계수 식에 1을 곱해 사용하지만, 고정단이 아닌 힌지일 경우에는 위의 식에 $\dfrac{3}{4}$을 곱해서 사용한다.

$K_{OB} = \dfrac{2I}{3\text{m}}$, $K_{OC} = \dfrac{2I}{x} \times \dfrac{3}{4}$

$K_{OB} = K_{OC}$이므로,

$\dfrac{2I}{3\text{m}} = \dfrac{6I}{4x}$에서 $4x = 9\text{m}$

∴ $x = \dfrac{9}{4}$m

정답 | ③

56
다음 그림과 같은 필릿용접부의 유효면적은?

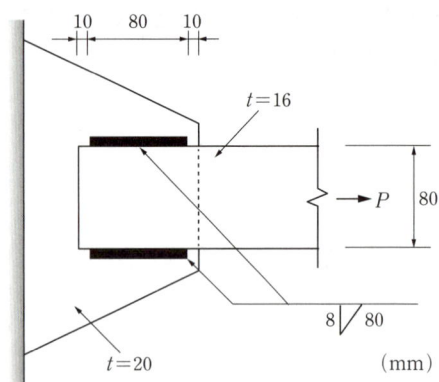

① 614.4mm²
② 691.2mm²
③ 716.8mm²
④ 806.4mm²

개념 | KEYWORD 18 접합, 볼트, 용접
해설 |
필릿용접부의 유효면적 $A_w = a \times L_e$ (양면용접은 ×2)
여기서 a: 유효목두께, L_e: 용접의 유효길이
$a = 0.7S$ (S는 모살치수)
$\quad = 0.7 \times 8 = 5.6$mm
$L_e = L - 2S$ (L은 용접길이)
$\quad = 80 - 2 \times 8 = 64$mm
$\therefore A_w = a \times L_e \times 2 = 5.6 \times 64 \times 2 = 716.8$mm²

정답 | ③

57
강도설계법에서 철근콘크리트 부재 중 콘크리트의 공칭전단강도(V_c)가 40kN, 전단철근에 의한 공칭전단강도(V_s)가 20kN일 때, 이 부재의 설계전단강도(ϕV_n)는? (단, 강도감소계수는 0.75 적용)

① 60kN
② 48kN
③ 52kN
④ 45kN

개념 | KEYWORD 14 전단 및 비틀림
해설 |
설계전단강도 $\phi V_n = \phi(V_c + V_s)$이다.
$\phi V_n = 0.75 \times (40 + 20) = 45$kN

정답 | ④

58
지진계에 기록된 진폭을 진원의 깊이와 진앙까지의 거리 등을 고려하여 지수로 나타낸 것으로 장소에 관계없는 절대적 개념의 지진크기를 말하는 것은?

① 규모
② 진도
③ 진원시
④ 지진동

개념 | KEYWORD 03 내진·내풍·사용성 설계
해설 |
규모란 지진 자체의 크기를 나타내는 척도 중 하나로 절대적 개념이다.

선지분석
② 진도는 사람이 감지하는 지표면 흔들림을 나타내는 상대적 개념의 지표이다.
③ 진원시는 지진파가 처음 발생한 시각을 말한다.
④ 지진동은 지진파가 지표에 도달하여 관측되는 표면층의 진동을 말한다.

정답 | ①

59
철근콘크리트 단순보에서 순간탄성처짐이 0.9mm이었다면 1년 뒤 이 부재의 총처짐량을 구하면? (단, 시간경과계수 $\xi = 1.4$, 압축철근비 $\rho' = 0.01071$)

① 1.52mm
② 1.72mm
③ 1.92mm
④ 2.12mm

개념 | KEYWORD 12 사용성 및 내구성
해설 |
총처짐량 = 탄성처짐 + 장기처짐
$\quad$ = 탄성처짐 + 탄성처짐 × $\dfrac{\xi}{1 + 50 \times \rho'}$
여기서, ξ: 시간경과계수, ρ': 압축철근비
$\therefore$ 총처짐량 = $0.9 + 0.9 \times \dfrac{1.4}{1 + 50 \times 0.01071} ≒ 1.72$mm

정답 | ②

60
철근콘크리트 압축부재의 철근량 제한 조건에 따라 사각형이나 원형 띠철근으로 둘러싸인 경우 압축부재의 축방향 주철근의 최소 개수는 얼마인가?

① 2개 ② 3개
③ 4개 ④ 6개

개념 | KEYWORD 15 슬래브, 기둥, 벽체, 기타

해설 |
사각형 또는 원형 띠철근 기둥의 경우 축방향 주철근의 최소 개수는 4개이다.

관련이론

축방향 주철근의 최소 개수

구분	최소 개수
사각형 또는 원형 띠철근 기둥	4개
삼각형 띠철근 기둥	3개
나선철근 기둥	6개

정답 | ③

건축설비

61
다음과 같은 조건에서 2,000명을 수용하는 극장의 실온을 20℃로 유지하기 위한 필요 환기량은?

- 외기온도: 10℃
- 1인당 발열량(현열): 60W
- 공기의 정압비열: 1.01kJ/kg·K
- 공기의 밀도: 1.2kg/m³
- 전등 및 기타 부하는 무시한다.

① 11,110m³/h ② 21,222m³/h
③ 30,444m³/h ④ 35,644m³/h

개념 | KEYWORD 10 환기설비

해설 |
$G = \dfrac{3{,}600Q}{\rho \cdot C \cdot \Delta t} = \dfrac{3{,}600 \times 2{,}000명 \times 0.06\text{kW}}{1.2 \times 1.01 \times (20-10)} ≒ 35{,}643.6\text{m}^3/\text{h}$

여기서, G: 환기량, Q: 현열부하, ρ: 공기의 밀도, C: 공기의 정압비열, Δt: 온도차

정답 | ④

62
광원으로부터 일정거리 떨어진 소조면의 조도에 관한 설명으로 옳지 않은 것은?

① 광원의 광도에 비례한다.
② $\cos\theta$(입사각)에 비례한다.
③ 거리의 제곱에 반비례한다.
④ 측정점의 반사율에 반비례한다.

개념 | KEYWORD 16 조명설비

해설 |
조도의 코사인법칙
$E = \dfrac{I}{d^2} \cdot \cos\theta$

여기서, E: 조도, I: 광도, d: 거리, $\cos\theta$: 법선과 이루는 광속의 방향각
∴ 조도는 광도와 $\cos\theta$(입사각)에 비례하고 거리의 제곱에 반비례한다.

정답 | ④

63
화재안전기준에 따라 소화기구를 설치하여야 하는 측정소방대상물의 연면적 기준은?

① 10m² 이상 ② 25m² 이상
③ 33m² 이상 ④ 50m² 이상

개념 | KEYWORD 06 소화설비

해설 |
소화기구를 설치하여야 하는 특정소방대상물의 연면적 기준은 33m² 이상이다.

관련이론

소화기구를 설치하여야 하는 특정소방대상물
1. 연면적 33m² 이상인 것
2. 위에 해당하지 않는 시설로서, 가스시설, 발전시설 중 전기저장시설 및 국가유산
3. 터널
4. 지하구

정답 | ③

64

다음과 같은 공식을 통해 산출되는 값으로 전기 설비가 어느 정도 유효하게 사용되는가를 나타내는 것은?

$$\frac{\text{부하의 평균전력}}{\text{최대 수용전력}} \times 100[\%]$$

① 부하율 ② 보상률
③ 부등률 ④ 수용률

개념 | KEYWORD 14 강전설비

해설 |
부하율은 전기설비가 어느 정도 유효하게 사용되고 있는가를 나타내는 척도이고, 어떤 기간 중에 최대 수요전력과 그 기간 중에 평균전력과의 비율을 백분율로 표시한 것이다.

$$\text{부하율} = \frac{\text{부하의 평균전력}}{\text{최대 수용전력}} \times 100\%$$

정답 | ①

65

음의 세기가 10^{-9}W/m^2일 때 음의 세기 레벨은? (단, 기준음의 세기 $I_0 = 10^{-12} \text{W/m}^2$임)

① 3dB ② 30dB
③ 0.3dB ④ 0.03dB

개념 | KEYWORD 21 음 환경

해설 |
음의 세기 레벨(SIL; Sound Intensy Level)

$$SIL = 10\log\frac{I}{I_0} = 10\log\frac{10^{-9}}{10^{-12}} = 10\log 10^3 = 30\text{dB}$$

여기서, I: 대상음의 세기, I_0: 기준음의 세기

정답 | ②

66

급탕설비 중 개별식 급탕방식에 관한 설명으로 옳지 않은 것은?

① 배관 길이가 길어 배관 중의 열손실이 크다.
② 건물 완공 후에도 급탕 개소의 증설이 비교적 쉽다.
③ 급탕 개소마다 가열기의 설치 스페이스가 필요하다.
④ 용도에 따라 필요한 개소에서 필요한 온도의 탕을 비교적 간단하게 얻을 수 있다.

개념 | KEYWORD 02 급탕설비

해설 |
개별식 급탕방식은 배관 길이가 짧아 (15m 이하) 배관 중의 열손실이 작다.

관련이론

개별식 급탕방식

1. 필요한 곳에 탕비기를 설치하여 온수가 요구되는 장소에 이를 공급하는 방법으로 소규모 급탕설비에 적합하다.
2. 장단점

장점	단점
• 배관 길이가 짧기 때문에 배관 중의 열 손실이 적음 • 급탕 개소가 작은 경우 설비비가 저렴 • 급탕 개소의 증설이 비교적 쉬움 • 소규모 건축물에 적합하고 난방 겸용의 온수보일러를 이용가능	• 급탕 개소마다 가열기의 설치공간이 필요 • 급탕 개소가 많으면 설비비가 비싸고 비효율적 • 소형 온수 보일러는 수압의 변동이 생겨 사용이 불편 • 급탕 개소마다 탕비기를 설치하므로 미관상 좋지 않음

정답 | ①

67

플러시 밸브식 대변기에 관한 설명으로 옳은 것은?

① 대변기의 연속사용이 가능하다.
② 급수관경과 급수압력에 제한이 없다.
③ 우리나라에서는 일반 주택을 중심으로 널리 채용되고 있다.
④ 탱크에 저장된 물의 낙차에 의한 수압으로 대변기를 세척하는 방식이다.

개념 | KEYWORD 01 급수설비

해설 |
플러시 밸브는 대변기의 연속사용이 가능하다.

선지분석
② 급수 관경은 25A 이상, 급수압력은 최소 0.07MPa 이상으로 제한이 있다.
③ 학교, 사무실, 호텔 등에 채용되고 있다.
④ 급수관에서 세정밸브를 거쳐 변기 급수구에 직결되고, 세정밸브의 핸들을 작동함으로써 일정량의 물이 분사되어 세정하는 방식이다.

정답 | ①

68
공기조화방식 중 2중덕트방식에 관한 설명으로 옳지 않은 것은?

① 전공기방식에 속한다.
② 냉·온풍의 혼합으로 인한 혼합손실이 있어 에너지 소비량이 많다.
③ 단일덕트방식에 비해 덕트 샤프트 및 덕트 스페이스를 크게 차지한다.
④ 부하특성이 다른 여러 개의 실이나 존이 있는 건물에는 적용할 수 없다.

개념 | KEYWORD 09 공기조화 방식과 기기

해설 |
2중덕트방식은 부하특성이 다른 여러 개의 실이나 존이 있는 건물에 적용할 수 있다.

관련이론
중앙의 공조기에서 냉풍과 온풍을 동시에 제조하여 각 실 또는 각 존에 공급하고, 각 실, 각 존 마다의 부하에 따라 혼합유닛에서 냉풍과 온풍을 적절히 혼합하여 송풍온도를 조절하는 방식이다.

정답 | ④

69
다음과 같은 특징을 갖는 간선 배선 방식은?

- 사고 발생 때 타부하에 파급효과를 최소한으로 억제할 수 있어 다른 부하에 영향을 미치지 않는다.
- 경제적이지 못하다.

① 평행식
② 나뭇가지식
③ 네트워크식
④ 나뭇가지 평행 병용식

개념 | KEYWORD 14 강전설비

해설 |
평행식(개별식)은 각 분전반 마다 배전반으로부터 단독으로 배선되어 있으므로 전압강하가 적고, 사고가 발생하여도 그 범위를 좁힐 수 있는 것이 특징이다. 배선비가 많아지므로 설비비는 많이 드는 편이다.

정답 | ①

70
압축식 냉동기의 냉동사이클로 옳은 것은?

① 압축 → 응축 → 팽창 → 증발
② 압축 → 팽창 → 응축 → 증발
③ 응축 → 증발 → 팽창 → 압축
④ 팽창 → 증발 → 응축 → 압축

개념 | KEYWORD 12 냉동 및 기타 열원설비

해설 |
냉동사이클 순서

종류	냉동사이클
압축식	압축 → 응축 → 팽창 → 증발
흡수식	증발 → 흡수 → 재생 → 응축

정답 | ①

71
온수난방과 비교한 증기난방의 설명으로 옳은 것은?

① 예열시간이 길다.
② 한랭지에서 동결의 우려가 있다.
③ 부하변동에 따른 방열량 제어가 용이하다.
④ 열매온도가 높으므로 방열기의 방열면적이 작아진다.

개념 | KEYWORD 11 난방설비

해설 |
증기난방은 온수난방에 비해 방열면적이 작다.

선지분석
① 증기난방은 예열시간이 짧다.
② 증기난방은 한랭지에서 동결의 우려가 없다.
③ 증기난방은 부하변동에 따른 방열량 제어가 어렵다.

정답 | ④

72

바닥면적이 50m²인 사무실이 있다. 32W 형광등 20개를 균등하게 배치할 때 사무실의 평균 조도는? (단, 형광등 1개의 광속은 3,300lm, 조명률은 0.5, 보수율은 0.76임)

① 약 350lx
② 약 400lx
③ 약 450lx
④ 약 500lx

개념 | KEYWORD 16 조명설비

해설 |

$$조도\ E = \frac{N \cdot F \cdot U \cdot M}{A}$$

$$= \frac{20개 \times 3,300\text{lm} \times 0.5 \times 0.76}{50\text{m}^2} = 501.6\text{lx}$$

여기서, N: 조명 수, F: 광속, U: 조명률, M: 보수율, A: 면적

정답 | ④

73

배수트랩에서 봉수깊이에 관한 설명으로 옳지 않은 것은?

① 봉수깊이는 50~100mm로 하는 것이 보통이다.
② 봉수깊이가 너무 낮으면 봉수를 손실하기 쉽다.
③ 봉수깊이를 너무 깊게 하면 통수능력이 감소된다.
④ 봉수깊이를 너무 깊게 하면 유수의 저항이 감소된다.

개념 | KEYWORD 03 배수 및 통기설비

해설 |
봉수깊이를 너무 깊게 하면 유수의 저항이 증가된다.

정답 | ④

74

카(Car)가 최상층이나 최하층에서 정상 운행 위치를 벗어나 그 이상으로 운행하는 것을 방지하는 엘리베이터 안전장치는?

① 완충기
② 가이드 레일
③ 리미트 스위치
④ 카운터 웨이트

개념 | KEYWORD 17 엘리베이터설비

해설 |
엘리베이터의 안전장치 중에서 카가 최상층이나 최하층에서 정상 운행 위치를 벗어나 그 이상으로 운행하는 것을 방지하는 것은 리미트 스위치이다.

정답 | ③

75

전기설비에서 경질비닐관공사에 관한 설명으로 옳은 것은?

① 절연성과 내식성이 강하다.
② 자성체이며 금속관보다 시공이 어렵다.
③ 온도 변화에 따라 기계적 강도가 변하지 않는다.
④ 부식성 가스가 발생하는 곳에는 사용할 수 없다.

개념 | KEYWORD 14 강전설비

해설 |
경질비닐관공사는 절연성과 내식성이 강하다.

선지분석
② 절연체이며 금속관보다 시공이 쉽다.
③ 온도 변화에 따라 기계적 강도가 변한다.
④ 부식성 가스가 발생하는 곳에는 사용할 수 있다.

관련이론
경질비닐관공사(합성수지관공사)의 특징
1. 누전의 우려가 없다.
2. 내식성이 강하다.
3. 접지가 불필요하다.
4. 기계적 강도가 약하다.
5. 파열될 염려가 있다.
6. 열에 약하다.
7. 중량이 가볍고 시공이 용이하다.

정답 | ①

76
변전실에 관한 설명으로 옳지 않은 것은?

① 부하의 중심에 설치한다.
② 외부로부터 전력의 수전이 용이해야 한다.
③ 발전기실과 가능한 한 거리를 두고 설치한다.
④ 간선의 배선과 점검·유지보수가 용이한 장소에 설치한다.

개념 | KEYWORD 14 강전설비
해설 |
변전실은 발전기실과 가능한 한 가까운 곳이 좋다.

정답 | ③

77
환기에 관한 설명으로 옳지 않은 것은?

① 화장실은 송풍기(급기팬)와 배풍기(배기팬)를 설치하는 것이 일반적이다.
② 기밀성이 높은 주택의 경우 잦은 기계환기를 통해 실내 공기의 오염을 낮추는 것이 바람직하다.
③ 병원의 수술실은 오염공기가 실내로 들어오는 것을 방지하기 위해 실내압력을 주변공간보다 높게 설정한다.
④ 공기의 오염농도가 높은 도로에 면해 있는 건물의 경우, 공기조화설비 계통의 외기도입구를 가급적 높은 위치에 설치한다.

개념 | KEYWORD 10 환기설비
해설 |
화장실은 자연 급기와 배풍기(배기팬)로 환기한다.

관련이론
환기방식의 비교

구분	급기구	배기구	사용장소
제1종 환기	송풍기	배풍기	수술실
제2종 환기	송풍기	자연 배기	반도체 공장, 무균실
제3종 환기	자연 급기	배풍기	주방, 화장실 등

정답 | ①

78
액화천연가스(LNG)에 관한 설명으로 옳지 않은 것은?

① 메탄이 주성분이다.
② 무공해, 무독성이다.
③ 비중이 공기보다 크다.
④ 일반적으로 배관을 통해 공급한다.

개념 | KEYWORD 07 가스설비
해설 |
액화천연가스(LNG)는 비중이 공기보다 가볍기 때문에 천장에서 30cm 아래에 감지기를 설치한다.

관련이론
액화천연가스(LNG; Liquefied Natural Gas)

1. 주성분: 메탄(CH_4)
2. 공기보다 가볍기 때문에 누설되어도 공기 중에 흡수되어 안전성이 높다.
3. 가스경보기는 천장에서 30cm 아래에 설치한다.
4. 발열량이 크고, 무공해이다.
5. 공급방법: 배관을 통하여 공급하기 때문에 대규모 저장시설이 필요하다.

정답 | ③

79
다음 중 지역난방에 적용하기에 가장 적합한 보일러는?

① 수관보일러
② 관류보일러
③ 입형보일러
④ 주철제보일러

개념 | KEYWORD 11 난방설비
해설 |
지역난방에 적용하기에 가장 적합한 보일러는 수관보일러이다.

관련이론
지역난방

도시 혹은 일정 지역 내에 대규모 고효율의 열원 플랜트를 설치하여 생산된 열매(증기 또는 온수)를 지역 내의 각 주택, 상가, 사무실, 병원 등 수용가에 공급함으로써 효율적인 에너지 사용을 도모하는 난방방식을 말한다.

정답 | ①

80
다음 중 급탕설비에서 온수 순환 펌프로 주로 이용되는 것은?

① 사류 펌프　② 원심식 펌프
③ 왕복식 펌프　④ 회전식 펌프

개념 | KEYWORD 02 급탕설비
해설 |
급탕설비의 온수순환펌프로 주로 사용되는 것은 원심식 펌프이다.

정답 | ②

건축관계법규

81
건축물의 관람실 또는 집회실로부터 바깥쪽으로의 출구로 쓰이는 문을 안여닫이로 해서는 안 되는 건축물은?

① 위락시설
② 수련시설
③ 문화 및 집회시설 중 전시장
④ 문화 및 집회시설 중 동·식물원

개념 | KEYWORD 10 피난규정
해설 |
위락시설의 관람실 또는 집회실로부터 바깥쪽으로의 출구로 쓰이는 문은 안여닫이로 해서는 안 된다.

관련이론
관람실 또는 집회실 출구의 방향

구 분	기 준
• 제2종 근린생활시설 중 공연장·종교집회장(해당 용도로 쓰는 바닥면적의 합계가 각각 $300m^2$ 이상인 경우만 해당) • 문화 및 집회시설(전시장 및 동·식물원은 제외) • 종교시설, 위락시설, 장례시설	해당 건축물의 관람실 또는 집회실로부터 바깥쪽으로의 출구로 쓰이는 문은 안여닫이로 해서는 안 된다.

정답 | ①

82
다음은 대지의 조경에 관한 기준 내용이다. ( ) 안에 알맞은 것은?

> 면적이 ( ) 이상인 대지에 건축을 하는 건축주는 용도 지역 및 건축물의 규모에 따라 해당 지방자치단체의 조례로 정하는 기준에 따라 대지에 조경이나 그 밖에 필요한 조치를 하여야 한다.

① $100m^2$　② $200m^2$
③ $300m^2$　④ $500m^2$

개념 | KEYWORD 06 조경·공개공지
해설 |
대지 조경대상

구분	기준
조경 의무자	건축주
조경 대상	대지면적 $200m^2$ 이상에 건축을 하는 경우

정답 | ②

83
노외주차장에 설치하는 부대시설의 총 면적은 주차장 총 시설면적의 최대 얼마를 초과 하여서는 아니 되는가?

① 5%　② 10%
③ 20%　④ 30%

개념 | KEYWORD 16 노상·노외주차장
해설 |
노외주차장에 설치할 수 있는 부대시설의 총 면적(전기자동차 충전시설을 제외한)은 주차장 총 시설면적(주차장으로 사용되는 면적과 주차장 외의 용도로 사용되는 면적을 합한 면적)의 20%를 초과해서는 안 된다.

관련이론
노외주차장에 설치할 수 있는 부대시설
1. 관리사무소, 휴게소, 공중화장실
2. 간이매점, 자동차 장식품 판매점 및 전기장동차 충전시설, 태양광발전시설, 집배송시설
3. 주유소
4. 노외주차장의 관리·운영상 필요한 편의시설
5. 시·군 또는 구의 조례가 정하는 이용자 편의시설

정답 | ③

84

노외주차장에 설치하여야 하는 차로의 최소 너비가 가장 작은 주차형식은? (단, 출입구가 2개 이상이며, 이륜자동차 전용 외의 노외주차장의 경우임)

① 평행주차
② 교차주차
③ 직각주차
④ 45도 대향주차

개념 | KEYWORD 16 노상·노외주차장

해설 |
평행주차: 3.3m

관련이론
이륜자동차전용 외의 노외주차장 차로 너비

주차형식	차로의 너비	
	출입구가 2개 이상인 경우	출입구가 1개인 경우
평행주차	3.3m	5.0m
직각주차	6.0m	6.0m
60° 대향주차	4.5m	5.5m
45° 대향주차	3.5m	5.0m
교차주차	3.5m	5.0m

정답 | ①

85

국토교통부령으로 정하는 바에 따라 방화구조로 하거나 불연재료로 하여야 하는 목조 건축물의 최소 연면적 기준은?

① 500m² 이상
② 1,000m² 이상
③ 1,500m² 이상
④ 2,000m² 이상

개념 | KEYWORD 11 방화규정

해설 |
연면적 1,000m² 이상인 목조 건축물은 그 외벽 및 처마 밑의 연소할 우려가 있는 부분을 방화구조로 하되, 그 지붕은 불연재료로 하여야 한다.

정답 | ②

86

거실의 반자설치와 관련된 기준 내용 중 ( ) 안에 들어갈 수 있는 건축물의 용도는?

( )의 용도에 쓰이는 건축물의 관람실 또는 집회실로서 그 바닥면적이 200m² 이상인 것의 반자의 높이는 4m(노대의 아랫부분의 높이는 2.7m) 이상이어야 한다. 다만, 기계환기장치를 설치하는 경우에는 그렇지 않다.

① 장례식장
② 교육 및 연구시설
③ 문화 및 집회시설 중 동물원
④ 문화 및 집회시설 중 전시장

개념 | KEYWORD 09 구조규정

해설 |
거실의 반자높이: 원칙(2.1m 이상)

건축물의 용도	반자높이	비고
① 문화 및 집회시설(전시장 및 동·식물원 제외) ② 종교시설 ③ 장례식장 ④ 위락시설 중 유흥주점	관람실 또는 집회실로서 그 바닥면적이 200m² 이상	4.0m 이상 (노대 아랫부분은 2.7m 이상)	기계환기장치를 설치하는 경우에는 예외

정답 | ①

87

건축물의 건축 시 허가 대상 건축물이라 하더라도 미리 특별자치시장·특별자치도지사 또는 시장·군수·구청장에게 국토교통부령으로 정하는 바에 따라 신고를 하면 건축허가를 받은 것으로 보는 소규모 건축물의 연면적 기준은?

① 연면적의 합계가 100m² 이하인 건축물
② 연면적의 합계가 150m² 이하인 건축물
③ 연면적의 합계가 200m² 이하인 건축물
④ 연면적의 합계가 300m² 이하인 건축물

개념 | KEYWORD 02 건축허가와 신고

해설 |
신고를 하면 건축허가를 받은 것으로 보는 소규모 건축물
1. 연면적 합계 100m² 이하
2. 건축물 높이 3m 이하 범위 안에서 증축
3. 표준설계도서에 따라 건축하는 건축물로서 용도 및 규모가 주위환경이나 미관에 지장이 없다고 인정하여 건축조례로 정하는 건축물

정답 | ①

88

광역도시계획의 수립권자 기준에 대한 내용으로 틀린 것은?

① 광역계획권이 같은 도의 관할 구역에 속하여 있는 경우, 관할 시장 또는 군수가 공동으로 수립한다.
② 국가계획과 관련된 광역도시계획의 수립이 필요한 경우 국토교통부장관이 수립한다.
③ 광역계획권을 지정한 날부터 2년이 지날 때까지 관할 시장 또는 군수로부터 광역도시계획의 승인 신청이 없는 경우 국토교통부장관이 수립한다.
④ 광역계획권이 둘 이상의 시·도의 관할 구역에 걸쳐 있는 경우, 관할 시·도지사가 공동으로 수립한다.

개념 | KEYWORD 20 광역도시계획과 도시군기본계획
해설 |
광역계획권을 지정한 날부터 3년이 지날 때까지 관할 시장 또는 군수로부터 광역도시계획의 승인 신청이 없는 경우 관할 도지사가 수립한다.

정답 | ③

89

지구단위계획 중 관계 행정기관의 장과의 협의, 국토교통부장관과의 협의 및 중앙도시계획위원회·지방도시계획위원회 또는 공동위원회의 심의를 거치지 않고 변경할 수 있는 사항에 관한 기준 내용으로 옳은 것은?

① 건축선의 2m 이내의 변경인 경우
② 획지면적의 30% 이내의 변경인 경우
③ 가구면적의 20% 이내의 변경인 경우
④ 건축물 높이의 30% 이내의 변경인 경우

개념 | KEYWORD 21 도시군관리계획과 지구단위계획
해설 |
획지면적의 30% 이내의 변경인 경우에는 협의 및 심의를 거치지 않고 지구단위계획을 변경할 수 있다.

선지분석
① 건축선의 1m 이내의 변경인 경우
③ 가구면적의 10% 이내의 변경인 경우
④ 건축물 높이의 20% 이내의 변경인 경우

정답 | ②

90

공동주택과 오피스텔 난방설비를 개별난방방식으로 하는 경우에 관한 기준 내용으로 틀린 것은?

① 보일러의 연도는 내화구조로서 공동연도로 설치할 것
② 보일러실의 윗부분에는 그 면적이 0.5m² 이상인 환기창을 설치할 것
③ 오피스텔의 경우에는 난방구획을 방화구획으로 구획할 것
④ 보일러는 거실 외의 곳에 설치하되, 보일러를 설치하는 곳과 거실 사이의 경계벽은 출입구를 제외하고는 방화구조의 벽으로 구획할 것

개념 | KEYWORD 12 건축설비기준과 관계전문기술자
해설 |
보일러실과 거실 사이의 경계벽은 내화구조의 벽으로 구획할 것 (출입구는 제외)

관련이론
개별난방설비(공동주택과 오피스텔)

구 분	설치기준
보일러의 설치 위치	• 거실 외의 곳에 설치 • 보일러실과 거실 사이의 경계벽은 내화구조의 벽으로 구획(출입구는 제외)
보일러실의 환기	• 윗부분에 면적 0.5m² 이상의 환기창 설치 • 윗부분과 아랫부분에는 각각 지름 10cm 이상의 공기 흡입구 및 배기구를 항상 개방된 상태로 외기와 접하도록 설치(※ 전기보일러의 경우는 제외)

정답 | ④

91

대형건축물의 건축허가 사전승인신청 시 제출 도서의 종류 중 설계설명서에 표시하여야 할 사항이 아닌 것은?

① 공사금액
② 개략공정계획
③ 교통처리계획
④ 각부 구조계획

개념 | KEYWORD 02 건축허가와 신고

해설 |
각부 구조계획은 구조계획서에 표시하여야 할 사항이다.

관련이론
대형건축물의 건축허가 사전승인신청 및 건축물 안전영향평가 의뢰 시 설계설명서에 표시하여야 할 사항
1. 공사개요: 위치·대지면적·공사기간·공사금액 등
2. 사전조사사항: 지반고·기후·동결심도·수용인원·상하수와 주변지역을 포함한 지질 및 지형, 인구, 교통, 지역, 지구, 토지이용현황, 시설물현황 등
3. 건축계획: 배치·평면·입면계획·동선계획·개략조경계획·주차계획 및 교통처리계획 등
4. 시공방법
5. 개략공정계획
6. 주요설비계획
7. 주요자재 사용계획
8. 기타 필요한 사항

정답 | ④

92

주거에 쓰이는 바닥면적의 합계가 200m²인 주거용 건축물에 설치하는 음용수용(먹는물용) 급수관의 최소 지름 기준은?

① 25mm   ② 32mm
③ 40mm   ④ 50mm

개념 | KEYWORD 12 건축설비기준과 관계전문기술자

해설 |
바닥면적 200m²의 경우 5가구로 산정하여 급수관 최소 지름 기준은 25mm이다.

관련이론
주거용 건축물 급수관의 지름

가구 또는 세대수	1	2~3	4~5	6~8	9~16	17 이상
급수관 지름의 최소 기준(mm)	15	20	25	32	40	50

가구 및 세대 구분이 불분명한 경우 산정 기준

바닥면적	가구수
85m² 이하	1
85m² 초과 150m² 이하	3
150m² 초과 300m² 이하	5
300m² 초과 500m² 이하	16
500m² 초과	17

정답 | ①

93

건축법령상 건축물의 대지에 공개공지 또는 공개공간을 확보하여야 하는 대상 건축물에 해당하지 않는 것은? (단, 해당 용도로 쓰는 바닥면적의 합계가 5,000m²인 건축물의 경우로, 건축조례로 정하는 다중이 이용하는 시설의 경우는 고려하지 않음)

① 종교시설
② 업무시설
③ 숙박시설
④ 교육연구시설

개념 | KEYWORD 06 조경·공개공지

해설 |
교육연구시설은 공개공지 또는 공개공간을 확보하여야 하는 대상 건축물에 해당하지 않는다.

관련이론
공개공지 등의 확보 대상 건축물

대상지역	대상 건축물	
일반주거지역, 준주거지역, 상업지역, 준공업지역 등	바닥면적의 합계가 5,000m² 이상인 건축물	문화 및 집회시설, 종교시설, 판매시설(농수산물유통시설은 제외), 운수시설(여객용 시설만 해당), 업무시설 및 숙박시설
	그 밖에 다중이 이용하는 시설로서 건축조례로 정하는 건축물	

정답 | ④

94

「국토의 계획 및 이용에 관한 법령」상 건폐율의 최대한도가 가장 높은 용도지역은?

① 준주거지역　　② 생산관리지역
③ 중심상업지역　④ 전용공업지역

개념 | KEYWORD 07 면적의 규제

해설 |
중심상업지역의 건폐율 최대한도는 90%이다.

관련이론

건폐율의 최대한도

주거지역						상업지역			
전용		일반			준	중심	일반	근린	유통
1종	2종	1종	2종	3종					
50	50	60	60	50	70	90	80	70	80

공업지역			녹지지역			관리지역		농림지역	자연환경보전지역
전용	일반	준	보전	생산	자연	보전	생산	계획	
70	70	70	20	20	20	20	20	40	20	20

정답 | ③

95

중고층주택을 중심으로 편리한 주거환경을 조성하기 위하여 지정하는 용도지역은?

① 제1종 일반주거지역　② 제2종 일반주거지역
③ 제3종 일반주거지역　④ 제4종 일반주거지역

개념 | KEYWORD 19 국토의 용도구분

해설 |
제3종 일반주거지역은 중고층주택을 중심으로 조성한다.

관련이론

일반주거지역의 세분
편리한 주거환경을 조성하기 위하여 필요한 지역
1. 제1종: 저층주택을 중심으로 조성
2. 제2종: 중층주택을 중심으로 조성
3. 제3종: 중고층주택을 중심으로 조성

정답 | ③

96

대지의 분할 제한과 관련한 아래 내용에서, 밑줄 친 부분에 해당하는 규모가 기준이 틀린 것은?

> 건축물이 있는 대지는 대통령령으로 정하는 범위에서 해당 지방자치단체의 조례로 정하는 면적에 못 미치게 분할할 수 없다.

① 주거지역: 60m² 이상　② 상업지역: 100m² 이상
③ 공업지역: 150m² 이상　④ 녹지지역: 200m² 이상

개념 | KEYWORD 07 면적의 규제

해설 |
상업지역: 150m² 이상

관련이론

건축물이 있는 대지의 분할제한

구분	최소 분할면적
㉠ 주거지역	60m² 이상
㉡ 상업지역	150m² 이상
㉢ 공업지역	
㉣ 녹지지역	200m² 이상
㉠~㉣에 해당하지 않는 지역	60m² 이상

정답 | ②

97

일조 등의 확보를 위한 건축물의 높이 제한 기준 중 (㉠)과 (㉡)에 해당하는 내용으로 옳은 것은?

> 전용주거지역이나 일반주거지역에서 건축물을 건축하는 경우에는 건축물의 각 부분을 정북(政北)방향으로의 인접 대지경계선으로부터 다음 각 호의 범위에서 건축조례로 정하는 거리 이상을 띄어 건축하여야 한다.
> 1. 높이 10m 이하인 부분: 인접 대지경계선으로부터 (㉠) 이상
> 2. 높이 10m 초과하는 부분: 인접 대지경계선으로 부터 해당 건축물 각 부분 높이의 (㉡) 이상

① ㉠ 1m　　② ㉠ 1.5m
③ ㉡ 3분의 1　④ ㉡ 3분의 2

개념 | KEYWORD 08 높이의 규제
해설 |
정북방향의 인접 대지 경계선으로부터 띄우는 거리

높이	띄우는 거리
10m 이하인 부분	1.5m 이상
10m 초과인 부분	해당 건축물 각 부분 높이의 1/2 이상

정답 | ②

98
건축물 관련 건축기준의 허용오차 범위 기준이 2% 이내가 아닌 것은?

① 출구 너비
② 반자 높이
③ 평면 길이
④ 벽체 두께

개념 | KEYWORD 02 건축허가와 신고
해설 |
벽체 두께: 3% 이내

관련이론
허용오차

항목	허용되는 오차의 범위	
건폐율	0.5% 이내(단, 건축면적 5m²를 초과할 수 없음)	
용적률	1% 이내(단, 연면적 30m²를 초과할 수 없음)	
건축물 높이	2% 이내	1m를 초과할 수 없음
출구 너비		–
반자 높이		–
평면 길이		건축물 전체 길이는 1m를 초과할 수 없고, 벽으로 구획된 각 실은 10cm를 초과할 수 없음
벽체 두께	3% 이내	
바닥판 두께		
건축선의 후퇴거리		
인접대지 경계선과의 거리		
인접 건축물과의 거리		

정답 | ④

99
다음 중 승용승강기를 가장 많이 설치해야 하는 건축물의 용도는? (단, 6층 이상의 거실면적의 합계가 10,000m²이며, 8인승 승강기를 설치하는 경우임)

① 의료시설
② 위락시설
③ 숙박시설
④ 공동주택

개념 | KEYWORD 13 승강설비
해설 |
① 의료시설＞ ② 위락시설＝③ 숙박시설＞ ④ 공동주택

관련이론
승용승강기 대수
같은 조건에서 설치해야 하는 승강기 대수는 ㉠ ＞ ㉡ ＞ ㉢ 순으로 많다.
㉠ 문화 및 집회시설(공연장, 집회장, 관람장), 판매시설, 의료시설
㉡ 문화 및 집회시설(전시장, 동·식물원), 업무시설, 숙박시설, 위락시설
㉢ 공동주택, 교육연구시설, 노유자시설, 기타 시설

정답 | ①

100
비상용승강기 승강장의 바닥면적은 비상용승강기 1대에 대하여 최소 얼마 이상으로 하여야 하는가? (단, 옥내 승강장인 경우임)

① 3m²
② 4m²
③ 5m²
④ 6m²

개념 | KEYWORD 13 승강설비
해설 |
승강장의 바닥면적은 비상용승강기 1대에 대하여 6m² 이상으로 한다. 다만, 옥외에 승강장을 설치하는 경우에는 그러하지 아니하다.

정답 | ④

2020년 4회 기출문제

건축계획

01

기업체가 자사제품의 홍보, 판매 촉진 등을 위해 제품 및 기업에 관한 자료를 소비자들에게 직접 호소하여 제품의 우위성을 인식시키는 전시공간은?

① 쇼룸
② 런드리
③ 프로시니엄
④ 인포메이션

개념 | KEYWORD 06 상점, 백화점, 쇼핑센터

해설
제품의 홍보, 판매촉진에 사용되는 전시공간은 쇼룸(Showroom)이다.

선지분석
② 런드리는 세탁소이다.
③ 프로시니엄은 프로시니어 아치의 개구부를 통해서 무대를 보는 형식이다.
④ 인포메이션은 안내데스크를 의미한다.

정답 | ①

02

사무소 건축의 실단위 계획 중 개실 시스템에 관한 설명으로 옳지 않은 것은?

① 공사비가 저렴하다.
② 독립성과 쾌적감이 높다.
③ 방길이에 변화를 줄 수 있다.
④ 방깊이에 변화를 줄 수 없다.

개념 | KEYWORD 05 사무소

해설
개실 시스템은 공사비가 비교적 높다.

관련이론
개실 시스템(Individual room system)
복도에 의해 각 층의 여러 부분으로 들어가는 방법이다.
1. 장점
  ① 독립성과 쾌적성이 좋다.
  ② 자연 채광이 조건이 좋다.
2. 단점
  ① 공사비가 비교적 높다.
  ② 방 길이에는 변화를 줄 수 있지만, 연속된 복도 때문에 방 깊이는 제한된다.

정답 | ①

03

주택단지계획에서 보차분리의 형태 중 평면분리에 해당하지 않는 것은?

① T자형
② 루프(Loop)
③ 쿨데삭(Cul-de-Sac)
④ 오버브리지(Overbridge)

개념 | KEYWORD 04 공동주택

해설
오버브리지(Overbridge)는 입체분리에 해당한다.

관련이론
보차분리의 형태
1. 평면분리: T자형, 루프(Loop), 쿨데삭(Cul-de-Sac)
2. 입체분리: 오버브리지(Overbridge), 다층구조지반, 지상인공지반, 지하가
3. 면적분리: 보행자 공간

정답 | ④

04

도서관의 출납 시스템 유형 중 이용자가 자유롭게 도서를 꺼낼 수 있으나 열람석으로 가기 전에 관원의 검열을 받는 형식은?

① 폐가식
② 반개가식
③ 자유개가식
④ 안전개가식

개념 | KEYWORD 09 학교, 도서관

해설 |
안전개가식(Safe-guarded open access)은 자유개가식과 반개가식의 장점을 취한 형식으로서, 열람자가 책을 직접 서가에서 뽑지만 관원의 검열을 받고 대출의 기록을 남긴 후 열람하는 형식이다.

선지분석
① 폐가식(Closed access): 열람자는 목록에 의해 책을 선택하여 관원에게 대출 기록을 제출한 후 대출 받는 형식이다.
② 반개가식(Semi-open access): 열람자는 직접 서가에 면하여 책의 체재나 표지 정도는 볼 수 있으나 내용을 보려면 관원에게 요구하여 대출 기록을 남긴 후 열람하는 형식이다.
③ 자유개가식(Free open access): 열람자 자신이 서가에서 책을 꺼내어 책을 고르고 그대로 검열을 받지 않고 열람하는 형식이다.

정답 | ④

05

단독주택에서 다음과 같은 실들을 각각 직상층 및 직하층에 배치할 경우 가장 바람직하지 않은 것은?

① 상층: 침실, 하층: 침실
② 상층: 부엌, 하층: 욕실
③ 상층: 욕실, 하층: 침실
④ 상층: 욕실, 하층: 부엌

개념 | KEYWORD 03 단독주택

해설 |
상층이 침실, 하층이 욕실인 것이 바람직하다. 단독주택은 설비 코어(배관 집중)와 프라이버시를 위해 상층과 하층을 각각 부엌과 욕실로 배치하거나 상하층의 같은 위치에 침실로 배치하기도 한다.

정답 | ③

06

다음 중 백화점 매장의 기둥간격 결정요소와 가장 거리가 먼 것은?

① 엘리베이터의 배치방법
② 진열장의 치수와 배치방법
③ 지하주차장 주차방식과 주차 폭
④ 층별 매장 구성과 예상 이용 인원

개념 | KEYWORD 06 상점, 백화점, 쇼핑센터

해설 |
층별 매장 구성과 예상 이용 인원은 기둥간격 결정요소와는 거리가 멀다.

관련이론
기둥간격 결정요소
1. 사무소: 책상배치, 채광 유효면적, 지하주차단위 등
2. 백화점: 가구배치, 에스컬레이터, 지하주차단위 등

정답 | ④

07

학교 운영방식에 관한 설명으로 옳지 않은 것은?

① 종합교실형은 초등학교 저학년에 권장되는 방식이다.
② 교과교실형은 교실의 이용률은 높으나 순수율은 낮다.
③ 달톤형은 학급과 학년을 없애고 각자의 능력에 따라 교과를 선택하는 방식이다.
④ 플라툰형은 전 학급을 2분단으로 나누어 한 쪽이 일반교실을 사용할 때, 다른 쪽은 특별교실을 사용한다.

개념 | KEYWORD 09 학교, 도서관

해설 |
교과교실형은 교실의 순수율이 높다.

관련이론
교과교실형의 특징

방법	모든 교실이 특정한 교과를 위해 만들어지며 일반교실은 없다
장점	각 교과에 순수율이 높은 교실이 주어져 시설의 활용도가 높다.
단점	학생의 이동이 심하다.
비고	이동할 때에는 소지품을 두는 곳을 고려할 필요가 있다. 또 이동에 대한 동선에 주의해야 한다.

정답 | ②

08

종합병원에서 클로즈드 시스템(Closed system)의 외래진료부에 관한 설명으로 옳지 않은 것은?

① 내과는 소규모 진료실을 다수 설치하도록 한다.
② 환자의 이용이 편리하도록 1층 또는 2층 이하에 둔다.
③ 중앙주사실, 회계, 약국 등은 정면출입구 근처에 설치한다.
④ 전체병원에 대한 외래진료부의 면적비율은 40~45% 정도로 한다.

개념 | KEYWORD 11 병원
해설 |
클로즈드 시스템에서 외래진료부의 면적비율은 10~15% 정도로 한다.

정답 | ④

09

공장 건축의 레이아웃(Layout)에 관한 설명으로 옳지 않은 것은?

① 제품중심의 레이아웃은 대량생산에 유리하며 생산성이 높다.
② 레이아웃은 장래 공장규모의 변화에 대응한 융통성이 있어야 한다.
③ 공정중심의 레이아웃은 다품종 소량생산이나 주문생산에 적합한 형식이다.
④ 고정식 레이아웃은 기능이 동일하거나 유사한 공정, 기계를 접합하여 배치하는 방식이다.

개념 | KEYWORD 10 공장, 창고
해설 |
동일 종류의 공정, 즉 기계로 그 기능이 동일한 것, 혹은 유사한 것을 하나의 그룹으로 접합시키는 방식은 공정 중심의 레이아웃이다.

관련이론
고정식 레이아웃
1. 주가 되는 재료나 조립부품이 고정된 장소에 있고 사람이나 기계가 그 장소로 이동해 가서 작업이 행해지는 방식이다.
2. 제품이 크고 수가 극히 적을 경우에 적합하다. (선박, 건축)

정답 | ④

10

극장건축의 관련 제실에 관한 설명으로 옳지 않은 것은?

① 앤티룸(Anti room)은 출연자들이 출연 바로 직전에 기다리는 공간이다.
② 그린룸(Green room)은 출연자 대기실을 말하며 주로 무대 가까운 곳에 배치한다.
③ 배경제작실의 위치는 무대에 가까울수록 편리하며, 제작 중의 소음을 고려하여 차음 설비가 요구된다.
④ 의상실은 실의 크기가 1인당 최소 $8m^2$가 필요하며, 그린룸이 있는 경우 무대와 동일한 층에 배치하여야 한다.

개념 | KEYWORD 08 극장, 영화관, 미술관
해설 |
의상실은 실의 크기가 1인당 최소 $4~5m^2$가 필요하며, 그린룸이 있는 경우에는 무대와 동일한 층에 배치하지 않아도 된다.

정답 | ④

11

상점의 동선계획에 관한 설명으로 옳지 않은 것은?

① 고객동선은 가능한 길게 한다.
② 직원동선은 가능한 짧게 한다.
③ 상품동선과 직원동선은 동일하게 처리한다.
④ 고객 출입구와 상품 반입/출 출입구는 분리하는 것이 좋다.

개념 | KEYWORD 06 상점, 백화점, 쇼핑센터
해설 |
고객동선, 직원동선, 상품동선은 모두 분리하며, 서로 교차되지 않는 것이 바람직하다.

관련이론
1. 종업원동선
   - 고객동선과 교차되지 않도록 한다.
   - 짧게 하여 보행 거리를 적게 한다. (적은 종업원의 수로 상품의 판매가 능률적이 되도록 하기 위함)
2. 상품동선: 반입, 보관, 포장, 발송과 같은 작업 때문에 필요한 공간이므로 다른 동선들과 분리하여 배치한다.
3. 고객동선: 가능한 길고 원활하게 하여 다수의 손님을 수용하도록 한다.

정답 | ③

12

건축공간의 치수계획에서 "압박감을 느끼지 않을 만큼의 천장 높이 결정"은 다음 중 어디에 해당하는가?

① 물리적 스케일 ② 생리적 스케일
③ 심리적 스케일 ④ 입면적 스케일

개념 | KEYWORD 02 건축치수 계획

해설 |
심리적으로 압박감이나 답답함을 느끼지 않도록 결정하는 것은 심리적 스케일이다.

선지분석
① 물리적 스케일: 인간이나 물체의 크기에 의해 결정 예) 출입구 치수
② 생리적 스케일: 생리적 필요에 의해 결정 예) 창문 치수

정답 | ③

13

고대 로마 건축물 중 판테온(Pantheon)에 관한 설명으로 옳지 않은 것은?

① 로툰다 내부는 드럼과 돔 두 부분으로 구성된다.
② 직사각형의 입구 공간은 외부와 내부 사이의 전이공간으로 사용된다.
③ 드럼 하부는 깊은 니치와 독립된 도리아식 기둥들로 동적인 공간을 구현한다.
④ 거대한 돔을 얹은 로툰다와 대형 열주 현관이라는 2가지 주된 구성 요소로 이루어진다.

개념 | KEYWORD 13 서양건축사

해설 |
로툰다 내부의 드럼 하부는 깊은 니치와 독립된 코린트식 기둥으로 구성된다.

정답 | ③

14

극장의 평면형식 중 오픈 스테이지(Open stage)형에 관한 설명으로 옳은 것은?

① 연기자가 남측 방향으로만 관객을 대하게 된다.
② 강연, 음악회, 독주, 연극 공연에 가장 적합한 형식이다.
③ 가장 일반적인 극장의 형식으로 어떠한 배경이라도 창출이 가능하다.
④ 무대와 객석이 동일공간에 있는 것으로 관객석이 무대의 대부분을 둘러싸고 있다.

개념 | KEYWORD 08 극장, 영화관, 미술관

해설 |
오픈 스테이지형은 관객석이 무대의 대부분을 둘러싸고 있는 형식이다.

관련이론
오픈 스테이지(Open stage)
1. 무대와 객석이 동일공간에 있는 것으로 관객석이 무대의 대부분을 둘러싸고 있다.
2. 배우는 관객석 사이나 스테이지 아래로부터 출입한다.
3. 연기자와 관객 사이의 친밀감을 한층 더 높일 수 있다.

정답 | ④

15

다음 설명에 알맞은 사무소 건축의 코어 유형은?

- 코어와 일체로 한 내진구조가 가능한 유형이다.
- 유효율이 높으며, 임대 사무소로서 경제적인 계획이 가능하다.

① 편심형 ② 독립형
③ 분리형 ④ 중심형

개념 | KEYWORD 05 사무소

해설 |
코어와 일체로 한 내진구조가 가능한 유형은 중심형이다.

관련이론
중앙(중심)코어형
1. 바닥면적이 큰 경우에 적합
2. 실의 배치나 외관이 획일적으로 흐르기 쉬움
3. 고층, 초고층에 알맞고 중앙코어의 내력벽 일체로 인해 내진구조로 만들 수 있음

정답 | ④

16

조선시대에 田자형 주택으로 대별되는 서민주택의 지방 유형은?

① 서울지방형
② 남부지방형
③ 중부지방형
④ 함경도지방형

개념 | KEYWORD 14 한국건축사

해설 |
田자 형식은 북부지방(함경도지방)에 분포한다.

관련이론

조선시대 서민주택 평면형식
1. 一자 형식: 남부지방에서 분포한다. 부엌, 방, 마루 등이 일렬로 연속 배치된 형식이다.
2. ㄱ자 형식: 중부지방에서 널리 분포한다. 부엌, 안방, 웃방으로 일렬 배치하고 웃방에서 직각 방향에 대청을 두고 건넌방을 연결하는 형식(개성)이다. 또는 방과 마루를 일렬 배치하고 직각 방향에 부엌을 연결하는 방식(서울)이다.
3. 田자 형식: 북부지방(함경도지방)에 분포한다. 부엌의 부뚜막을 넓게 하고, 방에서 방으로 직접 연결하여 도리 방향의 칸막이벽으로 방들을 田자 모양으로 구성한 형식이다.

정답 | ④

17

메조넷형(Maisonette Type) 아파트에 관한 설명으로 옳지 않은 것은?

① 설비, 구조적인 해결이 유리하며 경제적이다.
② 통로가 없는 층의 평면은 프라이버시 확보에 유리하다.
③ 통로가 없는 층의 평면은 화재 발생 시 대피상 문제점이 발생할 수 있다.
④ 엘리베이터 정지층 및 통로 면적의 감소로 전용면적의 극대화를 도모할 수 있다.

개념 | KEYWORD 04 공동주택

해설 |
메조넷형은 설비와 구조계획이 복잡하며, 소규모 주택에서는 비경제적이다.

관련이론

복층형
한 주호가 2개 층 이상에 걸쳐 구성되는 형식

1. 장점
   - 엘리베이터의 정지층 수를 적게 할 수 있다. (효율적, 경제적)
   - 복도가 없는 층은 남북면이 트여져 있으므로 좋은 평면 구성이 가능하다.
   - 통로 면적이 감소하고 임대(전용, 거주, 대실, 유효)면적이 증가한다.
   - 프라이버시가 가장 좋다.

2. 단점
   - 소규모 주택(50m² 이하)에서는 비경제적이다.
   - 공용 복도가 없는 층은 화재 및 위험 시 대피상 불리하다.
   - 스킵 플로어인 경우 구조상 복잡하다.

정답 | ①

18

고딕 성당에 관한 설명으로 옳지 않은 것은?

① 중앙집중식 배치를 지배적으로 사용하였다.
② 건축 형태에서 수직성을 강하게 강조하였다.
③ 고딕 성당으로는 랭스 성당, 아미앵 성당 등이 있다.
④ 수평 방향으로 통일되고 연속적인 공간을 만들었다.

개념 | KEYWORD 13 서양건축사

해설 |
고딕 건축은 직선식 배치이고 중앙집중식 배치는 비잔틴 건축의 특징이다.

정답 | ①

19

단독주택의 평면계획에 관한 설명으로 옳지 않은 것은?

① 거실은 평면계획상 통로나 홀로 사용하지 않는 것이 좋다.
② 현관의 위치는 대지의 형태, 도로와의 관계 등에 의하여 결정된다.
③ 부엌은 주택의 서측이나 동측이 좋으며 남향은 피하는 것이 좋다.
④ 노인침실은 일조가 충분하고 전망이 좋은 조용한 곳에 면하게 하고 식당, 욕실 등에 근접시킨다.

개념 | KEYWORD 03 단독주택

해설
부엌의 위치는 주택의 서측을 피하는 것이 좋다.

관련이론
부엌의 위치
1. 항상 쾌적하고 일광에 의한 건조 소독이 가능한 남쪽 또는 동쪽이 좋다.
2. 일사 시간이 긴 서쪽은 음식물이 부패하기 쉬우므로 반드시 피해야 한다.

정답 | ③

20

다음 중 호텔의 성격상 연면적에 대한 숙박면적의 비가 가장 큰 것은?

① 리조트 호텔
② 커머셜 호텔
③ 클럽 하우스
④ 레지덴셜 호텔

개념 | KEYWORD 12 호텔

해설
커머셜(시티)호텔은 다른 호텔에 비해 숙박 관계 부분의 비율이 가장 크다.

관련이론
호텔의 부분별 면적비
1. 숙박 면적비: 커머셜(시티)호텔 > 리조트호텔 > 아파트먼트호텔
2. 공용 면적비: 아파트먼트호텔 > 리조트호텔 > 커머셜(시티)호텔

정답 | ②

건축시공

21

벽두께 1.0B, 벽면적 $30m^2$ 쌓기에 소요되는 벽돌의 정미량은? (단, 벽돌은 표준형을 사용함)

① 3,900매
② 4,095매
③ 4,470매
④ 4,604매

개념 | KEYWORD 07 공종별 적산

해설
1.0B 쌓기 시 $1m^2$당 149매의 표준형 벽돌이 필요하므로,
$= 30m^2 \times 149매/m^2 = 4,470매$가 필요하다.

관련이론
벽돌량 산출(매/m^2)

구분	0.5B	1.0B	1.5B	2.0B
표준형	75	149	224	298
기존형	65	130	195	260
내화벽돌	59	118	177	236

정답 | ③

22

석재의 일반적 성질에 관한 설명으로 옳지 않은 것은?

① 석재의 비중은 조암광물의 성질·비율·공극의 정도 등에 따라 달라진다.
② 석재의 강도에서 인장강도는 압축강도에 비해 매우 작다.
③ 석재의 공극률이 클수록 흡수율이 크고 동결융해저항성은 떨어진다.
④ 석재의 강도는 조성결정형이 클수록 크다.

개념 | KEYWORD 20 석공사

해설
석재의 조성결정형은 석재의 결정체를 말한다. 결정이 작을수록 또는 미세할수록 흡수율이 작을수록 석재의 강도나 내구성은 증가한다.

정답 | ④

23

Power shovel의 1시간당 추정 굴착 작업량을 다음 조건에 따라 구하면?

$Q=1.2m^3$, $f=1.28$, $E=0.9$, $K=0.9$, $C_m=60$초

① 67.2m³/h
② 74.7m³/h
③ 82.2m³/h
④ 89.6m³/h

개념 | KEYWORD 07 공종별 적산

해설 |
Power shovel의 굴착 작업량
$$= \frac{3,600 \times 1.2 \times 1.28 \times 0.9 \times 0.9}{60} \fallingdotseq 74.65 m^3/h$$

관련이론

굴착 작업량
$$V = \frac{3,600 \times Q \times f \times E \times K}{C_m}$$

여기서, Q: 버킷용량, E: 작업효율, K: 굴삭계수, f: 토량환산계수, C_m: 싸이클 시간

정답 | ②

24

도장작업 시 주의사항으로 옳지 않은 것은?

① 도료의 적부를 검토하여 양질의 도료를 선택한다.
② 도료량을 표준량보다 두껍게 바르는 것이 좋다.
③ 저온 다습 시에는 작업을 피한다.
④ 피막은 각 층마다 충분히 건조 경화한 후 다음 층을 바른다.

개념 | KEYWORD 27 도장공사

해설 |
도장작업 시 표준량을 사용하며 도막이 너무 두껍지 않도록 해야 한다.

관련이론

도장작업 시 주의사항
1. 바람이 강한 날에는 작업을 중지한다.
2. 온도가 5℃ 이하, 35℃ 이상, 습도가 85% 이상일 때는 작업을 중지하거나 다른 조치를 취한다.
3. 칠막의 각 층은 얇게 하고 충분히 건조시킨다.
4. 칠하는 횟수를 구분하기 위하여 색깔을 다르게 칠한다.

정답 | ②

25

콘크리트의 내화, 내열성에 관한 설명으로 옳지 않은 것은?

① 콘크리트의 내화, 내열성은 사용한 골재의 품질에 크게 영향을 받는다.
② 콘크리트는 내화성이 우수해서 600℃ 정도의 화열을 장시간 받아도 압축강도는 거의 저하하지 않는다.
③ 철근콘크리트 부재의 내화성을 높이기 위해서는 철근의 피복두께를 충분히 하면 좋다.
④ 화재를 입은 콘크리트의 탄산화 속도는 그렇지 않은 것에 비하여 크다.

개념 | KEYWORD 16 콘크리트공사

해설 |
콘크리트는 500~600℃ 이상이 되면 콘크리트의 성능이 50% 이하로 저하된다. 또한, 콘크리트가 높은 열을 받으면 다공질이 되어 흡수성이 증대되며, 중성화가 촉진된다.

정답 | ②

26

아스팔트 방수공사에서 아스팔트 프라이머를 사용하는 가장 중요한 이유는?

① 콘크리트 면의 습기 제거
② 방수층의 습기 침입 방지
③ 콘크리트면과 아스팔트 방수층의 접착
④ 콘크리트 밑바닥의 균열 방지

개념 | KEYWORD 22 방수공사

해설 |
아스팔트 프라이머는 블로운 아스팔트에 휘발성 용제를 넣어 묽게 한 것으로 방수층 바탕에 침투시켜 부착이 잘 되게 한다.

정답 | ③

27

콘크리트 배합에 직접적으로 영향을 주는 요소가 아닌 것은?

① 단위수량
② 물-결합재비
③ 철근의 품질
④ 골재의 입도

개념 | KEYWORD 16 콘크리트공사

해설 |
철근의 품질은 콘크리트 배합에 직접적인 영향을 주는 요소가 아니다.

정답 | ③

28

철근, 볼트 등 건축용 강재의 재료시험 항목에서 일반적으로 제외되는 항목은?

① 압축강도시험
② 인장강도시험
③ 굽힘시험
④ 연신율시험

개념 | KEYWORD 17 접합

해설 |
압축강도시험은 보통 콘크리트의 시험 항목에 해당한다.

관련이론
건축용 강재의 재료시험 항목
인장강도시험, 굽힘시험, 연신율시험 등

정답 | ①

29

발주자에 의한 현장관리로 볼 수 없는 것은?

① 착공신고
② 하도급계약
③ 현장회의 운영
④ 클레임 관리

개념 | KEYWORD 02 관계자와 관리기법

해설 |
하도급계약은 원도급자의 관리항목이다.

관련이론
발주자에 의한 현장관리
착공신고, 현장회의 운영, 중간관리일 관리, 클레임 관리 등

정답 | ②

30

어스앵커 공법에 관한 설명으로 옳지 않은 것은?

① 버팀대가 없어 굴착공간을 넓게 활용할 수 있다.
② 인접한 구조물의 기초나 매설물이 있는 경우 효과가 크다.
③ 대형 기계의 반입이 용이하다.
④ 시공 후 검사가 어렵다.

개념 | KEYWORD 12 토공사

해설 |
어스앵커 공법은 인접한 구조물의 기초나 매설물이 있는 경우 적용이 어렵다.

관련이론
어스앵커(Earth anchor) 공법
1. 개념: 버팀대 대신 흙막이벽 배면을 원통형으로 굴착하여 앵커체에 의해 벽을 지탱하는 공법이다.
2. 장점: 버팀대가 없으므로 굴착공간을 넓게 확보할 수 있고, 대형 기계 반입이 용이하다.
3. 단점: 인접한 구조물의 기초나 매설물이 있는 경우 적용이 어렵고, 시공 후 검사가 어렵다.

정답 | ②

31

단순조적 블록쌓기에 관한 설명으로 옳지 않은 것은?

① 살두께가 큰 편을 아래로 하여 쌓는다.
② 특별한 지정이 없으면 줄눈은 10mm가 되게 한다.
③ 하루의 쌓기 높이는 1.5m 이내를 표준으로 한다.
④ 줄눈 모르타르는 쌓은 후 줄눈누르기 및 줄눈파기를 한다.

개념 | KEYWORD 19 조적공사

해설 |
단순조적 블록쌓기에서는 살두께가 큰 편을 위로 하여 쌓는다.

정답 | ①

32

다음 중 QC활동의 도구가 아닌 것은?

① 특성요인도 ② 파레토그램
③ 층별 ④ 기능계통도

개념 | KEYWORD 09 품질관리

해설 |
기능계통도는 QC활동의 도구에 해당하지 않는다.

관련이론

QC(Quality Control)활동의 7도구
1. 히스토그램: 데이터가 어떤 분류나 분포로 되어 있는가를 나타낸 그림
2. 파레토도: 고장, 결점, 불량 등의 원인을 크기 순으로 나열하여 나타낸 그림
3. 특성요인도: 원인이 결과에 어떤 작용을 하고 있는가를 나타낸 그림
4. 체크시트: 데이터가 어느 항목에 집중되어 있는가를 나타낸 그림
5. 산점도: 두 데이터의 상호관계를 파악하기 위하여 그래프 위에 타점하여 나타낸 그림
6. 층별: 데이터를 일정한 형식에 의해 몇 개의 부분집단으로 나눈 것
7. 그래프(관리도): 데이터의 분석 결과를 한눈에 알아보기 쉽게 나타낸 그림

정답 | ④

33

철근의 가스압접에 관한 설명으로 옳지 않은 것은?

① 이음공법 중 접합강도가 극히 크고 성분원소의 조직변화가 적다.
② 압접공은 작업 대상과 압접 장치에 관하여 충분한 경험과 지식을 가진 자로 책임기술자 승인을 받아야 한다.
③ 가스압접할 부분은 직각으로 자르고 절단면을 깨끗하게 한다.
④ 접합되는 철근의 항복점 또는 강도가 다른 경우에 주로 사용한다.

개념 | KEYWORD 14 철근공사

해설 |
철근의 지름 차이가 6mm 초과인 경우, 재질이 다른 경우, 항복점 또는 강도가 다른 경우 등에는 압접하면 안 된다.

관련이론

가스압접
1. 압접작업은 철근을 조립하기 전에 행한다.
2. 지름이나 종류가 같은 것을 압접하는 것이 좋다.
3. 용접 돌출부의 직경은 원칙적으로 철근 직경의 1.5배 이상
4. 철근 중심축의 어긋남은 철근 직경의 1/5 이하
5. 압접해서는 안 되는 경우
   ① 철근지름의 차가 6mm 초과인 경우
   ② 철근의 재질이 다른 경우
   ③ 항복점 또는 강도가 다른 경우

정답 | ④

34

용제형(Solvent) 고무계 도막방수 공법에 관한 설명으로 옳지 않은 것은?

① 용제는 인화성이 강하므로 부근의 화기는 엄금한다.
② 한 층의 시공이 완료되면 1.5~2시간 경과 후 다음 층의 작업을 시작하여야 한다.
③ 완성된 도막은 외상(外傷)에 매우 강하다.
④ 합성고무를 휘발성 용제에 녹인 일종의 고무도료를 칠하여 두께 0.5~0.8mm의 방수피막을 형성하는 것이다.

개념 | KEYWORD 22 방수공사

해설 |
용제형 고무계 도막방수는 시공이 쉬우나 충격이나 외상에 약하고, 인화성이 강하여 화기를 금한다.

정답 | ③

35

공사계약제도 중 공사관리방식(CM)의 단계별 업무내용 중 비용의 분석 및 VE기법의 도입 시 가장 효과적인 단계는?

① Pre-Design 단계
② Design 단계
③ Pre-Construction 단계
④ Construction 단계

개념 | KEYWORD 04 계약제도
해설 |
② Design 단계: 비용의 분석 및 VE기법의 도입, 대안공법의 검토 단계

선지분석
① Pre-Design 단계(기획단계): 기획 및 타당성 조사 단계이다.
③ Pre-Construction 단계(입찰/발주단계): 공사발주, 시공업자 선정 단계이다.
④ Construction 단계(시공단계): 원가관리, 시공관리, 공사관리 등의 단계이다.

정답 | ②

36

커튼월(Curtain Wall)의 외관 형태별 분류에 해당하지 않는 방식은?

① Unit 방식
② Mullion 방식
③ Spandrel 방식
④ Sheath 방식

개념 | KEYWORD 26 커튼월공사
해설 |
Unit 방식은 커튼월의 외관 형태별 분류에 해당하지 않는다.

관련이론
1. 커튼월의 외관 형태별 분류: 멀리온(Mullion) 방식, 스팬드럴(Spandrel) 방식, 격자(Grid) 방식, 피복(Sheath) 방식
2. 커튼월의 조립 방식별 분류: 유닛월(Unit Wall) 방식, 스틱월(Stick Wall) 방식, 윈도우월(Window Wall) 방식

정답 | ①

37

고층건축물 공사의 반복작업에서 각 작업조의 생산성을 기울기로 하는 직선으로 각 반복작업의 진행을 표시하여 전체공사를 도식화하는 기법은?

① CPM
② PERT
③ PDM
④ LOB

개념 | KEYWORD 08 공정관리
해설 |
LOB(Line Of Balance) 기법은 생산성을 기울기로 하는 직선으로 반복되는 작업을 수량적으로 도식화하는 공정관리 기법이다.

정답 | ④

38

수밀콘크리트의 시공에 관한 설명으로 옳지 않은 것은?

① 수밀콘크리트는 누수 원인이 되는 건조수축균열의 발생이 없도록 시공하여야 하며, 0.1mm 이상의 균열 발생이 예상되는 경우 누수를 방지하기 위한 방수를 검토하여야 한다.
② 거푸집의 긴결재로 사용한 볼트, 강봉, 세퍼레이터 등의 아래쪽에는 블리딩 수가 고여서 콘크리트가 경화한 후 물의 통로를 만들어 누수를 일으킬 수 있으므로 누수에 대하여 나쁜 영향이 없는 재질의 것을 사용하여야 한다.
③ 소요 품질을 갖는 수밀콘크리트를 얻기 위해서는 전체 구조부가 시공이음 없이 설계되어야 한다.
④ 수밀성의 향상을 위한 방수제를 사용하고자 할 때에는 방수제의 사용 방법에 따라 배처플랜트에서 충분히 혼합하여 현장으로 반입시키는 것을 원칙으로 한다.

개념 | KEYWORD 16 콘크리트공사
해설 |
소요 품질을 갖는 수밀콘크리트를 얻기 위해서는 전체 구조부가 적당한 간격으로 시공이음을 두어야 한다.

정답 | ③

39

철골공사 접합 중 용접에 관한 주의사항으로 옳지 않은 것은?

① 현장용접을 하는 부재는 그 용접 부위에 얇은 에나멜 페인트를 칠하되, 이밖에 다른 칠을 해서는 안 된다.
② 용접봉의 교환 또는 다층용접일 때에는 먼저 슬래그를 제거하고 청소한 후 용접한다.
③ 용접할 소재는 용접에 의한 수축변형이 생기고, 또 마무리 작업도 고려해야 하므로 치수에 여분을 두어야 한다.
④ 용접이 완료되면 슬래그 및 스패터를 제거하고 청소한다.

개념 | KEYWORD 18 현장작업
해설 |
현장용접을 하는 부재는 그 용접 부위에는 보일드유 이외의 칠을 해서는 안 된다.

정답 | ①

40

기성 말뚝 세우기 공사 시 말뚝의 연직도나 경사도는 얼마 이내로 하여야 하는가?

① 1/50
② 1/75
③ 1/80
④ 1/100

개념 | KEYWORD 13 기초공사
해설 |
기성 말뚝 세우기 공사 시 말뚝의 연직도나 경사도는 1/50 이내로 하여야 한다.
*출제 당시 답은 ④번이었으나 표준시방서가 2021년 5월 12일에 개정되어 개정된 규정에 맞게 답을 ①번으로 수정했습니다.

정답 | ①

건축구조

41

강도설계법에 따른 철근콘크리트 단근보에서 $f_{ck}=27$ MPa, $f_y=400$MPa, 균형철근비(ρ_b)=0.0293일 때 최대 철근비는?

① 0.0258
② 0.0220
③ 0.0213
④ 0.0188

개념 | KEYWORD 13 보의 휨설계
해설 |
$f_y=400$MPa일 경우
$\rho_{max}=0.726\rho_b=0.726\times0.0293 ≒ 0.0213$

관련이론
최대 철근비

철근 항복강도(f_y)	최소 허용변형률($\varepsilon_{t,\ min}$)	최대 철근비(ρ_{max})
300MPa	0.004	$0.658\rho_b$
350Mpa	0.004	$0.692\rho_b$
400MPa	0.004	$0.726\rho_b$
500MPa	$0.005(2\varepsilon_y)$	$0.699\rho_b$

※ 콘크리트 구조 휨 및 압축 설계기준이 개정되어 문제를 수정하였습니다.

정답 | ③

42

그림과 같은 구조물에서 C점에 발생되는 모멘트는?

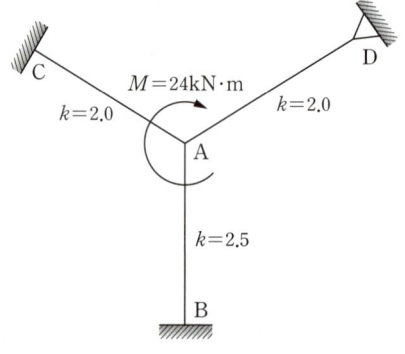

① 4.0kN·m
② 3.5kN·m
③ 3.0kN·m
④ 2.5kN·m

개념 | KEYWORD 09 구조물 해석
해설 |

1. 분배율: $DF_{AC} = \dfrac{2}{2+2.5+2\times\dfrac{3}{4}} = \dfrac{1}{3}$ (강비 k는 타단힌지일 경우 $\dfrac{3}{4}k$이다.)

2. 분배모멘트 계산: $M_{AC} = 24 \times \dfrac{1}{3} = 8\text{kN}\cdot\text{m}$

3. 전달모멘트 계산: $A \rightarrow C$ (전달률: 고정단은 $\dfrac{1}{2}$)

$M_{CA} = \dfrac{1}{2}M_{AC} = 8 \times \dfrac{1}{2} = 4\text{kN}\cdot\text{m}$

정답 | ①

43

온통기초에 관한 설명으로 옳지 않은 것은?

① 연약지반에 주로 사용된다.
② 독립기초에 비하여 구조해석 및 설계가 매우 단순하다.
③ 부동침하에 대하여 유리하다.
④ 지하수가 높은 지반에서도 유효한 기초방식이다.

개념 | KEYWORD 02 지반 및 기초
해설 |
온통기초는 독립기초에 비하여 구조해석 및 설계가 복잡하다.

관련이론
온통기초는 기둥과 벽체를 포함한 건물의 모든 하부면 전체에 슬래브와 같은 형태로 설치되는 기초이다. 이 기초는 연약지반에서 높은 강성으로 부동침하를 최소화할 수 있고 지하수위가 높은 지반에서도 유효하다.

정답 | ②

44

1방향 철근콘크리트 슬래브에서 철근의 설계기준 항복강도가 500MPa인 경우 콘크리트 전체 단면적에 대한 수축·온도 철근비는 최소 얼마 이상이어야 하는가? (단, KDS기준, 이형철근 사용)

① 0.0015
② 0.0016
③ 0.0018
④ 0.0020

개념 | KEYWORD 15 슬래브, 기둥, 벽체, 기타
해설 |
f_y가 500MPa로 400MPa 초과이므로

$\rho = 0.002 \times \dfrac{400}{500} = 0.0016$

관련이론
1방향 슬래브의 수축·온도 철근비
$f_y \leq 400\text{MPa}$인 경우 $\rho = 0.002$
$f_y > 400\text{MPa}$인 경우 $\rho = 0.002 \times \dfrac{400}{f_y}$

정답 | ②

45

길이 8m의 단순보가 100kN/m의 등분포활하중을 받을 때 위험단면에서 전단철근이 부담해야 하는 공칭전단력(V_s)는 얼마인가? (단, 구조물 자중에 의한 $w_D = 6.72\text{kN/m}$, $f_{ck} = 24\text{MPa}$, $f_y = 300\text{MPa}$, $\lambda = 1$, $b_w = 400\text{mm}$, $d = 600\text{mm}$, $h = 700\text{mm}$)

① 424.43kN
② 530.53kN
③ 565.91kN
④ 571.40kN

개념 | KEYWORD 14 전단 및 비틀림
해설 |
전단철근의 공칭전단력(V_s)을 구하는 식은 다음과 같다.
$V_u = \phi(V_c + V_s) \rightarrow V_s = \dfrac{V_u}{\phi} - V_c$

1. V_u 산정
$w_u = 1.6w_L + 1.2w_D = 1.6 \times 100 + 1.2 \times 6.72 = 168.064\text{kN/m}$
$V_u = w_u \times \dfrac{l}{2} = 168.064 \times \dfrac{8}{2} = 672.256\text{kN}$

소요전단력은 보의 단부로부터 보의 유효깊이 $d(=600\text{mm})$만큼 떨어진 곳의 위험단면의 전단력이므로 다음과 같이 환산한다.
$V_u = w_u \times \dfrac{l}{2} - w_u \times d = 672.256 - 168.064 \times 0.6 \fallingdotseq 571.42\text{kN}$

2. 콘크리트가 부담하는 전단강도(V_c) 산정
$V_c = \dfrac{1}{6} \cdot \lambda \cdot \sqrt{f_{ck}} \cdot b_w \cdot d$
$= \dfrac{1}{6} \times 1 \times \sqrt{24} \times 400 \times 600 \times 10^{-3} \fallingdotseq 195.96\text{kN}$

3. 전단철근이 부담하는 전단강도(V_s) 산정
$V_s = \dfrac{V_u}{\phi} - V_c = \dfrac{571.42}{0.75} - 195.96 \fallingdotseq 565.93\text{kN}$

정답 | ③

46

다음 그림과 같은 보에서 A점의 수직반력을 구하면?

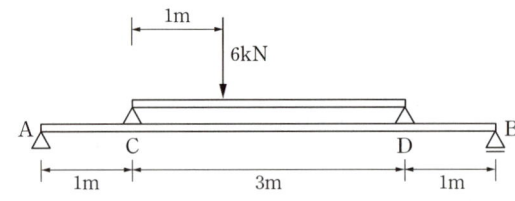

① 2.4kN ② 3.6kN
③ 4.8kN ④ 6.0kN

개념 | KEYWORD 06 반력, 전단력, 휨모멘트

해설 |

중층보는 상층보를 분리하여 수직반력을 구하여 하층보의 하중으로 작용하게 하여 하층보를 해석한다.

1. CD보를 먼저 해석하면
   $\Sigma M_D = 0$; $V_C \times 3 - 6 \times 2 = 0$, $V_C = 4$kN
   $\Sigma V = 0$; $V_C + V_D - 6 = 0$, $V_D = 2$kN
2. V_C와 V_D를 AB보 위에 하중으로 치환시켜 A점의 수직반력을 구한다.
   $\Sigma M_B = 0$; $V_A \times 5 - 4 \times 4 - 2 \times 1 = 0$
   ∴ $V_A = \frac{1}{5} \times (16 + 2) = 3.6$kN

정답 | ②

47

단일 압축재에서 세장비를 구할 때 필요하지 않은 것은?

① 유효좌굴길이   ② 단면적
③ 탄성계수   ④ 단면2차모멘트

개념 | KEYWORD 07 기둥의 좌굴

해설 |

세장비를 구할 때 탄성계수는 필요하지 않다.

관련이론

세장비 $\lambda = \frac{KL}{r} = \frac{KL}{\sqrt{\frac{I}{A}}}$

여기서, KL: 유효좌굴길이, K: 지지단의 상태에 따른 유효좌굴길이계수, L: 부재의 길이, r: 단면2차반경, I: 단면2차모멘트, A: 단면적

정답 | ③

48

모살치수 8mm, 용접길이 500mm인 양면모살용접 전체의 유효 단면적은 약 얼마인가?

① 2,100mm²   ② 3,221mm²
③ 4,300mm²   ④ 5,421mm²

개념 | KEYWORD 18 접합, 볼트, 용접

해설 |

유효 목두께 a, 유효 용접길이 l_e일 때, 모살용접의 유효 단면적 A_e는 아래와 같다.

$A_e = a \times l_e$ (양면 모살용접은 $\times 2$)

이때, $a = 0.7S$이므로 (S는 모살치수)

$a = 0.7 \times 8 = 5.6$mm

$l_e = l - 2S$ (l은 용접길이) $= 500 - 2 \times 8 = 484$mm

∴ $A_e = a \times l_e \times 2 = 5.6 \times 484 \times 2 = 5,420.8$mm²

정답 | ④

49

압축이형철근(D19)의 기본정착길이를 구하면? (단, 보통 콘크리트 사용, D19의 단면적: 287mm², $f_{ck} = 21$MPa, $f_y = 400$MPa)

① 674mm   ② 570mm
③ 482mm   ④ 415mm

개념 | KEYWORD 16 철근 정착과 이음

해설 |

압축이형철근의 기본정착길이 l_{db}는 다음 중 큰 값 이상이 되어야 한다.

$l_{db} = \frac{0.25 \cdot d_b \cdot f_y}{\lambda \cdot \sqrt{f_{ck}}}$	$l_{db} = 0.043 d_b f_y$
• f_{ck}: 콘크리트 압축강도 • f_y: 철근의 항복강도	• d_b: 철근의 지름 • λ: 경량콘크리트계수

1. $l_{db} = \frac{0.25 \times 19 \times 400}{1 \times \sqrt{21}} ≒ 414.61$mm
2. $l_{db} = 0.043 \times 19 \times 400 = 326.8$mm

∴ $l_{db} \geq 414.61$mm

정답 | ④

50

기초 설계 시 인접대지를 고려하여 편심기초를 만들고자 한다. 이 때 편심기초의 지내력이 균등해지도록 하기 위한 가장 타당한 방법은?

① 지중보를 설치한다.
② 기초 면적을 넓힌다.
③ 기둥의 단면적을 크게 한다.
④ 기초 두께를 두껍게 한다.

개념 | KEYWORD 02 지반 및 기초
해설 |
편심기초는 기초판의 중앙에 기둥을 두지 않고 어느 한쪽으로 치우치게 설치하는 기초로, 이 경우에 기초의 지내력 분포가 불균등하므로 지중보를 배치하여야 한다.

관련이론
지중보: 기초와 기초를 연결하여 주각부 강성증대, 지진저항 효과, 건축물의 부등침하 억제효과 등이 있다.

정답 | ①

51

바람의 난류로 인해 발생되는 구조물의 동적 거동 성분을 나타내는 것으로 평균변위에 대한 최대변위의 비를 통계적인 값으로 나타낸 계수는?

① 활하중 저감계수
② 중요도계수
③ 가스트 영향계수
④ 지역계수

개념 | KEYWORD 03 내진·내풍·사용성 설계
해설 |
가스트 영향계수: 바람의 세기는 일정하지 않고 항상 변하는 동적 거동성분이다. 이러한 특성을 고려하여 풍하중 산정 시 바람 세기의 평균값에 대한 피크값의 비를 통계적으로 나타낸 계수를 활용한다.

정답 | ③

52

독립기초에 $N=20kN$, $M=10kN\cdot m$가 작용할 때 접지압이 압축력만 발생하도록 하기 위한 기초저면의 최소길이는?

① 2m
② 3m
③ 4m
④ 5m

개념 | KEYWORD 02 지반 및 기초
해설 |
기초저면 최소길이: 지반이 부담할 수 없는 인장력이 기초에 발생하지 않기 위해서는 기초에 작용하는 축하중의 위치가 단면의 핵(Core)을 벗어나지 않아야 한다. 따라서 기초저면의 최소길이는 축하중이 핵의 가장자리인 핵점에 작용할 때를 기준으로 산정할 수 있다.

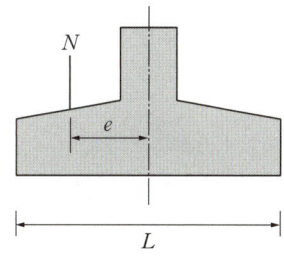

$M=N\times e$에서

편심거리 $e=\dfrac{M}{N}=\dfrac{10}{20}=0.5m$

단면의 핵점: $e(=0.5m)\leq\dfrac{L}{6}$이므로

∴ $L\geq 3.0m$

정답 | ②

53

다음 그림과 같은 내민보에서 휨모멘트가 0이 되는 두 개의 반곡점 위치를 구하면? (단, 반곡점 위치는 A점으로부터의 거리임)

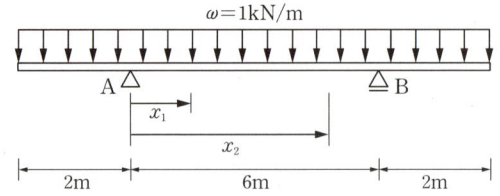

① $x_1=0.765m$, $x_2=5.235m$
② $x_1=0.785m$, $x_2=5.215m$
③ $x_1=0.805m$, $x_2=5.195m$
④ $x_1=0.825m$, $x_2=5.175m$

개념 | KEYWORD 06 반력, 전단력, 휨모멘트
해설 |

1. A지점의 반력:
   $V_A = \dfrac{wl}{2} = \dfrac{1 \times 10}{2} = 5kN$

2. A점으로부터 우측으로 x위치의 휨모멘트
   $M_x = 5 \times x - \left(1 \times (2+x) \times \left(\dfrac{2+x}{2}\right)\right) = -\dfrac{x^2}{2} + 3x - 2$

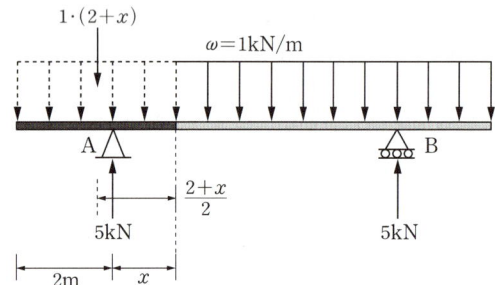

3. 반곡점은 휨모멘트가 0인 점이므로 위의 식을 0으로 하면 두 개의 x값 (x_1, x_2)을 구할 수 있게 된다.
   $M_x = -\dfrac{x^2}{2} + 3x - 2 = 0$에서
   근의 공식 $x = \dfrac{-b \pm \sqrt{b^2-4ac}}{2a}$ 를 이용하면,
   $x = \dfrac{-3 \pm \sqrt{(3)^2 - 4 \times \left(-\dfrac{1}{2}\right) \times (-2)}}{2 \times \left(-\dfrac{1}{2}\right)} = 3 \pm \sqrt{5}$

   ∴ $x_1 ≒ 0.764m$, $x_2 ≒ 5.236m$

정답 | ①

54

그림과 같은 철근콘크리트 보의 균열모멘트(M_{cr}) 값은? (단, 보통중량콘크리트 사용, $f_{ck}=24MPa$, $f_y=400MPa$)

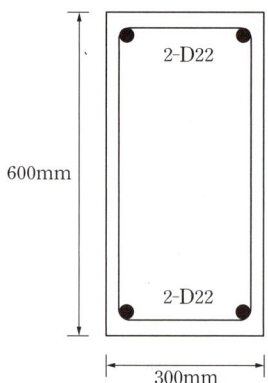

① 21.5kN·m
② 33.6kN·m
③ 42.8kN·m
④ 55.6kN·m

개념 | KEYWORD 12 사용성 및 내구성
해설 |

균열모멘트 M_{cr}은 다음과 같은 식으로 구한다.
$M_{cr} = f_r \times Z = 0.63\lambda\sqrt{f_{ck}} \times \dfrac{bh^2}{6}$

(여기서, 파괴계수 $f_r = 0.63\lambda\sqrt{f_{ck}}$, 보통중량콘크리트 $\lambda=1.0$, f_{ck}: 콘크리트 압축강도, b: 부재폭, h: 부재높이)

∴ $M_{cr} = 0.63 \times 1.0 \times \sqrt{24} \times \dfrac{300 \times 600^2}{6} ≒ 55.6kN·m$

정답 | ④

55

강구조에서 용접선 단부에 붙인 보조판으로 아크의 시작이나 종단부의 크레이터 등의 결함을 방지하기 위해 붙이는 판은?

① 엔드탭
② 스티프너
③ 윙플레이트
④ 커버플레이트

개념 | KEYWORD 18 접합, 볼트, 용접
해설 |

엔드탭은 용접결함이 생기기 쉬운 용접의 시작이나 끝부분에 임시로 설치하는 보조 강판이다.

선지분석
② 스티프너: 기둥의 플랜지나 웨브의 좌굴방지용 보강재
③ 윙플레이트: 철골 주각부에 부착되는 강판
④ 커버플레이트: 강재의 플랜지를 보강하기 위해 사용하는 강판

정답 | ①

56

강구조의 소성설계와 관계없는 항목은?

① 소성힌지 ② 안전율
③ 붕괴기구 ④ 하중계수

개념 | KEYWORD 19 인장재·압축재 설계

해설 |
안전율은 허용응력도 설계법상의 개념이며 소성설계와는 무관하다.

관련이론

강구조 소성설계에 관련된 용어
- 항복 모멘트
- 소성 모멘트
- 형상계수
- 소성힌지
- 붕괴기구
- 하중계수

정답 | ②

57

다음 캔틸레버 보의 자유단의 처짐각은? (단, 탄성계수 E, 단면2차모멘트 I)

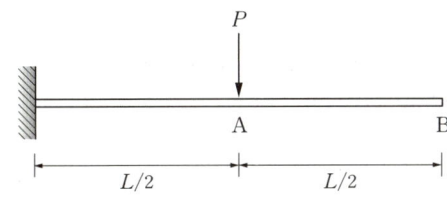

① $\dfrac{PL^2}{2EI}$ ② $\dfrac{PL^2}{3EI}$

③ $\dfrac{PL^2}{6EI}$ ④ $\dfrac{PL^2}{8EI}$

개념 | KEYWORD 10 보의 처짐

해설 |
부정정 구조물의 처짐각은 휨모멘트도를 이용하여 공액보법으로 구할 수 있다.

처짐각 = BMD 면적 × $\dfrac{1}{EI}$

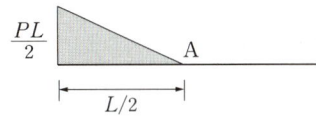

$\theta_B = \left(\dfrac{PL}{2} \times \dfrac{L}{2} \times \dfrac{1}{2}\right) \times \left(\dfrac{1}{EI}\right) = \dfrac{PL^2}{8EI}$

정답 | ④

58

그림과 같은 구조물의 부정정 차수는?

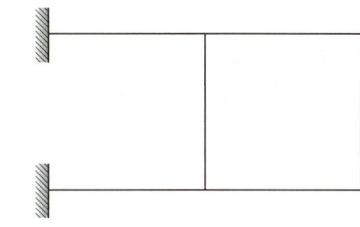

① 3차 부정정 ② 4차 부정정
③ 5차 부정정 ④ 6차 부정정

개념 | KEYWORD 08 구조물 판별

해설 |
$N = r + m + f - 2 \times j$ 공식 이용

여기서, r: 지점반력수, m: 부재수, f: 강절점수, j: 지점수 + 자유단 지점수이다.

$N = 6 + 6 + 6 - 2 \times 6 = 6$이므로 6차 부정정 구조물이다.

다른 풀이

$N = N_e + N_i$

여기서, N_e는 외적 판별값이고, N_i는 내적 판별값이다.

$N_e = r - 3 = (3+3) - 3 = 3$
$N_i = (+3) \times 1개 = 3$
$N = 3 + 3 = 6$ (6차 부정정 구조물)

정답 | ④

59

다음 그림은 각 구간에서 직선적으로 변화하는 단순보의 모멘트도이다. C점과 D점에 동일한 힘 P_1이 작용하고 보의 중앙점 E에 P_2가 작용할 때 P_1과 P_2의 절댓값은?

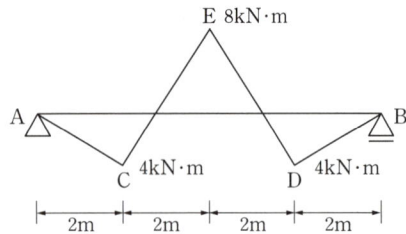

① $P_1=4$kN, $P_2=6$kN
② $P_1=4$kN, $P_2=8$kN
③ $P_1=8$kN, $P_2=10$kN
④ $P_1=8$kN, $P_2=12$kN

개념 | KEYWORD 06 반력, 전단력, 휨모멘트

해설 |
휨모멘트를 미분하면 전단력이며, 전단력을 미분하면 하중이 된다. 따라서 역으로 해석하려면 적분한다.

1. C점의 휨모멘트로 A지점 반력 구하기
   $V_A \times 2 = 4\text{kN} \cdot \text{m} \rightarrow V_A = 2\text{kN}$
2. E점의 휨모멘트로 하중 P_1 구하기
   $V_A \times 4 + P_1 \times 2 = -8\text{kN} \cdot \text{m}$
   $\therefore P_1 = -8\text{kN}$
3. D점의 휨모멘트로 하중 P_2 구하기
   $V_A \times 6 + P_1 \times 4 + P_2 \times 2 = 4\text{kN} \cdot \text{m}$
   $\therefore P_2 = 12\text{kN}$

정답 | ④

60

한계상태설계법에 따라 강구조물을 설계할 때 고려되는 강도 한계상태가 아닌 것은?

① 기둥의 좌굴
② 접합부 파괴
③ 바닥재의 진동
④ 피로 파괴

개념 | KEYWORD 17 강구조 총론

해설 |
바닥재의 진동은 사용 한계상태(Serviceability limit state)에 해당한다.

관련이론
한계상태설계법
1. 강도 한계상태: 구조체가 제 기능을 발휘 못하는 상태로 압축, 인장, 좌굴, 휨, 전단 등의 하중에 대한 지지 능력을 상실한 상태
2. 사용 한계상태: 구조 기능 저하로 균열, 처짐, 진동 등에 의하여 사용상 부적합한 상태

정답 | ③

건축설비

61

다음 중 겨울철 실내 유리창 표면에 발생하기 쉬운 결로의 방지 방법과 가장 거리가 먼 것은?

① 실내공기의 움직임을 억제한다.
② 실내에서 발생하는 수증기를 억제한다.
③ 이중유리로 하여 유리창의 단열성능을 높인다.
④ 난방기기를 이용하여 유리창 표면온도를 높인다.

개념 | KEYWORD 20 열 환경

해설 |
실내공기의 움직임을 억제할수록 표면결로가 잘 발생한다.

관련이론
결로 방지대책
1. 실내측 벽의 표면온도를 실내공기의 노점온도보다 높게 한다.
2. 벽에 방습층을 설치한다.
3. 난방에 의한 수증기 발생을 억제한다.
4. 벽체의 열관류저항을 크게 한다.
5. 벽체의 열관류율을 작게 한다.
6. 환기를 잘 한다.
7. 각 실 간의 온도차를 작게 한다.

정답 | ①

62

엘리베이터의 안전장치 중에서 카가 최상층이나 최하층에서 정상 운행위치를 벗어나 그 이상으로 운행하는 것을 방지하는 것은?

① 완충기(Buffer)
② 조속기(Governor)
③ 리밋 스위치(Limit switch)
④ 카운터 웨이트(Counter weight)

개념 | KEYWORD 17 엘리베이터설비
해설 |
리밋 스위치는 엘리베이터의 안전장치 중에서 카가 최상층이나 최하층의 정상 운행위치를 벗어나 그 이상으로 운행하는 것을 방지하도록 승강로에 설치된 스위치이다.

정답 | ③

63

도시가스 설비에서 도시가스 압력을 사용처에 맞게 낮추는 감압기능을 갖는 기기는?

① 기화기
② 정압기
③ 압송기
④ 가스홀더

개념 | KEYWORD 07 가스설비
해설 |
정압기(Governor)는 도시가스 압력을 사용처에 맞게 낮추는 감압기능과 2차 측의 압력을 허용범위 내의 압력으로 유지하는 정압기능 그리고 가스의 흐름이 없을 때 밸브를 완전히 폐쇄하여 압력상승을 방지하는 폐쇄기능 등을 가진 기기와 부속장치가 조합된 하나의 설비(Unit)를 말한다.

정답 | ②

64

다음의 공기조화방식 중 전수방식에 속하는 것은?

① 단일 덕트 방식
② 2중 덕트 방식
③ 멀티존 유닛 방식
④ 팬코일 유닛 방식

개념 | KEYWORD 09 공기조화 방식과 기기
해설 |
팬코일 유닛 방식이 전수방식이다.
선지분석
①, ②, ③은 전공기 방식이다.

정답 | ④

65

몰드 변압기에 관한 설명으로 옳지 않은 것은?

① 내진성이 우수하다.
② 내습성이 우수하다.
③ 반입, 반출이 용이하다.
④ 옥외 설치 및 대용량 제작이 용이하다.

개념 | KEYWORD 14 강전설비
해설 |
몰드 변압기는 외함이 없는 상태로 옥외에 설치가 불가능하며, 대용량 제작이 곤란하다.

정답 | ④

66

간선의 배선 방식 중 평행식에 관한 설명으로 옳은 것은?

① 설비비가 가장 저렴하다.
② 배선자재의 소요가 가장 적다.
③ 사고의 영향을 최소화할 수 있다.
④ 전압이 안정되나 부하의 증가에 적응할 수 없다.

개념 | KEYWORD 14 강전설비
해설 |
평행식(개별식)은 사고가 발생하여도 그 범위를 좁힐 수 있는 특징이 있다.

선지분석
① 설비비가 비싸다.
② 배선자재의 소요가 많다.
④ 전압이 안정되고 부하의 증가에 적응할 수 있다.

관련이론
평행식(개별식)
각 분전반마다 배전반으로부터 단독으로 배선되어 있으므로 전압강하가 적고, 사고가 발생하여도 그 범위를 좁힐 수 있는 것이 특징이다. 배선비가 많아지므로 설비비는 많이 드는 편이다.

정답 | ③

67

다음 설명에 알맞은 유체역학의 기본 원리는?

> 에너지의 보존의 법칙을 유체의 흐름에 적용한 것으로 유체가 갖고 있는 운동에너지, 중력에 의한 위치에너지 및 압력에너지의 총합은 흐름 내 어디에서나 일정하다.

① 사이펀 작용
② 파스칼의 원리
③ 뉴턴의 점성법칙
④ 베르누이의 정리

개념 | KEYWORD 01 급수설비
해설 |
베르누이의 정리에 대한 설명이다.
운동하고 있는 유체의 역학적 총에너지, 즉 유체의 압력에 의한 에너지와 임의의 수평면에 대한 중력에 의한 위치에너지 그리고 유체의 운동에너지의 총합은 일정하다. (단, 점성이 없는 비압축성 유체의 정상 흐름)

정답 | ④

68

전기설비용 시설공간(실)의 계획에 관한 설명으로 옳지 않은 것은?

① 변전실은 부하의 중심에 설치한다.
② 변전실은 외부로부터 전력의 수전이 용이해야 한다.
③ 중앙감시실은 일반적으로 방재센터와 겸하도록 한다.
④ 발전기실은 변전실에서 최소 10m 이상 떨어진 위치에 배치한다.

개념 | KEYWORD 14 강전설비
해설 |
발전기실은 수변전실과 인접하게 하여 전력공급이 원활하도록 해야 한다.

정답 | ④

69

급수 및 급탕설비에 사용되는 슬리브(Sleeve)에 관한 설명으로 옳은 것은?

① 사이펀 작용에 의한 트랩의 봉수 파괴 방지를 위해 사용한다.
② 스케일 부착 및 이물질 투입에 의한 관 폐쇄를 방지하기 위해 사용한다.
③ 가열장치 내의 압력이 설정압력을 넘는 경우에 압력을 도피시키기 위해 사용한다.
④ 배관 시 차후의 교체, 수리를 편리하게 하고 관의 신축에 무리가 생기지 않도록 하기 위해 사용한다.

개념 | KEYWORD 02 급탕설비
해설 |
슬리브(Sleeve)는 배관 시 차후의 교체, 수리를 편리하게 하고 관의 신축에 무리가 생기지 않도록 하기 위해 사용한다.

정답 | ④

70

아파트의 각 세대에 스프링클러헤드를 30개 설치한 경우, 스프링클러설비의 수원의 저수량은 최소 얼마 이상이 되도록 하여야 하는가? (단, 폐쇄형 스프링클러헤드를 사용한 경우임)

① 48m³
② 32m³
③ 24m³
④ 16m³

개념 | KEYWORD 06 소화설비

해설 |
1. 폐쇄형 스프링클러헤드의 기준개수: 아파트 10개, 판매시설·복합상가 및 11층 이상인 소방대상물 30개
2. 스프링클러설비 수원의 저수량
   $= 1.6m^3 \times N$(아파트 스프링클러헤드의 기준개수는 10개)
   $= 1.6m^3 \times 10$개 $= 16m^3$

관련이론

스프링클러설비 수원의 저수량
$= 1.6m^3 \times N$(스프링클러헤드의 기준개수)

정답 | ④

71

평균 BOD 150ppm인 가정오수 1,000m³/d가 유입되는 오수정화조의 1일 유입 BOD량은?

① 150kg/d
② 300kg/d
③ 45,000kg/d
④ 150,000kg/d

개념 | KEYWORD 04 오수정화설비

해설 |
유입 BOD량 = 오수량 × BOD 농도
$= 1,000m^3/d \times 150ppm = (1,000 \times 10^3 kg/d) \times (150 \times 10^{-6})$
$= 150kg/d$
여기서, $1m^3 = 1,000kg$

정답 | ①

72

습공기를 가열할 경우 감소하는 상태값은?

① 엔탈피
② 비체적
③ 상대습도
④ 건구온도

개념 | KEYWORD 08 공기조화설비 총론

해설 |
습공기를 가열하였을 때 상대습도는 감소한다.

관련이론

습공기 가열·냉각 시 상태변화

습공기	상태변화
가열	엔탈피 증가, 비체적 증가, 상대습도 감소
냉각	엔탈피 감소, 비체적 감소, 상대습도 증가

※ 절대습도는 일정하다.

정답 | ③

73

냉각탑에 관한 설명으로 옳은 것은?

① 고압의 액체냉매를 증발시켜 냉동효과를 얻게 하는 설비이다.
② 증발기에서 나온 수증기를 냉각시켜 물이 되도록 하는 설비이다.
③ 대기 중에서 기체냉매를 냉각시켜 액체냉매로 응축하기 위한 설비이다.
④ 냉매를 응축시키는 데 사용된 냉각수를 재사용하기 위하여 냉각시키는 설비이다.

개념 | KEYWORD 12 냉동 및 기타 열원설비

해설 |
응축기에서 발생한 응축잠열은 냉각수에 흡수된다. 응축잠열로 인해 고온이 된 냉각수를 공기에 직접 접촉시켜 방열하는 장치가 냉각탑이다.

정답 | ④

74

온수난방의 일반적인 특징에 관한 설명으로 옳지 않은 것은?

① 한랭지에서는 운전정지 중에 동결의 위험이 있다.
② 난방을 정지하여도 난방 효과가 어느 정도 지속된다.
③ 증기난방에 비하여 난방부하 변동에 따른 온도조절이 용이하다.
④ 증기난방에 비하여 소요방열면적과 배관경이 작게 되므로 설비비가 적게 든다.

개념 | KEYWORD 11 난방설비

해설 |
증기난방에 비교하여 소요방열면적과 배관경이 커야 하므로 설비비가 많이 든다.

관련이론
온수난방의 장단점

장점	단점
• 난방부하의 변동에 따른 온도조절이 용이	• 증기난방에 비해 방열면적이 크므로 설비비가 고가
• 현열을 이용하므로 증기난방에 비하여 쾌적감이 좋음	• 공기의 정체에 의한 순환 저해의 가능성
• 방열기 표면온도가 낮아 화상을 입을 우려가 없음	• 긴 예열시간
• 보일러 취급이 용이	• 한랭 시 난방을 정지하는 경우 동결의 우려
• 증기난방에 비해 관의 부식이 적음	• 긴 온수순환시간
• 스팀해머(Steam hammer)가 생기지 않아 소음이 없음	

정답 | ④

75

다음 중 냉방부하 계산 시 현열과 잠열 모두 고려하여야 하는 요소는?

① 덕트로부터의 취득열량
② 유리로부터의 취득열량
③ 벽체로부터의 취득열량
④ 극간풍에 의한 취득열량

개념 | KEYWORD 09 공기조화 방식과 기기

해설 |
인체의 발생열량, 극간풍에 의한 취득열량, 외기의 도입으로 인한 취득열량, 실내열원기기는 현열과 잠열을 모두 고려하여야 한다.

정답 | ④

76

연면적이 $100m^2$인 어느 강당의 야간 소요 평균조도가 $300lx$이다. 1개당 광속이 $2,000lm$인 형광등을 사용할 경우 소요 형광등 수는? (단, 조명률은 60%이고 감광 보상률은 1.5임)

① 25개 ② 29개
③ 34개 ④ 38개

개념 | KEYWORD 16 조명설비

해설 |
조명설계식 $F \cdot N \cdot U = A \cdot E \cdot D$에서
$$N = \frac{A \cdot E \cdot D}{F \cdot U} = \frac{100m^2 \times 300lx \times 1.5}{2,000lm \times 0.6} = 37.5$$
∴ 38개

여기서, F: 광속, N: 소요량, U: 조명률, A: 작업면 면적, D: 감광 보상률

정답 | ④

77

다음 중 방송 공동수신 설비의 구성기기에 속하지 않는 것은?

① 혼합기 ② 모시계
③ 컨버터 ④ 증폭기

개념 | KEYWORD 15 약전 및 방재설비

해설 |
방송 공동수신 설비의 구성기기는 안테나, 혼합기, 컨버터, 선로기기(분기장치, 분배기, 정합기, 분파기), 증폭기 등이 있다.

정답 | ②

78
급수방식 중 고가수조방식에 관한 설명으로 옳은 것은?

① 대규모의 급수 수요에 쉽게 대응할 수 있다.
② 저수조가 없으므로 단수 시에 급수할 수 없다.
③ 수도 본관의 영향을 그대로 받아 수압 변화가 심하다.
④ 위생 및 유지·관리 측면에서 가장 바람직한 방식이다.

개념 | KEYWORD 01 급수설비

해설 |
고가수조방식은 대규모 건물에 적합한 급수방식이다.

선지분석
②, ③, ④는 수도직결방식의 특성이다.

정답 | ①

79
습공기의 건구온도와 습구온도를 알 때 습공기 선도에서 구할 수 있는 상태값이 아닌 것은?

① 엔탈피 ② 비체적
③ 기류속도 ④ 절대습도

개념 | KEYWORD 08 공기조화설비 총론

해설 |
기류속도는 습공기 선도에서 알 수 없다.

관련이론
습공기 선도 구성요소
건구온도, 습구온도, 노점온도, 절대습도, 상대습도, 수증기 분압, 비체적, 엔탈피, 현열비 등

정답 | ③

80
변풍량 단일덕트 방식에서 송풍량 조절의 기준이 되는 것은?

① 실내 청정도 ② 실내 기류속도
③ 실내 현열부하 ④ 실내 잠열부하

개념 | KEYWORD 09 공기조화 방식과 기기

해설 |
변풍량 단일덕트 방식에서 송풍량 조절의 기준이 되는 것은 실내의 현열부하이다.

정답 | ③

건축관계법규

81
건축물의 대지 및 도로에 관한 설명으로 틀린 것은?

① 손궤의 우려가 있는 토지에 대지를 조성하고자 할 때 옹벽의 높이가 2m 이상인 경우에는 이를 콘크리트구조로 하여야 한다.
② 면적이 100m² 이상인 대지에 건축을 하는 건축주는 대지에 조경이나 그 밖에 필요한 조치를 하여야 한다.
③ 연면적의 합계가 2,000m² (공장인 경우 3,000m²) 이상인 건축물(축사, 작물 재배사, 그 밖에 이와 비슷한 건축물로서 건축조례로 정하는 규모의 건축물은 제외)의 대지는 너비 6m 이상의 도로에 4m 이상 접하여야 한다.
④ 도로면으로부터 높이 4.5m 이하에 있는 창문은 열고 닫을 때 건축선의 수직면을 넘지 아니하는 구조로 하여야 한다.

개념 | KEYWORD 05 대지·도로·건축선

해설 |
② 면적이 200m² 이상인 대지에 건축을 하는 건축주는 대지에 조경이나 그 밖에 필요한 조치를 하여야 한다.

정답 | ②

82
건축허가신청에 필요한 설계도서에 해당하지 않는 것은?

① 배치도 ② 투시도
③ 건축계획서 ④ 평면도

개념 | KEYWORD 02 건축허가와 신고

해설 |
투시도는 건축허가신청에 필요한 설계도서에 해당하지 않는다.

관련이론

건축허가신청에 필요한 설계도서	
건축계획서	배치도
평면도	입면도
단면도	소방설비도
구조도(구조안전 확인 또는 내진설계 대상)	
구조계산서(구조안전 확인 또는 내진설계 대상)	

정답 | ②

83

직통계단의 설치에 관한 기준 내용 중 밑줄 친 "다음 각 호의 어느 하나에 해당하는 용도 및 규모의 건축물"의 기준 내용으로 틀린 것은?

> 법 제49조 제1항에 따라 피난층 외의 층이 <u>다음 각 호의 어느 하나에 해당하는 용도 및 규모의 건축물</u>에는 국토교통부령으로 정하는 기준에 따라 피난층 또는 지상으로 통하는 직통계단을 2개소 이상 설치하여야 한다.

① 지하층으로서 그 층 거실의 바닥면적의 합계가 200m² 이상인 것
② 종교시설의 용도로 쓰는 층으로서 그 층에서 해당 용도로 쓰는 바닥면적의 합계가 200m² 이상인 것
③ 숙박시설의 용도로 쓰는 3층 이상의 층으로서 그 층의 해당 용도로 쓰는 거실의 바닥면적의 합계가 200m² 이상인 것
④ 업무시설 중 오피스텔의 용도로 쓰는 층으로서 그 층의 해당 용도로 쓰는 거실의 바닥면적의 합계가 200m² 이상인 것

개념 | KEYWORD 10 피난규정

해설 |
공동주택(층당 4세대 이하인 것은 제외) 또는 업무시설 중 오피스텔의 용도로 쓰는 층으로서 그 층의 해당 용도로 쓰는 거실의 바닥면적의 합계가 300m² 이상인 것에 직통계단을 2개소 이상 설치해야 한다.

정답 | ④

84

거실의 채광 및 환기에 관한 규정으로 옳은 것은?

① 교육연구시설 중 학교의 교실에는 채광 및 환기를 위한 창문 등이나 설비를 설치하여야 한다.
② 채광을 위하여 거실에 설치하는 창문 등의 면적은 그 거실의 바닥면적의 20분의 1 이상이어야 한다.
③ 환기를 위하여 거실에 설치하는 창문 등의 면적은 그 거실의 바닥면적 10분의 1 이상이어야 한다.
④ 채광 및 환기를 위한 창문 등의 면적에 관한 규정을 적용함에 있어서 수시로 개방할 수 있는 미닫이로 구획된 2개의 거실은 이를 2개의 거실로 본다.

개념 | KEYWORD 09 구조규정

해설 |
단독주택 및 공동주택의 거실, 교육연구시설 중 학교의 교실, 의료시설의 병실 및 숙박시설의 객실에는 국토교통부령으로 정하는 기준에 따라 채광 및 환기를 위한 창문 등이나 설비를 설치하여야 한다.

관련이론
거실의 채광 및 환기

구분	건축물의 용도	창문 등의 면적	예외 규정
채광창	• 단독주택의 거실 • 공동주택의 거실 • 학교의 교실	거실 바닥면적의 1/10 이상	거실의 용도에 따라 별도의 규정에 따라 조도 이상의 조명장치를 설치한 경우
환기창	• 의료시설의 병실 • 숙박시설의 객실	거실 바닥면적의 1/20 이상	기계환기장치 및 중앙관리방식의 공기정화설비를 설치한 경우

※ 수시로 개방할 수 있는 미닫이로 구획된 2개의 거실은 거실의 채광 및 환기를 위한 규정을 적용함에 있어서 이를 1개의 거실로 본다.

정답 | ①

85

다음 중 건축면적에 산입하지 않는 대상 기준으로 틀린 것은?

① 지하주차장의 경사로
② 지표면으로부터 1.8m 이하에 있는 부분
③ 건축물 지상층에 일반인이 통행할 수 있도록 설치한 보행통로
④ 건축물 지상층에 차량이 통행할 수 있도록 설치한 차량통로

개념 | KEYWORD 07 면적의 규제
해설 |
지표면으로부터 1m 이하에 있는 부분(창고 중 물품을 입출고하기 위하여 차량을 접안시키는 부분의 경우에는 지표면으로부터 1.5m 이하에 있는 부분)은 건축면적에 산입하지 않는다.

정답 | ②

86

시가화조정구역의 지정과 관련된 기준 내용 중 밑줄 친 "대통령령으로 정하는 기간"으로 옳은 것은?

> 시·도지사는 직접 또는 관계 행정기관의 장의 요청을 받아 도시지역과 그 주변 지역의 무질서한 시가화를 방지하고 계획적·단계적인 개발을 도모하기 위하여 <u>대통령령으로 정하는 기간</u> 동안 시가화를 유보할 필요가 있다고 인정되면 시가화조정구역의 지정 또는 변경을 도시·군관리계획으로 결정할 수 있다.

① 5년 이상 10년 이내의 기간
② 5년 이상 20년 이내의 기간
③ 7년 이상 10년 이내의 기간
④ 7년 이상 20년 이내의 기간

개념 | KEYWORD 19 국토의 용도구분
해설 |
시가화조정구역의 유보기간은 5년 이상 20년 이내이다.

정답 | ②

87

지방건축위원회의가 심의 등을 하는 사항에 속하지 않는 것은?

① 건축선의 지정에 관한 사항
② 다중이용 건축물의 구조안전에 관한 사항
③ 특수구조 건축물의 구조안전에 관한 사항
④ 경관지구 내의 건축물의 건축에 관한 사항

개념 | KEYWORD 01 건축법 총칙
해설 |
경관지구 내의 건축물의 건축에 관한 사항은 지방건축위원회의의 심의사항에 속하지 않는다.

관련이론
지방건축위원회의의 심의사항
1. 건축선(建築線)의 지정에 관한 사항
2. 건축조례의 제정·개정 및 시행에 관한 중요 사항
3. 다중이용 건축물 및 특수구조 건축물의 구조안전에 관한 사항

정답 | ④

88

위락시설의 시설면적이 1,000m²일 때 「주차장법령」에 따라 설치해야 하는 부설주차장의 설치 기준은?

① 10대 ② 13대
③ 15대 ④ 20대

개념 | KEYWORD 17 부설·기계식주차장
해설 |
위락시설은 시설면적 100m²당 1대의 부설주차장을 설치해야 한다.

$$\frac{1,000m^2}{100m^2} = 10대 \text{ 이상}$$

정답 | ①

89

공동주택과 오피스텔의 난방설비를 개별난방 방식으로 하는 경우에 관한 기준 내용으로 틀린 것은?

① 보일러는 거실 외의 곳에 설치할 것
② 보일러실의 윗부분에는 그 면적이 0.5m² 이상인 환기창을 설치할 것
③ 보일러실과 거실 사이의 출입구는 그 출입구가 닫힌 경우에는 보일러 가스가 거실에 들어갈 수 없는 구조로 할 것
④ 보일러의 연도는 내화구조로서 개별연도로 설치할 것

개념 | KEYWORD 12 건축설비기준과 관계전문기술자

해설 |
보일러의 연도는 내화구조로서 공동연도로 설치해야 한다.

관련이론

개별난방설비(공동주택과 오피스텔)의 설치기준

구분	설치기준
보일러의 설치 위치	• 거실 외의 곳에 설치 • 보일러실과 거실 사이의 경계벽은 내화구조의 벽으로 구획(출입구는 제외)
보일러실의 환기	• 윗부분에 면적 0.5m² 이상의 환기창 설치 • 윗부분과 아랫부분에는 각각 지름 10cm 이상의 공기 흡입구 및 배기구를 항상 개방된 상태로 외기와 접하도록 설치
보일러실과 거실 사이의 출입구	출입구가 닫힌 경우에는 보일러 가스가 거실에 들어갈 수 없는 구조로 할 것
기름저장소	기름보일러의 기름저장소는 보일러실 외의 곳에 설치할 것
오피스텔의 난방구획	방화구획으로 구획할 것
보일러실의 연도	내화구조로서 공동연도로 설치할 것

정답 | ④

90

다음 중 「국토의 계획 및 이용에 관한 법령」상 공공시설에 속하지 않는 것은?

① 공동구
② 방풍설비
③ 사방설비
④ 쓰레기 처리장

개념 | KEYWORD 18 국토계획법 총칙

해설 |
쓰레기 처리장은 공공시설에 속하지 않는다.

관련이론

공공시설의 종류

1. 도로·공원·철도·수도
2. 항만·공항·광장·녹지·공공공지·공동구·하천·유수지·방화설비·방풍설비·방수설비·사방설비·방조설비·하수도·구거(溝渠: 도랑)
3. 행정청이 설치하는 시설로서 주차장, 저수지 및 그 밖에 국토교통부령으로 정하는 시설
4. 스마트도시서비스의 제공 등을 위한 스마트도시 통합운영센터 등 스마트도시의 관리·운영에 관한 시설로서 대통령령으로 정하는 시설

정답 | ④

91

6층 이상의 거실면적의 합계가 5,000m²인 경우, 다음 중 승용승강기를 가장 많이 설치해야 하는 것은? (단, 8인승 승용승강기를 설치하는 경우임)

① 위락시설
② 숙박시설
③ 판매시설
④ 업무시설

개념 | KEYWORD 13 승강설비

해설 |
③ 판매시설 > ① 위락시설=② 숙박시설=④ 업무시설

관련이론

승용승강기 대수
같은 조건에서 설치해야 하는 승강기 대수는 ㉠ > ㉡ > ㉢ 순으로 많다.
㉠ 문화 및 집회시설(공연장, 집회장, 관람장), 판매시설, 의료시설
㉡ 문화 및 집회시설(전시장, 동·식물원), 업무시설, 숙박시설, 위락시설
㉢ 공동주택, 교육연구시설, 노유자시설, 기타 시설

정답 | ③

92

지하식 또는 건축물식 노외주차장의 차로에 관한 기준 내용으로 틀린 것은?

① 경사로의 노면은 거친 면으로 하여야 한다.
② 높이는 주차바닥면으로부터 2.3m 이상으로 하여야 한다.
③ 경사로의 종단경사도는 직선 부분에서는 14%를 초과하여서는 아니 된다.
④ 주차대수 규모가 50대 이상인 경우의 경사로는 너비 6m 이상인 2차로를 확보하거나 진입차로와 진출차로를 분리하여야 한다.

개념 | KEYWORD 16 노상·노외주차장

해설 |
경사로의 종단경사도는 직선 부분에서는 17%를 초과하여서는 아니 되며, 곡선 부분에서는 14%를 초과하여서는 아니 된다.

관련이론
노외주차장 경사로의 차로 너비 및 종단경사도

구분	형식		종단경사도
직선형	1차로: 3.3m 이상	2차로: 6m 이상	17% 이하
곡선형	1차로: 3.6m 이상	2차로: 6.5m 이상	14% 이하

정답 | ③

93

다음은 건축물의 사용승인에 관한 기준 내용이다. ( ) 안에 알맞은 것은?

건축주가 허가를 받았거나 신고를 한 건축물의 건축공사를 완료한 후 그 건축물을 사용하려면 공사감리자가 작성한 (㉠)와 (㉡) 등 국토교통부령으로 정하는 서류를 첨부하여 허가권자에게 사용승인을 신청하여야 한다.

① ㉠ 설계도서, ㉡ 시방서
② ㉠ 시방서, ㉡ 설계도서
③ ㉠ 감리완료보고서, ㉡ 공사완료도서
④ ㉠ 공사완료도서, ㉡ 감리완료보고서

개념 | KEYWORD 02 건축허가와 신고

해설 |
건축물의 사용승인 신청에 대한 내용으로 ㉠은 감리완료보고서, ㉡은 공사완료도서이다.

정답 | ③

94

공사감리자의 업무에 속하지 않는 것은?

① 시공계획 및 공사관리의 적정 여부의 확인
② 상세 시공도면의 검토·확인
③ 설계변경의 적정 여부의 검토·확인
④ 공정표 및 현장설계도면 작성

개념 | KEYWORD 02 건축허가와 신고

해설 |
공정표 및 현장설계도면 작성은 시공자의 업무이다.

관련이론
공사감리자의 업무
1. 건축자재의 법령 기준 준수 여부 확인
2. 시공계획, 공사관리 적정 여부, 공정표의 검토
3. 구조물의 위치와 규격 검토 확인
4. 시공자가 설계도서에 따라 시공하는지 확인

정답 | ④

95

제2종 일반주거지역 안에서 건축할 수 있는 건축물에 속하지 않는 것은?

① 아파트
② 노유자시설
③ 종교시설
④ 문화 및 집회시설 중 관람장

개념 | KEYWORD 19 국토의 용도구분

해설 |
문화 및 집회시설 중 관람장은 제2종 일반주거지역 안에서 건축할 수 없다.

관련이론

제2종 일반주거지역 안에서 건축할 수 있는 건축물
• 단독주택 • 공동주택(아파트 포함) • 제1종 근린생활시설 • 종교시설 • 노유자시설 • 교육연구시설 중 유치원·초등학교·중학교 및 고등학교

정답 | ④

96

주거기능을 위주로 이를 지원하는 일부 상업기능 및 업무기능을 보완하기 위하여 지정하는 주거지역의 세분은?

① 준주거지역
② 제1종 전용주거지역
③ 제1종 일반주거지역
④ 제2종 일반주거지역

개념 | KEYWORD 19 국토의 용도구분

해설 |
준주거지역은 주거기능을 위주로 이를 지원하는 일부 상업기능 및 업무기능을 보완하기 위하여 지정하는 지역이다.

선지분석
② 제1종 전용주거지역: 단독주택 중심의 양호한 주거환경을 보호하기 위하여 필요한 지역
③ 제1종 일반주거지역: 저층주택을 중심으로 편리한 주거환경을 조성하기 위하여 필요한 지역
④ 제2종 일반주거지역: 중층주택을 중심으로 편리한 주거환경을 조성하기 위하여 필요한 지역

정답 | ①

97

다음 중 피난층이 아닌 거실에 배연설비를 설치하여야 하는 대상 건축물에 속하지 않는 것은? (단, 6층 이상인 건축물의 경우임)

① 판매시설
② 종교시설
③ 교육연구시설 중 학교
④ 운수시설

개념 | KEYWORD 12 건축설비기준과 관계전문기술자

해설 |
교육연구시설 중 연구소만 거실에 배연설비를 설치해야 한다.

관련이론

거실의 배연설비(6층 이상 건축물, 피난층은 제외)
• 문화 및 집회시설 • 종교시설 • 판매시설 • 운수시설 • 운동시설 • 업무시설 • 숙박시설 • 위락시설 • 관광휴게시설 • 장례시설 • 의료시설(요양병원 및 정신병원은 제외) • 교육연구시설 중 연구소 • 노유자시설 중 아동 관련 시설 • 노인복지시설(노인요양시설은 제외) • 수련시설 중 유스호스텔 • 제2종 근린생활시설 중 공연장, 종교집회장, 인터넷컴퓨터게임시설제공업소 및 다중생활시설

정답 | ③

98

다음 거실의 반자높이와 관련된 기준 내용 중 ( ) 안에 해당되지 않는 건축물의 용도는?

> ( )의 용도에 쓰이는 건축물의 관람실 또는 집회실로서 그 바닥면적이 200m² 이상인 것의 반자의 높이는 4m(노대의 아랫부분의 높이는 2.7m) 이상이어야 한다. 다만, 기계환기장치를 설치하는 경우에는 그렇지 않다.

① 문화 및 집회시설 중 동·식물원
② 장례식장
③ 위락시설 중 유흥주점
④ 종교시설

개념 | KEYWORD 09 구조규정

해설 |
문화 및 집회시설 중 전시장과 동·식물원은 제외한 시설의 반자높이를 4m로 해야 한다.

관련이론

거실의 반자높이 기준
다음 용도로 사용하는 관람실 또는 집회실로서 그 바닥면적이 200m² 이상인 경우 반자높이를 4m로 해야 한다.
1. 문화 및 집회시설(전시장 및 동·식물원은 제외)
2. 종교시설
3. 장례식장 또는 위락시설 중 유흥주점의 용도로 쓰이는 건축물

정답 | ①

99

대통령령으로 정하는 용도와 규모의 건축물이 소규모 휴식시설 등의 공개공지 또는 공개공간을 설치하여야 하는 대상지역에 해당되지 않는 곳은?

① 준공업지역
② 일반공업지역
③ 일반주거지역
④ 준주거지역

개념 | KEYWORD 06 조경·공개공지

해설 |
일반주거지역, 준주거지역, 상업지역, 준공업지역에는 소규모 휴식시설 등의 공개공지 또는 공개공간을 설치하여야 한다.

관련이론

공개공지 또는 공개공간 설치 대상 건축물
바닥면적의 합계가 5,000m² 이상인 다음 용도에 사용되는 건축물에는 공개공지 또는 공개공간을 설치해야 한다.
1. 문화 및 집회시설
2. 종교시설
3. 판매시설(농수산물 유통시설 제외)
4. 운수시설(여객용 시설만 해당)
5. 업무시설 및 숙박시설

정답 | ②

100

주요구조부가 내화구조 또는 불연재료로 된 건축물로서 국토교통부령으로 정하는 기준에 따라 내화구조로 된 바닥·벽 및 60분+방화문, 60분 방화문으로 구획하여야 하는 연면적 기준은?

① 400m² 초과
② 500m² 초과
③ 1,000m² 초과
④ 1,500m² 초과

개념 | KEYWORD 11 방화규정

해설 |
주요구조부가 내화구조 또는 불연재료로 된 건축물로서 연면적이 1,000m²를 넘는 것은 내화구조로 된 바닥 및 벽, 60분+ 방화문, 60분 방화문 또는 자동방화셔터로 구획하여야 한다.

정답 | ③

2020년 3회 기출문제

>> 2020년 8월 22일 시행

건축계획

01
극장의 평면형식에 관한 설명으로 옳지 않은 것은?
① 아레나형에서 무대 배경은 주로 낮은 가구로 구성된다.
② 프로시니엄형은 픽쳐 프레임 스테이지형이라고도 불리운다.
③ 오픈 스테이지형은 관객석이 무대의 대부분을 둘러싸고 있는 형식이다.
④ 프로시니엄형은 가까운 거리에서 관람하게 되며, 가장 많은 관객을 수용할 수 있다.

개념 | KEYWORD 08 극장, 영화관, 미술관
해설 |
가까운 거리에서 관람하게 되며 가장 많은 관객을 수용할 수 있는 것은 아레나형이다.

관련이론
아레나 스테이지(Arena stage, Center stage)
관객이 무대를 360°로 둘러싼 형이다.
- 가까운 거리에서 관람하게 되며 가장 많은 관객을 수용할 수 있다.
- 배경을 만들지 않으므로 경제적이다.
- 무대 배경은 주로 낮은 가구로 구성된다.

정답 | ④

02
주택의 평면과 각 부위의 치수 및 기준척도에 관한 설명으로 옳지 않은 것은?
① 치수 및 기준척도는 안목치수를 원칙으로 한다.
② 거실 및 침실의 평면 각 변의 길이는 10cm를 단위로 한 것을 기준척도로 한다.
③ 거실 및 침실의 층높이는 2.4m 이상으로 하되, 5cm를 단위로 한 것을 기준척도로 한다.
④ 계단 및 계단참의 평면 각 변의 길이 또는 너비는 5cm를 단위로 한 것을 기준척도로 한다.

개념 | KEYWORD 02 건축치수 계획
해설 |
거실 및 침실의 평면 각 변의 길이는 5cm를 단위로 한 것을 기준척도로 한다.

관련이론
주택의 평면과 각 부위의 치수 및 기준척도
1. 치수 및 기준척도는 안목치수를 원칙으로 할 것
2. 거실 및 침실의 평면 각 변의 길이는 5cm를 단위로 한 것을 기준척도로 할 것
3. 부엌, 식당, 욕실, 화장실, 복도, 계단 및 계단참 등의 평면 각 변의 길이 또는 너비는 5cm를 단위로 한 것을 기준척도로 할 것
4. 거실 및 침실의 반자높이(반자를 설치하는 경우만 해당)는 2.2m 이상으로 하고 층높이는 2.4m 이상으로 하되, 각각 5cm를 단위로 한 것을 기준척도로 할 것

정답 | ②

03
종합병원의 외래진료부를 클로즈드 시스템(Closed system)으로 계획할 경우 고려할 사항으로 가장 부적절한 것은?

① 1층에 두는 것이 좋다.
② 부속 진료시설을 인접하게 한다.
③ 약국, 회계 등은 정면출입구 근처에 설치한다.
④ 외과계통은 소진료실을 다수 설치하도록 한다.

개념 | KEYWORD 11 병원
해설 |
외과 계통 각 과는 하나의 실에서 여러 환자를 볼 수 있도록 대실로 한다.

정답 | ④

04
공장의 지붕형태에 관한 설명으로 옳은 것은?

① 솟을지붕은 채광 및 환기에 적합한 방법이다.
② 샤렌구조는 기둥이 많이 소요된다는 단점이 있다.
③ 뾰족지붕은 직사광선이 완전히 차단된다는 장점이 있다.
④ 톱날지붕은 남향으로 할 경우 하루 종일 변함없는 조도를 가진 약광선을 받아들일 수 있다.

개념 | KEYWORD 10 공장, 창고
해설 |
솟을지붕은 자연 환기에 유리하며, 채광 및 환기에 적합한 방법이다.
선지분석
② 샤렌구조는 기둥이 적게 소요된다는 장점이 있다.
③ 뾰족지붕은 동일면에 천장을 내므로 직사광선이 어느 정도 허용되는 결점이 있다.
④ 톱날지붕은 북향의 채광창으로 균일한 조도의 유지가 가능하다.

정답 | ①

05
래드번(Radburn) 주택단지계획에 관한 설명으로 옳지 않은 것은?

① 중앙에는 대공원 설치를 계획하였다.
② 주거구는 슈퍼블록 단위로 계획하였다.
③ 보행자의 보도와 차도를 분리하여 계획하였다.
④ 주거지 내의 통과교통으로 간선도로를 계획하였다.

개념 | KEYWORD 04 공동주택
해설 |
통과교통 배제를 위해 하나의 단지인 슈퍼블록(Super block)을 구성한다.

관련이론
래드번 계획의 5가지 기본원리
1. 통과교통 배제를 위한 하나의 단지인 슈퍼블록(Super block)을 구성
2. 4가지 기능의 도로
3. 보도망 형성 및 보도와 차도의 입체적 분리
4. 쿨데삭(막다른 도로)형의 좁은 도로 구성으로 주택의 거실을 보도나 정원을 향하도록 배치
5. 단지 어디든 통할 수 있는 공동의 오픈 스페이스 조성

정답 | ④

06
공포형식 중 다포형식에 관한 설명으로 옳지 않은 것은?

① 출목은 2출목 이상으로 전개된다.
② 수덕사 대웅전이 대표적인 건물이다.
③ 내부 천장구조는 대부분 우물천장이다.
④ 기둥 상부 이외에 기둥 사이에도 공포를 배열한 형식이다.

개념 | KEYWORD 14 한국건축사
해설 |
수덕사 대웅전은 주심포식 건축물이다.

정답 | ②

07

탑상형 공동주택에 관한 설명으로 옳지 않은 것은?

① 각 세대에 시각적인 개방감을 준다.
② 각 세대의 거주 조건 및 환경이 균등하다.
③ 도심지 내의 랜드마크인 역할이 가능하다.
④ 건축물 외면의 4개의 입면성을 강조한 유형이다.

개념 | KEYWORD 04 공동주택

해설 |
각 세대의 거주 조건 및 환경(채광, 통풍 등)이 동일하지 않다.

관련이론
탑상형(타워형)
1. Y자형, +자형, ㅁ자형이 일반적이다.
2. 고층으로 조망권, 일조권이 좋고 건축물의 외형미가 좋다.
3. 구조에 따라 강제 환기 시스템이 필요하다.
4. 각 세대의 채광, 통풍이 동일하지 않다.

정답 | ②

08

학교의 운영방식에 관한 설명으로 옳지 않은 것은?

① 플래툰형은 교과교실형보다 학생의 이동이 많다.
② 종합교실형은 초등학교 저학년에 가장 권장할 만한 형식이다.
③ 달톤형은 규모 및 시설이 다른 다양한 형태의 교실이 요구된다.
④ 일반 및 특별교실형은 우리나라 중학교에서 일반적으로 사용되는 방식이다.

개념 | KEYWORD 09 학교, 도서관

해설 |
교과교실형은 모든 교실이 특정교과를 위해 만들어지고 일반교실이 없으므로, 다른 학교 운영방식 보다 학생의 이동이 많다.

관련이론
플래툰형
전학급을 2분단으로 나누고, 한쪽이 일반교실을 사용할 때 다른 쪽은 특별교실을 이용하는 방식이다.

정답 | ①

09

사무소 건축에서 오피스 랜드스케이핑(Office landscaping)에 관한 설명으로 옳지 않은 것은?

① 프라이버시 확보가 용이하여 업무의 효율성이 증대된다.
② 커뮤니케이션의 융통성이 있고 장애요인이 거의 없다.
③ 실내에 고정된 칸막이를 설치하지 않으며 공간을 절약할 수 있다.
④ 변화하는 작업의 패턴에 따라 조절이 가능하며 신속하고 경제적으로 대처할 수 있다.

개념 | KEYWORD 05 사무소

해설 |
오피스 랜드스케이핑은 작업의 성격이나 업무의 흐름에 따라 능률적으로 배치하는 방법으로 소음에 취약하고 독립성이 결여되어 프라이버시 확보가 잘 되지 않는 단점이 있다.

정답 | ①

10

엘리베이터의 설계 시 고려사항으로 옳지 않은 것은?

① 군 관리운전의 경우 동일 군내의 서비스 층은 같게 한다.
② 승객의 층별 대기시간은 평균 운전간격 이하가 되게 한다.
③ 건축물의 출입층이 2개 층이 되는 경우는 각각의 교통수요량 이상이 되도록 한다.
④ 백화점과 같은 대규모 매장에는 일반적으로 승객수송의 70~80%를 분담하도록 계획한다.

개념 | KEYWORD 06 상점, 백화점, 쇼핑센터

해설 |
백화점, 공항 등의 대규모 고객 서비스가 필요한 장소에서 일반적으로 승객수송의 70~80% 정도는 에스컬레이터가 분담한다.

정답 | ④

11
극장 건축과 관련된 용어 설명으로 옳지 않은 것은?

① 플라이 갤러리(Fly gallery): 무대 주위의 벽에 설치되는 좁은 통로이다.
② 사이클로라마(Cyclorama): 무대의 제일 뒤에 설치되는 무대 배경용 벽이다.
③ 그린룸(Green room): 연기자가 분장 또는 화장을 하고 의상을 갈아입는 곳이다.
④ 그리드 아이언(Grid iron): 무대 천장 밑에 설치한 것으로 배경이나 조명 기구 등이 매달린다.

개념 | KEYWORD 08 극장, 영화관, 미술관
해설 |
그린룸(Green room)은 출연자 대기실을 말하며 주로 무대 가까운 곳에 배치한다.

정답 | ③

12
숑바르 드 로브의 주거면적으로 옳은 것은?

① 병리기준: 6m², 한계기준: 12m²
② 병리기준: 6m², 한계기준: 14m²
③ 병리기준: 8m², 한계기준: 12m²
④ 병리기준: 8m², 한계기준: 14m²

개념 | KEYWORD 03 단독주택
해설 |
병리기준: 8m²/인, 한계기준: 14m²/인

관련이론
1인당 주거면적

구분		면적(m²/인)
최소한 주택의 표준		10
코로느(Cologne) 기준		16
숑바르 드 로브	병리기준	8
	한계기준	14
	표준기준	16
국제주거회의(최소)		15

정답 | ④

13
미술관 전시실의 순회형식에 관한 설명으로 옳지 않은 것은?

① 연속순회형식은 전시 벽면이 최대화되고 공간절약 효과가 있다.
② 연속순회형식은 한 실을 폐쇄하면 다음 실로의 이동이 불가능하다.
③ 갤러리 및 복도형식은 관람자가 전시실을 자유롭게 선택하여 관람할 수 있다.
④ 중앙홀 형식에서 중앙홀이 크면 장래의 확장에는 용이하나 동선의 혼잡이 심해진다.

개념 | KEYWORD 08 극장, 영화관, 미술관
해설 |
중앙홀이 크면 동선의 혼란은 없으나, 장래의 확장에는 무리가 있다.

관련이론
중앙홀 형식
중심부에 하나의 큰 홀을 두고 그 주위에 각 전시실을 배치하여 자유로이 출입하는 형식이다.
1. 과거에 많이 사용한 평면으로 중앙홀에 높은 천창을 설치하여 고창(高窓)으로부터 채광하는 방식이 많았다.
2. 부지의 이용률이 높은 지점에 건립할 수 있으며, 중앙홀이 크면 동선의 혼란은 없으나 장래의 확장에 많은 무리가 따른다.

정답 | ④

14
경복궁의 궁궐 배치는 전조공간과 후침공간으로 이루어져 있다. 다음 중 전조공간의 구성에 속하지 않는 것은?

① 근정전 ② 만춘전
③ 천추전 ④ 강녕전

개념 | KEYWORD 14 한국건축사
해설 |
강녕전은 후침공간에 속한다.

관련이론
경복궁의 궁궐 배치
1. 전조공간(왕이 정사를 보는 곳): 근정전, 만춘전, 사정전, 천추전 등
2. 후침공간(왕의 사적 생활공간): 강녕전, 수정전, 교태전, 자경전 등

정답 | ④

15

도서관 건축에 관한 설명으로 옳지 않은 것은?

① 캐럴(Carrel)은 서고 내에 설치된 소연구실이다.
② 서고의 내부는 자연채광을 하지 않고 인공조명을 사용한다.
③ 일반 열람실의 면적은 0.25~0.5m²/인 정도의 규모로 계획한다.
④ 서고면적 1m² 당 150~250권 정도의 수장능력을 갖도록 계획한다.

개념 | KEYWORD 09 학교, 도서관
해설 |
일반 열람실의 면적은 성인 1인당 1.5~2.0m², 아동 1인당 1.1m² 정도로 계획한다. (1석당 평균 면적은 1.8m² 전후)

정답 | ③

16

호텔건축에 관한 설명으로 옳지 않은 것은?

① 커머셜 호텔은 가급적 저층으로 한다.
② 아파트먼트 호텔은 장기 체류용 호텔이다.
③ 리조트 호텔은 자연 경관이 좋은 곳을 선택한다.
④ 터미널 호텔은 교통기관의 발착지점에 위치한다.

개념 | KEYWORD 12 호텔
해설 |
커머셜 호텔은 일반적으로 고밀도의 고층형이다.

정답 | ①

17

공동주택 단위주거의 단면구성 형태에 관한 설명으로 옳지 않은 것은?

① 플랫형은 주거단위가 동일층에 한하여 구성되는 형식이다.
② 스킵 플로어형은 통로 및 공용면적이 적은 반면에 전체적으로 유효면적이 높다.
③ 복층형(메조네트형)은 플랫형에 비해 엘리베이터의 정지 층수를 적게 할 수 있다.
④ 트리플렉스형은 듀플렉스형보다 프라이버시의 확보율이 낮고 통로면적이 많이 필요하다.

개념 | KEYWORD 04 공동주택
해설 |
트리플렉스형은 3개층이 하나의 주호로 만들어지므로 듀플렉스형(2개층이 하나의 주호)보다 프라이버시의 확보율이 높고 통로면적이 적게 소요된다.

정답 | ④

18

다음 중 건축요소와 해당 건축요소가 사용된 건축양식의 연결이 옳지 않은 것은?

① 장미창(Rose window) — 고딕
② 러스티케이션(Rustication) — 르네상스
③ 첨두아치(Pointed arch) — 로마네스크
④ 펜덴티브 돔(Pendentive dome) — 비잔틴

개념 | KEYWORD 13 서양건축사
해설 |
첨두아치(Pointed arch)는 고딕양식이다.

정답 | ③

19

은행건축계획에 관한 설명으로 옳지 않은 것은?

① 고객과 직원과의 동선이 중복되지 않도록 계획한다.
② 대규모 은행일 경우 고객의 출입구는 되도록 1개소로 계획한다.
③ 이중문을 설치할 경우 바깥문은 바깥 여닫이 또는 자재문으로 계획한다.
④ 어린이의 출입이 많은 경우에는 주출입구에 회전문을 설치하는 것이 좋다.

개념 | KEYWORD 07 은행
해설 |
어린이의 출입이 많은 곳에서는 안전을 고려하여 회전문 설치를 배제하는 것이 좋다.

관련이론
은행 주출입구(현관)
1. 전실을 두거나 방풍을 위한 칸막이를 설치한다.
2. 도난 방지상 안여닫이(전실을 둘 경우 바깥문은 외여닫이 또는 자재문)로 한다.
3. 고객 출입구는 도난 방지와 관리를 위해 1개소만 설치한다.

정답 | ④

20

다음 중 백화점 기둥간격의 결정요소와 가장 거리가 먼 것은?

① 지하 주차장의 주차방법
② 진열대의 치수와 배열법
③ 엘리베이터의 배치 방법
④ 각 층별 매장의 상품구성

개념 | KEYWORD 06 상점, 백화점, 쇼핑센터
해설 |
각 층별 매장의 상품구성은 기둥간격 결정요소와 거리가 멀다.

관련이론
기둥간격 결정요소
1. 사무소: 책상배치, 채광 유효면적, 지하주차단위 등
2. 백화점: 가구배치, 에스컬레이터, 지하주차단위 등

정답 | ④

건축시공

21

아래 그림의 형태를 가진 흙막이의 명칭은?

① H-말뚝 토류판
② 슬러리월
③ 소일콘크리트 말뚝
④ 시트파일

개념 | KEYWORD 12 토공사
해설 |
해당 그림은 시트파일(Steel sheet pile, 철재널말뚝)이며, 정확한 명칭은 랜섬(Ransom)이다.

정답 | ④

22

다음 중 통계적 품질관리 기법의 종류에 해당되지 않는 것은?

① 히스토그램
② 특성요인도
③ 브레인스토밍
④ 파레토도

개념 | KEYWORD 09 품질관리
해설 |
브레인스토밍은 자유롭게 아이디어를 내기 위한 발상법으로 통계적 품질관리 기법에 해당되지 않는다.

관련이론
QC활동(품질관리도구)의 7도구
1. 히스토그램: 데이터가 어떤 분류나 분포로 되어 있는가를 나타낸 그림
2. 파레토도: 고장, 결점, 불량 등의 원인을 크기 순으로 나열하여 나타낸 그림
3. 특성요인도: 원인이 결과에 어떤 작용을 하고 있는가를 나타낸 그림
4. 체크시트: 데이터가 어느 항목에 집중되어 있는가를 나타낸 그림
5. 산점도: 두 데이터의 상호관계를 파악하기 위하여 그래프 위에 타점하여 나타낸 그림
6. 층별: 데이터를 일정한 형식에 의해 부분 집단으로 재구성한 수법
7. 그래프(관리도): 품질관리에서 얻은 자료를 알기 쉽게 그림으로 정리한 것임

정답 | ③

23

도장공사에 필요한 가연성 도료를 보관하는 창고에 관한 설명으로 옳지 않은 것은?

① 독립한 단층건물로서 주위 건물에서 1.5m 이상 떨어져 있게 한다.
② 건물 내의 일부를 도료의 저장장소로 이용할 때는 내화구조 또는 방화구조로 구획된 장소를 선택한다.
③ 바닥에는 침투성이 없는 재료를 깐다.
④ 지붕은 불연재로 하고, 적정한 높이의 천장을 설치한다.

개념 | KEYWORD 27 도장공사
해설 |
가연성 도료를 보관하는 창고의 지붕을 불연재로 해야 하는 것은 맞지만 천장은 설치하지 않아야 한다.

정답 | ④

24

철근콘크리트 구조물에서 철근 조립순서로 옳은 것은?

① 기초철근 → 기둥철근 → 보철근 → 슬래브철근 → 계단철근 → 벽철근
② 기초철근 → 기둥철근 → 벽철근 → 보철근 → 슬래브철근 → 계단철근
③ 기초철근 → 벽철근 → 기둥철근 → 보철근 → 슬래브철근 → 계단철근
④ 기초철근 → 벽철근 → 보철근 → 기둥철근 → 슬래브철근 → 계단철근

개념 | KEYWORD 14 철근공사
해설 |
철근은 기초 → 기둥 → 벽 → 보 → 슬래브 → 계단의 순으로 조립한다.

정답 | ②

25

건설사업지원 통합 전산망으로 건설 생산활동 전 과정에서 건설 관련 주체가 전산망을 통해 신속히 교환·공유할 수 있도록 지원하는 통합 정보시스템을 지칭하는 용어는?

① 건설 CIC(Computer Integrated Construction)
② 건설 CALS(Continuous Acquisition & Life cycle Support)
③ 건설 EC(Engineering Construction)
④ 건설 EVMS(Earned Value Management System)

개념 | KEYWORD 02 관계자와 관리기법
해설 |
CALS는 건설산업의 설계, 입찰, 시공, 유지관리 등 전 과정에서 발생하는 정보를 발주청, 설계·시공업체 등 관련 주체가 정보통신망을 활용하여 교환, 공유하는 시스템이다.

선지분석
① CIC: 건설생산에 초점을 맞추어 계획, 관리, 엔지니어링, 설계, 구매, 시공, 유지, 보수 등 건설 수행의 모든 프로세스를 효율적으로 운영하기 위한 시스템이다.
③ E.C(종합건설업): 건설사업의 발굴 및 기획, 설계, 시공, 유지관리에 이르기까지 사업전반에 관한 것을 종합적으로 기획, 관리하는 업무영역의 확대이다.
④ EVMS: 프로젝트 비용과 일정에 대한 계획과 실적을 객관적인 기준에 의해 비교·관리하는 기법이다.

정답 | ②

26

타일의 흡수율 크기의 대소관계로 옳은 것은?

① 석기질 > 도기질 > 자기질
② 도기질 > 석기질 > 자기질
③ 자기질 > 석기질 > 도기질
④ 석기질 > 자기질 > 도기질

개념 | KEYWORD 20 석공사
해설 |
타일의 흡수율(%)
도기질 > 석기질 > 자기질

정답 | ②

27
MCX(Minimum Cost Expediting) 기법에 의한 공기단축에서 아무리 비용을 투자해도 그 이상 공기를 단축할 수 없는 한계점을 무엇이라 하는가?

① 표준점 ② 포화점
③ 경제 속도점 ④ 특급점

개념 | KEYWORD 08 공정관리
해설 |
특급점은 절대공기의 시점을 말하며, 단축이 불가능한 시간이다.

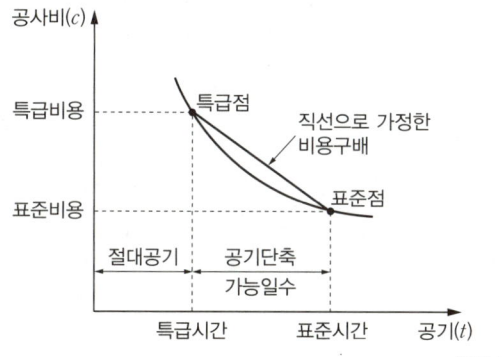

정답 | ④

28
콘크리트에 사용되는 혼화재 중 플라이애시의 사용에 따른 이점으로 볼 수 없는 것은?

① 유동성의 개선 ② 수화열의 감소
③ 수밀성의 향상 ④ 초기강도의 증진

개념 | KEYWORD 16 콘크리트공사
해설 |
플라이애시를 사용하면 초기강도는 감소하고, 장기강도가 커진다.

관련이론
플라이애시의 특성
1. 수화열이 적고, 건조수축이 작다.
2. 초기강도가 작고, 장기강도는 크다.
3. 워커빌리티가 좋고, 수밀성이 크며, 단위수량이 감소한다.

정답 | ④

29
다음 중 공사시방서에 기재하지 않아도 되는 사항은?

① 건물 전체의 개요 ② 공사비 지급방법
③ 시공방법 ④ 사용재료

개념 | KEYWORD 05 입찰방식 및 계약
해설 |
시방서란 공사를 진행하는 방법을 글로써 서술한 설계도서로 공사에 관한 전반적인 사항을 기록하나 공사비의 지급방법을 기재하지는 않는다.

관련이론
시방서의 내용
적용범위, 사전준비사항, 사용재료에 관한 사항, 시공방법에 관한 사항, 기타관련사항 등

정답 | ②

30
방수공사용 아스팔트의 종류 중 표준용융온도가 가장 낮은 것은?

① 1종 ② 2종
③ 3종 ④ 4종

개념 | KEYWORD 22 방수공사
해설 |
표준용융온도는 3종=4종 > 2종 > 1종으로 1종의 온도가 가장 낮다.

관련이론
방수공사용 아스팔트의 표준용융온도

종류	온도(℃)
1종	220~230
2종	240~250
3종	260~270
4종	260~270

정답 | ①

31

외부 조적벽의 방습, 방열, 방한, 방서 등을 위해서 설치하는 쌓기법은?

① 내쌓기
② 기초쌓기
③ 공간쌓기
④ 엇모쌓기

개념 | KEYWORD 19 조적공사
해설 |
공간쌓기는 내부 공간의 방음·방열·방한·방습·방서 등의 효과를 위해 벽과 벽 사이에 공기층을 두거나 단열재를 두고 쌓는 방식으로 이중벽쌓기라고도 부른다.

선지분석
① 내쌓기: 한 켜당 1/8B 또는 두 켜당 1/4B, 내미는 정도는 2B를 한도로 한다.
② 기초쌓기: 벽돌조 기초는 연속 기초로 한다.
④ 엇모쌓기: 45° 각도로 모서리면이 보이도록 쌓는 방식이다.

정답 | ③

32

칠공사에 사용되는 희석제의 분류가 잘못 연결된 것은?

① 송진건류품 — 테레빈유
② 석유건류품 — 휘발유, 석유
③ 콜타르 증류품 — 미네랄 스피리트
④ 송근건류품 — 송근유

개념 | KEYWORD 27 도장공사
해설 |
콜타르 증류품은 벤졸, 솔벤트 나프타 등이며, 미네랄 스피리트는 석유건류품이다.

정답 | ③

33

토공사에 쓰이는 굴착용 기계 중 기계가 서 있는 지반면보다 위에 있는 흙의 굴착에 적합한 장비는?

① 파워쇼벨(Power shovel)
② 드래그라인(Drag line)
③ 드래그쇼벨(Drag shovel)
④ 클램쉘(Clamshell)

개념 | KEYWORD 12 토공사
해설 |
기계가 서 있는 위치보다 높은 곳의 굴착에 적당한 장비는 파워쇼벨(Power shovel)이다.

관련이론
굴착용 기계

종류	특성
파워쇼벨	지면보다 높은 곳의 굴착에 적합하며 굴착력이 크다.
드래그쇼벨 (백호)	지면보다 낮은 곳의 굴착에 적합하며 굴착력이 크고 범위가 좁다.
드래그라인	기계를 설치한 지반보다 낮은 장소 또는 수중을 굴착하는데 사용된다. 굴착력은 약하나 작업범위가 광범위하다.
클램쉘	좁은 곳의 수직굴착, 수중굴착에 적합하다.
트렌처	도랑파기, 줄기초 파기에 사용된다.

정답 | ①

34

바깥방수와 비교한 안방수의 특징에 관한 설명으로 옳지 않은 것은?

① 공사가 간단하다.
② 공사비가 비교적 싸다.
③ 보호누름이 없어도 무방하다.
④ 수압이 작은 곳에 이용된다.

개념 | KEYWORD 22 방수공사
해설 |
안방수는 보호누름이 필요하고, 바깥방수는 보호누름이 없어도 무방하다.

관련이론
안방수와 바깥방수와의 비교

구분	안방수	바깥방수
사용 환경	비교적 수압이 적은 지하실에 적당	수압에 상관없이 가능
바탕 만들기	따로 만들 필요 없음	따로 만들어야 함
경제성(공사비)	비교적 저가	비교적 고가
내수압 처리	수압에 견디기 곤란	내수압적
보호누름	필요	없어도 무방

정답 | ③

35

한중콘크리트에 관한 설명으로 옳은 것은?

① 한중콘크리트는 공기연행콘크리트를 사용하는 것을 원칙으로 한다.
② 타설할 때의 콘크리트 온도는 구조물의 단면 치수, 기상 조건 등을 고려하여 최소 25℃ 이상으로 한다.
③ 물-결합재비는 50% 이하로 하고, 단위수량은 소요의 워커빌리티를 유지할 수 있는 범위 내에서 되도록 크게 정하여야 한다.
④ 콘크리트를 타설한 직후에 찬바람이 콘크리트 표면에 닿도록 하여 초기양생을 실시한다.

개념 | KEYWORD 16 콘크리트공사
해설 |
한중콘크리트는 공기연행제를 사용한다.

선지분석
② 타설할 때의 콘크리트 온도는 구조물의 단면 치수, 기상 조건 등을 고려하여 최소 5~20℃ 이상으로 한다.
③ 물-결합재비는 60% 이하로 하고, 단위수량은 소요의 워커빌리티를 유지할 수 있는 범위 내에서 되도록 작게 정하여야 한다.
④ 콘크리트를 타설한 직후에 찬바람이 콘크리트 표면에 닿지 않도록 하여 초기양생을 실시한다.

정답 | ①

36

네트워크(Network) 공정표의 장점으로 볼 수 없는 것은?

① 작업 상호간의 관련성을 알기 쉽다.
② 공정 계획의 초기 작성 시간이 단축된다.
③ 공사의 진척 관리를 정확히 할 수 있다.
④ 공기 단축 가능 요소의 발견이 용이하다.

개념 | KEYWORD 08 공정관리
해설 |
네트워크 공정표는 다른 공정표에 비해 작성시간이 필요하며 작성 및 검사에 특별한 기능이 필요하다.

정답 | ②

37

일반 콘크리트의 내구성에 관한 설명으로 옳지 않은 것은?

① 콘크리트에 사용하는 재료는 콘크리트의 소요 내구성을 손상시키지 않는 것이어야 한다.
② 굳지 않은 콘크리트 중의 전 염소이온량은 원칙적으로 $0.3kg/m^3$ 이하로 하여야 한다.
③ 콘크리트는 원칙적으로 공기연행콘크리트로 하여야 한다.
④ 콘크리트의 물-결합재비는 원칙적으로 50% 이하여야 한다.

개념 | KEYWORD 16 콘크리트공사
해설 |
콘크리트의 내구성을 기준으로 물-결합재비는 원칙적으로 60% 이하여야 한다.

관련이론
물-결합재비
1. 내구성 기준: 60% 이하
2. 수밀성 기준: 50% 이하

정답 | ④

38

철근콘크리트 공사에서 철근조립에 관한 설명으로 옳지 않은 것은?

① 황갈색의 녹이 발생한 철근은 그 상태가 경미하다 하더라도 사용이 불가하다.
② 철근의 피복두께를 정확하게 확보하기 위해 적절한 간격으로 고임재 및 간격재를 배치하여야 한다.
③ 거푸집에 접하는 고임재 및 간격재는 콘크리트 제품 또는 모르타르 제품을 사용하여야 한다.
④ 철근을 조립한 다음 장기간 경과한 경우에는 콘크리트를 타설 전에 다시 조립 검사를 하고 청소하여야 한다.

개념 | KEYWORD 14 철근공사
해설 |
철근은 마디에 의해 콘크리트와 결합되며 경미한 녹에 의한 부착력의 저하는 거의 없다. 녹이 있더라도 콘크리트 결합 시 피막이 형성되므로 더 이상의 녹은 발생하지 않으며, 콘크리트 구조물 품질에 영향을 주지 않는다.

정답 | ①

39
다음 중 유리의 주성분으로 옳은 것은?

① Na_2O ② CaO
③ SiO_2 ④ K_2O

개념 | KEYWORD 25 유리공사
해설 |
유리의 주성분은 산화규소(SiO_2)이며, 석영이나 규사가 사용된다.

정답 | ③

40
8개월간 공사하는 현장에 필요한 시멘트량이 2,397포이다. 이 공사 현장에 필요한 시멘트 창고 필요면적으로 적당한 것은? (단, 쌓기단수는 13단임)

① $24.6m^2$ ② $54.2m^2$
③ $73.8m^2$ ④ $98.5m^2$

개념 | KEYWORD 07 공종별 적산
해설 |
2,397포로 1,800포 초과이므로, 1/3만 적용하면 799포대이다.

∴ $A = 0.4 \times \dfrac{799}{13} ≒ 24.6m^2$

관련이론

시멘트 창고 면적 $A = 0.4 \times \dfrac{N}{n}$

여기서, n: 쌓기단수 (최대 13단)
   N: 시멘트 포대수

※ 시멘트 포대수 N산정

포대수	N
600포 미만	쌓기 포대수 전량
600포 이상~1,800포 이하	600포
1,800포대 초과	1/3만 적용

정답 | ①

건축구조

41
다음 중 지진에 의하여 발생되는 현상이 아닌 것은?

① 동상현상 ② 해일
③ 지반의 액상화 ④ 단층의 이동

개념 | KEYWORD 03 내진·내풍·사용성 설계
해설 |
물이 얼음으로 변화할 때 부피는 약 9% 정도 증가하기 때문에 흙속에 포함된 수분이 얼면 부피가 증가하게 되고 지표면 위에 있는 건축물을 들어 올리는 현상을 동상현상(Frost heave)이라고 한다. 동상현상은 결국 온도변화와 관련된 지표이며 지진에 의해 발생되는 현상은 아니다.

관련이론
지반의 액상화
모래지반에서 순간충격, 지진, 진동 등에 의해 간극수압이 상승하고 유효응력이 감소되어 전단저항을 상실하고 지반이 액체와 같은 상태로 변화하는 현상을 말한다. 구조물의 부등침하·파괴, 지반 이동 등이 발생한다.

정답 | ①

42
철근콘크리트 보의 사인장 균열에 관한 설명으로 옳지 않은 것은?

① 전단력 및 비틀림에 의하여 발생한다.
② 보의 축과 약 45°의 각도를 이룬다.
③ 주인장응력도의 방향과 사인장 균열의 방향은 일치한다.
④ 보의 단부에 주로 발생한다.

개념 | KEYWORD 12 사용성 및 내구성
해설 |
사인장 균열은 보의 단부에서 주인장응력도의 직각방향으로 발생하게 된다.

정답 | ③

43

다음 그림과 같은 띠철근 기둥의 설계축하중(ϕP_n)값으로 옳은 것은? (단, $f_{ck}=24\text{MPa}$, $f_y=400\text{MPa}$, 주근 단면적(A_{st}): 3,000mm²임)

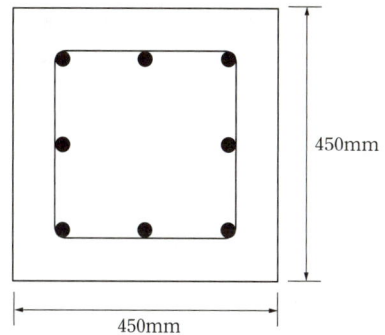

① 2,740kN ② 2,952kN
③ 3,335kN ④ 3,359kN

개념 | KEYWORD 15 슬래브, 기둥, 벽체, 기타
해설 |
기둥의 설계축하중: 기둥의 단면을 구성하고 있는 콘크리트와 철근이 부담할 수 있는 축하중을 합산하여 강도감소계수를 곱한 것이다.
$\phi P_n = \phi \times 0.80 \times P_0$
$= \phi \times 0.80 \times (0.85 \times f_{ck} \times (A_g - A_{st}) + (f_y \cdot A_{st}))$
$= 0.65 \times 0.80 \times (0.85 \times 24 \times (450^2 - 3,000) + (400 \times 3,000))$
$= 2,740,296\text{N} = 2,740.296\text{kN}$
(여기서, 띠철근의 강도감소계수(ϕ): 0.65)

정답 | ①

44

연약한 지반에 대한 대책 중 상부구조의 조치사항으로 옳지 않은 것은?

① 건물의 수평길이를 길게 한다.
② 건물을 경량화 한다.
③ 건물의 강성을 높여준다.
④ 건물의 인동간격을 멀리한다.

개념 | KEYWORD 02 지반 및 기초
해설 |
건물의 수평길이를 짧게 한다.

관련이론
부등침하 방지대책(상부구조에 대한 대책)
1. 건물의 경량화 및 중량 분배
2. 건물의 길이를 짧게
3. 강성을 높게
4. 인접 건물과의 거리를 멀게

정답 | ①

45

그림과 같은 단면에서 x축에 대한 단면2차모멘트는?

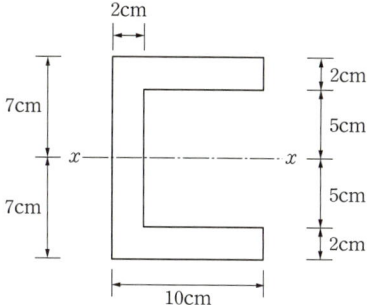

① 1,420cm⁴ ② 1,520cm⁴
③ 1,620cm⁴ ④ 1,720cm⁴

개념 | KEYWORD 05 단면의 성질
해설 |
비어있지 않은 큰 사각형(10cm×14cm)으로 계산한 단면2차모멘트에서 내부의 빈 사각형(8cm×10cm)의 단면2차모멘트를 뺀다.
사각형의 단면2차모멘트 $I = \dfrac{bh^3}{12}$
$\therefore I_x = \dfrac{BH^3 - bh^3}{12} = \dfrac{(10 \times 14^3) - (8 \times 10^3)}{12} = 1,620\text{cm}^4$

정답 | ③

46

철골조의 가새에 관한 설명으로 옳지 않은 것은?

① 트러스의 절점 또는 기둥의 절점을 각각 대각선 방향으로 연결하여 구조체의 변형을 방지하는 부재이다.
② 풍하중, 지진력 등의 수평하중에 저항하는 것으로 부재에는 인장응력만 발생한다.
③ 보통 단일형강재 또는 조립재를 쓰지만 응력이 작은 지붕가새에는 봉강을 사용한다.
④ 수평가새는 지붕트러스의 지붕면(경사면)에 설치한다.

개념 | KEYWORD 17 강구조 총론
해설 |
② 풍하중, 지진력 등의 수평하중에 저항하고 인장응력 뿐만 아니라 압축응력도 발생한다.

관련이론
철골구조의 가새는 대부분 인장응력을 부담하지만 압축응력을 부담하는 가새도 있다. 인장가새는 아이바(Eye bar), 루프바(Loop bar), 턴버클(Turn buckle) 등을 사용하고, 압축가새는 앵글(Angle)을 사용한다. 가새는 횡부재에 대해서 30~60° 범위 내에 있도록 배치해야 하고, 골조 전체로 보아 가새 방향이 대칭이 되어야 한다.

정답 | ②

47

절점 B에 외력 $M=200\text{kN}\cdot\text{m}$가 작용하고 각 부재의 강비가 그림과 같을 경우 M_{AB}는?

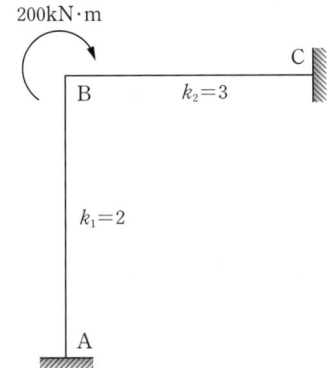

① 20kN·m
② 40kN·m
③ 60kN·m
④ 80kN·m

개념 | KEYWORD 09 구조물 해석
해설 |
지점 도달모멘트(M_{AB})는 분배모멘트(M_{BA})의 1/2이다.

1. 분배율: $DF_{BA}=\dfrac{2}{2+3}=\dfrac{2}{5}$

2. 분배모멘트 계산: B절점에서의 분배
$M_{BA}=200\times\dfrac{2}{5}=80\text{kN}\cdot\text{m}$

3. 전달모멘트 계산: $B \to A$ (전달률: 고정단은 $\dfrac{1}{2}$)
$M_{AB}=\dfrac{1}{2}M_{BA}=80\times\dfrac{1}{2}=40\text{kN}\cdot\text{m}$

정답 | ②

48

그림과 같은 모살용접의 유효용접길이는? (단, 유효용접길이는 1면에 대해서만 산정)

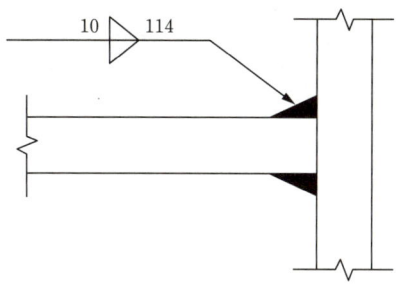

① 10mm ② 94mm
③ 107mm ④ 114mm

개념 | KEYWORD 18 접합, 볼트, 용접
해설 |
유효용접길이(l_e)는 용접길이(l)에서 시작과 끝의 모살치수(S)만큼 뺀 길이이다.
$l_e = l - 2S$
문제의 용접기호에서 용접길이는 114mm, 모살치수는 10mm이므로,
∴ $l_e = l - 2S = 114 - (10 \times 2) = 94$mm

정답 | ②

49

강구조에서 하중점과 볼트, 접합된 부재의 반력 사이에서 지렛대와 같은 거동에 의해 볼트에 작용하는 인장력이 증폭되는 현상을 무엇이라 하는가?

① Slip-critical action ② Bearing action
③ Prying action ④ Buckling action

개념 | KEYWORD 18 접합, 볼트, 용접
해설 |
Prying action(지레작용): 기계적 연결재를 사용한 인장 접합부에서 외력의 작용선, 연결재의 위치, 편심 등에 의해 접합 끝부분에 생기는 외력 방향의 2차 응력이다.

정답 | ③

50

다음 그림과 같은 보에서 고정단에 생기는 휨모멘트는?

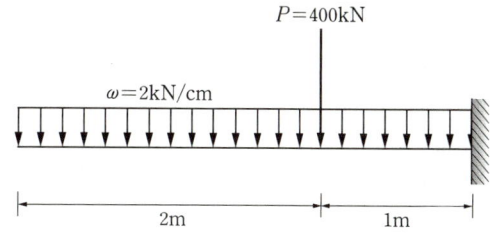

① 500kN·m ② 900kN·m
③ 1,300kN·m ④ 1,500kN·m

개념 | KEYWORD 06 반력, 전단력, 휨 모멘트
해설 |
캔틸레버보의 휨모멘트 계산 시 자유단에서부터 고정단 방향으로 휨모멘트를 계산하면 된다. 등분포하중과 집중하중으로 분리하여 지점에서 발생하는 휨모멘트를 계산하여 합산한다. (※ 단, 문제의 하중은 다음과 같이 단위를 환산하여 적용한다.)
$2\text{kN/cm} = \dfrac{2\text{kN}}{1\text{cm}} = \dfrac{2 \times 100\text{kN}}{100\text{cm}} = \dfrac{200\text{kN}}{1\text{m}} = 200\text{kN/m}$이다.
∴ 고정단에 생기는 휨모멘트는,
$(-400\text{kN} \times 1\text{m}) + (-(200\text{kN/m} \times 3\text{m}) \times 1.5\text{m}) = -1,300\text{kN·m}$

정답 | ③

51

다음 그림과 같은 구조물의 부정정차수로 옳은 것은?

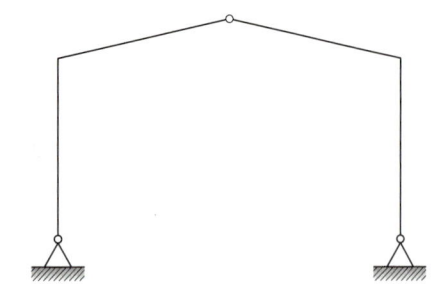

① 정정
② 1차 부정정
③ 2차 부정정
④ 3차 부정정

개념 | KEYWORD 08 구조물 판별

해설 |

$N = r + m + f - 2 \times j$ 공식 이용

여기서, r: 지점반력수, m: 부재수, f: 강절점수, j: 지점수＋자유단 지점수이다.

∴ $N = 4 + 4 + 2 - 2 \times 5 = 0$이므로 정정 구조물이다.

다른 풀이

외적 판별값(N_e)과 내적 판별값(N_i)의 결과를 합산하여 구조물을 판별할 수 있다.

$N_e = R - 3 = (2+2) - 3 = 1$
$N_i = -1$(힌지 하나 추가)
$N = N_e + N_i = 1 - 1 = 0$, 정정

정답 | ①

52

다음과 같은 볼트군의 x_0부터의 도심위치 x를 구하면? (단, 그림의 단위는 **mm**)

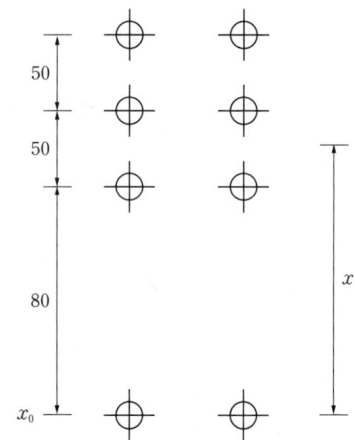

① 80mm
② 89.5mm
③ 90mm
④ 97.5mm

개념 | KEYWORD 05 단면의 성질

해설 |

도심거리는 기준축에서 각 볼트까지 거리의 합을 볼트 개수로 나눈 평균거리이므로,

$$x = \frac{(180 \times 2) + (130 \times 2) + (80 \times 2) + (0 \times 2)}{8} = 97.5\text{mm}$$

정답 | ④

53

압축이형철근의 정착길이에 관한 기준으로 옳지 않은 것은?

① 계산된 정착길이는 항상 200mm 이상이어야 한다.
② 기본정착길이는 최소 $0.043d_b f_y$ 이상이어야 한다.
③ 해석결과 요구되는 철근량을 초과하여 배치한 경우 $\left(\dfrac{소요철근량}{배근철근량}\right)$을 곱하여 보정한다.
④ 전경량콘크리트를 사용한 경우 기본정착길이에 0.85배 하여 정착길이를 산정한다.

개념 | KEYWORD 16 철근 정착과 이음
해설 |
압축이형철근의 기본정착길이는 다음과 같이 산정할 수 있으며, 그 값은 $0.043d_b f_y$ 이상이 되어야 한다.

$$l_{db} = \frac{0.25 d_b f_y}{\lambda \sqrt{f_{ck}}} \geq 0.043 d_b f_y$$

여기서 λ는 경량콘크리트 계수로 전경량콘크리트는 0.75, 모래경량콘크리트는 0.85, 보통중량콘크리트는 1.0으로 규정되어 있다.

정답 | ④

54

다음 그림과 같은 압축재 $H-200 \times 200 \times 8 \times 12$ 가 부재의 중앙지점에서 약축에 대해 휨변형이 구속되어 있다. 이 부재의 탄성좌굴응력도를 구하면? (단, 단면적 $A = 63.53 \times 10^2 \text{mm}^2$, $I_x = 4.72 \times 10^7 \text{mm}^4$, $I_y = 1.60 \times 10^7 \text{mm}^4$, $E = 205{,}000 \text{MPa}$)

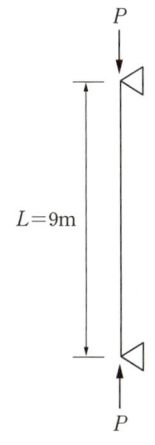

① 252N/mm^2
② 186N/mm^2
③ 132N/mm^2
④ 108N/mm^2

개념 | KEYWORD 07 기둥의 좌굴
해설 |
1. 양단 힌지이므로 유효좌굴길이계수 $K = 1.0$
2. 강축(x)에 대해서는 부재 전체의 길이 $L = 9$m, 약축(y)에 대해서는 휨변형이 구속되어 있으므로 $L = 4.5$m를 적용함에 주의한다.
3. 강축과 약축에 대한 좌굴하중을 계산하여 작은 쪽이 탄성좌굴하중이 된다.

$$P_{cr,x} = \frac{\pi^2 E I_x}{(KL_x)^2} = \frac{\pi^2 \times 205{,}000 \times (4.72 \times 10^7)}{(1.0 \times 9{,}000)^2} \fallingdotseq 1{,}178{,}991.3 \text{N}$$

$$P_{cr,y} = \frac{\pi^2 E I_y}{(KL_y)^2} = \frac{\pi^2 \times 205{,}000 \times (1.60 \times 10^7)}{(1.0 \times 4{,}500)^2} \fallingdotseq 1{,}598{,}632.2 \text{N}$$

4. 탄성좌굴응력

$$\sigma_{cr} = \frac{P_{cr}}{A} = \frac{1{,}178{,}991.3}{63.53 \times 10^2} \fallingdotseq 185.58 \text{N/mm}^2$$

정답 | ②

55

철근콘크리트 보에서 콘크리트를 이어붓기 할 때 그 이음의 위치로 가장 적당한 곳은?

① 전단력이 최소인 부분
② 휨모멘트가 최소인 부분
③ 큰 보와 작은 보가 접합되는 단면이 변화되는 부분
④ 보의 단부

개념 | KEYWORD 16 철근 정착과 이음

해설 |

콘크리트를 이어붓는 위치는 구조적으로 취약하므로 부재가 부담하는 응력이 최소인 곳에 두어야 한다. 콘크리트는 전단응력과 압축응력을 부담한다. 따라서 콘크리트를 이어붓는 위치는 전단력과 압축력이 최소인 곳이 적당하다.

정답 | ①

56

그림과 같이 양단이 고정된 강재 부재에 온도가 $\Delta T = 30°C$ 증가될 때 이 부재에 발생되는 압축응력은 얼마인가? (단, 강재의 탄성계수 $E_s = 2.0 \times 10^5 \text{MPa}$, 부재 단면적은 $5,000 \text{mm}^2$, 선팽창계수 $\alpha = 1.2 \times 10^{-5}/°C$임)

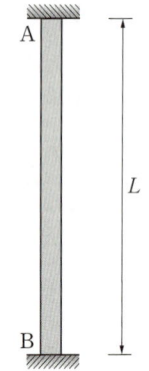

① 25MPa
② 48MPa
③ 64MPa
④ 72MPa

개념 | KEYWORD 04 재료의 기계적 성질

해설 |

$\sigma_T = E \times \alpha \times \Delta T$
$= (2.0 \times 10^5) \times (1.2 \times 10^{-5}) \times 30 = 72 \text{MPa}$

관련이론

온도응력

$\sigma_T = E \cdot \varepsilon_T = E \cdot \alpha \cdot \Delta T$

여기서, E: 탄성계수, α: 선팽창계수, ΔT: 온도 변화량이다.

정답 | ④

57

철근콘크리트 보의 장기처짐을 구할 때 적용되는 5년 이상 지속하중에 대한 시간경과계수 ξ의 값은?

① 2.4
② 2.0
③ 1.2
④ 1.0

개념 | KEYWORD 12 사용성 및 내구성

해설 |

5년 이상 시, 시간경과계수 ξ는 2.0

관련이론

장기처짐 = 탄성처짐 × λ

여기서, $\lambda = \dfrac{\xi}{1+50\rho'}$ (지속하중에 대한 처짐계수), ρ': 압축철근비, ξ: 시간경과계수

구분	ξ
3개월	1.0
6개월	1.2
12개월	1.4
5년 이상	2.0

정답 | ②

58

강도설계법에서 휨 또는 휨과 축력을 동시에 받는 부재의 콘크리트 압축연단에서 극한변형률은 얼마로 가정하는가?

① 0.002
② 0.0033
③ 0.005
④ 0.007

개념 | KEYWORD 13 보의 휨설계

해설 |

콘크리트의 극한 변형률

극한강도설계법에서 휨모멘트 또는 휨모멘트와 축력을 동시에 받는 부재의 콘크리트 압축연단의 극한변형률은 콘크리트의 설계기준압축강도가 40MPa 이하인 경우에 0.0033으로 가정한다.

※ 콘크리트 구조 휨 및 압축 설계기준이 개정되어 문제를 수정하였습니다.

정답 | ②

59

그림과 같은 캔딜레버 보에서 B점의 처짐을 구하면?

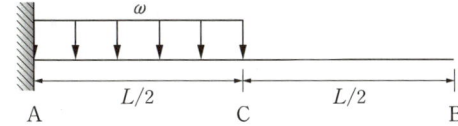

① $\dfrac{wL^4}{128EI}$
② $\dfrac{3wL^4}{128EI}$
③ $\dfrac{3wL^4}{384EI}$
④ $\dfrac{7wL^4}{384EI}$

개념 | KEYWORD 10 보의 처짐

해설 |

처짐 = (휨모멘트도의 면적) × (도심거리) × $\left(\dfrac{1}{EI}\right)$

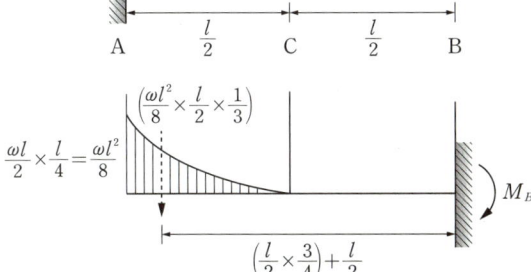

$\therefore \delta_B = \left(\dfrac{wl^2}{8} \times \dfrac{l}{2} \times \dfrac{1}{3}\right) \times \left(\dfrac{l}{2} \times \dfrac{3}{4} + \dfrac{l}{2}\right) \times \dfrac{1}{EI} = \dfrac{7wl^4}{384EI}$

정답 | ④

60

그림과 같은 구조물에서 기둥에 발생하는 휨모멘트가 0이 되려면 등분포하중 w는?

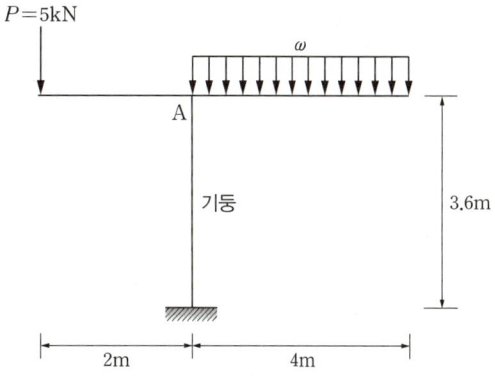

① 2.5kN/m
② 0.8kN/m
③ 1.25kN/m
④ 1.75kN/m

개념 | KEYWORD 06 반력, 전단력, 휨모멘트

해설 |

A점에서 집중하중 P와 등분포하중 w에 대해 모멘트 M을 계산한다.

$\Sigma M_A = -5 \times 2 + (w \times 4) \times 2 = 0$

$\therefore w = 1.25\text{kN/m}$

정답 | ③

건축설비

61

자동화재탐지설비의 감지기 중 감지기 주위의 온도가 일정한 온도 이상이 되었을 때 작동하는 것은?

① 차동식 감지기
② 정온식 감지기
③ 광전식 감지기
④ 이온화식 감지기

개념 | KEYWORD 06 소화설비

해설 |

자동화재탐지설비의 열감지기 중 주위온도가 일정 온도 이상일 때 작동하는 것은 정온식이다.

정답 | ②

62

급탕설비에 관한 설명으로 옳은 것은?

① 팽창탱크는 반드시 개방식으로 해야 한다.
② 리버스 리턴(Reverse-return) 방식은 전 계통의 탕의 순환을 촉진하는 방식이다.
③ 직접가열식 중앙급탕법은 보일러 안에 스케일 부착이 없이 내부에 방식처리가 불필요하다.
④ 간접가열식 중앙급탕법은 저탕조와 보일러를 직결하여 순환가열하는 것으로 고압용 보일러가 주로 사용된다.

개념 | KEYWORD 02 급탕설비
해설 |
리버스 리턴(Reverse-return, 역환수 방식)은 급탕·반탕관의 순환거리를 각 계통에 있어서 거의 같게 하여 전 계통의 탕의 순환을 촉진하는 방식이다.

선지분석
① 팽창탱크는 개방식과 밀폐식으로 할 수 있다.
③ 직접가열식 중앙급탕법은 보일러 안에 스케일이 발생하므로 방식처리가 필요하다.
④ 간접가열식 중앙급탕법은 건물의 높이에 따른 수압이 보일러에 작용하지 않고 저탕조에 작용하므로 고압용 보일러가 불필요하다.

정답 | ②

63

난방방식에 관한 설명으로 옳지 않은 것은?

① 증기난방은 잠열을 이용한 난방이다.
② 온수난방은 온수의 현열을 이용한 난방이다.
③ 온풍난방은 온습도 조절이 가능한 난방이다.
④ 복사난방은 열용량이 작으므로 간헐난방에 적합하다.

개념 | KEYWORD 11 난방설비
해설 |
④ 복사난방은 열용량이 커서 지속난방에 적합하다.

정답 | ④

64

알칼리 축전지에 관한 설명으로 옳지 않은 것은?

① 고율방전특성이 좋다.
② 공칭전압은 2[V/셀]이다.
③ 기대수명이 10년 이상이다.
④ 부식성의 가스가 발생하지 않는다.

개념 | KEYWORD 14 강전설비
해설 |
알칼리 축전지의 공칭전압 1.2[V/cell]이고, 연축전지의 공칭전압은 2.0[V/cell]이다.

정답 | ②

65

덕트 설비에 관한 설명으로 옳은 것은?

① 고속덕트에는 소음상자를 사용하지 않는 것이 원칙이다.
② 고속덕트는 관마찰저항을 줄이기 위하여 일반적으로 장방형 덕트를 사용한다.
③ 등마찰손실법은 덕트 내의 풍속을 일정하게 유지할 수 있도록 덕트 치수를 결정하는 방법이다.
④ 같은 양의 공기가 덕트를 통해 송풍될 때 풍속을 높게 하면 덕트의 단면치수를 작게 할 수 있다.

개념 | KEYWORD 09 공기조화 방식과 기기
해설 |
같은 양의 공기가 덕트를 통해 송풍될 때 풍속을 높게 하면 덕트의 단면치수를 줄일 수 있다. 하지만 고속으로 인한 소음, 진동 등이 발생한다.

선지분석
① 고속덕트에는 소음상자를 사용하는 것이 원칙이다.
② 고속덕트는 관마찰저항을 줄이기 위하여 일반적으로 원형 덕트를 사용한다.
③ 등마찰손실법(정압법)은 단위 길이당 마찰저항값을 일정하게 하여 덕트의 치수를 결정하는 방법이다.

정답 | ④

66

사무소 건물에서 다음과 같이 위생기구를 배치하였을 때 이들 위생기구 전체로부터 배수를 받아들이는 배수수평지관의 관경으로 가장 알맞은 것은?

기구종류	바닥배수	소변기	대변기
배수부하단위	2	4	8
기구수	2	8	2

관경(mm)	배수수평지관의 배수부하단위
75	14
100	96
125	216
150	372

① 75mm ② 100mm
③ 125mm ④ 150mm

개념 | KEYWORD 03 배수 및 통기설비
해설 |
1. 배수부하 단위계산 = (2×2)+(4×8)+(8×2) = 52
2. 관경결정: 배수부하단위 52는 14보다 크므로 96으로 가정하면 관경은 100mm이다.

정답 | ②

67

다음 중 건물 실내에 표면결로 현상이 발생하는 원인과 가장 거리가 먼 것은?

① 실내외 온도차
② 구조재의 열적 특성
③ 실내 수증기 발생량 억제
④ 생활 습관에 의한 환기 부족

개념 | KEYWORD 20 열 환경
해설 |
실내 수증기 발생량 억제는 표면결로 방지법이다.

관련이론
결로 방지대책
1. 실내측 벽의 표면온도를 실내공기의 노점온도보다 높게 한다.
2. 벽에 방습층을 설치한다.
3. 난방에 의한 수증기 발생을 억제한다.
4. 벽체의 열관류저항을 크게 한다.
5. 벽체의 열관류율을 작게 한다.
6. 환기를 잘 한다.
7. 각 실 간의 온도차를 작게 한다.

정답 | ③

68

양수량이 $1m^3/min$, 전양정이 50m인 펌프에서 회전수를 1.2배 증가시켰을 때 양수량은?

① 1.2배 증가 ② 1.44배 증가
③ 1.73배 증가 ④ 2.4배 증가

개념 | KEYWORD 01 급수설비
해설 |
양수량은 펌프의 회전수에 비례하므로, 양수량도 1.2배 증가한다.

정답 | ①

69

높이 30m의 고가수조에 매분 $1m^3$의 물을 보내려고 할 때 필요한 펌프의 축동력은? (단, 마찰손실수두 6m, 흡입양정 1.5m, 펌프효율 50%인 경우임)

① 약 2.5kW ② 약 9.8kW
③ 약 12.3kW ④ 약 16.7kW

개념 | KEYWORD 01 급수설비

해설 |

펌프의 축동력 $= \dfrac{W \cdot Q \cdot H}{6{,}120E}$

$= \dfrac{1{,}000(kg/m^3) \times 1(m^3/min) \times (30m+6m+1.5m)}{6{,}120 \times 0.5}$

$≒ 12.25kW$

관련이론

펌프의 축동력 $= \dfrac{W \cdot Q \cdot H}{6{,}120E}$(kW)

여기서, W: 물의 단위용적중량($1{,}000kg/m^3$), Q: 양수량(m^3/min), H: 펌프의 전양정(m), E: 펌프의 효율(%), $1kW = 6{,}120 kg \cdot m/min$

정답 | ③

70

전기설비가 어느 정도 유효하게 사용되는가를 나타내며, 최대 수용전력에 대한 부하의 평균전력의 비로 표현되는 것은?

① 부하율 ② 부등률
③ 수용율 ④ 유효율

개념 | KEYWORD 14 강전설비

해설 |

부하율: 전기설비가 어느 정도 유효하게 사용되고 있는가를 나타내는 척도이고, 어떤 기간 중에 최대 수용전력과 그 기간 중에 평균전력과의 비율을 백분율로 표시한 것이다.

부하율 $= \dfrac{\text{부하의 평균전력}}{\text{최대 수용전력}} \times 100\%$

정답 | ①

71

각 층마다 옥내소화전이 3개씩 설치되어 있는 건물에서 옥내소화전설비의 수원의 저수량은 최소 얼마 이상이 되도록 하여야 하는가?

① $3.9m^3$ ② $4.2m^3$
③ $4.5m^3$ ④ $5.2m^3$

개념 | KEYWORD 06 소화설비

해설 |

옥내소화전 수원의 유효 저수량
$= 2.6m^3 \times N(\text{최대 2개}) = 5.2m^3$

정답 | ④

72

통기방식에 관한 설명으로 옳지 않은 것은?

① 신정통기방식에서는 통기수직관을 설치하지 않는다.
② 루프통기방식은 각 기구의 트랩마다 통기관을 설치하고 각각을 통기 수평지관에 연결하는 방식이다.
③ 신정통기방식은 배수수직관의 상부를 연장하여 신정통기관으로 사용하는 방식으로, 대기 중에 개구한다.
④ 각개통기방식은 트랩마다 통기되기 때문에 가장 안정도가 높은 방식으로, 자기사이펀 작용의 방지에도 효과가 있다.

개념 | KEYWORD 03 배수 및 통기설비
해설 |
② 각 기구의 트랩마다 통기관을 설치하고 각각을 통기수평지관에 연결하는 방식은 각개통기방식이다.

관련이론
루프통기방식(회로통기관)

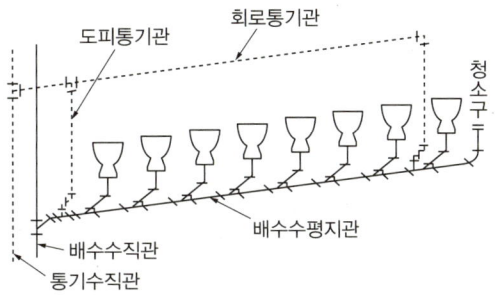

1. 1개의 통기관으로 위생기구 2개 이상 8개 이내의 트랩을 보호하기 위하여 설치하는 통기관이다.
2. 최상류에 있는 위생기구의 기구배수관이 배수수평지관과 연결되는 지점 바로 아래의 배수수평지관에 접속시켜 통기수직관 또는 신정통기관으로 연결하는 통기관이다.

정답 | ②

73
습공기를 가열하였을 경우 상태량이 변하지 않는 것은?
① 엔탈피
② 비체적
③ 절대습도
④ 상대습도

개념 | KEYWORD 08 공기조화설비 총론
해설 |
절대습도는 공기를 가열하거나 냉각하여도 변함이 없다.

정답 | ③

74
어느 점광원에서 $1m$ 떨어진 곳의 직각면 조도가 $200lx$일 때, 이 광원에서 $2m$ 떨어진 곳의 직각면 조도는?
① $25lx$
② $50lx$
③ $100lx$
④ $200lx$

개념 | KEYWORD 16 조명설비
해설 |
거리의 역 제곱의 법칙 $E = \dfrac{I}{d^2}$에서
조도(E)는 광도(I)에 비례하고, 거리(d)의 제곱에 반비례하므로 거리가 2배가 되면 조도는 $200lx$의 4분의 1인 $50lx$가 된다.

정답 | ②

75
공기조화방식 중 전수방식에 관한 설명으로 옳지 않은 것은?
① 각 실의 제어가 용이하다.
② 실내 배관에 의한 누수의 우려가 있다.
③ 극장의 관객석과 같이 많은 풍량을 필요로 하는 곳에 주로 사용된다.
④ 열매체가 증기 또는 냉·온수이므로 열의 운송동력이 공기에 비해 적게 소요된다.

개념 | KEYWORD 09 공기조화 방식과 기기
해설 |
전수방식은 극장 같은 대공간에 부적당하며 유닛이 실내에 설치되므로 방송국 스튜디오에도 부적당하다.
극장, 공장 등의 대공간에는 전공기방식인 단일덕트방식이 적합하다.

정답 | ③

76
터보 냉동기에 관한 설명으로 옳지 않은 것은?
① 왕복동식에 비하여 진동이 적다.
② 흡수식에 비해 소음 및 진동이 심하다.
③ 임펠러 회전에 의한 원심력으로 냉매가스를 압축한다.
④ 일반적으로 대용량에는 부적합하며 비례제어가 불가능하다.

개념 | KEYWORD 12 냉동 및 기타 열원설비
해설 |
터보 냉동기는 일반적으로 대용량에 적합하며 비례제어가 가능하다.

정답 | ④

77
가스배관 경로 선정 시 주의하여야 할 사항으로 옳지 않은 것은?

① 장래의 증설 및 이설 등을 고려한다.
② 주요구조부를 관통하지 않도록 한다.
③ 옥내배관은 매립하는 것을 원칙으로 한다.
④ 손상이나 부식 및 전식을 받지 않도록 한다.

개념 | KEYWORD 07 가스설비
해설 |
가스배관은 건물 내에서는 반드시 노출배관으로 한다.

정답 | ③

78
다음과 같은 특징을 갖는 배선 방법은?

> - 열적 영향이나 기계적 외상을 받기 쉬운 곳이 아니면 금속관 배선과 같이 광범위하게 사용가능하다.
> - 관 자체가 절연체이므로 감전의 우려가 없으며 시공이 용이하다.

① 금속덕트 배선 ② 버스덕트 배선
③ 플로어덕트 배선 ④ 합성수지관 배선

개념 | KEYWORD 14 강전설비
해설 |
열적 영향이나 기계적 외상을 받기 쉬우며, 관 자체가 절연체이므로 감전의 우려가 없으며, 시공이 용이한 것은 합성수지관 배선에 대한 설명이다.

관련이론
합성수지관공사의 특징
1. 누전의 우려가 없다.
2. 내식성이 강하다.
3. 접지가 불필요하다.
4. 기계적 강도가 약하다.
5. 파열될 염려가 있다.
6. 열에 약하다.
7. 중량이 가볍고 시공이 용이하다.

정답 | ④

79
엘리베이터의 일주시간 구성 요소에 속하지 않는 것은?

① 주행시간 ② 도어개폐시간
③ 승객출입시간 ④ 승객대기시간

개념 | KEYWORD 17 엘리베이터설비
해설 |
평균 일주시간＝승객출입시간＋도어개폐시간＋주행시간

관련이론
일주시간
엘리베이터가 출발 기준층에서 승객을 싣고 출발하여 각층에 서비스 한 후 출발 기준층으로 되돌아와 다음 서비스를 위해 대기할 때까지의 총 시간이다.

정답 | ④

80
다음과 같은 조건에 있는 실의 틈새바람에 의한 현열 부하량은?

> - 실의 체적: 400m³
> - 환기 횟수: 0.5회/h
> - 실내공기 건구온도: 20℃
> - 외기 건구온도: 0℃
> - 공기의 밀도: 1.2kg/m³
> - 공기의 비열: 1.01kJ/kg·K

① 986W ② 1,124W
③ 1,347W ④ 1,542W

개념 | KEYWORD 09 공기조화 방식과 기기
해설 |
$Q = \dfrac{G \cdot \rho \cdot C \cdot \Delta t}{3,600}$ 에서

G＝실체적×환기횟수＝400×0.5＝200
ρ: 공기의 밀도, C: 공기의 비열, Δt: 실내외의 온도차

$Q = \dfrac{200 \times 1.2 \times 1.01 \times (20-0)}{3,600} ≒ 1.347\text{kW} = 1,347\text{W}$

정답 | ③

건축관계법규

81
지구단위계획구역의 지정목적을 이루기 위하여 지구단위계획에 포함될 수 있는 내용이 아닌 것은?

① 용도지역이나 용도지구를 대통령령으로 정하는 범위에서 세분하거나 변경하는 사항
② 건축물 높이의 최고한도 또는 최저한도
③ 도시·군관리계획 중 정비사업에 관한 계획
④ 대통령령으로 정하는 기반시설의 배치와 규모

개념 | KEYWORD 21 도시군관리계획과 지구단위계획

해설 |
정비사업에 관한 계획은 지구단위계획에 포함될 수 있는 내용이 아니다.

관련이론

지구단위계획의 내용
1. 용도지역이나 용도지구를 세분하거나 변경하는 사항
2. 기존의 용도지구를 폐지하고 그 용도지구에서의 건축물이나 그 밖의 시설의 용도·종류 및 규모 등의 제한을 대체하는 사항
3. 기반시설의 배치와 규모
4. 도로로 둘러싸인 일단의 지역 또는 계획적인 개발·정비를 위하여 구획된 일단의 토지의 규모와 조성계획
5. 건축물의 용도제한, 건축물의 건폐율 또는 용적률, 건축물 높이의 최고한도 또는 최저한도
6. 건축물의 배치·형태·색채 또는 건축선에 관한 계획
7. 환경관리계획 또는 경관계획
8. 보행안전 등을 고려한 교통처리계획

정답 | ③

82
시장·군수·구청장이「국토의 계획 및 이용에 관한 법률」에 따른 도시지역에서 건축선을 따로 지정할 수 있는 최대 범위는?

① 2m   ② 3m
③ 4m   ④ 6m

개념 | KEYWORD 05 대지·도로·건축선

해설 |
특별자치시장·특별자치도지사 또는 시장·군수·구청장은 국토의 계획 및 이용에 관한 법률에 따른 도시지역에는 4m 이하의 범위에서 건축선을 따로 지정할 수 있다.

정답 | ③

83
주차전용건축물이란 건축물의 연면적 중 주차장으로 사용되는 부분의 비율이 최소 얼마 이상인 건축물을 말하는가? (단, 주차장 외의 용도로 사용되는 부분이 자동차 관련 시설인 건축물의 경우)

① 70%   ② 80%
③ 90%   ④ 95%

개념 | KEYWORD 15 주차장법 총칙

해설 |
주차장 사용비율이 95% 이상인 건축물을 주차전용건축물이라고 한다. 하지만 자동차 관련 시설인 경우 주차장 비율이 70% 이상일 때 주차전용건축물로 본다.

관련이론

주차장 사용비율이 70% 이상일 때 주차전용건축물로 보는 건축물
1. 단독주택, 공동주택
2. 제1종 및 제2종 근린생활시설
3. 문화 및 집회시설, 종교시설
4. 판매시설, 운수시설, 운동시설, 업무시설
5. 창고시설 또는 자동차 관련 시설

정답 | ①

84

건축물의 면적, 높이 및 층수 등의 산정 방법에 관한 설명으로 옳은 것은?

① 건축물의 높이 산정 시 건축물의 대지에 접하는 전면도로의 노면에 고저차가 있는 경우에는 그 건축물이 접하는 범위의 전면도로부분의 수평거리에 따라 가중평균한 높이의 수평면을 전면도로면으로 본다.
② 용적률 산정 시 연면적에는 지하층의 면적과 지상층의 주차용으로 쓰는 면적을 포함시킨다.
③ 건축면적은 건축물의 내벽의 중심선으로 둘러싸인 부분의 수평투영면적으로 한다.
④ 건축물의 층수는 지하층을 포함하여 산정하는 것이 원칙이다.

개념 | KEYWORD 08 높이의 규제
해설 |
전면도로의 노면에 고저차가 있는 경우에는 전면도로부분의 수평거리에 따라 가중평균한 높이의 수평면을 전면도로면으로 본다.

선지분석
② 용적률 산정 시 연면적에서 지하층의 면적과 지상층의 주차용으로 쓰는 면적은 제외한다.
③ 건축면적은 건축물의 외벽의 중심선으로 둘러싸인 부분의 수평투영면적으로 한다.
④ 지하층은 건축물의 층수에 산입하지 아니한다.

정답 | ①

85

건축물을 건축하는 경우 해당 건축물의 설계자가 국토교통부령으로 정하는 구조기준 등에 따라 그 구조의 안전을 확인할 때, 건축구조기술사의 협력을 받아야 하는 대상 건축물 기준으로 틀린 것은?

① 다중이용 건축물
② 6층 이상인 건축물
③ 3층 이상의 필로티형식 건축물
④ 기둥과 기둥 사이의 거리가 10m 이상인 건축물

개념 | KEYWORD 09 구조규정
해설 |
기둥과 기둥 사이의 거리가 20m 이상인 건축물은 특수구조 건축물로서 건축구조기술사의 협력을 받아야 한다.

정답 | ④

86

대형 건축물의 건축허가 사전승인신청 시 제출도서 중 설계설명서에 표시하여야 할 사항에 속하지 않는 것은?

① 시공방법
② 동선계획
③ 개략공정계획
④ 각부 구조계획

개념 | KEYWORD 02 건축허가와 신고
해설 |
각부 구조계획은 설계설명서가 아니라 구조계획서에 표시하여야 할 사항이다.

관련이론
건축계획서에 표시하여야 할 사항

구분	내용
설계설명서	공사개요, 사전조사 사항, 건축계획, 시공방법, 개략공정계획, 주요설비계획, 주요자재 사용계획
구조계획서	설계근거 기준, 구조 재료의 성질 및 특성, 하중조건 분석 적용, 구조의 형식선정계획, 각부 구조계획, 건축구조성능, 구조안전검토

정답 | ④

87

비상용승강기의 승강장 및 승강로 구조에 관한 기준 내용으로 틀린 것은?

① 옥내 승강장의 바닥면적은 비상용승강기 1대에 대하여 $6m^2$ 이상으로 한다.
② 각 층으로부터 피난층까지 이르는 승강로를 단일구조로 연결하여 설치하여야 한다.
③ 피난층이 있는 승강장의 출입구로부터 도로 또는 공지에 이르는 거리는 30m 이하로 한다.
④ 승강장에는 배연설비를 설치하여야 하며, 외부를 향하여 열 수 있는 창문 등을 설치하여서는 안 된다.

개념 | KEYWORD 13 승강설비
해설 |
비상용승강기의 승강장에는 노대 또는 외부를 향하여 열 수 있는 창문이나 배연설비를 설치해야 한다.

정답 | ④

88

「국토의 계획 및 이용에 관한 법령」상 다음과 같이 정의되는 용어는?

> 개발로 인하여 기반시설이 부족할 것으로 예상되나 기반시설을 설치하기 곤란한 지역을 대상으로 건폐율이나 용적률을 강화하여 적용하기 위하여 지정하는 구역

① 시가화조정구역
② 개발밀도관리구역
③ 기반시설부담구역
④ 지구단위계획구역

개념 | KEYWORD 18 국토계획법총칙

해설 |
개발밀도관리구역은 개발로 인해 기반시설이 부족하지만 설치하기 곤란한 지역을 대상으로 건폐율, 용적률을 강화하기 위해 지정하는 구역이다.

관련이론

1. 시가화조정구역: 도시지역과 그 주변지역의 무질서한 시가화를 방지하고 계획적·단계적인 개발을 도모하기 위하여 지정하는 구역
2. 기반시설부담구역: 개발밀도관리구역 외의 지역으로서 개발로 인하여 도로, 공원, 녹지 등 기반시설이 필요한 지역을 대상으로 기반시설을 설치하거나 그에 필요한 용지를 확보하게 하기 위하여 지정하는 구역

정답 | ②

89

다음 중 방화구조의 기준으로 틀린 것은?

① 시멘트모르타르 위에 타일을 붙인 것으로서 그 두께의 합계가 2.5cm 이상인 것
② 석고판 위에 회반죽을 바른 것으로서 그 두께의 합계가 2.5cm 이상인 것
③ 철망모르타르로서 그 바름두께가 1.5cm 이상인 것
④ 심벽에 흙으로 맞벽치기한 것

개념 | KEYWORD 11 방화규정

해설 |
철망모르타르로서 그 바름두께가 2cm 이상인 것이 방화구조에 해당된다.

관련이론

방화구조

구조 부분	방화구조의 기준
철망모르타르 바르기	바름두께가 2cm 이상
• 석고판 위에 시멘트모르타르 또는 회반죽을 바른 것 • 시멘트모르타르 위에 타일을 붙인 것	두께의 합계가 2.5cm 이상
심벽에 흙으로 맞벽치기 한 것	두께에 관계없이 인정

정답 | ③

90

부설주차장의 설치대상 시설물 종류와 설치기준의 연결이 옳은 것은?

① 판매시설 – 시설면적 100m²당 1대
② 위락시설 – 시설면적 150m²당 1대
③ 종교시설 – 시설면적 200m²당 1대
④ 숙박시설 – 시설면적 200m²당 1대

개념 | KEYWORD 17 부설·기계식주차장

해설 |
숙박시설은 시설면적 200m²당 1대의 부설주차장을 설치해야 한다.

관련이론

부설주차장의 설치기준

시설물	설치기준
위락시설	시설면적 100m²당 1대
문화 및 집회시설(관람장 제외), 종교시설, 판매시설, 운수시설, 의료시설(정신병원, 요양병원, 격리병원 제외), 운동시설(골프장, 골프연습장, 옥외수영장 제외), 업무시설(외국공관, 오피스텔 제외), 방송통신시설 중 방송국, 장례식장	시설면적 150m²당 1대
제1종 근린생활시설, 제2종 근린생활시설, 숙박시설	시설면적 200m²당 1대
수련시설, 공장(아파트형 제외), 발전시설	시설면적 350m²당 1대
창고시설, 학생용 기숙사, 방송통신시설 중 데이터센터	시설면적 400m²당 1대

정답 | ④

91

다음은 「건축법령」상 지하층의 정의 내용이다. ( ) 안에 알맞은 것은?

> "지하층"이란 건축물의 바닥이 지표면 아래에 있는 층으로서 바닥에서 지표면까지 평균 높이가 해당 층 높이의 ( ) 이상인 것을 말한다.

① 2분의 1
② 3분의 1
③ 3분의 2
④ 4분의 3

개념 | KEYWORD 01 건축법 총칙
해설 |
지하층은 건축물의 바닥이 지표면 아래에 있는 층으로 바닥에서 지표면까지의 평균 높이가 해당 층 높이의 2분의 1 이상인 것이다.

정답 | ①

92

오피스텔에 설치하는 복도의 유효너비는 최소 얼마 이상이어야 하는가? (단, 건축물의 연면적은 300m²이며, 양옆에 거실이 있는 복도의 경우임)

① 1.2m
② 1.8m
③ 2.4m
④ 2.7m

개념 | KEYWORD 10 피난규정
해설 |
양옆에 거실이 있는 오피스텔 복도의 유효너비는 1.8m 이상이다.

관련이론
복도의 너비 및 설치기준(연면적 200m² 초과 시 적용)

구분	양옆에 거실이 있는 복도	기타의 복도
유치원, 초등학교, 중학교, 고등학교	2.4m 이상	1.8m 이상
공동주택, 오피스텔	1.8m 이상	1.2m 이상
해당 층 거실의 바닥면적 합계가 200m² 이상인 경우	1.5m 이상 (의료시설은 1.8m 이상)	1.2m 이상

정답 | ②

93

광역도시계획에 관한 내용으로 틀린 것은?

① 인접한 둘 이상의 특별시·광역시·특별자치시·특별자치도·시 또는 군의 관할 구역 전부 또는 일부를 광역계획권으로 지정할 수 있다.
② 군수가 광역도시계획을 수립하는 경우 도지사의 승인을 생략한다.
③ 광역계획권의 공간 구조와 기능 분담에 관한 정책 방향이 포함되어야 한다.
④ 광역도시계획을 공동으로 수립하는 시·도지사는 그 내용에 관하여 서로 협의가 되지 아니하면 공동이나 단독으로 국토교통부장관에게 조정을 신청할 수 있다.

개념 | KEYWORD 20 광역도시계획과 도시군기본계획
해설 |
시장 또는 군수는 광역도시계획을 수립하거나 변경하려면 도지사의 승인을 받아야 한다.

정답 | ②

94

다음 중 건축물의 용도 분류가 옳은 것은?

① 식물원 – 동물 및 식물 관련 시설
② 동물병원 – 의료시설
③ 유스호스텔 – 수련시설
④ 장례식장 – 묘지 관련 시설

개념 | KEYWORD 01 건축법 총칙
해설 |
유스호스텔은 수련시설이다.

선지분석
① 식물원 – 문화 및 집회시설
② 동물병원 – 제2종 근린생활시설
④ 장례식장 – 장례시설

정답 | ③

95

다음 중 「국토의 계획 및 이용에 관한 법령」상 공공(公共)시설에 속하지 않는 것은?

① 광장   ② 공동구
③ 유원지 ④ 사방설비

개념 | KEYWORD 18 국토계획법 총칙

해설 |
유원지는 공간시설에 속한다.

관련이론

공공시설
1. 도로·공원·철도·수도
2. 항만·공항·광장·녹지·공공공지·공동구·하천·유수지·방화설비·방풍설비·방수설비·사방설비·방조설비·하수도·구거(溝渠: 도랑)
3. 행정청이 설치하는 시설로서 주차장, 저수지 및 그 밖에 국토교통부령으로 정하는 시설
4. 스마트도시서비스의 제공 등을 위한 스마트도시 통합운영센터 등 스마트도시의 관리·운영에 관한 시설로서 대통령령으로 정하는 시설

정답 | ③

96

태양열을 주된 에너지원으로 이용하는 주택의 건축면적 산정 시 이용하는 중심선의 기준으로 옳은 것은?

① 건축물의 외벽 경계선
② 건축물 기둥 사이의 중심선
③ 건축물의 외벽 중 내측 내력벽의 중심선
④ 건축물의 외벽 중 외측 내력벽의 중심선

개념 | KEYWORD 07 면적의 규제

해설 |
태양열을 주된 에너지원으로 이용하는 주택의 건축면적은 건축물의 외벽 중 내측 내력벽의 중심선을 기준으로 한다.

관련이론

건축면적
1. 원칙: 건축물의 외벽(외벽이 없는 경우에는 외곽 부분의 기둥)의 중심선으로 둘러싸인 부분의 수평투영면적
2. 태양열을 주된 에너지원으로 이용하는 주택은 건축물의 외벽 중 내측 내력벽의 중심선을 기준으로 한다.

정답 | ③

97

다음의 대지와 도로의 관계에 관한 기준 내용 중 ( ) 안에 알맞은 것은?

> 연면적의 합계가 2,000m²(공장인 경우에는 3,000m²) 이상인 건축물(축사, 작물 재배사, 그 밖에 이와 비슷한 건축물로서 건축조례로 정하는 규모의 건축물은 제외한다)의 대지는 너비 (㉠) 이상의 도로에 (㉡) 이상 접하여야 한다.

① ㉠ : 4m, ㉡ : 2m
② ㉠ : 6m, ㉡ : 4m
③ ㉠ : 8m, ㉡ : 6m
④ ㉠ : 8m, ㉡ : 4m

개념 | KEYWORD 05 대지·도로·건축선

해설 |
건축물이 있는 대지가 도로에 접해야 하는 길이

구분	접해야 하는 길이
원칙	도로에 2m 이상
연면적의 합계 2,000m² 이상	너비 6m 이상 도로에 4m 이상(공장인 경우에는 3,000m²)

정답 | ②

98

다음 방화구획의 설치에 관한 기준을 적용하지 아니하거나 그 사용에 지장이 없는 범위에서 완화하여 적용할 수 있는 건축물의 부분에 해당되지 않는 것은?

> 주요구조부가 내화구조 또는 불연재료로 된 건축물로서 연면적이 1,000m² 를 넘는 것은 내화구조로 된 바닥 및 벽, 60분 + 방화문, 60분 방화문 또는 자동방화셔터로 구획하여야 한다.

① 복층형 공동주택의 세대별 층간 바닥 부분
② 주요구조부가 내화구조 또는 불연재료로 된 주차장
③ 계단실 부분·복도 또는 승강기의 승강로 부분으로서 그 건축물의 다른 부분과 방화구획으로 구획된 부분
④ 문화 및 집회시설 중 동물원의 용도로 쓰는 거실로서 시선 및 활동공간의 확보를 위하여 불가피한 부분

개념 | KEYWORD 11 방화규정
해설 |
문화 및 집회시설은 방화구획의 설치에 관한 기준을 적용하지 아니하거나 완화하여 적용할 수 있지만, 동·식물원은 해당되지 않는다.

관련이론
방화구획 완화 대상건축물
1. 문화 및 집회시설(동·식물원 제외), 종교시설, 운동시설 또는 장례시설의 용도로 쓰는 거실로서 시선 및 활동공간의 확보를 위하여 불가피한 부분
2. 물품의 제조·가공 및 운반 등(보관은 제외)에 필요한 고정식 대형기기 또는 설비의 설치를 위하여 불가피한 부분
3. 계단실·복도 또는 승강기의 승강장 및 승강로로서 그 건축물의 다른 부분과 방화구획으로 구획된 부분
4. 건축물의 최상층 또는 피난층으로서 대규모 회의장·강당·스카이라운지·로비 또는 피난안전구역 등의 용도로 사용하는 부분으로서 그 용도로 사용하기 위하여 불가피한 부분
5. 복층형 공동주택의 세대별 층간 바닥 부분
6. 주요구조부가 내화구조 또는 불연재료로 된 주차장
7. 단독주택, 동물 및 식물 관련 시설 또는 국방·군사시설(집회, 체육, 창고 등의 용도로 사용되는 시설만 해당)로 쓰는 건축물
8. 건축물의 1층과 2층의 일부를 동일한 용도로 사용하며 그 건축물의 다른 부분과 방화구획으로 구획된 부분(바닥면적의 합계가 500m² 이하인 경우로 한정)

정답 | ④

99

오피스텔의 난방설비를 개별난방방식으로 하는 경우에 관한 기준 내용으로 틀린 것은?

① 보일러의 연도는 내화구조로서 공동연도로 설치할 것
② 보일러는 거실 외의 곳에 설치할 것
③ 보일러실의 윗부분에는 그 면적이 0.5m² 이상인 환기창을 설치할 것
④ 기름보일러를 설치하는 경우에는 기름저장소를 보일러실에 설치할 것

개념 | KEYWORD 12 건축설비기준과 관계전문기술자
해설 |
기름보일러의 기름저장소는 보일러실 외의 곳에 설치해야 한다.

정답 | ④

100

주요구조부가 내화구조 또는 불연재료로 된 층수가 16층 이상인 공동주택의 경우, 피난층 외의 층에서는 피난층 또는 지상으로 통하는 직통계단을 거실의 각 부분으로부터 계단에 이르는 보행거리가 최대 얼마 이하가 되도록 설치하여야 하는가? (단, 계단은 거실로부터 가장 가까운 거리에 있는 1개소의 계단을 말함)

① 30m
② 40m
③ 50m
④ 75m

개념 | KEYWORD 10 피난규정
해설 |
주요구조부가 내화구조 또는 불연재료로 되어 있고 층수가 16층 이상인 공동주택의 피난층 외의 층이므로 보행거리는 40m 이하이다.

관련이론
피난층 외의 층에서의 보행거리

구분	보행거리
원칙	30m 이하
주요구조부가 내화구조 또는 불연재료로 된 건축물	50m 이하 (16층 이상 공동주택: 40m 이하)

정답 | ②

2020년 1·2회 기출문제

>> 2020년 6월 7일 시행

건축계획

01
동일한 대지조건, 동일한 단위주호 면적을 가진 편복도형 아파트가 홀형 아파트에 비해 유리한 점은?

① 피난에 유리하다.
② 공용면적이 작다.
③ 엘리베이터 이용효율이 높다.
④ 채광, 통풍을 위한 개구부가 넓다.

개념 | KEYWORD 04 공동주택
해설 |
편복도형은 하나의 엘리베이터를 다수의 주호가 사용하기 때문에 엘리베이터의 이용효율이 높다.

정답 | ③

02
주거단지 내의 공동시설에 관한 설명으로 옳지 않은 것은?

① 중심을 형성할 수 있는 곳에 설치한다.
② 이용 빈도가 높은 건물은 이용거리를 길게 한다.
③ 확장 또는 증설을 위한 용지를 확보하는 것이 좋다.
④ 이용성, 기능상의 인접성, 토지이용의 효율성에 따라 인접하여 배치한다.

개념 | KEYWORD 04 공동주택
해설 |
이용 빈도가 높은 건물은 이용거리를 짧게 한다.

정답 | ②

03
다음 중 연면적에 대한 숙박부분의 비율이 가장 높은 호텔은?

① 커머셜 호텔
② 리조트 호텔
③ 클럽 하우스
④ 아파트먼트 호텔

개념 | KEYWORD 12 호텔
해설 |
커머셜(시티) 호텔은 다른 호텔에 비해 숙박 관계 부분의 비율이 가장 크다.

관련이론
호텔의 부분별 면적비
1. 숙박 면적비: 커머셜(시티) 호텔 > 리조트 호텔 > 아파트먼트 호텔
2. 공용 면적비: 아파트먼트 호텔 > 리조트 호텔 > 커머셜(시티) 호텔

정답 | ①

04
종합병원의 건축형식 중 분관식(Pavilion type)에 관한 설명으로 옳지 않은 것은?

① 평면 분산식이다.
② 채광 및 통풍 조건이 좋다.
③ 일반적으로 3층 이하의 저층건물로 구성된다.
④ 재난 시 환자의 피난이 어려우며 공사비가 높다.

개념 | KEYWORD 11 병원
해설 |
재난 시 환자의 피난이 어려운 것은 집중식(Block type)이다.

관련이론
병원 분관식(Pavilion Type)
1. 평면 분산식으로 각 건물은 3층 이하의 저층건물이며 외래부, 부속 진료시설, 병동을 각각 별동으로 하여 분산시키고 복도로 연결시키는 방법이다.
2. 특성
   ① 각 병실을 남향으로 할 수 있어 일조, 통풍 조건이 좋다.
   ② 넓은 부지가 필요하며 설비가 분산적이고 보행 거리가 멀어진다.
   ③ 내부 환자는 주로 경사로를 이용한 보행 또는 들것으로 운반된다.

정답 | ④

05

한국 전통건축의 지붕양식에 관한 설명으로 옳은 것은?

① 팔작지붕은 원초적인 지붕형태로 원시움집에서부터 사용되었다.
② 모임지붕은 용마루와 내림마루가 있고 추녀마루만 없는 형태이다.
③ 맞배지붕은 용마루와 추녀마루로만 구성된 지붕으로 주로 다포식 건물에 사용되었다.
④ 우진각지붕은 네 면에 모두 지붕면이 있으며 전후 지붕면은 사다리꼴이고 양측 지붕면은 삼각형이다.

개념 | KEYWORD 14 한국건축사

해설 |
우진각지붕은 건물 네 면에 지붕면이 있고 추녀마루가 용마루에서 만나게 되는 지붕이다.

선지분석
① 팔작지붕은 우진각지붕의 삼각형 측면에 여덟 팔(八)자 모양으로 구성한 합각지붕으로서 화려하고 엄숙한 기풍을 가진 지붕이다.
② 모임지붕은 추녀마루로만 구성되고 용마루 없이 하나의 꼭짓점에서 지붕골이 만나는 지붕형태이다.
③ 맞배지붕은 좌우 지붕면이 서로 맞대어 용마루를 만드는 지붕형식으로, 내림마루나 추녀마루가 없다.

정답 | ④

06

극장의 평면형식 중 아레나(Arena)형에 관한 설명으로 옳지 않은 것은?

① 관객이 무대를 360°로 둘러싼 형식이다.
② 무대의 장치나 소품은 주로 낮은 기구들로 구성된다.
③ 픽쳐 프레임 스테이지(Picture frame stage)형이라고도 한다.
④ 가까운 거리에서 관람하면서 많은 관객을 수용할 수 있다.

개념 | KEYWORD 08 극장, 영화관, 미술관

해설 |
아레나형은 혹은 Center stage형이라고 한다. 픽쳐 프레임 스테이지는 프로니시엄 스테이지를 의미한다.

관련이론
프로시니엄 스테이지(Proscenium Stage)
• 픽쳐 프레임 스테이지(Picture frame stage)라고도 한다.
• 프로시니어 벽에 의해 연기 공간이 분리되고, 관객은 프로시니어 아치의 개구부를 통해서 무대를 보게 되는 형식이다.
• 연기자가 제한된 방향으로만 관객을 바라보므로 어떤 배경이라도 창출이 가능하다.
• 장치나 광원을 보이게 하지 않고도 관객에게 여러 가지의 장면을 연출하여 제공할 수 있다.
• 스테이지에 가깝게 많은 관객을 배치하는 것은 곤란하다.
• 배경은 한 폭의 그림과 같은 느낌을 주며, 강연·음악회·독주·연극 등의 공연에 좋다.

정답 | ③

07

각 사찰에 관한 설명으로 옳지 않은 것은?

① 부석사의 가람배치는 누하진입 형식을 취하고 있다.
② 화엄사는 경사된 지형을 수단(數段)으로 나누어서 정지(整地)하여 건물을 적절히 배치하였다.
③ 통도사는 산지에 위치하나 산지가람처럼 건물들을 불규칙하게 배치하지 않고 직교식으로 배치하였다.
④ 봉정사 가람배치는 대지가 3단으로 나누어져 있으며 상단부분에 대웅전과 극락전 등 중요한 건물들이 배치되어 있다.

개념 | KEYWORD 14 한국건축사

해설 |
통도사는 건물들을 불규칙하게 배치하는 자유로운 형태를 취하고 있다. 통도사의 가람배치는 신라 이래의 전통 법식에서 벗어나 냇물을 따라 동서로 길게 형성이 되어 있다.

정답 | ③

08

다음 설명에 알맞은 도서관의 자료 출납시스템 유형은?

> 이용자가 직접 서고 내의 서가에서 도서자료의 제목 정도는 볼 수 있지만 내용을 열람하고자 할 경우 관원에게 대출을 요구해야 하는 형식

① 폐가식
② 반개가식
③ 자유개가식
④ 안전개가식

개념 | KEYWORD 09 학교, 도서관
해설 |
반개가식에 대한 설명이다.

선지분석
① 폐가식(Closed access): 열람자는 목록에 의해 책을 선택하여 관원에게 대출 기록을 제출한 후 대출 받는 형식이다.
③ 자유개가식(Free open access): 열람자 자신이 서가에서 책을 꺼내어 책을 고르고 그대로 검열을 받지 않고 열람하는 형식이다.
④ 안전개가식(Safeguarded open access): 자유개가식과 반개가식의 장점을 취한 것으로서, 열람자가 책을 직접 서가에서 뽑지만 관원의 검열을 받고 대출의 기록을 남긴 후 열람하는 형식이다.

정답 | ②

09

공장 건축의 레이아웃 계획에 관한 설명으로 옳지 않은 것은?

① 플랜트 레이아웃은 공장건축의 기본설계와 병행하여 이루어진다.
② 고정식 레이아웃은 조선소와 같이 제품이 크고 수량이 적을 경우에 적용된다.
③ 다품종 소량생산이나 주문생산 위주의 공장에는 공정 중심의 레이아웃이 적합하다.
④ 레이아웃 계획은 작업장 내의 기계설비 배치에 관한 것으로 공장규모 변화에 따른 융통성은 고려대상이 아니다.

개념 | KEYWORD 10 공장, 창고
해설 |
공장 레이아웃은 기계설비 배치에 관한 계획이며, 공장규모의 변화에 융통성 있게 대응할 수 있어야 한다.

정답 | ④

10

다음 설명에 알맞은 국지도로의 유형은?

> 불필요한 차량 진입이 배제되는 이점을 살리면서 우회도로가 없는 Cul-de-sac형의 결점을 개량하여 만든 패턴으로서 보행자의 안전성 확보가 가능하다.

① Loop형
② 격자형
③ T자형
④ 간선분리형

개념 | KEYWORD 04 공동주택
해설 |
루프(Loop)형은 우회도로가 없는 쿨데삭(Cul-de-sac)형의 결점을 개량하여 만든 유형이다.

정답 | ①

11

사무실 내의 책상배치의 유형 중 좌우대향형에 관한 설명으로 옳은 것은?

① 대향형과 동향형의 양쪽 특성을 절충한 형태로 커뮤니케이션의 형성에 불리하다.
② 4개의 책상이 맞물려 십자를 이루도록 배치하는 형식으로 그룹작업을 요하는 업무에 적합하다.
③ 책상이 서로 마주보도록 하는 배치로 면적효율은 좋으나 대면 시선에 의해 프라이버시가 침해당하기 쉽다.
④ 낮은 칸막이로 한 사람의 작업활동을 위한 공간이 주어지는 형태로 독립성을 요하는 전문직에 적합한 배치이다.

개념 | KEYWORD 05 사무소
해설 |
좌우대향형은 커뮤니케이션 형성이 다소 힘들다.

선지분석
② 십자형에 대한 설명이다.
③ 대향형에 대한 설명이다.
④ 자유형에 대한 설명이다.

정답 | ①

12

백화점의 에스컬레이터 배치형식에 관한 설명으로 옳은 것은?

① 직렬식 배치는 승객의 시야도 좋고 점유면적도 작다.
② 병렬연속식 배치는 연속적으로 승강할 수 없다는 단점이 있다.
③ 교차식 배치는 점유면적이 작으며 연속 승강이 가능하다는 장점이 있다.
④ 병렬단속식 배치는 승객의 시야는 안 좋으나 점유면적이 작아 고층 백화점에 주로 사용된다.

개념 | KEYWORD 06 상점, 백화점, 쇼핑센터
해설 |
교차식 배치는 점유면적이 작고, 연속적으로 승강할 수 있다.

선지분석
① 직렬식 배치는 승객의 시야가 좋고, 점유면적이 크다.
② 병렬연속식 배치는 연속적으로 승강할 수 있다.
④ 병렬단속식 배치는 승객의 시야가 좋다.

관련이론
백화점의 에스컬레이터 배치 형식

유형	특징
직렬식 배치	• 승객의 시야가 가장 넓다. • 점유 면적이 넓다. • 손님의 시선이 1방향으로 고정된다.
병렬 단속식 배치	• 승객의 시야가 좋다. • 연속적으로 승강할 수 없다.
병렬 연속식 배치	• 승객의 시야가 좋다. • 오르기와 내리기를 연속적으로 할 수 있다.
교차식 배치	• 점유면적이 적다. • 연속적으로 승강할 수 있다. • 손님의 시야가 좋지 않다. • 에스컬레이터 측면이 매장의 전망을 나쁘게 한다.

정답 | ③

13

사무소 건축의 중심코어 형식에 관한 설명으로 옳은 것은?

① 구조코어로서 바람직한 형식이다.
② 유효율이 낮아 임대 사무소 건축에는 부적합하다.
③ 일반적으로 기준층 바닥면적이 작은 경우에 주로 사용된다.
④ 2방향 피난에는 이상적인 관계로 방재/피난상 가장 유리한 형식이다.

개념 | KEYWORD 05 사무소
해설 |
내진구조상 유리하며 구조코어로서 가장 바람직한 형식은 중심코어 형식이다.

선지분석
② 중심코어 형식은 유효율이 높아 임대 사무소 건축에 적합하다.
③ 편심코어 형식에 대한 설명이다.
④ 양단코어 형식에 대한 설명이다.

정답 | ①

14

학교 건축에서 단층교사에 관한 설명으로 옳지 않은 것은?

① 재해 시 피난이 유리하다.
② 학습활동을 실외에 연장할 수 있다.
③ 부지의 이용률이 높으며 설비의 배선, 배관을 집약할 수 있다.
④ 개개의 교실에서 밖으로 직접 출입할 수 있으므로 복도가 혼잡하지 않다.

개념 | KEYWORD 09 학교, 도서관
해설 |
단층 교사는 1개층의 여러 개 동으로 계획되므로 부지의 이용률이 낮고 설비의 배선, 배관이 분산된다.

정답 | ③

15

건축물의 에너지절약을 위한 계획 내용으로 옳지 않은 것은?

① 공동주택은 인동간격을 넓게 하여 저층부의 일사 수열량을 증대시킨다.
② 건축물의 체적에 대한 외피면적의 비 또는 연면적에 대한 외피면적의 비는 가능한 크게 한다.
③ 건축물은 대지의 향, 일조 및 주풍향 등을 고려하여 배치하며, 남향 또는 남동향 배치를 한다.
④ 거실의 층고 및 반자 높이는 실의 용도와 기능에 지장을 주지 않는 범위 내에서 가능한 낮게 한다.

개념 | KEYWORD 01 건축계획 일반
해설 |
건축물의 에너지절약을 위해서는 건축물의 체적에 대한 외피면적의 비 또는 연면적에 대한 외피면적의 비는 가능한 작게 한다.

정답 | ②

17

다음 중 상점계획에서 파사드 구성에 요구되는 소비자 구매심리 5단계(AIDMA 법칙)에 속하지 않는 것은?

① 흥미(Interest)
② 욕망(Desire)
③ 기억(Memory)
④ 유인(Attraction)

개념 | KEYWORD 06 상점, 백화점, 쇼핑센터
해설 |
Attraction은 AIDMA에 속하지 않는다.

관련이론
상점 광고 5요소(AIDMA 법칙)
1. Attention(주의)
2. Interest(흥미)
3. Desire(욕망, 욕구)
4. Memory(기억, 인상)
5. Action(행동)

정답 | ④

16

극장 무대에서 그리드 아이언(Grid iron)이란 무엇인가?

① 조명 조작 등을 위해 무대 주위 벽에 6~9m의 높이로 설치되는 좁은 통로
② 조명기구, 연기자 또는 음향 반사판을 매달기 위해 무대 천정 밑에 설치되는 시설
③ 하늘이나 구름 등 자연 현상을 나타내기 위한 무대 배경용 벽
④ 무대와 객석의 경계를 이루는 곳으로 액자와 같은 시각적 효과를 갖게 하는 시설

개념 | KEYWORD 08 극장, 영화관, 미술관
해설 |
그리드 아이언(격자 철판, Grid iron)은 무대의 천장 밑에 위치하는 곳에 철골로 촘촘히 깔아 바닥을 이루게 한 것으로, 여기에 배경이나 조명기구, 연기자 또는 음향 반사판 등을 매어 달 수 있게 한 장치이다.

선지분석
① 플라이 갤러리(Fly gallery)에 대한 설명이다.
③ 사이클로라마(Cyclorama)에 대한 설명이다.
④ 프로시니엄 아치(Proscenium arch)에 대한 설명이다.

정답 | ②

18

바실리카식 교회당의 각부 명칭과 관계없는 것은?

① 아일(Aisle)
② 파일론(Pylon)
③ 나르텍스(Narthex)
④ 트란셉트(Transept)

개념 | KEYWORD 13 서양건축사
해설 |
파일론은 이집트 신전건축과 관계된다.

관련이론
바실리카식 교회(초기 기독교건축)의 구성
- 트란셉트(수랑)
- 네이브(회랑의 중앙)
- 아일(회랑의 측면)
- 나르텍스(전실)
- 아트리움(중정)

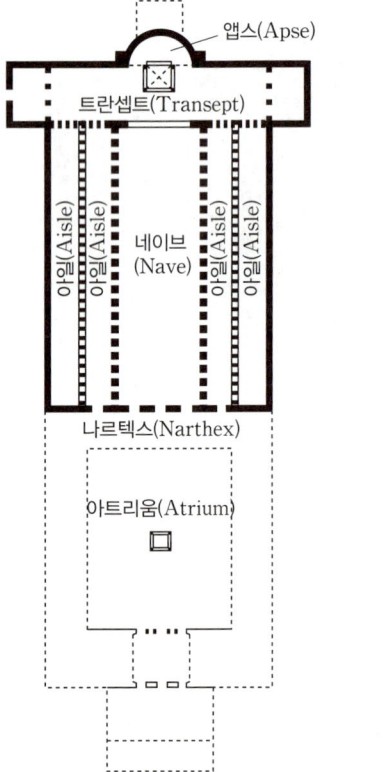

정답 | ②

19

전시공간의 특수전시기법에 관한 설명으로 옳지 않은 것은?

① 파노라마 전시는 전체의 맥락이 중요하다고 생각될 때 사용된다.
② 하모니카 전시는 동일 종류의 전시물을 반복하여 전시할 경우에 유리하다.
③ 디오라마 전시는 하나의 사실 또는 주체의 시간 상황을 고정시켜 연출하는 기법이다.
④ 아일랜드 전시는 벽면 전시 기법으로 전체 벽면의 일부만을 사용하며 그림과 같은 미술품 전시에 주로 사용된다.

개념 | KEYWORD 08 극장, 영화관, 미술관
해설 |
아일랜드(Island) 전시는 벽이나 천장을 직접 이용하지 않고 전시물 또는 전시장치를 배치함으로써 전시공간을 만들어 내는 전시기법이다.

정답 | ④

20

교학건축인 성균관의 구성에 속하지 않는 것은?

① 동재
② 존경각
③ 천추전
④ 명륜당

개념 | KEYWORD 14 한국건축사
해설 |
성균관은 동재(기숙사), 존경각(도서관), 명륜당(유학을 가르치는 강당) 등으로 구성되며, 천추전은 경복궁의 비공식 업무시설이다.

정답 | ③

건축시공

21
콘크리트 블록(Block) 벽체의 크기가 3×5m일 때 쌓기 모르타르의 소요량으로 옳은 것은? (단, 블록의 치수는 390×190×190mm, 재료량은 할증이 포함되었으며, 모르타르 배합비는 1 : 3)

① 0.10m³
② 0.12m³
③ 0.15m³
④ 0.18m³

개념 | KEYWORD 07 공종별 적산

해설 |
벽면적 1m²당 모르타르의 소요량은 0.01m³이다.
벽면적이 15m²이므로 모르타르의 소요량은 0.15m³이다.

관련이론

블록쌓기 품셈표

구분	치수 (길이×높이×두께)	단위	수량	모르타르(m³)	시멘트(kg)	모래(m³)
기본형	390×190×190	매	13	0.01	5.10	0.011
	390×190×150			0.009	4.59	0.01
	390×190×100			0.006	3.06	0.007

정답 | ③

22
지표 재하 하중으로 흙막이 저면 흙이 붕괴되고 바깥에 있는 흙이 안으로 밀려 볼록하게 되어 파괴되는 현상은?

① 히빙(Heaving) 파괴
② 보일링(Boiling) 파괴
③ 수동토압(Passive earth pressure) 파괴
④ 전단(Shearing) 파괴

개념 | KEYWORD 12 토공사

해설 |
히빙 파괴는 흙막이벽 좌측과 우측의 토압차로서 흙막이 뒷부분의 흙이 기초파기하는 공사장으로 흙막이벽 밑을 돌아서 미끄러져 올라오는 현상이다.

정답 | ①

23
건설공사현장에서 보통 콘크리트를 KS규격품인 레미콘으로 주문할 때의 요구항목이 아닌 것은?

① 잔골재의 조립율
② 굵은 골재의 최대 치수
③ 호칭강도
④ 슬럼프

개념 | KEYWORD 16 콘크리트공사

해설 |
레디믹스트 콘크리트 규격

Remicon(25−30−150)
㉠ ㉡ ㉢

㉠	굵은 골재 최대 치수(25mm)
㉡	호칭강도(30MPa)
㉢	슬럼프값(150mm)

정답 | ①

24
유동화콘크리트에 관한 설명으로 옳지 않은 것은?

① 높은 유동성을 가지면서도 단위수량은 보통 콘크리트보다 적다.
② 일반적으로 유동성을 높이기 위하여 화학혼화제를 사용한다.
③ 동일한 단위시멘트량을 갖는 보통콘크리트에 비하여 압축강도가 매우 높다.
④ 일반적으로 건조수축은 묽은 비빔 콘크리트보다 작다.

개념 | KEYWORD 16 콘크리트공사

해설 |
유동화콘크리트의 압축강도는 동일한 단위시멘트량을 갖는 보통콘크리트와 동일하다.

관련이론

유동화콘크리트
비비기를 완료한 베이스(Base) 콘크리트에 유동화제(고성능 감수제)를 첨가함으로써 유동성을 일시적으로 증대시킨 콘크리트이다.

정답 | ③

25
잔류유(찌꺼기)를 저온으로 장시간 증류한 것으로 응집력이 크고 온도에 의한 변화가 적으며 연화점이 높고 안전하여 방수공사에 많이 사용되는 것은?

① 아스팔트 펠트
② 블로운 아스팔트
③ 아스팔타이트
④ 레이크 아스팔트

개념 | KEYWORD 22 방수공사

해설 |
블로운 아스팔트는 연화점이 높고 안전하여 지붕의 방수공사에 많이 사용된다.

정답 | ②

26
콘크리트용 골재의 품질에 관한 설명으로 옳지 않은 것은?

① 골재는 청정, 견경하고 유해량의 먼지, 유기불순물이 포함되지 않아야 한다.
② 골재의 입형은 콘크리트의 유동성을 갖도록 한다.
③ 골재는 예각으로 된 것을 사용하도록 한다.
④ 골재의 강도는 콘크리트 내 경화한 시멘트 페이스트의 강도보다 커야 한다.

개념 | KEYWORD 16 콘크리트공사

해설 |
골재는 구형에 가까운 것을 사용해야 한다.

관련이론
골재의 요구조건
1. 유해한 양의 먼지, 흙, 유기불순물 등을 포함하지 않아야 한다.
2. 표면이 거칠고 둥근 모양인 것이 좋다.
3. 실적률이 크고, 입도가 좋아야 한다.
4. 소요의 내화성, 내구성, 내마모성을 가져야 한다.
5. 보통 콘크리트에 사용되는 골재의 강도는 시멘트 페이스트 강도 이상이어야 한다.

정답 | ③

27
대안입찰제도의 특징에 관한 설명으로 옳지 않은 것은?

① 공사비를 절감할 수 있다.
② 설계상 문제점의 보완이 가능하다.
③ 신기술의 개발 및 축적을 기대할 수 있다.
④ 입찰기간이 단축된다.

개념 | KEYWORD 05 입찰방식 및 계약

해설 |
대안입찰제도는 발주가 복잡하여 입찰기간이 길어지는 단점이 있다.

관련이론
대안입찰
건축주가 제시한 원안과 동등 이상의 기능 및 효과를 가진 방법으로 공사비 절감, 공기단축을 할 수 있는 내용에 해당되는 대안을 도급자가 제시하는 제도이다.

정답 | ④

28
다음에서 설명하고 있는 도장결함은?

> 도료를 겹칠하였을 때 하도의 색이 상도막 표면에 떠올라 상도의 색이 변하는 현상

① 번짐   ② 색 분리
③ 주름   ④ 핀홀

개념 | KEYWORD 27 도장공사

해설 |
번짐은 도료를 겹칠하였을 때, 하도의 색이 상도 도막 표면에 떠올라 상도의 색이 변하는 도장결함을 말한다.

정답 | ①

29

건축물 외부에 설치하는 커튼월에 관한 설명으로 옳지 않은 것은?

① 커튼월이란 외벽을 구성하는 비내력벽 구조이다.
② 커튼월의 조립은 대부분 외부에 대형발판이 필요하므로 비계공사가 필수적이다.
③ 공장에서 생산하여 반입하는 프리패브 제품이다.
④ 일반적으로 콘크리트나 벽돌 등의 외장재에 비하여 경량이어서 건물의 전체 무게를 줄이는 역할을 한다.

개념 | KEYWORD 26 커튼월공사
해설 |
커튼월은 양중기를 이용하여 설치하며, 무비계작업을 원칙으로 한다.

관련이론
커튼월 공사의 특징
1. 공장제작으로 진행되어 건설현장의 공정이 대폭 단축된다.
2. 건물 완성 후에 벽체가 지녀야 할 성능을 설계 시에 미리 정략적으로 설정해서 이것을 목표로 제작, 시공이 행해진다.
3. 부착작업은 무비계작업을 원칙으로 한다.
4. 다수의 대형부재를 취급하며, 고소작업 및 반복 작업이 많다.

정답 | ②

30

계약 방식 중 단가계약 제도에 관한 설명으로 옳지 않은 것은?

① 실시수량의 확정에 따라서 차후 정산하는 방식이다.
② 긴급공사 시 또는 수량이 불명확할 때 간단히 계약할 수 있다.
③ 설계변경에 의한 수량의 증감이 용이하다.
④ 공사비를 절감할 수 있으며, 복잡한 공사에 적용하는 것이 좋다.

개념 | KEYWORD 04 계약제도
해설 |
단가도급은 공사금액을 구성하는 물량 또는 단위공사 부분에 대한 단가만을 확정하고 공사 완료 시 실시수량의 확정에 따라 정산하는 방식이다.
단가도급은 착공이 가장 빠르지만 총 공사비 예측이 어렵고, 공사비가 상승될 수 있다.

정답 | ④

31

웰포인트 공법에 관한 설명으로 옳지 않은 것은?

① 흙파기 밑면의 토질 약화를 예방한다.
② 진공펌프를 사용하여 토중의 지하수를 강제적으로 집수한다.
③ 지하수 저하에 따른 인접지반과 공동매설물 침하에 주의가 필요하다.
④ 사질지반보다 점토층 지반에서 효과적이다.

개념 | KEYWORD 12 토공사
해설 |
웰포인트 공법은 사질지반에서 더 효과적이다.

정답 | ④

32

콘크리트의 크리프에 관한 설명으로 옳지 않은 것은?

① 습도가 높을수록 크리프는 크다.
② 물-시멘트비가 클수록 크리프는 크다.
③ 콘크리트의 배합과 골재의 종류는 크리프에 영향을 끼친다.
④ 하중이 제거되면 크리프 변형은 일부 회복된다.

개념 | KEYWORD 16 콘크리트공사
해설 |
크리프는 하중의 증가 없이 일정한 하중이 장기간 작용하여 변형이 증가하는 현상을 말하며 습도가 낮을수록, 크리프는 커진다.

관련이론
크리프가 커지는 조건
1. 재령이 짧을수록
2. 응력이 클수록
3. 부재의 치수가 작을수록
4. 대기의 습도가 낮을수록
5. 대기의 온도가 높을수록
6. 물-시멘트 비가 클수록
7. 단위 시멘트량이 많을수록
8. 다짐이 나쁠수록

정답 | ①

33
건축재료별 수량 산출 시 적용하는 할증률로 옳지 않은 것은?

① 유리: 1%
② 단열재: 5%
③ 붉은벽돌: 3%
④ 이형철근: 3%

개념 | KEYWORD 06 적산 총론
해설 |
② 단열재: 10%

관련이론
재료별 할증률

할증률(%)	재료
1	콘크리트(철근), 유리
2	콘크리트(무근), 시멘트, 도료, 아스팔트
3	붉은벽돌, 내화벽돌, 타일(점토계, 크링커), 이형철근, 고력볼트, 슬레이트, 테라코타, 일반합판
4	시멘트블록
5	시멘트벽돌, 원형철근, 강관, 봉강, 리벳, 타일(합성수지계), 텍스, 석고보드, 기와, 수장합판, 목재(각재)
7	대형 형강
10	단열재, 강판, 목재(판재), 석재(정형)
20	졸대
30	석재(원석, 부정형)

정답 | ②

34
ALC 패널의 설치공법이 아닌 것은?

① 수직철근 공법
② 슬라이드 공법
③ 커버플레이트 공법
④ 피치 공법

개념 | KEYWORD 20 석공사
해설 |
ALC 패널의 설치공법에는 수직철근 공법, 슬라이드 공법, 커버플레이트 공법, 볼트조임 공법 등이 있다.

정답 | ④

35
공사 진행의 일반적인 순서로 가장 알맞은 것은?

① 가설공사 → 공사 착공 준비 → 토공사 → 구조체 공사 → 지정 및 기초공사
② 공사 착공 준비 → 가설공사 → 토공사 → 지정 및 기초공사 → 구조체 공사
③ 공사 착공 준비 → 토공사 → 가설공사 → 구조체 공사 → 지정 및 기초공사
④ 공사 착공 준비 → 지정 및 기초공사 → 토공사 → 가설공사 → 구조체 공사

개념 | KEYWORD 03 공사계획과 관리조직
해설 |
일반적인 시공 순서
공사 착공 준비 → 가설 공사 → 토공사 → 지정 및 기초공사 → 구조체 공사 → 방수, 방습 공사 → 지붕 및 홈통 공사 → 외벽 마무리 공사 → 창호 공사 → 내부 마무리 공사

정답 | ②

36
블록조 벽체에 와이어메시를 가로줄눈에 묻어 쌓기도 하는데 이에 관한 설명으로 옳지 않은 것은?

① 전단작용에 대한 보강이다.
② 수직하중을 분산시키는 데 유리하다.
③ 블록과 모르타르의 부착성능의 증진을 위한 것이다.
④ 교차부의 균열을 방지하는 데 유리하다.

개념 | KEYWORD 19 조적공사
해설 |
블록조 벽체에서 와이어메시를 가로줄눈에 묻어 쌓는 이유
1. 전단작용에 대한 보강
2. 수직하중 분산
3. 교차부 균열 방지

정답 | ③

37

공사관리방법 중 CM 계약방식에 관한 설명으로 옳지 않은 것은?

① 대리인형 CM(CM for fee)인 경우 공사품질에 책임을 지며, 품질 문제 발생 시 책임소재가 명확하다.
② 프로젝트의 전 과정에 걸쳐 공사비, 공기 및 시공성에 대한 종합적인 평가 및 설계변경에 대한 효율적인 평가가 가능하여 발주자의 의사결정에 도움이 된다.
③ 설계과정에서 설계가 시공에 미치는 영향을 예측할 수 있어 설계도서의 현실성을 향상시킬 수 있다.
④ 단계적 발주 및 시공의 적용이 가능하다.

개념 | KEYWORD 04 계약제도

해설 |
공사품질에 책임을 지며, 품질 문제 발생 시 책임소재가 명확한 방식은 CM at Risk방식이다.

관련이론

CM 기본방식
1. CM for Fee(대리인형 CM): 프로젝트의 전반에 걸쳐 발주자의 컨설턴트 역할만을 수행하는 공사관리 계약방식
2. CM at Risk(시공자형 CM): 직접공사를 수행하거나 전문시공자와 계약을 맺어 공사 전반을 책임지는 공사관리 계약방식

정답 | ①

38

목구조 재료로 사용되는 침엽수의 특징에 해당하지 않는 것은?

① 직선부재의 대량생산이 가능하다.
② 단단하고 가공이 어려우나 미관이 좋다.
③ 병·충해가 약하여 방부 및 방충처리를 하여야 한다.
④ 수고(樹高)가 높으며 통직하다.

개념 | KEYWORD 21 목공사

해설 |
침엽수는 소나무, 해송, 삼송나무, 전나무, 낙엽송, 잣나무 등으로 가볍고 비중이 작아 가공이 쉽다.
②는 활엽수에 대한 설명이다.

정답 | ②

39

창호철물과 창호의 연결로 옳지 않은 것은?

① 도어체크(Door check) — 미닫이문
② 플로어 힌지(Floor hinge) — 자재 여닫이문
③ 크리센트(Crescent) — 오르내리창
④ 레일(Rail) — 미서기창

개념 | KEYWORD 24 창호공사

해설 |
도어체크(Door check) — 여닫이문

정답 | ①

40

목재의 무늬와 바탕의 재질을 잘 보이게 하는 도장 방법은?

① 유성 페인트 도장
② 에나멜 페인트 도장
③ 합성수지 페인트 도장
④ 클리어 래커 도장

개념 | KEYWORD 27 도장공사

해설 |
클리어 래커 도장은 투명 래커이며 내수성 및 내후성이 부족하여 실내용 도장에 사용된다.

관련이론

래커의 종류와 특징

종류	특징
클리어 래커	• 목재면의 투명도장에 사용 • 내수성, 내후성이 부족함 • 내부용으로 사용
에나멜 래커	• 기계적 성질이 우수함 • 불투명 도료임 • 목재 금속면에 사용함
하이 솔리드 래커	• 도막이 두껍고 단단함 • 경화건조가 느림

정답 | ④

건축구조

41

그림과 같은 앵글(Angle)의 유효 단면적으로 옳은 것은?
(단, $L_s-50\times50\times6$ 사용, $A=5.644cm^2$, $d=1.7cm$)

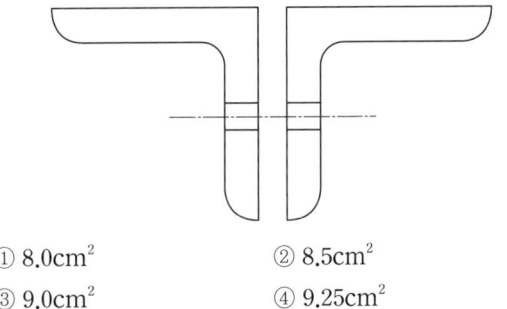

① 8.0cm² ② 8.5cm²
③ 9.0cm² ④ 9.25cm²

개념 | KEYWORD 19 인장재·압축재 설계

해설 |
순단면적(A_n)은 총단면적(A_g)에서 볼트 구멍에 의한 결손 단면적을 감한 단면적이다.
$A_n = A_g - n \cdot d \cdot t$
여기서, n: 인장력에 의한 파단선상에 있는 구멍의 수, t: 부재의 두께(mm), d: 순단면적 산정용 고력볼트 구멍의 여유폭
∴ $A_n = (5.644 \times 2개) - (2 \times 1.7 \times 0.6) = 9.248cm^2$

정답 | ④

42

다음 용어 중 서로 관련이 가장 적은 것은?

① 기둥 — 메탈터치(Metal touch)
② 인장가새 — 턴버클(Turn buckle)
③ 주각부 — 거셋플레이트(Gusset plate)
④ 중도리 — 새그로드(Sag rod)

개념 | KEYWORD 18 접합, 볼트, 용접

해설 |
거셋플레이트(Gusset plate)는 기둥, 보, 트러스 부재의 접합에 사용되는 덧댐판이며, 주각부에는 사용하지 않는다.

선지분석
① 메탈터치: 기둥을 이음하는 방식으로 접합면을 직접 접촉시켜 연결하며 접촉면을 따라 하중의 50%가 전달되므로 덧판과 끼움판의 부담을 줄일 수 있다.
② 턴버클: 양쪽에 서로 반대 방향으로 달려 있는 수나사를 돌려 양쪽에 이어진 로프나 인장재를 당겨서 조이는 기구
④ 새그로드: 철골조 지붕틀을 연결하는 중도리가 휘는 것을 방지하기 위하여 설치되는 부재로서 타이로드, 새그로드, 중도리 연결대 등으로 표현한다.

정답 | ③

43

강재의 응력-변형도 시험에서 인장력을 가해 소성상태에 들어선 강재를 다시 반대 방향으로 압축력을 작용하였을 때의 압축항복점이 소성상태에 들어서지 않은 강재의 압축항복점에 비해 낮은 것을 볼 수 있는데 이러한 현상을 무엇이라 하는가?

① 루더선(Luder's line)
② 소성흐름(Plastic flow)
③ 바우싱거효과(Baushinger's effect)
④ 응력집중(Stress concentration)

개념 | KEYWORD 17 강구조 총론

해설 |
바우싱거효과: 재료에 탄성 한계 이상의 인장하중을 가한 다음에 압축하중을 가하여 측정된 비례한계 또는 항복점은 이 재료의 원래 해당 값보다 현저하게 저하하는 현상이다.

정답 | ③

44

그림에서 절점 D는 이동을 하지 않으며, A, B, C는 고정단일 때 C단의 모멘트는? (단, k는 부재의 강비임)

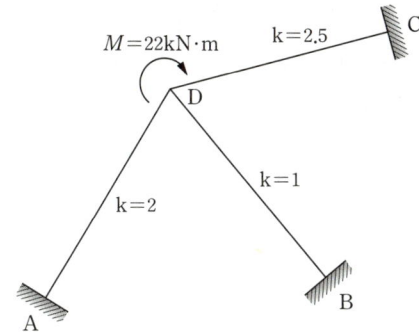

① 4.0kN·m　　② 4.5kN·m
③ 5.0kN·m　　④ 5.5kN·m

개념 | KEYWORD 06 반력, 전단력, 휨모멘트

해설 |

1. 분배율: $DF_{DC} = \dfrac{2.5}{2+1+2.5} = \dfrac{2.5}{5.5} = \dfrac{5}{11}$

2. 분배모멘트 계산:
$M_{DC} = M_D \cdot DF_{DC} = 22 \times \dfrac{5}{11} = 10\text{kN·m}$

3. 전달모멘트 계산: $M_{CD} = \dfrac{1}{2} M_{DC} = \dfrac{1}{2} \times 10 = 5\text{kN·m}$

(전달률: 고정단은 $\dfrac{1}{2}$)

정답 | ③

45

단면의 지름이 150mm, 재축방향 길이가 300mm인 원형 강봉의 윗면에 300kN의 힘이 작용하여 재축방향 길이가 0.16mm 줄어들었고, 단면의 지름이 0.02mm 늘어났다면 이 강봉의 탄성계수 E와 푸와송비는?

① 31,830MPa, 0.25　　② 31,830MPa, 0.125
③ 39,630MPa, 0.25　　④ 39,630MPa, 0.125

개념 | KEYWORD 04 재료의 기계적 성질

해설 |

1. 훅의 법칙에 의해 응력도는 변형도와 탄성계수의 곱에 비례한다.
$(\sigma = E \cdot \varepsilon)$

응력 $\left(\sigma = \dfrac{P}{A}\right)$, 변형률 $\left(\varepsilon = \dfrac{\Delta L}{L}\right)$을 적용하면

$E = \dfrac{\sigma}{\varepsilon} = \dfrac{\dfrac{P}{A}}{\dfrac{\Delta L}{L}} = \dfrac{P \cdot L}{A \cdot \Delta L}$ 이다.

$\therefore E = \dfrac{(300 \times 10^3) \times 300}{\left(\dfrac{\pi \times 150^2}{4}\right) \times 0.16} ≒ 31,831\text{N/mm}^2 = 31,831\text{MPa}$

2. 푸아송비$(\nu) = \dfrac{\text{압축변형률}}{\text{인장변형률}} = \dfrac{\dfrac{\Delta D}{D}}{\dfrac{\Delta L}{L}} = \dfrac{L \cdot \Delta D}{D \cdot \Delta L}$

$\therefore \nu = \dfrac{300 \times 0.02}{150 \times 0.16} = 0.25$

정답 | ①

46

건축물의 기초구조 설계 시 말뚝재료별 구조세칙으로 옳지 않은 것은?

① 나무말뚝을 타설할 때 그 중심간격은 말뚝머리지름의 2.5배 이상 또한 600mm 이상으로 한다.
② 기성콘크리트말뚝을 타설할 때 그 중심간격은 말뚝머리지름의 2.5배 이상 또한 1,100mm 이상으로 한다.
③ 강재말뚝을 타설할 때 그 중심간격은 말뚝머리의 지름 또는 폭의 2.0배 이상(다만, 폐단강관 말뚝에 있어서 2.5배) 또한 750mm 이상으로 한다.
④ 현장타설콘크리트말뚝을 배치할 때 그 중심간격은 말뚝머리 지름의 2.0배 이상 또한 말뚝머리 지름에 1,000mm를 더한 값으로 한다.

개념 | KEYWORD 02 지반 및 기초

해설 |
② 기성콘크리트말뚝을 타설할 때 그 중심간격은 말뚝머리지름의 2.5배 이상 또한 750mm 이상으로 한다.

관련이론

말뚝 최소 간격 기준

※ D: 말뚝머리 지름

종류	최소 간격
나무말뚝	$2.5D$ 이상, 600mm 이상
기성콘크리트말뚝	$2.5D$ 이상, 750mm 이상
강재말뚝	$2.0D$ 이상, 750mm 이상
현장타설 콘크리트말뚝	$2.0D$ 이상, $D+1,000$mm 이상

정답 | ②

47

볼트의 기계적 등급을 나타내기 위해 표시하는 F8T, F10T, F11T에서 가운데 숫자는 무엇을 의미하는가?

① 휨강도
② 인장강도
③ 압축강도
④ 전단강도

개념 | KEYWORD 18 접합, 볼트, 용접

해설 |
가운데 숫자는 최저 인장강도(F_u)를 의미한다. 고력볼트 기호의 구성은 다음과 같다. 가령 F10T에서 F는 Friction grip joint, 10은 10tf/cm^2=1,000MPa의 최저 인장강도(F_u)를 표현하고, T는 Tensile strength를 뜻한다.

정답 | ②

48

콘크리트 구조 설계 시 철근간격제한에 관한 내용으로 옳지 않은 것은?

① 벽체 또는 슬래브에서 휨 주철근의 간격은 벽체나 슬래브 두께의 3배 이하로 하여야 하고, 또한 450mm 이하로 하여야 한다.
② 상단과 하단에 2단 이상으로 배치된 경우 상하 철근은 동일 연직면 내에 배치하여야 하고, 이 때 상하 철근의 순간격은 25mm 이상으로 하여야 한다.
③ 나선철근 또는 띠철근이 배근된 압축부재에서 축방향 철근의 순간격은 25mm 이상, 또한 철근 공칭지름의 2.5배 이상으로 하여야 한다.
④ 2개 이상의 철근을 묶어서 사용하는 다발철근은 이형철근으로 그 개수는 4개 이하이어야 하며, 이들은 스터럽이나 띠철근으로 둘러싸여져야 한다.

개념 | KEYWORD 16 철근 정착과 이음

해설 |
③ 나선철근 또는 띠철근이 배근된 압축부재에서 축방향 철근의 순간격은 40mm 이상, 또한 철근 공칭지름의 1.5배 이상으로 하여야 한다.

정답 | ③

49

다음 중 한계상태설계법에서 강도 한계상태를 구성하는 요소가 아닌 것은?

① 바닥재의 진동
② 기둥의 좌굴
③ 골조의 불안정성
④ 취성파괴

개념 | KEYWORD 17 강구조 총론

해설 |
바닥재의 진동은 사용 한계상태(Serviceability limit state)에 해당한다.

관련이론

한계상태설계법

1. 강도 한계상태: 구조체가 제 기능을 발휘 못하는 상태로 압축, 인장, 좌굴, 휨, 전단 등의 하중에 대한 지지 능력을 상실한 상태
2. 사용 한계상태: 구조 기능 저하로 균열, 처짐, 진동 등에 의하여 사용상 부적합한 상태

정답 | ①

50

다음 두 보의 최대 처짐량이 같기 위한 등분포하중의 비로 옳은 것은? (단, 부재의 재질과 단면은 동일하며 A부재의 길이는 B부재 길이의 2배임)

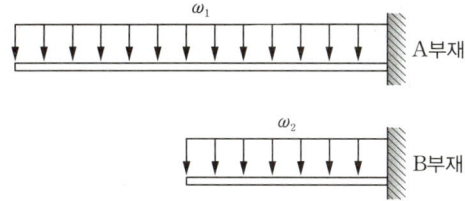

① $w_2 = 2w_1$ ② $w_2 = 4w_1$
③ $w_2 = 8w_1$ ④ $w_2 = 16w_1$

개념 | KEYWORD 10 보의 처짐

해설 |

등분포하중 시, 캔틸레버의 최대 처짐(δ_{max})은 $\dfrac{wl^4}{8EI}$이다.

$\delta_{A,max} = \dfrac{w_1 \cdot (2l)^4}{8EI}$, $\delta_{B,max} = \dfrac{w_2 \cdot (l)^4}{8EI}$

$\delta_{A,max} = \delta_{B,max}$이므로

$w_1 \cdot (2l)^4 = w_2 \cdot (l)^4$

$\therefore w_2 = 16w_1$

정답 | ④

51

스터럽으로 보강된 휨 부재의 최외단 인장철근의 순인장 변형률 ε_t가 0.004일 경우 강도감소계수 ϕ로 옳은 것은? (단, $f_y = 400$MPa)

① 0.65 ② 0.717
③ 0.783 ④ 0.817

개념 | KEYWORD 13 보의 휨 설계

해설 |

1. $0.002 < \varepsilon_t(=0.004) < 0.005$이므로 변화 구간 단면의 부재이다.
2. 변화 구간의 강도감소계수는 다음 식으로 구한다.

$\phi = 0.65 + (\varepsilon_t - 0.002) \times \dfrac{200}{3}$

$= 0.65 + (0.004 - 0.002) \times \dfrac{200}{3} \fallingdotseq 0.783$

관련이론

순인장 변형률에 따른 강도감소계수의 변화

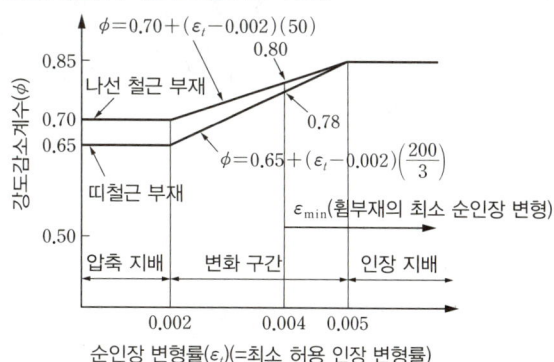

정답 | ③

52

그림과 같은 트러스에서 '가' 및 '나' 부재의 부재력을 옳게 구한 것은? (단, −는 압축력, +는 인장력을 의미함)

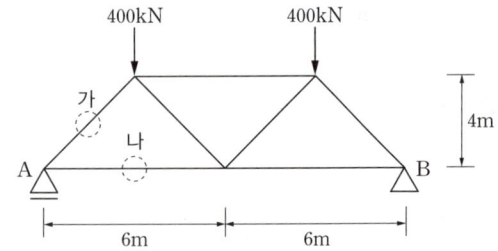

① 가=−500kN, 나=300kN
② 가=−500kN, 나=400kN
③ 가=−400kN, 나=300kN
④ 가=−400kN, 나=400kN

개념 | KEYWORD 09 구조물 해석

해설 |
지점에서 가까운 부재의 부재력을 해석할 때는 절점법이 알맞다. 따라서 A 절점에서 절점법을 이용한다.

1. 가 부재력(C)

    $\Sigma V = 0$; $V_A + C\sin\theta = 400 + F_{가} \times \dfrac{4}{5} = 0$

    $\therefore F_{가} = -500\text{kN}$ (압축)

2. 나 부재력(D)

    $\Sigma H = 0$; $D + C\cos\theta = F_{나} + F_{가} \times \dfrac{3}{5} = 0$

    $F_{나} = +300\text{kN}$ (인장)

정답 | ①

53

강도설계법에 의한 철근콘크리트 보에서 콘크리트만의 설계전단강도는 얼마인가? (단, $f_{ck}=24\text{MPa}$, $\lambda=1$)

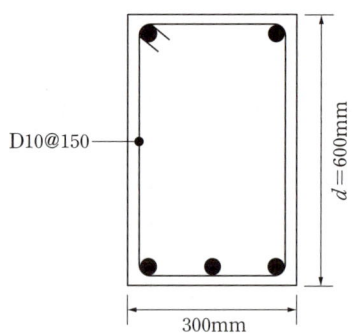

① 31.5kN ② 75.8kN
③ 110.2kN ④ 145.6kN

개념 | KEYWORD 14 전단 및 비틀림

해설 |
콘크리트의 설계전단강도

$V_d = \phi V_c = \phi \cdot \dfrac{1}{6} \lambda \sqrt{f_{ck}} \cdot b_w \cdot d$

$= 0.75 \times \dfrac{1}{6} \times 1.0 \times \sqrt{24} \times 300 \times 600 \fallingdotseq 110,227\text{N} \fallingdotseq 110.2\text{kN}$

여기서, 전단력의 강도감소계수(ϕ)는 0.75이다.

정답 | ③

54

그림과 같은 단면에 전단력 50kN이 가해진 경우 중립축에서 상방향으로 100mm 떨어진 지점의 전단응력은? (단, 전체 단면의 크기는 200×300mm임)

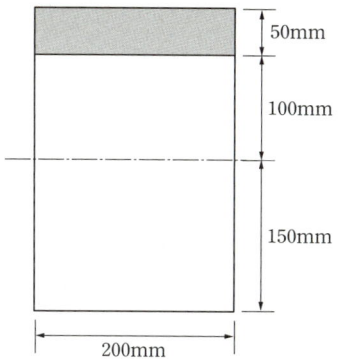

① 0.85MPa ② 0.79MPa
③ 0.73MPa ④ 0.69MPa

개념 | KEYWORD 04 재료의 기계적 성질

해설 |

사각형 단면의 임의 위치에서 최대 전단응력도는

$\tau(\text{N/mm}^2) = \dfrac{V \cdot Q}{I \cdot b}$ 이다.

여기서, V는 전단력(N), I는 중립축에 대한 단면2차모멘트(mm^4), b는 전단응력을 구하고자 하는 위치의 단면 폭(mm), Q는 전단응력을 구하고자 하는 외측 단면에 대한 중립축에서의 단면1차모멘트(mm^3)이다.

$I = \dfrac{bh^3}{12} = \dfrac{200 \times 300^3}{12} = 450 \times 10^6 \text{mm}^4$

$b = 200\text{mm}$

$V = 50\text{kN} = 50 \times 10^3 \text{N}$

$Q = (200 \times 50) \times \left(100 + \dfrac{50}{2}\right) = 1.25 \times 10^6 \text{mm}^3$

$\therefore \tau = \dfrac{(50 \times 10^3) \times (1.25 \times 10^6)}{(450 \times 10^6) \times (200)} \fallingdotseq 0.694 \text{N/mm}^2 \fallingdotseq 0.69\text{MPa}$

정답 | ④

55

등가정적해석법에 의한 건축물의 내진설계 시 고려해야 할 사항이 아닌 것은?

① 지역계수 ② 노풍도계수
③ 지반종류 ④ 반응수정계수

개념 | KEYWORD 03 내진·내풍·사용성 설계

해설 |

노풍도계수: 건축물이 바람에 노출되는 정도를 나타내는 노풍도는 [건축구조기준 2009] 이후부터 지표면조도 (Surface roughness)로 용어가 개정되었으며, 풍하중 설계 시 고려사항이다.

관련이론

등가정적해석법 밑면전단력 산정식

$V = C_s \cdot W = \dfrac{S_{D1}}{\left(\dfrac{R}{I_E}\right) \cdot T} \cdot W$

여기서, C_s: 지진응답계수
W: 유효건물중량
S_{D1}: 주기 1초에서의 설계스펙트럼 가속도
R: 반응수정계수
I_E: 건물의 중요도계수
T: 건물의 고유주기

정답 | ②

56

그림과 같은 압축재에 $V-V$축의 세장비 값으로 옳은 것은? (단, $A=10\text{cm}^2$, $I_V=36\text{cm}^4$)

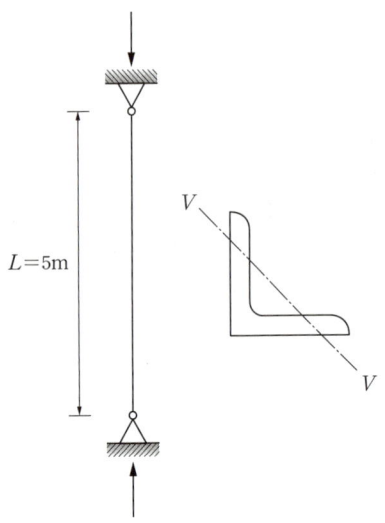

① 270.3
② 263.1
③ 254.8
④ 236.4

개념 | KEYWORD 07 기둥의 좌굴

해설 |

세장비 $\lambda = \dfrac{KL}{r} = \dfrac{KL}{\sqrt{\dfrac{I}{A}}}$

여기서, KL: 좌굴길이, r: 단면2차반경, I: 단면2차모멘트, A: 단면적

$\therefore \lambda = \dfrac{1.0 \times 500}{\sqrt{\dfrac{36}{10}}} \fallingdotseq 263.5$

정답 | ②

57

철근콘크리트 구조설계 시 고려하는 강도설계법에 관한 설명으로 옳지 않은 것은?

① 보의 압축측의 응력분포는 사다리꼴, 포물선 등의 형태로 본다.
② 규정된 허용하중이 초과될지도 모를 가능성을 예측하여 하중계수를 사용한다.
③ 재료의 변화, 시공오차 등의 기술적인 면을 고려하여 강도감소계수를 사용한다.
④ 이 설계방법은 탄성이론하에서 이루어진 설계법이다.

개념 | KEYWORD 11 철근콘크리트구조 총론

해설 |

(극한)강도설계법은 소성설계이론이 적용된 설계법이므로 탄성이론이 적용되지는 않는다.

관련이론

극한강도설계법은 철근과 콘크리트의 극한강도를 인정하되 건축물 사용 중 하중이 증가될 가능성에 대비하여 하중증가계수를 적용하고, 또한 설계와 시공 중 발생할 수 있는 각종 오차를 고려하여 강도감소계수를 적용한다.

정답 | ④

58

3회전단 포물선 아치에 그림과 같이 등분포하중이 가해졌을 경우 단면상에 나타나는 부재력의 종류는?

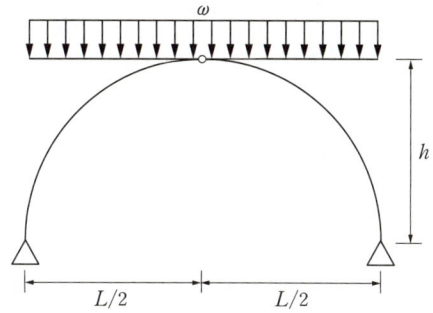

① 전단력, 휨모멘트
② 축방향력, 전단력, 휨모멘트
③ 축방향력, 전단력
④ 축방향력

개념 | KEYWORD 06 반력, 전단력, 휨모멘트
해설 |
3회전단 아치구조는 축방향력에 의하여 하중을 지지하는 구조물이다. 3회전단 포물선 아치가 등분포하중을 받게 되면 부재력으로서 전단력이나 휨모멘트가 발생하지 않고 축방향력만 발생하므로 경제적인 구조가 된다.

정답 | ④

59

그림과 같은 정정구조의 CD부재에서 C, D점의 휨모멘트 값 중 옳은 것은?

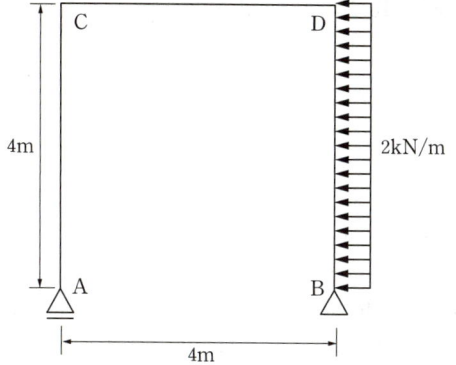

① C점: 0, D점: 16kN·m
② C점: 16kN·m, D점: 16kN·m
③ C점: 0, D점: 32kN·m
④ C점: 32kN·m, D점: 32kN·m

개념 | KEYWORD 06 반력, 전단력, 휨모멘트
해설 |
$\Sigma H = 0; H_B - 2 \times 4 = 0, H_B = 8\text{kN}(\rightarrow)$
A지점의 수직반력 산정
$\Sigma M_B = 0; V_A \times 4 - ((2 \times 4) \times 2) = 0$
$V_A = 4\text{kN}(\uparrow)$
A지점의 수직반력을 활용하여 두 지점의 휨모멘트를 산정한다.
A지점에는 수직반력만 존재하여 C절점에 휨모멘트는 존재하지 않으므로,
$M_{C,Left} = 0$
$M_{D,Right} = -(-(8 \times 4) + ((2 \times 4) \times 2)) = 16\text{kN} \cdot \text{m}$

정답 | ①

60

일반 또는 경량콘크리트 휨부재의 크리프와 건조수축에 의한 추가 장기처짐 산정과 관련하여 5년 이상일 때, 지속하중에 대한 시간경과계수 ξ는 얼마인가?

① 2.4
② 2.2
③ 2.0
④ 1.4

개념 | KEYWORD 12 사용성 및 내구성

해설 |
5년 이상 시, 시간경과계수 ξ는 2.0이다.

관련이론

장기처짐＝탄성처짐×λ

여기서, $\lambda = \dfrac{\xi}{1+50\rho'}$ (지속하중에 대한 처짐계수), ρ': 압축철근비,

ξ: 시간경과계수

구분	ξ
3개월	1.0
6개월	1.2
12개월	1.4
5년 이상	2.0

정답 | ③

건축설비

61

엘리베이터의 안전장치 중 일정 이상의 속도가 되었을 때 브레이크 등을 작동시키는 기능을 하는 것은?

① 조속기
② 권상기
③ 완충기
④ 가이드 슈

개념 | KEYWORD 17 엘리베이터설비

해설 |
조속기는 엘리베이터의 카가 정상속도 이상으로 과속되었을 때 미리 설정된 속도에서 작동하여 안전하게 정지시키는 장치이다.

정답 | ①

62

자연환기에 관한 설명으로 옳지 않은 것은?

① 외부 풍속이 커지면 환기량은 많아진다.
② 실내외의 온도차가 크면 환기량은 작아진다.
③ 중력환기는 실내외의 온도차에 의한 공기의 밀도차가 원동력이 된다.
④ 자연환기량은 중성대로부터 공기유입구 또는 유출구까지의 높이가 클수록 많아진다.

개념 | KEYWORD 10 환기설비

해설 |
실내외의 온도차가 크면 환기량은 많아진다.

정답 | ②

63

다음 중 변전실 면적 결정 시 영향을 주는 요소와 가장 거리가 먼 것은?

① 수전전압
② 수전방식
③ 발전기 용량
④ 큐비클의 종류

개념 | KEYWORD 14 강전설비

해설 |
발전기 용량은 변전실 면적에 영향을 주는 요소가 아니다.

관련이론

변전실 면적에 영향을 주는 요소
1. 수전전압 및 수전방식
2. 변전설비 변압방식, 변압기 용량, 수량 및 형식
3. 설치 기기와 큐비클의 종류
4. 기기의 배치방법 및 유지보수 필요면적
5. 건축물의 구조적 여건

정답 | ③

64
어떤 상태의 습공기를 절대습도의 변화 없이 건구온도만 상승시킬 때 습공기의 상태변화로 옳은 것은?

① 엔탈피는 증가한다.
② 비체적은 감소한다.
③ 노점온도는 낮아진다.
④ 상대습도는 증가한다.

개념 | KEYWORD 08 공기조화설비 총론
해설 |
절대습도의 변화 없이 건구온도만 상승 시, 엔탈피는 증가한다.

선지분석
② 비체적은 증가한다.
③ 노점온도는 변화가 없다.
④ 상대습도는 감소한다.

정답 | ①

65
흡음 및 차음에 관한 설명으로 옳지 않은 것은?

① 벽의 차음성능은 투과손실이 클수록 높다.
② 차음성능이 높은 재료는 흡음성능도 높다.
③ 벽의 차음성능은 사용재료의 면밀도에 크게 영향을 받는다.
④ 벽의 차음성능은 동일 재료에서도 두께와 시공법에 따라 다르다.

개념 | KEYWORD 21 음 환경
해설 |
차음성능이 높은 재료는 대부분 흡음성능이 낮고, 차음성능이 낮은 재료는 대부분 흡음성능이 높다.

정답 | ②

66
다음 중 옥내의 노출된 건조한 장소에 시설할 수 없는 배선 방법은? (단, 사용전압이 400V 미만인 경우)

① 금속관 배선
② 버스덕트 배선
③ 가요전선관 배선
④ 플로어덕트 배선

개념 | KEYWORD 14 강전설비
해설 |
플로어덕트 배선은 옥내의 건조한 콘크리트 바닥 내의 매설에 한하여 시설할 수 있다.

정답 | ④

67
급수설비에서 펌프의 실양정이 의미하는 것은? (단, 물을 높은 곳으로 보내는 경우)

① 배관계의 마찰손실에 해당하는 높이
② 흡수면에서 토출수면까지의 수직거리
③ 흡수면에서 펌프축 중심까지의 수직거리
④ 펌프축 중심에서 토출수면까지의 수직거리

개념 | KEYWORD 01 급수설비
해설 |
펌프의 실양정 = 흡입양정 + 토출양정

정답 | ②

68

다음 중 실내를 부압으로 유지하며 실내의 냄새나 유해물질을 다른 실로 흘려보내지 않으므로 욕실, 화장실 등에 사용되는 환기 방식은?

① 급기구   배기구
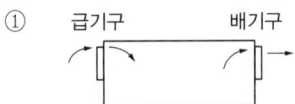

② 급기구   배기팬
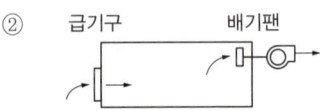

③ 급기팬   배기구
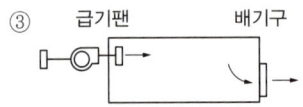

④ 급기팬   배기팬
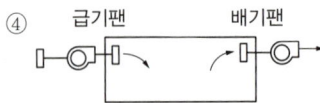

개념 | KEYWORD 10 환기설비
해설 |
② 욕실, 화장실 등은 자연 급기와 배풍기(배기팬)로 환기하는 3종 환기 방식이다.

선지분석
① 자연 환기 방식
③ 2종 환기 방식
④ 1종 환기 방식

정답 | ②

69

실내 CO_2 발생량이 17L/h, 실내 CO_2 허용농도가 0.1%, 외기의 CO_2 농도가 0.04%일 경우 필요 환기량은?

① 약 28.3㎥/h   ② 약 35.0㎥/h
③ 약 40.3㎥/h   ④ 약 42.5㎥/h

개념 | KEYWORD 10 환기설비
해설 |
$$Q = \frac{K}{P_i - P_o}(m^3/h)$$
여기서, 1L = 0.001㎥이므로
$$Q = \frac{0.017(m^3/h)}{0.001 - 0.0004} ≒ 28.3(m^3/h)$$

정답 | ①

70

가스사용시설에서 가스계량기의 설치에 관한 설명으로 옳지 않은 것은?

① 전기접속기와의 거리가 최소 30cm 이상이 되도록 한다.
② 전기점멸기와의 거리가 최소 60cm 이상이 되도록 한다.
③ 전기개폐기와의 거리가 최소 60cm 이상이 되도록 한다.
④ 전기계량기와의 거리가 최소 60cm 이상이 되도록 한다.

개념 | KEYWORD 07 가스설비
해설 |
가스계량기와 전기점멸기와의 거리는 30cm 이상이다.

관련이론
가스계량기 설치기준
1. 가스계량기와 화기 사이의 유지 거리: 2m 이상
2. 설치높이: 바닥으로부터 1.6m 이상 2m 이내
3. 가스계량기와의 이격거리
   ① 전기계량기, 전기개폐기: 60cm 이상
   ② 굴뚝, 전기점멸기, 전기접속기: 30cm 이상
   ③ 절연조치를 하지 않은 전선: 15cm 이상

정답 | ②

71

조명설비의 광원 중 할로겐 램프에 관한 설명으로 옳지 않은 것은?

① 휘도가 낮다.
② 백열전구에 비해 수명이 길다.
③ 연색성이 좋고 설치가 용이하다.
④ 흑화가 거의 일어나지 않고 광속이나 색온도의 저하가 극히 적다.

개념 | KEYWORD 16 조명설비
해설 |
할로겐 램프는 휘도가 높다.

정답 | ①

72

다음 중 냉방부하 계산 시 현열만을 고려하는 것은?

① 인체의 발생열량
② 벽체로부터의 취득열량
③ 극간풍에 의한 취득열량
④ 외기의 도입으로 인한 취득열량

개념 | KEYWORD 09 공기조화 방식과 기기
해설 |
인체의 발생열량, 극간풍에 의한 취득열량, 외기의 도입으로 인한 취득열량은 실내온도뿐만 아니라 습도에도 변화를 주므로 현열과 잠열 모두 고려하여야 한다.

정답 | ②

73

급수방식 중 고가수조방식에 관한 설명으로 옳은 것은?

① 급수압력이 일정하다.
② 2층 정도의 건물에만 적용이 가능하다.
③ 위생성 측면에서 가장 바람직한 방식이다.
④ 저수조가 없으므로 단수 시에 급수가 불가능하다.

개념 | KEYWORD 01 급수설비
해설 |
고가수조방식은 급수압력이 일정하다.

선지분석
② 수도직결방식
③ 수도직결방식
④ 저수조가 있으므로 단수 시에 급수가 가능하다.

정답 | ①

74

전기샤프트(ES)에 관한 설명으로 옳지 않은 것은?

① 각 층마다 같은 위치에 설치한다.
② 전력용과 정보통신용은 공용으로 사용해서는 안 된다.
③ 전기샤프트의 면적은 보, 기둥 부분을 제외하고 산정한다.
④ 현재 장비 이외에 장래의 배선 등에 대한 여유성을 고려한 크기로 한다.

개념 | KEYWORD 13 전기설비 기초
해설 |
전기샤프트(ES)는 전력용(EPS)과 정보통신용(TPS)을 구분하여 설치하는 것이 원칙이다. 다만, 각 용도의 설치 장비 및 배선이 적은 경우는 공용으로 사용 가능하다.

정답 | ②

75

다음과 같은 조건에서 실내에 500W의 열을 발산하는 기기가 있을 때, 이 열을 제거하기 위한 필요환기량은?

- 실내온도: 20℃
- 환기온도: 10℃
- 공기의 정압비열: 1.01kJ/kg·K
- 공기의 밀도: 1.2kg/m³

① 41.3m³/h   ② 148.5m³/h
③ 413m³/h   ④ 1,485m³/h

개념 | KEYWORD 10 환기설비
해설 |

$$G(\text{m}^3/\text{h}) = \frac{3{,}600Q(\text{kW})}{\rho(\text{kg/m}^3) \times C(\text{kJ/kg}\cdot\text{K}) \times \Delta t(\text{K})}$$

ρ: 공기의 밀도, C: 공기의 비열, Δt: 실내외의 온도차, Q: 현열부하

$$G = \frac{3{,}600Q}{\rho \cdot C \cdot \Delta t} = \frac{3{,}600 \times 0.5(\text{kW})}{1.2 \times 1.01 \times (20-10)} \fallingdotseq 148.5\text{m}^3/\text{h}$$

정답 | ②

76
고온수 난방방식에 관한 설명으로 옳지 않은 것은?

① 장치의 열용량이 크므로 예열시간이 길게 된다.
② 공급과 환수의 온도차를 크게 할 수 있으므로 열수송량이 크다.
③ 공업용과 같이 고압증기를 다량으로 필요로 할 경우에는 부적당하다.
④ 지역난방에는 이용할 수 없으며 높이가 높고 건축면적이 넓은 단일 건물에 주로 이용된다.

개념 | KEYWORD 11 난방설비

해설 |
고온수 난방방식은 지역난방에 이용할 수 있고, 높이가 높은 건물에 공급이 곤란하며, 아파트와 같이 분산된 건물에 적합하다.

관련이론

고온수 난방방식의 특징과 문제점

특징	문제점
• 고압증기의 흡입으로 온수 순환력이 커서 관경을 줄일 수 있음 • 보일러와 동일 높이의 방열기에도 온수 순환이 가능 • 열매의 온도가 높아 방열기 면적을 줄일 수 있음 • 지역난방이나 배관의 총 길이가 길고 아파트와 같이 분산된 건물의 난방에 적합	• 순환펌프의 용량이 큼 • 높은 건물에 공급이 곤란 • 긴 예열시간으로 연료소비량이 큼 • 유황분이 많은 연료의 사용 시 부식의 염려

정답 | ④

77
다음과 같은 조건에 있는 양수펌프의 축동력은?

- 양수량: 490L/mim
- 전양정: 30m
- 펌프의 효율: 60%

① 약 3kW ② 약 4kW
③ 약 5kW ④ 약 6kW

개념 | KEYWORD 01 급수설비

해설 |
펌프의 축동력
$$= \frac{1,000(\text{kg/m}^3) \times 0.49(\text{m}^3/\text{min}) \times 30(\text{m})}{6,120 \times 0.6} \fallingdotseq 4(\text{kW})$$

관련이론

펌프의 축동력 $= \dfrac{W \cdot Q \cdot H}{6,120E}(\text{kW})$

여기서, W: 물의 단위용적중량($1,000\text{kg/m}^3$), Q: 양수량(m^3/min), H: 펌프의 전양정(m), E: 펌프의 효율(%), $1\text{kW}=6,120\text{kg}\cdot\text{m/min}$

정답 | ②

78
전기설비에서 다음과 같이 정의되는 장치는?

지락전류를 영상변류기로 검출하는 전류 동작형으로 지락전류가 미리 정해 놓은 값을 초과할 경우, 설정된 시간 내에 회로나 회로의 일부의 전원을 자동으로 차단하는 장치

① 퓨즈   ② 누전차단기
③ 단로스위치 ④ 절환스위치

개념 | KEYWORD 14 강전설비

해설 |
누전차단기는 교류 600V 이하의 저압선로에 감전, 화재 및 기계·기구의 손상 등을 방지하기 위해 설치하는 것으로 감전과 누전화재를 피하고 전기설비 및 전기기기의 보호를 위한 용도로 사용한다. 누전차단기의 내부는 누전검출부, 영상변류기, 차단부로 이루어지는데 누설전류를 감지하는 것은 영상 변류기와 누전 검출부이다.

정답 | ②

79

국소식 급탕방식에 관한 설명으로 옳지 않은 것은?

① 배관의 열손실이 적다.
② 급탕개소와 급탕량이 많은 경우에 유리하다.
③ 급탕개소마다 가열기의 설치 스페이스가 필요하다.
④ 건물 완공 후에도 급탕개소의 증설이 비교적 쉽다.

개념 | KEYWORD 02 급탕설비

해설 |
국소식 급탕방식은 급탕규모가 작은 곳에서 손쉽게 고온의 물을 얻고자 할 때 사용하며 급탕개소와 급탕량이 작은 경우에 유리하다.

정답 | ②

80

다음 설명에 알맞은 화재의 종류는?

> 나무, 섬유, 종이, 고무, 플라스틱류와 같은 일반 가연물이 타고 나서 재가 남는 화재

① A급 화재
② B급 화재
③ C급 화재
④ K급 화재

개념 | KEYWORD 06 소화설비

해설 |
나무, 섬유, 종이, 고무, 플라스틱류와 같은 일반 가연물이 타고 나서 재가 남는 화재는 일반화재(A급 화재)이다.

관련이론
화재의 종류

구분	유형
A급 화재	일반화재(보통화재)
B급 화재	유류화재(기름화재)
C급 화재	전기화재
D급 화재	금속화재
K급 화재	주방화재

정답 | ①

건축관계법규

81

주거용 건축물 급수관의 지름 산정에 관한 기준 내용으로 틀린 것은?

① 가구 또는 세대수가 1일 때 급수관 지름의 최소기준은 15mm이다.
② 가구 또는 세대수가 7일 때 급수관 지름의 최소기준은 25mm이다.
③ 가구 또는 세대수가 18일 때 급수관 지름의 최소기준은 50mm이다.
④ 가구 또는 세대의 구분이 불분명한 건축물에 있어서는 주거에 쓰이는 바닥면적의 합계가 85m² 초과 150m² 이하인 경우는 3가구로 산정한다.

개념 | KEYWORD 12 건축설비기준과 관계전문기술자

해설 |
가구 또는 세대수가 7일 때 급수관 지름의 최소기준은 32mm이다.

관련이론
먹는 물용 배관설비의 설치 및 구조기준

1. 주거용 건축물 급수관의 지름

가구 또는 세대수	1	2~3	4~5	6~8	9~16	17 이상
급수관 지름의 최소기준(mm)	15	20	25	32	40	50

2. 가구 및 세대 구분이 불분명한 경우 산정 기준

바닥면적	가구수
85m² 이하	1
85m² 초과 150m² 이하	3
150m² 초과 300m² 이하	5
300m² 초과 500m² 이하	16
500m² 초과	17

정답 | ②

82
건축물의 면적·높이 및 층수 등의 산정 기준으로 틀린 것은?

① 대지면적은 대지의 수평투영면적으로 한다.
② 건축면적은 건축물의 외벽의 중심선으로 둘러싸인 부분의 수평투영면적으로 한다.
③ 바닥면적은 건축물의 각 층 또는 그 일부로서 벽, 기둥, 그 밖에 이와 비슷한 구획의 중심선으로 둘러싸인 부분의 수평투영면적으로 한다.
④ 연면적은 하나의 건축물 각 층의 거실면적의 합계로 한다.

개념 | KEYWORD 07 면적의 규제
해설 |
연면적은 하나의 건축물 각 층의 바닥면적의 합계이다.

정답 | ④

83
국가유산·전통사찰 등 역사·문화적으로 보존가치가 큰 시설 및 지역의 보호와 보존을 위하여 필요한 지구는?

① 생태계보존지구
② 역사문화미관지구
③ 중요시설물보존지구
④ 역사문화환경보호지구

개념 | KEYWORD 19 국토의 용도구분
해설 |
역사문화환경보호지구는 국가유산·전통사찰 등 역사·문화적으로 보존가치가 큰 시설 및 지역의 보호와 보존을 위하여 필요한 지구이다.

정답 | ④

84
노외주차장 내부 공간의 일산화탄소 농도는 주차장을 이용하는 차량이 가장 빈번한 시각의 앞뒤 8시간의 평균치가 몇 ppm 이하로 유지되어야 하는가?

① 80ppm
② 70ppm
③ 60ppm
④ 50ppm

개념 | KEYWORD 16 노상·노외주차장
해설 |
노외주차장 내부 공간의 일산화탄소 농도는 주차장을 이용하는 차량이 가장 빈번한 시각의 앞뒤 8시간의 평균치가 50ppm 이하가 되도록 유지되어야 한다.

정답 | ④

85
「국토의 계획 및 이용에 관한 법령」상 일반상업지역 안에서 건축할 수 있는 건축물은?

① 묘지 관련 시설
② 자원순환 관련 시설
③ 의료시설 중 요양병원
④ 자동차 관련 시설 중 폐차장

개념 | KEYWORD 19 국토의 용도구분
해설 |
일반상업지역은 일반적인 상업 및 업무기능을 담당하는 지역으로 요양병원은 건축할 수 있다.

관련이론
일반상업지역 안에서 건축할 수 없는 건축물
1. 숙박시설 중 일반숙박시설 및 생활숙박시설
2. 위락시설
3. 공장
4. 위험물 저장 및 처리 시설 중 시내버스차고지 외의 지역에 설치하는 액화석유가스 충전소 및 고압가스 충전소·저장소
5. 자동차 관련 시설 중 폐차장
6. 동물 관련 시설
7. 자원순환 관련 시설
8. 묘지 관련 시설

정답 | ③

86

방화와 관련하여 같은 건축물에 함께 설치할 수 없는 것은?

① 의료시설과 업무시설 중 오피스텔
② 위험물 저장 및 처리시설과 공장
③ 위락시설과 문화 및 집회시설 중 공연장
④ 공동주택과 제2종 근린생활시설 중 다중생활시설

개념 | KEYWORD 11 방화규정

해설 |
공동주택과 제2종 근린생활시설 중 다중생활시설은 같은 건축물에 함께 설치할 수 없다.

관련이론
같은 건축물에 함께 설치할 수 없는 용도의 시설
1. 노유자시설 중 아동 관련 시설 또는 노인복지시설과 판매시설 중 도매시장 또는 소매시장
2. 단독주택(다중주택, 다가구주택에 한정), 공동주택, 제1종 근린생활시설 중 조산원 또는 산후조리원과 제2종 근린생활시설 중 다중생활시설

정답 | ④

87

「국토의 계획 및 이용에 관한 법령」상 개발행위 허가를 받지 아니하여도 되는 경미한 행위 기준으로 틀린 것은?

① 지구단위계획구역에서 무게 100t 이하, 부피 50m³ 이하, 수평투영면적 25m² 이하인 공작물의 설치
② 조성이 완료된 기존 대지에 건축물이나 그 밖의 공작물을 설치하기 위한 토지의 형질 변경(절토 및 성토 제외)
③ 지구단위계획구역에서 채취면적이 25m² 이하인 토지에서의 부피 50m³ 이하의 토석 채취
④ 녹지지역에서 물건을 쌓아놓는 면적이 25m² 이하인 토지에 전체무게 50t 이하, 전체부피 50m³ 이하로 물건을 쌓아놓는 행위

개념 | KEYWORD 22 개발행위의 허가 등

해설 |
도시지역 또는 지구단위계획구역에서 무게가 50t 이하, 부피가 50m³ 이하, 수평투영면적이 50m² 이하인 공작물의 설치는 허가를 받지 아니하여도 되는 경미한 행위이다.

정답 | ①

88

200m²인 대지에 10m²의 조경을 설치하고 나머지는 건축물의 옥상에 설치하고자 할 때 옥상에 설치하여야 하는 최소 조경면적은?

① 10m² ② 15m²
③ 20m² ④ 30m²

개념 | KEYWORD 06 조경·공개공지

해설 |
대지면적 200m² 이상 300m² 미만인 대지에 건축하는 건축물의 경우 대지면적의 10% 이상을 조경해야 한다.
문제에서 대지면적이 200m²라고 했으므로 대지면적의 10%인 20m²를 조경해야 한다.
현재 대지의 조경면적은 10m²이다.(문제의 조건) 옥상 부분의 조경면적의 2/3에 해당하는 면적을 대지 안의 조경면적으로 산정할 수 있으므로 옥상 부분의 조경면적을 x라고 하면 다음과 같은 식이 성립된다.

$x \times \dfrac{2}{3} = 10m^2$, ∴ $x = 15m^2$

계산 결과에 따라 옥상 부분에는 15m²를 조경할 수 있고, 이 면적의 2/3인 10m²를 대지의 조경면적으로 산정할 수 있으므로 전체 조경면적은 20m²로 규정에 충족된다.

정답 | ②

89

두 도로의 너비가 각각 6m이고 교차각이 90°인 도로의 모퉁이에 위치한 대지의 도로 모퉁이 부분의 건축선은 그 대지에 접한 도로 경계선의 교차점으로부터 도로경계선에 따라 각각 얼마를 후퇴한 두 점을 연결한 선으로 하는가?

① 후퇴하지 아니한다. ② 2m
③ 3m ④ 4m

개념 | KEYWORD 05 대지·도로·건축선

해설 |
두 도로의 너비가 6m이고, 교차각이 90°이므로 후퇴거리는 3m이다.

관련이론
도로 모퉁이 부분의 건축선

도로의 교차각	해당 도로의 너비		교차되는 도로의 너비
	6m 이상 8m 미만	4m 이상 6m 미만	
90° 이상 120° 미만	3m	2m	6m 이상 8m 미만
	2m	2m	4m 이상 6m 미만

정답 | ③

90

특별건축구역의 지정과 관련한 아래의 내용에서 밑줄 친 부분에 해당하지 않는 것은?

> 국토교통부장관 또는 시·도지사는 다음 각 호의 구분에 따라 도시나 지역의 일부가 특별건축구역으로 특례 적용이 필요하다고 인정하는 경우에는 특별건축구역을 지정할 수 있다.
> 1. 국토교통부장관이 지정하는 경우
>   가. 국가가 국제행사 등을 개최하는 도시 또는 지역의 사업구역
>   나. 관계법령에 따른 국가정책사업으로서 대통령령으로 정하는 사업구역

① 「도로법」에 따른 접도구역
② 「도시개발법」에 따른 도시개발구역
③ 「택지개발촉진법」에 따른 택지개발사업구역
④ 「혁신도시 조성 및 발전에 관한 특별법」에 따른 혁신도시의 사업구역

개념 | KEYWORD 14 보칙과 기타

해설 |
도로법에 따른 접도구역은 특별건축구역으로 지정할 수 없다.

관련이론

특별건축구역으로 지정할 수 없는 구역
1. 개발제한구역의 지정 및 관리에 관한 특별조치법에 따른 개발제한구역
2. 자연공원법에 따른 자연공원
3. 도로법에 따른 접도구역
4. 산지관리법에 따른 보전산지

정답 | ①

91

건축물의 출입구에 설치하는 회전문의 설치기준으로 틀린 것은?

① 계단이나 에스컬레이터로부터 2m 이상의 거리를 둘 것
② 회전문의 회전속도는 분당회전수가 15회를 넘지 아니하도록 할 것
③ 출입에 지장이 없도록 일정한 방향으로 회전하는 구조로 할 것
④ 회전문의 중심축에서 회전문과 문틀 사이의 간격을 포함한 회전문 날개 끝부분까지의 길이는 140cm 이상이 되도록 할 것

개념 | KEYWORD 10 피난규정

해설 |
회전문의 회전속도는 분당회전수가 8회를 넘지 아니하도록 해야 한다.

관련이론

회전문의 설치기준
1. 계단이나 에스컬레이터로부터 2m 이상의 거리를 둘 것
2. 회전문과 문틀 사이 및 바닥 사이는 간격을 확보하고 틈 사이를 고무와 고무펠트의 조합체 등을 사용하여 신체나 물건 등에 손상이 없도록 할 것
3. 일정한 방향으로 회전하는 구조로 할 것
4. 회전문의 중심축에서 회전문날개 끝부분까지의 길이는 140cm 이상이 되도록 할 것
5. 회전문의 회전속도는 분당회전수가 8회를 넘지 아니하도록 할 것
6. 자동회전문은 충격이 가하여지거나 사용자가 위험한 위치에 있는 경우에는 전자감지장치 등을 사용하여 정지하는 구조로 할 것

정답 | ②

92

태양열을 주된 에너지원으로 이용하는 주택의 건축면적 산정의 기준이 되는 것은?

① 외벽 중 내측 내력벽의 중심선
② 외벽 중 외측 비내력벽의 중심선
③ 외벽 중 내측 내력벽의 외측 외곽선
④ 외벽 중 외측 비내력벽의 외측 외곽선

개념 | KEYWORD 07 면적의 규제

해설 |
태양열을 주된 에너지원으로 이용하는 주택의 건축면적은 건축물의 외벽 중 내측 내력벽의 중심선을 기준으로 한다.

관련이론

건축면적
1. 원칙: 건축물의 외벽(외벽이 없는 경우에는 외곽 부분의 기둥)의 중심선으로 둘러싸인 부분의 수평투영면적
2. 태양열을 주된 에너지원으로 이용하는 주택은 건축물의 외벽 중 내측 내력벽의 중심선을 기준으로 한다.

정답 | ①

93

「건축법령」상 건축물과 해당 건축물의 용도가 옳게 연결된 것은?

① 의원 — 의료시설
② 도매시장 — 판매시설
③ 유스호스텔 — 숙박시설
④ 장례식장 — 묘지 관련 시설

개념 | KEYWORD 01 건축법 총칙

해설 |
판매시설: 도매시장, 소매시장, 상점

선지분석
① 의원 — 제1종 근린생활시설
③ 유스호스텔 — 수련시설
④ 장례식장 — 장례시설

정답 | ②

94

건축물의 바깥쪽에 설치하는 피난계단의 구조에서 피난층으로 통하는 직통계단의 최소 유효너비 기준이 옳은 것은?

① 0.7m 이상
② 0.8m 이상
③ 0.9m 이상
④ 1.0m 이상

개념 | KEYWORD 10 피난규정

해설 |
건축물의 바깥쪽에 설치하는 피난계단의 유효너비는 0.9m 이상이다.

관련이론

건축물의 바깥쪽에 설치하는 피난계단의 구조
1. 계단은 그 계단으로 통하는 출입구 외의 창문 등으로부터 2m 이상 거리를 두고 설치할 것
2. 건축물의 내부에서 계단으로 통하는 출입구에는 60+방화문 또는 60분 방화문을 설치할 것
3. 계단의 유효너비는 0.9m 이상으로 할 것
4. 계단은 내화구조로 하고 지상까지 직접 연결되도록 할 것

정답 | ③

95

공동주택을 리모델링이 쉬운 구조로 하여 건축허가를 신청할 경우 100분의 120의 범위에서 완화하여 적용받을 수 없는 것은?

① 대지의 분할 제한
② 건축물의 용적률
③ 건축물의 높이 제한
④ 일조 등의 확보를 위한 건축물의 높이 제한

개념 | KEYWORD 01 건축법 총칙

해설 |
공동주택을 리모델링이 쉬운 구조로 하여 건축허가를 신청할 경우 용적률, 건축물의 높이 제한, 일조 등의 확보를 위한 건축물의 높이 제한을 100분의 120의 범위에서 완화하여 적용할 수 있다.

정답 | ①

96

다음의 피난계단의 설치에 관한 기준 내용 중 ( ) 안에 들어갈 내용으로 옳은 것은?

> 5층 이상 또는 지하 2층 이하인 층에 설치하는 직통계단은 피난계단 또는 특별피난계단으로 설치하여야 하는데, ( )의 용도로 쓰는 층으로부터의 직통계단은 그 중 1개소 이상을 특별피난계단으로 설치하여야 한다.

① 의료시설
② 숙박시설
③ 판매시설
④ 교육연구시설

개념 | KEYWORD 10 피난규정
해설 |
판매시설의 용도로 쓰는 층으로부터의 직통계단은 그 중 1개소 이상을 특별피난계단으로 설치하여야 한다.

정답 | ③

97

「국토의 계획 및 이용에 관한 법령」에 따른 기반시설 중 공간시설에 속하지 않는 것은?

① 녹지
② 유원지
③ 유수지
④ 공공공지

개념 | KEYWORD 18 국토계획법 총칙
해설 |
유수지는 방재시설에 속한다.

관련이론
기반시설의 종류

구분	종류
교통시설	도로·철도·항만·공항·주차장·자동차정류장·궤도·차량 검사 및 면허시설
공간시설	광장·공원·녹지·유원지·공공공지
유통·공급시설	유통업무설비, 수도·전기·가스·열공급설비, 방송·통신시설, 공동구·시장, 유류저장 및 송유설비
공공·문화시설	학교·공공청사·문화시설·공공 필요성이 인정되는 체육시설·연구시설·사회복지시설·공공직업훈련시설·청소년수련시설
방재시설	하천·유수지·저수지·방화설비·방풍설비·방수설비·사방설비·방조설비
보건위생시설	장사시설·도축장·종합의료시설
환경기초시설	하수도·폐기물처리 및 재활용시설·빗물저장 및 이용시설·수질오염방지시설·폐차장

정답 | ③

98

상업지역 및 주거지역에서 건축물에 설치하는 냉방시설 및 환기시설의 배기구를 설치하는 높이 기준으로 옳은 것은?

① 도로면으로부터 1.5m 이상
② 도로면으로부터 2.0m 이상
③ 건축물 1층 바닥에서 1.5m 이상
④ 건축물 1층 바닥에서 2.0m 이상

개념 | KEYWORD 12 건축설비기준과 관계전문기술자
해설 |
상업지역 및 주거지역에서 건축물에 설치하는 냉방시설 및 환기시설의 배기구는 도로면으로부터 2.0m 이상의 높이에 설치한다.

정답 | ②

99

비상용승강기 승강장의 구조 기준에 관한 내용으로 틀린 것은?

① 승강장은 각 층의 내부와 연결될 수 있도록 한다.
② 벽 및 반자가 실내에 접하는 부분의 마감재료는 불연재료로 하여야 한다.
③ 피난층에 있는 승강장의 경우 내부와 연결되는 출입구에는 60분＋방화문 또는 60분방화문을 반드시 설치하여야 한다.
④ 옥내에 설치하는 승강장의 바닥면적은 비상용승강기 1대에 대하여 6m² 이상으로 하여야 한다.

개념 | KEYWORD 13 승강설비

해설 |
승강장은 각 층의 내부와 연결될 수 있도록 하되, 그 출입구에는 60분＋방화문 또는 60분방화문을 설치할 것. 다만, 피난층에는 60분＋방화문 또는 60분방화문을 설치하지 아니할 수 있다.

관련이론
비상용 승강장 구조
1. 승강장의 창문·출입구 기타 개구부를 제외한 부분은 해당 건축물의 다른 부분과 내화구조의 바닥 및 벽으로 구획할 것
2. 승강장은 각 층의 내부와 연결될 수 있도록 하되, 그 출입구(승강로의 출입구를 제외한다)에는 60분＋방화문 또는 60분방화문을 설치할 것. 다만, 피난층에는 60분＋방화문 또는 60분방화문을 설치하지 않을 수 있다.
3. 노대 또는 외부를 향하여 열 수 있는 창문이나 배연설비를 설치할 것
4. 벽 및 반자가 실내에 접하는 부분의 마감재료(마감을 위한 바탕을 포함한다)는 불연재료로 할 것
5. 채광이 되는 창문이 있거나 예비전원에 의한 조명설비를 할 것
6. 승강장의 바닥면적은 비상용승강기 1대에 대하여 6m² 이상으로 할 것
7. 피난층이 있는 승강장의 출입구(승강장이 없는 경우에는 승강로의 출입구)로부터 도로 또는 공지에 이르는 거리가 30m 이하일 것
8. 승강장 출입구 부근의 잘 보이는 곳에 해당 승강기가 비상용승강기임을 알 수 있는 표지를 할 것

정답 | ③

100

부설주차장의 설치대상 시설물 종류에 따른 설치기준이 틀린 것은?

① 골프장 － 1홀당 10대
② 위락시설 － 시설면적 80m²당 1대
③ 판매시설 － 시설면적 150m²당 1대
④ 숙박시설 － 시설면적 200m²당 1대

개념 | KEYWORD 17 부설·기계식주차장

해설 |
위락시설은 시설면적 100m²당 1대의 부설주차장을 설치하여야 한다.

관련이론
부설주차장의 설치기준

시설물	설치기준
위락시설	시설면적 100m²당 1대
문화 및 집회시설(관람장 제외), 종교시설, 판매시설, 운수시설, 의료시설(정신병원, 요양병원, 격리병원 제외), 운동시설(골프장, 골프연습장, 옥외수영장 제외), 업무시설(외국공관, 오피스텔 제외), 방송통신시설 중 방송국, 장례식장	시설면적 150m²당 1대
제1종 근린생활시설, 제2종 근린생활시설, 숙박시설	시설면적 200m²당 1대
골프장	1홀당 10대
골프연습장	1타석당 1대
옥외수영장	정원 15명당 1대
관람장	정원 100명당 1대
수련시설, 공장(아파트형 제외), 발전시설	시설면적 350m²당 1대
창고시설, 학생용 기숙사, 방송통신시설 중 데이터센터	시설면적 400m²당 1대

정답 | ②

에듀윌이
너를
지지할게

ENERGY

끝이 좋아야 시작이 빛난다.

– 마리아노 리베라(Mariano Rivera)

10개년 기출 KEYWORD 완벽분석

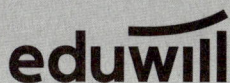

2026 에듀윌 건축기사 필기

최빈출 250제

과목별 50문항 수록 | 정답은 색자 표기

값 44,000원

9 791136 040138

ISBN 979-11-360-4013-8

해당 최빈출 250제는 본 교재의 부록이며, 별도 판매가 불가능합니다.
바코드에 기재된 정가 44,000원은 교재의 정가입니다.

SUBJECT 01 건축계획

001
다음 중 건축계획에서 말하는 미의 특성 중 변화 또는 다양성을 얻는 방식과 가장 거리가 먼 것은?

① 억양(Accent)
② 대비(Contrast)
③ 균제(Proportion)
④ 대칭(Symmetry)

개념 | KEYWORD 01 건축계획 일반
해설 |
건축의 3요소는 구조, 미, 기능이다. 이중 미의 디자인 원리에는 조화, 대비, 비례, 대칭, 균형, 율동, 반복, 통일 등이 있다. 대칭(Symmetry)은 양쪽이 같은 모양으로 표현되는 조형원리로 변화의 특징과는 맞지 않다.

002
장애인·노인·임산부 등의 편의증진 보장에 관한 법령에 따른 편의시설 중 매개시설에 속하지 않는 것은?

① 주출입구 접근로
② 유도 및 안내설비
③ 장애인전용주차구역
④ 주출입구 높이차이 제거

개념 | KEYWORD 01 건축계획 일반
해설 |
유도 및 안내설비는 안내시설에 속한다.

003
주택의 평면과 각 부위의 치수 및 기준척도에 관한 설명으로 옳지 않은 것은?

① 치수 및 기준척도는 안목치수를 원칙으로 한다.
② 거실 및 침실의 평면 각 변의 길이는 10cm를 단위로 한 것을 기준척도로 한다.
③ 거실 및 침실의 층높이는 2.4m 이상으로 하되, 5cm를 단위로 한 것을 기준척도로 한다.
④ 계단 및 계단참의 평면 각 변의 길이 또는 너비는 5cm를 단위로 한 것을 기준척도로 한다.

개념 | KEYWORD 02 건축치수 계획
해설 |
거실 및 침실의 평면 각 변의 길이는 5cm를 단위로 한 것을 기준척도로 한다.

004
주택 부엌에서 작업삼각형(Work triangle)의 구성 요소에 속하지 않는 것은?

① 개수대   ② 배선대
③ 가열대   ④ 냉장고

개념 | KEYWORD 03 단독주택
해설 |
냉장고, 개수대, 가열대를 잇는 것이 작업삼각형이며, 배선대는 속하지 않는다.

005

주택의 동선계획에 관한 설명으로 옳지 않은 것은?

① 동선은 가능한 굵고 짧게 계획하는 것이 바람직하다.
② 동선의 3요소 중 속도는 동선의 공간적 두께를 의미한다.
③ 개인, 사회, 가사노동권의 3개 동선은 상호간 분리하는 것이 좋다.
④ 화장실, 현관 등과 같이 사용빈도가 높은 공간은 동선을 짧게 처리하는 것이 중요하다.

개념 | KEYWORD 03 단독주택
해설 |
동선의 3요소는 속도, 빈도, 하중이며, 이중 공간적 두께를 의미하는 것은 속도가 아니라 빈도이다.

006

숑바르 드 로브의 주거면적으로 옳은 것은?

① 병리기준: $6m^2$, 한계기준: $12m^2$
② 병리기준: $6m^2$, 한계기준: $14m^2$
③ 병리기준: $8m^2$, 한계기준: $12m^2$
④ 병리기준: $8m^2$, 한계기준: $14m^2$

개념 | KEYWORD 03 단독주택
해설 |
병리기준: $8m^2$/인, 한계기준: $14m^2$/인

007

주택단지 안의 건축물에 설치하는 계단의 유효폭은 최소 얼마 이상으로 하여야 하는가?

① 0.9m
② 1.2m
③ 1.5m
④ 1.8m

개념 | KEYWORD 03 단독주택
해설 |
주택단지 내 건축물의 공동으로 사용하는 계단의 유효폭은 1.2m 이상으로 한다.

008

공동주택 단위주거의 단면구성 형태에 관한 설명으로 옳지 않은 것은?

① 플랫형은 주거단위가 동일층에 한하여 구성되는 형식이다.
② 스킵 플로어형은 통로 및 공용면적이 적은 반면에 전체적으로 유효면적이 높다.
③ 복층형(메조네트형)은 플랫형에 비해 엘리베이터의 정치 층수를 적게 할 수 있다.
④ 트리플렉스형은 듀플렉스형보다 프라이버시의 확보율이 낮고 통로면적이 많이 필요하다.

개념 | KEYWORD 04 공동주택
해설 |
트리플렉스형은 3개층이 하나의 주호로 만들어지므로 듀플렉스형(2개층이 하나의 주호)보다 프라이버시의 확보율이 높고 통로면적이 적게 필요하다.

009

공동주택을 건설하는 주택단지는 기간도로와 접하거나 기간도로로부터 당해 단지에 이르는 진입도로가 있어야 한다. 주택단지의 총세대수가 400세대인 경우 기간도로와 접하는 폭 또는 진입도로의 폭은 최소 얼마 이상이어야 하는가? (단, 진입도로가 1개이며, 원룸형 주택이 아닌 경우)

① 4m
② 6m
③ 8m
④ 12m

개념 | KEYWORD 04 공동주택
해설 |
총세대수가 300세대 이상 500세대 미만인 경우: 8m 이상

010

탑상형 공동주택에 관한 설명으로 옳지 않은 것은?

① 각 세대에 시각적인 개방감을 준다.
② 각 세대의 거주 조건 및 환경이 균등하다.
③ 도심지 내의 랜드마크적인 역할이 가능하다.
④ 건축물 외면의 4개의 입면성을 강조한 유형이다.

개념 | KEYWORD 04 공동주택
해설 |
각 세대의 거주 조건 및 환경(채광, 통풍 등)이 동일하지 않다.

011

아파트의 평면형식에 관한 설명으로 옳지 않은 것은?

① 중복도형은 부지의 이용률이 적다.
② 홀형(계단실형)은 독립성(Privacy)이 우수하다.
③ 집중형은 복도부분 자연환기, 채광이 극히 나쁘다.
④ 편복도형은 복도를 외기에 터놓으면 통풍, 채광이 중복도형보다 양호하다.

개념 | KEYWORD 04 공동주택
해설 |
중복도형과 집중형은 단위 면적당 많은 주호를 집결시킬 수 있어 부지의 이용률이 높다.

012

페리(C. A. Perry)의 근린주구에 관한 설명으로 옳지 않은 것은?

① 경계: 4면의 간선도로에 의해 구획
② 공공시설용지: 지구 전체에 분산하여 배치
③ 오픈 스페이스: 주민의 일상생활 요구를 충족시키기 위한 소공원과 위락공간체계
④ 지구 내 가로체계: 내부 가로망은 단지 내의 교통량을 원활히 처리하고 통과 교통을 방지

개념 | KEYWORD 04 공동주택
해설 |
공공시설용지는 주구의 중심 혹은 주위의 일단으로서 짜임새 있게 배치한다.

013

사무소 건축의 코어 유형에 관한 설명으로 옳지 않은 것은?

① 편심코어형은 기준층 바닥면적이 작은 경우에 적합하다.
② 독립코어형은 코어가 업무공간에서 별도로 분리시킨 형식이다.
③ 중심코어형은 코어가 중앙에 위치한 유형으로 유효율이 높은 계획이 가능하다.
④ 양단코어형은 수직동선이 양 측면에 위치한 관계로 피난에 불리하다는 단점이 있다.

개념 | KEYWORD 05 사무소
해설 |
양단코어형은 양쪽에 계단이 설치되므로 2방향 피난에 이상적이며 방재상 유리하다.

014

사무소 건물의 엘리베이터 배치 시 고려사항으로 옳은 않은 것은?

① 교통동선의 중심에 설치하여 보행거리가 짧도록 배치한다.
② 대면배치에 대면거리는 동일 군 관리의 경우 3.5~4.5m로 한다.
③ 여러 대의 엘리베이터를 설치하는 경우, 그룹별 배치와 군 관리 운전방식으로 한다.
④ 일렬 배치는 6대를 한도로 하고, 엘리베이터 중심 간 거리는 10m 이하가 되도록 한다.

개념 | KEYWORD 05 사무소
해설 |
일렬 배치는 4대를 한도로 하고, 엘리베이터 중심 간 거리는 8m 이하가 되도록 한다.

015

사무소 건축의 실단위 계획에 관한 설명으로 옳지 않은 것은?

① 개실 시스템은 독립성과 쾌적감의 이점이 있다.
② 개방식 배치는 전면적을 유용하게 이용할 수 있다.
③ 개방식 배치는 개실 시스템보다 공사비가 저렴하다.
④ 개실 시스템은 연속된 긴 복도로 인해 방 깊이에 변화를 주기가 용이하다.

개념 | KEYWORD 05 사무소
해설 |
사무소의 개실 시스템은 방 길이에는 변화를 줄 수 있지만, 연속된 복도 때문에 방 깊이는 제한된다.

016

다음 중 사무소 건축에서 기둥간격(Span)의 결정요소와 가장 관계가 먼 것은?

① 건물의 외관
② 주차배치의 단위
③ 책상배치의 단위
④ 채광상 층고에 의한 안깊이

개념 | KEYWORD 05 사무소
해설 |
건물의 외관은 기둥간격과 관계없다.

017

상점 정면(Facade)구성에 요구되는 5가지 광고요소 (AIDMA 법칙)에 속하지 않는 것은?

① Attention(주의)
② Identity(개성)
③ Desire(욕구)
④ Memory(기억)

개념 | KEYWORD 06 상점, 백화점, 쇼핑센터
해설 |
상점의 광고 5요소(AIDMA 법칙)는 다음과 같으며 Identity(개성)는 속하지 않는다.
- Attention(주의)
- Interest(흥미)
- Desire(욕망, 욕구)
- Memory(기억, 인상)
- Action(행동)

018

상점의 동선계획에 관한 설명으로 옳지 않은 것은?

① 고객동선은 가능한 길게 한다.
② 직원동선은 가능한 짧게 한다.
③ 상품동선과 직원동선은 동일하게 처리한다.
④ 고객 출입구와 상품 반입/출 출입구는 분리하는 것이 좋다.

개념 | KEYWORD 06 상점, 백화점, 쇼핑센터
해설 |
고객동선, 직원동선, 상품동선은 모두 서로 교차되지 않는 것이 바람직하다.

019

다음 중 백화점의 기둥간격 결정요소와 가장 거리가 먼 것은?

① 매장의 연면적
② 진열장의 배치방법
③ 지하주차장의 주차방식
④ 에스컬레이터의 배치방법

개념 | KEYWORD 06 상점, 백화점, 쇼핑센터
해설 |
매장의 연면적은 기둥간격 결정요소가 아니다.

020

백화점 매장에 에스컬레이터를 설치할 경우, 설치 위치로 가장 알맞은 곳은?

① 매장의 한 쪽 측면
② 매장의 가장 깊은 곳
③ 백화점의 계단실 근처
④ 백화점의 주출입구와 엘리베이터 존의 중간

개념 | KEYWORD 06 상점, 백화점, 쇼핑센터
해설 |
백화점에서 에스컬레이터는 평면상 중간(주출입구와 엘리베이터 존의 중간)에 배치하여 승객이 에스컬레이터를 이용하면서 전체 매장을 볼 수 있게 한다.

021

쇼핑센터의 몰(Mall)의 계획에 관한 설명으로 옳지 않은 것은?

① 전문점들과 중심상점의 주출입구는 몰에 면하도록 한다.
② 몰에는 자연광을 끌어들여 외부공간과 같은 성격을 갖게 하는 것이 좋다.
③ 다층으로 계획할 경우, 시야의 개방감을 적극적으로 고려하는 것이 좋다.
④ 중심상점들 사이의 몰의 길이는 100m를 초과하지 않아야 하며, 길이 40~50m마다 변화를 주는 것이 바람직하다.

개념 | KEYWORD 06 상점, 백화점, 쇼핑센터
해설 |
몰의 길이는 240m를 초과하지 않아야 하며, 길이 20~30m마다 변화를 주어 단조로운 느낌을 주지 않도록 한다.

022

은행건축계획에 관한 설명으로 옳지 않은 것은?

① 고객과 직원과의 동선이 중복되지 않도록 계획한다.
② 대규모 은행일 경우 고객의 출입구는 되도록 1개소로 계획한다.
③ 이중문을 설치할 경우 바깥문은 바깥 여닫이 또는 자재문으로 계획한다.
④ 어린이의 출입이 많은 경우에는 주출입구에 회전문을 설치하는 것이 좋다.

개념 | KEYWORD 07 은행
해설 |
어린이의 출입이 많은 곳에서는 안전을 고려하여 회전문 설치를 배제하는 것이 좋다.

023

극장의 평면형식에 관한 설명으로 옳지 않은 것은?

① 아레나형에서 무대 배경은 주로 낮은 가구로 구성된다.
② 프로시니엄형은 픽쳐 프레임 스테이지형이라고도 불리운다.
③ 오픈 스테이지형은 관객석이 무대의 대부분을 둘러싸고 있는 형식이다.
④ 프로시니엄형은 가까운 거리에서 관람하게 되며, 가장 많은 관객을 수용할 수 있다.

개념 | KEYWORD 08 극장, 영화관, 미술관
해설 |
가까운 거리에서 관람하게 되며 가장 많은 관객을 수용할 수 있는 것은 아레나형이다.

024

극장의 평면형식 중 아레나(Arena)형에 관한 설명으로 옳지 않은 것은?

① 관객이 무대를 360°로 둘러싼 형식이다.
② 무대의 장치나 소품은 주로 낮은 기구들로 구성된다.
③ 픽쳐 프레임 스테이지(Picture frame stage)형이라고도 한다.
④ 가까운 거리에서 관람하면서 많은 관객을 수용할 수 있다.

개념 | KEYWORD 08 극장, 영화관, 미술관
해설 |
아레나형은 Center stage형이라고도 한다. 픽쳐 프레임 스테이지는 프로시니엄 스테이지를 의미한다.

025

다음은 극장의 가시거리에 관한 설명이다. ( ) 안에 알맞은 것은?

> 연극 등을 감상하는 경우 연기자의 표정을 읽을 수 있는 가시거리 한계는 (㉠)m 정도이다. 그러나 실제적으로 극장에서는 잘 보여야 되는 동시에 많은 관객을 수용해야 하므로 (㉡)m 까지를 1차 허용한도로 한다.

① ㉠ 15, ㉡ 22
② ㉠ 20, ㉡ 35
③ ㉠ 22, ㉡ 35
④ ㉠ 22, ㉡ 38

개념 | KEYWORD 08 극장, 영화관, 미술관
해설 |
배우의 표정과 동작을 자세히 감상할 수 있는 생리적 한도는 15m이고, 1차 허용한도는 22m까지이다.

026

극장건축에서 무대의 제일 뒤에 설치되는 무대 배경용의 벽을 나타내는 용어는?

① 프로시니엄
② 사이클로라마
③ 플라이 로프트
④ 그리드 아이언

개념 | KEYWORD 08 극장, 영화관, 미술관
해설 |
사이클로라마(Cyclorama)는 무대의 제일 뒤에 설치되는 무대 배경용의 벽이다.

027

미술관 전시실의 순회형식 중 연속 순회형식에 관한 설명으로 옳은 것은?

① 각 전시실에 바로 들어갈 수 있다는 장점이 있다.
② 연속된 전시실의 한 쪽 복도에 의해서 각 실을 배치한 형식이다.
③ 중심부에 하나의 큰 홀을 두고 그 주위에 각 전시실을 배치한 형식이다.
④ 전시실을 순서별로 통해야 하고, 한 실을 폐쇄하면 전체 동선이 막히게 된다.

개념 | KEYWORD 08 극장, 영화관, 미술관
해설 |
연속 순로(순회)형식은 많은 실을 순서별로 통해야 하므로 1실을 닫으면 전체 동선이 막히게 된다.
1. 단순하고 공간이 절약된다.
2. 소규모의 전시실에 적합하다.
3. 전시벽면을 많이 만들 수 있다.

028

전시공간의 특수전시기법에 관한 설명으로 옳지 않은 것은?

① 파노라마 전시는 전체의 맥락이 중요하다고 생각될 때 사용된다.
② 하모니카 전시는 동일 종류의 전시물을 반복하여 전시할 경우에 유리하다.
③ 디오라마 전시는 하나의 사실 또는 주체의 시간 상황을 고정시켜 연출하는 기법이다.
④ 아일랜드 전시는 벽면 전시 기법으로 전체 벽면의 일부만을 사용하며 그림과 같은 미술품 전시에 주로 사용된다.

개념 | KEYWORD 08 극장, 영화관, 미술관
해설 |
아일랜드(Island) 전시는 벽이나 천장을 직접 이용하지 않고 전시물 또는 전시장치를 배치함으로써 전시공간을 만들어 내는 전시기법이다.

029

학교운영방식에 관한 설명으로 옳지 않은 것은?

① 종합교실형은 각 학급마다 가정적인 분위기를 만들 수 있다.
② 교과교실형은 초등학교 저학년에 대해 가장 권장되는 방식이다.
③ 플래툰형은 미국의 초등학교에서 과밀을 해소하기 위해 실시한 것이다.
④ 달톤형은 학급, 학년 구분을 없애고 학생들은 각자의 능력에 따라 교과를 선택하고 일정한 교과를 끝내면 졸업하는 방식이다.

개념 | KEYWORD 09 학교, 도서관
해설 |
초등학교 저학년에게 적합한 형식은 종합교실형이다.
교과교실형은 학생의 이동이 심하여 초등학교 저학년에게 적합하지 않다.

030

학교의 배치형식 중 분산병렬형에 관한 설명으로 옳지 않은 것은?

① 일종의 핑거 플랜이다.
② 구조계획이 간단하고 시공이 용이하다.
③ 부지의 크기에 상관없이 적용이 용이하다.
④ 일조·통풍 등 교실의 환경조건을 균등하게 할 수 있다.

개념 | KEYWORD 09 학교, 도서관
해설 |
분산병렬형은 넓은 부지가 필요하다.

031

1주간의 평균 수업시간이 30시간인 어느 학교에서 설계제도교실이 사용되는 시간은 24시간이다. 그 중 6시간은 다른 과목을 위해 사용된다고 할 때, 설계제도교실의 이용률과 순수율은?

① 이용률 80%, 순수율 25%
② 이용률 80%, 순수율 75%
③ 이용률 60%, 순수율 25%
④ 이용률 60%, 순수율 75%

개념 | KEYWORD 09 학교, 도서관
해설 |

이용률 = $\frac{교실이사용되는시간}{1주간의평균수업시간} \times 100(\%) = \frac{24}{30} \times 100\% = 80\%$

순수율 = $\frac{일정한교과를위해사용되는시간}{교실이사용되는시간} \times 100(\%) = \frac{18}{24} \times 100\% = 75\%$

032

학교 건축에서 단층교사에 관한 설명으로 옳지 않은 것은?

① 재해 시 피난이 유리하다.
② 학습활동을 실외에 연장할 수 있다.
③ 부지의 이용률이 높으며 설비의 배선, 배관을 집약할 수 있다.
④ 개개의 교실에서 밖으로 직접 출입할 수 있으므로 복도가 혼잡하지 않다.

개념 | KEYWORD 09 학교, 도서관
해설 |
단층 교사는 1개층의 여러 개 동으로 계획되므로 부지의 이용률이 낮고 설비의 배선, 배관이 분산된다.

033

다음 중 도서관에서 장서가 60만 권일 경우 능률적인 작업 용량으로서 가장 적정한 서고의 면적은?

① 3,000m²
② 4,500m²
③ 5,000m²
④ 6,000m²

개념 | KEYWORD 09 학교, 도서관
해설 |
서고는 1m² 당 150~250권(평균 200권)을 수용한다.
따라서, 전체 장서 수를 1m² 당 수용 평균 장서인 200으로 나누어 적정한 서고 면적을 구할 수 있다.
600,000권 ÷ 200권 = 3,000m²

034

도서관 출납시스템에 관한 설명으로 옳지 않은 것은?

① 폐가식은 서고와 열람실이 분리되어 있다.
② 반개가식은 새로 출간된 신간 서적 안내에 채용된다.
③ 안전개가식은 서가 열람이 가능하여 도서를 직접 뽑을 수 있다.
④ 자유개가식은 이용자가 자유롭게 도서를 꺼낼 수 있으나 열람석으로 가기 전에 관원에게 체크를 받는 형식이다.

개념 | KEYWORD 09 학교, 도서관
해설 |
자유개가식(Free open access)은 열람자 자신이 서가에서 책을 꺼내어 책을 고르고 그대로 관원에게 검열을 받지 않고 열람하는 형식이다.

035

공장건축의 레이아웃(Lay out)에 관한 설명으로 옳지 않은 것은?

① 제품중심의 레이아웃은 대량생산에 유리하며 생산성이 높다.
② 레이아웃이란 생산품의 특성에 따른 공장의 건축면적 결정 방식을 말한다.
③ 공정중심의 레이아웃은 다종 소량생산으로 표준화가 행해지기 어려운 경우에 적합하다.
④ 고정식 레이아웃은 조선소와 같이 조립부품이 고정된 장소에 있고 사람과 기계를 이동시키며 작업을 행하는 방식이다.

개념 | KEYWORD 10 공장, 창고
해설 |
공장건축의 레이아웃은 공장의 여러 부분, 작업장 내의 기계설비, 작업자의 작업 구역, 자재나 제품을 두는 곳 등의 상호 위치 관계를 고려한 배치계획이다.

036

다음 설명에 알맞은 공장건축의 레이아웃(Layout) 형식은?

> • 생산에 필요한 모든 공정, 기계기구를 제품의 흐름에 따라 배치한다.
> • 대량생산에 유리하며 생산성이 높다.

① 혼성식 레이아웃　　② 고정식 레이아웃
③ 제품중심의 레이아웃　④ 공정중심의 레이아웃

개념 | KEYWORD 10 공장, 창고
해설 |
제품중심의 레이아웃에 대한 설명이다.

037

공장건축의 지붕형에 관한 설명으로 옳지 않은 것은?

① 솟을지붕은 채광, 환기에 적합한 방법이다.
② 샤렌지붕은 기둥이 많이 소요되는 단점이 있다.
③ 뾰족지붕은 직사광선을 어느 정도 허용하는 결점이 있다.
④ 톱날지붕은 북향의 채광창으로 일정한 조도를 유지할 수 있다.

개념 | KEYWORD 10 공장, 창고
해설 |
샤렌지붕은 기둥이 많이 소요되는 톱날지붕의 결점을 보완하기 위해 지붕을 곡선형으로 만든 것으로서 기둥이 적게 소요되는 장점이 있다.

038

병원건축에 있어서 파빌리온 타입(Pavilion type)에 관한 설명으로 옳은 것은?

① 대지 이용의 효율성이 높다.
② 고층 집약식 배치형식을 갖는다.
③ 각 실의 채광을 균등히 할 수 있다.
④ 도심지에서 주로 적용되는 형식이다.

개념 | KEYWORD 11 병원
해설 |
파빌리온 타입은 각 병실을 남향으로 할 수 있어 각 실의 채광이 균등하고 일조 및 통풍 조건이 좋다.

039

종합병원계획에 관한 설명으로 옳지 않은 것은?

① 수술부는 타 부분의 통과교통이 없는 장소에 배치한다.
② 수술실의 바닥은 전기도체성 마감을 사용하는 것이 좋다.
③ 간호사 대기실은 각 간호단위 또는 층별, 동별로 설치한다.
④ 평면계획 시 모듈을 적용하여 각 병실을 모두 동일한 크기로 하는 것이 좋다.

개념 | KEYWORD 11 병원
해설 |
평면계획 시 모듈을 적용하여 각 병실을 총실(다인실)과 개실의 그룹별로 층 구성을 하며 각각 다른 크기로 하는 것이 좋다.

040

다음 중 호텔의 성격상 연면적에 대한 숙박면적의 비가 가장 큰 것은?

① 리조트 호텔　　② 커머셜 호텔
③ 클럽 하우스　　④ 레지덴셜 호텔

개념 | KEYWORD 12 호텔
해설 |
커머셜(시티)호텔은 다른 호텔에 비해 숙박 관계 부분의 비율이 가장 크다.

041

다음 중 시티 호텔에 속하지 않는 것은?

① 비치 호텔　　② 터미널 호텔
③ 커머셜 호텔　④ 아파트먼트 호텔

개념 | KEYWORD 12 호텔
해설 |
비치 호텔(Beach hotel)은 리조트 호텔에 속한다.

042

호텔 건축에 관한 설명으로 옳은 것은?

① 호텔의 동선에서 물품동선과 고객동선은 교차시키는 것이 좋다.
② 프런트 오피스는 수평동선이 수직동선으로 전이되는 공간이다.
③ 현관은 퍼블릭 스페이스의 중심으로 로비, 라운지와 분리하지 않고 통합시킨다.
④ 주식당은 숙박객 및 외래객을 대상으로 하여, 외래객이 편리하게 이용할 수 있도록 출입구를 별도로 설치하는 것이 좋다.

개념 | KEYWORD 12 호텔
해설 |
외래객의 편의를 위해 주식당의 출입구를 별도로 설치하는 것이 좋다.

043

고대 로마 건축물 중 판테온(Pantheon)에 관한 설명으로 옳지 않은 것은?

① 로툰다 내부는 드럼과 돔 두 부분으로 구성된다.
② 직사각형의 입구 공간은 외부와 내부 사이의 전이공간으로 사용된다.
③ 드럼 하부는 깊은 니치와 독립된 도리아식 기둥들로 동적인 공간을 구현한다.
④ 거대한 돔을 얹은 로툰다와 대형 열주 현관이라는 2가지 주된 구성 요소로 이루어진다.

개념 | KEYWORD 13 서양건축사
해설 |
로툰다 내부의 드럼 하부는 깊은 니치와 독립된 코린트식 기둥으로 구성된다.

044

오토 바그너(Otto Wagner)가 주장한 근대건축의 설계지침 내용으로 옳지 않은 것은?

① 경제적인 구조
② 그리스 건축양식의 복원
③ 시공재료의 적당한 선택
④ 목적을 정확히 파악하고 완전히 충족시킬 것

개념 | KEYWORD 13 서양건축사
해설 |
로마문화와 그리스 문화의 우수한 여러 면의 모방을 추구한 것은 신고전주의 건축이다.

045

비잔틴 건축에 관한 설명으로 옳지 않은 것은?

① 사라센 문화의 영향을 받았다.
② 도세렛(Dosseret)이 사용되었다.
③ 펜덴티브 돔(Pendentive dome)이 사용되었다.
④ 평면은 주로 장축형 평면(라틴 십자가)이 사용되었다.

개념 | KEYWORD 13 서양건축사
해설 |
장축형 평면의 사용은 초기 기독교 건축의 바실리카(Basilica)식 교회가 갖는 특징이다.

046

한국건축의 가구법과 관련하여 칠량가에 속하지 않는 것은?

① 무위사 극락전
② 수덕사 대웅전
③ 금산사 대적광전
④ 지림사 대적광전

개념 | KEYWORD 14 한국건축사
해설 |
수덕사 대웅전은 2고주 9량가이다.
도리의 수에 따라 구조형식을 구분할 때 3량가, 5량가, 7량가 등으로 구분한다.

047

주심포 형식에 관한 설명으로 옳지 않은 것은?

① 공포를 기둥 위에만 배열한 형식이다.
② 장혀는 긴 것을 사용하고 평방이 사용된다.
③ 봉정사 극락전, 수덕사 대웅전 등에서 볼 수 있다.
④ 맞배지붕이 대부분이며 천장을 특별히 가설하지 않아 서까래가 노출되어 보인다.

개념 | KEYWORD 14 한국건축사
해설 |
②는 다포 형식에 대한 설명이다.

048

다음 중 다포식(多包式) 건축으로 가장 오래된 것은?

① 창경궁 명정전
② 전등사 대웅전
③ 불국사 극락전
④ 심원사 보광전

개념 | KEYWORD 14 한국건축사
해설 |
① 창경궁 명정전, ② 전등사 대웅전, ③ 불국사 극락전은 조선시대 다포식 건축물이며, ④ 심원사 보광전은 고려시대 다포식 건축물이다.

049

공포형식 중 다포식에 관한 설명으로 옳지 않은 것은?

① 다포식 건축물로는 서울 숭례문(남대문) 등이 있다.
② 기둥 상부 이외에 기둥 사이에도 공포를 배열한 형식이다.
③ 규모가 커지면서 내부출목보다는 외부출목이 점차 많아졌다.
④ 주심포식에 비해서 지붕하중을 등분포로 전달 할 수 있는 합리적인 구조법이다.

개념 | KEYWORD 14 한국건축사
해설 |
다포식의 지붕 중도리가 높아짐에 따라 이 높이를 맞추기 위해 내부출목이 외부출목보다 많아졌다.

050

교학건축인 성균관의 구성에 속하지 않는 것은?

① 동재
② 존경각
③ 천추전
④ 명륜당

개념 | KEYWORD 14 한국건축사
해설 |
성균관은 동재(기숙사), 존경각(도서관), 명륜당(유학을 가르치는 강당) 등으로 구성되며, 천추전은 경복궁의 비공식 업무시설이다.

SUBJECT 02 건축시공

051

건축공사에서 V.E(Value Engineering)의 사고방식으로 옳지 않은 것은?

① 기능분석
② 제품위주의 사고
③ 비용절감
④ 조직적 노력

개념 | KEYWORD 02 관계자와 관리기법
해설 |
제품위주의 사고는 VE에 해당하지 않는다.

052

건설사업지원 통합 전산망으로 건설 생산활동 전 과정에서 건설 관련 주체가 전산망을 통해 신속히 교환·공유할 수 있도록 지원하는 통합 정보시스템을 지칭하는 용어는?

① 건설 CIC(Computer Integrated Construction)
② 건설 CALS(Continuous Acquisition & Life cycle Support)
③ 건설 EC(Engineering Construction)
④ 건설 EVMS(Earned Value Management System)

개념 | KEYWORD 02 관계자와 관리기법
해설 |
CALS는 건설산업의 설계, 입찰, 시공, 유지관리 등 전 과정에서 발생하는 정보를 발주청, 설계·시공업체 등 관련 주체가 정보통신망을 활용하여 교환, 공유하는 시스템이다.

053

린건설(Lean construction)에서의 관리방법으로 옳지 않은 것은?

① 변이관리
② 당김생산
③ 흐름생산
④ 대량생산

개념 | KEYWORD 02 관계자와 관리기법
해설 |
린건설에서는 소품종 대량생산이 아닌 다품종 소량생산을 관리방법으로 한다.

054

공동도급방식(Joint venture)에 관한 설명으로 옳은 것은?

① 2명 이상의 수급자가 어느 특정 공사에 대하여 협동으로 공사계약을 체결하는 방식이다.
② 발주자, 설계자, 공사관리자의 세 전문집단에 의하여 공사를 수행하는 방식이다.
③ 발주자와 수급자가 상호신뢰를 바탕으로 팀을 구성하여 공동으로 공사를 수행하는 방식이다.
④ 공사수행방식에 따라 설계/시공(D/B)방식과 설계/관리(D/M)방식으로 구분한다.

개념 | KEYWORD 04 계약제도
해설 |
공동도급방식이란 2개 이상의 회사가 임시로 결합하여 조직을 구성하고 공동출자하여 한 회사의 입장에서 연대책임 하에 공사를 수급하여 완성한 후 해체되는 도급방식이다.

055

다음 중 건설사업관리(CM)의 주요 업무로 옳지 않은 것은?

① 입찰 및 계약 관리 업무
② 건축물의 조사 또는 감정 업무
③ 제네콘(Genecon)관리 업무
④ 현장조직 관리 업무

개념 | KEYWORD 04 계약제도
해설 |
CM의 주요업무는 공정관리, 품질관리, 원가관리, 계약관리 등으로 건축물의 조사 또는 감정 업무는 CM의 주요 업무에 해당되지 않는다.

056

건축주 자신이 특정의 단일 상태를 선정하여 발주하는 방식으로서, 특수공사나 기밀보장이 필요한 경우, 또 긴급을 요하는 공사에서 주로 채택되는 것은?

① 공개경쟁입찰 ② 제한경쟁입찰
③ 지명경쟁입찰 ④ 특명입찰

개념 | KEYWORD 05 입찰방식 및 계약
해설 |
특명입찰은 시공회사의 신용, 자산, 공사경력, 보유기자재 등을 고려하여 그 공사에 가장 적격한 1개 회사를 지정하여 입찰시키는 방식이다.

057

건축공사에서 활용되는 견적방법 중 가장 상세한 공사비의 산출이 가능한 견적방법은?

① 명세견적 ② 개산견적
③ 입찰견적 ④ 실행견적

개념 | KEYWORD 06 적산 총론
해설 |
명세견적은 설계도서(도면, 시방서), 현장설명서, 구조계산서 등에 의거하여 가장 정확하고 정밀하게 공사비를 산출하는 방법이다.

058

8개월간 공사하는 현장에 필요한 시멘트량이 2,397포이다. 이 공사 현장에 필요한 시멘트 창고 필요면적으로 적당한 것은? (단, 쌓기단수는 13단)

① $24.6m^2$ ② $54.2m^2$
③ $73.8m^2$ ④ $98.5m^2$

개념 | KEYWORD 07 공종별 적산
해설 |
2,397포로 1,800포 초과이므로, 1/3만 적용하면 799포대이다.
$$\therefore A = 0.4 \times \frac{799}{13} \fallingdotseq 24.6m^2$$

059

시멘트 200포를 사용하여 배합비가 1 : 3 : 6의 콘크리트를 비벼 냈을 때의 전체 콘크리트량은? (단, 물−시멘트비는 60%이고 시멘트 1포대는 40kg이다.)

① $25.25m^3$ ② $36.36m^3$
③ $39.39m^3$ ④ $44.44m^3$

개념 | KEYWORD 07 공종별 적산
해설 |
배합비가 1:3:6일 때 $1m^3$당 시멘트 220kg이 필요하므로
$1m^3$당 시멘트 포대 수, $\frac{220kg/m^3}{40kg} = 5.5$포대$/m^3$
시멘트 200포대를 사용하므로, $\frac{200포대}{5.5포대/m^3} \fallingdotseq 36.36m^3$

060

공정관리에서의 네트워크(Network)에 관한 용어와 관계없는 것은?

① 커넥터(Connector)
② 크리티컬 패스(Critical path)
③ 더미(Dummy)
④ 플로트(Float)

개념 | KEYWORD 08 공정관리
해설 |
커넥터(Connector)는 부재를 연결할 때 사용하는 접합구이다.

061

PERT−CPM 공정표 작성 시에 EST와 EFT의 계산방법 중 옳지 않은 것은?

① 작업의 흐름에 따라 전진 계산한다.
② 선행작업이 없는 첫 작업의 EST는 프로젝트의 개시시간과 동일하다.
③ 어느 작업의 EFT는 그 작업의 EST에 소요일수를 더하여 구한다.
④ 복수의 작업에 종속되는 작업의 EST는 선행작업 중 EFT의 최소값으로 한다.

개념 | KEYWORD 08 공정관리
해설 |
복수의 작업에 종속되는 작업의 EST는 선행작업 중 EFT의 최대값으로 하며, 복수의 작업에 선행되는 작업의 LFT는 후속작업 LST 중 최소값으로 한다.

062

MCX(Minimum Cost Expediting)기법에 의한 공기단축에서 아무리 비용을 투자해도 그 이상 공기를 단축할 수 없는 한계점을 무엇이라 하는가?

① 표준점 ② 포화점
③ 경제 속도점 ④ 특급점

개념 | KEYWORD 08 공정관리
해설 |
특급점은 절대공기의 시점을 말하며, 단축이 불가능한 시간이다.

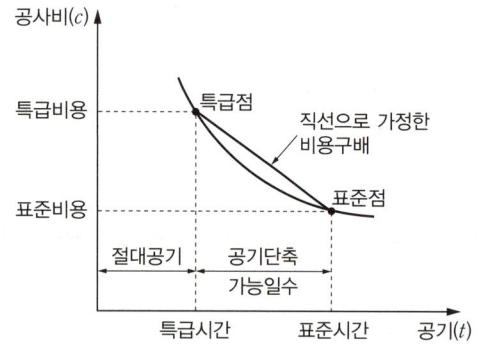

063

다음 중 QC활동의 도구가 아닌 것은?

① 특성요인도 ② 파레토그램
③ 층별 ④ 기능계통도

개념 | KEYWORD 09 품질관리
해설 |
기능계통도는 QC활동의 도구에 해당하지 않는다.

064

공사현장의 가설건축물에 관한 설명으로 옳지 않은 것은?

① 하도급자 사무실은 후속공정에 지장이 없는 현장사무실과 가까운 곳에 둔다.
② 시멘트 창고는 통풍이 되지 않도록 출입구 이외는 개구부 설치를 금하고, 벽, 천장, 바닥에는 방수, 방습처리 한다.
③ 변전소는 안전상 현장사무실에서 가능한 멀리 위치한다.
④ 인화성 재료저장소는 벽, 지붕, 천장의 재료를 방화구조 또는 불연구조로 하고 소화설비를 갖춘다.

개념 | KEYWORD 10 가설공사
해설 |
변전소는 위급한 상황 시 신속한 전력 차단을 위해 현장사무실과 가깝게 위치시킨다.

065

벤치마크(Bench Mark)에 관한 설명으로 옳지 않은 것은?

① 적어도 2개소 이상 설치하도록 한다.
② 이동 또는 소멸 우려가 없는 곳에 설치한다.
③ 건축물 기초의 너비 또는 길이 등을 표시하기 위한 것이다.
④ 공사 완료 시까지 존치시켜야 한다.

개념 | KEYWORD 10 가설공사
해설 |
건축물 기초의 너비 또는 길이 등을 표시하기 위한 것은 수평규준틀이며, 벤치마크는 건축물의 높낮이의 기준이다.

066

지반조사 중 보링에 관한 설명으로 옳지 않은 것은?

① 보링의 깊이는 일반적인 건물의 경우 대략 지지 지층 이상으로 한다.
② 채취시료는 충분히 햇빛에 건조시키는 것이 좋다.
③ 부지 내에서 3개소 이상 행하는 것이 바람직하다.
④ 보링 구멍은 수직으로 파는 것이 중요하다.

개념 | KEYWORD 11 지반조사
해설 |
채취시료는 토질시험을 하기 위해 건조시키지 않고 자연상태 그대로 보관해야 한다.

067

사질토의 상대밀도를 측정하는 방법으로 가장 적합한 것은?

① 표준관입시험(Standard penetration test)
② 베인 테스트(Vane test)
③ 깊은 우물(Deep well) 공법
④ 아일랜드 컷 공법

개념 | KEYWORD 11 지반조사
해설 |
표준관입시험은 63.5kg의 추를 낙하시켜 사질토(모래지반)의 밀도를 측정하는 토질시험이다.

068
웰포인트 공법에 관한 설명으로 옳지 않은 것은?
① 흙파기 밑면의 토질 약화를 예방한다.
② 진공펌프를 사용하여 토중의 지하수를 강제적으로 집수한다.
③ 지하수 저하에 따른 인접지반과 공동매설물 침하에 주의가 필요하다.
④ 사질지반보다 점토층 지반에서 효과적이다.

개념 | KEYWORD 12 토공사
해설 |
웰포인트 공법은 사질지반에서 더 효과적이다.

069
사질 지반 굴착 시 벽체 배면의 토사가 흙막이 틈새 또는 구멍으로 누수가 되어 흙막이벽 배면에 공극이 발생하여 물의 흐름이 점차로 커져 결국에는 주변 지반을 함몰시키는 현상은?
① 보일링 현상 ② 히빙 현상
③ 액상화 현상 ④ 파이핑 현상

개념 | KEYWORD 12 토공사
해설 |
파이핑 현상은 흙막이 틈새, 이음새, 구멍 등을 통해 물이 공사장 내부 바닥으로 스며드는 것으로 결국 주변 지반을 함몰시킨다.

070
어스앵커 공법에 관한 설명으로 옳지 않은 것은?
① 버팀대가 없어 굴착공간을 넓게 활용할 수 있다.
② 인접한 구조물의 기초나 매설물이 있는 경우 효과가 크다.
③ 대형 기계의 반입이 용이하다.
④ 시공 후 검사가 어렵다.

개념 | KEYWORD 12 토공사
해설 |
어스앵커 공법은 인접한 구조물의 기초나 매설물이 있는 경우 적용이 어렵다.

071
철근의 정착 위치에 관한 설명으로 옳지 않은 것은?
① 지중보의 주근은 기초 또는 기둥에 정착한다.
② 기둥 철근은 큰 보 혹은 작은 보에 정착한다.
③ 큰 보의 주근은 기둥에 정착한다.
④ 작은 보의 주근은 큰 보에 정착한다.

개념 | KEYWORD 14 철근공사
해설 |
철근의 정착위치
1. 기둥의 주근은 기초에 정착한다.
2. 보의 주근은 기둥에 정착한다.
3. 작은 보의 주근은 큰 보에 정착한다.
4. 직교하는 단부 보의 밑에 기둥이 없을 때는 상호 간에 정착한다.
5. 벽 철근은 기둥, 보, 바닥판에 정착한다.
6. 바닥철근은 보 또는 벽체에 정착한다.
7. 지중보의 주근은 기초 또는 기둥에 정착한다.

072
바닥판과 보밑 거푸집 설계 시 고려해야 하는 하중을 옳게 짝지은 것은?
① 굳지 않은 콘크리트 중량, 충격하중
② 굳지 않은 콘크리트 중량, 측압
③ 작업하중, 풍하중
④ 충격하중, 풍하중

개념 | KEYWORD 15 거푸집공사
해설 |
바닥판과 보밑 거푸집 설계 시 수직하중에 대한 고려를 해야 한다. 굳지 않은 콘크리트 중량, 작업하중, 충격하중 등이 수직하중으로 작용한다. 측압, 풍하중은 수평하중이다.

073
콘크리트에 사용되는 혼화재 중 플라이애시의 사용에 따른 이점으로 볼 수 없는 것은?
① 유동성의 개선 ② 수화열의 감소
③ 수밀성의 향상 ④ 초기강도의 증진

개념 | KEYWORD 16 콘크리트공사
해설 |
플라이애시를 사용하면 초기강도는 감소하고, 장기강도가 커진다.

074

서중 콘크리트에 관한 설명으로 옳은 것은?

① 동일 슬럼프를 얻기 위한 단위수량이 많아진다.
② 장기강도의 증진이 크다.
③ 콜드조인트가 쉽게 발생하지 않는다.
④ 워커빌리티가 일정하게 유지된다.

개념 | KEYWORD 16 콘크리트공사
해설 |
서중 콘크리트는 기온이 높을 때 사용하는 콘크리트이다.
기온이 높으면 물이 잘 증발하여 슬럼프가 저하되므로 단위수량이 증가할 우려가 있다.

075

한중(寒中)콘크리트의 양생에 관한 설명으로 옳지 않은 것은?

① 보온양생 또는 급열양생을 끝마친 후에는 콘크리트의 온도를 급격히 저하시켜 양생을 마무리 하여야 한다.
② 초기양생에서 소요 압축강도가 얻어질 때까지 콘크리트의 온도를 5℃ 이상으로 유지하여야 한다.
③ 초기양생에서 구조물의 모서리나 가장자리의 부분은 보온하기 어려운 곳이어서 초기동해를 받기 쉬우므로 초기양생에 주의하여야 한다.
④ 한중콘크리트의 보온양생 방법은 급열양생, 단열양생, 피복양생 및 이들을 복합한 방법 중 한 가지 방법을 선택하여야 한다.

개념 | KEYWORD 16 콘크리트공사
해설 |
한중콘크리트는 초기양생이 중요하며, 초기강도 5MPa 이상이 될 때까지는 5℃ 이상 유지하여 양생하며 양생을 끝마친 후에도 온도를 서서히 저하시켜야 한다.

076

레디믹스트 콘크리트(Ready mixed concrete)를 사용하는 이유로 옳지 않은 것은?

① 시가지에서는 콘크리트를 혼합할 장소가 좁다.
② 현장에서는 균질한 품질의 콘크리트를 얻기 어렵다.
③ 콘크리트의 혼합이 충분하여 품질이 고르다.
④ 콘크리트의 운반거리 및 운반시간에 제한을 받지 않는다.

개념 | KEYWORD 16 콘크리트공사
해설 |
레디믹스트 콘크리트는 운반시간에 제한을 받으며, 운반도중 재료 분리의 우려가 있다.

077

철골부재 용접 시 겹침이음, T자이음 등에 사용되는 용접으로 목두께의 방향이 모재의 면과 45° 또는 거의 45°의 각을 이루는 것은?

① 완전용입 맞댐용접 ② 모살용접
③ 부분용입 맞댐용접 ④ 다층용접

개념 | KEYWORD 17 접합
해설 |
모살용접은 목두께의 방향이 모재의 면과 45°, 또는 거의 45°의 각을 이루는 용접이다.

078

고력볼트 접합에 관한 설명으로 옳지 않은 것은?

① 현대건축물의 고층화, 대형화 추세에 따라 소음이 심한 리벳은 현재 거의 사용하지 않고 볼트접합과 용접접합이 대부분을 차지하고 있다.
② 토크쉐어형 고력볼트는 조여서 소정의 축력이 얻어지면 자동적으로 핀테일이 파단되는 구조로 되어 있다.
③ 고력볼트의 조임기구는 토크렌치와 임팩트렌치 등이 있다.
④ 고력볼트의 접합형태는 모두 마찰접합이며, 마찰접합은 하중이나 응력을 볼트가 직접 부담하는 방식이다.

개념 | KEYWORD 17 접합
해설 |
고력볼트는 접합재료의 마찰저항에 의하여 힘을 전달하는 접합방법으로 접합형태는 마찰접합, 인장접합, 지압접합이 있다.

079

철골부재의 용접 시 이음 및 접합부위의 용접선의 교차로 재용접된 부위가 열 영향을 받아 취약해짐을 방지하기 위하여 모재에 부채꼴 모양으로 모따기를 한 것은?

① Blow hole   ② Scallop
③ End tab   ④ Crater

개념 | KEYWORD 17 접합
해설 |
Scallop은 철골 부재 용접 시 재용 접된 부위가 열의 영향을 받아 취약해지는 것을 방지하기 위해 부채꼴 모양으로 모따기를 한 것이다.

080

파이프 구조에 관한 설명으로 옳지 않은 것은?

① 파이프 구조는 경량이며, 외관이 경쾌하다.
② 파이프 구조는 대규모의 공장, 창고, 체육관, 동·식물원 등에 이용된다.
③ 접합부의 절단가공이 어렵다.
④ 파이프의 부재 형상이 복잡하여 공사비가 증대된다.

개념 | KEYWORD 18 현장작업
해설 |
파이프 구조에서 사용하는 파이프는 부재 형상이 간단하고 공사비가 저렴하다.

081

조적조에 발생하는 백화현상을 방지하기 위하여 취하는 조치로서 효과가 없는 것은?

① 줄눈부분을 방수처리하여 빗물을 막는다.
② 잘 구워진 벽돌을 사용한다.
③ 줄눈 모르타르에 방수제를 넣는다.
④ 석회를 혼합하여 줄눈 모르타르를 바른다.

개념 | KEYWORD 19 조적공사
해설 |
줄눈 모르타르에 석회를 혼합하면 백화현상이 더 잘 발생된다.

082

건축 석공사에 관한 설명으로 옳지 않은 것은?

① 건식쌓기 공법의 경우 시공이 불량하면 백화현상 등의 원인이 된다.
② 석재 물갈기 마감공정의 종류는 거친갈기, 물갈기, 본갈기, 정갈기가 있다.
③ 시공 전에 설계도에 따라 돌나누기 상세도, 원척도를 만들고 석재의 치수, 형상, 마감방법 및 철물 등에 의한 고정방법을 정한다.
④ 마감면에 오염의 우려가 있는 경우에는 폴리에틸렌 시트 등으로 보양한다.

개념 | KEYWORD 20 석공사
해설 |
백화현상은 습식쌓기에서 발생한다. 건식쌓기는 돌 사이에 모르타르(습식쌓기) 대신 사춤자갈을 채워 넣는다.

083

경량기포콘크리트(ALC)에 관한 설명으로 옳지 않은 것은?

① 기건 비중은 보통 콘크리트의 약 1/4 정도로 경량이다.
② 열전도율은 보통 콘크리트의 약 1/10정도로서 단열성이 우수하다.
③ 유기질 소재를 주원료로 사용하여 내화성능이 매우 낮다.
④ 흡음성과 차음성이 우수하다.

개념 | KEYWORD 16 콘크리트공사
해설 |
경량기포콘크리트(ALC; Autoclave Lightweight Concrete)는 발포제에 의하여 콘크리트 내부에 무수한 기포를 발생시킨 것으로 불연재인 동시에 내화재료이다.

084
타일공사에서 시공 후 타일접착력 시험에 관한 설명으로 옳지 않은 것은?

① 타일의 접착력 시험은 600m²당 한 장씩 시험한다.
② 시험할 타일은 먼저 줄눈 부분을 콘크리트면까지 절단하여 주위의 타일과 분리시킨다.
③ 시험은 타일 시공 후 4주 이상일 때 행한다.
④ 시험결과의 판정은 타일 인장 부착강도가 10MPa 이상이어야 한다.

개념 | KEYWORD 20 석공사
해설 |
타일의 접착력 시험결과의 판정은 접착강도가 0.39MPa 이상이어야 한다.

085
건축용 목재의 일반적인 성질에 관한 설명으로 옳지 않은 것은?

① 섬유포화점 이하에서는 목재의 함수율이 증가함에 따라 강도는 감소한다.
② 기건상태의 목재의 함수율은 15% 정도이다.
③ 목재의 심재는 변재보다 건조에 의한 수축이 적다.
④ 섬유포화점 이상에서는 목재의 함수율이 증가함에 따라 강도는 증가한다.

개념 | KEYWORD 21 목공사
해설 |
섬유포화점(30%) 이상에서는 목재의 함수율이 증가하여도 강도는 일정하다.

086
바깥방수와 비교한 안방수의 특징에 관한 설명으로 옳지 않은 것은?

① 공사가 간단하다.
② 공사비가 비교적 싸다.
③ 보호누름이 없어도 무방하다.
④ 수압이 작은 곳에 이용된다.

개념 | KEYWORD 22 방수공사
해설 |
안방수는 보호누름이 필요하고, 바깥방수는 보호누름이 없어도 무방하다.

087
멤브레인 방수에 속하지 않는 방수공법은?

① 시멘트 액체방수
② 합성고분자 시트방수
③ 도막방수
④ 아스팔트 방수

개념 | KEYWORD 22 방수공사
해설 |
시멘트 액체방수는 방수제를 모르타르와 혼합하여 구조체에 여러 번 도포하여 방수성능을 갖게 한 공법으로 멤브레인 방수와는 관련이 없다.

088
합성고무와 열가소성수지를 사용하여 1겹으로 방수효과를 내는 공법은?

① 도막방수
② 시트방수
③ 아스팔트방수
④ 표면도포방수

개념 | KEYWORD 22 방수공사
해설 |
시트방수는 아스팔트와 같이 다층 방식의 방수법이 아니고, 시트 1층으로서 방수효과를 내는 공법이다.

089
도막방수에 관한 설명으로 옳지 않은 것은?

① 복잡한 형상에 대한 시공성이 우수하다.
② 용제형 도막방수는 시공이 어려우나 충격에 매우 강하다.
③ 에폭시계 도막방수는 접착성, 내열성, 내마모성, 내약품성이 우수하다.
④ 셀프레벨링공법은 방수 바닥에서 도료상태의 도막재를 바닥에 부어 도포한다.

개념 | KEYWORD 22 방수공사
해설 |
용제형 도막방수는 합성고무를 휘발성 용제에 녹인 일종의 고무도료를 여러 번 발라 0.5~0.8mm의 방수피막을 형성하는 공법이다. 시공이 쉬우나 충격에 약하고, 인화성이 강하여 화기를 금한다.

090

문 윗틀과 문짝에 설치하여 문이 자동적으로 닫혀지게 하며, 개폐압력을 조절할 수 있는 장치는?

① 도어체크(Door check)
② 도어홀더(Door holder)
③ 피봇힌지(Pivot hinge)
④ 도어체인(Door chain)

개념 | KEYWORD 24 창호공사
해설 |
도어체크, 도어클로저(Door check, Door closer)는 자동으로 문이 닫혀지게 하는 장치이다.

091

다음 중 유리의 주성분으로 옳은 것은?

① Na_2O
② CaO
③ SiO_2
④ K_2O

개념 | KEYWORD 25 유리공사
해설 |
유리의 주성분은 산화규소(SiO_2)이며, 석영이나 규사가 사용된다.

092

다음 각 유리의 관한 설명으로 옳지 않은 것은?

① 망입유리는 파손되더라도 파편이 튀지 않으므로 진동에 의해 파손되기 쉬운 곳에 사용된다.
② 복층유리는 단열 및 차음성이 좋지 않아 주로 선박의 창 등에 이용된다.
③ 강화유리는 압축강도를 한층 강화한 유리로 현장가공 및 절단이 되지 않는다.
④ 자외선 투과 유리는 병원이나 온실 등에 이용된다.

개념 | KEYWORD 25 유리공사
해설 |
복층유리는 두 장의 유리 사이에 진공, 특수기체, 공기 등을 삽입한 유리로 방음, 단열, 결로방지에 효과가 있다.

093

건축물 외부에 설치하는 커튼월에 관한 설명으로 옳지 않은 것은?

① 커튼월이란 외벽을 구성하는 비내력벽 구조이다.
② 커튼월의 조립은 대부분 외부에 대형발판이 필요하므로 비계공사가 필수적이다.
③ 공장에서 생산하여 반입하는 프리패브 제품이다.
④ 일반적으로 콘크리트나 벽돌 등의 외장재에 비하여 경량이어서 건물의 전체 무게를 줄이는 역할을 한다.

개념 | KEYWORD 26 커튼월공사
해설 |
커튼월은 양중기를 이용하여 설치하며, 무비계작업을 원칙으로 한다.

094

도장공사에서의 뿜칠에 관한 설명으로 옳지 않은 것은?

① 큰 면적을 균등하게 도장할 수 있다.
② 스프레이건과 뿜칠면 사이의 거리는 30cm를 표준으로 한다.
③ 뿜칠은 도막두께를 일정하게 유지하기 위해 겹치지 않게 순차적으로 이행한다.
④ 뿜칠 공기압은 2~4kg/cm²를 표준으로 한다.

개념 | KEYWORD 27 도장공사
해설 |
뿜칠은 한줄마다 너비의 1/3 정도가 겹치도록 칠한다.

095

스프레이 도장방법에 관한 설명으로 옳지 않은 것은?

① 도장거리는 스프레이 도장면에서 150mm를 표준으로 하고 압력에 따라 가감한다.
② 스프레이 할 때에는 매끈한 평면을 얻을 수 있도록 하고, 항상 평행이동하면서 운행의 한 줄마다 스프레이 너비의 1/3 정도를 겹쳐 뿜는다.
③ 각 회의 스프레이 방향은 전회의 방향에 직각으로 한다.
④ 에어레스 스프레이 도장은 1회 도장에 두꺼운 도막을 얻을 수 있고 짧은 시간에 넓은 면적을 도장할 수 있다.

개념 | KEYWORD 27 도장공사
해설 |
도장거리는 스프레이 도장면에서 300mm를 표준으로 하고 압력에 따라 가감한다.

096
목재의 무늬와 바탕의 재질을 잘 보이게 하는 도장 방법은?

① 유성 페인트 도장 ② 에나멜 페인트 도장
③ 합성수지 페인트 도장 ④ 클리어 래커 도장

개념 | KEYWORD 27 도장공사
해설 |
클리어 래커 도장은 투명 래커이며 내수성 및 내후성이 부족하여 실내용 도장에 사용된다.

097
녹막이칠에 사용하는 도료와 가장 거리가 먼 것은?

① 광명단 ② 크레오소트유
③ 아연분말 도료 ④ 역청질 도료

개념 | KEYWORD 27 도장공사
해설 |
크레오소트유는 목재의 방부재로 사용하는 것으로 녹막이칠에 사용하는 도료와 관계가 적다.
광명단, 아연분말 도료, 역청질 도료는 모두 녹막이칠에 사용하는 방청도료이다.

098
다음 미장재료 중 기경성 재료로만 구성된 것은?

① 회반죽, 석고 플라스터, 돌로마이트 플라스터
② 시멘트 모르타르, 석고 플라스터, 회반죽
③ 석고 플라스터, 돌로마이트 플라스터, 진흙
④ 진흙, 회반죽, 돌로마이트 플라스터

개념 | KEYWORD 28 미장공사
해설 |
미장재료의 경화성에 따른 분류

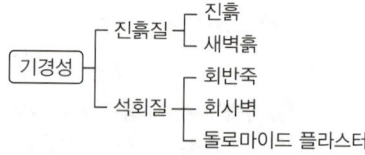
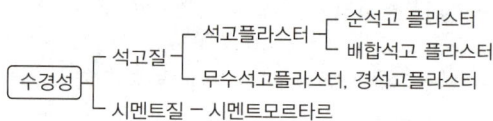

099
돌로마이트 플라스터 바름에 관한 설명으로 옳지 않은 것은?

① 정벌바름용 반죽은 물과 혼합한 후 12시간 정도 지난 다음 사용하는 것이 바람직하다.
② 바름두께가 균일하지 못하면 균열이 발생하기 쉽다.
③ 돌로마이트 플라스터는 수경성이므로 해초풀을 적당한 비율로 배합해서 사용해야 한다.
④ 시멘트와 혼합하여 2시간 이상 경과한 것은 사용할 수 없다.

개념 | KEYWORD 28 미장공사
해설 |
돌로마이트 플라스터는 점성이 좋아서 해초풀은 사용하지 않는다.

100
합성수지에 관한 설명으로 옳지 않은 것은?

① 에폭시 수지는 접착제, 프린트 배선판 등에 사용된다.
② 염화비닐수지는 내후성이 있고, 수도관 등에 사용된다.
③ 아크릴 수지는 내약품성이 있고, 조명기구커버 등에 사용된다.
④ 페놀수지는 알칼리에 매우 강하고, 천장 채광판 등에 주로 사용된다.

개념 | KEYWORD 31 합성수지
해설 |
페놀수지는 알카리에 매우 약하며, 강도, 전기절연성, 내산성, 내열성, 내수성 등이 좋다.
페놀수지는 전기절연재료, 통신 기자재로 많이 사용한다.

SUBJECT 03 건축구조

101
건축구조별 특징에 관한 설명 중 옳지 않은 것은?
① 가구식 구조는 삼각형보다 사각형으로 조립하면 안정한 구조체를 이룰 수 있다.
② 조적식 구조는 압축력에는 강하지만 횡력에 취약하다.
③ 조립식 구조는 부재를 공장에서 생산·가공하여 현장에서 조립하므로 공기가 짧다.
④ 일체식 구조는 비교적 균일한 강도를 가진다.

개념 | KEYWORD 01 건축구조의 개념
해설 |
가구식 구조는 사각형보다 삼각형으로 조립하면 더욱 안정한 구조체를 이룰 수 있다.

102
각 지반의 허용지내력의 크기가 큰 것부터 순서대로 올바르게 나열된 것은?

> A.자갈 B.모래 C.연암반 D.경암반

① B > A > C > D
② A > B > C > D
③ D > C > A > B
④ D > C > B > A

개념 | KEYWORD 02 지반 및 기초
해설 |
경암반 > 연암반 > 자갈 > 모래

103
연약지반에 대한 안전확보 대책으로 옳지 않은 것은?
① 지반개량공법을 적용한다.
② 말뚝기초를 적용한다.
③ 독립기초를 적용한다.
④ 건물을 경량화한다.

개념 | KEYWORD 02 지반 및 기초
해설 |
독립기초를 적용하는 것은 연약지반에 대한 대책과 관련이 없다.

104
건축물의 기초구조 설계 시 말뚝재료별 구조세칙으로 옳지 않은 것은?
① 나무말뚝을 타설할 때 그 중심간격은 말뚝머리지름의 2.5배 이상 또한 600mm 이상으로 한다.
② 기성콘크리트말뚝을 타설할 때 그 중심간격은 말뚝머리지름의 2.5배 이상 또한 1,100mm 이상으로 한다.
③ 강재말뚝을 타설할 때 그 중심간격은 말뚝머리의 지름 또는 폭의 2.0배 이상(다만, 폐단강관 말뚝에 있어서 2.5배) 또한 750mm 이상으로 한다.
④ 현장타설콘크리트말뚝을 배치할 때 그 중심간격은 말뚝머리 지름의 2.0배 이상 또한 말뚝머리 지름에 1,000mm를 더한 값으로 한다.

개념 | KEYWORD 02 지반 및 기초
해설 |
기성콘크리트말뚝을 타설할 때 그 중심간격은 말뚝머리지름의 2.5배 이상 또한 750mm 이상으로 한다.

105

내진설계에 있어서 밑면전단력 산정인자가 아닌 것은?

① 건물의 중요도계수 ② 반응수정계수
③ 진도계수 ④ 유효건물중량

개념 | KEYWORD 03 내진·내풍·사용성 설계
해설 |
진도계수는 지진 시의 수평하중을 구하기 위해 지진의 최대 가속도를 중력 가속도로 나눈 값으로 밑면전단력 산정인자는 아니다.

106

지진계에 기록된 진폭을 진원의 깊이와 진앙까지의 거리 등을 고려하여 지수로 나타낸 것으로 장소에 관계없는 절대적 개념의 지진크기를 말하는 것은?

① 규모 ② 진도
③ 진원시 ④ 지진동

개념 | KEYWORD 03 내진·내풍·사용성 설계
해설 |
규모란 지진 자체의 크기를 나타내는 척도 중 하나로 절대적 개념이다.

107

직경 24mm의 봉강에 65kN의 인장력이 작용할 때 인장응력은 약 얼마인가?

① 128MPa ② 136MPa
③ 144MPa ④ 150MPa

개념 | KEYWORD 04 재료의 기계적 성질
해설 |
$\sigma_t = \dfrac{P}{A} = \dfrac{65 \times 10^3}{\dfrac{\pi \times 24^2}{4}} \fallingdotseq 143.7 \text{N/mm}^2 \fallingdotseq 144\text{MPa}$

108

단면의 지름이 150mm, 재축방향 길이가 300mm인 원형 강봉의 윗면에 300kN의 힘이 작용하여 재축방향 길이가 0.16mm 줄어들었고, 단면의 지름이 0.02mm 늘어났다면 이 강봉의 탄성계수 E와 푸아송비는?

① 31,830MPa, 0.25
② 31,830MPa, 0.125
③ 39,630MPa, 0.25
④ 39,630MPa, 0.125

개념 | KEYWORD 04 재료의 기계적 성질
해설 |
1. 훅의 법칙에 의해 응력도는 변형도와 탄성계수의 곱에 비례한다.
$(\sigma = E \cdot \varepsilon)$
응력 $\left(\sigma = \dfrac{P}{A}\right)$, 변형률 $\left(\varepsilon = \dfrac{\triangle L}{L}\right)$을 적용하면
$E = \dfrac{\sigma}{\varepsilon} = \dfrac{\dfrac{P}{A}}{\dfrac{\triangle L}{L}} = \dfrac{P \cdot L}{A \cdot \triangle L}$이다.
$\therefore E = \dfrac{(300 \times 10^3) \times 300}{\left(\dfrac{\pi \times 150^2}{4}\right) \times 0.16} \fallingdotseq 31{,}830 \text{N/mm}^2 = 31{,}830\text{MPa}$

2. 푸아송비$(\nu) = \dfrac{\text{압축변형률}}{\text{인장변형률}} = \dfrac{\dfrac{\triangle D}{D}}{\dfrac{\triangle L}{L}} = \dfrac{L \cdot \triangle D}{D \cdot \triangle L}$
$\therefore \nu = \dfrac{300 \times 0.02}{150 \times 0.16} = 0.25$

109

원형단면에 전단력 $V = 30\text{kN}$이 작용할 때 단면의 최대 전단응력도는? (단, 단면의 반경은 180mm이다.)

① 0.19MPa ② 0.24MPa
③ 0.39MPa ④ 0.44MPa

개념 | KEYWORD 04 재료의 기계적 성질
해설 |
최대 전단응력도 $\tau_{max} = k \cdot \dfrac{V}{A}$이고
원형단면의 전단계수 $k = \dfrac{4}{3}$이므로
$\tau_{max} = \dfrac{4}{3} \times \dfrac{30 \times 10^3}{\pi \times 180^2} \fallingdotseq 0.393 \text{N/mm}^2 (\text{MPa})$

110

각종 단면의 주축(主軸)을 표시한 것으로 옳지 않은 것은?

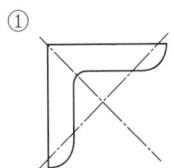 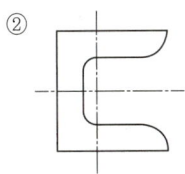

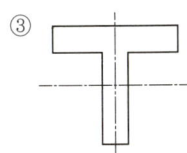 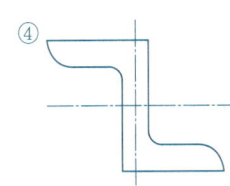

개념 | KEYWORD 05 단면의 성질
해설 |
z형강 단면의 주축

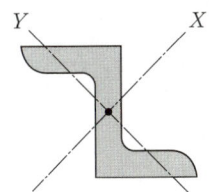

111

다음 그림과 같은 사다리꼴 단면형의 도심(圖心)의 위치 y를 나타내는 식은?

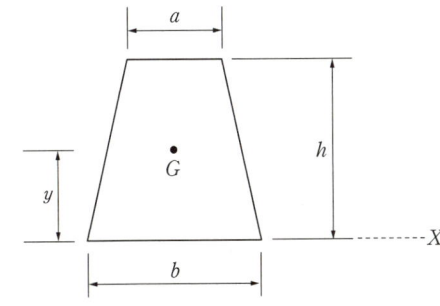

① $y=\dfrac{h}{3}\times\dfrac{2a+b}{a+b}$ ② $y=\dfrac{h}{3}\times\dfrac{a+2b}{a+b}$

③ $y=\dfrac{h}{3}\times\dfrac{a+b}{2a+b}$ ④ $y=\dfrac{h}{3}\times\dfrac{a+b}{a+2b}$

개념 | KEYWORD 05 단면의 성질
해설 |
도심거리는 단면1차모멘트 G_x를 면적 A로 나누어 구한다.

$$y=\dfrac{G_x}{A}$$

사다리꼴의 도심은 삼각형 $\left(\dfrac{1}{2}bh\right)$와 삼각형 $\left(\dfrac{1}{2}ah\right)$로 나눈 후 더하여 계산할 수 있다.

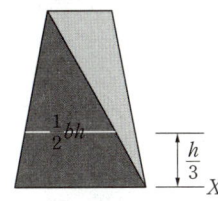 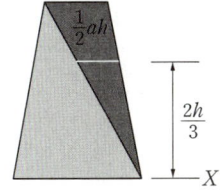

1. $G_x=\dfrac{1}{2}bh\times\dfrac{h}{3}$ 2. $G_x=\dfrac{1}{2}ah\times\dfrac{2h}{3}$

$$\therefore y=\dfrac{G_x}{A}=\dfrac{\left(\dfrac{1}{2}bh\times\dfrac{h}{3}\right)+\left(\dfrac{1}{2}ah\times\dfrac{2h}{3}\right)}{\left(\dfrac{1}{2}bh\right)+\left(\dfrac{1}{2}ah\right)}=\dfrac{h}{3}\times\dfrac{2a+b}{a+b}$$

112

그림과 같은 단면에서 x축에 대한 단면2차모멘트는?

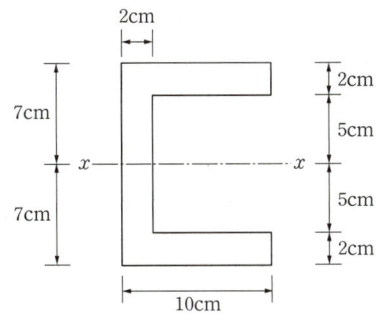

① 1,420cm⁴ ② 1,520cm⁴
③ 1,620cm⁴ ④ 1,720cm⁴

개념 | KEYWORD 05 단면의 성질
해설 |
비어있지 않은 큰 사각형(10cm×14cm)으로 계산한 단면2차모멘트에서 내부의 빈 사각형(8cm×10cm)의 단면2차모멘트를 뺀다.

사각형의 단면2차모멘트 $I=\dfrac{bh^3}{12}$

$$\therefore I_x=\dfrac{BH^3-bh^3}{13}=\dfrac{(10\times14^3)-(8\times10^3)}{12}=1,620\text{cm}^4$$

113

그림과 같은 이동하중이 스팬 **10m**의 단순보 위를 지날 때 절대 최대휨모멘트를 구하면?

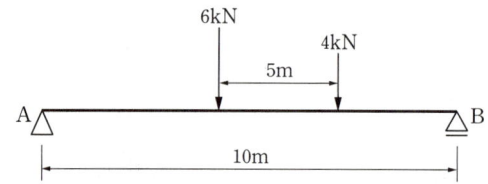

① 16kN·m ② 18kN·m
③ 25kN·m ④ 30kN·m

개념 | KEYWORD 06 반력, 전단력, 휨모멘트
해설 |
바리뇽의 정리를 이용해 이동하중의 합력의 위치를 구하면
$10 \times x = 6 \times 0 + 4 \times 5$이므로 $x=2$m이다. 따라서 합력 R은 6kN 작용점과 4kN 작용점을 2 : 3 내분한 곳에 위치한다.

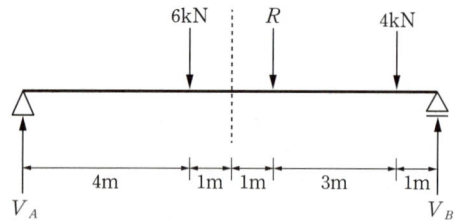

위의 그림과 같이 합력과 큰 하중작용점의 중심이 보의 중심에 위치할 때, 합력과 인접한 큰 하중작용점에서 절대 최대휨모멘트가 발생한다.
힘의 평형식을 이용하면 $\Sigma M_B = 0$을 만족해야하므로
$(10 \times V_A) - (6 \times 6) - (1 \times 4) = 0$, $V_A = 4$kN이다.
따라서 $M_{max.\,abs} = +(4 \times 4) = +16$kN·m이다.

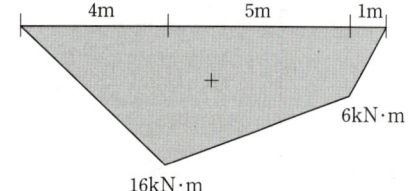

114

다음 그림과 같은 하중을 받는 단순보에서 E점의 전단력값은?

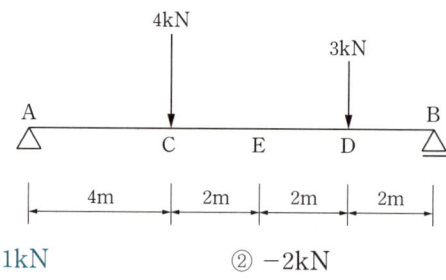

① -1kN ② -2kN
③ -3kN ④ -4kN

개념 | KEYWORD 06 반력, 전단력, 휨모멘트
해설 |
$\Sigma M_B = 0; +V_A \times 10 - 4 \times 6 - 3 \times 2 = 0$
$V_A = +3$kN(↑)
$V_{ELeft} = +3 - 4 = -1$kN(↓)
∴ E점에서의 전단력은 -1kN

115

다음 그림과 같은 단순보의 양단 수직반력을 구하면?

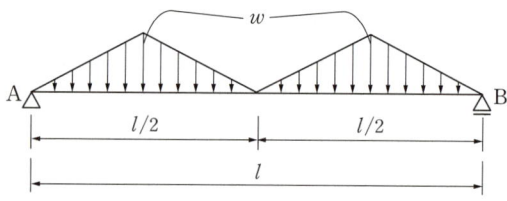

① $R_A = R_B = \dfrac{wl}{2}$ ② $R_A = R_B = \dfrac{wl}{4}$
③ $R_A = R_B = \dfrac{wl}{6}$ ④ $R_A = R_B = \dfrac{wl}{8}$

개념 | KEYWORD 06 반력, 전단력, 휨모멘트
해설 |

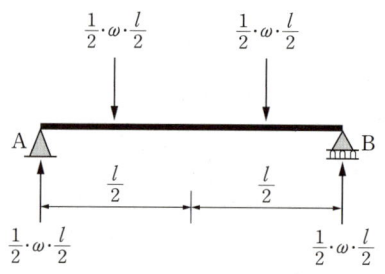

좌우대칭이므로 각 삼각형의 면적이 곧 반력이 된다.
$R_A = R_B = \dfrac{1}{2} \times w \times \left(\dfrac{l}{2}\right) = \dfrac{wl}{4}$

116

그림과 같은 구조물에서 기둥에 발생하는 휨모멘트가 0이 되려면 등분포하중 w는?

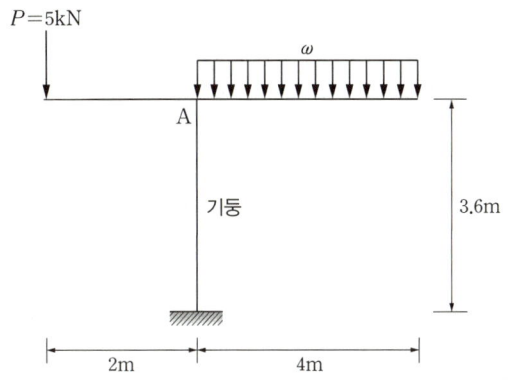

① 2.5kN/m ② 0.8kN/m
③ 1.25kN/m ④ 1.75kN/m

개념 | KEYWORD 06 반력, 전단력, 휨모멘트
해설 |
A점에서 집중하중 P와 등분포하중 w에 대해 모멘트 M을 계산한다.
$\Sigma M_A = -5 \times 2 + (w \times 4) \times 2 = 0$
$\therefore w = 1.25 \text{kN/m}$

117

등분포하중을 받는 그림과 같은 3회전단 아치에서 C점의 전단력을 구하면?

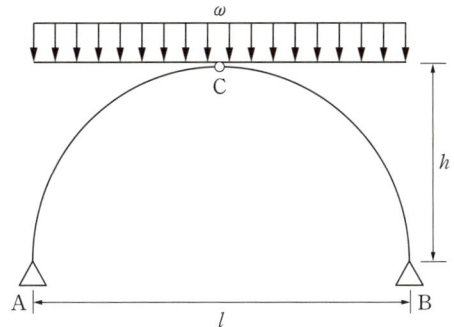

① 0 ② $\dfrac{wl}{2}$
③ $\dfrac{wh}{4}$ ④ $\dfrac{wl}{8}$

개념 | KEYWORD 06 반력, 전단력, 휨모멘트
해설 |
축선이 포물선인 3활절 아치에 등분포하중 작용 시 부재 내력으로 축방향력만 발생하고 전단력이나 휨모멘트는 발생하지 않으므로 전단력은 0이다.

118

단일 압축재에서 세장비를 구할 때 필요하지 않은 것은?

① 유효좌굴길이 ② 단면적
③ 탄성계수 ④ 단면2차모멘트

개념 | KEYWORD 07 기둥의 좌굴
해설 |
세장비를 구할 때 탄성계수는 필요하지 않다.

119

다음 그림과 같은 압축재 $H-200 \times 200 \times 8 \times 12$가 부재의 중앙지점에서 약축에 대해 휨변형이 구속되어 있다. 이 부재의 탄성좌굴응력도를 구하면? (단, 단면적 $A = 63.53 \times 10^2 \text{mm}^2$, $I_x = 4.72 \times 10^7 \text{mm}^4$, $I_y = 1.60 \times 10^7 \text{mm}^4$, $E = 205,000 \text{MPa}$)

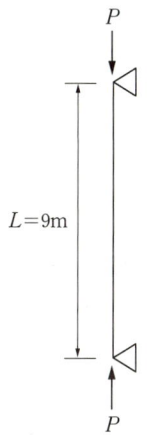

① 252N/mm² ② 186N/mm²
③ 132N/mm² ④ 108N/mm²

개념 | KEYWORD 07 기둥의 좌굴
해설 |
1. 양단 힌지이므로 유효좌굴길이계수 $K = 1.0$
2. 강축(x)에 대해서는 부재 전체의 길이 $L=9$m, 약축(y)에 대해서는 휨변형이 구속되어 있으므로 $L=4.5$m를 적용함에 주의한다.
3. 강축과 약축에 대한 좌굴하중을 계산하여 작은 쪽이 탄성좌굴하중이 된다.

$P_{cr,x} = \dfrac{\pi^2 EI_x}{(KL_x)^2} = \dfrac{\pi^2 \times 205,000 \times (4.72 \times 10^7)}{(1.0 \times 9,000)^2} \fallingdotseq 1,178,991.3\text{N}$

$P_{cr,y} = \dfrac{\pi^2 EI_y}{(KL_y)^2} = \dfrac{\pi^2 \times 205,000 \times (1.60 \times 10^7)}{(1.0 \times 4,500)^2} \fallingdotseq 1,598,632.2\text{N}$

4. 탄성좌굴응력

$\sigma_{cr} = \dfrac{P_{cr}}{A} = \dfrac{1,178,991.3}{63.53 \times 10^2} \fallingdotseq 185.58 \text{N/mm}^2$

120

다음 중 압축재의 좌굴하중 산정 시 직접적인 관계가 없는 것은?

① 부재의 푸아송비
② 부재의 단면2차모멘트
③ 부재의 탄성계수
④ 부재의 지지조건

개념 | KEYWORD 07 기둥의 좌굴
해설 |
푸아송비는 수직응력에 의해 발생되는 가로변형률과 길이변형률의 비율이다.

121

그림과 같은 라멘 구조물의 판별은?

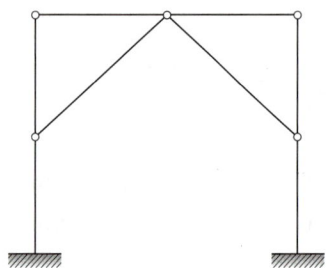

① 불안정 구조물
② 안정, 정정구조물
③ 안정, 1차 부정정구조물
④ 안정, 2차 부정정구조물

개념 | KEYWORD 08 구조물 판별
해설 |
실용적 판별
$N=r+m+f-2j$ 공식 이용
여기서, r: 지점반력수, m: 부재수, f: 강절점수, j: 지점수+자유단 지점수
∴ $N=6+8+0-2\times7=0$이므로 정정구조물이다.

122

그림과 같은 구조물의 부정정 차수는?

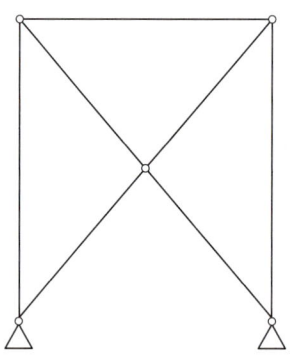

① 1차
② 2차
③ 3차
④ 4차

개념 | KEYWORD 08 구조물 판별
해설 |
$N=r+m+f-2\times j$ 공식 이용
여기서, r: 지점반력수, m: 부재수, f: 강절점수, j: 지점수+자유단 지점수이다.
∴ $N=4+7+0-2\times5=1$

123

그림과 같은 구조에서 B단에 발생하는 모멘트는?

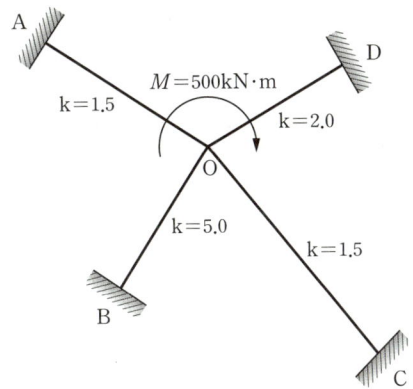

① 125kN·m
② 188kN·m
③ 250kN·m
④ 300kN·m

개념 | KEYWORD 09 구조물 해석
해설 |
분배율(DF_{OB}) 계산
$$DF_{OB} = \frac{k_{OB}}{\Sigma k} = \frac{5}{5+1.5+2+1.5} = \frac{1}{2}$$
분배모멘트 계산(O점에서의 분배)
$$M_{OB} = M_O \times DF_{OB} = 500 \times \frac{1}{2} = 250 \text{kN} \cdot \text{m}$$
전달 모멘트 계산$\left(O \rightarrow B, \text{전달률: 고정단은 } \frac{1}{2}\right)$
$$M_{BO} = M_{OB} \times \frac{1}{2} = 250 \times \frac{1}{2} = 125 \text{kN} \cdot \text{m}$$

124

다음 그림과 같이 수평하중 30kN이 작용하는 라멘구조에서 E점에서 휨모멘트 값(절댓값)은?

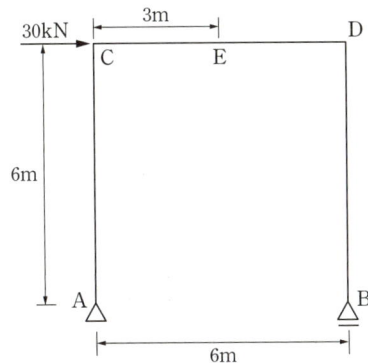

① 40kN·m
② 45kN·m
③ 60kN·m
④ 90kN·m

개념 | KEYWORD 09 구조물 해석
해설 |
$\Sigma M_A = 0$; $30 \times 6 - V_B \times 6 = 0$ 이므로
$V_B = 30 \text{kN}$
$|M_{E,Right}| = |-30 \times 3| = 90 \text{kN} \cdot \text{m}$

125

그림과 같은 트러스에서 a부재의 부재력은 얼마인가?

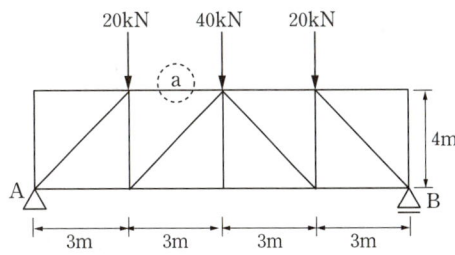

① 20kN (인장)
② 30kN (압축)
③ 40kN (인장)
④ 60kN (압축)

개념 | KEYWORD 09 구조물 해석
해설 |
트러스가 좌우대칭이고 점 A, B의 수직반력의 합이 80kN이 되어야하므로 점 A, B에서의 수직반력은 각각 40kN이다.

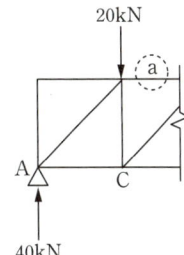

A점에서 우측으로 3m 떨어진 점을 C라고 하면,
$\Sigma M_C = 40 \times 3 + a \times 4 = 0$
$a = -30$ 이므로 a부재의 부재력은 30kN의 압축력이다.

126

그림과 같은 트러스(Truss)에서 T부재에 발생하는 부재력으로 옳은 것은?

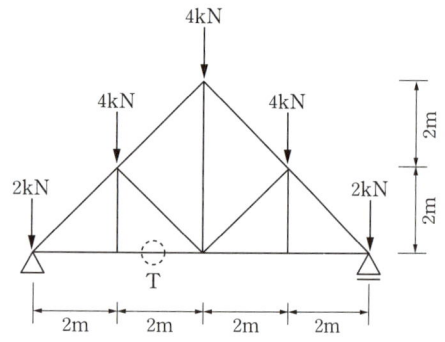

① 4kN   ② 6kN
③ 8kN   ④ 16kN

개념 | KEYWORD 09 구조물 해석
해설 |
하중과 경간이 좌우 대칭이므로
$V_A, V_B = +8\text{kN}(\uparrow)$

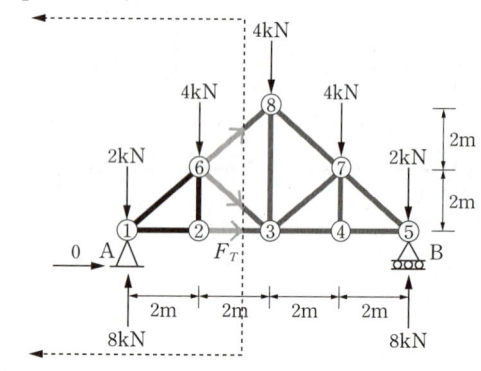

절점 ⑥에서 모멘트를 계산하면,
$M_{⑥.LEFT} = 0; \ 8 \times 2 - 2 \times 2 - F_T \times 2 = 0$
$\therefore F_T = 6\text{kN}(인장)$

127

그림과 같은 부정정 라멘의 B.M.D에서 P값을 구하면?

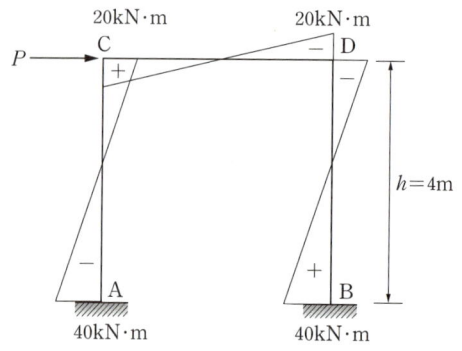

① 20kN   ② 30kN
③ 50kN   ④ 60kN

개념 | KEYWORD 09 구조물 해석
해설 |
처짐각법 전단력 평형조건식에 따라
$P = \dfrac{(M_{CA}+M_{AC})+(M_{DB}+M_{BD})}{h}$ 이므로
$P = \dfrac{(20+40)+(20+40)}{4} = 30\text{kN}$ 이다.

128

그림과 같은 보에서 C점의 처짐은? (단, EI는 전 경간에 걸쳐 일정하다.)

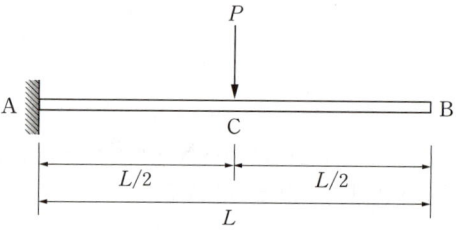

① $\dfrac{PL^3}{12EI}$ ② $\dfrac{PL^3}{24EI}$
③ $\dfrac{PL^3}{48EI}$ ④ $\dfrac{PL^3}{96EI}$

개념 | KEYWORD 10 보의 처짐
해설 |
처짐 $\delta = \dfrac{M'}{EI}$ (M': 처짐을 구하려는 위치의 모멘트)

C점 $M' = \dfrac{PL}{2} \times \dfrac{L}{2} \times \dfrac{1}{2} \times \left(\dfrac{2}{3} \times \dfrac{L}{2}\right) = \dfrac{PL^3}{24}$

$\therefore \delta_C = \dfrac{\frac{PL^3}{24}}{EI} = \dfrac{PL^3}{24EI}$

129

보의 재질과 단면의 크기가 같을 때 (A)보의 최대처짐은 (B)보의 몇 배 인가?

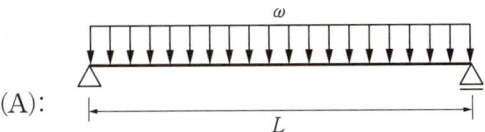
(A):

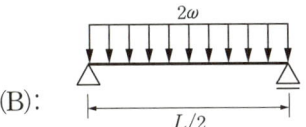
(B):

① 2배   ② 4배
③ 8배   ④ 16배

개념 | KEYWORD 10 보의 처짐
해설 |

단순보의 등분포하중 시 최대처짐 $\delta_{max} = \frac{5}{384} \cdot \frac{wL^4}{EI}$

(A)의 최대처짐이 $\frac{5}{384} \cdot \frac{wL^4}{EI}$ 이면

(B)의 최대처짐은 $\frac{5}{384} \cdot \frac{(2w)(L/2)^4}{EI} = \frac{5}{384} \cdot \frac{wL^4}{8EI}$ 이다.

따라서 (A)의 최대처짐은 (B)의 8배이다.

130

그림과 같은 보의 C점에서의 최대 처짐은?

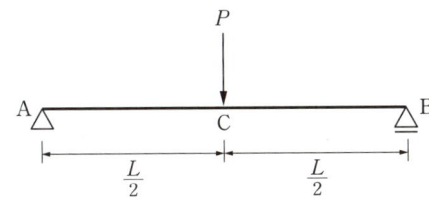

① $\dfrac{Pl^3}{2EI}$ ② $\dfrac{Pl^3}{48EI}$
③ $\dfrac{Pl^3}{384EI}$ ④ $\dfrac{5Pl^3}{384EI}$

개념 | KEYWORD 10 보의 처짐
해설 |

단순보에 집중하중 작용 시 중앙부의 최대 처짐 $\delta_{max} = \left(\dfrac{1}{48}\right) \cdot \left(\dfrac{Pl^3}{EI}\right)$ 이다.

131

강도설계법에서 고정하중 40kN, 활하중 30kN이 작용할 때 계수하중은 얼마인가?

① 135kN   ② 124kN
③ 116kN   ④ 96kN

개념 | KEYWORD 11 철근콘크리트구조 총론
해설 |

고정하중(D)과 활하중(L)에 의한 하중조합(U)식 중 큰 값을 사용한다.
1. $U = 1.4D = 1.4 \times 40 = 56$kN
2. $U = 1.2D + 1.6L = 1.2 \times 40 + 1.6 \times 30 = 96$kN

132

강도설계법에서 처짐을 계산하지 않는 경우 스팬이 8.0m 인 단순지지된 보의 최소 두께로 옳은 것은? (단, 보통중량 콘크리트와 $f_y = 400$MPa 철근을 사용한 경우)

① 380mm   ② 430mm
③ 500mm   ④ 600mm

개념 | KEYWORD 12 사용성 및 내구성
해설 |

단순지지된 보 이므로 최소 두께는
$\dfrac{l}{16} = \dfrac{8,000}{16} = 500$mm

133

압축철근 $A_s'=2,400\text{mm}^2$로 배근된 복철근 보의 탄성처짐이 15mm라 할 때 지속하중에 의해 발생되는 5년 후 장기처짐은? (단, b=300mm, d=400mm, 5년 후 지속하중 재하에 따른 계수 $\xi=2.0$)

① 9mm ② 12mm
③ 15mm ④ 30mm

개념 | KEYWORD 12 사용성 및 내구성
해설 |
장기처짐=탄성처짐×λ

여기서, $\lambda=\dfrac{\xi}{1+50\rho'}$(지속하중에 대한 처짐계수), ρ': 압축철근비, ξ: 시간경과 계수

구분	ξ
3개월	1.0
6개월	1.2
12개월	1.4
5년 이상	2.0

압축철근비 $\rho'=\dfrac{A_s'}{bd}=\dfrac{2,400}{300\times400}=0.02$

$\lambda=\dfrac{\xi}{1+50\rho'}=\dfrac{2}{1+50\times0.02}=\dfrac{2}{2}=1$

∴ 장기처짐=15mm×1=15mm

134

강도설계법에 따른 철근콘크리트 단근보에서 $f_{ck}=27\text{MPa}$, $f_y=400\text{MPa}$, 균형철근비(ρ_b)=0.0293일 때 최대철근비는?

① 0.0258 ② 0.0220
③ 0.0213 ④ 0.0188

개념 | KEYWORD 13 보의 휨설계
해설 |
$f_y=400\text{MPa}$일 경우
$\rho_{\max}=0.726\rho_b=0.726\times0.0293≒0.0213$

135

$f_{ck}=27\text{MPa}$, $f_y=400\text{MPa}$, $d=550\text{mm}$인 철근콘크리트 단근직사각형 보에서 균형철근비 ρ_b를 구하면? (단, $E_s=2.0\times10^5\text{MPa}$)

① 0.0260 ② 0.0286
③ 0.0325 ④ 0.0352

개념 | KEYWORD 13 보의 휨설계
해설 |

$\rho_b=\beta_1\dfrac{\eta(0.85f_{ck})}{f_y}\cdot\dfrac{660}{660+f_y}$

$=0.8\times\dfrac{1.00\times0.85\times27}{400}\times\dfrac{660}{660+400}≒0.0286$

(여기서, $f_{ck}\leq40\text{MPa}$이므로 $\beta_1=0.80$, $\eta=1.00$)

136

폭 250mm, $f_{ck}=30\text{MPa}$인 철근콘크리트 보 부재의 압축변형률 $\varepsilon_c=0.003$일 경우 인장철근의 변형률은? (단, $d_t=440\text{mm}$, $A_s=1,520.1\text{mm}^2$, $f_y=400\text{MPa}$)

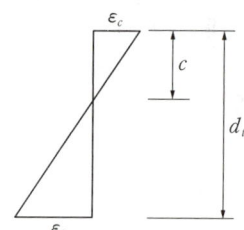

① 0.00197 ② 0.00368
③ 0.00523 ④ 0.00807

개념 | KEYWORD 13 보의 휨설계
해설 |
$c:\varepsilon_c=(d_t-c):\varepsilon_t$ 비례식에 의해

인장철근의 변형률은 $\varepsilon_t=\dfrac{d_t-c}{c}\times\varepsilon_c$이므로 c값을 구하면 ε_t값을 구할 수 있다.

$c=\dfrac{a}{\beta_1}$이므로 a와 β_1을 구하면,

$f_{ck}\leq40\text{MPa}$이므로 $\beta_1=0.80$, $\eta=1.00$

$a=\dfrac{A_s f_y}{\eta(0.85f_{ck})b}=\dfrac{1,520.1\times400}{1.00\times0.85\times30\times250}≒95.379\text{mm}$

따라서 $c=\dfrac{a}{\beta_1}=\dfrac{95.379}{0.80}≒119.22\text{mm}$이므로,

$\varepsilon_t=\dfrac{d_t-c}{c}\times\varepsilon_c$

$=\dfrac{440-119.22}{119.22}\times0.003≒0.008072$이다.

137

프리스트레스하지 않는 부재의 현장치기 콘크리트에서 흙에 접하여 콘크리트를 친 후 영구히 흙에 묻혀 있는 콘크리트 부재의 최소 피복두께로 옳은 것은?

① 40mm
② 50mm
③ 60mm
④ 75mm

개념 | KEYWORD 13 보의 휨설계
해설 |
프리스트레스하지 않는 부재의 현장치기 콘크리트의 최소 피복두께

구분		현장치기 콘크리트 피복두께
수중		100mm
흙에 접하여 타설 후 영구히 흙에 묻혀 있는 콘크리트		75mm
흙에 접하거나 옥외의 공기에 직접 노출	D19 이상	50mm
	D16 이하의 철근, 지름 16 이하의 철선	40mm
옥외의 공기나 흙에 직접 접하지 않는 콘크리트	슬래브, 벽체, 장선 D35 초과	40mm
	슬래브, 벽체, 장선 D35 이하	20mm
	보, 기둥*	40mm
	쉘, 절판부재	20mm

* 보, 기둥의 경우 $f_{ck} \geq 40\text{MPa}$이면 10mm 저감가능

138

전단과 휨만을 받는 철근콘크리트 보에서 콘크리트만으로 지지할 수 있는 전단강도 V_c는? (단, 보통중량콘크리트 사용, $f_{ck}=28\text{MPa}$, $b_w=100\text{mm}$, $d=300\text{mm}$)

① 26.5kN
② 53.0kN
③ 79.3kN
④ 158.7kN

개념 | KEYWORD 14 전단 및 비틀림
해설 |
콘크리트의 설계전단강도
$$V_c = \frac{1}{6}\lambda\sqrt{f_{ck}} \cdot b_w \cdot d$$
$$= \frac{1}{6} \times 1.0 \times \sqrt{28} \times 100 \times 300 \fallingdotseq 26{,}457.5\text{N} \fallingdotseq 26.5\text{kN}$$

139

강도설계법에서 철근콘크리트 부재 중 콘크리트의 공칭전단강도(V_c)가 40kN, 전단철근에 의한 공칭전단강도(V_s)가 20kN일 때, 이 부재의 설계전단강도(ϕV_n)는? (단, 강도감소계수는 0.75 적용)

① 60kN
② 48kN
③ 52kN
④ 45kN

개념 | KEYWORD 14 전단 및 비틀림
해설 |
설계전단강도 $\phi V_n = \phi(V_c + V_s)$이다.
$\phi V_n = 0.75 \times (40 + 20) = 45\text{kN}$

140

철근콘크리트 압축부재의 철근량 제한 조건에 따라 사각형이나 원형 띠철근으로 둘러싸인 경우 압축부재의 축방향 주철근의 최소 개수는 얼마인가?

① 2개
② 3개
③ 4개
④ 6개

개념 | KEYWORD 15 슬래브, 기둥, 벽체, 기타
해설 |
사각형 또는 원형 띠철근 기둥의 경우 축방향 주철근의 최소 개수는 4개이다.

141

1방향 철근콘크리트 슬래브에서 철근의 설계기준 항복강도가 500MPa인 경우 콘크리트 전체 단면적에 대한 수축·온도 철근비는 최소 얼마 이상이어야 하는가? (단, KDS기준, 이형철근 사용)

① 0.0015
② 0.0016
③ 0.0018
④ 0.0020

개념 | KEYWORD 15 슬래브, 기둥, 벽체, 기타
해설 |
f_y가 500MPa로 400MPa 초과이므로
$\rho = 0.002 \times \dfrac{400}{500} = 0.0016$

142

다음 그림과 같이 단면의 크기 500mm×500mm인 띠철근 기둥이 저항할 수 있는 최대 설계축하중 ϕP_n은? (단, $f_y=400\text{MPa}, f_{ck}=27\text{MPa}$)

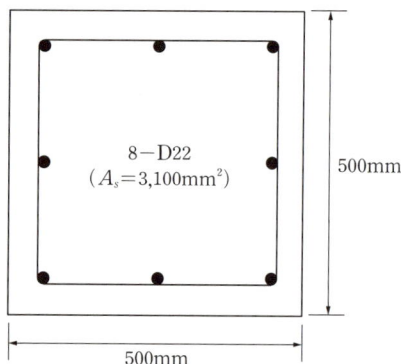

① 3,591kN ② 3,972kN
③ 4,170kN ④ 4,275kN

개념 | KEYWORD 15 슬래브, 기둥, 벽체, 기타
해설 |
띠철근 기둥의 최대 설계축하중
$\phi P_n = 0.65 \times 0.80 \times P_0$
$= 0.65 \times 0.80 \times (0.85 f_{ck}(A_g - A_{st}) + (f_y \times A_{st}))$
$= 0.65 \times 0.8 \times (0.85 \times 27 \times (500^2 - 3,100) + (400 \times 3,100))$
$\approx 3,591,305\text{N} \approx 3,591\text{kN}$

143

주철근으로 사용된 D22 철근 180° 표준갈고리의 구부림 최소 내면 반지름으로 옳은 것은?

① d_b ② $2d_b$
③ $2.5d_b$ ④ $3d_b$

개념 | KEYWORD 16 철근 정착과 이음
해설 |
D22 철근(D10~D25)이므로 $3d_b$ 이상이다.

144

압축이형철근(D19)의 기본정착길이를 구하면? (단, 보통콘크리트 사용, D19의 단면적: $287\text{mm}^2, f_{ck}=21\text{MPa}, f_y=400\text{MPa}$)

① 674mm ② 570mm
③ 482mm ④ 415mm

개념 | KEYWORD 16 철근 정착과 이음
해설 |
압축이형철근의 기본정착길이 l_{db}는 다음 중 큰 값 이상이 되어야 한다.

$l_{db} = \dfrac{0.25 \cdot d_b \cdot f_y}{\lambda \cdot \sqrt{f_{ck}}}$	$l_{db} = 0.043 d_b f_y$
• f_{ck}: 콘크리트 압축강도	• d_b: 철근의 지름
• f_y: 철근의 항복강도	• λ: 경량콘크리트계수

1. $l_{db} = \dfrac{0.25 \times 19 \times 400}{1 \times \sqrt{21}} \approx 414.61\text{mm}$
2. $l_{db} = 0.043 \times 19 \times 400 = 326.8\text{mm}$
∴ $l_{db} \geq 414.61\text{mm}$

145

다음 구조용 강재의 명칭에 관한 내용으로 옳지 않은 것은?

① SM - 용접구조용 압연강재 (KS D 3515)
② SS - 일반구조용 압연강재 (KS D 3503)
③ SN - 건축구조용 각형 탄소강관 (KS D 3864)
④ SGT - 일반구조용 탄소강관 (KS D 3566)

개념 | KEYWORD 17 강구조 총론
해설 |
SN (Steel New)은 건축구조용 압연강재를 의미한다.

146

한계상태설계법에 따라 강구조물을 설계할 때 고려되는 강도한계상태가 아닌 것은?

① 기둥의 좌굴 ② 접합부 파괴
③ 바닥재의 진동 ④ 피로 파괴

개념 | KEYWORD 17 강구조 총론
해설 |
바닥재의 진동은 사용 한계상태(Serviceability limit state)에 해당한다.

147

바닥슬래브와 철골보 사이에 발생하는 전단력에 저항하기 위해 설치하는 것은?

① 커버플레이트(Cover plate)
② 스티프너(Stiffener)
③ 턴버클(Turn buckle)
④ 시어커넥터(Shear connector)

개념 | KEYWORD 17 강구조 총론
해설 |

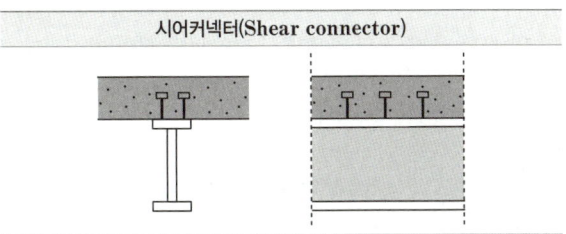

합성보에서 강재보와 철근콘크리트 슬래브 사이의 미끄러짐을 방지하고, 두 부재 사이의 수평전단력에 저항하는 전단연결재이다.

148

다음과 같은 조건에서의 필릿용접의 최소 치수(mm)는 얼마인가? (단, 하중저항계수설계법 기준)

접합부의 얇은 쪽 소재 두께(t, mm)
$6 \leq t < 13$

① 5mm
② 6mm
③ 7mm
④ 8mm

개념 | KEYWORD 18 접합, 볼트, 용접
해설 |
접합부의 얇은 쪽 소재 두께가 $6 \leq t < 13$이면 최소 치수는 5mm이다.

149

강구조 용접에서 용접 개시점과 종료점에 용착금속에 결함이 없도록 임시로 부착하는 것은?

① 엔드탭(End tab)
② 오버랩(Overlap)
③ 뒷댐재(Backing strip)
④ 언더컷(Under cut)

개념 | KEYWORD 18 접합, 볼트, 용접
해설 |
엔드탭은 용접결함이 생기기 쉬운 용접의 시작이나 끝부분에 임시로 설치하는 보조 강판이다.

150

다음 그림과 같은 필릿용접부의 유효면적은?

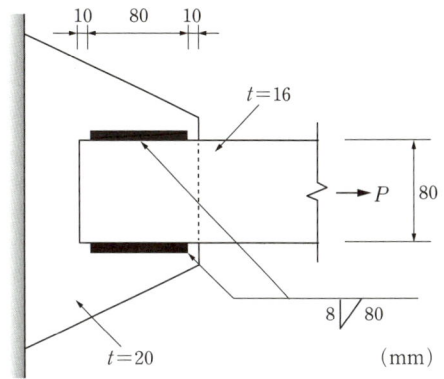

① 614.4mm²
② 691.2mm²
③ 716.8mm²
④ 806.4mm²

개념 | KEYWORD 18 접합, 볼트, 용접
해설 |
필릿용접부의 유효면적 $A_w = a \times L_e$ (양면용접은 ×2)
여기서 a: 유효목두께, L_e: 용접의 유효길이
$a = 0.7S$ (S는 모살치수)
$ = 0.7 \times 8 = 5.6$mm
$L_e = L - 2S$ (L은 용접길이)
$ = 80 - 2 \times 8 = 64$mm
∴ $A_w = a \times L_e \times 2 = 5.6 \times 64 \times 2 = 716.8$mm²

SUBJECT 04 건축설비

151
다음 설명에 알맞은 급수 방식은?

> • 위생성 측면에서 가장 바람직한 방식이다.
> • 정전으로 인한 단수의 염려가 없다.

① 수도직결방식 ② 고가수조방식
③ 압력수조방식 ④ 펌프직송방식

개념 | KEYWORD 01 급수설비
해설 |
수도직결방식은 수도 본관에 직결하므로 위생적인 면에서 가장 좋고, 전동기(모터)를 사용하지 않으므로 정전으로 인한 단수의 염려가 없다.

152
다음 설명에 알맞은 유체역학의 기본 원리는?

> 에너지의 보존의 법칙을 유체의 흐름에 적용한 것으로 유체가 갖고 있는 운동에너지, 중력에 의한 위치에너지 및 압력에너지의 총합은 흐름 내 어디에서나 일정하다.

① 사이펀 작용 ② 파스칼의 원리
③ 뉴턴의 점성법칙 ④ 베르누이의 정리

개념 | KEYWORD 01 급수설비
해설 |
베르누이의 정리에 대한 설명이다.
운동하고 있는 유체의 역학적 총에너지, 즉 유체의 압력에 의한 에너지와 임의의 수평면에 대한 중력에 의한 위치에너지 그리고 유체의 운동에너지의 총합은 일정하다. (단, 점성이 없는 비압축성 유체의 정상 흐름)

153
급수방식 중 고가수조방식에 관한 설명으로 옳은 것은?

① 대규모의 급수 수요에 쉽게 대응할 수 있다.
② 저수조가 없으므로 단수 시에 급수할 수 없다.
③ 수도 본관의 영향을 그대로 받아 수압 변화가 심하다.
④ 위생 및 유지·관리 측면에서 가장 바람직한 방식이다.

개념 | KEYWORD 01 급수설비
해설 |
고가수조방식은 대규모 건물에 적합한 급수방식이다.

154
다음과 같은 조건에 있는 양수펌프의 축동력은?

> • 양수량: 490L/min
> • 전양정: 30m
> • 펌프의 효율: 60%

① 약 3kW ② 약 4kW
③ 약 5kW ④ 약 6kW

개념 | KEYWORD 01 급수설비
해설 |
펌프의 축동력
$$= \frac{1{,}000(\text{kg/m}^3) \times 0.49(\text{m}^3/\text{min}) \times 30(\text{m})}{6{,}120 \times 0.6} \fallingdotseq 4(\text{kW})$$

155
양수량이 $1\text{m}^3/\text{min}$, 전양정이 50m인 펌프에서 회전수를 1.2배 증가시켰을 때 양수량은?

① 1.2배 증가 ② 1.44배 증가
③ 1.73배 증가 ④ 2.4배 증가

개념 | KEYWORD 01 급수설비
해설 |
양수량은 펌프의 회전수에 비례하므로, 양수량도 1.2배 증가한다.

156

중앙식 급탕방식에 관한 설명으로 옳지 않은 것은?

① 온수를 사용하는 개소마다 가열장치가 설치된다.
② 상향 또는 하향 순환식 배관에 의해 필요 개소에 온수를 공급한다.
③ 국소식에 비해 기기가 집중되어 있으므로 설비의 유지관리가 용이하다.
④ 호텔이나 병원 등과 같이 급탕 개소가 많고 사용량이 많은 건물 등에 채용된다.

개념 | KEYWORD 02 급탕설비
해설 |
온수를 사용하는 개소마다 가열장치가 설치되는 것은 국소식(개별식) 급탕방식이다.

157

간접가열식 급탕방식에 관한 설명으로 옳지 않은 것은?

① 저압보일러를 써도 되는 경우가 많다.
② 직접가열식에 비해 소규모 급탕설비에 적합하다.
③ 급탕용 보일러는 난방용 보일러와 겸용할 수 있다.
④ 직접가열식에 비해 보일러 내면에 스케일이 발생할 염려가 적다.

개념 | KEYWORD 02 급탕설비
해설 |
간접가열식 급탕방식은 직접가열식에 비해 대규모 급탕설비에 적합하다.

158

통기관의 설치 목적으로 옳지 않은 것은?

① 트랩의 봉수를 보호한다.
② 오수와 잡배수가 서로 혼합되지 않게 한다.
③ 배수계통 내의 배수 및 공기의 흐름을 원활히 한다.
④ 배수관 내에 환기를 도모하여 관내를 청결하게 유지한다.

개념 | KEYWORD 03 배수 및 통기설비
해설 |
통기관의 설치목적
1. 트랩의 봉수를 보호한다.
2. 배수의 흐름을 원활하게 한다.
3. 신선한 공기를 유통시켜 관 내의 청결을 유지한다.
4. 배수관 내의 기압을 일정하게 유지한다.

159

다음과 같이 정의되는 통기관의 종류는?

> 오배수수직관 내의 압력변동을 방지하기 위하여 오배수수직관 상향으로 통기수직관에 연결하는 통기관

① 결합통기관   ② 공용통기관
③ 각개통기관   ④ 반송통기관

개념 | KEYWORD 03 배수 및 통기설비
해설 |
결합통기관: 배수수직관 내의 압력변동을 방지 또는 완화하기 위해 배수수직관으로부터 분기·입상하여 통기수직관에 접속하는 도피통기관이다.

160

배관재료에 관한 설명으로 옳지 않은 것은?

① 주철관은 오배수관이나 지중 매설 배관에 사용된다.
② 경질염화비닐관은 내식성은 우수하나 충격에 약하다.
③ 연관은 내식성이 작아 배수용보다는 난방배관에 주로 사용된다.
④ 동관은 전기 및 열전도율이 좋고 전성·연성이 풍부하며 가공도 용이하다.

개념 | KEYWORD 05 배관설비
해설 |
연관은 내식성이 크고, 급탕 및 난방배관에 적합하지 않다.

161

소방시설은 소화설비, 경보설비, 피난구조설비, 소화용수설비, 소화활동설비로 구분할 수 있다. 다음 중 소화활동설비에 속하는 것은?

① 제연설비   ② 비상방송설비
③ 스프링클러설비   ④ 자동화재탐지설비

개념 | KEYWORD 06 소화설비
해설 |
소화활동설비: 제연설비, 연결송수관설비, 연결살수설비, 비상콘센트설비, 무선통신보조설비, 연소방지설비

162
각 층마다 옥내소화전이 3개씩 설치되어 있는 건물에서 옥내소화전설비의 수원의 저수량은 최소 얼마 이상이 되도록 하여야 하는가?

① 3.9m³ ② 4.2m³
③ 4.5m³ ④ 5.2m³

개념 | KEYWORD 06 소화설비
해설 |
옥내소화전 수원의 유효 저수량
= 2.6m³ × N(최대 2개) = 5.2m³

163
자동화재탐지설비의 감지기 중 감지기 주위의 온도가 일정한 온도 이상이 되었을 때 작동하는 것은?

① 차동식 감지기   ② 정온식 감지기
③ 광전식 감지기   ④ 이온화식 감지기

개념 | KEYWORD 06 소화설비
해설 |
자동화재탐지설비의 열감지기 중 주위온도가 일정 온도 이상일 때 작동하는 것은 정온식이다.

164
도시가스에서 중압의 가스압력은? (단, 액화가스가 기화되고 다른 물질과 혼합되지 아니한 경우 제외)

① 0.05MPa 이상, 0.1MPa 미만
② 0.01MPa 이상, 0.1MPa 미만
③ 0.1MPa 이상, 1MPa 미만
④ 1MPa 이상, 10MPa 미만

개념 | KEYWORD 07 가스설비
해설 |
도시가스 중압의 기준은 0.1MPa 이상 1MPa 미만이다.

165
액화천연가스(LNG)에 관한 설명으로 옳지 않은 것은?

① 메탄이 주성분이다.
② 무공해, 무독성이다.
③ 비중이 공기보다 크다.
④ 일반적으로 배관을 통해 공급한다.

개념 | KEYWORD 07 가스설비
해설 |
액화천연가스(LNG)는 비중이 공기보다 가볍기 때문에 천장에서 30cm 아래에 감지기를 설치한다.

166
가스배관 경로 선정 시 주의하여야 할 사항으로 옳지 않은 것은?

① 장래의 증설 및 이설 등을 고려한다.
② 주요구조부를 관통하지 않도록 한다.
③ 옥내배관은 매립하는 것을 원칙으로 한다.
④ 손상이나 부식 및 전식을 받지 않도록 한다.

개념 | KEYWORD 07 가스설비
해설 |
가스배관은 건물 내에서는 반드시 노출배관으로 한다.

167
가스사용시설에서 가스계량기의 설치에 관한 설명으로 옳지 않은 것은?

① 전기접속기와의 거리가 최소 30cm 이상이 되도록 한다.
② 전기점멸기와의 거리가 최소 60cm 이상이 되도록 한다.
③ 전기개폐기와의 거리가 최소 60cm 이상이 되도록 한다.
④ 전기계량기와의 거리가 최소 60cm 이상이 되도록 한다.

개념 | KEYWORD 07 가스설비
해설 |
가스계량기와 전기점멸기와의 거리는 30cm 이상이 되도록 한다.

168

가스설비에 사용되는 거버너(Governor)에 관한 설명으로 옳은 것은?

① 실내에서 발생되는 배기가스를 외부로 배출시키는 장치
② 연소가 원활히 이루어지도록 외부로부터 공기를 받아들이는 장치
③ 가스가 누설되거나 지진이 발생했을 때 가스공급을 긴급히 차단하는 장치
④ 가스공급회사로부터 공급받은 가스를 건물에서 사용하기에 적합한 압력으로 조정하는 장치

개념 | KEYWORD 07 가스설비
해설 |
거버너(Governor)는 가스공급회사로부터 공급받은 가스를 건물에서 사용하기에 적합한 압력으로 조정하는 장치이다. 즉, 가스의 양을 일정하게 조절하여 공급해 주는 기능을 가지고 있다.

169

습공기의 건구온도와 습구온도를 알 때 습공기 선도에서 구할 수 있는 상태값이 아닌 것은?

① 엔탈피   ② 비체적
③ 기류속도   ④ 절대습도

개념 | KEYWORD 08 공기조화설비 총론
해설 |
기류속도는 습공기 선도에서 알 수 없다.

170

습공기의 상태변화에 관한 설명으로 옳지 않은 것은?

① 가열하면 엔탈피는 증가한다.
② 냉각하면 비체적은 감소한다.
③ 가열하면 절대습도는 증가한다.
④ 냉각하면 습구온도는 감소한다.

개념 | KEYWORD 08 공기조화설비 총론
해설 |
절대습도는 습공기를 구성하고 있는 건조 공기 1kg당의 수증기량을 말하며 공기를 가열하거나 냉각하여도 변함이 없다.

171

건구온도 26°C인 실내공기 8,000m³/h와 건구온도 32°C인 외부공기 2,000m³/h를 단열혼합하였을 때 혼합공기의 건구온도는?

① 27.2°C   ② 27.6°C
③ 28.0°C   ④ 29.0°C

개념 | KEYWORD 08 공기조화설비 총론
해설 |
$26°C \times 8,000m^3 + 32°C \times 2,000m^3 = x°C \times 10,000m^3$

혼합공기의 온도 $x = \dfrac{(26 \times 8,000) + (32 \times 2,000)}{10,000} = 27.2°C$

172

다음의 냉방부하 발생요인 중 현열부하만 발생시키는 것은?

① 인체의 발생열량
② 벽체로부터의 취득열량
③ 극간풍에 의한 취득열량
④ 외기의 도입으로 인한 취득열량

개념 | KEYWORD 09 공기조화 방식과 기기
해설 |
인체의 발생열량, 극간풍에 의한 취득열량, 외기의 도입으로 인한 취득열량은 실내온도뿐만 아니라 습도에도 변화를 주므로 현열과 잠열 모두 고려하여야 한다.

173

다음과 같은 조건에 있는 실의 틈새바람에 의한 현열부하는?

- 실의 체적: 400m³
- 환기횟수: 0.5회/h
- 실내온도: 20℃, 외기온도: 0℃
- 공기의 밀도: 1.2kg/m³
- 공기의 정압비열: 1.01kJ/kg·K

① 약 654W ② 약 972W
③ 약 1,347W ④ 약 1,654W

개념 | KEYWORD 09 공기조화 방식과 기기
해설 |

$$Q = \frac{G \cdot \rho \cdot C \cdot \Delta t}{3,600}$$

여기서, G = 실체적 × 환기횟수 = 400 × 0.5 = 200
ρ: 공기의 밀도, C: 공기의 비열, Δt: 실내외의 온도차

$$Q = \frac{200 \times 1.2 \times 1.01 \times (20-0)}{3,600} ≒ 1.347kW = 1,347W$$

174

다음 공기조화방식 중 전공기 방식에 속하지 않는 것은?

① 단일덕트방식
② 이중덕트방식
③ 멀티존 유닛방식
④ 팬코일 유닛방식

개념 | KEYWORD 09 공기조화 방식과 기기
해설 |
팬코일 유닛방식은 전수 방식이다.

175

환기에 관한 설명으로 옳지 않은 것은?

① 화장실은 송풍기(급기팬)와 배풍기(배기팬)를 설치하는 것이 일반적이다.
② 기밀성이 높은 주택의 경우 잦은 기계환기를 통해 실내 공기의 오염을 낮추는 것이 바람직하다.
③ 병원의 수술실은 오염공기가 실내로 들어오는 것을 방지하기 위해 실내압력을 주변공간보다 높게 설정한다.
④ 공기의 오염농도가 높은 도로에 면해 있는 건물의 경우, 공기조화설비 계통의 외기도입구를 가급적 높은 위치에 설치한다.

개념 | KEYWORD 10 환기설비
해설 |
화장실은 자연 급기와 배풍기(배기팬)로 환기한다.

176

다음과 같은 조건에서 2,000명을 수용하는 극장의 실온을 20℃로 유지하기 위한 필요 환기량은?

- 외기온도: 10℃
- 1인당 발열량(현열): 60W
- 공기의 정압비열: 1.01kJ/kg·K
- 공기의 밀도: 1.2kg/m³
- 전등 및 기타 부하는 무시한다.

① 11,110m³/h ② 21,222m³/h
③ 30,444m³/h ④ 35,644m³/h

개념 | KEYWORD 10 환기설비
해설 |

$$G = \frac{3,600Q}{\rho \cdot C \cdot \Delta t} = \frac{3,600 \times 2,000명 \times 0.06kW}{1.2 \times 1.01 \times (20-10)} ≒ 35,643.6m³/h$$

여기서, Q: 현열부하, ρ: 공기의 밀도, C: 공기의 정압비열, Δt: 온도차

177

실내의 탄산가스 허용농도가 1,000ppm, 외기의 탄산가스 농도가 400ppm일 때, 실내 1인당 필요한 환기량은? (단, 실내 1인당 탄산가스 배출량은 15L/h이다.)

① 15m³/h
② 20m³/h
③ 25m³/h
④ 30m³/h

개념 | KEYWORD 10 환기설비
해설 |

$$Q = \frac{K}{P_i - P_o} = \frac{15\text{L/h}}{1{,}000\text{ppm} - 400\text{ppm}}$$
$$= \frac{0.015}{0.001 - 0.0004} = 25\text{m}^3/\text{h}$$

(여기서, 1L=0.001m³, 1ppm=1/1,000,000)

178

증기난방에 관한 설명으로 옳지 않은 것은?

① 온수난방에 비해 예열시간이 짧다.
② 온수난방에 비해 한랭지에서 동결의 우려가 적다.
③ 운전 시 증기해머로 인한 소음을 일으키기 쉽다.
④ 온수난방에 비해 부하변동에 따른 실내방열량의 제어가 용이하다.

개념 | KEYWORD 11 난방설비
해설 |
증기난방은 온수난방에 비해 부하변동에 따른 실내방열량의 제어가 어렵다.

179

온수난방에 관한 설명으로 옳지 않은 것은?

① 증기난방에 비해 보일러의 취급이 비교적 쉽고 안전하다.
② 동일 방열량인 경우 증기난방보다 관 지름을 작게 할 수 있다.
③ 증기난방에 비해 난방부하의 변동에 따른 온도 조절이 용이하다.
④ 보일러 정지 후에도 여열이 남아 있어 실내 난방이 어느 정도 지속된다.

개념 | KEYWORD 11 난방설비
해설 |
동일 방열량인 경우 증기난방보다 관 지름을 크게 해야 한다.

180

방열기의 입구 수온이 90℃이고 출구 수온이 80℃이다. 난방부하가 3,000W인 방을 온수난방 할 경우 방열기의 온수순환량은? (단, 물의 비열은 4.2kJ/kg·K로 함)

① 143kg/h
② 257kg/h
③ 368kg/h
④ 455kg/h

개념 | KEYWORD 11 난방설비
해설 |

$$G = \frac{3{,}600Q}{C \cdot \Delta t}$$

C: 비열, Δt: 실내외의 온도차, Q: 현열부하

$$\therefore G = \frac{3{,}600 \times 3(\text{kW})}{4.2 \times (90-80)} \fallingdotseq 257\text{kg/h}$$

181

바닥복사 난방방식에 관한 설명으로 옳지 않은 것은?

① 열용량이 커서 예열시간이 짧다.
② 방을 개방상태로 하여도 난방효과가 있다.
③ 다른 난방방식에 비교하여 쾌적감이 높다.
④ 실내에 방열기를 설치하지 않으므로 바닥이나 벽면을 유용하게 이용할 수 있다.

개념 | KEYWORD 11 난방설비
해설 |
열용량이 커서 예열시간이 길다.

182

주철제 보일러에 관한 설명으로 옳지 않은 것은?

① 재질이 약하여 고압으로는 사용이 곤란하다.
② 섹션(Section)으로 분할되므로 반입이 용이하다.
③ 재질이 주철이므로 내식성이 약하여 수명이 짧다.
④ 규모가 비교적 작은 건물의 난방용으로 사용된다.

개념 | KEYWORD 11 난방설비
해설 |
주철제 보일러는 내식성이 우수하여 수명이 길다.

183

냉각탑에 관한 설명으로 옳은 것은?

① 고압의 액체냉매를 증발시켜 냉동효과를 얻게 하는 설비이다.
② 증발기에서 나온 수증기를 냉각시켜 물이 되도록 하는 설비이다.
③ 대기 중에서 기체냉매를 냉각시켜 액체냉매로 응축하기 위한 설비이다.
④ 냉매를 응축시키는데 사용된 냉각수를 재사용하기 위하여 냉각시키는 설비이다.

개념 | KEYWORD 12 냉동 및 기타 열원설비
해설 |
응축기에서 발생한 응축잠열은 냉각수에 흡수된다. 응축잠열로 인해 고온이 된 냉각수를 공기에 직접 접촉시켜 방열하는 장치가 냉각탑이다.

184

100V, 500W의 전열기를 90V에서 사용할 경우 소비전력은?

① 200W ② 310W
③ 405W ④ 420W

개념 | KEYWORD 13 전기설비기초
해설 |
$P = V \cdot I$에서
전류 $I = \dfrac{P}{V} = \dfrac{500}{100} = 5A$
옴의 법칙에 의해 전류는 전압에 비례하므로
$100(V) : 90(V) = 5(A) : x(A)$
$x = 4.5A$
전압이 90V로 감소하면 전류도 4.5A로 감소한다.
∴ 소비전력(P) = 전압 × 전류 = 90V × 4.5A = 405W

185

전기설비의 전압구분에서 저압 기준으로 옳은 것은?

① 교류 300[V] 이하, 직류 600[V] 이하
② 교류 600[V] 이하, 직류 600[V] 이하
③ 교류 1,000[V] 이하, 직류 1,500[V] 이하
④ 교류 1,500[V] 이하, 직류 1,500[V] 이하

개념 | KEYWORD 14 강전설비
해설 |
저압의 전압 기준은 교류의 경우 1,000V 이하이고, 직류의 경우 1,500V 이하이다.

186

다음과 같은 공식을 통해 산출되는 값으로 전기 설비가 어느 정도 유효하게 사용되는가를 나타내는 것은?

$$\dfrac{\text{부하의 평균전력}}{\text{최대 수용전력}} \times 100[\%]$$

① 부하율 ② 보상률
③ 부등률 ④ 수용률

개념 | KEYWORD 14 강전설비
해설 |
부하율은 전기설비가 어느 정도 유효하게 사용되고 있는가를 나타내는 척도이고, 어떤 기간 중에 최대 수용전력과 그 기간 중에 평균전력과의 비율을 백분율로 표시한 것이다.
부하율 = $\dfrac{\text{부하의 평균전력}}{\text{최대 수용전력}} \times 100\%$

187

변전실에 관한 설명으로 옳지 않은 것은?

① 부하의 중심에 설치한다.
② 외부로부터 전력의 수전이 용이해야 한다.
③ 발전기실과 가능한 한 거리를 두고 설치한다.
④ 간선의 배선과 점검·유지보수가 용이한 장소에 설치한다.

개념 | KEYWORD 14 강전설비
해설 |
변전실은 발전기실과 가능한 한 가까운 곳이 좋다.

188

다음과 같은 특징을 갖는 간선 배선 방식은?

- 사고 발생 때 타부하에 파급효과를 최소한으로 억제할 수 있어 다른 부하에 영향을 미치지 않는다.
- 경제적이지 못하다.

① 평행식 ② 나뭇가지식
③ 네트워크식 ④ 나뭇가지 평행 병용식

개념 | KEYWORD 14 강전설비
해설 |
평행식(개별식)은 각 분전반 마다 배전반으로부터 단독으로 배선되어 있으므로 전압강하가 적고, 사고가 발생하여도 그 범위를 좁힐 수 있는 것이 특징이다. 배선비가 많아지므로 설비비는 많이 드는 편이다.

189

전기설비에서 경질비닐관공사에 관한 설명으로 옳은 것은?

① 절연성과 내식성이 강하다.
② 자성체이며 금속관보다 시공이 어렵다.
③ 온도 변화에 따라 기계적 강도가 변하지 않는다.
④ 부식성 가스가 발생하는 곳에는 사용할 수 없다.

개념 | KEYWORD 14 강전설비
해설 |
경질비닐관공사는 절연성과 내식성이 강하다.

190

다음 중 그 값이 클수록 안전한 것은?

① 접지저항   ② 도체저항
③ 접촉저항   ④ 절연저항

개념 | KEYWORD 15 약전 및 방재설비
해설 |
절연은 전기에 의한 감전 또는 기계적 사고의 발생을 방지하고자 도체 사이에 전기가 통하지 못하게 하는 것을 말한다. 저항이 클수록 흐르는 전류의 크기가 작아지므로 절연저항이 클수록 안전한 것이다.

191

피뢰시스템에 관한 설명으로 옳지 않은 것은?

① 피뢰시스템은 보호성능 정도에 따라 등급을 구분한다.
② 피뢰시스템의 등급은 Ⅰ, Ⅱ, Ⅲ의 3등급으로 구분된다.
③ 수뢰부시스템은 보호범위 산정방식(보호각, 회전구체법, 메시법)에 따라 설치한다.
④ 피보호건축물에 적용하는 피뢰시스템의 등급 및 보호에 관한 사항은 한국산업표준의 낙뢰 리스크평가에 의한다.

개념 | KEYWORD 15 약전 및 방재설비
해설 |
피뢰시스템의 등급은 Ⅰ, Ⅱ, Ⅲ, Ⅳ의 4개 등급으로 구분하며 Ⅰ등급은 지상에서 20m, Ⅱ등급은 30m, Ⅲ등급은 45m, Ⅳ등급은 60m이다.

192

조명기구를 배광에 따라 분류할 경우, 다음과 같은 특징을 갖는 것은?

> 발산광속 중 상향광속이 60~90% 정도이고, 하향광속이 10~40% 정도이며, 천장을 주광원으로 이용한다.

① 직접조명기구   ② 반직접조명기구
③ 반간접조명기구   ④ 전반확산조명기구

개념 | KEYWORD 16 조명설비
해설 |
발산광속 중 상향광속이 60~90% 정도이고, 하향광속이 10~40% 정도이며, 천장을 주광원으로 이용하는 것은 반간접조명기구이다.

193

바닥면적이 50m²인 사무실이 있다. 32W 형광등 20개를 균등하게 배치할 때 사무실의 평균 조도는? (단, 형광등 1개의 광속은 3,300lm, 조명률은 0.5, 보수율은 0.76이다.)

① 약 350lx   ② 약 400lx
③ 약 450lx   ④ 약 500lx

개념 | KEYWORD 16 조명설비
해설 |
조도 $E = \dfrac{N \cdot F \cdot U \cdot M}{A}$

$= \dfrac{20개 \times 3,300\text{lm} \times 0.5 \times 0.76}{50\text{m}^2} = 501.6\text{lx}$

여기서, N: 조명 수, F: 광속, U: 조명률, M: 보수율, A: 면적

194

어느 점광원에서 1m 떨어진 곳의 직각면 조도가 200lx일 때, 이 광원에서 2m 떨어진 곳의 직각면 조도는?

① 25lx   ② 50lx
③ 100lx   ④ 200lx

개념 | KEYWORD 16 조명설비
해설 |
거리의 역 제곱의 법칙 $E = \dfrac{I}{d^2}$에서

조도(E)는 광도(I)에 비례하고, 거리(d)의 제곱에 반비례하므로 거리가 2배가 되면 조도는 200lx의 4분의 1인 50lx가 된다.

195

엘리베이터의 안전장치 중 일정 이상의 속도가 되었을 때 브레이크 등을 작동시키는 기능을 하는 것은?

① 조속기
② 권상기
③ 완충기
④ 가이드 슈

개념 | KEYWORD 17 엘리베이터설비
해설 |
조속기는 엘리베이터의 카가 정상속도 이상으로 과속되었을 때 미리 설정된 속도에서 작동하여 안전하게 정지시키는 장치이다.

196

카(Car)가 최상층이나 최하층에서 정상 운행 위치를 벗어나 그 이상으로 운행하는 것을 방지하는 엘리베이터 안전장치는?

① 완충기
② 가이드 레일
③ 리미트 스위치
④ 카운터 웨이트

개념 | KEYWORD 17 엘리베이터설비
해설 |
엘리베이터의 안전장치 중에서 카가 최상층이나 최하층에서 정상 운행 위치를 벗어나 그 이상으로 운행하는 것을 방지하는 것은 리미트 스위치이다.

197

엘리베이터의 안전장치에 속하지 않는 것은?

① 균형추
② 완충기
③ 조속기
④ 전자브레이크

개념 | KEYWORD 17 엘리베이터설비
해설 |
균형추는 안전장치에 해당하지 않는다.

198

다음의 에스컬레이터의 경사도에 관한 설명 중 ( ) 안에 알맞은 것은?

> 에스컬레이터의 경사도는 (㉠)를 초과하지 않아야 한다. 다만, 높이가 6m 이하이고 공칭속도 0.5m/s 이하인 경우에는 경사도를 (㉡)까지 증가시킬 수 있다.

① ㉠ 25°, ㉡ 30°
② ㉠ 25°, ㉡ 35°
③ ㉠ 30°, ㉡ 35°
④ ㉠ 30°, ㉡ 40°

개념 | KEYWORD 18 에스컬레이터설비
해설 |
에스컬레이터의 경사도는 30°를 초과하지 않아야 한다. 다만, 층고가 6m 이하이고 공칭속도 0.5m/s 이하인 경우에는 경사도를 35°까지 증가시킬 수 있다.

199

다음 중 건물 실내에 표면결로 현상이 발생하는 원인과 가장 거리가 먼 것은?

① 실내외 온도차
② 구조재의 열적 특성
③ 실내 수증기 발생량 억제
④ 생활 습관에 의한 환기 부족

개념 | KEYWORD 20 열 환경
해설 |
실내 수증기 발생량 억제는 표면결로 방지법이다.

200

흡음 및 차음에 관한 설명으로 옳지 않은 것은?

① 벽의 차음성능은 투과손실이 클수록 높다.
② 차음성능이 높은 재료는 흡음성능도 높다.
③ 벽의 차음성능은 사용재료의 면밀도에 크게 영향을 받는다.
④ 벽의 차음성능은 동일 재료에서도 두께와 시공법에 따라 다르다.

개념 | KEYWORD 21 음 환경
해설 |
차음성능이 높은 재료는 대부분 흡음성능이 낮고, 차음성능이 낮은 재료는 대부분 흡음성능이 높다.

SUBJECT 05 건축관계법규

201
막다른 도로의 길이가 20m인 경우, 이 도로가 「건축법령」상 도로이기 위한 최소 너비는?

① 2m ② 3m
③ 4m ④ 6m

개념 | KEYWORD 01 건축법 총칙
해설 |
막다른 도로의 길이가 20m인 경우 도로이기 위한 최소 너비는 3m 이상이다.

202
공작물을 축조할 때 특별자치시장·특별자치도지사 또는 시장·군수·구청장에게 신고를 하여야 하는 대상 공작물에 속하지 않는 것은? (단, 건축물과 분리하여 축조하는 경우)

① 높이 3m인 담장 ② 높이 5m인 굴뚝
③ 높이 5m인 광고탑 ④ 높이 5m인 광고판

개념 | KEYWORD 01 건축법 총칙
해설 |
굴뚝은 높이가 6m 이상일 경우 신고 대상이다.

203
다음 중 내화구조에 해당하지 않는 것은?

① 벽의 경우 철재로 보강된 콘크리트블록조·벽돌조 또는 석조로서 철재에 덮은 콘크리트블록 등의 두께가 3cm 이상인 것
② 기둥의 경우 철근콘크리트조로서 그 작은 지름이 25cm 이상인 것
③ 바닥의 경우 철근콘크리트조로서 두께가 10cm 이상인 것
④ 철근콘크리트조로 된 보

개념 | KEYWORD 01 건축법 총칙
해설 |
벽의 경우 철재로 보강된 콘크리트블록조·벽돌조 또는 석조로서 철재에 덮은 콘크리트블록 등의 두께가 5cm 이상일 때 내화구조에 해당된다.

204
다음 중 방화구조의 기준으로 틀린 것은?

① 시멘트모르타르 위에 타일을 붙인 것으로서 그 두께의 합계가 2.5cm 이상인 것
② 석고판 위에 회반죽을 바른 것으로서 그 두께의 합계가 2.5cm 이상인 것
③ 철망모르타르로서 그 바름두께가 1.5cm 이상인 것
④ 심벽에 흙으로 맞벽치기한 것

개념 | KEYWORD 11 방화규정
해설 |
철망모르타르로서 그 바름두께가 2cm 이상인 것이 방화구조에 해당된다.

205
「건축법령」상 다음과 같이 정의되는 용어는?

> 건축물의 건축·대수선·용도변경, 건축설비의 설치 또는 공작물의 축조에 관한 공사를 발주하거나 현장 관리인을 두어 스스로 그 공사를 하는 자

① 건축주 ② 건축사
③ 설계자 ④ 공사시공자

개념 | KEYWORD 01 건축법 총칙
해설 |
건축주는 건축물의 건축·대수선·용도변경, 건축설비의 설치 또는 공작물의 축조에 관한 공사를 발주하거나 현장 관리인을 두어 스스로 그 공사를 하는 자를 말한다.

206
「건축법령」상 초고층 건축물의 정의로 옳은 것은?

① 층수가 30층 이상이거나 높이가 90m 이상인 건축물
② 층수가 30층 이상이거나 높이가 120m 이상인 건축물
③ 층수가 50층 이상이거나 높이가 150m 이상인 건축물
④ 층수가 50층 이상이거나 높이가 200m 이상인 건축물

개념 | KEYWORD 01 건축법 총칙
해설 |
초고층 건축물은 층수가 50층이거나 높이가 200m 이상인 건축물이다.

207
지방건축위원회의가 심의 등을 하는 사항에 속하지 않는 것은?

① 건축선의 지정에 관한 사항
② 다중이용 건축물의 구조안전에 관한 사항
③ 특수구조 건축물의 구조안전에 관한 사항
④ 경관지구 내의 건축물의 건축에 관한 사항

개념 | KEYWORD 01 건축법 총칙
해설 |
경관지구 내의 건축물의 건축에 관한 사항은 지방건축위원회의의 심의사항에 속하지 않는다.

208
다중이용 건축물에 속하지 않는 것은? (단, 층수가 10층이며, 해당 용도로 쓰는 바닥면적의 합계가 5,000m²인 건축물의 경우)

① 업무시설
② 종교시설
③ 판매시설
④ 숙박시설 중 관광숙박시설

개념 | KEYWORD 01 건축법 총칙
해설 |
다중이용 건축물은 불특정 다수의 사람들이 이용하는 건축물로 업무시설은 해당되지 않는다.

209
건축물의 건축 시 허가 대상 건축물이라 하더라도 미리 특별자치시장·특별자치도지사 또는 시장·군수·구청장에게 국토교통부령으로 정하는 바에 따라 신고를 하면 건축허가를 받은 것으로 보는 소규모 건축물의 연면적 기준은?

① 연면적의 합계가 100m² 이하인 건축물
② 연면적의 합계가 150m² 이하인 건축물
③ 연면적의 합계가 200m² 이하인 건축물
④ 연면적의 합계가 300m² 이하인 건축물

개념 | KEYWORD 02 건축허가와 신고
해설 |
신고를 하면 건축허가를 받은 것으로 보는 소규모 건축물
1. 연면적 합계 100m² 이하
2. 건축물 높이 3m 이하 범위 안에서 증축
3. 표준설계도서에 따라 건축하는 건축물로서 용도 및 규모가 주위환경이나 미관에 지장이 없다고 인정하여 건축조례로 정하는 건축물

210
「건축법령」상 공사감리자가 수행하여야 하는 감리업무에 속하지 않는 것은?

① 공정표의 작성
② 상세시공도면의 검토·확인
③ 공사현장에서의 안전관리의 지도
④ 설계변경의 적정 여부의 검토·확인

개념 | KEYWORD 02 건축허가와 신고
해설 |
공정표를 작성하는 것은 시공자의 업무이고, 공사감리자는 공정표를 검토한다.

211

다음은 건축물의 사용승인에 관한 기준 내용이다. ( ) 안에 알맞은 것은?

> 건축주가 허가를 받았거나 신고를 한 건축물의 건축공사를 완료한 후 그 건축물을 사용하려면 공사감리자가 작성한 (㉠)와 국토교통부령으로 정하는 (㉡)를 첨부하여 허가권자에게 사용승인을 신청하여야 한다.

① ㉠ 설계도서, ㉡ 시방서
② ㉠ 시방서, ㉡ 설계도서
③ ㉠ 감리완료보고서, ㉡ 공사완료도서
④ ㉠ 공사완료도서, ㉡ 감리완료보고서

개념 | KEYWORD 02 건축허가와 신고
해설 |
건축물의 사용승인 신청에 대한 내용으로 ㉠은 감리완료보고서, ㉡은 공사완료도서이다.

212

다음의 대지와 도로의 관계에 관한 기준 내용 중 ( ) 안에 알맞은 것은?

> 연면적의 합계가 2,000m²(공장인 경우에는 3,000m²) 이상인 건축물(축사, 작물 재배사, 그 밖에 이와 비슷한 건축물로서 건축조례로 정하는 규모의 건축물은 제외한다)의 대지는 너비 (㉠) 이상의 도로에 (㉡) 이상 접하여야 한다.

① ㉠ : 4m, ㉡ : 2m
② ㉠ : 6m, ㉡ : 4m
③ ㉠ : 8m, ㉡ : 6m
④ ㉠ : 8m, ㉡ : 4m

개념 | KEYWORD 05 대지·도로·건축선
해설 |
건축물이 있는 대지가 도로에 접해야 하는 길이

구분	접해야 하는 길이
원칙	도로에 2m 이상
연면적의 합계 2,000m² 이상	너비 6m 이상 도로에 4m 이상(공장인 경우에는 3,000m²)

213

다음은 건축선에 따른 건축제한에 관한 기준 내용이다. ( ) 안에 알맞은 것은?

> 도로면으로부터 높이 ( ) 이하에 있는 출입구, 창문, 그 밖에 이와 유사한 구조물은 열고 닫을 때 건축선의 수직면을 넘지 아니하는 구조로 하여야 한다.

① 3m
② 4.5m
③ 6m
④ 10m

개념 | KEYWORD 05 대지·도로·건축선
해설 |
도로면으로부터 높이 4.5m 이하에 있는 출입구, 창문, 그 밖에 이와 유사한 구조물은 열고 닫을 때 건축선의 수직면을 넘지 아니하는 구조로 하여야 한다.

214

그림과 같은 대지의 도로 모퉁이 부분의 건축선으로서 도로 경계선의 교차점에서의 거리 "A"로 옳은 것은?

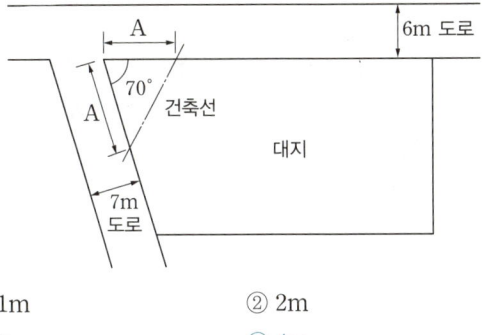

① 1m
② 2m
③ 3m
④ 4m

개념 | KEYWORD 05 대지·도로·건축선
해설 |
도로의 교차각이 90°미만이고, 해당 도로의 너비가 6m, 교차되는 도로의 너비가 7m이므로 도로 경계선에서 교차점까지의 거리는 4m이다.

도로 모퉁이 부분의 건축선

도로의 교차각	해당 도로의 너비		교차되는 도로의 너비
	6m 이상 8m 미만	4m 이상 6m 미만	
90° 미만	4m	3m	6m 이상 8m 미만
	3m	2m	4m 이상 6m 미만

215

다음은 대지의 조경에 관한 기준 내용이다. ( ) 안에 알맞은 것은?

> 면적이 ( ) 이상인 대지에 건축을 하는 건축주는 용도지역 및 건축물의 규모에 따라 해당 지방자치단체의 조례로 정하는 기준에 따라 대지에 조경이나 그 밖에 필요한 조치를 하여야 한다.

① 100m²
② 200m²
③ 300m²
④ 500m²

개념 | KEYWORD 06 조경·공개공지
해설 |
대지 조경대상

구분	기준
조경 의무자	건축주
조경 대상	대지면적 200m² 이상에 건축을 하는 경우

216

200m²인 대지에 10m²의 조경을 설치하고 나머지는 건축물의 옥상에 설치하고자 할 때 옥상에 설치하여야 하는 최소 조경면적은?

① 10m²
② 15m²
③ 20m²
④ 30m²

개념 | KEYWORD 06 조경·공개공지
해설 |
대지면적 200m² 이상 300m² 미만인 대지에 건축하는 건축물의 경우 대지면적의 10% 이상을 조경해야 한다.
문제에서 대지면적이 200m²라고 했으므로 대지면적의 10%인 20m²를 조경해야 한다.
현재 대지의 조경면적은 10m²이다.(문제의 조건) 옥상 부분의 조경면적의 2/3에 해당하는 면적을 대지 안의 조경면적으로 산정할 수 있으므로 옥상 부분의 조경면적을 x라고 하면 다음과 같은 식이 성립된다.
$x \times \dfrac{2}{3} = 10\text{m}^2, \quad \therefore x = 15\text{m}^2$
계산 결과에 따라 옥상 부분에는 15m²를 조경할 수 있고, 이 면적의 2/3인 10m²를 대지의 조경면적으로 산정할 수 있으므로 전체 조경면적은 20m²로 규정에 충족된다.

217

건축물의 면적, 높이 및 층수 산정의 기본 원칙으로 옳지 않은 것은?

① 대지면적은 대지의 수평투영면적으로 한다.
② 연면적은 하나의 건축물 각 층의 거실면적의 합계로 한다.
③ 건축면적은 건축물의 외벽(외벽이 없는 경우에는 외각 부분의 기둥)의 중심선으로 둘러싸인 부분의 수평투영면적으로 한다.
④ 바닥면적은 건축물의 각 층 또는 그 일부로서 벽, 기둥, 그 밖에 이와 비슷한 구획의 중심선으로 둘러싸인 부분의 수평투영면적으로 한다.

개념 | KEYWORD 07 면적의 규제
해설 |
연면적은 하나의 건축물에서 각 층의 바닥면적의 합계이다.

218

태양열을 주된 에너지원으로 이용하는 주택의 건축면적 산정 시 이용하는 중심선의 기준으로 옳은 것은?

① 건축물의 외벽 경계선
② 건축물 기둥 사이의 중심선
③ 건축물의 외벽 중 내측 내력벽의 중심선
④ 건축물의 외벽 중 외측 내력벽의 중심선

개념 | KEYWORD 07 면적의 규제
해설 |
태양열을 주된 에너지원으로 이용하는 주택의 건축면적은 건축물의 외벽 중 내측 내력벽의 중심선을 기준으로 한다.

219

용적률 산정에 사용되는 연면적에 포함되는 것은?

① 지하층의 면적
② 층고가 2.1m인 다락의 면적
③ 준초고층 건축물에 설치하는 피난안전구역의 면적
④ 건축물의 경사지붕 아래에 설치하는 대피공간의 면적

개념 | KEYWORD 07 면적의 규제
해설 |
①, ③, ④는 용적률 산정 시 연면적에서 제외한다.

220

용도지역의 건폐율 기준으로 옳지 않은 것은?

① 주거지역: 70% 이하
② 상업지역: 90% 이하
③ 공업지역: 70% 이하
④ 녹지지역: 30% 이하

개념 | KEYWORD 07 면적의 규제
해설 |
녹지지역의 건폐율 최대한도는 20% 이하이다.

221

건축물의 면적, 높이 및 층수 등의 산정 방법에 관한 설명으로 옳은 것은?

① 건축물의 높이 산정 시 건축물의 대지에 접하는 전면도로의 노면에 고저차가 있는 경우에는 그 건축물이 접하는 범위의 전면도로부분의 수평거리에 따라 가중평균한 높이의 수평면을 전면도로면으로 본다.
② 용적률 산정 시 연면적에는 지하층의 면적과 지상층의 주차용으로 쓰는 면적을 포함시킨다.
③ 건축면적은 건축물의 내벽의 중심선으로 둘러싸인 부분의 수평투영면적으로 한다.
④ 건축물의 층수는 지하층을 포함하여 산정하는 것이 원칙이다.

개념 | KEYWORD 08 높이의 규제
해설 |
전면도로의 노면에 고저차가 있는 경우에는 전면도로부분의 수평거리에 따라 가중평균한 높이의 수평면을 전면도로면으로 본다.

222

일조 등의 확보를 위한 건축물의 높이 제한 기준 중 (㉠)과 (㉡)에 해당하는 내용으로 옳은 것은?

> 전용주거지역이나 일반주거지역에서 건축물을 건축하는 경우에는 건축물의 각 부분을 정북(政北)방향으로의 인접 대지경계선으로부터 다음 각 호의 범위에서 건축조례로 정하는 거리 이상을 띄어 건축하여야 한다.
> 1. 높이 10m 이하인 부분: 인접 대지경계선으로부터 (㉠) 이상
> 2. 높이 10m 초과하는 부분: 인접 대지경계선으로 부터 해당 건축물 각 부분 높이의 (㉡) 이상

① ㉠ 1m
② ㉠ 1.5m
③ ㉡ 3분의 1
④ ㉡ 3분의 2

개념 | KEYWORD 08 높이의 규제
해설 |
정북방향의 인접 대지 경계선으로부터 띄우는 거리

높이	띄우는 거리
10m 이하인 부분	1.5m 이상
10m 초과인 부분	해당 건축물 각 부분 높이의 1/2 이상

223

건축물의 층수 산정에 관한 기준 내용으로 옳지 않은 것은?

① 지하층은 건축물의 층수에 산입하지 아니한다.
② 층의 구분이 명확하지 아니한 건축물은 그 건축물의 높이 4m마다 하나의 층으로 보고 그 층수를 산정한다.
③ 건축물이 부분에 따라 그 층수가 다른 경우에는 바닥면적에 따라 가중평균한 층수를 그 건축물의 층수로 본다.
④ 계단탑으로서 그 수평투영면적의 합계가 해당 건축물 건축면적의 8분의 1 이하인 것은 건축물의 층수에 산입하지 아니한다.

개념 | KEYWORD 08 높이의 규제
해설 |
건축물이 부분에 따라 그 층수가 다른 경우에는 그 중 가장 많은 층수를 그 건축물의 층수로 본다.

224

건축물의 거실에 국토교통부령으로 정하는 기준에 따라 배연설비를 하여야 하는 대상 건축물에 속하지 않는 것은? (단, 피난층의 거실은 제외하며, 6층 이상인 건축물의 경우임)

① 종교시설
② 판매시설
③ 위락시설
④ 방송통신시설

개념 | KEYWORD 12 건축설비기준과 관계전문기술자
해설 |
방송통신시설은 배연설비를 해야 하는 건축물이 아니다.

225

다음의 직통계단의 설치에 관한 기준 내용 중 밑줄 친 "다음 각 호의 어느 하나에 해당하는 용도 및 규모의 건축물"의 기준 내용으로 옳지 않은 것은?

> 법 제49조 제1항에 따라 피난층 외의 층이 <u>다음 각 호의 어느 하나에 해당하는 용도 및 규모의 건축물</u>에는 국토교통부령으로 정하는 기준에 따라 피난층 또는 지상으로 통하는 직통계단을 2개소 이상 설치하여야 한다.

① 지하층으로서 그 층 거실의 바닥면적의 합계가 200m² 이상인 것
② 종교시설의 용도로 쓰는 층으로서 그 층에서 해당 용도로 쓰는 바닥면적의 합계가 200m² 이상인 것
③ 숙박시설의 용도로 쓰는 3층 이상의 층으로서 그 층의 해당 용도로 쓰는 거실의 바닥면적의 합계가 200m² 이상인 것
④ 업무시설 중 오피스텔의 용도로 쓰는 층으로서 그 층의 해당 용도로 쓰는 거실의 바닥면적의 합계가 200m² 이상인 것

개념 | KEYWORD 10 피난규정
해설 |
업무시설 중 오피스텔의 용도로 쓰는 층으로서 그 층의 해당 용도로 쓰는 거실의 바닥면적의 합계가 300m² 이상인 경우에 직통계단을 2개소 이상 설치해야 한다.

226

특별피난계단의 구조에 관한 기준 내용으로 옳지 않은 것은?

① 계단실에는 예비전원에 의한 조명설비를 할 것
② 계단은 내화구조로 하되, 피난층 또는 지상까지 직접 연결되도록 할 것
③ 출입구의 유효너비는 0.9m 이상으로 하고 피난의 방향으로 열 수 있을 것
④ 계단실의 노대 또는 부속실에 접하는 창문은 그 면적을 각각 3m² 이하로 할 것

개념 | KEYWORD 10 피난규정
해설 |
계단실의 노대 또는 부속실에 접하는 창문 등(출입구를 제외)은 망이 들어 있는 유리의 붙박이창으로서 그 면적을 각각 1m² 이하로 할 것

227

건축물의 관람실 또는 집회실로부터 바깥쪽으로의 출구로 쓰이는 문을 안여닫이로 해서는 안 되는 건축물은?

① 위락시설
② 수련시설
③ 문화 및 집회시설 중 전시장
④ 문화 및 집회시설 중 동·식물원

개념 | KEYWORD 10 피난규정
해설 |
위락시설의 관람실 또는 집회실로부터 바깥쪽으로의 출구로 쓰이는 문은 안여닫이로 해서는 안 된다.

228
문화 및 집회시설 중 공연장의 개별 관람실을 다음과 같이 계획하였을 경우, 옳지 않은 것은? (단, 개별 관람실의 바닥면적은 $1,000m^2$임)

① 각 출구의 유효너비는 1.5m 이상으로 하였다.
② 관람실로부터 바깥쪽으로의 출구로 쓰이는 문을 밖여닫이로 하였다.
③ 개별 관람실의 바깥쪽에는 그 양쪽 및 뒤쪽에 각각 복도를 설치하였다.
④ 개별 관람실의 출구는 3개소 설치하였으며 출구의 유효너비의 합계는 4.5m로 하였다.

개념 | KEYWORD 10 피난규정
해설 |
출구의 유효너비의 합계 $= \left(\dfrac{1,000}{100}\right) \times 0.6 = 6m$ 이상

229
건축물의 출입구에 설치하는 회전문은 계단이나 에스컬레이터로부터 최소 얼마 이상의 거리를 두어야 하는가?

① 1m
② 1.5m
③ 2m
④ 3m

개념 | KEYWORD 10 피난규정
해설 |
회전문은 계단이나 에스컬레이터로부터 2m 이상의 거리를 두어야 한다.

230
다음의 옥상광장 등의 설치에 관한 기준 내용 중 ( ) 안에 알맞은 것은?

> 옥상광장 또는 2층 이상인 층에 있는 노대나 그 밖에 이와 비슷한 것의 주위에는 높이 ( ) 이상의 난간을 설치하여야 한다. 다만, 그 노대 등에 출입할 수 없는 구조인 경우에는 그러하지 아니하다.

① 1.0m
② 1.2m
③ 1.5m
④ 1.8m

개념 | KEYWORD 10 피난규정
해설 |
옥상광장 또는 2층 이상인 층에 있는 노대 등의 주위에는 높이 1.2m 이상의 난간을 설치해야 한다.

231
방화와 관련하여 같은 건축물에 함께 설치할 수 없는 것은?

① 의료시설과 업무시설 중 오피스텔
② 위험물 저장 및 처리시설과 공장
③ 위락시설과 문화 및 집회시설 중 공연장
④ 공동주택과 제2종 근린생활시설 중 다중생활시설

개념 | KEYWORD 11 방화규정
해설 |
공동주택과 제2종 근린생활시설 중 다중생활시설은 같은 건축물에 함께 설치할 수 없다.

232
건축물의 주요구조부를 내화구조로 하여야 하는 대상 건축물에 속하지 않는 것은?

① 공장의 용도로 쓰는 건축물로서 그 용도로 쓰는 바닥면적의 합계가 $500m^2$인 건축물
② 판매시설의 용도로 쓰는 건축물로서 그 용도로 쓰는 바닥면적의 합계가 $500m^2$인 건축물
③ 창고시설의 용도로 쓰는 건축물로서 그 용도로 쓰는 바닥면적의 합계가 $500m^2$인 건축물
④ 문화 및 집회시설 중 전시장의 용도로 쓰는 건축물로서 그 용도로 쓰는 바닥면적의 합계가 $500m^2$인 건축물

개념 | KEYWORD 11 방화규정
해설 |
공장의 용도로 쓰는 건축물로서 그 용도로 쓰는 바닥면적의 합계가 $2,000m^2$ 이상인 건축물의 주요구조부와 지붕은 내화구조로 해야 한다

233

공동주택과 오피스텔의 난방설비를 개별난방방식으로 하는 경우 설치기준과 거리가 먼 것은?

① 보일러실의 윗부분에는 그 면적이 0.5m² 이상인 환기창을 설치할 것
② 보일러를 설치하는 곳과 거실 사이의 경계벽은 출입구를 포함하여 방화구조의 벽으로 구획할 것
③ 보일러의 연도는 내화구조로서 공동연도로 설치할 것
④ 기름보일러를 설치하는 경우에는 기름저장소를 보일러실 외의 다른 곳에 설치할 것

개념 | KEYWORD 12 건축설비기준과 관계전문기술자
해설 |
보일러실과 거실 사이의 경계벽은 출입구는 제외하고 내화구조의 벽으로 구획해야 한다.

234

건축물의 거실에 「건축물의 설비기준 등에 관한 규칙」에 따라 배연설비를 설치하여야 하는 대상 건축물에 속하지 않는 것은? (단, 피난층의 거실은 제외)

① 6층 이상인 건축물로서 창고시설의 용도로 쓰는 건축물
② 6층 이상인 건축물로서 운수시설의 용도로 쓰는 건축물
③ 6층 이상인 건축물로서 위락시설의 용도로 쓰는 건축물
④ 6층 이상인 건축물로서 종교시설의 용도로 쓰는 건축물

개념 | KEYWORD 12 건축설비기준과 관계전문기술자
해설 |
창고시설은 배연설비 설치대상이 아니다.

235

세대의 구분이 불분명한 건축물로 주거에 쓰이는 바닥면적의 합계가 300m²인 주거용 건축물의 음용수용 급수관 지름의 최소기준은?

① 20mm ② 25mm
③ 32mm ④ 40mm

개념 | KEYWORD 12 건축설비기준과 관계전문기술자
해설 |
바닥면적의 합계가 300m²인 경우 5가구이고, 5가구일 때 먹는물의 급수관 지름의 최소기준은 25mm이다.

236

급수, 배수, 환기, 난방설비를 건축물에 설치하는 경우, 건축기계설비기술사 또는 공조냉동기계기술사의 협력을 받아야 하는 대상 건축물에 속하지 않는 것은?

① 아파트
② 연립주택
③ 기숙사로서 해당 용도에 사용되는 바닥면적의 합계가 2,000m²인 건축물
④ 업무시설로서 해당 용도에 사용되는 바닥면적의 합계가 2,000m²인 건축물

개념 | KEYWORD 12 건축설비기준과 관계전문기술자
해설 |
업무시설, 판매시설, 연구소의 경우 해당 용도에 사용되는 바닥면적의 합계가 3,000m² 이상인 건축물은 건축기계설비기술사 또는 공조냉동기계기술사의 협력을 받아야 한다.

237

층수가 15층이며, 6층 이상의 거실면적의 합계(m²)가 15,000m²인 종합병원에 설치하여야 하는 승용승강기의 최소 대수는? (단, 8인승 승용승강기의 경우)

① 6대 ② 7대
③ 8대 ④ 9대

개념 | KEYWORD 13 승강설비
해설 |
6층 이상 거실면적의 합계가 15,000m²이고, 종합병원은 의료시설에 해당한다.

승용승강기의 최소 대수 $= 2 + \dfrac{15{,}000\text{m}^2 - 3{,}000\text{m}^2}{2{,}000\text{m}^2} = 8$대

238
비상용승강기의 승강장 및 승강로 구조에 관한 기준 내용으로 틀린 것은?

① 옥내 승강장의 바닥면적은 비상용승강기 1대에 대하여 6m² 이상으로 한다.
② 각 층으로부터 피난층까지 이르는 승강로를 단일구조로 연결하여 설치하여야 한다.
③ 피난층이 있는 승강장의 출입구로부터 도로 또는 공지에 이르는 거리는 30m 이하로 한다.
④ 승강장에는 배연설비를 설치하여야 하며, 외부를 향하여 열 수 있는 창문 등을 설치하여서는 안 된다.

개념 | KEYWORD 13 승강설비
해설 |
비상용승강기의 승강장에는 노대 또는 외부를 향하여 열 수 있는 창문이나 배연설비를 설치해야 한다.

239
다음 중 특별건축구역으로 지정할 수 없는 구역은?

① 「도로법」에 따른 접도구역
② 「택지개발촉진법」에 따른 택지개발사업구역
③ 국가가 국제행사 등을 개최하는 도시 또는 지역의 사업구역
④ 지방자치단체가 국제행사 등을 개최하는 도시 또는 지역의 사업구역

개념 | KEYWORD 14 보칙과 기타
해설 |
「도로법」에 따른 접도구역은 특별건축구역으로 지정할 수 없다.
특별건축구역 지정 불가 구역: 개발제한구역, 자연공원, 접도구역, 보전산지

240
「주차장법령」상 다음과 같이 정의되는 주차장의 종류는?

> 도로의 노면 또는 교통광장(교차점광장만 해당)의 일정한 구역에 설치된 주차장으로서 일반(一般)의 이용에 제공되는 것

① 노외주차장　　　② 노상주차장
③ 부설주차장　　　④ 공영주차장

개념 | KEYWORD 15 주차장법 총칙
해설 |
주차장

종류	설치장소
노상주차장	도로의 노면 또는 교통광장(교차점광장만 해당)의 일정한 구역에 설치된 주차장
노외주차장	도로의 노면 또는 교통광장 외의 장소에 설치된 주차장
부설주차장	건축물, 골프연습장, 그 밖에 주차수요를 유발하는 시설에 부대하여 설치된 주차장

241
평행주차형식으로 일반형인 경우 주차장의 주차단위구획의 크기 기준으로 옳은 것은?

① 너비 1.7m 이상, 길이 5.0m 이상
② 너비 1.7m 이상, 길이 6.0m 이상
③ 너비 2.0m 이상, 길이 5.0m 이상
④ 너비 2.0m 이상, 길이 6.0m 이상

개념 | KEYWORD 15 주차장법 총칙
해설 |
평행주차형식 중 일반형의 주차구획은 너비 2.0m 이상, 길이 6.0m 이상이다.

242

노상주차장의 구조 및 설비에 관한 기준 내용으로 옳은 것은?

① 너비 6m 이상의 도로에 설치하여서는 안 된다.
② 종단경사도가 3%를 초과하는 도로는 설치하여서는 아니 된다.
③ 고속도로, 자동차 전용도로 또는 고가도로에 설치하여서는 아니 된다.
④ 주차대수 규모가 20대인 경우, 장애인 전용주차구획을 최소 2면 이상 설치하여야 한다.

개념 | KEYWORD 16 노상 · 노외주차장
해설 |
① 너비 6m 미만의 도로에 설치하여서는 안 된다.
② 종단경사도가 4%를 초과하는 도로에 설치하여서는 아니 된다.
④ 주차대수 규모가 20대 이상 50대 미만인 경우 장애인 전용주차구획을 1면 이상 설치하여야 한다.

243

노외주차장에 설치하여야 하는 차로의 최소 너비가 가장 작은 주차형식은? (단, 출입구가 2개 이상이며, 이륜자동차 전용 외의 노외주차장의 경우)

① 평행주차   ② 교차주차
③ 직각주차   ④ 45도 대향주차

개념 | KEYWORD 16 노상 · 노외주차장
해설 |
이륜자동차전용 외의 노외주차장, 출입구가 2개 이상인 경우
• 평행주차: 3.3m   • 직각주차: 6.0m
• 60°대향주차: 4.5m   • 45°대향주차: 3.5m
• 교차주차: 3.5m

244

부설주차장의 설치대상 시설물 종류에 따른 설치기준이 틀린 것은?

① 골프장 — 1홀당 10대
② 위락시설 — 시설면적 80m²당 1대
③ 판매시설 — 시설면적 150m²당 1대
④ 숙박시설 — 시설면적 200m²당 1대

개념 | KEYWORD 17 부설 · 기계식주차장
해설 |
위락시설은 시설면적 100m²당 1대의 부설주차장을 설치하여야 한다.

245

「국토의 계획 및 이용에 관한 법령」상 아래와 같이 정의되는 것은?

> 도시·군계획 수립 대상지역의 일부에 대하여 토지이용을 합리화하고 그 기능을 증진시키며, 미관을 개선하고 양호한 환경을 확보하며, 그 지역을 체계적·계획적으로 관리하기 위하여 수립하는 도시·군관리계획

① 광역도시계획   ② 지구단위계획
③ 도시·군기본계획   ④ 입지규제최소구역계획

개념 | KEYWORD 18 국토계획법 총칙
해설 |
문제는 지구단위계획에 대한 설명이다.

246

다음 중 「건축법」이 적용되는 건축물은?

① 역사(驛舍)
② 고속도로 통행료 징수시설
③ 철도의 선로 부지에 있는 플랫폼
④ 「문화유산의 보존 및 활용에 관한 법률」에 따른 임시지정문화유산

개념 | KEYWORD 01 건축법 총칙
해설 |
「건축법」이 적용되지 않는 건축물

구분	범위
문화유산의 보존 및 활용에 관한 법률	• 지정문화유산이나 임시지정문화유산
자연유산의 보존 및 활용에 관한 법률	• 지정된 천연기념물 등이나 임시지정천연기념물, 임시지정명승, 임시지정시·도자연유산, 임시자연유산자료
철로나 궤도의 선로 부지에 있는 시설	• 운전보안시설, 플랫폼 • 철도 선로의 위나 아래를 가로지르는 보행시설 • 해당 철도 또는 궤도사업용 급수·급탄 및 급유시설
기타	• 고속도로 통행료 징수시설 • 컨테이너를 이용한 간이창고(공장의 용도로만 사용되는 건축물의 대지에 설치하는 것으로서 이동이 용이한 것) • 하천구역 내의 수문조작실

247
「국토의 계획 및 이용에 관한 법령」상 기반시설 중 도로의 세분에 속하지 않는 것은?

① 고가도로 ② 보행자우선도로
③ 자전거우선도로 ④ 자동차전용도로

개념 | KEYWORD 18 국토계획법 총칙
해설 |
법령상의 도로의 세분에 자전거전용도로는 있지만 자전거우선도로는 없다.
도로의 세분: 일반도로, 자동차전용도로, 보행자전용도로, 보행자우선도로, 자전거전용도로, 고가도로, 지하도로

248
광역도시계획에 관한 내용으로 틀린 것은?

① 인접한 둘 이상의 특별시·광역시·특별자치시·특별자치도·시 또는 군의 관할 구역 전부 또는 일부를 광역계획권으로 지정할 수 있다.
② 군수가 광역도시계획을 수립하는 경우 도지사의 승인을 생략한다.
③ 광역계획권의 공간 구조와 기능 분담에 관한 정책 방향이 포함되어야 한다.
④ 광역도시계획을 공동으로 수립하는 시·도지사는 그 내용에 관하여 서로 협의가 되지 아니하면 공동이나 단독으로 국토교통부장관에게 조정을 신청할 수 있다.

개념 | KEYWORD 20 광역도시계획과 도시군기본계획
해설 |
시장 또는 군수는 광역도시계획을 수립하거나 변경하려면 도지사의 승인을 받아야 한다.

249
지구단위계획구역의 지정목적을 이루기 위하여 지구단위계획에 포함될 수 있는 내용이 아닌 것은?

① 용도지역이나 용도지구를 대통령령으로 정하는 범위에서 세분하거나 변경하는 사항
② 건축물 높이의 최고한도 또는 최저한도
③ 도시·군관리계획 중 정비사업에 관한 계획
④ 대통령령으로 정하는 기반시설의 배치와 규모

개념 | KEYWORD 21 도시·군관리계획과 지구단위계획
해설 |
정비사업에 관한 계획은 지구단위계획에 포함될 수 있는 내용이 아니다.

250
도시·군계획 수립 대상지역의 일부에 대하여 토지 이용을 합리화하고 그 기능을 증진시키며 미관을 개선하고 양호한 환경을 확보하며, 그 지역을 체계적·계획적으로 관리하기 위하여 수립하는 도시·군관리계획은?

① 광역도시계획 ② 지구단위계획
③ 지구경관계획 ④ 택지개발계획

개념 | KEYWORD 18 국토계획법 총칙
해설 |
지구단위계획은 토지 이용을 합리화하고 그 기능을 증진시키며 미관을 개선하고 양호한 환경을 확보하며 관리하기 위해 수립하는 도시·군관리계획이다.

MEMO

MEMO

2026 에듀윌 건축기사 필기

최빈출 250제

고객의 꿈, 직원의 꿈, 지역사회의 꿈을 실현한다

에듀윌 도서몰
book.eduwill.net

- 부가학습자료 및 정오표: 에듀윌 도서몰 > 도서자료실
- 교재 문의: 에듀윌 도서몰 > 문의하기 > 교재(내용, 출간) / 주문 및 배송